中国石化“十四五”重点图书出版规划项目



# 石油加工手册 下册

## （第二版）

# Handbook of Petroleum Processing

## *Second Edition*

［美］史蒂文·特雷斯　［美］彼得·R. 普加多　［英］大卫·S.J. 琼斯　著
李　鹏　等译

中国石化出版社

## 内 容 提 要

本书不仅包含石油炼制和加工的基础知识，还为从事加工和设计的专业人士提供详细、实用的设计方法和常见问题的解决对策，并叙述了相关工艺装置的操作细节，是一本全面涵盖炼油厂加工总流程知识的工具书。

本书可供炼油装置的管理和技术人员阅读参考，也可作为高等院校石油加工相关专业师生的学习资料。

**著作权合同登记 图字：01-2020-5660 号**

First published in English under the title Handbook of Petroleum Processing (2nd Ed.) edited by Steven A Treese, P.E., Peter R. Pujado and David S. J. Jones, ISBN:978-3-319-14528-0


**图书在版编目(CIP)数据**

石油加工手册／(美)史蒂文·特雷斯(Steven A Treese)，(美)彼得·R. 普加多(Peter R. Pujado)，(英)大卫·S. J. 琼斯(David S. J. Jones)著；李鹏等译. —2 版. —北京：中国石化出版社，2021.9
ISBN 978-7-5114-6063-9

Ⅰ. ①石… Ⅱ. ①史… ②彼… ③大… ④李… Ⅲ. ①石油炼制-手册 Ⅳ. ①TE62-62

中国版本图书馆 CIP 数据核字(2021)第 155110 号



**中国石化出版社出版发行**
地址：北京市东城区安定门外大街 58 号
邮编：100011 电话：(010)57512500
发行部电话：(010)57512575
http://www.sinopec-press.com
E-mail:press@sinopec.com
北京富泰印刷有限责任公司印刷

*

787×1092 毫米 16 开本 78.75 印张 1919 千字
2022 年 1 月第 1 版 2022 年 1 月第 1 次印刷
定价：538.00 元(上下册)

# 目　录

## 下　册

## 第3篇　支持系统

# 第4篇 安 全 系 统

## 第5篇 参考资料

# 第6篇　附　　录

# 第 3 篇

# 支持系统

# 第 22 章　炼油工艺中的过程控制

## 22.1　引言

本章介绍石油炼制中的过程控制系统。这不是一部关于控制系统的权威著作，而是用概括性的笔触描绘了控制系统在现代炼油厂中的应用。过程控制的更多解决方案可以借鉴仪表及控制参考文献，其中一部分参考文献在本章每节后列出。

介绍内容包括：定义；控制系统类型和构架；每种类型参数的测量与控制(流量、温度、压力、液位、组成)；讨论常见的特殊控制情况(缓冲、回流、产汽、塔压控制、安全仪表或集成系统)。

## 22.2　定义

我们将从控制系统讨论中经常遇到的一些基本定义开始。

1）先进过程控制(APC)：置于 DCS 或基本过程控制系统之上的控制系统，执行工艺单元中更复杂的控制功能，能分析并协调多个回路，在装置限制范围内实现最优运行。其解决方案和更改指令要传回到 DCS 或其他控制系统以供执行。

2）基本过程控制(BPC)：这是主力控制系统，它从过程变量中获取输入信号，将输入信号与设定点进行比较，并将合适的控制动作输出给现场的控制元件。

3）串级控制：由两个或多个控制器组成的控制系统。“主控制器”为“从控制器”提供设定点。

4）控制元件：具有控制功能的设备，如控制阀或变速控制器。

5）控制回路：从现场过程传感元件到过程控制器再到最终现场控制元件(如控制阀)的基本仪器布置。

6）控制系统架构：指过程控制系统的组装图。架构将明确哪些设备会与过程控制系统或控制网络相联。

7）控制阀：将可变压降引入流体管路的最终控制元件。压降导致管线中的流速以特征化和可预测的方式改变。

8）控制阀响应：HLL 和 LLL 之间应允许的最短时间，使控制阀能够有效地响应液位的变化。典型值为：

| CV 尺寸/in | 响应/s | CV 尺寸/in | 响应/s |
|---|---|---|---|
| 1 | 6 | 6 | 40 |
| 2 | 15 | 8 | 45 |

续表

| CV 尺寸/in | 响应/s | CV 尺寸/in | 响应/s |
|---|---|---|---|
| 3 | 25 | 10 | 50 |
| 4 | 35 | | |

上述时间考虑到空气信号的滞后以及比例带约为50%的操作。

9）历史数据存储：一种电子数据存储系统，定期从过程控制系统和实验室收集数据，以进行存档和分析。

10）死时间(死区)：系统中发生扰动或控制动作后，进程开始变化前的时间量。

11）微分控制：一种控制模式，控制器的输出由设定点偏差的变化率确定。其作用类似阻尼器，通常用作比例控制模式下的参数微调。

12）分布式控制系统(DCS)：这是一个基于计算机的控制系统，用于基本过程控制。基本控制回路在后台。DCS 为操作者显示过程及控制回路信息。它还记录信息并与所有先进控制系统进行通讯。操作员和 APC 可更改 DCS 中的设置，然后 DCS 将更改发送到过程控制回路。DCS 是炼油厂目前最常见的控制系统。

13）dP 压差单元：一种膜片装置，用于测量膜片两侧高低压间压力的细微不同，可以直接显示或传输压力差异。

14）企业控制：一个整体控制系统，综合考虑经济、市场和其他因素，同时优化和协调多个炼厂装置。

15）误差：在过程控制中通常被定义为设定值与过程变量或测量变量间的差异。

16）前馈控制：一种控制方案，上游变量的变化，将以预期发生的偏差，触发下游控制的变化。例如，如果装置的进料速率发生变化，下游控制器也将做出变化，根据新的进料速率做出正确调整。

17）输入：提供给控制器的测量参数。可被直接读取，3~15psi 的气动信号，4~20ma 的电子信号，或数字信号。

18）仪表：通常这个术语适用于控制系统的物理元件。它通常与实际控制分开考虑。

19）积分控制：一种控制模式，其中控制器输出由设定点的偏差以及该偏差存在的时间长短来确定。原理像放大反应一样。通常用作比例控制模式下的微调参数。

20）液位控制范围：容器中高液位(HLL)和低液位(LLL)之间的距离。使用液位控制器时，HLL 控制阀的信号将完全打开阀门。LLL 低液位控制器信号将完全关闭阀门。

21）输出：从控制器传送到现场控制设备的信号，可以是 3~15psi 的气动信号，4~20mA 的电子信号，数字或其他形式的信号。

22）过程控制：管理工艺操作条件，在设备限制范围内安全高效地满足产品目标。

23）可编程逻辑控制器(PLC)：一种电子控制系统，使用编程逻辑执行重复的、顺序的过程任务。PLC 的输出用于控制现场元件。它可以与其他控制系统相结合，但主旨是独立执行其功能。

24）比例控制：一种控制模式，控制器的输出由设定值的偏差乘以常数确定。见比例带。

25）比例带：比例带决定了控制器的反应时间。通常，比例带可在 5%~150%之间调节。比例带越宽，控制越不敏感。如果需要较慢的响应时间，则使用更宽的比例带。

26）重置：控制系统做出工艺调整的速率。高重置率将使系统更频繁地更改。在 PID 或 PI 控制器中，高重置率可能导致控制器输出的终止，从而导致其越过设定值。低重置率可能永远不会达到其目标值。

27）安全集成系统（SIS）：又名安全完整性系统。此系统将安全过程信息与其他控制系统并联，并对测量变量施加特定的限制。如果其中一个变量超出预设限制，系统首先以低偏差报警，然后在高偏差或持续偏差时采取预定义的应急动作。该系统类似于 PLC，但通常是三重冗余以确保高完整性。

28）感应元件：控制过程中用于测量物理或化学性质的现场设备。最常见测量元件有流量，温度，压力和液位等。

29）设定值：提供给控制器过程变量的期望值。控制器设法将过程测量值与设定值相匹配。

30）管理控制：最基本的过程控制。

31）缓冲量：这是容器的正常液位（NLL）与底部（通常是切线）之间的液体体积。

## 22.3　控制系统的类型和体系结构

### 22.3.1　控制系统类型的演变

可以从多个角度看控制系统的演变。控制技术已从手动操作的简单控制阀演变为现今一些企业使用的复杂的现代企业级控制系统。目前，大多数炼油厂的控制系统在运行过程中都经历过类似的进化。

控制系统可以被视为含有多个控制层的层次结构，一层在另一层之上。每层都有越来越多的可用信息，并且可以执行越来越复杂的控制功能。该层次结构如图 22-1 所示，最基本的层次系统位于底部，越往上复杂程度越高。

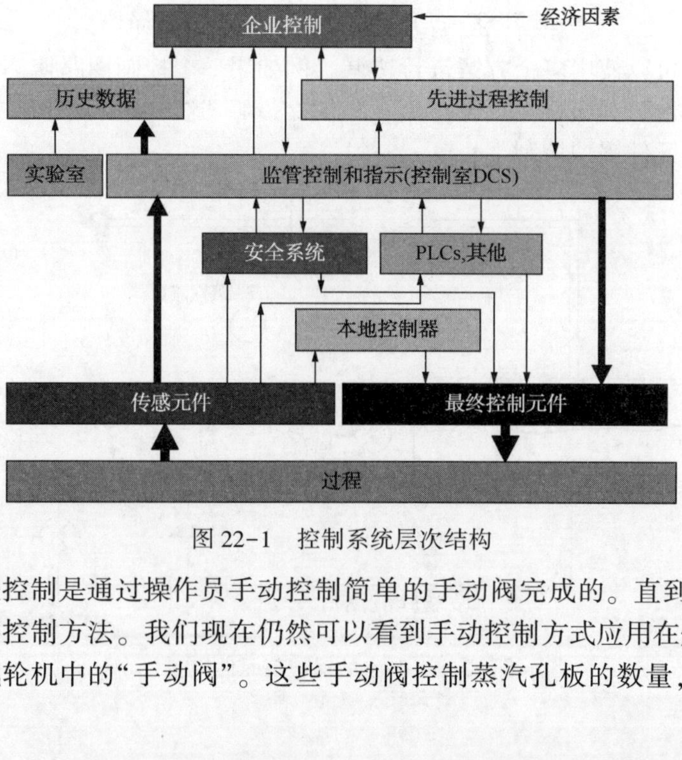


图 22-1　控制系统层次结构

最基本的过程控制是通过操作员手动控制简单的手动阀完成的。直到 20 世纪初，这仍是化学过程的主要控制方法。我们现在仍然可以看到手动控制方式应用在炼油厂的控制装置上，例如大型蒸汽轮机中的“手动阀”。这些手动阀控制蒸汽孔板的数量，通过这些孔板蒸

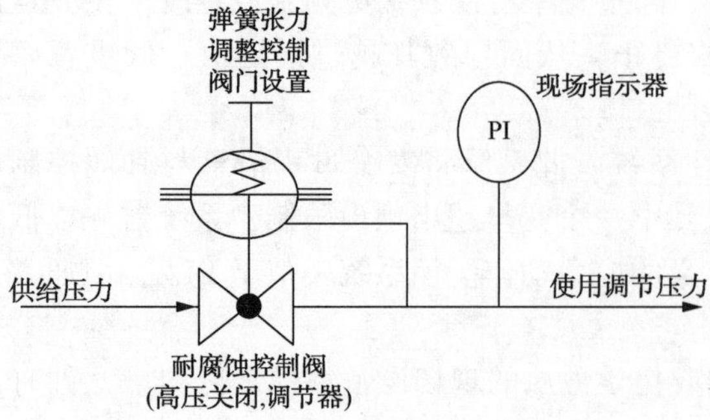


图 22-2　简单的直接控制-压力调节

汽冲击涡轮叶片。

在接下来的控制系统的发展中，手动阀门被自动化，以直接和连续地控制一个特定的变量。这是一个简单的回路控制，在炼油厂很常见。压力调节器就是一个例子。泄放阀是也是这种控制系统中有开关动作的特例。在如图 22-2 所示的简单回路中，传感元件直接控制一个有设定值的过程变量。控制可以是机械的或气动的。

简单的回路对应简单的回路控制，如图 22-3 所示，传感元件向(本地或控制室的)控制器发送信号。控制器内有设定的目标值。控制器将设定值与测量变量进行比较，并将信号输出到现场控制设备，以调整该设备并使该变量值更接近设定值。这种类型的控制器通常具有简单回路之外的附加逻辑，使其能够比简单控制器更严格地控制流程变量，控制范围更广，并使操作人员能够轻松更改设定值。单程控制回路是炼油厂中最常见的控制系统。在单程回路中，还有指示器回路，它没有控制功能，但可以为操作员提供数据。复杂的控制功能是建立在基础回路控制之上的。

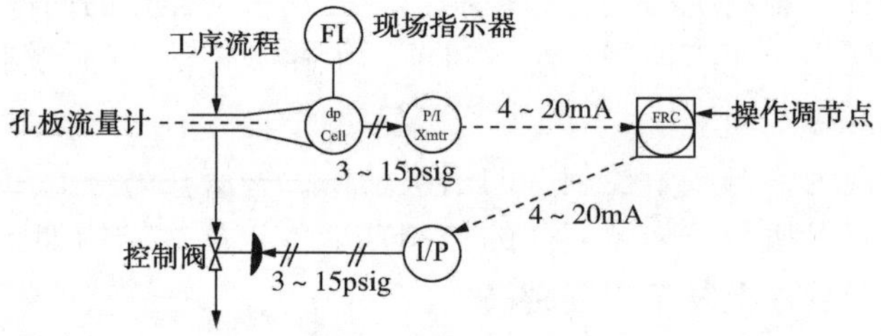


图 22-3　带 DCS 控制器的单流控制回路

多个控制循环可以使用多个方案进行协调，例如用一个控制回路监测多个变量，然后根据其计算结果向其他控制回路提供设定值，见图 22-4。这方面的例子包括从一个回路级联到另一个回路与三元件锅炉控制。

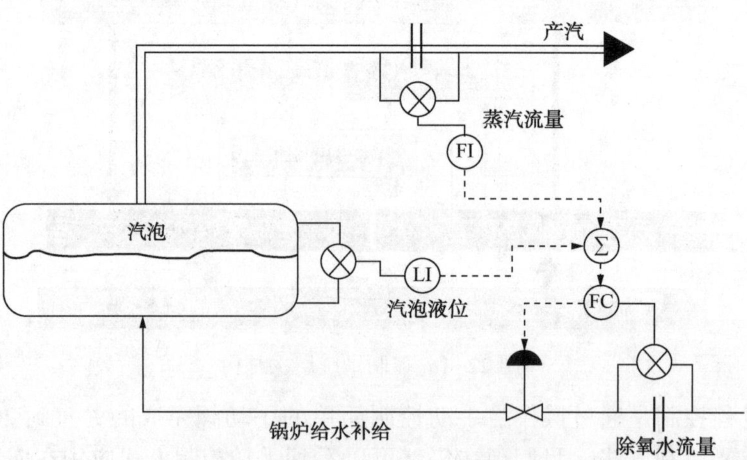


图 22-4　基本的锅炉三元件控制

在图22-4的示例中，蒸汽流量和汽包水位的变化同时作为控制条件，用于确定蒸汽发生系统的总需水量。然后，控制系统向锅炉给水流量控制器发送设定值，指示系统需要多少水量。控制器将设定值与当前锅炉给水流量进行比较，并调节锅炉给水控制阀以提供所需水量。

多个单回路控制通常被集中在一间控制室里。控制室可能有多个单独的回路控制器(气动或电动)，也可能有一个基于计算机控制的分布式控制系统(DCS)。你会发现这两者之间有许多组合和变化。然而，单控制回路或传感回路层仍然是基础层，更复杂的控制功能依赖于基础层得以实现。对一个系统中所有回路的数据进行汇总，使得操作数据能够被保留、存档以进行分析，从而得到一系列的操作改进措施。存档数据被保存到数据库的“历史数据库”里，供车间人员访问。

在控制回路的基础上，DCS和其他控制系统可以更好地协调不同控制器和更复杂的控制方案。DCS是实现智能控制所必备的。一个常见的例子是先进过程控制(APC)，如今大多数炼油厂都可见到。例如，APC应用程序可以用来控制分馏塔周围的几个循环，以分馏塔的特定产品性能为目标，并同时优化生产这些产品所消耗的能源。APC可用于加氢处理器，以控制多个单独的床层温度，优化催化剂和能源的使用。

我们目前所能见到的“最高”控制水平，被称之为“企业”级控制，它将市场因素纳入控制决策中。使用这种方法的设施，可以在设备和市场的限制范围内，最经济地优化整个设施。这一系统知道每种产品的价值以及每种进料或公用工程的成本，然后找出更有效益的解决方案。这就像炼油厂的LP模型(线性规划模型)，但运行频率更高，可以更直接地影响操作。

从实用的角度来看，APC和更高的控制应用是“慢回路”，也就是说，它们通常“微调”控制，或以比普通回路控制器低得多的频率提供信息，可能每小时或每天一次。操作员可以选择接受或拒绝更复杂系统所提供的控制解决方案。之所以需要这个界面，是因为高级应用程序可能无法在任何时间都能提供有关炼油厂的能力和状态的最新信息。

### 22.3.2 控制系统构架

控制系统构架实质上是指过程控制系统的组装图。构架中将包括哪些设备被绑定到过程控制系统或网络中。图22-1显示了一般情况下可能有的架构层。

在简单的炼油厂控制架构中，控制回路被连接到单元控制室，在单元控制室里实现显示、监测和控制。在此配置中，系统以“监管控制和指示”层结束。来自过程的数据以某种频率在数据表上手动记录，供炼油厂工作人员审查和分析。直到计算机或DCS系统出现之前，这一直是炼油厂的规范。

现代炼油厂的控制系统架构看起来仍然像简单架构，是控制回路级别的架构，但控制回路与带有先进控制的DCS相连，覆盖这些控制回路并优化这些回路。控制系统和实验室信息系统的数据被收集在数据历史记录中。炼厂员工和远程用户可以访问数据进行分析。在不属于控制系统的仪器中，可能仍有一些人工读取数据，以帮助确保操作员在某些频率上监视特定的设备。这是现在最常见的架构。

这一系统的企业层还不常见，但预计该领域将有所增长。

### 22.3.3 特殊控制系统

目前的特殊控制系统通常有两类设备，即可编程逻辑控制器(PLC)和安全集成系统(SIS)，它们在控制系统中有特殊用途。虽然这些设备可以与正常的过程控制系统连接，但它们具有专用功能，操作起来非常类似于复杂的控制回路。

(1) 可编程逻辑控制器(PLC)

可编程逻辑控制器用于必须重复连续执行、且有明确定义的复杂控制的情况。这种类型控制的一个简单例子是仪表空气干燥器，它可以感知仪表空气中的水分并且基于水分含量切换到其再生循环。然后控制器对干燥器的再生周期进行排序。一个更复杂的例子是大型离心式压缩机的防喘振控制器，它可以持续分析压缩机性能和远离喘振的距离，并在压缩机接近喘振时限制或关闭压缩机。

PLC 的另一个应用是在变压吸附装置中，其中 PLC 控制和监控操作 PSA 所需的阀门顺序和压力。如果 PSA 出现问题，更复杂的 PSA 系统还将包含诊断和后备操作。该系统可防止 PSA 受损。

(2) 安全集成系统(SIS)

也称为安全完整性系统，通常是三冗余逻辑解算器(基本上与 PLC 并联)，它监视特定变量，如果数据显示过程单元有发生过程安全事故的倾向，将采取特定的覆盖控制操作。SIS 的要求源于过程单元的过程危害分析。保护层分析(LOPA)用于定义 SIS 设计的要求和充分性。系统要避免的事件类型包括火灾、爆炸、失控或任何其他严重事故。

举例来说，SIS 系统可以用于监测加氢裂化反应器温度的失控，因为温度失控会导致设备快速过热，继而伴随着火灾或爆炸事故的发生。该设备的 SIS 可以检测到初始失控，并且在预警之后，自动关闭该装置并以高流量将氢气压力排放到火炬。这些措施旨在消除温度失控风险。虽然该操作单元被关闭，但仍比发生质量事故更安全。

SIS 系统通常在处理单元中具有其自身、独立、专用的多个感测元件。它们可以将信息传递给 DCS，但在 DCS 之外并与 DCS 分开运行。对 SIS 的设计、分析、安装、冗余、修改审查和批准、测试频率和维护有特定要求。SIS 系统要求的严格程度取决于可能性后果的严重程度。

## 22.4 流量测量和控制

流量是炼油厂中最常见和最重要的测量指标之一。总体来看，原油、原料和精炼产品通常按体积进行买卖，因此体积流量将直接影响炼厂的经济效益。必须以每日为单位，测量和管理每个装置流入和内部的流量。物料平衡对于监控和装置控制很重要，且流量测量需满足保持平衡的需要。

本节旨在介绍流量测量和控制的概况。该主题的更多详细信息可由许多资源获取，包括本节所列参考文献。

我们将回顾以下基础知识：流量传感元件及其特性；典型安装；控制元件。

### 22.4.1 流量元件及其特征

通过罐液位或桶液位的变化进行速率测量可能是确定流速的最基本和最直接的方法。该方法依赖于已知精确校准的容器内的液位变化。虽然技术上来说是流量的确定，但它不是连续的，并且不是本节的主题。我们的重点是持续测量用于控制过程的流速的元件。

表 22-1~表 22-3 提供了目前常见的流量计量元件列表。该表总结了测量原理、应用特性、优点、缺点、使用的典型位置以及与炼油厂应用相关的其他因素。

表 22-1 流量元件的常见特性及其特征

| 原理 | 压差 | | | 磁性 |
|---|---|---|---|---|
| 仪表类型 | 孔板 | 文丘里管 | 皮托管 | 磁性 |
| 应用 | 清洁液体，气体，蒸汽 | 清洁液体，气体，一些污垢，浆液 | 清洁气体或液体 | 清洁或脏污的液体，硫 |
| 尺寸/in | >1 | >2 | >3 | >0.1 |
| 准确性/% | 0.5~3 | 0.5~1.5 | 3 | 0.5 |
| 量程比 | 3∶1 | 3∶1 | 3∶1 | 10∶1 |
| 最小雷诺系数或黏度限制 | 10000 | >100000 | >100000 | 没有 |
| 最大压力 | H | L-H | L | M |
| $\Delta p$ | H | L | L | L |
| 仪表成本 | L | H | L | H |
| 安装费用 | M-H | M | M | H |
| 维护成本 | M-H | L | L | M |
| 直管段长度，管径倍数 | 10~30 | 5~10 | 20~30 | 5 |
| 输出格式 | 平方根 | 平方根 | 平方根 | 线性 |
| 优点 | 成本低，历史悠久，在炼油厂非常普遍 | 低 $d_P$，脏液，短管道运行 | 与皮托管文丘里相似 | 良好的范围，零 $\Delta p$，对流体道具不敏感 |
| 缺点 | 高 $\Delta p$，有限范围，磨损，密度影响 | 昂贵，有限的范围，高雷诺系数要求 | 类似于皮托文丘里且非常低压降，接头插塞 | 价格昂贵，需要最低电导率 |

表 22-2 流量元素的常见特性及其特征

| 原理 | 振荡 | | 容积 | | |
|---|---|---|---|---|---|
| 仪表类型 | 科里奥利 | 涡流流量计 | 容积 | 椭圆齿轮 | 阀瓣 |
| 应用 | 清洁或脏污的液体 | 清洁液体，气体，蒸汽，一些污垢 | 清洁液体，气体，更高黏性 | 清洁液体，气体，高黏度 | 清洁液体 |
| 尺寸/in | <6 | >0.5 | >12 | 1/8~3 | 5/8~2 |
| 准确性/% | 0.25 | 1 | 0.5~1 | 0.25 | 2 |
| 量程比 | >25∶1 | 10~20∶1 | 20∶1 | 高 | 中 |
| 最小雷诺系数或黏度限制 | 没有 | >10000 | >10cSt | <50000cP | <5000cP |
| 最大压力 | | | L | M | L |

续表

| 原理 | 振荡 | | 容积 | | |
|---|---|---|---|---|---|
| $\Delta p$ | M | M | H | H | H |
| 仪表成本 | H | M | H | H | M |
| 安装费用 | H | L-M | H | H | M |
| 维护成本 | L-M | M | H | H | H |
| 直管段长度，管径倍数 | 没有 | 15~25 | 没有 | 没有 | 没有 |
| 输出格式 | 线性 | 线性 | 线性 | 线性 | 线性 |
| 优点 | 直接质量读数，开放通道，高准确性，范围广 | 精度不受性质影响，高范围，高量程比，压降适度 | 输送监控，高精度，宽范围，黏性液体 | 与PD类似 | 与PD类似 |
| 缺点 | 安装困难，不适用于气体，价格昂贵 | 高雷诺系数，黏度<20cP，不适用于脏污，腐蚀性或侵蚀性环境 | 机械，昂贵，不利于大流量，输出受黏度影响 | 与PD类似，仅限小尺寸 | 与PD类似，仅限小尺寸 |

**表 22-3 流量元素的常见特性及其特征**

| 原理 | 涡轮 | 超声 | | 可变面积 | 热 |
|---|---|---|---|---|---|
| 仪表类型 | 涡轮 | 多普勒 | 渡越时间 | 转子流量计 | 热分散 |
| 应用 | 清洁液体，气体，蒸汽 | 脏/腐蚀性液体或浆液 | 清洁/腐蚀性液体 | 清洁液体或气体，一些污染物 | 清洁/肮脏的液体或气体，浆液 |
| 尺寸/in | >0.25 | >0.5 | >0.5 | <3 | <3 |
| 准确性/% | 0.5 | 2~5 | 2~5 | 0.5~5 | 1~5 |
| 量程比 | (10~35):1 | 10:1 | 10:1 | 10:1 | 100:1 |
| 最小雷诺系数或黏度范围 | 2~15cSt | 没有 | 没有 | <3 cP | 没有 |
| 最大压力 | M | M | M | L | M |
| $\Delta p$ | M | L | L | M | L |
| 仪表成本 | M | M | M | L-M | L-M |
| 安装费用 | M | L | L | L | L |
| 维护成本 | M-H | L | L | L | L-M |
| 直管段长度，管径倍数 | 没有 | 5~20 | 5~20 | 没有 | 10~20 |
| 输出格式 | 线性 | 线性 | 线性 | 线性 | 对数 |
| 优点 | 范围大，流量小，易于安装 | 非侵入式，低成本，双向 | 与多普勒一样 | 低成本，直接读数 | 大范围，几乎任何流体 |

续表

| 原理 | 涡轮 | 超声 | | 可变面积 | 热 |
|---|---|---|---|---|---|
| 缺点 | 精度受磨损和流体性质影响，清洁流体，成本高，气表读数偏高 | 需有颗粒才能工作，仅用于液体，准确性低 | 仅清洁液体，精度低 | 较大尺寸的昂贵，流体性质会影响精度 | 传感器结垢会影响性能，精度低 |

值得注意的是，没有真正成功的方法来测量两相流，因此通常应该避免这种情况。

在化学工业中，目前不同类型流量计的使用分布如下所示，出自 ABB，Inc. 的 G. Livelli。炼油将成为化学工业的一个子集。

| 仪表类型/原理 | 仪表百分比/% | 仪表类型/原理 | 仪表百分比/% |
|---|---|---|---|
| 压差 | 29 | 涡轮 | 8 |
| 磁性 | 20 | 超声 | 7 |
| 直接质量 | 18 | 风速表 | 5 |
| 正位移(容积式) | 9 | 漩涡、涡流、其他 | 4 |

在目前所有的流量计中，孔板流量计是炼厂最常见的。对大多数应用来说孔板流量计简单可靠。本节将着重介绍孔板流量计的计算方程式及应用。

我们也将简要介绍炼厂其他类型流量计的应用。我们还将专门介绍交接计量。

(1) 孔板流量计

孔板流量计其实是一块管道里设计好的限流板(板上有孔)，根据已知的流率产生压降。压力测量是在孔板的上游和下游速度最高处(在缩径处)。根据伯努利原理，流速是压降的函数。

用于炼油厂的孔板仪表是边缘锋利的同心型设备。图 22-5 显示了使用孔板丝锥安装典型孔板流量计的关键部件。具体应用可以使用偏心或节段型孔板，但这些并不常见。如果使用其他类型的板，则需要对计算进行适当的更改。接头也可以位于孔板周围的其他位置，例如在管道的上游和下游，但这些布置并不常见。

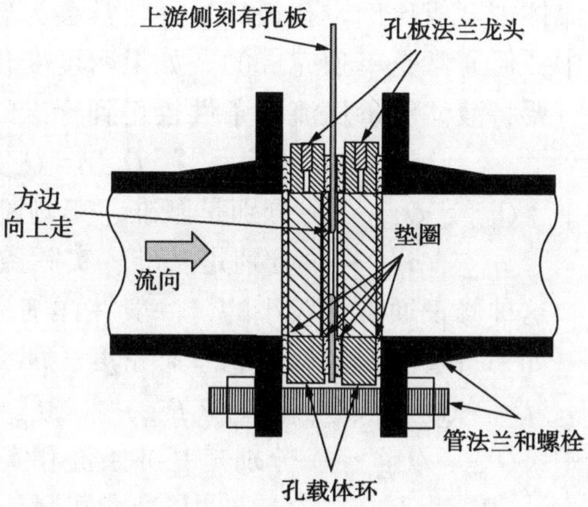


图 22-5　孔板流量计详图

孔板流量计的基本计算公式如下：

$$Q = \left(\frac{\pi}{48}\right) CYd_0^2\ [(2\rho_f\, g_c \Delta p)]/(1-\beta^4)]^{1/2} \tag{22-1}$$

式中　$Q$——可压缩流体的流量，$lb_m/s$；

$C$——孔口流量系数(修正系数)；

$Y$——膨胀系数(可压缩流体的修正系数)；

$d_0$——孔径，in；

$\rho_f$——上游流动条件下的流体密度，$lb_m/cft$；

$g_c$——重力常数，32.174ft×$lb_m$/($lb_f s^2$)；

$p$——穿过孔口的压降，psi；

$\beta$——孔板孔径与管内径之比，无量纲。

对于不可压缩的(或几乎不可压缩的流体，如液体)：$Y=1$。

对于可压缩的流体：

$$Y = 1 - (Y_0 d_p)/(p_1 k) \tag{22-2}$$

式中 $Y_0$——功能取决于接头位置。用于普通法兰接头，$Y_0=0.41+0.35\beta^4$；

$p_1$——上游流体的绝对压力，psia；

$K$——流体比热容比 $C_p/C_v$。

则可以得到：

$$C = C_\infty + b/R_d^n \tag{22-3}$$

式中 $C_\infty$——无限雷诺数下的孔板系数。

对于普通孔板法兰接头：

小管径(≤2″)：$C_\infty=0.5959+0.0312\beta^{2.1}-0.184\beta^8+0.039\beta^4/(1-\beta^4)-0.0337\beta^3/d_p$

大管径：$C_\infty = 0.5959 + 0.0312\beta^{2.1} - 0.184\beta^8 + 0.09\beta^4/(1-\beta^4) - 0.0337\beta^3/d_p$

$b=91.71\beta^{2.5}$；

孔板雷诺系数 $R_d=12\times d_0\times v_0\times\rho_f/\mu$；

$n=0.75$；

$v_0$——通过孔板的流体流速，ft/s；

$\mu$——绝对黏度，lb/(ft·s)。

如今，计算这些方程式主要是使用计算机程序来完成，因此这项任务并不像看上去那么繁重。

从实际操作的角度来看，根据观察孔板方程可知，通过孔板的质量流量与压降的平方根和流体密度成比例。孔板流量计通常会为您进行平方根转换。密度校正也可以结合到控制系统中，但通常是单独完成的。如果密度变化不大，则除了标定运行外，通常会忽略校正。

要将液体流量从流动条件校正到标准的公式如下：

$$Q_{base} = Q_{meas}(\rho_{base}/\rho_{meas})^{0.5} \tag{22-4}$$

式中 $Q_{base}$、$Q_{meas}$——分别是基准、实测流量；

$\rho_{base}$、$\rho_{meas}$——分别是基准、实际条件下的液体密度。

这种修正通常是较小的，一般在详细标定中用到。

如果将实际密度修正到基态密度，那么可压缩流体的流量为：

$$Q_{corr} = Q_{meas}(P_{base}/P_{act})^{0.5}(M_{base}/M_{act})^{0.5}(T_{act}/T_{base})^{0.5}(Z_{act}/Z_{base})^{0.5} \tag{22-5}$$

式中 $Q_{corr}$、$Q_{meas}$——分别是基准条件和实测流量；

$P_{base}$、$P_{act}$——分别是基准和实际压力(绝对)；

$M_{base}$、$M_{act}$——分别是基准和实际分子量；

$T_{base}$、$T_{act}$——分别是流体的基准和实际温度(绝对)；

$Z_{base}$、$Z_{act}$——分别是基准和实际压缩因子。

注意，因为修正公式为比率，所以在使用公式时不需要进行单位的转换。但需要确保每个校正因子的分子和分母都使用相同的单位。另请注意，可压缩气体校正的压力和温度单位为绝对单位。

孔板流量计还有一些衍生形式：

① 文丘里流量计：与孔板流量计采用相同的测量原理。它们具有更平滑的流动模式并恢复更多的压头，因此，它们具有较低的压降。文丘里管通常用于压头损失对成本影响大的低压场合。

② 喷嘴流量计：与孔板流量计类似，但使用光滑的管代替孔板。

③ 楔形或V锥流量计：这种类型的仪表通常用于加工浆料的地方。该流量计由一个大致呈三角形的楔块组成，楔块投射到流体中，在上游流体和楔块限制的最窄部分之间测量压降。

孔板仪表和其他依赖压降的仪表，在炼油厂有很多应用，历史悠久。它们的应用受到量程调节范围3∶1以及压降损失的限制。它们需要上下游直管段以获得良好的精度，对安装(尺寸)物理要求较大，但是它们可以用于非常大的流量。

(2) 电磁流量计

电磁流量计的测量原理为法拉第定律。法拉第发现导电材料在磁场中运动时产生的电压与流体速度成正比。在电磁流量计中，施加的磁场垂直于流体流动方向，然后测量流体通过磁场时产生的垂直电压。

仪表校准是针对所处理的特定流体进行。为获得最佳精度，需要对流体密度差异进行密度校正。精确度可以达到±0.2%。

显然，这种测量方法只能用来测量导电流体。电磁流量计对该过程是“非侵入性的”，即它们不会干扰流动，并且通过涂装耐腐蚀衬里可以测量腐蚀性流体。炼油厂中在测量熔融硫、浓酸和其他苛刻应用场合时经常用到它。但受产生磁场能力的限制，电磁流量计通常用于尺寸较小的管线。因为只需要很短的直管段，安装工程量相当小。

(3) 振荡流量计

炼油厂有两种常见类型的振荡流量计，即质量流量计和涡流流量计。这些仪表价格昂贵但在某些应用场合中具有一定价值。质量流量计对于直管长度没有特殊要求，但涡流流量计需要相当长的直管。其他类型的振荡流量计包括射流流量计和动量式流量计。

1) 质量流量计：质量流量计在炼油厂得到越来越多的应用，它们通常不适用于气体。最常见的质量流量计利用科里奥利效应。在科氏力流量计中，流体流过一个或两个管(通常是环状的)，这些管通过电磁驱动器以其固有的共振频率振动。流体在管中产生的二次振动，是流体流速和密度的线性函数。仪表传感器测量二次振动并将其转换为流量，精确度可以达到0.2%，质量流量计具有极宽的操作弹性(高达100∶1的调节比)，流量测量读数直接为质量。

质量流量计的体积流量读数可以使用基准密度与测量密度的比率，对其进行校正。质量流量读数则无需校正。

2) 涡流流量计：涡流流量计工作原理：流体中插入任何物质都会在其下游都产生涡流，并且旋涡方向以与流量成比例的频率从一侧振荡到另一侧。这种振荡可以检测到并转换为流速。涡流流量计的测量流量可以通过密度进行校正以确定实际流量。涡流流量计具有±1%的精度和良好的量程比，而且产生的流动阻力很小。

涡流流量计需要高雷诺数(即湍流)才能发挥最佳效果。流体必须清洁且无腐蚀性，以避免由于“插入物”的侵蚀或腐蚀而造成的涡流。

(4) 容积式(PD)流量计

容积式流量计直接测量流体的体积流量。此类流量计包括章动盘圆盘流量计、旋转活塞流量计、旋转叶片流量计、往复活塞流量计、凸轮流量计和椭圆齿轮流量计。容积式流量计可用于液体和气体，可以测量黏性流体，但在低黏度时可能会失去准确性。家庭使用的标准煤气表就是容积式流量计。

这些仪表基本上是强制向后运行的容积泵，通过检测其运行的速率转换为体积流量。校正基础或标准状态的流量需要对密度进行简单的调整。

这些仪表往往机械结构复杂(即可靠性问题)并且昂贵。因为具有高精度和广泛的可调范围，经常用于交接计量，测量范围限制在约1000gal/min或更低。

液体应清洁，以防止过度磨损。不适用于两相流。PD仪表对于出入口直管长度没有要求。

(5) 涡轮流量计

另一种经常应用于炼油厂，尤其是用于交接计量的仪表，是涡轮流量计，其精度很高、成本适中，可在较大的调节范围内运行。这种仪表需要清洁、不易堵塞或侵蚀的流体。测量气体时往往读数偏高。在精确测量时大多数都需要对密度进行校正。这些仪表通常有自己的整流叶片。

这些仪表基本上是通过流体驱动小型涡轮或多叶片转子旋转来工作的，涡轮速度与流量成线性关系。

(6) 超声波流量计

目前常见的超声波流量计有两种类型，即多普勒流量计和渡越时间(或飞行时间)流量计。此类仪表为非侵入式，价格相对便宜，并且没有压降，但需要一米长的直管。精确度最高为2%~5%，因此它们主要用于其他仪表不方便测量的环境，或者需要在没有其他仪表的情况下在线进行临时读数的场合。这通常是“捆绑”式流量计，不能用于测量气体，而仅适用于液体或浆液。

1) 多普勒流量计：多普勒测定仪通过检测施加在液流上的超声信号的多普勒频移，以及在液流中运动的粒子反射回来的多普勒频移来确定流速。这意味着多普勒仪表仅适用于不干净的液体、浆液或夹带气泡的液体。产生的流量信号是线性的。

2) 渡越时间(飞行时间)流量计：与多普勒流量计相反，渡越时间流量计需要非常干净的流体才能正常工作。这种类型的流量计是测量所发射的超声波信号在固定的距离穿过流体到达传感器的传输时间。时间的变化可换算成流量，其结果(传输时间的变化)与流量呈线性关系。

(7) 可变面积流量计

可变面积流量计对膨胀流管内流动的流体施加固定的阻力模块。流体会推动阻力模块使其在管中移动，从而增加流动面积直到推动力等于阻力。最常见的应用是转子流量计。

转子流量计通常尺寸受限，精度可变。它们可以非常小，但是最大尺寸限制在3in左右。所用的液体必须相当干净，但有些污染是可以容忍的。膨胀管可以通过加固以承受更高的压力，但这些装置通常限制在<700psig。

可变面积流量计的成本低，并可直接读取流量。但流体性质会影响其精度，需要校正流体密度才能获得最高精度。虽然转子流量计必须安装在垂直管道中，但是没有直管长度的要求。

（8）测热仪表

有两种常见的测热仪表：风速表和热弥散表。这些仪表对流体条件的适应性最强，适用于液体、气体或浆液，具有宽广的调节范围。他们的主要问题是元件的结垢。其准确度仅在±(1%~5%)的范围内，并且确实需要出入口的直管，这在大规模化应用时可能是昂贵的。

这两种类型的仪表都通过各种方法测量进入流体中的热量损失，其结果与质量流量的对数成比例。其测量结果需要根据密度和流体性质进行修正。

例如，您可能会在火炬头中找到这种类型的仪表。

### 22.4.2　典型安装

（1）流量元件安装

流量传感元件在过程控制中的安装取决于所使用的元件的类型。对于最常见的元件，需要在仪表元件的上游和下游的留有直管段，这通常被称为仪表安装距离。对于大型管道，仪表安装可能需要很大的空间和成本。例如，一个标准孔板流量计在24in的管道上使用。流量计入口管道安装距离需要约40ft，流量计出口管道安装距离需要约8ft，加上孔板安装总共需要约50ft的直管段。某些类型的仪表因为不需要安装距离，因此具有一定优势。

在大多数情况下，流量计既可以水平安装也可以垂直安装。在某些情况下，例如两相流或浆液，首选垂直安装。

如果在管道中没有足够的空间保证良好的仪表运行，则可以使用整流叶片来减少所需的管道长度，但是在精度方面会有一些损失。进入孔板流量计的不良流动状态会导致15%~20%的流量计偏差。

图22-6显示了正常孔板流量计的安装，包括流量计安装距离。下面来分析这样一种常见的安装方式。

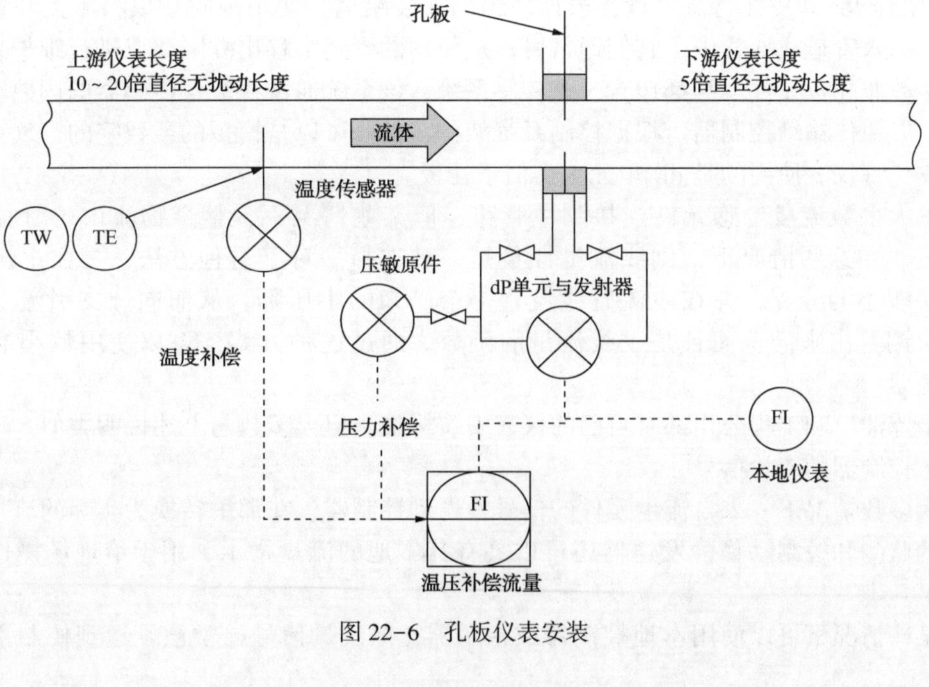


图22-6　孔板仪表安装

根据流量计的入口安装距离，孔板安装在特定的孔板法兰上，这些法兰上装有测压口。通过测压口测量孔板前后的压力，这些通常被称为“法兰接头”。

孔板本身安装在法兰之间，在孔板前后均有垫片。孔板在突出法兰处有一个标签，上面标注孔板编号和尺寸。压印在标签上的字符必须指向流体进入方向，以便孔板能正确测量流量。如果孔板安装方向错误，则会引入3%~10%的误差。

在孔板法兰的下游，应该有大约五倍于直径、流动不受扰动的直管段，这并不像上游安装距离那么重要，但是比如如果流体立即进入弯头，则会导致测量的不准确性。

孔板法兰上的测压孔与根阀紧密连接，根部阀与管道具有相同的规格。这些根阀可用于将法兰与测量压降的 $\Delta p$ 单元隔离，以便进行维护，或者防止连接到法兰的小管道和管件发生泄漏。这些小型管道和管件特别容易受到该部位的活动和振动的损害。

来自根阀的管道或管件通过入口仪表集合管通向差压室。集合管有自己的隔离阀和旁通阀，以及校准连接。它允许将 dP 单元归零、展开并以其他方式维护。这里既可以采用标准仪表阀组，也可以用管道、管件和仪表阀门建立一个。

dP 单元是一种敏感的仪表，它通过膜片上的位置或应变来检测孔板前后之间的压力差，膜片的一侧为上游压力，另一侧为下游压力。该单元可以直接指示压降(或具有平方根刻度)，或者将 dP 传输到控制系统。信号可以是气动的、电子和模拟的或数字的。

对于除孔板以外的流量元件，其安装稍微简单一些：

① 根据适当的安装距离，磁性和涡流流量计安装在法兰之间。

② 科氏质量流量计、容积式(所有类型)和涡轮流量计安装在法兰之间，没有任何安装距离的要求。

③ 超声波仪表绑在管道上以保证仪表的正常运行。它们需要机械连接到管壁以确保良好的接触。

④ 转子流量计安装在垂直管道上。

⑤ 对于热式和皮托管流量计，根据适当的安装距离，使用根阀和填料压盖装置，将其通过法兰插入管道或导管中。它们通常可以从使用的管路中移出并隔离以进行维护。

大多数非孔板元件本身都包含一个传感系统，该系统通常将流量传感器的读数转换为电子信号，以便传输给控制器。根据控制系统架构，信号可以是模拟的或数字的、气动的或电子的。皮托管仪表使用的是 dP 单元，类似于孔板。

虽然大多数流量传感元件连接到主管路，但某些情况下，整个物流由于管径过大而无法测量。在这些情况下，侧线流量计量是一种选择。对于这种方法，是在主流管线外设立一个较小的分支，并在主流管线设置一个已知的小压降，从而向分支引流。分支流量是可以测量出来的，而且是主线流量的函数。通过这种方式，可以使用较小的仪表来测量大流量。

每个炼油厂和工程公司都有自己的仪表安装标准，但大多数与上述说明类似。

(2) 控制器的流量信号

在大多数情况下，来自流量元件的信号发送到控制器，在那里转换为实际的流量，以决定所有的监测和控制动作。发送器还可以具有其本地的流量指示，用于给现场操作员提供信息。

在某些情况下可以使用本地控制器或指示器，但流量信号通常被发送到控制室用以显示、记录和控制动作的决定。

(3) 控制器信号处理

控制器获取流量信号，将其与所需的流量(设定值)进行比较，并确定所需的响应(如果有)。控制器的输出结果被发送回现场的最终控制元件。控制器在“控制器”一节中有更全面的讨论。

(4) 输出信号到控制元件

来自流量控制器的输出信号返回到现场中对应的流量控制元件。输出信号可以是电子的或气动的。

炼油厂中最常见的流量控制元件是控制阀。这些将在后面详细讨论。

另一个在炼油厂更多得到应用的控制元件是变速控制器。后面会详细介绍这个元件。

控制信号通常由最终控制元件通过某种信号转换器接收，该信号转换器将信号转换成控制元件可以使用的信号。

### 22.4.3 最终控制元件

本节讨论三个最终控制元件：控制阀、变速驱动器、可变容量。

(1) 控制阀

最常见的流量控制元件是控制阀，有许多类型的控制阀可供选择。这些阀门的不同特性为优化提供了机会，选择适合工况的阀门至关重要。

控制阀的定义是“在过程控制系统中作为最终元件的动力操作装置”。它由包含用于改变过程流体流速的内部装置的子组件组成。本体连接到一个或多个执行器，执行器对来自控制元件(控制器)的传输信号作出响应。

表22-4中描述了在当今炼油厂中使用的控制阀和执行器的主要类型。下面详细介绍最常见的控制阀和主要注意事项。

**表22-4 控制阀和执行机构的选择**

<table>
<tr><th colspan="4">控制阀的分类</th></tr>
<tr><th>类型行动</th><th>阀门类型</th><th>一般说明</th><th>经过阀塞/阀座的典型流型</th></tr>
<tr><td rowspan="4">线性或升降阀杆</td><td>单座</td><td>具有单阀塞和阀座的球阀。随着阀杆上升而打开</td><td>通常朝上放置。阀塞阻碍流体流动</td></tr>
<tr><td>双座</td><td>球形阀，在公共阀杆上有两个阀芯和阀座，一个在另一个之上。随着阀杆上升，两个阀座都打开了。流体流动形成阻力平衡</td><td>在阀塞和阀座上方及下方通过以平衡阻力</td></tr>
<tr><td>平衡阀塞，阀箱导向</td><td>阀塞包含在阀箱内，阀箱上有多个孔。随着阀塞的上升，更多的孔被打开以增加流量。通过内部流量分配达到平衡</td><td>水平流过阀箱壁，然后向下流动。从阀箱外向内</td></tr>
<tr><td>高容量，阀箱导向</td><td>类似于平衡阀塞，阀箱导向的原理。上升的阀杆增加流量</td><td>向上流向阀塞，然后水平向外通过阀箱</td></tr>
</table>

续表

控制阀的分类

| | | | |
|---|---|---|---|
| | 反向动作，阀箱导向 | 类似于平衡阀塞，阀箱导向的原理。当阀杆上升时，阀箱中的孔被覆盖，流量会减少 | 从阀箱通过阀壁水平流动，然后向下流出，通过阀塞中的通道流出 |
| | 三通阀 | 单阀塞调节流向两个不同目的地的比例。可能是阀箱导向。阀杆的位置改变流向不同目的地的比例 | 通常向上流到一个目的地，向下流到另一个目的地 |
| | 角阀 | 类似于单通阀。阀杆上升增加流量。在压力很高的场合，这种类型的阀门可能有多个阀塞和阀座，将压降分配到每一组 | 通过阀塞和每个阀座向下流动 |
| 转轴 | 蝶阀 | 与阻尼器类似。一个和管线管径相近的阀盘旋转，中心轴沿阀板直径定位。从全关到全开旋转90° | 流经阀座并通过阀盘。阀盘上的受力大致平衡 |
| | V形球阀 | 从球体上开有一个V形缺口的球阀。球体旋转角度增加会暴露出更多的楔形凹口，从而流量增加。从全关到全开旋转90° | 流体经过球的凹口。球被阀座环绕 |
| | 偏心阀 | 与蝶阀类似，但是旋转轴心偏离较小阀盘的中心，使阀板旋入或旋出阀座 | 流体可以沿偏心阀塞或阀座的任意方向流过 |

执行器类别

| 原理 | 执行器类型 | 说明 |
|---|---|---|
| 气动 | 正向动作 | 控制空气压力推动隔板压挤弹簧，使阀杆向下做线性移动。阀杆与阀门相连接。气源的不足会导致阀杆的上升 |
| | 反向动作 | 控制空气压力推动隔板压挤弹簧，使阀杆向上做线性移动。阀杆与阀门相连接。气源的不足会导致阀杆的下降 |
| | 旋转动作 | 隔板或活塞传动器的直线运动转换成类似于“通过凸轮驱动阀杆偏心旋转”的旋转动作 |
| | 活塞 | 作用在活塞上的空气压力引起活塞杆的线性运动，从而使阀杆移动。活塞可以具有弹簧复位，或可以双向移动，利用空气压力向任一方向移动 |
| 电动操作 | 电动液压 | 电动液压泵提供油压以驱动阀门。这种类型的执行机构通常用于需要快速动作的地方，例如发电汽轮机控制。大量的油可以储存在高压蓄能器中以实现阀门快速动作。可用于非常大的阀门 |
| | 电动马达 | 通过连接到电动机的变速箱实现驱动。如果没有电源，这种类型的阀门通常会失效 |
| 手动操作 | 手动 | 通常由操作员转动手轮来操作。这种类型的执行器可用于任何类型的阀门，但很难用于非常大的阀门。大多数其他类型的执行器也可以在其上装有手轮，在主要控制执行器失效时，能够进行控制。手动阀没有故障位置，实际上就是原位失效 |

图 22-7 所示为传统的控制阀。如图所示，该控制阀为双座塞阀。像大多数控制阀一样，它是由空气流对膜片施加压力，从而使弹簧阀杆运动的气动控制阀。一个或两个阀芯(图中显示两个)连接到阀杆的底部，当阀杆关闭时，阀芯插入在阀座中，从而实现紧密的关闭。由于阀杆的运动，阀座上的阀芯的逐渐打开或关闭，以此来决定流过阀门的受控流体量。控制阀杆运动的膜片上的空气压力随控制参数而变化，例如温度测量或流量测量等。在很多更现代化的炼油厂中，很多控制阀都是电动操作的。

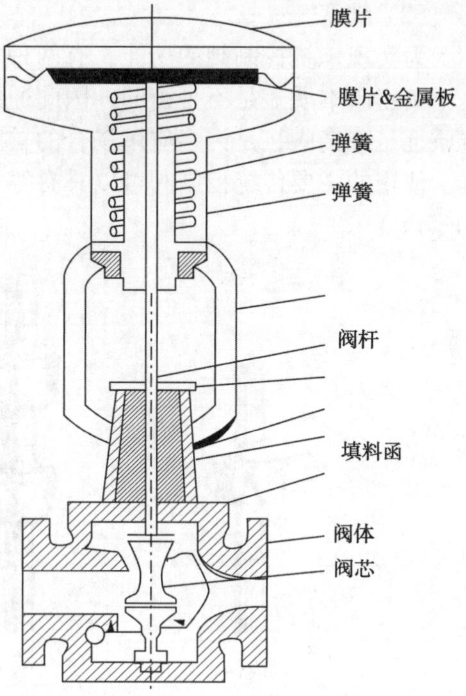

图 22-7 传统的控制阀

图 22-8 显示了工业中常用的两种其他类型的控制阀——文丘里阀和蝶阀。这两种类型的控制阀在气动操作时(通常为气动操作)，通常与上述插塞式阀的工作方式相同。这两种类型控制阀的主要区别在于阀门系统本身。在文丘里阀内，流体受阀体内的方向角度变化 90°。入口和出口尺寸也不同，入口具有较大的直径。阀门本身是塞式的，但阀座位于阀体的弯曲处。文丘里阀或角阀是在阀门出入口存在高压差的场合下使用。

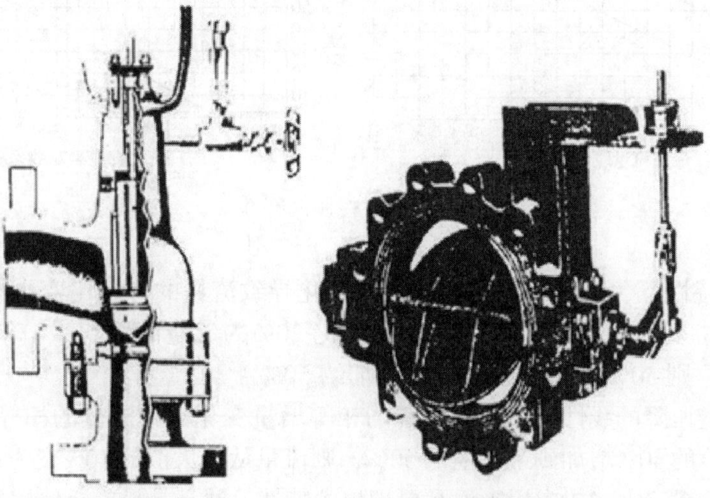
(a) 角阀 (b) 蝶阀

图 22-8 文丘里阀和蝶阀

蝶阀的压降非常低，可以在仅有几英寸水柱压降的情况下非常有效地操作，而此时传统插塞式阀门的操作是无法稳定的。该阀门的开关动作是利用管道中设置的一个板翼实现。板翼的开合动作是由其外置的阀杆完成的。与其他气动阀门的情况一样，阀杆运动是由空气和弹簧从隔板室加载到阀杆上而实现的。这种类型阀门的唯一主要缺点是由于阀门的板翼动作而难以关闭得非常紧密。

(2) 阀塞

为实现传统控制阀的功能，有两种类型的阀塞，包括：单座阀、双座阀。

单座阀本质上是不平衡的，因此通过阀塞的压降会影响操作阀门所需的动力。双座阀门本质上是平衡阀，是许多应用场合的首选。

使用的主要传统控制阀可以具有等百分比特性或线性特性。这两者之间的差异如图 22-9 所示。

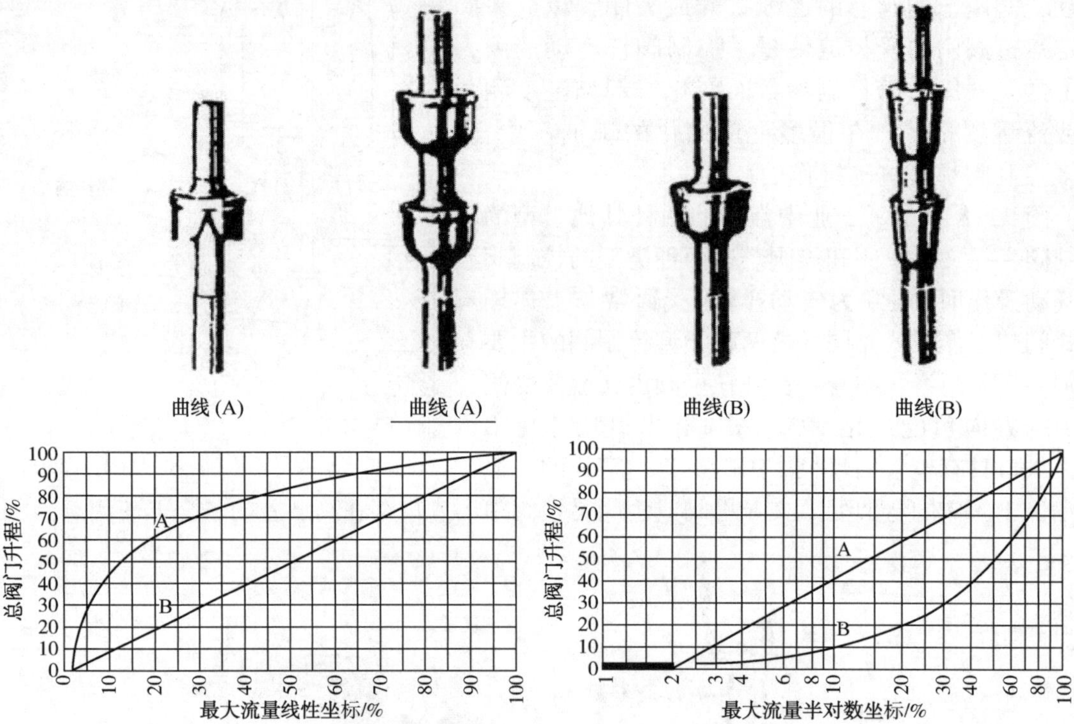


图 22-9 控制阀特性

A—等百分比；B—线性

在等百分比特性下，阀杆行程的相等增量变化导致流量的百分比变化相等。例如，如果升力从最大的 20%变为 30%，则 30%的流量将比 20%的流量高约 50%。同样，如果升力从 40%增加到 50%，则 50%的流量将比 40%增加约 50%。

对于具有恒定压降的线性阀，阀杆升程的相等增量变化导致流量的相等增量变化。例如，如果升力从最大值的40%增加到最大值的50%，则流量从最大值的40%变为最大值的50%。因此，等百分比特性对于大多数应用来说是更理想的特性，并且是最广泛使用的特性。

(3) 控制阀上的压降

在确定或指定控制阀的负荷时，必须根据设计或最大流量确定控制阀两端的压降。另外，如果已知一个阀门必须以远低于最大流量的条件运行，则还必须计算在该低流量下的压降，以此确定阀门需要的可调范围。

作为一般经验法则，在最大流量下的总压降可用于此计算目的：

① 回路中摩擦压降 20%(不包括阀门)。

注：一个回路一般包括从泵、压缩机或容器排放到下游下一个压力控制点之间的所有设

备。在大多数情况下，下一点是一个容器。

② 根据回路排至容器的静压力，最高在 200psig 以内的按 10%压降计，压力在 200~400psig 之间的按 20psig 压降计，压力超过 400psig 的按 5%压降计。

将静压力纳入考虑范围的原因是考虑系统中压力水平的可能变化(即通过改变容器上压力控制器的设定值)。对于循环和回流这样的回路，可以忽略静压所占的百分比，因为接收器中压力水平的任何变化都会反映在整个回路中。在某些回路中，控制阀所占据的压降要比上面列出的按照百分比计算出来的压降大得多。这种情况发生在控制阀将流体从高压源泄压到低压源的回路中。例如，气体通过压力控制阀从塔或从高压容器释放流到罐。如前所述，这些是使用文丘里或角阀的场景。

(4) 无风时的阀门动作

在任何工艺或公用事业系统的设计和运行分析中，都要考虑到系统中仪表风故障对控制阀的影响。

如果控制阀不能打开或关闭，要评估每个事件各个方面的安全性和造成的破坏，以做出判断决定。例如：加热炉炉管入口上的控制阀始终不能打开以防止在热管处于低流量或无流量的情况下损坏管道。而另一方面，控制加热炉燃料的控制阀不能在空气发生故障时关闭以避免加热炉过热。

阀门的故障位置是通过动力空气作用在隔板上方还是隔板下方来确定的。对于气源作用在隔板上方的阀门，空气故障时弹簧从阀座上拉高阀塞。对于气源作用在隔板下方的阀门，空气故障时弹簧将阀门固定在关闭位置。还有一种可能是进入阀门顶部和底部的空气发生堵塞，也可能使阀门失效，但此方式只有选择性使用。

(5) 控制阀尺寸的选择

本章附录中介绍了选择控制阀尺寸的方法。

(6) 变速控制

在流量控制中越来越重要的是变速控制器。通过控制压缩机或泵的转速，可以直接改变输送的流量。当转速变化时，所输送的流量将取决于流量曲线和特定装置的特性。

举一个简单的例子，往复泵为每个行程提供固定的容积，可以通过改变每分钟的行程数来改变流量。这种类型的泵用于在催化剂预硫化期间控制硫化剂进入加氢反应器的注入速率。

在离心式压缩机应用中，可以使用改变大型压缩机的速度来降低功率要求并使压缩机远离其可能损坏机器的喘振点。

变速驱动器的潜在用途有很多可能性，您可以在炼油厂中找到四种主要类型的变速驱动器：涡轮机、引擎、电子、机械。

1) 涡轮机：最早和最常见的变速器之一是蒸汽轮机。汽轮机的速度由调节阀控制，调节阀控制蒸汽进入涡轮机蒸汽箱的流量。蒸汽的增加会使得涡轮转速越高，汽轮机的最高速度受到超速行程的限制。较大的涡轮机为调速器配备了更复杂的控制装置，但基本上以相同的方式运行。汽轮机通常由于其高可靠性而得以选用，但是其可调速和高输出功率的能力特别适宜用于大型压缩机。

2) 发动机：内燃机是另一种传统的变速驱动器。由于环保法规和经济性，内燃机正在逐步被淘汰，但它们仍然在偏远地区使用。

喷气发动机类的驱动器(真正的涡轮喷气发动机)也是变速装置，在这里当作与内燃机是同一类别。这些在热电联产装置之外的炼油厂中并不常见，它们可同时产生动力和蒸汽。

3）电子速度控制：在过去的几十年中，电子速度控制器或变速驱动器的性能稳步提高。现在可以提供超过5000马力的控制器，而几年前它们仅限于1000马力。变速驱动器通常控制交流电动机的电功频率以产生可变速度。频率越高，速度越快。也有可变电压，直流驱动器的型式。

电子变速器的一个重要优点是节电(运行成本)。只使用生产需要的能量，加上损失很小的热量。与早期的变速驱动器相比，这些驱动器变得非常可靠和高效。几十年前，一台5000马力的变速驱动器就像一个半挂车的大小，需要一个几乎同样大的冷却系统来散热。新的驱动器要小得多，产生的热量也少得多。

4）机械速度控制：小型泵和驱动器的速度也可以通过机械方式控制。例如常见的往复式和螺杆泵中是转动曲柄以改变控制器的速度。这些控制器使用各种机构，包括皮带和齿轮。本质上，这类驱动器类似于汽车变速器。

(7) 变容量控制

炼油厂中流量控制的最后一种常用方法是可变容积控制。在这种方法中，通过机械式正位移装置改变容积从而调节流量。该机构通常改变冲程长度。可变容积装置包括活塞和隔板两种类型。

可变容积装置广泛应用于计量泵中。往复式压缩机上的卸料机也是变容积装置，它通过改变压缩机的有效排量来降低净流量和所需功率。

### 22.4.4 流量测量与控制结论

流量计量和控制是控制系统运行的最基本的操作。除了流量外，压力、液位和温度，对于现代连续操作至关重要。对于主流量传感元件、最终控制元件和执行器有很多选择。这些都必须做好协调，以便在炼油过程中产生必要的控制。

## 22.5 温度测量和控制

温度测量和控制是炼油工艺中第二个关键因素。测量温度的方法相比流量较少，但同样重要。事实上，从安全角度来看，温度是避免设备失控最关键因素之一。

本节主要内容：

① 介绍主要的温度传感元件，以及他们的特点和适用性。

② 介绍最常规的安装布置，以及其具体考虑事项。

③ 各类温度控制的实施。

④ 介绍一些特定的温度监测和控制案例，包括反应器温度、外壳和表面温度、炉管壁温度。

### 22.5.1 温度测量元件

表22-5提供了炼厂与化工装置中最常见的温度测量元件的概况。

最常见的元件及其测量原理如下：

(1) 热电偶

热电偶的工作原理是，由两种不同金属材质组成的固体结合点经过加热后，会与固定参考端相对产生一个小的电压。此电压在较宽的温度范围内是线性的，石油炼制中最常见的热电偶有 J 型和 K 型。

J 型热电偶是在铁和康铜之间有一个连接点。康铜是一种含 55%铜和 45%镍的合金。这种类型的热电偶正常、稳定的工作温度范围是 32~1382℉(0~750℃)。

最常见的通用热电偶是 K 型热电偶。由铬镍合金(90% Ni, 10% Cr)和铝镍合金(95% Ni, 2% Mn, 2% Al, 1% Si)组成。稳定工作范围是 32~2012℉(0~1100℃)。

还有其他类型的热电偶可适用于不同温度范围。

**表 22-5 常见炼厂温度测量元件的范围**

| 性能随温度变化(范围) | 读取方法 | 元件 | 操作范围 | | 精确度 | 年度偏差 | 备注 |
|---|---|---|---|---|---|---|---|
| | | | 英制/℉ | 公制/℃ | | | |
| 不同金属之间的电压(-330~+4000℉, -200~+1700℃) | 冷参比端高阻抗电压表 | J 型热电偶 | 连续:+32~+1382<br>短期:-350~+1472 | 连续:0~+750<br>短期:-210~+800 | 32℉ 时 ±4℉, 2300℉ 时±17℉ | <±9℉ | 铁-康铜比 K 型更敏感 |
| | | K 型热电偶 | 连续:+32~+2012<br>短期:-450~+2500 | 连续:0~+1100<br>短期:-270~+1372 | | | 镍铬-镍铝合金一般用于廉价情况 |
| | | N 型热电偶 | 连续:+32~+1382<br>短期:-454~+2372 | 连续:+32~+1382<br>短期:-270~+1300 | | | Nicrosil - NISil(新型高稳定镍基合金)具有优异的高温抗氧化性 |
| | | R 型热电偶 | 连续:+32~+2912<br>短期:-58~+3210 | 连续:+32~+1600<br>短期:-50~+1768 | | | Pt/Rh 87%/13%-Pt |
| | | S 型热电偶 | 连续:+32~+2912<br>短期:-58~+3210 | 连续:+32~+1600<br>短期:-50~+1768 | | | Pt/Rh 90%/10%-Pt |
| | | T 型热电偶 | 连续:-310~+572<br>短期:-450~+752 | 连续:-185~+300<br>短期:-270~+400 | | | 铜-康铜 |
| | | E 型热电偶 | 连续:+32~+1472<br>短期:-450~+1830 | 连续:0~+800<br>短期:-270~+1000 | | | 镍铬-康铜合金用于低温环境 |
| | 还有其他多种选择 | | | | | | |

续表

| 性能随温度变化（范围） | 读取方法 | 元件 | 操作范围 | | 精确度 | 年度偏差 | 备注 |
|---|---|---|---|---|---|---|---|
| | | | 英制/℉ | 公制/℃ | | | |
| 电阻（−420~+1200℉，−250~650℃） | 惠斯通电桥 | 铂电阻温度探测器 | 至+1764（取决于元件类型） | 至+962（取决于元件类型） | 32℉时±0.2℉，2300℉时±2℉ | <±0.2℉ | 有多样的线圈和绕线形式：无应变、薄膜和线圈。低于600℃（1112℉）的高准确性和重复性 |
| | | 还有其他探测器材料可选 | | | | | |
| 膨胀−填充系统（−320~+1400℉，−195~760℃） | 直接 | 球形温度计 | 常规：+5~+248 可达+930℉ | 常规：−15~+138 可达+500℃ | ±5℉ | 无 | 用密封管中的液体膨胀产生的力来驱动机械指示器或控制器。成本最高、精度最低 |
| | 直接 | 双金属条 | 线性：−4~+392 最大：~842 | 线性：−20~+200 最大：~450 | | | 两个不同金属条之间的膨胀差使金属条单向弯曲，产生的力驱动控制器上的机械指示器，如家用恒温器和电路的超温保护 |
| 红外辐射（−40~+5400℉，−40~3000℃） | 直接或图像放大 | 红外温度计 | −76~+5432 | −60~+3000 | 准确率±（0.5%~1%） | | 范围良好，适用于加热炉管。需要修正反射和热气体光度。需要正确的发射率 |
| | | 红外摄像 | +32~+1832 | 0~1000 | | | 便携和固定皆可，有利于更全面的炉管监控 |

热电偶是炼油厂测温的主要设备。它们分布在整个工艺系统中，并向控制系统提供大量的温度数据。

影响热电偶准确性和重复性的主要因素有以下三个方面：

① 长期暴露在高温环境下，热电偶测量数据会逐渐出现零点漂移。这主要出现在基体

金属热电偶(如J型和K型)，是由于金属内部的氧化、渗碳或冶金变化造成的。

② 当加热到500~1200℉(250~650℃)范围时，热电偶会出现短期循环变化，尤其是J、K、T和E型热电偶值得注意，这也是由于冶金变化引起的。

③ 由于磁转换导致温度随时间发生变化。K型热电偶发生在77~437℉(25~225℃)范围，J型热电偶发生在高于1350℉(730℃)时。

由于以上因素普通热电偶在一些特定的环境下无法应用。贵金属热电偶(如R型和S型)和一些非磁性热电偶有助于缓解这些问题。

(2) 电阻温度探测器(RTDs)

当需要测量非常精确的、可重复的温度时，可以考虑使用RTDs。这种类型的温度元件由一段绕在铁芯上的非常细的导线(通常是铂)组成。在绕线外有一层护套，避免线圈直接暴露在环境中。

还有可在绝对零度下使用的碳膜RTDs，但这在炼厂并不常见。

通常的铂RTDs仅限于1100℉(600℃)以下使用。超过这个温度，铂会被RTD护套中的金属污染，从而失去准确性。

在将RTDs与热电偶进行比较时，从以下六个角度分析：

① 温度范围：如上所述，RTD的使用是有温度上限的，但在该温度以下，RTD将比热电偶更准确。当温度超过932℉(500℃)时，热电偶是测量接触温度的唯一选择。

② 响应时间：热电偶更适合在几分之一秒内快速响应温度测量，RTDs要慢。

③ 尺寸：RTDs，包括其护套，通常比热电偶(1/8~1/4in或3.2~6.4mm)的直径大2~4倍。

④ 准确性：热电偶精度仅限于±(3~4)℉(±2℃)。这对于大多数应用场合来说已经足够。RTDs更准确，所以如果温度需要更高的精度，可以选择RTD。

⑤ 稳定性：热电偶在使用的最初几个小时会出现漂移，且在高温下易出现老化。RTD在其操作上下限中可以稳定运行多年。

⑥ 成本：热电偶比RTD成本低。

通常，炼油厂使用的是热电偶，但是RTD可以在特殊场合应用。

### 22.5.2 热膨胀设备

(1) 球形温度计

工业球形温度计是一种内装具有挥发性液体的金属管，这类似于我们家里热水器里普通的球形温度计。

当受热时，金属管内液体膨胀或蒸发，从而增加管内部压力并推动连接的传感管，产生一个机械力，可以引起控制器动作或连接到一个指示器。这种类型的元件经常出现在低成本的温度控制系统中。温度计的球体要浸入被测量的物料中，金属管通过长线圈连接到控制器或指示器上。

这种温度计的典型应用是在温度控制的冷却水(或调温水)系统中，用来控制冷却器旁路水量。一些用于局部指示的表盘温度计可能有球形传感器。

球形温度计的最大好处是价格低廉、应用广泛，但温度使用范围有限。

(2) 双金属温度计

双金属片是由两种具有不同膨胀系数的金属薄条制成的，一端固定，另一端连接在一根细轴上，当温度发生变化时，由于两种金属膨胀系数不一致，会出现弯曲的现象，从而带动细轴上的指针发生角度变化。

双金属温度计都是安装在温度测量点附近。

双金属片可以连接到温度指示器或控制装置上，通常是一对开/关电触点。实际上，双金属片可能是触点之一。此种仪器可用于供热系统的恒温器，或是电力断路器。双金属温度计同样可用于现场局部温度指示。

(3) 红外温度计

任何材料都会发出与材料温度有关的红外辐射。红外温度计正是利用这一原理进行测量，而不需要物理接触材料。红外线设备测定的温度不如接触法准确，但能测量比接触温度计所能测量的任何温度都高得多的材料的温度。

红外设备的极限上限温度是监测炉管和炉管温度的理想设备。手持式红外"枪"用于"射"向炉内的炉管，以确定管壁温度。红外摄像机可用于对热点炉管进行全面调查，扫描过载电路，查找绝缘故障，以及许多其他任务。摄像机的红外图像被转换成假彩色图像，以突出温度差。

由于成本问题，炼厂中不会固定安装红外设备，而是根据需要使用。

红外设备的测量精度受到以下因素的影响：

① 被测材料难以确定其正确发射率。

② 来自周边的反射，比如其他炉管或是炉内耐火墙。

③ 直射或零度角时精确度最高。

④ 当测量炉温时，红外辐射会穿过燃烧室内气体，这些气体同样会释放红外辐射。较窄的红外测量频率有助于减少干扰，但仍然影响测量。

红外设备局限性意味着在低温及良好校准情况下精度通常在±4℉(±2℃)。在2000℉的炉温时和一些干扰下，精度大约是±(25~50)℉[±(15~30℃)]。

(4) 其他温度测量选择

近年来，出现了更多温度测量的手段，不过迄今为止，这些方法尚未在炼厂得到广泛应用。

最有趣的选择之一是利用光纤的光反射特性。这些新的温度探测器可以将许多温度点集成到一根可能很长的光纤中。这种系统的一种可能用途是，提供比其他方法分辨率高得多的反应堆外壳壁温的指示。迄今为止，这项技术的最高温度限制仅为500℉(260℃)，但它确实提供了一种可能的测量方法。

### 22.5.3 典型温度测量布置

这里主要介绍热电偶和RTDs在炼油过程温度测量中的应用，讨论四种最常见的应用类型。

(1) 热电偶套管

热电偶或RTD很少直接插入工艺流体中。它们被插入到热套管内。套管是一个根据工艺压力、温度及腐蚀要求设计的单密封管道。套管一段为封头，另一端为开口端直接对大气。温度测量元件从开口端插入，直至热电偶接头或RTD达到所需的测量深度。根据管道设计条件和规范的要求，套管可以是螺纹的或法兰的。

如表22-6所示，为不同类型的温度计套管。主要类型如下：

1）直线形热电偶套管：通常应用于震动较小的场所。直线形热电偶套管可以包含多个热电偶，如反应堆热电偶套管。每个热电偶也可以单独设置套管。可采用夹子将热电偶固定在套管管壁，从而实现定位。

2）锥形热电偶套管：类似于直线形热电偶套管，但套管直径随插入深度逐渐变小。这种结构有助于抵抗套管在涡流而引起的震动损伤。此类套管常用于介质流动速率较快的工艺管线。

3）柔性热电偶套管：逐渐成为固定床反应器的首选类型。这种热电偶套管的直径较小，不受直线形套管的限制，可以将热电偶的测点放置在特定的位置。可采用多管形式，每个热电偶都有独立的热电偶套管，或多点形式，所有热电偶包装在一个小的柔性管内并与标记了热电偶连接位置。此类套管必须安装一个支撑系统，以防止在使用中损坏或移动。

**表 22-6　常用的热电偶类型**

| 热电偶类型 | 竖直形 | 锥形 | 软套管 | 多点软套管 |
|---|---|---|---|---|
| 图片 |  螺纹式 | 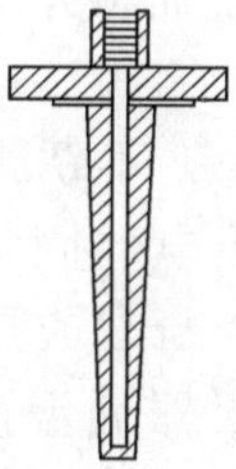 法兰式 | 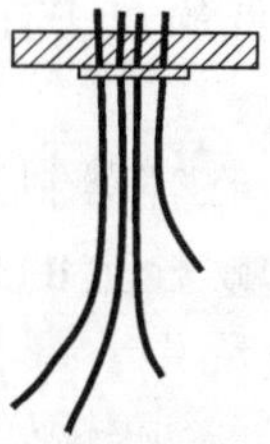 每个热电偶有单独套管 | 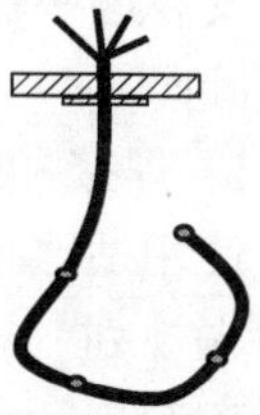 4 个热电偶在一个套管里 |
| 应用 | 常规应该 | 测量流体有振动时 | 常规反应器 | 常规反应器 |

（2）炉管壁温度

虽然对于炉管及其他类似设备的温度可以采用红外温度测量，但为了得到更准确的温度，还是需要直接接触式测量。因为炉膛的燃烧环境没有外部手段冷却时对各种耐温材料使用温度是一个挑战。在套管迎火面最热点设置温度指示器是很有必要的，但如何在套管最热点成功放置温度指示器也是个问题。这虽然可以通过计算得出，但污垢和燃烧的变化往往会使最热点在管壁上发生移动，管壁温度指示顶多只是起到一个指示作用。

1）焊接衬垫：在焊接衬垫安装时，热电偶通过带有氧化镁的绝缘柔性不锈钢护套连接到一个高合金（如 Hastelloy-X）焊接衬垫，并在焊接衬垫上进行喷丸处理。然后将衬垫焊接到管子上，在管子的侧面面向火焰。护套的设计要有足够的长度和弹性，以满足不同程度的热膨胀。

这种安装方式已经取得了一定的成功，但是焊接衬垫与管的焊缝可能会断裂，热电偶可能会从焊接衬垫上脱落，或者护套和热电偶可能会烧毁。改良的安装方式同样存在类似的问题。

对于加热炉对流段，焊接衬垫工作良好。

2）耐火保护垫：这种方法克服了焊接衬垫的一些问题。热电偶通过与氧化镁的绝缘不锈钢护套连接到焊接衬垫上。衬垫焊接在管壁侧面，指向管心，使它看起来就像一个衬垫装置。

将310不锈钢材质的护套包裹在热电偶套上，焊接到管壁上。护套由耐火材料填充，并延伸至覆盖整个暴露在辐射热下的热电偶套。

这种安装方式，以及制造商提供的类似方式，有助于提高管壁测温的可靠性，但仍然受到固定安装位置的限制。

(3) 反应器及容器壁温度

通常需要将温度仪器直接安装在反应器或其他热容器的壁上。这些通常用于确保满足最低带压温度要求，并检测容器内靠近容器壁的可能的热点或不均匀分布。这种情况与炉管有些类似，但将其焊接到制造完成的压力容器上并消除应力是个问题。

请注意，这是热电偶未使用热电偶套管的一种情况。

有人可能会问，为什么不使用磁性热电偶支架？磁保持器的难点在于，它们在反应器运行条件下会被消磁，然后脱落。但对于短期测量来说，还是比较理想的。

安装这些器壁热电偶的方法有一些。下面将介绍其中的几个，但是每个炼厂都有自己的使用倾向。

1）焊接和螺栓式：在容器制造过程中，不锈钢螺栓可以焊接到容器所需的位置。然后，使用适当的垫圈和螺栓上的螺母将热电偶固定在器壁上。这种方法有些效果，但需要预先规划。在使用过程中，螺柱有时会断裂或热电偶松动。由于这样的位置通常会严密隔离起来，因此很难检测其故障。如果器表温度指示器不随其他表层温度一起改变，可能需要备用温度测量。

2）钻孔式：一些炼厂使用的另一种方法是在容器壳体上小心地钻一个特定大小的孔，用一个特殊的锥度来安装热电偶。热电偶插入并固定在孔内，热电偶大约位于容器壁的中间。虽然许多炼厂不希望在容器壁上钻孔，但这种方法确实有效。

3）嵌入式：在这种方法中，在反应器壁上钻一个较小、较短的孔，然后把热电偶连接点磨尖嵌入到容器壁上。这种方式容易在容器出现热膨胀和收缩时发生剥离，因此可靠性有限。

(4) 温度混合距离

在许多情况下，测量的目标是热流体和冷流体混合流的温度。如果你在混合点后马上测量下游的温度，假设流动是湍流，你会发现温度变化很大。

就像流量测量一样，当两种流体混合时，测温的位置必须在下游足够远的位置，使流体再次处于稳定状态。如果混合涉及达到一个新的相平衡，问题就更加复杂了。

根据经验，应在湍流混合点下游至少10~20倍管道直径处对两股物流的混合温度进行测量。如果是层流或分层流，则测量点可能需要位于更下游的位置。在线静态混合器可以大大缩短这一距离。制造商可以为设计提供帮助，通过建立静态混合器流动状态的计算机流体动力学(CFD)模型，可以找到温度指示器在下游设置的最佳位置。

**22.5.4 控制元件**

炼油过程中的温度在很大程度上受热交换、炉内燃烧和反应物流动的控制。因此，温度控制本质上是解决所有流量控制问题，如进料流量控制、内部流体流量或燃料流量控制。

因此，温度控制与前面流量控制的讨论是一致的。一个使用燃气加热炉来控制反应器入口温度的典型温度控制方案如图 22-10 所示。

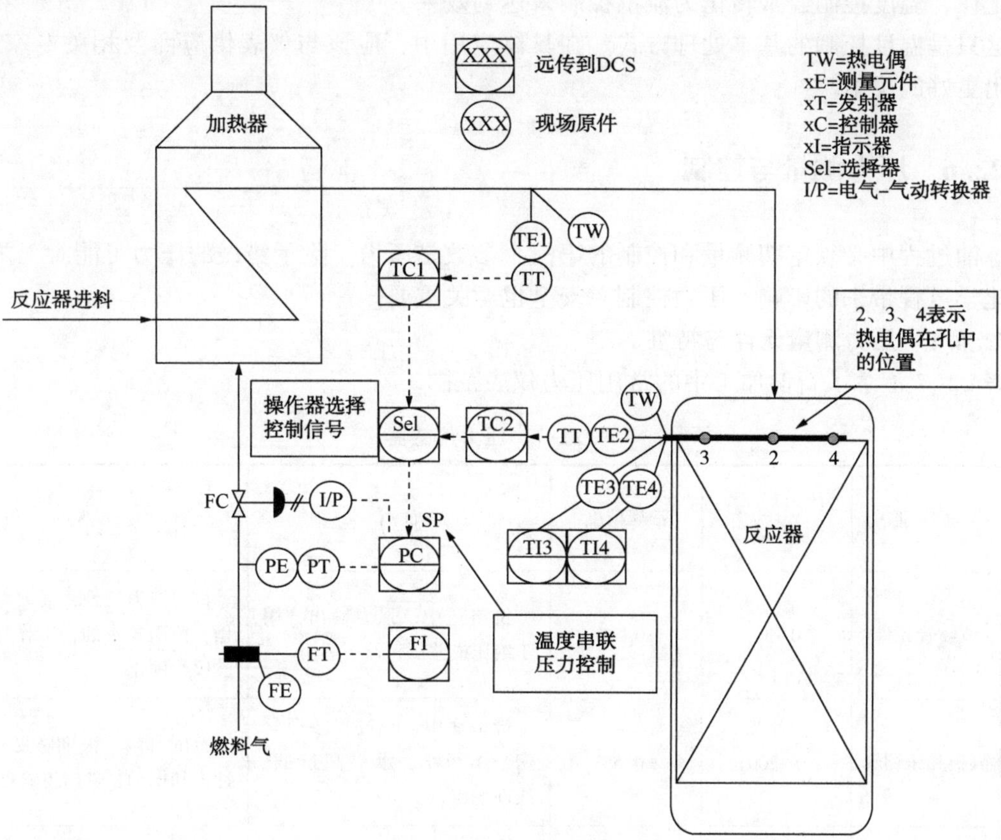


图 22-10 反应器进口温度控制方案

在这个方案中，反应器顶部有三个温度指示，再加上反应器入口有一个温度指示。所有的反应器进料都通过燃气加热炉。进口温度指示可以通过控制加热炉的燃气压力(为燃油压力控制器提供一个设定值)来控制反应器的进料温度。反应器床层顶部的温度通过 DCS 上的选择开关作为备选控制器。另外两个床层顶温度测量是用于计算和指示的。

仅用于指示的温度（TI3 和 TI4)直接发送到离散型控制系统(DCS)的热电偶输入单元。可用于控制的温度(TC1 和 TC2)，通过智能数字发射器传输到 DCS，以提高准确性和提供诊断。智能或传输的温度回路的成本比简单的温度回路要高，因此仪表并不是总采用信号传输器。

总的来说，入口温度与燃气压力串级控制，燃气流量用于监测和报警。也有将温度与燃料气流量进行串级控制，然后再控制燃气压力。这一方法确实能使控制更顺畅，但如果温度变化较大时，响应相对较慢。

### 22.5.5 总结评论

测量温度有几种形式，但最常见的温度元件是热电偶，远远多于其他测量仪表的应用。

温度仪表通常安装在插入工艺流体的套管中，有些类型的温度测量（如红外线）不需要直接接触，而有些则直接插入被测材料中。

当两种流体混合时，一定要留有足够的混合距离和时间，或提供加速混合的装置，从而确保测量到正确的反映混合后流体的温度。

记住，温度控制经常转化为流量控制来达到效果。

这只是温度控制的基本处理方式。在具体应用中，应该与仪表供应商及相关专家合作，以做出更好的决策。

## 22.6 压力测量与控制

炼油过程中必须定期测量和控制的第三个参数是压力。除了错误的压力可能对工艺的物理和化学过程带来的影响，压力控制对安全也至关重要。

### 22.6.1 压力测量元件与特性

表 22-7 汇总了石油加工中的常用压力仪表范围。

表 22-7 压力传感器

| 元件类型 | 子类别 | 压力范围/psia | 常规精度 | 优点 | 缺陷 |
|---|---|---|---|---|---|
| 机械 | 波纹管元件 | 0~30 | ±0.5% | 价格适中，强力输出，用于绝压或差压，低压适用 | 需要弹力特性，需要温度补偿，范围较小的，工作状态中波纹管硬化 |
| | 隔板和压缩囊 | 0~200 | ±0.5% | 价格适中，与过程结合紧密，体积小，承受高过载，线性响应 | 范围有限，很难修复，易受冲击和振动，输出传输更复杂 |
| | 一般用途弹簧管计 | 15~10000 | ±2% | 成本低，简单，使用广泛，高压力，单位成本的准确性好，适应不同的传感器 | 低于 50psig 时精度差，纯机械运动，容易受到冲击，测量范围内存在滞后效应 |
| | 高精度测试仪 | 真空~3000 | ±0.25% | 与通用压力表相似，但精度更高 | 与通用压力表相似，但成本较高 |
| 机电 | 应变式传感器 | 0~200000 | ±0.25% | 精度高，范围可达 $20\times10^4$psig，稳定，高输出信号，体积小，没有移动部件，过载能力 | 需要电源，只能用电，环境温度需低于 600℉，材料的耐腐蚀有限，成本高 |
| | 压敏电阻传感器 | 0~6000 | ±0.1%~0.5% | 精度高，线性，重复性好，智能传感器，尺寸小 | 成本更高，只用电气系统，温度补偿，对于 dP，也要补偿压力 |
| | 电容传感器 | 1in. Wtr to 6000 | ±0.2% | 良好的精度和线性度，易于数字化，价格适中 | 倾向采用温度补偿，有限的耐蚀性 |

处理过程中最常见的压力指示器是波登管压力表，在装置中随处可见。这是我们通常所说的压力表。它们一般只提供局部指示，但是其原理可以用于局部压力控制，或者可以将压力传输到远程控制系统。

目前控制系统中比较常见的是机电压力传感器。它们很容易将数据作为电信号提供给远程控制系统。传感器的电子元件可以与传感器外壳一起封装，因此不需要单独的信号发送器。最常见的远程压力传感器通常是电容式的。

一般测量压力有以下三种：

1）表压：这是过程中的压力与大气压力之间的比较。正表压表示压力高于大气压力。负表压力表示真空。

2）绝压：这是整个过程的总压强与全真空的比较。它总是正的，等于表压加上大气压。我们通常只关心真空系统中绝对压力的测量。

3）差压：有时我们在两种流体之间寻找压力的微小差异。在这种情况下，我们不想和大气压比较，而是想直接比较这两个压强。这是在 dP 或其他差压单元中完成的。从本质上说，这类似于其他压力传感器，只是传感器的两侧可以连接到 dP 元件特定的两个压力，而不是有一侧连接到大气。作为一种替代方案，如果两个表压差足够大，也可以采用现代的高精度电子压力传感器来完成这种工作。

### 22.6.2　典型安装形式

图 22-11 是以简化的 P&ID 形式表示的一些典型仪表安装。

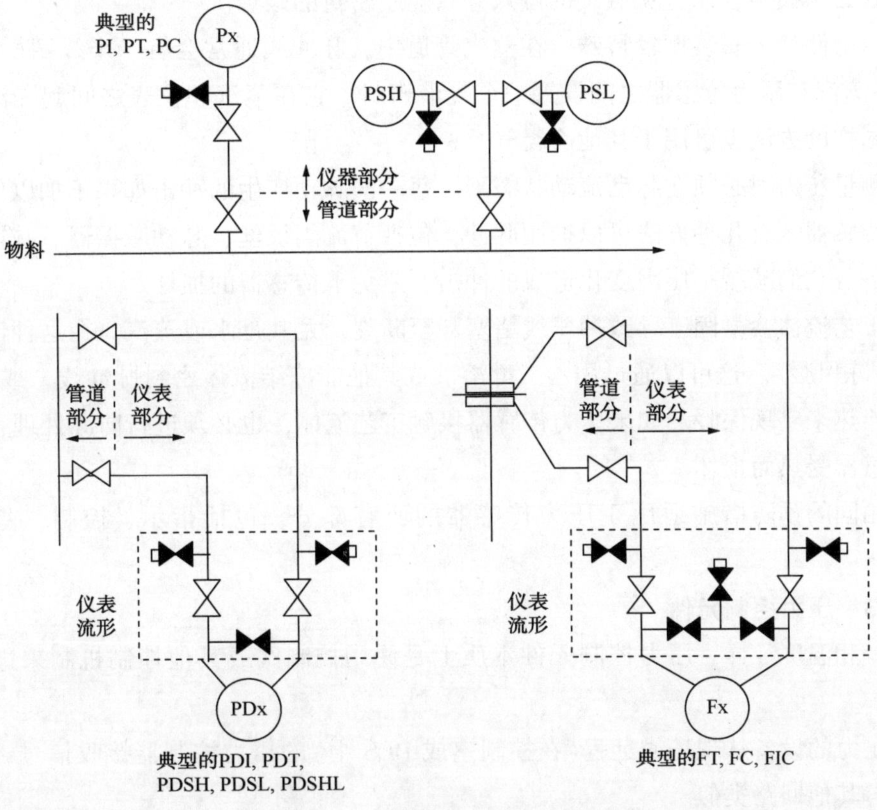


图 22-11　几种典型的压力仪表装置

压力传感器通常在被测点直接插入物料中。

对于简单的局部波登管压力表，在位置点应该有一个匹配管道等级的根阀，以及一个排泄阀，以便对压力表进行维修。如果压力表离引出口足够近或压力较低，则可以省略排泄阀。

对于压力控制器的安装，通常有一个同管道等级的根阀用于维护，然后将脉冲线通过管件联至压力仪表歧管。压力仪表的歧管与流量仪表的歧管基本相同。它用于对传感器进行校准，和传感器脉冲线的清洗。

脉冲线内的液体倾向于自由排到传感器。如果脉冲线很短，液体压力表也可以安装在管道的上半部分。如果正常情况下脉冲线充满液体，传感器必须用充满液体的脉冲线进行校准。

对于气体，压力仪表应该安装在引出口上方，使脉冲线能自由向工艺过程排液。这些仪表可以安装在管道下方，但这种情况必须用充满液体的脉冲线进行校准。

许多流体会破坏或腐蚀压力传感器的敏感部件。在这些情况下，应该将物料和仪表隔离。隔离可采用充满隔离液的分接头(使用如乙二醇这样的隔离液)，或通过在压力感应点安装高合金或金膜片密封，并用充液管将其连接到仪表。压力仪表必须是带着所用的密封装置进行校准，过程中必须小心避免损坏或密封液损失。此外，如果密封隔膜用于对抗热氢气流，则隔膜必须镀金，以避免氢气的侵入导致隔膜密封的破裂。

蒸汽压力测量表安装比较特殊。在蒸汽管道中，脉冲线通常会有一个线圈(马尾管或虹吸管)，在蒸汽和压力传感器之间设置一个凝液密封。它在蒸汽和仪表之间起隔离作用。如果需要，同样的方法也可用于其他冷凝气。

通常测量压力时必须在脉动流动状态下。每一次脉动产生的冲击如果不加以保护，就会损坏压力传感器。有几种方法可以抑制脉冲，包括节流阀螺丝、脉动减振器、减振器、针阀和其他设备。它们减缓了压力变化造成的冲击，避免了传感器的损坏。

一些工艺流体会凝固，导致冲压线堵塞甚至断裂。尤其是水或蒸汽。在这种情况下，管线必须“防冻保暖”。这可以通过用乙二醇溶液或其他非冻结流体密封脉冲线，或通过蒸汽、电加热做伴热来实现保暖。如果压力传感器接触工艺流体，也必须进行防冻处理，但必须小心避免传感器受热而损坏。

上述相同的预防措施适用于压力传感器的所有部分，包括指示、控制、差压或流量计量。

### 22.6.3 压力控制元件

与流量和温度一样，压力控制元件本质上是使用控制阀或其他控制机制来进行流量控制的。

控制压力的设备从现场或远程(在控制室或 DCS 中)的压力控制器接收信号，因此压力控制回路与其他回路类似。

然而，我们将研究一些特殊情况下压力控制所需的具体条件。

(1) 压力调节器

压力调节器是一个独立、保持一个固定压力的压力传感器/控制器组合，通常可以通过调整弹簧的张力进而手动改变所设定的压力。

(2) 罐内充气控制

由于罐的体积很大，大多数储罐的设计压力不高于几英寸水柱。在多数情况下，储罐必须用惰性气体覆盖以避免不必要的反应。有些时候，可能不得不排出气化的气体以避免超压。这些操作可通过采用特殊的压力控制阀实现。这些阀门可以将罐内填充气的压力保持在几英寸水柱内的固定值上。这些阀门使用由弹簧、导阀或砝码控制的大型隔膜，以达到必要的控制精度。

(3) 加热炉抽力控制

与罐一样，加热炉的压力要求非常严格地控制在几英寸水压力之内，实现的过程是用一个窄量程的压力变送器为一个抽力控制器提供信号，控制器再发送指令给炉体底部的挡风板或一个引风机来控制燃烧室中的压力。控制系统经常是冗余的，有对其运行状态的检测，如监测过量的氧和未燃烧的碳氢化合物。这些检测可以超驰控制并让加热炉停工。

大多数加热炉没有抽力控制系统，但有现场的抽力仪表或压力器代替。有时采用的是水压力计，但它们可以是特殊的波登管抽力表。挡风板是手动控制的。抽力表分接头设在加热炉的几个点，包括：燃烧器水平位置、在炉顶或对流段入口、挡风板前方、挡风板上方。

控制抽气流的标准点是炉顶或对流段入口。此处需要一个轻微的负压，以确保空气通过燃烧器流入加热炉。

(4) 蒸馏塔压控制

精馏塔压力控制方法很多，控制塔顶压力的方法也很多。蒸馏集团公司的 A. W. 斯洛利在 2001 年 1 月的《化学工程进展》杂志上发表的一篇文章，可能是我们能得到的最好的总结和研究之一。表 22-8 提供了那篇文章中描述的 19 种方法的摘要。

有些技术比其他技术更有效。简单的方法比优雅更有效。操作人员必须能够理解和掌握塔的所有控制方法才能完成操作运行。

### 22.6.4 关于压力的总结意见

有几种压力测量方法可供选择，最常见的有波登管压力表、压力传感器、压阻传感器和电容传感器。

安装时需要小心保护传感器不受冷冻工艺流体、腐蚀性流体、脉冲、高温和污垢的破坏。

压力控制最终归结为流体进出过程系统的流量控制和监控。气体的压力控制类似于液体的液位控制，因为它实际上是一种物质平衡控制。通常情况下，如果气体产量发生变化，压力控制器将通过保持在罐或塔中给定的压力来调节释放气体量。在这种情况下，液位以上的整个空间实际上构成了一个缓冲体积。

表 22-8　蒸馏塔压力控制方案

| 方法 | 描述 | 简图 | 优点 | 缺点 | 应用 | 变种 | 配置 | 概念 | 预防措施 |
|---|---|---|---|---|---|---|---|---|---|
| 塔净气相量始终>0 | | | | | | | | | |
| 1 | 直接控制塔顶回流罐中气体产品的流量 | 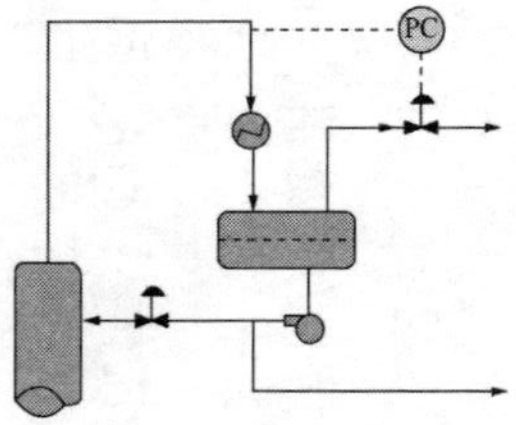 | 简单直接 | 通常没有；在低气相量下响应一般较慢 | 通常是气相量>0 的最好选择 | 冷凝器出口到回流罐底，但是增加压降 | 最适于冷凝器在回流罐上方工作。流体通过重力从冷凝器流到回流罐。换热器出口两相流体自流 | 控制器直接影响塔的气相藏量和压力 | |
| 2 | 控制压缩机的循环气流量（回流） | 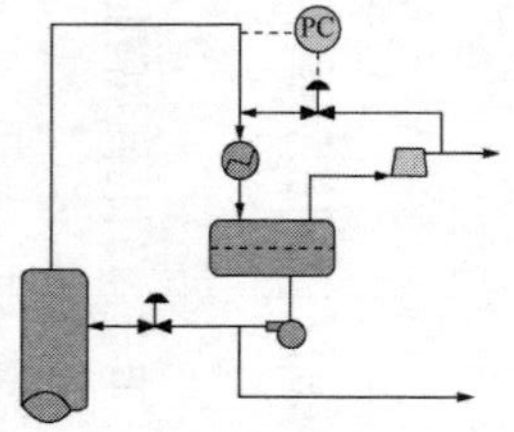 | 简单快速控制 | 可能需要压缩机裕量来增加控制裕量；不节能 | 当气相去往更高压设备时 | 气相可以回到冷凝器的上游，或回流罐，或压缩机进口 | 压缩机停机时，可增加旁通至火炬 | 物料的循环是为了保持吸入口压力 | |
| 3 | 控制抽射器的循环气量：抽射器出口气体循环，抽射器控制塔顶回流罐气体流量 | 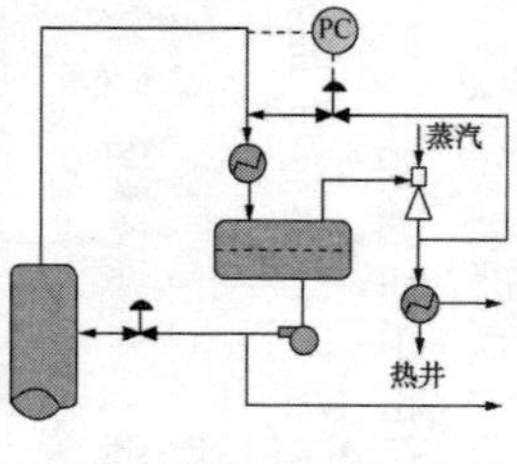 | 抽射器排气可供循环；稳定 | 抽射器与冷凝器紧密耦合时难以实施；大口径循环线和控制阀（由于低压） | 真空系统；最适合无法空载的抽射器；通常最为经济 | 循环到冷凝器上游；循环到冷凝器出口、抽射器上游 | 气相可能是产品，或不凝气；对于多级抽射器，在第一级前后进行循环（否则不稳定） | 循环气会提高抽射器负荷；增加循环量意味着更高的吸入压力 | |
| 4 | 控制抽射器补充负载；抽射器控制塔顶回流罐气体流量，负载通过向工艺中注入蒸汽控制 | 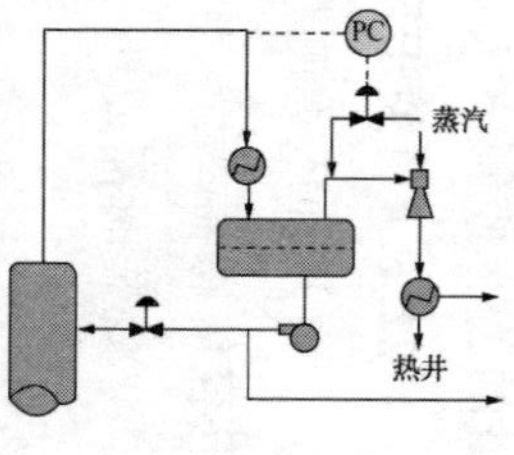 | 注汽系统易于改造；需用流量较小 | 低能量利用率；更多的蒸汽和凝结水负荷 | 工艺添加部分；改善控制；对于间歇系统很有效 | 惰性、不凝气也可以用来代替蒸汽 | 惰性气体会增加冷凝器和后续抽射器的负荷 | 增加的负荷会造成抽射器操作曲线的移动；高负荷意味着更高吸入口压力 | 注入的蒸汽应当过热，以避免磨损 |

续表

| 方法 | 描述 | 简图 | 优点 | 缺点 | 应用 | 变种 | 配置 | 概念 | 预防措施 |
|---|---|---|---|---|---|---|---|---|---|
| 5 | 控制抽射器动力蒸汽压力；抽射器控制塔顶回流罐气体流量 | 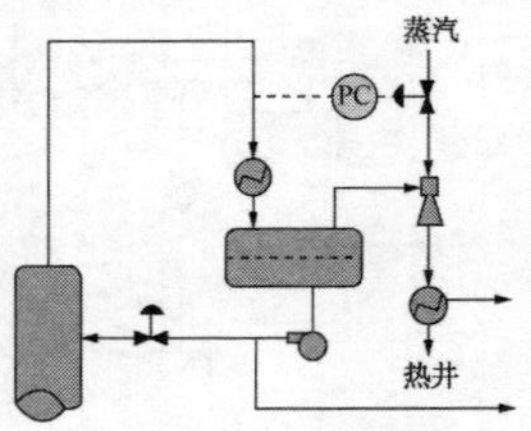 | 最小化蒸汽消耗和凝水 | 通常不是一个好选择；控制范围可能较小 | 工艺添加部分。不利的选项 | | | 降低进汽压力会降低蒸汽喷射器通量，并降低喷射器进出口压力比 | 有时不起作用；控制范围狭窄 |
| 6 | 控制抽射器的自循环气体量-抽射器出口气体循环；抽射器控制塔顶气体流量 | 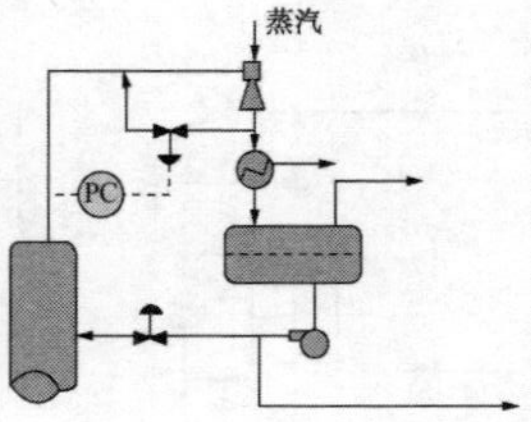 | 所有抽射器的排放可回收；通常最为稳定 | 很难实现抽射器到冷凝器的紧密耦合。一般用于大型低压阀门。塔顶产物必须可溶于水 | 适用于零负载不稳定的塔式喷射器。通常最经济的稳定 | 可用于无塔顶回流。（外部回流） | 多级抽射器中，回收循环在第一阶段（否则不稳定） | 循环会增加抽射器负载，增加吸入口压力 | |
| 塔顶净气相量≥0 | | | | | | | | | |
| 7 | 结合一个辅助措施控制气体产品流量 | 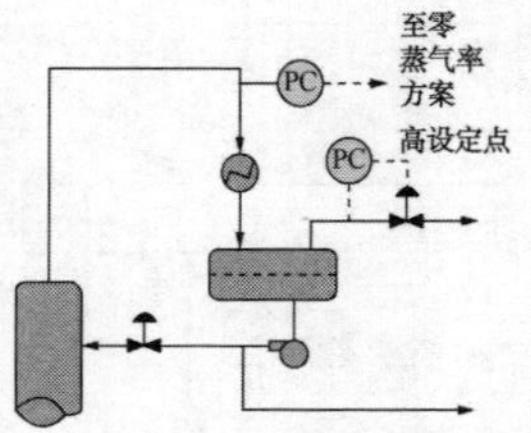 | | | 有利于需要排放惰性气体的系统 | 众多 | 可与其他措施并用来调整冷凝器负荷，溢流罐除外 | 直接控制塔顶压力；改变冷凝器内的热量传递条件 | |
| 8 | 控制补充气体量（惰性气体） | 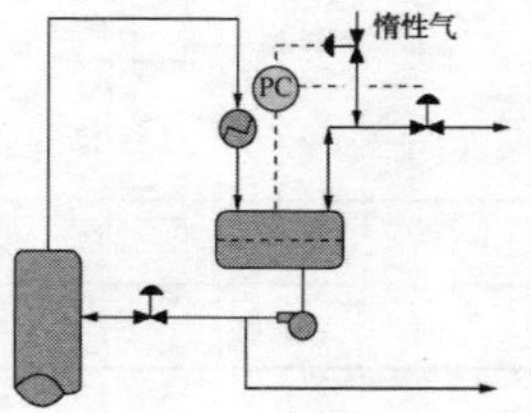 | 简单；响应快 | 进气/排气压控设置更加复杂；存在调控问题 | 承压塔 | 可以在冷凝器上游注入惰性气体，但是响应慢 | 调压气体必须兼容；不需要平衡线；进气和排气调节有小部分重叠区域时效果最佳 | 进气或排气直接控制气体藏量 | |

续表

| 方法 | 描述 | 简图 | 优点 | 缺点 | 应用 | 变种 | 配置 | 概念 | 预防措施 |
|---|---|---|---|---|---|---|---|---|---|
| 塔净气相量=0(全冷凝) | | | | | | | | | |
| 9 | 在压力较低时控制去冷凝器的流量 | 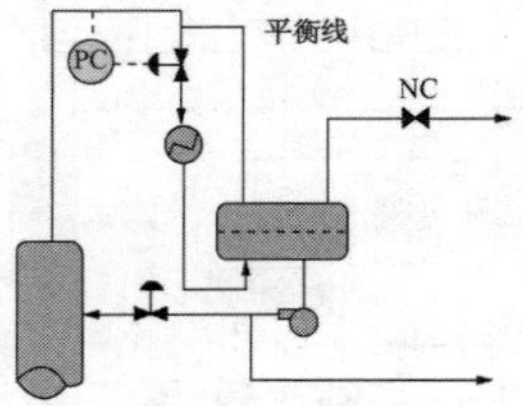 | 简单 | 储罐液位影响压力；需要大管径控制阀门和额外的换热器裕量 | 对很多应用场合稳定且有效 | | 需要有平衡线保持稳定；凝液必须回流到回流罐底部；如果使用空冷器，通过倾斜管线排出凝液；需冷却至最低温度 | 控制阀的压差会在冷凝器内建立半浸没环境<br>有效的变化区域 | |
| 10 | 在冷凝器压力较高时控制冷凝器流量 | 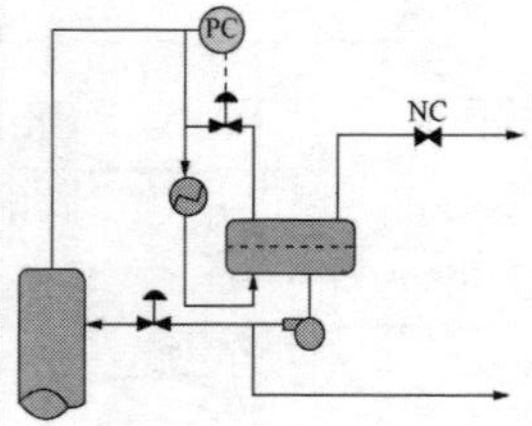 | 简单；控制阀门小 | 从冷凝器到回流罐需要重力引流；需要额外的换热面积；标高需要精心设计 | 对很多应用场合稳定且有效 | 液体可以从回流罐顶部进入 | 需要有平衡线保持稳定；凝液必须进到回流罐液位以下；如果使用空冷器，通过倾斜管线排出凝液 | 控制阀门使液体在冷凝器内蓄积；换热面积可调 | |
| 11 | 控制冷凝器的旁路流量-热汽相的旁路方案 | 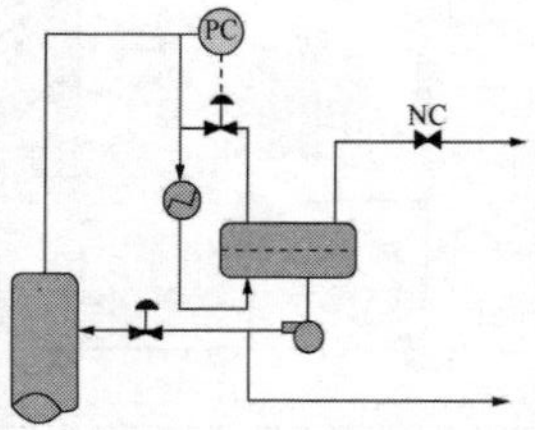 | 冷凝器可能安装在回流罐下方 | 概念复杂，难以理解；冷凝器需要做到过冷 | 用于设置在地面的大型沉重的冷凝器 | 可以用回流罐压力代替塔压。<br>冷凝器不作为分离板 | 冷凝器中始终要保持有液位；液体必须从回流罐底部进入；需要管径足够大的旁路 | 冷凝器的换热面积可调；回流罐过冷液体的上方是过热气体；气液相在回流罐中不处于平衡状态 | 有时不起作用；<br>主要基于设计经验；存在的问题在于高纯度产品，自回流冷凝器，管束腐蚀 |

续表

| 方法 | 描述 | 简图 | 优点 | 缺点 | 应用 | 变种 | 配置 | 概念 | 预防措施 |
|---|---|---|---|---|---|---|---|---|---|
| 12 | 直接控制液体产量 | 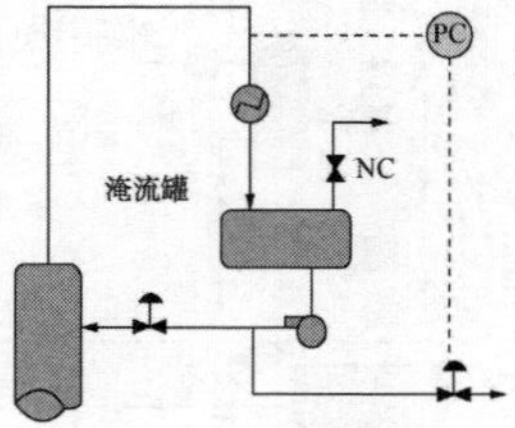 | 不要求控制回流罐液位 | 改变换热面积会改变蒸馏产品量；<br>可能会引起下游的混乱；难以排出由于生产意外产生的不凝气 | 用于设置在地面的大型沉重的冷凝器 | 没有凝液罐；控制回流量而非产品产量 | 冷凝器中始终要保持有液位。<br>回流罐有时用来分离不互溶液体；<br>有时不设回流罐 | 冷凝器的换热面积可调 | 如果冷凝器在回流罐下方，则需要进行过冷以保持稳定性 |
| 13 | 旁路和凝液的双重压力控制 | 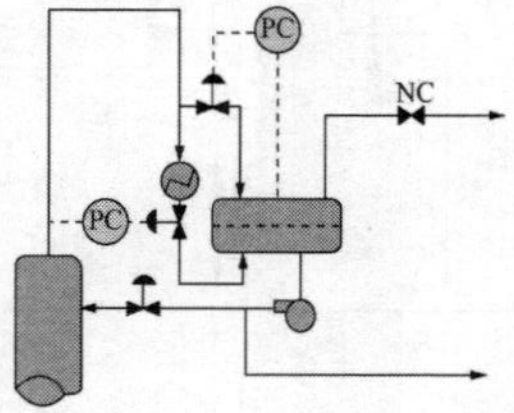 | 冷凝器可能安装在回流罐下方 | 需要更多的控制阀门和冷凝器的过冷面积 | 用于设置在地面的大型沉重的冷凝器；适用于冷凝器的能力不能轻易变化（如水箱） | | 冷凝器中始终要保持有液位 | 冷凝器的换热面积可调 | |
| 14 | 控制冷却剂的蒸发液位 | 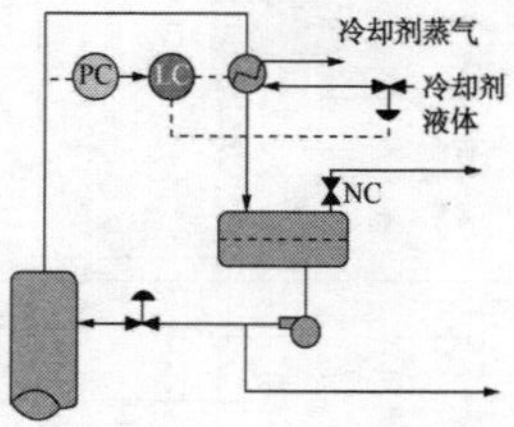 | | 需要时，难以排出已蒸发的冷却剂 | 通过作为另一个塔的再沸器或蒸汽发生器进行热量回收 | 直接控制冷却剂的流量而非液位控制 | 在低温装置中常见 | 通过冷凝器中的冷却剂液位变化来改变传热 | |
| 15 | 控制冷凝器冷却剂入口压力 | 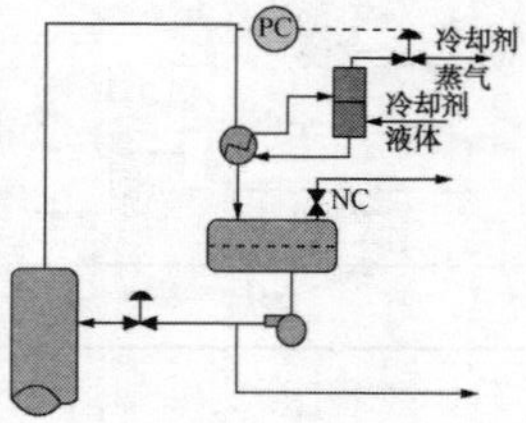 | 蒸发的冷却剂更容易排出 | 更多设备 | 热量回收；可用于多壳程并联 | | 不常见 | 改变冷凝器冷却剂一侧的对数平均温差，也改变传热能力 | |

续表

| 方法 | 描述 | 简图 | 优点 | 缺点 | 应用 | 变种 | 配置 | 概念 | 预防措施 |
|---|---|---|---|---|---|---|---|---|---|
| 16 | 控制冷凝器的冷却剂进料温度：调温水的概念 | 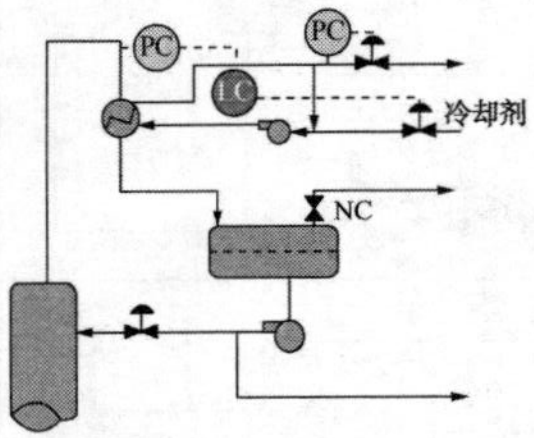 | 最大限度的利用冷却剂流股 | 更多设备；响应慢 | 热量回收；有助于控制产品的过冷和冻结的可能性 | 泵在换热器出口而不是进口 | 当与循环水一同使用时被称为调温水系统；在蒸汽发生器的热回收手段中常见 | 冷却剂的温度变化，会改变对数平均温差 | |
| 17 | 控制冷却剂量 | 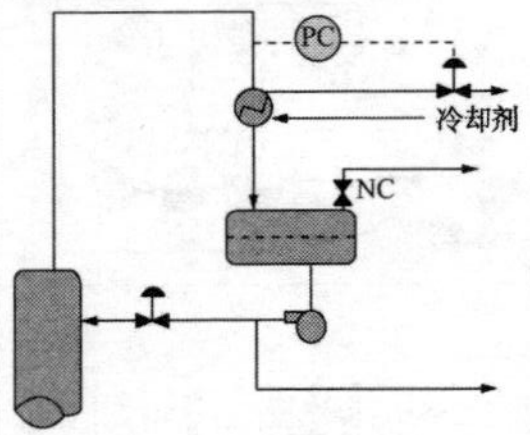 | 简单 | 可能使冷却剂过热；促进循环水结垢 | 新装置中不常见 | 换热器出口阀门可以手动关小；通常这么做不好 | 需要超驰控制或限制来避免结垢 | 冷却剂的温度变化，会改变对数平均温差 | 造成冷却剂侧换热器结垢 |
| 18 | 控制空冷冷却剂量(风扇) | 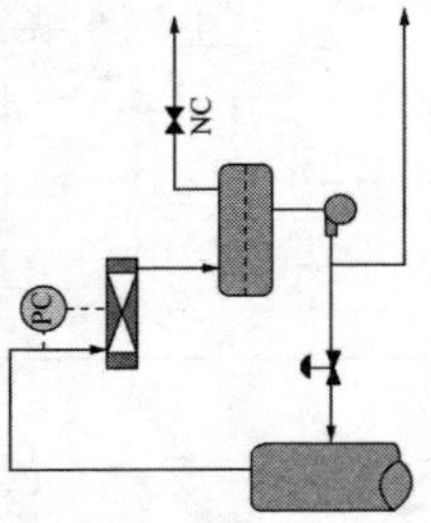 | 简单 | 空冷控制的机械问题；鉴于成本，变速控制不常使用 | 空冷的最常规方案 | 可以通过叶片间距、百叶窗、或者风扇速度来控制 | 可以结合多种形式(间距、速度、百叶窗)来精细控制；通过倾斜管线向回流罐排液 | 改变空气(冷却剂)流量来改变对数平均温差和换热器能力 | |
| 19 | 控制冷凝温度或压力 | 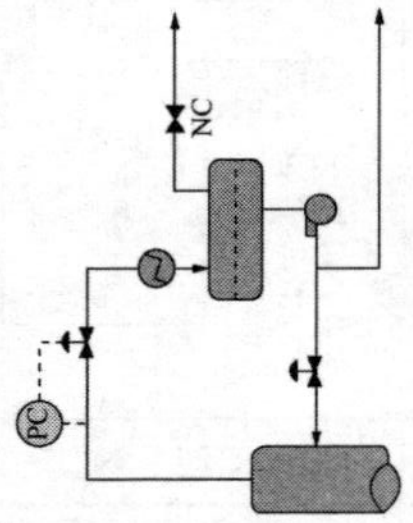 | 简单；快速响应 | 大口径控制阀门；冷凝器和回流罐压力变化，引起回流泵的问题 | 压力塔 | | 冷却到最低温度(例如：塔顶压力下降时) | 直接的塔顶压力控制 | 难以应用于真空系统，除非系统下游有真空泵；回流泵吸入口压力可变 |

## 22.7　液位的测量和控制

下面我们来介绍下液位仪。

液位监测与控制是避免设备溢出和过满的关键。液位控制的原理和应用覆盖了很多重要领域，包括：

① 监测原油、中间品、产品储罐液面及库存变化。

② 库存交接。

③ 工艺储罐、塔液位及库存的管理。

④ 避免携带液体进入转动设备造成损坏。

⑤ 避免液体蒸发带液。

⑥ 管理流动催化剂的液位和密度。

⑦ 避免机泵空转损坏。

⑧ 避免介质从储罐、容器、火炬和其他设备的泄漏和跑损。

我们首先介绍现有的液位传感器的种类及其特性，然后介绍安装细节和关键点，随后讨论液位的控制要素和注意事项，这和流量控制类似。本节最后将详细讨论特定的液位控制程序的应用问题，比如各类装置的最小推荐缓冲时间。

### 22.7.1　液位测量元件及特性

表22-9概述了当今石油加工中最常用的液位仪类型。主要分为三类：

① 连续测量：通常用于控制或监测。

② 点测量：通常用于报警和安全动作。

③ 液体藏量计量：储罐液位。

炼厂最常见的液位仪有差压液位计、浮子液位计以及玻璃板液位计。它们主要应用于过程系统中的连续测量和点测量。在罐区，浮子液位计和沉筒或水头测量仪表的应用占主导地位。

浮子液位计(浮子室、平衡浮子和磁力表)在高压下操作时需要特别注意，因为浮子会因突然排气和排水、压力突变而损坏。这类液位计所带的接头或水平缰绳需要按照特定的程序进行冲洗。这些程序并不复杂，但要严格遵守。液位仪供应商可提供合理的操作程序。

某些较新型的液位计，如导波雷达(GWR)液位计，因其相对较低的安装成本和维护成本，应用越来越广泛。部分新技术需要开工的备用系统，因为它们不适合开工时的渐变条件。

液位计在油/乳状液/水的界面测量的应用非常值得讨论。如果油水密度差和高度差足够大，那么普通的dP液位计或具有合适比重的浮筒液位计就可以正常使用。对于密度相近或难于乳化的乳液，最可靠的测量方法就是采用微波(琼脂或类似的)或射频。依据电导率变化的传感器也可用作通断控制。当然，还有其他方法，但上面这两种方法是最可靠的。

表 22-9 液位传感仪选型范围

| 技术 | 应用相态 | 操作条件限制 | 优点 | 缺点 |
| --- | --- | --- | --- | --- |
| 连续的液位 | | | | |
| 压力，压差 | 液体 | 6000psig，200ft | 可靠，简单，易于使用，灵活，可选的隔膜密封，不受泡沫影响，耐干扰 | 高温或真空问题，受密度的影响，可以插入，介质腐蚀，氢腐蚀，需要两个取压点 |
| 电容 | 液体，固体 | 1000psig，500°F，100ft | 高温高压，适合测量界面，不受密度、中等泡沫、搅拌、汽相的影响 | 受介电常数变化的影响，不适合高黏度，单独校准，探针结垢，乳状液层误差 |
| 超声波 | 液体，固体 | 3000psig，−100～+300°F | 非接触，安装方便，不受密度、介电常数、污泥、污染和污垢的影响。 | 受气相变化的影响，温度压力限制，泡沫、高强度搅拌、温度变化时误差大 |
| 雷达、导波 | 液体，部分固体 | | 有不同的选项。不受密度、介电常数、黏度、污泥的影响。维修费用低 | 搅拌、起泡或开工误差大。与过程连接多。复杂的配置。导线结垢 |
| 平衡浮子 | 液体 | 10000psig，500°F，30ft | 不受搅拌影响。小跨度可能性。测量界面。可以测量密度。低维护。高温高压 | 在高黏度时效果不太好。受密度影响。黏性材料。较小跨度(<32in) |
| 核辐射 | 液体，固体 | 除壁厚外，无限制 | 非介入性。非接触。高温高压 。侵蚀性材料。不堵塞。不受搅拌影响 | 负面认知，需要许可，泄漏检查。昂贵 |
| 铠装，磁性 | 液体 | 到 10000psig，600°F | 简单。直接的视觉读取。高冶金。适用于危险品。长测量范围 | 浮动可能会粘住。除垢维护。机械指示器 |
| 玻璃板 | 液体 | 1450psig，750°F | 直接读取，简单 | 损坏的风险，受限于玻璃管长度，主要靠现场读取，玻璃可能结垢或侵蚀 |
| 液位点 | | | | |
| 电容 | 液体，固体 | 1000psig，500°F，100ft | 导电或不导电材料；界面测量；对泥浆有效；容易安装；很宽的温度范围；适用高压 | 校准耗时；探针涂层 |
| 浮子 | 液体 | 2000psig，750°F，～132in | 不受密度变化影响；适用高温和高压；低成本；简便 | 受密度影响；不适用高黏度，可能粘住；腐蚀性或湍流流体保护；很难改变设定点；体型庞大；浮子损坏 |

续表

| 技术 | 应用相态 | 操作条件限制 | 优点 | 缺点 |
| --- | --- | --- | --- | --- |
| 超声波 | 液体 | 3000psig，-100~+300°F | 可靠性高；使用方便；自检测；不受黏度、密度、电介质、搅动等影响 | 受泡沫影响；不能很好适应极限温度；不适用于高真空 |
| 微波(雷达) | 液体，固体 | | 非接触；非侵入；不受污泥、污染、气相等影响 | 高成本 |
| 振动/音叉 | 液体，固体 | | 泥浆；界面；无活动部件；不受结垢影响；适用于低密度材料 | 无震动服务；需要在液体/气相界面有比重上的明显差异 |
| 电导 | 液体 | 500psig，600°F，60in | 泥浆；界面；低成本；简便；无活动部件；容易安装 | 只适用于导电流体；容易结垢；可能加速腐蚀 |
| 核电 | 液体，固体 | 除壁厚外不受限制 | 泥浆；非接触；非侵入；无活动部件；不受大部分影响因素干扰 | 负面认知；需要许可协议；需要泄露检查；昂贵；很难校准 |
| 液体容量 | | | | |
| 静压罐测量 | 液体 | 常温储罐，储罐的正常液体温度 | 质量测量；密度校正；在服务中安装；低维护成本；非常简单 | 分层和搅动影响读数 |
| 浮子和带子 | 液体 | | 便宜；很多应用；精确度好 | 侵入性的；机械的；参照点移动；温度和密度修正；高维护成本 |
| 伺服 | 液体 | | 高精确度；可以测量密度 | 侵入性的；参照点移动；需要静止井；机械设计；更复杂的安装；温度校正 |
| 雷达，导波 | 液体 | | 高精确度；非接触式；非侵入式；对产品类型相对不敏感；低维护成本；高可靠性；在服务中安装 | 参照点移动；温度补偿；需要手动密度；天线结垢污染 |
| 磁致伸缩 | 液体 | | 高精确度 | 侵入性的；对冲击、振动敏感；移动部件可能粘住 |
| 重量和电缆 | 液体 | | 高精确度；界面测量；适合深储罐；短接触 | 侵入性的；机械的；必须人工激活；高维护成本 |
| 混合动力系统 | 液体 | | 对液位和质量有高精确度；直接密度；在服务中安装 | 非常昂贵；需要平均储罐温度 |

### 22.7.2 液位仪表安装

图22-12举例说明几种比较常用的工艺过程和储罐的液位仪表的安装。

（1）工艺液位

在工艺系统中，液位仪表可以直接安装在工艺容器上，也可以安装在和容器相连的一个或多个液位连通管上。通常在工艺流程和液位仪表之间安装有符合管道规范的根部阀门，用于隔离。在高压环境中，可以采用具有双隔绝和具有隔绝功能的泄压设施。

在根部阀之外管道等级应和液位计的等级相适应。如果液位计通过连接管安装，每个液位计都应安装符合规范的根部阀及仪表阀。

不使用连接管、直接将液位计安装在工艺系统中的安装方式比较简单，但是如果根部阀内漏或者无法更换时，液位计可能会无法正常使用。这种安装方式也会使液位计存在被堵塞、高温损坏及工艺腐蚀的风险。在某些情况下，dP 液位计可以通过使用密封隔膜或乙二醇冲洗线来控制上述风险。

对于安全仪表，如高-高液位联锁停机，通常首选将其直接连接到容器上，以降低使用连接管带来的堵塞风险。

连接管组件垂直于工艺系统与根部阀相连的引出管。连接管组件通常设有排气阀和泄压阀，并且连接在安全位置上（如火炬），使其可以进行定期吹扫和泄压，然后把液位计安装在连接管组件上。

这种安装方式的优点：①作为一个静液井，可有效抑制工艺系统中存在的正常湍流；②具有清除潜在污垢的能力；③在低于工艺操作温度的条件下运行。缺点：①增加额外可能的泄漏点；②可能发生堵塞；③进行设备维护时必须卸除附加的设施；④读数必须用密度差补偿（尤其是汽包上的读数）。

注意，用于三相分离的液位连接组件，需要将三个连接组件同时安装到工艺系统中。这常常会被忽略，导致液位指示不准确。

对于工艺介质存在可能冻凝的，需要对液位计及连接管组件采用蒸汽伴热或者电伴热。然而，要特别注意，避免伴热导致连接管中的液体介质沸腾。

一些炼厂选择采用惰性气体或冲洗油来清理液位计及其附属管线，来取代定期排污。

液位计或玻璃视镜可能会引起泄漏或故障。如果装配和紧固不当，仪表玻璃可能会破裂和损坏。运行温度在 500℉以上的蒸汽视镜，需要采用云母屏蔽，以避免玻璃侵蚀。在高压或危险环境中，经常使用磁浮球流量计来代替传统的仪表玻璃。磁浮球流量计设有液位指示器，可以由一个或多个翻转指示器组成，当磁浮球经过时，翻转指示器的颜色会发生变化。但是，翻转指示器可能会因为液位快速变化或浮球损坏而被误导，所以应当配置冗余液位指示器。

图 22-12 未涉及某些液位传感器的安装，如核辐射式。对于这些安装细节，炼厂主要依赖于经验和仪表供应商提供的安装指导。

（2）储罐液位

图 22-12 列举了较常见的储罐液位指示装置，这些比较简单。如果使用液头式液位计，则必须对液位读数进行密度差补偿。浮球和其他罐内液位指示装置，包括手动卷尺测量，通常要安装在静液井内。其实际是一些开槽管，用来保护液位装置，使其在充满或排空时不受罐内流动液体的影响。

储罐中水/油界面通常是用涂有水溶指示剂（水分割）的测量尺手工测量的。

(a)连续式液位计

| 液位计种类 | 玻璃板式，磁浮球式，沉筒式 | 压差式 | 微波式，导波雷达式，超声式，电容式 | 平衡容器式 | 核辐射式 |
|---|---|---|---|---|---|
| 安装示意图 | 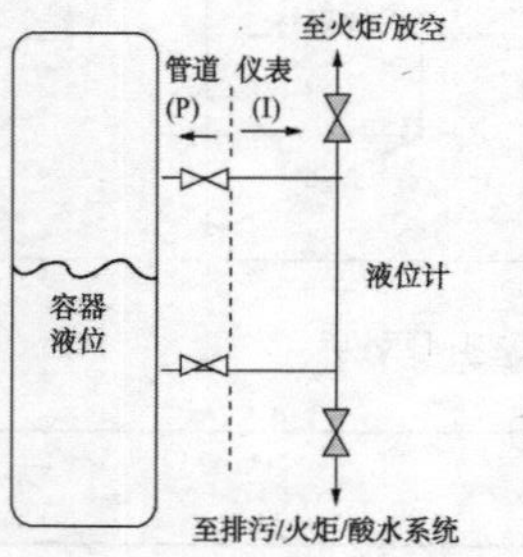 | 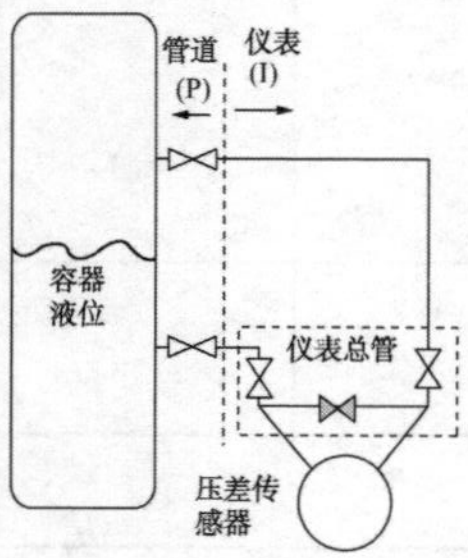 | 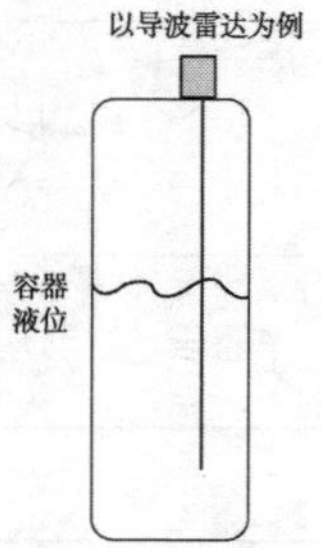 | 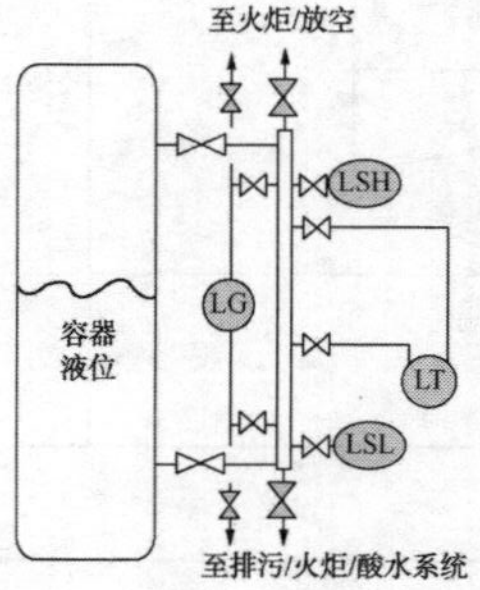 | 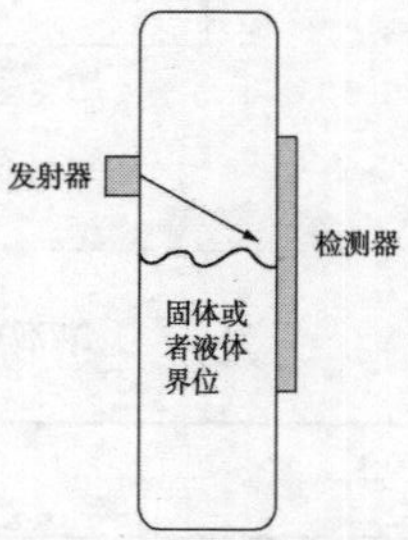 |
| 备注 | 对于无害介质，可放空或者直接现场排放；可根据需要增加仪表阀门；需要作好防冻措施；可用于平衡容器；放空和排污需要用管道材料等级 | 脉冲线可充满以防冻；根阀与仪表总管之间可使用密封膜片；可取消仪表歧管；可用于平衡容器 | 超声式和微波式可能不相同；可用于平衡容器 | 所有液位计均能够连接到平衡容器；每个液位计与平衡容器之间连接的根阀采用管道材料等级；放空与排污采用管道材料等级；需要做好防冻保温工作；如果有乳化，需要在容器大约中间位置设置一个接口 | |

图 22-12　一些典型的液位计安装方法

## (b)点式液位计

| 液位计种类 | 电容式、振动式、电导式 | 浮标式 | 超声、微波、雷达 | 核辐射式 |
|---|---|---|---|---|
| 安装示意图 | 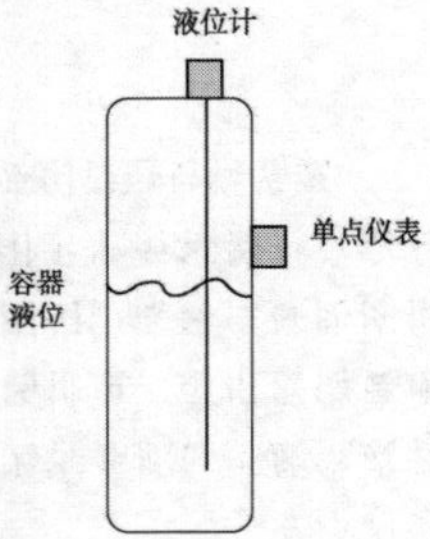 | 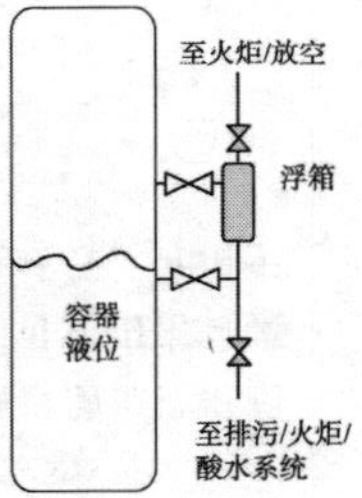 | 与电容式，振动式、电导式类似 | 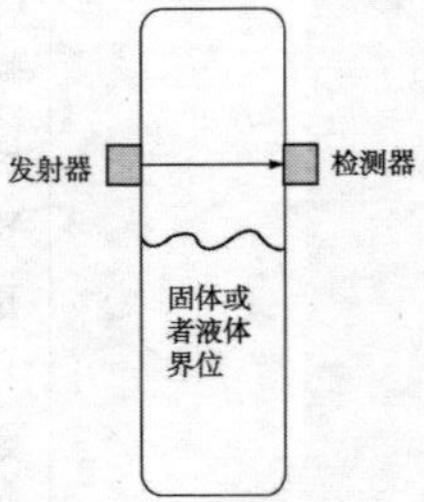 |
| 备注 | 此种液位计可以用于平衡容器 | 此种液位计可以安装在平衡容器上，需要做好防冻工作 | | |

## (c)其它

| 液位计种类 | 流体静压式 | 浮子+卷尺、手量式 | 雷达、导波式 |
|---|---|---|---|
| 安装示意图 | 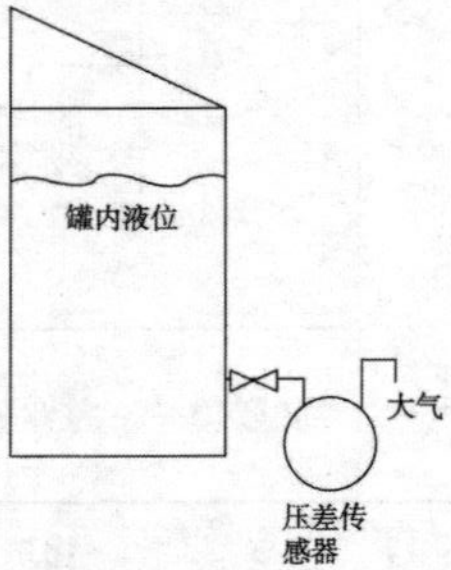 | 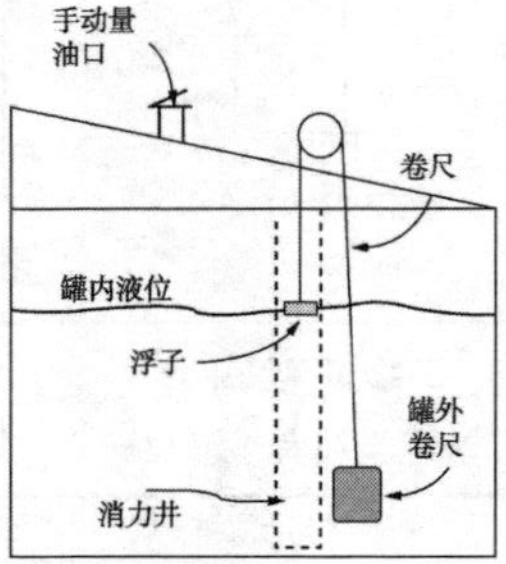 | 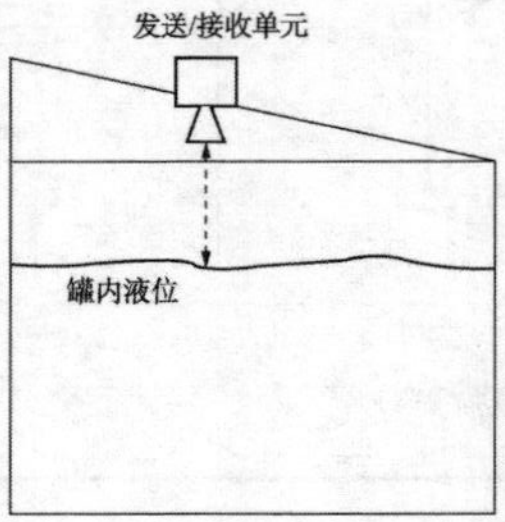 |
| 备注 | 此种液位计需要做好密度补偿，以便数据更精确 | 可以手动测量罐内的液位 | 非接触式液位计 |

图 22-12　一些典型的液位计安装方法(续)

### 22.7.3 液位控制

毫无疑问，控制工艺系统和储罐液位的主要元素与控制流量的相同。将需要控制的液位与各自的液位计相连，液位计输出的液位可直接传送至最终液位控制元件、流量控制器或更高级的工艺过程控制。最后，控制归根结底就是对流量控制设施的现场操作，就像前面所说的流量控制那样。

这里就不再赘述流量控制了。

### 22.7.4 特殊液位控制

在本节中，我们将讨论某些影响系统设计的特殊液位控制。重点是缓冲容积，这就是我们从储罐液位控制开始研究的原因。

缓冲容积是指容器在设定液位下运行时所保持的体积。它用于：保护设备免受流量故障造成的损坏；保护下游流程不受流量波动导致系统不稳定的影响；保护下游生产不受进料成分或温度波动的影响；保护设备不受因冷却失效造成的损坏。

（1）缓冲容积的类型

主要有两种类型的缓冲体积：

1）上游保护缓冲：这是在进料故障时保护上游设备及其相关泵的缓冲容积。

2）下游保护缓冲：这是在进料故障或波动时保护下游设备的缓冲容积。

（2）缓冲类型举例

1）工艺进料：工艺单元进料基本上都是采用流量控制的。许多单元都有进料缓冲罐，特别是那些对流量波动很敏感或者流量故障导致设备损坏的单元。下面是“下游保护”的例子。汽包的缓冲体积取决于：①原料和原料的可靠性；②原料控制的类型；③原料的波动量和变化率。

2）上游塔来的塔进料：该进料通常由上游塔的液位控制，因此它会波动。如果只在上游塔中提供缓冲容积，则必须满足“上游保护”和“下游保护”的要求。在这种情况下，建议使用缓冲罐。

3）加热炉或锅炉的进料：加热炉或蒸汽锅炉进料发生流量故障时，由于管道过热可能会造成严重的设备损坏。因此，在这种情况下需要“下游保护”。自然而然，加热炉的所有进料就处于流量控制。

（3）回流罐注意事项

1）当储罐只用于提供回流或回流和产品存储时，所需要的缓冲容积足以提供“上游保护”。也就是说，所需的缓冲容积只是为了在塔进料发生故障时防止回流泵抽空。回流泵主要用来进行介质循环以及在正常停工期间降低塔温。

2）当回流罐提供回流和为另一装置提供进料时，该罐必须提供“上游保护”缓冲容积和“下游保护”缓冲容积。

3）如果回流罐中有气体产物，必须额外增加体积，来保证气、液分离。这样可以保持与上述相同的液体缓冲能力。

4）如果回流罐的汽相被引入压缩机的吸入口，则需要更大容量的回流罐。这是为了确保气、液完全分离。储罐气相出口通常采用内部挡板或筛网，以确保两相完全分离。

（4）缓冲容量

缓冲容量随上述各种不同类型和具体情况而异。有时，该数值由公司规定，或者在工程承包中，由客户设定。然而通常情况下，工艺工程师负责设置一个既安全又经济的缓冲量。在此情况下，工程师需要考虑各种情况下，分析缓冲量的定量原因，并依此判断缓冲量的大小。图22-13给出缓冲量应用的指导原则。

塔顶控制 1

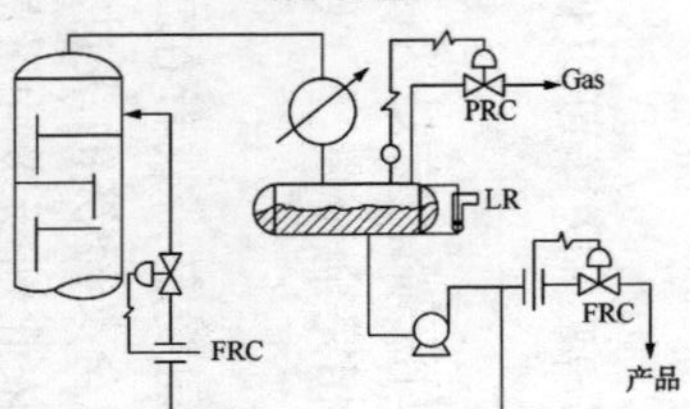


塔顶液相产物至下一流程

（15min 的产品量和 5min 的回流量，以量大为准）

注：

类似的缓冲需求：

-通过回流量控制温度

-没有得到气相馏出物

塔顶控制 2

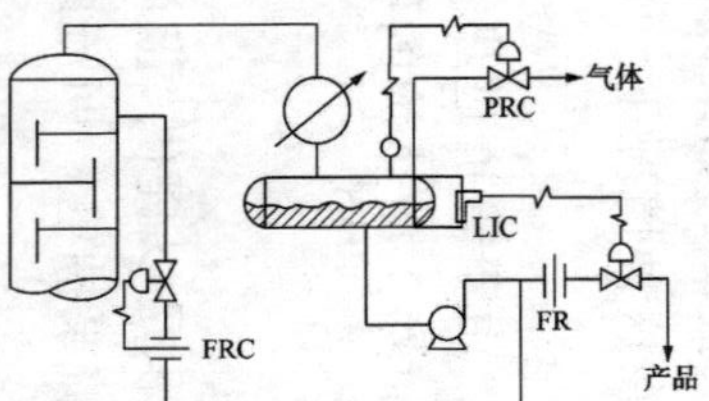


塔顶液相产物至罐

（2min 的产品量和 5min 的回流量，以量大为准）

注：

类似的缓冲需求：

-通过回流量控制温度

-没有得到气相馏出物

塔顶控制 3

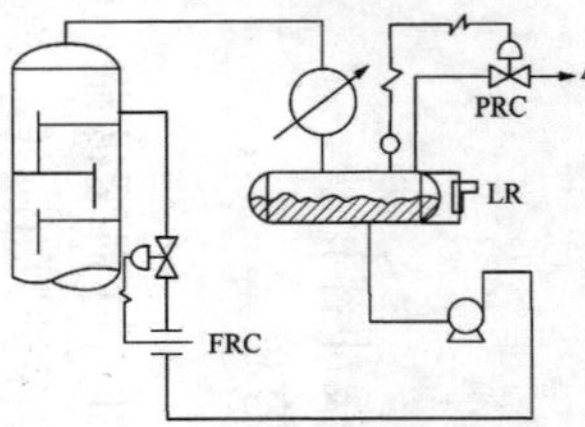


回流冷凝，气相产品

（5min 的回流量）

注：

类似的缓冲需求：

-通过回流量控制温度

-通过冷却水控制液位

塔顶控制 4

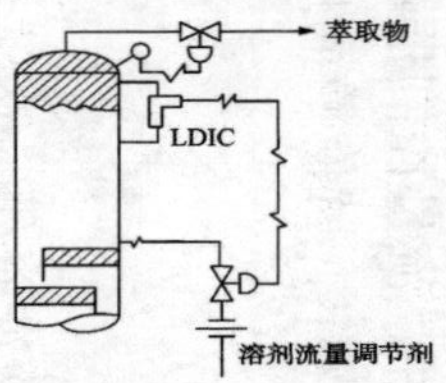


液液萃取塔中溶剂相连续流动，萃取物积累在塔顶

（碱洗塔：由 14″浮筒液位计设置；DEA 塔：5min 的 DEA 量；苯酚塔：10min 的苯酚量）

注：进料和富吸收液受流量控制

侧线抽出控制 5

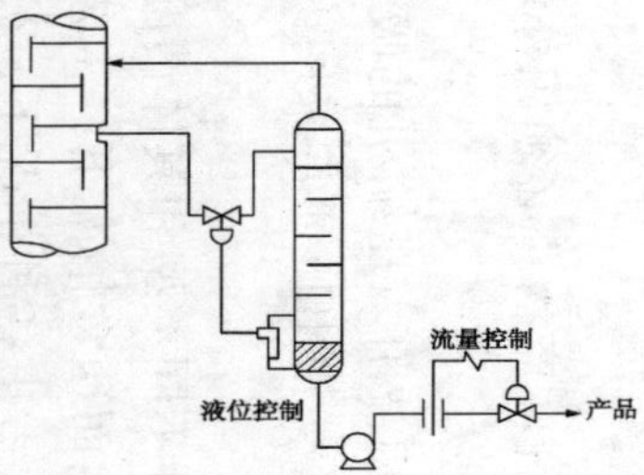


侧线部分抽出

（产品 2min 送至冷却器或换热器）

注：流量控制侧线抽出量以及液位控制产品流量，要求相同

侧线抽出控制 6

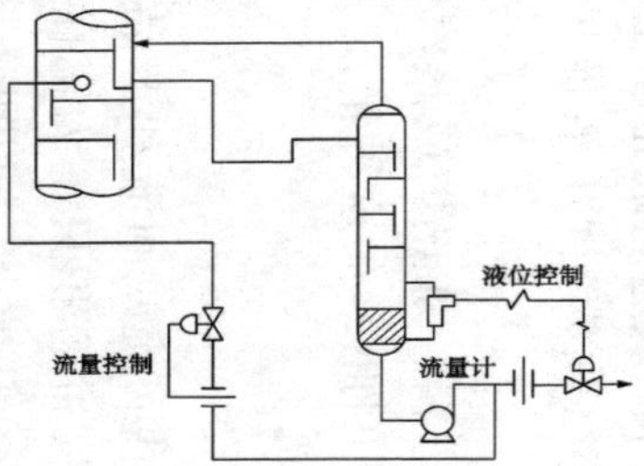


侧线全部抽出

（2min 的产品量或者 5min 的回流量，以量大为准）

注：通过侧线回流控制温度时，要求相同

侧线抽出控制 7

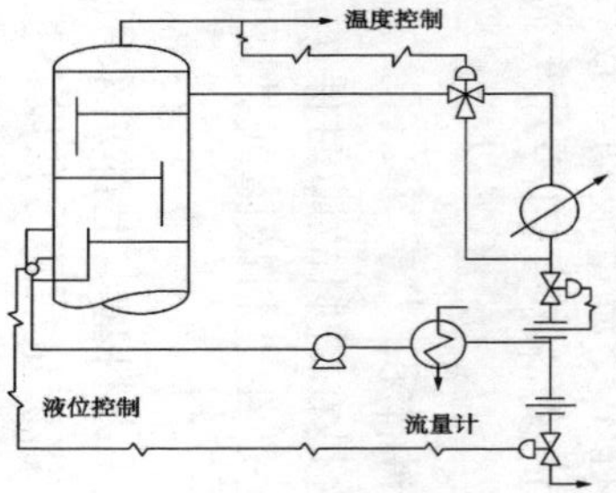


循环回流与产品流程

（5s 或者更多的产品量）

注：产品进入后续流程以及返塔上部的蓄液量小于 15min，必须设缓冲罐维持 15min 的产品蓄积量或者 5min 的循环回流量，以量大为准

（a）

图 22-13　典型的缓冲需求

塔底控制 1

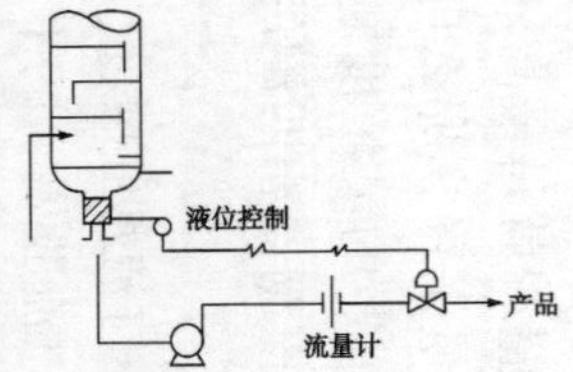


塔底最小停留时间、安装焦油罐（5~10s 的产品量）

塔底控制 2

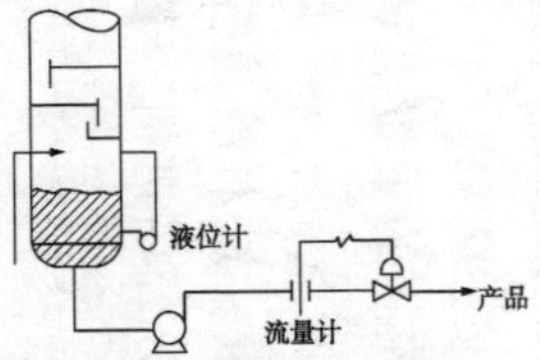


塔底产品至后续加工过程*

［15min 的产品量；如果有 15min 的塔进料存量，则 5min 的产品量（用液位控制和流量监测代替液位监测和流量控制）］

注：如果产品进罐：1. 产品与工艺流股换热，需要 5min 或者以上；2. 产品冷却，则需 2min 或者以上

塔底控制 3

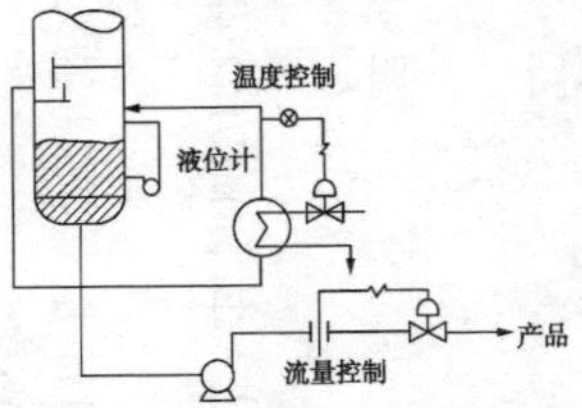


热虹吸式重沸器，产品至后续加工过程*

［15min 的产品量；如果有 15min 的塔进料量，则 5min 的产品量（用液位控制和流量监测代替液位监测和流量控制）］

注：如果产品进罐：1. 产品与工艺流股换热，需要 5min 或者以上；2. 产品冷却，则需 2min 或者以上

塔底控制 4

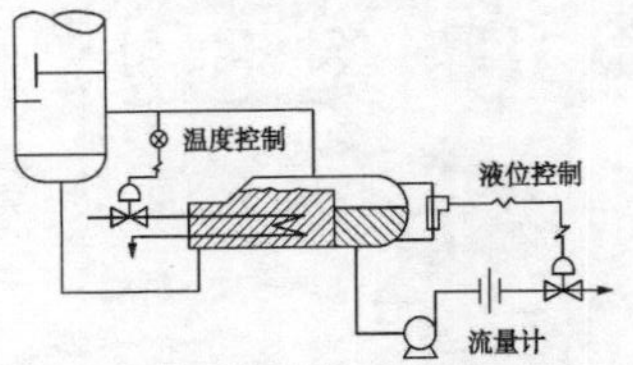


釜式重沸器，产品进罐或送至后续加工过程（5~10s 的产品量）

注：如果产品送至后续加工过程*，且塔进料存量小于 15min，则需要额外的 15min 缓冲容量

加热炉进料控制 5

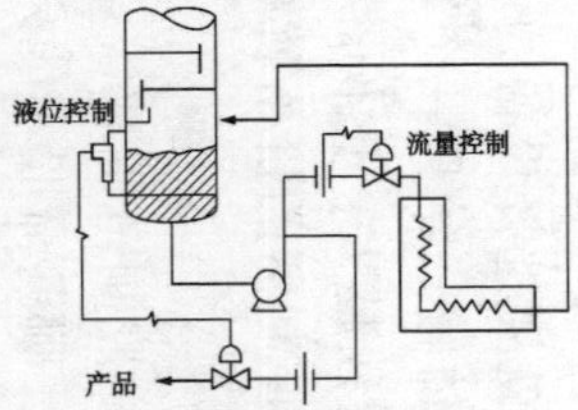


加热炉再沸器-产品抽出

HLL 和 LLL 之间：

如果塔进料存量 15min，5min 的产品量，否则 15min 产品量；

或加热炉进料中 15min 的气相量和 5min 液相量，以量大为准，再加上：

加热炉进料低液位报警的 3min 气相安全量（液位报警设在工艺仪表量程的 10%处）

加热炉进料控制 6

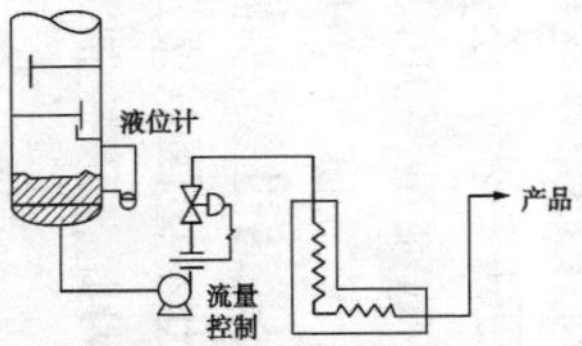


塔底产品用加热炉预热

HLL 和 LLL 之间：

对于常压塔，5min 产品量；对于其他塔，15min 产品量；加上：

加热炉进料低液位报警的 3min 进料安全量（液位报警设在工艺仪表量程的 10%处）

加热炉进料控制 7

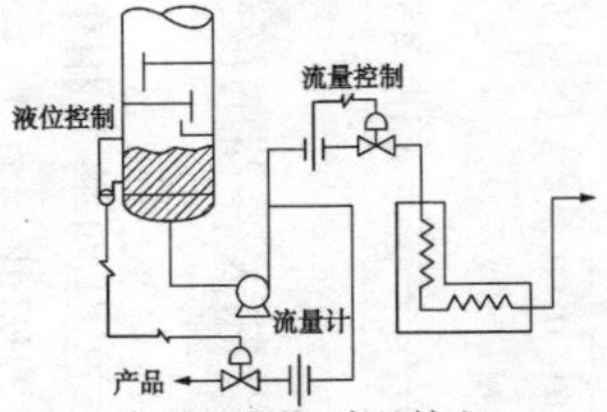


加热炉预热-产品抽出

HLL 和 LLL 之间：

如果塔进料存量 15min，5min 的产品量，否则 15min 产品量；

或加热炉进料 5min 的液相量，以量大为准，再加上：

加热炉进料低液位报警的 3min 汽相安全量（液位报警设在工艺仪表量程的 10%处）

*需要稳定进料量的场合。

**当 15min 的产品量用于流量控制和液位监测，而不是液位控制和流量监测

(b)

图 22-13 典型的缓冲需求(续)

对于控制阀尺寸，应比管线尺寸小一号，如下表所示：

| 管线 | 控制阀 | 管线 | 控制阀 |
|---|---|---|---|
| 4″ | 3″ | 8″ | 6″ |
| 6″ | 4″ | 10″ | 8″ |

在分析和设定缓冲容积时常常用到以下公式：

缓冲容积：

$$\text{cwft} = (\text{gal/min})/7.48 \tag{22-6}$$

容器体积：

$$\text{直径 } D = \sqrt[3]{(\text{cwft}/2.35)}\ (\text{当 } L/D = 3 \text{ 时}) \tag{22-7}$$

$$\text{直径 } D = \sqrt[3]{(\text{cwft}/1.96)}\ (\text{当 } L/D = 2.5 \text{ 时}) \tag{22-8}$$

$$\text{直径 } D = \sqrt[3]{(\text{cwft}/1.57)}\ (\text{当 } L/D = 2.0 \text{ 时}) \tag{22-9}$$

管道尺寸：

$$\text{直径 } D = \sqrt[3]{(\text{gal/min}/25)}\ (\text{当流速} = 10\text{ft/s 时}) \tag{22-10}$$

$$\text{直径 } D = \sqrt[3]{(\text{gal/min}/17)}\ (\text{当流速} = 7\text{ft/s 时}) \tag{22-11}$$

$$\text{直径 } D = \sqrt[3]{(\text{gal/min}/12)}\ (\text{当流速} = 5\text{ft/s 时}) \tag{22-12}$$

流量：

$$\text{ft/s} = \text{gal/min}/450 \tag{22-13}$$

（5）液位控制

缓冲容积主要通过控制进入或离开相关容器的液体量来维持。实现这一目标的方法有多种，下面将对此进行描述和讨论。

1）控制缓冲液出口的液位控制。这里列举个相似的液位控制，出口流量是波动的。液位控制阀(LCV)将在 LLL 下完全关闭。因此，在 LLL 下出口管道的流量为零。

2）利用流量控制来控制缓冲液出口的流量，并设置低液位报警。这样液位会出现波动，但会消除流量波动。此时，因为没有用液位控制阀 LCV 在 LLL 下限制流量，因此操作人员必须对流量控制器进行手动控制，以保持缓冲量。这样做的缺点是，可能无法达到甚至忽略报警条件，从而对下游设备造成损坏，更进一步，还会导致火灾或爆炸的发生。

3）利用流量控制来控制缓冲液出口的流量，并设置液位控制对流量控制的重置。这样会使液位波动，但出口流量平稳。但是，在 LLL 下，LCV 重置仍可完全切断流量。

4）利用流量控制来控制出口的流量，通过缓冲罐液位控制系统进料量。这对液位控制和出口流量控制都非常合适。出口流量也不会因低缓冲能力被切断。对于分馏塔进料，若进行液位控制可能导致分馏塔工况异常。因此，该控制方式不适用于分馏塔，尤其是操作接近临界条件的脱乙烷塔。

5）通过液位控制去往中间缓冲罐的缓冲液量。这样可以控制缓冲罐出口的液体流量。这是控制加热炉进料最理想的方法。唯一要考虑的就是经济性。

（6）液位控制范围

如果缓冲液出口使用液位控制，就要选择设备的使用量程。这个量程就是最高液位与最低液位之间的垂直距离。假如现在液体输送给另一个装置，且要求流量平稳，那么可通过使用宽比例带和大量程来实现。仪表量程越大，比例带越宽，液位控制器的灵敏度越低。因此，流量更平稳。但是，量程越大，控制器的价格就越高，与大量程控制器相匹配的塔或容器的体积也越大。

因此，液位控制系统的选择和液位控制范围取决于：① 缓冲罐出口流股的数量有多少？② 在使用完所有可用的缓冲空间之前，哪些流股不能完全关闭？③ 出口流股要求的平稳程度。

（7）缓冲和液位控制小结

在选择用于过程藏量控制的控制系统时，要遵循两条非常基本的原则：

1）如果允许产品流量波动，则选择液位控制和缓冲能力相对较小的。

2）如果产品进入后续流程，且要求流量保持恒定，则使用流量控制和缓冲能力较大的。

### 22.7.5 结论

用于液位测量与控制的方式多种多样。每种都有各自的局限性。在选择液位测量方法时，要考虑液位计从投用、运行到停用的整个生命周期。维护的难易程度如何？什么情况会导致液位传感器失灵？

液位仪表的安装必须考虑工艺条件、流体参数和相态，以确保液位指示真实可靠。液位仪表的维护非常重要，比其他类型的仪表更需要精心维护。

缓冲量和液位控制的要求和目标需要引起重视。考虑所用液位控制如何适应工艺流程方案，以及什么样的工艺流程更方便于良好的管理。

## 22.8 组成的测量与控制

许多工艺需要测量和控制特定的成分或特性。这通常是通过对加工物料进行定期取样，进行实验分析，然后，根据实验分析结果用于指导操作调整。

还有一些分析仪可以在线安装来测量特定的属性。在线分析结果可立即用于控制。近年来出现了一些新技术，使用标准操作参数的校准相关性来推导物料的特性。下面略做说明。

### 22.8.1 组成测量元件

各种在线分析仪可用于测量炼油厂和化工厂常用的流量。表22-10提供了许多仪表选项的列表以及它们的适用环境。下面将重点介绍一些很常见的在线分析仪器类型。

1）沸点分析仪：该分析仪可用于确定产品5%或95%的分馏控制点。在这种类型的分析仪中，一个固定、受计量的原料流量通过加热器，使样品蒸发。然后，以根据所需回收率的流量排出剩余样品。输入的热量是变化的，以平衡蒸发目标。汽化器的平衡温度决定了所需回收率的沸点。

2）浊度、倾点或凝点分析仪：对于这些类型的分析仪，样品被导入分析仪单元并冷却。晶体或凝固物的存在是通过反射或其他光学方法确定的。

3）蒸馏分析仪：这是一个复制ASTM蒸馏方法的自动间歇分析仪，价格昂贵，维护难度大。

4）化学发光法分析仪：这种类型的分析仪适用于NO、$NO_2$、$NO_x$和$O_2$等化合物。该分析仪利用了化合物与臭氧反应时的发光特性，常用于排放监测。这类分析仪通常使用校准气体定时进行自动校准。

5）闪点：这类分析仪是将空气和样品混合在一起通过加热器，然后通过一个闪蒸室，在闪蒸室中混合物受到火花的作用。当压力传感器检测到爆炸时，就会记录闪蒸室入口的温度。

6）气相色谱仪：这种类型的分析仪有很多用途，包括跟踪蒸馏塔的分割点。在线气相色谱仪操作起来与实验室里的大体相同。将预热后的样品定期地引入色谱柱内，并在样品化合物离开色谱柱时对其进行检测，之后检测结果被转换为分析结果。这些分析仪往往价格昂贵，需要大量的维护。

7）红外和近红外分析仪：在红外和近红外波段有几种选择。与特定波长(或波长)下的参考物料相比，它们可以观察样品的红外透射率。一旦校准，可以从分析中推断出许多性质，包括辛烷值和十六烷。例如，这些可以用于连续调和分析。这些分析仪价格适中，需要良好的校准。

表 22-10　石油加工在线分析仪应用示例

| 项目 | 固体 | 液体 | 气体 | 铝电容电导 | 沸点分析仪 | 热量测定仪 | 化学发光仪 | 浊点分析仪 | 比色仪 | 电导率分析仪 | 电容 | 密度(多个选项) | 蒸馏分析仪 | 火焰光度仪 | 闪点 | 气相色谱仪 | 硬度 | 红外(多种) | 离子电极 | 质谱仪 | 近红外 | 光学露点 | 氧化池 | 氧化磷电解槽 | 硫化铅 | 引擎(爆震或十六烷) | pH电解池 | 倾点分析仪 | 参数敏感度 | 电阻 | 折光率 | 热导率 | 热分散 | 滴定 | 紫外线光谱仪 | 黏度计 | 蒸气压分析仪 | X-射线荧光/吸收 | 氧化锆 | 备注 |
|---|---|---|---|---|---|---|---|---|---|---|---|---|---|---|---|---|---|---|---|---|---|---|---|---|---|---|---|---|---|---|---|---|---|---|---|---|---|---|---|---|
| 碱 | | × | | | | | | | | | | | | | | | | | | | | | | | | | | × | | | | | | | × | | | | | |
| 氨 | | | × | | | | × | | | | | | | | | | | × | | | | | | | | | | | | | | | × | | | | | | | |
| 锑 | × | × | | | | | | | | | | | | | | | | | | | | | | | | | | | | | | | | | | | | | × | |
| 芳香烃 | | × | × | | | | | | | | | | | | | | | | | | | × | | | | | | | | | | | | | | × | | | | |
| 苯 | | × | × | | | | | | | | | | | | | | | | | | | | | | | | | | | | | | | | | × | | | | |
| 溴 | × | × | | | | | | | | | | | | | | | | | | | | | | | | | | | | | | | | | | | | | × | |
| 十六烷值 | | × | | | | | | | | | | | | | | | | × | | | | × | | | | | × | | | | | | | | | | | | | |
| 氯化物 | | × | | | | | | | | | | | | | | | | | | | | | | | | | | | | | | | | | | | | | × | |
| 氯 | | × | | | | | | | | | | | | | | | | | × | | | | | | | | | | | | | | | | | × | | | × | 水相 |
| CO | | | × | | | | | | | | | | | | | | | × | | | | | | | | | | | | | | | | | | | | | | |
| $CO_2$ | | | × | | | | | | | | | | | | | | | × | | | | | | | | | | | | | | | × | | | | | | | |
| 可燃物 | | | × | | | × | | | | | | | | | | | | | | | | | | × | | | | | | | × | | × | | | | | | | |
| 电导率 | | × | | | | | | | | × | | | | | | | | | | | | | | | | | | | | | | | | | | | | | | |
| 溶解氧 | | × | | | | | | | | | | | | | | | | | | | | | | | | | | | | | | | | | | | | | | 水相 |
| 溶解固体 | | × | | | | | | | | × | | | | | | | | | | | | | | | | | | | | | | | | | | | | | | 水相 |
| 蒸馏 | | × | | | | | | | | | | | × | | | × | | | | | | | | | | | | | | | | | | | | | | | | |
| 排放 | | | × | | | | | | | | | | | | | | | × | | | | | | | | | | | | | | | | | × | | | | | 空气，连续排放监测系统 |
| 气体成分 | | | × | | | | | | | | | | | | | × | | | | | × | | | | | | | | | | | | | | | | | | | |

续表

| 项目 | 固体 | 液体 | 气体 | 铝电容电导 | 沸点分析仪 | 热量测定仪 | 化学发光仪 | 浊点分析仪 | 比色仪 | 电导率分析仪 | 电容 | 密度(多个选项) | 蒸馏分析仪 | 火焰光度仪 | 闪点 | 气相色谱仪 | 硬度 | 红外(多种) | 离子电极 | 质谱仪 | 近红外 | 光学露点 | 氧化池 | 氧化磷电解槽 | 硫化铅 | 引擎(爆震或十六烷) | pH电解池 | 倾点分析仪 | 参数敏感度 | 电阻 | 折光率 | 热导率 | 热分散 | 滴定 | 紫外线光谱仪 | 黏度计 | 蒸气压分析仪 | X-射线荧光/吸收 | 氧化锆 | 备注 |
|---|---|---|---|---|---|---|---|---|---|---|---|---|---|---|---|---|---|---|---|---|---|---|---|---|---|---|---|---|---|---|---|---|---|---|---|---|---|---|---|---|
| $H_2S$ | | × | × | | | | × | | | | | | | | | | | | | | | | | | | × | | | | | × | | | | | × | | | | |
| 硬度 | | × | | | | | | | | | | | | | | | | | × | | | | | | | | | | | | | | | | | | | | | 水相 |
| HCl | | | × | | | | | | | | | | | | | | | × | | | | | | | | | | | | | | | | | | | | | | |
| 热值 | | × | × | | | × | | | | | | | | | | × | | | | | | | | | | | | | | | | | | | | | | | | |
| HF | | | × | | | | | | | | | | | | | | | × | × | | | | | | | | | | | | | | | | | | | | | |
| 烃 | | × | × | | | | | | | | | | | | | × | | × | | | × | | | | | | | | | | | | × | | | | | | | |
| $H_2$ | | | × | | | | | | | | | | | | | | | | | | | | | | | | | | | | | | × | × | | | | | | |
| 密闭性检测 | | | × | | | | | | | | | | | | | | | × | | | × | | | | | | | | | | | | | | | | | | | |
| 金属(通用) | × | × | | | | | | | | | | | | | | | | | | | | | | | | | | | | | | | | | | | | | × | |
| 甲烷 | | | | | | | | | | | | | | | | | | × | | | | | | | | | | | | | | | | | | | | | | |
| $NH_4HS$ | | × | | | | | | | | | | | | | | | | | × | | | | | | | | | | | | | | | | | | | | | 水相 |
| 硝酸盐、亚硝酸盐 | | × | | | | | × | | | | | | | | | | | | | | | | | | | | | | | | | | | | | | | | | |
| 氮气纯度 | | × | × | | | | | | | | | | | | | | | | | | | | | | | | | | | | | | × | | | | | | | |
| NO，$NO_x$ | | | × | | | | × | | | | | | | | | | | × | | | | | | | | | | | | | | | | | × | | | | | |
| 辛烷值 | | × | | | | | | | | | | | | | | × | | | | | × | | | | | × | | | | | | | | | | | | | | |
| 水中油 | | × | | | | | | | | | | | | | | | | × | | | | | | | | | | | | | | | | | × | | | | | 水相 |
| 不透明性 | | | × | | | | | | | | | | | | | | | | | | | | | | | | | | | | | | | | | | | | | |
| 氧 | | | × | | | | | | | | | | | | | | | | × | | | | | | | | | | × | | | | | | | | | | × | 过氧量 |
| 氧浓度 | | × | × | | | | | | | | | | | | | | | | | | | | | | | | | | | | | × | | | | | | | | |
| 成品油 | | × | | | × | | | × | × | | | × | × | | × | | | | | | | | | | | | | × | | | | | | | | | × | | | |

续表

| 项目 | 固体 | 液体 | 气体 | 铝电容电导 | 沸点分析仪 | 热量测定仪 | 化学发光仪 | 浊点分析仪 | 比色仪 | 电导率分析仪 | 电容 | 密度(多个选项) | 蒸馏分析仪 | 火焰光度仪 | 闪点 | 气相色谱仪 | 硬度 | 红外(多种) | 离子电极 | 质谱仪 | 近红外 | 光学露点 | 氧化池 | 氧化磷电解槽 | 硫化铅 | 引擎(爆震或十六烷) | pH电解池 | 倾点分析仪 | 参数敏感度 | 电阻 | 折光率 | 热导率 | 热分散 | 滴定 | 紫外线光谱仪 | 黏度计 | 蒸气压分析仪 | X-射线荧光/吸收 | 氧化锆 | 备注 |
|---|---|---|---|---|---|---|---|---|---|---|---|---|---|---|---|---|---|---|---|---|---|---|---|---|---|---|---|---|---|---|---|---|---|---|---|---|---|---|---|---|
| pH 值 | | × | | | | | | | | | | | | | | | | | | | | | | | | | × | | | | | | | | | | | | | |
| 磷酸盐 | | × | | | | | | | × | | | | | | | | | | | | | | | | | | | | | | | | | | | | | | | 水相 |
| 磷 | × | × | | | | | | | | | | | | | | | | | | | | | | | | | | | | | | | | | | | | × | | |
| 氧化还原势 | | × | | | | | | | | | | | | | | | | | × | | | | | | | | | | | | | | | | | | | | | 漂白剂 |
| 二氧化硅 | | × | | | | | | | × | | | | | | | | | | | | | | | | | | | | | | | | | | | | | | | 水相 |
| $SO_2$ | | | × | | | | | | | | | | | × | | | | | | | | | | | | | | | | | | | | | × | | | | | |
| 钠 | | × | | | | | | | × | | | | | | | | | | × | | | | | | | | | | | | | | | | | | | | | 水相 |
| 硫 | | × | | | | | | | | | | | | | | | | | | | | | | | | | | | | | | | | | | | | × | | 油 |
| 硫酸 | | × | | | | | | | | | | × | | | | | | | | | | | | | | | | | | | × | | | | | | | | | |
| 悬浮物 | | × | | | | | | | | | | | | | | | | | × | | | | | | | | | | | | | | | | | | | | | |
| 甲苯 | | × | × | | | | | | | | | | | | | | | | | | | | | | | | | | | | | | | | × | | | | | |
| 有毒气体 | | | × | | | | | | | | | | | | | | | | × | | | | | | | | | | | | | × | | | | | | | | |
| 黏度 | | × | | | | | | | | | | | | | | | | | | | | | | | | | | | | | | | | | | × | | | | |
| 废水 | | × | | | | | | | | | | | | | | | | | | | | | | | | | | | | | | | | | × | | | | | 水相 |
| 含水量 | × | | | | | | | | | × | × | | | | | | × | × | | | | | | | | | | | | | | | | | | | | | | |
| 含水量 | | × | | × | | | | | | | × | | × | | | | | × | | | | | | | | | | | | | | | | × | | | | | | |
| 含水量 | | | × | × | | | | | | × | | | | | | | | × | | | | × | | × | | | | | | | | | | | | | | | | |
| 二甲苯 | | × | × | | | | | | | | | | | | | | | | | | | | | | | | | | | | | | | | × | | | | | |

8）离子特异性电极和 pH 电极：这类电极可连续在线分析几种水性成分。样品流过电极浸入其中的地方，将结果与参比电极进行比较。电极必须定期更换。这些系统并不太贵，但需要定期维护和重新校准。检测池本身是玻璃的，所以容易破碎。

9）质谱仪：这些分析仪在炼油厂并不常见，但已用于监测无组织排放和气体分析。分析仪本质上是将样品撕成离子，然后将离子通过强磁场，在强磁场中，离子的偏转是其质量和电荷的函数。检测到不同的离子浓度。离子浓度矩阵可以转化为成分。这些仪器需要定期校准，具体取决于使用情况。它们往往很昂贵的，且维护工作量大。

10）爆震或十六烷发动机：正常的实验室爆震或十六烷发动机可用于在线检测，例如调和。这些设备往往机械复杂，需要大量的维护，且价格昂贵。一些炼油企业已经用近红外分析仪取代了这些发动机，但是最终的调和产品仍然需要经过发动机测试才能获得认证。

11）热导率：热导率分析仪结构简单、价格便宜廉价，是利用被测流体的传热特性来推断组成。它们对碳氢化合物气体中的氢气体分析效果好。该分析仪类似于同类型流量计。

12）紫外光谱仪：紫外光谱仪在原理上与使用不同波长的红外光谱仪相似，利用吸收或透射率进行分析。

13）X 射线荧光或吸收：在这些分析仪中，样品受 X 射线激发，使其以特定波长发出荧光或吸收，具体波长取决于成分。荧光或吸收被检测并转化为成分。这些仪器需要校准和维护。

在线分析仪中使用的许多方法实际上只是实验室仪器的版本，这些仪器为了适应现场使用，进行了加固以防止损坏。大多数在线仪器需要定期校准和维护，以保持其正常运行。

### 22.8.2 在线分析仪的安装

在线分析仪需要适当的取样和调节系统，以确保可靠性和准确性。这对于分析仪是否能够实现价值是非常关键的。如果分析器不可用且不可靠，操作员很快就会忽略它，所有的价值都将失去。

（1）采样位置和滞后时间

分析仪样品可以直接从主工艺管线中提取，并通过管道输送至样品系统。根据物料性质的不同，可对管道进行电伴热或蒸汽伴热。

理想情况下，如果使用管道，从取样点到分析仪的距离应该尽可能短。否则，分析仪所采样的样品早已离开流程，采样数据也就失去了意义。

为了减少采样和分析之间的时间间隔，通常建立一个比取样管流速高的快速回路。快速回路从高压位置开始，返回到同一流程流或其他安全位置的低压位置。例如，如果流程在流股上有一个液位控制阀，则快速回路可以从阀门前面引出，而回流至阀门后。快速回路联至在线分析仪附近。一条较小的样品线从快速回路引至分析仪，从而缩短了从样品到分析的时间。返回的样品可以回到工艺中的低压点，或至废油或回炼油，或到火炬。

在设计中加入快速回路时，必须确保回路不会破坏控制系统或产生不安全的影响。如快速回路在液位控制阀上下游位置工作，当该阀由于低-低液位关闭时，快速回路也需要关闭。

采样点设计需要考虑采样线内的流动条件：

1）对于单相液体或蒸汽，从管道的上半部分取出样品。

2）对于两相流，从流动是湍流和混合良好的一段管路中抽出样品。否则，很难在两相流中取到一个好的样品。

3）对于大型管道或管道，可能需要使用等速线来获取有代表性的样品。

4）如果管路中有污物，应避免从管路底部取样。可能需要在管路中安装一小段取样管的延伸段，以避免取到沿管壁流动的污物。

5）在使用$ZrO_2$燃料电池进行烟气过氧分析时，探头必须在高温下插入烟气中。这是大多数抽样的一个例外。

获得有效的样品是获得良好分析结果的第一个关键步骤。这适用于间歇采样和连续采样。

（2）样品预处理

在许多情况下，需要对原始过程样本进行“条件处理”，以便为分析做好准备。在这方面经常遇到的一些情况如下。

1）冷却：热样品通常必须冷却。有高压、高合金换热器可用于此目的。对于蒸汽和凝结水、一些制氢装置样品、反应器之间的样品以及其他许多样品，进行冷却是很常见的。样品可以像蒸汽样品一样完全冷凝，也可以包含不冷凝气体。如果存在不凝物，则可能需要在冷却器下游设置闪蒸罐。冷却系统需要防止对分析仪器的损坏。

2）液体分离/凝聚：有时只能分析气体，而液体的存在会损坏分析仪器。在这些情况下，就像冷却一样，需要在仪器前面有一个分离器。但是，你必须非常小心，确保你要分析的不是被除去的液体。例如，如果被分析的气体是供给制氢装置的，在样品处理过程中有一些可冷凝的碳氢化合物被去除，那么该物料的特征描述错误，导致蒸汽用量过少和结焦。

3）过滤：大多数分析仪器无法处理样品携带的固体或粉末。这些通常是通过细粉（$\ll 1\mu m$）过滤器去除。过滤器需要定期更换。

4）样品流量：大多数在线分析仪都是针对特定的流量进行设计和校准的。偏离设计样品流量会产生误差。在临界情况下，流量通常由微型转子流量计或其他恒流控制装置进行计量。

5）减压：许多样品是在高压下采集，但大多数样品分析仪是在低压下工作的。可以使用调节阀进行压减，减压阀通常是不锈钢或合金，具有非常小的$C_v$s。压力调节器的前面应该始终有过滤器。

6）手动采样点：通常将手动取样点并入样品预处理系统。这可以是一个常规的操作员采样点，也可以用作分析仪的检查样本。

（3）分析仪的安装

许多在线分析仪设计为现场安装，如pH值和热导率分析仪。这些仪器经过充分的硬化处理，可以简单地安装在现场或从现场拆除。

更复杂的分析仪，如近红外、气相色谱或紫外线，需要一个受控的环境，这对于使用连续排放监测仪（CEMs）进行环境监测尤为重要。这些分析仪通常安装在有环境控制的分析仪小型建筑物内（分析小屋），分析小屋具有正压力，以防止附近碳氢化合物或氢气泄漏时可能发生爆炸。这也意味着该分析仪及其相关电子设备不必是防爆的。校准气体或液体被安置在小屋旁边。如果有一个快速回路从中提取样品，则快速回路在分析小屋附近运行，只有较小的样品管进入分析小屋内。样品预处理系统和分析仪及其电子设备都在小屋内。样品通风管或出口管在仪器后立即离开分析小屋。

（4）样品的后处理

样品分析完成后，必须对残留物做妥善处理。对于许多经过无损处理的样品，可以将样品送回在较低的压力点返回到工艺中。如果没有足够的压力回到生产过程中，则可选择火炬或废油/回收油系统。应确保排放的目的与样品危害一致。一些在线液体分析仪可能会把用过的样品排放到一个回收罐中，储存起来以便以后回收。出于监管到考虑，要确保所使用的回收罐都有明确的标签。用过的水样通常可以送到污水处理厂。如果样品在分析过程中受到污染，则需要作为危险废物进行储存，并定期送去处理。

### 22.8.3 推断属性

先进控制的发展带来了用更为连续的工艺分析来利用技术进步优势的需要。这导致需要越来越多地对物料进行推断分析。

推断分析器使用正常的过程数据（如流量、温度和压力）来估计通常要通过采样和实验室测试才能测量的特定物性值。这可以利用在线分析仪的优势，而同时又避免了购买、安装和维护的麻烦。

推断属性实际上只是基于为此目的专门收集的大量操作和分析数据的复杂关联式。

推断分析最常用于蒸馏特性，包括5%、10%、90%、95%和闪点。推断的性质也可用于跟踪塔顶的重关键组分或塔底轻关键组分的浓度。

推断出的分析结果需要定期与实际分析结果进行比对，并根据实际的样本结果对推断出的属性估计值进行修正。当推断的属性相关性偏离太远（即修正值很大）时，将开发新的关联式来取代旧的关联式。

随着控制系统变得越来越复杂，推断属性这种方法的使用也会随之扩大。

## 22.9 控制器

不管使用什么结构或类型的控制系统，控制系统的核心都是控制器本身。这些控制器从现场的各种传感器、分析仪、操作员、APC模块和其他各种输入中获取数据，并确定需要对每个操作流程进行的控制动作，从而满足所有预期的操作条件。然后，控制器将这些条件输出给现场仪表，由其进行实际调整。这就是反馈控制。

炼油厂遇到的一些基本类型的简单控制器如下：

### 22.9.1 开/关-离散控制

对于一些控制应用，受控变量只需要保持在开和关两个极限之间。为了这个目的，我们可以使用开/关控制。这种类型的控制可以被应用在一个气液分离釜的液位控制上。液位传感器的信号进入一个监测液位的控制器，当液位达到一个设定点时，控制器打开泵，使液位降低，直到另一个设定的低液位，然后控制器关闭泵，直到再次需要打开它。在一些应用场景中，在高点和低点只有液位开关，只需要用继电器就能完成动作。

### 22.9.2 PID控制

炼油厂中最常见的控制类型是PID控制，即比例-积分-微分控制。这种控制逻辑可以有多种形式：只有比例的控制；比例-微分控制；比例-积分控制；全 PID(比例-微分-积分控制)。

这个术语来自于控制器方程的形式：

$$u(t)=K_{\mathrm{p}}e(t)+K_{\mathrm{i}}\int_{0}^{t}e(\tau)\,\mathrm{d}\tau+K_{\mathrm{d}}(\mathrm{d}e(t)/\mathrm{d}t) \tag{22-14}$$

式中 $u(t)$——控制器输出；

$K_{\mathrm{p}}$——比例增益，调节参数；

$K_{\mathrm{i}}$——积分增益，调节参数；

$K_{\mathrm{d}}$——微分增益，调节参数；

$e$——设定点和被测变量之间的误差或差异；

$t$——时间或瞬时时间；

$\tau$——时间 0 和时间 $t$ 之间的积分变量。

在式(22-15)中，第一项 $K_{\mathrm{p}}e(t)$ 被称为比例项，因为它的输出与设定点的误差成正比。

第二项 $K_{\mathrm{i}}\int_{0}^{t}e(\tau)\,\mathrm{d}\tau$ 被称为积分项。这项的作用是由偏差的大小和持续时间决定的。如果测量值离设定点差得很远，那么积分项对输出有较大的影响。

最后一项 $K_{\mathrm{d}}(\mathrm{d}e(t)/\mathrm{d}t)$ 是微分项。这项是针对实际测量值相对于设定点的变化速度和方向对输出进行微调。

在实践中，通常会发现：

1）比例控制：P、I、D 三者中只使用比例。在比例控制中，输出只有在出现偏差时才会改变。如果误差是恒定的，输出是恒定的，但它可能不在设定点。通常在设定点和过程变量之间有一个偏移量，以使其发挥作用。比例区和增益是两个调节参数。比例区是导致输出 100%变化的误差的变化百分比，增益或比例增益是输出变化的百分比除以输入变化的百分比。

2）PI 控制：使用比例和积分。这消除了比例控制中的误差，但可能会导致“积分饱和”，使过程变量变化的太多或超过设定点，然后需要很长的时间才能恢复。这是由复位率或控制回路采取行动的频率(以每分钟复位一次或每次复位几分钟为单位)完成的。如果调整不当，则可能会出现振荡或扩散现象。

3）PD 控制：使用比例和微分的控制，提高了控制器的反应速度。导数的作用是根据误差变化的速度和方向来提高比例控制器的输出。这对慢速调节过程有帮助。在快速过程中则可能会导致振荡。导数的速率设置通常是以分钟为单位。

4）PID 控制：比例、积分和微分控制。如果参数调整得当，这为一个过程提供了最好的基本控制，但调整可能比较困难。

## 22.10 控制回路的调整

自动控制回路调整是可行的，并且有助于我们理解不同类型的控制条件是如何进行转换调整的。这是一种简单的方法，并且可以作为一个开端。

1）比例：在出现干扰时，能够减少比例段直到这个过程出现振荡。然后比例段翻倍或者是控制增量减半。

2）积分：在出现干扰时，增加每分钟的重复次数(或者减少重置)直到整个过程开始循环。随后将重置值减少至设定值的1/3。

3）微分：在出现干扰时增加控制速率设定直到过程循环，然后将降低速率至1/3。

## 22.11 结论

这里初步介绍了仅应用于当前炼化企业的控制系统的多个方面。对于该专业进一步的信息，参考这里列出的以及无数的网上和技术图书参考资料。

## 附录1 调节阀的尺寸

过程流量系数 $C_v$ 定义：清水量(gal/min)通过流量计并且造成1psi的压降。

$C_v$ 的计算有以下几个方程：

$$\text{对于液体：} C_v = Q_L\sqrt{\frac{G_L}{\Delta P}} \tag{22-15}$$

$$\text{对于蒸汽：} C_v = \frac{Q_S}{82}\sqrt{\frac{T}{\Delta P - P_2}} \tag{22-16}$$

$$\text{对于气体：} C_v = \frac{Q_G}{1360}\sqrt{\frac{\mu_2 ST}{\Delta P - P_2}} \tag{22-17}$$

式中 $C_v$——流量系数；

$Q_L$——在某一条件下中液体流量，gal/min；

$\Delta P$——经过阀门的压降，psi；

$G_L$——该条件下液体相对密度；

$Q_S$——蒸汽流量，lb/h；

$P_2$——阀门下游绝对压力；

$Q_G$——气体流量，scf/h(60℉、14.7psia)；

$T$——气体温度，°R(℉+460)；

$S$——气体的摩尔质量除以29；

$\mu_2$——下游条件下的压缩系数。

下面一些情况下的 $C_v$ 值是需要特别考虑的。

（1）压降

对于可压缩的流体，对于方程中最大可用压降是临界值。根据经验法则和设计目的，此值只有上游绝对压力的50%(阀门的压降可以超过临界压降，但是任何超过临界值的压降都是出口损失)。

（2）闪蒸液体

对于缺少准确信息时，建议用于闪蒸液体的阀体名义尺寸选取比阀口大一号。

（3）两相流

如果调节阀上游中存在两相流，根据经验流体低于其临界点时，$C_v$ 值取气体部分的 $C_v$ 与液体部分的 $C_v$ 的加和。计算值是根据上游条件下气体和液体的数量。阀体名义尺寸选取比阀口大一号，以便适应其膨胀。

（4）阀门的可调节性

调节阀的可调节性是指最大流量下的流量系数除以最小流量下的流量系数（$R=C_v\ max/C_v\ min$）。阀门的可调节性是用来评价阀门的控制点是否处于操作需求范围内（不处于全开或者全关状态）的标准。实践中，实际阀门的安装选择是仪表工程师的责任。通常工艺工程师是一个负责工艺本身能够正确运行的人，但是他必须对所选设备能够实现所需的控制要求感到满意。因此，他也会要求阀门处于流程流量控制范围之内。

调节制阀的量程比一般限定于处于 10∶1。如果 $R$ 的范围超过 10∶1，则建议考虑安装双阀确保在最大和最小流量条件下的良好调控。

一些应用中，特别是对于压缩机或者风机入口，选择的蝶阀与管线尺寸一样，没有考虑这么做的结果是阀门有可能长时间处于接近关闭状态下工作。在此条件下出现过阀门被侵蚀的情况。因此，建议考虑蝶阀选择的尺寸应确保它们不会在任何客观的时间周期内阀门开度小于 10%，而不是随意选择与管道同样的尺寸。

（5）阀门流量系数（$C_v'$）

为确保阀门在最大流量下仍处于控制位置，$C_v'$值是上面计算得到的最大工艺 $C_v$ 值除以 0.8。采用这一系数的原因如下：

1）不建议将阀门处于全开状态以到达最大流量，因为这时候它不处于控制位置。

2）同一阀门制造商供应的阀门在 $C_v$ 上有 10%~20%的差异。

3）压降、流量等控制需要有一定的余量，因为会跟设计值存在差异。

（6）调节阀的尺寸

调节阀的尺寸大小取决于提供给制造商的流程数据。然而，存在一些合适的方程式用来评价所需求的阀门以便更好控制流程。以下提供了三个方程式：

单个调节阀的尺寸：

$$S=\left[\frac{C_v}{9}\right]^{\frac{1}{2}} \tag{22-18}$$

双调节阀的尺寸：

$$S=\left[\frac{C_v}{12}\right]^{\frac{1}{2}} \tag{22-19}$$

蝶阀的尺寸：

$$S=\left[\frac{C_v}{20}\right]^{\frac{1}{2}} \tag{22-20}$$

方程式分母中的常量（9、12 或 20）变化最大可到 25%，主要取决于阀门制造商。

调节阀的尺寸不应大于管道的规格。如果算出来的阀门尺寸大于管道尺寸，需要仔细检查阀门和管道尺寸的计算。通常，调节阀的尺寸比管道规格小一号。

一旦阀门的尺寸以及阀门流量系数确定，阀门最大流量和最小流量的阀开度可以根据选定的阀门流量系数分别确定。这也可以用来确定蝶阀最小流量的阀开度。对其他类型的阀门，没有必要进行这样的计算。

（7）仪表风故障时的阀门动作

在分析任何工艺设计以及装置操作过程中，当仪表风停止时，调节阀的动作总是会出现一些问题。调节阀失灵时应处于开或关，取决于工艺工程师对每一事件评估安全以及破坏之后的判断。例如，控制加热炉管中的进料调节阀应该总是故障开启，以阻止因低流量或者没有流量而导致炉管温度高而损坏。另外，当风中断时，燃料调节阀应该故障关闭，避免加热管处于过热状态。

阀门的故障动作是通过引入的动力风处于故障开启的隔膜之上，或者处于故障关闭的隔膜之下实现的。当进入阀门隔膜之上的风失灵时，将允许弹簧从座阀上拔出阀塞；当进入阀门隔膜之下的风失灵时，就会强制将弹簧推入阀门关闭位置。也可以采用阀门就位失灵或者锁住，但是很少这么做。

## 参考文献


Alicat.com, Types of gas mass flow meters (2005). Accessed Jan 2014

W. Chin, Magmeters: how they work and where to use them. Control Mag. 32–34 (Krohne America, 1990)

W.S. Corcoran, J. Honeywell, Practical methods for measuring flows. Chem. Eng. Mag. 86–92 (Fluor Engineers and Constructors, Inc., 1975)

DAC Electric, High voltage variable speed drives, www.dac-electric.com. Accessed 29 Jan 2014

J.W. Dolenc, Choose the right flow meter. Chem. Eng. Progress. 22–32 (Fisher-Rosemount, 1996)

D. Ginesi (Bristol Babcock Inc.), G. Grebe (Cincinnati Test Systems), Flow meters: a performance review. Chem. Eng. Mag. 100–118 (1987)

D. Ginesi, Choices abound in flow measurement. Chem. Eng. Mag. 88–100 (Foxboro Co., 1991)

D. Ginesi, A raft of flowmeters on tap. Chem. Eng. Mag. 146–155 (Foxboro, 1991)

Greyline, Two technologies for flow measurement from outside a pipe, www.greyline.com. Accessed 27 Jan 2014

R.C. Hunt, Oscillatory flowmeters: an effective solution for flow measurement (MycroSENSOR Technologies, 2002), www.fluidicflowmeters.com. Accessed Jan 2014

Instrumart.com, Vortex shedding flow meters, www.instrumart.com. Accessed 27 Jan 2014

R. Kern, How to size flow meters. Chem. Eng. Mag. 161–168 (Hoffmann-La Roche Inc., 1975)

P.K. Khandelwal (Uhde India), V. Gupta (Sycom Consultants Consortium), Make the most of orifice meters. Chem. Eng. Progress 32–37 (1993)

M.D. Kyser, Positive displacement flow measurement. Control Mag. 40–42 (Badger Meter, 1990)

G. Livelli, Selecting flowmeters to minimize energy costs. Chem. Eng. Prog. 34–39 (ABB, 2013)

C.J. O'Brien, Flowmeter terms, types, & successful selection. InTech Mag. 30–33 (Moore Products, 1989)

S. Peramanu, J.C. Wah, Improve material balance by using proper flowmeter corrections (Canadian Natural Resources, 2011), www.hydrocarbonprocessing.com. Accessed Jan 2014

Seekyouranswers.blogspot.com, Turbine flow meter (2013). Accessed Jan 2014

Siemens Moore Process Automation, Inc., Three element feed control system. Accessed 29 Jan 2014

Spirax Sarco, Types of steam flowmeters, Steam engineering tutorials, www.spiraxsarco.com. Accessed 29 Jan 2014

J. Taylor, Selecting the right flow meter for your hydronic system (Wood-Harbinger, 2013), www.woodharbinger.com. Accessed Jan 2014

P.C. Tung, M. Mikasinovic, Sizing orifices for flow of gases and vapors. Chem. Eng. Mag. 83–85 (Ontario Hydro, 1982)

Wikipedia, Mass flow meter. Accessed 27 Jan 2014

R.H. Kennedy, Selecting temperature sensors. Chem. Eng. Mag. 54–71 (The Foxboro Co., 1983)

J.G. Seebold, Tube skin thermocouples. Chem. Eng. Progress 57–59 (Chevron Corp., 1985)

Wikipedia, Resistance thermometer. Accessed 30 Jan 2014

Wikipedia, Thermocouple. Accessed 30 Jan 2014

Ashcroft Inc., Pressure gauge installation, operation, and maintenance, www.ashcroft.com. (2002). Accessed Jan 2014.

R.E. Bicking, Fundamentals of pressure sensor technology. Sens. Mag. (1998)

W.J. Demorest, Jr., Pressure measurement. Chem. Eng. 56–68 (Honeywell Inc., 1985)
K. Hamza, *Pressure Measurement*, http://science-hamza.blogspot.com/ (Cairo, 2011). Accessed Jan 2014.
Instrumentationtoolbox.com, Strain gauge substitute (2011), www.instrumentationtoolbox.com. Accessed Jan 2014
B.G. Liptak, Pressure regulators. Chem. Eng. 69–76 (Bela G. Liptak Assoc., 1987)
R. Repas (Machine Design), C. Dixon (Kavlico Corp.), ABCs of refrigeration pressure sensing (2008), machinedesign.com. Accessed Jan 2014
D.L. Roper, J.L. Ryans, Select the right vacuum gage. Chem. Eng. 125–144 (Tennesee Eastman Co., 1989)
A.W. Sloley of The Distillation Group, Inc. Chem. Eng. Progr., (Jan 2001)
Winters instruments website, http://winters.com/. Accessed Jan 2014
D. Anderson, Match fit radars. Hydrocarb. Process. 104–109 (Vega Controls Ltd., 2013)
Control, What's the best way to control an interface level when an emulsion tends to form between phases? Control 48–52 (1992)
P. Hagar, Avoid temperature differences when using external chambers. Control 71–73 (Syncrude Canada, 1995)
E.A. Knight, J.R. Pugh, Properly select level-measurement devices for bulk solids. Chem Eng Progress 50–55 (Glasgow Caledonian University, 1996)
B.G. Liptak, Level measurement with problem liquids. Chem Eng. 130–133 (Bela G. Liptak Assoc., 1993)
S. Parker, Selecting a level device based on application needs. Chem. Process., Fluid Flow Annual 75–80 (Fisher-Rosemount, 1998)
B.O. Paul, Seventeen level sensing methods. Chem. Proc. 63–72 (Editor, 1999)
L.M. Wallace, Sighting in on level instruments. Chem. Eng. 95–104 (Fluor E&C, 1976)
Controls Wiki, Process control definitions and terminology (2013), https://controls.engin.umich.edu. Accessed Jan 2014
PAControl.com, Process control fundamentals (2006), www.PAControl.com (Excellent and clear). Accessed Jan 2014
F.G. Shinskey, Foxboro, *Process Control Systems: Application, Design, and Tuning* (McGraw Hill Publishing Company, New York, 1988)
Wikipedia, PID controller. Accessed 3 Feb 2014

# 第 23 章　石油加工中的公用工程

## 23.1　引言

所有炼油工艺都需要公用工程才能发挥作用。常用公用工程系统包括：蒸汽和凝结水；燃料(气和油)；水系统(凝结水、锅炉给水、生活水、消防)；压缩空气(仪表、工厂)；电力供应；氮气；地下管线(含油污水/工业水、化学水、雨水)；其他公用工程。

这若干个系统的工程设计通常是化学工程师的职责。在装置操作和工艺运行方面，工艺工程师负责公用工程正确有效的运行。尽管工艺工程师可以提供所有电气设备的电力需求清单来帮助确定电力系统的规模，但与电力系统相关的职责通常会留给电气工程师或电气部门。这包括所有的电机和电动设备，如除盐器、产品脱水器、静电除尘器等。

由于公用工程系统对装置的运行至关重要，因此必须确保这些系统的安全，并采用备用等其他方法确保供应系统的可靠性。为确保公用工程不被工艺流体或其他公用工程污染，需要制定防互串和防交叉污染的规定要求。这里在讨论每个公用工程时，有关于保持其系统可靠性的方法以及存在的潜在风险的介绍。

下面介绍炼油工业中典型的公用工程系统，这些系统的细节可能因设施的不同有所不同，但是其形式和总体的布局与这里介绍的类似。

## 23.2　蒸汽和凝结水系统

蒸汽是炼油厂最基本的公用工程系统。蒸汽在很久前就已经被应用，虽然它在很大程度上已经被驱动机械中的电力所取代，但是它仍然具备若干作用，包括工艺加热、工艺反应、驱动转动设备和伴热/保温。

蒸汽的一个重要特点是其具有极高的可靠性。蒸汽系统可以在 40~50 年不停机的情况下正常运行。没有其他公用工程介质的可靠性可以达到这样的水平。当然，这些系统的可靠性和维护需要经过专业的设计，也会涉及一些始终保持蒸汽可靠性的技术。

### 23.2.1　炼油厂蒸汽系统

图 23-1 显示了现代炼油厂典型蒸汽系统的配置和组成。这个系统以蒸汽管网为中心，蒸汽管网贯穿整个系统，可以分配和接受不同压力等级的蒸汽。最高等级(过热 HP)通常是高压过热蒸汽，大约 600psig( ~40barg)，可能有 180℉(100℃)的过热。这种高压蒸汽为透平和其他用户提供干蒸汽。高压蒸汽通过透平和带减温器的控制阀得到压力等级较低的蒸汽。

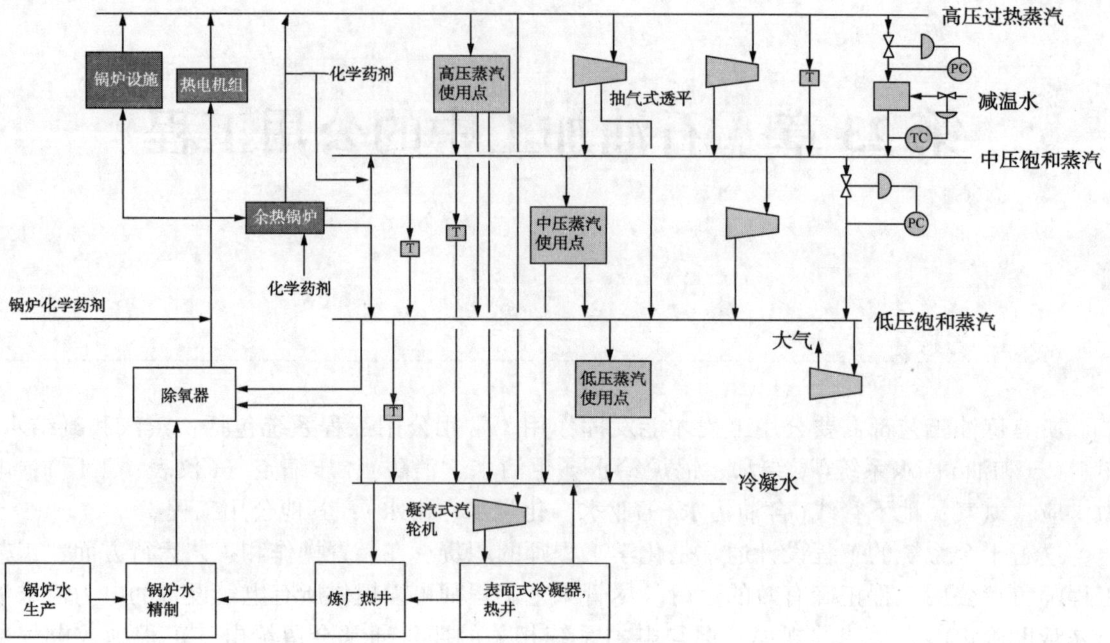


图 23-1　炼油厂典型蒸汽系统

中压饱和蒸汽管网运行压力大约 150psig（10barg）。它可以满足透平和工艺介质加热的需求。通常情况下，余热锅炉提供中压蒸汽。

最低压力水平的管网（低压饱和）通常运行在 50psig（3～4barg）左右，主要应用于蒸汽伴热，也可用于低压再沸器、分馏塔和除氧器。有时应急发电机或压缩机、透平机与低压管网相连，排向大气，它们正常情况不运行。

所有的蒸汽管网最终串接到在低压（5～10psig 或 0.3～0.7barg）条件下运行的凝结水管网。也可能会有压力稍高的中间冷凝水管网。

一些大的驱动透平可能采用表面冷凝器，并在透平末级出口处使用高真空操作，表面凝结水必须通过泵送至凝结水系统，以便回收利用。由于表面冷凝器在真空环境下使用，它经常把空气吸入系统，导致锅炉给水除氧器增加负荷，并增加除氧剂的用量。

锅炉给水补给是非常昂贵的，所以大多数的炼油厂最大限度将凝结水进行回收再利用，只添加来自软化设施、除盐设施和反渗透装置的锅炉补水（BFW），稍后我们将在本章讨论 BFW 的生产。

蒸汽的产生对系统至关重要，传统的发电机是采用电站锅炉，当前炼油厂更多地从与工艺装置相连的余热锅炉（又称热回收蒸汽发生器）和热电联产设施产生蒸汽和电力。这样的热电联产设施可能由另一家公司在场外拥有并运营。

当然不是所有的设施都有所有这些管网、蒸汽发生器和蒸汽用户，但是这些确是许多炼油厂和石化装置中常见的配置设施。

### 23.2.2　蒸汽系统的组成

炼油厂和石化厂蒸汽系统中有许多设备设施及部件，本节将介绍一些关键单元设备：锅炉给水的生产；产汽；余热锅炉；减温减压器；蒸汽疏水器和凝结水管网。

接下来的讨论中，将会参照图 23-2 提供的详细信息。

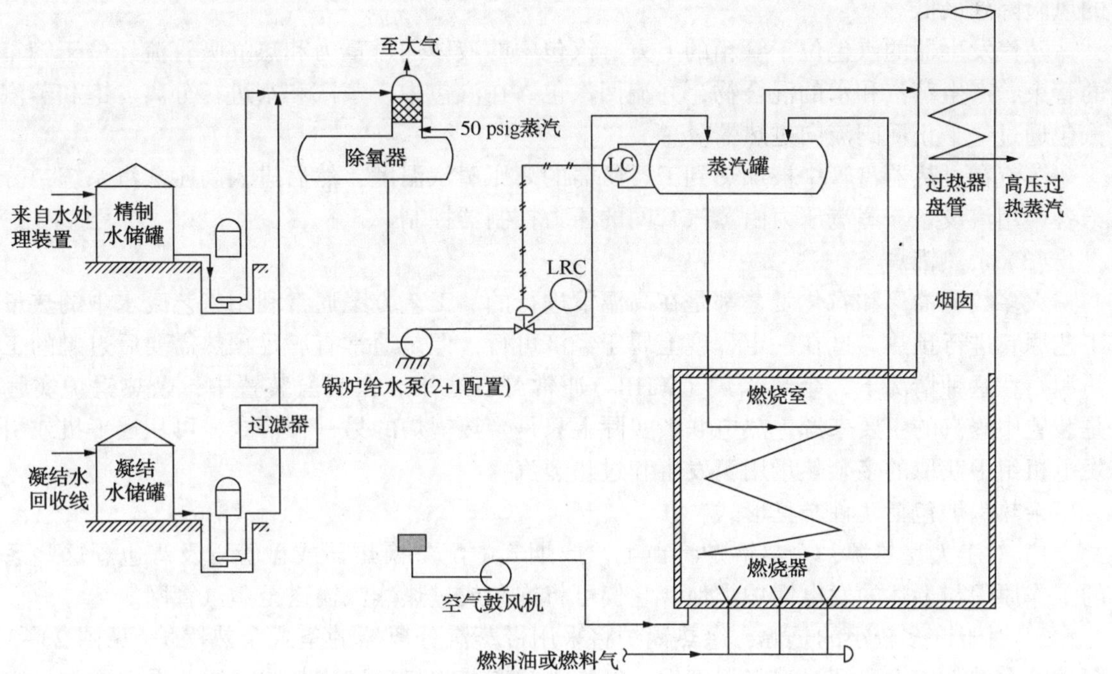


图 23-2 典型的蒸汽发生系统

(1) 锅炉给水生产

在大多数的工厂，蒸汽凝结水在各种工艺过程中积累起来，被收集到一个凝结水罐中，然后回到蒸汽发电装置。因为凝结水中可能含有一些石油污染物，因此它与处理过的原水必须分开存放。本节后面将对凝结水问题进行进一步讨论。

处理后的原水和凝结水从各自的储罐中流出，经过泵送至除氧器。

凝结水在送至除氧器之前先经过一个简单的过滤器，以去除固体污染物。水和冷凝物的混合物流进入除氧器顶部加热器。低压蒸汽直接进入除氧器内部填料的下部，向上逆流与液相接触。夹带在水中的空气或者二氧化碳都会通过蒸汽的逆向流动被排出到大气中。得到的混合并经过除氧的水称为锅炉给水(BFW)。

除氧器水箱或者汽包中通常需要注入除氧剂，以除去残留的微量氧气。除氧水中的氧含量一般要求小于10ppb。在除氧器水箱后，锅炉给水通常需要加注锅炉化学药剂。

有关锅炉给水处理更详细的讨论，请参阅“锅炉给水(BFW)处理”一节。

(2) 产汽

脱氧后的锅炉给水经泵送入蒸汽发生器的汽包。这个过程会有多个泵(例如，设置三台泵，每台泵流量为总流量的60%，两个运行，一个备用)，这些正常运行的泵通常由电动机驱动，而备用泵通常由自动启动的汽轮机或柴油发动机驱动。这些泵的容量相当大，压头高，出口压力高，大多数装置的主蒸汽管道都是高压(蒸汽发生器出口管线压力至少为700psig)，因此泵的出口压力需比高压蒸汽出口压力高得多。

这些泵在炼油厂或化工厂中都是十分重要的。如果它们发生故障，就无法产生蒸汽，全厂将面临停工或者会发产生更大的风险。因此，为了满足正常高压头和大容量的要求，需要使用多个独立的泵，并且还必须有除电力或蒸汽之外的动力源作为驱动设备，以将全部停工的风险降到最低。

蒸汽发生器的汽包位于管箱的上方。汽包中的液体通过重力和热虹吸管流经位于管箱内的管束，产生蒸汽和水的混合物，并流回汽包。在汽包中，蒸汽和水进行分离。饱和蒸汽从汽包通过一个止回阀流向过热器。

蒸汽在过热器盘管中被加热到工厂所需的高压蒸汽温度，然后进入高压蒸汽系统，分配给各个用汽设备。蒸汽压力由蒸汽管网的压力控制器控制。

(3) 余热锅炉

大多数炼油厂和石化工艺都是在高温下进行的。工艺方案通常利用工艺废水中的热量对工艺原料进行预热。这在一定程度上属于经济可行，但是通常有满足预热需要后过剩的工艺热源。在这种情况下，余热锅炉（WHBs）通常可以适用。在制氢装置中，余热锅炉实际上是装置中蒸汽的主要来源。热电联产实际上只是余热锅炉的另一种形式，可从透平机或引擎发电机组中获取的多余热量用于发生和过热蒸汽。

余热锅炉包括两种常见形式：

1) 对于大型热源，余热锅炉将在工艺或烟气中配备换热器或盘管以及汽包。这些系统的工作原理与上述的发电锅炉类似。它们可将饱和或过热蒸汽输送至蒸汽管网。

2) 对于许多较小的热源，余热锅炉将采用带蒸汽分离器的釜式余热锅炉(见图 23-3)，锅炉给水进入釜中，超过沸点温度后，经汽水分离器收集后进入管线。这些系统通常只产生饱和蒸汽。汽锅必须定期排污以控制电导率。

一些余热锅炉有自己的锅炉给水系统，为了控制凝结水腐蚀，可能需要单独处理这些发生器的蒸汽。

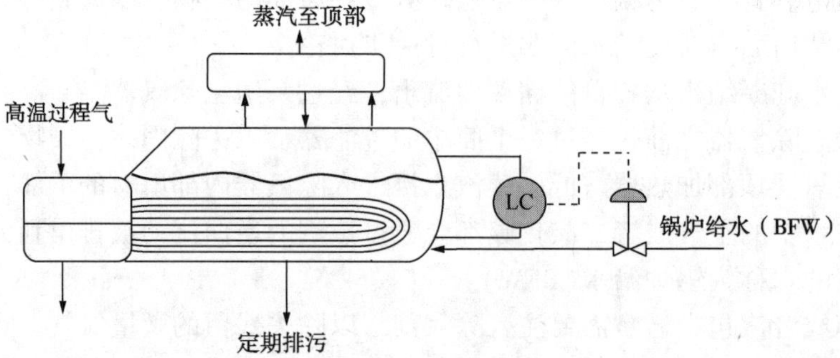


图 23-3 釜式余热锅炉布置

(4) 减温减压器

在可能的情况下，低压管网的蒸汽可以通过透平排汽获得。如果需要低压蒸汽，且无法通过设备生成，则应在系统的适当位置设置减压器。当蒸汽压力降低至低压管网压力时，还需要将温度降低至规定温度，因此需要使用减温器。

减温器设置在蒸汽管道内一段腔室中，其中注入温度较低的凝结水。这些组件是外购的，带有专门设计的冷凝液喷嘴。凝结水的注入量根据外送蒸汽的温度进行调节。减温器应设置于装置的关键部位，这里有大量的高压蒸汽被降至低压，例如透平的排出蒸汽。

(5) 蒸汽疏水器和凝结水

蒸汽管线会不断存在热量损失，这会导致蒸汽的局部冷凝，特别是在低流量区域。凝结水将在管线的低点收集。在流量变化(甚至正常)情况下，凝结水会通过管道锤(水击)损坏管线，或由于侵蚀(冲刷腐蚀)而损坏透平和控制阀。凝结水在寒冷的天气下也会冻结，造成管线破裂。由于这些原因，蒸汽疏水阀安装在蒸汽管线上，位于管线的低点和汽轮机前面的每个存水处。疏水阀有助于确保蒸汽在需要的地方不带水，它们还可以避免高压蒸汽串入凝结水管线造成超压。

疏水器制造商提供了几种不同形式的疏水器。炼油厂和石化设备中最常见的疏水器是热力型和水桶型的，其他类型(如连续排水浮子型疏水器)用于其他特定场合。

蒸汽疏水阀的尺寸是一个重要的考虑因素，但却经常被忽视。如果疏水阀的尺寸过大，循环频率不够，会导致其失效；同样，一个疏水器太小，一直在循环，疏水器也会失效。疏水器应该至少每隔几分钟打开和关闭一次，监测和修复失效的疏水器将节省大量的能源。制造商们拥有监控疏水器运行的工具和技术。

为了避免高压蒸汽直接串入凝结水中，如图 23-1 所示，最好将高压蒸汽出路并入中压和低压蒸汽中。

当大多数类型的疏水阀失效时，就会将蒸汽吹入低压管线。这种故障模式主要是有意设计成的，因为它以更高的使用成本来保持蒸汽不带水。但是这会使下游管线超压，特别是如果下游是凝结水时，会阻止其他疏水阀的正常工作。蒸汽疏水阀的监测可以简单地听它们的循环频率，也可以使用复杂的红外监测。制造商拥有简单的工具和技术来监控疏水阀的运行。在互联网上我们可以找到很多关于疏水器的好的培训信息，值得我们学习。

疏水器排出的水最终会进入凝结水管线。主凝结水管线通常在 5~10psig(0.3~0.7barg)的正压力下运行。收集到的凝结水在常压下储存，经常会有少量蒸汽在储存罐中闪蒸出来，可用于除氧器以替代低压蒸汽(除氧器在大气压或接近大气压下运行)。

回收的凝结水将被重新用作锅炉给水、加氢处理冲洗水、工艺补给水等。它可能来自许多地方，其中一些可能含有污染物。在图 23-2 所示设施之前，应将凝结水收集在一个或多个“热阱”中，然后通过泵输送至公用储罐或管网。

热阱中的蒸汽空间应监测碳氢化合物，这会显示是否有烃泄漏到冷凝系统中。通常少量的油是可以处理的，但大量的油和氧是不允许的。

如果发现重大泄漏，应将凝结水排到下水系统(或安全位置)，直到可以消除泄漏；否则，蒸汽系统会受到碳氢化合物或氧的污染，这在许多蒸汽系统中是不安全的。例如，点火前对加热炉吹扫或对容器进行吹扫维修时，在蒸汽中不能有碳氢化合物。

(6) 公用蒸汽站

大多数工厂都有公用蒸汽站，它们从中压或者蒸汽管网中出来，这些众多的“公用工程”都是按需分布在各个单位中间。这些公用蒸汽站有蒸汽软管，用于清洁设备、临时供暖和许多其他用途。在蒸汽站上游有一个蒸汽疏水阀。

这些公用工程站通常也有工厂用水和工厂空气连接。这些蒸汽和厂用水系统有时连接起来，以便直接对工厂水进行加热，这种加热可以手动控制，也可以单独用一个蒸汽阀自动控制。这些公用工程站将在本章节其他公用工程部分进一步讨论。

(7) 防止蒸汽系统的污染

与大多数公用工程一样，必须确保从蒸汽管线中出来的是蒸汽，而且只能是蒸汽。当蒸汽与工艺连接时，应至少提供由一个或多个止回阀、一个或多个截止阀、一个泄压器和一个隔离点(盲板)组成的防互串设施。

用于蒸汽处理容器和其他清洁目的的连接件应在使用后立即拆除，尤其是在工艺系统加压之前。

这些通常被认为是最佳的方案，但是常常被忽视。

### 23.2.3 锅炉控制

公用工程的锅炉系统和一些余热锅炉系统，是为锅炉的可靠运行和独立控制而进行设计的。

锅炉的基本控制旨在将蒸汽压力维持在设定值，这是通过控制燃油压力和流量来实现的，以产生尽可能多的蒸汽保持所需的压力，通常根据需要使用送风机向锅炉燃烧室提供空气。空气可由烟气预热，如果有烟气预热器，通常也会有一个引风机控制加热炉抽力(燃烧室压力)，并根据烟气中氧气和一氧化碳的过量情况进行风量微调。

由于锅炉将尝试生产所需的任何蒸汽，除非供水得到保证，否则它就会干锅。大多数系统采用三冲量控制方案来保证供水。这在关于“石油加工过程控制”的手册“控制系统类型的演变”一章对此进行了讨论。利用蒸汽流量和汽包水位的变化，采用三冲量控制，实现锅炉的流量控制，使锅炉在任何条件下都有水，除非供水完全中断，这是一个物料平衡系统。

汽包或釜式锅炉的液位仪表必须补偿汽包/汽釜与平衡容器/仪表之间的密度差。这种调整非常重要。在汽包/汽釜中的水比液位计中的水热得多，而且可能存在多个相态。液体还是湍流的，而不是平静的水位。而在水液位计中，液体更冷、密度更高、更平静。如果要将汽包中的液位与液位计的液位指示在同一水平面上，汽包中的液位的实际水平将高得多，从而导致携带加大，所以要适当地考虑密度差和流体动力学的影响。

### 23.2.4 锅炉和凝结水的化学处理

早先提到的锅炉化学药剂，在锅炉中有四种作用：清除可能在下游单元沉积的污染物；防止溶解氧和二氧化碳的腐蚀；防止蒸汽发生系统的沉积和腐蚀；防止凝结水系统的腐蚀。如前所述，锅炉给水中的污染物是通过脱盐、软化或反渗透去除。稍后将详细讨论这些过程。

如前文所述，氧气和二氧化碳通过在除氧器中用蒸汽汽提锅炉给水去除。在锅炉给水系统中，可以使用无机氧或有机氧清除剂来消除任何残留的、微量的溶剂氧。最常见的无机清洗剂是亚硫酸钠(钠)，所有有机清除剂通常是以赤藓酸衍生物的形式存在。清除剂是在除氧水离开加热器和汽提段、进入除氧器的汽包或存储段时被注入的。

锅炉系统中的腐蚀和沉积通过两种不同的方式进行管理。通过净化或者排污小部分水，可以控制锅炉水中溶解固体的积聚和硬度。给水纯度越低，锅炉水的净化量就越大。在大型蒸汽发生器中，通常会在汽包水位表面附近有一个小的连续排污，以及在汽包底部和泥包(低点)通过管线的间歇排污。

除了排污外，化学混合物还用于管理锅炉系统中的沉积物和腐蚀。这些影响来自铁的积累、钙和镁。排污在一定程度上控制了这些，但是化学药剂有助于有效的排污。常用的化学药剂有沉淀固体的磷酸盐、使潜在污染源络合的螯合剂，以及保持污染源和腐蚀产物进入排污的聚合物分散剂。也可以注入高纯度苛性碱以控制酸碱度。这些化学药剂通常会被提前补入到锅炉给水系统中送到用户，也可由用户补充添加。

凝结水系统最终将蒸汽系统中可能存在的所有二氧化碳和其他酸性化合物汇集在一起。

在未经处理的凝结水系统中，凝结水系统的 pH 值可以很低，低至 3.0。为了控制凝结水的腐蚀，通常会将胺和氧气清除剂注入锅炉出口处的蒸汽管线。可选择一种或多种胺，在不同温度下注入到蒸汽和凝结水管线中。胺选择不当会导致其中一个管网的腐蚀。

化学药剂供应商是了解锅炉处理化学和腐蚀或污染问题解决方案的宝贵资源。

有关锅炉给水化学的更多详细信息，请参阅本章“锅炉给水(BFW)处理”一节。

### 23.2.5 高可靠性的蒸汽供应

蒸汽供应的可靠性对工厂运行至关重要。当最基本的电气系统失效时，许多设施依靠备用蒸汽维持运行。

蒸汽可靠性从锅炉给水水位开始。提供锅炉给水补给的净化设备应是冗余的。一般情况下，多项措施可以净化水。大量的纯净水通常保存在一个储水罐中，水箱的尺寸应能容纳工厂蒸汽系统几个小时所需的所有水量，通常为 12~24 小时，这意味着需要一个大水箱。如果工艺水用户从水箱上取水，那么这些用户的吸入管线应位于水箱的较高位置，以便在其接头下方留有足够的水用于保证锅炉运行。

来自水箱的锅炉给水由多个有冗余的输送泵(可能用各自的水箱连接线)抽出。输送泵通常采用电力驱动，并有蒸汽或柴油备用驱动。除氧水通常使用至少两种不同类型的驱动器，通过多台冗余高压锅炉给水泵送至蒸汽发生器。

在最可靠的配置中，至少有两个主蒸汽发生器(有时是几个)比任何其他蒸汽发生器享有锅炉给水供应的更高优先级。发生器产生一个环形集管，可以将集管的局部位置隔离，以进行锅炉的翻修和维护，而集管的其余部位仍可运行。加氢装置也可以设计用来提供应急蒸汽。

对于透平驱动的锅炉给水备用泵，应急蒸汽供应来自环形集管，鼓风机(FD)和引风机(ID)的备用透平也是如此。仪表空气压缩机的驱动也来自环形集管。基本上，运行蒸汽系统所需的一切都是在外部或电气故障的情况下从环形集管内部提供。如有必要，可将蒸汽排放至大气。

需要慎重考虑将热电联产装置集成到蒸汽和电力系统中的问题。这两个系统通过热电联产的连接使两者都处于危险中。如果热电联产在工厂中提供过多的蒸汽，热电联产的故障将使工厂停机，因为锅炉不能迅速启动以补入蒸汽避免停工。同时，也失去了电力。最佳做法是确保锅炉上有足够的机动负荷，结合在热电联产故障时能立即实施的蒸汽和电气负荷削减计划，使工厂能够承受一次热电联产系统的停车。为防止由外部电气干扰引起的跳闸，也建议采用保护继电器，以便在外部电网跳闸时，设施能够自行隔离。当然，这并不总奏效，但是它有帮助。

在设计蒸汽系统时，一定要考虑供应的绝对可靠性。知道何时接受可能影响可靠性的底线，并确保同意承担这种风险。

### 23.2.6 蒸汽和凝结水系统监测

蒸汽和凝结水系统需要定期取样和监测，以确保良好、可靠的性能。水处理化学药剂供应商可以帮助进行分析测试。

(1) 主要样品和试验

1) 锅炉给水供水(每日至每周)：pH 值、电导率、硬度、总溶解固体、油和油脂(冷凝液)。

2）锅炉供水外送（每日至每周）：pH 值、电导率、硬度、溶解氧、总溶解固体和锅炉处理化学药剂浓度。

3）锅炉水/排污（每周）：pH 值、电导率（每日或连续）、硬度、总溶解固体、锅炉处理化学浓度、铁。

4）汽包产汽（冷凝、每周至每月）：pH 值和导电率。

5）系统中各个位置的凝结水（每月）：pH 值、电导率、胺抑制剂浓度、铁。

（2）锅炉应每天通过跟踪和趋势分析进行监控

1）每单位热燃烧的净蒸汽产量（例如，Mlb/MMBtu）。

2）排烟过量氧气。

3）排烟温度。

4）预热空气温度。

5）烟囱排烟（烟囱中有蒸汽表明有泄漏）。

6）汽包或余热锅炉液位的目视检查。

7）火焰目视检查，如有问题进行调整或清洁。

根据分析结果并在结果朝着不好的方向发展时采取措施，是保持蒸汽和凝结水系统健康的关键。

**23.2.7 几个常见蒸汽系统故障排除**

下面简要介绍一些常见的锅炉或蒸汽生成问题，并提供一些关于从何处开始查找问题的提示。虽然这些都是为了方便而以锅炉为例，但它们适用于所有类型的蒸汽发生器。

（1）锅炉夹带

当来自锅炉的蒸汽含有来自汽包的夹带水或其他物质（甚至是挥发性盐或二氧化硅）时，就会发生夹带。长时间夹带会污染和损坏下游设备。尤其是透平和过热器盘管需要关注夹带物的风险。

调查夹带时要注意的地方包括：

1）压力变化。突然降低汽包压力会导致汽包内的水由于蒸汽汽包的释放而突然膨胀。汽包中的液位升高，发生夹带。这可能是背压控制的问题，或者其中一个用户可能将蒸汽管线压力降低。这也可能发生在突然增加蒸汽需求的扰动期，但这些情况通常是短期的。如果压降足够大，锅炉将在高水位时关机。

2）发泡。在汽包内的水面上可形成泡沫，有效地提高汽包液位，由蒸汽将这些气泡带出。如果出现发泡，检查一下锅炉化学组分。确保 BFW 的预处理，尤其是除盐装置、软化剂或者反渗透装置，都正常工作。确保汽包正常排污，增加排污频率和排污量，以清除存在的任何不良因素。

3）汽包液位仪表故障。如前所述，汽包液位必须补偿汽包和液位仪表之间的密度差。检查液位计，确保它是清晰的。确认液位计和仪表匹配，确认所有仪表读数吻合，正确的液位控制对于夹带起到至关重要的作用。

4）内部故障。汽包不只是一个空的空间，这里有挡板、蒸汽净化器、蒸汽分离器和腹板等，以确保受控的蒸汽从水中分离。其中任何一种的机械故障都会导致夹带。这些很难从外部诊断，但当汽包被打开，就很容易被发现。如果你已经尝试了所有其他的方法，那么你需要对汽包进行物理检查。

（2）凝结水腐蚀

凝结水系统中的腐蚀通常会出现在远程、低压位置。凝结水系统中的腐蚀模式应进行研究，常见问题包括：

1）除氧器/除气器操作。确保除氧器正确汽提。这可以通过在除氧器上测试锅炉给水的溶解氧（DO）来实现。DO 测试非常敏感。化学药品供应商会提供帮助，或者可以使用完全浸入水中的安瓿试管。检查凝结水的 pH 值，并分析其是否存在二氧化碳和其他酸来表明除氧器性能的好坏。

2）胺选择。与处理化学药剂供应商一起审查凝结水处理方案。凝结水处理没有一个通用解决方案，需要根据蒸汽和冷凝系统压力选择沸点不同的胺。

（3）炉管失效

锅炉炉管故障或泄漏表明脱氧或化学处理不充分，但也可能表明存在燃烧室问题，有几件事要检查：

1）确认除氧器工作正常。除氧器的问题通常是由汽包或除氧器的氧点蚀引起的。

2）确认正确使用锅炉化学药剂。水侧的污垢会导致故障。

3）检查是否有足够的排污。同样，这也是水管理的一部分。

4）火焰冲击。火焰舔管可能导致局部过热和故障。查看火焰模式是否存在问题。火焰不稳定是可能泄漏的另一个迹象。燃烧器火嘴可能需要清洁，或者空气调节器可能有问题。

（4）降低蒸汽生产效率

有时蒸汽产量开始下降，但燃烧保持不变或增加，这可能表明以下故障：

1）锅炉管结垢。检查水化学组成、化学药剂、排污和其他相关的因素。

2）炉管泄漏。观察蒸汽产量与补给炉水或锅炉水侧物料平衡的趋势。如果你不能平衡所有的进水，可能是漏水了。在寒冷的早晨检查烟囱是否有蒸汽。

（5）锅炉噪音或振动

这种现象可能发生在燃料气的热值太低时，通常是因为氢气过量，气体因小爆炸的形式燃烧。如果不纠正，振动将损坏加热炉耐火材料，并导致更多的损坏。这个问题必须在燃料供应源处加以纠正。

（6）凝结水管撞击

凝结水管线剧烈撞击是蒸汽在管线中振动并产生冲击波的结果。这意味着一个或多个疏水阀失效或未启动，蒸汽进入凝结水管线。需要找到并修复出现故障的疏水阀。有时所采取的措施是在凝结水侧临时封堵疏水器，待凝结水积聚足够后再打开。也可以将管线浸入冷水或冰水中以建立凝结水密封。这种现象也可能发生在突然的暴雨中，但这种情况是正常的。

## 23.3　燃料系统

炼油厂和石化厂有三个独立的燃料系统，即燃料气系统、燃料油系统、天然气系统。

这些工厂中的一些燃烧器可能被设计用来燃烧这些燃料中的任何一种。有些通常会点燃燃料气或燃料油，很容易从一个切换至另一个。大多数现代炼油厂受环境限制，仅限燃用天然气和燃料气。例如，在美国，很少有炼油厂使用燃料油。

但是引燃燃烧器必须是天然气或燃烧气。天然气是首选，因为它不堵塞或在燃烧嘴结焦。如果使用燃料气，则需要定期清洁或更换火嘴。引燃燃烧器的燃料供应与主燃料气供应须分开。

一些系统的设计是这样的：如果引燃火焰失灵，整个燃烧器系统就会关闭。在其他系统中，像侧壁燃烧炉，没有引燃器，但实际上有数百个燃烧器。加热炉设计和公司安全理念决定了一台特定加热炉的选项。

一般来说，大多数工厂的燃烧器系统设计都具有许多安全停机特性。毕竟，在处理易燃材料的过程中，加热炉燃烧器是工厂设计中的一个特点，如果操作和管理不当，会导致火灾或爆炸危险。

常见的燃烧器和加热炉关闭联锁包括：

① 燃料压力高-高和低-低；

② 工艺出口温度高-高；

③ 引燃器熄火(根据设计，可以检测燃气压力高-高或低-低)；

④ 雾化蒸汽故障(燃料油燃烧器)；

⑤ 至加热炉工艺流量低-低；

⑥ 加热炉通风低-低。

所有这些联锁停机都有例外。通常在任何停机时提供预警是常见的做法，因此所有这些参数也具有预警功能，以便操作员有时间采取行动。

### 23.3.1 燃料气系统

这是两个系统中比较简单的一个，典型的燃料气系统如图 23-4 所示。

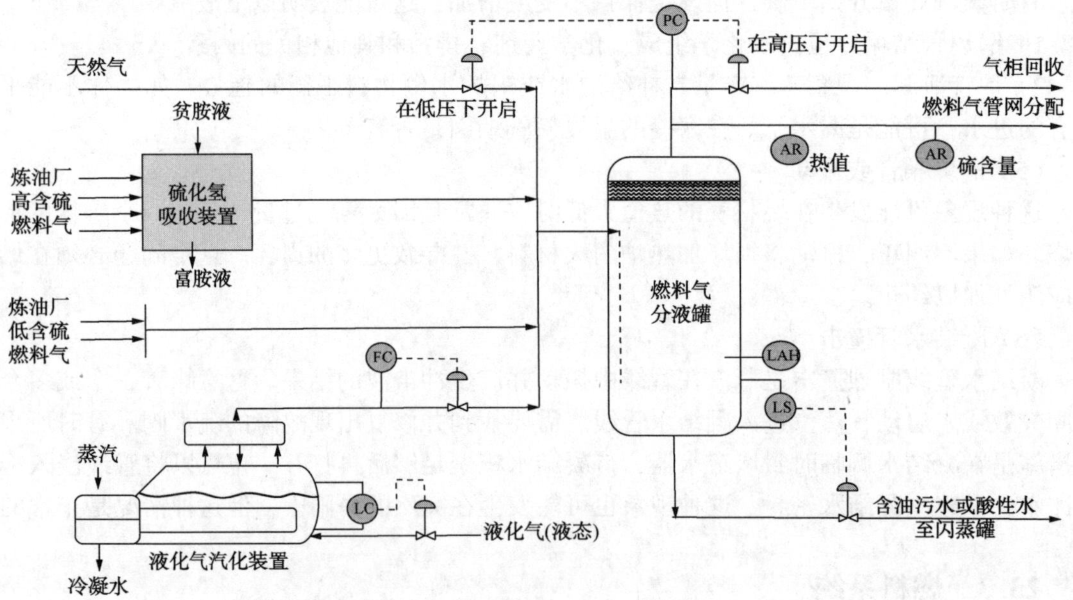


图 23-4 典型燃料气混合系统

来自工艺装置的废气收集后通过胺液(MEA、DEA、DGA、MDEA)吸收，去除硫化氢。已清除硫化氢的气体可以不进行胺液洗涤。富胺液送硫黄装置再生后进硫黄回收。一般来说，有两个或两个以上的洗涤塔可以处理饱和气体、不饱和气体或混合物。通过吸收塔的气体中硫化氢含量会降低至 100ppm。美国最近法规已将允许的总硫降低至 30ppm 以下，包括硫化氢、羰基硫、二硫化物、硫醇和任何其他硫形式，因此需要用其他的处理方法来达到新目标。参见本书“炼油厂气体处理”一章，有更多关于气体处理过程的细节。

低硫气体随后被送至工厂的燃料气储罐，储罐在 30～150psig(2～10barg)的压力下运行(根据系统设计)，且温度略高于环境温度。收集到的碳氢化合物和水分会在这个储罐中被排出至污水，或者在罐中安装一个小的蒸汽盘管，以汽化那些冷凝下来“低于露点”的物质。

汽包由压力控制阀保持在所需的压力，压力控制阀允许多余的气体在低压下燃烧或引入外部清洁的气体源，通常是天然气或清洁的液化石油气。如果使用液化石油气作为二次燃料源，则通过汽化器将其输送至燃料气罐。汽化器通常是一个釜式蒸发器，在汽包压力介质下加热和汽化液化石油气，中压或低压蒸汽用作汽化器的加热介质。

实践中，将剩余的燃料气送到火炬是最不可取的选择。在许多地方环境法规禁止这种类型的燃烧。更常见的是，燃气压力控制系统一直向系统补充一小股气体，以保持压力。

图 23-5 描述了工艺装置内燃料气系统的关键部件。通常会有一个局部燃料气分液罐，可以服务于多个加热炉。在燃料气分配总管中冷凝的任何液体(以及从吸收塔中携带的胺液)都会从分离罐中排放到污油/回收油中。在分液罐中，燃料气被控制进入到每个加热炉的燃气环管中，燃烧器将燃料从加热炉燃气环管中抽出。建议燃气管道离开分液罐后采用蒸汽伴热，以防止进一步的冷凝和腐蚀。腐蚀产物会堵塞燃烧器。通常，每个燃烧器管道中都会安装在线 Y 形过滤器，以确保向燃烧器输送清洁气体。一些工厂也会使用不锈钢管道连接分液罐和每个加热炉。

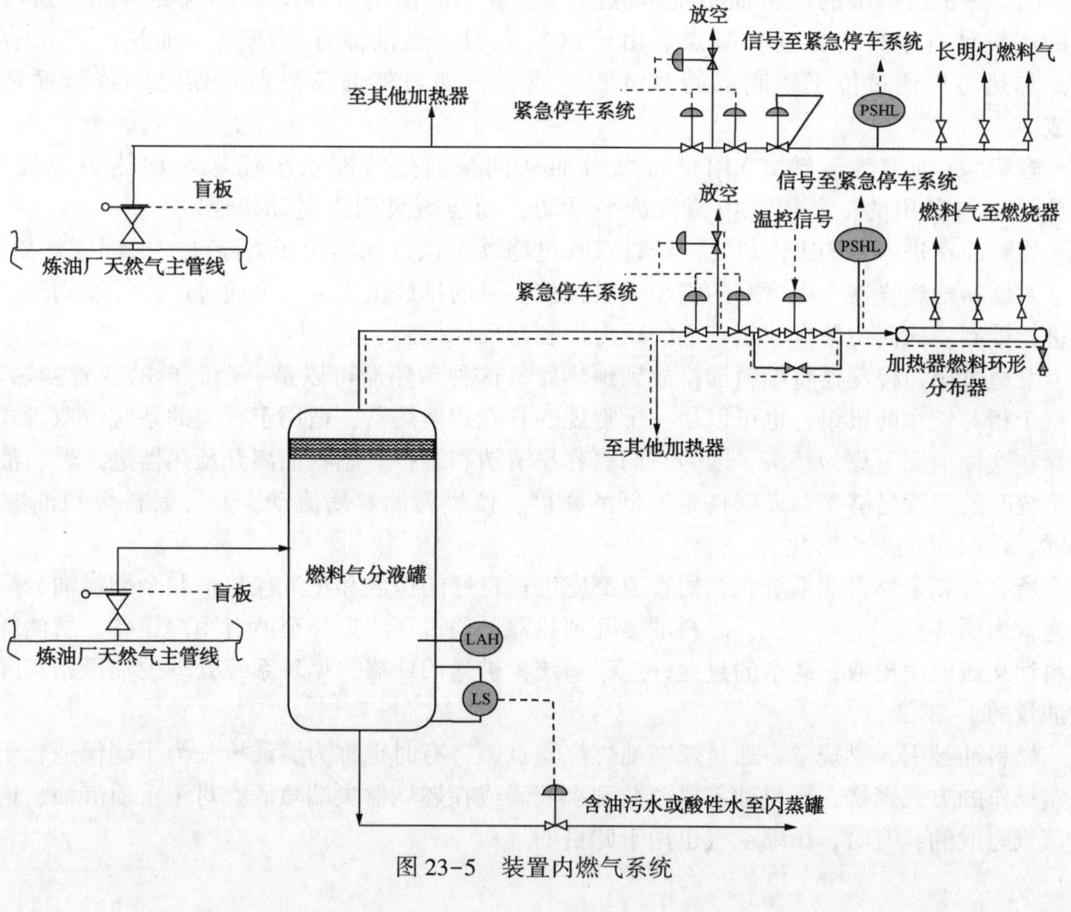


图 23-5 装置内燃气系统

与燃料气总管平行的是引燃气总管，这个总管有一个简单的压力调节器，将每个加热炉的压力控制在5psig(0.3bar)左右。引燃气流量为关或开，由引燃气节流孔板本身调节流量。引燃气通常会经过过滤或清洁。如上所述，为防止堵塞，天然气是引燃气的首选。

一些加热炉包含从烧燃料气到烧燃料油的低流量自动切换或手动切换。燃料气系统是“盲端”。也就是说，燃料气罐没有回流系统，气体总管充压，气体通过此压差和中间控制阀流向燃烧器。

进入燃烧器的燃气流量由加热炉出口温度或加热炉工艺出口管线下游的另一温度控制。加热炉的燃料气控制有以下几种配置：

① 带TC输出的直接控制；

② TC级联到燃料气PC控制阀；

③ TC级联到燃料气FC控制阀；

④ TC级联到FC再级联到PC控制阀。

每种方法都有优点和缺点。这几种控制越往下，控件响应就会越慢，但更流畅。我们倾向于让燃料气反应迅速，所以前两种方法往往是最常用的。

在双燃料加热炉中，当加热炉在燃料油上运行时，同一控制器也可以调节燃料油燃烧装置。

**23.3.2 燃料油系统**

图23-6是典型的燃料油系统示意图。一些工厂使用石油渣油作为燃料油。这些类型的燃料具有很高的黏度和凝点。由于这些原因，燃油储存在隔热和加热的锥形容器中。加热可以通过位于罐底部的蒸汽管，或燃料油与外部蒸汽换热器之间连续循环来完成。

容积泵(通常为旋转式)用于将燃料油从油箱通过分配系统输送至加热炉燃烧器。这些泵总有备用的，备用泵由蒸汽透平驱动，而运行泵则由电动机驱动。

燃料油在进入泵的吸入口之前经过双联过滤器。该过滤器用于去除油中的固体污染物，如会对燃料油燃烧器产生堵塞的细小焦炭颗粒。泵的排放压力由一个通过压力控制阀流回储罐进行控制，该阀由泵排放集管上的压力控制器反馈控制。

泵通过压力控制器将燃料油排放到预热器。这种预热器可以是一个简单的双管换热器，适用于相对较小的机组；也可以是一个常规的管壳式换热器，适用于较大的系统。双管式换热器在这种情况下更为经济，因为它们更容易清洁和维护。燃料油离开预热器进入燃料油分配系统时的温度足够高，以保持足够低的黏度，使燃料油容易流动，并容易被燃料油“枪”(或燃烧器)处的蒸汽雾化。

所有与剩余燃料油系统相关的管道都应进行良好的保温和蒸汽伴热，剩余燃料油分配系统通常为循环型。也就是说，燃料油离开预热器，通过环线循环至所有用户设备，所消耗的燃料油从流股中提取，剩余的量允许返回系统，被送回储罐。循环系统处理的油量是实际燃烧油量的1~3倍。

燃料油被引入燃烧室，通过燃料油燃烧器点燃，有时也称为燃油枪。为了确保适合于燃烧室操作的方式燃烧，燃料油需要分散到小液滴或在燃烧器尖端喷洒。对于重质渣油，这是由蒸汽完成的；有时，压缩空气也用于此目的。

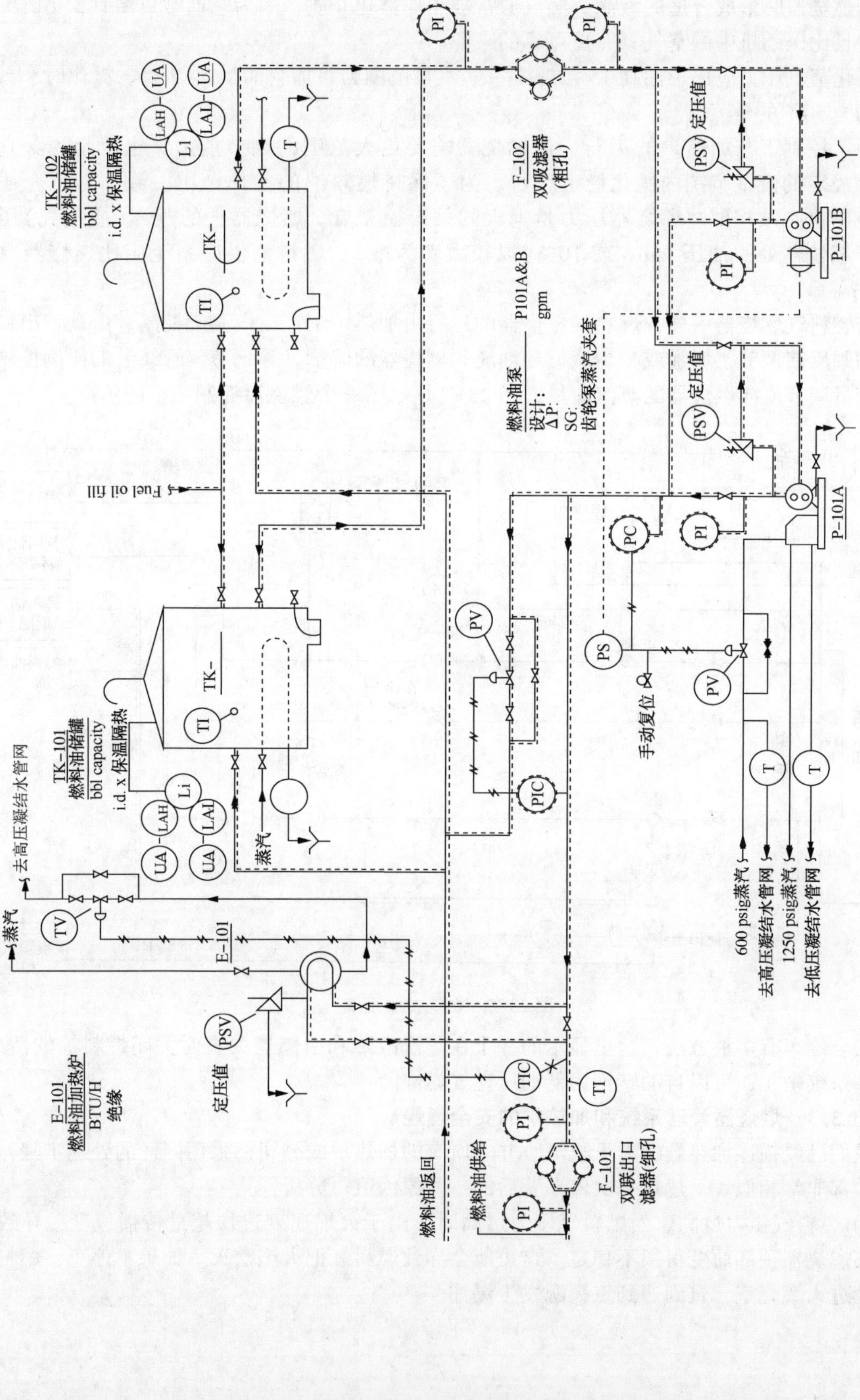


图23-6 典型燃料油系统

这种雾化气流被引入喷枪室，并在燃烧器火嘴前与油流接触。雾化介质中的动能迫使油在离开燃烧器时形成合适的液滴。蒸汽通常被用作雾化介质，因为它通常更便宜，更容易获得，并且比压缩机中的空气具有更可靠的来源。

雾化蒸汽压力应比燃油高 15~25psia。蒸汽量范围为每加仑油 1.5~5 磅。雾化时，首选过热约为 50℉的干蒸汽。

为了控制工艺加热炉的运行，油燃烧器需要更大范围的调节能力，也就是说，它们必须在规定的流量范围内优化稳定运行。为了保持燃料油的工作范围一致，雾化介质的工作范围也必须相似。燃烧器压力是熄火的关键控制点。燃烧器处的蒸汽(或空气)压力应高于燃烧器处的油压 15psi 或 10%(以较大者为准)。燃料油供应系统应比燃烧器要求高 100psi。

与燃料气燃烧器一样，燃料油燃烧器的运行由加热炉工艺出口温度控制。由盘管出口温度控制阀反馈调节，增加或减少从循环油流到燃烧器的流量。雾化蒸汽管线上的比例控制阀根据流量调节流向燃烧器的蒸汽流量。图 23-7 显示了一个燃烧器控制系统的示例。

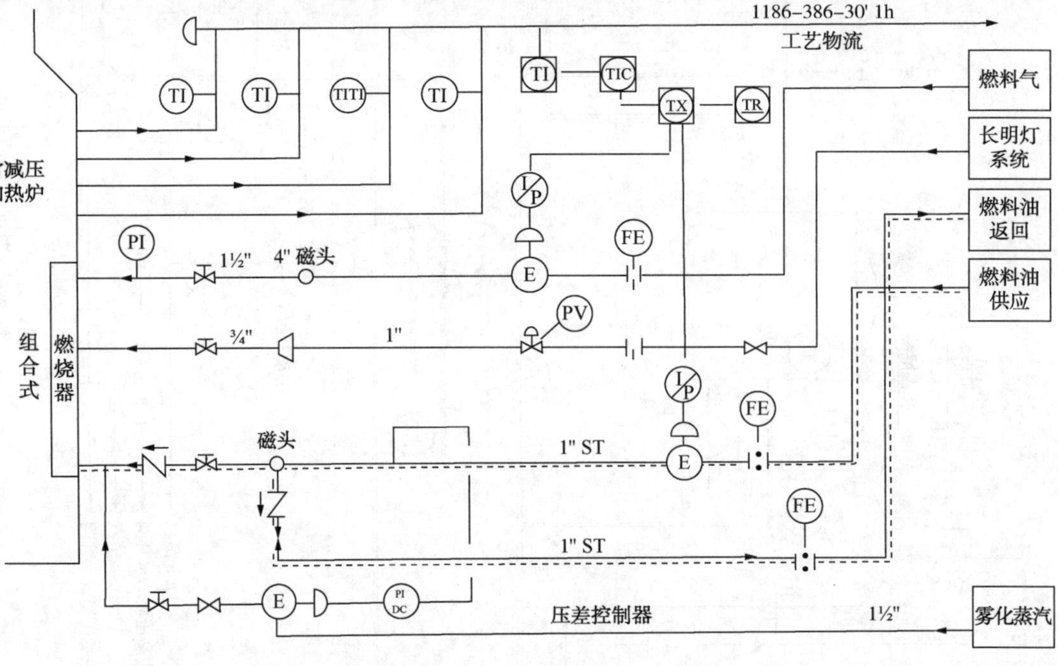


图 23-7 燃烧控制系统

安全停车有多种方法。这里显示的一个在蒸汽故障和引燃器失灵时关闭燃料油的情况。在某些系统中，还可以自动转换为低油压燃气燃烧。

### 23.3.3 燃烧器管理系统和加热炉的安全燃烧

我们已经描述加热炉的常见故障。并非所有的加热炉或公司都采用同样的处理步骤，但大多数都非常相似。上述每一次停车背后的一些原因值得分析：

1）燃料气压力过高。当燃料气压力过高时，由于火焰速度过快超过传播速度，导致火焰脱离燃烧器顶部而变得很不稳定。这可能会导致燃料气把火焰吹灭。如果不停车，燃料气将继续进入燃烧室，直到遇到点火源发生爆炸。

2）燃料油压力过低。与燃料气压力过高类似，过低压力会导致火焰熄灭和热量损失。这样的话，炉子可能加大燃烧，以弥补损失，从而引入可燃气体的积聚。尽管引燃器通过不断地点燃未燃烧的碳氢化合物来提供辅助，但火焰熄灭仍然是一个风险。

3）工艺出口温度过高。这表明控制系统中可能发生故障，加热炉在没有反馈的情况下燃烧。通常燃料气压力高-高报警会在工艺出口温度过高之前触发联锁停炉。高出口温度也可能指示其他问题，如炉管中的过低流量。它实际上是对多个参数的辅助监视。注意，在没有流量的情况下，过程出口温度实际上会降低，并要求更多的燃烧。

4）引燃器失灵(取决于设计，也可通过引燃气压力过高或过低检测到)。引燃器可能有加热的热敏电阻来判断它们什么时候打开或者可能使用压力传感器。如果有额外的燃烧器火焰熄灭，引火器失灵将成为一个大问题。有些人会因此停炉，但是另一部分人会选择报警。引燃器损失不总是一个问题，在一个有很多燃烧器的燃烧炉中，引燃器的失灵可能不会立即产生影响，但是必须在短时间内恢复。前面提到过，一些加热炉没有引燃器，但有数百个并不比引燃器大多少的燃烧器，这种情况的停炉对它们不适用。

5）雾化蒸汽故障(油燃烧器)。如果雾化蒸汽(或空气)在燃料油燃烧的烟管中发生故障，燃料油将无法正常燃烧。如果没有火灾危险，未燃烧的油会积聚在加热器底板并流到地面，产生事故。因此在失去雾化的情况下，燃油式加热炉停炉是至关重要的。

6）加热炉工艺流量低。在大多数加热炉中，需要工艺流量以确保安全地除去正在燃烧的热量。加热炉炉管中工艺流体的缺失将导致炉管损坏，并可能导致炉管破裂。有些加热炉的设计能让其承受在失去工艺流体时的限制温升，但一般来说，加热炉需要在有工艺流体的情况下运行。

7）加热炉通风量过低。加热炉通风失效意味着燃烧室压力高到阻碍燃烧空气进入燃烧室，火焰会熄灭。在一个热的燃烧室内，如果燃料没有燃烧，这是一个危险的情况。如果燃气中有空气，通常会引发爆炸，因此加热炉最好在通风失效的时候停车。

加热炉的停机系统通常是独立的、安全的系统。如图23-5所示，许多炼油厂使用自动双关双泄放阀(DBB)来正面阻止燃料流向加热炉。预报警后，DBB由多冗余安全完整性系统(SIS)操作。一些炼油厂也会将除DBB外的燃油控制阀同时关闭，或用控制阀取代DBB。

如果加热炉需要点火，加热炉的安全点火需要演练。加热炉安全点火关键步骤如下：

① 关闭并隔离所有燃料源(包括引燃气体)。关闭所有的燃烧器和引燃器。

② 使用蒸汽或鼓风/引风气流吹扫清除燃烧室中的可燃物。用LEL测量仪或其他分析仪确认燃烧室中没有可燃物。

③ 疏通引燃气，设定引燃气供应压力。

④ 点燃所有引燃器，每个逐次点燃。

⑤ 一旦点燃引燃器，燃料气控制阀应完全关闭，且燃料气供应通畅(低低压燃料气联锁可能必须绕过，直到两个燃烧器点燃)。

⑥ 开始手动向燃烧器通入燃料气，用引燃气的点火头逐一点燃燃烧器。

⑦ 在给燃烧器逐一点火时开始手动控制燃气压力，一旦足够多的燃烧器点燃后，燃气控制器就可以开始工作。

⑧ 当燃烧器被点燃后，保持燃烧器在燃烧室的均匀分布，以避免火焰冲击。

⑨ 在加热炉内保持较高的初始通风，随着加热炉趋近正常运行，逐渐降低通风。

⑩ 然后可以将加热炉切换到自动燃烧和通风控制。

虽然有些点火流程的顺序有所不同，但通常都会遵循上面的模式。

### 23.3.4 燃料气净化和燃烧器污染

燃料气混合罐还充当一个分液罐，用于将潜在的从不同的吸收塔进入系统的胺液分离出去(见图 23-4)。这不是 100%有效的，尤其是在工厂经过扩建、流量大幅度增加的系统中。

可预见燃气管线中含有水、胺和铵盐、微量的氧气和二氧化碳、氯化物、焦油状碳氢化合物和其他不良物质。这些物质所带来的最大问题是燃烧器火嘴的结垢，这些污垢非常小，并且经常在高温下运行。铵盐和潮湿环境对燃料气管线特别具有腐蚀性。

建议每个工艺装置上提供局部燃料气分离罐，以去除冷凝或积聚的液体、固体和腐蚀产物。这种罐如图 23-5 所示。在一些大型炉子中，炉子甚至需要有自己的分液罐。

一旦燃料气在装置分液罐中得到净化和分离，可以通过对燃料气到用户的管线保温，保持其清洁和干燥。一些炼油厂也在分液罐和加热炉之间使用不锈钢管线。

某些类型的加热炉和燃烧器设计使燃烧器火嘴暴露在高温环境。例如加氢装置，燃烧器火嘴在炉膛的温度大约在 2800℉(1573℃)。在此温度下，即使是天然气也会使火嘴开裂和污染，需要密切观察它们是否有污染迹象，并在出现问题之前进行清洁。

### 23.3.5 故障排除

下面重点介绍一些与燃料油相关的常见问题，以及一些可能的原因和整改措施。

1) 火嘴经常性结垢。确认分液罐工作正常，没有超过设计流量；确认吸收塔没有过载、没有起泡、没有在过高的温度下工作，并且有足够的贫胺液。如果跟踪到最终燃料管线，请验证联锁是否工作。根据需要使用正确的喷头尺寸或更换与燃料气流量匹配的喷头。

2) 高燃气体积流量要求、火焰状态或声音异常。确认燃料的热值，它可能含有过多的氢，热值低于 500Btu/scf 可能引起问题。

3) 火焰冲击。检查燃烧器结垢、高燃气压力、运行中的燃烧器数量不足以及空气调节器或通风的问题。

4) 燃油加热炉下面出现积液。雾化蒸汽/空气失效、燃烧器火嘴问题、泄漏。

5) 引燃器无法点火。检查引燃器压力和流程，检查导气孔是否通畅。调整引燃器上的进气孔，确保加热炉不过度通风，这样就不会吹灭引燃器。

6) 燃烧器点火失败。确保引燃器在燃烧；检查燃气压力和流程；检查燃油压力、管线、伴热和雾化介质；检查燃烧器或分配管线是否堵塞；确保加热器通风不要太大，避免火焰被吹灭。

## 23.4 水系统

大多数炼油厂和化工厂的主要供水系统包括：冷却水、炉水处理水和工艺用水、消防水、饮用水。下面将依次讨论这些系统。

请注意，在本讨论和水处理文献中，硬度、碱度甚至个别离子通常表示为其 $CaCO_3$ 当量，表 23-1 提供了水分析结果转化为 $CaCO_3$ 当量的便捷参考。

表 23-1 碳酸钙当量(Nalco 水手册，1979)

| 物质 | 摩尔质量 | 当量 | 转换成 $CaCO_3$ 时乘以的系数 | 将 $CaCO_3$ 转换成物质时乘以的系数 |
|---|---|---|---|---|
| 无水 $Al_2(SO_4)_3$ | 342.1 | 57 | 0.88 | 1.14 |
| $Al(OH)_3$ | 78 | 26 | 1.92 | 0.52 |
| $Al_2O_3$ | 101.9 | 17 | 2.94 | 0.34 |
| $BaSO_4$ | 233.4 | 116.7 | 0.43 | 2.33 |
| $Ca(HCO_3)_2$ | 162.1 | 81.1 | 0.62 | 1.62 |
| $CaCO_3$ | 100.1 | 50 | 1 | 1 |
| $CaCl_2$ | 111 | 55.5 | 0.9 | 1.11 |
| $Ca(OH)_2$ | 74.1 | 37.1 | 1.35 | 0.74 |
| 无水 $CaSO_4$ | 136.1 | 68.1 | 0.74 | 1.36 |
| $Ca_3(PO_4)_2$ | 310.3 | 51.7 | 0.97 | 1.03 |
| $Fe_2(SO_4)_3$ | 399.9 | 66.7 | 0.75 | 1.33 |
| MgO | 40.3 | 20.2 | 2.48 | 0.4 |
| $Mg(HCO_3)_2$ | 146.3 | 73.2 | 0.68 | 1.46 |
| $MgCO_3$ | 84.3 | 42.2 | 1.19 | 0.84 |
| $MgCl_2$ | 95.2 | 47.6 | 1.05 | 0.95 |
| $Mg(OH)_2$ | 58.3 | 29.2 | 1.71 | 0.58 |
| $Mg_3(PO_4)_2$ | 262.9 | 43.8 | 1.14 | 0.88 |
| 无水 $Mg_3(SO_4)_2$ | 120.4 | 60.2 | 0.83 | 1.2 |
| $SiO_2$ | 60.1 | 30 | 1.67 | 0.6 |
| $NaHCO_3$ | 84 | 84 | 0.6 | 1.68 |
| $Na_2CO_3$ | 106 | 53 | 0.94 | 1.06 |
| NaCl | 58.5 | 58.5 | 0.85 | 1.17 |
| NaOH | 40 | 40 | 1.25 | 0.8 |
| $NaNO_3$ | 85 | 85 | 0.59 | 1.7 |
| 无水 $Na_3PO_4$ | 164 | 54.7 | 0.91 | 1.09 |
| $NaH_2PO_4$ | 120 | 40 | 1.25 | 0.8 |
| $Na_2SO_4$ | 142.1 | 71 | 0.7 | 1.42 |
| $Na_2SO_2$ | 126.1 | 63 | 0.79 | 1.26 |
| $Al^{3+}$ | 27 | 9 | 5.56 | 0.18 |
| $NH_4^+$ | 18 | 18 | 2.78 | 0.36 |
| $Ba^{2+}$ | 37.4 | 68.7 | 0.73 | 1.37 |
| $Ca^{2+}$ | 40.1 | 20 | 2.5 | 0.4 |
| $Cu^{2+}$ | 63.6 | 31.8 | 1.57 | 0.64 |
| $H^+$ | 1 | 1 | 50 | 0.02 |
| $Fe^{3+}$ | 55.8 | 18.6 | 2.69 | 0.37 |

续表

| 物质 | 摩尔质量 | 当量 | 转换成 $CaCO_3$ 时乘以的系数 | 将 $CaCO_3$ 转换成物质时乘以的系数 |
|---|---|---|---|---|
| $Fe^{2+}$ | 55.8 | 27.9 | 1.79 | 0.56 |
| $Mg^{2+}$ | 24.3 | 12.2 | 4.1 | 0.24 |
| $Mn^{2+}$ | 54.9 | 27.5 | 1.82 | 0.55 |
| $K^{+}$ | 39.1 | 39.1 | 1.28 | 0.78 |
| $Na^{+}$ | 23 | 23 | 2.18 | 0.46 |
| $Sr^{2+}$ | 87.6 | 43.8 | 1.14 | 0.88 |
| $Zn^{2+}$ | 65.4 | 32.7 | 1.53 | 0.65 |
| $HCO_3^-$ | 61 | 61 | 0.82 | 1.22 |
| $CO_3^{2-}$ | 60 | 30 | 0.67 | 0.6 |
| $Cl^-$ | 35.5 | 35.5 | 1.41 | 0.71 |
| $CrO_4^{2-}$ | 116 | 58 | 0.86 | 1.16 |
| $F^-$ | 19 | 19 | 2.63 | 0.38 |
| $OH^-$ | 17 | 17 | 2.94 | 0.34 |
| $NO_3^-$ | 62 | 62 | 0.81 | 1.24 |
| $PO_4^{3-}$ | 95 | 31.7 | 1.58 | 0.63 |
| $HPO_4^{2-}$ | 96 | 48 | 1.04 | 0.96 |
| $H_2PO_4^-$ | 97 | 97 | 0.52 | 1.94 |
| $SO_4^{2-}$ | 96.1 | 48 | 1.04 | 0.96 |
| $HSO_4^-$ | 97.1 | 97.1 | 0.52 | 1.94 |
| $SO_3^{2-}$ | 80.1 | 40 | 1.25 | 0.8 |
| $HSO_3^-$ | 81.1 | 81.1 | 0.62 | 1.62 |
| $S^{2-}$ | 32.1 | 16 | 3.13 | 0.32 |

物质的当量是物质或离子的分子量除以正离子的化合价(或负离子的总价)。$CaCO_3$当量是$CaCO_3$的50等效重量除以离子状态的等效重量。因此原子价为+1且重量为23.0的钠当量为23.0/1=23.0。$CaCO_3$当量为50.0/23.0=2.18，将ppm钠乘以2.18可得到$CaCO_3$当量浓度。

### 23.4.1 冷却水

这里重点介绍通过冷却塔蒸发冷却的正常循环冷却水系统。在一些应用场合中还有特殊的循环、调温、衰减、闭路冷却水系统，这些就不在这里表述了。

(1) 冷却水系统流程和设备

图23-8是一个冷却水系统设备流程图部分，显示了围绕冷却塔的冷却水收集和供应的布局。

冷却水系统是一个循环系统，也就是说，有一条冷供应线，以及来自所有相关用户的热返回线。图23-9显示了这个分配系统的一个部分。冷供应和热返回之间的典型温差为15~20℉(8~11℃)。换热后的冷却水温度一般不应超过140℉(60℃)。超过这个温度，冷却水会出现过多的结垢。采用化学处理会对抑制结垢有所帮助，但不是完全有效。

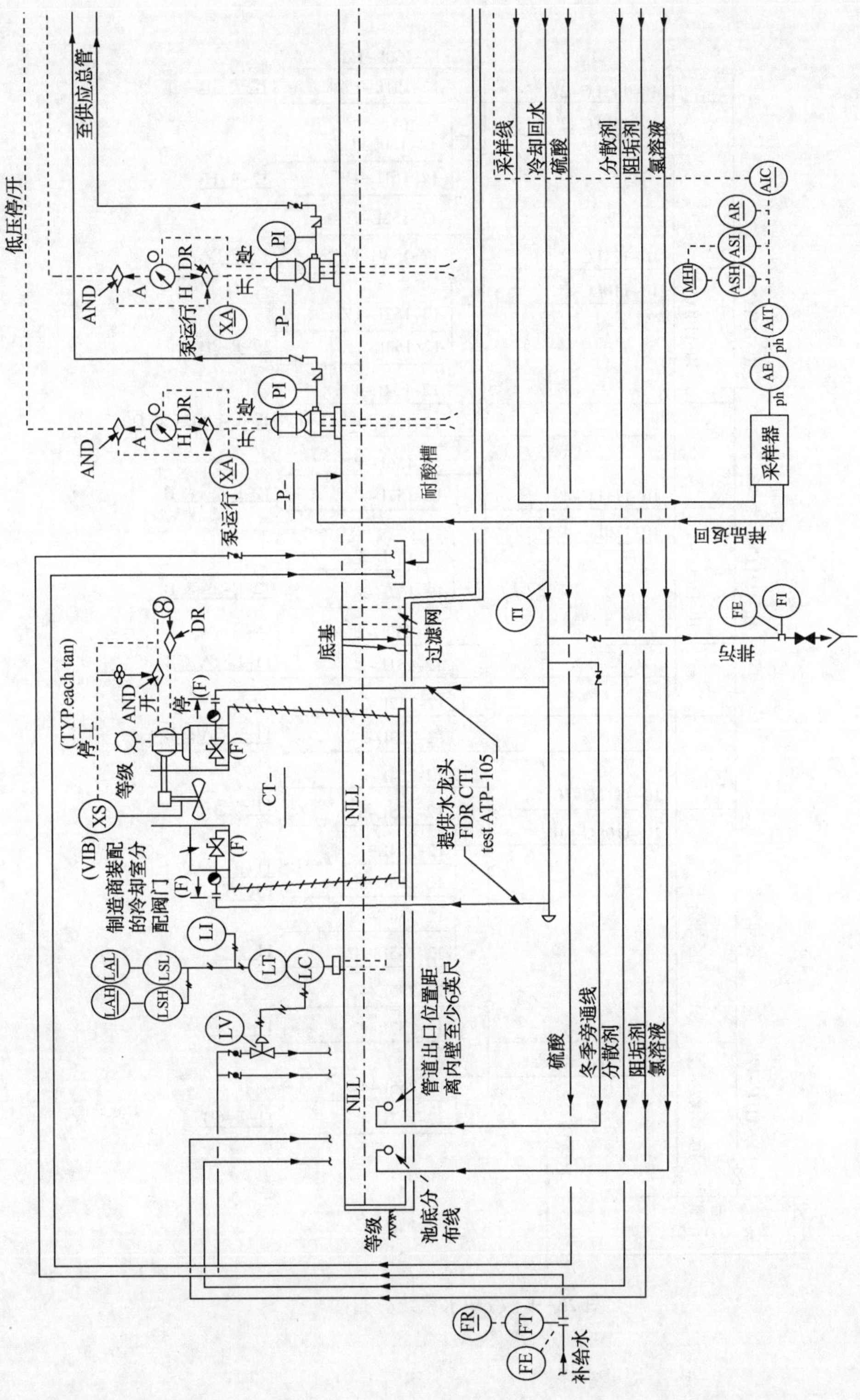


图23-8　冷却水系统设备流程图

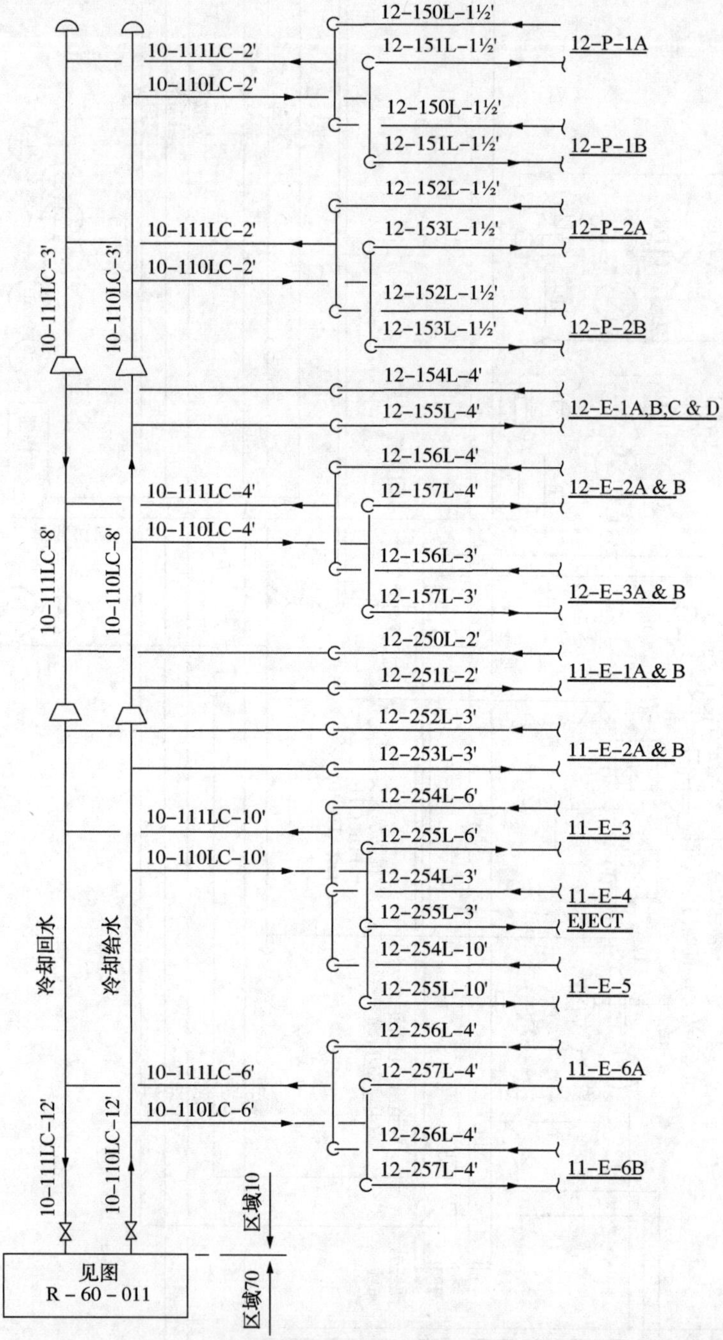


图 23-9　冷却水系统分布图

冷却水通过一个返回总管返回到冷却塔，并进入塔的顶部，向下流经塔内件与一个空气流逆向接触，空气由引风机或鼓风机引入并流过冷却塔。逆流冷却塔的回水总管通常有一个全尺寸的竖管，在塔顶向上方延伸，以便将可能泄漏到冷却水系统中的气体放空。必须监测这些入口竖管的排气情况，通常可以目测。在突然发生大量气体泄漏到冷却水的极端情况下，竖管可防止对分配器和塔造成损坏。带有开放式顶层的错流塔不需要立管。

石油加工厂中常用的冷却塔有两种，如图 23-10 所示。

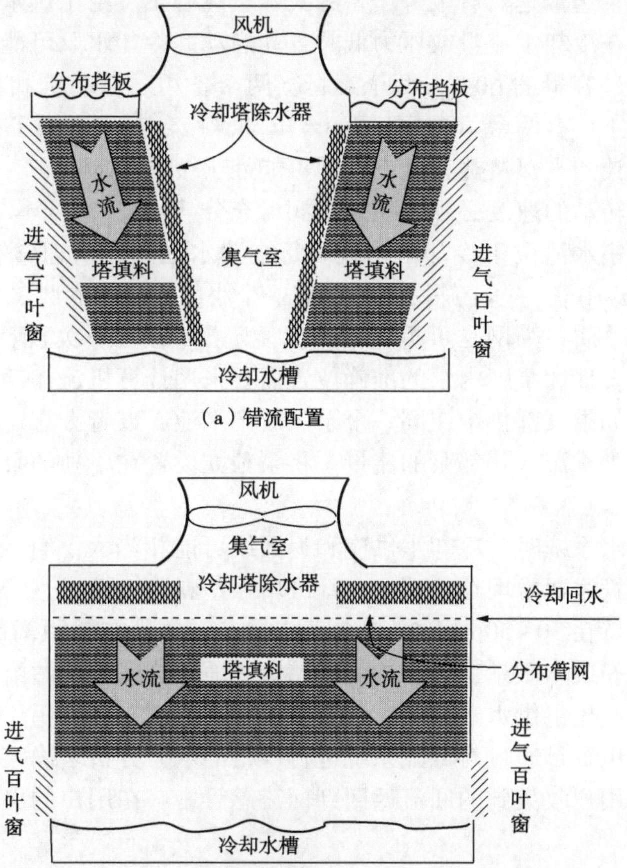


图 23-10　普通冷却塔配置（Puckorius，2013）

1）错流塔。在这类塔中，塔内填充物或填料位于塔结构的两侧。当水从分配器向下流过填料时，空气大致水平地流过填料。填料外侧有进气百叶窗，填料厚壁内侧有除雾器。塔的中心是一个集湿空气的通风室。引风机将空气从增压室中抽出，并通过文丘里管将其排放到大气中。这些塔往往比逆流塔更短、更便宜，这是以牺牲效率为代价的。

2）逆流塔。在逆流塔中，进气口位于填料底部，填料几乎覆盖整个塔的空间。在填料上方是截留夹带水的除雾器。除雾器上方是增压室和引风机，将气体排放到大气中。这些塔往往更昂贵，但效率更高。发电厂周围的双曲线冷却塔通常都是这种类型的塔，但是双曲线形状消除了对风扇的需求。

冷却回水的连续排污通常用于控制系统中的固体和溶解固体。后面将与化学药剂一起进一步讨论。

通过空气流和蒸发冷却的水被收集到地面水池(图 23-10 中的冷水池)。补给水(通常是饮用水)通过水位控制添加到水池中。补给水量等于蒸发负荷加上空气夹带损失，再加上排污和泄漏损失。蒸发损失可直接由冷却水排出的热量决定。风雾夹带损失通常小于循环量的 0.1%~0.3%。0.1%通常是一个合理的数值，排污取决于补给水的水质，在后面进行讨论。泄漏取决于具体的系统和设备状况，但几乎可以忽略不计。

立式冷却水循环泵从冷却塔水池吸水，将水输送至工厂的分配集管。集水池设计问题将在后面讨论。冷却水泵通常是具有中等压差的大容量离心泵。由于供水的关键性质，水泵是冗余的。备用泵通常在冷却水流量或压力低时自动启动。冷却水泵可能有四台或更多，每台泵的额定功率约为设计容量的 60%，两个运行，两个备用。电动机和蒸汽透平驱动器的混合是很常见的。一些工厂有两台 100%泵，一台电动，一台蒸汽。为了提高可靠性，透平驱动的自动启动泵通常让透平保持热备状态，并可能处于缓慢转动状态，以确保在需要的时候可以自动启动。缓慢转动的速度必须确保泵的润滑充分。

冷却水泵取水的集水池位于冷却塔附近。每个集水池的入口通常有两个可拆卸的筛网(约 0.5in 或者 1.3cm)串联。每个筛网底部都有一个小的窗台或底脚，以捕捉在取出筛网时可能从筛网上脱落的物质。筛网是可拆卸的，以便定期(每周一次)清洁。泵应单独安装在各自的泵区。泵区的设计和泵区内泵的准确位置需要采用计算机流体动力学分析(CFD)，以确保足够的泵吸入。如果泵都集中在同一个泵区或集水池，或者太靠近，那么流入一个泵的吸入口的流量通常会干扰流入相邻泵的流量。将泵独立设置在单独的泵区可以最大程度避免这种情况的发生。

当采用中央冷却水系统时，冷却水供应和返回线可能相当大。直径超过 5ft(1.6m)的管线并不罕见。最大的管线通常埋在地下，由纤维增强塑料连接而成。

供水总管压力保持在 30~50psig(2~3.5barg)左右，并且在长距离的大型工厂中比较常见，通常在预定位置安装增压站，以保持供水总管压力。这些增压站由泵井组成，泵井的高容量立式泵的额定功率比主供水泵小。在某些情况下，直列泵也可用于在没有水池的情况下增压。这些增压站的位置是通过对分配系统进行严格的水力分析来确定的，这也决定了总管管道的尺寸。从每个用户收集到的回流返回到回流总管中，在用户的出口压力驱动下回流至冷却塔。

冷却塔的位置和方向会显著影响性能。塔通常由一个或多个冷却单元组成，每个单元本身就像一个较小的塔，每两个单元共用一个分隔墙，每个单元通常都有自己的风扇，所有的单元共用一个冷水池，见图 23-11。单元的方向通常垂直于主要风向，以避免气流走短路。当一个区域内有一个或多个冷却塔时，它们通常沿同一个长轴排列，主要风向应与长轴成垂直方向，以避免短路。

冷却塔在寒冷的气候下的运行面临特殊的挑战，上层平台和进气百叶窗上的积冰可能导致坍塌，很多应用场合的冷却水温度经常过低。处理这些问题的方法包括冷却塔风扇反转，在顶部分配平台(对于错流塔)安装临时盖，必要时关闭风扇。极端情况下，正常的开放式冷却水系统会被一个有空气冷却器(而不是蒸发)提供冷却的闭环调温水系统取代，闭环系统通常使用乙二醇和与敞开式冷却塔不同的水处理。

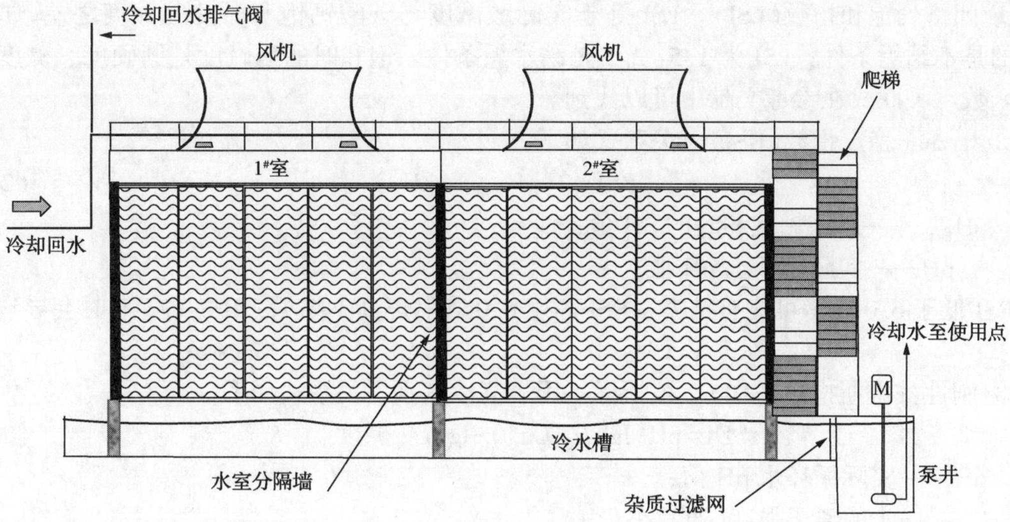


图 23-11 双室错流冷却塔

(2) 冷却水化学处理

冷却塔水池和冷却塔本身的水需要排污进行硬度控制，同时进行化学处理以防止藻类和其他有害污染物的积聚。可用单独的小型处理装置将抑制性化学药剂进行混合，并注入系统的关键部位。

所达到的排污率取决于补给水的水质。一个塔通常可以在4~5个浓缩倍数下运行。浓缩倍数大致等于循环冷却水的硬度(溶解性固体总量，ppm)/补给水的硬度(溶解性固体总量，ppm)。水质差、硬度大的水会限制所采用的浓缩倍数，增加补给要求。高质量的水，具有低的溶解性固体总量和硬度，循环利用率更高。

1) 通常的化学处理方法有：

① 腐蚀控制。曾经一段时间，主要采用铬酸盐作腐蚀处理，但受环境问题影响，铬酸盐处理方案已经被淘汰。如今的选择包括正磷酸盐、多磷酸盐、锌和唑(如果系统中有铜合金的话)。重金属处理会因环境因素受到限制。

② 沉积物控制。磷酸盐、羧酸盐和生物分散剂。

③ 微生物控制。卤素(氯、溴)、次氯酸钠(漂白剂)、二氧化氯和有机杀菌剂。氯是目前为止使用最有效的，但是安全和环境问题限制了其使用。漂白剂效果很好。溴和有机杀菌剂在正常使用中是很好的，但是如果系统中有任何泄漏就很难处理。

④ pH值控制。为了使许多其他化学物质起作用，并帮助控制硬度沉积物，通常会注入硫酸，将pH值控制在要求的范围内，通常约为7.5~8.5。然而，最佳的pH值范围取决于所用的特定处理化学药剂。水处理化学药剂供应商将设置其范围。

这些化学物质应该从冷却水供应管线的一个流动性好的副线注入。应将水流重新引入到冷却水泵抽水口的另一端，以便化学药剂穿过水池并进一步分布。但要注意的是，这些化学物质不能被引入水池的盲区，否则会在引入点造成局部腐蚀。

2) 污垢指数

有许多类型的污垢指数用于跟踪冷却水处理化学过程。下面介绍了这些指数的定义，没有对如何计算进行过多的讨论或描述。有几篇文章和大量文献更全面地探讨了这些指数。

① 朗格列饱和指数(LSI)。LSI 等于实际酸碱度与碳酸钙饱和时的酸碱度之差。LSI 小于零的是不结垢条件；LSI 为 1.5~2.5 是结水垢条件。饱和时的酸碱度是钙硬度、碱度和温度的函数。关联式在参考文献中可以找到。

② Ryznar 稳定指数(RSI)。关系式如下：

$$RSI=2(pH_{饱和})-pH^{3.5} \tag{23-1}$$

式中　$pH_{饱和}$——碳酸钙饱和时的 pH 值；

pH——实际循环水 pH 值；

RSI 低于6.0 表示可能有结垢；RSI 高于6.0 表示逐渐不结垢；RSI 高于8 时会导致碳钢腐蚀。

③ 刚性戴维斯指数(SDI)。该指标可用于高浓度水，关系式如下：

$$SDI=pH-\lg(I/[Ca])-\lg(I/[碱度])-K \tag{23-2}$$

式中　pH——实际循环水 pH 值；

$I$——水的离子强度(通常小于 1)；

[Ca]——钙离子浓度，mg/L；

[碱度]——碱度浓度，mg/L，$=[HCO_3^-]+2[CO_3^{2-}]+[OH^-]$；　(23-3)

$K$——基于离子强度和温度的常数。

与 LSI 类似，SDI 小于零是一种不结垢条件；SDI 大于零是结垢条件。

④ 普氏结垢指数(PSI)。这个指数考虑水的缓冲能力的影响，关系式如下：

$$PSI=2\times pH_{饱和}-pH_{平衡} \tag{23-4}$$

式中　$pH_{饱和}$——碳酸钙饱和时的 pH 值；

$pH_{平衡}$——$1.465\times\lg[碱度]+4.54$。　(23-5)

PSI 值的公式解释与 RSI 类似。

(3) 冷却水系统监控

冷却水系统的监控包括机械监控和化学监控。除了仪表和采样外，对塔进行物理检查是不可替代的。要监控的一些因素包括：

1) 机械监控。目视检查塔，查看以下各项：

① 查看风扇和驱动设备、填料状况、机壳状态、滤网清洁度、腐蚀、泵的水流模式，以及任何其他异常情况。尤其要注意塔填充物或填料的结垢，因为堵塞填料会降低塔效率。堵塞非常严重的填料会导致塔体物理坍塌。

② 观察回水立管有无飞溅或有迹象表明系统有泄漏。

③ 注意藻类的积聚，因为这表明有泄漏，这时就需要解决所发现的问题。

④ 如果循环水的外观变得浑浊或呈“巧克力褐色”，则可能会出现低 pH 值情况。

⑤ 观察排气中是否有大量雾沫夹带的迹象，这可能表明除雾器有问题。

2) 热力学分析。查看数据，包括：

① 检查供水和回水之间的温度差。

② 检查冷却水流量和压力。

③ 检查回水温度是否超过 130℉(55℃)，可以表明冷却水处于超负载状态或流量不足。

3) 化学监控。检查冷却水和药剂注入系统运行的采样分析结果(您的和您的化学供应商的)进行化学，并采取行动。周期性样品(适当的频率)应包括：pH 值、硬度、碱度、总溶解固体、总悬浮物、结垢指数、残余氯或有效氯(或其他杀菌剂)、水处理化学浓度、排污生化需氧量、总有机碳、挥发性有机碳。

(4) 故障排除

这里提供了一些关于冷却水系统常见问题的提示：

1) 藻类增加或少量积累(突然或渐进)。这表明在水环境下杀菌剂处理不足。检查杀菌剂加药系统和剂量(漂白剂、氯等)，确保其正常工作。为了控制某些情况，该塔需要用大量杀菌剂进行处理。如果生物沉积的累积量发生了阶跃变化，应怀疑存在泄漏。必须取样以缩小泄漏源。继续泄漏会污染系统并导致其他换热器腐蚀。此时需保持高排放率，直到泄漏得到解决。

2) 回水总管通风口的带液或溢出。表示系统泄漏或分配器严重堵塞，需进行识别并消除泄漏。如果人员可能接触排气，应小心，因为泄漏可能含有硫化氢。

3) 冷却水外观浑浊。这通常伴随着低 pH 值。注酸泵或阀门的控制问题或储酸罐溢流到池中都会导致这种情况。冷却水回路中的腐蚀速率将急剧上升。这时需要最大限度地增加排污量，增加缓蚀剂注入量，直到问题得到解决。这个过程需要几天时间。

4) 冷却水流量或压力低。检查冷却水泵是否正常工作。如有必要，切换到备用泵。检查泵进口滤网是否堵塞，清洁滤网。确认流量和压力仪器是正确的。检查塔水位控制，低水位将会造成流量减少。

(5) 冷却塔的安全性

1) 化学药剂：

① 如果塔内使用氯气进行生物控制，则需要小心管理气瓶。一些公司把这些放在泵井区，并用水封住。作为最低要求，它们必须位于二级安全区域。

② 冷却塔中使用的所有化学药剂都需要配备二次密封(堤坝或坑)，以控制泄漏。地下井上的排水管应该保持关闭，除非地下井进行人为排水，例如暴风雨过后。

③ 二级容器的设计必须防止不相容化学药剂之间的接触。例如，酸必须从漂白液罐中分离出来。

④ 如果溴化器管理不当，溴化器会出现足以导致溴化器容器爆炸的气体生成问题。

⑤ 所有用于冷却水处理的化学药剂都存在一些安全隐患。这些需要得到适当的管理。

2) 军团菌：近年来出现的一个安全问题发生在冷却塔的维护。冷却塔往往会在填料和除雾器中生长军团杆菌。军团杆菌可引起致命的呼吸道感染。清洁塔的工人应使用适合这种危险的空气呼吸器，直到塔完全清洁。在塔被清理干净之前，其他任何人不得进入塔内。

**23.4.2　锅炉给水(BFW)处理**

所有的水都含有杂质，不管水来自何处。有时，在石油加工厂中，含有大部分杂质的水不用任何处理就可以使用。然而，当涉及到产生蒸汽，特别是高压蒸汽，以及在工艺中使用水时，这些杂质就成了问题。我们将在这里集中讨论用于蒸汽生产的水及工艺用水。

为了有效地运行蒸汽发生器，并避免对机组造成严重损坏，锅炉给水中的杂质必须去除，或将其转化为系统中可允许的化合物。

(1) 锅炉给水杂质种类

一般来说，水中天然存在三种类型的可溶性杂质，为了使水适合锅炉给水，必须将其去除或转化。这些杂质是：

1）结垢杂质，包括钙、镁、硅、锰和铁的盐。

2）引起泡沫的化合物，通常是可溶的钠盐。

3）溶解性气体，通常是氧气和二氧化碳。必须清除这些可溶性气体以防腐蚀。

表 23-2 更加全面地列出了各种杂质、影响和处理方法。

**表 23-2 锅炉杂质影响与处理方法**

| 杂质类型 | 影响 | 控制 | 备注 |
|---|---|---|---|
| 可溶性气体 | | | |
| $H_2S$ | 气味、腐蚀 | 除气 | 来自泄漏或受污染的水 |
| $C_2$ | 腐蚀，特别是在凝结水中 | 除气，中和化学物质 | 对凝结水进行膜处理和胺中和 |
| 氧气 | 炉管的腐蚀和点蚀 | 除气，除氧剂 | |
| 悬浮物 | | | |
| 沉积物和浊度 | 污泥、水垢、夹带 | 澄清过滤 | 在大多数应用中，最大值为 5ppm |
| 有机物 | 夹带、起泡、沉积、腐蚀 | 澄清，过滤化学物质 | 地表和一些井水 |
| 溶解和胶状固体 | | | |
| 油脂 | 发泡、锅炉沉积 | 凝聚/过滤 | 凝结水污染 |
| 硬度、钙、镁 | 结垢、传热/效率损失、爆管 | 软化加内部处理 | 增加 $HCO_3^-/SO_4^{2-}/Cl^-/NO_3^-$ 的溶解度 |
| 钠，碱度，氢氧化钠，$NaHCO_3$，$Na_2CO_3$ | 泡沫，凝结水腐蚀，潜在的腐蚀性脆化 | 除氧，离子交换，反渗透 | |
| 硫酸盐 | 如果 Ca 存在，则为硬鳞 | 除盐，反渗透 | 最高 100~300ppm 作为 $CaCO_3$ |
| 氯化物 | 锅炉运行不稳定，效率低，沉积在涡轮和过热器上，起泡 | 除盐，反渗透 | |
| 铁和锰 | 锅炉积垢、腐蚀、抑制传热 | 过滤、除盐，反渗透 | 最常见的形式是碳酸亚铁 |
| 硅 | 锅炉硬垢，涡轮叶片沉积 | 石灰软化，除盐，反渗透 | 非常硬的垢。二氧化硅在有水且较高的温度下易挥发。涡轮叶片沉积物 |

（2）锅炉水管理

锅炉本身固体垢的积聚是通过排污来管理或保持在一个较低的水平，从锅炉汽包或炉底锅筒定期排放预先设定量的沸水。这个排放量通过分析给水中的固体含量计算得出，必须等于从进水引入到系统的量。图 23-12 给出了一个锅炉排污示例。

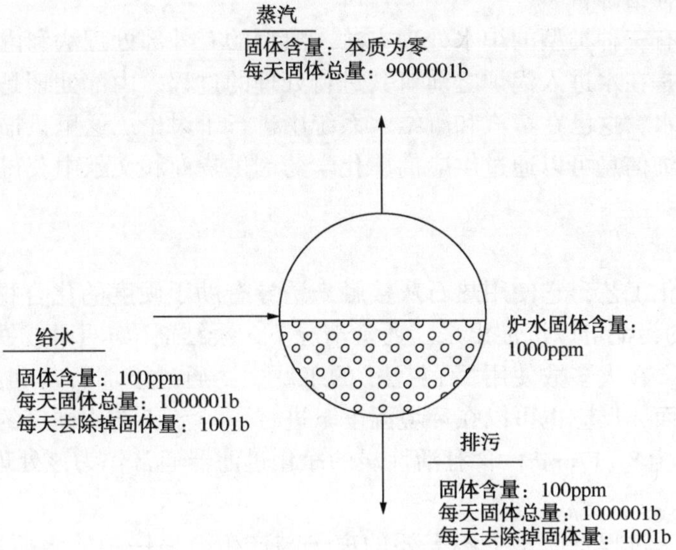


图 23-12 如何通过排污减少固体蓄积量

美国锅炉制造商协会(ABMA)制定了锅炉水中各种固体的控制标准，如表 23-3 所示。

**表 23-3 ABMA 规定的锅炉水中各种固体的限值**

| 锅炉压力/psig | 总固体/ppm | 碱度/ppm | 悬浮物/ppm | 硅/ppm |
|---|---|---|---|---|
| 0~300 | 3500 | 700 | 300 | 125 |
| 301~450 | 3000 | 600 | 250 | 90 |
| 451~600 | 2500 | 500 | 150 | 50 |
| 601~750 | 2000 | 400 | 100 | 35 |
| 751~900 | 1500 | 300 | 60 | 20 |
| 901~1000 | 1250 | 250 | 40 | 8 |
| 1001~1500 | 1000 | 200 | 20 | 2.5 |
| 1501~2000 | 750 | 150 | 10 | 1 |
| 超过 2000 | 500 | 100 | 5 | 0.5 |

注：美国机械工程师协会还为锅炉给水和锅炉水的同样水质条目提供了指导(如表 23-4 所示)。尽管该表适用于水管锅炉，但通常也适用于热气在管内流动的余热锅炉(类似于火管锅炉)。

其他有关锅炉给水中固体物限值的考虑是：

1) 污泥。这是对给水硬度(钙和镁盐)的直接测量，因为几乎所有硬度都来自于锅炉中的溶解物。

2) 总溶解固体。这些物质包括钠盐、可溶性二氧化硅和任何添加的化学物质。总固体不会导致结垢，但过量会导致起泡。

3) 二氧化硅。这可能是高硅预软化水的排污控制因素。在高压下，高硅含量导致起泡夹带和结垢。

4) 铁。炉水中高浓度的铁会导致严重的沉积问题。当浓度特别高的场合，排污可能是基于降低铁的含量。

（3）锅炉给水补给准备

在实际应用中有三种类型的炉水处理方法，典型的有外部处理法和内部处理过程。顾名思义，外部过程就是在水进入锅炉之前对其进行处理的过程。内部处理是以添加化学物质的形式处理锅炉内的水，这已在蒸汽和凝结水系统中进行了讨论。这里只描述外部过程。大量关于这些过程的详细信息可以通过供应商、化学药剂供货商和文献中获得，因此这里只做粗略描述。

（4）"热石灰"法

这是一种水软化工艺，它使用热石灰接触来诱导有助于硬度的化合物（要是碳酸钙和碳酸镁）沉淀。形成的污泥可以沉淀出来。通常情况下，凝结剂（如明矾或铁盐）用于增强沉淀和去除形成的污泥。在大多数使用"石灰法"的工厂中，通过添加石灰和苏打灰的反应是在高温下进行的。然而，反应也可以在环境温度下进行。"冷"工艺水硬度约为17~35ppm，而"热"工艺水硬度约为8~17ppm。含有活性炭的净化过滤器通常作为该处理过程的最后步骤。

（5）离子交换工艺

顾名思义，这一过程将原水中不需要的离子与产生合格锅炉给水所需要的离子进行交换。例如，在软化过程中，钙和镁离子被交换成钠离子。在脱碱过程中，会产生碱度的离子（碳酸盐、碳酸氢盐等）被除去，并被氯离子取代。在这个过程中，氢离子（$H^+$）代替所有阳离子，羟基离子（$OH^-$）代替所有阴离子，生成纯水（$H^+$+$OH^-$）。

离子交换树脂运行一段时间后需要再生。操作周期因工艺不同而不同，在某种程度上取决于水中杂质的数量和净化水的要求纯度。再生分三步完成：反冲洗；用再生化学药剂再生树脂床；清洗。

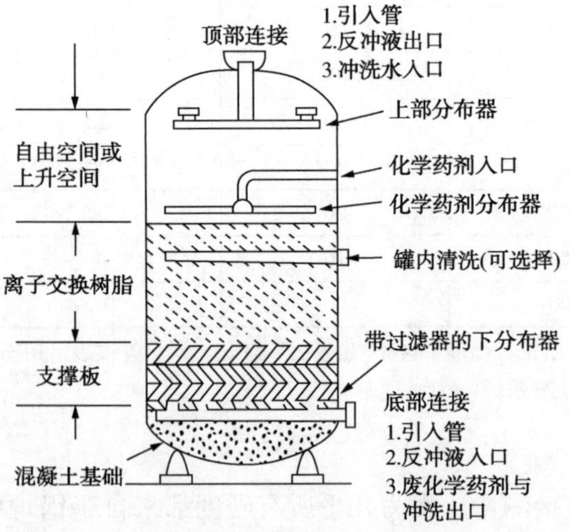


图 23-13　典型离子交换器

图23-13显示了典型离子交换装置的内部结构。

在操作条件下，原水通过顶部连接和分配器引入。水流经树脂床，在那里发生离子交换。处理后的水通过底部接头排出。在再生操作下，作为反洗的原水通过底部连接引入，并从顶部连接中去除，在它向上通过树脂和支撑床的过程中，它会使床层上杂质松动，并清除附着在床上的任何废料。然后将反洗水送至工厂污水处理系统。

再生交换化学剂通过化学分布器直接引入树脂床的正上方，并允许向下流动，以便在底部出水处去除。再生循环完成后，清洗床层，以去除任何多余的再生化学物质。这是通过在顶部连接处引入一股原水并将其从底部连接处移除来实现的。清洗完成后这些水也成了废水。

通常离子交换装置是成对安装（或更多），一个运行，另一个再生。电子控制阀的自动切换使装置在规定的时间间隔内完成正常的循环，而不中断处理过程。图23-14显示了离子交换单元的典型"连接"。

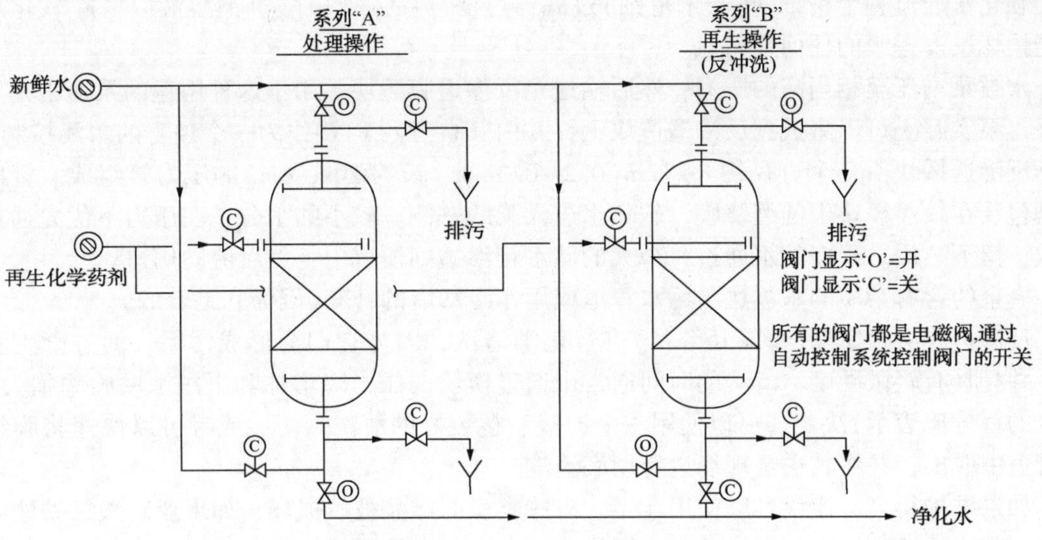


图 23-14 离子交换装置连接

(6)反渗透

许多较新的设备通过使用选择性膜的反渗透(RO)来生产锅炉给水。反渗透装置的方块流程图如图 23-15 所示。

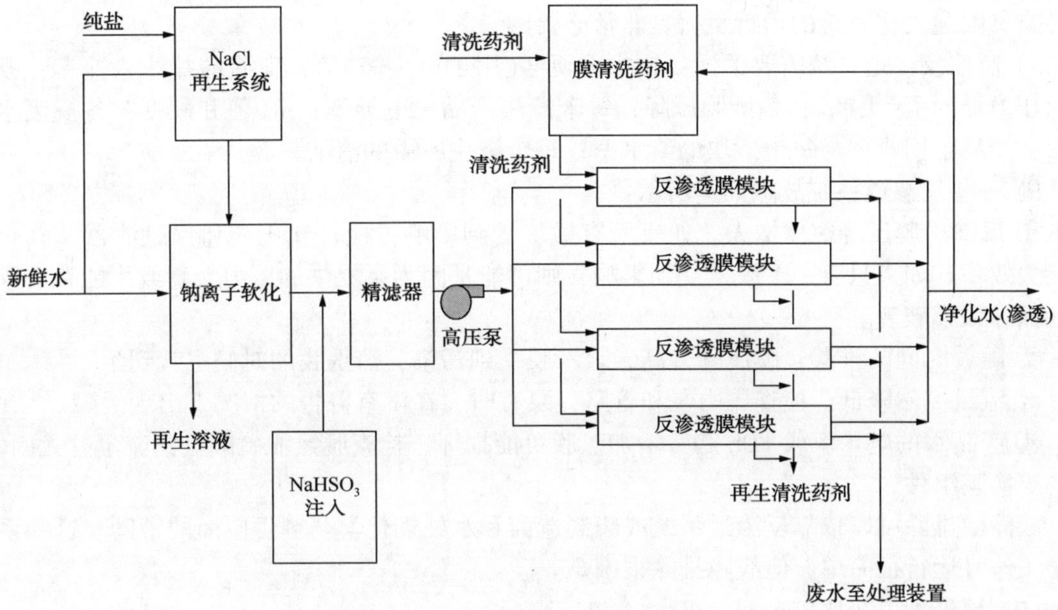


图 23-15 反渗透装置流程图

在反渗透系统中，原水通常是城市水或其他过滤水和氯化水，用钠分子筛软化。钠可以定量取代钙、镁等阳离子。这与其他离子交换过程的第一步基本相同。软化剂树脂通过盐(氯化钠)溶液定期再生。因为最后的快速冲洗水本质上是清洁的水，所以它可以作为冷却塔的补充水使用，但废水的再生液一般会被排至污水管道。该过程应该至少使用两个 100% 软化器，以便一个可以在另一个工作时再生。

软化水通过一个精细的(微米范围)过滤器过滤。注入亚硫酸氢钠溶液以清除软化水中可能损坏反渗透膜的任何残留氯。

水被泵增压至相当高的压力，然后输送至反渗透膜撬块。用于这种用途的泵通常是无密封泵。泵实际上可以集成到反渗透撬块上，并由其自身的PLC作为一个独立的单元控制。

反渗透撬块由几个直径约8~12in(0.2~0.3m)、长约20in(6m)的压力管组成。管内通常是包装在较小模块中的缠绕膜。软化水进入膜的一侧。较小的水分子在压力下优先通过膜扩散，留下杂质。干净的水通过一个大的储水箱渗透到模块中，然后流向用户。

剩余的含有杂质的水被送至污水管道或用作冷却塔的补充(因为它是软的)。

反渗透膜必须定期(每隔几个月)进行化学清洗，因为它们会形成污垢、促进微生物生成，并且具有轻微硬度。清洗的时间通常由通过模块的压力降增加和干净水回收率损失(以给水的百分比表示)决定。可以使用一个连接、整装好的清洗系统，或者可以快速将膜组件从管道中取出，并将其送至现场进行彻底清洗。

如果维护得当，模块可以使用几年。有些类型的产品被氯损坏，如果亚硫酸氢钠注入不可靠，可能需要更换。每次清洁时，模块也会失去一点处理能力，因为并非所有污染物都会正常清除。这种影响可以通过注意清洁过程来最小化。

由于维护要求，反渗透模块通常是有备用的。三个60%模块或者两个100%模块是常见配置。通常，反渗透系统由一家水处理公司拥有和运行，这将确保良好的可靠性。

注意，反渗透系统不能低流速或无流量运行。如果水是处于在模块中不流动，膜往往会被污染。因此关注系统的运行负荷是非常必要的。

1）监控反渗透系统需要关注：软化水硬度(用于再生需要)；亚硫酸盐注入速率；预过滤器压力降(用于更换)；各撬膜压降；每个撬块产品水电导率；pH值和硬度；各撬废水电导率；产品水回收率与每个撬块的给水率；每个撬块所需的清洁频率。

2）一些反渗透系统故障如下所示：

① 反渗透膜压降突然增大。如果所有撬块受到影响，检查软化剂和预过滤器。软化水可能失效了。如果只有一个膜撬受到影响，则可能是因为泵提供的压力太高或可能存在阀门问题而导致膜破裂。

② 随着时间的推移，膜压降升高，表示膜受到污染，清洗膜的时候也就到了。

③ 流量突然降低。检查压力泵和管路，泵有时会在没有警告的情况下出现故障。

④ 产品水的电导率或TDS趋势增加。膜可能损坏，检查脱氯亚硫酸氢钠流量有无问题。需要更换膜组件。

故障的排除可以依靠反渗透系统或膜制造商和水处理化学药剂供应商的帮助。这些系统正常工作时运行很简单，但故障排除很困难。

(7) 预处理工艺比较

软化、离子交换和反渗透系统提供的水质需要能够满足表23-3和表23-4中锅炉给水和汽包水的要求。一般来说，软化水适用于生产低压蒸汽。反渗透系统采用中压，也可以通过精处理、增加过滤级数和超滤，以满足高压系统的要求。除盐水用于中高压蒸汽发生器。

(8) 除氧和脱气工艺

几乎所有的锅炉给水处理都采用除氧和脱气工艺来去除水中的溶解气体，统称为除氧。

在进入锅炉汽包之前，经过处理后的水和返回的凝结水被输送到除氧器。图23-16是典型的除氧器汽包布局示意图。

除氧器由一个蓄水罐及上面的脱气器(也称为"汽提器"或"加热器")组成。脱气器包括一定体积的填料，处理水(和凝结水)流过该填料。如果脱气部分为塔盘式，那么塔盘的设计间距约2~3in(50~75cm)，并且汽提段可能需要30~40个塔盘。材质为不锈钢。

**表23-4　水管锅炉可靠、连续运行水质指南(ASME)**

| 锅炉给水控制 | | | |
|---|---|---|---|
| 汽包压力/psig | 铁/ppm | 铜/ppm | 总硬度 $CaCO_3$/ppm |
| 0~300 | 0.1 | 0.05 | 0.3 |
| 301~450 | 0.05 | 0.025 | 0.3 |
| 451~600 | 0.03 | 0.02 | 0.2 |
| 601~750 | 0.025 | 0.02 | 0.2 |
| 751~900 | 0.02 | 0.015 | 0.1 |
| 901~1000 | 0.02 | 0.015 | 0.05 |
| 1001~1500 | 0.01 | 0.01 | ND |
| 1501~2000 | 0.01 | 0.01 | ND |
| 锅炉炉水的控制 | | | |
| 汽包压力/psig | 二氧化硅($SiO_2$)/ppm | 总碱度 $CaCO_3$/ppm | 电导率/(μS/cm) |
| 0~300 | 150 | 350 | 3500 |
| 301~450 | 90 | 300 | 3000 |
| 451~600 | 40 | 250 | 2500 |
| 601~750 | 30 | 200 | 2000 |
| 751~900 | 20 | 150 | 1500 |
| 901~1000 | 8 | 100 | 1000 |
| 1001~1500 | 2 | NS | 150 |
| 1501~2000 | 1 | NS | 100 |

低压蒸汽通常是减温、减压的饱和50psig(约3.4barg)蒸汽或从凝结水闪蒸得到的5psig(0.3barg)蒸汽，被引入脱气段底部。蒸汽向上流过填料段与水逆流接触，将水中的溶解气体汽提出来，然后这些脱除的气体与蒸汽一起由脱气段顶部离开，排放到大气中。在某些应用中，如制氢装置，被汽提出的气体可能含有微量的碳氢化合物、其他有机化合物和氨。在这些情况下，排放的气体可能会被输送到加热炉或加压返回工艺系统。除气后的水自流至除氧器的储水罐。

处理后的水通过雾化喷嘴/分配器引入除氧器的脱气段，水流在进入填料段之前变成为细小的水滴，有助于去除水中的气体。除氧器运行，最好在大约2~3psig(0.1~0.2barg)的压力，这样水中所有的$CO_2$和大部分的氧都会被移除。

锅炉给水泵直接从除氧器蓄水罐吸入。为了确保有足够的汽蚀余量供泵正常运行，应在泵入口中心上方至少15ft(约5m)的结构上安装除氧器。大多数大型泵(如锅炉给水泵)在处理热水时通常需要相对较高的汽蚀余量。

除氧器的蓄水罐应在高液位和低液位之间至少有30min的缓冲。至除氧器的给水量通常用于蓄水罐水位控制。来自锅炉给水泵的锅炉给水量用于汽包水位控制或三元件控制器复位。锅炉给水流量经常出现低流量报警，过低流量时有自动停炉设施。

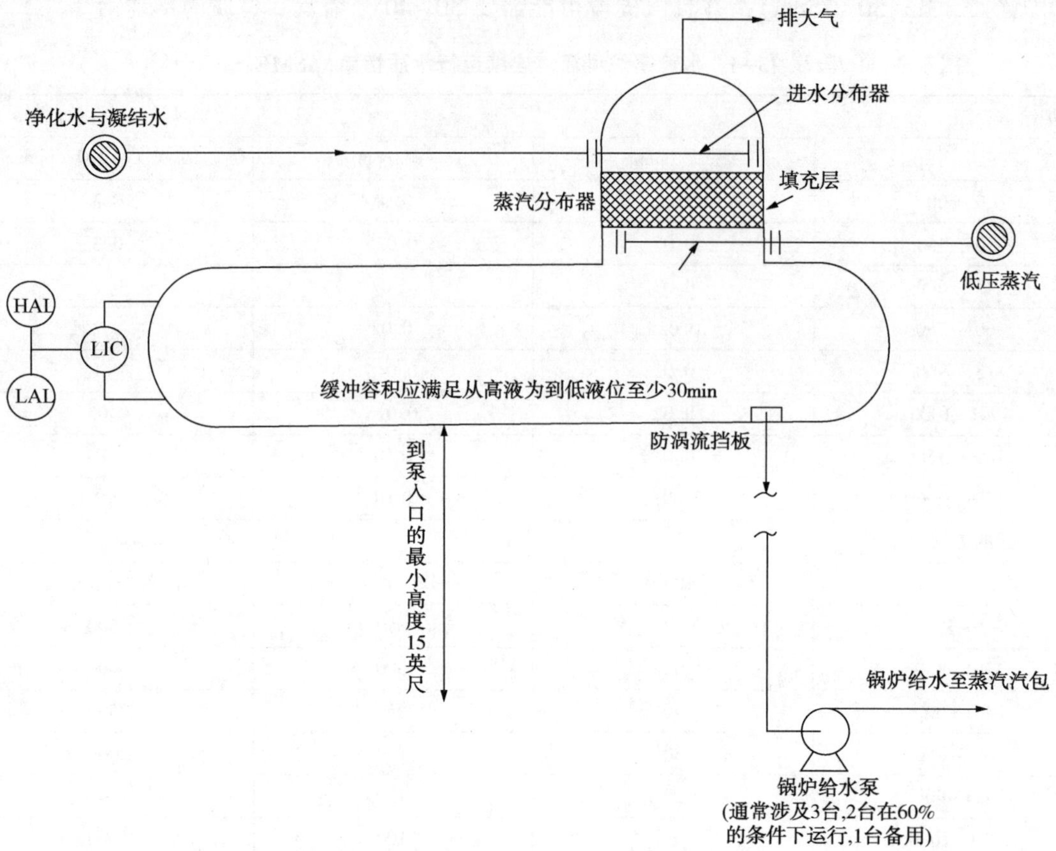


图23-16　除氧器

(9) 化学处理和其他注意事项

锅炉给水可以在产生时进行处理，也可以为特定情况和要求在工艺装置中进行局部处理。本章"锅炉和凝结水化学处理"一节详细描述了锅炉排污水处理所需的化学药剂，并阐述了处理要求，水处理要达到以下目标：

1) 消除任何微量的溶解氧(小于10ppb)；

2) 防止蒸汽发生系统出现杂质沉积和腐蚀；

3) 防止凝结水系统腐蚀。

(10)凝结水回收利用

由于生产锅炉给水的成本很高，从整个工厂回收凝结水在经济上是可取的。本章中"蒸汽系统的构成"一节的"蒸汽疏水阀和冷凝系统"部分有关于凝结水回收的详细内容。在此重申讨论其中几个要点：

1) 有必要检测回用的凝结水中的碳氢化合物或工艺流体造成的其他污染。通过检测凝结水"热井"的蒸汽可以识别是否泄漏。存在泄漏的凝结水不应回用。

2) 表面冷凝器和其他在真空条件下操作的系统会吸入空气，被溶解氧污染。工艺中不应使用这些设施的凝结水，但可在脱氧后用于锅炉给水。

3）凝结水化学处理和锅炉给水处理一样重要，以避免凝结水管线腐蚀。

(11)防止炉水污染

与大多数公用工程一样，避免工艺流体污染锅炉给水是至关重要的。这一点在“凝结水再利用”一节中已经提到过，但只要将 BFW 直接引入工艺，就需要考虑防止互串。

工艺注入点至少应具有一个或多个止回阀和一个截止阀。注入点不使用时应能被隔离。

锅炉给水与工艺的临时连接特别危险，停车或启动程序或在维保期间会发生危险。最好的做法是提供防互串设施，在不需要时和工艺系统加压前移除和关闭工艺流程的任何临时 BFW 连线。

在防止锅炉给水系统污染方面须小心谨慎，以避免意外的问题发生。

**23.4.3　生产用水**

对于炼油厂的一般用途，通常有工厂水系统(亦称工业用水、公用工程用水或厂用水)。该系统(我们称之为工厂水)可由城市水、水井或其他水源供应。它是不可饮用的。工厂用水用于区域冲洗、冲洗设备和其他不需要饮用水质量或具有其他要求的常规用途。

工厂水通常在环境温度和 100~125psig(7~9barg)下通过终端分配系统供应。水可以从统筹分布在整个装置中的多个“公用工程站点”获得，每个“公用工程站点”通常能够提供大约 50GPM(200L/min)的水。

在许多地方，水可以通过手动或独立控制阀直接注入蒸汽来加热。

在寒冷的气候条件下，生产用水的集水管和站点可以通过伴热或者一个流动的回路进行防冻处理。通常，伴热应为“隔离”蒸汽或电伴热，以避免水沸腾。

**23.4.4　饮用水**

在一些偏远的地方，该装置需要提供自己的饮用水。这种水用于饮用，但也必须能用于安全洗眼和淋浴、更衣室淋浴。

政府当局规定了饮用水需要的水质，通常包括对杂质的限制、必须氯化或用其他方式消毒。饮用水系统管道也需要消毒，饮用水取样是有要求的，需要根据当地要求确定。

表 23-5 提供了一些关键饮用水标准的抽样。这只是举个例子。对于特定场合的要求，应该咨询适用的法规和权限。美国标准实际上包括对至少 88 种不同污染物的限制，所以这只是一个小样本。

典型的饮用水处理系统包括以下几个步骤，这里不详细介绍这些过程。在设计这些系统时，通常会咨询土木工程师。

1）絮凝或深层过滤水以去除固体。

2）反渗透或软化处理硬度、溶解固体和潜在的有害无机化合物。

3）有机物的活性炭过滤或处理。

4）在分配到工厂前进行氯化处理(需要一定的处理时间)。

必须保护饮用水系统免受工艺或任何其他来源的污染。因此，饮用水系统不应与工艺或任何其他公用工程相连。使用饮用水的地方必须始终采用防互串保护(如气隙、防喷器或空气/虹吸管破裂)。

饮用水系统的冬季防冻凝措施通常采用电伴热或温水伴热形式。禁止用蒸汽伴热饮用水管线。

另外，在夏季或沙漠地区，通常不流动的安全洗眼器或淋浴管线可能会变得非常热。这些饮用水管道通常在管廊中的其他管道下方运行，以提供阴凉、地下，或配备隔热和冷却水伴热装置，以防止它们变得过热造成伤害，而仅仅依靠隔热保温是远远不够的。

**表 23-5　典型饮用水标准示例(www. lenntech. com/applications/drinking/ standards)**

| 污染物 | 美国环境保护署(2013) | | 世界卫生组织(1993) | 欧盟(1998) |
|---|---|---|---|---|
| | 最大值 | 推荐值 | 参考值(最大值) | 标准(最大值) |
| 砷/(mg/L) | 0. 01 | 0 | 0. 01 | 0. 01 |
| 钡/(mg/L) | 2 | 2 | 0. 3 | |
| 苯/(mg/L) | 0. 005 | 0 | | 0. 001 |
| 镉/(mg/L) | 0. 005 | 0. 005 | 0. 003 | 0. 005 |
| 氯化物/(mg/L) | | 250 | 250 | 250 |
| 氯/(mg/L) | (残余量最低 4) | (残余量最低 4) | (残余量 5) | |
| 铬/(mg/L) | 0. 1 | 0. 1 | 0. 05 ($Cr^{6+}$) | 0. 05 ($Cr^{6+}$) |
| 铜/(mg/L) | 1. 3 | 1. 3 | 2 | 2 |
| 氰化物/(mg/L) | 0. 2 | 0. 2 | 0. 07 | 0. 05 |
| 氟化物/(mg/L) | 4 | 4 | 1. 5 | 1. 5 |
| 铁/(mg/L) | | 0. 3 | | 0. 02 |
| 铅/(mg/L) | 0. 015 | 0 | 0. 01 | 0. 01 |
| 锰/(mg/L) | | 0. 05 | 0. 5 | 0. 05 |
| 硝酸盐/(mg/L) | 10(均值) | 10(均值) | 总氮量(硝酸盐和亚硝酸盐)50 | 50(N) |
| 亚硝酸盐/(mg/L) | 1 | 1 | | 0. 5(N) |
| 酚类/(mg/L) | | 0. 001 | | |
| 硒/(mg/L) | 0. 05 | 0. 05 | 0. 01 | 0. 01 |
| 钠/(mg/L) | | | 200 | 200 |
| 硫酸盐/(mg/L) | | 250 | 500 | 250 |
| TDS/(mg/L) | | 500 | 500 | |
| 甲苯/(mg/L) | 1 | 1 | 0. 7 | |
| 二甲苯/(mg/L) | 10 | 10 | 0. 5 | |
| 锌/(mg/L) | | 5 | 3 | |
| 浊度(NTU) | 要求特殊的处理工艺 | | | |
| 放射性/(pCi/L) | 5($Ra^{226,228}$) | 0 | | |
| 大肠杆菌 | 负面的测试要求，d | 0 | | 0/100mL |

## 23. 4. 5　消防用水

消防用水(又名消防水)通过一个安全、冗余的系统分布在整个炼油厂。当冲洗、区域清理和水压试验系统需要大量水时，有时会使用消防水。这些使用只是间歇性的。

不得将消防水系统永久连接至任何工艺设备或系统。当涉及消防用水时，应始终使用防回流装置，以避免消防用水系统受到污染。当人们进行灭火时，有时会意外地发现消防水被污染了，这是因为在系统中某个地方进行了错误的(或禁止的)连接。

关于消防水系统设施和实践的更多讨论，请见“石油加工中的防火和消防”一章。

## 23.5 空气压缩系统

所有的炼油装置都需要压缩空气的供给，来进行装置操作和装置运行。通常来说有两种分离系统，即工厂空气系统、仪表空气系统。

### 23.5.1 工厂空气系统

工厂空气一般是通过一个简单的压缩机，之后再经过一个冷却器来供给的。通常来说，工厂空气仅用来维持装置运行，它通过一个移动式压缩机连接一个配管系统来实现供给。催化剂再生空气以及类似这种的工艺空气通常会通过装置上的空气压缩机来供给。

### 23.5.2 仪表空气系统

仪表空气应该一直都是一个单独的供给系统；尽管在很多炼油厂，仪表空气会优先考虑由工艺空气供给，而且工艺空气分布会在低压力下切断。

在很多炼油厂，还另外设置了备用的紧急空气压缩机来应对装置仪表空气中断事故。

仪表所用的压缩空气保证不能带油，且必须经过干燥才能供给仪表系统。而对于工艺空气而言，大部分是不需要干燥的。纯净干燥可靠的仪表空气是装置运行的必要因素之一。该系统出现故障，则装置就彻底停工了。

(1) 仪表空气系统流程图

如图 23-17 所示，这是一个典型的专门的仪表空气供给系统。

空气通过空气过滤器后进入其中的一台空气压缩机，压缩机通常为往复式压缩机或无润滑的螺杆式压缩机。当仪表空气需求量很大时，一般会采用离心式压缩机。空气压缩机排出的气体具有一定的压力(通常在 100psig 以上)，在进入其中一台干燥器之前首先要经过一台空气冷却器。

两台压缩机中的一台工作，另外一台备用。处于工作状态的压缩机靠电机驱动，它的启动是通过开/关按钮来控制的。备用压缩机是通过涡轮机(或柴油机)驱动，当排出空气压力低时，具备自启功能。

冷却后的压缩空气离开空气冷却器进入干燥器。通常干燥器至少有两台，每台的床层中都装有干燥剂。干燥剂的材料可以是硅胶、氧化铝，特殊情况下也可以是沸石(分子筛)。压缩空气流经一台或更多的干燥器被干燥后进入仪表空气储气罐，同时，干燥剂利用烘干机进行再生。

循环再生需要按照一定周期或者根据仪表空气中水含量多少进行手动操作。

传统的干燥剂床层再生通过热空气流体通过床层实现，之后将该流体排放至大气中。该热流体会将水分从干燥剂中脱除，进而恢复其吸水性。在这种加热周期结束后，会引入冷却的空气来将床层温度冷却至操作温度。冷却时，装置将切换至另一个干燥器开始循环再生。不同的操作和再生阶段会通过顺序定时开关来操控电磁阀进行控制。这些干燥器(通常包括压缩机和储气罐)是成套、橇装设备，可以直接投用。

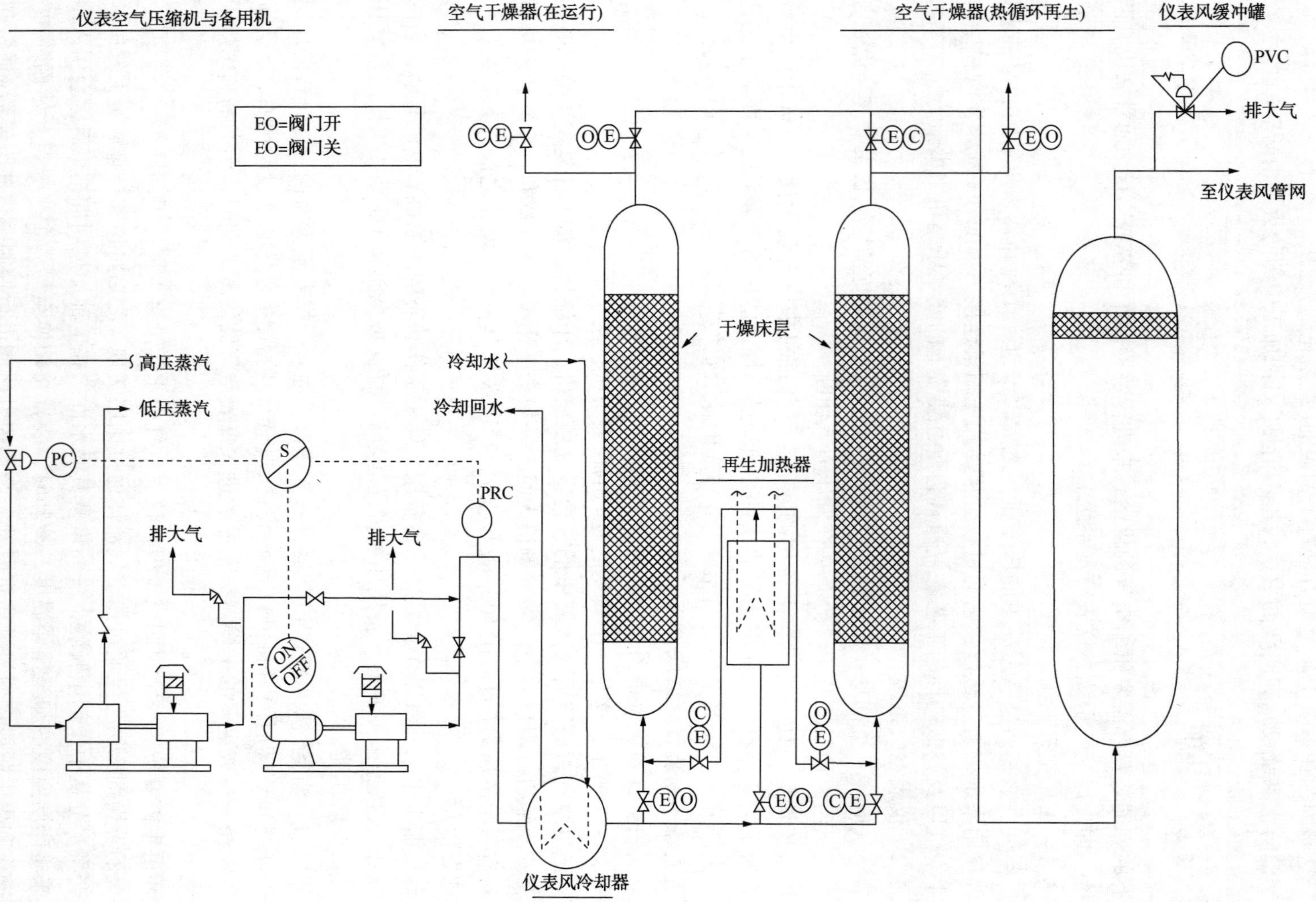


图23-17　典型仪表供风系统

也有用变压吸附干燥机来产生仪表空气，通常会使用分子筛。这些干燥剂床层会通过降低床层压力至大气压来进行再生，用干燥的空气清除床层水分。然后再生床进行加压重新在线工作。工作的顺序通过一个可编程控制器进行控制。

仪表空气储气罐是一个压力容器，它包含波状金属丝网，且在出口喷嘴的前部有其他防止物料聚结的设施。在高压情况下，会由一个压力控制阀保护将压力泄放至大气中。同时也有一个压力安全阀(图中没有显示)起保护作用。空气离开这个容器的顶部进入仪表空气分配系统，服务于厂区所有装置。

仪表空气必须满足装置上设备设施的干燥要求。非常冷的天气下需要更加干燥的空气。表23-6提供了许多典型仪表空气的技术参数。

**表23-6 典型的仪表空气技术参数**

| 参数 | 极限值 | 备注 |
|---|---|---|
| 露点 | -40℉(-40℃) | 最大绝对值必须低于35℉(2℃) |
| 油含量 | 0.01ppm | |
| 颗粒物 | 0.02mg/m$^3$ | 100%必须<100μm |
| 供给温度 | 110℉(43℃) | |

干燥的仪表空气通常在60~80psig(也就是4~5.5bar)的压力下送至用户。对于大型的、间断使用的用户，如变压吸附装置，可能会设有缓冲罐或其他设施。

(2) 仪表空气安全及优先等级

仪表空气通常由多个压缩机和多个干燥器供给。由于仪表空气非常重要，许多设施也在工厂的关键部位提供紧急备用的仪表空气。所采用的方法包括：

1) 备用压缩机，适用于向一个装置供气。这些通常是非润滑的机器，有单独的聚结器和分液器与仪器空气系统相连接。它们可能是蒸汽或柴油驱动的。这些压缩机必须定期(每周)进行测试，以确保它们在需要时能正常工作。

2) 一些设施在关键装置上安装一个大型仪表风缓冲罐。该缓冲罐保持在全压缩机排气压力[大约120psig(或8~9bar)]。这种缓冲罐的尺寸能够容纳足够的空气，使工厂在没有压缩机的情况下运行一段时间(通常大约30min)，直到压力衰减到控制阀的失效点[通常在40~60psig左右(比如2.5~4.0 barg)]。

3) 有些位置可能提供液氮蒸发作为仪表空气的备用。然而，这种方法必须小心管理，因为氮气也会进入控制室，并可能导致窒息，特别是如果控制装置是强力气动的。对于一些特定的局部控制来说，如果排放的氮气无法到达驻有人员或可能驻有人员的建筑物，这可能是可以接受的。

4) 在仪器空气失效时，一些工厂将其工厂空气压入仪表空气总管。这应该只是临时性的。长期使用工厂空气作为仪表空气可能会污染气动仪表和控制阀，除非工厂空气符合仪表空气规格。

(3) 仪表风和工厂风系统的连接

对于工厂风和仪表风来说，尽管更好的方式是将两者完全分离，但是很多地方都会将两者在界区连接起来作为一个系统单元。在这种情况下，工厂风和仪表风都应满足仪表风的技术参数。这两套系统各自运行。当装置仪表风压力低时，会有一个控制阀打开优先供给空气至仪表风系统。

(4) 仪表空气系统容量

仪表空气系统所需的容量将由消耗空气的仪表的类型和数量以及它们必须工作的频率决定。表 23-7 提供了一些典型的气动设施仪表风用量。

**表 23-7 一些仪表的耗风量及范围(见本章参考文献)**

| 设备 | 空气需要量/($Nm^3/h$) |
|---|---|
| 信号转换器(I/P、F/I、E/P 等) | 0.35~0.60 (0.56~1.0) |
| 球阀致动器 | 73cu in/opn(0.0012$m^3$/opn |
| 隔膜控制阀，w/定位器 | 0.3~0.75(0.5~1.3) -流量稳定 |
| | 7~15(11~24)-流量不稳定 |
| 活塞驱动控制阀，w/定位器 | 5(8.5) |
| 远传仪表 | 0.5 (0.85) |
| 就地仪表 | 0.5 (0.85) |

可以通过计算控制系统中每种类型的仪器的数量、应用适当的消耗速率，并将这些比率相加，来估算空气速率。通常，在这些数字的基础上应用25%~50%的应急预案，以包含其他未知因素、紧急情况和其他情况。

对于详细的设计，应该使用所选仪器的供应商空气消耗量数据来确定管网和容量大小。

### 23.5.3 工厂空气系统

在许多方面，工厂空气系统类似于仪表空气系统。压缩机通常是冗余的。在寒冷的气候中，两种类型的空气都会被干燥。然后，工厂空气通过管网分布在整个装置中。它也是由公用工程站或公用工程站点供给到装置中使用的一种公用工程形式。

工厂空气和仪表空气的主要区别在于使用的安全等级和对仪表空气干燥的要求。任何人都可以通过一个公用工程站使用工厂空气，使用量可以比仪表空气大得多。工厂空气有时也可以与工艺连接，而仪表的空气通常严格排除在工艺连接之外。

工厂空气的使用趋于增加，因为它是不受控制的。建议像管理其他公用工程用户一样来管理工厂空气的用户，以确保向更重要的用户提供足够的空气供应。

### 23.5.4 空气系统保护

空气系统必须确保不受污染。仪表空气不应与工艺系统相连接。工厂空气应该只通过止回阀连接到工艺上。空气永远不要与压力更高的工艺管线连接，而是应该与空气断开或进行隔离。

观察到的工厂空气和仪表空气污染是由于异常、未经允许或考虑不足的连接导致的，这些连接导致空气系统充满氮气、油和水。任何时候都要小心，确保这不会发生在你身上。

## 23.6 电力供应

在当今的石油加工装置中，电力可以说是最重要的公用工程，与蒸汽地位相当。即使停电 0.5s，通常也会造成数小时(或数天)的停机和生产损失，同时还可能造成设备损坏或者更严重的事情发生。

在本书中，我们只会稍微触及这个关键系统内容，但这并不能否定其重要性。

**23.6.1 配电系统**

装置中的配电系统一般如图23-18所示。这是单线图的一个非常简单的版本。电气工程师(他们可能认为这个图表很简单)有更多关于电力系统的详细图表，但是这样的图表足以满足这里的讨论需要。该图没有显示所有的断路器、电机控制器、开关等。

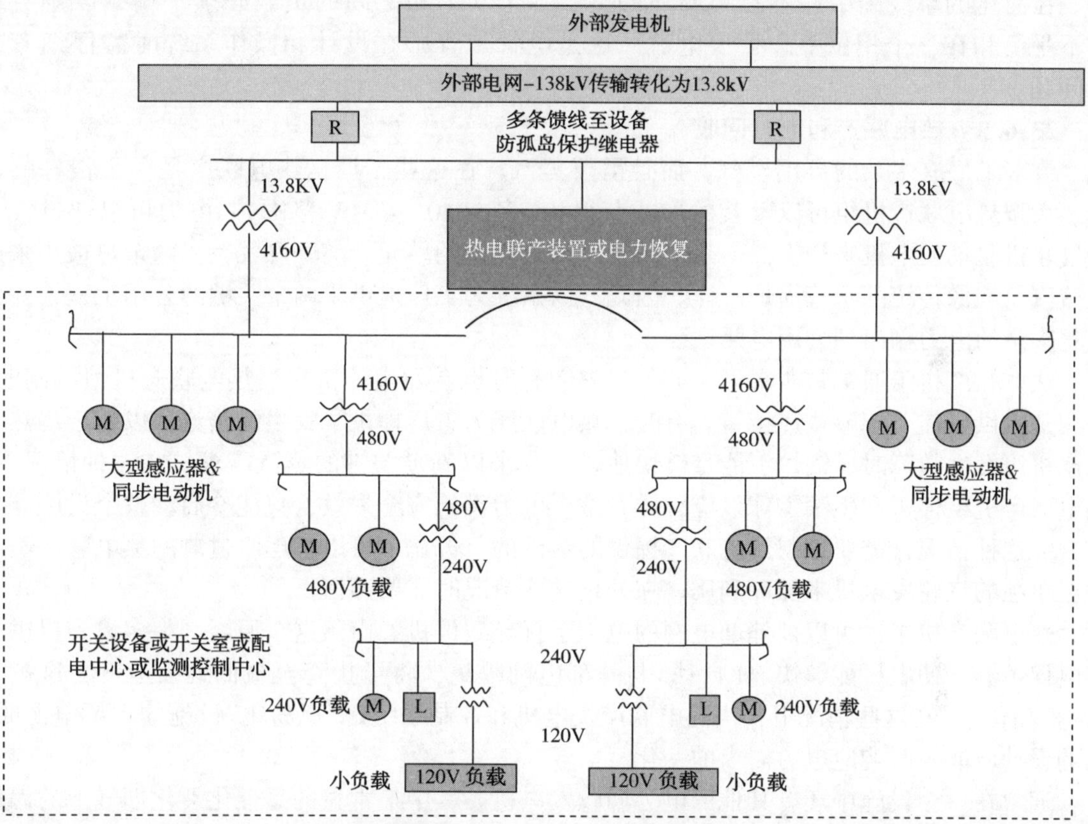


图 23-18 简化的单线电路图

设备的电力通常由外部公用工程通过附近的一组变压器和开关装置提供。公用工程通过断路器保护，以免受局部设施问题的影响。公用工程的电力，通常是以138kV或者更高电压的长距离输电线路，转化为13.8kV进入一个大型设施。

为保证其可靠性，通常在一个设备中有很多条线，最好来自不同的电源或传输线。这起到了一定程度的保护，以防止电力损失，但一根线上的问题往往会牵连到其他线。

带有热电联产和电力回收装置的设施有一些备用电源，但若这些装置没有得到有效的保护，它们可能会由于其他问题破坏电力供应。

13.8kV馈线通常在设施内转换为4160V。4160V的电力被送往电厂配电中心(PDCs)，在那里它被分配给高压用户，如大型变压器和同步电动机。这些通常超过250马力(~188kW)。大型电机可能超过10000马力(7500kW)。

4160V的电力被逐步转换成更低的电压，以提供给较小的用户。通常，在美国有480V、

240V 和 120V 用户。这些用户将包括小型发动机、照明、仪器仪表、电子产品和其他应用。

即使是在装置内，通常也会尝试使用至少两个不同来源的电源来提供关键服务。例如，两个关键的 480V 电机可以由不同的 4160V 线提供不同的 480V 线。或者，提供给 DCS 的冗余电源可能来自于不同的 PDCs，这些 PDCs 可以追溯到不同的馈线。对于控制系统，电源通常自动切换到不间断电源(UPS，电池)，由外部电源充电。UPS 的尺寸通常是为控制器提供几分钟到几小时的持续电源。

在简化的单线图中并不是很明显的是，各个功率相之间的负载必须平衡，以避免相位不平衡和在一个相位中产生大电流。这是电气工程师在设计和操作系统时需仔细考虑的问题。

### 23.6.2 热电联产和电力回收

许多工厂有多余的可用燃气，而且需要蒸汽。在这些工厂，热电联产是一个很好的选择。大型热电联产机组可以整装的形式获得(许多在 50~75MW 范围)。电力可以通过气动燃气轮机驱动发电机来产生，但是这属于发动机驱动的单元。离开燃气轮机的余热被用来产生蒸汽，就像传统的水管锅炉一样。因此，该系统为工厂提供了两个关键的公用工程，并允许将多余的电力输出到公用电网。

热电联产机组通常是非常可靠的，但它们有时也会发生停机。当热电联产机组跳闸时，备用蒸汽供应需要能够快速接替。有时，热电联产为工厂提供了大量的蒸汽，以至于当热电联产机组发生故障时，锅炉不能足够快地燃烧起来以满足关键的蒸汽需求。在这种情况下，热电联产机组停机产生滚雪球效应，导致整个电力设施完全失效，只能冷启动整个设施。为了避免这种情况，需要控制热电联产提供的蒸汽的百分比。可以考虑将过剩的热电联产蒸汽送至单独的汽轮发电机来加以利用。在处理这些情况时需要谨慎。

热电联产机组也可以被外部电网的电力干扰导致停机。由于这个原因，许多设施提供了继电保护器，使电厂能够快速(自动)与外部电网隔离，将干扰降至最低继续运行，这被称为“孤岛化”。在这些情况下，当热电联产发电机和控制系统是“孤岛化”设施的主要电源时，它的设计应能及时响应电力需求的变化。

通常在一个设施中还有其他的电力回收发电机。其中最常见的是催化裂化烟气上的涡轮膨胀机。这些发电机比热电联产机组小得多。一个较小的发电机的跳闸通常对整个设施几乎没有什么影响，除非它们在故障时造成直接的接地故障。如果发电机是一个受降压驱动的应用，则需要提供替代的控制方案，通常有一个控制阀或控制百叶/阻尼器平行于一个减压驱动的发电机，所以一旦发电机出现故障可以快速切换。

### 23.6.3 电力与应急蒸汽负荷的关系

电力经常代替蒸汽来驱动转动设备。这是节能的，但也存在一些隐含的问题。如果工厂依靠汽轮机驱动来备用电机驱动，突然断电时会瞬间给蒸汽系统带来巨大负荷。上面关于热电联产的讨论中已经提到了这一点，但是这一问题也会在其他情况下出现。

锅炉增加蒸汽产量的速度是有限度的。根据经验，假设锅炉有足够的背压，在紧急情况下，锅炉可以每分钟增加一倍的蒸汽产量，而不会发生停机。

假设一个 250 Mlb/h (113000kg/h)的锅炉以四分之一的负荷运行，与热电联产并行，热电联产提供 8.8 万磅/h(40000kg/h)的蒸汽，工厂中有几个关键的电气服务。如果热电联产机组突然停机，外部电力供应由于突然增加的负载而跳闸(一个常见的场景)，锅炉就会代替热电联产供应蒸汽，另外还要提供100Mlb/h多余的蒸汽负荷以驱动备用的润滑泵、备用的空气压缩机等，来应对电源故障。新的瞬时蒸汽需求现在约为250Mlb/h(全锅炉容量)。锅炉可在第一分钟内将蒸汽流量从63Mlb/h升到125Mlb/h，2分钟后达到250Mlb/h，同时蒸汽管网压力下降，造成应急透平现在使用的蒸汽甚至比以前更多(蒸汽涡轮的性质)。在不降低负荷或者重新供电的情况下，锅炉很难满足生产需求。如果操作人员试图加快锅炉的点火速度，锅炉通常会在高汽包水位时停机(由于汽包内的汽泡突然增加)。

这里的要点是，必须平衡电力和蒸汽负载，以便在紧急情况下从电力转换到蒸汽。

当然，另一种选择是接受蒸汽会随着电源一起失效，并为该事件构建应急程序。这是一个可行的选择，而且经常被选择。在这种情况下，您正在接受停工带来的经济影响，而不是更高的蒸汽发电量带来的持续成本。

### 23.6.4　配电结论

电力是石油加工设施中最重要的公用工程之一。它通常由外部设施提供，但也可以由现场发电设施来提供或补充。

电源的可靠性是至关重要的。这些系统由电力公司的多个馈线提供。如果该设施有一个有足够能力的热电联产装置，它可能能够独立运作，以完全依赖内部产生的电力。UPSs通常用于控制系统的备用电源。

无论通过热电联产装置将电力和蒸汽系统集成在一起，或者过度依赖电力(结合蒸汽备用)，都需要谨慎管理，以避免在电力中断时出现全面的公用工程失效。如果断电，锅炉必须能够承担所需的工厂蒸汽负荷。

## 23.7　氮气系统

### 23.7.1　氮气设施的讨论

氮气是一种常见的气体，为炼油厂提供惰性、密封和吹扫。通常氮气是由一个工厂总管提供给用户连续使用，就像任何其他公用工程。

氮气可以几种形式提供：

① 液体汽化（现场或临时汽化器）。

② 变压吸附。

③ 膜。

④ 气瓶/长管拖车。

我们将在以下几节中简要讨论常用的供应方法。首先，我们将研究工厂内所需的氮的纯度。

### 23.7.2　规格

氮的纯度要求会因应用场所的不同而有所不同。最常见的用途是如果这种气体用于碳氢化合物气体或氧的消除，氮气纯度必须高，否则效果有限。

对于设备的吹扫和密封，氮的典型纯度规格见表23-8。

表 23-8　吹扫和密封用氮的典型纯度规范

| 组成 | 限制 | 组成 | 限制 |
|---|---|---|---|
| 氮气/%(体) | 99.7(最小) | 水/ppm(体) | 5(最大) |
| $CO+CO_2$/ppm(体) | 30~40(最大) | 氧气/ppm(体) | 100(最大) |
| 烃/ppm(体) | 5(最大) | | |

这种规格通常由液氮蒸发（或小用户用钢瓶）来满足。纯度通常比显示的要高得多。氮气工厂的气源对其组成有一定的影响。例如，高速公路附近的气源中 CO 和 $CO_2$ 的含量要高于其他地方产的氮气。通常这不是一个问题，但如果氮作为一个容器的惰性介质，而其 CO 含量受到限制，那么这就可能成为一个问题。

在某些情况下，可以采用较低的纯度规格，比如用于密封的气体。这样的气体可以由基于 PSA 或膜的氮气工厂提供。不过，必须注意排放气体的处理。如果密封气体中含有一些氧气(通常是主要污染物)，将其排放到火炬或挥发性有机物回收中是不明智的。

### 23.7.3　典型的氮气供应流程

设施中最常见的氮气供应是由散装液氮的蒸发提供。图 23-19 为常用的液氮汽化器系统的主要部件。两种液体供应方式如下：

1）现场储液罐。在该系统中安装了一个大型现场低温储罐。罐体通常是双壁和保冷的，以防止外部受热。蒸发微量的液体可使剩余的液体冷却，蒸发损失通常约为 1%。一小段液氮通过加热盘管，加热盘管吸取空气中的热量，使液体变成气体。气体在大约 125~200psig (8.5~13.8 barg)和环境温度下通过氮气管网分配到装置使用。流程中设有止回装置，防止储存液体受到污染。储罐和蒸发器通常由液氮供应商拥有和维护。

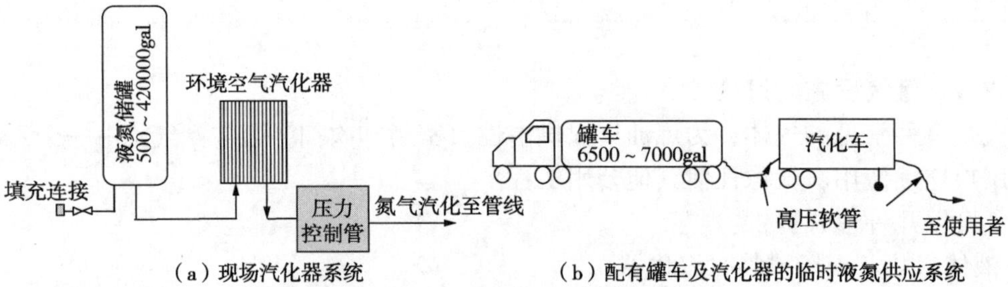


（a）现场汽化器系统　　（b）配有罐车及汽化器的临时液氮供应系统

图 23-19　典型的散装液氮供应方案

2）临时拖车和汽化器。氮气销售商可以用自己的液氮拖车和汽化器供气。这在停工检修期间比较常见，因为这时需要大量的氮气进行吹扫与氮气保护。完整的液氮牵引车-拖车连接到汽化器卡车。在汽化器卡车里，一个丙烷燃烧加热器加热通常是油或乙二醇溶液的循环液体，然后循环液体使氮气汽化。该系统可在高温高压下提供液态或气态氮，压力可达 10000psi(690bar)。必须注意避免工艺设备增压过高或未汽化的液氮进入系统造成脆性断裂。供应商擅于处理这些问题。

利用变压吸附和膜分离的现场制氮也是一种选择。工业气体供应商可提供成套工艺。这些过程的简化流程框图如图 23-20 所示。由此获得的氮气往往纯度较低，但是通过增加成本也可以获得高纯度的氮气。

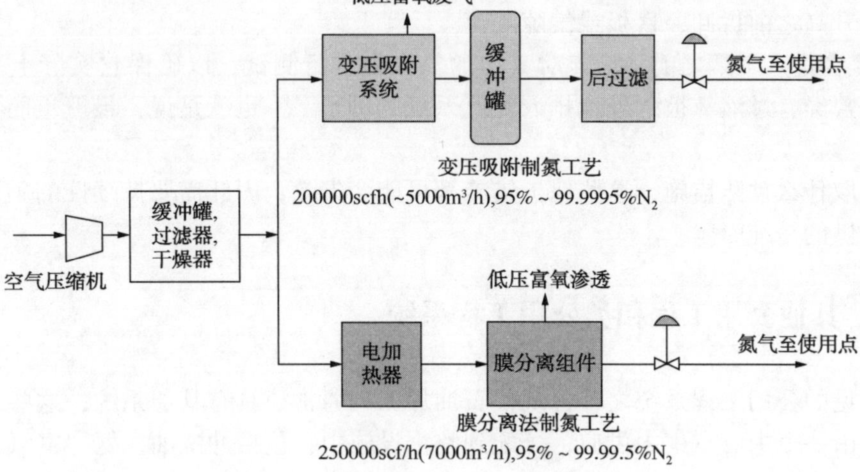


图 23-20　现场非低温氮气制备流程

### 23.7.4　防止氮气系统污染

如果在一个轮班中氮气吹扫一个容器都没有成功，反而发现工厂供氮系统被碳氢化合物或氢污染，这个感觉是非常糟糕的。现在你必须尽快找到一个干净的氮源。

也出现过有人错把氮气管网当作工厂空气管网接入。当这样的管线进入建筑物或封闭空间时，会有窒息的危险。

至关重要的是，氮气公用工程系统应受到保护，免受外来物质的污染，并不得用于除其预期用途之外的其他用途。为防止污染和未经授权/不安全使用氮气，普遍做法的具体步骤如下：

1）氮气分布站点与常用的公用工程站分开，并有明显标志。

2）氮气站点采用一个特定的氮气接管配件（与空气的接管配件不同）。氮的接管配件通常采用点焊方式，防止管道脱落。

3）当与公用工程站点的氮气接管连接时，只能用专门的带有氮气接管配件的氮气软管。

4）在每个用户与氮气的连接处，使用一种特殊的止回阀组。图 23-21 是阀组的实例。每个公司和工厂对于氮气阀组都有自己的标准。

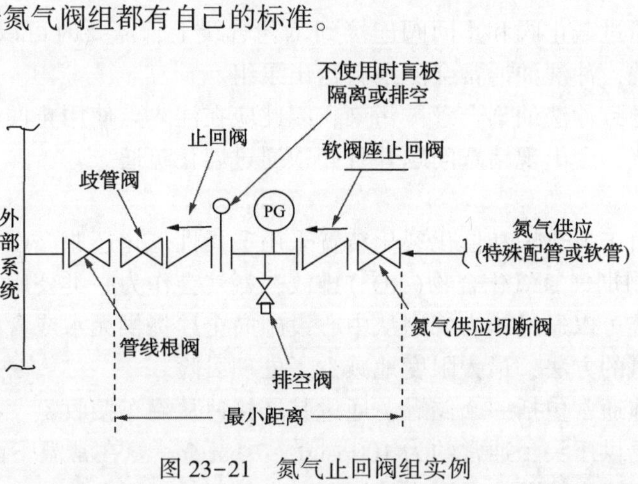


图 23-21　氮气止回阀组实例

5）除永久性吹扫连接外，所有连接到流程或任何其他外部系统的氮气连接都要在外部系统的压力升高之前拆卸、盲板或气隙隔离。

6）液氮在进入工厂之前，应该对其中的氧含量进行测试，以确保它实际上是氮而不会出现混乱。曾经有过液氧被意外地排入氮气系统的例子——也就是说，最严重的污染也不过如此。

不管采取什么预防措施，这些保护措施都可能会失效，因此需要持续性的关注，以确保氮气管网提供的是纯氮。

## 23.8 其他公用工程和类公用工程系统

除了常见的公用工程系统之外，现代石油加工厂通常还具有其他系统，这些系统与公用工程相同，由一个中心点集中供应，分配到整个设施中，包括冲洗油、氨、富氧、氢气、碱液、胺液。

在工艺设施中通常还存在若干系统，在整个设施中收集废水、排水和其他流体并将它们统一在中心设施进行处置。这些系统包括：工艺或含油污水管道、雨水管道、化学水管道、污油排放及回收。

在本节中，我们将描述每个系统的功能和特性。这里的讨论不会像之前的公用工程讨论那样详细，但这些系统对于炼油厂或石油化工厂的运营至关重要，在综合性的讨论中不应忽视。

### 23.8.1 冲洗油

加工重油、减压渣油或高倾点焦油的炼油厂通常会在关键位置提供冲洗油。冲洗油通常是直馏柴油或轻循环油。在非常寒冷的气候中，冲洗油可能处于煤油馏程。

例如，冲洗油可用于稀释或切割重油，必要时将其从设备中置换出来。当泵输送介质太重而无法实现可靠的密封冲洗时，它也可用于冲洗重油泵上的密封件。

在冲洗油系统中，油在50~100psig(3.5~7bar)的压力下被压入一个集管中，并可能被加热。这一集管通常能提供100~200gal/min(370~750L/min) - 大约2in的供应集管。用户可以根据需要从中取用。

冲洗油通常会通过截止阀和止回阀连接到工艺管线上，需要时可以投用。一些情况下，例如连续泵密封冲洗，冲洗油通常会随泵料送出泵组。

由于重油回流导致冲洗油集合管被污染，因此应在注入点使用止回阀以降低风险。如果重油进入冲洗油系统，会出现堵塞问题并且必须通过熔化疏通。

### 23.8.2 氨

在一些设施中由于加热炉和催化裂化装置采用选择性催化还原(SCR)技术和非催化还原(NCR)技术用于控制烟气氮氧化合物($NO_x$)排放，氨气会作为一类公用工程，分配到全厂的还原装置。这些系统可以通过压力管网从中心设施向全厂提供无水或含水氨。这种在一个地方集中卸载和处理氨的方法，最大限度地减少了处理风险。

中央氨处理设施通常包括一个储罐，通过其连接口从罐车接收氨。有一个加压泵从罐中吸出氨，并为系统提供压头，通常约为100psig( ~7 barg)。氨在常温下配送。用于这种场合的泵通常是容积式泵或齿轮泵，在压力控制下富余的流量溢回到储罐中。泵有备用。

氨从中央系统直接输送到每个用户的雾化器或喷射器，而不是通过公用工程站点的方式。

氨系统有如下几个特征，若处理得当将会防止很多问题：

1）如果氨用于 $NO_x$ 还原，请确保采用适合 SCR 的牌号。有更便宜的牌号和更昂贵的牌号。较便宜的牌号含有较多的杂质，而昂贵的牌号对于此过程是不必要的。

2）氨可能含有少量的油、油脂和其他污染物。吸入管路需要高于储罐底部死区，才能避免吸入沉淀在底部的淤泥污染物。需要定期将淤泥从储罐中抽出。

3）氨水会对碳钢有腐蚀。这可能是由于使用未除盐的水进行混合，或氨和去离子水形成络合铁。在任何情况下，如果分配集管是碳钢材质的，则氨必须在每个用户处进行精细(亚微米)过滤。过滤后的管道应全部为不锈钢。在送往用户的氨管网都使用不锈钢当然很好，但花费巨大。

4）在汽化器中，由于要完全蒸发氨，因此氨中的铁和其他物质会积聚成硬沉积物。这对于氨水尤其明显，需监测汽化器中的压力降并计划定期清洁它们。喷雾式汽化器比填充式汽化器堵塞少。在紧急情况下，临时性的汽化器可以很容易地设置，即将无水氨瓶和工厂空气直接连接到 SCR 供应集管中进行混合。在“石油加工中的环境控制和工程”一节中，有关于 SCR 系统的更多讨论。

5）需要考虑氨储罐安全阀的排放目的地以及罐排液或排气的目的地。将氨排至火炬中通常导致 $NO_x$ 超标排放和/或氨盐堵塞。将排气和排液引至附近的专用烟囱并不罕见，其中氨被喷水吸收后被送到下水道。

6）避免在没有大量水冲洗的情况下将氨排放到露天平台上。氨非常容易对操作人员产生致命威胁。

7）在氨存储设施周围需要设置二级防护，以管理泄漏。

因此，如果工厂中有大量控制氮氧化物排放的系统，那么建立一个氨公用工程会是一个切实可行的方案，可缓解多个运送点和运输泵所造成的风险和问题。

### 23.8.3 富氧供应

许多设施选择使用氧富集来脱除硫回收单元和催化裂化装置的瓶颈。在这些过程中，用于燃烧的空气可以通过注入一定量的纯氧或接近纯氧的气体得到增强。这就如同增加了燃烧空气鼓风机的尺寸，但是避免了新增风机的投资。当然，这种做法受到系统中的温度的限制。

在富集 $O_2$ 的设施中，会设置氧公用工程集合管。它也可能只设置于 $O_2$ 的局部用户处。氧气只配送给特定用户，它不是全厂的公用工程。

供氧的方案与供氮的类似：带有汽化器的液氧、PSA 氧气(可能是来自产氮单元的尾气)、膜氧(可能是产氮单元的渗透物)。

氧气处理会增加火灾风险，因为它可能接触碳氢化合物、氢气、氨气或其他可燃物，这些需要专门的管理。

### 23.8.4 氢气分配

由于加氢处理在满足当今燃料标准中的重要性，在许多炼油厂中氢作为公用工程通过一个或多个集管进行分配。本书中的“石油加工中的氢气生产和管理”一章对此系统进行了详细讨论。

### 23.8.5 碱液

氢氧化钠溶液或碱液可用于石油加工厂的许多单元中。在许多情况下，它被接收到一个中心设施中，然后像公用工程一样输送给各个用户，以最大限度地减少批量处理风险。

苛性碱通常以约50%溶液的形式接收，可以直接发送给一些用户。在该浓度下，苛性碱在58℉(14℃)下冻结。输送50%苛性碱的管线需要电保温或冷却水保温，以避免在许多气候下冻结。

50%的苛性碱可以稀释至19%，这是共晶点的浓度，在18℉(-28℃)下凝固。19%的苛性碱可以放心地保存而不用太关心结冻的问题。稀释可以使用凝结水或其他清洁水以间歇模式进行，这是因为它被稀释时会释放大量热量，在溶解过程中有必要进行外部冷却。或者缓慢地进行稀释以使热量有时间消散。采用稀释水直接注入的储罐可以设置带有冷却器的循环回路。碱液系统需要止回保护以避免污染水源。它还应该确保注水线在使用后进行隔离，以避免无意中将水泄漏到罐中可能产生的高温。

碱液储存设施应采用二级防护等级，以管理泄漏、防止地下水污染。

碱液将仅配送给厂中的特定用户。

### 23.8.6 硫酸

与苛性钠一样，硫酸也用于工厂中的许多单元。当然，硫酸烷基化装置将是主要用户，但它通常会有自己的专用酸供应。更常见的是，在冷却塔中使用酸来控制pH值。在某些设施中，它从中央设施(通常是硫酸烷基化装置)通过集合管定期供应给各个用户的日间储罐。这最大限度地减少了处理大量酸的危险和风险，这非常重要。

所有硫酸储罐和泵送设施周围设施按照二级防护等级以管理泄漏，防止地下水污染。

而且，与苛性碱一样，浓硫酸的凝点高达约50℉。这意味着硫酸分配集管需要伴热和保温，但必须控制伴热温度以避免快速腐蚀。通常情况下，碳钢管线对硫酸来说还好，但是，如果碳钢硫酸管线是蒸汽伴热的，只需要持续几分钟到几个小时就会被腐蚀。60~70℉的电伴热和用冷却水伴热是常用的处理措施。

硫酸管线还需要进行保温，以保护免受过多的环境温度影响。冷却水伴热也有助于此。并且，必须保护硫酸免受意外的水稀释，因为稀释时会产生非常高的温度。

### 23.8.7 胺分配

很多装置都具有中心胺液再生，其中贫胺液在整个工厂中输送，富胺液返回中心装置。胺专门被送到特定用户，而不是通过公用工程站点配送。

关于集中胺设施的讨论参见本书“炼油厂气体处理过程”一章。

### 23.8.8 下水系统

石油加工设施通常具有三种类型的下水系统，以收集排液、吹扫、冲洗或以其他方式排放的含水流体和装置内的降水。最常见的系统是：工艺或含油污水管道、雨水管道、化学水管道、生活水管道。以下讨论提供了设计和操作这些下水系统的一些考虑因素。

(1) 工艺或含油污水管道(OWS)

大多数石油加工厂都有工艺或含油污水管道(OWS)作为装置的主要下水系统。这些下水道接受来自无数来源排出的液体，这些液体可能被油或其他过程流体污染。

这些下水道位于地下，并将收集的液体输送到污水处理厂。

图23-22为厂内含油污水下水道示意图。

该过程含油污水下水道的一些关键设计和操作考虑因素是：

1）必须管理好下水道的排水管，以避免扰乱污水处理设施。例如，将大量苏打水溶液排放到含油污水管道，然后进入污水处理厂(POTW)的污水管道，最终将导致污水处理设施中的pH值变化。如果将大量硫酸倾倒入下水道，情况也是如此。在酸的情况下，除了pH值问题之外，酸还将在处理设施中引起腐蚀。这些将是潜在的违规行为。

2）如果设施有生物处理装置，那么该装置尤其会受到pH值变化、氯气或漂白剂、处理冷却水的杀菌剂、酚类、重金属和许多其他类型污染物的严重影响。这些微生物会习惯于含污染物的环境，并且通常不会对大变化做出很好的反应。而细菌的死亡需要大量时间进行修复。

3）在许多设施中，特别是在美国，必须控制含油污水管道VOC排放，如图23-22所示。这通常通过带有水封的密封水箱与含油污水管道连接，需要时可以打开密封水箱进行检查。经过水封后的下水地井和检修孔也与大气密封，但它们必须排放到大气中才能工作。为了确保封闭的下水道流动，在密封水箱中和每个含油污水管道的末端，通常通过阻火器和活性炭罐通向高点排放。

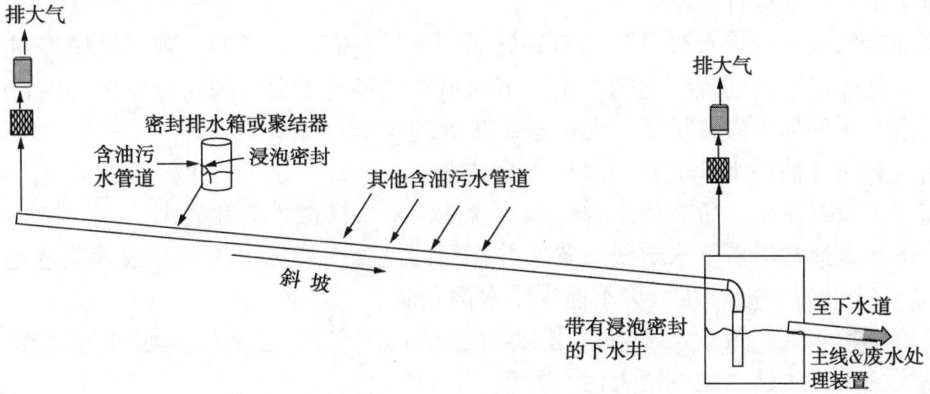


图23-22　含油污水下水道示意图

4）通常含油污水水箱位置高于主下水道水位，这样它们只收集含油污水，而雨水则直接收集到主下水道中。当然，如果含油污水管道溢出，溢出的污水将会进入雨水管道，那么该雨水管道的设计必须能应对此问题。更多关于的信息请见“雨水管道”一节。

5）排放到含油污水管道的介质通常非常热，例如当反应器用蒸汽吹扫或锅炉通过闪蒸罐进行排污时。下水道需要能够应对高温。通常，地下管线的设计温度约为160℉(70℃)。在一些情况下，一股较冷的流体，如工厂水或冷却水排污，可以与热流体一起冲入下水道以降低温度。

6）含油污水管道的坡度必须足够。通常，含油污水管道的斜率为几cm/m，排液斜坡通常朝向污水处理设施。

7）含有沉积物的流体严禁引入含油污水管道，如熔融硫黄之类的东西。

8）不得将高蒸气压的碳氢化合物、氢气、硫化氢和其他轻质可燃物或有毒气体送至含油污水下水道。应将它们送至闪蒸罐，并且只有闪蒸罐出来的排水管可以引入含油污水管道。

9）水封管或地下密封罐在该系统中是很重要的，因为它们可以作为防止可燃和爆炸气体通过下水道传播的手段。

10）含油污水管道通常是单层钢管。较老的含油污水管道采用的是玻璃陶瓷纤维甚至是红木防腐。一些地方可能要求含油污水管道采用双管，并进行泄漏检测。

（2）雨水管道

对于降水事件，装置必须能够处理大量的水。任何其他下水道流量与雨水流量相比都小得多。通常要设置个单独的雨水管道，以尽量减少污水处理厂处理的污染水量。

雨水管道通常与含油污水管道平行。雨水管道比含油污水管道要大得多，以处理大流量。除了雨水之外，这些地下排水管的尺寸还必须考虑其他汇入流股的影响。

值得注意的是，雨水管道的容量设计需要考虑到紧急情况下消防水负荷。这种负荷很容易超过雨水负荷。装置雨下水道的可以处理约1100~2700$m^3/h$的消防水或根据消防系统的能力要求调整装置雨水管道的处理量。这些水将含有油、固体、碎屑、阻燃剂、化学药剂和泡沫，所有这些都必须通过污水处理进行管理。

通常，在确定雨水管道的大小时，不会同时考虑雨水流量和消防负荷，其中较大的一项负荷决定了下水道的设计大小。

将含油污水管道和雨水管分开是有好处的。如果它们是分开的，则开始捕集到的雨水可以经过污水处理厂进行处理。之后，由于下水道系统经过了雨水的充分冲洗，剩余的雨水通常可以绕过污水处理厂直接排放，无需进一步处理。

然而，有时含油污水管道和雨水管道是结合在一起的。这可能更经济，但这意味着水之间的处理要求没有差别。所有雨水都必须像含油污水一样被拦截和处理。

雨水下水道通常沿着下水道线布置，并在局部设置露天排水沟和开放式集水池（带有水封）组成。一个装置一般有几个集水池、排水沟和侧井。

侧井流至集水池，每条水线用料腿水封（或液面下入口）密封。集水池连接在一起，形成越来越大的水管线路，最终汇入污水处理厂（WWTP）。

在一些低点地区，可能有一个集水池，雨水被拦截并通过泵送到污水处理厂。通常，在设备设施容量范围内，污水处理厂的入口水池和水箱允许雨水在设备容量内按照可控的流量通过油水分离器和其他设施进行处理。当超过允许的处理量时，多余的雨水溢出或转移到一个或多个大型储水池中。然后，当容量允许时，它将被送回到污水处理厂流程中。

如上所述，一些工厂允许在一定量的降雨后直接排放未污染的雨水。在这些工厂中，潜在清洁的雨水将从污水处理设施转移到清洁的水池中。通常在排放之前检查潜在的污染物。

与含油污水管道一样，在该系统中设置多个料腿水封管或密封罐是重要的，可防止可燃气体和爆炸气通过下水道传播。

雨水管道通常是单管系统，即它们通常不需要任何双重防护。然而，雨水储水池通常是双层密封的塑料材质。

（3）化学水管道

化学水管道存在于许多装置中。这些设计用于接受相对清洁的排出液，该排出液主要含有特定的化学物质，可以收集和再利用或送去处置。这些物质不能进入含油污水管道，当然也不能进入雨水管道。

例如，化学下水道通常可在一个厂内用于胺液。胺循环系统中的正常排污、泵排污、设备排污、采样器等都被收集在储罐或桶中，以定期用泵送回系统中。回收罐通常位于地下，因此化学水可以通过重力流入储罐。通向储罐的化学水管道通常是套管，并且地下罐也可以是双壁的。在管壁之间设置泄漏检测点。立式泵将溶液从罐中抽出并将其输送回过程中。化学水管道也可用于以检维修为目的的容器排空，以回收高价值的溶液。

化学水罐通常是封闭的，或者将管道直接连接到化学水管道。下水管线可以在安全位置处向大气放空，或者可以从地下罐提供压力平衡线回到下水道管线的末端。这些系统也可以在轻微压力下用惰性气体吹扫或密封。

必须注意避免污染化学污水管。如果被污染，必须将储罐内物质送去处理并清洁系统。例如，如果油进入胺下水道就会出现这种情况，因为油会引起发泡。

通常，放置储罐的地下池顶部与大气相连，其顶部边缘通常高出地面0.15~0.3m，以避免其成为区域集水池，但仍会收集一些雨水。地下池有一个通常处于关闭状态的排水管。当收集雨水时，收集的水会手动排放到含油污水管道，排水后排水阀立即关闭。

(4) 生活水管道

生活水管道通常是玻璃纤维管道或塑料管道，其将厕所废物从厂区运送到生活污水处理厂。它们通过地下管道(有的有提升池)输送到近处污水处理厂或远处的公共污水处理厂。生活污水下水道的安装取决于当地的市政法规，必须注意避免污染生活污水下水道。反而言之，除非专门设计用于处理厕所废物，否则需要避免将生活污水送到其他下水道系统。

**23.8.9 污油及油回收**

工厂中有几个地方需要除去油、乳液、油性水等，但它不属于下水道。这通常是因为所涉及的油量远远大于污水处理系统能够或应该处理的油量。对于这些情况，可以通过污油系统或油回收系统来处理。

污油的来源包括：不合规格的产品；取样前冲洗油；从污水和闪蒸罐中撇去的油；在火炬桶中收集的油；容器和其他设备检修时从中移出的油；主要成分为油的平衡容器式液位仪排污；压缩机；泵等排液；来自电脱盐或其他过程的乳液；基本上任何主要是油的东西。

污油通常在源头处收集，并被送至污油罐区。通常会设置用于缓冲、中转和分离水的中间罐，最终这些都汇集到一个或多个污油池或油回收罐中。

油从污油池/油回收罐送回装置中合适的单元。通常，清洁度高的油被送到原油装置并重新加工。如果油很重或含有其他不利的组分，会进入延迟焦化装置，在焦化装置运行期间可以将其注入焦炭塔中。

乳液是一个特殊的问题，它们可以被送到单独的破乳罐中。破乳罐通常配备有良好的混合和循环返混设备、注入的破乳化学药剂以及外部的循环蒸汽加热器。破乳罐的运行受到严格控制，使其能处理产生的任何乳液。通常，工艺化学药剂供应商与厂方人员一起工作，以确保破乳系统工作。

一旦乳液分离，油就会进入油回收罐中，水会送至酸性水系统。在破乳槽中始终有残留的固体或絮状物在不断积累，直到罐停运以进行清洗。通常需要设置多个吸入点，使其高度始终保持在污泥之上。与其他罐相比，破乳剂罐需要更频繁的清洁，因此它们的尺寸通常相对较小。

炼油厂产生的污油率不应超过原油总加工量的1%。通过关注现场排油与采样的工作流程及其控制，污油率可以大大降低。

在本文中，只能粗略地描绘污油和油回收设施的情况，因为这些还要看工厂所采用的工艺技术和装置管理水平。

## 23.9 防止公用工程系统污染的实践总结

作为对公用工程讨论的总结，我们应该再次强调避免这些关键系统受到污染的重要性：

1）工厂用水、空气、冲洗油、蒸汽和几乎任何其他设施只能通过止回系统连接到工艺或外部系统。止回系统包括双截止阀及排气阀、一个止回阀和一个盲板。在这种情况下，外部系统包括与其他公用工程的连接。在这些管路使用后或在外部系统升压至公用工程系统压力之前，它们应当被及时拆除或用盲板隔离。

2）饮用水与城市供水与外部系统连接时，必须采用得到规范认证的带有排气口的止回设施。

3）氮气与其他系统的连接需要特殊的防串预防和管理，保证在任何条件下外部系统都不能混入氮气。

4）公用工程在不使用时要使用气隙隔离。

5）在将公用工程系统与外部系统相连通之前进行确认。

尽管采取了预防措施，但公用工程系统仍会受到污染。因此应当监控系统中是否存在潜在污染，并在问题严重之前对其进行处理。

## 23.10 结论

这里我们完成了关于石油加工中公用工程的讨论，这里简要介绍的每个主题都有无数的相关文章和书籍。

在遇到问题之前，这些公用工程会被习惯性地忽略。然后当公用工程出现问题时，这就成为了工厂中最重要的事情，直到问题得到解决。实现可靠性强、无故障、经济实用的公用工程的关键是：

1）强调可靠性的良好公用工程设计实践。

2）对问题进行日常监测，并采取及时行动。

3）操作人员和员工的培训。

4）常规预防性维护。

5）良好的公用工程管理。

6）关注防止污染。

遵循以上关键点，就能保证公用工程安全可靠地运行，从而把自身的主要精力放在装置的正常运行上。

## 参考文献

R.C. Andrade et al., (Drew Chemical Corp., 1983), Controlling boiler carryover. Chem. Eng. 51–53 (1983)

J. Colanniono (Colannino Consultants, 1993), Prevent boiler tube failures, Parts 1 and 2. Chem. Eng. Prog. 33–36 (Oct 1993); 73–76 (Nov 1993)

S.T. Costa, (Calgon Corp., 1994), Bulletin: Factors affecting the selection of an industrial boiler water treatment program. Bulletin. 10–327 (1994)

L. Huchler, (MarTech Systems, 2000), Basics of boiler water chemical treatment, Hydrocarb. Process. 20, 87 (2000)

B. Liptak, (Bela G. Liptak Associates, 1987), Improving boiler efficiency. Chem. Eng. 49–60 (1987)

B. Buecker, (CEDA, Inc., 2000), Control water chemistry in HRSGs. Chem. Eng. Prog. **9**, 55–61 (2000)

F. Caplan, Quick calculation of cooling tower blowdown and makeup. Chem. Eng. 10 (1975)

Corrosion Doctors, Item: Scaling Indices. www.corrosion-doctors.org. Accessed 9 Feb 2014

S.T. Costa, (Calgon Corp., 1994), Bulletin: Factors affecting the selection of an industrial boiler water treatment program. Calgon Bull. 10–327 (1994)

R.H.L. Howe, R.C. Howe, (Eli Lilly & Co., 1981), Combining indexes for cooling water evaluation. Chem. Eng. 157–158 (1981)

L.A. Huchler, (MarTech Systems, Inc., 1998), Select the best boiler-water chemical treatment program. Chem. Eng. Prog. **11**, 45–50 (1998)

L.A. Huchler, Can you reduce your cooling tower blowdown rate? Hydrocarb. Process. 100, 121 (2000a)

L.A. Huchler, Whatever happened to deaerator cracking? Hydrocarb. Process. 131 (2000b)

L.A. Huchler, What about Legionella in industrial cooling towers? Hydrocarb. Process. 115 (2000c)

L.A. Huchler, Basics of boiler water chemical treatment. Hydrocarb. Process. 20, 87 (2000d)

L.A. Huchler, Basic cooling water treatment. Hydrocarb. Process. 123 (2001a)

L.A. Huchler, What do scaling indices mean? Hydrocarb. Process. 167 (2001b)

L.A. Huchler, Oxidizing biocides: How about chlorine? Hydrocarb. Process. 181 (2001c)

L.A. Huchler, (MarTech Systems, Inc., 2009), Cooling towers, Part 1: Siting, selecting, and sizing. Chem. Eng. Prog. 51–54 (2009a)

L.A. Huchler, (MarTech Systems, Inc., 2009), Cooling towers, Part 2: Operating, monitoring, and maintaining. Chem. Eng. Prog. 38–41 (2009b)

F.N. Kemmer, J. McCallion (eds.), (Nalco Chemical Co., 1979), *The Nalco Water Handbook* (McGraw-Hill Book, New York, 1979)

Lenntech website, Boiler feed water, www.lenntech.com. Accessed 11 Feb 2014

Lenntech website, WHO's drinking water standards 1993 (1993). www.lenntech.com. Accessed 11 Feb 2014

Lenntech website, WHO/EU drinking water standards comparative table. www.lenntech.com. Accessed 11 Feb 2014

J.R. Macdonald, (Nalco Chemical Co., 1987), Choosing the correct cooling water program. Chem. Eng. 135–137 (1987)

H.K. Miyamoto, (MacLaren Plansearch), M.D. Silbert (Marvin Silbert & Assoc.), A new approach to the Langelier stability index. Chem. Eng. 89–92 (1986)

Multiple authors (Nalco Chemical Co. & ABB Lummus Global, 2001), Cooling towers. Chem. Eng. Prog. 29–41 (2001)

Nalco Chemical Company, Bulletin: An introduction to boiler feedwater treatment. Bulletin. 30 (1978)

Nalco Chemical Company, Technifax bulletin: Boiler system sampling. (1984)

P.R. Puckorius, (Puckorius & Assoc., Inc., 2013), Selecting the optimal cooling tower fill. Chem. Eng. Prog. 31–34 (2013)

W.J. Scott, (Hercules, Inc., 1982), Handling cooling water systems during a low pH excursion. Chem. Eng. 21–126 (1982)

S.D. Straus et al., Boiler water treatment for low and moderate-pressure plants. Power **30**, S-1–S-16 (1987)

U.S. EPA, Bulletin: National primary drinking water regulations. Bulletin EPA 816-F-09-0004, May 2009

U.S. FDA, Item: Flow diagram of a reverse osmosis system. www.fda.gov. Accessed 9 Feb 2014

Wikimedia.org, Photo: Cooling tower. www.commons.wikimedia.org. Accessed 2014

P. Zisson, (Buckman Labs. Intl., 1997), Chemically treating boilers. Chem. Process. 9 (1997)

B.D. Bullough, (Sebesta Blomberg & Assoc.), Piping design of instrument air distribution systems

Chere Resources, Instrument air consumption – preliminary estimates. www.chereresources.com. Accessed Feb 2014

Instrumentation Portal, Instrument air consumption calculation. (2011). http://instrumentationportal.com. Accessed Feb 2014

T. Brown, J.L. Cadick, (Electro Technology Laboratories, Inc., 1979), Fundamentals of electricity. Chem. Eng. 72–76 (1979)

Cleaver Brooks Div. of Aqua-Chem, Inc. Bulletin: How to read schematic wiring diagrams. (1974)

V. Ganapathy, (ABCO Industries, 1997), Efficiently generate steam from cogeneration plants. Chem. Eng. 187–190 (1997)

Air Products, *Safety Bulletin: Liquid Nitrogen*. Air Products, Safetygram 7 (2013)

Grasys, Item: Membrane nitrogen plants and packages. (2014). www.graysys.com. Accessed Feb 2014

S. Ivanova, R. Lewis (Air Products, 2012), Producing nitrogen via pressure swing adsorption. Chem. Eng. Prog. 38–42 (2012)

R.L. Lewis, D.J. Stookey, (Permea, Inc., 1992), Pressure-swing adsorbers and membrane systems: Alternative nitrogen sources. Chem. Process. 41–46 (1992)

S. Shelley, Out of thin air. Chem. Eng. 30–39 (1991)

# 第 24 章　石油加工中的场外设施

## 24.1　引言

在大多数炼油厂，场外设施是主要的投资成本中心，仅次于加工装置本身。事实上，在某些情况下，场外包括一个或多个复杂的码头，它们是主要的投资成本中心。

大多数炼油厂的主要场外设施包括：储存设施；油品调和；公路和铁路装载；码头设施；废物处理；废水处理。

许多炼油厂认为火炬是安全系统的一部分。在很大程度上，这是合理的，因为大多数工艺及其他排气系统的安全阀均排放到火炬。然而，就本书而言，火炬系统被视为场外设施的一部分，特别作为废物处理方面的内容进行讨论。

我们将在本章中更详细地探讨各种类型的设施。

## 24.2　储存设施

原油进料和加工产品存储在各种尺寸和类型的储罐中。这些储罐通常集中在炼油厂区域，并被恰当地定义为“罐区”。还有其他比罐区罐容小得多的储罐，其中包括工艺化学剂储罐以及工艺和公用设施中的污油/回收油或化学废剂储罐。大多数炼油厂将储罐分为以下三类：常压储罐；压力储罐；高温储罐。

### 24.2.1　常压储罐

顾名思义，所有的常压储罐都是敞口的，或通过一个气相控制系统维持在大气压力下。这类储罐分为两类：锥顶罐和浮顶罐。

(1) 锥顶罐

锥顶罐是最常见的常压储罐，如图 24-1 所示。锥顶罐用于储存挥发性较低的无毒液体。最简单的形式是罐顶设置有一个与大气联通的通气口，当罐进行装卸时，用于罐的“呼吸”。罐顶设置取样口，用于对罐内物品进行取样。在石油炼制过程中，这类储罐用于储存汽油、柴油、轻质燃料油和轻质润滑油(如锭子油)。

根据企业的消防要求，装有易燃介质的储罐应配备泡沫和消防水喷淋，这些喷头位于罐顶周围。所有装有易燃介质和可能造成环境破坏的介质的储罐都装在筑堤区或围堰内。围堰的大小和体积由相关规范决定。通常，围堰必须可以容纳一个储罐的总容量。每个围堰内的油罐数量也有相关规定。

许多物质需要避免与氧气接触。通常在锥顶罐中使用惰性气体作密封介质或隔离系统。罐顶压力使用非常灵敏的控制系统进行严格控制，使罐顶压力保持在+0.5~+2.0 英寸水柱

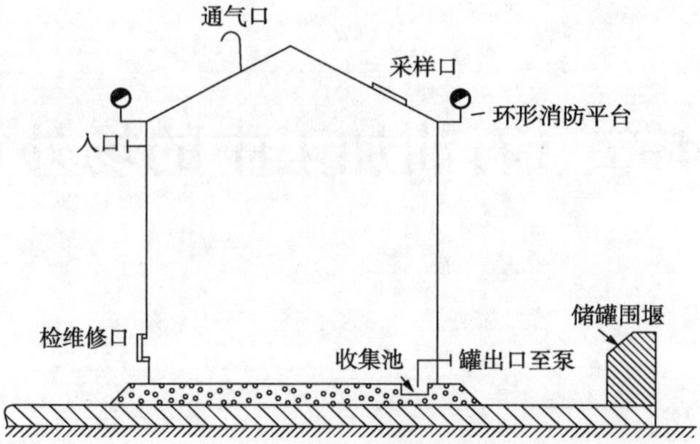


图 24-1　锥顶罐

的范围内。惰性气体(通常采用天然气或氮气)在罐顶压力低时补压进入，在罐顶压力高时排出。排出的气体进入罐顶气回收系统，为避免泄漏，一般通过小型液环式压缩机或类似设备抽出。系统使用特殊的控制阀或调节器。如果气密系统发生故障或罐内藏量变化速度超过气密系统调节能力，储罐还设置有定压和真空的安全泄放口。图 24-2 介绍了锥顶罐罐顶气密控制系统。注意，密封气体入口与出口布置在相对的位置，有助于确保惰性气体能很好地覆盖储罐气相空间。

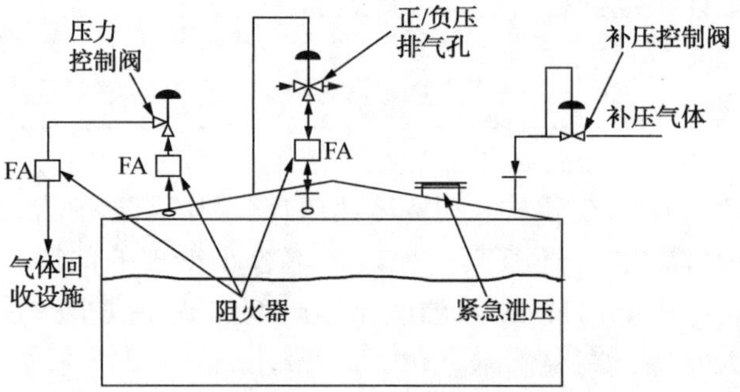


图 24-2　罐顶密封气体或隔离系统

(2) 浮顶罐

易挥发性轻油也可以通过使用“浮顶”罐在常压下储存。浮顶罐结构图见图 24-3，这个罐的顶部实际上是浮在罐内液体的表面。这样，液体上方的气相空间最少，几乎没有，从而将液体蒸发量降至最低。

内浮盘是专门为浮顶罐而设计的，通常包含上盘板和下盘板，由钢结构固定在一起。这种结构还为罐顶结构提供强度和刚度。当液位上升、下降时，罐顶在罐壁内侧上下移动。罐顶边缘和罐壁之间的导辊协助罐顶的移动。位于浮顶周围的刮油环或金属环紧紧地压在罐壁上，以确保罐内介质和大气之间的主密封。主密封还为罐顶的移动和罐顶的稳定性提供了额外加持。

为进一步减少罐的泄漏，在许多地方，主密封由一个或多个二次密封完善。这些是由弹性材料(如橡胶)制成的管子，它们压在罐壁上，对主密封上的任何剩余间隙进行密封。

在一些储罐中，浮顶可能只是一块单一的罐顶钢板，周围有浮球，这被称为“浮盘”设

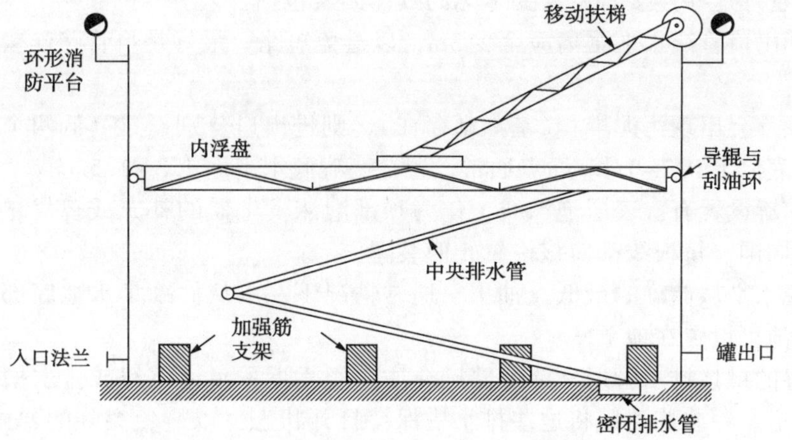


图 24-3 浮顶罐

计。此类浮顶罐的其他设计特点与上述类似。

当罐内的液体实际液位达到最低时，顶部结构将停留在罐底部的一组支柱上。当油箱为空时，这些部件提供罐顶支撑。罐顶和罐底之间有一个空间。这个在罐顶以下的空间需要设置用于填充和排空储罐的液体进口和出口喷嘴。该空间还足以实现罐的定期清洗和维护。

在许多浮顶罐中，维护支撑柱或支腿会随罐顶上下移动。它们在较低位置通过穿透罐顶固定住。这种设计的优点是，当罐被清空进行维护或切换时，罐顶几乎可以一直延伸到底部(或至少与内部构件一样低)，这就减少了需要处理的罐底油量，有效地减少污油。然后，为了维护，当水进入时，罐顶可以被水重新浮起到能使支腿复位以支撑罐顶的水平。维修后，顶盖用水重新浮起，将固定销拉出，将顶盖降至最低水平，将支腿重新固定，这样可以开始向罐中注油。

储罐内部设置有一根从罐顶到低于罐底位置的密封排水管，用于排除罐顶浮盘中的雨水。这些罐顶排水管可以采用通过旋转接头(如铰链)连接在一起的硬管，或者采用大直径的柔性盘管。灵活的排水管会随着罐顶移动而上下移动。

在罐顶平台上有一个浮桥式通道可以从罐边缘连到位于罐顶中心的采样口。这个“浮桥”也随着罐顶移动而上下移动。

所有浮顶罐上均设有自动排气口。当向空罐中注入介质时，浮顶下方的空气由此排出。当液位升得足够高，使罐顶脱离支撑物后，通风口自动关闭。同样地，当储罐被排空时，通风孔会在罐顶落在支撑物之前自动打开，从而防止罐内形成真空。

其他配件包括轮辋通风口、浮尺、防旋转装置和人孔。

这类储罐储存的液体具有相对较高的挥发性和蒸气压，如汽油、煤油、喷气燃料等。在炼油中，采用锥顶罐或浮顶罐之间的区别在于储存介质的“闪点”。闪点是指介质在有空气的情况下会燃烧或“闪燃”的温度。通常，这个闪点划分是在120℉。

(3) 喷嘴布置和位置考虑

大多数储罐与介质储存区有多个连接口。这些连接口的位置会影响储罐的运行。典型的连接包括：入口管线；出口管线；次表层泡沫管线；脱水管线；罐顶排水管(浮顶罐)；采样线(可连接到浮动比例仪)；低-低吸入管线；混合器；循环系统返回线；卡口式加热器；检维修通道。

在设计和管理这些连接时，需要考虑的具体因素包括：

1）入口和出口管线水平距离应至少 3m，以避免短路。最好是将管路连接到相距最远的油罐对面一侧。

2）如果预计会出现污泥堆积(基本都存在)，则进出口分别设置高低两个连接口。低点通常设置在罐底以上 0.7~1m。高点通常设置在高罐底水平面 1.3~1.5m。

3）许多储罐设置有次表层泡沫线，作为顶部泡沫发生器的补充或替代。它们需要均匀地分布在罐的周围，每根线都应该设置止回装置。

4）储罐脱水是从储罐的最低点抽出。通常情况下，水从储罐集水池底部抽出，在排空式储罐中集水池可设置在地下。

5）浮顶罐的罐顶排水管通常穿过储罐介质，经靠近下水道枢纽或排水槽的管壁喷嘴进入含油污水管道。一些炼油厂将这些排水槽保持打开状态，以避免突降的暴雨使罐顶下沉。其他炼油厂则考虑到罐顶排水管(很常见)接头或管道可能存在泄漏，导致油进入下水道或逸散到大气中。每个厂有自己的经验进行操作。

6）储罐通常在管壁外设置有多个取样口，或与浮在介质上的比例尺相连，从而便于获取储罐顶部、中间、底部和底部死区的样品。针对破乳剂罐而言，通常在储罐侧壁上每 0.3m 有一个取样口，帮助确定罐内油水界面。不使用时，应保持储罐取样口处于阻塞状态。也有将所有的采样口都引到排水沟或水槽以方便采样。许多储罐通过在循环返回线上的采样口来采集样品，从而确保采样的准确性。

7）如果储罐必须经常更换介质或间歇运行时，通常会有一条低-低吸入管线。这条管线尽可能靠近储罐底部，甚至可能靠近储罐底部的集水池。它可以使储罐几乎完全排空。泵在设计时必须考虑这种“零”有效汽蚀余量的情况。

8）如上所述，一些储罐会在罐壁上安装混合器，一般采用螺旋桨式或喷气喷嘴(含文丘里管)。混合器位置的选择和方向很重要。螺旋桨混合器通常通过填料压盖进入，这样的话必须做好维护工作。螺旋桨通常可以在罐内移动到不同的角度，以防止在一个区域出现淤积。由于混合器动作时会对管壁产生作用力，所以必须在安装机械混合器的管壁位置进行加固。

9）如果罐上设有循环系统，不论是为了加热或混合，均应返回至罐内吸入管另的一侧，从而保证有效的混合。

10）一些储罐中安装卡口式或盘管式加热器。它们通过靠近地面的罐壁插入。通常将加热元件封装在一个撬装内，从而在不需要清罐的情况下方便拆卸元件进行维护。有些储罐的蒸汽盘管安装在储罐底部。此时蒸汽入口和凝结水出口喷嘴通常彼此靠近。如果安装在罐内地面的蒸汽盘管泄漏，则必须等到储罐排干才可以维修。

11）大多数储罐在维修时都有一个大型检修通道。在非常大的储罐中，这个倾斜的通道足够大到可以驱动一个小型前端装载机通过。检修通道应指向油罐防护堤上最容易进入的地方，通常是通往堤坝的斜坡。这些通道在使用后往往难以密封。近年来，一些炼油厂选择取消检修通道，而是在需要维修的时候只在储罐上开一个检修孔，每次使用后再将检修孔重新焊接好。由于储罐的周转频率大约是 20 年，这是一个可以接受的方法。

(4) 储罐内构件

在前面的罐体讨论中已经描述了许多罐体内部结构，这里要记住的重点是大多数储罐并不是内部空置的，其包含的内构件有内部混合喷嘴(有时在使用过程中消失了)、文丘里混合管、螺旋桨或其他机械搅拌机、集水槽入口管、罐顶排水管、采样比例尺、采样延长管、排水管、入口延长管线、出口延长管线、浮顶支腿(锥形和浮顶)、排水槽、测量仪表、深筒式消力井。

一旦储罐封住，无法很容易地再对罐内构件进行检查。将每个构件进行拍照并将这些照片存档以供参考是一个很好的做法。每个内构件的照片上应附上每个内构件的功能、喷嘴编号、位置(角度)和高度。一旦储罐封人孔，很难再记起罐内的具体结构。

(5) 集水槽和排空式罐

储罐切换或更改产品规格时要求在引入新产品之前，尽可能将储罐内残余的尾料退干净。在大多数储罐中，通过保持较低液位、用新介质对储罐冲洗两到三次，可实现这一目的。但是这种方法有可能降低产品等级，并且不能完全消除原介质的干扰，还可能产生较多的污油。这种方法的有效性受到罐内构件、吸入管线高度、出口泵的汽蚀余量和罐内最少罐底油量的限制。

许多储罐的集水槽位于储罐的最低点。在产品切换过程中，集水槽有助于将储罐排至低液位，但也不能完全将罐抽空。集水槽的最大作用还是排除积存的水.

如今，许多储罐采用“排空式”设计。这种设计仅限应用于清洁介质。在排空式罐中，通过布置于地下的集液槽抽出口，基本可以将罐抽空。储罐可以抽低至只剩几英寸高的介质，较普通储罐剩2~4ft的罐底物低得多。

### 24.2.2 压力储罐

压力储罐的作用是防止或尽量减少汽化而造成的储罐内物质的损失。这类储罐的工作压力范围从几英寸的水柱到250psig不等。压力储罐有三种主要类型。这些是：

1) 低压罐：圆顶罐，工作压力在3in水柱~2.5psig之间。

2) 中压罐：半球状罐(压力在2.5~5.0psig之间)和球状罐(压力至15psig以下)。

3) 高压罐：一般分为带椭圆/半圆封头的卧式罐和球罐两种。这类储罐的工作压力在30~250psig之间。最大允许压力受储罐尺寸和规范要求的限制。对于1000bbl的球罐，最大压力为215psig。对于一个30000bbl的储罐，最大压力是50psig。如果储罐的应力可以缓解，储罐的设计压力限制可以增加。

虽然在需要时可以将物料储存在超过250psig的罐中，但是这种情况下低温储存通常是更好的选择。

### 24.2.3 高温储罐

高温油罐在石油工业中比较常见，主要用于储存在常温下流动困难的物料。在石油工业中，高温储罐主要用于储存比柴油重的物料，如重油、润滑油以及燃料油等。

一般来说，储罐是由浸入式加热盘管或卡口浸入式加热器加热的。尽管较小的或装有热敏材料的储罐可以用电加热，但由于炼厂蒸汽资源丰富，蒸汽成为使用最多的加热介质。由于浸入式加热器一旦泄漏存在一定风险，一些炼厂选用外部加热器循环加热的方式，且采用外部加热方便检修。

在使用浸入式加热时，罐内通常需要搅拌，对于大型储罐通常在旁边安装螺旋桨式搅拌器来搅拌。当储罐采用外循环加热时，罐内介质采用喷射混合方式混合，其中热回流是通过一个特殊设计的喷嘴进入储罐，如图24-4所示。

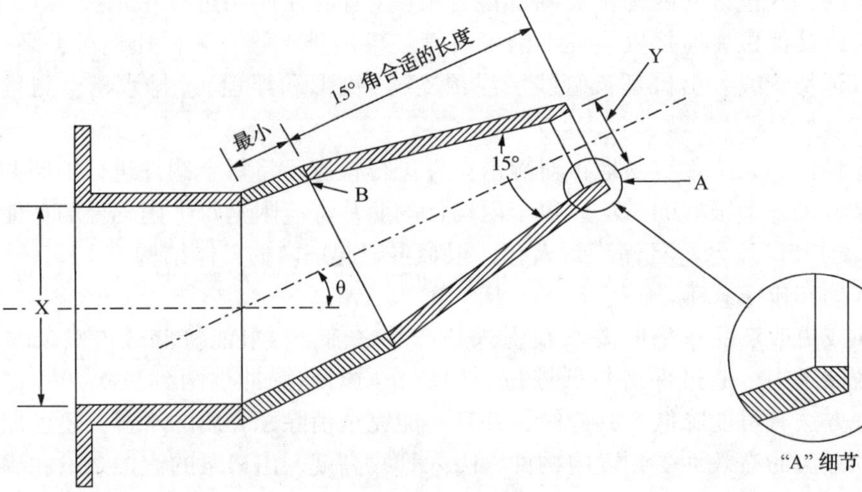


图 24-4 混合喷射喷嘴

为补偿热损失，热损失和加热器表面积的计算步骤见本章附录 1 和附录 2。

### 24.2.4 其他一些储罐管理和设计注意事项

储罐和罐区由于其特殊的设计需要相应的管理，包括储罐的操作以及维护和记录。每个炼油厂都有各自的操作及管理方法，总结要点如下：

1）当一个储罐建成后，使用前的第一个工作就是对储罐进行计量。这意味着向储罐中注入精确计量的水。储罐的容积每英寸或每两英寸记录一次，结果以计量表的形式公布(可以是电子版的)。这将在储罐的使用寿命期间使用，或直到再次计量为止。近年来，用激光方法计量储罐已成为可行的方法。无论采用哪种方法，采用经过温度校正的计量表都是最精确的罐内容积测量表。

2）通常，每个储罐至少每天手动测量一次。在某些情况下，可能会在一个班次期间被测量几次。所记录的读数将被视为公司的监管记录。测量通常涉及到行至每个储罐，并手动激活其测量装置以获取读数。在某些场合，测量时需要操作员到储罐顶部，使用计量孔将一条加重胶带通过一个消力井投放到储罐中。这些手动计量结果将与远程仪表系统上的读数(如果有)进行比较，以验证读数并确定是否需要检修。如果储罐液位发生突变，可能是接线错误或泄漏。

3）储罐周围操作员的工作安全必须加以考虑，尤其是爬到储罐顶部时。操作人员进出罐堤时，通常需让控制室知晓。许多炼油厂在手动测量储罐或出于任何原因进入储罐顶部时，也要求操作员佩戴空气呼吸器并设有戴呼吸器的监护人员，监护人员也应佩戴空气呼吸器。代表低点的罐堤和浮顶罐顶部，以及锥形罐中的气相空间，可能积聚足够数量的硫化氢或其他气体，从而对人员造成危害。

4）储罐运行中的蓄水。蓄水量通常取决于人工计量后确认的切水操作。切水操作是先将一条带有特殊的显示水位涂料的胶带通过计量口投放到储罐中，当把胶带拿出时，水位会通过胶带上的颜色变化体现出来，从而同时得到油和水的液位。一些较新储罐的测量仪表也可以显示水位。

5）当水位达到预先设定的高度时(或按照设置的频率)，储罐需要通过抽水将水从罐中去除。这意味着打开集水槽(在水箱的最低点)抽出阀，将抽出的液体送至含油污水管网，直到抽出的液体大部分是油。这是一个手动操作。当切水时，操作人员应在切水点或附近区域，以尽可能避免切水带油。

6）罐堤用于在储罐发生破裂时存储罐内物料。罐堤有一个集水槽(通常与排水是一个地方)。排水槽将通过位于护堤或罐堤外的切断阀进入含油污水管。根据炼油厂的不同，需要决定保持切断阀打开或关闭。如果阀门正常处于关闭状态，那么雨水将在堤坝中积聚，必须定期排水。如果长时间不加处理，积聚的雨水也会腐蚀储罐外壳。如果阀门处于开启状态，那么储罐故障将很容易使污水处理设施不堪重负。许多炼油厂选择关闭阀门，然后在下雨后以一定的速率排干罐堤，从而避免对下游污水处理场造成较大冲击。

7）现在许多储罐设计有双层底，以防止碳氢化合物泄漏至环境，甚至包括罐堤内部。双层底有两个底壳，之间设置有泄漏检测装置。现有罐体可以通过损失少量容积实现对罐体的这一改造。

8）储罐通常建在砂垫层上。在现代的储罐设计中，砂垫通常包含不透水(塑料)膜，通过膜上收集的油渗漏量来指示储罐微量泄漏。

9）储罐周围以及进出储罐的地下管道的主要腐蚀危险来自与土壤的接触。这种腐蚀从外部侵蚀罐的底部或管道的外壁。罐区可采用外加电流系统或埋地锌电极进行保护。由于储罐检修周转时间较长，因此保持防腐系统的良好工作状态是十分重要的。

10）一般情况下，储罐的检修年限较长。典型的检修间隔为20年。注意对这些设施的管理，对防止储罐的泄漏和污泥堆积很重要。

## 24.3　产品调和设施

调和是将两个或多个成分组合在一起，以生产出所需的最终产品。炼油厂实践中的术语通常是指将工艺流股混合在一起以生产出炼油厂的可销售产品。一般来说，这包括汽油和中间馏分(喷气燃料、煤油、柴油和取暖油)。其他成品包括各种等级的燃料油和润滑油。物料的调和可以在调和罐中间歇调和，也可以在管道中在线调和。

### 24.3.1　在线调和与间歇调和

在间歇调和过程中，调和组分被分别输送到一个接收罐中，在罐中混合，以满足成品质量要求。对于在线调和，组分油则是通过自动操作的流量控制阀进入成品罐。随着现代计算机控制技术的发展，在线调和是更为常见的调和过程。特别是对于汽油和润滑油，在线调和是广泛接受的方法。对于中间馏分和渣油，因为涉及的调和组分较少，采用间歇调和还是有一些优势，尽管处理的流量通常较大。

值得注意的是，在罐内，将丁烷以间歇调和的方式混入汽油用于控制其蒸气压是一种非常危险的做法。这导致了多起死亡事故，因为丁烷最初不会迅速溶解在汽油中。只能采用在线调和向汽油中注入丁烷。

### 24.3.2　在线调和系统操作

在线调和系统本质上是一个具有反馈的多流控制器。控制器本身就是一台计算机，在其中有输入的调和配方。在本书的“原油和石油加工简介”一章中，已经详细介绍了这样的调和配方。控制器自动启动调和组分泵，并操纵组分油管路上的流量控制阀，以满足所需物料量。在大多数情况下，组分油管线汇集到一起形成调和产品，然后将其输送到成品罐。在调和成品输送线上设置有一系列在线分析仪，用于监测成品特性，然后重置控制器，调整组分油数量以满足最终产品质量要求。

### 24.3.3 在线调和系统设计

大多数炼油厂都有自己的成品配方。这些将采用计算机程序形式并使用本书“炼油厂规划和经济”一章中描述的线性规划技术。正是安装在调和控制器中的程序软件激活了各组分油系统的动作。调和系统控制器的作用是启动选定的泵和控制阀，它还接收来自位于产品输送管路的在线分析仪的数据。

整个调和系统的设计是工艺工程师、仪表工程师和计算机专家共同努力的结果。工艺工程师或调和系统的职责是根据成分百分比和数量制定调和配方，以满足特定的产品指标。仪表工程师将确保控制阀、泵启动装置和在线分析仪满足工艺要求。仪表工程师这方面的典型职责包括：

1）控制面板、面板仪表、仪表电源、信号器、泵开关、指示灯、图形显示和所有面板接线。

2）涡街流量计和前置放大器。

3）带定位器的控制阀。

4）流体分析仪。

5）现场变送器(流量、温度、压力)。

最后，计算机专家的职责是将这些要求转化为控制器计算机的软件程序。

在线分析仪的最新发展，特别是近红外分析仪，使得这些设备能够让调和过程得到持续优化。新的分析仪可以准确地测定辛烷值、十六烷值和其他几个关键物性。它们比一些旧的在线方法更可靠，如在线爆震发动机。然而，仍然有必要对调和产品进行最终质量认证。

### 24.3.4 中间罐

由于在线调和系统可以快速将组分油转化为成品油，因此组分油罐容与成品油罐容的比率应该较大。为了获得良好的灵活性，这个比率应该是4：1或5：1。

调和成功最重要的工艺要求是，在调和操作期间，各个组分的特性不得发生变化。烷基化油和催化裂化汽油的变化很小，除非改变进料或装置操作。然而，由于原油质量的变化，重整油和直馏石脑油的可变性更大。这些通常存储在单独的“定程”罐中，满罐后对罐内物质的质量进行检测。

润滑油组分的储存是一个特殊的问题，因为润滑油的“分层”程度比其他油料大。也就是说，这些油在储存过程中容易分离，因为油的密度和黏度越高，油就越会沉到罐底。在大多数情况下，润滑油罐内部设置有螺旋桨式搅拌机，保证罐始终处于混合均匀状态。许多公司将该系统应用于所有的重油罐，如蜡油和燃料油产品组分，以避免在储存过程中分层。

在调和乙醇等多种可再生组分时，有必要防止可再生组分暴露于水中。这些组分将吸收水分，然后在储罐冷却后将水分释放到汽车油箱中，尤其是乙醇。可再生调和组分储罐通常有锥形或测地线圆顶，有时惰性吹扫，以防止吸收大气中的水分和收集雨水。

### 24.3.5 成品罐

即使使用最有效的在线调和系统，也需要成品罐。这是由于所要求的产品发货速度和产品认证。然而，在许多设计案例中，在线调和仍然只需要间歇调和所需的产品存储空间的一半。

产品储罐容量的实际要求通常由产品认证和从炼油厂发货的方式决定。调和速率通常是根据每天在一定时段的产量进行调和。

以在线调和系统的经济尺寸，其最大调和速率通常对于直接调入海运油轮的要求慢太多。

因此，需要产品罐和输送泵来作为调和器的补充。相反，在线调和器的最低速率通常对于直接调入油罐车中又太快，这可以通过有限容积的输送泵直接从组分油罐中抽出来实现。

与组分油罐一样，含有乙醇调和组分或其他可再生调和组分的产品罐通常需要在罐顶或穹顶防止水侵入。

## 24.4 公路和铁路装载设施

化工或石油企业所需的产品运输设施的范围取决于企业的规模、当地市场、运输的不同产品的数量和供应的市场。通常情况下，大多数工厂的运输设施足以满足正常的产品装卸和季节性需求所需的灵活性。这些设施的生产能力几乎总是超过工厂的总产量。

最常见的运输方法是在设计合理的油罐车上通过公路或铁路运输产品。对于位于沿海或河边的大型综合体，工厂的大部分产品是由驳船或船舶装运的。然而，本节只涉及公路和铁路运输。请注意，许多相同的考虑因素也适用于卡车和铁路的原油和中间产品的接收设施。

### 24.4.1 装载速率

公路和铁路油罐车的装载率从最低 150GPM 到最高 1000 加仑/分钟不等，但大多数终端的装载率在 300~550GPM 之间。公路油罐车的容量从 1300~6500gal，一辆拖车可以拖运两节 6500gal 的油罐车。

装载每种产品所需的装载臂数量随以下情况而变化：卡车尺寸；每天装载小时数；每周装载天数；卡车定位、连接和取消定位的时间。

图 24-5 给出了在各种条件下装载 3500gal 卡车所需的臂或喷嘴数量。

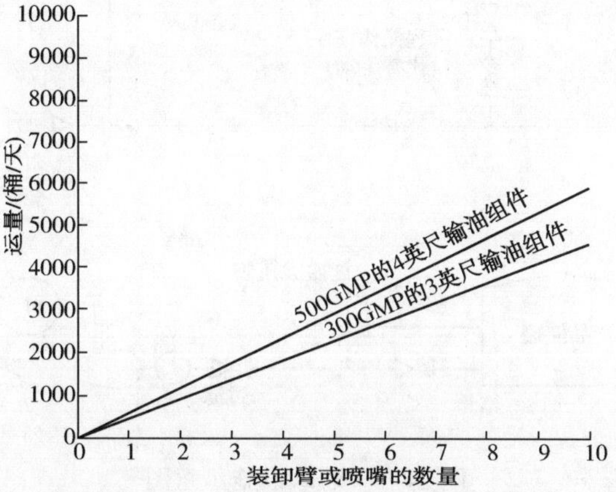


图 24-5 定量装车的装载臂数量

图 24-5 所示的条件是装载速率为 300GPM(下曲线)和 500GPM(上曲线)。装载时间取

每辆油罐车的灌装时间加 10min，因此：

$$装载时间=[(油罐车容量，gal)/GPM]+10min \quad (24-1)$$

如果油罐车的容量取 3500gal，这样的话，图中下曲线装载时间为每辆油罐车 22min，而上曲线为每辆油罐车 17min。假设一个产品在一周 5 天中的 8h 内装载超过 4h，那么所需的卡车数量为：

$$(BPD×42×5 天×8 h/天)/(3500gal/车×20h 每周装载)$$
$$=0.024 车/BPD$$

对于 1000 桶/天，每个工作日的卡车数量为 0.024×1000，即 24 辆车/天 4 小时装满。

卡车以 300GPM 的速度装载的时间：24×22 分=528min。

为了在 4 小时内完成装载，所需的臂数为 528/240=2.2 只手臂。

按照这一计算方法，按照 300GPM 和 500GPM 的装载速率，可以计算出其他几个运输量下所需的装载臂数量，从而得到图 24-5 中所示的数据。

### 24.4.2 装载设备

图 24-6 是典型公路或铁路装载设施的示意图。

装载泵位于产品储罐附近，从这些储罐中抽吸。装载泵为大容量、低扬程泵，具有扬程/流量关系平缓的特性。工作扬程为 35~45psi 之间。

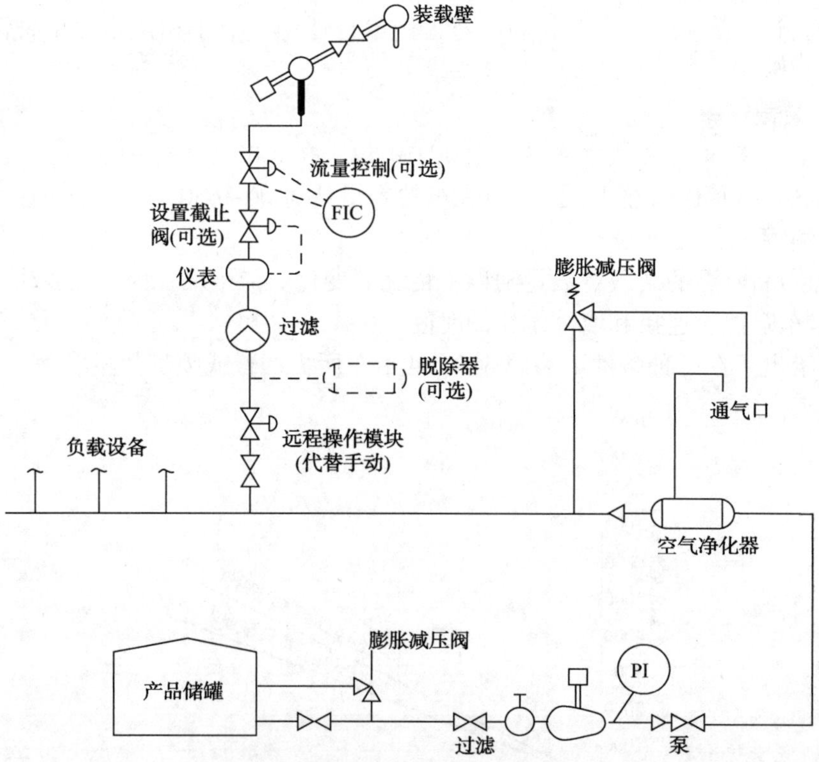


图 24-6 装载设施示意图

这些泵通过除气器鼓筒排放到装载集管中。几个加载臂组件连接到装载头。每个组件包括一个远程操作的截止阀，后面是一个缓冲器(可选)，然后是一个位于装载仪表之前的过滤器。油品通过仪表流入带有可旋转接头的装载臂和喷嘴。公路和铁路油罐车均通过顶部舱口装载，装载臂的喷嘴接入到舱口上。

除气器用于分离空气和其他气体，这些气体会干扰仪表的精度。气体的分离是在大约3psig的压力下完成的。如果分离器没有足够的静压头，则必须通过控制阀稳定压力。流量表为容积式，缓冲器的安装是为减少因快速切断而产生的液压冲击。

**24.4.3 装载设施布置**

图24-7和图24-8分别显示了公路和铁路油罐车装载设施的典型布置。

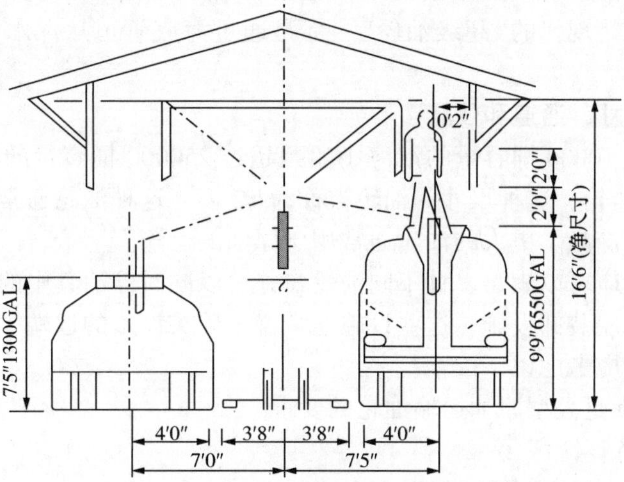


图24-7 油罐车装载设施

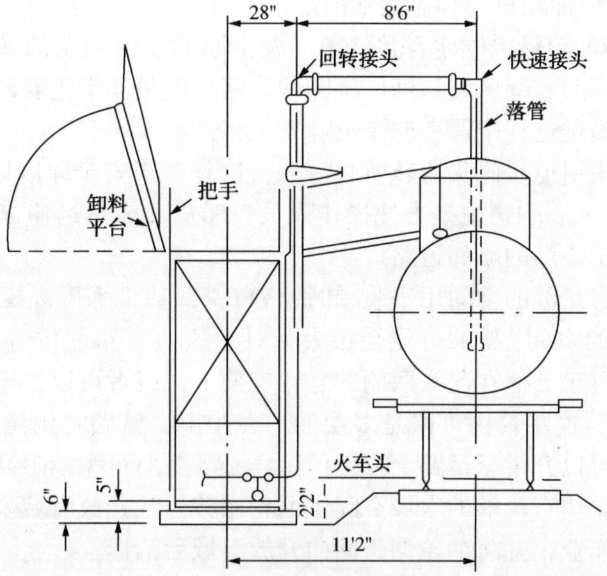


图24-8 火车装车系统

图中所示的尺寸适用于一个地区，可能不适用于其他地区。然而，图中所示的设备及其布置与大多数设施相似。

卡车装载时，仪表和过滤器位于装载站。装载臂的连接由实际站在罐车上的操作员完成。对于卡车装载设施，装载臂从相邻平台操作。与卡车装载一样，仪表和过滤器以及开/关阀都位于装载现场附近。在许多较新的公路和铁路油罐车中，接头通常位于油罐车的底部，这对装载人员更安全，而且成本更低。然而，使用的是相同的通用设施。

## 24.5 码头和驳船设施

油轮和驳船在码头装卸。正常情况下，处理石油产品的设施与普通货物的设施是分开的。通常油轮，特别是现代的“超级油轮”，都是通过海底管道从深水泊位装卸的。本章只涉及岸边停泊设施。

### 24.5.1 码头尺寸、通道和位置

油轮尺寸包含从10000桶容量的沿海小船到超过250000桶容量的超级油轮。更常见的是140000桶容量的油轮，这种尺寸的油轮被称为T2型。这种油轮通常用于产品运输，其一次可运输三种不同的产品。更大的油轮通常用于原油的运输。

理想的码头尺寸应可以满足多种不同油轮，并可以同时停泊其中的至少两种。一些有码头的炼厂还通常有驳船装卸设施，这些设施通常置于码头设施的远端，远离海上油轮。

码头自身的位置应考虑以下因素：

1）水深应可以满足大型原油运输油轮的要求。

2）应尽量靠近炼厂罐区。

3）应交通方便，设置有停车设施。

4）有足够的产品/原油管路空间。

5）有足够的水域供油轮机动和靠港停泊。

一艘满载的T2型油轮最大吃水深度30ft，大型原油运输油轮的最大吃水深度可达45ft左右。尽量减少往返码头装卸区域和炼厂罐区的管路长度是非常重要的。第一个是管道成本问题，第二个是在泵输送过程中需考虑泵负静压头特性。

一个好的陆上码头引道是码头运转所必需的，这是基于安全原因以及方便紧急车辆(如救火车、救护车等)进入；引道也是方便操作人员、船员和船具运输车辆进出。通常，引道为码头专用，并独立于炼厂的毗邻道路。

岸上及码头上需有足够的空间用于装/卸管路布置，基于炼厂规模和输送产品数量的不同，空间(装/卸管路的空间)需求可能会很大。对于这些管路的位置和尺寸有几种配置选项。在码头上，其可置于支撑在码头两侧的悬臂支架上，或者可以置于毗邻码头的独立管桥上(但这样会贵很多)，这些管桥可以是多层的。在岸上，管路可沿道路布置于地面，或者做成双层或多层；也可以升举至道路上方，但这样必须对路行车辆限高通行。

最后，码头的位置应有足够的水域空间供油轮回转。从开放海域来的油轮需要有足够的空间，使得拖船能够作业，并将油轮调头面向开放海域后泊岸。

典型的油轮码头布置参见图24-9。

### 24.5.2 设备设施

油轮装载需要的设备包括泵、软管或柔性装载管以及作业吊车或构架。装载泵位于罐区，采用出口压力大于100psig的离心泵。这取决于管路的长度，但通常软管或柔性装载管

的压降在 10~25psig 以内。并且如前所述，空的油轮通常会对甲板歧管有一个静压头损失。

当采用橡胶软管时，其通常支撑于码头侧的起重机和油轮吊杆。有些安装需要采用结构支撑的软管和管道的组合或柔性装载管和回转接头。这些设备还包含根据潮汐和油轮吃水深度自动调节的设施。软管和组件的尺寸通常在直径 2~12in 之间，对于产品输送，最常用的直径在 8~10in。

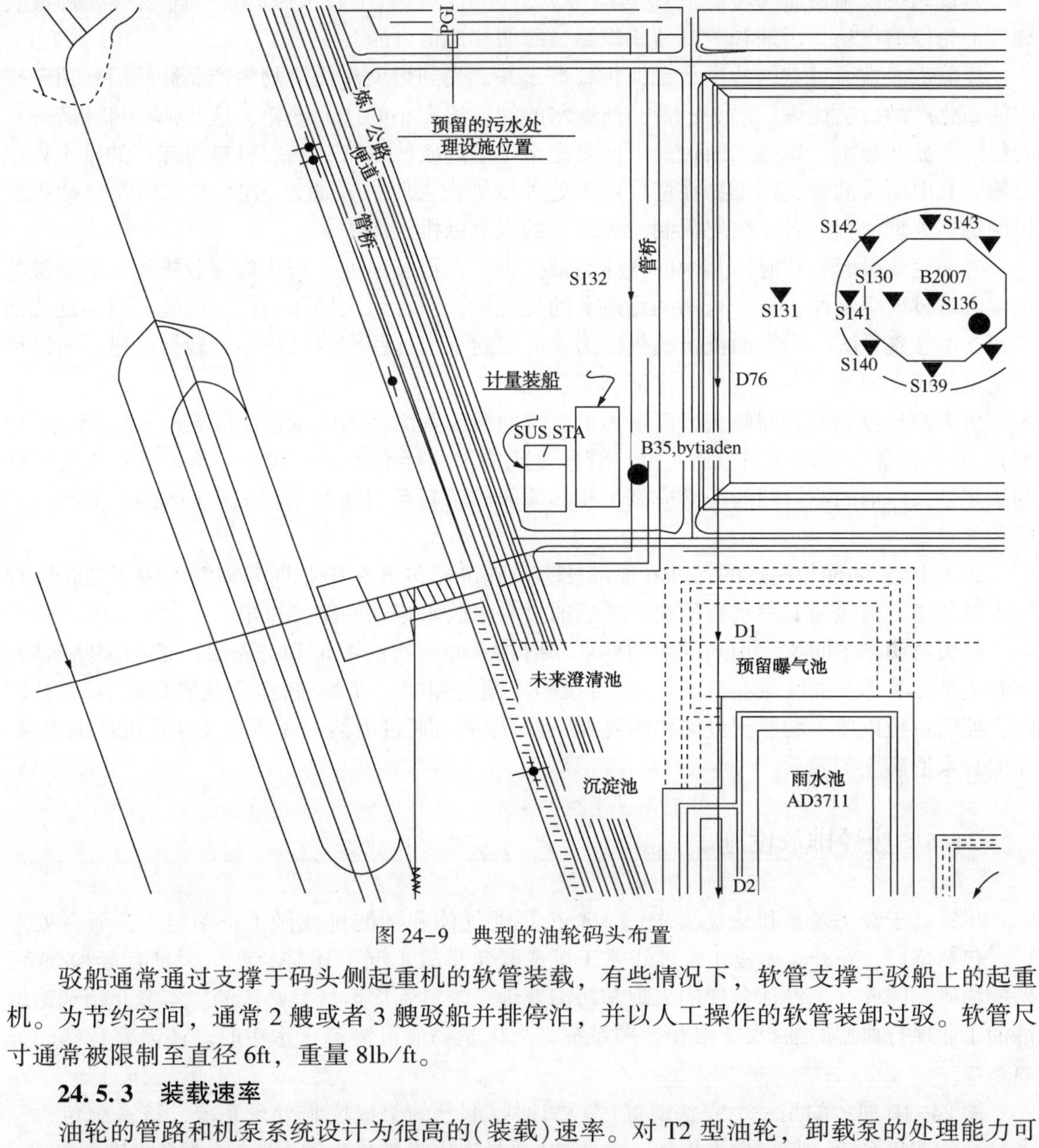


图 24-9 典型的油轮码头布置

驳船通常通过支撑于码头侧起重机的软管装载，有些情况下，软管支撑于驳船上的起重机。为节约空间，通常 2 艘或者 3 艘驳船并排停泊，并以人工操作的软管装卸过驳。软管尺寸通常被限制至直径 6ft，重量 8lb/ft。

### 24.5.3 装载速率

油轮的管路和机泵系统设计为很高的(装载)速率。对 T2 型油轮，卸载泵的处理能力可达 8000BPH；超级油轮的原油卸载泵处理能力可达 22000BPH 或更高。

对所有产品，可取的装载速率为 8000~10000BPH。通常可同时装载两种产品。对于驳船，装载速率通常被限制于 2000BPH。驳船通常有 600~2000 桶的容量。驳船通常为平底浅吃水深度的船型，用于短距离将产品转运于运河、港口或内陆水域。

油轮的装载量可以通过计量储罐和油轮隔室获得。装入驳船的产品量通过仪表来测量。仪表位于靠近软管连接的码头上。这些计量设施包括过滤器和流量控制器，类似于卡车或火车装载。

### 24.5.4　其他特点

建设码头设施还需要考虑一些其他特点，包括：船舶压载水舱处理、排放气处理或焚烧、油轮停泊设施、污油和泄漏搜集设施、照明和通信设施。

压舱水通常通过专门的岸上罐搜集处理，并会受到污染。污染物为产品卸载后残留于罐中的石化产品。去往炼厂码头、带有压舱水的油轮通常小的产品油轮，这些油轮将装载炼厂的最终产品并运出。压舱水通过船上的泵送至岸上的压舱水罐，然后再排至炼厂的排水处理设施，其中所含的烃类污染物在炼厂污水处理设施被去除，并通过污油/油回收系统搜集后送回炼厂处理流程。若无法规限制，处理后的水可以排入海中。

当油轮或驳船装载时，其中的气体需被排出。在很多地方，按法规这股排放气必须被焚烧或者通过火炬烧掉，通常采用的是成套的焚烧炉，包含阻火器和防回火设施。很多现代油轮包含惰性气系统，用发动机排放气作为罐的密封气。这些密封气体不会轻易助燃，所以很多焚烧炉还需要补入燃料气，以保证彻底燃烧。

由于船只停泊的装卸码头长度定为可容纳两艘或者更多的固定长度油轮(一般为两艘 T2 型)，这些油轮分配的空间应满足港口管理法规要求的标准条件。其中一条关系到码头长度的法规是，停泊的船只间的距离应满足相邻船舶的艏艉系泊线基于船只中心线 45°范围内不能相交。

码头上装/卸油轮附近的污油和泄漏搜集设施可能包含在作业期间临时安装于油轮附近的水栅。所有的泄漏通过水栅搜集，然后通过与压舱水相同的路径排出。

码头照明基于同炼厂相同的照明要求和措施，即所有的引道和公路设一般的道路照明；所有人员 24h 作业的区域在日落/日出时段间设泛光照明。在装/卸作业及船只系泊/离开期间，照明系统以船上的照明设施作为补充。船/岸通讯通过电话、无线电及计算机系统实现，在船只系泊后立刻激活。

## 24.6　废烃排放设施

尽管基于经济考量和法规要求已为减少烃类气体和油的排放做了很多努力，所有处理厂，包括炼厂，在开工、停工、非正常工况或紧急事故工况下还是会产生大量有毒和/或可燃的物质，因此一个设计合理的火炬和污油处理系统对炼厂运行是必需的。本节介绍和讨论炼油工业现行典型的油/水非混相处理系统。当化学物质可溶解于水中时，还需要特殊的分离系统。

图 24-10 展示的是一个完整的炼厂轻馏回收部分的集成废料处理系统，该系统包含三个分别的搜集系统，与一个火炬和一个污油(或最近更多被称为油回收)回炼系统进行集成。

第四个系统是含油污水排放系统与火炬和撇油分离的分别连接，其后者将撇油送至炼厂的污油罐。

在这三个集成的系统中，第一个搜集所有排放管网中排出的气体。该股物流所含介质在

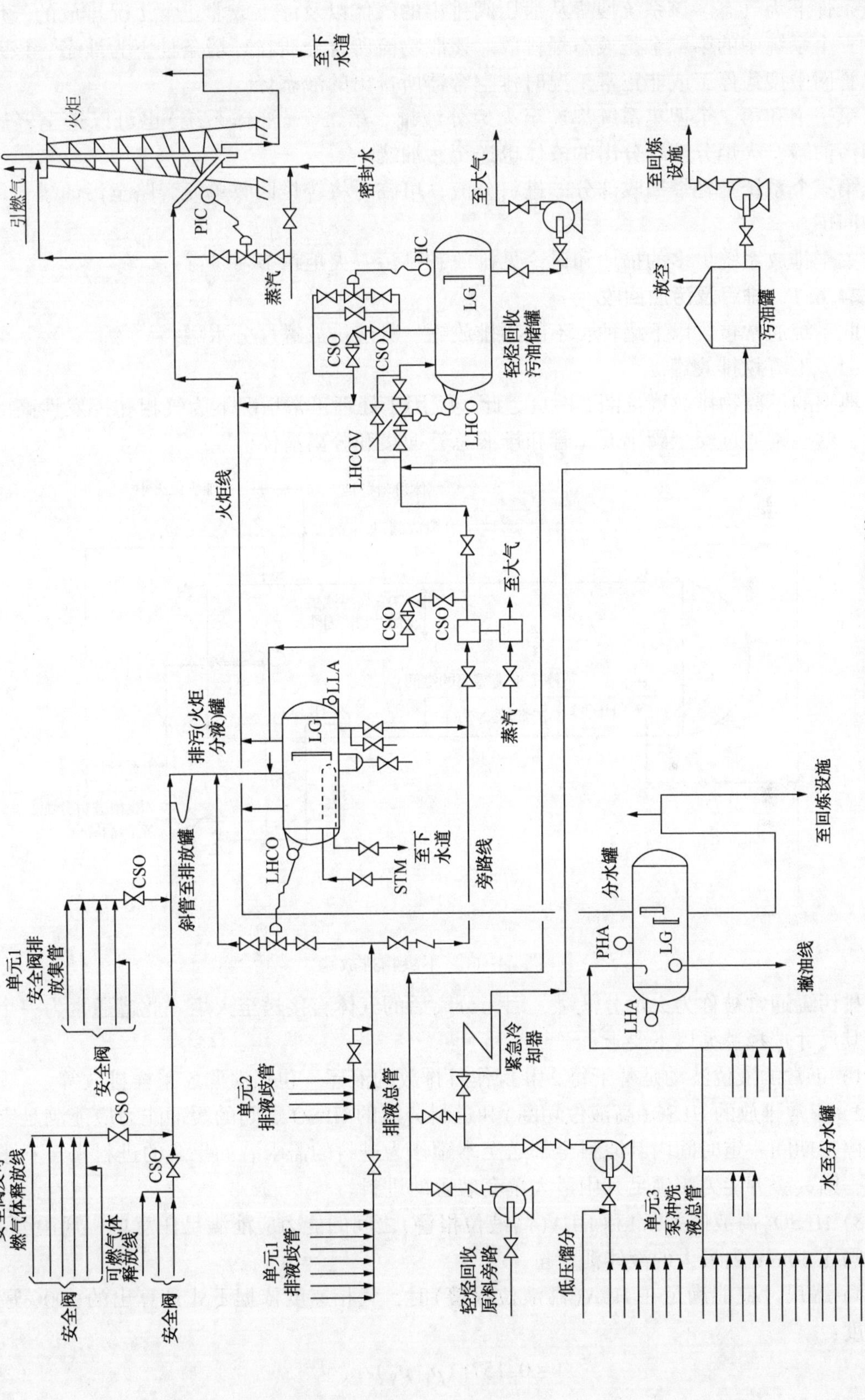


图24-10 集成废料处理系统

环境条件下为气态。该系统搜集从泄压阀排出的气体以及停工或非正常工况排放的气体。

三个系统中的第二个是液态烃排放。该股物流所含介质在环境条件下为液态，该系统从下水管网中搜集停工或非正常工况时排空容器所排出的液态烃。

第一个和第二个搜集系统都连至火炬分液罐。第二个(液体系统)也可以送至轻烃回收中的污油罐，火炬分液罐分出的液体也送至污油罐。

第三个系统是轻烃回收部分的进料分流，可临时将轻烃回收单元旁路至污油罐，用于之后的回炼。

关于排放系统更多的描述和讨论见排放和排污、火炬章节：

**24.6.1　排污及污油回收**

此系统通常包含以下罐种：不凝物排放罐、凝液排放罐、分水罐。

(1) 不凝物排放罐

典型的不凝物排放罐见图 24-11。此类罐用于处理正常情况下为气相和挥发性高的液体物料，这些罐通过安全阀排放总管和排液总管搜集和分离液体。

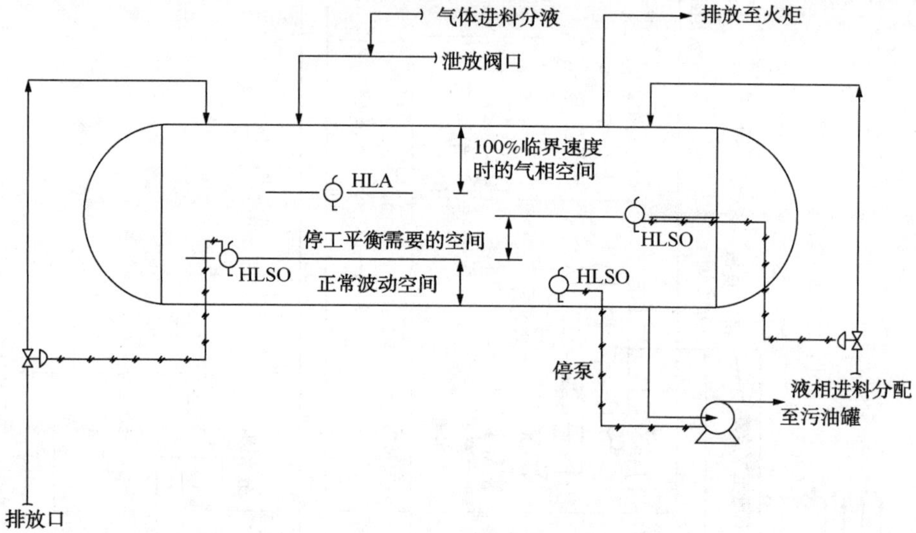


图 24-11　不凝物排放罐

排污罐通常被称为火炬分液罐，因为分离后的气体直接送至火炬。此罐通常为一个缓冲罐，其尺寸选择遵循以下要求：

1) 正常的液位波动是基于每 24h 操作日排放的液体，包括泄漏、采样排放等。

2) 正常排放的 HLSO(高液位切断)和进料分流的 HLSO 之间的缓冲能力应能满足容纳某装置停工期间一定时间内其原料全部送至本罐作为进料的需求。如果罐的进料来自不止一个装置，则其缓冲能力应满足其中最大单套装置的进料。

3) HLSO(高液位关断)和 HLA(高液位报警)之间的能力应能满足任意单一风险发生时，泄放阀在 30min 内最大的液体泄放量。

4) 罐尺寸应能满足在 HLA(高液位报警)时，气相速度依据下式计算出的 100%最大临界速度：

$$V=0.157[(\rho_1-\rho_V)/\rho_V]^{0.5} \tag{24-2}$$

式中 $V$——临界速度，ft/s；

$\rho_l$——液体密度，lb/cuft；

$\rho_V$——罐内温度压力下的气体密度，lb/cuft。

5）罐压：本罐操作压力应为大约 0.5psig 或与同一火炬头相连的脱水罐的压力。然而，在泄放工况下，罐内压力可能显著升高，因此通常这些罐的设计压力为 50psig。

(2) 凝液排放罐

凝液排放罐及系统用于低挥发性重烃的搜集和存储，例如中间馏分和含蜡馏分(煤油、瓦斯油等类似组分)。

图 24-12 表示的是一个典型的带急冷的排放罐。进罐物料一般高于环境温度，通常，热物流直接从操作单元排到此系统。为处理这些物料，凝液排放罐设计为直接接触冷却罐。排放的物流通过排液系统进入本罐底部，冷却水从罐顶进入，并通过折流板与热排放物料在罐内接触。任何从排放物流汽化的热气体在折流板段冷凝，并进入罐底部；罐顶出来的不凝物料送至火炬。含排放物的油水混合物从罐底经密封系统送至化学或含油污水管进一步分离处理。

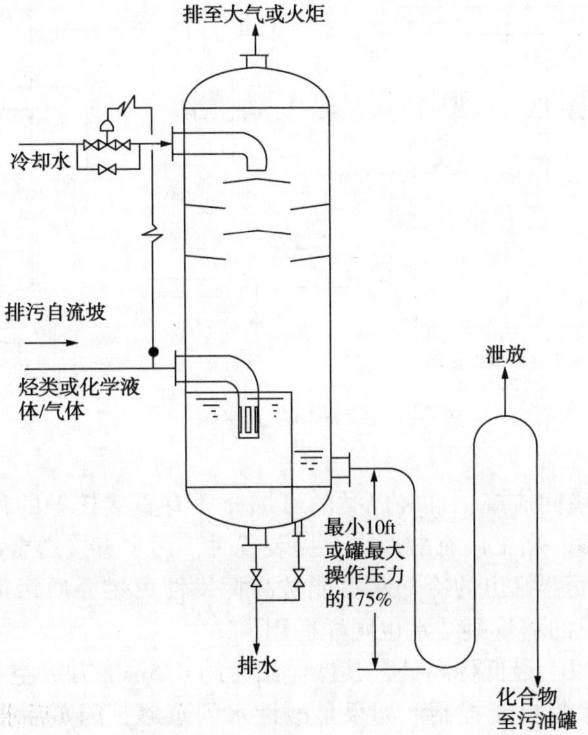


图 24-12 典型的带急冷排放罐

如果罐内流体低于 212℉，本设计可以正常工作；如果收集的流体温度高于 212℉，一定不要将水引入罐中，否则将可能导致汽爆并损坏罐体。在流体温度非常高的系统中，排放罐应设置外循环冷却，罐设计为能够容纳最大“热排放”容量直到所搜集的流体温度被冷至可以排至污油或回收油系统。

在设计带有内部急冷的排放罐尺寸时应采用以下规则：

1）罐的汽相负荷应按照最大单一风险下安全阀的释放量。

2）罐的最大操作压力通常是1~2psig。

3）如果可以，气体放空可排至大气而不是火炬。但是，如果排至大气，排气口应至少高于临近构架10ft。强烈不建议设置未经燃烧的排放烟囱，因之前已发生过多起致命的相关事故。无论何种情况下，至大气的排放口均不应低于地面50ft，且应设置消防蒸汽。

4）离罐的冷后排放介质应≤150℉。冷水流量可由排放介质温度或进料物流流量控制。但是在任何时刻，罐必须有一股旁路水流。

5）自装置连至本罐的排污系统应为自流，因此，本罐应置于最低标高处。当需要处理蜡含量高的介质时，管线需要考虑蒸汽伴热，罐内需要考虑蒸汽盘管伴热。

（3）分水罐

分水罐的设置见图24-13。本罐的目的是在将污水排至下水管道或酸性水系统前，去除水中所含的挥发性和可燃性组分。

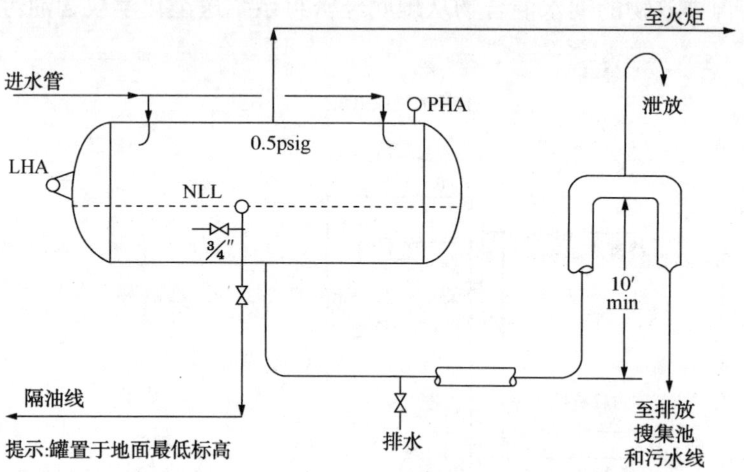


图24-13　分水罐

1）分水罐作用：

① 所有来自分馏塔回流罐，且轻烃类的可燃介质有直接接触的污水，在排放至污水管线前均应先送至分水罐。当工厂有酸性水汽提装置时，污水直接送至污水汽提装置。

② 从冷却器和冷凝器排出的冷却水可能被高挥发性可燃介质污染，因此也应送至分水罐，这对于有类似情况的蒸汽凝结水也同样适用。

③ 本罐置于地面以上最低标高处，其操作压力约0.5psig并放空至火炬系统，其罐内压力和液位通过适宜的水封自流控制。如果是酸性水闪蒸罐，闪蒸后水需要利用泵送至酸性水罐。

2）分水罐尺寸的设计准则如下：

① 分水罐气相负荷决定于高挥发性介质在罐压下达到平衡态时的闪蒸量。这个设计负荷是基于单一事故时的最大气相闪蒸量。对于换热器，这一事故量是源自发生在管束的爆管事故；而对于分馏塔回流罐的液体，其事故量则基于出口水控制阀无法打开进行计算。

② 液封应隔绝来自下水系统的空气，并能保证罐内物质自流排出。

③ 撇油阀设置在分水罐高低液位之间，便于时常将油从罐内抽出。分水罐通常还设置

有高界位报警。

### 24.6.2 火炬

排放从密闭安全系统中搜集的气体的方法是在一个安全位置烧掉，用于这一燃烧目的的设施称为火炬。最常用的工业火炬包括高架火炬和多喷嘴地面火炬。

高架火炬用于需要烟尘防治的地方。火炬在高架顶操作，高度通常高于150ft，在气体物流燃烧时要注入蒸汽，以保证充分燃烧并减少烟尘排放。

多喷嘴的地面火炬多用于对火炬亮度有限制的地方，如住宅区附近等。在此类火炬中，气体在火炬烟囱内燃烧，因此可以显著降低火炬亮度。同样需要注入蒸汽来减少烟尘排放。

图24-14显示的是典型的高架火炬，图24-15和图24-16显示的是多喷嘴的地面火炬。

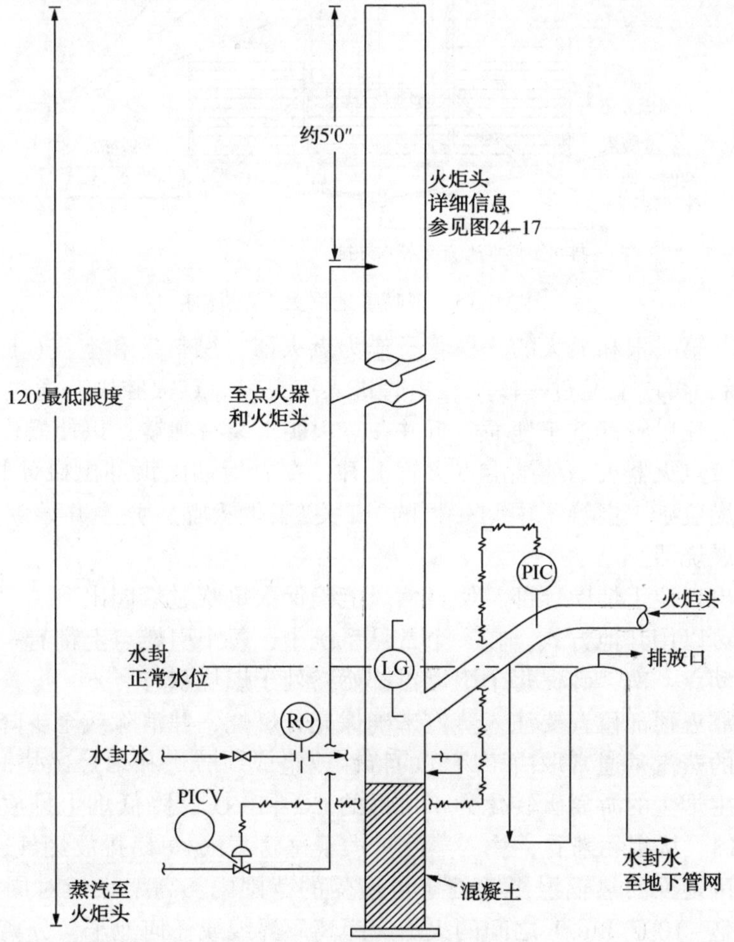


图24-14 高架火炬结构

(1)高架火炬

此类火炬通常适用于装置较大的工业系统，如炼油工业，包含一个超过150ft高的火炬烟囱，其中含点火系统、引燃以及火炬管线。火炬头穿过在火炬底部堆垛或混凝土基座上方的水封进入烟囱。水封用于保持火炬背压在0.5 psig左右。放火炬的废气沿烟囱上升并从顶部排出。

烟囱顶部有点火系统和引燃气体设施，确保废气安全燃烧。典型的引燃设施见图 24-17，包含烟囱外部的三根管道，每根均通有工厂燃料气。

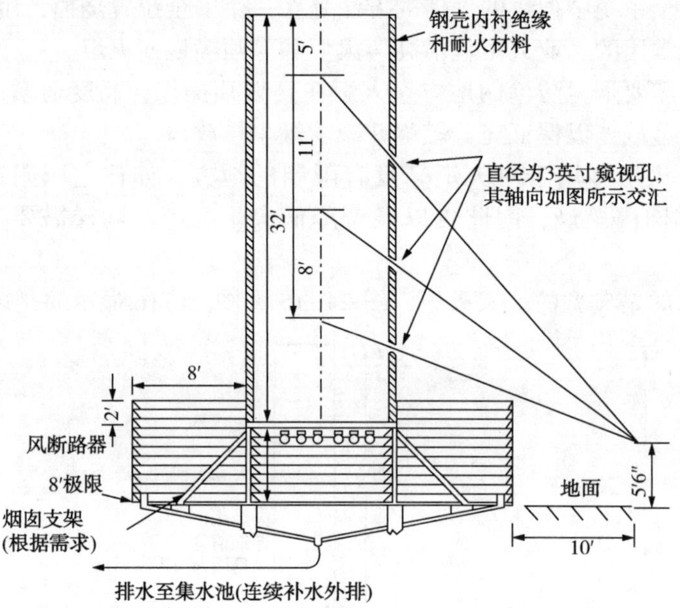


图 24-15　多喷嘴地面火炬及烟囱

有些情况下，第一根和最大的一根管子作为点火器，燃料气和空气(工厂空气或仪表空气)在此处混合后，再向上经过一段文丘里管进入点火腔。点火腔内，通过 15A 的电流产生电火花。腔体和文丘里管都置于地面附近并在点火腔上装有视镜，以使操作人员能够检查点火器的运行情况。点火器火焰前端沿点火管上升，在火炬烟囱顶部出口处与废气接触燃烧。这股火焰前端点燃位于三根管子中间一根的“开关”引燃火嘴，并一开始就点燃位于烟囱顶部的常开式引火燃烧器。

三根管子的出口位于烟囱顶部，使自然风能确保火焰吹过烟囱出口。

火炬引燃还可以用其他方式。在一个常见系统中，每个引燃点上都有一个直接的火花点火，每几秒钟自动点一次，确保每个引燃器都始终处于燃烧状态。

通常在烟囱靠近顶部位置要注入蒸汽来确保充分燃烧，并消除或至少降低烟尘排放。正常情况下，注入的蒸汽量通常取决于废气的特性或组成。芳烃和烯烃燃烧时产生烟尘火焰，蒸汽注入使得产生烟尘的游离碳转化为不可见的 CO 和 $CO_2$。降低烟尘排放所需注入的预期蒸汽量见图 24-18。从实际来看，注入蒸汽量大于每磅蒸汽/每磅排放烟气通常是不现实的。

为使火炬周围地面的热辐射影响处于可接受的范围内，高架火炬对周边有安全距离要求。放热量在 3 亿~10 亿 Btu/h 之间的火炬应距离厂界线或任何池子、分离器、罐或其他任何可能被掉落的火星引燃的设备至少 200ft 远。如果有结构或设备与火炬顶端的高度差在 125ft 以内，烟囱还必须与这些结构或设备保持至少 500ft 的间距。

目前，火炬头趋向采用分子密封的形式。此类特殊火炬头中，火炬顶部有一个类似挡板的装置，用于将比空气重的气体(如丙烷)或比空气轻得多的气体(如甲烷)在顶部蓄积，以防止空气重新进入烟囱，从而导致爆炸。此系统用于作为水封或者吹扫的补充。

高架火炬烟囱设计为在大量泄放发生期间，能保持气相速率在 100~160ft/s 之间。这个

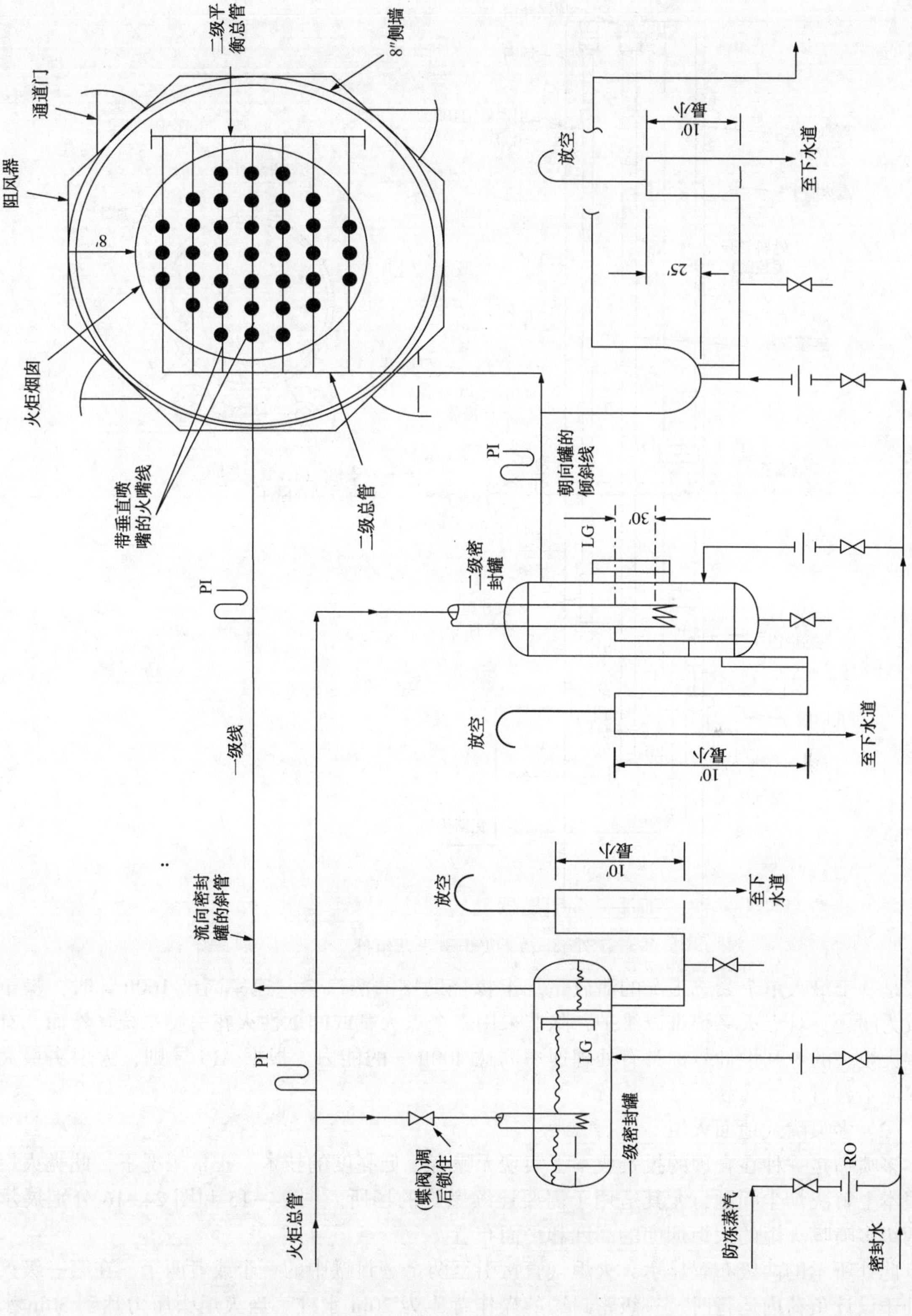


图24-16 带密封的多喷嘴火炬详细流程图

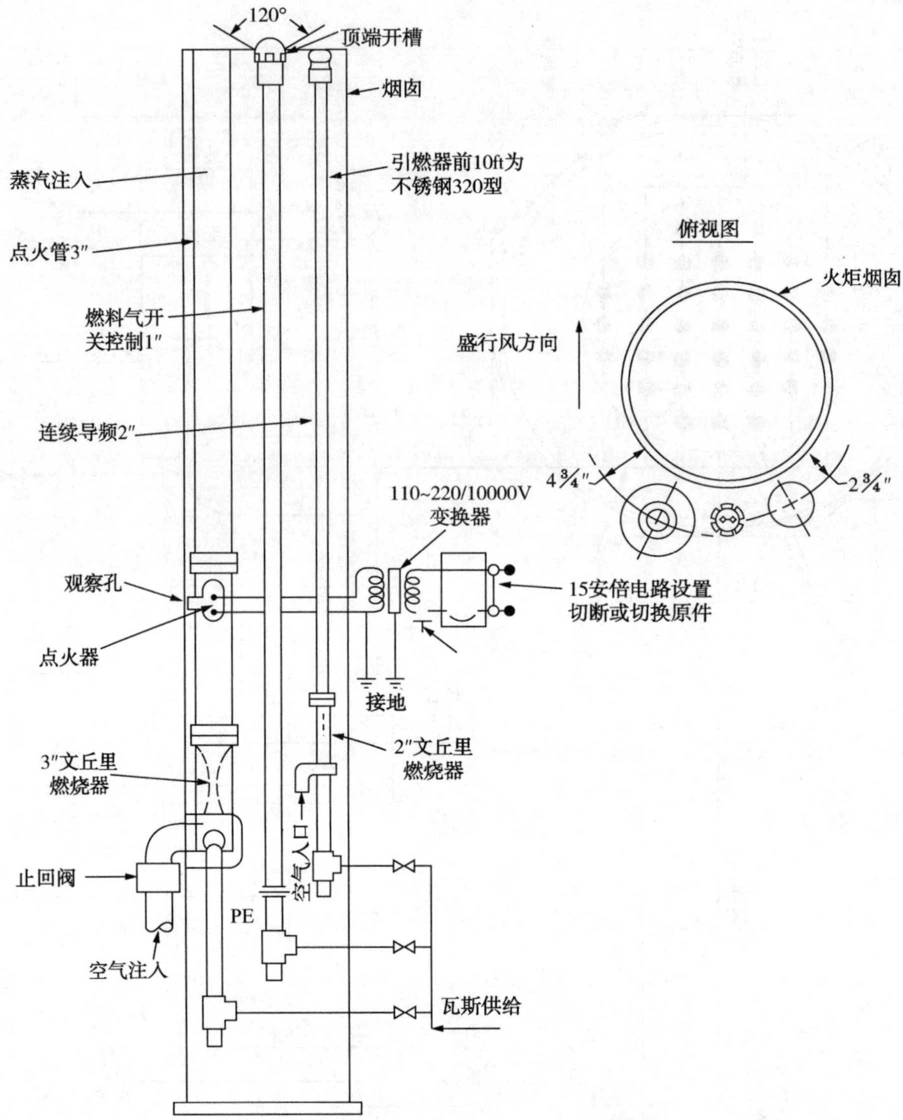


图 24-17　火炬点火器组件

速率是基于最大单个紧急工况的泄放量加上掺烧助燃的蒸汽量。速率高于 160ft/s 时，噪声会成为问题，且点火系统难以维护，除非采用多个点火管或间歇性火花引燃系统。然而，有一些火炬头的专利设计号称具有处理速率高达 400ft/s 的能力。根据 API 导则，火炬头最大速率应不超过 0.5 马赫。

（2）多喷嘴式地面火炬

多喷嘴是一种在合理的投资成本下实现无噪音、低亮度的技术。正常工况下，此类火炬从根本上解决烟尘问题，尤其适用于需要连续燃烧的场所。图 24-15 和图 24-16 分别展示了两级多喷嘴火炬的火炬烟囱的高度和平面布置。

此处所示的两级布置显示，火炬气直接引至两个密封罐中的一个或者两个。在第一级火嘴处于设计负荷内运行时，一级密封罐的操作背压为 20in 水柱。当火炬头压力达到 30in 水柱(表压)时，第二级火嘴启用。

设计经常将地面火炬与高架火炬联合使用，尤其对于大型复杂工艺系统。多喷射式火炬处理的气体流量可达到系统额定处理量的80%，剩余部分分流至高架火炬。也就是说，如果气体流量偏低，地面火炬足够满足要求；在紧急事故或火炬量突增时，高架火炬将自动启用以应对增加的负荷。

多喷嘴火炬的燃烧器一般为直径1in、长度15in的不锈钢管喷嘴。燃烧器管线水平穿过烟囱底部，竖直方向排放。喷嘴数量取决于气体速率，并可用以下公式表示：

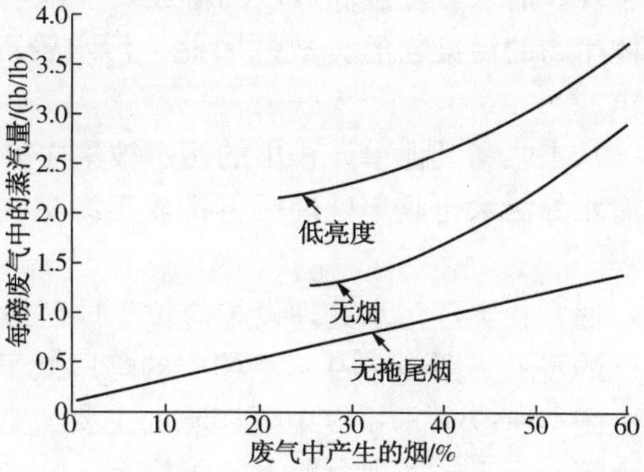


图 24-18 蒸汽注入量与降低烟尘含量关系曲线

$$N=16.4V \tag{24-3}$$

式中 $N$——喷嘴数量；

$V$——火炬设计处理量，MMscf/d。

喷嘴的布置是按照间距为18~24in的方形或长方形。间距可采用以下公式粗估：

$$P=(100\times D^2)/(N\times C) \tag{24-4}$$

式中 $P$——间距尺寸，in；

$D$——烟囱直径，ft；

$N$——喷嘴数量；

$C$——距燃烧器中心距离，in。

喷嘴不应设置在距离烟囱内壁12in以内的范围。

烟囱内径取决于设计处理能力下的放热量，通常采用如下公式计算：

$$D=0.826Q^5 \tag{24-5}$$

式中 $D$——烟囱内径，ft；

$Q$——最大设计处理量下的放热量，MMBtu/h。

直径超过25ft的烟囱其设计高度应为32ft，烟囱钢壳内衬应采用4″的耐火材料。阻风器是烟囱的重要结构，主要是为了防止大风将火焰熄灭。

火焰稳定器安装在燃烧器上部，用于防止火焰窜至烟囱顶部，是由耐火材料制成的实心棒，水平支撑在每个燃烧器管线上方。

火焰稳定器与烟囱底部的相对位置对燃烧器正确操作至关重要。烟囱高度升高有助于燃烧空气的进入。烟囱底部与地面的最小距离一般取6ft或直径的0.3倍中的较大者。

对任何火炬，建议使用一个连续引燃式燃烧器。这个引燃器的操作对多喷嘴式火炬至关重要，这是因为未燃烧完全的可燃介质从火炬逃逸到地面存在较大的安全风险。为将风险降至最低，一般通过在每一个主燃烧器的根部均设置一个气体引燃火嘴。

## 24.7 污水处理设施

本节关于“场外系统”的讨论是关于工艺系统所收集的污水在外排前的处理。多年来，基于环保需求，化工和炼厂的排放要求密切控制，包括可能影响空气质量和可能危害植物和水体生物的污染物的排放。因此，污水管理在炼油工业占有重要的地位，以满足环保控制要求。

从工艺和其他单元排出的污水被集中处理并去除或转化其中有害污染物。在很多炼厂，压舱水等污水也收集处理后再排放至海里。图 24-19 是一家欧洲大型炼厂的污水处理系统流程。

通常，工厂污水处理设施应位于厂区最低点，这样仅需少量的泵就可以满足污水进出处理厂的需求。图 24-19 示意图中的炼厂低于海平面，因此其泵的数量多于一般情况。

图 24-19 所示系统中要移除的主要污染物是油，共设置有 5 套分别的系统。

第一个系统处理海船上的压舱水；第二个系统处理冲洗水，直接跨过前面所有工序进入最后一个处理工艺，即澄清池；第三个系统处理不含油的水，但水中的某些化学物质含量很高，此系统污水排至事故池或曝气池，避免污水外排后污染环境。如果雨水被污染，同样应送至合适的工序进行处理，以除去其中的污染物。

最后两个系统处理来自炼厂已铺筑区域、罐区和装置排液等排放的污水，这些系统用于去除含油污水系统、压舱水等污水中的油。在压舱水的处理过程中，从储罐底部排放的水经过一个特殊设计的 API 分离器，通过降低水流的流动速率，使得油能够通过沉降或重力从水中分离。

炼油厂其他流股的水/油分离在一系列沉降池中进行。在这种情况下，最终的清理是通过使用平行斜板隔油池和气浮单元来完成的。平行斜板隔油池的原理是多次快速强制改变水流方向，以此将物流中所带的油“甩出”。气浮单元使受污染的水流受到搅动，迫使较轻的油相浮出水面，再通过除油或者折流溢流除去。

污水中通常含有污泥。API 分离器和斜板隔油池有污泥搜集排放设施。很多情况下，污泥排至焦化装置。在美国，API 分离器的污泥被定义为危废。废液和酸性水处理工艺在本书的“石油加工中的环境保护和工程”章节中有更详细的讨论。

### 24.7.1 其他污水处理系统

大多数化工厂和少数炼厂需要更为复杂的处理工艺来满足污水排放的环保要求。四种常见的方法包括：采用凝聚、絮凝、过滤等方法进行管内澄清；平板过滤；沉淀；采用化学药剂辅助凝聚、絮凝、沉降。

澄清是一个去除悬浮物(通常是有机物)的过程，确保水的颜色和浑浊度。去除的悬浮物，尤其是胶体状悬浮物，需要添加化学药剂促进凝结和絮凝，以促进悬浮固体的沉降和分离。加入到进水中的混凝剂和助凝剂与杂质发生化学反应，以形成沉淀。这些悬浮固体再加上相互啮合的浑浊颗粒，被絮凝成较大颗粒，然后很容易从水体中分离出来。

化学药剂辅助澄清过程主要包含三个步骤：药剂的混合；絮凝；沉淀。

絮凝过程是将污水与添加剂混合形成团聚物或絮凝物的过程。这是在一系列分开的单元中进行的，其中沉淀池占据的体积最大。絮凝是澄清过程中最为重要的一步。

因与胶状颗粒的生成有关，化学药剂和工艺流量因被澄清的介质而异。有一些公司专门从事这种污水处理的设计、施工和运行，这些公司以他们的经验处理这种复杂的絮凝、凝聚相关的电化学动力学。

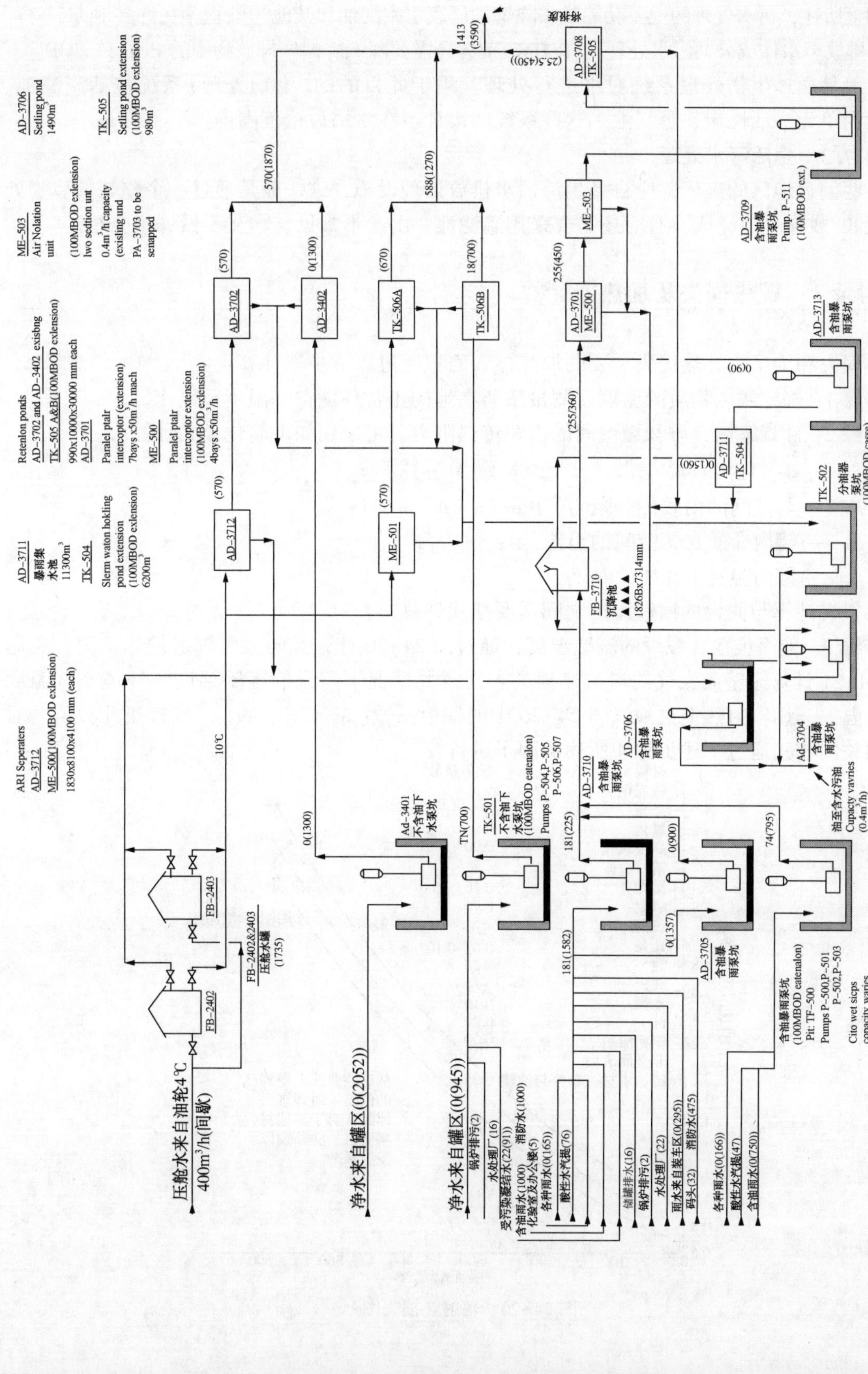

图24-19 排水处理系统流程图

### 24.7.2 降低生化需氧量

如上所述，污水处理的主要功能是去除炼油厂废水中的油和其他污染物。在许多地方，炼厂废水在排放至水体或公共污水处理厂(POTW)前，还需要降低炼油厂排放物中的BOD或COD。

一般是通过生物处理系统对水进行处理。用于此目的的(生物处理)系统包括滴滤池、活性污泥单元、活性炭、曝气池。这些系统的设计不在本书讨论范围内。

### 24.7.3 生活污水处理

一些偏远地区的炼厂，应自备生活污水排放处理设施，这一般是通过一个整装的生物处理单元和/或曝气池完成，有时还需要采用滴滤池。由于不常见，本文不做详细介绍。

## 附录1 罐热损失及加热器计算

热损失和为了弥补热损失需要的加热器表面积通过以下步骤计算：

步骤1：确定罐内物质的温度。测量罐所在地的正常环境空气温度及风速。

步骤2：计算罐内介质和罐壁间的内膜传热阻力。可采用如下简化公式计算：

$$h_c = 8.5(\Delta t/\mu)^{0.25}$$

式中 $h_c$——与壁间的内膜传热阻力，Btu/(h · ft$^2$ · ℉)；

$\Delta t$——罐内介质与管壁间的温差，℉；

$\mu$——罐内温度下介质的黏度，cP。

热损失计算与假设的罐壁温度之间需要迭代计算。

步骤3：采用步骤2假设的罐壁温度，通过图24-20计算其向大气辐射的热损失；再通过图24-21计算罐壁向大气的对流热损失。注意此情况下假设的罐壁温度与环境空气温度之间的温差。用辐射热损失乘以图24-20中的辐射系数(emissivity factor)来校正此数值。对流热损失的校正通过下述步骤4所述的因子进行校正。

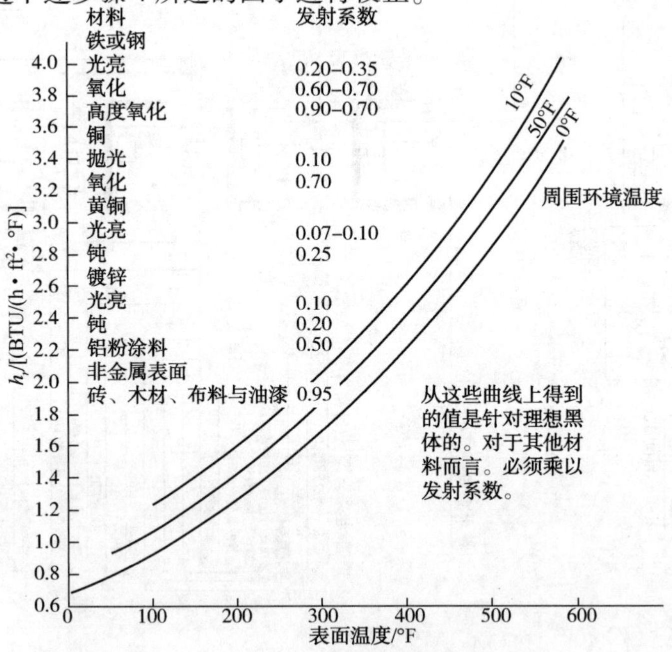


图24-20 辐射热损失图

步骤4：从图24-21所得的$h_{co}$值通过风速乘以下表中根据形状（竖直或水平）所选的形状因子进行校正。

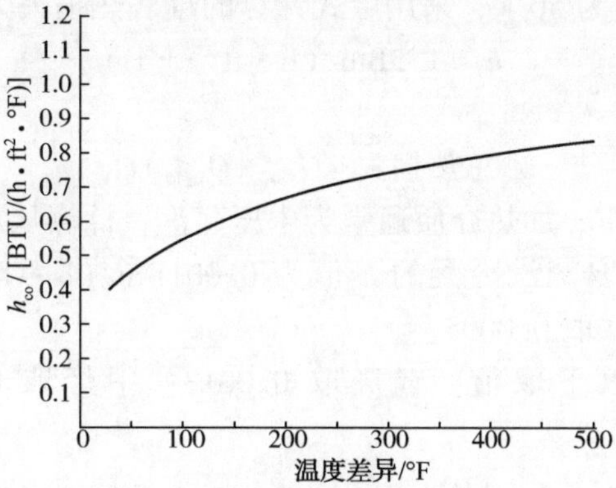


图24-21 自然对流的热损失

| | |
|---|---|
| 竖直板 | 1.3 |
| 水平板 | 2.0（迎面） |
| | 1.2（背面） |

风速校正采用以下公式：

$$F_w = F_1 + F_2$$

式中 $F_w$——风速校正因子；

$F_1$——200℉时通过$F_1 = (\text{MPH}/1.47)^{0.61}$计算得到的风速因子；

$F_2$——从图24-22中获取。

据此，校正后的$h_{co}$应×形状因子×$F_w$。

步骤5：从罐内物质传到罐壁的热量应等于罐壁传到大气的热量，因此：

罐内物质传递到管壁的热量"$a$"，单位为Btu/(h·ft$^2$)，则：

$$a = h_c \times \Delta t$$

式中 $h_c$——由步骤2得到；

$\Delta t$——罐内介质温度-假设的罐壁温度。

罐壁发散到大气的热量"$b$"，单位为Btu/(h·ft$^2$)，则：

$$b = (h_{co} + h_r) \times \Delta t$$

式中 $\Delta t$——假设的罐壁温度-空气温度。

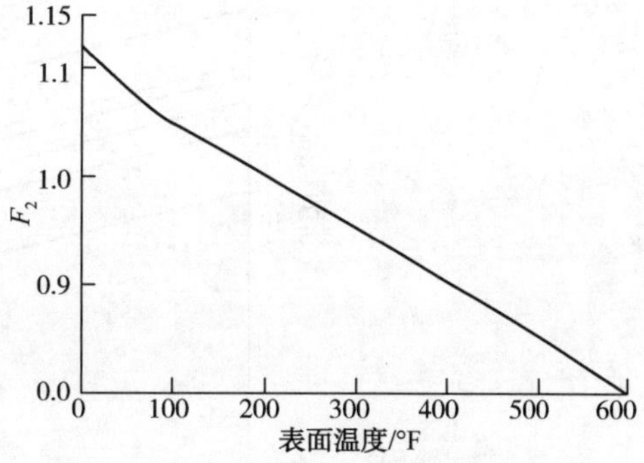


图24-22 $F_2$与表面温度的关系图

步骤6：根据假设壁温算出两个传热速率之差。差值($a-b$)可能为负或正，但只有当差值为0时，壁温才是正确的。用此壁温值再进行最后的验算。

步骤7：总的罐壁热损失为步骤6计算的值"$a$"或"$a$"乘以罐壁的表面积，单位为Btu/h即：

$$Q_{外壁} = h_c \times \Delta t \times (\pi D_{罐} \times 罐高)$$

步骤8：采用步骤2~步骤7的方法计算罐顶热损失。注意此时的形状系数应为朝上的水平板，表面积即为罐顶面积。

步骤9：假设地面温度为50℉，采用上式计算的罐底热损失为：

$$h_f = 1.5\text{Btu}/(\text{h} \cdot \text{ft}^2 \cdot ℉)$$

步骤10：总热损失为：

$$罐总热损失 = Q_{外壁} + Q_{罐顶} + Q_{地面}$$

步骤11：确定加热介质。加热介质通常为中压蒸汽；计算从加热介质到盘管或管程外壁的热阻。如果采用蒸汽，取蒸汽冷凝的 $h$ 值为 0.001Btu/(h · ft²℉)。蒸汽侧结垢热阻取 0.0005，管程金属热阻同样取 0.0005。

管外侧结垢系数按以下取值：轻烃取 0.0013；中烃取 0.002；重烃（如燃料油）取 0.005。

蒸汽至管外壁的热阻 = $1/(h+R)$，其中，$R = r_{蒸汽结垢} + r_{金属管材} + r_{外壁结垢}$

步骤12：假设盘管的外壁加热，然后用同样的迭代方式进行热损失计算，计算从蒸汽传至盘管外表面的热量“$a$”，单位是 Btu/(h · ft²)，则：

$$a = h \times \Delta_{ti}$$

计算盘管外表面至罐内介质的传热量“$b$”。

利用图24-23，可以得到 $h_0$，进而可以得到 $b = h_0 \times \Delta t_0$，其中 $\Delta t_0$ 为管外部和罐内介质的温差。重新假设盘管外部温度，使得 $a = b$。

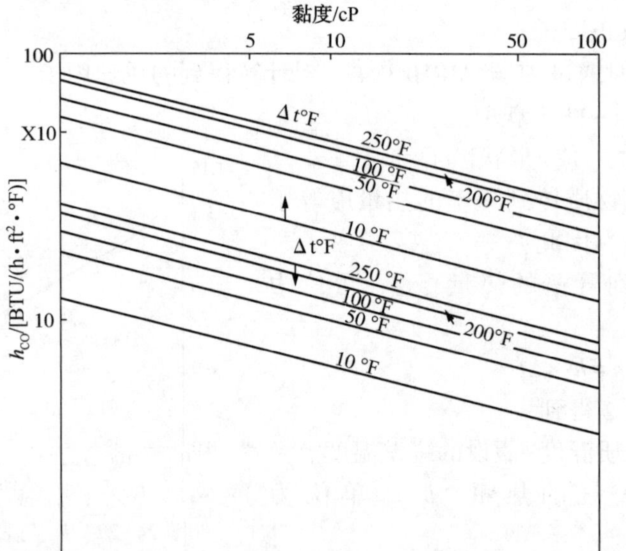


图24-23　对流传热系数

步骤13：采用步骤12得到的加热介质传热量“$a$”或“$b$”，单位 Btu/(h · ft²)，除以步骤10计算所得的总热损失，得到的就是为保持罐内温度所需的浸没式加热器的表面积。

采用此技术的一个计算示例见附录2。

## 附录2 罐加热器尺寸计算示例

问题：一个锥顶罐，罐内温度保持150℉，计算所需的加热盘管的表面积。环境平均温度65℉，年平均风速30MPH。燃料油的参数如下：黏度（μ）150℉时为36cP；相对密度在150℉时为0.900；罐采用125psig饱和蒸汽加热。罐直径60ft，高180ft。罐未保温，但涂有非金属彩色涂料。

解：（一）计算罐壁热损失

（1）第1次试算：假设罐壁温度为120℉。

$$h_i = 8.5(\Delta t_i/\mu)^{0.25}$$

式中

$$\Delta t_i = 150-120 = 30℉$$

$$h_i = 8.5\times0.955 = 8.12\text{Btu/(h}\cdot\text{ft}^2\cdot℉)$$

$$a = 8.12\times30 = 243.6\text{Btu/(h}\cdot\text{ft}^2)$$

$\Delta t_0$为罐壁和环境温度的温差，120-65=55℉

$h_{CO}=0.495\times1.3$（由图24-21得到）

风校正因子$F_W$如下：

$$F_1 = (\text{MPH}/1.47)^{0.61} = 6.29$$

$$F_2 = 1.04\text{（由图24-22得到）}$$

则：$F_W = 6.29+1.04 = 7.33$

$$h_{co}\text{（修正）} = 0.495\times1.3\times7.33 = 4.20\text{Btu/(h}\cdot\text{ft}^2\cdot℉)$$

辐射导致的罐壁热损失由图24-20可得到：1.18Btu/(h·ft²·℉)。校正的辐射热损失为$h_{ro}=1.18\times0.95=1.123$Btu/(h·ft²·℉)，则：

$b = (h_{co}+h_{ro})\times\Delta t_0$

$= (4.21+1.12)\times55 = 293$Btu/(h·ft²)

$a-b = 244-293 = -49$Btu/(h·ft²)

（2）第2次试算：假设罐壁温度为110℉：

采用与第1次试算同样的计算步骤：

$a-b = 172$Btu/(h·ft²)

（3）第3次试算：假设壁温115℉：

采用与第1次试算同样的计算步骤：

$a-b = 35$Btu/(h·ft²)

以上试算结果作线性图如右图。

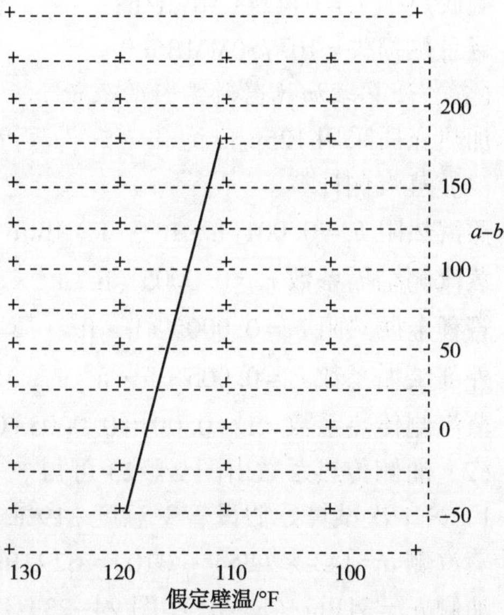


（4）最终试算：当罐壁温度为117℉时：

$h_{io} = 8.31$Btu/(h·ft²·℉)

$a = 8.31\times(150-117) = 274$Btu/(h·ft²)

$h_{co}$（修正）= 4.18Btu/(h·ft²·℉)

$h_{ro}$（修正）= 4.18Btu/(h·ft²·℉)

$b=(4.18+1.12)\times(117-65)=275.7$Btu/(h·ft²)

$a$ 和 $b$ 足够接近，因此总热损失为 275.7Btu/(h·ft²)。

罐壁表面积=周长×罐高=$\pi D\times180=33929$ft²

罐壁总热损=275.7×33929=9.35MMBtu/h

(二) 计算罐顶热损失：

(1) 第 1 次试算：假设罐顶温度为 116℉：

$$h_i=8.38\text{Btu/(h·ft}^2\text{℉)}$$

$$a=8.38\times(150-116)=284.9\text{Btu/(h·ft}^2)$$

$$h_{co}(\text{修正})=(0.470\times2.0)\times1.04\times6.29=6.35\text{Btu/(h·ft}^2\text{·℉)}$$

(注：本例题中由于罐顶朝上，则图 24-21 得到的数乘以 2)

$$h_{ro}(\text{修正})=1.165\times0.95=1.11\text{Btu/(h·ft}^2\text{·℉)}$$

$$b=(6.35+1.11)\times(116-65)=380\text{Btu/(h·ft}^2)$$

$$a-b=-95\text{Btu/(h·ft}^2)$$

(2) 第 2 次试算：假设壁温 110℉。

此时 $a-b=23$Btu/(h·ft²)，在可接受的范围内。

总热损失采用 $a$ 和 $b$ 的平均值为 338Btu/(h·ft²)。

罐顶总热损失=罐顶面积×338=2827×338=0.956MMBtu/h。

(三) 计算罐底热损失

假设地面温度为 50℉，传热效率 1.5Btu/（h·ft²·℉）。

总热损失=1.5 ×（150-50）× 2827=0.424 MMBtu/h。

(四) 罐总热损失

罐壁热损失=9.350MMBtu/h；

罐顶热损失=0.956MMBtu/h；

罐底热损失=0.424MMBtu/h；

罐总热损失=10.730MMBtu/h。

(五) 计算罐加热器所需盘管表面积

加热介质采用 125psig 饱和蒸汽；蒸汽温度 354℉。

(1) 蒸汽侧计算：

蒸汽热阻 $h_s=0.001$(h·ft²·℉)/Btu

蒸汽侧结垢系数 $r_1=0.0005$（h·ft²·℉)/Btu

管程金属热阻 $r_2=0.0005$（h·ft²·℉)/Btu

外部结垢系数 $r_3=0.005$（h·ft²·℉)/Btu

蒸汽侧传热系数=1/(0.001+0.0005+0.0005+0.005)=143Btu/（h·ft²·℉)

(2) 油侧传热系数由图 24-23 可得。

1) 第 1 次试算。假设管壁温度 319℉。

蒸汽侧 $a=143\times(354-310)=6292$Btu/(h·ft²)。

油侧 $h_0=31$Btu/(h·ft²)(图 24-23)。

$$\text{则：}b=31\times(310-150)=4960\text{Btu/(h·ft}^2)$$

$a-b=+1332$

2）第 2 次试算。假设管壁温 320℉。

此时 $a$ 计算结果为 4862，$b$ 计算结果为 5355。则：

$$a-b=-493$$

做线性图，可得 $a=b$ 时的管壁温度为 317℉。

3）最终试算。当管壁温度为 317℉时，

蒸汽侧 = 143×(354−317)

$a=5291\text{Btu}/(\text{h}\cdot\text{ft}^2)$

油侧 $h_o=31.2$(图 24-23)。

$b=31.2\times(317-50)=5210\text{Btu}/(\text{h}\cdot\text{ft}^2)$。

$a-b=81$，可以接受。

计算平均传热量：

$$U=(5291+5210)/2=5251\text{Btu}/(\text{h}\cdot\text{ft}^2)$$

需要的盘管表面积：

$$A=(10.73\text{MMBtu/h})/[5251\text{Btu}/(\text{h}\cdot\text{ft}^2)]=2043\text{ft}^2$$

# 第 25 章　石油加工中的环境控制与工程

## 25.1　引言

20 世纪后半叶，在炼油厂和其他石化生产装置的设计和运行过程中，管理处理原油产生的污染物越来越重要。本书的“石油产品和炼油厂配置”一章讨论了石油产品规范中为满足立法环境控制而发生的一些变化。选择这些产品是因为它们严重影响人民日常生活和身体健康，尤其是在工业发达国家。要求继续降低硫含量，同时，对油品质量的要求也越来越严格。

同样的变化和法规控制也出现在石化生产过程中释放的气体、水、固废排放等级上。随着对环保和健康影响的认知进一步加深，这些变化也变得越来越严格。

本章主要介绍为满足环保要求，在装置设计和运行中采取的措施。重点关注炼厂中的四个直接环境控制领域，包括几个子领域，分别是：

1）空气影响物：硫、挥发性有机碳(VOC)、氮氧化物、一氧化碳、颗粒物、二氧化碳、臭氧等。

2）水体影响物：需氧量、油脂、硫化物、氨化合物、酚类、碱、苯、硒、金属及其他潜在污染物。

3）固废：污泥、催化剂、废油，特定危险废弃物。

4）噪声等级：内部，界区外。

表 25-1 列出了炼厂内大气、水体、固体和噪声的环保问题，该表指出生产的每个单元中潜在问题点。本章将更详细地讨论这些问题。

## 25.2　大气排放物

### 25.2.1　简介

现在，政府的法规和已经公布的法律限制控制着大气排放。有关炼厂主要气体排放的众多法律法规中包括以下条款：

(1) 美国清洁空气法案(CAA)和修正案

该法案最初于 1970 年通过，包含了一些减少空气污染的创新条款。经过修改，它仍然是当今美国空气排放控制设计和实践的主要依据。法案中一些重要的措施、规定如下：

1）联邦和州政府颁布的法律法规。

2）美国环境保护署（EPA）对美国任何地方的空气污染都进行了限制，且州政府还可以规定更严格的指标，这一点在加州尤为明显。

**表 25-1 炼油装置物料中的一些关键环保问题**

| 生产区域 | 气体 | 水体 | 固体 | 噪声 |
| --- | --- | --- | --- | --- |
| 常压、减压蒸馏 | 烟气、逸散性气体 | 酸水（氨气、硫化氢、胺），电脱盐水（油），废碱 | 污泥，换热器清洗 | 转动设备，流体流动 |
| 焦化、热裂化 | 烟气、逸散性气体 | 酸水，切焦水，生产废水 | 污泥，换热器清洗，焦炭 | 转动设备，流体流动 |
| 流化催化裂化，气体分馏 | 烟气，逸散性气体，再生器烟气 | 酸水（氨气，硫化氢，酚类），废碱，生产废水 | 废催化剂，换热器清洗 | 转动设备，流体流动，催化剂流动 |
| 加氢装置 | 烟气，逸散性气体 | 酸水（氨气、硫化氢、油），生产废水 | 废催化剂，换热器清洗 | 转动设备，流体流动，高压泄放，放空 |
| 制氢装置 | 烟气，除氧器/脱气罐排放口 | | 废催化剂，换热器清洗 | 转动设备，流体流动，氢气放空 |
| 轻烃回收装置，烷基化 | | 废碱、废酸、生产废水 | 换热器清洗 | 转动设备，流体流动 |
| 催化重整装置 | 烟气 | 生产废水 | 废催化剂，换热器清洗 | 转动设备，流体流动 |
| 硫黄回收，酸水汽提 | 烟气，焚烧炉烟气，硫池或液硫储罐排放口（$SO_x$，$H_2S$） | 酸水，尾气处理单元的废水 | 污泥，硫黄，换热器清洗 | 转动设备，流体流动 |
| 废水处理装置 | 逸散性气体 | 工业废水，雨水 | 污泥 | 转动设备，流体流动 |
| 罐区 | 逸散性气体 | 罐排水沟排水，罐排水 | 罐内污泥 | 转动设备，流体流动 |
| 火炬 | 燃烧烟气 | 酸水，含油污水 | | 火炬噪声，紧急放空，转动设备 |
| 炼油厂公用工程 | 逸散性气体，凉水塔 | 雨水，含油污水排空 | 垃圾（含有害和无害） | |

3）EPA 复审和核准州政府实施计划（SIPS）。

4）CAA 包括美国各州和国际污染物排放限制规定。

5）预防严重恶化（PSD），将美国各区划分为达标（满足所有排放规定的）区域和不达标（不满足一些排放规定的）区域，每一类区域的工厂有不同的许可证。

6）建立排放物的认可体系。

7）执行条款，包括民事和刑事处罚。

8）要求公众参与许可证的认定。

9）通过市场刺激手段来降低污染物。

10）工厂的新污染源性能标准(NSPS)：最佳实用控制技术(BACT)。

11）空气毒物规则，最大允许的控制标准(MACT)和残余风险和技术评审(RTR)。

（2）欧盟相关的规章与制度

1）欧盟的减排目标是到2020年降低20%的温室气体排放(和1990年相比)，同时增加20%的可再生资源的使用，降低总能源使用量的20%。

2）提高燃料质量和柴油生产标准

3）工业排放制度(IED)，当地政府结合各种方案、可行性好的技术以及当地条件，控制工厂的二氧化硫、氮氧化物、颗粒物和VOC的排放。

4）大气污染物专题策略(TSAP)，根据当地受影响程度提供排放物的限制参考值。

5）能源税收制度(ETD)，仍然在建议阶段(2014)，征收额外的能源税和二氧化碳排放税的法令。

6）可再生能源制度，主要对产品规格产生影响。

7）燃料质量制度，主要影响产品规格、温室气体的排放

（3）国际海洋组织(IMO)法规

国际防止船舶污染公约(73/78防污条例或防污公约)规定了燃油和船舶排放的最大硫含量，主要影响燃油品质，迫使炼油厂生产低硫燃油。

（4）各州监管权

1）加利福尼亚州空气资源委员会和当地空气管理部门，在减少炼油厂允许排放方面一直处于领先地位。美国的监管机构通常会在几年内效仿加州当局的标准。

2）燃料油，美国东海岸要求汽车主要使用低硫燃油。个别州甚至采用的是硫含量远远低于EPA标准的燃油，这就要求炼油厂进一步降低燃油硫含量。

（5）亚洲

1）首要关注降低$SO_2$的排放，特别是在部分地区采取一些限制条件控制$SO_2$排放。

2）中国采取划分区域规定$SO_2$排放值的方法，例如在一些保护区域，像风景区、历史遗址、保护栖息地等排放标准更为严格。区域空气质量(RAQ)标准于2014年生效，规定$SO_x$、$NO_x$、颗粒物等排放标准。

3）印度环保法案，于1986年生效，规定$SO_x$、$NO_x$、VOCs等排放标准。

### 25.2.2 炼油厂排放物的来源和影响

表25-1提供了部分炼油厂污染物和大气排放物的来源。在这里，我们将更仔细地研究受管制的最常见的空气排放物，并进一步关注这些排放物产生在炼厂的具体位置。具体讨论：硫($SO_x$，$H_2S$，有机硫化物)，氮氧化物($NO_x$)，碳氧化物(CO，$CO_2$)，颗粒物(特别是，PM-10)，挥发性有机碳(VOC)，臭氧，氨，甲醇，铅，汞。

表25-2是这些污染物的来源、对人健康以及环境的影响和涉及的财产损失方面的概述。

### 25.2.3 大气排放物控制

介绍关于表25-2中列出的各种大气污染物的常见控制方法。

表25-2 炼厂大气污染物的来源和影响

| 大气污染物 | 来源 | 健康影响 | 环境影响 | 财产损失 |
|---|---|---|---|---|
| 硫化物 | | | | |
| 硫氧化物（主要是 $SO_2$） | 加热炉及其他含硫化物燃料的燃烧释放源；硫黄回收装置的尾气和放空气；一些生产过程（如Edeleanu工艺）；产生的污垢中硫化亚铁自燃；催化裂化的再生器 | 短时间接触：呼吸系统问题（刺激、支气管收缩症状）。<br>长期接触：类似哮喘症状，肺功能衰弱 | 与其他化合物反应形成颗粒物和气溶胶（烟）。增加公众的呼吸系统问题。酸雨的主要原因 | 形成硫腐蚀及低浓度酸雨腐蚀石头、构筑物 |
| 硫化氢 | 下水道放空；罐密封（尤其是酸性水储罐）；生产释放或泄漏；酸性水管道的逸散性挥发；检维修工程 | 剧毒。<br>短时接触：最大10ppm只能接触8h。15ppm只能接15min。暴露在500ppm以上可短时间致死。详见"石油加工中的有毒有害物质"。<br>长期接触：损坏肺、上呼吸道、眼睛和中枢神经系统 | 设施附近恶臭。$H_2S$会被氧化成硫氧化物，对环境影响与 $SO_2$ 相似 | 同 $SO_2$ |
| 有机硫 | 管道、阀门、罐的逸散性挥发；泄漏 | 以乙基硫醇为参照。短期接触：刺激呼吸系统和皮肤，咳嗽，味觉丧失，恶心反胃，呕吐，器官损伤，神志不清及昏迷。长期接触：中央神经系统损伤 | 设施附近恶臭；RSH会被氧化成硫氧化物，对环境影响与 $SO_2$ 相似 | 同 $SO_2$ |
| 氮氧化物（$NO_x$，主要是 $NO_2$） | 汽油、燃料气、燃料油、天然气和煤的燃烧，使用炼厂油品的机动车是 $NO_2$ 的主要来源 | 肺损伤，肺和呼吸道的疾病（呼吸系统疾病） | 形成酸雨（酸性气溶胶）的主要因素，破坏树木和湖泊。酸性气溶胶还会降低能见度 | 形成低浓度硝酸或含氮酸腐蚀石头、建筑物 |
| 碳氧化合物 | | | | |
| 一氧化碳 | 机动车燃料、燃气、燃油、天然气、煤等不完全的燃烧，FCC再生器 | 降低血液的携氧能力。可能加速心脏或循环系统问题，呼吸系统问题 | 会氧化成 $CO_2$，对环境影响与 $CO_2$ 相似 | 作为CO无特别问题 |

续表

| 大气污染物 | 来源 | 健康影响 | 环境影响 | 财产损失 |
|---|---|---|---|---|
| 二氧化碳 | 机动车燃料、燃气、燃油、天然气、煤等的燃烧，SMR制氢装置，焚烧炉，FCC再生器 | 短期接触(急性)：窒息，呼吸道疾病，头晕，头痛，血液循环系统问题，发炎，应激反应，呕吐，失去意识，死亡。<br>长期接触：低浓度下无显著影响，>10%时会快速失去意识 | 主要的温室气体。<br>酸雨的因素之一。<br>大气中几百ppm的正常浓度下，能刺激植物光合作用 | 高浓度下类似$SO_2$ |
| 颗粒物质(尤其是PM10)-尘埃、烟、烟灰 | 燃料的燃烧，工业生产，添加催化剂，建筑施工，道路施工，炼厂外的生产，FCC再生器 | 鼻子喉咙发炎，肺损伤，支气管炎，长期接触高浓度容易早死。粉尘中的化学物质可能产生危害，如催化剂粉尘中的硅和镍 | 颗粒物降低能见度。粉尘中的化学物质可能影响环境 | 灰，煤烟，烟，灰尘会使建筑物和其他的包括衣服和家具等变脏、褪色，某些粉尘还会加剧腐蚀 |
| 挥发性有机碳(VOC) | 燃料油的不完全燃烧，溶剂、轻烃的逸散性挥发和泄漏(如苯、甲苯、二甲苯等)，油漆、胶水、机动车化学物的逸散性挥发和泄漏，火炬即放空 | 除了臭氧(烟雾)的影响，还会造成严重健康问题，如癌症等。大多数还是有害的大气污染物，可导致各种疾病(如苯) | 除了臭氧(烟雾)的影响，一些VOCS如甲醛、乙烯，对植物有害 | 一些溶剂和有机物会损坏油漆、弹性体和纺织物等 |
| 臭氧($O_3$) | 通常会和其他污染物发生反应：$NO_x$和$VOC_S$。<br>一些冷却水装置或废水处理装置会使用臭氧 | 呼吸问题，降低肺功能，哮喘，刺激眼睛，鼻塞，降低人体对感冒和其他感染的抵抗力，会加速肺组织的衰老 | 破坏植物树木、烟雾会降低能见度 | 损坏弹性体、橡胶、油漆、纺织物等 |
| 氨气($NH_3$) | 脱硝系统泄漏，酸性水泄漏，酸性水罐，制氢装置脱气罐，其他逸散性挥发 | 刺激腐蚀皮肤、眼睛、呼吸道、黏膜。高浓度下会导致化学烧伤。低浓度下是刺激物 | 能氧化成$NO_2$，在正常可控浓度下，$NH_3$不是主要的环境问题，会形成废水问题 | 在正常的气相浓度下没有明显的腐蚀性 |
| 甲醇($CH_3OH$) | 泄漏，逸散性挥发，制氢装置脱气罐 | 高浓度下有毒。是主要刺激源。长时间接触会导致皮肤过敏，对某些器官有毒。可经皮肤吸收 | 与金属、酸和氧化物反应。在大气氧化成低害物质。半衰期3~30天 | 在正常的气相浓度下没有明显的腐蚀性 |

(1) 硫化物

对于大多数燃烧产生的硫氧化物，主要的控制方法是降低燃料中的硫化合物。在本书中“炼厂气的处理工艺”章节中详细深入研讨了炼厂气处理方法。其中内容我们不再一一重复，只强调采用胺溶液(或其他溶液)吸收洗涤处理酸性气中的 $H_2S$，生产低硫燃料气体。胺液进行再生处理，释放的 $H_2S$ 送去硫黄装置进行硫回收(稍后阐述)。

胺液吸收不能除去气体中的所有硫化物。羰基硫(COS)和硫醇通常仍然存在。正常情况下，炼厂气残余硫含量足够低，就可用作燃料，但有时会出现除去 $H_2S$ 之后硫含量仍过高的情况，这种情况可以采取以下方法：碱洗脱硫醇(例如 MEROX 法，Merifining 法)；物理吸收性溶剂、吸附剂处理或者加氢处理去除 COS。

1) 碱洗处理：

图 25-1 是一种典型碱洗处理工艺。含有硫醇和其他硫化物的气体在碱洗塔中与含催化剂的碱液循环接触。碱液选择性吸收硫化物，同时残留的 $H_2S$ 也会被吸收。硫醇在溶液中与碱发生吸收反应。

$$2RSH(v)+2NaOH(aq) \longrightarrow 2NaSR(aq)+2\ H_2O(l) \qquad (25-1)$$

富碱液被送去再生器，在再生器中，少量过量的空气将 NaSR 氧化成二硫化物：

$$4NaSR(aq)+O_2(aq)+2\ H_2O \longrightarrow 2RSSR(aq)+4NaOH(aq) \qquad (25-2)$$

二硫化物(RSSR)最终被分离出来送到加氢装置转化成 $H_2S$ 后被脱除。剩余的硫醇只有痕量等级。这些工艺不能显著去除羰基硫(COS)。

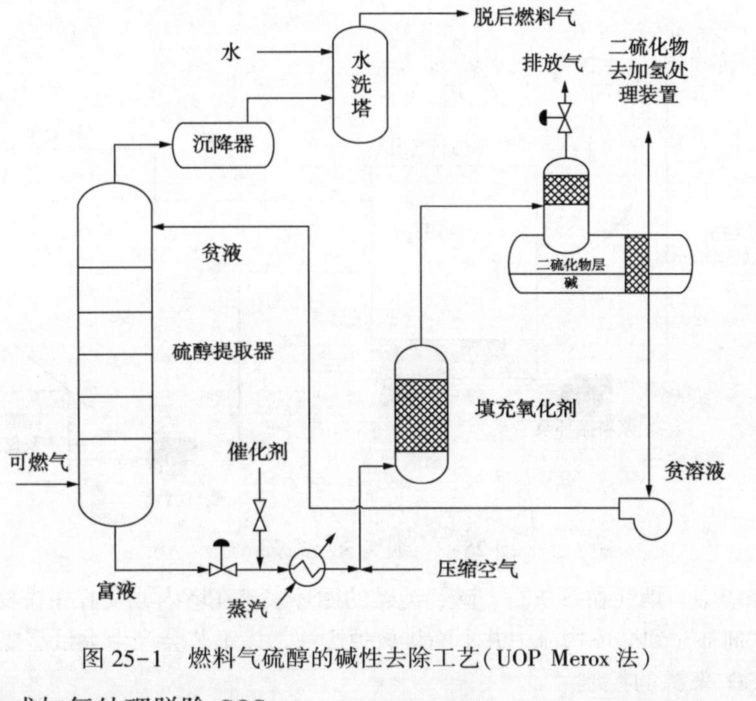


图 25-1 燃料气硫醇的碱性去除工艺(UOP Merox 法)

2) 溶剂吸收或加氢处理脱除 COS

通常，羰基硫在燃料气内含量非常低，在脱除 $H_2S$ 和硫醇后，基本没什么影响。但如果燃料气内仍存在大量硫，那么可以采用选择性溶剂、吸收剂、加氢处理方法来脱硫。

有些能吸收 $H_2S$ 的溶剂也能吸收 COS。在这些溶剂里最典型的是物理溶剂，如环丁砜法(Sulfinol)。MEA、DEA、DGA 也可以去除部分 COS 和其他硫化物，但这些溶剂同时会被 COS 降解。举个例子，环丁砜法(Sulfinol)就是将二异丙醇胺(DIPA)或 MDEA、环丁砜(二氧化四氢噻吩)和水组成的混合溶剂用于再生吸收系统，类似于胺吸收系统。

有很多可以直接脱 COS 的吸收剂。这些工艺有再生的和不可再生的。在某些工艺中，所有的硫先直接加氢处理成 $H_2S$，然后被吸收。这些工艺技术主要有几家供应商提供，如 John Matthey、Sud-Chemie、BASF、UOP、Alcoa 等。

最后，燃料气直接加氢处理之后进行胺吸收也是一种方法。在加氢处理中，所有的硫在吸收之前都转化为 $H_2S$，这与一些固体吸收剂的选项类似。

(2) 燃料油硫含量控制

燃料油燃烧时，油中的硫会转化为 $SO_x$。控制燃料油燃烧产生 $SO_x$ 排放与控制燃料气燃烧产生 $SO_x$ 排放一样，可通过燃烧前先脱硫实现。在这种情况下，必须通过对燃料油进行严格的加氢处理，将硫降低到所需的水平。从成本上看，用燃料气来代替燃料油更经济。因此，在环境排放限值严格的地方，很少能看到燃油加热炉。如果确实需要燃烧低硫燃油，本书“石油加工中的加氢处理”一章将探讨脱硫工艺。

对于烧燃油的大型炉子或者 FCC 烟气，烟气洗涤是另外一个方法。洗涤的额外好处是可以有效控制 $NO_X$ 和颗粒物的排放。图 25-2 为烟气洗涤的简化工艺流程。

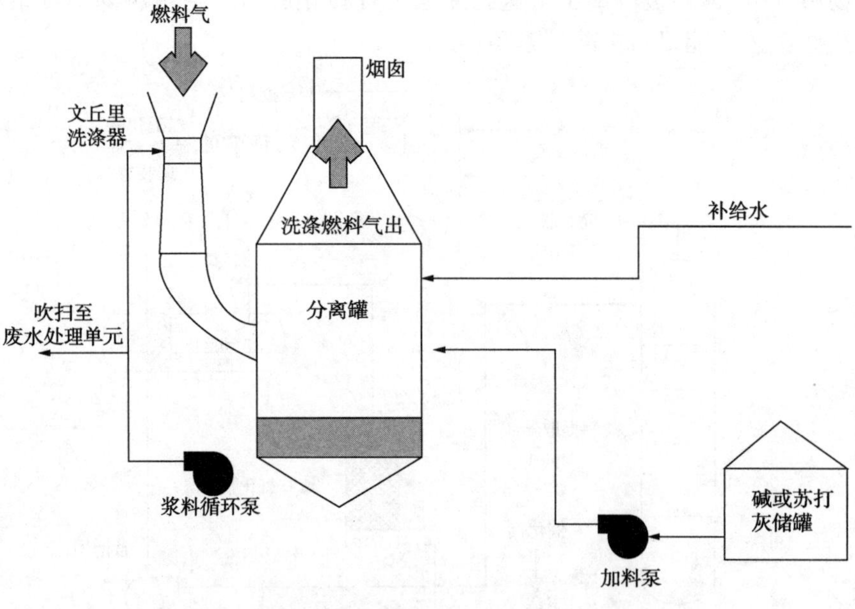


图 25-2 烟气 $SO_x$ 洗涤系统

在烟气洗涤塔中，烟气和石灰石、碱、纯碱的循环浆流在塔内或文丘里洗涤器内接触，这需要不断将化学试剂补充到循环物流中并不断排放掉废液。该工艺会产生大量需要处理的废液。

(3) 其他 $SO_x$ 来源的控制

液硫池和液硫储罐的排放气含有大量 $SO_2$ 气体。这些污染源排放物控制的措施包括：

1) 如果排放限制允许的话，可以将该气体和硫黄回收的排气相连，并通过烟囱中的焚烧炉排放。

2) 可与工艺空气混合进入前端的反应炉。

3）可送到碳酸氢钠的洗涤塔。

4）可送到制氢反应器前的尾气处理单元。

因为液硫池蒸气也含有 $H_2S$，气化硫和其他化合物，这些会影响处理工艺的选择。

很少有特意使用 $SO_2$ 的工艺，因此我们不再赘述，只需注意生产中逸散性的 $SO_2$ 处理，通过使用适当的设计和操作管控 $SO_2$ 的排放。

硫化亚铁是炼厂内设备管线腐蚀的产物。硫化亚铁通常会自燃，在干燥后并暴露在空气时候它就自燃起来。燃烧会产生 $SO_2$，且产生的 $SO_2$ 量很大。如果罐内或者污泥内有硫化亚铁，就必须特意用过氧化物或其他氧化物来处理，将其氧化成稳定的硫形态再进行处理。有些燃烧会产生 $SO_2$ 的固体或者半固体会被保存在潮湿环境阻止燃烧，直至被妥善处理。

（4）硫化氢($H_2S$)

炼厂生产中形成最普遍的硫形态是硫化氢。硫化氢的排放控制主要是通过回收 $H_2S$ 并送至硫黄回收装置。我们稍后讨论硫黄回收工艺。

因为 $H_2S$ 在工厂内无处不在，所以在多个地方都可能有 $H_2S$ 排放，包括：下水道排气口；罐气和罐密封，尤其是酸水罐；生产中采样和排气时释放；填料、法兰及其他管件的泄漏；压缩机和泵密封；检修作业，如加盲板。

“石油加工的公用工程”的一章内细述了下水道排气中 $H_2S$ 的控制方法。如果这些排气的 $H_2S$ 存在问题，会将其送至一个罐中再到排放点。

对于储罐排气，根据罐的类型，有两个选择可供参考：

1）锥形顶罐：这些罐采用惰性气密进行保护，而惰性气体可以回收或者送去焚烧。有些罐采用内浮顶，这样的话则采用针对浮顶罐的措施。

2）浮顶罐：这些罐使用双密封来减少逸散性挥发。酸性水罐的环隙可用柴油或煤油来进一步抑制 $H_2S$ 逸散性挥发。

总之，最好不要将 $H_2S$ 酸水放到敞口、未有惰性气密或者单密封的储罐。

控制好生产中的排放是良好操作的基本要求。例如，在有其他去向的条件时，禁止将 $H_2S$ 酸性气直接排放大气。通常，将酸性流体送至火炬、酸性水、闪蒸罐或者其他密闭系统内。当然，比起直接排放 $H_2S$，将 $H_2S$ 燃烧成 $SO_2$ 更安全。

当酸性物流采样的时候，除了包括空气呼吸器的个人防护品之外，应尽量降低排放量。如果采样前要先吹扫一段时间，需要将采样吹扫设计为一个密闭循环系统，从快速循环回路上采样，这样就能尽量减少排放量。

控制管道、阀门、管件、法兰及其他接头的泄漏，应格外注意安装质量并在使用前试漏。发现任何轻微 $H_2S$ 气味时应认真查漏并消除漏点。控制阀门经常出现泄漏。一般设计特殊填料来减少泄漏的密封点，同时结合检测仪器的常规检测法来“嗅探”潜在泄漏点(不是用你的鼻子)。

为防止酸性气的泄漏，压缩机和泵的密封依然在不断改进。以下有几种改进版本：双机械密封(包括密封流体)、无密封泵、氮气隔离吹扫往复压缩机填料、密闭或可控的往复压缩机间隔件。

最终我们不得不打开管道或者设备来检维修。很多检维修作业很容易释放 $H_2S$。检维修时最主要的问题是会让人员暴露在 $H_2S$ 环境内，例如检维修前的隔离盲板安装。我们都在尽最大努力去消除系统内的所有 $H_2S$，但是它总是在意想不到的地方逸出。良好的停工和检

维修作业应将 $H_2S$ 的逸散性排放降至最低。

因此我们将介绍减少 $H_2S$ 排放的主要途径：硫黄回收装置。

(5) 克劳斯(Claus)工艺

目前硫回收的主要工艺是克劳斯工艺。克劳斯工艺主要是依靠克劳斯反应，将 $H_2S$ 转化成单质硫。

$$10\ H_2S+5\ O_2 \longrightarrow 2\ H_2S+SO_2+7/2\ S_2+8\ H_2O \tag{25-3}$$

图 25-3 是克劳斯工艺流程。

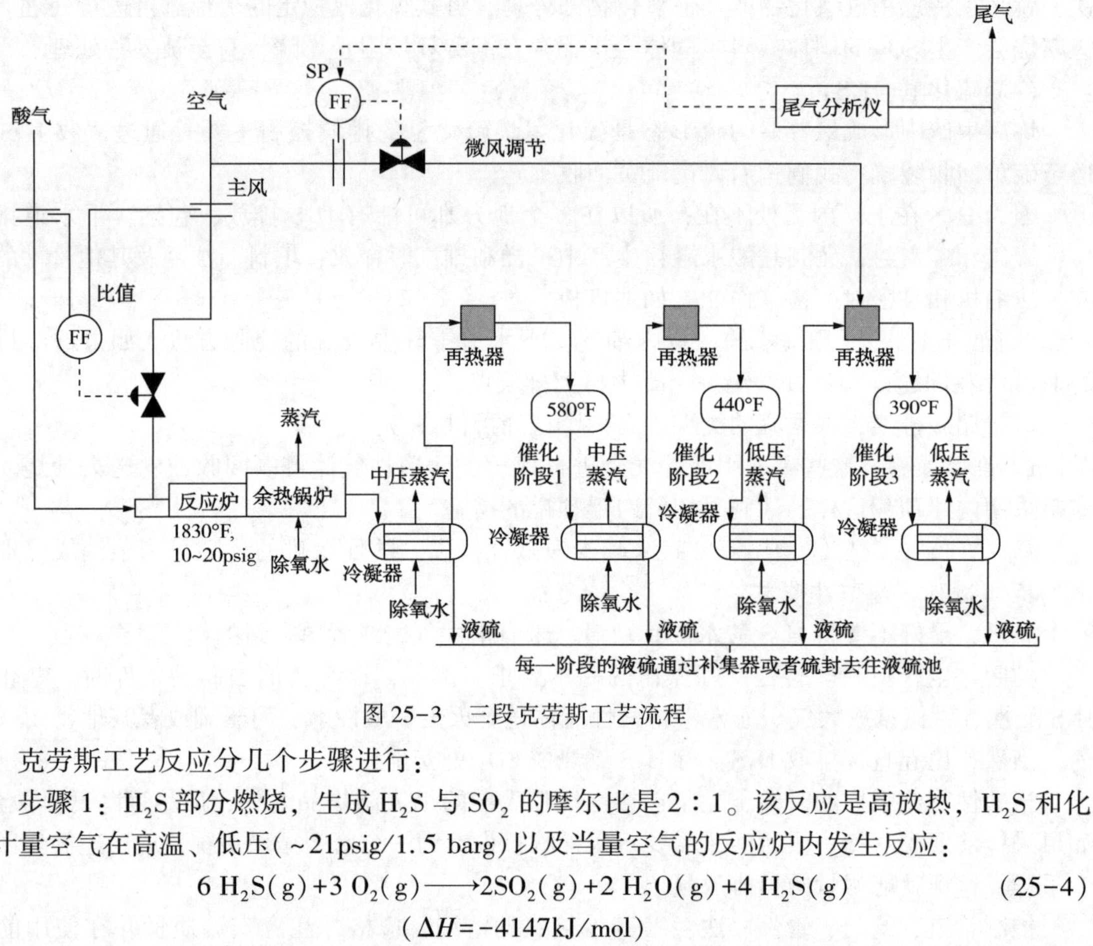


图 25-3　三段克劳斯工艺流程

克劳斯工艺反应分几个步骤进行：

步骤 1：$H_2S$ 部分燃烧，生成 $H_2S$ 与 $SO_2$ 的摩尔比是 2：1。该反应是高放热，$H_2S$ 和化学计量空气在高温、低压(~21psig/1.5 barg)以及当量空气的反应炉内发生反应：

$$6\ H_2S(g)+3\ O_2(g) \longrightarrow 2SO_2(g)+2\ H_2O(g)+4\ H_2S(g) \tag{25-4}$$

$$(\Delta H=-4147\text{kJ/mol})$$

步骤 2：$H_2S$ 和 $SO_2$ 通过克劳斯反应生成单质硫。到反应炉末端，大约 2/3 的 $H_2S$ 已转化为硫黄。反应炉出口温度~1830℉(~1000℃)：

$$2\ H_2S(g)+SO_2(g) \longrightarrow 3S(g)+2\ H_2O(g)$$

$$(\Delta H=-1166\text{kJ/mol}) \tag{25-5}$$

步骤 3：反应炉出口流体通过余热锅炉和蒸汽发生器冷却，生成的硫被冷凝，硫从蒸汽发生器以液体形式，通过带蒸汽夹套的硫封腿或者硫捕集器分出。

步骤 4：剩下的过程气通过高压、过热蒸汽换热器或者内燃管加热器进行加热，然后通过主要是氧化铝的催化剂床层，压力仍然很低，温度~580℉(~305℃)。氧化铝催化克劳斯反应，将 2/3 的剩余 $H_2S$/ $SO_2$ 转化为硫。

步骤5：反应产物再次被冷却，硫被冷凝成液硫分出。总的来说，原料中大约89%的$H_2S$被以液硫形式回收。

步骤6：步骤4和步骤5通常重复两次，反应温度分别为437℉和392℉（225℃和200℃）。这种“三段克劳斯”反应结束时，总硫回收率约为98%~99%。后续各阶段的硫冷凝器工作温度略低，但仍在保持硫熔融温度范围内。

步骤7：克劳斯阶段的液硫通常收集在封闭的硫黄池中，并使用蒸汽盘管维持在285℉（140℃）左右。硫黄池中的气体可通过蒸汽夹套的通风口在高点排放，也可通过空气或惰性气体吹扫。这些处理方案在关于二氧化硫排放的一节中进行了讨论。如果硫黄池内气体积聚，可能引发火灾，须用消防蒸汽来灭火。

步骤8：克劳斯工艺线上的所有管道都保持在285℉（140℃）左右，不能太热或太冷，以防止硫凝固。

尽管有些工厂使用四级，但是三级以上的克劳斯只有边际价值。通常，如果必须达到更高的回收率，需要采用一个尾气单元程，我们将在下一节介绍。

1）烧氨克劳斯工艺：

克劳斯工艺在炼油厂还有一个用途。从所有炼油厂装置收集的含硫污水，在含硫污水汽提塔（SWS）中通过蒸汽汽提脱除硫化氢和氨。这一过程在“水和废水”一节中有详细的说明。目前，最有必要知道的是汽提塔产生的气体是含有高浓度的氨、硫化氢和水蒸气的混合气体，在温度大约为170℉、压力大约30psig（~2barg）可进入克劳斯炉。

汽提塔顶酸性气体可引入克劳斯装置的反应炉中。汽提塔顶酸性气与溶剂再生系统的$H_2S$气体分区进入克劳斯装置反应炉。这些系统的设计是专有技术，最终会得到一个可以同时处理氨和硫的烧氨克劳斯工艺。

氨在反应炉中分解，所需温度为2250℉（1230℃）。燃烧后氨残余量将小于30ppm，这可以防止铵盐在下游的冷却器催化剂床层中沉积。

$$2\ NH_3+3/2\ O_2(g)\longrightarrow N_2(g)+3\ H_2O(g)\ (\text{吸热}) \quad (25-6)$$

2）克劳斯过程的控制：

克劳斯装置需要注意些什么呢？

① 进入克劳斯装置的原料剧毒，吸入一口就会致命。胺再生系统的酸性气约含85%的硫化氢，汽提酸性气中硫化氢和氨的浓度都很高，人身安全和泄漏一直是人们关注的问题。一般来说，硫黄厂区域的臭味最少，因为操作人员了解它的风险并保持警惕，用心操作。

② 优化克劳斯装置，关键是控制好$H_2S/SO_2$的比例。现在已经有可靠的$H_2S/SO_2$在线分析仪。在线分析仪对克劳斯单元出口的尾气（或在尾气装置中）进行分析，并使用该结果来微调空气/进料比。

③ 对于克劳斯反应和氨燃烧，反应炉必须保持在正确的温度范围内。如果温度太低，转化率将不足，催化剂床层和换热器将堵塞。如果炉子温度过高，会将耐火材料或余热锅炉损坏。

④ 克劳斯装置的回收率会到受大气压力的影响。由于硫蒸气压力会影响冷凝器的性能，因此高海拔的克劳斯装置回收的硫不会像低海拔那样多。

⑤ 克劳斯装置的负荷调整能力有限。有些装置在启动或“热备用”时有辅助的天然气燃烧，但这很难控制且产生大量的水。不当的空气/燃料比，极有可能会造成催化剂床层积炭

堵塞。

⑥ 空气/进料比至关重要。对于克劳斯反应，它必须保持精确的化学计量。细微的差别通常意味着床层堵塞或设备损坏。

⑦ 原料中烃含量通常是克劳斯装置中的主要问题。碳氢化合物将消耗大量空气，并夺走 $H_2S$ 和 $NH_3$ 的燃烧空气。克劳斯装置的空气系统通常无法提供足够的空气来支持非大量的氢碳化合物的燃烧，因此碳氢化合物将形成炭黑，堵塞催化剂床层。

因此，从控制的角度来看，应进行如下操作：跟踪进料量、成分和条件；定期计算回收率；调整空气/进料比；跟踪尾气中残留的硫含量；仔细关注蒸汽发生系统；观察反应炉温度和燃烧状态，使其尽可能接近最佳状态；确保催化阶段温度处于最佳范围。

3）克劳斯尾气处理工艺：

克劳斯尾气经过处理后，通常可以被送往焚烧炉，并在许多地方排放到大气中。经过三级克劳斯催化反应，硫的回收率接近99%。剩余的硫在排放前燃烧成 $SO_2$。

然而，在许多国家和地区，99%的硫回收率仍然不够。回收率至少需要99.9%或在烟囱尾气中总硫小于10ppm(体)。尾气处理技术的开发是为了回收更多的硫。

通常采用两种方法：

① 最常用的方法是将所有的硫化物加氢生成 $H_2S$，然后用碱性溶液去除。

② 将所有硫化物燃烧成二氧化硫，然后用碱性溶液去除。

图25-4为最常见的加氢并使用胺类溶剂进行吸收的典型工艺流程。这一工艺的各种设计是由几家技术许可方以专有技术的方式提供。

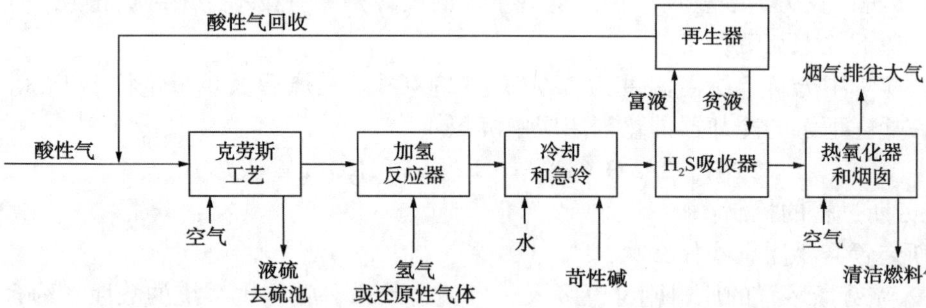


图25-4　典型的胺吸收法克劳斯尾气处理工艺流程框图

离开克劳斯单元的气体中 $H_2S:SO_2$ 摩尔比为2∶1，还含有少量其他形态的硫和气化硫。溶剂系统主要是脱除硫化氢，因此尾气装置的第一步是将所有的硫化物转化为硫化氢。该步骤的氢气可由外部氢源(制氢装置)或通过管内还原气发生器燃烧(按次当量化学燃烧)提供。

克劳斯尾气被加热到大约570℉(300℃)，进入加氢反应器。该反应器含有钴钼催化剂，它可以促进所有氧化态的硫化物还原为硫化氢。催化剂床层的实际温度可能不同，这取决于催化剂的选择和催化剂的使用年限。主要反应是：

$$SO_2+3\,H_2 \longrightarrow H_2S+2\,H_2O \tag{25-7}$$

加氢反应器出料在换热器中冷却，然后进入急冷塔。因为二氧化硫会降解吸收剂，所以在某些工艺中，急冷塔会有一个碱洗段，以吸收残留的微量的二氧化硫，离开急冷塔和冷却系统的气体温度在100~130℉(80~90℃)范围内。

冷却后的气体进入一个塔盘或者填料的吸收塔，并用贫液将气体中的硫化氢洗掉。已使用的吸收剂溶液包括用于燃料气洗涤的胺(MEA、DEA、MDEA、UCARSOL 等)或蒽醌二磺酸(钒)等化学溶液。

吸收后的气体中残留的总硫化合物应少于 10ppm。最终将其送至焚烧炉，将所有的硫化氢转化为二氧化硫，实现烟囱安全的排放。到此为止，超过 99.9%的硫被去除。

富液被送到再生系统。对于胺和大多数其他吸收剂来说，富液只是将其吸收的硫化氢蒸发出来，就像在任何胺吸收系统中一样。释放的硫化氢返回克劳斯装置的前端，汇入酸性气进料中。

在很少见的蒽醌二磺酸尾气处理工艺，溶液中的钒通过吸收 $H_2S$ 而被还原，在一个搅拌的大型多级氧化罐中用空气将其氧化回较高的氧化状态。吸收的硫化氢同时转化为硫黄泡沫，从氧化罐顶部被撇去。

4) 可替代的流程：

如上所述，尾气净化的另一种方法是将残留的硫化合物完全氧化成二氧化硫，然后用碱液吸收，最后氧化成硫酸盐的形式。这些流程也由许可方作为专有技术提供。在这种情况下，最终硫将会以硫酸钠溶液的形式被去除，这是相对无害的。

5) 尾气处理装置的监测与运行：

尾气系统的监测和运行通常包括：

① 分析(通常是连续性地)烟气并对烟气硫含量进行趋势分析。有问题会第一时间发现。

② 吸收液的化学分析和趋势分析，包括贫液和富液负荷、碱度和酸碱度(在某些情况下)，以及降解盐含量的累积。

③ 必要时回收吸收液或去除吸收液中的盐。有公司和处理过程提供这些服务。

④ 急冷塔循环溶液中的化学成分、pH 值、碱度、有效碱。

(6) 有机硫化合物

石油加工厂中还有许多其他的有机硫化合物，包括燃料气中的硫醇以及用于加氢处理和催化重整装置的开工的硫化剂。前者已经详细讨论过，下面讨论工艺过程中使用到的硫化物。

炼油过程中常见的硫化物包括：

1) 二甲基二硫化物(DMDS)：加氢处理活化，重整开工硫化。

2) 二叔壬基聚硫化物(DNPS)：加氢处理活化。

3) 二叔丁基聚硫化物(TBPS)：加氢处理活化。

这些化学物质往往是空气中的呼吸道刺激物，使皮肤过敏，但它们的使用仅限于炼油厂的部分区域。从经验来看，DMDS 是一种很好的鞋用药剂！通常通过确保不发生泄漏并立即中和任何泄漏来完成对它的管理。5%的漂白剂溶液足以控制这些恶臭化学品的中度泄漏。

总之，对于潜在的有机硫逃逸和排放，小心处理和迅速解决泄漏，可以消除问题。

(7) 氮氧化物($NO_x$、$NO_2$)

石油加工厂的氮氧化物排放几乎全部来自燃烧，因此控制的重点就是这些燃烧源。通常涉及四个领域：从燃料气中消除氮化合物，如游离氮化合物和氨；燃烧器设计，以降低燃烧炉中的氮氧化物生成；控制加热炉中的过量空气；通过选择性催化和非催化还原(分别为 SCR 和 SNCR)，去除生成的氮氧化物。

1) 燃料气中游离的氮化合物：

燃料气体具有微量的胺化合物，其从胺吸收塔与氨一起携带出来，由胺降解或其他来源产生。如果这些游离氮化合物到达燃烧器，则氮将至少部分地转化为 $NO_x$。

此外，燃料气集管中的胺液会促进腐蚀和形成铵盐，从而堵塞燃烧器顶部和火嘴。堵塞的喷嘴会导致不良的火焰模式，从而影响燃烧器的低氮氧化物特性。

控制游离氮化合物的方法如下：

① 确保吸收塔和燃气混合罐中胺的良好分离，以保持燃气集管干燥(参见本书“公用设施”一章)。

② 避免胺吸收塔发泡或超负荷

③ 如“石油加工中的公用工程”一章中所述，采用良好的局部分液和其他措施，防止污染物进入工艺装置内的燃烧器。

④ 注意胺降解和处理降解产物的积累，如本书“炼油厂气体处理工艺”一章所述。

⑤ 清洁受到污染的燃烧器火嘴。

最好的策略是防止游离的氮化合物和由此产生的污染物进入燃烧器。

2）燃烧器设计：

在过去几年中，人们对降低氮氧化物排放的重视，使得人们在了解燃烧过程以及氮氧化物在炉中如何形成方面取得了巨大进展，产生了新的、更清洁的燃烧器设计——主要用于燃气燃烧器。由此产生的燃烧器设计是专有技术，但是对燃烧器一般的理解已经变得众所周知。

影响燃烧器中氮氧化物生成的一些关键因素包括：氮氧化物产量随燃烧温度呈指数增长；在一定程度上，过量空气会增加氮氧化物；空气预热增加了氮氧化物的生成。

燃烧器制造商已经开发了几种方法来解决这些问题，从而实现了低氮氧化物和超低氮氧化物燃烧器的设计。

减少氮氧化物的燃烧器特性包括：

① 分阶段添加空气，使最初的燃料燃烧处于富裕的环境中，其余的空气随后添加到燃烧器中。

② 燃料分级，先贫燃烧，随后在燃烧器中添加平衡所需的燃料。

③ 烟气再循环至适宜的温度。这可以在燃烧器内部或外部进行。

④ 注入水或蒸汽以降低火焰温度。

⑤ 燃烧器前燃料和空气的超贫预混。

根据表 25-3 中 John Zink 论文的数据，这些燃烧器改造的价值通过过剩空气量 3%时氮氧化物的减少量可以看出。

**表 25-3　燃烧器改造对氮氧化物产生的影响(参考文献：Baukal 2008)**

| 改进类型 | 过剩空气量 3%时 $NO_x$ 的大约值/ppm | 预期 $NO_x$ 排放/(lb/MMBtu 燃烧热) |
|---|---|---|
| 常规燃烧器 | 120 | 0.14 |
| 分级空气 | 70 | 0.08 |
| 分级燃料 | 40 | 0.05 |
| 内部烟气再循环 | 15 | 0.02 |
| 超贫预混料 | 10 | 0.01 |

3）控制加热炉内过剩空气

过剩空气对氮氧化物排放有重大影响。一个燃烧炉中的过剩空气中，氮氧化物的排放量大致呈线性增加，直至达到化学计量的空气/燃料比，即稀薄燃烧。在这之上，氮氧化物的生成会继续增加，直到存在的空气量到足以冷却火焰从而降低氮氧化物。这通常发生在25%过剩空气(或5%过剩氧气)的情况下。在大量的过剩空气中，氮氧化物的产量会下降，但燃烧炉的效率也会下降。

限制过剩空气控制氮氧化物必须与一氧化碳排放控制相平衡，因为一氧化碳的控制是过剩空气值越高越好。因此加热炉运行大约在2%~3%的过剩氧气(10%~15%的过剩空气)。

4）选择性催化和非催化还原

有意思的是，将氨(或其他易反应的氮化合物，如尿素)以正确的方式在正确的位置引入燃烧炉，可以减少氮氧化物的排放量。这种方法的方程式是：

$$4NO+4NH_3+O_2 \longrightarrow 4N_2+6H_2O \tag{25-8}$$

在非催化应用中，氨(无水或水)在高温下注入烟气中。通过格栅将氨均匀地注入到大型烟道的烟气中。氨与烟气的湍流混合为还原反应创造了条件。该工艺的温度范围为1400~2000℉(760~1090℃)。这是用于锅炉和催化裂化氮氧化物控制的方法之一。这种方法通常可以将氮氧化物从不受控制的水平降低约40%。与表25-3中的数据相比，烟囱氮氧化物大约为30~80ppm(0.033~0.085 lb 氮氧化物/MMBtu 燃烧热)。

当排放要求很低时(如制氢装置、大型锅炉、常压和减压加热炉、热电机组和一些催化装置)，采用选择性催化还原。在SCR系统中，蒸发的氨或尿素与空气混合被注入到类似于SNCR的格栅中，但注入位置要选择在较窄的温度范围内，在一个较短的湍流混合区后，是一个低压降、模块化的格栅或含有氮氧化物还原催化剂的栏框。该系统可使氮氧化物从不受控制的水平减少90%~97%。烟囱氮氧化物将降至4~10ppm范围(0.006~0.015 lb/MMBtu燃烧)。

SCR催化剂通常有贱金属和贵金属两种类型，还有用于高温的沸石催化剂。贱金属催化剂使用陶瓷基底，采用钛和钒、钼或钨的氧化物作为活性金属。贵金属催化剂通常使用铂或钯。贱金属催化剂的工作温度通常在600~750℉(315~400℃)左右。贵金属催化剂在较低的温度下仍有效率，例如<570℉(<300℃)。沸石的工作温度较高，最高可达1160℉(627℃)。

贱金属催化剂往往是炼油厂应用中最常见的催化剂，因为它们比其他的替代品便宜，而且适合烟气管道中的常规温度窗口。

多数SCR系统只有在烟气达到要求的温度范围后才能启动。这可以防止硝酸铵盐积聚在SCR下游的换热器上。硝酸铵在烟道中的积聚可能产生爆炸，或者至少在下游中对流区盘管造成显著的传热能力损失。

典型的SCR安装如图25-5所示。

SCR或SNCR系统的运行中，主要关注的是氨汽化器和喷射器。如果喷射器失效，则氮氧化物还原停止，会立即导致烟气排放超标。汽化器中的工艺流程很简单。来自风机的空气用电加热器预热到约1000℉(537℃)，将氨喷入热空气流，可使用填料式汽化器确保氨完全汽化。汽化器中的空气/氨比需要精心控制，以保持在空气中氨的含量在爆炸极限之外。空气/氨气混合物被送至喷氨格栅。格栅可能有几个就地仪表和调节阀，以确保分布均匀。

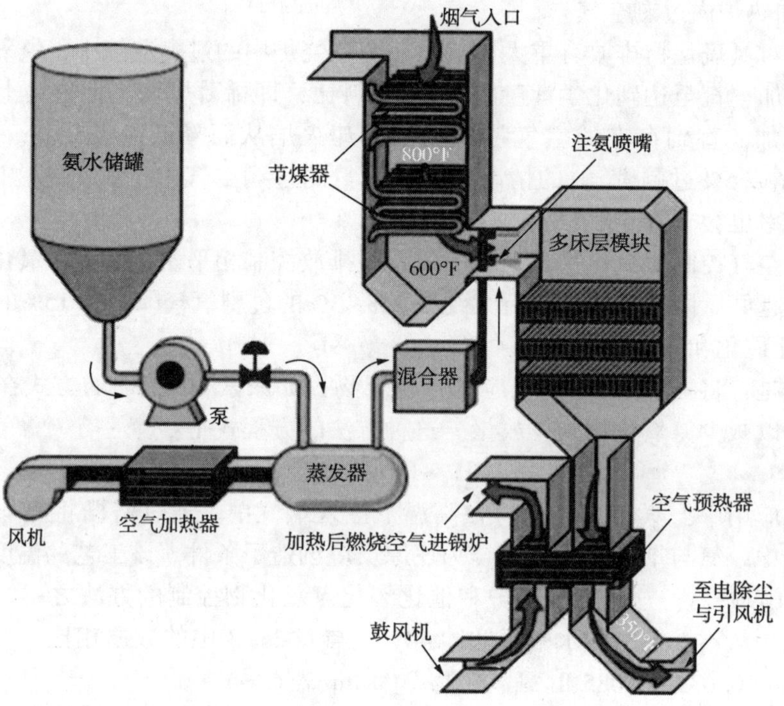


图 25-5　选择催化还原系统示例

汽化器系统有几个值得关注的方面：

① 在封闭系统中将高温空气与燃料混合。如果空气/氨的比例在爆炸极限内时，汽化器可能会发生爆炸。这些系统通常会监测比例，如果比例接近爆炸范围，就会关闭。

② 无水氨不存在问题，但含水氨对碳钢有腐蚀性，容易堵塞汽化器和其他系统。在进行任何计量或汽化之前，必须将氨水过滤到亚微米级水平。过滤后和汽化前的所有管道必须采用不锈钢材质。

③ 填料式汽化器容易堵塞。喷淋式汽化器更耐用些。

④ 建议汽化器和风机的冗余度为 100%，以便进行维护。如果需要短时间停机，还可以使用无水氨瓶和工厂空气建立临时系统。

⑤ 需要测量的氨含量通常很小。流量计容易被杂质堵塞。在选择仪表时要考虑这一点。超声波和质量流量计往往应用效果好，因为它们没有小通道。涡轮和孔板流量计不适用。

5）氮氧化物排放监测和运行：

许多工厂都有严格的氮氧化物排放要求，需要通过监测与氮氧化物有关的因素来实现。更常见的监测和操作实践包括：

① 需要对烟囱进行连续排放监测（CEM），尤其是大型排放源，如制氢装置或锅炉等。应观察、跟踪有关氮氧化物和一氧化碳排放的 CEM 数据，发现异常立即处理。需意识到烟气中氮氧化物与一氧化碳的平衡关系。

② 应至少每班检查一次所有燃烧器的火焰模式。出现火焰偏烧、火嘴堵塞、火焰冲击和其他问题时应立即处理。如果加热炉存在火嘴头结垢现象，则需要检查燃料系统是否存在污染和燃料气分液设施运行不佳。

③ 加热炉过剩氧气需要维持在正确的范围内。高过剩氧气将增加氮氧化物的产生和降

低炉效率。

④ 如果有 SCR 或 SNCR 装置，要确保氨汽化器正常工作。观察风机/风扇排气流量和预热空气温度。观察氨/空气比。定期检查注入格栅的流量。

⑤ 根据燃料量调整注氨量，其随催化剂的老化而增加。生产许可中通常有允许排放烟气的最高氨浓度 ppm 含量，当接近时，需要安排计划更换 SCR 催化剂。通常排放限制在 10ppm 左右(体)。烟气中的残余氨浓度需要定期测试。

⑥ 观察烟气温度，确保结垢不会使 SCR 系统超出最佳温度范围。

因此，简而言之，即保持燃料气清洁、正确使用燃烧器、保持燃烧器清洁、控制氧气过剩量、确保 SCR 汽化器工作正常、确保 SCR 催化剂在正确的温度下正常工作。

(8) 碳氧化物($CO$、$CO_2$)

一氧化碳的排放已被管制多年，作为对全球变暖的因素之一，二氧化碳的排放才刚刚开始受到管制。在本节中，我们将探讨这两种气体的排放管理。

1) 一氧化碳：

一氧化碳主要是由烃类燃料不完全燃烧形成的。在石油加工设施中，一氧化碳的排放来自多处燃烧过程，如工艺加热炉、催化裂化再生器、锅炉、热电机组、焚烧炉和燃烧室、火炬。

燃烧过程的目标是完全燃烧燃料，这在降低一氧化碳排放的同时有效利用燃料。一些加热炉运行许可中也有一氧化碳排放限制，包括设立 CEM 的要求。

燃烧产生的烟气可以使用奥氏气体分析仪(ORSAT)进行分析。奥氏气体分析仪可以分析出烟气中氧气、一氧化碳和二氧化碳的含量。它在很大程度上已被简单、在线和便携式分析仪器所取代。

在这些加热炉中，一氧化碳排放控制与氮氧化物控制平行，有时会矛盾。一氧化碳的主要控制方法是：

① 保持燃烧器的正常过氧水平：避免过量空气进入；保持通风装置及风量可控；保持氧气分析仪工作。

② 保持燃烧器清洁：净化燃料气：根据需要清洁火嘴。

③ 尽量减少排火炬，以减少火炬中的一氧化碳。

④ 在 FCC 装置中：确保再生器的燃烧空气分配良好；如有一氧化碳炉，确保其正常工作。

2) 二氧化碳($CO_2$)：

在石油加工厂中，二氧化碳产生有几种来源，包括：加热炉、锅炉、焚烧炉、燃烧室；热电厂；火炬；制氢装置；催化裂化再生器。

控制或减少这些来源产生的二氧化碳排放包括：

① 燃烧工艺过程：将过量空气保持在所需范围内(无游离空气)；保持加热器中的盘管和散热片干净(内部和外部)；用空气预热器减少燃料用量(可能会增加 $NO_x$)；不要过度加热(例如，不要过度处理产品)；在控制范围内最大限度地利用工艺预热。

② 火炬：减少火炬燃烧；回收火炬气做燃料使用。

③ 制氢装置：尽量减少过量氢气产生；尽量减少燃料气的氢损失；将二氧化碳作为产品回收出售。

④ 催化裂化工艺：确保再生器中的燃料空气和催化剂分布良好；维持合理的燃烧工况；监控热平衡和转化率情况。

随着人们对温室效应的担忧日趋严重，二氧化碳成为全球公认最具威胁的温室气体。为了减少二氧化碳排放，一些工厂也可能对使用其产品产生的排放负责。作为石油加工企业能做的就是通过良好的操作和效率尽可能减少二氧化碳的产生，更严格时，有可能还需要回收二氧化碳进行处理或封存。

（9）微粒物质（PM、PM10）

炼油厂的许多原料（在加工过程中）均可产生微粒物质。图 25-6 是各种类型微粒物质的粒度范围。值得注意的是，我们讨论的微粒物质小于 10μm（PM10）。这些微粒物质可以被吸入肺中并且积聚在肺里，造成人呼吸系统损害。美国明确对微粒物质进行管控。

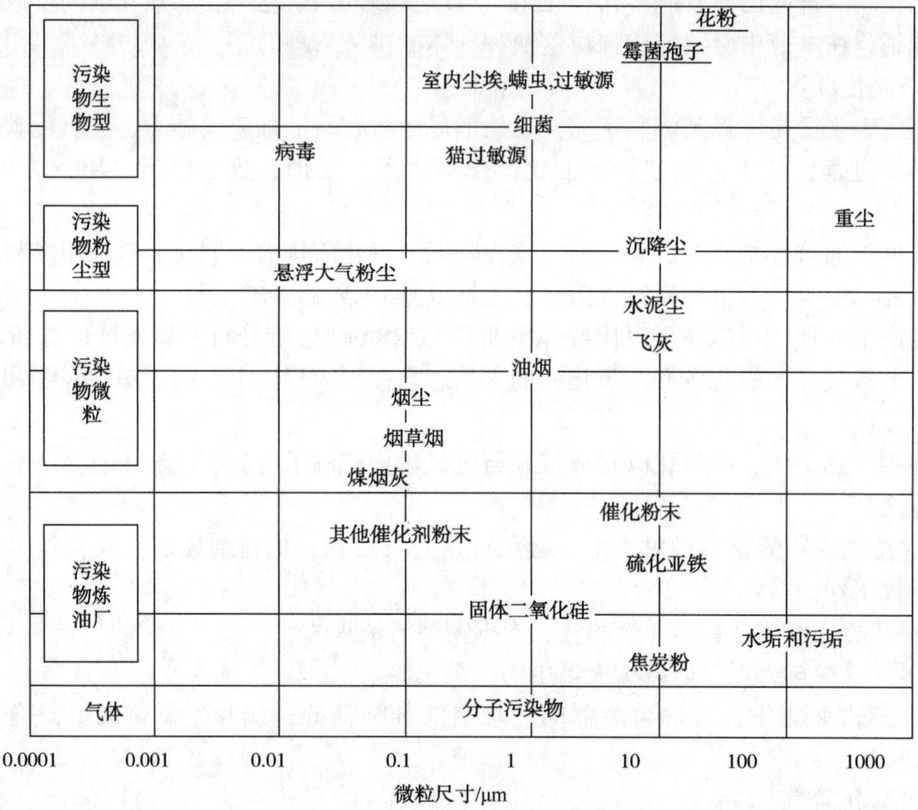


图 25-6 典型的微粒物质粒径范围

其中比较常见的微粒物质来源于：不完全燃烧（<10μm）；催化裂化（0.5~80μm）；催化剂和吸附剂装填（1~10μm）；建筑施工（<10~100μm）；检修维护（<10~100μm）；除焦/吹灰（<10μm）；未铺好的路面及作业区（1~1000μm）。

下面我们将讨论这些微粒物质的常见源头以及一些可能的具体的控制措施。

1）不完全燃烧：

在燃烧各种燃料时，不完全燃烧将会产生煤烟灰从烟囱排放。可以通过保持炉膛中合理的过量氧含量，来确保烟囱中煤烟灰排放量在可控范围内。在一些大的烟囱中还装有浑浊度监测设备来确保 PM 排放量最小化。监测部门有时要求定期使用仪器测试在整个烟囱中采集的等速样品来对 PM 排放进行监测。

2）催化裂化：

炼厂中催化裂化装置是最大的潜在 PM 排放源。颗粒物的排放可能是由于操作问题或者保护设备故障引起的，如关键设备旋风分离器或静电除尘器发生故障，都可能引起 PM 排放超标。

通常会有一部分小微粒物从再生器中携带出来。在很多现代化装置中催化剂粉末通常会被旋风分离器收集到袋式除尘器或者静电除尘器中，但这些设备的除尘效果是有限的，迫使一些催化裂化装置采用湿法洗涤催化裂化废气，此工艺可净化废气中的 PM 以及 $SO_x$、$NO_x$，收集的粉末和溶液则变成比较容易的废物处理问题，这些系统发生故障则需要停工检修。对静电除尘器进行有规则的敲击可以保持其正常运转。

催化裂化的催化剂粉末收集系统(比如除尘器接地设备)发生故障，或者某些启动和异常情况(比如倒窜)，将导致大量 PM 排放到大气中。在流化床工艺中最常见的问题是空气喘振导致流化床层受到破坏。对催化裂化工艺来说，再生器中的流化床是催化剂再生的地方，床层的破坏会导致催化剂从再生器的排烟口流失到大气中，加 CO 炉或者静电除尘器可以减少这一流失，但 CO 炉或者静电除尘器可能会被大量催化剂粉末压垮。通常，一个好的流量控制系统具有防喘振功能，可以有效减少空气喘振。控制启动和异常情况从根本上取决于在这种情况下尽可能快地移动穿过流化床。在极端条件下，装置可能会被迫停工而不是持续超标排放 PM。

3）催化剂和吸附剂装填：

用于石油加工厂的许多炼油催化剂和吸附剂(包括加氢处理、加氢裂化、重整、异构化和克劳斯氧化铝催化剂以及变压吸附剂)是固体挤压成型，球形或者颗粒状。催化剂自身尺寸相当小(公称直径 1/20~1/8in)，但其粒径相对于 PM 却足够大，所以不会成为无序的 PM 排放物。

但是在催化剂处理过程，特别是检修和更换催化剂时，因催化剂磨损产生的灰尘粒径很小，会变成污染大气的颗粒物。对催化剂磨损的最大值通常有明确规定。

催化裂化催化剂和其他类型的流态化催化剂本身尺寸很小，在使用中磨损会产生灰尘。当催化剂粉末四处移动时，会很容易变成无组织的 PM 排放物，这一情况发生在静电除尘器收集催化剂粉末的地方，或者新鲜的或平衡的催化剂转移到装置中的地方。

催化剂粉尘会对人体造成额外的化学健康危害，比如污染物 PM10。含镍催化剂因为含有金属镍，是潜在的致癌物质，FCC 和其他沸石催化剂则因为含有二氧化硅而有害健康。

在催化剂和吸附剂装填过程中控制 PM 的产生，可以根据具体情况从以下方面着手：

① 将逸出的粉末或者催化剂颗粒打湿，抑制其变成粉尘。

② 将逸出的粉末或者催化剂打湿后立即清扫。

③ 不要让车辆碾过逸出的催化剂或吸附剂，将其压碎成粉尘。

④ 许多催化剂通过惰性或封闭的系统，采用真空或气动装置进行装填，这些系统采用旋风分离器和滤袋式过滤系统防止大气粉尘污染。

⑤ 人员保护。应防止员工在搬运过程中接触催化剂和吸附剂粉尘。这些措施包括至少使用新鲜空气设备的高效空气过滤器。

4）施工过程：

大多数施工会涉及到动土作业，动土时产生的扬尘很难控制，许多建筑施工获得许可时都要求治理扬尘。

过去人们对环保不是很重视的时候，炼油装置中的土壤可能也被化学品污染了。在建设过程中，可能会遇到铅、碱、酸和其他土壤污染物。通常这些物质必须完全移除进行危险废弃物处理，但这就产生了出现更多粉尘的可能。

在某些情况下，施工过程还需要移除或者改造涂有含铅涂料亦或者用石棉保温的老旧设备，具体规定还会涉及这些材料的管理。在美国，通常必须由经过专门培训和装备的人员或公司搬运和处理，这一区域通常会用帐篷隔离，作业人员戴着空气呼吸器进入帐篷作业，完成工作后还需要经过净化除去衣物上的污染物。

除了上述讨论的具体的有害粉尘，保持受到干扰的土壤湿润，包括喷洒防尘剂，也是管理施工产生的PM无组织排放的常用方法。常用的防尘剂(来自密歇根自然资源和环保部门导则)包括：水、氯化钙或氯化镁、木质素磺酸盐产品、乳化沥青或树脂稳定剂、植物副产品。

使用防尘剂可能会引发其他环境问题，如需要考虑其对地下水的影响。

5）检修作业：

日常检修作业会产生PM粉尘，我们之前已经讨论过一些，如催化剂和吸附剂装填、废物污染物转移、清除含铅油漆或者石棉保温材料。此外还有一些其他的检维修作业，如喷砂、换热器和罐的清洗、打磨和焊接。

对于小零件进行喷砂，可以在车间的控制系统中进行，所以问题不是很大；而在大的户外区域作业，可以采用帐篷暂时控制作业现场产生的PM粉尘。砂砾自身不会被夹带进空气，但是喷砂掉的铁锈、油漆和其他材料可能会变成空气污染物颗粒。如果作业过程中粉尘过多，则要想更多的办法去降低粉尘量，控制PM污染物超标，必要时可能需要加湿喷淋。

与喷砂一样，换热器和油罐的清理也会产生无组织的PM，如沉积物、淤泥和其他残留物被清除并干燥时的粉尘。控制粉尘的常用方法包括保持物料湿润、及时清理溢出的物质，当然，首先是不要驾车碾过清理出来的物质而产生粉尘。

打磨和焊接可以产生PM，某些PM可能含有有害的金属物质。产生少量的PM不是一个的大的环境问题，但是对于附近的人员健康会产生危害。在这些施工中注意良好的职业卫生习惯应该足够应付粉尘危害。

6）除焦和吹灰：

除焦和吹灰可以被归类于检维修作业，但这里单独列出来讨论。除焦是清理在加热炉炉管内部的焦炭和工艺过程产生的其他沉积物，吹灰是清理炉管外积炭或积灰。这两项都会产生逃逸的PM，以及其他排放物。

之前，蒸汽-空气法除焦是去除炉管沉积物的常用方法，这一方法利用蒸汽高速通过加热炉，将固体从管壁上剥落。这些剥落的固体被收集在一个排放到大气中的分离罐中，分液罐中的粉尘可能会逃逸。在剥落后，在蒸汽中引入空气对剩余的沉积物进行燃烧，会产生更多PM排放超标的可能。

如今，大多采用在线剥落方法，让沉积物随着工艺流程运转。这在焦化设备上很常用，焦炭和剥落的沉积物被一起收集起来。

“清管”是另外一种常用于清理炉管的方法，将适当尺寸的球状或其他形状设备推入并贯穿炉管，与管壁进行物理摩擦，将管壁沉积物刮除。被清理出来的物质收集到控制 PM 排放的系统中。

吹灰是利用空气或更常用的蒸汽将积聚在炉管燃烧室的烟灰吹走。除去烟灰后，炉子内仍残余烟气。燃料中的重金属燃烧后也留在烟灰中，沉积在炉管上。吹灰过程中的 PM 管理取决于烟气中烟尘的去除，可以通过水洗、过滤或其他方法处理烟气中烟灰。因为烟灰是燃油燃烧产生的，所以采用燃料气代替燃油可以消除吹烟引起的 PM 排放。许多辖区不允许吹灰。

7）未铺面道路及作业区：

许多装置的主要作业区外面和作业区内部的道路没有铺设好，路面上的泥土随着风或车辆的行驶而变成扬尘。

使用防尘剂(成分见上文)，保持路面潮湿，可以有效减少扬尘。

在罐堤、管墩和管廊下方可以进行碎石封层或者上油。在碎石封层时，将几英寸厚的砂砾层铺在底下，然后喷洒沥青或者柏油封层。碎石封层在地面上形成的坚硬层可以抵御地面产生扬尘。给暴露在空气中的区域上油，就是直接将沥青或柏油喷洒到地面上。当地环保部门出于对空气和地下水的保护，可能会限制碎石封层或上油这种方法，他们会要求每十年重新给这一区域喷洒沥青，翻新封层。

当然，暴露的区域总是可以通过铺盖，以消除 PM 扬尘的产生。

(10) 挥发性有机碳(VOC)

炼厂 VOC 排放中最大的空气污染来源包括：安全阀和放空阀直接排放入空气；控制阀、法兰、密封和填料泄漏；储罐排放；铁路和公路油罐车装车设备；装卸船设备(码头区域)；污水处理设施和下水系统。

对这些来源的控制的关注是继续推动更多的监测、更多的控制和更好的操作规范的建立。接下来将探讨一些关键 VOC 排放问题的解决措施。

1）安全阀和放空阀：

安全阀和放空阀通常会泄压到一个封闭低压总管至火炬系统。但是一些情况下，因为安全阀或放空阀的位置以及泄压物质的量，阀门对大气开放，原油蒸馏装置的泄压阀就是一个典型的例子。这些阀门位于蒸馏塔顶，大约离地面 200ft(60m 以上)。可在阀门放空口安装蒸汽喷射装置，以便于雾化和分散排放物。然而，当这些阀门开启时，会有一些 VOC 排放入大气。导致这些阀门排放的异常事件极为罕见，通常不需要加大成本建造火炬线和火炬设计专供这些阀门排放。但仍有许多炼厂进行改造，将其放空阀和安全阀排放管线接入火炬系统。

美国得克萨斯城曾发生了一起多人死亡的爆炸事件，促使多家炼油厂审查非燃烧排气烟囱的使用，美国监管机构对这些 VOC 源头审查更加严格。大多数炼油厂正在消除所有的非燃烧排气，未来趋势是将所有碳氢化合物或 VOC 排放到泄压和回收系统或者火炬。

2）控制阀、法兰、密封和填料泄漏：

控制阀(和其他阀门)、泵密封、填料和法兰连接处的泄漏完全与炼油厂的维护策略和维护计划有关。

在美国和其他地方，需要按照泄漏监测程序，通过泄漏检测仪器定期(通常是每季度)“嗅探”所有法兰、填料、密封件和其他潜在泄漏点。嗅探可以使用可燃气体检测器进行，甚至可以使用便携式质谱仪。当探测到 VOC 逸出值高于某一等级时，需要在具体明确的时间范围内检修修复已识别的泄漏点，并提供修复证明。检修时，简单的泄漏可拧紧密封垫圈，复杂的泄漏就可能对换热器盘管到壳体的法兰进行夹紧和注胶。

转动设备的 VOC 泄漏密封通常使用双密封或串联密封来控制，通常使用密封液，并为这些密封系统提供适当的维护程序。在美国的一些地区，转动设备密封每分钟出现一滴或更少 VOC 泄漏量，都需要进行维修，严重时需关闭设备。

3）储罐排放：

炼油厂及其运营中 VOC 的最大排放源头是储罐。排放会在储罐进料期间产生，特别是固定顶罐和液化石油气球罐；或者由于罐内物质蒸发产生。

浮顶罐的 VOC 排放通常很低，正确安装罐顶板和密封件可以尽量减少 VOC 排放。浮顶油罐通常不用于储存高挥发性液体，但有时高蒸气压物质会进入罐中，当此情况发生时需迅速处理，以避免损坏罐顶以及造成 VOC 排放。密封件需要定期检查和维修。这些排放控制将在本书“石油加工的场外设施”一章进一步讨论。

今天，许多炼油厂已经使用氮气或天然气作为密闭惰性气体，以保护储存高蒸气压的碳氢化合物的固定顶罐。对于给工艺装置提供进料的中间罐，有时也需要采用气密以避免氧气污染或接触进料。将这种惰性气体像保护罩一样用于所有固定顶储罐，可以防止其运送过程中的 VOC 排放。

储存低蒸气压物质(比如 <2~3 psi RVP)的储罐通常不会产生 VOC 排放问题，因此不需使用惰性气体密封手段。

液化石油气储罐也有可能向大气中排放 VOCs。用于解决此问题的方法是将储罐的浮动通断阀连接在炼厂燃气总管上。

在管控更严格的地区，较小的储罐或污水池也需要控制其 VOC 排放，通常通过阻火器与碳罐连接，可以控制来自小型储罐或污水池的 VOC。

4）铁路和公路油罐车装车设备：

卡车和火车装车设备的溢出一直是个问题。大多数溢出发生在装车时。如今，大多数装车设备在发生故障时都会自动关闭装卸臂喷嘴，这与加油站中常用的加油枪非常相似。采用液位传感器在罐进料达到设定液位时或流量过低时关闭进料阀。VOC 排放的另一个来源是在公路和铁路罐车的底部设置自排的污油/油回收系统，这种设计不规范。这种系统应允许用蒸汽吹扫装载重油馏分的罐车，该系统的放空应连接至火炬头。

5）装卸船设备(码头区域)：

码头以及在码头装卸的船舶也是 VOC 排放的潜在来源。如同上述的储罐和公路铁路运载车装卸设备一样，码头船舶对轻质烃的处理也最难控制。当船舶装载完成时，排出的气体将含有 VOCs。外排气体应通过阻火器送至焚烧系统，确保排出气体燃烧以消除 VOCs 排放。

闪蒸循环系统在液化石油气装载中非常有效。在这个系统中，液化石油气在接近大气压力和温度进入船舶空罐时会发生闪蒸。在压力控制下，将闪蒸出的气体送至压缩和冷却系统，在那里将其液化并返回到液化石油气进料管。该系统在整个装载活动中持续运行，充当装载安全泄压系统。

6）污水处理设施和下水系统：

在石油加工厂收集的污水和废水中含有烃类，其中一部分会发生闪蒸，产生 VOCs 排放，尤其是轻烃或石脑油被排入或溢出到下水道时。

本书“石油加工中的公用工程”和“石油加工的场外设施”章节详细讨论了污水处理系统中无组织排放VOCs的控制方法。这些方法通常是通过阻火器将下水道和污水池排放气收集到烃收集系统，如罐。含油污水池可以用膜覆盖，收集和回收VOC气体。API分离器通常用于油气收集，或具可能有带撇油和密封件的浮顶罩，类似于酸性水浮顶罐。

溶气气浮系统(DAF)是VOC排放的一个难点，因为该工艺使鼓泡的空气通过含油污水，理想情况是在污水送入DAF之前将油分离出来。

在滴流床、活性污泥或其他生物单元中的好氧消化有可能产生VOC排放。在将污水输送到微生物系统前，应从废水中除去轻质烃。生物处理单元通常是污水处理系统的最后一个工艺单元。

本章稍后将进一步讨论污水处理。

(11) 臭氧

通常，炼油厂不会直接排放臭氧。它主要是其他空气污染物与大气反应的产物。$NO_x$通过以下化学反应路径，催化低层大气中臭氧的形成：

$$O_2+紫外光(<240nm)\rightleftharpoons 2O \tag{25-9}$$

$$O_2+O+NO_x\rightleftharpoons O_3+NO_x \tag{25-10}$$

VOC也可以促进臭氧的产生。

控制炼油厂的臭氧通常归结对有助于其形成的化合物的控制，我们已经讨论过这一点。

炼油厂中另外一种不常见的臭氧源是直接用臭氧对水进行消毒。它是一种强力消毒剂，可以代替氯或漂白剂，并且不会产生消毒剂残留作用，但生产臭氧的成本通常较高。臭氧的使用是即产即用，逸出的臭氧不能长时间存在，因此除了在直接使用区外，它不存在排放问题。

(12) 氨($NH_3$)

氨通常以逸散性气体的形式在以下地方排放：处理氨的地方；作为$NO_x$还原设备的残留物；酸性水泄漏；来自制氢装置的脱气器放空。

在空气中，氨气通过形成铵盐和雨水相对快速地被除去，同时还具有一定的酸碱度。

炼油厂的SCRS、SNCRS(烟气脱硝技术)和其他用途供应氨的系统具有氨泄漏和排放的风险，关注这些系统的维护和操作可以防范这些风险。管理储存和分配系统氨逸出的方法详见本书“石油加工中的公用工程”一章。

用于$NO_x$还原过程的氨通常略微过量，烟气中的残留氨通常应小于10ppm(体)。对于气流量比较大的烟气，10ppm的氨含量仍意味着大量的氨。这种氨排放是由于还原$NO_x$而产生的，因此控制其排放的措施就是使用最少量的氨。有关内容请参阅上面关于减少$NO_x$的讨论。

酸性水含有较高浓度的氨，其中，氨通常以硫氢化物形式存在。因此，氨排放很低。酸性水排放氨的最大风险是在酸性水罐中，如“石油加工的厂区外设施”一章所讨论的那样，良好的储罐密封措施可以最大限度地减少排放进入大气的氨。如果氨进入硫黄回收装置，它会在克劳斯反应炉或氧化器中被破坏，因此不会产生排放。

制氢装置产生微量氨排放，在运行低蒸汽/碳比的装置中尤其如此。氨最终进入变换凝结水，在凝结水进入除氧器/脱气器时通过汽提排出。这一排放量通常低于监管范围，但是采用非常低的蒸汽/碳比率的新建装置会产生大量的氨。在这些装置中，为防止氨气排放，需要将脱气装置的废气送到氢气装置SMR炉进行燃烧，或者脱气装置通过提压将尾气与蒸汽送入SMR工艺部分。

对于大多数石油加工装置而言，氨不是主要的排放问题。

(13) 甲醇($CH_3OH$)

甲醇排放通常和VOC排放归为一类，因此大多数控制甲醇排放的方法与控制VOCs排放类似。

制氢装置是一个例外，其中在低温变换反应器可以产生大量甲醇。在这些情况下，甲醇最终进入变换凝结水中，送至脱气设备再利用。上述用于控制制氢装置的逸散性氨的方法也能有效地捕获和破坏甲醇以防止其排放。也可以使用特殊的低甲醇变换催化剂来减少加工过程中产生的甲醇。

与氨一样，甲醇通常也不是大多数炼油厂的排放问题。

## 25.3 水和废水

在本节中，我们将讨论炼油厂水和废水及其处理。废水来源在表25-1中标出以供参考。现在我们将更深入地探讨这些废水及其管理。

这里的讨论分为废水中污染物的描述、产生废水的过程以及各种废水的处理。在可行的情况下，回收利用是重点强调的减少废水的方法。

### 25.3.1 废水中的污染物

根据美国环保署的报告，表25-4中方便地列出了炼油厂废水中的潜在污染物，包括一些典型的水流速率和相对应的污染物。许多地方的法律法规还规定了控制水流中允许污染物和许可要求。部分关键适用法规包括：

(1) 美国法律和修正案

1) EPA法规：

① 清洁水法案(CWA)：

许可证要求，包括国家污染物排放消除系统(NPDES)许可；

雨水污染防治计划(SWPPP)；

泄漏预防、控制和对策(SPCC)计划。

② 清洁空气法案(CAA)和修正案(CAAA. 1990)：

第五篇许可；

新污染源性能标准(NSPS)

国家有害空气污染物排放标准(NESHAP，特别对于苯，与水有关)。

③ 资源保护和修复法案(RCRA)。

④ 应急计划和社区知情权法案(EPCRA)：

地方应急机构的通知；

排放通知；

MSDS和库存报告要求；

年度有毒物质排放清单报告要求。

⑤ 安全饮用水法案(SDWA)：

饮用水规定；

地下注水规定。

2）许多州和地区的法律法规：超越国家规定。

**表 25-4 炼厂中产生的一些废水和潜在的污染物**

| 工艺流程 | 废水描述(可能的污染物) | 废水流量/(gal/bbl 原油) | 占比 |
|---|---|---|---|
| 蒸馏 | 酸性水(硫化氢，氨，悬浮固体氯化物，硫醇和苯酚) | 26.0 | 44% |
| 催化裂化 | 酸性水(硫化物，氨，悬浮固体，石油酚类和氰化物) | 15.0 | 26% |
| 催化重整 | 酸性水(氢，硫化物，氨，悬浮固体，硫醇，油)① | 6.0 | 10% |
| 烷基化 | 废氢氧化钾流体(氢氟酸) | 2.6 | 4% |
| 原油脱盐 | 脱盐废水(无机盐类，金属离子，固体，硫化氢，氨和苯酚) | 2.1 | 4% |
| 热裂化/减黏裂化 | 酸性水(氢，硫化物，氨，悬浮固体，溶解固体和苯酚) | 2.0 | 3% |
| 催化加氢裂化 | 酸性水(硫化氢，氨，固体悬浮颗粒) | 2.0 | 2% |
| 焦化② | 酸性水(氢，硫化物，氨)和悬浮固体 | 1.0 | 2% |
| 异构化 | 酸性水(硫化氢和氨)和苛性碱、洗涤水(氯化钙或其他氯盐) | 1.0 | 2% |
| 添加剂生产：醚类生产 | 预处理洗涤水(氮污染物) | <1.0 | |
| 催化加氢处理 | 酸性水(氢，硫化物，氨，悬浮固体和苯酚) | 1.0 | 2% |
| 化学处理：脱臭/梅洛克斯硫醇氧化法 | | ③ | |
| 脱硫/克劳斯法 | 酸性水(硫化氢和氨) | <1.0 | |
| 润滑油生产 | 汽提废水(油和溶剂)和溶剂回收废水(油和丙烷) | <1.0 | |
| 总计 | | 58.7 | 100% |

美国能源部《未来工业用水：石油产业》，2003.7。

① 美国环保署《工业部门手册：石油炼制》(1995.9)上额外标识的污染物。

② 流化焦化过程产生的污染很少或没有。

③ 很少或没有废水产生。

(2) 用于废水处理的若干欧盟法规，只有欧盟成员国执行这些法规。其中包括：

1）化学品的注册、评估、授权和限制(REACH)：注册和评估。

2）欧洲污染物排放和转移登记册(E-PRTR)：报告。

3）工业排放法规(IED)：减排要求。

4）水框架法规(WFD)：成员国实现水质和减少污染的义务。

5）地下水法规(GWD)：类似于适用于地下水的 WFD。

6）环境质量标准法规(EQSD)：优先物质、库存义务和减少损失的具体限制。

7）QA/QC 法规：监控标准。

8）海洋战略框架法规(MSFD)：类似于 WFD 海洋环境。

(3) 类似的监管组织适用于全世界大部分地区，但还有一些地区限制较少。

一般而言，这些法规针对废水中最有害的污染物类型，包括：消耗其排放水道中溶解氧含量的物质；对几乎所有生物形式都有毒害的污染物，如砷、氰化物、汞、硒等；这些污染物会给河流和其他河道带来难闻的味道和气味。关于这些污染物将在下文描述和讨论。

25.3.1.1 污染物对天然水域氧平衡的影响

天然水域具有复杂而微妙的氧平衡。水中含有一定量的溶解氧，其冬季平衡值为14ppm，夏季平衡值为7ppm。水生生物(鱼和蝌蚪)不断消耗水中氧气，但水生植物可以自然产生氧气，维持鱼类生命所需的氧平衡。

任何进入天然水域的可氧化的污染物氧化时都会消耗水中溶解氧。溶解氧将在饱和点下耗尽，仅可以通过再曝气补充，补给到其饱和水平氧含量的相对速率将取决于与河流距离或河流低速率相关的时间因素。通常氧耗尽现象在将一种或多种下列污染物引入天然水域时发生：

① 地表径流雨水或融雪以从土壤中渗出的可溶性盐的形式造成的自然污染，包括铺面和停车场。

② 沼泽或其他来源的有机植物腐烂造成的自然污染。

③ 人类和生命物种的排泄物，包括生活污水系统。

④ 工业废弃物中还原剂的化学污染，如硫化物、亚硝酸盐、亚铁盐等

⑤ 酚类、烃类、碳水化合物等工业废物产生的生化污染。

上述污染源的氧消耗程度可以通过以下术语分类：BOD 为生物需氧量，COD 为化学需氧量，IOD 为即时需氧量。

(1) 生物需氧量(BOD)

由于所有天然水域都含有细菌和营养物质，因此几乎所有排入天然水域的废弃化合物都会发生生化反应。这些反应会消耗水中的一些溶解氧。图 25-7 中展示了这一反应。

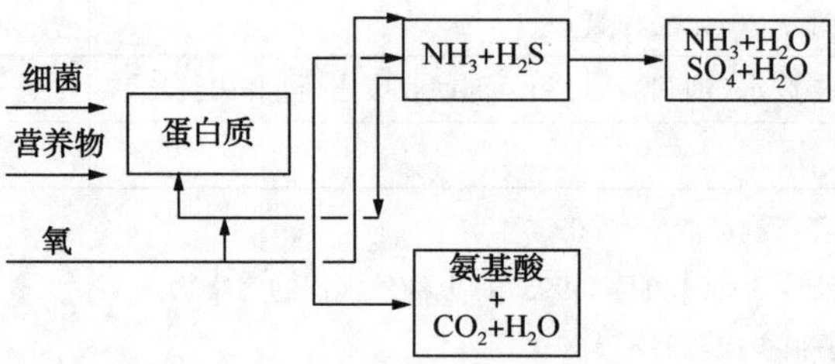


(a) 蛋白质生物氧化反应

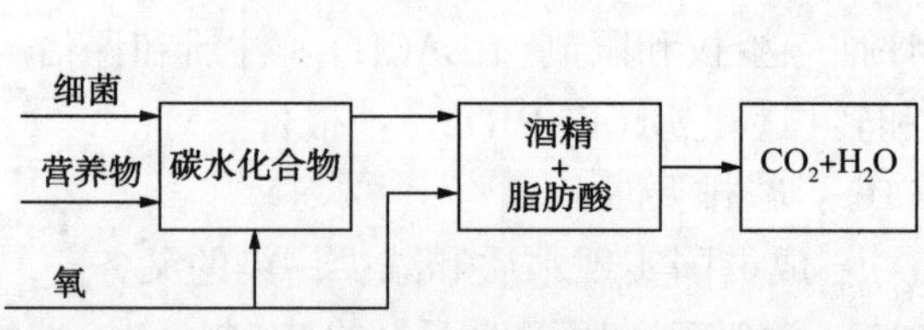


(b) 碳水化合物的生物氧化反应

图 25-7 典型的 BOD 化学

生物污染不会很快让氧消耗完，它遵循一级反应的定律。因此，BOD 的影响在实验室中以 5 天为基础进行测量，并已被普遍采用作为污染效应的测量方法。

“极限”BOD 是当生物反应进行到接近完全时消耗的总氧量。

“5 天 BOD”被近似认为是极限值。图 25-8 说明了“5 天 BOD”与极限 BOD 的关系。

总之，BOD 测量的是能被生物氧化的有机废物量。

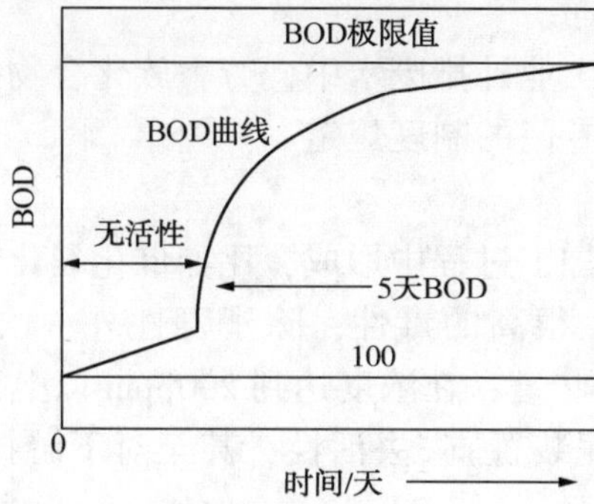


图 25-8 实验室确定 5 天 BOD 相对于极限 BOD

（2）化学需氧量（COD）

COD 是衡量由有机和无机废物通过化学氧化而消耗的氧气量。有几种实验室方法可以测量这种污染的氧气消耗。最被广泛接受的两个方法是“4 小时高锰酸盐”法和“2 小时重铬酸盐”法。虽然 BOD 和 COD 之间没有普遍的相关性，但通常 COD 大于 BOD。表 25-5 说明了不同的废物在 COD 和 BOD 之间表现出不同的关系。

**表 25-5 BOD 与 COD 的关系**

| 来源 | 污 染 物 | 5 天 BOD | COD（2 小时重铬酸钾法） |
|---|---|---|---|
| 啤酒厂 | 碳水化合物，蛋白质 | 550 | |
| 煤气 | 酚类、氰化物、硫氰酸盐、硫代硫酸盐 | 6500 | 16400 |
| 洗衣店 | 碳水化合物、肥皂 | 1600 | 2700 |
| 纸浆厂 | 碳水化合物、木质素、硫酸盐 | 25000 | 76000 |
| 生活污水 | 固体颗粒、油脂、蛋白质、碳水化合物 | 350 | 300 |
| 炼油厂（酸性水） | 酚类、碳氢化合物、硫化物 | 850 | 1500 |
| 炼油厂 | 酚类、硫化物、碳氢化合物、硫醇、氯化物 | 125 | 2600 |

（3）即时耗氧量（IOD）

还原化学物质（例如硫化物和硝酸盐）的氧气消耗由以下化学式表示：

$$S^{2-}+2\ O_2 \longrightarrow SO_4^{2-} \tag{25-11}$$

$$NO_2^-+1/2\ O_2 \longrightarrow NO_3^- \tag{25-12}$$

这些类型的无机氧化反应非常迅速，所以采用即时耗氧量（IOD）在实验室中测量其氧消耗。如果废弃污染物含有这些无机氧化剂，“5 天 BOD”测试结果也包括由于 IOD 引起的耗氧量。IOD 的确定必须进行单独的测试，并将该结果从“5 天 BOD”中减去以得到真实的 BOD 结果。

25.3.1.2 炼油常见的有毒污染物

未经过处理的炼油厂废水中最主要有毒污染物包括：

(1) 烃类、油和油脂

重油和其他烃类是炼油厂外排废水中最有害的污染物。所有炼油厂都采用最严格的方法来控制和清除这些有害的污染物。事实上，在很多情况下，经过炼油厂处理的外排水甚至比炼油厂中使用的生活用水更加干净。

芳香族化合物比较特殊，在工业外排废水中，芳香族化合物排放值被特别规定为 ppb 等级范畴。苯在空气与水排放上有专门的制度规定。

(2) 酚类化合物

酚类化学物质通常是在炼油加工过程中形成，比如催化裂化与热裂化。它们的浓度达到 1~10ppm 时就会对水生生物产生很高的毒性；除了毒性外，饮用水中酚类浓度达到 50~100ppb 时，就会有难闻的气味和味道；在浓度达到 200ppm 以上，这些化学物质还可以使生物水处理厂(如滴滤池和活性污泥装置)失去活性，甚至对下游接收炼油厂废水的公共污水处理厂(POTW)也产生影响。

(3) 苛性钠及其衍生物

含有氢氧化钠(NaOH)和其相关化学品(如纯碱)的溶液用于许多炼油工艺和维修保养。有些化学物质会进入炼油厂的废水系统。这些污染物中，大多数即使在低浓度下对生物也是有毒的。用过的苛性碱(离开该过程的化合物)如硫化钠，毒性甚至更高。

(4) 铵盐水溶液

其中最常见的是硫化铵($NH_4SH$)与氯化铵($NH_4Cl$)。这两种盐存在于原油蒸馏装置塔顶冷凝水、裂解工艺废水以及加氢处理装置(加氢裂化装置和加氢处理器)的废水中。其他铵盐也存在于加氢裂化和油品深度加氢的酸性水以及一些替代原料和可再生原料的加工过程中。

(5) 废水中的酸

废水中最常见酸来自使用氢氟酸或硫酸的烷基化过程。在重整和异构化的过程中，盐酸也被用作催化剂的促进剂。在一些传统过程中(如 Edeleanu 法)，二氧化硫用于去除芳烃。在冷却塔和其他部位，硫酸也用作添加剂，溢出物可能进入水处理系统。酸性废水最常见的形式是稀硫酸。

(6) 酮、糠醛与尿素

这些化合物用于润滑油加工过程。甲乙酮(MEK)和尿素被用在一些脱蜡过程。糠醛被用在一些成品润滑油的提取工艺中。所有这些化合物都是有毒的。

(7) 硒和金属

近些年来，控制废水中有毒金属含量的法规不断增加。由于硒具有生物体内累积效应，所以在炼油过程中被特别重视。硒在原油中以很低的浓度存在(0.03~1.4ppm)。当石油(尤其是馏分油)被加工时，加氢处理等过程产生的酸性水中含有大量的硒，需要单独处理，以将炼油厂废水中的硒降低到 ppb 水平。

**25.3.2 炼油厂废水处理**

炼油厂废水处理方案分为三大类。① 厂内处理：现场工艺，通常采用酸性水汽提、废碱氧化和废碱中和；② API 分离器或类似的油水分离装置；③ 二级处理：包括化学聚凝、活性污泥工艺、滴滤、气浮和曝气。

大多数炼油厂都包含前两类。一些炼油厂也有二级处理，特别是当它们将废水直接排放到自然河流或水体中时。

本节将更加详细地探讨一些特定的处理方法，包括：酸性水汽提；废碱液处理(中和作用、氧化作用)；油水分离设备(API分离器、波纹板拦截器、雨水池)；其他工艺[氧化池、气浮/溶解气浮(DAF)]。

(1) 酸性水汽提

酸水汽提是最常见的处理工艺之一，其目的是清除工厂产生的酸性水中的污染气体。酸性水中的主要污染物是氨、铵盐和硫化氢。酸性水汽提塔通常位于炼油厂硫黄回收区，因为汽提塔气体通常被送至硫黄回收装置进行处理。汽提塔的原料水可能包括蒸馏塔顶冷凝器的排水、电脱盐水、减压塔顶冷凝水以及加氢处理装置的所有冷凝水和水洗水。

酸水汽提塔通常是无回流的板式塔(约20块塔板)或者是类似的带塔顶回流的板式塔。图25-9所示为一个简单的无回流汽提塔，图25-10所示为带塔顶冷凝器和回流的汽提塔。在许多炼油厂中，有两个或多个酸性除水汽提塔(SWS)处理不同种类的酸性水：含酚酸性水(亦称酚酸水)、不含酚的酸性水(亦称非酚酸水)、专用的加氢装置水洗水汽提塔。

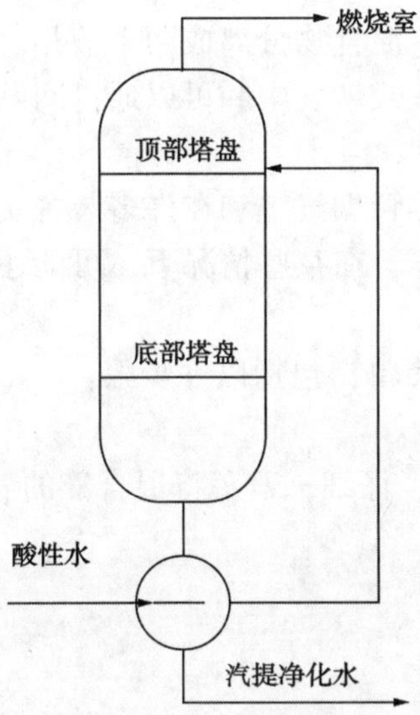


图25-9 无回流的酸性水汽提塔

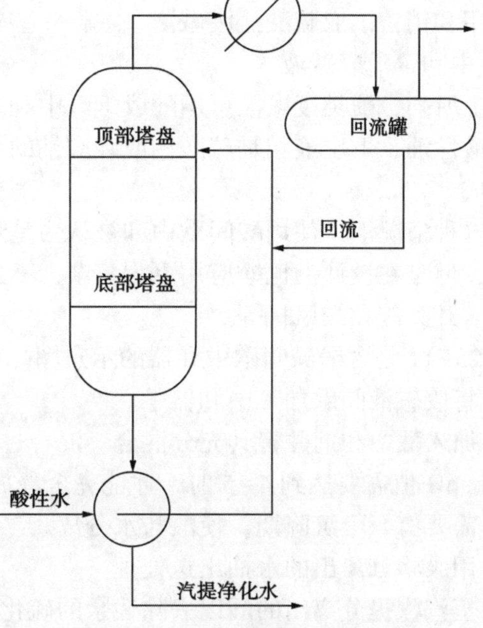


图25-10 带回流的酸性水汽提塔

污水分类处理有助于最大限度地减少废料，尤其是专用的加氢处理酸性水汽提塔。使用单独的加氢处理酸性水汽提塔，如果汽提水满足一定的质量限制，并且不含有不挥发盐，通常可以在装置中重复使用。

这些类型的酸性水汽提塔设计适合采用逐个塔盘的传质和传热计算。酸性水进料被引入塔顶部塔盘，而蒸汽通常以0.5~1.5lb/gal的进料速率引入塔底塔盘下方。汽提蒸汽通常由塔底再沸产生。

在有回流的塔中，回流并入原料水进塔，两个塔的设计都利用了水溶液中 $NH_3$ 和 $H_2S$ 的相平衡关系。这些关系的一系列图表包含在本章的附录 1 中，如图 25－20～图 25－29 所示。

本章附录 2 中给出了一个无回流酸性水汽提塔的设计实例。

(2) 脱除酸性水中的硒

硒通常会进入酸性水中。废水中的硒可以多种形式存在，如硒化物、亚硒酸盐、硒酸盐和硒代氰酸盐。这些是潜在的环境危害因素。通常，采用促进沉淀和/或吸附等专有的化学处理以及分离技术，从炼油厂废水或酸性水中去除硒。一些生物制剂也有助于硒的去除。

(3) 废碱液处理

炼油加工中的另一个主要废水是在硫化氢和苯酚脱除过程产生的废碱液。炼油厂在处理这些废水时通常有以下选择(按照优先顺序排列)：

含酚废碱液处理包括：①销售处理；②海上倾倒处置；③用酸中和；④烟气中和。

亚硫酸盐废碱液处理包括：①销售处理；②空气和蒸汽氧化；③酸中和与汽提；④烟气中和与汽提。

含酚废碱和亚硫酸盐废碱在工业领域都具有一定的商业价值，运输成本使销售成为具有吸引力的经济选择。对于用过的酚类废碱液，加工厂回收、分离和提纯各种甲苯基酸，以供商业使用和销售。亚硫酸盐废碱液，进行一些额外的处理，可以将其作为硫化钠出售。

1) 中和含酚废碱液：

如上所列，酚类废碱液可用酸或烟气中和。当中和时，混合物分离成两个液相。上层液相含有酸性油，下层液相是硫酸钠或碳酸钠的水溶液。用酸或烟气中和可以通过间歇或连续操作完成。

在这种情况下，使用酸间歇中和被认为是最佳途径。尽管烟气中和在许多装置实现商业化应用，但是在设计上比酸应用更为复杂，不适合间歇操作。在某些情况下，可能还需要大型管道、开关阀和鼓风机等。

图 25-11 是含酚碱间歇中和器的示意图。该过程相当简单，包括以下步骤：

① 将废碱液间歇加入中和器中。

② 加入酸中和剂并将其充分混合。混合过程必须缓慢、仔细，避免将混合液的 pH 值降得太低。pH 值需要达到 4~5 时，才能完全释放酚类物质。

③ 需要有一个沉降期，使酸与水分离。

④ 用泵将分离出的水抽出送处理。

⑤ 蒸汽汽提分离出的酸以去除残余的硫化氢和轻硫醇。

⑥ 用泵将界面物料抽出，并入下批废碱中处理。

⑦ 最后用泵将分离出的酸抽出。

中和步骤是放热的，放热量约为 125 Btu/lb 酸。由于该工艺的目的是产生一种无酚的分离水进行处理，因此在去除分离水之前，系统温度应尽可能低。例如，在 120℉时，苯酚在水中的溶解度约为 11%，而在 100℉时的溶解度为 8.5%。因此，蒸汽汽提应该在分离水被分出后才能进行。分离水将输送至酸性水汽提塔，确保去除该水中夹带的所有硫化氢。

酸/废碱液的混合一般通过中和剂入口的混合阀来实现。如果需要，一个混合文丘里管或喷嘴也可确保其混合完全。

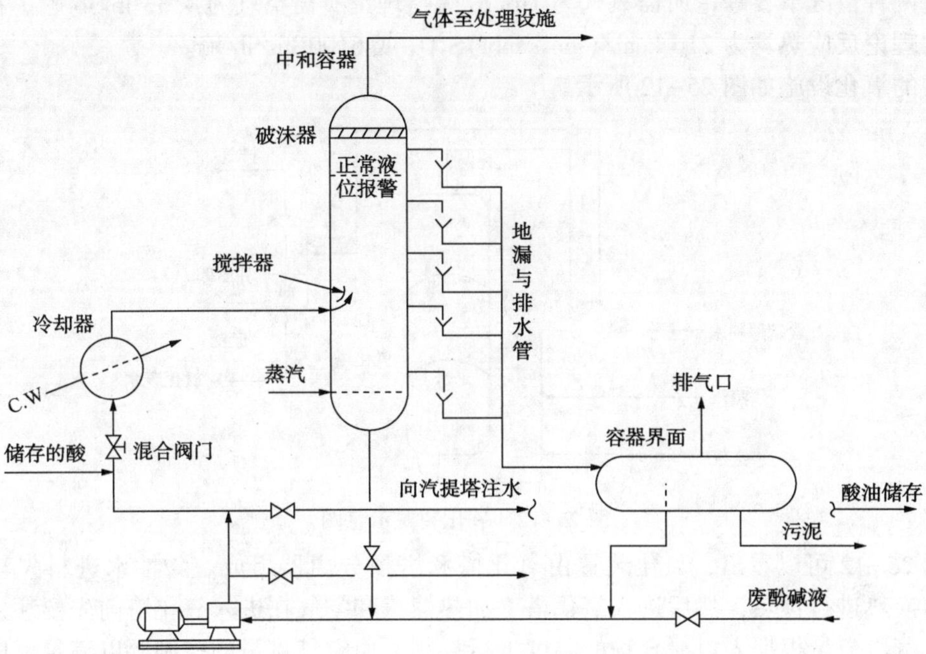


图 25-11 废碱与酸的间歇中和

2）废碱氧化：

使用苛性碱脱除硫化氢，废碱液中的硫化物不能用蒸汽除去，因为硫化钠即使加热也不会水解。废碱可以用酸来中和，会释放出气态的硫化氢。这是一个成本高昂的处理过程，且可能导致潜在的空气污染问题，虽然有一些酸性水汽提塔的设计是结合了使用废酸中和处理废碱液的这一方式。

碱性硫化物可以低成本地氧化成硫代硫酸盐和硫酸盐，这对于废碱液中只含有硫化物的污染物是炼油厂最常用的工艺，但是气态硫化氢的释放是一个问题。氧化工艺也可在废碱液中存在硫化铵的情况下使用。由于酚类物质干扰了氧化过程，因此该工艺尚未应用于含酚较高的废液中。

下面更详细地讨论氧化工艺的内容。

① 硫化物氧化为硫代硫酸盐：

将 $Na_2S$ 或者 $(NH_4)_2S$ 氧化成相应的硫代硫酸盐可用离子式表示如下：

| | | | | | |
|---|---|---|---|---|---|
| | $2S^{2-}$ + | $2O_2$ + | $H_2O$ ⟶ | $S_2O_3^{2-}$ + | $2OH^-$ |
| lb | 2(32) | 2(32) | 18 | 112 | 2(17) |
| $H_f$ | 2(−10) | 2(0) | +68 | +154 | 2(+55) |

(25-13)

式中，$H_f$是稀溶液形成的理论热量，单位为 kcal/(gm · mol)。正号表示释放热量，负号表示吸收热量。

同样，NaSH 或 $NH_4SH$ 氧化成相应的硫代硫酸盐可以表示为：

| | | | | |
|---|---|---|---|---|
| | $2SH^-$ + | $2O_2$ ⟶ | $S_2O_3^{2-}$ + | $H_2O$ |
| lb | 2(33) | 2(32) | 112 | 18 |
| $H_f$ | 2(+3) | 2(0) | +154 | +68 |

(25-14)

在这两种情况下，理论所需氧气为1lb/lb 硫，理论所需空气为4.33 lb/lb 硫。在这两种情况下的理论反应热均为216 kcal/(gm·mol)$S_2O_3$ 或6100Btu/lb 硫。

典型的氧化设施如图25-12所示。

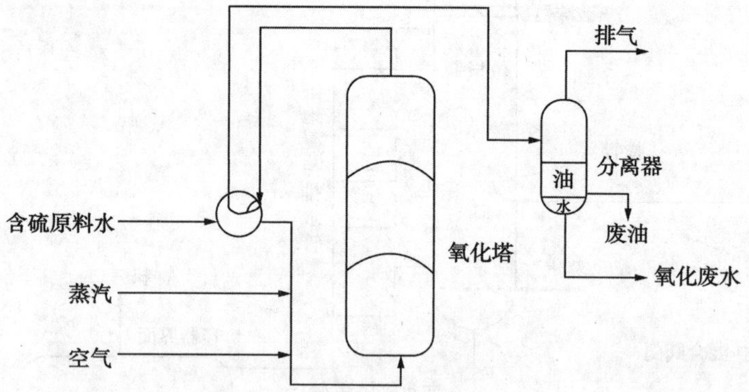


图25-12 氧化装置示意图

从图25-12可以看出，氧化装置由氧化塔和塔顶分离器组成。酸性水进料先与氧化塔顶流出物换热进行预热，然后进入氧化塔。加热蒸汽和空气在进入氧化塔前先要注入酸性水进料中。蒸汽流量根据入口混合物的温度进行控制，而空气流量的控制要以满足反应条件为前提。

氧化塔本身分为三个部分，混合喷嘴将入口连接到每个部分。反应物(空气和酸性水进料)也通过混合喷嘴进入氧化塔的底部，然后向上流过塔的各个部分。氧化后的废水离开塔顶，通过与酸性水进料换热进行冷却和部分冷凝。冷却后的污水进入分离器，控制操作压力。排出的气体通过压力控制排放到火炬或其他合适的处理设备中(如加热炉燃烧室)。

污水中的油作为侧线被撇去，而水在沉降后作为氧化液离开分离器底部。

高温和低压会使氧化塔顶部的一些水分蒸发，这导致更多的硫化物进入到气相。因此，建议氧化塔顶部压力至少比水蒸气在氧化器顶部温度下的分压高25~40 psi。这类氧化装置的典型设计标准见表25-6。

**表25-6 典型硫化物氧化剂的设计标准**

| | |
|---|---|
| 底部温度/°F | 165~225 |
| 底部压力/psia | 75~100 |
| 空气进料/(lb/gal)(1000ppm S) | 0.05~0.075 |
| 空气进料/(lb/lb) | 1.4~2.1 |
| 表观气速/(ft/s) | 0.08~0.1 |
| 硫化物氧化速率/[lbs/(h·ft³)] | 0.35 |

② 硫醇的氧化：

如果用苛性钠除去硫化氢，几乎可以肯定，在酸液中会存在硫醇。苛性钠也会与硫醇发生反应并将其去除。在处理这些来自含硫原油的轻馏分时，废碱液中的硫醇可能是含量高达3000ppm的硫醇硫化钠。根据方程式，大部分硫醇将被氧化成二硫化烃。

$$2RSNa + 1/2O_2 + H_2O \longrightarrow RSSR + 2NaOH \qquad (25-15)$$

几乎所有的硫醇盐都将在并流反应器中氧化。然而，一些硫醇钠将被部分水解，可以根据平衡，假设存在一定量的游离硫醇：

$$RSNa + H_2O \rightleftharpoons RSH + NaOH \tag{25-16}$$

该反应形成的游离硫醇将从溶液中被汽提出去，并随塔顶气相离开反应器。如果分离器在62 psia和125℉条件下运行，125℉下的水蒸气分压为2 psia，那么作用于冷凝塔顶的蒸汽分压为60 psia。在此条件下，甲硫醇或许会冷凝，而较重的硫醇和二硫化物必然会冷凝。

二硫化物在碱性废水中不混溶，形成上层油层，需要撇去处理。冷凝的硫醇会与氢氧化钠一起形成新的硫醇盐。在进料/出料换热器中，当新生成的硫醇盐与反应器内进料空气接触时，大多数的硫醇盐(如果不是全部的话)，将再次被氧化成二硫化物。

将硫醇氧化成二硫化物的理论氧需求量为0.25lb/lb硫醇硫，理论空气需求量为1.09lb/lb硫。为方便起见，在这种情况下，理论量可以取值为：

$$1\text{理论量}=0.0091(\text{lb 空气/gal})/(1000\text{ppm 硫醇-硫}) \tag{25-17}$$

③ 硫化物氧化为硫酸盐：

硫化物氧化为硫代硫酸盐只会将硫化物的极限需氧量从每磅硫化物两磅氧减少到每磅硫化物一磅氧。氧化成硫代硫酸盐将减少短期或即时的氧气需求。在水污染法规中通常没有规定硫代硫酸盐含量限值，而硫化物的含量是一直受限的。

在硫代硫酸盐有规定限值的情况下，需要把硫代硫酸盐转化为硫酸盐。与此有关的化学式如下：

$$S^{2-} + 2O_2 \longrightarrow SO_4^{2-} \tag{25-18}$$

上述方程式同样适用于含水的硫化铵和硫化钠。

理论耗氧量为2lb/lb硫，理论耗空气量为8.66lb/lb硫，理论反应放热为12700 Btu/lb硫。也就是说，关于空气的理论值是：

$$\text{空气理论值}=0.072(\text{lb 空气/gal})/(1000\text{ppm 硫}) \tag{25-19}$$

表25-7将氧化成硫代硫酸盐与氧化成硫酸盐进行了比较。许多装置将硫化物转化为硫酸盐时不使用催化剂，硫化物转化成硫代硫酸盐和硫酸盐的混合物。

**表25-7 硫化物氧化工艺比较**

| 项目 | 仅氧化为硫代硫酸盐 | 部分氧化为硫酸盐 | 全部氧化为硫酸盐 |
|---|---|---|---|
| 阴离子产生 | | | |
| $SO_4^{2-}$/% | 0 | 46 | 100 |
| $S_2O_3^{2-}$/% | 100 | 54 | 0 |
| 硫化物氧化为 | | | |
| $SO_4^{2-}$/% | 0 | 34 | 100 |
| $S_2O_3^{2-}$/% | 100 | 66 | 0 |
| 硫化物氧化速率/[(磅/小时)/cuft] | 0.33 | 0.033 | 0.035 |
| 理论空气流量 | | | |
| 氧化为$S_2O_3^{2-}$ | 2.05 | 1.55 | 6.53 |
| 氧化为实际阴离子 | 2.05 | 1.17 | 3.27 |
| 空气/水流动 | 并流 | 逆流 | 逆流 |
| 催化剂的使用 | 无 | 无 | $CuCl_2$ |

为了将硫化物完全转化为硫酸盐，反应速度需要采用氯化铜催化剂来加速。在没有催化

剂的情况下，这种转化的反应速度很慢。

(4)油水分离设备

炼油厂排出的大部分废水都含有油类。这些油的含量必须降低到10ppm以下，然后才能排放到河流、湖泊或海洋中。公共污水处理厂(POTWs)对其接受并处理的废水也有类似的要求，以避免其系统运行过程出现问题。

油污染源来自多个区域，包括工艺水排放、铺面区域排水、雨水收集罐、油轮压载泵出以及罐区堤防区域。所有来自这些水源的水都需要进行油水分离处理。这些油水分离过程中最重要的设备是API分离器。

也可用属于专有技术的波纹板拦截器，其工作原理与API分离器相似。这些包含了多组倾斜的平行波纹金属板，以增强油水分离效果。

在这里，我们主要讨论常见的API分离器。

1) API油水分离器：

API油水分离器的设计是根据油和水的密度差及沉降的一般规律进行的。适用定律由以下公式表示：

$$V=8.3\times10^5\times\frac{d^2\Delta S}{\eta}\text{（斯托克斯定律）}\tag{25-20}$$

$$V=1.04\times10^4\times\frac{d^{1.14}\Delta S^{0.71}}{S_c^{0.29}\mu^{0.43}}$$

$$V=2.05\times10^3\times\left[\frac{d\Delta S}{S_c}\right]^{1/2}\text{（牛顿定律）}\tag{25-21}$$

式中 $V$——沉降率，in/min；

$d$——液滴直径，in；

$\Delta S$——两相之间的相对密度差；

$\eta$、$\mu$——连续相的黏度(以水为例)，cP；

$S_c$——连续相相对密度。

当雷诺数<2.0时，使用斯托克斯定律；当雷诺数在2~500之间时，使用式(25-20)；当雷诺数>500时，使用式(25-21)，这种情况下：

$$Re=\frac{10.7\times dVS_c}{\eta}\tag{25-22}$$

作为指导，当油的相对密度为0.850或更轻时，油在水中的液滴尺寸(最小)可取为0.008in；当油的相对密度大于0.850时，油滴尺寸可取为0.005in。

上述炼油过程中的沉降规律通常适用于烃类为连续相时，而水(较重的相)为沉降相。对于API分离器，则相反。也就是说，连续相是水，而轻质油相是被分离出来作为从表面撇去的产品进行处理的。在该系统的设计中，采用斯托克斯定律来反映油在水中上升到表面的速度。这个修正的斯托克斯定律可以写成：

$$V_r=6.69\times10^4\times\frac{d^2\Delta S}{\eta}\tag{25-23}$$

式中 $V_r$——油相上升速率，ft/min；

$d$——液滴直径，in；

$\Delta S$——不同相间的相对密度差；

$\eta$——连续相(水)的黏度，cP。

本章附录 3 给出了该方程在 API 分离器设计中的应用实例。

API 分离器中的油相使用专门设计的撇油管通过集油池去除。

典型 API 分离器的简化图如图 25-13 所示。

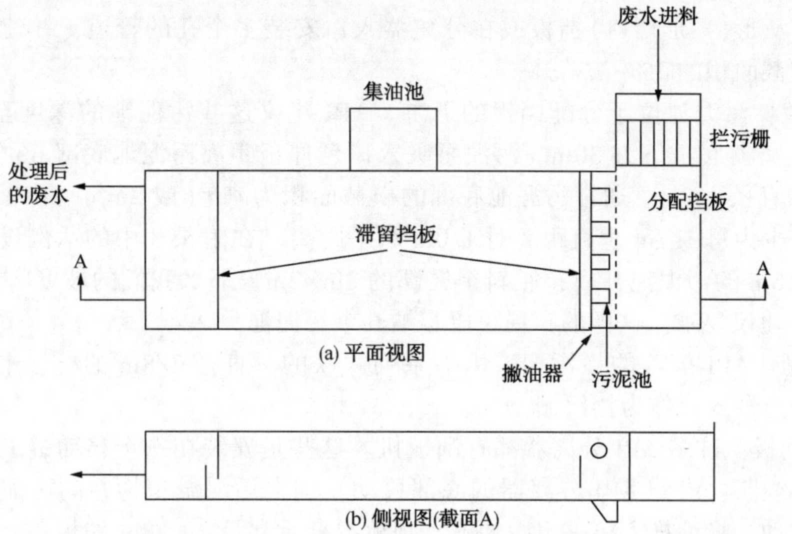


图 25-13 典型 API 分离器示意图

API 分离器设计和运行中使用的辅助设备如下：

① 撇油管：由于大部分油在离开进口槽时会与水分离，因此提供了两个带撇渣管的挡油挡板。一个位于导流板前面，另一个位于溢流堰前面。这些挡板之间的距离为附录 3 中计算的函数“$L$”的值。对于水平行程小于 40ft 的情况，API 手册建议使用直径 10in 的撇油管。较大直径的撇油管可用于水平行程更长的场合。

② 集油池：集油池位于分离器的边缘，通常位于水平行程的中间。集油池的大小基于分离器进料的含油量再加上 4 倍，因为水会被撇油管带入。例如，如果入口流含有 200ppm 体积的油，而水出口含有 50ppm 体积的油，那么从分离器中去除的油将为 150ppm 或 0.015%，在附录 3 中给出的标准下等于：

$$0.00015 \times 600 \times 1440 = 130\text{gal/d} \tag{25-24}$$

根据 API 的建议，将撇油管带入的水量是每天 130gal 撇油量再加 4 倍，那么流入集油池的总液体将为 650gal/d。

为了便于操作，集油池尺寸的确定通常是基于每周预计累积量，在本例中，即 4550gal。假设集油池截面积为 $144\text{ft}^2$ (12ft ×12ft)。那么，液体到正常液位的深度应为 4550/(7.48 × 144) = 4.2ft，HLL 可设置为 5ft。为确保撇渣管排出的油具有足够的重力差，集油池的底部将低于分离器中 NLL 液位 8ft。

③ 污油泵：污油泵是一个标准的立式泵，能够在大约 1h 或更短的时间内抽空整个集油池。通常，炼油厂将污油用泵送至炼油厂的“渣油沉淀池”。这些是用来储存原油罐底部物

质的储罐，通常含有不适合常规工艺装置的高水量和沉积物。这些物质可以放置一段时间，然后作为原料通过油回收或污油系统返回到正常的炼油厂工艺中。来自这些罐的底部沉淀物(水)被送回 API 分离器。

④ 挡油板：API 设计建议隔油板的深度低于分离器中 60%~80%的液位。此外，挡板应伸出并高于分离器正常液位 1ft。

⑤ 分配挡板：在 API 分离器的设计中，一个重要的特点是保持进水均匀分布的手段。API 建议使用 V 形(V 形切口)挡板或在分离器入口安装多个孔的管道，并建议槽之间的开口面积为室横截面积的 3%~7%。

⑥ 污泥池：污泥池位于分配挡板的下游。API 建议这些污泥池的深度至少应为 30in，即至少低于分离器底板下方 30in。污泥泵吸入口延伸至距离污泥池底部 6in 以内，污泥池底部吸入管的直径为 3in。通常污泥池底部的横截面积为 $4in^2$(或 $2in^2$)。API 还建议这些污泥池的坡度至少为每 1.7in 垂直距离对 1.0in 水平距离。在附录 3 中的示例设计中，如果我们选择 18in×18in 的污泥池开口，倾斜至底部的 2in×2in，那么我们的坡度将为 1.9：1，这将满足 API 的建议要求。这样的布局可以容纳 6 个污泥池。

⑦ 拦污栅：API 推荐的拦污栅，由一系列并联的、直径 3/8in 的杆、中心距 1.5in 组成，安装在分离器入口作为拦污栅。

⑧ 轨道刮板：许多 API 分离器都有刮板机。这些是安装在一个移动链上的挡板，沿着一个固定环形线路：沿着 API 分离器的底部移动，刮去污泥淤积物并向污泥池移动，然后在顶层向下移动，将油推入第一组撇油器。刮板本身通常是 2in×8in 的板条，由红心木或纤维增强塑料制成，间隔约 2~3ft。

2）暴雨集水池：

这些雨水池的安装是为了满足最大降雨量时的雨水储存。这些暴雨池有几种形式，一些需要泵，一些位于 API 分离器的上游，一些位于分离器的下游。

在大多数情况下，暴雨排水系统汇到雨水池。因此，在暴风雨中，过量的雨水被储存在该池中，并在一段期间内被送入 API 分离器，其流量不会超过分离器处理水的能力。这样，炼油厂确保在最坏的情况下，任何含油的水都不会绕过分离器。

暴雨池的尺寸需要按照预计的最大降雨量设计。通常情况下，尺寸是基于百年一遇的降水量，一些设施设计的更大。了解降水事件的定义对于尺寸基础的选择是至关重要的。这些定义很大程度上依赖于概率论的应用。水池必须能够接收所有滤污器以及部分炼油厂排水系统开放管道所排的水。

暴雨池采用表面积大而深度浅的结构。水池通常是黏土衬砌，以限制渗入地下水。在一些地区，它们可以内衬或双层的不透水膜(例如紫外线交联聚乙烯)，以防止地下水污染。它们采用泵抽集水箱或其他方法来输送水。

暴雨池的高度通常仅略高于 API 分离器，但是靠近炼油厂的低点。因此，即使暴雨池里满是水，它也不会回流到生产区的排水沟中。在某些情况下，如果无法将暴雨池设置在最低位置，人们通过设置中转集水池，配置以不间断动力或蒸汽驱动的多个垂直提升泵，用来在大量降水情况下以高速将水移到暴雨池中。

请参阅本书“石油加工中的公用工程”一章，以了解更多关于下水道及其与暴雨池的相互作用的讨论。

(5) 其他炼油厂污水处理工艺

1) 氧化池：

氧化池通常被用作 API 分离器后的二次污水净化。氧化池有三种类型：

① 有氧：水中的氧化利用大气中并加上光合作用产生的氧。

② 厌氧：废物氧化不利用氧气。

③ 曝气：废物氧化过程利用机械鼓泡器从大气中引入空气。

常见的好氧氧化池，是内含有细菌和藻类的浅池。细菌将利用氧气对进水进行生化氧化。这样一来，将产生水、二氧化碳，也许还会产生 $NH_3$。藻类利用阳光加上水和二氧化碳来产生氧气。氧气反过来会促进额外的细菌和藻类生长。有氧的氧化池通常会包含曝气池，以确保氧气供应，并防止池“厌氧”变得更臭。

有氧循环如图 25-14 所示。

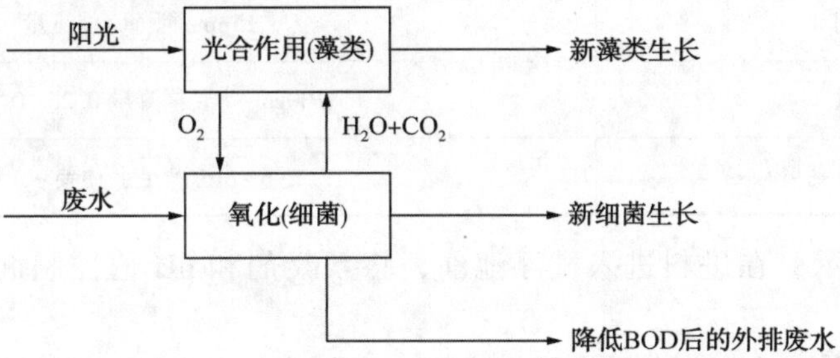


图 25-14　氧化池的有氧循环

2) 气浮和溶解气浮(DAF)：

气浮工艺的目的是通过去除悬浮物和油来净化废水。这是通过加压将空气溶解在废水中，然后在大气压力下释放来实现的。释放的空气形成气泡，附着在废水中的固体物质和油上。气泡使附着的物质以泡沫的形式漂浮在水面上。

水中的溶解空气也能降低废水氧化的需氧量。图 25-15 说明了典型气浮过程的基本要素。

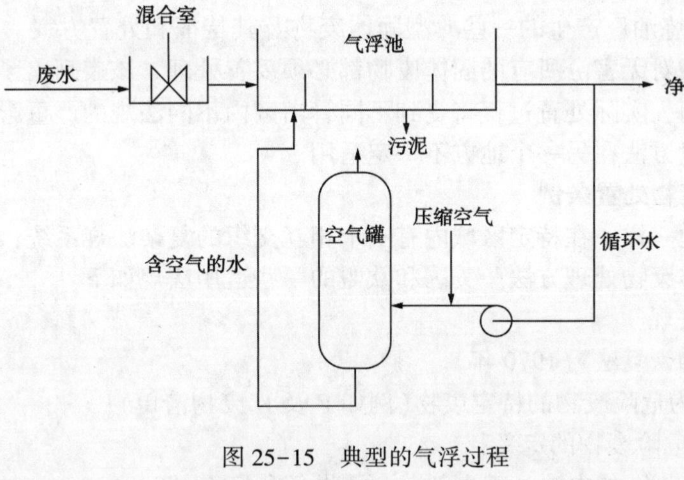


图 25-15　典型的气浮过程

图 25-15 显示的流程是首选的循环方式。该流程也可以设计为一次通过操作。循环工艺的典型设计标准见表 25-8。

**表 25-8 典型循环气浮装置的设计准则**

| | |
|---|---|
| 循环量 | 50% 进料量 |
| 空气罐压力 | 35~55psig |
| 空气罐停留时间 | 2min 循环量(从液面到罐底) |
| 气浮池停留时间 | 15~20min 总流量(原料量加循环量) |
| 气浮池上升率 | 每平方英尺液体表面总流量 3.0 gal/min |
| pH 值 | 7.5~8.4 |
| 絮凝剂 | 25ppm 明矾/总流量 |
| 空气量 | 100gal 空气总流量 0.25~0.5scf |
| 气浮池液位高度 | 6~8ft(满足上述要求) |

如图 25-15 所示，在进料进入气浮池前，将絮凝剂和 pH 值控制剂与原料水在混合槽中混合。

本节中描述的流程是炼油中最常见的流程。实际上，在上述介绍的流程中，大多数炼油厂仅使用 API 分离器和暴雨池来满足油水分离要求。

## 25.4 固体废物

前文已经讨论了石油加工过程中空气排放和水排放的管理。现在开始讨论炼油厂产生的固体废物。

加工石油时产生的固体有几种，但并不是所有的都是正常意义上的"固体"。有些是半固体或接近液体，但在这里我们将把它们全部当作固体来讨论。

表 25-9 列出了炼油厂产生的一些典型固体废物及其特征和处置方案。有些被认为是有害的，而另一些则相对无害。所有的固体废物都必须妥善处理。该表列出了处理不同类型废物的一些方案。然而，实际处置过程将受到不同管辖区内不同法规的严重影响。一个司法管辖区内可接受的处置方法在另一个地方不一定适用。

### 25.4.1 固体废物处置条例

与所有环境问题一样，在特定区域内有一个相互交织的复杂法规系统，规定了什么是可用的和不可用的固体废物处理方法。美国和欧盟的一些适用法规如下：

(1) 美国法律法规

1)《资源保护和恢复法》(1970 年)。

① 列出被定义为危险废物的特定废物(例如 F 及 K 废物清单)；

② 建立"特征"危险废物的定义；

③ 通用废物的定义-如电池、杀虫剂、含汞设备和灯泡/灯。

2)《综合环境响应、赔偿与责任法》(CERCLA)(1980 年)。

3)《危险和固体废物修正案》(HSWA)(1984 年)。

4)《联邦设施合规法》(1992 年)。

5)《土地灵活处置规划法》(1996 年)。

6)《废油回收法》(1980 年)。

7)《固体废物处理法修正案》(1980 年)。

8)《非常基金修正及再授权法》(SARA)(1986 年)-CERCLA 再授权与强化。

9)《禁止海洋倾倒法》(1988 年)-禁止向海洋倾倒废物。

10)《RCRA 清理改革Ⅰ&Ⅱ》(1999 年，2001 年)。

11)《废油管理标准》(2003 年)。

12)《应急计划于社区知情权法》(EPCRA)(1980 年)。

13)《扩大 RACA 公众参与规则》(1996 年)。

14)《污染预防法》(1990 年)。

15)《危险废物燃烧器；修订标准．最终规则-第 1 部分》(1998 年)。

16）还有许多固体废物、危险废物和非危险废物管理的州和地方法规，其中许多鼓励对废物进行回收再利用，而不是垃圾场填埋。

表 25-9 炼厂“固体”废物调查

| 废物类型 | 来源 | 是否危险(RCRA 中定义) | 典型处置方法 |
|---|---|---|---|
| 根据美国法规(RCRA)定义的危险废物 | | | |
| 一次油/水/固体分离器污泥 | 多方面来源 | 是(F037) | 焦化装置注入、燃烧、湿氧化 |
| 二次油/水/固体污泥 | 多方面来源 | 是(F038) | 焦化装置注入、燃烧 |
| 溶解气浮漂浮物 | DAF 废水处理 | 是(K048) | 焦化装置注入、燃烧 |
| 污油 | 全厂来源 | 是(K049) | 回炼、焦化装置注入、燃烧 |
| 换热器管束清洗污泥 | 维修或在设备内部 | 是(K050) | 填埋、封装、燃烧 |
| API 分离器污泥 | 废水排放处理 | 是(K051) | 焦化装置注入、燃烧 |
| 罐底(含铅) | 含铅汽油罐 | 是(K052) | 燃烧、湿氧化 |
| 原油储罐沉积物 | 原油储罐 | 是(K169) | 焦化装置注入、燃烧 |
| 油浆沉淀罐沉积物/过滤固体 | 催化裂化或储油罐 | 是(K170) | 燃烧 |
| 加氢处理废催化剂 | 加氢处理装置、加氢裂化装置 | 是(K171) | 再生、再利用、回收、填埋 |
| 加氢精制废催化剂 | 加氢处理装置、加氢裂化装置、其他装置 | 是(K172) | 再生、再利用、回收、填埋 |
| 其他类型的炼油厂“固体”废物 | | | |
| 含油污泥 | 罐底、生物处理、拦截器、污水处理污染的泥土、除盐器 | 可能(之前有些分类) | 焦化装置注入、燃烧、湿氧化 |

续表

| 废物类型 | 来源 | 是否危险(RCRA中定义) | 典型处置方法 |
|---|---|---|---|
| 油性固体 | 污染的泥土、溢油碎沫、过滤黏土酸、焦油、碎屑、过滤器、填料、隔热层、活性炭 | 可能 | 燃烧、填埋 |
| 桶与容器 | 多方面来源 | 可能 | 回收、填埋 |
| 废催化剂(未列出) | 催化裂化、催化聚合、重整等 | 不常见 | 再利用、填埋 |
| 非油性材料 | 树脂、BFW污泥、干燥剂、吸附剂、中性醇类污泥、气体脱硫废物 | 不常见 | 再利用、填埋 |
| 放射性废物 | 催化剂(标准)、实验室、液位仪表 | 可能 | 再利用、填埋、封装 |
| 污垢 | 含铅或无铅沉积物、生锈 | 可能 | 填埋、封装 |
| 建筑和拆除的碎料 | 废金属、混凝土、沥青、土壤、石棉、矿物纤维、塑料、木材 | 有时候(石棉、矿物纤维) | 填埋、封装 |
| 实验室废物 | 实验室 | 可能 | 回收利用、填埋 |
| 自燃废物 | 含硫化铁的污垢、某些废催化剂 | 可能 | 回收利用、燃烧、填埋 |
| 混合废物 | 生活垃圾、植被 | 不常见 | 回收利用、制作肥料 |
| 以上未列出的废油 | 废润滑油、切油、变压器油、回收油、机油、污油 | 可能 | 回收利用、燃烧、填埋 |

(2) 欧盟法律法规

1) 理事会指令75/439/EEC：废物处理。

2) 理事会指令75/442/EEC：废物。

3) 理事会指令91/689/EEC：危险废物。

4) 理事会条例(EEC)第259/93号：欧洲共同体内、内外的废物运输。

5) 理事会指令94/67/EC：危险废物焚烧。

6) 理事会指令97/640/EC：决定-危险废物越境转移及其处置的控制。

7) 理事会指令1999/31/EC：废物填埋。

8) 理事会指令2000/33/EC：决定垃圾填埋场废物验收准则和程序。

9) 委员会第2000/532/EC决定-废物类别与清单，焚烧。

10）第2150/2002号条例(EC)：废物统计。

监管的重点已经从控制废物处置向鼓励减少、再利用和回收转化废物，而不是简单的废物处置过程。

### 25.4.2 一些定义

到目前为止，我们使用了几个没有定义的术语。在这里，我们将回顾固体废物管理中的一些重要定义和注意事项。

（1）危险废物

危险废物通常是指可能对公众健康或环境造成重大风险的废弃材料。在美国，环境保护局将一些炼油厂废物定义为危险废物，如表25-9中以F或K编号表示的，称为“列出的危险废物”。

其他废物根据其特性被视为有害废物，具体标准如下：

1）可燃性(即易燃性)：空气中可自燃或自热。

2）反应性：与其他材料或空气。

3）腐蚀性：酸或碱。

4）毒性：对动物或其他生命。

美国以外的司法管辖区通常对废物分类采取类似的方法。

（2）无害废物

在美国，非危险固体废物的定义包含在RCRA的子章节D中。该定义实际上包括一些不受法规约束的危险废物(例如，少量家用危险废物)。石油天然气勘探和生产废物也可豁免。D章节主要适用于垃圾、电器、废金属、建筑材料、一些公共污水处理厂污泥和饮用水处理厂污泥等。

（3）废物最少化与减量

这是通过改变工艺、原材料或废弃材料的处理方式来减少设施所产生净废物量的做法。这意味着：

1）重新设计和操作处理工艺，以减少副产品或废物。例如，通过良好的操作尽量减少不合格产品。

2）从一个过程到另一个过程的废物再利用，可以是内部的，也可以是外部的。例如，将稍微用过的废碱用于其他用户，或不合格产品的再处理。

3）废物的回收。例如，将API分离污泥送至焦化装置，或将废油/回收油作为原料送回常减压装置。

4）从废物中提取可用材料。例如从废催化剂中回收Co、Ni和Mo。

5）从污泥和废油中回收热量。例如，焚烧污泥以产生蒸汽。

废物最小化的概念如图25-16中的金字塔所示。最不理想的处置方式是将大多数固体废物运到填埋场进行处置。

### 25.4.3 固体废物管理技术与实践

有很多为管理和减少固体废物而开发的技术和实践方法，我们这里只列出一些常见的方法，并结合一些注解和示例。

（1）废物量最小化技术(摘自CONCAWE第6/03号报告)

1）在源头减少：

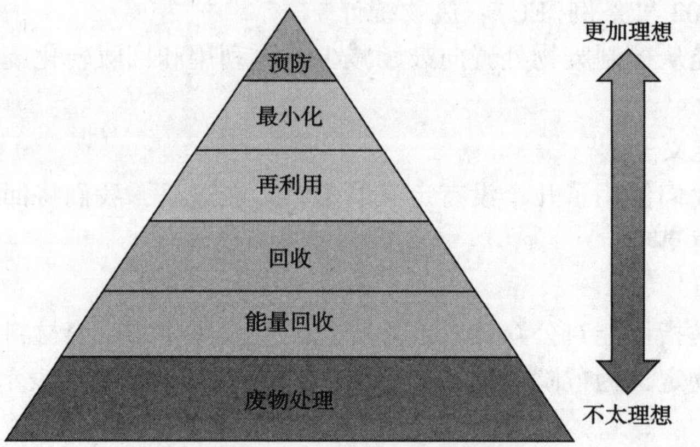


图 25-16　废物最小化金字塔概念

① 工艺选择和设计：例如，考虑另一种去除痕量硫的技术，而不是采用碱处理；各单元间串联使用碱溶液。

② 工艺/设备改造：例如，密闭采样系统、泵的机械密封、选择合适的化学试剂优化操作。

③ 改变处理方法：例如，加氢处理催化剂的再生和再利用，润滑油采用加氢处理代替酸处理。

2）废物回收利用：

① 设施内部：例如，重新加工不合格产品或回收油，在要求不高的应用场合重复使用废碱液(如常减压装置的腐蚀控制)。

② 设施外部：例如，催化剂中金属回收，催化裂化催化剂用作道路骨料，从废碱液中回收甲苯基酸。

3）高效使用材料：

① 良好的催化剂活化和操作条件，延长使用寿命。

② 不过度处理产品。

③ 使用化学试剂不超出最佳配比。

4）良好的内务管理：

① 避免/限制泄漏：例如正确处理物料以消除泄漏和损失、设计罐区堤坝来控制泄漏、预防质量过剩和控制措施。

② 限制清洁需求：例如，使用防垢剂以减少换热器的清洗；用纯碱喷雾中和代替反应器浸泡处理；污泥在处理前先脱水(避免对污泥中水的处理)。

③ 防止固体进入下水道系统：例如，防止污垢、植物和垃圾在下水道堆积得像火车轨道似的；控制下水道排水的酸碱度；将雨水与工艺下水系统分流。

5）废物处理：

① 废物分类：例如，不要将危险废物和非危险废物混合在一起(都会变得危险)。

② 在可能的情况下进行预处理以减少废物量或使其变得无害。

③ 减少碱性废物：使用高效碱性接触剂的替代品；炼厂中碱的再利用；把碱出售给其他用户再利用；通过排放系统进行管理；本章在废水处理部分讨论的几种替代方案。

④ 不要将非危险品放在危险品存放区，以免其被污染或意外地以高于其需要的分类标准进行处置。由此类推，不要以“为了安全起见”将一种物料归类为更危险的材料，确保根据当时掌握的信息对材料进行正确的分类，之后还可以重新分类。

（2）储存设施

等待处置的废物，特别是危险废物，需要足够的环境可接受的储存设施。以下是一些存储注意事项。

1）允许设施处理和/或储存危险废物超过规定时限段通常需要特定的许可。在美国，危险废物必须在产生后 90 天内从设施中排出，除非该设施有处理和长期储存许可证。其他国家也有类似的储存时间限制。大多数炼油厂没有这些许可证。在一个设施中，采用小型、分散的危险废物堆放点可以提供长达 1 年的储存时间，例如废润滑油收集桶。

2）所有容器(无论是存放危险品还是非危险品)都贴上介质说明和危险品标签是很好的做法。在美国，未贴标签的容器是直接违规行为。贴标签是很容易做到的，所以没有理由受到这种惩罚。所有容器都要标有材料、生产日期、危险程度(如您所知的)和其他相关数据。标签内容可根据测试结果进行更改。

3）通常，危险废物储存区必须与其他储存区隔离，雨水和其他排水与工厂排水分开收集和管理。如果储存区排水没有受到任何污染，通常用泵排至工厂下水道系统，但如果排水受到污染，则必须单独处理。

4）通常情况下，储存危险废物的地面必须是双层保护的，下面设有一层防渗水膜，以防止地下水污染。

5）危险废物储存区内的危险废物应装在桶、移动箱、袋或其他密封容器中。如果危险废物是自燃或自热介质，则应将其密封在惰性气体中，并监测温度变化情况。

6）危险废物区应配备足够的消防设施，并配备危险品处理所需防护用品和应急材料，以应对可能出现的任何问题。

7）危险废物区内的所有废物都应按类型与特定废物单独放置。

（3）处置实践

1）确保选择的处置地点已经获得许可并有资格处置运送来的物料。通常情况下，所用处置设施由专门负责确保设施质量的公司集团或团队进行审查，这些设施应定期接受审查，以保持其资质。

2）审查过程还应包括危险废物检测实验室和运输公司，我们非常依赖这些公司。实际上，固体废物的运输是废物处理步骤中的最大风险点。

3）当危险品被回收或处置时，请确保得到书面确认，确认所需的处置过程实际上已经发生。在监管结构中，您需要对废物负责，直到废物得到妥善处置。许多公司意外地发现他们认为已经被销毁的废物只是被某人储存起来(甚至更糟的被倾倒)。公司最终(至少)需要支付两次清理和处置费用。

## 25.5 噪声污染

### 25.5.1 噪声问题和典型的厂内/社区噪声标准

在大多数加工厂，噪声被广泛认为是一个主要的工业/环境问题，因为工人暴露在高噪声环境中会有听力丧失的风险。有时，噪声会影响公众，最近人们把重点放在燃烧和由此产生的社区噪声，以及由此产生的排放上。

加工厂的高噪声环境可归因于大量的噪声源。主要噪声源有压缩机、风扇、泵、电机、燃烧炉、控制阀、蒸汽和燃气涡轮机以及管道系统。每台设备的噪声产生机理是复杂的，但在大多数情况下，通过采取适当的噪声控制措施，可以将噪声等级降低到期望值。

随着人们对噪声问题及其对公众的影响的认识不断提高，世界上许多国家都对噪声标准的规定进行了调整。在美国，1970年的《职业安全与健康法》(OSHA)(29 CFR 1910.95)和1972年的《噪声控制法》及其后的修正案都是噪声控制要求的基本指南。OSHA包含每天暴露在噪声下的最大允许声压等级。这些指南如表25-10所示，该指南作为美国建造任何工艺装置时的厂内噪声标准基本原则。

相反，社区噪声标准更为多变，并取决于许多因素，包括当地法令、现有噪声水平以及与社区相关的工厂所在地。一些典型的社区噪声限值如表25-11所示。

声学和噪声控制专业超出了本书的范围。我们仅考虑工艺设备噪声分析所需的重要概念。就环境噪声区来说，社区内不同噪声区域的分类通常由监管部门根据社区噪声调查数据的评估确定。

在美国，由环境保护局管理的1972年《噪声控制法》旨在建立联邦噪声排放标准。通过协调所有噪声控制工作，该法案的作用范围更广。它将噪声控制的主要责任归于各州，请参考当地现行的法规。

**表25-10　噪声暴露限值**

| 每天持续时间/h | 声音等级/dBA |
|---|---|
| 8 | 90 |
| 6 | 92 |
| 4 | 95 |
| 3 | 97 |
| 2 | 100 |
| 1.5 | 102 |
| 1 | 105 |
| 0.5 | 110 |
| 0.5或更少 | 115 |

**表25-11　一些典型的社区噪声限值**

| 受纳土地使用类型 | 时间段 | 噪声等级/dBA<br>噪声区分类<br>乡村郊区 | 郊区 | 城市 |
|---|---|---|---|---|
| 一户和两户家庭住宅 | 10pm~7am | 40 | 45 | 50 |
| | 7am~10pm | 50 | 55 | 60 |

续表

| | | 噪声等级/dBA | | |
|---|---|---|---|---|
| | | 噪声区分类 | | |
| 多户住宅 | 10pm~7am | 45 | 50 | 55 |
| | 7am~10pm | 50 | 55 | 60 |
| 有限商业住宅 | 10pm~7am | | 55 | |
| | 7am~10pm | | 60 | |
| 商业 | 10pm~7am | | 60 | |
| | 7am~10pm | | 65 | |
| 轻工业、重工业 | 任何时间 | | 70 | |
| | | | 75 | |

### 25.5.2 声学与噪声控制基础

导致这个问题的几个因素有：

（1）声压级

声音是大气压力在某一点上的波动。声压级表示特定声压与参考声压之比，公式如下：

$$SPL=10\lg\frac{p^2}{p_{ref}^2} \tag{25-25}$$

式中 $SPL$——声压级，dB(分贝)；

$p^2$——压力变化的均方振幅；

$p_{ref}$——$2\times10^{-5}$N/m$^2$。

（2）声功率级

声功率级是指特定声功率与参考功率之比：

$$PWL=10\lg\frac{W}{W_{ref}} \tag{25-26}$$

式中 $W$——声功率(声能率低)，声瓦；

$W_{ref}$——$10^{-12}$W。

$SPL$ 与 $PWL$ 之间的关系是：

$$SPL = PWL + K \tag{25-27}$$

式中 $K$——以几何学或其他方面为基础的常数。

（3）波长

波长对噪声的控制是很重要的，它的定义是：

$$\lambda = \frac{C}{f} \tag{25-28}$$

式中 $\lambda$——波长，ft；

$C$——声速，ft/s；

$f$——频率，每秒周期数，Hz。

（4）倍频波段

倍频是指频率加倍。一般来说，可听频率范围包括十个优先的倍波段，中心频率如下：31.5，63，125，250，500，1000，2000，4000，8000，16000。

（5）A 计权声压级(dBA)

大多数噪声法规根据使用“A 计权网络”设定最大允许噪声限值，该网络提供了一种常用的噪声评级方法。该网络旨在说明人耳的反应。其他“B”和“C”计权网络已基本不用。表 25-12 显示了将声压级(dB)转换为 A 声级(dBA)的每个倍频波段对应的校正波段。

**表 25-12　A 计权网络波段校正**

| 倍频波段/Hz | 波段校正/dB |
| --- | --- |
| 63 | -25 |
| 125 | -16 |
| 250 | -9 |
| 500 | -3 |
| 1000 | -0 |
| 2000 | +1 |
| 4000 | +1 |
| 8000 | -1 |

（6）分贝叠加

以分贝表示的噪声级不能用算术方法相加，但相加应以能量相加为基础。因此，组合的分贝级计算如下：

$$dB_{total} = 10\lg \sum_{i}^{N} 10dB_i/10 \tag{25-29}$$

式中　$dB_{total}$——组合分贝级别；

$dB_i$——单个分贝级别；

$N$——分贝级别总数。

（7）声场

声场是描述周围空间不同点上声源的声功率级和声压级之间的关系。

1）理想声场：理想化声源的声场可以看作是一个非常小并均匀震动的范围，其公式如下：

$$SPL = PWL - 20\lg r + K dB \tag{25-30}$$

式中　$r$——声源到测量点的距离；

$K$——常数。

2）非理想声场：

① 户外：平面辐射的定向声源(半球辐射)的声场由下式给出：

$$SPL = PWL + 10\lg \frac{Q}{r^2} + 2.5dB \tag{25-31}$$

式中　$Q$——特定方向的方向性系数；

$r$——与震源的距离，ft。

② 封闭空间：如果声源在封闭空间中辐射，则声场方程式为：

$$SPL = PWL + 10\lg\left(\frac{Q}{4r^2} + \frac{4}{R}\right) + 2.5\text{dB} \tag{25-32}$$

式中 $R$——空间常数，$ft^2$。

（8）方向性

方向性系数可定义为：特定方向上给定距离处的声压均方与假设声源为非方向性时该处声压均方值之比。方向性指数由下式给出：

$$DI = 10\lg Q \tag{25-33}$$

式中 $Q$——特定方向的方向性系数。

一些典型的指向性指标如表25-13所示。

**表25-13 一些典型的方向性指数**

| 位置 | $Q$ | $DI$ |
|---|---|---|
| 临近单平面表面 | 2 | 3dB |
| 临近两个平面相交处 | 4 | 6dB |
| 临近三个平面构成的拐角处 | 8 | 9dB |

（9）声音传播

声波的传播会受到许多因素的影响。对噪声控制很重要的因素包括声音吸收、传输损耗、屏障、大气和地形效应。

1）声音吸收：在封闭空间中传播的声波受到入射面吸收能力的影响。吸收量表示为：

$$R = \frac{S \cdot ab}{1 - ab} \tag{25-34}$$

式中 $R$——空间常数，$ft^2$；

$S$——总内表面积，$ft^2$；

$ab$——平均吸收系数。

2）传输损耗：墙壁的隔音能力定义为：

$$TL = 10\lg\frac{1}{\tau}\text{dB} \tag{25-35}$$

式中 $\tau$——射系数（透射声强与入射声强之比）。

3）屏障：在声源和接收器之间插入屏障或隔音罩，通常可以获得明显的声音衰减。隔声屏障的声音衰减约由下式计算：

$$B = 10\lg\frac{20H^2}{\lambda r} \tag{25-36}$$

式中 $B$——给定频率下降低声压级；

$H$——屏障有效高度；

$r$——声源到屏障的距离；

$\lambda$——给定频率下的声音波长。

4）大气与地形的影响：户外长距离声音的传播会受到大气和地形效应的显著影响。由于分子效应，声音在大气中传播时会有较小的能量损失，这种损失取决于空气温度和相对湿度。72℉和50%相对湿度时的分子效应如表25-14所示。

表 25-14 温度 72℉、相对湿度 50%的分子效应

| 频率/Hz | 衰减/(dB/1000ft) |
|---|---|
| 500 | 1 |
| 1000 | 2 |
| 2000 | 3 |
| 4000 | 8 |
| 8000 | 15 |

(10) 其他因素

导致噪声降低的其他影响因素包括：大量植被造成的衰减、不平坦地形和高层建筑的影响以及风和温度梯度的影响。这些影响更为复杂，大多数情况下，在工艺设备噪声分析中可以忽略不计。

### 25.5.3 设计阶段噪声治理

由于地方、州和/或联邦噪声法规制定了最大噪声接收限值，因此任何重要工业设施的建设或扩建许可，都取决于预测噪声值不超过管控机构设定的接收限值。

因此，噪声控制工程必须在设计阶段初期开始。一些主要工程公司采用的典型噪声控制程序如图 25-17 所示。

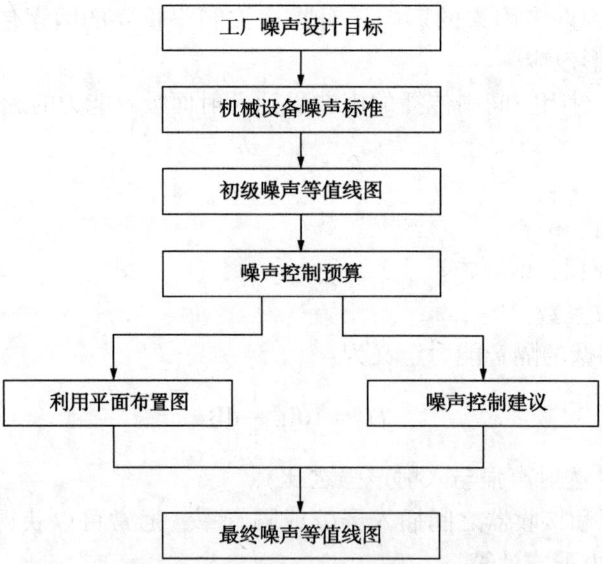


图 25-17 典型噪声控制程序流程图

1）工厂噪声设计目标：设计标准应在设计阶段早期制定，并考虑联邦、州和地方法律、公司标准、邻近社区和类型以及预期的社区增长模式。

2）机械设备和控制阀噪声标准的制定：制定设备特定项目的标准，以满足工厂噪声设计目标，并将其作为所有产生噪声的设备询价规范的一部分。

3）初级噪声等值线图的编制：噪声接收水平将使用工程公司的内部估算数据库和计算机噪声预测程序进行预测。

4）编制噪声控制预算：编制预算，确定实施噪音控制措施所需的资金。

5）辅助平面布置：设备位置可根据预计的噪音水平进行优化，从而将衰减处理的需求

降至最低。

6）噪声控制建议：噪声衰减建议应根据所有主要设备对给定厂区内综合噪声水平的贡献来制定，可能需要使用特殊涂层、绝缘材料或隔音材料（如铅或重聚氯乙烯），以满足所需的噪音水平。

7）最终噪声等值线图的编制：在获得了最终噪声等级数据、确定了平面布置图并实施了所有噪声控制措施，就可以绘制出噪声等值线图。用噪声等值线图可以说明已达到工厂噪声设计目标。该等值线图通常使用公司自己的建模程序编制，或者可以从相关的软件公司租赁专有程序。

一个有效的噪声控制方案需要在采购设备之前、工厂设计的早期阶段进行分析。噪声控制的最有效和最经济的方法是将噪声控制特性作为设备设计的一个组成部分纳入设备规范。最佳的平面布置图也可以通过有策略地将噪音设备、工业区、已知的噪声源设定在离敏感区域最远距离的地方，从而最大限度地减少噪声衰减处理需求。

在没有计算机的帮助下，设计阶段预测噪声等级的工作可能很艰巨。一个典型的项目可能涉及数十万个噪声源，人工手动进行噪声等级预测几乎是不可能的。通常使用计算机程序来预测社区/工厂内的噪声水平。这类程序的特性将在下一节中讨论。

### 25.5.4 典型的社区/厂内噪声程序

噪声污染循环是一个发射、传播和接收的过程，通常需要开发一个计算机程序来模拟几种不同类型的噪声源的传播过程。在此，我们将描述这种程序的主要功能及其在工厂设计中的应用。

（1）功能

计算机程序用来计算由指定网格点或特殊接收器处的单个或多个噪声源产生的声压级。这个程序应该使用一个简单的算法来模拟四个不同声源模型的传播。这些模型包括点、线、线上的离散点和平面源。

（2）数学模型

程序中使用的基本方程是：

$$SPL = PWL + 10\lg[F(R)] + DI + K - AE \tag{25-37}$$

式中 $SPL$——任一接收器处的声压，dB；

$PWL$——声源声功率级，dB；

$10\lg[F(R)]$——在以下段落中用分贝表示的各类声源的距离衰减系数；

$DI$——方向性系数，dB；

$K$——空气特性阻力，dB；

$AE$——总过度衰减系数（分子吸收、地面吸收、屏蔽效应、屏障效应等），dB。

1）距离衰减 $F(R)$

① 对于点源：

$$F(R) = \frac{1}{R^2} \tag{25-38}$$

式中 $R$——声源与接收器之间的距离。

② 对于连续线源：

$$F(R) = \frac{\alpha_2 - \alpha_1}{R_{0d}} \tag{25-39}$$

所有术语如图 25-18 所示。

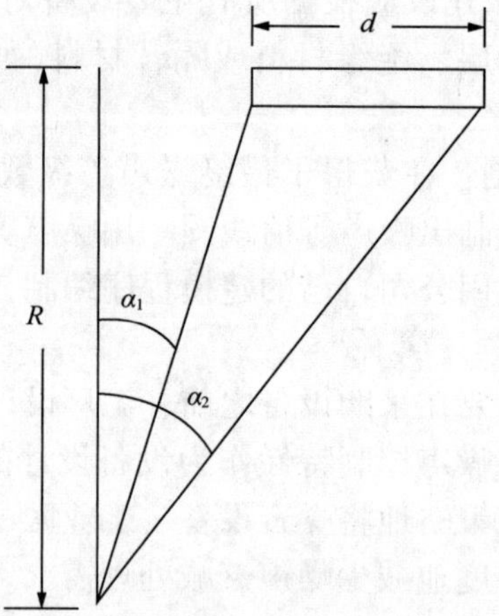


图 25-18　连续线源

③ 对于一条线上的离散源：

$$F(R) = \sum_{n=1}^{N} \frac{1}{R_n^2} \tag{25-40}$$

式中　$N$——线上的声源数量；

$R$——接收器与每个声源之间的距离。

④ 对于平面源：

$$F(R) = 1/A\int_{-L/2}^{L/2}\int_{-L/2}^{L/2} R\mathrm{d}x\mathrm{d}y \tag{25-41}$$

式中　$R$——从接收器到平面上差分区域 $\mathrm{d}x\mathrm{d}y$ 的距离。

所有术语的定义如图 25-19 所示。

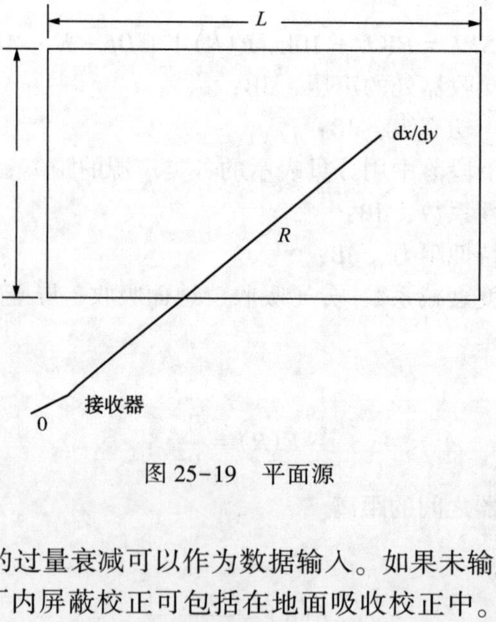


图 25-19　平面源

2）过量衰减 A：

地面和分子吸收引起的过量衰减可以作为数据输入。如果未输入这些数据，则应使用表 25-15 中显示的默认值。厂内屏蔽校正可包括在地面吸收校正中。由于风、温度梯度、雨、雨夹雪和障碍物产生的影响，可以稍后进行修正。

表 25-15 过量衰减默认值

| 频率/Hz | 地面吸收/dB | 分子吸收/(dB /1000ft) |
|---|---|---|
| 63 | | 0 |
| 125 | | 0 |
| 250 | | 0.3 |
| 500 | ↑0↓ | 1.0 |
| 1000 | | 2.0 |
| 2000 | | 3.0 |
| 4000 | | 6.0 |
| 8000 | | 11.0 |

(3) 输入数据要求

每个噪声源的要求基本上是声源功率谱、声源位置和所需的噪声等级预测模型。此外，如果可以的话，还可以输入包括分子和地面吸收数据在内的过量衰减系数。

(4) 输出

在我们所描述的程序中，所有需要输入的数据汇总在一起，计算结果将以电子文档或硬拷贝的形式提供。对于所有指定的特殊噪声接收器，计算出的倍频带声压级、总声压级和 A 计权声压级将以表格形式列出，所有网格点的 A 计权声压级的计算值也将列出，从而可以生成等值线图。

(5) 应用

这里描述的社区/工厂内噪声程序可用于完成以下应用：

① 估计预期工业活动产生的净噪声影响。

② 检查工厂设计是否符合噪音规定。

③ 确定噪声排放水平和工厂设计，以符合适用的环境法规。

与其他计算机程序一样，计算机所计算的噪声级的准确性取决于输入数据的准确性以及选取的特定噪声源模型的应用情况。

## 25.6 结论

遵守环境法规是石油加工设施运营权的一部分。一些炼油厂被发现违反法规，有时会导致停产整顿直到合法为止。有些法规中包含了可能引起刑事起诉的条款。

良好、用心、全面的设计和操作实践以及对环保要求的了解将使工厂保持清洁高效的运行。

## 附录1 $H_2S$ 和 $NH_3$ 水溶液中 $H_2S$ 和 $NH_3$ 的分压

本附录包括图 25-20~图 25-29，用于查询 $H_2S$ 和 $NH_3$ 水溶液中 $H_2S$ 和氨的分压。这些数据在后面几页。这些图表的解释和使用见附录 2。

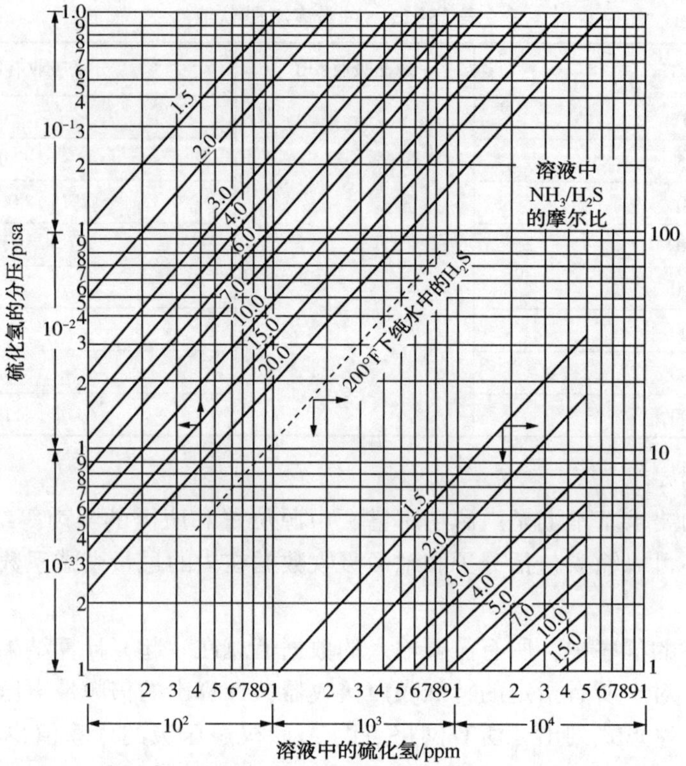


图 25-20　200°F时 $H_2S$ 与 $NH_3$ 水溶液中 $H_2S$ 的分压

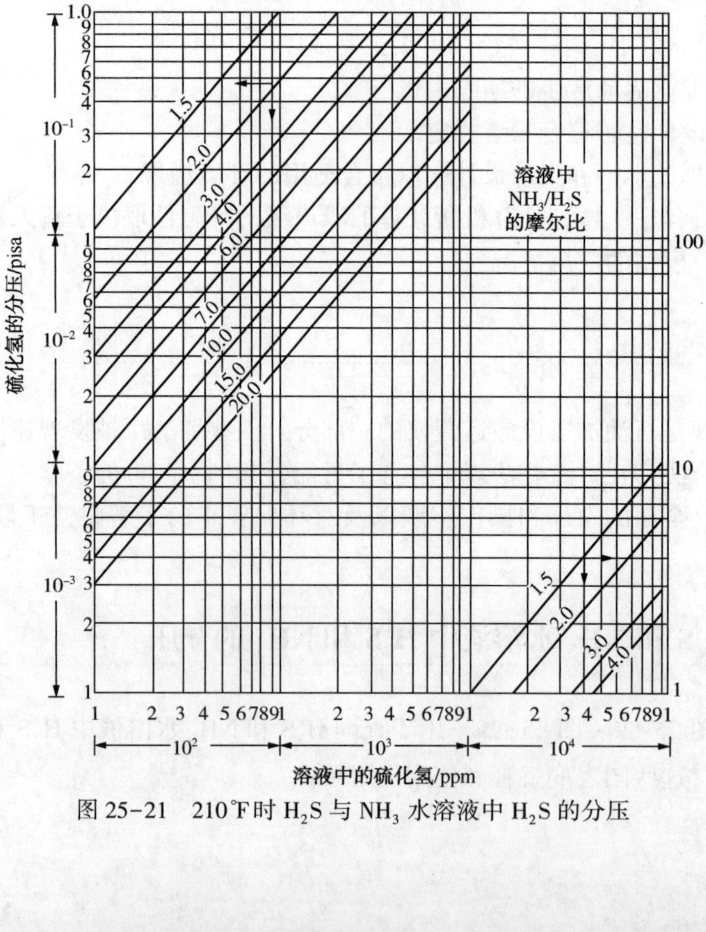


图 25-21　210°F时 $H_2S$ 与 $NH_3$ 水溶液中 $H_2S$ 的分压

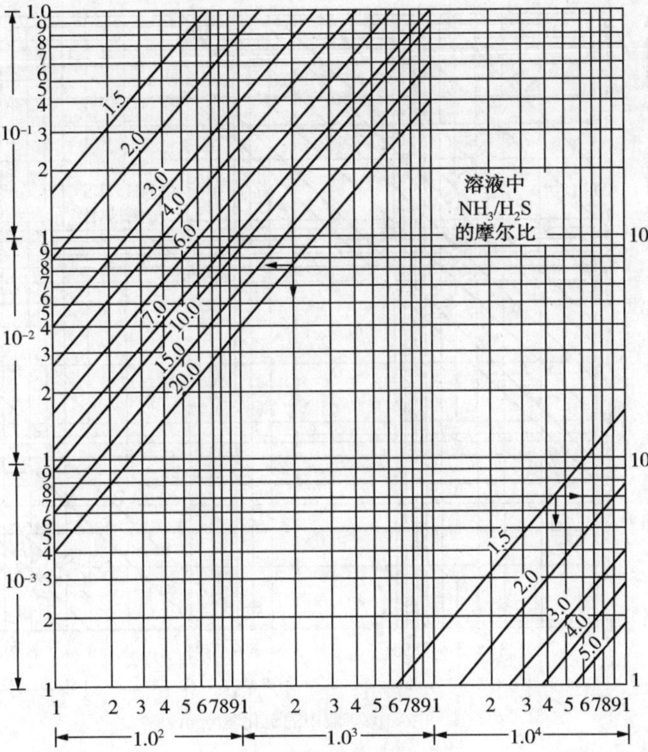


图 25-22 220°F时 $H_2S$ 与 $NH_3$ 水溶液中 $H_2S$ 的分压

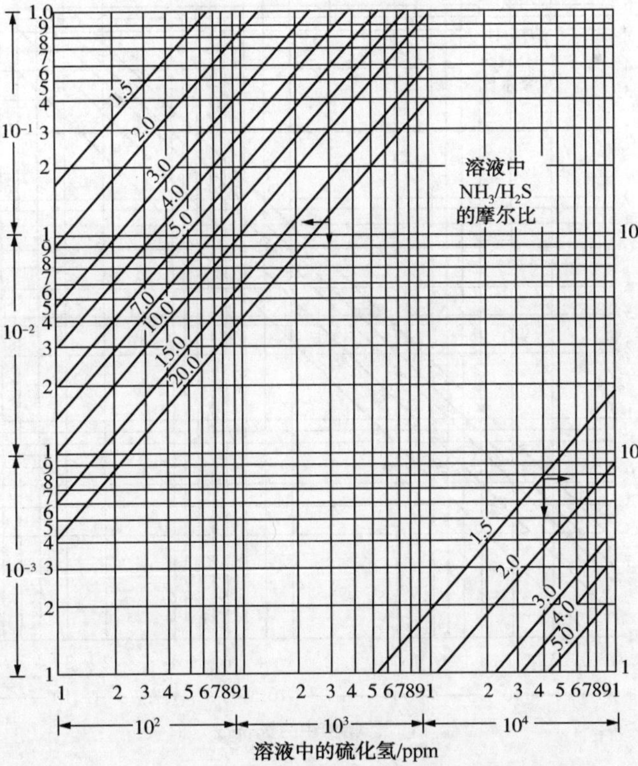


图 25-23 225°F时 $H_2S$ 与 $NH_3$ 水溶液中 $H_2S$ 的分压

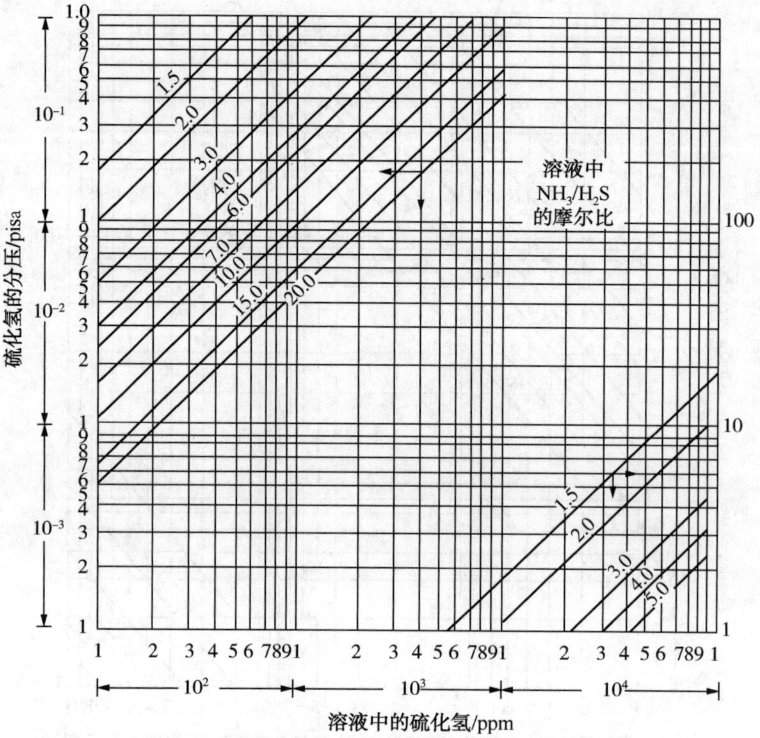


图 25-24　230℉时 $H_2S$ 与 $NH_3$ 水溶液中 $H_2S$ 的分压

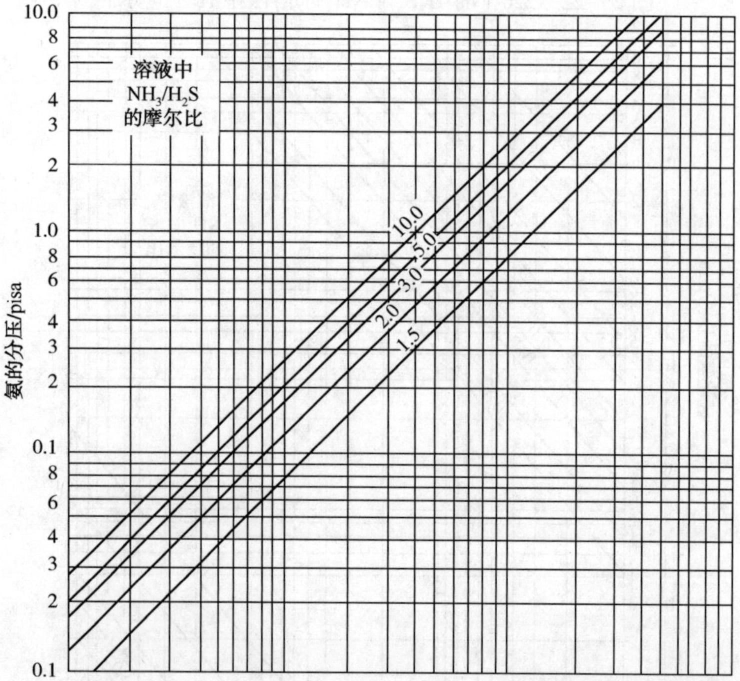


图 25-25　200℉时 $H_2S$ 和 $NH_3$ 水溶液中 $NH_3$ 的分压

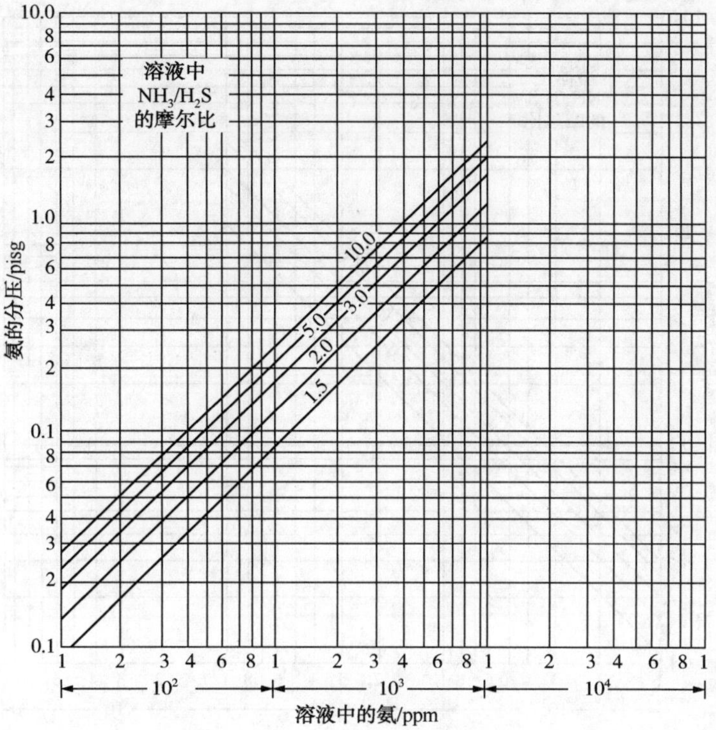


图 25-26 210℉时 $H_2S$ 和 $NH_3$ 水溶液中 $NH_3$ 的分压

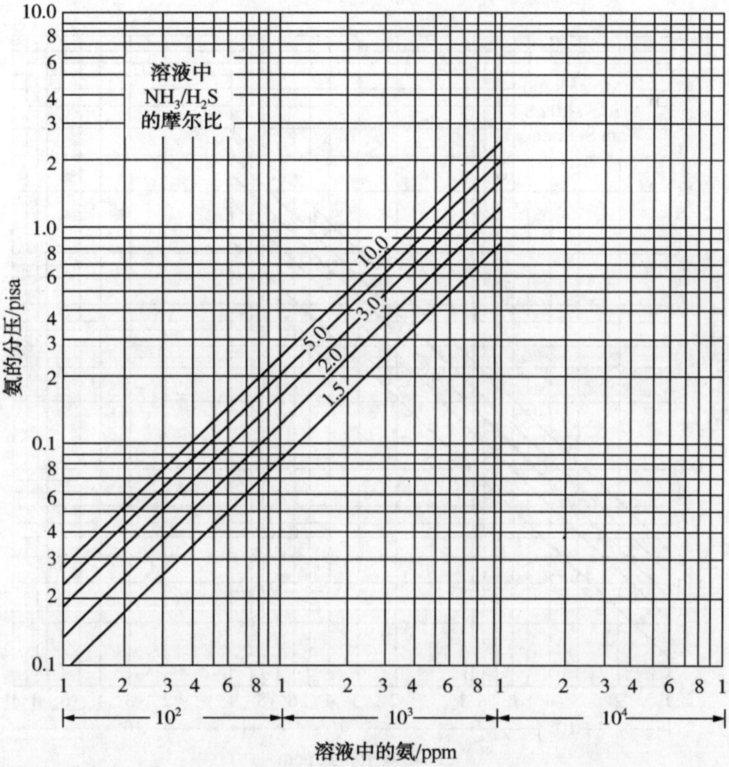


图 25-27 220℉时 $H_2S$ 和 $NH_3$ 水溶液中 $NH_3$ 的分压

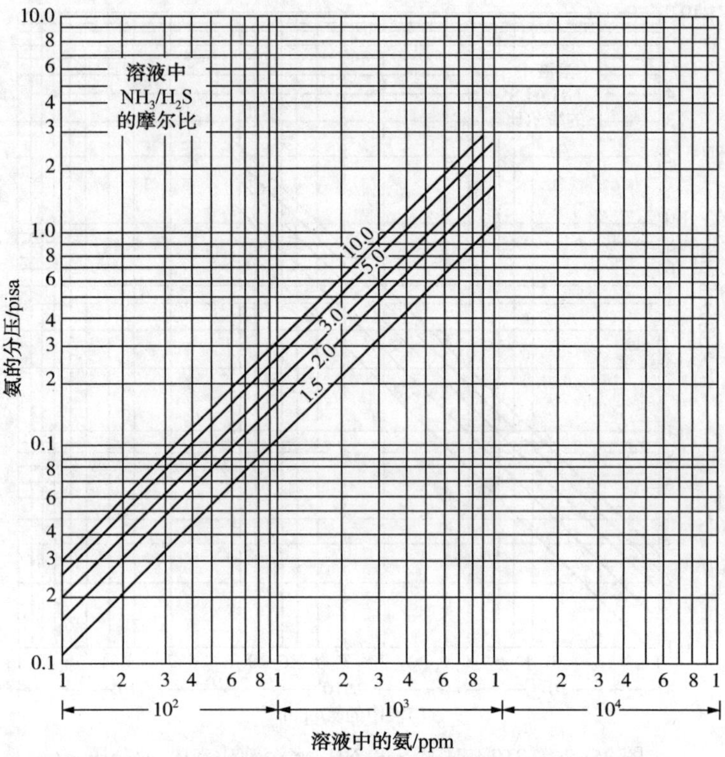


图 25-28　225℉时 $H_2S$ 和 $NH_3$ 水溶液中 $NH_3$ 的分压

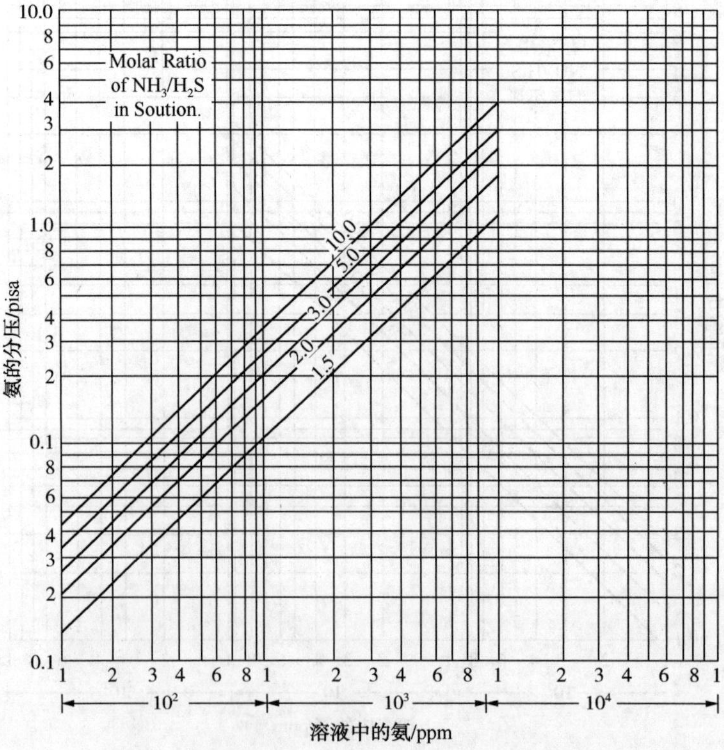


图 25-29　230℉ $H_2S$ 和 $NH_3$ 水溶液中 $NH_3$ 的分压

## 附录2 无回流酸性水汽提塔设计实例

(一) 规格(已知条件)

进料：该塔设计处理200GPM(100℉)的含硫水，其中含有10000ppm的$H_2S$和7500ppm的$NH_3$(按重量计)。

设备：该装置应使用筛板(效率为0.5)且无回流的板式塔。

蒸汽耗量：1.3lb/GPM，50psig的饱和蒸汽。

塔压和温度：离开塔顶的汽相应有足够的压力进入附近加热炉的单射流喷燃器。塔顶压力应为20psia。进入塔顶塔盘的进料预热温度为200℉，全塔总压降应为2psi。

净化水规格：塔的设计和操作应实现去除原料水中99.0%的$H_2S$和95%的$NH_3$。

(二) 设计

假设汽提完全的理论塔板为四块塔盘。然后以0.5的效率计则实际塔板数量为8块。每个塔板的压降为0.25(即2psi/8块塔板)。

(1) 计算每小时进料量

100℉下水的比体积为0.1207gal/lb，则：

$$200GPM的水=\frac{200\times60}{0.1207}=99420lb/h。$$

进料组成如下所示：

| | lb/h | mol/h | |
|---|---|---|---|
| 水 | 99420 | 5523.3 | |
| $NH_3$ | 745.65 | 43.86 | (7500ppm) |
| $H_2S$ | 994.2 | 29.24 | (10000ppm) |

(2) 计算汽提蒸汽

塔的压力=20psia+(8×0.25)=22psia。

从蒸汽表来看，塔底的温度就是22psia的水=223℉。

进料温度=200℉。

采用蒸汽加热=99420(33/924)=3550lb/h。

汽提蒸汽=15550-3550=12000lb/h。

(3) 计算净化水量与组成

净化水应包括原料水与凝结水=99420+3550=102970lb/h。

净化水中的$NH_3$应占总量的5%=37.28lb/h=2.19mol/h=361ppm。

净化水中的$H_2S$应占总量的1%=9.94lb/h=0.29mol/h=100ppm。

(4) 计算塔顶气相分压

塔顶气相$V_o$如下：

| | mol/h | lb/h | 压力/psia |
|---|---|---|---|
| $NH_3$ | 41.67 | 708 | 1.13 |
| $H_2S$ | 28.95 | 984 | 0.78 |
| 蒸汽 | 667 | 12000 | 18.09 |
| 总计 | 737.62 | 13692 | 20.00 |

顶部理论塔盘的温度为在压力 18.09psia 下的饱和蒸汽温度=223℉。

（5）顶部塔盘计算

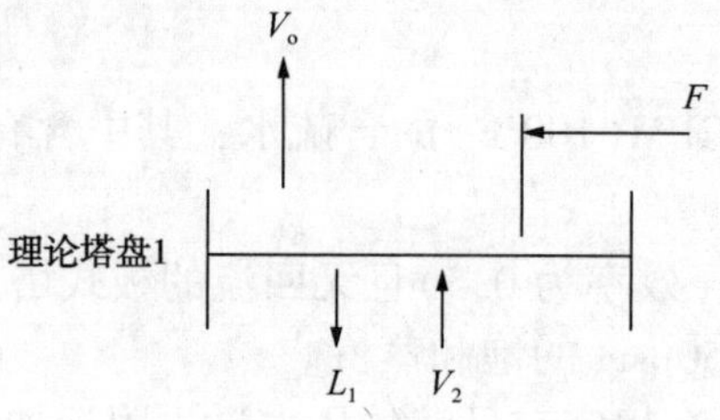


假设 $NH_3/H_2S$ 的摩尔比为 3.8，即(17/34)×3.8=1.9。

根据图 25-28，分压为 1.13psi 的 $NH_3$ 为 4600ppm，$H_2S$ 含量为 4600/1.9 即 2421ppm。

从图 25-23 中可以看出，$H_2S$ 的分压为 0.75psi，与 0.78 接近，计算结果成立。

注：如果 $H_2S$ 的分压与 $V_o$ 的分压相差很大，则必须选择两种成分的不同比例，并重复计算。

（6）从顶部塔盘开始计算液体($L_1$)

| | ppm | lb/h | mol/h |
|---|---|---|---|
| $NH_3$ | 4600 | 457 | 26.9 |
| $H_2S$ | 2421 | 241 | 7.08 |

（7）从理论塔盘 2 开始计算气相($V_2$)

$NH_3$ 与 $H_2S$ 的气相摩尔量=$Vo+L_1-F$。

理论塔板 2 的压力为(1/0.5)= 2，板压力降为 0.25psi ，实际压力 20psia+0.5=20.5psia。

| | mol/h | 压力/psia | 备注 |
|---|---|---|---|
| $NH_3$ | 24.71 | 0.73 | |
| $H_2S$ | 6.79 | 0.2 | |
| 蒸汽 | 667 | 19.57 | |
| 总计 | 698.5 | 20.5 | 塔板温度(来自蒸汽表 226℉) |

（8）第 2 块理论塔板的平衡计算

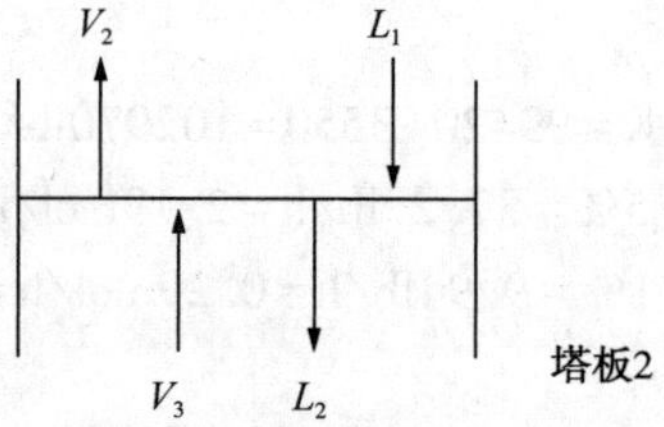


假设溶液中 $NH_3/H_2S$ 摩尔比为 5，即质量比为 2.5(ppm 级)。

由图 25-29 知，当 $NH_3$ 分压 0.73psia 时，溶液中 $NH_3$ 含量为 2400ppm，则溶液中硫化氢含量为 2400/2.5=960ppm。

由图 25-24 知，$H_2S$ 分压为 0.19psi，计算结果吻合较好。

从塔板 2 来的液体 $L_2$ 见下表：

| | ppm | lb/h | mol/h |
|---|---|---|---|
| $NH_3$ | 2400 | 278.4 | 16.37 |
| $H_2S$ | 960 | 95.5 | 2.81 |

从塔板 3 来的气体 $V_3$：

总压 21psia，温度 231℉：来自塔板 3 的气相 $V_3=V_2+L_2-L_1$。

| | mol/h | 分压/ psia |
|---|---|---|
| $NH_3$ | 14.18 | 0.44 |
| $H_2S$ | 2.52 | 0.08 |

| | mol/h | 分压/ psia |
|---|---|---|
| 蒸汽 | 667 | 20.52 |
| 总计 | 683.7 | 21.00 |

（9）第 3 块理论塔板的平衡计算

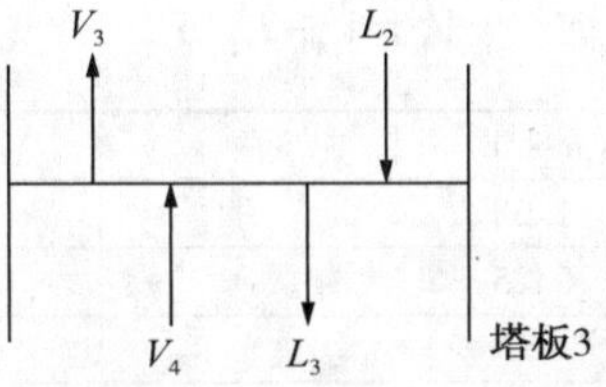


假设溶液中 $NH_3/H_2S$ 摩尔比为 6.5，即质量比为 3.25（ppm 级）。

由图 25-29 知，溶液中 $NH_3$ 含量为 1600ppm，则溶液中硫化氢含量为 1600/3.25 =493ppm。

由图 25-25 可以看出，当 $H_2S$ 分压为 0.085psi 时，计算结果吻合较好。

从塔板 3 来的液体 $L_3$：

| | ppm | lb/h | mol/h |
|---|---|---|---|
| $NH_3$ | 1600 | 159.1 | 9.35 |
| $H_2S$ | 493 | 49 | 1.3 |

从塔板 4 来的气体 $V_4$：

塔板压力 21.5psia，温度 232℉：

$$V_4=V_3+L_3-L_2$$

| | mol/h | 分压/psia |
|---|---|---|
| $NH_3$ | 7.16 | 0.23 |
| $H_2S$ | 1.01 | 0.032 |
| 蒸汽 | 667 | 21.24 |
| 总计 | 675.17 | 21.5 |

(10) 第四块理论塔板的平衡计算

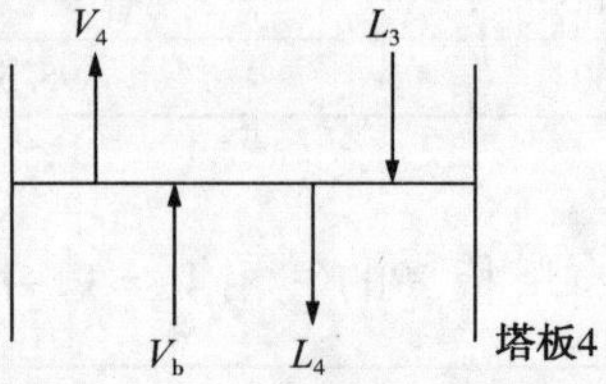


假设溶液中 $NH_3/H_2S$ 摩尔比为 6.6，即质量比为 3.3(ppm 级)。

由图 25-29 知，溶液中 $NH_3$ 含量为 610ppm(质)，则溶液中硫化氢含量为 185ppm。从图 25-25 可以看出，$H_2S$ 分压是 0.032psia 时，计算结果吻合较好。

从塔板 4 来的液体 $L_4$：

| | ppm | lb/h | mol/h |
|---|---|---|---|
| $NH_3$ | 610 | 60.6 | 3.57 |
| $H_2S$ | 184.8 | 18.4 | 0.54 |

从塔底来的气体 $V_b$：

压力 22psia，温度 233℉：

$$V_b = V_4 + L_4 - L_3$$

| | mol/h | 分压/ psia |
|---|---|---|
| $NH_3$ | 1.38 | 0.045 |
| $H_2S$ | 0.25 | 0.008 |
| 蒸汽 | 667 | 21.947 |
| 总计 | 668.83 | 22.0 |

(11) 塔底计算

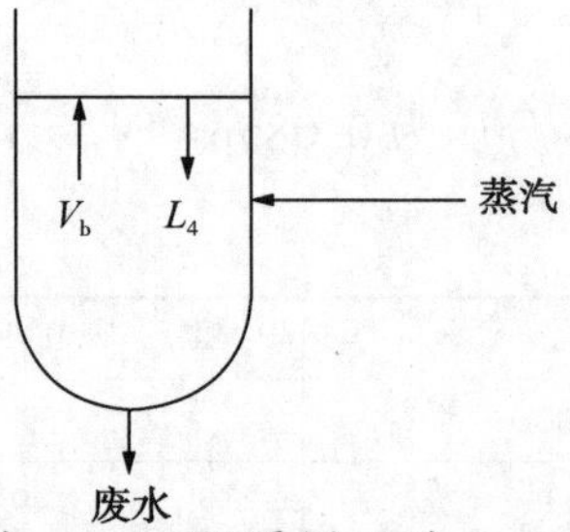


假设溶液中 $NH_3/H_2S$ 摩尔比为 7.0，即质量比为 3.5(ppm 级)。

由图 25-29 知，溶液中 $NH_3$ 含量为 180ppm，则溶液中硫化氢含量为 51.4ppm。从图 25-25 可以看出，$H_2S$ 分压是 0.008psia (外推法)时，计算结果吻合较好。

净化水中污染物：

| | ppm | lb/h |
|---|---|---|
| $NH_3$ | 180 | 17.9 |
| $H_2S$ | 51 | 5.1 |

(三) 结论

该塔可处理 200GPM 的酸性水，使用 8 块实际塔板就能去除 97.6%的 $NH_3$ 和 99.49%的 $H_2S$，每 GPM 单位原料蒸汽消耗为 1.3lb/h。进料通过塔底热交换预热至 200℉后进入塔顶部塔盘。

## 附录3 API分离器设计示例

(一) 设计规格

我们需要设计一个油水分离器来处理原油加工能力4500BPSD加氢型炼油厂正常的降雨和工艺排水。分离器的流入量约为600加仑/分钟。该水流的正常运行温度取100℉。分离器的设计应符合API手册第六版的相应章节。设计中应使用以下数据：

| | |
|---|---|
| 水的相对密度 | 0.995 |
| 油的相对密度 | 0.890 |
| 水的黏度 | 0.7cP |
| 油滴直径 | 0.006in |

应通过撇油管和集油槽将油从分离器中清除，集油槽的设计应满足进水中体积400ppm的油含量。

(二) 设计

(1) 油的上升速度根据下式计算：

$$V_r = 6.69 \times 10^4 \times \frac{d^2 \Delta S}{\mu}$$

其中 $V_r$——油的上升速度，ft/min；

$d$——油滴直径，0.006in；

$\Delta S$——油和水的相对密度差，为0.105；

$\mu$——水的黏度，为0.7cP。

即

$$V_r = \frac{6.69 \times 0.36 \times 0.105}{0.7} = 0.361 ft/\mathrm{min}$$

$V_h$ 是处理液的水平流速，为 $V_r$ 的15倍，但不能超过3ft/min，因此，设计时使用3ft/min。

体积流量 $Q = 600/7.48 = 80ft^3/min$

最小流量处截面积 $= 80/3 = 26.7ft^2 \approx 27\ ft^2$

API分离器建议以下限制：

① 深度：3~6ft；

② 宽度：6~20ft；

③ 深度和宽度比：0.3~0.5；

④ 27/3=9，符合API推荐的深度与宽度比。

(2) 计算单元的有效分离长度

API手册给出了在确定单元长度时需要考虑的以下因素：湍流系数 $F_t = 1.22$，短路因数 $F_s = 1.2$，然后根据下面的表达式计算长度：

$$\begin{aligned} L &= (F_t + F_s)(V_H/V_r) \times 深度 \\ &= 2.42 \times 8.31 \times 3 \\ &= 60ft \end{aligned}$$

60ft即为挡油板之间的长度(见图25-13)。

有关设备内构件类型和尺寸的建议，请参见API手册的相应章节。在本章正文中对这些内容作了简要说明。

## 参考文献

J.S. Alshammari et al., Solid waste management in petroleum refineries. Am J Environ Sci 4(4), 353–361 (2008). Suez Canal University, 2008

M.R. Beychok, Aqueous Wastes from Petroleum and Petrochemical Plants (Wiley, New York, 1967)

M. Beychok, Image: Claus sulfur recovery.png; Wikimedia Commons, 2 Mar 2012. Accessed Feb 2014

C.E. Baukal (John Zink Co. LLC, 2008), Article: NOx 101: a primer on controlling this highly regulated pollutant, Process Heating reprint, Feb 2008. Accessed Feb 2014

CAI-Asia, Fact sheet: Sulfur dioxide ($SO_2$) standards in Asia, Clean Air Initiative for Asian Cities, CAI-Asia Fact Sheet No. 4, Aug 2010, http://cleanairinitiative.org/portal/sites/default/files/documents/4_SO2_Standards_in_Asia_Factsheet_26_Aug_2010.pdf. Accessed Feb 2014

D.A. Dando, D.E. Martin (CONCAWE, 2003), Report 6/03: A guide for reduction and disposal of waste from oil refineries and marketing installations, Brussels, Nov 2003, https://www.concawe.eu/content/default.asp?PageID= 569. Accessed Feb 2014

K. den Haan, Presentation to Japan Petroleum Energy Center conference: Water in EU: legislation & the refining industry's response (CONCAWE, 2011), http://www.pecj.or.jp/japanese/overseas/conference/pdf/conference11-12.pdf. Accessed Feb 2014

W.L. Echt (Union Carbide Corp.) and C.J. Wendt (The Ralph M. Parsons Co.), Paper: Reduce sulfur emissions from Claus sulfur recovery unit tail gas treaters, presentation to AIChE National Meeting, 1993

Fuelling Europe's Future website, Item: Fuelling Europe's future: impact of EU legislation (2013), http://www.fuellingeuropesfuture.eu/en/refining-in-europe/economics-of-refining/demand-trends. Accessed Feb 2014

GPSA, Book: Engineering Data Book, 10th edn. (Gas Processors Suppliers Association, Tulsa, 1987)

T. Huntsman (ed.), S. Watson, et al., Article: Study compares COS-removal processes (Pearl Development Co., 2003), www.ogj.com, 101, 36. 22 Sep 2003

India Environment Portal, Article: Effluent and emission standards for oil refineries: guidelines 8 May 2008, www.indiaenvironmentportal.org. Accessed Feb 2014

IPIECA Operations Best Practice Series, Best practice entitled: Petroleum refining water/wastewater use and management (2010), http://www.ipieca.org/publication/petroleum-refining-waterwastewater-use-and-management. Accessed Feb 2014

IPIECA, Publication: Refinery air emissions management: Guidance for the oil and gas industry, IPIECA (2012), http://www.ipieca.org/publication/refinery-air-emissions-management. Accessed Feb 2014

M. Leavitt et al. (EPA, 2004), Technical support document for the 2004 effluent guidelines program plan, Section 7, U.S. Environmental Protection Agency, Office of Water, EPA-821-R-04-014, Aug 2004. Accessed Feb 2014

Matheson Tri-Gas, Inc., MSDS: ethyl mercaptan (2009), Accessed Feb 2014

Michigan Department of Resources and Environment, Guidance document: Guidelines for selecting dust suppressants to control dust and prevent soil erosion, Feb 2010. Accessed Feb 2014

M. Mihet et al., Low temperature hydrogen selective catalytic reduction of NO on Pd/$Al_2O_3$. Rev Roum Chim 56(6), 659–665 (2011). Academia Română 2011

W.L. Nelson, Petroleum Refinery Engineering, 4th edn. (McGraw-Hill Book Co., New York, 1969)

P.K. Niccum et al. (KBR, 2002), Paper: FCC flue gas emission control options, Paper AM-02-27, NPRA 2002 Annual Meeting. 17–19 Mar 2002

Praxair, Inc. MSDS: carbon dioxide, Jul 2007. Accessed Feb 2014

M. Quinlan, A. Hati (KBR, 2010), Article: Processing $NH_3$ acid gas in a sulphur recovery unit, Apr 2010, www.digitalrefining.com Accessed Feb 2014

M. Rameshni, Paper: Selection criteria for Claus tail gas treating processes (WorleyParsons, Approx. 2008), http://www.worleyparsons.com/CSG/Hydrocarbons/SpecialtyCapabilities/Documents/Selection_Criteria_for_Claus_Tail_Gas_Treating_Processes.pdf. Accessed Feb 2014

Sciencelab.com, MSDS: methyl alcohol, 21 May 2013. Accessed Feb 2014

D. Seligsohn, Article: China's new regional air quality regulations: a win-win for local air quality and the climate (China FAQs, 2013), www.chinafaqs.org, 14 Nov 2013. Accessed Feb 2014

Shell Global Solutions, Fact sheet: Sulfinol-M (2012). Accessed Feb 2014

Tanner Industries, Inc., MSDS: aqua ammonia, Feb 2006. Accessed Feb 2014

The Lubrizol Corp., MSDS: Sulfrzol 54. 4 Jan 2013

U.S. EPA, Reference document (Draft): Hazardous waste listings: a user-friendly reference document, U.S. Environmental Protection Agency, Mar 2008, http://www.epa.gov/osw/hazard/refdocs.htm. Accessed Feb 2014

U.S. EPA, Public outreach presentation: Addressing air emissions from the petroleum refinery sector: risk and technology review and new source performance standard rulemaking, U.S. Environmental Protection Agency (2011), http://www.epa.gov/apti/video/10182011Webinar/101811webinar.pdf. Accessed Feb 2014

U.S. EPA Fact sheet: Sulfur dioxide: health, U.S. Environmental Protection Agency, 28 Jun 2013, http://www.epa.gov/airquality/sulfurdioxide/health.html. Accessed Feb 2014

Wikimedia Commons, Image: Airborne particulate size chart.jpg, 30 Sep 2010. Accessed Feb 2014

Wikipedia and Wikimedia images. Multiple items accessed Feb 2014

Wikipedia, Article: Selective catalytic reduction, 6 Jan 2014. Accessed Feb 2014

Wikipedia, Article: Selective non-catalytic reduction, 15 Mar 2013. Accessed Feb 2014

Wikipedia, Article: Merox, www.wikipedia.org, 15 Oct 2013. Accessed Feb 2014

WorleyParsons, White paper: Options for handling vent gases in sulfur plants, http://www.colteng.com/CSG/Hydrocarbons/SpecialtyCapabilities/Documents/Options_for_Handling_Vent_Gases_in_Sulfur.pdf. Accessed Feb 2014

# 第 4 篇

# 安全系统

# 第 26 章　石油加工安全系统

## 26.1　石油加工安全

石油加工过程本质上是一种危险活动，采用的工艺要处理易燃物质。它们通常使用有害的强化工品，利用高压和高温将石油转化为成品，所有这些因素都给工作人员和生活在工厂附近的人员带来了安全风险。

尽管存在风险，但在石油行业每天处理百万桶石油过程中，很少发生重大事故。事实上，从统计数据看，这是最安全的工作行业之一。2012 年，炼油行业总人员事故率(每 10 万工时可记录事故率)是 0.9，石油化工行业为 0.4。很少有行业接近这么低的比率，大部分有类似低事故率的行业都是轻工业，比如零售业和电子产品制造业。2012 年所有行业平均事故率合计为 3.7。

这不是说事故不会发生，由于石油加工中处理的物质、采用的极端条件以及巨大的加工量，一旦发生事故，通常会很严重，并引起媒体和监管机构的广泛关注。

石油工业卓越的安全历史不是偶然的，从设计到操作，再到最终停车，工厂安全得到了极大关注。重点是确保石油加工设施在安全的工作场所，并保护公众免受设施中任何事故的伤害。

在本章中，我们将重点关注几个安全领域：个人防护设备和系统、过程安全管理、压力安全、温度安全。

本书许多章节都包含了安全性讨论，包括：石油加工中的过程控制；石油加工中的环境控制和工程；石油加工中的有害物质；石油加工中的防火与消防。

我们将从人员保护实践的一般性讨论开始。

## 26.2　个人防护设备和系统

设施安全的首要和直接焦点之一是人员安全。你必须能够保护你的人员免受伤害。

设施设计、设备代码和标准、过程设计、控制系统及许多其他操作共同作用，为工厂工作人员提供基本保护层面。然而，这些保护工人的作用有限，个人防护装备(PPE)的使用提供了额外的保护层面。

1) 大多数设施中，一个人进入工艺区时所需的最基本的个人防护装备(PPE)：

① 安全帽。

② 阻燃外套(如 Nomex)：长袖。

③ 安全眼镜：带有侧面防护板。

④ 工作鞋：钢制或安全鞋头。

有专门的规定来定义这些个人防护设备项目的性能要求，公司经常采用高于当地规范级别的规定。例如，美国安全帽由 ANSI Z89.1—2009 规定，安全眼镜必须符合 OSHA 规范 ANSI Z87.1—2010。

2）此外，在工厂的某些区域或开展某些作业期间，需要专门的个人防护设备(PPE)，包括：

① 高噪音区域的听力保护(耳塞和/或耳罩)。

② 一般工作手套或化学防渗透手套。

③ 化学处理区域的护目镜和面罩。

④ $H_2S$、CO 和其他潜在有害物质的个人检测器。

⑤ 酸处理区域的防酸套装。

⑥ 为 HF 酸环境提供空气的全聚氯乙烯或氯丁橡胶套装。

⑦ 用于潜在的危险和缺氧环境防护的新鲜空气呼吸器。

⑧ 适合潜在危险(灰尘、化学品等)等环境下使用的各种呼吸器。

⑨ 适用于大火或高热辐射区域的防火服。

⑩ 消防战斗服。

⑪ 下方人员监视器。

⑫ 无线通信设备。

3）工厂发生事故时保护工人免受伤害的系统包括：

① 安全淋浴和洗眼器(参见“石油加工中的公用工程”章节)。

② 消防系统(参见“石油加工中的防火与消防”章节)，包括雨水和水幕。

③ 防爆建筑和庇护所。

④ 处于设备安全距离的紧急停车按钮。

⑤ 警报通知系统。

⑥ 区域公共广播系统。

⑦ 全装置的紧急呼吸空气站和配套呼吸器。

⑧ 任何人进入操作区域的单元登录和注销系统。

⑨ 带有 $H_2S$、CO 等危险环境警报的安装区域监视器。

⑩ 操作员培训。

⑪ 消防和应急响应方案和系统。

这种对人员保护的高度重视反映在较低的行业事故率上。

跟踪调查人员安全事故率对于遵守规定非常重要，但是，仅仅跟踪状况与完善人员安全的区别在于：分析趋势数据；对不利的趋势采取预防措施。你可以通过收集“几乎发生的事故”数据，即一个接近发生或者在稍微不同的条件下就会发生的事故情景，来提前做好预防。通常对于每种类型的事故，会有很多相关的几乎发生的事故。和你的员工一起识别和讨论这些几乎发生的事故，可以帮助建立安全意识并影响对安全的态度，从而防止未来事故的发生。你必须掌握这些信息，并把它们传递给员工才能有效。

有关提高人员安全的内容可以写成整本的书籍(并且已经有了)，你必须始终警醒并且积极主动地保护工人在安全的情况下操作。

## 26.3 过程安全管理(PSM)

多年来，工业安全的重点一直放在保护工人免受公认的危害，工作流程的重点则放在员工如何与设施和工艺的互动上。这种强调起到了一定作用，极大地提高了个人安全。然而，在石油加工工业中，实际采用的化学和物理工艺过程也可能产生重大的安全风险。在传统的安全工作流程方式下，工艺过程受到的关注有限。

这种情况在20世纪80~90年代发生了变化，在此之前，工厂内外发生了多起死亡的重大工艺安全事故。由于认识到了这些风险，在传统的“以人为本”的安全方法之上，对过程安全管理(PSM)给予了新的重视。

过程安全管理的具体要求已被纳入世界各地的立法和法规。在此，我们将讨论美国版的PSM，因为它对于炼油厂普遍适用，而且必要时，我们将对法规的某些方面进行更深入的探讨。

### 26.3.1 PSM的要素

美国联邦过程安全管理法规的关键要素是职业安全与健康管理局(OSHA)1910.119以及OSHA制定的几个指南。除了地方(州、省等)政府之外，其他国家也颁布了类似法规。

一个PSM程序有14个关键要素，以下概述表明了PSM原理的一般性质，提供了符合PSM计划要素的意见和注意事项，但是这些不是法规的一部分。这不是一份法律文件，因此审查并遵守适用法规的工作留给读者。

(1) 过程安全信息

这是关于以下内容的书面信息汇编

1) 工艺中使用的高度危险化学品：毒性、PEL、物性数据、反应性、腐蚀性、热稳定性和化学稳定性，以及与其他物质混合的危险性。

2) 工艺技术：最新的流程框图或工艺流程图、工艺参数和特性、最大预期库存、安全上下限操作条件，以及偏差的后果(包括安全和健康后果)。

3) 工艺设备：建筑材料、管道和仪表流程图、电气分类、泄压系统设计和设计基础、通风设计、使用的规范和标准、符合公认和普遍接受的良好工程规范(RAGAGEP)、热量和物料平衡，以及专用安全系统。

(2) 过程危险分析(PHA)

基本上要求对每个工艺装置使用一种认可的技术完成PHA。PHA必须定期审查，并根据新的经验更新。PHA是对每个装置或单元的详细研究，以识别潜在的过程危险，并评估预防事故和排放的保障措施的充分性。这项工作由对被审查的工艺过程有适当工程和操作知识的团队进行。PHA必须解决：

1) 工艺危险。

2) 以往事故：从学习中受益。

3) 工程和管理控制。

4) 控制失效的后果。

5) 设施选址：在多重工业死亡事件之后越来越受关注的因素。

6) 人的因素考虑。

7) 评估故障对人员和场外产生的影响。

PHA的结果通常包含在一份报告中，该报告汇总了评估的所有事项和结论。这份报告可能长达数百页，非常详细。发现的问题和提出的建议必须及时解决，通常时间安排取决于风险的潜在严重性，结果必须传达给员工和承包商。

过程危害分析采用的方法包括：危险和可操作性审查(HazOp)；保护层分析(LOPA)；情景分析；故障模式和影响分析(FMEA)。

每个公司都定义了自己的方法来满足PHA需求，包括PHA风险矩阵和允许风险概况。OSHA提供了一些指导方针。API还在API推荐实践750中提供了指引。

(3) 操作程序

程序必须解决过程的特定危险，同时定义单元操作每个阶段的操作限制(启动、关闭、正常操作等)。该程序需说明出现问题时所需的PPE、预防措施、应急程序，安全系统必须有程序，这些都需要书面形式。操作程序的细节因公司而异，甚至公司内部不同的装置也不尽相同。

有时，编写一个好的程序来满足所有这些要求、确保操作人员在正常的时间考虑正确的事情变得有难度。从本质上讲，程序是一系列连续的步骤。在实践中，装置的开工、运行和停工有多个并行步骤，其挑战在于协调几个并行的步骤说起来容易做起来难。

(4) 培训

无可替代的是，操作工或员工要知道他们在做什么和如何做。这是培训在PSM中发挥关键作用的地方。培训必须包括工作程序、设备 、操作限制，尤其是安全系统，它通常要定期更新。每个流程的改动都需要对改动内容进行再培训，且必须记录在案。符合监管要求的做法在实现这些目的方面各不相同。

(5) 承包商

PSM的这一要素要求设施的访客和承包商了解过程危险和适用于该工厂的工作程序。培训的范围会有所不同，取决于承包商和访问者在工厂里做什么，例如，不在设备上工作的人不需要知道如何获得动火作业或船只进入许可，但他们仍然需要知道当他们进入生产单元时可能存在的过程危险，当他们听到警报声时怎么办，以及他们必须在进入控制室之前需要登记；相反，进入生产单元的焊工要更多全面的培训，包括如何获得动火作业许可证，以及如果警报响起怎么办。

(6) 机械完整性

过程安全管理的要素侧重于保持工艺设备处于良好的运行状态，包括维修和检验计划以及备件。安全系统可能需要额外的定期验证测试，以验证它们在需要时是否能正常工作。

(7) 动火

规定要求在焊接或任何潜在火花型操作在工艺区域进行前，有特定的、适当的动火作业程序。许多炼厂将此扩展到其他许可程序。

(8) 变更管理(MOC)

设施很少是设备和工艺流体的静态集合，因多种原因，会不断进行改善和变化。变更管理规定要求一个单元中的每个变化(只要不是直接的同类替代)，要评估它可能导致的潜在过程危险。本质上来说，变更必须是PHA的形式，必须更新操作程序及过程安全信息，培训操作员，以及将变更的其他所有细节完全集成到PSM系统中。

变更的定义是人们难以理解的，对于MOC而言，任何改变都是“变更”，其他人将更多的变更进行“类似实物”的归类，不包括为满足与原始设备相同工艺意图的替换设备的变更。就变更管理而言，每个公司必须就什么是变更、什么不是变更达到一致意见。

在公司内部，变更管理过程本身非常繁重且耗时，在不损害过程安全性的价值和有效性的情况下，考虑精简这一工作通常是值得的。

(9) 事故调查

要求及时调整严重事故和侥幸事件，为了充分利用这一要素，应记录调查结果，并向工厂员工传授经验教训，更新他们的安全知识和对安全意识的理解。这里的目标是防止今后发生同类事故，在一些非常严重的事件中，公司可能需要让业内其他公司了解这些知识。这对于维护整个行业的安全是重要的，因为并不是每个人都应该犯同样的错误来吸取教训。

事故通常会有纠正措施，并有跟进的时间期限，这些必须有文件记录并记录完整。

(10) 合规性审计

必须有一个定期审核PSM原理合规性的计划，审核包括PSI信息、操作程序认证、当前PHA等，审核PSM方案、材料和合规性的质量。为了自身的启迪和改进，公司内部执行这些审核比OSHA更频繁，不用频繁地安排OSHA的审核。OSHA可根据其审计中发现的PSM方案中的漏洞来处罚评估。

(11) 商业秘密

人们认识到，安全的操作一个工厂所需的一些过程信息是专有的(即商业秘密)。事实上，属于这一类的东西不能作为不与可能受到影响并需要了解风险的操作员、工程师、维修人员和承包商共享信息的理由。员工和承包商通常受保密协议的约束，不得向外部公司或竞争对手泄露此类信息。通常，有办法在保护商业秘密所有者知识产权(IP)的同时提供安全活动所需的信息，让知识产权所有者参与信息的披露可能会有帮助。

(12) 员工参与

员工参与PSM方案是PSM条例要求。通常，操作员和维修人员以及技术人员的参与在过程危险分析、事故调查、未遂事件报告、PSI验证、启动前安全审查(PSSR)和其他领域都很有价值。也有助于培训需求。

(13) 启动前安全审查(PSSR)

新设施或“变更”需要启动前安全审查，来验证设施是否建造正确、操作程序是否到位、以及与设施相关的所需培训是否完成。基本上，PSSR确认变更过的工厂已具备安全运行条件，PSSR通常由包括技术和操作人员的团队进行。该团队实际上检查新的或变更的设施，并打孔列表，确保启动前必须完成的过程安全管理的所有方面实际上都已完成。只有通过PSSR团队同意后，变更设施才能投用。

(14) 应急计划和响应

使用过程危险分析和相关信息作为指南，该要素要求工厂制定适当的应急计划和响应方案。这些计划通常与当地公共应急服务团结相结合/或协调，通常，如果一个地区有其他加工设施，不同设施之间会有互助协议，重要的是必须有一个处理紧急事件的计划，且必须准备好并有能力实施该计划。

### 26.3.2 PSM的基本需求

现在，为了确保PSM的要素工作正常，并确保你真正从中获得价值(不仅仅是符合法规)，有两个基本原理必须到位，但法规中不一定要求：

1）必须有一个开发、操作和维护 PSM 系统的管理承诺，管理层不在这个方面做出明确承诺可能会导致差距，从而导致引用。

2）必须有一个系统可用于适当地共享和管理由 PSM 系统开发的文档，当前，正确的信息在需要时必须是容易获得。

## 26.4 压力安全

工厂或系统的设计和施工中主要的要求是确保设备安全运行。这方面的大部分努力都是为了确定设备的压力极限，保护设备免受危险的超压条件影响。泄压阀通常用于这种保护，尽管在某些情况下会使用爆破片(防爆膜)。本节描述了各种类型的安全阀，以及计算阀门的正确孔口尺寸和阀门选择的程序。也可用由安全阀供应商提供的软件来进行这方面的计算。

### 26.4.1 泄压场景的确定

提供设施缓解所有可能的紧急情况的成本很高。每一个紧急情况都源于一个特定的场景，两个或多个紧急情况或突发状况并不常见，然而，诸如公用工程故障之类的问题必须在全厂或全区域范围内进行考虑，并且可能产生设定泄压系统尺寸和背压同时泄压的需求。电力故障会造成巨大的泄压负荷。

除非故障可以级联成多种类型的故障，否则在确定安全设备尺寸时，通常不会考虑由两种或多种类型的故障(例如控制阀和冷却水同时出现故障)引起的紧急情况。

压力设备的每个单元和部件都必须单独研究，并且必须评估每个意外情况，然后，设计单个装置的安全设备尺寸，以处理由控制意外故障产生的最大负载。如果某个紧急情况涉及多个单位，那么所有单位都必须被视为一个实体。被判断为涉及一种紧急情况的设备被称为“单一风险”，导致任何系统中安全设施负荷最大的单一风险被称为“最大单一风险”，并构成设备的设计基础。

请注意，导致整体“最大的单一风险”在以下紧急装置可能不同于构成单个设备基础的紧急情况。

当考虑单个设备卸载负荷时，必须评估几种紧急情况。必须考虑的场景(如适用)如下：

1）着火(外部)。

2）排放堵塞：

① 在工艺侧流程上。

② 包括液相、气相或混合相。

3）电力故障：

① 可能是本地或全炼厂区域事件。

② 可能是全部或部分故障。

③ 增加泄压装置上的叠加背压。

④ 可能会导致仪表风、蒸汽和其他公用工程故障同时发生。

⑤ 经常设置泄压尺寸和火炬尺寸。

⑥ 有必要仔细研究不同的泄压时机。

⑦ 需要对一些装置(例如加氢裂化)紧急泄压，这会产生很大的背压。

4) 冷却液故障：尤其对塔至关重要。

5) 回流故障(塔)。

6) 其他需要考虑的故障：

① 误操作。

② 温度失控：泄压。

③ 设备机械故障：例如，再沸器蒸汽阀打不开。

④ 异常热量输入。

⑤ 换热器裂管。

⑥ 自动控制故障。

⑦ 仪表风故障。

⑧ 阀门常开。

⑨ 蒸汽泄漏。

⑩ 憋热(管线或设备堵塞)。

⑪ 任何其他类型故障都会产生泄压状况。

在确定泄压系统和装备尺寸时，请务必考虑所有可靠的故障情况。

**26.4.2 定义**

本条目中使用的术语和给出的描述基于两个美国石油学会出版物，分别是 API RP-520 和 RP-521，还参考了第一部分 ANSI 建议标准“泄压装置术语”，和美国机械工程师协会 PTC25.2。这些出版物是目前常用的安全标准，安全系统设计中使用的下列术语定义有助于理解安全系统的设计和标准。

1) 积聚：是指通过泄压装置排放时，压力在容器最大允许工作压力上的增加，以该压力的百分比或 psi 或 bar 表示。

2) 大气排放：是指蒸汽和气体从泄压装置或无压装置释放到大气中。

3) 背压：是压力释放装置出口处存在的压力，是由装置必须泄放时排放系统的压力造成的，有时是由其他设备同时泄压或放空来形成的。

4) 平衡安全泄压阀：是将背压对性能特性(开启压力、关闭压力、提升和泄放能力)的影响降至最低的装置。

5) 排污：此处使用的排污，是泄压阀的设定压力和重新密封压力之间的差异，以设定压力的百分比或 psi 或 bar 表示。

6) 爆破压力：是爆破片装置运行时的入口静压力值。

7) 常规安全泄压阀：是一种阀盖关闭的泄压阀，阀盖通向阀门的排放侧。性能特征(开启压力、关闭压力、提升和泄放能力)直接受到阀门背压变化的影响。

8) 设计压力：是容器设计中使用的压力，用于确定容器不同部分的最小允许厚度或物理特性。

9) 火炬：是通过燃烧安全处理废气的一种手段。使用高架火炬，燃烧在燃烧器和点火器所在的管道或烟囱顶部进行。地面火炬也是类似的装备，区别在于燃烧在地面或接近地面的地方进行。燃烧坑与火炬的不同之处在于，它通常设计用于既处理液体也处理气体。火炬系统在本书“石油加工的场外设施”一章中有更详细的描述和讨论。

10）升力：是阀门卸压时阀片离开关闭位置的实际行程。

11）过压：是指超过主泄放装置设定压力的压力增加，当泄放装置设定在容器的最大允许工作压力时，这将被称为积聚。注：当打开的第一(主)泄压阀的设定压力小于容器的最大允许工作压力时，过压可能大于该阀设定压力的10 %。

12）先导式泄压阀：是一种主要流量装置与自驱动辅助泄压阀结合并受其控制的装置。这种阀门不使用外部能源，通常用于工作压力非常高或设定压力接近工作压力(在大约5%以内)的情况。

13）泄压阀(PRV)：是一个通用术语，适用于泄压阀(RV)、安全阀(SV)、压力安全阀(PSV)或安全泄压阀(SRV)。

14）泄放条件：泄放条件与特定过压下的压力泄放装置入口压力和温度有关。泄压等于阀门设定压力(或破裂盘破裂压力)加上过压。泄压条件下流动流体的温度可以高于或低于工作温度。

15）爆破盘(RD或PSE)：一种泄压装置，由薄金属板或圆盘组成，设计成当圆盘受到特定压力差时破裂或失效。一旦磁盘出现故障，就必须更换。过压条件解除后，它不会停止流动。除了在大型过压事件(例如，高压氢气进入水冷器的故障)中提供全流量泄放之外，这些有时还用于保护安全阀免受腐蚀或其他过程流体的损害。请参见下面的设备类型。

16）设定压力：单位为psig或barg，是在使用条件下泄压阀被调节至开启的入口压力。在气体、蒸汽或蒸汽应用的安全或安全泄压阀中，设定压力是阀门在应用条件下弹出的入口压力。在液体应用的泄压或安全泄压阀中，设定压力是阀门在应用条件下开始排放的入口压力。

17）叠加背压：是指泄压装置需要运行时出口处存在的静压。这是来自其他来源的排放系统压力的结果。这种背压可以是恒定的，也可以是可变的。它可以决定在特定的应用中应该使用常规式还是平衡式泄压阀。

18）气体泄压系统：气体泄压系统是阀门和管道的保护装置，旨在通过释放气体实现设备压力的快速降低。系统的驱动可以是自动的或手动的，在加氢裂化和一些加氢处理装置比较常见，用于氢气必须得到迅速泄放以控制飞温。

19）排气烟囱：是将泄放气体不经燃烧或转化而排入大气中的高架垂直终端排放系统。在21世纪初发生多起死亡事故后，这种类型的烟囱基本上被淘汰了。

### 26.4.3 泄压阀的类型

以下描述了工业中常用的安全阀类型。这些已根据美国机械工程师学会(ASM)第八章“锅炉和压力容器”规范获得批准。

(1) 常规安全泄压阀

在常规的安全泄压阀中，阀门的入口压力直接与关闭阀门的弹簧相对。在阀门打开时，阀门出口的背压会改变其入口压力。传统安全阀的示意图如图26-1所示。

(2) 平衡安全泄压阀

平衡安全泄压阀是背压对设定压力影响很小或没有影响的安全阀。最广泛使用的平衡安全阀的方法是使用波纹管。在平衡波纹管阀中，波纹管的有效面积与喷嘴座面积相同，防止背压作用在圆盘的顶面。因此，即使背压变化，阀门也能在相同的入口压力下打开。平衡安全泄压阀的示意图如图26-2所示。

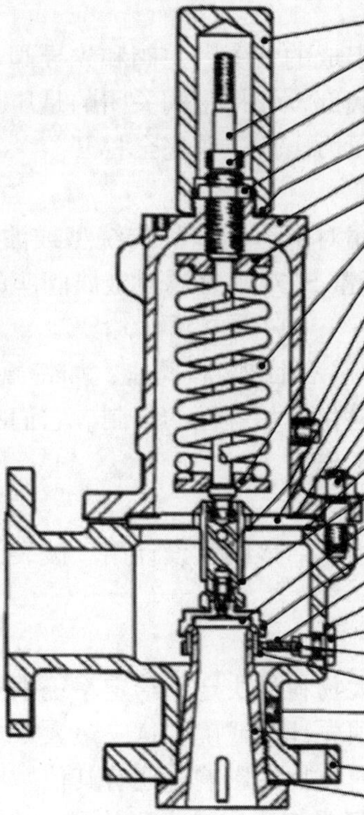


图 26-1　传统安全泄压阀的示意图

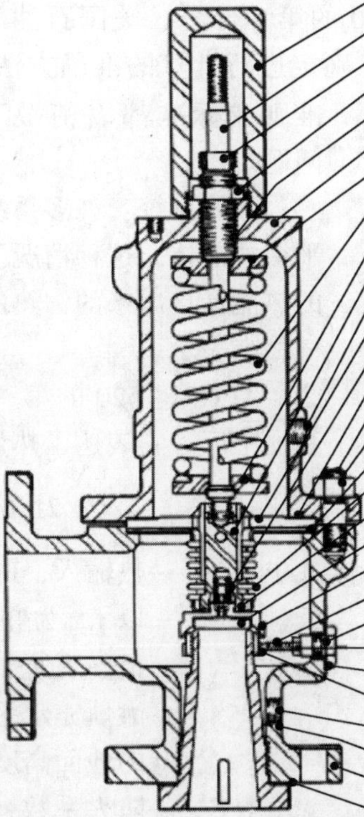


图 26-2　平衡安全泄压阀的示意图

(3) 先导式安全泄压阀

先导式安全泄压阀是由两个主要部分组成的装置：主阀和先导阀。入口压力指向主阀活塞的顶部，活塞顶部承受压力的面积大于底部。保持主阀关闭的是压力，而不是弹簧。在设定压力下，先导阀打开，降低活塞顶部的压力，使主阀完全打开。

(4) 弹性阀座安全泄压阀

当操作压力接近设定压力时，使用金属对金属阀座的传统型或波纹管型安全泄压阀时，会通过阀座发生泄漏(参见美国石油学会标准 S27，“金属对金属阀座的安全泄压阀的商用阀座密封性”)。

弹性阀座安全泄压阀，带有 O 形环阀座密封或塑料阀座，如特氟隆，提供阀座密封性。使用这些阀门时，必须考虑温度和弹性材料化学相容性的限制。它们在救援事件后通常不会重新复位，在高压差的场合也不能很好地工作。

(5) 爆破盘(RD，PSE)

爆破盘由夹在法兰之间的薄金属隔膜组成。该阀盘设计用于破裂，并在美国机械工程师协会规范规定的公差范围内泄放压力。

**26.4.4　泄压能力**

在最大单一风险紧急情况下释放的最大物料量决定了给定系统中安全泄压阀的尺寸。因此，在计算任何确定阀门的尺寸之前都必须先计算或确定这一最大量。最常见的尺寸设计准则是基于火灾事件及其对受其影响的容器内容物的影响。还有其他一些准则，可根据操作故障或“泄压场景的确定”一节中列出的某个场景来决定最大释放量。

(1) 火灾容量

必须根据适用的准则，如 API RP-520 的第一部分、美国石油学会标准 2510 和美国消防协会 58 号，或可能适用的当地准则，确定进行计算的准确方法。这里列出的每一个准则或标准都以稍微不同的方式处理这个问题。

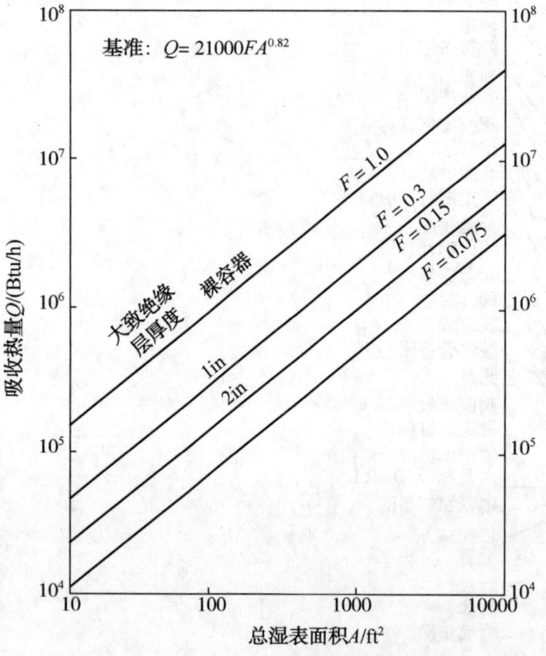


图 26-3　消防负荷的绝缘系数

液体系统：许多系统将包含液体或与气相平衡的液体。这种情况下的灭火能力是根据火的热能计算出来的，热能以沸腾液体中产生的气相来表示。

API RP-520 的第一部分，适用于炼油厂和加工厂。它表达了热量输入方面的要求：

$$Q=21000FA^{0.82} \qquad (26-1)$$

式中 $Q$——热输入，Btu/h；

$A$——以 $ft^2$ 为单位的容器热表面积，最高可达 $25ft^2$ 以上。湿表面在最大填充水平下计算。坡度是容器的地面高度；

$F$——防火系数，对于裸容器，绝缘系数为 1.0(见图 26-3)。

由此产生的气相量通过式(26-2)按照阀门泄压时物料的潜热计算。仅对于消防泄压，这一压力可以在最大允许工作压力的120 %下计算，对于所有其他条件必须以最大允许工作压力的110 %计算。因此：

$$Q/H_t = W \tag{26-2}$$

式中 $Q$——容器的热输入，Btu/h；

$H_t$——泄放物料的潜热，Btu/lb；

$W$——通过安全阀释放的气相，lb/h。

纯链烷烃和一些混合链烷烃物料的潜热可使用美国石油学会RP-S20中给出的数据进行估算。更准确的混合烃潜热评估可以利用汽液平衡 $K$ 数据进行闪蒸计算，烃类混合物会馏出，从沸点最低的混合物开始，一直到沸点最高的混合物，因此，必须考虑火灾热量输入产生最大汽相要求的条件。

在临界条件附近潜热接近最小值，然而，结果并不为零。可以人为将最小值设置为50Btu/lb。

(2) 其他容量场景

“泄压场景的确定”一节列出了在确定泄压阀和系统的尺寸时必须考虑的其他一些场景。简而言之，其他容量场景如下：排放堵塞；电力故障(部分和全部)；冷却剂/冷却水故障；回流故障(塔)；过程中的其他故障。

可能需要相当大的努力来定义其他容量场景。通常情况下，这些场景中的一个所需的容量会大大超过火灾泄放的场景，从而成为安全阀容量设置的要求。

(3) 总泄放和回收系统负荷

所有各种放空和安全阀都与泄放和回收系统相连，通常与火炬相连。在最终确定尺寸之前，通常需要执行火炬系统或泄压研究，以确定泄压装置上的叠加背压。在这一研究中，整个火炬或泄压系统必须进行水力学建模，并分别计算泄压载荷的各种情况。

建模必须小心进行，因为压降非常低，压降的微小变化会对尺寸和设计流量产生重大影响。在某些情况下，背压超过了容器或塔的允许工作压力，这意味着在这种情况下无法泄放。如果不需要泄放，那么后果很小(除非你考虑双重危险)。如果设备需要泄压，则需要考虑替代方案和其他控制措施，以将背压/回流降低到可接受的水平。

拥有火炬系统模型是一个很好的实践，对工厂紧急状况下的应对选择非常有帮助。

(4) 安全阀负载规格

常规做法是将安全阀负荷计算和基础总结在“安全阀负荷计算数据表”上，每个安全阀通常都有一张表。该表通常包括源(例如容器)数据、过程数据、每个泄放条件(包括数量、泄放流体特性、相态、所需阀门面积)、草图、阀门所需的其他数据。带有计算功能的负荷计算电子表格是满足PSM合规性要求之一。

### 26.4.5 所需孔口面积的大小

对于含有泄压孔的安全泄压阀，根据其面积和阀体尺寸，安全泄压阀制造商有指定的标准孔板(API标准526，“用于炼油厂的带法兰的钢安全泄压阀”)。表26-1按字母代号和面积列出了可用的标准孔板。

表 26-1 标准安全阀孔口尺寸 $in^2$

| | | | |
|---|---|---|---|
| D 孔 | 0.110 | L 孔 | 2.853 |
| E 孔 | 0.196 | M 孔 | 3.60 |
| F 孔 | 0.307 | N 孔 | 4.34 |
| G 孔 | 0.503 | P 孔 | 6.38 |
| H 孔 | 0.785 | Q 孔 | 11.05 |
| J 孔 | 1.287 | R 孔 | 16.0 |
| K 孔 | 1.838 | T 孔 | 26.0 |

注：许多小型安全泄压阀的孔口面积小于“D”，许多先导操作类型的孔口面积大于“T”。

（1）气体或蒸气泄压阀的尺寸和声速流或临界流

用于气体或蒸气的安全泄压阀可以通过使用以下等式之一来确定尺寸：

$$A=\frac{W\sqrt{T}\sqrt{Z}}{CKP_{i}k_{b}\sqrt{M}} \tag{26-3}$$

$$A=\frac{V\sqrt{T}\sqrt{M}\sqrt{Z}}{6.32CKP_{i}K_{b}} \tag{26-4}$$

$$A=\frac{V\sqrt{T}\sqrt{G}\sqrt{Z}}{1.175CKP_{i}K_{b}} \tag{26-5}$$

式中 $W$——通过阀门的流量，lb/h；

$V$——通过阀门的流量，SCFM；

$C$——系数，由标准状况下气体或蒸汽的比热比决定；

$K$——排放系数，可从阀门制造商获得，通常为 0.6~0.7；

$A$——阀门的有效排放面积，$in^2$；

$P_i$——进口压力，为设定压力加上过压再加上大气压力，psia；

$K_b$——背压引起的容量修正因子。常规阀门或先导式阀门可从图 26-4 中获得，平衡波纹管阀门可从图 26-5 中获得；

$M$——气体或蒸气的分子量；

$T$——入口蒸汽的绝对温度，单位为 R(℉+460)；

$Z$——压缩因子，实际气体与理想气体的偏差；

$G$——气体相对密度，参照空气在 60℉、14.7 psia 条件下的气体相对密度为 1。

（2）液体泄压阀的尺寸

应用于液体的常规和平衡波纹管安全泄压阀可通过使用以下等式确定尺寸。先导式安全阀在液体泄压的应用只有在得到制造商确认合适后才能采用：

$$A=\frac{\mathrm{gpm}\sqrt{G}}{38K(K_{p}K_{w}K_{v})(1.25P-P_{b})^{1/2}} \tag{26-6}$$

式中 $K$——泄放系数，通常设为 0.62；

gpm——选定的超压百分比下的流量，gal；

$A$——有效泄放面积，$in^2$；

$K_p$——超压引起的容量修正系数，超压25%时 $K_p=1.00$。其他超压百分比的修正系数可从图 26-6 中获得；

$K_w$——由背压引起的容量修正系数，仅在使用平衡波纹管阀时才需要。$K_w$ 可以从图 26-7 中获得；

$K_v$——由黏度引起的容量修正系数，对于大多数应用中黏度可能不重要，这时 $K_v=1.00$。当黏性液体被泄放时，参见如下所述的方法确定 $K_v$；

$P$——安全阀开启时的设定压力，psig；

$P_b$——背压，psig；

$G$——流动温度下液体的相对密度，参照水在 70℉ 下是 1.00。

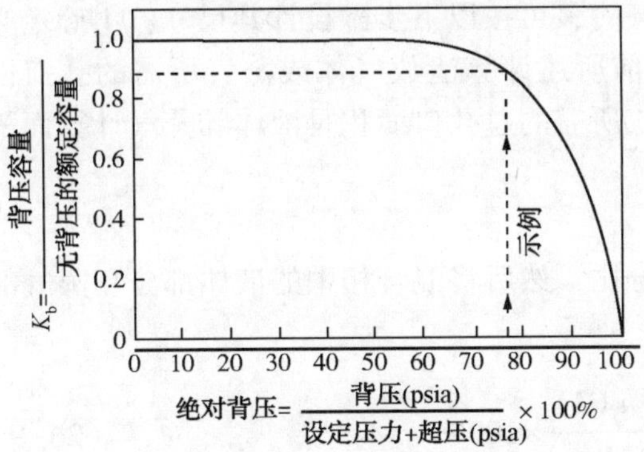


图 26-4 常规阀门的背压尺寸系数 $K_b$

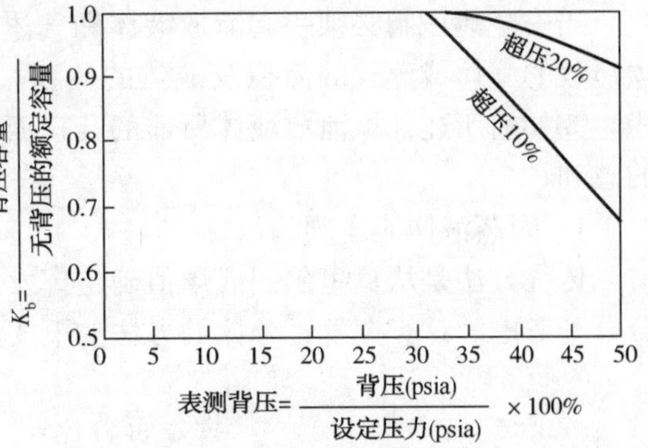


图 26-5 平衡阀的背压尺寸系数 $K_b$

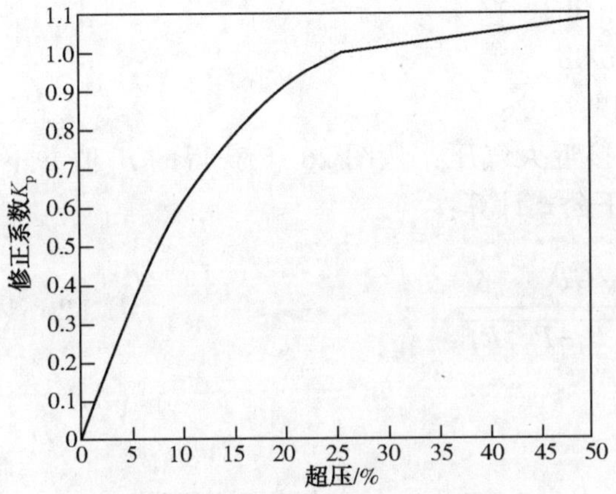


图 26-6 超压对于容量的修正系数 $K_p$

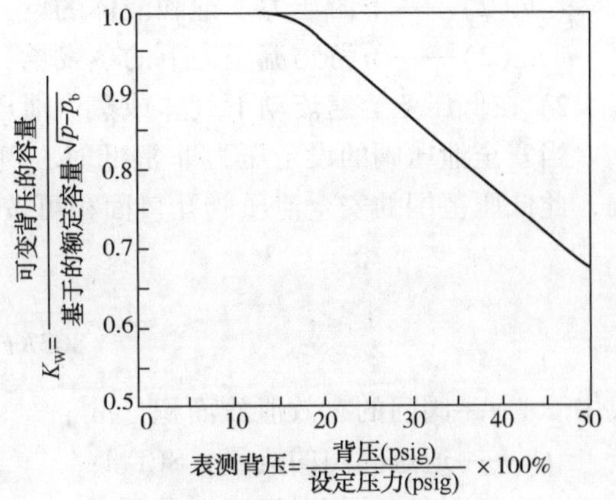


图 26-7 容量修正系数 $K_w$

当安全阀的尺寸按照黏性液体的场合设计时，建议首先将其按照非黏性型设计尺寸，以获得初步的泄放区域要求 $A$。然后从制造商的标准孔尺寸，应该选择下一个较大的孔尺寸，从下面这些关系式中的一个来确定雷诺数 $R$：

$$R=\frac{\text{gpm}(2800G)}{\mu\sqrt{A}} \tag{26-7}$$

$$R=\frac{12700\text{gpm}}{U\sqrt{A}} \tag{26-8}$$

式中 gpm——流动温度下的流量，gal；

$G$——流动温度下液体的相对密度，参照水在70℉下为1.00；

$u$——流动温度下的绝对黏度，cP；

$A$——有效泄放面积，$in^2$(来自制造商的标准孔口区域)；

$U$——在流动温度下的黏度，以赛氏通用秒为单位。

在确定 $R$ 的值之后，可从图26-8中获得 $K_v$ 系数，应用 $K_v$ 系数来校正“初步的泄放区域要求”。如果校正的区域超过“选定的标准孔口面积”，则上述计算应该使用下一个更大的标准孔尺寸进行重复计算。

(3) 混合相泄压阀的尺寸

当安全泄压阀必须一起泄放液体和气体或蒸气时，可按以下步骤设计其尺寸：①确定必须泄放的气体或蒸气的体积及液体的体积。②如前所述计算泄放气体或蒸气所需的孔口面积。③如前所述计算泄放液体所需的孔口面积。④所需的总孔口面积是液体和蒸气计算面积的总和。

1) 闪蒸液体泄压阀的尺寸：

传统方法是从莫里尔图或焓值确定挥发的百分比，然后将混合相中的液体部分和蒸气部分分开考虑。计算挥发百分比的方法如下式所示：

$$挥发百分比=\frac{h_f(1)-h_f(2)}{h_{fg}(2)}\times 100\% \tag{26-9}$$

式中 $h_f(1)$——上游温度下饱和液体的焓，Btu/lb；

$h_f(2)$——下游压力下饱和液体的焓，Btu/lb；

$h_{fg}(2)$——下游物流压力下的蒸发焓，Btu/lb。

2) 在低压亚音速流动下气体或蒸汽泄压阀的尺寸：

当安全泄压阀的设定压力非常低时，例如接近大气压，从图26-5获得的 $K_b$ 值并不准确。此低压范围的安全泄压阀孔口面积可按以下公式计算：

$$A=\frac{Q_v\sqrt{GT}}{863KF\sqrt{(P_1-P_2)P_2}} \tag{26-10}$$

式中 $A$——阀门的有效泄放面积，$in^2$；

$Q_v$——通过阀门的流量，SCFM；

$G$——气体的相对密度，参照在60℉、压力为14.7 psia的空气相对密度为1.00；

$T$——入口蒸气的绝对温度，°R = ℉ +460；

$K$——泄放系数，可从阀门制造商处获得；

$F$——基于比热比的校正系数，可从图26-9中获得；

$P_1$——上游压力，设定压力加超压加大气压力，psia；

$P_2$——阀门出口处的下游压力，psia。

本章附录中给出了一个涵盖泄压阀尺寸的计算示例。

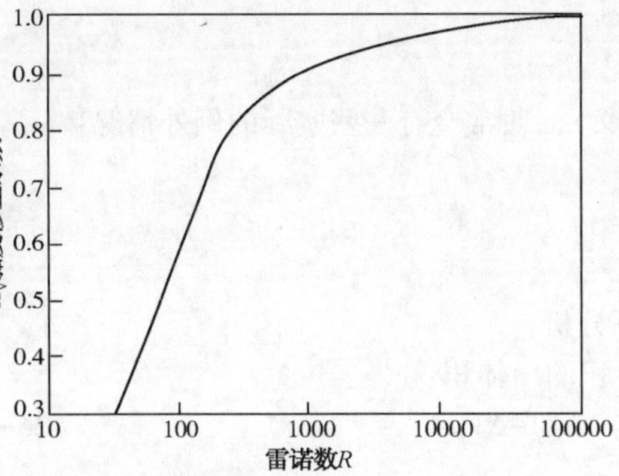


图 26-8 黏度 $K_V$ 引起的容量修正系数

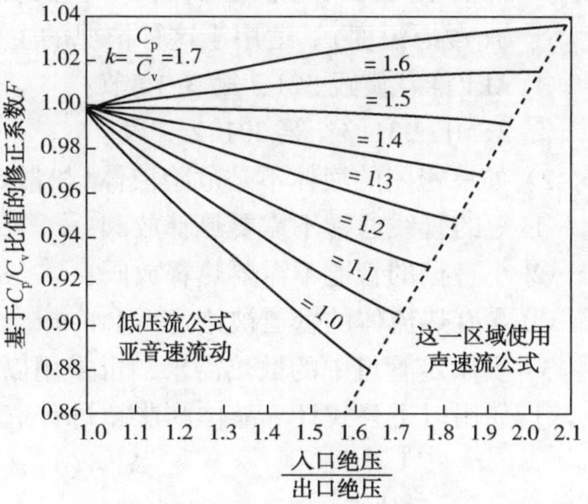


图 26-9 基于比热的流量修正系数 $F$

## 26.5 温度安全

大多数石油炼制工艺涉及高温。这些通常都能很好地控制，但温度还是会带来安全隐患。当然，高温即使仅仅是热与人体接触也会导致烫伤。许多工艺都是在若发生人身接触就会立即引起严重烫伤的温度下操作。这里我们将操作条件和工艺流体会带来烫伤风险视为必然。

我们重点关注因温度过高而导致设备超压、进而使得反应失控的两种情况：散热和反应失控。

### 26.5.1 散热

当烃或另一种流体被密闭在固定设备容积中(通常是在管道中的截止阀之间)时，当流体被加热时，管道内的压力会随着流体的膨胀而增加。同时，管道也随温度膨胀，但不一定与流体膨胀的速率相同。对于像 LPG 这样的流体，流体的膨胀很大可能还包括了自身的蒸发。

如果流体的膨胀超过其所在的空间，所产生的压力就会超过设备的屈服强度，进而导致设备破裂。其后果是流体被排放到大气中——这是一种不受控制的排放。

对设备而言，在确定泄压阀负荷时，这种情况被称为火灾负荷。对于被堵塞的管道，热源可以是太阳、伴热或附近的热工艺设备，但如果热源是油池火灾或附近的其他火灾，情况会更糟。管道也会因为阻塞管线中的腐蚀导致氢气析出而造成破裂。从管道破裂中释放出额外的可燃物料会使火灾变得更糟。

为了避免长管道堵塞造成破裂，习惯性做法是设置安全放热阀(TRV)，也称为热安全阀(TSV)。它们通常是小型的传统安全阀，可以在地面放空，或者在许多情况下，它们可以设计成在管线某一端的一个用于截留流体的截止阀(进行设备隔离时必须对其进行管理)附近起跳。在许多设施中，尤其在场外区域，相比其他安全阀，工厂中有更多这类热安全阀。

1）热安全阀的设定点通常远高于它们所保护管道的工作压力，它们设定在管道允许的最大压力(考虑温度)。适用于这种情况的主要规范和标准有两个：

① API 推荐实践 521，第 3. 14 节；

② ASME B31. 3，第 301. 2. 2 段。

2）如果密闭的液体不是危险液体(松散定义)，通常会有一些实际的例外情况：

① 短的管线通常不需要热释放阀；

② 小直径的管道不需要热释放阀；

③ 含有热流体的管道被堵塞后会冷却。

3）要确定管道中的散热需求，可采用以下分析：

① 使用以下公式计算液体膨胀超过管道容积的净体积：

$$\Delta V=(V_t-V_{t_0})-\Delta V_p-\Delta V_{P_r} \tag{26-11}$$

式中 $V_t$——最终温度下的液体体积；

$V_{t_0}$——初始温度下的流体体积；

$\Delta V_p$——管道因温度膨胀的体积；

$\Delta V_{P_r}$——由于压力增加而导致管道增加的体积。

② 使用三次方程的公式来确定流体的膨胀体积：

$$V_t=V_{t_r}(1+at+bt^2+ct^3) \tag{26-12}$$

式中 $V_{t_r}$——参考温度下的基础体积；

$a$、$b$、$c$——三次方程膨胀系数(见表 26-2)。

**表 26-2 一些典型的液体体积膨胀系数(Brahmbhatt 1984)**

| 液体 | 范围/℃ | $a/10^{-3}$ | $b/10^{-6}$ | $c/10^{-8}$ |
|---|---|---|---|---|
| 苯 | 11~81 | 1. 17626 | 1. 27755 | 0. 80646 |
| 甲苯 | 0~100 | 1. 028 | 1. 779 | 0 |
| 甲醇 | -38~+70 | 1. 18557 | 1. 56493 | 0. 91113 |
| 乙酸乙酯 | -36~+72 | 1. 2585 | 2. 95688 | 0. 14922 |
| 硫酸 | 0~60 | 0. 5758 | -0. 864 | 0 |
| 正戊烷 | -190~+30 | 1. 50697 | 3. 435 | 0. 975 |

注：$t_r=0$。以苯为例：$V_t=V_{t_r}(1+1.17626\times10^{-3}t+1.27755\times10^{-6}t^2+0.80646\times10^{-8}t^3)$

最简单的方法，是计算初始温度下的相对流体体积，以及最终温度下的相对体积。体积变化是最终相对体积与初始相对体积之比乘以总初始体积。

③ 管道膨胀量由下式给出：

$$\Delta V_p=\pi/4[D+CD)^2(L+CL)-D^2L] \tag{26-13}$$

式中 $D$——管道内径，ft(初始条件)；

$C$——最终温度下的线性膨胀系数，见表 26-3；

$L$——包括所有配件的总管长度，ft(初始条件)。

④ 假设 $\Delta V_{P_r}$ 可以忽略不计，这是一个相对安全的假设。

⑤ 为了确定散热需求，比较由于热膨胀而导致的液体体积的变化和管道容积的变化。如果液体体积变化超过管道容积变化，通常建议使用热安全阀。

最常见的热安全阀尺寸为¾×1in，具有特殊的 0.06in$^2$ 孔口。这种尺寸的热安全阀可用于大多数流体，对于管径 4in 的管道，适用总管长最多 10000ft。对于更长、更粗的管道，以及输送膨胀系数较大的流体(如液化气)，必须使用流体属性和输入热量来确定合适的热安全阀尺寸，热安全阀设定在管道的设计压力下。

**表 26-3 金属的典型线性热膨胀系数**

| 温度/℉ | 碳钢/$\times10^{-6}$ | 18-8 不锈钢/$\times10^{-6}$ | 25 Cr-20 Ni/$\times10^{-6}$ | 锻铁/$\times10^{-6}$ |
|---|---|---|---|---|
| 50 | −0.14 | −0.21 | −0.16 | −0.16 |
| 70 | 0 | 0 | 0 | 0 |
| 100 | 0.23 | 0.34 | 0.28 | 0.26 |
| 125 | 0.42 | 0.62 | 0.51 | 0.48 |
| 200 | 0.99 | 1.46 | 1.21 | 1.14 |
| 250 | 1.40 | 2.03 | 1.70 | 1.60 |
| 300 | 1.82 | 2.61 | 2.18 | 2.06 |
| 400 | 2.70 | 3.80 | 3.20 | 3.01 |
| 500 | 3.62 | 5.01 | 4.24 | 3.99 |
| 700 | 5.67 | 7.50 | 6.44 | 6.06 |
| 900 | 7.81 | 10.12 | 8.78 | 8.26 |

注例：相比于 70℉的碳钢，100℉的碳钢膨胀多出 0.23×10$^{-6}$倍。例如在 70℉下长度为 100ft 的碳钢，在 100℉时长度变为 100×1.00000023 = 100.000023ft。

4）关于热安全阀的几个最终想法：

① 管道和设备上的热安全阀很容易被遗忘，尤其是位于偏僻区域的。为了能在需要时达到使用要求，热释放阀需要像任何其他安全阀一样进行跟踪和日常维护。

② 需要监测热安全阀出口以确保没有泄漏。如果是排放到大气中，监测很容易。但如果热安全阀在隔断阀周围起跳，则监测会变得困难。

③ 隔离管道线路时，如果热安全阀在隔断阀周围起跳，不要忘记将热安全阀隔离。

④ 像任何其他安全阀一样，要为热安全阀设置根阀和泄放器，以便在线维修。

### 26.5.2 管理失控反应

石油炼制中的许多工艺都是放热的，即它们会释放热量。燃烧就是一个明显的例子，但在这里我们讨论的工艺如下：加氢工艺：例如，加氢裂化、加氢处理、异构化；酸/碱反应：例如，胺吸收；甲烷化；烷基化装置酸失控。

这些工艺取决于控制反应热的各种机制：

① 加氢裂化反应器、加氢反应器和异构化装置依赖于通过反应器连续流动的油和氢气以及注入急冷气来带走热量。

② 聚合反应器可能依赖于冷却夹套或换热器型反应器，或者可能具有带降温设施的大型循环急冷流。

③ 胺吸收和其他酸/碱的反应取决于流动物质或循环冷却系统中的热量稀释。

④ 甲烷化反应器依靠流动和短暂停留时间来带走热量。

⑤ 烷基化单元依靠保持适当的化学性质以避免酸失控。

控制机制的故障会导致单元中出现非常高的温度。例如，加氢裂化装置，在失控状态下，只需几秒或几分钟即可超过 1900℉。

当反应温度超过设备在该压力下所允许的温度(例如，在工艺条件下超过材质的最终屈服应力)，可能导致密封失效。

包括工艺专利商在内，整个行业已开发出特定的方法，用于管理失控温度条件下受影响的工艺。下面将简要讨论一些有效的技术。与工艺专利商合作有助于获得关于失控控制方法的更多信息。

(1) 加氢处理装置

如果加氢处理装置中的温度超过约 850℉(~454℃)，催化裂化和热裂解就会使温度迅速升高，该装置将进入到加氢裂化的失控状态。一旦进入这种工况，反应会自我促进，不再需要加氢裂化催化剂的存在来引起反应。

反应器很少会失控，因为其金属本体的吸热会减缓反应温度的升高。通常的事故点是在反应器出口管线或第一个流出物换热器。这些部位的故障造成过致命伤害。

控制出现的加氢裂化反应器“飞温”，需要立即迅速地将装置泄压至火炬，泄压点通常是冷高压分离器，但如果存在胺吸收塔，则泄压点可能在其下游。泄压速率通常在 100~300psi/min 之间开始(随着压力下降而衰减)。装置压力应在约 15min 内达到火炬压力以下。在温度降下来之前不应该再加压，可以使用氮气。专利商对这些程序和所需的设备有具体指导。

并非所有装置都能进入失控状态，因此需要进行分析确定。在确定泄压系统的需求时，要考虑的特殊工况如下：

1) 该装置是否含有加氢裂化催化剂？

2) 装置在其运行周期内的任何一点能否在 850℉附近操作？

3) 如果流动停止(原料或循环气体或单个急冷物料)，床层温度会过高吗？

4) 原料的突然变化(如更多裂化进料)是否会使温度迅速达到失控条件？

加氢处理装置的泄压系统通常手动启动，加氢裂化装置的泄压系统可以在的限定条件下自动启动，也会配有手动启动。

对于失控可能性较小的装置，如果发生火灾或其他泄压情况，该装置仍应能在合理的时间内泄压。这是 API 推荐实践的一部分。

在这些装置中，温度的安全覆盖是一个挑战。您只知道反应器中几个点的温度，以及反应器外壁的温度。不良分布(例如，来自内部损坏、以往发生的飞温或催化剂负载不良)都可能导致未检测到的热点。如果热点恰好靠近反应器壁，你可能完全错过它。无论是在反应器内还是在反应器壁上，都需要仔细考虑温度测量点的数量和位置。专利商有温度监测位置指南，许多公司都有自己更完整的指南或要求。

如果设置了自动泄压系统，它通常是安全完整性的、集成的仪表系统(SIS)，具有适当的安全性、冗余、维护和测试要求。

(2) 聚合反应

石油加工中的聚合反应是高度放热的。一旦冷却剂缺失，例如在换热器型反应器中锅炉给水中断，就会无法控制这类聚合工艺的温度。

控制的方法包括：

1) 停止连续工艺的进料。

2) 确保对产生的气体和聚合物有足够的泄放能力。

3) 备用冷却剂来源或类型。

4) 在某些反应中，可以使用注入抑制剂来终止反应。

5) 对于某些间歇聚合反应，可将反应器的物料排放到特殊的泄压系统中，该系统配备独立火炬，可容纳和处理反应物料。

(3) 酸/碱反应

对于许多酸/碱反应，如果需要注入更大量的酸或碱，温度可由大的循环流物或大体积的冷却物料来控制。如果温度过高，可以通过停止一种或多种反应物的进料来控制。

在胺和其他基于酸/碱反应的吸收塔中呈现出了一个有趣的案例。反应产生大量的热量，通过使用更大的吸收溶剂循环量可以得到缓和，这好比是用作控制温度的飞轮。如果溶液流量变得太低，吸收塔中的温度可升高到溶液开始在吸收塔中再生的程度。这会导致吸收塔的塔盘上积聚热液体，且不时地向塔顶吹出热液体的现象发生。该过程以某种频率重复发生。补救措施是提高吸收溶剂流量，以确保富溶液负载处于适当的水平。这通常不是安全问题，但如果不加以控制，它就会变成一个问题。

(4) 甲烷化

甲烷化是早期制氢装置或其他装置的一部分，是一种高放热反应，需要解决的是氢气中造成工艺流程中毒的一氧化碳问题。如果上游去除碳氧化物的过程失效或进入的 CO 和 $CO_2$ 超过可容忍的水平(通常仅为几个百分点)，则甲烷转化器进入飞温失控状态。这些反应器通常具有良好的热电偶覆盖率。因为它们处于气相，所以分布不均通常不是问题。

相比加氢处理单元，这类反应器的壁厚相对较薄，因此可以非常快速地升温，需要采取迅速的动作以避免物料泄放损失。

在甲烷转化器中，如果检测到反应器或出口温度处于失控状态，反应器会自动关闭进料阀，并将系统内的气体送至火炬直至问题得到解决。自动关闭系统通常是 SIS 型设计，具有适当的安全性、冗余、维护和测试要求。也会配置手动关闭系统。

(5) 烷基化单元酸失控

当酸强度下降得太低时，可能导致烷基化单元中的酸失控。更稀的酸可促进烯烃与异丁烷进行所期望的快速、放热的聚合反应。聚合物倾向于溶解在酸中，进一步的稀释会促进更多的聚合反应。

简单来看，通过停止烯烃进料，可控制酸的失控，但是链烷烃还是会进入系统。可引入新鲜酸以恢复酸的强度。供应商为管理酸失控推荐了更详细的方法。

## 26.6 缺氧环境

以下讨论仅供参考。在特定设施中处理缺氧环境下的方方面面，都受政府法规、公司/承包商程序和法律的管控。

### 26.6.1 危害和潜在风险

在石油加工设施中处理的许多物质都是危险的，有些物质对生命或健康有直接危害(IDLH)。IDLH 物质包括一些典型的化合物，如 $H_2S$ 和 HF 酸。这些类型的物质具有众所周知的危害以及处理它们的确定方法。

其他潜在的 IDLH 风险不是那么明显，如氮气或 $CO_2$ 环境。在这些情况下，最大的风险之一是缺氧。根据美国化学品安全委员会的报告，1992~2002 年，氮窒息导致 80 人死亡。肺部缺氧很快就会导致死亡，除非能迅速吸氧。只要呼吸一、两口氮气，一个人就会失去意识，而且没有先兆。

即使是低氧水平也是一个问题。低于 16%的 $O_2$，会使呼吸变得更快更深或更糟，比如走近一个大型氮气通风口所在的地方。暴露于 4%~6%的 $O_2$ 约 40s 将导致昏迷，必须在几分钟内获得氧气才能生存，但仍存在心脏骤停的风险。

二氧化碳在高于约 3%的浓度下具有毒性并且在短时间暴露(5min)时超过 9%致命的危险。

那么，在炼油厂哪里存在这些类型的气体？可能的部位包括：

(1) 氮

1) 装载和卸载自燃或自发热催化剂(在处理过程中在反应器内部和外部)。

2) 将罐或容器采用的惰性气体密封或吹扫以防止空气进入。

3) 气体密封的罐或槽。

4) 开工前设备的空气排除程序。

5) 停机期间设备的气体排除程序。

6) 防止氧气接触的设备，以避免由于空气暴露引起的连多硫酸应力腐蚀开裂或其他物质损坏机制。

7) 备用仪表空气系统。

8) 呼吸空气不良(混合不当或使用氮气瓶代替空气)。

9) 由于泄漏或不当的盲板或阀组排布，造成惰性管道或系统中的氮气泄漏到不应该产生惰性气体的系统中。例如，当加热炉炉管充氮气时，由于炉管泄漏而导致燃烧室中的氮气积聚。

10) 在氮气吹扫时对管道和设备进行盲板或密封安装。

11) 一些焊接程序。

(2) 二氧化碳

1) 用于开工或维护的无气罐或其他设备。

2) 对用二氧化碳密封的管道和设备安装盲板或密封。

3) 制氢厂 $CO_2$ 产品线。

4) 烟气和烟道。

5）下水道水箱和人孔。

6）一些焊接程序。

由于有些气体是无色的，因此几乎没有它们可能存在的先兆。二氧化碳会有一些先兆，即使在低浓度下，它也会产生不好的口感。

**26.6.2 管理缺氧环境**

本节中的评述仅表明用于管理缺氧环境和防止工人暴露于IDLH条件的一些实践方式，并非包罗万象。每个设施都应该建立自己的标准。大多数公司和承包商已经拥有自己的程序和标准来利用和控制这些类型的环境。

管理缺氧环境(主要关注氮气)的一些良好实践包括：

1）在使用惰性气体进行吹扫或惰化的任何区域周围设置警告系统和禁区。

① 最靠近通风口位置的“热区”内的人员通常必须使用新鲜空气设备。

② 标记显示正在使用氮气或$CO_2$以及氧气不足的可能性。

③ 该区域围绕通风口通常用胶带或挡板限定一定距离。

2）进行测试才允许进入设备，然后在进入期间连续监测封闭空间的气体：测试将包括氧气、有毒物质和可燃物/%LEL。

3）当必须在惰性气氛中进行工作时，进入惰性容器或反应器要使用特殊程序：

① 通常，努力避免进入惰性气体环境，但有时无法避免，例如在自燃催化剂倾倒或冶金保护中。

② 程序通常包括更详细的测试、许可和设备要求，并且要求比正常进入有更高程度的审批程序。

③ 将使用带备用和紧急出口空气供应的新鲜空气设备。

④ 通常工人使用带有供气的硬头盔，这些头盔在反应堆或IDLH环境中无法自行移除。

⑤ 进入通常由定期从事此类工作的合同人员完成。

⑥ 在进入过程中连续监测气体空间，通常是氧气(在这种情况下你想要其接近零)、$H_2S$、LEL、CO和温度。如果任何参数超出允许范围，则立即终止进入。

4）对于应充满空气(非惰性)的设备，通常在进入或进行其他工作之前和期间保持新鲜空气通风。

5）惰性气体积聚的地方需要充分通风。例如，如果工厂使用汽化氮气做仪表空气系统的备用，则操作员不允许没有通风的情况下，在避难所或控制室内使用氮气。实际上，通过解决仪表空气可靠性而不是使用氮气来避免这种情况可能更好。

6）确保对在惰性环境中“人员倒下”有一个救援系统和计划。不幸的是，缺氧环境造成的大量死亡事故发生在那些没有适当空气供应就进入的救援人员。

7）如果使用新鲜呼吸空气：

① 测试呼吸空气(即使它是“认证的”呼吸空气)以确保其有足够的氧气。一些呼吸空气是通过混合汽化的液氮和氧气制成的。有时，由于控制方面问题，最终导致100%氮气的情况。通常每个空气瓶都要进行氧气测试。

② 一些公司坚持认为瓶子里的呼吸空气是压缩的大气，没有混合。在这种情况下，要仔细检查进气口位置，以确保进气不被污染。

③ 空气连接口不应与氮气或$CO_2$供应连接口匹配。气体的标准连接件是不同的。然而，

有时候会发生“创造性”的连接。

④ 使用备用供气瓶和出口瓶以确保呼吸空气供应不间断。

8）每个可能暴露在缺氧环境中的人员，无论是员工还是承包商，都应接受特定设施使用的危险、程序和设备方面的培训。

人们每天都安全工作，有时在惰性和缺氧环境中工作。了解危害并使用良好的管理手段，可以防止对必须处理此类 IDLH 环境的人员受到伤害。

## 26.7 受限空间进入

以下讨论仅供参考。政府法规、公司/承包商程序和法律意见控制着特定设施的受限空间进入的所有方面。

### 26.7.1 进入受限空间的危害

在上述讨论缺氧环境时，我们已经谈到了一些受限的空间进入。在这里，当有人进入封闭或受限的空间工作时，我们将审查其他一些危险。

来自美国职业安全与健康管理局(OSHA)对受限空间的定义[1910.146(b)]：

“受限空间”是指以下空间：①足够大并且配置得员工身体可以进入并执行指定的工作。②进出方式受限(例如，塔、罐、筒仓、储存箱、料斗、拱顶和坑是进入方式受限的空间)。③不是为员工持续的入住而设计的。

石油加工厂的受限空间通常包括：反应器和吸收塔/吸附塔、罐、塔、下水道水箱、换热器外壳、炉膛、对流段烟道、非常大的管道。

由于特定的危险，一些设施中的冷却塔单元和其他相对开放的结构的设备也被定义为受限空间。受限空间是我们关注的问题，因为它们可能会造成以下危害：

1）大气危险：

① 易燃(例如，从污泥中产生的碳氢化合物蒸气)。

② 飞尘(例如，催化剂处理)。

③ 缺氧(例如，惰性反应器进入)。

④ 有毒或有害气体(例如，$H_2S$ 或 $NH_3$)。

⑤ 任何其他 IDLH 环境。

2）可能存在的物料吞没风险(例如，催化剂落入工人身上)。

3）可能由于设备配置被困住或窒息的风险(例如，像 FCC 旋风分离器的向内倾斜的器壁)。

4）其他公认的严重危害。

对于存在或可能存在一种或多种这些危险的受限空间，通常需要许可才能进入该空间。在 OSHA 定义中，这些将是“需要许可进入的受限空间(许可空间)”。

还有其他类型的受限空间，某些设施可能不需要许可。许多设施默认将所有受限空间定义为“许可空间”，只是一些许可条件不同。

### 26.7.2 受限空间的管理

机构通常有一个特定的安全计划来处理受限空间，这些计划有法律/监管要求。一般而言，受限空间管理的规定包括以下内容：

1）识别进入受限空间的任何入口(例如，在进入受限空间的所有可能进入路线上的标志或条带指示)。

2）如果受限空间是惰性的或可能存在其他气体危害，则要有标明此类危险的警告标志。任何入口周围也要有障碍或禁入区域标志。

3）进入受限空间作业的人员必须持有许可证。许可条件通常涉及以下内容：

① 特定许可证的空间内允许的活动。

② 验证受限空间与其他系统或潜在介质来源的完全隔离(盲板)。

③ 测试受限空间内的气体，以验证其是否符合要求的条件，通常包括可燃性(LEL)、氧气(惰性或空气)、CO、$H_2S$ 和温度。

④ 要求进入期间连续监测受限空间。

⑤ 适当的 PPE 要求。

⑥ 要求有监护人员或备用人员，包括他们可以使用的设备。

⑦ 验证新员工、监护人员和其他相关人员的培训。

⑧ 终止或取消许可的条件。

⑨ 许可有效期限。通常许可证必须定期更新，如每班或每天，并且进入必须在特定时间范围内开始，否则许可证将被取消。

⑩ 要求在入口处一直有人待在那里，直到完成进入。以确保受限空间永远有人看管，即使是午餐或休息时也是如此。

⑪ 要求进入或退出该受限空间进行登记，通过相同的“入口”进入和退出。这是为了确保每个人都被考虑在内。

⑫ 必要时提供救援计划。要求监护人员具有无线电或其他可使用的紧急信号设备。

4）可能还需要额外的许可和计划，例如：

① 设备内部焊接工作的动火作业许可证。

② 惰性环境进入许可证，用于催化剂或其他需要在进入时排除空气的工作。

进入受限空间和在空间内作业可以按日常安全地进行。必须彻底考虑风险、危害、要求和意外事件，以保护新员工免受伤害。

## 26.8 设施选址危害和考虑因素

2005 年 3 月 23 日，英国石油公司位于美国得克萨斯州得克萨斯城的炼油厂发生爆炸，造成 15 人死亡，170 多人受伤。炼油厂其中一个装置完成检修后正在开工，出现的一个问题导致碳氢化合物排放到无燃烧的排气烟囱时，汽化的碳氢化合物遇到了一个点火源并爆炸。英国石油公司和美国化学品安全委员会(CSB)报告了这一事件的更多细节，但我们感兴趣的是 BP 执行摘要报告中的声明：

“临时停留处所位置不合适，过于靠近泄压点。因临时停留处所内及周围聚集了许多人而加重了事故的严重程度。”

对设施选址的考虑一直是过程安全管理的一个要素，但这一事件提高了考虑永久和临时设施相对于工艺设备所处地点的重要性。它促使对许多可能具有类似风险的设施进行重新评估和采取措施。

与设施选址相关的危险包括因爆炸、火灾和有毒物质排放而对建筑物内的工人造成伤害。在某些情况下，可能会产生场外后果。

操作员避难所通常靠近他们操作的单元，这些建筑经常被占用。它们的位置要考虑能适当应对各单元存在的不同危害，必要时到达设备所需的响应时间通常要与危险和风险相平衡。可以用一些设施加固操作员避难所，以抵抗爆炸并提供适当抗暴和避难的能力，以便在有毒物释放的情况下保护工人。大多数工厂提供报警系统以通知工人泄压或其他问题并启动紧急情况下的逃生出口。通常，整个单元和操作员避难所配备自给式呼吸器(SCBA)。避难所通常具有尽可能小的窗户，以防止在发生事故时玻璃飞溅。

控制室越来越集中并远离工艺单元。这些“中央控制室”通常是抗爆、抗压，并且能够隔离员工以便适当地进行庇护。

管理部门、维护部门、消防站和其他建筑物通常位于远离工艺单元的位置，并且它们不是主要风险。但是，一些炼油厂已经考虑过这些建筑物相对于可能的压力波或有毒物质排放波及的位置。在某些情况下，其中一些建筑物位置不佳，有些已被更远离潜在危险的建筑所取代。

由于 BP 事件，包括临时设施在内的建筑选址的考虑因素在增加。过去经常见到离工作地点较近的位置，放置临时停留处所、周转拖车、午餐帐篷以及其他临时设施。这可能会使工人面临类似于 BP 操作员避难所事故的风险，这些设施设计时并没考虑到爆炸或气体危害。

现在，临时设施位置的考虑更加谨慎。当办公室必须靠近工作地点时，一些租赁公司开发了加固、防爆的临时“建筑物”(实际是改装的集装箱)，用于工作需要。当办公室不必在工厂时，临时拖车、午餐帐篷和其他设施应远离装置危险，并保证安全距离。

作为一项额外的保护措施，许多工厂在任何单元开停工时都会撤离所有不必要的人员。虽然这会加大工作量，但可以最大限度地减少对工人的潜在风险。

永久和临时设施选址的实践和选择将继续发展和改进。

## 26.9 材质失效和预防计划

过程安全管理法规要求维持设备的机械完整性(MI)。设施应有详细记录的检查和维修计划，以确保设备和管道得到良好维护，以防止安全事故造成的损失。MI 主要关注的是材质损坏和预防。MI 计划通常基于各种工艺服务和所用材质的风险和腐蚀速率(例如，基于风险的检查)。

API 510(压力容器检验规范：在役检验、评级、维修和变更)定义了美国炼油行业对机械完整性的要求。API 579(适用于服务)提供了评估设备以继续在设施中运行的方法和要求。在创建或评估您自己的机械完整性程序时，请参阅这些出版物。

API 推荐实践 571(RP-571)详细讨论了炼油厂中每种主要类型工艺装置的材质损坏机理和控制方法，其中许多可以外推到其他类型的石化设施。我们不建议重复 RP-571 中的信息。表 26-4 提供了 RP-571 中讨论的材质损坏机制的摘要以供参考。请参阅该出版物以获取详细信息。

表 26-4 炼油厂材质损害机理（参考：API 推荐实践 RP-571）

| 损害机理 | 常减压 | 延迟焦化 | 催化裂化 | 催化裂化轻烃回收 | 连续重整 | 半再生重整 | 加氢处理（精制，裂化） | 硫酸法烷基化 | 氢氟酸烷基化 | 胺处理 | 硫黄回收 | 酸性水汽提 | 异构化 | 氢气单元 |
|---|---|---|---|---|---|---|---|---|---|---|---|---|---|---|
| 机械和冶金失效 | | | | | | | | | | | | | | |
| 石墨化 | | | ■ | | | | | | | | | | | |
| 软化（球化） | | | | | | | | | | | | | | |
| 回火脆化 | | | ■ | | ■ | | ■ | | | | | | | ■ |
| 应变老化 | | | | | | | | | | | | | | |
| 885℉脆化 | ■ | ■ | ■ | | | | ■ | | | | | | | ■ |
| Sigma 相/ Chi 相脆化 | | | ■ | | | | ■ | | | | | | | |
| 脆性骨折 | | | | | | | ■ | | | | | | | |
| 蠕变/应力破裂 | ■ | ■ | ■ | | ■ | ■ | ■ | | | | | | | ■ |
| 热疲劳 | | ■ | ■ | | | ■ | | | | | | | | ■ |
| 短期过热-应力破裂 | ■ | ■ | ■ | | ■ | | ■ | | | | | | | ■ |
| 蒸汽密封 | | | ■ | | | | | | | | ■ | | | ■ |
| 异种金属焊接（DMW）裂纹 | ■ | | | | | | | | ■ | | | | | ■ |
| 热冲击 | | ■ | | | | | | | | | | | | ■ |
| 侵蚀/侵蚀-腐蚀 | ■ | ■ | ■ | ■ | ■ | | ■ | | ■ | ■ | | ■ | | |
| 气蚀 | | | | | | | | | | | | | | |
| 机械疲劳 | | | | | ■ | ■ | | | | | | | | ■ |
| 振动引起的疲劳 | | | | | | | | | | | | | | |
| 耐火材料降解 | | | ■ | | | ■ | | | | | ■ | | | ■ |
| 再加热开裂 | | | ■ | | ■ | | | | | | | | | ■ |

续表

| 损害机理 | 常减压 | 延迟焦化 | 催化裂化 | 催化裂化轻烃回收 | 连续重整 | 半再生重整 | 加氢处理（精制，裂化） | 硫酸法烷基化 | 氢氟酸烷基化 | 胺处理 | 硫黄回收 | 酸性水汽提 | 异构化 | 氢气单元 |
|---|---|---|---|---|---|---|---|---|---|---|---|---|---|---|
| 均匀或局部的厚度损失 | | | | | | | | | | | | | | |
| 电偶腐蚀 | | | | | | | | | ■ | | | | | |
| 大气腐蚀 | | | | | | | | | | | | | | |
| 绝缘腐蚀(CUI) | | ■ | | | | | | ■ | | | | | ■ | |
| 冷却水腐蚀 | | | | | ■ | | | | | | | | | |
| 锅炉水/凝结水腐蚀 | | | ■ | | | | | | | | ■ | | | ■ |
| 二氧化碳腐蚀 | ■ | | | | | | | | | | | | | ■ |
| 烟气露点腐蚀 | | | | | | | | | | | ■ | | | |
| 微生物诱导腐蚀(MIC) | | ■ | | | | | | | | | | | | |
| 土壤腐蚀 | | | | | | | | | | | | | | |
| 腐蚀性腐蚀 | ■ | | | | | | | ■ | | | | | ■ | |
| 脱合金 | | ■ | | | | | | | | | | | | |
| 石墨腐蚀 | | | | | | | | | | | | | | |
| 胺腐蚀 | | | | | | | ■ | | | ■ | | | | ■ |
| 二硫化铵腐蚀(碱性酸水) | | ■ | | ■ | | | ■ | | | ■ | | ■ | | |
| 氯化铵腐蚀 | ■ | ■ | ■ | ■ | ■ | ■ | ■ | | | | | | | |
| 盐酸(HCl)腐蚀 | ■ | | | | ■ | ■ | ■ | | | | | | ■ | |
| 高温 $H_2/H_2S$ 腐蚀 | | | | | | ■ | ■ | | | | | | | |
| 氢氟酸(HF)腐蚀 | | | | | | | | | ■ | | | | | |
| 环烷酸腐蚀(NAC) | ■ | ■ | | | | | ■ | | | | | | | |
| 苯酚(碳酸)腐蚀 | | | | | | | | | | | | | | |
| 磷酸腐蚀 | | | | | | | | | | | | | | |
| 酸水腐蚀(酸性) | | | | | | | | | | | | | | |
| 硫酸腐蚀 | | | | | | | | ■ | | | ■ | | | |

续表

| 损害机理 | 常减压 | 延迟焦化 | 催化裂化 | 催化裂化轻烃回收 | 连续重整 | 半再生重整 | 加氢处理（精制，裂化） | 硫酸法烷基化 | 氢氟酸烷基化 | 胺处理 | 硫黄回收 | 酸性水汽提 | 异构化 | 氢气单元 |
|---|---|---|---|---|---|---|---|---|---|---|---|---|---|---|
| 高温腐蚀[400℉，204℃] | | | | | | | | | | | | | | |
| 氧化 | ■ | ■ | ■ | | ■ | ■ | | | | | ■ | | | ■ |
| 硫化 | ■ | ■ | ■ | | | | ■ | | | | ■ | | | |
| 渗碳 | | ■ | ■ | | ■ | ■ | | | | | | | | |
| 金属粉尘 | | | | | ■ | ■ | | | | | | | | ■ |
| 燃料灰腐蚀 | ■ | | | | | | | | | | | | | |
| 氮化 | | | | | | | | | | | | | | |
| 脱碳 | | | ■ | | | | | | | | | | | |
| 环境辅助裂缝 | | | | | | | | | | | | | | |
| 氯化物应力腐蚀开裂(Cl-SCC) | ■ | | ■ | | | | ■ | | | | | ■ | | ■ |
| 腐蚀疲劳 | | | | | | | | | | | | | | |
| 腐蚀性应力腐蚀开裂(腐蚀性脆化) | ■ | | | | | | | ■ | ■ | | | | ■ | |
| 氨应力腐蚀开裂 | ■ | ■ | | | ■ | | | | | | | | | |
| 液态金属脆化(LME) | ■ | | | | | | | | | | | | | ■ |
| 氢脆(HE) | | | | | ■ | | ■ | | | | | | | |
| 连多硫酸应力腐蚀开裂(PASCC) | ■ | | ■ | | | | ■ | | | | | | | ■ |
| 胺应力腐蚀开裂 | | | | | | | ■ | | | ■ | | | | ■ |
| 湿 $H_2S$ 损伤(起泡，HIC，SOHIC，SCC) | ■ | ■ | ■ | ■ | | | ■ | | | ■ | ■ | ■ | | |
| 氢应力开裂-HF | | | | | | | | | ■ | | | | | |
| 碳酸盐应力腐蚀开裂 | | | ■ | ■ | | | | | | | | | | |
| 其他机制 | | | | | | | | | | | | | | |
| 高温氢气攻击(HTHA) | | | | | ■ | ■ | ■ | | | | | | | ■ |
| 钛水合 | | | | | | | | | | ■ | | ■ | ■ | |

## 附录　确定安全阀尺寸的示例计算

（1）问题

一个装有石脑油 $C_5 \sim C_8$ 范围的罐是非绝缘的，并且不是防火的。该罐是垂直的并且具有15′长的裙座。罐的尺寸为：内径6′0″，高度20′0″，液位高度HLL为16′0″。计算火灾泄放的阀门尺寸。设定压力为120 psig。

（2）答案

石脑油在200℉下的潜热 $H_L = 136$ Btu / lb，由 $Q = 21000FA^{0.82}$，则湿润区域 $A$ 计算如下：

高于地面的液体高度=15+16=31ft，因此，罐的湿润表面仅需要达到地面上25ft，相当于罐体高度的25-15=10ft：

$$\text{湿润的表面积} = \pi D \times 10(\text{对于罐墙体}) + 28.3\text{ft}^2(\text{对于罐底})$$

$$= 188.5\text{ft}^2 + 28.3\text{ft}^2$$

$$= 216.8\text{ft}^2$$

因此：

$$Q = 21000 \times 1.0 \times (216.8)^{0.82}$$

$$= 1.729 \times 10^6 \text{ Btu/h}$$

则：

$$Q/H_L = \frac{1.729 \times 10^6}{136} = 12713 \text{ lb/h} = W$$

由于：

$$A = \frac{W\sqrt{T}\sqrt{Z}}{CKP_1K_b\sqrt{M}}$$

式中　$A$——有效泄放面积，$in^2$；

$W$——通过阀门流量，lb/h，此题中为12713；

$T$——入口蒸汽的绝对温度，460 + 200=660°R（$C_5 \sim C_8$的起泡点，例如10 psig）；

$Z$——0.98（$nC_5$）；

$C$——356.06（基于 $C_A/C = 1.4$）；

$K$——0.65（典型泄放系数）；

$K_b$——0.9；

$M$——100（使用 $C_7$）；

$P_1$——设定阀门压力，134.7 psia。

代入计算得：

$$A = \frac{12713 \times 25.7 \times 0.99}{356 \times 0.65 \times 134.7 \times 0.9 \times 10} = 1.153 \text{ in}^2$$

所以最接近的孔口尺寸为1.287 $in^2$。

## >> 参考文献

American Petroleum Institute, Management of Process Hazards, *API Recommended Practice 750* (1990, Since Withdrawn)
J. Atherton, F. Gil, (AIChE CCPS, 2008), *Incidents that Define Process Safety* (American Institute of Chemical Engineers, Center for Chemical Process Safety/Wiley, New York/Hoboken,, 2008)
Center for Chemical Process Safety (CCPS), American Institute of Chemical Engineers, New York, several references
J. B. Christian, (Osram Sylvania Inc., 1997), Combine fault and event trees for safety analysis, Chem. Eng. Progress. 72–75 (1997)
M.M.R. Eastman, J.R. Sawers (Knowledge Technologies, 1998), Learning to document management of change. Chem. Process. 15–22 (1998)
K.A. Ford, A.E. Summers, (Triconex, 1998), Are your instrumented safety systems up to standard? Chem. Eng. Progress 55–58 (1998)
R.W. Garland (Eastman Chem. Co., 2012), An engineer's guide to management of change. Chem. Eng. Progress 49–53 (2012)
L. Goodman (Fluor Daniel, 1996), Speed your hazard analysis with the focused what if? Chem. Eng. Progress 75–79 (1996)
W.K. Goddard (Solutia Inc., 2007), Article: Use LOPA to determine protective system requirements, Chem. Eng. Progress, Feb, pp. 47–51 (2007)
R.K. Goyal, (BAPCO, 1993), FMEA, the alternative process hazard method. Hydrocarb. Process. 95–99 (1993)
R.K. Goyal (BAPCO, 1994 and 1995), Understand quantitative risk assessment. Hydrocarb. Process. 105–108 (Dec 1994), 95–99 (Jan 1995)
ISA, *Standard: Application of Safety Instrumented Systems for the Process Industries*, ANSI/ISA-SP 84.01-1996 (ISA, Research Triangle Park, 1996)
R.E. Knowlton, (Chemetrics, 1987), *An Introduction to Hazard and Operability Studies: The Guide Word Approach.* (Chemetrics Int'l, Vancouver, 1987)
H. Ozog, H.R. Forgione, (ioMosaic Corp., 2012), OSHA's new chemical NEP: how to make the grade and earn extra credit, Chem. Eng. Progress 27–34 (2012)
K.E. Smith, D.K. Whittle (EQE Int'l, Inc., 2001), Six steps to effectively update and revalidate PHAs. Chem. Eng. Progress 70–77 (2001)
R.P. Stickles, G.A. Melhem, (Arthur D. Little, Inc., 1998), How much safety is enough?, Hydrocarb.. Process. 50–54 (1998)
Wikipedia, several articles on www.wikipedia.org. Accessed Feb 2014

### Oxygen Deficient Environments

J. Cable, NIOSH report details dangers of carbon dioxide in confined spaces. Occup. Hazards. (30 Dec 2004)
National Institute for Occupational Safety and Health (NIOSH), *Guidance Document: Criteria for a Recommended standard, Occupational Exposure to Carbon Dioxide* (National Institute for Occupational Safety and Health, Menlo Park, 1976)
U.S. Bureau of Land Management, Health risk evaluation for carbon dioxide ($CO_2$). (2005)
U.S. Chemical Safety and Hazard Investigation Board, Bulletin: Hazards of nitrogen asphyxiation, Safety Bulletin No. 2003-10-B, June 2003 (2003)

### Confined Space Entry

U.S. Occupational Safety and Health Administration, *Standard: Permit-Required Confined Spaces*, Standard No. 1910.146. www.osha.gov

### Facility Siting Hazards and Consideration

BP USA, *Public report: Fatal Accident Investigation Report, Isomerization Unit Explosion*, Final Report, Texas City. (BP, Texas, 2005)
S.R. Brahmbhatt, (MG Ind., 1984), Are liquid thermal relief valves needed? Chem. Eng. 70 (1984)

# 第27章 石油加工过程中的危险品

## 27.1 引言

**免责声明**：请注意，本章节中的内容仅供参考。它们并不能替代规范，其内容也并不全面。我们应遵从工业卫生、医疗和其他专家以及贵公司的意见，对这些危险品处置的现行方法，以及各化学品的应急响应程序所适用的现行方法进行了评估和确定。许多资源[如MSDS(材料安全数据表)、化学品供应商、许可证持有人]都可用于协助这些工作。

从原油本身的性质来看，其在炼制和加工的过程中可能会造成潜在的危险，最常见的危险是火灾。为了预防火灾，人们付出了相当大的努力，一旦发生火灾，则会以最有效的方式对火势进行遏制并灭火。本书“石油加工中的防火和消防”一章对防火和消防进行了详细讨论。

尽管在石油炼制过程中，火灾危险始终是首要考虑的问题，但仍存在其他危险，需要加以关注，其中包括炼油过程中使用的有毒和危险化学品的处置。相对于炼油过程中使用的许多化学品来说，接触到在某些炼油过程中产生的有毒物质也会对生命或健康造成危害。最值得注意的是硫化氢，这是所有现代化炼油厂共同关注的问题。

本章将介绍炼油过程中使用或产生的一些常见危险品的性质和处理方法，包括：胺类化合物、氨、苯、一氧化碳、催化剂和吸附剂、苛性钠(又名氢氧化钠、NaOH)、糠醛、氢氟酸(HF、AHF)、氢、硫化氢、甲基乙基酮、羰基镍、氮、硫化剂、硫酸($H_2SO_4$)。

其中的一些物质将在其他章节中讨论，但我们尽量将相关材料集中在一起。

在有些情况下，强烈建议您查阅每种物质的材料安全数据表(MSDS)，以获取有关物质危害与处理的最新信息。

## 27.2 气体处理用胺类物质

### 27.2.1 胺类物质的概述与危害

胺类溶剂用于石油和天然气的加工炼制，以去除各种物料中的硫化氢和二氧化碳。在石油炼制过程中，单乙醇胺(MEA)同系物在气体处理工艺中很常见。二乙醇胺(DEA)和甲基二乙醇胺(MDEA)也越来越普遍。一些专有的胺类化合物，如砜胺(Sulfinol)和二异丙醇胺(ADIP)也在使用。所有的这些胺类物质，其危险性、处置过程和健康影响等方面都很相似。

本章中仅考虑了MEA。但是，作为参考，表27-1提供了石油炼制过程中使用的胺类物质的理化性质(另请参见“炼油厂气体处理工艺”章节)。

表 27-1 石油炼制过程中使用的胺类物质

| 类型 | MEA | DEA | MDEA | DGA | ADIP | Sulfinol |
|---|---|---|---|---|---|---|
| 分子量 | 61.1 | 105. 1 | 119. 16 | 105. 14 | 133. 19 | 120.17 |
| 沸点/℉(℃) | 338. 5 (170) | 515. 1 (268) | 477 (247) | 405. 5 (208) | 479. 7 (249) | 545 (285) |
| 沸程 5%~95%/℉(℃) | 336~341 (169~172) | 232~237 (111~114) | 477 (247) | 205~230 (96~110) | — | — |
| 凝点/℉(℃) | 50. 5 (10. 2) | 77. 2 (25. 1) | -9. 3 (-23) | 9. 5 (-12. 5) | 107. 6 (42) | 81. 7 (27. 6) |
| 相对密度[77℉(25℃)] | 1. 0113 | 1. 0881 | 1. 0418 (20℃) | 1. 0572 | 0. 99 | 1. 256 |
| 黏度[77℉(25℃)] | 18. 95 cP | 351. 9 cP | 36. 8 cSt [100℉(38℃)] | 40 cP | 870 cP | 12. 1 cP |
| 黏度[140℉(60℃)] | 5. 03 cP | — | | 6. 8 cP | 86 cP | 4. 9 cP |
| 闪点/℉(℃) | 200 (93. 3) | 295 (146) | 265 (129) | 260 (127) | 255 (124) | 350 (177) |
| 燃点/℉(℃) | 205 (96) | 330 (166) | — | 285 (141) | 275 (135) | 380 (193) |
| 典型的溶剂浓度/% | 15~25 | 25~35 | 50 | 50~70 | 无资料 | 不定 |

MEA 是腐蚀性和可燃性液体，需要特殊的处置措施和人员防护措施。

所有胺类物质均对人身有害。接触到 MEA 后产生的影响如下：

1）靶器官：肾脏、中枢神经系统和肝脏。

2）潜在的健康影响：

① 眼睛：MEA 会严重地刺激眼睛，并引起眼部灼伤。

② 皮肤：可以通过皮肤将有害量吸收到体内，引起中度皮肤刺激。

③ 摄入：会引起胃肠道烧伤。

④ 吸入：吸入高浓度的 MEA 蒸气会对中枢神经系统造成影响，其特征症状是头痛、头晕、失去意识和昏迷，并且也会引起呼吸道刺激。

⑤ 慢性作用：会导致肝和肾损伤。

### 27. 2. 2 胺类物质的安全处置

MEA 采用公路罐车或铁路槽车集中运输，采用常规方法将 MEA 转移到现场的储槽或储罐中，由惰性气体密封保护。MEA 暴露在空气中会降解。在炼油工艺中，MEA 和其他乙醇胺类物质都是经过稀释之后再进行使用的。胺液通常在适当结构的槽中进行稀释和储存，这些槽通常设置在用户装置的附近。在某些情况下，可以使用锥顶储罐进行现场储存。但是，在任何情况下，产品必须由惰性气体密封保护以防止接触到空气。炼油过程中使用的MEA稀释浓度在15%~25%。稀释用水通常是经过处理后的锅炉给水或冷凝水，基本上不含杂质。

当介质为胺类物质时，相关容器和管道的材质都应为适当等级的碳钢。在流程中操作温度不得超过300℉(149℃)。

接触人员应穿防护服，包括眼睛防护用具(除了安全眼镜之外还包括护目镜和/或面罩)。与无水氢氟酸处置的情况一样，操作人员和维护人员的最低保护设备如下：连体工作服，袖子要到手腕；化学安全护目镜；安全帽；长手套(聚氯乙烯材质)；标准安全鞋。

除了上述列出的标准防护服外，在进行特定操作和维护工作时还需要佩戴呼吸器，例如更换胺过滤器(见“炼油厂气体处理工艺”章节)滤芯的操作。尽管在打开过滤器之前要利用蒸汽对其进行清洗，但在确认不存在胺或硫化氢之前，呼吸保护是必不可少的措施。需通过气体测试和特殊工艺进行验证，确定不存在硫化物(通过乙酸铅测试进行验证)。

在一些特殊场合，例如使用MEA的制氢厂里，有时候会用砷作为缓蚀剂。这会使维修过程中胺及设备的危险性进一步增加。设备操作和清洗的规程必须确保操作和维护人员的双手不会接触到砷化合物。

### 27.2.3　胺类化合物的设备和管道

与所有碱性物质一样，胺会引起应力腐蚀。因此，所有容器和管道(焊缝)都进行了应力消除处理。阀门和管道的材质通常为碳钢，泵和换热器管束的材质也是碳钢。

## 27.3　氨($NH_3$)

### 27.3.1　概述

在石油加工装置中，氨可用于燃烧烟气中的氮氧化物的治理，也可用于制冷。在一些设施中，氨也被用于控制塔顶腐蚀，以及在加氢裂化开工过程中抑制催化剂的活性。

在炼油厂里，当加氢处理将石油产品中的含氮化合物去除时，其过程会产生氨。氨是酸性水汽提塔顶气体中的主要成分。从经济角度考虑，一些工厂会将氨作为副产品予以回收。

氨本身为无色的带压液体或无色气体，具有特殊的刺激性气味。在典型的大气环境条件下，氨是一种气体。氨的处置通常是在一定压力下以无水液体的形式或在大气环境条件下以水溶液(浓度为5%~30%的氨溶液，也就是大家熟知的“氨水”)的形式进行。典型的氨水浓度为19%(用于SCR级氨)。有关炼油厂氨系统和氨的使用，请参见“石油加工中的公用工程”一章中的介绍。

### 27.3.2　氨的性质

表27-2中汇总了无水氨和不同浓度氨水的一些关键特性。

**表27-2　氨的关键特性**

| 浓度 | 无水氨 | 29.4%(26°Baume) | 19%(~20.5°Baume)SCR级 |
|---|---|---|---|
| 相对密度 | 气相：0.59(空气=1)<br>液相：681.9 kg/m³(-33.3℃)，42.6lb/ft³(-28℉) | 0.8974(60/60℉，15/15℃) | 0.929(60/60℉，15/15℃) |

续表

| 浓度 | | 无水氨 | 29.4%(26°Baume) | 19%(~20.5°Baume)SCR级 |
|---|---|---|---|---|
| 沸点 | | -28.01℉(-33.34℃) | 85℉(29℃) | 123℉(-51℃) |
| 凝点 | | -107.9℉(-77.7℃) | -110℉(-79℃) | -30℉(-34℃) |
| 水中溶解性 | 32℉(0℃) | 47% | | |
| | 77℉(25℃) | 31% | | |
| | 122℉(50℃) | 28% | | |
| 溶液的 pH 值 | | | 13.5 | -12.9 |
| 黏度 | | 0.276cP(-40℉，-40℃) | | |
| 自燃温度 | | 1204℉(651℃) | | |
| 爆炸极限 | | 15%~28%(体) | | |

### 27.3.3 氨的危害

任何形式的氨对皮肤、眼睛、呼吸道和黏膜都有刺激作用和腐蚀作用。氨会对眼睛、肺部和皮肤造成严重的化学烧伤。已有皮肤疾病或呼吸系统疾病的人员会因接触氨而加重。氨不是致癌物。如果皮肤接触到的设备内正在蒸发的氨气，会引起冻伤。

当与空气混合时，如果氨气的浓度在15%~28%(体)之间的话会燃烧。但由于自燃点温度很高，需要高温火源才能引燃。焊接以及类似作业产生的热量均能达到此条件，因此在焊接前应注意确保装过氨的设备彻底清理干净。如果在氨储罐或管道附近进行焊接，那么要确保该区域内没有氨气。

正常情况下氨不会腐蚀钢或铁，但会与铜、黄铜、锌和许多合金快速反应，尤其是含铜的合金。经验表明，氨水会缓慢腐蚀碳钢。正常来说，氨类设备的材质只有钢和球墨铸铁。当介质为氨水时，在汽化器前面的任何设备材质都应该为不锈钢。

表27-3中汇总了氨(氨气)的暴露极限值。

**表27-3 氨的暴露极限和毒性**

| 机构 | 极限类型 | ppm | mg/m³ | 依据 |
|---|---|---|---|---|
| 美国职业安全与健康委员会(OSHA) | PEL(允许暴露极限) | 50 | 35 | 8h TWA |
| 美国职业安全与卫生研究所(NIOSH) | STEL(短时间接触容许浓度) | 35 | 27 | 15min |
| | REL(推荐暴露极限) | 25 | 18 | 10h TWA |
| | IDLH(对生命健康即刻危险极限) | 300 | | |
| 美国政府工业卫生师协会(ACGIH) | TLV(阈限值) | 25 | 18 | 8h TWA |
| | STEL(短时间接触容许浓度) | 35 | 27 | 15min |

毒性：$LD_{50}$(大鼠，经口)350mg/kg。

### 27.3.4 处置氨时的防护服和个人防护设备

处置氨时佩戴的人身防护设备，除了普通阻燃服、安全眼镜、钢板安全鞋和安全帽之外，还应配备安全护目镜和/或面罩及橡胶手套。处置氨时不要戴隐形眼镜。在其装卸时最好穿戴氢氧化铵防渗服和橡胶靴。

任何氨处置区域都应提供足够的通风。在任何氨气处理区域附近都应该配备有安全淋浴和洗眼器。

如果氨的浓度超过吸入接触限值，应使用经 NIOSH/MSHA(或同等机构)批准的呼吸保护用具。为了能够在紧急情况下逃生，需要使用经过批准的带有全脸的面罩和气罐的呼吸保护装置或自给式呼吸器(SCBA)。法规 29 1910.134 和 ANSI：Z88.2 均适用。如果大气中的氨浓度超过 300ppm(IDLH)，则必须佩戴正压式呼吸器进入氨污染区域。

当氨泄漏时，要采用危险性物质应对措施，应使用 A 级和/或 B 级防护装备，其中包括正压式呼吸器。

### 27.3.5 泄漏处理措施

在氨大量泄漏的情况下，建议采取以下步骤：

1）启动装置的应急响应系统。

2）疏散到附近区域。如果泄漏量很大，则需要很大的疏散区域。

3）消除该区域内所有可能的火源。

4）尽可能切断或隔离泄漏源以停止泄漏或将泄漏量降低到最小。

5）向泄漏处喷水以控制氨气扩散。这些流水也会受到污染，需要进行处理。

6）应急人员应配备带有逃生瓶的正压式呼吸器。如果泄漏严重，应佩戴防化学品工作服及防化学品手套。

### 27.3.6 储存与处置

无水氨用加压罐车和槽车运输。氨水通常用 6700gal(大约 26000L 或 25t)的(低压或常压)槽车运输或桶装运输。

有关氨的大量储存设施类型，请参阅“石油加工中的公用工程设施”和“石油加工中的环境控制与环境工程”章节。对于桶装氨水，应保存在阴凉、不会受到天气影响的地方。桶内的氨的温度需接近其沸点，保持在 85℉(29℃)左右。

有时，无水氨会以加压钢瓶的形式供应。这些钢瓶也应存放在避免阳光照射的地方。

在钢瓶搬运或氨输送过程中，应佩戴“接触氨时的防护服和个人防护设备”一节中所述的人身防护设备。手套在装运钢瓶和氨液桶时特别重要。不得拖拽钢瓶和氨液桶。

在任何装运操作区域附近都应提供适当的安全淋浴和洗眼器。

## 27.4 苯

### 27.4.1 概述

在炼油厂及其相关设施内的许多工艺及石油产品中都会涉及到苯。在某些情况下，苯会作为产品被特意回收。在其他物料(如汽油或重整油)中，苯是碳氢化合物混合物中的一个组分。

有些苯会进入废水中，在废水中苯的含量会受到水与空气法规(NESHAP，《有害空气污染物国家排放标准》)的管制。

下面简要讨论石油加工环境中的苯以及苯的处置危险。苯的许多危害和保护措施也适用于其他芳烃(如甲苯和二甲苯)，这些芳烃的危害性比苯要小，但仍需要同样的预防措施。

### 27.4.2　苯的关键性质

苯是石油中最简单的芳香族化合物。它是自然产生的，但是在炼油的过程中也会产生苯。苯的一些主要理化性质如表 27-4 所示。

表 27-4　苯的一些关键性质

| | | | |
|---|---|---|---|
| 分子式 | $C_6H_6$ | 凝固点/熔点 | 41.9℉(5.5℃) |
| 分子量 | 78.11 | 水中溶解性 | 1.79g/L(59 ℉，15℃) |
| 外观 | 清澈透明、无色、稳定的液体 | 闪点 | H.9℉(-11.15℃)CC |
| 气味 | 像汽油一样，带有甜味、芳香 | 自燃点 | 1097℉(591.65℃) |
| 嗅觉阈值 | 61ppm | 蒸气密度 | 2.7(空气=1) |
| 相对密度(20/20℃) | 0.8765 | 空气中的爆炸极限 | 爆炸上限 1.3%(体)；爆炸下限 7.1%(体) |
| 沸点 | 176.18℉(80.1℃) | | |
| 蒸气压 | 99mmHg(77 ℉，25℃) | 极端易燃，特别是在明火附近 | |

### 27.4.3　苯的危害

苯在处置过程中有两个主要方面需要注意：健康危害和火灾危险性。

从苯的主要理化性质中可以认识到其火灾危险性。苯会引起爆燃。

从健康的角度考虑，苯的接触限值和毒性如表 27-5 所示。

表 27-5　苯的接触限值和毒性

| 机构 | 极限类型 | 极限值 | 备注 |
|---|---|---|---|
| 美国政府工业卫生师协会(ACGIH)(2012 年) | TLV(阈限值) | 0.5ppm | 8h TWA |
| | STEL(短时间接触容许浓度) | 2.5ppm | 15min |
| 美国职业安全与健康委员会(OSHA)(2008 年) | REL(推荐暴露极限) | 0.1ppm | 10h TWA |
| | STEL(短时间接触容许浓度) | 1ppm | 15min |
| 美国职业安全与健康委员会(OSHA)(2006 年) | REL(推荐暴露极限) | 1ppm | 8h TWA |
| | STEL(短时间接触容许浓度) | 5ppm | 15min |
| 毒性数据 | | | |
| $LC_{50}$(大鼠) | 吸入 | 10000ppm | 7h |
| $LD_{50}$(大鼠) | 摄入 | 930~1800mg/kg | |

注：为已知致癌物(白血病)，疑似诱变剂。

不同的苯接触途径对健康造成的危害和影响如下：

1）吸入：刺激黏膜和上呼吸道。在高浓度下可能致命。可引起中枢神经系统抑郁症、头痛、头晕、疲劳，兴奋后会出现抑郁。

2）眼睛：会刺激眼睛。

3）皮肤：会刺激皮肤。通过皮肤吸收后会造成伤害。皮肤炎症表现为瘙痒、脱皮、发红或起泡。长时间或反复的皮肤接触会损伤皮肤并导致皮肤刺激、开裂和/或皮炎。

4）摄入：吸入后非常危险。可能进入肺部并造成损害。吞食可能会致命。可能导致头晕、头痛、呼吸困难、腹泻、呕吐，可能会引起肺炎。

5）慢性影响：接触到低浓度苯后，对血液系统（血液形成）和骨髓增生异常综合征（影响骨髓和血液的疾病）产生不利影响。

6）苯是一种已知的致癌物。

综上所述，过量接触苯引起的症状包括：头晕、兴奋、面色苍白过后会有脸红症状、虚弱、头痛、呼吸困难、胸部有压迫感、刺激眼睛、皮肤、鼻子和呼吸系统、恶心、走路踉跄、疲劳。

苯与氧化剂、硝酸以及许多氟化物和高氯酸盐极易反应或不相容。

HIMA（美国医疗卫生工业制造商协会）对苯的评级为 2-3-0（健康-火灾-反应性）。NFPA（美国消防协会）的评级也是 2-3-0。

**27.4.4 对于苯的人员防护**

炼油厂作业人员在工厂内穿戴的主要人身防护设备可以提供一定程度的火灾危险保护作用。然而，这些防护设备并不能保护作业人员免受化学物质和其他危险的伤害。

在接触苯含量很高的物料或处理泄漏时，所需额外的个人防护设备如下：

1）可能接触到苯的情况下使用的呼吸保护用具。

2）防渗透手套。

3）防化学品喷溅的护目镜（可能是面罩）。

4）适合接触到大量苯或者高浓度苯的情况下使用的全身防渗服。

5）橡胶靴。

6）正压式呼吸器或其他正压新鲜空气呼吸设备。

与本章讨论的大多数物质一样，在处理高浓度苯的区域，应安装洗眼器和安全淋浴器。

**27.4.5 苯的储存和处置**

苯不具有腐蚀性，因此通常在碳钢设备（储罐、管线、容器等）中储存和使用。相关材质的确定更多是基于与苯混合的其他成分。

输送苯时所需的安全预防措施基本上与汽油相同，其中包括输送过程中涉及到的所有设备的电气接地或跨接。

（1）对于苯的泄漏

1）苯少量泄漏：

① 用吸收性材料进行吸收。

② 把吸收剂放入金属容器中。

③ 作为危险废物处理。

2）苯大量泄漏：

① 存在易燃液体风险。

② 穿戴适当的个人防护装备。

③ 尽可能收集泄漏物并切断泄漏物料。

④ 逃离泄漏区域。

⑤ 消除区域中可能存在的火源，切记苯蒸气会在低处扩散。

⑥ 对泄漏区域进行通风。

⑦ 用干土、黏土、沙子或其他不可燃材料对泄漏的苯进行吸附。

⑧ 不要让苯泄漏物进入下水道或排水沟。

⑨ 对泄漏区域进行封堵。

⑩ 如果需要的话，向上级汇报。

(2) 苯发生火灾或爆炸

苯发生火灾或爆炸时会产生大量的一氧化碳和二氧化碳气体，且气体温度高。在救火时，必须穿戴新鲜空气呼吸设备。向装有苯的设备喷淋冷却水。应尽量减少并收集含苯污水，以便后续处理。不要让其进入废水处理系统、下水道或排水沟。

(3) 纯苯

大多数工厂不需要处置纯苯。因此，人们通常的关注点是易燃的含苯产品。苯的浓度越高，越要注意作业人员的个人防护措施。

## 27.5 一氧化碳(CO)

### 27.5.1 概述

所有燃烧气体(烟囱、火炬、焚烧炉等)、采用部分燃烧的催化裂化再生气体以及制氢的副产品中都存在大量一氧化碳。碳氢化合物的固体(如焦炭或覆盖焦炭的催化剂)燃烧也可以产生一氧化碳。对于处理炼厂气的深冷分离装置，一氧化碳在气相或液相中均可能存在。通常应注意确保一氧化碳引至高点安全位置排放，或送往制氢装置中进一步反应或充分燃烧。固体通常要保持湿润以避免闷烧。

人员在装置中仍有可能会接触到一氧化碳。直接在大气中放空的气体可能在有人的地方(如附近的塔或建筑物)漂移或沉降。对烟气或制氢装置的气体进行取样时会使取样人员接触到一氧化碳。加热炉中的燃烧器问题会导致燃烧室和烟囱排出一氧化碳。

预防措施和响应预案中需要考虑到一氧化碳可能存在的情况。这里我们将讨论一氧化碳的危害以及现有的基本防护措施。

### 27.5.2 一氧化碳的理化性质

表 27-6 列出了一氧化碳的主要理化性质。需要注意的是，在炼厂中的一氧化碳通常是无色、无臭、无味的气体。当然也有例外，比如在深冷装置中，一氧化碳可能是以液体的形式存在；在烟气中，一氧化碳会与其他有刺激性气味的气体(如二氧化硫)混合在一起。当然，我们在本章将重点讨论以气体形式存在的一氧化碳。

**表 27-6 一氧化碳的主要性质**

| | | | |
|---|---|---|---|
| 分子量 | 28.01 | 水中溶解性 | 27.6mg/L(77℉/25℃) |
| 相对密度 | 蒸气：0.97(空气=1) | 自燃温度 | 1121℉(605℃) |
| 沸点 | -311.8℉(-191℃) | 爆炸极限 | 12.5%~74.2%(体) |
| 凝点 | -337℉(-205℃) | | |

对于一氧化碳的性质，需要注意的是，一氧化碳与氮的分子量基本相同，因此很可能在有氮的时候也会有一氧化碳。另外，一氧化碳具有很宽的爆炸极限，这意味着它可以很容易助燃。

### 27.5.3 一氧化碳的危害

一氧化碳是一种易燃气体，可能引起爆燃。如果吸入的浓度过大，可能会致命。接触限值见表27-7。

表27-7 一氧化碳暴露限值

| 机构 | 极限类型 | ppm | $mg/m^3$ | 依据 |
| --- | --- | --- | --- | --- |
| 美国职业安全与健康委员会(OSHA) | PEL(允许暴露极限)(2010) | 50 | 55 | 8h TWA |
| 美国职业安全与卫生研究所(NIOSH) | STEL(短时间接触容许浓度) | 200 | 229 | |
| | REL(推荐暴露极限) | 35 | 40 | 10h TWA |
| | IDLH(对生命健康即刻危险极限) | 1200 | | |
| 美国政府工业卫生师协会(ACGIH) | TLV(阈限值)(2010) | 25 | 29 | 8h TWA |

注：$LC_{50}$(大鼠，吸入)：6600ppm(30min)；3760ppm(1h)；1807ppm(4h)。

一氧化碳会影响的具体器官有血液、肺、神经系统、心脏、心血管系统和中枢神经系统。一氧化碳气体快速扩散或液体快速蒸发可能会引起冻伤，但是这种情况在炼油厂里发生的可能性不大。

最常见的接触途径是吸入。一旦进入肺部，一氧化碳就与血液中的血红蛋白结合，降低血液携带氧气的能力。这种情况通常很难确定，因为一氧化碳饱和的血液仍然是红色，而受害者实际上是处于严重的窒息状态。研究表明，大气中一氧化碳浓度达到667ppm时就可以结合血液中50%的血红蛋白。氧容量的丧失导致出现癫痫、昏迷和死亡。血液中一氧化碳的半衰期约为5h，因此有一个接触积累的影响。

一氧化碳中毒症状包括头痛、恶心、呕吐、头晕、疲劳、感觉虚弱、昏愦、迷失方向、视觉干扰、癫痫发作、面色及血液呈樱桃红(不一定可靠)。

大多数一氧化碳中毒的受害者认为他们出现了食物中毒。

### 27.5.4 一氧化碳的防护设备

防止一氧化碳接触的第一级防护措施就是在可能积聚或遇到一氧化碳的地方提供充分的通风。通常会根据周边建筑物情况，规定烟囱的最小高度及与附近构筑物的最小距离，目的是为了确保排出的气体能够消散。这些距离会由各公司具体规定。

炼油厂工人穿戴的普通防护设备不能防止一氧化碳吸入。如果预计会接触到一氧化碳，可使用以下方法：

1）带有视觉、振动和声音警报器的便携式一氧化碳监控器。如果出现警报，工人应立即撤离该区域到安全的地方。

2）空气净化呼吸器，特定呼吸器有其最大一氧化碳浓度限制。建议只考虑用于紧急撤离。这些空气净化呼吸器不该用于缺氧的环境。

3）用于重大暴露风险(泄漏、火灾等)事故的带逃生瓶的空气呼吸器(正压式呼吸器或输气管面罩)。

### 27.5.5 一氧化碳物料的处置

上面列出了处理可能含有一氧化碳的物料时使用的防护设备。

除了少量的一氧化碳被用作校准气体之外，一氧化碳通常是炼油过程中的产物。装置中不会无故接收大量一氧化碳，因此应主要考虑如何消除产生的一氧化碳。

烟囱排气中的一氧化碳在大气中扩散。加热炉、一氧化碳锅炉和其他设施的运行都可以将一氧化碳排放量降至最低。

来自工艺过程中的一氧化碳，例如制氢装置，要么作为燃料气在 SMR 加热炉中燃烧，要么在常规制氢装置中被还原为甲烷(甲烷化)。

在可能接触到危险浓度一氧化碳的区域，应佩戴新鲜空气呼吸器。例如，在制氢装置中对中间物料进行取样时。

## 27.6 催化剂和吸附剂

### 27.6.1 概述

各个装置中的石油加工设备广泛采用了各种催化剂和吸附剂。其中许多催化剂和吸附剂在失活后被指定为危险废物，而另一些根据其特性被归类为危险废物。在某些情况下，新鲜的催化剂或吸附剂也可能存在危险，应予以识别。在这里，我们将重点关注其中一些具有危害性的常见物质及其管理方法：新鲜/废加氢处理催化剂；新鲜/废制氢装置镍催化剂；PSA 吸附剂；分子筛或沸石吸附剂。

### 27.6.2 危险性催化剂和吸附剂的性质

表 27-8 列出了上述材料的一些物理特性和需要关注的危险特性。

表 27-8 几种常见的催化剂和吸附剂的性能及危害

| 材料 | 加氢处理催化剂 | 制氢装置催化剂 | PSA 吸附剂 | 分子筛或者沸石 |
|---|---|---|---|---|
| 工艺过程 | 加氢处理，加氢裂化 | 重整，甲烷化 | 氢气回收及其他 | 空气干燥，$O_2$ 或者 $N_2$ 发生器 |
| 组成成分 | | | | |
| 新鲜材料 | 氧化铝载体及镍、钼和钴的氧化物：可能含有二氧化硅、还有硫化态的物质 | NiO 和还原镍 | 活性炭、分子筛(二氧化硅) | 分子筛，沸石 |
| 废弃材料 | 金属硫化物、焦炭、FeS、重金属或积聚的 As、被吸附的芳烃类物质 | NiO 和还原镍、被吸附的一氧化碳和其他气体、焦炭 | 活性炭、分子筛(二氧化硅)、被吸附的残余气体，如 CO 和 $H_2S$ | 分子筛、沸石、工艺中累积的污染物 |
| 典型密度范围 | 25~75 lb/cft(400~1200kg/$m^3$) | -40 ~ 100 lb/cft (640~1600kg/$m^3$) | 30 ~ 45 lb/cft (480~720 kg/$m^3$) | 30 ~ 60 lb/cft (480~960kg/$m^3$) |
| 危险特性 | | | | |
| 新鲜材料 | 金属粉尘、有些可能会自发热 | Ni 粉尘 | 吸水发热、二氧化硅粉尘 | 吸水发热、二氧化硅尘 |
| 废弃材料 | 自发热、可能自燃、气体解吸 | Ni 粉尘、CO、$Ni(CO)_4$、气体产生的其他危险 | 吸水发热、释放出被吸附的 CO、$H_2S$ 和其他气体、二氧化硅粉尘 | 吸水发热、二氧化硅和其他粉尘(焦炭、金属) |

续表

| 材料 | 加氢处理催化剂 | 制氢装置催化剂 | PSA 吸附剂 | 分子筛或者沸石 |
|---|---|---|---|---|
| 废物代号 | 大多数为 K172(《美国资源保护与回收法(RCRA)》) | | | |
| 备注 | 有关这些材料的危险废物特性的讨论，请参阅“环境控制与工程”一节。 | | | |
| | 可根据美国环保署规定的实际废物的特性对材料进行测试和重新分类。 | | | |

其中部分材料是自热型材料或自燃型材料。它们可能燃烧，产生有害气体。其他材料都是危险性材料，因为它们接触到水分(如空气中的水分)时会发热或释放出所吸附的危险蒸气。针对上述这些因素的管理方法已经制定完善。

本书“石油加工中的环境控制和工程”一节中详细讨论了废催化剂和特征危险废物的管理。

表 27-9 总结了上述材料在不同接触途径下产生的健康影响。

**表 27-9　典型催化剂和吸附剂的健康影响**

| 材料 | 加氢处理催化剂 | 制氢装置催化剂 | PSA 吸附剂 | 分子筛或者沸石 |
|---|---|---|---|---|
| | | 新鲜材料 | | |
| 吸入 | 粉尘过多、呼吸道刺激、咳嗽、呼吸困难 | 粉尘过多会刺激呼吸道，恢复很慢 | 刺激呼吸道、可能会导致肺部损伤(如硅肺) | 刺激呼吸道、可能会导致肺部损伤(如硅肺) |
| 摄入 | 口腔和喉咙发炎、不适、难受、恶心、腹泻 | 入口内毒性很低，刺激消化道 | 接触身体组织内水分，会产生吸附热引起烧伤 | 接触身体组织内水分，会产生吸附热引起烧伤 |
| 眼部 | 刺激性物质 | 粉尘会刺激双眼 | 刺激性物质。粉尘接触到眼部会发热 | 刺激性物质。粉尘接触到眼部会发热 |
| 皮肤 | 皮肤致敏剂。刺激皮肤 | 无法吸收 | 刺激性物质。粉尘接触到皮肤会发热。长时间接触到水会烧伤 | 刺激性物质。粉尘接触到皮肤会发热。长时间接触到水会烧伤 |
| 慢性作用 | 致癌物(Ni，Co) | 致癌物(Ni)，引起肝损伤 | 可能对肺部造成损害。可能含有致癌物质二氧化硅 | 可能对肺部造成损害。可能含有致癌物质二氧化硅 |
| 症状 | 咳嗽，呼吸困难。延迟出现流感样症状 | 过敏性皮肤反应、发红、炎症、瘙痒、烧伤、哮喘 | 刺激、潮湿表面会发生烧伤、粉尘严重时会引起呼吸困难 | 刺激、潮湿表面会发生烧伤、粉尘严重时会引起呼吸困难 |
| 危险性等级(健康-火灾-反应性) | HMIS(美国中小型医院管理信息系统)：3/1/0<br>NFPA：3/1/0 | HMIS：2/1/0 | NFPA(美国消防协会)：1/0/1 | NFPA：1/0/1 |

续表

| 材料 | 加氢处理催化剂 | 制氢装置催化剂 | PSA 吸附剂 | 分子筛或者沸石 |
| --- | --- | --- | --- | --- |
| | | 废弃材料 | | |
| 吸入 | 呼吸道烧伤、过敏性呼吸反应、可能会产生硫化氢 | 高浓度的灰尘刺激呼吸。慢慢才能恢复。被吸附的气体释放出来可能会产生其他危险 | 刺激呼吸道。可能会导致肺部损伤(如硅肺)。被吸附的气体释放出来可能会产生其他危险 | 刺激呼吸道。可能会导致肺部损伤(如硅肺)。被吸附的气体释放出来可能会产生其他危险 |
| 摄入 | 可能会导致死亡。导致黏膜、咽喉、食道和胃烧伤 | 入口内毒性很低，刺激消化道 | 接触身体组织内水分，会产生吸附热引起烧伤 | 接触身体组织内水分，会产生吸附热引起烧伤 |
| 眼部 | 引起眼部烧伤 | 粉尘刺激双眼 | 刺激性物质。粉尘接触到眼部会发热 | 刺激性物质。粉尘接触到眼部会发热 |
| 皮肤 | 皮肤烧伤、皮肤过敏反应、如果皮肤吸收了该物质，可能会导致死亡 | 无法吸收 | 刺激性物质。粉尘接触到皮肤会发热。长时间接触到水会烧伤 | 刺激性物质。粉尘接触到皮肤会发热。长时间接触到水会烧伤 |
| 慢性作用 | 过敏性呼吸反应和皮肤反应。砷和镍可能增加癌症风险。钴和镍是致癌物 | 致癌物(Ni)，引起肝损伤 | 可能对肺部造成损害。可能含有致癌物质二氧化硅 | 可能对肺部造成损害。可能含有致癌物质二氧化硅 |
| 症状 | 引起皮肤、眼睛和黏膜烧伤。已有疾病病情加重情。详见 $H_2S$ 概述一节 | 过敏性皮肤反应、发红、炎症、瘙痒、烧伤、哮喘 | 刺激、烧伤导致皮肤出水、粉尘严重时会引起呼吸困难 | 刺激、烧伤导致皮肤出水、粉尘严重时会引起呼吸困难 |
| 危险性等级(健康-火灾-反应性) | HMIS：3/1/0 NFPA：3/1/0 | 正常情况 HMIS：2/1/0 | 正常情况 NFPA：1/0/1 | 正常情况 NFPA：1/0/1 |
| 环境影响性 | 对水生生物有毒。长期毒性 | 信息有限。产品不溶于水，因此很少接触到水生生物 | 信息有限。产品一旦接触到水就不会特别危险 | 信息有限。产品一旦接触到水就不会特别危险 |

### 27.6.3 催化剂和吸附剂的处置

在处置催化剂和吸附剂时，除了石油设施中正常的安全装备(安全帽、安全眼镜、阻燃服、安全靴、手套)之外，以下的个人防护装备也很常见：

(1) 在空气中处置

1) 正常情况下，佩戴防尘口罩或 HEPA 半面罩即可。

2）如果过程中可能释放有害气体，可使用空气净化或供气式呼吸器。

3）对于镍催化剂来说，请参阅本章中有关羰基镍的讨论。

（2）在惰性环境下处置

1）正压供气式呼吸器-惰性气体环境通常会覆盖消除其他风险。

2）请参阅“石油加工的安全系统”一章中关于惰性环境准入安全性的讨论。

（3）疑似危险性污染物(如砷)的处理：

1）穿戴匹配的防护服。

2）对撤离处理区域的人员进行消毒。

3）使用正压供气罩面式呼吸器。

为了避免有害气体的释放，可保持固体干燥或在固体上涂一层油膜。也可以用足够的水使材料完全饱和，以控制吸附热，但这将会产生气体，这部分气体需要受到控制。粉尘治理通常是防止暴露于危险物质或释放危险物质的关键性控制措施。

如果材料可能自热、自燃或暴露在空气中会出现危险，那么应在经过吹扫后的系统和/或密封系统中进行处置，并储存在经过吹扫后的密封容器中。请参阅关于在惰性环境下处置固体材料的内容。

## 27.7 苛性钠(氢氧化钠，NaOH)

### 27.7.1 苛性钠的概述与危害

在炼油过程中，苛性钠溶液主要用于吸收从液化石油气到煤油馏分这些轻质石油产品中所含的硫化氢或轻硫醇。通常情况下，这一物质以强碱性水溶液的形式运至炼油厂，在现场进一步稀释至具体工艺要求的浓度。氢氧化钠是一种白色、无味、不挥发的液体。它不会燃烧，但具有高度的反应性。它能与水和许多常见的物质发生剧烈反应，产生足够的热量点燃附近的可燃物。与许多有机和无机化学品接触后导致火灾或爆炸。与一些金属(如铝和锌)反应会释放出易燃的氢气。

氢氧化钠主要有三种形式：50%水溶液(最常用)；73%水溶液；固态，片状、薄片或珠子状的无水氢氧化钠。主要杂质包括氯化钠、碳酸钠、硫酸钠、氯酸钠、钾和重金属(如铁和镍)。下面讨论与溶液相关的信息。

苛性钠化学数据见表27-10。

**表27-10 苛性钠的理化性质**

| | |
|---|---|
| 分子量 | 40.00 |
| 熔点 | 12℃(53.6℉)(50%溶液；凝点) |
| | 62℃(143.6℉)(70%~73%溶液) |
| 沸点 | 140℃(284℉)(50%溶液) |
| 相对密度 | 1.53(50%溶液) |
| | 2.0(15.5℃条件下)(70%~73%溶液) |
| 水中溶解性 | 以任何比例溶解 |

续表

| | |
|---|---|
| 在其他液体中的溶解性 | 以各种比例溶于乙醇、甲醇和甘油 |
| pH 值 | 12(0.05 %溶液) |
| | 13(0.5 %溶液) |
| | 14(5 %溶液) |

### 27.7.2 苛性钠的处置危险

(1) 皮肤

氢氧化钠具有极强的腐蚀性，能引起严重的烧伤，并伴有严重的溃疡和永久性疤痕。它可以渗透到皮肤的深层，持续产生腐蚀作用，直到氢氧化钠被彻底除去为止。损伤的严重程度取决于溶液的浓度和暴露时间。烧伤不会立即引起疼痛，疼痛的发作可能会延迟几分钟到几小时。

一些研究和案例报告中均描述了氢氧化钠的腐蚀作用。将浓度为4%的氢氧化钠溶液涂在志愿者手臂上，保持15~180min，其在15min内会破坏皮肤外层细胞，在60min内完全破坏皮肤各层，浓度为0.12%的稀溶液可以在1h内损坏健康的皮肤。把氢氧化钠的浓溶液(pH=13.5)滴到志愿者的头上，并在几个小时之后进行治疗，可以发现氢氧化钠溶解了头发，导致可逆性秃顶和头皮烧伤。

由于氢氧化钠具有腐蚀性，因此反复或长期接触其粉尘和稀溶液会导致皮肤干燥、皲裂和发炎(皮炎)。

(2) 眼睛

氢氧化钠对眼睛组织有极强的腐蚀性。损伤的程度随着溶液浓度、暴露时间和渗入眼睛的速度的增加而增大。损伤范围从严重刺激、轻微结疤到起水疱、碎裂、溃疡、严重结疤和视力混浊，后期可能发展为如青光眼和白内障这类影响视力的眼疾。在严重的病例中，还会发生逐步溃疡和眼组织混浊，最终导致永久性失明。

(3) 吸入

有一个工人，在超过20年的时间里每天处在一个通风不足的小房间内，加热两个大容器中的氢氧化钠溶液，每天接触氢氧化钠雾气2h，最终患上了严重的呼吸道阻塞疾病。可见，由于长期大量地接触氢氧化钠会导致呼吸系统受到刺激和烧伤，最终导致该工人患上了严重的呼吸道阻塞疾病。需要说明的是，可能是因为通常情况下氢氧化钠产生的强烈和迅速的刺激直接阻止了工人的继续接触，在以往的报告并中没有过长期接触的情况，此人实际接触的氢氧化钠的情况也没有进行测量，因此也不能完全排除迟发性哮喘是导致该男子发病的原因之一。

曾有一份关于工人接触氢氧化钠气雾至少16个月的报告，但因其中混有高浓度的斯托达溶剂、其他溶剂蒸气以及其他化学品，导致结论并不明确。

也有291名工人中在用制氯电解池中的废水生产浓缩氢氧化钠薄片或颗粒时，暴露在氢氧化钠粉尘环境中，但没有趋势显示接触时间(长达30年)或暴露强度(0.5~1.5mg/m)与死亡率增加相关。这项研究由于人口基数小而存在限制性。

(4) 摄入

没有关于产业工人摄入氢氧化钠溶液的报告。非职业摄入对食道组织产生严重的腐蚀性灼伤，某些情况下会恶化为食道狭窄。一旦摄入，会引起剧痛；口腔、喉咙和食道感到灼热；呕吐；腹泻；昏厥；并可能导致死亡。

(5) 长期影响

氢氧化钠被认为是食道癌的原因之一。癌症可能会在吸入后的12~42年内发生。在严重的高温烫伤部位也被观察到出现类似的癌症。这些癌细胞也可能是由于组织损坏和瘢痕形成产生的，而非氢氧化钠本身造成的。

一个病历对照研究发现，肾癌和产氯单元电池维护区域的工作有所关联。这种工作的主要接触物是石棉和氢氧化钠。经确定，肾癌的关联因素是接触氢氧化钠。这一研究存在局限性，例如接触人数少、接触因素复杂、依赖工作历史等，所以并非足够可靠。

**27.7.3　苛性钠(氢氧化钠)的急救和个人防护**

(1) 皮肤接触

避免与此化学品直接接触，如有需要，可穿戴化学品防护服。一旦接触，需尽快脱去沾染衣物、鞋子及皮具(如手表、腰带)，并使用温水缓慢冲洗60min以上，切勿终止冲洗。必要时，保持急救车处于等候状态，将伤者立即送往急救中心。丢弃所有沾染衣物、鞋子及皮具。

(2) 眼睛接触

避免直接接触。如有需要，需穿戴防化手套，迅速轻轻地吸干或刷去过量的化学品。立即使用温水缓慢冲洗眼部60min以上，同时保持眼睑打开状态。如有可能尽量使用生理盐水，不要中断冲洗。注意不要让冲洗污水接触到正常眼睛或脸上。必要时保持急救车处于等候状态，迅速将伤者送往急救中心。

(3) 吸入

立刻转移至新鲜空气区域。若不能自主呼吸，需进行人工呼吸。若呼吸困难，需给氧。立即就医。

(4) 摄入

不要催吐！尽可能大量饮水或牛奶。若失去意识，切勿从嘴中送入任何物品。立即就医。

**27.7.4　苛性钠的防护装备**

(1) 个人呼吸器(拥有NIOSH许可的)

如所处环境中苛性钠超出接触上限且在工程上已无法控制，当环境浓度范围在接触浓度上限的10倍以内，或有关监管机构/供应商规定极限值以内(以二者最低值为准)，需要佩戴半遮式颗粒防护口罩(NIOSH版N95或更好的滤芯)。当范围在接触浓度上限的50倍以内，或有关监管机构/供应商规定极限值以内(以二者最低值为准)，需佩戴全罩式颗粒口罩(NIOSH版N100或更好的滤芯)。如果有含油颗粒(如润滑油、切割油、甘油等)存在，需使用NIOSH版R型或P型滤芯。若在紧急情况或不知道暴露级别的情况下，使用全罩正压输入式空气呼吸器。需注意：空气净化式呼吸器在氧气不足的环境中无法起到保护作用。

(2) 皮肤保护

穿戴防渗透防护服，包括靴子、手套、实验服、围裙或连体服，视情况而定，以防止皮肤接触。

(3) 眼睛接触

在可能发生喷溅区域，佩戴化学护目镜和/或全遮式防护罩。确保工作区域内配备洗眼器和快速喷淋设备。

### 27.7.5 耐苛性钠材料

在温度缓和的条件下，可以使用碳钢。当温度超过350℉(177℃)时，推荐使用镍或镍合金。所有碳钢管道、法兰、焊缝以及容器都需消除应力。苛性钠溶液还会破坏玻璃器皿，并会在一定程度下发生溶解。由于苛性钠一般在设备投产过程中用于清洁，在此期间，视镜和液位仪表应移除或更换成硅制玻璃。在低温下，塑料及有塑料衬里的管道也可用来处理苛性钠。具体兼容性信息需咨询塑料制造商。

## 27.8 糠醛

### 27.8.1 糠醛的概述与危害

糠醛在石油炼制过程中经常用来生产润滑油。它作为溶剂，从润滑油料中提取不需要的化合物，例如环烷烃或芳烃，以改善润滑油产品的颜色(见“石油加工中的非能源型炼厂”一章)。糠醛，$C_4H_3OCHO$，是一种黏稠、无色的液体，有芳香气味，暴露在空气中会变为深棕色或黑色。沸点160℃(320℉)，通常作溶剂使用。可溶于乙醇和乙醚，稍溶于水。

糠醛是糠酸的一种。它跟苯甲醛有类似的特性，是呋喃的衍生物，通过玉米秆、玉米芯、燕麦和花生壳以及其他废料中提取出的戊糖脱水而成，用于制造农药、酚醛树脂和四氢呋喃。四氢呋喃可以作为一种工业溶剂，也可以转化为制备尼龙的初始材料。

糠醛的化学性质如表27-11所示。

表27-11 糠醛的化学性质

| | | | |
|---|---|---|---|
| 外表 | 无色或淡黄色液体 | 沸点 | 324℉(162℃) |
| 气味 | 杏仁味 | 熔点 | 38℉(39℃) |
| 溶解度[70℉(21℃)] | 8 g/100 g 水 | 气相密度(空气 = 1) | 3.3 |
| 相对密度[77℉(25℃)] | 1.16 | 蒸气压[64℉(18℃)] | 1mm Hg |
| 相对挥发度[70℉(21℃)] | 100%(体) | | |

### 27.8.2 糠醛处理的相关危险性

(1) 吸入

对黏膜及上呼吸道有刺激作用。症状为咽喉疼痛、呼吸困难和头痛。如浓度较高，会影响中枢神经系统，导致肺充血。直接吸入可能致命。

(2) 摄入

剧毒。会引起胃肠功能紊乱。会抑制神经并引发严重头痛。有可能致命。其他影响尚不明确。

(3) 皮肤接触

刺激皮肤。可引起皮炎和湿疹，变应性致敏和光敏。可通过皮肤吸收进而造成全身的影响。

(4) 眼睛接触

气体会刺激眼睛，引起流泪、瘙痒和发红。溅入会导致严重的刺激或眼睛损伤。

(5) 慢性接触

可导致舌头麻木，丧失味觉和头痛。其他影响尚不明确。

(6) 现有条件的恶化

患有皮肤病、眼疾或肝、肾、呼吸功能受损的人可能更容易受到该物质的影响。

### 27.8.3 糠醛的急救及个人安全防护

(1) 吸入

移至通风处。如呼吸停止，立即进行人工呼吸。如呼吸困难，需输氧。立即就医。

(2) 摄入

如误食，需饮用大量清水，并立即就医。切勿给失去知觉者从嘴里喂食任何东西。

(3) 皮肤接触

立即用大量肥皂水冲洗皮肤至少15min，同时脱去污染的衣服和鞋子。立即就医。重复使用衣物、鞋子前须洗涤干净。

(4) 眼睛接触

立即用大量水冲洗眼睛至少15min，偶尔抬起上、下眼睑。立即就医。

### 27.8.4 糠醛处置时的防护服及设备

(1) 空气暴露极限

建议空气暴露极限值为2~5ppm。

(2) 通风系统

建议采用局部和/或一般排气系统，使员工接触环境在空气暴露极限值以下。局部排气通风通常是首选，因为它可以从源头控制污染源的排放，防止污染物扩散至一般工作区域。有关详情，请参阅ACGIH文件《工业通风指导实践手册》最新版本。

(3) 个人空气呼吸器(NIOSH认可)

如果超过暴露极限值，当范围在接触浓度上限的50倍以内，或有关监管机构/供应商规定极限值以内(以二者最低值为准)，需佩戴含有机气滤筒的全罩式呼吸器。若在紧急情况或不知道暴露级别的情况下，使用全罩正压输入式空气呼吸器。需注意：空气净化式呼吸器在氧气不足的环境中无法起到保护作用。

(4) 皮肤保护

穿着防渗透的防护服，包括靴子、手套、实验室外套、围裙或连体工作服，视情况而定，以防止皮肤接触。

(5) 眼睛保护

在可能发生喷溅区域，佩戴化学护目镜和/或全遮式防护罩。确保工作区域内配备洗眼器和快速喷淋设备。

### 27.8.5 糠醛的火灾防护及灭火措施

(1) 火灾

糠醛的相关燃烧性能见表27-12。

**表27-12 糠醛的相关燃烧性质**

| | |
|---|---|
| 闪点 | 140℉(60℃)(潘斯基-马丁斯) |
| 自燃温度 | 601℉(316℃) |
| 空气中燃烧限值/%(体) | 下限值2.1%(体)；上限值：19.3%(体) |
| 可燃液体和气体 | |

(2) 爆炸

在闪点温度之上，气体与空气混合物在上述可燃极限内会产生爆炸。糠醛与氧化剂接触会发生剧烈反应，与强酸和强碱也发生剧烈反应，并引起火灾和爆炸危险。存放糠醛的密封容器受热时会破裂。对静电放电敏感。

(3) 灭火介质

水喷雾、干粉、抗溶泡沫或二氧化碳可用作灭火介质。火中的容器通过喷水保持冷却。用水冲洗泄漏物，使其远离泄漏点，并将其稀释至非易燃状态。

(4) 特殊信息

发生火灾时，需穿戴全套防护服和自给式呼吸器(NIOSH 认可)。呼吸器为全罩式，可在正压模式下工作。

### 27.8.6 糠醛的施工和存储材质

糠醛对材质没有特殊要求，适当等级的碳钢即可满足要求。糠醛在空气中容易聚合，因此糠醛的储存和处置必须排空空气。在炼厂中，糠醛萃取装置的开工通常要求处理糠醛的设备首先填充润滑油或合适的中间馏分油以消除空气。

## 27.9 氢氟酸(HF，AHF)

### 27.9.1 氢氟酸的概述与危害

由于无水氢氟酸(AHFs)具有高毒性和腐蚀性，本节重点介绍其特性和对该酸的安全处理。

无水氢氟酸是无色流动液体，在大气压下 67℉(19.4℃)沸腾，因此需要存于压力容器中。酸也是具有吸湿性的，因此，其气相与空气的水分结合会形成“烟雾”。用户可利用此特性对氢氟酸存储和运输设备中的泄漏情况进行检测。另一方面，需要注意避免水意外溢漏到装有氢氟酸的容器中。氢氟酸稀释时会释放大量热量。表 27-13 给出了氢氟酸的物理性质。

表 27-13 无水氢氟酸(AHF)的物理特性

| | | | |
|---|---|---|---|
| 沸点(1atm) | 66.9℉(19.4℃) | 密度[32℉(0℃)] | 8.35lb/gal(1.0t/m$^3$) |
| 凝点 | 117.4℉(83℃) | 黏度[32℉(0℃)] | 0.31cp |
| 相对密度[32℉(0℃)] | 1.00 | | |

氟化氢气体，即使在空气中浓度非常低，也有强烈的刺鼻性气味，可有效地阻止操作人员过度接触。氢氟酸无论气相还是液相，在接触到皮肤、眼睛或黏膜后，均会引起严重灼伤。

氢氟酸具有很强的腐蚀性。它可以腐蚀玻璃、混凝土和一些金属，尤其是铸铁和含有二氧化硅的合金(如贝塞默钢)。同时也会腐蚀皮革、天然橡胶和木材等有机材料，但不会致燃。

虽然氢氟酸不易燃，但它对金属的腐蚀作用，特别是在潮湿的环境下，可能导致在容器和管道中形成氢气，从而产生火灾和爆炸的危险。含氢氟酸设备的区域应排除潜在的火源

(火花和火焰)。

尽管具有腐蚀性，但如果能识别危险并采取必要的预防措施，即可相对安全地处理氢氟酸。接下来介绍安全处理大量氢氟酸的特定程序。

**27.9.2 氢氟酸安全操作规程**

为保证操作安全，要求设备设计精良，操作人员训练有素、保护充分、责任心强，并妥善操作和维护设备。

装有氢氟酸的储罐和其他容器应该避免受热，不受阳光直射。储存区的温度最好保持在100℉(38℃)以下。如果达到或超过125℉(51.7℃)，则必须对其采用冷却手段。

卸料站与储罐之间的酸输送管线应设计成自流坡向储罐。在酸输送管线上，如两个关闭的阀门之间会造成酸的截留，应在此位置设置安全阀，因为液体膨胀可能造成管线超压破裂。安全阀出口需排放至储罐，而不是大气。

在酸性介质的容器或管道区域内或周围禁止使用明火、明灯或火柴。酸作用于金属产生氢气的可能性一直存在。在氢氟酸储存和处理区域只允许使用防爆工具及防静电设备。

在卸货站、储存区和其他处理酸的区域，需能够方便使用安全淋浴设备。淋浴设备应能通过管径2in(50mm)水线上的快开阀，供应30GPM(114 L/min)的水量。淋浴阀门应设置于防冻线以下，阀门上方设置0.25in(6.4mm)喷淋孔，阀门可用处于腰部位置的手柄开启，周围铺有碎石，以便排水。

在卸料区也应配备水栓和软管，以冲洗溢出的酸。应设置良好的排水系统，还应备有干纯碱、石灰石粉或熟建筑石灰。如酸意外泄漏，应立即用大量的水冲洗通道或设备，必要时用上述一种制剂中和。

**27.9.3 氢氟酸的个人防护设备要求**

个人防护设备不能替代良好、安全的工作条件。它的目的是在发生重大或轻微事故时保护佩戴者。所需要的保护程度取决于从事特定工作的潜在暴露程度。防护设备不应穿戴或携带到作业区域以外。每次使用后应立即用碳酸氢钠溶液彻底清洗。

操作和维修人员至少需佩戴下列防护设备：长袖的工作服、面罩或化学品安全护目镜、安全帽、聚酯(氯乙烯)或氯丁橡胶表面涂层的长手套、聚酯(氯乙烯)或氯丁橡胶底的胶鞋。

操作人员在采集酸样、开启可能含有氢氟酸的设备或执行类似危险作业时，应穿戴下列物品：聚酯(氯乙烯)或氯丁橡胶防护服；聚酯(氯乙烯)或氯丁橡胶靴；聚酯(氯乙烯)或氯丁橡胶轻质面料手套，搭配聚酯(氯乙烯)或氯丁橡胶表面涂层的长手套；聚酯(氯乙烯)或氯丁橡胶外套；空气输入式面罩。

在完全确定工作区域内没有雾沫之前，应保持向面罩内通入空气。

**27.9.4 氢氟酸的卸载及转移**

若采用铁路运输，氢氟酸需储于容量为5400~25000gal(约20~94t)的铁路槽车中。若为公路运输，需存储在容量约为5250gal(约20t)的罐车中。压缩干气(空气、碳氢化合物或氮气)是输送大量氢氟酸的首选手段，但必要时也可以使用离心式、旋转式或正压式泵。

将槽车或罐车中的氢氟酸卸料至工厂内的仓储，共五个步骤：

1) 将槽车或罐车停放在卸货站固定位置。

2) 将工厂压缩气(或蒸发气)和氢氟酸卸料管线连接至运输罐上的相应阀门上。

3）将氢氟酸从运输罐输送至储罐。

4）在运输罐阀门处断开工厂压缩气（或蒸发气）和氢氟酸卸料管线。

5）槽车或罐车离开卸料站。

**27.9.5 氢氟酸设备**

低碳钢宜在最高温度为150℉(65℃)的条件下储存和处理氢氟酸。300型不锈钢，最多可用于200℉(93℃)。“Monel”(蒙乃尔)镍铜合金和“Hastelloy”C(哈氏合金C系列)镍钢合金适用于更高的温度。TEFLON TFE(特氟龙四氯乙烯)氟碳树脂适用于最高温度500℉(260℃)下所有浓度的氢氟酸。

钢不能应用于可移动部件，因为腐蚀生成物形成的薄膜会导致可移动部件“冻结”。铸铁、400型不锈钢和硬化钢不适合处理氢氟酸。铜对流速敏感。应力蒙乃尔合金如果接触潮湿的气体，会导致应力开裂。蒙乃尔合金的焊缝腐蚀很快。

氢氟酸设备的材质选择在很大程度上取决于腐蚀的影响因素，如湿度、温度、通风、流体速度和杂质。因此在选择材质之前，每个存储和处理情况都需要单独研究以评估这些因素。

有关氢氟酸冶金和材料方面的额外信息，可在API(美国石油协会)推荐的实践规则571中找到，并可向工艺许可方获得。

(1) 储罐

储罐的容量应约为正常所需的最大容量的1.5倍，以确保在批次接收之间不会耗尽酸液。通常，储罐过大比系统过小更可取。大型化所需的额外投资并不多。系统做大后还允许进一步扩能，对运输计划的准确性要求更低，并且在需要时可提供更大的库存。

卧式圆筒形储罐的制造应按照ASME(美国机械工程师协会)现行的《无火压力容器规范》或其他符合国家或地方强制性要求的同等规范。此外，为了长远考虑，建议罐壁厚至少比ASME规范要求多1/8in(3.2mm)。罐体应采用双面焊接，对接结构，焊缝应无熔渣(符合ASME规范第8节)，内部应打磨光滑，以便于检查。建议对焊缝进行X射线检查。

储罐应适当支撑在地面以上。宜采用钢结构支架或混凝土鞍座(用耐酸涂料保护)。通常需要二次密封。有的还需要配备紧急水冷壁系统。

应从熟悉氢氟酸的合格制造商处购买储罐非正常泄压的安全装置。储罐的最高工作压力不得超过安全装置额定泄放压力或爆破压力的三分之二。建议采用双泄压系统，该系统在泄压阀前面有一个双向阀和爆破片，还有一个单独的爆破片副线，以应对泄压阀发生故障的可能。

(2) 管道

所有管道的安装应坡向储罐或消耗点，以防止酸液在低点积聚，从而在需要维修时消除可能的安全隐患。如两个关闭的阀门之间会造成酸的截留，应在此位置设置安全阀。管线中的所有法兰最好涂上酸性指示漆，如Mobil(美孚)#220-Y-7氢氟酸检测漆，在存在氢氟酸液体或气体的情况下颜色会从橙色变为黄色。

从卸料站到储罐的管线应配有闸阀，以便随时停止酸的输送。输送过程中可能会发生相当大的振动，尤其是采用压缩气体卸载时，因此管道也应牢固地固定在储罐上。

采用超重管(表号80)，或采用三重超重型黑色无缝或焊接钢管，不含非金属杂质，较为合适。

(3) 管件

较大的管线[2in(50mm)及以上]最好按照 ASME 规范第 8 节进行焊接。另外，也可以使用适当的密封锻造钢法兰。

对于小一些的管线，管线连接处可采用超重锻钢、钢口对接的螺旋式活接头，石墨滑油可以作为润滑剂。

(4) 垫片

建议使用 TEFLON TFE 制成的垫片。

(5) 阀门

詹姆斯伯里“双密封”球阀为氢氟酸的生产操作提供了良好的服务。阀座宜采用 TEFLON TFE(特氟龙四氯乙烯)；球体和阀体由 316 不锈钢、Durimet 20 奥氏体不锈钢合金或同等材料制成。闸阀应采用 O、S 和 Y 型法兰，并在塞座上配有 TEFLON TFE(特氟龙四氯乙烯)或 KEL-F 氟碳热塑性材料的圆环，其填料也为 TEFLON TFE 或 KEL-F。

截止阀可以采用蒙乃尔镍铜合金，也可采用锻钢阀体和蒙乃尔阀内件。

据报道，Hills-McCanna 隔膜阀具有良好的使用性能，其阀体为 Durimet 20 或等同材质，或蒙乃尔合金；隔膜为聚乙烯，Kel-F 或氯丁橡胶和 TEFLON-TFE 的层压板；和一个可关闭手轮。

用特氟隆 TFE 套筒制作的蒙乃尔合金车轮封闭式旋塞阀也令人满意。止回阀应为锻造球和阀体类型-由蒙乃尔金属制成。

(6) 压力表

压力表应由 316 不锈钢或蒙乃尔金属弹簧管制成。仪表的底部连接应为 1/2in。表箱应设有一个泄压后盖。

(7) 泵

离心泵、旋转泵或正压泵都适用。300 系列不锈钢、Durimet 20 或同等规格、Hastelloy C (哈氏合金 C 系列)、蒙乃尔合金、镍、青铜和酸性青铜等材料均适用。

(8) 液位计

氢氟酸制造商建议使用磁性液位计，例如 Fischer 或 Porter 13 C 2265 W 型液体“液位计”，带环型浮子。

另一种监测储罐容量的方法是将储罐建于称重传感器或应变计上。

(9) 过滤器

如果工艺的关键性质能够保证，建议在储罐至工艺管线中安装筒式过滤器。两个相同的过滤器并联安装，一台过滤器更换滤芯时，另一台可继续操作。制造过滤器所用的材料与上述其他辅助设备相同或类似。

如果液体温度保持在 200℉(93℃)以下，聚丙烯可单独用作氢氟酸的过滤材料。

当一个堵塞的过滤器被拆除更换时，应立即用水冲洗，用纯碱溶液中和，并在拆除前冲洗干净。

**27.9.6 氢氟酸处置时的人身安全**

液态氢氟酸接触身体的任何部位都会立即造成严重烧伤。

氢氟酸稀溶液接触皮肤时，通常不会立即引起灼热感。几个小时后，在溶液充分渗入皮肤，才会引起皮肤红肿或烧灼感。

穿上可能附着了少量氢氟酸的衣服(如皮鞋或手套)，会导致类似于稀酸溶液引起的疼痛延迟效果。

氢氟酸气体会引起皮肤刺激和黏膜发炎。接触数小时后，会出现明显烧伤。吸入高浓度的气体会导致肺损伤(肺水肿)。

在美国，美国政府工业卫生学家会议建议将空气中氢氟酸气体(氟化氢)含量3ppm(体)作为极限值。该值是以每天工作7~8h，每周工作40h为基准的平均浓度。

3ppm(体)的数值基于实验和职业安全方面的证据。然而，据报道，曾有冶金工人接触了空气中更低浓度的氟化物或氟，而出现了流鼻血和鼻窦的症状。因此，为了防止急性刺激，将3ppm定为浓度上限。

若知道或怀疑自己接触了氢氟酸时，应立即寻求急救。

如果发生事故，应立即采取医疗措施。所有工厂主管应了解氢氟酸烧伤的急救程序。所有受影响的人都应该去看医生，即使只是轻微的损伤。

## 27.10 氢气

### 27.10.1 概述

在炼油和石油加工过程中均有氢气的存在：

1）重整和制氢装置中生成的氢气；

2）从燃料气和炼厂气中回收的氢气；

3）加氢精制装置、加氢裂化装置、异构化装置、苯加氢装置和硫黄装置中消耗的氢气。

它是满足现代产品规格的关键。

大多数氢气是在工厂内生产和使用的。在某些情况下，出于特殊考虑，可从供应商处大量采购氢气，例如石脑油重整装置开工用或用作标定气体。氢气也可通过外部设施的管道大量供应。

氢气的主要危害是火灾和爆炸。当释放到大气中时，氢气会迅速上升并消散，但局部聚集可能会带来风险。

高速泄放下的氢气(如在排气口)会产生静电，产生火花点燃排气口。

### 27.10.2 氢的理化性质

表27-14总结了氢的主要特性。

表27-14 氢气的关键特性

| | | | |
|---|---|---|---|
| 分子量 | 2.02 | 在水中的溶解度 | 27.6mg/L(77℉/25℃) |
| 相对密度 | 气相：0.0696(空气1) | 自燃温度 | 932~1060℉(500~571℃) |
| 沸点 | -423.4℉(-253℃) | 爆炸极限 | 4%~76%(体) |
| 凝点 | -434℉(-259.15℃) | | |

氢气极易燃烧，容易点燃，即使是高温设备也可将其点燃。氢气无色、无嗅、无味。

氢气与普通气体不同，其具有反向焦耳-汤普森效应，当它迅速膨胀时，会升温。

#### 27.10.3 氢气的危害

氢气的最明显的危害是其易燃性。它燃烧时火焰很清澈，很难察觉。据了解，有工作人员在没有看到氢气火焰的情况下就进入了其燃烧的区域。

氢气的反向焦耳-汤普森效应产生的热量，以及泄漏中产生的静电，可导致当压力超过1000psig(69barg)时，氢气泄漏会引起火灾或爆炸。

有时氢气会作为压缩气体被接收[2000psig(138barg)以上]。在这种情况下的高压会带来额外的危险。

氢气在任何氧化剂中都会剧烈燃烧。

氢气没有特别的毒性，但在足够高的浓度下，例如在氢气放空口附近，可能会导致窒息。但放空的氢气会快速消散，很大程度上降低了窒息的风险。

#### 27.10.4 氢气处理时的保护设备

常见的炼厂个人防护设备(安全帽、安全眼镜、阻燃服和安全鞋)在防止氢气闪火方面具有一定的保护作用，但并不能防止严重的火灾或爆炸、缺氧或高压含氢气体造成的物理危害。涉及氢气的重大事件，需要配套呼吸装置和配有闪光条的防护服。在处理大量氢气时，附近应该有配套呼吸装置。

当氢气发生火灾时，应重点阻止其影响周围的设备，直到关闭氢源。

对可能积聚氢气的区域进行通风，是保护人员的最佳方式。

#### 27.10.5 氢气的储存和运输

氢气通常在设施内产生和使用，或通过管道从场外接收。因此，氢气不涉及比烃类物料更多的处置方式。一般来说，用于处置烃类气体的预防措施和防护设备足以满足氢气处置的需求。

当大量接收氢气时，氢气通常是以加压气体形式存放于管道拖车或气瓶中，此种情况采用压缩气体的正常预防措施即可。

### 27.11 硫化氢($H_2S$)

#### 27.11.1 硫化氢的概述与危害

炼厂中的硫化氢通常是在用于净化产品的脱硫过程中形成的。硫化氢($H_2S$)是一种无色、剧毒的气体，在低浓度下有一种非常难闻的气味，很像臭鸡蛋。在高浓度下会立即危害生命和健康，它会减弱嗅觉。

硫化氢微溶于水，溶于二硫化碳。溶解在水中，形成一种非常弱的二元酸。硫化氢是易燃的，在过量的空气中，燃烧形成二氧化硫和水。当所处环境氧含量低于化学计量时，则会形成单质硫和水。

硫化氢可以通过氢气与熔化的硫或气相硫反应制得，或用酸处理金属硫化物(例如硫化亚铁、硫化亚铁)来制备。硫化氢可与大多数金属离子反应形成硫化物；有些金属的硫化物不溶于水，具有特殊的颜色，有助于在化学分析中鉴别此类金属。

硫化氢可直接与金属银反应，形成黑灰色、无金属光泽的硫化银($Ag_2S$)。一种检测小浓度硫化氢的方法是将其暴露在浸有醋酸铅的滤纸中，纸张变黑(由于硫化铅沉淀)。用醋酸铅纸“黑度”与标准色比较，测定$H_2S$浓度。

硫化氢的相关特性见表 27-15。

表 27-15 硫化氢的性质

| 化学式 | $H_2S$ |
|---|---|
| 相对密度 | 1.189(空气 1.0) |
| 自燃温度 | 500℉(260℃) |
| 易燃性 | 很强 |
| 爆炸下限 | 空气中含量 4.3%(体) |
| 爆炸上限 | 空气中含量 46%(体) |
| 颜色 | 无色，无形 |
| 气味 | 低浓度下具有强烈臭鸡蛋气味；在 IDLH(立即危害生命和健康)浓度下不可闻 |
| 蒸气压[20℃(68℉)] | 17.7atm |
| 沸点 | -77℉(-61℃) |
| 熔点 | -122℉(-86℃) |
| 反应性能 | 与酸和氧化剂反应十分危险 |
| 溶解度 | 可溶于水、碳氢化合物、乙醇 |

注：引用自国家安全理事会数据表 1-284-67。

### 27.11.2 硫化氢的危害和毒性

硫化氢的毒性如表 27-16 所示。

表 27-16 硫化氢的毒性

| ppm | % | 注释 |
|---|---|---|
| 1 | 0.0001 | 大多数人能闻到气味 |
| 10 | 0.001 | 职业接触限值。最大连续接触时间 8h |
| 15 | 0.0015 | 职业接触时间 15min |
| 20 | 0.002 | 最高职业接触限值。在没有呼吸保护的情况下，任何时候都不能超过此接触级别 |
| 100 | 0.01 | 使嗅觉迟钝。引起眼睛和喉咙产生灼热感 |
| 500 | 0.05 | 攻击大脑的呼吸中枢，导致失去理智和平衡能力 |
| 700 | 0.07 | 受害者很快失去知觉，呼吸停止，如果不及时抢救，将导致死亡 |
| 1000 | 0.1 | 立即失去知觉；如果不立即抢救和复苏，则会造成永久性脑损伤或死亡 |

下面的论述以目前美国的 OSHA(职业安全与卫生条例)中限值为基准。

在 1ppm 的时候，大多数人都能闻到 $H_2S$ 气体的味道。其味道强烈与否并不意味着所含气体浓度的高低。一个人可以在 $H_2S$ 浓度为 10ppm 的环境下工作 8h。如果浓度在短时间内超过 10ppm，则必须缩短工作时间。

当浓度 15ppm 时，其可耐受时间不超过 15min。在 8h 轮班中，进入 15ppm 的浓度环境不得超过四次，每次应保证 1h 的间隔。如果 $H_2S$ 浓度超过 20ppm，工人必须佩戴呼吸器。如果浓度未知，工人必须佩戴呼吸器，直到确定浓度。

如果暴露在浓度为100ppm(百分之一的百分之一)环境中，嗅觉将在2~15min内丧失或失效。硫化氢可导致眼睛、喉咙和肺部的灼热感，并可导致头痛或恶心。

浓度为200ppm时会立即丧失嗅觉，并在眼睛、喉咙、鼻子和肺部产生烧灼感(硫化氢与体液中的碱结合形成腐蚀性硫化钠所致)。

在浓度为500ppm的情况下，受害者会有醉酒症状，并失去平衡感和推理能力。在这种情况下，受害者会试图继续他正在进行的工作。因此，一起工作的人必须互相了解，并且能够发现同事的任何异常行为。显然，受酒精或任何其他致幻药物影响的人，不应被允许进入可能含有酸性气体的区域。必须密切关注受害者，必要时需要进行急救。受害者应接受医疗处理，至少8h内不得重返工作岗位。

在浓度为700ppm时，患者会很快失去知觉，并发展为类似癫痫引起的痉挛发作，很可能会出现大小便失禁。如果不及时抢救和复苏，呼吸就会停止，导致死亡。

在浓度为1000ppm的情况下，受害者将立即失去知觉。将其带到新鲜空气环境中，受害者将不会主动开始呼吸。在此浓度下，3min内必须开始人工呼吸急救。

### 27.11.3 硫化氢的防护服和人身安全

在$H_2S$气体周围或可能存在$H_2S$的区域工作时，个人防护设备通常与设施中要求的最低防护设备相同：安全帽、阻燃服装、安全眼镜、钢板安全鞋。此外，许多炼油企业(如果不是大多数)要求工人佩戴个人$H_2S$监测仪，在规定的$H_2S$浓度下提供声光警报。在许多设施中，这些个人监测仪为$H_2S$区域监测做了补充。

在可能接触$H_2S$的区域，即使没有佩戴个人$H_2S$监测仪，也必须准备好合适的供气式呼吸器。如果预计会接触到$H_2S$，例如在酸性气流取样期间或在酸性管线上设置盲板时，操作规程中通常要求使用通风设备。

在密闭区域，如处理酸性气体或液体的封闭式压缩机或泵房，通常使用带有报警功能的自动式区域空气分析仪，持续监测大气中的$H_2S$浓度。如无法实行，应使用醋酸铅纸进行常规分析。此外，所有此类建筑应始终使用排气扇系统进行适当通风。

### 27.11.4 用于硫化氢的建筑材质

如在含有硫化氢且完全或几乎不含氧的环境下，可在非合金钢表面形成硫化物薄膜而引起快速腐蚀。在硫化氢含量达到5%(体)以前，氢/硫化氢中的腐蚀速率随着硫化氢含量的增加而增加，超过这浓度后其对腐蚀速率仅有轻微的影响。铬铝合金钢对硫化氢的抵抗力有所提高，而硫化氢对于镍没有有害影响。

硫化氢水溶液会在非合金钢中造成一些微小的点蚀，存在应力腐蚀的风险。这种点蚀约有1mm/年。使用含18%铬和9%镍的合金钢可将该速率有效降低至约0.1mm/a。容器和管道应全部消除应力。

API对各类$H_2S$应用场景相关的建筑材质提供了详细的指导。

## 27.12 甲基乙基酮(MEK)

### 27.12.1 概述

甲基乙基酮(MEK)在炼厂中常用于润滑油脱蜡(见“石油加工中的非能源型炼油厂”一章)。甲基乙基酮是一种无色液体，有一种甜的/辛辣的、芳香的、类似丙酮的气味。其液相和气相都极易燃烧。气体比空气重，可能会扩散到很远的地方，并且可能发生远距离点火和回火。MEK 具有高度挥发性。其基本性质见表 27-17。

表 27-17　甲基乙基酮的性质

| | |
|---|---|
| 外观 | 清澈、无色、稳定的液体 |
| 纯度(最小值) | 99.5% |
| 水含量(最高值) | 0.30% |
| 酸度(如乙酸)(最大值) | 0.003% |
| 颜色(最大值) | 10pt-co |
| 相对密度[20/20 ℃(68/68℉)] | 0.805~0.807 |
| 非挥发性物质最高 | 0.002(g/100ml) |
| 沸点 | 176℉(80℃) |
| 蒸气压 | 3 inHg，68℉(76mmHg，20℃) |
| 闪点 | -9 ℃(16 ℉)CC |
| 自燃温度 | 404℃(759 ℉) |
| 空气中的可燃限值 | 下限 1.4%(体)；上限 11.4%(体) |
| 极易燃 | |

### 27.12.2　甲基乙基酮有关的危险

(1) 吸入

会刺激鼻子和喉咙。浓度超过 200ppm 可导致头痛、头晕、恶心、呼吸急促和呕吐。高浓度可能导致中枢神经系统抑郁和混合。空气中接触限值为：

1) 允许接触限值(PEL)：200ppm(TWA)。

2) 临界值(TLV)：200ppm(TWA)，300ppm(STEL)。

(2) 摄入

可引起腹痛、恶心。吸入肺部会造成严重的肺部损害，是一种医疗紧急情况。其他症状与吸入相同。

(3) 皮肤接触

对皮肤造成刺激。症状包括红肿、瘙痒和疼痛。可通过皮肤吸收，可对全身产生影响。

(4) 眼睛接触

气体对眼睛有刺激性。溅入可产生痛苦的刺激和眼睛损伤。

(5) 慢性接触

长时间接触会使皮肤脱脂，导致皮炎。可影响中枢神经系统。

(6) 恶化先前存在的状况

有皮肤病或眼睛问题或呼吸功能受损的人更容易受到该物质的影响。

### 27.12.3　急救和个人保护

(1) 吸入

移到新鲜空气处。如果没有呼吸，进行人工呼吸。如果呼吸困难，给予氧气。就医。

（2）摄入

属吸入性危险物质。如果吞服，会自发性呕吐，但不要催吐。如果出现呕吐，保持头部低于臀部，防止吸入肺部。不要给失去知觉的人口中送入任何东西。立即就医。

（3）皮肤接触

立即用大量肥皂水冲洗皮肤至少15min，同时脱去受污染的衣服和鞋子。就医。衣物重复使用时须清洗。鞋子再次使用前须彻底清洁。

（4）眼睛接触

立即用大量水冲洗眼睛至少15min，偶尔提起上下眼睑。就医。

**27.12.4 服装和防护设备**

（1）通风系统

建议采用局部和/或一般排气系统，以使员工所处环境在空气接触限值以下。通常首选局部排气通风，因为它可以在源头控制污染源的排放，防止其扩散到一般工作区域。

（2）个人呼吸器

如果超过接触限值，且无法通过工程手段进行控制，当范围在接触浓度上限的50倍以内，或有关监管机构/供应商规定极限值以内(以二者最低值为准)，需佩戴含有机蒸气滤筒的全罩式呼吸器。若在紧急情况或不知道暴露级别的情况下，使用全罩式正压式空气呼吸器。需注意：空气净化式呼吸器在氧气不足的环境中无法起到保护作用。

（3）皮肤保护

穿着防渗透的防护服，包括靴子、手套、实验室外套、围裙或工作服，视情况而定，以防止皮肤接触。丁基橡胶作为个人防护装备的材料较为合适。

（4）眼睛保护

在可能发生喷溅区域，佩戴化学护目镜和/或全遮式防护罩。确保工作区域内配备洗眼器和快速喷淋设备。

**27.12.5 火灾防护及灭火措施**

（1）火灾

甲基乙基酮极易燃。可燃性数据见表27-17。

（2）爆炸

在闪点以上，其气体-空气混合物在表27-17所示的燃烧限值内具有爆炸性。气体可以沿着表面流动到远处的火源，发生回火。接触强氧化剂可能引起火灾。密封容器受热时可能破裂。对静电放电很敏感。

（3）灭火介质

干粉、泡沫或二氧化碳是合适的灭火剂。可以用喷水来冷却暴露在火中的容器，将溢出物稀释到不易燃的混合物中，保护阻止泄漏的作业人员，并驱散气体。

（4）特殊信息

发生火灾时，应穿戴全套防护服和NIOSH认可的自给式呼吸器，呼吸器为全罩式，可在正压模式下工作。这种高度易燃的液体必须远离火花、明火、热表面以及所有热源和火源。

（5）泄漏应急处理

对泄漏或溢出区域进行通风。清除所有火源。如上文所述，穿戴适当的个人防护装备。隔离危险区域。禁止不必要和无保护的人员进入。尽可能地盛装并回收液体。使用无火花工具和设备。将液体收集在适当的容器中，或用惰性材料(例如蛭石、干砂、泥土)吸收，并放置在化学废物容器中。不要使用可燃材料，如木屑。不要冲入下水道！如果泄漏或溢出物未点燃，使用水雾驱散气体，以保护阻止泄漏的作业人员，并溢出物冲洗远离泄漏点。

(6) 储存和处置

甲基乙基酮通常通过公路或铁路运送到炼厂。它可以储存在内部由惰性气体密封保护的小弹头形或锥形顶罐中。使用材质通常为适当等级的碳钢。

## 27.13 羰基镍[$Ni(CO)_4$]

### 27.13.1 概述

羰基镍是石油加工设施中遇到的毒性最强的物质之一，一氧化碳和还原态的镍可以一起存在。根据经验，镍不需要作为金属直接存在；当废 NiMo 加氢精制催化剂暴露在空气中并阴燃时，即可检测到 $Ni(CO)_4$。

羰基镍在常压、400℉(204℃)以下的环境中是稳定的。

一氧化碳与镍反应生成羰基镍，反应式为：

$$Ni(s)+4CO(g) \rightleftharpoons Ni(CO)_4(g) \tag{27-1}$$

尽管大多数关于羰基镍的文献都将其作为液体进行讨论，但在炼厂环境中，它很可能是以气体的形式出现的。已经在制氢装置的重整炉(镍催化剂和一氧化碳存在)气体中发现了该物质的存在，甲烷转化器反应器产物(也有一氧化碳和镍)中也有可能存在。如上所述，也可在阴燃的废弃 NiMo 加氢精制催化剂的气体中检测到它。它也可能是吸附在 NiMo 催化剂上，并在空气中释放。

炼厂不用处理大量羰基镍，主要关注的是它可能作为微量气体存在，并应作为工艺设备内的危险物质进行管理，特别是在装置维护期间。

### 27.13.2 羰基镍的理化性质

表 27-18 列出了羰基镍的一些关键的理化特性。

表 27-18 羰基镍的一些关键性质

| | |
|---|---|
| 化学式 | $Ni(CO)_4$ |
| 分子量 | 170.73 |
| 相对密度 | 5.9(空气为 1.0) |
| 自燃温度 | 140℉(60 ℃) |
| 易燃性 | 易燃性很强 |
| 爆炸限值 | 在空气中 2%~34%(体) |
| 颜色 | 无色，无形 |
| 气味 | 发霉，像砖灰(但不要试图发现)(极限值 1~3ppm) |
| 沸点 | 109 ℉(43 ℃) |

续表

| 化学式 | $Ni(CO)_4$ |
| --- | --- |
| 熔点 | 1.0℉(-17.2 ℃) |
| 反应性能 | 与氧化剂和碱有危险 |
| 水中溶解度 | 0.018g/100mL(50℉，10 ℃) |
| 在有机物中的溶解度 | 可溶 |

请注意，这是一种可能在低凹地区积聚的较重的气体。

假设存在镍，则稳定的羰基镍的形成与CO的分压密切相关。平衡方程为：

$$P_{Ni(CO)_4}=[P_{CO}]^4\times10^{[8546/T-21.64]} \quad (27-2)$$

式中 $P_{Ni(CO)_4}$——羰基镍分压，atm；

$P$——氧化碳分压，atm；

$T$——绝对温度，°K。

一旦形成，羰基镍不会瞬间分解回镍和CO，但可能需要几分钟。镍催化剂和氧气产生的氧化物涂层会阻碍羰基镍的形成。氨和硫化氢可加速羰基镍的形成。

### 27.13.3 羰基镍的危害

这是炼油(或任何相关行业)中遇到的毒性最强的材料之一。表27-19列出了可接触极限值。

**表27-19 羰基镍的接触限值和毒性**

| 机构 | 接触限值 | ppb | $mg/m^3$ | 基准 |
| --- | --- | --- | --- | --- |
| 美国 OSHA | PEL | 1 | 0.007 | 8h TWA |
| 美国 NIOSH | REL | 1 | 0.007 | 10h TWA |
| | IDLH | (~3ppm) | | |
| ACGIH(美国) | TLV | 1 | 0.007 | 10h TWA |

注：$LC_{50}$(大鼠)经口：35ppm(30min)。已知人类致癌物。

不同的接触途径，其毒性影响如下：

(1) 吸入

1) 短期：咳嗽、发热、恶心、呕吐、腹泻、胸痛、呼吸困难、心律不齐、头痛、头晕、定向障碍、皮肤发青、血液紊乱、肝脏肿大、抽搐、死亡。

2) 长期：导致不育和致癌。

(2) 皮肤接触

1) 短期：刺激皮肤，产生过敏反应，导致皮疹、瘙痒。可通过皮肤吸收，产生类似吸入的症状。

2) 长期：产生刺激和过敏反应。会出现类似吸入的症状。

(3) 眼睛接触

1) 短期：刺激眼睛。

2) 长期：暂无信息。

（4）摄入

1）短期：咳嗽、发烧、恶心、呕吐、腹泻、胸痛、呼吸困难、心律不齐、头痛、头晕、定向障碍和皮肤发青。

2）长期：暂无信息。

除了对健康的影响，足量的羰基镍是高度易燃的，可以通过冲击、摩擦或适度加热引爆。但是，通常情况下，您不应在任何可能导致这些危险的浓度下接触到它。

羰基镍的 NFPA 等级为 4(健康)-3(可燃性)-3(反应性)。

**27.13.4　羰基镍防护设备**

如果暴露在高浓度的羰基镍中，普遍的防护措施(除了普通的安全帽、安全眼镜、阻燃服和安全鞋)有：

1）保证充分的通风，包括防爆风机。

2）眼部防护设施：防溅化学护目镜，戴面罩。紧急洗眼器。

3）防护服：如果可能存在液体，应穿耐化学性防护服。

4）呼吸器：全罩式、自给式或供气式呼吸器，按压力需求(或其他正压模式)操作，配有逃生瓶。配有滤毒罐的全罩式空气净化呼吸器只能用于紧急逃生。

在任何可能出现 IDLH(立即危害浓度)的羰基镍的环境下，需要提供空气呼吸器。千万不要冒险。

请注意，这些预防措施适用于在催化剂倾卸点(例如在流动仓顶部)以及在装有催化剂的密闭空间内工作的人员。

**27.13.5　羰基镍的危害管理**

在炼厂里 ，羰基镍管理工作的重点是防止其形成。

在加氢精致装置中，普遍使用含镍的催化剂和助剂，一般将反应器冷却至 450~500℉(232~260 ℃)，然后测量循环气中的 CO 含量。不同的企业和装置采用不同的限值，但循环气中的 CO 含量必须小于 10~100ppm，然后才能进一步冷却。这样才能保证催化剂冷却后，羰基镍的含量不会超过 1 ppb。使用氮气吹扫会进一步降低了镍羰基形成的风险。必须注意，在测试合格后，要避免吹扫氢或氮中带入更多一氧化碳。通常除了汽化的低温氮，最好不要引入其他介质。

如果 CO 测量值高于允许值，反应器应该保持恒温(或重新升温到以 232℃上)。应对系统进行净化，消除任何可能的 CO(或氧气或 $CO_2$)来源，直到 CO 含量降至允许范围。一旦 CO 的来源被切断，循环气中存留的一氧化碳会与氢反应生成甲烷，从而被消除。

在制氢过程中，一氧化碳和还原性镍催化剂都是工艺的一部分。为了防止制氢厂停工后羰基镍的形成，原料应在高温下退料，在冷却过程中，严禁夹带氧气、$CO_2$或其他可能形成 CO 的来源重新进入系统。冷却温度低于 400℉(204℃)之前，应使用氮气(无一氧化碳)彻底置换系统。

（1）催化剂处理过程中的注意事项

1）持续监测惰性气体中的 CO 和氧气。如果检测到惰性气体中 CO 和氧气含量高于允许限值，则停止并置换。

2）在可能发生催化剂阴燃的排放点使用新鲜空气呼吸设备。

3）浸润催化剂，以防止催化剂阴燃。

4）将可能的自热的催化剂卸装在惰性环境的容器中以保护催化剂。

（2）一氧化碳检测

通常采用检测管检测一氧化碳的含量，以验证是否存在一氧化碳；按照检测管制造商的说明操作。Drager 检测管使用注意事项如下：

1）氢气环境：使用 8/A 管与固体氢氧化钠和碳预管混合。

2）氮气或天然气环境：使用 5/C 管与 NaOH 和碳预管混合。

3）气体中的烯烃会干扰分析结果。

虽然羰基镍也可用检测管检测，但是其检测范围为 0.1ppm（100 ppb），对于这种情况过高，并不适用。

羰基镍本身可用湿化学法或吸附/解吸法进行分析。美国 NIOSH 有可用的程序。然而，对于大多数实际检测来说，这种测试太慢了。

## 27.14 氮（气态和液态）

### 27.14.1 概述

氮气的使用和危害在本书“石油加工的公用工程”和“石油加工安全系统”章节中有所论述。我们将在这里更定量地探讨处理这些材料的危险性。

作为惰性气体和置换剂，氮气在今天的大多数炼油厂被广泛使用。一些常见的用途如下：

1）置换设备和管道中残存的空气或碳氢化合物/氢气。

2）压缩机的密封气。

3）储罐或容器的氮封。

4）作为应急时的吹扫气。

5）作为分析仪器的冷却气。

在正常情况下，氮气以冷冻液的形式接收。液氮储存在一个双壁隔热低温储存罐中，并根据需要蒸发以满足设备需要。对于量大、间歇性的氮气使用，可采用氮气拖车和加热汽化器。一些炼厂通过深冷空分，或更为常见的变压吸附或膜分离生产自用氮气。这在“石油加工中的公用工程”一章中有详细的讨论。

### 27.14.2 氮气的理化性质

表 27-20 列出了氮气的关键物性。

表 27-20 氮气的物性数据

| | | | |
|---|---|---|---|
| 分子量 | 28.02 | 凝点 | −346℉（−210℃） |
| 相对密度 | 气相：0.967（空气 = 1） | 自燃温度 | 阻燃 |
| | 液相：50.46 lb/ft$^3$（808.3 kg/m$^3$） | 爆炸极限 | 不能爆炸 |
| 沸点 | −320℉（−196℃） | | |

在炼油厂中，氮气通常被作为冷冻液或置换气。最常见的接触风险是吸入过量的氮气而窒息。

请注意，通常情况下需处理的液氮温度都非常低。

在炼油厂中，任何工况下，氮气都能阻燃。

### 27.14.3 氮气的危害

石油加工设施中氮气存在以下危害：属于无氧环境；直接接触液氮可能导致灼伤或冻伤；高压氮气会造成人身伤害。

这些危险中最常见的是缺氧导致窒息。由于氮气无色无味，对缺氧环境没有警示。

氮气是无毒的，不会引起其他问题。这些危险在“石油加工安全系统”一章中有更细致的讨论。

氮气环境下缺氧的症状包括头痛、头晕、疲劳、恶心、兴奋、突然失去知觉(在低氧气环境下几秒内)。大多数情况下，还没有其他症状前就很快失去知觉。

在使用液氮时，人的任何部位(如皮肤)接触到液氮都会导致瞬间严重冻伤。

### 27.14.4 氮气处置时的保护设施

防止氮气造成窒息的最佳保护措施是充分通风，禁止所有人员靠近惰性环境的设备附近。必须进入惰性设备中的人员必须佩戴空气呼吸器(SCBA 或输入式)。

除常规炼油厂防护设施外，可能存在窒息风险的区域通常由固定或便携式氧气监测仪进行监测，并带有声音、振动和视觉警报。出现任何警报都必须立即疏散。

请参阅“石油加工安全系统”一章以了解更多内容。

处理低温液氮时，必须佩戴耐化学性绝缘手套和面罩。大量液氮泄漏时必须佩戴空气呼吸器。

### 27.14.5 氮气的储存和处置

有关氮气使用详细的讨论，请参阅“石油加工公用工程”一章，有关氮气窒息风险的讨论，请参阅“石油加工安全系统”一章。

在处理液氮和可能出现窒息风险的区域，应立即提供供养设备(如 SCBAs)。

## 27.15 硫化剂

### 27.15.1 概述

大多数加氢催化剂在购买者收货时活性都不高，这些材料在硫化态或含有催化金属时活性最高。为了激活催化剂活性，需在循环氢中注入 $H_2S$ 或其他几种硫化剂中的一种。如今 $H_2S$ 不再被作为硫化剂使用了。

如果是以前，二硫化碳($CS_2$)会被纳入讨论内容，但由于二硫化碳具有极大的火灾风险，现如今已基本被淘汰。

有另一种情况，石脑油重整开工时，硫化剂用于暂时抑制催化剂的裂化活性。

除 $H_2S$ 以外，最常见的硫化剂还有二甲基硫醚(DMS)、二甲基二硫醚(DMDS)、二叔丁基硫醚(TBPS)、二叔壬基硫醚(TNPS)。这些化学物质中有一些衍生出的专利产品，如 Sulfrzol®54，但其危险是相似的。

这些化学物质存在一系列的危害，从低危害到疑似致癌的风险。本节将探讨其危险及其管理。

### 27.15.2 硫化剂的理化性质

表 27-21 提供了各种硫化剂的物性数据。

表 27-21 硫化剂的一些关键物性

| 化学药品 | 二甲基硫醚(DMS) | 二甲基二硫醚(DMDS) | 二叔丁基硫醚(TBPS) | 二叔丁基聚硫醚(TNPS) |
|---|---|---|---|---|
| 化学式 | $(CH_3)_2S$ | $(CH_3)_2S_2$ | $C_8H_{18}S_x$($x$平均值~2.8) | $C_{18}H_{38}S_x$($x$平均值~5.0) |
| 分子量 | 62.13 | 94.2 | ~204 平均值 | 414 平均值 |
| 颜色(液体) | 透明 | 淡黄色 | 黄色 | 黄至橙黄色 |
| 气味 | 恶臭 | 浓烈的大蒜味 | 轻微刺鼻 | 轻微恶臭 |
| 嗅觉阈值 | <1ppm | 8~10ppb | | |
| 硫含量 | 51.5% | 67.9% | ~44%平均值 | 35%~39% |
| 相对密度 | 气相：2.1(空气 = 1) | 气相：3.25(空气 = 1) | 液相：1.07(68℉，20℃) | 液相：1.05(68℉，20℃) |
| | 液相：0.85(68℉，20℃) | 液相：1.06(39℉，4℃) | | |
| 沸点 | 99℉(38℃) | 228℉(109℃) | 342~356℉(172~180℃)(分解) | 407~507℉(208~264℃)(分解) |
| 凝点 | -145℉(-98.3℃) | -121℉(-85℃) | 37℉(3℃) | <-4℉(<-20℃) |
| 闪点 | -54℉(-48℃) | 59℉(15℃) | 217℉(103℃)CC | 277~291℉(136~144℃)PMCC |
| 水中溶解度 | 2.0%(68℉/20℃) | 0.25%(68℉/20℃) | 不溶解 | 不溶解 |
| 自燃点 | 403℉(206℃) | 不自燃 | 437℉(225℃) | 464℉(240℃) |
| 爆炸极限 | 2.2%~19.7%(体) | 1.1%~16%(体) | 无 | 无 |
| 黏度(液相) | 0.29 cP(68℉，20℃) | 0.62 cP(68℉，20℃) | 10 cP(68℉，20℃) | 24~34 cP(122℉，50℃) |

硫化物大多有难闻的气味。这种气味通常与生产过程中残留的微量硫醇有关。

注意，聚硫化物在加热后会先分解、后沸腾，分解产生硫醇和 $H_2S$。在某些条件下，聚硫化物可形成固体沉积物，堵塞管线，特别是在不存在其他液态烃的情况下高温沸腾。

其中一些硫化物对于普通材料来说是一种优良的溶剂，特别是在制鞋方面的应用。

### 27.15.3 硫化剂的危害

硫化剂的气味会给潜在接触者提供早期预警，但是较重的硫化物，泄漏后看起来就像水。

请注意，有些人对一些硫化物，哪怕是最轻微的气味也会产生强烈反应，症状包括恶心和呕吐。

除健康危害外，所有硫化物都存在火灾风险。DMS 易挥发，会导致处理过的循环气体中产生甲烷，现在已基本被淘汰；DMD、TBP 和 TNP(或其品牌对应产品)是目前最常见的硫化剂。

表 27-22 总结了这些硫化物的主要危害和接触极限。

表 27-22 普通硫化剂的主要危险和接触限值

| 化学物 | DMS | DMDS | TBPS | TNPS |
|---|---|---|---|---|
| | | 接触影响 | | |
| 吸入 | 头痛、失忆、神志不清、抽搐、失去知觉；ACGIH TLV = 10ppm (8h) | 恶心、头痛、头晕、嗜睡、失去知觉，ACGIH = 0.5ppm TWA | 接触可能性很小 | 接触可能性很小 |
| 眼部 | 刺激发炎 | 刺激可致失明 | 几乎无刺激 | 轻微刺激 |
| 皮肤 | 刺激红肿、去除皮肤油 | 刺激红肿、皮疹、去除皮肤油、麻痹中枢神经 | 过敏、皮疹 | 轻微刺激 |
| 摄入 | 刺激口腔、喉咙、胃、恶心呕吐 | 刺激口腔、喉咙、胃、恶心呕吐 | 刺激心肺、心律不齐、呼吸困难 | 轻微刺激 |
| 长期摄入 | 无 | 过敏 | 过敏 | 无 |
| 现有条件 | 加重呼吸道疾病 | 无 | 无 | 无 |
| 致癌性 | 无 | 可疑致癌 | 无 | 无 |
| | | 毒性 | | |
| 吸入 | $LD_{50}$ = 40250ppm (102mg/L，大鼠) | 轻微毒性，$LC_{50}$ = 805ppm(大鼠，4h) | 无 | $LC_{50}$ > 50mg/L(4h，老鼠) |
| 摄入 | $LD_{50}$ = 3700mg/kg (小鼠) | 中等毒性，$LD_{50}$ = 290-500mg/kg(大鼠) | 轻微毒性，$LD_{50}$ > 2000mg/kg(老鼠) | 轻微毒性，$LD_{50}$ = 19550mg/kg(老鼠) |
| 真皮 | $LD_{50}$ = 10200mg/kg (大鼠) | 轻微毒性，$LD_{50}$ > 2000mg/kg | 轻微毒性，$LD_{50}$ > 2000mg/kg(大鼠) | 轻微毒性，$LD_{50}$ > 2000mg/kg(兔子) |
| 皮肤刺激 | 温和(兔子)，$LD_{50}$ > 5g/kg | 轻微(兔子) | 轻微(兔子) | 轻微 |
| 眼部刺激 | 严重(兔子) | 可致失明 | 轻微(兔子) | 轻微 |
| | | 火灾 | | |
| 可燃性 | 可燃性高、气相可能从远端引燃、可能爆炸 | 可燃性高、气相可能从远端引燃、可能爆炸 | 中等风险 | 中等风险 |
| 燃烧有害产物 | $SO_2$、$H_2S$、CO | $SO_2$、$H_2S$、CO | $SO_2$、$H_2S$、CO | $SO_2$、$H_2S$、CO |
| | | 风险评级(健康/可燃性/活性) | | |
| HMIS | 2/4/0 | 3/3/1 | 1/2/0 | - |
| NFPA | 1/4/0 | 2/4/0 | 2/1/0 | 0/1/0 |

参考文献：来自制造商和分销商的化学品安全技术说明书(MSDS)和产品数据表。这些数据是可获得数据中最好的，但在影响、接触及评级方面的数据会存在冲突

所有硫化物都是易燃的，对鱼类有毒害作用，不易在水中分解消失，因此未经处理不得进入雨水管道或废水系统中。

硫化物燃烧会产生CO、$SO_2$和$H_2S$。

### 27.15.4 硫化剂使用时的防护设施

除了常规的石油加工设施所需的个人防护设施(安全帽、阻燃服、安全眼镜、安全鞋)外，使用硫化剂时还需佩戴以下防护设施：

1）眼部/面部防护：护目镜、面罩。附近还应该设有洗眼器。

2）呼吸：如果在硫化剂气体环境下，应当使用有机气体滤筒式呼吸器、SCBA(自给式呼吸器)或输入式呼吸器。对于容器入口或高液位等处可能发生潜在接触，仅使用SCBA(自给式呼吸器)或供气式呼吸器。

3）皮肤/防护服：丁基或丁腈橡胶手套(非皮革)。在某些情况下，还可能需要围裙、橡胶靴或橡胶套装。应在附近区域提供安全淋浴。

4）其他：不要在可能存在这些化学品的区域吸烟。在进食、吸烟或使用厕所设施前，应用肥皂水彻底清洗手以及其他可能接触到的皮肤。

如果上述化学品发生火灾时，请穿戴SCBA、防护服(可能包括橡胶服)和手套。

将喷雾器中放入漂白剂(2%~5%)或实验溶液，以控制轻微泄漏产生的气味。

### 27.15.5 硫化剂的储存与处置

这些硫化物可以像其他类似加压气体烃类一样处理。它们在正常情况下是稳定的，但气态下很容易被点燃。

容器和管道一般采用碳钢或不锈钢。在装配螺纹管道时，常规管道并不适用。用Teflon®(Rect-R-Seal™或同等产品)对临时螺纹管道进行装配。在硫化剂进入管道之前，应对所有临时管道进行试压。硫化剂管道一旦泄漏，将引发较为严重的后果。

硫化剂通常由槽车或标准集装箱运输进厂。少量硫化剂也可以用桶或手提箱运输，这取决于运输数量。少量硫化剂可在现场存放，如石脑油重整开工时，但很少在现场大量存放。使用时通常直接连接槽车或标准集装箱。

槽车由经验丰富、训练有素的人员(由化学品供应商或卡车公司提供)全天候操作，直至硫化作业结束。通常情况下，使用氮气将硫化剂从槽车或容器中压出。

在轻微泄漏的情况下，喷洒稀释的漂白剂溶液(2%~5%)以吸收异味，这会将硫化剂转化为二甲基亚砜，可在废水处理厂进行处理。按照制造商说明来使用“液体活菌(实验室)”溶液也很有效。注意不能使用浓缩漂白剂或固体漂白剂，因为它们会发生剧烈反应甚至引起火灾。

(1) 硫化剂少量泄漏

少量泄漏的硫化剂可用吸附剂吸收，吸附剂应收集在金属容器中，并作为危废处理。

(2) 硫化剂大量泄漏或火灾

1）人员迅速撤离。

2）尽可能控制泄漏源，避免扩散。扩散将导致生态环保事故。需让环保部门参与处理。

3）清除所有的火源，千万注意硫化物气体很重，可以沿着低洼处蔓延至距离较远的火源。

4）穿戴防渗透手套，保护皮肤(包括橡胶服)。

(3) 硫化剂着火或爆炸

1）燃烧及热分解会产生有毒物质(CO、$SO_2$、$H_2S$)，因此必须佩戴全罩式正压型空气呼吸设备。

2）灭火剂：干粉、$CO_2$、抗溶泡沫和其他泡沫灭火剂。也可以喷水以冷却和保护设备，但要控制污水量；大量喷水并不可取。

3）持续喷淋以冷却周边设备。

硫化剂在石油化工设施使用过程中通常不会发生事故；刺鼻的气味会提醒着操作人员小心处理。

## 27.16 硫酸($H_2SO_4$)

### 27.16.1 概述

硫酸在炼油厂或其他加工厂中主要用在几个地方：用于冷却塔和其他设施的 pH 值控制；另外，它还是一些烷基化反应的主要催化剂。一些炼油厂甚至还有硫酸装置，用来处理其他工艺装置脱除的硫。

在工厂中经常需要安全地处置大量的硫酸，但如果处置不当，会非常危险。硫酸最常见的形式是浓硫酸。稀硫酸对钢有腐蚀性，而浓硫酸在大多数环境下对钢的腐蚀性并不强。因此，通常将酸浓缩后处理。

### 27.16.2 浓硫酸的性质

表 27-23 列出了炼油过程中最常用的浓硫酸相关特性；实际中可能会遇到更多稀释的等级。

表 27-23 浓硫酸的关键特性

| | | | |
|---|---|---|---|
| 分子式 | $H_2SO_4$ | 沸点 | 554℉(290℃) |
| 分子量 | 98.079 | 蒸气压 | <0.00005in Hg，68℉(<0.0012mmHg，20℃) |
| 外观 | 透明，无色，无味液体 | 凝固点 | 50.6℉(10.3℃) |
| 纯度 | 98% | 气相密度 | 1.2 kg/m³ |
| pH 值(溶液中) | 0.3 | 分解温度 | 644℉(340℃) |
| 相对密度 | 1.841(~1.84kg/L) | 黏度 | 26.7 cP(68℉，20℃) |

### 27.16.3 硫酸的危害

硫酸存在许多风险。表 27-24 汇总了硫酸的接触限值和毒性数据。

表 27-24 浓硫酸的接触和毒性影响

| 机构 | 限制类型 | mg/m³ | 基准 |
|---|---|---|---|
| US OSHA | Limit | 1 | 8h TWA |
| US NIOSH | REL | 1 | 10h TWA |
| ACGIH(USA) | TLV | 1 | 10h TWA |
| | STEL | 3 | |
| 毒性 | | | |
| 吸入 | $LC_{50}$(大鼠) | 51mg/m³ | 2h |
| 口服 | $LD_{50}$(大鼠) | 2140mg/kg | |
| 生态 | 极低浓度下对水生生物有害 | | |

注：工人接触硫酸气雾后，喉癌、鼻癌、鼻窦癌和肺癌的发病率均有所增加。

硫酸对健康的影响如下：

1）吸入：严重刺激呼吸道，伴有喉咙痛、咳嗽、呼吸短促和延迟性肺水肿。导致呼吸道化学烧伤；可能引起炎症，破坏黏膜；可能引起头痛、呕吐、恶心、肺水肿。腐蚀性和毒性可能是致命的。

2）眼睛：眼部严重灼伤；可能导致永久失明

3）皮肤：皮肤灼伤；长期接触会导致脱脂性皮炎。可致命。

4）摄入：可对消化道造成永久性损害，灼伤口腔、咽喉和胃肠道。可引起恶心、呕吐和腹痛。腐蚀性和毒性，可致命。

5）长期暴露：鼻出血、鼻塞、牙齿腐蚀、鼻中隔穿孔、胸痛和支气管炎。眼睛接触可导致结膜炎甚至导致死亡；对身体组织具有腐蚀性。

## 27.17 处置硫酸时的个人防护设施

在处置硫酸时，除了炼油厂一般的防护装备外，建议使用以下个人防护装备：

1）眼部防护：防溅化学品安全护目镜和面罩。

2）皮肤保护：氯丁橡胶或聚乙烯手套。

3）防护服：围裙或其他防水衣物(如雨衣)、橡胶靴、其他防止皮肤接触的衣物。

4）呼吸保护：必要时使用美国 NIOSH 批准(或等同)的呼吸器。

5）其他：在处理硫酸的区域，应提供洗眼和安全淋浴设施。

## 27.18 硫酸的储存和处置

对于浓硫酸，采用碳钢的储罐和管道即可满足要求，但是碳钢必须保持低温以防止腐蚀。如果在高温下储存或介质为稀硫酸，则需要提高材质为合金刚。应向专业人士咨询适合的合金。

硫酸储存于常压的容器中，通风前需经过干燥罐，以防止空气中的水进入储罐内。硫酸本身也是一种干燥剂，因此避免水分是至关重要的。储罐通常位于化学防护堤(环氧涂层混凝土)内；围堰排水管处于关闭状态，确保任何泄漏不会失控进入下水道。

应该在硫酸储存区附近配备洗眼器和安全淋浴。

硫酸一般在氮气或空气的保护下进行卸载和运输，用户一般用泵注入系统。

如果储存区起火，硫酸不会燃烧，但会分解产生有毒的二氧化硫气体。正压式、供气式呼吸器是硫酸储罐旁必备的消防设备；使用水喷雾储罐进行降温。

不要让水注入硫酸储罐，稀释硫酸产生的热量会使其发泡，可导致储罐故障。

在炼油厂，尽管存在危险，但浓硫酸的用途是非常广泛的。务必记住以下操作要点：

1）保持有效封存和冷却。

2）禁止肢体接触酸液。

3）使用前应保浓硫酸远离水源，当准备使用时，将酸加入大量水中。

## 27.19 危险化学品处置汇总

为了方便起见，表 27-25 汇总了前面章节中的一些最重要的信息。如需进一步信息，就感兴趣的特定材料可参考上述相关章节，及供应商或贵公司提供的相关化学品安全技术说明书(MSDS)。

表 27-25 关键危险品信息汇总

(a) 气体处理用胺类物质

| 物质 | 单乙醇胺 | 二乙醇胺 | 甲基二乙醇胺 | 二甘醇胺 | 二异丙醇胺 | 砜胺 | 无水 | 26.1Bé | 20.5Bé |
|---|---|---|---|---|---|---|---|---|---|
| 简称/别称 | MEA | DEA | MDEA | DGA | DIPA | – | – | 氨水 | 氨水 |
| 化学式 | $HOC_2H_4NH_2$ | $(HOC_2H_4)_2NH$ | $(HOC_2H_4)_2NCH_3$ | $H(OC_2H_4)_2NH_2$ | $(HOC_3H_6)_2NH$ | 混合物 | $NH_3$ | $NH_3$ | $NH_3$ |
| 分子量 | 61.1 | 105.1 | 119.16 | 105.14 | 133.19 | 120.17 | 17.0305 | – | – |
| 物理状态 | 纯液相(接收) | 纯液相(接收) | 纯液相(接收) | 纯液相(接收) | 纯液相(接收) | 水，溶液 | 液相，气相 | 水，液相，气相 | 水，液相，气相 |
| 颜色 | 无色 | 无色至黄色 | 无色至浅黄色 | 无色 | 无色 | 无色 | 无色 | 无色 | 无色 |
| 气味 | 氨味 | 氨味 | 类胺味 | 中度胺味 | 类氨味 | 腥臭 | 辛辣刺鼻 | 辛辣刺鼻 | 辛辣刺鼻 |
| 气态相对密度（空气=1） | 2.1 | 3.6 | 4.1 | 3.6 | 4.6 | 4.6 | 0.59 | 0.59 | 0.59 |
| 液态相对密度（正常） | 1.01 | 1.09 | 1.04 | 1.06 | 0.99 | 1.26 | 0.68 | 0.90 | 0.93 |
| 沸点/℉/℃ | 338.5/170 | 515.1/268 | 477/247 | 405.5/208 | 479.7/249 | 545/285 | -28/-33 | 85/29 | 123/51 |
| 凝固点/℉/℃ | 50.5/10.2 | 77.2/25.1 | -9/-23 | 9.5/-12.5 | 107.6/42 | 81.7/27.6 | -108/-78 | -110/-79 | -30/-34 |
| 闪点/℉/℃ | 200/93.3 | 295/146 | 265/129 | 260/127 | 255/124 | 350/177 | – | – | – |
| 自燃点/℉/℃ | – | – | 509/265 | 698/370 | 545/285 | – | 1204/651 | 1204/651 | 1204/651 |
| 分解温度/℉/℃ | – | – | – | – | – | – | – | – | – |
| 可燃极限(空气) | – | – | 0.9~8.4 | 2.6~11.7 | 1.1~8.5 | ~ | 15%~28% | 看不见水 | 看不见水 |
| 接触限值(始终验证当前值) | TLV=3ppm，STEL=6ppm | TLV=2mg/m$^3$ | – | – | US PEL=5ppm，UK STEL=15ppm | – | TLV=25ppm，STEL=35ppm，IDLH=300ppm | 看不见水 | 看不见水 |
| 主要危害途径 | 皮肤，吸入 | 皮肤，吸入 | 皮肤，吸入 | 皮肤，吸入 | 皮肤，吸入 | 皮肤，吸入 | 皮肤，吸入，眼睛 | 皮肤，吸入，眼睛 | 皮肤，吸入，眼睛 |

续表

| 物质 | 单乙醇胺 | 二乙醇胺 | 甲基二乙醇胺 | 二甘醇胺 | 二异丙醇胺 | 砜胺 | 无水 | 26.1Bé | 20.5Bé |
|---|---|---|---|---|---|---|---|---|---|
| 暴露类型 | | | | | | | | | |
| 着火/爆炸 | 微小 | 微小 | 微小 | 微小 | 微小 | 微小 | X | 无 | 无 |
| 毒性 | X | X | X | X | X | X | X | X | X |
| 环境影响 | | | | | | | | | |
| 溶液毒性 | 有毒 | 中等毒性 | 轻微毒性 | 轻微毒性 | – | – | 高毒性 | 中度毒性 | 中度毒性 |
| 可降解 | 能 | 能 | 能 | 能 | – | – | 能 | 能 | 能 |
| 消防介质 | 水喷雾、泡沫、干粉、$CO_2$ | 水喷雾、泡沫、干粉、$CO_2$ | 水喷雾、泡沫、干粉、$CO_2$ | 水喷雾、泡沫、干粉、$CO_2$ | 水喷雾、泡沫、干粉、$CO_2$ | 水喷雾、抗溶性泡沫、干粉、$CO_2$ | 水喷雾、干粉、$CO_2$ | 水喷雾、干粉、$CO_2$ | 水喷雾、干粉、$CO_2$ |
| 可根据需要增加PPE(个人防护设施) | | | | | | | | | |
| 接触区域(常规) | 护目镜、面罩、防渗服(手套，连体服，靴子) | 护目镜、面罩、防渗服(手套，连体服，靴子) | 护目镜、面罩、防渗服(手套，连体服，靴子) | 护目镜、面罩、防渗服(手套，连体服，靴子) | 护目镜、面罩、防渗服(手套，连体服，靴子) | 护目镜、面罩、防渗服(手套，连体服，靴子) | 护目镜、面罩、防渗服(手套，连体服，靴子)气体呼吸器或通风 | 护目镜、面罩、防渗服(手套，连体服，靴子)气体呼吸器或通风 | 护目镜、面罩、防渗服(手套，连体服，靴子)气体呼吸器或通风 |
| 火灾或大量泄漏(额外提供) | 正压式呼吸器(或等同)、眼部防护、防护服 | 正压式呼吸器(或等同)、眼部防护、防护服 | 正压式呼吸器(或等同)、眼部防护、防护服 | 正压式呼吸器(或等同)、眼部防护、防护服 | 正压式呼吸器(或等同)、眼部防护、防护服 | 正压式呼吸器(或等同)、眼部防护、防护服 | 正压式呼吸器(或等同)、眼部防护、防护服 | 正压式呼吸器(或等同)、眼部防护、防护服 | 正压式呼吸器(或等同)、眼部防护、防护服 |
| 危险等级(健康-可燃性-反应性) | NFPA 3-1-0 | NFPA 2-1-0 | HIMS 1-1-0 | HIMS 3-1-0 | NFPA 2-1-0 | NFPA 2-1-0(预估，基于其成分) | NFPA 3-1-0 | NFPA 3-1-0 | NFPA 3-1-0 |

续表

| 物质 | 单乙醇胺 | 二乙醇胺 | 甲基二乙醇胺 | 二甘醇胺 | 二异丙醇胺 | 砜胺 | 无水 | 26.1Bé | 20.5Bé |
|---|---|---|---|---|---|---|---|---|---|
| 参考文献 | | | | | | | | | |
| MSDS 来源 | Dow | Dow | Acros Organics，Dow，Huntsman | Huntsman，Univar | BASF，Hazel Mercantile | Burlington Resources，Shell | Tanner Industriws，Air Products | Tanner Industriws，Air Products | Tanner Industriws，Air Products |
| 文章；公告；其他 | | | | Huntsman | | | Tanner Industriws，Wikipedia | Tanner Industriws，Wikipedia | Tanner Industriws，Wikipedia |

(b) 催化剂和吸附剂

| 物质 | 苯 | 一氧化碳 | 加氢精制 | 制氢装置 | PSA 吸附剂 | 分子筛 | 苛性钠(50%) | 糠醛 | 氢氟酸 |
|---|---|---|---|---|---|---|---|---|---|
| 简称/别称 | Bz | / | K172 | / | / | / | / | / | AHF、HF |
| 化学式 | $C_6H_6$ | CO | Co、Mo、Ni，硫化物和氧化物，氧化铝，硅酸盐，焦炭，污染物 | 陶瓷载体，Ni、NiO | 分子筛、活性炭、氧化铝 | 分子筛、沸石 | NaOH | $C_4H_3OCHO$ | HF |
| 分子量 | 78.11 | 28.01 | N/A | N/A | N/A | N/A | 40.00 | 96 | 20.01 |
| 物理状态 | 液态/气态 | 气态 | 固态至含有固体 | 固态 | 固态 | 固态 | 水溶液/固态 | 液态/气态 | 液态/气态 |
| 颜色 | 无色 | 无色 | 不同颜色 | 灰色 | 灰白色，取决于产品 | 褐色 | 白色 | 棕黄 | 无色 |
| 气味 | 芳香 | 无味 | 烃类 | 无味 | 无味 | 无味 | 无味 | 杏仁味 | |

续表

| 物质 | 苯 | 一氧化碳 | 加氢精制 | 制氢装置 | PSA 吸附剂 | 分子筛 | 苛性钠(50%) | 糠醛 | 氢氟酸 |
| --- | --- | --- | --- | --- | --- | --- | --- | --- | --- |
| 气态相对密度(空气=1) | 2.7 | 0.97 | N/A | N/A | N/A | N/A | N/A | 3.3 | 0.69 |
| 液态相对密度(正常) | 0.88 | / | N/A | N/A | N/A | N/A | 1.53 | 1.16 | 1.00 |
| 沸点/℉/℃ | 176/80 | -312/-191 | N/A | N/A | N/A | N/A | 284/140 | 324/162 | 67/19 |
| 凝点/℉/℃ | 42/6 | -337/-205 | N/A | N/A | N/A | N/A | 54/12 | -38/-39 | -117/-83 |
| 闪点/℉/℃ | 12/-11 | / | 多种 | N/A | N/A | N/A | N/A | 140/60 | N/A |
| 自燃点/℉/℃ | 1097/592 | 1121/605 | N/A | N/A | N/A | N/A | N/A | 601/316 | N/A |
| 分解温度/℉/℃ | N/A | N/A | N/A(可能释放 CO, $H_2S$ 和其他气体) | N/A(可能释放 CO, $Ni(CO)_4$ 和其他气体) | N/A(如潮湿可能释放 CO 和其他气体) | N/A(如潮湿可能释放 CO, $H_2S$ 和其他气体) | N/A | N/A(在光和空气中不稳定) | N/A(分解产物中包含卤素) |
| 可燃极限(空气) | 1.3~7.1 | 12.5~74.2 | N/A | N/A | N/A | N/A | N/A | 2.1~19.3 | N/A |
| 接触限值(始终验证当前值) | TLV=0.5~1ppm, STEL=2.5~5ppm | TLV=25ppm, STEL=200ppm | N/A | 参照镍的危害 | 参照硅的危害 | 参照硅的危害 | 2mg/$m^3$雾和尘 | TLV=2ppm, STEL=5ppm | TLV=0.5ppm, STEL=6ppm |
| 主要危害途径 | 吸入，皮肤 | 吸入 | 吸入(灰尘，气体)，皮肤 | 吸入(灰尘，气体) | 吸入(灰尘，气体) | 吸入(灰尘，气体) | 皮肤，眼睛，吸入雾或尘 | 吸入，皮肤 | 吸入，皮肤 |
| 暴露类型 | | | | | | | | | |
| 着火/爆炸 | X | X | 阴燃 | N/A | X | N/A | N/A | X | N/A |
| 毒性 | X | X | X | 镍粉尘，致癌物 | 低 | 低 | X | X | 高 |
| 环境影响 | | | | | | | | | |
| 溶液毒性 | 非主要 | N/A | 轻微毒性，潜在地下水污染 | 可能有害 | N/A | N/A | 有毒，避免污水造成污染 | 有毒 | N/A |
| 可降解 | 能 | N/A | 不能 | 不能 | N/A | N/A | 不能 | 能 | 不能 |

续表

| 物质 | 苯 | 一氧化碳 | 加氢精制 | 制氢装置 | PSA 吸附剂 | 分子筛 | 苛性钠(50%) | 糠醛 | 氢氰酸 |
|---|---|---|---|---|---|---|---|---|---|
| 消防介质 | 水喷雾、泡沫、干粉、$CO_2$，卤代烷(灭火剂) | 水喷雾、泡沫、干粉 | 水喷雾、泡沫、干粉、$CO_2$ | N/A | 水 | N/A | N/A | 水喷雾、泡沫、干粉、$CO_2$ | N/A |
| 可根据需要增加PPE(个人防护设施) | | | | | | | | | |
| 接触区域(常规) | 护目镜、面罩、防渗服(手套，连体服，靴子)，气体呼吸器或通风 | 正压式呼吸器(或等同)，CO分析仪 | 防尘口罩，护目镜，面罩，手套，防化服 | 防尘口罩，护目镜，手套 | 防尘口罩，护目镜，手套 | 防尘口罩，护目镜，手套 | 护目镜、面罩、防渗服(手套，连体服，靴子) | 护目镜、面罩、防渗服(手套，连体服，靴子)，气体呼吸器或通风 | 护目镜、面罩、防渗连体服，靴子，手套，正压式呼吸器 |
| 火灾或大量泄漏(额外提供) | 正压式呼吸器(或等同)、眼部防护，防护服 | 正压式呼吸器(或等同) | 正压式呼吸器(或等同) | N/A | 正压式呼吸器(或等同) | N/A | N/A | 正压式呼吸器(或等同)、眼部防护，防护服 | 正压式呼吸器 |
| 危险等级(健康-可燃性-反应性) | HIMS 2-3-0，NFPA 2-3-0 | HIMS 2-4-0，NFPA 3-4-0 | 多种 | HIMS 2-1-0，NFPA 2-1-0 | N/A | NFPA 1-0-1 | NFPA 3-0-1 | NFPA 3-2-0 | NFPA 4-0-1(酸) |
| 参考文献 | | | | | | | | | |
| MSD 来源 | Total | Airgas | CRI/Criterion，Haldor Topsoe，Porocel，Valero | Johnson Matthey | | Delta Adsorbents | Orica Chemicals | Int'l Furan Chemicals | Airgas |
| 文章；公告；其他 | Wikipedia | Wikipedia | | | | | | | Wikipedia |

（c）硫化剂

| 物质 | 氢气 | 硫化氢 | 甲基乙基酮 | 羰基镍 | 氮气 | 二甲基二硫 | 二甲基二硫醚 | 二叔丁基多硫化物 | 二叔丁基聚硫醚 | 硫酸 |
|---|---|---|---|---|---|---|---|---|---|---|
| 简称 | / | $H_2S$ | MEK | / | $N_2$，$LN_2$ | DMS | DMDS | TBPS | TNPS | SA |
| 分子式 | $H_2$ | $H_2S$ | $CH_3C(O)CH_2CH_3$ | $Ni(CO)_4$ | $N_2$ | $H_3CSCH_3$ | $H_3CSSCH_3$ | $C_8H_{18}S_x$ | $C_{18}H_{38}S_x$ | $H_2SO_4$ |
| 分子量 | 2.02 | 34.08 | 72 | 170.73 | 28.02 | 62.13 | 94.2 | ~204 | ~414 | 98.08 |
| 物理状态 | 气态 | 气态 | 气态，液态 | 气态（几乎无液态） | 气态，低温液态 | 液态，气态 | 液态，气态 | 液态 | 液态 | 液态 |
| 颜色 | 无色 | 无色 | 无色 | 无色 | 无色 | 透明 | 淡黄色 | 黄色 | 黄色 | 无色 |
| 气味 | 无味 | 臭鸡蛋 | 甜醇 | 霉臭 | 无味 | 恶臭 | 辛辣刺鼻 | 恶臭 | 难闻 | 无味至轻微硫气味 |
| 气态相对密度（空气=1） | 0.0696 | 1.19 | 3.4 | 5.9 | 0.97 | 2.1 | 3.25 | / | / | （1.2kg/m$^3$） |
| 液态相对密度 | / | / | 0.81 | / | 0.81 | 0.85 | 1.06 | 1.07 | 1.05 | 1.84 |
| 沸点/℉/℃ | -423/-253 | -77/-61 | 176/80 | 109/43 | -320/-196 | 99/38 | 228/109 | 342~356/172~180 | 407~507/208~264 | 554/290 |
| 凝点/℉/℃ | -435/-259 | -122/-86 | -123/-87 | 1/-17 | -346/-210 | -145/-98 | -121/-85 | 37/3 | ≤4/≤20 | 50.6/10.3 |
| 闪点/℉/℃ | / | / | 16/-9 | 4/20 | N/A | -54/-48 | 59/15 | 217/103 | 277~291/136~144 | N/A |
| 自燃点/℉/℃ | 932~1000/500~571 | 500/260 | 759/404 | 140/60 | N/A | 403/206 | N/A | 437/225 | 464/240 | N/A |
| 分解温度/℉/℃ | N/A | N/A | N/A | ~300/~149 | N/A | 分解为 $H_2S$ 和硫醇 | 分解为 $H_3S$ 和硫醇 | 分解为 $H_3S$ 和硫醇，单质硫 | 分解为 $H_3S$ 和硫醇，单质硫 | 644/340($SO_x$) |

续表

| 物质 | 氢气 | 硫化氢 | 甲基乙基酮 | 羰基镍 | 氮气 | 二甲基二硫 | 二甲基二硫醚 | 二叔丁基多硫化物 | 二叔丁基聚硫醚 | 硫酸 |
|---|---|---|---|---|---|---|---|---|---|---|
| 可燃极限 | 4~76 | 4.3~45.5 | 1.4~11.4 | 2~34 | N/A | 2.2~19.7 | 1.1~16 | N/A | N/A | N/A |
| 允许极限 | N/A | TLV = 1ppm, STEL = 5ppm, IDLH = 100ppm | TLV = 200ppm, TEL = 300ppm | TLV = 1ppb, IDLH = 3ppm, 致癌物质 | 窒息风险 | TLV = 10ppm | TLV = 0.5ppm | 无 | 无 | TLV = 1mg/m$^3$, STEL = 3mg/m$^3$ |
| 主要危害 | 吸入 | 吸入 | 吸入，皮肤 | 吸入，皮肤（吸收） | 吸入，皮肤（低温液体） | 吸入，皮肤（吸收） | 吸入，皮肤（吸收） | 皮肤 | 皮肤 | 皮肤，眼睛，吸入 |
| 暴露类型 | | | | | | | | | | |
| 着火/爆炸 | 高 | X | X | 惰性 | N/A | X | X | X | X | N/A |
| 毒性 | N/A | 高 | 中等毒性 | 剧毒 | 窒息 | 高 | 中等毒性 | 轻微 | 轻微 | 高，组织损伤 |
| 环境影响 | | | | | | | | | | |
| 溶液毒性 | N/A | 有毒 | 中度至轻微毒性 | 有毒，但短暂 | N/A | 中等毒性 | 有毒，长期 | 剧毒 | 数据不足 | 有毒 |
| 可降解 | N/A | 能 | 不能 | 不能 | N/A | 挥发 | 不能 | 不能 | 数据不足 | 不能，但会反应 |
| 消防 | 喷水雾 | 喷水雾、泡沫、干粉 | 喷水雾、抗溶性泡沫、干粉、$CO_2$ | 喷水雾、抗溶性泡沫、干粉、$CO_2$ | N/A | 抗溶性泡沫、干粉、$CO_2$ | 喷水雾、抗溶性泡沫、干粉、$CO_2$ | 喷水雾、泡沫、干粉、$CO_2$ | 喷水雾、泡沫、干粉、$CO_2$ | N/A |
| 可根据需要增加PPE(个人防护设施) | | | | | | | | | | |

续表

| 物质 | 氢气 | 硫化氢 | 甲基乙基酮 | 羰基镍 | 氮气 | 二甲基二硫 | 二甲基二硫醚 | 二叔丁基多硫化物 | 二叔丁基聚硫醚 | 硫酸 |
|---|---|---|---|---|---|---|---|---|---|---|
| 常规防护用品 | 通常不需要 | 硫化氢报警仪 | 正压式呼吸器、面罩、护目镜、手套、防化服 | 正压式呼吸器（或等同）、面罩、护目镜、手套、防化服 | 正压式呼吸器(或等同)、氧报警仪，防冻手套(接触液体) | 正压式呼吸器、面罩、护目镜、手套、防化服 | 正压式呼吸器、面罩、护目镜、手套、防化服 | 面罩、护目镜、防渗服(手套，连体服，靴子) | 面罩、护目镜、防渗服(手套，连体服，靴子) | 面罩、护目镜、防渗服和手套，正压式呼吸器 |
| 火灾或泄漏时 | 正压式呼吸器（或等同），禁止进入泄漏区 | 正压式呼吸器（或等同），禁止进入泄漏区 | 正压式呼吸器（或等同） | 正压式呼吸器（或等同） | N/A | 正压式呼吸器（或等同） | 正压式呼吸器（或等同） | 正压式呼吸器（或等同） | 正压式呼吸器（或等同） | 正压式呼吸器(或等同)，防酸服 |
| 危险等级 | HIMS 0-4-0，NFPA 0-4-0 | HIMS 4-4-0，NFPA 4-4-0 | NFPA 1-3-0 | NFPA 4-3-3 | HIMS 0-0-0，NFPA 0-0-0 | NFPA 4-3-0 | HIMS 1-0-0，NFPA 1-0-0 | NFPA 2-1-0 | HIMS 1-1-0，NFPA 1-1-0 | NFPA 3-0-2 |
| 参考文献 | | | | | | | | | | |
| MSDS 来源 | Airgas | Airgas | Fisher Scientific | Matheson TriGas | Air Products，Airgas | Gaylord Chemical | Airgas，Arkema，Chevron，Phillips | Arkema，Benntag，Chevrom，Phillips | Arkema，Benntag，Phillips | Seastar |
| 文章；公告；其他 | Wikipedia | | | NJ Dept. of H&SS，Wikipedia，Chevron Texaco | Wikipedia | | | | | Wikipedia |

# 第 28 章　石油加工中的防火与消防

## 28.1　引言

在所有碳氢化合物设施的运行中，消防都是至关重要的。由于大多数炼油厂的相对规模比一般的石化或化工设施大，炼油厂加工和储存了大量可燃介质，所以消防在炼油厂方面比任何其他化工设施更重要。

炼油厂的消防始于炼油厂设计和工程的早期阶段。本章将从石油炼制公司制定相关设计和工程的规范开始论述，这些会作为工程设计、设备制造、施工承建单位在设施建设中需要执行的详细标准。这些规范对于确保从一开始装置建设就质量良好、并最大限度地降低火灾或爆炸风险有至关重要的作用。

本章的讨论从设计规范中常见的条目类型开始，然后就每个条目如何适用于火灾保护与消防进行详细介绍。接下来我们讨论消防系统的设施设备、平面布置、操作和管理方面的其他注意事项。

另请参阅“石油加工中的安全系统”和“石油加工中的公用工程”章节，以了解有关消防保护系统和应急响应的其他事项。

## 28.2　设计规范

各公司对于设计规范在不同类型设备的格式和细节方面都有自己的特点。每家公司都有自己的习惯做法。设计规范为承建商指定了所有相关项目的做法。

大多数设计规范至少包含以下主题。

### 28.2.1　负荷规定和设计前提

这是一个设计工艺工程师和机械工程师感兴趣的地方。这些规范明确地说明了要建造什么设施以及其中每个单元的负荷(即处理能力)，以及有些情况下各种物流的组成。他们还将提供当地气象数据的具体细节以及经济决策中要考虑的参数。

负荷规定包括所需的产品和产品的组成，还将提供该过程所需或可用的公用工程的完整详细信息。对于一个新建设施，负荷规定将涵盖诸如储罐、调和系统、装卸设施等。

### 28.2.2　机械规范

这些规范规定了客户对要安装的设备的要求和标准(包括要使用的规则)。机械规范是设备采购包装的一部分。机械规格内容包括：

1）泵。

2）压缩机和透平机。

3）换热器(包括空冷、套管等)。

4）加热炉。

5）其他设备，如喷射器、混合器等。

#### 28.2.3　电气和仪表规范

这些文件规定了电气和仪表及相关设备制造材料标准。它们将涉及“区域分类规则”。这些规则用于设置炼油厂各种区域的设备防火参数(例如，该设备是否是防火花的)。

仪表规范规定了要使用的仪表类型以及要使用的基本控制和测量系统。仪表标准的深度和由此产生的规定会很广泛。

#### 28.2.4　配管和平面布置规范

这些规范一般是设计规范最大的部分。它们将详细说明要使用的管道规格和材质，进一步制定设备和储罐布局的准则，其中包括：

1）维修通道。

2）防火：例如，加热炉与其他设备的间距、消防总管、消防栓位置、监控点等。

3）罐区布局和储罐的尺寸。

4）装置和罐区的防火管道范围。

5）地下管道防腐。

#### 28.2.5　其他设计规范

其中包括容器、土木和结构设备及相关材料的详细要求，还包括设备间距的要求，特别是与火灾有关的规定。

## 28.3　设备设计和操作的防火

#### 28.3.1　加热炉

加热炉的设计必须结合大多数加热炉类型中的燃烧室的消防蒸汽设施的设计，但下燃式加热炉例外。

关于加热炉的维护和操作，操作程序中应包括以下几点：

1）燃烧器的定期预防性维护程序，定期清理衬里脱落以防止火焰冲击。

2）引入更准确、彻底地监测和记录炉管表面温度的机制，以防止出现热点。

3）对于检测和报告的热点进行处理的全面完整程序。这里包括记录目视检查中检测到的任何可疑热点的描述和位置。

4）引入准确的方法，以判断检测出的热点对炉管寿命的影响。

5）加强炼油厂员工培训，使员工能够识别和判断高温高压炉中不同材料所表现出的冶金特性的变化，同时更新操作记录文件用于反映这些信息。

#### 28.3.2　压力容器

包括塔、立罐或卧罐、反应器等。所有这些都必须使用泄压装置进行保护(参见本书“石油加工的场外设施”和“石油加工的安全系统”章节)关于泄压设施的讨论。

在容器设计中，合适的壁厚基于 API 和 ASME 规范，涵盖设计温度和压力因素。必须规定立罐裙座和卧罐支座的防火。在压力容器的操作和维护中，必须包括以下项目作为标准程序：

1）必须识别容器警报并采取措施。

2）当观察到过高的温度和/或高或低液位时，必须立即采取措施。

3）如果设备或相邻设备发生火灾，应根据工厂的应急程序隔离塔罐。

4）如果发生紧急停车，需要通过蒸汽或惰性气体清除容器中的碳氢化合物。在此过程中，请小心避免产生其他问题。

5）在确认为“无气体”且隔离之前，不得进入或对容器进行任何受限空间的作业。

6）停工后的所有容器设备重新投产前必须检查，检查必须确保所有法兰都连接完毕，并且安装了正确的垫片，确保所有内构件都已就位并正确安装。

7）必须在每次计划或非计划停工时检查和重新校准容器的仪表和泄压系统。应对安全仪表或完整性系统(SIS)进行全面测试和维护，以保证其关键功能。

8）在每个检修期间通常要对容器卸压系统进行保养、测试和复位。

9）在投产之前以及在完成任何可能影响容器带压密封性的工作(例如在容器器壁进行焊接)之后，必须对容器进行压力测试。

10）在计划停车或非计划停车期间、重新投产之前必须检查容器上的所有排水管和通风口是打开的。同时，设备封闭并重新投入运行时，这些排水管和通风口必须上盲板或阻塞。

### 28.3.3 换热器和冷却器

管壳式换热器的设计和制造符合 ASME 和 TEMA 规范。在设计温度和压力方面，它们的壳体设计紧密遵循容器的设计规范。管和管板的厚度也使用 ASME 规范进行计算。对于空气冷却器，管板和管束以及入口和出口的集合管也依据 ASME 规范计算。空冷冷却器通常采用翅片管，以增强单元的热交换性能。

管壳式换热器的操作和维护与容器的防火(或防爆)规定条件相同。但是，对于空气冷却器，规则和程序应用有所不同。例如，炼油厂中的大多数空气冷却器安装在高架管廊上方。管廊通常穿过处理单元的中心，这意味着管廊两侧将有设备。管廊结构通常被包裹在防火混凝土(防火的)中，以防止在火灾事故中支撑坍塌。这种防火应该向上延伸以覆盖空气冷却器结构，因为在火灾期间风扇会将火焰吸入自身，应在管束上方考虑使用消防水和(或)泡沫喷雾剂，以消除管道泄漏和随后火灾的发生。

### 28.3.4 动设备

动设备包括泵和压缩机。

加热炉附近的压缩机单元，可能包括气动涡轮机或涡轮膨胀机，是最容易受到火灾危害的设备。原因是这些设备处理的是高压气体，特别在一些含氢气的装置(例如加氢处理装置、加氢裂化装置、异构化装置、重整装置等)中更是如此。

所有往复式压缩机在出口必须要有安全阀，在超压排放时，大多数还具有紧急密闭排放系统。

然而，离心式压缩机及其驱动机需要更复杂的紧急停车程序。由于吸入条件差以及高压排放，可能会出现危急情况。因此，所有离心式压缩机都需要防止“喘振”(或“涌流”)条件。

例如，当压缩机吸入压力太低以至于压缩机不能将任何进料气体吸入其叶轮时，就会发生“喘振”现象。在极端情况下，振动会对压缩机造成相当大的结构破坏，严重时会导致爆炸和火灾。大多数现代离心式压缩机都有防喘振系统，如果维护得当，它会在发生任何严重损坏之前将压缩机停机，这些系统可能是安全仪表系统(SIS)。

相对压缩机而言，泵即使是那些处理高压液化石油气的泵，其危害也比压缩机稍小，但泵的密封泄漏一个需要特别关注的问题。由于密封或安装不好导致的过热是导致泵周围发生火灾的最常见危害。由于汽蚀余量问题引起的泵抽空是泵的第二大危害，会导致泵的密封失效。

大多数现代炼油厂，转动设备安装在敞开式或仅有屋顶的区域。这有助于防止转动设备火灾。通常转动设备的区域将安装消防水和消防泡沫设施，在操作期间对转动设备的密切监视和定期维护有利于预防转动设备引起的火灾。

### 28.3.5 罐和罐区

储罐火灾是炼油厂最严重的火灾的类型之一。这是因为储罐中存有大量碳氢化合物。降低储罐危险程度的关键点是杜绝点火源。一般储罐区中不设加热炉或大型压缩机，但是，远离该区域的事故，例如码头上或附近的船只的火灾，都可能引起储罐区火灾。2003 年 2 月，纽约发生了一场储罐区火灾，原因是附近一个码头的驳船卸汽油时发生爆炸。岸上的大型储油罐被爆炸产生的热碎片点燃。如果碎片落在油库中，则处理单元中的爆炸和火灾会产生类似的影响。

另一个火源是轻油装载站在装载产品(如汽油)时发生爆炸。这些爆炸通常是由静电引起的。大多数石油公司都有严格操作程序来防止这种情况发生，然而事故却时有发生，所以有必要做好预防。

中间馏分油和燃料油罐火灾是最难扑灭的。这些储罐库存大，物料的低挥发性且热值高，为灭火带来困难。一旦发生火灾，即使使用最先进的泡沫灭火技术，也可能需要很长时间才能灭火。在大火中，一项重要的工作通常就是大量使用喷水来保持相邻的储罐得到冷却。

存储较轻液体产品的储罐的火灾更容易被扑灭。泡沫可用于扑灭这些罐中的库存油火灾。由于这些轻型产品储存在浮顶罐中，如果浮顶因早期爆炸而损坏，它提供了在浮顶上或直接在液体表面上建立泡沫隔离深度的途径。

消防水喷雾剂安装在液化石油气球罐和子弹罐上。在几乎所有情况下，液化石油气储罐的最初火灾都会引发爆炸。剩余的介质可以通过泡沫扑灭。同样，消防努力的重点是大量使用消防喷水来保持相邻的储罐得到冷却。

现代炼油厂在储罐上装有消防水和泡沫喷雾环(参见“石油加工的场外设施”章节)。水本身应仅用于储罐隔离火源并保持冷却。单独使用水灭火是危险的，可能导致火势蔓延，碳氢化合物会继续从储罐区域流出的水流表面上燃烧。

如上所述，在火灾中，让火焰燃尽熄灭是最安全的方法，同时附近储罐要不断冷却以防止火势扩大。如有可能，可以安全地将燃烧罐中的大部分介质转移到其他罐中以最小化燃烧物料量。当然，这不一定可行。

储罐的设计及安装必须符合当地的消防法规。一般而言，闪点小于 130℉(54℃)的原油和石油产品可以储存在浮顶罐，液化石油气可以储存在加压球罐，中间馏分和较重的馏分通常储存在锥顶罐。储罐(浮顶和锥顶)通常安装在沙子或混凝土地基上(如果需要，可以打桩固定)，罐之间的空间不应小于 10ft(或根据当地法规)，油罐区域应加围堰至少能保存最大单罐容量的 110%。这个围堰区域应包含通向油水分离器或事故池的足够排量，必要时将地漏堵塞。LPG 储罐区通常不需要加围堰，但钢瓶和球罐都应安装适当的防火支撑结构。

### 28.3.6　码头和岸上装卸站

装载铁路车辆和船舶的最大火灾危险之一是由静电产生火花引起的火灾。正确的静电接地对于防止这种火灾危险至关重要。在移除静电接地连接以前，通常需要一个等待时间以使静电充分消散。

这些原则适用于装卸碳氢化合物，例如原油或从其他设施或油库转移的中间物料。在小型炼油厂安装中，码头设施和陆上装载站受到消防总管和泡沫系统的延伸保护。在较大的炼油厂，码头都有自己的消防设施，可以使用海水作为主要的消防水来源。

## 28.4　消防总管和安装的消防设施

### 28.4.1　消防总管描述和控制

消防总管通常设计为带有断流水箱的加压循环水系统。图 28-1 给出了这种系统的示意图。在一个特定工厂中可能有一个以上的独立总管。通过循环泵或增压泵将消防总管压力维持在约 100~150psig(7~10barg)。泵为自启自停以维持消防总管线压力。当监测器检测到消防栓和任何其他大型消防用户或泡沫系统或任何消防设施需要用水灭火时，增压泵将保持开启，并且其他泵通常自动开始输送所需的消防水量。这些泵通常由电动机驱动，具有一个或多个备用泵，备用泵一般由柴油发动机或蒸汽轮机驱动，备用泵在电气故障或消防水总管压力下降时将自启。

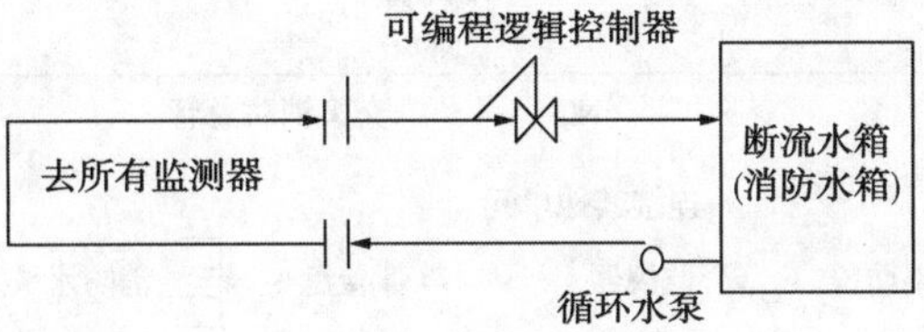


图 28-1　消防总管示意图

消防水总管和消防水循环泵的规格根据所覆盖的工厂的面积和类型来定。一些公司规定消防水管网规格的选择是假设“X”型监视器和“Y”型消防软管同时使用。消防总管能够从系统中提供 8000~15000GPM(1800~3400t/h)也是很正常的。

一旦消防水泵自启就会一直运转，直到操作工或消防员特意停泵。这要求消防水主泵不会因轴承高温或润滑油压力低而停机。如果需要，消防水泵可设计为运行至崩溃。这在紧急情况下至关重要，特别当你在火灾中或手握消防软管时，你可不想失去消防水！

消防水罐的补给水由炼油厂的新鲜水(或除盐水)总管或外部公用设施供给，以保持一定的水位。有些工厂水池储存了大量的消防水，但其他的来源也可以。一旦消防水开始使用，将需要大量的补给水。

如果没有补给水，消防水罐通常是一个非常大的储罐。通常设计消防水罐容量为消防泵全量运行 6~8h 的消防水量。这在偏远地区尤为重要，因为这些地方的供水有限。

在较小的炼油厂设施和较小的系统中，例如码头消防总管，系统可能设为“死端”。也就是说，消防泵仅用于维持消防总管压力，而水不会循环到消防水罐。水源水罐或水池将用作消防水蓄水池。码头消防总管通常使用海水，并且通过立式泵从合适的海底槽输送上来。

同样，通常电动机驱动主泵，备用泵用蒸汽透平驱动。

消防水管道经常在地下铺设，以防冻、防爆或防火灾损坏。许多系统阀门也位于地下，同时设计成自动排水。

**28.4.2 消防设备和平面布置**

通常，消防系统设计成回路，局部带有隔断阀。环路设计可以避免一部分管网损坏影响到整个系统。这个概念如图 28-2 所示。从图中可以看出，该装置可以从东部或西部主管或交叉主管提取消防水。在该单元内，供应线路到达单个回路的不同部分，截止阀通常用于切割内部回路。例如，如果东部内环在灰色圆圈中的 X 指示的点处被损坏，则可以关闭截止阀 A、B 和 C 以隔离损坏的管线，并且仍然可以从内部环路的西部取水。这种情况下，必须考虑总管和子线路如何连接和布线以确保消防供水。

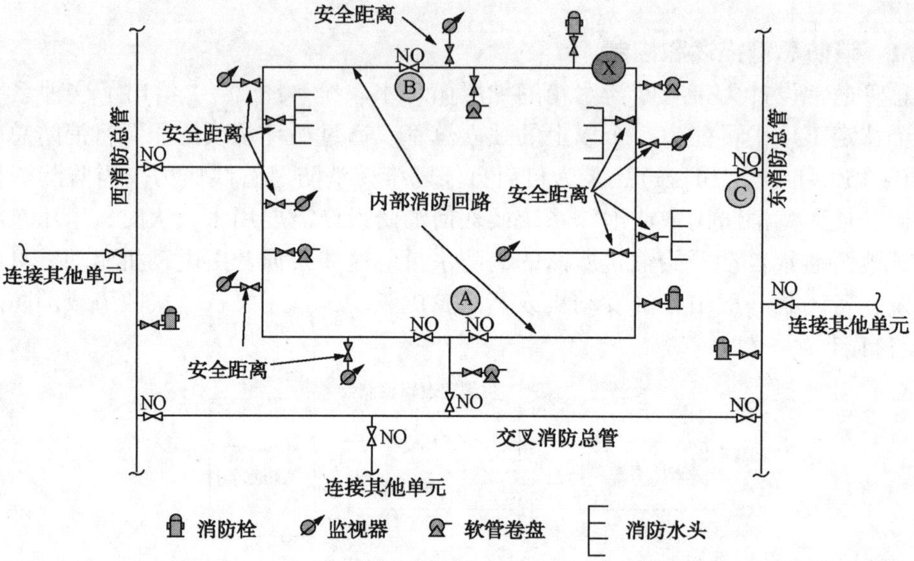


图 28-2 消防水回路分布案例

除了总管和供水回路外，还有几种类型的消防设备通常连接到消防系统。最常见的设备如下：

1）消防栓：提供连接软管的位置以直接使用或用于抽吸消防车。它们通常沿着主管和环路按规定间隔设置。一些消防栓可以提供超过 1500GPM（5700L/min）的水量。然而，正常水量为 500～1000GPM（1800～3800L/min）。

2）消防炮：用于在设备上提供连续的水流，有永久式和便携式两种消防炮，可以直接用于火场，也可以用来冷却相邻的设备，防止出现更大的问题。消防炮可以被设置好然后在消防员离开后也能完成灭火工作，从而减少人员暴露在火灾附近。消防炮可以设置为向火场喷射水流、水锥或水雾，很多消防炮可以实现多种功能。消防炮还可以设置为远程启动和控制，并且可以吊在控制杆上以便更好地接近设备。消防炮的截止阀通常在地下，以防止爆炸和冷冻破坏。消防炮通常可以提供约 350GPM（1300L/min）的水。在系统压力允许的范围内，它们的范围通常限制在约 150ft（50m）。消防炮的位置需要考虑保护的设备以及该设备周围的所有干扰。消防炮截止阀通常设有一定的安全距离，距离被保护设备约 50～100ft（15～30m）。

3）软管卷盘和软管站：通常有大约50~100ft(18~36m)长的软管，末端带有可变喷嘴。软管(AKA 增压软管)通常直径约为1~1.5in(2.5~4cm)，缠绕在软管卷盘上。这些软管的容量仅限于一个人可以控制的容量，通常小于100GPM(380L/min)，这些软管有时也用于区域冲洗，因此，它们必须在一个人处理的能力范围内，主要用于扑灭小火灾。

4）喷淋系统：可以放置在特定设备周围，以便在紧急情况下提供消防和其他保护。你可以在热油泵密封区域周围或在含氢的大型空冷周围或在氢氟酸处理设施周围使用，作为控制酸释放的水幕。这些系统的尺寸大各不相同，许多都可在紧急情况下自动激活。与消防炮一样，用于喷淋系统的截止阀与被保护设备要有一定安全距离。

5）泡沫发生器：是将发泡剂以3%~6%的速率与空气一起吸入流动的水流中并产生泡沫的装置。通常这些装置永久性地安装在来自消防总管的泡沫管线上。它们可以有或没有永久性的发泡剂连接线，发泡剂通常在需要时才引入使用，因为发泡剂具有一定的有效期。安装的泡沫发生器通常设置于储罐或场外区域。泡沫发生器的容量和数量是受保护设备尺寸的函数。手动泡沫发生器可以产生60~120GPM(如用软管卷盘约为220~440L/min)的泡沫量，消防炮可以推动600~2000GPM(2200~7600L/min)的水，在喷嘴中将水与发泡剂混合产生3%或6%的泡沫，实际泡沫体积要高得多(50∶1到200∶1膨胀)。

要综合考虑固定式消防设备和便携式设备(如交换器)的布局，以便为设施提供最佳覆盖范围。布局和保护系统通常由消防工程师设计。

### 28.4.3 检查和维护计划

消防系统需要例行检查和维护。除了检查腐蚀之外，通常还要对系统定期进行测试操作(大约每季度)。消防栓打开并冲洗，软管解开检查，冲洗和重新安装，触动消防炮并试用喷嘴。对检查发现的任何问题都应得到修复。

泡沫发生器通常只是检查，也可以清洗。你通常不会在任何正常情况下触动它生成泡沫。

喷淋和水幕系统可以是安全仪表系统(SIS)的一部分，因此可以包括在所需的测试程序中。用于激活系统功能的测试可以在某些规定的时间表上执行，而不会损害操作，如修理后的测试。热油泵喷淋通常仅在冷泵时进行测试，以避免因热应力而产生问题。

在其他方面，消防泵将循环开启和关闭。消防水备用泵通常至少每月运行几个小时，在此过程中检查压力控制自启开关。

消防系统中的这类检查和维护工作对于确保系统在需要时能够正常运行至关重要。

## 28.5 消防泡沫和泡沫系统

### 28.5.1 简介

消防泡沫只是具有稳定质量、充满空气的小气泡，其密度低于石油、汽油和水。泡沫由三种成分组成：水，泡沫液，空气。

水与泡沫液(按配比)混合以形成泡沫溶液，然后将溶液与空气(吸入)混合以产生流动的泡沫，并且这种泡沫容易在液体表面上流动。

平衡压力配比是泡沫系统应用的最常用方法。泡沫液压力与配比器入口处的水压平衡，允许将适量的泡沫液计量加入水流中，然后用抽吸排放装置将泡沫溶液流经孔口，经过空气入口，进入膨胀区域以产生膨胀泡沫。对于非吸气装置，泡沫溶液通过孔口和排出口，在喷向火灾的途中与空气混合。

### 28.5.2 消防泡沫用途

消防泡沫用于各种用途：①熄灭易燃和可燃液体火焰；②控制易燃气体的释放；③冷却燃料和点火源。典型的泡沫用途包括装载站、炼油厂、泵站、发电厂、机场、直升机场、船舶平台、制造工厂、储罐、化工厂、易燃液体储存处、海上平台、飞机库、紧急救援车辆、采矿设施、仓库、危险品泄漏控制。

消防泡沫通过将燃料与空气(氧气)隔绝来抑制火灾。根据泡沫剂的类型，这可以通过以下几步完成：

1）泡沫覆盖燃料表面，熄灭火焰并将火焰与燃料表面隔离。

2）燃料被泡沫的水分冷却。

3）泡沫覆盖可抑制与空气混合的易燃气的释放。

### 28.5.3 消防泡沫的类型

成膜泡沫剂(AFFF)在烃类燃料的表面上形成水性薄膜，抗醇泡沫液(ARC)将在极性溶剂燃料上形成聚合物膜。基本上分为两级六种通用泡沫剂。

（1）B级防火泡沫

1）成膜泡沫：成膜泡沫(AFFF)基于含氟化合物表面活性剂、烃表面活性剂和溶剂的组合。这些试剂只需要非常低的能量输入就能产生高质量的泡沫。因此，它们可以应用于各种泡沫输送系统。这种灵活性使成膜泡沫成为机场、炼油厂、制造厂、市政消防部门运输、加工或处理易燃液体的任何其他操作的最好选择。这些泡沫剂也用作1%和3%的防冻液。

2）抗醇泡沫液：抗醇泡沫液基于成膜泡沫，其中添加了聚合物。ARCs是最通用的泡沫剂，因为它们对涉及甲醇等极性溶剂以及汽油等烃类燃料的火灾有效。当用于极性溶剂型燃料时，ARC泡沫液形成聚合物膜，防止泡沫覆盖层破坏。当用于烃类燃料时，ARC产生与标准成膜泡沫剂相同的粗糙水性薄膜。当用于两种类型的燃料时，ARC提供快速的火焰覆灭和良好的回流阻力。

3）蛋白泡沫液：推荐使用蛋白泡沫液来扑灭涉及碳氢化合物的火灾，它们含有水解蛋白质、稳定剂和防腐剂。蛋白泡沫产生稳定的机械泡沫，具有良好的膨胀性能和优异的回流阻力特性。蛋白泡沫液使用浓度是3%和6%。

4）氟蛋白泡沫液：氟蛋白泡沫液含有水解蛋白质、稳定剂、防腐剂和合成氟碳表面活性剂。与蛋白泡沫液相比，氟蛋白提供更好的控制和熄灭效果，更大的流动性和优异的耐燃料污染性。氟蛋白泡沫可用于烃类蒸气抑制，并且已被认为是用于地下注入烃类燃料储罐的非常有效的灭火剂。氟蛋白泡沫使用浓度是3%。

5）高膨胀泡沫液：高膨胀泡沫液基于烃表面活性剂和溶剂的组合，它们与泡沫发生器一起使用，应用于大面积的全覆盖和三维空间，例如仓库、船舶货舱和矿井。它们特别适用于诸如液化天然气(低温燃料)之类的燃料，用于气体驱散和控制。在某些浓度下，高膨胀泡沫对大多数类型和受限区域的烃类物质泄漏引起的火灾有很好的效果。

（2）A级防火泡沫

A级泡沫通常由特种碳氢表面活性剂、稳定剂、抑制剂和溶剂的组合配制而成。它们可降低水的表面张力，改善润湿性和渗透性，并形成粘附泡沫覆盖层，在冷却燃料的同时抑制可燃蒸气。A 级泡沫可以使用于各种调节配比/释放装置，并且已经证明在建筑物和森林消防、煤矿、轮胎和橡胶制造、木材厂、煤炭眼镜、纸仓和其他涉及普通可燃材料的危害中非常有效。请注意，虽然 B 级泡沫也可用于 A 级火灾，但是其设计目的并非用于 A 级火灾。泡沫液百分比是指泡沫液与水的使用配比或预混合的量而得到的泡沫溶液。

### 28.5.4 环境影响和毒性

大多数泡沫液的配方可以最大限度地提高性能，并最大限度地减少对环境的影响和人体暴露危害。所有泡沫液都易于生物降解，无论是在自然环境还是在污水处理设施中，应计量所有加入设施中的泡沫剂量，以防止由于泡沫形成太多而使设备过载。虽然它们不被认为是皮肤刺激物，但是长时间接触可能会导致皮肤干燥。因此，建议与泡沫液接触的皮肤区域要用淡水冲洗。

### 28.5.5 泡沫浓液的保质期

“保质期”是泡沫液保持稳定的性能特征没有明显变化的时间长度。许多成膜泡沫、高膨胀和 A 级泡沫液，如果按照建议的指导方针储存，一般具有 20~25 年的正常保质期。其他泡沫剂-非完全合成的，一般具有 7~10 年的正常保质期。

## 28.6 灭火器

较大的火灾可利用消防系统和相关设备，但灭火器的小巧、便捷性，通常可以防止较小的火灾变成较大的火灾。灭火器可以对许多密封、垃圾和其他相对较小的火灾进行短时间喷射灭火，以防止火灾扩大。

### 28.6.1 灭火器的类型和应用

表 28-1 列出了被认可的主要灭火器类别。

表 28-1 灭火器类别(来源：密歇根州农业保险公司)

| | | |
|---|---|---|
|  | A 类灭火器用于普通的可燃烧材料如布、木头、橡胶、纸和许多塑料来灭火 | A 普通可燃物 |
|  | B 类灭火器用于涉及易燃液体的火灾，如油脂、汽油、油和油性涂料 | B 可燃液体 |
|  | C 类灭火器适用于电器、工具或其他带电或插电的设备发生火灾时使用 | C 电气设备 |
|  | D 类灭火器是专为易燃金属设计的，通常是针对特定的金属类型而设计的。这些通常只能在使用这些金属的工厂中找到 | D 易燃金属 |

表 28-2 列出了不同类型火灾的灭火剂类型。

**表 28-2 灭火剂类型[得克萨斯 A&M 大学(2012)]**

| 灭火器类型 | 火灾类型 | | | | |
|---|---|---|---|---|---|
| | 固体(木材、纸张、布料等) | 易燃液体 | 易燃气体 | 电子设备 | 烹调油脂 |
| 水 | 是 | 否 | 否 | 否 | 否 |
| 泡沫 | 是 | 是 | 否 | 否 | 是 |
| 干粉 | 是 | 是 | 是 | 是 | 否 |
| 二氧化碳 | 否 | 是 | 否 | 是 | 是 |

如果将图表关联在一起，通常：

1）水和水基剂是 A 类。

2）B 类包括泡沫、干粉和二氧化碳。

3）C 类包括干粉和二氧化碳。

4）D 类通常是固体介质，如沙子。

在炼油厂或石油加工设施内，通常只能找到 ABC、BC 或 C 类灭火器，D 类很少见。可能会在建筑物内看到 A 级灭火器，在电气开关建筑物内看到 C 类。

在特殊情况下，还可能在建筑物内找到像卤代烃(或其中一个新的替代品)的灭火剂。卤代烃基本上是一个 ABC 类型，通过消除封闭空间的空气来起作用，这意味着当卤代烃被使用时，不允许人员进入密闭空间。卤代烃没有毒性，但会造成缺氧环境。在触发的系统和卤代烃的启动之间通常存在时间延迟，其中存在视觉和听觉警告，以给予人员撤离时间。虽然卤代烃是一种严重的消耗臭氧层的气体，但它不会损坏电子设备或电气设备。已开发出对臭氧层损害较小且仍然有效的替代品。卤代烃也可以用于手持灭火器而不是固定在房间的系统。

美国国家消防协会(NFPA，2002)根据危险类型和距离火灾的距离在美国规定了特定类型危险所需的灭火器尺寸。

**28.6.2 灭火器的位置**

灭火器通常分布在整个石油加工设施中，以便快速熄灭小型火灾。灭火器布置间距约 50~75ft(15~25m)，通常位于管廊立柱旁。灭火器通常也放置于可能需要使用的地方附近，例如热油泵附近，但距离以在紧急情况下能够取用为宜。

灭火器必须易于从连接的任何支架上拆下，通常只是一个钩子。灭火器的位置应清楚标明，通常为红色。一个区域内的灭火器类型适合该区域的火灾风险，正常类型的灭火器是 BC 和 ABC 干燥化学品。

在控制室或操作员避难所内，通常会有干式化学灭火器和二氧化碳灭火器。在某些情况下，可能会提供卤代烃灭火器。

在配电中心，您找不到粉末灭火剂，但可能会找到二氧化碳和卤代烃(或等效)系统或灭火器。

现场灭火器暴露在环境中可能变质，因此应对现场灭火器进行盖板保护，盖子必须在需要时易于拆卸，并且在它们变质前应更换。

部分设施配有大型推车式灭火器。这些应该易于移动，不应被其他材料、碎片或杂物堵塞。

**28.6.3 灭火器检查和测试计划**

灭火器的可用性确保灭火器在需要时能够正常工作。根据美国 NFPA 标准，需要四个检查步骤：

(1) 月检

该检查包括：

1) 正确安装在指定位置。

2) 没有障碍物影响使用。

3) 铭牌上有清晰的操作说明。

4) 安全封条和防拆指示器未损坏或丢失。

5) 通过称重或提升检查完整性。

6) 检查是否有明显的损坏、泄漏或喷嘴堵塞。

7) 压力表读数“良好”。

8) 轮式车轮和车轮状况良好(轮式单元)。

9) HMIS 标签到位。

大多数设施将检查记录在案。每个灭火器上应该有一个标记，注明上次检查的日期和姓名。现场灭火器盖板在损坏或不再能充分保护灭火器时应予以更换。

(2) 年检

需要对灭火器进行更彻底的年度检查。该检查包括：

1) 灭火器的全面保养。

2) 充料。

3) 必须由经过培训的人员进行。

(3) 六年维护

这对于“储压”灭火器是必需的，例如干化学品或卤素(例如卤代烃)。灭火器需要清空并彻底检查。

灭火器必须每 12 年进行一次水压测试，也就是说每两个 6 年检查做一次水压试验。

(4) 水压试验

针对各种类型定义了特定的水压测试间隔：

1) 对于带压储存的水、水雾、负载流、防冻剂、润湿剂、泡沫、不锈钢外壳内的干燥化学品、二氧化碳和湿化学品，每 5 年测试一次

2) 对于带压储存的干燥化学品、卤化剂和带有筒式加压的干粉，每 12 年测试一次

3) 水压试验还要记录在案。

工厂需要制定一个计划，以确保满足所有灭火器检查和测试要求。通常，除了必要的检查之外，还要求操作员每周检查一次灭火器，作为早期发现问题的手段。

**28.6.4 结论**

1) 每次使用灭火器之后，请立即更换使用过的灭火器，并将使用过的灭火器彻底清洗干净。您不希望任何人员想使用灭火器时候，却发现它不能使用。

2）作为实践标准，任何发现火灾的人必须在他们决定尝试使用灭火器之前必须先打电话给紧急救援中心，请求支援。

3）只有接受过使用灭火器培训的人员才能更好地使用灭火器。灭火器使用不当会使情况变得更糟糕。在这里我们不详细介绍灭火器使用。许多公司以及您自己的安全或消防组织应该能够提供充分的培训，实践培训是无可替代的。

## 28.7 移动消防设备

除固定设备和灭火器外，石油设施中通常还有一系列便携式消防设备，我们这里就不做详细介绍了。这些关键设备包括：

1）消防泵车

2）快速灭火消防车：有油箱和消防炮或软管，可能是泡沫。

3）便携式消防炮：可以连接到软管并设置为冷却设备。

4）泡沫泵。

5）紧急医疗救护车。

6）大功率消防卡车：可投射 12000～15000GPM（约 45000～57000L/min）

其中一些设备可能由所在工厂拥有，有些人员可能来自当地的消防部门，有些人员可能会与附近的工厂达成互助协议。

远离其他工厂的设施往往在移动式消防设备中更加自给自足，并且可与当地社区的消防能力更加完全融合。

## 28.8 防火保护和消防计划

我们一直关注炼油和石油加工的消防设备。除非有特殊的消防和消防计划来管理火灾紧急情况，否则使用消防保护系统的各种设施发挥不出最佳效果。

除火灾外，大多数设施的应急管理系统还包括其他紧急情况，所以要能够面对所有类型的紧急情况。在这里，我们将描述在美国常用的标准应急管理系统，可能有一些本地特色，但基本具有普适性。

1）事故应急指挥官：制定总体应急目标和战略；批准资源订购和分配；批准应急行动计划。

2）业务执行：协助制定战略；分配和监督完成应急目标所需的资源。

3）计划：提供状态更新；管理计划流程，生成应急行动计划。

4）后勤：订购资源；制定交通、通讯、医疗计划。

5）财务/行政：开展成本分析，确保 IAP 在财务范围内；在事故应急指挥官的指导下制定合同；支付账单；编写外部报告。

### 28.8.1 应急指挥系统（ICS）

石油加工设备中最常见的应急指挥系统（ICS）如图 28-3 所示。ICS 系统是一个标准化的组织和责任，代表最佳实践。这是美国国家事故管理系统（NIMS）的一个关键特征。该系统可用于火灾、泄漏、医疗紧急情况或需要快速响应的任何其他类型的情况。

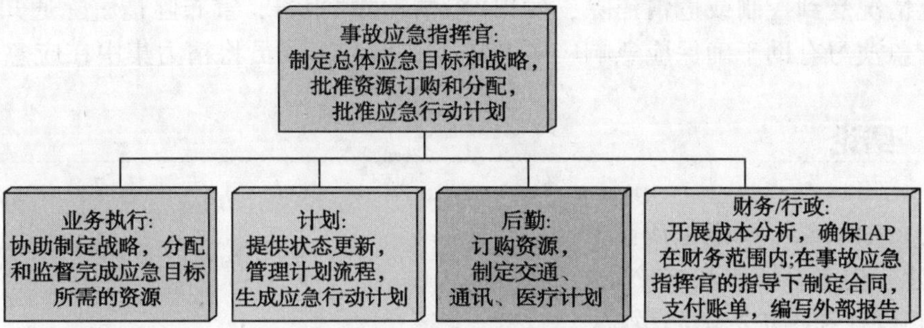


图 28-3 应急指挥系统简图

在该系统中，一个人被指定为应急指挥官(IC)。这通常是一个特定的人，最初在现场，具有一定理论知识，接受过培训，并有权制定灭火计划和成功管理事件响应的能力。如果公共应急响应组织(如城市消防部门或联邦政府)参与其中，通常他们会在现场承担事故指挥。

给应急指挥官提供帮助的组织机构主要提供如下：

1）运营支持：帮助决定做什么和执行计划。

2）计划部分：管理计划。

3）后勤部分：获取执行计划所需的资源。

4）财务/行政部门：跟踪成本，将计划保持在财务限额内，支付账单，编写外部报告。

该系统还应该很好地处理火灾和爆炸响应，以及其他应急情况。

**28.8.2 通知系统和程序**

讨论到目前为止，我们还没有提到的是在发生火灾或其他紧急情况时通知工厂人员。

所有设施都有紧急通知系统(ENS)，以防发生火灾、泄漏或其他可能使人员处于危险之中的情况。ENS 通常由激活警报的人员或通过拨打有人员 100%值守的紧急号码激活。

应报告紧急情况的性质和位置，并提供附加信息(通常要记录在案)，然后接收呼叫的人员启动警报，同时启动事故应急指挥系统。在医疗事件中，可能不会发出一般警报，但会启动应急指挥系统。在某些情况下，警报只是一个单元的本地警报，需要适当的、不太广泛的响应。对于那些有无线通信的人和有公共广播系统的装置，可以更详细地公布紧急情况的性质。

工厂警报通常是可听见的，还包括视觉警报。对于不同类型的紧急情况，声音警报可能不同。通常至少有三种类型的声音通知，每种警报都有不同的声音：

1）火警：用于火灾、爆炸或其他情况覆盖。

2）疏散警报：主要用于泄漏。

3）险情解除。

现场的所有人员，包括承包商和访客，都应该接受过如何在听到警报时做出响应的培训。非必要人员、访客和承包商通常被撤离现场或离开单位，避开紧急区域。然而，在某些情况下，可能需要“就地避难”(即去具有专门设计的防爆建筑物内以实现隔离)，所有检维修作业许可通常都会被警报取消。

第一响应者将与事故应急指挥官一起前往应急位置以评估问题并开始处置。同时，在安全的地方，应急指挥系统的其他成员开始他们的支援工作。

当紧急情况受到控制或危情消除，发出“险情解除”报告，宣布险情解除通知。

定期应急演习有助于确保应急响应顺利进行，有利于成员将精力集中在应急事件上。

## 28.9 结论

完整的石油加工厂设施包括：

1）设计、构造、操作和维护完好的设备。

2）精心设计和维护的消防系统。

3）充足和完整的灭火器。

4）适当的可移动消防设施。

5）完善的报警系统。

6）由经过培训的人员组成的应急响应方案。

具备这些条件后，工厂应该：①能够避免火灾或爆炸；②能够处理火灾、爆炸或任何其他紧急情况(如果确实发生)。

## 参考文献

National Fire Protection Association, *Guidelines: Fire Extinguishers*, NFPA 10, 2002 edition, IFC 2008. Quincy, MA, USA, (2002)

Texas A&M University, *Fire Extinguishers: Are You Prepared?* (Texas A&M Engineering Extension, Bryan, TX, USA, 2012)

# 第 5 篇

# 参考资料

# 第 29 章　石油加工的工艺设备

## 29.1　简介

本章讨论石油炼制工业中常见设备。文中论述的大多数设备同样适用于其他工业。了解相关的设备知识对提高炼厂设计、操作和事故处理水平是必不可少的。本文将设备和设计方法分为六类，分别涉及以下几个主要方面：

1）容器：容器、塔、分馏塔、汽包、分离器、储存器、缓冲罐。

2）泵：离心泵、容积泵。

3）压缩机：离心式、轴流式、往复式、回旋式.

4）换热器：管壳式、双管式、空气冷却器、箱式冷却器、直接接触式换热器。

5）加热炉：卧式炉、立式炉。

6）压降计算：管道、固定床、单相流体、两相流体。

主要内容包括：对不同设备类型的描述，针对各种设备的深入讨论，及其设计特点的讨论。这里同时还列举一些提交给设备制造商的示例数据表。这些数据表出自每个装置的“机械产品目录”或者“数据手册”，包含设备规格以及详细的材质及生产制造规程。这些文件由设备供应商提供，包含在设备档案内。其中还包含其他内容，如详细安装信息、开工步骤、日常保养步骤等。如今大多数炼厂里，这些目录都保存在电脑或微型存储器上，也有一些以纸质形式保存。

## 29.2　容器和塔

本节介绍大多数炼厂中常见的压力容器，包括：塔、分液罐和分离器、缓冲罐。储罐已在本手册中“场外设施”一章中详细讨论过。

### 29.2.1　分馏塔、塔盘和填料

29.2.1.1　板式塔

在化工设备中，塔的成本一般占总费用比例较高。因此，精心解决这类设备的问题非常有必要，这不但包括开展实际的设计工作，而且还包括评估他人的设计方案。塔通常作为一种单元操作用于分馏、萃取或吸收过程。塔的内构件有塔板或填料。两种类型的塔都包含以下结构：入口分布器，出口管口，仪表接口以及检修通道(如人孔或者手孔)。下面主要介绍板式塔。

(1) 塔板类型

现在通常使用的塔板有三种类型：泡罩塔板、筛孔塔板、浮阀塔板。

1）泡罩塔板

这种塔板曾经被广泛使用，直到20世纪50年代中后期，它的统治地位才被更廉价的筛板和浮阀塔板所取代。泡罩塔板上分布一系列的升气管，其上覆盖边缘有齿缝的泡罩。图29-1显示了两种类型的泡罩，一种用于一般的分馏过程，另一种用于减压蒸馏过程。气相通过升气管上升至泡罩，然后穿过泡罩边缘的齿缝或者在某些情况下会穿过泡罩底部的槽口。液相在塔板上积存，液层要高于泡罩槽口或齿缝。气相因此被分散为均匀的小气泡与液相进行接触。气液两相接触充分实现质量和热量传递，从而达到分馏的效果。

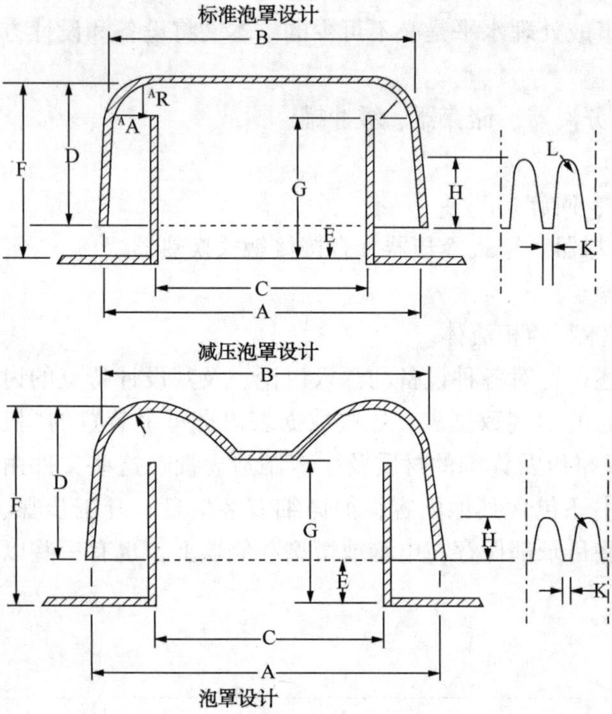


| 尺寸 | 6″ | 6″凸 | 4″ | 6″凹 |
|---|---|---|---|---|
| A | 6″ | 6″ | 4″ | 6″ |
| B | 5 3/4″ | 5 3/4″ | 3 3/4″ | 5 3/4″ |
| C | 4″ | 4″ | 2 1/2″ | 4″ |
| D | 2 3/4″ | 2 3/4″ | 2 1/3″ | 2 3/4″ |
| E | 5/6″ | 3/4″ | 1/2″ | 3/4″ |
| F | 3 3/6″ | 3 1/2″ | 2 5/6″ | 3 1/2″ |
| G | 2 3/4″ | 2 1/2″ | 2 1/4″ | 2 1/2″ |
| H | 1 3/6″ | 1 3/8″ | 1″ | 3/4″ |
| J | 5/6″ | 5/6″ | 3/6″ | 1″ |
| K | 5/32″ | 5/32″ | 5/32″ | 5/32″ |
| L | 5/32″ | 5/32″ | 1/8″ | 5/32″ |
| 齿缝数 | 28 | 28 | 20 | 28 |
| 总齿缝面积/泡罩/$ft^2$ | 0.105 | 0.105 | 0.047 | 0.056 |
| 泡罩下外围面积/$ft^2$ | 0.082 | 0.098 | 0.044 | 0.098 |
| 总有效齿缝面积/$ft^2$ | 0.187 | 0.203 | 0.091 | 0.154 |
| 升气管面积/$ft^2$ | 0.087 | 0.087 | 0.034 | 0.087 |

图29-1 泡罩设计

① 处理能力：较高，且效率高。

② 效率：在较宽广处理能力范围内保持高效率。

③ 雾沫夹带：由于是气泡喷射方式，雾沫夹带现象比穿流式塔板严重。

④ 操作弹性：对气相和液相负荷都有较大的操作弹性。溢流堰可以保持一定高度的液层。

⑤ 应用：基本所有条件都可以适用，除结焦和有聚合物生成的工况。对于这样的工况，需要采用挡板或圆环折流板或格栅式塔板。

注意：由于这种塔板上会积累相对高的液层，因此和其他类型塔板相比，会产生更大的压降。在减压操作的条件下选择塔板需要重点考虑这一因素。

⑥ 塔板间距：通常在18~24in。在减压条件下，一般控制在30~36in。

2）筛孔塔板

筛板的结构最简单。塔盘上有许多筛孔，通过在金属盘上按合理的布局开孔制造而成。气相从塔盘下方穿过筛孔上升和流过塔盘的液相混合接触。气液相之间混合均匀，充分进行质量和热量传递，达到分馏的效果。液相流过塔盘边缘的溢流堰，通过降液管到达下一层塔盘。

① 处理能力：在设计气液比下，处理能力高于泡罩塔板。当气液比低于设计值60%时，性能迅速下降。

② 效率：在1~1.2倍设计气液比范围内能保持较高效率。当气液比在设计值50%~60%时，效率会迅速下降，主要原因是漏液，也就是液体通过塔盘上的筛孔泄漏下去。

③ 雾沫夹带：严重程度只有泡罩塔板的1/3。

④ 操作弹性：不适合在变负荷条件下操作。

⑤ 应用：适用于大多数高气液相处理量大的质量传递过程。在处理悬浮固体和其他杂质方面表现较好。

⑥ 塔盘间距：小于泡罩塔板。尽管部分设备可以选择10~12in，但一般情况间距不小于15in。在减压条件下，20~30in较为合适。

3）浮阀塔板

浮阀塔板上降液管作为液相通道，带浮阀的孔作为气相通道。孔一般是圆形或者长方形，浮阀通过一定长度的支腿安装于孔上，可在有限的范围内移动。图29-2和图29-3为Glitsch栅板塔盘所使用的不同类型的浮阀以及浮阀塔板。

浮阀塔板是目前化工行业中使用最为广泛的类型。这种塔板效率高，与筛板和泡罩塔板相比，有更大的操作弹性。它和筛板相比的唯一缺点是它的成本略高，和泡罩塔板一样不适合处理含杂质过多的物料。浮阀塔板的其余内容将与浮阀塔一并分析讨论。

（2）板式塔的尺寸计算

板式塔的高度是由塔板数量、塔底液面高度和塔板间距共同决定的。如需达到分馏或吸收的效果，塔板数量取决于该过程的热力学机理。该方面内容在本书“常减压蒸馏和轻烃分馏”一节中详述。

塔径的选择主要根据塔内气液相流动状态和塔板类型。下面主要讨论如何确定浮阀塔的塔径。

1）快捷计算法

① 快捷计算法步骤：当评估成本预算或者工厂初步设计研究时，可以采用便捷计算法对塔径进行合理的估算。具体的计算步骤如下：

步骤1：建立塔内负荷最大的关键塔板上的气液相流量，相关数据可以通过热平衡计算得到（详见“炼厂中的常减压蒸馏装置”和“石油加工中通过蒸馏从原油中回收轻烃”两个章节）。关键塔板包括：顶层塔板，侧线抽出塔板，中间回流抽出塔板，底层塔板。

(a)

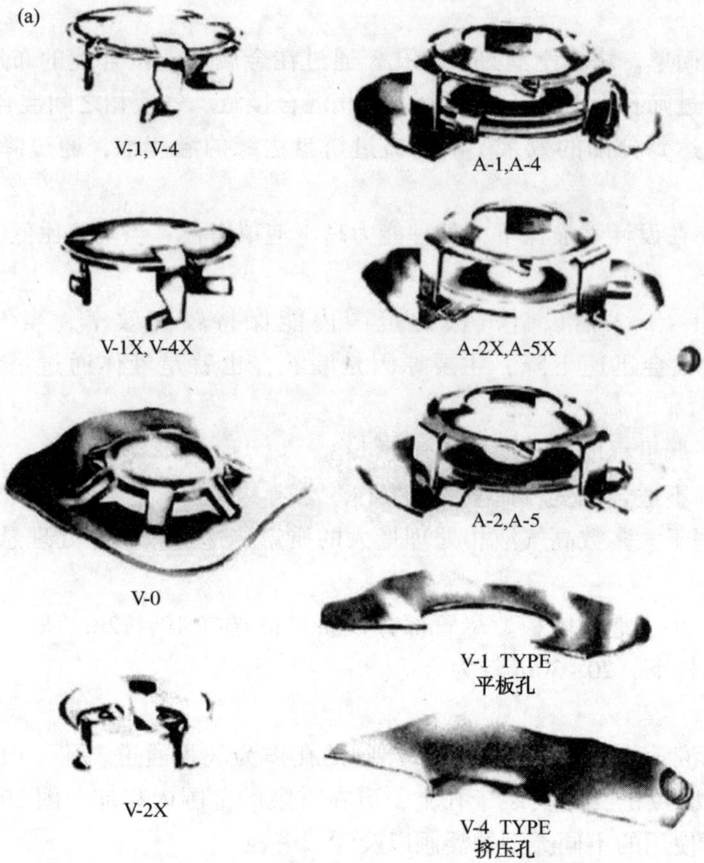


（b）重盘式浮阀说明

V-0：固定式浮阀，与V-1全开口型外观相似，适用于适当的操作弹性且希望成本最小的情况。

V-1：通用标准尺寸浮阀，适用于所有工况。阀腿与阀体为一整体，安装于厚度大于5/8″的塔盘上。

V-2：与V-1外观相似，但阀腿与阀体是焊接连接，以使漏液量更小。采用焊接阀腿可以将重盘式浮阀安装于任意厚度和尺寸的塔盘上。大尺寸浮阀通常作为泡罩的代替品。

V-3：与V-2功能相近。区别之处在于阀腿从泡罩中心延伸出来。

V-4：塔盘表面开孔设计成文丘里孔，目的是为了降低浮阀入口和折返区的附加压降。通常情况塔盘均采用这种开孔，但是V-2和V-3型能够用于特殊用途。采用这种开孔的塔盘最大允许厚度为10个滚距（标准厚度单位）。

V-5：V-0与V-1的组合体。适用于操作弹性小且低成本情况。

A-1：塔盘开孔上配备可完全关闭的轻量化孔盖。具有独立托盘，使塔盘和孔盖完全匹配，实现两种状态的切换。

A-2：与A-1型类似，但无孔盖。

A-4：A-1型与文丘里孔相结合，可降低压降。

A-5：A-2型与文丘里孔相结合。

V系列重盘式浮阀标准尺寸的直径为1.875″。V-2和V-3浮阀最大尺寸可达6″。

图29-2　重盘式浮阀类型

步骤 2：计算塔板上实际的气相体积流速(cuft/h)。然后用总气相质量流速来计算气相密度(lb/cuft)。

步骤 3：根据热平衡来计算塔板温度下的液相密度(lb/cuft)。

步骤 4：选择塔板间距。开始使用 24in 的间距。从图 29-4 中查出液泛线上的 $K$ 值，代入公式：

$$G_f = K\sqrt{\rho_v \times (\rho_l - \rho_v)} \tag{29-1}$$

式中 $G_f$——液泛状态下气相质量流速，lb/h；

$K$——常数，查图 29-4 液泛线；

$\rho_v$——塔板条件下的气相密度，lb/cuft；

$\rho_l$——塔板条件下的液相密度，lb/cuft。

步骤 5：一般推荐用 0.82 乘以液泛时的质量流速来作为设计值。用气相质量流速除以实际气相流速(lb/h)得出塔板面积。根据面积得到塔板直径。

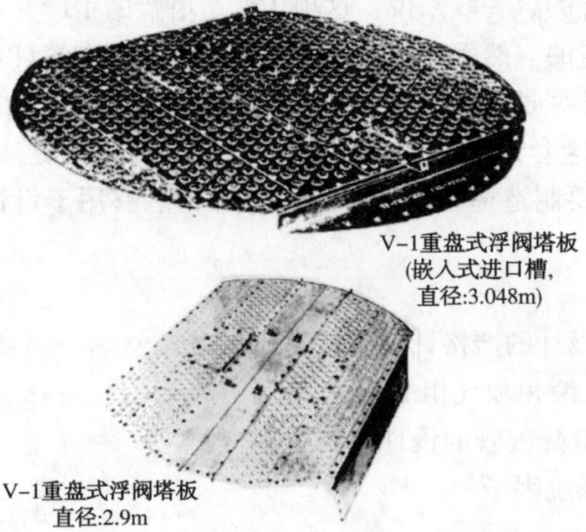


图 29-3 阀盘—Glitsch 重盘式浮阀

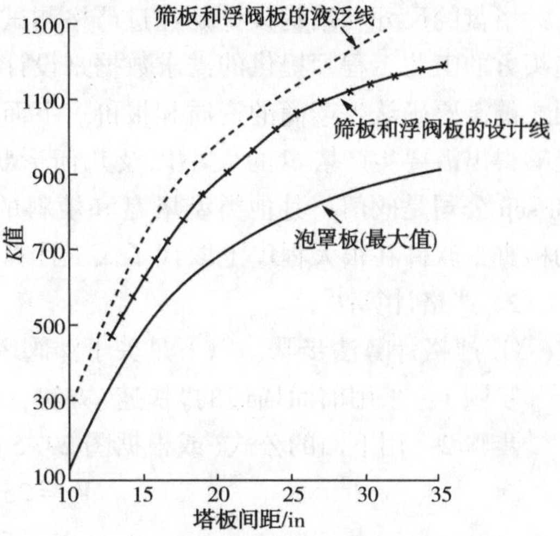


图 29-4 塔板间距工与 $K$ 系数关系图

② 快捷计算法实例：根据下表中气液两相负荷计算塔的直径。

| 进入塔盘的气相 | | | 离开塔盘的液相 | | |
|---|---|---|---|---|---|
| 参数 | 数值 | 单位 | 参数 | 数值 | 单位 |
| 质量流量 | 47700 | lb/h | 流量(60℉) | 119.7 | GPH |
| 摩尔流量 | 929.7 | mol/h | 实际体积流量 | 153 | GPH |
| 实际体积流量 | 7.83 | ACFS | 实际体积流量 | 0.339 | CFS |
| 气相密度 $\rho_v$ | 1.69 | lb/cuft | 质量流量 | 33273 | lb/h |
| 温度 | 167 | ℉ | 液相密度 $\rho_l$ | 27.3 | lb/cuft |
| 压力 | 220 | psia | 温度 | 162 | ℉ |

塔板假定为浮阀型，间距假定为24in。

从图29-4可查出，液泛点的$K$值为1110。塔板条件下$\rho_v=1.69$lb/cuft，用下面公式计算在塔板条件下气相密度$\rho$：

$$\rho=\frac{\mathrm{wt/h}\times 520\times p}{378\times 14.7\times \mathrm{mol/h}\times T}$$

式中 $p$——塔盘的压力，psia。

$T$——塔盘温度(朗氏温度)，°R，=°F+460。

$$\rho_1=27.3\mathrm{lb/cuft}$$

$$G_f=1110\sqrt{1.69\times(27.3-1.69)}=7302\mathrm{lb/(h\cdot ft^2)}$$

$$\text{塔盘面积82\%的液泛}=\frac{47700}{0.82\times 7302}=7.97\mathrm{ft}^2$$

则：直径$d=3.18$ft 约39″

塔盘的尺寸和结构设计是经过严格测试检查的。一般来说，这项工作是塔盘的生产商根据买方的工艺工程师提供的需求数据来设计制造的。然而，在这个过程工艺工程师在签订合同之前需要确认生产商的资质和报价。下面的计算过程为这一目的提供了一套严谨的方法，能够得出需要生产塔盘的大小以及几何形状。这套计算方法基于Glitsch公司开发的方法，Glitsch公司是阀门、其他类型塔盘和填料的主要制造商。计算机模拟软件也能够用于设计的检查，软件在很大程度上取代了人工计算。

2）严格计算法

① 严格计算法步骤：以下是关于浮阀塔盘设计的严格计算方法的介绍内容。

步骤1：采用前面描述的"快速"方法，建立液相和气相流量。

步骤2：用下面的公式(或根据图29-5)计算降液管的设计速率$V_{dc}$：

$$V_{dc}=250\times\text{系统因子} \tag{29-2}$$

$$V_{dc}=41\times\sqrt{\rho_1-\rho_v}\times\text{系统因子} \tag{29-3}$$

$$V_{dc}=7.5\times\sqrt{TS}\times\sqrt{\rho_1-\rho_v}\times\text{系统因子} \tag{29-4}$$

式中 $TS$——塔盘的间距，in；

使用设计流速的最低值，gpm/ft$^2$；

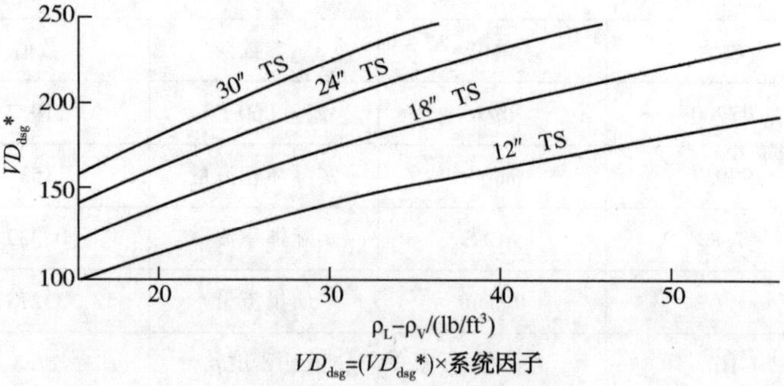


图29-5 降液管设计速度

降液管的系统因子见表 29-1。

**表 29-1 降液管系统因子**

| 项目 | 系统因子 | 项目 | 系统因子 |
| --- | --- | --- | --- |
| 不发泡的常规系统 | 1.0 | 重度发泡(乙二醇胺) | 0.73 |
| 氟系统 | 0.9 | 严重发泡(MEK 单位) | 0.6 |
| 中度发泡(胺单位) | 0.85 | 泡沫稳定系统(烧碱再生) | 0.3 |

步骤 3：使用图 29-6 来计算气相容量因子(CAF)。

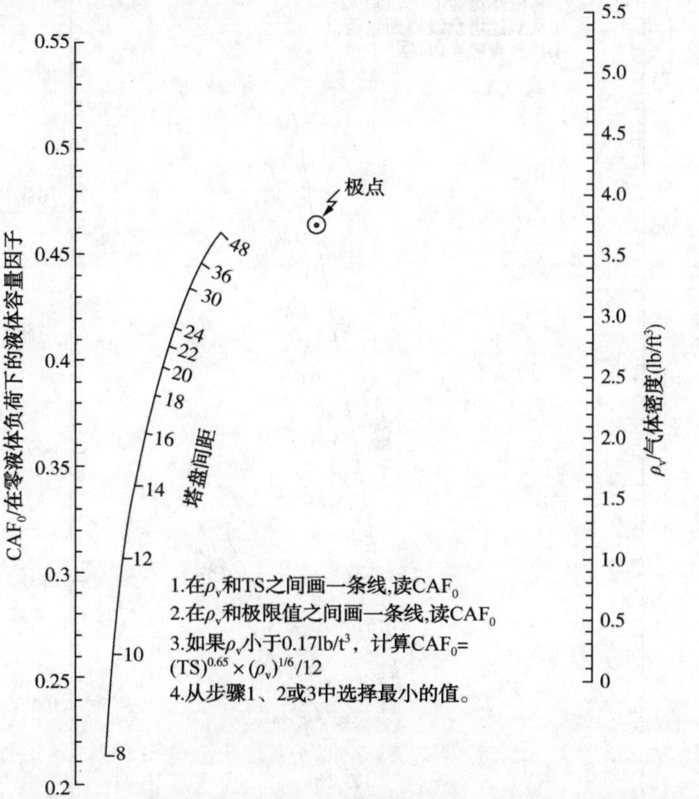


图 29-6 浮阀塔板的液泛能力

$$CAF = CAF_0 \times \text{系统因子} \tag{29-5}$$

式中的系统因子见表 29-2。

**表 29-2 气相系统因子**

| 项目 | 系统因子 | 项目 | 系统因子 |
| --- | --- | --- | --- |
| 不发泡的常规系统 | 1.0 | 重度发泡 | 0.73 |
| 氟系统 | 0.9 | 严重发泡 | 0.6 |
| 中度发泡 | 0.85 | 泡沫稳定系统 | 0.3~0.6 |

步骤 4：使用以下公式计算蒸汽负荷。

$$V_1=CFS\sqrt{\rho_v(\rho_1-\rho_v)} \tag{29-6}$$

式中 *CFS*——实际的蒸汽流量，cuft/s。

步骤 5：使用图 29-7 所示来设计塔的直径。在高于大气压工作的情况下，塔盘的间距通常使用 18in、24in 或者 30in 的规格。大型的减压塔塔盘的间距会在 30~36in 的范围。需要注意的是，如果塔盘的设计参数没有符合其他参数标准，那么塔盘的直径可能会增加。

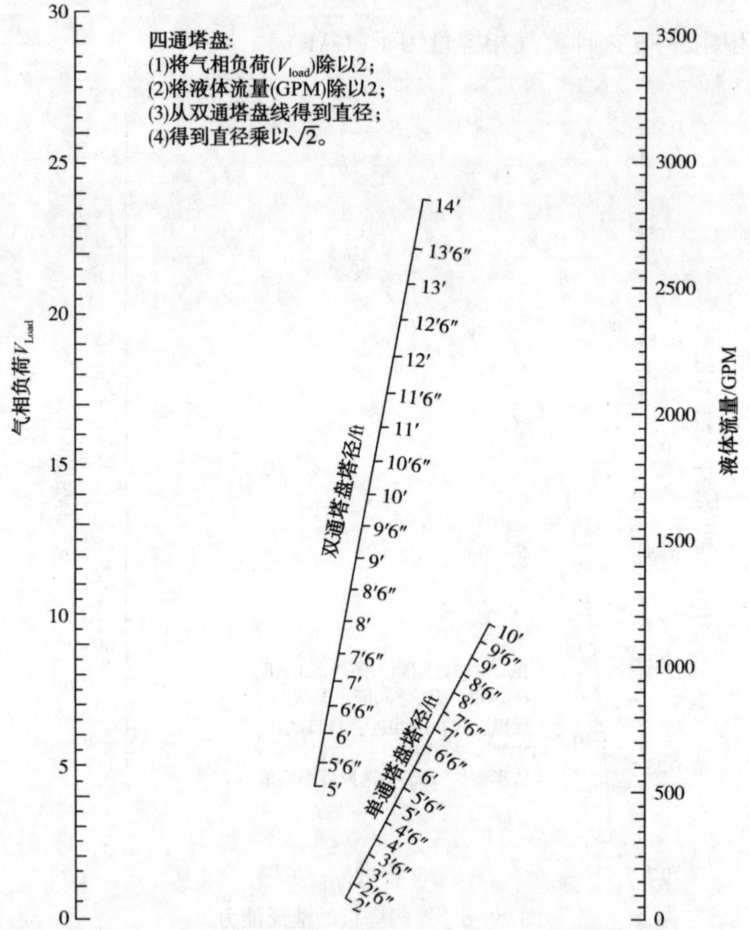


图 29-7 塔盘直径与蒸汽负荷的对应参数

步骤 6：根据步骤 5 得出的塔盘直径和以下公式，计算大致的流路长度(FPL)：

$$FPL=9\times DT/NP \tag{29-7}$$

式中 *FPL*——流路长度，in；

*DT*——塔盘直径由步骤 5 得到，ft；

*NP*——溢流的数量，对于液相负荷不大的小塔径来说，这个参数为 1；对于大塔径来说，这个值取决于降液管中的液相流速，最大的溢流数为 4。

步骤 7：用以下的公式计算塔的最小有效面积($AA_m$)：

$$AA_m = \frac{V_1 + (L \times FPL/13000)}{CAF \times FF} \tag{29-8}$$

式中 $AA_m$——最小有效面积，$ft^2$；

$V_1$——气相负荷，CFS；

$L$——液体流量，GPM；

$FPL$——流路长度，in；

$CAF$——由步骤3得到的能力因子；

$FF$——液泛因子，通常为80%~82%。

步骤8：使用以下公式计算最小降液管面积($AD_m$)：

$$AD_m = \frac{L}{V_{dc} \times 0.8} \tag{29-9}$$

式中 $AD_m$——最小降液管面积，$ft^2$；

$L$——实际液体流量，GPM；

$V_{dc}$——从步骤2中得到的降液管设计流速。

注意：用该公式计算的降液管最小面积，降液管液相速度应该在0.3~0.4ft/s的范围内。

步骤9：使用以下公式计算塔的最小横截面积：

$$AT_m = AA_m + 2AD_m \tag{29-10}$$

或

$$AT_m = \frac{V_1}{0.78 \times CAF \times 0.8} \tag{29-11}$$

式中 $AT_m$——最小横截面面积，$ft^2$。

步骤10：使用以下公式计算实际降液管面积：

$$AD_c = \frac{AT \times AD_m}{AT_m} \tag{29-12}$$

式中 $AD_c$——实际降液管面积，$ft^2$；

$AT$——根据步骤5中计算的直径来计算出塔的塔面积，$ft^2$。

步骤11：确定降液管宽度($H_i$)(本章附录1中所示)。对于多通路塔盘，使用以下公式：

$$H_i = WF \times \frac{AD}{DT} \tag{29-13}$$

式中 $H_i$——单个降液管的宽度，in；

$WF$——宽度因子，见表29-3；

$AD$——总的降液面积，$ft^2$；

$DT$——实际的塔盘直径，ft。

**表29-3 降液管面积和宽度因素的分配**

| | ←——总降液管面积的分数——→ | | | |
|---|---|---|---|---|
| 溢流数 | $AD_1$ | $AD_2$ | $AD_3$ | $AD_4$ |
| 1 | 各占5% | 1.0 | — | — |
| 2 | 各占0.34% | — | 0.66 | — |
| 3 | 各占0.25% | 0.5 | 0.5 | — |

续表

| 总降液管面积的分数 | | | | |
|---|---|---|---|---|
| 4 | 0.2 | — | 0.4 | 0.4 |
| 宽度因数（$WF$） | | | | |
| 溢流数 | $H_4$ | $H_5$ | $H_7$ | |
| 1 | 12.0 | — | — | |
| 2 | — | 8.63 | — | |
| 3 | 6.0 | 6.78 每次通过 | — | |
| 4 | — | 5.66 | 5.5 | |

多溢流塔盘中降液管的配置如图 29-8 所示。

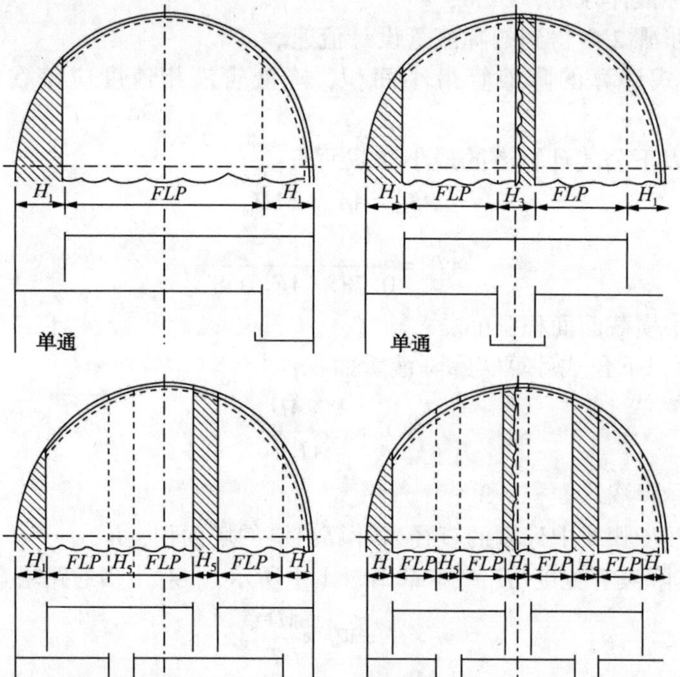


图 29-8　塔盘类型

步骤 12：由下式计算实际 $FPL$：

$$FPL=\frac{12\times DT-(2H_1+H_3+2H_5+2H_7)}{NP} \tag{29-14}$$

式中　$H_{1\sim7}$——每一个单独的降液管的宽度，见图 29-8；

$NP$——溢流数量。

步骤 13：利用步骤 12 和本章附录 1 计算的 $H$ 值计算实际有效面积($AA$)，建立多溢流塔盘降液管的入口面积。

$$AA = AT - (2AD_1 + AD_3 + 2AD_5 + 2AD_7)$$

式中 $AA$——实际有效面积，$ft^2$；

$AT$——实际塔盘面积，$ft^2$；

$AD_{1\sim7}$——是多溢流塔盘相应 $H_{1\sim7}$ 的每一个降液管面积，$ft^2$。

步骤 14：根据之前各步骤中得到的数据，来计算实际的液泛百分比或者是液泛因子($FF$)。使用以下公式来计算：

$$液泛百分比 = \frac{V_1 + (L \times FPL/13000)}{AA \times CAF} \times 100\% \tag{29-15}$$

步骤 15：假定有效面积中每平方英尺有 12~14 个单位(孔)，计算气相孔速 $V_h$，得出：

$$V_h = \frac{CFS \times 78.5}{NU} \tag{29-16}$$

式中 $V_h$——孔速，ft/s；

$CFS$——实际的汽相流量，cuft/s；

$NU$——开孔总数。

步骤 16：根据以下公式计算干燥塔板的压力降：

① 部分浮阀打开： $\Delta P_D = 13.5 t_m \rho_m / \rho_l + K_1 (V_h)(\rho_v / \rho_l)$ (29-17)

式中 $\Delta P_D$——液相在干浮阀塔板压力降，英寸液柱；

$t_m$——浮阀的厚度，in，见表 29-4；

$\rho_m$——浮阀的金属密度，lb/cuft，见表 29-4；

$K_1$——压降系数，见表 29-4。

**表 29-4 压降系数(Glitch 重盘式塔盘)**

| | | $K_2$塔板厚度/in | | | |
|---|---|---|---|---|---|
| 规格类型 | K1 | 0.074 | 0/104 | 0.134 | 0.25 |
| V1 | 0.2 | 1.05 | 0.92 | 0.82 | 0.58 |
| V4 | 0.1 | 0.68 | 0.68 | 0.68 | — |

| 厚度 | | 浮阀材料密度 | |
|---|---|---|---|
| 规格 | 钢材厚度/in | 金属 | 密度/(lb/ft³) |
| 20 | 0.37 | 碳钢 | 400 |
| 18 | 0.5 | 不锈钢 | 500 |
| 16 | 0.6 | 镍 | 553 |
| 14 | 0.074 | 合金 | 550 |
| 12 | 0.104 | 钛 | 283 |
| 10 | 0.134 | 镍基耐腐蚀合金 | 560 |
| | | 铝 | 168 |
| | | 铜 | 560 |
| | | 铅 | 708 |

② 浮阀全开： $\Delta P_D = K_2 (V_h)^2 \rho_v / \rho_l$ (29-18)

式中 $K_2$——压降系数，见表 29-4。

步骤 17：使用以下公式计算塔盘总的压降：

$$\Delta P=\Delta P_D+0.4(L/L_{wi})^{0.87}+0.4H_w \tag{29-19}$$

式中 $\Delta P$——液相塔盘总压降，in；

$L_{wi}$——堰的长度，in，见附录1；

$H_w$——堰的高度，in，通常为1~2。

步骤18：计算降液管内液体的高度：

① 计算降液管下面的压头损失($H_{UD}$)，这里$H_{UD}$为$0.65(V_{UD})^2$。$V_{UD}$由CFS或者gpm/450中的液体流速除以降液管下的面积来计算的。用堰长乘以堰高得出面积。对于大多数普通塔盘，这个速度应该在0.3~0.6ft/s左右。

$$H_{dc}=H_w+0.4(L/L_{wi})^0.67+(\Delta P+H_{UD})[\rho_1/(\rho_1-\rho_v)] \tag{29-20}$$

式中 $H_{dc}$——降液管内液体的高度，in，通常来说，该值不能超过塔盘间距的50%。

② 严格计算法实例：

该示例中，采用与“快速计算”示例中相同的液相和气相流量和数据。计算目的是要确定塔径、塔盘压降和配置参数，以及在给定的设计流量下的液泛百分比。

计算下导管设计速度$V_{dc}$：在该实例中系统因子给定为1。

$$V_{dc}=250\times1.0=250$$

或 $$V_{dc}=41\times(\rho_1-\rho_v)\times1.0=41\times5.06\times10=207 \tag{29-21}$$

或 $V_{dc}=7.5\times TS\times(\rho_1-\rho_v)\times1.0=7.5\times4.9\times5.06\times1.0=186\text{gpm/ft}^2$($TS$=板间距=24″)

或 $$V_{dc}=188，(查图29-5)，取V_{dc}=186\text{gpm/ft}^2 \tag{29-22}$$

气相能力因子$CAF$：

系统因子为1，根据图29-6，$CAF$为0.43。实际气相负荷$V_1$：

$$\begin{aligned}V_1&=CFS\sqrt{\rho_v/(\rho_1-\rho_v)}\\&=7.83\sqrt{1.69/(27.3-1.69)}\\&=2.01\text{cft/s}\end{aligned} \tag{29-23}$$

塔盘直径估算$AT$：

根据图29-7：$V_1$=2.01ft/s，$TS$=24in，$L$=153gpm。塔内径=3.25ft=39in，面积=8.30ft²，估算液流路径长度$FPL$为：

$$FPL=\frac{9\times39}{通过次数}\times12=29.25\text{in}$$

计算最小有效面积$AA_m$：

$$\begin{aligned}AA_m&=\frac{V_1+(L\times FPL/13000)}{CAF\times FF}\\&=\frac{2.01+(153\times29.25/13000)}{0.43\times0.8}(液泛因子FF取80\%)\\&=3.01\text{ft}^2\end{aligned} \tag{29-24}$$

计算最小降液管面积$AD_m$：

$$AD_m=\frac{L}{V_{dc}\times0.8}=\frac{153}{186\times0.8}=1.028\text{ft}^2 \tag{29-25}$$

计算最小塔盘横截面面积：

$$AA_m+2AD_m=3.01+2.056=5.066ft^2 \quad (29-26)$$

或
$$\frac{V_1}{0.78\times CAF\times 0.8}=7.49ft^2 \quad (29-27)$$

取其中较大的值 7.49$ft^2$。最小的直径为 3.09ft，即 37in。

计算实际降液管面积 $AD_c$：

$$AD_c=\frac{AT\times AD_m}{AT_m}=\frac{8.3\times 1.028}{7.49}=1.14ft^2 \quad (29-28)$$

降液管面积或者塔面积(附录 1 中的“$A$”) = $AD/AT=1.14/8.30=0.137$

从附录 1 查得“$R$”为 0.197，而：

$$H=0.197\times 3.25=0.633ft=7.6''DC_{宽度}$$

重新计算流量路径长度 $FPL$：

$$FPL=12\times D_t-2H=12\times 3.25-(2\times 7.6)=23.8in \quad (29-29)$$

根据实际降液管面积重新计算有效面积：

$$AA=AT-2AD=8.3-2.28=6.02ft^2(\text{大于允许的最小值}) \quad (29-30)$$

检查液泛百分比：

$$\text{液泛百分比}=\frac{V_1+(L\times FPL/13000)}{AA\times CAF}\times 100\%$$

$$=\frac{2.01+(153\times 23.8/13000)}{6.02\times 0.43}\times 100\%$$

$$=88.0\%(\text{这对于设计来说有点高，但是可以接受}) \quad (29-31)$$

检查降液管流速：

液相体积流量 = 0.34cfs

降液管面积 = 1.14$ft^2$

降液管内液体流速 = 0.34/1.14 = 0.3ft/s

计算压降以及降液管液体高度：

干燥塔盘压力降：

半开浮阀：

$$\Delta P_D=1.35t_m\rho_m/\rho_l+K_1(V_h)^2(\rho_v/\rho_l)$$

$$V_h=\frac{7.83\times 78.5}{72}=8.5ft/s(\text{假设每平方英尺 AA 有 12 个单位}) \quad (29-32)$$

$$\Delta P_D=1.35\times 0.74''\times(490/27.3)+(0.2\times 72.25\times 0.062)$$
$$=2.69''$$

全部打开浮阀：

$$\Delta P_D=K_2(V_h)^2\cdot(\rho_v/\rho_l)$$
$$=0.92\times(8.5)^2\times 0.062$$
$$=4.12'' \quad (29-33)$$

塔板总压降：

$$\Delta P=\Delta P_D+0.4(L/L_{wi})^{0.67}+0.4\times H_w \quad (29-34)$$

$H_w$(堰高度)固定为2″，$L_{wi}$(降液管长度)由附录1计算得出为30.9″，则：

$$\Delta P=4.12+0.4\times(153/30.9)^{0.67}+0.89''=6.09''$$

降液管液体高度：

$$\begin{aligned}H_{dc}&=H_w+0.4(L/L_{wi})^{0.67}+(\Delta P+H_{UD})[\rho_l/(\rho_l-\rho_v)]\\&=2+0.4\times1.16+(6.09+0.405)(27.3/25.61)\\&=10.08''(\text{为塔盘间距的}42.0\%\text{，可以接受})\end{aligned} \tag{29-35}$$

($H_{UD}$的计算基于降液管出口面积为$L_{wi}\times2''$，由此确定流速为0.339*CFS*除以0.429ft$^2$，得到0.79ft/s，$H_{UD}=0.65\times(0.79)^2=0.405$)。

以桁架线与液体流动平行，计算塔盘布局所需浮阀的实际数量：

$$\text{行数}=\left[\frac{FPL-8.5}{0.5\times\text{基准数}}+1\right]NP \tag{29-36}$$

式中　基准数——开孔的间距，通常为3.0″、3.5″、4.0″、4.5″或者6.0″。

$$\frac{\text{开孔数}}{\text{每行}}=\frac{WFP}{5.75\times NP}-(0.8\times\text{梁的数量})+1 \tag{29-37}$$

如果桁架线与液体流动垂直：

$$\text{行数}=\left[\frac{FPL-(1.75\times\text{桁架数}-6.0)}{2.5}\right]NP \tag{29-38}$$

$$\text{单元数/行}=\frac{WFP}{\text{基准数}\times NP}-(2\times\text{主梁数})+1 \tag{29-39}$$

式中　*WFP*——液流路径宽度，in，为*AA*×144/*FPL*。

取3.5in的孔间距，计算出桁架与液体流动方向平行的塔盘上的行数为9.7，每一行的开孔数为8.73，得出有效面积上的浮阀总数为84.7。这样，每平方英尺有效面积的浮阀数量为14。如果该数量定为12的话，那么设计条件会更苛刻一些，也是可以接受的。

计算汇总结果如下：

塔径=3.25ft或39in。
降液管面积=1.14ft$^2$(单溢流)。
有效面积=6.02ft$^2$。
液泛百分比=88%。
塔盘间距=24in
降液管液体高度=塔板间距的42.0%。
浮阀数量=85。
行数=10。
浮阀间距=3.5in。

#### 29.2.1.2　填料塔和填料塔尺寸

虽然板式塔通常是分馏和吸收应用的首选，但在许多情况下，填料塔是更好的选择。例如，在直径小于3ft的小直径塔上，填料塔通常更便宜，在维护、制造和安装方面更实用。另一方面，以格栅和叠层填料床的形式进行填料，在某些情况下已经取代了直径高达30ft的减压蒸馏塔中的塔盘。这是因为这类填料具有比塔盘更低的压降。

塔内的填料可以随机装填，也可以按照规定的结构装填。对于 10~15ft 的塔高，通常采用倾倒装填或者随机自然装填。高于这一尺寸，根据其应用场合，可以按照堆叠或结构方式安装填料。由于实际原因，以及为避免压碎床底填料，填料可以分床层安装。根据经验，每个填料床层的高度应该在 15ft 左右。对于大多数填料床层来说，20ft 应该是一个最大值。

良好填料装填的特性如下：

1）每单位体积应具有较高的表面积。

2）填料的形状应能在与液相和气相或两个液相(如萃取)进行有效接触时提供高百分比的面积。

3）填料应具有良好的液相分布质量。

4）应具有重量低但单元强度高的特点。

5）应具有较低的压降，但较高的传质系数。

表 29-5~表 29-7 给出了商业上可买到的各种常见填料的一些数据。图 29-9 显示了典型填料塔的局部布局。注：该塔设有设计用于气体分布器的支架，以及在床层之间设置的中间堰式液体分布器。

**表 29-5 普通填料的物理性能**

| 填料类型 | 尺寸/in | 壁厚/in | 外径和长度 | 每立方英尺的大致填料数量 | 每立方英尺的大致重量 | 大致表面积/($ft^2/ft^3$) | 空隙体积/% |
|---|---|---|---|---|---|---|---|
| 拉西环(陶瓷) | 1/4 | 1/32 | 1/4 | 88000 | 46 | 240 | 73 |
| | 5/16 | 1/16 | S/16 | 40000 | 56 | 145 | 64 |
| | 3/8 | 1/16 | 3/8 | 24000 | 52 | 1SS | 68 |
| | 1/2 | 1/32 | 1/3 | 10600 | 54 | 111 | 63 |
| | 1/2 | 1/16 | 1/2 | 10600 | 48 | 114 | 74 |
| | S/8 | 3/32 | 3/8 | 5600 | 48 | 100 | 68 |
| | 3/4 | 3/32 | 3/4 | 3140 | 44 | 80 | 73 |
| | 1 | 1/3 | 1 | 1350 | 40 | 58 | 73 |
| | 1~1/4 | 3/16 | 1~1/2 | 680 | 43 | 45 | 74 |
| | 1~1/2 | 1/4 | 1~2/3 | 375 | 46 | 35 | 68 |
| | 1~1/2 | 3/16 | 1~1/2 | 385 | 42 | 38 | 71 |
| | 2 | 1/4 | 2 | 162 | 38 | 28 | 74 |
| | 2 | 3/16 | 2 | 164 | 35 | 29 | 78 |
| | 3 | 3/8 | 3 | 48 | 40 | 19 | 74 |
| 拉西环(金属) | 1/4 | 1/32 | 1/4 | 88000 | 150 | 236 | 69 |
| | 5/16 | 1/32 | 5/6 | 45000 | 120 | 190 | 75 |
| | 5/16 | 1/16 | 5/16 | 43000 | 198 | 176 | 60 |
| | 1/2 | 1/32 | 4/2 | 11800 | 77 | 128 | 84 |
| | 1/2 | 1/16 | 1/2 | 11000 | 132 | 118 | 73 |
| | 19/32 | 1/32 | 19/32 | 7300 | 66 | 112 | 86 |
| | 19/32 | 1/32 | 19/32 | 7000 | 120 | 106 | 7S |
| | 3/4 | 1/32 | 3/4 | 3400 | 55 | 84 | 88 |

续表

| 填料类型 | 尺寸/in | 壁厚/in | 外径和长度 | 每立方英尺的大致填料数量 | 每立方英尺的大致重量 | 大致表面积/($ft^2/ft^3$) | 空隙体积/% |
|---|---|---|---|---|---|---|---|
| 拉西环（金属） | 3/4 | 1/16 | 3/4 | 3190 | 100 | 72 | 78 |
| | 1 | 1/32 | 1 | 1440 | 40 | 63 | 92 |
| | 1 | 1/16 | 1 | 1345 | 73 | 57 | 85 |
| | 1~1/4 | 1/16 | 1~1/2 | 725 | 62 | 49 | 87 |
| | 1~1/2 | 1/16 | 1~1/2 | 420 | 50 | 41 | 90 |
| | 2 | 1/16 | 2 | 180 | 38 | 31 | 92 |
| | 3 | 1/16 | 3 | 53 | 25 | 20 | 95 |
| 拉西环（碳） | 1/4 | 1/16 | 1/4 | 85000 | 46 | 212 | 5 |
| | 1/2 | 1/16 | 1/2 | 10600 | 27 | 114 | 74 |
| | 3/4 | 1/8 | 3/4 | 3140 | 34 | 75 | 67 |
| | 1 | 1/3 | 1 | 1325 | 27 | 57 | 74 |
| | 1~1/4 | 1/16 | 1~1/4 | 678 | 31 | 45 | 69 |
| | 1~1/2 | 1/2 | 1~1/2 | 392 | 34 | 37 | 67 |
| | 2 | 1/5 | 2 | 166 | 27 | 28 | 74 |
| | 3 | 5/16 | 3 | 49 | 33 | 19 | 78 |
| 贝尔马鞍（陶瓷） | 1/4 | — | — | 113000 | 56 | 274 | 60 |
| | 1/2 | — | — | 16200 | 54 | 142 | 63 |
| | 3/4 | — | — | 5000 | 48 | 82 | 66 |
| | 1 | — | — | 2200 | 4S | 76 | 69 |
| | 1~1/2 | — | — | 580 | 38 | 44 | 75 |
| | 2 | — | — | 250 | 40 | 32 | 72 |
| 矩鞍环（陶瓷） | 1/4 | — | — | 117500 | S4 | 300 | 75 |
| | 1/2 | — | — | 20700 | 47 | 190 | 78 |
| | 3/4 | — | — | 6500 | 44 | 102 | 77 |
| | 1 | — | — | 2385 | 42 | 78 | 77 |
| | 1~1/2 | — | — | 709 | 37 | 60 | 81 |
| | 2 | — | — | 265 | 38 | 36 | 79 |

**表 29-6　用于 HETP 方程的系数**

| 填料类型 | 填料尺寸/in | $K_1$ | $K_2$ | $K_3$ |
|---|---|---|---|---|
| 拉西环 | 0.375 | 2.10 | 0.37 | 1.24 |
| | 0.500 | 0.853 | 0.24 | 1.24 |
| | 1.000 | 0.57 | 0.10 | 1.24 |
| | 2.000 | 0.52 | 0.00 | 1.24 |
| 鞍形 | 0.500 | 5.62 | 0.45 | 1.11 |
| | 1.000 | 0.76 | 0.14 | 1.11 |
| | 2.000 | 0.56 | 0.02 | 1.11 |

表 29-7 推荐的填料尺寸

| 填料类型 | 塔直径/ft | | | | |
|---|---|---|---|---|---|
| | 1.0 | 2.0 | 3.0 | 4.0 | +5.0 |
| 拉西环 | 0.5 | 0.75 | 1.00 | 1.5 | 3.00 |
| 贝尔马鞍 | 0.75 | 1.50 | 2.00 | 2.00 | 3.00 |
| 矩鞍环 | 0.75 | 1.50 | 2.00 | 2.00 | 3.00 |
| 鲍尔环 | 1.00 | 1.50 | 2.00 | 2.00 | 3.00 |

关于填料塔的其他要点如下：

① 回流比、流量、理论塔板或输送装置的数量的计算方法与板式塔相同。

② 填料塔需要安装内部液体分布器，以确保液体在整个塔床上有良好分布。

③ 填料床由格栅支撑。这些需要特别设计，以确保良好液体和气相流动。

④ 在填料塔的设计中，必须注意填料应该一直被液相“润湿”，填料制造商通常为他们的填料给出一个最低润湿率，这通常是在每平方英尺的塔横截面约 2.0~2.5gpm 的液体。大多数公司更希望这个最小值在 3.0~3.5gpm/$ft^2$ 左右(表 29-5 和表 29-6)。

(1) 设计填料塔的尺寸

确定塔的高度与计算特定分离所需理论塔板数的方法相同，这些已经在上面介绍的章节中讨论过了。通常情况下，这个计算是通过计算机模拟软件来进行的，然后计算出相当于一个理论塔盘的填料高度，从而确定填料的总高度。在这一高度基础上，加上分布器、塔盘支撑等所需空间，就可以确定塔的总体高度。

塔体直径的计算方法要考虑良好的传质和传热，以及最小化雾沫夹带。板式塔的液泛原理同样适用于填料塔。对于填料塔的直径以及填料层高度的计算步骤如下：

步骤 1：检查塔内气相和液相流量，以确定塔内负荷最大的关键区域。通常这是在吸收塔的底部或者分馏塔的顶部或底部。

步骤 2：确定关键塔段的温度和压力条件。这通常是通过泡点和露点的计算来完成的，如本手册导论章所述。即

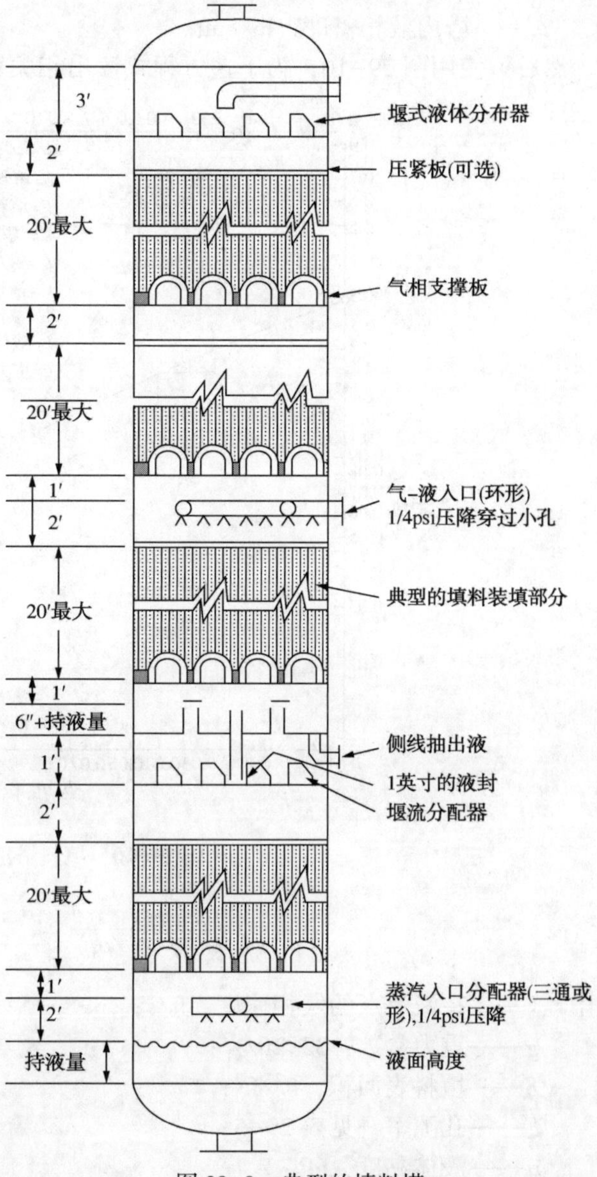

图 29-9 典型的填料塔

塔底液相泡点(分馏塔或吸收塔)决定塔底条件，塔顶蒸汽露点计算决定塔顶条件。

步骤 3：建立关键塔板条件下的液相和汽相组成。参考本书《炼油厂中的常减压原油蒸馏装置》章节，用于确定吸收塔和分馏塔中的气相和液相。在关键塔段条件下计算这些物流的密度、质量流量、摩尔流量、黏度等性质。也可以使用计算机模拟软件来实现计算这些参数。接下来使用表 29-7 参数来计算选择填料类型和尺寸。

步骤 4：从计算直径开始确定塔的尺寸。首先，计算以下数值：

$$(L/G)\sqrt{(\rho_v/\rho_1)} \tag{29-40}$$

式中 $L$——液相质量负荷，lb/(s·ft$^2$)；

$G$——汽相质量负荷，lb/(s·ft$^2$)；

$\rho_v$——塔内气相密度，lb/cuft；

$\rho_1$——塔内液相密度，lb/cuft。

然后，使用图 29-10，为下述方程式读出相关数值：

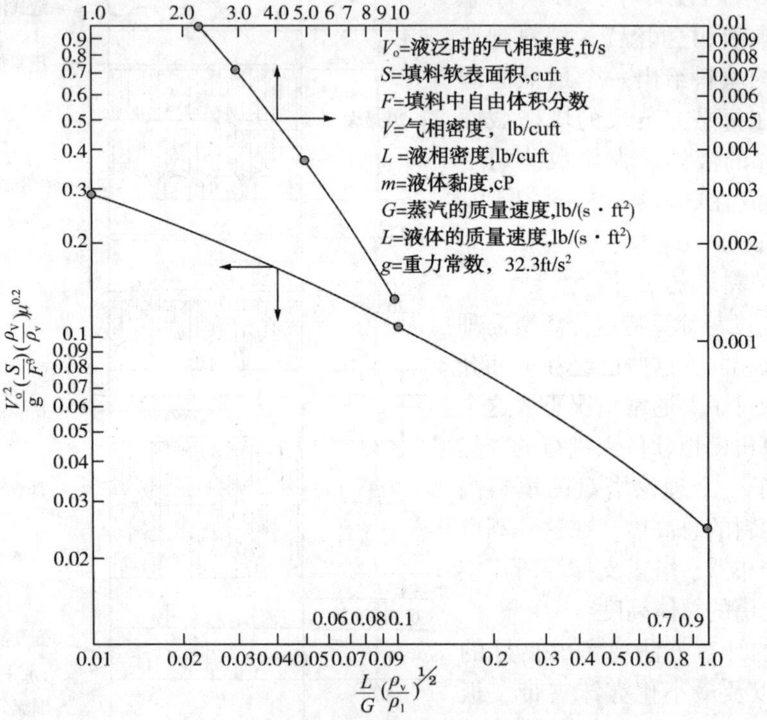


图 29-10 填料塔液泛条件

$$(L/G)\sqrt{(\rho_v/\rho_1)} = \frac{V^2 \cdot S \cdot \rho_v \cdot \mu^{0.2}}{gF^3\rho_1} \tag{29-41}$$

式中 $V$——在液泛点的气相速度，ft/s；

$g$——重力常数，32.2ft/s$^2$；

$S$——填料表面积，ft$^2$/ft$^3$；

$F$——孔隙率，见表 29-5；

$\mu$——液体黏度，cP。

步骤 5：根据步骤 4 中的公式计算出气相速度 $V$ 的数值。这就是在液泛点的气相表观速度。按照80%的液泛设计，$V$ 乘以0.8。

步骤6：将塔内气相的总体积流量(cuft/s)除以0.8$V$，得出塔的横截面积($ft^2$)。利用该面积计算塔直径。

步骤7：接下来是确定塔的高度。理论塔板的数量由计算机模拟软件来计算或者是由本书“炼油厂中的常减压原油蒸馏装置”中描述的吸收或分馏计算来确定。接下来需要确定的是板式塔的实际数量或填料塔的填料高度。我们这里是要解决后者的问题。

下一步是建立相当于一个理论塔板的填料高度 *HETP*。

步骤8：*HETP* 使用以下公式来计算：

$$HETP = K_1 \cdot G_h^{K_2} \cdot D^{K_3} \cdot \frac{62.4 \times \alpha \times \mu^2}{\rho_1} \tag{29-42}$$

式中 $K_{1,2,3}$——表29-6中的参数；

$D$——塔直径，in；

$\alpha$——液相中更易挥发组分的相对挥发度(见步骤9)；

$\mu$——黏度，cP；

$G_h$——汽相质量流速，lb/(h·$ft^2$)。

步骤9：为确定相对挥发度 $a$，选择贫液和富气中的轻关键组分。相对挥发性是富液中最轻的主要组分的平衡常数除以轻关键组分的平衡常数。求出 *HETP* 值，并将其乘以理论级数，得出总的填料高度。计算机软件也可以进行计算。

步骤10：根据填料总高度确定所需的填料床层数量。填料床层之间需要有足够的空间用于蒸汽/液体再分布和支撑板。图29-9可以作为这方面的指导。塔高为填料床层之和、内部分布器、填料支撑板、蓄液高度和气相沉降分离空间的总和。

(2) 填料塔计算实例

在这个示例中，吸收单元的理论塔板数量由设定为4。给定“富”气和贫液的组成，并用以测定富液和贫气的组成和含量。以下计算中使用的数据如下：从吸收塔底部流出的富液452.66mol/h，进入塔底的富气1018.35mol/h，它们各自的组成和条件如下：

富气组成：

| | 摩尔组成 | 摩尔质量 | 质量 |
|---|---|---|---|
| $H_2$ | 0.467 | 2.0 | 0.93 |
| $C_1$ | 0.190 | 16.0 | 3.40 |
| $C_2$ | 0.059 | 30.0 | 1.77 |
| $H_2S$ | 0.242 | 34.0 | 8.24 |
| $C_3$ | 0.604 | 44.0 | 1.32 |
| $iC_4$ | 0.006 | 58.0 | 0.35 |
| $nC_4$ | 0.006 | 58.0 | 0.35 |
| 合计 | 1.000 | 16.0 | 16.00 |

温度=95℉；压力=175psia

$$V = \frac{378 \times 14.7 \times 555}{175 \times 520} = 33.89 ft^3$$

$$\rho_v = 16/33.89 = 0.473 lb/cuft$$

富液组成：

| | 摩尔组成 | 摩尔质量 | 质量组成 | lb/gal | 体积组成 |
|---|---|---|---|---|---|
| $H_2$ | 0.004 | 2.0 | 0.002 | — | — |
| $C_1$ | 0.013 | 16.0 | 0.208 | 2.5 | 0.083 |
| $C_2$ | 0.016 | 30.0 | 0.480 | 2.97 | 0.162 |
| $H_2S$ | 0.092 | 34.0 | 3.128 | 6.56 | 0.477 |
| $C_3$ | 0.028 | 44.0 | 1.232 | 4.23 | 0.291 |
| $iC_4$ | 0.011 | 58.0 | 0.638 | 4.68 | 0.136 |
| $nC_4$ | 0.013 | 58.0 | 0.754 | 4.86 | 0.155 |
| $C_9$ | 0.823 | 128.0 | 105.344 | 6.02 | 17.499 |
| 合计 | 1.000 | | 111.786 | 5.95 | 18.803 |

温度=95℉，60℉下的$SG$=0.715，95℉下的$SG$=0.696，95℉下的$\rho_1$=43.3lb/cuft，则：

$$(L/G)\sqrt{(\rho_v/\rho_1)}=\frac{V^2\cdot S\cdot\rho_v\cdot\mu^{0.3}}{gF^3\rho_1} \tag{29-43}$$

式中 $V$——液泛点的汽相速度，ft/s；

$g$——32.2ft/s；

$S$——填料表面积，$ft^2/ft^3$，本题中为36$ft^2/ft^3$；

$F$——孔隙率(见表29-5)，本题中为0.79；

$\mu$——液体黏度，本题中为0.56cP。

则：

$$(L/G)\sqrt{(\rho_v/\rho_1)}=\frac{50670}{16325}\times\left[\frac{0.473}{43.3}\right]^{1/2}=0.324$$

从图29-10中得到，$x$=0.324时，$y$值为0.055，则：

$$\frac{V^2\times S\times\rho_v\times\mu}{g\times F^3\times\rho_1}=0.055$$

$$V^2=\frac{0.055}{0.022}=2.5$$

$$V=1.58\text{ft/s}$$

在80%液泛时 $V=1.58\times0.8=1.26$ft/s

$$总气相流量=16325\text{lb/h}=\frac{16325}{0.473}=34514\text{cuft/h}$$

$$=9.59\text{cuft/s}$$

$$横截面积=\frac{9.59}{1.26}=7.6\text{ft}^2$$

塔直径=3.1ft 约为3.25ft or39in，

计算$HETP$，使用2″贝尔马鞍型填料：

$$HETP=K_1\cdot G_H^{K_2}\cdot D^{K_3}\cdot\frac{62.4\times\alpha\times\mu_l}{\rho_1} \tag{29-44}$$

式中 $K_1$=0.56；

$K_2$=−0.2；

$K_3$=1.11；

$\alpha$为相对挥发度(忽略$H_2$和$C_1$在液体中的成分，视其为不凝物)；

关键组件是 $C_3$，$K_{C_2}/K_{C_3}=4.6/1.0=4.6$；

$G_H=16325/7.6=2148$ lb/(h·ft².)；D——塔径 39″。

则：
$$HETP=\frac{0.56\times39\times62.4\times4.6\times0.56}{(2148)^{0.02}\times43.3}$$
$$=25.83\text{ft/理论塔盘。}$$

用于分离的理论塔板数固定为 4 个，基于这 4 块理论塔板，填料总高度为 = 4×25.83 = 103ft，约为 100ft。将其分为 5 个填料床层，每个约 20ft，可以满足所需负荷要求。以图 29-9 为参考，塔高度可以根据以下公式计算：

底部切线到 *HLL*（蓄液高度）：液体将被送入汽提塔；因此，设至 *NLL* 的停留时间为 3min，然后 *NLL* = 6.9ft，取值 7.0ft，则 *HLL* = 10ft。

*HLL* 到进汽分配器：取值在 2.0ft。

分布器到底床填料支架：取值在 1.0ft。

底部填料床支架到该填料床顶部：装填高度为 20ft。

从最底部床层的顶部到下一级床层底部：取值为 3.0ft，以允许使用液体堰形分布器。

到最上层填料顶部的高度：填料高度为 4×20ft = 80ft。

4 个分布器为 12ft。

总高为 92ft。

最上层填料顶部到塔顶部的切线：设为 5ft，以放置液体分布盘和液体入口管。

从塔底部切线到顶部切线的总高度 = 130ft。

**29.2.2 罐和罐的设计**

罐可以是水平或垂直的容器。一般来说，罐的内部不会有像塔的分馏塔盘或填料那样的复杂内构件。但是，它们用于将一些物质从大股物料中分离，并且通常使用简单的挡板或金属丝网来最大限度地提高实现这一目标的效率。在工艺装置中，罐主要用于：去除气流中的液滴，（分液罐）；分离气相和液相流股；将轻液流股从重液流股中分离出来（分离器和澄清器）；在一个过程中提供合适的液体滞留时间的缓冲罐；减少往复压缩机的脉动。

罐也可用作生产过程中的小型中间储存容器。

（1）气体沉降分离器

最常见的用罐将气体通过沉降分离与液体分离的例子，是锅炉或余热蒸汽发生器的汽包。在这里，水通过一个加热器循环，在那里水被加热到沸点温度，然后被输送到一个分离罐。蒸汽在汽包中闪蒸，通过汽包水位以上空间的表观速度与液体分离。然后，蒸汽被输送到一个过热器，从而进入蒸汽总管。蒸汽过热器的性能取决于接受相当“干燥”的饱和蒸汽，即含有少量或无水滴的蒸汽。因此，汽包的分离机制至关重要。气体沉降分离器的设计取决于气体的速度和沉降分离区域。使用以下公式来表示：

$$V_c=0.157\sqrt{\frac{\rho_l-\rho_v}{\rho_v}} \tag{29-45}$$

式中 $V_c$——气体临界速度，ft/s；

$\rho_l$——液相密度，lb/ft³；

$\rho_v$——气相密度，lb/ft³。

用于计算蒸汽线速度的面积包括：卧式汽包高液位以上的垂直截面积；立式汽包的水平截面积。

允许的气体速度可能超过临界值，通常设计速度将在临界值的80%～170%之间变化。严重的夹带发生在临界速度250%以上。表29-8给出了各种工况的推荐设计速度。卧式汽包液面以上的最小蒸汽空间不应小于汽包直径的20%或12″，二者以较大的为准。

**表 29-8　一些典型的罐应用**

| 用途 | 液体缓冲和蒸馏 | 沉降罐 | 压缩机入口 | | 燃料气分液罐 | 汽包 | 水沉降分离罐 |
|---|---|---|---|---|---|---|---|
| | | | 离心式 | 往复式 | | | |
| 无CWMS的允许气体速度，$\%v_c$ | 170 | | 80 | 80 | 170 | — | 170 |
| 配有一个CWMS的允许气体速度，$\%v_c$ | | | 150 | 120 | | 100 | |
| 配有两个CWMS的允许气体速度 | | | — | — | | 150 | |
| 持液量受控于 | 水的沉降 | 沉降要求 | 10min液体停留时间 | | 冷凝液段应至少为20ft的体积 | 加热器和蒸汽管道容积的1/3 | 50ft/min水在烃类气体中沉降的最低速率 |
| | 最少仪表设置 | 最少仪表设置 | 从吸收塔吸入时 | | 若在吸收塔出口，需能接纳5min的贫吸收液循环量 | | 至低液位的最低高度1.5ft |
| | 控制过程 | 控制过程 | 对于制冷机，基于最大冷却单元的液体5min停留时间 | | | | |
| | 存量要求 | | | | | | |
| 罐正常位置 | 卧式 | 卧式 | 立式 | | 立式 | 立式 | 卧式 |
| 喷嘴入口类型 | 90°弯头 | 90°弯头 | T型分布器 | | 齐平式 | T型分布器或专有 | 90°弯头 |
| 出口气体 | 齐平式 | — | 齐平式 | | 齐平式 | 齐平式 | 齐平式 |
| 出口液体 | 齐平式 | 齐平式 | 齐平式 | | 齐平式 | 齐平式 | 齐平式 |

皱纹丝筛网(CWMS)是有效的夹带分离器，通常为此目的安装于沉降分离器中，以提高分离效率，因此可以容忍气体速度远高于临界值。对于即使一定程度的液体夹带也不能接受的工艺过程，它们也是一种保护措施。

CWMS现在可以与支撑板和安装配件一起作为套装提供。通常情况下，对于直径大于3ft的罐，应使用6in厚的开放式筛网。

（2）分液罐

对于这一用途的罐，其设计基于以下设置法则之一：

1）斯托克定律：

$$V=8.3\times10^{5}\times\frac{d^{2}\Delta S}{\mu}（适用于 Re<2.0 时）\tag{29-46}$$

2）中间定律：

$$V=1.04\times10^{4}\times\frac{d^{1.14}\Delta S^{0.71}}{S_{c}^{0.29}\times\mu^{0.43}}\text{（适用于 }Re=2\sim500\text{ 时）}\quad(29-47)$$

3）牛顿定律：

$$V=2.05\times10^{3}\times\left[\frac{d\Delta S}{S_{c}}\right]^{1/2}\text{（适用于 }Re>500\text{ 时）}\quad(29-48)$$

$$Re=\frac{10.7\times d\cdot V\cdot S_{c}}{\mu}\quad(29-49)$$

式中 $V$——沉降速度，in/min；

$d$——液滴直径，in；

$S$——液滴相对密度；

$S_c$——连续相相对密度；

$\Delta S$——两相之间的相对密度差；

$\mu$——连续相的黏度，cP。

表 29-9 可作为估计液滴尺寸的指导。

**表 29-9 液-液分离计算的典型液滴尺寸**

| 较轻相 | 较重相 | 最小液滴尺寸/in |
|---|---|---|
| 相对密度等于及小于 0.850 | 水 | 0.008 |
| 相对密度大于 0.850 | 水 | 0.005 |

沉降所需的滞留时间等于沉降罐内垂直距离除以沉降速率。表 29-8 给出了这种罐的典型用途。

经常可以用沉降挡板来减少滞留时间和液位高度。

(3) 缓冲罐

这种罐的类型、停留时间的计算和缓冲控制在本书“石油加工中的过程控制”章节的“总压降，包括高度和速度变化”这节有详细描述。

(4) 脉动罐

这种类型的罐将在本章关于往复式压缩机的部分中进行详细描述。

(5) 计算示例

为设计从蒸馏塔中提取烃类馏出物、水和未凝结烃类气相的回流塔，需要提供的尺寸、工艺数据、流量和罐条件如下：

气相：12000lb/h，摩尔质量 40，300mol/h；

馏分油产品：76650lb/h，100℉的相对密度 0.682；

回流液体：61318lb/h，100℉的相对密度 0.682；

水：17381lb/h；

罐温度：100℉；

罐压力：30psia。

罐是位于地面高度 45ft 的卧式罐。罐中液体送至另一个分馏装置作为原料，因此在低液位限制和高液位限制之间需要 15min 的停留时间。离开罐的气相通过压缩机输送到燃料气中，因此需要将液滴完全分离。水和油也必须完全分离。然而，由于水是从罐送至电脱盐罐，所以油从水的分离不是关键。

综合所有可能性，产品所需的缓冲容积将是本设计的决定因素。罐内的液位设置取决于水在烃相中的沉降。设计方案中需要检验气相分离是否正确。

解：

步骤1：计算馏分油所需的缓冲体积。

滞留时间=15min，则：

$$产品流量=\frac{76650\text{lb/h}}{0.682\times62.2}=1807\text{cuft/h}$$

$$缓冲体积=\frac{1807\times15}{60}=452\text{cuft}$$

那么液体的体积在高液位限制和低液位限制之间是452cuft。假设这是罐总容积的60%，则罐容积为452/0.60=753cuft。

采用长径比($L/D$)为3，直径和长度计算如下：

$$735=\frac{\pi\cdot D^2}{4}\times3D$$

解得：

$$D=\sqrt[3]{\frac{753\times4}{3\pi}}=6.8\text{ft}\approx7\text{ft} \tag{29-50}$$

$$L=3\times7.0=21\text{ft}$$

步骤2：计算水沉降速率。

使用“中间定律”：

$$V=1.04\times10^4\times\frac{d^{1.14}\Delta S^{0.71}}{S^{0.29}\times\mu^{0.43}} \tag{29-51}$$

由于 $d$ = 液滴直径 = 0.008in，$S_C$ = 连续相相对密度 = 0.682，$S_W$ = 水的相对密度 = 0.993，则：

$$\Delta S=0.311$$

所以

$$V=1.04\times10^4\times\frac{0.004\times0.44}{0.895\times0.78}$$

$$=29.2\text{in/min}$$

检查 $Re$ 数：

$$Re=\frac{10.7\times0.008\times29.2\times0.682}{0.56}=3.0$$，所以使用“中间定律”是正确的。

步骤3：确定底部切线和低液位限制之间的距离。

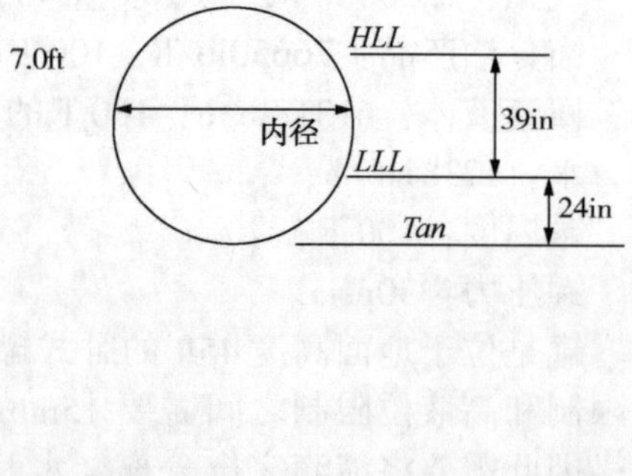


低液位限制以下应允许有足够的距离或者缓冲量，以便在低液位限制以下约10%处与底部切线之间发出低液位限制报警。剩余的缓冲量应足以为操作者提供时间采取紧急行动(如停泵)。

设低液位限制为2ft，则本段缓冲容积为：

$R=2/7=0.286$，由附录1查得0.237，截面面积$=0.237\times38.48=9.1\text{ft}^2$，容积$=21\times9.1=191$cuft。

$$总流量=产品量+回流量+水量$$
$$=3531.4\text{cuft/h}=58.86\text{cuft/min}$$

低液位限制以下的滞留时间=3.25min。

根据同样的计算，报警后的停留时间=2.9min，处于合理范围之内。

步骤4：检查水的沉降时间。

设低液位限制距离底部切线为2ft，低液位限制以下液体停留时间3.25min。

最小沉降时间要求：

$$\frac{\text{罐垂直高度}}{\text{沉降速率}}=\frac{24\text{in}}{29.2\text{in/min}}=0.82\text{min} \tag{29-52}$$

这是满足要求的。

步骤5：计算高液位限制HLL到低液位限制LLL的垂直高度。

到高液位限制的总容积HLL=191+452=643cuft

$$\text{高液位限制以上的面积 HLL}=\frac{808\text{cuft}-643\text{cuft}}{21\text{ft}}=7.58\text{ft}^2$$

使用本章附录1表：

$$\frac{A_D}{A_S}=\frac{7.58}{38.48}=0.197,\ R=0.251$$

$$r=0.251\times7.0=1.76\text{ft}$$

$$\text{高液位限制 HLL 与低液位限制 LLL 之间的高度}=7-(1.76+2.0)=3.25\text{ft}(39\text{in})$$

步骤6：检查气相分离空间。

$$V_c=0.157\sqrt{\frac{\rho_l-\rho_v}{\rho_v}} \tag{29-53}$$

式中 $V$——气相临界速度，ft/s；

$\rho_l$——液相密度，lb/cuft，取42.42；

$\rho_v$——气相密度，lb/cuft，取0.216；

$V_c$——2.28ft/s。

气相的实际速度为：高液位限制以上气相空间横截面积=7.58ft$^2$

$$\text{气相线速度}=\frac{59840}{7.58\times3600}=2.19\text{ft/s} \tag{29-54}$$

这是临界速度的96%。

罐的设计满足所有必要的限制要求。

### 29.2.3 压力容器规格设置

工艺工程师的职责包括制定所有容器的基本设计要求。这些数据包括：整体容器尺寸；用于制造的材质类型；温度和压力的设计和操作条件；由于工艺原因的保温要求；满足工艺条件的腐蚀余量和消除应力的要求；设备内构件的数据(如塔盘、填料等)；裙座高度；管口尺寸、等级和位置(不是朝向)。

用于设置塔和卧式容器规格的典型工艺数据表分别如图29-11~图29-13所示。这些数据表已经完成，以对应本章计算的示例。

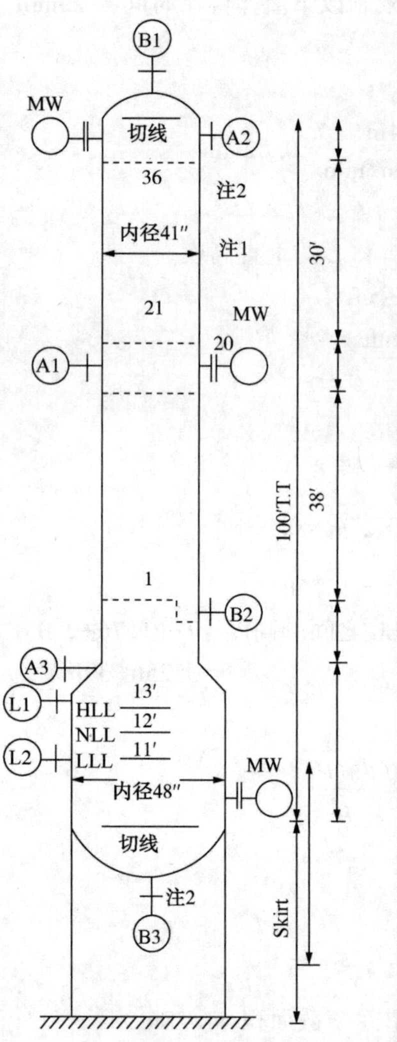


**设计条件**

压力　在490°F+237psig

真空　在345°F-7.0psia

低温　N/A°F ______ psia

最高液位 ______ 13.5 ______ ft

液体重量 0.805/60°F

**操作条件**

　158°F　顶部+205

压力　440°F　底部+212psig

真空　– 7.0psia N/A°F

低温　– N/A°FN/Apsia

氢分压　1.1psia

温度158°F时

| 材料 | | 腐蚀裕度 |
|---|---|---|
| 塔壳 | 碳钢 | 1/8" |
| 衬里 | 无 | △ |
| 内构件 | 碳钢 | 1/8" |
| 塔盘 | | 1/8" |
| 阀帽\浮阀 | | 1/8" |

| 描述 | 表观 | P |
|---|---|---|
| 填料 | 密度 | Psi |
| 催化剂 | N/A | |

除雾器　无

保温层 热 最小2″,冷N/A

过程无要求 ______

防火　是 ______ 否 X

**备注及特殊条件**

应力消除　是 ______ 否 X

(1)采用标准42″SCH'X'无缝钢管制造

(2)配置标准的分布器及防涡流器

(3)附件1-管口表

(4)附件2-塔盘数据

图 29-11　塔器的典型工艺数据表

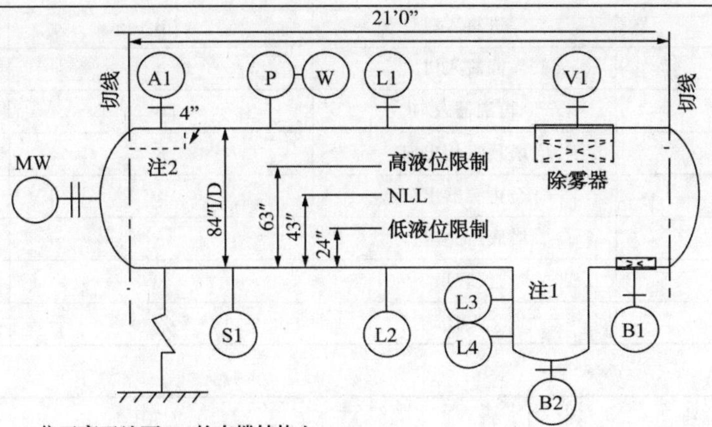


位于高于地面45ft的支撑结构上

| | | |
|---|---|---|
| 设计条件 | 压力 50 psig<br>氢分压 NLL psi<br>最大液位 70 in. | 真空 7.5 psia<br>温度 250 °F<br>设计汽相抽出<br>是 X 否 |
| 操作条件 | 压力 15 psig<br>正常液位 43 ins | 温度 100 °F |
| 腐蚀余量 | 壳体1/8in,集水箱1/4in. | |
| 材料 | 壳体 碳钢<br>内衬 (注3)<br>除雾器: 有 | 内构件 碳钢<br>填料 无 |
| 填料类型 | 无 | |
| 除雾器类型 | 金属丝网除雾器,<br>厚度4in | 保温<br>是 否 X<br>防火<br>是 X 否 |
| 液体比重 | 0.682,在100°F下 | 应力消除<br>是 否 |

注释和参考图纸

1.如图所示,切线至切线高度36″,内径24″

2.入口液体分布槽:8″×8″×4″高

3.壳内喷涂衬里至高液位限制(1½″厚),集水箱无衬里

图 29-12 卧式容器(罐)典型工艺数据表

(a)

| 编号 | 种类 | 口径/in | 法兰等级 |
|---|---|---|---|
| $A_1$ | 进料入口 | 6 | 150RF |
| $A_2$ | 回流入口 | 4 | 150RF |
| $A_3$ | 再沸器入口 | 6 | 300RF |
| $B_1$ | 塔顶汽相出口 | 8 | 300RF |
| $B_2$ | 至再沸器出口 | 4 | 300RF |
| $B_3$ | 塔底产品出口 | 3 | 300RF |
| $L_1L_2$ | 仪表口 | ¾ | 300RF |
| MW | 人孔 | 24 | 150RF |

(b)

| 容器位号 | C401 | |
|---|---|---|
| 容器名称 | 重整汽油稳定塔 | |
| 设计材料 | 不稳定轻烃 | |
| 塔内分区 | 上部塔盘 21~36 | 下部塔盘 1~20 |
| 分区塔盘数量 | 16 | 20. |
| 每个塔盘最大压降/psi | 0.25 | 0.25 |
| 塔盘条件 | 顶部第 30 层塔盘 | 底部第 1 层塔盘 |
| 气相 | | |
| 温度/℉ | 167 | 440 |
| 压力/psig | 205 | 212 |
| 密度/(lb/cuft) | 1.69 | 2.0 |
| 流量/(lb/h) | 47700 | 71.02 |
| ACFS | 7.83 | 9.8 |
| 液相 | | |
| 温度/℉ | l62 | 430 |
| 黏度/cP | 0.3 | 0.85 |
| 密度/(lb/cuft) | 27.3 | 38.2 |
| 摩尔重量 | 57 | 100 |
| 流量/(lb/h) | 33273 | 104，950 |
| 流量/(cuft/min) | 20.34 | 45.79 |
| 塔直径/ft | 3′3″ | |
| 塔盘溢流数 | 一个 | |
| 塔盘类型 | 浮阀 | |
| 塔盘间距/in | 24 | |

图 29-13 (a，b)附件 1 和 2(管口表和塔盘数据表)

(1) 容器草图

图 29-11 是一个轻烃回收分馏塔，只有一种塔盘直径(即它没有变径)。该塔包含 36 个浮阀塔板，塔板间距 24in，塔盘截面计算直径为 39in。

然而，这个直径被设计为内径 41in，这就可以用标准的 42″SCH“X”管道来满足，从而降低容器的成本。塔的整体尺寸是通过设置从切线到切线的塔高来完成的。在示例中，我们是这样做的：

$$塔盘截面高度=(塔盘数-1.0)\times 塔盘间距 \qquad (29-55)$$

分馏计算确定了该塔的 36 个实际塔板。因此，塔盘的总高度是(36-1)×24in=70ft。

在 20 层塔盘上再加 3ft，以便容纳进料分布器。那么塔盘的总高度是 73ft。

塔的底部必须满足液体缓冲的要求。由于塔体直径相对较小，所以底部塔板下方考虑扩径至直径为 4ft，进行缓冲。因为液体产品送至储罐，所以产品停留时间无需超过 3min。

从单元的物料平衡来看，塔底产品如下：

重量 117513lb/h，温度 440℉，密度(440℉)40lb/cuft。

因此，塔底热产品的实际体积流量为 48.96cuft/min。

产品将送至储罐，因此只需 2~3min 的缓冲时间。这里正常液位限制设置为 3min 缓冲。

$$正常液位总缓冲量=48.96\times 3=146.9\text{cuft}$$

$$缓冲区截面面积=\pi/4\times 4^2=12.6\text{ft}^2$$

$$切线上方正常液位限制的高度=\frac{146.9}{12.6}=11.7\text{ft}\approx 12\text{ft}$$

液位范围是 24in，那么，高液位限制是高于 NLL 的 12+1=13ft。

设再沸器入口高于高液位限制 3ft，相当于高于切线 16ft。

在再沸器入口和底部塔板之间再留出 3ft 的空间，以便为高液位上方的气相分离提供足够的空间。

在塔的顶部，必须在顶部塔盘和顶部气相出口之间留有空间，以容纳回流分布器和顶部塔盘上方气相的沉降分离空间。这里设置从塔顶塔盘到塔顶切线为 8ft。则：

总塔高度：从底部切线到底部塔盘=19.0ft。

塔盘区域 =73.0ft。

从顶部塔盘到顶部切线 =8.0ft。

总高度 =100.0ft。

现在将这些总体尺寸放入到容器图中，如图 29-11 所示。附表中包括管口的描述、尺寸和法兰等级，参考草图上的小圆圈。碳钢法兰等级表见表 29-10。建议使用最新的代码信息来验证这些参数值。

**表 29-10 碳钢法兰等级表**

| 法兰级别 | 150# | 300# | 400# | 600# | 900# |
|---|---|---|---|---|---|
| 应用温度/℉ | 最大操作压力/psig | | | | |
| 100 | 275 | 960 | 1440 | 2160 | |
| 150 | 255 | 710 | 945 | 1420 | 2130 |
| 200 | 240 | 700 | 930 | 1400 | 2100 |
| 250 | 225 | 690 | 920 | 1380 | 2070 |
| 300 | 210 | 680 | 910 | 1365 | 2050 |
| 350 | 195 | 675 | 900 | 1350 | 2025 |

续表

| 法兰级别 | 150# | 300# | 400# | 600# | 900# |
|---|---|---|---|---|---|
| 400 | 180 | 665 | 890 | 1330 | 2000 |
| 450 | 165 | 650 | 870 | 1305 | 1955 |
| 500 | 150 | 625 | 835 | 1250 | 1875 |
| 550 | 140 | 590 | 790 | 1180 | 1775 |
| 600 | 130 | 555 | 740 | 1110 | 1660 |
| 650 | 120 | 515 | 690 | 1030 | 1550 |
| 700 | 100 | 470 | 635 | 940 | 1410 |
| 750 | 100 | 425 | 575 | 850 | 1275 |
| 800 | 92 | 365 | 490 | 730 | 1100 |
| 850 | 82 | 300 | 400 | 600 | 900 |
| 900 | 70 | 225 | 295 | 445 | 670 |
| 950 | 55 | 155 | 205 | 310 | 465 |
| 1000 | 40 | 85 | 115 | 170 | 255 |

在简图上另外一种需要显示的尺寸是关于裙座的。这里，这个容器是现场安装在固定于混凝土地基的金属裙座上的。这个裙座的高度是由一些标准决定的。如果塔底产品由泵抽出，这个裙座的高度必须要适应泵口的吸入条件。在这些条件里，最重要的就是要满足泵的汽蚀余量(NPSH)要求。详情见本章的“泵”一节。通常，一个15ft的裙座高度能够满足大多数最大汽蚀余量的要求。关于裙座安装高度第二个需要注意的问题是热虹吸式再沸器所需的压头。如果是正在设计的新容器，通过合理设计出入再沸器的配管，15ft的裙座高度是能够满足要求的。

（2）设计条件

塔底操作压力为212psig，操作温度为440℉；塔顶操作压力为205psig，操作温度为158℉。因此，它属于压力容器类别，并会按照压力容器规范进行制造。这些规范里最常见的就是ASME规范的第1节或者第8节。在化工产业里大部分的容器是按照ASME第8节制造的。当容器制造、检查以及批准后，将会被盖章以证明其制造过程符合压力容器规范要求。

在装备规范及容器完整的工程与制造数据要求中，设计温度与压力条件是必须的。

1）设计压力：

设计压力是基于开启安全阀的最大操作压力加上适当的安全余量。表29-11提供了安全余量指南。

**表29-11 典型的容器操作与设计压力对照**

| 最高 | |
|---|---|
| 操作压力/psig | 设计压力/psig |
| 全部或部分真空 | 50 |
| 0~5 | 50 |
| 6~35 | 50 |
| 36~100 | 操作压力+15 |
| 101~250 | 操作压力+25 |
| 251~500 | 操作压力+10% |
| 501~1000 | 操作压力+50 |
| >1000 | 操作压力+5% |

在容器需要放空至火炬总管时，为了适应火炬背压，增加部分操作与设计压力的差值是有必要的。

2）设计温度：

表29-12可以用作最高与最低设计温度的指南。一些公司为了达到设计目标，会采用不降低允许应力值的最大温度，这样可以避免重新评价容器的压力等级。

**表29-12　容器的典型操作与设计温度对照**

| 最高 | |
|---|---|
| 操作温度/℉ | 设计温度/℉ |
| 环境温度~200 | 250 |
| 201~450 | 操作温度+50 |
| >450 | 50 |
| 容器 | |
| 225以内 | 250 |
| 226~600 | 操作温度+25 |
| >600 | 操作温度+50 |
| 最低 | 最低 |
| 操作温度/℉ | 设计温度/℉ |
| 15~环境温度 | 操作温度-25 |
| 14~-10 | 操作温度-20 |
| -10~-80 | 操作温度-10 |
| <-80 | 操作温度 |

注：很多时候，公司会采用他们自己的标准作为设计标准。如果没有公司内部标准，可以采用表29-12。

在正常蒸汽外排期间，如果塔意外关闭并且蒸汽阀关闭，塔内会出现真空条件。对于这样的偶发事件，可以在蒸汽饱和温度下设定塔内设计真空压力为7psia。如果不带来其他问题，一些企业或许也会按照塔内全真空作为设计压力。

3）低温：

这适用于需要制冷操作的塔(比如脱甲烷塔以及天然气液化厂)。也有由于迅速降压闪蒸造成0℃下的温度，这种情况是没有制冷设备的。如果这种情况可以持续数小时而且经常发生，需要将此操作条件纳入设备数据表，否则应在“备注和特殊条件”中做合适的标记。

4）最大液位：

最大液位为在操作条件下最大允许液位：要么激活高液位报警，要么关闭进料泵。选择的系统应适用于保护工厂的运行。这通常被称为HLL(高液位限制)，相当于1%~2%的缓冲容积。

5）液体相对密度：

采用液体相对密度作为缓冲容积的依据。这里的相对密度通常是被定义在60℉的温度下。如果使用其他温度，需指定此温度。

(3）操作条件

对于大多数分馏塔，会有两组显著不同的温度与压力条件，一组是对于塔顶，一组是对于塔底。两组条件在这里都必须引述。对于吸收塔，不一定出现同样的情况。

1）操作温度与压力

这里引用计算数据是因为它们也会出现在工艺流程图中。首先显示塔顶压力和温度，然后是塔底的条件。如果塔的尺寸是根据多个设计工况的数据确定，则显示塔顶部和塔底部计算的最高数值，还要在"备注和特殊条件"部分中注明所采用的基础工况。

2）其他操作数据

这里的真空条件仅适用于塔的正常运行压力低于大气压的情况。在这种情况下，需引述塔操作的最低压力及对应的正常操作温度。需要注意的是，在许多减压分馏塔中，全塔上下会有一系列操作条件要求，需要根据塔的关键位置分别提出相应的操作条件。这些位置为进料口（闪蒸区）、侧线抽出和中段回流、塔底以及塔顶抽出。

这里，低温和相应的压力仅适用于制冷装置。

3）氢分压

这个项目对冶金工作者来说非常重要，他们将根据氢分压选择用于制造分馏塔的金属等级。通常地，采用的氢分压将是在正常操作条件下存在于塔顶的氢分压。例如，图 29-11 中塔的尺寸设计所采用的露点温度计算是基于下面的塔顶气组成。

| 组分 | 摩尔分率 |
|---|---|
| $H_2$ | 0.005 |
| $C_1$ | 0.021 |
| $C_2$ | 0.117 |
| $C_3$ | 0.378 |
| $iC_4$ | 0.207 |
| $nC_4$ | 0.268 |
| $iC_5$ | 0.004 |
| 合计 | 1.000 |

塔顶压力为 220psia，温度为 158℉。

$$H_2\text{分压}=H_2\text{摩尔数}/\text{气体总摩尔数}\times\text{系统压力}=0.005/1.0\times220=1.1\text{psia} \quad (29-56)$$

4）材料和腐蚀裕量

工艺工程师与材料工程师共同制作一份能够满足工艺条件的材料类型初步规格。比如，在仅采用碳钢的情况下，工艺工程师会标识为"CS"。他通常不需要说明所使用钢材的级别，这是设备专家或冶金工作者的责任。但是如果工艺工程师具有所使用材料及其规格具有特殊的认知，他应该在数据表上进行注释。

这同样适用于腐蚀裕量。腐蚀裕量通常设为 1/8in，但是也有可能存在一些缓和的腐蚀条件，此时可使用较大的限值。

5）内构件的描述

这对于填料塔是不言自明的。对于板式塔，可以在工艺数据表首页上附上单独的数据表，其中包含足够的塔盘水力学计算和尺寸设计数据，如图 29-13 的附件中示出。

其他常见的内部构件，例如分配器、防涡器等，通常不会在本数据表中列出，而是通常由专门的设计单位负责，将基于这一工艺数据表完成设计并将相关数据添加到后续工程图纸中。

6）保温和防火

为了节能的保温要求由工艺工程师根据需要规定，设定合适的保温层厚度，稍后将由设备专家检查。对于防火，工艺工程师指出是否需要防火措施。工艺工程师在依据火灾条件选择安全阀规格时，需要把特定防火措施考虑在内。

7）备注和特殊条件

此栏是包罗万象的，可用于记录工艺工程师可能希望添加到数据表中的任何其他信息，以确保设备单元满足过程要求。减轻容器应力的问题对于容器的正确制造及其成本是最重要的条目。工艺工程师通常知道在规定的条件下处理工艺物料时是否有此需要。因此，他必须在数据表的这一部分中说明这一点。此栏目中的其他条目还应该包括数据表的附件清单。

用于定义卧式罐所要求的大多数工艺数据与塔的数据相同，并且已经针对图 29-11 讨论了这些数据。图 29-12 中示例包括的数据已经在此章节中计算过。然而，在数据表中，在容器的出口端增加了一个内径 2ft×高度 3ft 的“集水槽”以积聚水相，以便更好地控制其液位并使烃从水中分离出来。

## 29.3 泵

在石油以及其他过程工业里，泵分为两大类，分别为：可变扬程-容量型泵和容积式泵。

可变扬程-容量型泵包括离心泵和涡轮泵，而容积式泵包括往复泵和旋转泵。以下是每种泵类型的简要描述。

### 29.3.1 泵的类型

（1）离心泵

离心泵分为各种等级，都是通过一个或多个叶轮的旋转来泵送液体或产生压力。叶轮通过转动迫使液体进入旋转运动，并且泵壳在低压下将液体引导至叶轮并在较高压力下将其引导离开。离心泵中没有阀门(当然，除了用于维护的隔离阀和用于防止回流的止回阀)；其流动均匀且没有脉动。由于这种类型的泵通过将动压头转换成静压头来操作，因此以固定转速操作的泵叶轮将形成相同的以流体液柱高度为单位的理论压头，而无论流体的密度如何。离心泵可以处理各种各样的扬程。离心泵可以产生的最大扬程(以 ft 为单位的流体液柱高度)主要取决于泵速、叶轮直径和串联的叶轮数量。叶轮设计的调整和叶轮叶片角度主要影响扬程-容量曲线的斜率和形状，并且对已经形成的扬程影响较小。多级泵可以产生非常高的扬程。这种处理高压扬程的灵活性使离心泵成为过程工业中最常用的类型。

（2）涡轮泵

涡轮机或(再生涡轮机)泵是离心泵的一种，其使用具有多个小叶片的叶轮，在环绕旋转叶轮外部的环形通道中运行，通过快速旋转的叶片产生的扬程脉冲实现泵送。这种类型的泵还可用于高压系统的减压和动力回收。在动力回收设备中可以回收的实际能量大约是可用马力的一半。这种类型的泵昂贵且维护频繁，因此不像离心泵那样广泛使用。

（3）旋转泵

旋转泵是容积式泵。与离心式泵不同，这种类型的泵不会将泵送流体甩在壳体上，而是以类似于活塞作用的容积式向前推动流体。然而，与往复式泵相关的特性不同，这些泵确实产生相当平稳的排放流量。通常用于加工厂的旋转泵类型有：

1）齿轮泵：这类泵在固定泵体中有两个或者更多的齿轮，其布置方式是当齿轮转动时，咬合的轮齿在泵体的一侧旋开，使流体得以进入齿轮与泵体之间的空间。然后轮齿将流体携带至泵的出口侧，轮齿再次咬合时将流体推至出口。

2）螺杆泵：这类泵在固定泵体中设置带有1~3个适当螺纹的不同设计的转子。当转子转动时，液体填充螺纹之间的空间并随着螺纹啮合而产生轴向移位。

3）罗茨泵：罗茨泵由两个或更多个转子组成，每个转子上有两个、三个或更多个叶片。转子通过外接齿轮同步进行正向旋转。这些泵的运转类似于齿轮泵，但流动的脉动通常比齿轮泵更大。

4）叶轮泵：叶轮泵有两种类型：具有摆动叶片的叶轮泵和具有滑动叶片的叶轮泵。摆动叶片类型由一系列铰链在一起的叶片组成，这些叶片随转子转动向外摆出。叶片的间隙捕获泵送流体，并迫使其进入泵排出口。对于滑动叶片泵，当转子转动时，叶片随着泵送流体的离心力滑出并紧贴泵体表面，夹在两个叶片之间的流体沿着泵体从入口压至排出口。

（4）往复泵

往复泵是容积式泵，并且在固定气缸内使用活塞来为每个冲程泵送恒定体积的流体。往复泵的输送是脉动的。往复泵分为两大类：单作用往复泵和双作用往复泵。对于单作用往复泵，只有一个气缸，在向后冲程中吸入泵送流体，并在向前冲程中将其排出。需要外部阀的打开和关闭以使泵送按上述方式往复进行。双作用往复泵具有与单作用往复泵类似的泵送动作。然而，这里存在两个平行的气缸，它们彼此交替运行。也就是说，当第一气缸处于吸气冲程时，第二气缸处于排气冲程。除双作用泵外，还有带3个或更多气缸的往复泵。

往复泵可以配置直动式驱动器，或者可以通过曲轴箱和齿轮箱驱动。如果采用直动式驱动，泵活塞通过共同的活塞杆连接到蒸汽驱动活塞上。这样，泵活塞可直接由蒸汽活塞驱动。由电动机、涡轮机等驱动的往复泵通过齿轮箱和曲轴箱连接到原动机。

（5）其他容积式泵

在流程工业中还有其他一些常用的有特殊用途的容积式泵，其中包括：

1）计量泵或比例泵：这种泵是具有可调行程的小型往复式柱塞泵，用于将固定量的流体注入较大的流体或容器中。

2）隔膜泵：这种泵用于处理厚纸浆、污泥、酸性或碱性溶液以及含有砂质固体悬浮液的流体。它们特别适合这一用途，因为泵的工作部件可以通过前后移动隔膜实现流体的泵送，而工作部件却不会接触这种对它们有害的流体。

（6）特征曲线

泵的动作和性能可以根据其特性曲线来定义。这些曲线将单位时间的体积流量为单位的泵容量与出口压力或者压差相关联。典型的曲线如图29-14~图29-16所示。

图29-14是直接驱动的单作用往复泵的特性曲线，以及电机驱动的往复泵。

图26-15给出了旋转泵的典型曲线，根据泵的容量与两级泵速的排出压力绘制。图中还显示了两级泵速的制动马力与排气压力的关系曲线。

图29-16是离心泵的典型特性曲线。该图通常用四个曲线显示泵的四个特性关系，分别是：

1）容量与扬程的关系图。扬程是吸入和排出之间的压力差。

2）以百分比表示的泵效率与容量之间的关系。

3）泵的制动功率与泵容量之间的关系。

4）泵的必需汽蚀余量（NPSH）与容量之间的关系。泵的必需汽蚀余量（NPSH）是由泵制造商确定的特性。

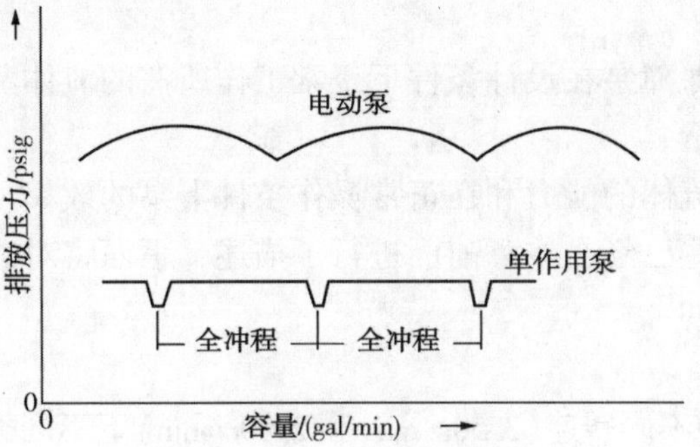


图 29-14　往复泵的特性曲线

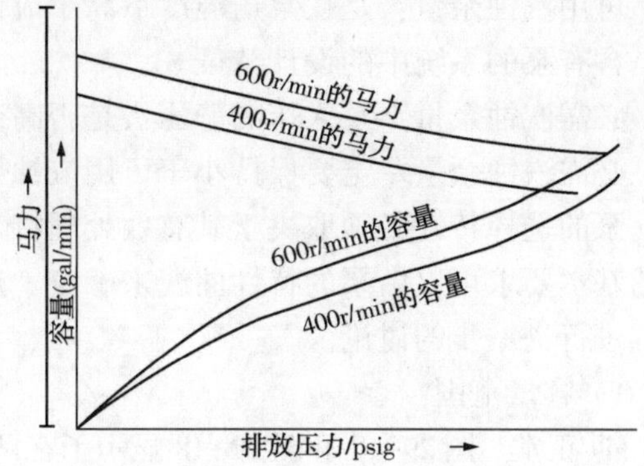


图 29-15　旋转泵的特性曲线

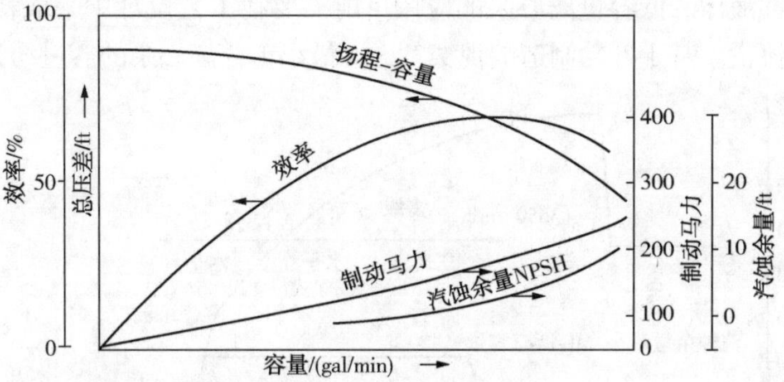


图 29-16　离心泵的典型特性曲线

### 29.3.2　泵的选择

大多数工业泵选用都倾向于离心泵。这种泵的优点在于它能够在大范围的泵送条件下处理各种各样的流体。因此在考虑泵的选择时，首选是离心泵，而其他类型的泵是作为候选。离心泵通常有最简单的结构、最低的成本，以及最简单的操作和维护。下面从离心泵的选择方法开始讨论。

（1）离心泵

在考虑离心泵的选择之前，有必要定义以下与泵相关的通用术语，分别是：容量、压差、可用汽蚀余量 NPSH、必需汽蚀余量 NPSH。

容量：定义为在单位时间和给定压差或压头的条件下泵能处理的流体量，通常表示为在 psi 或者 ft 液柱高度的压差条件下的每分钟加仑数。

压差：这是泵入口与出口的压差，作为泵的规格通常表示为 psi 或 ft 液柱高度。下式可以将 psi 单位转化为 ft 液柱高度：

$$\Delta H=\frac{2.31\times\Delta P}{SG} \tag{29-57}$$

式中 $H$——泵送流体压差，ft；

$\Delta P$——泵出入口压差，psi；

$SG$——在泵送温度下的流体相对密度。

可用汽蚀余量：是在泵送温度下高于流体蒸气压部分的可用静压头(以 ft 或 m 为单位)。这是含有泵的系统中的设计特征。

必需汽蚀余量：泵入口的静压头是否高于保障泵在设计条件下正常工作所需的流体蒸汽压？必需汽蚀余量一定要保持小于可用汽蚀余量。

泵的选择特性必须取决于其有效处理特定流体的能力和在正常操作条件下泵的效率。其他的基本要求可以由泵的特性曲线来确定。这些已经在本章前面进行了描述，下面将对这些内容进行进一步的讨论。

1）容量范围：

① 正常。图 29-17 和图 29-18 显示了在两种不同转速(3550r/min 和 2950r/min)下不同类型离心泵的正常流量范围。这些值分别对应的是电流频率 60Hz 和 50Hz 时的电机满载速度下的流量。大多数工艺应用都是在这些速度范围内。低速适用于低或中扬程、高容量的要求以及特殊的磨蚀性浆料或腐蚀性液体。低容量离心泵的应用可能需要在工艺设计中采取特殊的再循环措施，以保持泵内的最小流量。基于叶轮制造的现实考虑，最小工艺离心泵的容量约为 50gpm。

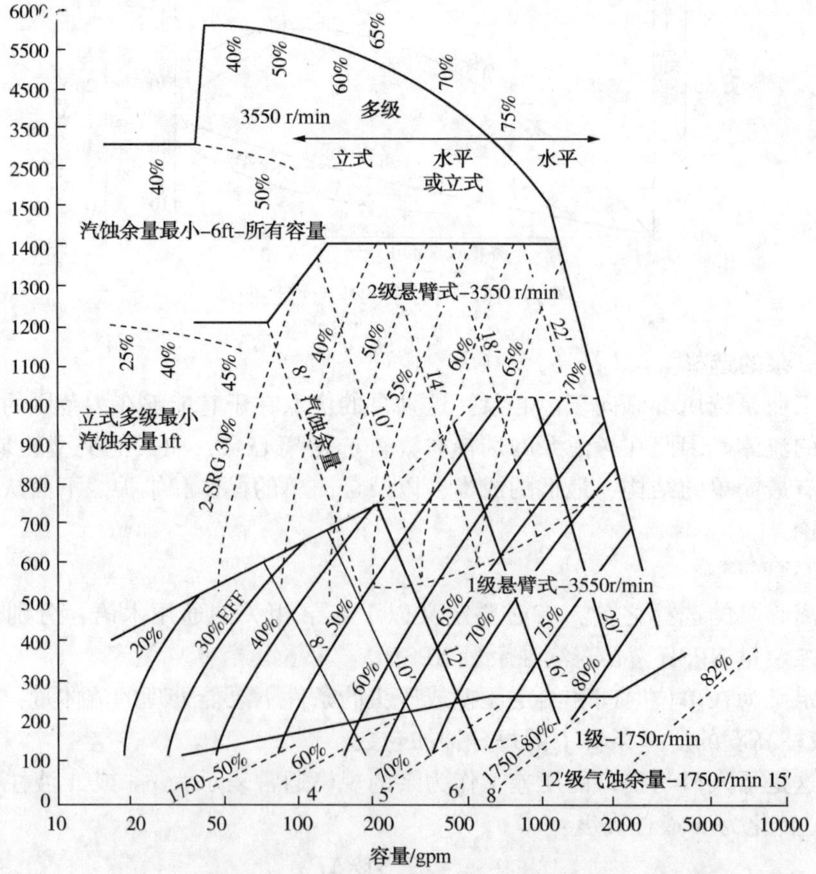


图 29-17 3550r/min 的离心泵

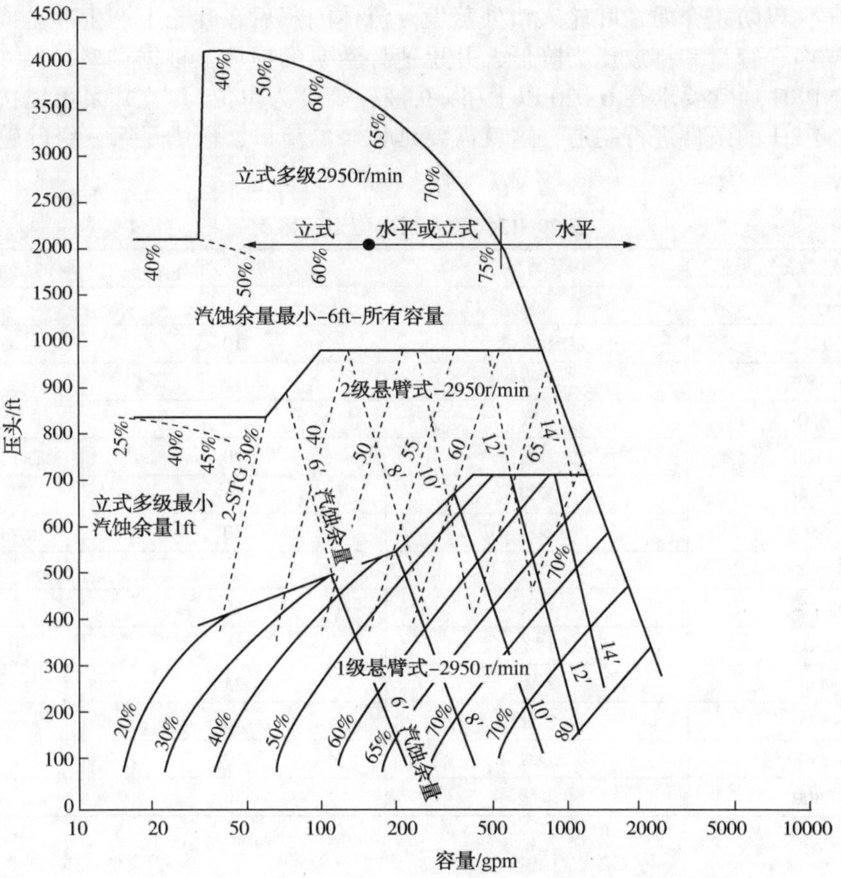


图 29-18　离心泵转速为 2950r/min 时的高容量和低容量范围

② 高容量和低容量范围超过图 29-17 和图 29-18 所示范围的泵通常需要大马力驱动。通常情况下，有必要专门对效率、速度、NPSH 等进行检查。例如，要获得等于或超过采用多级泵在标准电机转速下的扬程极限，可以通过增速齿轮(电机驱动)或透平使泵的运行速度超过电机最大转速(必需汽蚀余量随转速的增加而增加)。

通常，离心泵不应在流量小于泵正常工况下额定流量 20% 的情况下连续运行。泵正常额定值对应最大效率点的流量。表 29-13 列出了当泵在低流量范围内运行时，应通过连续回流来维持可取的最低流量要求。

在设计任何回流系统时必须小心，确保回流量不会增加泵吸入口的温度，防止蒸气压的增加和可用 NPSH 的降低。

对于可在 1750r/min 或 1450r/min 下运行的低扬程泵，上述的正常和最小连续容量可减少 50%。

2）液体黏度的影响：

如果设计合理，离心泵可以很好地处理含有固体、污垢、砂砾和腐蚀性化合物的液体。虽然可以处理黏度高达 20000SSU(4400cSt)的流体，但从经济运行的角度来看，3000SSU(650cSt)通常是实际运行的上限。

3）吸入压头的影响：

一个重要的要求是第一级叶轮的入口要有足够的 NPSH。此处的静压需高于所处理的流体介质蒸汽压，以防止介质在叶轮入口处蒸发。流体闪蒸后在叶轮上产生冲击或气蚀，导致金属受损、噪声、容量和排放压力降低，并迅速导致泵的损坏。根据类型、尺寸和转速，各种离心泵的 NPSH 通常要求在 6~20 以上(以 ft 液柱高度为单位)。立式泵可以按照泵口处实际几乎没有 NPSH 的条件进行制造，这就需要延长泵的筒口，以满足第一级叶轮入口处的必需 NPSH 要求。

**表 29-13　离心泵典型运行限制**

| 扬程范围/ft | 泵类型 | 最小持续容量/gpm | 泵的正常额定容量/gpm |
|---|---|---|---|
| 60Hz(3550r/min) | | | |
| 100 | 1 级 | 10 | 60 |
| 100~350 | 1 级 | 15 | 75~100 |
| 350~650 | 2 级 | 30 | 150 |
| 650~1100 | 2 级 | 40 | 160 |
| 400~1200 | 多级 | 15 | 50 |
| 1200~5500 | 多级 | 40 | 100~120 |
| 50Hz(2950r/min) | | | |
| 75 | 1 级 | 10 | 50 |
| 75~250 | 1 级 | 15 | 60~80 |
| 250~450 | 2 级 | 25 | 120 |
| 450~775 | 2 级 | 30 | 130 |
| 250~850 | 多级 | 10 | 40 |
| 850~3800 | 多级 | 30 | 80-100 |

4) 效率：

离心泵的效率从低流量(<20gpm)泵大约 20%到高流量(>500gpm)泵的 70%~80%不等。超大流量泵(几千 gpm)的效率可高达近 90%。

(2) 旋转泵

旋转式泵在变化的排放压力下提供恒定的容量。这是所有容积泵的一个特点。旋转泵可用于 1000~5000gpm 范围内的工艺过程，压差可达 700psi。泵的容积随速度的变化而变化，除了在容量受流体黏度影响的情况下。黏度大的液体可能会使泵容量受限，因为它们流入泵缸的速度不够快，无法保持泵缸完全充满。旋转泵主要应用于离心泵效率很低的低流量场合。

(3) 往复泵

往复泵排出液体是呈脉动状的。单缸往复泵的脉动程度要高于双缸往复泵的脉动程度。直接驱动的脉动程度也比电机或涡轮机通过齿轮箱驱动的泵脉动程度要高。

对于这类的小型低速泵，脉动通常不是问题。它仅影响到关联仪器，这可以由局部阻尼器进行补偿。然而，随着泵转速的增加，脉动效应变得更严重，将影响到系统的管道设计。在这些高脉动的条件下，瞬时管道压力往往会超过管道的设计压力。管道的设计必须满足这种高压力要求，这必然导致更高的成本。作为替代方案，通常可以考虑设置出口阻尼器，但这样也增加了泵的安装成本。

往复式泵主要用于活塞速度较低，因而能够承受腐蚀和磨蚀的场合。它们也是低流量、高压差场合以及在排放压力逐渐增加情况下保持恒定流量的场合的理想选择。

### 29.3.3　泵的性能评估

许多工艺工程师参与炼厂的日常运作。他们在这方面的许多职责是维持工厂的效率、确定故障区域和解决操作问题。这个讨论主要是针对这些工程师，并介绍根据泵的马力和泵的有效 NPSH 来校核泵性能的计算方法。

(1) 制动马力效率

泵的实际运行效率可根据工厂数据计算得到。这可以与评估泵性能的典型预期效率进行比较。这个效率可根据以下步骤得出。

步骤 1 从工厂读数中获得流量。一并读取排出压力，如果可能的话还有吸入压力。如果没有吸入压力这个读数，通过源头压力、泵吸入口上方液体的高度和摩擦损失来计算。

步骤 2：读取物流的温度并从实验室数据中获取物流的相对密度。计算在流动条件下的相对密度。

步骤 3：用排放压力-吸入压力计算压差，单位为 psia。转换为以 ft 为单位的压差：

$$\frac{\Delta P \times 144}{62.2 \times SG(\text{在流动条件下})} \tag{29-58}$$

步骤 4：将进料流量转化为 lb/h。然后，通过以下表达式计算液压马力：

$$\text{流压马力} = \frac{\text{压头(ft)} \times \text{流量(lb/h)}}{60(\text{min}) \times 33000(\text{ft} \cdot \text{lb/min})} \tag{29-59}$$

步骤 5：从电机数据表中获取泵电机的运行效率。从工厂数据读取功率，单位为 kW。

步骤 6：泵功率用 kW 除以 0.746 转换为马力单位。将泵效率乘以用分数表示的泵效率，这就是制动马力。

步骤 7：将液压马力除以制动马力，再乘以 100 得到效率的百分比。

步骤 8：通过查图 29-17 或图 29-18 以评估泵的性能。也就是说，计算出的效率与图 29-17或图 29-18 给出的预期效率吻合较好。如果具备条件，您还可以与供应商提供的泵曲线进行比较。如果存在较大差异，应通知相应的机械或维护工程师。

(2) 核对可用汽蚀余量(NPSH)

如果在正常操作下，泵出现振动迹象并失去吸力，则需要采取如下步骤：

步骤 1：获取泵送流体的详细信息(温度、相对密度、流速、源头压力和流体蒸气压)。

步骤 2：计算吸入管路的摩擦压降。

步骤 3：通过获取源头压力并加上静压头来计算泵的吸入压力。对于此项计算，静压头按容器底部考虑(而不是液位)。

步骤 4：用步骤 3 中计算得到的吸入压力减掉摩擦损失。

步骤 5：可用净吸入压力减去蒸汽压力来计算可用 NPSH。这通常用 ft(或 m)表示，可用下式转换得到：

$$\frac{\text{psi} \times 144}{62.2 \times SG} \tag{29-60}$$

步骤 6：根据制造商的数据表核对可用 NPSH。如果可用 NPSH 小于要求值，则泵将继续汽蚀。将容器加注到泵振动停止的液位后，保持该液位水平。

如果这个问题很难克服，并且按照步骤 6 维持液位是不实际的，这时候需要联系制造商。通常情况下他是能够通过对泵进行一些小的改变使问题得以解决。

(3) 示例计算

1) 示例 1：泵制动马力效率：

$$\text{流动条件下泵的流量} = 200\text{gpm}$$

（根据工厂数据）= 82632 lb/h

吸入压力（工厂数据）= 120psig

排放压力 = 450psig

$\Delta p$ = 330psi

流动条件下相对密度 = 0.827

$$压差=\frac{330\times 144}{62.2\times 0.827}=924\text{ft}$$

$$液压马力=\frac{82632\times 924}{60\times 33000}=38.56\text{HP} \qquad (29-61)$$

从电机额定功率来看，电机效率为 92%。

工厂说明书显示电机使用功率为 48.1kW，则：

$$电机输入马力=\frac{48.1}{0.746}=64.5\text{HP}$$

$$电机输出马力=64.5\times 0.92=59.3\text{HP}$$

这就是制动马力。

$$泵效率=\frac{38.56}{59.3\times 100\%}=65\%$$

电机是 50Hz。查图 29-18 可知，对于 2950r/min 的多级泵，这个效率基本正确。

2）示例计算 2：核对可用 NPSH。

缓冲罐中的瓦斯油条件为 250℉和 15psig。缓冲罐位于地平面以上 12ft（卧式罐底部高度）。34psia 下介质的沸点为 488°F。250℉（蒸汽压曲线）下瓦斯油的蒸气压是 0.8psia，则：

源头压力 = 29.7psia

相对密度 = 0.815

高于地平面的压头 = 12ft（到缓冲罐底部）

泵中心线 = 地平面上 2ft

泵的液压头 = 10ft⇒3.5psi

摩擦压降 = 0.4psi（由 0.2psi/100ft 计算得到）

摩擦损失 = 0.4psi

蒸气压损失 = 0.8psi

可用 NPSH = 33.2−（0.4+0.8）= 32psia，约为 91ft。

大部分泵只需要 10ft 或者更少。

### 29.3.4 离心泵选型

在所有的工程公司和大多数炼油厂中，有两个专业人员负责泵的正确选型。他们是机械工程师和工艺工程师。大多数泵的设计和制造都遵循一系列公认的工业标准，如 API 标准。机械工程师确保提供给制造商特定泵的机械数据符合制造泵的规范和标准的要求。工艺工程师根据工厂的工艺标准，准确地制定和说明泵的性能要求情况，为此，机械工程师制定机械说明书，工艺工程师编制泵的规格书。

（1）机械说明书

该说明以叙事形式，至少包含以下主题：

1）范围：开头段给出泵制造商应该遵守的标准（如 API610）。

2）如果需要，泵应遵守其他标准清单。

3）主体说明：包括了对所选规范的所有补充和任何去除项。如果偏离规范，它要说明可接受的传动轴类型。说明中例如叶轮尺寸，要以标准规定的最大允许尺寸的百分比给出。关于多级泵需要特殊的轴承布置情况也在此文档中作详细说明。

4）辅助设备和管道布置：此说明详细描述应使用的冷却介质类型。它还提供满足冷却系统所需的管道要求指南。

5）密封或包装要求：机械说明详细地描述将要安装的密封或包装的类型。如果这与标准规范不同，它会提供密封装置的详细信息。

6）泵安装：本说明提供一些安装指南，详细介绍将泵安装在基础上的方法。它还详细说明在什么条件下，制造商将提供基座冷却设施。

7）材质：尽管工艺工程师会提出泵最初的预期制造材料（如碳钢或铸铁），但详细说明这一点的是机械工程师。这一细节包括材料的特定等级和一系列预处理情况。

8）检查：公司在机械说明中将提供制造过程和交付前的详细检查结果。这将包括制作过程中的尺寸检查和一些材质方面的检查。在发货前，买方可能要求对泵进行运行测试，并将见证该测试。为此，泵在制造车间内需按规定的工艺条件运行。

机械说明书会连续详述买方可能希望的其他要求，其目的是确保泵在输送时的机械强度、安全性以及便于维护。机械说明也必须考虑到提出的要求对泵成本带来的影响，应尽可能地将其保持在较低水平。

（2）工艺规程

工艺工程师提供的数据必须足以确保工艺泵能够满足工艺要求。这些数据以类似于图29-19所示的数据表形式提供给泵制造商。数据表含有工艺工程师、机械工程师的关键要求，随后制造商会全面描述泵的要求以及制造商的实际供货规格。对于每台泵，这里给出的所有数据都是唯一的。

如图29-19所示，泵说明书中的工艺要求是标记为“p”的条目。表格上没有注明其他专业和制造商的要求，这里面很多数据是由工艺工程师基于管道系统的水力学分析编汇而成（参见附录14和本章“压降计算”一节）。图29-20所示的计算表展示了这方面的工作，泵计算书的编写如下：

1）泵的编号、名称和应用场合：

计算书的第一部分很重要，因为它标识了泵及其用途。设备编号和应用描述将是唯一的，并将在其整个生命周期中作为其标志。这部分后续的所有数据只针对这个泵，而不针对其他泵。设备编号可以包含后缀“A”“B”“C”等，意味着泵的并联使用或作为备用或两者兼而有之。这部分还显示这些泵中有多少是由电机驱动的，以及有多少是由透平（蒸汽）驱动的。通常情况下，关键设备的备用泵是由透平驱动的。这部分的备注栏应提供对泵制造商或未来泵的操作人员有益的信息。例如，如果备用泵是透平驱动的，工艺工程师可能要求在泵送物流“低流量”时设置自动启动，在备注栏中应该指出这一点。

2）每个泵的操作条件：

这里提供的内容包括泵送流体的情况和下面的计算汇总。

① 液体：这是泵送物料的一个简单定义。这里给出的例子，就是“减压瓦斯油”。

② 泵送温度（PT）：这是泵内瓦斯油的温度。有“正常”和“最高”两种温度。正常的温度如工艺物流表中所示，最高温度为泵的设计工况。它应该与流体流出容器的设计温度相同。

SHEET NO. P  REV.
JOB NO. P  DATE P
BY P  CHK'D.
P.O. NO.

NOTE: ○ INDICATES INFORMATION TO BE COMPLETED BY PURCHASER;
□ BY MANUFACTURER

FOR P  SITE P
UNIT P  SERVICE P
NO. PUMPS REQ'D P  NO. MOTORS REQ'D P  ITEM NO. P  PROVIDED BY  MTD BY
NO. TURBINES REQ'D P  ITEM NO. P  PROVIDED BY  MTD BY
PUMP MFR  SIZE AND TYPE (P-Type only)  SERIAL NO.

**OPERATING CONDITIONS, EACH PUMP**

LIQUID P  m³/h  at PT, NOR. P  RATED P
DISCH. PRESS. kg/cm²g P
PT,°C NOR. P  MAX. P  SUCT. PRESS. kg/cm²g MAX. P  RATED P
SP.GR. at PT P  DIFF. PRESS. kg/cm² P
VAP. PRESS. at PT, kg/cm²a P  DIFF. HEAD, m P
VIS. at PT, Ssu P  Cr P  NPSHA, m P
CORR/EROS. CAUSED BY P  HYD. HP(metric) P

**PERFORMANCE**

PROPOSAL CURVE NO.
RPM  NPSHR (WATER) m
EFF.  metric BHP RATED
MAX. metric BHP RATED IMP
MAX. HEAD RATED IMP m
MIN. CONTINUOUS m³/h
ROTATION (VIEWED FROM CPLG END)

**CONSTRUCTION**

| NOZZLES | SIZE | RATING | FACING | LOCATION |
| --- | --- | --- | --- | --- |
| SUCTION | | | | |
| DISCHARGE | | | | |

CASE-MOUNT: □ CENTERLINE □ FOOT □ BRACKET □ VERT. (TYPE)
-SPLIT: □ AXIAL □ RAD; TYPE VOLUTE □ SGL. □ DBL □ DIFFUSER
-PRESS: □ MAX. ALLOW. kg/cm²g  °C; □ HYDRO TEST kg/cm²g
-CONNECT: □ VENT □ DRAIN □ GAGE
IMPELLER DIA.: □ RATED  □ MAX.  □ TYPE:
MOUNT: □ BETWEEN BRGS □ OVERHUNG
BEARINGS-TYPE: □ RADIAL  □ THRUST
LUBE: □ RING OIL □ FLOOD □ OIL MIST □ FLINGER □ PRESSURE
COUPLING: □ MFR  □ MODEL
DRIVER HALF MTD BY: ○ PUMP MFR ○ DRIVER MFR ○ PURCHASER
PACKING: □ MFR & TYPE  □ SIZE/NO. OF RINGS
MECH. SEAL: □ MFR & MODEL  API CLASS. CODE
□ MFR CODE

**SHOP TESTS**

○ NON-WIT. PERF.  ○ WIT. PERF.
○ NON-WIT. HYDRO  ○ WIT. HYDRO
○ NPSH REQ'D.  ○ WIT. NPSH
○ SHOP INSPECTION
○ DISMANT. & INSP. AFTER TEST
○ OTHER

**MATERIALS**

PUMP: CASE/TRIM CLASS ○

BASEPLATE: □

**VERTICAL PUMPS**

PIT OR SUMP DEPTH ○
MIN. SUBMERGENCE REQ'D. □
COLUMN PIPE: □ FLANGED □ THREADED
LINE SHAFT: □ OPEN □ ENCLOSED
BRGS: □ BOWL □ LINE SHAFT
BRG. LUBE □ WATER □ OIL □ GREASE
FLOAT & ROD ○ C.S. ○ S.S. ○ BRZ ○ NONE
FLOAT SWITCH □
PUMP THRUST, kg □ UP  □ DOWN

**AUXILIARY PIPING**

○ C.W. PIPE PLAN  ○ CU; ○ S.S.; ○ TUBING; ○ PIPE
□ TOTAL COOLING WATER REQ'D, m³/h  ○ SIGHT F.I. REQ'D
○ PACKING COOLING INJECTION REQ'D: □ TOTAL m³/h □ kg/cm²g
○ SEAL FLUSH PIPE PLAN  ○ C.S. ○ S.S. ○ TUBING ○ PIPE
○ EXTERNAL SEAL FLUSH FLUID  □ m³/h  □ kg/cm²g
○ AUXILIARY SEAL PLAN  ○ C.S. ○ S.S. ○ TUBING ○ PIPE
○ AUX. SEAL QUENCH FLUID

**MOTOR DRIVER**

HP(metric)  RPM P  FRAME  VOLTS/PHASE/CYCLES P
MFR  BEARINGS  LUBE
TYPE  INSUL  FULL LOAD AMPS
ENC  TEMP RISE, C  LOCKED ROTOR AMPS
○ VHS ○ VSS  VERT. THRUST CAP., kg  MTR. ITEM NO.

APPROX. WT, PUMP & BASE
MOTOR  TURBINE

API STANDARD 610 GOVERNS UNLESS OTHERWISE NOTED.  APPLICABLE TO: PROPOSALS ○ PURCHASE ○ AS BUILT ○

P = Specified by Process

图 29-19　一台离心泵说明书

泵计算书

位号 P103A 单元原油抽真空单元第一页

应用重蜡油产品和下部中段回流电机驱动透平驱动备注

透平带自启动；设计 PSTT 审核 j. s--

| 操作条件 （每个泵） | 透平条件 |
|---|---|
| 液体减压蜡油　泵送温度下的泵容量_ _ 电机 13Q 额定功率 1585 | 入口罐压力 600psig |
| 泵操作温度正常 545 最大 740　泵盘压力 85. 5 | 泵送温度 670 |
| 泵送温度下相对密度 0. 755 吸入口压力 psig 最大 50 额定 | 排出压力 50psig |
| 泵送温度下蒸气压 0. 29　压差 86. 2psi | 泵材料 |
| 泵送温度下的黏度 cP0. 906　泵压头 263ft | 泵壳体材质碳钢 |
| 腐蚀或磨蚀无　可用汽蚀余量 740，功率 79. 7 | 内构件碳钢 |

| 补充内容 | 界区条件 | | |
|---|---|---|---|
| 目的地 | | | |
| 目的地压力 | 50 | | |
| 静压头 | 5. 4 | | |
| 管路损失 | 10. 7 | | |
| 仪表损失 | 0. 2 | | |
| 换热器 | 14. 0 | | |
| 控制阀 | 5. 20 | | |
| 总排出压力 | 85. 50 | | |
| 吸入口 | | | |
| 源头压力 | -14. 4 | | |
| 静压头 | 14. 7 | | |
| 系统损失 | 1. 0 | | |
| 总的吸入口压力 | -0. 7 | | |
| 可用的净正吸入压头 | 0. 29 | | |
| 源头压力 | -1. 29 | | |
| 泵送温度下吸入口蒸汽压减去总压 | -1. 00 | | |
| 泵送温度下高于泵中心线的液位 | 45. 00 | | |
| 可用的净正吸入压头 | 40. 40 | | |

略图

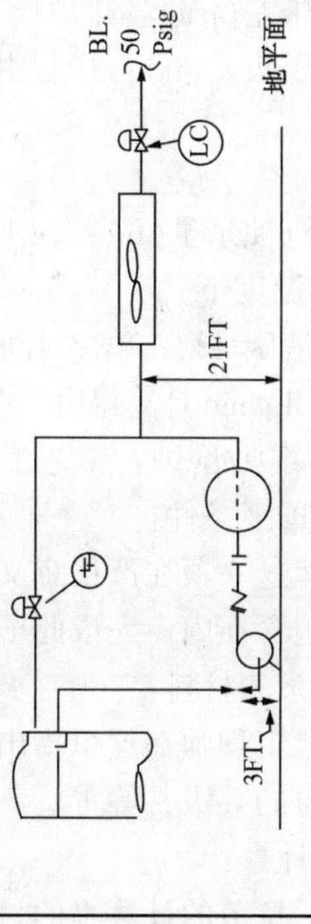


DATED24. 3. 92REV0DATED　REV

注：(1)基于额定流量。

图 29-20　一台离心泵计算书

③ 泵送温度下的相对密度：这是无需解释的。注意，该项也需要 60℉下的相对密度。

④ 泵送温度下的蒸气压：这是从本章附录 3 中给出的蒸气压曲线中读取的。首先确定物流在大气压下的蒸气压(这是物料的正常沸点)。沿着温度线向下或向上到泵送温度状态，然后读出那个点的压力。

⑤ 泵送温度下的黏度：这也是不需要解释的。注：本计算表要求黏度单位为 cP。它是厘沲×相对密度。

⑥ 泵送温度下的流量(GPM)：这是泵的容量，需要三个值，分别是：

a. 最小流量：泵在任何连续运行原则上的预期最低流量。这个速量设定了控制阀的范围。

b. 正常流量：通过物料平衡得到的流量，是进行水力学分析的基础。

c. 最大流量：通常是根据泵将承担的工作类型来设置的。例如，泵只用于将物料输送至储罐时，其最大流量约高于正常工况 10%。那些用于塔的回流泵将高于正常工况 15%至 20%。

⑦ 排放压力(psig)：该值通过下列计算得到。它也将通过系统的水力学分析来确定(附录 14 和本章“压降计算”一节)。

⑧ 吸入压力(psig)：这项需要两个压力。额定压力是通过下列计算和水力学分析进行计算，基于“正常”流量。“最大”吸入压力是基于泵的源头压力，也就是抽吸容器的设计额定压力。

⑨ 压差(psi)：排放压力减去额定吸入压力。

⑩ 压头差(ft)：扬程由压差决定，见下面方程：

$$\frac{\text{压差(psi)}\times 144}{62.2\times\text{泵送温度下的相对密度}} \tag{29-62}$$

⑪ 汽蚀余量(ft)：在下面一栏中计算。泵叶轮进口处可用吸入压头大于流体蒸气压力(在泵送温度下)。

⑫ 液压马力：单位时间(通常是 min 或 s)泵送液体的重量乘以差压(ft)除以 550ft · lb/s 或 33000ft · lb/min 计算得出。在计算中，压差是基于额定吸入压力和额定流量(gpm)下的重量。

⑬ 腐蚀/磨蚀：工艺工程师需要关注液体在腐蚀或磨蚀方面的任何显著特征。

3）透平条件：

虽然这一项在严格意义上不属于泵定义的部分，但为了完整起见，在透平驱动的情况下它应该包含在内。完成此项所需要的数据在这不单独说明。

4）泵的材料：

工艺工程师在这里指出泵在处理流体时预期可接受的材料。如碳钢、铸铁等；没有必要规定钢材的等级，等等。

5）计算：

这一章节的计算书的目的是列出所有操作条件下的数据，上面“每台泵的工作条件”一节描述过。第一列列出这些数据条目，而其他三列可用于输入相应的数字。提供这三列是为了满足可能需要研究的其他补充条件。在表格的右边留下一个空间来绘制泵系统的草图(做一个草图是非常明智的)。

第一列从目的地压力开始，并接着列出系统中的压降，直到泵的排出口(参见附录 14)。这一栏将各压降相加得到泵排出压力结束。然后列出构成泵吸入压力的条目。这从源头压力

(通常是一个容器)及其位于泵上方的静态压头开始。列出泵吸入侧的所有压降，并从源头压力和静压头之和中扣除后，得到泵吸入压力。

最后一列的部分列出泵的可用汽蚀余量数据。汽蚀余量的计算不再单独说明。

**29.3.5 离心泵密封**

泵的密封装置围绕着泵轴，设计目的是防止液体流出或空气进入泵壳。所有轴贯穿壳体的工业泵都需要密封装置。泵的密封装置通常是有或没有套环的填料函或是机械密封。可控泄漏也是时有采用的系统，但是逸散排放法规正在逐步淘汰这一选项。

因为下列一个或多个原因，泵密封会需要引入冲洗液：实现完整密封；给密封提供冷却、清洗或润滑；防止砂砾接触密封；防止腐蚀性液体进入密封装置。

实现这一功能的设施被称为“冲洗系统”，通常有两种类型：一个终端系统；一个通过系统。在“终端”系统中，冲洗液通过填料函进入壳体，并与泵送的流体汇合[见图29-21(a)]。“通过”系统是一种冲洗液在双密封装置之间循环的系统，冲洗液不进入泵内[见图29-21(b)]。液体可以源来自于泵的外部，或者像大多数机械密封一样，也可以是用泵送液体作为冲洗液的一种自冲洗系统。

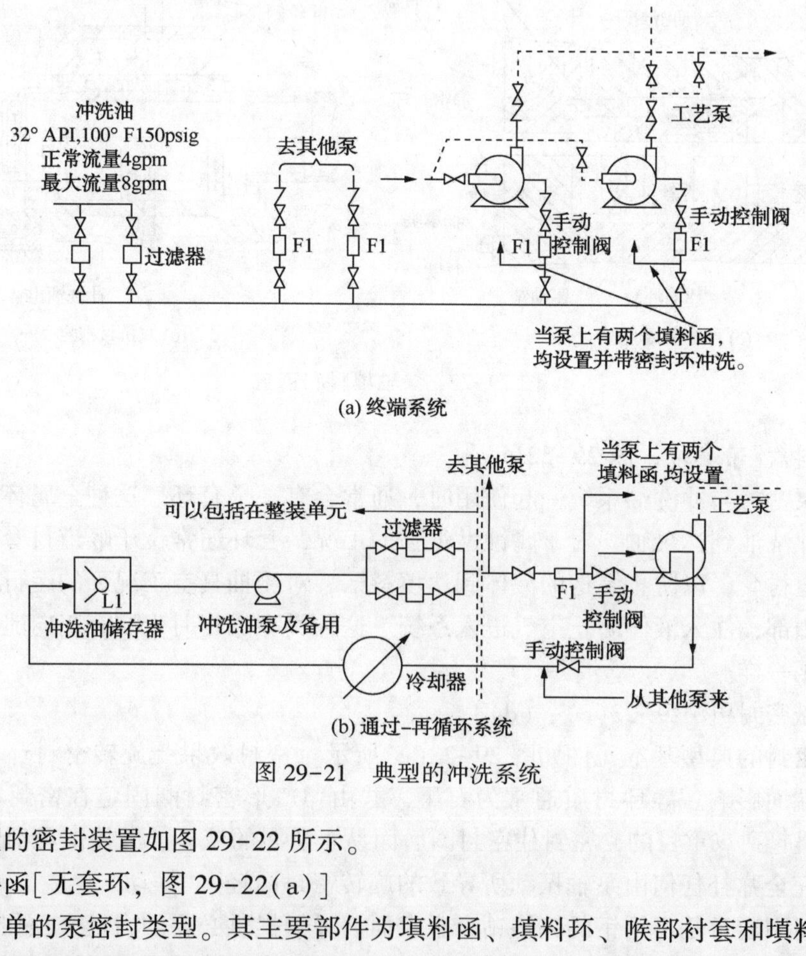


图29-21 典型的冲洗系统

每种类型的密封装置如图29-22所示。

(1) 填料函[无套环，图29-22(a)]

这是最简单的泵密封类型。其主要部件为填料函、填料环、喉部衬套和填料压盖。任何时候填料都需要通过轻微的泄漏量来润滑填料。如果填料“泄漏物”被认为是易燃的或有毒的，则填料压盖需进行水冷淬火处理。

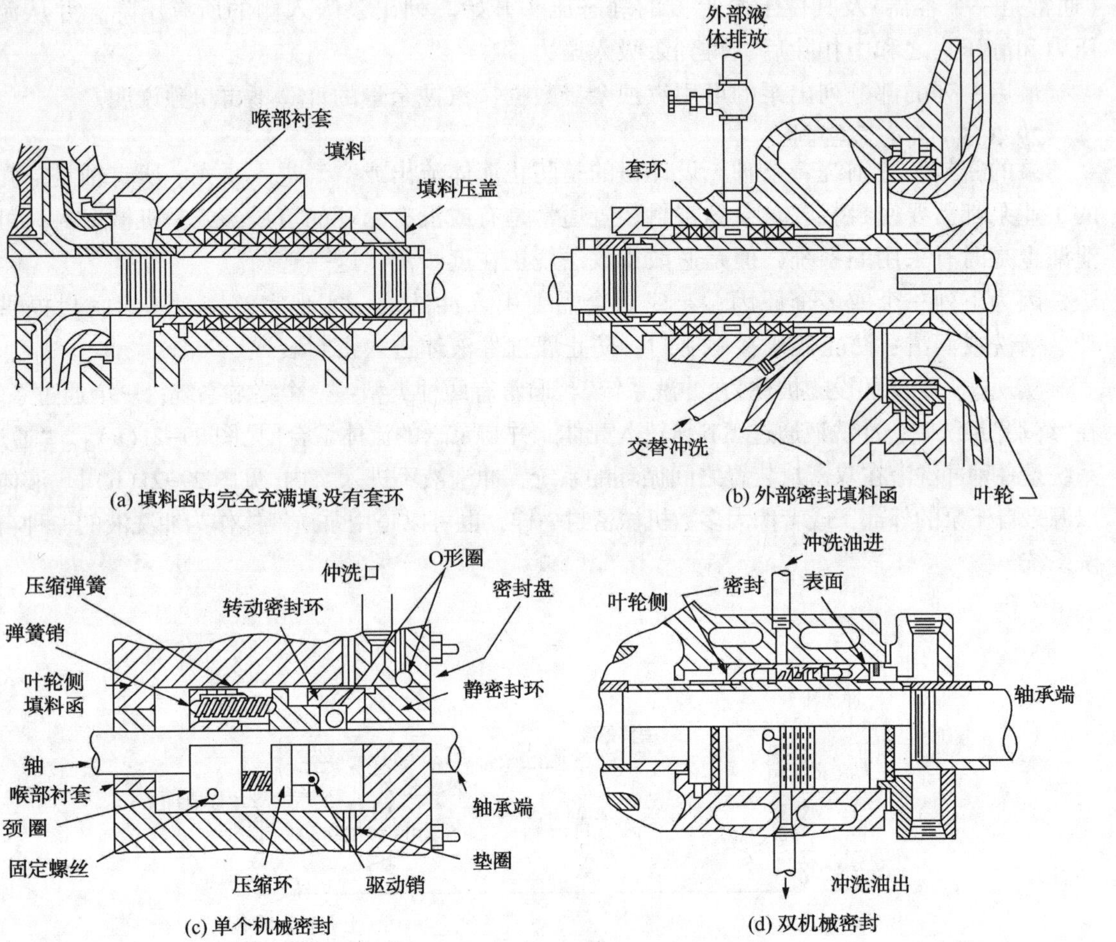


图 29-22 泵轴填料和密封

(2) 填料盒[带套环，图 29-22(b)]

当填料泵密封与冲洗油系统一起使用时，通常会有一个套环。这种金属环提供了一个流动路径，使冲洗油到达泵轴。对于腐蚀性很强的工况，套环通常位于喉道衬套的旁边，并将液体注入喉道衬套，以防止泵送的液体到达填料区。对于抽真空工况下的运行泵，套环被安装在填料函中部，注入液体防止空气进入系统。这种类型操作时也要有正向泄漏量，与没有套环的填料函一样。

(3) 机械密封[图 29-22(c)、(d)]

单端面密封的典型基本元件如图 29-22(c)所示。密封效果受旋转密封环与静止密封环之间的密封端面影响。静环材质通常为石墨，并由“O”形密封圈固定在密封板上。这两个“O”形密封圈起到双重目的，密封住密封圈后面易于泄漏的液体，并提供灵活性使密封端面保持同步，完全弥补任何由泵轴振动所导致的旋转密封面轻微“摆动”。

旋转密封圈通常是不锈钢的钨铬钴合金表面。弹簧提供必要的力量来顶住“O”形环，并保持密封面在低填料函压力下关闭。箱内的任何压力都会对旋转密封圈施加额外的力。密封要经常进行平衡调节，以保持表面压力与液体压力的正确比例，从而确保足够的密封，而没有过多的表面负荷。冲洗油通过密封盘上的接口进入填料函。

双密封由两个背对背的单密封组成，见图 29-22(d)。由于双密封比较昂贵，需要复杂的密封油系统，所以在单密封不适用的情况下使用。有关挥发性有机蒸汽(VOCs)的法规也促使大多数烃类应用场合采用双密封。

图 29-23 总结了各种密封系统在炼油厂中的应用。

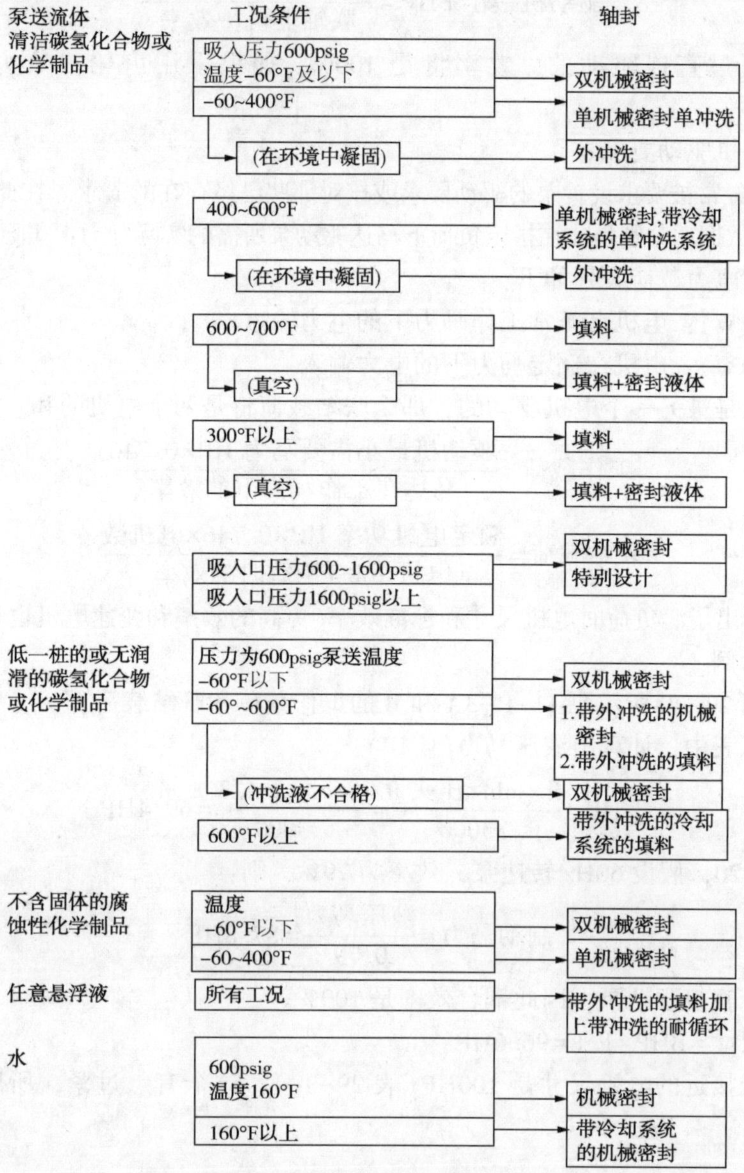


图 29-23 泵密封系统的应用

### 29.3.6 泵驱动装置和公用工程

流程工业中的大多数泵是由电动机驱动，或以蒸汽透平的形式由蒸汽驱动。下面来讨论关于驱动机需求和驱动机规格的计算。

(1) 电动马达驱动机

电动马达是目前工业中最常见的泵驱动装置。它们比同等尺寸的蒸汽透平更灵活，也更便宜。用于泵驱动的电动马达通常是电磁感应式马达。它们的大小从几马力到几千马力不等。泵驱动电机的选型需要考虑泵的制动马力(BHP)、泵与电机耦合装置中发生的能量损失以及约10%的权变因数。其表达式为：

$$驱动机最小\ BHP=\frac{泵的最大\ BHP\times 1.1}{联轴器机械效率} \tag{29-63}$$

如果泵是通过直连驱动的，效率将是100%。如果采用齿轮或液力偶合，效率将是94%~97%。

(2) 设置电机驱动要求

工艺工程师经常被要求设置泵的驱动要求或核对那些已经存在的需求。在此过程中，需要获得或计算出两项数据，分别是：在指定负荷下马达驱动泵所需的实际马力；实际安装的马力。

这些数据按电力载荷表列如下：

工作载荷(kW)：电机在正常工作马力下的电力输入。

联结载荷(kW)：电机在额定马力下的电力输入。

如果备用泵是被另一个电机驱动的，那么联结载荷将是两个电机的和。

$$工作载荷=\frac{驱动机最小需要马力\ HP\times 0.746}{马达在工作马力下的效率} \tag{29-64}$$

$$联结载荷=\frac{额定电机功率\ HP\times 0.746\times 电机数}{电机\ 100\%满载时的效率} \tag{29-65}$$

表29-14给出了满负荷时电机尺寸和标准效率(更高的效率和变速电机也是可能找到的)。

(3) 计算示例

计算本章图29-20所示泵11-P-3A和B的工作载荷和联结载荷。

从泵的计算表中，计算出液压马力(HHP)：

$$HHP=\frac{lb/min\times 压头\ ft}{33000}=\frac{8665\times 264.3}{33000}=69.4HP \tag{29-66}$$

依据图29-20，假设60Hz转速泵，效率为79%，则：

$$制动马力=\frac{液压马力}{0.79}=87.8HP \tag{29-67}$$

这将是一个直接驱动泵，因此耦合效率是100%。

最小电机尺寸=BHP×1.1=96.6HP。

与此要求最接近的电机尺寸是100HP(表29-14)。这个有点过紧，所以电机大小将选择125HP。

**表29-14 电机尺寸及效率**

| 电机额定功率/马力 | 电机联结载荷/kW | 不同负荷率下的电机效率/% | | |
|---|---|---|---|---|
| | | 50% | 75% | 100% |
| 1 | 0.98 | 68 | 74 | 76 |
| 1.5 | 1.42 | 72 | 76.5 | 79 |

续表

| 电机额定功率/马力 | 电机联结载荷/kW | 不同负荷率下的电机效率/% | | |
|---|---|---|---|---|
| | | 50% | 75% | 100% |
| 2 | 1.86 | 73 | 78 | 80 |
| 3 | 2.76 | 77.5 | 81.5 | 82 |
| 5 | 4.39 | 83 | 82 | 85 |
| 7.5 | 6.65 | 81 | 83.5 | 84 |
| 10 | 8.78 | 84 | 85 | 85 |
| 15 | 13.0 | 85 | 86 | 86 |
| 20 | 17.05 | 86.5 | 87.5 | 87.5 |
| 25 | 21.0 | 87.5 | 88.5 | 88.5 |
| 30 | 25.1 | 88 | 89 | 89 |
| 40 | 33.5 | 88 | 89 | 89 |
| 50 | 41.7 | 88 | 89.5 | 89.5 |
| 75 | 62.1 | 89 | 90 | 90 |
| 100 | 82.0 | 84 | 89 | 91 |
| 125 | 102.0 | 85 | 89.5 | 91.5 |
| 150 | 123.0 | 86 | 89 | 91 |
| 200 | 161.0 | 88 | 91 | 92.5 |
| 250 | 201.0 | 90.5 | 92.5 | 92.5 |
| 300 | 241.0 | 90.5 | 92.5 | 92.8 |
| 350 | 281.0 | 90.9 | 92.6 | 92.9 |
| 400 | 320.0 | 91.1 | 92.8 | 93.1 |
| 450 | 360.0 | 91.2 | 93 | 93.2 |

$$工作载荷=\frac{额定\ HP\times0.746}{满负荷电机效率} \tag{29-68}$$

$$满负荷=\frac{87.8}{125}=70.2\%$$

效率=89%(从表29-14查得)。

$$工作负荷=\frac{87.8\times0.746}{0.89}=73.6kW$$

$$联结载荷=\frac{125\times0.746}{0.915}=101.9kW\approx102kW$$

注：如果正常和备用泵均为电机驱动，则联结载荷为2×102=204kW。

### 29.3.7 再加速要求

要完成电机的规格说明，必须确定泵的工艺重要性并加以说明。任何系统中可能发生的电压下降都足以使泵停止工作。工艺工程师必须确定特定泵的重启和再加速对生产和过程安全的重要性。以下的重要性准则已被一些用户采用。

1）必须再加速：A 类。

2）需要再加速：B 类。

3）没有必要再加速：C 类。

“A”类涉及任何对保证生产安全运行且不存在设备损坏可能性的关键泵。“B”类适用于与“A”类一起运行的泵，以保持装置运行满足工艺指标要求。“C”类是指那些可以手动启动而没有任何问题的泵。

在给出的 11-P-3A 和 B 泵的例子中，因为泵的使用要求对于停电情况下的生产运行和有序停车至关重要，所以备用泵采用透平驱动。因此，电机驱动的常规泵只需要按照准则“C”进行再加速。

**29.3.8　蒸汽透平驱动**

蒸汽轮机是现代工业中第二常见的泵驱动装置。虽然比电动机更贵，但它们为保持最大的过程持续生产时间提供了极好的支持。电力驱动泵的一大缺点是电力供应的可靠性。因此，蒸汽透平在停电的情况下提供了一个很好的选择。泵驱动的另一种替代方法是柴油发动机或燃气发动机，但这些发动机需要储存燃料，而且肯定不会像蒸汽透平那么可靠。

因此，大多数生产工厂的关键泵把透平-驱动机组作为备用，该机组可在低流量时可自动启动。

（1）透平驱动的原理

透平是当今工业中最灵活的原动机。他们的马力输出可以通过蒸汽喷嘴的数量和大小来改变，可以快速地调节转速，并且无需齿轮就可以实现高转速。他们有非常广泛的马力应用。蒸汽透平的运转类似于水轮，在水轮上装有水桶，用来收集水。水轮被收集的水的重量驱动向下移动，从而使水轮旋转。在汽轮机中，水桶由叶片代替，叶片被动力蒸汽撞击而产生旋转运动。对于单级设备，透平是由一组镶嵌在轴上的叶片组成，对于多级机器，是由多组叶片组成。这些叶片组被简单地称为“叶轮”，级数也就是叶轮的数量。

对于多级透平，蒸汽离开第一级叶轮后直接进入连在壳体上的静叶。这些固定叶片造成蒸汽扰动，并起到喷嘴的作用，引导蒸汽流向连接在同一轴上的第二级叶轮。

通常在工艺装置中使用的透平大多数都是单级的。多级设备效率更高，但也更贵。因此，它们大多用在超过 300 马力的情况下。电力工业是使用大型多级透平驱动器的一个很好的例子。单级或多级透平的运行可以采用凝汽，也可以不凝汽。然而，如果没有进行严格评估泵是否可以使用其他类型的驱动器，则不应该使用凝汽透平作为泵驱动机。对比凝汽的复杂性，在公用工程上省下这么点钱是不值得的。

（2）蒸汽透平性能

影响蒸汽透平性能的主要因素有：马力输出、速度、蒸汽进出口条件、其机械结构（如叶轮数、叶轮尺寸等）。

这些因素是相互关联的，它们对透平性能的影响是通过整体效率的变化反映出来。总效率可以定义为输出的能量与理论上恒定熵下可用的蒸汽能量之比，可以由莫里埃图得到。这种整体效率是机械效率和热效率的叠加。透平的损失部分是由于转轴的摩擦损失，部分是由于热力损失和湍流。图 29-24 给出了相对于输出马力的总体效率。

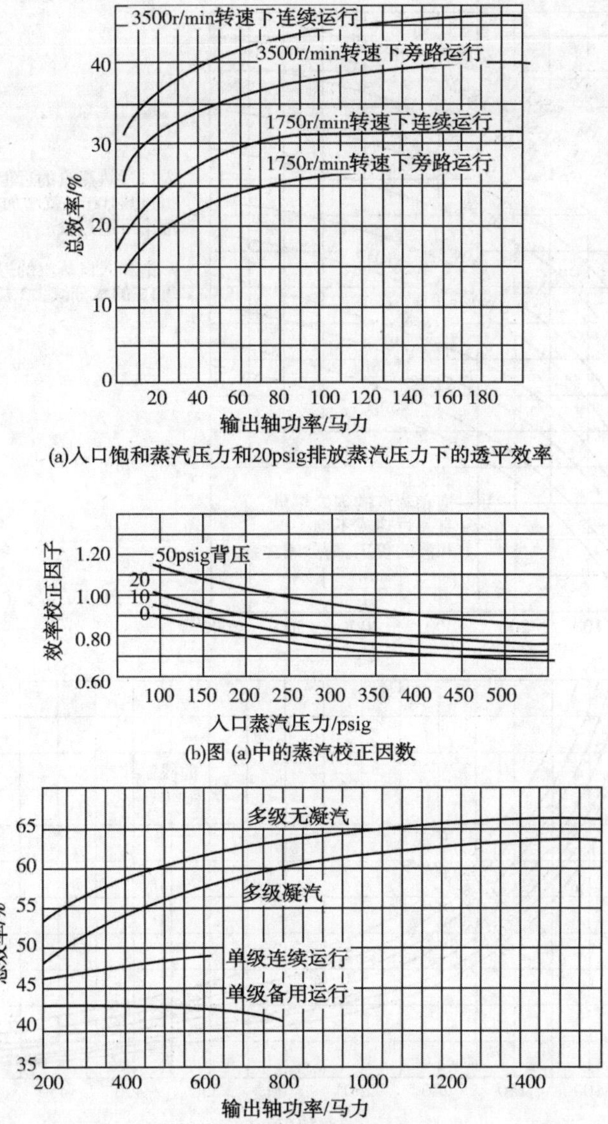


(a)入口饱和蒸汽压力和20psig排放蒸汽压力下的透平效率

(b)图 (a)中的蒸汽校正因数

(c)大马力透平效率

图 29-24　蒸汽透平效率

一个给定马力的透平所需要的蒸汽称为“耗汽率”。透平的实际耗汽率由制造商在车间的实际机器上进行运行试验后提供。工厂操作员和其他工程师在他们的工作中经常需要估算出这些耗汽率，一个典型的情况需要确定工厂的最佳蒸汽平衡。这种估算可以从图 29-25 中得到。这个图和附带的注解不需要解释。

### 29.3.9　热泵的冷却水要求

许多泵在使用过程中需要对泵的各个部件进行水冷。这种冷却水适用于轴承、填料函、压盖和基座。

冷却水的应用由制造商根据其泵必须满足的使用标准和条件来决定。大部分冷却水可以通过封闭的冷却水系统中回收。然而，密封压盖冷却水没有回收，而是被排到废水系统。

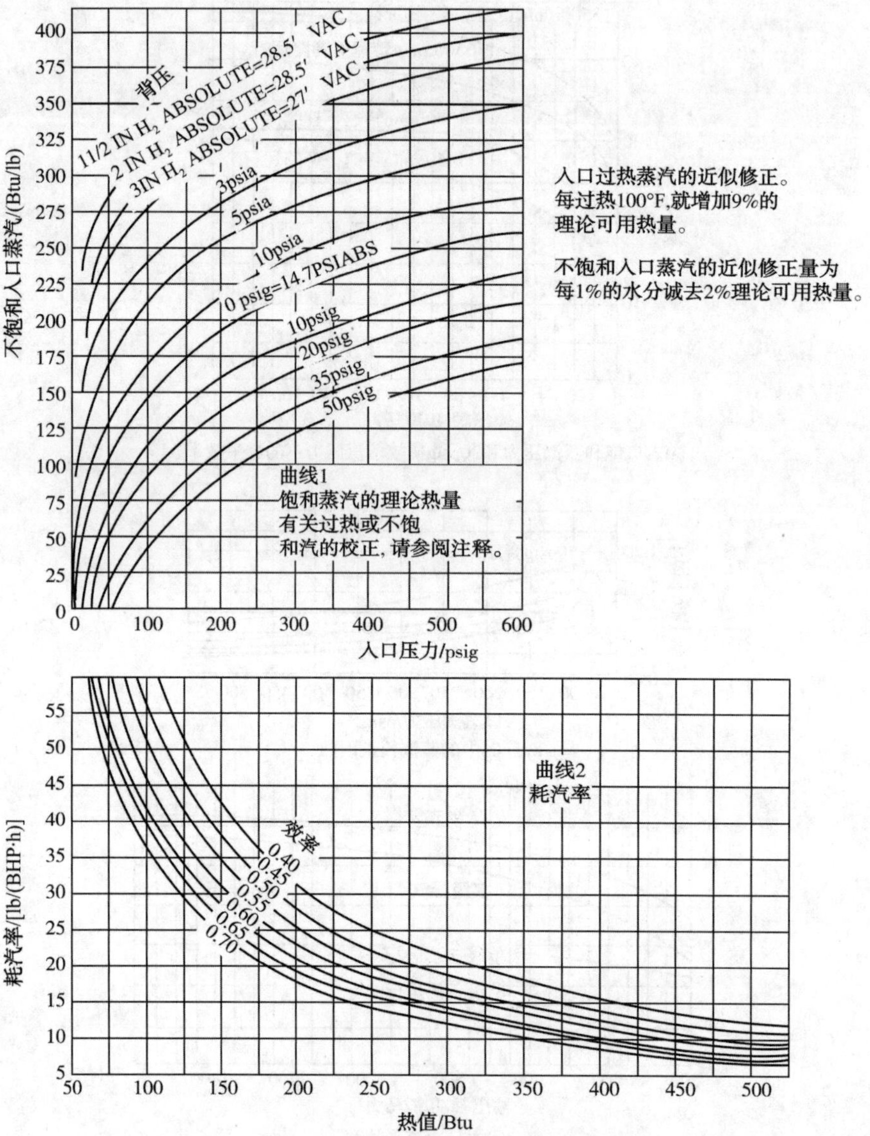


图 29-25 凝汽和不凝汽透平的耗汽率

表 29-15列出了泵和汽轮机的一些典型冷却水要求。供应商最终将确认所购买的特定设备的需求。

**表 29-15 热泵的典型冷却水要求**

| 温度、泵或蒸汽 | 根据泵尺寸的冷却水量 | |
|---|---|---|
| 泵 | 小于 1000gpm | 1000gpm 以上 |
| <350℉ | 0gpm | 0gpm |
| 350～500℉ | 2gpm | 4gpm |
| 500℉以上 | 3gpm | 6gpm |

续表

| 温度、泵或蒸汽 | 根据泵尺寸的冷却水量 | |
|---|---|---|
| 蒸汽透平 | | |
| <450°F | 0gpm | 0gpm |
| 450°F以上 | 3gpm | 3gpm |

## 29.4 压缩机

### 29.4.1 压缩机的类型和选择

压缩机分为四大类：离心式、轴流式、往复式、旋转式。每种类型的名称都描述了气体压缩的方法。不同类型的压缩机与典型应用的比较如表 29-16 所示。每种类型的简要说明如下。

表 29-16 压缩机及其典型应用对比

| 类型和可控制范围 | 有效性百分比 | 操作速度，体积容量，每级压缩比⑥ | 压缩效率 | 优点 | 缺点 | 常用驱动机 | 常见应用 |
|---|---|---|---|---|---|---|---|
| 离心式 70%~100% | 99.5%~100%① | 3000~15000 r/min② | 70%~78% | 1. 周期长运行 | 1. 压力比受气体密度和分子量影响大 | 蒸汽透平 | 大的冷却系统 |
| | | 出口最小量 400~500ACFM | | 2. 维护成本低 | 2. 需要备用转子 | 燃气轮机 | 催化裂化主风机 |
| | | 最大吸入量 150000ACFM④ | | 3. 相对于流量体积小 | | 电动马达 | 重整装置和加氢装置气体回收 |
| | | 每级 80~100000ft 多变压头 | | 4. 流量控制简单 | | 废气膨胀机 | |
| 轴流式 80%~100% | 99.5%~100% | 4000~12000r/min② | 75%~82% | 1. 较高的处理能力 | 1. 处理弹性受限于很陡的压头-容量曲线以及很小的稳定操作范围，除非采用变距定子 | 蒸汽透平 | 催化裂化主风机（大型的） |
| | | 最小 70000ACFM | | 2. 相对于流量，非常小的尺寸 | 2. 性能与效率对于结垢很敏感 | 燃气轮机 | |
| | | 每级压缩比为 2~4 | | 3. 比离心机更高的效率 | 3. 需要备用转子和定子叶片 | 电动马达 | |
| | | | | 4. 适用于其他轴流或离心机的并联工作 | | 废气膨胀机 | |

续表

| 类型和可控制范围 | 有效性百分比 | 操作速度，体积容量，每级压缩比[6] | 压缩效率 | 优点 | 缺点 | 常用驱动机 | 常见应用 |
|---|---|---|---|---|---|---|---|
| 往复式；参见上文关于控制范围的描述 | 98%清洁气体[3] | 300~1000r/min | 75%~85% | 1. 有效处理间歇负载 | 1. 短的连续运行周期，用于关键场合时需要备用或安装多台机器 | 同步电动机 | 仪表风 |
| | 95%的含杂质气体[3] | 最大压缩比5或最大排气温度330~380℉ | | 2. 低成本、小流量 | 3. 要求工程管道合理布置以消除脉动和振动 | 耦合或一体式电动机 | 炼厂空气 |
| | 95%清洁的气体[4] | | | 3. 用于非常高的排放压力(高达50000psig) | 4. 当机器采用无润滑要求避免排放气中带润滑油时应用减少 | 耦合或整体电动机 | 燃气 |
| | 93%含杂质气[4] | | | 4. 在较低的流量范围比离心式具有更高的效率 | | | 合成气体 |
| | | | | 5. 对气体性质不敏感 | | | 原料气 |
| | | | | | | | 小加氢处理单元的循环气 |
| | | | | | | | 加氢处理装置补充气 |
| | | | | | | | 小制冷系统 |
| 高压旋转螺杆式55%~100% | 99%~99.5% | 2500~10000r/min | 75%~80% | 1. 比离心机更低的成本 | 1. 噪声大，需要在进口和出口安装消声器 | 电动马达 | 炼厂气 |
| | | 1000~20000 ACFM在吸 | | 2. 比离心机更高的效率 | 2. 由于冗余小，对温度上升敏感 | 蒸汽透平 | 燃料气 |
| | | 每级最大压缩比4~7，但压差不超过100psi | | 3. 对气体特性不敏感 | 3. 不适合用于产生硬沉积物污垢的场合 | 燃气轮机 | 催化裂化主风机(小型) |
| | | | | 4. 零部件是标准件，不需备用转子 | 4. 速度或旁路控制是唯一适用的控制方式 | 废气膨胀机 | |
| 低压螺杆，叶瓣和叶片式转子，固定容量 | 不适用于连续运行的场合 | 1500~3600r/min | 75%~80% | 1. 第一次花费低 | 1. 有限的使用寿命 | 电动马达 | 低压、轻型、非关键性场合 |

续表

| 类型和可控制范围 | 有效性百分比 | 操作速度，体积容量，每级压缩比⑥ | 压缩效率 | 优点 | 缺点 | 常用驱动机 | 常见应用 |
| --- | --- | --- | --- | --- | --- | --- | --- |
| | | 100~12000 ACFM 吸力 | | 2. 低维护成本 | 2. 速度或旁路控制是唯一适用的控制方式 | 蒸汽透平 | |
| | | 每级最大压缩比为2，排放最高压力50psi | | 3. 零部件是标准件，不需要备用转子 | 3. 噪声大 | | |

① 定期清理使机器具有最高的可靠性。

② 大型机器在较低速度下运行。

③ 电动机驱动的设备，每隔8~12000h，需要3天左右的检修。95%~98%的值包括了每隔几个月需要进行阀门维护的8h停车。

④ 发动机驱动的设备，每隔8~12000h，需要2周左右的检修。93%~95%的值包括了每个月需要的8h停机时间，用于压缩机阀门和发动机驱动器的维护检查。

⑤ 吸入口的气体流量在70000ACFM以上时，应该考虑采用轴流式压缩机。

⑥ 为得到更高的速量和压力，可以串级使用。

(1) 离心式

这种类型的压缩机由一个或多个在机壳内高速旋转的叶轮组成。流量是连续的，并且进口和出口阀门不需要作为压缩机械的一部分。在维护或紧急情况下，需要使用截止阀进行隔离，通常带有排放止回阀。

离心式压缩机广泛用于石油、天然气、化工等行业，主要是由于大量的气体经常需要处理。能长周期连续运行而无需大修使离心压缩机适合用于石油炼制和天然气行业。

通常情况下，这类压缩机适用于所有气体流量连续且在每分钟400ACFM(实际立方英尺/分钟)以上的清洁天然气和500ACFM以上含有杂质的气体。这些流量是在压缩机的出口条件下测量的。这里所说的含有杂质的气体是类似于催化裂化装置中的一些气体，其中可能含有一些固体或液体的微粒。

缓慢上升的压头-流量性能曲线易于通过入口节流或变速运行对离心式压缩机进行控制。回流控制也很常见。

这类压缩机的主要缺点是对气体密度、分子量和多变压缩指数非常敏感。密度或分子量的降低导致压缩机的多变压头需要增加，以获得所需的压缩比。

(2) 轴流式

这些压缩机内含叶轮，这些叶轮在带叶片的定子之间旋转。气流方向与压缩机的旋转轴平行。当吸入口气体流量超过70000ACFM时，轴流式压缩机在经济上比离心式压缩机更具吸引力。相对于处理量来说这类压缩机非常小，且效率略高于离心式压缩机。轴流式压缩机广泛应用于喷气发动机和燃气轮机的空压机。

(3) 往复式

往复式压缩机广泛应用于石油、化工等行业。它们由活塞组成，活塞在装有进气阀和排气阀的气缸中运动。在它们的使用领域中，它们其他任何类型都更便宜和更有效。它们主要的优点是对气体特性不敏感，能够有效地处理间歇载荷。它们适用于小流量工况，主要被用在与离心式比起来相对较小流量的工况。往复式压缩机几乎只用于排气压力大于5000psig的场合。

与离心式压缩机相比，往复式压缩机需要频繁停机以维修阀门和其他易损件。这需要一个备用压缩机或多个压缩机来维持工厂的生产能力。此外，相对于它们的处理量，它们又大又重。

（4）旋转式

旋转式压缩机领域的最新进展，为下列类型的旋转式压缩机在流程工业中开辟出了新的应用领域：

1）高压螺杆式：这些压缩机已发展成为重型机械。它们由两个没有实际接触的旋转螺杆组成。与离心式压缩机相比，旋转式压缩机成本低，效率高。它们是容积式，因此对气体特性不敏感。它们的零部件是标准化产品，因此通常不需要为了紧急更换而储备备用转子。

该压缩机噪声大，因为螺杆的间隙比较小，因此螺杆的温升很敏感。它们能适用于污垢物质会生成软沉积物的应用场合。这会减少螺杆间隙以及螺杆和壳体之间的泄漏量。但是不推荐用于污垢生成较硬沉积物的应用场合。

变速以及通过出口旁路循环到吸入口是唯一可以使用的控制类型。

2）低压螺杆、叶片、滑片式：这些压缩机只应该用于低压、轻型、非关键的场合。其工作原理与高压螺杆式相同，但在机械设计方面有所不同，与那些旋转高压螺杆压缩机具有同样的优点和缺点。它们的成本甚至比高压螺杆压缩机更低，但其部件寿命有限，因此维护成本更高。

本书仅对离心式和往复式压缩机进行进一步讨论。

### 29.4.2 离心式压缩机马力的计算

离心式压缩机多被需要大流量的工艺应用所采用。一个典型的例子是用循环压缩机处理一些石油炼制和石化过程中产生的富氢气。表29-17、表29-18给出了离心式压缩机流量范围和效率。

**表29-17 离心式压缩机典型的运行效率和压头**

| 离心式压缩机流量范围 | | | |
|---|---|---|---|
| 正常流量范围(进口ACFM) | 平均多变效率 | 平均绝热效率 | 转速到10000ft压头/叶轮 |
| 500~7500 | 0.74 | 0.70 | 10500 |
| 7500~20000 | 0.77 | 0.73 | 8200 |
| 20000~33000 | 0.77 | 0.73 | 6500 |
| 33000~55000 | 0.77 | 0.73 | 4900 |
| 55000~80000 | 0.77 | 0.73 | 4300 |
| 80000~115000 | 0.77 | 0.73 | 3600 |
| 115000~145000 | 0.77 | 0.73 | 2800 |
| 145000~200000 | 0.77 | 0.73 | 2500 |

**表29-18 按照压头和流量的离心式压缩机分类**

| | 转速/(r/min) | 吸入口/ACFM | 多变压头/(ft·lb/lb) |
|---|---|---|---|
| 小型标准多级 | 3000~3600 | 100~1000 | 小于8500 |
| 标准单级 | 3000~3600 | 700~60000 | 1000~6700 |
| 特殊单级 | 3000~15000 | 1000~60000 | 6700~11500 |
| 特殊多级单壳体、无中间冷却 | 3000~15000 | 1000~140000 | 6700~100000 |
| 特殊多级、多壳体、中间冷却 | 3000~15000 | 2500~140000 | 大于37000 |

一般来说，离心压缩机提供的压头或压差水平要远远低于往复式，图 29-26 说明了这一特性。

工艺工程师经常被要求确定特定情况下离心压缩机的能力，或评估机器处理不同工况的能力。在进行这些研究时，有必要确定在研究条件下机器的马力。这里提供一个压缩机气体马力(然后是制动马力)的计算步骤。

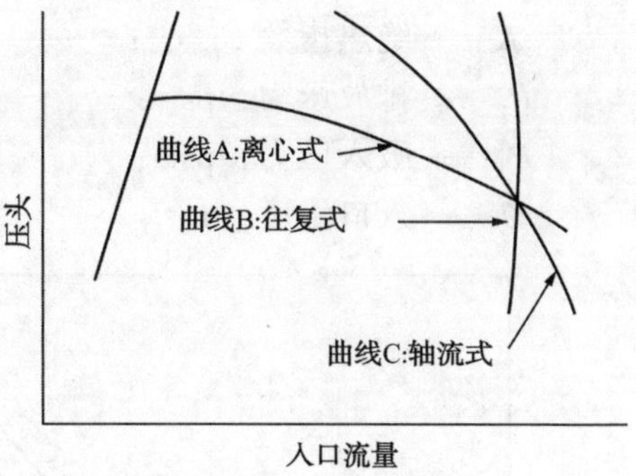


图 29-26 不同压缩机类型的压头与容量关系

(1) 步骤

步骤 1：从以下方面确定压缩机所需的负荷：进口条件下的流量 cft/min；设计进口温度；设计进口压力；处理气体的摩尔质量；压缩比($P_2/P_1$)，$P_2$为排放压力，$P_1$为进口压力。

步骤 2：确定气体的“$K$”值。如果这是纯气体(如氧气)，则可以从数据书上读取“$K$”值。否则，“$K$”值就是 $C_p/C_v$ 的比值。见本章附录 5。(注意：不要将这个“$K$”因数与平衡常数混淆。)

步骤 3：计算气体体积，以 SCFM 为单位。用进口 CFM 乘以进口压力乘以 520 除以 14.7psia 乘以以°R为单位的进口温度：

$$\text{SCFM}=\frac{1\text{CFM}\times 进口压力\times 520}{14.7\times 进口温度°\text{R}} \tag{29-69}$$

步骤 4：用 SCFM 除以 378 计算 mol/min 的数量。用摩尔数乘以摩尔质量得到气体的 lb/min。

步骤 5：从图 29-27 中读出排放温度的估计值。用它和排放压力计算出排放体积，单位为 cft/min。

步骤 6：用步骤 4 计算出的重量和步骤 5 计算出的吸入 CFM 和排出 cft/min，计算吸入口和排出的气体密度。单位是 lb/cuft。

步骤 7：$Z$ 的平均值取为吸入时的 $Z$+排放时的 $Z$ 除以 2。$Z$(压缩系数)由以下表达式计算：

$$Z=\frac{MP}{10.73\times T\rho_V} \tag{29-70}$$

式中 $M$——摩尔质量。

$P$——压力，psia；

$T$——°R，为℉+460；

$\rho_v$——密度，lb/cuft。

步骤 8：用以下表达式计算绝热压头 ft · lb/lb：

$$H_{ad}=\frac{Z_{ave}\times R\times T_i}{(K-1)/K}\left[\left(\frac{P_2}{P_1}\right)^{(k-1)/k}-1\right] \tag{29-71}$$

式中 $H_{ad}$——绝热压头，ft · lb/lb；

$Z_{ave}$——平均压缩因子；

$R$——气体常数，$R=1545/MW$；

$K$——绝热指数 $C_p/C_v$；

$P_2$——排放压力，psia；

$P_1$——吸入压力，psia；

$T$——入口温度，°R。

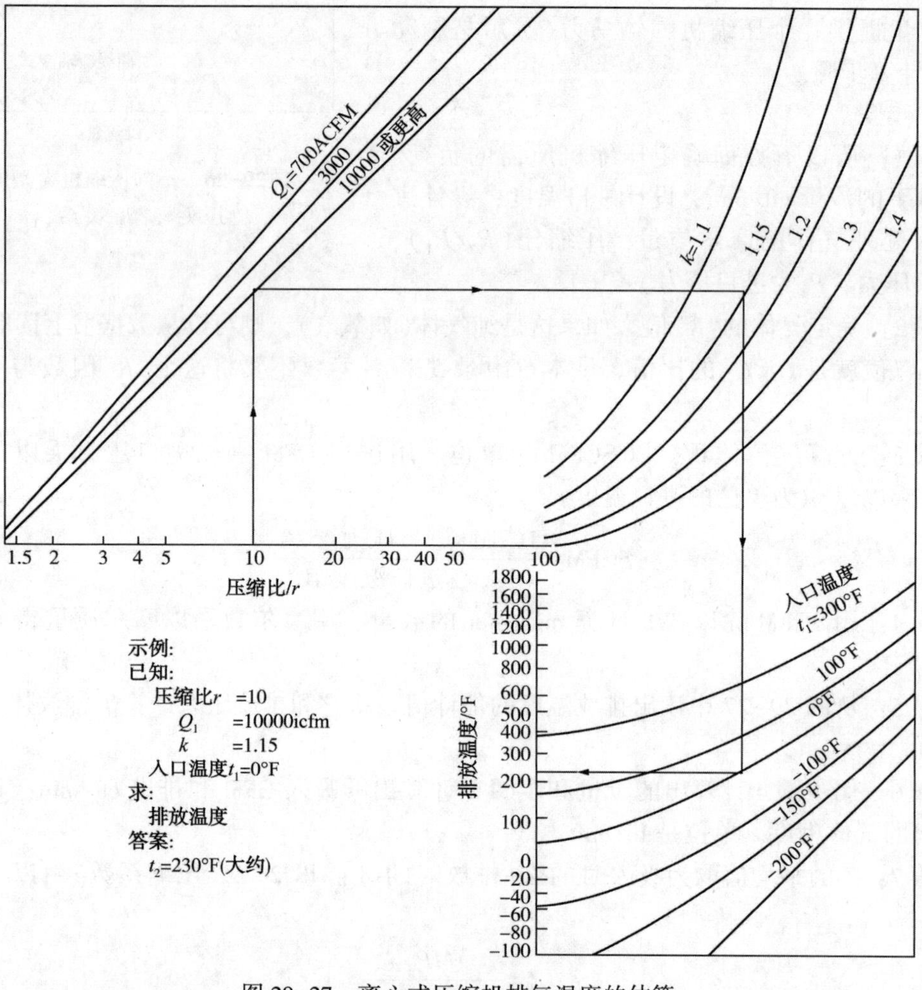


图 29-27　离心式压缩机排气温度的估算

步骤 9：气体马力由下式计算得到：

$$HP=\frac{W\times H_{ad}}{\eta_{ad}\times 33000} \quad (29-72)$$

式中　$W$——气体质量，lb/min；

$H_{ad}$——绝热压头，ft · lb/lb；

$\eta_{ad}$——绝热效率取 0.7~0.75。

步骤 10：通过图 29-28 检查气体马力值。

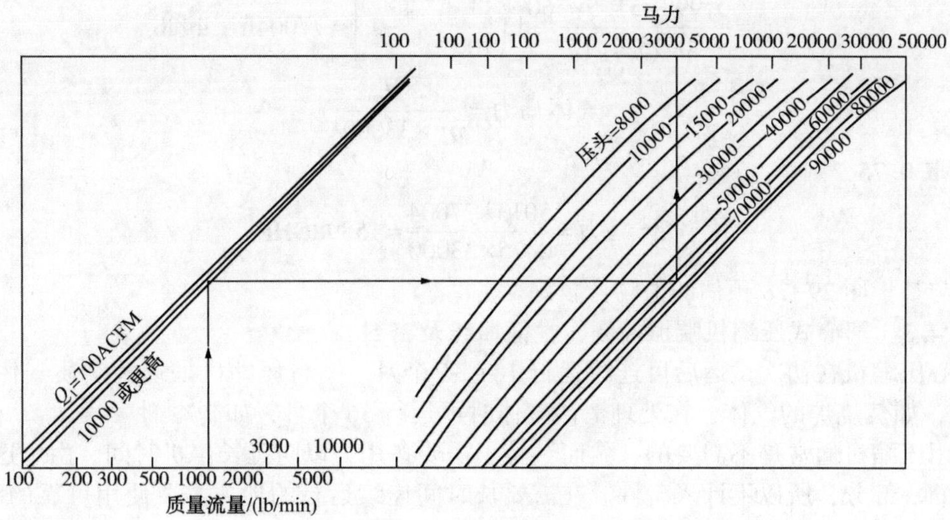


图 29-28 离心式压缩机功率的确定

（2）计算示例

假设在等熵的情况下，离心式压缩机气体马力的计算如下：

压缩比＝10

流量(入口实际流量 CF/min)＝10000

$K_{ave}=1.15$

$T_1=100$℉

$P_1=100$psia

分子量＝30

lb/min＝5013

对于等熵压缩：

$$H_{ad}=\frac{Z_{ave\times R\times Ti}}{(K-1)/K}\left[\left(\frac{p_2}{p_1}\right)^{(K-1)K}-1\right] \tag{29-73}$$

式中 $H_{ad}$——绝热压头，ft·lb/lb；

$Z_{ave}$——平均压缩因子；

$R$——气体常数，$R=1545/MW$；

$K$——绝热指数，$C_p/C_v=1.15$；

$P_2$——排放压力，psia；

$P_1$——吸入压力，psia。

入口条件下的 $Z$ 值：

$$\rho_v=0.5\text{lb/cuft}$$

$$Z=\frac{MP}{T\rho_v}\times 10.73=\frac{30\times 100}{560\times 0.5}\times 10.73=0.998$$

估算的排放温度(图 29-27)＝400℉

$$Z_{dis}=\frac{30\times 1000}{860\times 3.26}=0.997$$

取为0.998。

$$H_{ad}=\frac{0.998\times51.5\times560}{0.15/1.15}\left[\left(\frac{1}{100}\right)^{0.13}-1\right]=77004\text{ft}\cdot\text{lb/lb}$$

$$气体马力=\frac{W\times H_{ad}}{\eta_{ad}\times33000}$$

$\eta_{ad}$取0.75，则：

$$气体马力=\frac{5013\times77004}{0.75\times33000}=15598\text{GHP}$$

这与基于图29-28预估的值吻合较好。

### 29.4.3　离心式压缩机喘振控制、性能曲线及密封

离心压缩机在初次试运后可连续运行18~36个月。一台压缩机处理含杂质气体可运行18个月，如焚烧炉的气体，在处理清洁气体时可运行36个月，如制冷剂。

备用压缩机通常是不需要的。然而，转子需要备用，以防延长停机时间。由于这个转子是成本的一部分，所以不计入备件。在需要长时间连续运行的地方需要使用可靠的驱动机，如电动机、蒸汽或燃气透平机。在使用蒸汽或燃气透平的情况下，驱动机可以做到最长的运行周期。离心压缩机的高速运行也适合选择这些高速驱动机。这些驱动机的速度可以指定与压缩机的速度相同。对于电机驱动器，通常需要一个变速齿轮。离心压缩机可按扬程和容积大致分类，如表29-18所示。

作为一个指南，每个叶轮的最大压头约为10000ft。通常情况下，一个壳体内大约可以有8个叶轮。

压缩机排放的最小允许气体体积是400ACFM(纯净气体)和500ACFM(含杂质气体)。含杂质的气体被认为是类似于蒸汽裂解或催化裂化装置的气体。

对于可能聚合的气体，排放温度限制在250℉，对于其他气体，排放温度限制在400℉。通常使用中间冷却器将排放气体温度保持在这些限制范围内。这些温度限制不适用于在800℉以上运行的特殊离心式烟气循环机。此外，每个壳体的温升限制在350℉左右。考虑到热膨胀，这是所能承受的最大温升。

如果采用铸铁作为壳体材料，使用上限温度为450℉。在传统的设计中，-150~-175℉的温度是可以承受的。更低的温度是不常见的，将需要就相关的设计数据进行咨询。

(1) 喘振

离心式和轴流式压缩机特有的一个特性是都有一个压缩机可以稳定运行的最小流量。这个最小流量对应着喘振点或脉动点。喘振时，压缩机的排放压力不能满足进入系统的压力，这导致气体循环倒流，压缩机交替外输气体，系统再返回给它。

压缩机的喘振点几乎与速度无关。它在很大程度上取决于在每个压缩级串联的轮毂或叶轮的数量，压缩机合理流量减少的设限如表29-19所示。

**表29-19　离心式压缩机的典型喘振点**

| 叶轮/压缩级 | 最大喘振点占正常流量/% |
|---|---|
| 1 | 55 |
| 2 | 65 |
| 3或更大 | 70 |

大多数压缩机都需要一个自动再循环旁路来维持最小流量。这些是在启动或正常负载降至喘振点以下时需要的。如果排出的气体返回到压缩机的吸入口，则循环回路需要冷却。

（2）性能曲线

每台压缩机都应该给出它的性能曲线。这通常做法是指定出每个压缩级上升到喘振点的压比。从正常流量到喘振流量的连续上升曲线对于稳定操作是必要的。

上升到喘振点的压比在很大程度上是每级压缩级叶轮数量的一个函数。表 29-20 给出了合理压比上升的规定值。

**表 29-20 离心式压缩机从正常运行到喘振的典型最小压比增长**

| 叶轮/压缩级 | 从正常运行到喘振典型最小的压比增长/% |
|---|---|
| 1 | 3.5 |
| 2 | 6~7 |
| 2 或更大 | 7.5 |

通常，必须绘制出压缩机的性能曲线，以确定所有预期的工艺操作是否满足压缩机及其特定的转速控制。性能曲线上有三个点是必须要知道的。他们是正常点、喘振点和最大流量点。通常认为压缩机的正常流量点是曲线上 100%速度对应的点。喘振点和提高至喘振点的压缩比已经被指明。由此可以利用压头-压比关系反算出压缩机在喘振点产生的压头。最大流量点指定为 85%正常压头对应的至少 115%的流量。

压头-流量性能曲线随速度的变化保持其特征形状。其他速度下的曲线可由 100%速度曲线上的三个已知点，利用以下关系得到：多变压头与速度的平方成正比；容量的变化与速度成正比；效率保持不变。

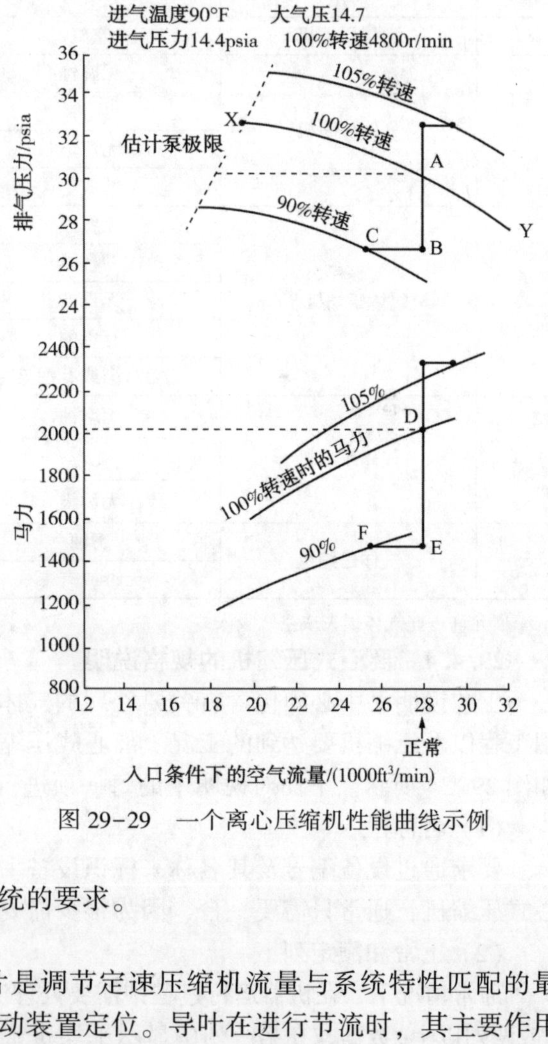


图 29-29 一个离心压缩机性能曲线示例

图 29-29 为典型的离心压缩机性能曲线。

（3）控制

1）速度：

从能量角度考虑，速度控制是最有效的控制方式。然而，它要求使用变速驱动机，如蒸汽透平或燃气轮机或变速电动机。压缩机控制是通过移动压缩机的性能曲线去满足系统的要求。

2）吸入节流：

① 可调进口导向叶片。可调进口导向叶片是调节定速压缩机流量与系统特性匹配的最有效方法。它们由百叶窗组成，由齿轮齿条联动装置定位。导叶在进行节流时，其主要作用是通过改变导叶的方向，从而改变叶轮中气体的流速。这就改变了所产生的压头，从而改变

了机器的性能。

② 吸入节流。这种控制包括一个位于压缩机吸入口的控制阀，用来调节压缩机的吸入压力。由于控制阀是一种纯节流效果，因此与可调进口导叶控制相比，控制阀的功率损失更大。吸入节流阀的成本低于可调进口导叶。

3）排放节流：

这种控制由一个位于压缩机排气口的控制阀组成，排放节流阀很少使用，因为他们在降低流量时几乎没有降低功耗。最终效果就是简单地把压缩机推回它的曲线上。

4）密封：

表 29-21 显示了离心式压缩机中常用的密封类型。在选择密封时，应考虑压缩机的启动情况和操作条件。通常，在启动前，含有碳氢化合物的系统需要处理放空。这就要求在真空条件下密封效果要好。

**表 29-21　离心压缩机密封**

| 编号 | 应用 | 处理气 | 入口压力/psia | 密封形式 |
|---|---|---|---|---|
| 1 | 空气压缩机 | 空气 | 任意 | 迷宫式 |
| 2 | 气体压缩机 | 无腐蚀 | 任意 | 迷宫式 |
| | | 无毒 | | |
| | | 无污染 | | |
| | | 低成本 | | |
| 3 | 气体压缩机① | 无腐蚀 | 10~25 | 处理介质注入或喷出的迷宫式密封 |
| | | 腐蚀 | | |
| | | 无毒的 | | |
| | | 有毒的 | | |
| | | 无污染或有污染 | | |
| 4 | 气体压缩机 | 无腐蚀 | 所有压力 | 带润滑油系统的油封迷宫式气封 |
| | | 无毒 | | |
| | | 无污染 | | |
| 5 | 气体压缩机 | 腐蚀 | 所有压力 | 带独立润滑油系统的油封 |
| | | 无毒或有毒 | | 迷宫式气封 |

① 允许一些气体损失或空气吸入。

### 29.4.4　离心式压缩机的规格说明

工艺说明书中必须包含有关要处理的气体的所有信息，它的入口和出口条件、可用的公用工程以及压缩机要达到的工况。离心式压缩机的工艺说明书与往复式压缩机的工艺说明书如图 29-34 所示。下面对说明中的每一项进行解释说明。

（1）名称栏

要求通过设备编号及其名称来标识设备。这里还给出了说明书所引用的单元数。对于离心式压缩机，通常只需要一台，因为很少需要备用机器。

（2）正常和额定列

通常情况下，在机器运行过程中需要处理流体的条件和数量会发生变化。因此，需要两列(或两列以上)数据，在第一列中显示平均正常数据，在第二列中显示压缩机最恶劣条件和最高的负荷。第二列中的恶劣条件是针对连续运行工况，而不是偶然遇到的瞬时峰值(或低谷)。

（3）气体

在工艺说明中必须包括气体的组成和性质。通常情况下，气体的成分列在另一张表上，如示例所示。注意到在许多催化反应过程中都用到循环气，随着催化剂的老化，气体的组成会发生变化。因此，有必要列出运行初期和运行末期循环气体的组成。

压缩机有时需要处理完全不同的气体组成。这一点也必须注意。例如，在许多石油炼制过程中，循环压缩机通常处理以氢气为主的气体，也用于在催化剂再生、系统置换和装置开工过程中处理空气或氮气。

（4）体积流量

指在 14.7psia 和 60℉工况下需要处理的气体量。

（5）质量流量

指要处理的气体质量，单位 lb/min 或 lb/h。

（6）入口条件

1）压力：压缩机进口法兰处的气体压力，psia。

2）温度：压缩机入口法兰处气体的温度。

3）摩尔质量：气体的摩尔质量是根据说明书中给出的气体组成计算出来的。

4）$C_p/C_v$：这是根据气体摩尔质量与本章附录 5 中的气体比热的比值。

5）压缩系数：采用的数值基于本手册本章关于“离心压缩机功率计算”步骤 7 计算的入口条件。

6）进气体积：压缩机入口实际温度和压力工况下的气体体积。因此：

$$\mathrm{ACFM}=\frac{\mathrm{SCFM}\times 14.7\times(\text{入口温度}℉+460)}{(60℉+460)\times\text{入口压力 psia}} \tag{29-74}$$

（7）出口条件

1）压力：压缩机出口法兰压力，以 psia 或 psig 为单位。

2）温度：如图 29-27 所示。

3）$C_p/C_v$：与入口相同。

4）绝热效率：如图 29-30 所示。

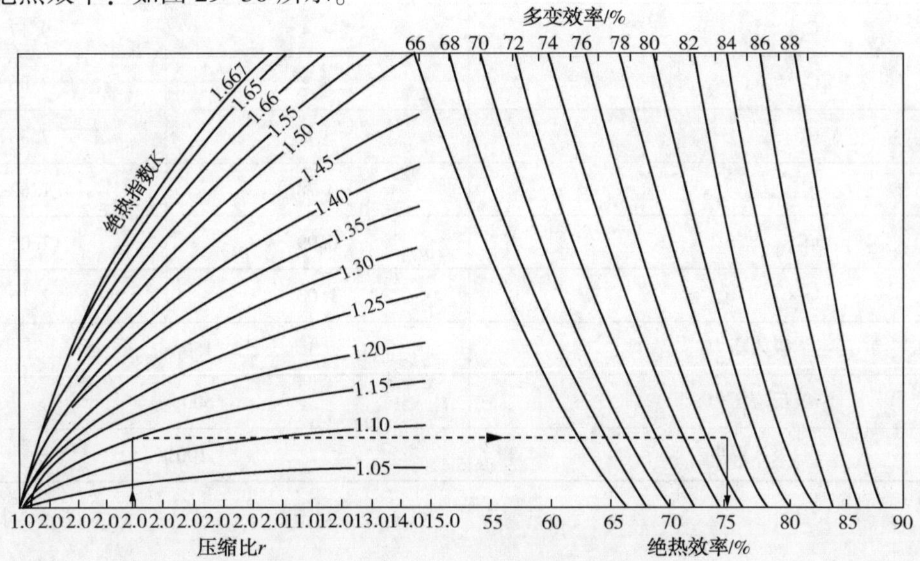


图 29-30 离心式压缩机的绝热效率

（8）驱动功率的估算

这一项将包括本章关于计算离心式压缩机功率一节中计算的绝热（或气体）马力加上损失。

1）泄漏损失：绝热马力的1%。

2）密封损失：在所有功率范围内占35马力。

3）轴承损失：在所有功率范围内占35马力。

4）规格表的其余部分包含所有可能影响压缩机运行负荷和性能的基本数据和要求。大部分是不需要再说的；然而，有些项目需要注释。它们是：

① 如今许多压缩机安装维护都是在一个带有桥门式起重机的开放式厂房里进行的。

② 通常润滑油和密封油组件有独立的泵和控制系统。因此，即使压缩机本身是蒸汽驱动的，可能仍然需要用于辅助设施的公用工程详细说明。

③ 气体组成对于任何压缩机的开发都是必不可少的。它和其他关于设备及其操作的重要说明被列在说明书的最后一页。

下面是规格表的示例计算。

## 29.5 示例计算

在邻二甲苯异构化装置中，需要提出处理循环氢气物流的压缩机工艺规范表。详情如下：

| | | |
|---|---|---|
| 新鲜进料 | 5000BPSD 间二甲苯 | |
| 循环气流率 | 7000scf 氢气量/bbl 进料 | |
| 气体组成/%（摩尔） | 运行初期（SOR） | 运行末期（EOR） |
| $H_2$ | 85.00 | 68.78 |
| $C_1$ | 4.4 | 9.17 |
| $C_2$ | 4.2 | 8.86 |
| $C_3$ | 3.6 | 7.36 |
| $iC_4$ | 0.78 | 1.62 |
| $nC_4$ | 0.99 | 2.05 |
| $C_5$s | 1.03 | 2.16 |
| 吸入压力 | 150psig | |
| 反应压力 | 500psig | |
| 吸入温度 | 100°F | |

步骤 1：计算气体摩尔质量。

| | 运行初期 | | | 运行末期 | |
|---|---|---|---|---|---|
| | 摩尔分数/% | 分子量 | 质量因数 | 摩尔分数/% | 质量因数 |
| $H_2$ | 85.0 | 2 | 170 | 68.78 | 138 |
| $C_1$ | 4.4 | 16 | 70 | 9.17 | 147 |
| $C_2$ | 4.2 | 30 | 126 | 8.86 | 266 |
| $C_3$ | 3.6 | 44 | 1S8 | 7.36 | 324 |
| $iC_4$ | 0.78 | 58 | 45 | 1.62 | 94 |
| $nC_4$ | 0.99 | 58 | 57 | 2.05 | 119 |
| $C_5s$ | 1.03 | 72 | 74 | 2.16 | 156 |
| 总计 | 100.00 | | 700 | 100.00 | 1244 |
| 平均分子量 | | 7.0 | | | 12.44 |

步骤 2：计算气体的流量，单位 scf/min。

氢气总需求量 = 5000BPSD×7000scf = 3500MMscf/d = 24306scf/min

$$运行初期气体流量 = \frac{24306}{0.85} = 28595\text{scf/min}$$

$$运行末期气体流量 = \frac{24306}{0.6878} = 35339\text{scf/min}$$

步骤 3：计算质量流量，单位 lb/min。

$$气体摩尔流量 = \frac{\text{scf/min}}{378}(\text{mol/min})$$

初期摩尔流量 = 75.6mol/min

末期摩尔流量 = 93.5mol/min

初期质量流量 = 75.6×7.0 = 529lb/min

末期质量流量 = 93.5×12.44 = 1163lb/min

步骤 4：计算入口条件下的实际体积流量（ACFM）。

压缩机入口压力 = 165psia

温度 = 100°F

$$初期\ \text{ACFM} = \frac{28597\times14.7\times560}{520\times165} = 2744\text{cft/min}$$

$$末期\ \text{ACFM} = \frac{35339\times14.7\times560}{520\times165} = 3391\text{cft/min}$$

步骤 5：计算 $C_p/C_v$ 值。

这里采用摩尔分率。每个组分的比率从附录 5 查得。

| | 运行初期 | | | 运行末期 | |
|---|---|---|---|---|---|
| | $C_p/C_v$ | 摩尔分数/% | $C_p/C_v$ 实际 | 摩尔分数/% | $C_p/C_v$ 实际 |
| $H_2$ | 1.40 | 85.0 | 119 | 68.78 | 96.29 |
| $C_1$ | 1.30 | 4.4 | 5.7 | 9.17 | 11.92 |
| $C_2$ | 1.22 | 4.2 | 5.12 | 8.86 | 10.81 |
| $C_3$ | 1.14 | 3.6 | 4.10 | 7.36 | 8.39 |
| $iC_4$ | 1.11 | 0.78 | 0.87 | 1.62 | 1.80 |
| $nC_4$ | 1.11 | 0.99 | 1.10 | 2.05 | 2.28 |
| $C_5s$ | 1.09 | 1.03 | 1.12 | 2.16 | 2.35 |
| 总计 | | 100.00 | 131.9 | 100.00 | 133.84 |

气体的 $C_p/C_v$：

初期=1.319

末期=1.338

步骤 6：计算压缩因子。

$$Z=\frac{MW\times P1}{T\times\rho_V\times 10.73} \tag{29-75}$$

$$\text{初期流量 } Z=\frac{7.0\times 165}{560\times 0.193\times 10.73}=0.996$$

$$\rho_V=\frac{\text{lb/min}}{ACFM}$$

$$\text{末期流量 } Z=\frac{12.46\times 165}{560\times 0.343\times 10.73}=0.998$$

步骤 7：计算出口温度。

基于以下数据，大概的排出口温度从图 29-27 读取。

初期 ACFM=2744cft/min

末期 ACFM=3391cft/min

$$\text{压缩比}=\frac{515}{165}=3.12$$

入口温度=100℉

因此：

初期排出口温度=370℉

末期排出口温度=340℉

步骤 8：计算大致的驱动机功率。

$$H_{ad}=\frac{Z_{ave\times R\times Ti}}{(K-1)/K}\left[\left(\frac{p_2}{p_1}\right)^{(K-1)/K}-1\right] \tag{29-76}$$

式中　$H_{ad}$——绝热压头，ft · lb/lb；

$Z_{ave}$——平均压缩因子；

$R$——气体常数，取 1545；

$K$——绝热指数，$C_p/C_v=1.15$；

$T$——温度，为℉+460℉；

$P_2$——排放压力，psia；

$P_1$——吸入压力；psia。

因此：

$$初期绝热压头=161063ft·lb/lb$$

$$末期绝热压头=91546ft·lb/lb$$

步骤 9：气体马力用下面表达式计算。

$$气相马力=\frac{W\times H_{ad}}{\eta_{ad}\times 3300} \qquad (29-77)$$

式中 $W$——气体质量流量，lb/min；

$H_{ad}$——绝热压头，ft·lb/lb；

$\eta_{ad}$——绝热效率，为 0.7～0.75，取 0.73。

因此：

$$初期气体马力=3536HP$$

$$末期气体马力=4420HP$$

步骤 10：驱动机功率。如下表所示。

HP

| | 初期 | 末期 |
|---|---|---|
| 气体马力 | 3536 | 4420 |
| 泄漏损失 | 35 | 44 |
| 轴承损失 | 35 | 35 |
| 密封损失 | 35 | 35 |
| 驱动功率 | 3641 | 4534 |

### 29.5.1 往复式压缩机功率计算

在流程工业中往复式压缩机得到了广泛的应用。它们的尺寸各不相同，小到用于气体回收的小型设备(如原油蒸馏塔塔顶系统)，大到用于气体循环和输送天然气的大型复杂设备。因此，工程师经常要评估这些机器的功率及其处理各种介质的能力。本节描述了一种用于确定功率的方法，步骤如下：

步骤 1：获得被处理气体的流量和特性。确定最终(排放)压力等级。

步骤 2：从机器数据表中，确定级数。

步骤 3：根据以下表达式估计轴功率：

$$BHP=22\times 每级压比\times 级数\times 流量(cuft/d\times 10^6)\times F \qquad (29-78)$$

式中 $F=1.0$，一级；F=1.08，二级；F=1.10，三级。

级数——二级为$\sqrt[2]{比率}$，三级为$\sqrt[3]{比率}$。

步骤 4：用图 29-31 检查估算值。

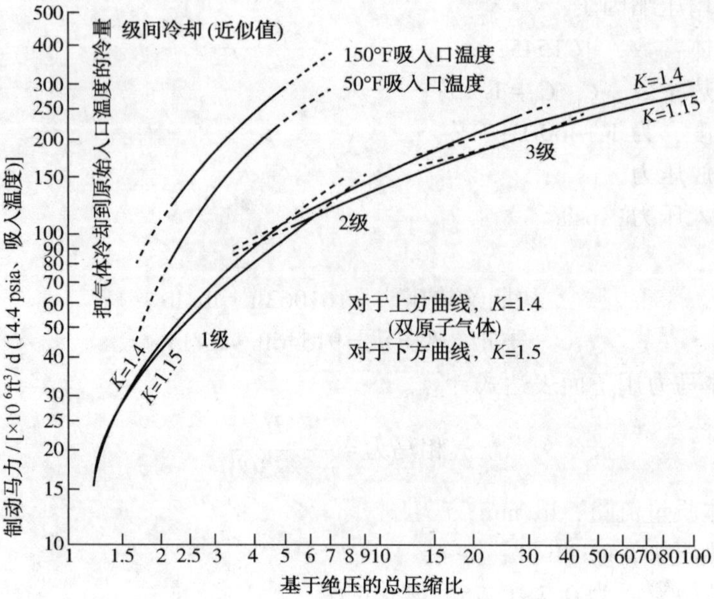


图 29-31　往复式压缩机的制动马力预估

步骤 5：确认实际吸入条件和所需压缩比(排出压力)。

步骤 6：计算压缩比/级。

步骤 7：计算一级排放压力。这将是吸入压力乘以从步骤 6 得到的每级压缩比。

步骤 8：允许约 3%的级间压降，然后计算二级排放压力。核对总压缩比/级是否接近步骤 6 计算值。

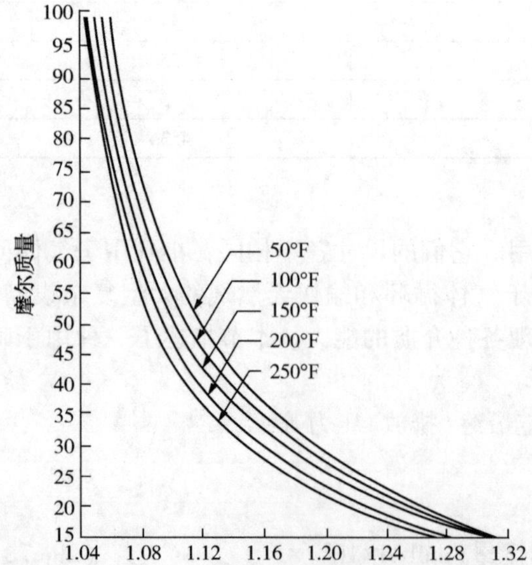


图 29-32　基于摩尔质量估计 K 值

步骤 9：计算气体的 K 值。K 值是气体的 $C_p/C_v$。如果气体是多种组分的混合物，则 K 值是各组分摩尔分数乘以附录 5 中给出的各组分 K 值的和。另一种好的近似方法，是使用图 29-32中的数据。

步骤 10：用图 29-33 计算第一级的排出温度。假设一定的中间冷却量(或根据工厂数据计算中间冷却量)，使用图 29-33 同样可以确定第二级的排放温度。

步骤 11：通过下式计算吸入口和排出口的压缩因子 Z。

$$\rho_v = \frac{MP}{T \times Z \times 10.73} \tag{29-79}$$

式中 $\rho_v$——工况下气体密度，lb/cuft；

$T$——绝对华氏温度，为℉+460℉；

$Z$——压缩因子；

$M$——摩尔质量；

*P*——压力，psia。

使用每一级吸入和排出口的平均值。

步骤 12：根据压缩比/每级(从步骤 7 获得)以及从步骤 9 得到的每级 *K* 值，读取 BHP/MMcfd 值。

步骤 13：根据式(29-80)计算每级的功率。

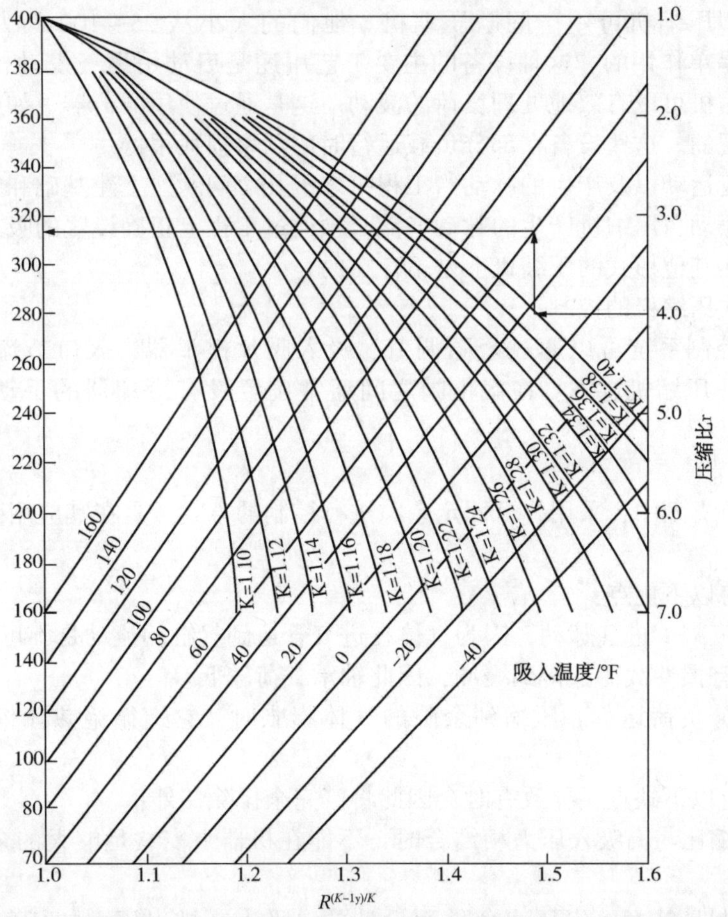


图 29-33　往复式压缩机排出温度的确定

$$BHP=(BHP/MMcfd)\times\frac{P_L}{14.4}\times\frac{T_S}{T_L}\times Z_{sve}\times MMscf/d \qquad (29-80)$$

式中　BHP/MMcfd——从图 29-31 读取；

$P_L$——基准压力，psia；

$T_S$——吸入温度，°R；

$T_L$——基准温度，°R(通常为 520 °R)。

步骤 14：压缩机的制动马力，是步骤 13 中计算出的各级马力之和。

## 29.5.2　往复式压缩机的控制和级间冷却

往复式压缩机是一种恒定位移式压缩机。不管气体是氢气还是丁烷，它都把相同体积的气体压缩到相同的压力水平。这一特性使它们适用于气体组成变化很大的场合。在某些情况下，当极低密度气体被压缩时，即使流量可能很高，往复式压缩机可能比离心式压缩机更经济，因为离心式压缩机需要多级压缩。

往复式压缩机广泛应用于对于离心式压缩机流量过低的工艺过程。这些装置可以用几马力到12000马力的一体化或耦合电动机，也可以用100~5500马力不等的单独或一体化燃气驱动装置。

小型空冷型压缩机可用于间歇压缩机。他们的大小从25~100马力不等，压力高达300psig，通常是单作用的。这种设备的主要工艺用途是启动用燃气发动机驱动的空气压缩机。往复式压缩机可以有效地处理负荷的波动。这是通过使用减荷器，如余隙调节或吸入阀片提举器来实现的。这些设备在部分负载运行时的功率损耗很低。

设备的往复运动以及产生的脉动给工程带来了几个问题。土建基础和管道系统必须承受压缩机产生的振动，压缩机产生的脉动气流必须通过工程上正确设置的吸入缸和排出缸来抑制。这个问题在其他形式的压缩机上是不存在的。

(1) 往复式压缩机的控制

压缩机的控制系统可以通过余隙调节、吸入阀片提举器、入口节流或压缩机旁路控制阀调节来防止压缩机过载。在截止阀之间通常设置没有冷却器的手动旁路，供开工时使用。

1) 余隙调节：

在上述调节类型中，采用打开固定余隙进行控制的方式，是在其应用范围内最平稳最有效的控制。

余隙调节有以下优点：

① 最大限度减少进气脉动，因为气体在进气管道到气缸的流动是不可逆的。

② 由于所有惯性载荷都得到缓冲，因此轴承载荷较低。

③ 高效部分负荷运行。压缩到余隙的气体膨胀时，它遵循绝热压缩线，使功率损失很小。

余隙控制有以下缺点，导致有时会因此将其完全排除在外：

① 当低压缩比与高吸入压力相结合时，不能在机器上安装足够大的余隙来卸载压缩机载荷。

② 余隙控制是针对一组压力条件而设计的，吸入或排出压力的任何变化都会影响卸荷量。

③ 可冷凝的腐蚀性气体有时会引起腐蚀和液体阻塞问题。

2) 吸入阀片提举器：

吸入阀片提举器是压缩机气缸的另一种内部卸荷方式，其特性使其在余隙控制不适用时仍可以使用。无论压力如何，吸入阀片提举器打开后每次都可以实现气缸的完全卸载。不平衡的惯性力作用会导致轴承载荷增加。因为单作用气缸可能使气体产生不同的频率，可能增加吸入管路脉动。

3) 吸入节流阀：

在吸入管路上设置节流阀只应该考虑用于小排量的压缩机。对于大型压缩机，由于吸入口阀不能保证完全关闭，所以不能保证压缩机不带载荷启动。

4）旁路控制：

压缩机的旁路控制适用于不同功率大小的压缩机。它会导致功率损失，因为压缩机将满负荷压缩到出口压力下，然后再将其返回入口压力。这种控制方式在使用过程中必须要确保返回气体被充分冷却，防止排气温度上升。这种类型的控制方式首选是安装在几百马力的压缩机上，因为它控制稳定且操作并不复杂。对于较大的工艺变化，单个设备可以停机。

5）变速往复式压缩机：

使用变速驱动器通常可以取消对气缸的控制，通过速度控制来获得所需要的工艺条件，但是必须提供启动卸载方式，通常由设备内部的手动旁路或气缸截止阀组成。对于透平驱动的往复式压缩机，从经济性上通常要求压缩机以恒定的速度运行，并使用气缸控制或系统旁路来获得所需要的控制。

（2）往复式压缩机级间冷却

对于多级压缩机，当缸内存在较大的绝热温升和排气温度超过350℉时，建议采用级间冷却。当采用级间冷却时，进入高压段的入口温度应尽可能接近冷却水温度。标准的商业化空气级间冷却器，温度一般可以达到15~20℉。对于工艺气压缩机，通常冷却到一级入口温度是经济的。

采用级间冷却器有两个基本原因：

① 机械方面考虑到润滑的目的，排放温度必须限制在350℉以内。

② 经济上，设置级间冷却器将节省3%~5%的输出功率。

通常，在处理低分子量的气体时，除非温度超过限制，否则不采用级间冷却器。对于高"$n$"值的双原子气体混合物，如空气，如压缩比超过4且入口处于环境温度，规则要求采用级间冷却器。

一般来说，电动机驱动的压缩机的冷却水可以使用任何可用的水，包括海水（如果压缩机所处的装置与燃气驱动的压缩机一起使用，则电动压缩机也应纳入其闭路冷却系统）。冷却水的最小供应压力为25psig。

为便于估算，设通过压缩机气缸的冷却水温度上升为15℉，则中间冷却器和后冷器的温升也取15℉。

所需冷却水量预估如下：

| | |
|---|---|
| 缸套冷却水 | 500Btu/(BHP·h) |
| 级间水冷器 | 1000Btu/(BHP·h) |
| 后冷器 | 1000 Btu/(BHP·h) |

如果需要，使用电机的额定功率。

如果气体的排出温度不超过180℉，通常的做法是取消气缸冷却水，使用充有油的冷却通道。任何气缸夹套都必须填入液体，以确保温度分布均匀。

### 29.5.3 往复式压缩机的规格说明

与离心式压缩机的情况一样，为准确确定往复式压缩机的工作性能，要求所有数据必须在规格表中给出。其中许多数据与离心压缩机说明书中给出的数据相同。为了确保完整，往复式压缩机的所有条目都包括在如图29-34所示的一个完整的往复式压缩机规格表中。

（1）名称栏

要求这项必须用设备编号及名称来标识。这里还给出了规格说明所引用的单元数量。对于离心式压缩机，通常只需要一台，因为很少需要备用机器。往复式压缩机就不是这样了。

（2）正常工况和额定工况

通常情况下，在压缩机运行过程中需要处理的条件和负荷会有所变化。因此，这两列中，第一列为平均正常数据，压缩机的最苛刻的条件和负荷在第二列。第二列的苛刻条件是指连续运行工况，而不是可能经历的瞬时峰值（或波谷）。其他的“偏离设计”工况也可以列出。

位号. C101A&B　　　　名称 循环氢压缩机

单元数量　　　　3(2+1 备用)

| | 正常 | | | | 额定 | | | |
|---|---|---|---|---|---|---|---|---|
| 气体(参见组成) | 75%$H_2$ | | | | 65.8%$H_2$ | | | |
| 体积流量/(scf/min) | 4337 | | | | 4937 | | | |
| 质量流量/(lb/min) | 74.1 | | | | 136.3 | | | |
| | 1 级 | 2 级 | 3 级 | 4 级 | 1 级 | 2 级 | 3 级 | 4 级 |
| 入口条件(每一级) | | | | | | | | |
| 压力/psia | 65 | 198 * | | | 65 | 198 * | | |
| 温度/℉ | 80 | 100 * | | | 80 | 100 * | | |
| 摩尔质量 | 6.44 | | | | 10.44 | | | |
| $C_P/C_V$ | 1.362 | | | | 1.347 | | | |
| 压缩因子 | 0.994 | 0.996 | | | 0.996 | 0.997 | | |
| 入口体积流量/(acf/min) | 1019 | 347 | | | 1159 | 394 | | |
| 出口条件(每一级) | | | | | | | | |
| 压力/psia | 198 | 615 | | | 198 | 615 | | |
| 温度/℉ | 270 | 299 | | | 262 | 292 | | |
| 摩尔质量 | | | | | | | | |
| $C_P/C_V$ | 1.362 | | | | 1.347 | | | |
| 压缩因子 | | 0.991 | 0.992 | | | 0.995 | 0.995 | |
| 驱动机功率 | 1055 | | | | 1190 | | | |

压缩机要求：　　　　＊级间冷却后

连续运行时间：　8000h

压缩机形式　　润滑是　　是

排出口安全阀压力设置(每一级)　　非润滑

250~750psig

(a)

位号. C101A&B　　　　名称 循环氢压缩机

总数据和要求

遮蔽：

室外

挡蓬　　是

室内

气体腐蚀性及备注

无

电机：　2 正常操作

蒸汽透平：

驱动机形式：

冷凝

不冷凝　　备机

公用工程：

电力：

电压

周期

相

蒸汽：

入口：　压力/psig　600

温度/℉　710

凝汽排放

压力/psia　无

温度/℉　无

无凝汽排放　50

压力/psig　制造厂提供

温度/℉

冷却水：　压力　60　psig；　温度　40　℉

允许温升　30℉

制造材质：

气缸　碳钢　形式　制造厂提供

活塞　Ni. Cr　形式　制造厂提供

轴封形式：　迷宫式

(b)

位号 101A&B 名称 循环氢压缩机

总数据和要求

气体组成

| 摩尔/% | 运行初期 | 运行末期 |
|---|---|---|
| $H_2$ | 74.9 | 65.80 |
| $C_1$ | 14.17 | 19.31 |
| $C_2$ | 5.85 | 7.97 |
| $C_3$ | 2.43 | 3.31 |
| $iC_4$ | 1.13 | 1.54 |
| $nC_4$ | 1.00 | 1.36 |
| $C_5s$ | 0.52 | 0.71 |
| 合计 | 100.00 | 100.00 |

说明：

1. 制造厂提供：

级间冷却器： 是

后冷器： 是

缓冲器： 是

密封冲洗系统： 是

2. 电机驱动的再加速要求等级 A

3. 吸入口管线： 尺寸 6″ 压力等级 300#RF

出口管线： 尺寸 4″ 压力等级 600#RF

(c)

图 29-34 往复式压缩机工艺说明示例

组成和气体性质必须包括在工艺说明中。通常情况下，气体的组成列在另一张表上，如图所示。注：在许多利用循环气体的催化工艺过程中，随着催化剂的失活，气体的组成会发生变化。因此，有必要列出运行初期和运行末期气体组成。

在一些时间段，压缩机也可能需要处理完全不同的气体。这一点也必须注意。例如，在石油炼制过程中，在催化剂再生、吹扫和开工过程中，通常以处理氢气为主的气体压缩机或补充压缩机也用于处理空气或氮气。

(3) 体积流量

在 14.7psia 和 60℉下处理的气体量。

(4) 质量流量

处理气的质量，用 lb/min 或 lb/h 表示。

(5) 进口条件

对于多级压缩机，必须写明每一级入口条件。当有级间冷却器时，应在条件说明中反映出级间冷却效果。

1) 压力：每一级压缩机入口的气体压力，单位为 psia。如果有级间冷却器，入口压力应考虑级间冷却器压降。

2) 温度：每一级压缩机入口的气体温度。如果有级间冷却器，应为冷却后的温度。

3) 摩尔质量：气体摩尔质量，应由数据表中给出的气体组成计算得出。

4) $C_P/C_V$：这是根据气体摩尔质量与本章附录 5 中的气体比热的比值。

5) 压缩因子 $Z$：可以根据步骤 7 中往复式压缩机功率计算得到的在进气条件下的值。

6) 进口体积：在操作条件下的压缩机每一级入口的气体实际体积。

$$ACFM=\frac{SCFM\times14.7\times(\text{入口温度}^{\circ}\mathrm{F}+460)}{(60^{\circ}\mathrm{F}+460)\times\text{入口压力 psia}} \tag{29-81}$$

（6）出口条件

1）压力：每一级压缩机出口的气体压力，单位为 psia 或者 psig。

2）温度：根据图 29-33 估算每一级压缩机出口温度。

3）$C_P/C_V$：和入口相同。

（7）估算的驱动功率

往复式压缩机的制动马力可用之前提到的方法计算，制动马力应考虑机械效率，估算的最小电动机功率为制动马力的 1.1 倍，但是制动马力的估算应像离心式压缩机一样，要考虑泄漏、密封等造成的效率损失。

数据表的剩余部分应包含影响压缩机负荷和性能的所有关键数据和要求，大部分数据和要求本身即很清楚，但是有些条目仍需要一些备注，如：

1）许多压缩机安装在带遮蓬的敞开式压缩机厂房中，压缩机厂房配有小型高架门式起重机，用来维护压缩机。

2）通常密封油和润滑油配有专门的泵和控制系统。因此即使压缩机由蒸汽驱动，辅助设施仍然需要给定详细的公用工程条件。

3）气体的详细组成对压缩机的制造要求至关重要，关于压缩机以及操作方面的重要说明应备注在数据表最后一页。

4）为了保护环境，如今的往复式压缩机都带有密封和弛放的间隔室以及曲轴箱。这些被排放至火炬系统或者其他吹扫气体控制系统，如吹扫用的氮气。弛放的需求必须给予说明。

（8）示例计算

某加氢处理新氢压缩机需处理 260scf/bbl 原料油的新氢，新氢组成如下：

| 项目 | 摩尔分率/% | |
|---|---|---|
| | 运行初期 | 运行末期 |
| $H_2$ | 74.9 | 65.80 |
| $C_1$ | 14.17 | 19.31 |
| $C_2$ | 5.85 | 7.97 |
| $C_3$ | 2.43 | 3.31 |
| $iC_4$ | 1.13 | 1.54 |
| $nC_4$ | 1.00 | 1.36 |
| $C_5$s | 0.52 | 0.71 |
| 合计 | 100.00 | 100.00 |

新鲜进料量为 30000BPSD，假定有三台 60%负荷的压缩机，其中一台备用并用透平驱动。进口气体压力为 50psig，温度为 80℉。出口气体压力为 600psig，温度为 100℉。为满足上述要求，给出往复式压缩机的工艺要求：

步骤 1：计算压缩机体积流量。

$$\text{运行初期总流量}=\frac{260}{0.749}=347\text{scf/bbl}=\frac{347\times30000}{24\times60}=7229\text{scf/min}$$

$$运行末期总流量=\frac{260}{0.658}=395scf/bbl=\frac{395\times30000}{24\times60}=8229scf/min$$

每台压缩机体积流量(60%机组)：

运行初期：7229×0.6=4337scf/min

运行末期：8229×0.6=4937scf/min

步骤2：计算气体摩尔质量。

| | 运行初期 | | | 运行末期 | |
|---|---|---|---|---|---|
| | MW | %(摩尔) | 质量分率 | %(摩尔) | 质量分率 |
| $H_2$ | 2 | 74.9 | 149.8 | 65.8 | 131.6 |
| $C_1$ | 16 | 14.17 | 226.7 | 19.31 | 309.0 |
| $C_2$ | 30 | 5.85 | 175.5 | 7.97 | 239.1 |
| $C_3$ | 44 | 2.43 | 106.9 | 3.31 | 145.6 |
| $iC_4$ | 58 | 1.13 | 65.5 | 1.54 | 89.3 |
| $nC_4$ | 58 | 1.00 | 58.0 | 1.36 | 78.9 |
| $C_5$s | 72 | 0.52 | 37.4 | 0.71 | 51.1 |
| 总计 | | 100.0 | 644.3① | 100.00 | 1，044.6② |

① 运行初期气体摩尔质量6.44(644.3/100)。

② 运行末期气体摩尔质量10.44(1044.6/100)。

步骤3：每台压缩机气体质量lb/min。

在温度60℉和压力14.7psia条件下，1mol气体的体积为378cft。

运行初期：$每台压缩机气体摩尔流率=\frac{4337}{378}=11.5$，由此可得：

$$\frac{lb}{min}=11.5\times6.44=74.06lb/min$$

运行末期：$每台压缩机气体摩尔流率=\frac{4937}{378}=13.06$，由此可得：

$$\frac{lbs}{min}=13.0\times10.44=136.30lb/min$$

步骤4：进口条件。

$$进气压力=50psig=65psia$$

$$排气压力=600psig=615psia$$

$$总压比=\frac{615}{65}=9.46$$

采用两级压缩。

备注：对于这一压缩级别的往复式压缩机，每一级压比不要超过4∶1，则：

$$压缩机每一级压比=\sqrt{9.46}=3.07$$

$$一级排气压力=65\times3.07=199.6psia$$

级间冷却器压降按照2psi考虑，则二级进气压力为197.6psia，四舍五入为198psia。

校验压缩机第二级的压比：

$$排气压力=615psia$$

$$二级压比=\frac{615}{198}=3.1$$

计算结果 3.1 与初始预测结果 3.07 基本吻合。

步骤 5：计算热容比 $C_P/C_V$

| | | 运行初期 | | 运行末期 | |
|---|---|---|---|---|---|
| | $C_P/C_V$ | %(摩尔) | 因子 | %(摩尔) | 因子 |
| $H_2$ | 1.4 | 74.9 | 1.049 | 6S.8 | 0.921 |
| $C_1$ | 1.3 | 14.17 | 0.184 | 19.31 | 0.251 |
| $C_2$ | 1.22 | 5.85 | 0.071 | 7.97 | 0.097 |
| $C_3$ | 1.14 | 2.43 | 0.028 | 3.31 | 0.038 |
| $iC_4$ | 1.11 | 1.13 | 0.013 | 1.54 | 0.017 |
| $nC_4$ | 1.11 | 1.00 | 0.011 | 1.36 | 0.015 |
| $C_5$s | 1.09 | 0.52 | 0.006 | 0.71 | 0.008 |
| 合计 | | 100.0 | 1.362 | 100.00 | 1.347 |

运行初期气体热容比 $C_P/C_V=1.362$。

运行末期气体热容比 $C_P/C_V=1.347$。

步骤 6：计算压缩机每一级入口气体实际体积。

(1) 操作初期：

一级入口体积：

$$\begin{aligned}\mathrm{ACFM}&=\frac{\mathrm{scf/min}\times14.7\times(入口温度℉+460)}{(60℉+460)\times入口压力\ \mathrm{psia}}\\&=\frac{4337\times14.7\times560}{520\times65}=1019\mathrm{cft/min}\end{aligned} \tag{29-82}$$

二级入口体积(级间冷却到 100℉)：

$$\mathrm{ACFM}=\frac{4337\times14.7\times560}{520\times198}=347\mathrm{cft/min}$$

(2) 运行末期：

一级入口体积：

$$\mathrm{ACFM}=\frac{4937\times14.7\times540}{520\times65}=1159\mathrm{cft/min} \tag{29-83}$$

二级入口体积(级间冷却到 100℉)：

$$\mathrm{ACFM}=\frac{4937\times14.7\times560}{520\times198}=488.5\mathrm{cft/min}$$

步骤 7：计算进气压缩因子 $Z$。

$$Z=\frac{MW\times P_i}{T_i\times\rho\times10.73} \tag{29-84}$$

$$\rho=\frac{\mathrm{wt/min}}{\mathrm{ACFM}} \tag{29-85}$$

运行初期：

1 级：
$$Z=\frac{6.44\times65}{540\times0.0727\times10.73}=0.994$$

2 级：
$$Z=\frac{6.44\times198}{560\times0.213\times10.73}=0.991$$

运行末期：

1 级：
$$Z=\frac{10.44\times65}{540\times0.1176\times10.73}=0.996$$

2 级：
$$Z=\frac{10.44\times198}{560\times0.345\times10.73}=0.997$$

步骤 8：计算排气温度。

由图 29-33 查得。

（1）运行初期：

1）一级压比：3.07

$C_p/C_v$：1.362

进气温度：80℉

排气温度：270℉

2）压缩机二级压比：3.1

$C_p/C_v$：1.362

进气温度：100℉

排气温度查得：299℉

（2）运行末期：

1）压缩机一级压比：3.07

$C_p/C_v$：1.347

进气温度：80℉

排气温度：262℉

2）压缩机二级压比：3.1

$C_p/C_v$：1.347

进气温度：100℉

排气温度：292℉

步骤 9：计算排气压缩因子 $Z$。

（1）运行初期：

$$\text{一级出口气体实际体积流量(冷却器前)ACFM}=\frac{4337\times14.7\times730}{520\times200^{*}}=447.5\text{cft/min}$$

*不考虑级间冷却器压降。

$$\rho=\frac{74.1}{447.5}=0.166\ \text{lb/cft}$$

$$Z=\frac{6.44\times200}{730\times0.166\times10.73}=0.991$$

二级出口气体实际体积流量 $ACFM=\frac{4337\times14.7\times759}{520\times615}=151.3\text{cft/min}$

$$\rho=\frac{74.1}{151.3}=0.490\ \text{lb/cft}$$

$$Z=\frac{6.44\times615}{759\times0.49\times10.73}=0.992$$

（2）运行末期：

计算方法同运行初期一样，计算结果如下：

一级出口气体压缩因子：0.995

二级出口气体压缩因子：0.995

步骤 10：估算驱动器功率。

公式：BHP＝22×(压缩比/级)×压缩级数×流量×因子 $F$

压缩比/级：3.07

压缩级数：2 级

进气温度下压缩机体积流量 MMcft/d＝10.81MMscf/d×0.6

因子(2 级压缩机)：1.08

运行初期：

$$\text{BHP}=22\times3.07\times2\times(0.6\times10.81)\times1.08=946$$

运行末期：

$$\text{BHP}=22\times3.07\times2\times7.38\times1.08=1077$$

查图 29-30 中的离心式压缩机效率因数。本示例中，考虑到在压缩机和电机之间有传动装置，因此效率按 97%考虑，由此可得：

| | 运行初期 | 运行末期 |
|---|---|---|
| 制动马力 | 946 | 1077 |
| 传动损失(制动马力的 3%) | 29 | 33 |
| 内泄漏 | 10 | 10 |
| 密封 | 35 | 35 |
| 轴承 | 35 | 35 |
| 电机功率/HP | 1055 | 1190 |

### 29.5.4 压缩机驱动机、公用工程和辅助设备

本节主要介绍不同的压缩机驱动方式，相应压缩机操作的公用工程条件以及辅助设备。

（1）压缩机驱动机

表 29-22 罗列出了压缩机常见的一些驱动方式，并且提供了一些数据便于选择压缩机。炼厂中最常见的压缩机驱动方式为电机驱动和蒸汽透平驱动，在处理天然气的一些大型机组中，燃气轮机驱动为首选。

表 29-22　压缩机驱动方式对比

| 驱动方式 | 马力范围 | 有效转速/(r/min) | 效率/% | 应用范围 |
| --- | --- | --- | --- | --- |
| 同步电机 | 100~20000 | 250~3600 | 90~97 | 往复式压缩机 |
| 异步电机 | 1~15000 | 3600 | 86~94 | 所有型式压缩机 |
| 绕线式感应电机 | — | — | — | 通常不选用 |
| 蒸汽发动机 | 10~4000 | 400~140 | 60~80 | 所有旋转设备 |
| 蒸汽透平 | 10~2000 | 2000~15000 | 50~76 | 离心式、轴流式、往复式压缩机 |
| 燃气轮机 | 3000~35000 | 10000~3600 | 19~24① | 所有型式压缩机(往复机除外) |
| 油气发动机 | 100~5000 | 1000~300 | 35~45 | 往复式压缩机 |

① 给出的效率不包含余热回收部分。若考虑余热回收，效率可提高 28%~35%。

(2) 驱动机尺寸的确定

驱动器尺寸确定的基本原则是按照压缩机最苛刻工况下的负荷加上一定的偶然操作因数。通常来说，最苛刻的负荷是指在下列设计条件下：最高进气温度、最大比热容、最低进气压力、最高排气压力和导致功率最大的气体摩尔质量。因此驱动机的额定功率比压缩机大。

$$\text{驱动机制动马力}=\frac{\text{最苛刻工况下压缩机最大制动马力}}{\text{传动效率}} \tag{29-86}$$

机械效率是包含了离心式压缩机中的齿轮、密封、润滑油等带来的能量损失，以及往复式压缩机中齿轮带来的能量损失。

(3) 电动驱动机

鼠笼式电动机是这类任务的首选。不存在火灾或爆炸危险位置可选用防滴漏的开放式电机。如果机组要求必须防爆或防火，那么这些电机必须是全封闭的。在确定电机尺寸时，对于功率不超过 450HP 的泵用鼠笼电机，可以使用表 29-14 中的效率。表 29-23 用于 500 马力以上的电机。

表 29-23　电机效率

| 电机-额定功率/马力 | 电机效率(满负荷比例)/% | | |
| --- | --- | --- | --- |
| | 50 | 75 | 100 |
| 500 | 91.4 | 93.1 | 93.4 |
| 1000 | 92.1 | 93.8 | 94.1 |
| 1500 | 92.4 | 94.1 | 94.4 |
| 2000 | 92.7 | 94.4 | 94.7 |
| 2500 | 92.9 | 94.6 | 94.9 |
| 3000 | 93.0 | 94.7 | 95.0 |
| 3500 | 93.0 | 94.7 | 95.0 |
| 4000 | 93.1 | 94.8 | 95.1 |
| 4500 | 93.1 | 94.8 | 95.1 |
| 5000 | 93.2 | 94.9 | 95.2 |

额定驱动机制动马力是压缩机马力乘以负载系数后再除以服务系数。通常情况下，负载系数为 10%，从封闭式鼠笼型到开放式的电机服务系数为 1.0~1.15。

计算示例：计算一台 4000 马力离心式压缩机驱动机的工作负载和联结载荷(包括泄漏、

密封、轴承造成的能量损失)。齿轮传动设施的效率为97%，负载系数10%，开放式鼠笼型电机的服务系数为1.15。压缩机为一开一备，均为电动机驱动。

$$驱动最低输出功率=\frac{4000\times1.1}{0.97}=4536HP$$

$$驱动机铭牌额定功率=\frac{4536}{1.15}=3944HP$$

取4000HP。

电机联结载荷计算：

$$电机铭牌额定功率\times1.15=4000\times1.15=4600HP(额定)=\frac{4600\times0.746}{0.951(100\%负荷)}=3608kW$$

两台压缩机的总联结载荷为：3608×2=7216kW

电机工作荷载计算：

$$\frac{4000}{0.97}=4124HP$$

$$负荷比=\frac{4124}{4600}=90\%(采用75\%效率)$$

$$操作荷载=\frac{4124\times0.746}{0.948}=3245kW$$

(4) 蒸汽透平驱动

在转动设备中透平驱动是仅次于电动机驱动的最常见的驱动方式，尤其是压缩机。透平排汽至低压有两种最常见的方式，即蒸汽没有冷凝和蒸汽被冷凝。通常后者被用于驱动机马力达到5000或5000以上的工况。凝汽式压缩机投资比背压式压缩机投资大得多，因为排汽压力低于大气压，且必须要包括冷凝器的投资。

典型的蒸汽透平效率罗列在表29-24中。

这些效率基于背压式蒸汽排出压力为50psig，凝汽式排出压力为2″汞柱(绝压)。

**表29-24 蒸汽透平效率**

| 驱动机制动马力/BHP | 绝热效率/% | |
|---|---|---|
| | 入口压力/psig | |
| | 900 | 100 |
| 500 | 48 | 59 |
| 800 | 53 | 64 |
| 1000 | 56 | 67 |
| 1200 | 58 | 68 |
| 1500 | 60 | 71 |
| 2000 | 63 | 73 |
| 2500 | 65 | 74 |
| 3000及以上 | 67 | 76 |

蒸汽透平额定功率的确定与电机功率的计算方法非常相近，首先要确定透平的最小功率：

步骤1：最小驱动机功率为压缩机制动马力乘以1.1。

步骤2：透平在正常转速下输出正常功率。驱动机需有应急提速的额外能力。现实中这是通过蒸汽调节器来控制。这种应急提速通常要高于正常转速 5%。

步骤 3：功率的变化与转速的立方成正比，透平额定功率为：

$$额定功率=最小功率\times(1.05)^3$$

步骤 4：蒸汽量的计算是根据透平出入口蒸汽在等熵条件下焓值的变化。两种条件下的焓值可以根据莫理尔图得出。

步骤 5：蒸汽的理论流量为：

$$\frac{2544}{入口焓值值-出口焓值(Btu/lb)} \tag{29-87}$$

计算结果除以透平效率可得蒸汽额定流量，单位 lb/(BHP · h)。

计算示例：离心式压缩机轴功率为 4000 马力，计算透平功率和蒸汽理论流量。这里不考虑齿轮传动。蒸汽操作压力为 650psig，操作温度为 760℉。蒸汽排至 125psig 系统管网。

$$最小驱动机功率=4000\times1.1=4400BHP$$

$$105\%转速下透平额定功率=4400\times(1.05)^3=5094BHP$$

压力 650psig、温度 760℉下蒸汽焓值=1390(熵 1.62)

压力 125psig 下蒸汽焓值=1225(熵 1.62)

焓值差=165

透平效率(由表 29-24 查得)=67%

$$理论蒸汽流量=\frac{2544}{165\times0.67}=23\ lb/(BHP\cdot h)$$

(5) 燃气透平驱动机

此类设备最为昂贵，因为投资大，所以只用于压缩机连续荷载也很高的应用场合。这类驱动机常用于天然气工业中，广泛用于天然气在进行露点控制或脱硫后的再压缩。

燃气透平的效率比较低(约为 16%~20%)，但是它排出的废气温度通常在 800℉以上，可以回收利用。比如排出的气体可以与锅炉水换热发生蒸汽，或者预热工艺物流，如蒸馏等。表 29-25 给出了一些燃气透平的数据。要注意的是，由于燃气透平发展的较快，表 29-25中罗列的数据可能不是最新的。

**表 29-25　燃气透平参数**

| 额定功率(80℉, 1000ft) | 燃气消耗 LHV/[lb/(HP · h)] | 排气 | | |
|---|---|---|---|---|
| | | 流量/(lb/s) | 温度/℉ | 转速/(r/min) |
| 430 | 1.25 | 10.3 | 950 | 19250 |
| 1000 | 0.66 | 11.1 | 960 | 19500 |
| 1080 | 0.63 | 13.7 | 860 | 22300 |
| 1615 | 0.84 | 23.6 | 1000 | 13000 |
| 2500 | 0.76 | 43.0 | 795 | 9000 |
| 3800 | 0.75 | 53.0 | 900 | 8500 |
| 5500 | 0.76 | 77.3 | 945 | 5800 |
| 7000 | 0.80 | 101.0 | 938 | 5500 |

续表

| 额定功率(80℉, 1000ft) | 燃气消耗 LHV/[lb/(HP·h)] | 排气 | | |
|---|---|---|---|---|
| | | 流量/(lb/s) | 温度/℉ | 转速/(r/min) |
| 8000 | 0.65 | 102.0 | 935 | 5800 |
| 9000 | 0.70 | 130.0 | 850 | 5000 |
| 10000 | 0.59 | 123.5 | 805 | 6000 |
| 12000 | 0.65 | 160.0 | 720 | 4750 |
| 13500 | 0.62 | 187.0 | 800 | 4860 |
| 15000 | 0.61 | 188.0 | 835 | 4860 |
| 24000 | 0.61 | 258.0 | 850 | 3600 |

燃气透平额定功率的计算方法和蒸汽透平的基本一致：

步骤1：最小驱动机功率为压缩机制动马力乘以1.05(压缩机制动马力已考虑密封、泄漏等损失情况)。

步骤2：透平额定功率为驱动机最小功率除以传动效率。

步骤3：最终选择的透平功率应大于等于步骤2计算的功率。这个功率必须根据步骤4中给出的公式进行修正。

步骤4：表29-25中给出的功率是基于环境温度80℉、海拔1000ft得来的。可用下述公式进行修正。

$$\text{当地马力 HP}=\text{公称马力 HP}\ (1.00+A\times10)^{-2}(1.00-B\times10)^{-2}\times(1.00-C\times10)^{-2}\times\frac{\text{当地气压 psia}}{14.7} \tag{29-88}$$

式中 $A$——温度修正,%/℉，环境温度高于80℉时，A为正值；环境温度低于80℉时，A为负值；

$B$——入口压力损失,%/in(水位表)；

$C$——出口压力损失,%/in(水位表)。

(6) 辅助设备

1) 往复式压缩机减震设施。减震设施用于消除往复式压缩机脉冲带来的影响，减震设施由一些比气体管线直径大的在线罐组成，起到缓解气体运动的作用。这些减震设施对于降低昂贵的配管设计非常关键，否则这样的配管设计必不可少。在压缩机设施的设计中，这些罐尺寸的计算是很重要的。

下面的计算方法可用于确定新的减震器尺寸，或者评估现有设施是否充分。计算步骤如下：

步骤1：根据压缩机数据表，得到气缸直径和冲程尺寸。

步骤2：用下列公式计算气缸容积：

$$V=\frac{\pi D^2}{4}\times S \tag{29-89}$$

式中 $D$——气缸直径；

$S$——冲程长度。

步骤 3：已知进气压力和排气压力，脉冲罐容积(压缩机入口和出口)通过图 29-35 气缸体积乘数得到。

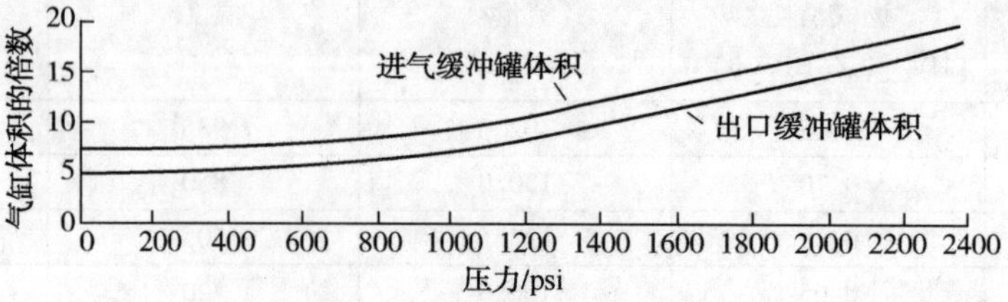


图 29-35　减震缓冲罐尺寸设计

步骤 4：由经验可得脉冲罐直径为压缩机气缸直径的 1.5 倍，从而计算压缩机入口和出口缓冲罐长度。

2）计算示例：

计算气缸大小为 6″、冲程为 15″的往复式压缩机脉冲罐容积。压缩气体体积流量为 3.0MMscf/d，进气压力为 100psia，温度为 100℉，排气压力为 1200psia。

气缸直径为 6″，冲程为 15″，所以：

$$活塞排量=\frac{\pi}{4}\times 6^2\times 15=424\text{in}^3$$

$$气体流量=3\text{MMscf/d}=\frac{3\times 14.7\times 560}{520\times 100}=0.475\text{MMACFD}$$

$$\Rightarrow 330\text{ft}^3/\text{min}$$

$$\Rightarrow 570240\text{in}^3/\text{min}$$

$$转速=\frac{570240}{424}=1345\text{r/min}$$

由图 29-35 可得：进气缓冲罐尺寸应为 7×活塞排量(压力为 100psia)；出口缓冲罐尺寸应为 7×活塞排量(压力为 1200psia)= 2968cuin 或者 1.718cuft。

根据经验，缓冲罐直径应为 1½×气缸直径 = 0.75ft(9″)，长度 = 2968/63.6 = 47in 约为 4ft。

## 29.6　换热器

### 29.6.1　换热器型式和选型

换热器是使冷热物料之间发生热量传递的设备，有三种热量传递的方式：传导、对流、辐射。

在换热器中，热量通过传导和对流传递，通常传导成为限制因素。换热设备通常是针对工作要求专门进行设计。也就是说，换热器不能像现货一样被购买，只能针对应用场合进行设计。

炼厂中经常使用的换热器类型和选型如下。

(1) 管壳程换热器

它是炼厂中最常见的换热器，是由包裹在壳体里的管束组成，价格低廉并且易于清洗和维护。管壳式换热器种类较多，并且大多数管壳式换热器管束可以抽出，便于清洗。管壳式换热器应用相当广泛，包括气体冷凝(冷凝器)、工艺物流冷却(冷却器)、两股工艺物流之间换热(换热器)、再沸器(分馏塔蒸发)。本章主要介绍管壳式换热器的用途和设计。

(2) 套管式换热器

套管式换热器为两个管子套在一起，一股物流从里面的管子流过，另一股物流从两个管子之间的空间流过。套管式换热器易于拆卸，因此易于清洗。套管式换热器适用于较小的装置或者热阻较大的介质。介质流向可以是并流或者逆流，但是由于造价比较高，通常只有一些特殊的场合采用。表 29-26 给出了不同管长和直径下的传热面积。

**表 29-26　不同套管换热器的传热面积**

| 管程数 | 壳径/in | 管径/in | 表面积/$ft^2$(给定长度下) | | |
|---|---|---|---|---|---|
| | | | $L=10ft$ | $L=20ft$ | $L=30ft$ |
| 1 | 2 | 1 | 5.8 | 11.0 | 16.3 |
| 1 | 3 | 1.5 | 10.9 | 20.9 | 30.9 |
| 1 | 4 | 2 | 13.7 | 26.1 | 38.5 |

(3) 翅片管换热器

此类换热器与套管式换热器相似，但是内管的外表面开槽或安装翅片。常用于一侧流体热阻很大，而另一侧流体热阻很小的场合。如果等同的管壳式换热器面积大于 200~300$ft^2$，此类换热器通常很难有竞争力。

(4) 翅片管空冷器

此类空冷器是在炼厂中最常见的空冷器型式，早在 20 世纪 50 年代空冷器就用于冷却工艺物流。在许多场合和地区，空冷器比水冷器具有更大的经济优势。现在几乎任何规模的装置都有空冷器。

空冷器由风机和一个或多个安装在构架上的传热部分组成。大部分情况下，这些传热部分由热流从中通过的翅片管组成。风机位于管束的上方或者下方，分为引风式或鼓风式。

空冷器或者管壳式换热器的选择主要依据成本。通常空冷器用于冷凝分馏塔塔顶温度至 90~100℉，以及将液体工艺产品冷至存储温度。空冷器广泛应用于环境空气温度大部分时间在 90℉以下的地区。在空气温度高于 100℉的地区，常采用湿式空冷。在这种环境中，空冷器的成本也会增加，经常难以证明采用它们的合理性。

在特别寒冷的气候条件下，为了防止物流温度降低到凝点或者倾点以下，需要控制空气温度。这可以通过控制百叶窗实现热风循环，或者通过改变风扇节距来调整空气流量实现，也可设置蒸汽盘管。

(5) 沉浸式冷却器

这种换热器结构最简单，但换热效率低、投资高且占地大。通常由沉浸在冷水中的盘管组成，通过盘管的流体被盘管外的水冷却。沉浸式冷却器在老式的炼厂中被用于将去罐区的重油冷却至存储温度。现在的做法是采用调温水系统，重油走管壳式换热器的壳程，通过走管程的调温水控温冷却。调温水循环至一个空冷器以控制其给水温度，防止管壳式换热器里的重油表面温度低于倾点。

(6) 直接接触式冷却器

在这种换热器中，工艺过程中的气体通过与冷介质(通常为水)直接接触而达到冷凝的目的。这种接触是在一个小塔内的填料段完成。这种形式的冷却器通常用于抽真空设备，这里每个喷射级的气体和动力蒸汽在填料冷凝器中直接接触冷凝。这种型式的换热器压降很低，这对整个抽真空过程是至关重要的。

**29.6.2　总体设计思路**

(1) 基本热量传递公式

下列公式定义了基本的热传递关系。这些公式用于给出热流到冷流热量传递所需要的总换热面积。

1) 总热量传递公式

热量传递的原理通常有下面几种形式：传导、自然对流、强制对流、冷凝和蒸发。当热量通过这些方式传递的时候，总的公式如下：

$$Q=UA(\Delta t_{m}) \tag{29-90}$$

式中　$Q$——传热量，Btu/h；

$U$——总传热系数，Btu/(h·ft$^2$·℉)；

$A$——传热面积，ft$^2$；

$\Delta t_{m}$——校正的对数平均温差，℉。

2) 总传热系数 $U$

总传热系数为传递机理中各项热阻的总和，这些热阻有流体的热传导阻力，由于结垢引起的热阻，以及管壁传热的阻力。换热管外侧流体的热阻以管外侧流体的膜传热系数衡量，而换热管内侧流体的热阻以管内侧流体的膜传热系数衡量。这些膜传热系数由以下无量纲准数决定：Reynolds 数(雷诺数)、Graetz 数(格雷茨数)、Grashof 数(格拉斯霍夫数)、Nusselt 数(努塞尔特数)、Peclet 数(佩克莱数)、Prandtl 数(普朗特数)、Stanton 数(斯坦顿数)。

这些准数的公式和用法在关于传热的标准教材中都能找到，例如，kern 的《Process Heat Transfer》和 McAdams 的《Heat Transmission》。

热阻用下述关系式表达：

$$\frac{1}{U_0}=\frac{1}{h_0}+\frac{1}{h_i}\times\frac{A_0}{A_i}+\frac{1}{h_w}+(rf)_0+(rf)_i+\frac{A_0}{A_i} \tag{29-91}$$

式中　$U_0$——基于管外表面积的总传热系数，Bth/(h·ft$^2$·℉)；

$h$——膜传热系数，Bth/(h·ft$^2$·℉)；

$rf$——污垢系数，$\dfrac{1}{\text{Btu/(h}\cdot\text{ft}^2\cdot\text{℉)}}$

$h_w$——管壁传热速率，Bth/(h·ft$^2$·℉)；

$A$——表面积，ft$^2$。

下标 o 和 i 分别表示外表面和内表面。

(2) 流动方式

两种比较常见的流动方式为并流和逆流。并流是热流体和冷流体向同一个方向流动，这是最不理想的流动方式，仅用于那些常温下流体冷却时有浓缩、生化、结晶风险的化学过程。

逆流是最理想的流向，热物流从换热器一端进入而冷物流从相反的方向进入。物流相对流动。这种流动方式可以使两股物流出口温度接近。

(3) 对数平均温差

通常用 LMTD 或者 $\Delta t_m$ 来表示。无论是逆流还是并流，对数平均温差用下述公式表示：

$$\Delta t_m = (\Delta t_1 - \Delta t_2) / [\ln(\Delta t_1 - \Delta t_2)] \tag{29-92}$$

$\Delta t$ 为换热器每一端的温差，$\Delta t_1$ 为其中数值大者。在纯逆流中，$\Delta t_m$ 可以直接用于总传热等式的计算。然而这种情况不普遍并且纯逆流很少发生。因此，为得到正确的 $\Delta t_m$ 需要引进校正因子，详见本章际录 6。

(4) 流体速度和压力降

膜系数是流体速度、密度(气相)和黏度(液相)的函数。在一定范围内，增加流体的速度会降低其对传热的阻力(即增加其传热系数)，但是，这也会导致压降的增加。这就需要在传热面积的和泵之间的成本寻求经济平衡，换热器设计需要考虑 2~4 年操作费用和投资费用的平衡，此类工作已经做过多次，表 29-27 中列举了在一些常见的应用中气速和压降平衡的合理选取。

表 29-27 不同换热器应用场景的典型介质流速和压降

| | 管程 | | 壳程 | |
|---|---|---|---|---|
| | 流速/(ft/s) | 压降/psi | 流速/(ft/s) | 压降/psi |
| 非黏性液体 | 6~8 | 10 | 1.5~2.5 | 10 |
| 黏性液体 | 6 | 20 | 3.0 最大 | 15~20 |
| 洁净冷却水 | 6~8 | 10~15 | — | — |
| 非洁净冷却水 | 3 最小 | 10+ | — | — |
| 悬浮颗粒/in | 2~3 最大 | 10 | 1.5 最小 | 15 液相① |
| 气体和蒸汽 | $\frac{100}{\sqrt{气相的密度}}$ 最大 | 3~5 | — | 3 |
| 凝结水 | — | — | — | 3~5 |

①通常流速超过 6ft/s 时在液体中的悬浮颗粒产生侵蚀。

对于蒸汽冷凝式换热器，压降通常不是最关键的，但是需要最小的蒸汽压降。不同压力下，管道内允许的蒸汽速度见表 29-28。

表 29-28 换热器管束中蒸汽的允许气速

| 压力 | 流速/(ft/s) |
|---|---|
| 低于 1atm | 225 |
| 1atm 至 100psig | 175 |
| 高于 100psig | 150 |

### 29.6.3 管侧与壳侧的选择

在换热器设计中，没有硬性的规定来确定流体在换热器的哪一侧流动。这些工作由工程师个人和其工作经验来确定，可以遵循的指导意见有以下几点：

(1) 管程流体

1) 易积垢液体：管程清洗比壳程清洗更容易，此外，较高的管程速度也可以减少积垢。

2) 腐蚀性液体：更换管束比更换壳体和壳体挡板更便宜，因此通常情况下，腐蚀性液体都选择在管程。也有例外，其中主要原因是腐蚀性液体在较高的流速下变得更具腐蚀性。比如，环烷酸，它主要存在于一些原油及其产品中。

3）高压：高压流体通常放在管程，因为在装置设计中，高压流体走管程时，只有管束、管板和管箱需要核算高压情况，这就降低了换热器的总体成本。然而，在壳程设计中，需要考虑管程失效的情况。

4）悬浮固体：如果可能的话，应将含有悬浮固体的流体放在管程侧。壳程侧总是存在“死区”，固体颗粒从悬浮流体中析出并堆积起来，形成污垢。如果不能将悬浮流体设置在管程侧，可以通过特殊的挡板(如螺旋折流板)将死区减到最小。

5）冷箱：冷箱是在深冷过程中使用的换热器，其中一侧是气相介质冷凝，另一侧的液相介质沸腾。气相冷凝最好选择在管程侧，这就可以更好地通过控制壳程液位来实现对的制冷量的调整。

（2）壳程流体

1）合理的压降：壳程通常比管程要求的压降更低。因此，如果流体的压降受限，它应该设置在壳程。

2）冷凝器：冷凝气体应尽可能选择在壳程侧流动。因为壳程侧可提供的更大的自由空间，从而提供更好的膜传热系数、最小的压降及更高的凝液负荷。

3）大流量流体：如果两种流体具有相似的物性，且流量差别巨大，则流量大的物流应该选择在壳程。壳程在设计中有更多的灵活性，可通过设置折流板，来得到最佳的传热效率。

4）再沸：沸腾的液体，如再沸器、余热回收装置等其他类似单元，应选择设在换热器的壳程侧。这种设计会为气相的分离提供空间，同时可将液相的液位控制作为系统控制的一个手段。

（3）管壳式换热器的类型

图 29-36 给出了管壳式换热器设计中一些较为常见的布置。图中的布置都是单壳程和单(或双)管程。具有两个以上管程(最多五个)的设备也相当普遍，特别是在石油炼制工业中。然而，应尽可能保持单壳程设计，即便在需要多壳程的情况下，设计也更倾向于采用多台换热器串联或并联或两者同时使用，而不是在一个换热器中使用水平挡板制造两个或多个壳程。

### 29.6.4 壳程和管程表面积和压降的估算

现在有许多优秀的软件可通过简单的输入设定计算出换热器的换热面积和压降，相比软件计算，手工计算是冗长乏味的。然而，要了解这些计算机程序的输入变量的重要性，至少需要学习了解典型的计算过程，这是有指导意义的。本文给出的是一个管壳式冷却器的计算过程，其中管程或壳程两侧流体都没有发生相变。

步骤 1：根据热平衡或采集到的工厂数据，确定下列参数：

① 壳程和管程的进、出口温度。

② 壳程和管程流体的流量，可能需要通过换热器的热平衡来计算。

③ 计算单位时间(通常为小时)内换热器的换热负荷。

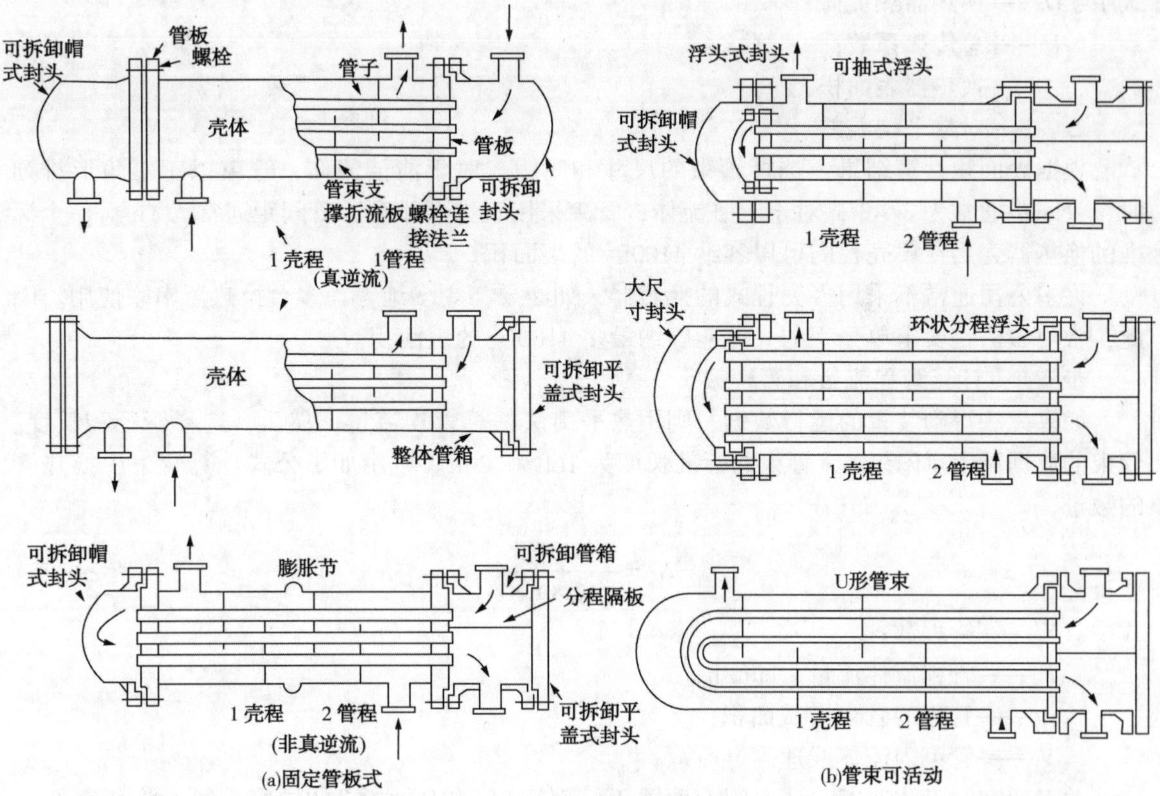


图 29-36 常见的管壳式换热器

④ 确定壳程和管程流体的物流性质，包括：密度、黏度、比热和导热系数。

步骤 2：计算对数平均温差($\Delta t_m$)。假设一个流体模型(比如顺流或逆流)，大多数流动选取的是逆流。然后列出温度变化，如下所示：

| | |
|---|---|
| 壳程入 ——→ | 壳程出 |
| 管程出 ←—— | 管程入 |
| 温差：$\Delta t_1$ | $\Delta t_2$ |

对数平均温差计算公式如下：

$$\Delta t_m = \frac{\Delta t_1 - \Delta t_2}{\ln \dfrac{\Delta t_1}{\Delta t_2}} \tag{29-93}$$

对数平均温差需要根据流型进行校正，可以使用本章附录 6 中给出的校正因子来完成，这些校正因子的使用方法已经在附录中给出。

步骤 3：计算近似的传热表面积。

从本章附录 7 中，选取一个合适的总传热系数 $U$[Btu/(h·ft$^2$·℉)]，用如下公式计算传热面积 $A$：

$$Q = U \cdot A \cdot \Delta t_m \tag{29-94}$$

式中 $Q$——换热器热负荷；

$U$——总传热系数；

$A$——换热器表面积；

$\Delta t_m$——对数平均温差。

根据表面积计算结果，选择管束的尺寸和间距。对于清洁流体，管束以正三角形排列时，管间距通常为3/4in；对于较脏流体，管束采用正方形排列，管间距通常为1in。一个标准的换热器壳层在单壳程内可以容纳4100ft$^2$ 的表面积。

许多公司通常不采用多壳程式的换热器，如必要，更多地考虑多台换热器串联使用。因此，常规做法是要求单壳程的壳体能容纳最多4100ft$^2$ 的表面积。

步骤4：计算管程流量和管程数。

如果无法得到装置的运行数据，则用热平衡法估算管程流量。然后，选择管径和长度。管束的数据见本章附录8，管束的标准长度为16ft和20ft。可用如下公式计算管束中换热管的数量。

$$N_p=\frac{F_t\times 144}{3600\times A_t\times V_t} \tag{29-95}$$

式中 $N_p$——管程数；

$F_t$——管程流体流量，cuft/h；

$A_t$——管程的管束横截面积；

$V_t$——管束内流体线速度，ft/s。

关于适宜的流体速度，请参阅前面关于“流体速度和压力降”的内容。通过将所需的总表面积除以上计算的单程管束的表面积，就得到了换热器管束的管程数。

步骤5：基于管束外径，计算校正管程传热系数，水的管程传热系数可由下式求得：

$$h_{io}=\frac{300\times(V_t\times \text{管内径 in})^{0.8}}{\text{管外径 in}} \tag{29-96}$$

式中 $h_{io}$——基于管束外径的传热系数，Btu/(h · ft$^2$ · ℉)；

$V_t$——管束内流体线速度，ft/s。

对于其他介质流体(除水外)，用以下公式计算。

$$h_{io}=\frac{K}{D_o}\cdot\left(\frac{C\cdot\mu}{K}\right)^{1/3}\cdot\frac{\mu}{\mu_w}\phi\cdot\frac{D\,G^{0.14}}{\mu} \tag{29-97}$$

式中 $h_{io}$——基于管束外径的传热系数，Btu/(h · ft$^2$ · ℉)

$K$——流体导热系数，Btu/h · ft$^2$ · (℉/ft)。参见《Maxwell Data Book》碳氢化合物数据手册或Perry化学工程师手册；

$D$——换热管内径，in；

$D_o$——换热管外径，in；

$C$——比热，Btu/(lb · ℉)；

$G$——质量流量，lb/(s · ft$^2$)；

$\mu$——平均温度下的绝对黏度，cP

$\mu_w$——平均管壁温度下的黏度，cP；

$\phi$——数值通过图29-37中可查表得到。

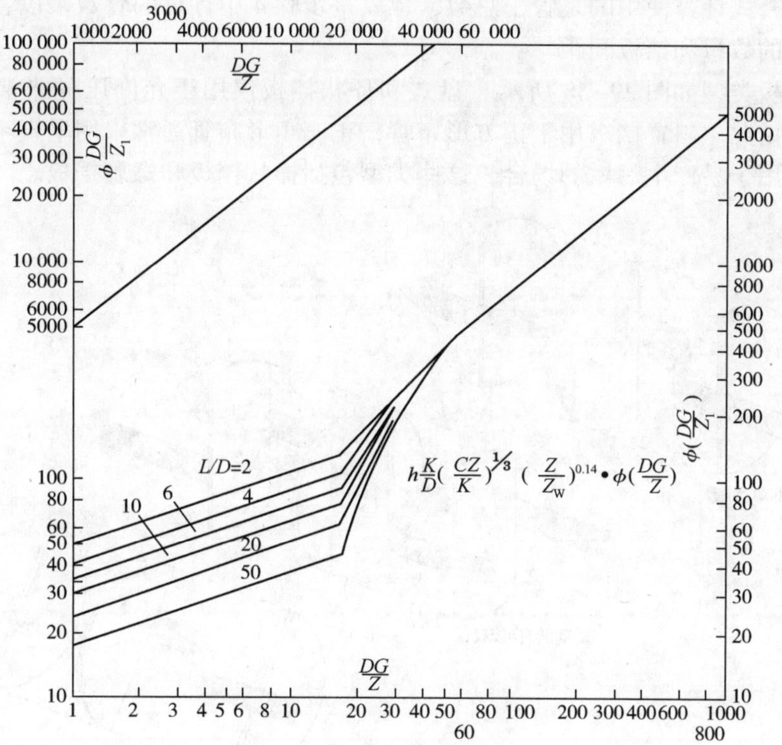


图 29-37 管内传热速率

$h$—传热系数，Btu/(h · ft² · °F)；$K$—流体导热系数，Btu/[h · ft² · (°F/ft)]；$L$—管束长度，ft；$D$—换热管内径，in；$G$—质量流量，lb/(s · ft²)；$C$—平均温度下流体的比热，Btu/(lb · °F)；$Z$—流体平均温度下的绝对黏度，cP；$Z_w$—平均管壁温度下的绝对黏度，cP

步骤6：计算壳程侧的设备尺寸。首先确定壳程平均温度，计算如下：

$$入口处=\frac{T_1+T_2}{2}$$

$$出口处=\frac{T_3+T_4}{2} \tag{29-98}$$

式中 $T_1$——壳程流体入口温度；

$T_2$——管程流体出口温度；

$T_3$——壳程流体出口温度；

$T_4$——管程流体入口温度。

$$壳程平均膜温度=\frac{入口平均+出口平均}{2} \tag{29-99}$$

使用上面壳程平均温度来确定壳程传热系数计算中所用的密度和黏度。

(1) 壳程直径。随后计算管束直径和壳体直径，使用以下其中的一个公式来计算管束中心线上的管数。

1) 正方形管束布置方式：$T_{c1}=1.19(管数)^{0.5}$

2) 正三角形管束布置方式：$T_{c1}=1.10(管数)^{0.5}$

注：以上公式计算使用的是管子总数，也就是步骤 4 中计算的管数乘以管程数。

（2）挡板的数量和挡板间距

常用的挡板类型如图 29-38 所示。盘式和环状挡板仅用于允许压降非常小且系统存在压力降问题的情况。斜置挡板用于正方形布管，正三角形布管通常采用垂直于管的挡板。其他类型的挡板用于易产生污垢的场合，这些类型包括棒状挡板和螺旋挡板。

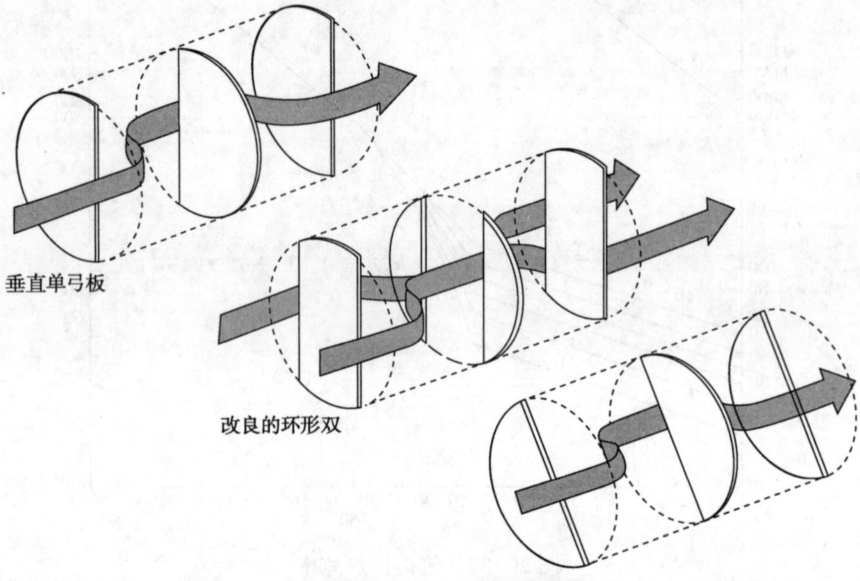


图 29-38　挡板的类型

挡板的最小间距不应小于壳体直径的 16%。挡板间距是指相邻的两个挡板之间的距离。通常挡板间距设置为外壳直径的 20%，从以下公式中可计算出挡板的数目。

$$N_B=\frac{10\times\text{管束长度}}{\text{挡板间距}\times\text{壳体直径}} \tag{29-100}$$

挡板之间的自由流动空间。壳程侧可用于流动的空间计算如下：

$$W=D_i-(d_o\times T_{c1}) \tag{29-101}$$

式中　$W$——自由流动空间，$in^2$；

$D_i$——壳体内径，in；

$d_o$——换热管外径，in；

$T_{c1}$——穿过中心线的管束的管数。

计算挡板之间的自由流动空间面积如下：

$$A_f=W\times(B_p-0.187) \tag{29-102}$$

式中　$A_f$——挡板之间的自由流动空间面积，$in^2$；

$B_p$——挡板间距，in。

步骤 7：计算壳程侧传热系数 $h_o$，用下式计算传热系数：

$$h_0=\frac{K}{d_0}\left(\frac{C\cdot\mu}{K}\right)^{1/3}\cdot\phi\frac{d_0\cdot G_m}{\mu_f}\cdot\frac{4\,P_b}{D} \tag{29-103}$$

式中 $h_o$——壳程侧传热系数，Btu/(h · ft$^2$ · ℉)；

$G_m$——最大质量流速，lb/(s · ft$^2$)；

$d_o$——换热管外径，in；

$K$——流体导热系数，Btu/[h · ft$^2$/(℉/ft)]；

$C$——流体的比热，Btu/(lb · ℉)；

$\mu_f$——平均管壁温度下的黏度，cP；

$P_b$——挡板间距，in；

$D$——壳体内径，in。

$\frac{d_0 \cdot G_m}{\mu_f}$是雷诺数的函数，数值可由图 29-39 查得。

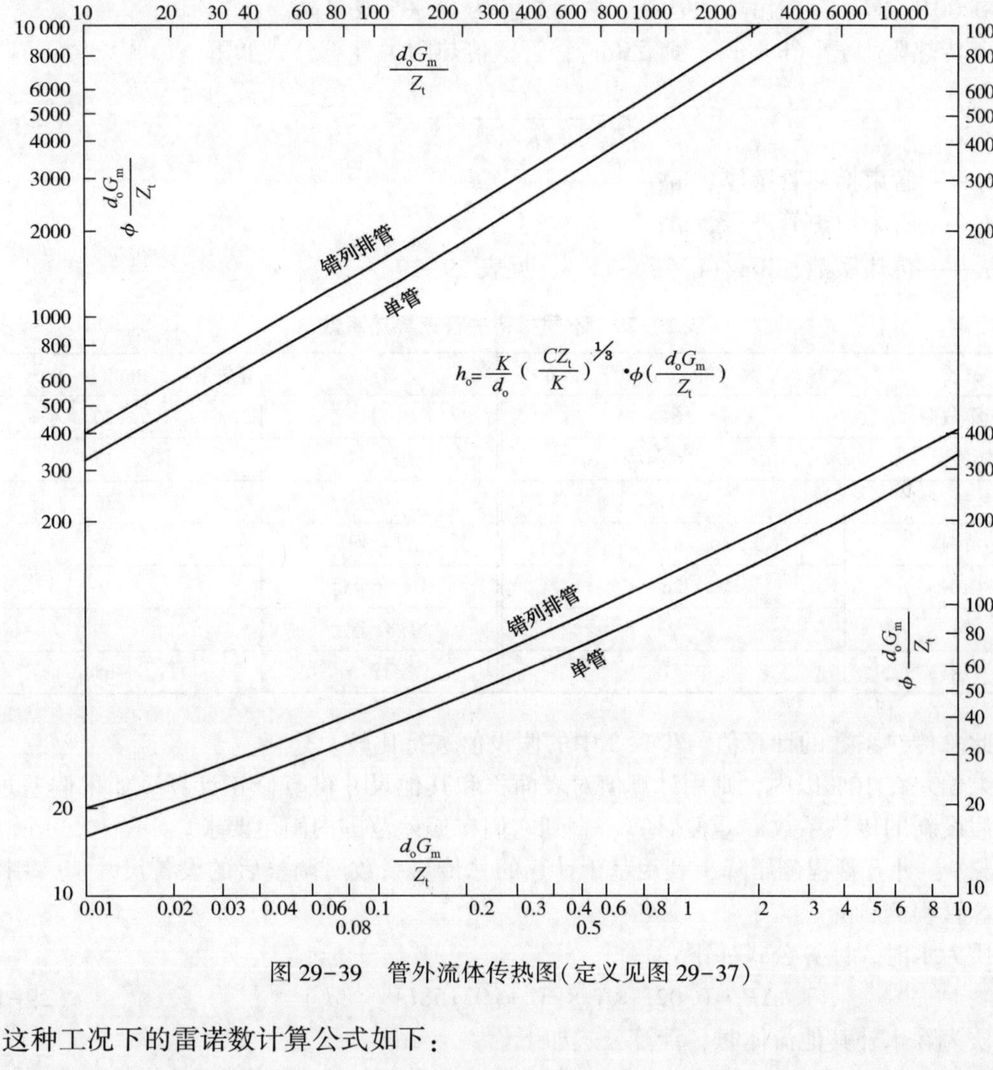


图 29-39 管外流体传热图(定义见图 29-37)

这种工况下的雷诺数计算公式如下：

$$Re=\frac{d_0 \cdot G_m}{\mu_f} \tag{29-104}$$

式中 $G_m$——最大质量流速，lb/(s · ft$^2$)。

壳程侧传热系数需根据挡板的类型和管束的布置进行修正，修正因子如下：

| | |
|---|---|
| 垂直于挡板的方形布置管束 | 0.50 |
| 倾斜于挡板的方形布置管束 | 0.55 |
| 三角形布置管束 | 0.70 |

步骤8：计算总传热系数 $U_0$，将步骤5和步骤7计算的传热系数用在以下计算公式中。

$$\frac{1}{U}=\frac{1}{h_{io}}+r_{io}+\frac{1}{h_o}+r_o+r_w \tag{29-105}$$

式中 $U_o$——总体传热系数，Btu/(h·ft²·℉)；

$r_{io}$或$r_o$——管程侧和壳程侧污垢因子，(h·ft²·℉)/Btu。对于洁净的管束，这两个因子之和是0.001；对于存在污垢的管束，两者之和为0.005或更高。

管壁传热阻力$r_w$[(h·ft²·℉)/Btu]，管壁传热阻力计算公式如下：

$$r_w=\frac{t_w\cdot d_o}{12\times K\times(d_o-2t_w)} \tag{29-106}$$

式中 $t_w$——管束换热管壁厚，in；

$d_o$——管束换热管外径，in；

$K$——传热系数，Btu/(h·ft²·℉)，见表29-29。

**表29-29 不同材料的管束导热系数**

| 材质 | 导热系数/[Btu/(h·ft²·℉/ft)] | 材质 | 导热系数/[Btu/(h·ft²·℉/ft)] |
|---|---|---|---|
| 海军黄铜 | 64 | 铅 | 20 |
| 铝黄铜 | 58 | 蒙乃尔 | 15 |
| 铝 | 117 | 镍 | 36 |
| 黄铜 | 57 | 红黄铜 | 92 |
| 碳钢 | 26 | 316合金钢 | 9 |
| 铜 | 223 | 304合金钢 | 9 |
| 白铜 | 41 | 锌 | 65 |

将此总传热系数的计算值与步骤3中的假设值进行比较。

如果偏差在10%以内，则用计算值对表面积和其他尺寸进行修正计算。如果偏差过大，则使用假设新的传热系数$U$重复计算，直到它们在偏差范围内满足要求。

步骤9：计算管程侧压降，利用基于计算的总传热系数所调整后的设备尺寸值，用下列公式计算管程侧压降。

介质为水时，计算公式如下：

$$\Delta P_t=0.02F_t\times N_p\times[V^2+(0.158LV^{1.73}/d_i)^{1.27}] \tag{29-107}$$

介质为除水外其他流体时，计算公式如下：

$$\Delta P_t=F_t\times N_p\times(\Delta P_{tf}+\Delta P_{tr}) \tag{29-108}$$

其中：

$$\Delta P_{tf}=F_3\cdot\frac{L}{d_i}\cdot(\rho_m\times V^2/9270)\cdot(\mu_w)^{0.14} \tag{29-109}$$

$$\Delta P_{tf}=3\times(\rho_m\times V^2/9270) \quad (29-110)$$

式中 $F_3$——基于雷诺数的压降因子，见图 29-40；

$\rho_m$——平均流体温度下的密度，lb/cuft；

$\mu_w$——在管壁温度下的流体黏度(使用平均壁温)，cP；

$V$——线速度，ft/s；

$F_t$——压降污垢系数(无量纲)，见表 29-30。

由以上公式计算出的压降是对于一个单元的，如果是多壳串联设计，则总压降即该值乘以壳体数。

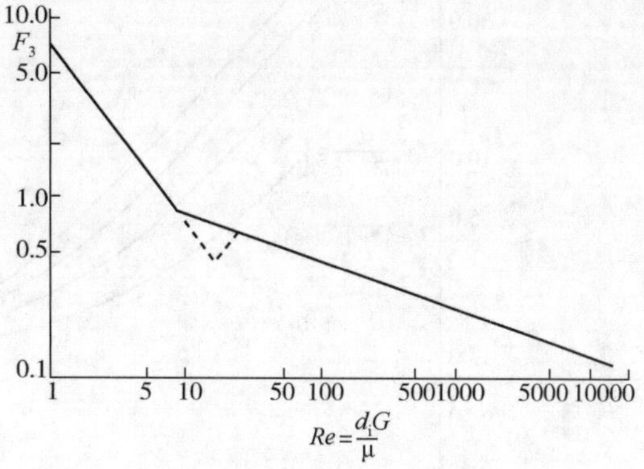


图 29-40 管内流动流体的压降因子 $F_3$

**表 29-30 不同管径和材质的 $F_t$ 值**

| 换热管外径/in | 换热管材质 | $F_t$ |
|---|---|---|
| 0.75 | 碳钢 | 1.50 |
| 1.00 | 碳钢 | 1.40 |
| 1.50 | 碳钢 | 1.20 |
| 0.75 | 海军黄铜 | 1.20 |
| 1.00 | 铜 | 1.15 |

步骤 10：计算壳程侧压降。利用步骤 8 计算的设备尺寸，壳程侧总压降的计算公式如下：

$$\Delta P_s=F_s\times(\Delta P_{sr}+\Delta P_{sf}) \quad (29-111)$$

式中 $\Delta P_{sf}=B_2F_{sp}N_{tc}N_b(m\times V^2/9270)$

$\Delta P_{sr}$——由流动变向次数引起的压降，则其计算公式为：

$$\Delta P_{sr}=(N_b+1)\cdot(3.5-2P_b/D)\cdot(m\times V^2/9270) \quad (29-112)$$

$B_2$——因子如下：

| 挡板位置 | 排管方式 | $B_2$ |
|---|---|---|
| 垂直 | 正方形 | 0.30 |
| 倾斜 45° | 正方形 | 0.40 |
| 垂直 | 三角形 | 0.50 |

$F_{sp}$——基于雷诺数的压降因子，见图 29-41；

$N_{tc}$——管束中心线上的管子数量；

$N_b$——壳程挡板数；

$P_b$——挡板间距，in；

$D$——壳体内径，in。

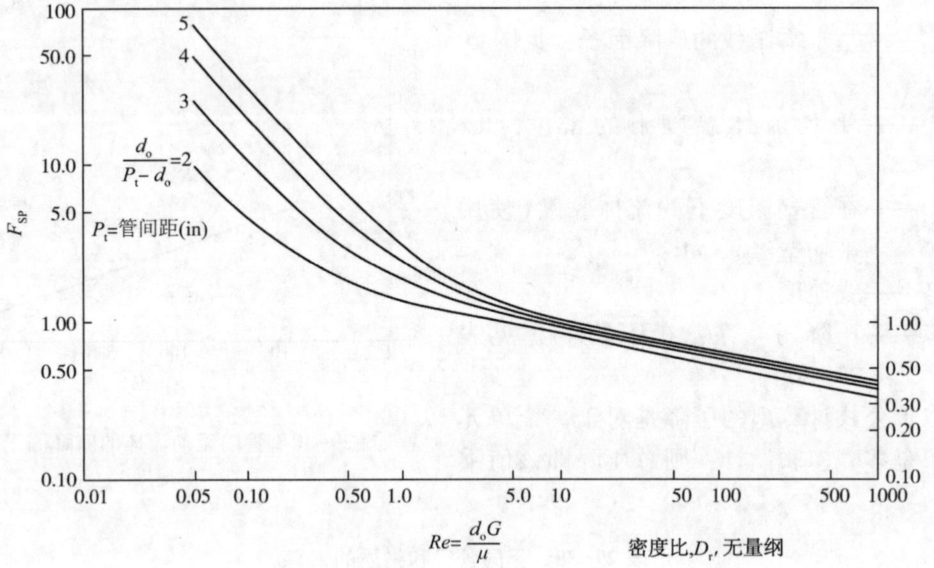


图 29-41　流体穿越多个管排的压降因子 $F_{sp}$

以上的压降计算是针对一个壳体的压降。如果是多个壳体串联，则将此压降乘以壳体数目即可。

### 29.6.5　空气冷却器和冷凝器

在工业生产中，工艺流股的空气冷却或工艺蒸汽的冷凝在流程工业的应用比采用冷却水换热冷却或冷凝更广泛。水冷器通常应用于负荷更小的后冷阶段或在需要冷却到较低温度时使用。空气冷却器(以下简称空冷器)在现代工艺设计的工艺流程中，具有更低的使用成本，而且空冷器不需要水冷器配套使用的凉水塔和水池。本节主要讨论空冷器概要、空冷器表面积计算、电机功率计算和占地面积的计算方法。

类似于管壳式换热器的设计，在空冷器设计中同样有许多算软件用于辅助设计。本章给出的计算方法主要用于没有计算软件辅助的情况和装置设计初期的估算，该方法计算需要向制造厂家索取正确规格的机组数据方可得到较为准确的计算结果。

(1) 空冷器概要

在图 29-42 中展示了流程工业使用的两种常见的空冷器类型。这两类空冷器都由一个管排的管束组成，要冷却或冷凝的流体在管内通过。空气由位于管束下方的风机以鼓风方式将风吹过管束，或者由位于管束上方的风机以引风方式将空气抽过管束。第一种设计被称为“鼓风式”，第二种设计被称为“引风式”。

在这两类空冷器中，空气都是由电机或汽轮机驱动的风机产生的，在某些情况下也采用燃气轮机驱动。风机和主驱动器通常由“V”形皮带或轴和变速箱连接。电机驱动是目前最常见的空气冷却器的驱动方式。

空冷器可以安装在地面结构上，最为常见的也可以安装在管架上方的结构上。冷凝设备中的大多数空气冷却器都安装在管架上方，以允许冷凝物自由流进收集罐。

(2) 热量计算

空气冷却器的热负荷计算在某些方面与上一节所述的管壳式换热器的热负荷计算相似。

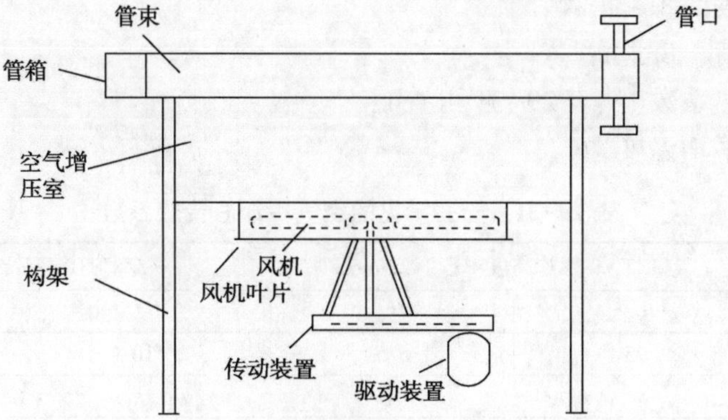

(a)鼓风式

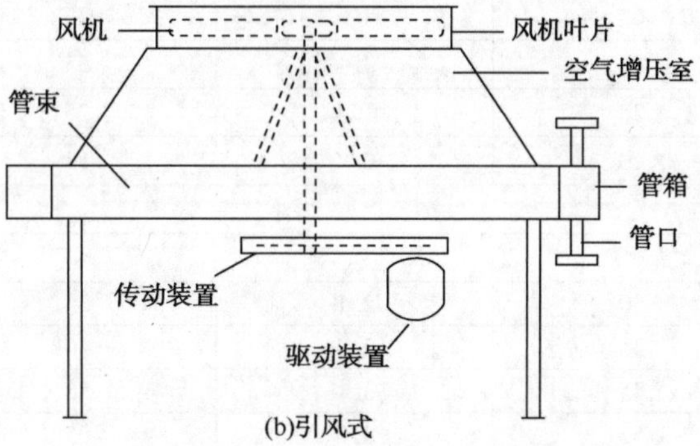

(b)引风式

图 29-42 空气冷却器

基本的传热公式如下：

$$Q=U\cdot\Delta T\cdot A \tag{29-113}$$

这个公式可用于计算所需的表面积。传热系数 $U$ 的计算是不同的，它需要计算气侧膜系数(管外膜系数)。这个传热系数通常是基于一个扩大的表面积，这是由管束外侧增加了翅片。热负荷、表面积、风机尺寸和功率按以下步骤计算：

步骤 1：计算热负荷和管束材料特性。

步骤 2：计算空气冷却器的对数平均温度。利用以下公式，计算空气流经管束的温升：

$$\Delta t_m=\left(\frac{U_e+1}{10}\right)\times\left(\frac{\Delta t_m}{2}-t_1\right) \tag{29-114}$$

式中 $\Delta t_m$——空气的温升，℉；

$U_e$——假定的总传热系数(从表 29-31 可查)；

$\Delta t_m$——管束平均温度，℉；

$t_1$——空气入口温度，℉。

计算对数平均温差(LMTD)可参考上一节管壳式换热器设计的步骤 2 的相关计算方法。

步骤 3：使用如下公式计算大致的扩展表面积：

$$A_E=\frac{Q}{U_E\Delta t_m} \tag{29-115}$$

式中 $A_E$——扩展表面积，$ft^2$；

$Q$——热负荷，Btu/h；

$U_E$——总传热系数(从表 29-31 可查)；

$\Delta t_m$——对数平均温度，℉。

**表 29-31 一些常见的空气冷却总传热系数**

| | 1/2″×9 翅片高度×翅片数/in | | 5/8″×10 翅片高度×翅片数/in | |
|---|---|---|---|---|
| 类型 | $U_e$ | $U_o$ | $U_e$ | $U_o$ |
| 工艺水 | 95 | 6.5 | 110 | 5.2 |
| 烃类液体 | | | | |
| 平均温度下的黏度/cP | | | | |
| 0.2 | 85 | 5.9 | 100 | 4.7 |
| 1.0 | 65 | 4.5 | 75 | 3.5 |
| 2.5 | 45 | 3.1 | 55 | 2.6 |
| 6.0 | 20 | 1.4 | 25 | 1.2 |
| 10.0 | 10 | 0.7 | 13 | 0.6 |
| 烃类气体 | | | | |
| 大气压下 | | | | |
| 50 | 30 | 2.1 | 35 | 1.6 |
| 100 | 35 | 2.4 | 40 | 1.9 |
| 300 | 45 | 3.1 | 55 | 2.6 |
| 500 | 55 | 3.8 | 65 | 3.0 |
| 1000 | 75 | 5.2 | 90 | 4.2 |
| 烃类冷凝器 | | | | |
| 冷却范围 0℉ | 85 | 5.9 | 100 | 4.7 |
| 10℉ | 80 | 5.5 | 95 | 4.4 |
| 60℉ | 65 | 4.5 | 75 | 3.5 |
| 100℉以上 | 60 | 4.1 | 70 | 4.2 |
| 制冷剂 | | | | |
| 氨 | 110 | 7.6 | 130 | 6.1 |
| 氟利昂 | 65 | 4.5 | 75 | 3.5 |

$U_e$ 是翅片表面的传热系数；$U_o$ 是光管的传热系数。

步骤 4：使用如下公式计算管数：

$$N_t=\frac{A_E}{A_f\times L} \tag{29-116}$$

式中 $N_t$——管子总数量；

$A_E$——扩展表面积，$ft^2$；

$A_f$——每 ft 翅片管的总换热面积，见表 29-32；

$L$——管束长度，标准长度 30ft。

步骤 5：设定管程数(通常为 3 或 4)，用以下公式计算管侧流体的质量流量：

$$G=\frac{管内流体流量(lb/h)\times N_p\times 144}{N_t\times A_t\times 3600} \tag{29-117}$$

式中 $G$——质量流量，lb/(s·ft$^2$)；

$N_p$——管程数；

$A_t$——管内横截面积，in$^2$。

**表 29-32 基于1″英尺管的翅片管与光管关系**

| 翅片高度×翅片数/in | 1/2″×9 | | 5/8″×10 | |
|---|---|---|---|---|
| 翅片管面积/ft | 3.8 | | 5.58 | |
| 面积比(翅片管/光管) | 14.5 | | 21.4 | |
| 管间距/in | 2Δ | 2¼Δ | 2¼Δ | 2½Δ |
| 管束面积/(ft$^2$/ft)① | | | | |
| 3 排 | 68.4 | 60.6 | 89.1 | 80.4 |
| 4 排 | 91.2 | 80.8 | 118.8 | 107.2 |
| 5 排 | 114.0 | 101.0 | 148.5 | 134.0 |
| 6 排 | 136.8 | 121.2 | 178.2 | 160.8 |

① 管束面积是的管束的外表面积，以 ft$^2$/ft 为单位。

步骤 6：使用如下公式计算管侧雷诺数：

$$Re=\frac{d_i \cdot G}{\mu} \tag{29-118}$$

式中 $Re$——雷诺数(无量纲)；

$d_i$——管内径，in；

$\mu$——在平均温度下管侧流体黏度，cP。

步骤 7：使用如下公式计算内膜传热系数：

$$h_i=\frac{K}{D}\cdot\left(\frac{C\cdot\mu}{K}\right)^{1/3}\cdot\left(\frac{\mu}{\mu_w}\right)^{0.14}\cdot\phi\cdot\frac{DG}{Z} \tag{29-119}$$

式中 $h_i$——管内膜的传热系数，Btu/(h·ft$^2$·℉)

$K$——流体导热系数，Btu/(h·ft$^2$·(℉/ft)。参见 Maxwell 的《碳氢化合物数据手册》或 Perry 的《化学工程师手册》。

$D$——换热管内径，in；

$C$——比热，Btu/(lb·℉)；

$G$——质量流量，lb/(s·ft$^2$)；

$\mu$——平均流体温度下的绝对黏度，cP；

$\mu_w$——平均管壁温度下的黏度，cP；

$\phi\cdot\frac{DG}{Z}$——通过图 29-37 查得。

步骤 8：使用如下公式计算空气的质量流速和空气侧的膜传热系数：

$$空气流量=\frac{Q}{C_{Air}\times\Delta t_{Air}} \tag{29-120}$$

式中 $Q$——热负荷，Btu/h；

$C_{Air}$——空气的比热(通常为 0.24)；

$\Delta t_{Air}$——空气的温升，℉。

管迎风面积$A_f$计算如下：确定管的外径(通常为 1″)、长度、翅片大小(通常为 5/8″×10

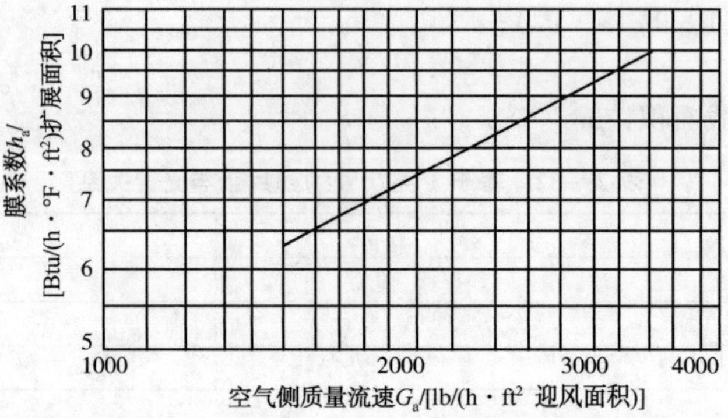


图 29-43　空气膜传热系数

个翅片或 1/2″×9 个翅片）、管间距（见表 29-32）和管排数（从 3 或 4 开始），则迎风面积为：

$$A_f=\frac{总扩展表面积A_E}{每\ ft\ 管束的光管表面积(见表 29-32)} \tag{29-121}$$

由下式可计算空气的质量流速：

$$G_a=\frac{空气质量流量(lb/h)}{迎风面积A_f} \tag{29-122}$$

空气侧膜传热系数可由图 29-43 查得。

步骤 9：计算总传热系数如下：翅片与光管的外表面积比见表 29-32。将所有热流阻力转化为管外径的系数计算如下：

$$F_t=\frac{A_r×管外径}{A_t} \tag{29-123}$$

式中　$A_r$——面积比；

$A_t$——管内横截面积，$in^2$。

则：

$$\frac{1}{U_0}=\frac{1+(r_t×F_t)+r_w+1}{h_i×h_o} \tag{29-124}$$

式中　$r_t$——管内污垢热阻；

$r_w$——管金属热阻（通常可忽略）。

如果计算的传热系数 $U$ 在假设值的 10%以内，则不需要使用新的假设值重新计算，然而设备尺寸和数据需要根据传热系数的计算值进行调整。

步骤 10：所需的风扇面积和风扇直径计算如下：

$$风扇面积=\frac{0.4×迎风面积A_f}{假定的风扇数量} \tag{29-125}$$

首先假设有 2 个风扇，然后继续乘以 2，直到得到一个合理的风扇直径（约 10～12ft）。在非常大的装置中，风扇可以最大可达 16ft。

$$风扇直径=\sqrt{风扇面积×4/\pi} \tag{29-126}$$

步骤 11：计算空气侧压降和实际空气流量：

$$平均空气温度=\frac{t_1+t_2}{2} \tag{29-127}$$

从图 29-44 可查，$D_r$=对于现场海拔高度的空气相对密度因子。

从图 29-45 可查，$\Delta P_a$ = 空气的压降，单位为 in 水柱。

$$压降校正\ \Delta P_a=\frac{\Delta P_a\times 管排数}{D_r} \tag{29-128}$$

$$校正压降\ \Delta P_a 后的空气密度=\frac{29}{(378\times 14.7\times T_2)/[T_1\times(校正\ \Delta P_a+14.7)]} \tag{29-129}$$

式中　$T_1$ 和 $T_2$——绝对温度。

空气的 ACFM 计算如下：

$$ACFM=\frac{空气流量(lb/h)}{密度\times 60} \tag{29-130}$$

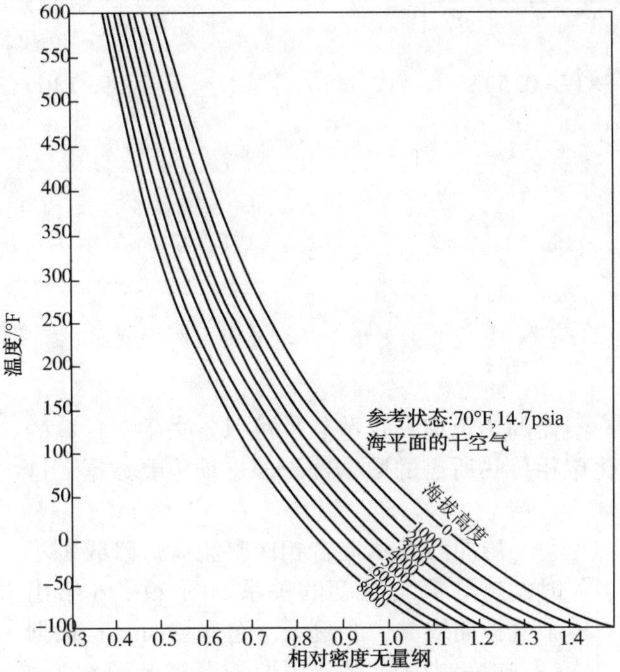


图 29-44　空气的相对密度

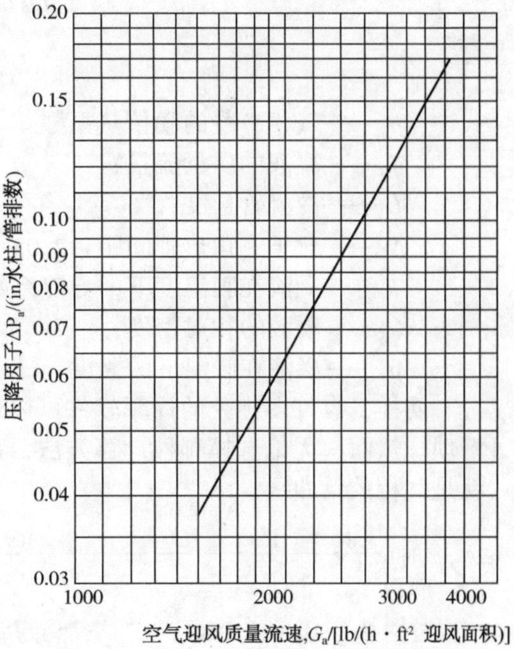


图 29-45　空气侧压降，单位为英寸水柱

由下式可得风扇处的空气压降，单位为英寸水柱表压：

$$\Delta P_m=\left[\frac{ACFM}{4000\times(\pi d)/4}\right]^2 \tag{29-131}$$

步骤 12：计算风扇电机功率如下：

$$HP=\frac{ACFM\times 空气密度\times 压力差(ft)}{33000} \tag{29-132}$$

$$压力差=\frac{风扇处的空气压降\ \Delta P(in\ 水柱)\times 5.193}{密度} \tag{29-133}$$

$$BHP=\frac{水力马力\ HP}{\eta_r} \tag{29-134}$$

式中　$\eta_r$——风机的效率，一般为 70%。

### 29.6.6　冷凝器

在石油炼制和其他化学加工装置中，气相或在管壳式换热器的壳侧，或在空气冷却器的管侧，或直接与填料塔中的冷却剂接触冷凝。最常用的冷凝器形式是前两种。对于管壳冷凝器，冷凝的实现可以通过与冷工艺流股或水的热交换来冷却蒸汽。如上节所述，空气冷却已经取代了以水作为冷却介质的管壳式冷凝器，得到更为广泛的应用。

在冷凝器的设计或性能分析中，确定热负荷额定值和表面积的过程要比单相冷却和加热复杂得多。在冷凝器设计中，有以下三个机制需要加以考虑：冷凝膜的传热热阻；汽相冷却的传热热阻；凝液膜冷却的传热热阻。

每一个机制均需要沿着预设的换热器截面单独处理。后两个机制的计算需遵循前面描述的单相传热的过程，而计算气相冷凝的膜传热系数用如下公式：

$$h_c=\frac{8.33\times10^3}{(M_c/L_c\cdot N_s)^{0.33}}\times k_f\times\left[\frac{SG_c^2}{\mu_f}\right]^{0.33} \tag{29-135}$$

$$L_c=\frac{A_{zone}}{A}\times(L-0.5) \tag{29-136}$$

式中 $h_c$——气相冷凝的膜传热系数；

$M_c$——凝液的质量流量；

$L_c$——冷凝管长度；

$N_s$——对于三角形管间距，2.08 $N_t^{0.495}$；

$k_f$——凝液在膜温度下的导热系数；

$SG_c$——凝液的相对密度；

$\mu_f$——凝液在膜温下的黏度，cP。

同样，有许多优秀的计算软件可以计算冷凝器的热负荷，这些软件可以省去手工计算的繁琐。然而，无论选择哪种计算方法，都要比单相传热所需的数据额外多一项重要数据，这就是气相的焓曲线。

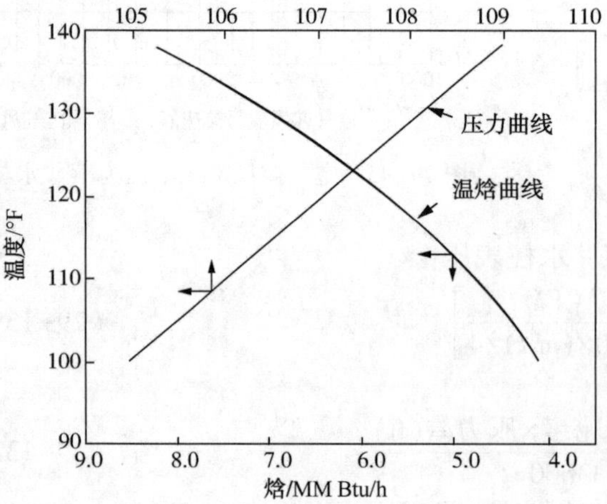


图 29-46　脱丁烷塔塔顶冷凝器热焓曲线

焓曲线表示混合相冷凝流体每磅或每小时的热焓值与温度的关系。图 29-46 给出了这种曲线的一个例子。这些焓曲线是根据《石油炼制中的常减压原油蒸馏装置》的物性数据一章中的气/液相或闪蒸计算得到的。

简单来说，曲线的计算从确定气相露点和凝液泡点开始。在露点和泡点之间选择三个或三个以上的温度，并对这些温度下的流体进行 $V/L$ 计算。在选定的温度下，焓值为气相和液相所含组分的焓值之和。这些点的焓值与露点和泡点的焓值一起可以构成温焓曲线。

就像对待管壳式换热器和空气冷却器一样，这里介绍一个冷凝器的手工计算方法，以帮助理解设计这样的设备所需的数据及这些数据对于计算过程的重要性。在现代，应尽可能用计算机辅助设计进行这些计算。

下面的计算步骤是一种计算管壳式换热器壳体侧气相冷凝膜系数的方法。这里不再提供完整的设计过程，因为剩下的计算只是简单的重复。

步骤 1：计算气相流体在起始压力下的露点。估算整个系统的压降，管道和换热器的压降通常约 3~5psi。计算冷凝液在末端压力下的泡点。在露点和泡点之间选择三个或三个以上的温度，计算在这些温度和压力条件下的气/液相量。

步骤 2：计算气相和液相在这些温度下的焓值。用总焓值与温度的关系绘制出焓值曲线，建立各温度区间的气相和液相性质，主要的性能有相对密度、黏度、摩尔质量、导热系数和比热容。

步骤 3：以水冷器为例，计算换热器的热负荷和冷却水用量。开始传热计算时，假设总传热系数(使用附录 7 中的数据)，计算修正后的对数平均温差和表面积。

步骤 4：利用步骤 3 计算的表面积，根据管程数、中心线管数、壳体直径、折流板布置、壳体自由流动面积来确定换热器尺寸，同时以 ft/s 为单位计算冷却水流速。

步骤 5：通过选择焓值曲线上的区域温度，将换热器划分为三个或四个区域。计算各区域汽相的平均质量和凝液的平均质量。利用这些平均值，计算平均传热量为：气相的冷却热负荷 $Q_V$；冷凝液的冷却热负荷 $Q_L$；气相的冷凝热负荷：为区域内的总热量(从焓值曲线查得)减去 $Q_V$和 $Q_L$之和。

步骤 6：计算管侧流体的膜传热系数。参见前面“估算管程/壳程表面积和压降”一节。

步骤 7：从区域 1 开始，通过冷却液出口温度、区域总热负荷、壳体侧温度，计算冷却液进口温度。利用这个计算区域的对数平均温差，并假设区域总传热系数，计算区域的表面积。使用这个计算结果和步骤 4 中估计的总换热器面积，确定 $L_c$的值。

步骤 8：根据前面给出的公式计算冷凝膜传热系数。这个计算值是未修正值的 $h_c$，需使用如下公式进行湍流修正：

$$h_{c(corr)} = h_c \times (G_V/5) \tag{29-137}$$

式中　$G_V$——气相平均质量流速。

步骤 9：使用分配给汽相 $\gamma_V$的自由流动面积来计算$G_V$值，计算公式如下：

$$\gamma_V = 1-\gamma_L \tag{29-138}$$

$$\frac{1}{\gamma_L} = 1+\frac{\text{气相平均质量}}{\text{液相平均质量}}\times\left(\frac{\mu_V}{\mu_L}\right)^{0.111}\times\left(\frac{\rho_L}{\rho_V}\right)^{0.555} \tag{29-139}$$

$$G_V = \frac{\text{气相平均质量}}{25\times\text{流通面积}\times\gamma_V} \tag{29-140}$$

步骤 10：计算气相冷却机制中的膜传热系数 $h_V$，这可以采用前面介绍过的关于单相冷却的计算步骤。然后用下式修正冷凝液膜传热阻力造成的影响：

$$\frac{1}{h_{V(corr)}} = \frac{1}{h_c}+\frac{1}{1.25h_V} \tag{29-141}$$

步骤 11：计算冷凝液冷却的膜传热系数。同样，这个计算步骤与前面壳层单相冷却的计算步骤一样。这一系数要对管排上发生的滴管冷却效应进行修正。

$$\text{滴管冷却：} h_{dc} = 1.5\times h_c \tag{29-142}$$

$$h_L\text{修正值} = \frac{2\times h_{dc}\times h_L}{h_{dc}+h_L} \tag{29-143}$$

步骤 12：计算区域总膜传热系数，公式如下：

$$h_o = \frac{Q_{zone}}{\dfrac{Q_C}{h_c}+\dfrac{Q_V}{h_V}+\dfrac{Q_L}{h_L}} \tag{29-144}$$

式中　$Q_C$、$Q_V$、$Q_L$——冷凝、气相冷却和凝液冷却的焓值。

步骤13：计算总传热系数(忽略步骤12计算的壳体侧传热系数)。

$$\frac{1}{U_x}=r_o+r_w+r_{io}+R_{io} \tag{29-145}$$

式中　$r_o$、$r_w$、$r_{io}$——壳侧流体、壁面流体和管侧流体的污垢因子。

$R_{io}$——步骤6计算的管侧膜传热系数。

步骤14：计算区域总传热系数，公式如下：

$$U_{zone}=\frac{h_o\times U_x}{h_o+U_x} \tag{29-146}$$

将计算出的该区域的总传热系数与假设值进行比较。如果匹配不好，需要重复计算。

步骤15：使用得到认可的总传热系数计算该区域换热面积。对于其他区域，重复步骤7步骤14，总表面积是每个区域的表面积之和。

### 29.6.7　再沸器

再沸器(重沸器)用于分馏系统，为其提供热源，并将产生的提馏气相流股送回塔内。再沸器是通过流体的自然循环或被再沸流体的强制循环来实现的。本章只讨论自然循环再沸器。

再沸器有三种常见类型，分别是：釜式再沸器、一次通过热虹式吸再沸器、再循环热虹吸式再沸器。

(1) 釜式再沸器

釜式再沸器(图29-47)非常灵活。它可以处理非常广泛的汽化负荷(例如，当作为液化石油气的汽化器使其用作燃料气时，可使进料100%蒸发)。该设备由一个大壳体组成，壳体内装有加热介质流经的管束。有待再沸的液体进入壳体的底部，靠近管束末端。液体经过管束加热沸腾并部分汽化。壳体的直径应使管束和壳体顶部之间有足够的空间，允许液相和气相分离。在管束的末端安装一个溢流堰，该堰远离进口。堰内可测量壳体内管束上方的液位。沸腾的液体通过这个堰流到壳体出口管嘴，而产生的气相可以通过一个或两个管嘴从壳体顶部流出。

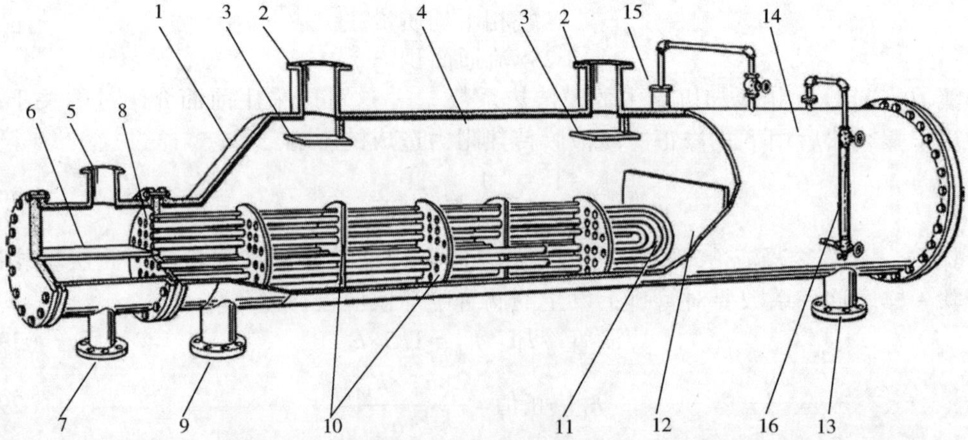


图29-47　釜式再沸器

1—壳体；2—壳程气相出口管嘴；3—防冲挡板；4—气相分离空间；5—封头入口管嘴；6—封头分区；7—封头出口管嘴；8—管板；9—壳程入口管嘴；10—管束支撑板；11—U形管弯头；12—堰；13—壳程出口管嘴(液体)；14—积液(缓冲)区；15—液位仪套管顶部(外浮筒液位仪)；16—液位计

溢流堰下的空间大小为液体安全高度，可以满足产品缓冲的要求。因此，不需要额外在塔底预留空间进行产品缓冲。如果加热介质是不结垢的，则允许使用U形管作为管束。否则，管束通常选用浮头式。然而，对于U形管来说，新型的小水力喷射喷嘴和清洗方法甚至允许其在结垢介质中使用。如果没有将底部产品抽走的提升限制，釜式重沸器应该始终是首选的重沸器类型。

(2) 一次通过热虹吸式再沸器

一次通过热虹吸式再沸器类型及其相对于塔的位置如图29-48所示。

当塔底部产品需要相当大的缓冲容积，或需考虑为产品泵提供足够的压头(NPSH汽蚀余量要求)时，应考虑选取这一类型的再沸器。

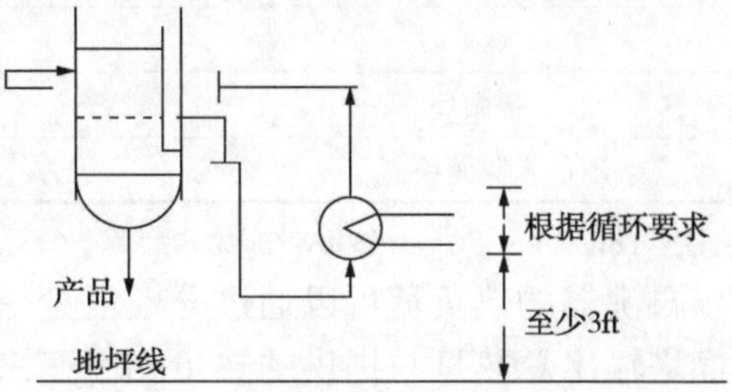

图29-48　一次通过热虹吸式再沸器布置图

一次通过热虹吸式再沸器以分馏塔塔釜的液体为进料，流体通过重力差垂直进入管壳式换热器的壳程，到达壳程的底部。加热介质流过管程，使被加热液体部分汽化。再沸器液相进料与气相/液相混合出料的密度不同，而会产生虹吸效应。这使得再沸器的壳程出料可以从换热器壳程的顶部流出，并重新进入塔内，而后气相从液相中分离出来。液体是分馏塔的底部产品，从塔底排出。

釜式再沸器和一次通过热虹吸式再沸器均视为分馏塔底部的一层理论塔盘。与釜式再沸器不同的是，一次通过热虹吸式再沸器汽化率不宜超过60%，在汽化率高的情况下，来自塔盘的进料停留时间短，会在再沸器内造成严重的涌流现象。

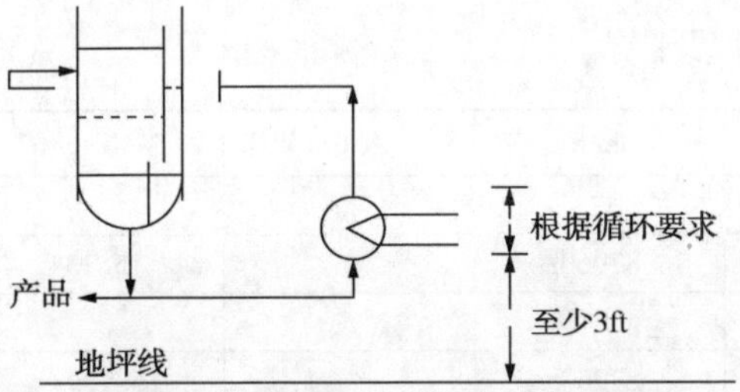

图29-49　再循环虹吸式再沸器布置图

(3) 再循环热虹吸式再沸器

当再沸器进料的汽化率需要超过60%且不适宜采用釜式重沸器时，应考虑采用再循环热虹吸式再沸器。图29-49给出了这种再沸器的示意图。

再循环热虹吸式重沸器与一次通过热虹吸式再沸器相似，其工作原理是通过虹吸原理使液体在再沸器的壳程流动。不同的是，对于再循环式再沸器而言，再沸器的进料是分馏塔底部产品。正如前面所述，液相/气相物流返回塔内。再循环式再沸器汽化率可达60%以上，而无涌流(管束振动)危险。但是，再循环式再沸器的汽化不应超过80%。它的作用仅仅是为塔提供热量，由于它将相同的组分流体循环到塔底，因此不能将其视为分馏塔的理论塔盘(尽管在这个系统中确实发生了一些分馏)。

注：在两种热虹吸式重沸器的描述中，热侧物流均选择在管程。在实际应用中也可能会出现热侧物流走壳程而再沸物流(或称为冷侧物流)走管程的情况。以下几种流体推荐选择管程：① 腐蚀性或结垢性液体；②两个流体中黏度较低的；③较高压力下的流体；④冷凝蒸汽。

(4) 再沸器的设计

与大多数换热器一样，设计计算非常严格和复杂。通常情况下，工艺工程师很少需要详细计算。但是，出于成本预算目的或平面布置考虑，将需要估算再沸器大小。将热通量与已经测算出的再沸器热负荷相结合，可大大简化这种设计工作。热通量是每平方英尺表面每单位时间内传递的热量。下面的列表给出了在设计中使用和在装置运行中观察到的热通量的范围。

| | 设计值 | 观测值 |
|---|---|---|
| | Btu/(h·ft²) | |
| 釜式 | 12000 | 15000~20000 |
| 一次通过 | 15000 | 17500 |
| 再循环 | 15000 | >20000 |
| 强制循环 | 20000 | — |

注：1Btu/(h·ft²)=3.1546W/m²。

再沸器的热负荷可以通过分馏塔全塔热平衡来得到。在再沸器热负荷不确定时，通过将分馏塔输出总热量与提供的热量相平衡来得到再沸器热负荷。分馏塔输出的总热量等于离开系统物流(出料)的总热量加上冷凝器热负荷。分馏塔输入的热量包括进料带入的热量和再沸器供应的热量。

(5) 计算示例

分馏塔进料为流量87960lbs/h的烃类混合物，这股物流作为气液混合物进塔，总焓值为15.134MMBtu/h。塔顶产品是95℉的液相和气相馏出物。其中该气相馏出物流量1590lb/h，焓值320Btu/lb；液相馏出物流量8028lb/h，焓值170Btu/h。塔底产品流量78342lb/h，沸点440℉，焓值370Btu/lb。塔顶冷凝器的热负荷是4.278MMBtu/lb。计算重沸器热负荷。

解：1)计算过程：

重沸器的热负荷通过全塔热平衡得到，数据见下表：

| | 相态 | °API | ℉ | lb/h | 焓值/(Btu/lb) | MMBtu/h |
|---|---|---|---|---|---|---|
| 进方 | | | | | | |
| 进料 | 液/气 | — | 300 | 87960 | — | 15.134 |
| 再沸器负荷 | | | | | | $x$ |
| 进方合计 | | | | 87960 | | 15.134+$x$ |
| 出方 | | | | | | |
| 塔底产品 | 液 | — | 440 | 78342 | 370 | 28.986 |
| 塔顶液相 | 液 | — | 95 | 8028 | 170 | 1.364 |
| 塔顶气相 | 气 | — | 95 | 1590 | 320 | 0.508 |
| 出方合计 | | | | 87960 | | 35.136 |

因为：热输入=热输出

所以：

$$15.134+x=35.136$$

解得再沸器热负荷：$x$=20.002MMBtu/h

以热流通量15000Btu/(h·ft²)计算，则再沸器换热面积为：

$$\frac{20.002\times10^6}{15.000}=1333.5ft^2$$

2）估算再沸器的液相和气相流量

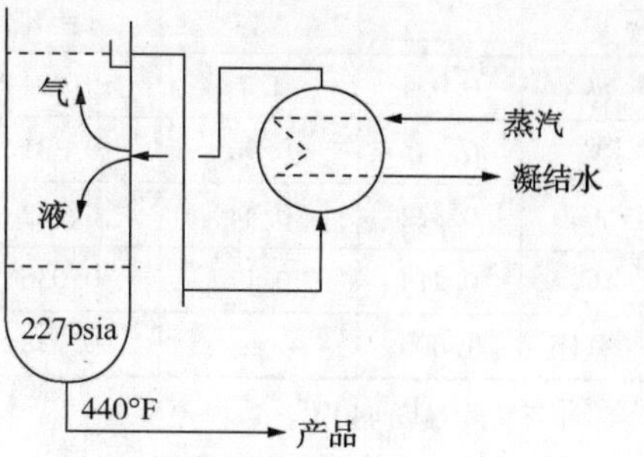


有必要知道离开重沸器和进入分馏塔的气、液两相流量，原因如下：

① 确定塔内有足够的气相负荷，以有效地分离出塔底产品。

② 确定底部塔板的气相负荷，用于计算各个塔板的负荷；

③ 使用热虹吸再沸器时，需要计算足以使流体通过换热器的驱动力。

这股物流流量的计算也是基于热平衡。在这种情况下，即是再沸器自身的热平衡。通过全塔热平衡确定再沸器的热负荷，如上所述，再沸器的热平衡计算过程如下：

| | 相态 | °API | ℉ | lb/h | 焓值/(Btu/lb) | MMBtu/h |
|---|---|---|---|---|---|---|
| 进方 | | | | | | |
| 塔盘 1 的液体 | 气/液 | — | 430 | 78342+$V$ | 369 | 28.908+369$V$ |
| 重沸器作用 | | | | | | 20.002 |
| 进方合计 | | | | 78342+$V$ | | 48.910+369$V$ |
| 出方 | | | | | | |
| 塔底产品 | 液 | — | 440 | 78342 | 370 | 28.986 |
| 塔盘 1 的气相 | 气 | — | 440 | $V$ | 458 | 458$V$ |
| 出方合计 | | | | 78342+$V$ | | 28.986+458$V$ |

底部塔盘的温度(430℉)是根据塔温度直线分布图估算的。根据经验，对于有 30~40 层塔盘的分馏塔，底部塔盘的温度要比分馏塔底部温度大约低 10℉。

因为：输入热量=输出热量

所以：48.910+369$V$=28.986+458$V$

解得：$V$=223.865lb/h

现在，气相的摩尔分子量是通过计算塔底产物的泡点来确定的，这也用于确定塔底温度(参见本书的导论章节)。如果计算，上面给出的底部产品的泡点计算示例如下：

塔底压力=220+(30×0.25)=227psia

| | $x_w$ | 第 1 次试验=400℉ | | 第 2 次试验=435℉ | | MW | 质量因子 | lb/gal | 体积因子 |
|---|---|---|---|---|---|---|---|---|---|
| | | $K$ | $y=xK$ | $K$ | $y=xK$ | | | | |
| $nC_4$ | 0.017 | 2.7 | 0.046 | 3.1 | 0.053 | 58 | 3.1 | 4.86 | 0.64 |
| $iC_5$ | 0.047 | 1.9 | 0.089 | 2.2 | 0.103 | 72 | 7.4 | 5.20 | 1.42 |
| | | | | | | | | | (°API53.1) |

续表

| | $x_w$ | 第1次试验=400℉ | | 第2次试验=435℉ | | MW | 质量因子 | lb/gal | 体积因子 |
|---|---|---|---|---|---|---|---|---|---|
| | | $K$ | $y=xK$ | $K$ | $y=xK$ | | | | |
| $nC_5$ | 0.055 | 1.7 | 0.094 | 1.9 | 0.105 | 72 | 7.6 | 5.25 | 1.45 |
| $C_6$ | 0.345 | 0.96 | 0.331 | 1.3 | 0.449 | 81 | 36.4 | 6.83 | 5.33 |
| $C_7$ | 0.322 | 0.44 | 0.142 | 0.59 | 0.190 | 102 | 19.4 | 6.84 | 8.84 |
| $C_8$ | 0.214 | 0.17 | 0.036 | 0.25 | 0.54 | 128 | 6.9 | 6.94 | 0.99 |
| 总计 | 1.000 | | 0.738 | | 0.954 | 84.7 | 80.8 | 6.38 | 12.67 |

注：实际温度440℉。

气相的摩尔分子量是上表中"$y$"栏的计算值，数值为84.7。

3）计算通过热虹吸式再沸器的压头推动力

热虹吸式再沸器的最大优点是没有像泵这种可能失效的工作部件。然而，热虹吸管再沸器失效的主要原因是使流体流过管束的驱动力的损失。这种问题主要发生在投产期间，再沸器与塔的管嘴的相对位置定位不正确，或者，在开工期间，在检维修后残留的碎片阻塞一个或多个管嘴。在这两种情况下，问题实际上是驱动流体通过换热器再沸的压头的损失。确定理论驱动力的计算基于液体进料的密度、该液体到入口管嘴的压头，流出的液相/气相流体的密度及其压头。基于一次通过热虹吸管的压力驱动力计算的示例(如左图所示)如下。流量数据基于本项前面给出的热平衡。

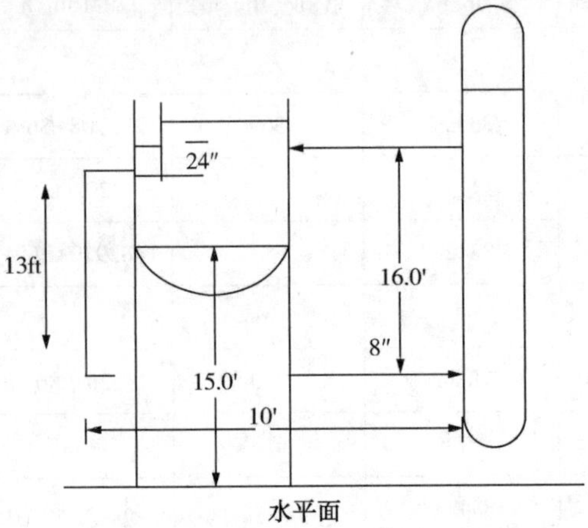


再沸器的液体密度在430℉时为38.2lb/cuft，总流量为302207lb/h(223865lb/h气相+78342lb/h液相)。

实际体积流量=7911cuft/h。

流量=966gpm。

从塔到再沸器底部管嘴的输送管线是8″SCH40无缝钢管。塔底排料线底部与再沸器管嘴之间的压降为13ft，其他包括配件在内的压降水平线当量长度为15ft。

从本章附录9中的阻力损失表中可以看出，压头损失归因于管线摩擦力66.4ft/100ft(黏度取1.1cSt)。

则再沸器的总当量管线长度(即再沸器压力损失)为13+15=28ft

由于摩擦阻力造成的压头损失=28×66.4/1000=1.85ft

液相在塔底抽出口压头损失=2ft(24″)

液相在再沸器入口管嘴压头损失=13+2=15ft

液相在再沸器入口处的压头=15−1.85=13.15ft=13.15×38.2/144=3.49psi

离开再沸器的气/液两相物流的密度=总流体质量流量/(液相体积+气相体积)(29-147)

在440℉时，液相(塔底产品)为39.4lb/cft，气相的摩尔分子量为84.74(参见上面的泡点计算)。

液相体积流量 = 78342lb/h÷39. 9 = 1963. 5

气相体积流量 = 223865/84. 5lb/h = 2643mol/h

= 2643×378×14. 7×(460+440℉)/(227×520) = 111974. 6cuft/h

再沸器的流体密度 = 302207/(1963. 5+111974. 6) = 2. 65lb/cuft

在这种情况下，待再沸的流体在换热器的壳程流动。基于壳程液相全部汽化，再沸器制造商保证的壳程压降为 1. 5psi。使用图 29-50 可计算混相压降如下：

$$m_v = \text{气相平均质量} = \frac{223865}{2} = 111933\text{lb/h}$$

$$m_l = \text{液相平均质量} = \frac{302207+78342}{2} = 190275\text{lb/h}$$

$$\rho_v = \text{气相平均密度} = \frac{2.0}{2} = 1.0\text{lb/cuft}$$

$$\rho_l = \text{液相平均密度} = \frac{38.8+39.9}{2} = 39.35\text{lb/cuft}$$

由图 29-50 可以看出：

$$R_m = \frac{1}{\frac{m_v}{m_l}+\frac{\rho_v}{\rho_l}} = \frac{1}{\frac{111933}{190275}+\frac{1.0}{39.32}} = 1.63 \quad (29-148)$$

$$\alpha = 0.42$$

$$\Delta P_{\text{混合相}} = \alpha \times \Delta P_{gas} = 0.42\times 1.5\text{psi} = 0.63\text{psi} \quad (29-149)$$

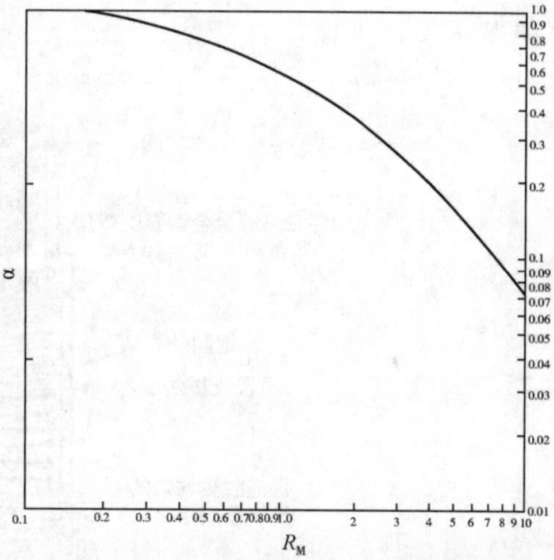

图 29-50 两相流经过交错管排的压降系数

计算液体从换热器入口到出口管嘴的总压头损失。

标准管长度为 16ft。

假设底部 20% 的长度全部为液相，密度为 38. 8lb/cuft，则：

$$\text{压头损失} = \frac{16\times 0.2\times 38.8}{144} = 0.862\text{psi}$$

剩余的压头损失是气液混相，密度为 2. 65lb/cuft，则：

$$\text{压头损失} = \frac{16\times 0.8\times 2.65}{144} = 0.24\text{psi}$$

忽略仅为 4ft 的返塔线中的管线摩擦压降，则：

流体通过换热器的摩擦造成的压头损失 = 0. 630psi

换热器下部压头损失(液相压头损失) = 0. 862psi

换热器上部压头损失(气液混相压头损失) = 0. 240psi

合计 = 1. 732psi

然后，驱动力 = 可用压头-所需压头 = 3. 49-1. 732 = 1. 758psi

这个结果表示流体有良好的流动。

注：塔的裙座高度通常首先满足泵吸入口要求。如果需要，它可以调高以满足再沸器的压头要求。然而，这种需求非常少见。塔到再沸器的转油线水平段至少要高于地面 3.0ft，以便于检维修。

## 29.7 加热炉

### 29.7.1 加热炉的类型

本章将讨论加热炉的一些特性和细节。

大多数化工厂和所有炼油厂均设有加热炉这一设备，作为向系统提供热能的主要手段。由于该设备利用外供燃料，通常由换热系统支持和强化，以使所需燃料最小化。

通常加热炉分为两大类，即卧式和立式。

卧式加热炉通常是指箱式加热炉，其中加热管沿着炉墙壁水平布置；立式加热炉通常是包含垂直布置加热炉管的圆筒式加热炉。图 29-51 和图 29-52 示出了这两种类型的加热炉示意图。

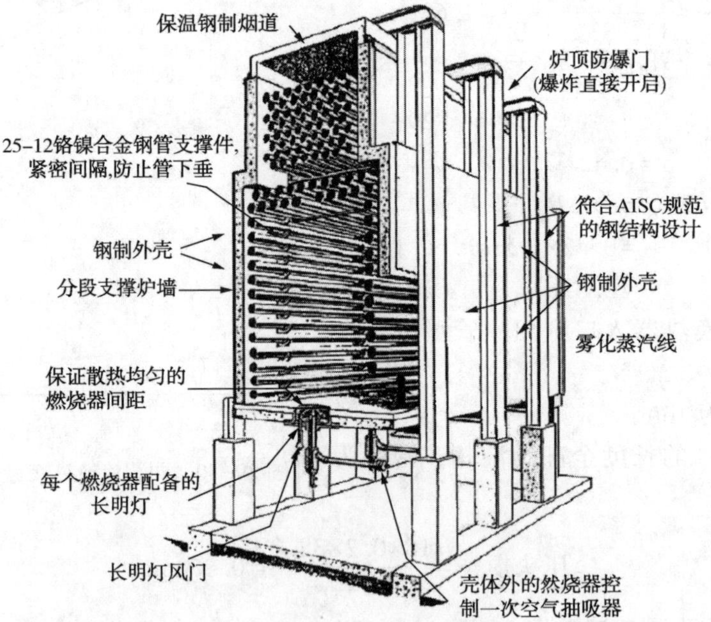


图 29-51 卧式加热炉

图 29-51、图 29-52 中给出了一些用于这些设备的命名，与加热炉有关的其他术语如下：

1）集管箱和回转弯头：是用于连接单个炉管的配件。

2）管端：是入口和出口连接。

3）跨线：是用于连接辐射室与对流室的管道，通常在加热炉外部。

4）集合管：是用于将加热炉炉管连接到工艺管道的外部管道，可以在加热炉供货中配备。

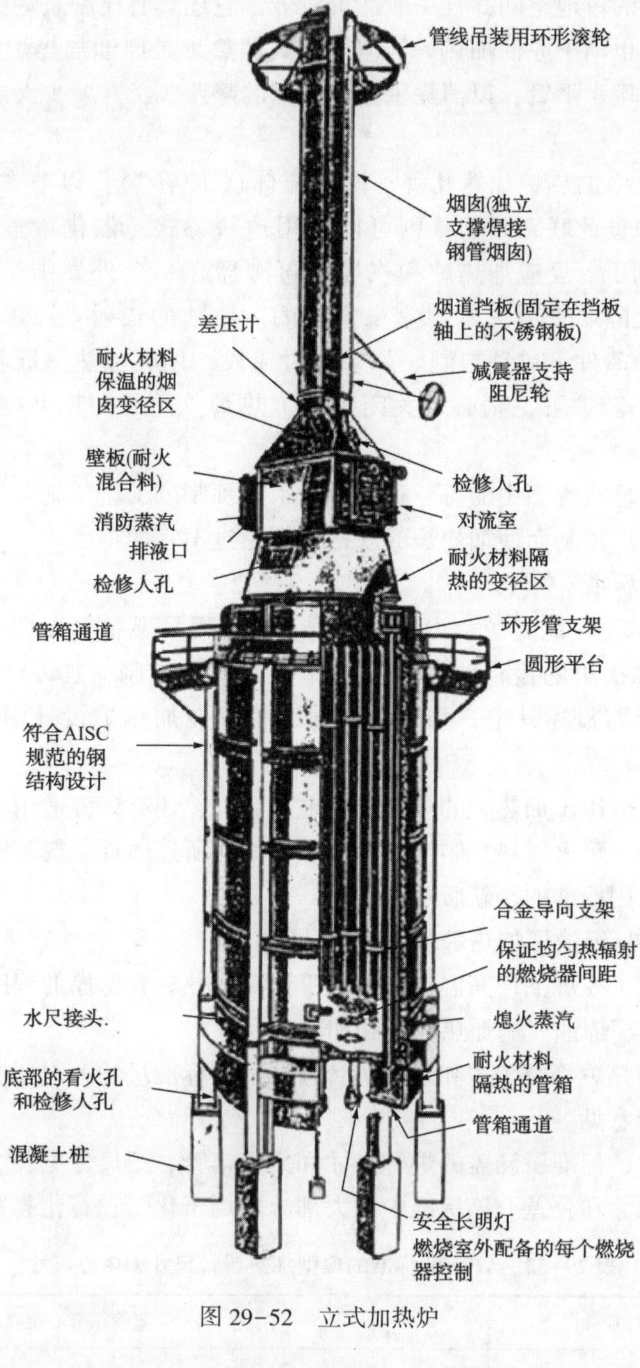


图 29-52　立式加热炉

5）设置：指是构成以下任何和所有部分的形式：炉管支撑、箱体(外壳)。

6）外壳：是包围加热炉的钢壳。

7）炉墙或隔断墙：是加热炉内部的耐火墙，将辐射室分成独立的燃烧区域。

8）遮蔽管或抗震管：是对流段中的前两排或三排管。它们保护或屏蔽对流管免受直接辐射热的影响，通常必须具备与没有翅片的辐射管相同的冶金性能。

9）空气室：是加热炉下方容纳燃烧器的腔室，并具有控制空气流量的风门。

圆筒炉需要较少的占地空间并且一般造价较低，它还具有比卧式炉更好的辐射对称性。

尽管立式加热炉也用于原油加热炉，但是卧式加热炉是原油加热炉更倾向选用的类型。减压装置加热炉应采用水平管，以消除垂直管底部的静压头，并减少大出口管中两相流阻塞的可能性。

有时，可以用单个加热炉加热几种不同的流体（“炉管”），以节省成本。如果被加热的流体在工艺过程中彼此联系紧密，则可以采用这一方式。催化重整预热炉和再加热炉是共用一个外壳的例子。反应加热炉和汽提塔再沸器在一个外壳中是另一个例子。这种设计是通过使用耐火隔墙来分离辐射室来实现的。单独的辐射室可以通过它自己的控制系统和燃烧器在各种条件下单独控制。如果有对流段，用其加热多股物流是比较常见的。如果需要维修其中一套炉管，则必须关闭整个加热炉。此外，其可控范围小于单独的加热炉。

如果尺寸允许，这些类型中的每一种都可以工厂预制。工厂预制可降低成本，但是，不应为了勉强地采用工厂预制而使加热炉的规格比例超过不宜的程度。

### 29.7.2 规范和标准

加热炉是个“在线的”能量源。也就是说，它们使用易燃物料以便为工艺流提供热能。因此，工艺加热炉和锅炉的设计、建造和操作受到严格控制，其设计需要遵循法规和其他规范、标准。本节将概述其中一些更重要的工程师在加热炉设计中必须遵循的规范和标准。

下面列出了直接适用于加热炉的规范和标准。此外，还有许多适用于加热炉的规范和标准，涵盖材料、焊接、耐火材料、结构钢等因素。本文所述体现了撰写本文时的标准。对于详细设计，应采用适用标准的最新版本。

(1) API RP-530《炼油厂加热炉管的厚度计算》

该推荐做法规定了在炼油厂高温使用环境下计算加热炉管壁厚的程序。

(2) API630 标准《炼油厂的加热炉管和加热炉尺寸》

该标准规定了加热炉管及铸造和锻造集管箱的一些标准尺寸，它还提供了加热炉单位体积最大放热量的指导意见。

截至本文撰写时，标准所涵盖的炉管尺寸和集管箱管心距尺寸见表 29-33。该标准还给出了轧制集管的槽尺寸和公差。该标准中的大部分也用于化工和石化装置。

**表 29-33　API630 标准的典型加热器管尺寸和中心尺寸**

| 炉管外径/in | | 集管箱管心距离/in | |
|---|---|---|---|
| 主空气 | 二次空气 | A 组 | B 组 |
| 2.375 | — | 4.00 | 4.75 |
| 2.875 | — | 5.00 | 5.25 |
| 3.50 | — | 6.00 | — |
| 4.00 | — | 7.00 | 6.50 |

续表

| 炉管外径/in | | 集管箱管心距离/in | |
|---|---|---|---|
| 4.50 | — | 8.00 | 7.25 |
| — | 5.00 | 9.00 | 7.75 |
| 5.563 | — | 10.00 | 8.50 |
| — | 6.00 | 11.00 | 9.00 |
| 6.625 | — | 12.00 | 10.00 |
| — | 7.625 | 14.00 | 12.00 |
| 8.625 | — | 16.00 | 14.00 |

(3) API RP-2002《天然气厂的防火》

本规范中包含关于使用消防蒸汽的简要说明。

该系统为加热炉燃烧室提供蒸汽管道，在紧急情况下可将蒸汽引入炉内以熄灭任何不受控制的火灾。该系统可以手动控制或自动控制。

(4) API 炼油设备检验指南(API guide for inspection of refinery equipment)，第九章，加热炉和烟囱

此参考文献给出了加热炉的一般描述，并描述了如何检查它们，如何查找损坏，以及如何报告检查结果。

(5) ASME 锅炉规范及美国锅炉规范(ASME boiler code and boiler codes of the USA)

本规范适用于在对流段中产生并过热蒸汽或预热锅炉给水的工艺过程。ASME 的第 I 部分规定了需要的特殊材料。外部管道和泄压装置材质也必须符合 ASME 第 I 部分的要求。

(6) 承包商和公司标准

这些在"叙述性说明"一节中针对特定作业或加热炉进行介绍。这些叙述性说明由承包商机械设备组的传热工程师编写。这些说明详细提出了设备制造所需的相关方面内容，包含所有适用的要求。

### 29.7.3 热工设计

(1) 热工设计

炼油厂工艺工程师很少需要加热炉加热功率计算或核算加热炉额定值，这是一个属于具有丰富的加热炉设计和制造经验的专业机械工程师的工作。但是，工艺工程师需要指定设备，以便设计和安装设备以满足过程热平衡的要求。为了有效地做到这一点，工艺工程师需要了解加热炉热工设计的计算机理。

加热炉本质上是一种热交换器，其中大部分热量是通过辐射而不是通过对流和传导传递的。设计包括放热和吸热之间的热平衡和传热速率关系。

燃料在燃烧室中燃烧产生"喷射火焰"。当炼厂气以预热至460℉、20%过量空气燃烧时，理论喷射火焰温度可以高达4000℉；而当在温度60℉、100%过量空气燃烧燃料油时，

理论喷射火焰温度降至2300℉。通过辐射和燃烧产物的混合将热量从火焰转移到炉内的气体中，然后通过辐射将热量从炉内气体传递到管内。

通常的做法是假设燃烧室气体的单一温度用于辐射计算。该温度可以与从燃烧室到对流段的出口气体温度(桥壁温度)相同，或者由于加热炉的形状和辐射段中的对流热传递的影响可以是不同的。需要具备特定类型加热炉的经验，才能准确地选择有效的燃烧室温度。

虽然本章没有给出详细计算过程或给出计算示例，但设计步骤可以归纳如下：

步骤1：根据设定的净吸热负荷以及假定或设定的燃烧效率，计算净放热量和燃料耗量。

步骤2：选择过量空气百分比，并确定烟气流量。

步骤3：假设辐射段占加热炉总负荷70%，计算辐射段负荷。70%是一个典型的工况，稍后将在核算中进行确认。但如果需要非常高的工艺温度，例如在水蒸气-甲烷重整加热炉中，辐射段负荷可以低至总负荷的45%。

步骤4：计算辐射段中的平均过程流体温度，并增加100℉便可获得管壁温度。100℉通常是的第一个预估值，可以通过使用计算的内膜传热系数和金属热阻等来核对，该温度对于管内介质流速和结垢比较敏感。

步骤5：根据平均允许热通量计算辐射段表面积。对流段表面积通常约等于辐射段表面积。

步骤6：选择炉管尺寸和布置方式，该布置将提供所需的总表面并满足指定的压降限制。

步骤7：从API630标准或其他标准的标准配件尺寸中选择管的中心间距，并计算燃烧室尺寸。长炉可最大限度地减少返回弯头的数量，从而降低成本。更短和更宽的火箱通常可以提供更均匀的热量分布，并减少火焰冲击管子的可能性。对于立式圆筒炉，辐射管长度与管圆直径之比不应超过2.7。

步骤8：计算的其余部分包括根据上述假设(3)确定燃烧室出口温度，应用炉子类型的经验因子以获得平均燃烧室温度，然后检查该温度是否能转移所需的辐射热量。

步骤9：通过改变平均热通量(与辐射段表面积成比例)和辐射段的总负荷占比百分比(影响其平均管壁温度)得到热平衡，然后可以计算对流段表面积和布置。

步骤10：加热炉通常设计允许在燃烧器处应对至少125%设计放热量的充分通风，以及在最大和最小环境空气温度下额外10%的过量空气。

(2) 热通量

尽管工艺工程师通常不需要做工艺加热炉的热工设计，但是经常需要估算加热炉尺寸，用于初步成本估算或平面布置等目的。这可以通过使用“热通量”非常简单地完成。虽然这个数字用Btu/(h·ft$^2$)表示，但它不是总传热系数，这里缺少传热驱动力$\Delta T$。热通量就是热量通过炉管传递到工艺流体中的速率。

最高膜温度和管金属温度是热通量和内膜传热系数的函数。

热通量围绕管的周长发生变化，在面向火的一侧是最大的。该值取决于直接从燃烧室辐射接收的热量和从耐火材料再辐射的热量之和。

单面受热加热炉通常规定最大热通量平均为10000～12000Btu/(h·ft$^2$)。最大点热通量约为此值的1.8倍。

双面受热加热炉的平均热通量通常规定为13500～18000Btu/(h·ft$^2$)，最大点热通量约为其1.2倍。

以下是碳氢化合物加工工艺中加热炉的典型热通量值：

| 加热炉 | 热通量值/[Btu/(h·ft$^2$)] |
|---|---|
| 卧式，单面加热 | 8000～12000 |
| 立式，底部单面加热 | 9000～12000 |
| 立式，单排，双面加热 | 13000～18000 |

### 29.7.4 加热炉效率

加热炉效率是过程流体吸收的热量与燃料燃烧释放的热量之比，以百分比表示。

燃料的放热可以基于其低热值(LHV)或高热值(HHV)。工艺加热炉通常基于LHV，而锅炉基于HHV上。通过两个热值对比来说，HHV效率低于LHV效率。

加热炉的能量损失有以下两种方式：热烟气；来自环境的辐射和对流。

主要的损失是由排出烟气中含有的热量。除非使用空气预热器，否则烟气的温度由进入的工艺流体的温度来决定。最经济的接近温度是100℉的工艺流体温度。如果在炉入口处的工艺流股主体温度非常高，在装置具有适当的操作控制和操作灵活性的前提下，可以找到较冷的工艺流股通过对流段以提高炉效率。提高加热炉效率的常用方法是产汽、过热蒸汽或预热锅炉给水。

可用的最低烟囱排烟温度由烟气的露点决定。请参阅烟气排放部分。

图29-53和图29-54可用于估算烟道气热损失。

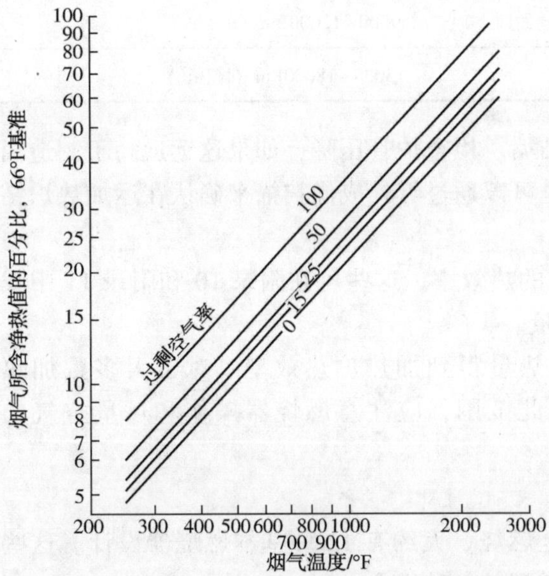


图29-53 使用燃料气时烟气所含净热值的百分比

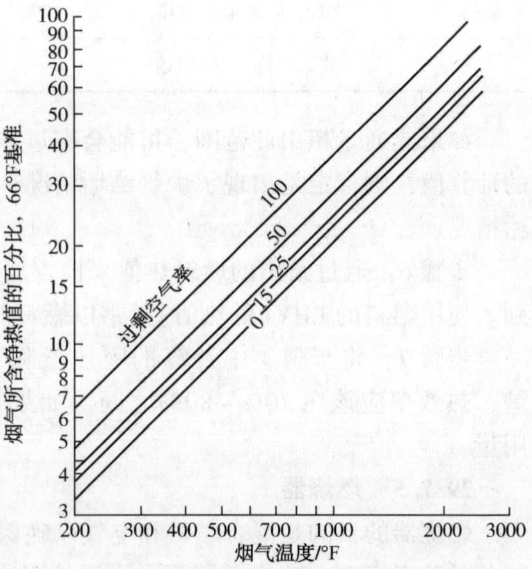


图29-54 燃烧燃料油时烟气所含净热值的百分比

烟气的损失以燃料燃烧可获得的总热量的百分比来表示。图中还显示了过量空气对热效率的影响。在使用燃料气时用于效率保证的过量空气为20%，在使用燃料油时为30%。

环境热损失，称为辐射损失，约占放热量的1.5%~2%。加热炉效率范围大致如下：

| | |
|---|---|
| 很高 | 90%以上，大型锅炉和带空气预热器的工艺加热炉 |
| 高 | 85%，大型加热炉，低工艺入口温度和/或空气预热器 |
| 一般 | 70%~80% |
| 低 | 60%以下，全辐射 |

工程师经常需要检查运行装置分派给他们的工艺加热炉的效率。这可以通过使用本章附录10和附录11的燃烧热来完成，采用的计算步骤如下：

步骤1：从制造商的数据表或图纸中获取加热炉的详细信息。

所需数据是：炉管面积；布局(是否立式的，燃烧器是如何布置的)。

步骤2：从现场数据中，获得炉管入口和出口温度、压力和流量。计算出口汽化率(即气相、液相或气液混相)情况，然后计算其焓。对炉入口物料同样计算，通常它是液相或气相的单相。

步骤3：同样从现场数据中获得燃烧的燃料量及其性质(特别是°API)。

步骤4：计算步骤2中物料的焓差，即每小时单位进料吸收的焓值。

步骤5：将介质吸收的焓值除以管面积，得到热通量，单位Btu/(h·ft$^2$)。热通量一般如下(英文原文中即重复)：

| | |
|---|---|
| 卧式，单面加热 | 8000~12000Btu/(h·ft$^2$) |
| 立式，底部单面加热 | 9000~12000Btu/(h·ft$^2$) |
| 立式，单排，双面加热 | 13000~18000Btu/(h·ft$^2$) |

如果热通量超出此范围，可能会有过多的结垢。检查炉管压降，如果这远远高于制造商的计算值，则肯定是出现了炉管结垢情况。这也可以通过红外成像扫描来确认在运加热炉结垢情况。

步骤6：通过给出的燃料热值来检查加热炉的热效率。这些可在附录10和附录11中找到。使用燃料的LHV(低热值)并乘以燃料的流量。

步骤7：将步骤4中计算的吸热量除以放热量得到加热炉热效率。对于大多数加热炉，热效率应该在70%~80%之间。如果低于此范围，应注意燃烧器操作和过量空气的用量。

### 29.7.5 燃烧器

燃烧器的目的是混合燃料和空气以确保完全燃烧。大约有12种基本燃烧器设计。这些区分是基于表29-34中的因素。可以使用这些类型的各种组合。

表 29-34 燃烧器设计参数和燃烧器的类型

| 分类 | 选项 |
|---|---|
| 燃烧方向 | 垂直向上 |
| | 垂直向下 |
| | 水平 |
| 容量 | 高 |
| | 低 |
| 燃料种类 | 燃气 |
| | 燃油 |
| | 两者组合 |
| 火焰形状 | 正常 |
| | 倾斜 |
| | 薄，扇形 |
| | 平面 |
| | 适应性模式 |
| 氢含量 | 高 |
| | 正常或没有 |
| 过剩空气 | 正常 |
| | 低 |
| 雾化类型(油) | 蒸汽 |
| | 机械 |
| | 空气辅助机械 |
| 锅炉类型 | 各种情况 |
| 低 $NO_x$ 或超低 $NO_x$(LN 或 ULN) | |
| 高强度 | |

(1) 燃气燃烧器

两种最常见的燃气燃烧器是预混料燃烧器和粗煤气燃烧器。

预混料燃烧器是首选，因为它们具有更好的"线性"，即在调低时过量空气保持更加恒定。通过这种类型，大部分空气通过可调节的"空气调节器"吸入，并与炉子燃烧室中的燃料混合，这被称为二次空气。一小部分空气通过"主空气调节器"吸入，并在流入炉子燃烧室之前与管道中的燃料混合。使用 25psig 烃类燃料可以实现 10∶1 的调节比，更常见的调节比为 3∶1。

(2) 燃油燃烧器

燃油器的"喷枪"由油料流过的内管和雾化剂(通常为蒸汽)的外管组成，油通过孔喷入混合室，蒸汽也通过孔流入混合室。在混合室中形成油-蒸汽乳液，然后流过燃烧器尖端的孔，进入炉子燃烧室。喷头、混合室和内外管可拆卸进行清洗。

燃烧器的油压通常约为 140~150psig，也可以更低或更高。较低的压力需要较大的燃烧器喷嘴，可用的雾化蒸汽的压力也会决定燃料油压力。

雾化蒸汽在燃烧器阀处应至少为 100psig，并且至少比油压高 20~30psi。雾化蒸汽消耗量约为 0.15~0.25lb 蒸汽/lb 油，但蒸汽管线的尺寸应为 0.5 倍。

(3) 组合燃烧器

这种类型的燃烧器使用燃料为气体或油。如果不同时燃烧两种燃料则更好，因为气体燃烧的化学性质与油燃烧的化学性质不同。气体的燃烧是渐进氧化，而油的燃烧是裂解。如果在同一燃烧器中同时燃烧气体和油，则火焰体积将是使用单一燃料的2倍。

(4) 长明灯

燃油加热炉通常需要设置长明灯。长明灯采用气体燃料，其中天然气是优选，也可以使用非常清洁的燃料气。

当加热炉仅使用燃气时，长明灯不是必须设置的，但现在大多数燃气加热炉都设有长明灯。燃气控制阀周围的最小流量旁路也用于防止自动控制装置熄灭燃烧器火焰。长明灯通常是独立布置的，具有自己的吸气进气口，与主燃烧器分开。

(5) 过量空气和燃烧器操作

用于工艺加热炉的过量空气通常对于燃气燃烧器约为15%~25%，对于燃油燃烧器约为30%。过量氧气对于燃气燃烧器为2%~5%，对于燃油燃烧器约为6%。这些过量的空气流量允许加热炉燃烧负荷在较宽范围变化的时候可以通过自动控制有效地控制，而不用担心燃烧空气的加热炉“缺氧”。最近有大量的工作以减少这些过量空气，从而最大限度地减少空气污染。迄今为止，这种做法尚未用于工艺加热炉中，但是在大型电站式加热炉的运行中已经采用了这种做法并取得了一定的成功。

通常厂家规定燃烧器允许以高达125%的设计放热量运行，调节比为3∶1。这使燃烧器最小可控负荷为设计值的40%，而无需关闭燃烧器。

(6) 燃烧器控制

出于安全和操作考虑，燃烧器控制非常重要。大多数系统包括带联锁的仪表系统，以便禁止加热炉炉管工艺介质流量故障时继续燃烧、禁止加热炉熄火时燃料流入燃烧室。

在正常操作条件下，燃烧的燃料量由控制炉出口温度的流量控制器控制。对于组合式燃烧器，一种燃料的故障自动引入第二种燃料。这种切换也可以手动实现。这一动作通常由相应燃料系统的压力控制激活，即在正在燃烧的燃料上检测到的低压时自动切换到第二种燃料。

大多数公司有自己特定的加热炉点火系统控制。另请参阅本书“石油加工中的公用工程”章节中对燃烧器管理系统的讨论。

(7) 加热炉噪声

所有加热炉运行现场都很嘈杂，这种噪声是几种因素的结果。其中包括燃烧器的操作，处于临界燃料流量的燃气燃烧器会发出噪声，这可以通过设计系统中的低压降来最小化。一次风和二次风的摄入是另一种噪声源。如果空气管道的尺寸和绝缘适当，强制通风燃烧器通常比自然通风更安静。风扇的设计也可以减少这种机制中的噪声。低转速风扇有利于降低噪声。简单、经济的技术可用于减轻加热炉噪声，但无法消除所有噪声。

**29.7.6 耐火材料、烟囱和烟气排放**

耐火材料用于加热器燃烧室、地板的内壁和加热器的对流侧。这种耐火衬里的目的是保存热量，降低通过对流损失在大气中的热量。这对于可能意外接触加热炉壁或加热炉周围工作人员的人身安全也是必要的。

良好的保温性具有以下特点：具有良好的高温能力；耐磨损、剥落、化学反应和结渣；

具有良好的保温性能。

最常见的满足上述部分(如果不是全部)标准的耐火材料包括硅质耐火材料、高铝和耐火黏土砖。它们具有高抗剥落和抗热冲击性，保温性能也很好。

硅质耐火材料倾向于与金属氧化物粉尘和灰烬形成熔渣。钠和钾的化合物可侵蚀大多数耐火材料，而含镁的耐火材料可与酸和酸性气体反应。燃烧室中可能存在的一氧化碳和其他还原性化学物质会降低耐火材料的使用寿命，特别是耐火黏土砖和二氧化硅。

具有低孔隙率的致密耐火材料是最高的强度但具有最差的保温性能。含有水泥和耐火骨料混合物的可浇铸耐火材料便宜且相对容易安装。然而，它们并不是非常坚固。通常在工艺加热炉中，使用轻质隔热耐火材料可满足耐火衬里所需的全部要求。

如今，许多加热炉在模块化组件和隔热毯中使用耐火纤维进行保温。这种材料更轻，这意味着炉壁支撑的重量更轻，并且它比更致密的材料具有更好的保温性能。在炉子运输之前，隔热毯耐火材料可以在加热炉厂家车间中安装，对现场的精加工工作的需求低。这些耐火材料不需要固化，这对于新建装置来说是一个很大的时间节省。橡皮布耐火材料可以被高烟气速度侵蚀，因此通常需要“硬化”用于高速区域的橡皮布和模块。硬化只需用专有的溶液喷涂，经过干燥和烧结会与耐火纤维粘合并硬化在一起，降低它们受速度的影响。

ASTM 标准第 13 部分提供了有关耐火材料的更多细节。该标准提供耐火材料的分类并描述其特性和组成。它还提供了计算隔热后的热损失及隔热厚度的程序。

(1) 耐火材料投用前的准备

所有新的硬质耐火材料在安装后和使用前都需要“固化(以下称烘炉)”。耐火材料含有水分，有些是由于安装过程，有些是结晶水。固化耐火材料是指采用缓慢的加热过程去除水分。新的加热炉制造商通常会提供他们推荐的烘炉程序的细节。该程序不得损坏炉子或工艺系统的任何部分。但是，当没有得到制造商的程序时，以下程序可用作耐火材料烘炉的指南：

步骤 1：将炉内温度以 50℉/h 的速度，逐步将烟气温度升至 400℉，并在该温度下保持 8h。在最小压力下保持管内冷却流体的流动-参见下面的步骤 6。

步骤 2：然后以 50℉/h 的速度再次将温度从 400℉升至 1000℉并再保持 8h。

步骤 3：如果需要高于 1000℉，则以 100℉/h 继续加热至工作温度，在工作温度下再保持 8h。

步骤 4：以 100℉/h 冷却至约 500℉并保持准备运行。

步骤 5：在开工时，加热炉可以 100℉/h 的速率加热到其工作温度。

步骤 6：在耐火材料烘炉期间，通常需要使一些流体通过加热炉炉管以防止过热。为此目的，蒸汽或空气可以在炉管内循环。在某些情况下，例如在处理石油原料的催化重整中，可能需要用氮气或氢气循环，以实现装置吹扫和压力测试的目的。在这个过程中不宜使用空气和蒸汽。

在耐火材料修复后，可能需要固化修复材料。通常情况下，如果维修很少，可以50℉/h 加热并充分固化耐火材料。如果耐火材料的工作范围很广，则需要在开工计划中加入常规固化程序。

(2) 烟囱

烟囱用于从加热炉的燃烧室产生空气上升气流。其目的是在燃烧室中产生小的负压，从而能够从大气中引入空气。该负压还允许从燃烧室中除去燃烧产物。因此，烟囱必须具有足够的高度以实现这些目标并克服燃烧室和烟囱本身中的摩擦压降。

烟囱达到良好抽气水平所需的高度可以通过以下等式估算：

$$D=0.187H(\rho_a-\rho_g) \tag{29-150}$$

式中 $D$——抽力，in 水柱；

$H$——烟囱高度，ft；

$\rho_a$——大气密度，lb/cuft；

$\rho_g$——在烟囱内条件下烟道气密度。

对于排烟温度，采用比对流段的气体出口温度低 100℉。烟气的分子量接近氮气的分子量。对于该计算，采用 28 摩尔分子量，燃烧器规范要求范围从 0.2～0.5in 水柱，一般为 0.3in 水柱。

烟囱还必须设计用于处理和分散烟气的排放。这通常导致需要修建的烟囱高度大于为获取抽力所需的高度。有专门的计算机程序，可以将烟囱出口上方的烟气冲出高度与气体中飘落地面的杂质水平相关联。这些程序还可生成这些杂质在地平面的相对浓度图。这些数据通常可从大多数国家的政府机关办公室获得。根据当地法律要求检查预测的地面浓度和计算的地图。这些结果通常成为建造和运营工厂所需的政府批文的一部分。

烟囱直径基于烟囱中可接受的烟囱气体速度。通常采用 30ft/s。必须考虑阻力损失的一些余量，这些是：用于进口和出口损失的 1.5 倍速度头；用于风门的 1.5 倍速度头；每 50ft 烟囱高度有 1.0 个速度头损失。

(3) 烟气排放

烟囱排放中令人讨厌的化合物来自燃料中的杂质或燃料与空气燃烧产生的化学反应。

产生不良排放的石油或天然气燃料中的三种主要杂质是硫、金属、氮。

1）硫。所有的燃气和燃油都含有一定浓度的硫。当这些燃料燃烧时，硫与空气反应形成 $SO_2$和 $SO_3$。这些化合物是有害的，因为它们会导致：①烟雾形式的空气污染。②它们会导致加热炉管和烟囱的腐蚀。③$SO_3$会降低烟气的露点，从而在烟囱出口处产生有害的可见飘浮烟雾。

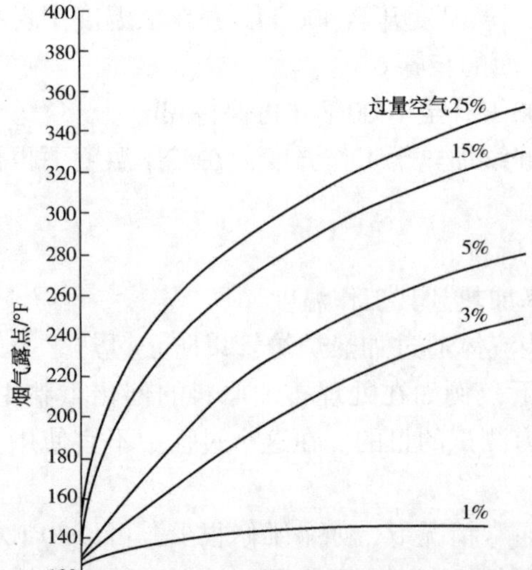

图 29-55　烟气露点与硫含量的关系

图 29-55 显示了进料中的硫含量对烟气露点的影响。该露点也随过量空气量和燃烧气体的相对分压而变化。没有精确的方法来确定烟道气中形成的 $SO_3$量，也不能准确判断 $SO_3$在系统哪个部位生成。硫氧化物的总量可以简单地由进料的硫含量确定。由于这种不确定性，在燃烧含硫燃料时，将最小允许对流侧金属温度限制在 350℉是很重要的。在燃烧燃料气时，燃料气排到烟囱的最低温度应为 320℉，燃料油时的最低温度应为 400℉。在使用金属烟囱的情况下，如果烟气温度低于上述温度，则必须在烟囱的较冷部分使用无

腐蚀性衬里。

2）金属。燃料油中最令人讨厌的金属杂质是钠和钒。这些会导致管子和耐火衬里的严重腐蚀。高钒含量是指200~400ppm之间的浓度，高于400ppm被认为是非常高并且不应该用作燃料。在钠和氧存在下的钒容易形成腐蚀性化合物$Na_2O \cdot 6V_2O_5$。该化合物会对铁和不锈钢进行攻击而形成氧化亚铁，反应式如下：

$$Na_2O \cdot 6V_2O_5 + Fe \longrightarrow Na_2OV_2O_4 \cdot 5V_2O_5 + FeO. \quad (29-152)$$

注：原著中公式序号即错误，译著未改。

该钒化合物被氧化回原先的带腐蚀性的化合物，反应式如下：

$$Na_2OV_2O_4 \cdot 5V_2O_5 + O_x \longrightarrow Na_2O \cdot 6V_2O_5 \quad (29-153)$$

钒化合物不断地恢复到它的腐蚀状态，钒化合物系列反应发生在1070~1220℉之间，不断地再生它的腐蚀状态。

钠和硫在没有钒的情况下，也会结合形成不良的腐蚀性化合物。该反应会在1160℉（626.7℃）左右的温度下，形成一种名为三硫酸铁三钠的化合物，其化学式为$Na_3Fe(SO_4)_3$。钒化和钠腐蚀的临界温度都在1100℉（593℃）左右。在这个温度以下，钒不是一个主要问题，但是超过这个温度，它就成为主要问题了。

3）氮。尽管在燃料气中没有氮化物，但是在瓦斯燃烧后也形成一些氮氧化物。燃料中氮化物的存在将显著增加烟气中氮氧化物的含量。在烟气中有六种氮氧化物，但是只有两种具有可测含量，它们为一氧化氮（NO）、二氧化氮（$NO_2$）。

一氧化氮是有毒气体，也极易转化成二氧化氮并直接进入大气。二氧化氮是一种黄色气体，极易结合大气中的水分并形成硝酸。在阳光和氧的环境下，二氧化氮也会导致另一些空气污染源的形成。氮氧化物的产生可以通过限制过量空气、用氨水清洗烟气或者在氨环境下通过催化方式降低。

本书的“环境”章节对排放和排放控制有进一步讨论。

### 29.7.7 加热炉规格

在开展用于制造目的的设备设计或进行成本核算之前，必须先了解有关加热炉的一些基本数据。这些数据通过一个或多个设备规格表体现。对于加热炉，就像对于压缩机或换热器一样，设备规格表格包括工艺需求、机械细节、土木工程需求、操作需求、环境需求。

这里的相关讨论仅针对“工艺需求”以及加热器的负荷。一个典型的原始工艺规格表如图29-56所示，在表格中提供的数据是加热炉制造商或加热炉专家进行设计或估价所需的最低数据要求。通常如果在加热炉管发生相变时，所提供的数据中也需要包括进料的蒸发曲线。工艺工程师制定这些规格时除了加热炉主要负荷以外，还要提供更多设备使用要求的细节。例如，如果加热炉的对流段将用于产蒸汽、预热或者蒸汽过热，则所设想的系统必须通过附加的图表和数据进行适当的描述。

图29-56所示的示例规格表是完整的原油减压蒸馏装置加热炉规格表，该加热炉设有位于对流段的过热蒸汽盘管。

设计负荷 40.886MMBtu/h　　用途　烃类

加热炉数量 1　　单元　减压单元预热器

设备编号　H201　类型　卧式

| 设计数据：- | 辐射段 | 对流段 |
|---|---|---|
| 用途 | 常压渣油 | 蒸汽过热 |
| 吸收热量/(MMBtu/h) | 38.501 | 2.385 |
| 流体 | 碳氢化合物 | 饱和蒸汽 |
| 流量/(lbs/h) | 197085 | 30040 |
| 允许压降/psi | 300 | 30 |
| 允许平均热通量/[Btu/(h·ft$^2$)] | 15000 | |
| 最大内膜温度/℉ | 800 | |
| 污垢系数/[(℉·ft$^2$·h)/Btu] | 0.004 | 0.001 |
| 滞留时间/s | 无 | 无 |
| 进口条件 | | |
| 温度/℉ | 554 | 368 |
| 压力/psig | 270 | 155 |
| 液体流量/(lb/h) | 197085 | nil |
| 蒸汽流量/(lb/h) | nil | 30040 |
| 液相密度/(lb/cuft) | 48.4 | |
| 气相密度/(lb/cuft) | | 蒸汽 |
| 黏度液体/蒸汽/cP | 2.31/ | / |
| 比热液体/蒸汽/(Btu/lb) | 0.65/ | / |
| 导热率液体/蒸汽/[Btu/(h·ft$^2$·℉/Ft)] | 0.0671/ | / |
| 出口条件 | | |
| 温度/℉ | 750 | 500 |
| 压力/(psia)psig | (0.68) | 125 |
| 液相流量/(lb/h) | 69641 | 无 |
| 汽相流量/(lb/h) | 127444 | 30040 |
| 液相密度(lb/cuft) | 47.3 | |
| 气相密度/(lb/cuft) | 0.023 | 0.246 |
| 液相/气相黏度/cP | 1.4/0.002 | / |
| 比热液相/气相/(Btu/lb) | 0.64/0.069 | / |
| 导热率液相/气相/[Btu/(h·ft$^2$·℉/Ft)] | 0.062/0.023 | / |
| 燃料数据 | | |
| 类型(燃料气或燃料油) | 燃料油 | 燃料气 |
| 低热值：燃料气 Btu/cuft；燃料油 Btu/lb | 17560 | 2320 |
| 高热值"燃料气 Btu/cuft；燃料油 Btu/lb | 18580 | 2520 |
| 燃烧器压力/psig | 82 | 25 |

续表

| 设计数据：- | 辐射段 | 对流段 |
|---|---|---|
| 燃烧器温度/℉ | 176 | 68 |
| 燃料气摩尔质量 | | 44 |
| 燃烧器中燃料油的黏度/cPs | 23.3 | |
| 雾化蒸汽温度下的压力/psig | 500125 | |
| 燃料气组成/%(摩尔) | | |
| $H_2$ | | 0.2 |
| $C_1$ | | 12.0 |
| $C_2$ | | 28.2 |
| $C_3$ | | 31.3 |
| $C_4$ | | |
| $C_5$ | | |
| $C_{6+}$ | | |
| 燃料油性质 | | |
| °API | 15.2 | |
| 100℉下黏度/cSt | 175 | |
| 210℉下黏度/cSt | 12.5 | |
| 闪点/℉ | 200 | |
| 钒/ppm | 12 | |
| 钠/ppm | 32 | |
| 硫/% | 2.4 | |
| 灰/% | <1.0 | |

图 29-56 加热炉的典型规格表

注：① 附上在大气压力和 35mmHg 绝对压力下，常压渣油进料与蒸馏体积的闪蒸曲线。

② 附上常压渣油相对密度和摩尔质量相对于中间体积的曲线。

③ 除尘器应考虑在配套设备中。蒸汽可在 600psig 和 750℉下供应。

④ 考虑在对流侧使用钉头管。

下面对图 29-56 进行逐行描述：

第 1 行：设计负荷：是指本单元要求的总负荷。在这里给出的例子中，它包括加热和部分汽化辐射部分的油所需的负荷和过热蒸汽所需的负荷。数据表将分为两个部分，以反映这些负荷。

用途：描述加热炉的主要用途。在这个示例中，它将用于加热和蒸发碳氢化合物。

第 2 行：加热炉数量：这是不需加以说明的。在这个示例中，只需要一个加热炉。如果有一个以上等同的单元，这里会反映出来。

单元：这是在设备列表中显示的这个设备单元的名称。它将对应于设备清单中也给出的设备编号。在本例中，它是“减压单元预热炉”。

第 3 行：设备编号：这是给设备清单中设备的参考编号。这个参考编号和单元名称标识了出现在所有图纸上的设备以及在购买、成本计算、维护等过程中使用的所有文件。

类型：这里给出了加热炉的类型(如果确定的话)。对于本例的加热炉，出于真空应用的考虑，选择舱式(水平炉管)类型。

第4行：这是规格表正文内容的第一行，从加热炉或加热炉某段的用途开始。在本例中，只提供了两列，分别用于“辐射段”和“对流段”的描述。在大多数预印的规格表单中，这部分至少有四列。

第5行：吸收热量：该行把加热炉的负荷分为辐射炉管所需的负荷和对流侧所需的负荷。在本例中，工艺油料只通过辐射段吸收热量，而余热锅炉产的饱和蒸汽在对流盘管中过热。两者都以 MM Btu/h 为单位。

油料在辐射炉管中部分汽化。因此，在此规格表中必须附有油料的闪蒸曲线或相图。在实例中，油料的热负荷是根据生产过程中物料平衡和热平衡的数据计算出来的。因此：

加热器进料温度为554℉，炉管出口温度为750℉。从35mmHg(绝)(0.68psia)出口压力下的闪蒸曲线和物料平衡可知，蒸汽每小时的质量为127444lb/h，液体部分为69641lb/h。辐射段吸收的热量为：

进料热焓＝197085 lb/h×268Btu/lb(所有液体)＝52.819MMBtu/h

进料带出热量：

液相部分＝69641 lb/h×378Btu/lb＝26.324MM Btu/h

气相部分＝127444 lb/h×510Btu/lb＝64.996MMBtu/h

总带出热量＝91.320MMBtu/h

辐射段热负荷＝91.320－52.819＝38.501MMBtu/h

对流段的负荷计算如下：

在155psig下的饱和蒸汽流量为30040 lb/h。

在155psig下的蒸汽温度为368℉。

根据蒸汽表，蒸汽焓为1195.9Btu/lb。

蒸汽出口温度500℉。

蒸汽出口压力125psig。

根据蒸汽表，蒸汽焓为1275.3Btu/lb。

对流段负荷＝30040×(1275.3－1195.9)＝2.385MMBtu/h。

第6行：流体。这是指在炉管中流动的物质。在这个例子中，它将是在辐射炉管中的碳氢化合物和对流炉管中的蒸汽。

第7行：流量。这是进入加热炉各段的总流量，单位为每小时磅数。因此，辐射段的数据为197085lb/h，对流段的数据为30040lb/h。

第8行：允许压降。工艺工程师输入从系统的水力学分析计算得到的所需压降(参见附录14和“压降计算”一节)。这种压降是从平衡控制阀下游进口歧管的加热炉端和出口歧管下游的炉管出口测量的。

第9行：允许平均热通量。这通常是公司为其各种加热炉设定的标准。在这里的例子中，这个值应该在13500~18000Btu/(h·$ft^2$)(一个在两侧燃烧的卧式加热炉)之间。本例中指定为 15000Btu/(h·ft²)，且仅指辐射段。

第 10 行：最大内膜温度。重要的是，要将工艺要求的任何温度限制通知加热炉制造商。在这个例子中，超过 800℉的油膜温度可能导致油料裂解。这种情况会对下游分馏设备的性能产生不利影响，因此必须避免高温超过 800℉。对流段炉管没有这一限制。

第 11 行：污垢系数。换热器设计中使用的污垢系数也可以在这里使用。在这个例子中，辐射侧对油料的污垢系数约为 0.004(℉·ft²·h)/Btu，对蒸汽的污垢系数约为 0.001。

第 12 行：停留时间。当任何类型的化学反应在加热管中发生时，这就变得非常重要。在本例中，这一条不适用。如果示例是热裂化加热炉或减黏裂化炉，则将在规范表中附加适当的动力学方程和计算，以支持该条目。

第 13~30 行：这些无需加以说明。这里唯一的注释是引用的数据是在入口或出口的温度和压力条件下。

第 31 行：低热值。接下来规格表这一节介绍在加热炉中使用的燃料的特性。这一节分为燃油和燃气，它们是现代生产过程中常用的燃料。这一项要求输入燃料的“低热值”。这可以从本章的附录 10 和附录 11 中读出。

第 32 行：高热值。这是加热炉设计者要求的另一个热值数据。这种“高热值”数据也可以从附录 10 和附录 11 图表中读取。

第 33 行：燃烧器压力。这通常是指燃油，并在加热炉燃油歧管处测量。

第 34 行：燃烧器温度。这一项也是不言自明的，这些测量也在各自的歧管中进行。

第 35 行：气体摩尔质量。这是指通常预期使用的燃料气。显然在实践中，这将随着日常的工艺操作而变化。

第 36 行：燃烧器中油料的黏度。这种引用的黏度是在燃烧器温度下，可以从规格表后面给出的两个黏度图中得到。这对于燃烧器本身的最佳设计或选择非常重要。

第 37 行：雾化蒸汽。这一项要求提供用于燃油雾化的蒸汽温度和压力。这也是燃烧器最佳设计或选择所需的。

第 38 行：燃料气组成。本节要求以摩尔百分比表示的燃料气组成。这是指预期将在加热炉中使用的正常燃料气。如果所使用的燃料气质量很可能有很大的差异，那么在这里应该指出的是两种甚至三种成分的范围。这种情况在石油炼制中尤为常见。

第 46 行：燃油性质。规格表的最后一节要求详细说明将要使用的燃料油，包括：油在 60℉时的°API；油在 100℉和 210℉时的黏度；闪点(℉)。

根据这两种黏度，“Refutus”图可用于确定任何其他温度下的黏度。这个图可以在大多数带有黏度数据的数据书中找到。注：本节要求的黏度单位为厘斯托克斯(运动黏度)。这是因为大多数供应商使用的是厘斯托克斯。要换算成厘泊 cP，需乘以密度 $g/cm^3$。

到此需要的闪点是用彭斯基-马腾法确定的，是对油易燃性的测量。

到此就完成了对规格表主体的解释。它代表开始进行设备设计前需要的最少数据要求。规格说明书的最后一部分是“备注”。在本节中，工程师应提供可能影响加热炉设计的所有其他数据，如图 29-57 所示。

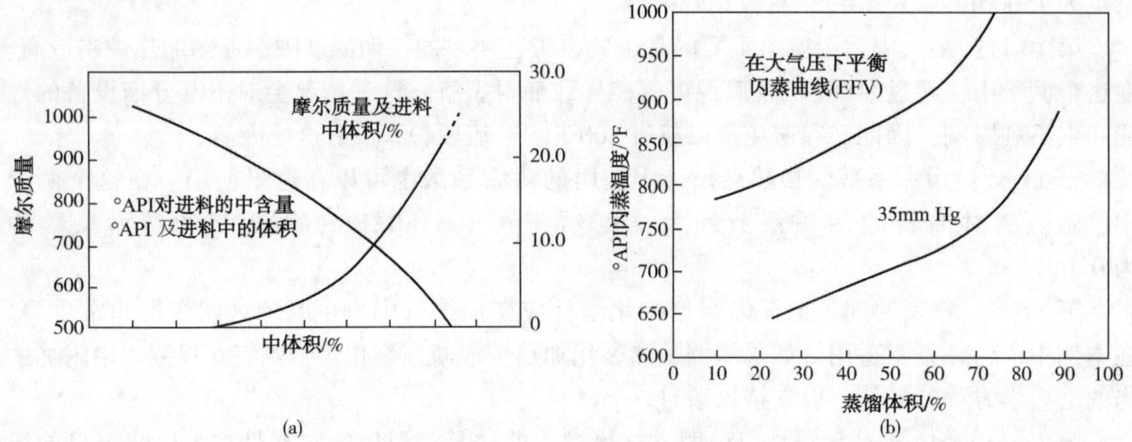


图 29-57　加热炉规格表附件

## 29.8　压降计算

### 29.8.1　管道内的不可压缩流动压降

技术文献提供了许多计算不可压缩流动压降的方法。我们将在这里看到一些相对简单的方法来估计压降。更复杂的方法，有时是专有的，通常用于工厂设计，但是这里描述的方法可以很好估计压降的大致数量级。目前，我们只考虑水平管道压降。在“管件和管道元件”和“总压降，包括高度和速度变化”小节中，我们将分别介绍包括管件（管件、阀门等）和高度变化的影响。

附录 14 说明了通过管道系统的压降计算。在设置或分析工艺系统时，经常需要这种计算。

对于这里的符号约定，我们将使用正压降来表示通过系统（$\Delta P = P_{进料} - P_{出料}$）的压力降低。负压降就表示系统内的压力增加，这可能是由于液体压头等因素造成的。如果您使用的计算压降的方法与这里描述的方法不同，请确保您理解该方法使用的符号约定。在一些文献中，压降被定义为出口减去进口。

（1）附录 9 图表

本章附录 9 中的图表为计算黏性流体的压降提供了一种良好、快速的方法。这适用于大多数的碳氢化合物。这些都是基于达西（Darcy）方程。

要使用这些图表，可以美制单位的 gpm（或 BPH）计算实际条件下的体积流量。流体的运动黏度 cSt 或 SSU，以及公称管道尺寸（ft）也是需要的。然后，对于适当的管道尺寸，当流量与黏度相交时，可从图表上读出摩擦压降。这个压降对应管子标号 40（Schedule40）的钢管，是使用最广泛的。图表上的压降是以每 1000ft 管道的液体英尺为单位的。要转换成 psi，将图表值乘以液体密度（lb/cuft），并将结果除以 $144in^2/ft^2$。这是 psi/1000ft。

通过将表中的 d$P$ 乘以 $d_2^{5}/d_1^{5}$ 的比值，可以将 d$P$ 调整为其他管道标准，其中：$d_2$ 为实际管子表号内径，ft。

$d_1$ 为表中使用的管子表号 40（Schedule40）的管径，ft。

(2) 通用计算方法

另一种估算不可压缩流 d$P$ 的简单方法取自 Carl Branan(1976)的一本书。在这种方法中，我们再次应用达西方程的形式：

$$\Delta P_{100}=(W/370)^2[1/(\rho\times d^5)](f/0.0055) \quad (29\text{-}154)$$

式中 $\Delta P_{100}$——每 100ft 管道的压降，psi/100ft；

$W$——质量流量，lb/h；

$\rho$——液体密度，lb/cft；

$d$——管道内径，in；

$f$——摩擦系数(假设 0.0055，除非需要调整)。

这一关联式假设采用商业钢管，雷诺数为 10 或以上(湍流)，系数 $C$ 为 110。如果压降小于总压的 10%，这个方程也可用于可压缩流。

如果想对摩擦系数进行校正：

1) 计算流体的雷诺数(我们将在这里使用 $Re$)：

$$Re=\rho VD_H/\mu=VD_H/v=QD_H/vA \quad (29\text{-}155)$$

式中 $Re$——雷诺数，无量纲；

$\rho$——液体密度，lb/ft$^2$；

$V$——速度，ft/s；

$D_H$——水力直径，内径，ft； (29-156)

$\mu$——运动黏度，lb/(ft·s)；

$v$——$\mu/\rho$=运动黏度，ft$^2$/s；

$A$——管道内部-横截面积，ft$^2$；

$Q$——体积流量，cft/s。

如果您使用的是公制单位，下面列出了上述参数的单位和转换因子。只要使用一致的单位，结果 $Re$ 是一样的。

$\rho$——液体密度，kg/m$^3$(1kg/m$^3$=0.0624lb/cft)；

$V$——速度，m/s(1m/s=3.281ft/s)；

$D_H$——水力直径(内径)，m(1m=3.281ft=39.37in)；

$\mu$——动态黏度，kg/(m·s)[1kg/(m·s)=0.672lb/(ft·s)]；

$v$——运动黏度，m$^2$/s(1m$^2$/s=10.765ft$^2$/s)；

$A$——管道内部-截面面积，m$^2$(1m$^2$=10.765ft$^2$)；

$Q$——体积流率，m$^3$/s(1m$^3$/s=35.31cft/s)。

2) 摩擦系数 $f$，可由雷诺数和下式估算：

$$\text{层流}(Re<2100):f=16/Re \quad (29\text{-}157)$$

$$\text{工业管道}:f=0.054/Re^{0.2} \quad (29\text{-}158)$$

$$\text{光滑的管道}:f=0.046/Re^{0.2} \quad (29\text{-}159)$$

$$\text{粗糙的管道}:f=0.013 \quad (29\text{-}160)$$

在应用这一计算方法时，要遵循以下步骤：

① 根据管道的尺寸，分别计算管道的内径和面积单位，ft 和 ft$^2$。

② 计算以 lb/h 为单位的流量。

③ 计算流体密度，lb/cft。

④ 估算动态黏度，lb/(ft·s)。

⑤ 计算管道在流动压力和温度下的流体速度，ft/s。

⑥ 计算特定情况下的雷诺数。

⑦ 用适当的方程估算摩擦系数。

⑧ 将变量代入压降方程得到以 psi/100ft 为单位的摩擦压力损失。

(3) 使用两种不可压缩流体方法的示例

已知下列情况：在给定压力、温度下的液体流量 = 900gpm。流体密度为 62lb/cft。管道是新的，公称 10in.，Sch. 40，工业管道。运动黏度为 2.1cSt。估计这些条件下每 100ft 的压降。

1) 使用附录 9 中的图表

从附录 9 的图表中，找到 10in 管子的图表。从左侧向下读取到 900gpm，然后横向读取到 2.1cSt 黏度。图表上的值是每 1000ft 管长压降 4.49ft 液柱。转换成 psi/100ft：

$$4.49\text{ft}/1000\text{ft}\times 62\text{lb}/\text{cft}\times 1/144\text{ft}^2/\text{in}^2\times 100\text{ft}/1000\text{ft}=0.193\text{psi}/100\text{ft}.$$

2) 使用通用计算方法

① 以 ft 和 $ft^2$ 表示的管道内径和面积：

对于 10″Sch. 40 管道：内径 = 10.02″(0.835ft) 和流动面积 $0.5475ft^2$。

② 以 lb/h 为单位的流量：

$$900\text{gpm}\times 0.1337\text{cft}/\text{gal}\times 60\text{min}/\text{h}\times 62\text{lb}/\text{cft}=447628\text{lb}/\text{h}$$

③ 流体密度为 62lb/cft。

④ 估算动态黏度，单位 lb/ft/s。

$$2.1\text{cSt}/(62/62.4\text{SG})=2.087\text{cP}$$

$$2.087\text{cP}\times(6.72\times 10^{-4})=0.00140\text{lb}/(\text{ft}\cdot\text{s})$$

⑤ 流体在流动压力和温度下的速度。

$$44628\text{lb}/\text{h}\times 1\text{h}/3600\text{s}\times 1\text{cft}/62\text{lb}\times 1/0.5474\text{ft}^2=3.663\text{ft}/\text{s}$$

⑥ 雷诺数。

$$Re=\rho VD/\mu=62\text{lb}/\text{cft}\times 3.663\text{ft}/\text{s}\times 0.835\text{ft}\div 0.00140\text{lb}/(\text{ft}\cdot\text{s})=1.35\times 10^5$$

⑦ 摩擦系数。

我们将用 $f$ 方程来表示工业管道的湍流：

$$f=0.054/Re^{0.2}=0.054/(1.35\times 105)^{0.2}=0.00508$$

⑧ 压降计算。

$$\Delta P_{100}=(447628/370)^2\{1/[62\times(10.02)^5]\}(0.00508\div 0.0055)=0.216\text{psi}/100\text{ft}$$

3) 两种方法计算结果比较

两种方法计算的压降值相差不大，结果如下：

使用附录 9 中的图表计算结果：0.193psi/100ft。

使用计算方法的结果：0.216psi/100ft。

两者的差值约为 10%，误差在这些压降方法的误差范围内。如果发现压降或速度过高或过低，则选择不同的管径，反复计算，直到确定一个可接受的条件组合。

### 29.8.2 管道中的可压缩流动压降

对于可压缩流动的情况，我们假设流体本质上是等温的，即流动压降不会对流体温度产生显著的变化。在大多数情况下，这是有效的。

就像对于不可压缩流的情况，这里我们只考虑水平管道压降。在“连接件和管道元件”和“总压降，包括高度和速度变化”这些章节中，我们将分别根据管道元件(连接件、阀门等)和高度变化的影响进行调整。

我们将同样介绍这种计算的两种方法：本章附录 13 中的图表和一种通用计算方法。

(1) 附录 13 压降估算

附录 13 中的图表提供了使用“韦茅斯公式(Weymouth formula)”的估算。要使用此图表，需确定体积流量 Mscfd(1000 立方英尺标准体积/每天)和管道直径。从 $y$ 轴开始，横向沿图移动至所选的管道尺寸，垂直向下读取 $P_1{}^2-P_2{}^2$的值。$P_1$是以 psia 为单位的上游压力，$P_2$是下游的绝对压力。压降由 $x$ 参数确定。

该图是根据相对密度 0.9(空气=1.0)、90℉和 14.65psia 基准压力绘制的。结果可能需要根据其他条件进行调整，但该图提供了对压降的良好初步估计。

(2) 通用计算方法

对于通用计算方法，我们将再次遵循 Branan 在他的书(1976)中描述的方法。

我们将应用可压缩流的通用方程：

$$\Delta P=2P_1/(P_1+P_2)\{0.323[(fL/d)+\ln(P_1/P_2)/24]SG_1U_1{}^2\} \quad (29\text{-}161)$$

式中 $P_1$——初始压力，psia；

$P_2$——最终压力，psia；

$SG_1$——蒸汽相对于水的相对密度，为 $0.0015MP_1/T$； (29-162)

$d$——管线内径，in；

$U_1$——上游的速度，ft/s；

$f$——摩擦系数(估计为 0.005)；

$L$——管线长度，ft；

$M$——气体的分子量；

$T$——上游温度，°R。

(3) 使用两种可压缩流体方法的示例

已知：① 10.5MMscfd 的蒸汽，分子量 26.0(标准条件为 60℉，1atm)。

② 管道是 8in，Sch.40 标称工业管道。

③ 初始温度是 125℉。

④ 初始压力为 260psig。

⑤ 估算在这些条件下每 100ft 的压降。

我们将使用附录 13 的图表和计算方法进行估算。

1) 使用附录 13 图表

$$\text{Mcfd(chart)}=\text{Mcfd(base)}\times P/14.65(SG/0.9\times T/550\times Z/1)^{0.5} \quad (29\text{-}163)$$

在这种情况下，Mcfd=10500scfd，$P=14.7$。

气体的 $SG=26/29=0.9$。

$T=520°\text{R}$，

假设 $z=1.0$。

图表上要用到的 Mcfd 值为：

$$\text{Mcfd(chart)}=10500\times14.7/14.65\times(0.9/0.9\times520/550\times1.0/1)^{0.5}=10244$$

从图 $y$ 轴读取 10200，横移到 8″、Sch. 40 管道对应的线，${P_1}^2-{P_2}^2$值约为 1000。

我们知道，$P_1=274.7$，解 $P_2=272.9$psia。压降是两者之差，或 1.8psi/1000ft，或 0.18psi/100ft。

2）采用通用计算方法

① $P_1=260+14.7=274.7$psia.

② $P_2=P_1-$最初假设压降（变化可以忽略不计）。稍后我们将检验这个假设。

③ 绝对温度$=125°\text{F}+460=585°\text{R}=T_1$。

④ 以 100ft 的管子为基础 $L$。

⑤ 气体相对于水的相对密度：

$$SG_1=0.0015(26)(274.7\text{psia})/585°\text{R}=0.0183$$

⑥ 管道直径=7.981in。流量面积$=0.3474\text{ft}^2$。

⑦ 假设估算工作的摩擦系数为 0.005。

⑧ 计算速度：

$$U_1=10.5\times10^6\times(14.7\text{psia}/274.7\text{paia})\times(585°\text{R}/520°\text{R})\times1\text{day}/24\text{h}\times1\text{h}/3600\text{s}\div0.3474\text{ft}^2=21.1\text{ft/s}$$

⑨ 利用下式计算压降：

$$\begin{aligned}\Delta P&=2P_1(P_1+P_2)\{0.323[(fL/d)+\ln(P_1/P_2)/24]SG_1U_1^2\}\\&=1(274.7\text{psia})/(274\text{psia}+274.7\text{psia})\times\{0.323[((0.005\times100\text{ft})/7.981)\\&\quad+\ln(274.7\text{psia}/274.7\text{psia})/24]\times(0.0183\text{SG})(21.1)^2\}\\&=1\{0.323[0.0626+0/24](0.0183)(445.2)\}=0.17\text{psi/100ft}\end{aligned}$$

这是一个足够小的压降，因此不需要迭代计算。如果压降很大，那么在第二次迭代中，这个压降将用于计算 $P_1$和 $P_2$之间的差值。

3）比较可压缩流体的计算结果

我们用这两种计算方法得到的答案只相差 0.01psi/100ft，大约 6%，基本满足对这些类型估算精度的预期。对于详细的设计工作，通常采用更复杂的方法来提高精度。

您还可以将管道系统分解成更短的段，并对每个段执行 $dP$ 计算，以提高准确性。

### 29.8.3 连接件和管道元件

到目前为止，我们已经解决了垂直、水平管道中的压降问题，但是很少有管道是完全水平的或完全垂直的，都会有连接件、弯头和阀门。接下来，我们将介绍考虑这些元素的最简单方法，从管件、阀门等开始。在这之后，我们将介绍高度和速度变化的影响。

最常见和最简单的方法来计算管道配件是用为每种类型的元件定义的当量长度。例如，在这种方法中，管道上一个 8in 的标准弯头的当量长度约为 20ft。本章附录 12 中的算图提供了一种快速、简便的方法来确定许多类型管件和管道配置的当量长度。

附录 12 之外的另一种选择是从 Branan（1976）之后的 GPSA 工程数据书（GPSA1987）中翻译过来的表 29-35。

### 表 29-35 阀门和配件的当量长度

| 正常管线尺寸/in | 闸阀或球阀 | 角阀 | 止回阀 | 旋塞阀 | 闸阀或球形止加阀 | 45°弯头 | | 90°短弧弯头 | | 90°长弧弯头 | | 硬三通 | | 软三通 | | | 90°斜接弯管 | | 以较小管径表示的当量长度 | | | | | | | | | |
|---|---|---|---|---|---|---|---|---|---|---|---|---|---|---|---|---|---|---|---|---|---|---|---|---|---|---|---|---|
| | | | | | | | | | | | | | | | | | | | 放大 | | | | 缩小 | | | | | |
| | | | | | | | | | | | | | | | | | | | 突变 | | 标准渐变 | | 突变 | | | 标准渐变 | | |
| | | | | | | 螺纹 | 焊接 | 螺纹 | 焊接 | 螺纹 | 焊接 | 螺纹 | 焊接 | 螺纹 | 焊接 | 2米 | 3米 | 4米 | d/D=1/4 | d/D=1/2 | d/D=3/4 | d/D=1/2 | d/D=3/4 | d/D=1/4 | d/D=1/2 | d/D=3/4 | d/D=1/2 | d/D=3/4 |
| 1½ | 55 | 26 | 13 | 7 | 1 | 1 | 2 | 3 | 5 | 2 | 3 | 8 | 9 | 2 | 3 | | | | 5 | 3 | 1 | 4 | 1 | 3 | 2 | 1 | 1 | |
| 2 | 70 | 33 | 17 | 14 | 2 | 2 | 3 | 4 | 5 | 3 | 4 | 10 | 11 | 3 | 4 | | | | 7 | 4 | 1 | 5 | 1 | 3 | 3 | 1 | 1 | |
| 2½ | 80 | 40 | 20 | 11 | 2 | 2 | | 5 | | 3 | | 12 | | 3 | | | | | 8 | 5 | 2 | 6 | 2 | 4 | 3 | 2 | 2 | |
| 3 | 100 | 50 | 25 | 17 | 2 | 2 | | 6 | | 4 | | 14 | | 4 | | | | | 10 | 6 | 2 | 8 | 2 | 5 | 4 | 2 | 2 | |
| 4 | 130 | 65 | 32 | 30 | 3 | 3 | | 7 | | 5 | | 19 | | 5 | | | | | 12 | 8 | 3 | 10 | 3 | 6 | 5 | 3 | 3 | |
| 6 | 200 | 100 | 48 | 70 | 4 | 4 | | 11 | | 8 | | 28 | 8 | | | | | 18 | 12 | 4 | 14 | 4 | 9 | 7 | 4 | 4 | 1 | |
| 8 | 260 | 125 | 64 | 120 | 6 | 6 | | 15 | | 9 | | 37 | | 9 | | | | | 25 | 16 | 5 | 19 | 5 | 12 | 9 | 5 | 5 | 2 |
| 10 | 330 | 160 | 80 | 170 | 7 | 7 | | 18 | | 12 | | 47 | | 12 | | | | | 31 | 20 | 7 | 24 | 7 | 15 | 12 | 6 | 6 | 2 |
| 12 | 400 | 190 | 95 | 170 | 9 | 9 | | 22 | | 14 | | 55 | | 14 | | 28 | 21 | 20 | 37 | 24 | 8 | 28 | 8 | 18 | 14 | 7 | 7 | 2 |
| 14 | 450 | 210 | 105 | 80 | 10 | 10 | | 26 | | 16 | | 62 | | 16 | | 32 | 24 | 22 | 42 | 26 | 9 | | | 20 | 16 | 8 | | |
| 16 | 500 | 240 | 120 | 145 | 11 | 11 | | 29 | | 18 | | 72 | | 18 | | 38 | 27 | 24 | 47 | 30 | 10 | | | 24 | 18 | 9 | | |
| 18 | 550 | 280 | 140 | 160 | 12 | 12 | | 33 | | 20 | | 82 | | 20 | | 42 | 30 | 28 | 53 | 35 | 11 | | | 26 | 20 | 10 | | |
| 20 | 650 | 300 | 155 | 210 | 14 | 14 | | 36 | | 23 | | 90 | | 23 | | 46 | 33 | 32 | 60 | 38 | 13 | | | 30 | 23 | 11 | | |
| 22 | 688 | 335 | 170 | 225 | 15 | 15 | | 40 | | 25 | | 100 | | 25 | | 52 | 36 | 34 | 64 | 42 | 14 | | | 32 | 25 | 12 | | |
| 24 | 750 | 370 | 185 | 254 | 15 | 15 | | 44 | | 27 | | 110 | | 27 | | 56 | 39 | 36 | 70 | 46 | 15 | | | 35 | 27 | 13 | | |
| 30 | | | | 312 | 21 | 21 | | 55 | | 40 | | 140 | | 40 | | 70 | 51 | 44 | | | | | | | | | | |
| 36 | | | | | 25 | 25 | | 66 | | 47 | | 170 | | 47 | | 84 | 60 | 52 | | | | | | | | | | |
| 42 | | | | | 30 | 30 | | 77 | | 55 | | 200 | | 55 | | 98 | 69 | 64 | | | | | | | | | | |
| 48 | | | | | 35 | 35 | | 88 | | 65 | | 220 | | 65 | | 112 | 81 | 72 | | | | | | | | | | |
| 54 | | | | | 40 | 40 | | 99 | | 70 | | 250 | | 70 | | 126 | 90 | 80 | | | | | | | | | | |
| 60 | | | | | 45 | 45 | | 110 | | 80 | | 260 | | 80 | | 190 | 99 | 92 | | | | | | | | | | |

为确定阀门和连接件带来的总压降，步骤如下：

① 计算每种类型阀门和连接件的数量。

② 在附录 12 或表 29-35 中查找每种类型的管件的当量长度。

③ 将每种类型元件的数量乘以该元件的当量长度。

④ 将所有元件的总当量长度相加，结果是管道的当量长度，根据这里使用的单位，结果是管道的当量英尺。

⑤ 对于单相流或两相流，用当量长度乘以用其他描述的方法计算出来的直管压降，就可以得到由管道元件引起的总压降。

⑥ 将管道元件的总压降与总直管的总压降相加，得到摩擦损失引起的系统总压降。

在下一节中，我们将讲述一个包含高度和速度变化的示例。

### 29.8.4 包括高度和速度变化的总压降

附录 14 提供了一个系统压降计算的例子。在这里，我们将介绍一些背景和另一种方法。

管道的标高很少是相同的，管道的直径也可以在此过程中改变。如果将压降定义为两点之间的压差，则系统的总压降定义为：

$$\Delta P_{总}=\Delta P_{摩擦}+\rho\Delta Z+\rho(\Delta U^2/2g_c) \tag{29-164}$$

式中：$\Delta P_{总}$——总压降，lb/ft$^2$(注意这是每平方英尺)；

$\Delta P_{摩擦}$——摩擦压力损失，lb/ft$^2$(用单相或两相方法计算管道和管道元件)；

$\rho$——流动流体密度，lb/cft；

$\Delta Z$——净高度变化，ft；

$\Delta U$——流动流体速度的净变化，ft/s；

$g_c$——重力常数，32.17f. $lb_m/(lb_f s^2)$。

上面方程的应用，包括所有的各种管件，最好通过一个例子来说明。

[例]已知：每分钟 250 加仑在 60℉流动的水量；10in、Sch. 40 的管子；根据管道布置，我们确定：净变化的净值是向上 25ft；管线中有三个标准弯头；有两个全开的闸阀；管道末端为一个空罐(突扩流场)；有 265ft 的直管。

求：这个结构的总系统压降是多少？

解：①确定水的密度=约 62.4lb/cft。

② 确定流量，单位为 lb/s 和 cft/s：

$$250\text{gpm}\times8.34\text{lb/cft}\times1\text{min}/60\text{s}=34.75\text{lb/s}$$

$$34.75\text{lb/s}\div62.4\text{lb/cft}=0.557\text{cft/s}$$

③ 管线的流体速度：

$$0.557\text{cft/s}\div0.5475\text{ft}^2(10''\text{管的流动面积})=1.02\text{ft/s 或 fps}$$

④ 这种情况下，速度从 1.02fps 到罐内的 0，所以 $\Delta U=1.02$fps，且压降方程的速度项是：

$$62.4\text{lb/ft}^3\times(1.02\text{ft/s})^2/[2\times32.17\text{ftlb/(lbs}^2)]=1.01\text{lb/ft}^2$$

压降小于 0.1psi，所以在这种情况下可以忽略不计。

⑤ 高度变化是+25ft，所以高度变化项是：

$$25\text{ft}\times64.4\text{lb/cft}=1560\text{lb/ft}^2(10.8\text{psi})$$

⑥ 采用前面描述的单相不可压缩流的技术，直管的 $\Delta P_{100}$ 摩擦损失确定为 0.019psi 或

2.75lb/(ft$^2$·100f)。这里没有提供详细计算。

⑦ 计算摩擦损失的当量长度，有：

| | |
|---|---|
| 直管 | 265ft |
| 3 个标准弯头(每个 26ft，附录 12) | 78ft |
| 2 个开启闸阀(每个 6ft，附录 12) | 12ft |
| 1 个突扩流场(15ft，表 29-35) | 15ft |
| 总当量线长(和) | 370ft |

⑧ 摩擦压力损失总体为：

$$2.75\text{lb}/(\text{ft}^2 \cdot 100\text{ft}) \times 370\text{equiv. ft}/100 = 10.2\text{lb}/\text{ft}^2 = \Delta P_{摩擦}$$

⑨ 系统总压降为：

$$\begin{aligned}\Delta P_{总} &= \Delta P_{摩擦} + \rho\Delta Z + \rho(\Delta U^2/2g_c)\\ &= 10.2\text{lb}/\text{ft}^2 + 1560\text{lb}/\text{ft}^2 + 0\text{lb}/\text{ft}^2\\ &= 1570.2\text{lb}/\text{ft}^2 \text{或} 10.9\text{psi(对于全系统)}\end{aligned}$$

在这种情况下，高度变化决定了整个系统的总压降。如果流量很高，或者管道系统更复杂和更长，情况就不一定是这样。

此外，请注意，如果最终目的罐低于管道的起点，那么压降将为负，或者罐处的压力实际上会高于管道的起点(这需要引入某种流量控制)。

如果储罐不是空的，则必须将储罐液位添加到高度的变化中进行计算。

### 29.8.5 管道中的两相(液相+气相)压降和流动状态

到目前为止，我们只讨论了单相流，但是大多数石油炼制过程都涉及两相混合的液/气流动。在这里，我们将讨论使用由 Ovid Baker 开发、Robert Kern(1969)在一篇优秀文章中描述的方法估算两相水平流压降的一般方法。这里的方法是 A. K. Coker(1990)描述的一种简化方法，还有其他一些便于计算的简化方法，我们在这里将重点讨论 Baker 的方法。

我们首先定义 Baker 参数 $B_x$ 和 $B_y$：

$$B_x = 531(W_L/W_G)[(\rho_L\rho_G)^{0.5}/(\rho_L^{0.667})][\mu_L^{0.333}/\sigma_L] \quad (29-165)$$

$$B_y = 2.16(W_G/A)[1/(\rho_L\rho_G)^{0.5}] \quad (29-166)$$

式中 $B_x$——Baker 图 $x$ 轴参数；

$B_y$——Baker 图 $y$ 轴参数；

$W_y$、$W_G$——液相和气相的流量，lb/h；

$\rho_L$、$\rho_G$——操作条件下液相和气相的密度，lb/cft；

$\mu_L$——工作条件下液相的黏度，cP；

$\sigma_L$——液体在操作条件下的表面张力，dynes/cm；

$A$——管道流通面积，ft$^2$。

Baker 参数的双对数坐标图定义了管道中发生的流动类型或流态，如图 29-58 所示。在每个流态中，对压降采用不同的估算方法。

(1) 两相流的识别类型

1) 分散流：在这一流态中，几乎所有的液体都以喷雾的形式滞留在分散气相中。这种状态也可以称为雾状流。气体和液体以同样的速度运动。这种类型的流体在向上流动和水平

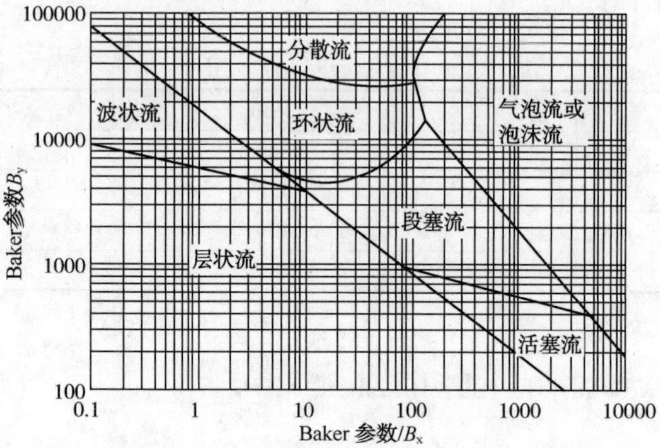


图 29-58　水平管道两相流的流态图

流动中都能很好地流动。

2）气泡流或泡沫流：气泡主要分散在液相中，气体的移动速度与液体相同。这种流态适用于向上或水平流动。

3）环状流：沿着管道壁有一层液体膜，气体或分散流在管道中心以较高的速度流动。如果尺寸合适，这种流态下的操作对于向上或水平流动都是适用的。

4）层状流：这通常是一种水平流动现象，气体和液体在长的水平管道发生分离。液体沿着管道底部流动，气体以高于液体的速度移动。液体和气体的界面比较平滑。值得关注的是，当流体垂直流动时，可能导致阻塞或水锤。

5）波状流：这类似于分层流动，但气体流速更高，在气体和液体层之间产生波动界面。同样，当流体是垂直流动时，这种状态会引起问题。

6）段塞流：这是一种更为极端的波状流形式，波浪会周期性地涌起和塞击管路。这种流态是不受欢迎的，因为它会导致管道过度震动和锤击，具有潜在的破坏性。

7）活塞流：液体和气体塞流在管道中交替移动。通常这也是一种不受欢迎的流态，会损害管道。

（2）参数定义

现在，为了将这些信息引入两相流的压降计算，我们将定义一些附加参数：

1）基本的两相流方程：

$$\Delta P_{100,2\phi}=\Delta P_{100,G}\times\Phi^2 \tag{29-167}$$

式中　$\Delta P_{100,2\phi}$——两相压降，统一单位；

$\Delta P_{100,G}$——仅对气相压降，统一单位；

$\Phi$——取决于流动状态的两相流系数（见下文）。

2）洛哈特-马蒂内利系数 $X$：

$$X=(\Delta P_L/\Delta P_G)^{0.5} \tag{29-168}$$

式中　$\Delta P_L$、$\Delta P_G$——管道中各相的压降，统一单位（使用前面讨论的单相方法计算）。

3）两相流系数：与流态有关，相关经验公式为：

① 气泡流或泡沫流：

$$\Phi=(14.2X^{0.75})/(WL/A)^{0.1} \tag{29-169}$$

② 活塞流：

$$\Phi=(27.315X^{0.855})/(WL/A)^{0.17} \tag{29-170}$$

③ 层状流：

$$\Phi=(15400X)/(WL/A)^{0.8} \tag{29-171}$$

④ 段塞流：

$$\Phi=(1190X^{0.815})(WL/A)^{0.5} \quad (29-172)$$

⑤ 环状流：

$$\Phi=(4.8-0.3125d)X^{(0.343-0.021d)} \quad (29-173)$$

对于管径大于10″的管道，使用10″作为基础。

⑥ 分散流或雾状流：

$$\Phi=\exp[1.4659+0.49138\ln X+0.04887(\ln X)^2-0.000349(\ln X)^3] \quad (29-174)$$

式中 $W$——在操作条件下的气液两相总质量流量，lb/h；

$L$——当量管道长度，ft(每100ft的压降取值100)；

$A$——管道流通面积，$ft^2$；

$X$——如上定义的洛哈特-马蒂内利系数。

4）对于波状流，使用一种稍微不同的方法：

$$H_x=(W_L/W_G)(\mu_L/\mu_G) \quad (29-175)$$

$$\ln(f_H)=0.211\ln H_x-3.993 \quad (29-176)$$

$$\Delta P_{100,2}\Phi=[0.000336f_H W_G{}^2]/d^5\rho_G \quad (29-177)$$

式中 $W_L$、$W_G$——如上定义，lb/h；

$\mu_L$、$\mu_G$——液相和气相的黏度，在操作条件下的cP；

$d$——管道内径，in；

$\rho_G$——气体密度，lb/cft。

(3) 计标方法

因此，对于一般的两相压降计算，步骤如下：

1）计算Baker参数$B_x$和$B_y$。

2）确定流动状态。

3）计算每100ft的压降，对于每一相，就好像这是管道中唯一流动的相($\Delta P_{L,100}$，$\Delta P_{G,100}$)，您可以使用前面描述的任何方法，也可以使用另一种首选方法。

4）计算Lockhart-Martinelli系数X。

5）计算适当的两相流系数$\Phi$，(或遵循波状流方法)

6）对于波状流以外的流态，将计算的两相流系数代入下式得到每100ft的最终两相压降。

$$\Delta P_{100,2\phi}=\Delta P_{100,G}\times\Phi^2$$

7）按照使用管道当量长度、高度变化、速度变化计算单相流压降相同的方式，进行剩余的压降计算，得到系统总压降。对于高度变化，您必须估计平均流动密度。对于有明显分相的流体来说，这可能稍微复杂一些。

(4) 示例计算

我们将用一个案例来说明两相压降的计算。

已知：假设我们从一个模拟条件中得到如下信息：

在8in.，Sch. 40管线中的两相流。

液体流量$W_L$=59033lb/h。

蒸汽流量$W_G$=9336lb/h。

流动条件下的液体密度 $\rho_L=31.2lb/cft$。

流动条件下的蒸汽密度 $\rho_G=1.85lb/cft$。

流动条件下液体表面张力 $\sigma_L=5.07dynes/cm$。

流动条件下的液体黏度 $\mu_L=0.11cP$。

初始压力 $P_1=338psig$。

温度，$T=250$℉。

气体的分子量是40。

现在我们一步一步来解决这个问题。

解：1）计算 Baker 参数：

$$\begin{aligned}B_x &=531(W_L/W_G)[(\rho_L\rho_G)^{0.5}/(\rho_L^{0.667})][\mu_L^{0.333}/\sigma_L]\\&=531(59033/9336)[(31.2\times1.85)^{0.5}/31.2^{0.667}][0.11^{0.333}/5.07]\\&=531\times6.323\times0.766\times0.0945\\&=243\end{aligned}$$

$$\begin{aligned}B_y &=2.16(W_G/A)[1/((\rho_L\rho_G)^{0.5})]\\&=2.16(9336/0.3474ft^2)[1/(31.2\times1.85)^{0.5}]\\&=2.16\times26874\times0.1316\\&=7639\end{aligned}$$

2）查看 Baker 图（图 29-58），在段塞流和气泡流/泡沫流之间的边界，这个状况更接近是气泡/泡沫流（无论如何，这些形式并没有得到完美的定义）。

3）用前面的方法计算液相和液相的单相压降。这里省略详细的计算，但是得到的压降是：

$$对液相：\Delta P_{L,100}=0.025psi/100ft$$

$$对气相：\Delta P_{G,100}=0.0108psi/100ft$$

4）计算 Lockhart-Martinelli 流动系数：

$$X=(0.025/0.011)^{0.5}=1.51$$

5）利用泡沫流/气泡流公式计算两相流模量：

$$\begin{aligned}\Phi &=(14.2X^{0.75})/(WL/A)^{0.1}\\&=(14.2\times1.51^{0.75})/[(59033+9336)\times100/0.3474]^{0.1}\\&=19.343/5.363\\&=3.607\end{aligned}$$

6）计算两相压降：

$$\begin{aligned}\Delta P_{100,2\phi} &=\Delta P_{100,G}\times\Phi^2\\&=0.0108\times(3.607)^2\\&=0.141psi/100ft\end{aligned}$$

7）虽然没有获得有进一步的数据，但是遵循前面的讨论，从这个结果出发，可以确定整个系统的压降。

两相压降的计算只是近似的数量级。对于设计，通常建议使用更详细的专有方法。

**29.8.6 固体床压降**

接下来的章节要介绍估算固体床压降计算，如：反应器或吸附剂床（吸附剂、吸附剂）。

有几种情况需要考虑：①单相，并流向上或向下；②两相，并流向上或向下；③两相逆流；④移动固体床流。

出于本文的目的，我们将重点讨论最常见的并流情况。关于逆流压降的讨论超出了本书的范围。我们将仅在参考文献的基础上简要介绍固体床移动的流体。这里介绍的技术也不适用于蒸馏塔或吸收塔的填料，这些在本章“容器和塔”一节中讨论。

这里讨论的方法仅适用于估算的压降(误差在±20% ~30%)。如果用于设计，建议进行一些实验工作，以调校计算所需的参数。许多专利商方法在设计上有更准确的用于设计的专有关联公式。不过，如果您有一个操作单元，已知不同流量对应的压力降，则可以对该方法进行调校，以反映实际的压降，并可用于预测系统压降变化。

利用各种经验关联式，可以将单相流结果组合在一起，以确定两相流结果，这类似于将单相管道流压降组合成管道的两相压降。

固定床压降计算在本质上是经验关联。两个最关键的因素是床层的孔隙率和颗粒当量直径。不幸的是，这是两个最难确定的参数。

流动方向在这些过程中起着重要作用。与管道一样，如果流体向下流动通过床层，流动物质的质量会降低通过床的压降。相反，如果流体向上流动，流体的质量就会通过对抗重力而增加床层压降。

我们将从单相流通过固体层开始。

(1) 床层单相压降

床层单相压降的基本方程是Ergun方程(中文简称：欧根或厄根公式)。在此，我们将使用以下形式：

$$(\Delta P/L)_{摩擦}=[\alpha(1-\varepsilon)/Re_B+\beta][G^2/(g_c D_p\rho(\varepsilon^3/(1-\varepsilon)))] \tag{29-178}$$

式中 $(\Delta P/L)_{摩擦}$——每平方ft床层的摩擦压力损失，$lb/ft^2$；

$\alpha$——Ergun常数，它取决于床的大小、形状和填料；

$\beta$——Ergun常数，它取决于床的大小、形状和填料；

$\varepsilon$——体积层的空隙率，无量纲；

$Re_B$——床层雷诺数，为 $D_\rho G/\mu=D_\rho V_\rho/\mu$；

$G$——通过床层的质量通量，lb/s÷空容器流动面积；

$g_c$——引力常数，为32.17(ft·lb)/(lb·$s^2$)；

$D_p$——颗粒当量直径(ft)=$6/S_v$；

$\rho$——流体密度，lb/cft在工作条件下；

$S_v$——颗粒平均表面积/体积，$ft^2$/cft；(对于形状的颗粒，使用平滑/投影的颗粒尺寸)；

$V$——空容器中流体的表面速度，ft/s；

$\mu$——流体黏度，lb/(ft·s)，($=cP\times6.72\times10^{-4}$)。 (29-179)

关于α和β一些典型值见表29-36。

为了得到床层的总压降，必须考虑流体密度，所以最终通过床层的总压降是

$$(\Delta P/L)_{床层}=(\Delta P/L)_{摩擦}\pm\rho \tag{29-180}$$

式中 $(\Delta P/L)_{床层}$——床层总压降，$lb/ft^2$；

$(\Delta P/L)_{摩擦}$——由上面得来的摩擦压降。

$\rho$——流动条件下的流体密度，lb/cft(注意符号)，如果流量是向下的(负号)，则减去密度；如果流量是向上的(正号)，则加上密度。

表 29-37 给出了在床层中散装填充的各种固体形状的典型空隙率。如果床层采用密相装填，这些值应该减少 10%~15%。

这些方程的使用最好通过一个示例来说明。

[例]单相床压降计算示例：

考虑一个气相向下并流式反应器。给出以下参数：

**表 29-36　不同固体物形状的 Ergun 常数 $\alpha$ 和 $\beta$ 典型值**

| 尺寸/形状 | $\alpha$ 值 | $\beta$ 值 |
|---|---|---|
| 1/16″挤出物 | 350 | 2.83 |
| 1/8″挤出物 | 350 | 1.75 |
| 3/8″球体 | 118 | 1 |
| 3/8″拉西环 | 266 | 2.33 |

注：对于设计工作，这些应根据所使用的特定固体通过实验确定。

**表 29-37　不同固体物形状的典型空隙率 $\varepsilon$ 值**

| 形状 | $\varepsilon$ 值 |
|---|---|
| 圆柱状物 | 0.33 |
| 挤出物，压出型材 | 0.35 |
| 球体，球 | 0.15 |
| 环形物，模型 | ~0.42 |
| 高真空配料 | ~0.5 |

注：对于设计工作，应针对所使用的特定固体通过实验确定。

催化剂装填完成；

主要催化剂床为直径 1/8″的圆柱形挤出物；

催化剂的平均 $L/D$(长径比)为 4.0；

反应器的内径是 96in；

气体流量为 150000lb/h；

气体密度为 2.10lb/cuft；

气体黏度为 0.02cP；

床层的高度是 35ft。

假设可以忽略密度变化，通过反应器床层的压降是多少？

解：1）Ergun 方程所需的条件：

① 对于完成装填的 1/8″挤出物，我们从表 29-36 和表 29-37 中选择如下：

$$\alpha = 350$$

$$\beta = 1/75$$

$$空隙率\ \varepsilon = 0.35$$

② 计算当量粒径 $D_p$：

$$颗粒的横截面积 = (0.125\text{in}/12\text{in/ft})^2 \times \pi/4 = 8.522 \times 10^{-5}\text{ft}^2$$

$$颗粒周长(假设为圆)=(0.125in/12in/ft)\times\pi=3.272\times10^{-2}ft$$

颗粒的表面积：

两端：$2\times8.52\times10^{-5}ft^2=1.704\times10^{-4}ft^2$

侧面：$3.272\times10^{-2}ft\times((0.125in\times4.0)/12in/ft)=1.363\times10^{-3}ft^2$

总面积：$1.704\times10^{-4}+1.363\times10^{-3}=1.533\times10^{-3}ft^2$

$$颗粒的平均体积=8.52\times10^{-5}ft^2(两端)\times((0.125in\times4.0)/12in/ft)=3.551\times10^{-6}cft$$

$$表面积/体积比=S_v=1.533\times10^{-3}/3.551\times10^{-6}=4.317\times10^2ft^{-1}$$

$$D_p=6/S_v=6/4.317\times10^2ft^{-1}=1.39\times10^{-2}ft(\sim0.167in)$$

③ 计算反应器的质量通量：

直径 96in 的反应器流通面积 $=50.67ft^2$

流量 $=15lb/h$ 或 $41.67lb/s$

质量通量 $G=(41.67lb/s)/(50.27ft^2)=0.8289lb/(ft^2\cdot s)$

④ 将流体黏度转换成所需的单位：

$$\mu=0.02cP\times6.72\times10^{-4}=1.34\times10^{-5}1b/(ft\cdot s)$$

⑤ 表观速度 $V$：

$$V=(1500001b/h)/(2.101b/cft)/(50.27ft^2)/3600=0.395ft/s$$

2）计算床层的雷诺数：

$$Re_B=D_PG/\mu=(1.39\times10^{-2}ft)[0.82891b/(ft^2\cdot s)]/[1.34\times10^{-5}1b/(ft\cdot s)]=859.8$$

3）利用 Ergun 方程计算摩擦压降：

$$(\Delta P/L)_{摩擦}=\left[\frac{\alpha(1-\varepsilon)}{Re_B}+\beta\right][G^2/(g_cD_P\rho(\varepsilon^3/(1-\varepsilon)))]$$

$$=\left[\frac{350(1-0.35)}{859.8}+1.75\right](0.8289)^2/[(32.17)(1.39\times10^{-2})(2.10)\times0.35^3/(1-0.35)]$$

$$=22.351b/(ft^2/ft)(0.155psi/ft\ 深度)$$

4）计算床层总压降：

$$(\Delta P/L)_{床层}=(\Delta P/L)_{摩擦}-\rho$$

$$=22.351b/(ft^2/ft)-2.101b/(cft/ft)$$

$$=20.251b/(ft^2/ft)(0.14psi/ft\ 床层)$$

总 $dP=20.251b/ft^2/ft\times35ft$ 深度 $=709lb/ft^2(4.9psi)$

这不包括任何污垢余量或内部构件压降。

（2）两相流体的床层压降

用于固体床的两相流体压降，我们通过采用成熟的 Larkins 等于 1961 发布的计算方法，虽然还有其他方法，但这种方法应用起来相对简单，而且使用已经讨论过的 Ergun 方程。

Larkins 等开发的方法遵循以下步骤：

步骤 1：使用 Ergun 方程或其他方法分别计算每个相(液体和气体)的$(\Delta P/L)_{摩擦}$，假设该相是反应器中唯一流动的相。这类似于两相管道压降的方法。

步骤 2：计算 $X$ 系数，类似于管道流动中的洛克哈特-马蒂内利系数：

$$X=[(\Delta P/L)_{摩擦,L}/(\Delta P/L)_{摩擦,G}]^{0.5} \qquad (29-181)$$

步骤3：利用所得系数和以下经验关联式计算床层中摩擦导致的两相压降：

$$(\Delta P/L)_{摩擦,2\varphi}=[(\Delta P/L)_{摩擦,L}+(\Delta P/L)_{摩擦,G}][10^{(0.416/(\lg X)^2+0.666)}] \qquad (29-182)$$

步骤4：计算液体饱和系数$S$：

$$S=10^{[-0.774+0.525\lg X-0.109(\lg X)^2]} \qquad (29-183)$$

步骤5：计算在操作条件下混合流体密度$\rho_{mix}$：

$$\rho_{mix}=\rho_L S+\rho_G(1-S) \qquad (29-184)$$

步骤6：根据混合物的密度调整压降：

$$(\Delta P/L)_{总,2\varphi}=(\Delta P/L)_{摩擦,2\varphi}\pm\rho_{mix}\,1b/(ft^2/ft)床层高度 \qquad (29-185)$$

式中，向下流动的密度符号为负，向上流动的密度符号为正。

我们来看一个计算示例。

[例]两相床压降计算示例：

我们将简化这个计算，假设我们已经分别计算了气液两种流体在床上的单相摩擦损失。我们的输入数据是：

$$(\Delta P/L)_{摩擦,L}=2.00\ 1b/(ft^2/ft)(0.014psi/ft)$$

$$(\Delta P/L)_{摩擦,G}=20.1\ 1b/(ft^2/ft)(0.14psi/ft)$$

$$\rho_L=401b/cft(在流动的条件)$$

$$\rho_G=2.01b/cft(在流动的条件)$$

因此，按照上面描述的方法逐步计算：

解：1）计算各相的$(\Delta P/L)_{摩擦}$：

液相和气相分别为2.00和20.1lb/ft床层高度。

2）计算X系数：

$$X=[(\Delta P/L)_{摩擦,L}/(\Delta P/L)_{摩擦,G}]^{0.5}$$
$$=(2.00/20.1)^{0.5}$$
$$=0.315$$

3）计算两相摩擦压降：

$$(\Delta P/L)_{摩擦,2\varphi}=[(\Delta P/L)_{摩擦,L}+(\Delta P/L)_{摩擦,G}][10^{(0.416/(\lg X)^2+0.666)}]$$
$$=[2.00+20.1][10^{(0.416/(\lg(0.315))+0.666)^2}]$$
$$=(22.01)(10^{0.453})$$
$$=62.5lb/(ft^2/ft)床层高度(0.43psi/ft)$$

4）计算液体饱和系数$S$：

$$S=10^{[-0.774+0.525\lg X-0.109(\log X)^2]}$$
$$=10^{[-0.774+0.525\log(0.315)-0.109(\log(0.315)^2]}$$
$$=10^{-1.065}=0.0861$$

5）计算操作条件下的流动混合物密度：

$$\rho_{mix}=\rho_L S+\rho_G(1-S)$$
$$=40lb/cft(0.0861)+2.00lb/cft(1-0.0861)$$

$= 5.3 lb/cft$

6）根据混合物的密度调整压降：

$$(\Delta P/L)_{总,2\varphi}=(\Delta P/L)_{摩擦,2\varphi}\pm\rho_{mix}$$
$$=62.5-5.3=57.2 lb/(ft^2/ft)床层高度(0.40psi/ft)$$

这是一个可行的数量级。如果每 ft 的压降是 10psi 或 0.001psi，这些极端值对于两相系统来说是不可信的。实际压降通常在 0.1～2.0psi/ft 范围内。如果你得到的答案远远超出正常范围，检查你的工作，如果是正确的，考虑不同的容器/反应器直径或不同的颗粒大小或形状。

每英尺的压降乘以床的总高度，得到最终的床层的总压降。

（3）估算床层总压降

实际上，通过反应器或吸附剂床的总压降不只是床层压降本身。对于工业使用的固定床，总压降还包括由反应器的部件或内构件产生的压降。例如，对于一个典型的下流式反应器(见图 29-59)，其内构件包括：

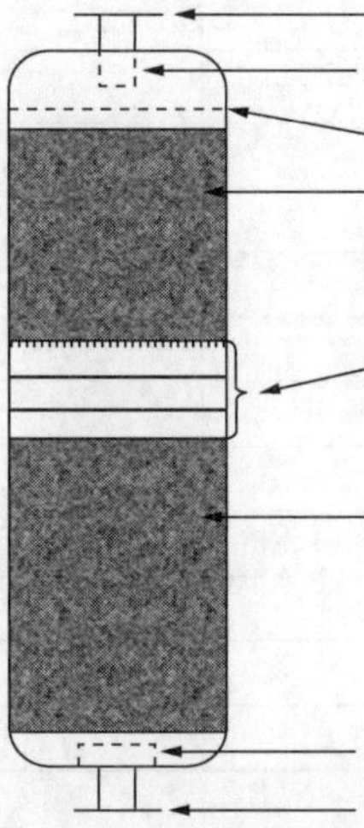

| 名称 | 折算高度/ft | 折算dP/psi |
|---|---|---|
| 入口法兰 | ----- | ----- |
| 入口扩散器 | ----- | 1 |
| 分配盘 | 0.5~1.0 | 1 |
| 床层1 | 按需求 | 核算 |
| 急冷段 | 4~6<br>(冷浸区数=床层数−1) | 2~4 |
| 床层2 | 按需求 | 核算 |
| 出口收集器 | ----- | 1 |
| 出口法兰 | ----- | ----- |

图 29-59 下流式双床反应器的典型内构件

1）进口扩散器或分配器：通常可以假设该元件在满负荷运行时为 1psi 左右，压降将随流量和相位特性而变化。

2）分配盘(对于两相来说)：你可以假设在设计条件下这个分配盘另有 1psi 的压降；同样，这个压降将因条件而异。

3）急冷区(如果需要的话)：包括床层支撑部件、混合系统和再分配盘，假设在设计流量下的压降为 2～4psi/区；同样，这个压降会因条件而异。

4）出口收集器(大象凳)：假设设计流量下为 1psi。

除内构件外，整体床层压降还会受到结焦、腐蚀产物、粉尘等污垢的影响，即固体在间隙空间的积累，从而降低空隙率。在设计中，典型的污垢容限为床层摩擦压降的 20%～100%。另一种方法是，您可以假设从运行开始到运行结束有一定的空隙率损失(例如

20%)，然后重新计算床层的压降，得到被污染的床层压降。

为了说明如何估算床层设计压降，考虑以下情况。

[例]已知：①一个两相流双床层反应器。

② 清洁床层整体压降如下：-0 床层 1～20psi；-1 床层 2～35psi。这些数值将使用每个床层的平均气相和液相流量、密度和黏度来计算，并将包括流体压头的影响。

③ 反应器入口压力为 627psig。

求：以运行末期的设计基础，这个反应器的压力分布是什么？

问：1)假设结垢容限在床层 1 中有 50%压降增加，床层 2 中有 20%压降增加。

2) 反应器将有：一个进口扩散器(假设 1psi)、一个顶部分布盘(假设 1psi)、一个急冷区(假设 2psi)、一个出口收集器(假设 1psi)。

3) 建立压力分布表：

| 项　目 | dP/psi | 表压(元件后)/psig |
|---|---|---|
| 反应器入口 | — | 627(入口法兰) |
| 进口扩散器 | 1 | 626 |
| 顶部分布盘 | 1 | 625 |
| 床层 1 | | |
| 清洁床层压降 | 20 | |
| 结垢(允许 50%) | 10 | |
| 总床层 1 | 30 | 595 |
| 急冷区 | 2 | 593 |
| 床层 2 | | |
| 清洁床层压降 | 35 | |
| 结垢(允许 20%) | 7 | |
| 总床层 2 | 42 | 551 |
| 出口收集器 | 1 | 550 |
| 反应器整体 | 77 | 550(出口法兰) |

(4) 移动固体床层(移动床)的压降

移动床通常存在于流化催化裂化、沸腾和鼓泡床反应器及炼油厂石油加工设施的某些其他固体处理系统中。这些过程中关于压降估计的详细计算超出了本书的范围。许多计算移动床压降的最佳方法都是专有的，并由技术许可方用于设计。

关于这些计算的一个很好的参考书是：车米逊沃夫和车米逊沃夫(1984)《气固流化流体动力学》。

## 附录

### 附录 1　蒸馏塔盘和圆形截面的弦高、面积和长度

见表 29-38。

## 表 29-38 蒸馏塔盘和圆形截面的弦高、面积和长度

堰长和降液管面积

| R* | L* | A* | R* | L* | A* | R* | L* | A* | R* | L* | A* | R* | L* | A* | R* | L* | A* |
|---|---|---|---|---|---|---|---|---|---|---|---|---|---|---|---|---|---|
| 0.070 | 0.511 | 0.306 | 0.120 | 0.650 | 0.680 | 0.170 | 0.751 | 0.113 | 0.220 | 0.828 | 0.163 | 0.280 | $ | 0.230 | 0.390 | 0.977 | 0.361 |
| 1 | 0.514 | 0.0315 | 1 | 0.652 | 0.0688 | 1 | 0.753 | 0.114 | 1 | 0.829 | 0.164 | 5 | 0.903 | 0.236 | 6 | 0.979 | 0.367 |
| 2 | 0.517 | 0.0321 | 2 | 0.654 | 0.0697 | 2 | 0.755 | 0.115 | 2 | 0.831 | 0.165 | | | | | | |
| 3 | 0.521 | 0.0328 | 3 | 0.657 | 0.0705 | 3 | 0.756 | 0.116 | 3 | 0.832 | 0.166 | 0.290 | 0.908 | 0.241 | 0.400 | 0.980 | 0.374 |
| 4 | 0.524 | 0.0335 | 4 | 0.659 | 0.0714 | 4 | 0.758 | 0.117 | 4 | 0.834 | 0.157 | 5 | 0.913 | 0.247 | 5 | 0.982 | 0.38 |
| 5 | 0.527 | 0.0342 | 5 | 0.661 | 0.722 | 5 | 0.760 | 0.117 | 5 | 0.835 | 0.169 | 0.300 | 0.917 | 0.252 | 0.410 | 0.984 | 0.386 |
| 6 | 0.530 | 0.0348 | 6 | 0.663 | 0.0731 | 6 | 0.762 | 0.118 | 6 | 0.836 | 0.170 | 5 | 0.921 | 0.258 | 6 | 0.986 | 0.392 |
| 7 | 0.533 | 0.0355 | 7 | 0.665 | 0.0739 | 7 | 0.763 | 0.119 | 7 | 0.838 | 0.171 | | | | | | |
| 8 | 0.536 | 0.0362 | 8 | 0.668 | 0.0748 | 8 | 0.765 | 0.120 | 8 | 0.839 | 0.172 | 0.310 | 0.925 | 0.264 | 0.420 | 0.967 | 0.398 |
| 9 | 0.539 | 0.0368 | 9 | 0.670 | 0.0756 | 9 | 0.766 | 0.122 | 9 | 0.841 | 0.173 | 5 | 0.93 | 0.278 | 5 | 0.969 | 0.405 |
| 0.080 | 0.542 | 0.0375 | 0.130 | 0.672 | 0.0765 | 0.180 | 0.768 | 0.122 | 0.230 | 0.842 | 0.174 | 0.320 | 0.933 | 0.276 | 0.430 | 0.991 | 0.412 |
| 1 | 0.545 | 0.0382 | 1 | 0.674 | 0.0774 | 1 | 0.770 | 0.123 | 1 | 0.843 | 0.175 | 5 | 0.937 | 0.282 | 5 | 0.993 | 0.418 |
| 2 | 0.548 | 0.0389 | 2 | 0.677 | 0.0782 | 2 | 0.772 | 0.124 | 2 | 0.845 | 0.176 | | | | | | |
| 3 | 0.552 | 0.0396 | 3 | 0.679 | 0.0791 | 3 | 0.773 | 0.125 | 3 | 0.846 | 0.177 | 0.330 | 0.941 | 0.288 | 0.440 | 0.994 | 0.424 |
| 4 | 0.555 | 0.0403 | 4 | 0.682 | 0.0799 | 4 | 0.775 | 0.126 | 4 | 0.848 | 0.178 | 5 | 0.945 | 0.294 | 5 | 995 | 0.430 |
| 5 | 0.558 | 0.0410 | 5 | 0.684 | 0.0808 | 5 | 0.777 | 0.127 | 5 | 0.849 | 0.179 | 0.340 | 0.948 | 0.300 | 0.450 | 0.996 | 0.437 |
| 6 | 0.551 | 0.0418 | 6 | 0.686 | 0.0817 | 6 | 0.778 | 0.128 | 6 | 0.850 | 0.180 | 5 | 0.951 | 0.306 | | | |
| 7 | 0.554 | 0.0425 | 7 | 0.688 | 0.0825 | 7 | 0.780 | 0.129 | 7 | 0.851 | 0.181 | | | | 0.460 | 0.997 | 0.45 |
| 8 | 0.567 | 0.0432 | 8 | 0.691 | 0.0834 | 8 | 0.781 | 0.13 | 8 | 0.853 | 0.182 | 0.350 | 0.955 | 0.312 | | 0.998 | |
| 9 | 0.570 | 0.0439 | 9 | 0.693 | 0.0842 | 9 | 0.783 | 0.131 | 9 | 0.854 | 0.183 | 5 | 0.958 | 0.318 | 0.470 | 0.998 | 0.462 |
| 0.090 | 0.573 | 0.0466 | 0.140 | 0.695 | 0.0851 | 0.190 | 0.784 | 0.132 | 0.240 | 0.855 | 0.184 | 0.360 | 0.961 | 0.324 | 0.480 | | 0.475 |
| 1 | 0.576 | 0.0454 | 1 | 0.697 | 0.0860 | 1 | 0.785 | 0.133 | 5 | 0.860 | 0.190 | 5 | 0.964 | 0.330 | | 0.999 | |
| 2 | 0.578 | 0.0461 | 2 | 0.699 | 0.0869 | 2 | 0.787 | 0.134 | | | | | | | 0.490 | | 0.488 |
| 3 | 0.581 | 0.0469 | 3 | 0.700 | 0.0878 | 3 | 0.789 | 0.135 | 0.250 | 0.866 | 0.196 | 0.370 | 0.967 | 0.337 | | 1.0 | |
| 4 | 0.583 | 0.0476 | 4 | 0.702 | 0.0887 | 4 | 0.79 | 0.136 | 5 | 0.872 | 0.202 | 5 | 0.969 | 0.343 | 0.500 | | 0.50 |
| 5 | 0.586 | 0.0484 | 5 | 0.704 | 0.0896 | 5 | 0.782 | 0.137 | 0.260 | 0.878 | 0.207 | 0.380 | 0.971 | 0.348 | | | |

续表

堰长和降液管面积

| | | | | | | | | | | | | | | | | | |
|---|---|---|---|---|---|---|---|---|---|---|---|---|---|---|---|---|---|
| 6 | 0.589 | 0.0491 | 6 | 0.706 | 0.0905 | 6 | 0.794 | 0.138 | 5 | 0.583 | 0.213 | 5 | 0.977 | 0.354 | | | |
| 7 | 0.592 | 0.0499 | 7 | 0.708 | 0.0914 | 7 | 0.795 | 0.139 | | | | | | | | | |
| 8 | 0.594 | 0.0506 | 8 | 0.710 | 0.0923 | 8 | 0.797 | 0.140 | 0.270 | 0.888 | 0.218 | | | | | | |
| 9 | 0.597 | 0.0514 | 9 | 0.712 | 0.0932 | 9 | 0.798 | 0.141 | 5.000 | 0.893 | 224 | | | | | | |
| 0.100 | 0.600 | 0.0521 | 0.150 | 0.714 | 0.0941 | 0.200 | 0.800 | 0.142 | | | | | | | | | |
| 1 | 0.603 | 0.0529 | 1 | 0.716 | 0.0950 | 1 | 802 | 0.143 | | | | | | | | | |
| 2 | 0.605 | 0.0537 | 2 | 0.718 | 0.0959 | 2 | 0.803 | 0.144 | | | | | | | | | |
| 3 | 0.608 | 0.0645 | 3 | 0.720 | 0.0969 | 3 | 0.805 | 0.145 | | | | | | | | | |
| 4 | 0.610 | 0.0553 | 4 | 0.722 | 0.0978 | 4 | 0.806 | 0.146 | | | | | | | | | |
| 5 | 0.613 | 0.0551 | 5 | 0.724 | 0.0987 | 5 | 0.808 | 0.148 | | | | | | | | | |
| 6 | 0.615 | 0.0568 | 6 | 0.726 | 0.0996 | 6 | 0.809 | 0.149 | | | | | | | | | |
| 7 | 0.618 | 0.0576 | 7 | 0.728 | 0.1005 | 7 | 0.810 | 0.150 | | | | | | | | | |
| 8 | 0.620 | 0.0584 | 8 | 0.729 | 0.1015 | 8 | 0.812 | 0.151 | | | | | | | | | |
| 9 | 0.623 | 0.0592 | 9 | 0.731 | 0.102 | 9 | 0.813 | 0.152 | | | | | | | | | |
| 0.110 | 0.625 | 0.0600 | 0.160 | 0.733 | 0.103 | 0.210 | 0.814 | 0.153 | | | | | | | | | |
| 1 | 0.628 | 0.0608 | 1 | 0.735 | 0.104 | 1 | 0.816 | 0.154 | | | | | | | | | |
| 2 | 0.630 | 0.0616 | 2 | 0.737 | 0.105 | 2 | 0.817 | 0.155 | | | | | | | | | |
| 3 | 0.633 | 0.0624 | 3 | 0.738 | 0.106 | 3 | 0.819 | 0.156 | | | | | | | | | |
| 4 | 0.635 | 0.0632 | 4 | 0.740 | 0.107 | 4 | 0.820 | 0.157 | | | | | | | | | |
| 5 | 0.638 | 0.0640 | 5 | 0.742 | 0.108 | 5 | 0.822 | 0.158 | | | | | | | | | |
| 6 | 0.640 | 0.0648 | 6 | 0.744 | 0.109 | 6 | 0.823 | 0.159 | | | | | | | | | |
| 7 | 0.043 | 0.0656 | 7 | 0.746 | 0.110 | 7 | 0.824 | 0.160 | | | | | | | | | |
| 8 | 0.645 | 0.0654 | 8 | 0.747 | 0.111 | 8 | 0.826 | 0.161 | | | | | | | | | |
| 9 | 0.648 | 0.0672 | 9 | 0.749 | 0.112 | 9 | 0.627 | 0.162 | | | | | | | | | |

＊该表涉及到降液管面积、堰长和堰所形成的圆形段的高度

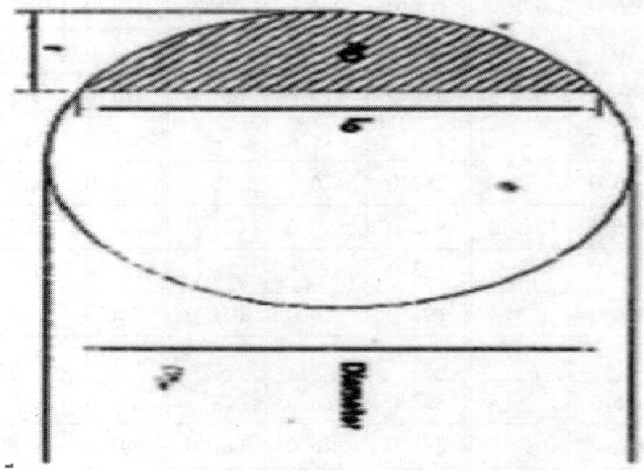

$R=\frac{降液管高度}{直径}=\frac{r}{D}$　　$L=\frac{堰长}{直径}=\frac{l_o}{D}$　　$A=\frac{降液管面积}{塔面积}=\frac{A_o}{A_s}$

## 附录2 浮阀塔盘设计细节

浮阀塔盘设计原则

| 设计数据 | 建议值 | 替代值 | 备注 |
|---|---|---|---|
| 1. 浮阀尺寸及布置 | | | |
| (a)浮阀的直径 | — | | 浮阀直径由模具供应商进行调整 |
| (b)开孔面积百分比(Au/An) | 12 | 8~15 | 开孔区域应由设计师设置。一般来说，面积越低，效率和弹性越高，且处理量越低(由于压降增大)。在接近范围上限的开孔面积(比如15%)，弹性和效率接近筛板的值。如果在此范围内选择较低的开孔，处理量和降液管充液变得受限 |
| (c)浮阀间距/直径比 | — | | 浮阀间距通常呈三角形。然而，这个变量通常是塔盘供应商决定 |
| (d)浮阀分布 | | — | 对于塔盘上流动路径长度≥5′，或对于液体流量>5000GPH/h(直径)与流动路径长度<5′，塔盘入口侧较出口侧多提供10%的浮阀门 |
| (e)鼓泡区面积(Au) | — | | 鼓泡区面积应最大化 |
| (f)塔板效率 | — | | 如果没有达到冲塔或液泛限制，浮阀塔盘效率将与筛板效率大致相等 |
| (g)浮阀堵孔 | — | | 这通常不是必要的，除非塔的尺寸考虑未来更高负荷。可以使用堵孔条。为保持最高效率应在过渡区堵孔，而不是环绕四周 |
| 2. 塔盘间距/ft | - | 12~36 | 一般来说，经济起见使用最小值。按维护要求设定的值见III-E-2。其他需要考虑的因素还有降液管充液和灵活性。在塔的不同分离区域应考虑使用不同间距以适应负荷的变化 |
| 3. 液体流道的数量 | 11 | 至2m | 在给定直径的塔和塔板间距下，多个流道通过降低气相处理量从而提高液相处理能力。至少在塔直径<8ft时，成本是没有明显增加 |
| 4. 降液管和堰 | | | |
| (a)降液管正常入口速度，清液流速/(ft/s) | | 0.3~0.4 | 对于吸收塔或其他已知的高泡沫度系统推荐较低的值 |
| (b)降液管型式 | 弦 | 弦，弧 | 最小弦长应达到塔盘直径的65%，以保证良好的液体分布。倾斜式降液管适用于高液量的场合，最大出口速度为0.6ft/s。弧型降液管也可用于提供更多的气泡面积(和更高的容量)，但价格要高一些。对于后者最小值应该是6in |

续表

| | | | |
|---|---|---|---|
| 浮阀塔盘设计原则 | | | |
| (c)降液管内侧宽度(进出口) | | 最小 8in | 建议使用一个 14~16in 跳挡板纵向悬挂在板内降液管中心，并延长降液管的长度，以防止可能发生的泡沫桥接进入对面的降液管。<br>跳挡板底部标高应与出口堰水平。必须提供内部通道，以便设备检查时从一侧通过到另一侧 |
| (d)出口堰高 | 2″ | 1~4″ | 堰高可随液量的变化而变化，尽可能使塔盘上的总液头($h_g$)在 2.5~4”的范围内。对于真空塔建议采用较低的数值，较高的值用于停留时间较长的应用场合 |
| (e)降液管下的间隙，英寸 | 1.5″ | 最小 1″ | 设置间隙，使水头损失约 1in。如果需要，可以使用更高的阀值，以确保降液管的密封 |
| (f)降液管密封(进口或出口堰高减去降液管间隙) | 使用出口堰使塔板上液体产生最小 1/2″的密封 | 进口堰或凹式入口箱 | 在大多数情况下，只要使用出口堰，就可以使塔板液面足够高，以密封降液管。设置进口堰是为了降液管内保持积液；在某些情况下，它们适合用于双溢流塔板，以确保液体分布均匀。凹式入口更贵，但在操作密封需要过高出口堰的情况下是必需的 |
| (g)降液管充液，占塔板间距的% | | 40~50 | 对于高压塔、吸收塔、真空塔、已知发泡系统及塔盘间距小于等于 18in，使用较低的值 |

## 附录 3 烃平衡的压力-温度曲线

见图 29-60、图 29-61。

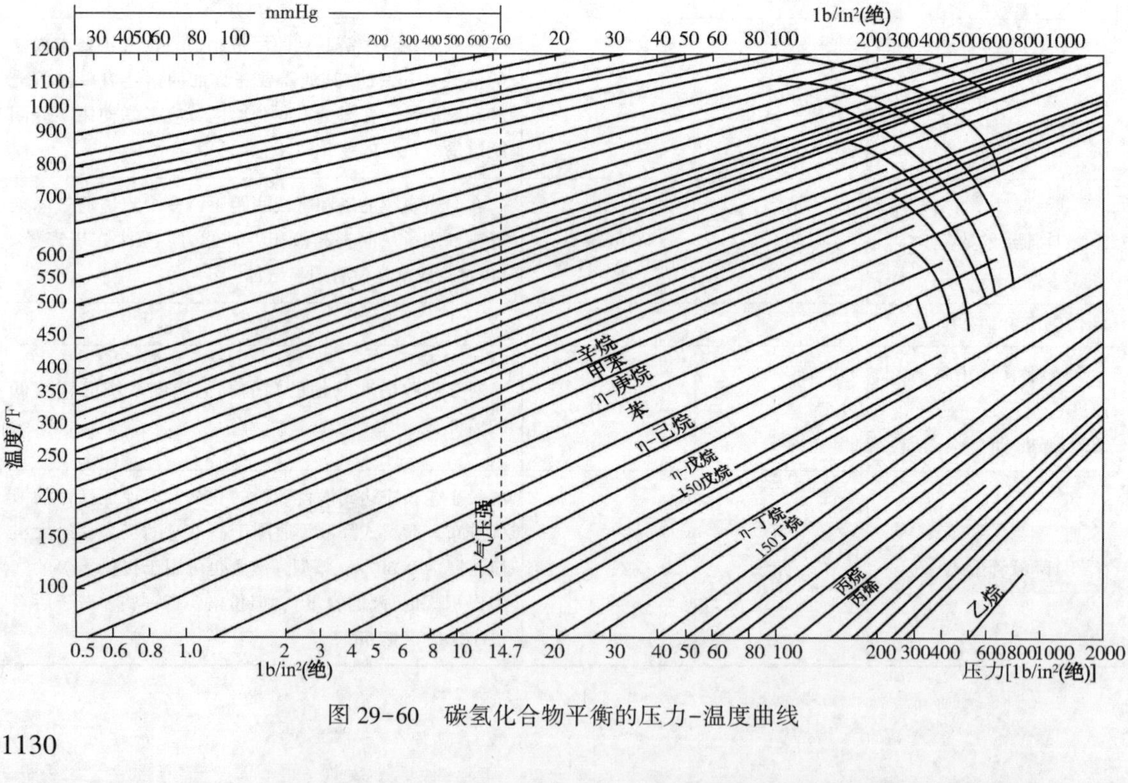


图 29-60 碳氢化合物平衡的压力-温度曲线

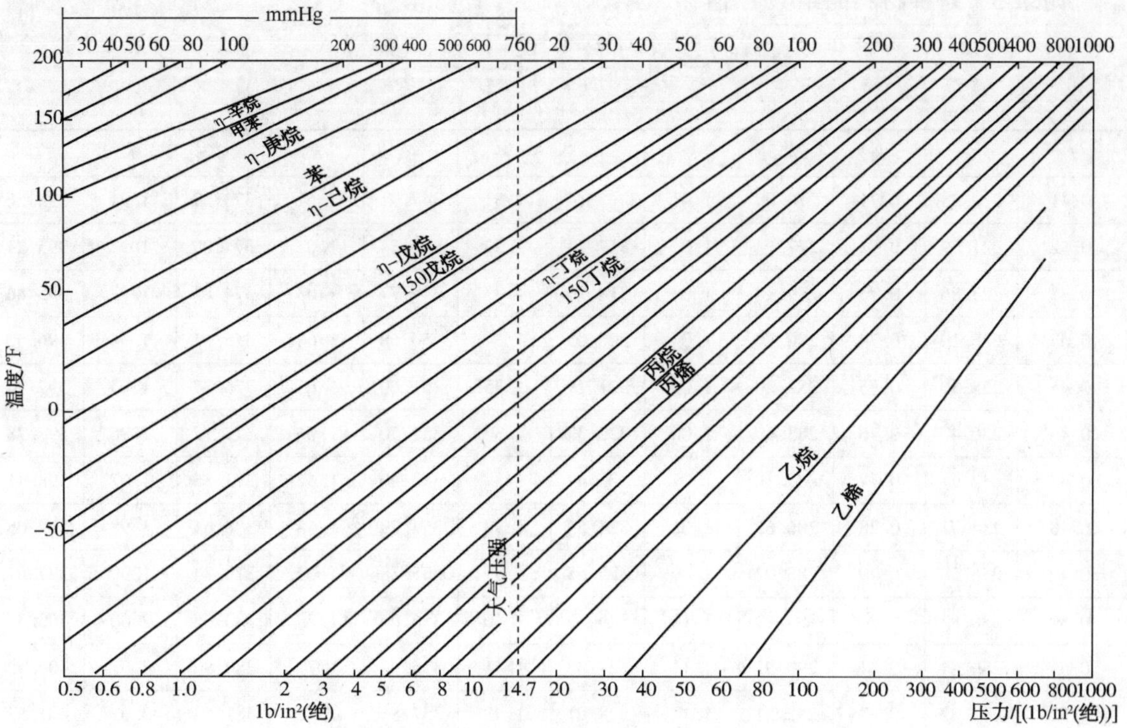


图 29-61　碳氢化合物平衡的压力-温度曲线

## 附录 4　美国试验材料学会间隙和重叠

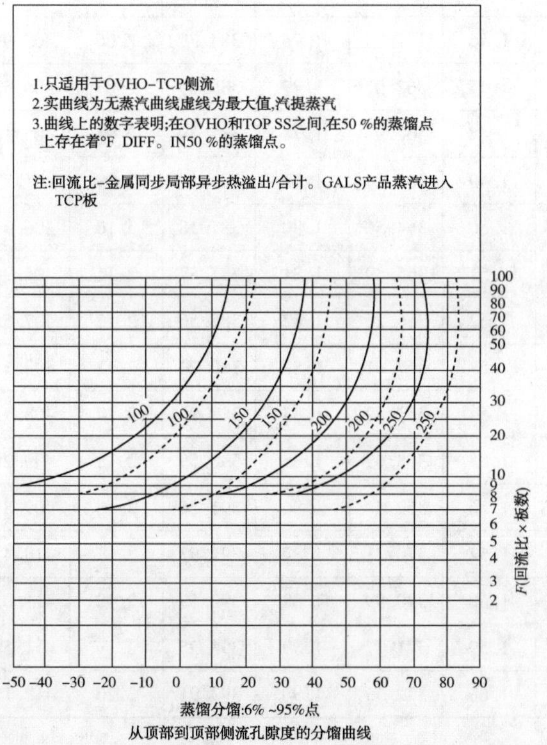


从顶部到顶部侧流孔隙度的分馏曲线

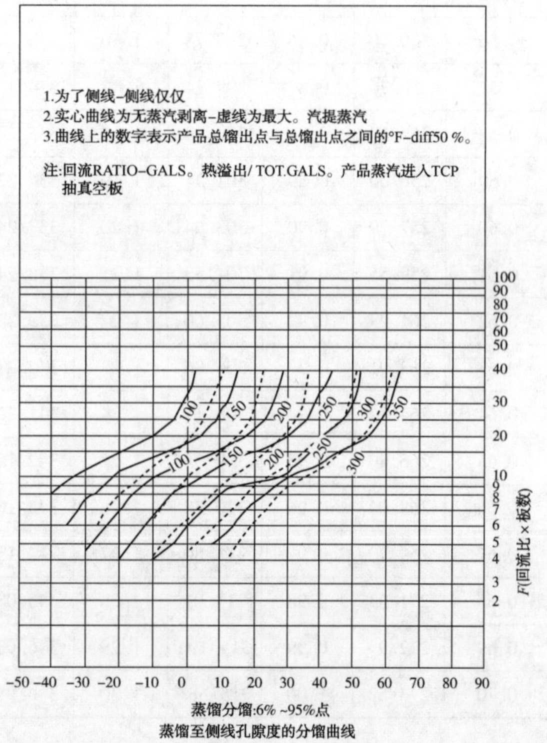


蒸馏至侧线孔隙度的分馏曲线

## 附录 5　各种材料的系数 *C* 值

$$C=520\sqrt{k\left(\frac{2}{k+1}\right)\frac{k+1}{k-1}};\quad k=\frac{C_{\mathrm{p}}}{C_{\mathrm{v}}}$$

| *K* | *C* | *K* | *C* | *K* | *C* | *K* | *C* | *K* | *C* | *K* | *C* |
|---|---|---|---|---|---|---|---|---|---|---|---|
| 0.41 | 219.28 | 0.71 | 276.09 | 1.01 | 316.56① | 1.31 | 347.91 | 1.61 | 373.32 | 1.91 | 394.56 |
| 0.42 | 221.59 | 0.72 | 277.64 | 1.02 | 317.74 | 1.32 | 348.84 | 1.62 | 374.09 | 1.92 | 395.21 |
| 0.43 | 223.86 | 0.73 | 279.18 | 1.03 | 318.90 | 1.33 | 349.77 | 1.63 | 374.85 | 1.93 | 395.86 |
| 0.44 | 226.10 | 0.74 | 280.70 | 1.04 | 320.05 | 1.34 | 350.68 | 1.64 | 375.61 | 1.94 | 396.50 |
| 0.45 | 228.30 | 0.75 | 282.20 | 1.05 | 321.19 | 1.35 | 351.60 | 1.65 | 376.37 | 1.95 | 397.14 |
| 0.46 | 230.47 | 0.76 | 283.69 | 1.06 | 322.32 | 1.36 | 352.50 | 1.66 | 377.12 | 1.96 | 397.78 |
| 0.47 | 232.61 | 0.77 | 285.16 | 1.07 | 323.44 | 1.37 | 353.40 | 1.67 | 377.86 | 1.97 | 398.41 |
| 0.48 | 234.71 | 0.78 | 286.62 | 1.08 | 324.55 | 1.38 | 354.29 | 1.68 | 378.61 | 1.98 | 399.05 |
| 0.49 | 236.78 | 0.79 | 288.07 | 1.09 | 325.65 | 1.39 | 355.18 | 1.69 | 379.34 | 1.99 | 399.67 |
| 0.50 | 238.83 | 0.80 | 289.49 | 1.10 | 326.75 | 1.40 | 356.06 | 1.70 | 380.08 | 2.00 | 400.30 |
| 0.51 | 240.84 | 0.81 | 290.91 | 1.11 | 327.83 | 1.41 | 356.94 | 1.71 | 380.80 | 2.01 | 400.92 |
| 0.52 | 242.82 | 0.82 | 292.31 | 1.12 | 328.91 | 1.42 | 357.81 | 1.72 | 381.53 | 2.02 | 401.53 |
| 0.53 | 244.78 | 0.83 | 293.70 | 1.13 | 329.98 | 1.43 | 358.67 | 1.73 | 382.25 | 2.03 | 402.15 |
| 0.54 | 246.72 | 0.84 | 295.07 | 1.14 | 331.04 | 1.44 | 359.53 | 1.74 | 382.97 | 2.04 | 402.76 |
| 0.55 | 248.62 | 0.85 | 296.43 | 1.15 | 332.09 | 1.45 | 360.38 | 1.75 | 383.68 | 2.05 | 403.37 |
| 0.56 | 250.50 | 0.86 | 297.78 | 1.16 | 333.14 | 1.46 | 361.23 | 1.76 | 384.39 | 2.06 | 403.97 |
| 0.57 | 252.36 | 0.87 | 299.11 | 1.17 | 334.17 | 1.47 | 362.07 | 1.77 | 385.09 | 2.07 | 404.58 |
| 0.58 | 254.19 | 0.88 | 300.43 | 1.18 | 335.20 | 1.48 | 362.91 | 1.78 | 385.79 | 2.08 | 405.18 |
| 0.59 | 256.00 | 0.89 | 301.74 | 1.19 | 336.22 | 1.49 | 363.74 | 1.79 | 386.49 | 2.09 | 405.77 |
| 0.60 | 257.79 | 0.90 | 303.04 | 1.20 | 337.24 | 1.50 | 364.56 | 1.80 | 387.18 | 2.10 | 406.37 |
| 0.61 | 259.55 | 0.91 | 304.33 | 1.21 | 338.24 | 1.51 | 365.39 | 1.81 | 387.87 | 2.11 | 406.96 |
| 0.62 | 261.29 | 0.92 | 305.60 | 1.22 | 339.24 | 1.52 | 366.20 | 1.82 | 388.56 | 2.12 | 407.55 |
| 0.63 | 263.01 | 0.93 | 306.86 | 1.23 | 340.23 | 1.53 | 367.01 | 1.83 | 389.24 | 2.13 | 408.13 |
| 0.64 | 264.72 | 0.94 | 308.11 | 1.24 | 341.22 | 1.54 | 367.82 | 1.84 | 389.92 | 2.14 | 408.71 |
| 0.65 | 266.40 | 0.95 | 309.35 | 1.25 | 342.19 | 1.55 | 368.62 | 1.85 | 390.59 | 2.15 | 409.29 |
| 0.66 | 268.06 | 0.96 | 310.58 | 1.26 | 343.16 | 1.56 | 369.41 | 1.86 | 391.26 | 2.16 | 409.87 |
| 0.67 | 269.70 | 0.97 | 311.80 | 1.27 | 344.13 | 1.57 | 370.21 | 1.87 | 391.93 | 2.17 | 410.44 |
| 0.68 | 271.33 | 0.98 | 313.01 | 1.28 | 345.08 | 1.58 | 370.99 | 1.88 | 392.59 | 2.18 | 411.01 |
| 0.69 | 272.93 | 0.99 | 314.19a | 1.29 | 346.03 | 1.59 | 371.77 | 1.89 | 393.25 | 2.19 | 411.58 |
| 0.70 | 274.52 | 1.00 | 315.38a | 1.30 | 346.98 | 1.60 | 372.55 | 1.90 | 393.91 | 2.20 | 412.15 |

续表

气体的 C 值

| | Mol | k | | | | Mol | k | | |
|---|---|---|---|---|---|---|---|---|---|
| | wt | $C_p/C_v$ | C | C/356 | | wt | $C_p/C_v$ | C | C/356 |
| 乙炔 | 26 | 1.28 | 345 | 0.969 | 盐酸 | 36.5 | 1.40 | 356 | 1.000 |
| 空气 | 29 | 1.40 | 356 | 1.000 | 氢 | 2 | 1.40 | 356 | 1.000 |
| 氨 | 17 | 1.33 | 351 | 0.986 | 硫化氢 | 34 | 1.32 | 348 | 0.978 |
| 氩 | 40 | 1.66 | 377 | 1.059 | 异丁烷 | 58 | 1.11 | 328 | 0.921 |
| 苯 | 78 | 1.10 | 327 | 0.919 | 甲烷 | 16 | 1.30 | 346 | 0.972 |
| 二硫化碳 | 76 | 1.21 | 338 | 0.949 | 甲醇 | 32 | 1.20 | 337 | 0.947 |
| 二氧化碳 | 44 | 1.28 | 345 | 0.969 | 氯甲烷 | 50.5 | 1.20 | 337 | 0.947 |
| 一氧化碳 | 28 | 1.40 | 356 | 1.000 | 正丁烷 | 58 | 1.11 | 328 | 0.921 |
| 氯 | 71 | 1.36 | 352 | 0.989 | 天然气 | 19 | 1.27 | 345 | 0.969 |
| 环己烷 | 84 | 1.08 | 324 | 0.910 | 氮 | 28 | 1.40 | 356 | 1.000 |
| 乙烷 | 30 | 1.22 | 339 | 0.952 | 氧气 | 32 | 1.40 | 356 | 1.000 |
| 乙烯 | 28 | 1.20 | 337 | 0.947 | 戊烷 | 72 | 1.09 | 325 | 0.913 |
| 氦 | 4 | 1.66 | 377 | 1.059 | 丙烷 | 44 | 1.14 | 331 | 0.930 |
| 己烷 | 86 | 1.08 | 324 | 0.910 | 二氧化硫 | 64 | 1.26 | 342 | 0.961 |

① 内插的值，因为当 k 接近 1.00 时 C 值变得不确定(经气体加工商供应商协会许可转载)。

## 附录 6　LMTD 修正系数

1壳程通过

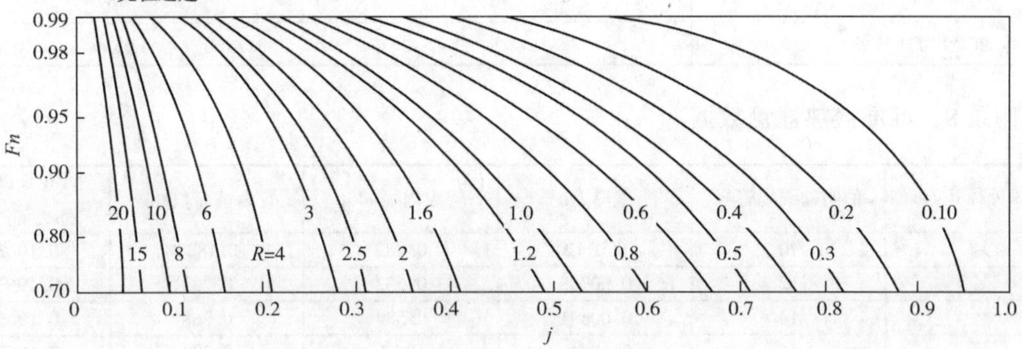


$$R=\frac{T_1-T_2}{t_2-t_1} \qquad j=\frac{t_2-t_1}{T_1-T_2}$$

2壳程通过

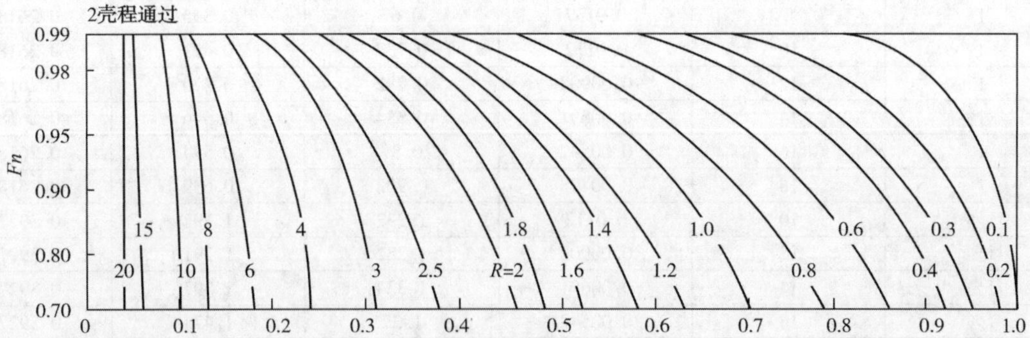

## 附录 7　常见的总传热系数 $U_o$

| 被冷却流体 | 被加热流体 | $U_o$/[BTU/(h·ft²·℉)] |
|---|---|---|
| 换热器 | | |
| $C_4$ 和更轻的 | 水 | 75~110 |
| $C_4$ 和更轻的 | 液化石油气 | 75 |
| 石脑油 | 石脑油 | 75 |
| 石脑油 | 水 | 80~100 |
| BPT450(煤油) | 重油(原油) | 70~75 |
| 馏分油 | 原油 | 40~50 |
| 馏分油 | 水 | 40~70 |
| 轻燃料油 | 原油 | 20~30 |
| 含蜡馏分油 | 重油 | 30~40 |
| 油浆 | 含蜡馏分油 | 40 |
| 单乙醇胺或二乙醇胺 | 水 | 140 |
| 单乙醇胺或二乙醇胺 | 单乙醇胺或二乙醇胺 | 120~130 |
| 水 | 水 | 180~200 |
| 空气 | 水 | 20~30 |
| 轻烃气体 | 富氢流体 | 35~40 |
| 轻烃气体 | 石脑油 | 38 |
| 冷凝器 | | |
| 全馏分石脑油 | 水 | 70~80 |
| 胺汽提塔塔顶馏分 | 水 | 100 |
| $C_4$ 和更轻的 | 水 | 90 |
| 重整出料(轻烃) | 水 | 65 |

## 附录 8　标准换热器管数据

| 管束外径 $d_o$/in | 伯明翰线规管号 | 壁厚 $l$/ft | 管束内径 $d$/in | 管内截面积/in² | 每 ft 长度的外表面/ft² |
|---|---|---|---|---|---|
| ¾ | 10 | 0.0112 | 0.482 | 0.1822 | 0.1963 |
| ¾ | 12 | 0.00908 | 0.532 | 0.223 | 0.1963 |
| ¾ | 14 | 0.00691 | 0.584 | 0.268 | 0.1963 |
| ¾ | 16 | 0.00542 | 0.62 | 0.302 | 0.1963 |
| ¾ | 18 | 0.00408 | 0.652 | 0.334 | 0.1963 |
| 1 | 8 | 0.0137 | 0.67 | 0.355 | 0.2618 |
| 1 | 10 | 0.0112 | 0.732 | 0.421 | 0.2618 |
| 1 | 12 | 0.00908 | 0.782 | 0.479 | 0.2618 |
| 1 | 14 | 0.00691 | 0.834 | 0.546 | 0.2618 |
| 1 | 16 | 0.00542 | 0.87 | 0.594 | 0.2618 |
| 1 | 18 | 0.00408 | 0.902 | 0.639 | 0.2618 |
| 1½ | 10 | 0.0112 | 1.232 | 1.192 | 0.3927 |
| 1½ | 12 | 0.00908 | 1.282 | 1.291 | 0.3927 |
| 1½ | 14 | 0.00691 | 1.334 | 1.397 | 0.3927 |
| 1½ | 16 | 0.00542 | 1.37 | 1.474 | 0.3927 |

## 附录9 黏性流体的管路摩擦损失

见表29-39~表29-47。

**表29-39 管路摩擦损失**

**黏性液体的摩擦损失(根据达西公式)**

(a)每1000ft管道的液体摩擦损失1in(1.049in内径)Sch40新钢管

| 流量 | | 运动黏度-cSt | | | | | | | | | |
|---|---|---|---|---|---|---|---|---|---|---|---|
| gal/min | bbl/h (42gal) | 0.6 | 1.1 | 2.1 | 2.7 | 4.3 | 7.4 | 10.3 | 13.1 | 15.7 | 20.6 |
| | | 近似SSU黏度 | | | | | | | | | |
| | | | 31.5 | 33 | 35 | 40 | 50 | 60 | 70 | 80 | 100 |
| 0.5 | 0.71 | 0.29 | 0.28 | 0.55 | 0.70 | 1.12 | 1.93 | 2.68 | 3.41 | 4.08 | 6.35 |
| 1 | 1.4 | 0.96 | 1.13 | 1.09 | 1.41 | 2.24 | 3.88 | 5.38 | 6.82 | 8.18 | 10.7 |
| 2 | 2.9 | 3.23 | 3.72 | 4.41 | 4.80 | 4.48 | 7.72 | 10.7 | 13.6 | 16.3 | 21.4 |
| 3 | 4.3 | 6.84 | 7.63 | 9.04 | 9.48 | 10.8 | 11.6 | 16.1 | 20.5 | 24.5 | 32.1 |
| 4 | 5.7 | 11.4 | 12.2 | 14.9 | 15.9 | 17.6 | 15.4 | 21.6 | 27.3 | 32.6 | 42.8 |
| 5 | 7.1 | 17.2 | 19.2 | 22.1 | 23.4 | 28.3 | 19.3 | 26.8 | 34.1 | 40.8 | 53.5 |
| 6 | 8.6 | 24.2 | 26.8 | 30.5 | 32.1 | 36.8 | 41.3 | 32.2 | 40.9 | 49.0 | 54.2 |
| 7 | 10.0 | 32.3 | 35.4 | 40.8 | 42.6 | 47.4 | 53.8 | 37.6 | 47.7 | 57.2 | 74.9 |
| 8 | 11.4 | 41.6 | 45.5 | 51.1 | 54.3 | 59.9 | 66.2 | 75.3 | 54.5 | 55.2 | 85.6 |
| 9 | 12.9 | 51.8 | 56.2 | 63.5 | 66.3 | 73.4 | 84.9 | 91.7 | 61.4 | 73.4 | 96.3 |
| 10 | 14.3 | 62.7 | 68.1 | 76.2 | 80.1 | 88.2 | 101 | 111 | 115 | 81.6 | 107 |
| 12 | 17.1 | 89.3 | 95.3 | 108 | 111 | 122 | 142 | 151 | 162 | 167 | 129 |
| 14 | 20.0 | 120 | 129 | 140 | 147 | 160 | 185 | 198 | 212 | 221 | 150 |
| 16 | 22.8 | 155 | 164 | 181 | 188 | 205 | 234 | 257 | 268 | 279 | 295 |
| 18 | 25.7 | 194 | 202 | 224 | 233 | 254 | 286 | 305 | 326 | 341 | 365 |
| 20 | 28.6 | 237 | 250 | 272 | 281 | 308 | 342 | 372 | 394 | 405 | 437 |
| 25 | 35.7 | 368 | 383 | 410 | 429 | 464 | 501 | 551 | 583 | 599 | 651 |
| 30 | 42.9 | 523 | 545 | 382 | 600 | 640 | 712 | 759 | 803 | 842 | 904 |
| 35 | 50.0 | 708 | 735 | 780 | 852 | 852 | 933 | | | | |

| 流量 | | 运动黏度-cSt | | | | | | | | | |
|---|---|---|---|---|---|---|---|---|---|---|---|
| gal/min | bbl/h (42gal) | 26.4 | 32.0 | 43.2 | 65 | 108.4 | 162.3 | 216.5 | 325 | 435 | 650 |
| | | 近似SSU黏度 | | | | | | | | | |
| | | 125 | 150 | 200 | 300 | 500 | 750 | 1000 | 1500 | 2000 | 3000 |
| 0.1 | 0.14 | 1.37 | 1.68 | 2.25 | 3.38 | 5.65 | 8.45 | 11.3 | 16.9 | 22.6 | 33.8 |
| 0.3 | 0.43 | 4.12 | 4.98 | 6.75 | 10.2 | 17.0 | 25.3 | 33.8 | 50.7 | 67.8 | 102 |
| 0.5 | 0.71 | 6.86 | 8.32 | 11.3 | 16.90 | 28.3 | 42.3 | 58.4 | 86 | 113 | 169 |
| 1 | 1.4 | 13.7 | 18.6 | 22.6 | 33.8 | 58.5 | 84.5 | 113 | 169 | 226 | 338 |
| 2 | 2.9 | 27.5 | 33.2 | 45 | 87.6 | 119 | 169 | 228 | 338 | 452 | 676 |
| 3 | 4.3 | 41.2 | 49.8 | 67.6 | 102 | 170 | 253 | 338 | 507 | 678 | |
| 4 | 5.7 | 65.0 | 66.6 | 90.0 | 138 | 226 | 338 | 452 | 677 | 904.0 | |
| 5 | 7.1 | 68.7 | 83.2 | 113 | 169 | 283 | 423 | 564 | 846 | | |
| 6 | 8.8 | 82.4 | 99.7 | 135 | 203 | 339 | 507 | 677 | | | |
| 7 | 10 | 96.2 | 117 | 158 | 237 | 395 | 591 | 790 | | | |
| 8 | 11.4 | 110 | 133 | 180 | 271 | 452 | 676 | 903 | | | |
| 9 | 12.9 | 124 | 150 | 203 | 303 | 508 | 760 | | | | |
| 10 | 14.3 | 137 | 167 | 225 | 338 | 585 | 845 | | | | |
| 12 | 17.1 | 165 | 200 | 270 | 406 | 678 | | | | | |
| 14 | 20.0 | 192 | 233 | 315 | 474 | 792 | | | | | |
| 16 | 22.8 | 220 | 266 | 360 | 541 | 904 | | | | | |
| 18 | 25.7 | 248 | 299 | 405 | 609 | | | | | | |
| 20 | 28.6 | 470 | 332 | 460 | 677 | | | | | | |

(b)每1000ft管道的液体摩擦损失1½in(1.610in内径)Sch40新钢管

| 流量 | | 运动黏度-cSt | | | | | | | | | |
|---|---|---|---|---|---|---|---|---|---|---|---|
| gal/min | bbl/h (42gal) | 26.4 | 32.0 | 43.2 | 65 | 108.4 | 162.3 | 216.5 | 325 | 435 | 650 |
| | | 近似SSU黏度 | | | | | | | | | |
| | | 125 | 150 | 200 | 300 | 500 | 750 | 1000 | 1500 | 2000 | 3000 |
| 1 | 1.4 | 0.13 | 0.10 | 0.20 | 0.25 | 0.41 | 0.69 | 0.97 | 1.23 | 1.47 | 1.93 |
| 2 | 2.9 | 0.42 | 0.49 | 0.39 | 0.61 | 0.83 | 1.39 | 1.93 | 2.48 | 2.94 | 3.88 |
| 3 | 4.3 | 0.86 | 0.98 | 1.17 | 1.25 | 1.24 | 2.08 | 2.89 | 3.68 | 4.41 | 5.79 |
| 4 | 5.7 | 1.43 | 1.63 | 1.92 | 2.07 | 1.65 | 2.78 | 3.88 | 4.91 | 5.88 | 7.72 |
| 5 | 7.1 | 2.11 | 2.11 | 2.83 | 3.05 | 2.08 | 3.47 | 4.82 | 6.14 | 7.35 | 9.55 |
| 6 | 8.6 | 2.90 | 3.36 | 3.89 | 4.18 | 4.69 | 4.17 | 5.79 | 7.37 | 8.82 | 11.6 |
| 8 | 11.4 | 4.97 | 5.6 | 6.44 | 6.87 | 7.77 | 9.02 | 7.72 | 9.83 | 11.8 | 15.5 |
| 10 | 14.3 | 7.51 | 8.34 | 9.58 | 10.1 | 11.6 | 13.2 | 9.65 | 12.3 | 14.7 | 19.3 |
| 12 | 17.1 | 10.4 | 11.6 | 13.4 | 14.0 | 15.6 | 17.9 | 19.8 | 14.7 | 17.8 | 23.2 |
| 15 | 21.4 | 16.0 | 17.4 | 19.6 | 20.7 | 23.2 | 26.5 | 29.1 | 31.1 | 21.0 | 29.0 |
| 20 | 28.6 | 27.2 | 29.5 | 32.9 | 34.6 | 38.2 | 43.9 | 47.6 | 51.1 | 53.8 | 38.8 |
| 25 | 35.7 | 41.4 | 44.8 | 49.5 | 51.8 | 57.5 | 84.6 | 70.1 | 75.2 | 78.9 | 84.7 |
| 30 | 42.9 | 58.8 | 63.0 | 69.1 | 72.0 | 79 | 89.3 | 97.1 | 103 | 109 | 116.5 |
| 40 | 57.1 | 102 | 107 | 117 | 122 | 132 | 150 | 180 | 170 | 178 | 191 |
| 50 | 71.4 | 157 | 164 | 178 | 183 | 198 | 222 | 237 | 251 | 263 | 281 |
| 60 | 85.7 | 224 | 233 | 249 | 259 | 279 | 306 | 330 | 347 | 362 | 388 |
| 70 | 100 | 300 | 312 | 333 | 343 | 369 | 402 | 436 | 457 | 477 | 508 |
| 80 | 114 | 369 | 403 | 427 | 440 | 470 | 516 | 551 | 580 | 602 | 643 |
| 90 | 129 | 498 | 508 | 536 | 550 | 585 | 634 | 681 | 715 | 746 | 792 |
| 100 | 143.0 | 601 | 624 | 656 | 670 | 714 | 774 | 820 | 863 | 898 | 949 |

| 流量 | | 运动黏度-cSt | | | | | | | | | |
|---|---|---|---|---|---|---|---|---|---|---|---|
| gal/min | bbl/h (42gal) | 26.4 | 32.0 | 43.2 | 65 | 108.4 | 162.3 | 216.5 | 325 | 435 | 650 |
| | | 近似SSU黏度 | | | | | | | | | |
| | | 125 | 150 | 200 | 300 | 500 | 750 | 1000 | 1500 | 2000 | 3000 |
| 1 | 1.4 | 2.47 | 3.00 | 4.14 | 8.09 | 10.2 | 15.2 | 20.3 | 30.4 | 40.8 | 89.0 |
| 2 | 2.9 | 4.95 | 6.00 | 8.28 | 12.2 | 20.3 | 30.4 | 40.6 | 60.8 | 81.5 | 122 |
| 3 | 4.3 | 7.42 | 9.00 | 12.4 | 18.3 | 30.4 | 46.6 | 60.9 | 91.3 | 122 | 183 |
| 4 | 5.7 | 9.90 | 12.0 | 16.6 | 24.4 | 40.6 | 60.8 | 81.2 | 122 | 163 | 244 |
| 5 | 7.1 | 12.4 | 15.0 | 20.7 | 30.4 | 50.7 | 75.0 | 102 | 152 | 204 | 304 |
| 6 | 8.6 | 14.9 | 18.0 | 24.8 | 36.5 | 60.8 | 91.2 | 122 | 183 | 244 | 365 |
| 8 | 11.4 | 19.8 | 24.0 | 33.1 | 48.7 | 81.2 | 122 | 163 | 243 | 326.0 | 487 |
| 10 | 14.3 | 24.7 | 30.0 | 41.4 | 60.9 | 102 | 152 | 203 | 304 | 406 | 609 |
| 12 | 17.1 | 29.7 | 36.0 | 49.7 | 73.2 | 122 | 182 | 244 | 365 | 490 | 732 |
| 15 | 21.4 | 37.1 | 45.0 | 62.2 | 91.4 | 152 | 228 | 304 | 457 | 612 | 914 |
| 20 | 28.6 | 49.5 | 60.0 | 82.8 | 122 | 203 | 304 | 406 | 608 | 815 | |
| 25 | 35.7 | 61.9 | 75.0 | 103 | 152 | 254 | 380 | 507 | 760 | | |
| 30 | 42.9 | 124 | 90.0 | 124 | 183 | 304 | 456 | 609 | 913 | | |
| 40 | 57.1 | 204 | 216 | 166 | 244 | 406 | 508 | 812 | | | |
| 50 | 71.4 | 302 | 317 | 342 | 304 | 507 | 760 | | | | |

### 表 29-40 管路摩擦损失

黏性液体的摩擦损失(根据达西公式)

(a)每 1000ft 管道的液体摩擦损失 2in(2.067in 内径)Sch40 新钢管

| 流量 | | 运动黏度-cSt | | | | | | | | | |
|---|---|---|---|---|---|---|---|---|---|---|---|
| gal/min | bbl/h (42gal) | 0.6 | 1.1 | 2.1 | 2.7 | 4.3 | 7.4 | 10.3 | 13.1 | 15.7 | 20.6 |
| | | 近似 SSU 黏度 | | | | | | | | | |
| | | | 31.5 | 33 | 35 | 40 | 50 | 60 | 70 | 80 | 100 |
| 1 | 1.4 | 0.04 | 0.04 | 0.07 | 0.09 | 0.15 | 0.28 | 0.36 | 0.45 | 0.54 | 0.71 |
| 2 | 2.9 | 0.13 | 0.15 | 0.15 | 0.19 | 0.30 | 0.51 | 0.71 | 0.90 | 1.08 | 1.42 |
| 4 | 5.7 | 0.43 | 0.50 | 0.58 | 0.63 | 0.59 | 1.02 | 1.42 | 1.81 | 2.17 | 2.84 |
| 6 | 8.6 | 0.87 | 1.00 | 1.2 | 1.27 | 1.46 | 1.53 | 2.13 | 2.71 | 3.25 | 4.26 |
| 8 | 11.4 | 1.47 | 1.68 | 1.97 | 2.13 | 2.38 | 2.04 | 2.84 | 3.61 | 4.33 | 5.68 |
| 10 | 14.3 | 2.20 | 2.55 | 2.90 | 3.09 | 3.52 | 2.56 | 3.58 | 4.52 | 5.42 | 7.11 |
| 12 | 17.1 | 3.06 | 3.46 | 3.97 | 4.23 | 4.78 | 5.57 | 4.27 | 5.43 | 6.5 | 8.53 |
| 14 | 20.0 | 4.07 | 4.51 | 5.22 | 5.51 | 6.28 | 7.28 | 4.98 | 6.33 | 7.59 | 9.96 |
| 16 | 22.8 | 5.17 | 5.79 | 6.65 | 7.01 | 7.92 | 9.16 | 9.95 | 7.23 | 8.67 | 11.4 |
| 18 | 25.7 | 6.44 | 7.16 | 8.18 | 8.63 | 9.67 | 11.2 | 12.6 | 13.1 | 9.8 | 12.8 |
| 20 | 28.6 | 7.82 | 8.64 | 9.77 | 10.4 | 11.6 | 13.5 | 14.8 | 15.5 | 10.8 | 14.2 |
| 25 | 35.7 | 11.9 | 13.0 | 14.7 | 15.4 | 17.2 | 19.9 | 21.6 | 22.8 | 24.1 | 17.8 |
| 30 | 42.9 | 17.0 | 18.2 | 20.4 | 21.5 | 23.8 | 27.2 | 29.9 | 31.2 | 33.0 | 35.6 |
| 35 | 50.0 | 22.3 | 24.1 | 27.0 | 28.2 | 31.2 | 35.6 | 38.6 | 40.4 | 43.3 | 47.3 |
| 40 | 57.1 | 28.8 | 31.0 | 34.2 | 38.0 | 39.6 | 44.6 | 48.8 | 52.9 | 54.1 | 60.7 |
| 50 | 71.4 | 44.1 | 47.2 | 52.0 | 54.0 | 59.2 | 66.4 | 72.0 | 76.9 | 78.4 | 86.2 |
| 60 | 85.7 | 62.7 | 66.5 | 72.2 | 74.2 | 82.3 | 91.6 | 98.6 | 105 | 111 | 119 |
| 70 | 100 | 84.1 | 83.5 | 95.8 | 99.4 | 108 | 120 | 130 | 137 | 145 | 156 |
| 80 | 114 | 109 | 114 | 123 | 127 | 138 | 154 | 166 | 174 | 182 | 195 |
| 90 | 129.0 | 137 | 143 | 154 | 158 | 171 | 192 | 204 | 215 | 225 | 239 |
| 100 | 143 | 167 | 176 | 188 | 193 | 208 | 230 | 244 | 260 | 269 | 289 |
| 110 | 157 | 202 | 211 | 225 | 231 | 246 | 275 | 290 | 307 | 319 | 335 |
| 120 | 171 | 238 | 249 | 265 | 273 | 290 | 321 | 341 | 358 | 375 | 396 |
| 130 | 186 | 277 | 290 | 307 | 316 | 335 | 372 | 392 | 411 | 432 | 459 |
| 140 | 200.0 | 320 | 347 | 352 | 364 | 383 | 424 | 449 | 472 | 491 | 521 |
| 150 | 214 | 366 | 382 | 403 | 415 | 437 | 479 | 510 | 529 | 553 | 586 |
| 160 | 228 | 414 | 431 | 457 | 469 | 494 | 536 | 572 | 595 | 621 | 659 |
| 170 | 243 | 467 | 485 | 513 | 522 | 553 | 601 | 639 | 665 | 694 | 729 |
| 180 | 257 | 524 | 543 | 572 | 583 | 619 | 665 | 714 | 743 | 767 | 804 |
| 190 | 271.0 | 584 | 602 | 634 | 649 | 688 | 733 | 792 | 825 | 846 | 884 |
| 200 | 286 | 643 | 666 | 699 | 716 | 756 | 806 | 851 | 901 | 927 | 977 |
| 210 | 300 | 709 | 731 | 768 | 786 | 826 | 880 | 935 | 975 | | |
| 220 | 314 | 778 | 798 | 838 | 858 | 902 | 958 | | | | |
| 230 | 328 | 851 | 873 | 912 | 934 | 982 | | | | | |
| 240 | 343.0 | 922 | 945 | 988 | | | | | | | |

（b）每 1000ft 管道的液体摩擦损失 2in（2.067in 内径）Sch40 新钢管

| 流量 | | 运动黏度-cSt | | | | | | | | | |
|---|---|---|---|---|---|---|---|---|---|---|---|
| gal/min | bbl/h（42gal） | 26.4 | 32.0 | 43.2 | 65.0 | 108.4 | 162.3 | 216.5 | 325 | 435 | 650 |
| | | 近似 SSU 黏度 | | | | | | | | | |
| | | 125 | 150 | 200 | 300 | 500 | 750 | 1000 | 1500 | 2000 | 3000 |
| 1 | 1.4 | 0.91 | 1.10 | 1.49 | 2.24 | 3.74 | 6.60 | 7.48 | 11.2 | 15.0 | 22.4 |
| 2 | 2.9 | 1.82 | 2.21 | 2.98 | 4.48 | 7.49 | 11.2 | 15.0 | 22.4 | 30.0 | 44.9 |
| 3 | 4.3 | 2.73 | 3.31 | 4.47 | 6.7 | 11.2 | 16.8 | 22.4 | 33.6 | 45.0 | 67.4 |
| 4 | 5.7 | 3.64 | 4.42 | 5.96 | 8.98 | 15.4 | 22.4 | 29.9 | 44.8 | 60.0 | 89.9 |
| 5 | 7.1 | 4.56 | 5.52 | 7.45 | 11.2 | 18.7 | 28.0 | 37.4 | 56.0 | 75.0 | 112 |
| 6 | 8.6 | 5.47 | 6.63 | 8.95 | 13.5 | 22.5 | 33.5 | 44.6 | 67.2 | 90.0 | 135 |
| 7 | 10.0 | 6.4 | 7.73 | 10.4 | 15.7 | 26.2 | 39.2 | 52.3 | 78.4 | 105.0 | 157 |
| 8 | 11.4 | 7.29 | 8.84 | 11.9 | 18.0 | 30.0 | 34.8 | 59.8 | 89.6 | 120 | 180 |
| 9 | 12.9 | 8.2 | 9.94 | 13.4 | 20.2 | 33.7 | 50.4 | 67.3 | 101 | 135 | 202 |
| 10 | 14.3 | 9.11 | 11.0 | 14.9 | 22.4 | 37.4 | 56.0 | 74.8 | 112 | 150 | 914 |
| 12 | 17.1 | 10.9 | 13.3 | 18.9 | 26.9 | 44.9 | 57.3 | 89.7 | 135 | 180 | 259 |
| 14 | 20.0 | 12.7 | 15.5 | 20.9 | 31.4 | 52.4 | 78.4 | 105 | 157 | 210 | 314 |
| 16 | 22.8 | 14.6 | 17.7 | 23.9 | 35.9 | 59.9 | 89.6 | 120 | 179 | 240 | 359 |
| 18 | 25.7 | 16.4 | 19.9 | 26.8 | 40.3 | 67.4 | 101 | 135 | 202 | 270 | 404 |
| 20 | 28.8 | 18.2 | 22.1 | 29.8 | 44.9 | 74.9 | 112 | 150 | 224 | 300 | 449 |
| 25 | 35.7 | 22.8 | 27.6 | 37.3 | 56.1 | 93.6 | 140 | 187 | 280 | 375 | 562 |
| 30 | 42.9 | 27.3 | 33.1 | 44.7 | 67.3 | 112 | 168 | 224 | 336 | 450 | 674 |
| 35 | 50.0 | 31.9 | 38.7 | 52.2 | 78.5 | 131 | 198 | 262 | 392 | 525 | 786 |
| 40 | 57.1 | 63.0 | 44.2 | 59.6 | 89.8 | 150 | 224 | 299 | 448 | 600 | 899 |
| 45 | 84.3 | 70.8 | 80.2 | 67.1 | 101 | 168 | 252 | 338 | 503 | 675 | |
| 50 | 71.4 | 92.8 | 97.1 | 74.5 | 11 | 187 | 280 | 374 | 560 | 750 | |
| 60 | 85.7 | 127 | 134.0 | 146 | 135 | 225 | 336 | 448 | 672 | 900 | |
| 70 | 100.0 | 162 | 178.0 | 189 | 157 | 262 | 392 | 523 | 784 | | |
| 80 | 114 | 208 | 219 | 238 | 180 | 300 | 448 | 598 | 896 | | |
| 90 | 129.0 | 257 | 270 | 293 | 327 | 337 | 504 | 573 | | | |
| 100 | 143 | 309 | 322 | 352 | 388 | 374 | 560 | 748 | | | |
| 110 | 157 | 364 | 379 | 412 | 465 | 412 | 617 | 823 | | | |
| 120 | 171.0 | 423 | 445 | 463 | 537 | 449 | 873 | 898 | | | |
| 130 | 186 | 487 | 510 | 549 | 618 | 487 | 728 | | | | |
| 140 | 200.0 | 548 | 580 | 627 | 703 | 524 | 784 | | | | |
| 150 | 214 | 622 | 655.0 | 705 | 792 | 909 | 840 | | | | |
| 160 | 228 | 697 | 737.0 | 792 | 887 | | 898 | | | | |
| 170 | 243.0 | 775 | 808.0 | 882 | | | 952 | | | | |
| 180 | 257 | 858 | 871 | 962 | | | | | | | |
| 190 | 271.0 | 947 | 986 | | | | | | | | |

## 表 29-41 管路摩擦损失

### 黏性液体的摩擦损失(根据达西公式)

(a)每 1000ft 管道的液体摩擦损失 2½in(2.469in 内径)Sch40 新钢管

| 流量 | | 运动黏度-cSt | | | | | | | | | |
|---|---|---|---|---|---|---|---|---|---|---|---|
| gal/min | bbl/h (42gal) | 0.6 | 1.1 | 2.1 | 2.7 | 4.3 | 7.4 | 10.3 | 13.1 | 15.7 | 20.6 |
| | | 近似 SSU 黏度 | | | | | | | | | |
| | | | 31.5 | 33 | 35 | 40 | 50 | 60 | 70 | 80 | 100 |
| 10 | 14.3 | 0.92 | 1.05 | 1.23 | 1.31 | 1.48 | 1.28 | 1.75 | 2.22 | 2.66 | 3.5 |
| 12 | 17.1 | 1.28 | 1.47 | 1.7 | 1.8 | 2.04 | 1.51 | 2.10 | 2.87 | 3.19 | 4.19 |
| 14 | 20.0 | 1.68 | 1.92 | 2.23 | 2.37 | 2.65 | 3.09 | 2.45 | 3.11 | 3.73 | 4.89 |
| 16 | 22.8 | 2.15 | 2.43 | 2.81 | 2.99 | 3.34 | 3.86 | 2.80 | 3.56 | 4.28 | 5.59 |
| 18 | 25.7 | 2.68 | 2.99 | 3.46 | 3.68 | 4.21 | 4.77 | 5.26 | 4.00 | 4.60 | 6.28 |
| 20 | 28.6 | 3.23 | 3.61 | 4.27 | 4.42 | 4.94 | 5.73 | 6.26 | 4.44 | 5.33 | 6.98 |
| 25 | 35.7 | 4.88 | 5.4 | 6.17 | 8.55 | 7.31 | 8.42 | 9.20 | 9.79 | 6.68 | 8.73 |
| 30 | 42.9 | 6.9 | 7.6 | 8.55 | 9.07 | 10.1 | 11.5 | 12.6 | 13.5 | 14.1 | 10.5 |
| 35 | 50.0 | 9.18 | 9.97 | 11.3 | 11.8 | 13.3 | 15.1 | 16.4 | 17.7 | 18.5 | 20.0 |
| 40 | 57.1 | 11.8 | 12.8 | 14.3 | 15.0 | 16.8 | 19 | 20.7 | 22.1 | 23.2 | 25.0 |
| 45 | 64.3 | 14.8 | 15.9 | 17.7 | 18.7 | 20.8 | 23.5 | 25.6 | 27.1 | 28.4 | 30.6 |
| 50 | 71.4 | 18.1 | 19.3 | 21.4 | 22.4 | 24.9 | 28.3 | 30.6 | 32.5 | 34.1 | 36.8 |
| 60 | 85.7 | 25.8 | 27.2 | 29.9 | 31.1 | 34.2 | 39.1 | 42.1 | 44.7 | 46.7 | 50.4 |
| 70 | 100 | 34.2 | 36.2 | 39.6 | 41.4 | 45.2 | 51.4 | 55.4 | 58.5 | 61.5 | 66 |
| 80 | 114 | 44.1 | 46.7 | 50.6 | 53.0 | 57.3 | 64.5 | 69.7 | 74.2 | 77.5 | 82.7 |
| 90 | 129.0 | 55.2 | 58.8 | 63.2 | 65.4 | 70.9 | 80.0 | 88.6 | 91.2 | 95.3 | 103 |
| 100 | 143 | 67.2 | 72.3 | 76.7 | 79.4 | 85.8 | 96.3 | 104 | 109 | 115 | 123 |
| 110 | 157 | 80.9 | 86.2 | 92.4 | 94.8 | 103 | 113 | 121 | 130 | 135 | 146 |
| 120 | 171 | 95.7 | 102 | 108 | 112 | 121 | 133 | 143 | 151 | 158 | 169 |
| 130 | 186 | 112 | 118 | 125 | 130 | 139 | 155 | 166 | 176 | 181 | 194 |
| 140 | 200 | 129 | 136 | 144 | 150 | 160 | 178 | 188 | 198 | 209 | 221 |
| 150 | 214 | 147 | 155 | 165 | 170 | 161 | 198 | 212 | 223 | 234 | 250 |
| 160 | 228 | 167 | 175 | 187 | 191 | 203 | 224 | 238 | 253 | 282 | 281 |
| 170 | 243 | 188 | 196 | 210 | 214 | 226 | 248 | 267 | 283 | 290 | 312 |
| 180 | 257 | 210 | 219 | 234 | 239 | 253 | 277 | 297 | 311 | 322 | 345 |
| 190 | 271 | 233 | 243 | 260 | 265 | 280 | 306 | 328 | 339 | 356 | 378 |
| 200 | 286 | 258 | 269 | 288 | 292 | 308 | 334 | 357 | 373 | 391 | 417 |
| 220 | 314 | 310 | 322 | 343 | 351 | 369 | 400 | 427 | 448 | 461 | 486 |
| 240 | 343 | 367 | 381 | 404 | 418 | 436 | 469 | 494 | 522 | 539 | 573 |
| 260 | 371.0 | 429 | 445 | 470 | 482 | 505 | 534 | 575 | 599 | 621 | 660 |
| 280 | 400 | 497 | 513 | 540 | 557 | 580 | 630 | 657 | 686 | 710 | 758 |
| 300 | 429 | 568 | 586 | 617 | 632 | 659 | 705 | 748 | 775 | 803 | 849 |
| 320 | 457 | 643 | 663 | 695 | 716 | 747 | 799 | 837 | 875 | 903 | 952 |
| 340 | 486 | 725 | 745 | 776 | 800 | 839 | 894 | 933 | 980 | | |
| 360 | 514 | 809 | 835 | 866 | 892 | 936 | 994 | | | | |

(b)每 1000ft 管道的液体摩擦损失 2½in(2.469in 内径)Sch40 新钢管

| 流量 | | 运动黏度—cSt | | | | | | | | | |
|---|---|---|---|---|---|---|---|---|---|---|---|
| gal/min<br>1 分钟 | bbl/h<br>(42gal) | 26.4 | 32.0 | 43.2 | 65.0 | 108.4 | 162.3 | 216.5 | 325.0 | 435.0 | 650.0 |
| | | 近似的 SSU 黏度 | | | | | | | | | |
| | | 125 | 150 | 200 | 300 | 500 | 750 | 1000 | 1500 | 2000 | 3000 |
| 1 | 1.4 | 0.45 | 0.54 | 0.73 | 1.10 | 1.84 | 2.75 | 3.67 | 5.52 | 7.38 | 11.0 |
| 2 | 2.9 | 0.90 | 1.09 | 1.47 | 2.20 | 3.68 | 5.50 | 7.35 | 11.0 | 14.8 | 22.0 |
| 4 | 5.7 | 1.79 | 2.17 | 2.93 | 4.41 | 7.36 | 11.0 | 14.7 | 22.1 | 29.5 | 44.1 |
| 6 | 6.6 | 2.69 | 3.26 | 4.40 | 6.62 | 11.0 | 16.5 | 22.0 | 33.1 | 44.3 | 66.2 |
| 8 | 11.4 | 3.58 | 4.34 | 5.87 | 8.82 | 14.7 | 22.0 | 29.4 | 44.1 | 59.1 | 88.2 |
| 10 | 14.30 | 4.48 | 5.43 | 7.33 | 11.0 | 18.4 | 27.5 | 36.7 | 55.2 | 73.8 | 110 |
| 12 | 17.10 | 5.38 | 6.51 | 8.80 | 13.2 | 22.1 | 33.0 | 44.1 | 66.2 | 88.6 | 132 |
| 14 | 20.00 | 6.27 | 7.80 | 10.3 | 15.4 | 25.7 | 38.5 | 51.4 | 77.2 | 103 | 154 |
| 16 | 22.80 | 7.16 | 8.68 | 11.7 | 17.6 | 29.4 | 44.0 | 58.8 | 88.2 | 118 | 176 |
| 18 | 25.70 | 8.06 | 9.77 | 13.2 | 19.8 | 33.1 | 49.5 | 66.1 | 99.3 | 133 | 198 |
| 20 | 28.6 | 8.96 | 10.9 | 14.7 | 22.0 | 36.8 | 55.0 | 73.4 | 110 | 148 | 220 |
| 25 | 35.7 | 11.2 | 13.6 | 18.3 | 27.8 | 46.0 | 68.8 | 91.8 | 138 | 185 | 276 |
| 30 | 42.9 | 13.4 | 16.3 | 22.0 | 33.1 | 55.2 | 82.5 | 110 | 185 | 222 | 331 |
| 35 | 50 | 15.7 | 19.0 | 25.6 | 38.6 | 64.4 | 96.3 | 129 | 193 | 258 | 386 |
| 40 | 57.1 | 17.9 | 21.7 | 29.3 | 44.2 | 73.6 | 110 | 147 | 221 | 295 | 441 |
| 45 | 64.3 | 33.0 | 24.4 | 33.0 | 49.6 | 82.8 | 124 | 165 | 248 | 332 | 496 |
| 50 | 71.4 | 39.2 | 27.2 | 36.6 | 55.2 | 92.0 | 138 | 184 | 276 | 369 | 651 |
| 60 | 85.7 | 54.0 | 58.5 | 44.0 | 66.2 | 110 | 165 | 220 | 331 | 443 | 662 |
| 70 | 100 | 70 | 73.5 | 51.3 | 77.2 | 129 | 193 | 257 | 386 | 517 | 772 |
| 80 | 114 | 87.7 | 93.4 | 101 | 89.3 | 147 | 220 | 294 | 441 | 591 | 852 |
| 90 | 129 | 110 | 115 | 125 | 99.3 | 168 | 248 | 330 | 497 | 665 | 993 |
| 100 | 143 | 130 | 137 | 148 | 110 | 184 | 275 | 367 | 552 | 738 | |
| 110 | 157 | 154 | 164 | 176 | 197 | 202 | 303 | 403 | 607 | 812 | |
| 120 | 171 | 180 | 188 | 205 | 226 | 221 | 330 | 441 | 662 | 886 | |
| 130 | 186 | 205 | 216 | 232 | 263 | 239 | 358 | 477 | 717 | 960 | |
| 140 | 200 | 234 | 247 | 267 | 299 | 257 | 385 | 514 | 772 | | |
| 150 | 214 | 265 | 279 | 305 | 333 | 276 | 413 | 551 | 827 | | |
| 160 | 228 | 296 | 312 | 338 | 374 | 294 | 440 | 588 | 882 | | |
| 170 | 243 | 328 | 345 | 373 | 415 | 312 | 468 | 824 | 937 | | |
| 180 | 257 | 364 | 384 | 412 | 461 | 530 | 495 | 661 | 993 | | |
| 190 | 271 | 403 | 420 | 454 | 514 | 587 | 523 | 698 | | | |
| 200 | 286 | 438 | 457 | 493 | 550 | 628 | 550 | 734 | | | |
| 220 | 314 | 522 | 540 | 586 | 658 | 752 | 605 | 808 | | | |
| 240 | 343 | 612 | 633 | 682 | 760 | 866 | 660 | 881 | | | |
| 260 | 371 | 711 | 732 | 782 | 867 | | 715 | 955 | | | |

## 表 29-42 管路摩擦损失

## 黏性流体摩擦损失(基于达西公式)

(a)每 1000ft 管道的液体摩擦损失 3in(3.06in 内径)Sch40 新钢管

| 流量 | | 运动黏度—cSt | | | | | | | | | |
|---|---|---|---|---|---|---|---|---|---|---|---|
| gal/min | bbl/h (42gal) | 0.6 | 1.1 | 2.1 | 2.7 | 4.3 | 7.4 | 10.3 | 13.1 | 15.7 | 20.6 |
| | | 近似 SSU 黏度 | | | | | | | | | |
| | | | 31.5 | 33 | 35 | 40 | 50 | 60 | 70 | 80 | 100 |
| 8 | 11.4 | 0.22 | 0.25 | 0.29 | 0.32 | 0.24 | 0.42 | 0.59 | 0.74 | 0.89 | 1.18 |
| 10 | 14.3 | 0.32 | 0.37 | 0.43 | 0.47 | 0.54 | 0.53 | 0.73 | 0.93 | 1.11 | 1.47 |
| 15 | 21.4 | 0.70 | 0.76 | 0.89 | 0.94 | 1.07 | 0.79 | 1.10 | 1.40 | 1.67 | 2.20 |
| 20 | 28.6 | 1.12 | 1.27 | 1.47 | 1.57 | 1.78 | 2.07 | 1.46 | 1.88 | 2.23 | 2.93 |
| 25 | 35.7 | 1.69 | 1.93 | 2.23 | 2.31 | 2.61 | 3.01 | 3.29 | 2.33 | 2.79 | 3.66 |
| 30 | 42.9 | 2.36 | 2.64 | 2.99 | 3.22 | 3.60 | 4.12 | 4.50 | 4.83 | 3.35 | 4.40 |
| 35 | 50 | 3.13 | 3.48 | 3.97 | 4.21 | 4.66 | 5.41 | 5.89 | 6.35 | 6.61 | 5.13 |
| 40 | 57.1 | 4.03 | 4.42 | 5.02 | 5.29 | 5.90 | 6.80 | 7.46 | 7.93 | 8.37 | 5.87 |
| 50 | 74.1 | 6.10 | 6.70 | 7.50 | 7.93 | 8.76 | 10.1 | 10.9 | 11.7 | 12.3 | 13.2 |
| 60 | 85.7 | 8.57 | 9.32 | 10.4 | 11.0 | 12.0 | 13.7 | 15.0 | 16.0 | 16.8 | 18.0 |
| 70 | 100 | 11.5 | 12.4 | 13.8 | 14.5 | 15.9 | 18.0 | 19.6 | 20.9 | 21.9 | 23.6 |
| 80 | 114 | 14.7 | 15.9 | 17.5 | 18.4 | 20.3 | 22.9 | 24.6 | 26.4 | 27.7 | 29.8 |
| 90 | 129 | 18.4 | 19.9 | 21.8 | 22.8 | 25.0 | 28.0 | 30.4 | 32.4 | 33.8 | 36.3 |
| 100 | 143 | 22.4 | 24.2 | 26.3 | 27.5 | 30.2 | 33.7 | 36.4 | 39.0 | 40.8 | 43.6 |
| 120 | 171 | 31.8 | 34.1 | 36.9 | 38.6 | 41.9 | 46.8 | 50.5 | 53.4 | 56.4 | 60.0 |
| 140 | 200 | 42.4 | 45.6 | 49.4 | 50.9 | 55.4 | 65.5 | 66.0 | 70.0 | 73.2 | 78.6 |
| 160 | 228 | 54.8 | 58.0 | 63.3 | 65.4 | 70.4 | 79.1 | 83.8 | 87.9 | 92.3 | 98.2 |
| 180 | 257 | 69.0 | 72.7 | 78.7 | 81.6 | 87.2 | 97.2 | 104 | 109 | 114 | 122 |
| 200 | 286 | 84.7 | 88.9 | 95.7 | 99.4 | 106 | 117 | 125 | 131 | 137 | 146 |
| 225 | 322 | 107 | 112 | 120 | 124 | 132 | 145 | 155 | 164 | 169 | 180 |
| 250 | 357 | 131 | 137 | 147 | 151 | 160 | 175 | 188 | 195 | 204 | 218 |
| 275 | 393 | 158 | 164 | 175 | 180 | 191 | 208 | 226 | 233 | 243 | 258 |
| 300 | 429 | 187 | 193 | 204 | 212 | 225 | 244 | 260 | 273 | 281 | 298 |
| 325 | 464 | 218 | 225 | 238 | 247 | 261 | 283 | 300 | 316 | 325 | 345 |
| 350 | 500 | 253 | 260 | 275 | 283 | 300 | 324 | 344 | 361 | 373 | 396 |
| 375 | 536 | 288 | 298 | 314 | 322 | 341 | 367 | 388 | 407 | 424 | 448 |
| 400 | 571 | 328 | 339 | 354 | 363 | 385 | 414 | 436 | 458 | 476 | 498 |
| 425 | 607 | 368 | 381 | 397 | 407 | 432 | 463 | 488 | 511 | 529 | 550 |
| 450 | 643 | 410 | 427 | 443 | 455 | 480 | 515 | 543 | 568 | 587 | 619 |
| 475 | 679 | 457 | 473 | 493 | 504 | 532 | 571 | 599 | 625 | 646 | 681 |
| 500 | 714 | 504 | 524 | 544 | 555 | 587 | 627 | 658 | 684 | 707 | 750 |
| 525 | 750 | 555 | 574 | 597 | 609 | 644 | 688 | 720 | 748 | 770 | 821 |
| 550 | 785 | 606 | 627 | 651 | 665 | 703 | 748 | 783 | 814 | 838 | 890 |
| 575 | 822 | 663 | 685 | 708 | 723 | 761 | 814 | 852 | 886 | 912 | 962 |
| 600 | 857 | 721 | 742 | 767 | 783 | 820 | 882 | 919 | 960 | 989 | |

(b)每1000ft管道的液体摩擦损失3in(3.068in内径)Sch40新钢管

| 流量 | | 运动黏度—cSt | | | | | | | | | |
|---|---|---|---|---|---|---|---|---|---|---|---|
| gal/min | bbl/h (42gal) | 26.4 | 32.0 | 43.2 | 65.0 | 108.4 | 162.3 | 216.5 | 325 | 435 | 650 |
| | | 近似SSU黏度 | | | | | | | | | |
| | | 125 | 150 | 200 | 300 | 500 | 750 | 1000 | 1500 | 2000 | 3000 |
| 4 | 5.7 | 0.75 | 0.91 | 1.23 | 1.85 | 3.08 | 4.82 | 6.16 | 9.25 | 12.4 | 18.5 |
| 6 | 8.6 | 1.13 | 1.37 | 1.84 | 2.77 | 4.82 | 6.92 | 9.24 | 13.9 | 18.5 | 27.7 |
| 8 | 11.4 | 1.50 | 1.82 | 2.45 | 3.70 | 6.16 | 9.23 | 12.3 | 18.5 | 24.7 | 36.9 |
| 10 | 14.3 | 1.68 | 2.28 | 3.06 | 4.62 | 7.7 | 11.5 | 15.4 | 23.1 | 30.9 | 46.2 |
| 12 | 17.1 | 2.25 | 2.73 | 3.68 | 5.55 | 9.24 | 13.8 | 18.5 | 27.7 | 37.1 | 55.5 |
| 14 | 20.0 | 2.63 | 3.18 | 4.29 | 6.47 | 10.8 | 16.2 | 21.5 | 32.3 | 43.3 | 64.7 |
| 16 | 22.6 | 3.00 | 3.84 | 4.90 | 7.39 | 12.3 | 18.5 | 24.6 | 37.0 | 49.5 | 73.9 |
| 18 | 25.7 | 3.38 | 4.09 | 5.52 | 8.31 | 13.9 | 20.8 | 27.7 | 41.6 | 55.6 | 83.2 |
| 20 | 28.6 | 3.76 | 4.55 | 6.13 | 9.24 | 15.4 | 23.1 | 30.8 | 46.2 | 61.8 | 92.4 |
| 25 | 35.7 | 4.69 | 5.69 | 7.67 | 11.5 | 19.3 | 28.8 | 38.5 | 57.7 | 77.3 | 115 |
| 30 | 42.9 | 5.63 | 6.83 | 9.20 | 13.9 | 23.1 | 34.6 | 45.2 | 69.3 | 92.7 | 139 |
| 35 | 50.0 | 6.57 | 7.97 | 10.7 | 16.2 | 27.0 | 40.3 | 53.8 | 80.9 | 108 | 162 |
| 40 | 51.1 | 7.51 | 9.10 | 12.3 | 18.5 | 30.8 | 46.2 | 61.8 | 92.5 | 124 | 185 |
| 50 | 71.4 | 9.39 | 11.4 | 15.3 | 23.1 | 38.5 | 57.7 | 77.0 | 115 | 164 | 231 |
| 60 | 85.7 | 19.2 | 13.7 | 18.4 | 27.7 | 46.2 | 59.2 | 92.4 | 139 | 185 | 277 |
| 70 | 100 | 25.3 | 26.8 | 21.5 | 32.3 | 53.9 | 80.8 | 108 | 182 | 216 | 323 |
| 80 | 114 | 31.6 | 33.6 | 24.7 | 37.0 | 61.6 | 92.3 | 123 | 185 | 247 | 369 |
| 90 | 129 | 38.9 | 40.9 | 44.6 | 41.6 | 69.3 | 104 | 139 | 208 | 278 | 416 |
| 100 | 143 | 46.1 | 49.5 | 53.0 | 46.2 | 77.0 | 115 | 154 | 231 | 309 | 462 |
| 120 | 171 | 64.0 | 67.8 | 72.9 | 55.5 | 82.4 | 138 | 185 | 277 | 371 | 555 |
| 140 | 200 | 83.9 | 69.1 | 94.9 | 108 | 108 | 162 | 215 | 323 | 433 | 647 |
| 160 | 228 | 106 | 111 | 120 | 135 | 123 | 185 | 246 | 370 | 495 | 739 |
| 180 | 257 | 131 | 137 | 148 | 164 | 139 | 208 | 277 | 416 | 556 | 832 |
| 200 | 286 | 157 | 163 | 179 | 198 | 154 | 231 | 308 | 462 | 618 | 924 |
| 225 | 322 | 191 | 204 | 223 | 242 | 279 | 260 | 346 | 520 | 698 | |
| 250 | 357 | 229 | 242 | 261 | 291 | 332 | 288 | 385 | 577 | 773 | |
| 275 | 393 | 271 | 285 | 311 | 343 | 396 | 317 | 423 | 636 | 850 | |
| 300 | 429 | 316 | 331 | 361 | 398 | 456 | 348 | 462 | 893 | 927 | |
| 325 | 464 | 364 | 381 | 416 | 458 | 527 | 375 | 500 | 751 | | |
| 350 | 500 | 415 | 435 | 467 | 523 | 593 | 672 | 538 | 809 | | |
| 375 | 536 | 469 | 493 | 528 | 586 | 672 | 746 | 577 | 867 | | |
| 400 | 571 | 526 | 550 | 592 | 656 | 751 | 843 | 616 | 925 | | |
| 425 | 607 | 587 | 612 | 656 | 728 | 834 | 937 | 654 | 982 | | |
| 450 | 643 | 652 | 675 | 728 | 802 | 928 | | | | | |
| 475 | 679 | 718 | 744 | 801 | 689 | | | | | | |

## 表 29-43 管路摩擦损失
## 黏性流体摩擦损失(基于达西公式)

(a)每 1000ft 管道的液体摩擦损失 $3^{1/2}$in(3.548in 内径)Sch40 新钢管

| 流量 | | 运动黏度—cSt | | | | | | | | | |
|---|---|---|---|---|---|---|---|---|---|---|---|
| gal/min | bbl/h (42gal) | 0.6 | 1.1 | 2.1 | 2.7 | 4.3 | 7.4 | 10.3 | 13.1 | 15.7 | 20.6 |
| | | 近似的 SSU 黏度 | | | | | | | | | |
| | | | 31.5 | 33 | 35 | 40 | 50 | 60 | 70 | 80 | 100 |
| 20 | 28.6 | 0.56 | 0.83 | 0.72 | 0.78 | 0.88 | 1.03 | 0.82 | 1.04 | 1.25 | 1.64 |
| 25 | 35.7 | 0.82 | 0.93 | 1.08 | 1.14 | 1.29 | 1.52 | 1.67 | 1.30 | 1.56 | 2.05 |
| 30 | 42.9 | 1.15 | 1.29 | 1.50 | 1.57 | 1.78 | 2.09 | 2.30 | 1.56 | 1.87 | 2.46 |
| 35 | 50 | 1.53 | 1.70 | 1.94 | 2.08 | 2.31 | 2.68 | 2.97 | 3.18 | 2.18 | 2.87 |
| 40 | 57.1 | 1.95 | 2.17 | 2.49 | 2.68 | 2.91 | 3.35 | 3.70 | 4.00 | 4.21 | 3.28 |
| 45 | 64.3 | 2.46 | 2.68 | 3.03 | 3.22 | 3.59 | 4.11 | 4.57 | 4.91 | 5.19 | 3.69 |
| 50 | 71.4 | 2.95 | 3.25 | 3.68 | 3.90 | 4.32 | 4.98 | 5.42 | 5.87 | 6.20 | 6.64 |
| 60 | 85.7 | 4.17 | 4.54 | 5.12 | 5.38 | 6.00 | 6.82 | 7.41 | 7.97 | 8.41 | 9.21 |
| 70 | 100 | 6.78 | 6.02 | 6.78 | 7.11 | 7.84 | 8.87 | 9.76 | 10.4 | 10.9 | 11.9 |
| 80 | 114 | 7.19 | 7.72 | 8.57 | 8.79 | 9.81 | 11.2 | 12.3 | 13.0 | 13.7 | 14.9 |
| 90 | 129 | 8.92 | 9.59 | 10.6 | 11.2 | 12.5 | 13.9 | 15.0 | 18.1 | 16.0 | 18.3 |
| 100 | 143 | 10.8 | 11.7 | 12.9 | 13.8 | 14.8 | 18.8 | 18.0 | 19.3 | 20.2 | 21.7 |
| 120 | 171 | 15.4 | 15.4 | 18.1 | 18.7 | 20.5 | 22.9 | 25.0 | 26.3 | 27.7 | 29.7 |
| 140 | 200 | 20.5 | 22.0 | 23.9 | 24.9 | 27.3 | 30.5 | 33.1 | 34.8 | 30.0 | 39.1 |
| 160 | 228 | 26.4 | 28.3 | 30.9 | 31.9 | 35.0 | 38.4 | 41.8 | 43.9 | 45.8 | 19.0 |
| 180 | 257 | 33.0 | 35.0 | 38.0 | 39.8 | 42.5 | 47.7 | 50.8 | 54.0 | 56.3 | 60.1 |
| 200 | 288 | 40.3 | 43.0 | 46.3 | 48.0 | 51.4 | 57.1 | 61.8 | 65.5 | 68.0 | 72.2 |
| 225 | 322 | 50.7 | 53.2 | 57.7 | 59.7 | 64.7 | 71.2 | 75.9 | 80.1 | 84.3 | 88.8 |
| 250 | 357 | 62.6 | 65.0 | 70.9 | 72.7 | 78.9 | 86.5 | 92.7 | 96.9 | 101 | 107 |
| 275 | 393 | 75.4 | 77.9 | 84.6 | 87.1 | 93.3 | 102 | 110 | 115 | 120 | 127 |
| 300 | 429 | 89.2 | 92.2 | 99.6 | 103 | 109 | 119 | 128 | 135 | 140 | 148 |
| 325 | 464 | 104 | 108 | 116 | 120 | 127 | 138 | 147 | 154 | 161 | 171 |
| 350 | 500 | 121 | 124 | 133 | 138 | 145 | 159 | 169 | 178 | 183 | 194 |
| 375 | 538 | 138 | 142 | 152 | 157 | 167 | 181 | 191 | 200 | 207 | 220 |
| 400 | 571 | 156 | 161 | 171 | 178 | 188 | 203 | 213 | 225 | 233 | 248 |
| 425 | 607 | 176 | 181 | 192 | 200 | 211 | 225 | 238 | 252 | 259 | 279 |
| 450 | 643 | 196 | 203 | 213 | 221 | 234 | 250 | 265 | 280 | 287 | 309 |
| 475 | 679 | 219 | 225 | 235 | 244 | 257 | 276 | 292 | 310 | 319 | 336 |
| 500 | 714 | 241 | 249 | 259 | 268 | 282 | 304 | 321 | 340 | 350 | 388 |
| 550 | 786 | 290 | 300 | 311 | 323 | 340 | 365 | 385 | 407 | 415 | 440 |
| 600 | 857 | 343 | 355 | 367 | 377 | 399 | 428 | 452 | 466 | 480 | 510 |
| 650 | 929 | 400 | 414 | 428 | 440 | 461 | 498 | 522 | 540 | 557 | 587 |
| 700 | 1000 | 454 | 480 | 494 | 505 | 532 | 572 | 597 | 621 | 637 | 675 |
| 750 | 1070 | 532 | 548 | 567 | 576 | 604 | 651 | 682 | 704 | 725 | 769 |
| 800 | 1140 | 808 | 624 | 641 | 652 | 684 | 730 | 765 | 794 | 815 | 861 |

(b)每1000ft管道的液体摩擦损失 $3^{1/2}$ in(3.548in内径)Sch40新钢管

| 流量 | | 运动黏度—cSt | | | | | | | | | |
|---|---|---|---|---|---|---|---|---|---|---|---|
| gal/min | bbl/h (42gal) | 26.4 | 32 | 43.2 | 65 | 108.4 | 162.5 | 216.5 | 325 | 435 | 650 |
| | | 近似的SSU黏度 | | | | | | | | | |
| | | 125 | 150 | 200 | 300 | 500 | 750 | 1000 | 1500 | 2000 | 3000 |
| 10 | 14.3 | 1.05 | 1.27 | 1.72 | 2.58 | 4.32 | 6.48 | 8.62 | 30.8 | 18.9 | 25.8 |
| 15 | 21.4 | 1.57 | 1.91 | 2.58 | 3.88 | 6.47 | 9.69 | 12.9 | 45.3 | 25.4 | 38.8 |
| 20 | 28.6 | 2.10 | 2.54 | 3.44 | 5.17 | 8.63 | 12.9 | 17.3 | 51.7 | 33.8 | 51.7 |
| 25 | 35.7 | 2.82 | 3.18 | 4.29 | 6.47 | 10.8 | 16.1 | 21.6 | 32.3 | 42.3 | 64.7 |
| 30 | 42.9 | 3.15 | 3.82 | 5.15 | 7.78 | 13.0 | 19.4 | 25.9 | 30.8 | 50.7 | 77.6 |
| 35 | 50 | 3.67 | 4.45 | 6.01 | 9.05 | 15.1 | 22.6 | 30.2 | 45.3 | 59.2 | 90.6 |
| 40 | 57.1 | 4.20 | 5.09 | 6.87 | 10.3 | 17.3 | 25.8 | 34.5 | 51.7 | 67.6 | 103 |
| 45 | 84.3 | 4.72 | 5.73 | 7.73 | 11.6 | 19.4 | 29.0 | 38.8 | 58.2 | 76.1 | 116 |
| 50 | 71.4 | 5.25 | 6.36 | 8.59 | 12.9 | 21.6 | 32.3 | 43.1 | 64.7 | 84.5 | 129 |
| 60 | 85.7 | 6.30 | 7.64 | 10.3 | 15.5 | 25.9 | 38.8 | 51.8 | 77.8 | 101 | 155 |
| 70 | 100 | 12.8 | 8.91 | 12.0 | 18.1 | 30.2 | 45.2 | 60.4 | 90.6 | 118 | 181 |
| 80 | 114 | 16.1 | 16.9 | 13.7 | 20.7 | 34.5 | 51.6 | 69.0 | 103 | 135 | 207 |
| 90 | 129 | 19.6 | 20.8 | 15.5 | 23.3 | 38.8 | 58.1 | 77.6 | 115 | 152 | 233 |
| 100 | 143 | 23.6 | 24.8 | 17.2 | 25.9 | 43.2 | 64.6 | 88.2 | 129 | 169 | 258 |
| 120 | 171 | 31.9 | 34.0 | 37.1 | 31.0 | 51.8 | 77.5 | 104 | 155 | 203 | 310 |
| 140 | 200 | 41.5 | 43.8 | 48.2 | 35.2 | 60.4 | 90.4 | 121 | 181 | 236 | 362 |
| 160 | 228 | 52.3 | 55.3 | 60.5 | 67.7 | 69.1 | 103 | 138 | 207 | 270 | 413 |
| 180 | 257 | 54.6 | 67.3 | 73.9 | 83.4 | 77.7 | 116 | 156 | 233 | 304 | 486 |
| 200 | 286 | 77.3 | 81.5 | 87.9 | 99.9 | 86.3 | 129 | 173 | 258 | 338 | 517 |
| 225 | 322 | 94.4 | 99.8 | 108 | 122 | 97.1 | 145 | 194 | 201 | 380 | 520 |
| 250 | 357 | 114 | 120 | 129 | 145 | 108 | 161 | 210 | 323 | 422 | 647 |
| 275 | 393 | 134 | 141 | 153 | 172 | 199 | 177 | 237 | 356 | 465 | 711 |
| 300 | 429 | 157 | 164 | 178 | 198 | 233 | 194 | 259 | 388 | 507 | 776 |
| 325 | 464 | 181 | 188 | 205 | 227 | 266 | 210 | 280 | 420 | 549 | 840 |
| 350 | 500 | 206 | 215 | 233 | 258 | 301 | 226 | 302 | 452 | 592 | 906 |
| 375 | 536 | 234 | 245 | 262 | 291 | 339 | 242 | 323 | 485 | 634 | 970 |
| 400 | 571 | 261 | 274 | 291 | 326 | 379 | 423 | 345 | 517 | 676 | |
| 425 | 607 | 291 | 303 | 325 | 363 | 419 | 473 | 387 | 550 | 718 | |
| 450 | 643 | 322 | 337 | 359 | 402 | 462 | 525 | 388 | 582 | 761 | |
| 475 | 679 | 353 | 368 | 395 | 440 | 505 | 572 | 410 | 814 | 803 | |
| 500 | 714 | 389 | 403 | 433 | 482 | 551 | 626 | 431 | 547 | 845 | |
| 550 | 786 | 459 | 481 | 514 | 556 | 648 | 733 | 795 | 712 | 930 | |
| 600 | 857 | 538 | 566 | 600 | 658 | 749 | 851 | 923 | 778 | | |
| 650 | 929 | 620 | 648 | 690 | 755 | 865 | 987 | | 841 | | |
| 700 | 1000 | 708 | 735 | 789 | 863 | 987 | | | 908 | | |

## 表 29-44 管路摩擦损失
## 黏性流体摩擦损失(基于达西公式)

(a)每 1000ft 管道的液体摩擦损失 6in(6.065in 内径)Sch40 新钢管

| 流量 | | 运动黏度—cSt | | | | | | | | | |
|---|---|---|---|---|---|---|---|---|---|---|---|
| gal/min | bbl/h (42gal) | 0.6 | 1.1 | 2.1 | 2.7 | 4.3 | 7.4 | 10.3 | 13.1 | 15.7 | 20.6 |
| | | 近似的 SSU 黏度 | | | | | | | | | |
| | | | 31.5 | 33 | 35 | 40 | 50 | 60 | 70 | 80 | 100 |
| 75 | 107 | 0.45 | 0.49 | 0.58 | 0.61 | 0.68 | 0.80 | 0.86 | 0.93 | 0.98 | 0.72 |
| 100 | 143 | 0.77 | 0.85 | 0.96 | 1.01 | 1.14 | 1.30 | 1.42 | 1.52 | 1.62 | 1.74 |
| 125 | 178 | 1.14 | 1.27 | 1.43 | 1.51 | 1.68 | 1.95 | 2.10 | 2.23 | 2.35 | 2.57 |
| 150 | 214 | 1.61 | 1.78 | 2.01 | 2.09 | 2.32 | 2.66 | 2.86 | 3.08 | 3.20 | 3.46 |
| 175 | 250 | 2.13 | 2.37 | 2.63 | 2.79 | 3.04 | 3.52 | 3.74 | 3.97 | 4.24 | 4.51 |
| 200 | 286 | 2.75 | 3.00 | 3.34 | 3.55 | 3.85 | 4.41 | 4.76 | 5.02 | 5.31 | 5.89 |
| 225 | 322 | 3.42 | 3.74 | 4.17 | 4.38 | 4.78 | 5.39 | 5.89 | 6.16 | 6.45 | 7.05 |
| 250 | 357 | 4.15 | 4.55 | 5.07 | 5.21 | 5.76 | 6.94 | 7.11 | 7.47 | 7.77 | 8.41 |
| 275 | 393 | 4.99 | 5.42 | 6.02 | 6.28 | 6.88 | 7.60 | 8.35 | 8.86 | 9.18 | 9.81 |
| 300 | 429 | 5.87 | 6.38 | 7.08 | 7.37 | 8.09 | 8.94 | 9.69 | 10.3 | 10.8 | 11.4 |
| 350 | 500 | 7.90 | 8.45 | 9.38 | 9.80 | 10.5 | 11.8 | 12.5 | 13.5 | 14.2 | 15.0 |
| 400 | 571 | 10.2 | 10.9 | 11.6 | 12.5 | 13.4 | 15.0 | 16.0 | 17.0 | 18.0 | 19.1 |
| 450 | 643 | 12.8 | 13.8 | 14.8 | 15.5 | 16.7 | 18.5 | 19.7 | 20.1 | 21.8 | 23.7 |
| 500 | 714 | 15.8 | 16.6 | 18.0 | 18.7 | 20.4 | 22.6 | 24.0 | 25.1 | 26.4 | 28.5 |
| 550 | 786 | 18.8 | 19.8 | 21.5 | 22.3 | 24.3 | 26.8 | 28.5 | 29.6 | 29.9 | 33.4 |
| 600 | 857 | 22.1 | 23.3 | 25.1 | 26.2 | 28.4 | 31.1 | 33.2 | 35.0 | 36.2 | 38.8 |
| 650 | 929 | 25.8 | 27.2 | 29.2 | 30.4 | 32.5 | 38.1 | 38.5 | 40.4 | 41.8 | 44.7 |
| 700 | 1000 | 29.7 | 31.2 | 33.5 | 34.9 | 37.5 | 41.1 | 44.2 | 46.3 | 47.9 | 51.3 |
| 750 | 1070 | 33.9 | 35.6 | 38.2 | 39.7 | 42.5 | 46.7 | 49.9 | 51.8 | 54.0 | 57.2 |
| 800 | 1140 | 38.3 | 40.5 | 43.2 | 44.4 | 47.8 | 52.7 | 56.1 | 58.5 | 60.9 | 64.3 |
| 900 | 1285 | 48.5 | 50.7 | 54.4 | 55.8 | 59.3 | 65.4 | 69.1 | 72.8 | 74.6 | 79.9 |
| 1000 | 1430 | 59.5 | 62.2 | 66.4 | 67.5 | 72.4 | 79.3 | 83.4 | 87.8 | 91.0 | 95.9 |
| 1100 | 1570 | 71.6 | 74.8 | 79.4 | 80.8 | 86.7 | 94.5 | 99.6 | 104 | 109 | 114 |
| 1200 | 1715 | 84.5 | 87.9 | 93.4 | 85.6 | 102 | 111 | 117 | 121 | 126 | 133 |
| 1400 | 2000 | 115 | 118 | 126 | 128 | 135 | 146 | 155 | 161 | 167 | 177 |
| 1600 | 2285 | 150 | 153 | 162 | 164 | 173 | 187 | 199 | 207 | 213 | 224 |
| 1800 | 2570 | 188 | 193 | 203 | 206 | 216 | 232 | 246 | 256 | 264 | 278 |
| 2000 | 2880 | 231 | 237 | 247 | 253 | 264 | 284 | 296 | 311 | 320 | 334 |
| 2200 | 3140 | 277 | 286 | 297 | 303 | 316 | 338 | 354 | 371 | 382 | 398 |
| 2400 | 3430 | 330 | 341 | 352 | 356 | 374 | 395 | 417 | 430 | 443 | 470 |
| 2600 | 3710 | 387 | 395 | 408 | 418 | 433 | 461 | 485 | 500 | 520 | 543 |
| 2800 | 4000 | 449 | 458 | 470 | 482 | 497 | 526 | 553 | 574 | 595 | 621 |
| 3000 | 4285 | 515 | 526 | 536 | 550 | 567 | 597 | 628 | 655 | 666 | 706 |
| 3250 | 4540 | 605 | 813 | 629 | 641 | 665 | 701 | 729 | 757 | 777 | 817 |
| 3500 | 5000 | 697 | 711 | 729 | 739 | 771 | 808 | 841 | 869 | 897 | 938 |

(b)每 1000ft 管道的液体摩擦损失 6in(6.065in 内径)Sch40 新钢管

| 流量 | | 运动黏度—cSt | | | | | | | | | |
|---|---|---|---|---|---|---|---|---|---|---|---|
| gal/min | bbl/h (42gal) | 26.4 | 32 | 43.2 | 65 | 108.4 | 162.3 | 216.5 | 325 | 435 | 650 |
| | | 近似的 SSU 黏度 | | | | | | | | | |
| | | 125 | 150 | 200 | 300 | 500 | 750 | 1000 | 1500 | 2000 | 3000 |
| 50 | 71.4 | 0.62 | 0.74 | 1.00 | 1.51 | 2.52 | 3.78 | 5.04 | 7.57 | 10.1 | 15.1 |
| 75 | 107 | 0.92 | 1.12 | 1.51 | 2.27 | 3.78 | 5.66 | 7.58 | 11.4 | 15.2 | 22.7 |
| 100 | 143 | 1.23 | 1.49 | 2.01 | 3.03 | 5.05 | 7.55 | 10.1 | 15.1 | 20.3 | 30.2 |
| 125 | 178 | 2.75 | 1.86 | 2.61 | 3.79 | 6.31 | 9.45 | 12.6 | 18.9 | 25.3 | 37.8 |
| 150 | 214 | 3.75 | 3.96 | 3.01 | 4.54 | 7.68 | 11.3 | 15.1 | 22.7 | 30.4 | 45.4 |
| 175 | 250 | 4.90 | 5.17 | 5.02 | 5.30 | 8.84 | 13.2 | 17.6 | 28.5 | 35.5 | 53.0 |
| 200 | 286 | 6.1 | 6.51 | 7.07 | 8.06 | 10.1 | 15.1 | 20.2 | 30.3 | 40.5 | 60.6 |
| 225 | 322 | 7.43 | 7.93 | 8.66 | 8.62 | 11.4 | 17.0 | 22.7 | 34.1 | 45.6 | 68.1 |
| 250 | 357 | 8.91 | 9.43 | 10.4 | 7.57 | 12.6 | 18.9 | 25.2 | 37.8 | 50.7 | 75.7 |
| 275 | 393 | 10.6 | 11.1 | 12.2 | 13.7 | 13.9 | 20.8 | 27.7 | 41.7 | 55.8 | 83.2 |
| 300 | 429 | 12.3 | 12.9 | 14.2 | 15.9 | 15.1 | 22.6 | 30.2 | 45.4 | 60.9 | 90.8 |
| 350 | 500 | 15.9 | 17.1 | 18.3 | 20.8 | 17.7 | 25.4 | 35.3 | 53.0 | 71.0 | 106 |
| 400 | 571 | 20.1 | 21.3 | 23.1 | 26.2 | 20.2 | 30.2 | 40.3 | 60.6 | 81.1 | 121 |
| 450 | 643 | 24.7 | 28 | 28.6 | 31.9 | 36.9 | 34.0 | 45.3 | 68.2 | 91.3 | 135 |
| 500 | 714 | 30.0 | 31.3 | 34.1 | 28.0 | 44.2 | 37.8 | 50.4 | 75.7 | 101 | 151 |
| 550 | 786 | 35.6 | 36.9 | 40.2 | 44.6 | 52.1 | 41.6 | 55.4 | 83.3 | 112 | 166 |
| 600 | 857 | 41.5 | 43.1 | 46.4 | 51.7 | 59.1 | 45.3 | 80.5 | 90.9 | 122 | 182 |
| 650 | 929 | 47.7 | 50.0 | 53.4 | 59.6 | 69.4 | 49.1 | 65.5 | 98.5 | 132 | 197 |
| 700 | 1000 | 54.1 | 57.0 | 60.8 | 68.5 | 78.8 | 88.3 | 70.8 | 106 | 142 | 212 |
| 750 | 1070 | 60.8 | 64.4 | 68.5 | 76.8 | 88.5 | 99.4 | 75.6 | 114 | 152 | 227 |
| 800 | 1140 | 68.0 | 72.1 | 76.9 | 85.7 | 97.8 | 111 | 80.6 | 121 | 162 | 242 |
| 900 | 1285 | 83.9 | 88.5 | 95.2 | 105 | 120 | 136 | 148 | 136 | 183 | 272 |
| 1000 | 1430 | 101 | 106 | 115 | 126 | 144 | 163 | 177 | 151 | 203 | 302 |
| 1100 | 1570 | 120 | 125 | 136 | 148 | 171 | 192 | 208 | 187 | 223 | 333 |
| 1200 | 1715 | 140 | 146 | 158 | 173 | 200 | 220 | 242 | 182 | 243 | 363 |
| 1400 | 2000 | 184 | 193 | 206 | 230 | 258 | 287 | 316 | 353 | 284 | 424 |
| 1600 | 2285 | 234 | 244 | 260 | 288 | 323 | 363 | 393 | 445 | 324 | 484 |
| 1800 | 2570 | 292 | 299 | 322 | 350 | 399 | 452 | 480 | 543 | 591 | 545 |
| 2000 | 2860 | 350 | 364 | 387 | 425 | 481 | 535 | 576 | 652 | 707 | 605 |
| 2200 | 3140 | 417 | 435 | 459 | 510 | 573 | 628 | 683 | 771 | 833 | 666 |
| 2400 | 3404 | 487 | 507 | 535 | 585 | 688 | 730 | 799 | 885 | 968 | 726 |
| 2600 | 3710 | 564 | 587 | 620 | 677 | 769 | 841 | 913 | | | 787 |
| 2800 | 4000 | 645 | 669 | 714 | 773 | 874 | 954 | | | | |
| 3000 | 4285 | 734 | 751 | 805 | 867 | 993 | | | | | |
| 3200 | 4570 | 827 | 850 | 909 | 982 | | | | | | |

## 表 29-45 管路摩擦损失

### 黏性流体摩擦损失(基于达西公式)

(a)每 1000ft 管道的液体摩擦损失 8in(7.981in 内径)Sch40 新钢管

| 流量 | | 运动黏度—cSt | | | | | | | | | |
|---|---|---|---|---|---|---|---|---|---|---|---|
| gal/min | bbl/h (42gal) | 0.6 | 1.1 | 2.1 | 2.7 | 4.3 | 7.4 | 10.3 | 13.1 | 15.7 | 20.6 |
| | | 近似的 SSU 黏度 | | | | | | | | | |
| | | | 31.5 | 33 | 35 | 40 | 50 | 60 | 70 | 80 | 100 |
| 150 | 214 | 0.42 | 0.47 | 0.53 | 0.56 | 0.63 | 0.72 | 0.79 | 0.84 | 0.88 | 0.96 |
| 200 | 286 | 0.71 | 0.78 | 0.89 | 0.94 | 1.05 | 1.15 | 1.30 | 1.38 | 1.45 | 1.57 |
| 250 | 357 | 1.07 | 1.18 | 1.33 | 1.40 | 1.56 | 1.77 | 1.92 | 2.04 | 2.14 | 2.30 |
| 300 | 429 | 1.50 | 1.65 | 1.85 | 1.94 | 2.15 | 2.43 | 2.65 | 2.80 | 2.93 | 3.15 |
| 350 | 500 | 2.01 | 2.19 | 2.45 | 2.57 | 2.81 | 3.20 | 3.46 | 3.69 | 3.85 | 4.13 |
| 400 | 571 | 2.58 | 2.78 | 3.12 | 3.26 | 3.58 | 4.04 | 4.37 | 4.64 | 4.03 | 5.21 |
| 450 | 643 | 3.21 | 3.48 | 3.85 | 4.05 | 4.42 | 5.08 | 5.39 | 5.70 | 5.96 | 6.38 |
| 500 | 714 | 3.94 | 4.23 | 4.69 | 4.90 | 5.33 | 5.99 | 6.49 | 6.82 | 7.18 | 7.91 |
| 600 | 857 | 5.54 | 5.95 | 6.61 | 6.82 | 7.44 | 8.27 | 8.89 | 9.48 | 9.83 | 10.6 |
| 700 | 1000 | 7.44 | 7.96 | 8.71 | 9.04 | 9.84 | 10.9 | 11.9 | 12.4 | 13.0 | 13.9 |
| 800 | 1140 | 9.55 | 10.2 | 11.1 | 11.7 | 12.6 | 13.9 | 14.8 | 15.8 | 16.4 | 17.4 |
| 900 | 1285 | 12.1 | 12.8 | 13.8 | 14.4 | 15.5 | 17.1 | 18.4 | 19.4 | 20.2 | 21.5 |
| 1000 | 1430 | 14.8 | 15.5 | 16.8 | 17.4 | 18.7 | 20.8 | 22.2 | 23.3 | 24.4 | 26 |
| 1200 | 1715 | 21.0 | 22.0 | 23.7 | 24.5 | 26.4 | 28.9 | 30.7 | 32.4 | 33.5 | 35.9 |
| 1400 | 2000 | 28.3 | 29.6 | 31.8 | 32.6 | 35.6 | 38.2 | 40.7 | 42.6 | 44.3 | 47.5 |
| 1600 | 2285 | 36.7 | 38.4 | 40.6 | 42.1 | 44.5 | 48.7 | 51.9 | 54.1 | 56.1 | 59.3 |
| 1800 | 2570 | 46.1 | 48.0 | 50.8 | 52.3 | 55.4 | 60.4 | 64.5 | 67.0 | 69.4 | 73.5 |
| 2000 | 2880 | 58.5 | 58.8 | 61.9 | 63.8 | 67.3 | 73.4 | 77.7 | 81.1 | 83.8 | 80.8 |
| 2200 | 3140 | 67.9 | 70.2 | 74.4 | 78.3 | 80.5 | 87.5 | 92.1 | 96.8 | 99.6 | 105 |
| 2400 | 3430 | 80.8 | 83.0 | 88.0 | 90.2 | 94.7 | 103 | 108 | 114 | 117 | 123 |
| 2600 | 3710 | 94.2 | 97.5 | 103 | 105 | 110 | 119 | 125 | 131 | 135 | 142 |
| 2800 | 4000 | 109 | 112 | 118 | 121 | 127 | 136 | 144 | 149 | 155 | 163 |
| 3000 | 4285 | 125 | 129 | 135 | 138 | 145 | 155 | 164 | 170 | 176 | 184 |
| 3200 | 4570 | 142 | 146 | 153 | 156 | 162 | 174 | 184 | 191 | 197 | 208 |
| 3400 | 4860 | 160 | 104 | 172 | 174 | 182 | 196 | 206 | 213 | 220 | 232 |
| 3600 | 5140 | 178 | 183 | 192 | 196 | 204 | 217 | 228 | 237 | 244 | 258 |
| 3800 | 5425 | 199 | 204 | 212 | 217 | 226 | 240 | 251 | 262 | 269 | 285 |
| 4000 | 5715 | 220 | 225 | 284 | 238 | 249 | 265 | 277 | 269 | 295 | 311 |
| 4500 | 6425 | 276 | 284 | 294 | 300 | 311 | 331 | 345 | 358 | 388 | 385 |
| 5000 | 7145 | 341 | 348 | 350 | 365 | 380 | 404 | 418 | 433 | 447 | 466 |
| 5500 | 7855 | 410 | 419 | 433 | 439 | 457 | 480 | 500 | 518 | 532 | 555 |
| 6000 | 8570 | 488 | 498 | 512 | 519 | 540 | 567 | 592 | 609 | 623 | 654 |
| 6500 | 9280 | 573 | 581 | 601 | 609 | 630 | 662 | 686 | 707 | 723 | 755 |
| 7000 | 10000 | 664 | 673 | 692 | 702 | 725 | 763 | 791 | 810 | 829 | 867 |
| 7500 | 10700 | 760 | 773 | 789 | 806 | 827 | 865 | 897 | 925 | 946 | 984 |

(b)每 1000ft 管道的液体摩擦损失 8in(7.981in 内径)Sch40 新钢管

| 流量 | | 运动黏度—cSt | | | | | | | | | |
|---|---|---|---|---|---|---|---|---|---|---|---|
| gal/min | bbl/h (42gal) | 26.4 | 32 | 43.2 | 65 | 108.4 | 162.3 | 216.5 | 325 | 435 | 650 |
| | | 近似的 SSU 黏度 | | | | | | | | | |
| | | 125 | 150 | 200 | 300 | 500 | 750 | 1000 | 1500 | 2000 | 3000 |
| 50 | 71.4 | 0.21 | 0.25 | 0.34 | 0.60 | 0.84 | 1.26 | 1.68 | 2.52 | 3.38 | 5.05 |
| 100 | 143 | 0.41 | 0.50 | 0.87 | 1.01 | 1.68 | 2.52 | 3.36 | 5.04 | 8.76 | 10.1 |
| 150 | 214 | 1.03 | 0.75 | 1.01 | 1.51 | 2.52 | 3.78 | 5.04 | 7.58 | 10.1 | 15.1 |
| 200 | 286 | 1.67 | 1.78 | 1.34 | 2.02 | 3.37 | 5.04 | 6.72 | 10.1 | 13.5 | 20.2 |
| 250 | 357 | 2.46 | 2.60 | 2.85 | 2.52 | 4.21 | 8.30 | 8.40 | 12.6 | 16.9 | 25.3 |
| 300 | 429 | 3.37 | 3.56 | 3.89 | 3.03 | 5.05 | 7.56 | 10.1 | 15.1 | 20.3 | 30.3 |
| 350 | 500 | 4.39 | 4.63 | 5.04 | 5.69 | 5.89 | 8.82 | 11.6 | 17.7 | 23.6 | 35.3 |
| 400 | 571 | 5.54 | 5.83 | 6.35 | 7.18 | 6.73 | 10.1 | 13.5 | 20.2 | 27.0 | 40.4 |
| 450 | 643 | 6.79 | 7.16 | 7.75 | 8.76 | 7.58 | 11.3 | 15.1 | 22.7 | 30.4 | 45.4 |
| 500 | 714 | 6.17 | 8.58 | 9.32 | 10.4 | 8.42 | 12.8 | 16.8 | 25.2 | 33.8 | 50.5 |
| 550 | 766 | 9.65 | 10.1 | 11.0 | 12.3 | 9.26 | 13.9 | 18.5 | 27.8 | 37.2 | 55.5 |
| 600 | 857 | 11.2 | 11.8 | 12.8 | 14.3 | 16.6 | 15.1 | 20.2 | 30.3 | 40.5 | 60.6 |
| 700 | 1000 | 14.7 | 15.5 | 16.7 | 18.6 | 1.7 | 17.8 | 23.5 | 35.3 | 47.3 | 70.6 |
| 800 | 1140 | 18.6 | 19.4 | 21.0 | 23.4 | 27.1 | 20.1 | 26.9 | 40.3 | 54.0 | 80.7 |
| 900 | 1285 | 22.9 | 24.0 | 25.9 | 28.7 | 33.1 | 37.4 | 30.2 | 45.4 | 50.8 | 90.8 |
| 1000 | 1430 | 27.4 | 28.8 | 31.0 | 34.4 | 39.7 | 44.9 | 33.6 | 50.4 | 67.6 | 101 |
| 1200 | 1715 | 37.8 | 39.4 | 42.8 | 47.3 | 54.3 | 60.9 | 66.4 | 60.5 | 81.0 | 121 |
| 1400 | 2000 | 49.7 | 52.0 | 56.1 | 62.0 | 70.8 | 70.3 | 88.7 | 70.6 | 94.5 | 141 |
| 1600 | 2285 | 83.2 | 65.7 | 70.6 | 78.0 | 89.3 | 99.4 | 100 | 80.7 | 108 | 161 |
| 1800 | 2570 | 77.9 | 81.3 | 86.9 | 96.2 | 110 | 122 | 132 | 150 | 122 | 182 |
| 2000 | 2860 | 93.4 | 98 | 105 | 116 | 132 | 147 | 159 | 180 | 135 | 202 |
| 2200 | 3140 | 111 | 116 | 124 | 137 | 155 | 173 | 186 | 211 | 149 | 222 |
| 2400 | 3430 | 130 | 135 | 145 | 159 | 181 | 201 | 217 | 244 | 266 | 242 |
| 2600 | 3710 | 149 | 155 | 168 | 183 | 208 | 231 | 250 | 279 | 306 | 262 |
| 2800 | 4000 | 170 | 178 | 191 | 210 | 238 | 262 | 283 | 317 | 347 | 282 |
| 3000 | 4265 | 193 | 201 | 215 | 235 | 257 | 296 | 319 | 357 | 369 | 303 |
| 3200 | 4570 | 217 | 225 | 240 | 265 | 299 | 332 | 357 | 396 | 433 | 323 |
| 3400 | 4850 | 242 | 251 | 268 | 294 | 333 | 369 | 397 | 441 | 460 | 343 |
| 3600 | 5140 | 288 | 284 | 296 | 325 | 369 | 407 | 438 | 468 | 529 | 598 |
| 3800 | 5425 | 296 | 307 | 328 | 359 | 404 | 447 | 482 | 536 | 582 | 556 |
| 4000 | 5715 | 325 | 337 | 358 | 394 | 441 | 488 | 526 | 586 | 635 | 718 |
| 4500 | 5425 | 405 | 417 | 442 | 485 | 543 | 601 | 646 | 718 | 777 | 876 |
| 5000 | 7145 | 488 | 505 | 536 | 582 | 656 | 726 | 776 | 860 | 932 | |
| 5500 | 7855 | 579 | 605 | 634 | 689 | 773 | 855 | 913 | | | |
| 6000 | 8570 | 678 | 708 | 744 | 810 | 910 | 993 | | | | |

表 29-46 管路摩擦损失

黏性流体摩擦损失(基于达西公式)

(a)每1000ft管道的液体摩擦损失10in(10.02in内径)Sch40新钢管

| 流量 | | 运动黏度—cSt | | | | | | | | | |
|---|---|---|---|---|---|---|---|---|---|---|---|
| gal/min | bbl/h (42gal) | 0.6 | 1.1 | 2.1 | 2.7 | 4.3 | 7.4 | 10.3 | 13.1 | 15.7 | 20.5 |
| | | 近似的SSU黏度 | | | | | | | | | |
| | | | 31.5 | 33 | 35 | 40 | 50 | 60 | 70 | 80 | 100 |
| 400 | 571 | 0.83 | 0.92 | 1.03 | 1.09 | 1.19 | 1.35 | 1.46 | 1.55 | 1.53 | 1.75 |
| 500 | 714 | 1.27 | 1.38 | 1.53 | 1.60 | 1.78 | 2.00 | 2.16 | 2.30 | 2.40 | 2.59 |
| 600 | 857 | 1.78 | 1.91 | 2.14 | 2.24 | 2.47 | 2.77 | 2.98 | 3.15 | 3.31 | 3.54 |
| 700 | 1000 | 2.39 | 2.55 | 2.84 | 2.97 | 3.26 | 3.62 | 3.93 | 4.14 | 4.32 | 4.67 |
| 800 | 1140 | 3.06 | 3.29 | 3.63 | 3.79 | 4.12 | 4.63 | 4.99 | 5.25 | 5.46 | 5.86 |
| 900 | 1285 | 3.84 | 4.12 | 4.49 | 4.72 | 5.09 | 5.72 | 6.14 | 6.45 | 6.74 | 7.19 |
| 1000 | 1430 | 4.68 | 4.99 | 5.42 | 5.70 | 6.13 | 6.90 | 7.36 | 7.83 | 8.10 | 8.63 |
| 1100 | 1570 | 5.53 | 5.97 | 6.49 | 6.82 | 7.34 | 8.20 | 8.76 | 9.25 | 9.62 | 10.3 |
| 1200 | 1715 | 6.61 | 7.05 | 7.63 | 7.85 | 8.65 | 9.58 | 10.3 | 10.8 | 11.3 | 11.9 |
| 1300 | 1855 | 7.71 | 8.18 | 8.85 | 9.16 | 9.95 | 11.0 | 11.8 | 12.4 | 13.0 | 13.7 |
| 1400 | 2000 | 8.88 | 9.42 | 10.2 | 10.6 | 11.4 | 12.6 | 13.5 | 14.2 | 14.7 | 15.7 |
| 1500 | 2140 | 10.1 | 10.8 | 11.7 | 12 | 12.9 | 14.3 | 15.3 | 16.1 | 16.6 | 17.8 |
| 1600 | 2285 | 11.5 | 12.2 | 13.2 | 13.6 | 14.6 | 16.0 | 17.2 | 18.1 | 18.7 | 20.0 |
| 1800 | 2570 | 14.3 | 15.1 | 16.2 | 16.7 | 17.9 | 19.7 | 20.9 | 22.1 | 22.9 | 24.3 |
| 2000 | 2860 | 17.8 | 18.6 | 19.8 | 20.6 | 21.8 | 24.0 | 25.5 | 27.0 | 28.0 | 29.5 |
| 2200 | 3140 | 21.3 | 22.2 | 23.7 | 24.6 | 26.1 | 28.6 | 30.3 | 32.1 | 31.8 | 35.0 |
| 2400 | 3430 | 25.2 | 26.3 | 28 | 28.9 | 30.7 | 33.4 | 35.5 | 37.3 | 38.9 | 41.0 |
| 2600 | 3710 | 29.5 | 30.6 | 32.5 | 33.5 | 35.5 | 38.7 | 41.0 | 42.9 | 44.8 | 47.3 |
| 2800 | 4000 | 34.1 | 35.3 | 37.4 | 38.4 | 40.8 | 44.5 | 47.1 | 49.0 | 51.0 | 54.1 |
| 3000 | 4285 | 39.1 | 40.2 | 42.7 | 43.5 | 46.6 | 50.7 | 53.2 | 55.7 | 57.7 | 61.3 |
| 3500 | 5000 | 52.5 | 54.4 | 57.4 | 58.9 | 62.3 | 66.4 | 70.6 | 73.6 | 76.2 | 80.8 |
| 4000 | 5715 | 68.0 | 70.5 | 73.9 | 75.9 | 79.9 | 85.8 | 90.2 | 94.2 | 97.1 | 102 |
| 4500 | 6430 | 86.1 | 88.6 | 92.3 | 94.8 | 99.2 | 107 | 112 | 117 | 120 | 127 |
| 5000 | 7145 | 106 | 109 | 113 | 116 | 122 | 130 | 136 | 142 | 146 | 153 |
| 5500 | 7855 | 128 | 131 | 136 | 139 | 145 | 156 | 162 | 169 | 173 | 182 |
| 6000 | 8570 | 152 | 154 | 161 | 164 | 172 | 183 | 191 | 197 | 204 | 213 |
| 6500 | 9280 | 177 | 180 | 187 | 191 | 201 | 212 | 221 | 228 | 236 | 246 |
| 7000 | 10000 | 205 | 208 | 217 | 220 | 231 | 243 | 255 | 263 | 369 | 282 |
| 7500 | 10700 | 236 | 239 | 248 | 251 | 262 | 277 | 291 | 298 | 303 | 321 |
| 8000 | 11400 | 268 | 272 | 282 | 286 | 296 | 314 | 329 | 337 | 345 | 360 |
| 8500 | 12100 | 301 | 307 | 318 | 321 | 334 | 352 | 357 | 378 | 387 | 403 |
| 9000 | 12900 | 337 | 341 | 354 | 359 | 372 | 392 | 407 | 422 | 429 | 447 |
| 10000 | 14300 | 416 | 422 | 434 | 441 | 453 | 478 | 492 | 511 | 524 | 542 |
| 11000 | 15700 | 503 | 511 | 522 | 533 | 544 | 574 | 593 | 611 | 626 | 649 |
| 12000 | 17150 | 599 | 603 | 617 | 630 | 643 | 679 | 701 | 719 | 737 | 763 |

(b)每 1000ft 管道的液体摩擦损失 10in(10.02in 内径)Sch40 新钢管

| 流量 | | 运动黏度—cSt | | | | | | | | | |
|---|---|---|---|---|---|---|---|---|---|---|---|
| gal/min | bbl/h (42gal) | 26.4 | 32 | 43.2 | 65 | 108.4 | 162.3 | 216.5 | 325 | 435 | 850 |
| | | 近似的 SSU 黏度 | | | | | | | | | |
| | | 125 | 150 | 200 | 300 | 500 | 750 | 1000 | 1500 | 2000 | 3000 |
| 150 | 214 | 0.25 | 0.30 | 0.40 | 0.61 | 1.02 | 1.52 | 2.03 | 3.04 | 4.09 | 6.09 |
| 200 | 286 | 0.68 | 0.40 | 0.54 | 0.81 | 1.35 | 2.03 | 2.71 | 4.08 | 5.43 | 8.12 |
| 300 | 429 | 1.15 | 1.22 | 1.33 | 1.22 | 2.03 | 3.04 | 4.06 | 6.09 | 8.15 | 12.2 |
| 400 | 571 | 1.83 | 1.98 | 2.17 | 1.62 | 2.71 | 4.08 | 6.41 | 8.12 | 10.9 | 16.2 |
| 500 | 741 | 2.75 | 2.91 | 3.18 | 3.60 | 3.39 | 5.07 | 6.77 | 10.1 | 13.6 | 20.3 |
| 600 | 857 | 3.78 | 3.97 | 4.34 | 4.89 | 4.06 | 6.08 | 8.12 | 12.2 | 18.3 | 24.4 |
| 700 | 1000 | 4.94 | 5.19 | 6.66 | 6.37 | 4.74 | 7.10 | 9.47 | 14.2 | 19 | 28.4 |
| 800 | 1140 | 6.21 | 6.55 | 7.10 | 7.97 | 9.31 | 8.12 | 10.8 | 16.2 | 21.7 | 32.5 |
| 900 | 1285 | 7.66 | 8.04 | 8.71 | 9.76 | 11.4 | 9.13 | 12.2 | 18.3 | 24.5 | 38.5 |
| 1000 | 1430 | 9.21 | 9.61 | 10.5 | 11.7 | 13.6 | 10.1 | 13.5 | 20.3 | 27.2 | 40.8 |
| 1100 | 1570 | 10.9 | 11.4 | 12.3 | 13.8 | 16.0 | 18.0 | 14.9 | 22.3 | 29.9 | 44.6 |
| 1200 | 1715 | 12.6 | 13.4 | 14.4 | 16.0 | 18.6 | 21.0 | 16.2 | 24.4 | 32.6 | 48.7 |
| 1300 | 1855 | 14.5 | 15.4 | 16.4 | 18.4 | 21.2 | 24.0 | 17.6 | 26.4 | 36.3 | 52.8 |
| 1400 | 2000 | 16.6 | 17.5 | 18.7 | 20.9 | 24.1 | 27.2 | 18.9 | 28.4 | 38.0 | 56.8 |
| 1500 | 2140 | 18.7 | 19.6 | 21.2 | 23.6 | 27.2 | 30.6 | 33.3 | 30.4 | 40.8 | 60.9 |
| 1600 | 2285 | 21.0 | 21.9 | 23.7 | 26.3 | 30.4 | 34.1 | 37.2 | 32.4 | 43.5 | 64.9 |
| 1800 | 2570 | 26.0 | 27.3 | 29.2 | 32.2 | 37.1 | 41.7 | 45.5 | 36.5 | 48.9 | 73.1 |
| 2000 | 2860 | 31.3 | 32.7 | 35.0 | 38.6 | 44.4 | 49.8 | 54.4 | 40.6 | 54.3 | 81.2 |
| 2200 | 3140 | 37.0 | 38.6 | 41.3 | 45.8 | 52.3 | 58.8 | 64.0 | 71.9 | 59.8 | 89.3 |
| 2400 | 3430 | 43.1 | 45.1 | 48.3 | 53.4 | 60.9 | 68.3 | 74.2 | 83.8 | 85.2 | 97.4 |
| 2600 | 3710 | 49.8 | 52.1 | 55.4 | 61.4 | 70.0 | 78.3 | 85.0 | 96.2 | 70.7 | 105 |
| 2800 | 4000 | 56.8 | 59.2 | 83.5 | 70.1 | 79.7 | 88.9 | 96.1 | 109 | 76.1 | 114 |
| 3000 | 4285 | 64.3 | 66.8 | 71.8 | 78.8 | 89.8 | 99.8 | 108 | 122 | 133 | 122 |
| 3500 | 5000 | 84.9 | 88.3 | 94.4 | 103 | 117 | 131 | 142 | 159 | 180 | 142 |
| 4000 | 5715 | 108 | 112 | 119 | 131 | 149 | 165 | 178 | 199 | 217 | 162 |
| 4500 | 6430 | 133 | 139 | 147 | 162 | 182 | 202 | 218 | 244 | 266 | 300 |
| 5000 | 7145 | 160 | 168 | 179 | 195 | 218 | 241 | 262 | 293 | 318 | 360 |
| 5500 | 7855 | 191 | 199 | 212 | 231 | 258 | 286 | 309 | 345 | 373 | 423 |
| 6000 | 8570 | 223 | 232 | 247 | 268 | 302 | 334 | 359 | 398 | 435 | 489 |
| 6500 | 9280 | 258 | 267 | 286 | 310 | 348 | 384 | 411 | 460 | 499 | 560 |
| 7000 | 10000 | 296 | 305 | 326 | 355 | 396 | 438 | 468 | 522 | 566 | 637 |
| 7500 | 10700 | 335 | 347 | 369 | 402 | 447 | 492 | 529 | 589 | 638 | 766 |
| 8000 | 11400 | 377 | 389 | 414 | 452 | 505 | 550 | 594 | 659 | 710 | 797 |
| 9000 | 12900 | 469 | 482 | 512 | 557 | 624 | 679 | 729 | 809 | 869 | 978 |
| 10000 | 14300 | 567 | 582 | 619 | 666 | 743 | 817 | 872 | 964 | | |

## 表 29-47 管路摩擦损失

## 黏性流体摩擦损失(基于达西公式)

(a)每 1000ft 管道的液体摩擦损失 12in(11.938in 内径)Sch40 新钢管

| 流量 | | 运动黏度—cSt | | | | | | | | | |
|---|---|---|---|---|---|---|---|---|---|---|---|
| gal/min | bbl/h (42gal) | 0.6 | 1.13 | 2.1 | 2.7 | 4.3 | 7.4 | 10.3 | 13.1 | 15.7 | 20.6 |
| | | 近似的 SSU 黏度 | | | | | | | | | |
| | | | 31.5 | 33 | 35 | 40 | 50 | 60 | 70 | 80 | 100 |
| 300 | 429 | 0.21 | 0.24 | 0.27 | 0.28 | 0.31 | 0.35 | 0.38 | 0.41 | 0.43 | 0.47 |
| 400 | 571 | 0.36 | 0.40 | 0.45 | 0.47 | 0.51 | 0.59 | 0.64 | 0.67 | 0.70 | 0.77 |
| 500 | 714 | 0.54 | 0.60 | 0.67 | 0.70 | 0.75 | 0.87 | 0.95 | 0.99 | 1.03 | 1.12 |
| 600 | 857 | 0.76 | 0.83 | 0.93 | 0.98 | 1.04 | 1.19 | 1.30 | 1.39 | 1.41 | 1.53 |
| 700 | 1000 | 0.98 | 1.11 | 1.23 | 1.29 | 1.37 | 1.56 | 1.70 | 1.82 | 1.84 | 2.00 |
| 800 | 1140 | 1.26 | 1.42 | 1.57 | 1.64 | 1.74 | 1.98 | 2.15 | 2.30 | 2.36 | 2.51 |
| 900 | 1285 | 1.57 | 1.75 | 1.94 | 1.96 | 2.15 | 2.44 | 2.65 | 2.82 | 2.94 | 3.08 |
| 1000 | 1430 | 1.92 | 2.07 | 2.36 | 2.38 | 2.61 | 2.94 | 3.19 | 3.40 | 3.57 | 3.70 |
| 1200 | 1715 | 2.73 | 2.91 | 3.18 | 3.32 | 3.62 | 4.07 | 4.41 | 4.58 | 4.91 | 5.08 |
| 1400 | 2000 | 3.67 | 3.90 | 4.24 | 4.41 | 4.80 | 5.37 | 5.79 | 6.14 | 6.43 | 6.65 |
| 1600 | 2285 | 4.75 | 5.02 | 5.43 | 5.64 | 6.12 | 6.83 | 7.35 | 7.78 | 8.14 | 8.51 |
| 1800 | 2570 | 5.96 | 6.29 | 6.77 | 7.02 | 7.59 | 8.44 | 9.07 | 9.59 | 10.0 | 10.6 |
| 2000 | 2860 | 7.32 | 7.69 | 8.25 | 8.54 | 9.21 | 10.2 | 11.0 | 11.6 | 12.1 | 12.9 |
| 2500 | 3570 | 11.3 | 11.8 | 12.6 | 13.0 | 13.9 | 15.3 | 16.4 | 17.3 | 18.0 | 19.2 |
| 3000 | 4285 | 16.1 | 16.8 | 17.7 | 18.3 | 19.5 | 21.4 | 22.8 | 23.9 | 24.9 | 26.5 |
| 3500 | 5000 | 21.8 | 22.6 | 23.8 | 24.4 | 26.0 | 28.3 | 30.1 | 31.6 | 32.9 | 34.9 |
| 4000 | 5715 | 28.3 | 29.2 | 30.7 | 31.5 | 33.3 | 36.2 | 38.4 | 40.3 | 41.8 | 44.3 |
| 4500 | 6430 | 35.7 | 36.8 | 38.5 | 39.4 | 41.6 | 46.0 | 47.7 | 49.9 | 51.7 | 54.6 |
| 5000 | 7145 | 44.0 | 45.2 | 47.1 | 48.2 | 50.7 | 54.7 | 57.8 | 60.4 | 62.6 | 66.2 |
| 5500 | 7855 | 53.1 | 54.4 | 56.6 | 57.8 | 60.7 | 65.3 | 68.9 | 71.9 | 74.4 | 78.7 |
| 6000 | 8570 | 63.0 | 64.5 | 66.9 | 68.3 | 71.6 | 76.8 | 80.9 | 84.3 | 87.2 | 92.1 |
| 6500 | 9280 | 73.8 | 75.4 | 78.1 | 79.6 | 83.3 | 89.2 | 93.8 | 97.7 | 101 | 106 |
| 7000 | 10000 | 85.4 | 87.2 | 90.1 | 91.6 | 95.9 | 102 | 108 | 112 | 116 | 122 |
| 7500 | 10700 | 97.9 | 99.8 | 103 | 105 | 109 | 117 | 122 | 127 | 131 | 138 |
| 8000 | 11400 | 111 | 113 | 117 | 119 | 124 | 132 | 138 | 143 | 148 | 155 |
| 9000 | 12850 | 141 | 143 | 147 | 149 | 155 | 164 | 172 | 178 | 183 | 192 |
| 10000 | 14300 | 173 | 176 | 180 | 183 | 190 | 200 | 209 | 217 | 223 | 233 |
| 11000 | 15700 | 209 | 212 | 217 | 220 | 228 | 240 | 250 | 269 | 266 | 278 |
| 12000 | 17150 | 249 | 252 | 258 | 261 | 269 | 283 | 294 | 304 | 312 | 326 |
| 13000 | 18550 | 291 | 295 | 301 | 305 | 314 | 330 | 342 | 353 | 363 | 373 |
| 14000 | 20000 | 338 | 342 | 348 | 353 | 363 | 380 | 394 | 406 | 416 | 434 |
| 15000 | 21400 | 387 | 392 | 399 | 403 | 414 | 433 | 449 | 462 | 473 | 493 |
| 16000 | 22850 | 440 | 445 | 453 | 457 | 469 | 490 | 507 | 522 | 534 | 556 |
| 18000 | 25700 | 557 | 561 | 571 | 577 | 590 | 514 | 634 | 651 | 666 | 592 |
| 20000 | 28600 | 687 | 692 | 703 | 709 | 725 | 752 | 775 | 795 | 812 | 842 |

(b)每1000ft管道的液体摩擦损失12in(11.938in内径)Sch40新钢管

| 流量 | | 运动黏度—cSt | | | | | | | | | |
|---|---|---|---|---|---|---|---|---|---|---|---|
| gal/min | bbl/h (42gal) | 26.4 | 32 | 43.2 | 65 | 108.4 | 162.3 | 216.5 | 325 | 435 | 650 |
| | | 近似的SSU黏度 | | | | | | | | | |
| | | 125 | 150 | 200 | 300 | 500 | 750 | 1000 | 1500 | 2000 | 3000 |
| 100 | 143 | 0.08 | 0.10 | 0.13 | 0.20 | 0.34 | 0.51 | 0.66 | 1.00 | 1.35 | 2.00 |
| 200 | 286 | 0.16 | 0.19 | 0.27 | 0.40 | 0.87 | 1.00 | 1.37 | 2.05 | 2.74 | 4.01 |
| 300 | 429 | 0.49 | 0.53 | 0.41 | 0.62 | 1.01 | 1.51 | 2.00 | 3.06 | 4.11 | 8.18 |
| 400 | 571 | 0.81 | 0.86 | 0.94 | 0.82 | 1.34 | 2.02 | 2.68 | 3.98 | 5.46 | 8.21 |
| 500 | 714 | 1.22 | 1.25 | 1.37 | 1.02 | 1.71 | 2.5 | 3.37 | 5.01 | 6.84 | 10.3 |
| 600 | 857 | 1.66 | 1.71 | 1.87 | 2.12 | 1.97 | 3.02 | 4.05 | 6.03 | 7.99 | 12.3 |
| 700 | 1000 | 2.15 | 2.3 | 2.43 | 2.75 | 2.37 | 3.68 | 4.88 | 7.05 | 9.36 | 13.9 |
| 800 | 1140 | 2.70 | 2.88 | 3.05 | 3.45 | 2.83 | 4.04 | 5.38 | 8.09 | 10.7 | 15.9 |
| 900 | 1285 | 3.31 | 3.52 | 3.74 | 4.21 | 4.93 | 4.44 | 6.05 | 9.80 | 12.1 | 18.0 |
| 1000 | 1430 | 3.97 | 4.22 | 4.48 | 5.04 | 5.89 | 5.13 | 6.84 | 10.0 | 13.5 | 20.0 |
| 1200 | 1715 | 5.43 | 5.77 | 6.33 | 6.86 | 8.01 | 5.91 | 7.89 | 12.1 | 15.2 | 24.1 |
| 1400 | 2000 | 7.10 | 7.53 | 8.24 | 8.96 | 10.4 | 11.8 | 9.47 | 14.6 | 18.9 | 28.2 |
| 1600 | 2285 | 8.98 | 9.48 | 10.4 | 11.3 | 13.1 | 14.8 | 10.6 | 16.2 | 21.7 | 32.4 |
| 1800 | 2570 | 11.0 | 11.6 | 12.7 | 13.8 | 16.0 | 18.0 | 19.7 | 17.7 | 24.2 | 36.5 |
| 2000 | 2860 | 13.2 | 14.0 | 15.2 | 16.6 | 19.1 | 21.5 | 23.6 | 20.5 | 27.4 | 40.1 |
| 2500 | 3570 | 19.6 | 20.6 | 22.4 | 25.3 | 28.0 | 31.5 | 34.3 | 25.7 | 34.2 | 51.3 |
| 3000 | 4285 | 27.2 | 28.4 | 30.8 | 34.6 | 38.4 | 43.0 | 46.8 | 53.1 | 41.1 | 81.6 |
| 3500 | 5000 | 36.2 | 37.3 | 40.3 | 45.2 | 50.2 | 56.0 | 60.9 | 68.8 | 47.9 | 71.9 |
| 4000 | 5715 | 43.4 | 47.3 | 51.0 | 57.0 | 63.2 | 70.5 | 76.5 | 85.3 | 94.5 | 82.1 |
| 4500 | 6430 | 57.6 | 58.3 | 62.8 | 69.9 | 77.5 | 85.4 | 93.6 | 105.0 | 115.0 | 92.4 |
| 5000 | 7145 | 69.8 | 70.3 | 75.6 | 84.1 | 93.3 | 104 | 112 | 126 | 138 | 103 |
| 5500 | 7855 | 82.8 | 83.6 | 89.5 | 99.4 | 110 | 122 | 132 | 148 | 162 | 183 |
| 6000 | 8570 | 96.8 | 98.2 | 104 | 116 | 128 | 142 | 154 | 172 | 188 | 212 |
| 6500 | 9280 | 112 | 114 | 120 | 133 | 148 | 164 | 176 | 197 | 215 | 243 |
| 7000 | 10000 | 128 | 131 | 137 | 152 | 174 | 186 | 201 | 224 | 244 | 275 |
| 7500 | 10700 | 145 | 148 | 155 | 172 | 195 | 210 | 226 | 253 | 274 | 310 |
| 8000 | 11400 | 163 | 167 | 174 | 192 | 220 | 235 | 253 | 282 | 306 | 345 |
| 9000 | 12850 | 202 | 208 | 215 | 237 | 270 | 289 | 311 | 346 | 375 | 422 |
| 10000 | 14300 | 204 | 253 | 260 | 286 | 325 | 347 | 373 | 415 | 450 | 505 |
| 11000 | 15700 | 290 | 301 | 309 | 338 | 384 | 411 | 441 | 490 | 530 | 594 |
| 12000 | 17150 | 341 | 354 | 361 | 395 | 448 | 479 | 514 | 569 | 616 | 689 |
| 13000 | 18550 | 394 | 409 | 417 | 458 | 516 | 551 | 591 | 655 | 707 | 790 |
| 14000 | 20000 | 452 | 469 | 477 | 521 | 588 | 628 | 673 | 745 | 804 | 898 |
| 15000 | 21400 | 513 | 532 | 541 | 589 | 664 | 710 | 760 | 840 | 906 | |
| 16000 | 22850 | 578 | 598 | 608 | 662 | 745 | 796 | 851 | 940 | | |

## 附录 10 燃料油的燃烧热值

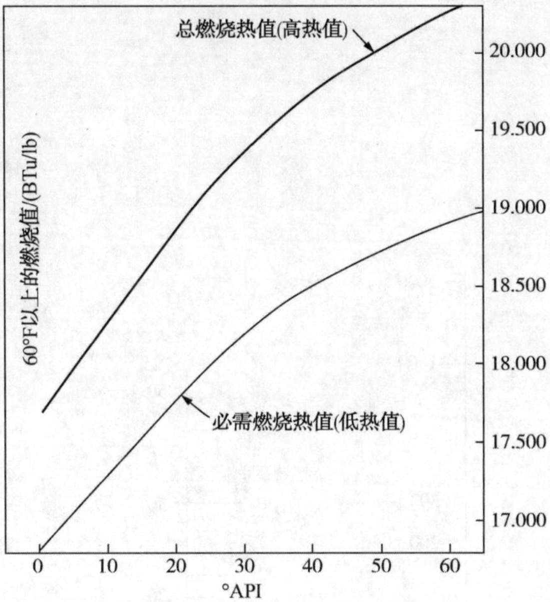


| 燃料平均杂质 | | | |
|---|---|---|---|
| °API | 硫含量/% | 惰性成分/% | 杂质总量/% |
| 残余燃料油和原油 | | | |
| 0 | 2.95 | 1.15 | 4.10 |
| 5 | 2.35 | 1.00 | 3.35 |
| 10 | 1.80 | 0.95 | 2.75 |
| 15 | 1.35 | 0.65 | 2.20 |
| 20 | 1.00 | 0.75 | 1.75 |
| 原油 | | | |
| 25 | 0.7 | 0.70 | 1.40 |
| 30 | 0.4 | 0.65 | 1.10 |
| 35 | 0.3 | 0.60 | 0.90 |

## 附录 11 燃料气的燃烧热

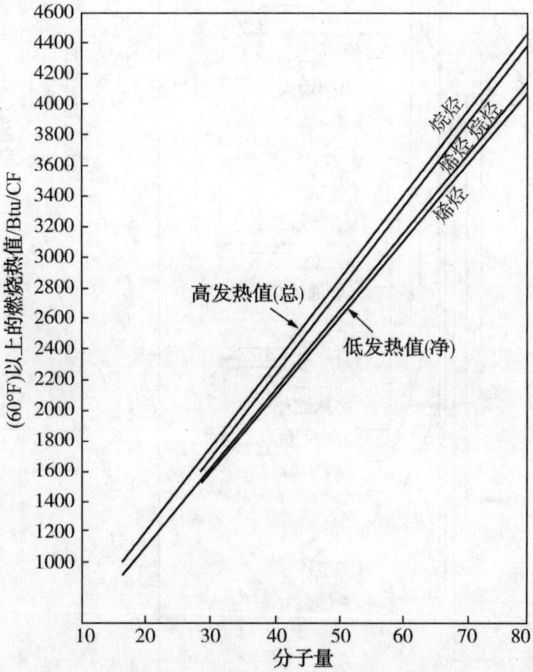

## 附录 12　阀门和管件的阻力

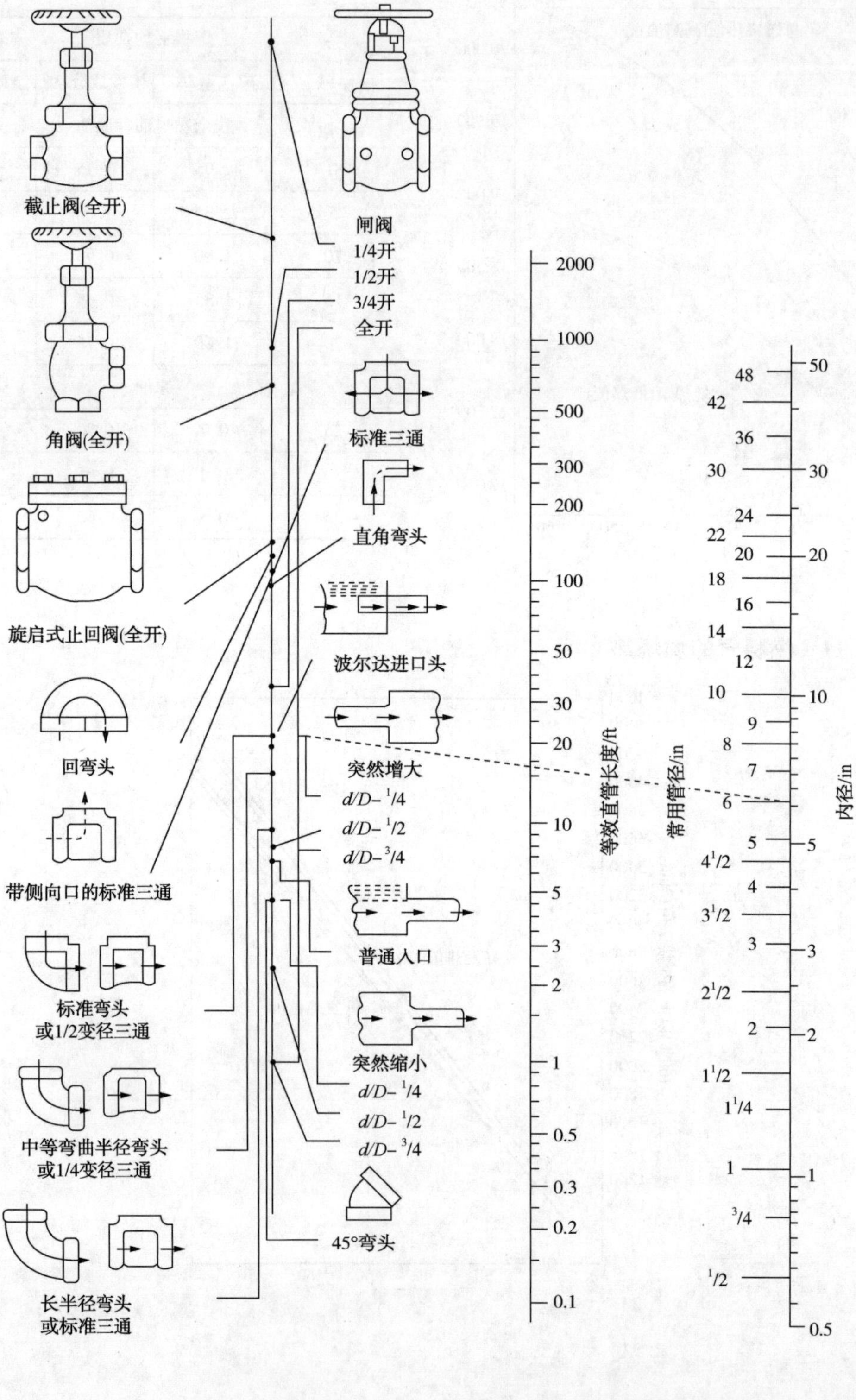

## 附录 13　气体流动压降

见图 29-62 和图 29-63。

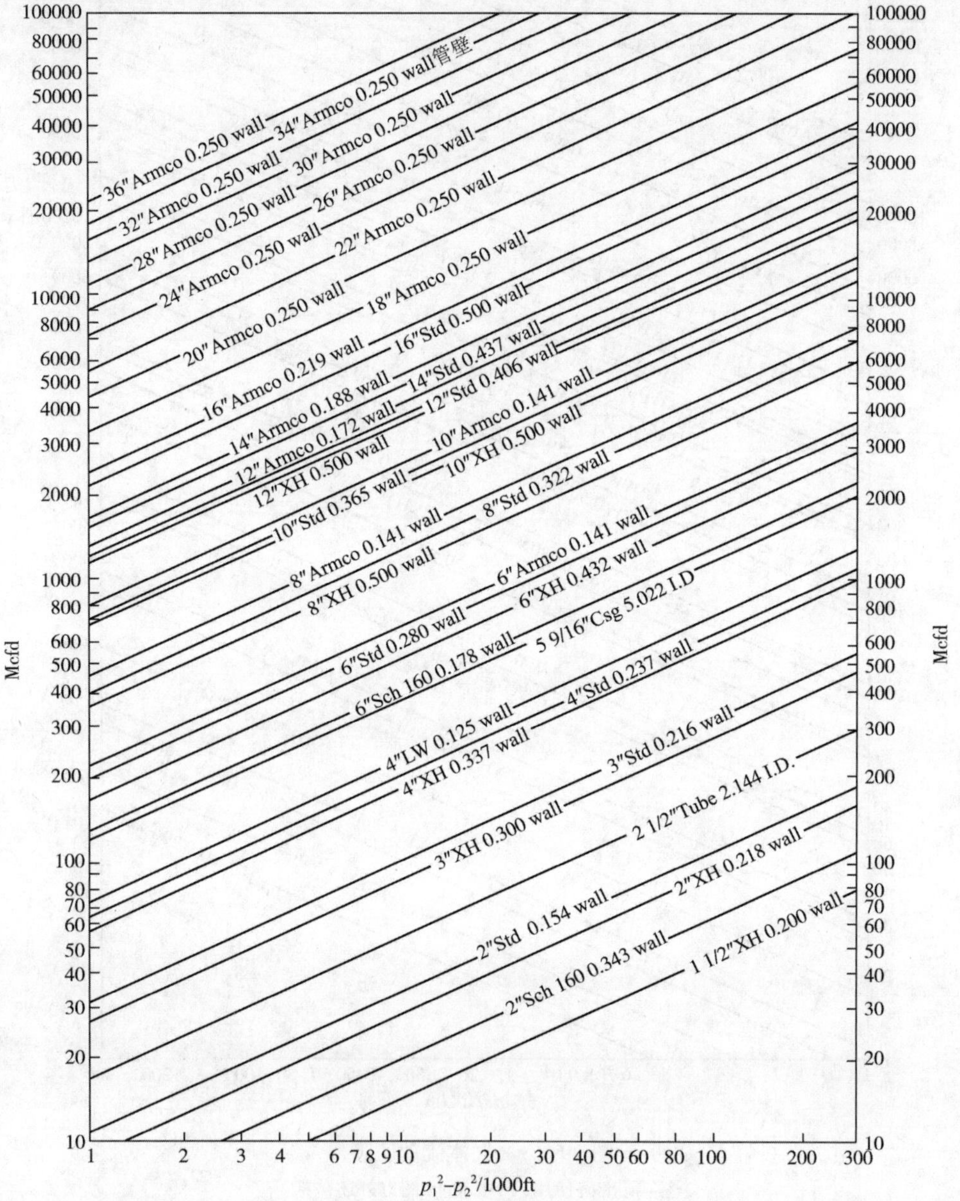


图 29-62　气体流动压降

注：1. 基于韦茅斯公式的“千立方英尺每日(Mcfd)”图，

参数：相对密度=0.9(空气=1)，流动温度=90℉，压力基准=14.65psia

2. 简单换算：$Mcfd=1.59d^{2/3}(P_1^2-P_2^2/1000ft)^{1/2}$

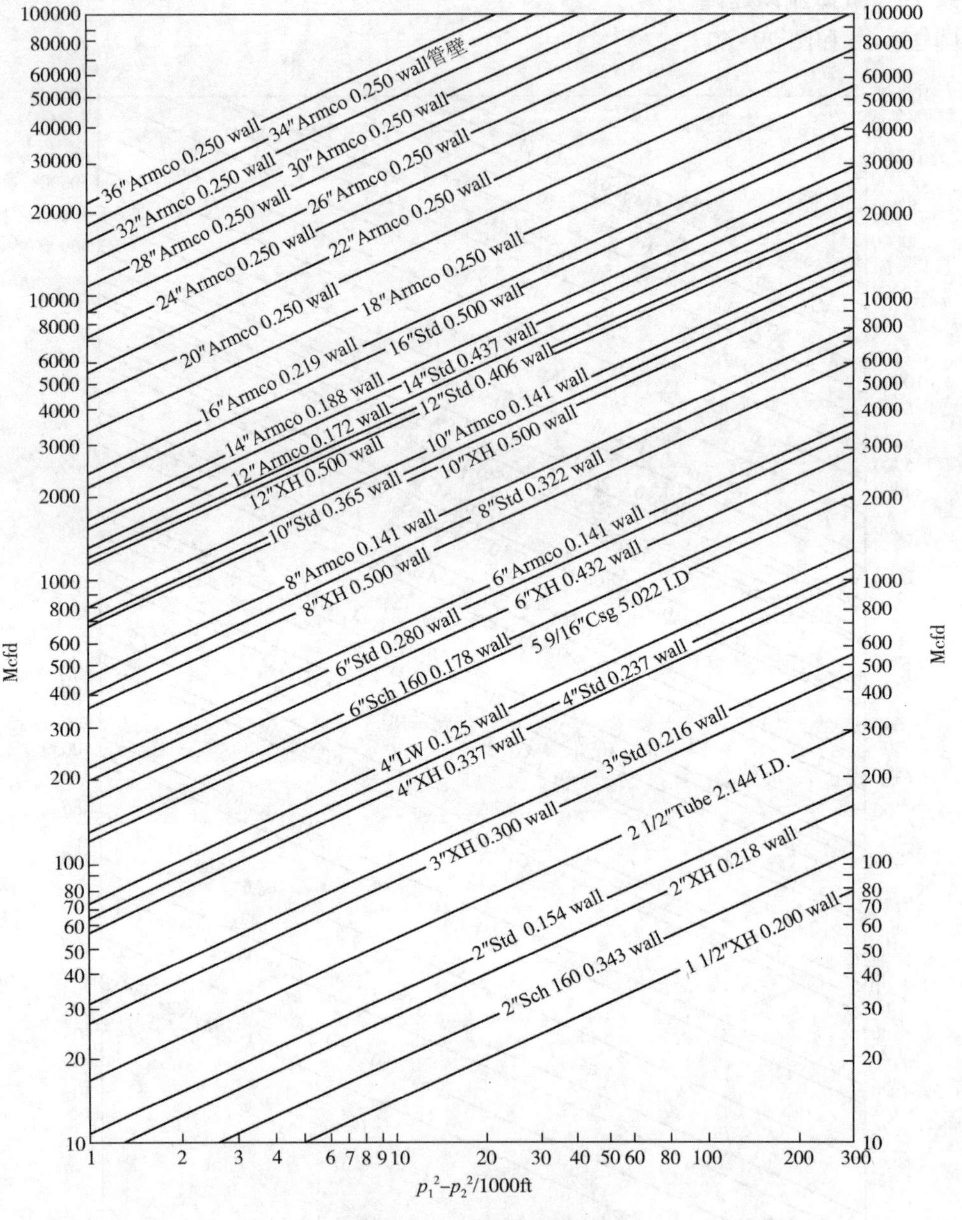


图 29-63　气体流动压降

注：除准确使用(1)中 Mcfd 图以外还包括：

$$\text{Mcfd(图)}=\frac{P}{14.65}\left(\frac{SG}{0.9}\times\frac{T}{550}\times\frac{Z}{1}\right)^{1/2}\times\text{Mcfd}$$

$Z$——压缩系数，从《GPSA 工程数据手册》的“承压天然气”章节中查找；

$P$——压力，以 14.65psia 为基准；

$T$——流体温度，用兰氏温度表示，$[°R]=460+[°F]$

## 附录 14　工艺系统的水力学分析示例

以下是在炼厂设计时或检验运行装置工艺流程时工艺工程师遇到的一例典型计算，这个例题以图 29-64 作为计算基础。

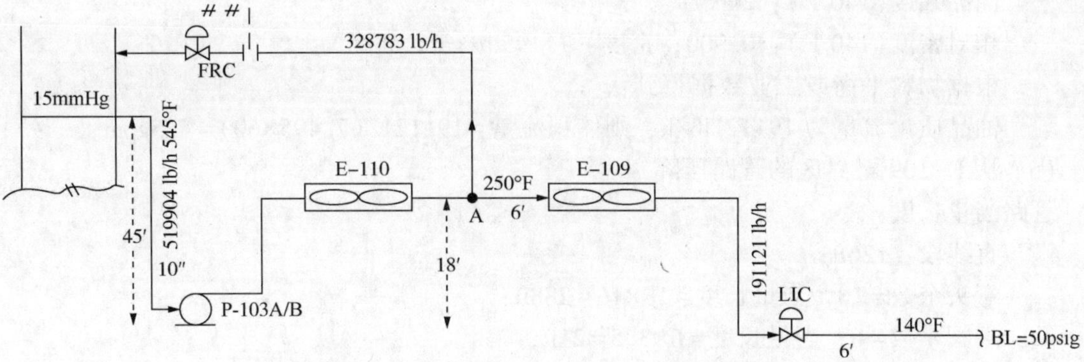


图 29-64 流程图的系统压降计算实例

(1) 本例计算基准

P-103A/B 总流量：519904lb/h；

°API(60℉)：20.7，即相对密度为 0.93；

物流温度：545℉；

相对密度(545℉)：0.755，即 6.287lb/gal；

流量(545℉)：519904/(6.287×60)＝1378gpm(gal/min)；

油品黏度(545℉)：1.2cSt；

P-103A/B 入口管道：10″，Sch. 40。

根据本章附录 9 可知：管道摩擦阻力损失是 9.3ft/1000ft(等于 0.30psi/100ft)。

(2) 泵吸入口当量长度

一般可从管道配置图(管道 GA)获知以下信息。对于本计算，假设：

① 管路上标准弯头个数：8；

② 管路上闸阀(全开)个数：3；

③ 10″管路总长度：85ft。

根据本章附录 12 可知：

一个 10″弯头的当量长度相当于 22ft，即：22×8＝176ft。

一个闸阀(全开)当量长度相当于 5ft，即：5×3＝15ft。

总当量长度为：85＋176＋15＝276ft。

泵吸入口因摩擦引起的水头损失为：(9.3×276)/1000＝2.57ft。

因此压力为：(2.57×62.2×0.755)/144＝0.83psi。

(3) 泵入口压力

真空塔抽真空后压力＝15mmHg＝0.29psia；

静压头＝45ft＝(45×62.2×0.755)/144＝14.7psi；

沿程摩擦阻力损失＝0.83psi；

泵入口法兰总压＝0.29＋14.7－0.83＝14.2psia＝－0.5psig

(4) 泵正常运行时的压力计算

界区终点压力：50psig；

界区油温：140℉；

油品黏度(140℉)：20cSt；

相对密度(140℉)：0.900；密度：7.495lb/gal。

根据物料平衡或工业数据得到：

油品质量流量为191121lb/h，则体积流量=191121/(7.495×60)=425gpm。

(5) 从E-109至界区的管路压降

管路当量长度：

直线段：126ft；

弯头个数=18，当量长度=18×16=288ft；

闸阀个数=6，当量长度=6×3.5=21ft；

三通个数=1，当量长度=1×30=30ft。

总的当量长度=456ft。

管路到边界的管道规格为6″Sch40，而根据附录9可知：摩擦阻力损失为21.4ft/1000ft，相当于0.83psi/100ft。

因此沿程摩擦损失为：

$$(21.4\times245)/1000=9.95\text{ft}$$

$$\text{或}(9.95\times62.2\times0.900)/144=3.86\text{psi}$$

(6) 控制阀压降

在E-109和边界之间有一个液位控制阀，要求计算该控制阀在设计流量下的压降。该阀门压降估算等于系统管路损失压降的20%加上接收容器静压头的10%。

油品将送至下游装置的一个缓冲罐，该罐由惰性气体密封增压。该缓冲罐相对其出口阀门法兰的静压头是15ft(相当于6psi)。

整个回路总的管路损失压降估算是以上计算所得压降的3倍(当完成整个回路的分析时，应检查结果，适当时候可以修改)。因此管路压力损失压降为3×3.86=11.58psi。除了管路损失压降，还有两台空冷也存在压降，其压降如下：

E-109：6psi(根据数据表)

E-110：8psi

则系统总压降估算为：11.58+14=25.58psi。

控制阀压降为：(0.1×6.0)+(0.2×25.58)=5.2psi。

(7) 回流点A(返塔起点)的压力计算

点A到E-109入口段的当量长度计算如下：

直线段=121ft；

4个弯头=4×16=64ft；

2个闸阀=2×3.5=7ft；

总的当量长度(管道规格为6”Sch40)=192ft。

该处：

物流温度为：250℉；

黏度(250℉)：3.5cSt；

相对密度(250℉)：0.860，密度：7.16lb/gal；

进入E-109物流体积流量：191121/(7.16×60)=445gpm；

摩擦损失(6"管)：16.1ft/1000ft。

总的沿程损失：(192×16.1)/1000=3.09ft 或 1.15psi

因此，点 A 压力是以下之和：

边界终点压力：50psig；

E-109 压降：6psi；

E-109 至边界的管路损失：3.86psi；

点 A 至 E109 的管路损失：1.15psi；

控制阀压降：5.2psi；

流量计压降(未显示)假设：0.2psi；

点 A 总压力为：66.441psig。

(8) 泵出口法兰处的压力计算

泵的总流量为：519904lb/h；

E-110 出口油温为：250℉；

经 E-110 的体积流量：519904/(7.16×60)= 1210gpm。

该处管道尺寸为 8″Sch.40。该管路静压头损失为 31.1ft/1000ft。

管路当量长度：

直线段=84ft；

1 个三通=30ft；

总的当量长度=112ft；

管路总的静压头损失=(112×31.1)/1000=3.5ft，即 1.3psi。

E-110 入口压力即是以下之和：

点 A 压力：66.41psig；

管路静压头损失：1.3psi；

通过 E-110 的压降：8psi，即 75.7psig。

与空冷位于管架上方类似，如果以地面为基准则该压力有 18ft。泵的允许安装高度为 1.5ft(地面至泵的中心线)，因此泵出口法兰的静压头是 16.5ft。

泵至 E-110 的当量长度为：

直线段=155ft；

12 个弯头=12×20.5=246ft；

3 个闸阀=3×4.8=14.4ft；

一个止回阀=1×51=51ft；

总的当量长度=466.4ft。

压头损失(管道规格：8″Sch.40，体积流量：1378gpm)：

泵的温度：545℉；

黏度(545℉)：1.2cSt；

相对密度(545℉)：0.755；

压头损失：28.8ft/1000ft；

总管路压头损失：(28.8×466.4)/1000=13.4ft，即 4.38psi。

因此，泵出口压力是以下之和：

E-110 入口压力：75. 7psig；

管路压降：4. 38psi；

静压头(16. 5ft)：5. 38psi；

总的出口压力：85. 46psig。

(9) 回流线上以点 A 为基准的压力计算

已经计算得到点 A 的压力 66. 41psig；

根据物料平衡；

回流的质量流量为：519904-191121=328783lb/h；

物流温度：250℉；

黏度(250℉)：3. 5cSt；

相对密度(250℉)：0. 860，密度：7. 16lb/gal；

体积流量：327783/(7. 16×60)=765gpm。

点 A 至塔这段管道规格为 6″Sch. 40，该管道压头损失为 40. 2ft/1000ft。

管路当量长度：

对流量控制阀入口法兰而言：

直线段=16ft；

2 个弯头=2×16=32ft；

1 个闸阀=1×3. 5ft；

总的当量长度=81. 5ft。

从流量控制阀至塔：

直线段=71ft；

6 个弯头=6×16=96ft；

1 个闸阀=1×3. 5ft；

总的当量长度=171ft；

从点 A 至塔的总管路长度：81. 5+171=252. 5ft；

管路上因摩擦产生的总压头损失：(252. 5×40. 2)/1000=10. 15ft，即 3. 77psi。

以 765gpm 的回流流量返塔，所需压力由以下各项求和而得(包括该流量下通过阀门的压降)：

终点压力：0. 29psia；

静压头：14. 11psi；

塔盘(塔内)：2. 0psi(根据数据表)；

流量计压力：0. 5psi(根据数据表)；

管路压头损失：3. 77psi；

总需求：20. 67psia，即 5. 97psig。

因此，在 765gpm 的设计流量下，阀门压降为：

点 A 处压力-总需求压力=66. 41-5. 97psig=60. 44psi

注：本章附录 9 给出了管道压降。

## 参考文献

C. Branan, *The Process Engineer's Pocket Handbook* (Gulf Publishing Company, Houston, 1976) (This book contains a great deal of very useful, practical information on several subjects in addition to pressure drop)

N.P. Cheremisinoff, P.N. Cheremisinoff, *The Hydrodynamics of Gas-Solids Fluidization* (Gulf Publishing Company, Houston, 1984)

A.K. Coker (H&G Engineering, 1990), Article: Understand two-phase flow in process piping. Chem. Eng. Prog. November, pp. 60–65 (1990)

Gas Processors Suppliers Association (GPSA, 1987), Engineering Data Book (2 volumes), GPSA, Tulsa, OK, USA (This is another outstanding reference for many petroleum processing subjects.)

R. Kern (Hoffmann-La Roche Inc., 1969), Article: How to size process piping for two-phase flow. Hydrocarb. Process. October, pp. 105–116 (1969)

# 第 6 篇

# 附录

# 第 30 章　石油炼制工作流程图示例

**附录 A　流程图示例**

典型工艺流程图见图 30-1，相关物料平衡见图 30-2，典型设备流程见图 30-3，典型公用工程流程图见图 30-4。

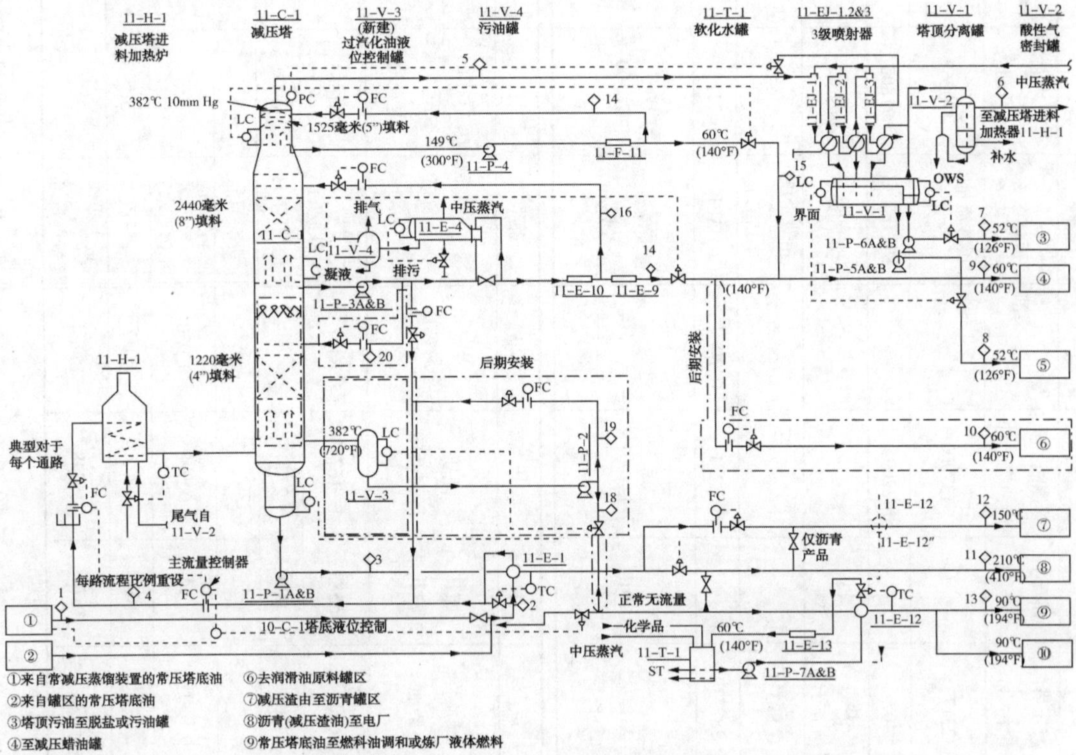


①来自常减压蒸馏装置的常压塔底油
②来自罐区的常压塔底油
③塔顶污油至脱盐或污油罐
④至减压蜡油罐
⑤冷凝液至污水汽提
⑥去润滑油原料罐区
⑦减压渣由至沥青罐区
⑧沥青(减压渣油)至电厂
⑨常压塔底油至燃料油调和或炼厂液体燃料
⑩常压塔底油至燃料油罐区

图 30-1　典型工艺流程图

| 流股 | 1 | 2 | 3 | 4 | 5 |
| --- | --- | --- | --- | --- | --- |
| 流体名称 | 常压塔底油自原油塔 | 减压塔进料 | 减压渣油 | 减压塔进料 | 减压塔顶气 |
| 正常流量/(kg/h) | 470269 | 391836 | 245982 | 391836 | 2971 |
| 桶/开工日 | 71800 | 60000 | 36000 | 60000 | |
| 切割馏分 | 371℃+ | 371℃+ | 80pen 371℃+ | 94.1(平均分子量) | |
| 相对密度(15℃) | 0.959 | 0.989 | 1.033 | 0.989 | |
| °API | 11.5 | 11.5 | 11.5 | 11.5 | |
| 最大操作流量/(kg/h) | 470300 | 457070(385℃+为69000桶/开工日) | 329460(385℃+为48500桶/开工日) | 457070(385℃+渣油) | 3000 |

| 流股 | 6 | 7 | 8 | 9 | 10 |
| --- | --- | --- | --- | --- | --- |
| 流体名称 | 减压塔顶惰性气体 | 减压塔顶污水 | 抽真空冷凝水 | 顶侧线、重蜡油混合油 | 减压重柴油 |
| 正常流量/(kg/h) | 600 | 2317 | | 137900 | |
| 桶/开工日 | | 407 | | 22693 | |
| 切割馏分 | 29(平均分子量) | 218(平均分子量) | 18 | | |
| 相对密度(15℃) | | 0.883 | | | |
| °API | | 28.7 | | 22.1 | 20.7 |
| 最大操作流量/(kg/h) | 600 | 2317 | 7710 | 137901 | |

| 流股 | 11 | 12 | 13 | 14 | 15 |
| --- | --- | --- | --- | --- | --- |
| 流体名称 | 过汽化油、减压渣油混合油 | 沥青 | 常压塔底油去燃料油调和 | 塔顶循环回流 | 塔顶馏分TBP370~427℃(700~800℉) |
| 正常流量/(kg/h) | 251565 | | 78433 | 174603 | 51279 |
| 桶/开工日 | 36900 | | 11800 | | 8593 |
| 切割馏分 | | | 371℃+ | | |
| 相对密度(15℃水) | | | 1.033 | 0.906 | 0.906 |
| °API | 5.5 | 5.5 | 5.5 | 24.6 | 24.6 |
| 最大操作流量/(kg/h) | | 11900 | 457000(385℃+渣油) | | 51280 |

| 流股 | 16 | 17 | 18 | 19 | 20 |
| --- | --- | --- | --- | --- | --- |
| 流体名称 | 重蜡油循环回流 | 减压重柴油 | 减压过汽化油 | 减压塔底循环 | 金属冲洗 |
| 正常流量/(kg/h) | 149206 | 86621 | 5583 | 0-16748 | 8481 |
| 桶/开工日 | | 14100 | 900 | 2700 | |
| 切割馏分 | | | | | |
| 相对密度(15℃水) | 0.930 | 0.930 | 0.942 | 0.948 | 0.930 |
| °API | 20.7 | 20.7 | 18.7 | 18.7 | 20.7 |
| 最大操作流量/(kg/h) | | 86621 | 16748 | 16748 | 15964 |

图 30-2　图 30-1 中典型工艺流程图的物料平衡

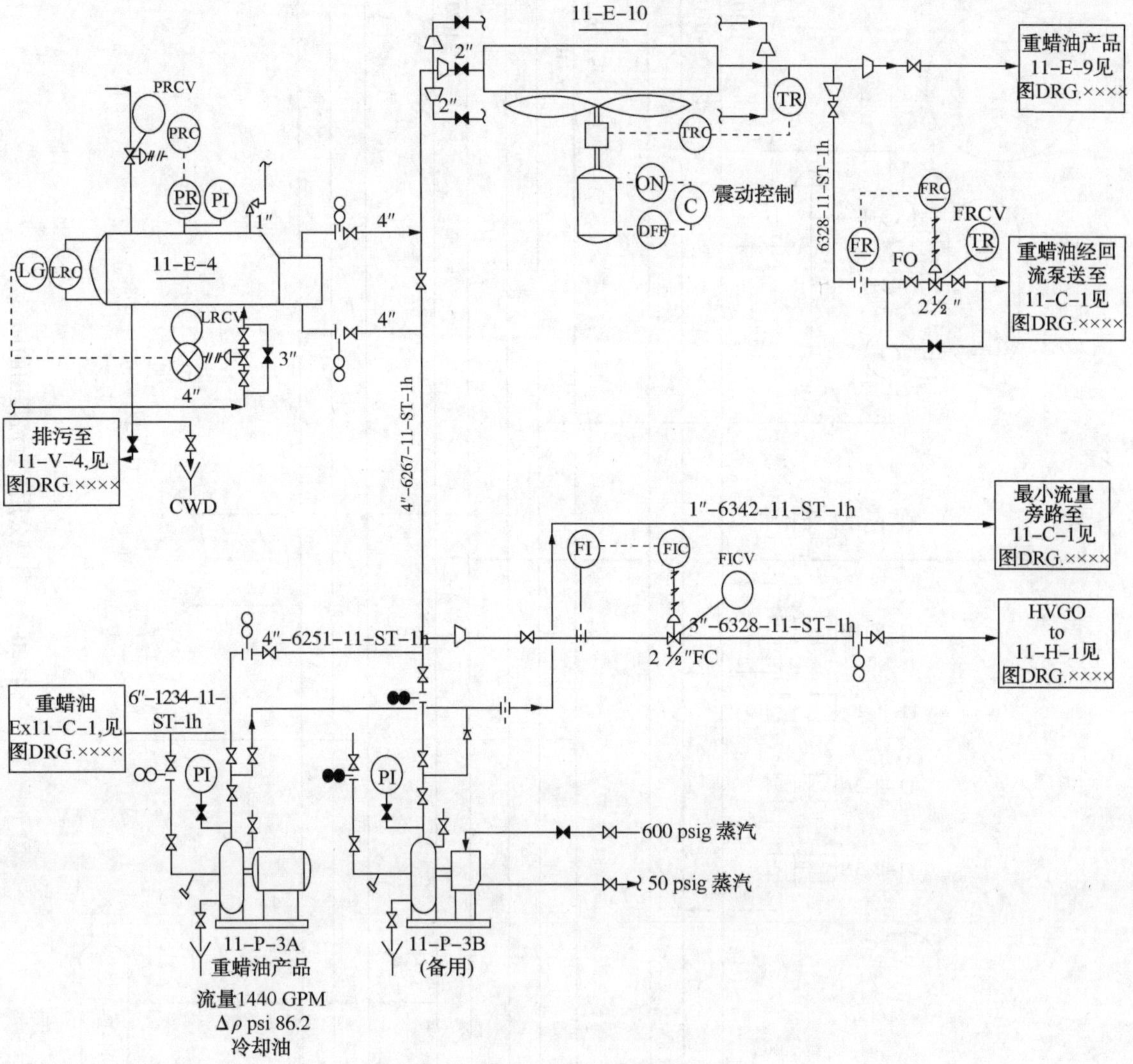


图 30–3 典型设备流程图的局部

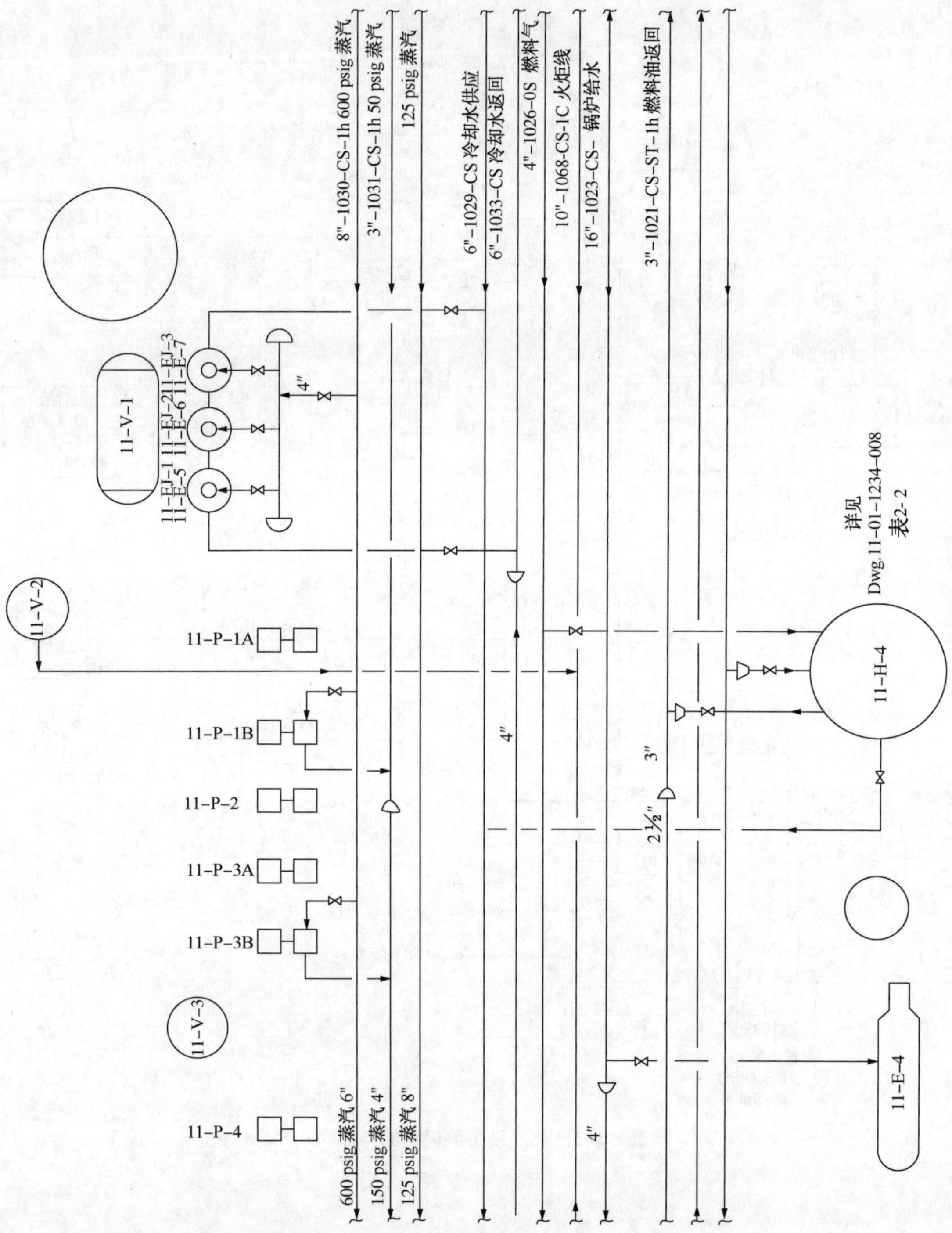


图30-4 典型公用工程流程图的局部

# 第 31 章　石油加工通用数据

**附录 B　通用参考数据**

B1　烃的黏温曲线

在已知一油品两点温度的黏度的条件下，此图表可以用来确定其在任何温度下的黏度。图 31-1 中线段表示几种典型油品的黏度。

注：此图与 ASTM 暂行标准 D341-32T 相似，D341-32T 具有更宽的黏度和温度范围。

由德士古公司提供。

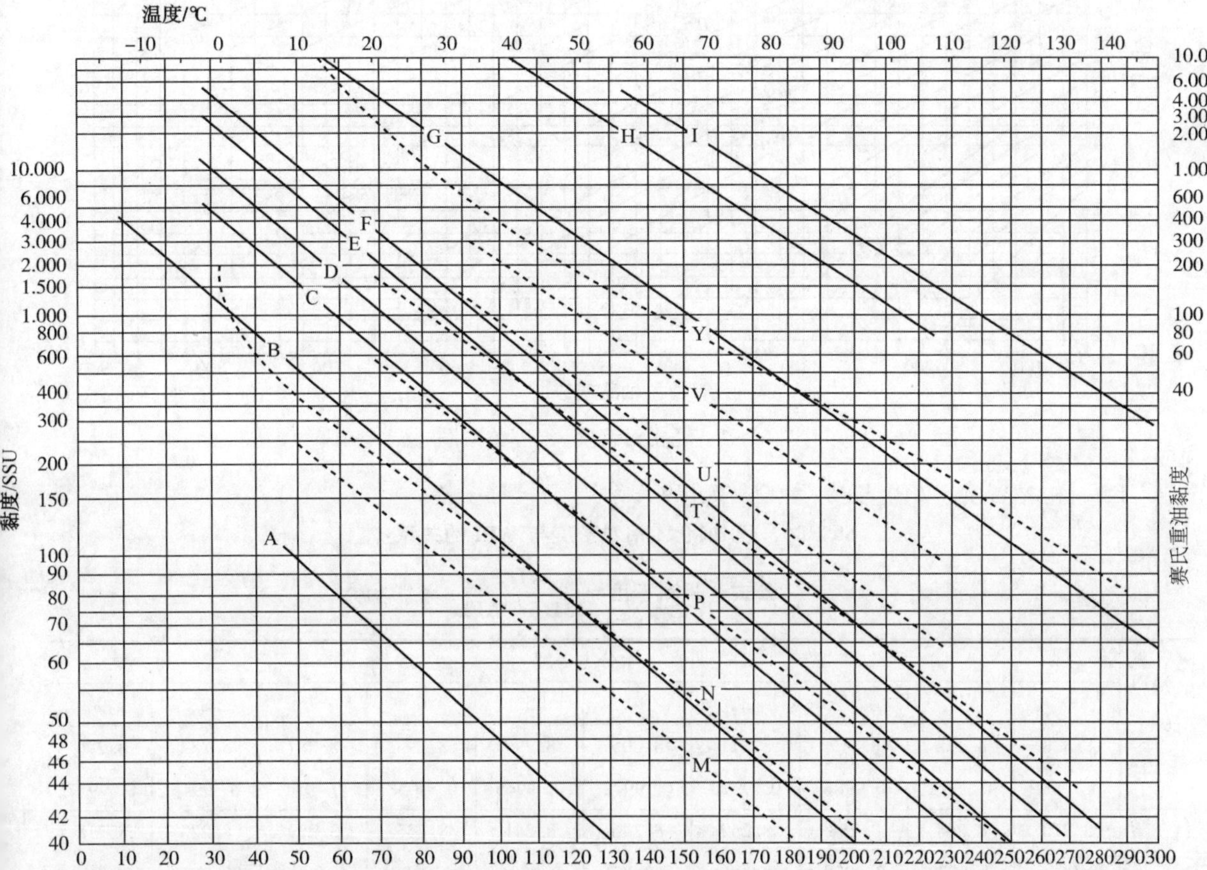


图 31-1　烃类的黏温曲线

B2　烃相对密度与温度的关系

相对密度-对应 60℉的水。

例如：60℉时相对密度为 0. 82 的油，在 500℉时相对密度为 0. 64。

由水力学会提供。

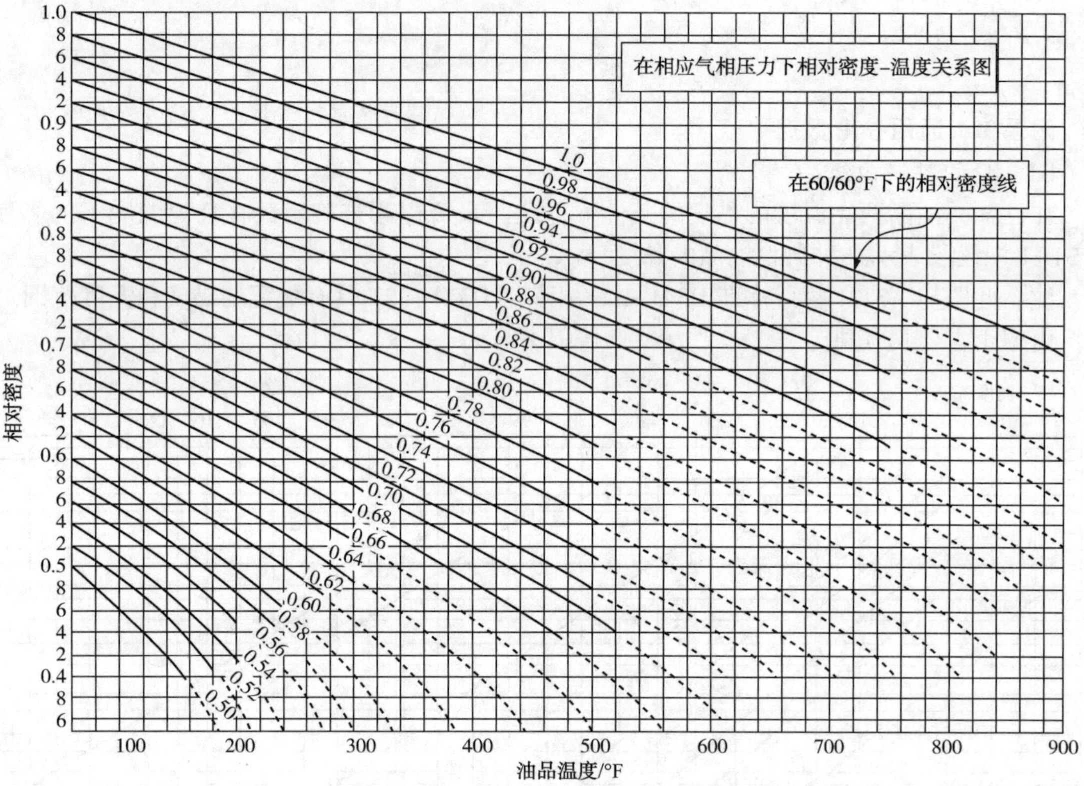


图 31-2　烃相对密度-温度关系图

B3　相对密度、°API 与磅/加仑[英]的关系

**60℉时，磅/加仑、相对密度与°API 的关系：**

$$公式：相对密度=\frac{141.5}{131.5+°API}$$

| °API | 十分之一度 | | | | | | | | | |
|---|---|---|---|---|---|---|---|---|---|---|
| | 0 | 1 | 2 | 3 | 4 | 5 | 6 | 7 | 8 | 9 |
| 10 | 8. 328<br>1. 0000 | 8. 322<br>0. 9993 | 8. 317<br>0. 9986 | 8. 311<br>0. 9970 | 8. 305<br>0. 9972 | 8. 299<br>0. 9965 | 8. 293<br>0. 9058 | 8. 287<br>0. 951 | 8. 282<br>0. 9944 | 8. 276<br>0. 9937 |
| 11 | 8. 270<br>0. 9930 | 8. 264<br>0. 9923 | 8. 258<br>0. 9918 | 8. 252<br>0. 9909 | 8. 246<br>0. 9902 | 8. 241<br>0. 9895 | 8. 235<br>0. 9888 | 8. 229<br>0. 9881 | 8. 223<br>00. 9874 | 8. 218<br>0. 9868 |
| 12 | 8. 212<br>0. 9861 | 8. 206<br>0. 9654 | 8. 201<br>0. 9847 | 8. 195<br>0. 9840 | 8. 189<br>0. 9933 | 8. 183<br>0. 9826 | 8. 178<br>0. 9820 | 8. 172<br>0. 9913 | 8. 166<br>0. 9806 | 8. 161<br>0. 9799 |
| 13 | 8. 155<br>0. 9792 | 8. 150<br>0. 9786 | 8. 144<br>0. 9779 | 8. 138<br>0. 9772 | 8. 132<br>0. 9765 | 8. 127<br>0. 9759 | 8. 122<br>0. 9752 | 8. 116<br>0. 9745 | 8. 110<br>0. 9738 | 8. 105<br>0. 9732 |

续表

| °API | 十分之一度 | | | | | | | | | |
|---|---|---|---|---|---|---|---|---|---|---|
| | 0 | 1 | 2 | 3 | 4 | 5 | 6 | 7 | 8 | 9 |
| 14 | 8.099 | 8.033 | 8.088 | 8.282 | 8.076 | 8.071 | 8.066 | 8.061 | 8.055 | 8.049 |
| | 0.9725 | 0.9718 | 0.9712 | 0.9705 | 0.9698 | 0.9692 | 0.9585 | 0.9679 | 0.9672 | 0.9565 |
| 15 | 8.044 | 8.038 | 8.033 | 8.027 | 8.021 | 8.016 | 8.011 | 8.006 | 8.000 | 7.995 |
| | 0.9695 | 0.9652 | 0.9546 | 0.9539 | 0.9632 | 0.9626 | 0.9619 | 0.9613 | 0.9605 | 0.9500 |
| 16 | 7.989 | 7.984 | 7.978 | 7.973 | 7.957 | 7.962 | 7.956 | 7.951 | 7.946 | 7.94 |
| | 0.9593 | 0.9587 | 0.9580 | 0.9574 | 0.9567 | 0.9561 | 0.9554 | 0.9548 | 0.9541 | 0.9535 |
| 17 | 7.935 | 7.930 | 7.925 | 7.919 | 7.914 | 7.909 | 7.903 | 7.898 | 7.893 | 7.887 |
| | 0.9529 | 0.9522 | 0.9518 | 0.9509 | 0.9503 | 0.9407 | 0.9400 | 0.9484 | 0.9478 | 0.9471 |
| 18 | 7.882 | 7.877 | 7.871 | 7.866 | 7.861 | 7.858 | 7.851 | 7.846 | 7.841 | 7.835 |
| | 0.9465 | 0.9459 | 0.9452 | 0.9446 | 0.9440 | 0.9433 | 0.9427 | 0.9421 | 0.9415 | 0.9408 |
| 19 | 7.830 | 7.825 | 7.820 | 7.814 | 7.809 | 7.804 | 7.799 | 7.793 | 7.788 | 7.783 |
| | 0.9402 | 0.9396 | 0.9390 | 0.9383 | 0.9377 | 0.9371 | 0.9365 | 0.9358 | 0.9352 | 0.9346 |
| 20 | 7.778 | 7.773 | 7.768 | 7.762 | 7.757 | 7.752 | 7.747 | 7.742 | 7.737 | 7.732 |
| | 0.9340 | 0.9334 | 0.9328 | 0.9321 | 0.9315 | 0.9309 | 0.9303 | 0.9297 | 0.9291 | 0.9285 |
| 21 | 7.727 | 7.722 | 7.717 | 7.711 | 7.706 | 7.701 | 7.696 | 7.691 | 7.686 | 7.681 |
| | 0.9279 | 0.9273 | 0.9267 | 0.9260 | 0.9254 | 0.9248 | 0.9242 | 0.9235 | 0.9230 | 0.9224 |
| 22 | 7.676 | 7.671 | 7.666 | 7.661 | 7.656 | 7.651 | 7.646 | 7.641 | 7.636 | 7.632 |
| | 0.7218 | 0.9121 | 0.9206 | 0.9200 | 0.9194 | 0.9188 | 0.9182 | 0.9176 | 0.9170 | 0.9165 |
| 23 | 7.627 | 7.622 | 7.617 | 7.612 | 7.607 | 7.602 | 7.597 | 7.592 | 7.587 | 7.583 |
| | 0.9159 | 0.9153 | 0.9147 | 0.9141 | 0.9135 | 0.9129 | 0.9123 | 0.9117 | 0.9111 | 0.9106 |
| 24 | 7.578 | 7.573 | 7.568 | 7.563 | 7.558 | 7.554 | 7.549 | 7.544 | 7.539 | 7.534 |
| | 0.9100 | 0.9094 | 0.9000 | 0.9082 | 0.9076 | 0.9071 | 0.0065 | 0.9059 | 0.9053 | 0.9047 |
| 25 | 7.529 | 7.524 | 7.519 | 7.514 | 7.509 | 7.505 | 7.500 | 7.495 | 7.491 | 7.488 |
| | 0.9042 | 0.9036 | 0.9030 | 0.9024 | 0.9018 | 0.9013 | 0.9007 | 0.9001 | 0.8996 | 0.8990 |
| 26 | 7.481 | 7.496 | 7.427 | 7.467 | 7.462 | 7.458 | 7.453 | 7.448 | 7.443 | 7.438 |
| | 0.8948 | 0.8978 | 0.8973 | 0.0067 | 0.9861 | 0.8956 | 0.8950 | 0.8944 | 0.8939 | 0.8933 |
| 27 | 7.434 | 7.429 | 7.424 | 7.420 | 7.415 | 7.410 | 7.408 | 7.401 | 7.397 | 7.392 |
| | 0.8927 | 0.8922 | 0.6916 | 0.8911 | 0.8905 | 0.9988 | 0.8894 | 0.8888 | 0.8883 | 0.8871 |
| 28 | 7.387 | 7.383 | 7.378 | 7.373 | 7.368 | 7.364 | 7.360 | 7.355 | 7.350 | 7.346 |
| | 0.8871 | 0.8866 | 0.8860 | 0.8855 | 0.8849 | 0.8844 | 0.8838 | 0.8833 | 0.8827 | 0.8822 |
| 29 | 7.341 | 7.337 | 7.332 | 7.328 | 7.323 | 7.318 | 7.314 | 7.309 | 7.305 | 7.300 |
| | 0.8816 | 0.8811 | 0.8805 | 0.8800 | 0.8794 | 0.8789 | 0.8783 | 0.8778 | 0.8772 | 0.8767 |
| 30 | 7.296 | 7.291 | 7.287 | 7.282 | 7.278 | 7.273 | 7.268 | 7.264 | 7.259 | 7.255 |
| | 0.8762 | 0.8756 | 0.8751 | 0.8745 | 0.8740 | 0.8735 | 0.8729 | 0.8724 | 0.8718 | 0.8713 |

续表

| °API | 十分之一度 | | | | | | | | | |
|---|---|---|---|---|---|---|---|---|---|---|
| | 0 | 1 | 2 | 3 | 4 | 5 | 6 | 7 | 8 | 9 |
| 31 | 7.251 | 7.246 | 7.242 | 7.238 | 7.233 | 7.228 | 7.224 | 7.219 | 7.215 | 7.211 |
| | 0.8708 | 0.8702 | 0.8679 | 0.8692 | 0.8685 | 0.8681 | 0.8671 | 0.8670 | 0.8665 | 0.8660 |
| 32 | 7.206 | 7.202 | 7.198 | 7.193 | 7.189 | 7.184 | 7.180 | 7.176 | 7.171 | 7.167 |
| | 0.8654 | 0.8649 | 0.8644 | 0.8639 | 0.8633 | 0.8628 | 0.8023 | 0.8618 | 0.8612 | 0.8607 |
| 33 | 7.136 | 7.158 | 7.153 | 7.149 | 7.145 | 7.141 | 7.137 | 7.132 | 7.128 | 7.123 |
| | 0.8602 | 0.8597 | 0.8591 | 0.8536 | 0.8581 | 0.8576 | 0.8571 | 0.8585 | 0.8560 | 0.8555 |
| 34 | 7.119 | 7.115 | 7.111 | 7.100 | 7.102 | 7.098 | 7.093 | 7.089 | 7.085 | 7.081 |
| | 0.8550 | 0.8545 | 0.8540 | 0.8534 | 0.8529 | 0.8524 | 0.8510 | 0.8514 | 0.8509 | 0.8504 |
| 35 | 7.078 | 7.072 | 7.067 | 7.063 | 7.059 | 7.055 | 7.051 | 7.047 | 7.042 | 7.038 |
| | 0.8498 | 0.8493 | 0.8488 | 0.8483 | 0.8478 | 0.8473 | 0.8470 | 0.8463 | 0.8458 | 0.8453 |
| 36 | 7.034 | 7.030 | 7.026 | 7.022 | 7.018 | 7.013 | 7.009 | 7.005 | 7.001 | 6.997 |
| | 0.8448 | 0.8443 | 0.8438 | 0.8433 | 0.8428 | 0.8423 | 0.8418 | 0.8412 | 0.8408 | 0.8403 |
| 37 | 6.993 | 6.989 | 6.985 | 6.990 | 6.976 | 6.972 | 6.968 | 6.964 | 6.960 | 6.955 |
| | 0.8398 | 0.8393 | 0.8388 | 0.8383 | 0.8378 | 0.8373 | 0.8368 | 0.8363 | 0.8358 | 0.8353 |
| 38 | 6.951 | 6.947 | 9.943 | 9.939 | 6.935 | 6.930 | 6.926 | 6.922 | 6.918 | 6.914 |
| | 0.8348 | 0.8343 | 0.8338 | 0.8333 | 0.8328 | 0.8324 | 0.8319 | 0.8314 | 0.8303 | 0.8304 |
| 39 | 6.910 | 6.905 | 6.902 | 6.898 | 6.894 | 6.890 | 6.886 | 6.892 | 6.878 | 6.874 |
| | 0.8299 | 0.8294 | 0.8269 | 0.8285 | 0.8280 | 0.8275 | 0.8270 | 0.8265 | 0.8260 | 0.8256 |
| 40 | 6.870 | 6.866 | 6.862 | 6.858 | 6.854 | 6.850 | 6.846 | 6.842 | 6.838 | 6.834 |
| | 0.8251 | 0.8246 | 0.8241 | 0.8236 | 0.8232 | 0.8227 | 0.8222 | 0.8217 | 0.8212 | 0.8208 |
| 41 | 6.830 | 6.826 | 6.822 | 6.818 | 6.814 | 6.810 | 6.806 | 6.802 | 6.798 | 6.794 |
| | 0.8203 | 0.8198 | 0.8193 | 0.8189 | 0.8184 | 0.8178 | 0.6174 | 0.8170 | 0.8165 | 0.8160 |
| 42 | 0.790 | 6.786 | 6.782 | 6.779 | 6.775 | 6.771 | 6.767 | 6.763 | 6.759 | 6.756 |
| | 0.8155 | 0.8151 | 0.8140 | 0.8142 | 0.8137 | 0.8132 | 0.8128 | 0.8123 | 0.8118 | 0.8114 |
| 43 | 6.752 | 6.748 | 6.746 | 6.740 | 6.736 | 6.732 | 6.728 | 6.724 | 6.720 | 6.718 |
| | 0.8109 | 0.8104 | 0.8100 | 0.8095 | 0.8090 | 0.8086 | 0.8081 | 0.8076 | 0.8072 | 0.8067 |
| 44 | 6.713 | 6.709 | 6.705 | 6.701 | 6.697 | 6.694 | 6.690 | 6.686 | 6.682 | 6.679 |
| | 0.8063 | 0.8058 | 0.8054 | 0.8049 | 0.8044 | 0.8040 | 0.8035 | 0.8031 | 0.8026 | 0.8022 |
| 45 | 6.675 | 6.671 | 6.667 | 6.663 | 6.660 | 6.656 | 6.652 | 6.648 | 6.645 | 6.641 |
| | 0.8017 | 0.8012 | 0.8008 | 0.8003 | 0.7999 | 0.7994 | 0.7990 | 0.7985 | 0.7981 | 0.7976 |
| 46 | 6.637 | 6.633 | 6.630 | 6.626 | 6.622 | 6.618 | 6.615 | 6.611 | 6.607 | 6.604 |
| | 0.7972 | 0.7967 | 0.7963 | 0.7953 | 0.7954 | 0.7949 | 0.7945 | 0.7941 | 0.7936 | 0.7932 |
| 47 | 6.600 | 6.596 | 6.592 | 6.589 | 6.585 | 6.582 | 6.578 | 6.574 | 6.571 | 6.567 |
| | 0.7927 | 0.7923 | 0.7918 | 0.7914 | 0.7909 | 0.7905 | 0.7901 | 0.7896 | 0.7892 | 0.7887 |

续表

| °API | 十分之一度 | | | | | | | | | |
|---|---|---|---|---|---|---|---|---|---|---|
| | 0 | 1 | 2 | 3 | 4 | 5 | 6 | 7 | 8 | 9 |
| 48 | 6.563 | 6.560 | 6.556 | 6.552 | 6.548 | 6.545 | 6.541 | 6.537 | 6.534 | 6.530 |
| | 0.7883 | 0.7879 | 0.7874 | 0.7870 | 0.7865 | 0.7861 | 0.7847 | 0.7852 | 0.7848 | 0.7844 |
| 49 | 6.526 | 6.523 | 6.520 | 6.516 | 6.512 | 6.509 | 6.505 | 6.501 | 6.498 | 6.494 |
| | 0.7839 | 0.7835 | 0.7831 | 0.7826 | 0.7822 | 7818 | 0.7813 | 0.7809 | 0.7805 | 0.7800 |
| 50 | 6.490 | 6.487 | 6.484 | 6.480 | 6.476 | 6.473 | 6.469 | 6.466 | 6.462 | 6.459 |
| | 0.7796 | 0.7792 | 0.7788 | 0.7783 | 0.7779 | 0.7775 | 0.7770 | 0.7766 | 0.7762 | 0.7758 |
| 51 | 6.455 | 6.451 | 6.448 | 6.445 | 6.441 | 6.437 | 6.434 | 6.430 | 6.427 | 6.423 |
| | 0.7753 | 0.7749 | 0.7745 | 0.7741 | 0.7736 | 0.7732 | 0.7728 | 0.7724 | 0.7720 | 0.7715 |
| 52 | 6.420 | 6.416 | 6.413 | 6.410 | 6.406 | 6.402 | 6.399 | 6.396 | 6.392 | 6.389 |
| | 0.7711 | 0.7707 | 0.7703 | 0.7699 | 0.7694 | 0.7690 | 0.7688 | 0.7682 | 0.7678 | 0.7674 |
| 53 | 6.385 | 6.381 | 6.378 | 6.375 | 6.371 | 6.368 | 6.365 | 6.360 | 6.357 | 6.354 |
| | 0.7669 | 0.7665 | 0.7661 | 0.7657 | 0.7653 | 0.7649 | 0.7645 | 0.7640 | 0.7636 | 0.7632 |
| 54 | 6.350 | 6.347 | 6.344 | 6.340 | 6.337 | 6.334 | 6.330 | 6.326 | 6.323 | 6.320 |
| | 0.7628 | 0.7624 | 0.7620 | 0.7616 | 0.7612 | 0.7608 | 0.7603 | 0.7599 | 0.7595 | 0.7591 |
| 55 | 6.316 | 6.313 | 6.310 | 6.306 | 6.303 | 6.300 | 6.296 | 6.293 | 6.290 | 6.287 |
| | 0.7587 | 0.7583 | 0.7579 | 0.7575 | 0.7571 | 0.7567 | 0.7563 | 0.7559 | 0.7555 | 0.7551 |
| 56 | 6.283 | 6.280 | 6.276 | 6.273 | 6.270 | 6.266 | 6.263 | 6.259 | 6.256 | 6.253 |
| | 0.7547 | 0.7543 | 0.7539 | 0.7535 | 0.7531 | 0.7527 | 0.7523 | 0.7519 | 0.7515 | 0.7511 |
| 57 | 6.249 | 6.246 | 6.243 | 6.240 | 6.236 | 6.233 | 6.229 | 6.226 | 6.223 | 6.219 |
| | 0.7507 | 0.7503 | 0.7499 | 0.7495 | 0.7491 | 0.7487 | 0.7483 | 0.7479 | 0.7475 | 0.7471 |
| 58 | 6.216 | 6.213 | 6.209 | 6.200 | 6.203 | 6.199 | 6.190 | 6.103 | 6.190 | 6.187 |
| | 0.7467 | 0.7463 | 0.7459 | 0.7455 | 0.7451 | 0.7447 | 0.7443 | 0.7440 | 0.7436 | 0.7432 |
| 59 | 6.184 | 6.180 | 6.177 | 6.174 | 6.170 | 6.167 | 6.164 | 6.101 | 6.158 | 6.154 |
| | 0.7428 | 0.7424 | 0.7420 | 0.7410 | 0.7412 | 0.7408 | 0.7406 | 0.7401 | 0.7397 | 0.7393 |
| 60 | 6.151 | 6.148 | 6.144 | 6.141 | 6.138 | 6.135 | 6.132 | 6.129 | 6.125 | 6.122 |
| | 0.7389 | 0.7385 | 0.7381 | 0.7377 | 0.7374 | 0.7370 | 0.7366 | 0.7362 | 0.7358 | 0.7354 |
| 61 | 6.119 | 6.116 | 6.113 | 6.109 | 6.106 | 6.103 | 6.100 | 6.097 | 6.094 | 6.090 |
| | 0.7351 | 0.7347 | 0.7343 | 0.7339 | 0.7335 | 0.7332 | 0.7328 | 0.7324 | 0.7320 | 0.7316 |
| 62 | 6.087 | 6.084 | 6.081 | 6.078 | 6.075 | 6.072 | 6.068 | 6.065 | 6.362 | 6.059 |
| | 0.7313 | 0.7309 | 0.7305 | 0.7301 | 0.7298 | 0.7294 | 0.7290 | 0.7286 | 0.7283 | 0.7279 |
| 63 | 6.056 | 6.053 | 6.050 | 6.047 | 6.044 | 6.040 | 6.037 | 6.034 | 6.031 | 6.028 |
| | 0.7275 | 0.7271 | 0.7268 | 0.7264 | 0.7260 | 0.7256 | 0.7253 | 0.7249 | 0.7245 | 0.7242 |
| 64 | 6.025 | 6.022 | 6.019 | 6.016 | 6.013 | 6.010 | 6.007 | 6.004 | 6.000 | 5.997 |
| | 0.7238 | 0.7234 | 0.7230 | 0.7227 | 0.7223 | 0.7219 | 0.7216 | 0.7212 | 0.7203 | 0.7205 |

续表

| °API | 十分之一度 | | | | | | | | | |
|---|---|---|---|---|---|---|---|---|---|---|
| | 0 | 1 | 2 | 3 | 4 | 5 | 6 | 7 | 8 | 9 |
| 65 | 5. 994<br>0. 7201 | 5. 991<br>0. 7197 | 5. 988<br>0. 7194 | 5. 985<br>0. 7190 | 5. 928<br>0. 7186 | 5. 979<br>0. 7183 | 5. 976<br>0. 7179 | 5. 973<br>0. 7175 | 5. 970<br>0. 7172 | 5. 967<br>0. 7168 |
| 66 | 5. 964<br>0. 7185 | 5. 961<br>0. 7161 | 5. 958<br>0. 7157 | 5. 955<br>0. 7154 | 5. 952<br>0. 7150 | 5. 949<br>0. 7146 | 5. 946<br>0. 7143 | 5. 943<br>0. 7139 | 5. 940<br>0. 7136 | 5. 937<br>0. 7132 |
| 67 | 5. 934<br>0. 7120 | 5. 931<br>0. 7125 | 5. 928<br>0. 7121 | 5. 926<br>0. 7118 | 5. 922<br>0. 7114 | 5. 919<br>0. 7111 | 5. 910<br>0. 7107 | 5. 913<br>0. 7073 | 5. 910<br>0. 7100 | 5. 907<br>0. 7096 |
| 68 | 5. 904<br>0. 7093 | 5. 901<br>0. 7089 | 5. 898<br>0. 7086 | 5. 895<br>0. 7082 | 5. 892<br>0. 7079 | 5. 889<br>0. 7075 | 5. 886<br>0. 7071 | 5. 883<br>0. 7068 | 5. 880<br>0. 7064 | 5. 877<br>0. 7061 |
| 69 | 5. 874<br>0. 7057 | 5. 871<br>0. 7054 | 5. 868<br>0. 7050 | 5. 866<br>0. 7047 | 5. 863<br>0. 7043 | 5. 860<br>0. 7040 | 5. 857<br>0. 7036 | 5. 854<br>0. 7033 | 5. 851<br>0. 7029 | 5. 848<br>0. 7026 |
| 70 | 5. 845<br>0. 7022 | 5. 842<br>0. 7019 | 5. 839<br>0. 7015 | 5. 836<br>0. 7012 | 5. 833<br>0. 7008 | 5. 831<br>0. 7005 | 5. 828<br>0. 7001 | 5. 825<br>0. 6998 | 5. 823<br>0. 6995 | 5. 820<br>0. 6991 |
| 71 | 5. 817<br>0. 6988 | 5. 814<br>0. 6984 | 5. 811<br>0. 6981 | 5. 808<br>0. 6977 | 5. 805<br>0. 6974 | 5. 802<br>0. 6970 | 5. 799<br>0. 6967 | 5. 796<br>0. 6964 | 5. 793<br>0. 6960 | 5. 791<br>0. 6957 |
| 72 | 5. 788<br>0. 6952 | 5. 785<br>0. 6950 | 5. 782<br>0. 6946 | 5. 779<br>0. 6943 | 5. 776<br>0. 6940 | 5. 773<br>0. 6935 | 5. 771<br>0. 6933 | 5. 768<br>0. 6929 | 5. 765<br>0. 6926 | 5. 762<br>0. 6923 |
| 73 | 5. 759<br>0. 6919 | 5. 757<br>0. 6916 | 5. 754<br>0. 6913 | 5. 751<br>0. 6909 | 5. 749<br>0. 6906 | 5. 745<br>0. 6902 | 5. 743<br>0. 6899 | 5. 740<br>0. 6896 | 5. 737<br>0. 6792 | 5. 734<br>0. 6889 |
| 74 | 5. 731<br>0. 6886 | 5. 728<br>0. 6882 | 5. 726<br>0. 6879 | 5. 723<br>0. 6876 | 5. 720<br>0. 6872 | 5. 718<br>0. 6869 | 5. 715<br>0. 6866 | 5. 712<br>0. 6862 | 5. 709<br>0. 6859 | 5. 706<br>0. 6856 |
| 75 | 5. 703<br>0. 6852 | 5. 701<br>0. 6849 | 5. 698<br>0. 6846 | 5. 695<br>0. 6842 | 5. 693<br>0. 6839 | 5. 690<br>0. 6836 | 5. 607<br>0. 6832 | 5. 685<br>0. 6829 | 5. 682<br>0. 6826 | 5. 679<br>0. 6823 |
| 76 | 5. 676<br>0. 6819 | 5. 673<br>0. 6816 | 5. 671<br>0. 6813 | 5. 668<br>0. 6809 | 5. 665<br>0. 6806 | 5. 662<br>0. 6803 | 5. 660<br>0. 6800 | 5. 657<br>0. 6796 | 5. 654<br>0. 6793 | 5. 652<br>0. 6790 |
| 77 | 5. 649<br>0. 6787 | 5. 646<br>0. 6783 | 5. 643<br>0. 6780 | 5. 641<br>0. 6777 | 5. 638<br>0. 6774 | 5. 635<br>0. 6770 | 5. 632<br>0. 6767 | 5. 630<br>0. 6764 | 5. 627<br>0. 6761 | 5. 624<br>0. 6757 |
| 78 | 5. 622<br>0. 6754 | 5. 619<br>0. 6751 | 5. 617<br>0. 6748 | 5. 614<br>0. 6745 | 5. 611<br>0. 6741 | 5. 608<br>0. 6738 | 5. 606<br>0. 6735 | 5. 603<br>0. 6732 | 5. 600<br>0. 6728 | 5. 598<br>0. 6725 |
| 79 | 5. 595<br>0. 6722 | 5. 592<br>0. 6719 | 5. 590<br>0. 6716 | 5. 587<br>0. 6713 | 5. 584<br>0. 6709 | 5. 582<br>0. 6706 | 5. 579<br>0. 6703 | 5. 577<br>0. 6700 | 5. 574<br>0. 6697 | 5. 571<br>0. 6693 |
| 80 | 5. 568<br>0. 6690 | 5. 566<br>0. 6687 | 5. 563<br>0. 6684 | 5. 561<br>0. 6681 | 5. 558<br>0. 6678 | 5. 556<br>0. 6676 | 5. 553<br>0. 6671 | 5. 550<br>0. 6668 | 5. 548<br>0. 6665 | 5. 545<br>0. 6662 |

续表

| °API | 十分之一度 | | | | | | | | | |
|---|---|---|---|---|---|---|---|---|---|---|
| | 0 | 1 | 2 | 3 | 4 | 5 | 6 | 7 | 8 | 9 |
| 81 | 5. 542 | 5. 540 | 5. 537 | 5. 534 | 5. 532 | 5. 529 | 5. 526 | 5. 524 | 5. 522 | 5. 519 |
| | 0. 6659 | 0. 6656 | 0. 6653 | 0. 6649 | 0. 6646 | 0. 6643 | 0. 6640 | 0. 6637 | 0. 6634 | 0. 6631 |
| 82 | 5. 516 | 5. 514 | 5. 511 | 5. 508 | 5. 506 | 5. 503 | 5. 501 | 5. 498 | 5. 496 | 5. 493 |
| | 0. 6628 | 0. 6625 | 0. 6621 | 0. 6618 | 0. 6615 | 0. 6612 | 0. 6609 | 0. 6606 | 0. 6603 | 0. 6600 |
| 83 | 5. 491 | 5. 489 | 5. 486 | 5. 483 | 5. 480 | 5. 477 | 5. 475 | 5. 472 | 5. 470 | 5. 467 |
| | 0. 6597 | 0. 6594 | 0. 6591 | 0. 6588 | 0. 6584 | 0. 6581 | 0. 6578 | 0. 6575 | 0. 6572 | 0. 6569 |
| 84 | 5. 465 | 5. 462 | 5. 460 | 5. 458 | 5. 455 | 5. 453 | 5. 450 | 5. 448 | 5. 445 | 5. 443 |
| | 0. 6566 | 0. 6563 | 0. 6560 | 0. 6557 | 0. 6554 | 0. 6551 | 0. 6548 | 0. 6545 | 0. 6542 | 0. 6539 |
| 85 | 5. 440 | 5. 437 | 5. 435 | 5. 432 | 5. 430 | 5. 427 | 5. 425 | 5. 422 | 5. 420 | 5. 417 |
| | 0. 6536 | 0. 6533 | 0. 6530 | 0. 6527 | 0. 6524 | 0. 6521 | 0. 6518 | 0. 6515 | 0. 6512 | 0. 6509 |
| 86 | 5. 415 | 5. 412 | 5. 410 | 5. 407 | 5. 405 | 5. 402 | 5. 400 | 5. 397 | 5. 395 | 5. 392 |
| | 0. 6506 | 0. 6503 | 0. 6500 | 0. 6497 | 0. 6494 | 0. 6491 | 0. 6488 | 0. 6485 | 0. 6482 | 0. 6497 |
| 87 | 5. 390 | 5. 387 | 5. 385 | 5. 382 | 5. 380 | 5. 377 | 5. 375 | 5. 372 | 5. 370 | 5. 367 |
| | 0. 6476 | 0. 6473 | 0. 6470 | 0. 6467 | 0. 6464 | 0. 6461 | 0. 6458 | 0. 6455 | 0. 6452 | 0. 6449 |
| 88 | 5. 365 | 5. 363 | 5. 361 | 5. 358 | 5. 356 | 5. 353 | 5. 351 | 5. 348 | 5. 346 | 5. 343 |
| | 0. 6446 | 0. 6444 | 0. 6441 | 0. 6438 | 0. 6435 | 0. 6432 | 0. 6429 | 0. 6426 | 0. 6423 | 0. 6420 |
| 89 | 5. 341 | 5. 338 | 5. 336 | 5. 334 | 5. 331 | 5. 329 | 5. 326 | 5. 324 | 5. 321 | 5. 319 |
| | 0. 6417 | 0. 6414 | 0. 6411 | 0. 6409 | 0. 6406 | 0. 6403 | 0. 6400 | 0. 6397 | 0. 6394 | 0. 6391 |
| 90 | 5. 316 | 5. 314 | 5. 312 | 5. 310 | 5. 307 | 5. 305 | 5. 302 | 5. 300 | 5. 297 | 5. 295 |
| | 0. 6388 | 0. 6385 | 0. 6382 | 0. 6380 | 0. 6377 | 0. 6374 | 0. 6371 | 0. 6368 | 0. 6365 | 0. 6362 |
| 91 | 5. 293 | 5. 291 | 5. 288 | 5. 286 | 5. 283 | 5. 281 | 5. 278 | 5. 276 | 5. 274 | 5. 271 |
| | 0. 6360 | 0. 6357 | 0. 6354 | 0. 6351 | 0. 6348 | 0. 6345 | 0. 6342 | 0. 6340 | 0. 6337 | 0. 6334 |
| 92 | 5. 269 | 5. 266 | 5. 264 | 5. 262 | 5. 260 | 5. 257 | 5. 254 | 5. 252 | 5. 250 | 5. 248 |
| | 0. 6331 | 0. 6328 | 0. 6325 | 0. 6323 | 0. 6320 | 0. 6317 | 0. 6314 | 0. 6311 | 0. 6309 | 0. 6306 |
| 93 | 5. 245 | 5. 243 | 5. 241 | 5. 230 | 5. 236 | 5. 234 | 5. 232 | 5. 229 | 5. 227 | 5. 225 |
| | 0. 6303 | 0. 6300 | 6297 | 0. 6294 | 0. 6292 | 0. 6209 | 0. 6286 | 0. 6283 | 0. 6281 | 0. 6278 |
| 94 | 5. 222 | 5. 220 | 5. 217 | 5. 215 | 5. 213 | 5. 211 | 5. 208 | 5. 206 | 5. 204 | 5. 201 |
| | 0. 6275 | 0. 6272 | 0. 6269 | 0. 6267 | 0. 6264 | 0. 6261 | 0. 6258 | 0. 6256 | 0. 6253 | 0. 6250 |

续表

| °API | 十分之一度 | | | | | | | | | |
|---|---|---|---|---|---|---|---|---|---|---|
| | 0 | 1 | 2 | 3 | 4 | 5 | 6 | 7 | 8 | 9 |
| 95 | 5. 199<br>0. 6247 | 5. 196<br>0. 6244 | 5. 194<br>0. 6242 | 5. 192<br>0. 6239 | 5. 190<br>0. 6236 | 5. 187<br>0. 6233 | 5. 185<br>0. 6231 | 5. 183<br>0. 6228 | 5. 180<br>0. 6225 | 5. 179<br>0. 6223 |
| 96 | 5. 176<br>0. 6220 | 5. 174<br>0. 6217 | 5. 172<br>0. 6214 | 5. 170<br>0. 6212 | 5. 167<br>0. 6209 | 5. 164<br>0. 6206 | 5. 162<br>0. 6203 | 5. 160<br>0. 6201 | 5. 158<br>0. 6198 | 5. 156<br>0. 6195 |
| 97 | 5. 154<br>0. 6193 | 5. 151<br>0. 6190 | 5. 149<br>0. 6187 | 5. 146<br>0. 6184 | 5. 144<br>0. 6182 | 5. 142<br>0. 6179 | 5. 140<br>0. 6176 | 5. 138<br>0. 6174 | 5. 136<br>0. 6171 | 5. 133<br>0. 6168 |
| 98 | 5. 131<br>0. 6166 | 5. 129<br>0. 6163 | 5. 126<br>0. 6160 | 5. 124<br>0. 6158 | 5. 122<br>0. 6155 | 5. 120<br>0. 6152 | 5. 118<br>0. 6150 | 5. 116<br>0. 6147 | 5. 113<br>0. 6144 | 5. 111<br>0. 6141 |
| 99 | 5. 109<br>0. 6139 | 5. 107<br>0. 6136 | 5. 104<br>0. 6134 | 5. 102<br>0. 6131 | 5. 100<br>0. 6128 | 5. 098<br>0. 6126 | 5. 096<br>0. 6123 | 5. 093<br>0. 6120 | 5. 091<br>0. 6118 | 5. 089<br>0. 6115 |
| 100 | 5. 086<br>0. 6112 | 5. 09<br>0. 6110 | 5. 09<br>0. 6107 | 5. 08<br>0. 6104 | 5. 08<br>0. 6102 | 5. 08<br>0. 6099 | 5. 08<br>0. 6097 | 5. 07<br>0. 6094 | 5. 07<br>0. 6091 | 5. 07<br>0. 6089 |
| 101 | 5. 07<br>0. 6086 | 5. 07<br>0. 6083 | 5. 06<br>0. 6081 | 5. 06<br>0. 6078 | 5. 06<br>0. 6076 | 5. 06<br>0. 6073 | 5. 05<br>0. 6070 | 5. 05<br>0. 6068 | 5. 05<br>0. 6065 | 5. 05<br>0. 6063 |
| 102 | 5. 05<br>0. 6060 | 5. 04<br>0. 6058 | 5. 04<br>0. 6055 | 5. 04<br>0. 6052 | 5. 04<br>0. 6050 | 5. 04<br>0. 6047 | 5. 03<br>0. 6044 | 5. 03<br>0. 6042 | 5. 03<br>0. 6039 | 5. 03<br>0. 6037 |
| 103 | 5. 02<br>0. 6034 | 5. 02<br>0. 6032 | 5. 02<br>0. 6029 | 5. 02<br>0. 6026 | 5. 02<br>0. 6024 | 5. 01<br>0. 6021 | 5. 01<br>0. 6019 | 5. 01<br>0. 6016 | 5. 01<br>0. 6014 | 5. 01<br>0. 6011 |
| 104 | 5. 00<br>0. 6008 | 5. 00<br>0. 6006 | 5. 00<br>0. 6003 | 5. 00<br>0. 6001 | 4. 99<br>0. 5998 | 4. 99<br>0. 5996 | 4. 99<br>0. 5993 | 4. 99<br>0. 5991 | 4. 99<br>0. 5988 | 4. 98<br>0. 5986 |
| 105 | 4. 98<br>0. 5983 | 4. 98<br>0. 5981 | 4. 98<br>0. 5978 | 4. 98<br>0. 5976 | 4. 97<br>0. 5973 | 4. 97<br>0. 5970 | 4. 97<br>0. 5968 | 4. 97<br>0. 5965 | 4. 97<br>0. 5963 | 4. 96<br>0. 5960 |
| 106 | 4. 96<br>0. 5958 | 4. 96<br>0. 5955 | 4. 96<br>0. 5953 | 4. 95<br>0. 5950 | 4. 95<br>0. 5948 | 4. 95<br>0. 5945 | 4. 95<br>0. 5943 | 4. 95<br>0. 5940 | 4. 94<br>0. 5938 | 4. 94<br>0. 5935 |
| 107 | 4. 94<br>0. 5933 | 4. 94<br>0. 5930 | 4. 94<br>0. 5928 | 4. 93<br>0. 5925 | 4. 93<br>0. 5923 | 4. 93<br>0. 5921 | 4. 93<br>0. 5918 | 4. 93<br>0. 5916 | 4. 92<br>0. 5913 | 4. 92<br>0. 5911 |
| 108 | 4. 92<br>0. 5908 | 4. 92<br>0. 5906 | 4. 92<br>0. 5903 | 4. 91<br>0. 5901 | 4. 91<br>0. 5898 | 4. 91<br>0. 5896 | 4. 91<br>0. 5893 | 4. 91<br>0. 5891 | 4. 90<br>0. 5888 | 4. 90<br>0. 5886 |

续表

| °API | 十分之一度 | | | | | | | | | |
|---|---|---|---|---|---|---|---|---|---|---|
| | 0 | 1 | 2 | 3 | 4 | 5 | 6 | 7 | 8 | 9 |
| 109 | 4.90<br>0.5884 | 4.90<br>0.5881 | 4.90<br>0.5879 | 4.89<br>0.5876 | 4.89<br>0.5874 | 4.89<br>0.5871 | 4.89<br>0.5869 | 4.89<br>0.5867 | 4.88<br>0.5864 | 4.88<br>0.5862 |
| 110 | 4.88<br>0.5859 | 4.88<br>0.5857 | 4.87<br>0.5854 | 4.87<br>0.5852 | 4.87<br>0.5850 | 4.87<br>0.5847 | 4.87<br>0.5845 | 4.86<br>0.5842 | 4.86<br>0.5840 | 4.86<br>0.5837 |
| 111 | 4.86<br>0.5835 | 4.86<br>0.5833 | 4.85<br>0.5830 | 4.85<br>0.5828 | 4.85<br>0.5825 | 4.85<br>0.5823 | 4.85<br>0.5821 | 4.84<br>0.5818 | 4.84<br>0.5816 | 4.84<br>0.5813 |
| 112 | 4.84<br>0.5811 | 4.84<br>0.5809 | 4.83<br>0.5806 | 4.83<br>0.5804 | 4.83<br>0.5802 | 4.83<br>0.5799 | 4.83<br>0.5797 | 4.82<br>0.5794 | 4.82<br>0.5792 | 4.82<br>0.5790 |
| 113 | 4.82<br>0.5787 | 4.82<br>0.5785 | 4.82<br>0.5783 | 4.81<br>0.5780 | 4.81<br>0.5778 | 4.81<br>0.5776 | 4.81<br>0.5773 | 4.81<br>0.5771 | 4.80<br>0.5769 | 4.80<br>0.5766 |
| 114 | 4.80<br>0.5764 | 4.80<br>0.5761 | 4.80<br>0.5759 | 4.79<br>0.5757 | 4.79<br>0.5754 | 4.79<br>0.5752 | 4.79<br>0.5750 | 4.79<br>0.5747 | 4.78<br>0.5745 | 4.78<br>0.5743 |
| 115 | 4.78<br>0.5740 | 4.78<br>0.5738 | 4.78<br>0.5736 | 4.77<br>0.5733 | 4.77<br>0.5731 | 4.77<br>0.5729 | 4.77<br>0.5726 | 4.77<br>0.5724 | 4.76<br>0.5722 | 4.76<br>0.5719 |
| 116 | 4.76<br>0.5717 | 4.76<br>0.5715 | 4.76<br>0.5713 | 4.76<br>0.5710 | 4.75<br>0.5708 | 4.75<br>0.5706 | 4.75<br>0.5703 | 4.75<br>0.5701 | 4.75<br>0.5699 | 4.74<br>0.5696 |
| 117 | 4.74<br>0.5694 | 4.74<br>0.5692 | 4.74<br>0.5690 | 4.74<br>0.5687 | 4.73<br>0.5685 | 4.73<br>0.5683 | 4.73<br>0.5680 | 4.73<br>0.5678 | 4.73<br>0.5676 | 4.73<br>0.5674 |
| 118 | 4.72<br>0.5671 | 4.72<br>0.5669 | 4.72<br>0.5667 | 4.72<br>0.5665 | 4.72<br>0.5662 | 4.71<br>0.5660 | 4.71<br>0.5658 | 4.71<br>0.5655 | 4.71<br>0.5653 | 4.71<br>0.5651 |
| 119 | 4.70<br>0.5649 | 4.70<br>0.5646 | 4.70<br>0.5644 | 4.70<br>0.5642 | 4.70<br>0.5640 | 4.69<br>0.5637 | 4.69<br>0.5635 | 4.69<br>0.5633 | 4.69<br>0.5631 | 4.69<br>0.5628 |
| 120 | 4.69<br>0.5626 | 4.68<br>0.5624 | 4.68<br>0.5622 | 4.68<br>0.5620 | 4.68<br>0.5617 | 4.68<br>0.5615 | 4.67<br>0.5613 | 4.67<br>0.5611 | 4.67<br>0.5608 | 4.67<br>0.5606 |
| 121 | 4.67<br>0.5604 | 4.67<br>0.5602 | 4.66<br>0.5600 | 4.66<br>0.5597 | 4.66<br>0.5595 | 4.66<br>0.5593 | 4.66<br>0.5591 | 4.65<br>0.5588 | 4.65<br>0.5586 | 4.65<br>0.5584 |
| 122 | 4.65<br>0.5582 | 4.65<br>0.5580 | 4.64<br>0.5577 | 4.64<br>0.5575 | 4.64<br>0.5573 | 4.64<br>0.5571 | 4.64<br>0.5569 | 4.64<br>0.5566 | 4.63<br>0.5564 | 4.63<br>0.5562 |
| 123 | 4.63<br>0.5560 | 4.63<br>0.5558 | 4.63<br>0.5556 | 4.62<br>0.5553 | 4.62<br>0.5551 | 4.62<br>0.5549 | 4.62<br>0.5547 | 4.62<br>0.5545 | 4.62<br>0.5542 | 4.61<br>0.5540 |
| 124 | 4.61<br>0.5538 | 4.61<br>0.5536 | 4.61<br>0.5534 | 4.61<br>0.5532 | 4.61<br>0.5530 | 4.60<br>0.5527 | 4.60<br>0.5525 | 4.60<br>0.5523 | 4.60<br>0.5521 | 4.60<br>0.5519 |
| 125 | 4.59<br>0.5517 | 4.59<br>0.5514 | 4.59<br>0.5512 | 4.59<br>0.5510 | 4.59<br>0.5508 | 4.59<br>0.5506 | 4.58<br>0.5504 | 4.58<br>0.5502 | 4.58<br>0.5499 | 4.58<br>0.5497 |

续表

| °API | 十分之一度 | | | | | | | | | |
|---|---|---|---|---|---|---|---|---|---|---|
| | 0 | 1 | 2 | 3 | 4 | 5 | 6 | 7 | 8 | 9 |
| 126 | 4.58 | 4.57 | 4.57 | 4.57 | 4.57 | 4.57 | 4.57 | 4.56 | 4.56 | 4.56 |
| | 0.5495 | 0.5493 | 0.5491 | 0.5489 | 0.5487 | 0.5484 | 0.5482 | 0.5480 | 0.5478 | 0.5476 |
| 127 | 4.56 | 4.56 | 4.56 | 4.55 | 4.55 | 4.55 | 4.55 | 4.55 | 4.54 | 4.54 |
| | 0.5474 | 0.5472 | 0.5470 | 0.5468 | 0.5465 | 0.5463 | 0.5461 | 0.5459 | 0.5457 | 0.5456 |
| 128 | 4.54 | 4.54 | 4.54 | 4.54 | 4.53 | 4.53 | 4.53 | 4.53 | 4.53 | 4.53 |
| | 0.5453 | 0.5451 | 0.5449 | 0.5446 | 0.5444 | 0.5442 | 0.5440 | 0.5438 | 0.5436 | 0.5434 |
| 129 | 4.52 | 4.52 | 4.52 | 4.52 | 4.52 | 4.51 | 4.51 | 4.51 | 4.51 | 4.51 |
| | 0.5432 | 0.5430 | 0.5428 | 0.5426 | 0.5424 | 0.5421 | 0.5419 | 0.5417 | 0.5415 | 0.5413 |
| 130 | 4.51 | 4.50 | 4.50 | 4.50 | 4.50 | 4.50 | 4.50 | 4.49 | 4.49 | 4.49 |
| | 0.5411 | 0.5409 | 0.5407 | 0.5405 | 0.5403 | 0.5401 | 0.5399 | 0.5397 | 0.5395 | 0.5393 |
| 131 | 4.49 | 4.49 | 4.49 | 4.48 | 4.48 | 4.48 | 4.48 | 4.48 | 4.48 | 4.47 |
| | 0.5390 | 0.5388 | 0.5386 | 0.5384 | 0.5382 | 0.5380 | 0.5378 | 0.5376 | 0.5374 | 0.5372 |
| 132 | 4.47 | 4.47 | 4.47 | 4.47 | 4.47 | 4.46 | 4.46 | 4.46 | 4.46 | 4.46 |
| | 0.5370 | 0.5368 | 0.5366 | 0.5364 | 0.5362 | 0.5360 | 0.5358 | 0.5356 | 0.5354 | 0.5352 |
| 133 | 4.46 | 4.45 | 4.45 | 4.45 | 4.45 | 4.45 | 4.45 | 4.44 | 4.44 | 4.44 |
| | 0.5350 | 0.5348 | 0.5346 | 0.5344 | 0.5342 | 0.5340 | 0.5338 | 0.5336 | 0.5334 | 0.5332 |
| 134 | 4.44 | 4.44 | 4.44 | 4.43 | 4.43 | 4.43 | 4.43 | 4.43 | 4.43 | 4.42 |
| | 0.5330 | 0.5329 | 0.5326 | 0.5324 | 0.5322 | 0.5320 | 0.5318 | 0.5316 | 0.5314 | 0.5312 |
| 135 | 4.42 | 4.42 | 4.42 | 4.42 | 4.42 | 4.41 | 4.41 | 4.41 | 4.41 | 4.41 |
| | 0.5310 | 0.5308 | 0.5306 | 0.5304 | 0.5302 | 0.5300 | 0.5298 | 0.5296 | 0.5294 | 0.5292 |
| 136 | 4.41 | 4.40 | 4.40 | 4.40 | 4.40 | 4.40 | 4.40 | 4.39 | 4.39 | 4.38 |
| | 0.5290 | 0.5288 | 0.5286 | 0.5284 | 0.5282 | 0.5280 | 0.5278 | 0.5276 | 0.5274 | 0.5272 |
| 137 | 4.39 | 4.39 | 4.39 | 4.38 | 4.38 | 4.38 | 4.38 | 4.38 | 4.38 | 4.37 |
| | 0.5270 | 0.5268 | 0.5266 | 0.5264 | 0.5262 | 0.5260 | 0.5258 | 0.5256 | 0.5254 | 0.5252 |
| 138 | 4.37 | 4.37 | 4.37 | 4.37 | 4.37 | 4.36 | 4.36 | 4.36 | 4.36 | 4.36 |
| | 0.5250 | 0.5249 | 0.5247 | 0.5245 | 0.5243 | 0.5241 | 0.5239 | 0.5237 | 0.5235 | 0.5233 |
| 139 | 4.36 | 4.35 | 4.35 | 4.35 | 4.35 | 4.35 | 4.35 | 4.35 | 4.34 | 4.34 |
| | 0.5231 | 0.5229 | 0.5227 | 0.5225 | 0.5223 | 0.5221 | 0.5219 | 0.5218 | 0.5216 | 0.5214 |

## B4 弦长、直径和面积的关系

堰长与降液管面积

| R | L | A | R | L | A | R | L | A | R | L | A | R | L | A | R | L | A |
|---|---|---|---|---|---|---|---|---|---|---|---|---|---|---|---|---|---|
| 0.070 | 0.511 | 0.0306 | 0.120 | 0.650 | 0.0680 | 0.170 | 0.751 | 0.113 | 0.220 | 0.826 | 0.163 | 0.280 | 0.806 | 0.230 | 0.390 | 0.977 | 0.361 |
| 1 | 0.514 | 0.0315 | 1 | 0.652 | 0.0688 | 1 | 0.753 | 0.114 | 1 | 0.820 | 0.164 | 5 | 0.903 | 0.236 | 5 | 0.979 | 0.367 |
| 2 | 0.517 | 0.0321 | 2 | 0.654 | 0.0697 | 2 | 0.755 | 0.115 | 2 | 0.831 | 0.165 | | | | | | |
| 3 | 0.521 | 0.0326 | 3 | 0.657 | 0.0705 | 3 | 0.756 | 0.116 | 3 | 0.832 | 0.166 | 0.290 | 0.906 | 0.241 | 0.400 | 0.980 | 0.374 |
| 4 | 0.524 | 0.0335 | 4 | 0.659 | 0.0714 | 4 | 0.758 | 0.117 | 4 | 0.834 | 0.167 | 5 | 0.913 | 0.247 | 5 | 0.980 | 0.380 |
| 5 | 0.527 | 0.0342 | 5 | 0.661 | 0.0722 | 5 | 0.760 | 0.117 | 5 | 0.835 | 0.169 | 0.300 | 0.917 | 0.252 | 0.410 | 0.984 | 0.386 |
| 6 | 0.530 | 0.0348 | 6 | 0.663 | 0.0731 | 6 | 0.762 | 0.118 | 6 | 0.836 | 0.170 | 5 | 0.921 | 0.258 | 5 | 0.986 | 0.392 |
| 7 | 0.533 | 0.0355 | 7 | 0.665 | 0.0730 | 7 | 0.763 | 0.119 | 7 | 0.838 | 0.171 | | | | | | |
| 8 | 0.536 | 0.0362 | 8 | 0.668 | 0.0748 | 8 | 0.765 | 0.120 | 8 | 0.839 | 0.172 | 0.310 | 0.925 | 0.264 | 0.420 | 0.987 | 0.398 |
| 9 | 0.539 | 0.0368 | 9 | 0.670 | 0.0756 | 9 | 0.766 | 0.121 | 9 | 0.841 | 0.173 | 5 | 0.930 | 0.270 | 5 | 0.980 | 0.405 |
| 0.080 | 0.542 | 0.0375 | 0.130 | 0.672 | 0.0765 | 0.180 | 0.768 | 0.122 | 0.230 | 0.842 | 0.174 | 0.320 | 0.933 | 0.276 | 0.430 | 0.991 | 0.412 |
| 1 | 0.545 | 0.0382 | 1 | 0.674 | 0.0747 | 1 | 0.770 | 0.123 | 1 | 0.843 | 0.175 | 5 | 0.937 | 0.282 | 5 | 0.998 | 0.418 |
| 2 | 0.548 | 0.0390 | 2 | 0.677 | 0.0782 | 2 | 0.772 | 0.124 | 2 | 0.845 | 0.176 | | | | | | |
| 3 | 0.552 | 0.0396 | 3 | 0.679 | 0.0791 | 3 | 0.773 | 0.125 | 3 | 0.846 | 0.177 | 0.330 | 0.941 | 0.280 | 0.440 | 0.994 | 0.424 |
| 4 | 0.555 | 0.0403 | 4 | 0.682 | 0.0790 | 4 | 0.775 | 0.126 | 4 | 0.848 | 0.178 | 5 | 0.945 | 0.294 | 5 | 0.995 | 0.430 |
| 5 | 0.558 | 0.0410 | 5 | 0.684 | 0.0808 | 5 | 0.777 | 0.127 | 5 | 0.840 | 0.179 | 0.340 | 0.948 | 0.300 | 0.450 | 0.996 | 0.437 |
| 6 | 0.561 | 0.0418 | 6 | 0.686 | 0.0871 | 6 | 0.778 | 0.128 | 6 | 0.850 | 0.180 | 5 | 0.951 | 0.306 | | | |
| 7 | 0.564 | 0.0425 | 7 | 0.688 | 0.0825 | 7 | 0.780 | 0.129 | 7 | 0.851 | 0.181 | | | | 0.460 | 0.997 | 0.450 |
| 8 | 0.567 | 0.0432 | 8 | 0.691 | 0.0834 | 8 | 0.781 | 0.130 | 8 | 0.853 | 0.182 | 0.350 | 0.955 | 0.312 | | | |
| 9 | 0.570 | 0.0430 | 9 | 0.693 | 0.0842 | 9 | 0.783 | 0.131 | 9 | 0.854 | 0.183 | 5 | 0.958 | 0.318 | 0.470 | 0.998 | 0.462 |
| 0.090 | 0.573 | 0.0446 | 0.140 | 0.695 | 0.0941 | 0.190 | 0.784 | 0.132 | 0.240 | 0.855 | 0.184 | 0.360 | 0.961 | 0.324 | 0.480 | 0.998 | 0.475 |
| 1 | 0.576 | 0.0454 | 1 | 0.697 | 0.0950 | 1 | 0.785 | 0.133 | 5 | 0.850 | 0.190 | 5 | 0.964 | 0.330 | | | |
| 2 | 0.578 | 0.0461 | 2 | 0.699 | 0.0959 | 2 | 0.787 | 0.134 | | | | | | | 0.490 | 0.999 | 0.488 |
| 3 | 0.581 | 0.0469 | 3 | 0.700 | 0.0959 | 3 | 0.789 | 0.135 | 0.250 | 0.866 | 0.196 | 0.370 | 0.967 | 0.337 | | | |
| 4 | 0.583 | 0.0475 | 4 | 0.702 | 0.0978 | 4 | 0.790 | 0.136 | 5 | 0.872 | 0.202 | 5 | 0.969 | 0.343 | 0.500 | 1.0 | 0.50 |
| 5 | 0.586 | 0.0484 | 5 | 0.704 | 0.0806 | 5 | 0.792 | 0.137 | 0.260 | 0.878 | 0.207 | 0.380 | 0.971 | 0.348 | | | |

续表

堰长与降液管面积

| R | L | A | R | L | A | R | L | A | R | L | A | R | L | A | R | L | A |
|---|---|---|---|---|---|---|---|---|---|---|---|---|---|---|---|---|---|
| 6 | 0.589 | 0.0491 | 6 | 0.706 | 0.0905 | 6 | 0.794 | 0.138 | 5 | 0.883 | 0.213 | 5 | 0.977 | 0.354 | | | |
| 7 | 0.592 | 0.0499 | 7 | 0.708 | 0.0914 | 7 | 0.795 | 0.139 | | | | | | | | | |
| 8 | 0.594 | 0.0506 | 8 | 0.710 | 0.0923 | 8 | 0.797 | 0.140 | 0.270 | 0.888 | 0.218 | | | | | | |
| 9 | 0.597 | 0.0514 | 9 | 0.712 | 0.0932 | 9 | 0.798 | 0.141 | 5 | 0.893 | 0.224 | | | | | | |
| 0.100 | 0.600 | 0.0521 | 0.150 | 0.714 | 0.0941 | 0.200 | 0.800 | 0.142 | | | | | | | | | |
| 1 | 0.603 | 0.0529 | 1 | 0.716 | 0.0950 | 1 | 0.802 | 0.143 | | | | | | | | | |
| 2 | 0.605 | 0.0537 | 2 | 0.718 | 0.0959 | 2 | 0.803 | 0.144 | | | | | | | | | |
| 3 | 0.608 | 0.0545 | 3 | 0.720 | 0.0959 | 3 | 0.805 | 0.145 | | | | | | | | | |
| 4 | 0.610 | 0.0553 | 4 | 0.722 | 0.0978 | 4 | 0.806 | 0.146 | | | | | | | | | |
| 5 | 0.613 | 0.0561 | 5 | 0.724 | 0.0987 | 5 | 0.808 | 0.148 | | | | | | | | | |
| 6 | 0.615 | 0.0569 | 6 | 0.726 | 0.0996 | 6 | 0.809 | 0.149 | | | | | | | | | |
| 7 | 0.618 | 0.0576 | 7 | 0.728 | 0.1005 | 7 | 0.810 | 0.150 | | | | | | | | | |
| 8 | 0.620 | 0.0584 | 8 | 0.729 | 0.1015 | 8 | 0.812 | 0.151 | | | | | | | | | |
| 9 | 0.623 | 0.0592 | 9 | 0.731 | 0.102 | 9 | 0.813 | 0.152 | | | | | | | | | |
| 0.110 | 0.625 | 0.0600 | 0.160 | 0.733 | 0.103 | 0.210 | 0.814 | 0.153 | | | | | | | | | |
| 1 | 0.628 | 0.0608 | 1 | 0.725 | 0.104 | 1 | 0.816 | 0.154 | | | | | | | | | |
| 2 | 0.630 | 0.0618 | 2 | 0.737 | 0.105 | 2 | 0.817 | 0.155 | | | | | | | | | |
| 3 | 0.633 | 0.0624 | 3 | 0.738 | 0.106 | 3 | 0.819 | 0.156 | | | | | | | | | |
| 4 | 0.635 | 0.0632 | 4 | 0.740 | 0.107 | 4 | 0.820 | 0.157 | | | | | | | | | |
| 5 | 0.638 | 0.0640 | 5 | 0.742 | 0.108 | 5 | 0.822 | 0.158 | | | | | | | | | |
| 6 | 0.640 | 0.0648 | 6 | 0.744 | 0.109 | 6 | 0.823 | 0.159 | | | | | | | | | |
| 7 | 0.643 | 0.0656 | 7 | 0.746 | 0.11 | 7 | 0.824 | 0.160 | | | | | | | | | |
| 8 | 0.645 | 0.0664 | 8 | 0.747 | 0.111 | 8 | 0.826 | 0.161 | | | | | | | | | |
| 9 | 0.648 | 0.0672 | 9 | 0.749 | 0.112 | 9 | 0.827 | 0.162 | | | | | | | | | |

此表包括降液管面积、堰长以及由堰形成的圆形区域的高度。

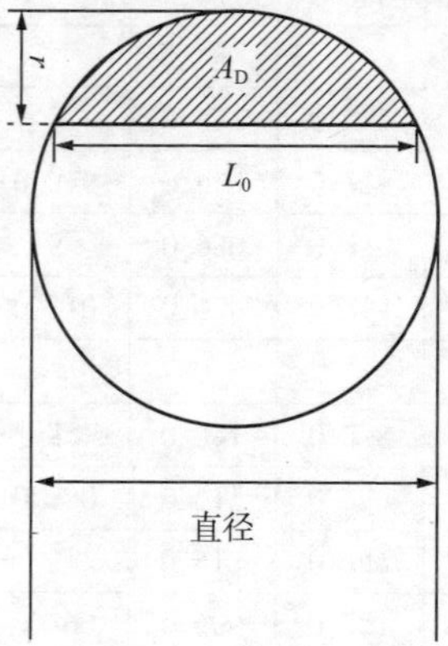


$R=\frac{降液管宽度}{直径}=\frac{r}{直径}$　　$L=\frac{堰长}{直径}=\frac{L_0}{直径}$　　$A=\frac{降液管面积}{塔面积}=\frac{A_D}{A_S}$

B5 正构烷烃(链烷烃)的沸点和冰点

| 碳原子数 | 沸点 | | 冰点 | |
|---|---|---|---|---|
| | ℃ | ℉ | ℃ | ℉ |
| 3 | -42 | -44 | -138 | -216 |
| 4 | 0 | 32 | -129 | -201 |
| 5 | 36 | 97 | -96 | -140 |
| 6 | 69 | 156 | -91 | -131 |
| 7 | 98 | 209 | -57 | -70 |
| 8 | 126 | 259 | -53 | -64 |
| 9 | 151 | 303 | -29 | -21 |
| 10 | 174 | 345 | -25 | -13 |
| 11 | 196 | 385 | -9 | 15 |
| 12 | 216 | 421 | -6 | 22 |
| 13 | 235 | 455 | 6 | 43 |
| 14 | 254 | 489 | 10 | 50 |
| 15 | 271 | 520 | 18 | 64 |
| 16 | 287 | 549 | 22 | 72 |
| 17 | 302 | 576 | 28 | 82 |
| 18 | 316 | 601 | 32 | 90 |
| 19 | 330 | 626 | 37 | 98 |
| 20 | 344 | 651 | 40 | 104 |
| 21 | 363 | 685 | 44 | 111 |
| 22 | 369 | 696 | 47 | 117 |
| 23 | 380 | 716 | 51 | 124 |
| 24 | 391 | 736 | | |
| 26 | 412 | 774 | | |
| 28 | 431 | 808 | | |
| 30 | 449 | 840 | | |
| 32 | 466 | 871 | | |
| 34 | 481 | 898 | | |
| 36 | 496 | 925 | | |
| 38 | 509 | 948 | | |
| 40 | 522 | 972 | | |
| 42 | 534 | 993 | | |
| 44 | 545 | 1013 | | |
| 46 | 556 | 1033 | | |
| 48 | 566 | 1051 | | |
| 50 | 575 | 1067 | | |
| 52 | 584 | 1083 | | |
| 54 | 592 | 1098 | | |
| 56 | 600 | 1112 | | |
| 58 | 608 | 1126 | | |

续表

| 碳原子数 | 沸点 | | 冰点 | |
|---|---|---|---|---|
| | ℃ | ℉ | ℃ | ℉ |
| 60 | 615 | 1139 | | |
| 62 | 622 | 1152 | | |
| 64 | 629 | 1164 | | |
| 66 | 635 | 1175 | | |
| 68 | 641 | 1186 | | |
| 70 | 647 | 1197 | | |
| 72 | 653 | 1207 | | |
| 74 | 658 | 1216 | | |
| 76 | 664 | 1227 | | |
| 78 | 670 | 1238 | | |
| 80 | 675 | 1247 | | |
| 82 | 681 | 1258 | | |
| 84 | 686 | 1267 | | |
| 86 | 691 | 1276 | | |
| 88 | 695 | 1283 | | |
| 90 | 700 | 1292 | | |
| 92 | 704 | 1299 | | |
| 94 | 708 | 1306 | | |
| 96 | 712 | 1314 | | |
| 98 | 716 | 1321 | | |
| 100 | 720 | 1328 | | |
| 110 | 735 | 1355 | | |
| 120 | 750 | 1382 | | |

# 第 32 章　石油炼制原油评价报告的选择

## 附录 C　原油评价报告的选择

（1）阿拉斯加北坡原油(美国)

表 32-1　阿拉斯加北坡原油(美国)　2010-12

| 切割馏分 | 全馏分原油 | 轻烃 | 石脑油 | 重石脑油 | 煤油 | 柴油 | 减压蜡油 | 减压渣油 |
|---|---|---|---|---|---|---|---|---|
| 实沸点馏程/℉ | | $C_4$ 以下 | $C_5$～165 | 165～330 | 330～480 | 480～650 | 650～1000 | 1000+ |
| 产率/%(体) | 100.0 | 2.5 | 8.0 | 14.1 | 14.1 | 16.0 | 27.1 | 18.3 |
| 产率/% | 100.0 | 1.7 | 6.1 | 12.4 | 13.4 | 16.1 | 29 | 21.4 |
| °API | 32.1 | 113.7 | 83.77 | 55.02 | 41.1 | 31.4 | 21.2 | 6.9 |
| 硫含量/% | 0.93 | | 0.001 | 0.0107 | 0.0929 | 0.5304 | 1.21 | 2.34 |
| 氮含量/ppm | 1490 | | 0.01 | 0.15 | 1.1 | 75 | 1307 | 6322 |
| 康氏残炭/% | 4.38 | | | | | 0 | 0.5 | 21.8 |
| 黏度 | 12.2 cSt@68℉ | 0.35 cSt@68℉ | 0.39 cSt@68℉ | 0.71 cSt@68℉ | 1.81 cSt@68℉ | 7.57 cSt@68℉ | 286 cSt@68℉ | |
| 倾点/℉ | -3 | | | | -69 | -2 | 88 | 121 |
| 总酸值/(mg/g) | 0.2 | | | | | 0.13 | 0.34 | 0.18 |
| 镍含量/ppm | 11 | | | | | 0 | 0 | 52 |
| 钒含量/ppm | 24.8 | | | | | 0 | 0 | 119 |
| 饱和烃/%(体) | | 100 | 85 | 43 | 36 | 32 | 19 | |
| 环烷烃/%(体) | | 0 | 14 | 43 | 43 | 37 | 35 | |
| 芳香烃/%(体) | | 0 | 1 | 14 | 21 | 31 | 46 | |
| 研究法辛烷值 | | | 71 | 38 | | | | |
| 冰点/℉ | | | | | -52 | 14 | | |
| 苯胺点/℉ | | | | | 130 | 148 | 174 | |
| 十六烷值数 | 30 | 113 | 51 | 29 | 40 | 48 | | |
| 浊点/℉ | | | | | -60 | 7 | | |
| 烟点/mm | | | | | 22 | | | |

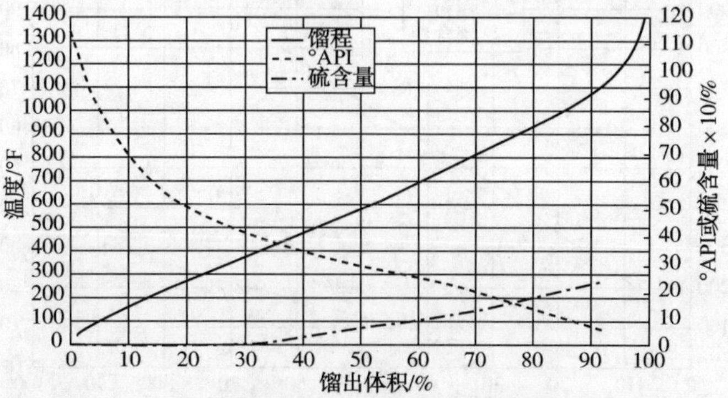


图 32-1　阿拉斯加北坡原油(美国)全馏分图-2010.12

（2）安纳原油(利比亚)

**表 32-2　安纳原油(高凝点，利比亚)**　　数据源：O&GJ

| 切割馏分 | 全馏分原油 | 轻烃 | 石脑油 | 重石脑油 | 煤油 | 柴油 | 减压蜡油 | 常压渣油 | 减压渣油 |
|---|---|---|---|---|---|---|---|---|---|
| 实沸点馏程/℉ | | $C_5$~120 | 120~250 | 250~330 | 330~443 | 443~600 | 600~850 | 655+ | 1000+ |
| 产率/%(体) | 100.0 | 2.4 | 7.7 | 6.9 | 9.4 | 15.0 | 23.3 | 55.4 | 21.8 |
| °API | 36.1 | 93.6 | 69.5 | 57.4 | 49.9 | 42.3 | | 25.4 | 16.7 |
| 硫含量/% | 0.15 | 0.01 | 0.01 | 0.02 | 0.05 | 0.07 | 0.13 | 0.22 | 0.31 |
| 康氏残炭/% | 3.7 | | | | | | | 6.22 | 14.5 |
| 黏度 | 13.7 cSt@100℉ | | | | | | | | |
| 倾点/℉ | 75 | | | | -75 | 0 | 80 | 100 | 130 |
| 盐含量/ptb | 8.2 | | | | | | | | |
| 镍含量/ppm | 5 | | | | | | | 8.5 | 20 |
| 钒含量/ppm | 0.6 | | | | | | | 1.1 | 2.5 |
| 饱和烃/%(体) | | 99 | 69.9 | 60.5 | 60.9 | | | | |
| 环烷烃/%(体) | | 1 | 26.5 | 33.6 | 29.9 | | | | |
| 芳香烃/%(体) | | 0 | 3.7 | 5.9 | 9.2 | | | | |
| 研究法辛烷值 | | 78 | | | | | | | |
| 冰点/℉ | | | | | -58 | | | | |
| 苯胺点/℉ | | | | | 150.6 | 169.1 | 202 | | |
| 柴油指数 | | | | | 75 | 71 | 69 | | |
| 烟点/mm | | | | | 31 | | | | |

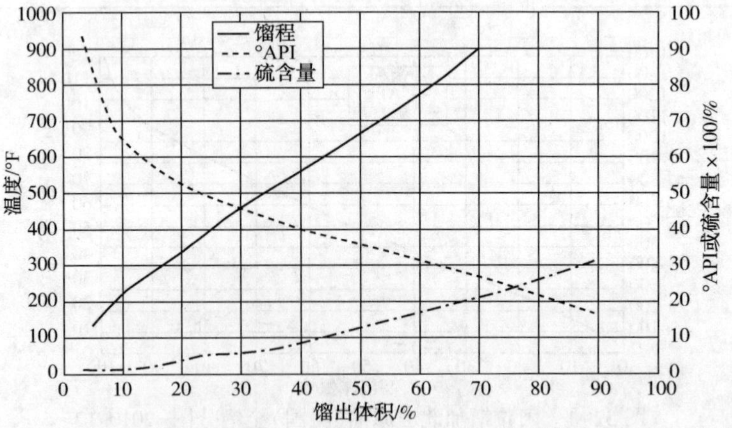


图 32-2　安纳原油(高凝点，利比亚)全馏分图

(3) 阿拉伯重度原油(沙特阿拉伯)

**表 32-3 阿拉伯重质原油(沙特阿拉伯)** 数据源：O&GJ

| 切割馏分 | 全馏分原油 | 轻烃 | 石脑油 | 重石脑油 | 煤油 | 柴油 | 减压蜡油 | 常压渣油 | 减压渣油 |
|---|---|---|---|---|---|---|---|---|---|
| 实沸点馏程/°F | | X-68 | 68~212 | 212~302 | 302~455 | 455~650 | 650~1049 | 650+ | 1049+ |
| 产率/%(体) | 100.0 | 7.3 | 7.9 | 6.8 | 12.5 | 16.4 | 26.3 | 53.1 | 26.8 |
| °API | 28.2 | | 80.1 | 60.6 | 48.3 | 35.8 | 21.8 | 12.3 | 4.0 |
| 硫含量/% | 2.84 | | 0.0028 | 0.018 | 0.19 | 1.38 | 2.88 | 4.35 | 5.6 |
| 康氏残炭/% | | | | | | | | 13.2 | 24.4 |
| 黏度 | 18.9 cSt@100°F | | | | 1.12 cSt@100°F | 3.65 cSt@100°F | 62.5 cSt@100°F | 106 cSt@1210°F | 13400 cSt@1210°F |
| 倾点/°F | -30 | | | | | 5 | 90 | 55 | 120 |
| 雷德蒸汽压/psi | 8.5 | | 10.2 | | | | | | |
| 镍含量/ppm | | | | | | | | 8.5 | 53 |
| 钒含量/ppm | | | | | | | | 1.1 | 171 |
| 饱和烃/%(体) | | | 89.6 | 70.3 | 58 | | | | |
| 环烷烃/%(体) | | | 9.5 | 21.4 | 23.7 | | | | |
| 芳香烃/%(体) | | | 0.9 | 8.3 | 18.3 | | | | |
| 研究法辛烷值 | | | 59.7 | | | | | | |
| 冰点/°F | | | | | -64 | | | | |
| 苯胺点/°F | | | | | 138 | 156 | 172 | | |
| 烟点/mm | | | | | 26 | | | | |

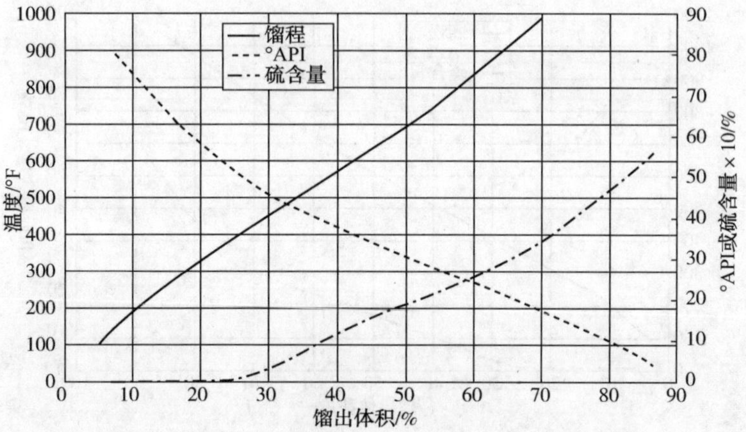


图 32-3 阿拉伯重质原油(沙特阿拉伯)全馏分图

（4）阿拉伯轻质原油（沙特阿拉伯）

**表 32-4　阿拉伯轻质原油（沙特阿拉伯）**　　数据源：O&GJ

| 切割馏分 | 全馏分原油 | 轻烃 | 石脑油 | 重石脑油 | 煤油 | 柴油 | 减压蜡油 | 常压渣油 | 减压渣油 |
|---|---|---|---|---|---|---|---|---|---|
| 实沸点馏程/℉ | | X-68 | 68~212 | 212~302 | 302~455 | 455~650 | 650~1049 | 650+ | 1049+ |
| 产率/%(体) | 100.0 | 1.7 | 9.0 | 8.4 | 15.0 | 19.8 | 32.5 | 46.1 | 13.6 |
| °API | 33.4 | | 78.5 | 59.6 | 38.5 | 37.1 | 22.8 | 17.6 | 4.0 |
| 硫含量/% | 1.8 | | 0.024 | 0.027 | 0.094 | 1.05 | 2.46 | 3.08 | 6.5 |
| 康氏残炭/% | | | | | | | | 7.6 | 22.4 |
| 黏度 | 6.14 cSt@100℉ | | | | | 3.28 cSt@100℉ | 52.5 cSt@100℉ | 21.0 cSt@210℉ | 2017 cSt@210℉ |
| 倾点/℉ | -30 | | | | | 0 | 90 | 40 | 115 |
| 雷德蒸汽压/psi | 4.2 | | 8.3 | | | | | | |
| 镍含量/ppm | | | | | | | | | 22 |
| 钒含量/ppm | | | | | | | | | 94 |
| 饱和烃/%(体) | | | 87.2 | 69.5 | | | | | |
| 环烷烃/%(体) | | | 10.4 | 18.2 | | | | | |
| 芳香烃/%(体) | | | 2.4 | 12.3 | 20.4 | | | | |
| 研究法辛烷值 | | | 54.7 | | | | | | |
| 冰点/℉ | | | | | -69 | | | | |
| 苯胺点/℉ | | | | | 135 | 156 | 179 | | |
| 烟点/mm | | | | | 23 | | | | |

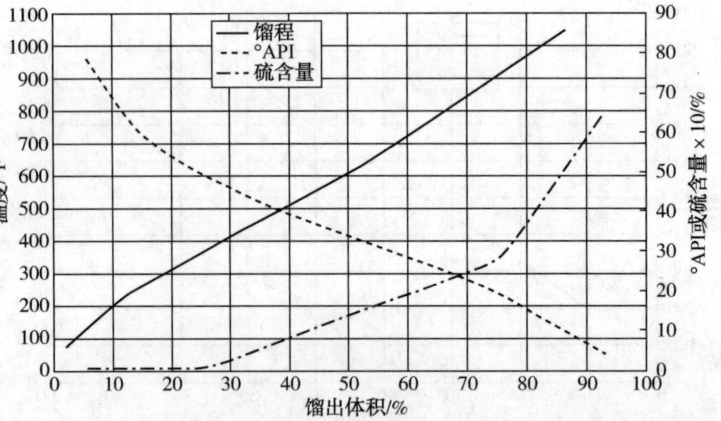


图 32-4　阿拉伯轻质原油（沙特阿拉伯）全馏分图

（5）阿拉伯中质原油(沙特阿拉伯)

**表 32-5 阿拉伯中质原油(沙特阿拉伯)** 数据源：O&GJ

| 切割馏分 | 全馏分原油 | 轻烃 | 石脑油 | 重石脑油 | 煤油 | 柴油 | 减压蜡油 | 常压渣油 | 减压渣油 |
|---|---|---|---|---|---|---|---|---|---|
| 实沸点馏程/℉ | | X-68 | 68~212 | 212~302 | 302~455 | 455~650 | 650~1049 | 650+ | 1049+ |
| 产率/%(体) | 100.0 | 1.2 | 8.9 | 7.7 | 14.5 | 18.1 | 30.9 | 49.6 | 18.7 |
| °API | 30.8 | | 77.7 | 59.1 | 48 | 36 | 21.9 | 15 | 4.9 |
| 硫含量/% | 2.4 | | 0.043 | 0.05 | 0.14 | 1.24 | 2.91 | 3.9 | 5.35 |
| 康氏残炭/% | | | | | | | | 9.9 | 23.3 |
| 黏度 | 9.41 cSt@100℉ | | | | 1.13 cSt@100℉ | 3.53 cSt@100℉ | 49.2 cSt@100℉ | 36.0 cSt@210℉ | 3847 cSt@210℉ |
| 倾点/℉ | 5 | | | | | 15 | 100 | 55 | 115 |
| 雷德蒸汽压/psi | 3.2 | | 7.9 | | | | | | |
| 镍含量/ppm | | | | | | | | | 32 |
| 钒含量/ppm | | | | | | | | | 96 |
| 饱和烃/%(体) | | | 85.3 | 68.5 | | | | | |
| 环烷烃/%(体) | | | 12.3 | 18.7 | | | | | |
| 芳香烃/%(体) | | | 2.4 | 12.7 | 20.6 | | | | |
| 研究法辛烷值 | | | 54.5 | | | | | | |
| 冰点/℉ | | | | | -62 | | | | |
| 苯胺点/℉ | | | | | 136 | 157 | 176 | | |
| 烟点/mm | | | | | 23 | | | | |

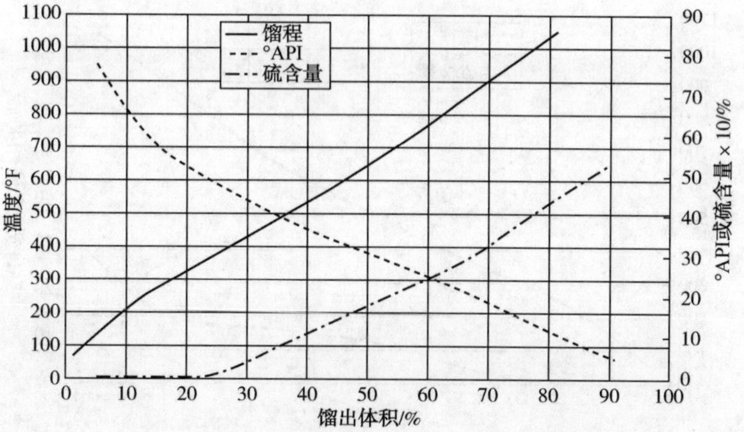


图 32-5 阿拉伯中质原油(沙特阿拉伯)全馏分图

（6）阿朱那原油（印度尼西亚）

**表 32-6　阿朱那原油（爪哇岛，印度尼西亚）**　　数据源：O&GJ

| 切割馏分 | 全馏分原油 | 轻烃 | 石脑油 | 重石脑油 | 馏分油 | 常压蜡油 | 减压蜡油 | 减压渣油 |
|---|---|---|---|---|---|---|---|---|
| 实沸点馏程/℉ | | X-50 | 50~230 | 230~380 | 380~640 | 640~780 | 780~1049 | 1049+ |
| 产率/%(体) | 100.0 | 3.3 | 13.8 | 17.9 | 28.7 | 10.7 | 20.2 | 5.4 |
| °API | 37.7 | | 68.2 | 48.5 | 33 | 31.3 | 25.8 | 5.6 |
| 硫含量/% | 0.12 | | 0.01 | 0.01 | 0.09 | 0.12 | 0.15 | 0.3 |
| 康氏残炭/% | | | | | | 0.08 | 0.42 | |
| 黏度 | 37.7 SUS@100℉ | | | | | | | 4100 SUS@275℉ |
| 倾点/℉ | 80 | | | | 15 | 90 | 120 | |
| 雷德蒸汽压/psi | 7 | | 6.9 | | | | | |
| 盐含量/ptb | <10 | | | | | | | |
| 镍含量/ppm | | | | | | 0.3 | 0.9 | |
| 钒含量/ppm | | | | | | 0 | 0.3 | |
| 饱和烃/%(体) | | | 41 | 43.8 | | | | |
| 环烷烃/%(体) | | | 34.9 | 29.1 | | | | |
| 芳香烃/%(体) | | | 5.7 | 27.1 | | | | |
| 研究法辛烷值 | | | 72.2 | 61.6 | | | | |
| 苯胺点/℉ | | | | | | 90.2 | 98.4 | |
| 十六烷指数 | | | | | 41 | | | |

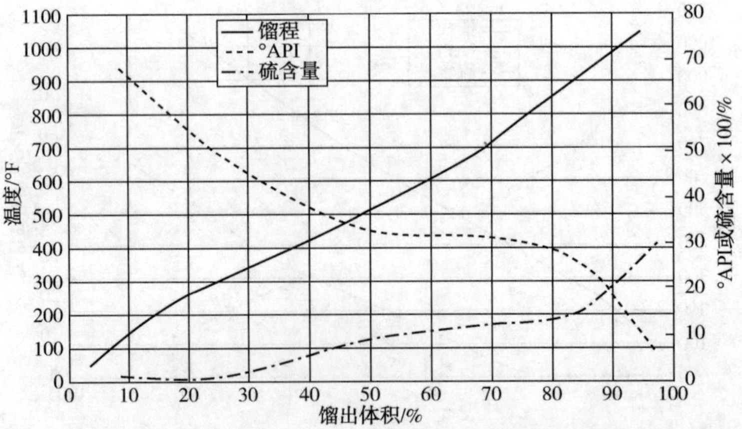


图 32-6　阿朱那原油（爪哇岛，印度尼西亚）全馏分图

（7）巴奇奎罗重质原油(委内瑞拉)

**表 32-7 巴奇奎罗重质原油(16.8°，委内瑞拉)** 数据源：O&GJ

| 切割馏分 | 全馏分 | 石脑油 | 重石脑油 | 煤油 | 馏分油 | 常压渣油 |
|---|---|---|---|---|---|---|
| 实沸点馏程/°F | | 90~200 | 200~350 | 350~475 | 475~650 | 650+ |
| 产率/%(体) | 100.0 | 2.5 | 6.0 | 5 | 15.5 | 71.0 |
| °API | 16.8 | 65 | 50 | 36.4 | 28 | 5.6 |
| 硫含量/% | 2.4 | | | 0.48 | 0.99 | 3 |
| 黏度 | 1362<br>SUS@ 100°F | | | | | 4100<br>SUS@ 275°F |
| 倾点/°F | -10 | | | -80 | | |
| 雷德蒸气压/psi | | 2.8 | | | | |
| 饱和烃/%(体) | | 43.4 | | 19.2 | | |
| 环烷烃/%(体) | | 51.9 | | 54.8 | | |
| 芳香烃/%(体) | | 4.7 | | 26 | | |
| 苯胺点/°F | | | | 125 | 134 | |

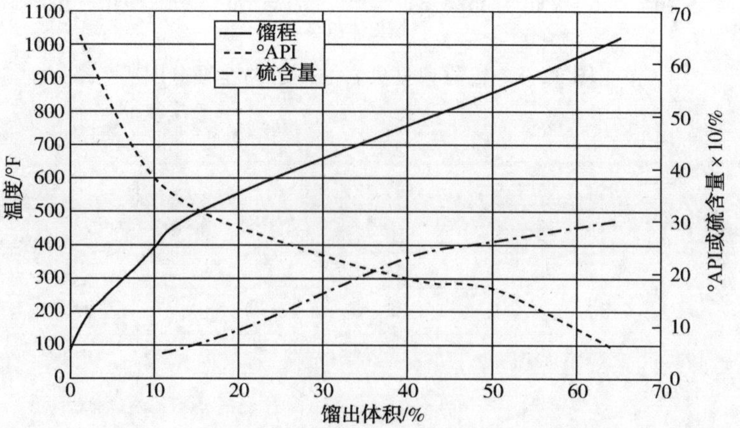


图 32-7 巴奇奎罗重质原油(委内瑞拉)全馏分图

(8) 巴肯典型页岩油(美国)

**表 32-8　巴肯典型页岩油(美国)**　　2013

| 切割馏分 | 全馏分原油 | 煤油 | 柴油 | 减压蜡油 | 渣油 |
|---|---|---|---|---|---|
| 实沸点馏程/℉ | — | 375~500 | 500~520 | 620~1050 | 1050+ |
| °API | 41~42.1 | | | | 14 |
| 硫含量/% | 0.13~0.20 | 0.02 | 0.09 | 0.24 | 0.68~0.75 |
| 倾点/℉ | -25 | | | | |
| 镍含量/ppm | | | | | 7 |
| 钒含量/ppm | | | | | 2 |

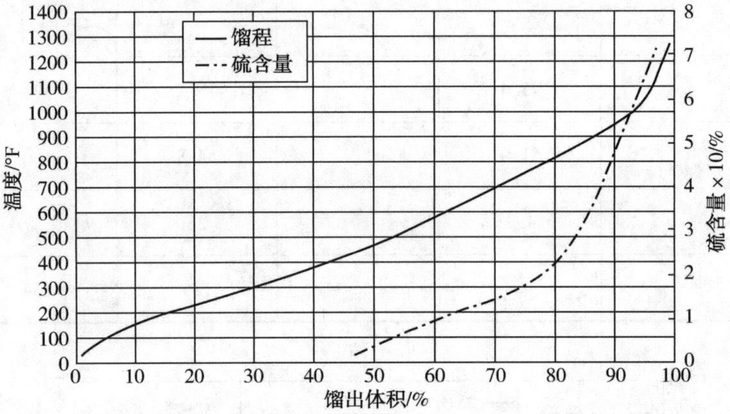


图 32-8　巴肯典型页岩油(美国)全馏分图

(9) 伯尼轻质原油(尼日利亚)

表 32-9 伯尼轻质原油(尼日利亚) 数据源：O&GJ

| 切割馏分 | 全馏分原油 | 轻烃 | 石脑油 | 重石脑油 | 煤油 | 柴油 | 减压蜡油 | 减压渣油 |
|---|---|---|---|---|---|---|---|---|
| 实沸点馏程/℉ | | X-60 | 60~167 | 167~347 | 347~482 | 482~662 | 662~977 | 977+ |
| 产率/%(体) | 100.0 | 2.2 | 6.4 | 22 | 15.4 | 23.2 | 23.1 | 7.7 |
| °API | 37.6 | | 79.9 | 53.6 | 40.2 | 33.2 | 25.4 | 11.8 |
| 硫含量/% | 0.13 | | 0.0002 | 0.003 | 0.03 | 0.13 | 0.21 | 0.39 |
| 氮含量/ppm | | | | | | | 1150 | |
| 康氏残炭/% | 1.1 | | | | | | | 12 |
| 黏度 | 36SUS 赛氏通用黏度@100℉ | | | | | 40.3 SUS 赛氏通用黏度@100℉ | 48.1 SUS 赛氏通用黏度@210℉ | 2030 SUS 赛氏通用黏度@210℉ |
| 倾点/℉ | 5 | | | | -70 | 20 | 105 | |
| 镍含量/ppm | 4 | | | | | | <0.1 | 40 |
| 钒含量/ppm | <0.5 | | | | | | <0.1 | 3 |
| 饱和烃/%(体) | | | 77 | 34 | | | | |
| 环烷烃/%(体) | | | 21.5 | 55 | | | | |
| 芳香烃/%(体) | | | 1.5 | 11 | | | | |
| 研究法辛烷值 | | | 78 | | | | | |
| 冰点/℉ | | | | | -53 | | | |
| 苯胺点/℉ | | | | 120 | 136 | | 190 | |
| 柴油指数 | | | | | 55 | 53 | | |
| 十六烷指数 | | | | | | 51 | | |
| 烟点/mm | | | | | 19 | | | |

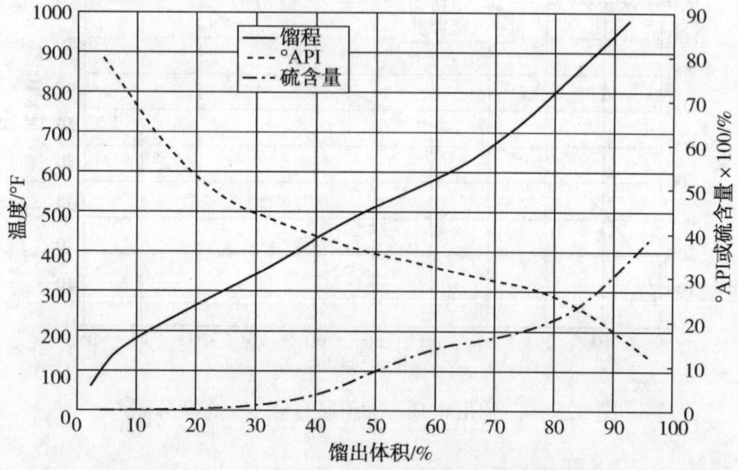


图 32-9 伯尼轻质原油(尼日利亚)全馏分图

（10）伯尼中质原油(尼日利亚)

**表 32-10　伯尼中质原油(尼日利亚)**　　数据源：O&GJ

| 切割馏分 | 全馏分原油 | 轻烃 | 石脑油 | 重石脑油 | 煤油 | 柴油 | 减压蜡油 | 减压渣油 |
|---|---|---|---|---|---|---|---|---|
| 实沸点馏程/℉ | | X-60 | 60~167 | 167~347 | 347~482 | 482~662 | 662~977 | 977+ |
| 产率/%(体) | 100.0 | 0.7 | 2.1 | 8.7 | 14.7 | 29.7 | 31.3 | 12.8 |
| °API | 26.0 | | 79.2 | 50.1 | 34.4 | 27.5 | 19.7 | 10.1 |
| 硫含量/% | 0.23 | | 0.001 | 0.01 | 0.063 | 0.18 | 0.31 | 0.48 |
| 氮含量/ppm | | | | | | | | |
| 康氏残炭/% | 1.8 | | | | | | | 12.7 |
| 黏度 | 60.7SUS 赛氏通用黏度@100℉ | | | | | 44.6SUS 赛氏通用黏度@100℉ | 53.1SUS 赛氏通用黏度@210℉ | 3690SUS 赛氏通用黏度@210℉ |
| 倾点/℉ | <-5 | | | | <-70 | -15 | 80 | |
| 镍含量/ppm | 7 | | | | | | <0.1 | 52 |
| 钒含量/ppm | 1 | | | | | | <0.1 | 7 |
| 饱和烃/%(体) | | | 73 | 27.5 | | | | |
| 环烷烃/%(体) | | | 24 | 58.5 | | | | |
| 芳香烃/%(体) | | | 3 | 14 | | | | |
| 研究法辛烷值 | | | 80 | | | | | |
| 冰点/℉ | | | | | -85 | | | |
| 苯胺点/℉ | | | | 110 | 123 | | 163 | |
| 柴油指数 | | | | | 42 | 37 | | |
| 十六烷指数 | | | | | | 40 | | |
| 烟点/mm | | | | | 17 | | | |

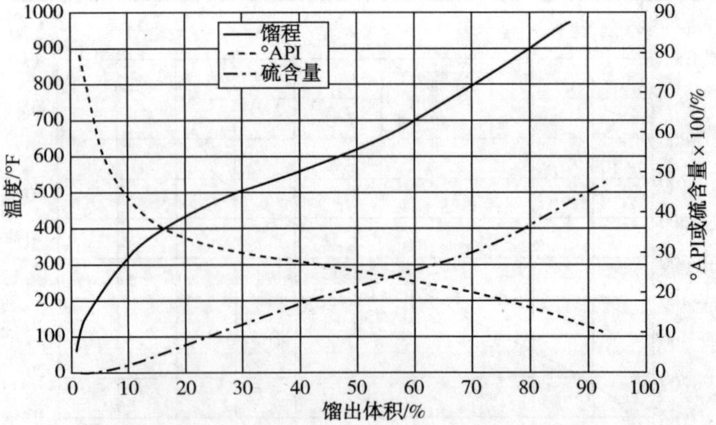


图 32-10　伯尼中质原油(尼日利亚)全馏分图

(11) 布雷加原油(利比亚)

表 32-11　布雷加原油(利比亚)　数据源:O&GJ

| 切割馏分 | 全馏分 | 轻烃 | 轻石脑油 | 重石脑油 | 煤油 | 馏分油 | 减压蜡油 | 常压渣油 | 减压渣油 |
|---|---|---|---|---|---|---|---|---|---|
| 实沸点馏程/°F | — | X~68 | 68~212 | 212~302 | 302~455 | 455~650 | 650~1049 | 650+ | 1049+ |
| 产率/%(体) | 100.0 | 2.4 | 12.4 | 10.7 | 17.4 | 20.3 | 27.8 | 36.8 | 9.0 |
| °API | 40.4 | | 73.8 | 56.8 | 46.7 | 38.1 | 27.7 | 23.6 | 12.3 |
| 硫含量/% | 0.21 | | 0.014 | 0.02 | 0.035 | 0.10 | 0.30 | 0.41 | 0.69 |
| 氮含量/ppm | | | | | | | | | |
| 康氏残炭/% | | | | | | | | 4.1 | 14.6 |
| 黏度 | 3.56 cSt@100°F | | | | 1.17 cSt@100°F | 3.61 cSt@100°F | 6.1 cSt@210°F | 14.1 cSt@210°F | 620 cSt@210°F |
| 倾点/°F | 30 | | | | | 15 | 105 | 95 | >120 |
| 雷德蒸气压/psi | 6.4 | | 7.4 | | | | | | |
| 镍含量/ppm | | | | | | | | | 32 |
| 钒含量/ppm | | | | | | | | | 24 |
| 饱和烃/%(体) | | | 72.5 | 53 | 51.2 | | | | |
| 环烷烃/%(体) | | | 25.3 | 39.3 | 34.7 | | | | |
| 芳香烃/%(体) | | | 2.2 | 7.7 | 14.1 | | | | |
| 研究法辛烷值 | | | 59.9 | | | | | | |
| 冰点/°F | | | | | -68 | | | | |
| 苯胺点/°F | | | | | 144 | 172 | 206 | | |
| 烟点/mm | | | | | 27 | | | | |

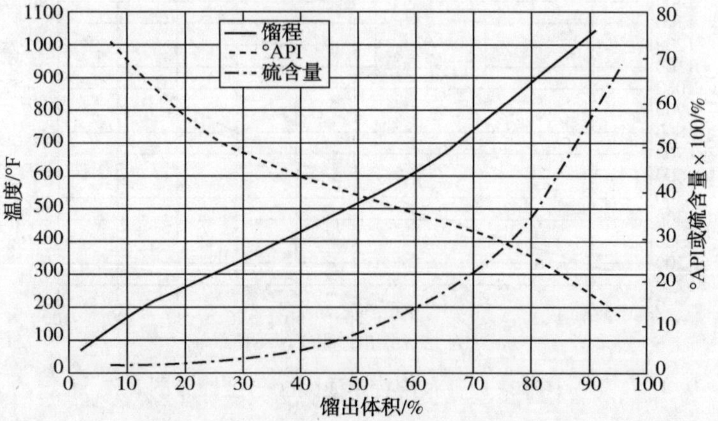


图 32-11　布雷加原油(利比亚)全馏分图

(12) 布伦特原油(北海)

**表 32-12　布伦特原油(北海)**　　数据源：O&GJ

| 切割馏分 | 全馏分 | 轻石脑油 | 中石脑油 | 重石脑油 | 轻煤油 | 煤油 | 柴油 | 减压蜡油 | 渣油 |
|---|---|---|---|---|---|---|---|---|---|
| 实沸点馏程/°F | —— | X~158 | 158~212 | 212~372 | 372~455 | 455~536 | 536~649 | 649~1049 | 1049+ |
| 产率/%(体) | 100.0 | 7.6 | 6.3 | 18.6 | 7.0 | 9.1 | 11.1 | 27.1 | 12.3 |
| 产率/%(质) | 100.0 | 6.0 | 5.4 | 17.3 | 6.8 | 9.1 | 11.4 | 29.3 | 13.7 |
| °API | 38.3 | 82.9 | 65.3 | 51.3 | 42.8 | 38.6 | 33.4 | 26.4 | 21.0 |
| 硫含量/% | 0.4 | 0 | 0.001 | 0.002 | 0.012 | 0.07 | 0.327 | 0.603 | 1.303 |
| 康氏残炭/% | 2.1 | | | | | | | | |
| 黏度 | $3.9mm^2/s$ @130°F | | | | $1.4mm^2/s$ @100°F | $2.4mm^2/s$ @100°F | $5.0mm^2/s$ @100°F | | $400mm^2/s$ @200°F |
| 倾点/°F | -44 | | | | -65 | 3 | 73 | | |
| 总氮/(mg/g) | 0.1 | | | | | | | | |
| 镍含量/ppm | 1 | | | | | | | | 7.8 |
| 钒含量/ppm | 6 | | | | | | | | 46.6 |
| 环烷烃/%(体) | | | 28.6 | 35 | | | | | |
| 芳香烃/%(体) | | | 9.6 | 17.5 | 22 | 22.9 | | | |
| 研究法辛烷值 | | 71.8 | 62.5 | 43.2 | | | | | |
| 冰点/°F | | | | | -83 | -27 | | | |
| 苯胺点/°F | | | | | 282 | 304 | 329 | 379 | |
| 十六烷指数 | | | | | 44 | 44.3 | 51.5 | | |
| 烟点/mm | | | | | 20 | 17 | | | |

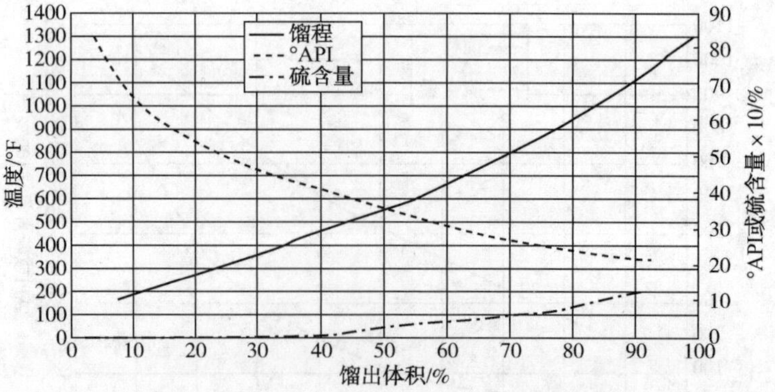


图 32-12　布伦特原油(北海)全馏分图

（13）达留斯原油(伊朗)

表 32-13　达留斯原油(伊朗)　　　　数据源：O&GJ

| 切割馏分 | 全馏分 | 轻烃 | 轻石脑油 | 重石脑油 | 煤油 | 馏分油 | 常压蜡油 | 减压蜡油 | 减压渣油 |
|---|---|---|---|---|---|---|---|---|---|
| 实沸点馏程/℉ | —— | X~60 | 60~200 | 200~350 | 350~540 | 540~620 | 620~690 | 690~1010 | 1010+ |
| 产率/%(体) | 100.0 | 2.8 | 10.0 | 15.3 | 17.6 | 7.0 | 6.4 | 22.2 | 18.9 |
| °API | 33.9 | | 83.3 | 56.9 | 42.7 | 33.4 | 26.4 | 23.4 | 5.3 |
| 硫含量/% | 2.45 | | 0.07 | 0.13 | 0.7 | 1.84 | 2.67 | 2.97 | 5.57 |
| 氮含量/ppm | | | | | | | 0.055 | 0.093 | |
| 康氏残炭/% | | | | | | | | | 18.9 |
| 黏度 | 40SUS @ 130℉ | | | | | | | | 620cSt @210℉ |
| 倾点/℉ | 0 | | | | -23 | 57 | | | |
| 雷德蒸汽压/psi | 6.4 | | | | | | | | |
| 镍含量/ppm | | | | | | | | 1.4 | 195 |
| 钒含量/ppm | | | | | | | | | |
| 环烷烃/%(体) | | | | 30.2 | | | | | |
| 芳香烃/%(体) | | | | | | | | | |
| 芳烃碳含量/% | | | | | | | 15.1 | 14.7 | |
| 研究法辛烷值 | | | 57.2 | | | | | | |
| 十六烷指数 | | | | | 51 | 54 | | | |

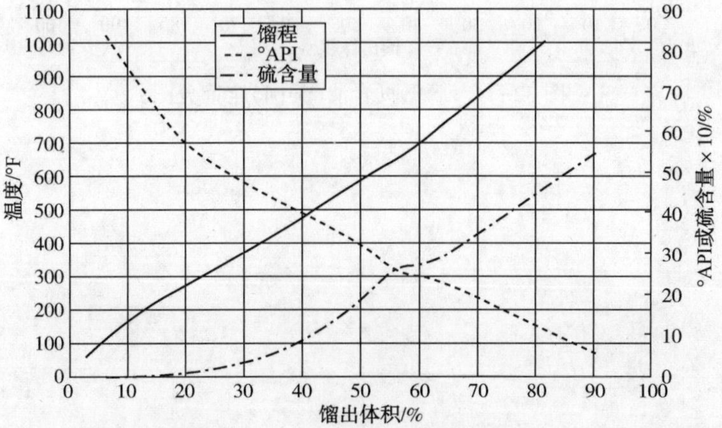


图 32-13　达留斯原油(伊朗)全馏分图

(14) 鹰堡页岩油(美国)

**表 32-14 鹰堡页岩油(美国)** 数据源：O&GJ

| 切割馏分 | 全馏分 | 煤油 | 柴油 | 常压蜡油 | 渣油 |
|---|---|---|---|---|---|
| 实沸点馏程/℉ | — | 375~500 | 500~620 | 620~1050 | 1050+ |
| °API | 47~59 | | | | |
| 硫含量/% | 0.05~0.11 | | | | |
| 康氏残炭/% | 0.07~0.24 | | | | |
| 黏度 | 29~35 SSU@ 130℉ | | | | |
| 倾点/℉ | 6~15 | | | | |
| 雷德蒸气压/psi | 6.5~9.7 | | | | |
| 盐含量/ptb | 0~1 | | | | |
| 总氮/(mg/g) | 0.02~0.03 | | | | |
| 镍含量/ppm | 0.1~0.21 | | | | 2~4 |
| 钒含量/ppm | 0.03~0.5 | | | | 0.5~0.6 |

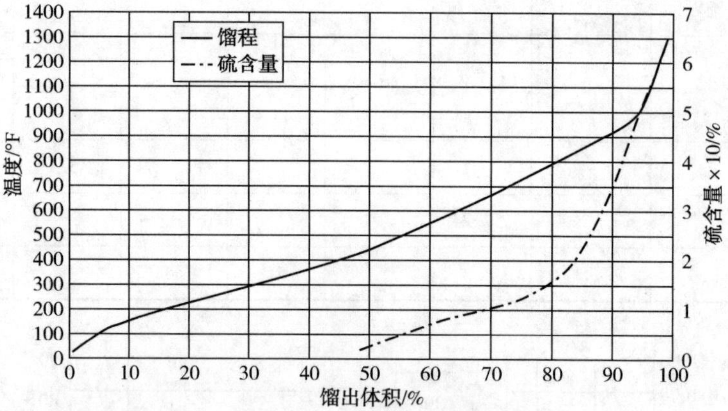


图 32-14 鹰堡页岩油(美国)全馏分图

## （15）奥瑞特原油（厄瓜多尔）

表 32-15 奥瑞特原油（厄瓜多尔） 数据源：O&GJ

| 切割馏分 | 全馏分 | 轻烃 | 轻石脑油 | 重石脑油 | 煤油 | 馏分油 | 减压蜡油 | 常压渣油 |
|---|---|---|---|---|---|---|---|---|
| 实沸点馏程/℉ | — | X~60 | 60~140 | 170~310 | 310~520 | 520~680 | 680~1000 | 680+ |
| 产率/%（体） | 100.0 | 0.9 | 3.2 | 11.9 | 18.4 | 18.9 | 27.7 | 44.94 |
| °API | 30.4 | | 90.6 | 58.2 | 41.9 | 32.0 | 23.3 | 15.2 |
| 硫含量/% | 0.87 | | 0.019 | 0.015 | 0.144 | 0.65 | 1.11 | 1.43 |
| 氮含量/ppm | | | | | | | 1300 | |
| 康氏残炭/% | | | | | | | | 11.3 |
| 黏度 | 61.8SUS @100℉ | | | | | 44.3SUS @100℉ | 55.5SUS @210℉ | 325SUS @210℉ |
| 倾点/℉ | 20 | | | | | 25 | 105 | 95 |
| 雷德蒸气压/psi | 4.8 | | | | | | | |
| 盐含量/ptb | 5 | | | | | | | |
| 镍含量/ppm | 28 | | | | | | <0.1 | 56 |
| 钒含量/ppm | 61 | | | | | | <0.1 | 123 |
| 饱和烃/%（体） | | | | 49.4 | | | | |
| 环烷烃/%（体） | | | | 43.9 | | | | |
| 芳香烃/%（体） | | | | 6.7 | 18.0 | | | |
| 研究法辛烷值 | | | 80.1 | | | | | |
| 冰点/℉ | | | | | -52 | | | |
| 苯胺点/℉ | | | | 131 | 137 | | 198 | |
| 柴油指数 | | | | | | 51.2 | | |
| 十六烷指数 | | | | | 46 | 52.4 | | |
| 烟点/mm | | | | | 20 | | | |

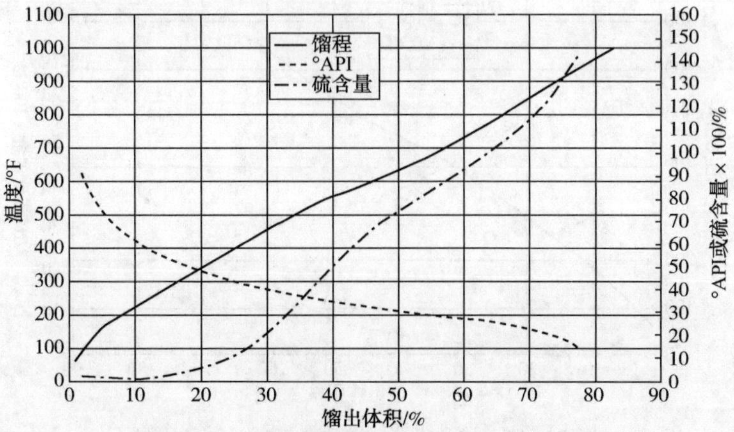


图 32-15 奥瑞特原油（厄瓜多尔）全馏分图

（16）埃科菲斯克原油(挪威)

表 32-16　埃科菲斯克原油(挪威)　　数据源：O&GJ

| 切割馏分 | 全馏分 | 轻烃 | 轻石脑油 | 汽油 | 煤油 | 馏分油 | 常压渣油 |
|---|---|---|---|---|---|---|---|
| 实沸点馏程/℉ | — | X~60 | 60~200 | 60~400 | 400~500 | 500~650 | 650+ |
| 产率/%(体) | 100.0 | 1.0 | 10.7 | 31.0 | 13.5 | 15.7 | 38.8 |
| °API | 36.3 | | 77.2 | 60.1 | 40.2 | 33.7 | 21.5 |
| 硫含量/% | 0.21 | | 0.003 | 0.0024 | 0.05 | 0.11 | 0.39 |
| 兰氏残炭/% | | | | | | 0.08 | 4.0 |
| 黏度 | 42.5 SUS @100℉ | | | | 32.3 SUS @100℉ | 43.8SUS @100℉ | 80.3SUS @120℉ |
| 倾点/℉ | 68 | | | | | 25 | 85 |
| 雷德蒸气压/psi | 5.1 | | | | | | |
| 盐含量/ptb | 14.5 | | | | | | |
| 沉淀物和水/%(体) | 1.0 | | | | | | |
| 镍含量/ppm | | | | | | | 5.4 |
| 钒含量/ppm | | | | | | | 1.95 |
| 饱和烃/%(体) | | | | 56.5 | | | |
| 环烷烃/%(体) | | | | 29.5 | | | |
| 芳香烃/%(体) | | | | 14.0 | 13.1 | | |
| 研究法辛烷值 | | | 74.4 | 52 | | | |
| 冰点/℉ | | | | | -38 | | |
| 苯胺点/℉ | | | | | 146 | 164 | |
| 十六烷指数 | | | | | | 56.5 | |
| 烟点/mm | | | | | 21 | | |

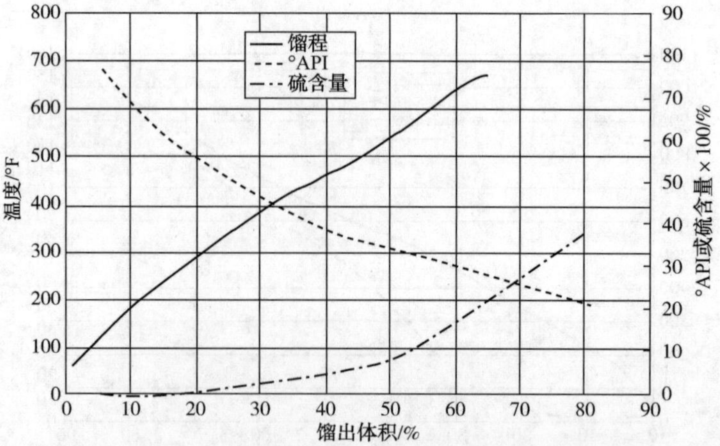


图 32-16　埃科菲斯克原油(挪威)全馏分图

(17) 艾斯卡佛斯原油(尼日利亚)

表 32-17 艾斯卡佛斯原油(尼日利亚) 数据源：O&GJ

| 切割馏分 | 全馏分 | 轻烃 | 轻石脑油 | 重石脑油 | 煤油 | 馏分油 | 减压蜡油 | 常压渣油 |
|---|---|---|---|---|---|---|---|---|
| 实沸点馏程/℉ | — | X~60 | 60~140 | 170~310 | 310~520 | 520~680 | 680~1000 | 680+ |
| 产率/%(体) | 100.0 | 2.3 | 3.4 | 17.0 | 26.2 | 18.6 | 24.9 | 30.51 |
| °API | 36.2 | | 88.1 | 54 | 39.6 | 31.4 | 23.2 | 20.4 |
| 硫含量/% | 0.16 | | 0.008 | 0.006 | 0.057 | 0.17 | 0.25 | 0.3 |
| 氮含量/ppm | | | | | | | 1200 | |
| 康氏残炭/% | 1.3 | | | | | | | 3.62 |
| 黏度 | 38.0SUS @100℉ | | | | | 44.1SUS @100℉ | 56.4SUS @210℉ | 93.2SUS @210℉ |
| 倾点/℉ | 50 | | | | | 30 | 110 | 105 |
| 雷德蒸气压/psi | 4.5 | | | | | | | |
| 盐含量/ptb | 10 | | | | | | | |
| 镍含量/ppm | 5.1 | | | | | | 1 | 15 |
| 钒含量/ppm | 0.2 | | | | | | <0.1 | 0.7 |
| 饱和烃/%(体) | | | 89 | 38 | | | | |
| 环烷烃/%(体) | | | 10 | 47.1 | | | | |
| 芳香烃/%(体) | | | 1 | 14.9 | 21.5 | | | |
| 研究法辛烷值 | | | 81.2 | | | | | |
| 冰点/℉ | | | | | -48 | | | |
| 苯胺点/℉ | | | | 117 | 133 | | 194 | |
| 柴油指数 | | | | | | 49.9 | | |
| 十六烷指数 | | | | | 42 | 50.5 | | |
| 烟点/mm | | | | | 19 | | | |

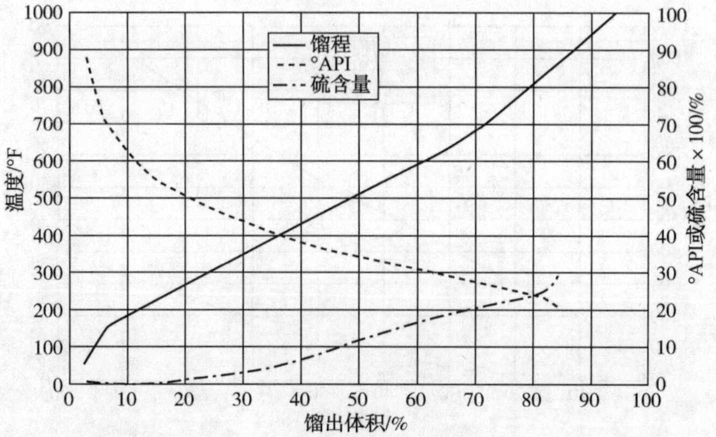


图 32-17 艾斯卡佛斯原油(尼日利亚)全馏分图

（18）伊朗重质原油

**表 32-18　伊朗重质原油(伊朗)**　　数据源：O&GJ

| 切割馏分 | 全馏分 | 轻烃 | 轻汽油 | 轻石脑油 | 重石脑油 | 煤油 | 馏分油 | 减压蜡油 | 常压渣油 | 减压渣油 |
|---|---|---|---|---|---|---|---|---|---|---|
| 实沸点馏程/℉ | — | X~60 | 60~200 | 200~300 | 300~400 | 400~300 | 500~650 | 650~1000 | 650+ | 1000+ |
| 产率/%(体) | 100.0 | 2.1 | 7.9 | 9.6 | 9.4 | 9.2 | 14.0 | 26.0 | 47.8 | 21.8 |
| °API | 30.8 | | 78.8 | 60 | 48.2 | 40.1 | 34.0 | 23.0 | 14.4 | 6.3 |
| 硫含量/% | 1.6 | | 0.1 | 0.13 | 0.22 | 0.44 | 1.10 | 1.80 | 2.5 | 3.2 |
| 硫醇硫含量/ppm | | | 340 | 340 | 100 | 14 | | | | |
| 氮含量/ppm | | | | | | | | 1600 | 4700 | 8300 |
| 乙烷/%(体) | | 0.1 | | | | | | | | |
| 丙烷/%(体) | | 0.5 | | | | | | | | |
| 异丁烷/%(体) | | 0.3 | | | | | | | | |
| 正丁烷/%(体) | | 1.2 | | | | | | | | |
| 康氏残炭/% | 5 | | | | | | | | 9.5 | |
| 黏度 | 9.81cSt @100℉ | | | | | | | 30.0cSt @130℉ | 500cSt @130℉ | 4250cSt @210℉ |
| 针入度/77℉ | | | | | | | | | | 47 |
| 倾点/℉ | -5 | | | | | -40 | 15 | 90 | 75 | 135 |
| 雷德蒸气压/psi | 6.6 | | | | | | | | | |
| 镍含量/ppm | 30 | | | | | | | | | |
| 钒含量/ppm | 88 | | | | | | | | | |
| 饱和烃/%(体) | | | | 53 | 50 | 27 | | | | |
| 环烷烃/%(体) | | | | 34 | 35 | 43 | | | | |
| 芳香烃/%(体) | | | | 13 | 15 | 30.0 | | | | |
| 研究法辛烷值 | | | 66.1 | 49.6 | | | | | | |
| 冰点/℉ | | | | | | -35 | | | | |
| 苯胺点/℉ | | | | | 130 | 140 | 157 | 176 | | |
| 烟点/mm | | | | | 23 | 19 | | | | |

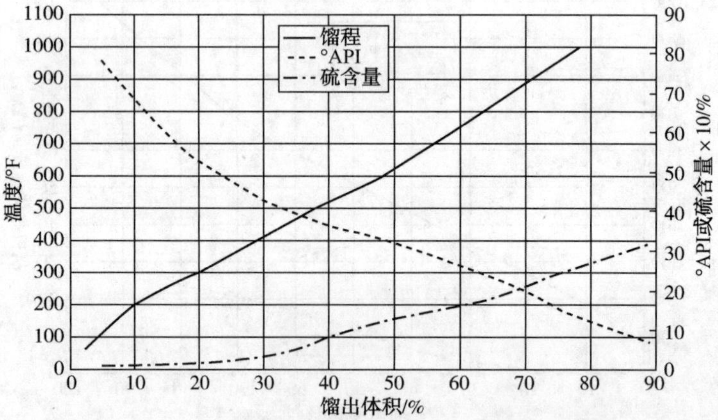


图 32-18　伊朗重质原油全馏分图

## (19) 伊朗轻质原油

**表 32-19 伊朗轻质原油(伊朗)** 数据源：O&GJ

| 切割馏分 | 全馏分 | 轻烃 | 轻汽油 | 轻石脑油 | 重石脑油 | 煤油 | 馏分油 | 减压蜡油 | 常压渣油 | 减压渣油 |
|---|---|---|---|---|---|---|---|---|---|---|
| 实沸点馏程/℉ | — | X~60 | 60~200 | 200~300 | 300~400 | 400~300 | 500~650 | 650~1000 | 650+ | 1000+ |
| 产率/%(体) | 100.0 | 1.9 | 8.1 | 10.0 | 10.1 | 10.5 | 14.0 | 26.8 | 45.4 | 18.6 |
| °API | 33.5 | | 75 | 57.8 | 49.6 | 40.9 | 34.4 | 23.7 | 17 | 11 |
| 硫含量/% | 1.4 | | 0.076 | 0.09 | 0.11 | 0.34 | 1 | 1.800 | 2.4 | 3.3 |
| 硫醇硫含量/ppm | | | 210 | 210 | 20 | 23 | | | | |
| 氮含量/ppm | | | | | | | | 1300 | 2900 | 5100 |
| 乙烷/%(体) | | 0.1 | | | | | | | | |
| 丙烷/%(体) | | 0.4 | | | | | | | | |
| 异丁烷/%体 | | 0.3 | | | | | | | | |
| 正丁烷/%体 | | 1.1 | | | | | | | | |
| 康氏残炭/% | 3.5 | | | | | | | | 9.5 | |
| 黏度 | 6.41cSt @100℉ | | | | | | | 20.0cSt @130℉ | 190cSt @130℉ | 930cSt @210℉ |
| 针入度(77℉)/0.1mm | | | | | | | | | | 285 |
| 倾点/℉ | -20 | | | | | -35 | 20 | 90 | 75 | 100 |
| 雷德蒸气压/psi | 6.5 | | | | | | | | | |
| 镍含量/ppm | 13 | | | | | | | | | |
| 钒含量/ppm | 35 | | | | | | | | | |
| 饱和烃/%(体) | | | | 50 | 54 | 30 | | | | |
| 环烷烃/%(体) | | | | 33 | 30 | 41 | | | | |
| 芳香烃/%(体) | | | | 17 | 16 | 29 | | | | |
| 研究法辛烷值 | | | 64.7 | 47.4 | | | | | | |
| 冰点/℉ | | | | | | -30 | | | | |
| 苯胺点/℉ | | | | | 135 | 146 | 162 | 183 | | |
| 烟点/mm | | | | | 25 | 21 | | | | |

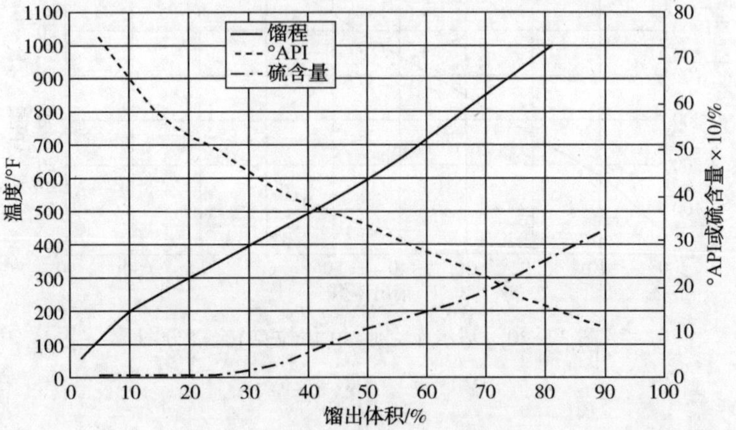


图 32-19 伊朗轻质原油全馏分图

(20) 基尔库克原油(伊拉克)

**表 32-20 基尔库克原油(伊拉克)** 数据源：O&GJ

| 切割馏分 | 全馏分 | 轻烃 | 轻质直馏油 | 轻石脑油 | 重石脑油 | 煤油 | 轻馏分油 | 重馏分油 | 超重馏分油 | 减压渣油 |
|---|---|---|---|---|---|---|---|---|---|---|
| 实沸点馏程/℉ | — | X~60 | 60~149 | 149~212 | 212~302 | 302~392 | 392~482 | 572~662 | 662~698 | 698+ |
| 产率/%(体) | 100.0 | 1.4 | 6.1 | 6.4 | 10 | 10.5 | 9.9 | 8.8 | 3.1 | 34.4 |
| °API | 35.9 | | | 70.4 | 58.2 | 49.4 | | | 28.6 | 15.4 |
| 硫含量/% | 1.95 | | | 0.0333 | 0.0903 | 0.181 | 0.30 | 1.60 | 2.17 | 4 |
| 康氏残炭/% | 3.8 | | | | | | | | | 10 |
| 黏度 | 4.61cSt @100℉ | | | | | | 1.68cSt @100℉ | | | 43.9cSt @210℉ |
| 倾点/℉ | -33 | | | | | | | | | 86 |
| 镍含量/ppm | | | | | | | | | | <3 |
| 钒含量/ppm | | | | | | | | | | 58 |
| 饱和烃/%(体) | | | 97 | 80 | 69 | | | | | |
| 环烷烃/%(体) | | | | 18 | 21 | | | | | |
| 芳香烃/%(体) | | | | 2 | 10 | | | | | |
| 研究法辛烷值 | | | 73 | 52 | 38 | | | | | |
| 苯胺点/℉ | | | | | | 130.64 | | | | |
| 十六烷指数 | | | | | | | 53 | | | |
| 烟点/mm | | | | | | 24 | | | | |
| 含蜡量/% | 3.6 | | | | | | | | | |
| 沥青质/% | 1.5 | | | | | | | | | |

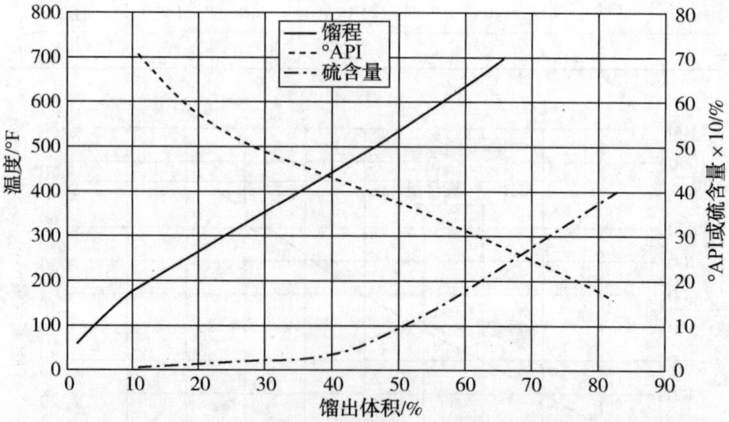


图 32-20 基尔库克原油(伊拉克)全馏分图

（21）科威特原油(科威特)

表 32-21 科威特原油(科威特) 数据源：O&GJ

| 切割馏分 | 全馏分 | 轻烃 | 轻质直馏油 | 轻石脑油 | 重石脑油 | 煤油 | 轻馏分油 | 减压蜡油 | 减压渣油 |
|---|---|---|---|---|---|---|---|---|---|
| 实沸点馏程/℉ | — | X~60 | 60~140 | 140~170 | 170~310 | 310~520 | 520~680 | 680~1000 | 680+ |
| 产率/%(体) | 100.0 | 0.8 | 5.5 | 1.9 | 12.0 | 18.2 | 14.1 | 26.6 | 47.5 |
| °API | 31.2 | | 94.6 | 78.2 | 62.2 | 45.9 | 33.7 | 21.7 | 14.0 |
| 硫含量/% | 2.5 | | 0.01 | 0.02 | 0.02 | 0.28 | 1.66 | 2.91 | 4.14 |
| 氮含量/ppm | | | | | | | | 950 | |
| 康氏残炭/% | 5.3 | | | | | | | | 9.37 |
| 黏度 | 58.7 SUS @100℉ | | | | | | 41.3SUS @100℉ | 53.9SUS @210℉ | 267SUS @210℉ |
| 倾点/℉ | 0 | | | | | | 20 | 100 | 70 |
| 雷德蒸气压/psi | 5.4 | | | | | | | | |
| 盐含量/ptb | 3 | | | | | | | | |
| 镍含量/ppm | 9.6 | | | | | | | 0.1 | 18 |
| 钒含量/ppm | 31 | | | | | | | 0.4 | 59 |
| 饱和烃/%(体) | | | 98.5 | 86.2 | 67.9 | | | | |
| 环烷烃/%(体) | | | 1.4 | 12.5 | 22.1 | | | | |
| 芳香烃/%(体) | | | 0.1 | 1.3 | 10 | 19.5 | | | |
| 研究法辛烷值 | | | 78.5 | 58.8 | | | | | |
| 冰点/℉ | | | | | | -46 | | | |
| 苯胺点/℉ | | | | | 133 | 143 | | 178 | |
| 柴油指数 | | | | | | | 53.6 | | |
| 十六烷指数 | | | | | | 52.3 | 55 | | |
| 烟点/mm | | | | | | 24 | | | |

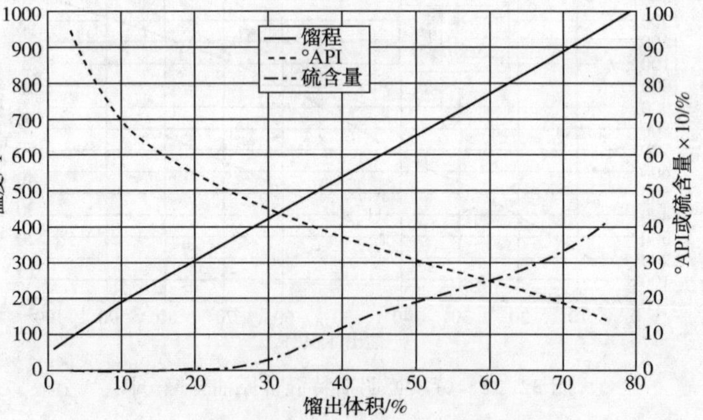


图 32-21 科威特原油全馏分图

(22) 劳埃德明斯特混合原油(加拿大)

**表 32-22　劳埃德明斯特混合原油(加拿大)**　　数据源：O&GJ

| 切割馏分 | 全馏分 | 轻石脑油 | 中石脑油 | 重石脑油 | 轻煤油 | 煤油 | 柴油 | 减压蜡油 | 减压渣油 |
|---|---|---|---|---|---|---|---|---|---|
| 实沸点馏程/℉ | — | X~158 | 158~212 | 212~374 | 374~455 | 455~536 | 536~649 | 649~1049 | 1049+ |
| 产率/%(体) | 100.0 | 5.6 | 3.4 | 10.1 | 4.7 | 5.5 | 9.1 | 25.3 | 35.3 |
| °API | 20.7 | 86.9 | 66.7 | 50.1 | 37.8 | 31.9 | 26.4 | 18.4 | 2.1 |
| 硫含量/% | 3.15 | 0.022 | 0.046 | 0.191 | 0.426 | 0.61 | 0.89 | 2.90 | 5.620 |
| 康氏残炭/% | 9.2 | | | | | | | 0.5 | 25.2 |
| 黏度 | $101mm^2/s$ @100℉ | | | | $1.6mm^2/s$ @100℉ | $2.9mm^2/s$ @100℉ | $6.4mm^2/s$ @100℉ | | |
| 倾点/℉ | -26 | | | | -150 | -80 | -9 | | |
| 总氮/(mg/g) | 0.78 | | | | | | | | |
| 镍含量/ppm | 52.9 | | | | | | | 0 | 123 |
| 钒含量/ppm | 105 | | | | | | | 0.1 | 231 |
| 环烷烃/%(体) | | | 34.1 | 38.2 | | | | | |
| 芳香烃/%(体) | | | 8.7 | 16.5 | 21.7 | 22.6 | | | |
| 研究法辛烷值 | | 70.5 | 57.6 | 55.2 | | | | | |
| 冰点/℉ | | | | | -92 | -33 | | | |
| 苯胺点/℉ | | | | | 257 | 262 | 273 | 324 | |
| 十六烷指数 | | | | | 36.1 | 36.1 | 41.2 | | |
| 烟点/mm | | | | | 20.6 | 17.5 | | | |

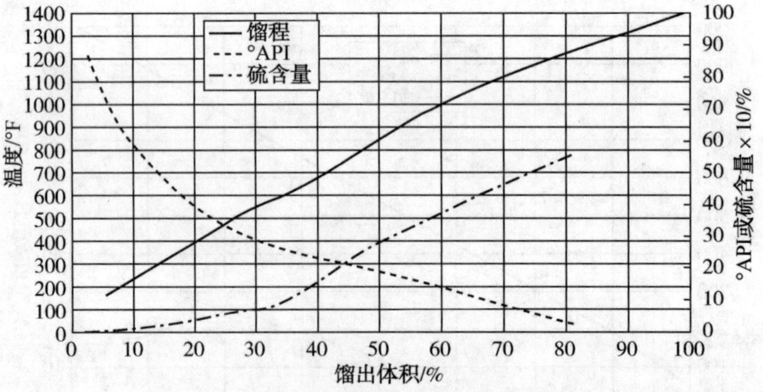


图 32-22　劳埃德明斯特混合原油全馏分图

(23) 路易斯安那轻质原油(美国)

表 32-23 路易斯安那轻质原油(美国) 数据源: O&GJ

| 切割馏分 | 全馏分 | 轻石脑油 | 中石脑油 | 重石脑油 | 轻煤油 | 煤油 | 柴油 | 减压蜡油 | 减压渣油 |
|---|---|---|---|---|---|---|---|---|---|
| 实沸点馏程/℉ | — | X~158 | 158~212 | 212~374 | 374~455 | 455~536 | 536~649 | 649~1049 | 1049+ |
| 产率/%(体) | 100.0 | 4.1 | 4.1 | 18.5 | 10.7 | 10.9 | 15.8 | 28.9 | 5.9 |
| 产率/%(质) | 100.0 | 3.2 | 3.5 | 16.9 | 10.3 | 10.8 | 16.0 | 31.1 | 8.2 |
| °API | 36.1 | 83.9 | 66.4 | 51.8 | 43.4 | 38.0 | 33.6 | 24.3 | -10.4 |
| 硫含量/% | 0.45 | 0.018 | 0.022 | 0.031 | 0.074 | 0.2 | 0.36 | 0.792 | 1.343 |
| 康氏残炭/% | 1.1 | | | | | | | 0.3 | 16.2 |
| 黏度 | 4.3mm²/s @100℉ | | | | 1.5mm²/s @100℉ | 2.9mm²/s @100℉ | 5.7mm²/s @100℉ | | 768mm²/s @200℉ |
| 倾点/℉ | -35 | | | | -89 | -17 | -50 | | |
| 总氮/(mg/g) | 0.58 | | | | | | | | |
| 镍含量/ppm | 7.1 | | | | | | | 0.1 | 89 |
| 钒含量/ppm | 1.2 | | | | | | | 0 | 17 |
| 环烷烃/%(体) | | | 23 | 36 | | | | | |
| 芳香烃/%(体) | | | 7.5 | 13.4 | 15.8 | 17.9 | | | |
| 研究法辛烷值 | | 73.3 | 66.6 | 49.8 | | | | | |
| 冰点/℉ | | | | | -74 | 7 | | | |
| 苯胺点/℉ | | | | | 284 | 307 | 327 | 378 | |
| 十六烷指数 | | | | | 46 | 46.2 | 52 | | |
| 烟点/mm | | | | | 22 | 17 | | | |

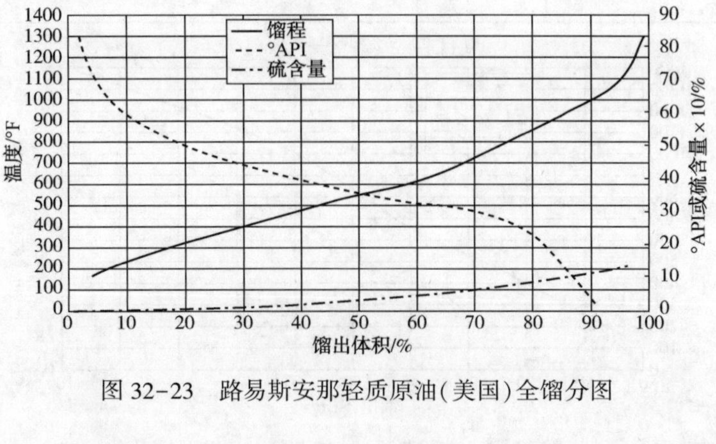


图 32-23 路易斯安那轻质原油(美国)全馏分图

(24) 玛雅原油(墨西哥)

表 32-24 玛雅原油(墨西哥) 数据源：O&GJ

| 切割馏分 | 全馏分 | 轻石脑油 | 中石脑油 | 重石脑油 | 轻煤油 | 煤油 | 柴油 | 减压蜡油 | 减压渣油 |
|---|---|---|---|---|---|---|---|---|---|
| 实沸点馏程/℉ | — | X~158 | 158~212 | 212~374 | 374~455 | 455~536 | 536~649 | 649~1049 | 1049+ |
| 产率/%(体) | 100.0 | 3.2 | 3.2 | 11.3 | 6.0 | 6.3 | 9.2 | 24.1 | 35.5 |
| 产率/%(质) | 100.0 | 2.4 | 2.5 | 9.3 | 5.3 | 5.8 | 8.8 | 24.4 | 40.5 |
| °API | 22.2 | 76.0 | 66.4 | 54.9 | 43.2 | 36.8 | 30.0 | 20.3 | 3.4 |
| 硫含量/% | 3.3 | 0.01 | 0.024 | 0.198 | 0.327 | 1.06 | 2.018 | 3.023 | 5.646 |
| 康氏残炭/% | 12 | | | | | | | 0.1 | 25.2 |
| 黏度 | $102mm^2/s$ @100℉ | | | | $1.5mm^2/s$ @100℉ | $2.6mm^2/s$ @100℉ | $5.5mm^2/s$ @100℉ | | 306862 $mm^2/s$ @200℉ |
| 倾点/℉ | -33 | | | | -72 | 0 | 72 | | |
| 总氮/(mg/g) | 0.28 | | | | | | | | |
| 镍含量/ppm | 52 | | | | | | | 0.6 | 122 |
| 钒含量/ppm | 314 | | | | | | | 0.1 | 735 |
| 环烷烃/%(体) | | | 21.7 | 27.9 | | | | | |
| 芳香烃/%(体) | | | 28.1 | 29.2 | 19.0 | 21.6 | | | |
| 研究法辛烷值 | | 69.5 | 57.2 | 34.9 | | | | | |
| 冰点/℉ | | | | | -62 | -15 | | | |
| 苯胺点/℉ | | | | | 270 | 280 | 295 | 325 | |
| 十六烷指数 | | | | | 46 | 45.8 | 46.4 | | |
| 烟点/mm | | | | | 15 | 10 | | | |

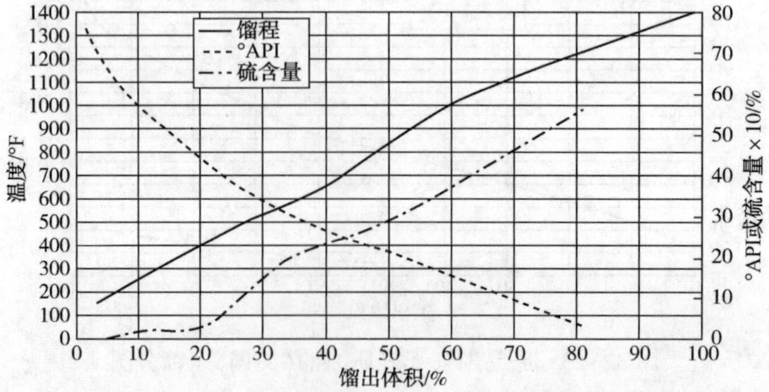


图 32-24 玛雅原油(墨西哥)全馏分图

(25) 穆尔班原油(阿布扎比)

表 32-25 穆尔班原油(阿布扎比) 数据源：O&GJ

| 切割馏分 | 全馏分 | 轻烃 | 轻质直馏油 | 重石脑油 | 煤油 | 轻馏分油 | 减压蜡油 |
|---|---|---|---|---|---|---|---|
| 实沸点馏程/℉ | — | X~60 | 60~167 | 167~347 | 347~482 | 482~572 | 572~662 |
| 产率/%(体) | 100.0 | 1.7 | 6.8 | 21.2 | 16.1 | 10.4 | 9.2 |
| °API | 39.4 | | 82.2 | 56.9 | 45.4 | 37.8 | 33.6 |
| 硫含量/% | 0.74 | | 0.012 | 0.013 | 0.06 | 0.470 | 1.060 |
| 康氏残炭/% | | | | | | | 3.6 |
| 黏度 | 5.0cSt @100℉ | | | | 1.8cSt @68℉ | 4.2cSt @68℉ | 9.5cSt @68℉ |
| 倾点/℉ | 5 | | | | | 0 | 39 |
| 雷德蒸气压/psi | 5 | | 10.1 | | | | |
| 盐含量/ptb | <5 | | | | | | |
| 镍含量/ppm | 0.58 | | | | | | |
| 钒含量/ppm | 0.8 | | | | | | |
| 含蜡量/% | 8.0 | | | | | | 17.5 |
| 饱和烃/%(体) | | | | 63 | | | |
| 环烷烃/%(体) | | | | 20 | | | |
| 芳香烃/%(体) | | | | 17 | | | |
| 研究法辛烷值 | | | 69 | | | | |
| 冰点/℉ | | | | | -45 | | |
| 苯胺点/℉ | | | | 124 | 143 | | |
| 柴油指数 | | | | | 65 | 59 | 58 |
| 十六烷指数 | | | | | | 54 | |
| 烟点/mm | | | | | 24 | | |

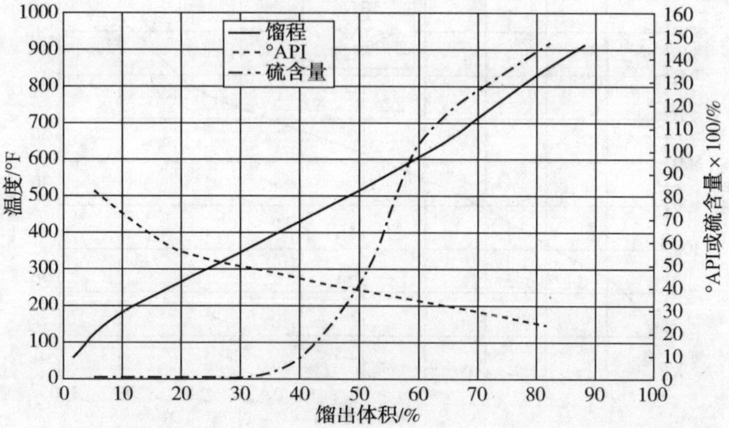


图 32-25 穆尔班原油(阿布扎比)全馏分

（26）彭宁顿原油（尼日利亚）

表 32-26　彭宁顿原油（尼日利亚）　数据源：O&GJ

| 切割馏分 | 全馏分 | 轻烃 | 轻质直馏油 | 重石脑油 | 煤油 | 轻馏分油 | 常压渣油 |
|---|---|---|---|---|---|---|---|
| 实沸点馏程/℉ | — | X~60 | 60~200 | 200~340 | 340~470 | 470~650 | 650+ |
| 产率/%(体) | 100.0 | 1.1 | 6.0 | 16.3 | 18.0 | 33.5 | 25.1 |
| °API | 37.7 | | 70.1 | 51.2 | 40.1 | 34.5 | 23.6 |
| 硫含量/% | 0.076 | | 0.001 | 0.004 | 0.02 | 0.058 | 0.190 |
| 康氏残炭/% | | | | | | | 1.3 |
| 黏度 | 36SUS @100℉ | | | | | | 6.9SUS @210℉ |
| 倾点/℉ | 37 | | | | | 10 | 88 |
| 盐含量/ptb | 2.9 | | | | | | |
| 饱和烃/%(体) | | | 74 | 32 | | | |
| 环烷烃/%(体) | | | 24 | 56.5 | | | |
| 芳香烃/%(体) | | | 1.5 | 11 | | | |
| 冰点/℉ | | | | | -74 | | |
| 烟点/mm | | | | | 21 | | |

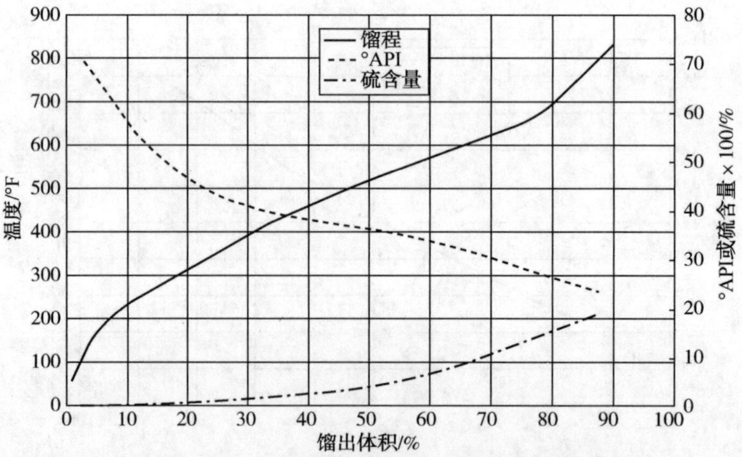


图 32-26　彭宁顿原油（尼日利亚）全馏分

（27）马林原油(卡塔尔)

**表 32-27 马林原油(卡塔尔)** 数据源：O&GJ

| 切割馏分 | 全馏分 | 轻烃 | 轻质直馏油 | 重石脑油 | 馏分油 | 减压蜡油 | 常压渣油 | 减压渣油 |
|---|---|---|---|---|---|---|---|---|
| 实沸点馏程/°F | — | X~113 | 113~220 | 220~390 | 390~680 | 680~1000 | 680+ | 1000+ |
| 产率/%(体) | 100.0 | 5.7 | 9.1 | 19.6 | 31.0 | 22.5 | 34.6 | 12.2 |
| °API | 37.0 | | 69.0 | 52.0 | | 21.5 | 15.3 | 6.7 |
| 硫含量/% | 1.5 | | 0.04 | 0.07 | | 2.24 | 2.69 | 3.32 |
| 氮含量/ppm | | | | | | 1400 | | |
| 康氏残炭/w% | | | | | | | 9.27 | 21.6 |
| 黏度 | 42.8SUS @ 80°F | | | | | 58.8SUS @210°F | 236SUS @210°F | |
| 针入度(77°F)/0.1mm | | | | | | | | 36 |
| 倾点/°F | 25 | | | | | 100 | 85 | 127 |
| 雷德蒸气压/psi | 5.7 | | 3.9 | | | | | |
| 盐含量/ptb | 9 | | | | | | | |
| 镍含量/ppm | | | | | | 0.5 | 44 | 107 |
| 钒含量/ppm | | | | | | 0.6 | 110 | 263 |
| 饱和烃/%(体) | | | 71.3 | 59.2 | | | | |
| 环烷烃/%(体) | | | 22.4 | | | | | |
| 芳香烃/%(体) | | | 6.3 | | | | | |
| 苯胺点/°F | | | | | | 176 | | |

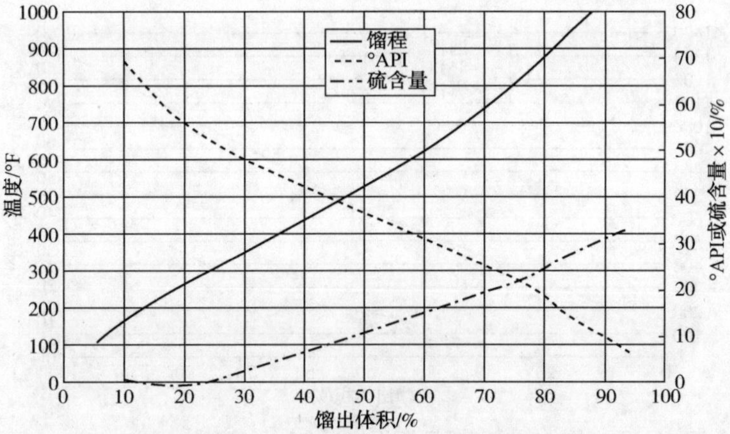


图 32-27 马林原油(卡塔尔)全馏分图

（28）俄罗斯出口混合原油（俄罗斯）

**表 32-28　俄罗斯出口混合原油（俄罗斯）**　　数据源：O&GJ

| 切割馏分 | 全馏分 | 轻石脑油 | 中石脑油 | 重石脑油 | 轻煤油 | 煤油 | 柴油 | 减压蜡油 | 渣油 |
|---|---|---|---|---|---|---|---|---|---|
| 实沸点馏程/℉ | — | X~158 | 158~212 | 212~374 | 374~455 | 455~536 | 536~649 | 649~1049 | 1049+ |
| 产率/%（体） | 100.0 | 5.3 | 4.1 | 14.7 | 7.9 | 8.0 | 11.2 | 29.3 | 18.5 |
| 产率/% | 100.0 | 4.0 | 3.3 | 13.0 | 7.4 | 7.7 | 11.2 | 31.2 | 21.2 |
| °API | 31.8 | 84.2 | 69.8 | 53.7 | 42.8 | 37.6 | 32.3 | 21.8 | 11.1 |
| 硫含量/% | 1.53 | 0.005 | 0.013 | 0.053 | 0.211 | 0.61 | 1.086 | 1.809 | 3.650 |
| 康氏残炭/% | 3.9 | | | | | | | 0.7 | 18.5 |
| 黏度 | 8.3mm²/s @100℉ | | | | 1.5mm²/s @100℉ | 2.6mm²/s @100℉ | 5.6mm²/s @100℉ | | 1290mm²/s @200℉ |
| 倾点/℉ | 10 | | | | -89 | -18 | 84 | | |
| 总氮/（mg/g） | 0.56 | | | | | | | | |
| 镍含量/ppm | 14.7 | | | | | | | 0.2 | 73.4 |
| 钒含量/ppm | 46.7 | | | | | | | 0.2 | 230.6 |
| 环烷烃/%（体） | | | 25.2 | 37.1 | | | | | |
| 芳香烃/%（体） | | | 3.7 | 11.7 | 21.8 | 27.8 | | | |
| 研究法辛烷值 | | 70.9 | 50.9 | 39.2 | | | | | |
| 冰点/℉ | | | | | -71 | 0 | | | |
| 苯胺点/℉ | | | | | 277 | 288 | 300 | 334 | |
| 十六烷指数 | | | | | 45 | 44.9 | 49.7 | | |
| 烟点/mm | | | | | 22 | 18 | | | |

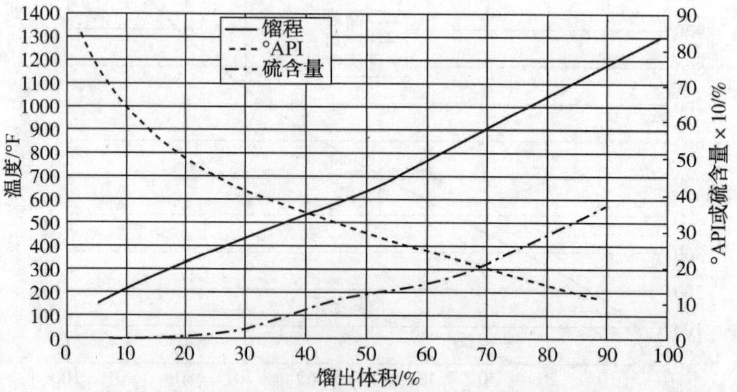


图 32-28　俄罗斯出口混合原油全馏分图

（29）圣华金河谷重质原油（美国）

**表 32-29 圣华金河谷重质原油（美国）** 数据源：O&GJ

| 切割馏分 | 全馏分 | 轻石脑油 | 中石脑油 | 重石脑油 | 煤油 | 柴油 | 轻蜡油 | 重蜡油 | 渣油 |
|---|---|---|---|---|---|---|---|---|---|
| 实沸点馏程/℉ | — | 160~250 | 250~325 | 325~375 | 375~500 | 500~620 | 620~800 | 800~1050 | 1050+ |
| 产率/%（体） | 100.0 | 0.3 | 0.7 | 1.1 | 7.5 | 11.9 | 21.9 | 26.2 | 30.5 |
| 产率/%（质） | 100.0 | 0.2 | 0.6 | 0.9 | 6.5 | 11 | 21.2 | 26.5 | 33.0 |
| °API | 13.6 | | | | | 25.0 | 18.2 | 12.2 | 1.0 |
| 硫含量/% | 1.38 | | | | 0.33 | 0.72 | 1.17 | 1.520 | 1.880 |
| 康氏残炭/% | | | | | | | | | 22.3 |
| 芳烃产率指数 | | 72 | 82 | 79 | | | | | |
| 十六烷指数 | | | | | 33 | 32 | | | |

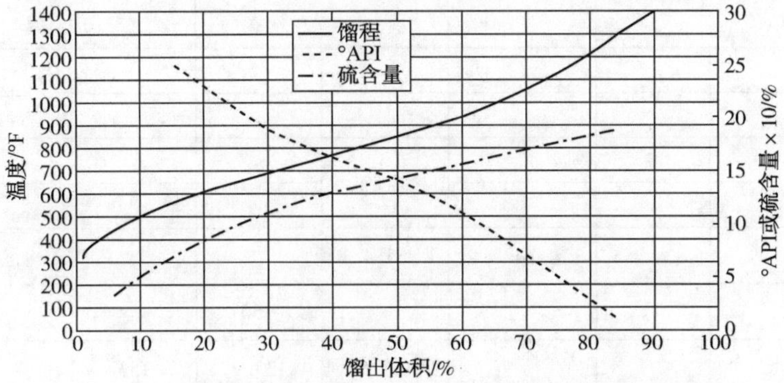


图 32-29 圣华金河谷重质原油（美国）全馏分图

（30）萨珊原油(伊朗)

**表 32-30 萨珊原油(伊朗)** 数据源：O&GJ

| 切割馏分 | 全馏分 | 轻烃 | 直馏汽油 | 石脑油 | 煤油 | 馏分油 | 常压渣油 | 减压渣油 |
|---|---|---|---|---|---|---|---|---|
| 实沸点馏程/℉ | — | X~50 | 50~200 | 200~375 | 375~450 | 450~700 | 700+ | 1070+ |
| 产率/%(体) | 100.0 | 2.1 | 10.5 | 16.4 | 7.5 | 23.8 | 39.7 | 12.0 |
| °API | 33.9 | | 77.6 | 53.3 | 43.0 | 37.0 | 15.3 | 1.3 |
| 硫含量/% | 1.91 | | 0.081 | 0.082 | 0.19 | 1.20 | 3.5 | 5 |
| 硫醇硫含量/ppm | | | 0.067 | 0.002 | | | 950 | |
| 黏度 | 44.2SUS @100℉ | | | | 2.05cSt @60℉ | 7.52cSt @60℉ | 154SUS @210℉ | 8000SUS @210℉ |
| 倾点/℉ | ~5 | | | | | 15 | 75 | 70 |
| 盐含量/ptb | 1.76 | | | | | | | |
| 镍含量/ppm | | | | | | | 44 | 127 |
| 钒含量/ppm | | | | | | | | |
| 环烷烃/%(体) | | | | 41 | | | | |
| 芳香烃/%(体) | | | | | | | | |
| 研究法辛烷值 | | | 61 | 35.4 | | | | |
| 冰点/℉ | | | | | -50 | | | |
| 苯胺点/℉ | | | | 121.5 | 137.9 | 153 | | |
| 十六烷指数 | | | | | | 56.3 | | |
| 烟点/mm | | | | | 20 | | | |
| 蜡含量/% | 1.9 | | | | | | | |

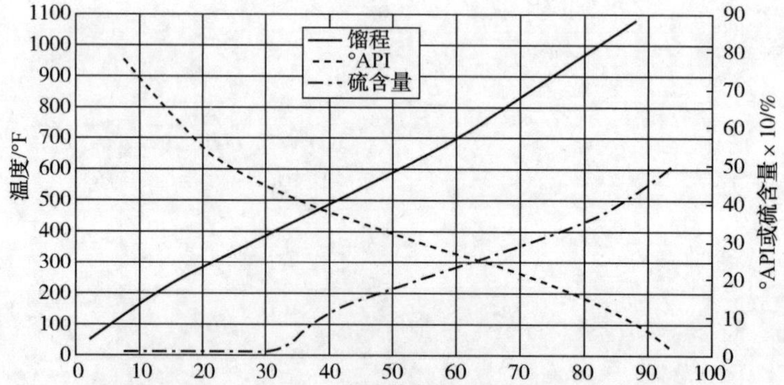


图 32-30 萨珊原油(伊朗)全馏分图

(31) Tia Juana 超重原油(委内瑞拉)

表 32-31 Tia Juana 超重原油(委内瑞拉) 数据源: O&GJ

| 切割馏分 | 全馏分 | 轻石脑油 | 中石脑油 | 重石脑油 | 轻煤油 | 煤油 | 柴油 | 减压蜡油 | 渣油 |
|---|---|---|---|---|---|---|---|---|---|
| 实沸点馏程/℉ | — | X~158 | 158~212 | 212~374 | 374~455 | 455~536 | 536~649 | 649~1049 | 1049+ |
| 产率/%(体) | 100.0 | 0.2 | 0.1 | 1.5 | 3 | 4.2 | 8.8 | 42.7 | 38.5 |
| 产率/%(质) | 100.0 | 0.2 | 0.1 | 1.2 | 2.6 | 3.8 | 8.1 | 41.9 | 41.1 |
| °API | 12.1 | 81.6 | 61.8 | 44.5 | 34.2 | 28.9 | 23.7 | 14.8 | 2.8 |
| 硫含量/% | 2.7 | 0.074 | 0.14 | 0.214 | 0.458 | 0.81 | 1.411 | 2.300 | 3.831 |
| 康氏残炭/% | 11.2 | | | | | | | 1.2 | 25.6 |
| 黏度 | 3700$mm^2/s$ @100℉ | | | | 1.9$mm^2/s$ @100℉ | 3.5$mm^2/s$ @100℉ | 10.1$mm^2/s$ @100℉ | | 99000 $mm^2/s$ @200℉ |
| 倾点/℉ | 30 | | | | -121 | -69 | -27 | | |
| 总氮/(mg/g) | 3.61 | | | | | | | | |
| 镍含量/ppm | 38.5 | | | | | | | | 91.4 |
| 钒含量/ppm | 284 | | | | | | | | 674 |
| 环烷烃/%(体) | | | 52 | 72.3 | | | | | |
| 芳香烃/%(体) | | | 2.8 | 11.1 | 18.1 | 24.4 | | | |
| 研究法辛烷值 | | 87.7 | 75.2 | 69.6 | | | | | |
| 冰点/℉ | | | | | -103 | -51 | | | |
| 苯胺点/℉ | | | | | 259 | 270 | 282 | 318 | |
| 十六烷指数 | | | | | 31.2 | 31.2 | 37.5 | | |
| 烟点/mm | | | | | 16.5 | 10.4 | | | |

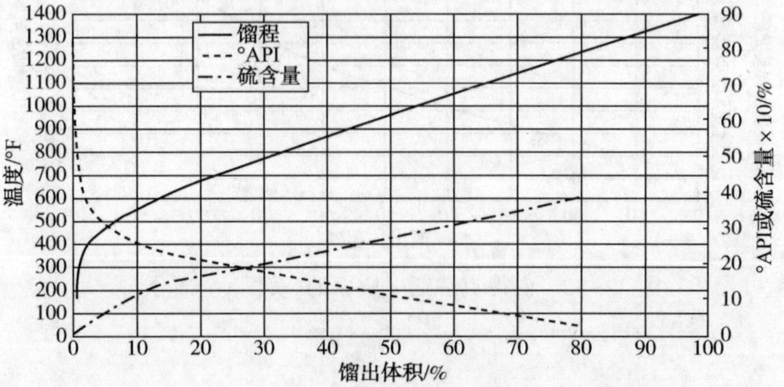


图 32-31 Tia Juana 超重原油(委内瑞拉)全馏分图

（32）西得克萨斯中质原油(美国)

表 32-32　西得克萨斯中质原油(美国)　　数据源：O&GJ

| 切割馏分 | 全馏分 | 轻石脑油 | 中石脑油 | 重石脑油 | 轻煤油 | 煤油 | 柴油 | 减压蜡油 | 渣油 |
|---|---|---|---|---|---|---|---|---|---|
| 实沸点馏程/℉ | — | X~158 | 158~212 | 212~374 | 374~455 | 455~536 | 536~649 | 649~1049 | 1049+ |
| 产率/%(体) | 100.0 | 6.4 | 6 | 23.2 | 9.1 | 8.7 | 10.9 | 24.4 | 10.3 |
| 产率/%(质) | 100.0 | 5.1 | 5.2 | 21.6 | 9.0 | 8.8 | 11.3 | 26.6 | 11.4 |
| °API | 40.8 | 85.9 | 67.2 | 53.2 | 43.0 | 38.8 | 35.0 | 26.4 | 24.2 |
| 硫含量/% | 0.34 | 0.011 | 0.027 | 0.044 | 0.088 | 0.17 | 0.274 | 0.444 | 1.374 |
| 康氏残炭/% | 1.1 | | | | | | | 0.4 | 12.6 |
| 黏度 | 3.9mm²/s @100℉ | | | | 1.5mm²/s @100℉ | 2.5mm²/s @100℉ | 5.5mm²/s @100℉ | | 382mm²/s @200℉ |
| 倾点/℉ | -20 | | | | -65 | 10 | 77 | | |
| 总氮/(mg/g) | 0.1 | | | | | | | | |
| 镍含量/ppm | 1.6 | | | | | | | 0.1 | 15.3 |
| 钒含量/ppm | 1.6 | | | | | | | 0 | 15.2 |
| 环烷烃/%(体) | | | 37.6 | 38.5 | | | | | |
| 芳香烃/%(体) | | | 4.3 | 13.2 | 13.7 | 13.7 | | | |
| 研究法辛烷值 | | 69.8 | 62.8 | 50.6 | | | | | |
| 冰点/℉ | | | | | -44 | 16 | | | |
| 苯胺点/℉ | | | | | 289 | 316 | 345 | 396 | |
| 十六烷指数 | | | | | 45 | 45.1 | 54 | | |
| 烟点/mm | | | | | 24 | 21 | | | |

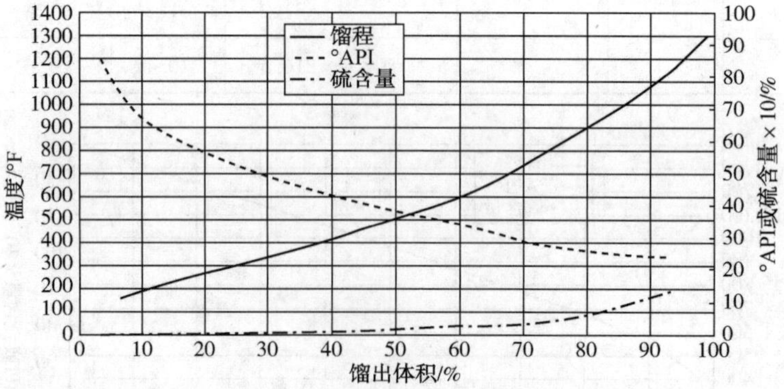


图 32-32　西得克萨斯中质原油(美国)全馏分图

（33）西得克萨斯高硫原油（美国）

表 32-33　西得克萨斯高硫原油（美国）　　数据源：O&GJ

| 切割馏分 | 全馏分 | 轻石脑油 | 中石脑油 | 重石脑油 | 轻煤油 | 煤油 | 柴油 | 减压蜡油 | 渣油 |
|---|---|---|---|---|---|---|---|---|---|
| 实沸点馏程/℉ | — | X~158 | 158~212 | 212~374 | 374~455 | 455~536 | 536~649 | 649~1049 | 1049+ |
| 产率/%（体） | 100.0 | 6.2 | 5.7 | 18.1 | 8.7 | 8.0 | 10.2 | 28.8 | 13.2 |
| 产率/%（质） | 100.0 | 4.7 | 4.8 | 16.4 | 8.3 | 7.9 | 10.4 | 31.1 | 15.4 |
| °API | 34.1 | 87.9 | 65.9 | 51.3 | 42.1 | 37.0 | 31.5 | 22 | 9.9 |
| 硫含量/% | 1.64 | 0.079 | 0.143 | 0.351 | 0.646 | 0.90 | 1.232 | 2.042 | 4.441 |
| 康氏残炭/% | 3.3 | | | | | | | 0.7 | 22.6 |
| 黏度 | 4.6mm²/s @100℉ | | | | 1.5mm²/s @100℉ | 2.5mm²/s @100℉ | 5.2mm²/s @100℉ | | 7440mm²/s @200℉ |
| 倾点/℉ | -51 | | | | -78 | -18 | 54 | | |
| 总氮/（mg/g） | 0.11 | | | | | | | | |
| 镍含量/ppm | 3.7 | | | | | | | 0.1 | 31.4 |
| 钒含量/ppm | 6.4 | | | | | | | 0.1 | 54.1 |
| 环烷烃/%（体） | | | 27.1 | 38.4 | | | | | |
| 芳香烃/%（体） | | | 9 | 18 | 21.8 | 25.2 | | | |
| 研究法辛烷值 | | 69.1 | 59.3 | 43.1 | | | | | |
| 冰点/℉ | | | | | -63 | 1 | | | |
| 苯胺点/℉ | | | | | 273 | 289 | 307 | 354 | |
| 十六烷指数 | | | | | 43 | 43.4 | 48.7 | | |
| 烟点/mm | | | | | 20 | 16 | | | |

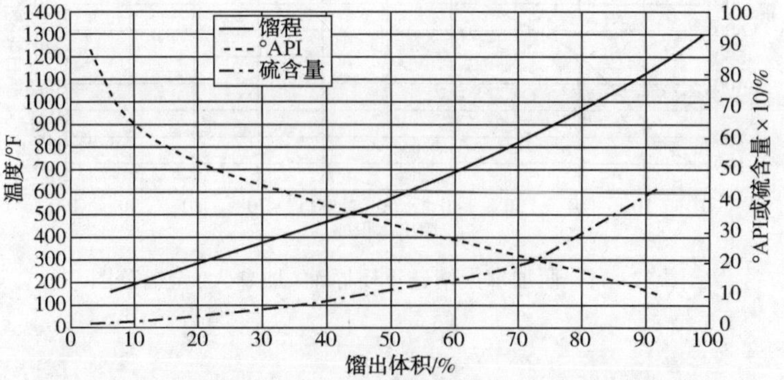


图 32-33　西得克萨斯高硫原油（美国）全馏分图

(34) 西加拿大精选重质原油(加拿大)

**表 32-34　西加拿大精选重质原油(加拿大)**　　数据源：O&GJ

| 切割馏分 | 全馏分 | 全馏分石脑油 | 全馏分油 | 全馏分蜡油 | 渣油 |
|---|---|---|---|---|---|
| 实沸点馏程/°F | — | IBP～374 | 374～649 | 649～981 | 981+ |
| 产率/%(体) | 100.0 | 20.1 | 17.3 | 26.6 | 36.0 |
| 产率/%(质) | 100.0 | 14.9 | 16.4 | 27.4 | 41.3 |
| °API | 20.9 | 73.8 | 29.1 | 16.5 | 2.5 |
| 硫含量/% | 3.48 | 0.044 | 1.295 | 2.924 | 5.684 |
| 氮含量/ppm | 2481 | | 28 | 1259 | 5150 |
| 微量残炭/% | 10.09 | | 0.01 | 0.18 | 24.74 |
| 黏度 | | | | | 72517cSt @ 212°F |
| 盐含量/ptb | 44 | | | | |
| 沉淀物和水/ppm | 316 | | | | |
| 总氮/(mg/g) | 0.76 | | 0.25 | 1.26 | 0.61 |
| 镍含量/ppm | 46 | | | 0 | |
| 钒含量/ppm | 115 | | | 0 | |

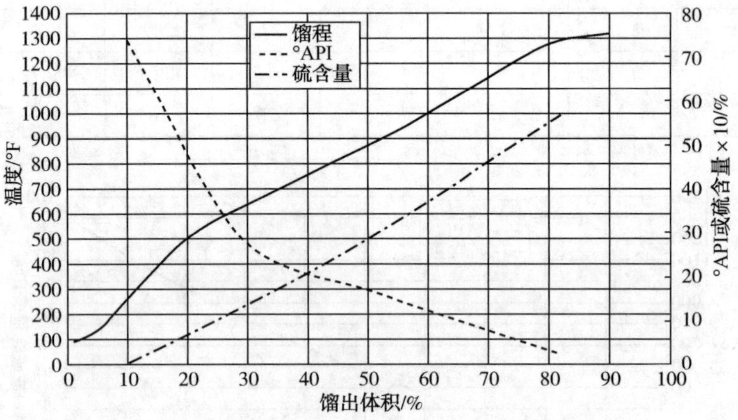


图 32-34　西加拿大精选重质原油(加拿大)全馏分图

# 第 33 章　炼油工艺过程中采用的换算系数

## 附录 D　换算系数

表 33-1　常用换算系数

| 非法定计量单位 | | 法定计量单位 | | |
|---|---|---|---|---|
| 符号 | 名称 | 名称 | 符号 | 换算系数 |
| 长度单位 | | | | |
| ft | 英 R | 米 | m | 0. 304 |
| in | 英寸 | 毫米 | mm | 25. 4 |
| mile | 英里 | 千米 | km | 1. 609 |
| 面积单位 | | | | |
| $in^2$ | 平方英寸 | 平方毫米 | $mm^2$ | 645. 2 |
| $in^2$ | 平方英寸 | 平方厘米 | $cm^2$ | 6. 452 |
| $in^2$ | 平方英寸 | 平方米 | $m^2$ | 0. 000645 |
| $ft^2$ | 平方英尺 | 平方米 | $m^2$ | 0. 0924 |
| | 英亩 | 公顷 | 0. 4047 | |
| 体积单位 | | | | |
| $in^3$ | 立方英寸 | 立方毫米 | $mm^3$ | 16387 |
| | 立方英寸 | 立方厘米 | $cm^3$或者 cc | 16. 387 |
| | 立方英寸 | 立方米 | $m^3$ | 0. 0001639 |
| $ft^3$ | 立方英尺 | 立方米 | $m^3$ | 0. 0281 |
| | 液盎司 | 毫升 | mL | 29. 75 |
| gal | 加仑(美) | 升 | L | 3. 785 |
| 质量单位 | | | | |
| pound | 磅(英) | 千克 | kg | 0. 4536 |
| | 短吨(美吨) | 吨 | t | 0. 9072 |
| | 长吨(英吨) | 吨 | t | 1. 016 |
| 压强单位 | | | | |
| pound/$in^2$ | 磅/平方英寸 | 帕斯卡 | Pa | 6895 |
| | 磅/平方英寸 | 千帕 | kPa | 6. 895 |
| kg/$m^2$ | 千克/平方米 | 帕斯卡 | Pa | 9. 807 |
| bar | 巴 | 千帕 | kPa | 100 |

续表

| 非法定计量单位 | | 法定计量单位 | | |
|---|---|---|---|---|
| 符号 | 名称 | 名称 | 符号 | 换算系数 |
| 压力单位 | | | | |
| lbf | 磅力 | 牛顿 | N | 4. 448 |
| kgf | 公斤力 | 牛顿 | N | 9. 807 |
| 做功单位 | | | | |
| Btu | 英制热量单位 | 焦耳 | J | 1055 |
| ft · lbf | 英尺磅力 | 焦耳 | J | 1. 356 |
| cal | 卡路里 | 焦耳 | J | 4. 186 |
| 功率单位 | | | | |
| Btu/h | 英制热量单位/小时 | 瓦特 | W | 0. 293 |
| Btu/s | 英制热量单位/秒 | 瓦特 | W | 1055 |
| hp | 马力 | 千瓦 | kW | 0. 746 |
| 流量单位 | | | | |
| $ft^3/min$ | 立方英尺/分钟 | 立方米/分钟 | $m^3/m$ | 0. 0283 |
| gal/min | 加仑/分钟 | 升/分钟 | L/m | 3. 785 |
| barrel | 桶石油 | 加仑石油 | gal | 42 |
| 比能量单位(潜热) | | | | |
| Btu/pound | 英制热量单位/磅 | 焦耳/千克 | J/kg | 2326 |
| 比热量单位 | | | | |
| | 熵 | 焦/(千克 · 开尔文温度) | J/(kg · K) | 4184 |
| 其他 | | | | |
| bbl/d | 桶/天 | 加仑/小时 | gph | 1. 75 |
| gal | 加仑 | 英国加仑 | | 0. 8326 |

**表 33-2　压力换算表**

| 原单位 | 目标单位换算系数 | | | | | | | |
|---|---|---|---|---|---|---|---|---|
| | atm | psi | 英寸汞柱 | ft 水柱(4℃) | 英寸水柱 | mmHg(torr) | bar | $kg/cm^2$ |
| atm | 1. 00000 | 14. 696 | 29. 920 | 33. 9000 | 406. 800 | 760. 00 | 1. 0135 | 1. 0333 |
| psi | 0. 06804 | 1. 000 | 2. 036 | 2. 3070 | 27. 684 | 51. 5 | 0. 0690 | 0. 0703 |
| inHg | 0. 03340 | 0. 491 | 1. 000 | 1. 3300 | 13. 596 | 25. 4 | 0. 0339 | 0. 0345 |
| $ftH_2O$(4℃) | 0. 02950 | 0. 434 | 0. 883 | 1. 0000 | 12. 000 | 22. 20 | 0. 0299 | 0. 0305 |
| $inH_2O$ | 0. 00246 | 0. 036 | 0. 074 | 0. 0833 | 1. 000 | 1. 85 | 0. 0025 | 0. 0025 |
| mmHg(torr) | 0. 00132 | 0. 020 | 0. 039 | 0. 0446 | 0. 535 | 1. 00 | 0. 0013 | 0. 0014 |
| bar | 0. 96890 | 14. 500 | 29. 521 | 33. 4484 | 401. 381 | 749. 88 | 1. 0000 | 1. 0195 |
| $kg/cm^2$ | 0. 96780 | 14. 220 | 28. 960 | 32. 8100 | 393. 690 | 735. 51 | 0. 9808 | 1. 0000 |

表 33-3 黏度换算表

| 原单位 | 目标单位换算系数 | | | | | |
|---|---|---|---|---|---|---|
| | g/(cm·s)(泊) | kg/(m·s) | $lb_m$/(ft·s) | ($lb_f$·s)/$ft^2$ | cP(厘泊) | $lb_m$/(ft·h) |
| g/(cm·s)(泊) | 1 | 0.1 | 0.0672 | $2.09\times10^{-3}$ | 100 | 242 |
| kg/(m·s) | 10 | 1 | 0.672 | 0.0209 | 1000 | 2419 |
| $lb_m$/(ft·s) | 14.88 | 1.488 | 1 | 0.0311 | 1488 | 3600 |
| ($lb_f$·s)/$ft^2$ | 4788 | 47.88 | 32.17 | 1 | 47880 | $1.158\times10^5$ |
| cP(厘泊) | 0.01 | 0.001 | $6.72\times10^{-4}$ | $2.089\times10^{-5}$ | 1 | 2.4191 |
| $lb_m$/(ft·h) | $4.134\times10^{-3}$ | $4.134\times10^{-4}$ | $2.78\times10^{-4}$ | $8.634\times10^{-6}$ | 0.4131 | 1 |

表 33-4 本书中其他单位符号说明

| 符号 | 名称 | 换算系数或公式 |
|---|---|---|
| bbl | 桶 | 1bbl = 0.158987$m^3$ |
| lb | 磅(美制) | 1lb = 0.453592kg |
| grain | 格令 | 1grain = 0.0648g |
| bpp | 寿命单位 | 1bpp = 1bbl/pound |
| °F | 华氏度 | $℃ = \frac{5}{9}(℉-32)$ |
| BOE | 桶油当量 | 1BOE = 6.05MMBtu |
| D(d)<br>a<br>CD<br>SD | 天<br>年<br>日历日<br>开工日 | |
| cSt | 厘斯 | 1cSt = $10^{-6}m^2/s$ = 1$mm^2$/s |
| MM(mm) | 百万 | 在单位前表示词头 |
| MMBtu | 百万英制热量单位 | 1Btu = 1.05506kJ |
| MTA(metric ton)<br>MTD | 吨/年<br>吨/年 | 1MTA = 1t/a<br>1MTD = 1t/d |
| BPCD<br>BPSD<br>BPD<br>BPH<br>BPY<br>B/D<br>MB/CD | 桶/日历日<br>桶/开工日<br>桶/天<br>桶/小时<br>桶/年<br>桶/天<br>千桶/日历日 | 大小写都有 |

续表

| 符号 | 名称 | 换算系数或公式 |
| --- | --- | --- |
| scf<br>scfB<br>scf/b<br>scf/d<br>SCFD<br>SCFH<br>SCFM | 标准立方英尺<br>标准立方英尺/桶<br>标准立方英尺/桶<br>标准立方英尺/天<br>标准立方英尺/天<br>标准立方英尺/小时<br>标准立方英尺/分钟 | 大小写都有 |
| cuin<br>cuft<br>cubic ft<br>CFT<br>CFS<br>ACFS<br>ACFM | 立方英寸<br>立方英尺<br>立方英尺<br>立方英尺<br>立方英尺/秒<br>实际立方英尺/秒<br>实际立方英尺/分钟 | 大小写都有 |
| GPM<br>GPH<br>GPT | 加仑/分钟<br>加仑/小时<br>加仑/吨 | 大小写都有 |

注：本表由译者编加，便于读者对照理解。

中国石化“十四五”重点图书出版规划项目

# 石油加工手册 上册

## （第二版）

## Handbook of Petroleum Processing

***Second Edition***

[美]史蒂文·特雷斯 [美]彼得·R. 普加多 [英]大卫·S.J. 琼斯 著
李 鹏 等译

中国石化出版社

## 内　容　提　要

本书不仅包含石油炼制和加工的基础知识，还为从事加工和设计的专业人士提供详细、实用的设计方法和常见问题的解决对策，并叙述了相关工艺装置的操作细节，是一本全面涵盖炼油厂加工总流程知识的工具书。

本书可供炼油装置的管理和技术人员阅读参考，也可作为高等院校石油加工相关专业师生的学习资料。

**著作权合同登记　图字：01-2020-5660 号**

First published in English under the title Handbook of Petroleum Processing (2nd Ed.) edited by Steven A Treese, P.E., Peter R. Pujado and David S. J. Jones, ISBN:978-3-319-14528-0


**图书在版编目(CIP)数据**

石油加工手册 / (美)史蒂文·特雷斯(Steven A Treese)，(美)彼得·R. 普加多(Peter R. Pujado)，(英)大卫·S.J. 琼斯 (David S. J. Jones) 著;李鹏等译. —2 版. —北京:中国石化出版社, 2021.9
ISBN 978-7-5114-6063-9

Ⅰ. ①石… Ⅱ. ①史… ②彼… ③大… ④李… Ⅲ. ①石油炼制-手册 Ⅳ. ①TE62-62

中国版本图书馆 CIP 数据核字(2021)第 155110 号



**中国石化出版社出版发行**
地址:北京市东城区安定门外大街 58 号
邮编:100011　电话:(010)57512500
发行部电话:(010)57512575
http://www.sinopec-press.com
E-mail:press@sinopec.com
北京富泰印刷有限责任公司印刷

*

787×1092 毫米 16 开本 78.75 印张 1919 千字
2022 年 1 月第 1 版　2022 年 1 月第 1 次印刷
定价:538.00 元(上下册)

# 译 者 序

2016年起，在中国石化时任董事长戴厚良院士的指示下，中国石化炼油事业部借鉴时代楷模、中国科学院陈俊武院士1992—2000年举办催化裂化高研班的经验，启动了炼油专家人才培养工程，先后举办了催化裂化、加氢、连续重整、常减压、延迟焦化、硫黄回收等六个炼油主要装置专家班，学员来自中国石化、中国石油、中国海油、中化集团、延长石油等国内"五桶油"，其中中国石化学员近300人，对于培养我国炼油行业专业人才起到了积极作用。

2019年专家培养又拓展到总流程专业，培养对象主要是炼油企业生产技术或规划部门负责人，这时遇到了没有合适教材的问题，国内涉及炼油总流程方面的图书比较有限，且偏理论多一些，总流程方面的技术与选择、管理内容偏少。

此时，催化裂化专家班班主任、中国石化集团公司首席专家许友好教授推荐了他在图书馆看到的国外施普林格(Springer)出版公司出版的《石油加工手册》(第二版)作为总流程专家班的参考教材，其作者是在美国UOP公司、康菲石油公司以及英国BP石油公司工作过多年的工程技术人员。该书不仅包含石油炼制和加工的基础知识，还为从事石油加工和设计的专业人士提供详细、实用的设计方法和常见问题的解决对策，以及相关装置操作方面的细节。

于是石化出版社引进了该书的中文版权，中国石化炼油事业部正高级工程师李鹏组织近200多名炼油专家班学员一起进行了翻译工作。重整专家班学员沧州炼化孙策、石油化工科学研究院董晨，催化裂化专家班学员镇海炼化华仲炯、石油化工科学研究院王新，加氢专家班学员大连石油化工研究院柳伟、燕山石化任谦，硫黄专家班学员燕山石化杜金禹、九江石化袁强，常减压及焦化专家班学员青岛炼化王宾、石油化工科学研究院阎龙、工程建设公司张成等11位学员负责把全体学员按专业分成6个翻译小组，每名学员翻译部分章节内容，小组内部再互相校对，确保翻译质量。翻译完成后，石化出版社邀请了上海石化瞿国华，石油化工科学研究院鲁维民、刘鸿洲，大连石油化工研究院曾榕辉，经济技术研究院刘灵丽，燕山石化宋以常等专家对译稿进行了校核。英国曼彻斯特大学张楠博士对全书的翻译情况进行了最终审定。

需要说明的是，本书译者身处一线、工作繁忙，书中内容虽经多次审查，但仍难免有不妥之处，敬请广大读者批评指正。

本书翻译、校对及出版工作历时 3 年多时间，动员了一批中国石化中青年炼油专业技术人员参与翻译工作，真诚希望和期待本书能成为广大读者的益友。

李　鹏

2022 年 1 月 6 日

# 第二版前言

《石油加工手册》(第二版)延承了第一版的足迹和传统。在这一版中，不仅大大更新了信息、拓宽了专业范围，而且增加了很多新的加工过程以及当今炼厂中采用的非常规原料。本书经重新编排，可以更好地作为参考书来使用。

本书首先提供了石油炼制和加工的基础知识，以满足大多数读者的需求，为了帮助从事加工和设计的专业人士，本书还提供了详细、实用的设计方法和常见问题的解决对策，尽可能地为操作工艺装置人员提供更多的信息。虽然不是所有的信息都那么详细，但是在这个版本中我们提供了更多与操作相关的细节。

本书描述的大多数计算方法都是基于手工计算，作者和编者是使用这样的方法成长起来的；然而，我们也认识到了计算机流程模拟和应用在当今炼厂的设计和运行中起着重要作用。因此书中提供的许多方法都在模拟软件的背后作为支撑技术或者可以很容易地转换成计算机应用程序。这些方法可以快速对计算机计算结果进行粗略检查，或者可以在没有现成的计算机或模拟软件包的情况下直接使用。

在不同的章节中，会使用不同的度量单位。有些章节同时提供了英制和公制单位，有些章节只提供了英制单位或公制单位。石油工业界习惯将英制单位和公制单位混合使用，或者在两种度量单位之间进行转换。事实上，很多产品规格混合使用两种度量单位。几种常见的计量单位转换见附录。

本书的编排兼顾了电子版和印刷版的考虑。从各个章节的组织结构可以看出，这是一本综合性的书。但是，对于电子出版物，我们使各个章节尽可能保持独立，即每个章节中通常都包括所需的参考文献。然而各章节独立的程度是有限的。虽然我们尽量避免章节或资源的重复，个别章节仍将包含手册中其他章节的参考文献或附录，以及其他资源。

本书共包括6篇：

第1篇：基础炼油工艺和操作

本部分介绍原油及其转化为产品的工艺过程，以及这些工艺过程的设计和操作。包括：

① 对原油和原油性质的基本理解；

② 了解产品及其重要特性；

③ 炼油厂如何配置以匹配所需的原油和市场；

④ 详细讨论常减压蒸馏装置、轻烃处理、催化重整、流化催化裂化、加氢处理、烷基化、烯烃缩合、异构化、气体处理、渣油改质和制氢等工艺流程的设计和操作；

⑤ 如何规定、测量和控制产品质量；

⑥ 炼油厂运营计划和经济分析技术；

⑦ 如何执行石油加工项目。

第2篇：差异化

当今石油加工设施通常不仅仅运行或处理传统的原油，也不仅仅生产燃料产品。这一部分介绍生产以下产品的工艺设施：

① 润滑油；

② 石化产品；

③ 其他化学品。

本书还介绍了非常规原料如何进入炼油加工方案，或采用类似于石油的加工，譬如煤、液化天然气、页岩油、页岩原油、沥青和可再生资源。其中一章讨论了生物炼厂，它们越来越多地生产燃料和燃料调和组分。

第3篇：支持系统

所有的工艺设施都需要某些共同的公用工程系统。第三部分详细讨论公用工程系统及其设计和操作技术。这部分包括以下内容：

① 仪表和控制系统；

② 公用设施(蒸汽、凝结水、燃料、水、空气、电力、氮气等)；

③ 场外设施(储存、调和、装载、废碳氢化合物、废水)；

④ 环境控制和实践(气体排放、废水、固体废物、噪声)。

第4篇：安全系统

如今，工艺设备的安全运行是本质要求。设施不得危害员工或社区。没有安全运行的设施根本不允许运行。虽然很大一部分安全源于设施的操作方式，但许多特征或功能在设计时就应该考虑进去，以实现更安全的操作。

这一部分重点介绍确保卓越安全性的系统和实践。相关内容如下：

① 过程安全管理基础；

② 压力和温度安全系统；

③ 缺氧保护措施条例；

④ 受限空间准入条例；

⑤ 设施选址注意事项；

⑥ 危险材料；

⑦ 防火和保护。

第 5 篇：参考资料

本书的参考资料提供了一些常见设备类型的详细讨论及其设计方法：

① 容器；

② 分馏塔；

③ 泵；

④ 压缩机；

⑤ 换热器；

⑥ 加热炉；

⑦ 配管及压降。

第 6 篇：附录

附录提供的参考资料或者是不适用于其他地方，或需要被多个章节引用。附录分为 4 个部分：

附录“石油炼制工作流程图示例”提供了石油加工中使用的各种流程图和文件的示例。

附录“石油加工通用数据”包含常用油品性质和一些设备性质。在这里您可以找到黏度、相对密度、°API、沸点、凝点的关系式，以及塔盘结构参数。

附录“石油炼制原油评价报告的选择”包括原油和其他油品性质的简单分析示例。这个附录已经扩展到包括许多新的物料，如页岩油、沥青和合成原油。这些评价数据中有一些是过时的，因此在设计或规划工作中，最好从您的供应商得到最新的结果。

附录“炼油工艺过程中采用的换算系数”包含单位转换因子。任何一本有价值的手册都离不开一些常见的单位换算系数。虽然我们没有提供您需要的所有转换因子，但是，我们提供了那些我们发现最有用或最难在文献中找到的部分。这些表除了常用的换算系数，还包括了压力和黏度的相互转化。

我们试图使这项工作尽可能全面，但是不可能预见到或者做到提供您可能想知道的一切内容。这里引用的大量外部参考资料可以引导您找到更多的参考文献。在线搜索通常能提供很好的信息，但有时会产生误导甚至错误。当您上网搜索或者甚至是引用本书内容时，一定要运用您自己的判断。道理应该是明确的——石油加工并不是一个很大的谜团。

本书是由史蒂文·特雷斯(从菲利普斯66公司退休)和彼得·R. 普加多(从霍尼韦尔公司UOP LLC退休)编著的。我们的名誉编辑是大卫·S.J. 琼斯(从福陆公司退休)，他几年前去世了。他的贡献在这本书中随处可见，尤其是在具体的计算技术上。我们很想念他。

我们感谢来自Springer Reference公司的Karin Bartsch的帮助，是他指导我们如何编写一本"电子友好型"图书以及一个有用的参考书。

我们还要感谢我们的许多参与编写本书的作者以及他们卓越而宝贵的专业知识：马克·P. 拉宾斯基、斯蒂芬·M. 麦德龙、马克·莫斯、沃伦·莱茨、莫林·布里克、瓦桑特·塔卡尔、约翰·佩特里、彼得·科凯耶夫、史蒂文·辛克、帕梅拉·罗克萨斯、道格拉斯·A. 纳菲斯、科特·A. 德特里克、罗伯特·L. 梅伯格、丹尼斯·J. 沃德，达纳·K. 沙利文、比宾·沃拉、格雷格·芬克、安德里亚·博扎诺、斯坦利·J. 弗雷和杰弗里·W. 费希特。希望我们没有遗漏任何人。

最后声明，虽然我们已尽一切努力在本书中提供准确的信息，但是我们不提供任何具体应用的担保。用户在应用本书所含信息时承担所有责任。

我们希望这本书对您有用。本书的编著对于我们是一次有趣的经历(和一个很好的回顾)。安全使用这本书，并祝您健康!

彼得·R. 普加多和史蒂文·特雷斯

# 目　录

## 上　册

## 第1篇　基础炼油工艺和操作

# 第2篇 差异化

# 第 1 篇

# 基础炼油工艺和操作

# 第1章　原油和石油加工介绍

## 1.1　引言

毫无疑问，轮子是人类的伟大发明。然而，直到18世纪末和19世纪初，轮子的动力和使用要么依赖于人或动物的肌肉力量，要么依赖于水力和风力这些自然能量。蒸汽机的发明第一次提供了不依赖于肌肉或自然要素的动力。这引发了19世纪的工业革命，使得人们狂热地寻找化石燃料来生产蒸汽，同时也促进了钢铁和其他商品的大规模生产。

19世纪末，内燃机的发明激发了人们从原油中获取能量的需求。可以说，这引发了第二次工业革命，确立了今天的工业格局并使工业不断向前发展。从原油炼制中提取的石油产品从最初为内燃机提供所需能量，到现在迅速发展成为一些化学产品和药物制品的基础和来源。

在20世纪，石油炼制工业和内燃机的发展是相互影响的，其他因素也促进了两者的发展。其中最主要因素是人们对环境污染的认识日益加深，以及对更快捷旅行需求的日益增加促进了航空工业对高质量石油燃料的需求。本章目的是描述和定义石油炼制工业中使用的一些基本方法和参数，为本书其他章节对整个行业的详细分析奠定基础。

## 1.2　原油的组成和特征

原油是数百种烃类化合物的混合物，其结构尺寸从最小的仅含一个碳原子的甲烷到含有300或更多个碳原子的复杂化合物。这些化合物大多数是链烷烃或链烷烃的异构体。一个典型的例子是丁烷，其结构如下所示：

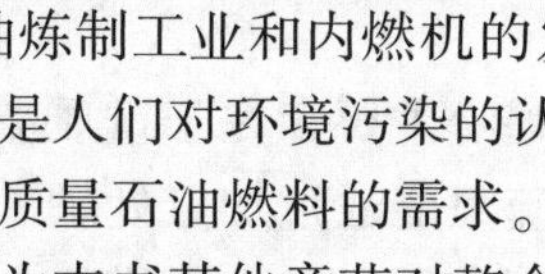

正丁烷(表示为$nC_4$)

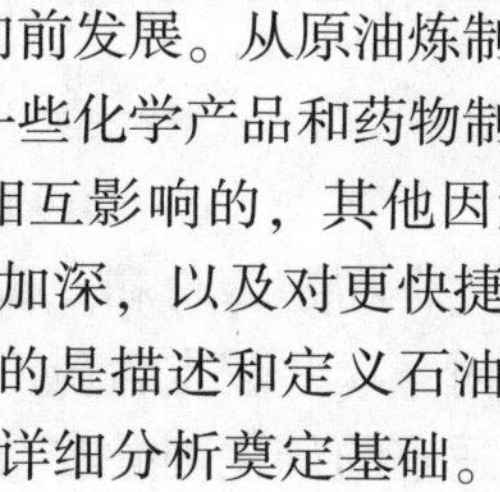

异丁烷(表示为$iC_4$)

除此之外大多数烃类化合物为环状烷烃（称为环烷烃）或深度脱氢环状化合物（称为芳烃）。举例如下：

只有结构最简单的同系物才能够被分离出来满足商用级别的纯度。一般来说，在炼油过程

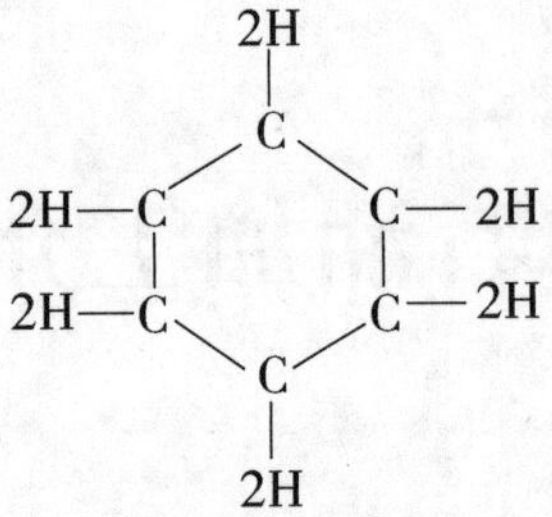

环己烷(环烷烃)

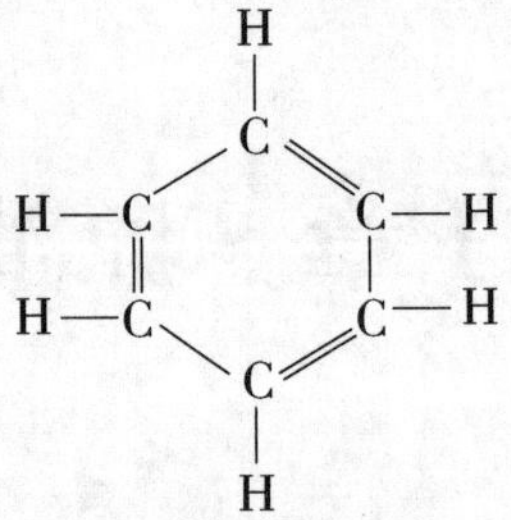

苯(芳香烃)

中，相对纯净的产品分离仅限于那些比 $C_7$ 化合物轻的化合物。原油中存在的大部分烃类化合物可以被分离出来，但只有在精密的实验室条件下才能完成。在炼油过程中，产品是通过表示烃沸点的温度区间进行划分的。例如，石脑油产品是指沸点为90~140℃的切割馏分。

原油中并不是所有的化合物都是烃类化合物，还含有少量硫、氮、金属等杂质。其中最重要和最常见的杂质是硫，主要以硫化氢和有机硫化物的形式存在。含硫化合物存在于原油烃类化合物的整个沸程范围内，其结构与碳氢族化合物类似，但增加了一个或多个硫原子。其中最简单的是乙硫醇，其分子结构如下：

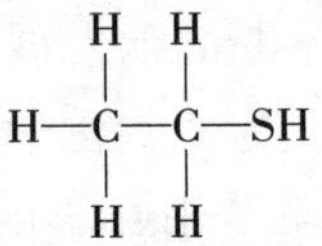

乙硫醇

碳数较高的含硫化合物是噻吩和二硫化物，噻吩主要存在于重质渣油内，二硫化物存在于原油的中间馏分油内。这些较重含硫产品中的硫只能通过加氢处理工艺将其转化为硫化氢来脱除，该过程需要适宜的催化剂并在苛刻的温度和压力条件下进行。较轻的硫化物可以按照硫醇通过溶剂萃取加碱洗的方式或其他专用溶剂方法进行脱除，或者通过加氢处理脱除。

原油中还含有有机氯化物，氯化物在上述过程中不会被脱除，因此在初始蒸馏过程中要采用金属保护措施以避免氯化氢的腐蚀。这种保护在最易受到氯化物侵蚀的部分中采用蒙乃尔内衬来实现。注入氨或胺也可用于中和设备中这部分的氯化氢。

原油中最常见的金属杂质是镍、钒和钠。这些物质不易挥发，存在于原油的渣油或燃料油产品中。它们不能以金属形式直接从原油中去除，通常只是在石油的后续加工或影响燃料产品的销售时，才会造成麻烦。例如，金属会导致大多数催化过程中的催化剂寿命严重下降；此外，在生产某些钢材所用的燃料油中，不允许有高浓度的镍和钒。金属可以与燃料油产品中的黏性组分沥青质一起除去，最常用的方法是用丙烷作溶剂从渣油中萃取沥青质；焦化也是常见的工艺。

残留的杂质——氮通常以气体的形式溶于原油中，或以胺或其他氮化合物的形式存在于较重馏分中。对某些工艺过程来说，氮的存在是不利的，如催化重整和加氢裂化。通过对这些工艺过程的原料进行加氢处理，可以将氮与硫化合物一起除去。

如前所述，在所有原油中发现的烃类化合物主要族组成或同系物是链烷烃、环烷烃和芳烃，但还有第四类，就是不饱和烃或烯烃。它们在多数原油中不会大量存在，但在原油加工成产品的过程中经常大量产生，多发生在将油品置于相对较长时间在高温条件下的加工过程中。在此条件下，饱和烃分子会发生分解，永久失去附着在四价碳原子上的四个原子中的一个或多个原子。这时所得到的烃分子是不稳定的，很容易在分子内形成双键或与相似分子结合形成聚合物。这种不饱和化合物的例子如下：

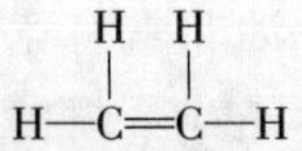

乙烯

注意，这个化合物中连接两个碳原子的双键。

虽然所有原油都含有上述化合物，但几乎没有两种原油具有相同的特性。这是因为来自不同地区的每一种原油都是由不同数量的各种化合物组成。例如，尼日利亚生产的原油环烷烃含量高，密度相对较低，而委内瑞拉一些油田开采的原油密度非常高，沸点低于 350℃ 的组分含量很低。表 1-1 汇总了来自不同地区原油的主要性质。

**表 1-1 世界范围内部分原油的主要性质**

| 原油中文名称 | 沙轻原油 | 沙重原油 | 伊朗轻质原油 | 伊朗重质原油 | 伊拉克原油 | 科威特原油 | 阿尔及利亚原油 | 利比亚原油 | 尼日利亚原油 | 北海原油 | 南美原油 |
|---|---|---|---|---|---|---|---|---|---|---|---|
| 原油英文名称 | Arabian light | Arabian heavy | Iran light | Gach Saran | Kirkuk | Kuwait | Hassi Messaoud | Brega | Bonny medium | Ekofisk | Bache queto |
| 350℃以下收率/%(体) | 54.0 | 46.5 | 55.0 | 53.0 | 61.1 | 49.0 | 75.2 | 64.0 | 54.5 | 61.2 | 30.0 |
| °API | 33.4 | 28.2 | 33.5 | 30.8 | 35.9 | 31.2 | 44.7 | 40.4 | 26 | 36.3 | 16.8 |
| 硫含量/%(质) | 1.8 | 2.84 | 1.4 | 1.6 | 1.95 | 2.5 | 0.13 | 0.21 | 0.23 | 0.21 | 2.4 |
| 重石脑油 PONA 值/%(体) | | | | | | | | | | | |
| 切割温度/℃ | 100~150 | 100~150 | 149~204 | 149~204 | 100~150 | 100~150 | 95~175 | 100~150 | 100~150 | 100~200 | 93~177 |
| 链烷烃 | 69.5 | 70.3 | 54.0 | 50 | 69.0 | 67.9 | 56.5 | 53.0 | 27.5 | 56.5 | 27.6 |
| 烯烃 | — | — | — | — | $265\times10^{-6}$ | — | — | $20\times10^{-6}$ | 1.5 | — | — |
| 环烷烃 | 18.2 | 21.4 | 30.0 | 35 | 21.0 | 22.1 | 32.9 | 39.3 | 57.0 | 29.5 | 58.5 |
| 芳香烃 | 12.3 | 8.3 | 16.0 | 15 | 9.8 | 10.0 | 10.6 | 7.7 | 14.0 | 14.0 | 13.9 |
| 渣油中金属含量 | | | | | | | | | | | |
| 渣油温度/℃ | >565 | >565 | >538 | >538 | >370 | >370 | >350 | >570 | >535 | >350 | >350 |
| 钒/(g/kg) | 94 | 171 | 188 | 404 | 58 | 59 | <5 | 24 | 7 | 1.95 | 437 |
| 镍/(g/kg) | 22 | 53 | 70 | 138 | <3 | 18 | <5 | 32 | 52 | 5.04 | 75 |

注：南美原油倾点为 16℃。

表 1-1 中值得注意的是不同原油的性质差异，这些差异使得炼油厂能够通过选择最适合的一种或多种原油来改善其操作以满足产品市场销售要求。例如，当炼油产品中需要大量的无铅汽油和适量的燃料油时，阿尔及利亚原油会是首选原料。这种原油加工时石脑油收率高，同时石脑油中环烷烃含量高，适合作为催化重整原料。在这种工况下燃料油收率也小于 50%。而伊朗轻质原油也是值得考虑的一个选择，只是它的燃料油(渣油)中的金属含量过高。

如果需要考虑均衡性较好的原油，科威特或阿拉伯原油提供了相对平衡的产品组成，产品中中间馏分油具有不错的质量和收率。

对于沥青生产和润滑油生产来说，南美原油非常有竞争力。来自该地区的两种主要原油较重的 Bachequero 和较轻的 Tia Juana 都属于高酸(环烷酸)原油，有利于提高沥青和润滑油的品质。但是这些原油的加工面临一个问题，因为环烷酸在常压蒸馏塔中具有很强的腐蚀性，尤其是在蒸馏塔中段，如果要对这些原油进行长期加工，常规蒸馏装置可能需要用 410 不锈钢对部分塔的衬里进行更换，并考虑采用注碱来减缓腐蚀。

炼油厂经常将选定的原油混合在一起，以使规划的炼油厂产品结构最优。这项工作需要仔细核查各种原油分析数据(数据汇编)，并对炼油厂的操作进行建模，以设置原油混合比及其操作参数。

## 1.3 原油分析

原油分析是实验室和中试装置数据的汇编，这些数据定义了特定原油的性质。原油分析至少应包含原油蒸馏曲线和相对密度曲线，然而，大多数原油分析都包含倾点(流动性指标)、硫含量、黏度和许多其他性质的数据。原油分析通常由原油经销商提供，被炼油厂广泛应用于工厂生产指导、产品计划制定以及对未来加工风险的分析。对工程公司而言，这些数据在石油装置项目的投标、中标以及在建装置的工艺设计过程中使用。

为了更好地使用原油分析数据，有必要理解所提供的数据以及在汇编这些数据中所使用的一些实验室测试方法的意义。其中一些方法在下面进行介绍，并在其他章节中会作进一步说明和探讨。

### 1.3.1 实沸点蒸馏曲线

典型的实沸点蒸馏曲线(TBP)如图 1-10 所示。这是原油或原油馏分中近乎于纯组分的沸点图。在早期，这条曲线是在实验室中使用 100 多个平衡级和很高回流比的复杂间歇蒸馏设备绘制而成的。目前，质谱法能够比间歇精馏法更快速、准确地得到这条曲线。

### 1.3.2 恩氏蒸馏曲线

当缺少实沸点蒸馏曲线时，常规做法是使用恩氏蒸馏曲线。然而，恩氏蒸馏曲线很少用于原油全馏程分析。此类蒸馏曲线通常用于装置和产品质量控制。恩氏蒸馏实验使用一种简单的设备对原油馏分进行蒸馏，通过加热使实验液体蒸发，然后将所产生的蒸汽冷凝。在蒸馏过程中记录气体温度，作出测定温度对馏出物液量的关系图。由于只有一个平衡级，且没有回流，组分的分离精度差。因此，恩氏蒸馏曲线的初馏点(IBP)高于相应的实沸点蒸馏曲线中的初馏点，恩氏蒸馏曲线的终馏点(FBP)低于相应的实沸点蒸馏曲线的终馏点。恩氏蒸馏曲线和实沸点蒸馏曲线之间存在相关性，本章后续将对此进行讨论。

### 1.3.3 °API

这是油品密度的一种表达方式。除非另有说明，原料的°API 是相对在 15.6℃时(60℉)定义的，它与相对密度的关系如下式所示：

$$^{\circ}API=\frac{141.5}{相对密度}-131.5 \tag{1-1}$$

### 1.3.4 闪点

油品的闪点是指油品上方的蒸气发生闪火或爆炸时的下限温度。该温度是在实验室测定的，所采用的设备包括一个装有油的密闭杯子、加热和搅拌设备以及一个专门的可调节火焰的装置。用于测定中间馏分油和燃料油闪点的仪器称为 Pensky-Martens(PM)，而用于测定煤油和较轻馏分油闪点的仪器称为 Abel。这些实验方法的参考资料将在本书的后续章节给出，实验方法和步骤的完整细节参见 ASTM 标准第 7 部分“石油产品和润滑油”。从恩氏蒸馏曲线确定闪点的经验方法有很多，下面公式给出了其中一个关联关系：

$$闪点(^{\circ}F)=0.77(ASTM5\%点温度-150) \tag{1-2}$$

### 1.3.5 辛烷值

辛烷值是汽油发动机汽缸中汽油对爆震或早爆的抵抗力的量度。该抵抗力越高，燃料工作效率越高。汽油的抗爆性(辛烷值)与发动机的压缩比有关。燃料的辛烷值越高，允许使用的发动机的压缩比就越高。

根据定义，辛烷值是异辛烷(2，2，4-三甲基戊烷)和正庚烷混合物中异辛烷所占的百分比，它与汽油的抗爆性能完全对应。例如辛烷值 90 的汽油，其抗爆性与 90%异辛烷和 10%正庚烷混合物的抗爆性相同。抗爆性是在实验室中使用配备了超灵敏爆震仪的标准单缸试验发动机进行测定的，使用参照物燃料(异辛烷混合物)的试验结果与汽油样品的试验结果进行比较得出。此方法的详细论述参见 ASTM 标准第 7 部分“石油产品和润滑油”。

通常要测定两种辛烷值：第一种是研究法辛烷值(RON)，第二种是马达法辛烷值(MON)。两种辛烷值的测定均采用相同的设备，但马达法测定时的发动机转速远远高于研究法。在运行的车辆中实际的辛烷值应该介于这两者之间。这两种辛烷值的意义在于评估汽油对发动机工作条件苛刻度的敏感性。研究法辛烷值通常高于马达法辛烷值，它们之间的差值称为“汽油的敏感度”。

### 1.3.6 黏度

油品的黏度是衡量其内部流动阻力大小的一种度量，也是衡量其润滑质量的一种指标。在石油工业中，黏度通常以厘泊(运动黏度的单位)、赛氏通用黏度、赛氏重油黏度或雷氏黏度来表示。这些单位是相互关联的，相互关系可以在大多数数据手册中找到。在实验室里，黏度数据通常是在 100℉、130℉或 210℉时测定的，对于燃料油，试验测定温度使用 122℉和 210℉。

### 1.3.7 浊点和倾点

浊点和倾点是表征蜡在油中相对凝结性的指标，而不测量油中实际蜡含量。在这些试验中，首先使用冰浴严格控制油品降温的速率，然后使用冷冻盐水浴，最后使用干冰浴(固体二氧化碳)。定义油品开始混浊或不透明时的温度为其浊点，油品完全停止流动时的温度为其倾点。

### 1.3.8 硫含量

硫含量通常以油品中总硫的质量分数(%或 ppm)来表示。

由于来自各个油田的油品性质随时间发生变化，分析报告中提供的数据也会发生变化。其中一些变化可能非常重要，用户通常会为了完成指定的工作而要求进行数据的更新，例如流程设计或评估。较大的原油生产商会为这些用户提供“持续”的实验室评测服务。

本章接下来的几节将说明如何使用分析数据和基本的石油炼制工艺来开发一个综合型炼油厂的工艺配置。

## 1.4 其他基本定义和相互关联

如前所述，原油及其馏分的组成并不用纯组分来表示，而是用具有一定沸程范围的“切割馏分”来表示。这些“切割馏分”能够通过将它们分割成更小的部分进一步定义，并将这些更小的部分近似看作纯组分。因此，每一个组分都将具有精确的性质，如密度、黏度、摩尔质量、倾点等，这些组分称为虚拟组分，并根据它们的中沸点来定义。

在详细描述虚拟组分的确定及其在原油馏分性质预测中的应用之前，有必要定义原油分析中使用的一些术语，内容如下：

### 1.4.1 泡点

泡点是烃类化合物开始沸腾时对应的温度与压力。这里以一股物流的泡点计算作为示例。泡点也可以使用流程模拟软件（HYSYS，Pro/II 或其他程序）计算，在计算时需要选择适当的热力学/相平衡模型。理解手工计算方法对于解释和评估计算机计算结果很有帮助。

假设一股来自分馏塔顶部的物流具有以下组成：

摩尔组成分数：

| 组成 | 摩尔分数 | 组成 | 摩尔分数 |
|---|---|---|---|
| $C_2$ | 0.008 | $C_7$ | 0.175 |
| $C_3$ | 0.054 | 组分 1 | 0.124 |
| $iC_4$ | 0.021 | 组分 2 | 0.124 |
| $nC_4$ | 0.084 | 组分 3 | 0.075 |
| $C_5$s | 0.143 | 组分 4 | 0.037 |
| $C_6$ | 0.155 | 总计 | 1.00 |

组分 1~4 是虚拟组分，这些虚拟组分与相同沸点的真实组分具有类似的性质。下面将更详细地讨论这些假组分，组分的中沸点取为：

| 组分 | 中沸点/℉ |
|---|---|
| 组分 1 | 260 |
| 组分 2 | 300 |
| 组分 3 | 340 |
| 组分 4 | 382 |

回流罐温度固定在 100℉，回流罐的压力为该物料在 100℉时的泡点压力。

在泡点条件下，所有气相组成 $y$ 的加和等于所有组分平衡常数与液相组成即 $Kx$ 的加和。

$x$ 指液相组分的摩尔分数，$y$ 指平衡时气相组分的摩尔分数。在泡点条件下，$\sum y = \sum Kx$。

$K$ 指平衡常数，可以从一些参考书的相关曲线进行读取，如 Maxwell 编写的《烃类化合物数据手册》，或者可以考虑使用以下方法(粗略估计，不能用于最终设计)：

$$K=\text{特定温度下蒸气压/总压} \tag{1-3}$$

上述关系将用于计算，计算采用迭代(试差)方法，具体如下(在100℉)：

| 项目 | 摩尔组成($x$) | 第一次迭代(5psig) | | 第二次迭代(12psig) | |
|---|---|---|---|---|---|
| | | $K$ | $y=Kx$ | $K$ | $y=Kx$ |
| $C_2$ | 0.008 | 40.6 | 0.325 | 32.4 | 0.259 |
| $C_3$ | 0.054 | 9.3 | 0.502 | 7.42 | 0.401 |
| $iC_4$ | 0.021 | 3.55 | 0.075 | 2.38 | 0.05 |
| $nC_4$ | 0.084 | 2.54 | 0.213 | 2.03 | 0.171 |
| $C_5$ | 0.143 | 0.89 | 0.127 | 0.71 | 0.102 |
| $C_6$ | 0.155 | 0.254 | 0.039 | 0.20 | 0.031 |
| $C_7$ | 0.175 | 0.084 | 0.015 | 0.067 | 0.011 |
| 组分1 | 0.124 | 0.023 | 0.003 | 0.020 | 0.002 |
| 组分2 | 0.124 | NEG | NEG | | |
| 组分3 | 0.075 | NEG | NEG | | |
| 组分4 | 0.037 | NEG | NEG | | |
| 合计 | 1.000 | | 1.299 | | 1.027 |

第二次迭代(估算)

取$y$值最大的组分的$K$值(本例中为$C_3$)，其中$K=9.3$。

取$K=7.42$(新$K$值)。

以$K_{C_3}=7.42$进行第二次迭代，得到系统压力$P$如下：

$VP_{C_3}=7.1$，其中$VP_{C_3}$在100℉时为190psia。

故：$P=190/7.1=26.5$psia。

第二次迭代计算的压力$P=26.5$psia，即11.8psig，取12psig。

第二次迭代得到$y$的加和为1.027，很接近1.000。

所以罐的操作条件为100℉、12psig。

### 1.4.2 切割点

切割点定义为整个原油实沸点蒸馏(TBP)曲线上表示所生产不同馏分的界限(上限和下限)温度。图1-1所示为典型原油的实沸点(TBP)曲线。

某馏分的最终切割点为100℉，其收率占整个原油体积的20%。相邻馏分的初始切割点为100℉、最终切割点为200℉，其收率占原油体积为：30%-20% =10%。

### 1.4.3 终馏点

切割点是用于定义馏分收率的理想温度，而干点是工业生产的馏分的实际终馏点温度。没有任何一个工艺过程能够将一个馏分中的组分与相邻馏分完全地分开。当在工业过程中分离两种馏分时，重馏分中一些较轻组分也存在于相邻的轻馏分中，同样，轻馏分中的一些较

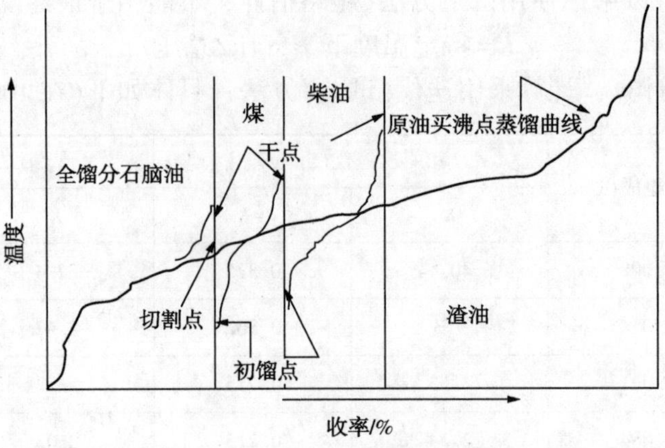


图 1-1 切割点及干点

重组分也会进入相邻的重馏分中。因此，馏分的实际初馏点(IBP)将低于初始切割点，并且其终馏点(FBP)将高于相应的最终切割点，如图 1-1 所示。

### 1.4.4 中沸点组分

在编制分析报告时，需要从原油中蒸馏出窄馏分并对其进行分析，以确定其性质。然后将其性质与窄馏分对应的中沸点作图，得到一条平滑的曲线。要把这些曲线应用于特定的计算，需将原油或原油馏分的实沸点曲线切割为中沸点组分。为此，如图 1-2 所示，对于第一个组分，取任意一个温度点 A，经过点 A 画一条水平线与体积收率 0 线相交，延长此线，直到这条线和蒸馏曲线之间的面积在温度点 A 两侧相等。水平线长度代表具有中沸点 A℉的组分 A 的收率。相邻的下一个组分重复上述步骤进行切割，直到整个曲线被分割成中沸点组分。

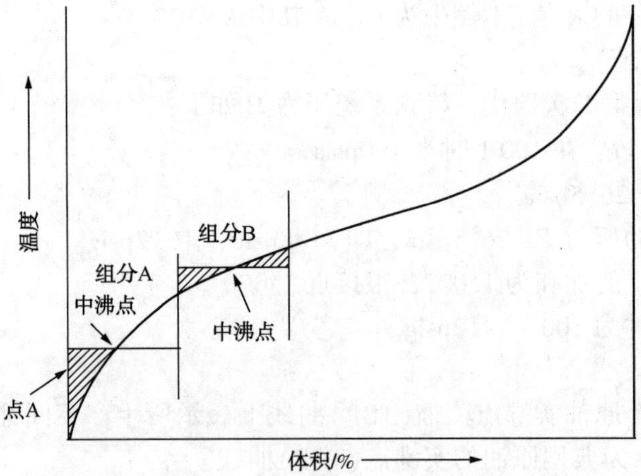


图 1-2 中沸点实例

### 1.4.5 中体积百分比组分

有时所建立的分析方法是为了在组分的中体积百分比基础上关联原油性质。当这样处理数据时，实沸点蒸馏曲线被划分为中体积百分比组分。这一概念比中沸点的概念简单，只需要将蒸馏曲线划分为若干个体积部分，每个部分的中体积数值是每个组分体积的算术平均值。

利用这些定义，产品性质可以使用产品蒸馏曲线、虚拟组分概念和分析数据来进行确定。后面将对此进行讨论。

**1.4.6 从原油分析数据预测实沸点蒸馏曲线(TBP)和恩氏蒸馏曲线(ASTM)**

产品性质可以通过从 TBP 曲线中构造中沸点组分，并赋予各组分相应的性质进行预测。

这些特性可以从分析数据、沸点相近的已知组分获得，或者通过与其他性质的相互关系计算获得，如密度、摩尔质量和沸点。在获取这些中沸点(虚拟)组分之前，需要先掌握产品实沸点蒸馏曲线的大致形状。这一目的可以通过以下方法实现：Good 等(1944)通过积累的数据对原油的轻质和中间馏分油范围内的恩氏蒸馏曲线干点与实沸点蒸馏曲线切割点进行关联，相关曲线见图 1-3。Thrift(1961)得出了恩氏蒸馏曲线的大致形状，绘制的概率图见图 1-4。从设计完善的装置得到的产品恩氏蒸馏曲线体积收率 0 点至 100%点之间在图中是一条直线。使用上述两图，当已知产品的实沸点蒸馏曲线切割范围时，就可以预测其恩氏蒸馏曲线。

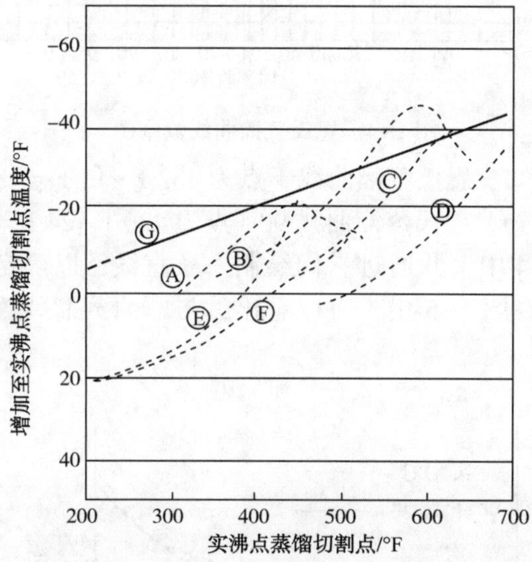


图 1-3 实沸点蒸馏(TBP)与恩氏蒸馏(ASTM)干点之间的关系

Ⓐ—干点与 TBP 切割点的关系曲线，对应于初馏点≤200℉或更低温度的馏分；Ⓑ—干点与 TBP 切割点的关系曲线，对应于初馏点为 300℉的馏分；Ⓒ—干点与 TBP 切割点的关系曲线，对应于初馏点为 400℉的馏分；Ⓓ—干点与 TBP 切割点的关系曲线，对应于初馏点为 500℉的馏分；Ⓔ、Ⓕ—恩氏蒸馏干点与 TBP 切割点，300mL STD 塔及 5 ft 填料塔；Ⓖ—90%点温度与 90%切割点(全馏分)的关系曲线

下面给出该计算的一个例子：

预测科威特原油中煤油馏分的恩氏蒸馏曲线，切割温度为 387~432℉。

答案：液体收率为原油的 3.9%(体)。

切割范围为原油的 27.3%~31.2%(体)。

上述切割范围中 90%(体)的切割点为 30.81%，温度为 430℉。

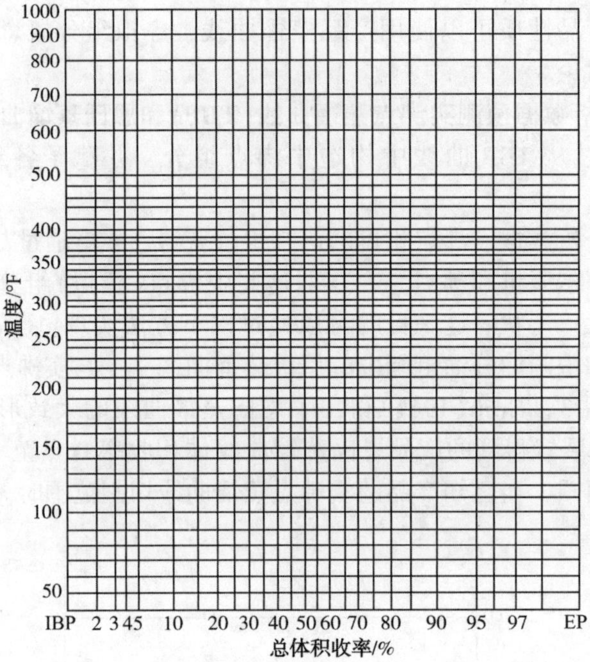


图 1-4　恩氏蒸馏曲线概率图

由图 1-3 中曲线 B 可知，恩氏蒸馏曲线干点为 432°F−13°F＝419°F

由图 1-3 中曲线 G 可知，恩氏蒸馏曲线 90%点为 430°F−24°F＝406°F

把上述两点标在图 1-4 中，并通过它们绘制一条直线，以确定馏分大概的恩氏蒸馏曲线。将恩氏蒸馏曲线表示在图 1-5 中，可以看出，与原油蒸馏装置实际产品的实验室分析结果基本吻合。

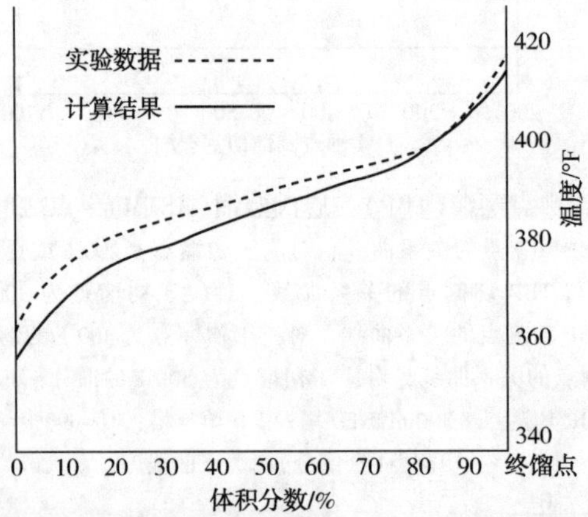


图 1-5　恩氏蒸馏曲线计算结果与实验数据对比

### 1.4.7　恩氏蒸馏曲线转换为实沸点蒸馏曲线和平衡闪蒸(EFV)曲线

利用图 1-5 所示的产品恩氏蒸馏曲线，可以得到实沸点蒸馏曲线，如图 1-6 所示。

(1)产品恩氏蒸馏曲线转换为实沸点蒸馏曲线

大多数原油蒸馏装置的塔顶产品是全馏程石脑油馏分。该馏分含有原油中的所有轻烃组分，从乙烷到戊烷，当然还有较重的石脑油馏分。所有的轻烃都溶在液体中。因此，无法直接进行恩氏蒸馏实验，在这种情况下可以采用两种途径：第一种途径是从下游装置中取出重石脑油和稳定轻石脑油的样品；第二种途径是在实验室中对样品进行轻组分分析，例如使用POD装置(波氏分析)、气相色谱仪。或对稳定样品进行恩氏蒸馏。这里采用的是第三种途径。

有两种经过充分验证的方法来实现这一转换。一种是Edmister在《烃类化合物应用热力学》中给出的，另一种是Maxwell(1968)在《烃类化合物数据手册》中给出的。这两种方法的相关曲线如图1-6、图1-7所示。在本节中，使用Edmister方法和关联曲线。

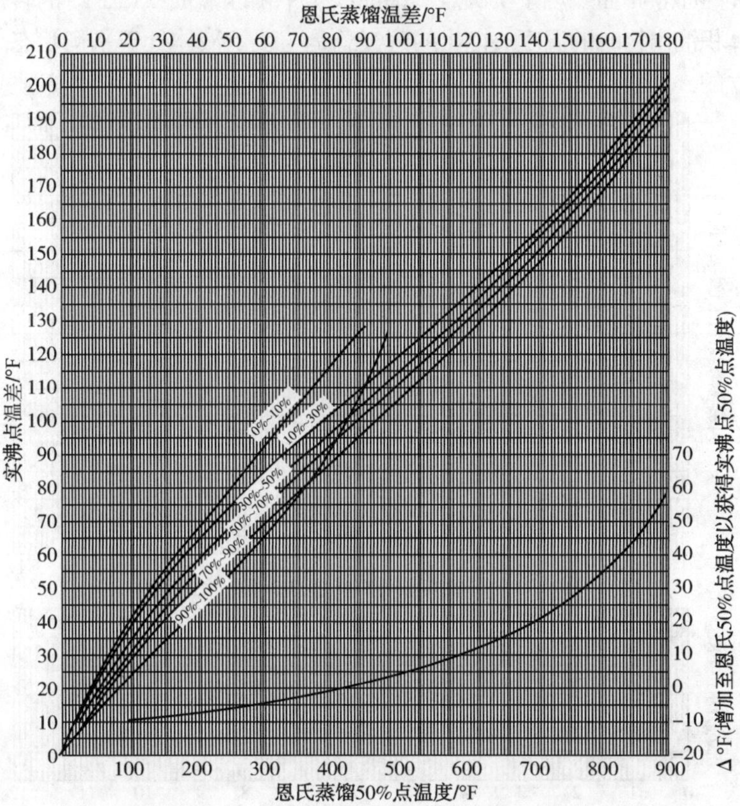


图1-6 恩氏蒸馏曲线与实沸点蒸馏曲线关系图——Edmister法

在表1-2中列出恩氏蒸馏曲线初馏点、10%点、20%点……直至终馏点的温度。初馏点是初始沸点(相当于总体积的0%)，终馏点是最终沸点(相当于总体积的100%)。10%的倍数点反映蒸馏出的总体积和每增加10%回收体积对应温度之间的关系。使用图1-6，由恩氏蒸馏曲线的体积50%点计算实沸点蒸馏曲线的体积50%点(以华氏度为单位)。

由图1-6确定恩氏蒸馏曲线与实沸点蒸馏曲线在0~10%、10%~30%、30%~50%、50%~70%、70%~90%和90%~100%区间段(体积)的温度差。根据已知的实沸点蒸馏50%点数据和图1-6给出的温差，计算得到0%、10%、30%、50%、70%、90%和100%(体积)的实沸点蒸馏曲线温度(表1-2)。

**表 1-2　恩氏蒸馏（ASTM）曲线转换为实沸点蒸馏（TBP）**

| 项　目 | ASTM（实验数据） | | TBP（来自图 1-6） | |
|---|---|---|---|---|
| | ℉ | Δ℉ | Δ℉ | ℉ |
| 初馏点 | 424 | | | 361 |
| 10%（体） | 453 | 29 | 62 | 423 |
| 30%（体） | 484 | 31 | 52 | 475 |
| 50%（体） | 502 | 18 | 32 | 507 |
| 70%（体） | 504 | 2 | 31 | 538 |
| 90%（体） | 536 | 32 | 41 | 579 |
| 终馏点 | 570 | 34 | 40 | 619 |

（2）构建平衡闪蒸曲线（EFV）

图 1-7 给出的 Maxwell 曲线用于实沸点蒸馏曲线至平衡闪蒸曲线（EFV）的转换。平衡闪蒸曲线给出了蒸出一定体积馏出物时的温度。馏出的蒸气总是与残留液体处于平衡状态。平衡闪蒸曲线是在常压条件下建立的，其他温度和压力下的相互关系可以通过蒸气压力曲线或通过构建相图来确定。

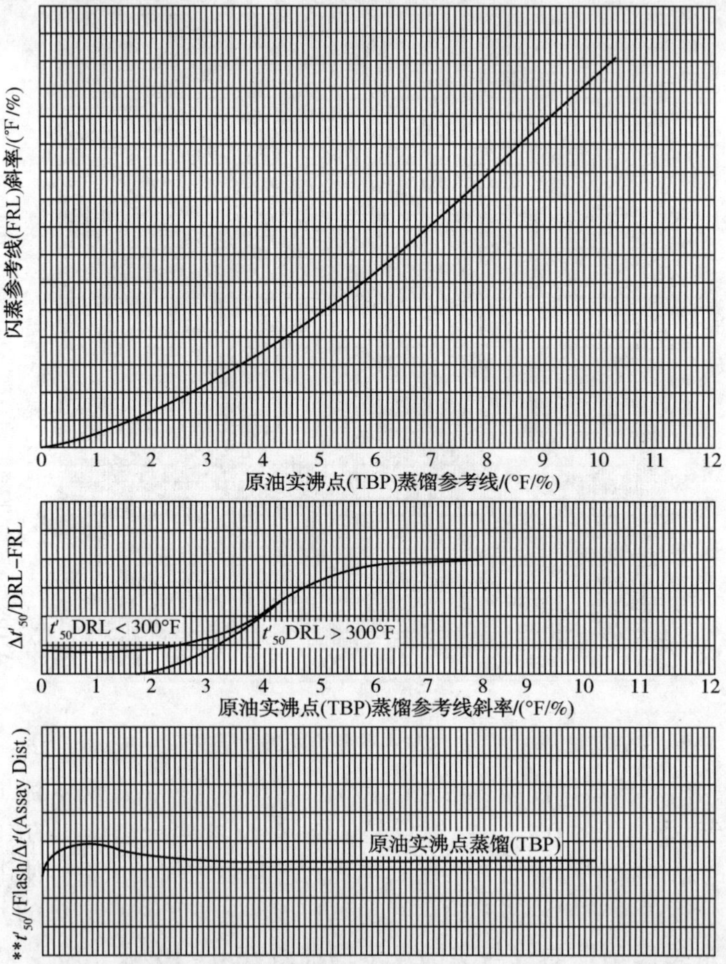


图 1-7　平衡闪蒸曲线与实沸点蒸馏曲线的关系——Maxwell 法

注：①闪蒸和蒸馏参考线（FRL 和 DRL）是通过 10%点和 70%点的直线。50%的温度点参照这些参考线。

②$\Delta t$ 是实际闪蒸曲线和蒸馏曲线与各自参考曲线的差值。单个（$\Delta t$）的数值可能为正数，也可能为负数，但比值总是正数。

TBP 参考线(DRL)通过在 TBP 曲线的 10%体积点和 70%体积点之间连接一条直线来绘制，不同体积馏出率下的温差即是这条线的斜率。然后，使用图 1-7 中 $\Delta t_{50}$(DRL-FRL)与 DRL 斜率的关系曲线，确定平衡闪蒸参考线(FRL) 的 50%馏出温度。最后，根据图 1-7 中不同体积馏出率下平衡闪蒸参考线(FRL)与平衡闪蒸曲线(EFV)的温度差和实沸点蒸馏曲线(TBP)与蒸馏参考线(DRL)温度差的比值关系曲线，绘制常压下的平衡闪蒸曲线(EFV)。

表 1-3 是 EFV 曲线转换的示例计算。需要注意的是，TBP 曲线用于确定产品收率，而 EFV 曲线用于确定蒸馏过程中的温度/压力条件。本例使用之前建立的 TBP 曲线作为已知条件(表 1-3)。

**表 1-3 实沸点蒸馏曲线(TBP)转换为平衡闪蒸曲线(EFV)**

| 馏程 | $\Delta t$ (TBP - DRL)/℉ | $\Delta T$ (FRL)/$\Delta T$ (TBP-DRL) | $\Delta t$ (闪蒸-FRL)/℉ | 闪蒸/℉ |
|---|---|---|---|---|
| 0 | -46 | 0.2 | -9.2 | 453 |
| 10% | 0 | 0.4 | 0 | 469 |
| 20% | 9 | 0.38 | 3.4 | 482 |
| 30% | 14 | 0.37 | 5.2 | 491 |
| 40% | 13 | 0.37 | 4.8 | 498 |
| 50% | 7 | 0.37 | 2.6 | 507 |
| 60% | 4 | 0.37 | 1.5 | 511 |
| 70% | 0 | 0.37 | 0 | 514 |
| 80% | -2 | 0.37 | -0.8 | 523 |
| 90% | 0 | 0.37 | 0 | 531 |
| 100% | 22 | 0.37 | 8.1 | 547 |

### 1.4.8 平衡闪蒸的气液相组成计算

当混合物发生汽化或冷凝时，在任一温度和压力条件下，该混合物的液相组成与其气相组成之间存在对应关系，这种关系称为混合物的平衡闪蒸。使用本章附录 1 中详细介绍的计算步骤，可以对平衡闪蒸进行计算。

当前，这些计算通常使用流程模拟软件完成，其原理与手工计算方法相同。闪蒸计算是设计和分析石油加工操作过程中最常用的计算方法之一。

得到的 TBP 曲线和 EFV 曲线如图 1-8 所示。

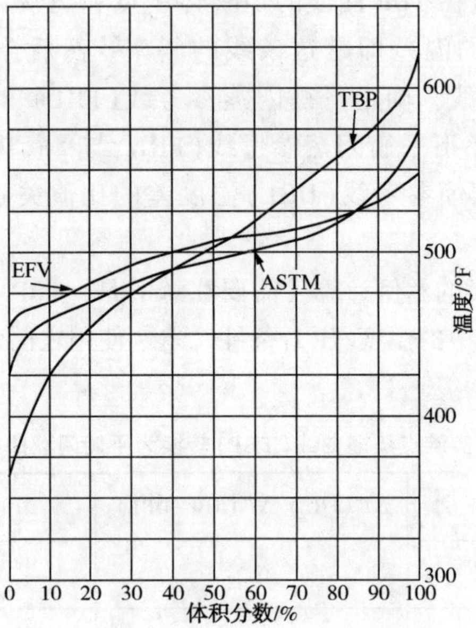


图 1-8　不同类型的蒸馏曲线

## 1.5　预测产品质量

下面介绍如何使用虚拟组分(中沸点)和分析数据对产品性质进行预测。这里使用科威特原油中切割点为实沸点 432~595℉的柴油切割馏分(图 1-9)对计算进行说明。此馏分的实际实沸点蒸馏曲线可采用之前介绍的方法进行预测。如图 1-10 所示，曲线可分为六个虚拟组分。

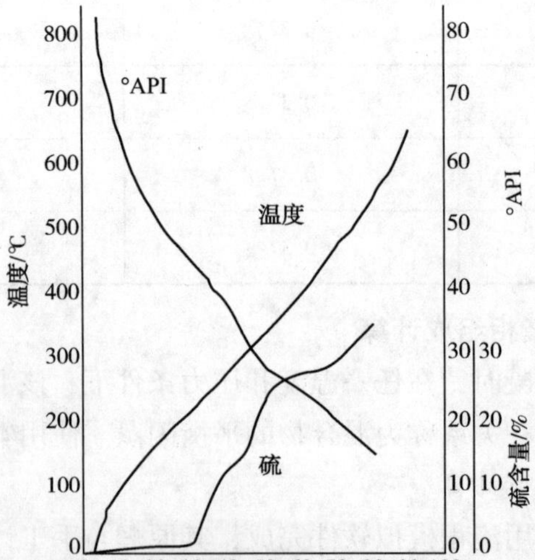


图 1-9　典型原油分析曲线(基于科威特原油)

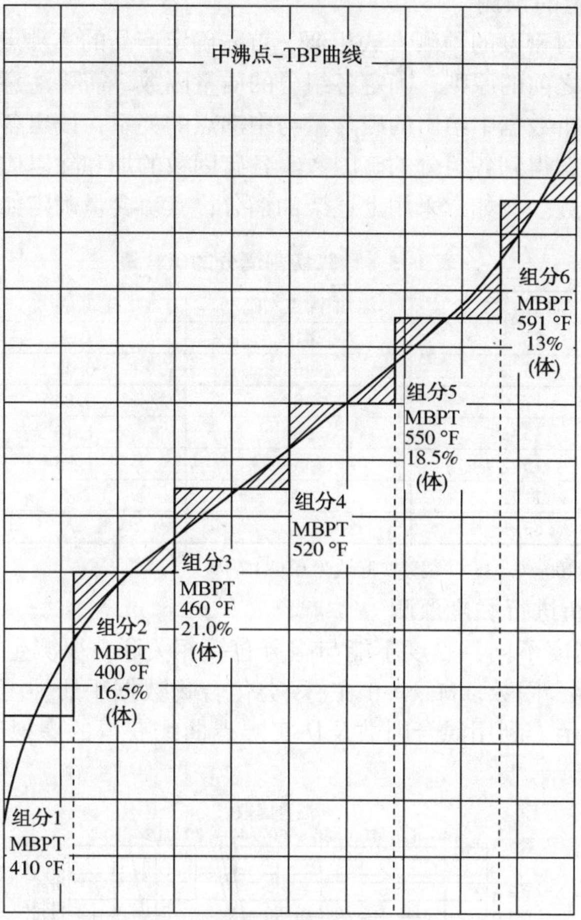


图 1-10 典型的假组分切割

### 1.5.1 预测产品的相对密度

各组分的相对密度可通过本书附录 C 中给出的中沸点与相对密度关系曲线获得。然后，将每个组分的体积分数与相对密度相乘，得到各组分的质量因数。各组分质量因数的总和除以 100%总体积就是柴油馏分的相对密度。如表 1-4 所示。

表 1-4 计算切割馏分的相对密度

| 组分 | 体积/% | 中沸点/℉ | 相对密度(60℉) | 质量因数 |
|---|---|---|---|---|
| 1 | 13.0 | 410 | 0.793 | 10.3 |
| 2 | 16.5 | 460 | 0.801 | 13.2 |
| 3 | 21.0 | 489 | 0.836 | 17.6 |
| 4 | 18.0 | 520 | 0.844 | 15.2 |
| 5 | 18.5 | 550 | 0.846 | 15.7 |
| 6 | 13.0 | 592 | 0.850 | 11.1 |
| 合计 | 100.0 | | | 83.1 |

注：馏分相对密度=83.1/100=0.831。

### 1.5.2 产品硫含量的预测

硫含量的预测与相对密度的预测方法相似。首先确定产品的实沸点蒸馏曲线，并将其划分为多个虚拟组分。根据之前的原则，确定各组分的质量因数。需要注意的是，硫含量总是以质量分数来表示。利用分析数据中给出的硫含量与中沸点的关系，读出各虚拟组分的硫含量，再乘以各组分的质量因数，得到各组分的硫因数。各硫因数的加和除以质量因数的加和就得出该馏分中硫含量的质量分数。例如，采用上述柴油馏分，其硫含量确定如表 1-5 所示。

**表 1-5 计算切割馏分的硫含量**

| 组分 | 质量因数 | 中沸点/℉ | 硫含量/% | 硫因数 |
|---|---|---|---|---|
| 1 | 10.3 | 410 | 0.2 | 2.06 |
| 2 | 13.2 | 460 | 0.41 | 5.41 |
| 3 | 17.6 | 489 | 0.84 | 14.78 |
| 4 | 15.2 | 520 | 1.16 | 17.63 |
| 5 | 15.7 | 550 | 1.35 | 21.2 |
| 6 | 11.1 | 592 | 1.5 | 16.65 |
| 总计 | 83.1 | | | 77.73 |

注：硫含量(%)=77.7/83.1×100=0.935%(装置实际值为 0.931%)。

### 1.5.3 由原油分析进行黏度预测

与硫含量和相对密度不同，黏度不能与组分直接相关联。要测定两种或两种以上组分混合物的黏度，须使用混合因数。Maxwell 在《烃类化合物数据手册》中给出了这些因数的关系图，部分如图 1-11 所示。利用混合因数及从实沸点曲线获得的虚拟组分切割，可以预测馏分的黏度，如表 1-6 所示。

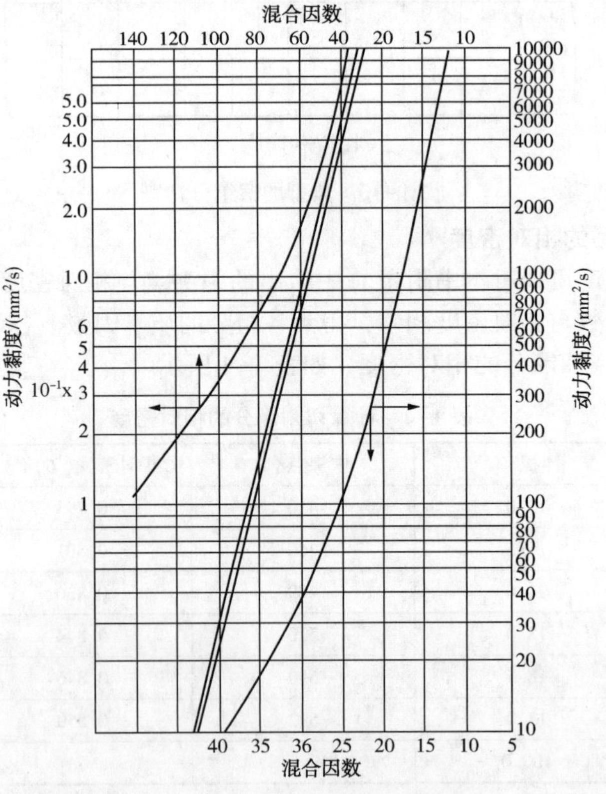


图 1-11 黏度混合因数

表 1-6 计算切割馏分的黏度

| 组分 | 体积/%<br>(A) | 中沸点/℉ | 黏度(100℉)/<br>cSt | 混合因数<br>(B) | 黏度指数<br>(A×B) |
|---|---|---|---|---|---|
| 1 | 13.0 | 410 | 1.49 | 63.5 | 825.5 |
| 2 | 16.5 | 460 | 2.0 | 58.0 | 957 |
| 3 | 21.0 | 489 | 2.4 | 55.0 | 1，155 |
| 4 | 18.0 | 520 | 2.9 | 52.5 | 945 |
| 5 | 18.5 | 550 | 3.7 | 49.0 | 906.5 |
| 6 | 13.0 | 592 | 4.8 | 46.0 | 598 |
| 总计 | 100.0 | | | | 5387 |

注：总黏度指数=5387/100=53.87；从图 1-11 可知，53.87 的黏度指数对应于黏度为 2.65cSt(实际的检测数据为 2.7cSt)。

### 1.5.4 浊点和倾点

在预测这些性质时，不需要像计算相对密度、硫含量等性质时那样对产品的实沸点曲线进行切割，主要原因是试验和混合因数的准确性并不满足要求。因此，这些性质是直接从整个产品的中沸点读出的。以上述问题中的柴油为例，其中沸点约为 510℉，从原油分析可知，其倾点为-5℉，浊点为+4℉。要确定两种或两种以上产品的混合物的倾点更加困难。在这种情况下，可采用混合因数解决这一问题。混合因数曲线如图 1-12 所示，表 1-7 对其应用进行了说明。

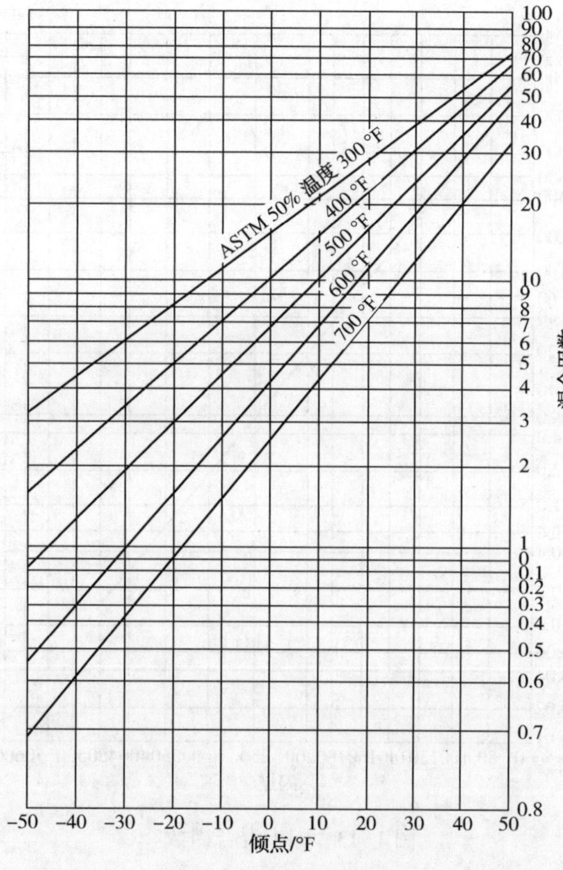


图 1-12 倾点混合因数

表 1-7 计算切割馏分的倾点

| | 组成 | | 恩氏蒸馏数据 | | 倾点 | | |
|---|---|---|---|---|---|---|---|
| 组分 | 桶/开工日 | 组成 | 50%/℉ | 因子 | 倾点/℉ | 指数 | 因子 |
| 瓦斯油 | 2000 | 0.33 | 500 | 85.8 | 5 | 5.8 | 1.9 |
| 含蜡馏出物 | 4000 | 0.67 | 700 | 249 | 30 | 12.7 | 8.5 |
| 合计 | 6000 | 1.00 | 634 | 334 | 22 | | 10.4 |

注：混合物的倾点可从图 1-12 读出，在 ASTM 50%点为 634℉时，混合因数为 10.4，对应的倾点为 22℉。

### 1.5.5 闪点

产品的闪点与产品的恩氏蒸馏曲线(ASTM)有关，表达式为：

$$闪点(℉)=0.77(\text{ASTM 5\%点温度}-150) \tag{1-4}$$

因此，对于上述例子中的汽油产品，闪点如下：

$$闪点=0.77\times(420-150)=208℉$$

**混合物的闪点计算**：与倾点和黏度一样，两种或两种以上组分混合物的闪点是由闪点混合因数决定的。图 1-13 列出了这些因数，这些因数是线性混合的，同黏度计算一致。具体见下面的例子：

闪点为 120℉的煤油产量为 2000BPSD，闪点为 250℉的燃料油产量为 8000BPSD，两者混合，计算混合物的闪点，结果见表 1-8。

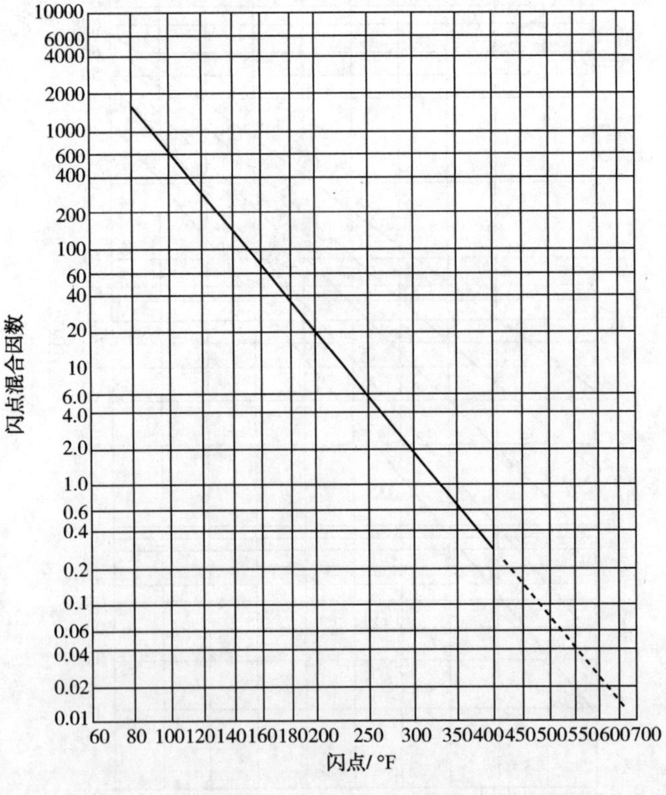


图 1-13 闪点混合因数

表 1-8 计算闪点的混合物流

| 组分 | 体积/BPSD | 组成(A) | 闪点/℉ | 闪点因数(B) | 因子(AB) |
|---|---|---|---|---|---|
| 煤油 | 2000 | 0.2 | 120 | 310 | 62.0 |
| 燃料油 | 8000 | 0.8 | 250 | 5.5 | 4.4 |
| 合计 | 10000 | 1.0 | | | 66.4 |

注：根据表 1-8 计算出混合因数为 66.4，从图 1-13 中查的混合物闪点指数对应的闪点为 166℉。

### 1.5.6 预测产品的摩尔质量

在进行工艺设计时，通常要预测相关产品的摩尔质量。有一些用于详细设计的严格计算摩尔质量的方法，而且这些方法也植入到了流程模拟软件里面。而本章介绍的方法是一种简单的方法，通过实验室的 ASTM 蒸馏数据可以确定产品物流的摩尔质量，其结果的精确度能够满足研究炼油加工流程配置的需要。

产品的平均沸点(通常称为 MEABP)、°API 和石油馏分的分子量之间有一定的关系，如图 1-14 所示。

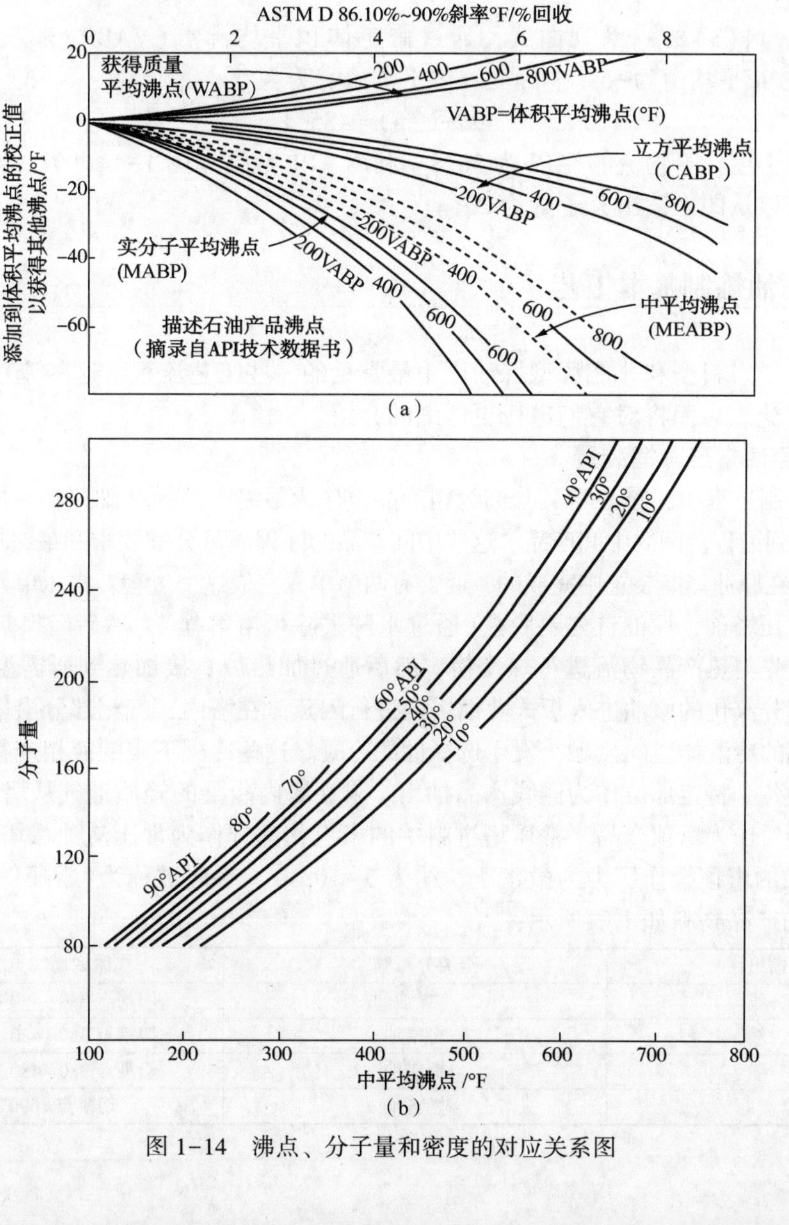


图 1-14 沸点、分子量和密度的对应关系图

以蜡油馏分为例，根据恩氏蒸馏数据计算产品的平均沸点。如下所示：

| 馏程 | 温度/℉ |
|---|---|
| 0 | 406 |
| 10%(体) | 447 |
| 30%(体) | 469 |
| 50%(体) | 487 |
| 70%(体) | 507 |
| 90%(体) | 538 |
| 100%(体) | 578 |

$$\text{曲线的斜率}=\frac{T_{90}-T_{10}}{80}=\frac{538-447}{80}=1.14℉/\% \qquad (1-5)$$

$$\text{体积平均沸点}=\frac{T_{10}+2\times T_{50}+T_{90}}{4}=\frac{447+973+538}{4}=490\ ℉ \qquad (1-6)$$

根据图 1-14(a)的一系列曲线，通过修正体积平均沸点(VABP)来获得中平均沸点(MEABP)的校正平均值为-5℉。因此，中平均沸点为：

$$490+(-5)=485\ ℉$$

通过相对密度计算物流的°API 为 38.8。利用 API°数据和图 1-14(b)一系列曲线中的中平均沸点，可以从图中读出分子量为 201。

## 1.6 石油炼制基本工艺

本章介绍了燃料型和非能源型炼油厂中最常见的一些工艺流程，这些流程仅在这里以摘要形式进行讨论。后面将对它们进行更详细的介绍。

### 1.6.1 原油常压蒸馏装置

在原油炼制过程中，首先将其分馏为粗产品，作为最终产品的基础原料。原油蒸馏是将原油分馏成一系列馏程范围的中间产品。这些中间产品的馏程满足分馏要求和最终产品的某些特性要求。分馏是在原油蒸馏装置中完成的，通常有两个单元完成这个过程：常压单元和减压单元。

在进入常压塔前，原油首先要脱盐(通过水洗去除可溶解盐)，然后经换热后加热到一定温度。原油首先与热产品物流进行热交换，然后通过加热炉直接加热到所需温度后进入常压塔，加热后部分汽化的原油进入板式蒸馏塔内进行闪蒸。在塔内，气相部分沿塔向上升，并与塔盘上方回流的冷液体逆向接触，发生选择性的冷凝。这些冷凝下来的液相产物，根据其冷凝温度，在塔的各个特定部位作为侧线产品抽出。未在塔内冷凝的轻质油气从塔顶离开分馏塔，在外部被冷凝后作为塔顶产品。常压塔进料中的未汽化部分作为常压渣油从塔底抽出。

常压单元的塔顶操作压力为微正压，约为 5~10psig，因此被称为“常压”原油蒸馏装置。离开蒸馏塔的产品物料如下表所示：

| | | |
|---|---|---|
| 塔顶馏出物 | 全馏分石脑油 | 气体到切割点 380℉馏分 |
| 常一线 | 煤油 | 切割点 380~480℉之间的馏分 |
| 常二线 | 轻蜡油 | 切割点 380~480℉之间的馏分 |
| 常三线 | 重蜡油 | 切割点 380~480℉之间的馏分 |
| 常渣 | 燃料油 | 切割点+690℉的馏分 |

更详细的内容将在“原油常减压蒸馏装置”章节中介绍。

### 1.6.2　原油减压蒸馏装置

为了满足炼厂的产品分布需求，通常需要对原油进行进一步裂解。为此，通常需要生产低成本原料供给裂化装置，或生产润滑油的基础油。为了达到这一目的，常底渣油要在减压条件下的减压塔中进一步分馏。该减压装置与常压装置相似，在进入减压塔前，物料先与热产品进行换热，然后在减压炉中进行加热。然而，这时分馏塔是在减压(真空)条件下运行。塔顶操作压力最高为10mmHg。在这种条件下，加热后的常底渣油进入塔后部分汽化。与在常压塔内类似，热的气相沿塔体上升，并被冷却后的内回流连续冷凝。冷凝的液相作为侧线产品抽出。在这种情况下，通常没有塔顶精馏产品。

塔内的高真空由塔顶一系列串联的蒸汽喷射器来实现。减压部分典型的产品如下表所示：

| | | |
|---|---|---|
| 减一线 | 减压轻蜡油 | 690~750℉ |
| 减二线 | 减压重蜡油 | 750~985℉ |
| 减渣 | 沥青 | +985℉ |

更详细的内容将在“原油常减压蒸馏装置”章节中介绍。

### 1.6.3　轻烃回收装置

从常压塔顶得到的全馏分石脑油会被进一步细分为轻组分产品。这个过程主要在轻烃回收装置中完成，主要包含以下四个主要部分：脱丁烷塔；脱丙烷塔；脱乙烷塔；石脑油分离塔。

常压装置塔顶的全馏分石脑油首先到脱丁烷塔，这是最常见的路线。物流在进入脱丁烷塔前，与塔底的热产品进行换热。脱丁烷塔通常有30~40层塔盘，通过精馏分离将石脑油中的丁烷和轻烃脱除。丁烷和轻烃作为塔顶馏出物排出，石脑油作为塔底产物排出。塔顶馏出物通过与热流股换热后送入脱丙烷塔。脱丙烷塔约30~40层塔盘，将丙烷及轻组分从丁烷中分离。塔底产品丁烷脱硫后作为丁烷液化石油气产品。塔顶馏出物经加热后送入脱丙烷塔。在塔里分离出的丙烷作为产品从塔底抽出，经过进一步的“脱硫”处理后，成为炼油厂丙烷液化石油气产品的一部分。脱丙烷塔顶没有液体精馏产品，富含乙烷的脱丙烷塔顶产物不作为产品出厂，通常以气体形式被送至炼厂的燃料气系统。

脱丁烷塔底的脱丁烷石脑油随后送入石脑油分离塔中分馏，从而得到塔顶轻石脑油和塔底重石脑油。轻石脑油基本上是 $C_5$ 组分和正构 $C_6$；这股油料通常作为调和料送至全厂的汽油池。重石脑油中含有环烷烃和异构烷烃组分，均是良好的催化重整原料。因此，经加氢脱硫和脱氮处理后作为催化重整反应器进料。

轻烃回收装置将在“原油加工中的轻烃分离”章节进一步描述和讨论。

### 1.6.4　催化重整装置

催化重整装置的作用是将低辛烷值的石脑油变为高辛烷值组分，用于调和车用汽油。它通过催化重整反应对原料中碳原子重新排列组合成为高辛烷值的组分。这些反应中值得关注的是原料中环烷烃组分转化为芳烃组分，这一反应还同时会释放出氢气，可提供给后续的各类加氢装置使用。

石脑油分馏塔塔底产品，经石脑油加氢处理脱除硫和氮后，与反应产物换热、加热炉加热至重整反应所需温度后，首先与循环氢混合，然后进入第一个重整反应器。重整装置通常包括三个或四个反应器。在重整反应器内发生催化重整反应，反应温度通过中间加热炉保持。重整反应发生在这些反应器中，反应器温度由中间燃烧的加热器维持和控制。离开最后一个反应器的反应产物与冷反应进料换热及冷凝器后冷却并部分冷凝。冷却后的物流进入闪蒸罐，将富含氢气的气相产品分离后，富含重整产物的液相产品送至稳定塔。稳定塔底的脱丁烷重整油作为调和组分送至汽油池，以满足车用汽油规范指标要求。离开闪蒸罐的气体部分作为循环物流返回到反应器入口；剩余部分被送至石脑油加氢处理等相关装置。催化重整还有连续式的工艺流程。

在“石油加工中的催化重整”一章中，对催化重整过程的细节作了进一步的描述和讨论。

**1.6.5 加氢处理装置(脱硫)**

来自原油蒸馏装置的大部分馏分都含有硫和其他杂质，如氮和金属，它们以各种形式存在。到目前为止，这些杂质中最常见的是硫，同时也是这些杂质中最有必要除去的。硫的存在不仅会降低产品质量，还会对原油加工过程的性能产生负面影响。对分馏出的原料进行加氢处理，使硫原子与氢反应生成硫化氢($H_2S$)，并作为气体除去，从而除去大量的硫杂质。

本书描述了几种类型的加氢处理装置。最常见的两种类型是：

① 石脑油加氢处理：氢一次通过或氢循环工艺；

② 柴油加氢：循环氢工艺。

在石脑油加氢处理中，来自石脑油分馏塔的石脑油与来自催化重整装置的富氢气体混合，并通过热交换和加热炉加热至约700℉。离开加热炉后的物流进入含脱硫催化剂(通常是氧化铝基钴钼催化剂)的反应器。进料中的硫原子与氢结合生成$H_2S$。反应器排出的流股经过冷却和部分冷凝后，在闪蒸罐中闪蒸。闪蒸出的气相中氢含量仍然很高，同时包含了反应中产生的大部分$H_2S$，通常输送至下游加氢工艺装置。剩余$H_2S$存在于闪蒸罐底的液相脱硫石脑油中，它将在加氢处理稳定塔中被除去。

柴油加氢处理工艺与石脑油加氢工艺非常相似。主要区别是，柴油加氢装置的循环氢气体中氢气含量一直很高。循环气体主要是高压分离罐的气体。在进入预热器系统之前，循环物流与进料和新鲜补充氢混合。这些装置中的循环气通常经过脱硫处理去除$H_2S$后再返回反应器入口。

在“石油加工中的加氢处理”一章中，对这些工艺进行了详细的讨论和描述。

**1.6.6 催化裂化装置**

催化裂化工艺是石油工业最古老的工艺之一，是在20世纪20年代中期发展起来的，但在第二次世界大战期间，它作为飞机的高辛烷值燃料的来源而首次引人注目。在20世纪50年代早期，随着催化重整工艺的发展(生产氢气和高辛烷值燃料)，使裂化工艺作为辛烷主要来源的突出地位有些黯然失色。20世纪60年代，随着催化裂化工艺的两个技术进步，催化裂化装置(FCCU)的地位又重新确立。它们是：高活性和选择性催化剂(沸石)的使用；提升管裂化技术的开发。

这两个技术的发展使得该工艺能够从低品质原料中生产出更高收率的高品质馏分，同时装置中催化剂藏量和消耗成本显著降低。

催化裂化工艺由一个相互连接的反应器和再生器组成。通过输送管线，使细颗粒催化剂粉末在它们之间流动。进料油(通常是来自原油减压蒸馏装置的重减压蜡油)与再生器出来的高温再生催化剂流混合后进入反应器。由于油与热催化剂接触，在反应器的提升管入口发生裂化。催化剂和油在提升管中充分混合，接触非常充分，使大部分油暴露在热催化剂表面。裂化反应在反应器的催化剂流化床中完成。催化剂的流动性则通过在反应器底部注入蒸汽来维持。裂化产物以气相形式从反应器顶部离开进入产品分离系统。裂化产物通过分馏实现分离，分馏产物送入罐区或进入下游的加工装置。塔底的油浆可循环至反应器重新加工。

反应器中的催化剂被连续地输送至再生器。在再生器中，催化剂与空气接触，空气使催化剂保持流化状态。高温催化剂上的碳与空气接触后燃烧转生成 CO 和 $CO_2$。反应是高度放热反应，反应热将使流化态的催化剂温度高达 1000℉以上，从而为油品裂化反应提供热源。

此工艺过程的产品包括：含有不饱和烃与饱和烃的液化气；催化裂化轻石脑油；催化裂化重石脑油；循环油(中间馏分)；油浆。

这一过程的细节以及典型的产量数据在“石油炼制中的流化催化裂化(FCC)”和“渣油处理技术”章节中给出。

### 1.6.7 加氢裂化装置

加氢裂化工艺属于一个相当新的工艺，开始在 20 世纪 60 年代末才突显其应用。正如其名称所示，该工艺在富氢环境下加压使原料裂化，是一个操作压力一般为 2000psig 的高压工艺。这使得该装置造价相当昂贵，而且与催化裂化和热裂化相比，多年来它的工业应用速度缓慢。然而，这一工艺非常灵活，能够生产现代、高质量的蒸馏燃料和润滑油，可以加工各种各样的原料，包括常压蜡油、减压蜡油、焦化蜡油、催化裂化循环油等。加氢裂化产品需要很少的下游处理即可满足成品指标。加氢裂化石脑油中的环烷烃含量特别高，因此是生产汽油或芳烃的良好催化重整原料。

加氢裂化工艺由一个或两个反应器、预热系统、循环气部分和产品分离部分组成。原料油(通常是减压蜡油)通过与反应器产物换热和加热炉进行预热，与新氢和循环氢混合后进入反应器(注意：在某些工艺中气相流股先与进料混合后再进换热系统)。反应器的上部通常装有加氢处理催化剂，以保护下面更敏感的裂化催化剂，防止其受硫、氮和金属影响造成中毒。

裂化反应发生在反应器内，反应产物离开反应器后通过换热降温冷却和部分冷凝后，进入两级闪蒸罐中的第一个。第一级闪蒸罐的压力与反应器压力基本相等，罐顶富含氢气的气体作为循环气回到反应器入口。第一级闪蒸罐底的液相送至第二级闪蒸罐。第二级闪蒸罐压力较低(约 150~100psig)。由于压力的降低，又有一部分气体闪蒸出来。该部分气体虽然氢气含量低，但 $C_3$ 和 $C_4$ 含量高。因此，该部分气体通常输送至吸收塔，以最大限度地提高液化石油气的收率。低压闪蒸罐底的液体进入产品分离单元，通过分馏塔分离出来后送往罐区。

在题为“石油加工中的加氢裂化”“渣油处理技术”和“石油加工中的非燃料型炼油厂”的章节中，给出了该工艺的进一步细节。

### 1.6.8 热裂化装置

热裂化工艺是炼油工业的“重活”。与催化裂化和加氢裂化相比，热裂化工艺成本相对较低，但要达到将低附加值的劣质重油裂化为具有更高价值的石油产品目标，还有很长的路要走。热裂化工艺主要有三种，分别是：热裂化；减黏裂化；焦化。

热裂化过程是指在规定时间内仅对进料加热，而将重油(通常是燃料油或减渣)转化为液化石油气、石脑油和中间馏分等轻质产品的工艺。热裂化工艺是指在特定条件下处理常压渣油(常压蒸馏长残留物)得到较轻产品的工艺。

减黏裂化是指以减压渣油(减压蒸馏残留物)为原料的浅度热裂化过程，其目的是把高黏度渣油通过浅度热裂化反应转化为较低黏度的燃料油，以达到价值更高的燃料油规格和要求。

焦化是热裂化工艺中反应条件最为苛刻的工艺。无论是常压渣油还是减压渣油，都可以作为焦化原料，从而生产较轻的产品和石油焦。焦化工艺是“终结性”的，所有原料经焦化处理后都可以完全转化，而其他两种工艺，通常都会有一些未转化的原料，尽管热裂化工艺炉可以通过未转化的油循环加工而被设计成“完全转化”。三种热裂化工艺具有基本相同的工艺结构，包括一个裂解炉、一个“浸泡式”的焦化塔或盘管和一个用来回收产品的分馏塔。原料首先与高温产品换热，再进入裂解炉或加热器，加热至所需的裂解温度。在温度超过920℉的条件下，通过加热炉管的精心设计，使得原料油在规定的裂解温度下满足在炉管中停留一定的时间(停留时间)的要求。在一些设计中，加热炉还会增设一个盘管区域，使原料油在固定温度下“浸泡”停留更长的时间。在另外一些设计中，原料油离开加热炉进入反应塔，在保持塔内裂化温度的条件下停留一小段时间。在焦化工艺中，渣油离开加热炉后进入一系列焦炭塔中的一个，在焦炭塔内，渣油在其焦化反应温度下停留较长时间以生成焦炭。

裂化产物离开反应区后，被冷重油产品急冷至裂化温度以下，然后进入与原油蒸馏类似的分馏塔，得到精馏产品。对于焦化装置来说，利用高速喷水器定期分批对焦炭塔内的焦炭进行清除。以上介绍的焦化工艺是指较为简单的“延迟焦化”工艺。还有其他更为复杂的焦化工艺，如流化焦化和灵活焦化。

有关热裂化的更多详情，请参阅“渣油处理技术”一章。这一章内容还包括加工渣油的加氢裂化和流化催化裂化。

### 1.6.9 气体处理装置

以上介绍的工艺是燃料或能源型炼厂配置中比较常见的流程。除此之外，还有气体处理工艺和硫黄回收工艺。这些在“炼厂气处理工艺”和“石油加工中的环境控制与工程”章节中进行了描述和讨论。

气体处理用于将加氢精制或裂化过程产生的燃料气或加氢循环气中的$H_2S$杂质去除。为了达到这些目的，通常使用容易吸收$H_2S$的胺类或其他类似的溶剂将气体中的$H_2S$吸收从而脱除。通过对吸收后的富液进行汽提，可得到$H_2S$。$H_2S$与空气进一步反应后生成单质硫，而这一反应是在专门设计的硫黄回收装置中发生。

来自炼厂的所有富$H_2S$气体进入板式(或填料)吸收塔底部，贫吸收液自吸收塔最上部塔盘(或填料上方)进入后自上而下流动，与上升的富硫化氢气体逆向接触混合后，气相的$H_2S$被胺液吸收后进入液相。吸收后的净化气体[气相中$H_2S$含量$<100\times10^{-6}$(体)]自塔顶送至燃料气管网或其他装置。

吸收$H_2S$后的富液自吸收塔底流出，与再生后的高温贫液换热后送至再生塔。在再生塔内，自上而下流动的富液与上升的气体蒸气接触，经汽提去除绝大部分的$H_2S$。再生塔塔底设置重沸器，为再生塔提供连续的气相。再生塔底高温的贫胺液与富液换热，再经空冷、水冷冷却后送入吸收塔；再生塔顶的富含$H_2S$的气体被部分冷凝，部分冷凝的液相作为液相回流至再生塔顶部精馏段(位于进料口上方部分的塔段)，以确保再生塔的平稳运行。

未冷凝的酸性气送至硫黄回收装置。酸性气 $H_2S$ 含量很高，通常摩尔体积超过 90%，进入硫黄制硫炉特殊设计的燃料“火嘴”。这里酸性气进料量的 1/3 在制硫炉的燃烧室内通过控制合理的空气浓度被氧化燃烧生成 $SO_2$，然后与剩余 2/3 的酸性气混合，并经过催化剂床层，在催化剂作用下绝大部分的 $H_2S$ 转化为单质硫。生成的熔融状态单质硫被送至带加热盘管的液硫池或储罐。未转化的含硫气体经焚烧炉焚烧后通过一定高度的烟囱高点放空。

硫黄回收技术在“石油加工中的环境控制与工程”一章中有详细介绍。

## 1.7 燃料型炼油厂中较少见的工艺过程

### 1.7.1 提高辛烷值工艺

本书中详细介绍的提高辛烷值的工艺过程是烷基化工艺和异构化工艺。这些工艺技术通常是专有技术，在得到授权许可后提供给炼油厂使用。

烷基化工艺采用以氢氟酸为催化剂的氢氟酸法，用于将不饱和 $C_4$ 组分和异丁烷转化为高辛烷值烷基化物。这里将详细介绍该工艺的回收部分，其中特别涉及氟化氢的安全处置。另一种烷基化工艺是使用硫酸替代了氢氟酸。

异构化工艺的结构与催化重整装置相似。此工艺过程使用氢将低辛烷值烃转化为高辛烷值异构体。

这两个工艺过程在“石油加工中的烷基化”和“石油加工中的异构化”章节中都有详细的描述和讨论。

### 1.7.2 含氧化合物汽油

在过去的 20 年里，现代社会中大多数城市道路上车辆的拥挤度显著提高，这些车辆的污染物排放加剧了原本已经十分严重的大气污染。当前这个问题非常严重，大多数发达国家都在寻求立法来减少和遏制污染，而且大多数国家都将进一步贯彻执行《清洁空气》法案。

炼油公司多年来一直在努力工作以满足《清洁空气》法案的要求。自 20 世纪 70 年代起，大多数汽油在实际应用中已消除了四乙基铅。炼油厂生产流程中的异构化和聚合等工艺开始发展起来，而烷基化工艺则得到了快速的推广。然而，随着进一步减少污染物的要求，现在需要减少芳烃和烯烃等传统的汽油辛烷值增强剂的使用。

催化重整工艺主要是将环烷烃转化为轻芳烃来生产满足辛烷值要求的汽油，流化床催化裂化工艺还通过将链烷烃裂化成轻质烯烃来生产汽油调和料，通过这两种工艺生产的产品是炼油厂汽油池的主要来源。不幸的是，芳烃是“脏化合物”，因为它们产生的烟尘排放不符合“清洁空气”的要求，且芳烃被认为是“有毒物质”。人们做了大量的工作，使用乙醇来取代芳烃、作为辛烷值的增强剂并满足汽油的其他标准，如雷德蒸气压。基本上北美所有公司都在联邦政府的要求下在汽油混合物中添加乙醇。

然而，迄今为止，在减少汽油中的芳烃方面取得的最大成功在于生产含氧化合物并将其混合到汽油池中，但这主要是在美国以外地区。一些公司在 1990 年发布的新闻稿引用如下：

① 添加含氧化合物可减少废气排放量(烃类和一氧化碳)，并可量化其效果。

② 改变汽油中的烯烃含量对车辆废气排放没有太大影响。

③ 减少芳烃和/或降低汽油的沸程范围，废气排放有可能减少，也有可能增加，这取决于车辆类型。

含氧化合物是从相应的醇中衍生出来的醚类化合物。有三种醚类化合物可供选择以满足调和汽油需求，它们是：甲基叔丁基醚(MTBE)、乙基叔丁基醚(ETBE)、甲基叔戊基醚(TAME)。

在这三种醚类化合物中，MTBE 是一个已被广泛使用，可以满足所有汽油调和目标的醚类化合物。该化合物的混合性能：辛烷值为 109，RVP 为 8~10psi，沸点为 131℉。

ETBE 的辛烷值混合性能略好于 MTBE，其 RVP 的混合性能也略好。乙醇组分并不如甲醇容易获得，且需要一个单独的生产单元，通常通过有机材料的发酵实现。

TAME 的平均辛烷值为 104，混合 RVP 为 3~5psi。除了辛烷值较低，TAME 具有与 ETBE 相似的混合特性。在这种情况下，乙醚是由 2-甲基-2-丁烯和 2-甲基-1-丁烯这些烯烃原料与甲醇反应生成的。TAME 的生产厂在英国和欧洲部分地区运营，该化合物在欧洲用作汽油产品，而不是用作汽油混合原料。通过裂化汽油的轻质部分用于生产烯烃。

由于会导致地下水污染(MTBE 有一种非常难闻的气味)，MTBE 在美国已被逐步淘汰，但在欧洲和其他地方仍在使用。然而，欧洲对可再生资源使用的重视促进了从 MTBE 向 ETBE 的逐步转变。

### 1.7.3 汽油调和用醚的生产

通过 $C_4/C_5$ 烯烃和甲醇的醚化生产甲基叔丁基醚有几种专利工艺。这些工艺具有非常相似的流程，并且足够灵活到可以非常简单地转换为其他醚类的生产。图 1-15 是这种工艺的典型流程图。

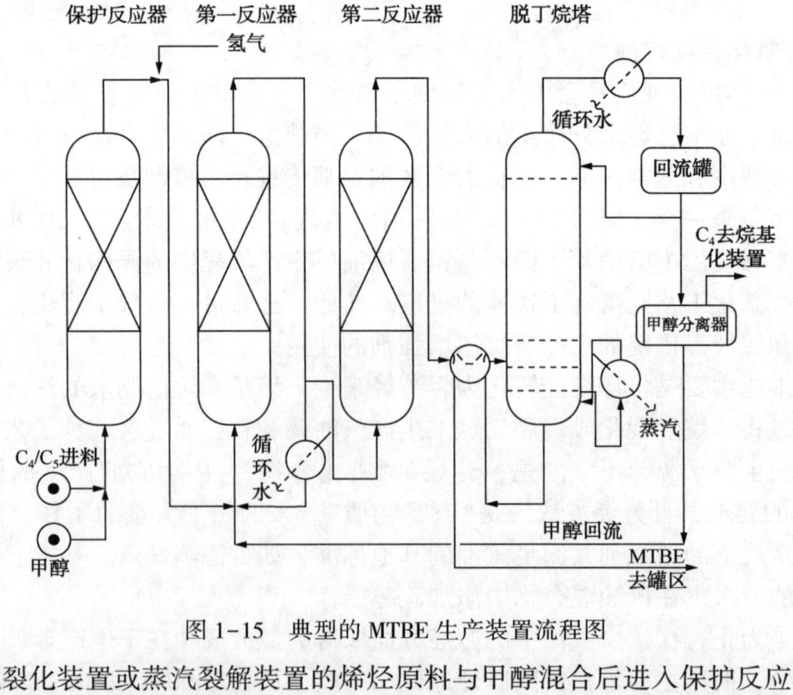


图 1-15 典型的 MTBE 生产装置流程图

来自催化裂化装置或蒸汽裂解装置的烯烃原料与甲醇混合后进入保护反应器，以去除杂质。在进入乙醚反应器之前，向来自保护反应器的碳氢化合物中添加少量氢气。该反应器内有一种特殊的酸性树脂催化剂(通常是交联的磺酸树脂)，反应器进料在缓和的温度和压力条件下以液相形式向上流过催化剂床层。反应是放热的，通过对来自第一反应器的循环流股进行外部冷却来进行温度控制。

在这种情况下，催化剂同时进行三个反应：支链烯烃的醚化、二烯烃的选择性加氢和通过双键转移进行烯烃加氢异构化。反应器流出物离开第二反应器顶部，在进料换热器中与脱丁烷塔底产物换热。脱丁烷塔的塔顶产物是 $C_4$ 和甲醇。甲醇流股循环至第一反应器，$C_4$ 返回至催化裂化装置轻烃回收单元。塔底产品是富含 $C_{5+}$ 的 MTBE（或是 TAME，受不同烯烃进料的影响）。

在“石油产品和炼油厂流程”一章中，对含氧汽油的生产进行了进一步的描述和讨论。

## 1.8 非燃料型炼油厂

除了燃料型炼油厂外，还有两类主要的非燃料型炼油厂，即润滑油型炼油厂和化工型炼油厂。简要介绍如下：

### 1.8.1 润滑油型炼油厂

图 1-16 为典型的生产润滑油的炼油厂流程。在这种情况下，其所采用的工艺过程涉及常规石油原料的萃取和脱蜡。只有大约 8 或 9 种润滑油基础油是通过炼厂原料生产的。工业和运输中使用的数百种商用润滑油是这些基础油与少量专用添加剂（主要是有机酸衍生物）的混合物，以满足其标准要求。还有两种非常重要的润滑油副产品，就是沥青和蜡。大多数炼油厂在流程配置中包括沥青调和，但只有少数较老的炼油厂加工这些蜡。这些产品外送至专门生产蜡和润滑油的制造商。

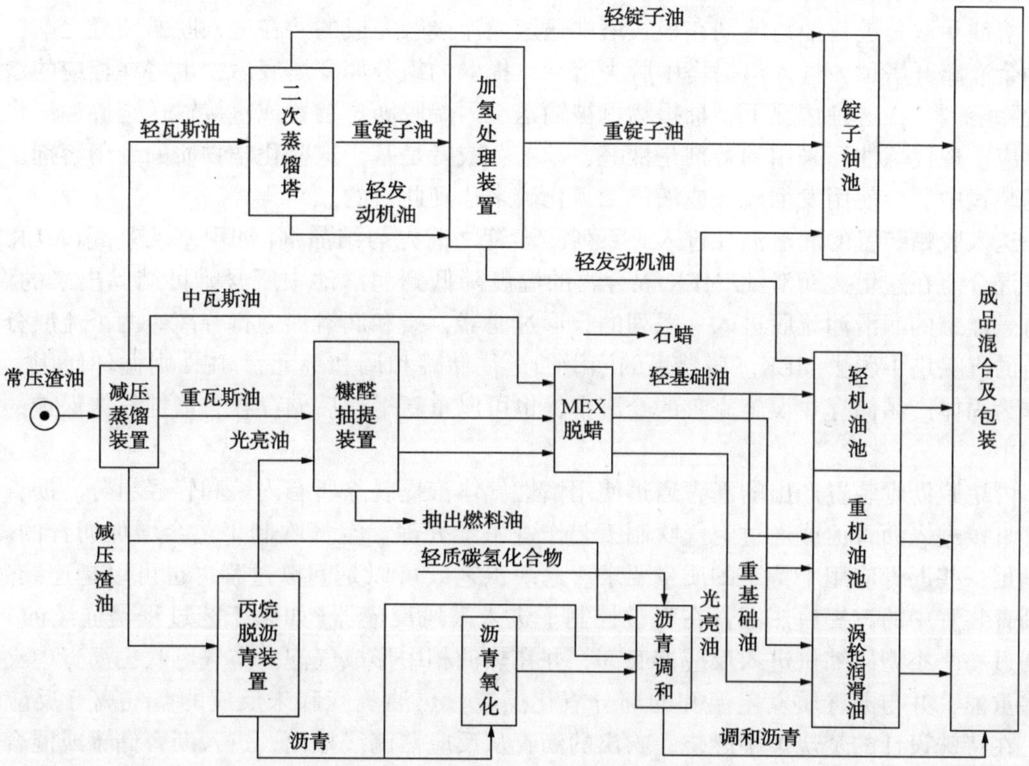


图 1-16 一种润滑油型炼油厂流程配置

较新的润滑油生产工艺有：

① 高温高压加氢裂化、加氢脱蜡和加氢精制；

② 天然气转化为液体(GTL)，随后进行加氢裂化和加氢脱蜡/精制。

尽管某些油品仍采用抽提/脱蜡方法，但大多数新的发动机用润滑油都需要通过加氢裂化或 GTL 工艺来保证产品质量。通过回顾老的工艺加工方案来理解润滑油加工的需求仍然是具有指导意义的。

润滑油的生产流程从常压渣油的减压蒸馏开始。原料通常被切割成三种馏分，每种馏分的馏程范围都可使产品黏度满足最终混合的产品标准。较轻的物流作为塔顶侧线抽出，在真空条件下继续蒸馏为三种轻质润滑油混合馏分。这些被称为锭子油，精制后可作为国内家用的轻质润滑油的基础油，如缝纫机、自行车及其他家用润滑油的需求。一些较重的锭子油也用作轻机油的调和原料。锭子油仅需要很简单的精制处理，通常较缓和的加氢处理足以满足润滑油颜色的要求。

第二条侧线抽出油经脱蜡后送至发动机润滑油池。它也可以与较重的底部侧线抽出油混合，作为重型发动机油料。底部侧线抽出油是重质机油和涡轮机油的基础混合油料之一。为了满足颜色和其他标准，这些较重的油品须通过溶剂萃取进行处理，以去除不需要的组分(如较重的芳烃和烯烃)。该过程必须在脱蜡并输送到储罐前完成。来自减压塔的重质减压渣油被输送到丙烷脱沥青装置，在此装置中，非常黏稠的沥青质由液体丙烷萃取脱去。萃取过程中产生的脱沥青油为最重的润滑油混合物，通常被称为光亮油。在送至罐区前，该流股也需经溶剂萃取装置和脱蜡装置进行处理。

溶剂萃取是进料油与溶剂在板式塔中通过逆流接触完成的。在进入脱蜡装置之前，较轻的抽余液离开塔顶，进入汽提塔中脱去溶剂。提取的组分离开塔底后，也将在相应的汽提塔中脱除溶剂。在这种情况下，抽提物可被输送至丙烷脱沥青装置或直接输送至炼油厂作为燃料供应。现代炼油厂采用的溶剂是糠醛、苯酚，或者是基于这些化学物质的专用溶剂。在早期的装置中，会使用发烟硫酸或液体二氧化硫来达到此目的。

送入脱蜡装置的润滑油在进入一系列冷却管之前先与结晶剂[如甲基乙基酮(MEK)]接触并混合。在这里，润滑油/MEK 混合物的温度降低到润滑油中所含蜡可结晶出来的温度。含有悬浮蜡的润滑油流股进入一系列的鼓形过滤器，蜡和润滑油进行分离。两个流股分别在各自的汽提塔中脱去 MEK。脱蜡后的润滑油送往储罐和调和单元，MEK 则循环使用。蜡既可作为固体产品储存在设施完善的仓库中，也可以重新熔化后储存在有惰性气体保护的特殊储罐中。

丙烷脱沥青装置产出的沥青通过使用惰性气体汽提脱除所有丙烷和轻烃组分。沥青离开装置直接进入沥青池或通过空气吹制工艺作进一步处理。空气吹制工艺会增加沥青的硬度，可满足一些沥青应用中特定的质量要求。这一工艺既可以是间歇过程，也可以是连续过程。脱沥青装置中的汽提后热沥青在料位控制下进入鼓风反应器(如果工艺过程是连续的)，空气通过一个小型压缩机进入反应器底部，并在热油相中形成气泡。空气可吹去沥青中夹带的一些重油，并与沥青质发生温和的部分氧化反应。热油蒸气和未反应的空气离开反应器顶部，在特殊设计的焚烧炉中燃烧。吹出的沥青从反应器侧线抽出，进入沥青储罐或混合器。

润滑油生产通常在燃料型炼油厂的某部分中进行。不同等级的润滑油也通常是利用同样的生产单元以及它们之间的储存设施进行批量生产。这么做是合理的，因为所需的润滑油产量相对较小，不值得为每个等级的润滑油专门建立独立的生产装置。

润滑油型炼油厂在“石油加工中的非燃料型炼油厂”一章中有更详细的阐述。

### 1.8.2 石油化工型炼油厂

生产石油化工产品的原料来自炼油厂，其工艺与上文描述的生产燃料的工艺类似。事实上，全世界只有少数炼油厂专门提供满足石化产品需求的原料。大多数石油化工原料是通过改变常规炼油工艺的操作参数来生产的。为了满足石油化工的需求，主要炼油厂的产品方案有：

① 芳香烃：高苯、甲苯和二甲苯含量；

② 烯烃：高乙烯、丙烯和 $C_4$ 含量。

(1) 生产芳烃原料

炼油厂催化重整装置生产芳香烃的原料来自重石脑油馏分(如120~420℉)，且需富含环烷烃。符合这些要求的典型物料是来自加氢裂化装置的石脑油。因此，为满足石油化工产品的需要，加氢裂化装置可构成燃料型炼油厂流程设置的一部分。该装置将以最大化石脑油的生产模式运行，意味着该装置以较低的空速与较高的循环比运行(即大部分较石脑油重的产品循环回反应器)。

催化重整装置的另一个高环烷烃原料来源是加氢处理、催化裂化石脑油。当然，不饱和烃的加氢处理对炼油厂的氢系统有很高的要求，但这在一定程度上通过环烷烃重整额外产生的氢气得到平衡。如果炼油厂配置包括热裂解炉和/或蒸汽裂解炉，从这些装置中分离出来的石脑油经过加氢处理也会产生高环烷烃的催化重整原料。

环烷烃含量高的石脑油通过催化重整工艺生产芳烃，但也存在一些未反应的烷烃和环烷烃。分离和提纯重整芳烃产品的下游石化装置的投资和运营成本都很昂贵。BTX(苯、甲苯、二甲苯)进料的标准非常严格，且须尽可能去掉非芳香烃成分。因此，炼油厂流程设置中可能包括另一个工艺，以便在离开炼油厂之前“清理”芳香烃原料，这就是芳烃抽提装置，是一种使用溶剂通过逆相流萃取分离烷烃和芳烃的专利工艺。富含芳烃的物料随后被送至BTX工厂，苯、甲苯、乙苯和邻二甲苯在那里通过分馏分离，对二甲苯通常通过结晶或固体吸附分离。间二甲苯可通过超精馏法回收，但通常在异构化装置中转化为邻二甲苯或对二甲苯。

(2)生产烯烃原料

炼油厂流程中的烯烃来自于催化裂化装置、热裂解装置或蒸汽裂解装置。烯烃作为气体产品以乙烯、丙烯和 $C_4$ 如丁烯、丁二烯等形式生产出来。这些装置的液态烯烃产品通常经过加氢处理后作为重整原料，从而制备BTX原料。当然，所有的产品在作为石油化工原料离开炼油厂之前都经过脱硫和净化处理。这些产品的质量标准非常严格，通常有“清洁”工厂专门处理这些产品。

烯烃主要用于生产聚合物，如乙烯基聚合物(氯乙烯、乙酸乙烯酯等)、聚乙烯产品和聚丙烯产品。较重的 $C_4$ 主要用于合成橡胶生产。图1-17为典型石油化工型炼油厂的流程配置。

在“石油加工中的非燃料型炼油厂”一章中，对石油化工型炼油厂也作了进一步的描述和讨论。

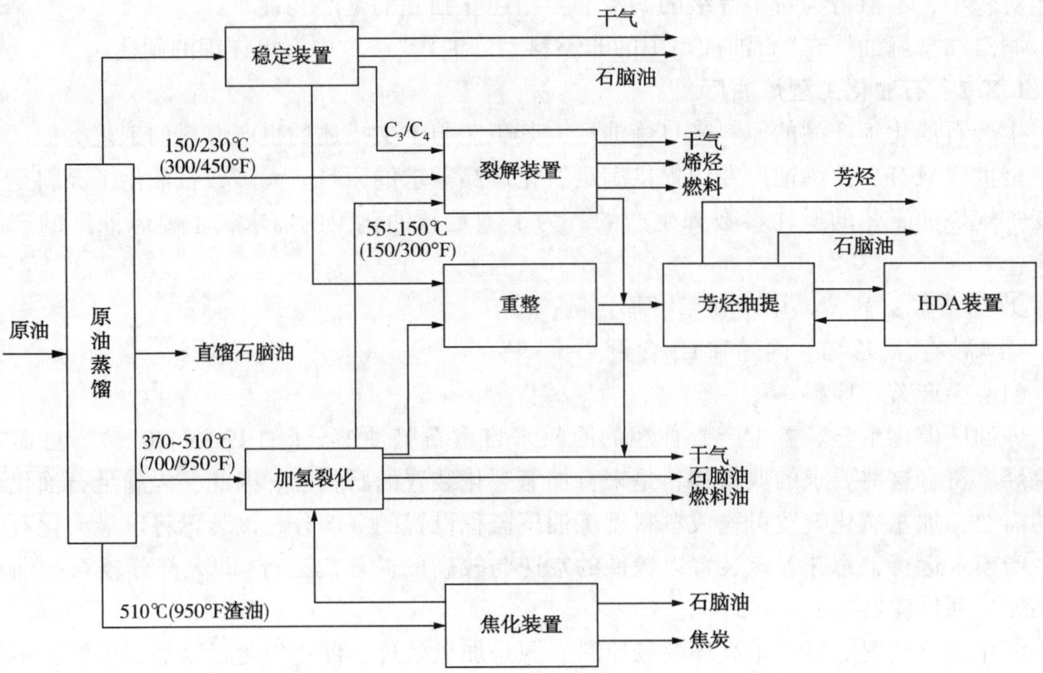


图 1-17　一种石油化工型炼油厂流程配置

## 附录 1　平衡闪蒸的手动计算程序

平衡闪蒸可以使用混合进料的组成和混合进料中各组分的气液平衡常数来计算。计算公式如下：

$$L = x_f / [1 + (V/L)K] \tag{1-7}$$

式中　$L$——液相组分的总摩尔流量，mol/h；

$x_f$——进料中组分的摩尔流量，mol/h；

$V/L$——气液相摩尔比；

$K$——闪蒸温度和压力下各组分的平衡常数。

平衡闪蒸计算可以采用适当的热力学模型在流程模拟软件中完成，或使用电子表格进行手工计算。有几种出版物给出了平衡常数 $K$ 的值。在 Maxwell 的《碳氢化合物数据手册》中可以找到基于逸度的平衡常数 $K$ 值表。其他可在另外一些工程数据手册中找到，例如在《天然气处理设备供应商协会》(GPSA)可找到基于收敛压力的平衡常数 $K$ 值表。粗略计算中可采取用各组分的蒸气压除以系统压力的方式来计算，但这不能应用于任何精确的设计中，也不能应用于含有共沸物或是接近其临界条件的系统。以下步骤是一种用于计算烃类两相平衡闪蒸的方法。如果物系中存在大量的水，则需要更复杂的计算过程。含有水的三相体系气液平衡计算方法不在本书中讨论。

请注意，此闪蒸平衡计算方法可通过简单有效的电子表格，利用其自带的迭代计算选项实现。

步骤 1：首先将进料组分组成及平衡常数列入表格中，第一列给出进料中各组分。第二列是进料中各组分摩尔组成，单位为 mol/h。第三列是各组分在此温度和压力下的平衡常数

K。可先假设 V/L 的值，但最多允许有三列。这三列中的每一列应细分为两列，第一列给出(V/L)与 K 的乘积，第二列中列出每个组分的液相摩尔质量，也可添加其他列来计算气相摩尔组成和液相的密度。

步骤 2：假设 V/L 的值作为判定假设，从 1.0 或 0.1 开始计算，以看起来更贴近实际的为准。接着计算各个组成的(V/L)与 K 的乘积。

步骤 3：计算出每个组成的“L”：

$$L = x_f / [1 + (V/L)K] \tag{1-8}$$

步骤 4：接下来通过添加“L”列并从第 1 列的进料总摩尔数中减去该值，即可计算得出气相摩尔数，然后计算得出 V/L，见表 1-9。

**表 1-9**

| | 流量/(mol/h) | K (127psia, 300°F) | 第一次试差 | | 第二次试差 | | 第三次试差 | | MW | 液相/(lb/h) | lb/gal | GPH |
|---|---|---|---|---|---|---|---|---|---|---|---|---|
| | | | 假设 V/L | 0.5 | 假设 V/L | 0.2 | 假设 V/L | 0.1 | | | | |
| | | | (V/L)K | L=F/[1+(V/L)K] | (V/L)K | L=F/[1+(V/L)K] | (V/L)K | L=F/[1+(V/L)K] | | | | |
| $C_2$ | 6.4 | 9.1 | 4.55 | 1.153 | 1.82 | 2.27 | 0.91 | 3.351 | 30 | 101 | 2.97 | 34 |
| $C_3$ | 43.5 | 5 | 2.5 | 12.429 | 1 | 21.75 | 0.5 | 29 | 44 | 1276 | 4.69 | 272 |
| $iC_4$ | 16.9 | 3.3 | 1.65 | 6.377 | 0.66 | 10.181 | 0.33 | 12.707 | 58 | 737 | 4.69 | 157 |
| $nC_4$ | 67.6 | 2.9 | 1.45 | 27.592 | 0.58 | 42.785 | 0.29 | 52.403 | 58 | 3039 | 4.87 | 624 |
| $iC_5$ | 80.5 | 1.8 | 0.9 | 42.368 | 0.36 | 59.191 | 0.18 | 68.22 | 72 | 4912 | 5.21 | 943 |
| $nC_5$ | 34.6 | 1.6 | 0.8 | 19.222 | 0.32 | 26.212 | 0.16 | 29.828 | 72 | 2148 | 5.26 | 408 |
| $C_6$ | 124.9 | 0.85 | 0.425 | 87.649 | 0.17 | 106.752 | 0.085 | 115.115 | 86 | 9900 | 5.54 | 1787 |
| $C_7$ | 140.9 | 0.48 | 0.24 | 113.629 | 0.096 | 128.558 | 0.048 | 134.447 | 100 | 13445 | 5.74 | 2342 |
| NP260 | 99.8 | 0.212 | 0.106 | 90.235 | 0.042 | 95.741 | 0.021 | 97.728 | 114 | 11141 | 6.18 | 1803 |
| NP300 | 99.8 | 0.116 | 0.058 | 94.329 | 0.023 | 97.537 | 0.012 | 98.656 | 126 | 12431 | 6.37 | 1951 |
| NP340 | 60.4 | 0.063 | 0.032 | 58.556 | 0.013 | 59.648 | 0.006 | 60.022 | 136 | 8163 | 6.46 | 1264 |
| NP382 | 29.8 | 0.035 | 0.018 | 29.287 | 0.007 | 29.593 | 0.004 | 29.696 | 152 | 4514 | 6.56 | 688 |
| 总计 | 805.1 | | | 582.827 | | 680.218 | | 731.172 | 98.2 | 71805 | 5.85 | 12273 |
| V/L 值 | | | | 0.276 | | 0.155 | | 0.092 | | | °API = 70 | |

注：液相 lb/h = 71805；气相 lb/h = 7260；进料 lb/h = 79065；lb/gal = 5.9；液相摩尔质量 = 98.2。

步骤 5：当计算的 V/L 等于假设的 V/L 时，计算完成。通常 5% 以内的误差是可以接受的。如果假设的 V/L 不在该限值内，则再次对 V/L 进行假设，并重复步骤 2、3 和 4。对于第二个假设，尝试假设为 5、0.5 或 0.05，以最适合的为准。

步骤 6：如果假设值和计算值之间仍不一致，则在对数坐标图纸上绘制两个点(假设值和计算值)。在这两个点间画一条直线，并标记这条线上根据假定的 V/L 值计算得出来的 V/L 值的位置，该值就是下一个假定的 V/L 值。使用该值重复计算步骤 2 与步骤 4，可完成计算。如果没有，则检查平衡闪蒸的温度压力条件是否在进料的沸点和露点之间。

在下面的示例中，需要确定 112psig、300°F 下分馏塔进料中的气相量和液相量及其组成

(表 1-9)。注：NP260 至 NP382 组分为虚拟组分，中间沸点分别为 260℉、300℉、340℉和 382℉。对于这些组分，平衡常数 $K$ 是基于它们的蒸气压和系统压力之间的关系。

根据 TBP 数据预测 EFV 曲线。对于原油和重质产品等复杂的混合物，平衡汽化曲线可以使用 Edmister 或 Maxwell 给出的经验方法由 TBP 曲线计算得出。这里，EFV 是基于 Maxwell 的《碳氢化合物数据手册》中提供的经验方法计算。本章“绘制 TBP 曲线和平衡闪蒸汽化曲线(基于 ASTM 蒸馏曲线的 EFV 曲线)”一节介绍了该方法。

## 参考文献

W.C. Edmister, Applied Hydrocarbon Thermodynamics (Gulf Publishing, Houston, 1961)
C. Good, et al., Oil & Gas Journal , (Pennwell Publishing, Tulsa, 1944)
J.B. Maxwell, Data Book on Hydrocarbons (D. Van Nostrand, London, 1968). 1950, 9th Printing
Thrift, Oil & Gas Journal , (Pennwell Publishing, Tulsa, 1961)

# 第 2 章　石油产品和炼油厂配置

## 2.1　引言

本章详述了炼油厂生产的主要产品。这些产品仅限于能源型炼油厂的中间产品和成品。第 1 章对炼油厂的产品有简要描述，本章着眼于产品本身，进行了扩展和更深入的介绍。本章还讨论了它们在石油市场上的需求以及对环境影响比较突出的产品。本章继续讨论炼油厂配置的类型，包括产量、性能、经济性、常用配置类别的优缺点。本章最后给出了炼油厂为满足特定产品要求而开发的流程配置的详细示例。

本章第一部分介绍了常压蒸馏装置和减压蒸馏装置的基本馏分，接着介绍了许多炼油厂中最常见的、为满足各种产品需要而采用的中间过程所生产的产品。同时还对各种成品油的规格做了概述，并讨论了它们的要点。

第二部分论述了车用燃料的特点，介绍了环境限制的影响和产品组成的变化发展。

第三部分着重阐述了炼油厂工艺流程配置的建立，并对其目的进行了探讨，通过实例说明了炼油厂配置的建立过程。这个例子是人工计算的。然而，在现代建立流程配置的实践中，方法是将各种产品特性及这些特性之间的关系简化为一些线性方程，并通过高速计算机来进行求解，这个过程称为线性规划，在本书的“炼油厂规划与经济分析”一章中有更详细的讨论。

## 2.2　石油产品

### 2.2.1　原油常压蒸馏和减压蒸馏的馏分

原油蒸馏过程中最常见的馏分如图 2-1 所示。

这些切割馏程范围会根据原油来源和成品的要求略有不同。这些基础馏分，经过进一步的加工和调和，将转化成符合炼油厂的质量和数量要求的成品油。图 2-1 中所示的切割馏分称为“直馏”产品，这些将在下面的段落中介绍。在这个例子中采用的原油是中东的一种中质原油，°API 为 33.9，含硫量 1.9%(质)。

① 常压塔顶馏分。这类组分并不是严格意义上的切割，而是由原油分离时形成的塔顶馏出液中所有轻质物质组成。在大多数情况下，这种馏分油连同其他装置生产的类似的馏分油构成炼油厂轻烃回收装置的原料(见“原油加工中的轻烃分离”一章)。直馏液化气、轻石脑油和重石脑油是在轻烃回收装置中分离的。然而，重石脑油的终馏点是由塔顶馏出物的切割点和它与常压装置第一个侧线产品之间的分离效果决定的。

② 炼厂气和液化石油气。在许多炼油厂，大多数的碳四组分和更轻的组分都是常压塔

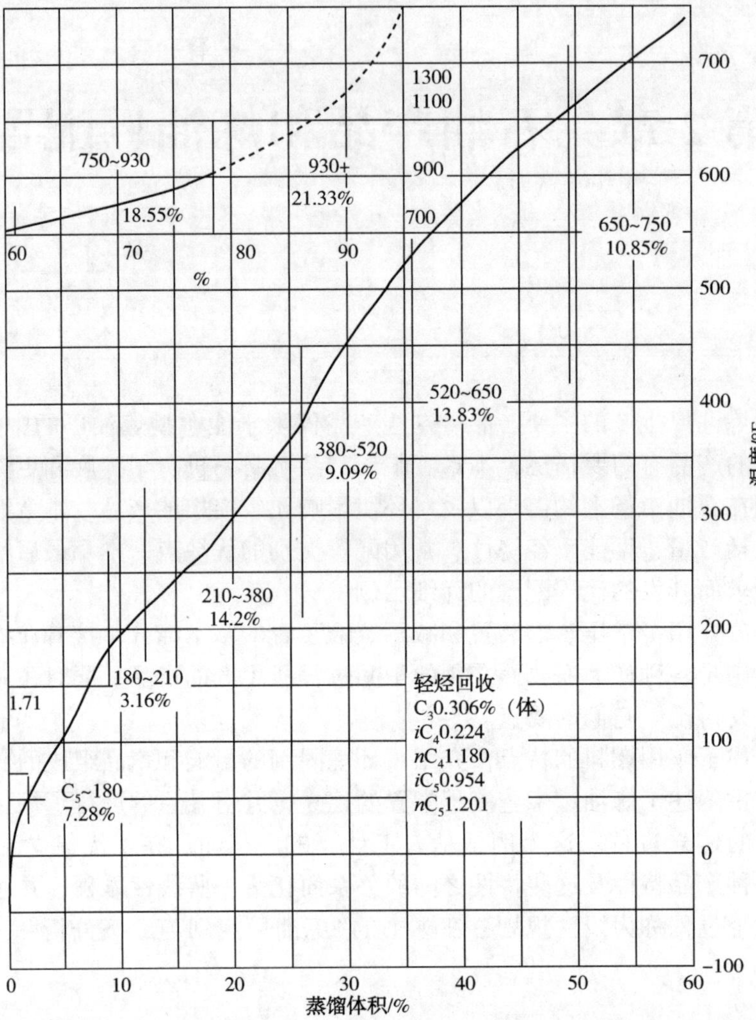


图 2-1 Sassan 原油的 TBP 曲线及产品切割

顶馏出物在轻烃回收单元的第一个塔中分离出来的，这就是脱丁烷塔。然而，一些炼油厂选择首先从重石脑油中分离轻石脑油和更轻的组分。这没有特别的原因，而是根据具体炼厂的经济性考虑。将碳四组分和更轻的组分作为馏出物从石脑油中分离出来后，馏出物进入脱丙烷塔，碳三组分和更轻的组分作为馏出物从碳四组分中分离出来。这个装置没有馏出产品，但是所有比碳三组分轻的气体离塔时，通常会以气相的形式进入炼厂燃料气系统(参见“炼厂气处理工艺”一章)。

碳四组分在脱丁烷塔进行分馏后从塔顶馏出，使其在碳五含量方面符合质量要求。脱丙烷塔的分馏将使塔底产物碳四液化石油气中的碳三含量达到丁烷液化石油气的 RVP(雷德蒸气压)的质量要求。塔内的分馏也将使塔顶馏出物中的碳四组分含量达到液化丙烷石油气的质量要求。脱乙烷塔的分馏将确保液化丙烷石油气中的碳二和更轻组分的含量符合该液化石油气的雷德蒸气压质量要求。

③ 石脑油。大多数原油通常有两种石脑油馏分，即轻石脑油(有时称为轻汽油)、重石脑油。这两个流股都是脱丁烷单元的塔底产品。它们在石脑油分馏塔中分离。轻石脑油包含

大部分的原油碳五组分和石蜡基原油的碳六组分。其分离的目的是为催化重整生产合适的含有较重环烷烃的重石脑油原料（参见“石油加工中的催化重整”一章）。

轻石脑油的实沸点（TBP）蒸馏范围为 $C_5$～190℉。重石脑油是催化重整装置的原料，在原油中对应馏程 190～360℉的馏分。这个 360℉的切割点的取值变化取决于催化重整的操作苛刻度、重整汽油作为主要组分的成品汽油的挥发性、炼厂的生产要求。例如，在后一种情况下，炼油厂的生产计划可能要求最大限度地生产煤油，在这种情况下，常压蒸馏装置将通过减少塔顶馏出物的量来增加煤油（塔顶侧线物流）馏分。当然，如果炼厂的计划是最大限度地生产汽油，常压塔的运行将以减少煤油馏分为代价，增加塔顶馏分。

④ 直馏煤油。该馏分通常是传统常压蒸馏装置的第一股侧线物流。为了满足燃料油规格可以减少第一股侧线的抽出量，或将其作为成品喷气燃料的组分。它的切割范围通常在 360～480℉之间。同样，这个切割范围可能会随着石脑油的重质馏分和柴油轻质馏分的要求而变化。在大多数情况下，这个煤油馏分必须经过蒸汽汽提以满足闪点规格，其终馏点的设置通常为满足烟点规格。通常硫含量的要求通过加氢脱硫来达到；在某些情况下，烟点可以采取其他工艺来降低。这些后续过程的目的是去除或转化该馏分的芳烃含量。它还可以作为柴油成品的原料进入到瓦斯油池。

⑤ 常压直馏瓦斯油。通常会有两条瓦斯油侧线，一条轻瓦斯油侧线和一条重瓦斯油侧线。这两条侧线都经过蒸汽汽提，以满足各自的闪点规格（通常为最小值）。较轻的侧线（原油切割点约 480～610℉）是汽车柴油发动机用成品柴油的主要来源。这条侧线经过脱硫处理，以满足柴油硫含量的要求（参见“石油加工中的加氢处理”一章）。较重的侧线实际上是修正柴油终馏点的保护馏分。这种较重的瓦斯油也可以进行加氢脱硫，并输送到燃油池（例如，作为船用柴油的原料）或从瓦斯油池抽出作为民用燃料油。

⑥ 常压渣油。这是原油常压蒸馏的塔底产物。大多数原油在原油常压塔中蒸馏，在 650～680℉的切割点将常压渣油切割分离。如果生产切割点大于 680℉的渣油，有可能导致发生热裂化并出现结焦，还会导致馏分油产品变色。那些在较高切割点运行的原油常压塔，通过将急冷油注入到塔底来减缓裂化，并减少渣油在塔内的停留时间。常压渣油可作为几种不同等级燃料油产品的原料输送到燃料油池。在现代炼油厂中，该物料的其他选择如下：供给减压蒸馏装置（最常见的选择）；供给热裂化单元（减黏裂化或焦化装置）。参见“渣油处理技术”一章；供给重油催化裂化装置，参见“石油炼制中的流化催化裂化（FCC）”一章；供给加氢裂化或加氢处理反应器，参见“石油加工中的加氢裂化”和“石油加工中的加氢处理”两章。

⑦ 常压渣油的减压蒸馏。在现代炼油工业中，常压渣油蒸馏是在一个特殊设计的压降很低的塔内进行，操作在高真空条件下完成。通常情况下，塔内汽化段的真空条件允许在该塔中以塔进料为基础的馏分油拔出率与常压装置原油进料中馏分油的拔出率相同。同样，减压蒸馏装置的汽化段温度保持在 700℉以下。通常这个蒸馏塔有 2～3 个减压馏分油。在一个纯能源型炼油厂，将有两个馏分油。两者中较重的组分（切割范围为 750～930℉）作为馏分油加氢裂化装置（见“石油加工中的加氢裂化”一章）或催化裂化装置[见“石油炼制中的流化催化裂化（FCC）”一章]的原料。然而，在这两种情况下，为了确保这个馏分的康氏残炭满足这两个下游工艺所要求的质量规格，都需要将小部分较重馏分返回塔底。这种蒸馏产物通常被称为 HVGO（重减压瓦斯油）。

对于那些生产润滑油而不是燃料的炼厂，为了提供生产满足润滑油调和原料质量时所需的灵活性，这个下部馏分油可以分成两条侧线(见“石油加工中的非燃料型炼油厂”一章)。

轻质减压馏分油从最顶部的侧线中分离出来，通常被送到加氢脱硫单元，然后作为民用燃料油送至瓦斯油池，或者作为调和料送至燃料油池。该侧线的切割范围为680~750℉，通常标记为LVGO(轻减压瓦斯油)。

⑧ 减压渣油。这是减压蒸馏装置的塔底产物。像常压渣油一样，在炼厂中它有几个不同的用途。在能源型炼油厂，它可以通过下述加工过程生产基础的馏分油产品：循环热裂化过程(参见“渣油处理技术”一章)、焦化、重油催化裂化(见“石油炼制中的流化催化裂化(FCC)”)或加氢裂化，或者这些过程的组合。

如果生产润滑油，可以对减压渣油进行处理，以脱除其中的重质沥青。这种脱沥青后的产品是一种优良的润滑油调和料，通常称为“精制润滑油”，当脱蜡并经过其他润滑油加工工艺时，它就成为各种润滑油产品的原料(见“石油加工中的非燃料型炼油厂”一章)。脱沥青过程中的沥青部分可作为许多不同等级沥青的原料用于建筑和道路铺装，具有广泛的用途(见“渣油处理技术”一章)。减压渣油本身在沥青生产中也占有重要地位。当非能源的产品在炼油厂产品中占有重要地位时，生产的减压渣油是沥青生产的关键组分。

### 2.2.2 直馏产品的典型特性

这些馏分和物料性质是基于阿拉伯原油的，这里所列的是轻质、中质和重质阿拉伯原油(表2-1)。

表2-1 Arabian原油直馏产品物流

| 项目 | 轻质 | 中质 | 重质 |
|---|---|---|---|
| 原油 | | | |
| °API | 38.8 | 30.7 | 28.2 |
| 硫/%(质) | 1.1 | 2.51 | 2.84 |
| 轻石脑油 | | | |
| 馏分范围/℉ | 68~212 | 68~212 | 68~212 |
| 收率/%(体) | 10.5 | 9.4 | 7.9 |
| °API | 77.4 | 78.4 | 80.1 |
| 硫/%(质) | 0.056 | 0.007 | 0.0028 |
| 雷德蒸气压/psi | 6.9 | 7.9 | 10.2 |
| 链烷烃/%(体) | 87.4 | 89.7 | 89.6 |
| 环烷烃/%(体) | 10.7 | 8.8 | 9.5 |
| 芳烃/%(体) | 1.9 | 1.5 | 0.9 |
| 研究法辛烷值 | 54.7 | 48.2 | 58.7 |
| 重石脑油 | | | |
| 馏分范围/℉ | 212~302 | 212~302 | 212~302 |
| 收率/%(体) | 9.4 | 7.4 | 6.8 |
| °API | 58.8 | 59.6 | 60.6 |
| 硫黄/%(质) | 0.057 | 0.019 | 0.018 |
| 链烷烃/%(体) | 66.3 | 67.8 | 70.3 |

续表

| 项目 | 轻质 | 中质 | 重质 |
|---|---|---|---|
| 环烷烃/%(体) | 20.0 | 20.8 | 21.4 |
| 芳烃/%(体) | 13.7 | 11.4 | 8.3 |
| 煤油 | | | |
| 馏分范围/℉ | 302~455 | 302~455 | 302~455 |
| 收率/%(体) | 18.4 | 13.5 | 12.5 |
| °API | 48.0 | 48.9 | 48.3 |
| 硫/%(质) | 0.092 | 0.12 | 0.19 |
| 链烷烃/%(体) | 58.9 | 59.9 | 58.0 |
| 环烷烃/%(体) | 20.5 | 21.9 | 23.7 |
| 芳烃/%(体) | 20.6 | 18.2 | 18.3 |
| 凝点/℉ | 67 | 72 | 84 |
| 烟点/mm | 26 | 23 | 26 |
| 光度/no. | 57 | 55 | 60 |
| 苯胺点/℉ | 133 | 139 | 138 |
| 动力黏度(-30℉)/cSt | 5.09 | 4.63 | 4.74 |
| 动力黏度(100℉)/cSt | 1.13 | 1.09 | 1.12 |
| 轻瓦斯油 | | | |
| 馏分范围/℉ | 455~650 | 455~650 | 455~650 |
| 收率/%(体) | 21.1 | 17.4 | 16.4 |
| °API | 37.3 | 37.2 | 35.8 |
| 硫/%(质) | 0.81 | 1.09 | 1.38 |
| 倾点/℉ | 10 | 0 | 5 |
| 苯胺点/℉ | 166 | 156 | 156 |
| 动力黏度(100℉)/cSt | 3.34 | 3.15 | 3.65 |
| 动力黏度(210℉)/cSt | 1.32 | 1.22 | 1.4 |
| 重瓦斯油 | | | |
| 馏分范围/℉ | 650~1049 | 650~1049 | 650~1049 |
| 收率/%(体) | 30.6 | 30.5 | 26.3 |
| °API | 24.8 | 22 | 21.8 |
| 硫/%(质) | 1.79 | 2.87 | 2.88 |
| 倾点/℉ | 100 | 75 | 90 |
| 苯胺点/℉ | 195 | 172 | 172 |
| 动力黏度(100℉)/cSt | 49.0 | 62.2 | 62.5 |
| 动力黏度(210℉)/cSt | 6.65 | 7.25 | 7.05 |
| 常压渣油 | | | |
| 馏分范围/℉ | +650 | +650 | +650 |

续表

| 项目 | 轻质 | 中质 | 重质 |
|---|---|---|---|
| 收率/%(体) | 38.0 | 50.0 | 53.1 |
| °API | 21.7 | 14.4 | 12.3 |
| 硫/%(质) | 2.04 | 4.12 | 4.35 |
| 倾点/℉ | 75 | 55 | 55 |
| 康氏残炭/%(质) | 4.5 | 10.0 | 13.2 |
| 动力黏度(100℉)/cSt | 146 | 1，570 | 5，400 |
| 动力黏度(210℉)/cSt | 12.4 | 54.0 | 106 |
| 减压渣油 | | | |
| 馏分范围/℉ | +1049 | +1049 | +1049 |
| 收率/%(体) | 7.4 | 19.5 | 26.8 |
| °API | 11.5 | 3.8 | 4.0 |
| 硫/%(质) | 3.0 | 5.85 | 5.6 |
| 倾点/℉ | 80 | 120 | 120 |
| 康氏残炭/%(质) | 19 | 22.8 | 24.4 |
| 动力黏度(210℉)/cSt | 392 | 19335 | 13400 |
| 动力黏度(275℉)/cSt | 40.1 | 743 | 490 |
| 钒/(μg/g) | 12 | 249 | 171 |
| 镍/(μg/g) | 7 | 55 | 53 |
| 铁/(μg/g) | 36 | 79 | 28 |

### 2.2.3 中间和后处理过程的产品物流

大多数最终可销售的石油产品都是一些直馏产品与其中一些经进一步加工的产品的混合物(见本章“石油产品”一节)。本节讨论为成品提供原料的中间过程或后处理过程。下面几部分将描述和讨论其中一些比较常见的中间产品及其各自的加工过程。

① 液化石油气产品。丙烷液化石油气和丁烷液化石油气这两种产品来自直馏与裂化、石脑油重整等中间工艺。除了需要一些轻度的脱硫处理外，它们的质量规格通过原料的精馏与集中的轻烃回收单元来实现(参见“原油加工中的轻烃分离”一章)。在产品中不再添加任何组分，只添加有臭味的化学品用于检测泄漏，以便于安全储存。丙烷液化石油气储存在球形储罐中，丁烷经常用拱顶形储罐。

丁烷液化石油气被广泛用作一种成品汽油的添加物来调整成品汽油的挥发性。

② 汽油原料。汽油是直馏石脑油(通常是轻石脑油)和中间工艺过程产品的混合物，这些沸点范围适宜的产品通常是来自下列过程：催化重整工艺(参见“石油加工中的催化重整”一章)；催化裂化工艺(参见“石油炼制中的流化催化裂化”一章)；加氢裂化工艺(参见“石油加工中的加氢裂化”一章)。

现代炼油工艺中还包括将低品质产品转化为汽油原料的工艺过程，从而提高汽油的辛烷值。这包括烷基化和异构化过程(见相关章节)。其他不常见的是含氧汽油原料(在“原油及石油加工介绍”一章中讨论)。

### 2.2.4 催化重整

该工艺将低辛烷值直馏石脑油转化为高辛烷值重整油，是成品汽油的主要来源。该工艺还生产高纯度的氢气，这使得该工艺成为现代炼油厂中最重要的工艺之一。

简单地说，直馏重石脑油被加热，然后经过(通常)分别放置在三个或四个独立的反应器中的铂/铼催化剂床层。循环氢伴随着进料通过这些反应器，反应温度由每个反应器之间的加热炉控制。主要反应是原料中环烷烃脱氢生成芳香烃同系物。在这个过程中，多余的氢分子作为副产品被释放出来。其他反应也有发生，以提高重整产品的辛烷值。其中有一些异构化反应，还存在一定程度的加氢裂化反应。有关这一过程的详细资料在“石油加工中的催化重整”一章。

表 2-2 给出了脱丁烷重整油的一些典型性质。催化重整装置的原料包括来自原油蒸馏装置的直馏石脑油(SRN)和来自瓦斯油加氢处理装置及热裂化装置的石脑油。在进入催化重整反应器之前，这些混合进料还需要经过加氢处理(表 2-2)。

表 2-2 脱丁烷重整油的性质

| | |
|---|---|
| 原料 | |
| 原油来源 | Sassan |
| 混合重石脑油 | |
| 馏分范围/°F | 212~375 |
| °API | 56.0 |
| 链烷烃/%(体) | 59.0 |
| 环烷烃/%(体) | 29.6 |
| 芳烃/%(体) | 11.4 |
| 辛烷值(研究法) | 34.5 |
| 重整油 | |
| °API | 47.0 |
| ASTM D86/°F | |
| 初沸点 | 124 |
| 10% | 174 |
| 30% | 214 |
| 50% | 255 |
| 70% | 273 |
| 90% | 314 |
| 终馏点 | 416 |
| 辛烷值(研究法) | 91.0 |

### 2.2.5 催化裂化石脑油

催化裂化石脑油一直是混合汽油的主要来源。通常有两种石脑油，都是从裂化装置的主分馏塔顶分离得到的脱丁烷馏分油。这个馏分经过分馏生产出轻石脑油和重石脑油。从“石油炼制的流化催化裂化”一章中可以看出，催化裂化装置对于其所能加工的原料来说是一个非常灵活的单元。事实上，唯一真正制约这一过程的因素是原料中的高金属含量和康氏残炭。这些限制也会随着现有的催化剂改进和对传统工艺的改进而减少(参见“渣油处理技术”一章中的“重油”流化催化裂化)。然而，原料质量的影响主要在于裂化的苛刻度和裂化产物的产量。来自主分馏塔的物料的质量通常是不变的。表 2-3 显示了催化裂化的两种石脑油的性质，在本例中，这两种石脑油是以 Sasson 重减压瓦斯油为原料在 70%的转化率条件运行时得到的产品。

**表 2-3　轻、重裂解石脑油流性质(进料为 Sasson HVGO,°API26.1)**

| 项　目 | 轻石脑油 | 重石脑油 |
|---|---|---|
| °API | 56.1 | 43.8 |
| ASTM D86/℉ | | |
| 初沸点 | 108 | 319 |
| 10% | 158 | 336 |
| 30% | 170 | 348 |
| 50% | 191 | 362 |
| 70% | 223 | 378 |
| 90% | 283 | 388 |
| 终馏点 | 330 | 448 |
| 辛烷值(研究法) | 94 | 89 |
| 馏程/℉ | $C_5$~300 | 300~420 |

## 2.2.6　烷基化装置

汽油产品的另一种最常见的来源是烷基化过程中产生的液体烷基化产物。“石油加工中的烷基化”一章对这一过程进行了较为详细的讲述，其在汽油调和池中的作用见本章“石油产品”一节(表 2-4)。

**表 2-4　烷基化油**

| 项　目 | 烷基化油 |
|---|---|
| °API | 49.5 |
| ASTM D86/℉ | |
| 初沸点 | 211 |
| 10% | 237 |
| 30% | 266 |
| 50% | 289 |
| 70% | 296 |
| 90% | 304 |
| 终馏点/℉ | 394 |
| 辛烷值(研究法) | 97 |

从环境角度来看，由于高辛烷值和清洁的饱和烃特性，这是首选的汽油调和组分。还有其他生产汽油和柴油车用燃料原料的工艺，其中包括烯烃缩聚和其他聚合物工艺的产物。然而，这些并不常见，但烯烃缩聚工艺将在“烯烃叠合技术”一章中进行讨论。

### 2.2.7 中间馏出产物

中馏分沸点范围的成品包括：照明用煤油；作为航空涡轮机汽油(ATG)原料的煤油；作为拖拉机汽化油(TVO)的煤油；作为车用柴油原料的煤油；稀释沥青用的煤油；用于柴油机燃料的轻瓦斯油；用于家庭取暖油的重瓦斯油；用于燃油调和所有中间馏分油。

① 直馏煤油产品。大多数直馏煤油都经过脱硫，并直接输送到成品调和池。例外情况是航空涡轮机汽油(ATG)，它要求对煤油原料进行处理以减少或去除芳烃，以满足与该成品相关的严格的烟点规范。在当今的炼油厂，这是通过使用镍催化剂加氢处理煤油来实现的。在较老的炼油厂，馏分中所含的芳烃通过使用二氧化硫作为溶剂，萃取脱除。在某些情况下，为满足拖拉机汽化油(TVO)的规格要求，煤油作为该成品的主要成分，也要进行脱芳烃处理。“石油加工中的加氢处理”一章详细介绍了脱芳烃过程的处理工艺。用于生产燃油和沥青调和的直馏煤油产品，在进入相应的调和池之前，不一定要经过脱硫处理。

表2-5给出了主要成分为煤油的各种成品的一般规格。

**表2-5 煤油成品的一般规格**

| 参数 | 常规煤油 | ATG | TVO | ASTM方法 |
|---|---|---|---|---|
| 闪点/°F | 100 | <66 | 100 | D-56 |
| 芳烃/%(体) | — | 20 | — | D-1319 |
| 20%点温度(最高)/°F | | 293 | — | D-86 |
| 50%点温度(最高)/°F | | 374 | — | D-86 |
| 90%点温度(最高)/°F | | 473 | S40 | D-86 |
| 终馏点/°F | 572 | 572 | — | D-86 |
| 硫含量(最大)/%(质) | 0.04 | 0.04 | 0.3 | D-1266 |
| 烟点(最小)/mm | — | 25 | 25 | D-1322 |
| 凝点/℃ | — | 47 | — | D-2386 |

② 直馏轻瓦斯油。该馏分通常经过脱硫处理，然后输送到车用柴油调和池或作为2号燃料油，这是油品的主要成分。它的四个主要指标是：十六烷值；倾点；含硫量；闪点。

另一个重要的指标是通过恩氏蒸馏实验确定的挥发性。除硫含量外，这些规格由常减压蒸馏装置中操作参数的设定值来满足。如果需要，可以混合一些煤油来减轻产品的前端馏程，也可以添加一些重柴油或轻减压瓦斯油(LVGO)来最大限度地提高成品收率，但受限于产品的恩氏蒸馏和其他质量要求。

注：如果炼油厂配置有热裂化装置，则可根据装置的分馏切割点，将从该装置生产出的柴油添加到轻直馏柴油中，作为加氢处理的原料，然后输送到柴油调和装置。

③ 直馏重瓦斯油。该馏分可以是来自常压原油蒸馏塔的下部侧线物流，如果工艺中有减压蒸馏装置，则可以是来自该塔的一个或多个瓦斯油馏分。大多数以生产车用燃料最大化为目标的炼油厂，在其工艺配置中都会有某种类型的裂化装置。通常情况下，该裂化装置是以重减压蜡油为原料的催化裂化工艺。然而，加氢裂化装置正变得越来越普遍，因为它们可以直接生产超低硫燃料。常压蒸馏装置的重瓦斯油油经过加氢处理后，再输送到民用燃料油调和池，或部分输送到民用燃料油，部分输送到燃料油池。如果炼油厂有催化裂化装置，该装置的循环油将与直馏重瓦斯油混合，进行脱硫后送至各调和池。该循环油作为裂化产物，

富含烯烃，通过加氢脱硫工艺使烯烃饱和后能够满足民用燃料油的规格要求。表 2-6 给出了各种成品瓦斯油的一些传统的产品规格。随着低硫柴油和超低硫柴油的出现，这些规格正在进行大量修订，硫含量低至 10 ppm [0.001%(质)]，所需的十六烷值超过 50。

**表 2-6 成品柴油的一般规格**

| 参数 | 汽车柴油 | 燃料油 | ASTM 试验 |
|---|---|---|---|
| 色度 | 2.0 max | 1~1/2 | D-155 |
| °API | 37.0~33.0 | 41.1~36.0 | D-1298 |
| 赛式黏度(100℉) | 32.0~43.9 | 37.5 max | D-88 |
| 闪点/℉ | 150 min | 150 min | D-93 |
| 倾点(冬天)/℉ | 5.0 max | 5.0 max | D-97 |
| 倾点(夏天)/℉ | 1S.0 max | 15.0 max | |
| 硫含量/ppm (质) | 10~500 ① | 10~500 ① | |
| 柴油指数 | 54 min | 57 min | IP-21 |
| 十六烷值 | 45 min | 50 min | D-613 |
| 蒸馏 | | | D-158 |
| 446° F 收率/%(体) | — | 10 min | |
| 464℉ 收率/%(体) | 50 max | 50 max | |
| 482℉收率/%(体) | — | 40 min | |
| 572℉收率/%(体) | — | 70 min | |
| 619℉收率/%(体) | — | 80 min | |
| 657℉收率/%(体) | 50 min | — | |
| 675℉收率/%(体) | 90 min | 90 max | |
| 干点/℉ | 725 max | 725 max | |

①或根据需求。

### 2.2.8 渣油产品

原油常压蒸馏和减压蒸馏所产生的渣油可以生产一系列可供销售的产品，这些产品是许多炼油厂的主要收入来源。按重要性排列如下：燃料油；石油焦；润滑油产品；沥青产品。

① 燃料油产品。目前有两种常用的燃料油产品。最常见的燃料油是船用柴油。顾名思义，它是重型船用柴油机使用的燃料。它是三个等级中黏性最小的，通常是由中间馏分油(煤油和/或瓦斯油)与常压渣油混合而成。它有一个通用规范，如表 2-7 所示。

工业上最常用的燃料油是 6 号燃料油，它是适当切割的常压渣油或减压渣油与稀释馏分油的混合油。这也可能意味着稀释馏分油已经过脱硫处理，以满足燃料油的产品硫含量规格。表 2-7 显示了 6 号燃料油的一般规格。同样，根据使用情况，硫含量规格在许多情况下正在降低。目前的趋势是燃料油的硫含量将大大降低。

表 2-7 燃料油产品的一般规格

| 参数 | 船用柴油 | 6 号燃料油 | ASTM 试验 |
| --- | --- | --- | --- |
| °API | 39~40 | 11.4 max | D1298 |
| 雷氏黏度(100°F) | 30~40 | 2400 max | D445 |
| 倾点(夏天)/°F | 25 max | 65 max | D97 |
| 倾点(冬天)/°F | 10 max | — | |
| 闪点/°F | 150 min | 160 min | D93 |
| 热值(总)/(Btu/lb) | 19200 min | 18300 min | D240 |
| 硫含量/%(质) | 1.0 max ① | 2.0 max ① | D129 |
| 柴油指数 | 45 min | — | IP21 |
| 灰分/%(质) | 0.01 max | 0.1 max | D482 |
| 沉淀物/%(质) | 0.01 max | 0.1 max | D473 |
| 水/%(质) | 0.05 max | 1.0 max | D95 |

① 或根据需求。

其他几个等级的燃料油通常是将常压渣油或减压渣油与适当的馏分油调和而成。然而，这些都是根据客户的特定需求定制的。例如，5 号燃料油曾经作为钢铁工业生产的燃料油。这是一种黏度、相对密度均比 6 号燃料油低的产品，现在很少生产。

② 石油焦。石油焦不存在于原油中，而是由原油的常压蒸馏和减压蒸馏的渣油进行热裂化形成的。焦炭实际上是由这些重质产品经热转化而成的，这些重质产品含有原油中存在的胶质和沥青质。“焦化”过程的主要目的是通过渣油轻质化生产更轻的汽油和中间馏分油范围的产品。焦炭成为这些热裂化过程的副产品(有关这些过程的详细信息，请参阅“渣油处理技术”一章)。炼制过程中产生的焦炭称为生焦，可分为海绵焦和针状焦。大约一半的生焦(针状焦和海绵焦)被进一步煅烧，制成煅烧焦产品。

未煅烧的焦炭热值大约为 14000 Btu/lb(转换成 1 Btu/lb = 2.326 kJ/kg，其发热值约为 32564 kJ/kg)，主要用作燃料。由于硫可反应形成硫酸盐，未煅烧的高硫海绵焦被广泛应用于水泥行业。低硫、低金属海绵焦经煅烧去除挥发分后，在铝工业中主要用作阳极，而煅烧后的针状焦则在钢铁工业中用作阳极。表 2-8 详述了生焦和煅后焦的一般规格。

表 2-8 典型海绵焦性质 %(质)

| 项目 | 生焦 | 煅后焦 |
| --- | --- | --- |
| 含碳量 | 86~92 | 99.5 |
| 水分 | 6~14 | 0.1 |
| 挥发分 | 8~14 | 0.5 |
| 硫分 | <2.5 | <2.5 |
| 灰分 | 0.25 | 0.4 |
| 硅含量 | 0.02 | 0.02 |
| 镍含量 | 0.02 | 0.03 |
| 钒含量 | 0.02 | 0.03 |
| 铁含量 | 0.01 | 0.02 |

③ 润滑油生产。加工原油中的渣油得到的第二重要的产品是润滑油产品。润滑油生产过程的详细信息在“石油加工中的非燃料型炼油厂”一章中给出。工业革命的发展为原油加工生产高质量的润滑油提供了巨大的动力。汽车工业，特别是西方世界汽车工业的迅速发展进一步推动了这些进程。为了满足其日益增长的需求和日益提高的质量要求，越来越复杂的炼油工艺被开发出来了。这使得先进的加氢工艺被广泛应用于今天的现代炼油厂中。

人们对润滑油更高的质量要求正在推动全合成润滑油工艺的发展，如天然气制油和聚 α-烯烃油。

通过多年的发展，润滑油市场已经形成了自己的体系，其中一些是：

润滑油基础油。这是指润滑油加工过程中的基础润滑油产品，该产品满足所有的调和要求，从而制成一系列润滑油成品。

润滑油系列。这是一组润滑油基础油原料，它们可以构成一个特定的成品，通常包含有 3~5 种的基础油组分。

中间基润滑油。这些润滑油组分是从原油常压渣油经减压蒸馏得到的。

光亮润滑油。这些润滑油是从减渣中分离出来的脱沥青油(注：脱沥青油也可用作催化裂化装置的原料，以及更常见的作为加氢裂化的原料)。

石蜡基润滑油。黏度指数大于 75 的中性油与光亮油。

环烷基润滑油：黏度指数小于 75 的润滑油。

润滑油的重要物性有运动黏度、色度、倾点、闪点、挥发性、氧化稳定性、热稳定性。

虽然运动黏度的单位是用 cSt(厘斯)，但它通常用赛氏黏度(SS)来表示。润滑油的规格是由汽车工程师协会(SAE)制定的，他们对汽车专业有着广泛的研究。一个常用的机油特性是 SAE 黏度，如表 2-9 所示。多级机油(10-20、10-30、10-50 等) 在目前的市场上占主导地位。

**表 2-9 各等级的单级机油 SAE 黏度特性** cSt

| 等级 | 最大黏度(SS，0℉) | 最大黏度(SS，210℉) | 最小黏度(SS，210℉) |
|---|---|---|---|
| 5W | 6000 | — | — |
| 10W | 12000 | — | — |
| 20W | 48000 | — | — |
| 20 | — | 58 | 45 |
| 30 | — | 70 | 58 |
| 40 | — | 86 | 70 |
| 50 | — | 110 | 85 |

润滑油产品的所有等级和用途包括了许多的规格参数。其中许多润滑油，特别是机用润滑油，其规格参数是根据当地气候、发动机类型和法律法规的要求，在已确定的最大和最小值(如黏度)范围内定制的。

④ 沥青产品。沥青是原油加工过程中可生产的最高沸点产品。人们普遍认为沥青只能由含有沥青的原油制成，但其实如果在某些物质中碳含量较高，且还含有大量的胶质，就可以导致沥青的生成。关于沥青的种类和生产的详细说明见“渣油处理技术”一章。简单地说，

大多数等级的沥青是由合适的原油深拔后得到的减压渣油生产的。从润滑油脱沥青过程中提取的沥青也存在于生产某些等级沥青的渣油中。最终的产品往往是通过氧化处理，使其达到要求的硬度和延展性。沥青因其在道路和建筑行业的广泛应用而成为一种重要的产品。

## 2.3 关于汽、柴油车用燃料的探讨

在所有可销售的石油产品中，车用燃料是最常见的一种。正因为如此，它们的性能、可用性和成本以及对环境的影响一直受到公众的关注。本节继续深入研究这两种车用燃料的构成、生产和对环境的影响。

### 2.3.1 汽油参数

(1) 影响发动机性能的参数

成品汽油生产中有关其性能的主要参数包括辛烷值、热效率、挥发性、沉淀物。

① 辛烷值。在汽油生产过程中，最重要的参数之一是抗爆性，用辛烷值来表示。辛烷值的定义和测量方法已经在本书的引言章节中给出。

爆震限制了发动机/燃料组合所能发挥的动力。爆震是残余燃料(几乎完全燃烧后)在正常燃烧过程接近尾声时，与燃烧室内空气发生的自发性爆炸。这是一个非常快的氧化反应，它会形成另一个火焰锋面。爆震发生在这一锋面与正常燃烧锋面的碰撞过程，并产生一种压力波。

发动机爆震的另一种更具破坏性的形式是“提前点火”。这是一种燃料/空气混合物在火花塞点火之前的自燃。在火花塞点火前，未燃烧的气体因其在气缸内被压缩后温度达到自燃的温度。这种提前点火通常会在几秒钟或几分钟内造成发动机严重损坏。

高湿度、低环境温度和高海拔等均能降低发动机的抗爆要求。

② 热效率。燃油的经济性是决定汽车发动机热效率的重要因素。发动机的效率随着压缩比的增加而提高。然而，随着压缩比的增加，对抗爆震燃料的要求也越来越高。自20世纪80年代以来，发动机制造商一直将爆震传感器集成到发动机电子管理系统中，以不断调整点火时间。这种方式允许火花塞点火时间发生在活塞到达行程顶部之前。通过控制点火时间和由计算机调整燃油-空气比等手段，使发动机的效率达到最大值。对单体发动机进一步的开发和测试，为稀薄气体燃烧时的燃料辛烷值和空燃比设定一个最佳标准。

③ 挥发性。汽油的另一个重要特性是它的挥发性。汽油必须具有足够的挥发性，使发动机能够在预期的最低使用温度下启动。如果挥发性过低，引擎将难以启动，并容易在运行过程中熄火；挥发性过高，会产生过量的蒸气，而过多的蒸气又会导致燃油管路和油泵产生气阻。

④ 沉淀物。发动机积垢影响燃油效率和尾气排放。在化油器、喷油器、进气阀和燃烧室中，沉积物尤其值得注意。这些沉积物基本上是由于入口阀温度高、气流不一致和轻微的油污染形成的细碳颗粒。

(2) 影响排放污染的参数

空气污染是车用燃料设计和生产中需考虑的一个重要因素。车用燃料生产中的空气污染物主要有两种，即有害空气污染物(HAPs)和普通空气污染物。

1) 有害空气污染物：

统计数据显示，这些空气污染物可导致重大健康疾病，如癌症、神经损伤、呼吸道刺激

和生殖障碍等。一般认为这些污染物没有临界值，即使是小剂量或小浓度的污染物也是有害的。美国环境保护署(EAP)自1977年《清洁空气法》实施以来一直在监管这些污染物，包括苯、甲醛和1，3-丁二烯在内的189种由汽油等车用燃料燃烧形成的有害空气污染物。

2）普通空气污染物：

这些污染物会损害健康、破坏环境，造成财产损失。然而，这些污染物有一个临界值，低于临界值则相对无害。美国环保署把这些污染物列为普通空气污染物，因为制定标准的基础是从基于健康的标准发展而来的。影响汽油设计和生产的主要空气污染物有六种，它们是：铅、一氧化碳(CO)、二氧化硫($SO_2$)、二氧化氮($NO_2$)、颗粒物、臭氧($O_3$)。

① 铅。几十年来，汽油发动机排放的废气一直被认为是有毒的。它对肾脏、肝脏和其他器官产生不利影响，并导致神经损伤、学习障碍和行为障碍。20世纪70年代和80年代实施的减少含铅计划使含铅汽油(添加四乙基铅)自90年代以来无法在公路车辆上使用。

② 一氧化碳(CO)。这是一种由于燃料中碳的不完全燃烧而产生的无色、无味、有毒的气体。对于那些患有心血管疾病的人来说，暴露在一氧化碳的环境中是非常危险的，会导致视力受损，丧失手的灵活性以及执行复杂任务的能力。在足够高的一氧化碳浓度下，它会抑制心脏活动和呼吸，导致抽搐并最终死亡。超过一半的一氧化碳排放来自机动车尾气排放。

③ 二氧化硫。这是在含硫燃料燃烧时形成的。由于车用燃料组分生产过程中使用了脱硫工艺，机动车排放二氧化硫量较少。短期接触高浓度二氧化硫会导致肺功能下降，而长期接触则会引起慢性呼吸问题。二氧化硫和氮氧化物的混合是形成酸雨的主要原因，进而导致湖泊、河流和水道的酸化。它会损害农作物和树木，加速建筑材料和涂料的腐蚀。

④ 二氧化氮。又称过氧化氮，是一种由燃料高温燃烧形成的褐色气体。它是氮氧化物$NO_x$家族的一员。二氧化氮是一种严重的肺部刺激物，可引起呼吸道感染、肺炎和支气管炎。二氧化氮加上挥发性有机化合物(VOC)和臭氧是光学烟雾的主要成分。

⑤ 颗粒物。灰尘、污物、烟雾和液滴在发动机排放的污染物中形成颗粒物。一些液滴是由硫酸盐、硝酸盐和碳氢化合物在大气中凝结而成的。直径小于2.5μm的颗粒物是由汽车排放出的。然而，与柴油发动机相比，汽油燃料的汽车不会排放大量的颗粒物。颗粒物会加重呼吸系统和心血管疾病，损害肺组织，并可能导致癌症。2.5μm或更小的颗粒物易穿透进入呼吸道，且停留时间较长，因此被认为危害更严重。颗粒物还会导致雾霾。

⑥ 臭氧。这种光化学氧化剂存在于离地面6mile(1mile=1609.34m)的大气中，同样也存在于离地面6~30mile的平流层中。在地面上，臭氧、氮氧化物、挥发性有机物和光照是“烟雾”形成的主要因素。臭氧是一种强氧化剂，可损害肺组织，降低肺功能。

(3) 满足汽油指标

1990年以前，发动机燃料的性能和排放特性主要由发动机制造商负责，对汽油生产商也有一些限制要求。在汽油生产过程中对炼油厂施加的限制中，引人注目的是对TEL(四乙基铅)用作辛烷值增强剂的限制。早在1970年，美国环保署就实施了一项减少铅添加的计划，因此，即使在1990年以前，只有“无铅”或“非铅化”汽油供公路车辆使用。然而，1990年颁布的《清洁空气法》规定，汽油生产商有责任满足《清洁空气法》的要求。在北美，推出新配方汽油计划。这种油可以保留汽油原有的性能，同时减少由传统辛烷值添加剂如芳烃(来自重整油)和烯烃(来自裂化石脑油)造成的有害排放。

1）减少汽油中的芳烃。对汽油中芳烃施加的最严格的环保限制是对苯含量的限制。如今苯在产品中的体积含量已降低至1.0%以下。为了满足这一需求，炼油过程理念发生了一些重要的变化。为应对这一变化，已采取了以下措施：

① 降低重整装置的苛刻度。这也减少了较重芳烃的含量。

② 降低汽油的终馏点。这也是减少了汽油中较重芳烃的含量。

③ 增加了异构烷烃的含量。这是通过使苯环饱和，环烷异构化为异构烷烃来实现的。

④ 降低裂解石脑油中芳烃含量。催化裂化石脑油中轻油烯烃含量高，较重部分芳烃含量高。这种降低芳烃的方法实际是通过降低汽油的终馏点来实现的。

⑤ 芳烃抽提。使用一种类似于在石油化工行业中生产芳香族混合物的萃取工艺(如环丁砜法)。然而，在北美最大的炼油厂中，大约只有20家拥有这种炼油设施。

2）减少汽油中的烯烃。汽油池中几乎所有的烯烃和硫都来自催化裂化石脑油，而来自热裂化装置的较少。

降低烯烃含量的主要方法有：

① 烷基化和醚化。$C_5$ 中较轻的烯烃可以被分离出来，经过简单的脱硫工艺，被送入烷基化装置中，生产高辛烷值的 $C_9$ 烷基化油。裂化石脑油的轻质馏分也可加工成含氧TAME(叔戊基甲基醚)。

② $C_6$ 和 $C_7$ 部分异构化。裂解石脑油的这两种烯烃组分可以加氢异构化，从而获得高的辛烷值。这两种烯烃组分在汽油中含量较少，但活性较高，为满足目前汽油生产的条件，必须对其进行脱除或转化。

3）满足汽油硫含量。汽油中的硫几乎全部来自催化裂化装置和其他热裂化装置。新配方汽油规格将把汽油中的硫含量降低到 $10\times10^{-6}$ 左右(质)；欧盟的标准低于 $10\times10^{-6}$(质)。为了达到这些新的标准，炼油商采取了以下措施：

① 将催化石脑油的重油端(约20%体积分数)送入中间馏分池。这不会降低硫的含量，但会将大部分的硫和重芳烃转移到其他产品中，从而降低汽油中的硫和芳烃含量。

② 对裂化石脑油中的轻组分进行加氢处理和/或碱洗处理。因为它含有较多的烯烃和硫，通过加氢处理使石脑油中的烯烃饱和，从而降低了辛烷值。通常首选方法是抽提脱硫法(如UOP公司的Merox法)处理；碱洗法通常不能使硫含量降到 $10\times10^{-6}$。

③ 裂化石脑油的重组分含有大量的硫、芳烃和烯烃。这可以采用选择性加氢催化剂脱除硫，而使芳烃基本保持不变。

④ 对催化裂化装置的瓦斯油进料进行加氢处理是一种较为普遍的方法。这大大降低了催化裂化装置裂解产物的硫含量，并提高了催化裂化装置的产品收率。

(4) 生产汽油

1990年颁布的《清洁空气法》以及后来的补充条款对汽油产品都提出了更高的要求，为满足这些要求，炼油厂已经做出了很多的改变。在此之前，许多汽油成品配方包括普通轻质石脑油、重整油、裂化石脑油，可能还有烷基化油，如果需要，可以加入一些丁烷以满足油品的挥发性。而对清洁空气的要求及其紧迫性迫使重整油和裂化油的用量都有所减少(见表2-10和表2-11)。

表 2-10 1990 年前的汽油组成

| 组分 | 比例/%(体) | 芳烃含量/%(体) | 烯烃含量/%(体) | 研究法辛烷值 | 辛烷值贡献 |
|---|---|---|---|---|---|
| 丁烷 | 3.75 | 0 | 0 | 92 | 3 |
| 轻直馏油 | 12.5 | 10 | 2 | 69 | 8 |
| 重整油 | 24.39 | 89 | 0 | 91 | 18 |
| 轻裂化石脑油 | 12.5 | — | 35 | 89 | 18 |
| 重裂化石脑油 | 21.19 | 53 | — | 90 | 19 |
| 烷基化油 | 25.67 | 0 | 0 | 95 | 24 |
| 合计 | 100.00 | 31.0 | 12.0 | — | 90 |

注：在 60℉的相对密度为 0.7749，蒸气压为 7.0psig。

表 2-11 1996 年后汽油组成

| 组分 | 比例/%(体) | 芳烃含量/%(体) | 烯烃含量/%(体) | 研究法辛烷值 | 辛烷值贡献 |
|---|---|---|---|---|---|
| 丁烷 | 1 | 0 | 0 | 92 | 0.9 |
| 轻直馏油 | 15 | 0 | 0 | 69 | 10.0 |
| 重整油 | 30 | 60 | 0 | 80 | 24.0 |
| 催化汽油 | 32 | 25 | 35 | 82 | 26.0 |
| 烷基化油 | 20 | 0 | 0 | 95 | 27.0 |
| MTBE | 2 | 0 | 0 | 110 | 2.1 |
| 合计 | 100 | 26 | 11.2 | — | 90.0 |

使用含氧化合物。含氧化合物最初只是作为一种添加剂来提高辛烷值。然而，由于它们含有氧，现在也被添加到油品中，用来减少尾气中一氧化碳和碳氢化合物的排放。现在有一些含氧化合物用于汽油生产，表 2-12 给出了一些比较常见的方法。

表 2-12 汽油中的含氧化合物(除乙醇外，在美国逐步淘汰)

| 名称 | 分子式 | 研究法辛烷值(RON) | 饱和蒸气压/psig | 含氧量/%(质) | 水中溶解度/%(质) |
|---|---|---|---|---|---|
| MTBE | $(CH_3)_3COCH_3$ | 110~112 | 8 | 18 | 4.3 |
| ETBE | $(CH_3)_3COC_2H_5$ | 110~112 | 4 | 16 | 1.2 |
| TAME | $(CH_3)_2(C_2H_5)COCH_3$ | 103~105 | 4 | 16 | 1.2 |
| 乙醇 | $C_2H_5OH$ | 112~115 | 18 | 35 | 100 |

美国环境保护署已经对混合汽油中每种含氧化合物的使用设定了限制。例如，MTBE 的混合体积分数最高可达 15%，但总的含氧量限制为 2.7%。2002 年，在美国一个没有进行升级改造而用来储存新配方汽油的地下储罐发生了泄漏，储罐中泄漏的汽油中含有 MTBE，然后渗入地下及饮用水系统，这之后，MTBE 和其他含氧化合物在美国被终止使用。但乙醇仍然是用于调和汽油的主要氧化剂。

### 2.3.2 柴油燃料

现行的控制车用燃料排放的政策已经从汽油发动机转向柴油发动机。与汽油燃料类似，柴油的成分也发生了变化，在满足环保要求的同时，仍需保持其性能水平。这些变化对炼油行业产生了重大影响，而柴油的需求正在增加。在汽油作为主要燃料油的情况下，改质柴油成为现代柴油的重要组成部分。下面进行描述和讨论。

(1) 柴油发动机

在讨论柴油燃料之前，简要回顾一下柴油机的原理：柴油机由于其设计简单、功率大、耐用和具有较高的燃油效率，历来在许多应用中受到青睐。柴油发动机可分为三类：低速发动机、中速发动机、高速发动机。

① 低速发动机。运行速度低于300r/min，适用于需要在恒定发动机转速下持续重载的情况。例如船舶的主推进发动机和发电用发动机。

② 中速发动机。运行速度在300~1000 r/min之间，用于负载相当高且速度相对恒定的场合。如船舶辅助动力装置和小型发电厂的发动机就是这种柴油机应用的例子。

③ 高速发动机。运行速度超过1000r/min，是专为载荷和速度频繁变化的场合，如应用于公路运输和柴油内燃机车。

几乎所有的柴油机都采用标准的四冲程设计，即进气、压缩、做功和排气。在进气冲程中，空气单独进入气缸，在压缩冲程中，空气受到活塞的向上运动而被压缩。气缸内最终达到的温度和压力取决于压缩比、发动机转速和发动机的设计，450psig的压力和500℉的温度组合是典型的一种。在压缩过程快结束时，燃料通过一个或多个喷嘴注入气缸。注入燃料的燃油泵通常是凸轮驱动的，压力在1800~30000psig之间。燃料注入后并未立即点燃，燃料雾化并达到点火温度有一个延迟期。延迟时间受发动机的设计、进入气缸的空气和燃料的温度以及燃料在进入气缸的雾化程度的影响。点火延迟期必须尽可能控制在较短时间内，以免燃料在点火前积累在气缸中，大量的燃料累积会引起柴油机爆震。

点火后，燃油在这一个冲程继续注入，这些燃料在气缸中几乎瞬间与剩余的空气和燃烧产物一起燃烧。这种比较可控的燃烧称为扩散燃烧。在做功这一冲程中，燃料停止注入。最后排气冲程是将气缸中的燃烧产物排出，接着继续进行循环。

(2) 对基本柴油机的设计改进

① 改进燃油喷射。20世纪80年代制造的大多数柴油机都装有燃油间接喷射系统(IDI)。现代发动机配备了燃油直接喷射系统(DI)，这是专门根据燃烧室的几何形状设计的，效率明显更高(注：这可以与现在我们身边的汽油发动机直喷的概念相提并论)。

② 四气阀气缸盖。这有助于燃烧空气和废气的流动，使燃油和空气在燃烧室中处于湍流，使得燃料分布均匀，提高火焰速度，降低了发火延迟时间。

③ 电控喷油时间。这允许在主燃料注入燃烧室之前注入少量的燃料，使燃烧更安静，减少预混燃烧量，最大限度控制扩散燃烧。

④ 增加进入气缸的空气量。使用涡轮增压器，即一种使用废气能量的涡轮来驱动空气的压缩机。进入气缸的空气质量增加，这使得发动机能够燃烧更多的燃油，从而增加其输出功率。使用这一理念，在发动机排量相同的情况下，柴油机的功率输出可以增加50%。

(3) 柴油的参数

柴油燃料影响发动机性能及排放标准的主要参数包括十六烷值、芳烃含量、密度、硫含量、馏程、黏度、低温特性、闪点。

以上大部分参数在本书的其他章节已经进行了定义。本节讨论这些参数对柴油机性能的影响，或发动机有害物质的排放，或两者兼而有之。在本书的其他章节没有进行详细讨论的参数定义，都会在本节进行解释。

① 十六烷值。这是比较燃油在发动机内测试点火延迟期的指标。在这个测试中，选择了两种参考燃料：第一种是正十六烷($nC_{16}$)，第二种是十六烷的异构体也就是七甲基壬烷。正十六烷的十六烷值规定为100，而作为第二种参考燃料的异构体的十六烷值是15。燃油的测试是在标准的测试发动机中进行的，通过比较试验柴油与两种标准燃料混合后的点火延迟，得到十六烷值。十六烷值计算公式为：

$$十六烷值=\%正十六烷+0.15\times\%七甲基壬烷 \tag{2-1}$$

十六烷值越高，表明燃料的点火延迟期越短。较高的十六烷值也会导致发动机排放气体中CO和未燃烧碳氢化合物的减少。这对老式柴油发动机有更大的影响。现代发动机具有点火延迟正时的特点，十六烷值的增加对发动机的影响较小。

② 芳烃。柴油中的芳烃含量可以通过单环芳烃、多环芳烃测定（PAH)。研究表明，减少芳烃含量会减少所有规定污染物的排放，也有其他研究表明会减少未燃烧碳氢化合物和$NO_x$的排放，而颗粒物只能通过减少多环芳烃来实现。

③ 密度。由于密度是单位体积质量的度量单位，低密度的柴油需要更长的喷射时间才能将相同质量的燃料注入气缸。燃油注入时间越长，峰值温度越低，从而降低氮氧化物的产生。在发动机高载荷和高转速条件下，较长的喷射间隔时间会导致一些不完全燃烧，未燃烧的碳氢化合物和CO的排放量增加。而当负载增加时，燃料密度低，燃料消耗减少，这实际上降低了颗粒物、碳氢化合物和CO的排放。

④ 硫含量。柴油中的硫燃烧后形成二氧化硫，其中一部分被进一步氧化形成硫酸盐。它与水结合产生酸雨，并形成污染颗粒物的组成部分。由于燃料中只有一小部分硫被氧化成硫酸盐，硫酸盐对污染颗粒物的贡献是很小的。因此，如果使用氧化催化剂来减少碳氢化合物、CO和颗粒物的排放，那么就有大量的$SO_2$转化为硫酸盐，从而大幅增加废气中的颗粒物。

⑤ 馏程。柴油的馏程对发动机性能有重要影响，在中高速发动机中尤其如此。如果太易挥发，发动机会因为燃料系统中的气阻或液滴渗入气缸而降低动力和效率；如果燃料的挥发性差，发动机会由于燃料雾化不良而降低动力和效率。馏程的轻组分端和重组分端都很重要。如果10%的馏出温度点太高，引擎将难以启动；较低的50%馏出温度可以减少颗粒物的排放和异味；因为较重的组分更难燃烧，如果90%馏出温度过高，排放的颗粒物中烟尘和可溶性有机物的比例都会增加，未完全燃烧的烃类的排放也会增加。

⑥ 黏度。燃油黏度对油泵和燃油喷油器系统有着重要的影响。燃油喷雾的状态受黏度的影响。如果这一数值过高，会导致燃料无法较好地雾化进入气缸，导致燃烧不充分，功率损耗，发动机效率降低，同时CO和碳氢化合物排放量增加。燃料雾化不好的另一个影响是使燃料撞击气缸壁，破坏润滑油膜，导致发动机部件的过度磨损和碳氢化合物排放的增加。

如果燃油黏度过低，雾化喷油太软，燃油无法喷射到气缸中较远的位置，这样会造成功率和效率的损失。在某些以燃油系统来润滑的发动机设计方案中，燃油黏度低会导致发动机零部件的磨损加剧。

⑦ 低温特性(凝点和倾点)。柴油的低温性能是用户考虑的一个关键因素。实际上柴油低温流动特性规范是根据预期的极端温度来制定的，世界上不同的地区采用的试验方法也不

相同。在美国，凝点被用作燃油低温流动特性的指标。凝点是石蜡开始从燃油中析出的温度。当温度降至凝点以下时，燃油中较长的石蜡分子以蜡的形式沉淀。这种蜡堵塞了未加热的燃料管道和过滤器。燃油中石蜡含量越多，它的凝点就越高。在世界上的一些地方，倾点被用来表示燃油能被泵输送的最低温度。倾点一般比凝点低4~5℃。冷滤点(CFPP)正在取代或对燃油的其他低温特性进行补充，因为它直接表示了燃油在低温天气下表现出来的特性。

⑧ 闪点。燃油的闪点是燃油加热到能在液体表面上产生足够蒸气与空气混合形成可燃气体的最低温度。这一特性只对燃油安全操作和储存有影响，对燃料的性能和排放特性没有影响。如果闪点过低，在作业时可能发生火灾或爆炸。

(4) 满足柴油的性能参数

在燃油的设计中，满足柴油的这些参数有多种解决方案，包括分馏、添加剂和更复杂的加氢处理工艺。随着现代加氢处理技术的发展，它可将低等级的混合料，如催化裂化装置或热裂化产品，转化为良好的柴油原料。下面将讨论满足燃油性能和排放方面需要的更重要的参数。

① 提高十六烷值。提高十六烷值最简单的方法是使用适当的改善点火性能的添加剂，主要是烷基硝酸酯。十六烷值添加剂的效果与添加比例呈线性关系，但是，对于不同的柴油混合组分，改善效果可能会有所不同。高十六烷值的烷烃对添加剂的反应最好；对于芳烃，十六烷值越低，效果越差。约$500\times10^{-6}$(质)的烷基硝酸酯将使十六烷值增加2~5个单位。增加十六烷值的另一种方法是改变柴油混合物中的烃类型。图2-2显示了烃类分子类型与十六烷值的关系。

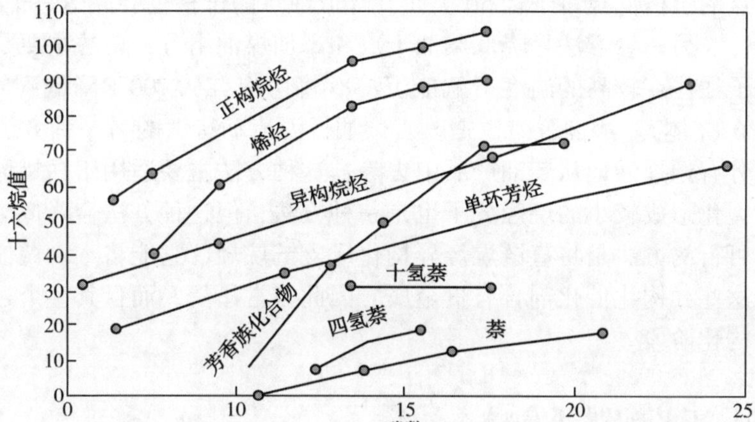


图2-2 烃类的十六烷值

直链烷烃的十六烷值最高，多环芳烃的十六烷值最低，经过瓦斯油加氢处理的柴油组分其十六烷值也会提高。在加氢脱除原料瓦斯油馏分中所含的有机硫和氮的过程中，这些分子发生开环并饱和，形成烷烃和环烷烃。同时，部分芳香族分子也发生开环和饱和，增加了加氢产物烷烃/环烷烃的含量。由于这种开环和饱和，预期十六烷值将提高3~5个单位。重质瓦斯油馏分加氢裂化、热裂化瓦斯油和催化裂化瓦斯油加氢处理等工艺过程可显著提高产品十六烷值。

② 满足产品的硫含量。硫含量在0.05%(质)及以下的产品正逐渐成为世界各国柴油的普遍需求。在许多地区，目前通用的标准是在(10~20)×$10^{-6}$(质)之间。在大多数情况下，这个级别的含硫量只能通过加氢处理或加氢裂化来实现，该工艺可以去除将用于混合柴油产品馏分油中的硫。一些炼油厂选择低硫原油，以降低对加氢处理装置的要求。因为降低硫含量对炼油厂的要求超出了加氢处理的能力，同时还影响了氢气的有效利用和酸性气体(尤其是$H_2S$)的处理能力。柴油产品中允许的硫含量有可能进一步降低。超低硫柴油(ULSD)目前已成为世界许多地区的标准，这使得人们需在低硫原油和改进炼厂结构和操作之间进行选择。

③ 降低芳烃含量。随着对柴油的需求日益增长，尤其是在北美和欧洲，炼油厂需要将取暖用油作为柴油产品的组成部分。这些油品的质量较差，特别是芳烃含量较高，如果不经处理就作为柴油调和组分，则难以改善其调和特性。深度加氢处理脱除硫和氮，有助于降低成品柴油中的芳烃，但不足以提高取暖用油和燃料油混合料的质量，满足柴油质量的要求。采用镍钼催化剂加氢处理(脱芳烃工艺)可对这些较差的混合原料进行改善。脱芳烃过程通常分为两个阶段：第一个阶段是通过传统的Co-Mo加氢处理催化剂进行脱硫，第二个阶段通过Ni-Mo催化剂反应。镍催化剂容易因硫而中毒，故其处理过程分为两个阶段。由于镍催化剂的金属组分投资较大，因此必须仔细评估脱芳烃工艺的经济性。然而，该工艺比传统的Co-Mo加氢处理工艺具有更高的空速和更低的压力。

④ 改善低温流动性能。直链烷烃的含量与柴油低温流动特性有关。尽管它们有较高的十六烷值，但由于它们在低温下容易以蜡的形式析出，因此对低温流动有限制。对于这些烷烃的低温流动特性，最简单、可能也是最好的解决办法是使用添加剂。然而，这些添加剂价格不菲，降低倾点的价格低至每千桶50美元，降低浊点的价格也会高达每千桶250美元(这是2000年的价格)。另一种方法是降低柴油干点和添加煤油组分，该法主要是去除较重的石蜡分子，这些分子往往在较高的温度下就能沉淀。将切割点从700℉降低到640℉可能会使柴油的产率降低6%(体)。溶剂脱蜡也是改善柴油低温流动特性的另一种方法，在这个过程中，形成蜡的组分有选择性地从柴油产品中去除，这种方法主要适用于高蜡原油。直链烷烃通过选择性加氢裂化形成较小的烷烃分子也是一种方法，但这种方法会降低柴油收率和十六烷值。最后一种可行的方法是将直链烷烃异构化成支链烷烃，它能将十六烷值和收率损失降至最低，然而，这些异构化催化剂含有贵金属，因此非常昂贵，而且其整个过程需要两个阶段，即脱硫和异构化阶段。

## 2.4 炼油厂工艺配置开发

为了满足炼油公司的营销战略和生产目标，有许多必要的措施。这些措施的最终结果可能是建立新的处理设施或改造现有设施。最终采取的方案将根据公司未来盈利前景来决定。然而，这些措施中最重要的是开发一些炼制方案和流程配置。

流程配置及其框图是经济研究和决策的基础与蓝图。最终的和可接受的配置也将是设计新设施或改造现有设施的基础。工艺流程框图显示了工艺装置设计能力、进出每个工艺装置的工艺流股的数量、炼厂方案中各装置间的相对顺序，以及最终的调和配方(组成成品混合物的流股和量)。这样的改进需要对炼油行业有深入的了解，并在很大程度上依赖于那些为流程及其技术颁发许可证的公司的专业知识。

### 2.4.1 炼油厂配置和类别

对炼油厂进行经济分析时，是按加工能力进行分类的。按类型和配置分，炼油厂一般分为以下四种：蒸馏型、加氢型、裂化型、全转化/合成型。

这些定义描述了越来越复杂、功能越来越强，并且能够使用越来越差的原油来生产产品的设施配置。

虽然这些分类一般适用于炼油厂，但由于历史或市场决策的原因，一个炼油厂可能具有多个配置的方案，因此其分类并没有明显的界线。

下面的讨论将描述每种炼油厂类型以及炼油厂配置的含义。更详细的经济性讨论可以在“炼油厂规划与经济性”一章中找到。

(1) 蒸馏型炼油厂

蒸馏型炼油厂只有最简单的配置。炼油厂加工方案主要由一个原油加工装置组成，该装置生产轻质组分($C_1 \sim C_4$)、石脑油、煤油和一些柴油。原油蒸馏装置生产的常压渣油通常作为燃料油或中间产品出售。该炼油厂的流程如图 2-3 所示。

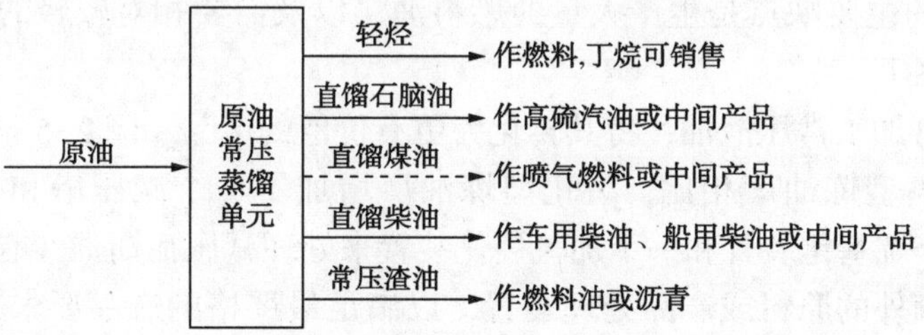


图 2-3 蒸馏型炼油厂流程

来自蒸馏型炼油厂的产品不需要经过太多的额外处理。具体地说，它们不经过化学处理以改变其沸点范围(裂化、焦化)或改善产品特性(如重整或加氢处理装置)。

由于这种炼油厂的工艺能力有限，通常位于环境法规不严格、中间产物用途广泛的地方，或者是通过油田加工设施以稳定原油。

例如阿拉斯加的输油管道，那里的泵站都安装了拔头装置，从原油中提取足够的燃料，为泵站提供动力。一些小型炼油商还利用原油回收重油，用于沥青生产。这种炼厂的定义比较模糊。

输送到蒸馏型炼油厂的原油通常是轻质、低硫的，以便从设备中获得最大的价值。这就限制了原油的选择性和灵活性。

蒸馏型炼油厂的优势在于其简单和低成本，原油蒸馏塔的操作也相对简单。与更复杂的炼油厂相比，这些炼油厂造价低廉，规模灵活。

蒸馏型炼厂的主要缺点是可选原油有限，产品不符合大多数环保规范，而且必须作为中间产品销售，还生产许多低价值产品(如燃料油)。这种炼油厂在低利润时期通常不经济。

(2) 加氢型炼油厂

较复杂和能力较强的炼油厂是加氢型炼油厂，如图 2-4 所示。在这种配置下，原油蒸馏装置出来的柴油和轻质产品经过加工，可以满足最终产品规格，但不涉及裂化。

加氢型炼油厂的产品包括轻烃($C_1 \sim C_4$)、成品汽油、成品喷气燃料和超低硫柴油。轻烃产品也可以通过加工处理以提高其价值(例如丁烷异构化)。

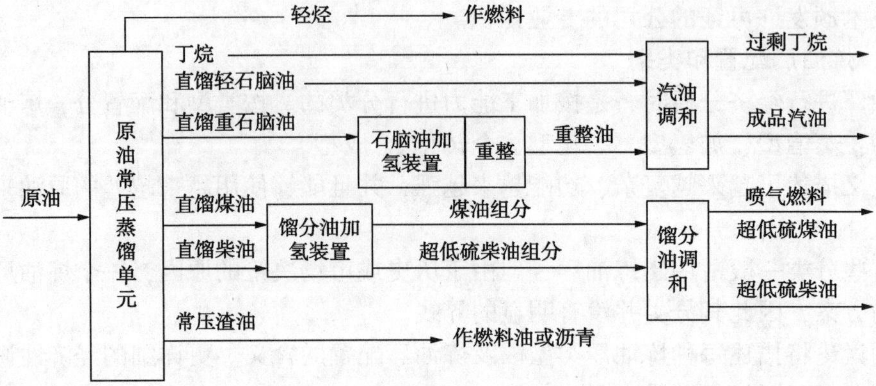


图 2-4　加氢型炼油厂流程

这种配置的炼油厂具有原油加工的灵活性，但其原料仍然需要轻质原油。原油不一定非要是低硫的。它的建造成本仍然相对便宜，也易于操作。石脑油重整副产的氢气为产品升级打开了多扇大门。

加氢型炼油厂的主要缺点是生产大量的燃料油，以及需要相对较轻的原油。

（3）裂化型炼油厂

裂化型炼油厂可加工常压渣油，将其转化为更有价值的产品。图 2-5 显示了裂化型炼油厂的两种配置。与加氢型炼油厂相比，裂化型炼油厂增加了一个减压塔和一个催化裂化装置（FCC），或加上一个烷基化装置和一个加氢裂化装置来处理减压瓦斯油，有些炼油厂可能两者都有。这样就需要额外的原料或产品处理装置，以满足最严格的产品要求，如美国Ⅲ级汽油。减压渣油仍然作为燃料油（通常是高硫的）或制成沥青出售，这需要专门的制氢装置。

对于一个汽油需求量大的市场，裂化型炼油厂将更倾向于催化裂化路线。一些渣油转化也可以通过催化裂化装置来完成，但在操作上有一些困难。对于柴油市场，裂化型炼油厂更倾向于加氢裂化而非催化裂化装置。

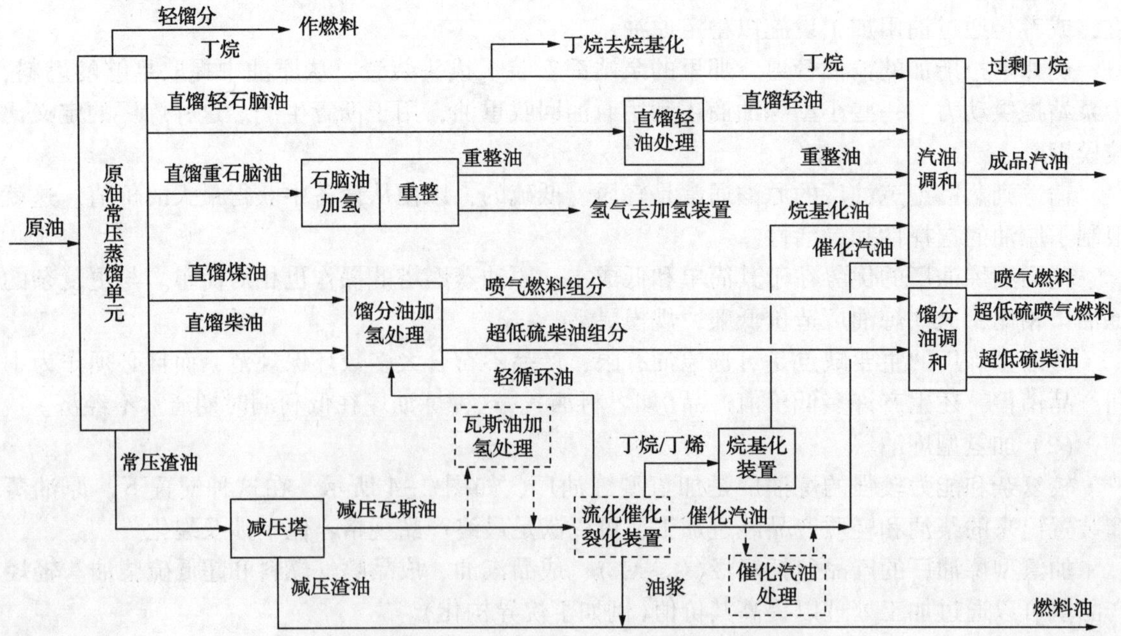


（a）以催化裂化装置和烷基化装置加工减压馏分油

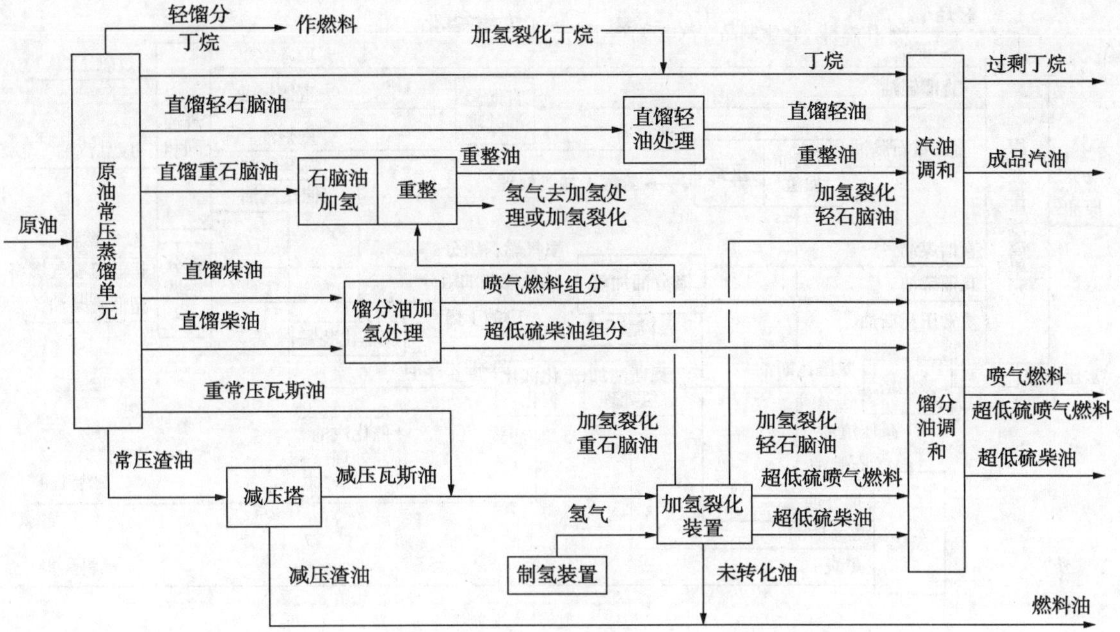


(b) 以加氢裂化装置加工减压馏分油

图 2-5　裂化型炼油厂的两种配置

裂化型炼油厂的优点是大大提高了加工原油种类的灵活性，每桶原油能生产更多的高价值产品，比简易型炼油厂和加氢型炼油厂更能承受市场的变化。

但裂化型炼油厂的缺点是操作复杂，以及更高的投资成本和运营成本。

(4) 全转化/合成型炼油厂

最后一类炼油厂类型是全转化/合成型炼油厂，也称为“焦化型”或“高转化率”炼油厂。其主要特点是将剩余的减压渣油转化为高价值的产品。这些工厂可以将化工和燃料油生产整合在一起。

图 2-6 展示了全转化型炼油厂的两种可能的流程，在某种程度上很像裂化型炼油厂。与裂化型炼油厂流程的主要不同点是增加了焦化、重油裂化(如渣油催化裂化)、溶剂脱沥青和/或渣油加氢裂化(如 LC-fining 或 H-oil)。轻油加工装置配置将侧重于车用汽油的市场，而重油装置配置将更多地侧重于车用柴油的市场。

全转化型炼油厂在原油方面具有最大的灵活性，可从原油中获得最少的副产品和最多的高价值产品，而且产品可满足更严格的质量要求。一些装置还包括热电联产，以获得额外的价值。由于它们的灵活性，这些炼油厂可以在低利润时期内盈利。

不利的一面是，这些炼油厂的成本远远高于其他类型的炼油厂，并增加了操作的复杂性。下游装置的问题(由于下游装置数量增加而更有可能发生)可能会追溯回到原油加工装置，并严重损害经济利益。还有一些如石油焦这样较低价值的副产品必须加以管理。

(5) 炼油厂配置的地域发展趋势

炼油厂配置的选择主要取决于该炼油厂可用的原油和市场。例如，在一个原油、运营、环保和运输成本都很高的地区，建立一个能最大限度地利用每一桶原油生产产品，并将副产品和其他废弃物最小化的装置是有意义的。相应的在成本较低的区域允许产品具有一定的灵

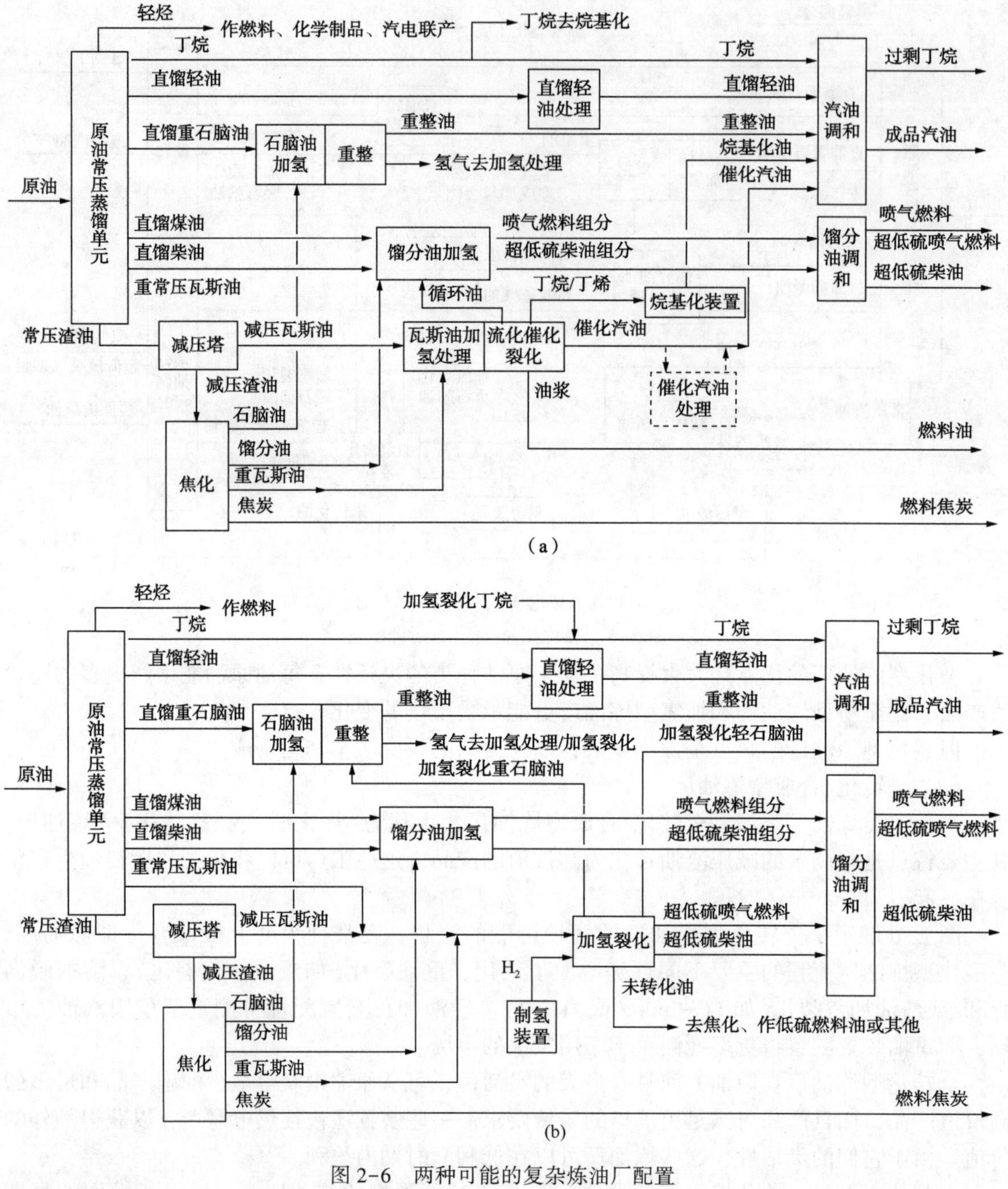


图 2-6　两种可能的复杂炼油厂配置

活性，并降低其复杂性。

随着地区的发展，主要的炼油厂配置从蒸馏型向全转化型转变。北美的工业相当成熟，全转化型炼油厂占主导地位。中东地区的本地市场较少，因此专注于炼油出口。这导致中东炼油厂以裂化为主，对减压渣油转化的需求减少。渣油到哪里去了？有些是和减压瓦斯油一起裂化的，很多都变成了燃料油。降低船舶燃油含硫量最终将推动炼油厂朝全转化型转变。

图 2-7 显示了世界不同地理区域的各种炼油厂类型的分布。

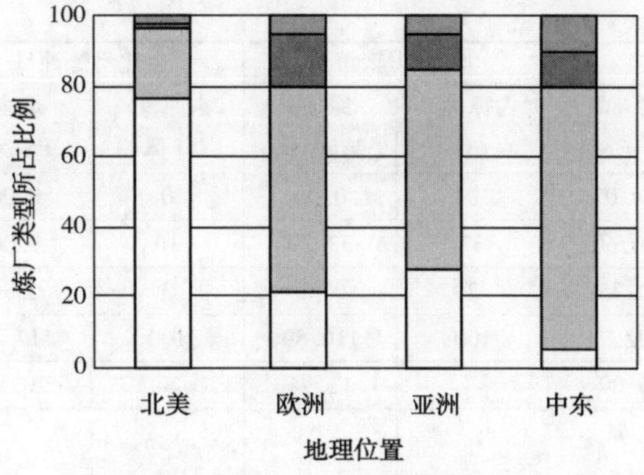


图 2-7 不同地理位置的炼油厂配置

（6）炼油厂配置的横向比较

如果你能用简单的设备生产出任何产品，为什么还要去用成本更高、更复杂的设备呢？增加转化率的主要推动力是经济方面的：

① 每一桶原油可以生产更多的产品，副产品较少。

② 更高的转化率意味着更多的“清洁产品”，并且能满足更严格的标准。

③ 清洁的产品价值更高。副产品通常价值较低，因此副产品越少，对收益的影响就越小。

④ 更高的复杂性和更深的转化能力使原油的选择具有更多的灵活性。你可以从原油中选择质量较差、价格较低的原油。

⑤ 可以将化工产品和其他高价值产品的生产集成到更复杂的炼油厂中。

更复杂的炼油企业具有更大的潜在利润率。但是增加的运营成本会消减这一潜力。炼油工序越多，加工成本就越高。

如果都是侧重于生产清洁燃料，四类炼油厂的经济效益对比见表 2-13。原油和产品价格基准是 2013 年 12 月的。离岸价格不同，运输成本不同。这里主要是基于美国的价格。

**表 2-13 不同装置潜在利润率比较**

| | 蒸馏型炼油厂 | | 加氢型炼油厂 | | 裂化型炼油厂 | | 全转化型炼油厂 | |
|---|---|---|---|---|---|---|---|---|
| | 占原油/%(体) | 原油/(美元/桶) | 占原油/%(体) | 原油/(美元/桶) | 占原油/%(体) | 原油/(美元/桶) | 占原油/%(体) | 原油/(美元/桶) |
| 同种原油情况下： | | | | | | | | |
| 炼油厂投入 | | | | | | | | |
| 原油种类 | WTI | | WTI | | WTI | | WTI | |
| 原油 | 100 | 97.65 | 100 | 97.65 | 100 | 97.65 | 100 | 97.65 |
| 炼厂产品 | | | | | | | | |
| 清洁产品 | | | | | | | | |
| 汽油 | 0 | 0.00 | 26 | 31.05 | 48 | 57.81 | 54 | 64.86 |
| 喷气燃料 | 0 | 0.00 | 15 | 18.65 | 17 | 20.51 | 17 | 20.51 |
| 柴油 | 0 | 0.00 | 20 | 27.09 | 22 | 29.66 | 22 | 29.66 |
| 其他 | | | | | | | | |
| 石脑油 | 26 | 27.82 | 0 | 0.00 | 0 | 0.00 | 0 | 0.00 |

续表

| | 蒸馏型炼油厂 | | 加氢型炼油厂 | | 裂化型炼油厂 | | 全转化型炼油厂 | |
|---|---|---|---|---|---|---|---|---|
| | 占原油/%(体) | 原油/(美元/桶) | 占原油/%(体) | 原油/(美元/桶) | 占原油/%(体) | 原油/(美元/桶) | 占原油/%(体) | 原油/(美元/桶) |
| 馏分油 | 39 | 44.07 | 0 | 0.00 | 0 | 0.00 | 0 | 0.00 |
| 燃料油 | 34 | 30.60 | 37 | 33.30 | 10 | 9.00 | 1 | 0.90 |
| 其他 | 1 | 0.25 | 2 | 0.50 | 3 | 0.80 | 6 | 1.58 |
| 合计 | 100 | 102.74 | 100 | 110.59 | 100 | 117.78 | 100 | 117.51 |
| 预计利润 | | 5.09 | | 12.94 | | 20.13 | | 19.86 |
| (忽略操作和运输成本) | | | | | | | | |
| 优选原油情况下: | | | | | | | | |
| 炼厂投入 | | | | | | | | |
| 原油种类 | 一般轻质低硫原油 | | WTI | | WTI | | 一般重质高硫原油 | |
| 原油 | 100 | 99.30 | 100 | 97.65 | 100 | 97.65 | 100 | 76 |
| 炼厂产品 | | | | | | | | |
| 清洁产品 | | | | | | | | |
| 汽油 | 0 | 0.00 | 26 | 31.05 | 48 | 57.81 | 59 | 70.23 |
| 喷气燃料 | 0 | 0.00 | 15 | 18.65 | 17 | 20.51 | 10 | 11.93 |
| 柴油 | 0 | 0.00 | 20 | 27.09 | 22 | 29.66 | 26 | 35.08 |
| 其他 | | | | | | | | |
| 石脑油 | 30 | 31.57 | 0 | 0.00 | 0 | 0.00 | 0 | 0.00 |
| 馏分油 | 46 | 52.21 | 0 | 0.00 | 0 | 0.00 | 0 | 0.00 |
| 燃料油 | 24 | 21.87 | 37 | 33.30 | 10 | 9.00 | 1 | 0.90 |
| 其他 | 0 | 0.00 | 2 | 0.50 | 3 | 0.80 | 5 | 1.18 |
| 合计 | 100 | 105.64 | 100 | 110.59 | 100 | 117.78 | 100 | 119.32 |
| 预计利润 | | 6.34 | | 12.94 | | 20.13 | | 43.32 |
| (忽略操作和运输成本) | | | | | | | | |

注：多个数据源，见参考文献。

在表 2-13 中上方数据中，在单一基准原油(WIT)的条件下，我们考察了产品收率和产品价值如何随着炼油厂转化率的增加而变化。可以看到，随着转化率的增加，潜在的利润显著增加。这些利润不包括运营成本或运输成本；但即使将成本考虑在内，对于一个更复杂的工厂来说，盈利能力会更高。

表 2-13 中下方的一组数字说明了如何改进每种炼油厂的原油选择，有助于优化利润率。对于蒸馏型炼油厂，选择一种低硫、轻质原油意味着更高的低硫产品收率。产品的价值稍微高一些，但原油成本更高。西德克萨斯中质原油(WIT)非常适合于加氢型和裂化型炼油厂。而对于全转化型炼油厂，我们会选择重质、含硫原油，如加拿大西部 Select 原油，它的价格折扣很大。与加工西德克萨斯中质油相比，通过选择一种符合炼油厂能力的原油，潜在的利润是前者的两倍多。当然，加工成本也会更高。

(7) 炼油厂配置中的关键点

炼油厂一般根据转化能力分为四类：蒸馏型(不转化)、加氢型(产品处理)、裂化型(重油转化)和全转化型(最大转化率)。

当转化能力从零转化向全转化过渡时，炼油厂的潜在产品价值增加，原油选择的弹性增大，最终的结果是潜在的利润随着转换能力的增加而增加。特定炼油厂的配置选择必须考虑对应的市场和原油，在各种因素之间进行经济优化，以选择具有最佳潜力和适当原油弹性的炼油厂配置。这就必须对每个设施进行评估，并应考虑地区发展和全球经济变化对经济效益的影响。

(8) 炼油厂配置参考文献

① 低硫和含硫炼厂经济(2013)，http://www.investingdaily.com/16229/the-sweet-and-sour-economics-of refining/，2014年2月。

② (挪威国家石油公司，2010)，文章：炼油 ABC，http://www.statoil.com/en/investorcentre /presentation /，2014年2月。

③ MathPro(2011)。石油炼制及超低硫汽油、柴油的生产。国际清洁运输理事会，2011年10月。

④ 加拿大原油质量监测项目，www.crudemoitor.ca。

⑤ 原油价格与趋势：

(a) Index Mundi，http://www.indexmundi.com/商品化/，浏览2014。

(b) 芝加哥商品交易所，芝加哥，http://www.cmegroup.com/trading/energy/cru -oil/，2014。

### 2.4.2 炼油厂配置开发案例

下面的配置示例只是满足特定炼厂操作的生产和经济目标的众多配置示例之一。在本例中，一家炼油公司希望研究一个新建炼厂的配置，该配置将以中东一种中质原油生产以下产品，其实沸点蒸馏曲线如图2-1所示。

产品规格详见相应文本，生产限额如下所示：

| | |
|---|---|
| 原油 | 50000BPCD |
| 液化石油气 | 3289BPCD(最大) |
| 汽油 | 22170BPCD(最大) |
| | 20390BPCD(最小) |
| 煤油 | 无目标 |
| 车用柴油 | 8830BPCD(最大) |
| | 3000BPCD(最小) |
| 汽油 | 8533BPCD(最大) |
| | 2630BPCD(最小) |
| 船用柴油 | 3000BPCD(最大) |
| | 2300BPCD(最小) |
| 重燃料油 | 8500BPCD(最大) |
| | 6500BPCD(最小) |
| 船用重油 | 无限制 |

(1) 解决方案

对于这种配置，需检查以下工艺过程：常压原油蒸馏装置(CDU)；减压蒸馏装置(VDU)；轻烃蒸馏装置；石脑油加氢处理装置(Nap HDS)；催化重整装置；轻瓦斯油加氢处理装置(LGO HDS)；重瓦斯油加氢处理装置(HGO HDS)；催化裂化装置(FCCU)；异构化/烷基化装置；热裂化装置(TC)；气体处理和硫黄回收装置。

这些装置的各物流流量如下：

① 常压原油蒸馏装置。原油被分离以满足成品油的量和蒸馏特性要求。对于本例，如下所示：

| | | |
|---|---|---|
| 气体~$C_5$ 组分 | 1.71%体积收率 | |
| $C_5$~210℉ | 10.44%体积收率 | 轻石脑油(LSR) |
| 210~380℉ | 14.20%体积收率 | 重石脑油(HSR) |
| 380~520℉ | 9.09%体积收率 | 煤油 |
| 520~650℉ | 13.83%体积收率 | 柴油 |
| 650℉以上 | 50.73%体积收率 | 渣油(去减压单元) |

切割点温度相对应馏出体积分数，表 2-14 是从常压蒸馏装置分离出的各油品计算得出的恩氏蒸馏和实沸点蒸馏数据。恩氏蒸馏曲线(从 $C_{5+}$开始)是根据每个组分的 50%点和 70%点转换为完整的恩氏蒸馏曲线(使用 Edmister 关联式)，然后将其绘制为一条直线，最后将它们转换为实沸点蒸馏曲线(再次使用 Edmister 关联式)，如表 2-14 所示。

**表 2-14　原油切割组分的 ASTM 和 TBP 曲线**

| | $C_5$~210℉ | | 210~380℉ | | 380~520℉ | | 520~650℉ | |
|---|---|---|---|---|---|---|---|---|
| | ASTM/℉ | TBP/℉ | ASTM/℉ | TBP/℉ | ASTM/℉ | TBP/℉ | ASTM/℉ | TBP/℉ |
| 初馏点 | 90 | 30 | 198 | 132 | 363 | 310 | 451 | 392 |
| 10%(体) | 115 | 78 | 235 | 196 | 387 | 357 | 507 | 480 |
| 30%(体) | 135 | 116 | 260 | 242 | 407 | 395 | 533 | 527 |
| 50%(体) | 148 | 140 | 280 | 276 | 424 | 425 | 551 | 558 |
| 70%(体) | 162 | 163 | 301 | 308 | 440 | 451 | 567 | 583 |
| 90%(体) | 182 | 191 | 332 | 349 | 462 | 481 | 593 | 618 |
| 终馏点 | 225 | 238 | 390 | 412 | 493 | 515 | 622 | 650 |

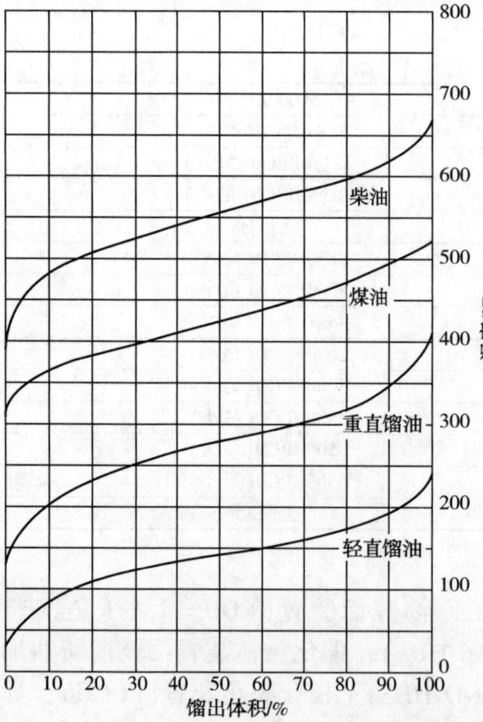


图 2-8　馏分产物实沸点蒸馏曲线

这些曲线如图 2-8 所示。根据这些曲线，表 2-15 给出了馏分油的详细组分。

这些馏分油的中体积分数乘以各自的体积或乘以前面描述的指数来描述这些馏分油的性质。表 2-16 给出了多个组分性质，这些性质来自原油评价数据。

使用本章前面描述的方法，常压原油蒸馏装置(CDU)的产物及其主要特性见表 2-17。

② 减压蒸馏装置(VDU)。减压蒸馏装置的原料是来自常压蒸馏装置的常压渣油。这一过程与前面提到的常压蒸馏装置的处理方式相似。馏分油和减压渣油的主要特性见表2-18。

本单元的产品收率如下：

LVGO(轻减压瓦斯油)：650~750℉[占原油 49.27%~60.12%(体)]；

HVGO(重减压瓦斯油)：750~930℉[占原油 60.12%~78.67%(体)]；

减压渣油：+930℉[占原油 21.33%(体)]。

表 2-15 切割馏分的组成

| 组分 | 范围/℉ | 轻石脑油/%(体) | 重石脑油/%(体) | 煤油/%(体) | 柴油/%(体) |
|---|---|---|---|---|---|
| 1 | $C_5$ | 21.6 | | | |
| 2 | $C_5$~125 | 15.4 | | | |
| 3 | 150 | 23.0 | 1.0 | | |
| 4 | 175 | 20.0 | 4.0 | | |
| 5 | 200 | 13.0 | 6.0 | | |
| 6 | 230 | 7.0 | 14.0 | | |
| 7 | 250 | | 9.0 | | |
| 8 | 275 | | 16.0 | | |
| 9 | 300 | | 15.0 | | |
| 10 | 325 | | 15.0 | 2.0 | |
| 11 | 350 | | 11.0 | 6.0 | |
| 12 | 412 | | 9.0 | 29.0 | 1.0 |
| 13 | 450 | | | 30.0 | 4.0 |
| 14 | 480 | | | 23.0 | 5.0 |
| 15 | 515 | | | 10.0 | 14.0 |
| 16 | 550 | | | | 19.0 |
| 17 | 575 | | | | 20.0 |
| 18 | 600 | | | | 19.0 |
| 19 | 650 | | | | 18.0 |
| 合计 | | 100.0 | 100.0 | 100.0 | 100.0 |

表 2-16 组 分 性 质

| 组分 | 基于原油的中体积收率/%(体) | °API | 相对密度(60℉) | 硫含量/%(质) | 100℉黏度/cSt | 210℉黏度/cSt | 倾点/℉ |
|---|---|---|---|---|---|---|---|
| 1 | 1.31 | 12 | 0.5811 | 0.04 | | | |
| 2 | 3.56 | 105 | 0.5983 | 0.05 | | | |
| 3 | 5.96 | 87.5 | 0.6461 | 0.05 | | | |
| 4 | 8.92 | 71.0 | 0.6988 | 0.06 | 0.27 | | |
| 5 | 11.49 | 65.0 | 0.7201 | 0.06 | 0.33 | | |
| 6 | 14.28 | 60.5 | 0.7370 | 0.07 | 0.45 | | |
| 7 | 16.34 | 57.3 | 0.7495 | 0.07 | 0.48 | | |
| 8 | 18.12 | 55.5 | 0.7567 | 0.08 | 0.52 | | |
| 9 | 20.32 | 53.0 | 0.7669 | 0.09 | 0.70 | | |
| 10 | 22.54 | 51.5 | 0.7732 | 0.10 | 0.78 | | |

续表

| 组分 | 基于原油的中体积收率/%(体) | °API | 相对密度(60℉) | 硫含量/%(质) | 100℉黏度/cSt | 210℉黏度/cSt | 倾点/℉ |
|---|---|---|---|---|---|---|---|
| 11 | 24.75 | 49.0 | 0.7839 | 0.12 | 0.90 | 0.60 | -88.0 |
| 12 | 27.19 | 46.5 | 0.7949 | 0.14 | 1.25 | 0.68 | -76.0 |
| 13 | 30.22 | 44.5 | 0.8040 | 0.20 | 1.82 | 0.78 | -60.0 |
| 14 | 33.25 | 41.5 | 0.8178 | 0.26 | 1.95 | 0.90 | -48.5 |
| 15 | 36.06 | 40.0 | 0.8251 | 0.40 | 2.23 | 1.13 | -34.0 |
| 16 | 38.8 | 38.5 | 0.8324 | 0.62 | 2.85 | 1.25 | -22.0 |
| 17 | 41.56 | 37.0 | 0.8398 | 0.89 | 4.00 | 1.52 | -0.08 |
| 18 | 44.26 | 35.5 | 0.8473 | 1.16 | 5.20 | 1.70 | 2.0 |
| 19 | 46.85 | 34.5 | 0.8524 | 1.48 | 6.25 | 1.85 | 16.0 |

**表 2-17 常 压 产 品**

| 产品名称 | BPCD | 相对密度(60℉) | MMlb/CD | 硫含量/%(质) | 100℉黏度/cSt | 210℉黏度/cSt | 倾点/℉ |
|---|---|---|---|---|---|---|---|
| 气体+轻石脑油 | 6075 | 0.6512 | 1.383 | 0.053 | | | <100 |
| 重石脑油 | 7100 | 0.7550 | 1.863 | 0.091 | 0.58 | 0.43 | <100 |
| 煤油 | 4545 | 0.8048 | 1.279 | 0.21 | 1.60 | 0.80 | -58 |
| 柴油 | 6915 | 0.8420 | 2.036 | 0.869 | 4.0 | 1.5 | 0 |
| 常压渣油 | 25365 | 0.9485 | 8.405 | 3.92 | >100 | 9.8 | >100 |
| 合计 | 50000 | 0.8565 | 14.966 | 2.35 | 8.00 | 2.20 | -5.0 |

**表 2-18 减 压 产 品**

| 产品 | BPCD | 相对密度(60℉) | MMlb/CD | 硫含量/%(质) | 100℉黏度/cSt | 210℉黏度/cSt | 倾点/℉ |
|---|---|---|---|---|---|---|---|
| 轻减压瓦斯油 | 5425 | 0.8789 | 1.667 | 2.18 | 13.0 | 3.0 | 15 |
| 重减压瓦斯油 | 9275 | 0.9218 | 2.990 | 3.10 | 49.0 | 6.4 | 52 |
| 减压渣油 | 10665 | 1.007 | 3.748 | 5.35 | >100.0 | 28.5 | >100 |
| 合计 | 25365 | 0.9485 | 8.405 | 3.92 | >100.0 | 9.8 | >100 |

这些物料全部或部分去向如下：轻减压瓦斯油通过加氢处理后去瓦斯油混合罐；重减压瓦斯油通过加氢处理后去催化裂化装置；瓦斯油加氢装置采用切换进料模式。

③ 热裂化装置。表 2-19 中的产量和性质根据生产经验数据推导而来。在“渣油处理技术”的章节中对这些内容有更详细的探讨。这些经验数据可用于流程配置开发，尤其适用于研究性相关工作。然而，对于详细的设计工作，必须用实际渣油作为原料，通过试验装置得到相关数据。

表 2-19 热裂化产品收率

| 产品名称 | 基于原料收率/%(体) | 基于产品收率/%(体) | 基于产品的中体积收率/%(体) |
| --- | --- | --- | --- |
| $H_2S$ | 0.18 | 0.17 | — |
| $C_1$~$C_6$ | 7.81 | 7.40 | 3.87 |
| 石脑油：$C_6$~380℉ | 9.51 | 9.02 | 12.08 |
| 瓦斯油：380~650℉ | 13.91 | 13.19 | 23.12 |
| 热裂化渣油：(650℉以上) | 74.08 | 70.22 | 71.49 |
| 合计 | 105.49 | 100.00 | — |

以上物性曲线是从相似原料的试验装置经验数据中推导得出。以产品为基准的收率数据见表2-20和表2-21、图2-9、图2-10和图2-11。

表 2-20 裂热化产品性质

| 产品 | BPCD | 相对密度 | 硫含量/%(质) | 100℉黏度/cSt | 210℉黏度/cSt |
| --- | --- | --- | --- | --- | --- |
| 气体~$C_5$ | 852 | 0.465 | 3.47① | — | — |
| 石脑油 | 1014.2 | 0.724 | 1.58 | — | — |
| 瓦斯油 | 1483.5 | 0.825 | 2.55 | 5.4 | 0.2 |
| 热裂化渣油(650℉以上) | 7900.6 | 1.046 | 6.19 | 110 | 12.5 |
| 合计 | 11250.3 | 0.944 | 5.35 | — | — |

①包括硫化氢中的硫3362lb/CD。

表 2-21 热裂化装置硫平衡

| 物料名称 | BPCD | lb/gal | MMlb/CD | 硫含量/%(质) | 硫/(lb/CD) |
| --- | --- | --- | --- | --- | --- |
| 原料 | 10665 | 8.38 | 3.756 | 5.35 | 200964 |
| 产品 | | | | | |
| $C_1$~$C_5$ | 852 | 4.21 | 0.151 | 3.47 | 5243.7 |
| 石脑油 | 1014.2 | 6.03 | 0.257 | 1.58 | 4058.3 |
| 瓦斯油 | 1483.5 | 6.87 | 0.428 | 2.55 | 10914.0 |
| 热裂化渣油 | 7900.6 | 8.80 | 2.920 | 6.19 | 180748.0 |
| 合计 | 11250.3 | 7.94 | 3.756 | 5.35 | 200964.0 |

从气体到380℉以下馏分作为热裂化装置分馏塔顶馏出物送至汽油加氢和轻烃回收装置。瓦斯油送至直馏柴油加氢装置。热裂化渣油直接送至燃料油罐。

④ 关于瓦斯油加氢提供催化裂化装置进料的操作。重减压瓦斯油加氢装置的原料来自于减压蒸馏装置的重减压瓦斯油，以满足催化裂化装置的进料要求。该加氢装置将与轻减压瓦斯油进料分期切换操作，也就是说，它很多时间处理重减压瓦斯油，其他的时候处理轻减压瓦斯油。

重减压瓦斯油操作工况的细节见图2-9、图2-10和图2-11，具体如下：

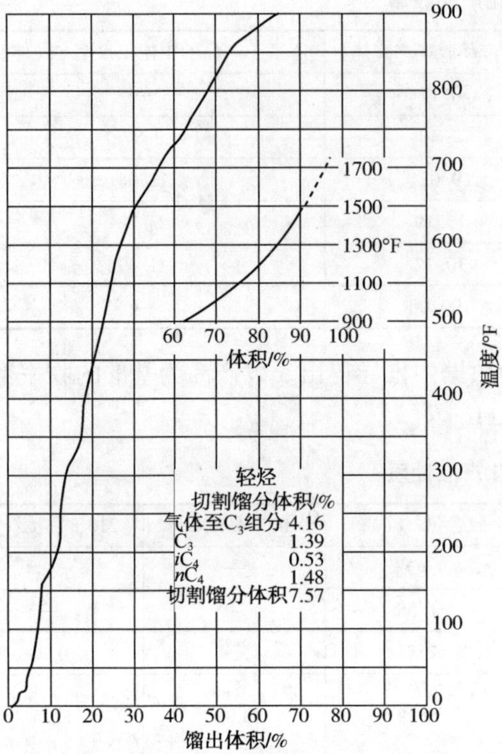


图 2-9　热裂解产物实沸点蒸馏曲线

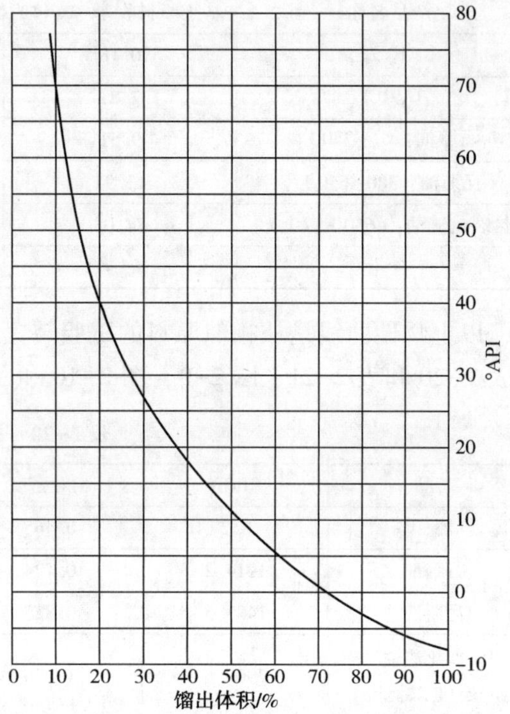


图 2-10　热裂化产物°API 曲线

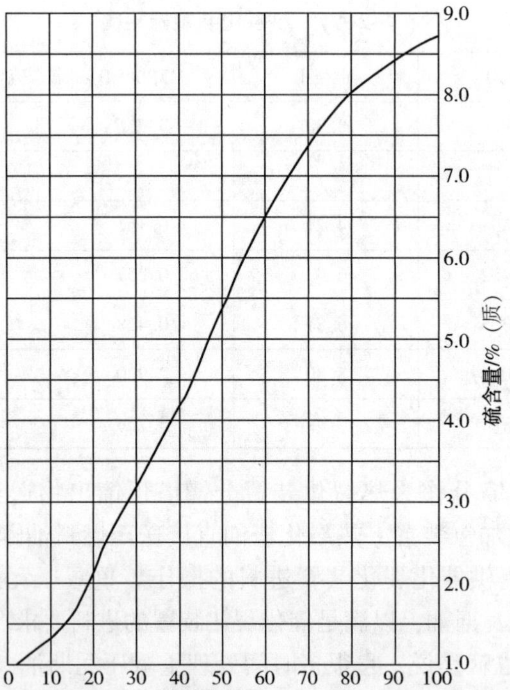


图 2-11　热裂化产物硫含量

加氢装置进料：9275BPCD

60℉的相对密度：0.9218

lb/gal：7.678lb/gal

lb/CD：2990965lb/d

硫含量：3.10%(质)

原料中的总硫=9275×42×7.678×0.031=92720lb/CD

85%(质)的硫已脱去。这相当于硫流量78812lb/CD或2462.9mol/CD。

脱除瓦斯油中硫所需要的氢估计如下：

$H_2S$中的氢含量=92720×0.85/32=2462.9mol/CD

=2462.9×379

=933439scf(60℉和14.7psi)

在脱硫和脱氮过程中需要氢来闭合被打开的烃环。这种反应也会产生少量轻烃，导致处理后的瓦斯油产量有损失。这些反应使氢耗量成倍增加。因此：

所需的化学氢总量=1866878scf/CD(数据来自专利商)

系统中也会有氢气损失(主要是由于闪蒸罐操作和气体排放，详情见“石油加工中的加氢处理”一章)。“排氢和溶解氢损失”达到186689scf(数据来自专利商)，则：

所需的总氢量=1866878+186689

=2053567scf/CD

假设新氢(通常来自石脑油重整装置)的纯度为92%(摩尔)，则：

所需的补充新氢量=2053567/0.92=2232000scf/CD

≈240scf/bbl原料

物料平衡见表2-22和表2-23。

**表2-22 重减压瓦斯油加氢处理物料平衡**

| 物料名称 | BPCD (scf/CD) | 60℉相对密度 (分子量) | lb/CD | 工艺路线 |
|---|---|---|---|---|
| 进料 | | | | |
| 新氢 | (2232000) | (11) | 64781 | |
| 重减压瓦斯油 | 9275 | 0.9218 | 2990965 | |
| 总计 | 9275+新氢 | — | 3055746 | — |
| 产品 | — | — | — | — |
| 硫化氢(+轻烃) | (933439) | (34) | 23739 | 气体净化 |
| 石脑油 | 566 | 0.786 | 154518 | 石脑油加氢 |
| 瓦斯油 | 8811 | 0.898 | 2756987 | 催化裂化 |
| 含$H_2S$尾气 | (162777) | (28) | 120502 | 燃料气净化处理 |
| 总计 | 9377(+气体) | — | 3055746 | — |

表 2-23　加氢处理装置硫平衡

| 物料名称 | MMlb/CD | 硫含量/%(质) | 硫/(lb/CD) |
|---|---|---|---|
| 进料 | — | — | — |
| 重减压瓦斯油 | 2.991 | 3.1 | 92720 |
| 重整氢气 | 0.065 | 忽略 | 0 |
| 总计 | 3.056 | — | 92720 |
| 出料 | — | — | — |
| 硫化氢+轻烃 | 0.024 | 41.0① | 9840 |
| 石脑油 | 0.155 | 0.08 | 125 |
| 瓦斯油 | 2.756 | 0.5 | 13908 |
| 尾气 | 0.121 | 57.0 | 68847 |
| 总计 | 3.056 | — | 92720 |

① 来自净化和汽提塔顶部硫化氢中的硫。

⑤ 重瓦斯油加氢装置加工轻减压瓦斯油工况。加氢装置进料如下：

轻减压瓦斯油：5425BPCD

60℉的相对密度：0.8789

镑/加仑：7.309

硫含量：2.18%(质)

进料量：5425×42×7.309＝1665356lb/CD

原料中的硫：1665356×0.0218＝36305lb/CD

脱硫量(85.0%脱除率)：30859lb/CD

产品中的硫含量：5446lb/CD

产生 $H_2S$ 所需的新氢量：30859/32＝964mol/CD

裂化反应所需的新氢量：1079mol/CD(专利商数据)

氢气排放和溶解损失：204mol/CD(专利商数据)

总补氢量＝2247mol/CD＝851613scf/CD

重整氢气量＝851613/0.92＝925666scf/CD

该装置物料平衡表列于表 2-24 中。

表 2-24　轻减压瓦斯油加氢处理的物料平衡及硫平衡

| 物料名称 | BPCD (scf/CD) | lb/gal (MW) | MMlb/CD | 硫含量/%(质) | 硫/(lb/CD) | 后续处理 |
|---|---|---|---|---|---|---|
| 进料 | | | | | | |
| 轻减压瓦斯油 | 5425 | 7.32 | 1.665 | 2.18 | 36305 | |
| 新氢 | (925666) | (11) | 0.027 | 忽略 | 0 | |
| 总计 | 5425 (+新氢) | | 1.692 | | 36305 | |
| 出料 | | | | | | |
| 气体~$C_5$ | (102375) | (48) | 0.013 | 84.4① | 10783 | 气体处理 |
| 石脑油 | 239 | | 0.063 | 0.08 | 51 | 石脑油加氢 |

续表

| 物料名称 | BPCD (scf/CD) | lb/gal (MW) | MMlb/CD | 硫含量/%(质) | 硫/(lb/CD) | 后续处理 |
|---|---|---|---|---|---|---|
| 瓦斯油 | 5295 | | 1.592 | 0.34 | 5446 | 瓦斯油储罐 |
| 尾气 | (394435) | (23) | 0.024 | 84.1 | 20025 | 气体处理 |
| 总计 | 5534(+气体) | | 1.692 | | 36305 | |

①以硫化氢形式存在的硫来自净化和汽提塔顶部。

⑥ 催化裂化装置。从专利商数据分析，以下是基于脱硫后原料预测的产品分布。

| | |
|---|---|
| $C_2$~$C_3$气体 | 进料体积的8.1% |
| $C_3$ | 进料体积的2.3% |
| $C_3$ | 进料体积的5.6% |
| 正构$C_4$ | 进料体积的2.8% |
| 异构$C_4$ | 进料体积的1.4% |
| $C_4$ | 进料体积的7.6% |
| $C_5$+石脑油 | 进料体积的59.0% |
| 轻循环油 | 进料体积的15.5% |
| 油浆 | 进料的体积的14.0% |
| 合计 | 进料体积的116.3% |

转化为BPCD：

气体~$C_3$：714

$C_3$~$C_4$s：1736

石脑油：5198

轻循环油：1366

油浆：1234

合计：10248

表2-25中列出催化裂化装置的整体物料平衡。

**表2-25 催化裂化装置物料和硫平衡**

| 物料名称 | BPCD | 60℉相对密度 | MMlb/CD | 硫含量/%(质) | 硫/(lb/CD) | 工艺路线 |
|---|---|---|---|---|---|---|
| 原料 | | | | | | |
| 脱硫重减压瓦斯油 | 8811 | 0.898 | 2.757 | 0.50 | 13908 | 催化裂化装置 |
| 产品 | | | | | | |
| 气体~$C_3$ | 714 | | 0.13 | 2.19 | 2850 | 气体处理 |
| $C_3$~$C_5$ | 1736 | 0.560 | 0.341 | | 忽略 | 烷基化 |
| $C_5$~300℉ | 3503 | 0.7856 | 0.929 | | 忽略 | 汽油调和罐 |

续表

| 物料名称 | BPCD | 60℉相对密度 | MMlb/CD | 硫含量/%(质) | 硫/(lb/CD) | 工艺路线 |
|---|---|---|---|---|---|---|
| 300~420℉ | 1695 | 0.8251 | 0.489 | 0.05 | 262 | 汽油调和罐 |
| 轻循环油 | 1366 | 0.9159 | 0.438 | 0.54 | 2380 | 混合瓦斯油 |
| 油浆 | 1234 | 0.990 | 0.428 | 2.0 | 8416 | 燃料油 |
| 总计 | 10248 | | 2.757 | 0.5 | 13908 | |

⑦ 轻减压瓦斯油加氢装置。即柴油加氢装置可在两种工况下运行：第一种为柴油脱硫，第二种是煤油脱硫。

ⅰ. 柴油脱硫工况。在这种情况下，原料为来自常压装置的直馏柴油和热裂化装置的柴油组分。

专利商保证脱硫率达到75%以上。因此：

脱硫量=21536lb/CD

产物中残留的硫=7179lb/CD

脱硫消耗的氢气量=157664scf/CD(直馏柴油)

=97415scf/CD(裂化原料)

=673mol/CD

环饱和所消耗的氢气量=384474 scf/CD(包括损失)

=735322scf/CD(裂化原料)

=2954mol/CD

补充氢气总量=1.375MMscf/CD

补充重整气总量=1.495MMscf/CD

=3945mol/CD

柴油脱硫操作工况概括在表2-26和表2-27中。

**表2-26 柴油加氢装置物料平衡和硫平衡**

| 物料名称 | BPCD (scf/CD) | lb/gal (分子量) | MMscf/CD | 硫含量/%(质) | 硫/(lb/CD) | 工艺路线 |
|---|---|---|---|---|---|---|
| 进料 | | | | | | |
| 柴油 | 8399 | 7.0 | 2.470 | 1.16 | 28652 | |
| 重整氢气 | (1495000) | (11) | 0.043 | 忽略 | 0 | |
| 总计 | 8399(+新氢) | | 2.513 | | | |
| 产品 | | | | | | |
| 气体~$C_5$ | (42037) | (55) | 0.006 | 69.5 | 4168 | 气体处理 |
| 石脑油 | 459 | 6.55 | 0.126 | 0.08 | 101 | 石脑油加氢 |
| 柴油 | 8036 | 6.98 | 2.356 | 0.30 | 7068 | 柴油池 |
| 尾气 | (255067) | (37) | 0.025 | 69.4 | 17315 | 气体处理 |
| 总计 | 8495(+气体) | | 2.513 | | 28652 | |

表 2-27 柴油原料

| | BPCD | 60℉的相对密度 | lb/gal | MMlb/CD | 硫含量/% | 硫/(lb/CD) |
|---|---|---|---|---|---|---|
| 直馏产品 | 6915 | 0.842 | 7.013 | 2.04 | 0.87 | 17748 |
| 裂化柴油 | 1484 | 0.825 | 6.87 | 0.43 | 2.55 | 10967 |
| 总计 | 8399 | 0.841 | 7.00 | 2.47 | 1.16 | 28715 |

ⅱ. 煤油加氢脱硫工况：

来自常压蒸馏装置的煤油：4545BPCD

60℉下相对密度：0.8048

MMlb/CD：1.280MMlb/CD

硫含量：0.21%(质)

总硫量：2685lb/CD

专利商保证达到平均99%(质)的硫脱除率。

硫脱除量为2631lb/CD，产生 $H_2S$ 量为2795lb/CD。

由于反应过程不会产生大量的石脑油，也不需要大量的氢来饱和环烃。所有补充的纯氢气量为82mol/CD或相当于82÷0.92=89mol/CD的重整氢气，等于33780scf/CD。

ⅲ. 煤油加氢工况：概括如下：

| | | |
|---|---|---|
| 进料 | | |
| 煤油原料 | 4545BPCD | 1.280MMlb/CD |
| 氢气 | 89mol/CD | 979lb/CD(重整氢气) |
| 总计 | | 1280979lb/CD |
| 产品 | | |
| 煤油产品 | 4539BPCD | 1277342lb/CD |
| 硫化氢 | 82mol/CD | 2788lb/CD |
| 汽提损失 | | 813lb/CD |
| 总计 | | 1280166lb/CD |

⑧ 石脑油调和及处理。石脑油和轻烃处理过程概述如下：

| 物料来源 | 物料名称 | 量/BPCD |
|---|---|---|
| 常压装置 | 气体~$C_5$ | 855 |
| | 轻石脑油~212℉ | 5219.5 |
| | 重石脑油~380℉ | 7100 |
| 热裂化装置 | 气体~$C_5$ | 852 |
| | 轻石脑油~212℉ | 436.5 |
| | 重石脑油~380℉ | 577.7 |
| 加氢装置 | 气体~$C_5$ | |
| | 轻石脑油~212℉ | 323.5 |

续表

| 物料来源 | 物料名称 | 量/BPCD |
|---|---|---|
| | 重石脑油~380℉ | 940.5 |
| 粗汽油至石脑油加氢 | 气体~ $C_5$ | 1707 |
| | 轻石脑油 | 5981 |
| | 重石脑油 | 8618 |
| | 合计 | 16306 |
| 轻石脑油至汽油罐 | 合计 | 5970 |
| 重石脑油至重整 | 合计 | 8618 |

石脑油加氢装置物料平衡见表 2-33。

⑨ 催化重整装置。重整反应要求反应器压力为 350psig，并保证产品达到研究法辛烷值为 91 的标准。

这些工况下的专利商数据是：

重整汽油收率：79.5%

重整汽油产量：6851.5BPCD

纯氢产量：5.13MMscf/CD，纯度为 70%(摩尔)

重整氢气量：5.13÷0.7=7.33MMscf/CD

专利商给出的重整气的摩尔质量为 12，则重整气量为 0.237MMlb/CD。

重整戊烷油量为 6851BPCD，当密度为 6.604lb/gal 时，则重整产品量为 1.9MMlb/CD。

重整装置汽提塔出口的轻烃组分平衡如下：新鲜原料 2.276MMlb/CD；重整汽油 1.900MMlb/CD；重整气体 0.237MMlb/CD；通过差值计算，至重整产品稳定系统的轻烃量为 0.152MMlb/CD。

重整装置物料平衡见表 2-28。

**表 2-28　重整装置的物料平衡**

| 物料名称 | BPCD<br>(MMscf/CD) | 60℉相对密度<br>(分子量) | MMlb/CD | 工艺路线 |
|---|---|---|---|---|
| 进料 | | | | |
| 来自常压装置的重石脑油 | 7100 | 0.755 | 1.863 | |
| 来自热裂化装置的重石脑油 | 578 | 0.752 | 0.152 | |
| 来自加氢装置的重石脑油 | 940 | 0.793 | 0.261 | |
| 总计 | 8618 | 0.7543 | 2.276 | |
| 出料 | | | | |
| 重整气体 | (7.33) | (11) | 0.224 | 去石脑油加氢 |

续表

| 物料名称 | BPCD (MMscf/CD) | 60℉相对密度 (分子量) | MMlb/CD | 工艺路线 |
|---|---|---|---|---|
| 轻烃 | 837 | 0.521 | 0.152 | 去饱和轻烃 |
| 重整汽油 | 6852 | 0.7927 | 1.900 | 去汽油调和池 |
| 总计 | 7689 | | 2.276 | |

表 2-29 中给出了重整装置轻烃的分析数据。

**表 2-29 重整轻烃组成分析数据**

| | %(质) | lb/CD | BPCD |
|---|---|---|---|
| 气体~$C_3$ | 9.8 | 14896 | 122 |
| $C_3$ | 33.1 | 50312 | 284 |
| 正构 $C_4$ | 22.0 | 33440 | 170 |
| 异构 $C_4$ | 35.1 | 53352 | 261 |
| 总计 | 100.0 | 152000 | 837 |

石脑油联合加氢装置用重整废氢为新鲜进料进行一次性脱硫，消耗 6%(体)的氢，并吸收重整废气中的轻烃以将废气中氢气的浓度升提浓至 92%(摩尔)。

加氢反应消耗的氢气=0.308MMscf/CD。

从重整废气中得到的氢气量=5.13-0.308=4.822MMscf/CD。

从加氢反应器排放的废气量=4.822÷0.92=5.241MMscf/CD。

通过差值计算，加氢装置稳定系统吸收的轻烃气体的体积为 7.33-5.241=2.089MMscf/CD 或 5526mol/CD。被吸收的气体比重整汽油中吸收的气体密度略大。具体的摩尔组成见表 2-30。

**表 2-30 重整轻烃净收率**

| | %(摩尔) | mol/CD | lb/CD | BPCD |
|---|---|---|---|---|
| 气体~$C_3$ | 8.2 | 453.1 | 6797 | 56 |
| $C_3$ | 37.3 | 2061.2 | 90693 | 514 |
| 正构 $C_4$ | 20.1 | 1110.8 | 64422 | 328 |
| 异构 $C_4$ | 34.4 | 1900.9 | 110255 | 540 |
| 总计 | 100.0 | 5526 | 272167 | 1438 |

⑩ 饱和轻烃整合。来自热裂化装置的轻烃含有大量不饱和烃，通常将其与常压装置常顶气混合，加氢后，再将其分离成相应的组分。因此，这个案例里的轻烃被当作饱和烃处理。

⑪ 异构化和烷基化过程。烷基化的新鲜进料是来自催化裂化装置的 $C_3$ 和 $C_4$。流股的体积、质量组成见表 2-31。

表 2-31 烷基化装置进料组成

| 组分 | %(体) | BPCD | lb/gal | lb/CD |
|---|---|---|---|---|
| $C_3$ | 11.7 | 203 | 4.22 | 35980 |
| $C_3$- | 28.4 | 493 | 4.34 | 89864 |
| $iC_4$ | 14.2 | 247 | 4.68 | 48550 |
| $nC_4$ | 7.1 | 123 | 4.86 | 25107 |
| $C_4$- | 38.6 | 670 | 5.00 | 140700 |
| 总计 | 100.0 | 1736 | 4.67 | 340201 |

来自专利商所提供的数据：

来自丙烯的烷基化产物=1.76×493=868BPCD

来自丁烯的烷基化产物=1.77×670=186BPCD

烷基化产品的体积组成见表 2-32。

表 2-32 烷基化产品组成

| | 来自丙烯 | | | | 来自丁烯 | | | |
|---|---|---|---|---|---|---|---|---|
| | %(质) | lb/gal | 体积因子 | %(体) | %(质) | 体积因子 | %(体) | |
| $C_5$ | 9.0 | 5.25 | 1.71 | 9.9 | 4.0 | 0.8 | 4.75 | |
| $C_6$ | 4.0 | 5.53 | 0.72 | 4.16 | 2.0 | 0.4 | 2.37 | |
| $C_7$ | 68.0 | 5.73 | 11.87 | 68.55 | 2.0 | 0.3 | 1.78 | |
| $C_8$ | 10.0 | 5.89 | 1.69 | 9.76 | 80.0 | 13.58 | 80.65 | |
| $C_{9+}$ | 9.0 | 6.8 | 1.32 | 7.63 | 12.0 | 1.76 | 10.45 | |
| 总计 | 100.0 | 5.78 | 17.31 | 100.0 | 100.0 | 16.84 | 100.0 | 5.93 lb/gal |

烷基化产品总量=2054BPCD=506101lb/CD

异丁烷消耗量=1.34×丙烯+1.15×丁烯

=1.34×493+1.15×670=1416.3BPCD

=278000lb/CD

催化裂化装置的轻烃中含 $iC_4$ 的量为 4850lb/CD。

仍需要从其他来源获取 223500lb/CD 或 1167BPCD。

在该工艺中，使用丁烷异构化剂以提供必要的异丁烷，饱和丁烷中 50%(质)的正丁烷转化为异丁烷。石脑油加氢单元物料平衡见表 2-33。

表 2-33 石脑油加氢单元物料平衡

| 进料 | BPCD (MMscf/CD) | 60°F相对密度 (分子量) | MMlb/CD | 工艺路线 |
|---|---|---|---|---|
| 气体~$C_5$ | 1707 | 0.320 | 0.313 | |
| 轻石脑油 | 5970 | 0.661 | 1.379 | |
| 重石脑油 | 8618 | 0.756 | 2.276 | |

续表

| 进料 | BPCD (MMscf/CD) | 60℉相对密度 (分子量) | MMlb/CD | 工艺路线 |
|---|---|---|---|---|
| 重整气体 | (7.33) | (11) | 0.224 | |
| 总计 | 16295 | | 4.192 | |
| 产品 | | | | |
| 脱丁烷气体 | 2817 | 0.436 | 0.398 | 轻烃饱和 |
| 分馏系统进料 | 14588 | 0.716 | 3.655 | 石脑油分离 |
| 富氢气体 | (5.241) | (10) | 0.139 | 氢气系统 |
| 总计 | 17296 | | 4.192 | |

从表2-33可以看出，饱和轻烃中可得到的总丁烷组成如下：

| | | | |
|---|---|---|---|
| 异丁烷 | 670BPCD | 131695lb/CD | 29.2%(质) |
| 正丁烷 | 1559BPCD | 318223lb/CD | 70.8%(质) |

50%的正丁烷发生异构化，得到异构化产物，每100lb进料产生29.2+35.4lb异丁烷和35.4lb正丁烷(表2-34)。异构化反应器的进料为229500÷(0.292+0.354)=355263lb/CD或528BPCD的异丁烷以及1232BPCD的正丁烷。烷基化和异构化的联合物料平衡见表2-35。

**表2-34 各装置饱和轻烃汇总**

| 来源 | BPCD | | | | |
|---|---|---|---|---|---|
| | 气体至 $C_3$ | $C_3$ | 异丁烷 | 正丁烷 | 总计 |
| 原油蒸馏装置 | 51 | 103 | 112 | 590 | 856 |
| 热裂化装置 | 468 | 156 | 60 | 168 | 852 |
| 催化重整装置 | 122 | 284 | 170 | 261 | 837 |
| 石脑油加氢装置 | 56 | 514 | 328 | 540 | 1438 |
| 总计 | 697 | 1057 | 670 | 1559 | 3983 |

**表2-35 异构化/烷基化的物料平衡**

| 物 料 名 称 | lb/CD | lb/gal | BPCD | 工艺路线 |
|---|---|---|---|---|
| 进料 | | | | |
| 来自催化裂化装置的不饱烃 | 340201 | | 1736 | |
| 来自饱和轻烃的丁烷 | 355263 | | 1760 | |
| 总计 | 695464 | 4.74 | 3496 | |
| 产品 | | | | |
| 来自催化裂化装置的 $C_3$ | 35980 | | 203 | 液化石油气罐 |
| 来自饱和轻烃的正丁烷 | 125763 | | 616 | 汽油/液化气 |
| 来自催化裂化装置的正丁烷 | 25107 | | 123 | 汽油/液化气 |
| 烷基化油 | 506101 | | 2054 | 汽油 |
| 总计 | 692951 | 5.51 | 2996 | |

（2）产品调和与性质

① 汽油调和。两种等级的汽油都会被调和成满足辛烷值要求且没有质量过剩的产品。这些等级及其调和说明见表2-36。

**表2-36 汽油等级和调和规格**

| | 特级 | 常规等级 |
|---|---|---|
| 研究法辛烷值 | 90 | 82 |
| 雷德饱和蒸汽压(最小值) | 7 psia | 7 psia |
| 挥发性：恩氏蒸馏曲线 | | |
| 50%蒸馏率(最小) | 275℉ | 175℉ |
| 60%蒸馏率(最大) | 300℉ | 210℉ |
| 95%蒸馏率(最大) | 400℉ | 325℉ |

② 特级汽油。可满足特级汽油的辛烷值规格和数量的汽油预调和组分见表2-37。

**表2-37 特级汽油调和组分**

| | BPCD | %(体) | 研究法辛烷值 | 辛烷因子 |
|---|---|---|---|---|
| 烷基化油 | 2054 | 26.7 | 97 | 0.26 |
| 重质裂化石脑油 | 1695 | 22.0 | 89 | 0.20 |
| 轻质裂化石脑油 | 1000 | 13.0 | 94 | 0.12 |
| 重整油 | 1951 | 25.3 | 91 | 0.23 |
| 轻直馏石脑油 | 1000 | 13.0 | 69 | 0.09 |
| 总计 | 7700 | 100.0 | 90 | 0.90 |

③ 蒸馏曲线。将原料调和组分的实沸点蒸馏曲线，按照同样的沸点范围切割，并绘制出调和汽油的复合实沸点蒸馏曲线。有关数据请参阅表2-38和表2-39。饱和蒸气压混合因子见表2-39。

**表2-38 调和汽油组成性质**

| 组分 | 温度/℉ | 轻直馏石脑油 | | 重整油 | | 轻裂化石脑油 | | 重裂化石脑油 | | 烷基化油 | | 合计/BPCD |
|---|---|---|---|---|---|---|---|---|---|---|---|---|
| | | %(体) | BPCD | %(体) | BPCD | %(体) | BPCD | %(体) | BPCD | %(体) | BPCD | |
| 1 | 45~100 | 20 | 200 | 6 | 117 | 5 | 50 | | | | | 367 |
| 2 | 125 | 15 | 150 | 4 | 78 | 5 | 50 | | | | | 278 |
| 3 | 150 | 15 | 150 | 7 | 137 | 19 | 190 | | | | | 477 |
| 4 | 175 | 30 | 300 | 8 | 156 | 14 | 140 | | | 2 | 41 | 637 |
| 5 | 200 | 10 | 100 | 8 | 156 | 15 | 150 | | | 8 | 164 | 570 |
| 6 | 250 | 10 | 100 | 17 | 331 | 19 | 190 | | | 2 | 41 | 662 |
| 7 | 275 | | | 20 | 390 | 8 | 80 | | | 30 | 616 | 1086 |
| 8 | 300 | | | 12 | 234 | 5 | 50 | 5 | 85 | 45 | 925 | 1294 |
| 9 | 350 | | | 12 | 234 | 10 | 100 | 42 | 712 | 13 | 267 | 1313 |
| 10 | 400 | | | 3 | 59 | | | 43 | 728 | | | 787 |
| 11 | 475 | | | 3 | 59 | | | 10 | 170 | | | 229 |
| 总计 | | 100 | 1000 | 100 | 1951 | 100 | 1000 | 100 | 1695 | 100 | 2054 | 7700 |

表 2-39 汽油饱和蒸气压调和因子

| 组分 | 中沸点/℉ | lb/gal | 摩尔质量 | 蒸气压（100℉）/ psia | %（体） | 质量分数 | 摩尔分数 |
|---|---|---|---|---|---|---|---|
| 1 | 75 | 5. 96 | 72 | 22 | 4. 77 | 28. 43 | 0. 395 |
| 2 | 115 | 6. 03 | 73 | 11 | 3. 61 | 21. 77 | 0. 298 |
| 3 | 135 | 6. 09 | 75 | 6. 2 | 6. 19 | 37. 70 | 0. 503 |
| 4 | 155 | 6. 17 | 81 | 5. 0 | 8. 27 | 51. 03 | 0. 630 |
| 5 | 185 | 6. 25 | 90 | 2. 5 | 7. 41 | 46. 31 | 0. 515 |
| 6 | 225 | 6. 39 | 100 | | 8. 61 | 55. 02 | 0. 550 |
| 7 | 260 | 6. 49 | 110 | | 14. 11 | 91. 57 | 0. 832 |
| 8 | 285 | 6. 56 | 119 | 1. 8 | 16. 79 | 110. 14 | 1. 08 |
| 9 | 315 | 6. 64 | 128 | | 17. 06 | 113. 28 | 0. 885 |
| 10 | 375 | 6. 83 | 148 | | 10. 22 | 69. 80 | 0. 471 |
| 11 | 420 | 6. 95 | 162 | | 2. 96 | 20. 57 | 0. 127 |
| 总计 | | 6. 45 | 103 | | 100. 00 | 645. 62 | 6. 287 |

实沸点蒸馏曲线和由此得到的恩氏蒸馏曲线如图 2-12 所示。

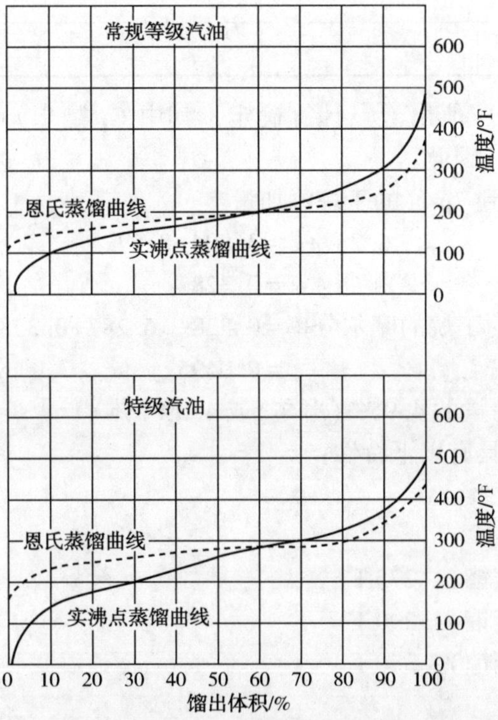


图 2-12 特级和常规等级实沸点蒸馏曲线和恩氏蒸馏曲线

然后用组分分割的方法来确定产品的相对密度，以及为满足饱和蒸气压将添加到调和产品中 $C_4$ 的量。见表 2-40。

表 2-40　添加丁烷以满足特级汽油的饱和蒸气压指标

| 组分 | 中平均沸点/℉ | 100℉饱和蒸气压/psia | K=饱和蒸气压/7 | 摩尔/液相 | 摩尔/气相 |
|---|---|---|---|---|---|
| $C_4$ | | 60 | 8.57 | $x$ | 8.57$x$ |
| 1 | 75 | 22 | 3.14 | 0.395 | 1.241 |
| 2 | 115 | 11 | 1.57 | 0.298 | 0.469 |
| 3 | 135 | 6.2 | 0.89 | 0.503 | 0.445 |
| 4 | 155 | 5.0 | 0.71 | 0.630 | 0.450 |
| 5 | 185 | 2.5 | 0.36 | 0.515 | 0.184 |
| 6 | 225 | | | | |
| 7 | 260 | | | | |
| 8 | 285 | 1.8 | 0.26 | 3.946 | 1.015 |
| 9 | 315 | | | | |
| 10 | 375 | | | | |
| 11 | 420 | | | | |
| 总计 | | | | 6.287+$x$ | 3.804+8.57$x$ |

调和成品的雷德蒸气压值由泡点计算确定，其中 $C_4$ 是未知数 $x$，并且雷德蒸气压在100℉温度下设定为7psia。因此：

计算使雷德蒸气压达到7psia的丁烷添加量：

$$6.287+x=3.804+8.57x$$

解得：$x=0.328$

则：添加的丁烷的摩尔分率 $=0.328\div(6.287+0.328)$

$=0.0495$

则 $C_4$ 添加量为总产品量的4.95%(摩尔)或4.0%(体)。

调和出的优质汽油将具有以下特性：

60℉相对密度：0.7749

饱和蒸气压：7.0psia

50%馏出温度(恩氏蒸馏)：275℉

60%馏出温度(恩氏蒸馏)：290℉

95%馏出温度(恩氏蒸馏)：380℉

研究法辛烷值：90

以上条件满足产品所需的规格。

④ 常规汽油。此处仅列出用于常规汽油原料的调和组分。调和配方的其余部分将依照特级汽油的调和配方。常规汽油的调和组分见表2-41。

表 2-41　常规汽油调和

| 组分 | 温度/℉ | 轻直馏石脑油 | | 重整油 | | 轻裂化石脑油 | | 合计/BPCD |
|---|---|---|---|---|---|---|---|---|
| | | %(体) | BPCD | %(体) | BPCD | %(体) | BPCD | |
| 1 | 45~100 | 20 | 993.9 | 6 | 294 | 5 | 125.2 | 1413.1 |
| 2 | 125 | 15 | 745.4 | 4 | 196 | 5 | 125.2 | 1066.6 |
| 3 | 150 | 15 | 745.4 | 7 | 343 | 19 | 475.6 | 1564.0 |
| 4 | 175 | 30 | 1490.8 | 8 | 392 | 14 | 350.4 | 2233.2 |
| 5 | 200 | 10 | 497 | 8 | 392 | 15 | 375.4 | 1264.4 |
| 6 | 250 | 10 | 497 | 17 | 833 | 19 | 475.5 | 1805.5 |
| 7 | 275 | | | 20 | 980 | 8 | 200.2 | 1180.2 |
| 8 | 300 | | | 12 | 588 | 5 | 125.2 | 713.2 |
| 9 | 350 | | | 12 | 588 | 10 | 250.3 | 838.3 |
| 10 | 400 | | | 3 | 147 | | | 147 |
| 11 | 475 | | | 3 | 147 | | | 147 |
| 总计 | | | 4969.5 | 100 | 4900 | 100 | 2503 | 12372.5 |

按照与特级汽油相同的计算过程，在图 2-12 中给出了实沸点蒸馏曲线和恩氏蒸馏曲线。通过饱和蒸气压的计算表明，为了满足 7psia 的雷德蒸气压，需要加入 0.36%(体)的 $C_4$ 组分。

常规汽油具有以下特性：

60℉相对密度：0.7531

饱和蒸气压：7.0psia

50%馏出温度(恩氏蒸馏)：185℉

60%馏出温度(恩氏蒸馏)：200℉

95%馏出温度(恩氏蒸馏)：310℉

研究法辛烷值：82

去汽油调和罐的丁烷中有 310BPCD 用于特级汽油调和，45BPCD 用于常规汽油调和，总计 355BPCD。汽油产品产量如下：特级等级 8010BPCD、常规等级 12418BPCD。

ⅰ. 液化石油气调和池：

液化石油气大部分来自炼油厂工艺中的脱丙烷：脱乙烷和烷基化过程，见下表：

| | |
|---|---|
| 来自脱乙烷的 $C_3$ | 1057BPCD |
| 来自烷基化的 $C_3$ | 203BPCD |
| 液化气中 $C_3$ 总量 | 1260BPCD |
| 来自脱丙烷的 $C_4$(净) | 469BPCD |
| 来自烷基化的 $C_4$ | 739BPCD |
| 用于汽油调和的 $C_4$ | 355BPCD |
| 液化气中的 $C_4$ 总量 | 853BPCD |

以上各个工艺过程的操作都满足液化石油气规格。

ⅱ. 燃料油池：主要生产三种燃料油产品：船用柴油、重燃料油、高硫燃料油。

a. 船用柴油规格：

60℉相对密度：0.830(最小)

100℉雷氏黏度：40s(最小)

倾点：45℉(最大)

闪点：150℉(最小)

硫含量：1.0%(质)(最大)

b. 重燃油规格：

60℉相对密度 1.00(最大)

硫含量：5.0%(质)(最大)

122℉黏度：170cSt(最大)

闪点：160℉(最小)

倾点：65℉(最大)

c. 高硫船用燃料：

60℉相对密度 1.05(最大)

122℉黏度：370cSt 最大

闪点：160℉(最小)

硫含量：6.22%(质)(最大)

d. 调和以满足船用柴油规格：

用脱硫后的轻瓦斯油和热裂化渣油进行调和。

50%的轻减压瓦斯油将用于调和船用柴油，2648BPCD 即 796306lb/CD。

计算混合物中热裂化渣油以满足硫含量要求。

设 $x$ 为混合物中热裂化渣油的量，单位为磅，则：

$$(796306 \times 0.0035) + 0.0619x = 0.01(796306 + x)$$

解得：$x = 99730\text{lb/CD}$

总混合物 = 796306+99730 = 896036lb

或 2648+270 = 2918BPCD；60℉相对密度为 0.877。

计算结果满足相对密度和硫含量的要求，按表 2-42 中确认倾点是否符合要求。

**表 2-42 燃料油倾点调和**

| 组成 | 组成 | | 50%馏出温度(恩氏蒸馏) | | 倾点 | | 调和 |
|---|---|---|---|---|---|---|---|
| | BPCD | 因子 | 50% | 因子 | 倾点/℉ | 指数 | |
| | | A | B | A×B | | C | A×C |
| 轻减压瓦斯油 | 2648 | 0.91 | 700 | 637 | 15 | 5 | 4.6 |
| 裂解尾油 | 270 | 0.09 | 920 | 82.8 | 65 | 22① | 2 |
| 总计 | 2918 | 1.00 | | 719.8 | | | 6.6 |

① 对应于恩氏蒸馏 50%馏出温度 720℉和 6.6 指数的倾点为 22℉。因此，调和产品符合船用柴油的要求。

轻减压瓦斯油：

倾点 15℉(不对加氢处理引起的变化进行校正)。

50%馏出温度(恩氏蒸馏)：约 700℉

热裂化渣油倾点为：65℉

50%馏出温度(恩氏蒸馏)约：900℉

e. 重燃料油调和：

80%的热裂化渣油用于重质燃料油调和：

硫量：6320BPCD

硫含量：6.19%(质)

122℉：黏度 75 cSt

60℉：相对密度 1.046

倾点：55℉

该产品不符合硫或密度的规格，故必须与加氢处理的瓦斯油混合以满足硫含量要求。

$$热裂化渣油中的总硫 = 6320\times42\times8.8\times0.0619$$
$$= 144541\text{lb}$$

设 $x$ 为混合物中加氢处理轻减压瓦斯油的量，单位为 lb，则：

$$144541+0.0035x=0.05(2335072+x)$$

$$解得：x=597578\text{lb/CD}$$

$$则：总燃料油混合物 = 2335072+597578=2932650\text{lb/CD}$$
$$=(6317+1990)\text{BPCD}=8306\text{BPCD}$$

60℉相对密度为 0.998，符合规格。

热裂化渣油的倾点为 55℉，与轻瓦斯油混合，倾点<55℉，满足最高不超过 65℉的燃油规格。

f. 高硫船用燃料调和：

剩余的热裂化渣油量为 1314BPCD。不需要进一步调和即可满足高硫船用燃料的标准。催化油浆也用于调和此产品。总产品量为 923000lb/CD 或 2548BPCD。

ⅲ 瓦斯油调和池：

a. 车用柴油规格：

60℉相对密度：0.83~0.86

10℉黏度：1.6~5.5cSt

闪点：150℉(最小)

倾点：15℉(最大)

硫含量：0.35%(质)(最大)

恩氏蒸馏数据：

50%馏出温度：464℉(最小)；657℉(最大)

90%馏出温度：615℉(最小)

终馏点：725℉(最小)

柴油指数：54(最小)

所有柴油和剩余的轻减压瓦斯油将通过调和以满足该产品规格。为了满足密度或蒸馏特性，可以加入一些脱硫煤油。柴油指数、倾点和闪点规格是相对容易达到的，还需要确认黏度指标。

硫含量和倾点规格确认见表 2-43。

**表 2-43　柴油调和规格确认表**

| | BPCD | lb/gal | MMlb/CD | 倾点/℉ | 硫含量/%(质) |
|---|---|---|---|---|---|
| 瓦斯油 | 655 | 7.163 | 0.197 | 15 | 0.35 |
| 柴油 | 8101 | 6.98 | 2.374 | 0 | 0.31 |
| 总计 | 8756 | 6.7 | 2.572 | <15 | 0.313 |

蒸馏数据：计算的混合物的恩氏蒸馏数据见表 2-44，已满足所需的指标。

**表 2-44　柴油产品馏程确认表**

| 馏出体积/% | 温度/℉ |
|---|---|
| 0 | 460 |
| 10 | 515 |
| 30 | 540 |
| 50 | 561 |
| 90 | 615 |
| 终馏点 | 685 |

黏度确认：如表 2-45 所示。

**表 2-45　柴油产品黏度估计**

| | %(体) | 100℉黏度 | 黏度指数 | 因子[指数×%(体)] |
|---|---|---|---|---|
| 瓦斯油 | 7.5 | 13.0 | 38 | 285 |
| 柴油 | 92.5 | 4.0 | 48 | 4440 |
| 总计 | 100.0 | | | 4725 |

调和后柴油指数 4725÷100=47.25，相应黏度 4.8cSt，满足指标要求。

通过以上步骤就完成了车用柴油产品的调和计算。

b. 瓦斯油(民用燃料油)

60℉相对密度：0.840~0.860

闪点：150℉(最小)

恩氏蒸馏数据：

10%馏出温度：40℉(最小)

50%馏出温度：475℉(最大)

90%馏出温度：675℉(最大)

终馏点：750℉(最大)

硫含量：0.3%(最大)

c. 民用燃料油配方：

建议将所有催化裂化的轻循环油与足够多的煤油进行混合，以满足硫含量指标，因此：

设 $x$lb/CD 为调和组分中煤油的量，则：

循环油中的硫含量为 2380lb/CD，煤油中的硫含量为 $0.00004x$：

$$2380+0.00004x=0.003(438000+x)$$

$$\text{解得：}x=439527\text{lb/CD}$$

调和结果见表 2-46。

表 2-46　民用瓦斯油调和配方

| 物料名称 | MMlb/CD | lb/gal | BPCD |
|---|---|---|---|
| 轻循环油 | 0.438 | 7.63 | 1366 |
| 煤油 | 0.440 | 6.70 | 1563 |
| 合计 | 0.878 | 7.13 | 2929 |

调和产物相对密度为 0.856，符合指标要求，恩氏蒸馏数据如下：

10%的馏出温度：401℉

50%的馏出温度：473℉

90%的馏出温度：571℉

终馏点：647℉

满足蒸馏数据指标。

核算闪点：煤油闪点 = 0.77(恩氏蒸馏 5%馏出温度 - 150)

= 0.77×(370 - 150) = 169.4℉

轻循环油的恩氏蒸馏 5%馏出温度高于 370℉；因此，混合物闪点将>150℉，符合指标要求。

(3) 总物料平衡和硫平衡

有关炼油厂产品收率和物料平衡的信息，见表 2-47。

表 2-47　计算的产品组成和硫含量

| 项目 | 进料 | BPCD (MMlb/CD) | lb/gal (分子量) | MMlb/CD | 硫含量/%(质) | 硫/(lb/CD) |
|---|---|---|---|---|---|---|
| 1 | 原油 | 50000 | 7.13 | 14.973 | 2.35 | 351701 |
| 2 | 氢气 | (7.33) | (11) | 0.224 | 忽略 | 0 |
| 3 | 总轻烃进料出料量 | 50000 | | 15.197 | | 351701 |
| 4 | 石脑油加氢轻烃 | | | 0.272 | 4.65 | 11273 |
| 5 | 煤油加氢轻烃 | | | 0.004 | 65.78 | 2631 |
| 6 | 柴油加氢轻烃 | | | 0.031 | 69.30 | 21483 |
| 7 | 轻瓦斯油加氢轻烃 | | | 0.037 | 83.26 | 30808 |
| 8 | 重瓦斯油加氢轻烃 | | | 0.144 | 54.64 | 78687 |
| 9 | 催化裂化轻烃 | | | 0.13 | 2.19 | 2850 |
| 10 | 重整轻烃 | | | 0.152 | | 0 |
| 11 | 生成轻烃总量 | | | 0.770 | | 147732 |
| | | | | | | $H_2S$ 形式 |
| | 轻烃产品 | | | | | |
| 12 | 燃料气 | 1334 | | 0.224 | | |
| 13 | 液化石油气 | 2113 | | 0.398 | | |
| 14 | 硫 | | | 0.139 | (或 672t) | |
| | 液体产品 | | | | | |
| 15 | 汽油 | | | 5.440 | 忽略 | 0 |

续表

| 项目 | 进料 | BPCD<br>(MMlb/CD) | lb/gal<br>(分子量) | MMlb/CD | 硫含量/<br>%(质) | 硫/<br>(lb/CD) |
|---|---|---|---|---|---|---|
| 16 | 煤油 | | | 0.837 | 0.004 | 36 |
| 17 | 车用柴油 | | | 2.572 | 0.96 | 8049 |
| 18 | 瓦斯油 | | | 0.878 | 0.27 | 2383 |
| 19 | 发动机柴油 | | | 0.896 | 1.00 | 8960 |
| 20 | 重燃料油 | | | 2.933 | 5.0 | 146633 |
| 21 | 船用燃料油 | | | 0.923 | 4.17 | 38469 |
| 15~21 | 总液体产品 | | | 14.479 | | 204530 |
| 12~21 | 总产品分布 | | | 15.240 | 2.32 | 352262 |

进装置和出装置之间的偏差=+0.2%

硫=+0.1%

两者偏差均在可接受误差范围内。

装置设计能力。每个装置的加工负荷需在满足产品的指标要求条件下满足全厂总流程的需求。在设计装置加工负荷时，需根据生产经验的统计考虑每种工艺的停工检修时间，对于操作习惯不同的公司，根据他们的经验、维护理念以及所希望的设计特点，设计运行的负荷率可能会有所不同。例如，后一种情况将从当前的备用泵策略、工厂控制系统的复杂性等因素来考虑。表 2-48 中的运行时间是用于举例，但它们在某种程度上是典型的。表 2-48 中展示了如何应用运行时间来计算装置设计能力或每日的加工负荷。图 2-13 中展示了该总流程布置的流程框图。

**表 2-48　装置设计能力**

| 装置 | BPCD | 负荷率/% | 每年生产天数/d | BPSD | 备注 |
|---|---|---|---|---|---|
| 常压蒸馏 | 50000 | 92 | 336 | 54500 | |
| 减压蒸馏 | 25365 | 92 | 336 | 27570 | |
| 石脑油加氢 | 17583 | 90 | 330 | 19540 | 包含重整气 |
| 脱丁烷 | 17583 | 92 | 336 | 19110 | |
| 石脑油分离 | 14589 | 92 | 336 | 15860 | |
| 脱丙烷 | 3960 | 92 | 336 | 4310 | |
| 脱乙烷 | 1774 | 92 | 336 | 1930 | |
| 催化重整 | 8618 | 87 | 318 | 9910 | 在辛烷值 97 的条件下操作 |
| 热裂化 | 10665 | 87 | 318 | 12260 | |
| 轻瓦斯油加氢 | | 90 | | 13980 | |
| 煤油 | 4545 | | 119 | | |
| 柴油 | 8036 | | 211 | | |
| 重瓦斯油加氢 | | 90 | | 16330 | |
| 轻减压瓦斯油 | 5425 | | 122 | | |
| 重减压瓦斯油 | 8036 | | 208 | | |
| 催化裂化 | 8811 | 87 | 318 | 10130 | 包含消耗的气体 |
| 异构化/烷基化 | 3496 | 90 | 330 | 3880 | |
| 气体处理 | 2167 | 95 | 347 | 2280 | |
| 硫黄回收 | (62t) | 95 | 347 | (70t) | |

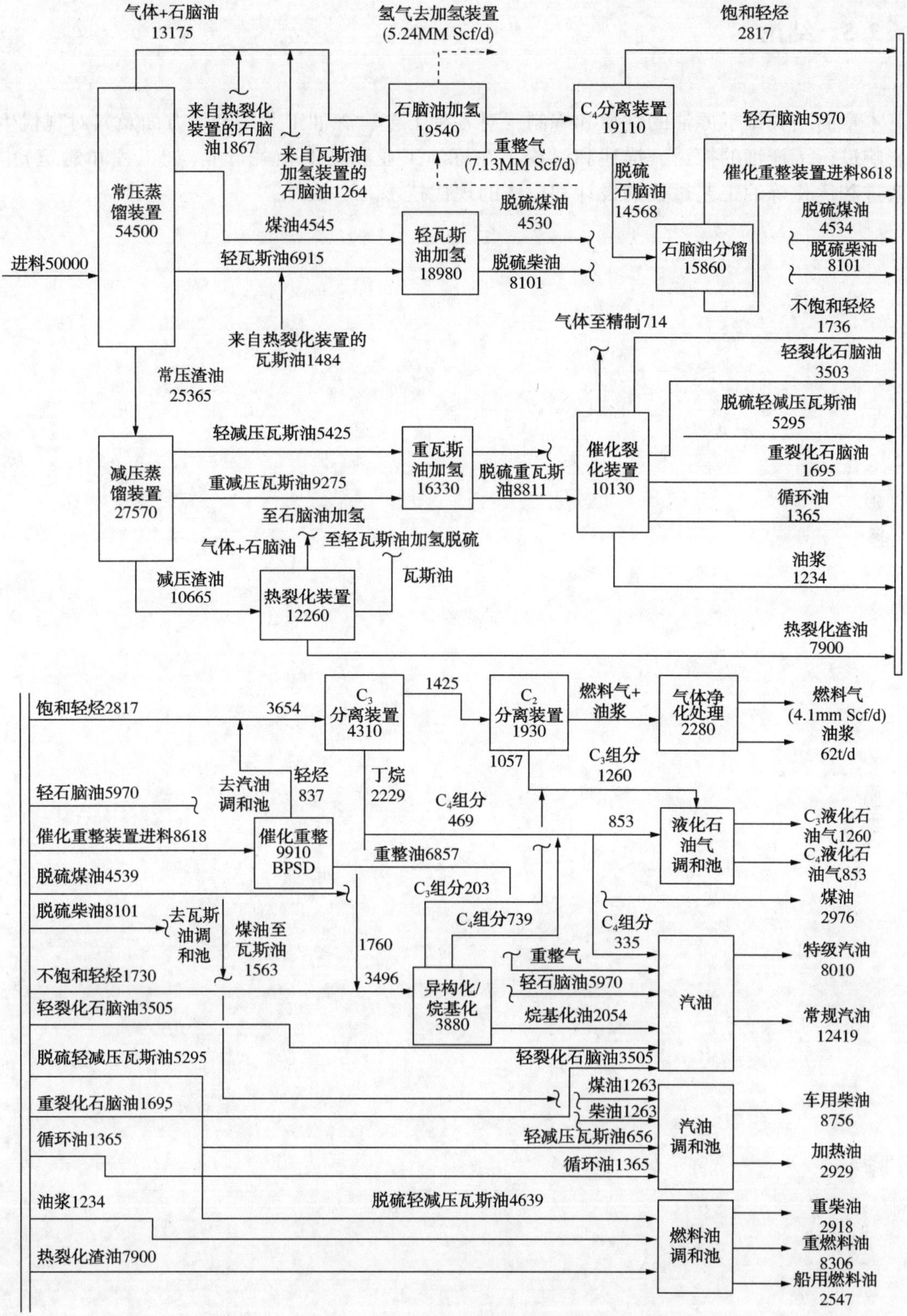


图 2-13 炼油厂流程配量框图

注：图中数字后的单位为 BPCD。

## 2.5 结论

本章简略介绍了原油的性质和炼制，对各种工艺、炼油工业的经济方面及其对现代生活的影响进行了详细的探讨，描述和讨论了在炼油工业和其他相关行业(如工程和建筑)中用以改进和优化炼油工艺过程的设计和操作的现代技术。

# 第 3 章　炼油厂常减压蒸馏装置

## 3.1　引言

从原油中蒸馏石油产品的做法由来已久。古埃及人、希腊人和罗马人就有从因风化渗漏出的原油中提取可燃油的方法。直到 19 世纪和 20 世纪初，人们才首次发明了原油钻井并将其商业化。最初，原油被提炼成煤油(灯油)和一种汽油馏分，这种汽油当时被称为“轻馏分”(与已经从煤中提炼出来的”benzene”相对)，其残渣被作为沥青用于捻缝和密封。灯油或煤油的生产是为了提供一种照明手段，后来为了同样的目的生产了一种称为石脑油的较轻馏分，用于特殊的加压灯。

这些早期馏分油的生产是通过将原油注入连续的蒸馏器而得来，每个蒸馏器都在渐次升高的温度下工作。如图 3-1 所示。

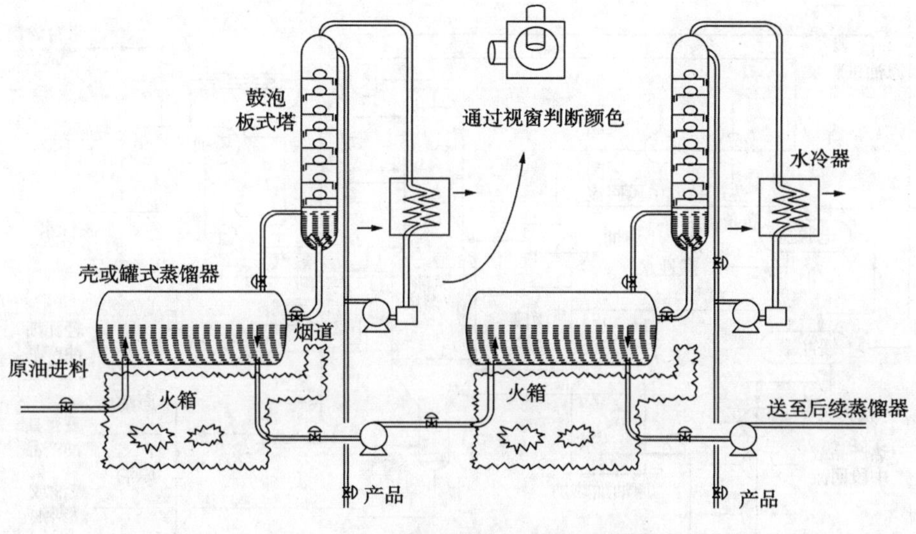


图 3-1　早期连续管式蒸馏釜示意图

原油进入第一个蒸馏器，被加热达到使轻质组分汽化的温度。残渣从这个蒸馏器进入第二个蒸馏器，并被加热到一个更高的温度，蒸发出“轻馏分”部分。残渣进入第三个蒸馏器，加热以除去“煤油”馏分。从该蒸馏器出来的残渣是一种非常轻的燃料油，可以进一步加热并部分汽化，提供可作为多种牌号沥青的残渣和可用作燃料的馏出物。这种馏出物后来成为柴油或瓦斯油馏分，并用于柴油发动机的研制。

各蒸馏器出来的气相在冷凝并收集到冷凝罐之前，要经过一个小的填充洗涤段。一部分冷凝液作为洗涤液返回到洗涤段的顶部，类似于现代蒸馏塔中的回流。通常，蒸汽被注入到每一个蒸馏器的液相中，以促进汽化和除去轻组分。

这种类型的原油蒸馏被现代石油炼制中使用的连续分馏塔所取代，但在第二次世界大战后仍在一些炼油厂运行。作者记得这种装置直到1956年还在他工作的炼油厂中使用，尽管当时还有另外三个现代化的原油分馏塔在使用。事实上直到今天，仍有一家大型石油公司将原油蒸馏装置称为"管式蒸馏"。本章介绍当今的常减压原油蒸馏装置，分为两个部分：常压原油蒸馏装置(CDU)，减压原油蒸馏装置(VDU)。

这两部分都包含：工艺过程描述和流程示意图，物料平衡的讨论，单元设计特点的描述和讨论，最后是一个设计实例。

通常是使用流程模拟软件(HYSYS、Pro/II等)对常减压装置进行设计计算。这使得通过案例研究能够优化流程设计。计算机模拟的细节超出了这本手册的范围。

这里介绍手算方法，了解这种方法有助于理解计算机计算的背景和局限性。

## 3.2 常压蒸馏装置

### 3.2.1 流程描述

传统炼油厂的第一个过程都是常压原油蒸馏装置。在该装置中原油被蒸馏以产生馏分油，而这些馏分油是炼油厂产品板块的基础物流。这些基础物流在下游装置进一步处理，或者成为炼油厂流程配置中转化单元的原料。常压蒸馏装置的流程示意图如图3-2所示。

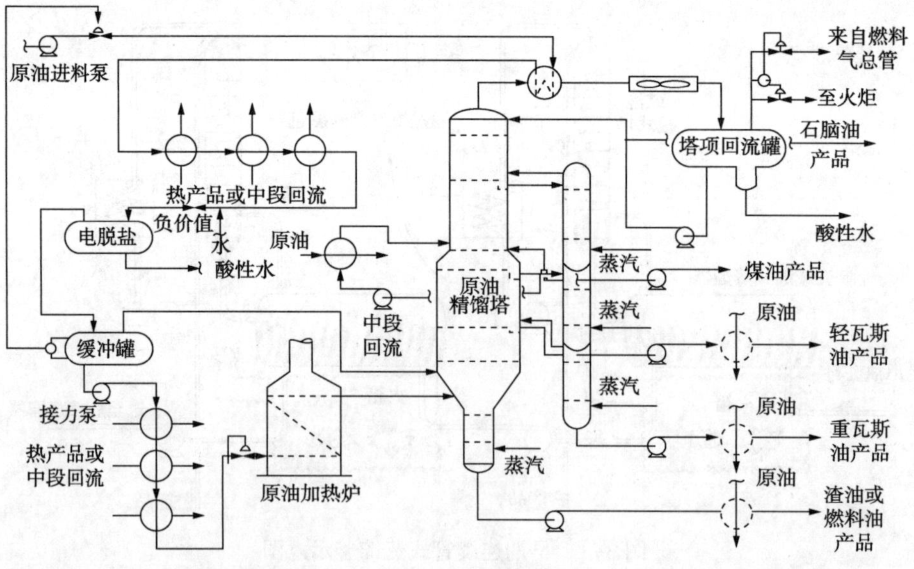


图3-2 典型的常压蒸馏装置

原油从储罐中用泵抽出，通过与常压装置内的塔顶和产品物流进行换热升温。在预热温度为200~250℉时，将水注入到原油中溶解存在的盐，混合物进入到电脱盐罐。原油中的盐通过电场沉淀法分离出来。罐中的水通过汽提净化后送到含油污水下水道。

但是必须注意，这种"脱盐"并不能去除原料中可能存在的有机氯化物。这将在稍后涉及塔顶系统时讨论。

原油从电脱盐罐出来后进入缓冲罐。在这个缓冲罐中，一些轻组分和夹带的水被闪蒸分离，并直接送至蒸馏塔的闪蒸段(不经过加热器)。脱后原油由原油增压泵从缓冲罐抽出，受流量控制，经过后续的换热流程后送到加热炉。

离开换热流程后，原油在加热炉中加热到一定的温度，使原油蒸馏塔中的蒸馏产物汽化。原油需要吸收更多的热量，以使其汽化的程度比馏出物料的要求高出约5%。这被称为过汽化，用于确保塔内良好的回流。加热后的原油从分馏塔下部称为汽化段的部位进入。

原油的未汽化部分通过蒸汽汽提后离开塔底，气相馏分则沿塔向上接触到较冷的液体回流。传热和传质在分馏塔盘上进行，该部分位于汽化段的上方。蒸馏产物从塔的这个部分指定的塔盘(抽出塔盘)抽出。这些侧线物流汽提后送到储罐中。所有石脑油以气体形式离开塔顶，经冷凝后进入塔顶罐中。该物流的一部分作为回流返回，而其余部分则被送往稳定单元进一步精馏。

图3-2中所示的侧线馏分油为：重瓦斯油(沸点最高)；轻瓦斯油(将成为柴油)；煤油(将成为航空燃料)。

轻瓦斯油抽出口设有一个循环回流，它把热量从该塔的该部位带走，这反过来又确保了在该部分下方有持续的回流。产品侧线物流夹带的轻组分在各自的汽提塔中分离。汽提塔中也设置有分馏塔盘(通常4个，但有时多达10个)，从主塔抽出的侧线物流从各自的汽提塔的顶部塔盘进入。蒸汽注入到底部塔盘下方，向上移动到塔顶，与轻组分一起离开，并在侧线物流抽出塔盘正上方返回到主分馏塔。这些侧线汽提塔通常叠落成一个塔体，使抽出塔板来的侧线物流能够自由地流到汽提塔。在少数情况下，当特殊的侧线物流规格有要求时，可以用重沸器而不是使用蒸汽来进行汽提。生产喷气燃料时需要这样的要求，因为喷气燃料是直接注入到喷气燃料混合器的，因此必须是干燥的。

常压渣油(原油的未汽化部分)离开汽化段，流过4个汽提塔盘，与逆流而上的汽提蒸汽接触。汽提蒸汽自塔底汽提塔盘下方进入，其主要目的是去除残留的轻组分。实际上，蒸汽进入汽化段也通过降低油气分压增强了原油在汽化段的原油闪蒸分离效果，这成为常压原油蒸馏装置设计和运行中的一个重要因素。汽提后的底部渣油经过热交换器系统后，一部分进入产品储罐区，一部分进入下游处理单元，如减压蒸馏单元或热裂化装置。

### 3.2.2 常压原油蒸馏装置物料平衡

掌握石油炼制过程中物料平衡的知识对确保其正确的设计和操作都很重要。由于所涉及流股的数量相对较多，这对于常压蒸馏装置尤其如此，该装置的运行对催化裂化装置和催化重整装置等下游装置的性能也至关重要。该装置任何特定操作的物料平衡(例如，最大化催化重整石脑油原料)也决定了装置的性能参数，这包括回流量的建立、在哪部分产生回流、馏出物抽出温度、塔顶条件、汽化段条件等等。

(1) 完整的原油TBP曲线及化验数据

常压原油蒸馏装置物料平衡的建立始于对原油化验的“深入”检查和分析。进行这项工作的第一步是将原油TBP蒸馏曲线分解为虚拟组分，并根据原油各组分的中沸点或中体积沸点确定其产品特性。

每个组分的性质可以通过给出相对密度与体积分数(或中沸点)的测定数据以及图3-3的数据来确定。从图中可以根据沸点(例如中沸点)及其°API查得该组分的分子量。必须尽可能准确地确定这些性质，因为它将可能成为在本装置实施的所有设计过程或最终研究工作的基础。

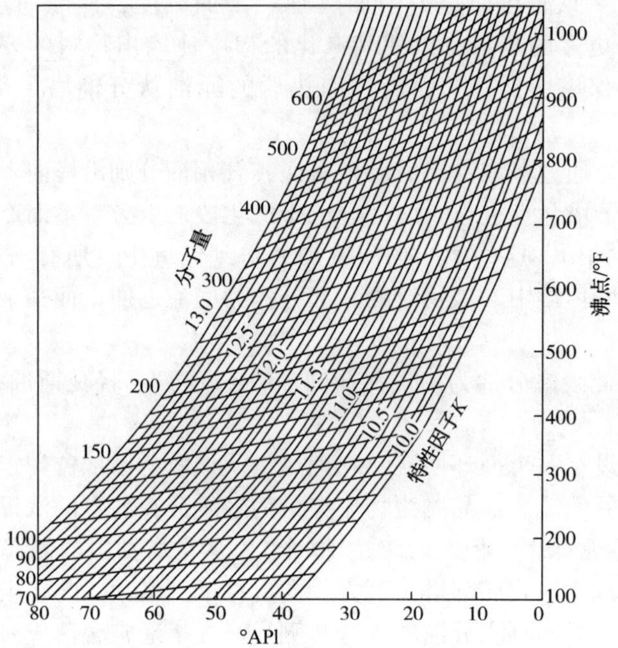


图 3-3　沸点与分子量和°API 的关系

（2）侧线产品的 TBP 曲线

第一步是将原油进料的 TBP 曲线依据产品收率（以体积分数为单位）和产品温度切割范围进行划分。这首先要确定对应于 TBP 曲线上的渣油切割点的温度，也就是能够将所期望的总馏出物与渣油分离的温度。然后将 TBP 曲线上馏出物部分划分为产品馏分，如瓦斯油、煤油和塔顶石脑油或其他产品组合。这些馏分的体积和温度范围代表了每一种产品的收率，一般用其占整个原油的百分比来表示。

从每个产品的切割点开始，使用本手册引言章中描述的方法来开发它们的 ASTM 曲线。每个馏分（顶部石脑油除外）的初馏点（IBP）由蒸馏装置的分馏精度决定。原油蒸馏装置的“分馏精度”是用较轻馏分的 ASTM 蒸馏的 95%体积点与相邻较重馏分的 5%体积点之间的温差来表示的。这种差异可能是正（脱空）或负（重叠）。脱空表示分离良好，重叠表示分离较差。当产品变重时，有效分离这些馏分的能力降低。因此，我们可以预期塔顶产品和常一线之间的 ASTM 间隙约为 25℉，而常三线和常四线之间的 ASTM 脱空约为- 10℉（重叠 10℉）。

侧线产品的 TBP 曲线是使用这些概念，并遵循以下步骤来建立的。

第一步：基于原油 TBP 数据，确定切割产品和切割范围，即装置将要生产的产品。例如，塔顶产品是全馏分的石脑油，它包含原油中的所有气体和切割点为 400℉的馏分油。第一个侧线是煤油，在原油 TBP 曲线上从 400℉开始，到 500℉ 结束。下一个侧线是 TBP 曲线上沸点在 500~650℉之间的瓦斯油。在 TBP 曲线上，都对应着占原油的体积分数表示的收率。举例来说，典型的产品切割如图 3-4 所示。

从图中可以看出：石脑油（气体~400℉）占原油的 30%（体）；煤油（400~500℉）占原油

的 10.5%(体)；瓦斯油(500~650℉)占原油的 14.5%(体)；渣油（650℉以上)占原油的45.0%(体)。

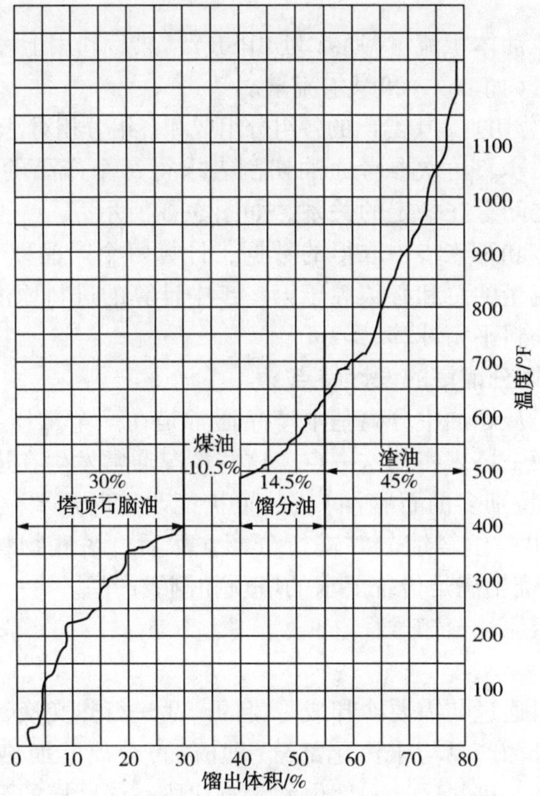


图 3-4 典型中东原油的 TBP 和产品切割点

第二步：根据本手册中“原油和石油加工介绍”一章给出的关于全馏分石脑油(例如塔顶产品)的图表预测 ASTM 终馏点和 ASTM 90%点。

第三步：根据同一章提供的方法，在概率图上绘制这两点，并通过 30%(体)点画直线。这足以确定 ASTM 曲线，从而可以获得 TBP 曲线。

第四步：其余侧线产品的 ASTM 曲线是使用本手册导论章中提供的曲线发展而来，可用于确定它们的 ASTM 终馏点。然后使用产品之间合理的 ASTM 脱空或重叠来确定 ASTM 曲线上的 5%点，从而得以进行以下步骤。

第五步：煤油切割的 ASTM5%点就是全馏分石脑油的 95%点温度加 25℉的脱空温度。类似地，用于瓦斯油的 ASTM 5%点就是煤油的 95%点加上 0℉的脱空温度。

第六步：在概率坐标纸上经过它们各自的终馏点和刚预测的 5%点绘制直线，即可得到各侧线产品的 ASTM 曲线。

第七步：如引言中所述，使用 Edmister 关联式将已得到的 ASTM 曲线转换为 TBP 曲线。

第八步：延伸石脑油 ASTM 曲线的前端至包括气体和轻烃等低于 30%体积点的部分。在中沸点处分段，模拟真实的碳氢化合物组分，如 $C'_5s$、$C_6$、$C_7$等。这对后面确定回流罐压力和温度是比较重要的。

在后面常压原油蒸馏装置工艺设计的工作案例中有关于该方法的例子。

（3）产品的体积、质量和摩尔平衡

根据组分分类（虚拟组分）和产品TBP曲线，按照以下步骤计算每个产品的体积收率、质量收率和摩尔收率：

第一步：确定进料原油体积流量（通常为BPSD），然后利用上一节描述的进料原油组分切割表计算出其质量流量（如lb/h）和摩尔流量。

第二步：使用原油组分切割表中给出的各组分组成和各组分相对密度求得各产品相对密度。

第三步：类似于第二步，再次参考原油切割表求得每个产品的分子（摩尔）质量。相对密度、沸点与摩尔质量之间存在一定的关系。如图3-3所示。

第四步：根据第二步和第三步中取得的数据，计算每个产品以BPSD、lb/h和mol/h为单位的流量。这些产品流量的总和必须等于第一步中计算的进料原油流量。

这就完成了系统的物料平衡计算。

**3.2.3 常压原油蒸馏分馏塔的设计特点**

在现代炼油装置中，从原油中分离基本产品通常是在一个常压蒸馏塔中完成的。然而，在一些情况下需要使用两个塔来实现这一点。这些情况通常发生在进料原油中含有异常多的轻质组分（如原油中含有特别多的石脑油）或装置扩能改造时需要这样的配置。在这种情况下，在“初级”塔中闪蒸出一组轻馏分并进行分馏。然后，塔底物料经加热和汽化进入“二级”塔的汽化段，并被分馏出满足传统要求的塔顶和侧线产品。

本节只讨论单一常压原油蒸馏过程。

（1）分馏塔汽化段

如前所述，原油进料通过与需要冷却或冷凝的产品进行热交换，最后通过加热炉被加热到所需的温度，以便将分馏产品与未汽化部分（即渣油）分离。加热后的原油从分馏塔盘下方的位置进入常压蒸馏塔。进料区这一部位称为汽化段，该区域的温度和压力条件满足从加热的原油中闪蒸出恰当数量的气相，以得到馏出产品和控制其质量的内部回流量。

汽化段的温度和压力条件由以下因素考虑决定：原油的平衡闪蒸（EFV）曲线的形状、塔在这个部位的压力（通常在这里是常压塔内的分压）以及闪蒸出所有气相在EFV曲线对应体积收率下的温度。

（2）汽化段分压的设置

由于蒸汽用于汽提渣油中的轻组分，所以蒸汽从汽提塔板上方进入汽化段。蒸汽影响从渣油中分离出来的烃类气化物压力，这个压力就是受到蒸汽影响的分压。计算方法如下：

$$烃类气化物分压=\frac{烃类气化物摩尔数}{烃类气化物摩尔+蒸汽摩尔数}\times 总压 \tag{3-1}$$

汽化段的总压力由塔顶回流罐内的压力加上塔顶冷凝器、汽化段上方所有的蒸馏塔盘和内部构件的压降决定。要估算汽化段分压，可以考虑以下经验法则：

| | |
|---|---|
| 塔顶回流压力 | 5psig |
| 冷凝器的压降 | 7psi |
| 塔盘上的压降或填料压力 | 10psi（假设40个塔盘，每个塔盘压力为0.2psi） |
| 假设内构件 $\Delta P$ | 可以忽略 |
| 总压强 | 22psig |

假设渣油汽提段的蒸汽量为1.2磅/加仑热渣油。

(3) 汽化段温度的设置

使用本手册“原油和石油加工介绍”章节中描述的方法计算原油的EFV。该EFV曲线对应压力为常压。常压下闪蒸温度从该曲线上对应于满足蒸馏产物量和过汽化所需的蒸发体积分数来读取。过汽化量通常取原油体积的3%~5%，其目的是在这个过程中提供额外的热量，促使塔盘上方有足够的回流量，以满足规定的产品之间的分离程度。

这个常压闪蒸温度现在调整到先前计算的汽化段分压下的温度。这可以通过使用本章附录1中所示的PVT曲线来读取分压下的温度来实现，这就是汽化段的温度。

(4) 汽化段的其他特性

大多数原油含有某种形式的硫和有机氯化物，在脱盐预处理中不能去除。这些杂质的恶性腐蚀一般发生在混合相区域(液体/气体)和高温部位，蒸汽的存在使这种情况更加严重。在这些部位，11/13镀铬层通常被用作塔体碳钢外壳的保护层，这种保护层也应该扩展应用到包括渣油汽提段和包括汽化段上方的前4~6个洗涤塔盘部分的塔段，这些塔盘和渣油汽提塔盘也应该使用11/13铬合金。

在汽化段入口加入一个“涡流”分配器，可以有效地分离馏分的气相和未汽化的渣油相。来自加热炉的原油输送到这个“涡流”分配器，该倒转槽形的“涡流”分配器大约延伸了塔周长的三分之二。这种混合相的强制流动所引起的涡流作用使较轻的气相与较重的液相在很大程度上分离。最后的分离发生在汽提塔板的顶部。

### 3.2.4 分馏塔塔顶系统

分馏塔塔顶设备具有四种功能，分别是：冷凝塔顶气相，包括汽提蒸汽；将冷凝回流液返回到塔内并进行控制；对塔顶产品进行收集和分配；分离和排出冷凝蒸汽。这些功能有几种不同的实现方式，下面将介绍其中的一些配置。

(1) 配置1

这是最常见的系统，如图3-5所示。

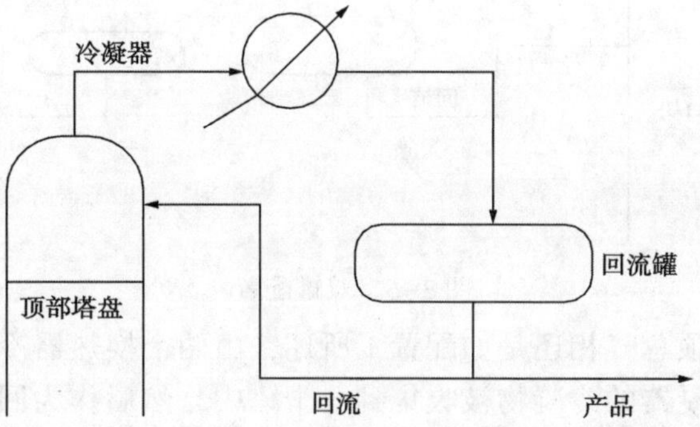


图3-5 最常见的塔顶配置

塔顶的气相在露点温度下离开塔顶。它首先进入管壳式换热器部分冷凝。冷却介质为罐区来的冷原油。部分冷凝的塔顶产品从原油换热器的壳层离开后或者被水冷却器冷却，或者更常见的是被空气冷凝器进一步完全冷凝。最后一个冷凝器的冷凝液进入塔顶凝液罐。该凝液罐的设计目的是使顶部的蒸汽冷凝液与烃类冷凝物完全分离。冷凝的水相被收集在位于主冷凝罐下方的“水包”中，并在液位控制下由泵送至炼油厂的酸性水处理系统。一部分烃相被打回分馏塔，进入顶部塔盘上方。该流股的流量通常受塔顶温度的串级控制。回流液相通过喷淋系统进入塔内，喷淋系统的设计目的是为了确保其在塔顶塔盘上有良好的分布。

剩余的烃类凝液在液位控制之下离开冷凝罐，并由泵送至储罐或下游工艺装置。冷凝罐的操作温度和压力对分馏塔的运行至关重要。这些工艺条件决定了汽化段运行条件和各中间产品的抽出温度。这些条件的设置和操作如下：

① 冷凝罐压力。这是由两个分流控制的压力控制阀来维持的。其中一个连接到炼油厂火炬，而另一个连接到装置的燃气供应管网。当罐内的压力超过控制器的压力设定值时，第一个控制阀向外打开，从而降低了罐内的压力。当压力低于设定值时，第二个控制阀就会引入燃气来纠正这种情况。

② 冷凝罐温度。冷凝罐温度保持在冷凝液的泡点或稍过冷。这个温度由最终空冷器上的风扇扇叶角度或百叶窗控制。如果最后的冷凝器是管壳式水冷器，可设置一个绕过该换热器的温度/流量控制的旁路。这种方式也可以用在空冷器上。

③ 塔顶温度。该配置中的塔顶温度是烃分压下塔顶气相产物的露点温度。

注：这种情况下的分压是碳氢化合物的总摩尔数(包括回流摩尔数)除以塔顶气相的总摩尔数(包括存在的蒸汽)乘以塔顶总绝对压力。

④ 塔顶压力。在这种情况下，塔顶压力等于塔顶冷凝罐的压力加上换热器和相应的塔顶管道的压降。这个压降可以取 7~9psi。

(2) 配置 2

第二种配置通常安装在超过 70000 BPSD 的大处理量装置上。其目的是将塔顶设备的尺寸保持在可控范围内。这包括罐和与此系统相关的换热器(图 3-6)。

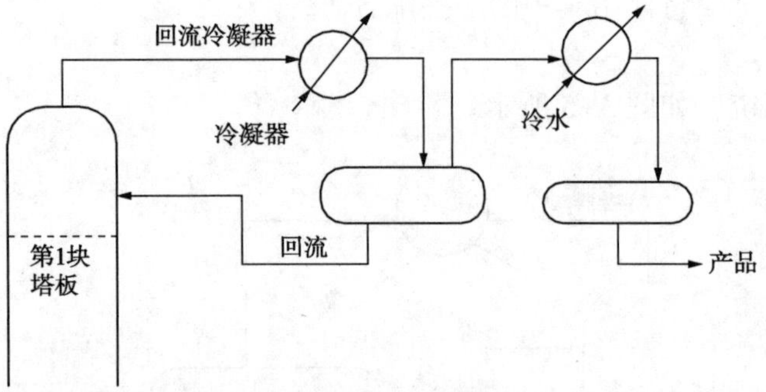


图 3-6　双罐配置

在这种配置中，塔顶总气相还是如配置 1 所述，由两个换热器冷凝。然而，在这种配置情况下，来自第一个冷凝器的冷凝物被收集到一个罐中，然后作为回流返回到塔内。一级罐的气相包括塔顶烃类产物和从分馏塔中产生的未冷凝蒸汽。这些气相在二级冷凝器(通常也是空气冷凝器)中冷凝，收集在二级冷凝罐中作为塔顶馏分产物和水。分离的水和烃送至与配置 1 相同的系统。在这种配置中，回流罐相当于一个额外的理论塔盘，因为回流液体与气相产品处于相平衡状态。

① 产品罐的压力和温度。这涉及控制分馏塔的总体压力。该压力下，塔顶气相在达到或低于其泡点的合理温度下冷凝。在平均气温为 60℉的适宜气候条件下，该温度将在 90~

100℉左右，压力为5psig。产品罐的压力和温度的控制与配置1相同。

② 回流罐温度。回流罐的条件可以考虑为配置1中塔顶塔盘的条件。因此，温度是气相馏分离开回流罐的分压下的露点。该温度通常由换热器上的气相旁路控制，通过温度控制阀对流量进行修正，或者也可以通过类似的原油旁路流量/温度来调整控制。这种情况下的分压只是产品气相的摩尔数除以总摩尔数(包括蒸汽)乘以总绝对压力。这个总压力是蒸馏产品罐内的压力(比如5psig)加上空气冷凝器和管道的压降(比如大约3psi)。

③ 塔顶温度和压力。在配置2的情况下，塔顶操作条件为塔顶回流从回流罐进入塔顶时的露点下的温度和压力。这个温度就是离开塔的总烃分压下的温度。

(3) 配置3

在这种配置中，塔本身有从塔顶产品生成的内部回流(图3-7)。

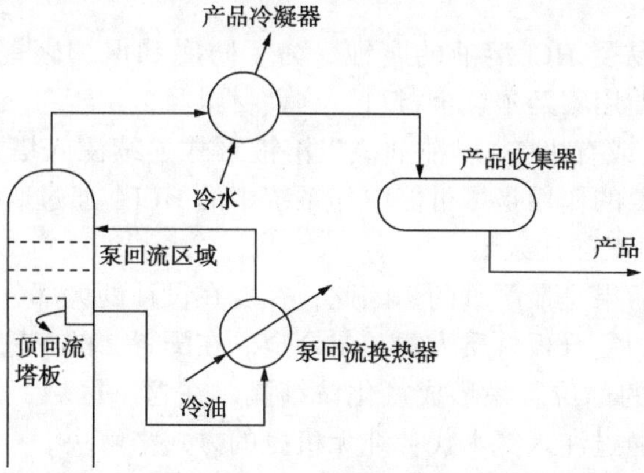


图3-7 塔顶循环回流配置

这个回流是通过循环回流系统来实现的，该系统将流体从塔的顶部抽出，与低温原油换热后将其冷却，冷后的回流液体再回到分馏塔塔盘上方。这是传统的循环回流系统，大约涉及三层塔盘。塔顶温度为塔顶产品馏分在其蒸气分压下的露点温度。循环回流的抽出温度将比塔顶温度高5~7℉。这部分内循环系统的传质效果可按实际塔盘传质效果的一半进行估算。

(4) 讨论

这三种配置方式各有优缺点，以下进行简要讨论：

① 配置1。如前所述，这是最常见的形式。我们只需要关注罐的压力和塔顶温度这两个设定值，相对较为容易控制。冷凝蒸汽与原油之间的传热效果较好，总传热系数较高，大约在70~80Btu/(h·ft$^2$·℉)左右。这利用了气相冷凝与低温原油传热时汽化潜热具有较大对数平均温差的特性，从而强化传热。而这个系统最大的缺点是，一级冷凝器中原油的压力远高于壳程中油气冷凝的压力，换热器中管束断裂或换热器内漏都会引起原油往油气侧泄漏，从而污染塔顶产品和影响顶部塔盘。若塔顶产品不进罐区而直供料时(特别是催化重整)，该工艺流程将会有相当大的风险。

② 配置2：它的优点是：离开塔的塔顶油气温度较高，在油气和原油换热过程中，存在很大的对数平均温差。和配置1一样，这种情况下的总传热系数也很高。虽然仍存在污染塔顶产品的问题，但在这种情况下，下游装置有一种保护措施，即只有来自回流罐的蒸气可经

冷凝成为产品。但是，塔顶部塔盘仍然会被污染。实际上，塔顶双罐设置的最大优点是它的安装成本低，中等尺寸的设备比大型设备要便宜得多。而且大型设备还有可能需要现场组装。采用双罐设置后，可以节约塔顶罐和换热器的运输成本。

③ 配置3：这种结构的主要优点是循环回流的物料压力要高于原油，这样就不会出现因换热器管束断裂或泄漏而引起的污染问题。另外，通过控制循环回流的流量可以更好地控制塔顶温度。虽然这也可以通过温度控制器来实现，但装置操作工并不希望将温度控制器作为唯一的控制方式。除此之外，这种结构再没有其他明显的优势了。实际上，循环回流系统需要额外增加的塔盘非常昂贵。为了防止氯离子腐蚀，这些塔盘材质需为蒙乃尔合金，同时该部分的塔体内衬里的材质也为蒙乃尔合金。

(5) 设计考虑要点

1) 腐蚀

常压塔顶系统很容易受 HCl 溶液的腐蚀。为了防腐和保护碳钢换热器管束不受腐蚀，在塔盘制造和塔壁内侧使用蒙乃尔合金材料。这种材料经常用于一级冷却器的壳程内侧衬里和管束的制造。无机氨(或有机胺)以纯剂或以溶液形式连续注入塔顶，并以间断形式注到塔顶部塔盘系统。无机氨的作用是尽可能中和系统中的 HCl。通过监控产品冷凝罐中含硫污水的 pH 值，来调整无机氨的注入量。

塔盘腐蚀后造成的后果是最严重的。因此，在现在设计的大部分的分馏塔内，塔顶4~6层塔盘位置分馏塔内壁的复合板材质为蒙乃尔合金。在配置2的工艺条件下，纯氨注入在塔顶冷凝系统中相对“干”的部位容易形成氯化铵结晶。在这一区域，烃类冷凝，但蒸汽仍为气态。针对该问题，可通过注入氨水代替纯无机氨的方式来解决。

另外，硫化物的腐蚀也是一个问题，特别是对于蒸馏产品罐的冷液相而言。这种情况下，可以在罐主体的底部和分液包内部采用喷涂技术。该方法与耐火衬砌的应用方式相同，也是将水泥或者其他材料衬在壳体上。

2) 分液罐

分液罐是设计用于完全分离水相(冷凝蒸汽)和油相的容器。为了保护下游装置，油品的脱水过程尤为重要。一旦原料中含水，加氢处理以及催化重整等下游装置的运行都会受到严重影响。

分液罐的设计基于以下三个定律之一：

斯托克斯定律： $$V=8.3\times10^5\times\frac{(d^2\Delta S)}{\mu}\text{（当雷诺数 }Re<2.0\text{ 时）}\tag{3-2}$$

艾伦定律： $$V=1.04\times10^4\times\frac{d^{1.14}\Delta S^{0.71}}{S_c^{0.29}\times\mu^{0.43}}\text{（当雷诺数 }Re=2\sim500\text{ 时）}\tag{3-3}$$

牛顿定律： $$V=2.05\times10^3\times\{(d\Delta S\div S_c)\}^{1/2}\text{（当雷诺数 }Re>500\text{ 时）}\tag{3-4}$$

其中

$$Re=\frac{10.7\times dS_c}{\mu}\tag{3-5}$$

式中 $V$——沉降速度，in/min；

$d$——液滴直径，in；

$S$——液滴相对密度；

$S_c$ ——连续相相对密度；

$\Delta S$ ——两相之间的相对密度差；

$\mu$ ——连续相的黏度，cP。

液滴尺寸可以通过下列准则来估计：

| 轻相 | 重相 | 最小液滴尺寸/in |
| --- | --- | --- |
| 小于 $0.85S_c$ 或更轻 | 水 | 0.008 |
| 大于 $0.85S_c$ | 水 | 0.005 |

3）管线

塔顶的蒸汽管线尺寸应按最小经济压降进行设计。作为参考，气体输送管线尺寸应满足平均压降为 0.2psi/100ft，且不超过 0.5psi/100ft。在塔顶系统中，气体(和混合相)管线和分液罐的设计应该以能让管内液相自流至分液罐(或配置 2 中的每个罐)为准则。另外，气体管线永远不要存在袋型。

分液罐应位于各自馏分/回流泵和酸性水泵(泵通常位于地面)中心线以上至少 15 ft。为了安全起见，应该从容器底部切线处进行测量。机泵管线尺寸应按照 0.25psi/100ft 的压降来设计，而机泵的出口管线应满足的压降为 2.5~4.0psi/100ft。

### 3.2.5 侧线和内回流部分

常压塔一般有两到三条侧线，可能还有第四条，但三条侧线是常规设计。三条侧线分别为煤油、轻瓦斯油、重瓦斯油。下面就以三条侧线的常压塔为例进行讨论。

对应三条侧线，通常会有两个中段循环回流。循环回流的作用是，在各自循环回流位置的下方塔段建立适当的内回流。回流泵将液体从塔的抽出塔盘抽出，通常该塔盘也用于产品抽出板。回流液相通过换热器将其冷却之后送回塔内，回流至抽出塔板上方的约 2~3 层板上。这部分冷的液体，自上而下流至抽出塔板，起到相当于一个内部冷却器的作用。穿过抽出塔盘上升的高温气相包含侧线产品、一些内部溢流以及所有较轻产品的气相及其内回流。这其中部分的侧线产品和内回流液体被冷的回流液选择性冷却，然后进入产品抽出板和回流抽出板，多余的凝液溢流到抽出板下方的塔盘。这些溢流的介质就是内回流流股，内回流的量决定了较轻侧线产品和较重侧线产品间的分馏效果。

(1) 侧线

侧线流股是有选择地从特定的塔盘中抽出。如前所述，每条侧线通常都有与之对应的循环回流。当从塔内抽出时，产品与从抽出塔板上升的气相处于平衡状态，所以液相产品会携带轻馏分从而影响所需产品的性质，如闪点和恩氏蒸馏馏程。为了解决这一问题，需要设置一个单独的汽提塔来分离侧线产品和轻馏分，如图 3-8 所示。

来自主塔的侧线流股在液控控制下进入侧线汽提塔顶部塔盘上方的液体分布器。汽提塔包括四个汽提塔盘，汽提蒸汽从最底层塔盘的下方进入沿塔向上流动，与液相产品逆向接触。汽提塔进料中包含的轻组分被蒸汽带走，随蒸汽一起离开汽提塔并返回至主塔的抽出板上方。

汽提后产品由汽提塔底泵抽出，在流量控制下送至罐区或者下游装置的进料缓冲罐，通过汽提塔进料调节阀来控制汽提塔液位。

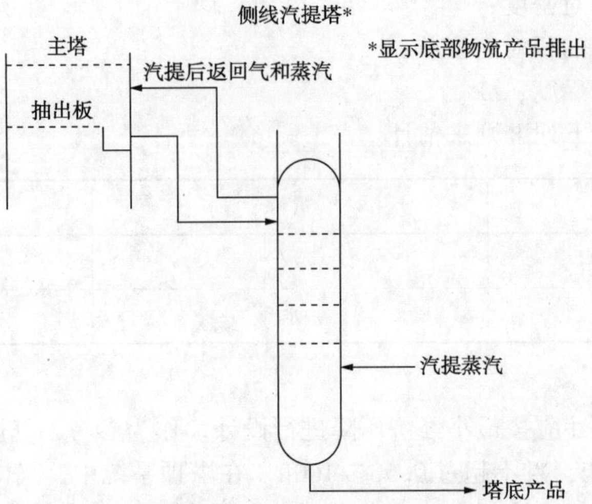


图 3-8　汽提塔示意图

① 侧线抽出温度。理论上，从主塔抽出的侧线产品会与从塔板上升的油气处于平衡状态。换句话说，抽出温度应是塔盘上油气分压下的泡点温度。然而，该液相会携带一些轻组分(因此需要汽提)，这将影响实际的抽出温度。J. W. Packie 在其发表的关于原油蒸馏的著作中，考虑到理论抽出温度和实际抽出温度之间的差异，绘制出了一条曲线，如图 3-9 所示。

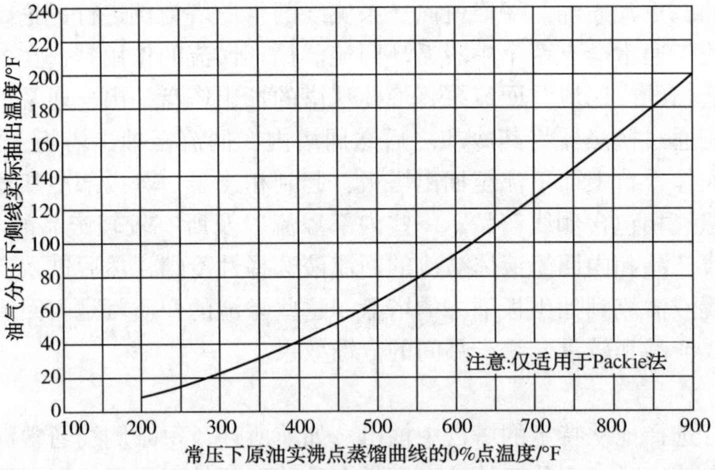


图 3-9　理论抽出温度与实际抽出温度的差异图

在计算分压时，Packie 假设所有比抽出组分轻的蒸气都是惰性气体。以此为参数，可利用以下步骤计算抽出温度：

步骤 1：确定通过抽出塔板的蒸汽量(注：不包括从该侧线汽提塔返回其抽出位置上方的蒸汽)。推荐的汽提蒸汽如图 3-10 所示。

步骤 2：根据塔顶压力估值和抽出塔盘上方每块塔板的压降，确定塔盘总压力(参见前面关于闪蒸段和回流系统的段落)，然后估计抽出塔板的位置，下面的经验法则可以作为指导(塔顶塔盘为第一块塔盘)：

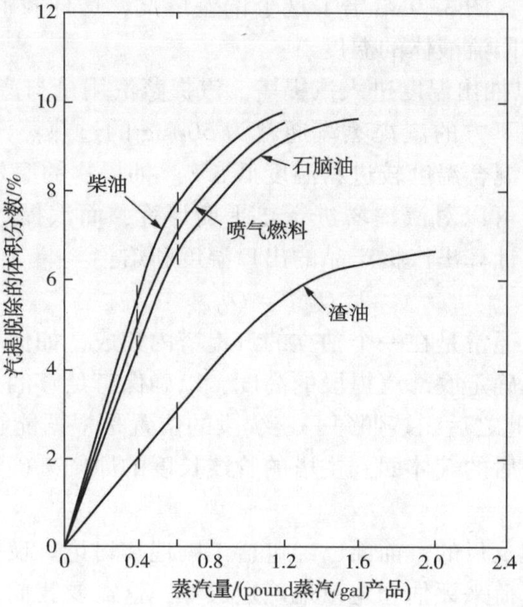


图 3-10 汽提蒸汽量

| | |
|---|---|
| 煤油抽出板 | 第 12 层 |
| 轻瓦斯油抽出板 | 第 22 层 |
| 重瓦斯油抽出板 | 第 32 层 |

传统分馏塔中，通常包含 40 块精馏塔盘(即闪蒸段以上的塔盘数)和 4 块汽提塔盘，之后我们会利用分馏精度中回流与塔板数之比的关系对这两个数值进行验证。

步骤 3：利用实沸点蒸馏(TBP)曲线对抽出组分进行切割，绘制闪蒸参考线(FRL)。这个过程中用到的是实沸点切割，而不是实沸点蒸馏的终馏点。这个计算过程已在闪蒸部分的一节中讲过。然后估计它在常压下的初馏点，这将是闪蒸参考线的 0%(体)的温度。

步骤 4：预估离开抽出塔板回流到下方塔板的液体溢流量，之后我们同样也将会利用回流与塔板的关系来验证这个数值。在这个计算中，根据经验可使用抽出塔盘的溢流量和产品量的摩尔比来进行计算：

煤油溢流比 0.9~1.0；

轻瓦斯油溢流比 1.2；

重瓦斯油溢流比 2.9。

步骤 5：计算抽出塔板的油气分压：

$$油气分压=\frac{塔盘上总的抽出摩尔量-汽提气相返回油气摩尔量+塔盘上溢流摩尔量}{油气总的气相摩尔量+穿过塔盘的蒸汽摩尔量}\times 总压 \tag{3-6}$$

步骤 6：利用蒸气压曲线(见本章附录 1)，将常压下的初馏点(步骤 3)与计算的分压下的初馏点关联起来。

步骤 7：步骤 6 中得到的温度是液体与气相达到相平衡时的理论温度。在实际操作中，由于气相一直以气泡状态穿过塔盘上的液体，所以液相会携带蒸汽中的轻组分。因此，实际温度将略低于计算的温度，图 3-9 给出了这个偏差情况，这样我们就确定了抽出侧线的实际温度，注意这也是循环回流液体的温度。

② 侧线汽提。侧线以抽出温度进入汽提塔，汽提蒸汽用量与产品量的关系可从图 3-10 中读出。汽提塔底部塔盘下方的汽提蒸汽通常为 50psig 的过热蒸汽。离开汽提塔顶部进入主塔的油气组分和蒸汽的混合温度较进料温度低 5℉。抽提物的摩尔质量取比抽提物轻的气相的平均值。现在，我们可以对汽提塔进行热平衡计算，而汽提产品的焓和温度都是未知的。通过求解以下方程，计算出汽提产品的出口温度和焓：

$$Q_{输入} = Q_{输出}$$

每种产品的侧线汽提通常是在一个独立的汽提塔内完成，如何确定这些汽提段的位置需要依赖经验方法。首先要确定底部汽提段的高度，以确保有足够的扬程为产品抽出泵提供可用的静压头(NPSH)。在此之后，按照每一连续段的位置是根据能够保证液体自流至各自的汽提塔，并尽量缩短汽提后的气体回到主塔的管线长度的原则来确定。

(2) 中段回流

中段回流的工作机理及目的，前面已经进行了阐述和讨论。现在我们需要考虑的是，如何根据它们需要提供的负荷来评估和定量地确定尺寸，这需要我们遵循一些设计的规则。

中段回流的总负荷，首先需要确定塔底温度(常底油抽出温度)，然后推导出全塔的热量衡算。塔底温度的计算可参考图 3-11，计算步骤如下：

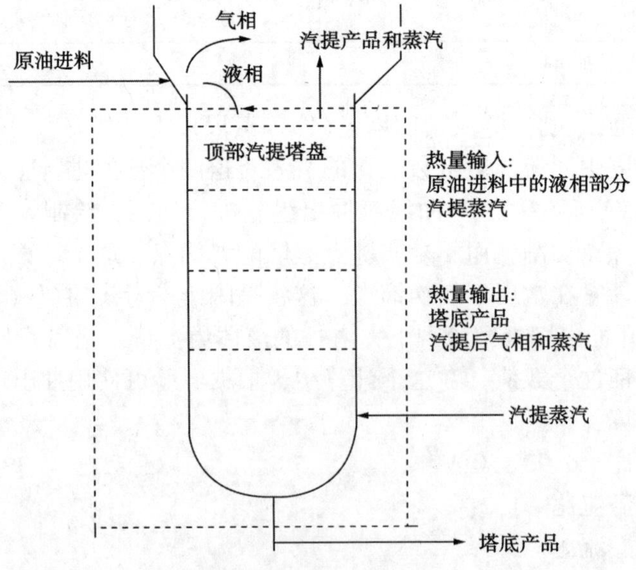


图 3-11　进料板下方热量衡算

步骤 1：确定流入最上层汽提塔板的物料，也就是提馏段的液相油品总量，包括过汽化油和汽化段闪蒸形成的液相部分，提馏油的温度即为汽化段温度。

步骤 2：计算最下层汽提塔板总的输入热量，包括最上层汽提塔板的热量输入，加上汽提蒸汽(从底部塔盘下方吹入)的热量。

步骤 3：计算塔底汽提段的输出热量，包括未知温度和焓的塔底产品、从顶部汽提塔板上逸出的汽提组分和蒸汽。假设离开汽提段的汽提组分和蒸汽比汽化段温度低 5℉，且在汽化段分压下为气相。

步骤 4：根据下面的方程计算焓（单位为 Btu/lb），从而计算渣油或底部产品离开塔的温度。

输入热量=输出热量

注：作者使用的是自己文件中的焓值数据，建议工程师使用自己文件中已证明的数据，或 Maxwell 的“烃数据手册”中的数据，或 GPSA“工程数据书”中给出的数据。

有了所有的温度和焓的数据，就可以进行全塔热量衡算了。其中，热量输入包括汽化段温度下进料油和过汽化油的热量，以及各汽提蒸汽的热量。热量输出包括在分液罐温度下的塔顶产品热量、塔顶的冷凝负荷、冷凝蒸汽以及在各自汽提塔底温度下的所有液相侧线和塔底油的热量，最后是中段回流的总负荷。

因为除了中段回流外，所有的焓都是已知的，因此可以根据以下方程式计算中段回流的热量：

输入热量=输出热量

（3）满足内回流的中段回流分布

产品的分馏精度取决于分馏塔板数和内回流量。如前所述，常压塔的分馏精度是利用恩氏蒸馏（ASTM）曲线测定的较轻馏分 95%点与较重馏分 5%点的差值来衡量的。Packie 在恩氏蒸馏差值、塔盘数和溢流量之间建立了内部回流比关系，这一关系曲线在本章附录 2 中给出，以下步骤介绍了利用关系曲线计算回流量的过程。

步骤 1：建立所需的恩氏蒸馏脱空（或重叠）要求。这通常会在装置的设计规范中给出，也可以通过对一种或多种产品的某些约束来获得。值得注意的是，恩氏蒸馏脱空通常可以在两种比轻瓦斯油轻的产品间实现。对于比轻瓦斯油重的产品切割，很少能在塔内实现脱空。要去除重油产品的头部或尾部，需要额外的设备，如真空闪蒸设备。

步骤 2：确定能够分离两个相邻产品的塔板数，这通常是由塔的设计运行单位给出。基于设计目的，可以使用以下塔板数作为起点和指导：

| 项目 | 塔板数 |
|---|---|
| 顶层塔板 | 1 |
| 煤油抽出 | 12 |
| 轻瓦斯油中段回流返塔 | 19 |
| 轻瓦斯油抽出 | 22 |
| 重瓦斯油中段回流返塔 | 29 |
| 重瓦斯油抽出 | 32 |

根据经验，中段回流的塔板可以算作一层分馏塔板。这样，我们就可以计算出，要想分离出煤油和轻柴油，所需塔板数为 10+1 层。

步骤 3：计算两个相邻实沸点切割的 50%（体）温度差。

步骤 4：使用附录 4 中最大汽提蒸汽下的相邻侧线间分馏精度曲线，读出对应于相邻馏分 50%实沸点温度差的恩氏蒸馏差值系数。

步骤5：读取的系数是分离两个侧线产品所需的塔板数乘以回流比，回流比的定义为：

$$回流比=\frac{塔盘上总的溢流量(gal/h)-离开塔盘量}{塔盘上总的产品量(gal/h)-离开塔盘量} \tag{3-7}$$

求解确定溢流量，单位是热加仑/小时，该处的物料平衡计算是用来确定以磅/小时为单位的流量。

现在，利用全塔热量衡算溢流量，可以得出各自中段回流的负荷。如果塔内还有一个中段回流，则可以用总中段回流负荷减去中段回流负荷来确定。若涉及两个以上的中段回流，对于第二个中段回流和第三个中段回流，则需要重复以上的减法计算步骤。

完成中段回流负荷设定后，必须检查使用上述减法计算方法得到的中段回流负荷，以确保塔盘上的确能够产生足够的溢流来满足分离精度。如果满足不了这个要求，那么就必须增加总体中段回流的负荷。在切割点保持不变的情况下，只有通过增大过汽化率才能实现这一点。如果计算结果显示内部回流比所需的略有过量，那么结果可以接受；而如果结果显示显著过量，则应该相应地降低过汽化率。

(4) 校核中段回流塔板数

确定了各中段回流的负荷，接下来需要确定中段回流的抽出和返塔温度，步骤如下：

步骤1：根据已经计算好的侧线抽出温度，绘制从汽化段到塔顶塔盘的塔温分布图。

步骤2：假设到塔板上的气相温度与其下层塔板的液相温度相同，这是一个合理的假设，完全在要求的精确度之内。

步骤3：固定中段回流的返塔温度，此时需要对这个值进行预设，在完成换热系统的计算之后可能会更改这个值。然后根据中段回流负荷计算中段回流量，单位为lb/h。

步骤4：对塔的中段回流段进行热量衡算，包括以下方面：

热量输入：

从塔板下方上升的烃类蒸气(包括溢流部分)；

从塔板下方上来的蒸汽；

从产品汽提塔返回的蒸汽和汽提组分(若存在的话)；

从中段回流返塔的液相。

热量输出：

从中段回流上层塔板上升的较轻气相；

从汽化段到中段回流最顶层塔盘下方各侧线汽提所注入的蒸汽；

中段回流抽出的液相；

液相产品抽出及其夹带去汽提塔的汽提组分(若存在的话)；

中段回流抽出塔板的液相溢流；

中段回流负荷，单位为Btu/h。

在这些项目中，只有焓是未知的，因而离开中段回流上层塔板的气相温度也是未知的，这个问题可由“输入热量=输出热量”来求解。

步骤5：根据中段回流的负荷(单位：Btu/h)以及已知的抽出和返塔温度，可以将中段回流视为一台换热器，传热面积为这个部位塔盘的总面积，传热系数如图3-12所示，单位是Btu/(h·ft$^2$·°F)。

| 被冷却介质 | 被加热介质 | 总传热系数/[Btu/(h·ft²·℉)] |
|---|---|---|
| 换热器 | | |
| 石脑油循环回流 | 原油 | 70~80 |
| 煤油 | 原油 | 70~75 |
| 脱丁烷塔底油 | 脱丁烷塔进料 | 75 |
| 瓦斯油(包括对应的中段回流) | 原油 | 40~50 |
| 塔底渣油 | 原油 | 20~30 |
| 轻烃分离底部产品 | 轻烃回收进料 | 70~75 |
| 减压馏分 | 原油 | 30~40 |
| 沥青 | 原油 | 20 |
| 催化油浆 | 催化裂化进料 | 40 |
| 常顶油气 | 原油 | 80~90 |
| 冷却器 | | |
| 脱丁烷塔底油 | 循环水 | 75 |
| 轻石脑油 | 循环水 | 80 |
| 瓦斯油 | 循环水 | 40 |
| 二乙醇胺/单乙醇胺 | 循环水 | 110 |
| 塔底油 | 循环水 | 30 |
| 气体换热器 | | |
| 重整反应气 | 石脑油进料 | 38 |
| 重整反应气 | 循环气 | 38 |
| 原油塔顶气 | 原油进料 | 50 |
| 冷凝器 | | |
| 常顶油气 | 循环水 | 65 |
| 闪蒸气 | 循环水 | 85 |
| 胺再生塔顶气 | 循环水 | 100 |
| 脱丁烷塔顶气 | 循环水 | 90 |
| 重整反应产物 | 水 | 65 |
| 空冷器 | | |
| 石脑油冷却器 | | 23 |
| 脱丁烷塔底油 | | 30 |
| 轻烃分离塔顶气 | | 40 |
| 重沸器<br>[使用热流单位 Btu/(h·ft²·℉)] | | |
| | 烃类 | 水 |
| 18in 直径管束 | 20000 | 30000 |
| 30in 直径管束 | 17500 | 26500 |
| 大于 30in 直径管束 | 15000 | ~2300 |

图 3-12 石油炼制中的总换热系数

步骤 6：根据以下传热方程计算面积：

$$Q = U \cdot A \cdot \Delta t_m \tag{3-8}$$

式中 $Q$——传递的热量，Btu/h；

$U$——总传热系数，Btu/(h·ft²·℉)；

$A$——传热面积，ft²；

$\Delta t_m$——对数平均温度差，℉。

步骤 7：在确定了塔的尺寸以后，可以根据塔板直径或塔径来确定所需塔板数。

### 3.2.6 计算主塔尺寸

确定了塔盘数、中段回流和侧线抽出的相对位置，我们就可以计算塔的总体尺寸。注意：中段回流占用的塔板数可以根据塔板直径或塔径计算修正，这不会影响塔板的负荷计算，而塔板负荷计算将决定塔板的直径大小。塔径的确定要以各段的气液相负荷为基础，而气液相负荷是由一系列的进出关键塔板的热量平衡来决定的。这些关键塔板包括：塔底汽提段的最上层塔板(汽化段下方)；最下部侧线和中段回流的抽出塔板；下一个中段回流(或侧线，若有的话)的抽出塔板；其他较轻的中段回流的抽出塔板；其他较轻侧线的抽出塔板；最顶层塔板。

最下部中段回流下方的负荷和产品抽出量，决定了对应塔的最大截面积和直径的气相负荷。最大气相负荷是由进料切割点和过汽化率决定的。

(1) 计算塔内气液相负荷

关键塔板的气液相负荷根据一系列的热量衡算得到，热量衡算从塔底汽提段开始计算，自下而上一直到塔的最顶层。考虑到最下一条侧线和中段回流的抽出塔板负荷，我们从该层塔板下方开始进行热量衡算，包括图 3-23 中框图内的流股。

图 3-23 中所示框图的输入热量和输出热量是由下列流股提供的：

| | |
|---|---|
| 输入热量 | 汽化段的气、液相进料 |
| | 塔底汽提段的汽提蒸汽 |
| | 来自抽出塔板的液相回流 |
| 输出热量 | 塔底产品 |
| | 从抽出口下方塔板上升的所有馏出物产品的气相 |
| | 来自下方塔板对应过汽化油的气相 |
| | 来自汽化段、在下方塔盘温度条件下的蒸汽 |

除了过汽化油量外，这些流股的温度和流量是已知的(从物料平衡得到)。它们的温度也可以从塔的温度曲线或之前的计算中得到。为了完成计算，设过汽化油流量为 $x$(单位 lb)，并给出所有流股的焓值，通过求解方程式：

$$输入热量 = 输出热量$$

可以得出 $x$。

在框图中选取到下一个中段回流抽出塔板下方的部位，重复热量衡算。在这种情况下，离开框图的气相包含对应中段回流的内回流的气相，和除从中段回流塔板下方抽出的较重产品外的所有馏出物的气相，还包含来自汽化段和侧线汽提塔重油组分的所有蒸汽。框图中剩余的输出热量包括较重产品的汽提组分和下部中段回流热负荷(单位：Btu/h)。和以前一样，框图中的输入热量，除了包含来自较轻中段回流抽出板的内回流量之外，仍然包括来自较重产品侧线汽提塔的蒸汽。

(2) 塔径

塔径可以根据进入塔盘的气相负荷和塔盘上的液相负荷计算。现在塔板的气相负荷已经确定，塔盘上的液相负荷为：液相产品抽出；液相中段回流；计算出的液相内回流量。

这些流量必须在塔板温度和压力条件下，以质量和体积来表示。

下面给出的计算步骤和数据可以很好地估计塔径，基于设计的目标，我们应该使用塔板制造商或设计者提供的数据和程序。塔板通常是受专利保护的专有产品，其性能可得到保证。

塔径估算步骤如下：

步骤1：汇总通过塔板的液相流量。

步骤2：根据设计要求选择塔板类型(如果是现有设备，参考制造商的图纸)。浮阀塔板和筛孔塔板的主要特性有一定的相似性，泡罩塔板现在已很少用到，浮阀塔板的特性在本章附录3中进行了说明。

步骤3：计算有待校核尺寸的塔板上液相负荷，包括流入塔板的所有液相。例如对于一个中段回流下方的侧线抽出塔板，其液相负荷包括：侧线汽提塔的进料；中段回流量；塔板上的内回流量。负荷单位为：CFS。

步骤4：对于一个新设计的塔盘，根据本章附录4的内容确定降液区。对于现有塔板，参考制造商图纸。然后计算液体线速度(单位为ft/s)。对于好的设计，降液管出口液速不应超过0.6ft/s。板间距要满足降液管内液相高度不超过它的50%。为了达到这个要求，关键液相负荷塔板的板间距可能比其他塔板间距要大。

步骤5：确定关键塔板的气相负荷(单位为lb/h和mol/h)。气相量就是用于计算塔盘内回流量时的总气相量。

步骤6：计算泛点汽速 $G_f$[单位为 $lb/(h \cdot ft^2)$]，为了更好地进行塔板设计(或让现有塔板效果更好)，实际气速不应超过泛点气速的90%。泛点汽速计算公式如下：

$$G_f = K_f \cdot \sqrt{\rho_v \cdot (\rho_l - \rho_v)} \tag{3-9}$$

式中 $G_f$——液泛状态下鼓泡区的气速，$lb/(h \cdot ft^2)$；

$\rho_v$——塔盘工况条件下的气相密度，$lb/ft^3$；

$\rho_l$——塔盘工况条件下的液相密度，$lb/ft^3$；

$K_f$——基于塔板间距的常数，在图3-13中给出。

步骤7：以鼓泡区每平方英尺的实际汽相负荷作为 $G_f$ 的90%，记为 $G_a$，总气相流量除以 $G_a$ 即可得到鼓泡区面积。

步骤8：根据附录3给出的特性，制定如下规则：

$A_s$ 塔盘总面积单位：$ft^2$；

$A_{dc}$ 降液管面积单位：$ft^2$；

$A_w$ 死区(约为鼓泡区面积的20%)；

$A_b$ 鼓泡区；

$A_s = A_b + A_w + A_{dc}$，即鼓泡区、死区、降液管面积之和。

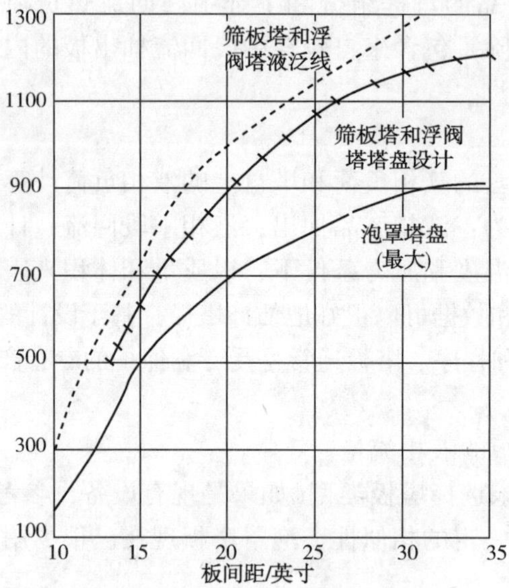


图 3-13　基于板间距的常数

附录 4 列出了堰高、面积、堰长的关系。

(3) 计算塔总高度

利用计算出的气液相负荷，校核并确定能够满足塔的分离要求的塔板数。然后校核塔板间距。一般的精馏要求取塔板间距为 24in。对于有中段回流的抽出塔板，还需要校核降液管的液位高度(是否超过 50%)，这一段往往需要设定较大的塔板间距，通常设为 30in。再根据既定的塔盘间距计算塔高(塔的有效高度)。为了给回流分布器留有足够的空间以及更好地实现气液相分离，在最顶层塔板和塔顶切线之间设置 6ft 高的距离。

汽化段(底层分馏塔板和顶层汽提塔板之间)所需高度通常为 10～14ft，具体取决于加工量和回流大小。最下层汽提塔板与塔底之间的距离需要满足两点：一是能够允许汽提蒸汽入口分布器的安装；二是可以使塔底产品有一定的停留时间，停留时间的选取一般由企业的运行策略决定，以下原则仅作参考：

① 如果产品是送往罐区存储，设置 5min 的停留时间。

② 如果产品是送至下游单元的加热炉，则允许 15min 的停留时间。

(4) 汽提塔

汽提塔尺寸参数设计步骤与主塔相同。如前所述，各侧线产品的汽提塔往往被叠放在一起，形成一个直径均匀的塔。唯一可能改变的是下部汽提塔油品滞留部分的直径。出于调整塔体高度的考虑，可能需要增大该处的塔径，以确保从主塔抽出的物料能够顺利自流到汽提塔中。

汽提塔板数通常为 4 个，塔板间距通常也是 24in。至于塔高方面，我们首先应该设置最下层汽提塔板到塔底切线的高度高于标高，至少有 15ft，才能为产品泵提供足够的压头(NPSH)。这样，就能够保证产品有 5～15min 的缓冲时间，并且在最下层汽提塔板下方，有大概 12in 的空间用来安装蒸汽入口分布器。注意，这里汽提塔产品的停留时间沿用了以上塔底油的停留时间。

### 3.2.7　原油预热系统设计

所有的原油蒸馏装置，原油进料都要通过与高温产品或中段回流物料的换热来进行预热。预热后的原油进入加热炉，被加热后油品部分汽化以达到闪蒸条件。而预热的程度是一个经济效益平衡问题，需要在硬件投资和回收热量所节省的设备费用之间达到优化状态。要想达到这种平衡，我们要对换热网络中热流股的焓值和温度进行分析。同时需要获取换热系统中相关费用数据，包括换热器(通常是管程和壳程)、产品冷却器、加热炉的设备费用。

如果可能的话，可以制定多个方案，并根据设备供应商的最新数据计算其设备成本。接下来，使用企业的单位公用工程成本确定每个方案的公用工程需求和每个设计方案的费用。为了便于检查和比较，每一种方案的费用数据必须统一标准。以下步骤是用于这种经济分析的方法之一：

步骤1：建立原油进料的温焓曲线。在预热系统中原料将一直保持液相状态，所以焓值曲线只需要考虑显热即可。假设从60℉开始，用原料油的单位热量(Btu/lb)乘以总重量(lb/h)就可以得到该温度下的焓值(Btu/h)；按照10~15℉的温度递增趋势计算，得到一条平滑的温焓曲线。

步骤2：确定塔顶抽出、中段回流以及产品流股的温度和流量，从中选择出适合与原油换热的物料流股。例如，主塔的塔顶油气就是很好的备选流股，因为它在很宽的温度范围内拥有高的热容量(潜热)。而相比之下，煤油产品流股通常不是一个很好的备选流股，因为它只包含在很窄的温度范围内的显热，而且，按重量计，它可能是最小的一股产品。

步骤3：绘制候选物料流股的温焓曲线，对于中段回流和侧线产品，只需要画出3~4个温度下的焓值(Btu/h)即可。

步骤4：塔顶抽出气相的温焓曲线需要比较复杂的计算，这里的温焓曲线必须以冷凝曲线为基础。这需要计算流体在冷凝温度和压力范围内的平衡(气相和液相)组成。为此，假设塔顶和回流罐之间的压力降和温度分布是线性的。选择4~5个压力及其对应的温度点进行计算。为了便于计算，我们假设选定的工况范围内没有蒸汽冷凝，从而得到相应分压下的平衡常数。塔顶气相组成(mol/h)包括塔顶采出产品加回流，计算选定温度和压力下的气/液组成。对于选定的温度，分别计算两相(不要忘记蒸汽)的焓值，绘制选定温度下的温焓曲线图(Btu/h)。

步骤5：将产品、塔顶抽出和中段回流的温焓曲线叠加到原料油的温焓曲线上，从塔顶抽出的曲线开始，按流程顺序依次绘制这些温焓曲线，以提供一个接近原料油曲线的合理温度。图3-14是这个理念应用的一个例子，馏分油的合理温差不应低于20℉，渣油和重馏分油的合理温差不应低于40℉和60℉。

步骤6：根据统一标准来制定几种不同的方案，并为不同换热序列中的每个产品流股设置限制。流量较大的流股(如渣油或下部的中段回流)在进行换热时，可以进行分流，还可以串联或并联与原油换热。

步骤7：计算各方案所需换热设备的尺寸，其中还包括为了满足每股物料所需的换后温度、需要增加的换热设备尺寸。例如，需要末级空冷器来满足产品外送温度，或者需要后端冷却器来满足中段回流的返塔温度。这些设备尺寸的确定不需要太精确，只要统一基准即可。这里，我们只需用到如下的简单传热方程，就完全能够满足要求。

$$Q = U \cdot A \cdot \Delta t_m \tag{3-10}$$

$U$的值可以从图3-12中得到。

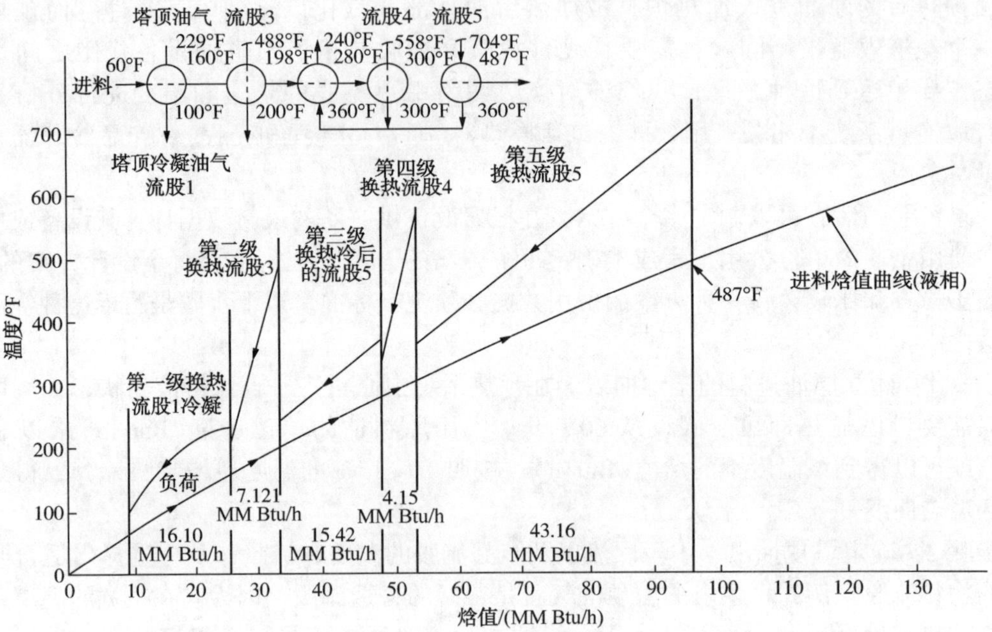


图 3-14 原油预热系统计算

步骤 8：记录原油的换热终温，利用换后原油焓值和主塔进料汽化段的总焓值的差，就可以确定各方案中加热炉的负荷。

步骤 9：计算每个方案所需设备的成本，包括所有的换热器(包括后端和末级冷却器)和加热炉的成本。这些数据通常都可以从设备供应商那里获得，例如以元/平方英尺为单位。评估每个方案中设备对公用工程的需求。

步骤 10：将以上结果制成表格，以成本最高的方案为基准，计算其他方案的增值型收益，选择投资回报率(ROI)最高的方案。

几乎在所有的现代原油蒸馏装置中都有脱盐设备。脱盐设备是一套专用设备，通过向原油中注入新鲜水，然后将溶于水中的盐从原油中分离出来。脱盐设备设置在原油预热流程的适当位置，并且在某一特定的温度下运行。另外，为了提高分离效果，通常也会用到破乳剂或电场除盐(更为常见)，或者为提高效果两者搭配使用。脱盐温度(通常在 220~250℉左右)必须通过原油换热系统实现。

### 3.2.8 常压塔设计实例

本例仅限于主分馏塔和汽提塔的设计，油种为科威特原油，加工量为 30000BPSD，产品有以下几种：

| | |
|---|---|
| 塔顶全馏程石脑油 | 气态~375℉ |
| 常一线煤油 | 375~480℉ |
| 常二线轻瓦斯油 | 480~610℉ |
| 常三线重瓦斯油 | 610~680℉ |

分馏精度效果要求：

① 恩氏蒸馏(ASTM)中，石脑油的终馏点不超过 400℉。

② 恩氏蒸馏(ASTM)中，石脑油95%点与煤油5%点之间温差至少为25℉。

③ 恩氏蒸馏(ASTM)中，煤油95%点与轻瓦斯油5%点之间温差为-10℉(即有10℉的重叠)。

④ 恩氏蒸馏(ASTM)中，轻瓦斯油的终馏点不大于620℉。

⑤ 恩氏蒸馏(ASTM)中，轻瓦斯油95%点与重瓦斯油5%点之间温差不超过-35℉(即有35℉的重叠)。

⑥ 实沸点蒸馏(TBP)中，终馏点≯710℉，康氏残炭含量≯8.0%。

(1) 物料衡算

原油的实沸点蒸馏(TBP)曲线和相对密度(SG)曲线分别如图3-15和图3-16所示。对实沸点蒸馏(TBP)曲线数据进行切割，得到各馏分的切割温度和窄馏程组分。

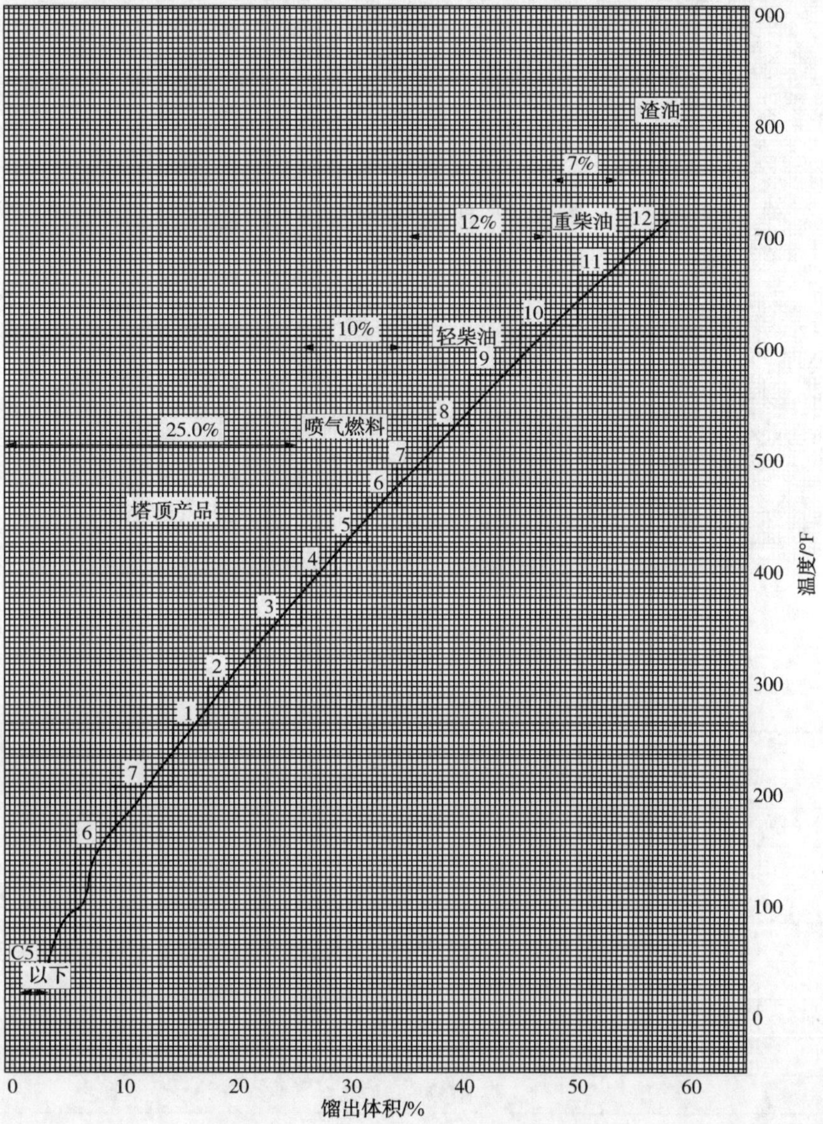


图3-15 实例中的实沸点蒸馏曲线

恩氏蒸馏(ASTM)曲线的切割是依据产品切割点和正态分布坐标纸得到的，使用表3-1中的"Edmister"方法可以将恩氏蒸馏(ASTM)曲线转换为实沸点蒸馏(TBP)曲线。

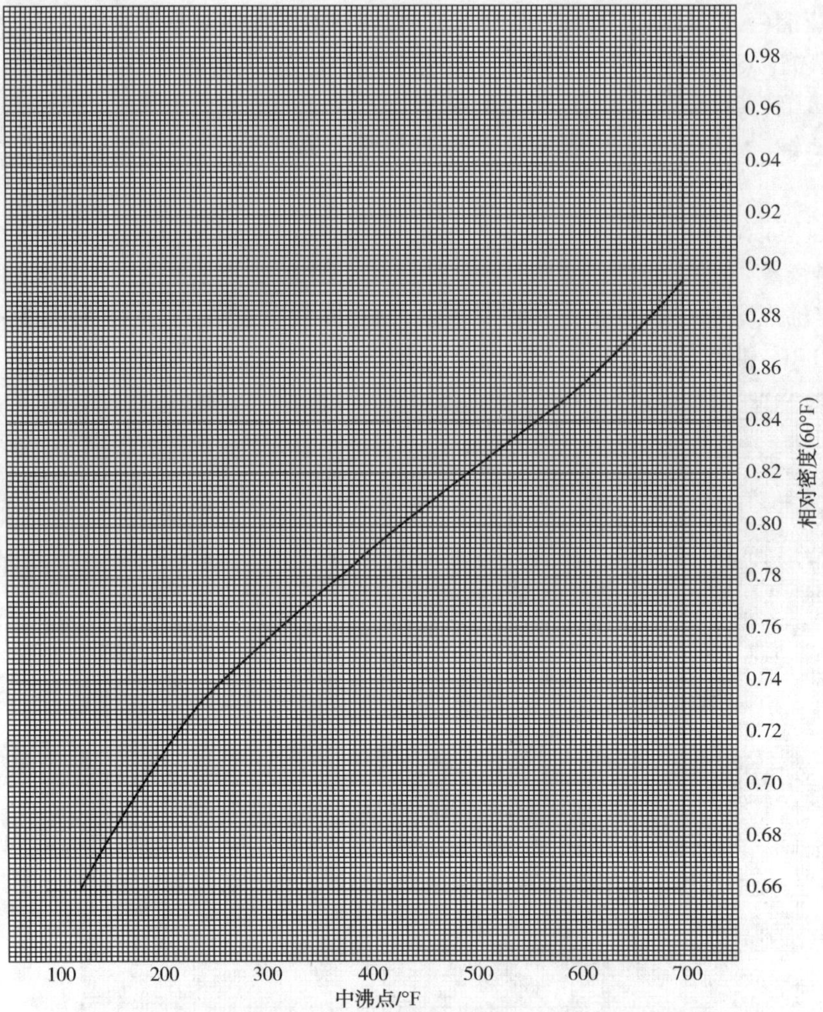


图 3-16　实例中的相对密度曲线

**表 3-1　恩氏蒸馏转化为实沸点蒸馏数据**

| | 恩氏蒸馏温度/°F | 恩氏蒸馏温差/°F | 实沸点温差/°F | 实沸点温度/°F |
|---|---|---|---|---|
| | | 石脑油(塔顶产品) | | |
| 初馏点 | | 不需要 | | |
| 10% | | | | |
| 30% | | | | |
| 50% | 300 | 10 | 14 | 305 |
| 70% | 310 | 20 | 27 | 319 |
| 90% | 330 | 28 | 32 | 346 |
| 终馏点 | 358 | | | 378 |
| | | 煤油(第一条侧线) | | |
| 初馏点 | 345 | 31 | 57 | 287 |
| 10% | | 124 | 44 | 344 |
| 30% | 400 | 19 | 32 | 388 |

续表

| | 恩氏蒸馏温度/℉ | 恩氏蒸馏温差/℉ | 实沸点温差/℉ | 实沸点温度/℉ |
|---|---|---|---|---|
| 50% | 419 | 17 | 27 | 420 |
| 70% | 436 | 24 | 33 | 447 |
| 90% | 460 | 35 | 38 | 480 |
| 终馏点 | 495 | | | 518 |
| 轻瓦斯油(第二条侧线) | | | | |
| 初馏点 | 495 | 25 | 48 | 457 |
| 10% | 520 | 12 | 25 | 505 |
| 30% | 532 | 11 | 20 | 530 |
| 50% | 543 | 16 | 26 | 550 |
| 70% | 559 | 13 | 19 | 576 |
| 90% | 572 | 23 | 27 | 595 |
| 终馏点 | 595 | | | 602 |
| 重瓦斯油(第三条侧线) | | | | |
| 初馏点 | 595 | 20 | 40 | 568 |
| 10% | 615 | 11 | 25 | 608 |
| 30% | 626 | 7 | 14 | 633 |
| 50% | 633 | 7 | 12 | 647 |
| 70% | 640 | 18 | 25 | 659 |
| 90% | 658 | 17 | 20 | 684 |
| 终馏点 | 675 | | | 704 |

对每一个切割馏分以及各窄馏程组分，相关数据绘制在图 3-17 中。注意：石脑油的前端即为原油的前端，所以在计算中我们只需要考虑石脑油后端的切割。

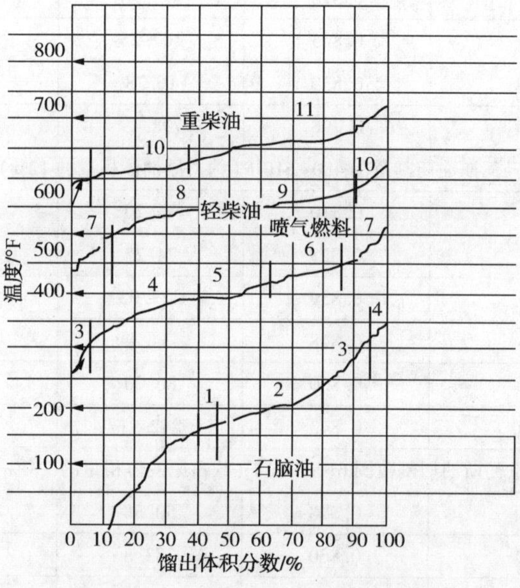


图 3-17 产品曲线和窄馏程组分

切割特征见表 3-2。

**表 3-2 切割特征表**

| 组分 | 占原油的体积分数/% | 相对密度(60℉) | 质量因数 | 摩尔质量 | 摩尔因数 |
|---|---|---|---|---|---|
| 塔顶产品，气体到实沸点 375℉切割点(占原油的体积分数为 25%) | | | | | |
| $C_2$ | 0.11 | 0.374 | 0.411 | 30 | 0.014 |
| $C_3$ | 0.84 | 0.508 | 4.267 | 44 | 0.1 |
| $iC_4$ | 0.4 | 0.563 | 2.252 | 58 | 0.039 |
| $nC_4$ | 1.53 | 0.584 | 8.935 | 58 | 0.154 |
| $C_5$´s | 3.02 | 0.629 | 18.996 | 72 | 0.264 |
| $C_6$ | 3.6 | 0.675 | 24.3 | 86 | 0.286 |
| $C_7$ | 4.5 | 0.721 | 32.445 | 100 | 0.324 |
| 组分 1 | 3.5 | 0.743 | 26.005 | 114 | 0.228 |
| 2 | 3.77 | 0.765 | 28.841 | 126 | 0.229 |
| 3 | 2.41 | 0.776 | 18.702 | 136 | 0.138 |
| 4 | 1.32 | 0.788 | 10.402 | 152 | 0.068 |
| 合计 | 25 | 0.702 | 175.556 | 95.2 | 1.884 |
| 煤油切割范围 375~480℉(约占原油体积量的 10%) | | | | | |
| 2 | 4.0 | 0.765 | 30.6 | 126 | 0.24 |
| 3 | 14.0 | 0.776 | 108.64 | 136 | 0.80 |
| 4 | 22.0 | 0.788 | 173.36 | 152 | 1.14 |
| 5 | 24.0 | 0.799 | 191.76 | 165 | 1.16 |
| 6 | 21.0 | 0.810 | 170.10 | 177 | 0.96 |
| 7 | 13.0 | 0.825 | 107.25 | 190 | 0.56 |
| 8 | 2.0 | 0.839 | 16.78 | 205 | 0.08 |
| 合计 | 100 | 0.798 | 798.49 | 161.6 | 4.94 |
| 轻瓦斯油切割范围 480~610℉(约占原油体积量的 12%) | | | | | |
| 6 | 2.0 | 0.810 | 16.20 | 177 | 0.09 |
| 7 | 9.0 | 0.825 | 74.25 | 190 | 0.39 |
| 8 | 38.5 | 0.839 | 323.02 | 205 | 1.58 |
| 9 | 40.5 | 0.848 | 434.44 | 238 | 1.51 |
| 10 | 10.0 | 0.860 | 86.00 | 250 | 0.34 |
| 合计 | 100.0 | 0.843 | 842.91 | 215.6 | 3.91 |
| 重瓦斯油切割范围 610~680℉(约占原油体积量的 7.0%) | | | | | |
| 9 | 6.0 | 0.848 | 50.88 | 228 | 0.22 |
| 10 | 33.0 | 0.860 | 283.8 | 250 | 1.14 |
| 11 | 61.0 | 0.887 | 540.77 | 287 | 1.88 |
| 合计 | 100.0 | 0.875 | 875.45 | 270.2 | 3.24 |

| 过汽化油 | 切割范围 690~725(约为原油体积含量的 3%) |
|---|---|
| 相对密度(60℉) | 0.891 |
| 摩尔质量 | 295 |

完整的物料衡算见表 3-3。

表 3-3　物料平衡

| 流股 | 切割范围 | 体积分数/% | 累计体积分数/% | BPSD | GPH | 相对密度 | lb/gal | lb/h | %(质) | 摩尔质量 | mol/h |
|---|---|---|---|---|---|---|---|---|---|---|---|
| 原油 | — | 100.0 | 100.0 | 52500 | 52500 | 0.8685 | 7.23 | 379575 | 100 | 225.3 | 1684.8 |
| 塔顶产品 | 初馏点 -360 | 25.0 | 25.0 | 7500 | 13125 | 0.702 | 5.84 | 76650 | 20.2 | 95.2 | 805.1 |
| 喷气燃料 | -480 | 10.0 | 35.0 | 3000 | 5250 | 0.798 | 6.64 | 34860 | 9.2 | 161.6 | 215.7 |
| 轻瓦斯油 | -610 | 12.0 | 47.0 | 3600 | 6300 | 0.843 | 7.02 | 44226 | 11.7 | 215.6 | 205.1 |
| 重瓦斯油 | -690 | 7.0 | 54.0 | 2100 | 3675 | 0.875 | 7.28 | 26754 | 7 | 270.2 | 99 |
| 渣油 | 690 | 46.0 | 100.0 | 13800 | 24150 | 0.957 | 8.16 | 197085 | 51.9 | 547.6 | 359.9 |
| 汽化段物料平衡 | | | | | | | | | | | |
| 过汽化气相 | -725 | 3.0 | 57 | 900 | 1575 | 0.891 | 7.4 | 11655 | 3 | 295 | 39.5 |
| 产品气相 | -690 | 54.0 | 54 | 16200 | 28350 | 0.773 | 6.43 | 182490 | 48.1 | 137.7 | 1324.9 |
| 总气相 | -725 | 57.0 | 57 | 17100 | 29925 | 0.78 | 6.49 | 194145 | 51.1 | 142.3 | 1364.4 |
| 渣油① | 725 | 43.0 | 43 | 12900 | 22575 | 0.988 | 8.22 | 185430 | 48.9 | 578.7 | 320.4 |
| 合计 | | 100.0 | 100 | 30000 | 52500 | 0.8685 | 7.23 | 379575 | 100 | 225.3 | 1684.8 |

①不包括最底层塔盘的过汽化油量。

(2) 汽化段计算

1) 汽化段总压

估计塔顶回流罐压力为 5psig(稍后将通过计算 100℉的泡点来校核)。

设塔顶空冷器压降为 5psi，这是该设备的合理压降，在提供给供应商的设备数据表里也会如此要求。设原油与塔顶油气的换热器压降为 2psi(塔顶油气走壳程)。

忽略管件和管路的压降——因这对于一个设计合理的装置来说是很小的。

这样塔顶总压力是 12psig。

假设在汽化段和塔顶之间有 40 块塔板，假设每块塔板的压降为 0.25psi，那么这一段的总压降就是 10psi。

汽化段总压力即为 12psig+10psi=22psig。基于设计要求，将其定为 25psig (40psia)。

2) 计算汽化段油气分压

取塔底汽提蒸汽量为 1.2lb/gal(见图 3-10)，则：

每小时的汽提蒸汽量=1.2×24150=28980lb/h=1610mol/ h

因此，油气分压=气相油气的摩尔量/总气相摩尔量×总压

=1364.4 /(1364.4+1610)×40psia=18.35psia

3）绘制常压下原油的平衡汽化闪蒸(EFV)曲线

从原油实沸点蒸馏(TBP)曲线上看，整个曲线的斜率为11.8℉/%(体)(10%~70%对应的TBP温差除以60)。根据麦克斯韦曲线，汽化段参考线的斜率为8.5℉/%(体)。(见本书“原油及石油加工介绍”一章)。

$$\Delta T_{50\%}(DRL-FRL)=40℉$$

$$T_{50\%}DRL=667℉$$

此时 $$T_{50\%}FRL=667-40=627℉$$

表3-4定义了常压下的汽化曲线。

**表3-4 常压下闪蒸曲线表**

| | 实沸点 | | 平衡汽化蒸馏 | | | | |
|---|---|---|---|---|---|---|---|
| 体积分数 | 切割点/℉ | DRL | $\Delta T$ | 比率 | $\Delta T_1$ | FRL | 闪蒸温度/℉ |
| 0 | -127 | 75 | -202 | 0.24 | -48 | 200 | 152 |
| 10% | 190 | 190 | 0 | 0.4 | 0 | 285 | 285 |
| 30% | 420 | 430 | -10 | 0.34 | -3 | 450 | 447 |
| 50% | 645 | 667 | -22 | 0.34 | -8 | 627 | 619 |
| 70% | 900 | 900 | 0 | 0.34 | 0 | 795 | 795 |
| 90% | 1235 | 1140 | 95 | 0.34 | 32 | 915 | 947 |
| 100% | 2192 | 1250 | 942 | 0.34 | 320 | 1040 | 1360 |

以上闪蒸曲线的计算基于常压。若要绘制在其他压力下的闪蒸曲线，利用50%(体)温度和油气分压曲线(参见本章附录1)，读出特定压力下的温度。利用EFV曲线在此温度与其常压曲线平行的特点，绘制EFV曲线。汽化段温度是分压曲线上相应的体积馏出之处的温度。

汽化段温度=720℉

EFV曲线如图3-18所示。

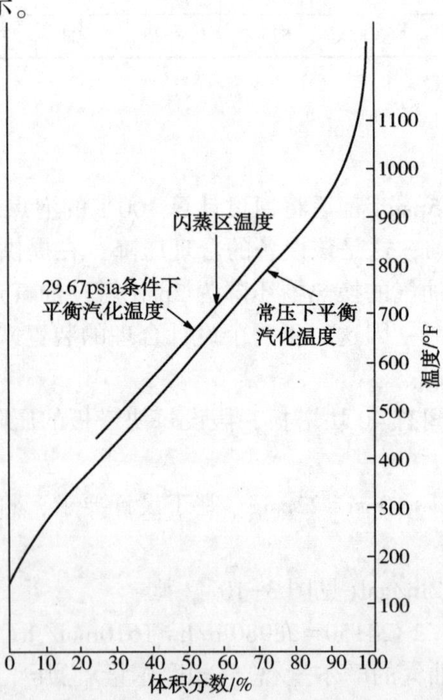


图3-18 在闪蒸条件下原油全馏程的平衡汽化温度曲线

4）汽化段原油总热量的计算

汽化段原油总热量计算见表 3-5。注意：作者使用的是自己文件中的焓值数据，建议使用麦克斯韦的“烃类物性库”中的数据，或 GPSA“工程数据书”中给出的数据。

**表 3-5 在闪蒸段条件下计算出的原油总热量**

| 流股 | 相态 | °API | K值 | 温度/℉ | 流量/(lb/h) | 焓值/(Btu/lb) | MMBtu/h |
|---|---|---|---|---|---|---|---|
| 原油气相 | 气 | 50 | 11.8 | 720 | 194145 | 528 | 102.509 |
| 原油液相 | 液 | 11.5 | 11.5 | 720 | 185430 | 396 | 73.43 |
| 合计 | | | | | 379575 | | 175.939 |

（3）塔的热量衡算

1）计算渣油的离塔温度

参考图 3-11，选取框图中的渣油汽提段计算热量平衡，渣油量为 197085lb/h（通过物料平衡计算）。通过最上层汽提塔板的汽提出的气相馏分为 6%（见图 3-10），即 1449gal/h。假设该气相馏分的密度为 7.5lb/gal（与过汽化油物性相似），摩尔质量是 305。则热平衡计算见表 3-6。

**表 3-6 汽化段平衡表**

| 流股 | 相态 | °API | K值 | 温度/℉ | 流量/(lb/h) | 焓值/(Btu/lb) | MMBtu/h |
|---|---|---|---|---|---|---|---|
| 输入 | | | | | | | |
| 进料渣油 | 液 | 13 | 11.5 | 720 | 197085 | 396 | 78.046 |
| 汽提馏分 | 液 | 25.5 | 11.5 | 720 | 10868 | 410 | 4.456 |
| 汽提蒸汽入 | 气 | | | 450 | 28980 | 1290 | 37.384 |
| 总输入 | | | | | 236933 | | 119.916 |
| 输出 | | | | | | | |
| 塔底渣油 | 液 | 13 | 11.5 | t | 197085 | $x$ | 197085$x$ |
| 汽提馏分 | 气 | 25.5 | 11.5 | 715 | 10868 | 490 | 5.325 |
| 汽提蒸汽出 | 气 | | | 715 | 28980 | 1383① | 40.079 |
| 总输出 | | | | | 236933 | | 45.404+197085$x$ |

① 指的是汽化段实际分压 13.53psig。

$$\text{输入热量}=\text{输出热量}$$

$$197085x + 45404000 = 119916000$$

$$x = 378\text{Btu/lb}$$

根据焓值表，渣油温度为 704℉。

2）计算侧线抽出温度

侧线汽提所需蒸汽量为：

所有汽提塔有三块理论塔板。

每个瓦斯油汽提塔将使用 0. 5lb 蒸汽/gal 产品。

煤油汽提塔将使用 0. 65 1b 蒸汽/gal 煤油。

则使用的蒸汽如下：

重瓦斯油：3675×0. 5 = 1838lb/h

轻瓦斯油：6300×0. 5 = 3150lb/h

煤油：5250×0. 65 = 3413lb/h

① 塔压力分布图：

主塔内有 40 个分馏塔盘(汽化段上方塔盘)和 4 个汽提塔盘(汽化段下方塔盘)。这些塔板按从底到顶的顺序编号，最底部的汽提塔板为 1 号塔板，塔顶塔板为 45 号塔板。压力分布如图 3-19 所示。

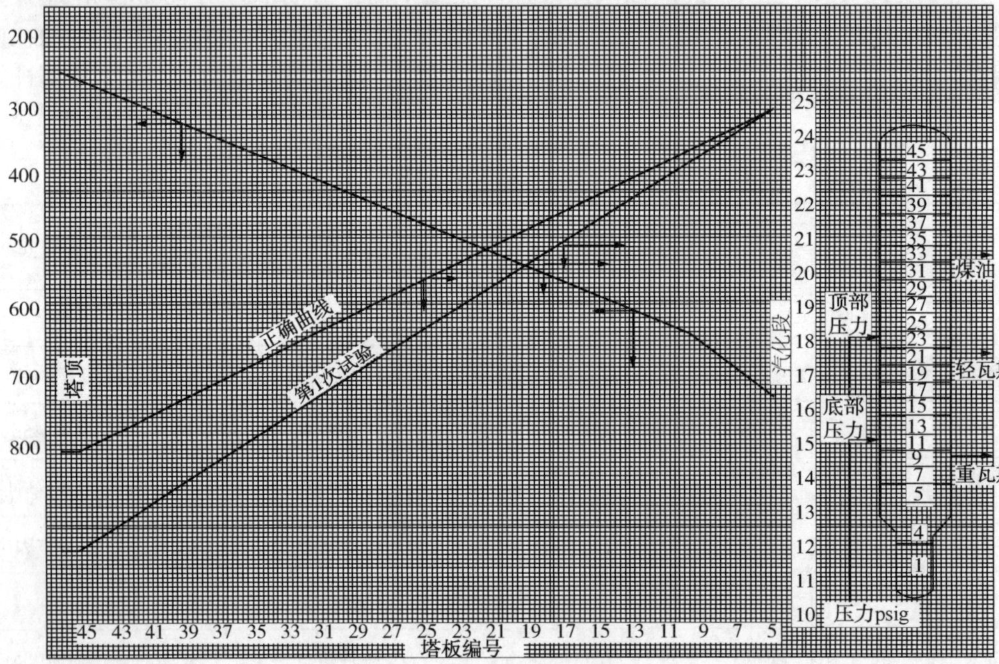


图 3-19　塔压曲线

② 确定出料板位置：

从汽化段以上到重瓦斯油抽出板之间允许有 6 块洗涤塔板，这样重瓦斯油和下部中段回流将从第 10 层塔板抽出。

对于到该中段回流返回位置允许设置 2 块塔板。这样该中段回流将从第 12 层塔板返回。

从第 12 层塔板到轻瓦斯油抽出位置与上部中段回流处允许有 10 层塔板，这样抽出板将是第 22 层塔板。

同样留两个塔盘用于中段回流，从第 24 层塔板返回。

在上部中段回流和煤油抽出板之间设 10 层塔板，这样煤油抽出板在第 34 层塔板，在煤油抽出板与塔顶之间剩余 12 层塔板(包含抽出板与顶部塔板)。

塔板位置和压力分布如下表所示(第一次试算):

| | 塔板位置 | 压力/psig |
|---|---|---|
| 重瓦斯油抽出 | 10 | 23.4 |
| 下部中段回流返塔 | 12 | 22.7 |
| 轻瓦斯油抽出 | 22 | 19.5 |
| 上部中段回流返塔 | 24 | 18.8 |
| 煤油抽出 | 34 | 15.5 |

③ 计算理论初始沸点：每个切割的 FRL 都源于 TBP 切割。

| | |
|---|---|
| 重瓦斯油 | 实沸点(TBP)曲线的 50%点是 648℉。TBP 曲线的斜率是 0.6℉/%(体) |
| | 闪蒸参考线(FRL)的斜率是 0.2℉/%(体)。$\Delta t_{50}$(DRL-FRL)是 7℉ |
| | FRL 的 50%点是 641℉。根据 FRL 曲线，初馏点是 626℉ |
| 轻瓦斯油 | 处理方式与重瓦斯油相似，FRL 的初馏点是 527℉ |
| 煤油 | 处理方式与重瓦斯油、轻瓦斯油相同，FRL 的初馏点是 395℉ |

所有的温度都是在常压下，现在要求关联这些温度与对应塔盘的分压，用于计算近似的分压与抽出温度。

假设：

a. 所有比产品轻的气体视为惰性气体。

b. 假设内部回流如下：至重瓦斯油塔板 290mol/h，至轻瓦斯油塔板 250mol/h，至煤油塔板 200mol/h，则：

重瓦斯油塔板分压=重瓦斯油摩尔流量/(烃类气相总流量+蒸汽流量)×总压

$$=1614.9/3224.9\times38.1=19.6\text{psia} \qquad (3-11)$$

根据气相压力曲线，得到理论抽出温度为 720℉。

根据图 3-9 得：

理论温度-实际温度=93℉；

实际抽出温度=720-93=627℉；

轻瓦斯油和煤油的抽出温度根据相同方式计算，求得：

轻瓦斯油：493℉；

煤油：364℉。

3）计算塔顶温度

设定回流罐的温度和压力。在本案例中，设定压力为 10psig，温度为 100℉。考虑通过换热器的压力降，塔顶的压力为 15psig。

塔顶温度：$K_2 = K_1 \times Sx = 0.135\times0.984=0.133=>246$ ℉

将来自外部的冷回流固定为塔顶产品总摩尔数的 0.8 倍，则：

塔顶油气中烃类物质的摩尔总数=1.8×805.1=1449.18mol/h。

塔顶气体中蒸汽的总摩尔数=2076mol。

$$塔顶气体中烃分压=\frac{1449.19\times29.7}{3525.18}=12.2\text{psia}$$

塔顶温度是烃类分子在烃分压下的露点，如表 3-7 所示。

表 3-7　塔顶油气组成

| 组分名称 | 摩尔分数 | 第一次试算 $K$ | 在 250℉下 $x=y/K$ | 分子量 | 质量因子 | 在 60℉的相对密度 | 体积因子 |
|---|---|---|---|---|---|---|---|
| $C_2$ | 0.008 | | | | | | |
| $C_3$ | 0.054 | 73.77 | 0.001 | 44 | 0.044 | 0.508 | 0.009 |
| $iC_4$ | 0.021 | 35.24 | 0.001 | 58 | 0.058 | 0.563 | 0.010 |
| $nC_4$ | 0.084 | 27.05 | 0.003 | 58 | 0.174 | 0.584 | 0.030 |
| $C_5$ | 0.143 | 11.80 | 0.012 | 72 | 0.864 | 0.629 | 0.137 |
| $C_6$ | 0.155 | 4.59 | 0.034 | 85 | 2.89 | 0.675 | 0.428 |
| $C_7$ | 0.175 | 2.213 | 0.079 | 100 | 7.90 | 0.721 | 1.100 |
| 组分 1 | 0.124 | 1.066 | 0.116 | 114 | 13.224 | 0.743 | 1.780 |
| 组分 2 | 0.124 | 0.557 | 0.223 | 126 | 28.098 | 0.765 | 3.673 |
| 组分 3 | 0.075 | 0.311 | 0.241 | 136 | 32.776 | 0.776 | 4.224 |
| 组分 4 | 0.037 | 0.135 | 0.274 | 152 | 41.648 | 0.788 | 5.285 |
| 合计 | 1.00 | | 0.984 | 129.7 | 127.676 | 0.766 | 16.675 |

4）计算侧线汽提塔的底部温度

这些温度是根据单独的侧线汽提塔的热平衡计算得到的，具体见下表：

| | 重瓦斯油 | 轻瓦斯油 | 煤油 |
|---|---|---|---|
| 总汽提塔顶馏出物/%(体) | 5 | 8 | 8 |
| 汽提馏出物的质量/mol | 230 | 180 | 120 |
| 汽提馏出物的相对密度 | 0.865 | 0.820 | 0.750 |

在下文的计算中只对重瓦斯油汽提塔的热平衡计算进行说明(见表 3-8)，其余两个汽提塔计算是类似的(如图 3-20～图 3-22)。

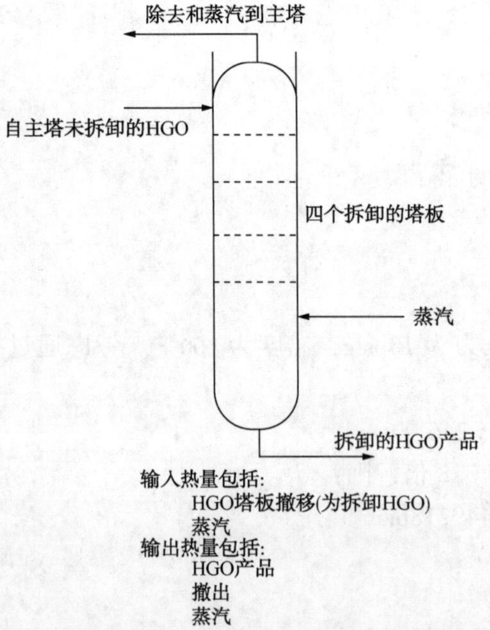


图 3-20　重瓦斯油汽提塔的热平衡图

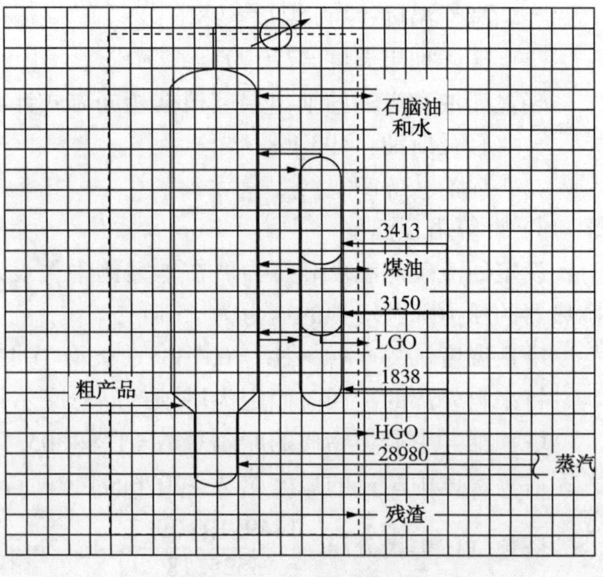


图 3-21　全塔热平衡图

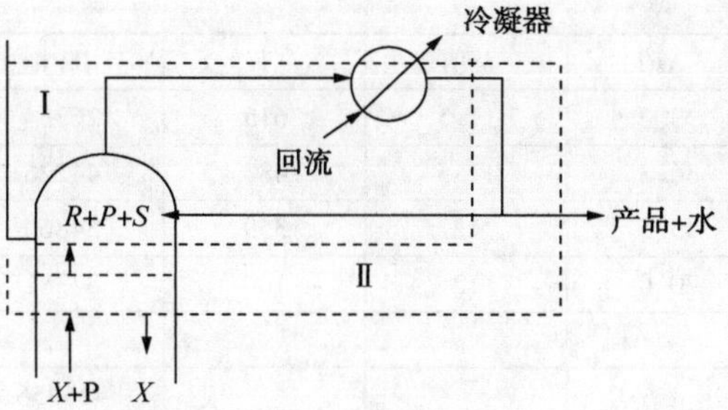


图 3-22　塔顶热平面图

**表 3-8　重瓦斯油汽提塔平衡计算**

| 流股名称 | 相态 | °API | K 值 | ℉ | lb/h | Btu/lb | MMBtu/h |
|---|---|---|---|---|---|---|---|
| 输入 | | | | | | | |
| 重瓦斯油 | 液 | 30 | 11.5 | 627 | 26754 | 347 | 9.284 |
| 蒸汽 | 气 | | | 450 | 1838 | 1290 | 2.371 |
| 汽提塔顶馏出物 | 液 | 32 | 11.5 | 627 | 1390 | 349 | 0.485 |
| 合计 | | | | | 29982 | | 12.14 |
| 输出 | | | | | | | |
| 重瓦斯油 | 液 | 30 | 11.5 | t℉ | 26754 | $x$ | 26754 |
| 蒸汽 | 气 | | | 622 | 1838 | 1376① | 2.529 |
| 汽提塔顶馏出物 | 气 | 32 | 11.5 | 622 | 1390 | 442 | 0.614 |
| 合计 | | | | | 29982 | | 3.143+26754 $x$ |

① 分压为 36.3psia。

从表 3-8 中求解 $x$：

$$26754x = 8997000$$

解得：$x = 336$Btu/lb

从表可知焓值>615℉，则轻瓦斯油离开汽提塔的温度为 488℉，煤油离开汽提塔的温度为 359℉。

（4）全塔热量平衡

1）塔顶热量平衡

图 3-22 中方框 I 范围内所包含的平衡决定了塔顶冷凝器的负荷，见表 3-9 和表 3-10。

**表 3-9　塔的热平衡**

| 流股名称 | 相态 | °API | K 值 | ℉ | lb/h | Btu/lb | MMBtu/h |
|---|---|---|---|---|---|---|---|
| 进料 | | | | | | | |
| 原油 | 气+液 | — | 11.7 | 720 | 379575 | | 175.939 |
| 蒸汽 | 气 | | | | 37381 | 1290 | 48.221 |
| 合计 | | | | | 416956 | | 224.160 |
| 出料 | | | | | | | |
| 渣油 | 液 | 13 | 11.5 | 704 | 197085 | 378 | 74.498 |

续表

| 流股名称 | 相态 | °API | *K*值 | ℉ | lb/h | Btu/lb | MMBtu/h |
|---|---|---|---|---|---|---|---|
| 重瓦斯油 | 气 | 30 | 11.5 | 615 | 26754 | 336 | 8.989 |
| 轻瓦斯油 | 气 | 36.3 | 11.5 | 488 | 44226 | 255 | 11.278 |
| 煤油 | 气 | 45.5 | 12 | 359 | 34860 | 184 | 6.414 |
| 石脑油 | 气 | 70.0 | 12 | 100 | 37381 | 100 | 3.738 |
| 回流 | | | | | | | 115.717 |
| 合计 | | | | | 416956 | | 224.160 |

**表 3-10 塔顶冷凝器负荷**

| 流股名称 | 相态 | °API | *K*值 | ℉ | lb/h | Btu/lb | MMBtu/h |
|---|---|---|---|---|---|---|---|
| 进料 | | | | | | | |
| 石脑油 | 气 | 70 | 12 | 246 | 76650 | 266 | 20.389 |
| 回流 | 气 | 70 | 12 | 246 | 61230 | 266 | 16.311 |
| 蒸汽 | 气 | | | 246 | 37381 | 1197 | 44.745 |
| 合计 | | | | | 175351 | | 81.445 |
| 出料 | | | | | | | |
| 石脑油 | 液 | 70 | 12 | 100 | 76650 | 46 | 3.526 |
| 回流 | 液 | 70 | 12 | 100 | 61320 | 46 | 2.821 |
| 水 | 液 | | | 100 | 37381 | 100 | 3.738 |
| 冷凝负荷 | | | | | | | 71.360 |
| 合计 | | | | | 175351 | | 81.445 |

塔顶冷凝器负荷为 71.360MMBtu/h，因此，由中间回流（中段回流）取走的热量为 115.717−71.360=44.357MMBtu/h。

图 3-22 中方框Ⅱ范围内所包含的热平衡决定了顶部塔盘的内回流。其内容如下：

设来自顶部塔盘的溢流量为 $x$lb/h，则热平衡见表 3-11。

**表 3-11 塔顶热平衡**

| 流股名称 | 相态 | °API | *K*值 | ℉ | lb/h | Btu/lb | MMBtu/h |
|---|---|---|---|---|---|---|---|
| 进料 | | | | | | | |
| 石脑油 | 气 | 70 | 12 | 262 | 76650 | 273 | 20.925 |
| 顶部塔盘物流 | 气 | 53 | 12 | 262 | $x$ | 249 | $249x$ |
| 蒸汽 | 气 | | | 262 | 37381 | 1199 | 44.82 |
| 合计 | | | | | $114031+x$ | | $65.745+249x$ |
| 出料 | | | | | | | |
| 石脑油 | 液 | 70 | 12 | 100 | 76650 | 46 | 3.526 |
| 顶部塔盘物流 | 液 | 53 | 12 | 255 | $x$ | 128 | $128x$ |
| 水 | 液 | | | 100 | 37381 | 100 | 3.738 |
| 冷凝负荷 | | | | | | | 71.360 |
| 合计 | | | | | $114031+x$ | | $78.624+128x$ |

从表 3-11 中求解 $x$：

$$x=\frac{12879000}{121}=106438\text{lb/h}$$

$=821\text{mol/h}$ 或 16736GPH。

查分馏塔的参数(使用本章附录 2)：

60℉时的溢流量为 16736GPH；

255°溢流量为 19029GPH；

上升到塔顶塔盘的产品气相量为 13125GPH；

回流比 1.45；

塔板数：12；

因数：12×1.45=17.4；

石脑油与煤油 TBP 曲线 50%点温度的温度差为 420-265=155℉。

ASTM 蒸馏曲线的间隔为 30℉，在要求范围内。

2）计算剩余塔负荷

其他关键部位的塔负荷由塔热平衡框图中方框区域的热平衡计算可得(图 3-23)。这些关键的部位是：

下部中段回流抽出板下方(方框Ⅰ)；

上部中段回流抽出板下方(方框Ⅱ)；

煤油抽出板下方(方框Ⅲ)。

表 3-12 列出了方框Ⅲ中的热平衡关系，其他部分的计算方法大致相同，但所有三个部分的热平衡计算概括在表 3-13 中。

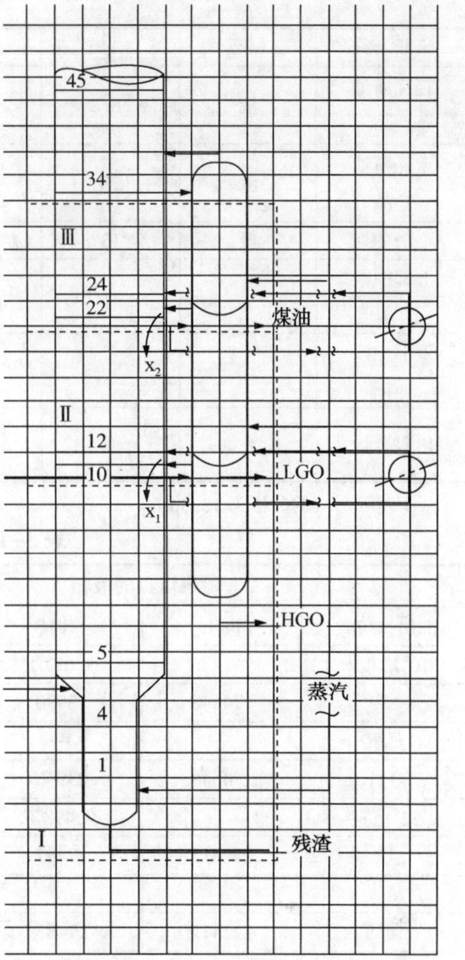


图 3-23 塔身余热平衡图

**表 3-12 方框Ⅲ中的热平衡**

| 流股名称 | 相态 | °API | K值 | ℉ | lb/h | Btu/lb | MMBtu/h |
|---|---|---|---|---|---|---|---|
| 框图Ⅲ | | | | | | | |
| 进料 | | | | | | | |
| 原油 | 气+液 | | | | 379575 | | 175.939 |
| 蒸汽 | 气 | | | 450 | 33968 | 1290 | 43.819 |
| 34 层塔板溢流 | 液 | 46.3 | 12 | 367 | $x_3$ | 191 | 191 $x_3$ |
| 合计 | | | | | 413543 + $x_3$ | | 219.758 +191 $x_3$ |
| 出料 | | | | | | | |
| 顶部塔盘物流 | 气 | 46.3 | 12 | 370 | $x_3$ | 302 | 302$x_3$ |
| 到 34 层塔板的溢流 | 气 | 62.5 | 12 | 370 | 111510 | 320 | 35.683 |
| 到 34 层塔板的气相 | 气 | | | 370 | 33968 | 1253① | 42.562 |

续表

| 流股名称 | 相态 | °API | $K$值 | °F | lb/h | Btu/lb | MMBtu/h |
|---|---|---|---|---|---|---|---|
| 轻瓦斯油产品 | 液 | 36.3 | 11.5 | 488 | 44226 | 255 | 11.278 |
| 重瓦斯油产品 | 液 | 30 | 11.5 | 615 | 26754 | 336 | 8.989 |
| 渣油 | 液 | 13 | 11.5 | 704 | 197085 | 378 | 74.498 |
| 上部中段回流 | | | | | | | 26.614 |
| 下部中段回流 | | | | | | | 17.743 |
| 出料合计 | | | | | $413543+x_3$ | | $217.367+302\ x_3$ |

① 表示蒸汽的分压为18.3psia。

**表3-13　主要塔负荷数据汇总**

| | 流出塔盘的液相 | | | 进入塔盘的气相 | | |
|---|---|---|---|---|---|---|
| 抽出板位置 | lb/h | GPH | 热GPH | lb/h | 分子量 | mol/h |
| 10#塔板① | | 在627°F | | | 在632°F | |
| 烃 | 174648 | 23990 | 32760 | 357138 | 181 | 1976.9 |
| 蒸汽 | — | — | — | 28980 | 18 | 1610.0 |
| 合计 | 174648 | 23990 | 32760 | 386118 | 107.6 | 3586.9 |
| 22#塔板 | | 在498°F | | 在500°F | | |
| 烃 | 122412 | 17487 | 22809 | 278148 | 154 | 1802.9 |
| 蒸汽 | — | | | 30818 | 18 | 1027.3 |
| 合计 | 122412 | 17487 | 22809 | 308966 | 109 | 2830.2 |
| 34#塔板 | | 在367°F | | | 在370°F | |
| 烃 | 21540 | 3254 | 3925 | 133050 | 115 | 1157.8 |
| 蒸汽 | | | | 33968 | 18 | 1887.1 |
| 合计 | 21540 | 3254 | 3925 | 167018 | 55 | 3044.9 |
| 45#塔板 | | 在255°F | | | 在262°F | |
| 烃 | 106438 | 16735 | 19029 | 183089 | 112.6 | 1626.1 |
| 蒸汽 | | | | 37381 | 18 | 2076.7 |
| 合计 | 106438 | 16735 | 19029 | 220469 | 59.5 | 3702.8 |

① 表示不包括中段回流液相流股。

从表3-12中求解$x_3$：

$$x_3=\frac{2391000}{111}=21540\ \text{lb/h}$$

检查分馏计算：

① 在重瓦斯油与轻瓦斯油之间：

$$回流比=\frac{22809}{24675}=0.92$$

塔板数：11（2个中段回流塔板=1分馏塔板）；

系数：10.2；

TBP 曲线的50%点温度：300℉；

ASTM 分离精度为+31℉，这较好地符合这两个馏分切割要求。

② 轻瓦斯油与煤油：

回流比：0.21；

塔板数：11(包括中段回流塔盘的分离贡献)；

系数：2.3；

TBP 曲线的50%点温度：185℉；

ASTM 分离精度：-10℉。

这个效果较差，但因为煤油馏分将作为一种调和组分，因此结果可以接受。无论如何，在最后的设计中，为了改善分离效果，应提高顶部回流，因而降低底部中段回流的负荷。

3）塔径计算

塔气相处理能力由如下公式计算而来：

$$G_f = K_r\sqrt{\rho_v \times (\rho_l - \rho_v)} \tag{3-12}$$

式中 $G_f$——鼓泡区液泛点的汽相质量流速，$lb/(h \cdot ft^2)$。

$K_r$——于24英寸的塔盘间距，取值1100。

根据气相负荷，塔最大直径总是在下部中段回流的下方区域。为了快速估算，可以取鼓泡区面积占塔径的80%。

① 下部中段回流下方的负荷

假设下部中段回流返回至塔内的温度为300℉。

总中段回流负荷：17740000Btu/h

在627℉时的焓值：347Btu/lb

在300℉时的焓值：140Btu/lb

则中段回流的流量为：$\dfrac{17740000}{207}$=85715lb/h 或 11774GPH

未经汽提的重瓦斯油产品流量：3668GPH

溢流流量：23990GPH

塔板上总液体流量39632GPH(60℉)。

该塔板上汽液相数据如下：

| 项目 | 气相 | 液相 |
|---|---|---|
| 温度/℉ | 632 | 627 |
| 压力/psig | 23.8 | — |
| mol/h | 3586.9 | 54120 |
| lb/h | 386118 | 288522 |
| $ft^3/s$ | 302 | 2.0 |
| $\rho_v/(lb/ft^3)$ | 0.355 | 39.9 |

$$G_f = 1100\sqrt{0.355 \times (39.9 - 0.355)} = 4121\ lb/(h \cdot ft^2)$$

$$G_a = 4121 \times 0.8 = 3297\ \text{lb/(h·ft}^2\text{)}$$

根据气相量计算塔板面积： $\dfrac{386118}{3297} = 117\text{ft}^2$

这可以作为鼓泡区面积。

设降液管区域的液流速度为 0.6ft/s，则需要的面积为：

$$\frac{2.0}{0.6} = 3\text{ft}^2$$

考虑入口和出口的面积要求：(出口+入口)$A_{dc} = 6\text{ft}^2$

死区面积取 $A_b$ 的 20%： $117 \times 0.20 = 23.4\text{ft}^2$

则 $A_s = 117 + 23.4 + 6 = 146\text{ft}^2$

因此此位置塔的直径为 13.6ft(内径)。

② 塔的其他部位

塔直径可能变化的其余部位是位于上部中段回流下方与底部汽提段顶层塔板。塔顶部塔板的负荷也应该检查。

这些部分的计算与上述计算相同，计算过程不在此说明。计算结果如下：

主塔顶部到第 24 层塔板的直径为 10ft(内径)；

第 4 层塔板下方汽提段的直径为 7ft(内径)；

主塔及附属的汽提塔的示意图如图 3-24 所示。

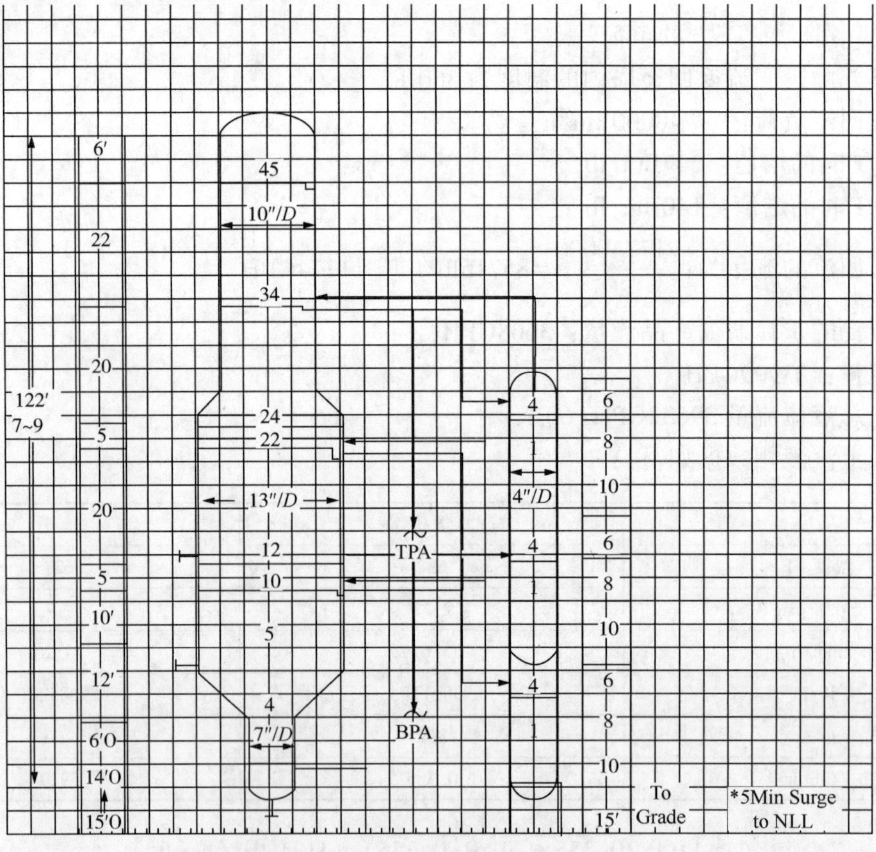


图 3-24 主塔和侧线汽提塔示意图

## 3.3 减压蒸馏装置

作为本章这一部分的开篇，有必要简要介绍一下 20 世纪 60 年代初期这一工艺发生的重要进展。最初的减压装置沿用了常压装置的设计，只是在减压条件下进行操作，通过两级或三级蒸汽喷射器获得真空，塔内采用常规塔盘，主要是泡罩型。在这些条件下，汽化段的真空条件需要通过注入蒸汽以达到所需的烃分压，使进料充分汽化。由于蒸汽的分子量非常低，只有 18，因此塔的汽相流速会较大，这就需要较大的塔直径来与之匹配。

显著降低减压塔直径的技术突破出现在 20 世纪 60 年代，采用的主要方法是使用高通量蒸汽喷射器在塔顶部产生高真空条件。这与高效及很低压降的塔内构件的开发相结合，可以在不注入蒸汽的情况下满足所需的闪蒸条件。该工艺称为“干式减压蒸馏”过程，并且现在已成为用于原油减压蒸馏可接受的一种技术。

### 3.3.1 工艺描述

就传热而言，这一过程往往与原油常压蒸馏装置相结合。一般情况下，来自常压蒸馏装置的热常压渣油直接输送到减压蒸馏装置的减压炉(如图 3-25 所示)。

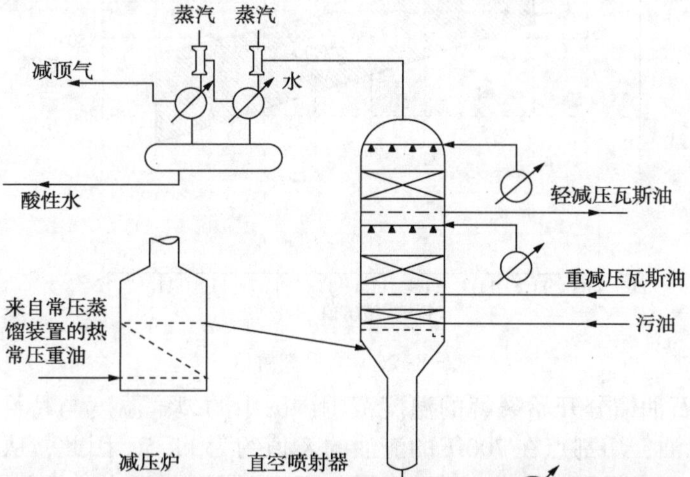


图 3-25 减压蒸馏装置工艺示意图

在减压蒸馏中，常压渣油通过进一步蒸馏，得到馏分油用于生产润滑油或作为转化装置进料的原料。然而，这种蒸馏必须在负压条件下进行。在大气压力下常压渣油汽化所需的温度过高，原油会发生裂解。

减压蒸馏流程与常压蒸馏流程非常类似。首先，低温原料从原料罐用泵抽出后，与温度较高的产品与中段回流进行换热升温，然后送至塔前的加热炉汽化。不过，通常情况下，进料是直接从常压塔渣油汽提段用泵送到减压蒸馏单元的加热炉。此后，汽化的馏分在塔内与沿塔向下流动的冷回流进行传热和传质，进而冷凝，就像常压蒸馏单元中的侧线流股一样。产品在塔的适当位置抽出，然后或者与常压单元的冷流股换热冷却，或者用空冷器冷却，或者作为轻烃分离再沸器的热源；然后将这些产品用泵输送到储存罐。

减压塔底的减压渣油与侧线产品都不用蒸汽汽提。真空条件是通过塔顶吸气的蒸汽喷射器产生的，塔顶的真空压力可以达到5mmHg(绝压)。

塔内通常是增强网格型的塔内构件，这种内构件压降较小，可以使汽化段压力达到25~30mmHg(绝压)左右。

### 3.3.2 减压蒸馏单元的汽化段

在常压下，一般常压渣油为了达到可观的汽化率需要较高的闪蒸温度(可能会超过900℉)。在这些温度下，重渣油将开始分解，形成焦炭和烯烃类产物，这在常压蒸馏中是不希望出现的产物。然而，有效的汽化和分馏在减压条件下可以实现。在这种情况下，可以很容易地得到合理的闪蒸温度(比如650~750℉)。

如前所述，处理常压重油的减压蒸馏装置在塔顶压力为3~5mmHg的条件下运行，此时汽化段的压力约为25~30mmHg，不需要注入蒸汽进行汽提。当然，如果馏分的切割点温度要求过高，会导致闪蒸汽化温度过高，即使在减压条件下油品也会发生裂解。图3-26表示了如何判断馏分的临界裂化温度。

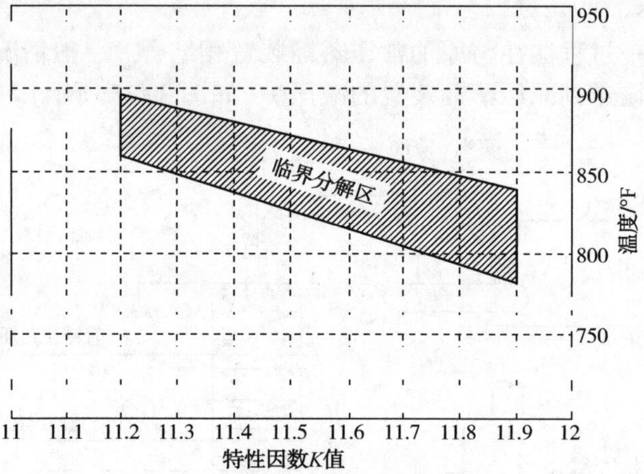


图3-26 临界裂解区

图3-26表示石油馏分开始裂解的温度范围，图中的裂解温度与特性因数$K$值相关联。对于大部分中东原油，切割点在700℉的渣油的$K$值约为11.5。因此，从曲线上可以看出这些渣油在830~855℉之间开始裂化。在“临界分解区”附近或以上的区域，裂化程度将是温度与该温度停留时间的函数。

减压塔中油品的明显裂化会引起：

① 喷射器的高负荷(由于轻馏分的生成)；

② 在润滑油生产中，馏出物会发生脱色；

③ 当为加氢处理与加氢裂化生产原料时，由于不饱和烃的存在，导致这些单元的氢耗较高。

因此在减压系统中，要避免处在这些临界温度附近。

### 3.3.3 塔顶抽真空系统

大多数“干式蒸馏”减压塔在塔顶都有一个相似的抽真空系统，由于这个系统的设计对装置操作是至关重要的，这里介绍一种用于该系统设计的计算方法：

该计算过程是针对不注入蒸汽的干式蒸馏减压工艺。这个方法能够用来确定在试运行条件下安装的喷射器组的效率，或者用来确定需要购买的设备规格。喷射器的效率可以通过根据该方法计算得到的与实际使用的蒸汽量对比来确定。

在使用这个方法时，首先需要获得以下数据：

① 惰性气体量——要么在最后一级的排气侧进行测量，要么根据设计标准确定；

② 所需的或可观察到的塔顶温度和塔顶压力；

③ 工艺流股在中间级出口的温度和压力；

④ 蒸汽总量或者每级喷射器的蒸汽流量。

典型的喷射器组如图 3-27 所示。

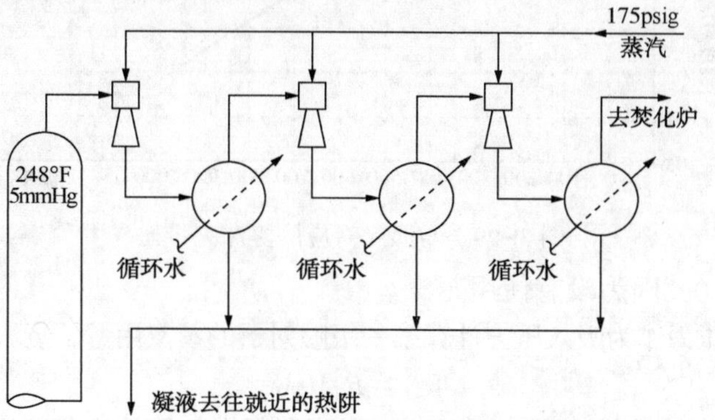


图 3-27　典型的抽空器组

计算过程如下：

步骤 1：确定从塔进入系统的惰性气体的量。如果无法直接测量，根据经验，总的惰性气体的量是进料量的 0.5%~1.0%。惰性气体是由泄漏到系统的空气和一些轻馏分组成的。同样根据经验，轻烃大约占惰性气体总量的 25%左右。

步骤 2：使用下式计算进入第一级喷射器的等效干燥空气负荷。

$$W_a = \frac{W_i}{Rm_i \times Rt_i} + \frac{W_s}{Rm_s \times Rt_i} \tag{3-13}$$

式中，$W_a$ 为等效的空气流量，lb/h；$W_i$ 为塔顶的实际流量，包括空气与轻烃，lb/h ；$W_s$ 为蒸汽的质量流量，lb/h ；$Rm_i$ 与 $Rt_i$ 分别为组分 $i$ 从图 3-28 与图 3-29 中得到的比例因子；$Rm_s$ 与 $Rt_s$ 分别为组分 s 从图 3-30 与图 3-31 中得到的比例因子。

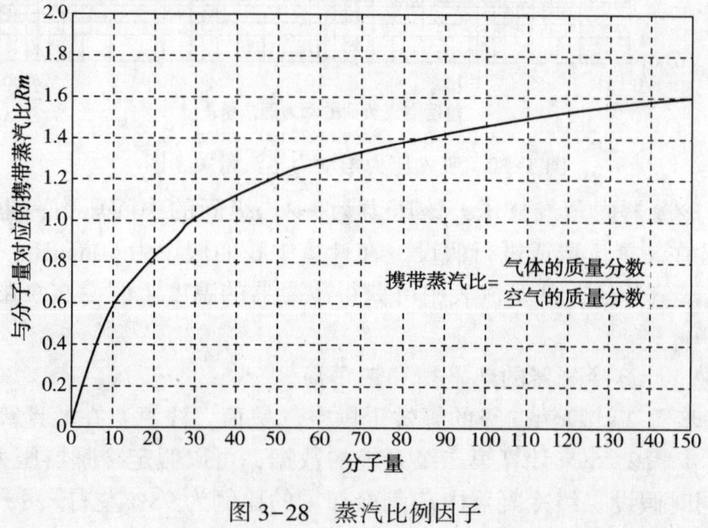


图 3-28　蒸汽比例因子

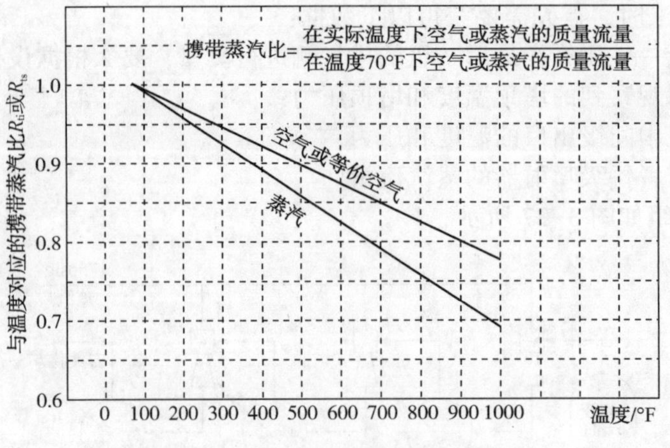


图 3-29 与温度对应的雾沫夹带比

在本例中 $W_S$ 为 0，因为没有使用蒸汽。

步骤 3：以塔顶压力作为吸入压力计算第一级喷射器的蒸汽用量。蒸汽用量用下式计算：

$$W_{ms} = R_a M_p W_a \tag{3-14}$$

式中，$W_{ms}$ 为动力蒸汽的质量流量，lb/h；$R_a$ 为动力蒸汽与等效空气之比，可从图 3-30 中查得；$M_p$ 为蒸汽用量系数，可从图 3-31 中查得；$W_a$ 为等效空气流量，lb/h。

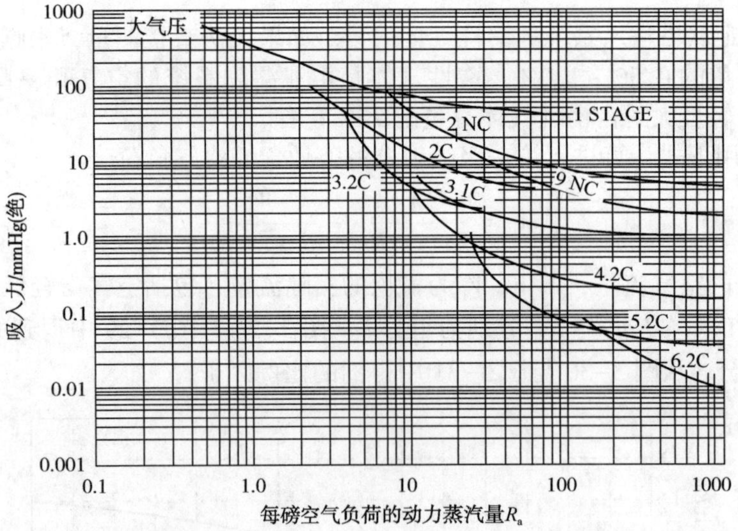


图 3-30 吸入压力与动力蒸汽量关系图

步骤 4：计算冷凝器内蒸汽分压，该压力为一/二级间的中间压力，也是二级喷射器的吸入压力，其值可在装置读取或进行假设。在计算中我们假设为 50mmHg。

步骤 5：通过蒸汽分压，从蒸汽表中可获得冷凝器的温度。假设 90%的蒸汽在一级冷凝器内冷凝。

步骤 6：(可选)计算冷凝器的热平衡和热负荷。

步骤 7：重复步骤 2 计算第二级的等效干燥空气负荷。注意：在此计算中有蒸汽存在。

步骤 8：重复步骤 3~5 来计算第二级系统的数据，可以假定冷凝器压力或对于现有装置读取实际压力。同时假设二级冷凝器内蒸汽冷却量的比例为 98%左右。

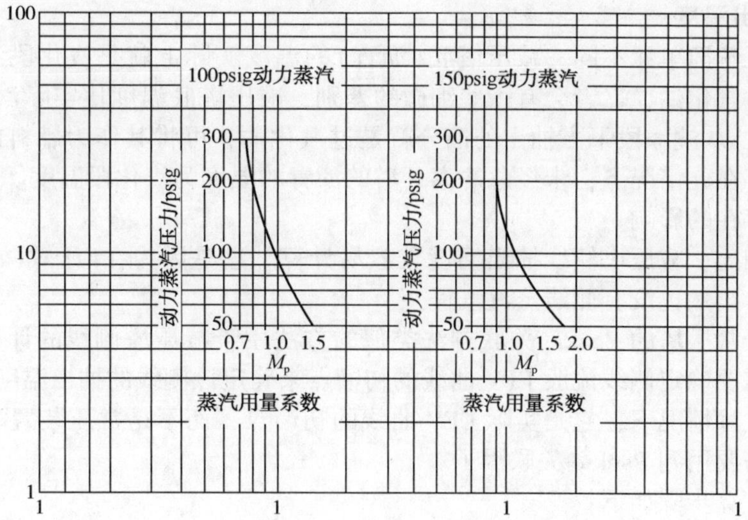


图 3-31 吸入压力与动力蒸汽质量流量关系图

步骤 9：重复步骤 6 和 7 来计算第三级系统喷射器和冷凝器的相关数据。该级冷凝器压力大约比大气压高 1psi 或者 2psi。

步骤 10：将以上结果归纳到所需喷射系统的工艺规程中，如果是现有装置，则对数据进行比较(例如比较蒸汽消耗量的计算值与实际蒸汽消耗量)。

### 3.3.4 计算减压单元的汽化段条件

计算干式减压塔的汽化段条件比常压单元简单。减压塔汽化段条件的测量比常压装置的测量精度等级高。

在减压塔中预测汽化段条件的计算过程与常压塔的类似。该方法的步骤描述如下。

步骤 1：从常压重油的 TBP 曲线推导出 EFV 曲线。该方法与在本章中用于计算常压装置汽化段的方法相同。注意，EFV 曲线是在常压状况下计算所得。

步骤 2：建立减压单元的物料平衡。因为汽化段条件将用于大多数涉及减压塔的计算中，所以最好在此阶段推导出物料平衡。要做到这一点，需通过使用各自的原油分析确定所需的馏分分割，及通过中沸点确定每个馏分的相对密度。使用本书中“原油及石油加工概论”的章节里描述的方法来确定分子量。在计算过程中部分数据需要进行外推。

步骤 3：设定过汽化率。在这个区域 TBP 曲线和 EFV 曲线的斜率非常陡峭，这说明，随着汽化率增加，温度升高较快。因此，过汽化率 1%~2%较符合实际加热炉管出口温度。

步骤 4：在考虑过汽化的条件下从 EFV 曲线上确定新的闪蒸温度，该温度的对应压力为大气压。

步骤 5：计算汽化段总压力。减压塔在塔顶压力为不高于 5mmHg 状况下运行。全塔压降不应高于 25mmHg，设计良好的出料塔盘及填料压降情况如下：

| | |
|---|---|
| 格栅填料 | 6~7mmHg/10ft 填料 |
| 抽出塔板(升气塔板) | 2~3mmHg/塔板 |

步骤 6：由于在干式减压塔的汽化段没有蒸汽，所以不需要计算烃分压(如在常压塔中的计算案例)。步骤 5 中计算的总压力为油品闪蒸时的实际压力。在总闪蒸压力下使用蒸汽压曲线来确定汽化段温度。该汽化段温度将用于所有剩余的热量平衡。

### 3.3.5 抽出温度

与原油常压蒸馏单元不同，减压塔底(沥青)的温度实际上就是汽化段温度。由于从洗涤塔盘返回的过汽化油，二者会有一些细微的差别，减压塔底温度比实际汽化段温度低2~3℉左右。通常，从洗涤段下方抽出的馏分就是过汽化油，可将其作为燃料或者作为沥青的调和组分送出。在此情况下，未经急冷离开塔的沥青的温度为汽化段温度。同样，这里的温度没有受蒸汽存在的影响。

与常压塔相比，减压塔侧线抽出温度较容易计算。这是因为在“干式减压”塔中，没有蒸汽影响分压，当然也没有侧线蒸汽汽提。

一种与用于常压塔的Packie关联方法类似的方法用于减压塔侧线的计算。然而，在这种情况下，只需要确定侧线流股EFV曲线的初馏点来确定该侧线的抽出温度。

备注：在这种情况下，它是实际EFV曲线的初馏点，而不是常压装置里闪蒸参考线的初馏点，也不需要用到Packie关联因子。

该方法的计算步骤如下：

步骤1：使用本章中前文描述的方法，根据侧线流股TBP曲线画出EFV曲线，只需要确定体积分数为0、10%、30%和50%时所对应温度点。

步骤2：设置侧线抽出板处的总压力。如果这个数据不能从现场数据得到，就使用在处理汽化段时采用的压降规则。

步骤3：计算抽出板上侧线产品的分压。为此，要考虑所有比侧线抽出流股轻的惰性物料，包括泄漏的空气和裂化生成的烃类气体，参照在本章前文讨论塔顶喷射系统的说明。总的烃分压中也包括侧线抽出板的溢流量。一般来说，溢流量估算如下：

| | |
|---|---|
| 塔顶侧线 | 产品的0.8倍 |
| 中段侧线 | 产品的1.0倍 |
| 塔底侧线 | 产品的1.5~2倍 |

步骤4：利用气相压力曲线，将EFV曲线的初馏点与步骤3确定的分压进行关联，然后就能确定抽出温度，而且这也是用于塔热平衡计算的对应的侧线流股和中段回流的抽出温度。

### 3.3.6 确定减压塔的中段回流和塔内流量

既然切割馏分与塔的温度和压力条件已经建立，内部流量和中段回流负荷便可算出。尽管一般来说，减压塔内的分馏要求没有常压塔要求严格，然而，减压塔需要适当的洗涤流股来保护可能成为其他裂化装置原料的馏分，因此，在减压装置上进行的运行试验应该包括回流流股的测定，进而确定塔的负荷。

下面简要介绍一个确定在塔的洗涤段的中段回流与溢流(或回流)的计算步骤。

步骤1：对于轻减压瓦斯油侧线抽出板，使用前文提及的经验法则来设定溢流参数；如果可以获得现场数据，则使用现场数据。

步骤2：根据现场数据或喷射系统有关参数与抽出温度关联得到的数据计算轻减压瓦斯油抽出塔盘下方的热平衡。

步骤3：在热量平衡中，无法获知底部中段回流负荷。通过进出系统的热量平衡和设定的溢流参数可以确定中段回流负荷。

步骤4：通过中段回流的流量与换热前后的焓差的乘积来检查中段回流负荷。

步骤5：完成全塔热平衡计算，即计算进料的总热量与所有输出产品的总热量之差，这个差值即为中段回流要移走的热量之和。假设存在两个中段回流(塔顶和塔底)，其中塔底中段回流负荷已经计算得出，则塔顶中段回流负荷的数值即为需要移走的总热量与塔底中段回流负荷的差值。

步骤6：通常，减压塔中最关键的流股是通过底部洗涤塔盘或填料的洗涤油，这是最不希望发生雾沫夹带的区域，同时这里也是极易结焦的区域。洗涤油不足会使底部侧线产品受到污染，并加剧该区域的结焦。

步骤7：完成塔下部洗涤段的热平衡计算。在这个计算中的未知量是重减压瓦斯油的溢流量。使进料与溢流的热量之和与离开系统的溢流气相组分、气相产品、沥青的热量之和相等，求出系统的未知参数。

### 3.3.7 计算减压塔填料层的塔负荷

如上文所述，绝大部分现代干式减压塔采用低压降格栅或规整填料。这种填料不仅可以增强塔内换热，还可以使塔在较低的压力下运行，但这种填料如果过高将会引起塔内的高压降，并使填料性能下降。

接下来将介绍一种根据压降评价格栅性能的评价方法。注意，这是一种快速评估填料设计或性能的方法。格栅与填料的专利制造商在设计中有自己的关联模型。作者在《化学反应工程原理》一书中提出了一种更详细的填料塔负荷的检测方法，该快速评估填料设计或性能方法的计算步骤如下：

步骤1：确定通过填料层的液相和气相流量。使用的方法为前文使用的确定减压塔内中段回流与塔内流量的计算方法。

步骤2：如果是现有装置，且计算的目的是确定塔的性能，就使用制造商提供的有关塔结构的细节图纸，例如填料层的尺寸。

步骤3：以实际体积流量为单位计算塔内的气相与液相负荷，这些参数将基于塔板的温度与压力。

步骤4：利用步骤3中算出的液相负荷，以及图3-32中的容量因子$K$，可从公式(3-15)中解得液泛时气速：

$$K = V_f\sqrt{\rho_v/(\rho_l - \rho_v)} \tag{3-15}$$

式中 $V_f$——泛点时的气速，ft/s；

$\rho_v$——塔盘处温度压力条件下的气相密度，单位 $lb/ft^3$；

$\rho_l$——塔盘处温度压力条件下的液相密度，单位 $lb/ft^3$。

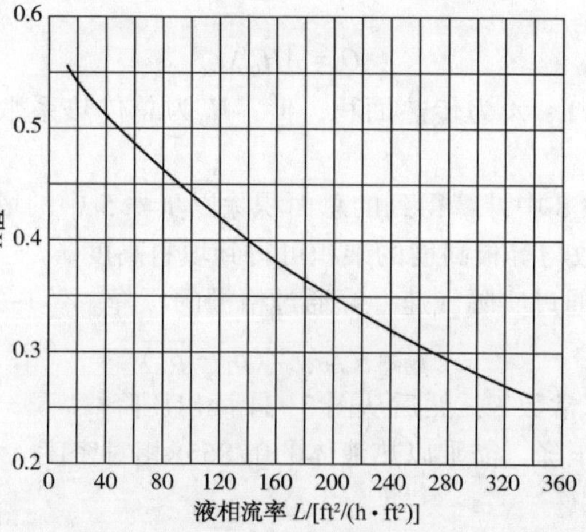


图3-32 容量因子$K$与液体流率关系

步骤 5：如果是新设计装置，通过计算得到的泛点气速与允许泛点率的乘积来计算实际气速。塔截面积的设计值即为得到的气相负荷计算值除以实际气速的值。如果是现有装置，气相负荷除以塔截面积即为实际的气速。现有装置的液泛率为实际气速除以计算得到的泛点气速。

步骤 6：在 1.5～2.0ft 之间估计等板高度，当泛点率在 50%～95%之间或高于 95%时，等板高度取较高的值；当泛点率在 50%以下时，等板高度取较低的值。

步骤 7：将传热量作为中段回流热负荷来计算传热所需的填料层高度，然后将中段回流抽出上方的部分视作一个简化的换热器。使用前文计算得到的填料层的液相流量和中段回流流量。入口温度可视作中段回流返塔温度，出口温度可视作中段回流的抽出温度。

步骤 8：从图 3-33 中读出总传热系数 $H_0$。

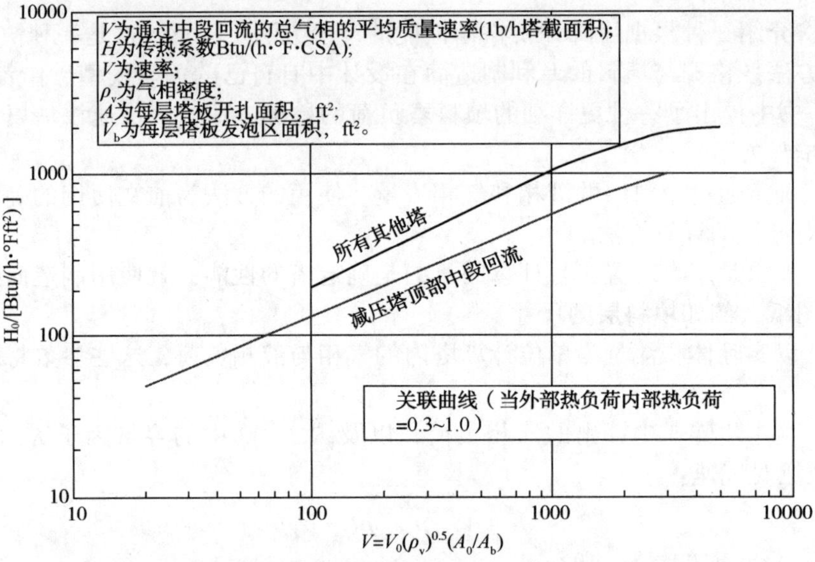


图 3-33　中段回流区域传热系数 $H_0$ 与质量流率因子 $V$ 的关系

从前文的中段回流温度计算该部分的对数平均温差(LMTD)，然后用下式计算热传递所需的总塔面积。

$$Q = AH_0\Delta t_m \tag{3-16}$$

式中，$Q$ 为热负荷，Btu/h；$A$ 为传热面积，$ft^2$；$H_0$ 为总传热系数，Btu/($ft^2$ · h · ℉)；$\Delta t_m$ 为对数平均温差，℉。

步骤 9：通过在步骤 8 中计算得到的总面积除以步骤 5 中的塔截面积的设计值确定所需理论塔盘数。使用塔板数与等板高度的乘积可得到填料高度。

步骤 10：使用下式通过实际气速计算通过格栅的压降。

$$K = V_a\sqrt{\rho_v/(\rho_l - \rho_v)} \tag{3-17}$$

式 (3-17)用来计算常数 $K$，然后从图 3-34 读出压降。

若以 mmHg 表示此压降，需乘以热液体的 1.865×相对密度。

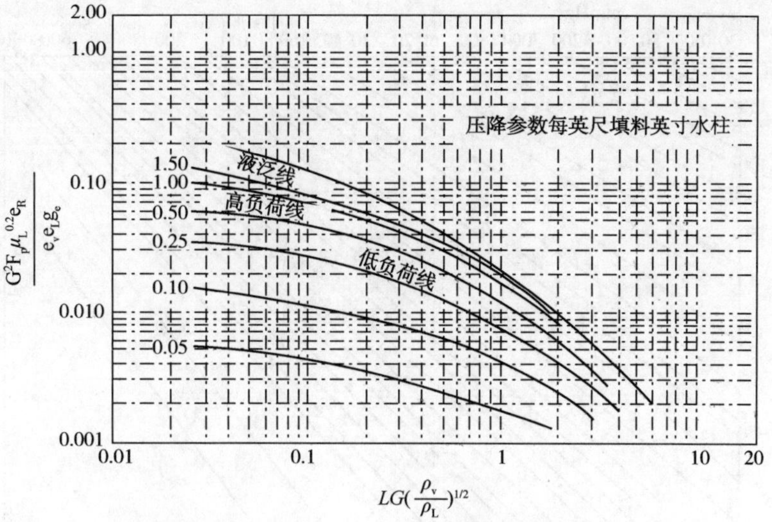


$LG(\frac{\rho_v}{\rho_L})^{1/2}$

$L$为液体流率,lb/(s·ft²);　　$G$为气体流率,lb/(s·ft²)

$e_L$为液体密度,lb/ft³;　　$e_V$为气体密度,lb/ft³

$F_P$为填料因子=a/∈³;　　$\mu_L$为液体黏度,cP;

$e_R$为水密度与液体密度之比;　　$g_e$为重力转换系数-32.2

图 3-34　格栅压降

说明：溢流量的流量与中段回流负荷无关，而是取决于过汽化率。

## 附录 1　烃平衡压力-温度曲线图

见图 3-35、图 3-36。

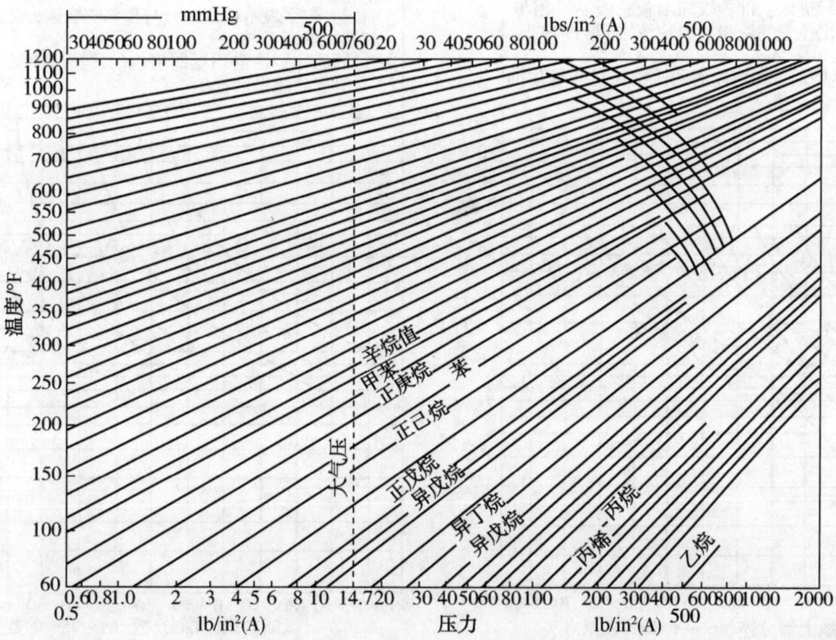


图 3-35　烃平衡压力-温度曲线图(1)

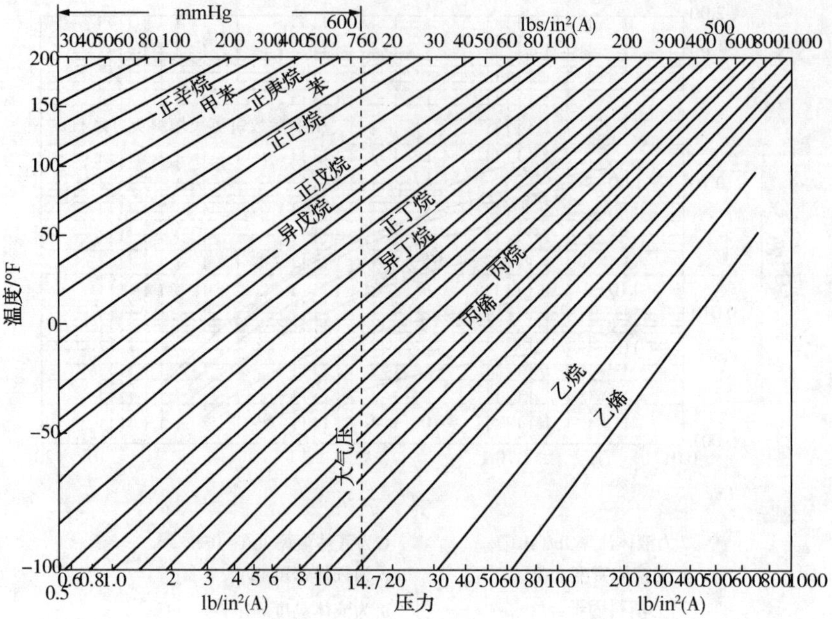


图 3-36　烃平衡压力-温度曲线图(2)

## 附录 2　ASTM 曲线的脱空与重叠

见图 3-37。

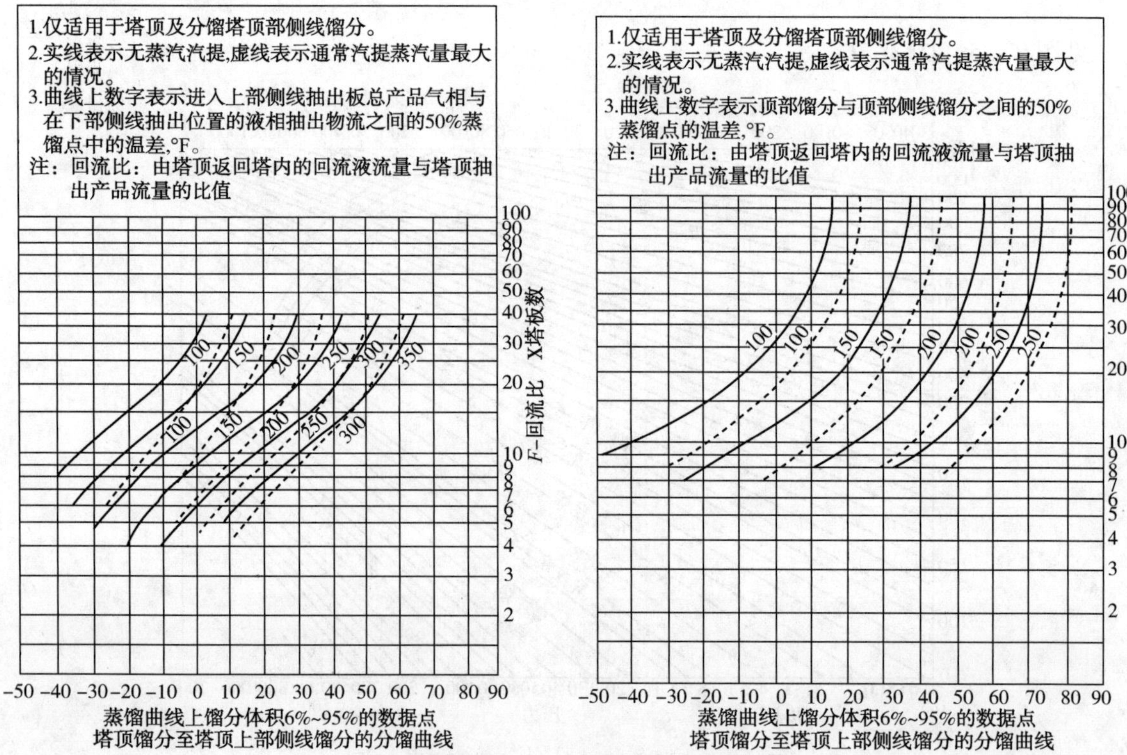


图 3-37　ASTM 脱空与重叠

## 附录3 浮阀塔板设计详细参数

见表3-14。

表3-14 浮阀塔板详细设计

| 设计特征 | 建议值 | 参考值 | 备注 |
| --- | --- | --- | --- |
| | | | 浮阀塔板设计准则 |
| 1. 浮阀尺寸及布局 | | | |
| A. 浮阀直径 | — | | 阀门直径由供应商确定 |
| B. 孔面积百分比 $A_o/A_b$ | 12 | 8~15 | 开孔面积应由设计师设定。一般开孔面积越小，效率和操作弹性越高，生产能力越小(由于压降增高)。在开孔率允许值范围的上限附近(15%)，灵活性与效率接近筛板，在开孔率允许值范围的下限，加工能力和降液管液高是有限的 |
| C. 阀间距与阀孔径比 | — | | 阀间距通常是三角形。但这一变量通常由供应商确定。 |
| D. 浮阀分布 | | — | 在流动路径长度为5ft的塔板上，及液体流速为>5000GPH/ft(直径)且路径长度<5ft的塔板上，在入口处增加10%的阀距布置 |
| E. 鼓泡区面积 $A_b$ | — | | 鼓泡区面积取最大值 |
| F. 塔板效率 | — | | 若无发泡或液泛限制，浮阀塔板效率应与筛板效率大致相等 |
| 2. 塔板间距 | — | 12~36 | 一般因为经济考虑选取最小值。数值由检修需求所设定的p. Ⅲ-E-2给出。其他考虑要素是降液管液高及操作弹性。应考虑使用可变间距来适应各个部分的负荷变化 |
| 3. 溢流数 | 1 | 1~2 | 对于给定的筒体径和塔盘间距，采用多溢流方式可提高受液量，但是会降低气相通量。在塔径<8ft时，成本没有明显的增加 |
| | | | 浮阀和筛板塔板特性 |
| 设计特征 | 建议值 | 参考值 | 备注 |
| 4. 降液管和溢流堰 | | | |
| A. 降液管清液入口允许流速，ft/s | | 0.3~0.4 | 对于吸收塔或其他已知的高发泡性系统推荐选用较低值 |
| B. 降液管类型 | 径向型 | 径向型，弓形 | 最低弦长应为塔盘直径的65%，可使液相分布均匀。斜降管可用于高液通量——最大出口速度0.6ft/s。或者可采用弧形降液管以获得更大的鼓泡区(和更大通量)，但是造价更高。后者的最低宽度应为6ft |
| C. 内侧降液管宽度(入口与出口) | | 最小8in | 建议在内侧降液管中心纵向悬挂长度为14~16in的跳挡板并延长降液管长度，以防止泡沫从对侧进入降液管可能引发的堵塞。跳挡板底部应该出口堰高平齐。必须有供设备检查时从一侧进入另一侧的通道 |
| D. 出口堰高 | 2in | 1~4in | 堰高可随着液体流率而变化，以使得在塔盘上的总液体压头 $h_c$ 尽可能维持在2.5~4in内。对减压塔建议使用较低值，对塔内停留时间要求较长的场合则建议使用较高值 |
| E. 降液管底隙 | 1.5in | 最小1in | 可根据压头损失1in为准设定底隙，如果需要确保降液管液封，可以采用更高的值 |
| F. 降液管液封(进口或出口堰高减去降液管底隙) | 出口堰在塔板液体中提供至少1/2in的液封高度。 | 入口堰或受液槽 | 在大多数情况下，仅用出口堰维持足够高的板液位，就可实现降液管液封。入口堰增加了降液管的存液量；在一些场合，采用双溢流塔盘有助于液相分布均匀。凹式进口的造价更高，但是必要时可应用于对很高的出口堰实现液封的场合 |
| G. 降液管液高占塔板间距的百分比 | | 40~50 | 对于高压塔，吸收塔，减压塔，发泡系统，或者塔板间距为18in或以下的系统，选用较低值 |

## 附录 4 弦高、弦翼面积与弦长

见图 3-38。

| 堰长与降液管面积 | | | | | | | | | | | | | | | | | |
|---|---|---|---|---|---|---|---|---|---|---|---|---|---|---|---|---|---|
| *R'* | *L'* | *A'* | *R"* | *L'* | *A'* | *R"* | *L'* | *A'* | *R"* | *L'* | *A'* | *R"* | *L'* | *A'* | *R"* | *L'* | *A'* |
| 0.070 | 0.511 | 0.0306 | 0.120 | 0.650 | 0.0680 | 0.170 | 0.751 | 0.113 | 0.220 | 0.826 | 0.163 | 0.280 | 0.806 | 0.230 | 0.390 | 0.977 | 0.361 |
| 0.071 | 0.514 | 0.0315 | 0.121 | 0.652 | 0.0688 | 0.171 | 0.753 | 0.114 | 0.221 | 0.820 | 0.164 | 0.285 | 0.903 | 0.236 | 0.395 | 0.979 | 0.367 |
| 0.072 | 0.517 | 0.0321 | 0.122 | 0.654 | 0.0697 | 0.172 | 0.755 | 0.115 | 0.222 | 0.831 | 0.165 | | | | | | |
| 0.073 | 0.521 | 0.0326 | 0.123 | 0.657 | 0.0705 | 0.173 | 0.756 | 0.116 | 0.223 | 0.832 | 0.166 | 0.290 | 0.906 | 0.241 | 0.400 | 0.980 | 0.374 |
| 0.074 | 0.524 | 0.0335 | 0.124 | 0.659 | 0.0714 | 0.174 | 0.758 | 0.117 | 0.224 | 0.834 | 0.167 | 0.295 | 0.913 | 0.247 | 0.405 | 0.980 | 0.380 |
| 0.075 | 0.527 | 0.0342 | 0.125 | 0.661 | 0.0722 | 0.175 | 0.760 | 0.117 | 0.225 | 0.835 | 0.169 | 0.300 | 0.917 | 0.252 | 0.410 | 0.984 | 0.386 |
| 0.076 | 0.530 | 0.0348 | 0.126 | 0.663 | 0.0731 | 0.176 | 0.762 | 0.118 | 0.226 | 0.836 | 0.170 | 0.305 | 0.921 | 0.258 | 0.415 | 0.986 | 0.392 |
| 0.077 | 0.533 | 0.0355 | 0.127 | 0.665 | 0.0730 | 0.177 | 0.763 | 0.119 | 0.227 | 0.838 | 0.171 | | | | | | |
| 0.078 | 0.536 | 0.0362 | 0.128 | 0.668 | 0.0748 | 0.178 | 0.765 | 0.120 | 0.228 | 0.839 | 0.172 | 0.310 | 0.925 | 0.264 | 0.420 | 0.987 | 0.398 |
| 0.079 | 0.539 | 0.0368 | 0.129 | 0.670 | 0.0756 | 0.179 | 0.766 | 0.121 | 0.229 | 0.841 | 0.173 | 0.315 | 0.930 | 0.270 | 0.425 | 0.980 | 0.405 |
| 0.080 | 0.542 | 0.0375 | 0.130 | 0.672 | 0.0765 | 0.180 | 0.768 | 0.122 | 0.230 | 0.842 | 0.174 | 0.320 | 0.933 | 0.276 | 0.430 | 0.991 | 0.412 |
| 0.081 | 0.545 | 0.0382 | 0.131 | 0.674 | 0.0747 | 0.181 | 0.770 | 0.123 | 0.231 | 0.843 | 0.175 | 0.325 | 0.937 | 0.282 | 0.435 | 0.998 | 0.418 |
| 0.082 | 0.548 | 0.0390 | 0.132 | 0.677 | 0.0782 | 0.182 | 0.772 | 0.124 | 0.232 | 0.845 | 0.176 | | | | | | |
| 0.083 | 0.552 | 0.0396 | 0.133 | 0.679 | 0.0791 | 0.183 | 0.773 | 0.125 | 0.233 | 0.846 | 0.177 | 0.330 | 0.941 | 0.280 | 0.440 | 0.994 | 0.424 |
| 0.084 | 0.555 | 0.0403 | 0.134 | 0.682 | 0.0790 | 0.184 | 0.775 | 0.126 | 0.234 | 0.848 | 0.178 | 0.335 | 0.945 | 0.294 | 0.445 | 0.995 | 0.430 |
| 0.085 | 0.558 | 0.0410 | 0.135 | 0.684 | 0.0808 | 0.185 | 0.777 | 0.127 | 0.235 | 0.840 | 0.179 | 0.340 | 0.948 | 0.300 | 0.450 | 0.996 | 0.437 |
| 0.086 | 0.561 | 0.0418 | 0.136 | 0.686 | 0.0871 | 0.186 | 0.778 | 0.128 | 0.236 | 0.850 | 0.180 | 0.345 | 0.951 | 0.306 | | | |
| 0.087 | 0.564 | 0.0425 | 0.137 | 0.688 | 0.0825 | 0.187 | 0.780 | 0.129 | 0.237 | 0.851 | 0.181 | | | | 0.460 | 0.997 | 0.450 |
| 0.088 | 0.567 | 0.0432 | 0.138 | 0.691 | 0.0834 | 0.188 | 0.781 | 0.130 | 0.238 | 0.853 | 0.182 | 0.350 | 0.955 | 0.312 | | | |
| 0.089 | 0.570 | 0.0430 | 0.139 | 0.693 | 0.0842 | 0.189 | 0.783 | 0.131 | 0.239 | 0.854 | 0.183 | 50.35 | 0.958 | 0.318 | 0.470 | 0.998 | 0.462 |
| 0.090 | 0.573 | 0.0446 | 0.140 | 0.695 | 0.0941 | 0.190 | 0.784 | 0.132 | 0.240 | 0.855 | 0.184 | 0.360 | 0.961 | 0.324 | 0.480 | 0.998 | 0.475 |
| 0.091 | 0.576 | 0.0454 | 0.141 | 0.697 | 0.0950 | 0.191 | 0.785 | 0.133 | 0.245 | 0.850 | 0.190 | 0.365 | 0.964 | 0.330 | | | |
| 0.092 | 0.578 | 0.0461 | 0.142 | 0.699 | 0.0959 | 0.192 | 0.787 | 0.134 | | | | | | | 0.490 | 0.999 | 0.488 |
| 0.093 | 0.581 | 0.0469 | 0.143 | 0.700 | 0.0959 | 0.193 | 0.789 | 0.135 | 0.250 | 0.866 | 0.196 | 0.370 | 0.967 | 0.337 | | | |
| 0.094 | 0.583 | 0.0475 | 0.144 | 0.702 | 0.0978 | 0.194 | 0.790 | 0.136 | 0.255 | 0.872 | 0.202 | 0.375 | 0.969 | 0.343 | 0.500 | 1.0 | 0.50 |
| 0.095 | 0.586 | 0.0484 | 0.145 | 0.704 | 0.0806 | 0.195 | 0.792 | 0.137 | 0.260 | 0.878 | 0.207 | 0.380 | 0.971 | 0.348 | | | |
| 0.096 | 0.589 | 0.0491 | 0.146 | 0.706 | 0.0905 | 0.196 | 0.794 | 0.138 | 0.265 | 0.883 | 0.213 | 0.385 | 0.977 | 0.354 | | | |
| 0.097 | 0.592 | 0.0499 | 0.147 | 0.708 | 0.0914 | 0.197 | 0.795 | 0.139 | | | | | | | | | |
| 0.098 | 0.594 | 0.0506 | 0.148 | 0.710 | 0.0923 | 0.198 | 0.797 | 0.140 | 0.270 | 0.888 | 0.218 | | | | | | |
| 0.099 | 0.597 | 0.0514 | 0.149 | 0.712 | 0.0932 | 0.199 | 0.798 | 0.141 | 0.275 | 0.893 | 0.224 | | | | | | |
| 0.100 | 0.600 | 0.0521 | 0.150 | 0.714 | 0.0941 | 0.200 | 0.800 | 0.142 | | | | | | | | | |
| 0.101 | 0.603 | 0.0529 | 0.151 | 0.716 | 0.0950 | 0.201 | 0.802 | 0.143 | | | | | | | | | |
| 0.102 | 0.605 | 0.0537 | 0.152 | 0.718 | 0.0959 | 0.202 | 0.803 | 0.144 | | | | | | | | | |
| 0.103 | 0.608 | 0.0545 | 0.153 | 0.720 | 0.0959 | 0.203 | 0.805 | 0.145 | | | | | | | | | |
| 0.104 | 0.610 | 0.0553 | 0.154 | 0.722 | 0.0978 | 0.204 | 0.806 | 0.146 | | | | | | | | | |
| 0.105 | 0.613 | 0.0561 | 0.155 | 0.724 | 0.0987 | 0.205 | 0.808 | 0.148 | | | | | | | | | |
| 0.106 | 0.615 | 0.0569 | 0.156 | 0.726 | 0.0996 | 0.206 | 0.809 | 0.149 | | | | | | | | | |
| 0.107 | 0.618 | 0.0576 | 0.157 | 0.728 | 0.1005 | 0.207 | 0.810 | 0.150 | | | | | | | | | |
| 0.108 | 0.620 | 0.0584 | 0.158 | 0.729 | 0.1015 | 0.208 | 0.812 | 0.151 | | | | | | | | | |
| 0.109 | 0.623 | 0.0592 | 0.159 | 0.731 | 0.102 | 0.209 | 0.813 | 0.152 | | | | | | | | | |
| 0.110 | 0.625 | 0.0600 | 0.160 | 0.733 | 0.103 | 0.210 | 0.814 | 0.153 | | | | | | | | | |
| 0.111 | 0.628 | 0.0608 | 0.161 | 0.735 | 0.104 | 0.211 | 0.816 | 0.154 | | | | | | | | | |
| 0.112 | 0.630 | 0.0618 | 0.162 | 0.737 | 0.105 | 0.212 | 0.817 | 0.155 | | | | | | | | | |
| 0.113 | 0.633 | 0.0624 | 0.163 | 0.738 | 0.106 | 0.213 | 0.819 | 0.156 | | | | | | | | | |
| 0.114 | 0.635 | 0.0632 | 0.164 | 0.740 | 0.107 | 0.214 | 0.820 | 0.157 | | | | | | | | | |
| 0.115 | 0.638 | 0.0640 | 0.165 | 0.742 | 0.108 | 0.215 | 0.822 | 0.158 | | | | | | | | | |
| 0.116 | 0.640 | 0.0648 | 0.166 | 0.744 | 0.109 | 0.216 | 0.823 | 0.159 | | | | | | | | | |
| 0.117 | 0.643 | 0.0656 | 0.167 | 0.746 | 0.110 | 0.217 | 0.824 | 0.160 | | | | | | | | | |
| 0.118 | 0.645 | 0.0664 | 0.168 | 0.747 | 0.111 | 0.218 | 0.826 | 0.161 | | | | | | | | | |
| 0.119 | 0.648 | 0.0672 | 0.169 | 0.749 | 0.112 | 0.219 | 0.827 | 0.162 | | | | | | | | | |

这个表关联了降液管面积、
堰长与由堰形成的圆弓形高度。

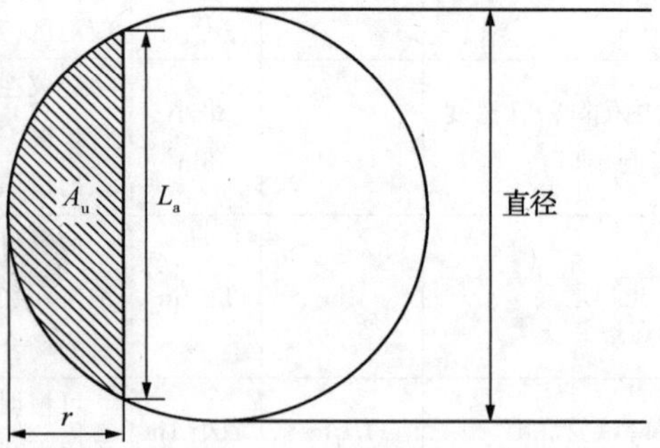


$$R=\frac{降液管高度}{直径}=\frac{r}{直径}\qquad L=\frac{堰长}{直径}=\frac{L_a}{直径}\qquad A=\frac{弦翼面积}{塔面积}=\frac{A_D}{A_g}$$

图 3-38 弦高、弦翼面积与弦长

# 第4章　原油加工中的轻烃分离

## 4.1　引言

“轻烃分离”装置是在炼厂配置中唯一从原油中分离出“几乎”纯组分的工艺装置。其发展初期是由于需要丁烷和丙烷等组分来满足民用烹饪燃料和工业燃料的市场需求。丁烷和丙烷在常温下经过压缩可以储存在易于运输的小型容器中，因而得到了市场广泛的认可，产品名称为丁烷液化气和丙烷液化气。

20世纪60年代末“无铅”汽油的应用，产生了寻找来自催化重整芳烃以外的高辛烷值组分的需求。在丁烷和戊烷的一些异构体中发现了高辛烷值的组分。这进一步增加了对轻烃分离工艺的需求，需要从丁烷中分离出异丁烷，以及从轻质石脑油中分离出异戊烷。

## 4.2　轻烃分离装置的工艺过程

原油中的轻烃馏分一般是指原油中沸点低于环己烷的馏分。然而，轻烃分离装置通常还包括切割轻石脑油(主要是戊烷和环戊烷)与重石脑油(含有催化重整原料所必需的正己烷和较重的烃)的分离。轻烃分离装置的原料通常是来自常压塔顶冷凝器的粗石脑油。通常裂解装置和重整装置的稳定石脑油也作为轻烃分离装置的进料。

轻烃分离装置的典型工艺流程如图4-1所示。

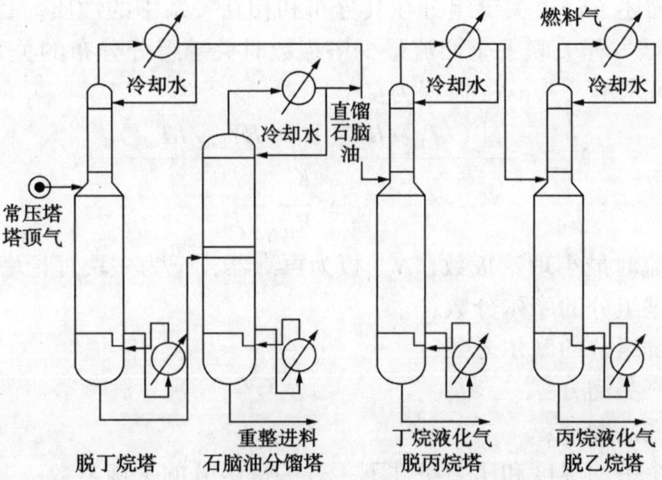


图4-1　典型的轻烃分离装置示意流程图

在上述工艺流程中，装置进料在第一个塔中脱丁烷，丁烷和较轻的组分在塔顶罐中全凝。部分凝液作为回流返回塔顶，其余的凝液送至脱丙烷塔。脱丁烷塔底部馏分为全馏分石脑油，进入轻重汽油分离塔，塔顶出轻石脑油产品，塔底出重石脑油产品。

脱丙烷塔顶产品为丙烷馏分，塔底产品为丁烷馏分(丁烷液化气)。丙烷馏分进入脱乙烷塔，塔底产品为富丙烷馏分(丙烷液化气)，塔顶产品为比丙烷轻的烃类，塔顶产品部分冷凝，作为塔的回流，未冷凝的气相通常送至炼厂燃气系统。

轻烃分离单元产品如下：

石脑油分离塔：轻石脑油(塔顶馏出物)、重石脑油(塔底产物-重整料)。

脱丙烷塔：丁烷液化气(塔底产品)。

脱乙烷塔：丙烷液化气(底部产品)、燃料气(塔顶气相产品)。

## 4.3 轻烃分离单元的物料平衡

在轻烃分离塔中，物料平衡采用摩尔流率，即塔进料的摩尔流率与塔顶馏出物的摩尔流率和塔底产物的摩尔流率是平衡的。

轻烃分离塔的分离与原油蒸馏装置的分离规律相同，即分离精度取决于塔板数(或填料数)以及塔内回流量(或溢流量)。

原油蒸馏装置的分离精度用轻馏分 ASTM 95%点温度和重馏分 ASTM 5%点温度之间的差值来衡量，即馏程的脱空或重叠。

轻烃分离塔的分离精度更高些。在双馏分分离过程中，分离精度取决于关键组分的分布。关键组分可以是真实馏分(如碳四馏分或碳五馏分)，也可以是由中沸点定义的虚拟组分。通常关键组分是原料中沸点相邻的组分。可以选择任意两个组分作为关键组分，其中一个是轻关键组分、一个是重关键组分。根据定义，轻关键组分的沸点低些。轻重关键组分必须同时存在于塔顶和塔底产物中。如果有侧线抽出，轻重关键组分也必须出现在侧线产品中。

有几个关联式描述了轻重关键组分在其分布和相互关系中的性质。目前比较常用的关联式是 Fenske 方程，该方程关联了全回流最少塔板数时关键组分分布的关系，方程相对简单，不需要迭代计算即可求解。Fenske 方程为：

$$N_{m+1}=\frac{\lg[(LT_{key}/HY_{key})_D\times(HY_{key}/LT_{key})_W]}{\lg\dfrac{K_{LT_{key}}}{K_{HY_{key}}}} \tag{4-1}$$

式中 $N_m$——全回流时最小理论板数，$N_{m+1}$板为再沸器，记为一块理论塔板；

$LT_{key}$——轻关键组分的摩尔分数；

$HY_{key}$——重关键组分的摩尔分数；

$D$——塔顶产品馏分；

$W$——塔底产品馏分；

$K_{LT_{key}}$——在系统平均温度和压力条件下，轻关键组分的平衡常数；

$K_{HY_{key}}$——在系统平均温度和压力条件下，重关键组分的平衡常数。

关键组分平衡常数的比值称为“相对挥发度”。需要根据产品质量确定轻烃分离塔的分馏要求，通常是设定重组分的蒸气压或轻组分中重关键组分的含量。

然而，有时分离要求并未给定。在这种情况下，必须判断设备可实现的最合理分离要求。本书介绍满足任一个前提的计算方法。

轻烃分离塔的设计计算常用流程模拟软件(如 HYSYS、Pro/II 等)，通过模拟软件进行案例比选以便优化流程设计。详细的计算机模拟内容超出了本书的范围。下面介绍手工计算方法，了解手工计算有助于理解计算机模拟的基础知识和制约因素。

**4.3.1 设定轻烃分离计算条件的不同情况**

(1) 第一种情况：设定分离精度以满足指标要求

在这种情况下，需要确定轻石脑油馏分允许的丁烷量，以满足蒸气压的要求。步骤如下：

步骤 1：根据组分的分离数据计算 $C_{5+}$石脑油性质，数据包括质量速率和摩尔速率。

步骤 2：计算 $C_{5+}$馏分的泡点，加入 $x$ 量的丁烷。

步骤 3：计算采用的平衡常数($K$)为雷德蒸气压(RVP)条件下的温度和压力(常用的测试温度为 100℉)。

步骤 4：平衡常数可查本书“石油加工的工艺设备”一章附录 3 得到，或者也可以使用蒸气压与系统总压力比值的关联式计算。

步骤 5：根据定义，在泡点平衡时液体的总摩尔数等于蒸气的总摩尔数(计算得到)，求解 $x$，得到满足雷德蒸气压(RVP)允许的丁烷量。

(2) 第二种情况：在没有指标要求的情况下确定分馏精度

步骤 1：根据真实组分或/和虚拟组分来确定进料组成，用摩尔流率和摩尔分数表示。

步骤 2：选择关键组分，确定轻关键组分或重关键组分的最小分布。例如，在脱丁烷塔中，允许进入液化气的碳五总量不得超过碳四和比碳四轻的组分总量的 2%。这一指标是为了确保丁烷液化气符合“耐候性”指标。

步骤 3：给定塔顶和塔底馏分的轻关键组分和重关键组分的摩尔分数，不确定时用 $x$ 表示。

步骤 4：用 Fenske 方程计算关键组分的分布。由实际塔板数和效率 70%~75%得到总理论塔板数。总理论塔板数除以 1.5 得到最小理论塔板数 $N_m$。在使用该方程计算最小理论塔板数时不要忘记再沸器相当于增加一个理论塔板。

步骤 5：通过分析历史记录或者其他数据来源来估算塔的平均工况，在平均工况下确定轻、重关键组分的平衡常数($K$ 值)。对于真实组分可以采用公开发表的数据，对于虚拟组分则使用蒸气压与总系统压力的比值。

步骤 6：用 Fenske 方程求解 $x$。这是关键组分的分离和物料平衡的基础。

通常在设计轻烃分离塔时，实际塔板数是不知道的，可参考表 4-1 所列的塔板数经验值。

表 4-1 轻烃分离塔塔板数的经验数值范围

| 塔 | 实际塔板数 | 塔 | 实际塔板数 |
|---|---|---|---|
| 脱丁烷塔 | 30~35 | 脱乙烷塔 | 38~42 |
| 脱丙烷塔 | 35~40 | 石脑油分离塔 | 25~35 |

### 4.3.2 案例

在本书的“原油和石油加工介绍”一章中提供了第一种情况的案例，其中计算了满足汽油雷德蒸气压(RVP)允许条件的丁烷量。下面介绍第二种情况的一个案例。

对于某 50000BPSD 穆尔班(Murban)原油常压塔，其塔顶馏出物的组成如表 4-2 所示。

表 4-2 石脑油全馏分组成

| 组分 | BPSD | lb/gal | gal/h | lb/h | 分子量 | mol/h |
|---|---|---|---|---|---|---|
| $C_2$ | 20 | 3.42 | 35 | 120 | 30 | 4 |
| $C_3$ | 240 | 4.23 | 420 | 1777 | 44 | 40.38 |
| $iC_4$ | 275 | 4.70 | 481 | 2262 | 58 | 39.0 |
| $NC_4$ | 735 | 4.87 | 1286 | 6264 | 58 | 108.0 |
| $iC_5$ | 915 | 5.21 | 1601 | 8343 | 72 | 115.87 |
| $nC_5$ | 1216 | 5.26 | 2126 | 11184 | 72 | 155.33 |
| $C_6$ | 2170 | 5.56 | 3798 | 21114 | 84 | 251.36 |
| $C_7$ | 2930 | 5.71 | 5128 | 29278 | 100 | 292.78 |
| 平均沸点 224℉ | 1075 | 6.12 | 1881 | 11513 | 106 | 108.62 |
| 239℉ | 1525 | 6.15 | 2669 | 16413 | 109 | 150.58 |
| 260℉ | 1345 | 6.22 | 2354 | 14640 | 115 | 127.31 |
| 276℉ | 895 | 6.26 | 1566 | 9805 | 120 | 81.71 |
| 304℉ | 895 | 6.35 | 1566 | 9946 | 130 | 76.51 |
| 合计 | 14235 | 5.73 | 24911 | 142659 | | 1551.45 |

脱丁烷塔的轻关键组分是正丁烷，重关键组分是异戊烷。在 Fenske 方程中，设 $x$ 为塔顶馏出物中正丁烷的摩尔流率。为满足丁烷液化气耐候性指标，塔顶馏出物中允许的碳五总量不得超过碳四和比碳四轻的组分总量的 2%(摩尔)。脱丁烷塔实际塔板数的合理值是 30，若板效率为 70%，则理论塔板数为 21。假设最小理论塔板数等于实际理论塔板数除以 1.5，即 $N_m$ 等于 21/1.5=14，再沸器加 1，得到 $N_{m+1}=15$。

根据历史数据，脱丁烷装置的平均操作温度和压力分别为 210℉ 和 110psig。在该条件下，从 GPSA 工程数据手册给出的曲线读得轻、重关键组分的平衡常数为：

$$正丁烷(nC_4)=1.48$$

$$异戊烷(iC_5)=0.94$$

即相对挥发度 $\varphi=1.48/0.94=1.57$

使用 Fenske 方程计算：

$$N_{m+1}=\frac{\lg[(LT_{key}/HY_{keey})_D\times(HY_{Key}/LT_{key})_W]}{\lg\varphi}$$

$$15=\frac{\lg\{(x/3.8)\times[112.1/(108-x)]\}}{\lg 1.57}$$

$$15\times0.196=\lg[(112.1x)/(410.4-3.8x)]$$

$$871 = 112.1x/(410.4-3.8x)$$
$$x = 104.48\text{mol/h}$$

塔底产品中正丁烷的量与异丁烷的平衡量有关，虽然量很小，但对塔底产品的泡点和塔底温度都有影响。塔底产品中正丁烷的量可以用类似分离正丁烷和异戊烷的方法来计算：此时轻、重关键组分是异丁烷和正丁烷。设 $x$ 为塔底产品中异丁烷的摩尔流率。

| 组分 | 进料量 | 塔顶产品量 | 塔底产品量 |
| --- | --- | --- | --- |
| $iC_4$ | 39 | $x$ | $39-x$ |
| $nC_4$ | 108 | 104.48 | 3.52 |

用 Fenske 公式计算：

$$15 = \frac{\lg\{(x/104.48)\times[3.52/(39-\mathrm{x})]\}}{\lg(K_iC_4/K_nC_4)}$$
$$= \frac{\lg\{(x/104.48)\times[3.52/(39-x)]\}}{\log1.3}$$
$$1.709 = \lg\{(x/104.48)\times[3.52/(39-x)]\}$$

则：$x = 38.99\text{mol/h}$，塔底产品中的异丁烷为零。

脱丁烷塔的物料平衡见表 4-3。

**表 4-3 脱丁烷塔物料平衡**

| 组分 | 进料 | | | 塔顶产品 | | | 塔底产品 | | |
| --- | --- | --- | --- | --- | --- | --- | --- | --- | --- |
| | BPSD | lb/h | mol/h | BPSD | lb/h | mol/h | BPSD | lb/h | mol/h |
| $C_2$ | 20 | 120 | 4 | 20 | 120 | 4.00 | | | |
| $C_3$ | 240 | 1777 | 40.38 | 240 | 1777 | 40.38 | | | |
| $iC_4$ | 275 | 2262 | 39.00 | 275 | 2262 | 39.00 | | | |
| $nC_4$ | 735 | 6264 | 108.00 | 711 | 6061 | 104.48 | 24 | 203 | 3.52 |
| $iC_5$ | 915 | 8343 | 115.87 | 30 | 274 | 3.80 | 885 | 8069 | 112.07 |
| $nC_5$ | 1216 | 11184 | 155.33 | | | | 1216 | 11184 | 155.33 |
| $C_6$ | 2170 | 21114 | 251.36 | | | | 2170 | 21114 | 251.36 |
| $C_7$ | 2930 | 29278 | 292.78 | | | | 2930 | 29278 | 292.78 |
| 平均沸点 224°F | 1075 | 11513 | 108.62 | | | | 1075 | 11513 | 108.62 |
| 239°F | 1525 | 16413 | 150.58 | | | | 1525 | 16413 | 150.58 |
| 260°F | 1345 | 14640 | 127.31 | | | | 1345 | 14640 | 127.31 |
| 276°F | 895 | 9805 | 81.71 | | | | 895 | 9805 | 81.71 |
| 304°F | 895 | 9946 | 76.51 | | | | 895 | 9805 | 76.51 |
| 合计 | 14236 | 142659 | 1551.45 | 1276 | 10494 | 191.66 | 12960 | 132165 | 1359.79 |

同样，轻、重石脑油分离塔、脱丙烷塔和脱乙烷塔的物料平衡可采用同样的方法确定关键组分及用 Fenske 方程进行计算。

## 4.4 轻烃分离塔操作条件的计算

在确定轻烃分离塔的温度和压力条件时，遵循两种计算方法：其一为塔顶产品和回流全凝；其二为塔顶产品未全凝。

### 4.4.1 馏分产品全冷凝的塔顶压力和温度计算

计算时需先给定回流罐温度。回流罐温度取决于冷却介质温度，如环境大气温度(用空冷器时)或冷却水温度。由于需要全凝，回流罐的压力必须等于馏出物(以及回流)在回流罐温度下的泡点压力。计算出回流罐的压力后，再根据估算或者设备供货商给定的塔顶与回流罐之间设备管线的压降来确定塔顶压力。粗略估计，塔顶与回流罐之间冷凝器和/或换热器的压降为3~5psi，管道压降约2psi。

塔顶温度为塔顶馏出产品在全凝压力下的露点温度。由于轻烃分离塔顶部通常没有水蒸气或惰性气体，所以可以使用总压。下面的例子使用了“轻烃分离装置的物料平衡”一节中的脱丁烷塔顶物料平衡。

现场环境大气温度为60℉，回流罐的操作温度取100℉，则该操作温度下的泡点压力计算如表4-4所示。

表4-4 脱丁烷塔回流管压力(塔顶产品泡点计算设定在100 ℉，第一次试算)

| 组分 | 摩尔分率 $x$ | 125psia下的 $K$ | $y=x\cdot K$ |
|---|---|---|---|
| $C_2$ | 0.0209 | 4.8 | 0.3906 |
| $C_3$ | 0.2107 | 1.48 | 0.4054 |
| $iC_4$ | 0.2035 | 0.68 | 0.0830 |
| $nC_4$ | 0.5451 | 0.5 | 0.1254 |
| $iC_5$ | 0.0198 | 0.23 | 0.0009 |
| 合计 | 1.0000 | | 1.0053 |

注：回流罐压力125psia和100℉。

设塔顶冷凝器压降为3psi，塔顶管道的压降为2psi，则塔顶压力为130psia(115psig)。塔顶温度也是塔顶产品在塔顶压力下的露点温度，见表4-5。

表4-5 塔顶温度

| 组分 | 摩尔分率 $y$ | 152℉下的 $K$ | 摩尔分率 $x$ |
|---|---|---|---|
| $C_2$ | 0.021 | 6.2 | 0.003 |
| $C_3$ | 0.211 | 2.1 | 0.100 |
| $iC_4$ | 0.203 | 1.1 | 0.185 |
| $nC_4$ | 0.545 | 0.83 | 0.657 |
| $iC_5$ | 0.02 | 0.41 | 0.048 |
| 合计 | 1.000 | | 0.993 |

表 4-5 中摩尔分率 $y$ 的总和与摩尔分率 $x$ 的总和几乎相等，因此，在压力 115psig 时的露点温度和塔顶温度为 152℉。

### 4.4.2 馏分部分冷凝的塔顶工艺条件计算

两种情况下，轻烃分离塔的塔顶物流可能不能完全冷凝。其中最常见的是脱乙烷塔顶，通常只有部分冷凝作为回流物流，原因是在常规的冷凝温度下，回流罐所需要的压力会非常高，以至于需要的塔底压力高于塔底产品的临界压力，导致无法分馏。在这种情况下，塔压还是由回流罐压力确定。与全凝不同，部分冷凝的回流罐压力是塔顶馏出产品在冷凝温度下的露点压力。实际上回流罐是一块理论板。有时可以采用制冷，实现在可接受的压力条件下塔顶物流的全凝，但这种选择需是技术经济评价的结果。

在某些工艺中，高的塔顶压力(因而温度也高)可能导致部分产品质量下降，可通过部分冷凝来降低塔顶压力。为达到此目的，可在选定的回流罐温度下构建馏出物的蒸发曲线。该曲线是通过计算馏出物在回流罐温度和一个压力范围内的一系列平衡组成而得到的。根据满足适宜塔压分布的曲线选定回流罐压力，然后在这个压力下进行最终的平衡计算，得到回流罐出口的气液两相物流的组分及其组成。

下面给出一个脱乙烷塔顶操作条件的例子：

假设例子中的产品为回流罐顶的气相，其摩尔组成如下：

| 组分 | 组成 | 组分 | 组成 |
|---|---|---|---|
| $C_1$ | 0.063 | $C_3$ | 0.494 |
| $C_2$ | 0.443 | | |

回流罐的操作温度为 100℉(基于当地环境条件)。根据回流罐压力下气相的露点计算回流罐压力，见下表：

| 组分 | 气相摩尔分率 $y$ | $K$(100℉、350psia) | 液相摩尔分率 $x$ |
|---|---|---|---|
| $C_1$ | 0.063 | 7.0 | 0.009 |
| $C_2$ | 0.443 | 2.0 | 0.222 |
| $C_3$ | 0.494 | 0.64 | 0.772 |
| 合计 | 1.000 | | 1.003 |

第二次试差的压力从 450psia 开始。当压力等于 350psia 时，摩尔分率 $x$ 的总和与摩尔分率 $y$ 的总和几乎相等。

此时塔顶的温度压力就是塔顶回流和塔顶产品露点时的温度压力。塔顶压力为回流罐压力加上大约 7psi 的冷凝器和管道压降，即 357psia。设回流比(回流与产品的摩尔比)为 2.0，其中产品的流率为 7.9mol/h，回流与气相产品组成的比值为 $x$，根据露点温度计算塔顶温度如表 4-6 所示。

注意，如果后续计算表明所需的回流比与假设的回流比差异较大，则露点会发生变化。

这种计算方法类似于脱乙烷塔，在这种情况下，回流的组分将是产品平衡闪蒸的液相。

表 4-6 计算脱乙烷塔顶温度

| 组分 | 产物/(mol/h) | 回流量/(mol/h) | 总计/(mol/h) | 气相摩尔分率 $y$ | $K$(357psia、133℉) | 液相摩尔分率 $x$ |
|---|---|---|---|---|---|---|
| $C_1$ | 0.5 | 0.14 | 0.64 | 0.027 | 0.42 | 0.064 |
| $C_2$ | 3.5 | 3.49 | 6.99 | 0.295 | 2.00 | 0.148 |
| $C_3$ | 3.9 | 12.17 | 16.07 | 0.678 | 0.86 | 0.788 |
| 合计 | 7.9 | 15.80 | 23.70 | 1.000 | | 1.000 |

### 4.4.3 轻烃分离塔的塔底条件计算

对于所有轻烃分离塔，塔底条件的计算是相同的，只有压力和组成会改变。塔底产品的温度是其在塔底压力下的泡点温度。对于脱丁烷塔，其物料平衡已在表 4-2 给出。

分离碳四和碳五需要的实际塔板数(估计值)为 30。满负荷下的板压降为 0.15~0.2psi，取板压降为 0.17psi，之前计算的塔顶压力为 125psia，则塔底压力为 125 +(0.17×30)= 130psia(见表 4-7)。

表 4-7 脱丁烷塔底温度(泡点)

| 组分 | mol/h | 摩尔分率 $x$ | $K$(138psia、358℉) | $y=x/K$ |
|---|---|---|---|---|
| $nC_4$ | 3.5 | 0.003 | 3.7 | 0.010 |
| $iC_5$ | 112.1 | 0.082 | 2.4 | 0.198 |
| $nC_5$ | 155.33 | 0.114 | 2.0 | 0.228 |
| $C_6$ | 251.35 | 0.185 | 1.4 | 0.259 |
| $C_7$ | 292.78 | 0.215 | 0.77 | 0.166 |
| 平均沸点 224℉ | 108.62 | 0.080 | 0.58 | 0.046 |
| 239℉ | 150.58 | 0.111 | 0.49 | 0.054 |
| 260℉ | 127.31 | 0.094 | 0.38 | 0.036 |
| 276℉ | 81.71 | 0.060 | 0.29 | 0.017 |
| 304℉ | 76.51 | 0.056 | 0.21 | 0.012 |
| 合计 | 1359.79 | 1.000 | | 1.026 |

注：塔底条件为 138psia、358℉。

## 4.5 轻烃分离塔塔板数的计算

在最终的设计阶段应使用模拟软件，目前有许多很好的模拟软件可用。大多数模拟软件都需要准确的输入数据，即需要相当准确地估计理论塔板数和塔内气液流率。下面给出一种精度可以接受的理论塔板数的简捷计算方法。对于气液相负荷的估算将在本章后面讨论。

### 4.5.1 预测理论塔板数的简捷计算方法

有三种关联式可用来计算理论塔板数，分别是：Fenske 公式计算全回流时的最小塔板数；Underwood 公式计算塔板数无限多时的最小回流比；Gilliland 关联式基于上述两个公式的计算结果得到理论塔板数。

(1) Fenske 公式已在“轻烃分离塔物料平衡”一节中讨论过。公式如下：

$$N_{m+1}=\lg[LT_{key}/HY_{key})_D(HY_{key}/LT_{key})_W]\div\lg(K_{LT_{key}}/K_{HY_{key}}) \quad (4-2)$$

式中 $N_m$——全回流时最小理论板数，这里的+1是指再沸器，作为一个理论塔板；

$LT_{key}$——轻关键组分的摩尔分数；

$HY_{key}$——重关键组分的摩尔分数；

$D$——塔顶产品比例；

$W$——塔底产品比例；

$K_{LT_{key}}$——在系统平均温度和压力条件下，轻关键组分的平衡常数；

$K_{HY_{key}}$——在系统平均温度和压力条件下，重关键组分的平衡常数。

(2) Underwood 公式及计算。Underwood 公式比 Fenske 公式复杂，需要试差求解。Underwood 公式由两个方程组成：第一个方程包含每个组分挥发度与关键组分挥发度的比值($K_s$ 的比值)和因子 $B$，通过试差求解可得到 $B$ 的值。第一个方程如下：

$$\sum[\varphi_i \cdot x_{iF}\div(x_{iF}-B)]=0 \quad (4-3)$$

式中 $\varphi_i$——$i$ 组分的相对挥发度；

$x_{iF}$——进料中 $i$ 组分的摩尔分数；

$B$——因子。

Underwood 公式第二个方程为：

$$R_{(m+1)}=\sum[\phi_i \cdot x_{iD}\div(x_{iD}-B)] \quad (4-4)$$

式中 $R_m$——塔板数无限多时的最小回流比；

$x_{iD}$——$i$ 组分在馏出物中的摩尔分数。

(3) Gilliland 关联式给出了 Fenske 公式与 Underwood 公式之间的关系，如图 4-2 所示。

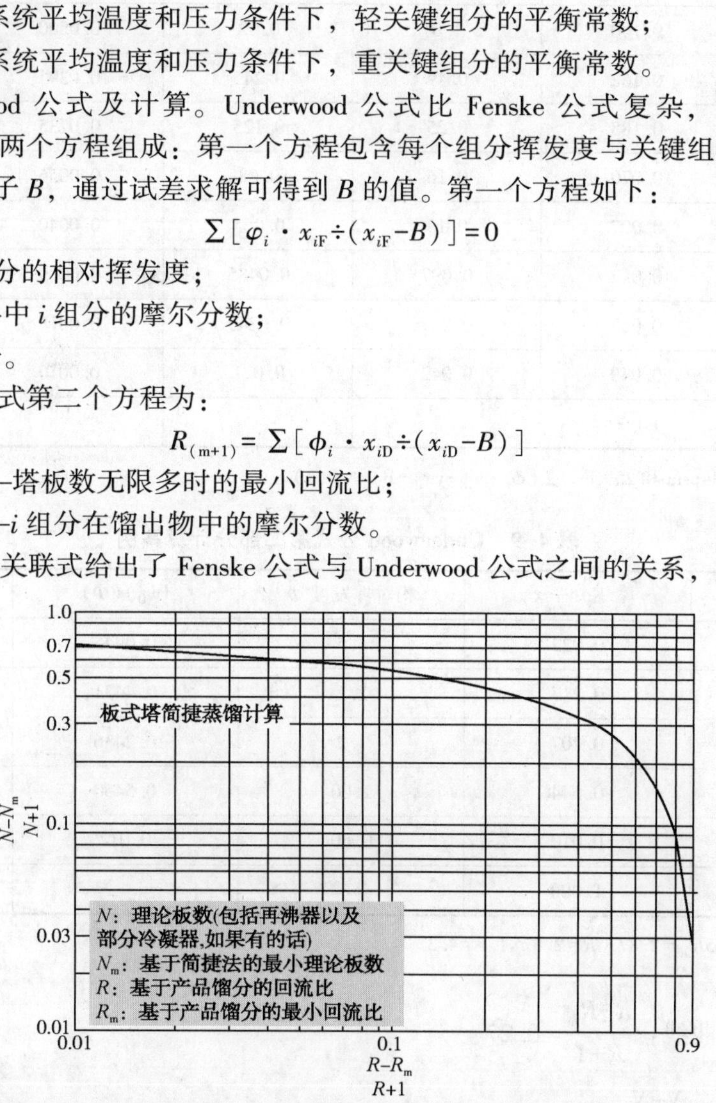


图 4-2 计算理论板数的 Gilliland 关联式

### 4.5.2 Underwood 方程计算案例

用表 4-2 脱丁烷塔的物料平衡。Underwood 公式第一个方程的计算见表 4-8，Underwood 公式第二个方程的计算见表 4-9。

表 4-8　Underwood 公式第一部分计算案例

| 组分 | 摩尔分率 $x_f$ | 平均条件①下的 $K$ | 相对挥发度 $\Phi$ | $x_f \times \Phi$ | 试算 3(1) $B=0.815$ |
|---|---|---|---|---|---|
| $C_2$ | 0.003 | 9.0 | 4.5 | 0.0135 | 0.0037 |
| $C_3$ | 0.026 | 4.2 | 2.1 | 0.0545 | 0.0424 |
| $iC_4$ | 0.025 | 2.4 | 1.2 | 0.0300 | 0.0776 |
| $nC_4$(关键组分) | 0.070 | 2.0 | 1.00 | 0.0700 | 0.3753 |
| $iC_5$ | 0.075 | 1.2 | 0.62 | 0.0450 | 0.2108 |
| $nC_5$ | 0.100 | 1.0 | 0.52 | 0.0500 | 0.1595 |
| $C_6$ | 0.162 | 0.49 | 0.245 | 0.0397 | 0.0698 |
| $C_7$ | 0.188 | 0.25 | 0.125 | 0.0235 | 0.0341 |
| 平均沸点 224℉ | 0.070 | 0.16 | 0.08 | 0.0056 | 0.0076 |
| 239℉ | 0.097 | 0.13 | 0.065 | 0.0040 | 0.0084 |
| 260℉ | 0.082 | 0.097 | 0.0485 | 0.0039 | 0.0052 |
| 276℉ | 0.053 | 0.069 | 0.0345 | 0.0018 | 0.0023 |
| 304℉ | 0.049 | 0.042 | 0.021 | 0.0010 | 0.0013 |
| 合计 | 1.000 | | | | 0 |

① 平均条件是 134psia 和 255℉。$\Sigma[\phi_i \cdot x_{iF} \div (x_{iF}-B)]=0(1)$。

表 4-9　Underwood 公式第二部分计算案例

| 组分 | 摩尔分率 $x_D$ | 相对挥发度 $\Phi$ | $(x_D)(\Phi)$ | $(x_D)(\Phi)/(\Phi-B)$ |
|---|---|---|---|---|
| $C_2$ | 0.022 | 4.5 | 0.0945 | 0.0257 |
| $C_3$ | 0.217 | 2.1 | 0.4431 | 0.3444 |
| $iC_4$ | 0.207 | 1.2 | 0.2436 | 0.6303 |
| $nC_4$(关键组分) | 0.544 | 1.00 | 0.5450 | 2.9223 |
| $iC_5$ | 0.010 | 0.60 | 0.012 | 0.0562 |
| 合计 | 1.000 | | | 3.8665 |

注：$R_{m+1}=3.8665R_m=2.87$，$R=2.87\times1.5=4.3$。

用 Gilliland 曲线：$\frac{R-R_m}{R+1}=0.27$

由曲线可知：$\frac{N-N_m}{N+1}=0.4$

那么理论塔板的数量 $N$ 将是 $N-N_m=0.4N+0.4$。

由 Fenske 公式计算得到 $N_m=14$（参见“轻烃分离塔物料平衡计算”一节），则 $N=24$。

假设塔板的平均效率为 70%，那么实际总塔盘数为 34。

## 4.6 冷凝器和再沸器的负荷

冷凝器和再沸器的负荷取决于轻烃分离塔满足产品所需分离程度的热平衡。可以说，冷凝器的负荷和运行决定了塔内洗涤液的流量，以满足轻馏分产品所需的精馏程度。而再沸器在塔内产生气相流，以满足分离所需的汽提程度和重馏分产品的质量要求。在进料温度和压力确定的情况下，冷凝器负荷或再沸器负荷的变化会相互影响。换句话说，塔内必须始终处于热平衡状态。

### 4.6.1 冷凝器负荷的计算

塔顶冷凝器的负荷由塔顶(最上层塔板上方)和回流罐的热平衡决定，冷凝器负荷为未知量。使用前文中已经确定的脱丁烷塔的数据，计算确定该装置的冷凝器负荷。

参照热平衡示意图4-3。

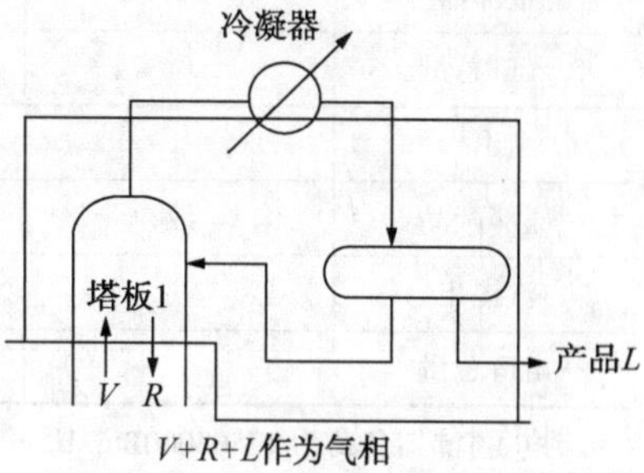


图4-3 塔顶热平衡图

在下面的热平衡中，顶部塔板内回流是基于Fenske公式、Underwood公式和Gilliland关联式得到的内回流比。回流比以摩尔为单位，其分子量是在塔顶露点温度下，由摩尔分率计算得出的，是与塔顶气相馏出物呈平衡状态下的液体分子量。因此回流液的总摩尔数为4.3×191.66＝824.14mol/h，分子量为56.79，因此内回流量为46.8031b/h。热平衡如表4-10所示。

表4-10 塔顶热平衡示例

| 流股 | 相态 | 摩尔质量 | 温度/℉ | lb/h | Btu/lb | MMBtu/h |
|---|---|---|---|---|---|---|
| 进料 | | | | | | |
| 回流气相 | 气 | 56.8 | 160 | 46803 | 305 | 14.275 |
| 馏分油 | 气 | 55 | 160 | 10494 | 306 | 3.211 |
| 入口总量 | | | | 57297 | | |
| 出料 | | | | | | |
| 产品 | 液 | 55 | 100 | 10494 | 150 | 1.574 |
| 回流液相 | 液 | 56.8 | 155 | 46803 | 190 | 8.893 |
| 冷凝器 | | | | 差分法 | | 7.019 |
| 出口总量 | | | | 57297 | | 17.486 |

塔顶塔板温度取高于塔顶温度3℉。顶部塔板气相温度约比塔板温度高5℉。

冷凝器负荷为7020000Btu/h。

### 4.6.2 再沸器负荷的计算

这里需要重点指出的是，再沸器的负荷要保证塔底产品得到足够的汽化率，同时保持汽提塔板上适宜的气相负荷。根据经验，当底部产品汽提率达到70%~90%(摩尔)之间时可以实现上述要求。根据之前的计算，在压力138psia下塔底温度为358℉，计算出此时处于平衡状态的气相组成。这样，得出的塔底产品的摩尔流率是1359.79mol/h，那么需要的汽化摩尔数为 1359. 79×0. 9＝1223. 8mol/h。汽化后组分的分子量为 88（根据平衡组成得出），然后通过热平衡确定再沸器的热负荷。在这个计算中，再沸器抽出板位置的温度比塔底温度低约 10℉，即 348℉（表 4-11）。

表 4-11 塔底热平衡

| 流股 | 相态 | 温度/℉ | lb/h | Btu/lb | MMBtu/h |
|---|---|---|---|---|---|
| 进 | | | | | |
| 34 层塔板液相 | 液 | 348 | 239860 | 198 | 47. 492 |
| 重沸器 | | | 差分法 | | |
| 入口总量 | | | | | |
| 出 | | | | | |
| 底部产品 | 液 | 358 | 132165 | 200 | 26. 433 |
| 汽提出 | 气 | 358 | 107695 | 320 | 34. 462 |
| 出口总量 | | | 239860 | | 60. 895 |

注：再沸器负荷为 13403000Btu/h。

### 4. 6. 3 全塔热量平衡计算

已知再沸器和冷凝器的负荷就可以计算出塔的总热平衡，并得出进料所需提供的热量，进而得到进料温度。计算在压力 134psia（平均进料压力）下进料的泡点温度，结果是 305℉。如果计算出的温度高于此值，则需要绘制进料的焓图，以确定实际的焓和温度。总热量平衡见表 4-12。

表 4-12 全塔热平衡

| 流股 | 相态 | 温度/℉ | lb/h | Btu/lb | MMBtu/h |
|---|---|---|---|---|---|
| 进 | | | | | |
| 进料 | 液 | $T$ | 142659 | 差分法 | 21. 713 |
| 重沸器 | | | | | 13. 403 |
| 入口总量 | | | | | 35. 116 |
| 出 | | | | | |
| 馏出物 | 液 | 100 | 10494 | 150 | 1. 574 |
| 底部产品 | 气 | 358 | 132165 | 200 | 26. 433 |
| 冷凝器 | | | | | 7. 109 |
| 出口总量 | | | 142659 | | 35. 116 |

进料焓为$\frac{21713000}{142659}=152.2$Btu/lb，查焓表得到的对应温度是 276℉。进料板是根据精馏段板效率 75%、提馏段板效率 65%时塔温度分布确定的（见图 4-4）。最终的温度分布和塔板效率应该由计算机模拟软件或严格的逐板计算确定。注意：这里给出的计算方法和算例是很好的计算机模拟软件输入；在条件允许的情况下，应该采用这些模拟软件开展最终的工艺设计。

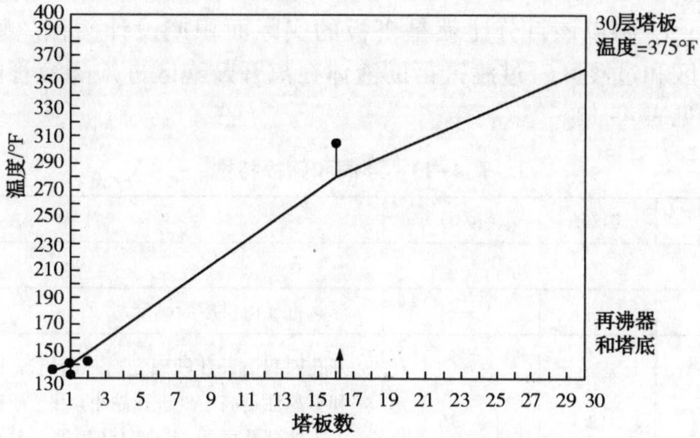


图 4-4 塔温曲线图

## 4.7 塔的负荷和尺寸

轻烃分离塔均遵循以下截面面积大小和塔高的设计原则。这些规格参数与板间距有关联，以确保从塔板入口泡沫混合液中分离出清液。有许多的计算步骤和关联式可用来确定这些参数，下面介绍的是其中一种塔设计方法。然而，最终的设计必须咨询相关的塔板制造商并使用他们的方法，毕竟塔板制造商必须保证塔板水力学和塔板效率方面的性能。大多数情况下这是一个重要的考虑因素，但对于塔板数超过 100 的超级分馏塔，这必须是首要考虑的问题。

市场上有许多轻烃分离塔的计算机模拟软件，其中大多数软件是逐板计算塔内的气液相流量。然而，这些软件需要输入的数据相当准确，以便于计算的收敛及后续的模拟。下述的公式和方法可以提供塔的详细负荷和关键塔板的参数。对这些数据进行线性回归可得到塔的负荷曲线，为计算机模拟提供相对准确的初始条件。

### 4.7.1 塔负荷和塔径

分馏塔的直径通常取决于两块关键塔板上的气相负荷。顶部塔板用于确定精馏段的直径(即进料板以上的部分)，底部塔板用于确定提馏段的直径(进料板及以下的部分)。这两部分的直径可能不同。

气相负荷是由通过塔板的气相流率以及塔板上气相和液相的密度来决定的。其关系由 Brown 和 Souders 方程给出。有几种形式的方程可以使用，使用时需要有塔板物理结构参数。其中一种表示方式如下：

$$G_f = K\sqrt{\rho_v \times (\rho_l - \rho_v)} \tag{4-5}$$

式中 $G_f$——泛点时每平方英尺塔板的气相质量流率，lb/(h·ft$^2$)；

$K$——泛点时的板间距常数(参见“炼油厂常减压蒸馏装置”)；

$\rho_v$——塔板压力和温度条件下的气相密度，lb/ft$^3$；

$\rho_l$——塔板压力和温度条件下的液相密度，lb/ft$^3$。

计算得到的面积就是塔板鼓泡区面积。通常情况下，塔板设计在泛点率的85%~90%之间。对于好的设计，$G_f$ 除以该百分比就是塔板的实际面积或设计面积。整块塔板还包括另外两个区：降液管区和过渡区。过渡区帮助液体在离开鼓泡区进入降液管前脱除气泡。不同区之间的相互关系见表4-13。

**表4-13　浮阀和筛板特性**

| 设计数据 | 建议值 | 范围 | 注释 |
|---|---|---|---|
| 1. 浮阀通径及布置 | | | |
| (a)浮阀直径 | — | — | 浮阀直径由供应商确定 |
| (b)开孔面积百分比 $A_0/A_b$ | 12 | 8~15 | 开孔面积由设计师确定。一般情况下，开孔面积越小，效率和可靠性越高，处理量越小(由于压降增大)。如果采用接近上限的开孔面积(比如15%)处，灵活性和效率接近筛板。在下限值，处理量和降液管充液会受到限制 |
| (c)阀间距与阀孔径比 | — | — | 阀距通常是三角形的，由供货商确定 |
| (d)浮阀布置 | — | — | 在流动路径长度为5″的塔板上，及液体流速为>5000GPH/ft(直径)且路径长度<5″的塔板上，在入口处增加10%的阀距布置 |
| (e)鼓泡面积 $A_b$ 或 $A_B$ | — | — | 鼓泡面积应最大化 |
| (f)塔板效率 | — | — | 若无发泡或液泛限制，浮阀塔板效率应与筛板效率大致相等 |
| (g)下料阀 | — | — | 一般情况下不需要考虑，除非将来大大增加处理量时，才需要使用下料阀，而且为了保持最高效率应设置于鼓泡区，而不是周围其他区域 |
| 2. 塔板间距 | — | 12~36 | 通常使用最小值比较经济，通常由检修需求决定。其他需要考虑的因素还有降液管充液和灵活性。应考虑使用可变间距来适应不同截面之间的载荷变化 |
| 3. 溢流数 | 1 | 1~2 | 在给定直径的塔和塔板间距下，通过以牺牲气相通量为代价来提高液体处理能力。在塔径<8ft的情况下成本没有明显增加 |
| 4. 降液管和溢流堰 | | | |
| (a)降液管清液入口允许流速/(ft/s) | | 0.3~0.4 | 对于吸收塔或其他已知的高发泡性系统推荐选用较低值 |
| (b)降液管类型 | 径向型 | 径向型，弓形 | 最低弦长应为塔盘直径的65%，可使液相分布均匀。斜降管可用于高液通量——最大出口速度0.6ft/s，或者可采用弧形降液管以获得更大的鼓泡区(和更大通量)，但是造价更高。后者的最低宽度应为6in |

续表

| 设计数据 | 建议值 | 范围 | 注释 |
| --- | --- | --- | --- |
| (c)内侧降液管宽度(入口和出口) | | 最小 8in | 建议在内侧降液管中心纵向悬挂长度为 14″~16″的“跳挡板”并延长降液管长度，以防止泡沫从对侧进入降液管可能引发的堵塞。跳挡板底部应与该出口堰高平齐。必须有供设备检查时从一侧进入另一侧的通道 |
| (d)出口堰高 | 2″ | 1~4″ | 堰高可随着液体流率而变化，以使得在塔盘上的总液体压头 *hc* 尽可能维持在 2.5″~4″内。对减压塔建议使用较低值，对塔内停留时间要求较长的场合则建议使用较高值 |
| (e)降液管底隙 | 1.5″ | 最小 1″ | 可根据压头损失 1in 为准设定底隙，如果需要确保降液管液封，可以采用更高的值 |
| (f)液封高度(进口或出口堰高减去底隙高度) | 出口堰在塔板液体中提供至少满足1/2″液封高度 | 入口堰或受液槽 | 在大多数情况下，仅用出口堰维持足够高的板液位，就可实现降液管液封。入口堰增加了降液管的存液量；在一些场合，采用双溢流塔盘有助于液相分布均匀。凹式进口的造价更高，但是必要时可应用于对很高的出口堰实现液封的场合 |
| (g)降液管内液层高度(板间距)/% | | 40~50 | 对于高压塔、吸收塔、减压塔、已知发泡系统以及塔板间距为 18″或更低的情况，使用较低的数值范围 |

根据表 4-13 中的准则和基于气相负荷得到的鼓泡区面积，可以确定塔截面积和塔径，其关系式为：

$$A_s = A_b + A_{dc} + A_w \tag{4-6}$$

式中 $A_s$——塔截面积；

$A_b$——鼓泡区面积；

$A_{dc}$——降液管区面积(入口+出口)；

$A_w$——过渡区面积(通常为塔截面积的 15%)。

### 4.7.2 塔板间距

塔板间距由液泛时的负荷确定，这样得到的板间距需要根据设计准则进行校核，必要时进行调整。通常板间距的初始估值是 24in，然后校核该板间距是否满足下面的公式。由降液管中的清液量(或高度)计算板压降，大多数情况下，清液高度须小于板间距的 50%；对于高发泡过程，此高度必须小于板间距的 40%。关于塔板水力学的压降标准及其相关方程如下：

(1) 清液高度 $h_{c_1}$

$$h_{c_1} = 0.5\times[V_L \div (N_p \times l_o)]^{2/3} \tag{4-7}$$

式中 $h_{c_1}$——塔板上清液层高度，in；

$V_L$——液相负荷，gal/min；

$N_p$——塔板溢流数；

$l_o$——出口堰的长度，in。

(2) 有效干板压降 $H_{ed}$

有效干板压降的数值应大于下面两个公式的计算值：

$$\Delta P_{po}=1.35t_m \cdot \rho_m/\rho_l+K_1 \cdot (V_o)^2 \cdot \rho_v/\rho_l \tag{4-8}$$

$$\Delta P_{fo}=K_2(V_o)^2\rho_v/\rho_l \tag{4-9}$$

式中 $\Delta P_{po}$——浮阀部分开启时的干板压降，以英寸热液相静压头为单位；

$\Delta P_{fo}$——浮阀全开时的干板压降，以英寸热液相静压头为单位；

$t_m$——浮阀厚度，in(见表 4-14)；

$\rho_m$——浮阀金属密度，$lb/ft^3$(见表 4-15)；

$V_o$——通过浮阀的汽速，ft/s。

**表 4-14 浮阀厚度**

| 规格 | 浮阀厚度 $t_m$/in | 规格 | 浮阀厚度 $t_m$/in |
|---|---|---|---|
| 20 | 0.037 | 12 | 0.104 |
| 18 | 0.050 | 10 | 0.134 |
| 16 | 0.060 | 8 | 0.250 |
| 14 | 0.074 | | |

**表 4-15 浮阀金属密度**

| 金属类型 | 密度 $\rho_m$/(in $lb/ft^3$) | 金属类型 | 密度 $\rho_m$/(in $lb/ft^3$) |
|---|---|---|---|
| 碳钢 | 480 | 哈氏合金 | 560 |
| 不锈钢 | 510 | 铝 | 168 |
| 镍 | 553 | 铜 | 560 |
| 蒙乃尔 | 550 | 铅 | 708 |
| 钛 | 283 | | |

常数 $K_1$ 和 $K_2$ 见表 4-16。

**表 4-16 $K_1$ 和 $K_2$ 值**

| 项目 | $K_1$ | $K_2$ | | | |
|---|---|---|---|---|---|
| 塔板厚度 | | 0.074 | 0.104 | 0.134 | 0.25 |
| 常压值 | 0.2 | 1.05 | 0.92 | 0.82 | 0.58 |
| 减压值 | 0.1 | 0.5 | 0.39 | 0.38 | — |

计算 $V_o$ 时，假设孔面积与鼓泡区面积之比($A_0/A_b$)为 12%。

(3) 总板压降、热液相静压头

$$总板压降\ \Delta P=h_{c_l}+h_{ed} \tag{4-10}$$

式中 $h_{c_l}$——塔板上的清液层高度，以英寸热液相静压头为单位；

$h_{ed}$——有效干板压降，以英寸热液相静压头为单位。

(4) 降液管压头损失 $h_{ud}$

$$h_{ud}=0.06[GPM\div(cL_i-N_p)]^2 \tag{4-11}$$

式中 $h_{ud}$——降液管压头损失，以英寸热液相静压头为单位；

$c$——常数，等于 1.5；

$L_i$——入口堰的长度，in。

(5) 进口热液相静压头 $h_i$

① 当有进口堰时：

$$h_i = 0.06[\mathrm{GPM} \div (N_p \cdot L_i)]^{2/3} + h_{wi} \quad (4-12)$$

式中 $h_i$——塔板进口压头，以英寸热液相静压头为单位；

$L_i$——进口堰长，in；

$h_{wi}$——进口堰高，in。

② 当无进口堰时，则 $h_i = h_{c_1}$。

(6) 降液管热液相液位高度

$$L_d = h_i + (h_t + h_{ud}) \cdot [\rho_l \div (\rho_l - \rho_V)] + 1.0 \quad (4-13)$$

式中 $L_d$——降液管热液相液位高度，in。

### 4.7.3 塔尺寸计算案例

下面是一个塔尺寸计算和水力学分析的例子。本例中使用的塔负荷数据为本章脱丁烷塔计算的数据。所有数据均为塔板温度和压力条件下的数据(表 4-17)。

**表 4-17 塔计算依据示例**

| 气相 | 顶部塔板 | 液相 | 顶部塔板 |
|---|---|---|---|
| mol/h | 1012 | lb/h | 46803 |
| lb/h | 57297 | GPM | 187 |
| ACFS | 14.3 | CFS | 0.147 |
| $\rho_v$/(lb/ft$^3$) | 1.11 | $\rho_l$/(lb/cuft) | 31.18 |
| 气相 | 底部塔板 | 液相 | 底部塔板 |
| mol/h | 1223.90 | lb/h | 239.86 |
| lb/h | 107695 | GPM | 768.4 |
| ACFS | 8.7 | CFS | 1.715 |
| $\rho_v$/(lb/ft$^3$) | 3.44 | $\rho_l$/(lb/cuft) | 38.9 |

解：(1) 顶部塔板液泛时的鼓泡区面积：

$$G_f = K\sqrt{\rho_v \times (\rho_l - \rho_v)} \quad (4-14)$$

式中 $G_f$——泛点负荷，lb/(h·ft$^2$)。

可知：$K=1110$，$\rho_v=1.11$，$\rho_l=33.37$，$G_f=6415.8$lb/(h·ft$^2$)，则：

塔径按泛点负荷的 80%计算，即 $G_A=5132.6$ 1b/(h·ft$^2$)

泛点负荷 80%时的塔板鼓泡区面积 $A_b=\dfrac{57297}{5132.6}=11.16\mathrm{ft}^2$。

(2) 降液管面积(包括进口和出口)$A_{dc}$：

降液管速度为 0.4ft/s(见表 4-13)。

单个降液管面积为 0.417÷0.4=1.04 ft$^2$。

总降液管面积 $A_{dc}=2.08$ ft$^2$。

过渡区面积 $A_w$ 等于塔截面积的15%（见表4-13）。

塔截面积 $A_s = A_b + A_{dc} + A_w$

对于塔顶部分，塔径为：

$A_s - 0.15A_s = 2.08 + 11.6\text{ft}^2$

$A_s = 15.58\text{ft}^2$，直径 $= 4.45\text{ft} \approx 4.5\text{ft}$。

（3）同样对于提馏段：

$G_f = 1110\sqrt{3.44 \times (38.9 - 3.44)}$

$= 12259\text{lb}/(\text{h} \cdot \text{ft}^2)$

80%液泛流量 $G_a = 9\,807\text{lb}/(\text{h} \cdot \text{ft}^2)$

降液管面积 $= 1.715/0.4 = 4.29\ \text{ft}^2$，$A_{dc} = 8.58\ \text{ft}^2$。

塔截面积 $A_s = 24\text{ft}^2$，塔径 $= 5.53\text{ft}$，取塔径 $= 6\text{ft}$。

（4）塔的水力学和降液管充液高度

利用前面定义的压降方程，可计算降液管的充液高度。本处介绍塔提馏段的计算，精馏段的计算类似。因此：

① 清液高度 $h_{c_l}$ 按式(4-7)得：

$$h_{c_l} = 0.5 \times [V_L \div (N_p \times L_o)]^{2/3}$$

$V_L = 768.4\text{GPM}$；

$N_p = 2$（液体负荷较高，采用双溢流）；

$L_o = 58.8\text{in}$（用本手册中“石油加工的工艺设备”一章附录1中给出的关联式计算）；

因此清液高度 $h_{c_l} = 1.74\text{in}$。

② 有效干板压降 $\Delta P$ 按式(4-8)、式(4-9)可知：

$$\Delta P_{po} = 1.35t_m \cdot \rho_m/\rho_l + K_1 \cdot (V_o)^2 \cdot (\rho_v/\rho_l)$$

$$\Delta P_{fo} = K_2(V_o)^2\rho_v/\rho_l$$

$A_o/A_b = 12\%$，$A_o = 1.32\text{ft}^2$ 浮阀厚度是0.05in，金属密度为480lb/cuft。

$K_1 = 0.2$，$K_2 = 0.92$，$V_o = 6.6\ \text{ft/s}$，则：

$\Delta P_{po} = 1.603\text{in}$，$\Delta P_{fo} = 3.54\text{in}$。

（5）总板压降

$h_t = 1.74 + 3.54 = 5.28\text{in}$

（6）降液管压头损失 $h_{ud}$

$h_{ud} = 0.6[\text{GPM} \div (cL_i \cdot N_p)]^2$

$C = 3.2$（估计值）

$L_i = 58.8\text{in}$

$h_{ud} = 0.96\text{in}$

（7）入口堰压头 $h_i$

因为没有入口堰，所以 $h_i = h_{c_l}$

（8）总降液管充液高度 $L_D$

$L_D = 1.74 + (5.28 + 0.96)(38.9/35.46) + 1 = 9.54\text{in}$

总降液管充液高度为板间距的40%，满足要求。

## 4.8　轻烃回收塔的操作和性能检验

大多数轻烃分离塔在运行中非常稳定。也就是说，一旦在正常的控制下满足了操作需求，塔就会保持稳定。当性能下降时，可以归结为几个原因。本节将介绍其中一些原因，以及如何评估和检查这些问题。在正常情况下，性能是指该装置在设计处理能力下实现产品质量的能力。

### 4.8.1　冷进料

进料条件对塔的运行至关重要。理想情况下，进料温度应尽可能接近计算得到的进料塔盘温度。如果进料温度远低于其泡点温度，则在开始有效传质之前，进料塔板下方的几个塔板要先进行传热。合适的进料温度可以防止产品分离精度和塔板效率在这一段大幅下降。进料条件可以通过泡点计算和闪蒸计算来验证。

### 4.8.2　热进料

热进料条件影响更为严重。如果进料温度远高于其泡点温度，其产生的焓将会降低再沸器的负荷。因为塔必须始终处于热平衡状态。塔的控制目的保持产品数量和组分切割，一旦再沸器负荷大大减少，势必会降低汽提段的汽化量，导致分离不好。

根据经验，塔底汽化量必须占塔底产品的70%(摩尔)以上。在超级精馏塔(塔板数超过100)中，例如脱异戊烷塔，这个数值甚至要达到80%~100%。

这样根据热平衡会很方便地确定塔底汽化的状态。

### 4.8.3　理想的进料条件

理想情况下，进料应接近进料塔板温度进入塔内。通常在入口压力下，进料处于混合相，其气相量与蒸馏产品量非常接近。由于装置的进料通常与底部产品换热进行加热，因此会受到传热温差的限制。然而，为了保持良好的进料条件，通常最好还有一个单独的蒸汽(或热油)进料预热器。

### 4.8.4　夹带

在处理量高或者回流比大时出现设备性能下降的一个常见原因是液体夹带或发生液泛。通常在高负荷并出现夹带情况下，为了改善分离效果而采用增大回流的方法会使这一问题进一步恶化。

一个好的轻烃回收塔设计能做到在不超过允许泛点120%的范围内正常运行，在这之上才会导致某种程度的夹带。

### 4.8.5　降液管返混与液泛

如果塔的负荷远远超过允许的泛点，极可能导致降液管无法应对液体负荷，发生降液管液泛，出现淹塔现象。这会导致出现非常明显的全塔压降升高。在这种情况下，基本不可实现正常的分离，这时必须降低塔的热输入(和进料量)，使塔内恢复正常压降。

### 4.8.6　低负荷运行

大多数塔的设计至少有50%的操作弹性。这意味着，塔板应在其负荷的50%的情况下也能正常运行。然而，塔板性能会下降，在低负荷状态下，特别是塔板的性能会大大降低。这是由于塔板漏液引起的，即液体从一个塔板渗漏到下一个塔板。如果是因为短期的加工量低导致低负荷，塔板负荷可以通过增加回流来提高。如果低负荷需持续很长一段时间，应考虑降低塔板开孔率，以减少塔板的有效开孔面积。

**4.8.7 接近临界状态运行**

脱乙烷塔的塔底操作尤其接近临界压力。在该装置中应注意避免任何压力波动，进料和回流均应处于流量控制状态。

一旦超过临界压力时就不可能发生精馏分离。通常对于脱乙烷塔，塔顶用冷冻水冷凝，以降低回流罐压力，并维持最小的 $C_3$ 组分损失。

# 第5章 石油加工中的催化重整

## 5.1 引言

催化重整是将富含烷烃和环烷烃的石脑油在高温和一定压力下与含有铂的酸性催化剂接触，转化为富含芳烃的产品的过程。当目标是生产车用燃料时，将低辛烷值的石脑油原料转化或“重整”成为一种称为重整生成油的高辛烷值汽油调和组分。当目标是生产芳烃作为石化工业的原料时(Huebner 1999)，将采用更苛刻的条件来增加石脑油原料的转化率，以最大限度地提高芳烃的产量。在这两种情况下，氢和其他轻烃都是反应中生成的副产物。在某些应用中，氢具有很高的价值，是该工艺的理想产品。

## 5.2 发展历史

20世纪初，人们认识到有必要将石脑油升级为运输燃料。最初使用的是热加工法，之后在20世纪40年代引入的催化法提供了更好的产量和更高的辛烷值。第一种催化剂以氧化钼为活性组分，但很快被含铂催化剂取代。UOP公司的铂重整工艺是第一个以铂为活性组分的重整工艺，于1949年在美国密歇根州马斯基根的老荷兰炼油厂(Old Dutch Refining)投产。自从第一个铂重整装置商业化以来，不断地进行创新和进步，包括工艺流程和参数优化、催化剂配方、设备设计以及重整生成油和氢气收率最大化。提高收率和辛烷值需要更低的压力和更苛刻的操作条件。高苛刻度通常是指在更高的温度下提高石脑油的转化率，这也导致催化剂结焦增加、失活速度加快、产率降低、催化剂寿命缩短。

第一个催化重整装置设计为半再生(SR)或固定床装置，使用铂/氧化铝催化剂，3~4个反应器串联。半再生重整装置需要定期停工进行催化剂再生。一个周期可能从6个月到36个月，通常约为1年。再生包括烧焦和催化剂的金属活性中心的恢复。为了尽量减少催化剂积炭和失活，这些较旧的装置在2760~3450kPa(400~500 pisg)的高压下运行。

双金属催化剂促进了催化重整工艺的进步。这些催化剂允许在大约1380~2070kPa(200~300pisg)的较低压力、高苛刻度的条件下操作，并且研究法辛烷值(*RON*)可以达到95~98，催化剂再生的典型再生周期为1年。

循环再生重整工艺是20世纪60年代由埃索(强化重整)、标准石油公司(超重整)和壳牌等几大石油公司开发的。这些工艺可以通过减少再生周期来提高操作苛刻度。循环再生重整装置通常采用五个固定床反应器，其中每一个反应器都可以与主工艺流程隔离，进行再生，并在装置不停工和不降低负荷的情况下重新投入使用。根据操作的苛刻度、原料性质和反应器位置，每3~30天对每个反应器进行一次再生。反应器平均压力约为1380kPa

(200pisg)，生成研究法辛烷值接近100的重整生成油。

解决催化剂失活和运行效率问题的一项重大创新是UOP公司于1971年将具有连续催化剂再生的铂重整工艺(或称CCR铂重整工艺)商业化。几年后，法国石油研究院将一种连续再生重整工艺(辛烷值化和芳构化工艺)商业化。这项工艺通过连续催化剂再生，将少量催化剂从焦炭含量最高的最后一个反应器中连续移出，在与反应器串联的再生器中，在可控条件下进行催化剂再生，并将再生后的催化剂转移回第一个反应器。催化剂在反应器和再生器之间进行闭路循环。与循环再生重整和半再生重整工艺相比，连续再生重整工艺将压力降低至345kPa(50pisg)，产品研究法辛烷值提高至108。如今，超过95%的新建催化重整装置均按连续再生重整设计。此外，许多最初设计为半再生重整的装置已被改造成连续再生重整装置。

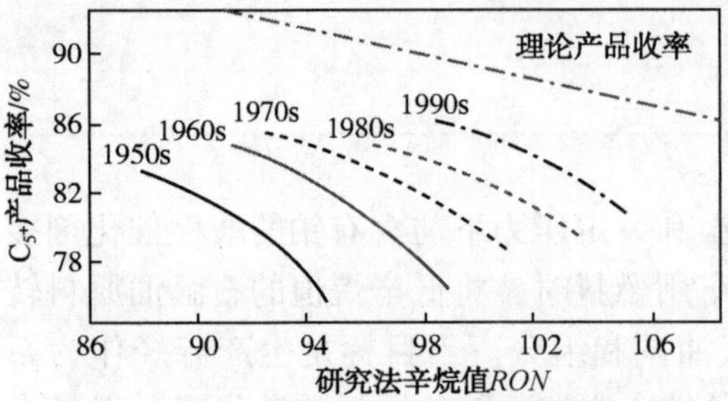

图5-1　催化剂和工艺改进提高重整液收和辛烷值(经UOP LLC许可转载)

图5-1展示了催化重整的演变过程，从19世纪50年代到90年代，由于引入了新的工艺、设备和催化剂，使$C_{5+}$重整生成油收率和研究法辛烷值(RON)增加。

## 5.3　原料

作为重整进料的石脑油原料中含有烷烃、环烷烃、芳烃，在某些情况下还含有极少量的烯烃。生产车用燃料时，原料通常是由含6~11个碳原子的烃组成的“宽馏分”石脑油。对汽油中苯含量有规定的地区，可通过分馏提高原料的初馏点，以减少环己烷和甲基环戊烷等生成苯的前驱物的含量。以生产苯、甲苯和二甲苯为目标的重整装置通常被称为BTX或芳烃型重整装置，这些装置的理想石脑油原料包含6~8个碳原子范围内的环烷烃、芳烃和烷烃。

最常见的石脑油是直接从原油蒸馏中提炼出来的，称为直馏石脑油。除了直馏石脑油，石脑油馏分还可以从重质烃催化裂化或热裂解过程中得到。例如，裂化石脑油可来自流化催化裂化装置(FCC)、加氢裂化装置、焦化装置和减黏裂化装置。石脑油也可以用费托法合成。

### 5.3.1　表征

石脑油可以用其蒸馏曲线和组分组成来表征。图5-2所示的初馏点(IBP)、中馏点和终馏点(EP)的蒸馏值通常用于将石脑油分类为轻石脑油或重石脑油。馏程范围为150~400℉(65~200℃)的直馏石脑油属于重质石脑油。

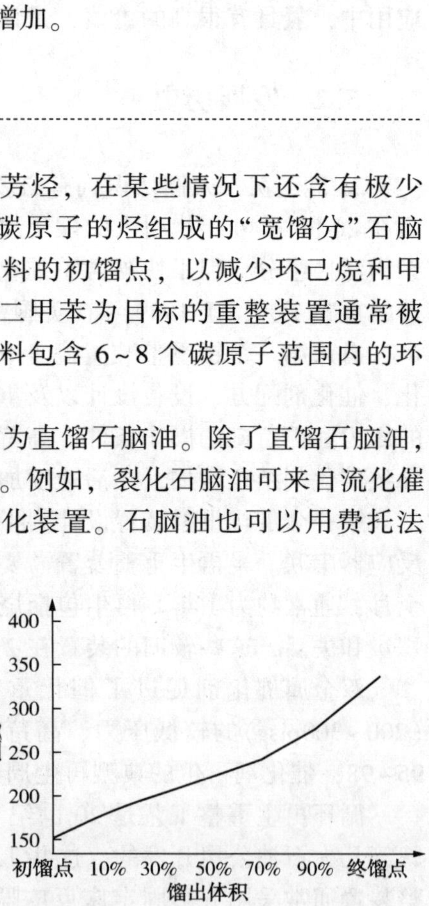

图5-2　ASTM D-86石脑油蒸馏曲线(Huebner等.1999)

表5-1为典型石脑油的组成，该石脑油中含有55.4%(质)的总烷烃、30.7%(质)的总环烷烃、0.1%(质)的总烯烃和13.9%(质)的总芳烃。石脑油根据其组成分为贫石脑油和富石脑油。贫料具有

较高的烷烃浓度和较低的环烷烃及芳烃浓度，而富料具有较低的烷烃浓度和较高的环烷烃及芳烃浓度。

**表 5-1 典型石脑油组分的组成**

| 组分 | 质量分数/% | 组分 | 质量分数/% |
|---|---|---|---|
| 芳烃 | | 环已烷 | 3.26 |
| 苯 | 1.45 | $C_7$异构烷烃 | 4.55 |
| 甲苯 | 4.06 | 正庚烷 | 4.65 |
| 乙基苯 | 0.52 | $C_7$环戊烷 | 2.77 |
| 对二甲苯 | 0.92 | 甲基环已烷 | 7.57 |
| 间二甲苯 | 2.75 | $C_8$异构烷烃 | 4.24 |
| 邻二甲苯 | 0.87 | 正辛烷 | 3.43 |
| $C_{9+}$芳烃 | 3.31 | $C_8$环戊烷 | 1.52 |
| 总芳烃量 | 13.88 | $C_8$环已烷 | 5.23 |
| 烷烃和环烷烃 | | $C_9$环烷烃 | 3.63 |
| 丙烷 | 0.79 | $C_9$烷烃 | 5.93 |
| 异丁烷 | 1.28 | $C_{10}$环烷烃 | 1.66 |
| 正丁烷 | 3.43 | $C_{10}$烷烃 | 3.41 |
| 异戊烷 | 5.62 | $C_{11}$环烷烃 | 1.04 |
| 正戊烷 | 6.19 | $C_{11}$烷烃 | 0.53 |
| 环戊烷 | 1.40 | 总烷烃 | 55.35 |
| $C_6$异构烷烃 | 6.00 | 总烯烃 | 0.11 |
| 正已烷 | 5.30 | 总环烷烃 | 30.66 |
| 甲基环戊烷 | 2.58 | | |

轻重性（终馏点）和类型（贫或富）是石脑油重整进行难易的指标。例如，终馏点为320℉（160°C）和65%（质）烷烃的轻质贫石脑油，比终馏点为370℉（188°C）和60%（质）环烷加芳烃的重质富石脑油更难进行重整反应。

### 5.3.2 石脑油进料预处理

为了防止重整催化剂的中毒和失活，大多数石脑油必须经过加氢处理以去除几类杂质。重整催化剂常见的毒物包括硫（图 5-3）、氮和氧化物。去除这些杂质需要破坏碳硫键、碳氮键或碳氧键，并分别形成硫化氢、氨或水。图 5-4 显示了用于将石脑油中的杂质水平降低到可接受水平的石脑油加氢装置。石脑油加氢处理，其催化剂会吸附脱除金属杂质，如硅、砷和铅，也会使烯烃饱和。

| 硫醇硫 | 二硫化物 | 噻吩硫 |
|---|---|---|
| R—S—H | R—S—R |  |

图 5-3 石脑油中的硫类型

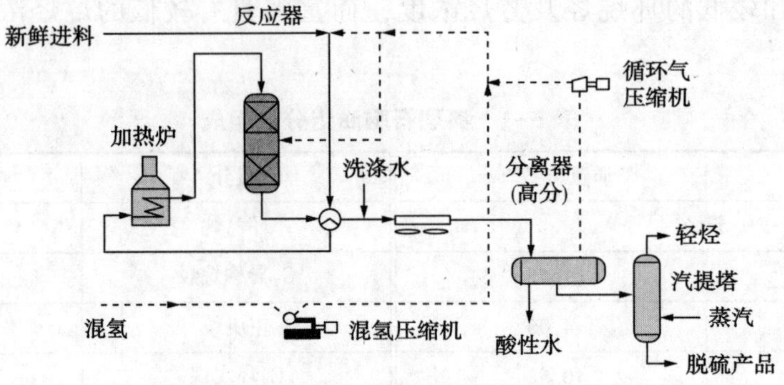


图 5-4　石脑油加氢装置流程图

有一些石脑油加氢反应采用两段反应形式：第一段在低温下操作，加氢饱和二烯烃和炔类，防止发生聚合并堵塞苛刻度高的第二个反应器；第一个反应流出物冷却后进入第二个反应器反应，进行烯烃饱和与脱硫脱氮。

## 5.4　重整生成油性质

催化重整装置中的重整产物可用于高辛烷值汽油的调和组分，或用作芳烃(如苯、甲苯、二甲苯 BTX 和 $C_{9+}$芳烃)的来源。表 5-2 为重整生成油的组成。

表 5-2　重整生成油的组成

| 组成 | 质量分数/% | 体积分数/% |
| --- | --- | --- |
| | 芳烃 | |
| 苯 | 3.72 | 3.39 |
| 甲苯 | 13.97 | 12.93 |
| 乙基苯 | 3.13 | 2.90 |
| 对二甲苯 | 3.39 | 3.14 |
| 间二甲苯 | 7.47 | 6.91 |
| 邻二甲苯 | 4.83 | 4.47 |
| $C_{9+}$芳烃 | 36.05 | 33.30 |
| 总芳烃量 | 72.56 | 67.04 |
| | 烷烃和环烷烃 | |
| 丙烷 | 0.00 | 0.00 |
| 异丁烷 | 0.14 | 0.20 |
| 正丁烷 | 0.94 | 1.32 |
| 异戊烷 | 2.52 | 3.29 |
| 正戊烷 | 1.74 | 2.29 |
| 环戊烷 | 0.10 | 0.10 |
| $C_6$异构烷烃 | 3.91 | 4.77 |

续表

| 组成 | 质量分数/% | 体积分数/% |
|---|---|---|
| 正己烷 | 1.74 | 2.12 |
| 甲基环戊烷 | 0.28 | 0.30 |
| 环己烷 | 0.03 | 0.03 |
| $C_7$异构烷烃 | 7.70 | 9.02 |
| 正庚烷 | 2.22 | 2.60 |
| $C_7$环戊烷 | 0.33 | 0.35 |
| 甲基环己烷 | 0.04 | 0.04 |
| $C_8$异构烷烃 | 2.86 | 3.24 |
| 正辛烷 | 0.62 | 0.70 |
| $C_8$环戊烷 | 0.14 | 0.14 |
| $C_8$环己烷 | 0.06 | 0.06 |
| $C_9$环烷烃 | 0.04 | 0.04 |
| $C_9$烷烃 | 0.90 | 0.99 |
| $C_{10}$环烷烃 | 0.04 | 0.04 |
| $C_{10}$烷烃 | 0.24 | 0.26 |
| $C_{11}$环烷烃 | 0.00 | 0.00 |
| $C_{11}$烷烃 | 0.03 | 0.04 |
| 总烷烃 | 25.56 | 30.84 |
| 总烯烃 | 0.82 | 1.02 |
| 总环烷烃 | 1.06 | 1.10 |

### 5.4.1 辛烷值

辛烷值是车用燃料的主要参数，是衡量燃料抗爆性的指标。高的辛烷值反映了烃类在内燃机中的快速反应过程中有较低的爆震性。这种快的爆震可以在发动机中听到震爆声或者砰的声响。车用燃料辛烷值在发动机低转速(研究法辛烷值 *RON*，测量方法是 ASTM D2699)，或者在发动机高转速(马达法辛烷值 *MON*，测量方法是 ASTM D2700)下进行测量。在美国，加油站泵上的辛烷值是 *MON* 和 *RON* 的算术平均值，缩写为 *RONC*，用于表示不加添加剂如四乙基铅(TEL)或甲基叔丁基醚(MTBE)，其添加后二者能增加辛烷值。表 5-3 列出了美国石油学会(API)提供的各种纯烃组分辛烷值(美国石油学会研究项目 45 1954)。

**表 5-3 纯组分的研究法辛烷值和马达法辛烷值举例**

| 组成 | *RON* | *MON* |
|---|---|---|
| | 烷烃 | |
| 正庚烷 | 0.0 | 0.0 |
| 2-甲基己烷 | 42.4 | 46.3 |

续表

| 组成 | *RON* | *MON* |
|---|---|---|
| 3-乙基戊烷 | 65.0 | 69.3 |
| 2，4-二甲基戊烷 | 83.1 | 83.8 |
| 2，2，4-三甲基戊烷 | 100.0 | 100.0 |
| 芳烃 | | |
| 甲苯 | 120.1 | 103.2 |
| 乙苯 | 107.4 | 97.9 |
| 异丙苯 | 113.0 | 99.3 |
| 1-甲基-3-乙苯 | 112.1 | 100.0 |
| 1，3，5-三甲苯 | >120 | >120 |

纯烃组分或烃类混合物的辛烷值通过将其抗爆性与正庚烷(定义辛烷值为0)和2，2，4-三甲基戊烷或异辛烷(定义辛烷值为100)的各种混合物进行比较来确定。当与组成不同的其他碳氢化合物混合时，碳氢化合物的辛烷值可能不同；这些被称为“调和辛烷值”，并且可能与单组分化合物的实际辛烷值显著不同。表5-4表明，对于某些化合物而言，研究法辛烷值和调和辛烷值之间的差异是显著的(Marshall 和 Owen 1995)。

**表5-4　调和辛烷值和研究法辛烷值 *RON***

| 组成 | *RON* | 调和辛烷值 |
|---|---|---|
| 2，2-二甲基丁烷 | 92.8 | 89 |
| 2-甲基-1-丁烯 | 102 | 146 |
| 环戊烷 | 101 | 141 |
| 1，4-二甲苯 | 117 | 146 |

### 5.4.2　其他物性

重整生成油的另一个物性参数是它的挥发性或者说蒸气压，通常用雷德蒸气压(RVP)为单位给出。为了便于内燃机启动，特别是在寒冷的气候条件下，需要足够的RVP。然而，过高的RVP会导致有害的烃类排放至大气中。重整生成油的其他物性包括其终馏点和颜色(Marshall 和 Owen，1995)。例如，高终馏点的重整生成油可能在内燃机内无法很好燃烧，并导致形成积炭或胶状物沉积。

## 5.5　市场划分

重整产物的市场可分为两个不同的部分：车用燃料和芳烃。重整反应在车用燃料模式和芳烃模式下都可运行，大部分是通过改变操作温度来实现的。选取哪种操作模式取决于下游处理装置和产品需求。

### 5.5.1　车用燃料

供消费者使用的汽油由来源于炼油厂的多种汽油馏分混合而成，包括直馏石脑油、异构化油、烷基化油、重整生成油、聚合物和催化裂化(FCC)馏分油。汽油还含有乙醇等添加剂，通过添加氧化剂来降低排放量，提高辛烷值，并消耗通常以玉米和甘蔗为原料生产出的生物燃料。

如图5-5所示，汽油的需求从2000年略低于$2000×10^4$bbl/d上升至2013年的约$2300×10^4$bbl/d。预计未来10年内汽油需求量将升至$2800×10^4$bbl/d。大约一半的需求产生于北美、欧洲和日本等发达地区。由于乙醇汽油的用量增加、柴油燃料用量的增加以及车用燃料燃烧效率的提高，这些地区的增长将从持平转至下降。过去10年来增长最强劲的是亚洲、俄罗斯、中东和拉丁美洲等新兴地区，目前这些地区的需求量约占50%，预计在2025年将上升到58%(IHS CERA年度长期战略工作手册和产品市场2014)。其增长的驱动力包括人口和经济的增长、物质的增长以及商品和服务的出口。

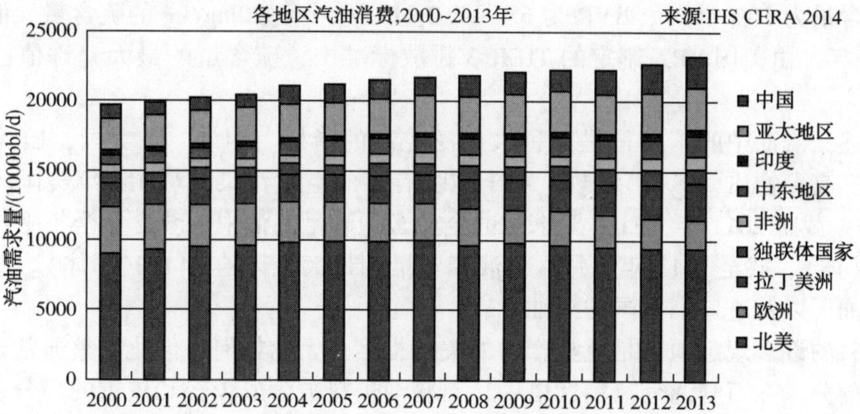


图5-5 各地区汽油需求量

汽油性质受地方、国家和国际法规的约束。世界大多数区域都颁布了影响汽油构成成分的新法规，推动对清洁燃料需求的增加。这些法规包括了清洁能源的要素，包括降低铅含量，最大限度减少RVP和硫、苯、芳烃、烯烃的含量，以及含氧化合物的添加。例如，更新于2009年的欧Ⅴ汽油燃料标准，限制芳烃最大允许含量为35%(体)，烯烃最大允许含量为18%(体)，苯最大允许含量为1%(体)。目前，许多非欧盟国家仍处于执行欧Ⅳ标准或欧Ⅴ标准的规划阶段。表5-5显示了欧Ⅰ~Ⅴ汽油燃料标准(欧洲燃料标准)。

**表5-5 欧洲燃料性质**

| 欧洲燃油标准 | | 指标 | EN228 | DIR 98/70 | DIR 98/70 | DIR 98/70 | DIR 98/70 |
|---|---|---|---|---|---|---|---|
| | | 年度 | 1993 | 1996 | 2000 | 2005 | 2009 |
| | | 级别 | 欧Ⅰ | 欧Ⅱ | 欧Ⅲ | 欧Ⅳ | 欧Ⅴ |
| 芳烃含量 | %(体) | 最大允许值 | 无限制 | 无限制 | 42 | 35 | 35 |
| 烯烃含量 | %(体) | 最大允许值 | 无限制 | 无限制 | 18 | 18 | 18 |
| 苯含量 | %(体) | 最大允许值 | 5 | 5 | 1 | 1 | 1 |
| 氧含量 | %(体) | 最大允许值 | 2.5 | 2.5 | 2.7 | 2.7 | 3.7 |
| 硫含量 | mg/g | 最大允许值 | 1000 | 500 | 150 | 50 | 10 |
| 辛烷值 | | 最小允许值 | 91 | 92 | 93 | 94 | 95 |

续表

| 欧洲燃油标准 | | 指标 | EN228 | DIR 98/70 | DIR 98/70 | DIR 98/70 | DIR 98/70 |
|---|---|---|---|---|---|---|---|
| | | 年度 | 1993 | 1996 | 2000 | 2005 | 2009 |
| | | 级别 | 欧Ⅰ | 欧Ⅱ | 欧Ⅲ | 欧Ⅳ | 欧Ⅴ |
| 蒸气压 | kPa | | 35~100 | 35~100 | 60~70 | 60~70 | 60~70 |
| 铅含量 | g/L | 最大允许值 | 0.013 | 0.013 | 无 | 无 | 无 |

美国环境保护局(EPA)制定了标准，这些标准在各州之间存在一些差异，加利福尼亚州通常是最严格的。由加州空气资源委员会(CARB)设立的车用燃料有以下限制：芳烃最大允许含量为35%(体)，苯最大允许含量为1.1%(体)，烯烃最大允许含量为10%(体)，乙醇最大允许含量为10%(体)，RVP为6.4~7.2psi以及小于20mg/kg的硫含量。值得注意的是，到2017年，由美国EPA制定的TIER 3排放标准中，硫含量的最大允许值已经被限定为10mg/kg。

综上所述，汽油中的苯含量是一种被广泛控制的指标。例如，在美国，EPA实施了一项移动源空气有毒物质(MSAT)法规，用于减少有害的空气污染物(2014年美国环境保护局MSAT条例)。截至2011年，EPA要求炼油企业必须满足汽油中的苯含量全年平均最大允许值为0.62%(体)。截至2012年7月，汽油苯含量的最大允许值为1.3%(体)。这些规定适用于美国炼油厂以及进口到美国的汽油。

车用燃料的许多规定项目是重整产物的关键指标。无论如何，催化重整通常是石脑油处理装置的一部分。在石脑油分离精馏塔中，石脑油进料被分成较轻和较重的馏分。较重的馏分通常是$C_{7+}$馏分，被送至重整反应器，而较轻的馏分通常是$C_5/C_6$组分，被送至异构化单元(异构化单元在另一章介绍)。异构化单元，例如UOP Penex™工艺，将苯饱和至环己烷，并将$C_5$和$C_6$烷烃和环烷烃转化为高辛烷值、高度支链化的烷烃。

无论是燃料型还是芳烃型重整装置，氢气都是重整的副产品之一。许多重整装置对炼油厂的氢气生产至关重要，上述氢气用于加氢处理和加氢裂化工艺。一些重整装置运行目的是用于生产氢气，使得生产的重整汽油的辛烷值高于需求。

### 5.5.2 芳烃

大约三分之一的重整装置产能用于生产芳烃。许多重整装置是芳烃联合装置的一部分，为生产苯、甲苯和二甲苯，特别是生产对二甲苯的装置提供富含芳烃的原料。

苯主要用于生产乙苯、异丙苯和环己烷。由苯乙烯进一步制得塑料和聚合物，而苯乙烯由乙苯制得。由异丙苯制得苯酚进一步制得树脂和黏合剂。尼龙是由环己烷生产的。多数重整装置生产混合芳烃，然后再将其转化和提纯苯。有一些催化重整装置，如美国UOP公司的RZ铂重整工艺专门用于苯的生产，该工艺对苯具有很高的选择性。甲苯是涂料、油漆、橡胶、油墨、黏合剂、硅酮密封剂、聚氨酯泡沫中常用的溶剂和TNT的原料。

$C_8$芳烃中最有价值的是对二甲苯，它可用于制备聚酯。聚酯产业链通常以对二甲苯开始，并以聚对苯二甲酸乙二醇酯(PET)的形式结束。对二甲苯可转化为精对苯二甲酸(PTA)，并使用熔融聚合方法制备聚酯。大约三分之二的PET用于生产长丝和短纤维形式的聚酯纤维，前者用于制造纺织品和服装；三分之一用于生产PET瓶、包装物和薄膜。对二甲苯需求(图5-6)随着世界人口增长呈稳定增长趋势。对二甲苯产能从1990年的

10000kMTA 增长到 2015 年的 40000kMTA，增长了 4 倍。未来 10 年的增长率预计约为 6%。产能利用率从 75%到 95%不等，而在产能利用率高时，往往会有资本投资新产能。增加新产能后，市场循环周而复始。

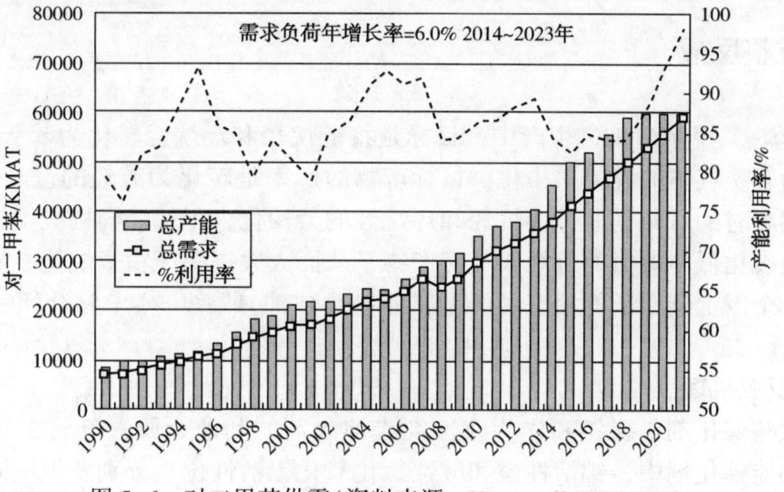


图 5-6 对二甲苯供需(资料来源：Honeywell UOP LLC)

### 5.5.3 趋势

如前所述，第一个半再生重整装置于 1949 年由 UOP 公司设计投产。高峰期间约有 700 多套固定床重整装置投入生产。第一套连续再生重整装置于 1971 年由 UOP 公司开发投产，至 2014 年大约有 300 套连续重整装置投入运营，其中 250 套由 UOP 公司设计和许可，其余是由 Axens IFP 集团设计和许可的。IHS Cera 数据(图 5-7)表明，2013 年全球重整加工能力约为 $1330\times10^4$bbl/d，半再生重整装置为 $720\times10^4$bbl/d，连续重整装置为 $610\times10^4$bbl/d。

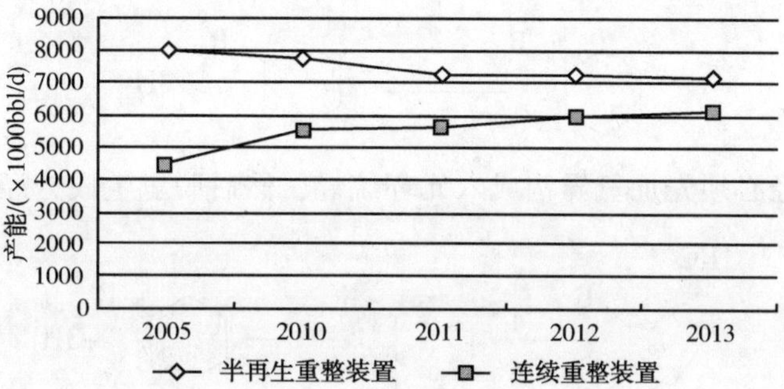


图 5-7 重整装置产能(资料来源：IHS Cera 2014)

由于连续重整装置的效率高，所以现在大多数新建重整装置都是连续重整。其中大多数是新建装置，但是也有部分是由半再生重整装置改造而来。据估计，在运行的半再生重整装置不到 400 套，原因是有部分改造成了连续重整或者是异构化装置，还有一些是因为装置使用年限太长或市场对汽油的需求不足而停运的。截至 2014 年，循环再生重整装置不到 30 套。并且由于维护成本和效率问题，预计将陆续停产。停产的固定床重整装置主要在美国、欧洲和日本等发达地区。这可以从产能趋势中观察到：1990 年，半再生重整装置产能为 $880\times10^4$bbl/d(85%)，连续重整为 $160\times10^4$bbl/d。预计到 2020 年，30 年后，半再生重整装置产能将降至 $720\times10^4$bbl/d(49%)，连续重整将达到 $760\times10^4$bbl/d。

另一个重要趋势是单套装置产能继续增加，通过规模经济达到更高的效率。连续重整单套装置产能大概在 5000～100000bbl/d，装置产能从 2000 年开始趋于走高。截至 2014 年，连续重整单套装置平均产能约为 $2.3\times10^4$bbl/d。

## 5.6 重整反应

在苯-甲苯-二甲苯(BTX)生产中，目标是将链烷烃和环烷烃转化为苯、甲苯和二甲苯，同时使裂化为轻质气体的反应最小化。目标产物的产率是转化为芳烃的量与进料的百分比。而生产车用燃料时的目标是通过链烷烃和环烷烃的芳构化，正烷烃异构成支链的高辛烷值物质，以及通过裂化低辛烷值的烷烃成气态产物，从而大大提高产物辛烷值。液体收率定义为具有五个及五个以上碳原子的液态烃(即 $C_{5+}$重整生成油)收率。本节将介绍重整过程发生的主要反应。

### 5.6.1 反应机理

典型的重整催化剂包含铂和作为改性剂或抑制剂的其他金属，负载在氯化氧化铝载体上。这些双功能催化剂中，铂活性位和酸性氯化氧化铝活性位上分别发生不同的反应。铂活性位主要进行脱氢和氢解(C—C 键断裂)，而酸性氧化铝活性位主要进行异构化、环化以及加氢裂化。

### 5.6.2 环烷烃反应

环烷烃转化为芳烃是重整催化剂上的关键反应之一。石脑油原料中含有五元和六元环烷烃，如环戊烷、带取代基的环戊烷、环己烷和带取代基的环己烷。六元环己烷可以直接在铂位上发生脱氢生成芳烃和氢气，这是一种非常快速的反应，由于石脑油原料中通常存在大量的环烷烃，因此反应要吸收大量的热。

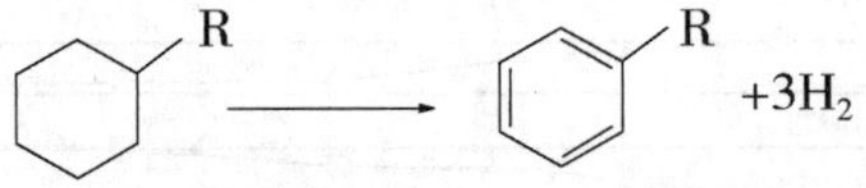

然而五元环烷烃必须先加氢异构成六元环烷烃，然后脱氢生成芳烃。

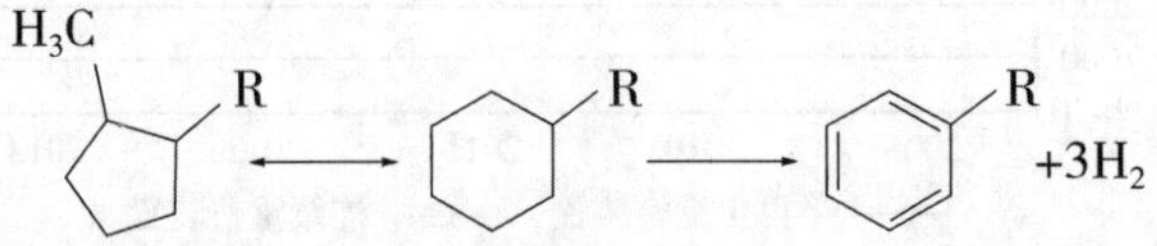

酸催化功能与铂催化脱氢功能一起使烷烃异构脱氢后生成芳烃。

### 5.6.3 芳烃反应

芳烃是相对惰性的稳定物质，但其侧链基团可以在重整条件下发生反应。取代芳烃的反应包括异构化、脱烷基化、歧化和烷基转移。脱烷基化包括使烷基侧链更小或完全除去侧链的反应。高温和高压有利于脱烷基化。

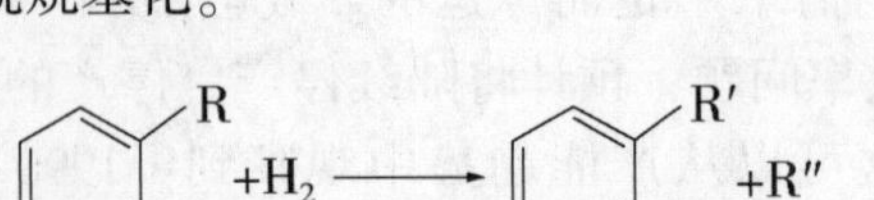

### 5.6.4 烷烃反应

烷烃转化是重整反应中最困难的一步。因此，烷烃选择性转化的能力至关重要。烷烃最理想的反应路径是脱氢环化形成芳烃，此外还希望链烷烃脱氢成烯烃并异构化成支链烷烃。最不理想的反应是链烷烃加氢裂化，产生较低价值的轻质烃并消耗有价值的氢气。虽然链烷烃的加氢裂化确实除去了用于调和汽油的重整产物中的低辛烷值组分，但将链烷烃转化为芳烃或多支链烷烃保持重整高液收更有价值。对于生产苯-甲苯-二甲苯(BTX)来说，关键是使链烷烃环化的选择性最大化，最大限度地提高芳烃和氢气产量，而不是链烷烃加氢裂化。下面讨论每种链烷烃反应。

链烷烃在铂活性位上脱氢(Mills 等，1953)生成烯烃，然后可以在催化剂的酸性功能上异构化生成更高辛烷值的支链烷烃。

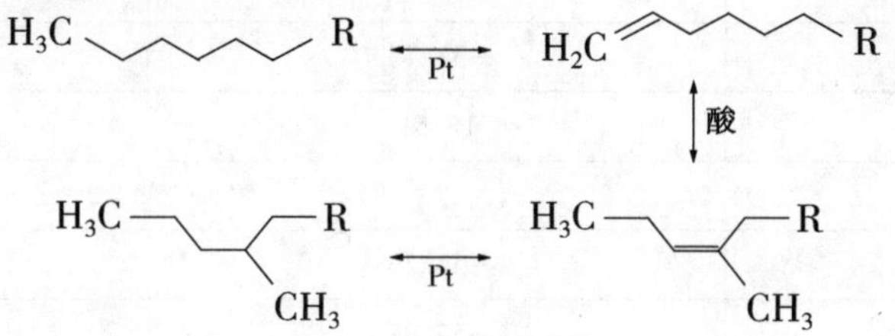


酸催化加氢裂化反应将链烷烃转化的主要产物是 $C_3$ 和 $C_4$。更长链烷烃也能裂化得到 $C_5$ 和 $C_6$。所有这些链烷烃反应都被认为是通过上述烯烃中间体进行的(双功能机理)。另外，在金属功能上发生的烷烃裂化(氢解或金属催化裂化)反应的产物主要是 $C_1$ 和 $C_2$。

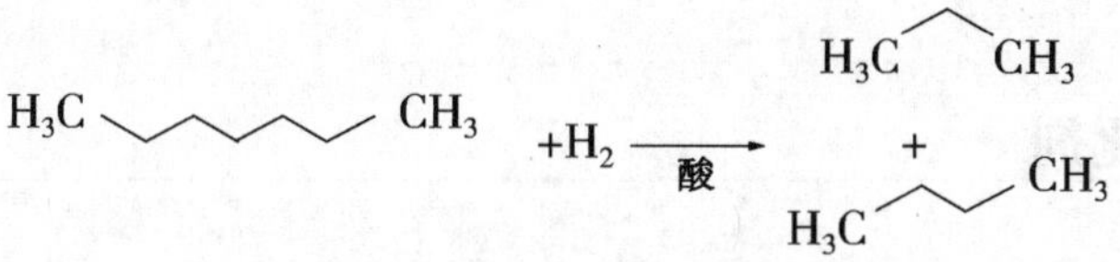


烷烃最理想的反应是环化形成环己烷和环戊烷，如下图所示(脱氢环化)，这些反应被认为是通过烯烃中间体进行的。烯烃的环化可由酸性功能作用。如前所述，在环化之后，环己烷环快速脱氢生成芳烃。

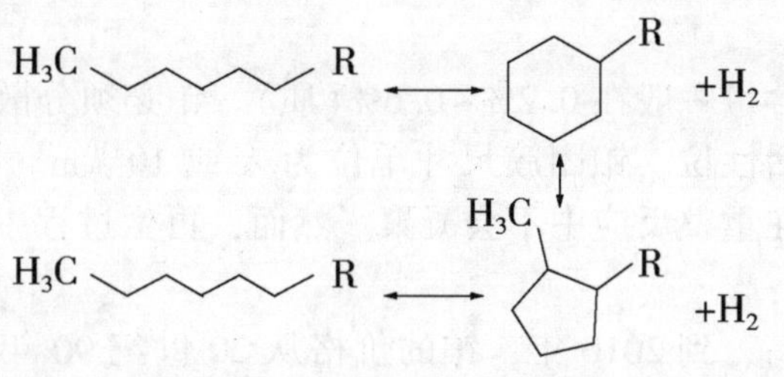


### 5.6.5 反应速率和平衡

环烷烃和链烷烃脱氢速度很快，在催化剂床层的起始部分就达到了平衡浓度。异构化反应也很快，产物实际浓度接近平衡浓度。测得的脱氢环化反应速率随平衡时烯烃中间体的浓度降低而降低。氢分压对烯烃平衡浓度有显著影响，从而对烷烃的芳构化和脱氢环化有显著影响。氢分压降低以后可提高芳构化速率、降低加氢裂化速率并提高焦炭生成速率。

表 5-6 为 800K 温度下重整反应中典型化合物的热力学数据。热力学数据可从标准来源

获得(美国石油学会研究项目 45；斯塔尔等人，1969)。重整反应条件，特别是在高温、低压条件下，有利于芳烃生成。目前的重整装置设计采用低氢分压操作，目的是保证充分地转化以达到平衡浓度。

**表 5-6 800K 条件下的重整化合物的热力学数据(理想气体 kcal/mol)**

| 项目 | $\Delta H_f^0$ | $\Delta G_f^0$ |
|---|---|---|
| $C_6$典型组分 | | |
| 正己烷 | -48.26 | 73.08 |
| 2-甲基戊烷 | -49.68 | 72.74 |
| 3-甲基戊烷 | -49.32 | 73.67 |
| 环己烷 | -37.19 | 75.94 |
| 甲基环戊烷 | -33.73 | 71.92 |
| 苯 | 15.51 | 52.84 |
| $C_7$典型组分 | | |
| 正庚烷 | -54.20 | 87.43 |
| 2-甲基己烷 | -55.91 | 87.23 |
| 3-甲基己烷 | -55.28 | 87.07 |
| 甲基环己烷 | -45.10 | 86.15 |
| 甲苯 | 6.65 | 61.98 |

## 5.7 重整催化剂

如上所述，典型的重整催化剂包含铂和作为改性剂或抑制剂的其他金属，负载在氯化氧化铝载体上。催化剂的具体组成取决于重整的工艺类型：固定床重整包括半再生重整和循环再生重整，连续重整过程包括 UOP 铂重整和 Axens IFP 汽油的辛烷值化工艺以及生产芳烃的芳构化工艺。本节先介绍催化剂的金属和载体，然后介绍每种类型重整的催化剂配方。

### 5.7.1 金属

重整催化剂上的铂含量一般在 0.2%~0.6%(质)。铂必须分散在氧化铝表面，以便暴露出最大数量的可用脱氢活性位。铂团簇尺寸单位为 Å 或 $10^{-10}$m。铂与氧化铝表面的相互作用使铂团簇相对固定，在重整反应中不会凝聚。然而，再生过程中存在铂凝聚的可能，必须重新分散。

铂的采购成本非常高，到 2010 年，铂的价格从 20 世纪 90 年代的 400 美元/盎司(1 盎司=28.35g)左右，增至 1600 美元/盎司(合 51440 美元/kg)，增长了 4 倍。以 2014 年铂和催化剂的市场价格计算，对于炼厂来说，所含铂的价值大约是催化剂载体成本的 4 倍。

铂硫化有时用于铂的部分中毒或降低铂的活性，这有利于减少氢解反应或在金属功能上发生的烷烃裂解。可以提高液体产品收率，减少轻质气体产量，特别是减少甲烷产量。

### 5.7.2 氧化铝载体

氧化铝载体可以是 $\eta$ 或 $\gamma$ 相，但 $\gamma$ 相是重整催化剂中最常用的。在催化剂制备过程中最后加入氯以提高其酸性。在再生过程中，也会加入氯来保持它的酸性，通常加入的是氯的化合物，如全氯乙烯(PERC)。氧化铝作用机理的简化示意图如图5-8所示。催化剂载体主要有两种形状：圆柱形和球形。圆柱形催化剂通常是挤压成型的氧化铝。球形催化剂可以通过滴球成型或通过转动造粒来制备。在某些情况下，由于流动阻力或流动分布等因素的差异，可能会倾向于选择其中一种制备方式。载体的密度大约在0.5~0.8 g/cm³之间。密度的增加可以容许在反应器中装载更多的催化剂，以提供更多的催化剂活性中心，稳定性也会增加。

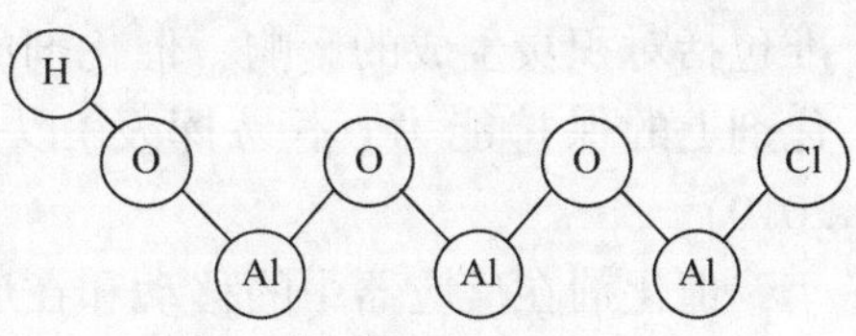


图5-8 氧化铝结构示意图

### 5.7.3 半再生重整催化剂

半再生重整装置使用的催化剂必须具有较长的活性周期，因为催化剂通常每6~24个月或更长时间才再生一次。改性组元对降低催化剂积炭、延长催化剂使用周期具有重要意义。半再生重整装置使用的催化剂含有铼或少量的铱来改性铂。这些改性组元的作用是将产生的积炭加氢成为较少的石墨化碎片(奥古斯丁等，1989)，或者裂解积炭的前驱体(瑟任提诺等，1984)。与仅含铂的旧催化剂相比，铼或铱显著提高了催化剂的寿命。通过提高铼与铂的比例，进一步优化了铂-铼型催化剂的稳定性。所有半再生重整装置催化剂都经过硫化处理，以尽量减少催化金属产生轻质气体的氢解反应，并降低汽油产量。

载体通常是$\gamma$-氧化铝，虽然也有一些使用了$\eta$-氧化铝(米尔斯等，1953)。载体通常是圆柱体形的，直径从1.6mm(1/16in)到2.1mm(1/12in)之间。

半再生重整装置的反应器是固定的，不同的反应器装填不同的催化剂。在半再生重整装置中使用两种催化剂：一种装填在前面反应器；另一种高活性和稳定性液收大的催化剂装填在后部反应器中，并于1994年开始商业化应用(威斯曼1986)。新一代半再生重整装置催化剂加入改进剂来减少催化金属的氢解反应，通过优化铂/铼比以及改进制造工艺，进一步提高了$C_{5+}$重整生成油收率(Moser等，1996；Lapinski等，2006)。

### 5.7.4 循环再生重整装置催化剂

循环再生重整装置的反应器是固定床，但是增加了一个反应器可以并入或者切出反应系统，以允许每个反应器可以切出系统进行再生。循环再生重整装置中使用的催化剂类型包括负载在氯化氧化铝载体的铂、铂-铼、铂-铱和铂-锡上。由于反应器可以一个接一个地再生，一些炼油厂仍在循环再生重整装置中使用稳定性较低的纯铂催化剂。

### 5.7.5 连续重整装置催化剂

在移动床连续再生装置中(Weiszmann，1986)，催化剂移动通过反应器，到达一个单独的再生器中连续再生，该再生器是反应器-再生器循环的一部分。由于工艺条件更加苛刻，缩短了催化剂的使用寿命，催化剂的再生周期仅为几天。氯化氧化铝上负载铂-锡的催化剂是最适合的，这种催化剂通过降低铂的氢解反应或催化金属裂解反应活性来增加液体、芳烃和氢气的收率。相对于单铂催化剂，这些组分还能使催化剂具备更好的稳定性。

新开发出来的专利催化剂利用新引入的改进元素来调节酸性和金属功能，从而提高目标产品收率、降低催化剂积炭，或提高处理能力(Lapinski等，2006)。最优改进元素的选择标准包括对积炭生成的影响、催化剂的稳定性、在多次氧化还原循环后正常工作的能力、在催化剂上的保持能力(不易挥发)以及不会对催化剂其他性质产生不利影响(Lapinski 等，2010)。

催化剂在反应器中的移动和在反应器和再生器之间循环的过程，需要使用球形催化剂，而不是挤条成型的圆柱形。这是为了尽量减少催化剂颗粒与催化剂颗粒之间、与反应器内构件和管道相互作用造成的磨损和破损。随着时间的推移，一些破损是不可避免的，同时会向系统中添加新鲜催化剂。催化剂的直径范围在1.5~1.9mm之间，密度范围在0.5~0.7g/cm$^3$。根据所选择的操作条件下催化剂失活的情况，催化剂以每周再生一次的速率循环，或者在需要时以更高的速率循环。

### 5.7.6 催化剂供应商

《石油和天然气杂志》上有催化剂和供应商的最新详细清单，并定期发布综合评论。目前重整催化剂的主要供应商有：Honeywell UOP LLC，UOP CH S.r.l.，Nikki-Universal Company，Ltd.，和 Axens IFP GROUP。

## 5.8 失活和再生

重整催化剂的失活机理包括中毒、积炭和铂的凝聚。防止或减少金属和酸性功能中毒，首先要确保石脑油加氢处理装置始终正常运行以去除氮和硫的化合物，石脑油加氢处理催化剂在超过其吸附金属毒物(如 Si、As 和 Pb)的能力之前需要进行更换。铁是重整装置中的腐蚀产物，随着时间的推移，会在重整催化剂上积累。铁含量高的情况下，会堵塞催化剂的通道或者抑制金属功能的选择性，导致液体收率降低。如果重整催化剂上的金属污染物过多，则需要更换催化剂。

其次，在正常的重整反应条件下，焦炭在重整催化剂上的积累会导致催化剂活性下降，催化剂积炭越高，选择性越低。再生期间焦炭被烧除后，如果铂没有正常地分散，则会保持凝聚，这会导致铂金属的活性位减少，从而导致催化剂性能下降。

在半再生重整装置中，焦炭使催化剂失活，导致装置逐步提温至操作极限，或者目的产品的选择性大大降低，或者液体产品的辛烷值下降。这时炼油厂会将半再生重整装置停工，将反应器的所有催化剂进行再生，以恢复其活性。在循环再生重整装置中，当焦炭在某一反应器变得过高时，会用阀门将该反应器停用，切出反应系统，单独进行再生。同时另一个备用的反应器会替代此切出系统的反应器，以维持反应过程继续进行。在一个移动床重整装置中，一些催化剂会在反应系统之外连续再生，并且返回到反应器，从而保持高的选择性和活性。

### 5.8.1 再生步骤

再生的目的是使催化剂回到初始的新剂状态。如果再生成功，再生后的催化剂和新鲜催化剂的性能没有差别。要做到这一点，必须将催化剂中的焦炭燃烧，铂必须重新分散，铂必须还原，铂-铼催化剂必须硫化，氧化铝载体必须重新氯化到正常的酸性水平。这些需求说明了再生的主要步骤：焦炭燃烧、铂再分散、氧化铝载体的氯化、金属还原以及铂和铂-铼催化剂的硫化。这些步骤如下图所示。

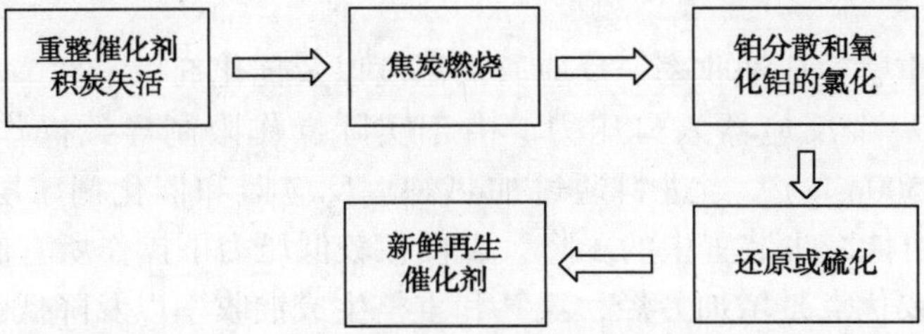


实际上，所有重整装置在再生过程中的化学反应和步骤都是类似的。下面将详细描述半再生重整装置的催化剂再生过程。对于循环再生或连续再生重整装置，不需要对装置进行停开工，其余步骤在反应系统外的单独再生设备中完成。

### 5.8.2 半再生重整装置的再生

为了对催化剂进行再生，加热炉温度和进料量逐渐降低。循环气体将催化剂中烃类化合物带出去，催化剂上只剩下焦炭。如果待生催化剂在再生器中燃烧，则需要保持较高的温度，并启动烧焦程序。如果待生催化剂在器外再生，则将催化剂温度降低到 100~150℉(38~66℃)左右卸载。结焦的催化剂容易自燃，为了避免接触空气并燃烧，需要采用氮气封闭环境进行保护。

烧焦步骤必须进行监控。烧焦过程中，生成二氧化碳和水的反应是放热反应，为了控制反应进度和温升，烧焦应在低氧环境下进行。温度过高会导致催化剂中铂的凝聚，甚至在极端情况下，会导致氧化铝载体发生相变，也可能导致晶体结构变化。燃烧过程中产生的水也会导致铂的烧结。由于烧焦需要逐渐进行，烧炭过程通常是再生过程中最耗时的部分。

烧焦是在温度 400~500℃、初始氧含量 1%~2%(摩尔)的条件下进行的。烧焦过程中，氧含量和温度会逐渐增加，以保证炭被完全燃烧。在烧焦过程中可以通过监测氧的消耗量来确定焦炭燃烧的量和燃烧程度。

由于铂在相对温和的放热条件下也能凝聚，因此在烧焦结束后必须对铂晶粒进行重新分散。首先将温度升高到约 500℃，氧含量增加到约 5%~6%(摩尔)，然后将氯或可分解为 HCl 和 $Cl_2$ 的有机氯化物注入空气/氮气物料中。铂在氯的氧化物或氯化物的作用下在氧化铝载体的表面重新进行分散，确保所有的铂都均匀地分散在催化剂载体上，从而更好地参与反应，同时提高氧化铝载体中的氯含量，以增强其酸性。

再生过程的最后一步，若有必要，对催化剂上的金属可以进行还原和硫化。此过程需要在干燥的氢气环境中进行。还原所需的温度应超过 350℃，高湿度会导致铂凝聚。由于铂的氧化物还原为铂金属的过程中会生成水，因此要将生成的水带离还原区。还原氢尽可能保持高流量，将生成的水分带走。

硫化通常是在还原结束后注入硫化氢或有机硫化物。硫化过程应持续进行，直到催化剂中硫含量达到规定值或者在最后一个催化剂床层出口检测到催化剂不再吸附硫为止。

## 5.9 重整工艺条件

影响重整反应的主要工艺操作因素有压力、温度、空速、氢油分子比、催化剂的型号等。操作因素与工艺性能之间的关系主要适用于半再生、循环再生以及连续再生装置。

### 5.9.1 压力

反应压力影响重整生成油收率、反应所需温度以及催化剂稳定性。重整反应的平均压力通常被定义为最后一个反应器入口压力。由于实际操作限制导致操作压力的实际范围为345~3450kPa(50~500psig)，当进料通过加热炉、反应器和催化剂床层时，总压降可高达50~60psi。最好尽可能减少装置中的压降，以便在较低压力下操作所有反应器。

较低压力的主要优点是增加芳烃，氢气和重整生成油收率以及降低温度要求以实现目标产品质量(节省燃料气)。然而，较低的压力下催化剂生焦速率增加，缩短了催化剂寿命。在50~150psig的操作压力下，催化剂失活速率更高，需要催化剂连续再生。

### 5.9.2 反应温度和空速

催化重整中产物质量的主要控制参数是催化剂床层的温度。重整催化剂能够在很宽的温度范围内操作。通过调节加热炉出口温度，炼厂操作人员可以改变重整生成油辛烷值和芳烃产量。

反应器温度通常用加权平均入口温度(WAIT)表示。WAIT为每个反应器中催化剂装填比例乘以反应器入口温度的乘积之和。通常，固定床半再生重整装置操作的加权平均入口温度在490~525℃(914~977℉)范围内，而连续重整装置的加权平均入口温度约525~540℃(977~1004℉)。连续重整装置可以在更高的温度下运行，以富产芳烃。

因为主要的重整反应是吸热反应，沿着催化剂床层方向温度下降明显。由于石脑油进料的环烷烃在这里发生脱氢反应，第一反应器温降最大。第二反应器温降仍然很大，但后续反应器温降减少。为了方便，定义加权平均床层温度(WABT)来衡量反应温降。WABT是反应器床层中催化剂质量分数乘以入口和出口温度平均值的总和。

单位时间内单位量的催化剂处理的石脑油的量称为空速。空速是单位时间内单位催化剂的原料油加工量，相当于反应物在催化剂上停留时间或接触时间的倒数。由于大多数炼油厂按容积定义其催化剂装填量，例如桶，因此最常见的是定义液时空速(LHSV，$h^{-1}$)，将每小时的体积进料速率除以反应器内重整催化剂的总体积来计算。通常液时空速范围是1~3$h^{-1}$。也可以用质量空速(WHSV，$h^{-1}$)来表示，定义为每小时石脑油进料的重量除以反应器中催化剂的总重量。

空速和反应温度的组合用于调节石脑油进料的转化率，以实现目标产物辛烷值或芳烃产率。空速越大，达到给定产品目标所需的温度越高。需要重点关注的是，随着石脑油的转化率增加，产生更多高辛烷值的重整产物，$C_{5+}$重整生成油的产率下降，这是由于石脑油裂化生成$C_{4-}$产物。然而随着转化程度的增加，芳烃和氢的产率通常会继续上升。

### 5.9.3 氢油比

氢油摩尔比($H_2$/HC)是循环气体中氢气的摩尔数与油气中的石脑油的摩尔数之比。循环气体是氢气和轻烃类气体的混合物，通常为75%~92%(摩尔)的氢气。循环氢与重整进料之比称为气油比。循环氢是必要的，它可以从催化剂中除去焦炭前驱体，以维持催化剂活性的稳定。其机理是氢气能使焦炭的前驱体加氢并抑制聚合成焦炭。

因为催化剂上焦炭形成的速率是氢分压的函数，所以增加$H_2$/HC比降低了生焦速率并增加了稳定性，对产品质量或收率的影响很小。较低的$H_2$/HC比可以提供更高的$C_{5+}$和氢气收率，尽管这种优势难以在工业装置中测量。由于半再生重整装置中催化剂不能连续再生，因此可以通过在较温和的条件下操作来延长再生循环周期，这里所说的较温和的条件包括较

高的 $H_2$/HC 比(即较高的氢分压)和较低的反应温度。连续重整装置可以在更苛刻的条件下操作，包括较低的 $H_2$/HC 比，因为催化剂从最后一个反应器中连续移出并送至再生器，同时新鲜催化剂被连续地送回第一反应器。

## 5.10 工艺流程图

### 5.10.1 固定床半再生重整装置

图 5-9 是简化的半再生铂重整工艺流程图。重整原料油进入混合进料-反应流出物换热器与循环氢混合并与反应流出物换热后，进入进料加热炉继续加热至反应所需温度。由于大多数重整反应是吸热反应，反应部分分成若干个反应级或反应器。相邻两个反应器之间设置中间加热炉，以维持重整反应所需的温度。来自最末反应器的反应流出物进入混合进料-反应流出物换热器与重整混合进料换热，以最大程度地回收热量。反应流出物再由空冷器或循环水冷却器冷却至接近环境温度。

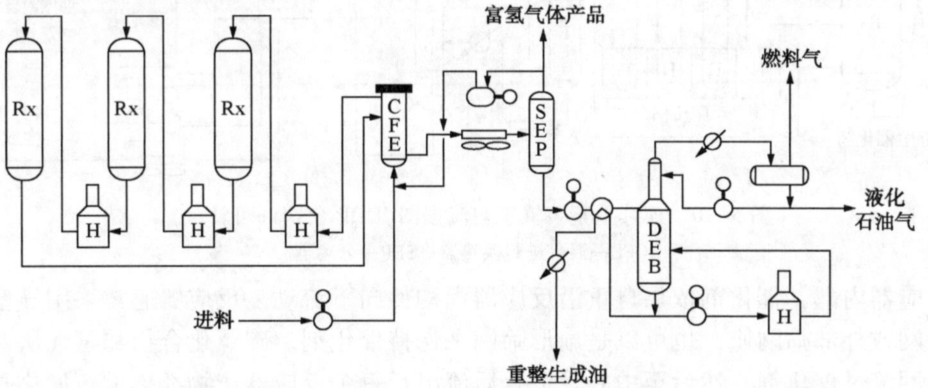


图 5-9 半再生重整工艺(经 UOP 公司许可转载)

Rx—反应器；H—加热炉；CFE—混合进料换热器；SEP—分离器；DEB 脱丁烷塔

重整生成油随后在反应产物分离器中进行气液分离。来自反应产物分离器顶部的一部分氢气经过压缩机升压后循环回重整反应系统。副产的氢气送至炼油厂其他耗氢装置使用或者用作燃料。反应产物分离器液相物流经泵升压进入稳定塔(脱丁烷塔)以除去 $C_{4-}$ 轻烃，塔底生产高辛烷值 $C_{5+}$ 液相重整生成油。来自脱丁烷塔的其他物流分别是以 $C_1$、$C_2$ 烃为主的燃料气和以 $C_3$、$C_4$ 烃为主的液化石油气(LPG)产品。

### 5.10.2 循环再生重整装置

循环再生重整装置工艺流程图与半再生重整装置工艺流程图非常相似，不同之处在于增加“切换”反应器用于替换掉其中一个主反应器，以便该主反应器在独立再生系统中进行催化剂再生。“切换”反应器再生频率取决于焦炭累积的速率。再生顺序通常设定在比顶部反应器催化剂再生更频繁的尾部反应器，这是由于尾部位置具有较高的平均温度导致尾部结焦速率较高。切换反应器进行催化剂再生后，作为上游反应器之一进行重整反应。切换反应器在重整反应器和再生器之间的切换是通过一系列大直径电动阀和大直径管道来实现的。独立的再生系统由再生器、压缩机、加热炉以及可选喷雾干燥器或用于降低再生气中水含量的吸附床组成。再生过程按照“再生步骤”一节所设定的顺序进行。

### 5.10.3 连续催化剂再生装置

如图 5-10 所示的是 UOP 公司的铂催化剂连续重整装置的简易流程图。在铂催化剂连续重整装置中，反应器中的部分待生催化剂被连续替换为外部再生器(CCR 部分)中新再生的催化剂，以保持反应器中催化剂上的平均焦炭含量较低。因此，与 SR 工艺相比，新鲜催化剂中高选择性和高活性的属性可以得到保持。例如，SR 工艺的操作以催化剂表面上积炭的严重程度为依据，直到催化剂需要再生，在整个 SR 循环周期内，产率将下降。相反，采用铂催化剂连续再生重整装置，催化剂大约每 3~7 天再生一次，并且产率保持不变。

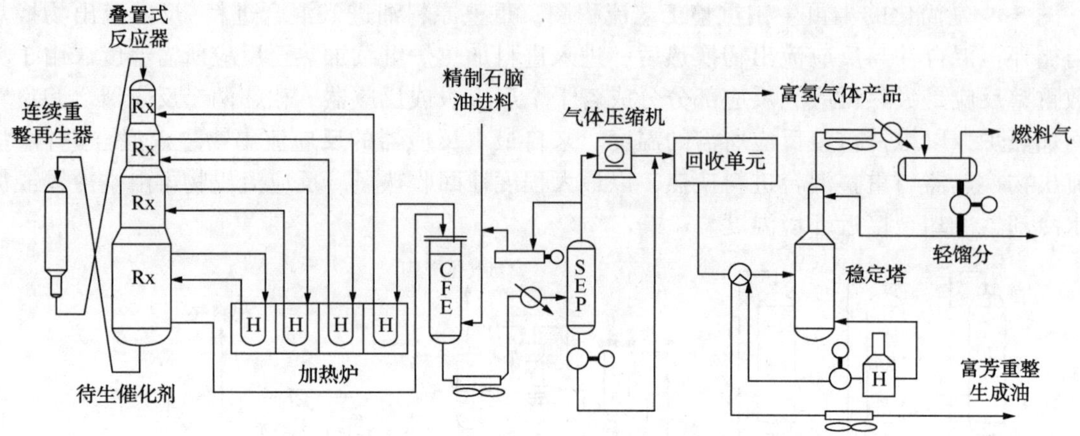


图 5-10 连续重整装置工艺流程图(UOP 公司许可转载)
CFE—混合进料换热器；SEP—分离器

在反应器内部，催化剂依靠自重沿反应器内构件向下流动。反应器通常采用异型钢丝式中心管筛网或外部筛网篮，也可以是扇形筛网来保持催化剂。碳氢化合物和氢气从外部的筛网篮或筛网流过催化剂，然后至中心管汇合后流出。每个反应器产物都被重新加热并送至下一个反应器，最后一个反应器产物进入分离器和回收部分。

能够控制连续再生催化剂的流量是铂催化剂连续重整装置的重大创新。催化剂在重力作用下从反应器流入催化剂收集器。催化剂由氮气通过输送管提升至再生器上方的催化剂料斗。然后催化剂进入再生器，催化剂因重力作用流经几个再生区：焦炭燃烧区、铂分散/氯化区和干燥区。再生催化剂通过一个类似于催化裂化反应器到再生器转移的转移系统返回到叠置式反应器的顶部。催化剂通常在进入第一反应器之前先进入还原区，因此，反应器中持续提供的新鲜再生催化剂使得产品收率保持恒定。装置的再生和反应器部分均可进行简易隔离，以便在不中断石脑油进料的情况下关闭再生系统进行正常检查或维护。

在铂催化剂连续再生重整装置推出几年后，法国石油研究院提供了另一种连续再生工艺设计。法国石油研究院设计的 IFP 连续重整装置采用并列式反应器，通过反应器之间的管道输送系统完成催化剂转移。

### 5.10.4 后续回收系统

对低压操作的连续重整装置而言，有效的液体回收更为关键。如果不安装适当的回收系统，在低压下得到的芳烃、氢气和 $C_{5+}$ 产率增加的优势可能会丧失。在低压气液分离器中，闪蒸压力降低，使较重的碳氢化合物($C_4$~$C_{6+}$)与气体一起离开，导致 $C_{5+}$ 产品损失和氢气纯度降低。

一种改进的分离方案是，首先将分离器中的反应产物分离成气体和液体，然后用气体增压压缩机对气体进行再压缩，排放到罐或吸收塔中。分离器中的液体也用泵送入同一罐/吸收塔，以便在更高的压力下进行再接触。这将使气液更好地分离，从而提高液体收率并得到更高纯度的氢气。另一种方法是用制冷系统冷却分离器气体，并在低温下进行气液分离。此外，如改良版 UOP 回收系统(UOP's Recovery Plus™)的专有系统已经开发出来(Lapinski 等，2004)。

### 5.10.5 装置改造

随着时间的推移，在设备和工艺流程的创新方面，重整装置的设计水平已经不断提高。在运行了几十年之后，许多重整装置都需要更换设备，以保持良好的可靠性。设计的改进之处包括更新反应器内构件、改进入口分配器和采用更高强度的中心管等，逻辑系统可以将设备开停机期间其机械内应力降至最低，改进催化剂输送管线上的阀门以降低催化剂的磨损，改进催化剂提升管线以降低催化剂颗粒与器壁之间的撞击；另外，再生单元旧的电子控制系统也进行了更换，更换最新的软件和硬件平台可以保证生产装置的长周期安全运行。

由于重整催化剂中含有氯化氧化铝催化剂，一些氯会随着再生尾气排出再生系统。早期的 CCR 重整设计采用了碱洗系统(如图 5-11)，其将再生废气排放到大气之前洗去所有氯。1998 年 UOP 公司推出了最新的 Chlorsorb™工艺(Poparad 等，2011)，取代了具有腐蚀性的碱洗系统。此工艺(如图 5-12)用重整催化剂吸附从再生器排出气体中的氯，吸附氯的重整催化剂随后进入再生器。该技术有效地降低了铂金属再分散和催化剂氯化所需的注氯量，同时也减少了再生废气的氯含量。Chlorsorb 系统能够去除 97%以上的氯化物，成为被美国环保署 EPA(RMACT II)认可的含氯尾气处理的解决方案。Chlorsorb 工艺已经证明它可以满足排出气体中氯化物含量在 1~30ppm(体)的要求。通过减少氯化物的使用、停止碱液的使用以及消除与废碱液处理相关的整套设备、人员运作的支出，达到了节约成本的目的。

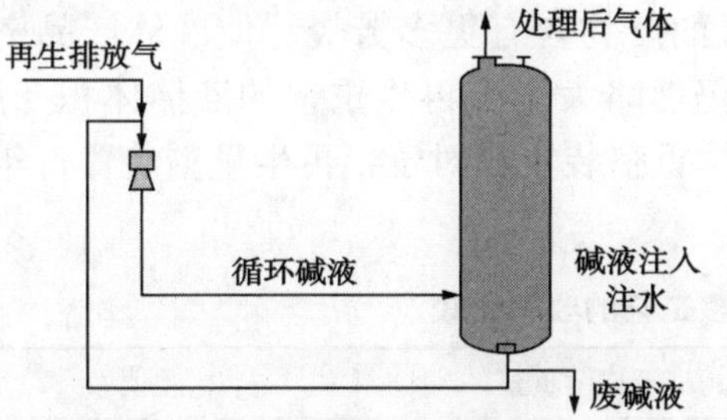

图 5-11 用于处理废气的碱液洗涤器

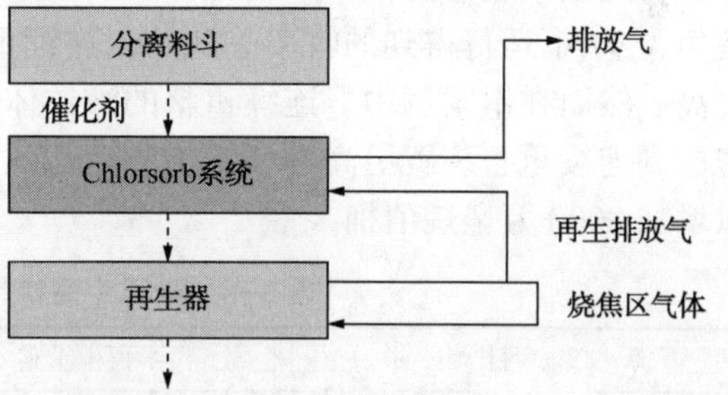

图 5-12 用于处理废气的 Chlorsorb 系统

## 5.11 工艺经济性比较

从经济和技术角度来看，连续重整工艺优于半再生和循环再生重整工艺，因为连续铂重整工艺在相当低的压力下操作，可以得到更高的收率。如果在连续重整反应条件下，半再生工艺中的催化剂运行仅几天后就会完全失活。连续重整工艺可使芳烃、氢气和 $C_{5+}$ 的收率最大化。由于循环再生重整的装置数量相对于连续重整装置和半再生重整装置而言较少，以下将侧重于对比连续重整装置和半再生重整装置。

对于重整的经济性而言，随时间保持恒定的高收率是重要的。半再生重整工艺中由于焦炭沉积导致催化剂失活，收率开始下降。对于连续重整工艺，重整生成油、芳烃和氢气收率保持平稳并且恒定，这对下游装置尤为重要。连续重整工艺确保了金属的再分散和氯化物的平衡，以保持新鲜的催化剂活性。连续重整装置具有更高的运行效率，能够减少不稳定的情况，从而避免长时间停工或性能显著下降。

表 5-7 为半再生重整和连续重整工艺的操作参数比较。连续重整工艺以更高的转化率(较高的研究法辛烷值)和更低的反应器催化剂藏量(较高的体积空速)进行操作。此外，与平均 12 个月的半再生重整运行周期相比，连续重整装置可以连续运行时间更长。

**表 5-7　半再生重整和连续重整工艺的主要操作参数比较**

| 项目 | 半再生重整 | 连续重整 |
|---|---|---|
| 处理量/(B/D) | 20000 | 20000 |
| LHSV/$h^{-1}$ | 基准 | 基准×1.8 |
| $H_2$/HC 比 | 基准 | 基准×0.5 |
| *RONC* | 97 | 102 |
| 反应压力/psig | 基准 | 基准-150 |
| 分离器压力/psig | 基准 | 基准-145 |
| 再生周期/月 | 12 | 连续 |

表 5-8 展示了在表 5-7 中给出的操作条件下，半再生和连续重整的产品收率。连续重整装置产生的氢气明显更多，纯度也更高。如前所述，提高研究法辛烷值将导致在同一压力下 $C_{5+}$重整产品收率降低，但是由于连续重整装置在低得多的压力下操作，连续重整装置在产品研究法辛烷值为 102 下运行得到的 $C_{5+}$质量收率实际上高于半再生装置在产品研究法辛烷值为 97 下运行得到的收率。此外，连续重整装置的产物含有更多芳烃，使液体产品密度更高。然而在本案例中，连续重整的液体体积产品仍然略大于半再生重整的液体体积产品。考虑到连续重整装置更高的辛烷值和运行效率，连续重整装置相对于半再生重整装置每年可以增加 8000 万辛烷值桶。

**表 5-8　半再生重整和连续重整工艺的收率比较**

| 项目 | 半再生重整 | 连续重整 | 差值 |
|---|---|---|---|
| 氢产量/(SCF/bbl) | 1085 | 1709 | +624 |
| 氢纯度/%(摩尔) | 80 | 92.6 | +12.6 |
| $C_{5+}$体积液收/%(体) | 79.3 | 79.4 | +0.1 |
| $C_{5+}$质量液收/%(质) | 85.2 | 88.2 | +3.0 |
| 辛烷值桶/($10^6$bbl/a) | 513 | 583 | +80 |

表 5-9 列出了半再生和连续重整装置的经济评价，包括运营成本和收益。两种类型装置均令人满意，投资回收期不到 2 年。然而，连续重整装置的经济性更加优越，因为连续重整装置在研究法辛烷值为 102 下能生产出比研究法辛烷值为 97 的半再生装置更有价值的重整产品和氢气。尽管连续重整装置公用工程费用比半再生装置高，但是这些费用会被产量、

税前利润以及投资回报的增加所抵消。

表 5-9 经济评价

| 项目 | 半再生重整装置 | 连续重整装置 |
|---|---|---|
| 关键产品总值/(百万美元/年) | 120 | 141 |
| 原材料减去副产品/(百万美元/年) | 98 | 103 |
| 消耗品/(百万美元/年) | 0.3 | 0.75 |
| 公用工程/(百万美元/年) | 2.8 | 6.2 |
| 固定成本合计/(百万美元/年) | 5.5 | 6.5 |
| 资本费用/(百万美元/年) | 3.5 | 5.2 |
| 生产净成本/(百万美元/年) | HO | 122 |
| 税前利润/(百万美元/年) | 10 | 20 |
| 税前投资回报率/% | 30 | 41 |
| 支付期(毛)/年 | 1.5 | 1.3 |

## » 参考文献


S.M. Augustine, G.N. Alameddin, W.M.H. Sachtler, J. Cata, J. Catal. **115**(1), 217–32 (1989)

*American Petroleum Institute Research Project 45*, Sixteenth Annual Report (1954)

Euro fuel specifications, website: http://ec.europa.eu/environment/air/transport/fuel.htm

A.L. Huebner, *Tutorial: Fundamentals of Naphtha Reforming*, AIChE Spring Meeting 1999. American Institute of Chemical Engineers (AICHE), Houston, TX, 14–18 Mar 1999

IHS CERA, *Annual Long-Term Strategic Workbook, Refining and Product Markets* (2014)

M. Lapinski, L. Baird, R. James, in *Handbook of Petroleum Refining Processes*, ed. by Meyers, 3rd edn. (McGraw-Hill, New York, 2004), p. 4.19

M.P. Lapinski, M.D. Moser, R.G. Proffitt, Hydrocarb. Eng. **11**(11), 59–63 (2006)

M.P. Lapinski, M.J. Wier, S. Metro, G. Li, Hydrocarb. Eng. **45**(11), 48–54 (2010)

E.L. Marshall, K. Owen (eds.), *Motor Gasoline* (The Royal Society of Chemistry, London, 1995),

G.A. Mills, H. Heinemann, T.H. Milliken, A.G. Oblad, Ind. Eng. Chem. **45**, 134–137 (1953)

M.D. Moser, D.H. Wei, R.S. Haizmann, Chemtech, **26**(10), 37–41 (1996)

A. Poparad, B. Ellis, B. Glover, S. Metro, *Reforming Solutions for Improved Profits in an Up-Down World*, AM-11-59 (2011)

C.M. Sorrentino, R.J. Pellet, R.J. Bertolacini (to Standard Oil Company – Indiana), U.S. Pat. 4,469,812 (1984)

D.R. Stull, E.F. Westrum, G.C. Sinke, *The Chemical Thermodynamics of Organic Compounds* (Wiley, New York, 1969)

US EPA MSAT program regulations, 40 CFR 80 subpart (2014). Web: http://www.epa.gov/otaq/fuels/gasolinefuels/MSAT/index.htm

J.A. Weiszmann, in *Handbook of Petroleum Refining Processes*, ed. by Meyers (McGraw-Hill, New York, 1986), p. 31

# 第6章 石油炼制中的流化催化裂化(FCC)

## 6.1 引言

原油主要是由碳氢化合物组成的复杂混合物，其沸点范围从常温到500℃以上。原油通过直接分馏可得到液化气、石脑油等轻馏分产品，还可得到煤油、柴油等中间馏分产品以及沸点大于350℃的减压蜡油和渣油。在炼油厂中通过热裂化或催化裂化工艺可以将这些大分子原料裂化，生产出高附加值的轻质产品，如液化气、汽油和柴油等。

Eugene Houdry 开发了一种固定床催化裂化工艺，并于1936年建成了世界上第一套工业化装置。Houdry 固定床催化裂化工艺采用多个反应器，在单个反应器中裂化、汽提、再生以及吹扫过程循环操作，多个反应器交替切换实现连续生产。与热裂化工艺相比，催化裂化具有更好的产品分布及产品性能。Houdry 固定床催化裂化工艺虽然是炼油工艺的重大进步，但存在一系列无法克服的缺点，如设备结构复杂、控制繁琐、操作困难，因此很快就被移动床催化裂化技术所取代。移动床催化裂化装置使用提升斗使催化剂在反应器与再生器间移动，避免轮流切换进料和再生空气串入反应器。最后一套移动床催化裂化装置建成于1960年，之后逐步被流化催化裂化所取代。

新泽西标准石油公司为避免支付大量的专利费用，开发了一种有别于固定床的催化裂化工艺——流化催化裂化工艺，并在三年内实现了工业化。项目开始于1939年，1942年在其位于 Baton Rouge 的 Louisiana 炼油厂建成了首套Ⅰ型流化催化裂化工业装置。流化操作具有同时实现热量和催化剂循环的优点，使其逐渐成为催化裂化工艺的首选。随后，各大石油公司纷纷推出了不同的流化催化裂化设计专利，使流化催化裂化技术日趋成熟。表6-1介绍了流化催化裂化的发展历史。

**表6-1 流化催化裂化工艺发展历程**

| 年份 | 流化催化裂化专利 | 年份 | 流化催化裂化专利 |
|---|---|---|---|
| 1942 | Ⅰ型上流式 | 1955 | Shell 两段反应器 |
| 1943 | Ⅱ型下流式 | 1956 | UOP 垂直提升管(SBS) |
| 1945 | Sinclair 设计 | 1958 | Exxon 提升管反应器 |
| 1947 | Ⅱ型并列式 | 1961 | Phillips 重油催化裂化装置(HOC) |
| 1951 | Kellogg 正流 A 型 | 1962 | Kellogg 正流 C 型 |
| 1952 | Exxon Ⅳ 型 | 1967 | Texaco 设计(高低并列式双提升管) |
| 1953 | Kellogg 正流 B 型 | 1971 | Gulf FCC 工艺(高低并列提升管) |

续表

| 年份 | 流化催化裂化专利 | 年份 | 流化催化裂化专利 |
|---|---|---|---|
| 1972 | Exxon 灵活催化裂化 | 1991 | 深度催化裂解(中国石化石油化工科学研究院和石韦公司) |
| 1972 | Amoco 超正流型流化催化裂化工艺 | 1993 | Exxon III 型灵活催化裂化 |
| 1973 | UOP 高效再生工艺 | 1995 | UOP/Coastal MSCC(毫秒催化裂化技术) |
| 1973 | Kellogg 公司正流 F 型 | 2005 | Kellogg Superflex 技术(灵活催化裂化) |
| 1981 | Total 渣油催化裂化 | 2007 | UOP PetroFCC 技术(多产丙烯的 FCC 技术) |
| 1982 | Ashland/UOP RCC 技术 | 2010 | 催化热裂解工艺(中国石化石油化工科学研究院) |
| 1985 | IFP R2R 技术 | 2011 | ACO 增产烯烃技术(SK 韩国) |
| 1990 | Kellogg/Mobil HOC 技术 | 2011 | Nippon/Aramco HS-FCC 技术 |

流化催化裂化工艺自首次工业化以来，技术上不断改进，至今已有超过 70 年的发展历史。从图 6-1 可以看出，这些革新涵盖了工艺的方方面面，使流化催化裂化技术满足不断变化的环保和产品性能等需求，并适应新的炼油技术发展。

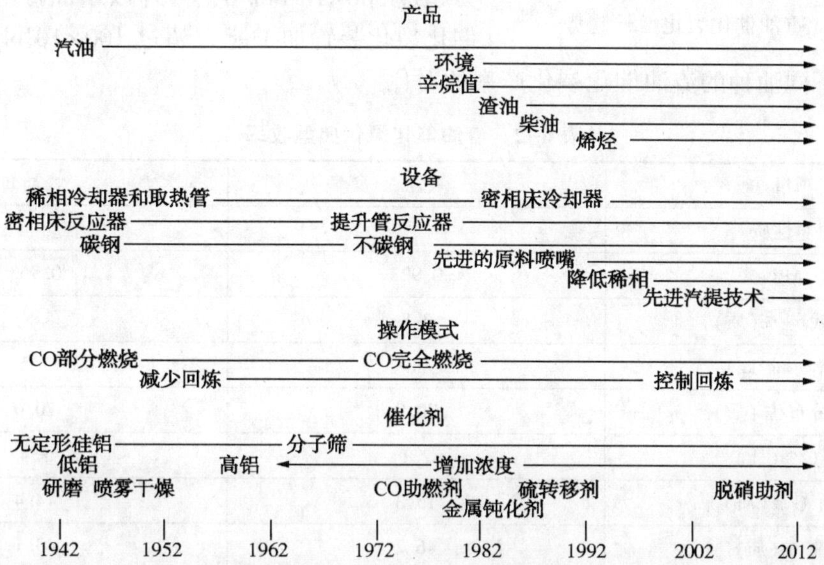


图 6-1 流化催化裂化工艺发展

早期的催化裂化装置(20 世纪 40 年代)普遍采用密相床反应器，两器很高，材质使用碳钢，并采用稀相催化剂冷却器或再生器蒸汽盘管取热以控制再生器温度。回炼量往往需要在 100%~150%之间调节以满足不同转化率的需求。后期设计(20 世纪 40 年代末到 50 年代初)采取措施降低反应器高度，使其更紧凑，可满足美国各地许多小型炼油厂的需求。

在 20 世纪 50 年代后期，有的公司逐渐开始使用带有垂直的进料提升管的两器高低并列设计以提高汽油的选择性。到了 60 年代，出现了渣油催化裂化装置。首套装置进料是 100%常压渣油，并设计有大量的取热。

20 世纪 60 年代初，随着沸石分子筛催化剂的出现，催化裂化工艺发生了真正革命性的变化。催化剂反应活性大幅提高，导致原有的装置需重新设计改造以适应催化剂技术的巨大进步。这些新设计包括：使用提升管反应器完全替代密相床反应器；催化剂循环量大大降低，同时可处理更多的进料；再生催化剂定碳控制在0.3%~0.5%(质)或更低的水平，减少积炭对催化剂活性和选择性的影响；采用CO完全燃烧技术以满足所需的再生器燃烧条件，同时采用更高的再生器设计温度；合金钢内构件取代再生器和再生催化剂立管中的碳钢和铬钼合金；改进再生器设计，提高再生烧焦强度，降低催化剂藏量(20世纪70年代)。

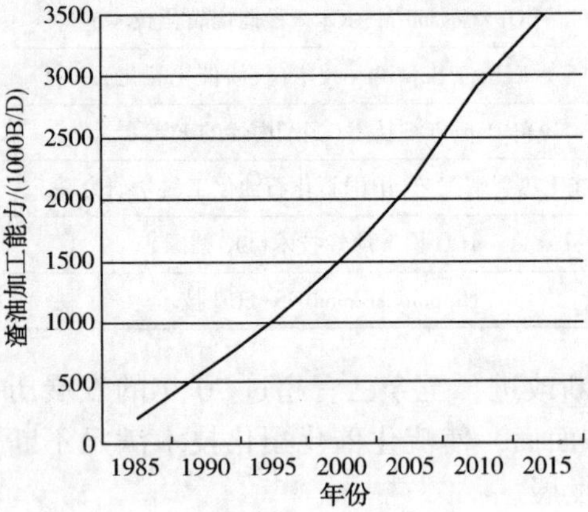

图 6-2　重油催化裂化增长趋势

20世纪80年代初期，出现了一些全新的渣油催化裂化设计，这些装置的特点是使用分段再生技术和密相床催化剂冷却器。密相床催化剂冷却器同样被用于单段再生渣油催化裂化装置。自80年代以来，催化裂化装置渣油加工能力的增长趋势如图6-2所示。专门用于渣油催化裂化装置的加工能力超过300×10⁴bbl/d，另外以蜡油掺炼部分渣油的催化裂化装置加工能力超过100×10⁴bbl/d。表6-2列举了两组不同油种的渣油催化裂化产率的对比。

**表 6-2　渣油催化裂化典型收率**

| 项目 | 装置 A | 装置 B |
|---|---|---|
| 进料性质 | | |
| °API | 0.922 | 0.963 |
| 康氏残炭/%(质) | 3.8 | 8 |
| Ni+V/(mg/kg) | 4 | 7.5 |
| 产品分布/%(质) | 70.0 | 70.0 |
| 干气/%(质) | 2.1 | 3.4 |
| 液化气/%(质) | 15.3 | 14.4 |
| 汽油/%(质) | 46.2 | 43.1 |
| 轻循环油/%(质) | 16.3 | 16 |
| 油浆/%(质) | 13.7 | 14 |
| 焦炭/%(质) | 6.5 | 9.1 |

虽然催化汽油中的烯烃已成为汽油产品池中的一个问题，但用于石油化工的低碳烯烃却是一种具有高附加值的产品，其经济效益远大于作为轻质燃料，因此产生了以多产丙烯为目标的催化裂化工艺。RIPP(中国石化石油化工科学研究院)开发的催化裂解工艺(DCC，1991年)是第一个工业应用的最大化丙烯生产工艺，该工艺特点是使用特殊配方的催化剂，采用更加苛刻的操作条件及设备来实现独有的产品分布。表6-3是DCC工艺与常规催化裂化产品收率的对比数据。

表 6-3 DCC 工艺和 FCC 工艺数据对比 %(质)

| 工艺 | FCC | DCC1 型 | DCC2 型 |
|---|---|---|---|
| 干气 | 3.5 | 11.9 | 4.0 |
| 液化气 | 17.6 | 42.2 | 34.5 |
| $C_{5+}$汽油 | 55.1 | 27.2 | 41.6 |
| 轻循环油 | 10.2 | 6.6 | 9.8 |
| 油浆 | 9.3 | 6.1 | 5.8 |
| 焦炭 | 4.3 | 6.0 | 4.3 |
| 乙烯 | 1.1 | 6.1 | 1.6 |
| 丙烯 | 4.9 | 21.0 | 14.3 |
| 丁烯 | 8.1 | 14.3 | 14.7 |

在 DCC 工艺成功工业化后，RIPP 通过对工艺参数、催化剂以及装置构型的改进，开发出了催化热裂解工艺(CPP，2002 年)，乙烯、丙烯等化工产品收率更高。在乙烯装置中，该工艺用于替代蒸汽裂解。与传统的热裂解工艺相比，CPP 工艺可以加工重油，降低乙烯原料成本，并可根据需要灵活调整产品结构，实现最大乙烯、最大丙烯以及乙烯和丙烯兼产等多种操作模式。在后续的章节中将会详细讨论 FCC 工艺在石油化工中的设计应用。

图 6-3 所示的工艺过程是目前比较常见的催化裂化工艺。再生催化剂在提升管底部和进料接触，所有的裂化反应均在提升管中进行，反应产物经离心分离设施进行气固分离后进入沉降器，分离后的催化剂进入汽提段，油气通过单级旋风分离器进一步分离夹带的催化剂，然后进入分馏塔以及气体分离单元进行产品分离。待生催化剂由沉降器落入下面的汽提段。汽提段采用多段结构并通入过热蒸汽，待生催化剂上吸附的油气和颗粒孔道内的油气被水蒸气置换出来，与产品油气一起从反应器顶部流出。汽提过程可减少碳氢化合物进入再生器中，否则不仅多消耗再生空气，还可能影响催化剂性能。汽提段采用挡板或者填料的多段结构，这个概念和塔板精馏类似。汽提后的待生催化剂进入再生器中，再生器的主要作用是烧去催化剂上因反应而生成的积炭，恢复催化剂的活性。再生过程中催化剂焦炭燃烧产生的热量，用于催化裂化工艺的其他过程，若热量过剩，可设置取热设施。再生催化剂返回提升管底部，完成一次循环，典型的催化裂化装置一天内可进行 100~400 次循环。

催化裂化在炼油工艺中具有非常重要的地位，通常催化裂化装置加工能力占炼油厂加工能力的三分之一，对炼油厂的整体经济效益影响较大，围绕催化裂化工艺的创新成为炼油厂的首要目标之一。流化催化裂化自开发至今(表 6-4)，其催化剂、设备和工艺等方面的技术持续进步，使装置性能不断提高、功能不断拓展。催化裂化工艺已成为当代炼油厂的核心。

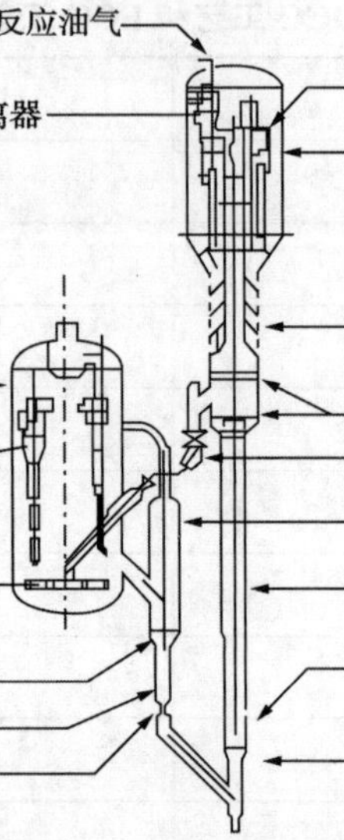


图 6-3　现代催化裂化装置的反应器-再生器

**表 6-4　流化催化裂化重大技术进展**

| 年份 | 技术 | 年份 | 技术 |
|---|---|---|---|
| 1942 | 第一套流化催化裂化装置诞生(Exxon) | 1982 | 高性能进料雾化喷嘴 |
| 1947 | 低藏量紧凑型催化裂化(UOP) | 1982 | 密相床催化剂冷却(Ashland/UOP) |
| 1948 | 喷射干燥催化剂(改良的流化性能) | 1987 | 油气急冷技术(Amoco) |
| 1952 | 合成高铝催化剂(高稳定性) | 1987 | MTC 混合温度控制(Total) |
| 1955 | 管式裂化反应器(Shell) | 1988 | 密闭旋风系统(Mobil) |
| 1959 | 半合成催化剂(添加黏土) | 1991 | 深度催化裂解 DCC(RIPP/Sinopec) |
| 1960 | 冶金技术进步(较高的再生器温度) | 1996 | 高效汽提技术(Total/Koch-Glitsch) |
| 1961 | 重油裂解(菲利普斯-凯洛格) | 2002 | 催化热裂解技术(RIPP/Sinopec) |
| 1964 | 开发沸石催化剂(Mobil) | 2005 | 汽油裂解技术(Kellogg) |
| 1972 | CO 完全燃烧工艺(Amoco) | 2007 | 变径提升管技术(RIPP) |
| 1974 | CO 助燃剂(Mobil) | 2011 | 下行反应器(Nippon/Aramco/Technip-Stone &Webster/Axens) |
| 1975 | 金属钝化(Phillips) | | |
| 1981 | 两段再生工艺(Total) | | |

## 6.2 流态化

基础循环流化床反应器系统是从流化催化裂化开始发展的，目前已经广泛应用于其他领域。正是输送立管的应用使这一过程得以实现。细粉在与气体混合后具有了流体的性能，借助于立管可以使催化剂从低压设备输送到高压设备，从而实现催化剂的循环。

在图 6-4 中，流化床催化剂的压头是床层密度的函数，床层密度取决于催化剂的性能、流化气体量以及系统内催化剂的补充速率。

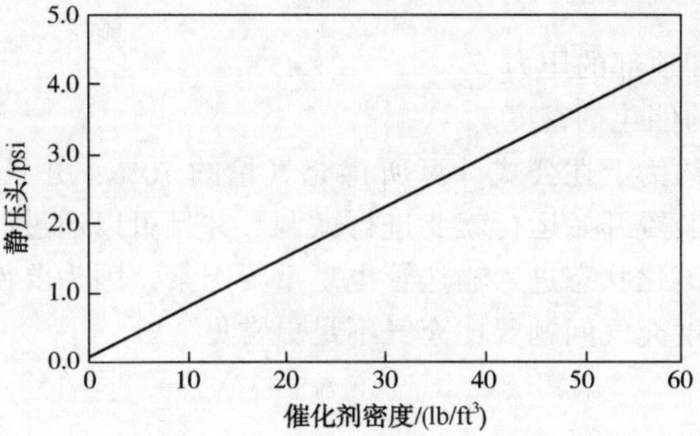


图 6-4 每 10ft 立管静压头与催化剂密度的关系

催化裂化催化剂床层密度随气体速度的变化趋势如图 6-5 所示。在非常低的气速下，床层是静止的，但随着气速的增加，很快就会达到一个临界点，在这个临界点上，气体向上的力与催化剂的重力达到平衡(起始流化速度)，颗粒间充满流化介质。增加气速，床层继续膨胀，达到形成气泡的临界点。这就是起始鼓泡速度，同时床层达到乳化相和气泡相两相共存状态。一旦气泡形成，所有进入床层的气体都会聚集到气泡相中。即使在平稳的气速下，催化剂也会很快被气体夹带而跑损，所以必须将其捕获并返回催化剂床层中，这样可以允许催化剂床层以更高的表观线速来操作。表 6-5 中给出了反应-再生系统中的典型线速。

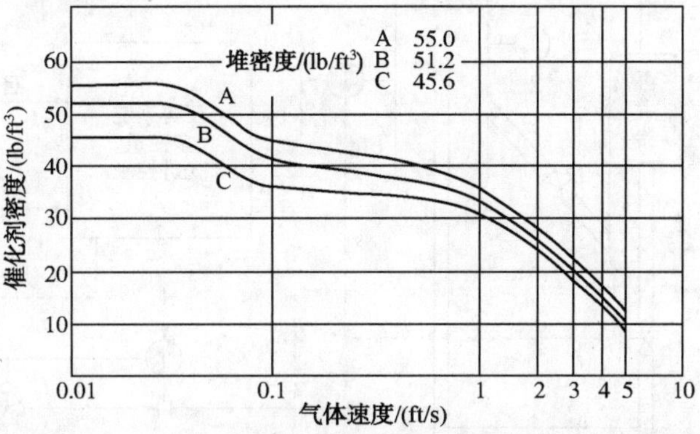


图 6-5 FCC 催化剂的流化曲线

**表 6-5 FCC 表观线速** ft/s

| | | | |
|---|---|---|---|
| 起始流化 | 0.01~0.03 | 湍动床 | 2~4 |
| 起始鼓泡 | 0.05~0.1 | 快速流化床 | 4~10 |
| 鼓泡床 | 0.3~2.0 | 气力输送 | 12 |

气泡在流化床系统的操作中起着关键作用，它们是催化剂床的“引擎”，可能带来高的传热和传质速率。在催化剂输送管中，气泡会对催化剂流动的平稳性产生很大的影响，必须小心避免通入过量的空气而使得催化剂过度充气。Zenz 提供了一个向催化剂输送管通入适量空气的公式，如式(6-1)所示：

$$Q=2000\left[\frac{P_B}{P_t}\left(\frac{1}{\rho_f}-\frac{1}{\rho_P}\right)-\left(\frac{1}{\rho_t}-\frac{1}{\rho_P}\right)\right] \tag{6-1}$$

式中　$Q$——空气量；

$P_B$、$P_t$——立管底部和顶部的压力；

$\rho_t$——立管顶部的催化剂密度。

通常，最佳充气量约为上述公式计算所得充气量的70%，并且要在输送管上每隔6~8英尺均匀地加注。一旦装置开始运行就要进行微调，并且可以通过测量压力帮助优化系统流化。让催化剂以适当的流化状态进入输送管也是重要因素，因为要使催化剂再次流化非常困难。在实际操作中，过度充气问题要比充气不足更常见。

## 6.3　过程控制

催化裂化系统的自控系统有许多配置方案，图6-6为工业中用于滑阀控制的典型方案。

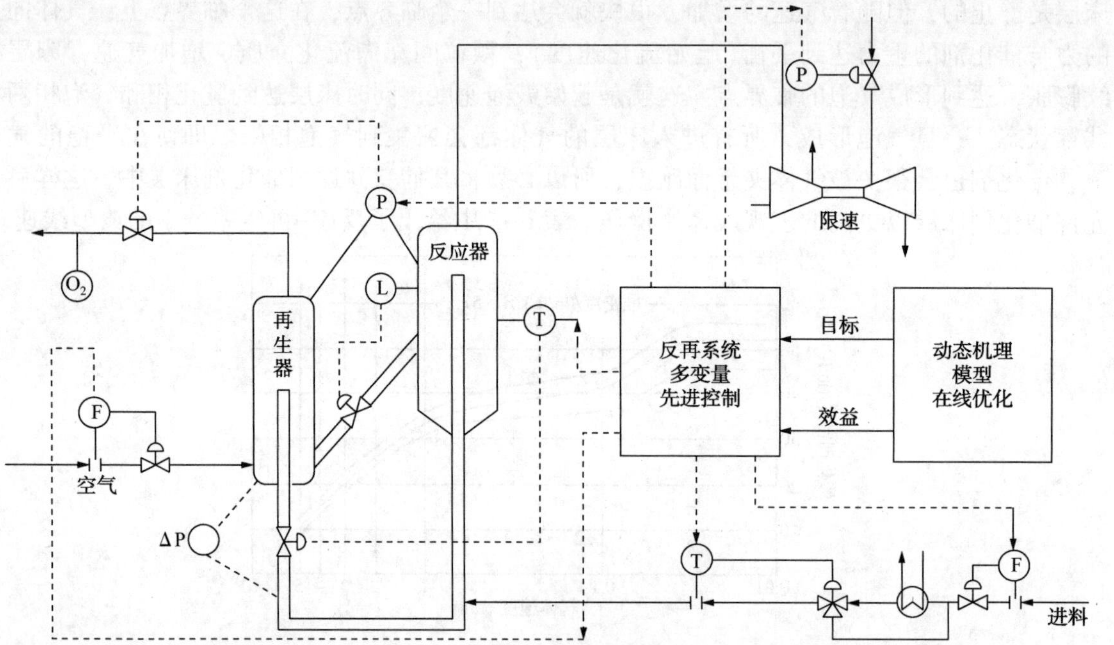


图6-6　FCC先进工艺控制方案

（经海湾出版公司获得《烃加工》杂志许可转载，版权所有2001；保留所有权利）

反应压力一般由富气压缩机的入口压力控制，但反应器顶部稀相实际压力应该是气压机入口压力加上主分馏塔顶油气冷凝冷却系统压降、主分馏塔压降和沉降器顶部系统(旋风分离器、集气室和集气室出口大油气管线)压降。在稳定状态下，这个压力应该是恒定的。再生压力一般由烟道滑阀控制，并保持反应器和再生器之间的压差稳定。调节烟道滑阀开度可以提供最佳的催化剂循环量并控制两器滑阀压降，还可以保持富气压缩机入口、主风机出口压力平衡。

反应温度一般由再生滑阀来控制。增大催化剂循环量，可提高反应温度或允许提高进料量。进入装置的原料油通过与高温位的产品以及主分馏塔的中段回流换热进行预热。虽然换热能够满足约550℉的进料温度要求，但若加热到更高的温度，可设置加热炉。

再生温度是待生催化剂上的焦炭量、焦炭组成和焦炭燃烧方式的函数。最常见的是将催化剂上的碳完全燃烧成$CO_2$，烟气中的CO浓度限制在500mg/kg以下，以满足环境法规的要求。在再生器不具备耐高温条件，或希望最大限度地提高焦炭燃烧能力以及限制催化剂再生过程中产生热量的装置中，可采用部分燃烧的方式，再生烟气中$CO/CO_2$比例最高可达到1。这些装置设有CO焚烧炉或锅炉，在烟气排放到大气之前将CO转化为$CO_2$。对于部分燃烧和完全燃烧这两种再生形式，典型再生温度分别为620~675℃和690~732℃。

待生滑阀控制汽提段或反应器床层催化剂料位。再生器催化剂床层料位不是直接控制的，其料位是根据催化剂的跑损、平衡剂卸出量和新鲜剂补充量上下变化的。对于大多数装置来说，每天添加的新鲜催化剂大部分能够保留在两器系统中，且再生器催化剂料位过高时必须定期卸出部分平衡催化剂，以保持床层料位的相对稳定。再生器可作为“浮动”容器，因为它比反应器更大，而且再生催化剂比待生催化剂更适合卸载。

随着计算机和先进过程控制器的出现，使得许多对基础控制的改进得以实现。控制系统已经扩展到气体装置以及反应/再生系统，最大的优点就是可以同时实现多个参数的卡边控制。若能对原料进行更好的分析，前馈控制在将来也会成为可能。虽然这些控制系统可将炼油利润从20美分/桶提高到40美分/桶，但其需要更多的分析仪器，而且必须对仪器进行维护，才能实现上述效益。

## 6.4 反应化学和机理

关于热裂化和催化裂化的区别已进行了许多研究。这两种独立的裂化反应机理是根据裂化方式的不同来区分的，热裂化通过自由基机理进行，催化裂化通过正碳离子机理进行。后者通常与催化剂上的Brönsted酸性中心有关。表6-6给出了这两种反应机理之间的主要区别。在目前的催化裂化装置中，通过使用先进的设备，如径向进料喷嘴、提升管终止设施和提升管后急冷设施等，尽可能地减少热裂化，同时催化剂的选择也很关键。

**表6-6 两种裂化反应机理的特点**

| 热裂化-自由基 | 催化裂化-正碳离子 |
|---|---|
| $C_1$、$C_2$是主要产品 | $C_{3+}$是主要产品 |
| 骨架异构化较少 | 骨架异构化较多 |
| 在$\beta$位置开裂，与自由基类型无关 | 若侧链至少有三个碳，易发生芳环脱烷基反应 |
| α-烯烃是主要产品 | 在叔>仲>伯碳正离子处发生裂解 |
| | 产物中含有烯烃 |
| | 最大的分子裂化得最快，除非筛孔有阻碍 |

在裂化过程中会发生许多反应，这些反应分为一次反应和二次反应(见表6-7和表6-8)。大多数二次反应是不希望发生的，可通过反应器和催化剂的设计来控制。在得到所需的产品之前，大的进料分子会发生许多裂化反应。典型的催化裂化装置的原料馏程在柴油终馏点(650~700℉或343~371℃)以上，终馏点有的高达1500℉。裂化反应中发生顺序反应如式(6-2)所示：

$$\text{蜡油或渣油}\xrightarrow{A}\text{柴油}\xrightarrow{B}\text{汽油}\xrightarrow{C}\text{液化气+焦炭}\quad(D) \tag{6-2}$$

虽然上述反应式是对实际反应的简化形式，但它确实是对裂化过程的直观反映。从该反应式可以清楚地看出，围绕不同原料或目的产品，可采用相应的裂化反应过程或方案。

**表 6-7　烃类的一次裂化反应**

| | | | | | |
|---|---|---|---|---|---|
| 链烷烃 | | 链烷烃+烯烃 | $ArC_nH_{2n+1}$ | ⟶ | $ArH+C_nH_{2n}$ |
| $C_nH_{2n+2}$ | ⟶ | $C_pH_{2p+2}+C_mH_{2m}$ | 烯烃 | | 烯烃+烯烃 |
| 环烷烃 | | 烯烃+烯烃 | $C_nH_{2n}$ | ⟶ | $C_pH_{2p}+C_mH_{2m}$ |
| $C_nH_{2n}$ | ⟶ | $C_pH_{2p}+C_mH_m$ | 芳香烃 | ⟶ | 不反应 |
| 烷基芳烃 | | 芳香烃(基)+烯烃 | | | |

**表 6-8　烯烃的二次裂化反应**

| | | | | | |
|---|---|---|---|---|---|
| 环烷烃+烯烃 | ⟶ | 芳香烃+链烷烃 | 烯烃+烯烃 | ⟶ | 更大分子烯烃 |
| 氢+烯烃 | ⟶ | 链烷烃 | 芳香烃+烯烃⟶ | 烷基芳烃 | ⟶环化 |
| 正构烯烃 | ⟶ | 异构烯烃 | 多环芳烃(焦炭) | ⟵脱氢反应 | ⟵ |

因此，目前有三种基本的催化裂化应用场景，如下表所示。

| 应用 | 原料 | 产品 |
|---|---|---|
| 1. 蜡油催化 | 减压蜡油 | 车用汽油 |
| | | 柴油和液化气 |
| 2. 渣油催化 | 常压渣油 VGO + 减压渣油 | 车用汽油 |
| | | 柴油和液化气 |
| 3. 催化裂解 | 减压蜡油和其他油 | 低碳烯烃——$C_2$、$C_3$、$C_4$ |
| | | 芳烃 |

这些应用场景背后的驱动力是对车用汽油的需求，对重质油的需求不足，以及对低碳烯烃和芳烃需求的增加。本章将对其中每一项工艺配置都进行介绍。

## 6.5　蜡油催化裂化技术特点

### 6.5.1　反应技术

目前所有的反应系统都包括进料系统、提升管反应器、提升管出口反应终止设施，部分还使用蒸汽急冷技术。各专利商都采用不同的设备和配置来实现这种设计。

进料系统几乎是反应系统最重要的部分，它提供了原料油与催化剂的初始接触条件。一个好的进料系统必须使进料迅速雾化，尽可能快地将高温催化剂急冷，并能够使原料和催化剂进入平推流状态。进料喷嘴其他特性也很重要，这里不再进行赘述。

通常高温再生催化剂通过一个 Y 形或 J 形弯的斜管进入进料提升管，这取决于再生立管与进料提升管之间的距离，如图 6-7 所示。进料喷嘴通常位于距提升管底部 10~30ft 处。由于提高进料喷嘴位置增加了再生滑阀后部压力，可以注入提升气体以控制压力平衡，并使催化剂的返混降到最低。提升气体通常来自装置自产干气，这会增加分馏塔和富气压缩机的负荷。可用蒸汽全部或部分代替干气，但若再生温度过高，会导致部分催化剂失活。

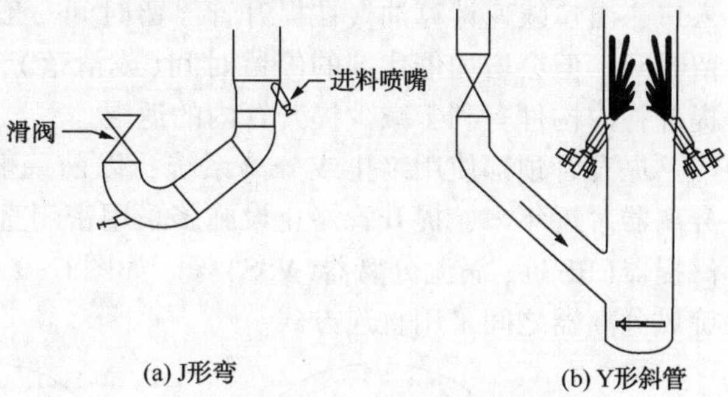

图 6-7　再生催化剂/原料接触设备

如图 6-8 所示，不同专利商的进料系统采用不同的喷嘴设计。根据专利商的要求及实际应用情况，原料油压力和雾化蒸汽量可以调整。原料油喷嘴压降一般为 30~150psi，雾化蒸汽量一般占原料油量的 1%~7%（质），这取决于原料油的类型，如减压蜡油或渣油[沸点>1050℉（565℃）]的雾化蒸汽控制比例偏高。

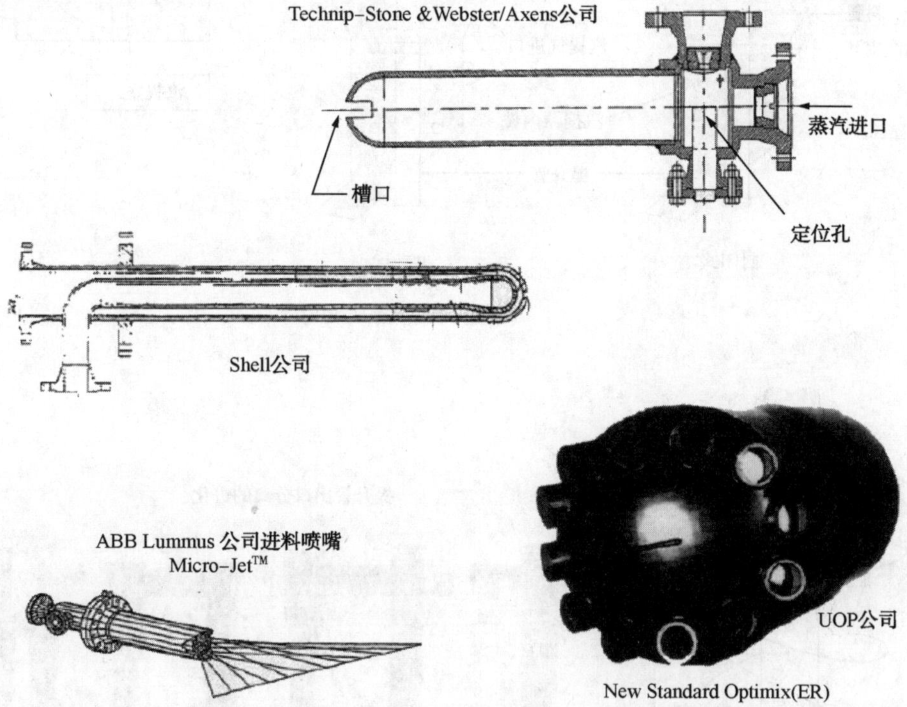

图 6-8　原料喷嘴系统

不同专利商提供的原料油进料系统如图 6-8 所示。进料系统一般采用双流体喷嘴设计用来混合原料油及蒸汽，使雾化原料在提升管截面内均匀分散。不同原料油进料喷嘴设计在油、汽接触方式、蒸汽用量、压力及喷嘴出口设计等方面存在差异。炼油厂在选择原料油进料喷嘴时通常考虑喷嘴的性能和可靠性。

提升管反应器通常是垂直立管，长约 100ft，管两端的直径设计需要考虑给催化剂提供足够的提升力。提升管底部线速一般为 20~30ft/s，提升管出口油气线速一般为 50~60ft/s，基于入口、出口线速计算油气在提升管停留时间一般在 2s 左右。提升管的转向不会改变油气停留时间，但会增加催化剂的停留时间(或滑落)，通常会影响剂油接触效果。据报道，采用提升管内构件有利于减少提升管内的返混。

提升管顶部使用终止或分离系统，以前一般使用简单的 T 形分离器、粗旋或其他惯性分离器。近年来，提升管终止设施多采用密闭直连系统，如直连型旋风分离器、提升管分离汽提器(RSS)、涡流分离器(VSS)等。如图 6-9 所示，这类分离系统的一级分离设备和二级旋风分离器之间采用直连方式。

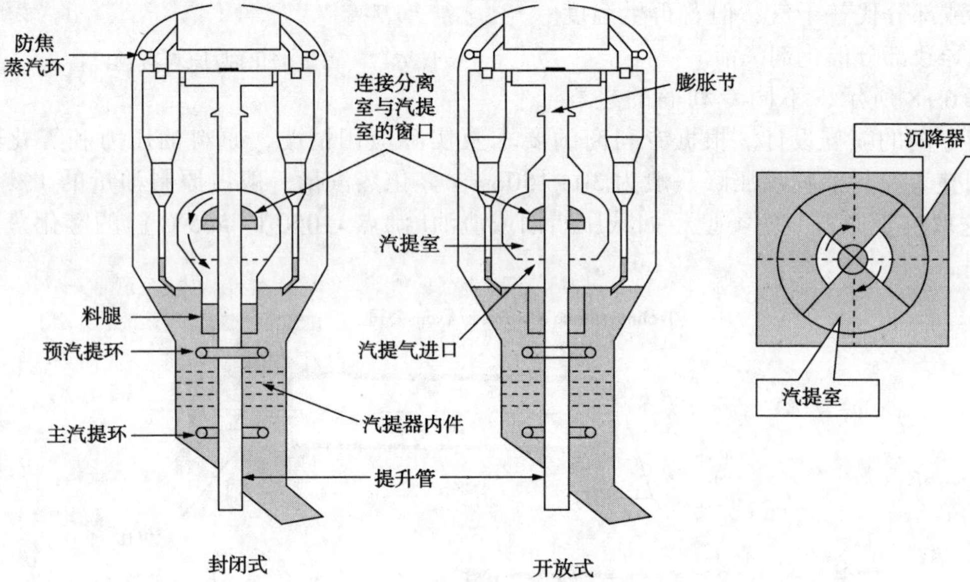


(a) 提升管分离系统($RS^2$)

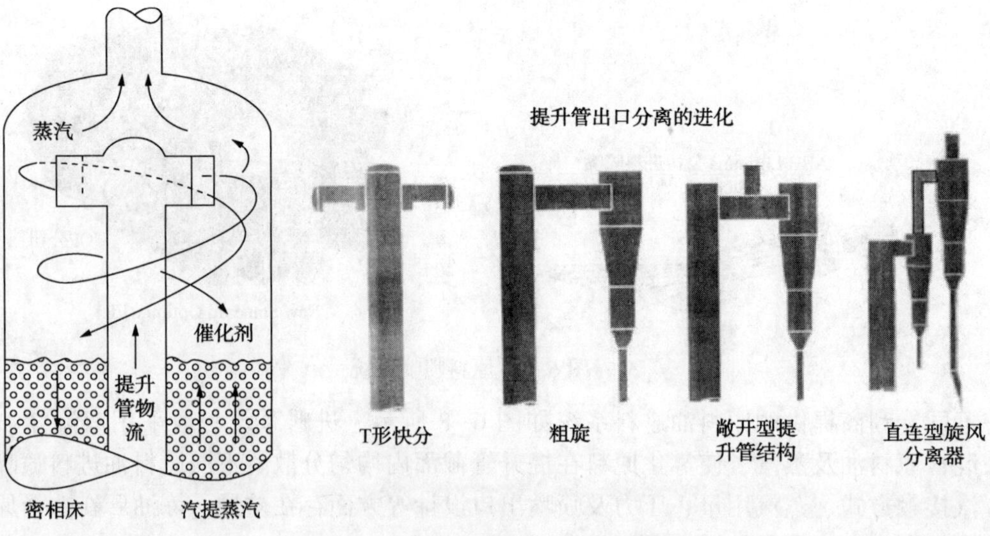


(b) VSS(Vortex Separators)系统

图 6-9　提升管出口分离器

沉降器的稀相空间是油气发生二次热裂化反应的场所，反应的程度可由公式(6-3)估算。

$$干气增量 = Ke^{E/RT}t = (8.3\times10^{12})(e^{-93000/[1.987\times T(R)]})t \quad (6-3)$$

用式(6-3)作图(图6-10)可见：高反应温度、长稀相停留时间导致高干气收率。当反应温度低于505℃(941℉)时，稀相反应的影响较小，先进反应终止技术的使用较难论证，尤其是这会增加设备故障导致装置停工的概率。对于特定装置中参数 *K* 值的测定，可以通过测量两个不同温度下的干气收率及采用示踪技术测量油气停留时间而获得。许多因素会增加干气收率，如催化剂类型、原料性质、稀相催化剂量、汽提段的设计与操作、再生催化剂积炭量等。

另外一种降低二次反应生成干气的方法是降低提升管出口温度，这个过程在提升管出口油/剂分离器之前的提升管末端完成。提升管末端的急冷会减少气体的产生，当反应器和汽提段受金属材质限制时，急冷也是有必要的。但是，用于催化剂冷却的急冷介质的用量会较大，并且汽提段的温度会下降。从热平衡的角度来看，由于这相当于流股循环，将导致生焦量和相应的烧焦空气量的增加。

后急冷技术仅冷却油气而不增加焦炭收率。它可以应用到任何使用催化剂/油气快速高效分离的场所，如图6-11所示。急冷介质来自分馏塔，从热平衡的角度来看，其作用类似于分馏塔的循环回流。通过调节急冷介质量以适应反应温度的变化，当燃料气价格较高或反应温度较低的情况下将停止注入。表6-9列出了三个不同装置在使用急冷技术后的产物收率变化。如式(6-3)和图6-10所示，反应时间和反应温度的影响是相当的。油气急冷技术可减少在反应器一级旋风分离器、集气室及顶油气线等部位发生二次裂化反应。使用急冷技术时必须注意减少焦炭的生成，预防措施包括急冷介质的选择、高于最低允许温度操作、自保及吹扫设施等。

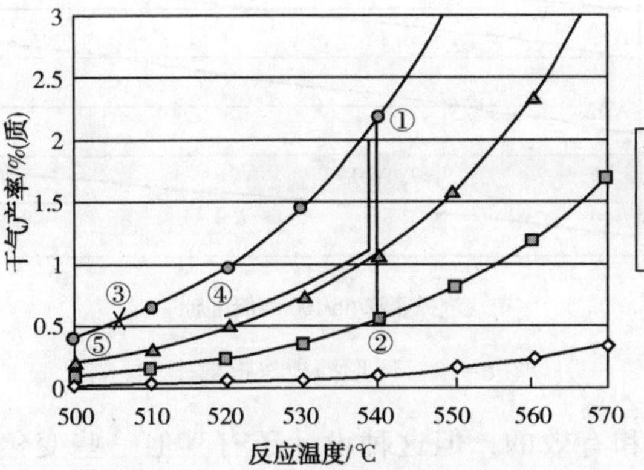


图6-10　反应温度和反应时间对干气收率的影响

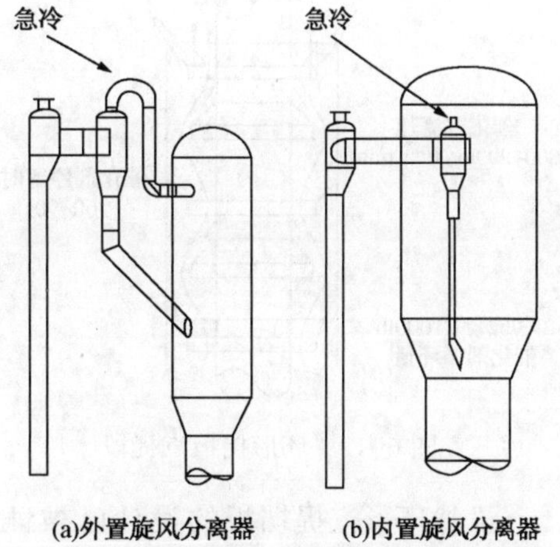


图6-11　带有提升管反应器后急冷设施的反应系统

**表 6-9　油气急冷技术对催化裂化产品收率的影响**

| 装置 | A | B | C |
| --- | --- | --- | --- |
| 温度/℃ | | | |
| 提升管出口 | 513 | 549 | 532 |
| 急冷后 | 484 | 519 | 494 |
| 产品收率变化/%(质) | | | |
| 干气 | -0.23 | -0.8 | -0.66 |
| 汽油 | 0.43 | 1.80 | 2.89 |
| 液化气 | - | - | -1.58 |
| 轻循环油 | - | - | 0.25 |
| 油浆 | - | - | -0.86 |

### 6.5.2　汽提技术

裂化反应结束后，需要将催化剂夹带的油气从待生催化剂颗粒之间、孔径内汽提出来。汽提是在分层流化床上完成的，蒸汽从底部进入，汽提出的油气从汽提段顶部流出。汽提段的设计参数如图 6-12 所示，这是一种常见的环形挡板设计。

汽提挡板改善了蒸汽和催化剂的接触状况，并增加了接触的层数。如图 6-13 所示，7 层汽提挡板设计足以除去至少 95%的烃类化合物。每一个设计参数对汽提段的正常运行都很重要。汽提蒸汽用量必须大于用来置换催化剂乳化相和气泡内的油气所需的最小蒸汽流量。挡板通量决定了催化剂通过床层的速度。若催化剂的滑落速度过高，将会迅速带走油气和蒸汽，对汽提段的性能产生不利的影响。停留时间是汽提段催化剂藏量和催化剂循环量的函数。总的来说，汽提效率是汽提层数和每层效率的函数。

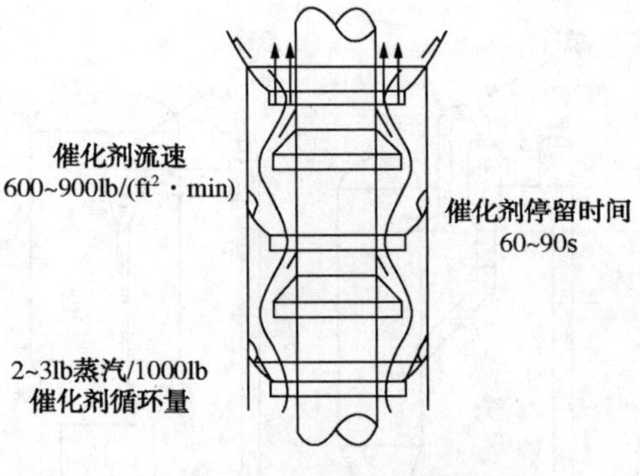


图 6-12　环形挡板汽提段

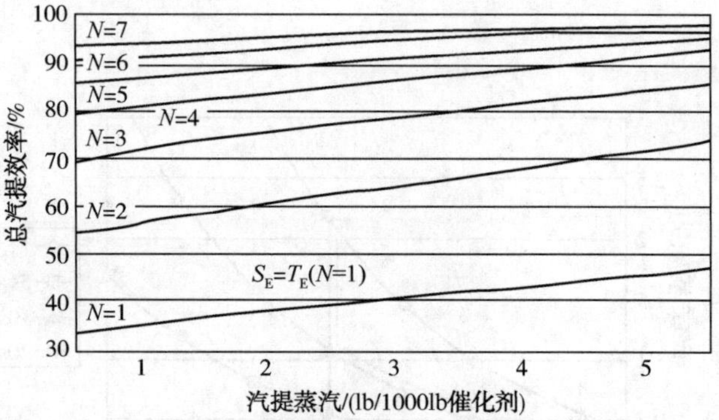


图 6-13　环形挡板汽提效率

虽然环形汽提挡板的设计已被证明是可靠和有效的，但这种设计还有其他一些变化，如：在挡板上开孔以改善接触；加长挡板裙边以提供更大的气体压降；用通气管让气体从挡板的底部进入下一层挡板；使用柱状或梭形板作为接触设备。此外，汽提段使用规整填料取得良好效果也有相关报道。这些新设计的优点是使用更少的蒸汽量，得到更好的接触效果，并有效利用汽提段的整个横截面。带有小孔的卧式挡板像蒸馏塔板一样，已在实验室中进行了试验，并已投入现场应用。部分汽提段的专利设计如图 6-14 所示。

(a) Shell Pentaflow™ 高通量催化剂汽提结构

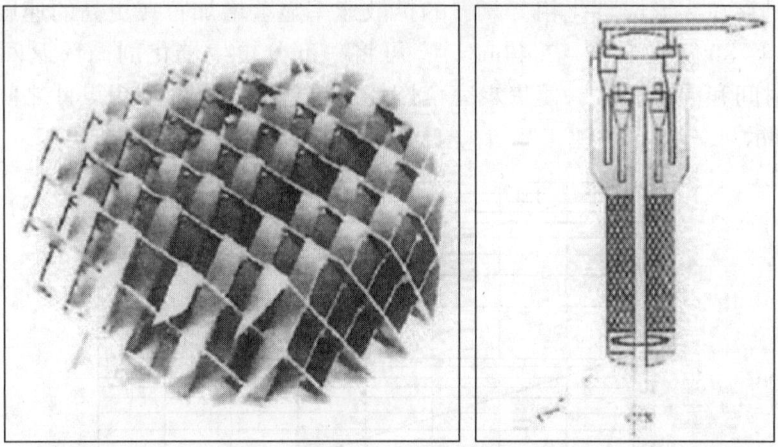

(b) Koch-Glitsch KFBE™技术

(c) LUMMUS模块化格栅结构

图 6-14 汽提段专利设计

汽提是一个传质过程，类似于通过更好的塔板设计提高蒸馏性能，通过改进待生催化剂与蒸汽的接触方式，使汽提段更加有效，并可降低汽提段改造的成本。

### 6.5.3 催化剂再生技术

催化剂再生的目的是在不损害催化剂的情况下，除去待生催化剂上的焦炭。对裂化催化剂流化床中焦炭的燃烧速率已有大量的研究。式(6-4)描述了主要的再生操作变量：

$$\frac{dC}{dt}=K\times C_i\times LmO_2\times e^{A/RT} \tag{6-4}$$

随着再生器内空气流速或表观线速的增加，氧气和催化剂的接触显著改善。随着速度的增加，床层经历了三个阶段：鼓泡床在较低的表观速度(最高约1.8ft/s或0.55m/s)时出现，此时形成了相对明显的气泡，并通过床层；湍流床(1.8~4.0ft/s或0.55~1.22m/s)在较高的表观面速度时存在，形成乳化相，氧气的扩散速率显著增加；在更高的速度下，存在湍流最大的快速床(4~8ft/s或1.22~2.44m/s)，可将一部分再生催化剂循环返回至烧焦罐以提供足够的停留时间和混合温度，使焦炭完全燃烧。这些再生器的理想设计之间的燃烧速率差别如图6-15所示。

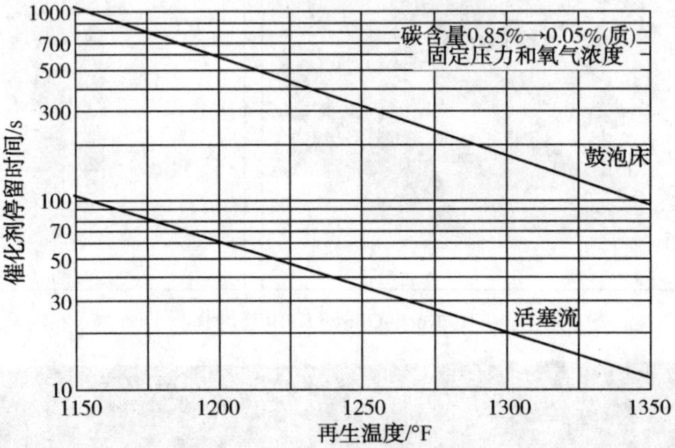


图6-15 活塞流式和返混式再生器的比较(理想)

从图6-14和式(6-4)中可以观察到，在高温(>704℃)下，焦炭燃烧速度非常快。尽管在正常再生温度下裂化催化剂因粒径较小而消除或减少了扩散阻力，但氧的有效利用限制了燃烧速度。通过再生催化剂循环返回至燃烧室，催化剂的停留时间得以延长，使活塞流曲线上移。在主风分布器出现部分故障时，大藏量再生器也能可靠地降低催化剂含碳量，而小藏量再生器的优势是可以更快地置换催化剂。近年来，随着冶金技术提升，和充分燃烧积炭以恢复沸石催化剂活性和提高产品选择性的需求不断提高，再生温度不断提高。

在1100℉(593℃)时，再生器的藏量必须足够大，以提供足够的停留时间使焦炭充分燃烧。一氧化碳完全燃烧可使再生温度升高到1300~1350℉(704~732℃)。一氧化碳助燃剂常被用来帮助碳燃烧，并防止在再生器稀相空间或下游设备中一氧化碳的二次燃烧，避免造成严重的设备损坏。以加工量50000B/D、催化剂循环量30~40t/min的催化裂化装置为例，催化剂藏量不同的再生器的特性如表6-10所示。

表 6-10 再生器参数(50000B/D)

| 再生器类型 | 停留时间/min | 温度/℉ | 再生器藏量/t |
|---|---|---|---|
| 鼓泡床 | 5~20 | 1100 | 300~800 |
| 湍流床 | 3~5 | 1250~1350 | 200 |
| 快速床 | 1~3 | 1275~1350 | 120 |

较短的接触时间和较小的催化剂藏量会制约催化剂的再生能力，阻碍通过更高的催化剂循环量来增加装置处理量或烧焦量。催化剂通常是按每桶原料为基准加入系统，50000B/D规模的装置每天需要加入5t的新鲜催化剂。式(6-5)表示催化剂活性与表面积、催化剂日置换率、催化剂寿命的关系：

$$A=\frac{A_0S}{K_D+S} \tag{6-5}$$

式(6-5)意味着小藏量可以提供更高的平衡催化剂活性。此外，$K$ 是待生催化剂、空气、混合温度、催化剂种类和活性以及催化剂循环速率的函数，这表明一定处理能力下系统存在最佳的催化剂藏量。

几种典型的再生器专利设计如图6-16所示。它们使用湍流床或快速床，采用催化剂与空气并流或逆流接触，并注意防止催化剂从再生器进口短路至出口，以保证再生催化剂碳含量较低且分布均匀。

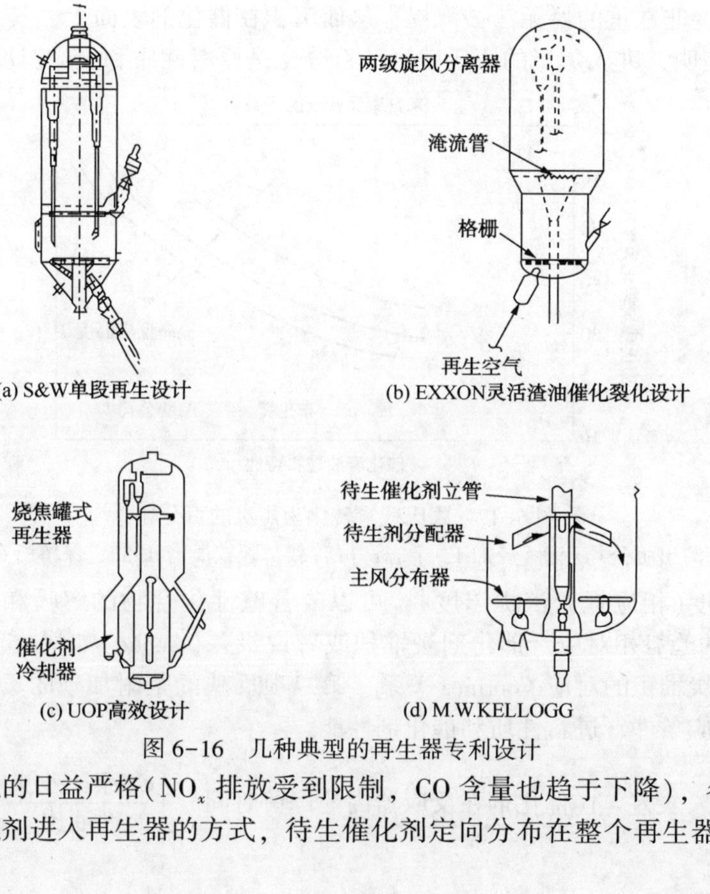


(a) S&W单段再生设计　(b) EXXON灵活渣油催化裂化设计

(c) UOP高效设计　(d) M.W.KELLOGG

图 6-16 几种典型的再生器专利设计

随着环保法规的日益严格($NO_x$ 排放受到限制，CO含量也趋于下降)，各催化裂化专利商优化了待生催化剂进入再生器的方式，待生催化剂定向分布在整个再生器催化剂床层上，而不是简单将待生催化剂倾倒在再生器的某个区域。

### 6.5.4 渣油催化裂化

对传统的催化裂化设计而言，加工较重的原料油一直是个挑战，这是因为在裂化反应中，会有更多的焦炭沉积在催化剂上。裂化过程中产生的焦炭主要有四个来源，如表 6-11 所示。

表 6-11 焦炭种类和分布 %(质)

| 原料 | 蜡油 | 渣油 | 原料 | 蜡油 | 渣油 |
|---|---|---|---|---|---|
| 催化焦 | 65 | 45 | 污染焦 | 5 | 20 |
| 可汽提焦 | 25 | 5 | 附加焦 | 5 | 20 |

催化焦来自二次裂化反应，由重质油气分子的聚合和缩合引起。可汽提焦是指进入再生器的待生催化剂所携带的烃类化合物。沉积在催化剂表面上的重金属会促进脱氢反应，并导致生成更多的焦炭和氢气。镍、钒和铁是主要污染物，但有时铜、锌和铅也会引起催化剂中毒。根据康氏残炭试验(ASTM)测定，附加焦与进料中的残炭相关，这部分也被称为附加焦。

由表 6-11 可见，当原料中掺入渣油后，催化剂焦炭的来源比例发生明显的变化。需要说明的是，表 6-11 中焦炭的分布不是固定不变的，而是根据原料性质和操作条件的变化而变化，每套装置均有不同的特点。此外，其他的因素也会影响焦炭的生成，比如原料中的碱性氮。原料中的碱性氮在反应器中能强烈地吸附在再生催化剂的酸性中心上并在再生器中燃烧，从而促进焦炭的生成。

渣油中的一些非常重的烃无法被汽提，从而沉积在催化剂表面上，其中一部分结焦生成焦炭。图 6-17 表明，进入焦炭的康氏残炭的百分比是原料性质和反应温度的函数。

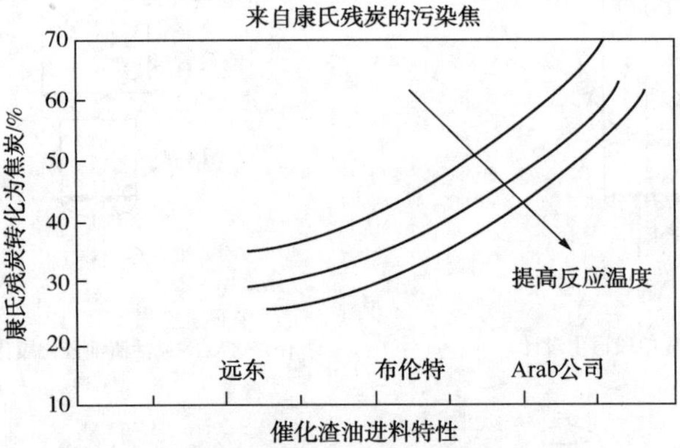


图 6-17 康氏残炭转化为焦炭的百分比



提高反应温度(相应提升汽提温度)，可以改善碱性化合物的解吸和原料的汽化情况，与图 6-17 所示的趋势相对应。催化剂炭堆积或者说炭差(Δcoke)如式(6-6)所示。第一项是针对蜡油原料炭堆积的对应 Voorhies 关系，第二项反映的是附加碳的贡献。*A*、*B* 和 *C* 是常数，取决于反应条件、进料性质和催化剂性能。

$$炭差=A(催化剂在反应器内的停留时间)^{B}+\frac{C\times 康氏残炭}{剂油比} \tag{6-6}$$

催化裂化装置总的热量平衡方程为：

$$焦炭产率=炭差\times剂油比 \tag{6-7}$$

式(6-7)中剂油比是非独立变量，剂油比需要足够大以保证反应达到所需的转化率。焦炭产率取决于操作变量(如新鲜进料量、回炼比、进料温度、反应温度、反应系统注入的蒸汽流量、反应热、烧焦空气流量和焦炭燃烧方式等)。由于较重的进料可能会导致较高的炭差，若控制焦炭产量必须降低剂油比，这对本身处于中、高水平转化率的装置而言更加不利。因此必须增加焦炭产量来提高剂油比，表6-12中汇总了增加焦炭产量的方法。对于较重的进料，需要配置催化剂冷却器。

**表6-12　渣油催化裂化增加焦炭产量的途径**

| 调整方法 | 目的 | 结果 |
|---|---|---|
| 部分燃烧 | 降低再生温度 | 烟气CO排放增加，催化剂含碳量升高 |
| | 烧更多的焦炭 | |
| 控制混合温度 | 降低再生温度 | 焦炭增加 |
| | 增加雾化蒸汽 | |
| 注水 | 降低再生温度 | 焦炭增加 |
| | | 取热器停用 |
| 富氧再生 | 提高焦炭燃烧速度 | 更高的再生温度 |
| | 保持表观气速 | |
| 辅助空气 | 烧更多的炭 | 增加再生器表观气速 |
| 催化剂冷却器 | 降低再生温度 | 焦炭增加 |
| | | 空气增加 |
| 第二个再生器 | 提高渣油处理量 | 增加支出 |

图6-18~图6-22中，列出了商业应用中的渣油催化裂化装置。

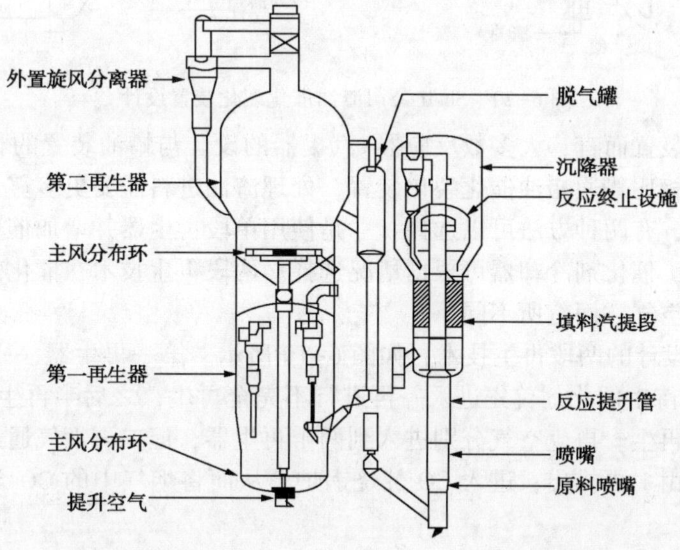


图6-18　Technip-Stone & Webster/Axens公司R2R

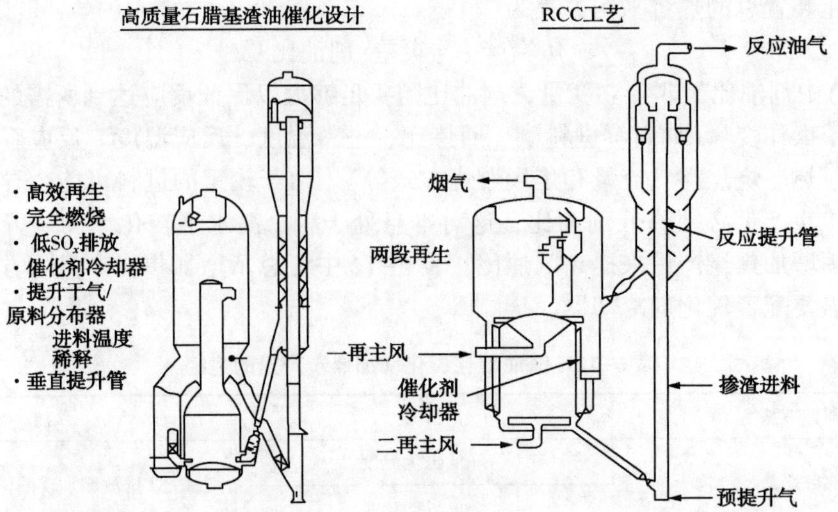


图 6-19 UOP 公司渣油催化裂化装置设计

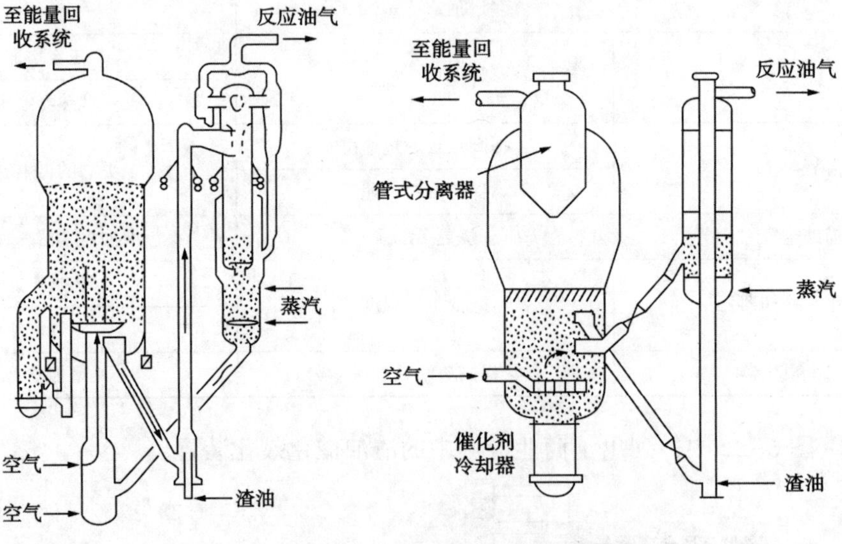


图 6-20 Shell 公司渣油催化裂化装置设计

对于渣油裂化装置而言，大多数反应器-汽提器的设计与蜡油装置的相同。但是进料喷嘴需要专门设计，相比普通蜡油催化裂化装置，处理渣油进料需要更多雾化蒸汽。

在再生器方面，有两种方法可以选择：一是使用单段再生器并增加催化剂冷却器；二是将再生器分成两段，催化剂冷却器可根据情况选择。两段再生技术在催化剂流动顺序以及如何引入和利用再生空气方面有所不同。

Ashland/UOP 设计的两段再生技术，如图 6-19 所示。第一再生器(一再)位于第二再生器(二再)的顶部。待生催化剂首先进入一再进行不完全再生，之后半再生催化剂进入二再，在二再中进行完全再生。再生空气分别进入到两个再生器，但二再烟气通过一再分布器进入一再，所有烟气都由一再排出，进入 CO 焚烧锅炉，从而将烟气中的 CO 含量降低到允许的水平。

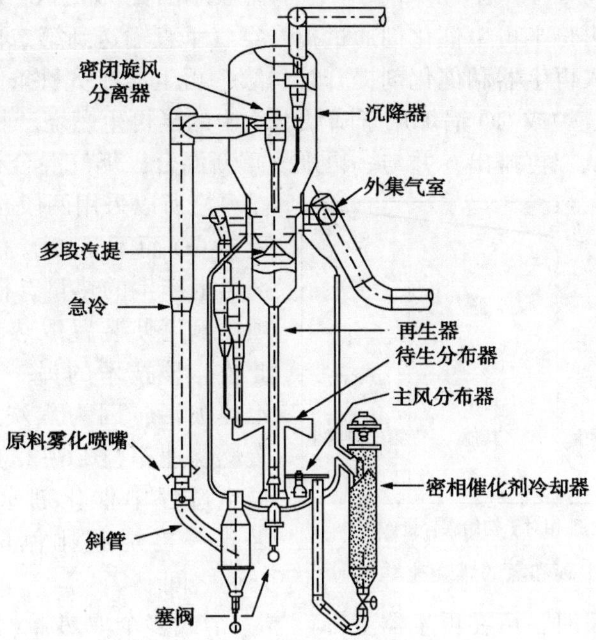


图 6-21　Kellogg 公司渣油催化裂化装置设计

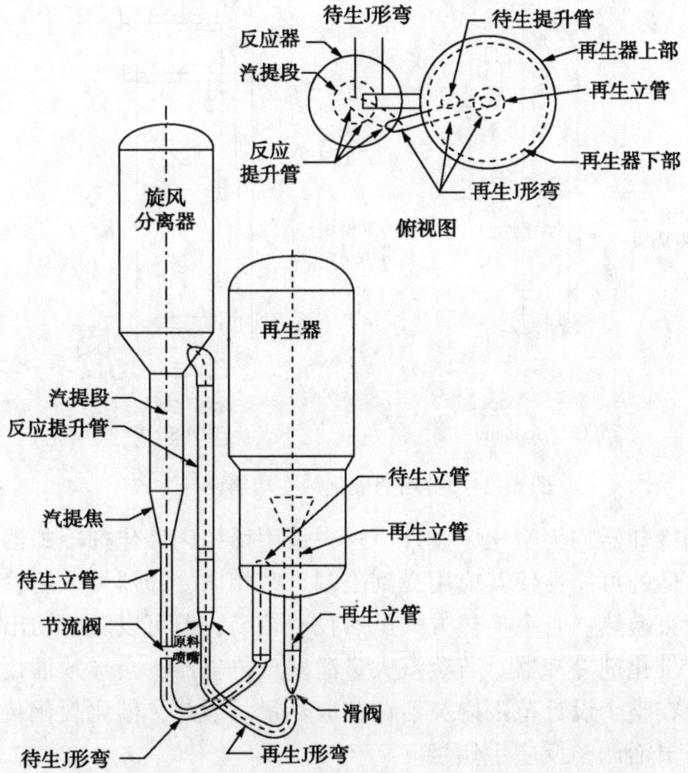


图 6-22　Exxon 公司灵活渣油催化裂化装置（flexicracking IIIR）

Technip-Stone&Webster / Axens 将两个再生器顺序倒置(如图 6-18 所示)，使待生催化剂进入底部再生器，再将半再生催化剂通过提升空气垂直输送到第二再生器，使焦炭进行完全燃烧。空气同时进入再生器和催化剂提升管。第一再生器在贫氧条件下再生，因此一再烟气中含有 CO。CO 焚烧炉或 CO 锅炉用于降低烟气中的半再生燃烧产物。提升空气和再生空气进入二再燃烧后，从二再排出，并与一再烟气重新混合，烟气混合有多种方案可供选择。

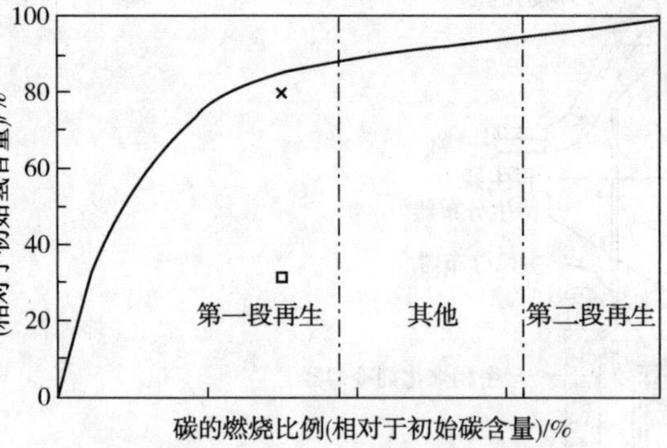

图 6-23　焦炭中碳和氢的燃烧速率

之所以采用两段再生，是因为可以产生更多 CO 而不是 $CO_2$，从而降低或限制催化剂再生产生的热量。根据装置加工能力，此项技术可使装置取热量降低 $100\times10^6$ Btu/h。此外，该技术的另一个优点是减少催化剂水热失活，因为焦炭中氢燃烧速率要大于碳燃烧速率(图 6-23)，而氢燃烧生成水是再生过程中催化剂水热失活的主要原因。因此一再烧碳比例应通常控制在 45%～75%之间。

当需要增加取热量时，可在再生器上部设置一个或多个取热器(催化剂冷却器)。两种常用的催化剂冷却器设计如图 6-24 所示。

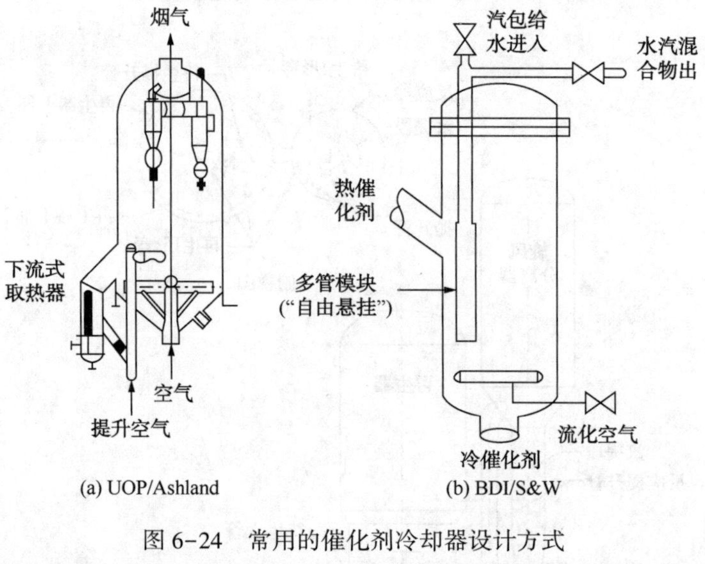

图 6-24　常用的催化剂冷却器设计方式

这两种催化剂冷却器均为密相床设计。过去采用稀相床催化剂冷却器，但在使用过程中极易发生泄漏，较低的可靠性使其应用受到限制。密相床冷却器可采用管壳式换热，也可采用安装截止阀的管束换热。管束换热方式虽然投资较高，但可以随时切出泄漏的换热管束而不用停运切出整台催化剂冷却器。若蒸汽大量泄漏至再生器，会导致催化剂严重失活。催化剂冷却器几乎可以在整个设计范围内灵活调整取热量。因此，催化裂化装置可根据进料性质和目标反应深度来灵活调整反应生焦量。

早期的催化裂化装置采用蒸汽盘管内取热，但为避免故障，必须保证取热盘管满负荷运行。这种取热方式要维持较高的水汽比，避免在再生器盘管内发生汽化，进而在管上产生热点或穿孔。早期的取热系统设有取热盘管和冷却器，但这一设计理念在现代渣油催化裂化中被逐步取代。

近年来，渣油作为燃料需求量正逐步降低，且短期内不会回升，所以导致渣油催化裂化加工能力不断增加。

未来高硫重质燃油销量并不会很高。考虑到酸雨问题、与交通运输燃料同样严格的脱硫要求逐步覆盖到其他燃料(非车用柴油、船用燃料油等)等问题，迫使重质燃料油脱硫逐步成为强制要求。到2020年，高硫船用燃料油硫含量要从3.5%降至0.5%。届时，部分船只必须为燃料加装脱硫设备或者更换为柴油燃料。炼油企业会发现原料预处理虽然成本很高，但能获得更好的产品收率，因而倾向于在流程合适的位置设置原料加氢工艺。对于金属含量高或氢含量低的原油，焦化将是首选的重油加工路线，其次是焦化蜡油加氢工艺或催化裂化工艺。

### 6.5.5 催化裂化装置运行可靠性及维护

因为催化裂化装置对企业盈利能力的重要性，炼厂会尽可能提高装置运行可靠性和负荷率。多年来，催化裂化装置的加工能力一再增加：单套装置全球平均达到40000B/D，而美国已超过55000B/D。许多装置甚至都超过了100000B/D。这一量级装置的停工损失达到100万~200万美元/天。

20世纪60年代，单个炼厂平均运转周期为2年，90年代为3年，2013年催化裂化装置平均运行周期为5年。虽然非计划停车依然常见，但这并不在炼厂预期和计划之内。

美国众多炼厂非计划停车的原因大致为：主风机故障、富气压缩机故障、膨胀节故障、电源故障、滑阀故障、衬里故障、催化剂跑损(旋风分离器故障)、联锁动作。多年来，上述问题均得到了诸多改进，大大避免了装置非计划停车。

转动设备采用了更先进的监控手段，如激光以及在温度、震动、水质、油质等方面更加先进的监控手段，能及时反映潜在的风险因素。

膨胀节得到了很大改进，采用更先进的制造技术可以降低膨胀节失效泄漏的可能性。为防止催化剂进入膨胀节内壁导致冲刷磨损，可通过对膨胀节导流筒间隙注反吹蒸汽，代替以往的填料形式。使用配备测漏检测器的双波纹管膨胀节，能及时提醒业主采取措施，避免物料泄漏至大气。冷壁设计降低了主要压力设备发生位移的潜在风险，该设计与上述措施协同作用，降低了膨胀节泄漏的风险。

滑阀采用冷壁结构，而且一些设计采用无螺栓结构。还有大量的工作是通过使用有限元分析改进设计来减少问题点。气体吹扫系统得到了改进，减少了调节阀在正常运行周期内出现故障的可能。

衬里经过了多年的改进。双层耐火材料使用单层材料填充，使其同时具有隔热性能和耐磨性。更先进的质量控制和安装技术有助于衬里性能的提高，同时，合适的固化工艺对衬里在运行中减少故障也十分重要。此外，必须十分注意衬里修复方法，避免过早发生故障。

旋风分离器若安装正确，使用成熟悬挂系统，且运行状态接近设计工况，可以运行5年。为减少旋风分离器负荷，需要控制再生器的表观气速，3.5ft/s或更高的速度会导致催化剂夹带到再生器旋风分离器的量接近或超过反应器和再生器之间的催化剂循环速率。

还有一些因素有助于延长装置的运行周期，包括更好的设备设计、改进设备检测手段、更好的仪表和对机组所有部件的持续监控。智能设备可以囊括所有的大型旋转装置以及泵。

大量温度和压力测量仪表的使用可以帮助判断出异常，并在发生严重故障之前采取措施。设计中可包括备件来一步保证设备的可靠性。

下表列出了炼油厂中用于故障诊断和监控 FCC 装置运行的一些技术。

| 泄漏检测 | 中试测试 | 泄漏检测 | 中试测试 |
|---|---|---|---|
| RMS(反应混合取样) | 红外扫描 | 放射性示踪剂 | 计算流体力学 |
| 原料分析 | 过程层析成像 | γ 射线扫描 | 冷模实验 |
| 催化剂的分析 | 单表压力测量 | | |

问题最常发生在刚开车或停工(如电力故障)之后。在设备损坏的情况下采集数据，并与正常运行时采集的数据进行比较，是较好的故障诊断方法。但许多炼油厂在日常操作时没有充分积累数据，这使得问题确诊变得困难。若炼油厂想评估设备、催化剂、操作参数、原料的变化或设备故障的影响，则应至少每月进行一次装置工业标定。

### 6.5.6 催化裂化装置工业标定

为了监控 FCC 装置的运行情况，操作者需要了解催化剂的信息、操作条件、原料和装置设计条件。影响产品分布的因素很复杂，需要计算机程序来计算它们之间的关联。FCC 装置常用的监控数据按类编，如表 6-13 所示。

**表 6-13 FCC 装置监控所需数据**

| 催化剂 | 原料性质 | 操作条件 | 设计 |
|---|---|---|---|
| 活性 | 密度 | 进料温度 | 设备尺寸 |
| 剂油比 | 氢含量 | 反应温度 | 旋风分离器 |
| 比表面积 | 苯胺点 | 再生温度 | 料腿 |
| 晶胞尺寸 | 折光指数 | 雾化蒸汽 | 进料系统 |
| 金属含量 | 芳烃含量 | 汽提蒸汽 | 反应终止设计 |
| 组成 | 馏程 | 主风流量 | 分馏塔设计 |
| 置换速率 | 金属含量 | 烟气分析 | |
| 助剂 | | 压力 | |
| | | 负荷 | |
| | | 稀相温度 | |

根据运行数据进行热量平衡计算，可计算催化剂循环量和反应热。若反应热不符合催化剂类型和产物分布的特性，则再生数据可能是错误的。通过计算还可获取催化剂剂油比和焦炭氢含量数据。焦炭氢含量应在 5 %~7%(质)之间，且不得小于 4%或大于 11%，除非汽提段的汽提蒸汽中断。

物料平衡的正负偏差应在 2%以内。物料平衡和产品收率数据应该做出其随时间变化的曲线，以确保不会由于不同流股测量的不一致而产生偏差。

若热量和物料平衡是真实的，可绘制一些曲线来表征装置的运行情况，如：转化率和物料收率的关系；反应温度对干气收率的影响；反应温度对汽油辛烷值的影响；镍、钒、铁对氢分布(SCFB)的影响；焦中氢与汽提蒸汽的关系；汽提蒸汽与再生器温度的关系；$C_3$以上液体收率与转化率的关系；汽油收率与原料氢含量的关系。

根据收集到的数据，还可绘制许多其他关联曲线。若在数据整理中使用更多的变量，可以进行更详细的分析。

在一个运行周期内，对装置数据的标定可以使炼油厂优化装置性能、确定原料影响、评价催化剂配方、评判设备改造的效益。

表 6-14 显示了增加操作参数对装置运行的影响。与大多数其他工艺不同，催化裂化装置有许多可操作参数，装置的优化需要一个能将装置运行推进到多变量卡边的动态模型。这里需要注意的是，催化剂也是一个变量，催化剂活性变化范围较大，可根据产品收率需求进行调整。

**表 6-14 增加操作变量的影响**

| 产品收率 | 混合原料温度 | 反应温度 | 进料量 | 催化剂活性 | 反应压力 | 催化剂积炭 | 混合进料比 | 反应时间 | 焦炭选择性 |
|---|---|---|---|---|---|---|---|---|---|
| 转化率 | 下降 | 上升 | 下降 | 上升 | 上升 | 下降 | 上升 | 上升 | 上升 |
| 干气 | 略微下降 | 上升 | 下降 | 不变 | 略微上升 | 下降 | 上升 | 上升 | 下降 |
| 液态烃 | 下降 | 上升 | 下降 | 上升 | 上升 | 下降 | 上升 | 上升 | 上升 |
| 汽油 | 下降 | 略微上升 | 略微下降 | 上升 | 略微上升 | 下降 | 上升 | 上升 | 上升 |
| 轻循环油 | 上升 | 下降 | 上升 | 下降 | 下降 | 上升 | 下降 | 下降 | 下降 |
| 焦炭 | 下降 | 上升 | 略微下降 | 不变 | 不变 | 下降 | 上升 | 不变 | 不变 |
| *RON* | 略微下降 | 上升 | | 下降 | 下降 | 上升 | 上升 | 下降 | 上升 |
| *MON* | | 上升 | | 下降 | 略微下降 | 上升 | 上升 | 下降 | 上升 |
| 再生温度 | 上升 | 略微上升 | | 上升 | 上升 | 下降 | 上升 | 上升 | 下降 |
| 剂油比 | 下降 | 上升 | | 下降 | 下降 | 上升 | 上升 | 下降 | 上升 |
| 炭差 | 上升 | 下降 | 下降 | 上升 | 上升 | 下降 | 上升 | 上升 | 下降 |

### 6.5.7 催化裂化催化剂

FCC 工艺不断变化以适应催化剂的发展。早期的催化剂取自无定形的天然白土，活性相对较低，需要靠大量循环未裂化的原料以实现所需的转化率。再生的催化剂上碳含量通常为 0.3%~0.6%(质)，对裂化性能影响较小。20 世纪 60 年代初，引入了沸石催化剂，其比早期的无定型天然催化剂具有更好的活性和选择性，但需除去残留在沸石催化剂上的焦炭以获得最佳性能。这使得炼油厂用新鲜的原料代替大量的循环进料，从而大大提高了炼厂产能和汽油产率。

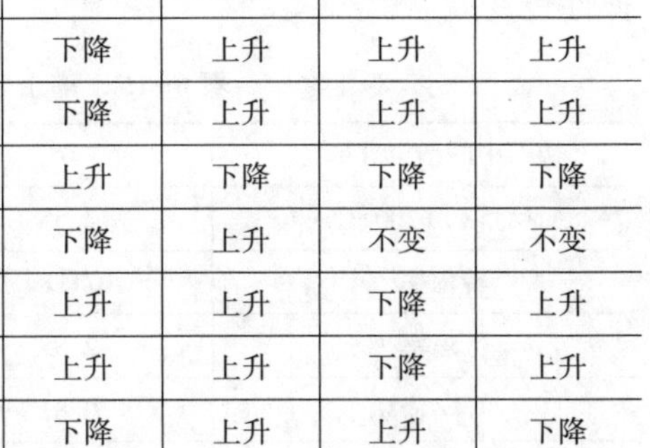


图 6-25 沸石八面体结构

良好的 FCC 沸石催化剂是除去 $Na^+$的多孔晶体硅铝酸盐。商业上生产和使用的 Y 型或超稳 Y 型沸石具有八面沸石结构(如图 6-25 所示)，这些沸石能够在流化催化裂化过程中使用，是因为具有以下性质、高稳定性(>1600℉，高温和蒸汽环境)、三维立体结构、高活性(酸度)、更大的孔径(7.5Å)。没有这些特性，沸石将承受不了再生器中的高温，大油气分子也无法进入沸石内部进行反应。其三维立体结构大大减轻了生焦速率。沸石的酸度或活性与晶体结构中的羟基铝有关。

流化裂化催化剂中的沸石类型是由规则的八面沸石笼或Y型沸石结构变化而来，不同的沸石结构可由式(6-8)表示。这些沸石催化剂又分为超稳Y型(USY)、氢Y型(H-Y)、焙烧稀土Y型(CREY)和稀土超稳Y型(RE-US-Y)。每一种作为催化剂中的主要组分在商业中都有应用。上述沸石催化剂的结构和组成变化可以通过人工合成沸石和催化剂的新方法制备。这些方法包括控制晶体结构和封闭在沸石孔隙中氧化铝的量，用其他催化离子取代沸石骨架中的氧化铝，并用其他催化离子进行离子交换取代钠等。

$$\text{Na-Y} \xrightarrow{\text{交换}} \begin{matrix}\text{NaHY}\\ \text{NaREY}\end{matrix} \begin{matrix}\xrightarrow{\text{焙烧}}\\ \xrightarrow[\text{交换}]{}\end{matrix} \begin{matrix}\text{HY}\\ \text{CREY}\end{matrix} \begin{matrix}\xrightarrow{\text{焙烧}}\\ \xrightarrow[\text{蒸汽}]{}\end{matrix} \begin{matrix}\text{US-Y}\\ \text{RE-US-Y}\end{matrix} \tag{6-8}$$

$$Na_2O\ 13.0 \qquad 3.0 \qquad <1 \qquad <1$$

不同稀土金属含量的Y型沸石在FCC中使用效果如表6-15所示，稳定沸石中的稀土金属能让催化剂具有更高的活性和氢转移。随着LPG和催化汽油的烯烃含量的下降，焦炭选择性也变差。

**表6-15　稀土含量对Y型沸石活性和选择性的影响**

| 沸石中的稀土含量/% | 0 | 4 | 8 | 16 |
|---|---|---|---|---|
| 活性[C/(100-C)] | 2.55 | 2.8 | 3.0 | 4.0 |
| 转化率/% | 71.8 | 73.7 | 75 | 80 |
| 生焦率/% | 2.55 | 3.5 | 4.8 | 6.1 |
| $C_3^=$/总$C_3$ | 0.81 | 0.75 | 0.72 | 0.65 |
| $C_4^=$/总$C_4$ | 0.39 | 0.32 | 0.29 | 0.23 |

在商业用途中，沸石在高温再生器中与水蒸气接触会脱铝，沸石晶体大小与脱铝的关系如图6-26所示，其中通过X射线衍射测量脱铝情况以获得沸石晶体的相应晶胞尺寸。

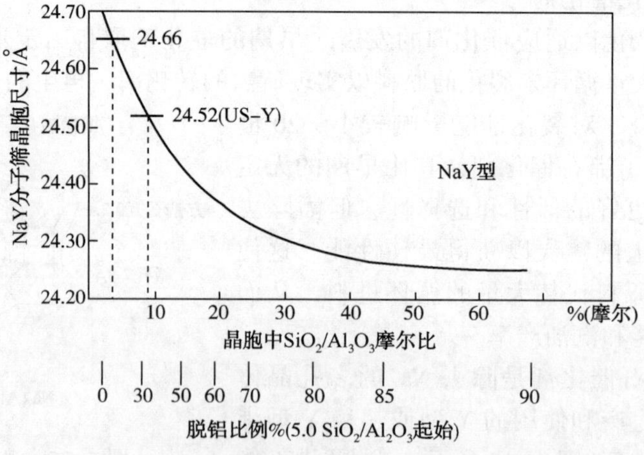


图6-26　NaY沸石晶胞尺寸和硅铝比的关系

催化裂化催化剂的商业性能取决于许多因素，其中催化剂的平均粒度是主要衡量标准。如图 6-27 所示，催化剂的许多重要性质是由其粒径大小决定的。不同类型的沸石倾向于在对应曲线所示的位置达到平衡，但应知道的是，氢和稀土金属可以在相同沸石上进行交换，可得到具有混合两种特性的催化剂。

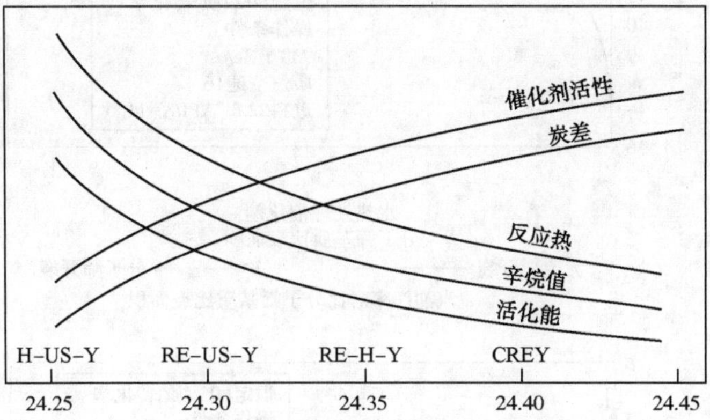


图 6-27 晶胞尺寸对催化剂性质的影响

当从沸石结构中脱除铝原子时，活性下降，这就需要使用更多的沸石催化剂来提供同等的转化率。较小粒径的催化剂可以提高 $C_3$ 和 $C_4$ 烯烃含量和汽油辛烷值并减少焦炭的形成。

催化剂活性通过标准实验室(MAT)测试测量。不含分子筛的碱催化剂的 MAT 活性很低，通常在 20~45 之间。商用 FCC 催化剂的 MAT 活性在 58~77 之间，最普遍的范围是 62~72。

基质是催化剂除沸石外的组成部分，包括黏土、添加剂和黏合剂，并将所有组分混合在一起的组成整体。一些催化剂的重要性质，如催化剂的磨损特性、密度、CO 燃烧速率、焦炭选择性、重油组分裂化以及干气产率，受到基质成分的直接影响。

黏土可用作填料并为催化剂提供一些孔结构。如氧化铝和二氧化硅-氧化铝的添加剂用于增加基质裂化活性并裂化大分子。黏合剂可以由二氧化硅、氧化铝或硅铝化合物组成，同样也可以增强活性。在新型催化剂中，可将多种添加剂掺入催化剂中，添加少量的改性元素(如钛或磷)也可以改善催化剂的性能。

分子筛与基质的比例可以用于改变 FCC 的产品收率，并且必须针对每种基质和沸石的体系分别进行优化。针对具有不同性质的原料，如分子量、芳烃含量等，需要使用特定的催化剂配方。图 6-28 显示了分子筛与基质的比例对某种原料的产品收率影响，原料°API 为 22.5(*K* 值为 11.5 时)。

除 FCC 催化剂外，现在有很多 FCC 添加剂可满足特定的加工需求，主要包括：$SO_x$转移剂、脱硝剂、辛烷值助剂、金属钝化剂、重油裂化助剂、流化助剂、多产烯烃助剂。

所有商用产品的汇编见附录 1。

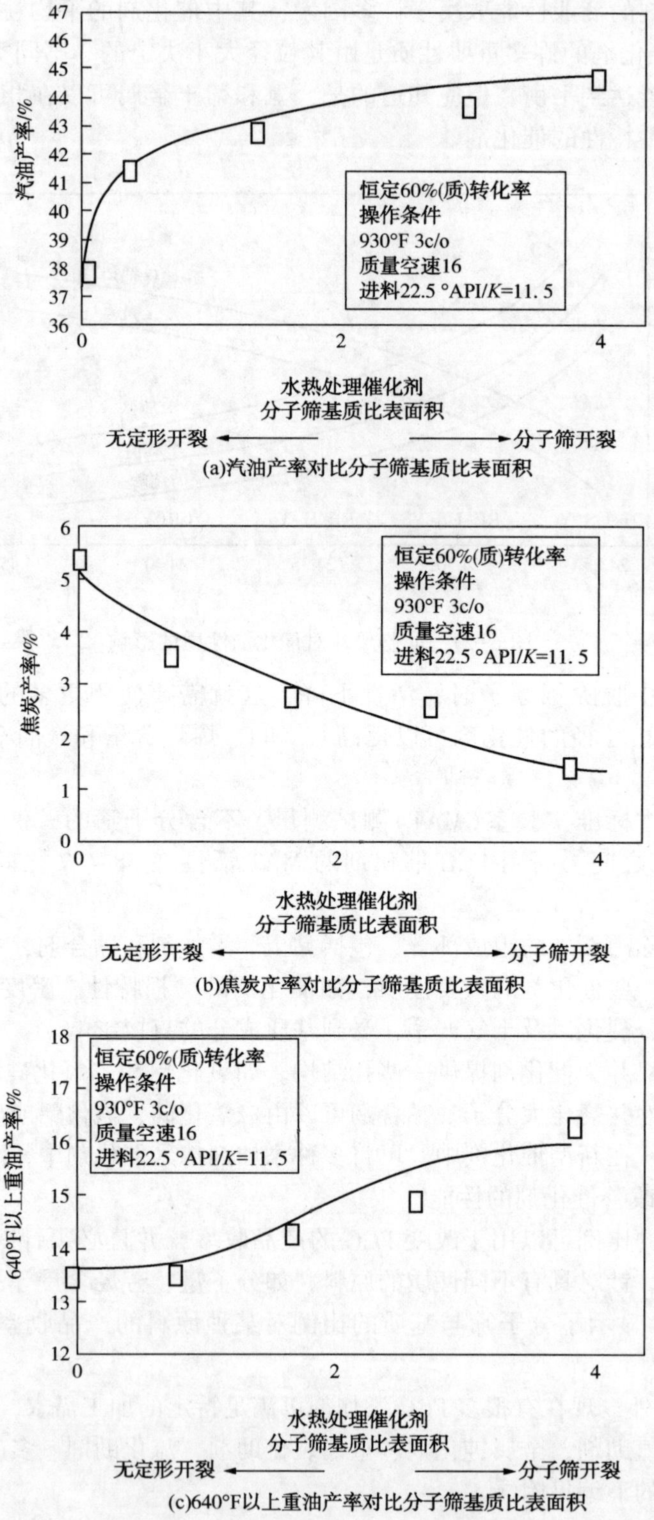


图 6-28　分子筛/基质比表面积对汽油、焦炭和 640℉以上重油产率的影响

## 6.6 裂解轻质烯烃和芳烃(石化产品)

目前，对作为石油化工原料的丙烯的需求超过了对乙烯的需求，这就导致了传统的丙烯来源，如作为蒸汽裂解的副产物，不足以满足未来的丙烯市场预期。

催化裂化是丙烯的另一个主要来源。其他途径则包括丙烷脱氢、歧化、烯烃裂解和甲醇制丙烯等。上述三种生产技术在2010年全球市场份额为52∶36∶12，但是在美国催化裂化已经取代蒸汽裂解，成为石化产品中最大的单一丙烯来源。页岩气开采技术为美国市场提供了大量的乙烷和丙烷。乙烷可以取代蒸汽裂解装置中的石脑油，丙烷可以通过脱氢技术制取丙烯，这将进一步提高在美国通过催化裂化装置制取的丙烯的份额。

深度催化裂化(DCC)工艺是第一个用于生产大量丙烯的商业化FCC工艺，此后大部分主要专利商都提供了可最大化生产丙烯的FCC工艺。

有两类可用于最大化生产丙烯的FCC技术：一类工艺是使用较重的原料，即减压蜡油和渣油；另一类使用裂解石脑油或多种轻质烯烃物料。表6-16列出了重质原料和石脑油制丙烯的主要工艺。

表6-16 重油原料和石脑油制丙烯工艺

| 工艺 | 供应商 | 原料 |
|---|---|---|
| 重油原料制丙烯工艺 | | |
| DCC | Technip-Stone & Webster/RIPP | 减压蜡油、轻质常压渣油 |
| Maxofin | Technip-Stone & Webster/RIPP | 减压蜡油、常压渣油 |
| PetroFCC | UOP | 减压蜡油 |
| Indmax | Lummus/Indian Oil | 减压蜡油、常压渣油 |
| Resid FCC | Technip-Stone & Webster/Axens | 常压渣油 |
| Milos | Shell Global Solutions | 减压蜡油 |
| HS-FCC | Nippon，Aramco，Technip-Stone & Webster | 减压蜡油 |
| CPP | RIPP/Technip-Stone & Webster | 减压蜡油 |
| 石脑油裂解工艺 | | |
| Superflex | Kellogg，Brown & Root | 高烯烃汽油 |
| ACO | Kellogg/Brown & Root/Korea | 汽油 |

原料加氢处理可提高所有重油技术的轻质烯烃产率，因为产品氢含量超过14%(质)，所以原料氢含量提高对整个反应至关重要。石脑油工艺可以生产更多的丙烯，因为原料具有相当高的丙烯前身物。相对于重质原料，石脑油价格高，因此可以预见，使用石脑油的工艺会比较受限。

炼厂在使用蜡油催化裂化技术来最大化生产丙烯的同时，还将乙烷和乙烯从装置就近输送到蒸汽裂解工厂进行回收，为下游化工装置提供原料。这意味着在这类催化裂化装置中要进行$C_{2+}$组分回收，而不像以往为了获取燃料只回收$C_{3+}$组分。这是通过炼化一体化运作获得的一种协同效益，因此必须调整装置设计、操作参数和催化剂配方以获得最佳的效果。

表 6-17 对深度催化裂化工艺、常规 FCC 装置和蒸汽裂解装置生产的石脑油的产品质量进行了比较。石脑油中较高含量的芳烃主要来源于由于链烷烃和环烷烃裂解而造成的芳烃富集，而不是通过环烷烃的脱氢或链烷烃环化。二甲苯是催化反应的主要芳烃产物，而苯是主要的热裂化反应产物。因为两种催化裂化工艺热反应相对较少，故所产二烯烃也少。

**表 6-17　DCC、FCC、SC 工艺石脑油质量比较**　　%(质)

| 项目 | DCC 工艺 | FCC 工艺 | SC 工艺 |
|---|---|---|---|
| 组分 | | | |
| 烷烃 | 14.3 | 28.6 | 3.5 |
| 烯烃 | 32.4 | 35.3 | 13.3 |
| 环烷烃 | 5.0 | 9.8 | 4.1 |
| 芳烃 | 48.3 | 26.3 | 79.1 |
| 芳烃产物 | | | |
| 苯 | 1.9 | 0.6 | 37.1 |
| 甲苯 | 9.4 | 2.4 | 18.9 |
| $C_8$芳烃 | 15.6 | 6.7 | 13.5 |
| $C_9$芳烃 | 12.1 | 12.5 | 5.4 |
| $C_{10+}$芳烃 | 9.3 | 4.1 | 4.2 |
| 合计 | 48.3 | 26.3 | 79.1 |

裂解过程的典型的操作条件如下：

| 项目 | FCC 工艺 | DCC 工艺 | SC 工艺 |
|---|---|---|---|
| 反应温度/℉ | 950~1020 | 980~1100 | 1400~1600 |
| 停留时间/s | 1~10 | 1~10 | 0.1~0.2 |
| 反应压力/atm | 1~2 | 1~2 | 1 |
| 剂油比 | 5~10 | 8~15 | – |
| 蒸汽/%(相对于原料) | 0~5 | 10~13 | 30~80 |

DCC 工艺流程图如图 6-29 所示。催化剂、油气和产品与前面描述的蜡油 FCC 装置的工艺相似。DCC 的特点是注入更多的水蒸气，且具有床层反应，以增加烃类的停留时间并促进过裂化反应。还可以选择将石脑油循环到同一进料提升管回炼或设置一个单独的、较小的提升管用于在更高温度下进行反应。

石脑油的循环回炼也可选择 $C_4$烯烃。此外，回炼油可以是全馏程或特定馏程以使可裂解分子最大化。回炼的结果是增加丙烯和石脑油中 BTX 的浓度。中国石化济南分公司 DCC 装置的石脑油回炼前后的产物组分如表 6-18 所示。

中试结果表明，当终馏点为 150℃的 DCC 石脑油回炼时，产物中芳烃急剧增加。石脑油中的总芳烃从 42%(质)增加到 81%(质)，BTX 含量分别为 4.4%(质)、28.9%(质)和 40.4%(质)。

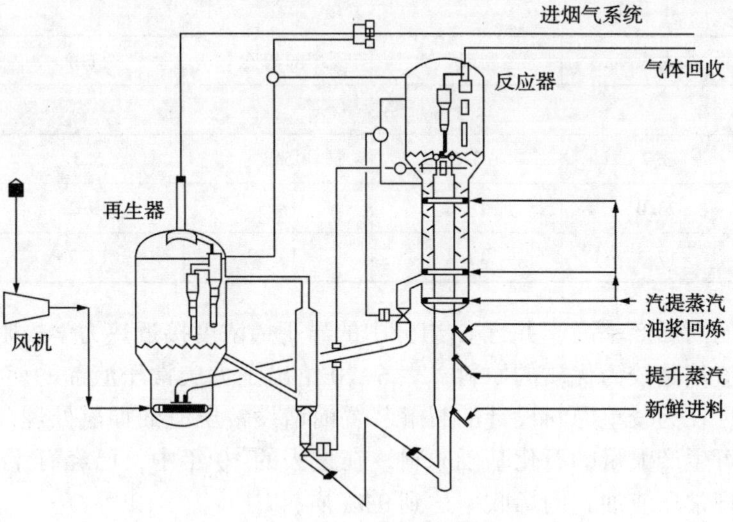


图 6-29　DCC 工艺

**表 6-18　石脑油回炼 DCC 工艺(济南 DCC 装置)**　　%(质)

| 石脑油是否回炼 | 否 | 是 | 石脑油是否回炼 | 否 | 是 |
| --- | --- | --- | --- | --- | --- |
| 产品收率 | | | 焦炭 | 8.9 | 9.0 |
| 干气 | 6.8 | 7.5 | 损失 | 0.5 | 0.5 |
| 液化气 | 39.2 | 43.9 | 烯烃产率 | | |
| 汽油 | 27.8 | 20.9 | 丙烯 | 17.4 | 21.0 |
| 轻柴油 | 16.8 | 18.2 | 丁烯 | 12.4 | 13.2 |

该技术经发展目前可加工的原料种类包括：减压蜡油、经加氢处理的减压蜡油、脱沥青油、蜡下油、焦化蜡油、常压渣油。

为适应不同性质的原料，催化剂配方必须进行调整。DCC 催化剂具有以下特点：可对重质原料进行预裂化且具有较高金属耐受性的高基质活性，大量具有五元环结构、经过改性并适于裂化一级反应产物(汽油)的介孔沸石，轻质烯烃的异构化活性，最低的氢转移反应。在工业运行的七套 DCC 装置中已经使用了十种不同的催化剂。

部分工业运行的 DCC 装置典型产率见表 6-19。

**表 6-19　DCC 轻质烯烃产率**

| 炼油厂 | 大庆 | 安庆 | 泰国 TPI 公司 | 济南 | 济南 |
| --- | --- | --- | --- | --- | --- |
| 操作模式 | DCC-Ⅰ | DCC-Ⅰ | DCC-Ⅰ | DCC-Ⅰ | DCC-Ⅱ |
| 原料 | 石蜡基<br>减压蜡油+<br>常压渣油 | 环烷基<br>减压蜡油 | 阿拉伯原油<br>减压蜡油+<br>脱沥青油+<br>石蜡 | 中间基<br>减压蜡油+<br>脱沥青油 | 基础油 |
| 反应温度/℃ | 545 | 550 | 565 | 564 | 530 |

续表

| 炼油厂 | 大庆 | 安庆 | 泰国 TPI 公司 | 济南 | 济南 |
|---|---|---|---|---|---|
| 烯烃收率/% | | | | | |
| 乙烯 | 3.7 | 3.5 | 5.3 | 5.3 | 1.8 |
| 丙烯 | 23.0 | 18.6 | 18.5 | 19.2 | 14.4 |
| 丁烯 | 17.3 | 13.8 | 13.3 | 13.2 | 11.4 |

石蜡基原料的丙烯产率高，并且$C_4$组分中的异丁烯浓度接近热力学极限。

石蜡基常压渣油是较为优质的原料。表 6-20 给出了大庆常压渣油的商业运行结果以及原料分析。炼油厂在为较重原料设计的裂解装置前增设常压渣油加氢处理(ARDS)装置，可处理各种原油并可生产大量的石化基础原料。在过去的 10 年中，已经有十多套装置配置了前加氢工艺来处理常压渣油，丙烯收率达到 9%(质)以上。

**表 6-20　常压渣油 DCC 产率(大庆石化公司 DCC 装置)**

| 大庆常压渣油 | | 产率/%(质) | |
|---|---|---|---|
| 密度(20℃)/($g/cm^3$) | 0.9012 | 干气 | 11.7 |
| 残炭/%(质) | 4.7 | $C_3+C_4$ | 48.3 |
| 氢/%(质) | 12.84 | $C_5$+汽油 | 18.9 |
| 饱和烃/%(质) | 55.5 | 轻柴油 | 12.1 |
| 芳烃/%(质) | 28.0 | 焦炭 | 8.0 |
| 胶质/%(质) | 15.7 | 损失 | 1.0 |
| 沥青质/%(质) | 0.8 | 烯烃 | |
| 镍/(mg/kg) | 6 | 乙烯 | 6.85 |
| | | 丙烯 | 24.83 |
| | | 丁烯 | 15.27 |

PetroFCC 工艺具有从汽提段到进料提升管底部的待生催化剂循环线路，如图 6-30 所示。如表 6-21 所示，该设计的原理是待生催化剂在相同转化率下活性较低，但比再生催化剂选择性更好。

**表 6-21　待生催化剂的选择性**

| | 再生催化剂 | 待生催化剂 |
|---|---|---|
| 初始碳/%(质) | 0.0 | 0.91 |
| 微反活性 | 64.5 | 55.0 |
| 转化率 70%(质)时的产品收率/%(质) | | |
| 干气 | 2.0 | 2.1 |
| 汽油 | 49.3 | 50.0 |
| 焦炭 | 2.9 | 1.6 |

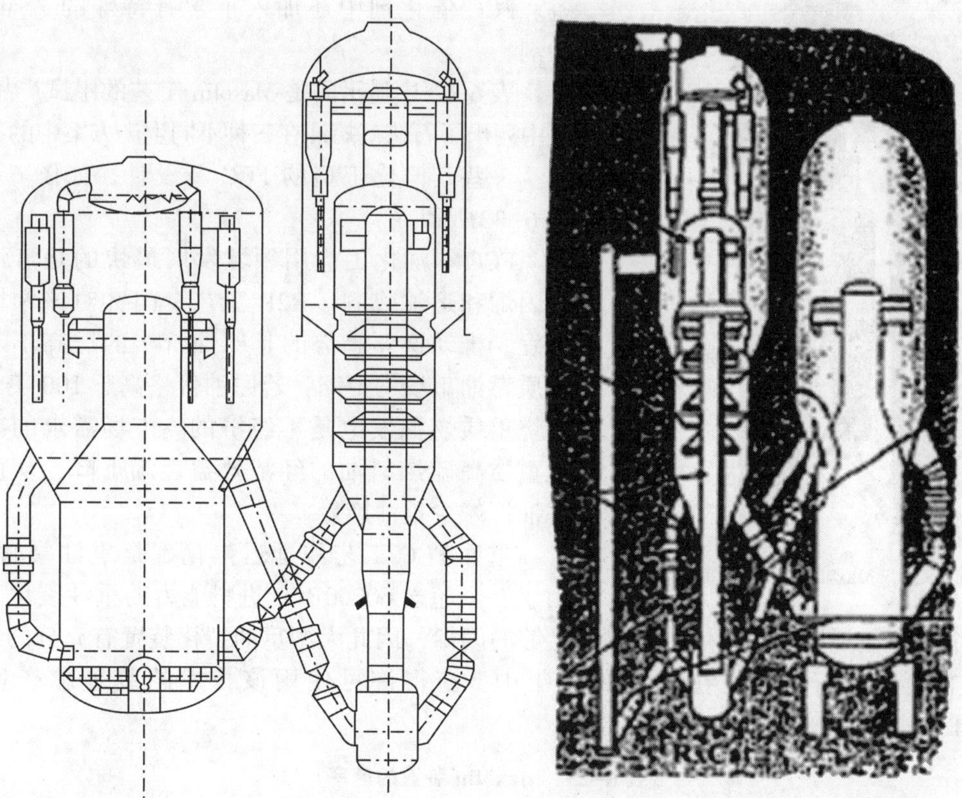


图 6-30 PetroFCC 工艺(UOP)

通过调整待生催化剂循环量，可提高反应的剂油比，并降低初始再生催化剂的活性。

PetroFCC 装置使用了许多与典型 UOP FCC 装置相同的技术，包括 Optimix 喷嘴和旋流快分系统，并可选择性配置在较高温度下操作、用于石脑油再裂化的第二提升管。

为了提高轻烯烃产率，应使用较低的烃分压(10～30psia)、较高的反应温度(1000～1150℉)，添加 10%～25%(质)的择形助剂(择形分子筛)。最大化烯烃产率需要较高的转化率，因为在裂化过程中先生成的汽油最终转化成丙烯和丁烯。

PetroFCC 工艺的产品收率如表 6-22 所示。

**表 6-22 中试装置产品收率-PetroFCC 对比 FCC** %(质)

| 项目 | PetroFCC | FCC | 项目 | PetroFCC | FCC |
|---|---|---|---|---|---|
| 丙烯 | 22 | 4.7 | 乙烯 | 6 | ～1 |
| 丁烯 | 14 | ～6 | 汽油 | 28 | 53.5 |

尽管原料性质和操作条件未知，但是只有使用石蜡基原料，才能在常规 FCC 装置中获得如此高的汽油产率。

另一种提高烯烃产率的工艺设计是 Maxofin FCC 工艺，具有可使丙烯产率最大化的第二段提升管，如图 6-31 所示。该工艺基于 Kellogg 正流式 FCC 装置，同样配备如 Atomax 喷

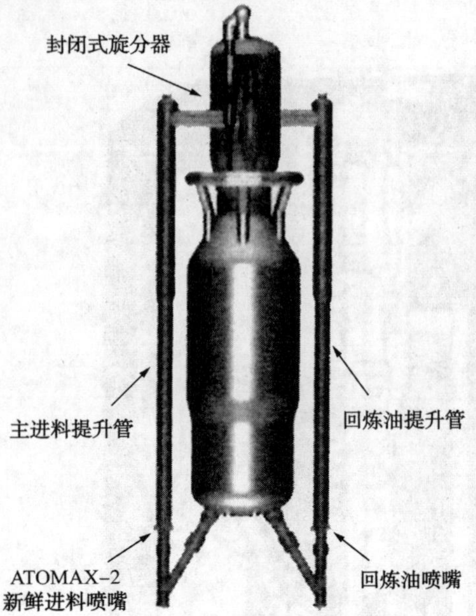

图 6-31 Maxofin 工艺(Kellogg)

嘴、封闭式旋风分离器以及同轴反应器-再生器等设备。FCC 催化剂中还加入了含有特殊的 ZSM-5 的助剂。

表 6-23 中显示的是 Maxofin 工艺的中试产品收率。表中列出了石蜡基蜡油在三种不同生产方案中的数据。

一些其他化工型的 FCC 新设计，如图 6-32 和图 6-33所示。

FCC 石油化工应用领域发展最快的是渣油裂解制丙烯和运输燃料。R2P 工艺专门针对该领域市场开发。推动这一趋势的是原油价格的居高不下以及重质燃油市场的萎缩，若原油价格高于 100 美元/桶，燃烧重质燃油发电是不经济的。市场需求的减少导致重质高硫燃料油的经济效益逐渐下降，从而导致炼油厂减少重油产量。

重油 FCC 工艺和延迟焦化都是重油裂解工艺。由于一个超过 60000B/D 进料能力的重油裂化装置可以为一个世界级规模的聚丙烯装置提供足够的丙烯，因此大型重油裂化装置有充分的条件与石油化工生产进行集成。在过去的 8 年中，获得许可使用该技术的装置总产量超过 500000B/D。

**表 6-23 Maxofin 装置的产率**

| | $C_3^=$ 方案 | 中间方案 | 燃料方案 |
|---|---|---|---|
| 回炼 | 是 | 否 | 否 |
| ZSM-5 | 是 | 是 | 否 |
| 反应温度/℃ | 538/593 | 538 | 538 |
| 产率/%(质) | | | |
| 干气 | 7.6 | 2.3 | 2.2 |
| 乙烯 | 4.3 | 2.0 | 0.9 |
| 丙烯 | 18.4 | 14.4 | 6.2 |
| 丁烯 | 12.9 | 12.3 | 7.3 |
| 汽油 | 18.8 | 35.5 | 49.8 |
| 焦炭 | 8.3 | 6.4 | 5.9 |
| 转化率/% | 86.4 | 87.7 | 85.4 |

进入石油炼制下一个十年，催化裂化仍处于重要地位。对汽油的持续增长的需求、原油中渣油市场需求减少、减压蜡油和常渣加氢处理技术的进步以及对石油化工原料需求的不断增长，将确保流化催化裂化装置在炼油和化工行业中仍处于特殊地位。

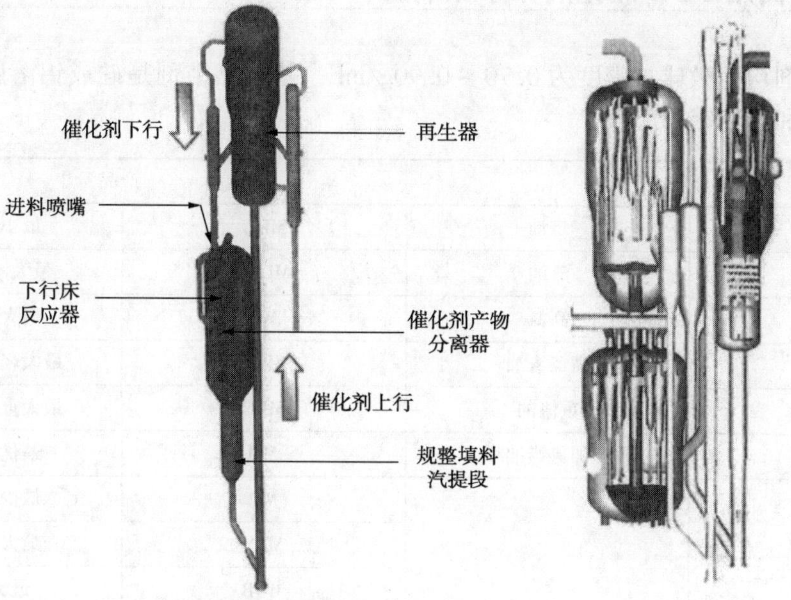


(a) HS-FCC工艺 (b) R2P工艺

图 6-32 HS-FCC（Nippon/Aramco）和 R2P（（Technip-Stone & Webster/Axens）工艺

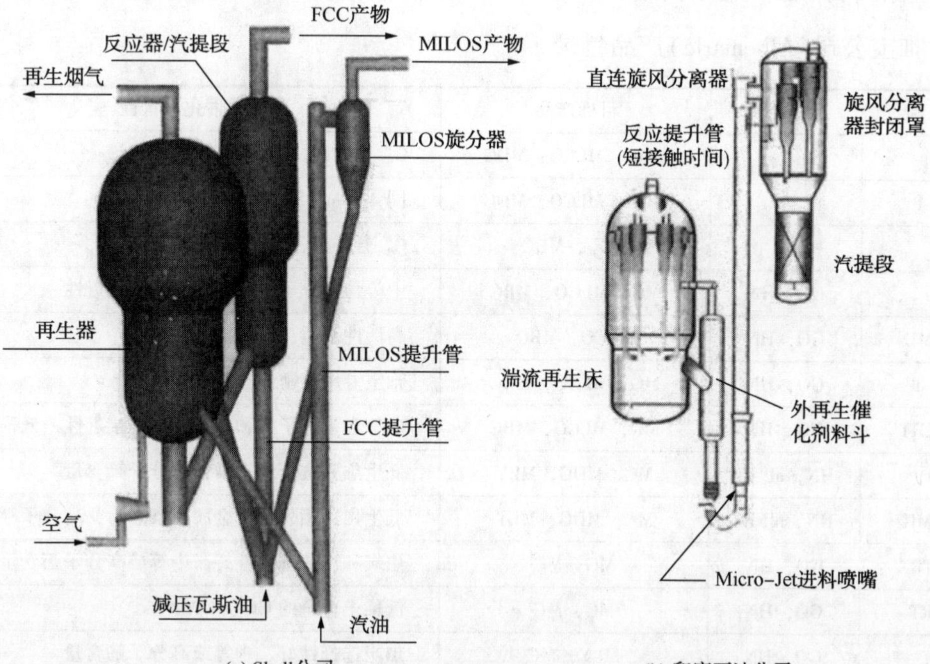


(a) Shell公司 (b) 印度石油公司

图 6-33 壳牌 Milos 工艺和印度石油公司 INDMAX 工艺

## 附录1　商用FCC催化剂和添加剂

所有催化剂均为微球，密度为0.70 ~0.90g/mL，基体黏结剂是硅或铝溶胶或硅铝氧化物，加入黏土和其他铝源。

| 原料 | | 产品 | |
|---|---|---|---|
| GO | 蜡油 | MDG | 最小干气收率 |
| R | 渣油 | MLPG | 最大液化气收率 |
| HN | 高氮 | MG | 最大汽油收率 |
| HNR | 高镍渣油 | MLCO | 最大轻循环油收率 |
| HR | 重渣油 | MBC | 最大重油转化能力 |
| HT GO | 加氢蜡油 | MO | 最优化辛烷值 |
| A | 所有 | MC | 最少焦炭产量 |
| | | MLY | 最大液相收率 |
| | | MOB | 最大辛烷桶 |
| | | MIO | 最大异构烯烃收率 |
| | | $MC_3^=$ | 最大丙烯收率 |
| | | $MC_4^=$ | 最大丁烯收率 |

注：以下表格中的相关缩写意义见本表。

（1）雅宝公司(Albemarle)产品目录

| 催化剂名 | 适用原料 | 目标产品 | 催化剂特性 |
|---|---|---|---|
| Action | A | MOB，MLCO，MDG | $C_4^=$ 分子筛，高可接近性 |
| Action T | A | MOB，MLCO，MDG | 同 Action，致密油原料 |
| AFX | A | $MC_3^=$，MBC | $C_3^=$ 分子筛，高可接近性 |
| Amber | GO，HN | MG，MLCO，MBC | 中等含量分子筛和基质，高可接近性 |
| Amber MD | GO，HN | MLCO，MBO | 高活性基质，高可接近性 |
| Amber T | GO，HN | MG，MLCO，MBC | 雅宝专用致密油加工催化剂 |
| Amber LRT | GO，HN | MG，MLCO，MBC | 中等含量分子筛和基质，高可接近性，低稀土 |
| Coral | HN，all Rs | MC，MDG，MLY | 低生焦，抗金属污染，高分子筛含量 |
| Coral SMR | HN，all Rs | MC，MDG，MLY | 低生焦，额外的抗金属污染能力，高分子筛含量 |
| GO-ULTRA | GO，HN | MG，MC | 焦炭和汽油选择性好，中等或高分子筛含量 |
| GO-LRT | GO，HN | MG，MC | 低稀土含量的 GO-ULTRA |
| RUBY | GO，HN | MLY，MC | 焦炭选择性好，中等或高分子筛含量 |
| R-ULTRA | HN，all Rs | MC，MDG，MBC | 焦炭选择性基质，抗金属污染 |

续表

| 催化剂名 | 适用原料 | 目标产品 | 催化剂特性 |
|---|---|---|---|
| Upgrader | HN，all Rs | MCB，MG，MLCO | 高活性基质，高可接近性，抗金属污染 |
| | | | 低生焦，高轻循环油产率，致密油加工，低稀土含量的升级版本 |
| | | | 所有催化剂，低排放 |

（2）中国石化石油化工科学研究院（RIPP）产品列表

| 催化剂名 | 适用原料 | 目标产品 | 催化剂特性 |
|---|---|---|---|
| CDOS/RICC-1 | R | MLY，MBC | 低焦炭产率，高催化剂稳定性 |
| DMMC-1 | GO，HT GO | MLPG，$MC_3^=$ | 生产石油化工产品 |
| CIP-2 | GO，R | MLY，MLPG | 抗金属污染，高稳定性 |
| GOR | GO，R | MC，MBC，MLY | 抗金属污染，高稳定性，低烯烃汽油，最小损失 |
| HGY | HR，R | MG，MLY | 抗金属污染，高稳定性，低烯烃汽油，高研究法辛烷值 |
| MLC-500 | A | MBC，MLCO | 低焦炭产率，抗金属污染，高稳定性 |
| CGP-1 | A | MBC，MLY | 高丙烯产率，最小焦炭产率，高稳定性 |

（3）Davison，W. R. Grace 公司产品目录

| 催化剂名 | 适用原料 | 目标产品 | 催化剂特性 |
|---|---|---|---|
| Achieve | R，GO | MG，MLCO | 抗金属的孔结构设计 |
| Alcyon | GO，HT GO | MG | 最大活性 |
| Aurora | GO，HT GO | MG | 耐磨性 |
| DieseliseR | GO，HT GO | MLCO | 特殊的孔结构 |
| Genesis | GO，HT GO，R | MG，MLCO | 低焦炭产率，高重油转化率 |
| Impact | R | MG | 中抗金属污染性，低焦炭和气体产率 |
| Midas | GO，HT GO，R | MLY，MBC | 高介孔含量，优化重油选择性 |
| NaceR | GO，HT GO | MLCO | 中等基质酸度，优化炭差 |
| Nadius | GO，HT GO | MG | 高活性和稳定性 |
| Nektor | R | MG，MLCO，$MC_3^=$ | 高金属钝化，低焦炭和气体产率 |
| PMC | GO，HT GO，R | $MC_3^=$ | 适合大部分进料 |
| ProtAgon | GO，HT GO | $MC_3^=$ | 低焦炭和气体产率，Y 型和 ZSM-5 沸石 |
| ReplaceR | GO，HT GO，R | MG，MLCO，$MC_3^=$ | 低或无稀土催化剂 |
| ResidCrackeR | R | MG，MLCO | 渣油转化率最大化，优化油浆收率 |
| SuRCA | GO，HT GO，R | MG，MLY | 低硫汽油 |

（4）巴斯夫(BASF)产品目录

| 催化剂名 | 适用原料 | 目标产品 | 催化剂特性 |
|---|---|---|---|
| PetroMax | GO | MCON | 高活性基质，高转化率 |
| NaphthaMax | GO | MCON，MBC，MC | 低焦炭产率，优化重油转化 |
| NaphthaMax II | GO | MCON，MBC，MC | 改善选择性 |
| NaphthaMax III | GO | MCON，MBC，MC | 最大烯烃产率，低焦炭 |
| HDXtra | GO | MLCO | 低氢转移 |
| Flex-Tec | R | MCON，MBC，MC | 重渣油 |
| Defender | R | MCON，MC | 抗钒性 |
| Endurance | R | MCON | 轻油渣油或加氢渣油 |
| Stamina | HR | MLCO，MDG，MBC | 重油渣油，高抗金属性 |
| Aegis | R | MCON，MLCO，MC | 抗金属污染，更好的产率 |
| Fortress | HNR | MCON，MDG，MC，MBC | 和 Flex-Tec 相比改进的金属钝化性能 |
| BituPro | GO，R | MCON，MLCO | 高沥青质原料进料 |
| Converter | GO | MCON，NBC | 转化率助催化剂 |
| HDUltra | GO | MLCO | 增产轻循环助剂 |
| HDUltra-R | R | MLCO | 渣油进料增产轻循环助剂 |
| MPS | GO | MLPG，MLY | ZSM-5，高丙烯产率 |
| NaphthaClean | GO | MCON | 最大汽油产率 |

（5）催化裂化助剂

| | 产品名称 | 说明 |
|---|---|---|
| 烟气脱硫助剂(硫转移助剂) | | |
| Albemarle | $KDSO_x$ | 标准 |
| | $DuraSO_x$ | 高活性，中间馏分油生产方案 |
| | $SO_x$ Master-2 | 无稀土 |
| W. R. Grace | DESOX | |
| | DESOX OCI | |
| BASF | $EnviroSO_x$ | |
| Sinopec | RFS-C | |
| Intercat | Super $SO_x$ Getter | 完全燃烧装置 |
| | Super $SO_x$ Getter II | 完全燃烧，低稀土 |
| | Super $SO_x$ Getter II DM | 中间馏分油生产方案 |
| | Super $SO_x$ Getter III | 最低稀土含量 |
| | $LoSO_x$-PB Plus | 部分燃烧和两段再生 |
| | $LoSO_x$ Special | 后置洗涤塔装置 |

续表

| | 产品名称 | 说明 |
|---|---|---|
| 烟气脱硝助剂 | | |
| Albemarle | $ELIMINO_x$ | 非铂基 |
| | InsituPro-2 | 最小铂负载分布 |
| W. R. Grace | $DeNO_x$ | |
| Intercat | $NO_x$ Getter | 减少 $NO_x$ 和 HCN |
| | $NoNO_x$ | |
| BASF | $CLEANO_x$ | |
| 汽油降硫助剂 | | |
| W. R. Grace | GSR 5 | |
| | D-PriSM | |
| BASF | LSA | 增产汽油 |
| Intercat | LGS series | |
| Sinopec | MS011 | |
| Metal passivation 金属钝化剂 | | |
| Albemarle | BCMT-500 | 高可接近性和高基质比表面 |
| | BCMT-LRT | 同 BCMT-500，低稀土 |
| Intercat | Cat-Aid | 捕获钒和铁 |
| Nalco | Nickel passivation | 锑化物 |
| 流化助剂 | | |
| Albemarle | Smoothflow | 小粒径分布 |
| | HACTifine | 高活性，小粒径分布 |
| Intercat | FloCAT | |
| BASF | EZ Flow/EZ Flow Plus | |

| 重油转化助剂 | | 说明 |
|---|---|---|
| Albemarle | BCMT-500 | 高基质含量，抗金属污染 |
| | BCMT-LRT | 相同但低稀土 |
| Intercat | BCA-105 | 最大柴油产率 |

（6）辛烷值助剂(含五元环结构单元产品)

| | | |
|---|---|---|
| Albemarle | DuraZOOM | 最大化液化气烯烃和辛烷值 |
| | IsoZOOM | 丁烯产率高，高辛烷值 |
| | OCTUP-3 | |

续表

| | | |
|---|---|---|
| W. R. Grace | OlefinsMax | 高分子筛 |
| | OlefinsUltra | |
| | OlefinsUltra HZ | |
| BASF | ZIP | 高活性，高烯烃和高辛烷值 |
| | MOA | 高烯烃和高辛烷值 |
| Sinopec | MP051 | 高丙烯产率 |
| Intercat | PENTA-CAT | 中等或低活性 |
| | Z-CAT HP | 中等活性，优化辛烷值和丙烯 |
| | Super Z | 高活性 |
| | Super Z Excel | 高活性，最大丙烯产率 |
| | Super Z Exceed | 更高活性增产丙烯 |
| | PropylMax | 高丙烯产率，不增加汽油烯烃 |
| | ISOCAT | 低液化气收率，高辛烷值 |
| | OCTAMAX | 高辛烷值汽油，最小液化气产率 |
| | ZMZ | 丁烯选择性 |
| | ZMX-C HP | 低液化气收率 |

| | 产品名字 | 说明 |
|---|---|---|
| | CO 助燃剂 | |
| Albemarle | KOC-15 | 铂基 |
| | InsituPro | 最大铂负载分布 |
| | ELIMINO | 非铂基 |
| | InsituPro-2 | 最大铂负载分部 |
| W. R. Grace | CP3，CP5 | 控制 CO 含量的含铂助剂 |
| | CP P，$XNO_x$ W | 低 $NO_x$ 排放 |
| Intercat | COP-NP，COP-NP II | 低 $NO_x$ 排放 |
| | COP-250，375，555，850 | 数字表示铂含量 |
| BASF | COnquer | 最小 $NO_x$ 排放 |
| | USP/PROCAT | 铂基 |
| 金属捕捉剂(Flush catalyst) | | |
| W. R. Grace | ENCORE | 针对高金属平衡剂 |

## 参考文献


Additives play important role in FCC development. Oil Gas J. 50–52 (1991). 23 Sept 1991

Advanced catalytic olefins (ACO), in *KBR Technical Brochure* (2013)

Advanced control and information systems 2001, Hydrocarb. Process. 102

American Chemical Society, in *The Fluid Bed Reactor* (1998)

S.V. Anderson, Improved FCCU feed and catalyst contact. Pet. Technol. Q, Spring, 55–59 (1999)

R. D'Aquino, Refiners get cracking on petrochemicals. Chem. Eng. **106**, 30–33 (1999)

L.R. Anderson, H.S. Kim, T.G. Park, H.J. Ryu, S.J. Jung, Operations adjustments can better catalyst cooler operations. Oil Gas J **97**, 53–56 (1999)

A.A. Avidan, M. Edwards, H. Owen, Innovative improvements highlight FCC's past and future. Oil Gas J. 33–58 (1990a)

A.A. Avidan, F.J. Krambeck, H. Owen, P.H. Schipper, FCC closed-cyclone system eliminates post riser cracking. Oil Gas J. 56–62 (1990b)

P.H. Barnes, Tutorial: basic process principles of residue cat-cracking, in *AIChE, 1998 Spring National Meeting*, New Orleans, 8–12 Mar 1998

S. Benton, Advanced technology for increasing LPG and propylene production, in *2nd Bottom of the Barrel Technology Conference (BBTC 2002)*, Istanbul, Turkey, 8–9 Oct 2002

D. Bhattacharyya, Convert resid to petrochemicals, in *International Conference on Refining Challenges and Way Forward*, New Delhi, 16–17 Apr 2012

M.G. Bienstock, D.C. Draemel, P.K. Ladiwig, R.D. Patel, P.H. Maher, A history of FCC process improvement through technology development and application, in *AIChE Spring Meeting*, Houston, 28 Mar–1 Apr 1993

C.A. Cabrera, Recent innovations UOP RCC/FCC technology, Katalistiks Technology Seminar, New Orleans, 15 Dec 1988

R.J. Campagna, A.S. Krishna, Advances in resid cracking technology, in *Katalisticks 5th Annual FCC Symposium*, 23–24 May 1984

I.B. Cetinkaya, UOP PetroFCC process, in *Grace Refining Seminary*, (Singapore), 18–20 Sept 2002

I.B. Cetinkaya, Plug flow vented riser. U.S. Patent 5,449,497

L. Chapin, W. Letzsch, D. Dharia, Deep catalytic cracking for petrochemical and refining application, in *Proceedings Petrotech–95*, India, 1995

L.E. Chapin, W.S. Letzsch, T.E. Swaty, Petrochemical options from deep catalytic cracking and the FCCU. Harts Fuel Technol. Manag. 30–33 (1998)

Y.-M. Chen, D. Brosten, A new technology for reducing NOx emissions from FCC regenerators, in *NPRA Annual Meeting*, Paper AM-08-16

Y. Chen et al., Stripper technology – how to get more profits from FCC units, in *NPRA Annual Meeting*, Mar 2005

Y. Chen et al., U.S. Patent 5,979,799

Complete combustion of CO in cracking process. Chem. Eng. (1975)

K. Couch, FCC propylene production technology integrations to optimize yields, in *Grace 13th European Technology Conference*, Rome, 4–7 Sept 2007

B. Dahlstrom, K. Ham, M. Becker, T. Hum, L. Lacijan, T. Lorsbach, FCC reactor revamp project execution and benefits, in *NPRA Annual Meeting*, paper AM-96-28

R. Dean, J.-L. Mauleon, W. Letzsch, Resid puts FCC process in new perspective. Oil Gas J. (1982a)

R. Dean, J.-L. Mauleon, W. Letzsch, Total introduces new FCC process. Oil Gas J. **80**, 168 (1982b)

D. Decroocq, *Catalytic Cracking of Heavy Petroleum Fractions* (Editions Technip, IFP, Paris, 1984)

E.J. Demmel, H. Owen, U.S. Patent 3,791,962

Exxon Research and Engineering Company, *Flexicracking IIIR State-of-the-Art Cat Cracking Commercial Brochure*, Lummus Engr

A. Fu, D. Hunt, J.A. Bonilla, A. Batachari, Deep catalytic cracking plant produces propylene in Thailand. Oil Gas J. **96**, 49–53 (1998). 1/12/98

FCC as resid processing option, in *Indian Oil R&D Technical Presentation* (2012)

Fluid catalytic cracking technology, in *KBR Technical Brochure* (2013)

Y. Gao, C. Xie, Z. Li, DCC update and its commercial experiences, in *5th Stone and Webster/Axens FCC Forum*, May 2002

W. Gilbert, C.A. Baptista, A.R. Pinho, Exploring FCC flexibility to produce mid-distillate and petrochemicals. ACS Div. Petr. Chem. **51**(2), 417–420 (2006)

P.E. Glasgow, A.A. Murcia, Process and mechanical design considerations for FCC regeneration air distributors, in *Katalistiks 5th FCC Symposium*, Vienna Austria, May 1984

R.J. Glendinning, H.L. MCQuiston, T.Y. Chan, Implement new advances in FCC process technology. Fuel Reformulation 3/4, (45–53) (1995)

R.J. Glendinning, H.L. McQuiston, T.Y. Chan, *New Developments in FCC Process Technology*

J. Haruch, U.S. Patent 5,673,859, Lummus Brochure

C.L. Hemler, *FCC Historical Perspective and Major Process Changes*, CFB-4 FCC Tutorial (1993)

C.L. Hemler, D.A. Lomas, D.G. Tajbi, FCCU reflects technological response to resid cracking. Oil Gas J. **82**, 79–86 (1984)

B.W. Hewrick, J.P. Koebel, I.B. Cetinkaya, Improved catalyst stripping from cold flow modeling. PTQ Autumn, 87–95 (2002)

J.M. Houdek, J Anderson, Market Trends and opportunities in petrochemical propylene production, in *NPRA Annual Meeting*, AM-05-58

R. Hu et al., Effect of hydrocarbon partial pressure on propylene production in the FCCU. Catalagram **103**, 21–30 (2008)

D. Hunt et al., Implementation of state of the art FCC technology for improved reliability, in *AFPM Annual Meeting*, AM-14-28, 23–25 Mar 2014

G.E. Jacobs, C. Santner, W. Letzsch, Regenerator design to minimize catalyst deactivation and reduce emissions, in *NPRA Annual Meeting*, AM-08-18, San Diego, Mar 2008

D.L. Johnson, FCC Catalyst Stripper, Int. Patent WO96/04353

T.E. Johnson, Improve regenerator heat removal. Hydrocarbon Processing 55–57 (1991)

T.E. Johnson, R.K. Miller, New developments in resid FCC technology. Paper presented at the Institute for International Research, Singapore, 9–10 May 1994

F.H.H. Khouw, M.J.P. C. Nieskens, M.J.H. Borley, K.H.W. Roebschlaeger, The shell residue fluid catalytic cracking process commercial experience and future developments, in *NPRA Annual Meeting*, Paper AM-90-42

J. Knight, R. Mehlberg, Maximize propylene from your FCC unit. Hydrocarbon Processing reprint, (2011)

K.V Krikorian, J.C. Brice, FCC's effect on refinery yields. Hydrocarb. Process. 63–66 (Sept 1987)

A.S. Krishna, C.R. Hsieh, A.R. English, T.A. Pecoraro, C.W. Cuehler, Additives improve FCC process. Hydrocarb. Process. **70**, 59–66 (1991)

C. Leckenbach, A.C. Worley, A.D. Reichle, E.M. Gladrow, Cracking-catalytic, in *Encyclopedia of Chemical Processing and Design*, vol 13 (Marcel Dekker, New York), pp. 1–133

W.S. Letzsch, Controlling FCCU dilute phase reactions. PTQ Q2. 49–53 (2005)

W.S. Letzsch, Fluid catalytic cracking in the new millennium, in *NPRA Annual Meeting*, Paper AM-99-15

W.S. Letzsch, P.A. Minton, FCC revamps. Hydrocarb. Eng. 32–35 (2000)

W. Letzsch, R. Blinkhorn, Maintaining the reliability of the FCC unit. PTQ **8**, 1–6 (2003)

W. Letzsch, D. Lawler, Processing resid through FCCUs. PTQ Q2 **11**, 65–69 (2006)

W. Letzsch, J.-L. Mauleon, G. Jones, R. Dean, Advanced residual fluid catalytic cracking, in *Katalistiks 4th Annual FCC Symposium*, Amsterdam, May 1983

W. Letzsch, C. Santner, S. Tragesser, More than 60 ways to improve your FCC operation, in *NPRA Annual Meeting*, AM-09-70, San Antonio, Mar 2009

W. Letzsch, K. Peccatiello, M. Tibbits, Evolution of residual FCC technology, in *NPRA Annual Meeting*, Paper AM-07-34

W.S. Letzsch, D.J. Dharia, W.H. Wallendorf, J.L. Ross, FCC modifications and their impact on yields and economics, in *NPRA Annual Meeting*, Paper AM-96-44

W.S. Letzsch, D. Dharia, J.L. Ross, The future of catalytic cracking, in *NPRA Annual Meeting*, Paper AM-97-65

Z.T. Li, W.Y. Shi, R.N. Pan, F.K. Jiang, DCC flexibility for isoolefins production, in *American Chemical Society 206th National Meeting*, Chicago, 22–27 Aug 1993

M. Lippman, Innovative technology to improve FCC flexibility, in *AFPM Annual Meeting*, AM-12-26, San Diego, Mar 2012

J.S. Magee, M.M. Mitchell Jr., *Fluid Catalytic Cracking Science and Technology* (Elsevier, Amsterdam, 1993)

C.R. Marcilly, R.R. Bonifay, Catalytic cracking of resid feedstocks. Arab. J. Sci. Technol. **21**(48), 627–651 (1996)

J. L. Mauleon, J. C. Courcelle, FCC heat balance critical for heavy fuels. Oil Gas J. 64–70 (1985)

J.L. Mauleon, J.B. Sigaud, Mix temperature control enhances FCC flexibility in use of wider range of feeds. Oil Gas J. **85**, 52–55 (1987)

S.J. McCarthy, M.F. Raterman, C.G. Smalley, J.F. Sodomin, R.B. Miller, FCC technology upgrades: a commercial example, in *NPRA Annual Meeting*, Paper AM-97-10

R.A. Meyers, *Handbook of Petroleum Refining Processes*, 2nd edn. (McGraw-Hill, New York, 1996). Chapters 3 thru 7

R. Miller, FCC's role in refinery-petrochemical integration, in *Grace Refining Technology Conference*, Singapore, 18–20 Sept 2002

R. Miller, Y.-L. Yang, E. Gbordzoe, D.L. Johnson, T. Mallo, New developments in FCC feed injection and stripping technologies, in *NPRA Annual Meeting*, Paper AM-00-08

J.R. Murphy, Designs for heat removal in HOC operations, in *Petroleum Refining Conference*, JPI, Tokyo, Oct 1986

J.R. Murphy, Evolutionary design changes mark FCC process. Oil Gas J. **18**, 49–58 (1992)

P. Niccum, Maximizing diesel production in the FCC-centered refinery, in *AFPF Annual Meeting*, AM-12-43, San Diego, Mar 2012

P.K. Niccum, M.J. Tallman, D.H. Grittman, KBR catalytic olefins technologies provide refinery/petrochemical balance, in *25th JPI Petroleum Refining Conference*, Tokyo, 26–27 Oct 2010

P.K. Niccum et al., Maxofin: a novel FCC process for maximizing light olefins using a new generation of ZSM-5 additive, in *NPRA Annual Meeting*, Paper AM-98-18

P.K. Niccum et al., Future refinery-FCC's role in refinery/petrochemical integration, in *NPRA Annual Meeting*, Paper AM-01-61

M. Nieskens, Milos-Shell's ultimate flexible FCC technology in delivering diesel/propylene, in *NPRA Annual Meeting*, Paper AM-08-54

M.J.P.C. Nieskens, F.H.H. Khouw, M.J.H. Barley, K.H.W. Roebschlaeger, Shell's resid FCC technology reflects evolutionary development. Oil Gas J. **37**, 37–44 (1990)

W.L. Pierce, D.F. Ryan, R.P. Souther, T.G. Kaufmann, Innovations in flexicracking, in *API Div. of Refining 37th Midyear Meeting*, New York, 10 May 1972

A. Pinho, P.P. Neto, J.G.F. Ramos, J.A.M. Castillero, Double riser FCC: an opportunity for the petrochemical industry, in *NPRA Annual Meeting*, Paper AM-06-13

Propylene or diesel fuel? Just change the controls. Chem. Eng. 20 (2008)

J.A. Rabo, Zeolite chemistry and catalysis, in *ACS Monograph 171*, ed. by J.S. Magee, J.J. Blazek, Chapter 11, Preparation and Performance of Zeolite Cracking Catalysts (1979)

M.F. Raterman, U.S. Patent 5, 409,872

J. Ross FCC Technology Seminar Technip/Axens, San Francisco, (2013)

R.E. Ritter, J.C. Creighton, D.S. Chin, T.G. Roberie, C.C. Wear, Catalytic octane from the FCC, Grace Catalagram. No. 74 (1986)

C.Y. Sabottke, Eur. Patent 0444860A1

A.V. Sapre, P.H. Schipper, F.P. Petrocelli, Design methods for FCC feed atomization, in *AIChE Symposium Series*, vol 88, pp. 103–109

P.R. Satbhai, J.M.H. Dirkx, R.J. Higgins, P.D.L. Mercera, Best practices in shell FCC units, in *Akzo Nobel Catalyst Seminar*, Mumbai, India, Oct 1998

M.W. Schnaith, D.A. Kauff, Resid FCC regenerators: technology options and experience, in *NPRA Annual Meeting*, Paper AM-97-13

M.W. Schnaith, A.T. Gilbert, D.A. Lomas, D.N. Myers, Advances in FCC reactor technology, in *NPRA Annual Meeting*, Paper AM-95-36

A.G. Shaffer Jr., C.L. Hemler, Seven years of operation prove RCC capability. Oil Gas J. 62–70 (1990)

W. Shi, C. Xie, Y. Huo, X. Zhong, DCC family technology for producing light olefins from heavy oils. Chin. Petr. Process. Petrochem. Technol. **2**, 15–21 (2001)

D. Soni, Next generation stripper design commercialized, in *Lummus Paper* (2007)

D. Soni et al., Maximize olefins through catalytic cracking Indmax FCC process (2008). www.digitalrefining.com/article/1000205

A.M. Squires, Circulating Fluidized Bed Technology, in *The Study of Fluid Catalytic Cracking: The First Circulating Fluid Bed*

J. Stell, Worldwide catalyst report. Oil Gas J. 56–76 (2001)

Superflex, in *KBR Technical Brochure* (2013)

M.J. Tallman, C. Eng, Catalytic routes to olefins, in *Grace European Technical Conference*, Rome, 4–7 Sept 2007

M.J. Tallman, C.N. Eng, Propylene on purpose. Hydrocarb. Eng. (2010)

M.J. Tallman et al., Advanced Catalytic Olefins (ACO): first commercial demonstration unit begins operations, in *AICHE Spring National Meeting*, Chicago, 14–17 Mar 2011, p. 74b

A.K. Rhodes, Number of catalyst formulations stable in a tough market. Oil Gas J. **95**, 41–72 (1997)

L.L. Upson, H.V.D. Zwan, Promoted combustion improves FCCU flexibility. Oil Gas J. **85**, 65–70 (1987)

I.A. Vasalos, E.R. Strong, C.K.R. Hsieh, G.J. D'Souza, New cracking process controls FCCU SOX. Oil Gas J. **75**, 141–148 (1977)

P.B. Venuto, E.T. Habib Jr., *Fluid Catalytic Cracking with Zeolite Catalysts* (Marcel Dekker, Boca Raton, 1979)

P. Walker, R. Peterman, RFCC units set new standard for propylene production. PTQ Q4, 83–92 (2012)

C.C. Wear, R.W. Mott, FCC catalysts can be designed and selected for optimum performance. Oil Gas J. 71–79 (1988)

J.W. Wilson, Modernizing older FCCU's, in *NPRA Annual Meeting*, Paper AM-00-09

J.W. Wilson, First Stone and Webster/ IFP Licensors' Forum (Osaka Revamp) (1994)

J.W. Wilson, *Fluid Catalytic Cracking Technology and Operation* (Pennwell, Tulsa, 1997)

E.G. Wollaston, W.J. Haflin, W.D. Ford, G.J. D'Souza, FCC model valuable operating tool. Oil Gas J. **87**, 87–94 (1975). 9/22/75

L. Wolschlag, K. Couch, UOP FCC design advancements to reduce energy consumption and $CO_2$ emissions, in *NPRA Annual Meeting*, AM-09-35, San Antonio, Mar 2009

L. Wolschlag, K. Couch, UOP FCC innovations developed using sophisticated engineer tools, in *NPRA Annual Meeting*, AM-10-109, Phoenix, Mar 2010

R.E. Wrench, P.C. Glasgow, FCC hardware options for the modern Cat cracker, in *AIChE National Meeting*, Los Angeles, 17–22 Nov 1991, Paper 125C

L.C. Yen, R.E. Wrench, A.S. Ong, Reaction kinetic correlation equation predicts fluid catalytic cracking coke yield. Oil Gas J. **86**, 67–70 (1988)

O.J. Zandona, W.P. Hettinger Jr., L.E. Busch, Reduced crude processing with Ashland's RCC process, in *API 47th Midyear Refining Meeting*, New York, 13 May 1982

# 第 7 章　石油加工中的加氢裂化

## 7.1　引言

加氢裂化是一种灵活的催化炼制工艺，可以应用于不同馏分油品加工过程。加氢裂化通常用于加工常减压蒸馏的重馏分油及渣油。表 7-1 显示了加氢裂化所用原料及获得的产品(Scherzer 和 Gruia，1996；Robinson 和 Dolbar，2006)。该工艺通过加氢提高反应产物氢碳比，去除硫化物等杂质，将重质物料转化到所需馏程，以生产符合环保规范的产品。化学反应涉及碳—碳键断裂和加氢反应等，通过这些反应将原料中大分子化合物转化为小分子化合物。主要产品涵盖重柴油到轻石脑油馏分，相比原料，其产品馏分更轻、饱和程度高。加氢裂化工艺可在多种条件下设计和生产。工艺设计取决于多种因素，如进料类型、所需运行周期和产品规格。主要操作条件：体积空速(LHSV)：0.5~2.0$h^{-1}$；氢油体积比(对循环氢)：5000~10000SCFB；氢分压 1500~2000psia(103~138bar)；运行初期(SOR)温度：650~725℉(343~385℃)。加氢裂化是一种适合生产符合或超过现行所有环境法规产品的过程。

**表 7-1　加氢裂化原料及产品**

| 原料 | 产品 |
|---|---|
| 直馏汽油 | 液化石油气 |
| 减压蜡油 | 车用汽油 |
| 催化裂化循环油和催化油浆 | 重整料 |
| 焦化蜡油 | 喷气燃料 |
| 热裂解原料 | 柴油燃料 |
| 脱沥青油 | 加热油 |
| 直馏和裂化石脑油 | 乙烯装置原料，润滑油、润滑装置原料、催化裂化原料 |
| 费托合成油 | 馏分燃料 |
| 油砂沥青 | 馏分燃料 |

表 7-2 对未来的预测表明加氢裂化将是一个稳定增长的市场。已建加氢裂化能力估计在每天 600 万~700 万桶之间。据估计，目前世界上已建催化剂产能为 30kt。2013 年石油输出国组织(OPEC)世界石油展望如表 7-2 所示，加氢裂化的需求增长的动力有两个方面：一方面是馏分油价值相对汽油价值的不断提高；另一方面是世界范围内低硫汽油和柴油生产引起的脱硫工艺需求的增加。

表 7-2　2013 年 OPEC 世界石油展望

| 全球产能需求 2012~2035/(千桶/天) | | | | |
|---|---|---|---|---|
| 现有项目 | 额外需求 | | 总增量 | |
| | 2012~2018 | 2018~2020 | 2020~2030 | 2012~2035 |
| 加氢裂化 | 2.2 | 1 | 3.2 | 6.4 |
| 脱硫 | 6.9 | 6.7 | 13.5 | 27.1 |
| 其中：减压蜡油/渣油 | 0.9 | 0.7 | 1.7 | 3.3 |
| 馏分油 | 2.8 | 5 | 9.8 | 17.6 |
| 汽油 | 3.2 | 1 | 2 | 6.2 |

随着市场变化和燃料消费的变化，导致从高汽油需求向高馏分油需求的转变，许多炼油商正在对其现有设施进行改造，以便改进其炼油厂的一体化程度，或者对结构进行调整，以适应灵活的产品需求。自 2009 年以来，全球加氢裂化能力增长约 2%，全球柴油需求增长约 2%，未来 3 年，对加氢处理与加氢裂化结合的需求预计每年增长 6%。

## 7.2　发展历程

现代加氢裂化技术从 1960 年开始应用。然而，加氢裂化的悠久历史可追溯到 20 世纪早期(Scherzer、Gruia，1996；Robinson、Dolbear，2006)。加氢裂化技术是 20 世纪 10 年代在德国发展起来的，当时加氢裂化技术是用于煤炭转化，通过国内煤矿资源的转化来保障液体燃料的供应。

1927 年，德国建立了第一座褐煤加氢工厂。煤液化需要高压 3000~10000psig(207~690bar)，高温(700~1000℉，371~538℃)的催化工艺(燃料和动力部，1947)。1925~1930 年，德国法本工业公司与新泽西州标准石油公司合作开发了加氢裂化技术，将重蜡油转化为轻质燃料(Heinemann，1981)。其他研究小组也在研究如何开发技术来升级重质石油馏分(Pier，1949)。第二次世界大战后，中东的原油开始供应，它们的蜡油和热裂化原料很容易在催化裂化中加工，所以加氢裂化变得不那么重要了。根据当时对汽油的需求和环境法规，催化裂化工艺对于将重质石油馏分转化为汽油更为经济。

随着交通运输业的发展，加氢裂化技术在 20 世纪 50 年代重新兴起。20 世纪 50 年代中期，汽车工业开始生产高性能汽车，其发动机需要高辛烷值汽油。这一需求导致生产汽油的催化裂化工业大规模扩张，但副产品是大量难裂解的催化裂化循环油，难以转化为汽油和轻质产品。加氢裂化能够将这些难以转化的副产品转化为理想的汽油和柴油馏分，因此一些炼油厂采用了这项技术。与此同时，铁路从蒸汽发动机转向柴油发动机，商业航空开始成为一个庞大的产业，需要更多航空燃料。这三个行业都增加了对成品油的需求，新开发的加氢裂化工艺的灵活性使由重质原料生产燃料成为可能。

1959 年，雪佛龙研究公司(Chevron Research Co.)宣布了一种新的加氢裂化工艺，称为“异构裂化”(Stormont，1959)。Unocal，当时称为联合石油公司(Union Oil Co)，与埃索公司(Esso)联合，介绍了一种称为“联合加氢裂化 JHC”(Oil Gas J 1960)的加氢裂化工艺。20 世纪50年代末，UOP公司公布了Lomax的“加氢裂化工艺”(Sterba和Watkins，1960)。到20世纪60年代中期，已有7种不同的加氢裂化工艺获得许可(Scott和Patterson，1967)。

目前，各种环境法规都在推进汽油和柴油产品中硫含量的降低，在某些场合还包括了汽柴油中芳烃含量的降低，这刺激了世界各地各种加氢处理装置的增长。在美国，二级汽油标准硫含量从不受控制的水平降低了90%。2004~2007年，平均含硫量为30μg/g，最终的三级汽油标准硫含量降低到10μg/g。这一级别是计划中的，但尚未强制执行。

然而，在欧洲基本上执行的是零硫标准，而日本正朝着10μg/g的标准迈进。随着汽油和柴油中硫含量达到较低水平，世界范围内加氢处理和加氢裂化能力均有较大增长，预计今后十年还将继续增长。

即使在世界部分地区，产品指标限制没那么严格，工艺也是为更严格的要求而设计的，以便炼油厂能够将其产品出口到世界任何地区，以提高其经济性。柴油的含硫量也受到了限制。如图7-1所示(略)，北美、欧洲、澳大利亚、日本柴油中硫含量较低，世界其他地区则较高(Akumu，2012)。

炼油厂已开始使用更重的原油，以提高炼油的利润率。其中一个新的原料来源是来自加拿大油砂沥青的合成原油和沥青混合物。这种密度更高、贫氢的减压蜡油比富氢物料需要更多的改质升级。页岩可产生页岩油，页岩油需要进行改质升级以满足产品需求；砷是一种存在于页岩油中的金属，在其他典型石油馏分中并不常见(Wier等)。如今，人们所需的产品种类发生了变化。过去对汽油产品的需求更高，尤其是在美国，因为汽车的发动机是汽油型的。现在，在世界范围内，对汽油的需求在减少，而对柴油的需求在增加。这种产品需求的变化有助于刺激对灵活加氢裂化工艺的需求。

早期的加氢裂化装置使用铁基、镍基或镍钨基金属的催化剂，以氧化铝或无定形硅铝为载体。

20世纪60年代加氢裂化技术快速发展，将分子筛组分引入到催化剂。分子筛催化剂与无定形催化剂存在显著差异，前者具有较高的活性、汽油选择性和较好的耐氨性(Baral and Huffman 1971；Bolton 1976)。在美国，加氢裂化主要用于生产高辛烷值汽油，但在世界其他地区，则主要用于生产中间馏分油。根据炼厂所需的产品类型，可选择不同的催化剂配方。

## 7.3 工艺流程

加氢裂化装置可以通过多种方式进行配置。该装置可以由一个或两个反应器组成，包含一种或多种催化剂。工艺过程可设计成一段或两段，采用一次通过或循环模式操作。配置的选择取决于进料特性和炼厂所需特定产品类型。如表7-3所示，操作装置主要有五种类型：缓和、中压、常规、部分转化和渣油加氢裂化。

表7-3 加氢裂化装置类型

| 装置类型 | 典型转化率/% | 总压/(bar/psig) | 氢分压/(barg/psig) | 反应器温度/(℃/℉) |
|---|---|---|---|---|
| 缓和加氢裂化(MHC) | 20~40 | 60~100/<br>870~1450 | 20~55/290~840 | 350~440/<br>662~824 |

续表

| 装置类型 | 典型转化率/% | 总压/(bar/psig) | 氢分压/(barg/psig) | 反应器温度/(℃/℉) |
| --- | --- | --- | --- | --- |
| 中压加氢裂化 | 40~70 | 100~110/1450~1600 | 50~95/725~1380 | 340~435/644~815 |
| 常规加氢裂化 | 50~100 | 110~200/1600~2900 | 95~140/1390~2030 | 340~435/662~842 |
| 渣油加氢脱硫(LC-fining) | 65~100 | 97~340/1400~3500 | 73~255/1050~2625 | 385~450/725~914 |
| 浆态床加氢裂化 | 80~97 | 138~241/2000~3500 | 103~206/1500~3000 | 426~471/800~880 |

### 7.3.1 单段一次通过

图 7-2 为单段一次通过加氢裂化装置的示意图，这是一个最简单的流程配置，是具有循环配置的单段加氢裂化装置的变型。原料和氢气混合后进入反应器。反应器流出物进入分馏装置，分馏塔底未转化重组分被送至其他单元。这是成本最低的加氢裂化装置，可以加工重的、高沸点的原料，并生产高价值的产品，包括塔底未转化油，可作为催化裂化装置、乙烯装置或润滑油装置的原料。

一般来说，反应转化率在 30%~80%(体)，但对于某些原料，转化率可高达 90%(体)。

### 7.3.2 单段循环加氢裂化

单段流程是应用最广泛的加氢裂化装置，其中循环油送回反应器部分，以便在单程转化率小的情况下最大限度地提高总转化率，如图 7-3 所示。这是最具成本效益的设计，转化率可达 100%，特别是用于最大化生产柴油或喷气燃料等重组分产品。

图 7-4 给出了比图 7-2 或图 7-3 所示更为详细的单段循环加氢裂化装置反应部分的流程图。新鲜原料通过换热器和加热炉预热到反应温度，然后在氢气存在情况下通过催化剂床层。反应器流出物料经过一系列分离器，在其中的冷高压分离器进行油气分离，分离的氢气回收并与补充氢气一起再循环回反应器。液体产品送往分馏装置，最终产品从循环油和未转化油中分离出来。在一次通过装置中，未转化油送出装置。在有循环操作的装置设计中，循环油与新鲜进料混合，如图 7-4 所示。

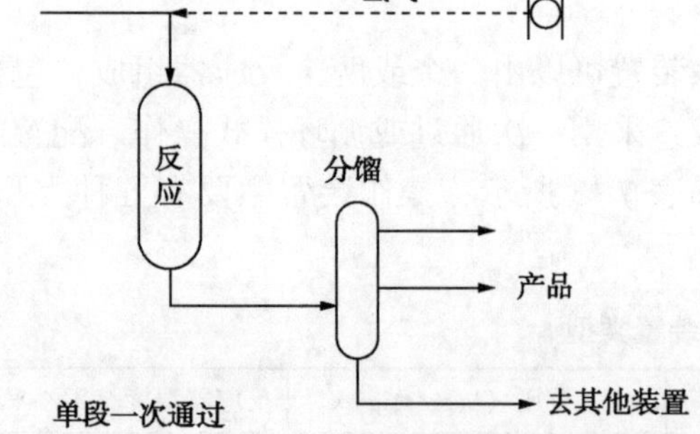

图 7-2　一次通过加氢裂化装置

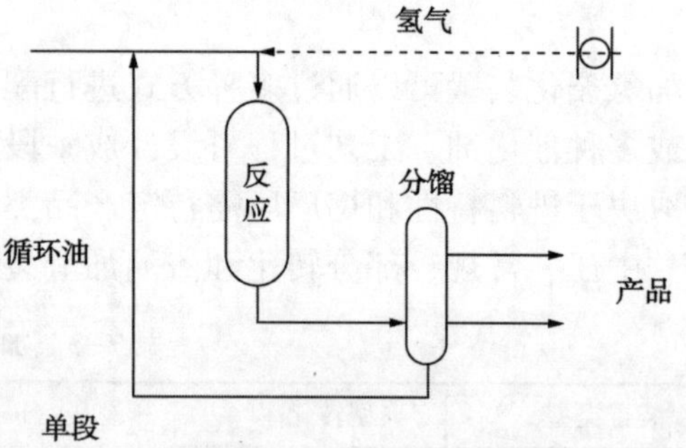

图 7-3　单段循环加氢裂化流程示意图

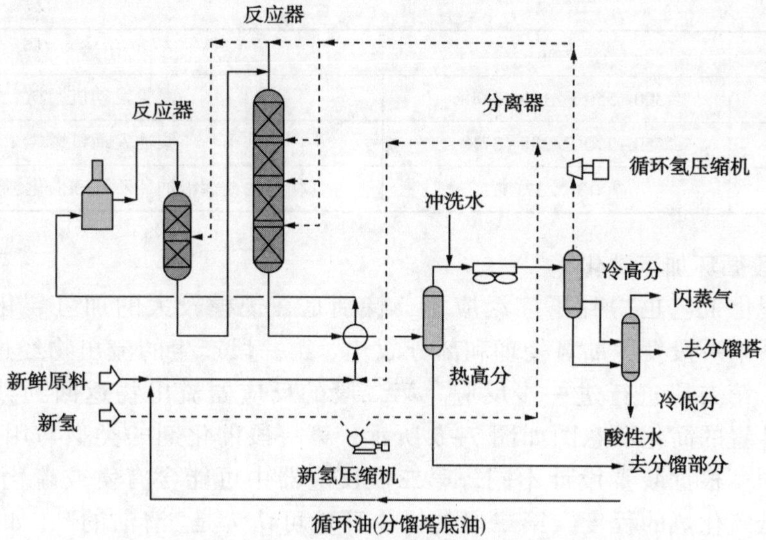


图 7-4　单段循环加氢裂化装置反应部分典型流程图

如化学反应部分(见“化学反应”一节)所述，反应部分具有两个功能：加氢处理和加氢裂化。如图 7-4 所示分别设有单独的加氢处理和加氢裂化反应器，但当使用某些类型的催化剂(如无定形催化剂)时，这两种功能可以在一个反应器中实现。在大多数现代装置中，加氢处理和加氢裂化使用不同的催化剂；但是，如果两种催化剂都能装在同一个反应器中，则不需要分别设置单独的反应器。

当同时设有加氢处理和裂化反应器时，加氢处理催化剂将原料中杂原子化合物中的有机硫和氮分别转化为硫化氢和氨。气相 $H_2S$ 和 $NH_3$ 对加氢裂化催化剂的危害程度远小于液相中相应的有机化合物。加氢处理催化剂也有助于芳烃的加氢饱和。在单段流程中，来自加氢处理的反应流出物通过加氢裂化催化剂，其中大部分发生加氢裂化。裂化反应是在 $NH_3$、$H_2S$ 和少量未转化的杂原子化合物的存在下进行的。加氢处理催化剂用于转化原料中的杂化合物。通常，这种硫化态钼、镍为加氢活性组分的催化剂负载于氧化铝载体上。反应器操作温度范围 570～800℉(299～427℃)，氢分压在 1250～2500psig(86～172bar)之间。在上述操作条件下，可发生杂原子脱除、加氢饱和及裂解反应。裂化催化剂在相同的氢分压下工作，对于无定形加氢裂化催化剂温度范围为 570～840℉(299～449℃)，对于分子筛催化剂高温范围到 825℉(440℃)。

反应流出物通过高压和低压分离器，在分离器中分离氢气。分离出的氢气和新鲜氢气混合，一起循环回反应器中。液体产品输送至分馏部分，最终产品与循环油和未转化油分离。分馏部分生产轻组分($C_{4-}$)和液体产品。液体产品分馏成各种馏分的产品。表 7-4 为产品组成及应用情况。

**表 7-4　加氢裂化装置的产品馏程及应用**

| | 产品 | 用途 |
|---|---|---|
| 气体、$C_4$-轻烃 | $C_3$、$C_4$ | 燃料气、烷基化进料、回收液化气、石油化工进料 |
| 轻石脑油 | $C_5$～175℉/$C_5$～80℃ | 汽油池调和组分，异构化装置原料 |
| 重石脑油 | 175～300℉/80～149℃ | 作为重整进料生产高辛烷值汽油、氢气和芳烃 |

续表

| | 产品 | 用途 |
|---|---|---|
| 喷气燃料/煤油 | 300~550℉/149~288℃ | 涡轮发动机燃料 |
| 柴油燃料 | 550~700℉/288~371℃ | 柴油发动机燃料 |
| 未转化油 | 700℉⁺/371℃ | 循环油或润滑油、乙烯和催化裂化装置原料 |

### 7.3.3 两段循环加氢裂化

两段加氢裂化工艺也得到了广泛应用，特别是在规模较大的加氢裂化装置上应用。在两段装置中，第一段发生加氢处理和部分裂化。第一段产生的流出物经过分离和分馏，未转化的油进入第二段进行进一步反应。第二段的反应器流出物返回到共用的分馏塔。两段加氢裂化装置的简化示意图如图7-5所示。第一段催化剂的类型与用于单段工艺流程的催化剂相同。根据装置设计不同，第二段反应器中可能含有氨或硫化氢。如果循环气体经洗涤到低硫化氢的程度，第二段的操作环境可认为是"清洁的"；如果不是，那么第二段的操作环境就是"含硫的"。第二段的催化剂有可能在几乎没有氨和硫化氢的情况下运行。因此，第二段使用的催化剂需要根据该反应环境进行调整，以最大限度地提高目标产品的选择性。

### 7.3.4 单独加氢处理的两段加氢裂化

与典型的两段加氢裂化工艺有所区别的一个工艺是第一段不含加氢裂化催化剂。单独加氢处理方案采用共用的或单独的循环氢流程。图7-6显示的是每段都有单独循环氢的流程，第二段允许在几乎没有硫化氢和氨的情况下运行。

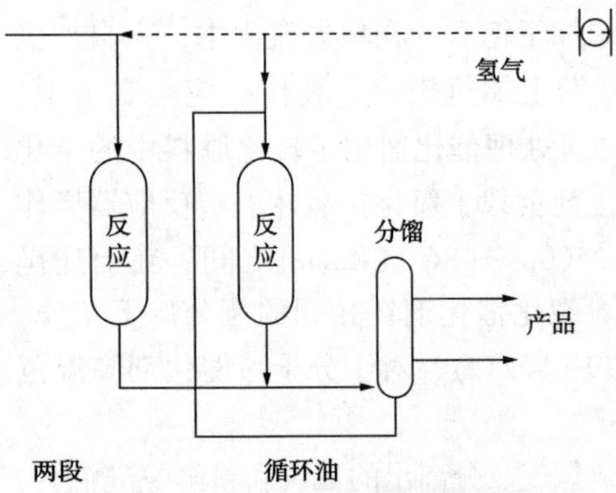


图7-5 两段加氢裂化流程示意图

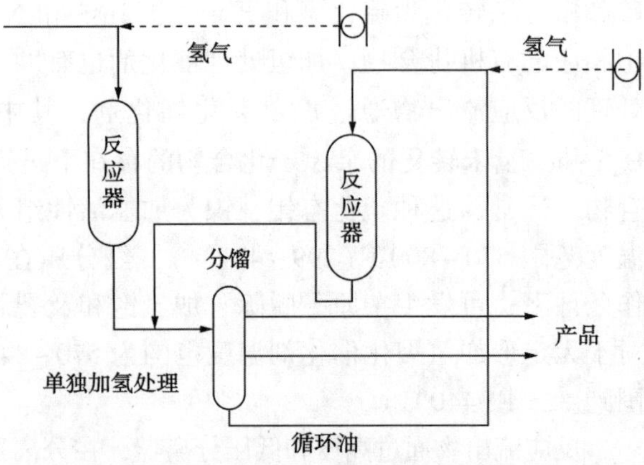


图7-6 单独加氢处理的两段加氢裂化流程示意图

## 7.4 加氢裂化反应器的设计和运行

加氢裂化反应器通常有下流式、固定床、滴流床等型式。加氢裂化操作条件苛刻(高压、高压、临氢、含氨和硫化氢)，反应器为特殊材料建造的厚壁容器。反应器通常是由2¼Cr-1Mo或3Cr-1Mo制成的圆柱形容器，采用稳定奥氏体不锈钢焊接复合层或内衬，以增加腐蚀保护。还使用了更特殊的材料，即在2¼Cr-1Mo或3Cr-1Mo反应器材料中加入少量钒，以提高其强度特性。加氢裂化反应器的典型图如图 7-7所示。

加氢裂化反应器的尺寸设计差异性大，取决于设计条件、满足分配要求的质量流率和允许压降等。商业上，反应器的内径可达 20ft(6.096m)。根据设计压力和内径大小，反应器壁的厚度可高达 1ft(30cm)。由于加氢处理/加氢裂化反应是放热的，因此放热是所有加氢裂化装置的共同特点，因此，必须对反应器温度进行控制。如图 7-7 所示，加氢裂化反应器包含多个单独的催化剂床层，在床层间设有冷氢以控制反应温度。

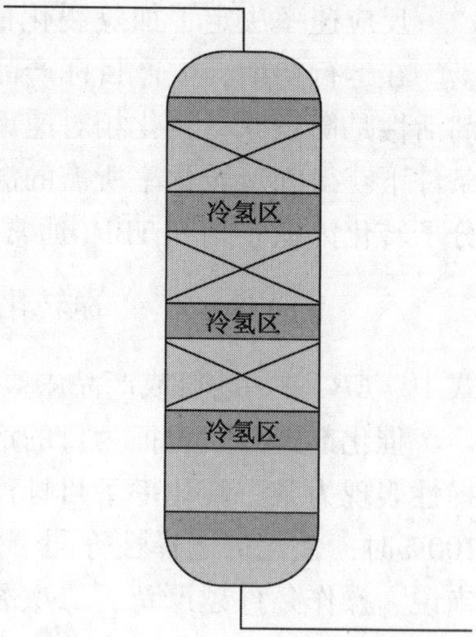

图 7-7 典型的加氢裂化反应器

反应器中催化剂床层的数量及其各床层的高度根据温升曲线和流体分布确定。每个床层的最大可接受温升取决于催化剂类型和操作安全标准。放热量与进料类型、操作苛刻度和催化剂类型有关。运行末期的最高限制温度取决于反应器材质和设计。对于最大量生产石脑油的加氢裂化装置，典型反应器床层设置是 5~6 个床层。对于生产中间馏分油的反应器，典型反应器床层设置是 3~4 个床层。商用催化剂床层高度可达 30ft(10m)。如果进料为直馏物料，典型的加氢处理反应器将有 2 个或 3 个床层，如果进料含有相当数量的裂化或芳香物质，则最多有 5 个床层。

由于加氢裂化是一个放热过程，为了控制反应速度，保证安全稳定的运行，从一个催化剂床层中流出的液体在进入下一个催化剂床层之前必须冷却，它是通过注入冷氢进行急冷来实现的。冷氢被引入急冷区，用于控制反应器温度，提高氢分压。催化剂床层的急冷区具有以下功能：

① 用冷氢冷却上一床层反应的流体；

② 确保进入下一催化剂床层的流体温度分布均匀；

③ 有效混合和均匀分散下一催化剂床层进料。

此外，进入下一催化剂床层流体的温度必须分布均匀，以使催化剂床层的径向温差最小。催化剂床层径向温度的不均匀会导致同一床层反应速率的不同，这可能会导致催化剂失活，严重时可能还会导致温度超温。

实现良好的质量流量分布也很重要。在急冷区，有效的气液混合和催化剂床层顶部流体的均匀分布，重新建立了催化剂床层内均匀的质量流量分布。另一个重要的参数是液体质量流量[lb/(h · $ft^2$横截面)]。由于气体质量流量对催化剂床层内液体分布几乎没有影响，液体质量流量是避免催化剂床层分布不良的决定性因素。建议液体操作时的液体质量流量应超过 2000lb/(h · $ft^2$横截面)，不建议在低于 1500lb/(h · $ft^2$横截面)的条件下运行。此外，如果液体质量流量低于推荐限值，增加气体质量流量也不会改善液体分布。

### 7.4.1 加氢裂化反应器操作

加氢裂化催化剂在运行过程中会逐渐失去活性。为了维持固定转化率，催化剂床层平均温度逐渐升高。很多情况下提温速度很小，一般小于 2℉/月(1℃/月)。当平均床层温度接近设计最高值时，必须更换或再生催化剂。由于催化剂提温速度相对较低，通常可以运行数年才需要更换掉失活的催化剂。预处理反应器催化剂也与之相类似。

反应速率决定了加氢裂化催化剂的关键性能，如初始活性、选择性、稳定性和产品质量。在运行初期，生产目标产品所需的温度是衡量催化剂初始活性的标准。一般来说，催化剂活性是衡量原料转化相对速率的一个指标。在加氢裂化中，催化剂活性是指在一定的工艺条件下获得固定转化率所需的温度。加氢裂化转化率通常定义为将高于规定实沸点(TBP)的分子转化为低于相同TBP(通常称为切割点)的产品：

$$净转化率=[(EP^{+}_{进料}-EP^{+}_{产品})/EP^{+}_{进料}]\times 100\%$$

式中　$EP^{+}$——进料或产品中高于期望切割点的比例。

催化剂选择性表征为目的产品流量与进料转化流量(或其他产物量)的比。加氢裂化选择性表现为某一转化率下目标产品的收率，收率是目的产品流量与进料流量比值。转化率为100%时，催化剂选择性等同于加氢裂化选择性。加氢裂化选择性受操作条件的影响，一般来说，操作条件越严苛，二次裂化倾向更严重。

催化剂稳定性是反应速率随时间变化的表征，加氢裂化装置通常在恒定转化率模式下运行，调整温度以保持所需转化率。加氢裂化活性稳定性定义为保持恒定转化率所需的单位时间温度变化。随时间推移，产品收率也会发生变化。加氢裂化收率稳定性定义为恒定转化率下收率随时间的变化，通常表示为温度的函数。

产品质量是工艺生产具有所需规格(如倾点、烟点或辛烷值)的产品能力的表征。表7-5为一些重要产品的质量和这些指标背后的化学组成基础。

**表7-5　产品质量化学组成基础**

| 期望的产品质量 | 化学组成基础 | 期望的产品质量 | 化学组成基础 |
|---|---|---|---|
| 高烟点 | 低芳烃含量 | 高辛烷值 | 高异构/正构烷烃比 |
| 低倾点 | 低正构烷烃含量 | | 高芳烃含量 |
| 低冰点 | 低正构烷烃含量 | 十六烷值 | 衡量烃类类型 |
| 低浊点 | 低正构烷烃含量 | 十六烷指数 | 与馏程范围和密度有关，评估十六烷值 |
| 低冷滤点 | 低正构烷烃含量 | | |

## 7.5　化学反应

加氢处理和加氢裂化的化学反应通常一起发生，统称为加氢处理。加氢处理和加氢裂化化学反应之间没有明确的区别，因为加氢处理反应器中也发生了一些加氢裂化，特别是在装置运行的末期或生产低硫产品时高温环境的操作中。加氢处理将有机含硫化合物中的S杂原子转化为$H_2S$，含氮化合物中的N杂原子转化为$NH_3$，含氧化合物中的O杂原子转化为$H_2O$(如果存在含氧化合物的话)。

加氢裂化通过裂解侧链和芳烃/烯烃饱和，将高碳数的原料分子转化为小分子量的产品。加氢裂化催化剂还将脱除加氢处理后残留在大分子化合物中的硫和氮。表7-6列出了加氢处理反应类型。加氢处理反应器和加氢裂化反应器之间反应进程的演变如图7-8~图7-10所示。

表 7-6 加氢处理反应类型列表

| 反应类型 | 其他反应 | 反应类型 | 其他反应 |
|---|---|---|---|
| 几乎没有 C—C 键断裂反应 | | 显著的 C—C 键断裂反应 | |
| 加氢脱硫(HDS) | $R—S—R^* + 2H_2 \rightarrow RH + R^*H + H_2S$ | 芳烃脱烷基反应 | $Θ—CH_2R + H_2 \rightarrow Θ—CH_3 + HR$ |
| 加氢脱氮(HDN) | $R═N—R^* + 3H_2 \rightarrow RH + R^*H + NH_3$ | 环烷烃开环反应 | 环—$C_6H_{12} \rightarrow C_6H_{14}$ |
| 加氢脱氧(HDO) | $R—O—R^* + 2H_2 \rightarrow RH + R^*H + H_2O$ | 链烷烃加氢裂化 | $R—R^* + H_2 \rightarrow RH + R^*H$ |
| 加氢脱金属(HDM) | $R—M + \frac{1}{2}H_2 + A \rightarrow RH + MA$ | 其他反应 | |
| 芳烃饱和 | $C_{10}H_8 + 2H_2 \rightarrow C_{10}H_{12}$ | 生焦反应 | $2\ Θ—H \rightarrow Θ—Θ + 2H_2$ |
| 烯烃饱和 | $R═R^* + H_2 \rightarrow HR—R^*H$ | 硫醇生成反应 | $R═R^* + H_2S \rightarrow HSR—R^*H$ |
| 异构化反应 | $n$-RH→$i$-RH | | |

注：来源于 Springer 加氢裂化基础。Θ代表芳烃，R、$R^*$ 代表烷基，M 代表铁、镍或钒，A 代表金属吸附材料。

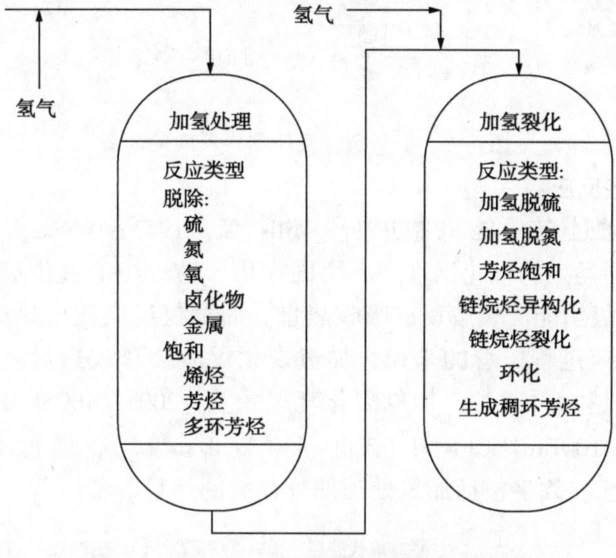


图 7-8 加氢裂化预处理和裂化段反应类型

加氢处理装置中有两种反应：杂质脱除(也称为预处理或加氢处理)和裂化(也称为加氢裂化)。加氢过程中的转化可分为理想反应和非理想反应。理想反应是脱硫脱氮、饱和(烯烃和芳烃分子加氢)和裂解(即侧链反应降低分子量)；非理想反应为污染物中毒(金属使催化剂失活)及催化剂结焦。

### 7.5.1 加氢处理反应

加氢处理反应脱除硫、氮、有机金属化合物、氧和卤化物，也会发生烯烃和芳烃饱和反应。硫、氮和金属几乎存在于所有类型的进料中，其含量取决于原油来源和/或除原油装置外生产额外原料的转化装置，如延迟焦化装置、催化裂化装置等。氧和卤化物并不总是存在。加氢处理反应按以下顺序进行：脱金属、烯烃饱和、脱硫、脱氮、脱氧、脱卤化物和芳烃饱和。

图 7-9 为加氢处理反应器中的反应进程。所有的处理反应都消耗氢。原则上，如果原料中硫含量为 1%，则脱除原料中的硫所消耗的氢气量为 100～150SCFB($17～25Nm^3/m^3$)；如果原料中的氮含量为 1%，则脱除原料中的氮所消耗的氢气量为 200～350SCFB($34～59Nm^3/m^3$)。通常，加氢处理每消耗 1SCFB 氢气产生的反应温升约为 0.1～0.2℉。

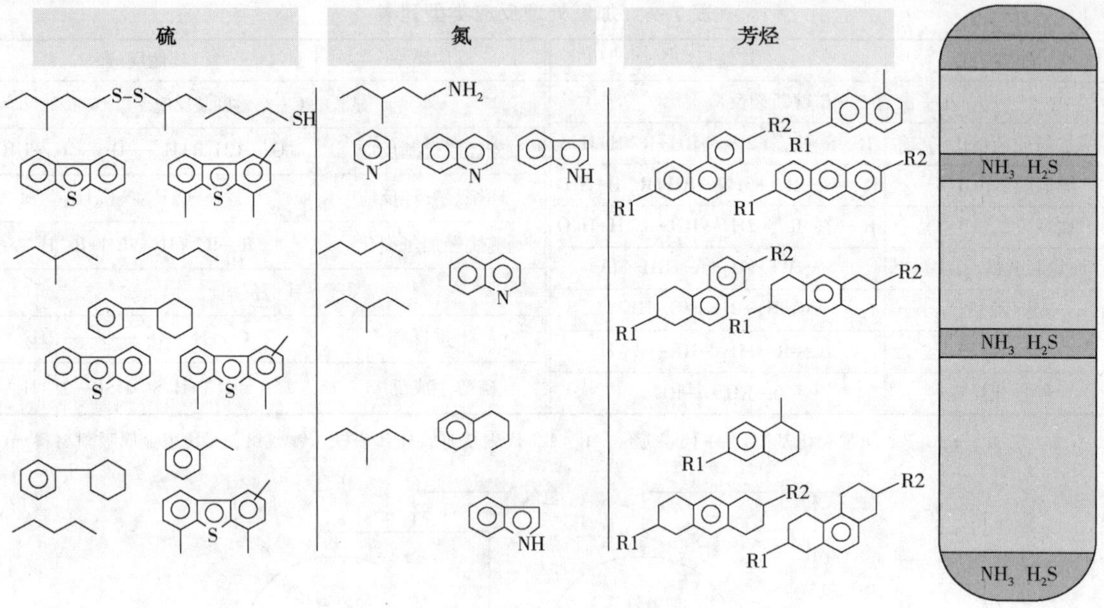


图 7-9 加氢裂化反应器内反应的演变

### 7.5.2 加氢裂化反应

加氢裂化反应通过双功能机制进行(Mills 等，1953；Weisz，1962；Sinfeld，1964，1983)，需要两种不同类型的催化活性中心协同作用。酸性中心提供裂解和异构化功能，金属中心提供脱氢和加氢功能。裂解反应吸收热量，而加氢反应放出热量。图 7-10 显示了加氢裂化反应器中的反应进程。总的来说，加氢裂化反应会释放热量；热量释放是氢耗的函数，氢耗越高，温升越大。通常，加氢裂化耗氢量为 1200~2400SCFB(200~420Nm$^3$/m$^3$)，典型热释放量为 50~100Btu/SCFB $H_2$(2.1~4.2 kcal/m$^3$ $H_2$)，即每 1SCFB 氢气消耗引起 0.1~0.2℉的温升。这一数字包括加氢处理部分释放的热量。

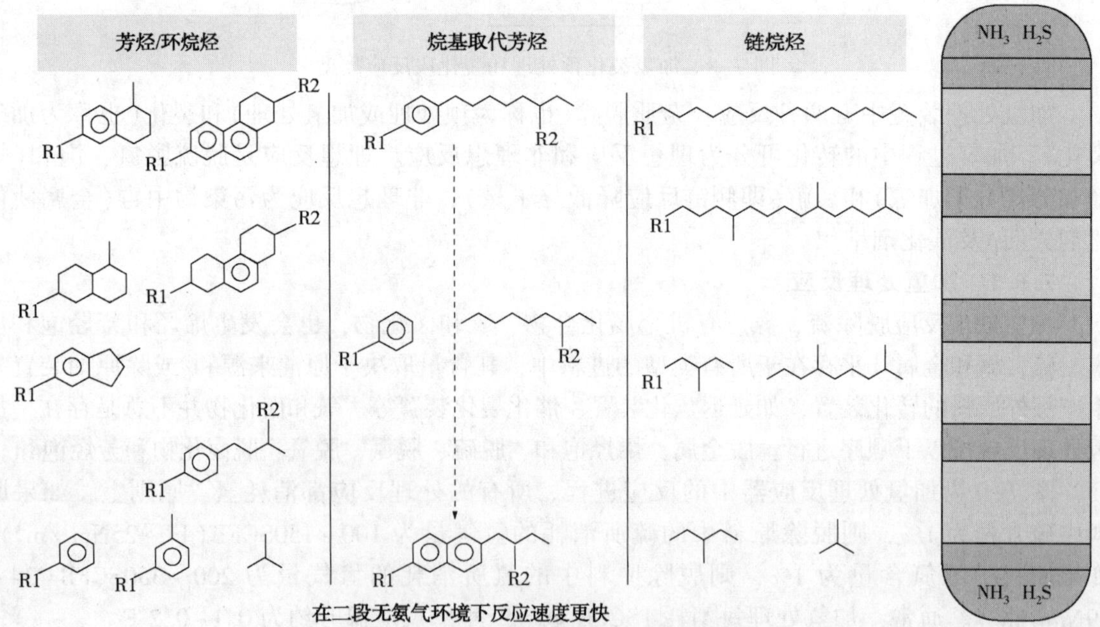


图 7-10 加氢裂化反应器内反应演化

一般来说，加氢裂化反应始于在催化剂金属活性中心上生成烯烃或环烯烃。然后，酸性中心将一个质子加到烯烃或环烯烃中，产生正碳离子。正碳离子裂化成更小的碳离子和更小的烯烃，这些是主要的加氢裂化产品。这些初级产品可以进一步反应生成更小的二次加氢裂化产品。反应可以在初级产物处终止，通过在酸性中心从正碳离子中提取质子，形成烯烃，在金属中心上进行烯烃饱和。图 7-11 展示了链烷烃加氢裂化的具体步骤。正碳离子通常异构化形成更稳定的叔碳离子。接下来，裂解反应发生在碳离子的 $\beta$ 位上（与离子电荷间隔一个碳的位置）。碳离子可以与烯烃反应，将电荷从一个片段转移到另一个片段上。这样，电荷就可以从一个较小的烃化合物片段转移到一个较大的片段上，从而更好地容纳电荷。最后，烯烃加氢完成整个反应过程。

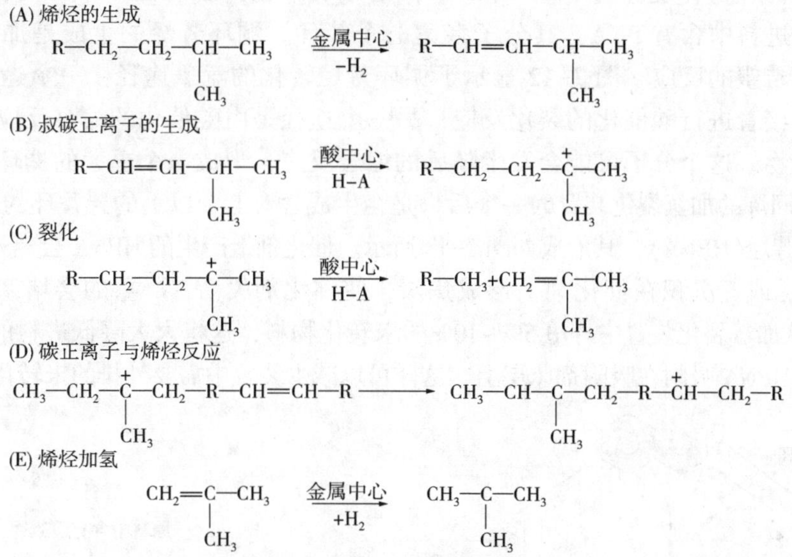


图 7-11 链烷烃分子加氢裂化步骤

加氢裂化机理对高碳烷烃裂化具有选择性，这种选择性在一定程度上是因为反应平衡更倾向于生成碳数较高的烯烃。此外，大分子链烷烃的吸附能力也较强。由于叔碳离子更稳定，正碳离子的中间体导致裂化产品发生广泛的异构化反应，尤其是对 $\alpha$-甲基异构体的异构化。最后，$C_1$~$C_3$ 产物含量很低，因为生成 $C_1$~$C_3$ 产物需要经历伯碳和仲碳离子过渡形式，而由于伯碳离子、仲碳离子不稳定，难以生成，因此，造成了加氢裂化过程 $C_1$~$C_3$ 组分含量低。

其他分子，如烷基环烷、烷基芳烃等，其反应机理类似，例如也是通过正碳离子的反应机理。

综上所述，加氢裂化按照双功能机理进行，包括金属中心的脱氢-加氢反应、酸性中心的碳离子形成以及碳离子的异构化和裂化。加氢裂化反应有利于大分子的转化，因为大分子生成烯烃的平衡倾向性更强，而且对大分子的吸附相对强度更大。加氢裂化产物异构化程度较高，$C_1$~$C_3$ 产物较低，单环相对稳定。

除加氢处理和加氢裂化外，加氢裂化装置还发生其他一些重要的反应，如芳烃饱和、稠环芳烃（PNA）和焦炭的生成。芳烃饱和是加氢裂化反应中唯一一个在催化剂使用寿命接近尾声达到较高温度时平衡受限的反应。由于平衡限制，当反应器温度升高以弥补焦炭形成和沉积造成的活性损失时，不存在完全芳烃饱和。表 7-7 显示了加氢反应器中发生主要反应的热力学性质。总的来说，加氢裂化的热力学平衡是有利的。典型的加氢裂化操作条件有利于裂化反应、脱硫和脱氮的发生。加氢裂化高氢分压的条件不利于初始阶段生成烯烃或环烯烃，其中小烷烃的脱氢反应最难进行。然而，烯烃和环烯烃的浓度足够高，这些中间体转化为正碳离子的速度足够快，所以总的加氢裂化速度不受平衡烯烃的限制。

表 7-7 主要加氢裂化反应热力学

| 反应 | 平衡 | 反应热 | 反应 | 平衡 | 反应热 |
|---|---|---|---|---|---|
| 芳烃饱和 | 高温不利 | 放热 | 加氢脱硫 | 有利 | 放热 |
| 加氢裂化 | 有利 | 放热 | 加氢脱氮 | 有利 | 放热 |

稠环芳烃(PNA)，也称为 PCA 或 PAH，是分子中至少含有两个苯环的化合物。通常，加氢裂化装置进料中含有 PNA，其分子多达七个苯环。稠环芳烃的生成是加氢裂化装置中一个重要但不希望的反应。图 7-12 显示了稠环芳烃转化的竞争途径：一个途径从金属催化环饱和开始，接着进行酸催化的裂化反应；另一个途径是由酸催化的缩合反应形成具有多个环的芳烃化合物，这个分子可能会发生随后的缩合反应，形成一个更大的稠环芳烃。

采用循环回炼的加氢裂化装置的一个后果是会生成含有七个以上的芳香环的稠环芳烃分子，被称为重稠环芳烃(HPNA)，其形成如图 7-13 所示。催化剂上产生的 HPNA 会离开反应器，导致下游设备结垢，或者沉积在催化剂上形成焦炭，使催化剂失活，严重的会堵塞设备。为降低 HPNA，可以从加氢裂化装置中外甩 5%~10%的未转化物料，这将大大降低进料的转化率；还有一种选择是将 HPNA 吸附在吸附剂床层上，这样可以减少装置中需要外排的未转化油量。

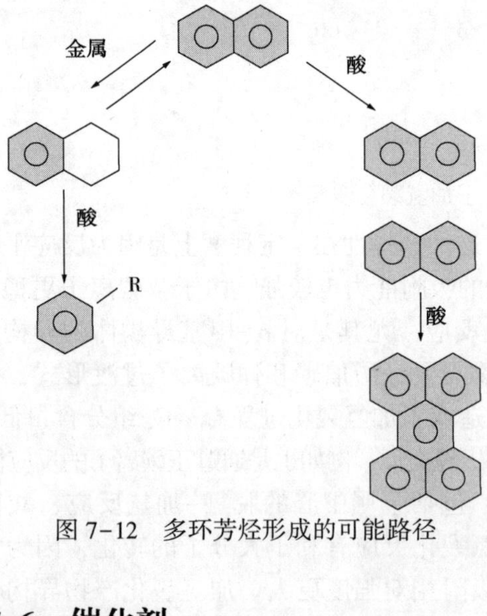


图 7-12 多环芳烃形成的可能路径

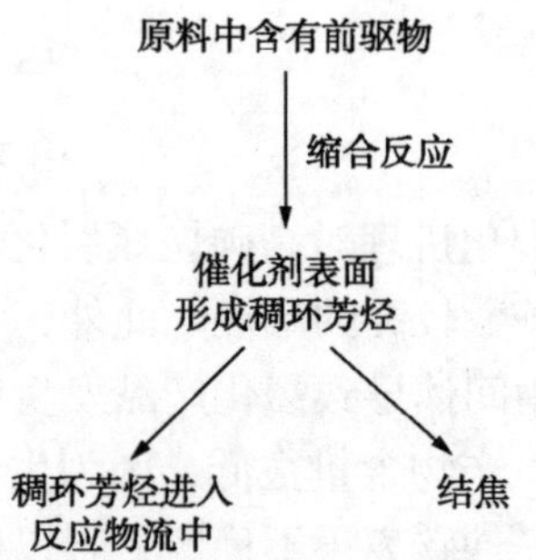


图 7-13 重稠环芳烃的生成

## 7.6 催化剂

如前所述，加氢裂化催化剂具有双重功能(Mills 等，1953；Weisz，1962；Sinfeld，1964、1983)。催化剂表面必须同时存在金属中心和酸性中心，才能发生裂化反应以及一些其他反应，如加氢异构化和脱氢环化。

提供加氢功能的金属可以是贵金属(铂、钯)或是来自 VIB 族(钼、钨)和 VIII(钴、镍)族的非贵金属(也称为"碱")的硫化物。如上所述，这些金属催化原料的加氢反应，使其对裂解和脱除杂原子更具反应活性，同时降低结焦率，它们还通过脱氢形成一个活泼的烯烃中间体来引发裂化。通过催化剂的裂化功能与加氢功能比重的调整，可优化反应活性和选择性。为了使加氢裂化催化剂有效，酸性中心和加氢中心之间必须有快速的分子转移，以避免不良的二次反应，快速的分子转移可以通过使加氢中心靠近裂化(酸)中心来实现。

### 7.6.1 催化剂的酸功能

在酸性载体上发生裂化和异构化反应，无定形硅铝(ASA)为无定形加氢裂化催化剂提供裂化功能，同时，也作为加氢金属的载体。有时，ASA 催化剂或 ASA 与分子筛的组合可用于生产高馏分油收率的加氢裂化催化剂。非晶态硅铝在低分子筛催化剂中也起到催化作用，分子筛，尤其是 Y 和 $\beta$，常用于高活性馏分油选择性催化剂和生产石脑油加氢裂化催化剂。其他酸性载体，如酸处理黏土、柱状黏土、层状硅酸盐、酸性金属磷酸盐和其他固体酸，过去也曾尝试过，但是，目前的加氢裂化催化剂并不包含这些材料。

由于氧化物结构中相邻阳离子的电荷差异，非晶态混合金属氧化物载体呈酸性。无定形硅铝(ASA)用于加氢裂化的优点是其孔容大，允许大分子原料分子进入酸性中心，同时活性适中，更容易获得高馏分油选择性所需的金属酸平衡。图 7-14 是硅—铝酸性中心的示意图。$Al^{3+}$取代 $Si^{4+}$必须有阳离子或酸性质子平衡。从该 B 酸中心脱除水，形成一个 L 酸中心。催化剂上的 B 酸中心，其酸性物质是一个质子化氢原子。催化剂上的 L 酸中心，其酸性物质是一个正离子，例如可以接受电子对的 $Al^{3+}$，而不是质子化氢。

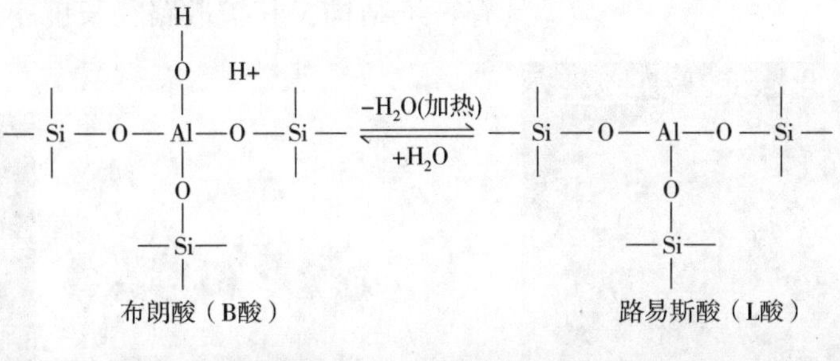


图 7-14 Si—Al 酸性中心

虽然可能的加氢裂化机制既可以表达为 B 酸作用机制也可以表达为 L 酸作用机制，但 B 酸酸性更合适，因为 L 酸可能催化焦炭的形成。

由于分子筛具有比 ASA 材料更高的酸性和更高的活性，因此用于加氢裂化催化剂。分子筛是由 $Al_2O_3$和 $SiO_2$四面体单元组成的结晶铝硅酸盐，形成带负电荷的微孔框架结构，骨架空腔内由大离子和水分子所占据，两者都具有相当大的运动自由度，允许离子交换和可逆脱水。硅和铝原子通过共享氧原子彼此四面体配位。分子筛成分与黏土矿物相似，都是铝硅酸盐，但分子筛是结晶，而黏土不是。如果移动阳离子与 $NH_4^+$(铵离子)交换，焙烧去除 $NH_3$，就形成一个 B 酸。通过适当改性，可以对分子筛进行调整，以在较高的活性下提供与 ASA 相同的产品产率。可移动的阳离子并不是骨架的一部分，而是分子筛的一部分，很容易交换。

B 酸和 L 酸都可存在于分子筛中，在不同的合成步骤中，酸中心的数量和强度是不同的。这些酸中心高度均匀，但每个分子筛都可能有多种类型的酸中心。以下因素影响了分子筛中酸中心的数量和强度：

① 占据离子交换中心的阳离子类型；

② 分子筛的热处理；

③ 分子筛中骨架硅铝比。

例如，Y 型分子筛可以通过处理改变 Si/Al 比，常用方法是热处理或水热处理。图 7-16 是稳定 Y 型分子筛水热处理后的图像。当铝被移除时，酸中心总数减少，因为每个质子都与骨架铝对应。如图 7-16 所示，脱铝过程在分子筛中也会形成一些介孔结构。尽管随着脱铝的进行，酸中心总数减少，但是分子筛中剩余酸中心的酸强度增大。因此，分子筛总酸性(由中心数和强度决定)在一个中等脱铝程度上达到峰值。分子筛的结晶度也在处理过程中改变，分子筛的酸中心浓度和强度将影响最终加氢裂化催化剂的性能。分子筛加氢裂化的主要优点是酸性强。

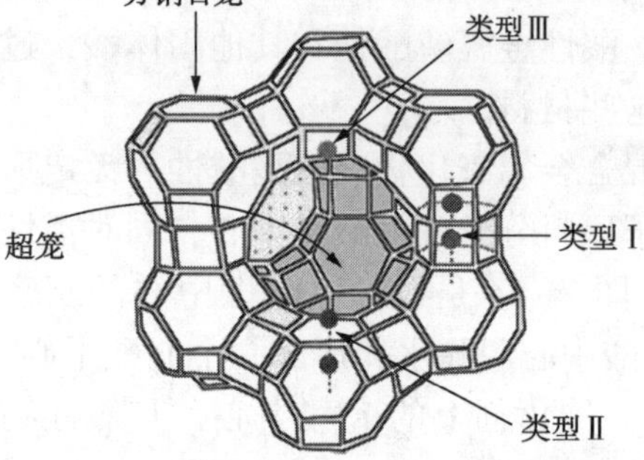


图 7-15 Y 型分子筛

合成一种用于加氢裂化的 Y 型分子筛如图 7-15 所示，其结构与天然的八面分子筛(Baerlocher 和 McCusker)几乎相同。Y 型分子筛具有三维孔道结构和相对较大的自由孔径，利于反应物接近酸中心，允许反应物在最小干扰下扩散进出。

一些加氢裂化催化剂中使用的 $\beta$ 分子筛结构如图 7-17所示(Baerlocher 和 McCusker)。$\beta$ 分子筛是另一种具有 12 环结构的分子筛，类似于八面分子筛，也具有三维结构，其扩散路径长度小于八面分子筛。

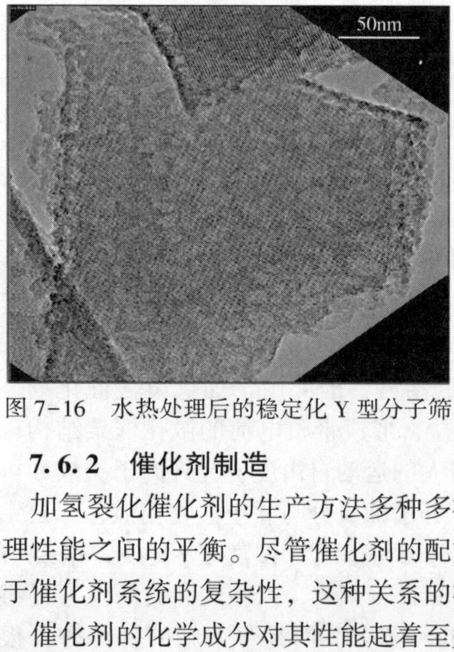


图 7-16 水热处理后的稳定化 Y 型分子筛

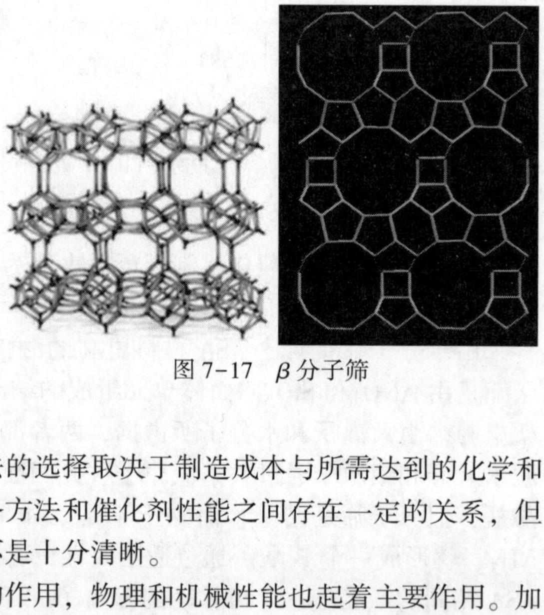

图 7-17 $\beta$ 分子筛

### 7.6.2 催化剂制造

加氢裂化催化剂的生产方法多种多样，方法的选择取决于制造成本与所需达到的化学和物理性能之间的平衡。尽管催化剂的配方、制备方法和催化剂性能之间存在一定的关系，但由于催化剂系统的复杂性，这种关系的机理并不是十分清晰。

催化剂的化学成分对其性能起着至关重要的作用，物理和机械性能也起着主要作用。加氢裂化催化剂的制备包括以下几个步骤：沉淀、过滤(倾析、离心)、洗涤、干燥、成型、焙烧和浸渍，也可能还需要其他步骤，如捏合、研磨和过筛。根据所用的制备方法，可以取消其中一些步骤，或增加其他步骤。例如，在某些工艺中使用湿固体前驱体的捏合或混捏，而不是沉淀。当金属前驱体与载体前驱体沉淀或混捏时，可以取消浸渍步骤。下面介绍加氢裂化催化剂完整的制造步骤。

(1) 沉淀

沉淀涉及溶液混合或材料悬浮，形成晶体或非晶型的沉淀。对湿固体材料进行研磨或捏合，随后干燥，达到团状物状态。研磨或捏合的产品经过热处理，通过热扩散和固相反应使各组分之间的接触更加紧密，均匀性更好。沉淀或研磨通常用于制备催化剂的载体，随后通过浸渍或初湿含浸法添加金属组分。

载体特性决定了催化剂的机械性能，如耐磨性、硬度和破碎强度。通常还需要较高的表面积和适当的孔径分布。沉淀制备的催化剂载体的孔径分布和其他物理性能也受沉淀析出、老化状况以及随后的干燥、成型和焙烧的影响。

(2) 成型

催化剂颗粒的最终形状和大小由制备过程决定。催化剂和催化剂载体可以有多种形状，如球形、圆柱形以及三叶草和四叶草形。球形催化剂载体可通过油柱成球法制得，该方法将原料液滴加到另外一种与之不相溶的液体中，瞬间产生球形沉淀。其他成球工艺还包括岩化。通常，出于对成本的考量，现代加氢裂化中球形催化剂应用较少，目前大部分催化剂采用非球形。非球形催化剂的制备，首先将原料混合形成湿面团状态，然后将湿面团通过带孔的模具挤出成型，经过干燥、焙烧，最后断成短条。催化剂载体典型的长径比在2~4之间。图7-18为挤出型载体制备过程。

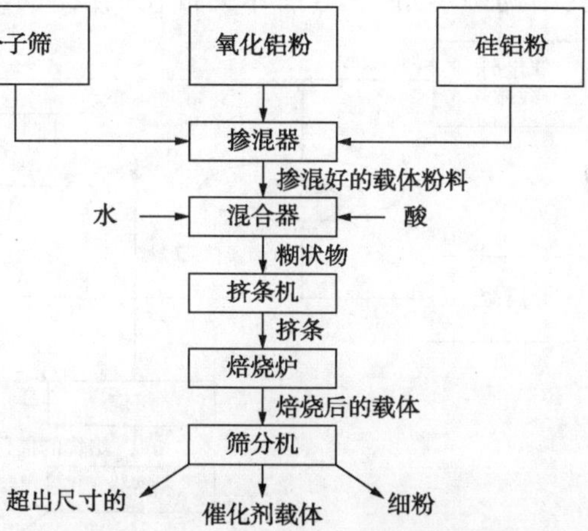


图7-18 挤出型载体制备过程

载体形状多种多样，最简单的是圆柱形，但其他形状如三叶草、扭曲三叶草或者四叶草形在工业上也有应用。相比于圆柱形催化剂，横截面为多叶草形的催化剂的比表面积较大，在应用于固定床反应器时，这些形状的颗粒有助于减小扩散阻力，可创造一个更通畅的床层并且减小压降。图7-19所示为工业应用的几种加氢裂化催化剂形状。

(3) 干燥和焙烧

热处理在成型载体浸渍之前和/或之后都有应用。对于沉淀法或者混捏法制备的催化剂(包括金属组分)，只有干燥步骤可能会在成型前操作。催化剂或载体的热处理过程脱除水和其他挥发性物质。干燥和焙烧的条件对催化剂的物理性质和催化性质至关重要。比表面积、孔径分布、稳定性、磨耗、压强度和催化活性都受干燥和焙烧条件的影响。

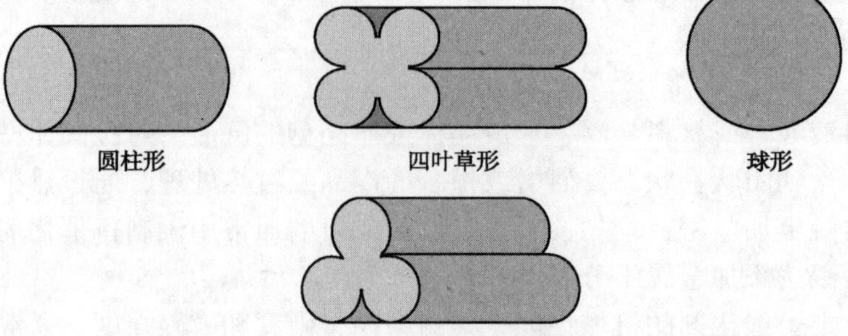


图 7-19　几种加氢裂化催化剂形状

（4）浸渍

将活性金属负载到催化剂上可以应用以下几种方法：沉浸法(过量浸渍法)；初湿含浸法(类似等体积浸渍)；蒸发法。第一种是最常用的方法，焙烧后的载体浸没在过量的金属化合物溶液中，溶液填充到载体的孔内，同时也吸附到载体表面，然后将过量的溶液排出。初湿含浸法是将一定体积的溶液倾倒或者喷射到活化的载体上，该溶液具有成比例的金属化合物，以获得目标金属水平，浸渍溶液的体积通常是等于或者略低于载体的孔容。负载金属的载体再进行干燥和焙烧，金属氧化物在此过程中形成，焙烧步骤又称为氧化过程。在蒸发浸渍法中，载体被水或者酸溶液饱和，然后沉浸在溶解金属化合物的水溶液中，金属化合物通过水相扩散到载体的孔结构中。图 7-20 所示为催化剂浸渍示例。

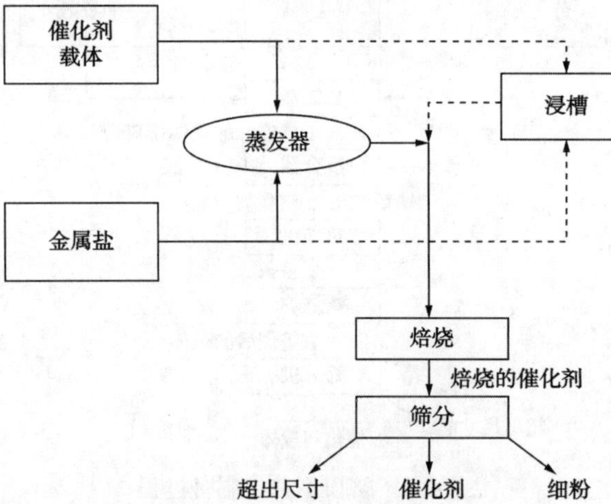


图 7-20　活性金属负载催化剂载体示例

## 7.7　催化剂装填和催化剂活化

### 7.7.1　催化剂装填

催化剂装填有两种方法：稀相装填(普通装填)和密相装填。稀相装填是将催化剂倒进装在反应器上方的料斗中，料斗中的催化剂通过帆布筒滑入反应器中。密相装填于 20 世纪 70 年代开始应用，是借助机械设备进行催化剂装填。稀相装填的催化剂床层空隙率较大，

在滴流式反应器中，密相床由于催化剂装填更加均匀，因此以更大的床层压降换取反应器内物流分布更加均匀。大多数馏分油加氢裂化反应器都是滴流式。如果扩散限制可以忽略，密相装填能够使单位体积反应器的催化剂质量最大化，从而提高单位反应器体积的反应速率，是一种更为可取的方式。密相装填的另一个优点是它能使催化剂平整均匀，从而改善气液两相在床层的分布状况。催化剂颗粒的方向性对气液相反应物体系来讲十分重要，尤其当使用圆柱形催化剂时。当催化剂颗粒在床层中水平摆放时，沟流几乎可以被消除。液相分布不均通常发生在稀相装填的床层中，因为这种方法装填的床层催化剂颗粒往往向下倾斜，朝向反应器壁，导致床层空隙率增大，从而使液相分布变差。在所有影响催化剂利用率的因素中，装填被认为是非常重要的一个因素。除了个别加氢裂化反应器因超过设计处理量而受压降限制外，全球大部分装置都是密相装填。

现在的催化剂常用特定顺序装填，以使整个反应器可以最有效地运行，装填方式有利于保护加氢处理和加氢裂化催化剂。在反应器入口分配盘下面的第一床层装填适于脱除、捕集进料中的金属和颗粒的催化剂，这种方法又称为活性和粒度分级装填法，或称“级配床层”，如图 7-21 所示。级配床层中的材料颗粒较大，图 7-22 所示为级配床层材料。

图 7-21 级配床层

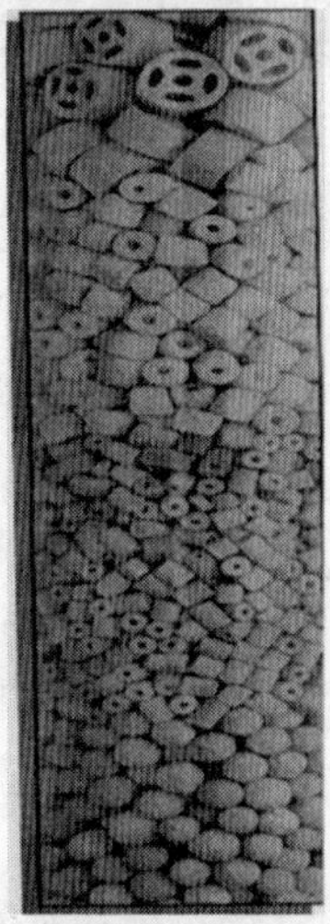

图 7-22 级配催化剂图

### 7.7.2 催化剂活化

碱金属加氢裂化催化剂需要经过最终的硫化程序产生具有活性的硫化态金属，这种处理方法称为活化，也称硫化、预硫化等。催化剂制备工艺完成后，催化剂上大部分金属都处于氧化状态。

贵金属催化剂的活化使用氢气还原法。还原前催化剂需要在空气条件下焙烧以避免金属烧结。也要避免水汽的存在，同样是阻止金属烧结，使用过量的氢气，能够吹扫掉还原过程中形成的水汽。贵金属催化剂活化的还原温度一般在 570~750℉(300~400℃)。

对于在 $Al_2O_3$ 或 $SiO_2$ 上负载的 CoMo 或 NiMo 以及在更复杂的加氢裂化催化剂上的 Ni/W，活性相是类似的(Topsoe 等，1996)，为 $MoS_2$ 的边位上的 Co 或者 Ni 原子，称作 CoMoS 或者 NiMoS 相，类似的为 NiWS 相。在硫化时，W 和 Mo 表现不同，相比 Ni/Mo，Ni/W 硫化较为困难，需要更高的温度。Ni 有助于 Ni 本身或者 Mo 的硫化。Mo 或者 S 的片状结构有特定的长度和不同堆叠级别的股线。如图 7-23 所示为加氢裂化催化剂的 Ni/W 图像（Bricker 等，2012），图中可看到 W 的原子。

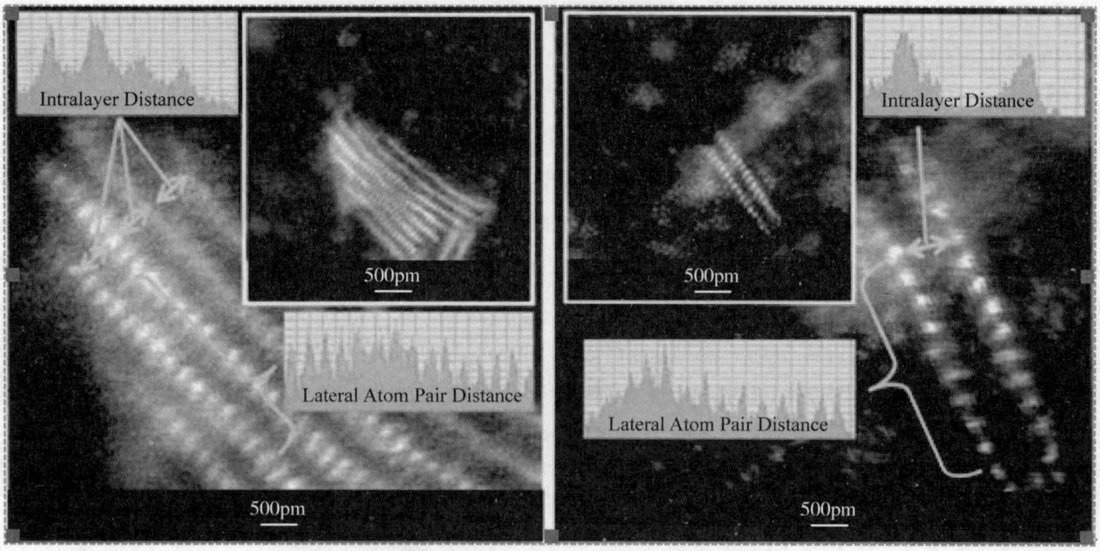


图 7-23　加氢裂化催化剂的 Ni/W 图像

非贵金属催化剂（碱金属催化剂）的活化是将没有活性的金属氧化物转变为具有活性的硫化态，这个过程通常是通过器内操作来完成，但也有一些炼厂开始采用器外活化技术。越来越多的炼厂选择使用进厂前已预先硫化的催化剂来加快装置开工过程。器内硫化可以在气相或者液相中实现。在气相中，通过向反应器中通入易分解为 $H_2S$ 的化学物质来实现硫化，比如二甲基二硫化物（DMDS）或者二甲基硫化物（DMS）。一直到几年前，$H_2S$ 的使用一直很普遍，但近年来由于环境和安全等因素，已经很少使用；液相硫化可以在添加有机硫化物也可以在不添加有机硫化合物的状况下进行，比如原料中的 DMDS。对于后者，其原料通常类似于蜡油，含有几千到 20000μg/g 的硫化物。催化剂活化所需 $H_2S$ 由硫化物分解产生。

在 20 世纪 60 年代和 70 年代的早期，工业上常用的是使用添加含硫化合物如 DMDS 或者 DMS 的液相硫化。相比气相硫化和不添加硫化剂的方法，添加含硫化合物的液相硫化方法能够节省时间。液相硫化比气相硫化的另外一个优点是所有催化剂从一开始就是润湿的，这样因催化剂床层的催化剂颗粒干燥形成沟流的可能性就很小。不论用哪种方法，器内硫化的温度一般在 450~600℉（230~315℃）之间。一些催化剂制造商建议硫化要在操作压力下进行，而也有一些制造商建议硫化压力要略低于操作压力。高裂化活性催化剂硫化过程中需要注氨钝化以防止飞温。

在器外预硫化的催化剂中，催化剂上负载含硫化合物。当催化剂装填到反应器内后，在氢气存在的条件下，加热后会发生活化反应。这种活化反应既可以在气相中发生也可以在液相中发生。通常，器外预硫化比器内硫化速度快。但是器外预硫化的步骤是额外的开支。不同炼厂经济状况不同，但是现在加氢裂化催化剂很少使用器外预硫化。

### 7.7.3　催化剂失活

催化剂是在原料进行转化时逐渐失去活性。实际上，随着运转时间的延长，催化剂失去活性，达到固定的转化率需要温度补偿。催化剂失活将从下面几个方面进行讨论。

(1) 催化剂结焦

焦炭沉积是裂化反应的副产物。催化剂上焦炭的沉积量是时间和温度的函数。催化剂在高温条件下时间越长，失活越严重。沉积在催化剂上的焦炭开始吸附大分子量、低氢碳比的环状化合物，接着进一步脱氢，最终变成不同硬度的焦炭。这种焦炭可以覆盖活性中心，或物理阻塞通往活性中心的通道来阻止反应物接近活性中心。结焦不是永久性中毒。由于焦炭沉积引起的催化剂失活，可以通过再生恢复到接近新鲜催化剂水平。

(2) 可逆中毒/催化剂抑制

催化剂中毒主要是由于杂质在活性中心上的强化学吸附所引起。加氢裂化在一段反应条件，例如一次通过或单段流程，不得不在高浓度的 $NH_3$ 和 $H_2S$ 气氛下操作，这种类型的中毒是可逆的。例如，当引起失活的 $NH_3$ 和 $H_2S$ 移除后，失活影响逐渐消失。通过提温补偿催化剂失活的影响是可行的。但是，由于焦炭沉积速率随着升温加剧，因此升温必须非常小心。例如，$NH_3$ 可强烈吸附到催化剂酸性中心上，如果催化剂暂时暴露在高浓度 $NH_3$ 下就需要高温来维持活性，但是，$NH_3$ 浓度降低到正常以后，随着氨从催化剂表面脱附，催化剂恢复到正常活性。另一个例子是 CO 的可逆中毒，CO 能优先吸附到金属活性中心上损害加氢反应。另一个例子是 $H_2S$，高浓度 $H_2S$ 能减少脱硫反应速率，在这种情况下，通过从循环氢中脱除 $H_2S$ 可解决这个问题。

(3) 催化金属烧结

另一个可逆失活是催化剂加氢活性金属的烧结。这类失活通常是由于催化剂活化过程有过长时间在既高温又高水蒸气分压的条件下操作。对于这类失活，通过再生能使催化剂活性恢复至接近初始状态。

(4) 非催化剂的金属沉积

一些金属可能通过添加剂进入到催化剂体系，例如用于延迟焦化装置焦化塔来减少发泡的硅化物，或者原料的污染物如 Pb、Fe、As、P、Na、Ca 和 Mg，或原料中主要含 Ni 和 V 的有机物。Ni 和 V 在催化剂外表面孔口沉积，形成了外层，能有效阻止反应物接近催化剂大部分内表面。金属沉积能损害酸性中心、加氢中心或者两者。金属沉积是不可逆的，即使再生也不能恢复。

(5) 催化剂载体烧结

催化剂载体烧结是催化剂失活的另一个原因，它是不可逆过程。烧结与高温特别是高水蒸气压息息相关。在这种情况下，催化剂载体材料由于孔道坍塌或孔径增大损失比表面，但孔体积保持不变。

### 7.7.4 催化剂再生

结焦催化剂在稀释的氧气或空气中燃烧以再生，过去也采用蒸汽或蒸汽-空气混合物。通过燃烧，焦炭转化为 $CO_2$ 和 $H_2O$。当氧气供应不足时，形成 CO。除了贵金属催化剂，加氢裂化催化剂含有以硫化物形式存在的金属。在再生工艺中，硫燃烧释放出 $SO_2$。通常，S 燃烧释放 $SO_2$ 的温度比 C 燃烧释放 $CO_2$ 的温度低。再生工业催化剂可以器内再生也可以器外再生。从环境考虑，大多数工业催化剂再生选择器外再生。进行器外再生时，可使用不同设备来烧炭，如某个公司采用转炉，它是一个圆柱形转鼓在水平轴上缓慢旋转关闭一些重叠的百叶板，废催化剂缓慢通过百叶板，与热空气逆流接触。另一个公司采用网带炉作为再生器，催化剂通过不锈钢网带输送进行再生。也有公司采用沸腾床技术来再生催化剂。不管什么样的再生工艺，失活催化剂必须在再生工艺前进行除油处理。该过程要尽可能脱除烃类物质，同时尽可能脱除硫化物以防止形成硫酸盐沉积在催化剂上，这些硫酸盐在再生过程中不能除去，对催化剂性能是有害的。

## 7.8 加氢裂化工艺参数

装置平稳的操作取决于工艺条件的精心选择和控制，通过对工艺参数的精细管理，可以充分发挥装置的潜能。

### 7.8.1 催化剂温度

反应器内转化率是由以下几个变量决定的：原料类型，原料与催化剂的接触时间，催化剂床层的氢分压，还有最重要的反应物及催化剂温度。反应器内高温环境会加速反应过程，继而导致较高的转化率。因为加氢裂化反应是放热反应，原料及循环气体通过任意催化剂床层时，整体上来看，温度均是升高的。维持温度控制是非常重要的，如果发生反应产生的热量高于物流从反应器内携带走的热量，温度可能上升得非常迅速，这种现象称为温度偏移或者飞温。飞温是非常严重的状况，因为在很短时间内可能会产生极高的温度，这些高温工况可能对催化剂和/或反应器造成伤害。为了避免这些情况，必须关注温度控制指导规程。这些指导规程依赖于原料类型、催化剂类型，对于不同催化剂供应商会有所不同。但是总体而言，负载贵金属的催化剂床层的温升限制在17℃，负载高活性普通金属的催化剂(生产石脑油的催化剂)床层的温升限制在14℃，负载低分子筛催化剂(生产中间馏分油的催化剂)床层的温升限制在22℃，无定形催化剂推荐的最高床层温升控制在28℃。对于大多数的预处理反应器的最大床层温升也控制在28℃。为了准确监控通过催化剂床层的反应物及发生的反应，仅监控每个反应器的出入口的物流温度是不够的，催化剂床层的入口、出口及径向温度也必须监控到，温度曲线图可以用于评估催化剂性能、冷氢的效果及反应器内物流流动形态。可以绘制催化剂温度沿着催化剂床层高度的曲线图，或者更精确点，也可以绘制催化剂温度与催化剂质量分数的曲线图。为了获得最长的催化剂操作运转周期，加氢裂化反应器各床层最高点温度应该按照等温控制。在这种模式下，在整个运转周期内所有的催化剂均能得到充分利用。催化剂床层质量平均温度(WABT)通常用于比较催化剂的活性，图7-24给出了反应器内WABT的计算方法。图7-24中计算方法如下：A=10%催化剂质量，B=25%催化剂质量，C=30%催化剂质量，D=25%催化剂质量，E=10%催化剂质量，则A+B+C+D+E=100%。$TI_1=385℃$，$TI_2=391℃$，$TI_3=398℃$，$TI_4=402℃$，$TI_5=407℃$，则：

$$WABT=A\times TI_1+B\times TI_2+C\times TI_3+D\times TI_4+E\times TI_5=397℃$$

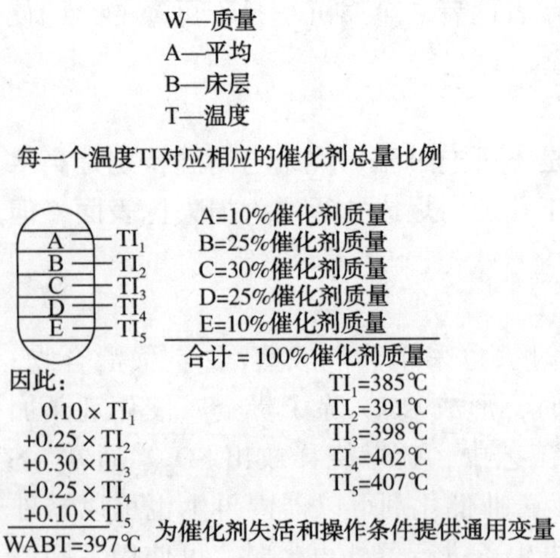


图7-24 床层质量平均温度(WABT)计算方法

反应器的温度(WABT)用于维持加氢处理及加氢裂化的功能，以便获得理想的转化率水平及产品质量，反应器提温速度需要根据催化剂失活速度调整。提温速度是控制催化剂体系性能的众多关键变量之一。失活速度可以用每磅或每千克催化剂加工每桶或者每立方米原料后反应温度变化表示[℉/barrel 原料/pound 催化剂或℃/($m^3$ 原料·kg 催化剂)]，或者更简单地以每天提温多少表示。加氢处理催化剂活性的衰减将会导致其脱氮性能下降。对于加氢裂化催化剂，催化剂活性下降，会表现为裂化转化率降低。为了保证相同的转化率水平以获得目的产品，反应器的 WABT 需要逐渐升高。

### 7.8.2 转化率

转化率作为评判操作苛刻度的参数是非常有效的。为了提高转化率，需要更苛刻的操作条件，即更高的反应温度；同时，在相同转化深度下，更高的反应温度可以实现降低产品干点的目的。转化率通常由催化剂温度来控制。

$$总转化率=(新鲜原料-分馏塔底/新鲜原料)\times 100\%$$

式中 新鲜原料——新鲜原料进料速率，BPD 或 $m^3/h$；

分馏塔底——分馏塔底去储罐的产品，BPD 或 $m^3/h$。

### 7.8.3 新鲜原料性质

加氢裂化原料油的质量变化可影响加氢裂化过程达到既定转化率所需要的催化剂床层的温度、工艺过程消耗的氢气、催化剂运转寿命、产品质量等。原料质量对装置性能的影响是非常重要的，所以需要好好加以理解，尤其是杂质含量将会极大缩短催化剂的寿命。

### 7.8.4 S 和 N 化合物

通常来说，原料中有机氮及有机硫化物含量增加将会导致装置操作苛刻度提高。对于正常的减压蜡油原料而言，其硫含量可以达到 2.5%~3.0%(质)。较高的硫含量将会造成循环氢中 $H_2S$ 含量相应上升，正常情况下这对加氢裂化催化剂活性有很少甚至没有影响。

有机氮化合物加氢转化成氨，氨会与烃一起竞争催化剂活性位。随着氨浓度上升，催化剂活性会显著下降。因此，原料中如果含有较高的有机氮化合物将会非常难以加工，需要更高的催化剂温度或者更多的催化剂用量。

### 7.8.5 氢含量

原料中非饱和烃(如烯烃和芳烃)含量对于反应过程中的放热量及装置总氢耗有显著影响。通常而言，对于给定沸程范围的原料油，°API 变小(相对密度增加)意味着非饱和烃含量增加，因此，反应热及氢耗均增加。如果装置设计时未考虑加工富含大量非饱和烃的原料，加工时可能会产生热量平衡问题。

### 7.8.6 馏程

典型的加氢裂化原料为馏程在 700℉(370℃)以上的减压蜡油或其他有类似馏程的原料，如延迟焦化装置的重焦化蜡油。随着原料馏程变重，会导致其加工难度增加，需要更高的催化剂反应温度，同时，高温将导致催化剂寿命缩短。尤其是当因原料携带催化剂毒物增加、性质显著下降时，这种现象更为明显。通常，原料干点越高，硫、氮含量也越高，加工难度增加。

### 7.8.7 裂化原料组成

催化裂化和热裂化产生的裂化原料均可利用加氢裂化处理。这些裂化组分含有更高的杂质，如硫、氮和颗粒物。这些裂化原料由于含有更多的芳烃和稠环芳烃(PNA)前驱物，致使其更难加工且更难得到合格的产品。

### 7.8.8 催化剂永久性中毒

原料中的有机金属化合物可被分解，这些金属会沉积在催化剂上，降低催化剂活性。由于催化剂再生并不能脱除金属，因此催化剂一旦发生金属中毒，其活性是不可再生的。因此，原料的金属含量是加氢裂化过程的重要参数，需要严格控制。减压蜡油这类原料中的金属，包括镍、钒、砷，同时还含有一些由上游加工带来的金属和一些杂质，例如铅、钠、硅和磷，溶解于油中的环烷酸铁对催化剂也会产生毒害作用。硫化亚铁是腐蚀带来的，通常认为对催化剂没有毒害作用，考虑总金属时通常忽略。

催化剂的容金属能力难以量化，在某种程度上取决于所使用催化剂的类型和操作的苛刻度，苛刻度越高，容金属能力越低。由于任何催化剂活性的损害都会对预期的转化率产生影响，因此，建议尽可能降低原料的总金属含量，以及采用级配装填脱金属催化剂的方式来保护活性催化剂。

### 7.8.9 新鲜进料速度(LHSV)

反应器中催化剂的装载量取决于所设计原料的加工量、产品质量和预期转化率。通常，关联催化剂装填量和原料加工量的参数为液体空速(LHSV)。LHSV 指每小时原料的进料体积与催化剂体积之比。空速是空时(或者原料在催化剂上的停留时间)的倒数。加氢裂化的空速通常取决于操作的苛刻度。保持催化剂体积不变，增大进料量，LHSV 增大；相应的，为保持一定的转化率，需提高催化剂的温度。催化剂温度的增加导致结焦速率增加，最终使催化剂的寿命降低。如果 LHSV 大大高于装置的设计值，催化剂的失活速度将难以接受。LHSV 可以定义为：

$$\text{LHSV}=\frac{\text{反应器总进料量}(\text{m}^3/\text{h})}{\text{催化剂总体积}(\text{m}^3)}$$

### 7.8.10 液相循环

某些加氢裂化反应器设计有从产品分馏塔底部回到反应器的循环油。这股循环油物料通常是分馏塔侧线最重抽出馏分以下的组分。对产物为馏分油的加氢裂化装置，循环油通常指600~700℉(315~379℃)重柴油以上的馏分。

液相循环量通常与新鲜进料量按比例进行调节，这个比值称为联合循环比(CFR)，定义为：

$$\text{CFR}=\frac{\text{原料进料速率}+\text{液体循环速率}}{\text{原料进料速率}}$$

如果装置没有从分馏塔回到反应器的液相循环，CFR=1，此时装置为一次通过模式；如果液相循环量等于原料进料量，CFR=2。液相循环的一个重要作用是降低操作的苛刻度。单次通过的转化率定义为：

$$\text{单次通过的转化率}=\left[\frac{\text{原料量}-\text{分馏塔底部未转化油出装置量}}{\text{原料量}+\text{液相循环量}}\right]\times 100\%$$

如果装置为一次通过(CFR=1.0)，原料100%转化成沸点低于700℉(370℃)的产物，单次通过的转化率为100%；如果装置设计CFR=2.0，原料100%转化为产物，此时，单次通过的转化率只有50%。因此，在一定空速、一定反应器进料负荷及气体负荷下，随着CFR的增大，单次通过的转化率下降，所需催化剂温度随着CFR的增大而降低(新鲜原料保持一定转化率水平)。因此，CFR减少到设定值以下时将导致更高的催化剂温度和更短的催化剂寿命。在新鲜进料量低的情况下，CFR增加到高于设定值是有利的，这是因为当通过催化剂床层总进料降低到设计值以下一定程度后，会引起产品分布模式向不好的方向发展。

### 7.8.11 氢分压

反应器的操作压力由高压分离器的压力决定。高压分离器压力乘以循环氢纯度即为高分的氢分压。装置操作氢分压的选择取决于加工原料的类型和所需转化率。

氢气的作用是增加烯烃和芳烃的饱和以及饱和裂化烃。氢气可防止发生过度缩合反应带来的生焦问题。因此，在低于设计值的氢分压下，长时间运转装置可导致催化剂加速失活，催化剂再生间隔时间缩短。

氢分压影响着芳烃饱和。系统压力或循环氢浓度的降低将对产物的芳烃浓度有重要影响。尤其是对煤油、柴油的芳烃含量有显著影响，这反过来影响到煤油产品的烟点和柴油的十六烷值。

将操作压力降低至低于设定值时，对催化剂的活性有负面影响，由于生焦速率的增加，将加速催化剂的失活。

在高于设定值的压力下操作是不行的。多数装置都有实际操作限制，不允许明显高于设定压力的操作，比如加热炉、换热器和缓冲罐的分压。氢分压的主要控制参数是循环氢纯度，必须密切监测以确保该浓度维持在高于最小值的状态。提高补充氢纯度、高压分离器尾气外排以及降低高压分离器的温度均可增加氢纯度。

### 7.8.12 循环气流量

在维持反应器的氢分压在设定值的同时，保持氢气与催化剂及烃类反应物的物理接触也同样重要，只有这样，在催化剂活性中心上发生反应时的氢气供应才充足。氢气和催化剂的物理接触是利用循环氢压缩机控制循环气在反应器内不断地循环实现的。循环气的量由操作苛刻度决定，所需的循环气油比是循环气与进入催化剂的新鲜原料的比值。

与氢分压相比，循环气油比需要维持在设计值或高于设计值。气油比的计算方法可定义为：

$$\text{气油比}=\frac{\text{反应器内循环气量(SCF/d)}}{\text{反应器内总进料量(barrels/d)}}=\text{SCFB 进料}$$

和氢分压类似，当气油比低于设计最低值时，将对催化剂寿命造成影响。在正常操作周期内和全循环条件下，压降逐步上升。随着压降的增加，气油比将有降低的趋势。当系统压降增加到不能维持最低气油比时，为了增加气油比，只能降低装置处理量，或者装置停工进行催化剂再生或更新催化剂。另一种可能情况是，提高压缩机转速以克服压降问题，然而压缩机转速是存在明显限制的。不同技术许可方或催化剂厂家提供的气油比的推荐值有所不同，但其范围一般在6000~12000SCFB(675$Nm^3/m^3$)。

#### 7.8.13 补充氢

从制氢装置出来的富氢气体质量是加氢裂化的重要参数，这是因为富氢气体可影响氢分压和循环气油比，最终影响催化剂的稳定性(失活速率)。典型的变压吸附(PSA)提纯后的氢气，其纯度接近100%，因此可用于高压加氢裂化装置。其他来源的氢气，如催化重整装置得到的干气，其氢纯度低，会降低加氢裂化装置中循环气的纯度。

#### 7.8.14 氢纯度

加氢裂化补充氢的氢纯度对氢分压和循环气油比有重要影响。因此，补充氢的最低纯度设计应保证循环气最低氢纯度要求。如果制氢装置由于某些原因不能得到纯度高于最低允许纯度的氢气，增加高压分离器的尾气外排可维持循环氢最低纯度的需要。

#### 7.8.15 氮气和甲烷浓度

补充氢中氮气和甲烷的危害主要是起到的稀释作用可降低氢分压。只要能维持最低氢气纯度，氮气和甲烷不会影响装置运行。但是，需要指出的是，过量的氮气分子随着补充氢物料进入加氢裂化装置，由于氮气无法冷凝，会在循环气中形成氮气富集。在这种情况下，需要通过少量、连续高分气外排从反应回路中脱除。氮气和甲烷的存在会增大循环气的分子量，从而增大循环氢压缩机的动力需求。

#### 7.8.16 $CO+CO_2$浓度

加氢裂化装置内循环气中$CO+CO_2$的浓度限制最高为20ppm。过高的含量对催化剂活性有影响。CO被认为是最糟糕的杂质，这是因为CO在烃、水中溶解度很低，最终将在循环气内形成富集。而$CO_2$的溶解度更好，可以通过溶解在高分液体内除去。

CO和$CO_2$对裂化催化剂有相似的影响。在氢气存在的情况下，CO和$CO_2$在催化剂活性中心上可被转化为甲烷和水。CO和$CO_2$的甲烷化反应与烃类在催化剂上的反应形成竞争。最终，如果$CO+CO_2$产生富集，需要的催化剂温度更高。在极短时间内，向反应器内注入大量的CO或$CO_2$的极端情况下，由于甲烷化反应的放热，理论上会导致飞温。如果$CO+CO_2$的含量超过了设计的最大值，一般建议不要通过升高催化剂温度来补偿CO、$CO_2$引起的转化率下降。催化剂温度应该维持在相同水平上或者降低催化剂温度直至$CO+CO_2$超过设计值的问题解决。这样一来，催化剂就不会因为高温失活，同时减少了甲烷化带来的温升问题。此外，在反应器骤冷和停工时，温度低于200℃时，循环气中CO的存在会形成剧毒甚至致死的羰基镍。所以，CO的含量应该保持在尽可能低的浓度(一般低于10ppm)。

## 7.9 加氢裂化工艺与催化剂技术供应商

许多公司可以提供加氢裂化工艺专利技术，也有些公司专门提供催化剂。工艺技术工艺商包括Axens、Chevron Lummus Global、Exxon Mobil、Haldor Topse、ShelI Global Solution与UOP公司；主要的催化剂供应商包括Albermarle、Axens、Chevron Lmmus Global Solution、FRIPP、HaldorTopse、RIPP/Technip、UOP等公司。

催化剂技术供应商如表7-8所示。加氢裂化催化剂有许多类型，许多装置采用几种催化剂组合使用。催化剂的选择取决于炼厂对产品的要求。

表 7-8 加氢处理和加氢裂化催化剂供应商

| 公司 | 常规加氢裂化 | | | | 缓和加氢裂化 | | | |
|---|---|---|---|---|---|---|---|---|
| | 加氢脱硫/加氢脱氮 | 渣油 | 最大量生产石脑油 | 最大量产中间馏分油、润滑油 | 加氢脱硫/加氢脱氮 | 渣油 | 最大量生产石脑油 | 最大量产中间馏分油、润滑油 |
| ABB Lummus Global | | × | | | | | | |
| 先进炼油技术 | × | × | | | | | | |
| Albemarle | × | | × | × | × | | | × |
| Axens | | | | × | × | | | × |
| 催化剂与化学工业 | | × | × | × | | | | × |
| Chevron Lummus Global | × | | × | × | × | | | × |
| 标准催化剂和技术 | × | | × | × | × | | | × |
| Exxon mobil 研究和工程 | | | | | | × | × | |
| FRIPP | | | × | × | | | | |
| HaldorTopse | × | | | | | | | × |
| Kata GMBH catalyst | | | | × | | | | |
| RIPP/Sinopec | | | | × | | | | |
| UOP | | | × | × | | | | × |
| Zeolyst Inernational（由标准公司销售） | | | × | × | | | × | × |

## 参考文献


J. Akumu, Sulphur reduction processes in Africa and Global trend, in *From cleaner public transport and low sulphur awareness program*, Accra, Ghana, September 2012. http://unep.org/transport

Ch. Baerlocher, L.B. McCusker, Database of zeolite structures. http://www.iza-structure.org/databases/

W.J. Baral, H.C. Huffman, *Eighth World Petroleum Congress*, Moscow, 4, 119–127 (1971)

A.P. Bolton, *Zeolite chemistry and catalysis*, A.C.S. monograph series no. 117, Washington, DC (1976), p. 714

M. Bricker, M.T. Schaal, S. Bradley, S. Sanchez, *244th ACS National Meeting and Exposition Energy and Fuels Division 8th International Symposium on Hydrotreating/Hydrocracking Technologies*, Philadelphia, PA, August 19–23, 2012 (2012)

H. Heinemann, *Catalysis: Science and Technology*, vol. 1, eds. by J.R. Anderson, M. Boudart (Springer, 1981)

G.A. Mills, H. Heinemann, T.H. Milliken, A.G. Oblad, Ind. Eng. Chem. **45**, 134 (1953)

Ministry of Fuels and Power, *Report on the Petroleum and Synthetic Oil Industry of Germany*, B.I.O.S. Overall report no. 1, section C, Hydrogenation Processes (1947), pp. 46–73

M.J. Wier, D. Sioui, S.Metro, A. Sabitov, M. Lapinski, Optimizing naphtha complexes in the tight oil boom, in *American Fuel and Petrochemical Manufacturers Annual Meeting*, San Antonio, TX, AM-14–35

Oil Gas J. **58**(16), 104–106 (1960)

M. Pier, Elektrochem. **53**, 291 (1949)

Providers of technology in the following websites: http://www.albemarle.com/products—markets/catalyst-solutions/refinery-catalyst-solutions/clean-fuels-technologies-1629.html, http://france.axens.net/fr/component/axensdocuments/872/hydrocracking-brochure/english.html, http://www.cbi.com/technologies/technologies-serviceshydrocracking-technology, http://www.exxonmobil.com/Apps/RefiningTechnologies/Files/sellsheet_hydrocracking.pdf, http://www.fripp.com/en-0301020100.htm, http://www.topsoe.com/business_areas/refining/Hydrocracking/HydrocrackingProcesses.aspx, http://www.shell.com/global/products-services/solutions-for-businesses/globalsolutions/refinery-chemical-licensing/refining-technology.html, http://www.uop.com/products/catalysts/hydroprocessing/, http://www.uop.com/processing-solutions/refining/vgo-fuel-oil-conversion/, https://grace.com/catalysts-and-fuels/en-us/art-hydroprocessing-catalysts, http://www.criterioncatalysts.com/en/products/product-applications/hydrocracking-pretreat.html

P.R. Robinson, G.E. Dolbear, Hydrotreating and hydrocracking: fundamentals, in *Practical Advances in Petroleum Processing* (Springer, New York, 2006), pp. 177–218

J. Scherzer, A.J. Gruia, *Hydrocracking Science and Technology* (CRC Press, 1996) Marcel Dekker NY, NY

J.W. Scott, N.J. Patterson, *Proceedings of the 7th World Petroleum Congress*, Mexico City, 4, 97–111 (1967)

J.H. Sinfeld, Adv Chem. Eng **5**, 37 (1964)

J.H. Sinfeld, *Bimetallic Catalysts: Discoveries, Concepts and Applications* (Wiley, New York, 1983)

M.J. Sterba, C. Watkins, Oil Gas J. **58**(21), 102–106 (1960)

D.H. Stormont, Oil Gas J. **57**(44), 48–49 (1959)

H. Topsoe, B.S. Clausen, F.E. Massoth, *Hydrotreating Catalysis* (Springer, Berlin, 1996)

D.B. Weisz, Adv. Catal. **13**, 137 (1962)

# 第8章　石油加工中的加氢处理

## 8.1　引言

加氢处理技术(或称为催化加氢处理技术)是在反应器内相对较高温度及中等压力条件下通过与氢气选择性反应脱除石油馏分中的有害物质。这些有害物质包括但不仅限于S、N、烯烃和芳烃。较轻的馏分油例如石脑油，通过处理后提供给下游的催化重整装置；较重的馏分油，从喷气燃料油到重减压蜡油处理以满足严格的质量标准或者用于炼厂其他装置的原料。加氢处理技术也通过降低硫及有机金属的含量来提升常压渣油和减压渣油的质量。加氢处理反应器设计时会考虑在不同操作条件下运行，这些操作条件取决于很多影响因素，如原料类型、要求的运转周期及期望的产品质量等。通常，操作在如下条件范围内进行：LHSV 0.2~8.0$h^{-1}$；循环氢量300~4000SCFB(50~675$Nm^3/m^3$)；氢分压200~2000psia(14~138bar)；典型运转末期温度在500~740℉波动(260~393℃)，石脑油加氢处理(精制)对应着下限的操作条件，上限的操作条件对应的是常压渣油的加氢处理条件。到1980年以后，相当多的公司都可以提供加氢处理技术这一专利技术，从1980年到20世纪末期，加氢处理催化剂变得更加商业化，众多加氢处理催化剂供应商的催化剂配方差别不大。环保政策驱动着产品质量提升，另外这些政策每年都在变得愈加严格。在21世纪第一个十年里，随着超低硫燃料政策的出现，要求加氢处理技术在催化剂性能及工艺技术方面实现跨越式的改进，这些改进通过Ⅱ类负载型过渡金属硫化态催化剂、非负载型/体相过渡金属硫化物催化剂来实现，包括改进催化剂床层级配及密相装填策略、先进的催化剂负载技术、改进的滴流反应器内构件设计、更加有效的催化剂活化方法。

加氢处理的主要目的及应用范围如下：

1）直馏和焦化石脑油(催化重整原料预处理)：脱除硫、氮和污染物(如Si)，如果不脱除这些污染物将会毒害下游催化重整贵金属催化剂。

2）裂解汽油和焦化炉轻油：脱硫、脱氮、二烯烃加氢，以防止下游芳烃联合装置的设备污染或催化剂失活。

3）LPG：脱硫和脱氮、二烯烃加氢，否则会使下游贵金属脱氢催化剂失活。

4）煤油和柴油：脱硫和非饱和烃加氢，改善物流性质及储存稳定性(煤油烟点，柴油十六烷值，相对密度)。

5）页岩油：脱硫、脱氮、脱砷和脱氧，改善上述物流的质量。

6）润滑油：提高黏度指数、颜色和稳定性以及储存稳定性。

7）废润滑油：脱除污染物及混在其中的富集的添加物，这些添加物可能含Zn和P，脱除杂质以恢复润滑油基础油的质量。

8）植物油和动物油脂：脱除污染物、完成甘油三脂向喷气燃料或柴油燃料转化过程。

9）催化裂化进料：改善催化裂化收率，尤其是汽油和丙烯收率，改善汽油和柴油/轻循环油质量，降低催化剂用量和烟气排放。

10）加氢裂化：实现超低硫柴油收率最大化，改善裂化燃料油质量（石脑油中硫、氮，煤油烟点，柴油十六烷值和相对密度）。

11）常压和减压渣油：提供低硫、低金属燃料油以实现有效转化，或者作为下游转化的预处理手段。

## 8.2 简史

加氢处理起源于1869年，由Berthelot采用一种新的氢源——氢碘酸（Berthelot，1869），将细粉状烟煤加氢成液态烃类。1897年，Sabatier和Senderens发表了他们的研究成果，不饱和烃可以通过细粉状还原镍催化剂在蒸汽状态下加氢处理（Sabatier和Senderens，1897）。在世纪之交之后不久，Ipatieff通过升高氢气压力拓展了加氢反应的可行范围（Ipatieff等，1900）。当时，汽车工业的进步预期会带来汽油消费的大幅增加。这引出了Bergius于1910年在德国汉诺威开始的实验工作，他试图通过裂解重油和渣油来生产汽油，以及将煤转化为液体燃料。他认识到，为了弥补转化过程生产不饱和汽油的品质不足，裂解过程中大部分以甲烷形式损失的氢必须添加新氢补充，从而避免焦炭的形成，生产的汽油则具有较强的饱和性。Bergius还指出，油中所含的硫大部分以硫化氢的形式去除。Bergius工艺采用氧化铁脱硫。实际上，氧化铁和在此过程中形成的硫化物扮演了催化剂的角色，尽管其活性很差。第一个褐煤加氢工厂于1927年在德国洛伊那投产（Stranges，1984）。该工厂利用无载体的硫化钼和硫化钨（过渡金属硫化物）来加氢处理褐煤。20世纪40年代初，第一代由活化γ氧化铝作为载体的过渡金属硫化物催化剂由I. G. Farbenindustrie AG / Badische Anilinund Soda-Fabrik（巴斯夫）在德国路德维希港开发和应用。战时的金属短缺激发了将相对少量金属分散到活性氧化铝载体上的想法（Wu和Storch，1968）。工业上最早使用的这类催化剂包括催化剂7846（NiMo）和8376（NiW）（Weisser和Landa，1973；Pier，1949）。过去在欧洲，特别是在德国，加氢工业的大规模发展完全是出于军事考虑，第二次世界大战期间，德国广泛使用加氢法生产汽油：1944年生产了350万吨。20世纪30年代，位于巴吞鲁日的路易斯安那州标准石油公司（Standard Oil Company of Louisiana）在美国建立了第一个工业化的加氢精制装置。第二次世界大战期间的许多工厂是由Humble炼油公司以及Shell公司开发的，不过他们很大程度上并不依赖加氢生产汽油。尽管多年来加氢一直是石油工业的兴趣所在，但由于缺乏低成本的氢，加氢工艺的工业应用较少。这一限制在50年代初随着催化重整的出现而得到缓解，因其易得的副产氢，促进了加氢工艺的发展。由于加氢处理技术的迅猛发展，截至2001年初，世界上共有1600多套加氢处理装置在运行，总处理能力超过3900万桶/天（4.8Mt/a）。

## 8.3 流程图

虽然"加氢处理工艺"有几种不同的应用（如加氢、加氢脱硫、加氢脱氮、加氢脱金属等），并用于从液化气到常压渣油的各种石油馏分的处理，但实际上所有的装置都有相同的流程图。它通常由一个高压反应器部分和一个低压分馏部分组成。如图 8-1 所示。

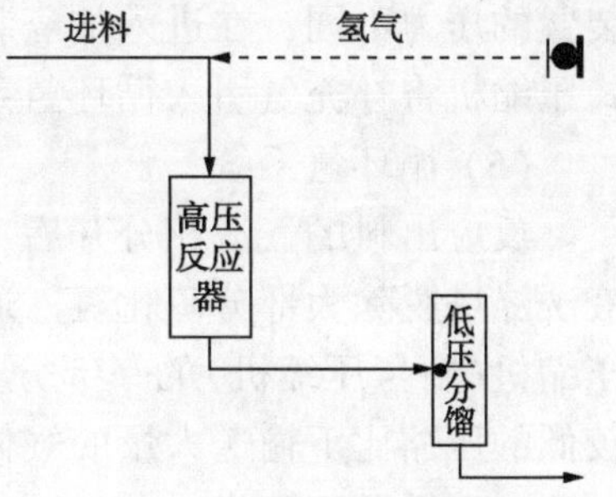


图 8-1 加氢处理装置原理流程图

### 8.3.1 反应器部分

反应器部分由以下主要设备组成：进料泵、进料/出料换热器、反应进料加热炉、反应器、反应出料冷却器、产品分离器、循环氢压缩机、新氢压缩机。某些加氢处理装置可指定附加设备：新鲜进料过滤器、反应器出料热分离器和循环气洗涤器。图 8-2 展示了 UOP“Unionfining”工艺的典型流程图，包括反应器部分和上一节描述的所有设备。

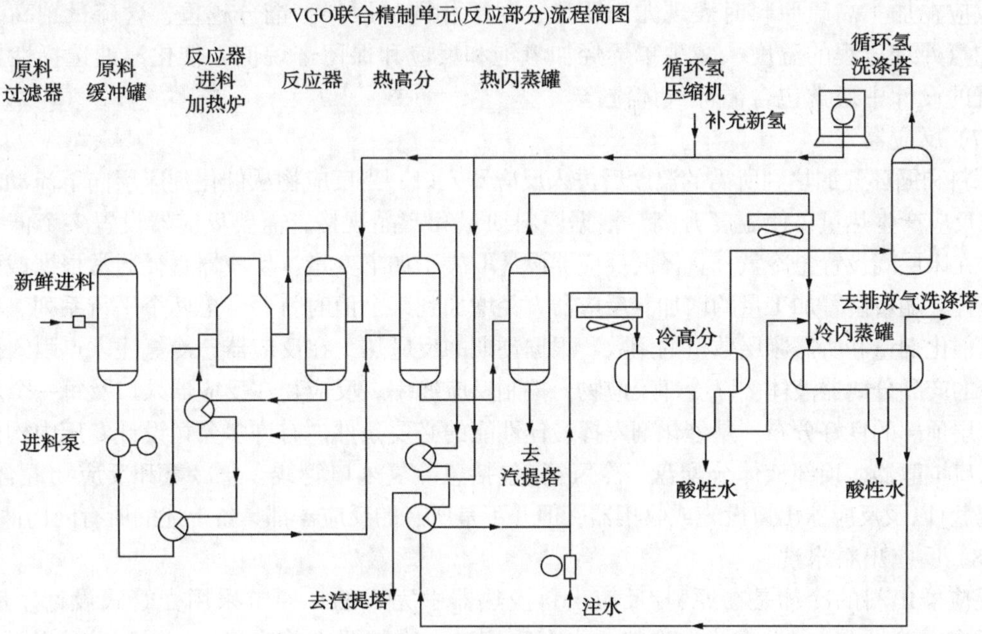


图 8-2 反应器部分示意图

(1) 原料过滤器

原料最好直接从上游单元引出，而不是通过中间储罐。若采用了中间存储设备，应当设置过滤器。过滤器的作用是捕集原料通过中间存储设备时夹带的腐蚀产物和其他颗粒物质。进料过滤器可以是在设定压降下运行的自动反冲洗过滤器，也可以是手动过滤器。

(2) 原料/出料换热器

在进入反应进料加热炉前，反应进料通过一系列原料/出料的管壳式换热器被出料预热。这样可以从反应热以及反应出料的显热和潜热中尽可能多地回收热量。根据热集成方案，液体进料在与循环(处理)气体混合前，可以通过反应出料分别进行预热。

(3) 反应进料

在大多数装置中，新鲜进料和循环气作为“混合进料”一起加热，在混合进料加热炉中加热到所需的反应器入口温度。在处理重质原料的装置中，特别是常压渣油装置中，液体进料在反应器的进料/反应出料换热器中单独预热，只有循环气在反应器上游的加热炉中加热。

(4) 补充氢系统

补充氢通常从制氢装置、石脑油裂解和/或石脑油催化重整装置中获得。根据加氢处理装置的压力不同，在进入加氢装置之前，可能需要对补充氢进行加压。该过程通常采用往复式压缩机将补充氢引入循环氢系统。

(5) 循环氢系统

反应出料的气液相分开后，气相进入循环氢压缩机。在一般情况下，循环气首先进入胺液洗涤塔脱除大部分硫化氢。通常循环氢压缩机是一个单独的离心机，但它也可以是补充氢压缩机(新氢压缩机)的一部分，作为往复式压缩机的附加气缸。循环氢压缩机设计用于在较低的压缩比下输送大量的气体。

(6) 循环气洗涤

循环气中通常含有硫化氢。硫化氢降低了反应器的氢分压，从而抑制了催化剂的活性。这一效应在加工高硫原料时表现尤为明显，对于相同的原料，馏分越重，含硫量越高。为了降低加氢处理过程的温度、减少单烯烃加氢饱和反应和保留辛烷值，催化汽油选择性加氢脱硫装置的设计中通常包含循环气体洗涤。

(7) 反应器

原料和循环气加热到所需的温度后进入反应器入口。当反应物从催化剂床层向下流动时，各种放热反应产生热量，使温度升高。根据原料质量和产品规格，需要反应器设置多个催化剂床层，并在床层间设置急冷氢。具体的反应器设计取决于如下变量：反应器直径通常根据截面液体流量设计，随着装置加工量的增加，反应器直径增加到某个值时就要考虑两个平行系列。反应器高度是催化剂量和所需床层数量的函数。根据预期的反应热，在反应器急冷氢注入点引入循环冷氢或冷的产品分离器液体，以冷却反应物，控制反应速率。反应物在反应器入口及每一个后续催化剂床层顶部的良好分布，是催化剂发挥最佳性能的必要条件。有许多公司设计专用内构件：反应器入口扩散器、顶部液体分配盘、冷氢箱(包括急冷氢入口管线、急冷氢和反应物混合设施、再分配盘)以及反应器出口设施或收集器，但并不是所有的反应器都具备上述的所有内构件。

(8) 反应出料水洗

反应器出料的冷却是在原料/反应出料换热器中完成的，通常采用壳管式设计。反应出料最后在空冷器和/或水冷器中冷却。水在物流进入冷却器之前直接注入，以防止盐的沉积，这些盐会腐蚀和污染冷却器。进料中含有的硫和氮在反应器中转化为硫化氢和氨。在反应器出料冷却时这两种反应产物结合生成可以结晶和沉淀的铵盐。同样地，如果系统中存在任何氯化物，则可以形成氯化铵。水的作用是在溶液中溶解硫化氢和氨生成的盐，不允许它们沉淀。各公司对注水的质量有稍微不同的准则，通常首选锅炉给水(除氧水)。

(9) 气液分离

根据最佳热集成方案，分离气液两相的具体方法会有所不同。用于分离去除气相、水和烃类液体的分离器可多达四个。热高压分离器一般安装在原料/反应出料换热器之后，从反应出料中分离出重烃物料，并通过热低分将其输送至分馏部分。高压分离器的顶部气相继续通过空气冷却器进入冷高压分离器。双分离器系统如图 8-2 所示。

(10) 氢气提纯

提高循环气氢分压会降低催化剂的失活速率。根据原料和装置类型，可采取额外措施提高氢气纯度，这些措施包括氢提浓和/或膜分离。

### 8.3.2 分馏部分

图 8-3 为典型分馏段的原理图。

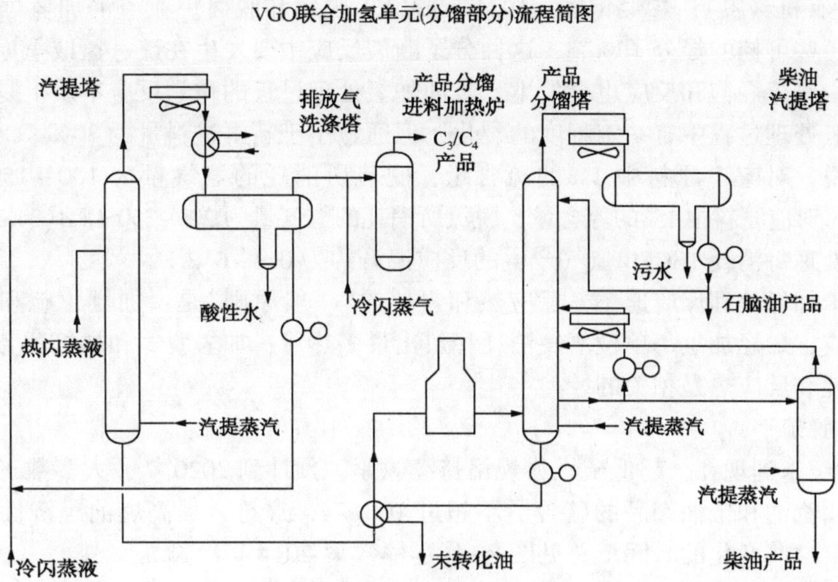


图 8-3 分馏段流程图

分馏段的作用是将反应器出料分离成所需的产品，根据加氢处理装置的类型不同，可以通过单塔或双塔方案来实现此分馏过程。

在双塔方案中，低压分离器液体混合并流入一个汽提塔，采用蒸汽汽提和/或燃料加热炉重沸方式抽出石脑油(如果需要)和较轻的顶部物料。汽提塔底物料流向分馏塔，在那里进一步分离成石脑油(如果需要)和较重的产品。分馏塔进料通常在进入分馏塔前先用分馏塔底物料和加热炉预热。汽提蒸汽用来驱动轻组分到塔上部，各种产品汽提塔用来生产满足规格要求的侧线产品。

## 8.4 化学反应

在加氢处理过程中会发生以下化学步骤和/或反应(取决于存在的杂质)：

1) 脱硫反应：也称为脱硫或加氢脱硫(HDS)，其中有机硫化合物转化为硫化氢。

2) 脱氮反应：也称为脱氮或加氢脱氮(HDN)，其中有机氮化合物转化为氨。

3) 脱金属(有机金属化合物)反应：也称为脱金属或加氢脱金属(HDM)，其中有机金属化合物转化为各自的金属硫化物。

4) 脱氧反应：也称为加氢脱氧，其中有机氧化合物转化为水。

5) 烯烃饱和：其中含有双键的有机化合物转化为其饱和同系物。

6) 芳族饱和：也称为加氢脱芳烃，其中一些芳族化合物转化为环烷烃。

7) 脱卤反应：也称为加氢脱卤，其中有机卤化物转化为卤化氢。

前三种类型的化合物总是存在，但是含量不同，这取决于原料来源。例如，石脑油通常含有极少量的有机金属化合物，而常压渣油可含有超过 100μg/g 的含量。与其他原油相比，一些原油在所有馏分中均含有更多的硫，例如，大多数中东原油的含硫量比印尼和北非原油高得多。氮的情况也是如此。而其他杂质并不总是存在。一般来说，加氢反应按以下顺序进行：脱金属(有机金属)、烯烃饱和、脱硫、脱氮、脱氧和脱卤。在渣油加氢处理去除杂质的过程中有一些可控的烃分子断裂，这种分子断裂反应主要发生在硫、氮或氧原子与碳原子的连接处。一些芳烃饱和反应也会发生。渣油加氢处理过程的化学反应本质上是污染物的脱除。渣油加氢处理过程中有一定程度的裂化，但通常小于新鲜进料量的30%。

总的来说，对应于原料中1%的硫含量，脱硫所消耗的氢气量为100~150SCFB(17~25Nm$^3$/m$^3$)；对应原料中1%的氮含量，脱氮所消耗的氢气量为200~350SCFB(34~59Nm$^3$/m$^3$)。通常，加氢处理每消耗1SCFB氢气产生的反应温升约为0.1~0.2℉。

通常关于加氢处理反应速率，反应热和氢耗的“一般原则”是：加氢脱硫和烯烃加氢是最快速的反应；烯烃加氢每单位氢气消耗释放出最多热量；加氢脱氮和加氢脱芳烃是最困难的反应；氢耗和反应热是相关的。

**8.4.1 脱硫**

从20世纪末到现在，超低硫燃料规格持续收紧。预计到2020年，大多数工业化国家将立法规定车用汽油和柴油产品的硫含量不超过10μg/g，这符合提高燃油经济性和减少车辆排放的愿望。这些变化的时间汇总见图8-4(运输政策2014年净额)。

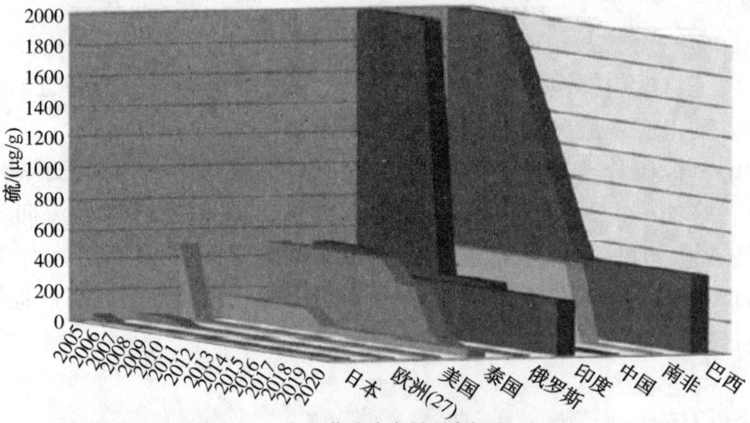


(a) 柴油硫含量国家标准

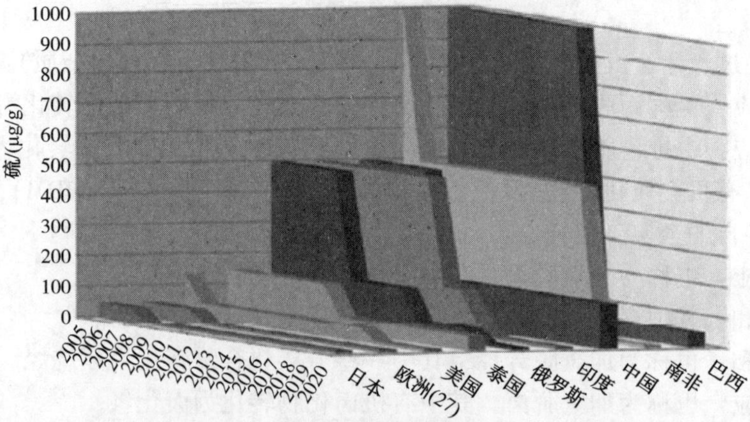


(b) 汽油硫含量国家标准

图8-4　引入新发动机燃料硫含量限值的时间

硫的脱除是通过原料中的有机硫化合物转化为$H_2S$来实现的，这种转化称为脱硫或加氢脱硫(HDS)。硫在石油馏分的馏程范围内以数百种不同的有机硫化合物的形式存在，在石脑油到常压渣油的范围内，归结为以下六种硫类型：硫醇、硫化物、二硫化合物、噻吩、苯并噻吩和二苯并噻吩。每种硫化合物的典型反应如下。

硫醇：

$$R—SH+H_2 \rightarrow R—H+H_2S$$

硫化物：

$$R1—S—R2+2H_2 \rightarrow R1—H+R2—H+H_2S$$

二硫化物：

$$R1—S—S—R2+3H_2 \rightarrow R1—H+R2—H+2H_2S$$

噻吩：

步骤(1)：

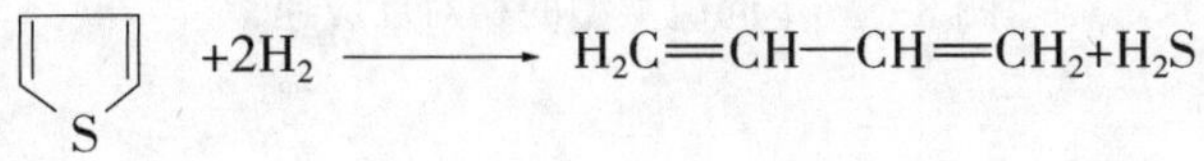


步骤(2)：

$$H_2C═CH—CH═CH_2+2H_2 \longrightarrow H_3C—CH_2—CH_2—CH_3$$

苯并噻吩：

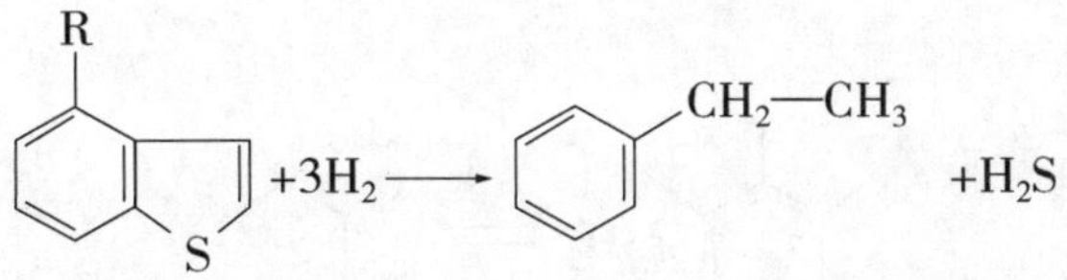


二苯并噻吩：

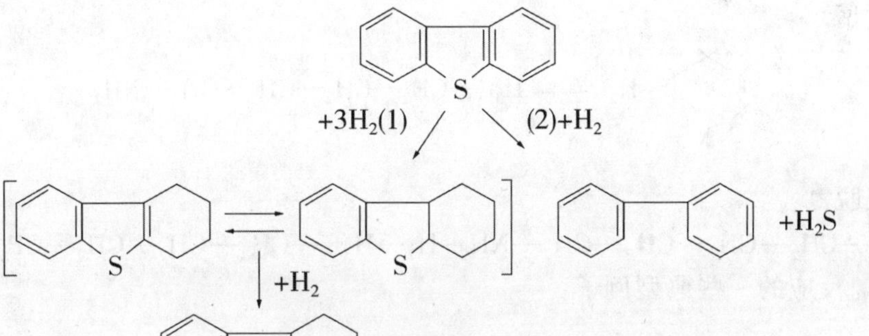


除了芳烃硫的加氢脱硫外，大多数反应都是直接脱硫。芳烃硫反应更复杂，因为有几条可能的途径：直接脱硫，氢解成联苯，或一个芳香环加氢再氢解，以及在4和/或6位的空间位阻烷基的异构化，然后是前面的两个反应。三种机制中的后一种机制没有描述。第二步氢解的相对速度比第一步加氢快得多(DuGulan 等，2008)。

根据脱除难易程度不同，六种硫类型由易到难排序为：

硫醇→硫化物→二硫化物→噻吩→苯并噻吩→二苯并噻吩

从某一特定烃馏分中脱除硫的相对难易程度在很大程度上取决于其硫类型。在石脑油馏分中，大部分的硫以硫醇和硫化物的形式存在，这使得硫的脱除相对容易。在蜡油中，硫主要以苯并噻吩、萘苯并噻吩和二苯并噻吩的形式存在，因此，蜡油中的硫比石脑油中的硫更难脱除。而在较重的馏分中存在更多难脱除的硫类型，这意味着重蜡油比轻蜡油更难处理（图 8-5）。

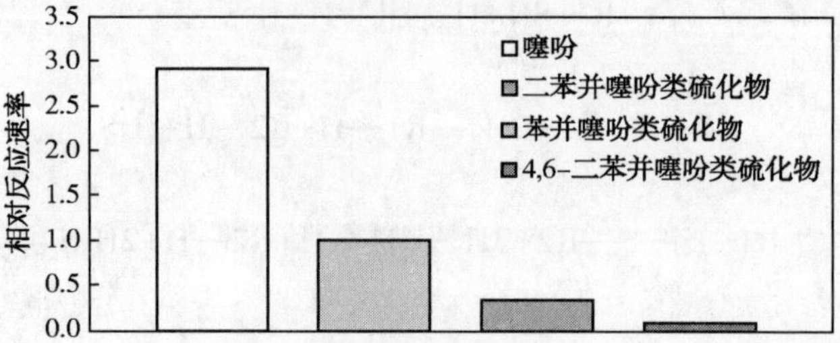


图 8-5 不同硫类型的相对反应速率

### 8.4.2 脱氮反应

氮主要存在于最重石油馏分的五元和六元芳烃环结构中。含氮分子的复杂性和数量都随着沸点的增加而增加，使其更难转化。加氢脱氮反应的途径与脱硫反应不同。在加氢脱硫过程中，首先脱除硫，然后是中间产物烯烃的饱和反应；而加氢脱氮过程中，芳香环先饱和后再脱氮，如下所示。

（1）脱氮机理

1）芳烃加氢：

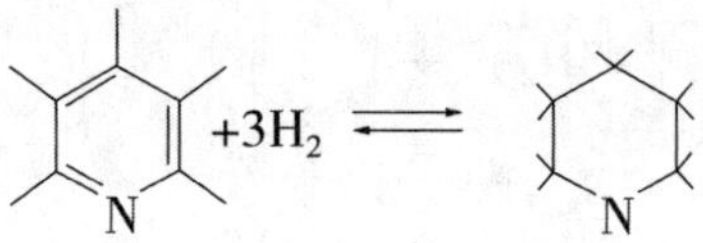

2）氢解：

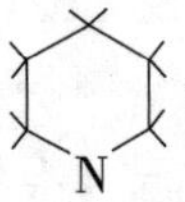 $+H_2 \longrightarrow H_3C—CH_2—CH_2—CH_2—CH_2—NH_2$

3）加氢脱氮：

$H_3C—CH_2—CH_2—CH_2—CH_2—NH_2+H_2 \rightarrow H_3C—CH_2—CH_2—CH_2—CH_3+NH_3$

（2）脱氮反应的一些典型例子

1）胺：

$H_3C—CH_2—CH_2—CH_2—NH_2+H_2 \rightarrow H_3C—CH_2—CH_2—CH_3+NH_3$

2）吡咯：

 $+4H_2 \longrightarrow H_3C—CH_2—CH_2—CH_3$ 和 $H_3C—CH—(CH_3)—CH_3+NH_3$

3）吡啶：

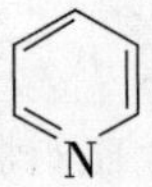 $+5H_2 \longrightarrow +H_3C—CH_2—CH_2—CH_2—CH_3$ 和 $H_3C—CH—(CH_3)—CH_2—CH_3+NH_3$

4）喹啉：

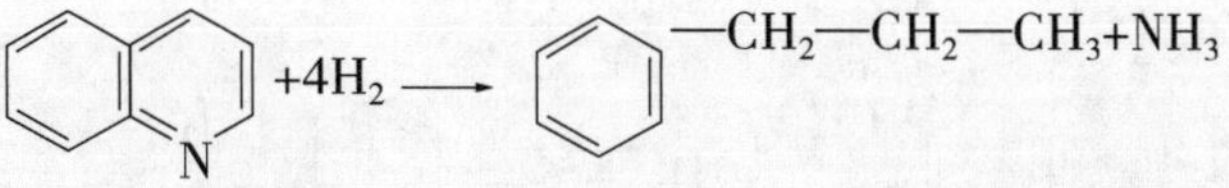

氮比硫更难脱除，也消耗更多的氢，因为在反应机理上脱氮之前通常需要芳烃饱和。芳环的加氢非常依赖氢分压，是脱氮的限制反应步骤。因此，脱氮对氢分压有很强的依赖性。

**8.4.3 脱氧反应**

大多数原油的含氧量低，含氧化合物通过加氢脱氧转化为相应的烃和水。较低分子量的化合物很容易被加氢脱氧，然而较高分子量的化合物，例如呋喃，则更难转化。以下是加氢脱氧的典型例子：

酚类：

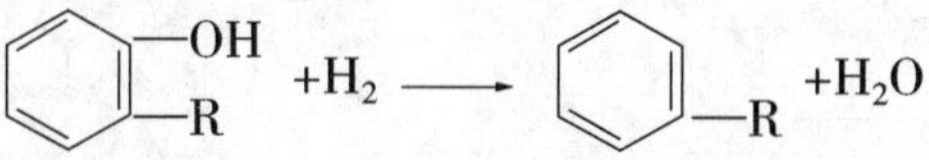

含氧化合物：

$$(CH_3)_3—C—O—CH_3+2H_2 \rightarrow (CH_3)_3—CH+H_2O+CH_4$$

环烷酸：

$$R—C(=O)OH + 3H_2 \longrightarrow R\text{–}CH_3 + 2H_2O$$

**8.4.4 烯烃饱和反应**

烯烃不存在于石油中，而是在热裂化或催化装置中加工而成。一般来说，含有烯烃的馏分是不稳定的，因此在加氢处理前必须防止与氧接触，以防止聚合胶质的形成。从焦化和蒸汽裂解制乙烯或石脑油裂解等热裂解操作过程中得到的原料尤其如此。典型的烯烃饱和反应如下：

己烯：

$$C_6H_{12}+H_2 \rightarrow C_6H_{14}$$

环己烯：

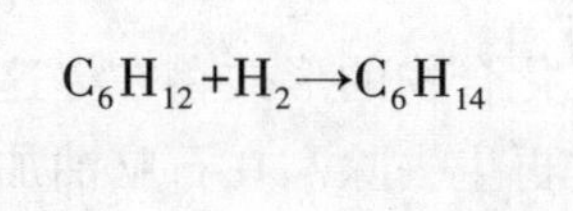

烯烃饱和反应速度快，放热量高。加氢脱氮反应的反应热为 1 Btu/lb 进料（每消耗氢气 100 $ft^3$），加氢脱硫反应产生 1 Btu/lb 的进料（每消耗 10 $ft^3$的氢气），烯烃饱和产生 1 Btu/lb 的进料（每消耗 2 $ft^3$的氢气）。如果在操作过程中不采取适当的注意措施，就会造成物流阻塞，例如过度结焦，从而导致压降积聚和/或流过催化剂床的液体流动不佳。二烯烃很容易在低温下（例如<375℉）加氢生成烯烃。

**8.4.5 芳烃饱和反应**

芳烃的饱和有利于改善石油产品的性能，如烟点、柴油指数等。在石脑油到柴油馏程范围内发现的芳烃有一环芳烃、二环芳烃和三环芳烃，通常称为单芳烃、二芳烃和三芳烃。典型反应如下：

一环——甲苯：

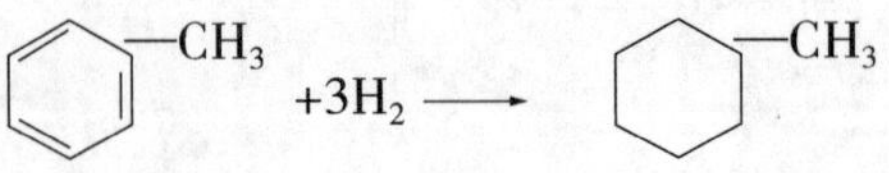


二环——萘：

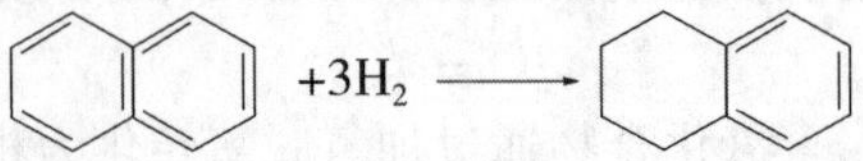


三环——菲：

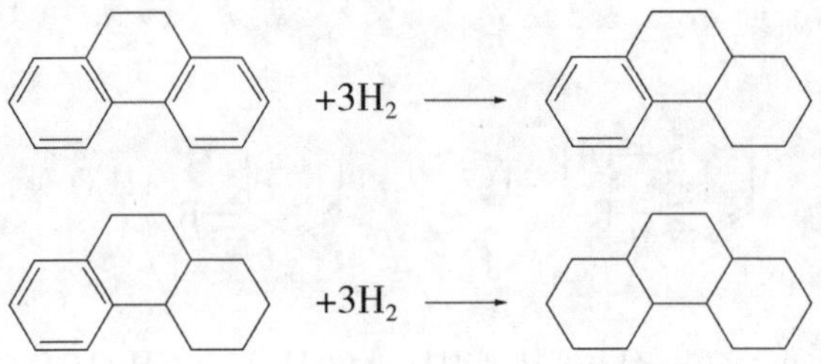


上述反应显示了多环芳烃化合物的逐步饱和反应机理：从三环芳烃到二环芳烃，再到单环芳烃，最终产品为环烷烃。加氢处理不会出现开环现象(开环发生在加氢裂化过程)，因为不像加氢裂化催化剂，加氢处理催化剂的载体不具有明显的酸性。高氢分压有利于芳烃饱和反应。与其他加氢处理反应不同的是，随着温度的升高，因为环烷烃在较高的操作温度下发生脱氢反应，芳烃的转化率趋于平衡。芳烃饱和的最佳温度取决于液时空速、氢分压和催化剂类型，通常在670~730℉范围内。

单环芳烃的环比二环芳烃和三环芳烃的环更难饱和，因为最后一个芳香环的饱和需要最大的能量。这意味着，随着芳环饱和的逐步进行，总芳烃含量基本不会减少，直到大部分(如果不是全部)的二芳烃和三芳烃已经饱和。芳烃的完全饱和需要在无硫、无硫化氢的环境中应用贵金属催化剂，而在常规非贵金属硫化物催化剂加氢处理中几乎不可能发生。

### 8.4.6 金属和非金属脱除反应

大多数金属污染物以金属有机化合物的形式存在。这些金属一旦沉积，就会导致催化剂失活；与焦炭不同，它们不能通过再生去除。在石脑油加氢处理中，最常见的污染物是某些原油中的砷、碱金属(如 Ca、Na)、某些凝结水中的汞和聚二甲基硅氧烷基消泡剂中的二氧化硅，这些消泡剂用于减黏、延迟焦化和原油深水钻井。重蜡油馏分中可能含有微量镍、钒，它们也会沉积在催化剂上并导致催化剂失活。常压渣油中残留的金属几乎完全是镍和钒，含量在20~500μg/g范围内。这类原料的加氢脱金属是加工的一个重要目标，并为此采用了特殊的加氢脱金属催化剂。在进行加氢脱硫和原料转化等主要反应之前，需要按照下列加氢脱金属反应方程式脱除 Ni、V 等金属杂质：

$$R—Me+H_2S \rightarrow R—H_2+MeS$$

捕砷催化剂是捕获有机砷污染物如三乙基赖氨砷所必需的，是典型的 NiS 基催化剂。这些捕集催化剂通过砷与 NiS 结合形成砷化镍而脱除砷。提高反应温度会提高砷的捕集能力。在砷和硅同时存在的情况下，宜采用中等浓度的镍，如10%~15%的镍，这样使得捕集催化剂仍有足够的比表面积捕集硅。

碱金属可来源于各种原油，或者原油脱盐罐的误操作以及涉及使用烧碱的各种操作过程。碱金属吸附在催化剂载体的酸性中心上，降低催化剂活性。它们的存在还可能使压降迅速增加，特别是在加氢处理催化剂床层上部。在催化剂再生过程中，碱金属的存在往往会使催化剂表面烧结，导致比表面积的损失超过常规范围。

汞污染物一般可分为烃类可溶物、水溶性污染物和沥青质污染物。在构造板块边界附近开采的原油中，可以找到不同比例含汞原油。根据相对挥发性的不同，元素汞和烷基汞化合物将随液化石油气到重柴油的产品离开原油蒸馏塔。水溶性汞会存在于原油储罐的底部和脱盐罐的抽提液中。在常压渣油和减压渣油中可发现沥青质汞。沥青质汞可通过加氢处理转化为较轻的烃溶形式的汞，这对后续加工这些含汞物料的设备可能会产生问题，因为元素汞会与含铜合金和少量铝制设备形成汞合金，从而导致脆性失效。一般来说，汞基本上不被常规的加氢处理催化剂捕获，因此可能需要装填一个捕汞吸附剂的后处理床层，以延长下游设备的使用寿命和满足市场需求(Hadden 等，2010 年)。

石脑油加氢处理装置中负载在 HDS 催化剂之上的脱硅保护催化剂具有较高的比表面积。这些催化剂通常是通过 NiMoS 活性相设计的，具有适度的加氢功能。在此反应器中的加氢放热使含有 NiMoS 活性相的脱硅保护剂硅容量高于没有 NiMoS 活性相的等量的脱硅保护载体。吸附机理是由有效比表面积和操作温度决定的，因此较高的温度和比表面积会产生更大的硅容量。通过定期监测加氢脱氮性能而不是加氢脱硫性能，可以跟踪硅的吸附情况。聚二甲基硅氧烷分解的几种产物已被鉴定出来，有推测分解产物中的硅醇基团与氧化铝载体羟基发生反应(Chainer，2012)。

### 8.4.7 脱卤反应

有机卤化物，如氯化物或溴化物，在石油馏分中以痕量水平存在。在加氢处理条件下，有机卤化物主要转化为相应的烃和卤化氢，典型反应如下：

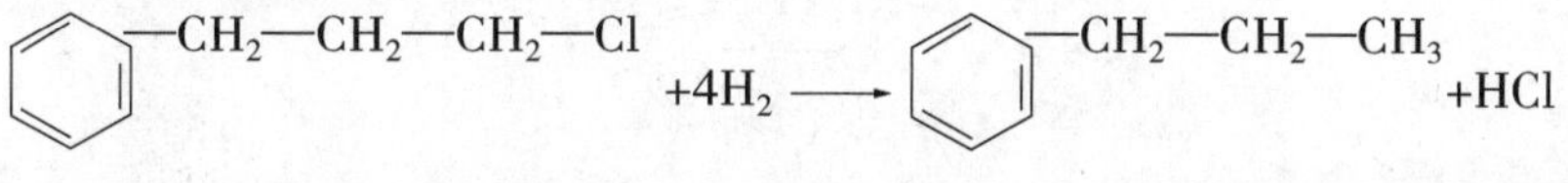


在以上介绍和概述的基础上，下文将更详细地介绍一些重要的加氢处理应用。

## 8.5 柴油加氢处理(加氢精制)

由于柴油的规格越来越严格，特别是在产品硫含量、芳烃和密度方面要求越来越严格，因此需要改进加氢处理技术以满足新的规格要求。这促使更高活性催化剂的开发，例如Ⅱ类活性中心加氢处理催化剂，以及加氢处理基础理论研究的加强。

### 8.5.1 柴油脱硫的催化化学

全馏分柴油具有相当宽的馏程范围，大约为 300~700℉之间，所含的硫化合物种类繁多，从低分子量的烷基硫化物、苯并噻吩，到二苯并噻吩、取代的二苯并噻吩和高分子量的萘苯并噻吩等。一般情况下，所有沸点低于 4-甲基二苯并噻吩的硫化物在生产硫含量 10μg/g 的柴油(超低硫柴油)所需条件下反应速率较快。

以下列举了柴油中典型的含硫化合物的例子，从最简单的含硫化合物到最难转化的含硫化合物：

乙基己基硫醚：

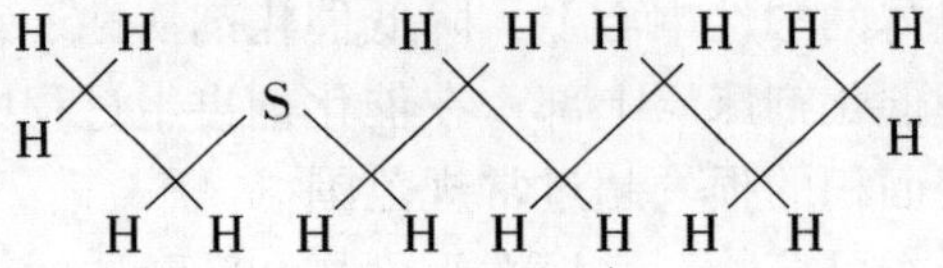

苯并噻吩：

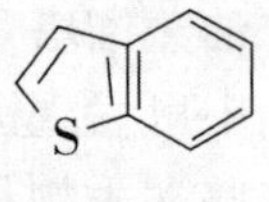

二苯并噻吩：

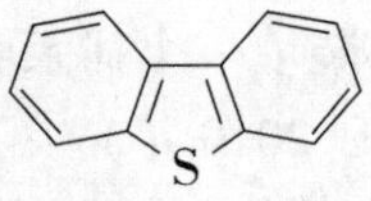

4-甲基二苯并噻吩：

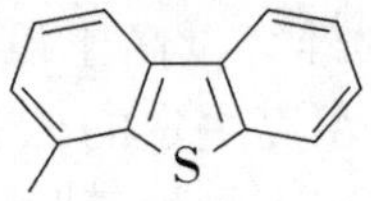

4，6-二甲基二苯并噻吩：

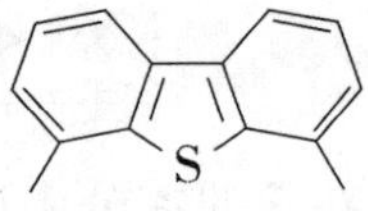

4-乙基，6-甲基-二苯并噻吩：

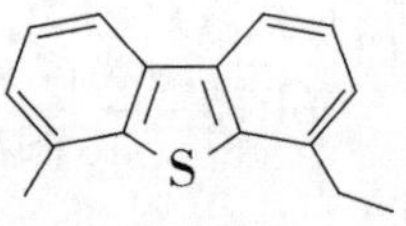

最难脱硫的硫化物是带取代基的二苯并噻吩，尤其是取代基与硫原子相邻的，在 4 位或 4 位/6 位双取代的情况。这些化合物，如 4-甲基二苯并噻吩和 4，6-二甲基二苯并噻吩等，是最难脱硫的化合物。

**8.5.2　分析表征**

大约 10 年前，出现了一种应用于石油馏分表征的强大的新型分析技术，即综合气相色谱(GC)，也就是所谓的“二维”气相色谱(GCxGC)。该方法的描述可在其他地方找到，相比早前的方法，该方法可更加深入地分析石油馏分化学组成。图 8-6 为馏分油中烃结构全面的气相色谱 3D 图。

随着分子量的增加，链烷烃结构沿 $x$ 轴呈尖峰状。

单环芳烃表现为以右侧 45°角度的尖峰族，随着分子量的增加，向右侧推移分子量从一个族向另一个族发展，例如从 $C_9$芳烃到 $C_{10}$芳烃。超过吲哚“范围”的较大的尖峰是二芳烃(萘)，再次在随分子量的增加按“族” 排列。随后，较小的系列峰是三环芳烃，其后是多环芳烃的痕迹。所有化合物都可以识别和量化，以充分表征馏分的组成。

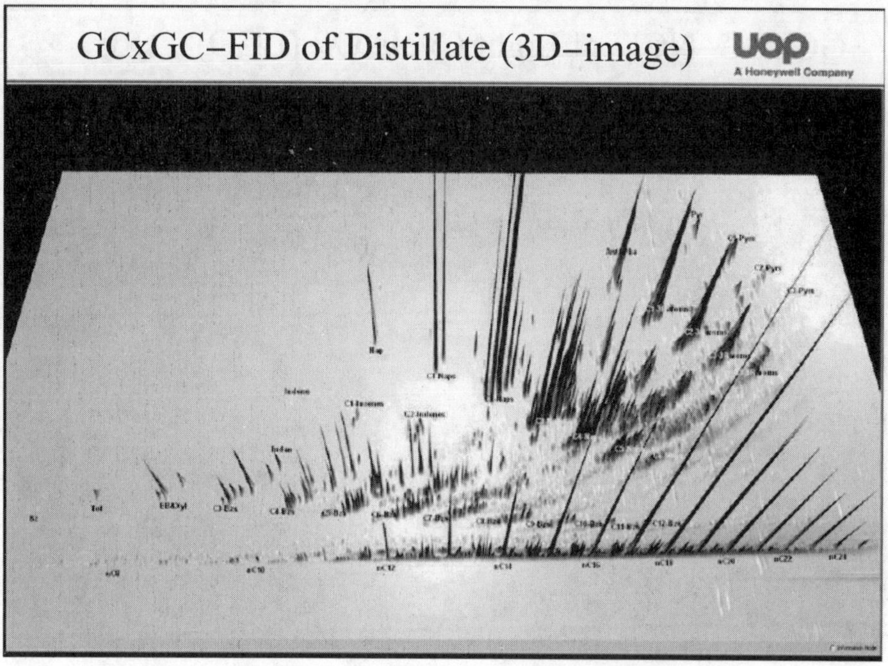


图 8-6 馏分中烃含量的 GC 二维综合气相色谱图像

图 8-7 显示的是一种用于硫化物、类似 GCxGC 的分析方法。

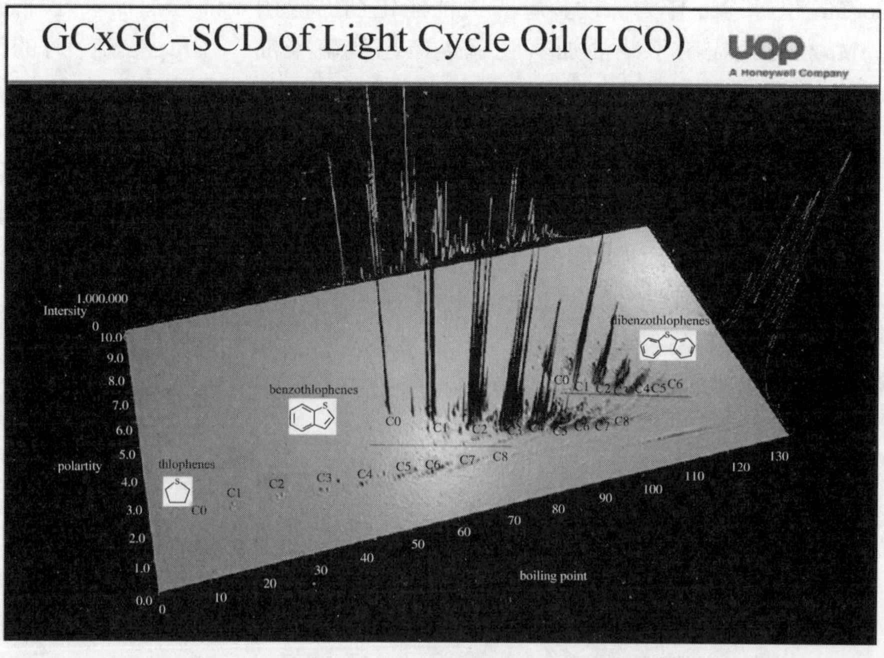


图 8-7 柴油硫化物的二维综合气相色谱图像

化合物的类型，如噻吩、苯并噻吩或二苯并噻吩，以及环上的取代程度可以从图中显示。

氮类化合物也是如此(图 8-8)。

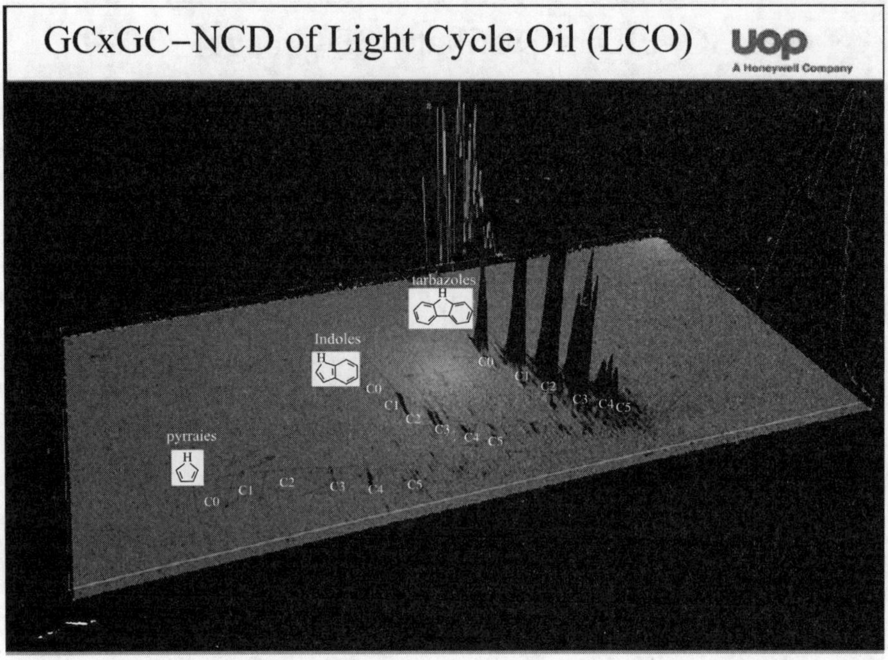


图 8-8　馏分中氮化合物的二维综合气相色谱图像

### 8.5.3　催化剂和反应

采用 Co/Mo 和 Ni/Mo 作为活性金属的两种催化剂已应用于馏分油加氢处理过程。在开发初期，Ni/Mo 催化剂应用于柴油加氢脱硫生产超低硫柴油（<10μg/g 硫）时的活性略高，但最近，随着技术的发展，Co/Mo 催化剂在超低硫柴油生产中具备了相当的活性。关于 Ni/Mo 催化剂对超低硫柴油的催化活性可能更高的观点，符合以下理论：对于 4，6-二甲基二苯并噻吩等 4-和 6-位上含有取代基的这类最难脱除的硫分子，其脱硫反应是需要首先对其中的一个芳环进行饱和，芳环饱和后，分子具有更大的结构灵活性以利于硫原子接近催化剂活性中心。这种脱硫路径被称为“加氢”路径，在具有较高饱和活性的 Ni/Mo 催化剂上效果最好。另一条路径涉及硫原子的直接脱除生成 $H_2S$，这一路径被称为“直接脱硫”路径，Co/Mo催化剂上按照该路径进行脱硫反应。

直接脱硫反应描述如下：

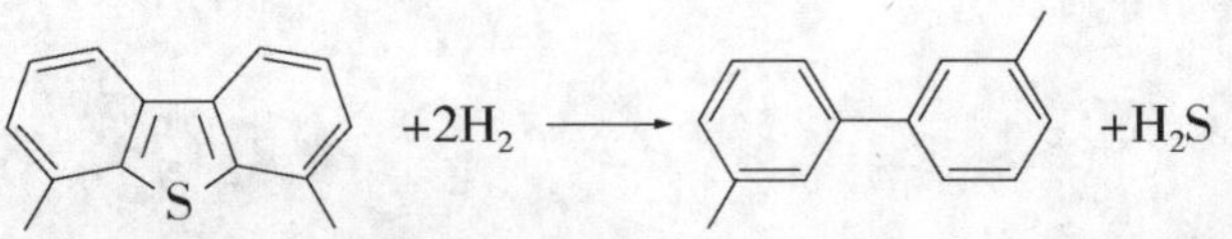


“加氢”路径的简化形式如下：

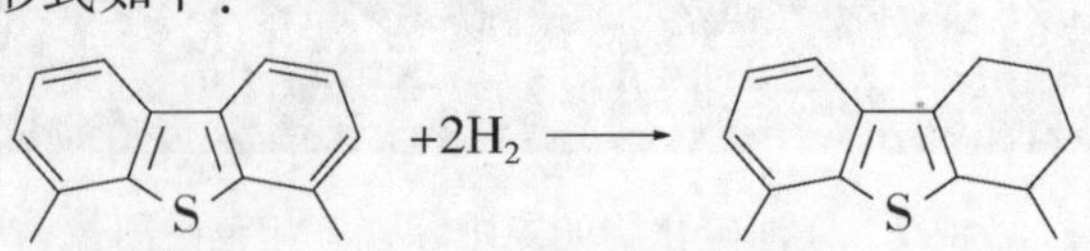


然后：

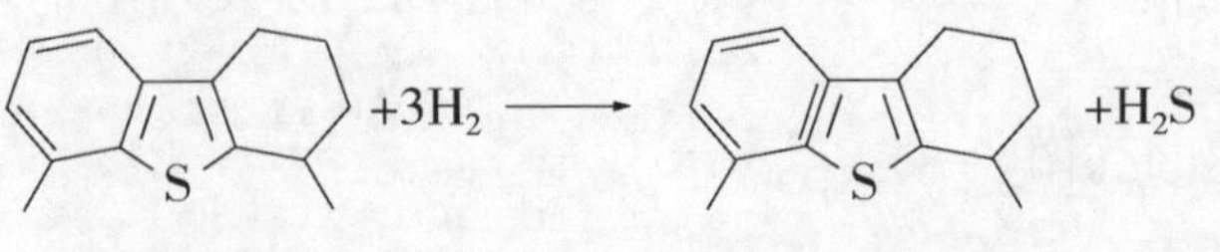

关于哪一种路径占主导地位，存在着相当大的争论；尽管程度不同，这两种路径可能在现代的Ⅱ类活性中心催化剂上都活跃。对于“加氢”路径，可以推断一环的可逆饱和在低压下是受限的。Jones 和 Kokayeff(Jones 等，2005)以及 Ho(Ho，2003，2004)对这一问题进行了论述。

这类硫化物是最难脱除的，也是实现超低硫柴油(<10μg/g)的最大挑战。此外，另一个复杂因素是氮化物的抑制作用。尽管人们对氮的抑制作用已经有所了解，但对深度脱硫生产超低硫柴油的要求，加深了人们对氮抑制效应的认识。

(1) 氮化物

柴油中最难转化的氮化物是咔唑类化合物。

咔唑：

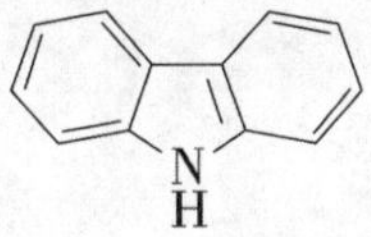

甲基咔唑：

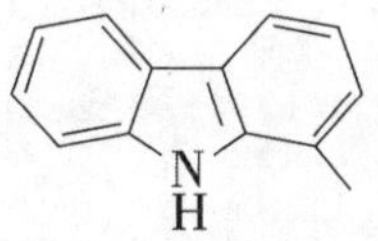

1，2-二甲基咔唑：

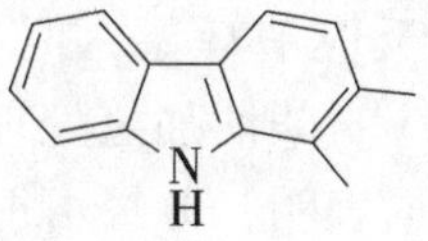

1，8-二甲基咔唑：

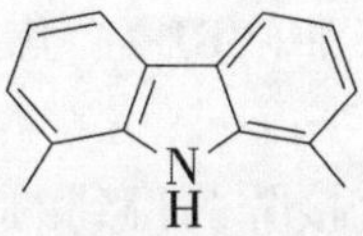

咔唑类化合物与有取代基的二苯并噻吩在相同的沸程范围(620~660℉)，在脱硫深度至<10ppm 的条件下，加氢脱氮反应深度很深，氮化物基本完全脱除。

(2) 芳烃化合物

芳烃化合物是另一类在馏分油加氢处理中具有重要意义的化合物。芳烃化合物可分为三大类：多环芳烃(3 个缩合环)、双环芳烃和单环芳烃。

2-乙基-7-甲基蒽：

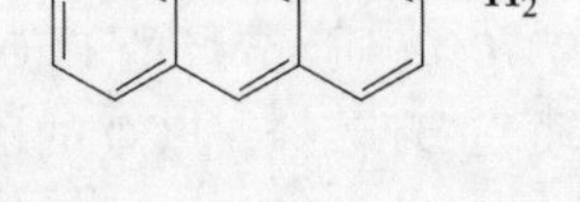

1，7-二甲基蒽：

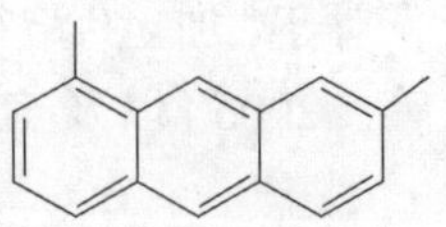

7-乙基-2-甲基-1，2，3，4，4a，9a 六氢蒽：

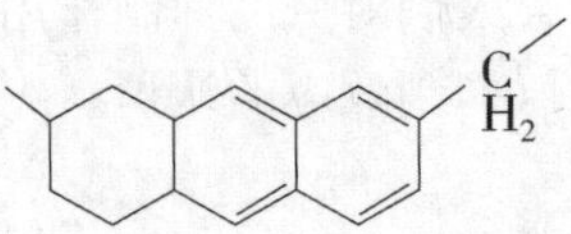


7-乙基-2-甲基-1，2，3，4，4a，9，9a，10-十八氢蒽：

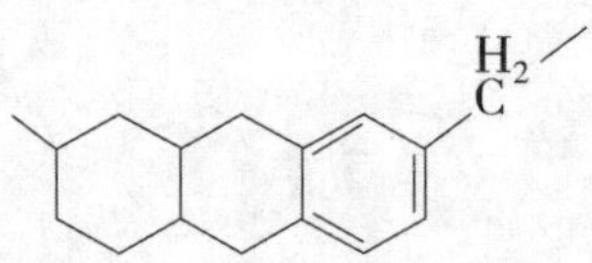


芳烃化合物的饱和反应依次进行：

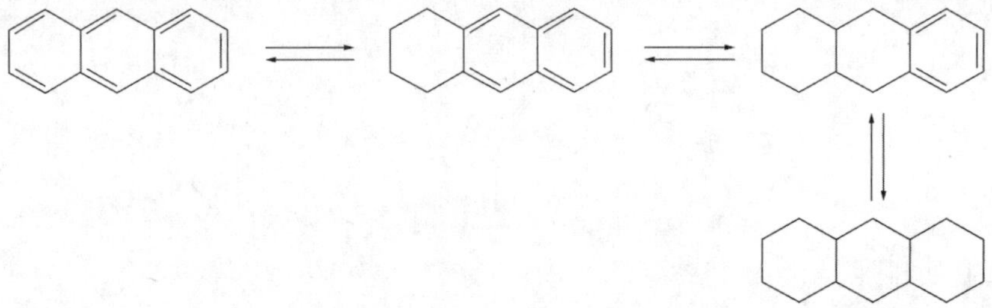

饱和反应是放热可逆反应。这些反应消耗氢，但也通过增加十六烷值来提高柴油的质量，因此，它们不一定是不需要的反应。柴油加氢处理装置的压力和催化剂的选择有时会根据期望的十六烷值确定。此外，有证据表明，芳烃可能抑制具有空间位阻效应的最难脱除的二苯并噻吩类硫化物的脱硫反应进行(Jones 等，2004)。

**8.5.4 原料油**

加氢精制装置原料油可以为直馏柴油(SRD)、焦化柴油(LCGO)和催化轻循环油(LCO)中的一种或多种的混合原料。

直馏柴油就是原油经常减压装置直接分馏得到的直馏馏分，馏程范围为 300~730℉。直馏柴油具有°API 高(28~32)、硫含量低[0.5%~1.5%(质)]、氮含量低(40~100μg/g)和芳烃含量低[通常低于 20%(质)]等特点。

焦化柴油来自焦化装置，其馏程与直馏柴油相同但不同的是其具有更高硫含量(2.0%~3.0%)、更高氮含量(500~1500μg/g)以及更高芳烃含量。其另一特点是含有烯烃(通常以溴价测量)，溴价约为 10~30gBr/100g，由于焦化柴油具有一定的烯烃含量和较高的芳烃含量，加氢处理过程会大量放热。此外，由于焦化过程含硅消泡剂的存在，使得加氢处理催化剂在加工这部分焦化馏分时发生失活。

催化轻循环油具有°API 低(°API=12~22)和芳烃含量高的特点，其芳烃含量高达 70%(质)(以双环芳烃居多)。一种含有 70%(质)芳烃的 LCO 典型的芳烃分布为 10%(质)单环芳烃、45%(质)双环芳烃及 15%(质)三环芳烃。LCO 的硫含量范围从 500μg/g(来自有 FCC

原料预处理单元的 FCC 装置）到 2%（质）（来自不具备 FCC 原料预处理单元的 FCC 装置），氮含量通常不高，达到几百 μg/g。由于芳烃饱和反应为强放热及高耗氢过程，加氢处理装置在加工 LCO 时会产生较大的氢耗和较高的温升，同时由于多环芳烃的饱和速率快，温度控制就显得非常重要。

### 8.5.5 工艺流程

加氢处理工艺流程简图如图 8-9 所示。原料油进入原料缓冲罐，然后经原料油泵加压后经过进料/出料换热器换热，与循环氢混合加热至反应温度后进入反应器。反应出料经与原料油换热及风机（空冷）冷却器冷却后进入高压分离器，分离后的气体经循环氢脱硫塔脱除硫化氢和氨后经循环氢压缩机增压输送到反应器。接下来液体产品输送到低压分离器，在低压分离器顶部回收低分气，同时，低压分离器底部液体产品输送到汽提塔以除去产品中溶解的硫化氢、氨以及不稳定石脑油，稳定的液体产品送至调和或储存装置。为了避免装置冷却阶段硫氢化铵发生铵盐结晶，洗涤水注入到空气冷却器上游的反应出料中以吸收反应过程生成的氨。由工艺流程图可以看出，两个催化剂床层之间设有冷氢注入点。催化剂床层数量和冷氢量取决于加氢处理装置混合原料类型，进料为直馏柴油时仅需要一个冷氢注入点，当进料为 LCGO 和 LCO 时需要 3 个或 3 个以上的催化剂床层和床层间配套的冷氢点去控制反应温升。

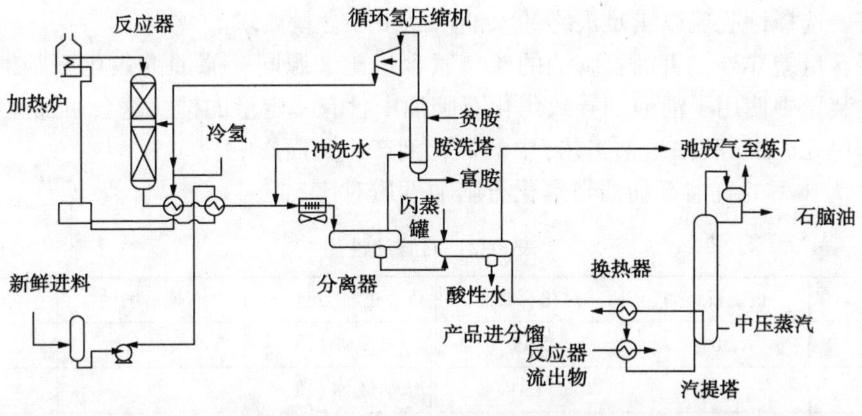


图 8-9 柴油加氢处理工艺流程简图

### 8.5.6 工艺条件

如今加氢处理装置的工艺条件与过去相比苛刻得多，这主要是为了生产超低硫柴油 ULSD（即硫含量小于 10μg/g）。典型工艺条件见表 8-1。

**表 8-1 柴油加氢处理典型工艺条件**

| 进料类型 | 直馏柴油 | LCGO（焦化柴油） | LCO（轻循环油） |
|---|---|---|---|
| LHSV/$h^{-1}$ | 1.5~2.0 | 1.0~2.0 | 0.75~1.5 |
| SOR 温度/℉（℃） | 630~660（330~350） | 640~680（340~360） | 670~710（355~375） |
| 压力/psig（bar） | 600~700（41~48） | 700~800（48~55） | 750~1000（50~70） |
| 氢油比/SCFB（$Nm^3/m^3$） | 1500（250） | 2000（340） | 2000（340） |

工艺条件的变化与原料性质（如硫含量、氮含量）、原料种类和工艺目标（加氢脱硫生产

超低硫柴油和/或提升十六烷值)等多种因素有关，特别是能够显著提升十六烷值的工艺条件足以生产出合格的超低硫柴油产品。

## 8.6 石脑油加氢处理

### 8.6.1 概述

石脑油是炼厂中最轻液体馏分的统称，典型石脑油馏程范围是初馏点通常为30℃、终馏点为193~215℃、分子碳数为$C_5$~$C_{12}$。石脑油的终馏点取决于炼厂的流程设置以及生产目标(最大量生产汽油、柴油或石化原料)。

### 8.6.2 直馏石脑油与裂解石脑油

石脑油分为直馏石脑油与裂解石脑油。来自原油塔的稳定石脑油称为直馏石脑油，因为其未经过任何热裂解或催化过程的影响，因此其烯烃含量可忽略不计。相应的由脱碳工艺(如焦化或催化裂化工艺)生产的石脑油可认为是一种含有大量烯烃的裂解原料。具体地说，裂解石脑油含有单烯烃和二烯烃，这些烯烃的反应特性需在设计环节进行特殊考虑。

本节重点讨论直馏石脑油和焦化石脑油，因为这两种石脑油在炼厂中占据相同的位置。在生产汽油时，炼厂倾向于以不同的方式处理催化裂化汽油，因为其具有相对较高的辛烷值，因此需要选择性脱硫以满足最终的汽油产品中硫含量要求。

除烯烃含量差异外，直馏石脑油的硫、氮含量比来源同一原油的焦化石脑油低。此外，由于在焦化装置中使用了消泡剂导致焦化石脑油中含有一定量的硅，这会对加氢处理催化剂及下游操作单元(如石脑油重整工艺)中的催化剂产生负面影响。

表8-2为典型的直馏石脑油与焦化石脑油性质对比。

表8-2 石脑油性质

| 进料类型 | 直馏石脑油 | 焦化石脑油 | 进料类型 | 直馏石脑油 | 焦化石脑油 |
|---|---|---|---|---|---|
| 硫/(μg/g) | 500 | 5700 | 二烯/%(质) | 无 | 3 |
| 氮/(μg/g) | 10 | 150 | 烯烃/%(质) | 0 | 25 |
| 硅/(μg/g) | 0 | 3~7 | | | |

### 8.6.3 石脑油配置

对于炼厂汽油生产环节，直馏石脑油和焦化石脑油的低辛烷值属性使得其无法作为汽油调和组分使用。为确保石脑油组分可以被充分利用生产汽油产品，炼厂将石脑油组分送至催化重整装置，通过将环烷烃脱氢生产芳烃以增加石脑油的辛烷值。重整装置处理石脑油组分之前，需要对石脑油进行有效的加氢预处理，最大量减少有机硫、氮、其他痕量杂质和烯烃含量，以避免贵金属重整催化剂失活或者污染连续再生器。重整装置的最终液体产品通常称为重整汽油，可用作低硫(无硫)、高辛烷值汽油调和组分。

另外，一些炼厂选择对其石脑油组分进行最低限度的加氢处理，并在市场上出售石脑油作为石化原料。在生产高沥青原油时，石脑油可用作稀释剂，用以改善高沥青原油性质。

### 8.6.4 工艺目标与注意事项

表8-3为催化重整装置进料石脑油要求。为了达到重整进料的质量要求，需要选用适

宜的催化剂和在加氢处理工艺条件下进行如下反应以脱除重整进料中的污染物与杂质。

表 8-3 重整装置进料要求

| | | | |
|---|---|---|---|
| 硫/(μg/g) | 不大于 0.5 | 二烯烃/%(质) | 无 |
| 氮/(μg/g) | 不大于 0.5 | 烯烃/%(质) | 无 |
| 硅/(μg/g) | 无 | | |

在含铅汽油时期，当含铅石脑油重新进入石脑油加氢处理装置时也需脱金属处理，以防止铅和其他金属对石脑油重整催化剂的毒害作用。

加氢脱硫的难易程度取决于硫分子的类型，如硫醇、硫醚、噻吩或苯并噻吩。相对而言硫醇硫是最容易脱除的硫，苯并噻吩硫脱除的难度是硫醇硫的 15 倍。芳环结构中硫的脱除过程首先是开环，之后是硫原子的脱除及生成烯烃分子的饱和。

氮化物的结构导致脱氮反应比脱硫反应难度大，芳环结构中所含的氮与芳环结构中的硫的脱除机理不同。脱氮过程中芳环需先经饱和、开环等环节，最终脱除氮分子。由于芳键上的氮的脱除过程需要发生芳烃饱和反应，因此脱氮反应对于加氢处理装置的设计压力的敏感度高于脱硫反应。

烯烃饱和反应较加氢脱硫、加氢脱氮容易，加工裂解石脑油原料时，两种烯烃必须要考虑：二烯烃(含有两个双键分子)和单烯烃(含有一个双建的分子)。在加氢脱硫与加氢脱氮典型反应温度下接触催化剂床层后，二烯烃会聚合生焦，生焦物可在原料换热器或在反应器催化剂床层顶部形成，引起结垢和压降升高等问题，最终导致装置非计划停工，降低装置运行周期。

对于含有大量二烯烃的石脑油混合原料，需在单独的烯烃饱和反应器处理该混合原料，以最大限度地降低生焦的可能性，所述二烯烃反应器采用活性较低的加氢处理催化剂，并在足够低的反应温度下进行反应，以确保二烯烃饱和反应优先发生而不发生聚合反应。在二烯烃饱和稳定后，经加热后输送至装有主加氢处理催化剂的第二反应器，以脱除石脑油中的硫、氮。

解决裂解石脑油混合物料中的二烯烃问题后，接下来需要关注的是单烯烃分子。单烯烃饱和反应主要发生在主加氢处理反应器，反应释放大量的反应热，烯烃饱和反应难度小，第一催化剂床层起始反应温度下，大部分的烯烃饱和反应已经完成，导致催化剂第一床层有剧烈的温升，而在后面的催化剂床层中的温升较小。对于烯烃饱和反应来说，反应热的控制有助于防止催化剂床层的结焦、烧结或不同床层的催化剂利用程度不均匀等问题。通过将无烯烃的反应产物循环回反应原料混合可以稀释不饱和烯烃含量，最终通过对烯烃放热合理控制以保证加氢处理反应器中主催化剂获得期望的运行寿命。

### 8.6.5 裂化原料可能的重组反应

由于焦化石脑油原料中存在烯烃，因此存在硫化氢与烯烃重组的可能性。如下反应方程式描述了反应器中的硫醇、烯烃和 $H_2S$ 之间的平衡。在反应器中希望反应由右至左进行，以便进料中的硫化物出现在气体中被脱除，而不出现在液体产品中。这可以通过安装一个相对较小的后处理反应器解决，该反应器的工艺条件相比主反应器缓和，有利于由右向左的反应，从而降低加氢处理石脑油产品的硫醇含量。

$$R = R' + H_2S \longleftrightarrow R - R' - SH$$

### 8.6.6 典型工艺条件

表 8-4 比较了直馏石脑油和焦化石脑油加氢处理装置的操作条件。

**表 8-4 石脑油加氢处理操作条件**

| | 直馏石脑油 | 直馏石脑油和焦化石脑油 |
|---|---|---|
| 压力/psig(bar) | 300~500(21~35) | 500~800(35~50) |
| 加氢处理主反应器体积空速/$h^{-1}$ | 4~12 | 2~8 |
| 气油体积比/(scf/bbl)($Nm^3/m^3$) | 250~400(40~75) | 900~3000(150~500) |

(1) 压力

对于焦化石脑油含量较高的反应进料，通常其中还含有较高的氮化物，因此，当加氢处理装置加工这部分反应物料时，需要更高的反应压力以确保脱氮反应顺利进行，以满足重整装置进料氮含量 0.5μg/g 的指标要求。

(2) 体积空速

焦化石脑油混合进料除了含有较高的硫和氮，还含有一定量的硅。这就需要在催化剂体系中补充一定的捕硅剂，此举降低了加氢处理装置的液时体积空速。液时体积空速是单位时间通过单位体积催化剂的液体进料体积。LHSV 与催化剂中的液体停留时间成反比。反应器中所需的捕硅剂含量取决于进料混合物中的硅含量、加氢处理催化剂或者保护剂的硅捕集能力以及催化剂运行周期要求。

$$\mathrm{LHSV}(\mathrm{h}^{-1})=\frac{\text{液体进料速率}(\mathrm{ft}^3/\mathrm{h}\text{ 或 }\mathrm{m}^3/\mathrm{h})}{\text{催化剂体积}(\mathrm{ft}^3\text{ 或 }\mathrm{m}^3)}$$

(3) 气油体积比

反应器最低氢分压指标需要确保合理的反应速率并有效降低催化剂的结焦可能性。如表 8-4所示，加氢处理单元对气油比的要求随进料杂质含量的提高而增加。

气油体积比计算公式如下：

$$\text{气油体积比}[\mathrm{SCFB}]=\frac{\text{进入反应器总气体量}(\mathrm{SCFH}\text{ 或 }\mathrm{Nm}^3/\mathrm{h})}{\text{进料量}(\mathrm{BPH}\text{ 或 }\mathrm{m}^3/\mathrm{h})}$$

(4) 脱二烯烃反应器

典型的脱二烯烃反应器最优操作条件：LHSV 为 3~6$h^{-1}$，气油体积比为 250~1000 scf/bbl(40~170$Nm^3/m^3$)。

(5) 后处理反应器

后处理反应器 LHSV 范围为 12~18$h^{-1}$，由于主反应器出料在送至气液分离器之前先送至后处理反应器，需要将循环氢作为冷氢引入以确保后处理反应器在足够低的反应温度下进行，有利于 $H_2S$ 和饱和烃的形成，而不是生成硫醇。为了进一步满足催化重整和异构化装置进料硫含量要求，可使用硫保护床来处理稳定产物，其中典型的是采用 NiS 基的吸附剂。

### 8.6.7 工艺流程

图 8-10 为直馏石脑油加氢处理装置的工艺流程简图，通常加氢处理装置处理直馏石脑油不需要循环氢脱硫塔。来自汽提塔装置底部的稳定产物可以作为原料直接送至重整装置，也可在下游石脑油分馏塔中分成轻石脑油和重石脑油两部分。

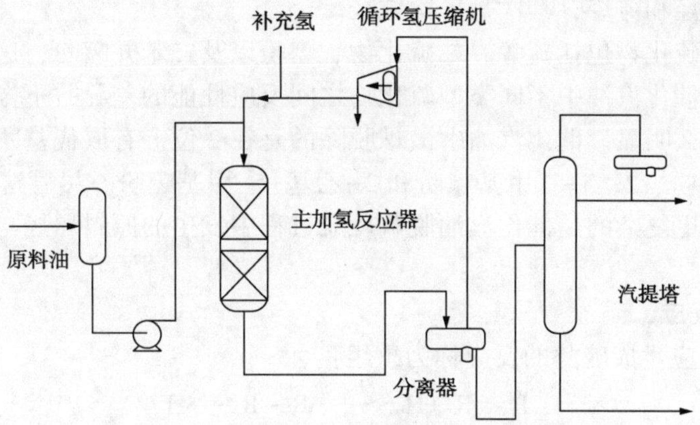


图 8-10 直馏石脑油加氢处理简图

图 8-11 为焦化石脑油加氢处理装置的工艺流程简图，需要设置额外的设备来处理高含量的硫、氮化合物以及焦化石脑油原料中的烯烃。前面章节中提到，焦化石脑油加氢处理装置还包括一个二烯烃反应器和一个后处理反应器。焦化石脑油处理方案的另一个特征是处理后的产品进行循环与新鲜进料共同进入反应器，以控制加氢处理主反应器中的反应放热。同时循环氢脱硫塔通常用于脱除循环氢中的 $H_2S$ 和 $NH_3$，以降低其对主加氢处理主反应器中催化剂活性的抑制作用。

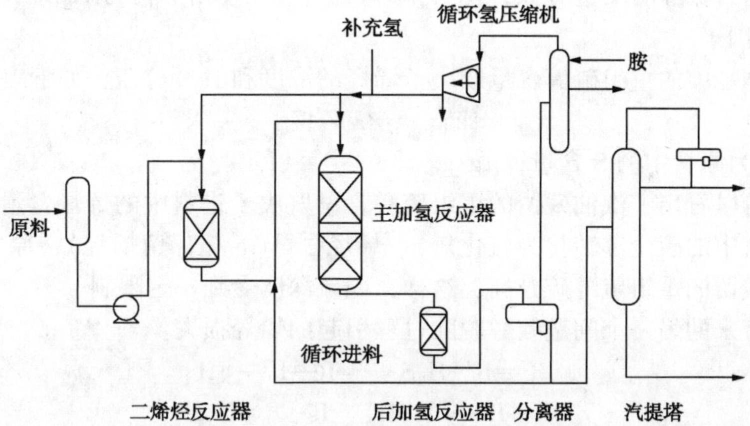


图 8-11 焦化石脑油加氢处理简图

## 8.7 催化汽油加氢脱硫

### 8.7.1 概述

大多数原料的加氢处理通过发挥催化剂的最大活性以实现目标转化率(硫、氮和芳烃)，而催化汽油的加氢脱硫情况有所不同，其特征是重点在于选择性而不是催化活性，具体来说是在将硫含量降低至产品要求的同时尽可能减少因烯烃饱和而带来的辛烷值损失。

### 8.7.2 催化汽油组成

催化汽油由正构烷烃、异构烷烃、正构烯烃、异构烯烃、环烯烃和芳烃组成。理想的高辛烷值组成包括烯烃和芳烃，其次是异构烷烃。

催化汽油中的硫化物包括硫醇、二硫化物、噻吩以及二苯并噻吩，这些硫化物在反应性能上存在差异，但催化汽油中不同类型硫化物之间反应性能的差异并不像柴油中不同类型硫化物的反应差异那么明显。催化汽油中最难脱除的是在2位上有取代基团的噻吩硫化物，如2-噻吩、2-乙基噻吩、2，5-二甲基噻吩和2-乙基-5-甲基噻吩。尽管这类噻吩类硫化物比硫醇更难脱除，但更复杂的是催化汽油脱硫反应过程中发生的原料烯烃与脱硫生成硫化氢重新结合反应。

### 8.7.3 重组反应

烯烃与 $H_2S$ 反应生成硫醇的反应称为重组：

$$R=R'+H_2S \longleftrightarrow R-R'-SH$$

重组反应是一种可逆反应，在脱硫反应条件下接近达到化学平衡。该反应是放热反应，提高反应温度不利于该反应发生，充分考虑各种因素，烯烃、$H_2S$ 与硫醇之间的平衡表达式：

$$K=\frac{P_{RSH}}{P_0 P_{H_2S}}$$

也可写作：

$$W_{RSH}=f\times KW_0 P_{H_2S}$$

式中，$W_{RSH}$为硫醇的质量分数；$W_0$ 为烯烃的质量分数；$P_{H_2S}$为 $H_2S$ 分压；$K$ 为平衡常数；$f$ 为转化率因子。

残留在液体烃中的重组硫醇含量取决于烯烃的浓度和 $H_2S$ 分压，如下表达式：

$$W_{RSH}=f\times KW_0 W_{FS}$$

式中，$W_{FS}$为原料中的S含量，μg/g。

从表达式可以看出，汽油残留的重组硫醇含量取决于进料中的烯烃含量和硫含量(认为最初存在于原料中的硫全部转化为硫化氢)、烯烃含量(希望保留烯烃)，原料硫含量的升高会导致汽油中残留的重组硫醇硫升高，这样，脱硫深度受到一定限制。

重组过程带来的另一个问题硫醇脱除过程引起的烯烃损失：

$$R=R'+H_2S \longleftrightarrow R-R'-SH$$

$$R-R'-SH+H_2 \rightarrow R-R'+H_2S$$

因此，尽管重组硫醇生成是一个可逆的、平衡主导的反应，通过硫醇的脱除以降低烯烃的含量，提供了除烯烃饱和反应导致烯烃损失外的又一条反应路径。Leonard 和 Kokayeff (Leonard 等，2006)对催化裂化汽油加氢脱硫中由于重组反应造成的复杂性做了论述。

### 8.7.4 工艺考量

催化汽油加氢处理的三种主流专利技术分别为 ExxonMobil 公司的 SCANfining Process 技术、IFPEN/Axens 公司 Prime-G+技术、UOP 公司的 SelectFining Process 技术。尽管这三种技术基于原料性质、硫含量、产品目标提供不同的流程方案，它们之间仍存在很多共同之处。

### 8.7.5 二烯烃饱和

除了烯烃外，催化汽油中存在的二烯烃会导致换热器表面结垢、加氢反应器压降升高以及积炭导致催化剂失活等问题。二烯烃的脱除与焦化石脑油加氢处理方式相同，均是在缓和的工艺条件下通过加氢催化剂处理进料，通过预处理将二烯烃转化为单烯烃。AXens Prime-G+工艺中包含一种有助于烯烃与硫醇生产硫醚反应的催化剂：

$$R_1 = R_2 + RSH \longleftrightarrow R_1—R_2—SR$$

硫醚的沸点高于硫醇，因此可将低沸点、低分子量的硫醇转化为高沸点的硫化物。通过分馏塔将低硫、富含 $C_5$ 和 $C_6$ 烯烃的轻催化汽油组分(LCN)与高硫、高沸点的重馏分分离，通过脱除轻烯烃可防止这些烯烃在加氢处理反应器中参与饱和反应并降低加氢处理反应器进料中的烯烃含量，从而实现在降低硫含量的同时最大限度地减少因烯烃饱和而导致的辛烷值损失。

### 8.7.6 脱硫

所有工艺流程的共同特点是通过选择性加氢脱硫以实现在低烯烃饱和的情况下进行脱硫反应，原料在进入脱硫反应器前均经过二烯烃饱和。在一些设计中，二烯烃饱和反应器出料被分馏为两部分，分馏塔上部轻馏分(LCN)或是无硫(Prime-G+™)或是送往脱硫醇装置(例如 Merox 或者 Exomer)，塔底部分则送往选择性脱硫反应器。

脱硫反应：

$$R—S—R'+2H_2 \rightarrow RH+R'H+H_2S$$

烯烃饱和：

$$R = R'+2H_2 \rightarrow RH—R'H$$

重组反应：

$$R = R'+H_2S \longleftrightarrow R—R'—SH$$

脱烯烃：

$$R = R'+H_2S \longleftrightarrow R—R'—SH$$

$$R—R'—SH+H_2 \rightarrow R—R'+H_2S$$

尽管上述反应均为放热反应，但是由于催化剂具有良好的选择性，发生的反应大部分为选择性脱硫而不是大量的烯烃饱和，因此温升处在可控制的水平。

### 8.7.7 工艺流程

最简单的工艺流程包括二烯烃饱和反应器、选择性脱硫反应器与产品脱硫化氢汽提塔(图 8-12)。

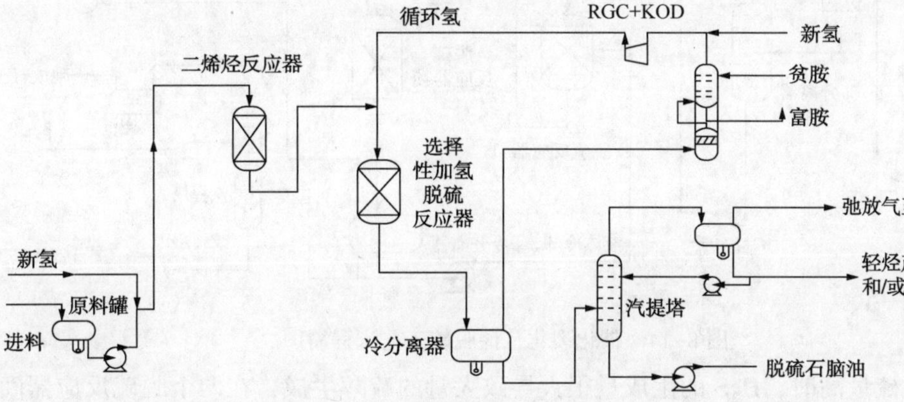


图 8-12 催化汽油脱硫装置流程简图(单段)

当进料硫含量低于300μg/g时，通过上述典型工艺流程可以实现在最小程度饱和烯烃、最小辛烷值损失的情况下生产硫含量小于10μg/g的合格产品。

当原料硫含量高于300μg/g时，则需要更加复杂的工艺流程。在这样的工况下进料先进入二烯烃饱和反应器，进料中的二烯烃饱和后进入到分馏塔之中，顶部轻石脑油送往脱硫醇工艺单元(如UOP公司的Merox工艺)，底部流出物输送到选择性脱硫反应器中(图8-13)。

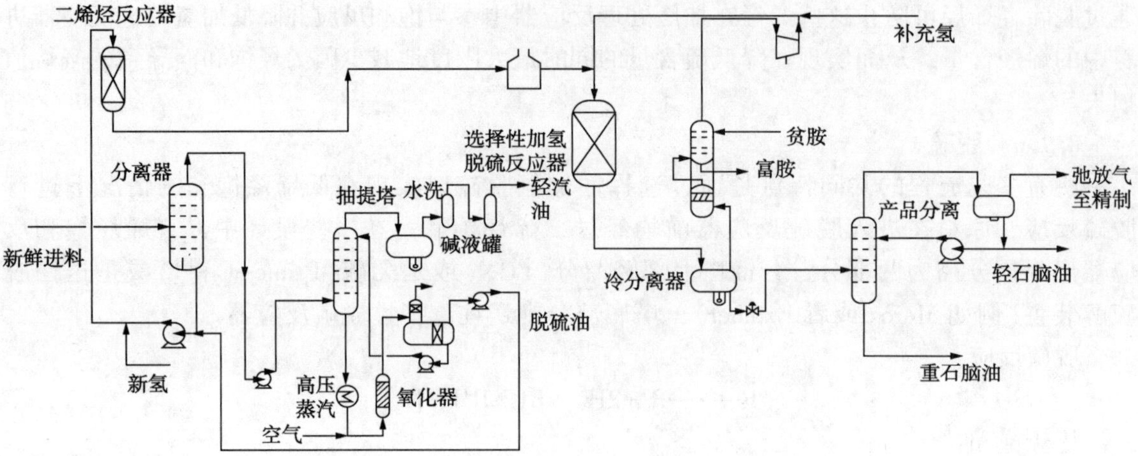


图8-13 催化汽油脱硫装置(Merox工艺)

Axens Prime-G$^+$流程相对上述工艺有所不同，在Axens Prime-G$^+$流程中具有硫醚化功能的二烯烃饱和/选择性加氢脱硫催化剂，或称为SHU$^{TM}$单元，进行硫醚化。轻硫醇与烯烃反应生成高沸点的硫化物，因此硫化物沸点变高，从而进入分离器底部送往选择性脱硫反应器内进行脱除。SHU$^{TM}$反应器出料送至分离器，顶部分离出无硫的轻催化汽油(LCN)，底部流出物被送往选择性脱硫反应器HDS-1和HDS-2，HDS-2(图8-14)反应器反应温度更高，以便脱除残留的硫醇以使得产品符合硫含量要求。

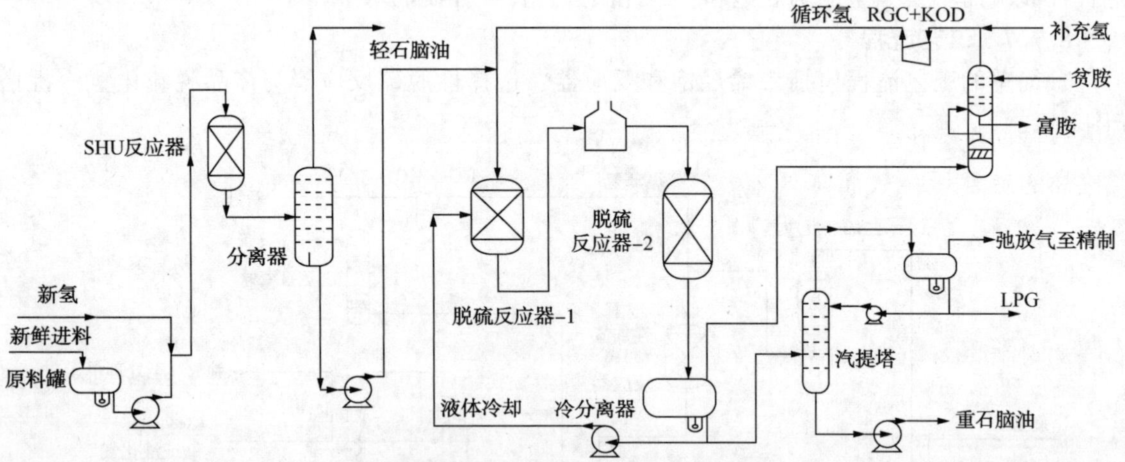


图8-14 催化裂化汽油脱硫工艺流程简图

当进料含硫量高时，$H_2S$的生成量很大导致大量的硫醇生成，在两个脱硫反应器间脱除$H_2S$使得产品硫含量合格，这样的工艺流程为两段脱硫工艺(图8-15)。催化汽油进入二烯烃饱和反应器，反应器出料与循环氢混合加热至反应温度输送到第一台选择脱硫反应器。一反出料经换热、脱除 $H_2S$ 并与循环氢混合后加热至反应温度输送到第二选择性脱硫反应器。最后二反生成物脱除 $H_2S$ 后送至汽油池调和/储存。

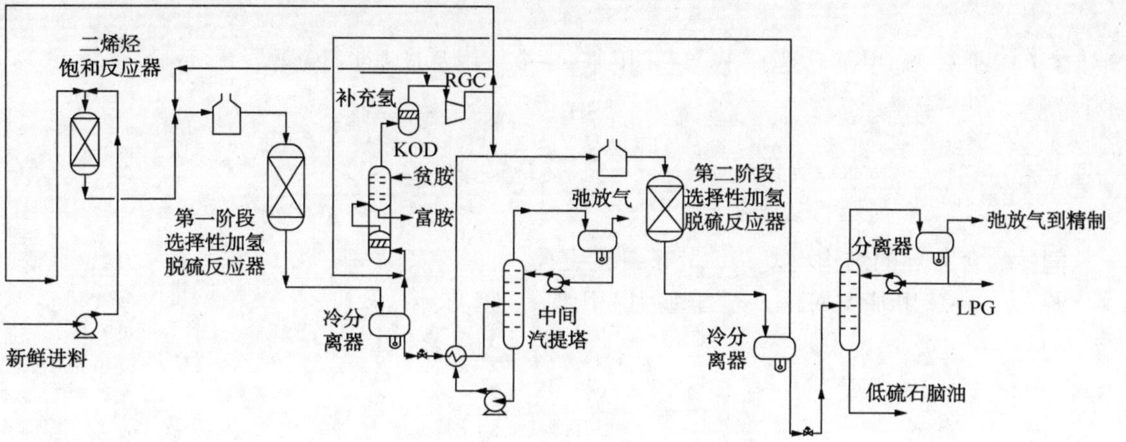


图 8-15 两段选择性精制工艺单元流程图

### 8.7.8 工艺条件

典型的工艺条件见表 8-5。

**表 8-5 催化裂化汽油脱硫工艺条件**

| | LHSV/$h^{-1}$ | 压力/psig(barg) | 温度/℉(℃) | 氢油比/[(SCF/B)($Nm^3/m^3$)] |
|---|---|---|---|---|
| 脱二烯烃/SHU™ | 3~12 | 200~400(14~28) | 200~400(90~200) | 50~1000(8~170) |
| 选择性加氢脱硫(一段) | 1~3 | 200~400(14~28) | 475~600(250~315) | 1500~4500(250~760) |
| 选择性加氢脱硫(二段) | 1~3 | 200~400(14~28) | 475~600(250~315) | 1500~4500(250~760) |

### 8.7.9 催化裂化进料预处理

催化裂化原料加氢处理除了脱硫、降低催化装置 $SO_x$ 排放外，还能够在其他方面影响催化裂化。催化裂化原料加氢处理过程，由于原料中芳烃饱和反应的发生，使得加氢产物更易在催化裂化装置中裂解，进而提高转化率和汽油收率。其另一个优点是降低了催化汽油的硫含量，从而降低催化汽油后处理装置苛刻度，进而降低烯烃饱和及辛烷值损失。

催化裂化原料为减压蜡油，馏程范围为 650~1100℉，硫含量为 0.5%~3.0%(质)，氮含量为 500~3000μg/g，当原料较重时，也可能含有金属镍和钒。降低催化裂化原料中的硫含量、氮含量及提高氢含量有助于提高转化率和汽油产品收率。

(1) 催化裂化进料性质

催化裂化原料化学性质与柴油相似，但分子量更大。

(2) 硫化物

含硫化合物，即使无环结构，分子量越大的分子结构也会更复杂，而且可能含有不止一个硫原子：

7-乙基-2-(4-乙基庚基)-3-十二烷硫醇：

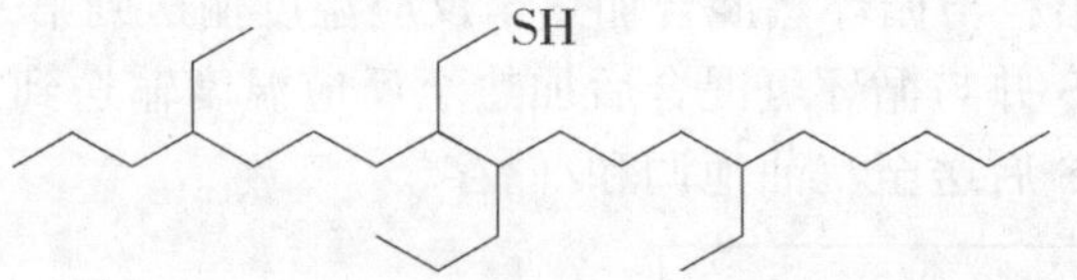

2-(4-乙基-5-甲基己基)-3，5-二甲基-8-(3-甲基戊基)壬硫醇：

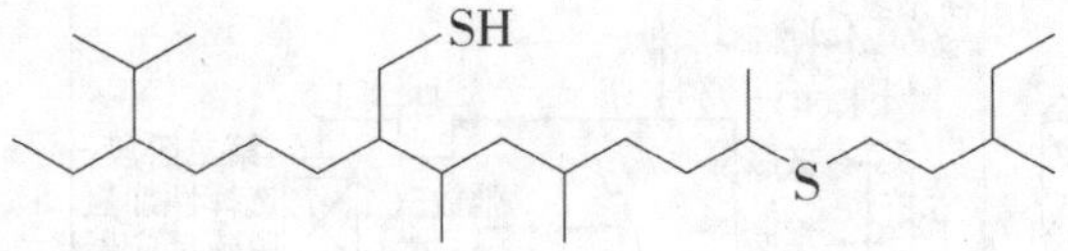

同样的含有环的结构更复杂、分子量也更大。

7-(2，3-二甲基戊基)-2-异丁基-1-甲基-9-噻芴：

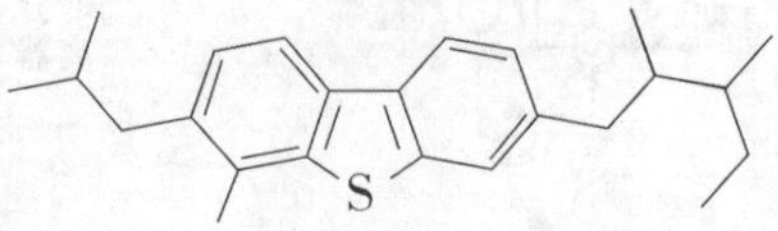

(3) 分析检测

气相色谱是十分重要的表征工具，图 8-16 显示了减压蜡油的烃类化合物组成的 GC-3D 图像，随着沸点的升高，饱和分均沿着 X 轴出现，芳香族化合物以“族”、单环芳烃、双环芳烃、三环芳烃和四环芳烃形态出现，峰的位置取决于环的取代位置。

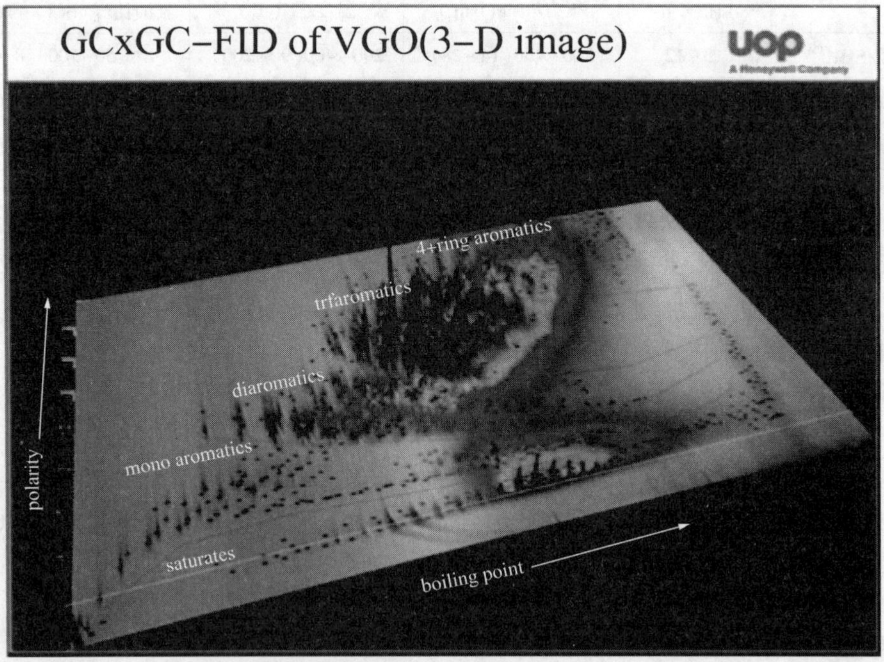


图 8-16　VGO 烃类化合物的 GC 3D 图

减压蜡油中的含硫化合物的 3D 图如图 8-17 所示，硫化物表现为噻吩结构的族类，具有不同数量的芳环(极性)和取代基(沸点)。

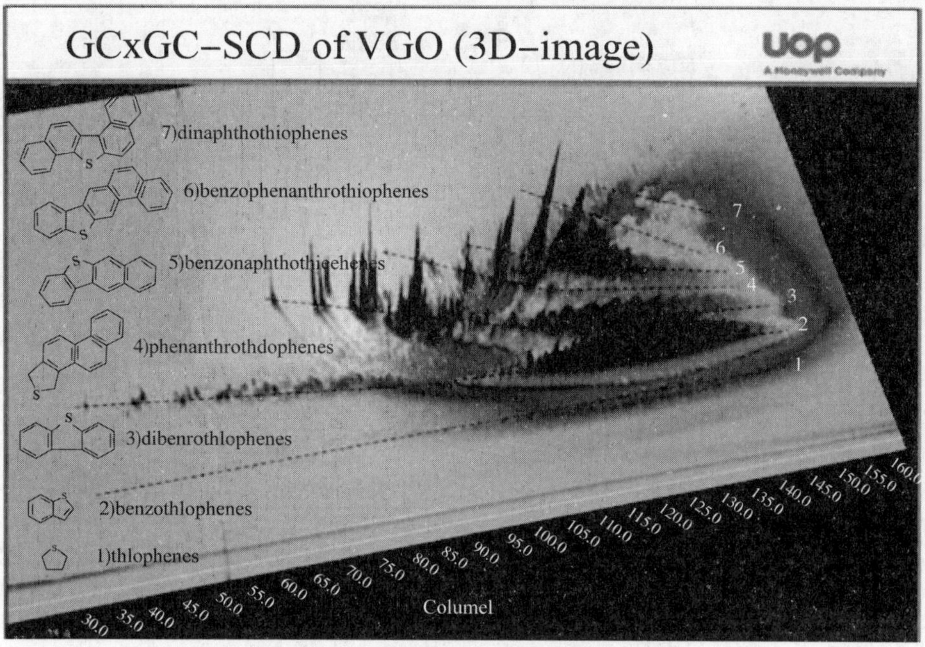


图 8-17 VGO 中含硫化合物的 GC 3D 图

这些分析减压蜡油的表征手段可以准确地确定其转化活性，以优选最佳的催化剂和工艺条件获得所期望的转化率。

(4) 催化剂及反应

Co-Mo 与 Ni-Mo 催化剂均适用于催化裂化进料的加氢处理。在低压等级下 Co-Mo 催化剂具有更佳的脱硫性能，而高压等级下 Ni-Mo 催化剂具有更佳的脱氮活性和芳烃饱和性能，两者均有利于发挥催化裂化催化剂活性并提高汽油收率。同时，具有很好的脱硫、脱氮及芳烃饱和性能的三金属催化剂也已成功工业应用。

除反应物分子量较大外，加氢脱硫、加氢脱氮和饱和反应与柴油加氢处理相类似。

(5) 原料油

催化裂化原料预处理进料包括减压蜡油(VGO)和重焦化蜡油(HCGO)，硫含量范围为 0.5%~3.0%(质)、氮含量范围为 500~3000μg/g，其中 HCGO 氮含量更高，溴价达 20gBr/100g，具有很高的烯烃。因此 HCGO 进料由于烯烃饱和反应迅速、放热量大，必须要考虑催化剂的床层分布和温升控制。

(6) 工艺过程

典型的 FCC 原料预处理装置的工艺流程简图如图 8-18 所示。原料经原料泵加压后与循环氢混合经原料/产物换热器换热，经加热至反应温度后进入反应器内。反应器内共三层催化剂，床层之间设有冷氢区将每个催化剂床层流出物温度降低到下层床层催化剂的最优温度，催化剂的床层数取决于各床层的放热量和允许温升。

反应生成物与进料/循环氢换热后被输送到一系列分离器中，以回收加氢处理的烃类和循环气。循环气在脱硫塔中除去 $H_2S$ 后被压缩送回反应器中。在热分离器内注水以溶解其中的 $NH_3$，防止在装置内冷却生成铵盐堵塞管道。分离器内液体馏分被送至分馏塔内得到石脑油、柴油和加氢处理的催化裂化原料。

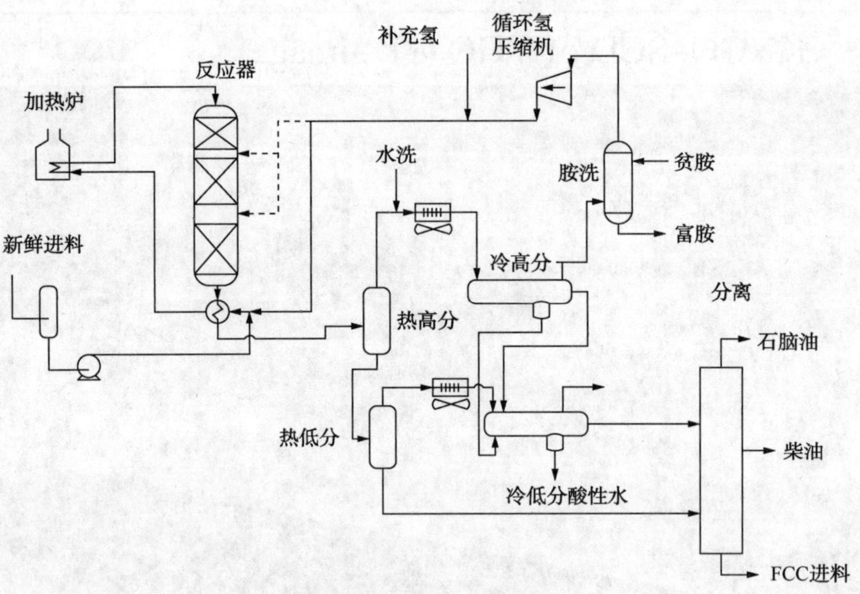


图 8-18 催化裂化进料预处理装置工艺流程简图

(7) 工艺条件

随着催化裂化再生器的 $SO_x$ 排放量指标日趋严格，催化裂化进料预处理装置的工艺条件变得越来越苛刻。在环保要求并不严格的过去，催化裂化原料硫含量降到 2000μg/g 是可以接受的，如今要求更加严格，催化裂化原料硫含量需降低到 1000μg/g，甚至要求降到 500μg/g 以下。典型工艺条件见表 8-6。对于含有 HCGO、DAO 或者二者的混合原料，工艺条件更佳苛刻(LHSV 更低、更高的反应压力与反应温度等)。FCC 预处理装置的运行周期与催化裂化单元运转周期相匹配，通常为 4~5 年。

**表 8-6 催化裂化进料预处理工艺条件**

| | | | |
|---|---|---|---|
| LHSV/$h^{-1}$ | 0.7~2 | 压力/psig(barg) | 800~1600(55~110) |
| 温度/℉(℃) | 670~730(355~390) | 氢油比/[(SCF/B)($Nm^3/m^3$)] | 1500~4000(250~675) |

## 8.8 加氢裂化预处理

### 8.8.1 概述

加氢处理和加氢裂化单元有很多相似之处，均需在中、高压，较高的反应温度和氢气氛围下对进料催化处理。加氢裂化催化剂与加氢处理催化剂相比具有更强的酸性，这使得加氢裂化催化剂能够进行更深的裂化反应以及环烷烃开环反应。

加氢裂化装置需要同时装填加氢处理催化剂和加氢裂化催化剂，以获得优质的石脑油、喷气燃料以及柴油产品和所需的运转周期。下面简要介绍加氢裂化装置中的加氢处理反应段。

### 8.8.2 原料类型

加氢裂化装置可以处理各类原料，装置设计环节需考虑设备投资、经济回报以及处理劣质原料所需的操作费用。

减压蜡油(VGO)和重焦化蜡油(HCGO)是加氢裂化装置最常见的原料，随着全球人口不断攀升以及环保意识的加强，炼厂更加重视生产符合清洁燃料产品规范的运输燃料，开始处理来自催化裂化装置的轻循环油(LCO)和来自溶剂脱沥青装置(SDA)的脱沥青油(DAO)以生成高质量燃料，例如柴油。

四种类型的进料均含有大量的有机硫(1%~3%)和氮(500~3500μg/g)，其中大部分需在加氢处理段中脱除，以保护下游加氢裂化催化剂不受这些毒物的影响。

轻循环油是一种催化裂化装置生产的高芳烃含量柴油馏分，由于二环芳烃和三环芳烃含量高，LCO的十六烷值低，使得其成为炼油厂柴油池的劣质混合原料。通常的加氢处理压力不足以脱除LCO中的硫化物使其满足ULSD产品规范。加氢裂化装置处理LCO成为一种具有吸引力的技术路线，加氢裂化装置的高压加氢处理段可有效地脱除LCO中难以脱除的硫化物。此外加氢裂化装置较高的操作压力进一步提高了产品质量，促进芳烃饱和以提高产品的十六烷值。

DAO是另一种被炼化企业认为具有经济价值的加氢裂化装置进料，在加氢裂化装置中处理DAO对催化剂有额外的要求，需考虑DAO油中较高的金属含量(镍和钒)和大分子稠环芳烃对催化剂的影响。DAO是溶剂脱沥青装置的产品，该装置分离是根据分子类型而不是沸点。

由于目前蒸馏实验方法的局限性，SDA装置生成的DAO中的最大的那部分分子没有明确的沸点分析结果，因此只有通过不断增加萃取程度来达到目的。由于DAO具有较高的金属含量，因此，加氢裂化装置预处理段应装填充足的脱金属催化剂。由于大分子的存在，在设计反应压力、加氢处理与加氢裂化催化剂床层时必须要考虑催化剂较高失活率的可能性。

### 8.8.3 加氢处理与加氢裂化功能优化

在典型的加氢裂化工艺流程中，加氢处理反应产物直接输送至加氢裂化反应器，并未脱除加氢处理过程生成的$H_2S$和$NH_3$。加氢处理催化剂的装填量取决于新鲜进料中污染物、硫、氮含量以及加氢裂化反应器进料指标要求。允许从加氢处理进入加氢裂化的污染物指标具有一定的灵活性，尤其是有机氮。这取决于加氢处理催化剂与加氢裂化催化剂的相对体积、目标转化率以及加氢裂化装置所需的产品质量要求。

## 8.9 渣油加氢脱硫

顾名思义，渣油是蒸馏后残余的物质。常压渣油(AR)通常是常压塔的底部馏分，沸点范围约650℉以上。常压渣油中含有减压蜡油。减压渣油(VR)是减压塔底部的馏分。当减压蜡油(VGO)除去后，沸点范围为约1050℉以上。

渣油的一个明显特点就是有金属的存在，尽管也存在较少量的其他金属，但主要是Ni和V。Ni和V一般的含量范围约25~1000μg/g。硫含量也很高，有时超过3%(质)。再进一步表征渣油就是它们的残炭值(CCR)，经常超过20%。此外，由于稠环芳烃和沥青质的存在，需要使用高压和专用催化剂来实现合理的运行周期，通常为12~18个月。

### 8.9.1 催化剂和反应

与其他加氢处理的工艺过程相比(如柴油加氢处理、催化裂化原料加氢预处理等)，渣油加氢处理主要特点在其原料中的高金属含量，这些金属在原料进入加氢处理主反应器前需要脱除。脱金属是通过使用具有较大的孔径、能容纳含金属分子(通常，但不总是以卟啉结构存在；见下图)的专用催化剂来实现。该类脱金属催化剂需要具有大孔径的特点，使得含金属分子扩散进入催化剂颗粒内部，与催化剂内活性中心接触、反应，而不是沉积在孔口、堵塞孔道。

钒卟啉：

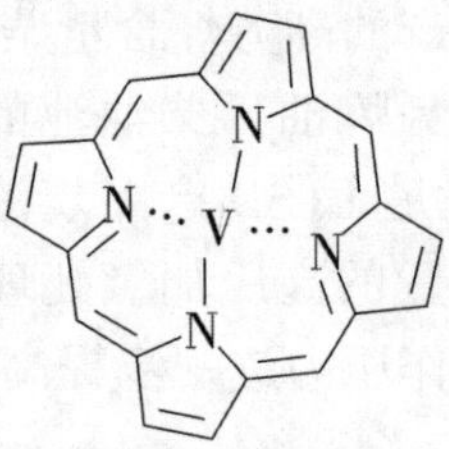

镍卟啉：

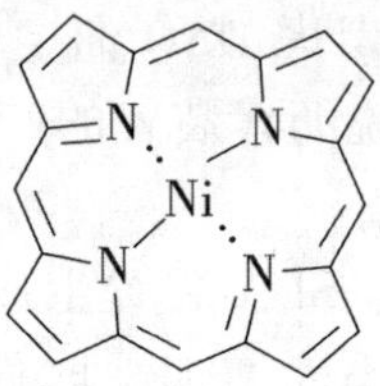

硫和氮原子通常也存在于稠环芳香族中，这种结构使渣油难以加工。

### 8.9.2 工艺流程

如上所述，渣油加氢处理流程的关键特点是设有脱金属保护反应器，保护反应器内装填大孔催化剂完成金属脱除。几个保护反应器可以设置也可以不设置可切换反应器系统。设计为可切换时，当其中一个反应器离线更换催化剂时，剩下的反应器可以继续运行。渣油加氢处理装置典型工艺流程如图 8-19 所示，前两个反应器是装填了加氢脱金属催化剂的保护反应器，其余两个反应器是加氢脱硫反应器。

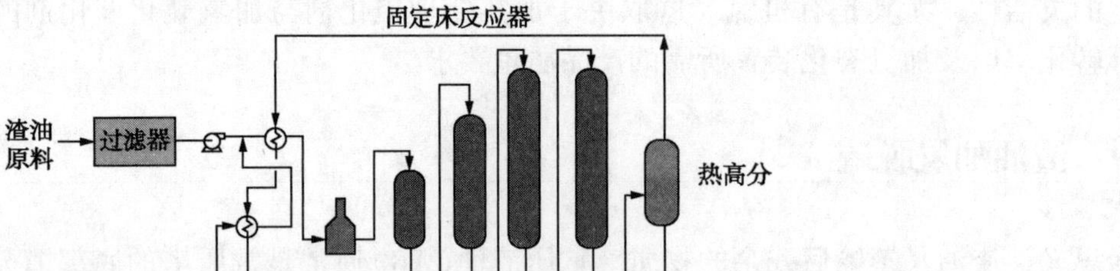


图 8-19　渣油加氢处理装置的简化工艺流程图

### 8.9.3 工艺条件

工艺条件取决于许多因素，包括原料种类(AR 或 VR)、脱硫程度、金属含量、残炭含量和所需的运行周期。典型的工艺条件如表 8-7 所示。

表 8-7 渣油加氢处理装置典型的工艺条件

| | | | |
|---|---|---|---|
| LHSV/$h^{-1}$ | 0.2~0.7 | 压力/psig(barg) | 1.800~2.500(125~170) |
| 温度/℉(℃) | 670~730(355~390) | 气油比/[(SCF/B)($Nm^3/m^3$)] | 3000~5000(500~850) |

## 8.10 催化剂

加氢处理催化剂通常是包含一种活性金属组分(通常为 W、Mo)和助剂(通常为 Ni、Co)的具有高表面积结构特点的材料，活性金属和助剂均匀分散在载体上。该催化剂载体通常是γ-氧化铝(γ-$Al_2O_3$)，有时掺杂少量的二氧化硅、磷、氟化物或硼，提供高的表面积以分散活性金属，同时具有合适的孔结构，可实现满意的运行周期。

催化剂活性组分通常选用硫化钼，有的也使用含钨催化剂(很少用，通常用于特殊应用，如润滑油处理)。对于钼催化剂，钴(CoMo)和镍(NiMo)作为助剂。助剂可显著增强活性金属硫化物的活性(大约 100 倍)，载体酸性的增强可以提升催化剂裂化反应和异构化反应活性。根据不同生产需要，商业化催化剂中助剂和活性组分含量有所不同，但是，一般来说，催化剂中含有高达约 25%(质)的助剂和高达 25%(质)以氧化物形式存在的活性金属组分。加氢处理催化剂有不同的尺寸和形状，如图 8-20 所示。

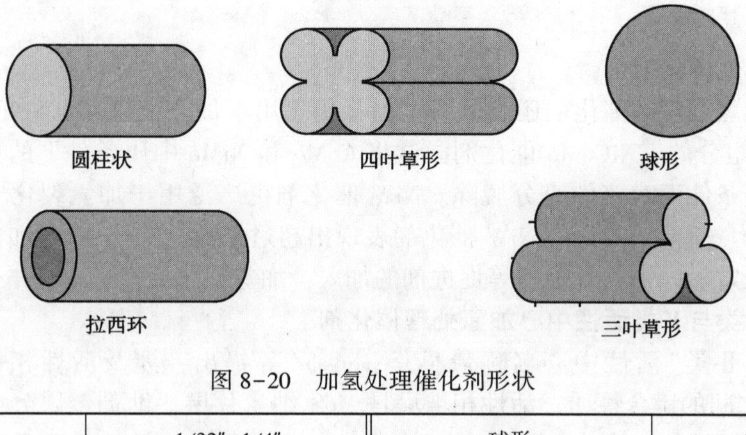


图 8-20 加氢处理催化剂形状

| | | | |
|---|---|---|---|
| 圆柱状 | 1/32″~1/4″ | 球形 | 1/16″~1/4″ |
| 三叶草形 | 1/20″~1/10″ | 拉西环 | 1/4″ |
| 四叶草形 | 1/20″~1/10″ | | |

其他形状包括球状珠和车轮状。催化剂的尺寸和形状的确定是综合考虑减少催化剂颗粒扩散影响(需要小尺寸)和减少催化剂床层压降(需要大尺寸)的折中结果。催化剂的物理特性也因制造商和用途的不同而不同，催化剂物理性质通常情况如下：

| | | | |
|---|---|---|---|
| 表面积/($m^2$/g) | 100~250 | 堆积密度/(lb/$ft^3$) | 35~55 |
| 孔容/(cc/g) | 0.5~1.0 | 侧压强度/(lb/$in^2$) | 4~20 |
| 平均孔径/Å | 65~150 | 平均长度(球形除外)/in | 1/8~3/8 |

### 8.10.1 钴-钼催化剂

CoMo 催化剂主要设计用于低氢气消耗下的加氢脱硫反应，此外，适度的脱氮和脱金属也可以发生。这些催化剂可以处理各种性质的原料。CoMo 催化剂具有最低的加氢活性，因此，该类型催化剂摩尔脱硫反应氢耗最低。而且，其氢气消耗对操作压力变化不敏感。CoMo 催化剂在低操作压力下(<600psig，或<~40 barg)具有足够的脱硫性能。由于加氢活性低，这类催化剂脱氮性能最差。因为 CoMo 催化剂单位氢耗条件下脱硫能力最强，因此，它们最适合在较低操作压力和氢气供应短缺企业脱硫使用。

### 8.10.2 镍-钼催化剂

NiMo 催化剂设计用于加氢脱硫，但特别适用于加氢饱和与加氢脱氮。脱金属也可以在 NiMo 催化剂上进行。这些催化剂可以处理各种性质的原料。NiMo 催化剂具有比 CoMo 催化剂更高的脱氮活性，因此，可用于二次加工原料或者脱氮、饱和反应与脱硫反应同等重要的工艺过程。NiMo 催化剂的较高加氢活性使它们能够用在反应器顶部饱和烯烃和其他生焦前驱体来减轻催化剂床层结垢，缓解因结垢导致压降增加和催化剂床层流体流动不均的问题。与 CoMo 催化剂相比，在高压下 NiMo 催化剂的性能非常好。相比于 CoMo 催化剂，当氢分压变化时 NiMo 催化剂脱氮和脱硫性能变化更大。因此，高压力操作，如催化裂化和加氢裂化进料预处理，建议使用 NiMo 催化剂。由于现代重整催化剂对原料的氮含量非常敏感，NiMo 催化剂也适合在催化重整装置上游石脑油加氢处理装置上使用。

### 8.10.3 其他催化剂

已经用于加氢处理的催化剂还有以 NiCoMo(仍然用于加氢处理)或 NiW(很少用于加氢处理)作为活性组分的。NiCoMo 催化剂尝试将 CoMo 和 NiMo 中压条件下的优点相结合，实现最小氢气消耗条件下对硫的充分脱除。NiW 催化剂更广泛用于加氢裂化中，在加氢处理中应用相对较少。通常，硫化的 NiW 催化剂表现出超过 CoMo 和 NiMo 的加氢裂化活性。载体材料中随着无定形硅铝或分子筛等促进剂的加入，加氢裂化活性进一步增强。

### 8.10.4 Ⅰ类与Ⅱ类活性中心加氢处理催化剂

“Ⅰ类”和“Ⅱ类”活性中心名称最早是 Topsφe 等提出，涉及活性相(例如，CoMoS、NiMoS)与载体之间的键合性质，活性相堆垛是 $MoS_2$ 纳米片层，助剂金属分布于活性相边缘位置。助剂沿着活性相边缘分布，形成 Co(Ni)—Mo—S 结构，被认为是Ⅱ类活性中心催化剂活性相对更高的原因。从前的催化剂，大部分活性相与载体作用力更强，在氧化铝载体上形成 Mo—O—Al 结构，$MoS_2$ 纳米片层堆垛片层数更少(片层更矮)，$MoS_2$ 纳米片层边缘的助剂金属比例更低；后期的催化剂上活性相与载体作用力更弱，两者之间通过分子间取向力(范德华力)相互作用，$MoS_2$ 纳米片层堆垛片层数更多(片层更高)，$MoS_2$ 纳米片层边缘的助剂金属比例更高，这种活性相通常是可以完全硫化的(Topsφe 等，1996；Hensen 等，2002；Topsφe 和 Clausen，1984)。这里的介绍或许需要一些修订，特别是关于更高 $MoS_2$ 纳米片层堆垛的必要性。

### 8.10.5 非负载型或体相过渡金属硫化物(TMS)催化剂

非负载TMS加氢处理催化剂性能改善显著。非负载催化剂实质上是早期加氢处理技术的回归，当时大部分加氢处理催化剂都是非负载的(Cejka，2003)。原则上，现在的非负载催化剂仅由活性相组成，相比于Ⅰ类和Ⅱ类负载型催化剂，由于不受活性相-载体相互作用限制，非负载催化剂单位体积下的活性相密度更高。

这种催化剂几乎全部由金属组成，如NiMoW。它们的HDS和HDN活性(RVAs)可以超过同代的Ⅱ类负载型催化剂50%~100%。正是这个原因，当装置全部使用非负载型催化剂时，其氢气消耗和放热会超出工艺设计允许要求，因此，非负载型催化剂通常与负载型催化剂一起装填使用。非负载型催化剂活性相表现出多种形式，其中的一种形式是与Ⅱ类及其他负载型催化剂活性相结构相似。一般来说，这些催化剂通过先沉淀氧化前体，再硫化沉淀物方法制备，也可以采用直接沉淀的(混合)硫化物来制备(Chianelli等，2009)。

### 8.10.6 催化剂性能衡量

催化剂性能可通过以下几个标准来衡量：

1）初始活性：以运行初期获得目标产品需要的反应温度衡量。在运行周期内，催化剂活性可以用以下公式计算：

$$D_s = D_s^0 e^{At}$$

式中 $D_s$——脱硫活性；

$D_s^0$——初始脱硫活性；

$A$——失活速率，℉/bpp；

$t$——催化剂寿命，bpp。

2）稳定性：维持产品质量不变情况下，以催化剂提温速率来衡量。

3）产品质量：衡量催化剂生产出满足产品规格要求如倾点、烟点或十六烷值的能力，

### 8.10.7 催化剂生产

加氢处理催化剂含有分散在载体上的金属。载体是通过合成得到的γ-氧化铝。有几种原料可以用来生产氧化铝：三水铝石(α-三水合氧化铝)，三羟铝石(β-三水合氧化铝)，薄水铝石和拟薄水铝石[γ-AlO(OH)]。

加氢裂化催化剂典型的生产方法有初湿含浸或湿浸渍、共研磨(混捏法)、热浸/沉浸。

(1) 载体成型

图8-21显示了通过油滴法制备球形载体的过程。图8-22显示了挤出法制备载体的过程。在典型的情况下使用拟薄水铝石制备催化剂载体，将粉体与有机或无机酸溶液混合、研磨直至达到适合挤出的胶体状态。这种利用酸溶液将粉体转化为具有可挤出性的胶体状态的工艺过程称为胶溶作用。然后，根据需要的形状和尺寸将胶体“面团”在固定模具挤出成型，成型后干燥，最后通过高温焙烧处理(通常为900~1300℉)将拟薄水铝石转化为γ-氧化铝。许多因素影响载体的孔体积分布、表面积分布和机械强度，如：原料拟薄水铝石本身，酸溶液的种类和浓度，助挤剂，混合的方式及其强度，挤出速率和模板压力，干燥和焙烧(持续时间、温度、蒸汽的使用)。还可将合成表面活性剂应用于γ-氧化铝载体制备过程，可以更直接地调控孔结构、增加表面积(Eijsbouts等，2007)。

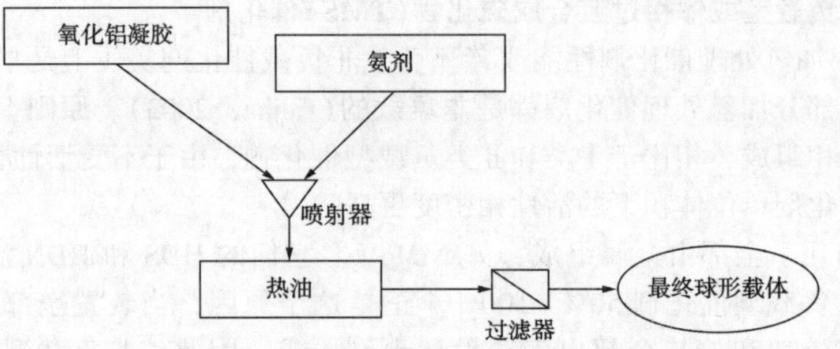


图 8-21　油滴法制备球形载体

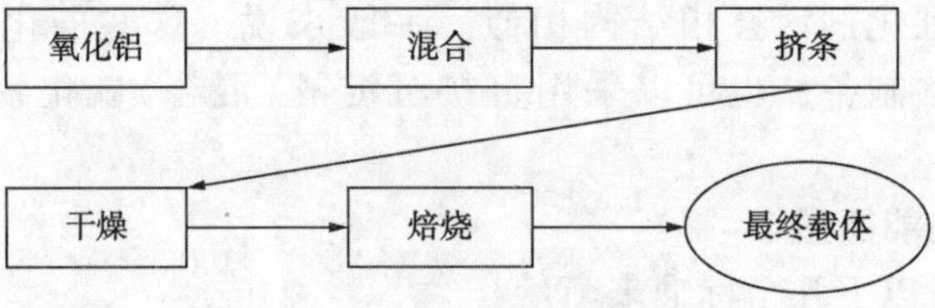


图 8-22　挤条制备载体

（2）载体浸渍

无论是球形或条形载体最终均需要按照图 8-23 和图 8-24 描述进行浸渍，图 8-25 为热浸法催化剂生产流程。配置浸渍溶液前，首先需要测定载体孔体积，一般采用汞浸入法。根据载体可利用的孔体积配置适宜体积的浸渍溶液，浸渍溶液体积通常应略高于载体孔体积。浸渍溶液通常选用硝酸镍(碱氏碳酸镍)、硝酸钴(碱氏碳酸钴)、七钼酸铵、三氧化钼和偏钨酸铵等，浸渍过程中这些活性金属氧化物前驱体沉浸在载体上。

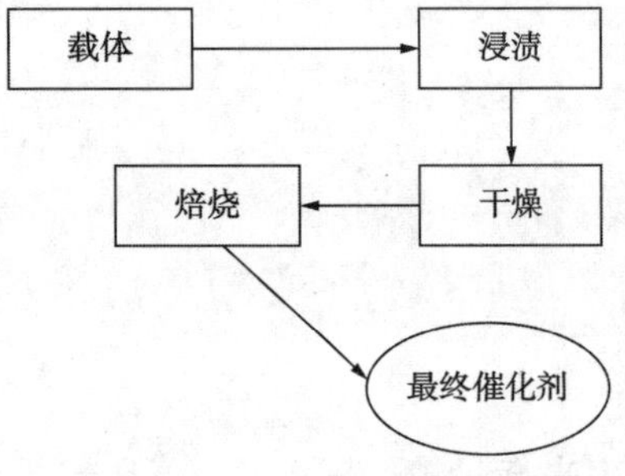


图 8-23　初湿含浸或湿浸渍

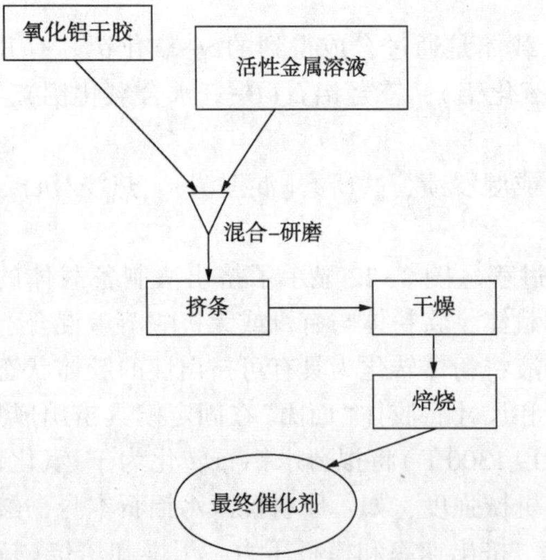


图 8-24　混捏法

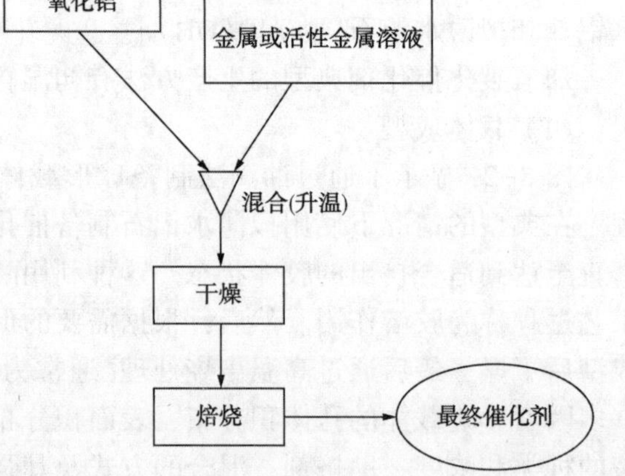


图 8-25　热浸法

然后将一定量体积的载体与浸渍溶液混合，必要时干燥脱除多余的水，再对催化剂进行热处理，将溶液中的金属前驱体转化为金属氧化物。对于Ⅱ类活性中心加氢处理催化剂，浸渍溶液中通常包含至少一种添加剂。EDTA 和 NTA 是常见的螯合剂添加剂。通常，这类催化剂热处理温度不可以高于添加剂脱除温度。添加剂加入的目的是在金属氧化物转化为硫化物的硫化过程中促进Ⅱ类活性相的生成。可以通过多种途径促进Ⅱ类活性相的生成：稳定浸渍溶液(尤其是在高金属负载的情况下)、改善浸渍过程活性相分散性(缓冲效果)、添加剂优先结合能够与活性相形成强作用的载体点位(然后，活性相在其上沉积，此时，添加剂可看作惰性物质)、活化过程中调节不同金属氧化物的硫化速率(螯合作用的结果)，进而在纳米片层活性相边缘形成更多助剂配位(Frizi 等，2008；Breysse 等，2008)。

### 8.10.8 催化剂装填和活化

(1) 催化剂装填

催化剂装填方法有两种：稀相(自然)装填和密相装填。将催化剂加入安装在反应器顶部的料斗中，然后使其通过帆布袋流动进入反应器内，此法为稀相装填法。密相装填是在机械设备的帮助下完成的，密相装填技术最初是在20世纪70年代中期推出的。相比于密相装填法，稀相装填的催化剂床层具有更高的空隙率，装填密度低10%~15%，因此，密相装填床层会产生更高的压降，这会使得滴流床(对于柴油馏分范围和更重的物料，滴流床为主要的反应流型)反应器内物流分布更加均匀。通常，至少在加氢处理主催化剂床层装填时优选密相装填法，因为，这样能够在催化剂整个运行周期中实现单位反应器体积反应速率最大化。密相装填过程中，根据催化剂床层上升高度，及时调整催化剂的投放速率，以便整个密相床层催化剂取向相近，这有助于形成均一的气液流量分布和提高催化剂利用率。在滴流床反应器中，催化剂颗粒取向对于条形催化剂而言尤为重要。在影响催化剂利用效果的所有因素中，催化剂装填一般被认为是最重要的因素。密相装填的另一个优点是由于该法可降低催化剂床中空隙率，反应器内可装填更多的催化剂，因此使得催化剂寿命可以延长，否则，如果催化剂床层采用稀相装填，装置可能在更苛刻的条件下运行(产品硫含量较低，增加进料速率)。除了那些存在压降限制的加氢反应器以外(主要由于在高于设计处理量条件下运行)，大多数加氢处理反应器都采用密相装填。对于器外预硫化催化剂(参见催化剂活化)这类自放热材料，其装填过程应在惰性气体保护下进行。

(2) 催化剂活化

加氢处理催化剂必须活化后才具有催化作用。该过程是将金属氧化物转化为金属硫化物，通常称为硫化，也可称为预硫化。催化剂上的金属在生产过程结束后是以氧化物形式存在，这类催化剂往往需要进行器内硫化完成活化，然而，现在越来越多的炼厂开始使用在反应器外已完成硫化物负载的催化剂(器外预硫化)，这是由于其在进入工厂前已经完成硫化，可以缩短装置开工时间，同时，可以减少环境污染(消除 VOC 排放和硫化过程装置引入硫化氢气体)。器内预硫化可以是气相预硫化也可以是液相预硫化。气相预硫化过程通过将二甲基二硫或二甲基硫等可以分解产生硫化氢气体的化学物质注入反应系统来完成催化剂活化。$H_2/H_2S$ 体系硫化的方法一直沿用到20世纪末，由于安全、环保考虑，如今已很少使用。液相预硫化过程，无论进料中是否添加有机硫化物均可完成，对于不添加有机硫化物的情况，进料通常选用硫含量在几千 μg/g 至 20000μg/g 的直馏蜡油馏分。活化过程所需的硫化氢通过硫化物分解产生，该方法如今很少使用，但是在 20 世纪 60、70 年代是当时的先进方法。工业上常用的方法是将含硫化合物加入到进料中(含硫化合物通常为 DMDS 或聚合硫化物)，这种方法相比于气相硫化和不添加硫化剂的液相硫化法更节约时间，除了节省时间之外，液相硫化过程由于液相的更高的热容可以防止硫化过程由于硫化反应放热引起的催化剂温度升高和飞温情况发生，避免了催化剂烧结和金属还原的风险。Ⅱ类活性相加氢处理催化剂，在开工初期其活性比Ⅰ类催化剂高出几个数量级，活性相在硫化过程中更容易被损坏。相比气相硫化，液相硫化的另外一个优点是催化剂颗粒从一开始就是润湿状态，催化剂床层短路的可能性很小(如果催化剂没有被润湿可能发生这种情况)。无论使用哪种方法，器内硫化温度通常在 450~650℉(230~345℃)之间。一些催化剂生产商推荐在操作压力下硫化，也有一些推荐在低于正常操作压力下进行硫化。通常会建议逐渐切入裂化进料，装置切入裂化进料一般需要 3~7 天。由于裂化进料含有更高的烯烃和芳烃含量，因此在运行初期引入这些原料时，易导致过多的热量释放，引起催化剂因活性相烧结而损坏。

在催化剂器外预硫化情况下，硫化物加载到催化剂上。器外预硫化催化剂需要在反应器内完成活化，即氢气存在条件下加热催化剂使得负载于催化剂上的硫化物分解释放硫化氢，在这一过程中硫化氢洗涤塔被切出系统，保证硫化氢在循环气回路中累积起来。

### 8.10.9 催化剂失活、再生和重生

催化剂失活是指催化剂按照指标要求生产合格产品的能力的逐渐损失，除非提高反应器温度(或降低进料速度)，否则产品无法满足指标要求。催化剂活性衡量方法已经在本章的“催化剂”段落有所描述。通常，随着装置运行，催化剂活性发生损失。催化剂活性损失主要有以下几个方面：

(1) 焦炭沉积

焦炭通常指缺氢的碳质物质，尤其是在催化剂表面上。焦炭通常通过热缩合、催化脱氢和聚合反应生成。其示意图如下：

$$\text{烃类} \underset{\text{加氢}}{\overset{\text{脱氢}}{\longleftrightarrow}} \text{生胶前驱物} \xrightarrow{\text{缩合/聚合}} \text{焦炭}$$

在催化剂运行初期，焦炭水平迅速上升达到平衡状态，初期形成的焦炭通常认为是“软”焦炭，而随着运行时间的延长，尽管催化剂上焦炭总量没有变化，然而其结构发生转变，由“软”焦炭转变为“硬”焦炭。因此，催化剂运行周期中失活现象主要是由焦炭结构变化而不是焦炭量的上升所引起的。在有些情况下，通过热氢气提可实现催化剂活性短期恢复，这种现象可解释为部分软焦炭可以通过气提或冲洗从催化剂中脱除。

正如反应式所看到的那样，焦化前驱体通过脱氢的路线生成，因此，缺氢的进料更易导致催化剂结焦失活。高温可以加速结焦失活，焦炭在催化剂上沉积属于时间-温度现象，催化剂与生焦体接触时间越长、接触温度越高，失活越明显。结焦不属于永久性中毒，由于焦炭沉积引起的催化剂失活，可以很容易地通过催化剂再生使其活性恢复到最初的状态。低的氢分压也可以加速焦炭形成，通常，更重的原料容易导致催化剂上生成更多的焦炭。一般情况下，催化剂上焦炭沉积量的最大值在 20%(质)。

(2) 金属沉积

金属沉积是不可逆的，即使催化剂再生也无法恢复。一些金属进入体系是通过添加剂，例如应用于延迟焦化单元焦化塔来减少发泡的硅化物，或者原料的污染物 Pb、Fe、As、P、Na，Ca 和 Mg，或原料中主要含有 Ni 和 V 的金属有机物。Ni 和 V 在催化剂外表面孔口沉积，形成了外层，能有效阻断进入催化剂内部含有绝大部分接触表面的通道。

(3) 催化剂载体烧结

催化剂载体烧结是催化剂失活的另一个原因，它也是不可逆过程。烧结与高温特别是水蒸气的高分压息息相关。在这种情况下，催化剂载体材料由于孔道坍塌或孔径增大使比表面积变小，但孔体积保持不变。

(4) 催化剂再生

焦炭沉积引起的催化剂失活可以在受控环境中燃烧焦炭而恢复，再生通常有三种方法：蒸汽/空气器内再生，氮气/空气器内再生或器外再生。目前，世界范围内主要的工业催化剂的再生方式是由专业承包商采用器外再生，选择器外再生一方面是由于该法再生催化剂效果更好，另一方面是出于环保方面的考虑。失活催化剂必须在再生工艺前进行除油处理，该过程要尽可能脱除烃类物质，同时尽可能脱除硫以防止形成硫酸盐沉积在催化剂上，这些硫酸盐在再生过程中不能除去，对催化剂性能是有害的。通过燃烧，焦炭转化为 $CO_2$ 和 $H_2O$。当含氧减少时，形成 CO。加氢处理催化剂上含有以金属硫化物形式存在的硫。再生工艺中，金属硫化物转化为金属氧化物，硫以 $SO_2$形式排放。通常，$SO_2$释放温度比 $CO_2$低。

再生厂家通常采用以下几种设备：①采用转炉，它是一个圆柱形转鼓在水平轴上缓慢旋转关闭一些重叠的百叶板，废催化剂缓慢通过百叶板，与热空气逆流接触。②采用网带炉作为再生器，催化剂通过不锈钢网带输送进行再生。③采用沸腾床技术来再生催化剂。不管什么样的再生工艺，失活催化剂必须在再生工艺前进行除油处理。该过程要尽可能地脱除烃类物质，同时尽可能地脱除硫以防止形成硫酸盐沉积在催化剂上，这些硫酸盐在再生过程中不能除去，对催化剂性能是有害的。器内再生可以恢复催化剂 90%的活性，器外再生则可以恢复催化剂 95%~97%的活性。对于Ⅱ类加氢处理催化剂，烧炭再生后，还需要一个重生步骤，如同新鲜催化剂制备过程中活性相分散步骤一样，重生过程中再生催化剂活性相被重新分散。

## 8.11 加氢处理反应器的设计与操作

### 8.11.1 加氢处理反应器的设计与建造

加氢处理反应器是下流式固定床催化反应器，通常是在滴流床状态下运行。因为加氢处理反应在中等的高压、相对高的温度以及氢和硫化氢存在的条件下发生，反应器是壁厚较厚的容器。反应器通常为圆柱形，尽管用于石脑油加氢处理的反应器以及老式反应器采用较低合金制成，但近年大多数反应器通常是由 1¼Cr-1/2Mo 或 2¼Cr-1Mo 制造，采用稳定奥氏体不锈钢焊接覆盖层或内衬，以增加腐蚀保护。这种合金可以提供高强度的碱金属以获得具有优异耐腐蚀性的内衬。

在装置运行中，关于材料的使用应关注以下几个方面。

对于加氢处理装置奥氏体不锈钢，如果没有遵循操作规程的话，存在腐蚀开裂的可能性。腐蚀开裂可以通过氯化物或连多硫酸的侵蚀作用产生。在正常生产时，通过将接触奥氏体不锈钢的工艺物流中氯化物含量控制在最低值可以预防氯化物对于奥氏体不锈钢的侵蚀，此外，在开、停工期间，应限制装置中使用的所有的冲洗、净化或中和剂中的氯化物含量。

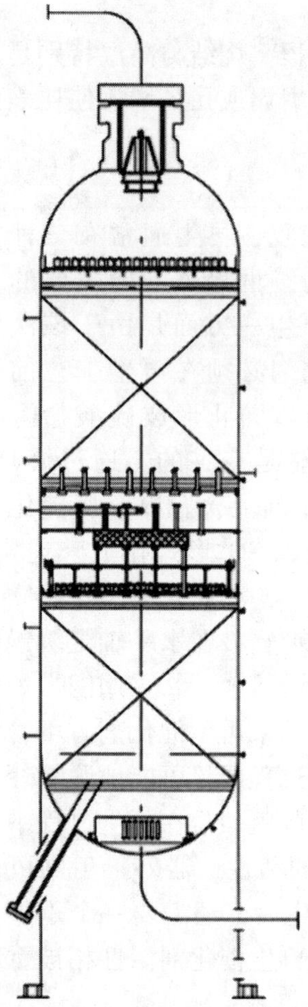

图 8-26 两床层加氢处理反应器(床层间配有冷氢箱)

水和氧气与硫化铁发生作用，产生连多硫酸，这在奥氏体不锈钢制成的所有物品上均存在。一旦形成连多硫酸，会侵蚀奥氏体钢并引起晶间腐蚀开裂。为了防止连多硫酸的腐蚀，有必要使温度保持在水的露点温度以上。在正常操作条件下，系统基本上不含氧气。但是，当系统减压并且设备开口时，必须采用氮气吹扫以防止空气进入。如果无法保证足够的温度或氮气吹扫时，则需要建立中和环境，通常采用5%的苏打溶液中和奥氏体不锈钢。

图 8-26 显示了具有两个催化剂床层和一个冷氢区的加氢处理反应器，在不同的设计中催化剂床层数量有所不同。如前所述，大多数石脑油加氢处理反器仅设有一个催化剂床层，处理裂解原料的加氢处理反应器需要设置几个床层，以便通过反应器床层之间的冷氢来控制床层温度。例如，反应器设计可能需要三个催化剂床层和两个床层间的急冷区域。

反应器设计应允许最大程度地利用催化剂，这可以通过创建均匀的流量分布、提供最充分的液相/气相混合、设置多个催化剂床层并在床层间设置冷氢区来实现。

反应器中的内部结构包括(不是所有的反应器必须配齐这些内构件)：入口扩散器，气/液分配托盘，冷氢箱(仅在有多个催化剂床层时出现)，催化剂支撑格栅(仅当有多个催化剂床时才存在)，出口收集器。

加氢处理反应器的尺寸设计取决于进料质量流率和可接受的压降。

由于放热是所有加氢反应器的共同特征，所以必须控制反应温度。一般来说，最高能够允许温升为75℉(42℃)。对于单床层反应器，如果不希望温升超过该温度，可以通过调节入口温度来控制反应温升。如果估计整个反应器总温升会超过75℉(42℃)，则反应器需要设计多个床层，在床层间设置冷氢箱控制反应温度。

### 8.11.2 加氢处理反应器操作

在运行过程中，加氢处理催化剂逐渐失去活性。为了保持在设计加工量条件下生产出满足要求的产品，需要逐渐提高床层平均温度。多数情况下，催化剂床层提温速率很小，低于2℉/月(1℃/月)。当平均床层温度接近设计最大值时，催化剂需要替换或重新活化。因为催化剂提温速率很小，反应器运行数年后才需要进行催化剂再生或换剂。

通常，催化剂再生或换剂是由于催化剂结垢导致压降升高引起的。在加氢处理中，催化剂的关键性能是初始活性、稳定性和产品质量。初始活性以运行初期获得目标产品需要的反应温度来衡量；稳定性是采用催化剂反应速率随运行时间变化情况来衡量；产品质量是衡量催化剂稳定生产符合使用规格的产品的能力，如倾点、烟点、辛烷值等。表 8-8 为一些重要的产品质量分析项目和分析项目的化学基础。

**表 8-8 产品质量的化学基础**

| 质量分析 | 化学基础 | 质量分析 | 化学基础 |
|---|---|---|---|
| 高烟点 | 低芳烃含量 | 低浊点 | 低正构烷烃含量 |
| 低倾点 | 低正构烷烃含量 | 低冷滤点 | 低正构烷烃含量 |
| 低冰点 | 低正构烷烃含量 | | |

### 8.11.3 加氢处理工艺参数

设备的正常运行在于认真选择和控制加工条件。通过仔细监控这些过程参数，使装置发挥其全部潜力。

(1) 反应器温度

应在保证所需产品质量的情况下尽量降低反应器温度。提高反应器温度将加速焦炭形成，降低运行周期。所需的反应温度取决于进料速度、原料质量和工艺目标。期望的产品质量通常通过控制反应器入口温度获得。在不改变反应器入口温度或通过冷氢调节整个反应器床层的温度曲线来改变出口温度的情况下，反应器出口温度是进料质量的函数。入口温度必须始终控制在达到期望的产品质量所需要的最低温度，高于最低温度值将加速积炭速度，降低运行周期。催化剂床层质量平均温度是用于比较催化剂相对活性的动力学参数。计算方法如图 8-27 所示。

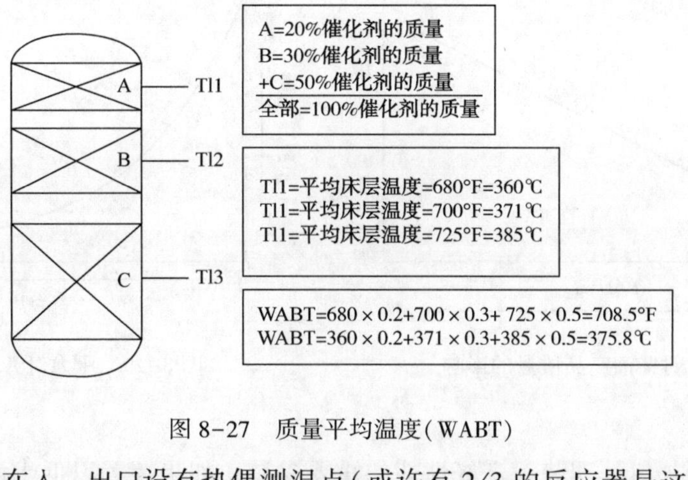


图 8-27 质量平均温度(WABT)

如果反应器只在入、出口设有热偶测温点(或许有 2/3 的反应器是这样)，质量平均温度代表入口与出口的平均温度，催化剂提温速率代表了其失活速率，失活速率可以用℉/[barrel · pound]或[℃/($m^3$ · kg)]，或者更简单地以℉/d(℃/d)描述。在催化剂的一个操作周期内，由于催化剂失活，为了获得期望质量的产品，催化剂需要提温。反应器设计温度决定允许的最高操作温度，需要持续监测反应器轴向和径向温差，确保温度没有超出设计最高温度。尤其是当反应进料调整后，由于烯烃饱和反应高放热引起反应温度超温。通常，装置设计的最大反应器床层温升<60℉(33℃)。

(2) 进料质量和速率

反应器内催化剂装填量以及其他设计参数取决于加工原料数量和质量，尽管可以允许原料种类和进料量操作轻微的改变，然而，大幅度的变化是不可以的，因为这会导致缩短催化剂的运行寿命。

在加氢处理反应器进料量增加时，为了维持恒定的脱硫(或脱氮)水平就需要通过提高反应温度补偿，此外，还需要提高循环气流量以使气油比保持恒定。反应温度升高将导致焦炭生成速率加快，缩短装置运行周期。进料量的降低可能导致通过催化剂床层物流分布效果变差，也需要更高的反应温度才能获得良好的产品质量。进料馏程和°API 最能反映加工进料的类型。进料终馏点的升高会使硫和氮的脱除更加困难，因此需要更高的反应温度，这也会加速焦炭形成，原料变重后携带更多的生焦前驱体，也更容易形成焦炭。除了以上影响，高沸点馏分中还含有更多的金属，这些金属不仅导致反应器压降升高，还使得催化剂失活加快。对于相同的沸程范围进料，°API 的降低，表明进料中含有更高的不饱和烃含量，加工这种进料会导致氢气消耗增加和催化剂床层温升的增大。这种进料中还包含更多容易缩合的物质，从而易于在反应器和相关设备中形成焦炭。

(3) 氢分压

氢分压的计算方法是循环气氢纯度乘以产品分离器压力。装置运行所需的氢分压通常是兼顾脱硫深度(或脱氮、芳烃饱和)和经济性(考虑资本费用和运行周期内的操作费用)考虑来确定的。氢分压也是决定进料饱和程度的一个关键设计参数。图 8-28 和图 8-29 说明了氢分压对产品质量的影响。当操作压力低于设计水平时，会加速催化剂上焦炭生成进而加速催化剂失活。

图 8-28　压力对柴油产品质量的影响

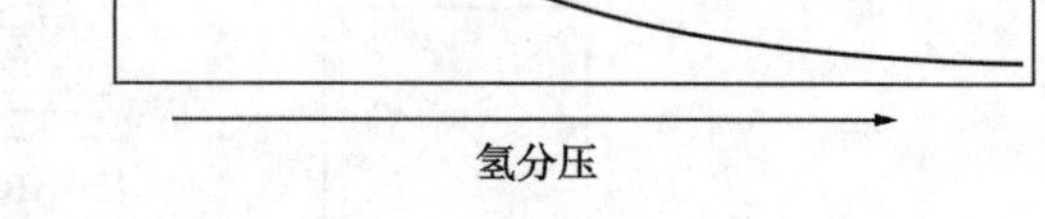


图 8-29　压力对芳烃饱和的影

(4) 气油比

气油比是保证加氢处理装置良好性能的重要参数。如果装置以低于设计值的气油比运行，将导致催化剂失活加快。循环气还有载热作用，以带走反应热。虽然不同的加氢处理装置设计者和催化剂生产商选用不同的气油比，普遍认为，气油比最小值应保证循环气量达到氢气消耗量的 3~4 倍。

(5) 液时体积空速

体积空速的设计值取决于原料性质、操作条件和产品质量要求。脱硫和/或脱氮动力学决定了适用于大多数进料和生产目标的液时体积空速的设计初始值。在综合考虑反应器尺寸限制、延长催化剂寿命的需求、进料金属含量异常情况以及全厂流程中其他加工单位的要求等因素后，这个初始值还会进行一定的调整。装置设计是以实现装置操作最佳性能为基础，一个关键点是流过催化剂床层的液体质量流量。当流量减少后，由于水力学影响，装置操作变得困难。而且，由于流体流动出现偏流路径，反应器内的液体分布会变得不均匀，由于这些原因，装置不应长时间地在低于最低处理量的条件下运行。低处理量运行状态时，其加工量应保证50%~70%的设计处理量。在过高的空速下运行(与原设计相比)也是不可取的，这样会加速催化剂失活率及增加系统压降。

(6) 循环气纯度

为了确保催化剂上的加氢反应有效进行，氢分压和氢流量均有最低限制。如前所述，流量(气油比)和分压均取决于循环气的氢含量，即纯度。考虑到实际因素，例如压缩成本、催化剂寿命等，循环气纯度通常限制在70%~80%(摩尔)的范围内。较低的氢气纯度对装置的性能不利，因为这时需要更高的反应温度获得期望质量的产品。循环气纯度由以下因素决定：补充气的纯度和反应器中轻组分的引入量、气液分离器中气/液平衡、在循环气中允许的轻烃和硫化氢累积量。

在大多数情况下，由于重整装置或制氢装置在固定的操作条件下运行，因此，补充氢纯度难以调节。循环气中含有随补充氢一起进入系统的轻烃以及反应过程生成的轻烃，为了防止轻烃在循环气中富集，必须从高压分离器外排部分气体。

装置氢气需求由以下内容确定：

① 化学耗氢：加氢处理反应消耗的氢气。

② 溶解损失：高压分离器液态烃中残留的溶解的氢气，这部分氢气从反应系统排出。

③ 机械损失：通过新氢机和循环氢压缩机密封口泄漏的氢气，其值大约为化学耗氢与溶解耗氢的3%~5%。

④ 排放损失：为了保证循环气氢纯度，从高压分离器排放的氢气。

在反应器中生成的$H_2S$在循环气中的平衡浓度高达5%(摩尔)。这种浓度的$H_2S$对催化剂活性有抑制作用。因此，在许多情况下有必要对循环气作脱$H_2S$处理。硫化氢的脱除在洗涤塔内进行，在洗涤塔内，循环气与胺液(通常为MEA、DEA或MDEA)接触以脱除循环气中的硫化氢。采用这种方式，循环气中的$H_2S$含量可以降低到$10^{-6}$的范围。提高氢气纯度的另一种方法是膜分离，该法是从排出气体中回收氢气并将其作为补充氢循环回来。

### 8.11.4 原料污染物和催化剂毒物

(1) 暂时中毒

工艺参数影响催化剂上的积炭速率，从而影响催化剂寿命。在催化剂运行初期，催化剂上发生缓和的积炭，在装置正常生产时积炭速率降低到很低的水平。催化剂上5%(质)的碳含量对脱硫没有显著的影响，但是催化剂脱氮活性会有损失。进料中的硫和氮在一定程度上可视为污染物，因为其反应产生的硫化氢和氨气可进一步结合生成铵盐。对反应器出料注水可溶解铵盐以防止换热器结垢。当进料中的有机氮高于预期含量时，就需要更高的反应温度，这会导致催化剂寿命缩短。

如果在任意时段停止注水，$H_2S$和$NH_3$可能在循环气中积聚，并导致催化剂活性的突然损失。一旦重新建立注水，活性将恢复正常。催化剂床层不应提高温度补偿暂时的活性损失。

少量的随补充氢进入系统的氮、CO 和 $CO_2$ 对催化剂无害，但必须外排以防止这些杂质积聚在循环气中。过量的 CO 和 $CO_2$ 可能会对催化剂性能产生不利影响，因为在催化剂作用下，它们可以发生甲烷化反应，一方面占据了催化剂活性点位，另一方面释放大量的热。这将导致反应器出口温度升高和催化剂表观活性下降。如果一个装置使用含有高浓度 CO+$CO_2$ 的氢气作为补充氢，可能导致温度失控。

（2）永久中毒

催化剂永久失活通常是由于从进料、补充氢气或洗涤水中捕集的无机物质的逐渐积累造成的。这些无机物质包括砷、铅、钙、钠、硅和磷。这些低浓度的元素(和其他碱性金属)随着时间沉积在催化剂上会导致催化剂失活。

有机金属化合物被分解并且通常以金属硫化物形式沉积在催化剂床层上部。如果采用级配催化剂床层，可添加具有金属容纳能力高的脱金属催化剂。这类催化剂对于进料中金属的容纳量与其新鲜催化剂质量相同(即 100%金属容纳能力)。这些脱金属催化剂通常具有较低的脱硫和脱氮活性。

加氢处理催化剂对金属如砷和铅具有一定的容忍能力，在加氢处理催化剂上发现过2%~3%的金属沉积含量。计算表明，加氢处理催化剂上的金属含量超过 0.5%时会引起催化剂性能突变，应增加产品分析频率以监控突变。金属沉积不能通过催化剂再生除去。当催化剂金属沉积量超过 1%~2%时，应考虑更换加氢处理催化剂。

明显的催化剂失活可能是由在催化剂床层顶部沉积物的积累引起的。固体物质，如腐蚀产物和焦炭，会导致催化剂床层快速结垢。这个问题通过撇除一部分催化剂、筛选、重新装填来补救。

进料过滤器作为第一道防线，在脱除固体物质方面非常有效，有助于降低反应器压降上升速率，延长运行周期。进料过滤器的使用取决于加工进料类型、来源等因素。第二道防线是利用装填于活性加氢处理催化剂上部特殊形状的颗粒物或网状介质，除去穿过进料过滤器或反应回路中生成的微粒。

### 8.11.5 加氢处理技术供应商和催化剂制造商

（1）技术供应商

历史上有许多公司提供过加氢处理技术。大多数类型的加氢处理工艺都是通过技术许可方式提供的，也有些是非授权技术。目前主要的加氢处理装置技术提供商有 CB&I / Chevron Lummus Global(CLG)、Axens / IFP Energies Nouvelles、Shell 全球解决方案/ KBR、Haldor Tops e、DuPont、霍尼韦尔 UOP 等。

（2）催化剂制造商

多年以来出现过很多加氢催化剂生产厂家，其中一些供应商已与其他供应商合并，也有兼并企业的，还有一些已经停产。一些供应商只是简单地销售他们重新命名的催化剂。目前加氢处理催化剂的主要供应商有：Axens/IFP、标准催化剂和技术(CRI)/Shell 全球解决方案公司、Haldor Topsфe AS、Orient Catalyst Co. Ltd.、ClariantInterna 及霍尼韦尔 UOP 公司。

## 参考文献


P.E.M. Berthelot, Methode universelle pour réduire et saturer d'hydrogéne les composés organiques. Bull. Soc. Chim. **11**(278), 278–286 (1869)

M. Breysse, C. Geantet, P. Afanasiev, J. Blanchard, M. Vrinat, Catal. Today **130**, 3–13 (2008)

J. Čejka, Appl. Catal. Gen. **254**, 327–338 (2003)

F. Chainet, Ph.D. Thesis, Spéciation du silicium dans les charges d'hydrotraitement, 2012

R.R. Chianelli, G. Berhault, B. Torres, Unsupported transition metal sulfide catalysts: 100 years of science and application. Catal. Today **147**(3–4), 275 (2009)

A.I. Dugulan, *High Pressure Sulfidation of Hydrotreating Catalysts – Genesis and Properties of the Active Phase*, Delft University Press (IOS Press, 2008)

S. Eijsbouts, S. Mayo, K. Fujita, Unsupported transition metal sulfide catalysts: from fundamentals to industrial application. Appl. Catal. Gen. **322**, 58 (2007). Active Phases for Hydrotreating Catalysis

N. Frizi, P. Blanchard, E. Payen, P. Baranek, C. Lancelot, M. Rebeilleau, C. Dupuy, J.P. Dath, Catal. Today **130**, 32–40 (2008)

R. Hadden, T. Moss, Dealing with mercury in refinery processes, PTQ Q3 (2010)

E.J.M. Hensen, V.H.J. de Beer, J.A.R. van Veen, R.A. van Santen, Catal. Lett. **84**(1), 59 (2002)

T. Ho, Inhibiting effects in hydrodesulfurization of 4,6-diethyldibenzothiophene. J. Catal. **219**, 442–451 (2003)

T. Ho, Deep HDS of diesel fuel: chemistry and catalysis. Catal. Today **98**, 3–18 (2004)

V.N. Ipatieff, Russkoe Fiziko-Kimischeskoe Obshchestvo, **33**, 143–154, 496–506, 532–545, 632–643 (1900–1902)

L. Jones, P. Kokayeff, Distillate hydrotreating to ULSD – the impact of aromatics, in *Paper 90a, AIChE 2004 Spring National Meeting*, 27 Apr 2004

L. Jones, P. Kokayeff, Equilibrium limitations in distillate hydrotreating, in *Paper 61d, AIChE 2005 Spring National Meeting*, 10 Apr 2005

L. Leonard, P. Kokayeff, Recombination – a complicating issue in FCC naphtha desulfurization, in *Paper 177c, AIChE 2006 Spring National Meeting*, 26 Apr 2006

M. Pier, Z. Elektrochem. **53**, 297 (1949)

P. Sabatier, J.B. Senderens, Action du nickel sur l'éthyléne. Compt. Rend **124**, 1358 (1897)

A.N. Stranges, Friedrich Bergius and the rise of the German synthetic fuel industry. Isis (Hist. Sci. Soc.) **75**(4), 643–667 (1984)

H. Topsøe, B.S. Clausen, Importance of Co-Mo-S type structures in hydrodesulfurization. Catal. Rev. Sci. Eng. **26**(3), 395 (1984)

H. Topsøe, B. Clausen, F.E. Massoth, *Catalysis: science and technology*, vol. 11 (Springer, Berlin, 1996)

O. Weisser, S. Landa, *Sulfide catalysts: their properties and applications* (Pergamon, Oxford, 1973)

W.R.K. Wu, H.H. Storch, Hydrogenation of coal and tar. Bur. Min. Bull. **633**, (1968)

TransportPolicy.Net, *Nationwide Diesel and Gasoline Sulfur Limits* (International Council on Clean Transportation, 2014), www.TransportPolicy.Net

# 第9章　石油加工中的烷基化

## 9.1　引言

石油炼制工业的汽油烷基化是指 $C_3 \sim C_5$ 烯烃与异丁烷在酸性催化剂的作用下转化成高度支链化的 $C_5 \sim C_{12}$ 异构烷烃。反应产物统称为烷基化油，是一种高附加值的汽油调和组分。烷基化油的主要成分是辛烷值为 100 的 2,2,4-三甲基戊烷。

烷基化催化剂主要为液体酸催化剂和固体酸催化剂，包括 $H_2SO_4$、$AlCl_3$-HCl、HF、HF-$BF_3$、$H_2SO_4$-$HSO_3F$(氟代硫酸)、三氟甲磺酸、含铂的氯化氧化铝、$BF_3$-氧化铝、沸石和离子交换树脂等。氢氟酸法烷基化和硫酸法烷基化技术在第二次世界大战期间用于生产航空汽油，目前仍然是市场主流技术，本节将重点介绍。

近年来，大量的研究工作投入到新催化剂和工艺开发中，以减少氢氟酸和硫酸带来的危害。已经商业化的固体酸烷基化工艺包括 UOP Alkylene™工艺、CB&I/Albemarle/Neste Oy AlkyClean™工艺和 Exelus ExSact™工艺。但这些技术并没有被广泛采用，因为其异丁烷循环量较大，且催化剂再生的投资成本较高。基于离子液体催化剂的新一轮烷基化工艺目前已经接近商业化。

## 9.2　发展历程

从 1932 年到 1936 年，烷基化技术由 UOP 公司(Ipatieff 和 Grosse，1935)、壳牌、英伊石油公司(现在属于 BP 公司)和德士古公司先后独立研发成功。

Herman Pines 讲述了 UOP 公司在 1932 年发现戊烷和乙烯烷基化的历史(Pines，1982)，他认为异构烷烃是惰性的，除非处于高温和高压下。在基于 $H_2SO_4$萃取的烯烃测定中发现异常后，Pines 和他的导师 Vladimir Ipatieff 假设烷烃可能对酸不具有惰性。尽管被嘲笑，他们通过将乙烯鼓泡到 $AlCl_3$上的冷却戊烷中来检验这一假设，发现所有乙烯都转化成了饱和烃。在接下来的几年里，他们先后试验了 $AlCl_3$-HCl、$H_2SO_4$、HF 和 HF-$BF_3$等烷基化催化剂。

由丁烯和异丁烷反应生成的烷基化产物具有优异的航空汽油性质。它是当时已知的最高辛烷值的燃料成分，具有高马达辛烷值和良好的感铅性，所有这些性质均来自高度支链化的链烷烃。

1938 年，Humble 石油公司(现在属于埃克森美孚)在美国得克萨斯州贝汤市建造了第一套商业化的硫酸法烷基化装置(Hooper，1986)。由于盟国的战争需要，烷基化技术生产的航空汽油量迅速增长。1939 年，六家石油公司成立了一个联合体，汇集其烷基化技术，开发了生产辛烷值为100的航空汽油的硫酸法和HF酸法烷基化工艺。经过这些努力，1942年，第一个商业化HF酸烷基化装置在美国得克萨斯州博格的炼油厂(属菲利普斯石油公司)建成，烷基化原料的范围有所扩大，包括丙烯、戊烯以及丁烯(Phillips，1946)。二战期间，为战争需要总共建造了60套烷基化装置，硫酸和氢氟酸工艺各占一半。第二次世界大战后，除少数炼厂继续用它来生产航空汽油和优质车用汽油等，大多数烷基化装置已经停产。

20世纪50年代中期，更高性能的汽车发动机的应用要求炼油行业提高汽油的产量和质量。催化重整技术的开发，例如UOP公司的铂重整工艺，为炼油厂提供了生产高辛烷值汽油的重要方法。然而，这种方法生产的重整生成油的芳香烃含量很高，比烷基化油具有更高的灵敏度(研究法辛烷值和马达法辛烷值之间的差异)和更差的感铅性。许多炼油厂扩大了它们的烷基化生产规模，并使用丙烯甚至某些戊烯作为原料。

随着含铅汽油的逐步淘汰和汽油环保性的要求，烷基化油的感铅性已不再受到重视，但由于烷基化油的其他特性，烷基化油的重要性和产量都有所提高。它的高无铅马达法辛烷值低挥发性、低硫、几乎零的烯烃和芳烃使烷基化技术对生产优质环保汽油至关重要。烷基化油通常约占汽油调和池的15%，在重新配制的低硫、优质汽油调和池中甚至可达到60%。随着2004年在汽油中禁用MTBE，2005年颁布的能源政策法规以及2007年的能源独立安全性法规要求，美国大多数汽油加入了平均100%(体)的乙醇。在保持高辛烷值油前提下，低RVP的烷基化油是抵消高蒸气压乙醇的重要因素。

有工业应用业绩的硫酸烷基化工艺的许可方为埃克森美孚和杜邦的STRATCO技术。2007年收购康菲石油公司的HF烷基化技术后，UOP公司是汽车燃料HF烷基化工艺的唯一许可方。

## 9.3 烷基化反应

在烷基化反应器中发生的反应很多且相对复杂，通过叔丁基正碳离子链式反应机理进行(Jernigan等，1965)。主要反应如下所述。

### 9.3.1 烷基化主反应

大部分烷基化产物是由烷基化主反应生成的。在这些反应中，1mol烯烃与1mol异丁烷反应生成一个比原来多四个碳原子数的异构烷烃。不同烯烃的烷基化反应(仅显示碳骨架和一或两个主要产物异构体)如式(9-1)~式(9-5)所示。应注意，所生成的异构体不一定是预期的主要产物，而是最常观察到的产物。例如，式(9-1)中2-丁烯和异丁烷的反应可以预期得到2,2,3-三甲基戊烷，但由于下文所述的异构化和甲基转移反应，更常见的是2,2,4-三甲基戊烷和2,3,4-三甲基戊烷异构体。对于不同的催化剂，异构体的分布也有所不同。

(1) 2-丁烯的烷基化反应

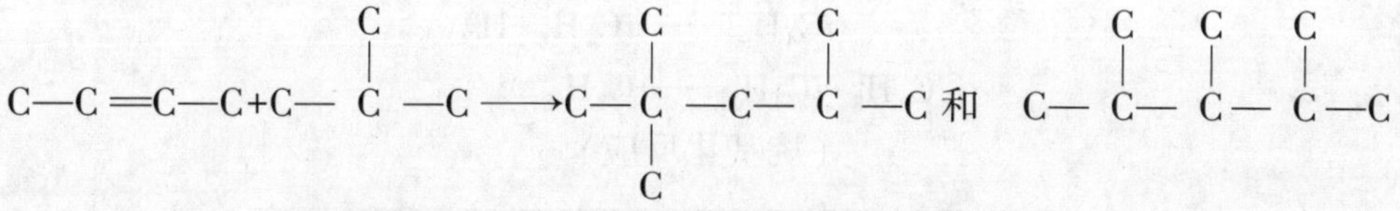
(9-1)

2-丁烯　异丁烷　2,2,4-三甲基戊烷 (RON100)　2,3,4-三甲基戊烷 (RON102.7)

（2）1-丁烯的烷基化反应

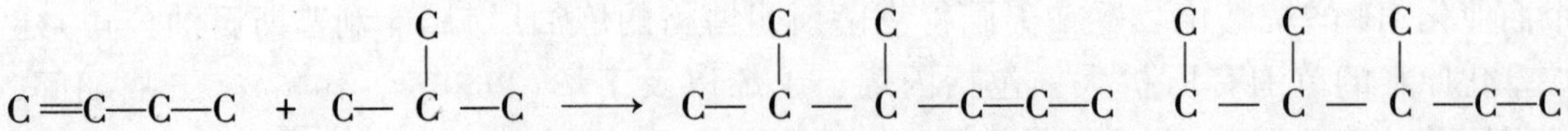

(9-2)

丁烯　　异丁烷　　2,3-二甲基己烷（*RON*71.3）　　2,3,4-三甲基戊烷（*RON*102.7）

（3）异丁烯的烷基化反应

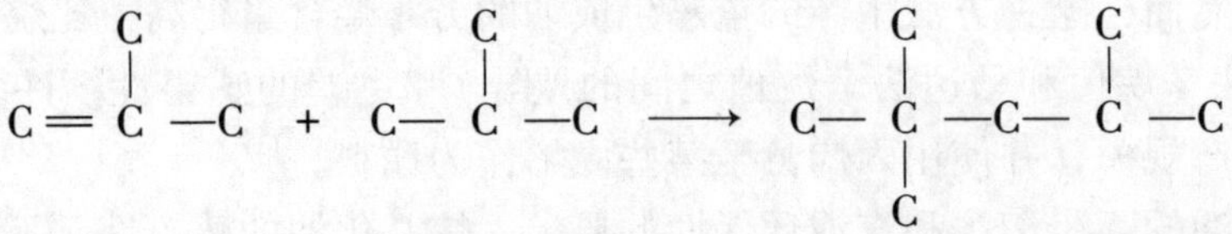

(9-3)

异丁烯　　异丁烷　　2,2,4-三甲基戊烷（*RON*100）

（4）丙烯的烷基化反应

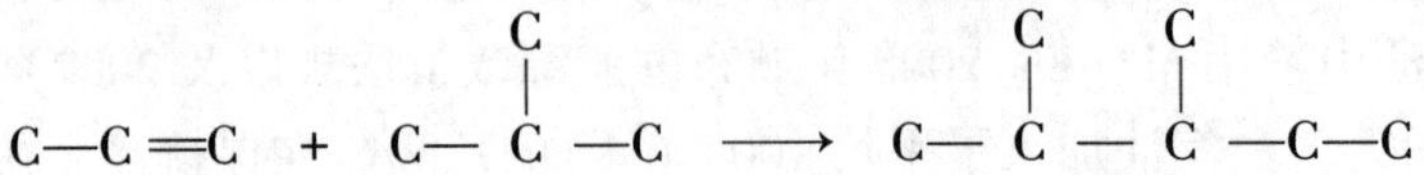

(9-4)

丙烯　　异丁烷　　2,3-二甲基戊烷（*RON*91.1）

（5）戊烯的烷基化反应

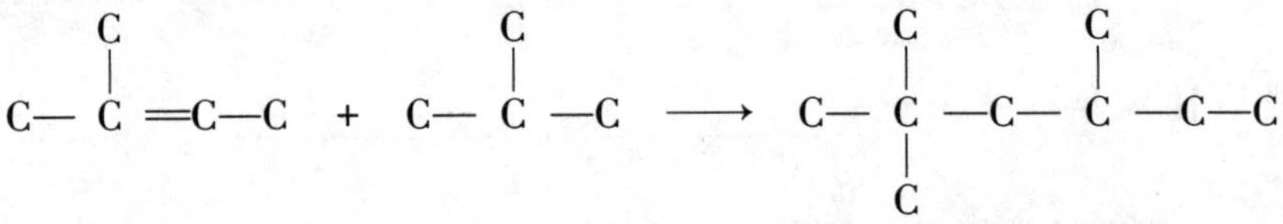

(9-5)

2-甲基-2-丁烯　　异丁烷　　2,2,4-三甲基己烷（*RON*92）

### 9.3.2 烷基化复杂反应

烷基化油平衡组成及其少量劣质副产聚合物是由更复杂的离子中间体反应生成的。反应如式(9-6)~式(9-10)所示。为了简洁起见，只列出了几个不带结构式的关键步骤。

（1）氢负离子转移反应(丙烯为例)

$$C_3H_6+H^+ \longrightarrow C_3H_7^+$$

（丙烯正碳离子的形成）

$$C_3H_7^+ + iC_4H_{10} \longrightarrow iC_4H_9^+ + C_3H_8$$

（氢负离子从异丁烷转移到丙烯正碳离子）

$$iC_4H_9^+ \longrightarrow iC_4H_8 + H^+ \tag{9-6}$$

$$iC_4H_8 + iC_4H_{10} \longrightarrow C_8H_{18}$$

（烷基化反应）

$$C_3H_6 + 2iC_4H_{10} \longrightarrow C_3H_8 + C_8H_{18}$$

（总式：丙烯+2-异丁烷——→丙烷+2,2,4-三甲基戊烷）

(2) 聚合反应(以异丁烯生成重质产物的裂化为例)

$$
\begin{aligned}
&iC_4H_8+iC_4H_9^+\longrightarrow iC_8H_{17}^+\\
&iC_4H_8+iC_8H_{17}^+\longrightarrow iC_{12}H_{25}^+\\
&\underline{iC_{12}H_{25}^+ + iC_4H_{10}\longrightarrow iC_{12}H_{26}+iC_4H_9^+}\\
&2iC_4H_8+iC_4H_{10}\longrightarrow iC_{12}H_{26}
\end{aligned}
\qquad (9-7)
$$

(总式：2-异丁烯+异丁烷→异十二烷)

(3) 裂化反应(异丁烯裂化为例)

$$2iC_4H_8+iC_4H_9^+\longrightarrow iC_{12}H_{25}^+$$

$$iC_{12}H_{25}^+\longrightarrow iC_7H_{14}+iC_5H_{11}^+$$

(裂化反应)

$$iC_5H_{11}^+ + iC_4H_{10}\longrightarrow iC_5H_{12}+iC_4H_9^+$$

(氢负离子转移反应)

$$iC_4H_9^+ + iC_7H_{14}\longrightarrow iC_{11}H_{23}^+ \qquad (9-8)$$

(烷基化反应)

$$iC_{11}H_{23}^+ + iC_4H_{10}\longrightarrow iC_{11}H_{24}+iC_4H_9^+$$

(氢负离子转移反应)

$$2iC_4H_8+2iC_4H_{10}\longrightarrow iC_5H_{12}+iC_{11}H_{24}$$

(总式：2 异丁烯+2 异丁烷→异戊烷+异十一烷)

(4) 竞争反应(异戊烷烷基化)

$$
\begin{array}{c}
\mathrm{C}\\
|\\
\mathrm{C-C-C-C}
\end{array}
+\mathrm{C-C=C-C}\longrightarrow
\begin{array}{c}
\mathrm{C}\qquad\qquad\quad\ \mathrm{C}\\
|\qquad\qquad\quad\ \ |\\
\mathrm{C-C-C-C-C-C}\\
|\qquad\qquad\qquad\quad\\
\mathrm{C}\qquad\qquad\qquad\quad
\end{array}
\qquad (9-9)
$$

异戊烷 2-丁烯 2,2,5-三甲基己烷

(5) 聚合反应

$$17iC_4H_8+H^+\longrightarrow C_{20}H_{33}^+ +4C_{12}H_{26} \qquad (9-10)$$

(总式：异丁烯→聚合物离子(在酸相中)+重烷基化产物)

### 9.3.3 异构化反应

除了上述列出的反应之外，酸性催化剂在烷基化反应之前会使烯烃或其酯发生异构化反应，也会使烷基化产物发生异构化反应。大多数烷基化产物异构化是离子中间体的甲基转移：

1) 反应选择性：这些反应的选择性取决于原料、催化剂和反应条件。

2) 异丁烯与异戊烷之间具有很高的反应活性，容易聚合成重烷基化产物[式(9-7)]和聚合物[式(9-10)]，特别是在 $H_2SO_4$ 催化作用下。

3) 丙烯的反应活性较低，容易形成更多的聚合物，尤其是对于 $H_2SO_4$ 催化剂。

4) 1-丁烯在 HF 烷基化中产生的2,2,4-三甲基戊烷比2-丁烯少一些，但在 $H_2SO_4$ 中这些烯烃的产物几乎没有差别。为了使辛烷值最大化，许多炼油厂在 HF 烷基化装置的上游增

加了选择性加氢装置(如 UOP-Huls 选择性加氢处理工艺)使二烯烃饱和，从而减少聚合物的生成，同时将大部分 1-丁烯异构化为 2-丁烯。两种直链丁烯的烷基化产物在 HF 和$H_2SO_4$催化作用下主要都生成三甲基戊烷。

5) HF 比 $H_2SO_4$更能促进氢负离子转移反应[式(9-6)]。对于丙烯，这些氢负离子转移反应增加了烷基化物收率和辛烷值，但也增加了丙烷的收率。对于丁烯，这些反应不会显著影响收率，但它们可以增加辛烷值。对于戊烯，氢负离子转移反应增加了烷基化物的收率和辛烷值，但它们产生异戊烷，增加了烷基化产物的蒸气压。

6) $H_2SO_4$产生更多的重质组分[式(9-7)]和更多的混合聚合物[式(9-10)]，特别是来自异构烯烃和丙烯。混合聚合物因为它的颜色也被称为“红油”或“酸溶性油”，或简单地称为“聚合物”。对于所有烯烃，它使烷基化油产量降低，终馏点升高，异丁烷消耗降低。

7) 提高反应器的温度会增加裂化反应和混合聚合物的生成，从而降低了烷基化主反应的产物，降低了产品辛烷值，增加了产物蒸气压和酸消耗。

8) 增加异丁烷浓度可增加主要烷基化反应和氢负离子转移反应，同时减少聚合生成、裂化和竞争反应，从而提高烷基化油收率和辛烷值并减少酸消耗。

## 9.4 HF 烷基化

### 9.4.1 工艺流程

图 9-1 是典型的以催化裂化液化气为原料的烷基化装置流程。丁烷异构化装置(如 UOP Butamer 工艺)也是许多炼油厂的重要配置。

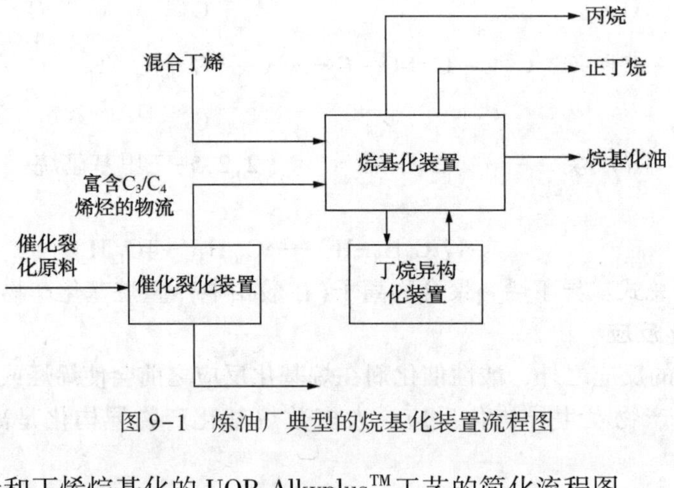


图 9-1 炼油厂典型的烷基化装置流程图

图 9-2 是丙烯和丁烯烷基化的 UOP Alkyplus™工艺的简化流程图。

二次世界大战后，UOP 和 Phillips 公司广泛采用该流程，并对其进行了关键改进，以降低成本和应对需求。所有早期装置均采用 HF 催化剂强制循环。Phillips 公司设计的替代方案表明，利用液化石油气和酸相之间的密度差可取消酸循环泵、酸循环泵密封件和许多联接法兰。由于该方案允许反应器、冷却器和沉降器作为一个压力容器建造，许多装置采用了重力循环专利装置。UOP 公司收购康菲石油烷基化技术后，开发了一种名为 AlkyPlus 的改进

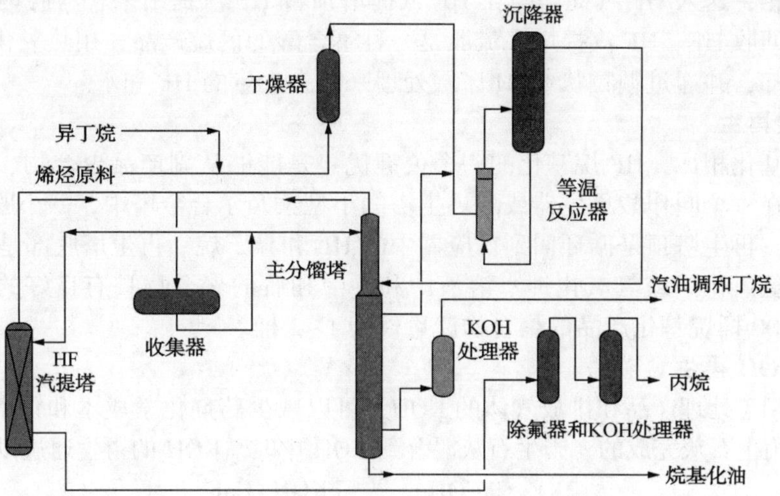


图 9-2 UOP 公司 AlkyPlus™工艺流程图

工艺，以实现各自传统技术的最佳商业化。这种工艺与双方之前的 HF 技术相比，明显地降低了运行过程中的第三方风险。

### 9.4.2 原料预处理

在 UOP 公司的 HF 烷基化工艺中，来自催化裂化气分装置的富含烯烃的原料通常经过脱乙烷、胺和碱萃取(UOP-Merox™工艺)处理以除去 $H_2S$ 和硫醇并干燥。一些炼油厂还在烷基化装置上游增加了 MTBE 或选择性加氢工艺(SHP)装置，以及 ORU(含氧化合物脱除装置)以脱除丙酮、醚和醇。

### 9.4.3 反应

经过预处理后，烯烃进料与过量的循环异丁烷混合，注入水冷反应器内的循环氢氟酸催化剂中。异丁烷与烯烃的摩尔比通常控制在 6~14 之间。冷却水流经反应器管程以除去反应产生的高热量，并将反应温度保持在 80~100℉。烷基化反应速度非常快，烯烃转化率为 100%。过量的异丁烷、烷基化产物、惰性烃类(丙烷、正丁烷)和酸催化剂进入沉降器中。浓酸相在重力作用下迅速从烃类中分离出来，然后由泵或重力差驱动循环回反应器。含有溶解氢氟酸的烃类从沉降器流到异丁烷分离塔。

### 9.4.4 分馏

分馏部分通常由异丁烷分离塔、脱丙烷塔和 HF 汽提塔组成。异丁烷分离塔是主分馏塔，可以将氟化氢从塔顶汽提出去，生成流量非常大的循环异丁烷，也生成正丁烷和烷基化油。烷基化油从塔底抽出，在换热器中冷却，然后送到产品储存罐。下一个产物正丁烷从塔侧线抽出，大量异丁烷循环料从塔上部抽出。在大多数 UOP 装置上，异丁烷抽出位置位于进料塔板的下方，以最大程度地减少循环异丁烷中的 HF。

异丁烷分离塔顶气相是一种富含丙烷的异丁烷流股，其中含有 HF，该流股在沉降罐中冷凝分离。较重的 HF 相返回到反应器部分，烃相进入脱丙烷塔。

脱丙烷塔及其相联的 HF 汽提塔产生丙烷产品，并将回收的异丁烷和 HF 再循环到反应器。脱丙烷塔底流股作为循环异丁烷的一部分返回反应器中。脱丙烷塔顶馏出物含有丙烷产品和 HF。塔顶汽相冷凝成两个液相，在塔顶收集器中分离。较重的酸相返回到反应器部分，含酸的饱和烃相，送入 HF 汽提塔，在 HF 汽提塔顶将 HF 汽提出来，与脱丙烷塔顶气相流股汇合后一并回收 HF。HF 汽提塔底流股是一种不含酸的丙烷产品，用热氧化铝来除去有机氟化物然后冷却，并通过颗粒状 KOH 床层处理来除去少量的 HF 和水。

**9.4.5　酸再生**

与硫酸烷基化相比，HF 烷基化的一个关键优势是能够从副产品聚合物、水和其他污染物中回收酸。在一个叫作酸再生器或酸再生塔的小型蒙乃尔合金塔中，一小股循环酸被过热的异丁烷汽提，再生塔顶是循环回到反应器中的 HF 和异丁烷。再生塔底部是聚合物和 HF-水共沸物，用氢氧化钠或氢氧化钾水溶液中和。中和后的聚合物具有良好的燃料价值。通常，每生产 1000 桶烷基化产品的聚合物产量仅为 1~2 桶。

**9.4.6　KOH 再生**

通过再生用于处理产品和排放气体的 KOH，可以减少药剂化学成本和化学废料。这种氢氧化钾再生是用生石灰完成的。当生石灰混合到 KOH 中时，KOH 的再生通过以下反应进行：

$$2KF+Ca(OH)_2 \longrightarrow 2KOH+CaF_2$$

氟化钙形成沉淀物，可以从再生的氢氧化钾中分离出来。

**9.4.7　HF 烷基化中的工艺变量**

关键的工艺变量是反应器温度、异丁烷与烯烃比、酸浓度和酸烃比。

(1) 反应温度

反应温度是重要的工艺变量之一，它对产品的辛烷值有显著影响。几乎所有的 HF 烷基化反应器都在 110℉(43.3℃)以下进行反应。在更高的温度下，烷基化油的辛烷值会降低；超过 120℉(48.9℃)时，聚合和裂化副反应变得过多，降低了烷基化油的产品质量，许多情况下 HF 烷基化装置的酸再生能力无法维持对酸强度的适当控制。

(2) 烷烯比

异丁烷与烯烃的比例也是烷基化反应的一个重要变量。随着烷烯比的增加，烷基化油辛烷值增加，聚合物产量减少。因此，异丁烷循环量通常始终保持在可行的最大值，直至达到异丁烷分离塔的最大处理能力。降低循环比是为了分馏塔节能或减少氢负离子转移反应。

(3) 酸浓度

酸浓度通常保持在 HF 的质量分数为 85%~95%之间。酸制造商供应的新鲜酸纯度超过 99.97%。这种纯度对于烷基化工艺的最佳工况来说过高。酸的含水量通常控制在 0.5%~1.5%之间。含水量低于 0.5%会导致产品辛烷值降低，超过 1.5%的含水量会导致碳钢管道和容器的腐蚀速率升高。最佳酸浓度是通过原料处理系统对硫和水的脱除能力和酸再生操作性能之间的平衡来确定的。在某些情况下，对于存在高含氧化合物(例如 MTBE 装置下游)或高二烯烃(来自苛刻的催化裂化条件)的进料，必须除去含氧化合物或二烯烃。酸对反应的作用是一个复杂的过程，取决于稀释剂的种类和用量。

(4) 酸烃化

HF 烷基化工艺的酸烃体积比一般为 1∶1 或更高。在某些时候，低于 0.8∶1.0，会产生过度聚合。在最极端的情况下，可能会停止生成烷基化油。

(5) 压力

只要保持足够高的压力以防止反应器内的烃和酸蒸发，压力就不会对工艺产生影响。

**9.4.8　HF 进料杂质**

与许多炼油工艺一样，控制原料的杂质含量对 HF 烷基化装置的长期运行至关重要。超过设计值的最大原料杂质含量，对于酸消耗量、酸再生量甚至装置腐蚀和产品质量都会产生显著影响。一般来说，在原料处理系统的能力范围内，所有污染物含量都将尽可能降低。通常在烷基化原料中发现的主要杂质是水或含氧化合物、含硫化合物、氮化物、不凝物和二烯烃。

### 9.4.9 HF 烷基化维护

由于 HF 对大多数材料具有很强的腐蚀性，因此需要对金属材质进行严格的控制，并对设备进行良好的维护。碳钢是用于容器和管道的主要材料，它被用于 HF 烷基化是因为暴露在 HF 环境中的碳钢表面会形成一层氟化铁的腐蚀屏蔽层。氟化铁层具有一定韧性，只要不受干扰，可作为进一步防止腐蚀碳钢的屏障。在某些条件下，如机械磨损或氢氟酸中的水含量升高，这种氟化铁垢层会软化或断裂，导致产生污垢和腐蚀问题。在严重情况下，可能导致非计划停工以及潜在的安全问题。大多数炼油厂积极监控其设备的剩余腐蚀裕量，并定期更换阀门和法兰，以避免出现安全问题。为了在检修停工期间进行维护，许多炼油厂选择使用化学清洗工艺来溶解所有的氟化铁层。

在 HF 烷基化装置中有一些对碳钢来说过于苛刻的其他区域。400 合金(蒙乃尔合金)是此类区域的主要材质，因为它具有良好的耐高含水量酸的特性，特别是在高温下。温度是影响碳钢和蒙乃尔 400 合金腐蚀速率的重要因素。蒙乃尔 400 合金用于运动部件或相关的机械加工表面部件，因为使用碳钢会导致钢表面形成氟化铁垢层而将零件粘合在一起。

### 9.4.10 HF 安全性和挥发性抑制技术

美国石油协会为 HF 烷基化装置的安全操作制定了一份综合性文件，标题为《氢氟酸烷基化装置安全操作推荐规程》，API 推荐规程 751，1992 年 6 月首次出版，2013 年 5 月最新修订(第 4 版)。

由 Amoco 领导的炼油厂和 HF 制造商联盟开发了 HF 扩散模型和水雾减缓技术，并通过广泛的大规模测试来设计泄漏控制系统。如果 HF 发生泄漏，助溶剂和水雾减缓可以将下风处的 HF 浓度降低超过 95%。

UOP 公司提供了 ReVAP™ 和 Alkad™ 工艺，通过在催化剂中加入添加剂，可以显著降低催化剂的挥发性。ReVAP 工艺由美孚石油公司和菲利普斯石油公司联合开发，Alkad 工艺由德士古公司和 UOP 公司联合开发。添加剂的加入，也称为改良型 HF，提供了一种被动的缓解泄漏方法，不需要操作员人员或设备采取措施就有效果。每个系统都与现有的 HF 烷基化装置较好地兼容匹配。ReVAP 简要工艺流程如图 9-3 所示。

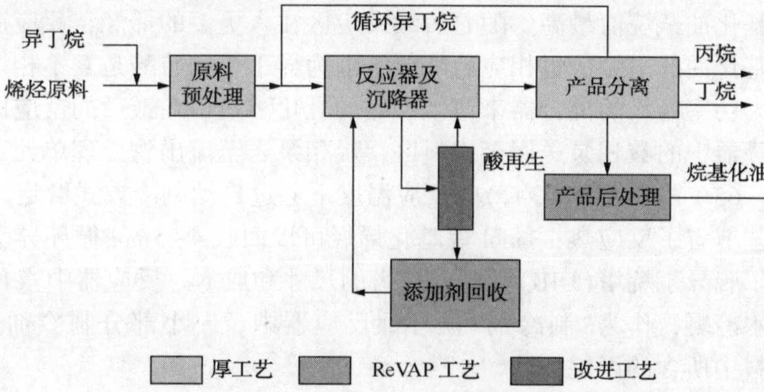


图 9-3 ReVAP 工艺与 HF 烷基化装置的结合

## 9.5 硫酸烷基化

目前，硫酸烷基化主要有两种工艺：埃克森美孚公司的串联工艺和杜邦公司的STRATCO$^R$产物制冷工艺。

### 9.5.1 串联烷基化工艺

图 9-4 为串联烷基化的典型工艺流程图。

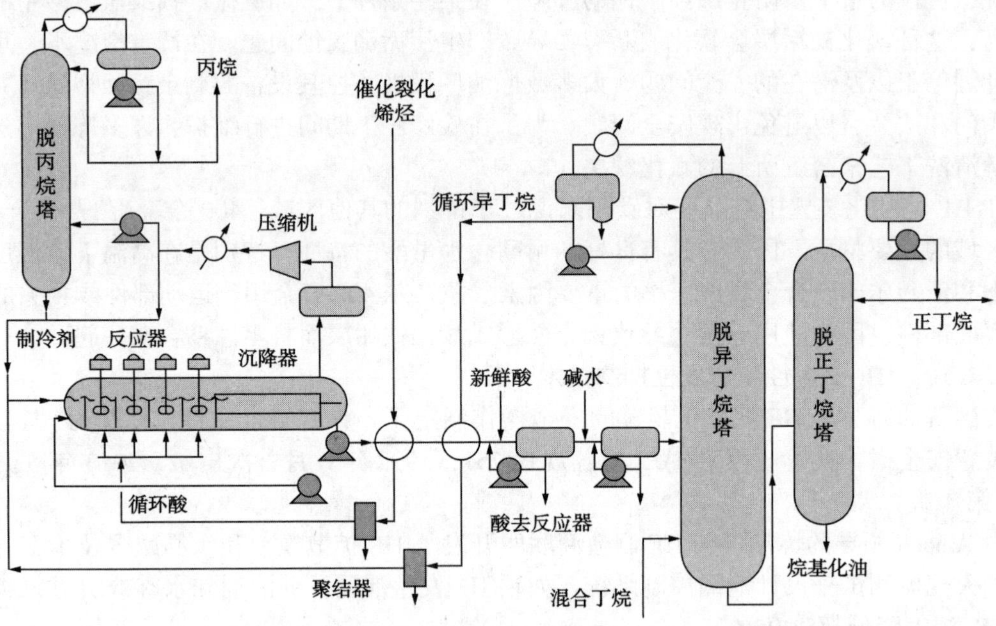


图 9-4　串联自动制冷烷基化工艺

催化裂化烯烃原料通过冷却、聚结脱水后，在大型卧式反应器/沉降器中，通过环形分布器注入到3~6个搅动反应区。来自脱异丁烷塔和制冷系统的循环异丁烷和沉降器中的循环酸，进入到预闪蒸段和依次通过专门设计的围堰连接的串联反应区，该工艺名称就来源于此。典型的烷烯比为(8∶1)~(12∶1)。串联反应器的第一区域操作温度最低，异丁烷浓度最高，生成的烷基化油辛烷值最高。随着后续反应区注入更多的烯烃，反应温度升高，异丁烷浓度降低，烷基化油的辛烷值也相应地降低。因为异丁烷和硫酸是互不相溶的，所以每个区域都需要一个大功率输入的混合器来产生彻底的乳化溶液。在最后的反应区之后，乳化溶液进行沉降。沉降器中的酸相泵送回至进料区，烃相泵送至流出物处理单元。

反应热在 35~65℉(1.67~18.3℃)的反应温度下通过自动制冷方式取走。制冷过程通常成本很高。此工艺节省了反应热，1mol 烷基化烯烃可以回收 4~5mol 循环异丁烷，并且提纯丙烷，从而降低了脱异丁烷塔(DIB)和脱丙烷塔的尺寸和成本。反应器中汽化后的异丁烷和丙烷压缩用冷却水冷凝，作为“制冷剂”循环回反应器中。一小部分制冷剂进入脱丙烷塔，用以除去装置进料中所含的丙烷。

### 9.5.2 产物制冷烷基化工艺

图 9-5 为 STRATCO$^R$产物制冷烷基化的典型工艺流程图。

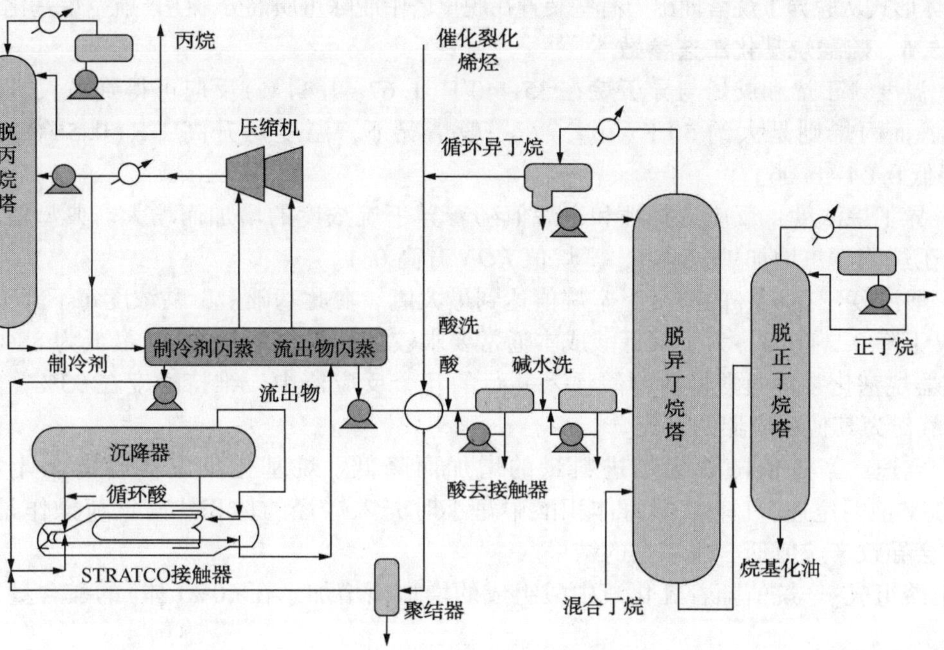


图 9-5 STRATCO[R]流出物制冷烷基化工艺

STRATCO[R]产物制冷烷基化工艺与串联烷基化工艺的主要区别在于反应器和制冷方式的设计，另外反应是在没有汽化的情况下进行的。

经过处理后的原料和循环异丁烷首先经过冷却和聚结除去水分，然后输送至几个STRATCO接触器。利用STRATCO接触器的大功率滑轮搅拌器，将原料、脱异丁烷塔和制冷系统的异丁烷与沉降器的循环酸进行乳化。反应和冷却后，乳化液进入位于接触器上方的沉降器进行酸分离。酸相利用重力循环回到接触器的滑轮搅拌器上，烃相(产物)经过接触器换热器的管程进行闪蒸，以提供制冷。

沉降器出料在接触器内的换热器管程部分汽化，以冷却壳程内的乳化液，达到除去反应热的目的。出料液体在闪蒸罐中分离得到的气相冷剂经压缩和冷凝后，一部分冷凝后的制冷剂输送到脱丙烷塔。剩余的冷剂与脱丙烷塔底流股经闪蒸冷却后，返回反应器。

### 9.5.3 原料预处理

原料预处理通常包括脱乙烷和Merox等催化裂化烯烃脱硫醇。一些炼油厂增加了选择性加氢工艺(SHP)装置，以饱和二烯烃，从而降低酸耗。原料一般不需要干燥。

### 9.5.4 产物处理

烃类产物包含烷基化产物和过量的异丁烷，在经冷循环异丁烷加热后，经过处理脱除所携带的微量酸和酯反应中间体。处理系统包括新鲜酸洗和碱洗(如图9-5所示)。碱洗和水洗、铝土矿、氢氧化钾颗粒也有应用。

### 9.5.5 分馏

产物经过处理后将反应器平衡所需要的异丁烷从烷基化油中蒸出，正丁烷作为脱异丁烷塔(DIB)的塔顶产物。大多数炼油厂将其他装置的饱和丁烷也送入脱异丁烷塔来实现异丁烷和正丁烷的分离。正丁烷从烷基化油中蒸馏出来，用于控制稳定塔产品的蒸气压，在某些情况下，正丁烷以气体形式从脱异丁烷塔抽出。有些装置在脱重塔中脱除重质馏分来生产航空烷基化油。

**9.5.6 硫酸烷基化工艺参数**

1）温度。丁烯和戊烯与异丁烷在35~40℉(1.67~4.44℃)反应可得到最大辛烷值的烷基化油，而丙烯则是大约50℉(10℃)。一般情况下，温度每升高1℉(0.56℃)，辛烷值*RON*降低0.04~0.06。

2）异丁烷浓度。反应选择性和辛烷值随着异丁烷浓度的增加而增大。典型情况下，产物中异丁烷浓度每增加1%(体)，辛烷值*RON*升高0.1。

3）酸浓度。在93%的酸度下辛烷值达到最大值。在此基础上，酸浓度每下降1%，辛烷值*RON*下降0.2~0.3。为了降低酸成本通常要求较低的最终消耗浓度(最低为88%)，因此多反应器烷基化装置通常将新鲜酸注入并行的几个反应器中，维持酸度在93%，然后再用93%的酸作为其他反应器的补充。

4）空速。辛烷值随着烯烃进料量的增加而降低。烷基化反应器通常设计为0.15~0.30LHSV液时空速，LHSV即每体积酸中每小时充入烯烃的体积。高负荷操作是可能的，但通常会导致辛烷值低、酸耗高的结果。

5）酸组成-辛烷值随着乳化液中酸组成的增加而增加，在60%(体)的酸含量下辛烷值达到峰值。

6）单位体积功率。辛烷值取决于异丁烷从烃相到酸相的传质速率。根据Sprow(1969)的研究，反应选择性和辛烷值随着界面面积的增加而增加，界面面积取决于单位体积输入功率的0.25次方。

**9.5.7 硫酸消耗和污染物**

酸耗通常表示为生产一加仑或一桶烷基化油时，酸被混合聚合物、水和其他污染物由99%稀释到90%的重量。在没有二烯烃、醚后碳四在最佳工艺运行条件下酸耗可低至16磅/桶烷基化油，而在含有大量二烯烃、异丁烯、戊烯和丙烯并且高温的条件下运行时，酸耗可超过40磅/桶烷基化油。一些典型污染物的影响概述如下：

1）二烯。丁二烯和戊二烯是影响酸耗的主要污染物。二烯烃占到酸耗的10%~30%。每磅二烯烃能将5~20磅99%的酸稀释到90%。一些炼油厂使用二烯烃选择性加氢装置(如UOP的Huls SHP)去除二烯烃。

2）水和含氧化合物。水可以占到酸耗的10%~20%。湿进料、湿循环异丁烷和高反应温度是水的主要来源。含氧化合物也消耗酸，包括来自催化裂化的丙酮、来自MTBE和TAME单元的甲醇和二甲醚。每磅水或含氧化合物能将10磅99%的酸稀释到90%。

3）每磅含硫化合物或含氮化合物能将20磅99%的酸稀释到90%。

4）每磅$C_{6+}$化合物能将2磅99%的酸稀释到90%，这可能是戊烯烷基化时酸耗的一个重要贡献。

5）乙烯会导致酸中形成稳定的硫酸盐，每磅乙烯能将20磅99%的酸稀释到90%。

6）乙烷和轻组分。在总冷凝过程中，惰性轻质馏分能促使压缩机的排气压力增加，当反应温度升高，压缩机马力受限时，可间接导致酸耗的增加。

**9.5.8 废酸再生**

硫酸烷基化使用的酸大约是氢氟酸烷基化的100倍，因为硫酸不能从混合聚合物、水和污染物中汽提出来。硫酸通常在88%~91%的浓度时就失效了，低于此浓度时，要进行烷基化则硫酸的催化作用已经很弱了。

用过的硫酸不是废物。再生过程主要是通过燃烧有机物(通常与硫化氢一起)，将硫酸分解成二氧化硫和水蒸气，然后二氧化硫用发烟硫酸干燥、氧化成三氧化硫，最后水洗涤生成发烟硫酸和98.5%~99.5%硫酸。

硫酸烷基化除了有接触酸的直接危害外，还存在运输安全问题，因为需要每天运输和再生20~500t硫酸。为了避免运输风险，一些炼油厂建立了专门的废酸再生工厂来回收烷基化装置的废酸，或者与酸生产厂之间铺设专门的管道。

## 9.6 烷基化油的性质

表9-1显示了氢氟酸和硫酸法的典型烷基化油性质，其原料分别为丙烯-丁烯和仅有丁烯。烷基化产物主要由$C_7$和$C_8$异构烷烃组成，其馏程范围相对较窄。车用燃料烷基化油具有理想的$T_{50}$和$T_{90}$馏点以及较低的终馏点。研究法辛烷值*RON*通常在90~95之间，而马达法辛烷值*MON*通常只比*RON*低1~2个单位。马达法辛烷值高是烷基化油的一个重要性质。脱正丁烷后烷基化油的雷德蒸气压(RVP)可低至4psia左右。低蒸气压、非常低的硫含量以及不含烯烃和芳烃，使烷基化油成为一种重要的汽油调和组分，它能够减少挥发、$NO_x$和有毒排放物。

在一些烷基化装置中，原料通过选择性加氢装置进行预处理来去除二烯烃，二烯烃会反应生成不需要的酸溶性油。在氢氟酸烷基化装置上游采用选择性加氢装置的另一个好处是将1-丁烯异构化为更理想的2-丁烯，从而生产更高辛烷值的产品。该预处理装置可使氢氟酸烷基化产物的辛烷值提高1RON(MON)，如表9-1第三列所示。

**表9-1 烷基化产物性质/收率**

| 氢氟酸烷基化 | | | |
|---|---|---|---|
| 体积收率 | 催化裂化丙烯/丁烯 | 催化裂化丁烯 | 异构化丁烯 |
| 消耗的异丁烷 | 1.28 | 1.15 | 1.15 |
| $C_5$+烷基化油 | 1.78 | 1.77 | 1.77 |
| $C_5$+烷基化油性质 | | | |
| 相对密度 | 0.693 | 0.697 | 0.697 |
| RON-0 | 93.3 | 95.5 | 96.5 |
| MON-0 | 91.7 | 93.5 | 94.5 |
| 硫酸烷基化 | | | |
| 体积收率 | 催化裂化丙烯/丁烯 | 催化裂化丁烯 | |
| 消耗的异丁烷 | 1.2 | 1.12 | |
| $C_5$+烷基化产物 | 1.72 | 1.72 | |
| $C_5$+烷基化油性质 | | | |
| 相对密度 | 0.693 | 0.697 | |
| RON-0 | 92.0 | 96.0 | |
| MON-0 | 90.4 | 94.0 | |

## 9.7 最新进展

### 9.7.1 固体酸烷基化

长期以来，研究人员一直在寻求开发一种固体催化剂烷基化(SCA)工艺，以消除氢氟酸或硫酸带来的有关安全和腐蚀问题。早期尝试使用负载型的金属卤化物，这方面的工作包括UOP公司(Kojima and Kocal，1995)和Total公司(Nascimento等，2001)使用含氯的氧化铝，Mobil公司使用以二氧化硅(Chou等，1990a)、MCM-25(Huss and Johnson，1993)和β-沸石(Chou等，1990b)为载体的三氟化硼，Haldor-Topsoe公司使用以二氧化硅为载体的三氟甲磺酸(Angelis等，2001)。最近的研究主要集中在宽孔沸石。

每克沸石的酸性中心浓度比液体酸低一个数量级，占据的体积却是液体酸的10倍($\sim 5cm^3$ 对比 $0.5\sim 1.0cm^3/g$)，这使得发生同等反应所需的催化剂体积显著增大。研究(Nivarthy等，1998；Stocker等，1994)表明，较强的质子酸位是有效催化氢转移的必要条件，而氢转移是对烷基化产物质量和催化剂寿命影响最大的反应步骤。酸性中心的强度可以通过脱铝(Corma和Orchilles，2000)和稀土交换(Weitkamp，1980)来改进。

沸石和液态酸的一个关键区别是它们对烯烃的选择性和化学吸附强度不同。由于沸石表面的高极性，特别是硅铝比低的沸石表面，极性烯烃分子更容易被吸附。孔隙中烯烃浓度过高会导致相对于氢转移速率更高的齐聚反应，这被认为是沸石失活速度如此之快的主要原因。大分子比小分子具有更强的吸附能力，所以一旦形成大分子，就不太可能发生脱附，导致焦炭的形成，最终堵塞沸石孔道。因此，固体催化剂工艺过程运行成功的关键是找到一种方法来再生催化剂和及时清除焦炭。

大多数固体催化剂烷基化流程使用冷(液相)和热(气相)再生过程相结合的方式，这需要在催化剂中加入贵金属加氢功能。冷再生本质上是使用含饱和溶解氢的异丁烷进行溶剂萃取。在低温条件下，(<100℃)大多数堵塞酸位的不饱和物质被加氢，从而可以更容易地从催化剂上脱附。然而，冷再生只能部分恢复活性，经过若干周期后，还需要用氢气进行高温再生。在较高的温度下，由于体积太大无法离开孔隙的物质发生加氢裂化反应，生成更小的物质，这些物质可以从孔隙中扩散出去，从而恢复孔隙体积，暴露酸中心。

为实现固体催化剂烷基化反应和再生，研究者提出了几种不同的反应器方案。CB&I/Albemarle/Neste的Oy AlkyClean™工艺(Gieseman等，2006)使用了切换床策略。在一个典型的装置设计中，有五个相同的反应器。在任意时刻，两个反应器处于反应模式，两个处于冷再生模式，一个处于热再生模式。自控阀门控制进出每个反应器的物流，来实现各反应器在反应、冲洗和再生等不同过程步骤的循环。

在UOP Alkylene™工艺中(Roeseler等，2002)，催化剂是流态化的，在提升管反应器内移动，然后催化剂从产物中分离出来，通过冷再生区流向立管底部，在那里循环再次开始。“热”再生时催化剂流入另一个再生容器进行。UOP公司还介绍了一种层叠式移动床径向流反应器方案(Sadler，2013)，其中催化剂以8字的形式流动，先经过一系列的工艺过程，然后再经过热再生，完成一次循环。该方案可以更有效地利用催化剂，因为没有重复的反应器体积。这是至关重要的，因为采用了相对较低的空速(大催化剂体积)，催化剂消耗了较低的铂用量。在反应器再生后、切换回反应模式之前，切换床工艺需要使用异丁烷将氢从催化剂孔中冲洗出来，因为任何残余氢都会饱和进料中的烯烃，导致产率损失，而连续工艺可将异丁烷的用量最少化。

虽然上述固体酸烷基化工艺已投入商业市场，但由于催化剂、铂和再生所需的重要设备成本较高，无一取得商业成功。

### 9.7.2 离子液体烷基化

自2000年以来，离子液体取代传统的氢氟酸或硫酸催化剂在烷基化反应中的应用受到了广泛的关注。离子液体本质上是一种盐，在低温(<100℃)下呈液相，通常阴离子和阳离子都很大，阳离子对称性较低。这些因素降低了盐晶体的晶格能，并显著降低了其熔点。近年来，离子液体领域的研究得到了Seddon(1997)、Welton(1999)等学者的广泛关注。离子液体的性质可以设计成适合特定工艺的要求。熔点、黏度、密度和疏水性都可以通过离子结构的简单改变而改变。它们的密度可以达到足够高，以便于重力沉降分离。此外，离子液体几乎没有蒸气压，所以它们不像氢氟酸或硫酸那样具有环境和安全问题，并且可以很容易地通过分馏方法进行分离。

离子液体烷基化最常用的是氯铝酸盐阴离子。酸度可以通过改变氯化铝的摩尔分数$X(AlCl_3)$来控制。当$X(AlCl_3)<0.5$时，离子液体是碱性的；当$X(AlCl_3)=0.5$时，离子液体是中性的；当$X(AlCl_3)>0.5$时，离子液体是酸性的。最常见的酸性形式$Al_2Cl_7^-$，1mol阳离子含有2mol的$AlCl_3$，即$X(AlCl_3)=0.67$。较高的$AlCl_3$摩尔比可能取决于阳离子，但氯化铝的溶解度下降，导致固体氯化铝能沉淀下来。酸性离子液体的Hammett酸度为$-H_0\sim19$，其超酸度比氢氟酸或硫酸($-H_0\sim12$)高几个数量级。在酸性氯铝酸盐离子液体中，质子的超酸特性可以通过溶解的盐酸和酸性物质之间的反应来解释，这种反应释放出的质子溶剂化程度极低，因此反应活性非常高(Wasserscheid，Keim，2000)：

$$HCl+Al_2Cl_7^- \rightleftharpoons [H]^+_{(不溶解的)}+2AlCl_4^-$$

离子液体中用于烷基化的阳离子通常是季铵盐、季膦盐或三烷基磺酸盐(Lacroix，1998；Olivier-Bourbigou，2002)。包括Aschauer等(2011)在内的许多学者已经发表了使用1-丁基-3-甲基咪唑(BMIM)氯铝酸盐离子液体的结果。Chevron公司有许多使用1-丁基吡啶(BP)氯铝酸盐离子液体的专利(Elomari，2008；Harris，2009)。中国石油大学的研究人员(Liu，2014)开发了一种由盐酸三乙胺氯铝酸盐和CuCl组成的复合离子液体的烷基化工艺。研究者测试了不同添加剂对$Et_3NHCl-AlCl_3$的改性作用，结果显示以CuCl作为添加剂，$C_8$和TMP的选择性最高(Huang，2004)。

离子液体催化剂的使用方法与其他液体酸烷基化催化剂相同。离子液体在反应器中与烃类反应物混合均匀，反应后通过重力沉降与产物分离。一个关键的区别是必须使用的催化剂数量的不同。氢氟酸和硫酸烷基化通常在烃相分散的酸连续相模式下运行，酸烃体积比大于1。对于离子液体烷基化，酸烃比可低至0.1，在离子液相分散的烃连续相模式下运行(Timken，2008)。这一点很重要，因为大多数离子液体比商品酸(如氢氟酸或硫酸)要贵得多。

离子液体与烃相的有效混合至关重要，因为在黏性离子液体中向酸性位点的扩散传质是受限的。Schilder等计算出，要使烯烃转化率保持在90%以上，液滴大小不能大于10μm，有效反应速率几乎与液滴直径的倒数成正比(Schilder，2013)。离子液滴的尺寸越小，它们与产物的分离越困难。商业化离子液体烷基化过程面临的最大挑战之一就是要将昂贵的离子液体在烃相中的夹带损失降至最低。

另一个重要的挑战是离子液体的再生，因为聚集起来的混合聚合物开始使酸性中心失活。混合聚合物是一种不饱和齐聚物，类似于液体酸烷基化过程中的红油或酸溶性油，与酸性中心络合后很难去除。Elomari 等描述了一些可能的再生方法(Elomari，Harris，2010)。

如果这些关键问题得到解决，离子液体烷基化即可代替传统的液体酸烷基化技术并将显示出巨大的潜力。Chevron、Shell/CUP 和 UOP 公司都在积极开发商业化的离子液体烷基化工艺。

## 参考文献

Anon, *Hydrofluoric Acid Alkylation* (The Phillips Petroleum Company, 1946)

S. Aschauer et al., Liquid-phase isobutane/butene alkylation using promoted Lewis-acidic IL-catalysts. Catal. Lett. **141**(10), 1405–1419 (2011)

T. Chou et al., World Patent WO 90/00534, (1990a)

T. Chou et al., World Patent WO 90/00533, (1990b)

A. Corma, A. Orchilles, Microp. Mesop. Mater. **35–36**, 21 (2000)

A. de Angelis et al., Catal. Today **65**, 363 (2001)

S. Elomari, T. Harris, Chevron USA, U.S. Patent 7,732,363, (2010)

S. Elomari et al., Chevron USA, U.S. Patent 7,432,409, (2008)

J. Gieseman, V. Amico, E. van Broekhoven, *The Alkyclean$^{TM}$ Alkylation Process: New Technology Eliminates Liquid Acids*. Paper AM-06-41 at NPRA 2006 annual meeting, Salt Lake City, 19–21 Mar 2006

T. Harris et al., Chevron USA, U.S. Patent 7,531,707, (2009)

J.H.D. Hooper, Chem. Ind. **20**, 683 (1986)

C.P. Huang et al., Effects of additives on the properties of chloroaluminate ionic liquids catalyst for alkylation of isobutane and butene. Appl. Catal. A Gen. **277**(1–2), 41–43 (2004)

A. Huss Jr., I.D. Johnson, U.S. Patent 5,221,777, (1993)

V.M. Ipatieff, A.V. Grosse, J. Am. Chem. Soc. **37**, 1616 (1935)

E.C. Jernigan, J.E. Gwyn, E.L. Claridge, Chem. Eng. Prog. **61**(11), 94 (1965)

M. Kojima, J. Kocal, U.S. Patent 5,391,527, (1995)

C. Lacroix et al., Akzo, U. S. Patent 5,731,101, (1998)

Z. Liu et al., China University of Petroleum, Beijing, "Reaction performance of isobutane alkylation catalyzed by a composite Ionic liquid at short contact time". AIChE J. **60**(6), 2244–2253 (2014)

P. Nascimento et al., U.S. Patent 6,225,517, (2001)

G.S. Nivarthy et al., Microp. Mesop. Mater. **22**, 379 (1998)

H. Olivier-Bourbigou et al., IFP, U.S. Patent 7,256,152, (2002)

H. Pines, ChemTech. 150 March (1982)

C.M. Roeseler, D.J. Shields, S.M. Black, C.D. Gosling, *Improved Solid Catalyst Alkylation Technology for Clean Fuels: The Alkylene Process*. Paper at the NPRA annual meeting, San Antonio, 17–19 Mar 2002

C.C. Sadler, U.S. Patent 8,373,014, 2013

L. Schilder et al., Effective and intrinsic kinetics of liquid-phase Isobutane/2-Butene alkylation catalyzed by chloroaluminate Ionic liquids. Ind. Eng. Chem. Res. **52**, 1877–1885 (2013)

K.R.J. Seddon, Chem. Tech. Biotech. **68**, 351–356 (1997)

F.B. Sprow, Ind. Eng. Chem. Process Des. Dev. **8**(2), 254 (1969)

M. Stocker et al., Catal. Lett. **28**, 203 (1994)

H. Timken et al., Chevron USA, Patent 7,432,408, (2008)

P. Wasserscheid, W. Keim, Ionic liquids – new solutions for transition metal catalysis. Angew. Chem. Int. Ed. **39**, 3772–3789 (2000)

J. Weitkamp, Stud. Surf. Sci. Catal. **5**, 65 (1980)

T. Welton, Room temperature Ionic liquids. Solvents for synthesis and catalysis. Chem. Rev. **99**, 2071–2083 (1999)

# 第 10 章　烯烃叠合技术

## 10.1　引言

催化烯烃叠合通常是指一个烯烃分子与一个或多个相同或不同的烯烃分子发生反应，生成较重的烯烃化合物。“叠合(Condensation)”一词就反映了液体产物实际是由气态烯烃制成的。

烯烃叠合在某些方面类似于烷基化，只不过烷基化是一个烯烃分子与一个异构烷烃分子反应生成一个烷烃化合物。烯烃叠合的关键区别在于产物是烯烃，但为了满足最终产品的要求和规格，可能还要进行加氢处理。

烯烃叠合可以通过多种方式和多种催化剂进行，它们共同的特征都是在酸性催化剂上发生反应。这些酸性催化剂包括固体磷酸(SPA)、液体酸、有机金属催化剂、硅铝、沸石和磺酸树脂等。

烯烃叠合不仅在石油炼制中被广泛应用于生产汽油，还常被用于石油化工(通常与炼油相结合)，例如，生产庚烯、壬烯和十二烯以及烷基芳香烃等。事实上，一些相同的催化剂(如 SPA)也可以用于烯烃与芳烃的烷基化反应，如生产异丙苯、乙苯等。本文主要介绍烯烃齐聚在炼油厂的应用，对芳烃烷基化的应用不进行讨论。

## 10.2　发展历程

酸性催化剂的发现，特别是固体磷酸(SPA)催化剂的开发，应归功于弗拉基米尔 · 伊帕季耶夫(Vladimir Ipatieff)在曾经的通用石油产品公司，也就是现在的 Honeywell UOP 公司开展的先驱性工作。1935 年，第一套丁烯二聚法制辛烯的工业装置投入生产，丁烯二聚工艺得到的辛烯，其辛烷值远高于直馏汽油的辛烷值。这种新的汽油组分的引进，打破了直馏汽油对汽油性能的限制，推动了汽车的发展。为了满足日益增长的汽油需求，很快就有数百套这种装置建成。

烯烃在 SPA 催化剂上的二聚和齐聚过程都称为催化叠合，这也是烯烃二聚和齐聚的主要途径。随着近些年的发展，酸性沸石催化剂和磺酸树脂催化剂也有应用。

法国石油研究院(IFP)开发的有机金属催化剂是最常见的其他类型的叠合催化剂，在炼油厂用于生产汽油组分。有机金属催化剂可用于丙烯制异己烯的二聚反应、裂解气体中轻烯烃的齐聚反应以及丙烯和(或)丁烯生产庚烯和辛烯。

由于烯烃二聚物和齐聚物的生产过程中总会产生一些同分异构体，而且往往还会产生部分较轻和较重的馏分，因此，很难区分这些烯烃是用于石油化工生产还是用于汽油和柴油燃料。尽管如此，通常催化剂可以在一定的范围内进行调整，比如生产异构产品较多的(高辛烷值)用于汽油调和，或者生产异构产品较少的用于石油化工。由于这类工艺过程产品总是有一些异构物，柴油馏分的质量相对较差(十六烷值较低)，因此该技术应用于生产柴油的案例较少。

## 10.3 催化叠合工艺

催化叠合技术是在20世纪30年代初发展起来的，是一种将热裂解和热重整生成的轻烃转化为目的产品的方法。R. E. Schaad 和 V. N. Ipatieff 发现磷酸与硅藻土(一种丰富的天然硅质硅藻土矿物)混合后加热固化，然后将固体物质冷却、粉化后置入反应器中，丙烯和(或)丁烯就可以被缩合生成汽油馏分。这个发现经放大试验并最终实现商业化(Ipatieff 等，1938)。

催化叠合出现不久，催化裂化就出现了。最初是固定床，后来又出现了流化催化裂化，即 FCC。这些催化裂化工艺，尤其是 FCC，能比热裂化得到更多的烯烃，主要是丙烯和丁烯，但这些烯烃在当时的商业价值还很小，催化叠合工艺因而得到了推广应用。

早期的催化叠合装置操作条件在10atm左右，这也是许多液化石油气(LGP)回收装置的操作压力。但是人们很快发现，如果反应器在30atm或更高的压力下运行，催化剂的寿命可以延长4~6倍，从而开始了向高压装置的发展。一些60atm的管式反应器催化叠合装置已经建成，并且取得了很大成功。

SPA催化剂也被试验用于其他反应中。在20个世纪30年代末期，SPA催化剂被发现可以用于烯烃与芳香烃的反应生成烷基芳烃。二战时期，这一发现被广泛应用于生产航空燃料添加剂——异丙苯。异丙苯是飞机内燃机所需的性能优良的航空燃料添加剂。战后，航空燃料对异丙苯的需求量减少了，但异丙苯又找到了一个更重要的应用途径，即作为生产苯酚和丙酮的原料。尽管近年来芳香烷基化催化剂从SPA到酸性沸石已经发生了很大变化，但异丙苯在石化行业中的应用一直都占有主导地位。在二战时期，对乙苯和苯乙烯的需求量也很大。有一些装置通过乙烯与苯在SPA催化剂上反应来生产乙苯，这种反应缓慢且低质低效，没有实用性，当时大多数乙苯装置使用氯化铝催化剂。如今几乎所有的乙苯生产装置都使用酸性沸石催化剂。

第二次世界大战也导致了聚氯乙烯(PVC)需求量和产量的增加。PVC是一种非常好的塑料材料，但是缺乏许多应用所需的弹性。后来，人们发现邻苯二甲酸辛酯和高级醇的酯类可用于PVC的“塑化”，增加其塑性。一氧化碳和氢与烯烃通过羰基合成(oxo)反应可以得到辛醇、壬醇和癸醇。烯烃与生成的醇相比少一个碳，可以将催化叠合生产的富含烯烃的汽油，通过简单的分馏分离出所需的烯烃，作为汽油生产的副产品回收。直到今天，从庚烯到壬烯之间的烯烃仍然是这样生产的。不同的是，现在烯烃是这些装置的主要产物，其余或轻或重的馏分送回汽油池中进行调和。

第二次世界大战产生的另一项应用是人造洗涤剂的出现，以应对因甘油转用于制造炸药而造成的肥皂短缺。虽然不容易被生物降解，但十二烷基苯磺酸钠是最早也是表面活性最好的洗涤剂成分之一。这是根据美国环球油品公司(UOP)和加州标准石油公司(现雪佛龙Chevron)自主研发的技术，最开始是用苯与烷基化十二烯制成的。十二烯或丙烯四聚体，可以很容易地通过丙烯在SPA催化剂上的低聚反应制备得到。

尽管如此，催化叠合工艺最主要的应用还是生产汽油。在二战期间，战斗机航空燃料中还有一个重要组分就是氢化共二聚体，下文将对此作详细介绍。它和同样用磷酸催化剂生产的异丙苯一起被认为是英国在不列颠战役中取得胜利的重要因素。典型的炼油产品被称为聚合汽油或"叠合汽油"，尽管实际上它主要是由相当简单的二聚物和三聚物组成。以汽油为目的产品的催化叠合装置曾经多达300~400套。今天，虽然叠合汽油的生产已经不是那么重要了，但催化叠合工艺仍然是生产烯烃二聚物和齐聚物的首选路线，尽管分子筛催化剂对烯烃二聚物和低聚物有一定的损耗，但仍广泛应用于异丙苯的生产。根据当前对SPA催化剂的需求情况估计，约40%用于生产汽油，40%用于生产高烯烃(增塑剂烯烃)，其余20%用于生产异丙苯。

## 10.4 催化叠合工艺生产汽油

图10-1为管式反应器生产汽油的简化流程图。

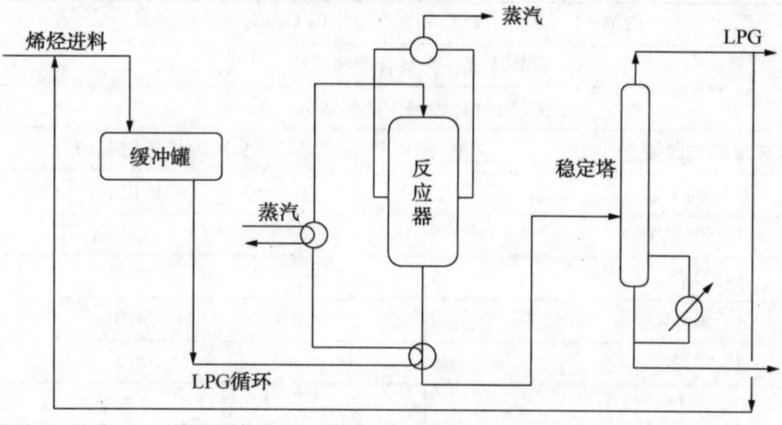


图10-1 管式反应器催化叠合工艺流程

管式反应器系统是在管内装有催化剂，在壳程利用冷凝水或锅炉给水取走反应放热，异构产品产生蒸汽。反应物通过催化剂循环反应，反应产物经冷却后进入稳定塔分离。可以保持液化气(丙烷-丁烷)循环，以控制进料中的烯烃浓度和系统中的热量释放量。通常情况下，反应器原料中的烯烃浓度保持在不超过50%左右，汽油产品通过稳定塔的底部排出。图10-2为绝热平推流反应器简图。

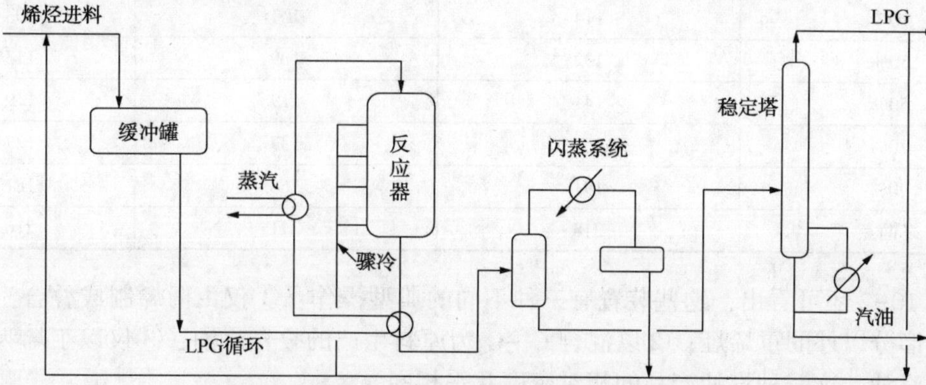


图10-2 绝热平推流反应器催化叠合工艺流程

绝热平推流反应器内没有取热设备产生蒸汽，它是利用液化气层间激冷来控制反应器内的温度，反应器内可设置多达5个催化剂床层。反应产物被送至闪蒸罐后部分发生冷凝，液体被送至稳定塔，稳定塔的底部就是最终的汽油产品。在这种反应器中，原料中烯烃的浓度通常控制在30%左右。从能量的角度来看，它比管式反应器效率要低，但建造成本更加经济。实际上，这两种型式反应器的产品几乎是相同的。

表10-1列出了一个以FCC装置生产的$C_3$-$C_4$混合进料的典型产品分布，用质量分数表示(以进料中烯烃为基础)。烯烃原料中丙烯的转化率约为97%，丁烯的转化率约为93%，但这在一定程度上还取决于催化剂类型、原料组成和操作条件等。表10-2给出了脱戊烷汽油的典型馏程，其实际组成将根据汽油蒸气的调整变化情况而变化。这意味着，当汽油的饱和蒸气压较高时，汽油产品中可能会含有一些戊烯和丁烯。

**表10-1　低聚反应**

| 丙烯-丁烯原料：FCC装置产品中的$C_3$-$C_4$部分 | |
|---|---|
| 操作方式：无聚合产物循环 | |
| 收率/%(以原料中的烯烃为) | |
| 未反应的丙烯 | 1.3(丙烯转化率97.3%) |
| 未反应的丁烯 | 3.7(丁烯转化率93.1%) |
| $C_6$烯烃 | 4.4 |
| $C_7$烯烃 | 41.3 |
| $C_8$烯烃 | 24.0 |
| $C_9$烯烃 | 15.8 |
| $C_{10^+}$烯烃 | 9.5 |

**表10-2　叠合汽油的典型性能**

| 聚合物类型 | $C_{6^+}$主要成分 | | |
|---|---|---|---|
| | $C_3$聚合物 | $C_3$-$C_4$聚合物 | $C_4$聚合物 |
| 相对密度 | 0.739 | 0.738 | 0.738 |
| 恩氏蒸馏/℃ | | | |
| 初馏点 | 57 | 93 | 62 |
| 10% | 114 | 101 | 103 |
| 30% | 132 | 109 | 113 |
| 50% | 141 | 119 | 119 |
| 70% | 151 | 137 | 127 |
| 90% | 191 | 168 | 181 |
| 终馏点 | 218 | 211 | 216 |

从表10-2还可看出，这些装置有三种不同的典型操作：①仅由丙烯制成叠合汽油，不生产汽油馏分以外的重烯烃；②以混合$C_3$-$C_4$为原料生产的叠合汽油；③仅以丁烯为原料生产的叠合汽油。这三种汽油产品的相对密度几乎相同。

虽然这些数据来源于实际工业生产，但是各装置之间还是存在一些差异。此外，值得注意的是，以丙烯为原料的产品50%馏出温度和终馏点均高于以$C_3$-$C_4$混合物或丁烯为原料的产品。在实际操作中，50%馏出温度和终馏点可以根据产品规格进行调整。通常情况下叠合汽油的调和量很小，所以不会显著改变汽油产品的整体性能；也很少有产品需要重新加工，去满足更高的标准规格。表10-2中以丁烯为原料的聚合工艺是典型的共二聚物生产工艺。这种类型的聚合工艺在以往很少有应用，但由于其产物辛烷值非常高，因此，自InAlk间接烷基化等工艺逐步替代MTBE以来，其应用得到了大幅度增长。

## 10.5 催化叠合过程中加氢和非加氢叠合汽油

叠合汽油中几乎都是烯烃，所以很容易加氢。从传统观点上看，由于叠合汽油调和到链烷烃中可以提高*RON*，因此，它除了作为航空燃料外，通常不会再进行加工就直接调和到汽油中。近年来，随着对汽油烯烃含量的限制愈加严格，以及MTBE工艺的逐步淘汰，加氢工艺得到了越来越多的关注。从SPA催化剂中得到的叠合汽油的支链比热力学平衡预测的要高得多，因此选择合适的加氢催化剂和减少异构化的反应条件对辛烷值的保证非常重要。

表10-3显示了工业数据中烯烃和加氢汽油典型的辛烷值。虽然含烯烃$C_3$和$C_3$-$C_4$叠合汽油的辛烷值可以满足无铅汽油的要求，但加氢后达不到相应指标的要求。

**表10-3 加氢无铅汽油的辛烷值**

| 项目 | 叠合类型 | | |
|---|---|---|---|
| | $C_3$叠合 | $C_3$-$C_4$叠合 | $C_4$叠合 |
| 含烯烃叠合汽油 | | | |
| 研究法辛烷值 | 93 | 97 | 99 |
| 马达法辛烷值 | 82 | 83 | 84 |
| 加氢叠合汽油 | | | |
| 研究法辛烷值 | 49 | 70 | 99 |
| 马达法辛烷值 | 59 | 76 | 94 |

加氢后的$C_4$叠合汽油*RON*和*MON*分别高达99和94，因此备受人们的关注，曾经称其为“氢化共二聚体”。$C_3$叠合汽油加氢后辛烷值降低，而$C_4$叠合汽油加氢后*MON*增加了10个单位。对于以前的含铅汽油，这个反应的效果会更加明显。当TEL(四乙基铅)的添加量为0.5g/L时，研究法辛烷值和马达法辛烷值分别可增加到约111和103。在二战期间，氢化共二聚体的高研究法辛烷值和良好的铅反应对航空汽油显得尤为重要。

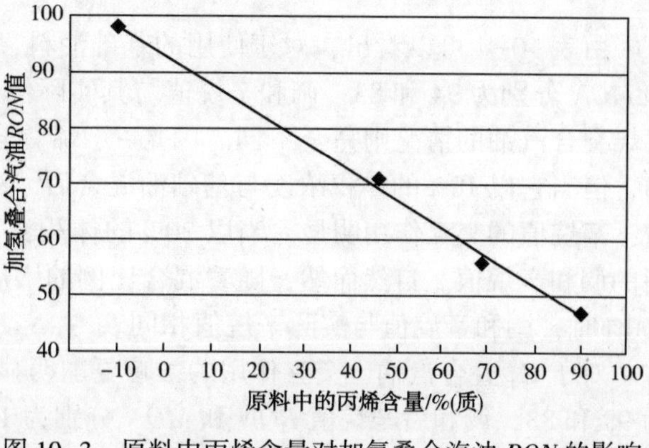


图10-3 原料中丙烯含量对加氢叠合汽油*RON*的影响

图10-3显示了加氢叠合汽油*RON*

与原料中丙烯含量之间的近似线性关系。原料中丙烯含量越高，*RON* 越低。

由于不含烯烃和芳烃，加氢丁烯叠合汽油符合或超过所有现行的环境法规要求。

通常，车用燃料汽油来源于各种各样的碳氢化合物，包括：直馏汽油（主要是链烷烃与一些芳烃，取决于馏分切割），烷基化油（链烷烃），异构化油（链烷烃），重整汽油（芳烃），催化裂化汽油（烯烃和芳烃），叠合汽油（烯烃或链烷烃），加氢裂化石脑油（链烷烃和芳烃），MTBE 和 TAME。这些不同组分的辛烷值不是线性混合关系，而需要用与组成相关的"调和辛烷值"或调和公式进行计算。因此，混合物的辛烷值可能等于、高于或低于各组分辛烷值的线性叠加，这取决于各组分之间的交互影响。

基础油为混合约 60%催化汽油和 40%重整汽油，*RON/MON* 为 93/81。

表 10-4 显示，在大约 60%催化汽油和 40%重整汽油的混合燃料中（其辛烷值 *RON* 和 *MON* 分别约为 93 和 80. 8）按照不同比例掺入叠合汽油得到的辛烷值。不同的叠合汽油作为混合组分分别以 10%或 20%的体积浓度加入，而调和辛烷值由最终混合物的实际辛烷值反算得出。必须指出的是，辛烷值测定中存在的微小误差会导致调和辛烷值的估算出现显著偏差。

**表 10-4 叠合汽油的调和辛烷值**

| 项目 | 叠合类型 | | |
|---|---|---|---|
| | $C_3$ 叠合 | $C_3$-$C_4$ 叠合 | $C_4$ 叠合 |
| 测量辛烷值 | | | |
| 研究法辛烷值 | 93 | 96 | 98 |
| 马达法辛烷值 | 83 | 83 | 83 |
| 调和辛烷值 | | | |
| 10%体积浓度混合 | | | |
| 研究法辛烷值 | 94 | 103 | 126 |
| 马达法辛烷值 | 83 | 97 | 99 |
| 20%体积浓度混合 | | | |
| 研究法辛烷值 | | 103 | |
| 马达法辛烷值 | | 92 | |

由表 10-4 可以看出，对于使用的基础油料，可以确定丙烯叠合汽油的调和辛烷值 *RON* 和 *MON* 分别为 94 和 83；调和辛烷值与其实际值几乎一致，与基础油没有交互作用。丙烯-丁烯叠合汽油的情况则完全不同。丙烯-丁烯叠合汽油的辛烷值 *RON* 和 *MON* 分别为 96 和 83，但当它以 10%的体积浓度与基础油混合后，混合物的辛烷值 *RON* 和 *MON* 分别为 103 和 97，辛烷值的交互作用明显。当以 20%的体积浓度混合时，虽然效果略差，但仍可得到很高的调和辛烷值。自然而然，随着混合比例的增加，调和辛烷值逐渐下降，当混合比例达到 100%时，调和辛烷值与实际辛烷值相同。

对于 $C_4$ 叠合汽油，交互作用的影响更加明显。这里测量出的辛烷值 *RON* 和 *MON* 分别为 98 和 83，调和后辛烷值 *RON* 和 *MON* 分别为 126 和 99，其交互作用使得 *RON* 和 *MON* 分别增加了 28 和 16 个单位。

以上是含烯烃的催化叠合产物测试对比结果。加氢产物也可以进行类似的测试。而对于链烷烃产物，与汽油燃料混合后没有显示出明显的交互作用。

从上述对比可以得出结论，丙烯叠合汽油作为调和组分对大多数车用燃料调和来说效果不好，丙烯-丁烯叠合汽油的效果相对较好，而丁烯叠合汽油的性能优异。

## 10.6 催化叠合工艺生产的选择性和非选择性汽油

大多数以丙烯和丙烯-丁烯为原料，使用SPA催化剂的催化叠合操作都是在非选择性条件下进行的，以最大限度地将轻烯烃转化为汽油。为了提高汽油收率，非选择性装置适合于在160℃的入口温度和200℃的反应器出口温度之间的较高温度下操作。这样通常会产生较宽的烯烃馏分，有少量的 $C_6$ 组分，主要是 $C_7$、$C_8$ 组分，还有较大量的 $C_{12}$ 组分。虽然这样可以最大限度地提高液化气转化率和汽油产率，但由于部分骨架重排会生成分支较少和辛烷值较低的异构体，因此不会使产品辛烷值最大化。

但是对于丁烯来说，在选择性操作中有显著的辛烷值优势，第二次世界大战中首次使用丁烯来提高航空燃料的辛烷值。选择性操作通常是在较低的温度和较低的空速下进行，并且还有部分 $C_4$ 循环。在这些操作条件下，丁烯选择性地相互反应，几乎只生成二聚体 $C_8$ 和三聚体 $C_{12}$。大多数二聚体是由一个异丁烯分子与一个正丁烯分子反应生成的聚合分子，其聚合产物为高辛烷值的三甲基戊烯或异辛烯。

共二聚体及其相应的加氢产物“加氢二聚物”的典型性质如表10-5所示。该产品主要由 $C_8$~$C_{12}$ 馏分组成，其馏程非常平缓。其加氢前的辛烷值 *RON* 和 *MON* 分别为99和82，加氢后的辛烷值 *RON* 和 *MON* 分别为98和93。对于聚合产品中的 $C_8$ 馏分，其加氢前的辛烷值 *RON* 和 *MON* 分别为97和82，加氢后的辛烷值 *RON* 和 *MON* 分别为99和93。这些多支链烯烃加氢饱和后，*RON* 变化范围在-1~+2之间，这对于烯烃加氢饱和来说比较少见。正如所预期的，加氢后的链烷烃产物的相对密度低于相应的含烯烃叠合原料，但馏程基本不变。

**表10-5 共聚物产品的性质**

| 项目 | 总产品($C_8$~$C_{12}$) | | 二聚体产品($C_8$) | |
|---|---|---|---|---|
| | 烯烃 | 加氢 | 烯烃 | 加氢 |
| 相对密度 | 0.744 | 0.728 | 0.737 | 0.717 |
| 恩氏蒸馏/℃ | | | | |
| 初馏点 | 104 | 104 | 102 | 102 |
| 10% | 109 | 109 | 107 | 107 |
| 30% | 113 | 112 | 109 | 109 |
| 50% | 117 | 117 | 110 | 109 |
| 70% | 124 | 124 | 111 | 110 |
| 90% | 174 | 170 | 112 | 111 |
| 终馏点 | 210 | 213 | 134 | 132 |
| 辛烷值 | | | | |
| *RON* | 99 | 98 | 96.8 | 99 |
| *MON* | 82 | 93 | 82.4 | 93 |

图10-4给出了90%加氢的二聚物的辛烷值与参与反应的正丁烯($nC_4$)/异丁烯($iC_4$)质量比之间的关系。该值的倒数有时也被称为“反应比”。二战期间，人们学会用低反应比(较

高的异丁烯含量)来获得高辛烷值产品。

图 10-4 是基于 90%的加氢处理，因为在该条件下产品的辛烷值接近于含铅汽油中丁烯聚合物(*RON*+*MON*)/2 的最大值。如图 10-5 所示，烯烃饱和度 85%~90%的含铅汽油与烯烃饱和度 60%~70%的无铅汽油的 *RON* 有轻微的峰值。这两种汽油的 *MON* 都是随着烯烃饱和度的增加而增加。这个轻微的峰值是烯烃与烷烃混合后辛烷值的交互作用结果。为了降低加氢深度对辛烷值的影响，通常将少部分叠合汽油不进行加氢处理。

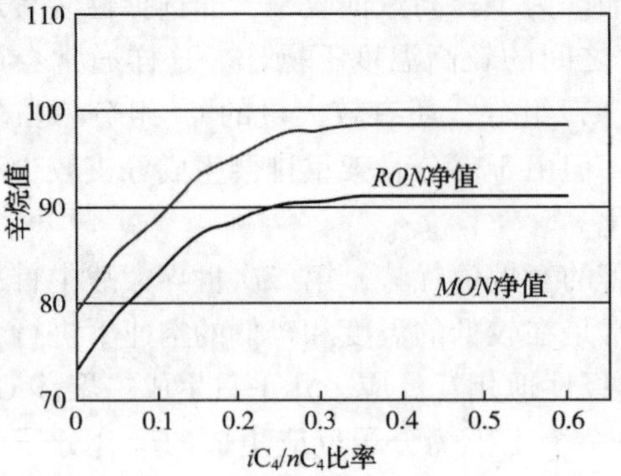


图 10-4　90%加氢的二聚物的辛烷值与进料中的 $iC_4^=/nC_4^=$ 比率关系图

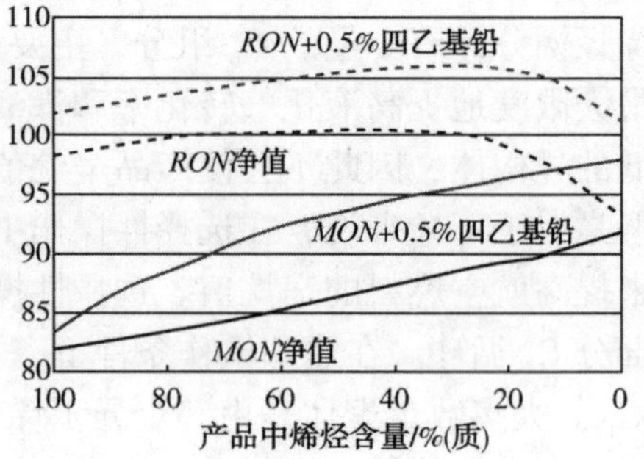


图 10-5　辛烷值与烯烃转化率的关系

## 10.7　InAlk™烯烃催化叠合工艺

UOP 公司已经将两种选择性叠合工艺商业化，其生产出的汽油与烷基化油几乎相同。烷基化可以提高 R*ON* 和 *MON*，降低饱和蒸气压以及苯、芳烃、烯烃含量和硫含量，对于满足当今严格的清洁汽油标准具有很大的价值。烷基化在以往都是异丁烷与丁烯或其他烯烃在液相硫酸或氢氟酸上反应，近年来新型固体异质酸和离子液催化剂也得到了发展应用。

这些工艺是通过丁烯在酸性催化剂上选择性叠合，然后将聚合产物加氢饱和生成多支链烷烃，间接生产烷基化油。硫酸离子交换树脂和 SPA 催化剂都可以用于叠合反应。

### 10.7.1　树脂催化间接烷基化(InAlk)工艺

树脂催化间接烷基化工艺如图 10-6 所示，采用一种硫酸离子交换树脂催化剂，与 MTBE 催化剂类似。该工艺非常适合于将 MTBE 装置转变为间接烷基化装置。叠合反应产生高 *RON* 的异辛烯，富含三甲基戊烯，还有部分二聚异丁烯(DIB)。该技术使用传统的绝热固定床反应器。

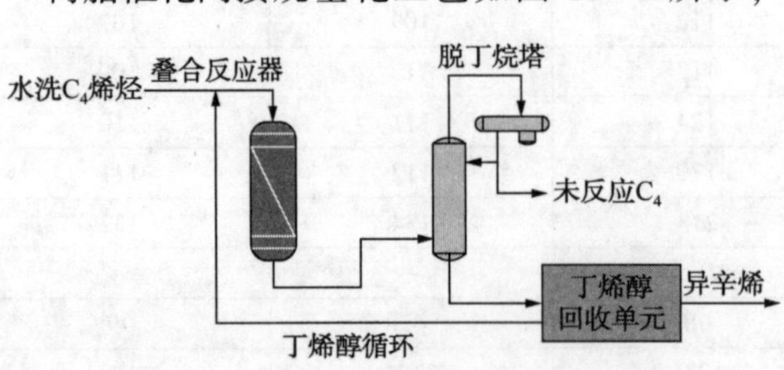


图 10-6　InAlk 间接烷基化工艺

为了尽量减少大分子低聚物等副产品，在该工艺中需要部分丁烯醇进料作为选择性改性剂。所使用的丁烯醇是 $C_4$ 烯烃与 $H_2O$ 反应生成的。用水洗法从叠合产物中回收丁烯醇，使之再生后再循环至反应部分。

异辛烯产品的选择性饱和需要一个加氢反应器进行加氢处理，还需要一个汽提塔去除轻组分。

异丁烯的总转化率可以达到95%以上，但是正丁烯的转化率就要低得多，通常为10%~20%。更高的正丁烯转化率通过提高装置成本设计也可以实现，但是树脂间接烷基化工艺还是对于对正丁烯转化率需求不高的用户最适合。如果需要比较高的正丁烯转化率，通常首选固体酸(SPA)间接烷基化工艺。可以通过设定设计条件提高二聚异丁烯或异丁烯/正丁烯聚合物的选择性，以满足汽油 $T_{90}$ 指标或其他指标要求，产品中的 $C_8$ 馏分一般为 85%~90%，其余大部分为三聚体($C_{12}$)，对于较重化合物(四聚体等)的选择性可以忽略不计。

由于加氢反应会造成一些辛烷值损失，混合一定量的烯烃产品到汽油池中有利于提高辛烷值，因为烯烃有较好的调和辛烷值。提高二聚异丁烯的选择性有利于提高调和辛烷值，而 $C_8$ 低聚物中的二聚异丁烯(DIB)含量较少，这就使得能够为树脂间接烷基化提供 $iC_4$ 原料的异丁烷脱氢装置特别有吸引力，比如 UOP 公司异丁烷脱氢工艺(Oleflex)，烯烃产品质量示例如下表。

| 进料 | 催化裂化 $C_4$ | 异丁烷脱氢 $C_4$ |
|---|---|---|
| 低聚物 $C_{12}$/% | 10.0 | 10.0 |
| *RON* | 102.6；调和辛烷值 110.1 | 103.7 |
| *MON* | 85.4；调和辛烷值 90.1 | 86.3 |
| 饱和蒸气压/psia | 2-3 | 1.8 |
| $T_{50}/T_{90}$ | 224.6/303.4℉(107.0/150.8℃) | 219/270℉(103.9/132.2℃) |

### 10.7.2 固体酸催化间接烷基化(SPA/InAlk)工艺

固体酸催化间接烷基化(SPA/InAlk)工艺如图 10-7 所示，该工艺中 SPA 催化剂是以辛烷值最大化和催化剂寿命最大化为目标。与典型传统的催化叠合装置短周期相比，InAlk 间接烷基化工艺操作条件可以使 SPA 催化剂的使用寿命明显延长(2 年以上)。催化剂寿命延长的主要原因是在液相中减少了大分子聚合物形成，在大分子聚合物结焦并导致催化剂增大之前，溶剂有助于将其从催化剂表面去除。

InAlk/SPA 叠合反应器通过较低的温度和液相状态下与石蜡溶剂混合进料，最大限度地提高了异辛烯的选择性。在 InAlk/SPA 工艺中，$C_8$ 的单程反应选择性超过了 90%，这是对传统催化叠合工艺的又一次重大改进。图 10-7 给出了一个典型的 SPA InAlk 工艺流程，反应产物全部加氢，但加氢饱和深度根据产品规格对烯烃含量(如未转化的 $C_4$ 烯烃和 $C_8$~$C_{12}$ 产物烯烃)的要求而调整。

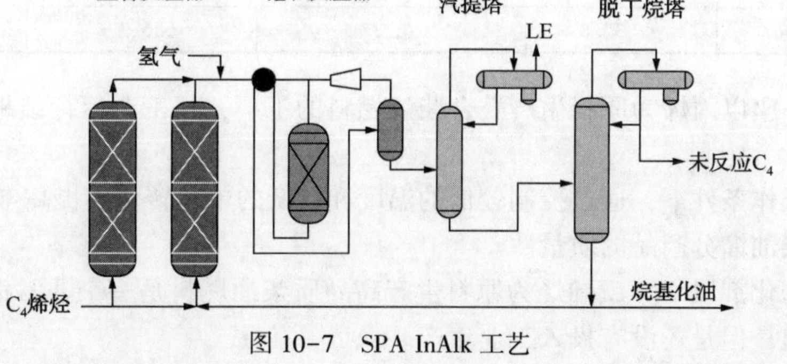


图 10-7 SPA InAlk 工艺

以催化裂化装置混合 $C_4$ 为原料，典型的加氢产品（$C_{6+}$）性质如下表所示。

| | |
|---|---|
| *RON* | 97.5~100 |
| *MON* | 92.5~94.5 |
| $T_{90}$ | 333℉/167℃ |

装置的 $C_4$ 原料组成和工艺条件不同，加氢产物的辛烷值也会在上表所示的范围内变化。如果原料中的异构 $C_4$ 含量很高，比如来自异丁烷脱氢装置（UOP Oleflex 工艺）的原料，其加氢处理后产品的 *RON/MON* 甚至会高于上表所列的范围。对于典型的炼油厂汽油池调和来说，间接烷基化油的调和辛烷值通常要高于上表所列的纯辛烷值。InAlk/SPA 工艺的 $C_{6+}$ 烯烃产品的 *RON* 要高于上表所列加氢后的产品。

InAlk/SPA 工艺在烯烃原料的类型方面是比较灵活的。虽然该工艺通常应用于 $C_4$ 原料，但对于 $C_5$ 或 $C_4$-$C_5$ 混合原料也可以得到相似的高质量产品。

## 10.8 催化叠合工艺生产柴油燃料

催化叠合工艺也可以生产柴油，但由于其支链化度相对较高，即使经过加氢处理，其十六烷值特性依然较差。

表 10-6 给出了 SPA 催化叠合工艺产品经过加氢处理后，柴油馏分中的典型产品组分。其中最差的产品是 $C_3$-$C_4$ 叠合汽油中的重聚物。其他三种组分是由丙烯进料得到的产品：丙烯四聚物（十二烯），四聚物中的重聚合物，送至四聚物回炼分馏塔的所有原料。

**表 10-6 柴油馏分加氢聚合产品对比**

| 项目 | 丙烯四聚物 | 重丙烯聚合物 | 四聚以上组分 | $C_3$-$C_4$ 共聚物 |
|---|---|---|---|---|
| °API | 54.2 | 44.4 | 51.8 | 49.3 |
| 馏程/℃ | | | | |
| 10% | 184 | 262 | 188 | 154 |
| 30% | 187 | 266 | 192 | 206 |
| 50% | 189 | 271 | 198 | 215 |
| 70% | 193 | 279 | 208 | 229 |
| 90% | 198 | 300 | 238 | 271 |
| 终馏点 | 213 | 329 | 277 | 304 |
| 十六烷值 | 32.8 | 37 | 36.9 | 28.7 |

南非建成一座以丙烯为原料生产叠合柴油燃料的工厂，其工业运行结果与表 10-6 数据一致。

在一定的操作条件下，通过控制较低的温度和较低的单程转化率提高未转化组分的循环比，可以提高柴油馏分产品的质量。

使用沸石催化剂以 $C_3$~$C_5$ 烯烃为原料生产高品质柴油燃料是一个非常活跃的开发领域，有一些商业报道，但是还没有投入工业生产。

## 10.9 石油化工中的应用

由于本章主要针对汽车燃料的烯烃叠合，对庚烯和壬烯只作简要讨论。

催化烯烃叠合在石油化工方面的应用主要集中在庚烯、壬烯和十二烯(或丙烯四聚体)上。这些烯烃最初是通过叠合汽油的分馏来回收的，但现代工艺是通过专门设计和操作来最大限度地提高所需烯烃馏分的收率。其余副产品仍然调和到汽油池中。

生产的主要产品是庚烯和壬烯，它们再通过羰基合成工艺“oxo”或加氢甲酰基化工艺生产辛基醇和癸基醇。这两种醇的最终用途都是作为酯类增塑剂，主要用于PVC。十二烯曾经作为生产洗涤剂成分十二烷基苯磺酸盐的主要原料，但是由于它们相对较差的生物降解性，导致这一生产的终止。但十二烯仍然被用于羰基合成法生产十三醇，一些壬烯也用于壬基酚的生产。

### 10.9.1 庚烯

表10-7列出了庚烯产品的主要性质。虽然对所有生产者都一样，但其质量指标根据所需的最终用途而定。

**表10-7 庚烯的主要性质**

| 参数 | 质量规格 | 典型值 |
|---|---|---|
| 相对密度 | ≥0.705 | 0.711 |
| | | ≤0.715 |
| 馏程/℃ | | |
| 初馏点 | ≥85 | 85 |
| 50% | ≥88 | 89 |
| | | ≤90.5 |
| 90% | ≤95 | 93 |
| 溴值 | ≥150 | 154 |
| 硫含量/% | 0.02 | — |
| 过氧化值/(mg/L) | 40 | — |
| 颜色 | ≥20 | — |
| 二甲基戊烯/甲基己烯比值 | 2/1~3/1 | 2.6/1 |

因此，馏程和所要求的二甲基戊烯与亚甲基己烯的比例，可以决定催化叠合装置的操作条件以及有效组分的净回收率和收率。庚烯产品是由相当复杂的庚烯异构体混合物组成的。表10-8列出了各个主要异构体组分的典型构成和大约沸点；还有许多其他异构体也可以在较低浓度下存在。

**表10-8 庚烯馏分中的主要异构体(约0.1%)**

| 序号 | 组分 | 含量/% | 沸点/℃ |
|---|---|---|---|
| 1 | 4,4-二甲基-1-戊烯 | 0.8 | 72.5 |
| 2 | 4,4-二甲基-反-2-戊烯 | 4.4 | 76.8 |

续表

| 序号 | 组分 | 含量/% | 沸点/℃ |
|---|---|---|---|
| 3 | 3,3-二甲基-1-戊烯 | 0.2 | 77.6 |
| 4 | 4,4-二甲基-顺-2-戊烯 | 0.1 | 80.4 |
| 5 | 3,4-二甲基-1-戊烯 | 0.2 | 81.1 |
| 6 | 2,4-二甲基-1-戊烯 | 6.2 | 81.7 |
| 7 | 2,4-二甲基-2-戊烯 | 16.5 | 83.4 |
| 8 | 2,3-二甲基-1-戊烯 | 7.8 | 84.3 |
| 9 | 5-甲基-反-2-己烯 | 1.0 | 86.1 |
| 10 | 2-甲基-反-3-己烯 | 0.2 | 86.1 |
| 11 | 3,4-二甲基-反-2-戊烯 | 16.3 | 87.2 |
| 12 | 3,4-二甲基-顺-2-戊烯 | 4.4 | 87.2 |
| 13 | 3-甲基-1-乙烷基-1-丁烯 | 3.1 | 88.9 |
| 14 | 3-甲基-反-3-己烯 | 0.5 | 93.6 |
| 15 | 3-甲基-反-2-己烯 | 1.5 | 93.9 |
| 16 | 3-甲基-顺-2-己烯 | 2.9 | 93.9 |
| 17 | 3-甲基-顺-3-己烯 | 2.2 | 95.3 |
| 18 | 2-甲基-2-己烯 | 2.2 | 95.4 |
| 19 | 3-乙烷基-2-戊烯 | 1.2 | 96.0 |
| 20 | 2,3-二甲基-2-戊烯 | 27.5 | 97.4 |
| 21 | 反-2-庚烯 | 0.6 | 97.9 |
| 22 | 顺-2-庚烯 | 0.1 | 98.5 |

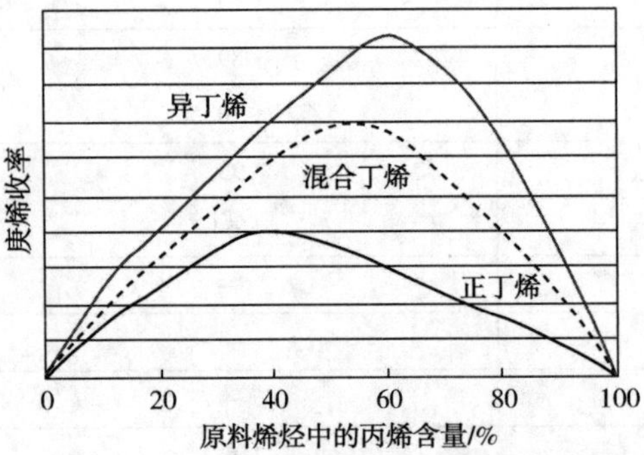


图 10-8　烯烃组成对庚烯收率的影响

一般来说，二甲基戊烯主要由异丁烯生产，而甲基己烯往往由正丁烯生产。

庚烯收率与烯烃进料组成的关系如图 10-8 所示，正如所期望的，当进料中的丙烯和丁烯的比例相同时，庚烯的收率较高。异丁烯进料比正丁烯进料所得的庚烯收率要高得多。但异丁烯生成较多的二甲基戊烯，最终收率只能按照分馏后的符合规格要求的产品计算。

### 10.9.2　壬烯

壬烯产品的主要性质如表 10-9 所示。实际上有几种组分的性质可以被列为“典型值”，主要性质就是切割的宽度或窄度。

表 10-9　壬烯的主要性质

| 参数 | 质量规格 | | 典型值 | |
|---|---|---|---|---|
| | 窄馏分 | 宽馏分 | 窄馏分 | 宽馏分 |
| 相对密度 | ≥0.738<br>≤0.745 | ≥0.740 | | 0.745 |
| 馏程/℃ | | | | |

续表

| 参数 | 质量规格 | | 典型值 | |
|---|---|---|---|---|
| | 窄馏分 | 宽馏分 | 窄馏分 | 宽馏分 |
| 初馏点 | ≥134 | ≥134 | 134 | 134 |
| 50% | — | — | 135 | 138 |
| EP | ≤143 | ≤155 | 142 | 150 |
| 溴值 | ≥125 | — | 127 | |
| 硫含量/% | 0.005 | | — | — |
| $C_8$烯烃/% | ≤0.5 | | — | |
| $C_9$烯烃/% | ≥90.0 | | 97.3 | |
| $C_{10}$烯烃/% | ≤3.5 | | 2.7 | |
| 烯烃含量/% | | ≥95 | | |

通常对烯烃浓度要求是至少要达到95%以上。对于纯丙烯进料的壬烯生产装置，可以很容易地获得95%的烯烃浓度。但是对于有烯烃循环操作的装置，例如在四聚体生产时，由于发生从大分子物质向小分子烯烃的氢转移反应，产物的烯烃含量可能会降低。对于汽油循环量大的装置，壬烯馏分中的链烷烃浓度可高达30%~40%，使得壬烯不适合作为羰基合成装置进料。现在大多数壬烯生产已经与四聚体生产分离开来，因此很少遇到这个问题。

## 10.10 Dimersol™工艺

上述催化叠合和间接烷基化工艺都是使用负载磷酸催化剂，法国石油研究院(IFP)开发了一个不同的方法并实现商业化，即使用有机金属催化剂的齐格勒-纳塔(Ziegler-Natta)催化剂的低聚反应。2001年，IFP设立Axens公司作为其专利技术授权机构。由于此催化剂的自然属性，该工艺可以根据特定的高选择性应用要求进行调整，这可以与相应的工艺名称对应起来(Chauvel和Lefebvre，1989)。

### 10.10.1 乙烯二聚制1-丁烯技术

AlphaButol™用于乙烯选择性二聚生成1-丁烯，作为生产线型低密度聚乙烯的共聚用单体(LLDPE)。虽然这与炼油生产车用燃料无关，但为了保持涉及其他选择性二聚工艺方案的完整性和连续性，此处也提及了该工艺。此类工艺最适合的应用场景是有LLDPE的生产设施，并且无法从其他途径获得1-丁烯。据报道，在沙特阿拉伯和泰国已经建造了AlphaButol™装置。

### 10.10.2 乙烯二聚制丁烯技术

IFP公司的AlphaButol工艺对于1-丁烯产品具有较高的选择性，而Dimersol E工艺可用于生产正丁烯和较重的低聚物。Dimersol E工艺在50℃左右液相中进行，使用Ziegler型催化剂，它是由金属有机还原剂还原出的镍的衍生物。AlphaButol工艺没有异构化反应，Dimersol E工艺具有二聚和异构化特征，根据进料组成、催化剂类型和操作条件产生正丁烯和较重低聚物的混合物。对于聚合级乙烯，Dimersol E工艺产生30%~70%的正丁烯，其一次转化率为90%~100%，其余为$C_{6+}$汽油馏分。通过向进料中添加丙烯可以进一步提高汽油产量。值得注意的是，虽然 Dimersol E 工艺得到的产品中 1-丁烯与 2-丁烯的比例约为1：1，但也远高于 50℃时的平衡比。

### 10.10.3 丙烯和丁烯二聚化工艺(独立或组合)

烯烃二聚工艺(图 10-9)使用由镍盐与烷基铝化合物组成的有机金属催化剂。有下列方法可供选择：

1) Dimersol G：用于汽油混合中丙烯二聚为异己烯。

2) Dimersol E：用于 FCC 气体中所含的乙烯和丙烯烯烃的低聚反应，并且已经在上文中描述了乙烯的非选择性二聚和齐聚反应。

3) Dimersol X：用于丙烯和丁烯的选择性二聚反应，用于生产庚烯或用于辛烯的二聚反应，用于生产辛烯。这类辛烯调和性差，辛烷值较差，不适合作为汽油。从 Dimersol X 方法获得的庚烯和辛烯是用于制备增塑剂醇的原料。

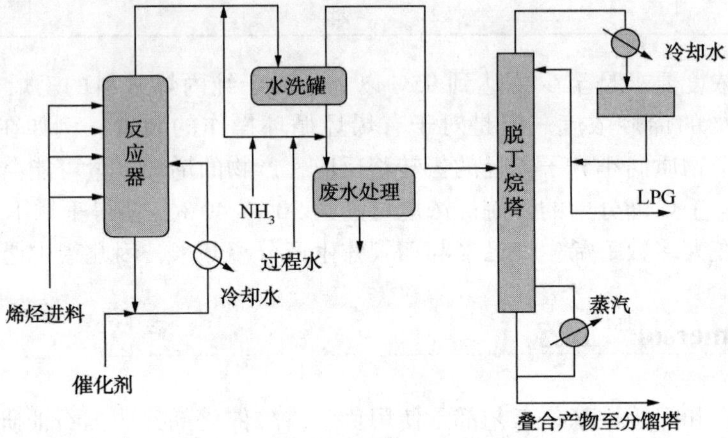


图 10-9 烯烃二聚工艺

在所有这些 Dimersol 工艺中，烯烃原料和液体催化剂根据匹配反应系统的取热要求引入到反应器中。二聚体和低聚体的转化程度和分布取决于串联使用的反应器数量、停留时间和催化剂浓度。反应器的出料经过催化剂的中和与分离水洗后通过精馏得到所需的馏分。

## 10.11 AXENS 叠合石脑油技术

IFP(现在属于 Axens 公司)于 1986 年将叠合石脑油技术商业化(Gagnière，2013)，这是一种用于汽油的 $C_3$-$C_4$叠合工艺，在其叠合石脑油工艺中使用可再生硅铝催化剂。该工艺通过采用多个可切换反应器，可进行器内或器外再生。

## 10.12 特殊的叠合工艺

位于加利福尼亚州 Richmond 的雪佛龙公司和日本的 NPRC 公司已经将液体磷酸用于丙烯四聚体的生产。同时也有一些高选择性工艺，用于生产石油化工应用中的特定二聚体。其中主要的是：

1）硫酸催化异丁烯二聚制备三甲基戊烯，特别是2,2-三甲基-1-戊烯和2,2,4-三甲基-2-戊烯的混合物。

2）三乙基铝催化丙烯选择性二聚生成2-甲基戊烯，这种二聚体可用作合成异戊二烯的中间体。该技术由在Scientific Desin和Goodyear公司研发。

3）有机钾化合物或一般强碱性催化剂液相催化丙烯选择性二聚制备4-甲基-1-戊烯。4-甲基-1-戊烯是一种用于制备具有高熔点透明塑料的单体，由三井塑料公司生产的牌号为“TPX”，由Phillips66公司生产的牌号为“Crystalor”。

4）Hults AG公司的Octol工艺，用于将正丁烯选择性地二聚成直链辛烯，适用于在固体非均相催化剂上生产异壬醇增塑剂。该产品可含有高达20%的正辛烯和50%以上的甲基庚烯，其余是二甲基已烯和少量三甲基戊烯。该产品与用IFP的Dimersol X工艺获得的产品非常相似。

## 10.13 结论

催化烯烃叠合是炼油和石化操作中历史最悠久的催化过程之一，也是酸性催化剂的先驱。多年来，许多催化剂都被使用过，在本章中已作简要的说明。固体磷酸催化剂多年来一直是工业的主力军，如今仍然占有相当可观的市场份额。更令人惊讶的是，这项古老的技术目前正通过引入高选择性、低温、液相操作而获得复兴，由于这些改进，磺酸树脂和SPA两种工艺都出现了新的增长。此外，沸石催化剂也正逐渐在叠合工艺中取得进展，主要是为了在$C_{12}$~$C_{24}$范围内制造更多线性低聚物，以获得优质合成柴油和喷气燃料。

## 10.14 催化剂供应商

这里所提供的信息为本书撰写时收集的，将来可能存在变更。这里所提供的地址为总部办公室；催化剂的生产制造可能会在其他地区。

1）Dimersol催化剂是专利技术，可以通过AXENS获得：

| | |
|---|---|
| Institut Français du Péttole | IFP，North America，Inc. |
| I et 4，Avenue de Bois-Préau | 100Overlook Centcr，Suite400 |
| 92852 Rueil-Malmaison Cedex | Princeton，NJ08540 |
| France | USA |

2）SPA催化剂有两个的供应商：

| | |
|---|---|
| UOP LLC | |
| 25Easst Algonquin Road | |
| P. O. Box2017 | |
| Des Plaines，IL60017-5017 | |
| USA | |
| Sudchemie AG | Sudchcmic-United Catalysts INc. |
| Lenbachplatz6 | P. O. Box 32370 |
| 80833Munchen | Louisville，K Y40232 |
| Germany | USA |

磺酸树脂有多种型号主要使用高度交联的大网状树脂，例如 Rohm 和 Haas、Dow Chemical、Bayer AG、Purolite 和其他公司提供的树脂。专利配方应咨询各相应的供应商。

## 参考文献

A. Chauvel, G. Lefebvre, *Petrochemical Processes*, ed. Synthesis-Gas Derivatives and Major Hydrocarbons, Paris, Vol. 1, Editions Technip, Paris, pp. 183–187 (1989)

M. Gagnière, A. Pucci, E. Rousseau, Tackling the gasoline/middle distillate imbalance. Petroleum Technology Quarterly (PTQ). **Q2**(201), 31–33 (2013)

V.N. Ipatieff, R.E. Schaad, Mixed polymerization of butenes by solid phosphoric acid catalyst. Ind Eng Chem **30**, 596–599 (1938)

# 第 11 章　异构化技术

## 11.1　引言

近十年来，全球对汽油和石化产品的需求逐步增长，这加快了炼厂、石化厂和气体加工厂轻质烷烃($C_4$~$C_7$)在商业领域中的升级利用。随着世界各地对环境保护的日益重视，人们对清洁燃料的需求也在增加。因此，$C_5$、$C_6$ 异构化对于汽油成分起了很大的调节作用。规定中包含有许多清洁燃料的指标，如要求不含铅、减少苯、芳烃和烯烃的含量，以及添加含氧化合物等。

轻石脑油异构化技术在提高清洁燃料和优质汽油辛烷值方面起到关键作用。低辛烷值的石脑油原料转化成异构化油后，受工艺结构、催化剂和操作条件等因素影响，研究法辛烷值可以达到 80~93。骨架型异构化过程能够在不改变碳原子数目的同时，将直链烷烃转化成富含支链的烷烃，在本手册中所讨论的异构化工艺，烷烃的支链越丰富，辛烷值越高。当然，异构化过程也会对某些环烷烃产生影响，甚至使芳香烃饱和。异构化工艺是降低汽油中苯含量最经济的途径之一。

目前，已经有多种不同的异构化专利技术进行了商业应用，采用固定床反应器和高活性催化剂，反应条件有利于异构化反应并抑制加氢裂化反应。异构化工艺首次工业应用可回溯到 19 世纪 30 年代，将正丁烷异构化成异丁烷。$C_5$、$C_6$烷烃的异构化得到车用燃料的调和组分技术在 19 世纪 50 年代末首次实现工业应用。

UOP 公司开发了丁烷异构技术 Butamer™，将正丁烷异构成异丁烷，后者可以为烷基化装置提供原料。由异构化得到的异丁烷可以通过催化脱氢技术(比如 UOP 的 Oleflex™技术)转化为异丁烯。异丁烯可作为原料用于生产汽油调和组分，比如 MTBE 和 ETBE，或者用于制造石化产品，比如丁基橡胶。

上述工艺已经广泛用于工业生产中，是我们讨论的主体。轻石脑油异构化技术的发展通常基于应用新型的活性更高、稳定性更好的催化剂，下文将详细介绍。

烷烃的骨架异构化是一项重要的酸催化剂工业应用。将酸催化应用于烃类转化反应的其他工艺还包括烷基化、烷基转移、歧化、加氢裂化以及烯烃的置换、齐聚、醚化、水合等。这些不同的工艺的相同点在于它们都使用酸催化剂并且经常伴随金属功能的助剂。为了获得更大的经济效益，一些独特的催化材料也得到开发。

## 11.2　发展历程

在 19 世纪 30 年代，UOP 公司的 Vladimir Ipatieff 和他的团队发现可以利用含氯化氢的氯化铝作为一种辅助催化剂将正丁烷转化为异丁烷(Remsberg 和 Higdon，1994)。起初，由于异丁烷的挥发性，炼厂并不希望将其添加到汽油中。但是还在同一年代，人们发现可以通过烷基化和异构化技术生产高辛烷值航空燃料，这对第二次世界大战的局势起到重要作用。于是 UOP 公司 Butamer™技术在正丁烷异构化领域占据了主导地位，一直持续到今天。后来，氢氟酸烷基化技术的开发成功，人们可以通过异丁烷和异丁烯生产 8 个碳原子的异辛烷分子，后者有很高的辛烷值，在内燃机中能清洁燃烧。

在 20 世纪 50 年代后期和 60 年代，随着战后经济的扩张，对车用高辛烷值汽油的需求继续增长。人们发现原油中的轻质直馏石脑油主要由戊烷和己烷组成，对汽油质量有负面影响。UOP 公司研发人员开发出一种与 Butamer™工艺所使用的催化剂类似的新型催化剂，可以将戊烷和己烷异构化以提高辛烷值 12~20 个单位。UOP 将这种新技术命名为 Penex™，并且很快在几乎所有炼油厂推广使用。

在过去的半个世纪里，轻石脑油异构化技术的工艺流程和催化剂方面都有一些进步。工艺流程方面的进步包括：将未反应的正构烷烃循环回反应器继续反应，通过精馏分离(脱异戊烷塔和脱异己烷塔)，以及分子筛吸附分离正构和异构烷烃然后将正构烷烃返回反应器入口等方法，以提高异构烷烃的收率。

催化剂方面的进步表现为使用新的催化材料和基础配方来提高氯化氧化铝型催化剂的活性、选择性和寿命。开发出的其他一些催化剂技术包括：反应过程中不需要连续注入氯化物来保持活性，以及可再生催化剂。可再生的催化剂包括老一代分子筛型和较新的混合金属氧化物型(氧化锆)。下文将对这些催化剂和工艺技术进行讨论，见图 11-1。许多工艺公司都推出了各自的异构化催化剂，包括 Akzo Nobel NV(现名 Albemarle)、Axens、NPP Neftekhim、Sud-Chemie AG(现名 Clariant)、Shell Company LP，以及 UOP (Honeywell UOP LLC)等。

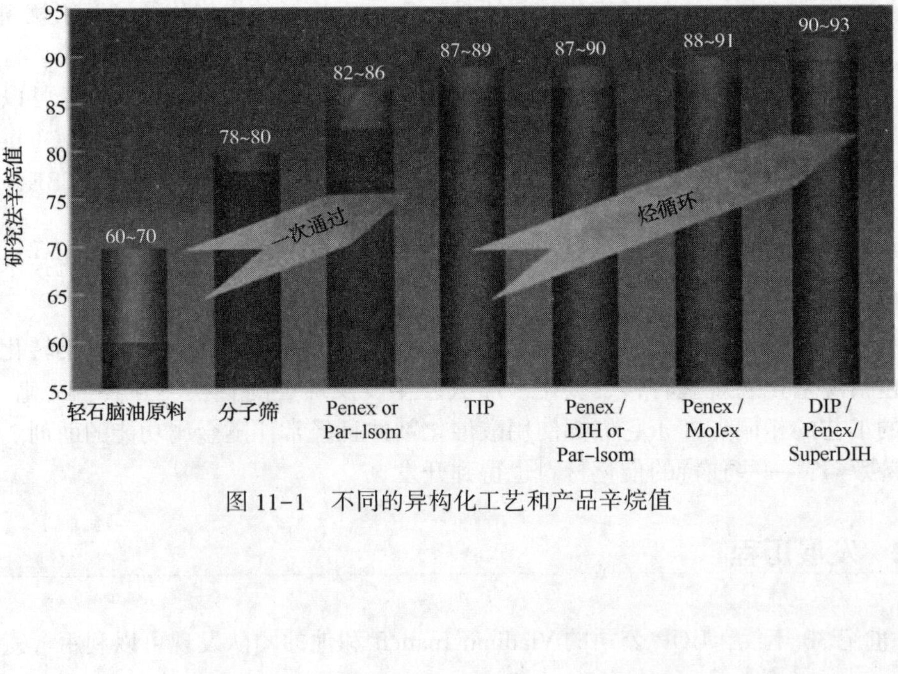


图 11-1　不同的异构化工艺和产品辛烷值

## 11.3 市场趋势和汽油标准

### 11.3.1 市场趋势

消费者使用的汽油是由很多炼油装置的汽油馏分混合而成，包括直馏石脑油(未加工过的馏分)、异构化油、烷基化油、重整汽油、叠合汽油和催化裂化馏分等。汽油中还有含有一些添加成分如乙醇，通过添加氧化物可以降低排放、提高辛烷值，并消耗生物燃料资源。燃料乙醇可以由玉米和甘蔗生产。汽油的需求量已经从2000年的约2000万桶/天增长到2013年的2300万桶/天(IHS CERA 2014)，如图11-2所示。据多种市场预测，十年之后汽油需求量将进一步增长至2800万桶/天。

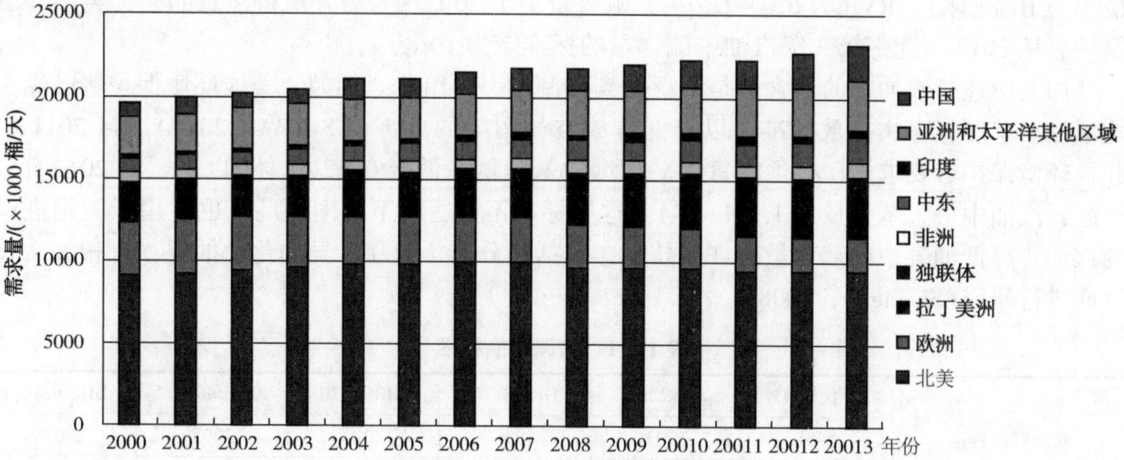


图11-2　不同区域的汽油需求量

目前，大约一半的汽油需求来自于发达国家和地区，比如北美、欧洲和日本(IHS CERA，2014)，但是其增长率是平缓甚至逐渐下降的，原因在于汽油中的乙醇用量增加、柴油消费增加、车用燃油效率的提高以及人口数量的变化等。在过去几十年中，新兴国家和地区的汽油需求量增长强劲，比如亚洲、拉丁美洲、中东和俄罗斯，这些国家的汽油需求已经占据了总量的接近50%(IHS CERA，2014)，据预测在下一个十年还将有10%的增长。增长的驱动力包括增长的人口、经济、财富以及商品和服务的出口，这些因素促使对汽车、道路和运输燃料的需求迅速增长。

在世界范围内，异构化油占整个汽油池的比例接近5%，这一比例与不同地区的汽油标准和需求量有关。全球的异构化产能大约为250万桶/天(IHS CERA，2014)。现有的最大产能在北美和欧洲，约占全球的60%。同时，俄罗斯、中东和亚洲的产能在快速增长。过去十年，异构化产能总体的增长速度约为5%，超过汽油增长速度的两倍，其原因在于对清洁燃料的需求有增长。

在一些发达国家和地区，比如美国和欧洲，汽油中辛烷值过剩，因此异构化装置主要用来将苯饱和以达到汽油中对苯含量的要求。一些装置甚至容忍异构化催化剂对未经处理的原料的失活，只使用催化剂的金属活性来对苯催化饱和。

### 11.3.2 汽油标准

汽油质量需要满足许多地方、国家和国际标准。新颁布实施的汽油标准影响到汽油组成，提高了清洁燃料的需求。这些标准包括许多对清洁燃料的要求，如汽油的无铅化、蒸汽压最小化、限制硫、苯、芳烃、烯烃的含量，以及含氧物质的添加等。2009 年更新的欧Ⅴ标准要求芳烃含量不高于 35%(体)，烯烃含量不高于 18%(体)，苯含量最高为 1%(体)。5 年后，许多非欧盟国家仍然在计划实施欧Ⅳ或者欧Ⅴ标准的阶段。表 11-1 为欧Ⅰ~欧Ⅴ的汽油标准(欧洲燃油标准)。

在美国，燃料标准由环境保护署(EPA)负责制定，在各个州会有所差别，其中加州标准最为严格。加州的汽油标准由 CARB，即加州空气资源委员会制定，与欧Ⅴ标准相似：芳烃含量最高为 35%(体)，苯含量最高为 1.1%(体)，烯烃含量最高为 10%(体)，乙醇含量最小为 10%(体)，RVP 为 6.4~7.2psi，硫含量小于 20μg/g。另外值得注意的是，美国环境保护署从 2017 年起把第 3 级汽油中硫含量的标准定为 10μg/g。

如上所述，汽油中的苯含量是广泛受到限制的一个组分。例如，美国环境保护署已经实施了机动车尾气毒物排放标准，以降低排放空气污染的危害(US EPA，2014)。自 2011 年起，环境保护署要求炼厂必须将每年平均汽油苯含量降低至 0.62%(体)以下。自 2012 年 7 月起，汽油中最大苯含量为 1.3%(体)。这些标准不仅适用于美国炼厂，也适用于美国进口的汽油。降低油气中的苯含量有许多技术，包括预分馏、饱和、异构化、抽提，有相关文献对此进行研究(Shecterle，2008)。

表 11-1 欧洲燃油标准

| 欧洲燃油标准 | 代码 | EN228 | DIR98/70 | DIR98/70 | DIR98/70 | DIR98/70 |
|---|---|---|---|---|---|---|
| | 年份 | 1993 | 1996 | 2000 | 2005 | 2009 |
| | 级别 | 欧Ⅰ | 欧Ⅱ | 欧Ⅲ | 欧Ⅳ | 欧Ⅴ |
| 芳烃/%(体) | max | 无限制 | 无限制 | 42 | 35 | 35 |
| 烯烃/%(体) | max | 无限制 | 无限制 | 18 | 18 | 18 |
| 苯/%(体) | max | 5 | 5 | 1 | 1 | 1 |
| 氧/%(质) | max | 2.5 | 2.5 | 2.7 | 2.7 | 3.7 |
| 硫/(μg/g) | max | 1000 | 500 | 150 | 50 | 10 |
| *RON* | min | 91 | 92 | 93 | 94 | 95 |
| *RVP*/kPa | | 35~100 | 35~100 | 60~70 | 60~70 | 60~70 |
| 铅/(g/L) | max | 0.013 | 0.013 | 禁止 | 禁止 | 禁止 |

$C_5$、$C_6$异构化装置是由石脑油联合装置生产汽油的一部分。石脑油原料经过加氢精制，除去其中的污染物，然后分割成轻石脑油和重石脑油。轻石脑油，通常为 $C_5$、$C_6$烃类，送至异构化单元。重石脑油，通常为 $C_{7+}$组分，送至催化重整单元，利用含铂的酸性催化剂将其中的烷烃和环烷烃在较高温度和压力下转化为芳烃，从而提高其辛烷值。

## 11.4 烷烃异构化化学

汽油调和组分的辛烷值能够表征一种燃料组分及其组分的抗爆性能。为了得到高辛烷值汽油，需要根据不同烃类的辛烷值，确定不同的加工策略。对于 $C_5$ 和 $C_6$ 烷烃，支链最多的异构体具有最高的辛烷值；而对于丁烷来说，和辛烷值关系不大，大部分异辛烷被用于作为烷基化装置的原料。$C_5$ 和 $C_6$ 烷烃的异构体的辛烷值见表 11-2。两种经验的辛烷值测量方法，研究法(ASTM2699 方法)和马达法(ASTM2700 方法)，分别从不同的苛刻度水平上来测定抗爆性能。通常，采用两者的平均值[$(R+M)/2$]来描述其中汽油组分或调和物的整体性能。从表 11-2 可以看出，异戊烷的研究法辛烷值比正戊烷高了约 30 个单位(烃类的物性常数 $C_3 \sim C_{10}$，1971)。

**表 11-2 烃类的辛烷值**

| | *RON*(ASTM2699) | *MON*(ASTM2700) | (*RON*+*MON*)/2 |
|---|---|---|---|
| 正丁烷 | 93.8 | 89.6 | 91.7 |
| 异丁烷 | 100.4 | 97.6 | 99.0 |
| 正戊烷 | 61.7 | 62.6 | 62.2 |
| 异戊烷 | 92.3 | 90.3 | 91.3 |
| 正己烷 | 24.8 | 26.0 | 2S.4 |
| 2-甲基戊烷 | 73.4 | 73.S | 73.4 |
| 3-甲基戊烷 | 74.S | 74.3 | 74.4 |
| 2,2-二甲基丁烷 | 91.8 | 93.4 | 92.6 |
| 2,3-二甲基丁烷 | 101.0 | 94.3 | 97.6 |

同样地，多支链的己烷异构体 2，2-DMB 的研究法辛烷值比正己烷高出约 67 个单位，单支链的异构体 2-MP 只比正己烷高 49 个单位。显然，带支链的异构烷烃，尤其是多支链的异构烷烃是汽油的理想调和组分。

从热力学平衡的角度来看，低温有利于异构烷烃的生成。图 11-3、图 11-4 和图 11-5 可以说明这一趋势(Stull 等，1987)。在其他条件相同的情况下，采用活性最高的催化剂能够生产最高辛烷值的产品。

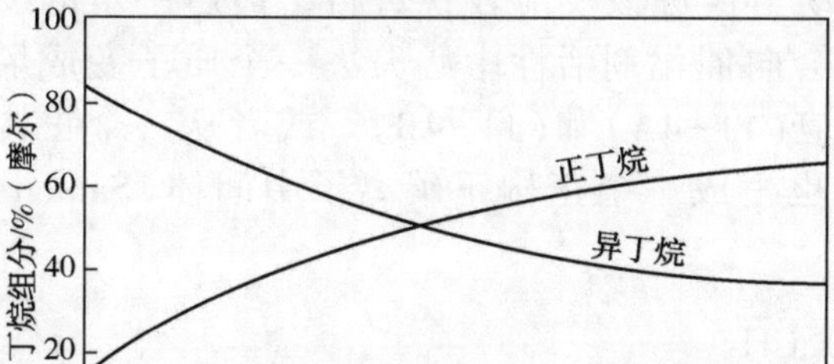


图 11-3 丁烷馏分的热力学平衡

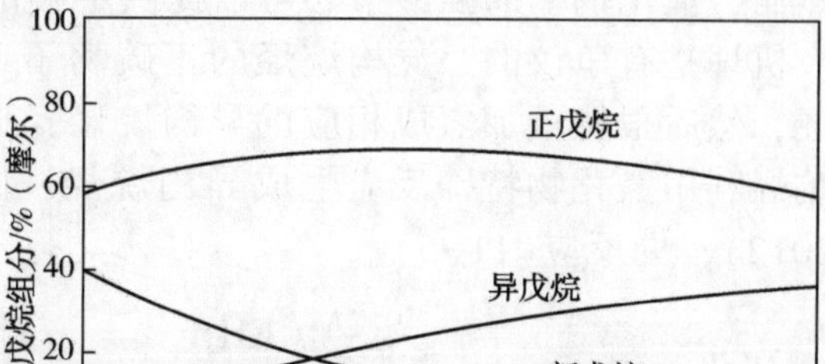


图 11-4 戊烷馏分的热力学平衡

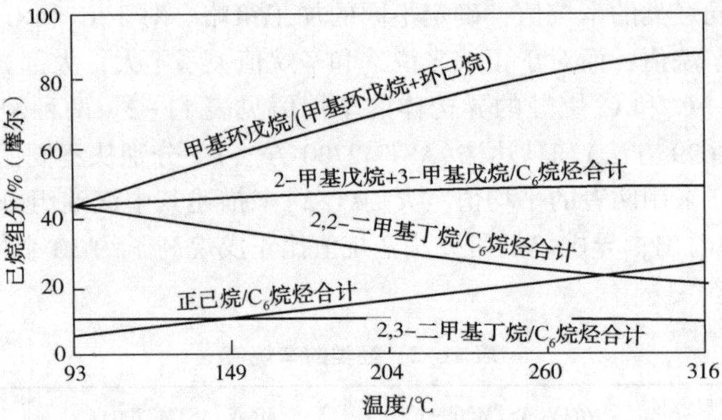


图 11-5　己烷馏分的热力学平衡

## 11.5　主要的反应路径

烷烃异构化最有效的催化剂是具有贵金属和酸性两种功能的双功能催化剂。反应通过烯烃中间体来进行。烯烃通过在金属活性中心上的烷烃脱氢反应生成：

$$CH_3—CH_2—CH_2—CH_3 \underset{}{\overset{Pt}{\rightleftharpoons}} CH_3—CH_2—CH═CH_2+H_2 \qquad (11-1)$$

在异构反应条件下，反应(11-1)的烷烃平衡转化率很低。但是仍然可以有足够多的烯烃在强 Br 酸活性中心的催化作用下转化为正碳离子，即反应(11-2)。

$$CH_3—CH_2—CH═CH_2+[H^+][A^-] \longrightarrow CH_3—CH_2—\overset{+}{C}H—CH_3+A \qquad (11-2)$$

正碳离子的生成消耗了烯烃，使得反应(11-1)的平衡继续进行下去。反应(11-2)生成的正碳离子通过一个环烷中间体发生骨架异构反应，见反应(11-3)。

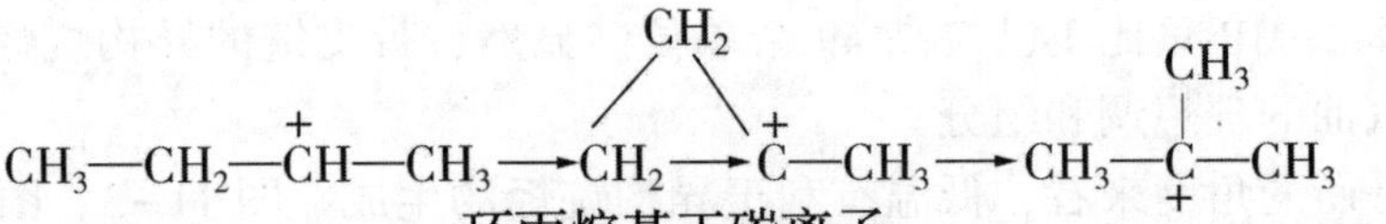


(11-3)

反应(11-3)较难发生，因为这一过程需要在反应的一些点上生成一个伯正碳离子。然而，催化剂上的强酸中心可以提供足够的推动力促进该反应较快进行。最后一步的反应机理是有争议的。异构烷烃的正碳离子可能会向催化剂活性中心失去一个质子变成烯烃，然后很快被加氢成相应的异构烷烃，见反应(11-4A)和(11-4B)。或者从一个正构烷烃利用氢化物特殊反应生成异构烷烃，同时也生成一个正构正碳离子中间体(Santen, 2012)，见反应(11-5)。

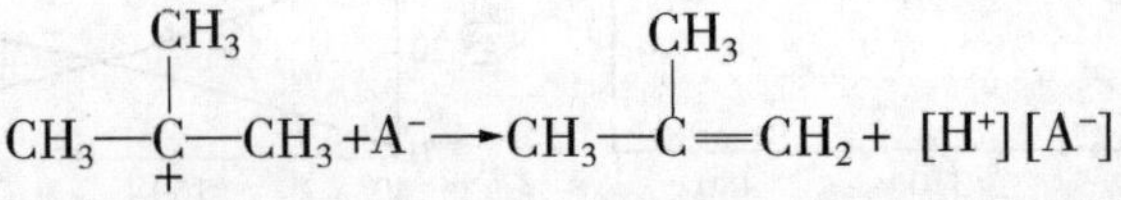

(11-4A)

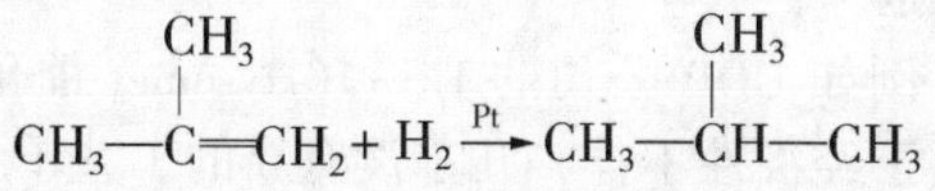

(11-4B)

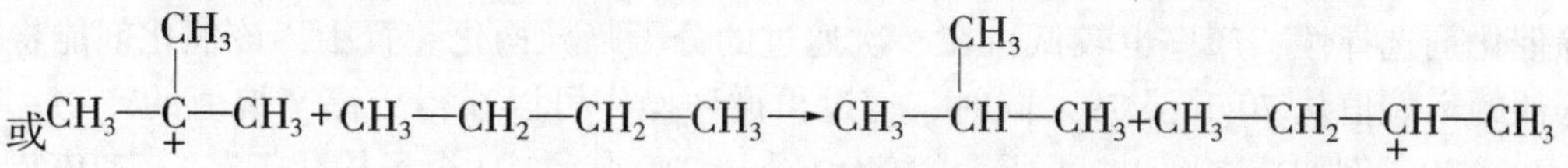

(11-5)

除了以上所述的主要反应路径外，还有证据说明双分子反应机理的存在，尤其是对于丁烷异构反应。烯烃中间体发生二聚反应，内部的碳原子质子化，然后发生骨架异构化反应。二聚体再发生$\beta$断裂从而生成异构烷烃。进一步采用$^{13}C$标记的实验证实了上面的机理，反应产物中总是能够发现少量比原料碳原子数多的烃类。

### 11.5.1　异构化催化剂

从表11-2和图11-3、图11-4、图11-5可以看出，受反应热力学平衡的限制，最低的反应温度可得到最高的产品辛烷值。提高催化剂活性和降低反应温度是提高经济运行的关键因素。根据上述反应路径的讨论，异构化催化剂的主要功能是将仲碳原子质子化。所有已知的异构化催化剂均存在强L酸和B酸中心的组合，从而可以得到其不同质子化的活性水平。

除了强酸功能外，异构化催化剂必须具备氢解功能，这不仅有助于质子化过程，而且可以促进烯烃中间体和芳烃的饱和以及环烷烃的开环。这一功能还可以提高异构化催化剂的活性稳定性，从而使工艺经济性有所提高。

20世纪30年代(Pines，1981)，首次开发出一种氯化铝催化剂用于烷烃异构化反应。最初的用途是将正丁烷转化为异丁烷，至今还作为原料进一步与$C_3$、$C_4$、$C_5$烯烃反应生产作为车用燃料的烷基化油。所生产的高辛烷值产物最初用于高辛烷值航空汽油。后来，这一主要为L酸的催化剂发展为以氧化铝为载体的双功能催化剂。UOP公司的I-8催化剂就是此类商业化催化剂的一种，并且自1981年起得到广泛使用。目前最先进的异构化催化剂是UOP公司的I-82和I-84催化剂，以及Albemarle的ATIS-2L催化剂(21世纪初问世)，这些催化剂可以提供很高的活性和$C_5/C_6$转化率。

### 11.5.2　氯化氧化铝型催化剂

氯化氧化铝是目前常用的活性最高的烷烃异构化催化剂。如图11-1所示，在单程异构化装置中，该催化剂能将典型轻石脑油的辛烷值从70升至86。同时，通过将低辛烷值烃再循环回到反应器中以进一步反应，可以获得更高辛烷值的产物，其辛烷值高达93。由于催化剂选择性高和操作温度低，氯化氧化铝催化剂的$C_{5+}$产率通常是所有商业催化剂中最高的。由于氯化氧化铝催化剂在器内再生或器外再生都是不经济的，因此可能需要重新装载更换催化剂，这具体取决于进料和工艺气流中包含的污染物含量。虽然催化剂的平均寿命为5年，但在精细的维护和操作监控下，有的催化剂的运行寿命可以达到20年以上。

由于其内在固有的高活性，氯化氧化铝催化剂往往是最经济的选择。而且只有氯化氧化铝催化剂有足够的活性，才能够经济有效地进行丁烷异构化。目前，大约有85%异构化工艺采用氯化氧化铝型催化剂。

### 11.5.3 分子筛型催化剂

分子筛异构化催化剂，例如UOP公司的HS-10Hysomer催化剂，其对应的操作温度较氯化氧化铝催化剂高，且由于经济性不佳，几乎没有新的工艺单元采用这种技术。在这些条件下，所能达到的最大辛烷值受到热力学平衡的不利限制，且由于较高的操作温度和较低的分子筛催化剂选择性，产率也较低。在一次通过的分子筛异构化装置中，该催化剂能将典型轻石脑油的辛烷值从70升至79。同时，通过再循环操作可以获得更高辛烷值的产物，其辛烷值为86~88。例如，在图11-1所示的UOP公司TIP装置中(全异构化工艺)，TIP装置使用多容器气相吸附工艺(IsoSiv™工艺)来分离出直链烷烃，使其可以再循环到反应器中。

分子筛异构化催化剂最有吸引力的优点是它们不会被水或其他含氧化合物造成永久失活，并且是完全可再生的。因此，在将其他老工艺装置(例如加氢或重整装置)改造为异构化装置时，经常使用分子筛催化剂。原料中的硫可能会吸附到催化剂(如HS-10催化剂)上，并在一定程度上降低其催化性能。硫在任何含铂催化剂中都能抑制铂的催化活性。尽管能够保异构化活性持，但$C_{5+}$产物收率依然受到损失。分子筛催化剂不绝对要求对进料进行加氢处理，但该过程对保证催化剂处于最佳性能还是有必要。目前大约有30套分子筛型装置仍在运行。

### 11.5.4 硫酸金属氧化物型催化剂

硫酸金属氧化物催化剂也被称为固体超强酸，与分子筛型催化剂相比，对烷烃异构化反应具有很高的活性(Gosling等，1998)。这些金属氧化物构成了新一代异构化催化剂的基础，在科学文献中的相关讨论很活跃。这些催化剂通常是氧化锡($SnO_2$)、氧化锆($ZrO_2$)、氧化钛($TiO_2$)、钨氧化锆或氧化铁($Fe_2O_3$)，它们通过与硫酸或硫酸铵反应而硫酸化。硫酸氧化铝不是烃类反应的活性催化剂。

典型的金属氧化物催化剂，例如UOP公司的PI-244Par-Isom™催化剂，具有比传统分子筛型催化剂更高的活性，并且该活性优势相当于反应温度低约80℃左右。反应温度越低，辛烷值就越高，产物辛烷值(*RON*)为82，比分子筛催化剂高4个单位。与分子筛催化剂类似，PI-244催化剂不会被原料中的水或含氧化合物造成永久失活。PI-244催化剂可通过与分子筛催化剂类似的简单氧化烧焦过程达到完全再生。PI-244催化剂的高活性使其成为新装置的理想选择，适用于那些不需要高性能氯化氧化铝催化剂或担心原料中有污染物的炼厂。

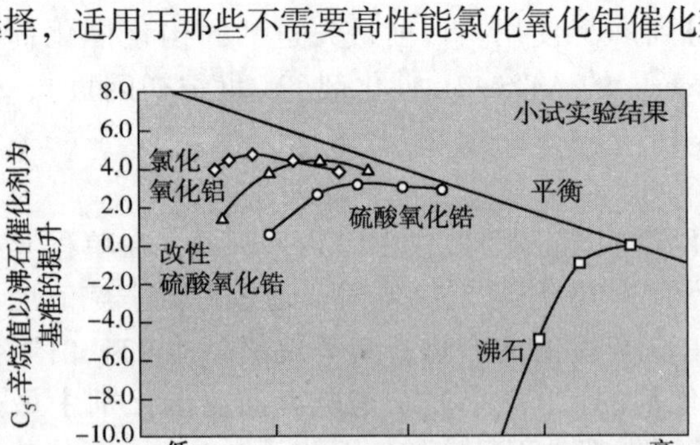

图11-6 各种异构化催化剂的辛烷值/活性曲线

图11-6比较了UOP HS-10(分子筛)、UOP LPI-100(老一代硫酸氧化锆催化剂)、UOP PI-244(改性硫酸氧化锆)和UOP I-82(氯化氧化铝)等成熟的商业异构化催化剂的性能，该图横坐标为平均反应器床层温度，纵坐标为使用不同催化剂得到的$C_{5+}$辛烷值相对于使用分子筛催化剂得到辛烷值的改善值。从图中可以看出氯化氧化铝型催化剂相比于分子筛型催化剂的活性优势，这一优势直接体现在辛烷值的提升上，尤其是当固定容积的反应器需要重新装剂时。该图还显示了第一代和第二代硫酸氧化锆型催化剂相比于分子筛的性能优势。需要注意的是，对于不受约束的新装置设计，可以添加额外体积的催化剂，以实现较低的操作温度和较高的辛烷值。氯

化氧化铝(I-82)和硫酸化氧化锆(PI-244)催化剂的比较将在接下来的章节中介绍。

## 11.6 工艺选择

商业上采用两种不同的催化剂工艺方案，即采用氯化氧化铝催化剂(例如I-82催化剂)的Penex工艺，或采用硫酸化氧化锆催化剂(例如PI-244催化剂)的Par-Isom工艺。两者在轻质石脑油异构化的产品辛烷值、收率和辛烷值等指标方面均具有优异的性能。最终工艺选择需要进行全面的技术经济评估，下面将以一个简单的例子作为案例进行研究。

使用氯化氧化铝催化剂的Penex工艺是最普遍的，活性、收率和*RON*都很高。虽然它可以采用一次通过(缩写为OT)流程从而避免配置昂贵的循环气体压缩机和相应回路，但是需要连续添加氯化物以维持异构化活性，还需要使用碱性洗涤器来中和废气中的HCl，以消除装置的腐蚀(图11-7)。运营成本包括氯化物、苛性碱和废碱处理。此外，这些系统还需要有进料和补充气体干燥器以除去水分，确保催化剂的长寿命。

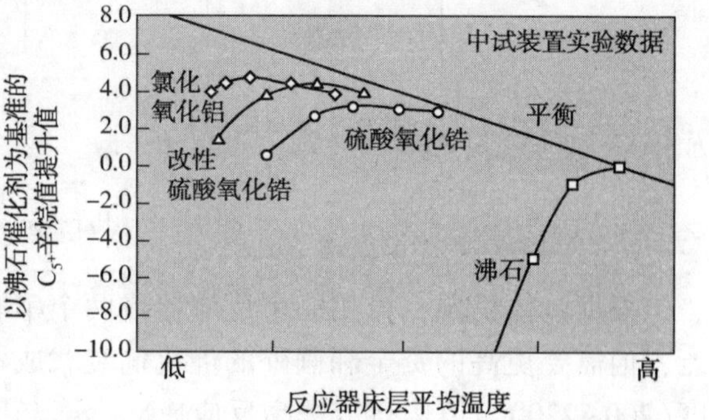

图11-7　Penex工艺流程图，氢气一次通过(热)

硫酸氧化锆型装置不需要氯化物或苛性碱，催化剂是可再生的，但需要使用循环气压缩机回路。两种系统的优点和比较见表11-3。

表11-3　各种催化剂的工艺要求比较

| | 氯化氧化铝 | 硫酸氧化锆 | 分子筛 |
|---|---|---|---|
| 注入化学剂 | 氯化物 | 没有 | 没有 |
| 对污染物敏感性 | 是 | 否 | 否 |
| 设备 | 干燥器+洗涤器 | 基础 | 加热炉 |
| 废碱液 | 是 | 否 | 否 |
| 加热介质 | 中压蒸汽 | 中压蒸汽 | 加热炉 |
| 材质 | 碳钢 | 碳钢 | 合金 |
| 循环压缩机 | 否 | 是 | 是 |

## 11.7 异构化工艺流程

新催化剂系统(如PI-244催化剂)的投入使用，为充分利用催化剂特性而开发新工艺技术创造了条件。PI-244催化剂开发的工艺技术是Par-Isom™工艺。图11-8为一次通过的Par-Isom工艺流程图。为简单起见，本章将讨论原料一次通过流程。而早先开发的轻石脑油异构化循环流程使用例如TIP工艺的分子筛分离，或脱异己烷塔(DIH)的蒸馏。

图11-8所示的工艺流程图类似于传统的一次通过的Penex和分子筛异构化装置。新鲜的$C_5$~$C_6$进料与补充氢、循环氢混合后，导入进料换热器，在那里反应物被加热到反应温度。Par-Isom

流程不需要加热炉，因为与分子筛催化剂相比，PI-244 催化剂所需的反应温度要低得多。在进料加热器中，热载体油或蒸汽可作为热源。加热后的混合进料送至异构化反应器中。

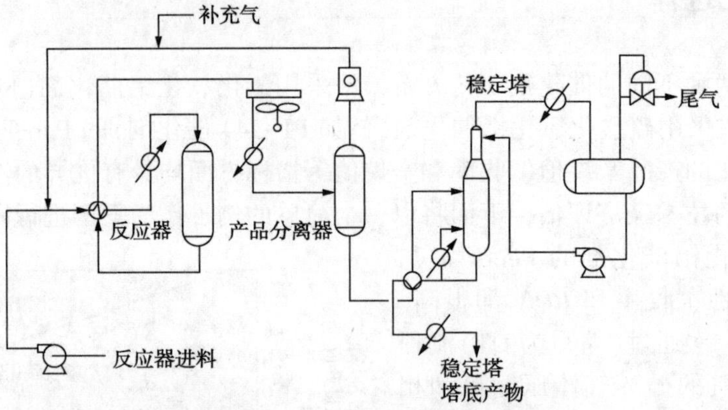


图 11-8　Par-Isom 装置工艺流程图

根据具体情况，可用一个反应器或两个串联的反应器。使用两个反应器可以获得最佳性能，但需要更高的资金和额外的催化剂装载成本。在双反应器系统中，第一反应器在较高温度(200~220℃)下运行以提高反应速率，第二反应器在较低温度下运行以提高高辛烷值的异构烷烃的平衡转化率。Par-Isom 工艺通常设置两个反应器，但有时也可以使用一个反应器来降低装置的资金和运行成本，只是性能稍差。

反应器出料冷却并送至产品分离器，在那里循环氢从其他产品中分离出来并返回到反应器部分。液体产品送到稳定塔，在那里去除轻馏分和溶解氢。稳定后的异构化产物可以直接送汽油调和。在循环流程方案中，分子筛或分馏设备可以用来分离出低辛烷值异构体，再循环到反应器中。分离流程的选择取决于进料组分、所使用的公用工程以及所需的产品辛烷值。

PI-244 催化剂的高活性使其成为已有分子筛异构化装置改造时的理想选择，可实现更高的产能或闲置工艺装置的改造，例如固定床重整装置或加氢处理装置改为异构化装置。反应器、循环压缩机、稳定塔、分离器和大多数换热器都可用于新的工艺流程方案中。将 Par-Isom 反应器优化集成到现有的半再生重整装置中，对于炼油厂增加异构化能力来说，是一个更加经济、特别有吸引力的改造机会。图 11-9 为优化集成装置的简单流程图。在这一流程中，增加了一个新的 Par-Isom 反应器和进料加热器，并与现有的重整装置反应器并联运行。如再增加一个串联的反应器，则可以实现产能的扩大。

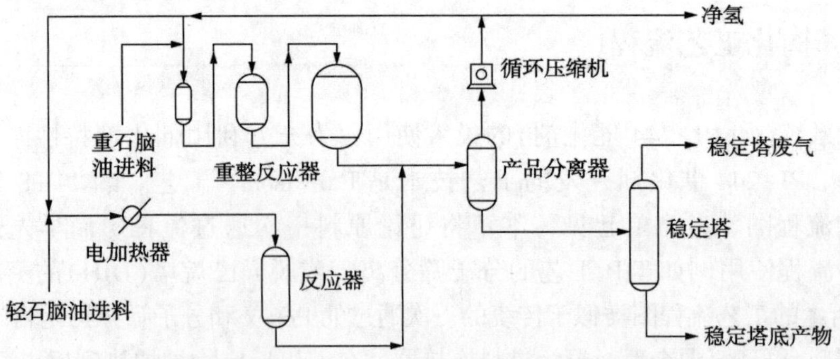


图 11-9　Par-Isom 和重整装置改造流程图

Par-Isom 反应器所需的氢通常从重整装置循环压缩机中引入，与轻石脑油混合，然后送至 Par-Isom 反应器。Par-Isom 反应器出料通常返回到重整装置。这种集成装置共用一个产品冷凝器、产品分离器和稳定塔，以最大限度地降低建设投资和运营成本。

## 11.8 异构化工艺经济

表 11-4 比较了具有和不具有脱异己烷塔 DIH 和烃类循环的典型 Penex 和 Par-Isom 工艺的特性和经济性。案例研究的是一个处理量为 10000 桶/天的装置，进料为 10X 因子的轻烃。X 因子是 $C_{7+}$碳氢化合物、$C_6$环烷和苯的一种量度。

本研究案例表明，在碳氢化合物单程通过装置(例如 OT)的情况下，10000 桶/天的装置可生产 83.4RON 和 81040 辛烷值桶。在这两种情况下，$C_{5+}$的收率都高于 95%。然而，所需催化剂的数量、空速、氢烃比和其他参数会有所不同。从表中可以看出，Penex 装置的总投资成本(美国墨西哥湾为基准)大约比 Par-Isom 装置高约 10%，需要的公用工程几乎是 Par-Isom 的 2 倍，该公用工程消耗包括两个装置的蒸汽、电力和氢气，以及 Penex 装置中的氯化剂和苛性碱。

表 11-4 还包含在进料类型和处理量相同情况下增加脱异己烷塔 DIH 和烃类循环流程的比较数据。DIH 方案使 *RON* 增加了近 5 个点，从 83.4 增加到 88.0，总辛烷值桶增加了 4%。$C_{5+}$的收率约为 95%。公用工程消耗也有增加，Par-Isom 装置增加了约三分之一，而采用循环流程方案的 Penex 装置增加了 80%。对于 Penex 装置增加 DIH，总投资从约 3600 万美元增加到 5700 万美元，而对于 Par-Isom 技术，总投资从 3300 万美元增加到 4700 万美元。本案例中，在这两种方案下 Par-Isom 流程的投资成本均都较低。

**表 11-4 10000BPD10X 因子(轻)进料异构化装置的经济性对比**

| 项目 | 单位 | Penex OT | Par-Isom OT | Penex-DIH | Par-Isom-DIH |
|---|---|---|---|---|---|
| 进料速率 | BPD | 10000 | 10000 | 10000 | 10000 |
| 辛烷值(RONC) | | 83.4 | 83.4 | 88.0 | 88.0 |
| 辛烷值桶 | | 81040 | 81040 | 84520 | 84500 |
| 总投资 | 百万美元 | 36.5 | 32.7 | 56.9 | 47.5 |
| 公用工程 | | 基准 | 基准×0.56 | 基准×1.82 | 基准×1.36 |

注：1. 资本支出基于 2014 年美国墨西哥湾沿岸价格。

2. 公用工程是以相对基准来表示的，因为不同区域的成本有所不同。

3. 公用工程包括燃气、电力、氢气、蒸汽(加上 Penex 工艺的氯化剂和苛性碱)。

氯化氧化铝催化剂的密度较低(约为一半)，从总投资的角度来看，通常成本较低，但也需要消耗额外的公用工程，如氯化剂和苛性碱。在这一特定案例研究中对于新建装置(例如，具有 10X 因子的 $C_5$、$C_6$进料)，考虑了所有变量之后，无论是否配置 DIH，两种技术的投资回报和盈利能力大致相等。

虽然当这两种技术在增加 DIH 循环时，会造成总投资成本增加，但通常鉴于炼油厂的汽油池需要更高的辛烷值，以及特别是某些市场对清洁燃料标准的要求，还是会选择增加 DIH 循环方案。

由于活性优势，基于氯化氧化铝催化剂的工艺在历史上最受欢迎，但硫酸氧化锆技术的创新弥补了这一差距，使这两种选择都是可行的。然而，在某些应用中氯化氧化铝催化剂提供了更大的灵活性，可以处理较高的苯含量和X因子的$C_5$、$C_6$进料，并为部分含有或大部分$C_4$烃的进料提供更高的转化率。考虑到炼油厂和市场目标，任何工艺都必须对工艺类型和流程配置进行全面的技术经济评估。

## 11.9 催化剂供应商

关于催化剂和供应商的详细最新清单，《油气杂志》会定期发布一份综合汇编。轻石脑油异构化催化剂的主要供应商是目前的 Albemarle、Axens IFP Group、GTC 和 Honeywell UOP。

## 11.10 结论

随着历史的发展，起源于20世纪30年代的轻石脑油异构化技术，在工艺流程方案和催化剂设计方面取得了许多进展，我们预期这一领域会继续得到关注和发展。异构化工艺在帮助炼油厂提升富含戊烷和己烷的石脑油的辛烷值以及满足清洁燃料标准(包括低苯含量汽油)方面变得越来越重要。生产异丁烷作为车用燃料的高辛烷值调和组分烷基化油的原料也是至关重要的。本章的讨论是基于UOP公司催化剂的技术发展和相关性能，主要是因为UOP公司作为该领域的先驱在今天继续保持其技术领导地位。当然，如果使用其他供应商的类似的催化剂和工艺技术时，得出的结论也会是类似的。

无论是采用氯化氧化铝催化剂(例如采用I-82催化剂的Penex工艺)或硫酸氧化锆催化剂(例如采用PI-244催化剂的Par-Isom工艺)，都有两种工艺方案。这两种方法都能使轻质石脑油在辛烷值、收率和总辛烷值桶方面得到很好的提升。增加DIH循环系统可进一步增加辛烷值和辛烷值桶数，这对于满足日益改进的清洁燃料标准非常重要。根据炼油厂和市场目标，特定应用的最终工艺技术选择需要基于全面的技术经济评估。

将现有的固定床异构化、加氢处理或半再生重整装置改造为Par-Isom型工艺是一种经济的方法，这可以重新利用现有资产以满足辛烷值和清洁燃料的需求。在大多数情况下，只要对现有设备进行最小的改动，就可以完成改造。PI-244催化剂的高活性可使异构化油的辛烷值比分子筛催化剂*RON*高4个单位，并通过改造使产量更高。

## 参考文献

*IHS CERA. Annual Long-Term Strategic Workbook, Refining and Product Markets* (IHS CERA, Cambridge, MA 2014) Germany
Euro Fuel Specifications. Website: http://ec.europa.eu/environment/air/transport/fuel.htm
C.D. Gosling, R.R. Rosin, P. Bullen, T. Shimizu, T. Imai, Revamp opportunities for isomerization units. Petroleum Techonology Quarterly, Vol. 3, pp. 55–59 (1998)
Physical Constants of Hydrocarbons C3-C10, ASTM Committee D-2 on Petroleum Products and Lubricants and API Research Project 44 on Hydrocarbons and Related Compounds, American Society of Testing Materials, (1971)
H. Pines, *The Chemistry of Catalytic Hydrocarbon Conversion* (Academic, New York, 1981), pp. 12–18

C. Remsberg, H. Higdon, *Ideas for Rent: The UOP Story*, Library of Congress Catalog Card No. 94-60759, (1994)
R. van Santen, in *Catalysis: From Principles to Applications*, 1st edn., ed. by M. Beller, A. Renken, R. van Santen (Wiley-VCH, Germany 2012), pp. 139–143
D. Shecterle, Options for Gasoline Pool Benzene Management, AiChE Ch 16, (2008). Web: http://www.aiche-fpd.org/listing/16.pdf
D.R. Stull, E.F. Westrom Jr., G.C. Sinke, *The Chemical Thermodynamics of Organic Compounds* (Robert E. Krieger, Malabar, 1987)
US EPA MSAT program regulations, 40 CFR 80 subpart, (2014). Web: http://www.epa.gov/otaq/fuels/gasolinefuels/MSAT/index.htm

## Further Reading

N.A. Cusher et al., *Isomerization for Future Gasoline Requirements, Proceedings of the NPRA Annual Meeting*, 25–27 Mar 1990
R.A. Meyers, *Handbook of Petroleum Refining Processes*, 2nd edn. (McGraw-Hill, New York, 1996)
C.L. Moy et al., *Benzene Reduction for Reformulated Gasoline, Proceedings of the AIChE Spring National Meeting*, 29 Mar–2 Apr 1992
A.S. Zarchy et al., Impact of Desulfurization on the Performance of Zeolite Isomerization Catalysts, Proceedings of the AIChE Annual Meeting, 11–16 Nov 1990

# 第 12 章　炼厂气处理工艺

## 12.1　引言

炼厂气处理作为通用的工艺术语，是指将炼厂气中的硫化氢、二氧化碳等酸性气体脱除。炼厂酸性气体处理工艺是对气体进行净化，以便于气体的进一步利用或满足环保要求。大多数工业国家都在着手进行清洁空气相关的立法工作，所有直接排向大气的废气中酸性气体浓度都限定在较低水平。硫化氢和二氧化碳能分别与空气中的水结合生成浓度很低的稀硫酸和碳酸，而这两种酸都会对人体健康产生危害，并可能对环境产生影响(作为温室气体)。此外，这些化合物对于金属和金属物品都有严重的腐蚀作用。

本章将从工艺过程、化学反应和计算方法等方面对常见的炼厂气处理工艺进行介绍。

## 12.2　工艺发展

早在 1930 年，人们便开始使用碱性液体与酸性气体进行反应。最初使用的碱性物质是三乙醇胺(TEA)。然而，二乙醇胺(MEA)由于在市场上更易获得且具有较强的酸性气体吸收性能，逐渐取代三乙醇胺成为了常用的液体吸收剂。MEA 的分子量是 61，而 TEA 的分子量是 149。当两者分别与酸性气体反应时，2.44lb(1lb=0.454kg) TEA 经过循环过程达到的吸收容量才能够与 1lb MEA 的吸收容量相当。另外，当温度高于沸点时，TEA 还会发生分解。因此，与 TEA 相比 MEA 具有更好的使用性能。自 1955 年以来，多种替代 MEA 的工艺过程得到了开发，能够减少腐蚀问题并在很大程度上降低能耗。然而，缓蚀剂系统的开发解决了 MEA 的腐蚀问题。还有一些新工艺是将酸性气体中的硫化氢选择性脱除，将二氧化碳留在气体中。

常见的酸性气体处理工艺流程大体相似，如图 12-1 所示。

如果要求产品气体中 $H_2S$ 的浓度低于 1grain/scf(体积分数约为 4.2ppm，1grain = 1/15.432g)，则需要采用 MEA(或碱液吸收)。但是研究表明，热裂化气体中的某些硫化物能够分解 MEA，其中最常见的是羰基硫化物(COS)。不过，MEA 可通过间断或连续的汽化方式排除降解产生的杂质得到再生。

由工艺流程可知，酸性气体(富含 $H_2S$)由板式吸收塔(接触器)的底部进入。贫胺液由吸收段的顶层塔盘引入，在塔内自上而下流动。通过酸性气体和胺液在塔盘上的相互接触，气体中的 $H_2S$ 被胺液吸收。低硫气体离开吸收段塔盘后，经过水洗去除其中可能夹带的胺液之后从塔顶离开吸收塔。

从吸收塔底流出的富胺液进入富胺液闪蒸罐。如果吸收塔的操作压力较高，闪蒸出的含

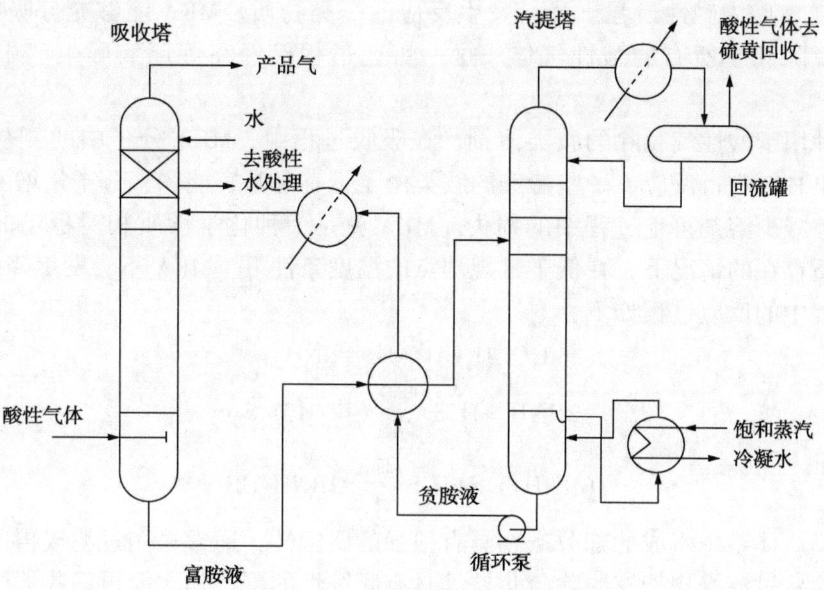


图 12-1 典型的胺吸收法流程图

$H_2S$ 气体可以直接进入汽提塔，液相经过预热后进入汽提塔的顶部塔盘。塔底汽提蒸汽用 50psig 的饱和蒸汽，避免胺液在更高的温度下分解。汽提出的 $H_2S$ 先经过塔顶回流罐，之后送至硫黄回收装置。$H_2S$ 在可控的空气流中燃烧得到硫黄。

贫胺液离开汽提塔底经过冷却后进入吸收塔顶部进行循环。

### 12.2.1 常见的工艺过程

工业上已经有多种液体吸收剂能够将炼厂气中的 $H_2S$ 和 $CO_2$ 脱除。常用的吸收剂主要是胺类物质，如下表所示。

| | |
|---|---|
| MEA | 一乙醇胺 |
| DEA | 二乙醇胺 |
| DGA | 二甘醇胺 |
| MDEA | 甲基二乙醇胺 |

除上述醇胺类吸收剂之外，还有热碳酸钾吸收法、环丁砜吸收法和二异丙醇胺吸收法。其中，环丁砜吸收工艺和二异丙醇胺吸收工艺已经由 Shell 石油公司实现了市场化，并在全世界范围内得到了广泛应用。下面将会详细介绍这两种工艺。

本章的重点不在于详细介绍各种不同的工艺过程及其特征，而是对常用的四种胺类吸收剂进行介绍和讨论，并涉及其他一些工艺。

(1) 一乙醇胺(MEA)

MEA 是酸性气体吸收工艺中最常见的吸收剂之一。为了与酸性气体进行充分接触，通常采用 15%~20%(质)的 MEA 水溶液在板式吸收塔中循环自上而下进行流动。吸收了酸性气体后的溶液去往蒸汽汽提塔，在温度 250℉、压力 10psig 的条件下，将吸收的酸性气体从液相中汽提出去。经过汽提后得到的贫胺液继续返回吸收塔进行循环。

MEA 是乙醇胺中碱性最强、最易发生反应的一类物质。MEA 能够充分吸收酸性气体，必要时能够脱除几乎所有的酸性气体。这一工艺过程已经在炼厂实际生产中得到了有效验证。

作为一种用于酸性气脱除的胺类溶剂，在吸收过程中，MEA 分子中的氨基官能团与酸性气体 $CO_2$ 和 $H_2S$ 进行反应。一些特殊的胺类由于带有羟基官能团，分子量增大，饱和蒸气压降低，能够减少溶剂再生过程中的损失。MEA 就是一种化学性质相对稳定的化合物，在没有其他物质存在的情况下，在低于常规沸点的温度条件下，MEA 不会发生降解或分解。

工艺过程中的反应过程如下：

$$HOCH_2CH_2NH_2=RNH_2$$

$$2RNH_2+H_2S \underset{高温}{\overset{低温}{\rightleftharpoons}} (RNH_3)_2S \tag{12-1}$$

$$(RNH_3)_2S+H_2S \underset{高温}{\overset{低温}{\rightleftharpoons}} 2RNH_3HS \tag{12-2}$$

在这一反应体系中生成的部分产物具有很强的腐蚀性，通常采用过滤或再回收器将这些反应产物脱除。过滤操作能够脱除硫化铁等具有腐蚀性的副产物，而再回收器则能够将热稳定性较好的盐脱除，这些盐类是由 MEA 与 COS、$CS_2$ 以及硫醇经过不可逆反应生成的。MEA 溶剂循环量的 1%~3%作为侧线用于盐类脱除。通过塔釜加热汽提，在保留沸点较高的热稳态盐类的同时，将水和 MEA 从上部汽提出去。当温度达到恒定的沸点时，釜内液相中降解产物达到饱和状态，此时关闭设备将液相排出。还有本章未提及的一些拥有专利技术的化工工艺过程，同样能够去除降解产物。美国联合碳化物公司开发了一套能够有效抑制 MEA 腐蚀的体系，能够耐受 28%~32%的 MEA 水溶液。缓蚀剂的使用需要支付一定的专利费。工艺过程中用到的缓蚀剂不仅价格昂贵，并且对操作人员有一定的危险性。这一体系确实能够将腐蚀问题几乎完全消除，并且获得比同等规模装置更大的处理量。除了上文提及的化学降解问题之外，当 MEA 接触空气时，还会发生氧化反应。因此，储罐和缓冲罐必须采用惰性气体保护(如 $N_2$ 或低硫天然气)来避免 MEA 降解。

由于胺液系统容易发泡，因此，可能导致吸收塔内出现过量胺液夹带的现象。出现发泡现象的原因有很多，如炭或硫化铁固体、气体中冷凝下来的液体烃、降解得到的产物、引入系统的外来物质如润滑脂和过量的缓蚀剂等。其中，硫化铁或炭粉能够采用过滤器去除。液态烃则通常在贫胺液抽出的侧线(约占总流量的 10%)上通过活性炭过滤器来去除。而腐蚀产生的副产物则通过上文提及的再回收过程进行脱除。

再沸器或再回收器中较高的管道表面温度会促进胺液的降解。再沸器采用的蒸汽或热油的最高温度限定在 285℉(140℃)，以避免温度过高。再回收器中的热油或蒸汽温度不能超过 415℉(213℃)。

MEA 在酸性气体吸收过程中不具有选择性。虽然 MEA 吸收 $H_2S$ 的速率比吸收 $CO_2$ 更快，但是吸收速率的差异并不显著，因此无法利用吸收速率的不同来分离两种气体。由于 MEA 是常用胺类中分子量最小的，因此，在单元质量或体积的基础上，MEA 具有更大的酸性气体吸收量。这通常意味着，脱除相同数量的酸性气体所需要的纯胺液的循环量更少。

由于溶剂以水溶液的形式存在，因此酸性气体在其中与溶剂进行充分吸收后，溶液将以饱和状态离开吸收塔。如果需要进行脱水操作，则必须在 MEA 吸收操作之后进行。

在相同的温度条件下，MEA 的饱和蒸气压约为 DEA 的 30 倍，约为 TEA 和 DGA 的 300 倍。因此，在相同的工艺设计参数条件下，MEA 的损失量为 1～3lb/MMscf，而其他胺类的损耗量为 1/4～1/2lb/MMscf。而雾沫夹带和泄漏损耗也会使低饱和蒸气压的胺类的损耗量增加。

（2）二乙醇胺（DEA）

与 MEA 相同，DEA 在与 $CS_2$、COS 及硫醇接触时并不会发生降解。但是，当要求产品气体中 $H_2S$ 的含量必须低于 1grain/scf 时，只能采用 MEA 作为吸收剂。因此，当原料气体中存在 $CS_2$、COS 及硫醇等酸性气体时，则更多地采用 DEA 作为吸收剂。

胺类与酸性气体进行的都是摩尔反应。如表 12-1 所示，DEA 的摩尔质量是 MEA 的 1.7 倍。即使对密度进行校正之后，1lb MEA 吸收掉的酸性气体也需要 1.6lb DEA 才能完全反应。

**表 12-1　不同 $H_2S$ 和 $CO_2$ 吸收剂的对比**

| 化学式 | MEA | DEA | MDEA | DGA | DIPA | 环丁砜法 | 环丁砜 |
|---|---|---|---|---|---|---|---|
| 摩尔质量 | 61.1 | 105.1 | 119.2 | 105.14 | 133.19 | | 120.17 |
| 沸点/℉ | 338.5 | 515.1 | 477 | 405.5 | 479.7 | | 545 |
| 馏程范围（5%～95%）/℉ | 336.7<br>341.06 | 232<br>336.7 | — | 205～230 | — | | — |
| 凝点/℉ | 50.5 | 77.2 | -9.3 | 9.5 | 407.6 | | 81.7 |
| 相对密度（77℉，140℉） | 1.0113<br>0.9844 | 1.0881<br>（86℉）<br>1.0693 | 1.0418<br>（68℉） | 1.0572<br>1.022 | —<br>0.981<br>（129℉） | | 1.256<br>（86℉）<br>1.235 |
| 密度/（磅/加仑）（77℉） | 8.45 | 9.09<br>（86℉） | 8.68 | 8.82 | 8.3<br>（86℉） | | 10.46<br>（86℉） |
| 黏度（77℉140℉）/cPs | 18.95<br>5.03 | 351.9<br>（86℉）<br>53.85 | 0.68cSt（100℉）<br>0.28cSt（212℉） | 40<br>6.8 | 870<br>（86℉）<br>86<br>（129℉） | | 12.1<br>（86℉）<br>4.9 |
| 闪点/℉ | 200 | 295 | 265 | 260 | 255 | | 350 |
| 燃点/℉ | 205 | 330 | | 285 | 275 | | 380 |
| 比热/（Btu/lb） | 0.663 | 0.605 | 0.535 | 0.571 | 0.815 | | 0.35 |
| 临界温度/℉ | 646.3 | 827.8 | 662 | 765.6 | — | | 982.4 |
| 临界压力/atm | 44.1 | 32.3 | | 37.22 | — | | 52.2 |
| 汽化热/（Btu/lb） | 357.94 | 267.00 | | 219.14 | 202.72 | | 225.7 |
| 与 CO 反应热/（Btu/lb） | 825 | 620 | | 850 | | 580 | |
| 与 $H_2S$ 反应热/（Btu/lb） | 650 | 550 | | 674 | | 500 | |
| 常用的溶剂浓度/%（质） | 15～25 | 25～35 | 50～60 | 50～70 | | 非定值 | |

注：$MEA=HOC_2H_4NH_2$

$DEA=(HOC_2H_4)_2NH$

$DGA=HOCH_2CH_2OCH_2C_2H_4NH_2$

$DIPA=(HOC_3H_6)_2NH$

环丁砜 $=(CH_2)_4SO_2$

$MDEA=(HOC_2H_4)_2NCH_3$

与 MEA 相比，DEA 的碱性更弱，反应活性更低。这也使得 DEA 能够以两倍于 MEA 溶液的浓度进行循环而不产生设备腐蚀。DEA 溶液通常是 30%(质)的水溶液，有时浓度会高达 35%(质)。因此，在同样的设计参数下，DEA 溶液的循环量通常比 MEA 更低。

反应过程如下：

$$HOCH_2CH_2NHCH_2CH_2OH=R_2NH=DEA$$

$$2R_2NH+H_2S \underset{高温}{\overset{低温}{\rightleftharpoons}} (R_2NH_2)_2S \tag{12-3}$$

$$(R_2NH_2)_2S+H_2S \underset{高温}{\overset{低温}{\rightleftharpoons}} 2R_2NH_2HS \tag{12-4}$$

由于 DEA 溶液体系不易腐蚀，并且能够将酸性气体含量降低至管输限定值，因此，在近年来成为最主要的吸收剂体系。

(3) 二甘醇胺(DGA)

DGA 吸收工艺由美国 Fluor 公司开发。最初的吸收剂是由 15%的 MEA、80%的三甘醇以及 5%的水组成的混合溶液。这一体系能够在一步操作中同时脱除原料气中的酸性气体和水，吸收效果相当于 95%的 TEG 溶液。溶剂再生过程中产生的高温蒸汽会导致胺液换热器和再生塔出现严重的腐蚀现象。因此，工业上已不再采用这一吸收剂体系。

目前采用的溶剂体系是浓度为 60%(质)的 2-(2-胺基乙氧基)乙醇的水溶液。DGA 的分子量与 DEA 相近，并且与酸性气体进行等摩尔反应。虽然每加仑 DGA 溶液中酸性气体浓度更大，但由于 DGA 能够更有效地与酸性气体分子进行结合，因此并不会像其他胺类吸收剂一样引起腐蚀。

反应过程如下：

$$HOCH_2CH_2OCH_2CH_2NH_2=RNH_2=DGA$$

$$2RNH_2+H_2S \underset{高温}{\overset{低温}{\rightleftharpoons}} (RNH_3)_2S \tag{12-5}$$

$$(RNH_3)_2S+H_2S \underset{高温}{\overset{低温}{\rightleftharpoons}} 2RNH_3HS \tag{12-6}$$

DGA 与 COS、硫醇的反应与 MEA 类似，但反应生成的是 N、N1、双(羟基，羟乙基，乙基)脲、N,N′-二羟乙基乙氧基脲(BHEEU)。BHEEU 只能通过红外检测，气相色谱无法检测。DGA 吸收酸性气体得到的 BHEEU 浓度通常在 2%~4%范围内，不会引起腐蚀。与 MEA 的再生过程相同，BHEEU 也是通过再回收器进行脱除，操作温度在 385℉(196℃)。所用的材质与 MEA 体系相同。可采用专门的工艺通过溶剂侧线方式对降解产物进行脱除。

有人提出 DGA 也可以作为吸收不饱和烃的一种较好的溶剂。一项对于 DGA 用户的调查表明，很多体系的气相中都含有浓度高于 2%的 $C_{5+}$烃类，而溶剂体系本身并无含有烃类的证据。

靠近烃露点的系统通常在吸收塔底富胺液流程上设置一个闪蒸罐。闪蒸罐在低压条件下操作，只需确保气体能够进入炼厂燃料气管网即可。这一过程使得再沸器的蒸汽负荷有所降低(建议可以在靠近烃露点运行的 MEA 系统上使用类似的流程)。

在常规的吸收塔设计参数条件下，DGA 能够将原料气体中的 $H_2S$ 含量降低至 0.25grain/100scf 以下，$CO_2$含量低至约 200ppm。

(4) 甲基二乙醇胺(MDEA)

甲基二乙醇胺在 $H_2S$ 气体脱除方面越来越受到欢迎。很多采用 MEA 和 DEA 的工业装置都已经被 MDEA 取代。

MDEA 是一种叔胺，能够选择性脱除 $H_2S$，而对 $CO_2$的吸收能力较差。这意味着从富胺液再生出来的气体中含有较少的 $CO_2$，使得硫黄回收装置的体积负荷更小。MDEA 的腐蚀性相对较小，因此在不加缓蚀剂的条件下，通常采用浓度 50%的 MDEA 溶液作为吸收剂。气体中的杂质并不会对 MDEA 产生降解作用，并且 MDEA 本身的蒸发焓和比热容均较低。

MDEA 的吸收反应与其他胺类的类似，只是反应过程中碱性较弱。

MDEA 工艺既可由多家供应商作为专有工艺提供，也可以当作公开的工艺技术加以应用。1mol MDEA 能够吸收大约 0.3~0.5mol $H_2S$。若 MDEA 溶液浓度为 50%，则 $H_2S$ 浓度相当于大约 4.1~6.8scf/gal，远高于常规浓度条件下 MEA 或 DEA 的吸收能力。为在改动尽量少的前提下提高处理量，MDEA 体系已经成功用于 MEA 和 DEA 体系的升级改造。其中，一些改造是在装置运行过程中在线进行的。

MDEA 能够实现燃料气中 $H_2S$ 浓度降低至 0.25grain/100scf 以下的要求，而与其他可选择的胺类吸收剂相比，气体中残留的 $CO_2$含量较高。

### 12.2.2 其他气体处理工艺

(1) 热钾碱工艺(本菲尔德法，卡塔卡勃法)

该工艺是 20 世纪初提出的，但直到 20 世纪 50 年代中期才发展成为兼具经济性和可行性的工艺过程。从那时起，这一工艺开始应用于酸性气粗脱过程，其中对 $CO_2$气体的浓度要求并没有严格到 ppm 级。

热钾碱工艺与胺吸收工艺过程类似。高温条件下，碳酸钾(PC)在水中的溶解度较高，进而使得 PC 水溶液的浓度高。这意味着吸收剂在体系中能吸收容纳更多的酸性气体。因此，这一工艺大多在高温条件下进行。

这一体系对于 $CO_2$气体分压在 30~90psig(205~620kPa)范围的原料气更为适用。由于热钾碱对于 $H_2S$ 有较强的亲和力，所以能够满足 $H_2S$ 含量在 4ppm 的管输要求。因为贫碳酸钾的再生非常困难，因此很少或不含 $CO_2$的原料气不适合该工艺。

这一工艺过程通常作为诸多炼厂中制氢车间的一部分。

(2) 环丁砜法

环丁砜法是壳牌石油公司开发的一项专利技术。这一工艺采用的吸收剂包含一种化学吸收剂二异丙醇胺(DIPA)和一种物理吸收剂环丁砜。

对于 $H_2S$、COS 以及硫醇等，环丁砜是一种活性较强的吸收剂。$CO_2$也能溶于环丁砜，但溶解度低于以上几种硫化物。因此，对于 $H_2S/CO_2$ 比例大于 1∶1 的体系而言，环丁砜法比氨吸收法更具有经济性。如果原料气中的大部分酸性气体都能够溶于环丁砜，这一工艺的操作费用也会显著低于胺吸收工艺。另外，酸性气体的吸收和再生过程所需的热负荷也较小。酸性气体在环丁砜中的溶解度显著高于在胺中的溶解度。环丁砜的酸性气体容量为 4~6scf/gal，胺液的酸性气体容量则为 2.5scf/gal。此外，环丁砜的热容约为胺类的一半，因此大大降低了再生过程的热负荷。

(3) 其他气体处理工艺

除上述酸性气体处理工艺之外，Vetrocoke 法、Stretford 法和 Rectisol 法也已经在煤液化以及天然气工业生产中取得了大量应用，而在炼油领域尚未达到胺吸收法和热钾碱法的工业应用规模。表 12-1 对常用吸收剂进行了简要对比。

## 12.3 胺液循环量

胺溶剂的循环量是确保酸性气体有效脱除的一个重要因素，同时也是装置操作费用的一个重要组成部分。这些费用包括泵设备的费用、再沸器的蒸汽以及空冷器、冷凝器的费用。以下内容针对胺溶剂循环量的计算方法进行介绍。计算方法的确定是依据部分已知的最优工艺参数。具体计算步骤如下：

步骤 1：在 DEA 和 MEA 吸收工艺中，胺液与 $H_2S$ 的摩尔比约为 3：1。

步骤 2：确定原料气的进料量及组成(通过装置和实验室分析获得)。确定原料气的摩尔质量以及 $H_2S$ 的体积分数。

步骤 3：确定胺液循环体系中胺的质量分数。DEA 或 MEA 水溶液的质量分数在 15%~20%范围内。

步骤 4：计算出原料气中 $H_2S$ 的摩尔流量(以 mol/h 为单位)。将原料气的体积流量转化为摩尔流量，并利用实验室分析结果得到原料气中 $H_2S$ 的摩尔流量。

步骤 5：计算产品气体中残留的 $H_2S$ 量。DEA 作吸收剂为 10grains/100scf，MEA 作吸收剂为 3grains/100scf(1grain=0.0648g=0.0022857oz)。

步骤 6：计算 $H_2S$ 吸收量。由步骤 4 和步骤 5 中的差值得到。

步骤 7：由步骤 1 中胺液与 $H_2S$ 的摩尔比计算得到所需的吸收剂 DEA(或 MEA)的流量。

步骤 8：DEA 和 MEA 的摩尔质量分别为 105.1 和 61.1。计算胺的质量(以溶液中胺的质量分数表示)。

步骤 9：根据步骤 2 中的计算结果，计算溶液流量，以 gal/h 或 gal/min 表示。

## 12.4 胺吸收塔理论塔板数

目前有多种方法计算胺吸收塔的理论塔板数。最常用的方法是采用流程模拟软件(HYSYS，Pro/II 等)来模拟胺吸收塔的设计计算结果，通过案例对比对流程设计进行优化。计算模拟的具体细节在此不再赘述。

下面对手动计算方法进行介绍。了解手动计算对建立模拟计算的初始设定和限定值大有裨益。

这里对 McCabe-Thiele 图像法及其计算方法进行详细介绍。这一计算方法比其他手动计算方法更可靠、更准确。

具体计算步骤如下：

步骤 1：吸收塔理论板数的计算公式如下：

$$N=\frac{\lg 1/q(A-1)}{\lg A}-1 \tag{12-7}$$

式中 $N$——理论板数；

$q$——产品气与原料气中 $H_2S$ 的摩尔数之比；

$A$——吸收因子，L/(V·K)。

步骤 2：计算产品气以及原料气中 $H_2S$ 的摩尔数，两者之比即为 $q$。

步骤 3：计算胺液的循环量，以 mol/h、lb/h 表示胺液的流量，或以 20%(体)的溶液流量 lb/h 表示。

步骤 4：根据富胺液中 $H_2S$ 的量，计算每加仑胺溶液吸收的 $H_2S$ 的量。再加上贫胺液中 $H_2S$ 的量，总和即为每加仑胺溶液中 $H_2S$ 的量。从图 12-2 中根据这一数值计算 MEA 溶液中 $H_2S$ 的分压。

步骤 5：吸收因子由下面的公式计算得到：

$$A=\frac{a(1+Rr)(1-q)}{pp/P} \tag{12-8}$$

式中 $A$——吸收因子；

$a$——原料气中 $H_2S$ 的摩尔分率；

$R$——MEA 与被吸收的 $H_2S$ 的摩尔数之比；

$r$——贫 MEA 溶液中 $H_2S$ 的含量(mol $H_2S$/mol MEA)；

$pp$——富胺液中 $H_2S$ 的分压，psig；

$P$——系统压力(吸收塔压力)，psig。

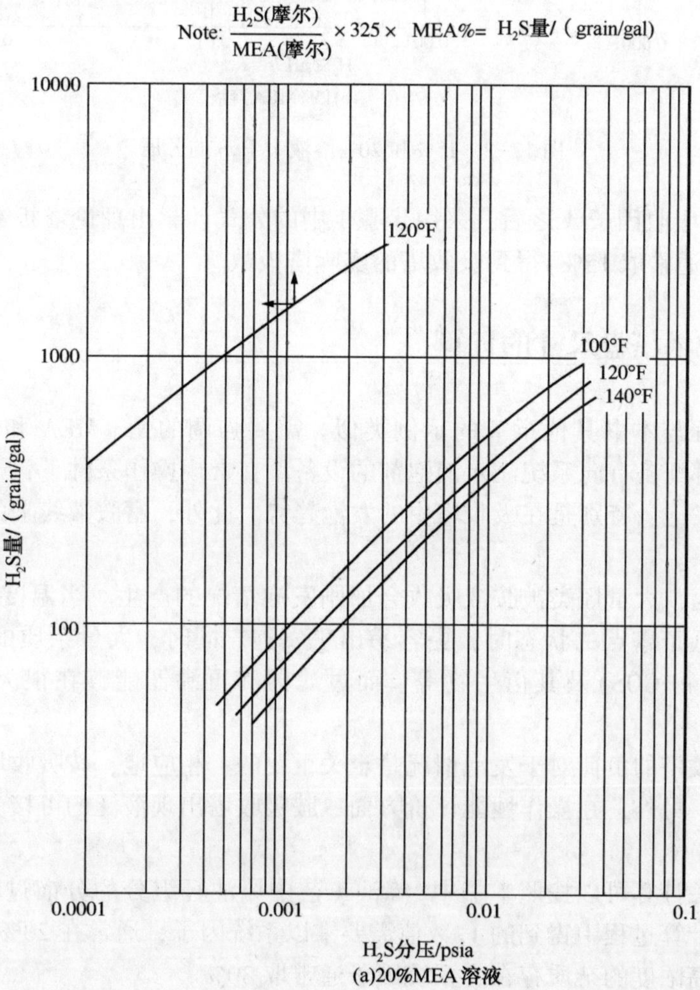

(a)20%MEA 溶液

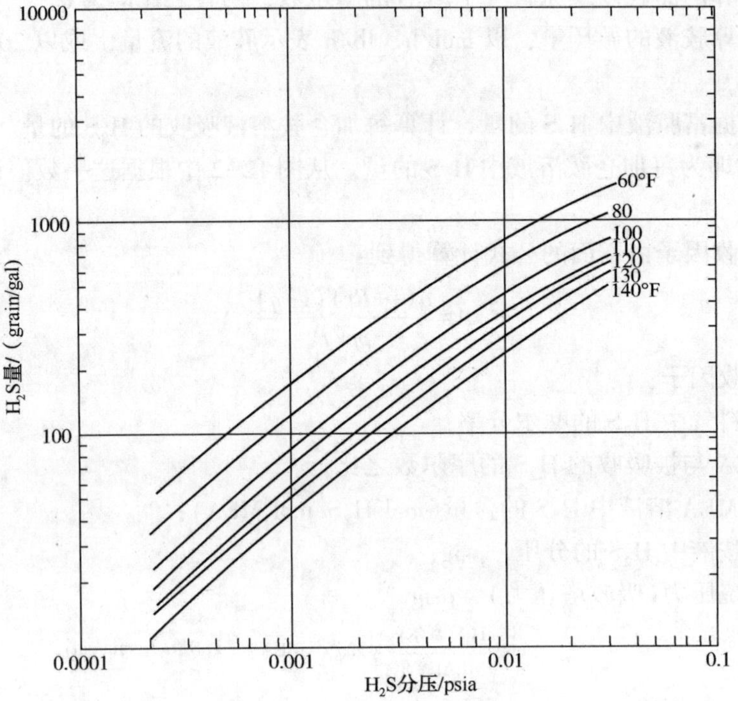

(b)15%MEA溶液

图 12-2　15%和 20%溶液中 $H_2S$ 的分压

步骤 6：得到吸收因子 $A$ 之后，采用步骤 1 中的公式计算出理论塔板数 $N$。再除以安全系数(对于吸收塔通常取 15%)得到吸收塔的实际塔板数。

## 12.5　吸收塔塔盘尺寸的计算

这一计算过程与本书其他章节的示例类似。需要强调的是，MEA 和 DEA 有发泡的倾向。大多数装置都配备有向系统注入消泡剂的设备。在常规操作条件下，这些消泡剂能够在很大程度上抑制发泡，特别是在吸收塔中的发泡趋势。此外，富胺液线上的过滤器同样可抑制严重的发泡现象。

目前普遍认为，大量烃类被胺液吸收会加剧发泡情况的产生。当温度或压力发生变化，使得气态烃处在低于露点的状态时，更容易出现发泡。同时，大量杂质的存在也会导致发泡，如(羰基硫化物 COS)及其衍生物等。而过滤器和再沸器能够在很大程度上解决这一问题。

然而，胺吸收塔的负荷对于发泡情况是至关重要的。相应地，胺吸收塔的设计操作范围比其他塔的更大。另外，在操作性能评价方面，胺吸收塔出现液泛的可接受限度也比常规塔的标准低 20% ~30%。

塔液泛的相关计算可以按照本书中“炼油工艺中原油轻组分的分馏过程”章节中的步骤进行。但是，在计算过程中得到的 $V_L$ 数值需要乘以系统因子，通常在 20% ~30%之间。如果实际系统中有较高浓度的杂质存在，系统因子通常取 30%。

## 12.6 贫/富胺液换热器换热面积

吸收塔中的胺液携带了 $H_2S$ 吸收反应产生的反应热。在离开吸收塔后，富胺液与从汽提塔底出来的高温贫胺液进行换热。胺液换热器的性能对于整个装置来说至关重要。通常富胺液在进入汽提塔之前只通过这一个换热器。与轻烃分离塔一样，进料状态对于塔的操作十分重要。胺液换热器的传热系数的计算步骤具体如下：

步骤 1：根据操作单元的实验数据或设计限定值，确定吸收塔中吸收的 $H_2S$ 的量。

步骤 2：根据表 12-1 中的数据，计算吸收过程的反应热(以 Btu/h 为单位)。

步骤 3：设定从吸收塔出来的气体温度与进入吸收塔的贫胺液温度相同。

**表 12-2 计算示例的热平衡**

| | 气/液相 | lb/h | ℉ | Btu/lb | MMBtu/h |
|---|---|---|---|---|---|
| 入方 | | | | | |
| 原料气 | 气相 | 34722 | 100 | 350 | 12.153 |
| 贫胺液 | 液相 | 194747 | 105 | 98 | 19.085 |
| 反应热 | | | | 650 | 4.696① |
| 入方合计 | | | | | 35.928 |
| 出方 | | | | | |
| 产品气 | 气相 | 34722 | 105 | 355 | 12.326 |
| 富胺液 | 液相 | 194747 | 无定值 | 变量 | 23.602 |
| 出方合计 | | | | | 35.928 |

① 每小时吸收 7225lb 硫化氢。

步骤 4：列出吸收塔的热平衡方程，其中富胺液的温度未知。

步骤 5：基于炼厂数据(或设计预测值)，根据换热器的冷热流股的流量和温度，计算得到换热器的热负荷(以 Btu/h 为单位)。

步骤 6：计算 LMTD(对数平均温差)，根据表 12-2 得到换热器的总传热系数 $U$[以 Btu/(h·ft²·℉)为单位]。

步骤 7：热量传递方程如下：

$$Q = UA\Delta T_M \tag{12-9}$$

式中 $Q$——传热量，Btu/h；

$A$——传热面积，$ft^2$；

$\Delta T_M$——对数平均温差，℉；

$U$——总传热系数，Btu/(h·ft²·℉)。

由此计算出胺液换热器的换热面积(以 $ft^2$ 为单位)。

## 12.7 汽提塔的设计及其性能

合理配置汽提富胺液所需的蒸汽量是汽提塔设计的关键。汽提蒸汽的消耗量是此类型装置操作费用的主要因素，因此需要特别关注。通常情况下，汽提蒸汽的消耗量大约是0.8~1.1lb蒸汽/gal MEA溶液，或1.1~1.3lb/gal DEA溶液。以下是计算蒸汽量的步骤：

步骤1：根据装置设计数据，确认进入汽提塔中的富胺液流量，及其硫化氢、水、MEA或DEA以及各种烃的组成。

步骤2：计算塔底流出的循环贫胺液的量。从实验室或设计数据获取硫化氢、水、MEA或DEA以及各种烃(若有)的组成。

步骤3：计算塔的物料平衡。

步骤4：采用步骤3的数据，设定塔顶外部回流比为2∶1，计算塔顶的热平衡以得到冷凝器负荷。

步骤5：计算由预热交换器给富胺液提供的热量(参考上一节)。

步骤6：用预热器出入口贫胺液温度计算预热器的热负荷。增加步骤5的热负荷，得到塔进料的焓值。

步骤7：计算汽提塔的整体热平衡，得到再沸器的热负荷。确保加上解离热，该热量等于吸收塔内的反应热(参考上一段)。

步骤8：热介质通常采用50psig的饱和蒸汽。由饱和蒸汽的焓值(蒸汽表)和再沸器热负荷计算饱和蒸汽量。

步骤9：如果蒸汽耗量过大，检查塔顶蒸汽和贫胺液浓度。会有大量的水蒸发，降低再沸器负荷可以保持胺液和硫化氢浓度。

## 12.8 MEA降解杂质的脱除

虽然MEA是胺类中最有效的吸收剂，但仍有一个明显的不足——它很容易被二硫化碳和一些羰基硫类的含硫化合物降解，而这类物质在裂解过程如热裂解和催化裂化的生成气中含量都很高。

在常规条件下，将这些硫化物从炼厂气中脱除是困难的，但不是不可能。最切实可行的方法是脱除它们的降解产物，并将“清洁”的胺返回系统。为了实现这一目的，需要增加两个设备：一个是过滤器，另一个是再回收器。过滤器采用双过滤箱，将其平行布置，当一个在运行的时候，另一个停机清洗作为备用。

再回收器为釜式重沸器。再回收器的进料是汽提塔底的贫胺液，产生的气体返回到汽提塔顶，残留或污泥即为降解产物，作为废物排出系统。再回收器可设计为连续式或间歇式，热介质为蒸汽。与汽提塔再沸器的运行相似，再回收器的加热蒸汽的温度也需要精确控制，因此使用50psig的饱和蒸汽。另外，冷凝再回收器中的汽化胺所需的热负荷也要计入汽提塔顶冷凝器中，在塔的负荷计算中也必须考虑这一因素。如前所述，也有不采用再沸器/再回收器的专利脱盐方法，但这些都以服务合同的形式提供，本书不进行讨论。

## 12.9 胺类气体处理装置的工艺设计

以下例子摘录自设计说明书，其中给定了一些参数：

1）该气体处理装置用于脱除加氢处理装置循环气中的$H_2S$。加氢处理装置的原料包括直馏以及热裂解和催化裂化的蜡油，因此循环气中包含一些 COS。

2）原料气包括如下参数：

① 气体的摩尔质量为 10.5。

② 原料气中硫化氢的含量为 4048grains/100scf。

③ 原料气量为 30MMscf/天。

④ 气体流出口的压力为 320psig。

3）气体产品硫化氢含量不大于 0.1grains/100scf。

4）选择一乙醇胺作为胺液：

① 胺与硫化氢的比例为 3.0mol 胺比 1.0mol 硫化氢。

② 胺液为 20%(质)的水溶液。

③ 贫胺液中残余硫化氢的浓度应不大于 0.09mol/mol MEA。

④ 应考虑对胺液降解的防护。

**12.9.1 吸收塔的设计**

（1）胺液循环量的计算

$$原料气流量=30MMscf/天=3306.9mol/h=34722lb/h$$

$$原料气中的硫化氢=\frac{4048\times0.0022857}{16}=0.578lb/100scf=5100mol/天$$

$$=1928MMscf/天=212.5mol/h$$

$$产品气中的硫化氢=0.1grain/100scf=0.126mol/天=0.00521mol/h$$

$$胺液中吸收的硫化氢=212.5-0.00521=212.49mol/h$$

胺液量为每摩尔硫化氢 3.0mol。

计算得到胺的摩尔量为 637.47mol/h，即 38949lb/h(MEA 的摩尔质量为 61.1)，或按 20%(质)的胺溶液量为 194747lb/h。胺溶液的组成为 155798lb 水和 38949lb 胺。

$$MEA=8.45lb/gal$$

$$水=8.328lb/gal$$

$$MEA=4609gals/h$$

$$水=18708gals/h$$

胺溶液循环量为 23317gals/h(体积按直接加和计算)。

（2）吸收塔塔板数和总体尺寸的计算

吸收塔的理论塔板数采用下式计算：

$$N=\frac{\lg 1/q(A-1)}{\lg A}-1 \tag{12-10}$$

式中 $N$——理论塔板数；

$q$——原料气/贫胺液中硫化氢的摩尔数；

$A$——吸收因子，L/(V·K)。

$$q=\frac{贫气中硫化氢的摩尔数}{原料气中硫化氢的摩尔数}=\frac{0.00521}{212.5}=2.45\times10^{-5}$$

$$吸收的酸性气=212.49mol/h$$

$$贫胺液中残留的酸性气=57.37mol/h$$

$$总酸性气=\frac{269.87\times34\times16}{0.0023}=63.86\times10^{6}grains/h$$

$$总 MEA 溶液量=23317gal/h$$

因此，可以得到胺溶液中酸性气的量为 2738grains$H_2S$/gal MEA。由图 12-2(a)可以查得 20%MEA 溶液下，硫化氢的分压为 0.33psig。采用下式可以计算得到吸收因子 $A$。

$$A=\frac{a(1+Rr)(1-q)}{pp/P} \tag{12-11}$$

“a”原料中硫化氢的摩尔分率为：

$$a=\frac{212.5}{3306.9}=0.0643$$

$R$ 为每摩尔酸性气消耗的 MEA 摩尔数，值为 3.0；$r$ 为每摩尔贫胺液中含 0.09mol 硫化氢，则：

$$A=\frac{0.0643\times[1+(3.0\times0.09)]\times[1-(2.45\times10^{-5})]}{0.33\div335}=82.1$$

因此：

$$N=\frac{\lg[(1\div2.45\times10^{-5})\times(82.1-1)]}{\lg82.1}=\frac{\lg(3.283\times10^{6})}{\lg82.1}=\frac{6.5}{1.91}=3.4$$

将塔板效率设定为 15%，则实际塔板数为 23(包括再沸器)。

由于 MEA 容易发泡，因此将塔盘间距设定为 18in(1.5ft)。塔盘部分的高度为 22×1.5ft，即 33ft。

(3) 吸收塔直径的计算

发泡因子设为 60%，进入吸收塔的原料气量为 30MMscf/天，原料气的温度为 100℉，压力为 335psig(平均工况)，因此，实际流量为：

$$\frac{30\times106\times14.7\times580}{24\times3600\times520\times335}=16.41cfs$$

原料气流量为 34722lb/h(9.645lb/s)，则：

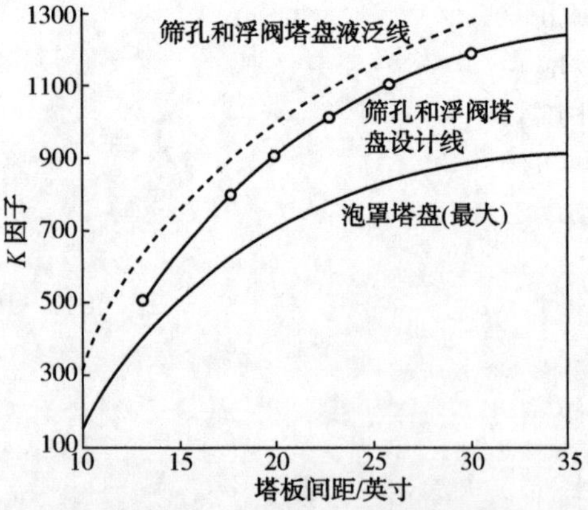


图 12-3 Brown-Souders 流体常数

$$\rho_v=\frac{9.645}{16.41}=0.588lb/cuft$$

MEA 溶液质量流量为 194747lb/h，体积流量为 23317gals/h(3117$ft^3$/h)，因此密度为 62.48lb/cuft，120℉(MEA 入口温度)时密度为 62.1lb/cuft，则：

$$液泛负荷=K_f\sqrt{\rho_V\times(\rho_1-\rho_V)}$$

由图 12-3 查得 $K_f$ 为 1280，若液泛因子为 60%，则 $K_f$ 为 768。

$$负荷=768\times\sqrt{36.17}=46191lb/(h\cdot ft^2)$$

设计负荷为液泛的 70%，即 3233lb/(h·$ft^2$)。

$$塔盘的截面积=34722/3233=10.74ft^2$$

塔内径(计算值)为 3.7ft。

内径取值为 4ft 时，塔盘的截面积为 12.6$ft^2$。

塔盘的最终设计由其他部门(塔盘制造商)完成，以保证使用效果。

(4) 塔底胺液滞留量的计算

最小持液量为1min内从正常液位到放空的量。

$$1\text{min 内放空的胺液体积流量} = \frac{3117}{60} = 51.95\text{cuft}$$

$$\text{因此，正常液位(NLL)} = \frac{51.95}{12.6} = 4.1\text{ft} \approx 4\text{ft}。$$

因此，高液位(HLL)在切线上8ft，低液位(LLL)在切线上4ft。

高液位与底层塔盘的距离再增加4ft。

### 12.9.2 吸收塔的整体尺寸

吸收塔的高度按如下步骤计算：

以底部切线为基线：

到底部塔盘=12ft

到顶部吸收塔盘=45ft

到水洗抽出=48ft(升气管型抽出盘底部)

到洗涤段顶部=54ft

到顶部切线=58ft

吸收塔的整体尺寸为4ft(内径)×58ft(切线到切线)。

(1) 吸收塔热平衡的计算

富气物流为100℉、320psig，焓值为350Btu/lb，质量流量为34722lb/h，通过计算可以得到硫化氢吸附的反应热为650Btu/lb。

通过换热，贫胺液溶液的温度达到150℉，产品气的流出温度也大致相当。

流出吸收塔的富胺液温度视情况而定：

$$\text{富胺液的流出温度} = \frac{23.602\times106}{(38949\times0.663)+155798} = 129.95\ ℉ \approx 130℉。$$

(2) 换热器的设计

从汽提塔流出的贫胺液首先与从吸收塔流出的富胺液换热降低温度，再进一步通过与水或空气换热，冷却到进入吸收塔入口的温度条件。如下是计算贫/富胺液热交换器尺寸的步骤。

从汽提塔流出的贫胺液与从吸收塔流出的富胺液换热，冷却到175℉。换热器的热负荷为：

$$38949\times0.663\times(249-175)+155798\times74 = 13.44\text{MMBtu/h}$$

采用泡点计算方法，根据贫胺液在汽提塔底条件下温度和压力的关系，可以得到汽提塔底的温度为240℉。这一步后续再验算。

汽提塔富胺液进料的温度($T$)符合下式：

$$23.602+13.44 = 38949\times0.663\times T+155798T$$

$$\text{解之 } T = 204\ ℉$$

胺液换热器的总热传递系数可选100Btu/(h · ft² · ℉)(由换热器制造厂商确认)。换热器的尺寸为：

LMTD249→175

204←130=45℉

面积=13440000/(45×100)=2987ft$^2$

(3) 汽提塔的设计

酸性气进料的总摩尔数=吸收的摩尔数=212.49mol/h

剩余酸性气=57.37mol/h

总酸性气=269.86mol/h

胺液摩尔数=637.47mol/h(假定没有损失)

水摩尔数=8655mol/h

溶解烃的摩尔数=1.8mol/h(按 $C_5$ 计)

(4) 物料平衡

汽提塔的物料平衡如表 12-3 所示。

**表 12-3 胺液汽提塔物料平衡示例**

| 物质 | 分子量 | lb/gal | 进料/塔顶 | | | | | | 贫胺液 | | |
|---|---|---|---|---|---|---|---|---|---|---|---|
| | | | mol/h | lb/h | GPH | mol/h | lb/h | GPH | mol/h | lb/h | GPH |
| $H_2S$ | 34 | 6.55 | 270 | 9180 | 1401 | 212.5 | 7225 | 1103 | 57.5 | 1955 | 298 |
| $H_2O$ | 18 | 8.33 | 8655 | 155790 | 18702 | 8.43 | 151 | 18 | 8646.6 | 155639 | 18684 |
| HC | 72 | 5.25 | 1.8 | 130 | 25 | 1.8 | 130 | 25 | 0 | 0 | 0 |
| MEA | 61 | 8.45 | 637.5 | 38888 | 4602 | 0 | 0 | 0 | 637.5 | 38888 | 4602 |
| 合计 | | | 9564.3 | 203988 | 24730 | 222.73 | 7506 | 1146 | 9341.6 | 196482 | 23484 |

塔顶产品和回流液体的组成按如下步骤计算:

设塔顶产品中水为 $x$ mol/h。塔顶产品中硫化氢的含量为进料中总的硫化氢含量减去塔底贫胺液产品中残留的硫化氢含量。假设所有的烃都由塔顶气相产品流出。采用露点计算方法，根据塔顶产品在回流罐条件下温度和压力的关系，查表 12-4 可以得到 $x$ 的值。

回流罐的压力为 23psig，温度为 100℉时，露点和回流物组成计算结果见表 12-4。

回流与汽相产品的摩尔比为 2。

**表 12-4 塔顶和回流组成计算示例**

| 物质 | mol/h | $K$ 值(100℉) | $x=y/K$ |
|---|---|---|---|
| $H_2S$ | 212.5 | 14.75 | 14.40678 |
| $H_2O$ | $x$ | 0.041 | $x/0.041$ |
| $C_5$ | 1.8 | 0.67 | 2.686567 |
| | 214.3 | | 17.09335 |
| | 214.3+$x$ | | 17.09+$x$/0.041 |
| | 197.21 | | $x$/0.041+$x$ |
| | | $x=0.843$ | |
| | | mol/h | lb/h |
| $H_2S$ | 0.065 | 29.5 | 1003 |

续表

| 物质 | mol/h | K 值(100℉) | $x=y/K$ |
|---|---|---|---|
| $H_2O$ | 0.923 | 419.6 | 7553 |
| HC | 0.012 | 5.5 | 396 |
| | | 454.6 | 8952 |

### 12.9.3 塔顶条件和冷凝器负荷

塔顶压力约为回流罐压力加 3psig 的冷凝器压降、管路的压降 0.7psig 和其他压力损失。得到塔顶压力为 26.7psig。塔顶产品和回流的组成见表 12-5。

**表 12-5 塔顶相组成计算示例**

| | 塔顶产品/(mol/h) | 回流/(mol/h) | 合计/(mol/h) | 摩尔分率 |
|---|---|---|---|---|
| $H_2S$ | 212.5 | 29.5 | 242 | 0.357 |
| $H_2O$ | 8.43 | 419.6 | 428.03 | 0.632 |
| HC | 1.8 | 5.5 | 7.3 | 0.011 |
| 合计 | 222.73 | 454.6 | 677.33 | 1.000 |

通过露点计算得到塔顶温度为 218℉。

通过塔顶热平衡可以计算得到冷凝器的负荷(图 12-4 框 1)，热平衡结果见表 12-6。

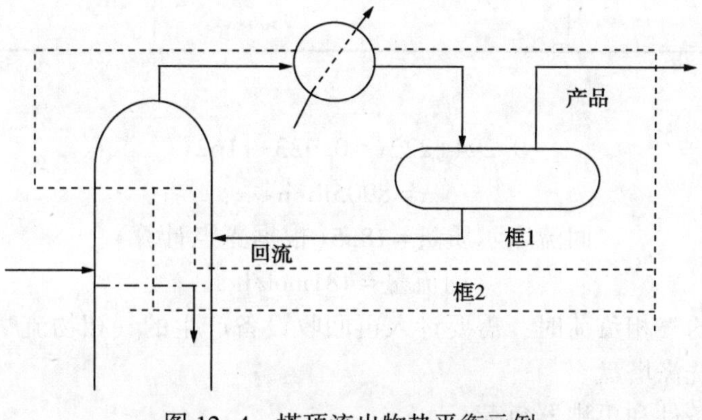


图 12-4 塔顶流出物热平衡示例

**表 12-6 塔顶流出物热平衡示例**

| 物流 | 相态 | ℉ | lb/h | Btu/lb | MMBtu/h |
|---|---|---|---|---|---|
| 入方 | | | | | |
| 总塔顶流出物 | 气 | 218 | 16458 | 615 | 10.122 |
| 合计 | | | | | 10.122 |
| 出方 | | | | | |
| 产品 | 气 | 100 | 7506 | 155.7 | 1.169 |
| 回流 | 液 | 100 | 8952 | 92.5 | 0.828 |
| 冷凝器 | 两相 | | | | 8.125 |
| 合计 | | | 16458 | | 10.122 |

冷却原料中气相的冷凝器负荷为8125MMBtu/h。其中再回收设备产生汽相的冷凝负荷需要另外计入，这部分稍后完成。

(1) 顶部塔盘内部回流量的计算

已知冷凝器负荷，内部回流量 $x$ lb/h 可根据塔顶热平衡计算(图12-4框2)，如表12-7所示。

表12-7 顶部塔板内回流计算实例

| 物流 | 相态 | ℉ | lb/h | Btu/lb | MMBtu/h |
|---|---|---|---|---|---|
| 入方 | | | | | |
| 内回流 | 气 | 222 | $x$ | 1162 | $1162x$ |
| 产品 | 气 | 222 | 7506 | 123 | 0.923 |
| 合计 | | | $7506+x$ | | $0.923+1162x$ |
| 出方 | | | | | |
| 产品 | 气 | 100 | 7506 | 155.7 | 1.169 |
| 回流 | 液 | 222 | $x$ | 222 | $222x$ |
| 冷凝器 | 两相 | | | | 8.125 |
| 出合计 | | | $7506+x$ | | $9.294+222x$ |

求解 $x$ 得：

$$9.294+222x=0.923+1162x$$

$$x=8905\text{lb/h}$$

回流摩尔质量=18.5(根据露点计算)

回流量=481mol/h

计算顶部塔盘的气相负荷时，需要计入再回收设备产生的气相物流摩尔数。进料塔盘以上两层塔盘可作为洗涤塔盘。

(2) 汽提塔底条件和再沸器负荷

塔底压力设为34psig。这个值允许设置20层塔盘，每层塔盘的压降约为0.35psig。

塔底温度按照34psig压力下塔底产物的泡点计算(见表12-8)。塔底产品焓值按照液体计算230Btu/lb。计算再沸器负荷，以表12-9所示的整个塔热平衡为依据。

表12-8 汽提塔底组成计算实例

| 物质 | 负荷/(mol/h) | 摩尔分率 | 温度249℉ | |
|---|---|---|---|---|
| | | | $K$(34psig) | $y=xK$ |
| $H_2S$ | 57.5 | 0.0062 | 45.4 | 0.2815 |
| 水 | 8646.6 | 0.9256 | 0.79 | 0.7312 |
| MEA | 637.5 | 0.0682 | 0.09 | 0.0057 |
| 合计 | 9341.6 | 1.0000 | | 1.0184 |

表 12-9 再沸器负荷计算

| 物流 | 相态 | ℉ | lb/h | Btu/lb | MMBtu/h |
|---|---|---|---|---|---|
| 入方 | | | | | |
| 进料 | 气+液 | 204 | 203988 | 181.7 | 37.06 |
| 再沸器 | | | | | 22.049 |
| 合计 | | | 203988 | | 59.109 |
| 出方 | | | | | |
| 塔顶流出物 | 气 | 100 | 7506 | 155.7 | 1.169 |
| 塔底 | 液 | 249 | 196482 | 230 | 45.179 |
| 反应热 | | | | | 4.696 |
| 冷凝器 | | | | | 8.125 |
| 合计 | | | 203988 | | 59.109 |

(3) 再沸器负荷的计算

再沸器负荷的计算取决于整个塔的热平衡，如表 12-9 所示。

(4) 底部塔板气液情况

底部塔板温度为 240℉(见图 12-5 和表 12-10)。在下面的热平衡中，令输送到塔板的汽提蒸汽的流量(lb/h)为 $x$ 则：

$x$ =25748lb/h 由于：分子量

=1115.6mol/h

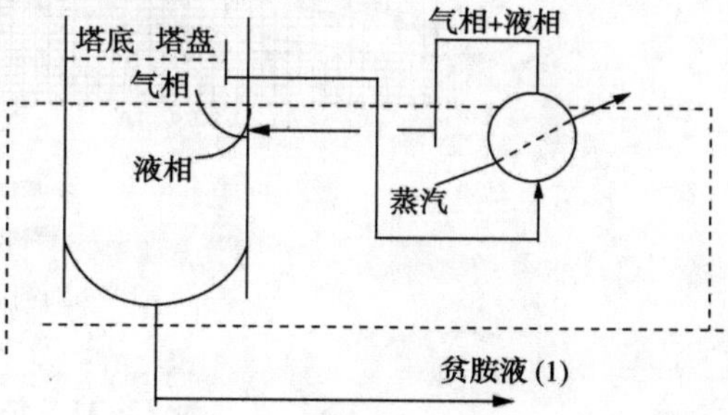


图 12-5 塔底热平衡回路

底层塔盘气相负荷=1115.6/10457=0.107

表 12-10 底部塔板条件计算

| 物流 | 相态 | ℉ | lb/h | Btu/lb | MMBtu/h |
|---|---|---|---|---|---|
| 入方 | | | | | |
| 塔底流出物 | 液 | 240 | 196482 | 224 | 44.012 |
| 汽提流出物 | 液 | 240 | $x$ | 224 | $224x$ |
| 再沸器 | | | | | 22.049 |
| 合计 | | | $196482+x$ | | $66.061+224x$ |
| 出方 | | | | | |
| 汽提流出物 | 气 | 249 | $x$ | 1035 | $1035x$ |
| 塔底 | 液 | 249 | 196482 | 230 | 45.179 |
| 合计 | | | $196482+x$ | | $45.179+1035x$ |

(5) 汽提塔理论塔板数的计算

本次计算将使用图 12-6 所示的克莱姆塞(Kremser)方程。

上述 V/L 系数将用于该方程。还会用到塔中各个组分平均 $K$ 值。计算结果如表 12-11 所示。

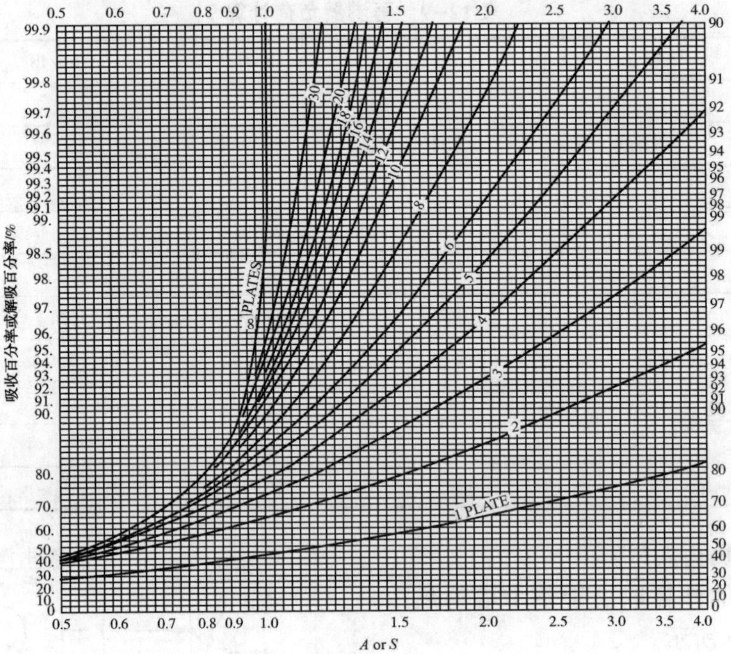


$A$ = 吸收因子 = $\frac{L}{YK}$

$S$ = 解吸因子 = $\frac{YK}{L}$

图 12-6 克莱姆塞方程及关联线

**表 12-11 估算理论塔盘数**

| 组成 | mol/h | K 值 | VK/L | 汽提出组分 | |
|---|---|---|---|---|---|
| | | | | % | mol/h |
| $H_2S$ | 270 | 44 | 4.7 | 100 | 270 |
| $H_2O$ | 8655 | 0.72 | 0.08 | <0.5 | 8.0 |
| HC | 1.8 | 3.5 | 0.37 | 50 | 0.9 |
| MEA | 637.6 | 0.1 | 0.01 | 0 | 0 |
| 合计 | 8564.3 | | | | 278.9 |
| 备注 | | | 使用 3 层塔盘 | 查图 12-6 | |

3 块理论塔板可满足汽提要求。汽提塔板效率较低，一般在 12%~18%。在这一案例中，选择效率值 15%，则真实塔板数 = 3/0.15 = 20 块。

加氢裂化产物汽提计算偏差来源于假设的偏差，上述计算假设烃类为已烷，实际可能是更重的烃类。

(6) 再回收器负荷和尺寸的计算

2%(质)的贫胺液进入再回收器，其中汽化后的残液占再回收器进料的 2%。再回收器采用连续操作，气相将返塔进入塔底部塔盘下方。再回收器物料平衡数据见表 12-12。

**表 12-12 再沸器物料平衡和热负荷**

| 物流 | 相态 | °F | lb/h | Btu/lb | MMBtu/h |
|---|---|---|---|---|---|
| 入方 | | | | | |
| 进料 | 液 | 249 | 3，930 | 230 | 0.935 |

续表

| | 相态 | °F | lb/h | Btu/lb | MMBtu/h |
|---|---|---|---|---|---|
| 再沸器 | | | | | 2.130 |
| 合计 | | | 3930 | | 3.065 |
| 出方 | | | | | |
| 蒸汽循环量 | 气 | 260 | 2851 | 1070 | 3.051 |
| 剩余量 | 液 | 260 | 79 | 182 | 0.014 |
| 合计 | | | 3930 | | 3.065 |

典型的釜式再沸器的热通量为26500Btu/(h·ft²)，因此，换热面积为80ft²。

再回收器产生的气相将计入到底部塔盘的气相负荷中。同样，产生的液体量将计入到塔盘液相负荷中，则：

$$冷凝器总负荷=8.125+2.130=10.255\text{MMBtu/h}$$

$$塔底部塔盘气相负荷=气提流出物+再回收器气相$$
$$=25748+2851$$
$$=28599\text{lb/h}$$

或

$$=1115.6+135.8=1251.4\text{mol/h}$$

(7) 汽提塔尺寸

汽提塔尺寸的计算与吸收塔的情况一样，汽提塔的横截面积将采用布朗和桑德斯法计算，如下所示：

塔的横截面积是基于塔底塔盘负荷计算，因此：

$$塔盘总气相量=1251.4\text{mol/h}$$

$$实际体积流量=\frac{1251.4\times378\times700\times14.7}{520\times34\times3600}=76.47\text{ACFS}$$

$$\rho_v=7.85/76.47=0.104\text{lb/cuft}$$

$$塔底部塔盘总液体量=汽提流出量+产品量+再回收器液相流量=5748+196482+285$$
$$=225081\text{lb/h}$$

$$240°\text{F}液体=7.87\text{lb/gal}$$

$$流量=28600\text{gals/h}或3823\text{ft}^3/\text{h}$$

$$\rho_1=58.871\text{lb/cuft}$$

$$水力负载=K_f\sqrt{\rho_v\times(\rho_v-\rho_1)}$$

由图12-5可知 $K_f=1280$，在60%时 $K_f=768$

$$总负载=768\times2.47=1899\text{lb/(h}\cdot\text{ft}^2)$$

令80%负载=1519，则：

$$横截面面积=28599/1519=18.8\text{ft}^2$$

$$直径=4.9\text{ft}\approx5\text{ft}$$

塔具有20个浮阀式塔板，塔板由18块汽提塔板和2块精馏塔板组成。与吸收塔塔盘一样，它们的间距为30in。因此，从底部到顶部塔盘的塔高为19×30in，即570in或47ft6in。底部(从底部塔盘到塔底切线)的尺寸应能容纳2min的液体，因此：

$$来自底部重沸器的液体=196482+2851=199333\text{lb/h}$$

60℉液体=8.35lb/gal，249℉液体=7.89lb/gal

塔底流量=199333/7.891=25264gal/h=421GPM，即 56.3$ft^3$/min。

体积停留时间超过 3min 时，则容积为 168.9$ft^3$，约 169$ft^3$。

高液位(HLL)为 8.6 ft，从高液位到底部塔盘允许 4ft。

汽提塔高度汇总(底部切线的所有尺寸)如下：

| | |
|---|---|
| 到底部塔盘 | 12ft. 6in |
| 塔盘部分 | 47ft. 6in |
| 顶部塔盘到顶部切线 | 4ft |
| 总高度 | 64ft |

裙座为 15ft，使设备净总高度达到 79ft。

这样就完成了主要设备的工艺设计。其他一些较小的设备如图 12-7 所示。

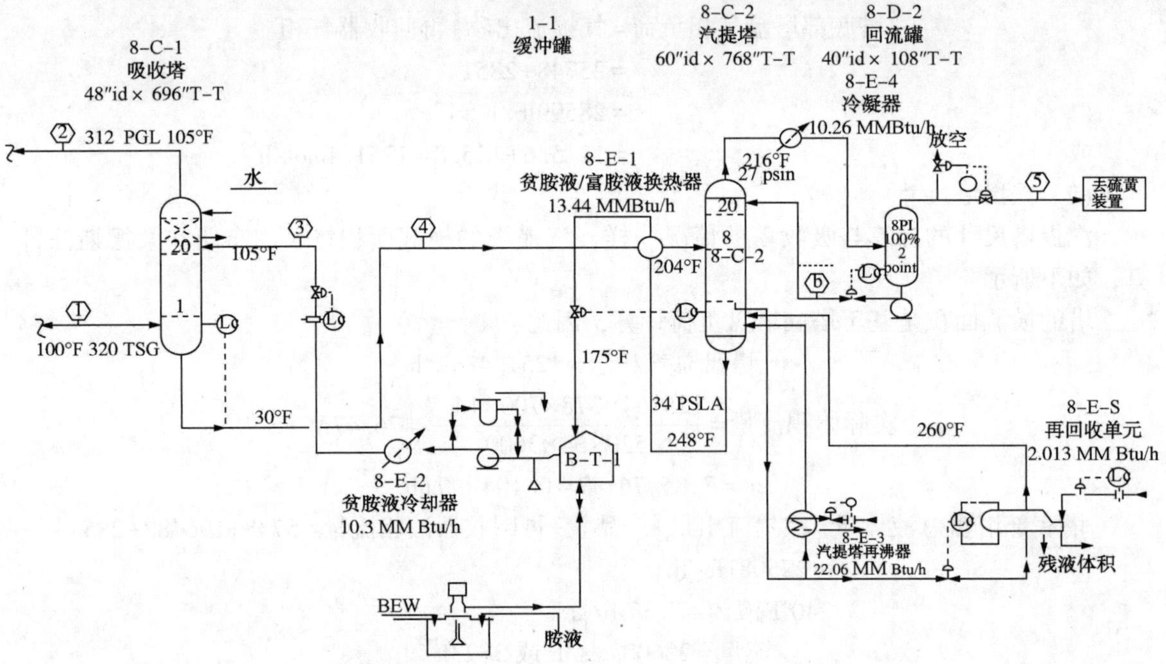


| 物流 | 1 | 2 | 3 | 4 | 5 | 6 |
|---|---|---|---|---|---|---|
| mol/h | 酸性循环气 | 脱硫循环气 | 贫胺液 | 富胺液 | 酸性气 | 汽提塔回流 |
| $H_2S$ | 212.5 | (neg) | 57.5 | 270 | 212.5 | 29.5 |
| HOS | | | 8646.6 | 8655 | 8.4 | 419.6 |
| HC | 3094.4 | 3092.6 | | 1.8 | 1.8 | 5.5 |
| MEA | | | 637.5 | 637.5 | | |
| 合计 | 3306.9 | 3092.6 | 9341.6 | 9364.3 | 222.7 | 454.6 |
| lbs/h | 34722 | 27462 | 196482 | 203988 | 7506 | 8952 |
| GPM (MMSSFD) | (30) | | 391 | 412 | (0.2) | 15 |

图 12-7　MEA 处理装置初步工艺流程图

# 第 13 章　渣油处理技术

## 13.1　引言

原油常压蒸馏中收率最高的产品一般是常压渣油。对于大多数中东原油，轻质原油的常压渣油收率为 40%左右，而对于重质原油，这个比例可达 50%或更高。通常情况下，这是选择原油和确定炼厂加工方案的主要影响因素。大多数情况下，在炼油的加工方案中，大部分渣油可以经调和后作为燃料油；在有些情况下，大部分常压渣油也会经过进一步的减压蒸馏，以生产汽油、中间馏分油或润滑油调和组分。减压渣油的收率较低，它们会被进一步生产成燃料油或沥青产品。

然而，在有些情况下，常压渣油和减压渣油量均过大，以至于限制了炼厂加工量或二次转化为高附加值产品的能力，进而限制了炼厂的盈利能力。在这种情况下，渣油转化变得具有吸引力，在整个加工流程中显得非常重要。这个问题通常存在于那些没有燃料油市场或市场份额很小的炼厂。渣油转化通常是通过催化裂化或加氢裂化处理常压渣油，通过热裂化处理减压渣油。有关减压蜡油转化的工艺，详见本书中有关加氢裂化和流化催化裂化的章节。

长期以来，通过热裂解工艺直接转化常压渣油一直是行业内将劣质渣油“变废为宝”的主要方法。然而，部分已工业化的催化工艺比热裂解更加有效，优势明显。本章涉及渣油的直接加工工艺包括以下几部分：热裂解；重油流化催化裂化；渣油加氢裂化和脱硫改质。

## 13.2　热裂解工艺

热裂解工艺是指通过在高温下加热将渣油进料(常压或减压渣油)转化为更高品质的产品(石脑油和中间馏分)的工艺过程。也就是说，在转化中不使用催化剂或其他化学品。这些工艺过程包括：减黏裂化；热裂化；焦化。

减黏裂化和热裂化的定义存在某些易混淆之处。二者不同之处在于原料类型、裂化程度以及最终产物。严格地说，减黏裂化这一术语仅指以降低重质原料的黏度作为主要目标的加工工艺。

### 13.2.1　热裂化工艺的应用

在没有减压蒸馏设备的小型炼厂中，来自原油常压蒸馏的渣油(沸点通常高于 650℉或 700℉)构成了重质燃料油产品的主体。在需要减产燃料油以增产轻质和中间馏分油的情况下，渣油一次热裂化是一种简单且有效的方案。首先，渣油在专门设计的加热炉中发生裂解反应；然后将加热炉的出口产物急冷并送至分馏塔，有时还会进行预闪蒸；最后，裂解产物，如轻质气体、石脑油、蜡油和渣油，以常规方式进行分离。通过这种方法，渣油进料可得到约20%的较轻的产物，主要是蜡油。图13-1为一种典型的一次热裂化工艺。

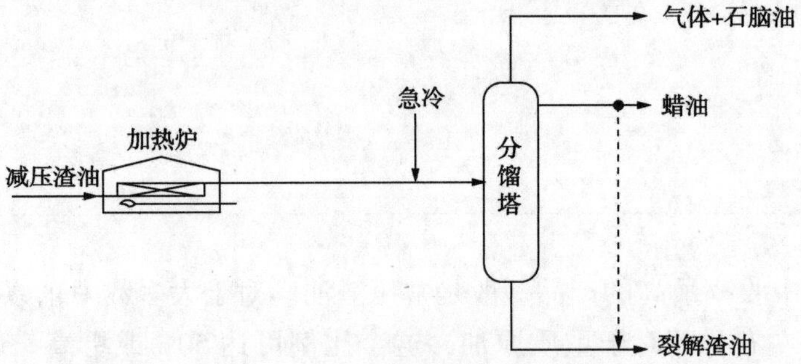


图13-1 一次热裂化工艺流程

对于多产蜡油加工方案，可以使用更复杂的工艺。这种情况下，原料渣油首先在加热炉中发生裂解反应，并对馏出物进行闪蒸，来自闪蒸塔的油气被送至分馏塔，以回收重质蜡油作为塔底产物。然后，在第二个加热炉中，闪蒸塔底产物在更苛刻的条件下进行裂化，以增产轻质馏分油和蜡油。通常，一次加热炉(用于渣油)的工作压力为15~20psig，炉出口温度为900℉；二次加热炉(用于蜡油)的工作压力约为250~300psig，炉出口温度为930℉。该过程即是两次热裂解流程，如图13-2所示。

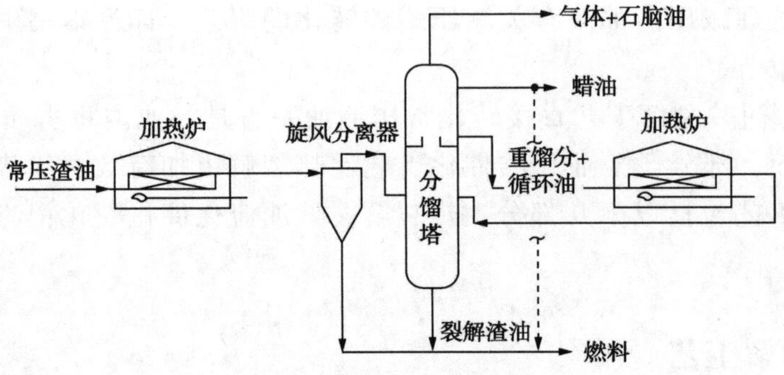


图13-2 二次热裂化工艺流程

### 13.2.2 减黏裂化工艺

减黏裂化工艺配置与图13-1所示的一次热裂解工艺十分类似，相比一次热裂解工艺，需要在加热炉之后配置一台专用设备。这是一种简单的减黏反应器，它可以避免加热炉出口物流被进一步加热而造成温度升高，延长维持在裂化温度的停留时间。这种操作的目的在于保证良好的燃料油稳定性的同时，尽可能提高蜡油的收率，从而使渣油黏度满足燃料油规格。减黏反应器的使用延长了在中等温度和压力条件下的停留时间，从而获得了适宜的转化率，而且不影响燃料油产物的稳定性。减黏裂化加热炉出口温度可低至830℉，以满足燃料油黏度规格。该工艺流程设置如图13-3所示。

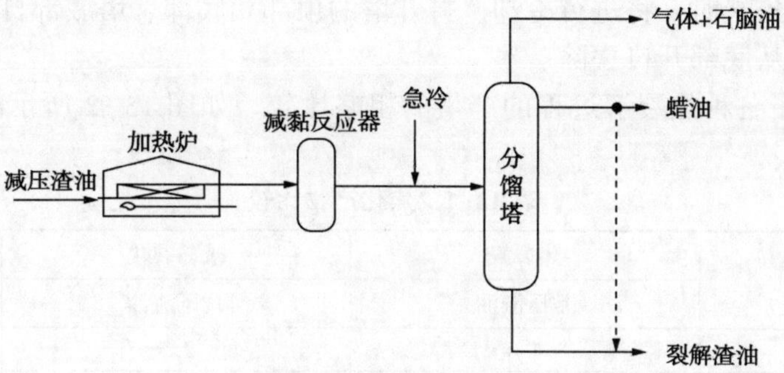


图 13-3 典型的减黏裂化工艺流程

### 13.2.3 焦化工艺

焦化是最苛刻的热裂化形式，在这种情况下，所有的渣油原料都转化为轻馏分、石脑油、焦化蜡油和固体焦炭。焦化过程不产生残余重油。这种方法特别适于处理超重质原油，例如巴赫切罗(Bachaquero)原油或加拿大"重油(heavy oil)"原油。炼油厂配置焦化装置必须找到合适的焦炭市场，而且对焦炭质量的要求可能导致焦炭产品需要进一步加工，例如煅烧，生产成本也会增加。

目前，在运行的焦化工艺主要有两种类型，即延迟焦化工艺和流化焦化工艺。当需要以简单且廉价的方法将渣油转化为高附加值产品时，传统流化工艺因其复杂性、精细操作和成本使其不太可能成为首选方案。然而，最新的流化焦化工艺能够将焦炭转化为低热值气体。本节仅讨论延迟焦化工艺和流化焦化的专有工艺。

(1) 延迟焦化

延迟焦化工艺过程如图 13-4 所示。

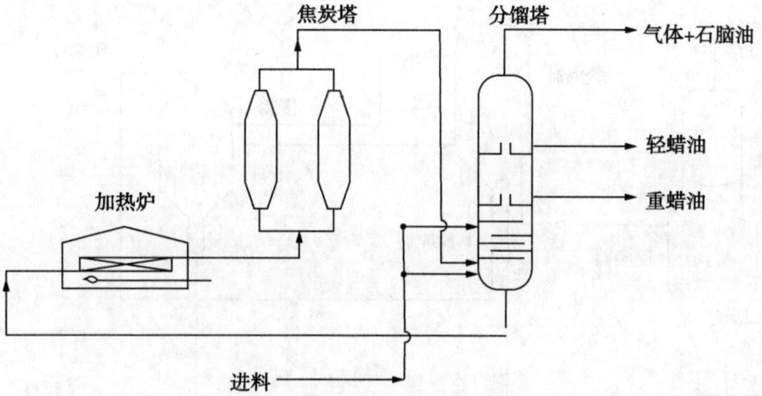


图 13-4 延迟焦化装置

与其他热裂解工艺类似，渣油或重油原料送进加热炉。加热炉的流出物不经过急冷送进一系列焦炭塔中的一个。操作条件：加热炉出口温度 920℉，30~50psig，焦炭塔填充时间大约 12~24h。进料时焦炭塔顶部的油气送至分馏塔中，分离成不同的馏分产物。在焦炭塔中，物料停留时间较长，实现了对重馏分的完全裂化，同时碳含量高的固体残余物以焦炭的形式留在焦炭塔中。

当焦炭塔装满焦炭时，将进行冷却，打开塔的顶部和底部。塔底部打开后，利用特制的高压水切割焦炭并从底部开口去除。

表 13-1 给出了各种热裂解过程的产量的粗略比较。如图 13-2 所示的两级热裂解器数据见表 13-1。

**表 13-1　焦化产物比较**　　%(相对于进料)

| 原料 | 热裂解 | 减黏裂化 | 延迟焦化 |
|---|---|---|---|
| | 常压渣油 | 减压渣油 | 常压渣油 |
| 丁烷以下 | 4.0 | 2.5 | 7.5 |
| $C_5$~330℉石脑油 | 7.0 | 4.5 | 15.5 |
| 330~660℉蜡油 | 26.0 | 13.0 | 59.0 |
| 残渣 | 63.0 | 80.0 | 18.0 |

(2) Flexicoking™灵活焦化工艺(流化焦化)

灵活焦化工艺是埃克森公司开发的一种热裂化方式。该工艺是传统流化焦化工艺的延伸。通过改进，可将焦炭的主要部分气化，产生低热值气体。气化单元跟煤气化工艺中使用的技术相近。

图 13-5 是灵活焦化工艺的流程简图。

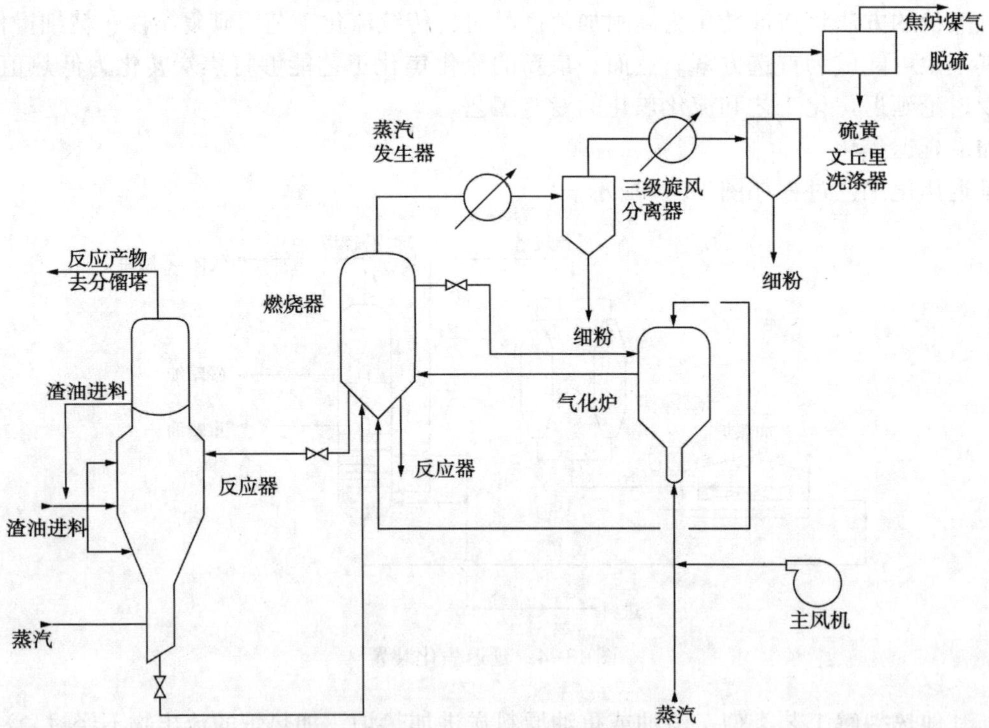


图 13-5　灵活焦化工艺流程简图

重质渣油在反应器中进行热裂化反应。用于裂化的热量由燃烧器转移到反应器的热流化焦炭提供。反应产生的气体产品离开反应区域进入洗涤塔，洗涤塔中去除的焦粉和一部分重油颗粒与新鲜进料混合后进入反应器。反应器产物离开洗涤塔并送至常规分馏设备。反应器底注入蒸汽以保持焦炭床层流化，并去除离开反应器的焦炭中夹带的油气。

离开反应器的焦炭进入燃烧器，并在空气存在条件下转化成 $CO/CO_2$。焦炭的这种转化提供了裂化所需热量，随后通过热焦流传递到反应器。净焦炭离开反应器进入气化器。在气化器中将空气和蒸汽引入，与焦炭进行反应，产生主要由氢气、CO、$CO_2$和氮气组成的低热值气体。这种气体与一些过量空气一起转移到燃烧器中，离开燃烧器之后得到净化和冷却。

流化焦化是一种转化完全的工艺。通过重油物质的循环，所有的进料被转化成不同的馏分产物、炼厂气和低热值气体。该工艺只需非常少的焦炭吹扫蒸汽，其量约为新鲜进料的0.4%-0.8wt%。对流化焦化的产物进行适当的加氢处理，就可以得到优质产品。加氢处理的焦化石脑油为催化重整提供了优异的高环烷烃原料。基于阿拉伯渣油的流化焦化典型产率如表13-2所示。

**表13-2 典型操作条件和流化焦化产率**

| | |
|---|---|
| 原料 | |
| 切割范围/°F | 1050 |
| °API | 3.0 |
| 硫/%(质) | 6.0 |
| 氮/(mg/kg) | 4800 |
| 康式残炭/%(质) | 27.7 |
| 金属/ppm | 269 |
| 基于新鲜进料的产率 | |
| $H_2S$/%(质) | 1.45 |
| $C_4$ 及以下/%(质) | 10.29 |
| $C_5$~370°F/% | 15.0 |
| 370~650°F/% | 16.7 |
| 650~975°F/% | 28.4 |
| 焦炭/% | 0.69 |
| 焦化气/(Scf/bbl) | 10.79(LHV=127Btu/scf) |

此工艺在原料性质方面要求非常灵活，大部分金属与焦炭一起被去除掉。同预期一致，进料中的康式残炭不会影响产品收率。因存在较为经济的方法利用这些低热值气体，此工艺为升级劣质燃料油提供了有吸引力的途径。

## 13.3 热裂化原理和关联式

### 13.3.1 反应容积的概念

热裂化反应器的设计与原料通过的加热炉、裂化反应器以及加热炉管的配置和温度密切相关。裂化的深度取决于转化温度和油品在该条件下的停留时间。

热裂化反应是一级反应，符合方程：

$$\ln(\mathrm{conv}) = (A)\,\mathrm{e}^{-\frac{E}{RT}\times t} \qquad (13-1)$$

式中 $A$, $E$, $R$——常数；

$t$——反应时间；

$T$——反应温度。

热裂化反应速率随反应温度的升高而加快。裂化反应程度用反应容积因子(SVF)表示。反应容积因子如式(13-2)所示。

$$F=\frac{1}{D}\int_0^V \frac{P_t}{P_0}\frac{K_t}{K_0}\mathrm{d}V \tag{13-2}$$

式中 $V$——炉管体积；

$D$——进料速率；

$K_t$——在温度为 $t$ 时的反应速率常数；

$K_0$、$P_0$——基准条件下的速率常数和压力；

$P_t$——管线中给定的压力。

热裂化反应的基准参考温度取800℉。图13-6给出了典型热裂化加热炉的 $K_t/K_0$ 的曲线。使用通过加热炉的正常可接受的压降曲线，通过实验结果得到图13-6中的曲线，表明恒温温度和 $K_t/K_{800℉}$ 的温度的关系。

### 13.3.2 反应容积因子

反应容积因子与产品的收率和转化率有关。

(1) 转化深度

图13-7给出了反应容积因子和转化率之间的关系。这些曲线是在实验室中，通过多种原料的热裂化试验结果得出的。从图13-7可见，随蜡含量的提高，渣油大分子可裂化程度降低。气体和石脑油(终馏点257℉)的收率之和定义为热裂化的转化率。

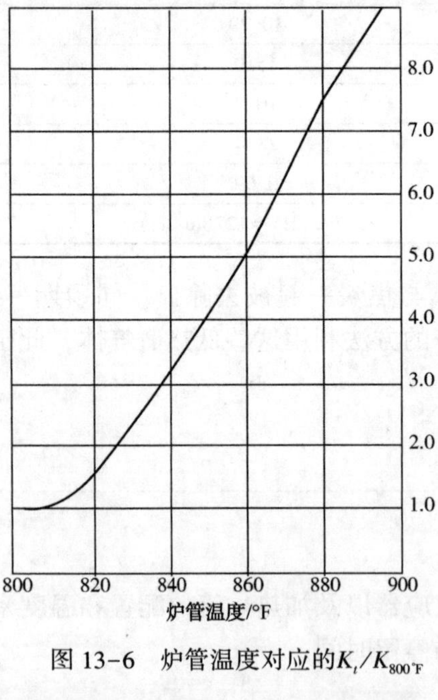


图13-6 炉管温度对应的 $K_t/K_{800℉}$

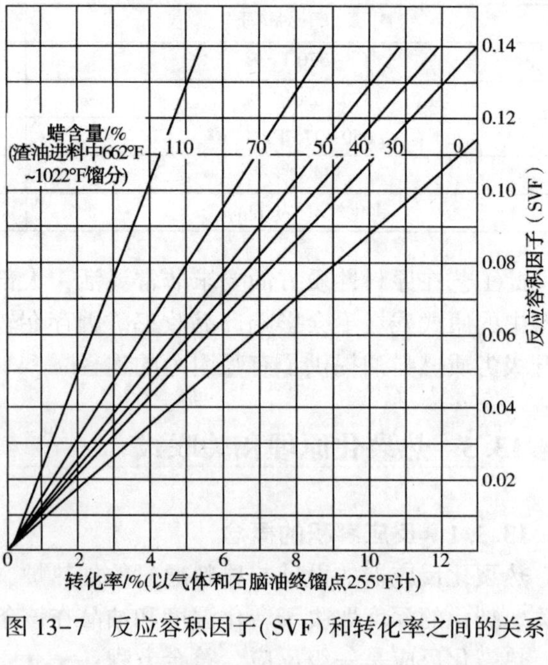


图13-7 反应容积因子(SVF)和转化率之间的关系

(2) 产品收率

反应容积因子和热裂化产物收率之间的关系如图13-8和图13-9所示。图13-8显示了原料馏出温度在662~1022℉时的裂化收率。图13-9显示了原料为沥青组分的裂化收率。两组曲线均与反应容积因子有关。

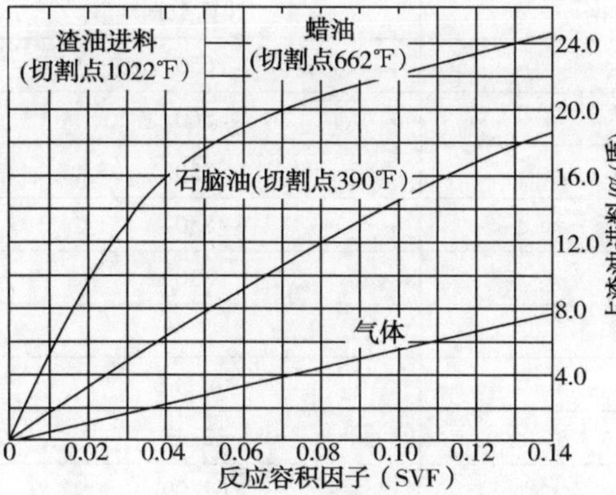


图 13-8 反应容积因子(SVF)和热裂化产物收率之间的关系

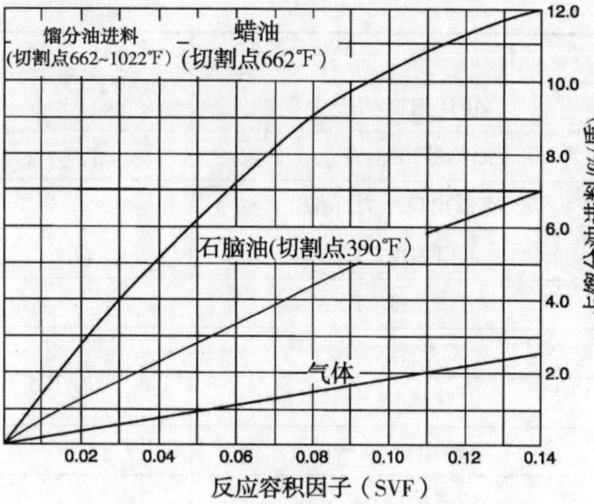


图 13-9 反应容积因子(SVF)和热裂化产物收率之间的关系

(3) 临界分解区

实验数据表明，裂化产物的裂化性能和稳定性随原料性质和馏程范围的不同而变化。图 13-10反映了产物性质与原料 Watson *K* 值及馏程之间的关系。

图 13-10 中阴影部分是发生裂化反应的主要区域。在这个区域上方，裂解渣油变得不稳定，在储罐中容易产生沉淀物。以裂解渣油作为产品时，绝大部分情况下不希望在此区域之上操作。

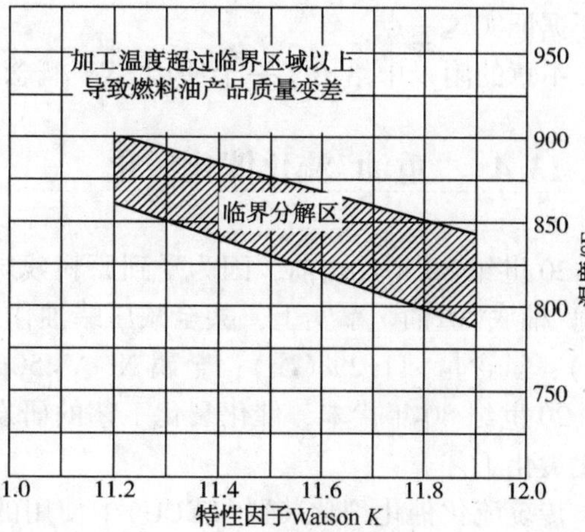


图 13-10 临界分解区

### 13.3.3 概念讨论

这不是一个新概念，因为自 20 世纪 50 年代以来，它已被公认为设计的基础。到目前为止，据作者所知，至少有六种减黏反应器或热裂化反应器是使用这些参数设计的，目前仍在商业上使用。为了评估这个概念，下面用测试运行数据与使用 SVF 概念的模拟计算数据进行对比(如表 13-3 所示)。

**表 13-3 测试运行数据与使用 SVF 方法模拟计算数据的比较**

| | 测试实验数据 | 计算数据 |
|---|---|---|
| 原料 | 科威特渣油+350℃ | |
| 转化率/% | 11.07 | 10.5 |
| 进料量 | 11500 | 12000 |
| 加热器入口压力/psig | 512 | 未计算 |
| 出口压力/psig | 252 | 未计算 |
| 转化入口/℉ | 548 | 590 |

续表

| | 测试实验数据 | 计算数据 |
|---|---|---|
| 转化出口/℉ | 651 | 655 |
| 加热器出口/℉ | 880 | 860 |
| 反应器出口压力/psig | 242 | 250 |
| 入口温度/℉ | 870 | 850 |
| 出口温度/℉ | 849 | 830 |
| 收率 | | |
| 气体/% | 4.4 | 4.58 |
| 总馏出物/%① | 33.59 | 32.43 |
| 裂解渣油/% | 62.01 | 62.99 |

① $C_5$~350℃馏分的终馏点。

可以看出，计算数据与测试条件下的实际数据比较吻合。值得注意的是，在测试中炉出口温度较高，略微超过原料的临界裂化区域，会引起对裂解渣油不稳定的担心。然而，并没有证据证实这一点。

本章的附录中给出了一个使用SVF概念的计算示例。

## 13.4 “重油”流化催化裂化

20世纪80年代之前，因为受到原料残炭和金属等因素的限制，导致催化裂化装置难以处理“桶底”渣油。事实上，甚至减压蜡油作为催化裂化进料也有如下限制：康氏残炭<10%(质)；氢含量>11.2%(质)；金属Ni+V<50ppm。

20世纪80年代末，催化裂化工艺的研发取得了重大突破，开发出了一种能处理渣油的催化裂化工艺。

传统流化催化裂化装置(FCCU)中使用的比减压蜡油重的原料往往会增加焦炭产率，从而使催化剂失活。这主要是由于：

① 大部分原料并未汽化，未汽化油在催化剂上迅速结焦，堵塞了催化剂孔道，造成催化剂活性下降。

② 存在高浓度的极性分子，如多环芳烃和含氮化合物。这些物质被吸附到催化剂的活性中心，导致快速(但是暂时性的)失活。

③ 重金属污染催化剂并影响催化反应的选择性。

④ 高浓度的多环烷烃逐渐发生芳烃缩合反应。

在处理常规原料的催化裂化装置中，反应温度一般由再生催化剂循环量控制。随着原料变重，残炭也随之增加，将会形成更多的焦炭，这反过来会提高再生催化剂的温度和载热负荷。为了维持热平衡，催化剂循环量被迫降低，导致了装置收益的下降。冷却催化剂或降低进料温度可用来解决烧焦负荷较高的问题，并维持适当的催化剂循环量。

拓宽进料馏程会导致裂化程度的不均匀。进料中较小的分子与热催化剂接触后立即汽化，并发生裂化。而对于大分子，汽化并不容易实现，导致更高的焦炭沉积和催化剂失活。

理想情况下，进料应立即全部汽化，以实现进料均匀裂化。剂油混合温度(定义为未裂化汽化进料和再生催化剂之间的理论平衡温度)应接近进料露点温度。在常规装置中，这大约比提升管出口温度高20~30℃。这可以用以下公式来表达：

$$T_{m}=T_{r}+0.1\Delta H_{c} \tag{13-3}$$

式中 $T_m$——混合温度,℃；

$T_r$——提升管出口温度,℃；

$\Delta H_c$——反应热，kJ/kg。

混合温度也部分取决于催化剂温度。

多环芳烃和碱性氮化物会影响裂化程度，因为这些化合物容易被吸附到催化剂上。通过提高提升管温度来提高混合温度，有利于抑制吸收过程。但是提升管温度升高会促进热裂化程度和干气的产生。

因此，渣油的加工必须开发针对性技术来克服下述问题：进料的汽化；高浓度的极性分子；金属的存在。

为满足催化裂化加工渣油进料而开发的一些技术如下：

① 两段再生技术。

② 提升管混合设计和混合温度控制(MTC)(用于快速汽化)技术。

③ 新提升管技术，最大限度地减少蒸汽的使用。

④ 再生催化剂温度控制(催化剂冷却)技术。

⑤ 催化剂选择：良好的转化率和选择性；抗金属污染性能；水热稳定性；生产高辛烷值汽油。

这些技术将在后续章节中讨论。

传统的流化催化裂化装置可以进行改造以满足加工重油(渣油)的需求。至1992年初，全球大约有23套重油催化裂化装置投入运行，总处理能力为76万桶/天。

### 13.4.1 两段再生及再生催化剂温度控制

重油催化裂化的一个重要问题是催化剂上大量焦炭的处理和催化剂的保护。两段再生技术能够较好地解决苛刻条件对待生催化剂再生的影响。图13-11是两段再生工艺的示意图。

从反应器中来的待生催化剂先经过第一再生器，通入有限的空气，使第一再生器中催化剂在缓和条件下氧化燃烧，第一再生器温度维持在较低的范围(700~750℃)。半再生催化剂经空气提升进入第二再生器，在富氧环境下使焦炭完全燃烧，再生温度上升至900℃。再生催化剂从第二再生器分别经再生输送线路和提升管返回反应器。

两段再生技术的创新之处在于它在不影响催化剂活性的前提下使焦炭燃烧完全。在第一再生器中，焦炭中氢几乎全部被燃烧，大部分碳也会在第一再生器相对缓和的条件下燃烧。第一再生器的燃烧环境有利于抑制催化剂失活。

第二再生器水汽分压较低，用过量的空气使剩余的焦炭完全燃烧。燃烧氢产生的水蒸气和待生催化剂从反应夹带的水蒸气被第一再生器烟气带走。第二再生器使用隔热衬里，无温度限制。这样的设计使催化剂即使在高温下再生仍能保持较高的活性。两段再生技术不仅可以获得较好的催化剂再生效果，而且可以降低催化剂的消耗。再生后的催化剂含碳量一般小于0.05%。这主要得益于两段再生降低了总的燃烧放热，如图13-12和图13-13所示。

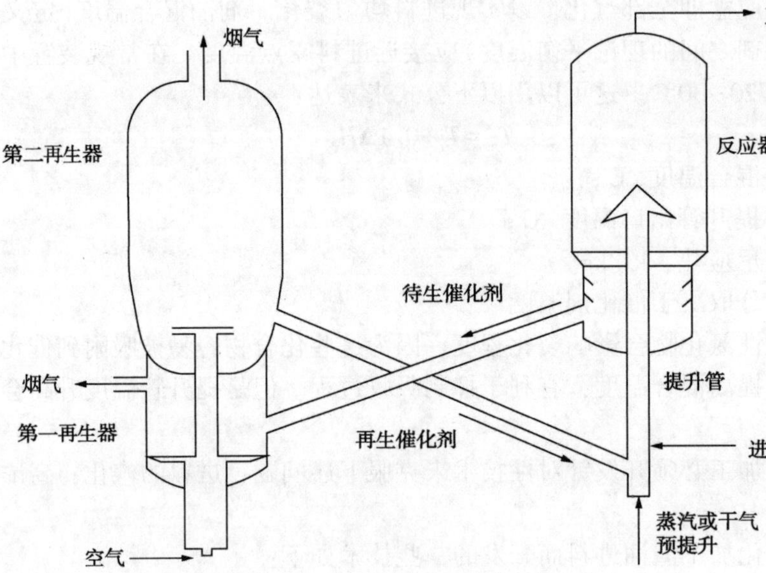


图 13-11　两段再生催化裂化工艺示意图

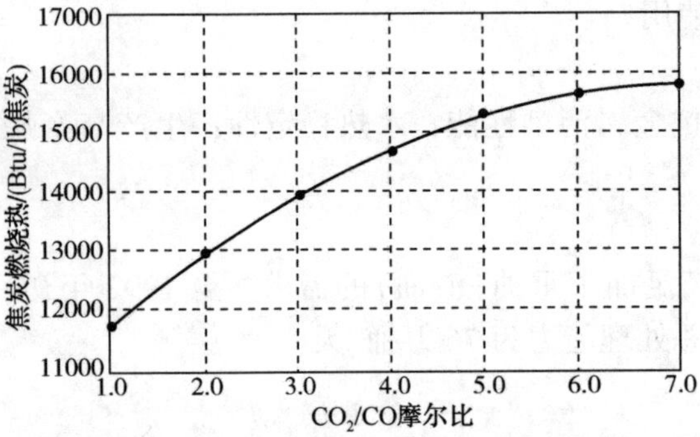


图 13-12　焦炭燃烧热与 $CO_2$/CO 的关系

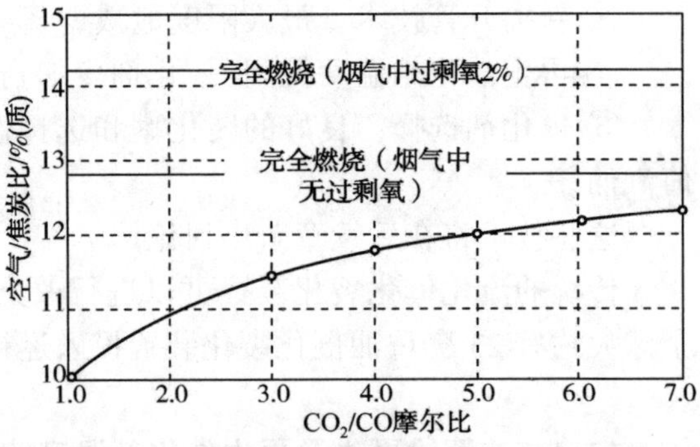


图 13-13　燃烧空气量与烟气中 $CO_2$/CO 的关系

由于装置总体处于热平衡状态，焦炭产率基本上保持不变。催化剂循环量可以根据催化剂上焦炭沉积的变化自行调节：

$$焦炭产率=\Delta_{coke}+(c/o) \tag{13-4}$$

$$再生器温度=提升管温度+C\times\Delta_{coke} \tag{13-5}$$

式中　$\Delta_{coke}$——再生前后催化剂上焦炭质量分数之差；

$C$——单位常数(一般为 180~230)；

c/o——剂油比。

从反应角度出发，高温催化剂小循环量不如低温催化剂大循环量效果好。研究发现，对于给定的原料和催化剂体系，催化剂温度有一个适宜的控制范围。一种专门设计的密相催化剂冷却技术能够维持最佳的催化剂温度和系统热平衡关系。

表 13-4 列出了催化裂化反应器所需热量(焓值)需求。

表 13-4 反应器所需焓值

| 项目 | 每磅原料 | |
|---|---|---|
| | Btu | % |
| 原料加热/汽化 | 530 | 69 |
| 汽提蒸汽焓 | 5.0 | 0.65 |
| 雾化蒸汽焓 | 12.7 | 1.65 |
| 提升管注水 | 18.4 | 2.4 |
| 反应热 | 200 | 26.04 |
| 热损失 | 2.0 | 0.26 |
| 合计 | 768.1 | 100.00 |

从表 13-4 中可以看出，原料加热和汽化热占反应器总需热量的 69%，其余的热量(26.04%)基本上用于反应过程。如果要提高转化率，则需要更多的反应热量。为了达到这个要求，唯一的变量是反应进料焓，这可通过原料预热实现。然而，这样做就需要降低催化剂循环量以保持热平衡，不利于裂化反应的进行。原料预热可以通过催化剂冷却补偿，从而保证催化剂循环量，在许多情况下甚至可以提高循环量。事实上，通过合理地控制热平衡，催化剂循环量的增加可使剂油比提高 1 个单位。再生温度越低，催化剂平衡活性越高，越能改善产品收率。表 13-5 中数据可证实这一点。

表 13-5 催化剂冷却技术对催化反应收率的影响

| 原料 | | |
|---|---|---|
| °API | 24.5 | |
| 康氏残炭/% | 1.6 | |
| 收率 | 不使催化剂冷却器 | 使用催化剂冷却器 |
| $H_2S$/%(质) | 0.1 | 0.19 |
| $C_2$/%(质) | 3.4 | 2 |
| $C_3$/%(体) | 9.9 | 10.34 |
| $C_4$/%(体) | 13.9 | 14.51 |
| $C_5$+(430：EP)/%(体) | 58.2 | 60.87 |
| LCO(650：EP)/%(体) | 17.1 | 15.54 |
| CLO/%(体) | 8.6 | 8.1 |
| 焦炭/% | 5.9 | 6.07 |
| 转化率/%(体) | 74.3 | 76.36 |

综上所述，催化剂冷却技术优点主要体现在：

① 焦炭产率稍有增加。

② 保持较高的催化剂活性。

③ 能够处理更劣质的原料。

④ 提高转化率和产品收率。

⑤ 操作灵活性更好。

经验表明，在渣油裂化过程中，再生催化剂温度超过 732℃(1350℉)会导致液体产品收率降低、气体产率升高。当某些装置操作需要较高的再生温度时，增设催化剂冷却器会取得很大的经济效益。这归功于催化剂冷却后装置产品收率的提高和催化剂消耗的降低。常用催化剂冷却器有两种：返混式(The back-mix type)，下流式(Flow-through type)。

如图 13-14 所示。两种冷却器都安装在再生器密相段。

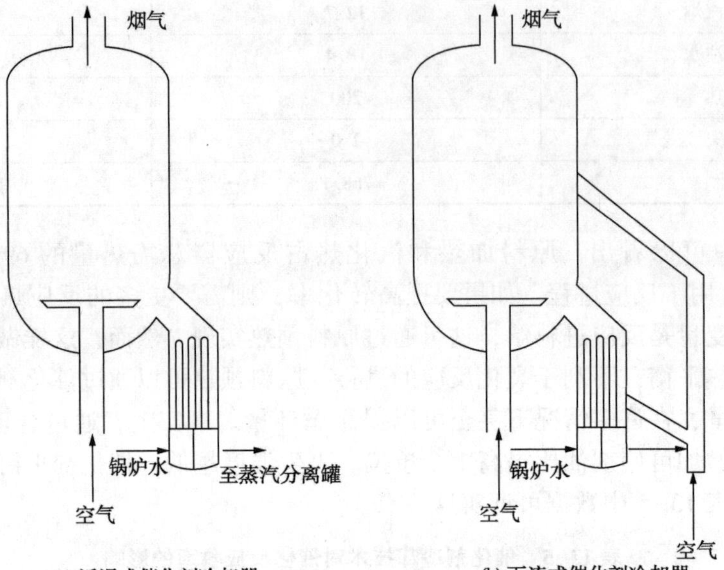


图 13-14　典型的催化剂冷却器

返混式冷却器：两种类型冷却器的锅炉给水进入冷却器管程。返混式冷却器中的催化剂在壳程围绕管束循环。传热发生在一个密相低速区域，因此降低了对管束的磨损。返混式冷却器取热量可达 $5\times10^{7}$Btu/h。

下流式冷却器：顾名思义，催化剂在冷却器壳层一次通过。同样，在密相低速区域操作可以减少磨损。这种冷却器比返混式冷却器效率高，冷却器取热量可达 $1\times10^{8}$Btu/h。

### 13.4.2　混合温度控制技术(MTC)

原料油和再生催化剂混合后必须在最短的时间内达到平衡温度。为了达到这个目标，需使原料油能够快速、均匀地汽化。为此，必须设计并安装一种合适的原料油进料系统，该系统应尽可能消除催化剂的返混现象，同时还要保证汽化后的原料油能够和催化剂充分混合并发生裂化反应，使所有汽化原料组分反应深度保持一致。

将原料油雾化成微小液滴，然后与来自预提升段的经过预加速的再生催化剂接触，才能达到剂油高效充分混合的目标。在这样的条件下，原料油几乎在瞬间内完成汽化。下图为进料系统的示意图。

来自再生器的再生催化剂进入提升管，在预提升蒸汽或者预提升干气的作用下向上加速提升。原料油经蒸汽雾化成小油滴后，喷入提升管并与催化剂混合。进入提升管的主提升蒸汽的注入点位于原料喷嘴下方。在这一区域内，原料油、催化剂和蒸汽达到最佳接触条件以实现良好的混合。

对于渣油催化裂化装置，如果选择的催化剂合适，甚至能够使原料中绝大部分的大分子进入催化剂的内部活性区域。像沸石分子筛这样具有高硅铝比的催化剂，能够将大分子裂化成可进入催化剂内部活性区域的小分子。

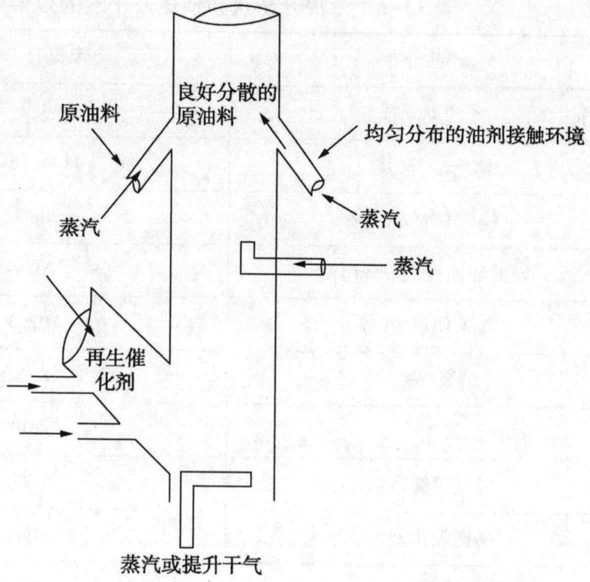


高效的剂油接触和合适的催化剂选择能够保证原料油快速汽化和原料油的反应深度均匀。

渣油催化裂化的另一个问题是，原料油中的重组分可能会低于其露点温度。为解决这一问题，剂油接触后的混合温度必须保证高于原料油的露点温度。如前文所述，原料油中的多环芳烃会影响反应深度。而提高混合温度后，会提高提升管出口温度，从而减小了多环芳烃对反应深度的影响。然而，这样调整会导致不希望出现的热裂化反应增加。为了解决过度热裂化的问题，必须采取有效的、独立于混合温度的控制提升管出口温度的办法。

混合温度控制技术(MTC)解决了这一问题。MTC 技术通过在原料油进料点上方的合适部位注入重循环油的方法来控制提升管出口温度。这样做的实质就是将提升管分为两个反应区域：第一个区域位于原料油注入点和循环油注入点之间，该区域的特点是高反应温度、大剂油比和极短的反应时间。第二个区域位于循环油注入点以上，该区域基本上为常规的催化裂化反应环境。提升管出口温度和催化剂循环量不再直接相关。提高循环油注入量，提升管出口温度降低，在提升管出口温度一定的条件下，需要提高催化剂循环量。这样就达到了提高剂油混合温度和剂油比、降低再生温度的目的。

### 13.4.3 预提升干气技术

如前所述，原料油和催化剂之间快速高效的混合有利于反应。要达到这种良好的状态，需要使催化剂预先加速、均匀分散。一般而言，提升管中常使用水蒸气作为催化剂流化和提升介质，但水蒸气对于渣油催化裂化反应的高温催化剂有不利的影响，在高温环境下会造成催化剂高温水热失活，影响催化剂的使用性能。

在降低催化剂高温水热失活方面已有大量的工作。之前的一项研究表明，对于金属污染程度较低的催化剂，在降低反应油气中水蒸气分压后，可有效缓解催化剂的水热失活问题。这些研究的另一个重要结果是在反应油气中引入轻烃组分对于缓解再生催化剂水热失活更为有效，且对金属污染严重的催化剂也同样有效。

自 1985 年以来，干气作为预提升介质就已被几种重油催化裂化工艺所采用。干气可以单独也可和水蒸气混合后作为预提升介质。使用预提升干气的限制条件是下游单元是否有余量处理这部分多出的预提升干气。表 13-6 列出了重油催化装置使用预提升蒸汽和预提升干气的效果对比。

表 13-6　预提升蒸汽和预提升干气的效果对比[原料油康氏残炭 4.3%(质)]

| 产品分布 | 预提升干气 | 预提升蒸汽 |
| --- | --- | --- |
| 干气/%(质) | 3.2 | 4.0 |
| $C_3/C_4$/%(体) | 11.4/15.1 | 11.6/15.4 |
| $C_5$-汽油/%(体) | 56.9 | 55 |
| 轻循环油+油浆/%(体) | 23.9 | 24.4 |
| 全部 $C_{3+}$/%(体) | 107.3 | 106.4 |
| 焦炭/%(质) | 8.6 | 8.5 |
| 氢气/scfb | 70 | 89 |
| 氢气甲烷摩尔比 | 0.74 | 0.85 |
| 平衡催化剂性质 | 相同 | |
| 比表面积/($m^2$/g) | 91 | 90 |
| 镍+钒/(mg/kg) | 7100 | 7300 |

可见，与使用预提升蒸汽相比，使用预提升干气的氢气产率更低、氢气甲烷比更低、总液体收率提高。

## 13.5　渣油加氢裂化工艺

渣油加氢裂化工艺通常需要配合相应的热裂化工艺，以提高重质油的转化，生产轻质、中质馏分油。图 13-15 给出了一种固定床渣油加氢裂化工艺路线示意图(还有流化床渣油加氢裂化工艺，此章节未涉及)。

常减压蒸馏装置来的减压渣油进入渣油加氢裂化装置后，首先通过热油气在管壳式换热器内预热，然后进入加热炉升温。循环氢和补充氢也先通过热油气预热，然后与渣油原料混合后一起进入加热炉。混合物料加热至所需反应温度后进入加氢反应器。混合物料自上而下进入加氢反应器，在反应器中的催化剂上发生反应。反应器中设有冷氢注入点，用来控制加氢反应温升，避免超温。

反应产物离开加氢反应器进入高压分离器，重组分从分离器底部分离出来，轻油及气体以气相形式从分离器顶部离开，与原料油进行换热降温，再经过空气冷却器冷却并部分冷凝。冷却后的物料进入冷高分进一步分离，冷高分的压力略低于反应器压力。在冷高分中，富含氢气的冷高分气经胺洗后作为循环氢气返回反应过程。冷高分底部的轻油组分与热低分顶部的气相组分混合后进入冷低分，在与上游设备相比显著降低的操作压力下进一步分离。冷低分顶部气相进入后续脱硫单元处理，底部轻油组分进入后续汽提塔分离轻组分。

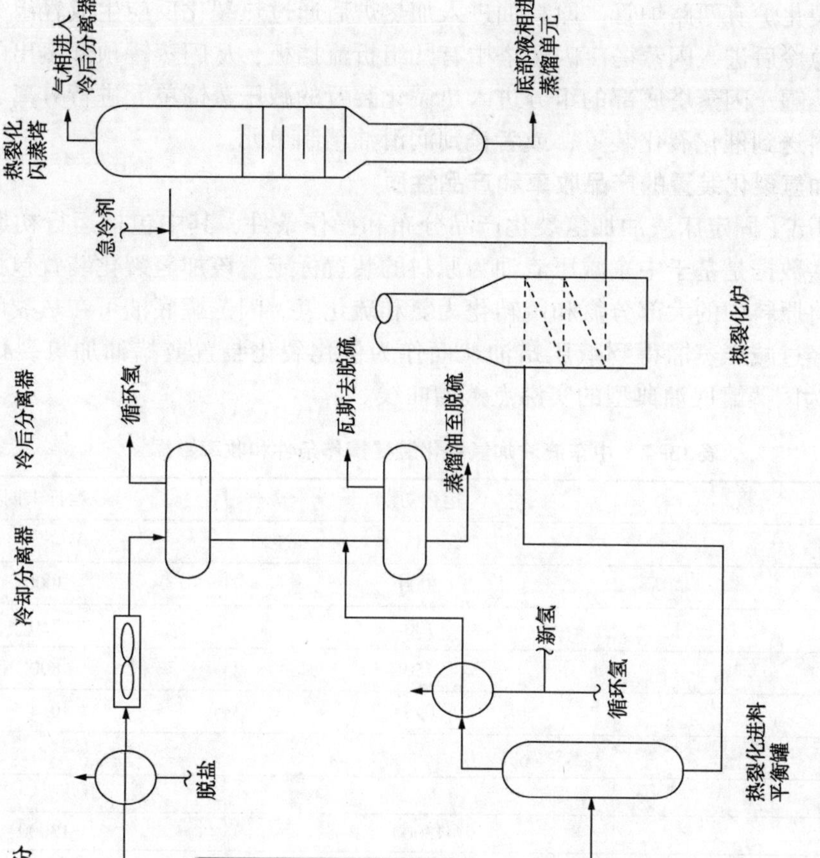


图13-15 典型的渣油加氢裂化流程图

热裂化单元的进料为热高分底分离出的含沥青质组分的重质组分。原料油经过缓冲罐后进入裂化炉，裂化炉有两路炉管。原料油进入加热炉后通过热裂化反应生成轻组分产品。反应产物随后经急冷后进入闪蒸塔。闪蒸塔中有几组折流挡板，从闪蒸罐顶部蒸出的油气经冷却后送入冷闪蒸罐。闪蒸塔底部的组分进入热裂化装置的减压蒸馏单元进行分离，得到的减压蜡油作为原料送到催化裂化装置，或者送到润滑油精制单元。

### 13.5.1 加氢裂化装置的产品收率和产品性质

表 13-7 列出了固定床渣油加氢裂化产品分布和操作条件，其中包括运行初期和运行末期的数据。这些数据是基于中东减压渣油为原料的装置标定。该加氢裂化装置包括一个保护反应器，用来将原料中的大部分氮和硫转化为氨和硫化氢。闪蒸罐底油可在热裂解装置上进一步裂化，或经过减压蒸馏得到减压蜡油从而作为催化裂化装置或蜡油加氢裂化装置的原料。图 13-16 为闪蒸罐底油典型的实沸点蒸馏曲线。

**表 13-7 中东渣油加氢裂化装置操作条件和收率数据**

| | 运行初期 | 运行末期 |
|---|---|---|
| 反应条件 | | |
| 压力/psia | 3000 | 3000 |
| 入口温度/℉ | 700 | 750 |
| 出口温度/℉ | 750 | 800 |
| 体积空速/$h^{-1}$ | 0.5 | 0.4 |
| 原料 | | |
| 减压渣油 | | |
| BPSD | 13000 | 13000 |
| lbs/h | 190266 | 190266 |
| 补充氢 | | |
| scf/bbl | 1290 | 1875 |
| lbs/h | 4010 | 5606 |
| 产品 | | |
| 氨 | | |
| lbs/h | 209 | 203 |
| 分子量 | 17 | |
| $H_2S$ | | |
| lbs/h | 6964 | 6680 |
| 分子量 | 34 | |
| 净分离气 | | |
| lbs/h | Nil | 2405 |
| 分子量 | | 4.3 |
| 冷低分气 | | |
| lbs/h | 3772 | 5569 |
| 分子量 | 9.6 | |
| 冷油 | | |

续表

| | 运行初期 | 运行末期 |
|---|---|---|
| lbs/h | 22586 | 39886 |
| 桶/天 | 1852 | 3321 |
| 热油 | | |
| lbs/h | 160744 | 141129 |
| 桶/天 | 11672 | 10280 |

### 13.5.2 重金属对催化剂的影响

镍、钒、钠等金属会严重降低渣油固定床反应器内催化剂的使用寿命，降低固定床渣油加氢与其他渣油处理技术的竞争优势。通过增加去除这些金属污染物的前置保护反应器，能够延长主催化剂的使用寿命。前置保护反应器内的催化剂也会中毒，但该类催化剂比加氢裂化催化剂便宜得多。

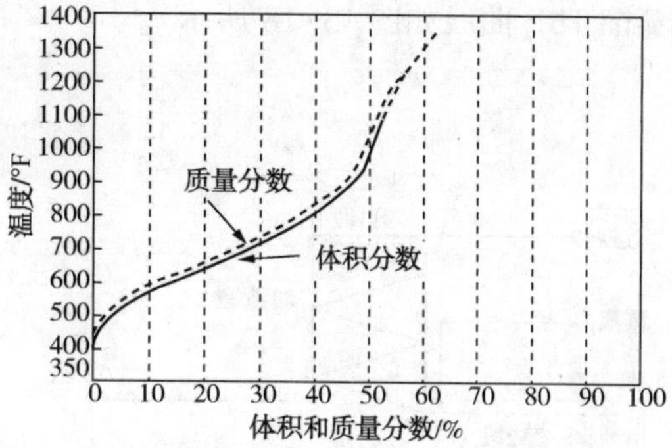


图 13-16 闪蒸罐底油的典型实沸点蒸馏曲线

到目前为止，解决这一问题最有效的方法是将渣油中的重组分萃取出来。这些重组分就是沥青质，而大部分金属都存在于沥青质中。沥青质的萃取是通过液态丙烷等作为溶剂，与渣油逆流接触完成的，然后将脱油沥青输送到炼油厂燃料系统或调入沥青池中作为沥青进行销售。

## 13.6 结论

上述的渣油催化裂化较其他直接的渣油转化处理工艺竞争性较差。该工艺本身建设投资高，且运行和维护成本也较高，但该工艺产品质量好且下游处理装置也较少，生产的石脑油(如馏分油加氢裂化)环烷烃含量高，是生产汽油调和组分或者生产芳烃的优质原料。中间馏分的质量也比较好，煤油馏分的烟点非常低，而柴油馏分的十六烷值也比较好。从图 13-15 可以看出，冷低分的轻液体馏分和油气可送至馏分油加氢裂化的回收系统进一步处理和分离。这个回收系统包含一个主分馏塔和有一个吸收塔的轻烃回收单元。

## 附录：热裂化加热炉/反应器设计计算

以加工 Sassan 常压渣油为例，计算裂化炉所需炉管数量和温度分布。处理能力为 25500 桶/天，原料为初馏点在 600℉以上的渣油组分，通过与产品和回流组分换热预热至 500℉后进入裂化炉对流室，260℉以下汽油和气体组分收率要求达到 9%(质)。裂化炉中全部使用 4″、壁厚 SCH80 标准的炉管。需要对以下三个部位进行设计：

① 对流室：热强度 12000Btu/(h · ft$^2$)；

② 辐射室：热强度 15000Btu/(h · ft$^2$)；

③ 均热室：热强度 10000Btu/(h · ft$^2$)。

辐射室和均热室用炉墙隔离。预测温度分布如图 13-17 所示。

关键部位的温度和压力如下：

对流室入口 = 500℉，330psig

辐射室入口 = 700℉，320psig

均热室入口 = 820℉，290psig

均热室出口 = 920℉，250psig

入口炉管引入 600psig 蒸汽，流量为渣油原料的 10%。渣油原料的主要参数如下（实沸点蒸馏 TBP 曲线如图 13-18 所示）。

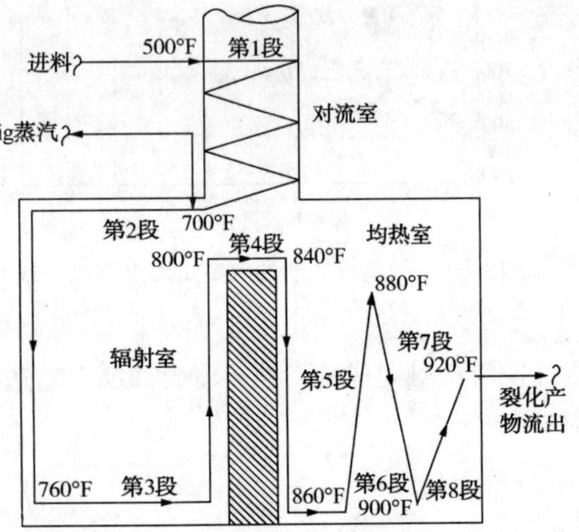


图 13-17　裂化炉中温度分布

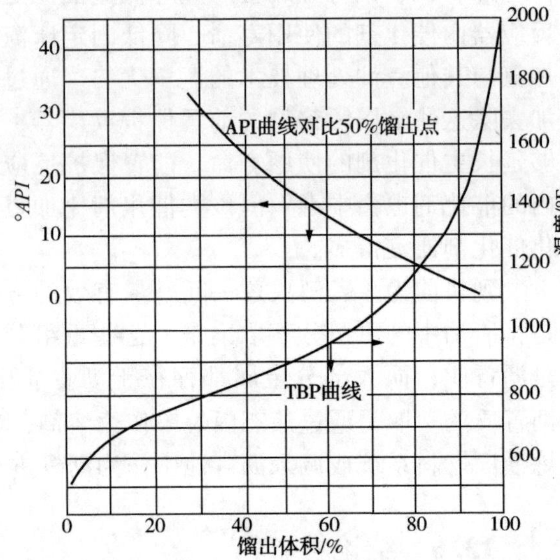


图 13-18　Sassan 渣油实沸点蒸馏（TBP）曲线

原料°API = 18（7.88lbs/gal）

原料流量 = 25500BPSD = 351645lb/h

原料中 1022℉以下含蜡馏分 = 68%（体）= 17340BPSD

馏分°API = 26（7.48lbs/gal）

馏分质量 = 17340×7.48×1.75 = 226981lbs/h

馏出质量分率 = 65%

根据图 13-7 所示，转化率 9%、馏出物 65%对应的反应容积因子（SVF）为 0.135。

加热炉管各部分数据如下表所示：

| | | 入口温度/℉ | 出口温度/℉ |
|---|---|---|---|
| 1 | 对流室 | 500 | 700 |
| 2 | 辐射室 | 700 | 760 |
| 3 | 辐射室 | 760 | 820 |
| 4 | 均热室 | 820 | 840 |

续表

| | | 入口温度/℉ | 出口温度/℉ |
|---|---|---|---|
| 5 | 均热室 | 840 | 860 |
| 6 | 均热室 | 860 | 880 |
| 7 | 均热室 | 880 | 900 |
| 8 | 均热室 | 900 | 920 |

(一) 对流室热量平衡

第1段：压力=365psia

| | 相态 | 温度/℉ | °*API* | 流量/(lbs/h) | 焓/(Btu/lb) | 热负荷/(MBtu/h) |
|---|---|---|---|---|---|---|
| 入方 | | | | | | |
| 原料 | 液 | 500 | 15 | 351645 | 250 | 87.911 |
| 热负荷 | | | | 待定 | | 47.824 |
| 合计 | | | | | | 135.735 |
| 出方 | | | | | | |
| 原料 | 液 | 700 | 15 | 351645 | 386 | 135.735 |
| 合计 | | | | | | 135.735 |

$$炉管面积=\frac{47824000}{12000}=3985.3\text{ft}^2$$

第2段：压力=335psia

600psig 蒸汽在这个部分被引入炉中。

| | 相态 | 温度/℉ | °*API* | 流量/(lbs/h) | 焓/(Btu/lb) | 热通量/(MBtu/h) |
|---|---|---|---|---|---|---|
| 入方 | | | | | | |
| 原料 | 液 | 700 | 15 | 351645 | 386 | 135.735 |
| 蒸汽 | 气 | 700 | | 35165 | 1383 | 48.633 |
| 热负荷 | | | | 待定 | | 16.652 |
| 合计 | | | | | | 201.020 |
| 出方 | | | | | | |
| 蒸汽 | 气 | | | 35165 | 1417 | 49.829 |
| 原料 | 液 | 760 | 15 | 351645 | 432 | 151.191 |
| 合计 | | | | | | 201.020 |

第3段：压力=315psia

| | 相态 | 温度/℉ | °*API* | 流量/(lbs/h) | 焓/(Btu/lb) | 热通量/(MBtu/h) |
|---|---|---|---|---|---|---|
| 入 | | | | | | |
| 原料 | 液 | 760 | 15 | 351645 | 432 | 151.191 |
| 蒸汽 | 气 | 760 | | 35165 | 1417 | 49.829 |

续表

| | 相态 | 温度/℉ | °*API* | 流量/(lbs/h) | 焓/(Btu/lb) | 热通量/(MBtu/h) |
|---|---|---|---|---|---|---|
| 热负荷 | | | | 待定 | | 22.584 |
| 合计 | | | | | | 223.604 |
| 出 | | | | | | |
| 蒸汽 | 气 | 820 | | 35165 | 1440 | 50.638 |
| 原料 | 液 | 820 | 20 | 344612 | 482 | 165.103 |
| 原料 | 气 | 820 | 73 | 7033 | 425 | 2.989 |
| 裂化热 | | | | | 547 | 3.874 |
| 合计 | | | | 386810 | | 223.604 |

裂化反应在800℉开始，原料油和蒸汽进入均热室时温度为820℉。均热室的目的是提供裂化反应温度缓慢上升的空间。

计算所需炉管容积的第一步是假定每个部分末端的裂化程度。这是一个试差迭代过程，为每个部分设定一个反应容积因子(SVF)值，该值反过来用于计算每个部分的裂化产品的数量，再利用这些产品数量计算均热室的热量平衡。

(二) 核算

1) 各部分出口处的裂化程度(转化率)如下表：

| | 转化率/% | SVF(见图13-7) |
|---|---|---|
| 第4段 | 3.0 | 0.045 |
| 第5段 | 4.0 | 0.059 |
| 第6段 | 6.0 | 0.090 |
| 第7段 | 8.0 | 0.120 |
| 第8段 | 10.0 | 0.150 |

2) 产品收率(图13-8和图13-9)：

第4段：温度为840℉。

| | 气体 | | 石脑油 | | 蜡油 | | 裂解渣油 | |
|---|---|---|---|---|---|---|---|---|
| | %(质) | lbs/h | %(质) | lbs/h | %(质) | lbs/h | %(质) | lbs/h |
| 馏分油 | 0.9 | 2043 | 2.5 | 5675 | 5.9 | 13392 | - | 205871 |
| 渣油 | 2.2 | 2743 | 6.6 | 8228 | 14.9 | 18575 | - | 95118 |
| 合计 | | 4786 | | 13903 | | 31967 | | 300989 |

第5段：温度为860℉。

| | 气体 | | 石脑油 | | 蜡油 | | 裂解渣油 | |
|---|---|---|---|---|---|---|---|---|
| | %(质) | lbs/h | %(质) | lbs/h | %(质) | lbs/h | %(质) | lbs/h |
| 馏分油 | 1.1 | 2497 | 3.3 | 7490 | 7.3 | 16570 | — | 200424 |
| 渣油 | 5.9 | 3740 | 8.6 | 10721 | 17.2 | 21442 | — | 88761 |
| 合计 | | 6237 | | 18211 | | 38012 | | 289185 |

第6段：温度为880℉。

| | 气体 | | 石脑油 | | 蜡油 | | 裂解渣油 | |
|---|---|---|---|---|---|---|---|---|
| | %(质) | lbs/h | %(质) | lbs/h | %(质) | lbs/h | %(质) | lbs/h |
| 馏分油 | 1.7 | 3859 | 5.0 | 11349 | 9.9 | 22471 | — | 189302 |
| 渣油 | 4.4 | 5795 | 23，2 | 16456 | 21.2 | 26429 | — | 75994 |
| 合计 | | 9644 | | 27805 | | 48900 | | 265296 |

第7段：温度为900℉。

| | 气体 | | 石脑油 | | 蜡油 | | 裂解渣油 | |
|---|---|---|---|---|---|---|---|---|
| | %(质) | lbs/h | %(质) | lbs/h | %(质) | lbs/h | %(质) | lbs/h |
| 馏分油 | 2.1 | 4767 | 6.4 | 14527 | 11.5 | 26103 | — | 181584 |
| 渣油 | 5.8 | 7231 | 16.8 | 20944 | 23.6 | 29421 | — | 67068 |
| 合计 | | 11998 | | 36471 | | 55524 | | 248652 |

第8段：温度为920℉。

| | 气体 | | 石脑油 | | 蜡油 | | 裂解渣油 | |
|---|---|---|---|---|---|---|---|---|
| | %(质) | lbs/h | %(质) | lbs/h | %(质) | lbs/h | %(质) | lbs/h |
| 馏分油 | 2.6 | 5902 | 7.3 | 16570 | 12.5 | 28373 | — | 176136 |
| 渣油 | 7.2 | 8976 | 19.0 | 23686 | 25.4 | 31665 | — | 60337 |
| 合计 | | 14878 | | 40256 | | 60038 | | 236473 |

（三）均热室的热量平衡

现在可以建立第4、5、6、7和8段分的热平衡，以确定每段炉管的换热面积。这里仅详细说明第4段的热平衡。其余部分的热平衡在下面的汇总表中给出。

| | 相态 | 温度/℉ | °*API* | lbs/lb | Btu/lb | MMBtu/h |
|---|---|---|---|---|---|---|
| 入方 | | | | | | |
| 来自第3段 | | 820 | | 386810 | | 223.604 |
| 热负荷 | | | | | | 12.275 |
| 合计 | | | | | | 235.879 |
| 出方 | | | | | | |
| 气体 | 气 | 840 | 73 | 4786 | 622 | 2.978 |

续表

| | 相态 | 温度/℉ | °*API* | lbs/lb | Btu/lb | MMBtu/h |
|---|---|---|---|---|---|---|
| 石脑油 | 气 | 840 | 65 | 13903 | 616 | 8.564 |
| 蜡油 | 气 | 840 | 38 | 31967 | 598 | 19.116 |
| 裂解渣油 | 液 | 840 | 17 | 300989 | 476 | 143.271 |
| 蒸汽 | 气 | 840 | | 35165 | 1471 | 51.728 |
| 裂化热 | | | | | 547① | 10.223 |
| 合计 | | | | 386810 | | 235.879 |

① 转化为气体和石脑油的裂化热为547Btu/lb。

$$炉管热负荷 = 12274500\text{Btu/h}$$

$$热强度 = 10000\text{Btu/ft}^2$$

$$则炉管面积 = \frac{12274500}{10000} = 1227.5\text{ft}^2$$

炉管出口温度、表面积和炉管体积总结如下表所示。表中的数据基于使用4″、SCH80规格炉管。单位体积面积比为0.11cuft/ft$^2$。

| 炉管部分 | 输出温度/°F | 热负荷/(MMBtu/h) | 炉管面积/ft$^2$ | 炉管体积/cuft | 累积体积/cuft | $K_t/K_{800℉}$ |
|---|---|---|---|---|---|---|
| 1 | 700 | 47.824 | 3985 | 438.4 | 438.4 | — |
| 2 | 760 | 48.633 | 1110 | 122.1 | 560.5 | — |
| 3 | 820 | 22.584 | 1506 | 165.7 | 726.2 | 1.55 |
| 4 | 840 | 12.275 | 1227 | 135.0 | 861.2 | 3.02 |
| 5 | 860 | 5.682 | 568 | 62.5 | 923.7 | 5.0 |
| 6 | 880 | 21.739 | 2174 | 239.1 | 1162.8 | 7.3 |
| 7 | 900 | 13.855 | 1386 | 152.5 | 1315.3 | 9.0 |
| 8 | 920 | 11.634 | 1163 | 127.9 | 1443.2 | 10.2 |
| 总计 | | 184.226 | | 1443.2 | | |

图13-19给出了每段的温度与炉管体积的关系曲线图，图13-20给出了800℉以上的炉管体积与$K_t/K_{800℉}$比率的关系曲线图。计算图13-20中曲线以下面积，然后除以加工量(BPSD)，可以得到SVF数值。

图13-20中小于曲线的面积$=\int_{800}^{920} K_t/K_{800℉}\times$炉管体积$=3867\text{ft}^2$

减去10%的蒸汽体积=3480cuft

计算得出的SVF$=\frac{3480}{25500}=0.136$

与最初假定9%转化率相比误差较小。

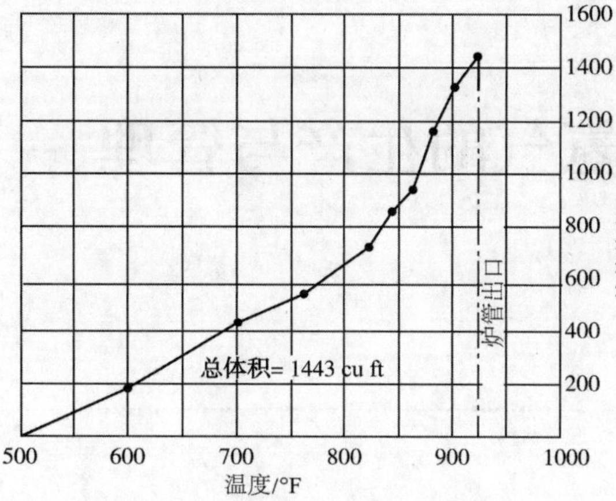


图 13-19 炉管温度与炉管体积关系图

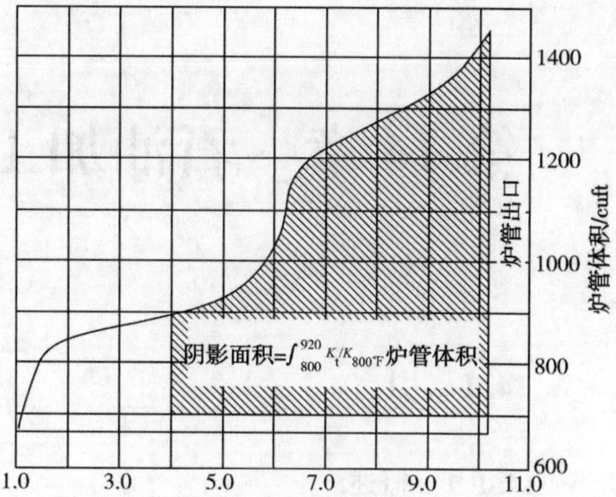


图 13-20 800℉以上的炉管体积与 $K_t/K_{800℉}$ 比率的关系图

现在可以根据炉管配置和其他数据确定加热炉的负荷参数，以满足所需的转化率。这时可以通过产品收率数据确定后续产品分离部分的进料组成，产品分离部分包括一个主分馏塔，以及用于分离裂解渣油的减压塔。主分馏塔通常生产类似由常减压装置直接加工原油获得的全馏分石脑油。其生产的全馏程瓦斯油可以与轻直馏瓦斯油混合，经过加氢处理后送至柴油池。

# 第 14 章　石油加工中氢气的生产与管理

## 14.1　引言

### 14.1.1　概述

为满足环保的要求，炼油厂的产品指标变得越来越严格。炼油厂对于氢气的需求不断增长，以保证加氢装置的用氢。十六烷值等影响油品燃烧性能指标的提高，也需要消耗更多的氢气。

以前，许多炼油厂通过石脑油催化重整装置副产的氢气是可以满足氢气需求的。然而，超低硫柴油和近乎于无硫汽油的生产需求使得用氢量的增加在很多情况下超出了重整装置的供氢能力。

如今，全转化和裂解型炼油厂通常需要专门的产氢装置来增产氢气。加氢裂化装置在炼油厂中对氢气的需求量更高。本章以最常用的制氢装置技术为重点，探讨氢气生产的各类方法。

许多炼油厂通过外部的供应商获得额外的氢气供应。普莱克斯、液化空气公司和空气产品公司等几个供应商提供这样的服务。它们常用的做法是将氢气有效用于一个园区内的几个企业。这些供应商生产氢气的工艺过程与下面讨论的制氢工艺相同，主要的不同是炼油厂不直接负责这些制氢装置的操作。

### 14.1.2　生产工艺

炼油厂第一个氢气来源是催化重整装置。这个工艺过程在书中的其他部分已详细说明，本章只涉及重整氢的质量和问题。

这部分我们将重点关注增产氢气。对于炼油厂，按照重要性排序，生产或回收氢气的关键工艺过程如下：

① 甲烷蒸汽转化；

② 炼厂气回收；

③ 部分氧化/气化；

④ 烯烃裂解副产品回收；

⑤ 电解氢；

⑥ 其他工艺。

### 14.1.3　回收工艺

氢气回收工艺主要包括：变压吸附；膜分离；低温回收。

### 14.1.4　管理

如果管理缺失，那么上述增产氢气的方法都将是无效的。在许多炼油厂，由于对氢气的管控不足，最终导致氢气被烧掉，造成浪费。有一些方法可以确保氢气不会浪费到燃料或火炬上。

## 14.2 石脑油催化重整

### 14.2.1 概述

氢气作为石脑油催化重整的副产品是非常普遍的。重整氢为炼油厂提供了大量的氢气资源。

半再生重整装置，每桶进料可产生大约1000scf的氢气。连续重整装置，每桶进料可产生大约1700scf的氢气。循环再生重整介于两者之间。

石脑油重整工艺主要在“石油加工中的催化重整工艺”章节说明，本节主要讲述石脑油重整产氢的质量及其对加氢过程的影响。

### 14.2.2 重整氢性质

如表14-1所示，重整氢的组成变化范围较宽，连续重整装置氢气产品组成相对稳定。而半再生重整装置氢气产品组成从运行初期(催化剂刚刚再生后)到运行末期(催化剂再生前)都在变化。循环再生重整的氢气产品组成变化介于两者之间，因为每个反应器都是一次再生一个，然后重新投入生产。

**表14-1 典型的石脑油催化重整装置产品氢气**

| 重整装置类型 | 半再生 | 循环再生 | 连续再生 |
|---|---|---|---|
| 产氢量/(scf/b) | 1000~1300 | 1100~1500 | 1600~1800 |
| 典型的重整氢性质/%(体) | | | |
| 氢气 | 75~89 | 83~87 | 85~90 |
| 甲烷 | 3~6 | 3~4 | 2~3 |
| 乙烷 | 2~5 | 3~4 | 2~3 |
| 丙烷 | 1~5 | 3~4 | 1~2 |
| 异丁烷 | 0.2~2 | 1~2 | 1~2 |
| 正丁烷 | 0.2~2 | 1~2 | 1~2 |
| $C_5^+$ | 3~5 | 1~2 | 3 |
| 氯化物(HCl)/ppm(体) | 1~3 | 1~3 | 1~3 |

从用户的角度看待重整氢组成时，需要关注以下方面：

1）对于用氢装置而言，甲烷、乙烷、丙烷在循环氢系统中聚集会降低氢分压。

① 在许多情况下，重整氢最初送至石脑油加氢处理装置(石脑油加氢或预处理装置)，有时是一次通过流程。石脑油加氢处理装置的主要作用是脱除重整氢中绝大部分重杂质和一部分轻烃，从而在重整氢进入其他装置之前，有效地提高了氢气纯度，而且另一个好处是提高了重烃的回收率。

② 一些炼油厂将重整氢送往变压吸附(PSA)装置、膜分离装置、甲烷蒸汽转化(SMR)装置以提高氢纯度。杂质排放至燃料气中，或是在SMR装置用于生产更多的氢气。对于用户而言，高的氢纯度可以保持高的氢分压。

③ 如果重整氢直接送往用户，气体中会出现杂质。当计算用户的净收率时，需要将其考虑到平衡中。

2）重整氢中残留的氯给用户带来问题：

① 氯通常来自重整过程，但原油脱盐效果差、重整反应水氯平衡控制不佳或原油中的有机氯都会大大增加重整氢的氯含量。

② 在加氢处理装置，氯首先生成氯化氢，然后在反应产物的流程中形成氯化铵沉积物，会增加腐蚀速率。

③ 有时，氯含量是可以忍受的，特别是对于重整氢占补充氢比例较小的用户。

④ 请参阅加氢裂化和加氢处理章节中有关流出物结盐的讨论。

3）通常，重整氢在低温条件下经吸收剂脱除氯化物后送出。

① 这些吸附剂使用颗粒状固体吸收剂，如氧化铝，将重整氢中的氯(以氯化氢性质存在)脱除至约0.1ppm(体)。

② 必须对吸附剂进行监测并定期更换。

③ 除非重整氢不含液体(不要让其冷却)，否则吸附剂床层会发生偏流问题。

④ 如果重整氢中存在大量烯烃(例如，重整运行末期时)、气体中存在大量芳烃、和/或吸附剂表面呈酸性时(可能是由于吸附剂几乎饱和或存在过多的水蒸气)，则氯吸收塔会生成“绿油”，这些物质是聚合的氯化烃。它们会从低处流出，污染压缩机阀门，并将氯化物转移到其他装置中。这在一定程度上破坏了设立氯吸收塔的目的。通过使用吸附剂或碱性添加剂来降低表面酸化程度可减少绿油的形成。

### 14.2.3 重整氢的更多信息

有关催化重整制氢的更多信息，请参阅“石脑油重整”一章。

## 14.3 甲烷蒸汽转化(SMR)

### 14.3.1 概述

甲烷蒸汽转化(SMR)是炼油厂生产氢气的主要工艺。它不应与石脑油催化重整相混淆。这项技术由几家公司以专有技术的方式提供，包括HaldorTopsoe、Foster Wheeler、CB&I/HoweBaker、Lurgi和KTI。

在转化反应中，甲烷与蒸汽在非常高的温度和相对较低的压力下反应，生成氢气和一氧化碳/二氧化碳的混合物。该工艺广泛应用于所有需要氢气的行业。最大的制氢装置在制氨厂中，这些装置通常比我们在炼厂中使用的装置大几倍。

(1) SMR工艺的优点

① 产量和效率高，氢成本低。

② 产品氢纯度高(93%~100%)。

③ 原料灵活性(天然气、炼厂气、炼厂液体产品-任何含碳物质)。

④ 相对容易操作(由平衡控制)。

⑤ 相对容易监控(但不能忽视)。

⑥ 可扩展性：最小规模小于1MMscfd，大于800MMscfd。

⑦ 工艺技术公开，尽管有些设备和设计方法是专有的。

⑧ 许多设计、设备、催化剂和吸附剂供应商，他们将帮助培训您的人员和监控装置运行。

⑨ 建立完善的安全和支持组织(例如，AICHE 氨厂和相关设施年度安全研讨会)。

(2) SMR 工艺的缺点

虽然有以下缺点，但在很大程度上是可控的。

① 严苛的操作条件会导致材料限制。

② 原料和产品的净化很复杂。

③ SMR 装置在高负荷下运行效果最好，低于 50%的转化率运行不佳。

④ 适合在稳定的生产负荷下操作，负荷变化需要大量的手动调整。

⑤ 装置生成 $CO/CO_2$、$NO_x$、微量有机氧化物(如甲醇)和微量氨，所有这些都必须在环境限制内得到管控。

⑥ 需要绝对稳定的锅炉给水供应，锅炉给水中断几分钟(有时几秒钟)就会产生严重后果。

下面主要介绍 SMR 工艺，其中主要集中在以天然气或炼厂气制取氢气，还会涉及到炼厂液体产品转化制氢。

### 14.3.2 SMR 工艺

甲烷蒸汽转化工艺如图 14-1 所示。

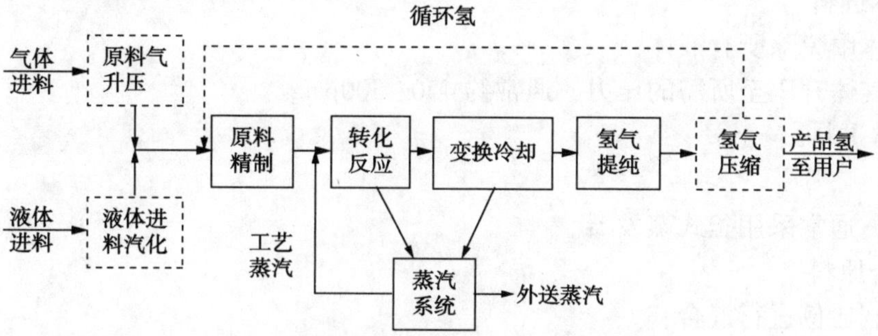


图 14-1 典型的甲烷蒸汽转化工艺流程图

SMR 工艺可分为几个不同的工艺部分：

1) 原料气升压：低压气体进料可能需要。

2) 液体进料汽化：液体进料需要。

3) 原料精制：脱除所有杂质，为转化反应准备原料，如果原料中氢含量不足，则需要循环氢。

4) 转化反应：原料与蒸汽反应生成氢气。

5) 变换和冷却：残余 CO 进一步反应以生成更多氢气，换热冷却后进入后续单元。

6) 产品氢提纯：去除原料氢气中的杂质，制造高纯度氢气产品。

7) 产品氢压缩：取决于用户或 SMR 装置内部对循环氢的需求。

8) 蒸汽系统：从余热中产生蒸汽，以满足工艺蒸汽需求，剩余蒸汽外送至炼厂。

下面按照物料流向来介绍主要的工艺步骤。

14.3.2.1　原料精制

甲烷蒸汽转化反应的进料必须非常干净，并且只能以气态形式存在，不能含有任何硫、卤化物、烯烃、液体或其他不常见的杂质。精制段的作用是去除所有杂质，在此过程中，原料将被加热到转化反应需要的温度。

大多数 SMR 装置的原料精制(或预处理)步骤的简化工艺流程图如图 14-2 所示。

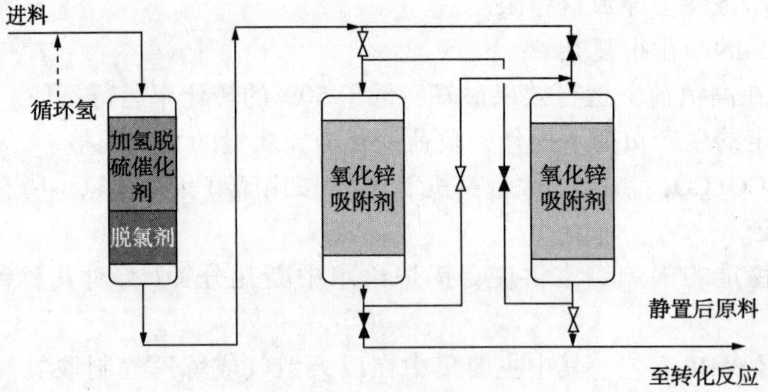


图 14-2　典型的 SMR 装置原料精制系统

在进入精制部分之前，需要对原料进行预处理：

(1) 气体进料

① 从气体中脱除所有液体；

② 低压气体升压至所需的压力，通常约 450~500psig。

(2) 液体进料

① 过滤；

② 汽化，通常采用釜式蒸发器。

(3) 混合原料

① 按控制比例进行混合；

② 排出最终剩余的微量液体。

如果混合气体中 $H_2S$ 含量很高[超过约 10ppm(体)]，则需要通过胺洗来除去大部分 $H_2S$。胺洗产生的富胺液通常送至 SMR 装置外的再生系统，进行硫回收后再循环使用。以 MEA 为例，胺洗过程的典型反应如式(14-1)所示：

$$HOC_2H_4—N—H_2(aq)+H_2S(g) \rightleftharpoons HOC_2H_4—N—H_3^+(aq)+SH^-(aq) \quad (14-1)$$

根据胺洗后的残余硫含量，也可以用碱液洗涤这部分酸性气体，进一步去除微量的 $H_2S$，直至低于 10ppm(体)$H_2S$ 的范围。碱洗反应如式(14-2)所示。废碱液排出装置处理：

$$H_2S(g)+NaOH(aq) \longrightarrow NaHS(aq)+H_2O(l) \quad (14-2)$$

然后将脱除硫化氢的清洁原料气与足够的氢气混合进行加氢处理，并加热至 600~750℉左右。如果存在大量烯烃，则预热温度可能更低，以抵消烯烃饱和时的反应热。所需的氢气量取决于原料性质，但通常在以下范围内：天然气进料 2%~5%(体)；炼厂气 2%~5%(体)；丙烷和丁烷 12%(体)；石脑油 25%~35%(体)。

预热后的进料与氢气一同送至加氢反应器中，将残留的有机硫化合物转化为 $H_2S$，同时脱除烯烃，这一过程物料中可能存在的有机氯化物也全部转化为 HCl。这些反应的方程式见式(14-3)~式(14-5)，反应几乎全部完成，而且都是放热反应：

$$硫化物：RS(g)+H_2(g) \longrightarrow RH(g)+H_2S(g) \tag{14-3}$$

$$烯烃：R—C═C—R'(g)+H_2(g) \longrightarrow R—C—C—R'(g) \tag{14-4}$$

$$氯化物：R—Cl(g)+H_2(g) \longrightarrow RH(g)+HCl(g) \tag{14-5}$$

因为所有反应都是放热反应，所以整个加氢反应器的气体温度会升高。但是，由于原料中的起始硫和氯化物含量很低，主要的反应热还是烯烃饱和。气体进料中每1%的烯烃可产生40℉的温升，丁烷进料中每1%的烯烃可产生15℉的温升，石脑油进料中每1%的烯烃可产生10℉的温升。温升限制了原料中烯烃的最高含量，加氢处理后的产品可以通过原料压缩机循环，有助于缓和反应温升，但这会占用原料气压缩机的负荷。

对于气体进料，实际限制混合进料(包括循环气)中烯烃含量不大于5%。为了控制烯烃的浓度，必须将加氢反应器的入口温度降低大约200℉，到500~550℉左右的区间内。如果温度太低，烯烃饱和反应无法开始，而过高的温度会导致加氢裂化反应飞温。

温度在700~750℉左右经过预处理的气体，通过脱氯剂和氧化锌(ZnO)脱硫剂。脱氯剂通常是活化的氧化铝($NaAlO_2$)，它能定量吸收氯化物，直到吸附饱和。氧化锌脱硫剂可以吸收硫(吸附后S残留浓度约0.01ppm)，直到吸附饱和。两个脱硫反应器通常串联使用，利用阀门和管道在线更换氧化锌脱硫剂，以及调整两个反应器的顺序。吸附剂的基本方程如下，这些反应是轻微放热反应，但在制氢装置进料中杂质浓度较低时不会产生明显的热量。

$$氯化物：2HCl(g)+2NaAlO_2(s) \longrightarrow NaCl(s)+Al_2O_3(s)+H_2O(g) \tag{14-6}$$

$$硫化物：H_2S(g)+ZnO(s) \longrightarrow ZnS(s)+H_2O(g) \tag{14-7}$$

有些装置没有单独的加氢处理反应器，这对于仅加工天然气的制氢装置并不少见。在这些情况下，可使用兼具加氢处理/吸收功能的催化剂。一些原料中不含硫的装置也可能不使用循环氢，但这存在噻吩硫渗透进来的风险。活性炭也可用来代替氧化锌吸附硫，但并不常见，因为活性炭的吸附容量很低。

SMR装置精制部分的关键操作条件如下：

| | |
|---|---|
| 加氢精制 | |
| 温度/℉ | 550~750 |
| 压力/psig | 350~500 |
| 体积空速/$h^{-1}$ | <3000~4000 |
| 催化剂 | CoMo，NiMo |
| 吸附剂(脱氯和脱硫) | |
| 温度/℉ | 650~750 |
| 压力/psig | 300~500 |
| 体积空速/$h^{-1}$ | 500~3000 |
| 催化剂 | |
| 脱氯剂 | 活性氧化铝 |
| 脱硫剂 | 氧化锌 |

到这一步，我们得到了优质、清洁、热的气体原料可用于甲烷蒸汽转化反应。

14.3.2.2　转化反应

SMR装置转化反应部分的工艺流程简图如图14-3所示，其中预热和热量回收部分可能有变化。此处是大部分氢气生成的地方。

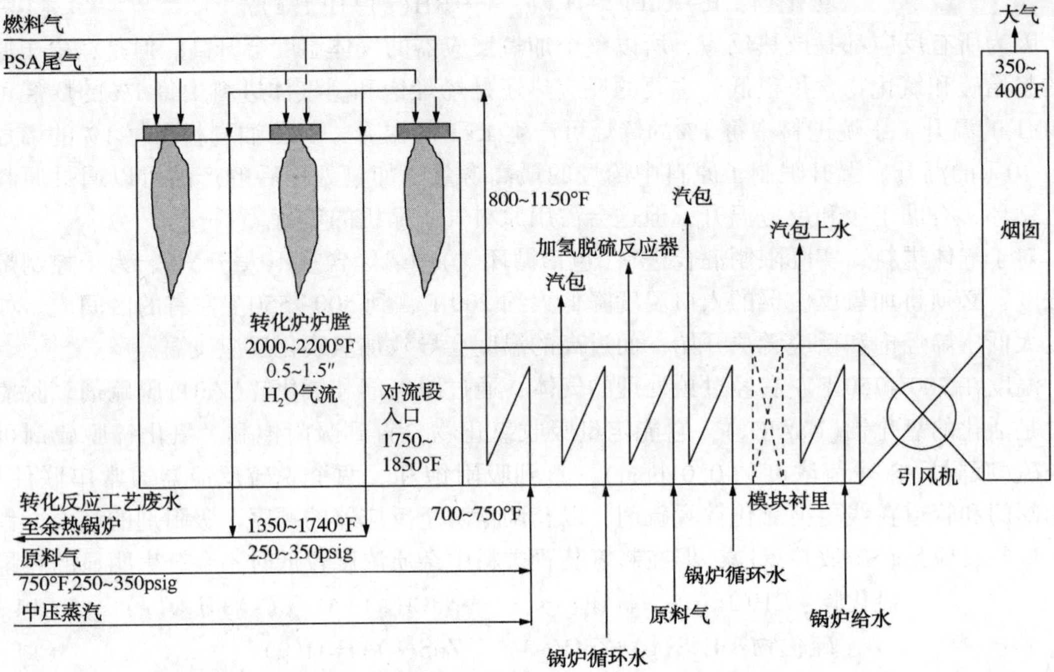


图14-3　典型下燃式转化炉简化工艺流程图

在转化反应部分，根据进料中的碳含量，将热的预处理进料按照精确的比例与蒸汽混合，关键要控制蒸汽/碳原子的摩尔比，即水碳比。根据装置设计的不同，通常的水碳比范围是2.0~5.0。许多炼油厂新建的以气体为原料的装置中，水碳比控制在2.5~3.0之间。对于以丁烷或更重的物质为原料或者变换气中额外的热量需要被冷却（稍后讨论）的装置，水碳比要增加。

混合进料通过热交换进一步预热到800~1150℉，然后进入转化炉辐射区炉管。它是一个大型的燃烧室，有成排的催化剂填充管被周围的燃烧器火焰包围。转化反应发生在温度1350~1740℉和压力250~350psig的炉管内。一般转化炉里有几百根炉管。

管束内流体的分布由压降决定。因此，为保证每一根管束具有相同的压降，即不同管束内物流均匀，入口、出口集合管的设计以及催化剂的装填都需要精心控制。实践中会存在一定的偏差和允许误差。

SMR装置转化反应部分发生的主要反应如下：

原料气裂解为甲烷：

$$C_nH_{2n}+2+(n-1)H_2 \longrightarrow nCH_4+Q \quad (14-8)$$

甲烷蒸汽转化：

$$CH_4+H_2O+Q \rightleftharpoons CO+3H_2 \quad (14-9)$$

一氧化碳变换：

$$CO+H_2O \rightleftharpoons CO_2+H_2+Q \tag{14-10}$$

第一个反应通常发生在靠近每个炉管入口的催化剂上，进料中的全部烃类被裂解成甲烷，该催化剂是添加了碱金属组分的 SMR 催化剂，碱有助于清除裂化反应过程中在催化剂上形成的结焦物。

甲烷蒸汽转化反应是这一阶段的主要目标，水蒸气与甲烷反应生成氢气和一氧化碳。反应过程消耗大量的热量，这也是反应在转化炉炉管内进行的原因。

最终，一氧化碳与水蒸气进一步反应，产生更多的氢气和二氧化碳。低温有利于该反应，所以该反应仅仅在转化炉中完成了一部分。

当催化剂活性高时，在加热炉出口条件下所有产品都达到平衡或接近平衡状态。随着催化剂运行时间的延长，加热炉出口生成气组成偏离平衡，这时为了维持转化率就需要提高出口温度。

利用已知的转化和中变反应 $K$ 值，可根据转化炉入口进料组成、出口压力和温度计算平衡。这些数据可以在催化剂手册(by Katalco，Springer-Verlag，NY，1970)的附录中获得，具体见表 14-2 和表 14-3。这里需要特别小心 $K_{SMR}$ 方程的形式，确保计算的反应方向是正确的。

为了便于使用，将图表转换为与 $K_{SMR}$ 和温度相关的方程式如下：

SMR 反应：

$$K_{SMR}=[P_{CO}\times P_{H_2{}^3}]/[P_{CH_4}\times P_{H_2O}] \tag{14-11}$$

式中 $P$——分压，atm。

**表 14-2 不同类型转化炉的比较**

| 炉型 | 顶烧式 | 阶梯式 | 侧烧式 | 底烧式 |
| --- | --- | --- | --- | --- |
| 布局 | 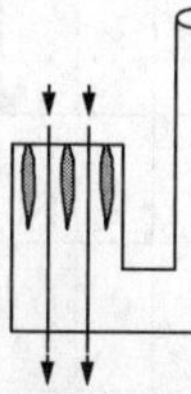 | 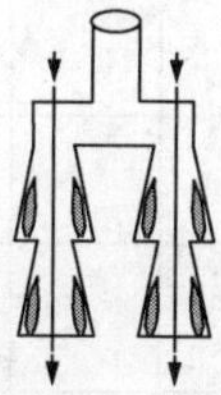 | 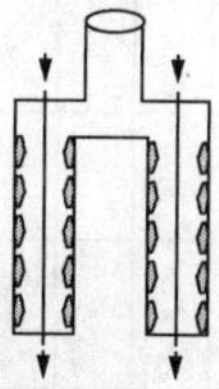 | 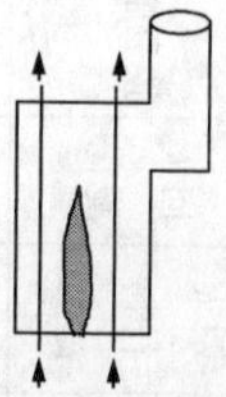 |
| 优点 | 蒸汽和进料快速达到反应温度；较低的炉膛造价；较少的燃烧器 | 控制较好；较低的管壁温度；中等的炉膛造价 | 控制很好；较低的管壁温度 | 相对较低的成本；蒸汽和进料快速达到反应温度；较少的燃烧器 |
| 缺点 | 顶部附近高；管壁温度高；一般需要引风机；对流段占大 | 更多的燃烧器；多个炉膛；对流段高度高或需要使用引风机 | 许多(数百)个小燃烧器；火焰冲击风险高；对流段高度高或需要使用引风机；成本高；空气预热拥挤 | 底部附近管壁温度高；通常限于小型转化炉；可能造成不平衡 |

表 14-3　SMR 制氢装置中常见的材料损伤机理

| 受影响的设备 | 应力断裂 | 高温氢攻击 | 氧化 | 热疲劳 | 耐火材料降解 | 回火脆化 | 胺裂解 | 氯化物应力开裂 | 蒸汽覆盖 | 热冲击 | 短期超载-应力断裂 | σ 相脆化 | 再热裂解 | 异种金属焊缝开裂 | $CO_2$ 腐蚀 | 胺腐蚀 | 锅炉水/冷凝腐蚀 | 金属粉尘 | 压力循环疲劳 |
|---|---|---|---|---|---|---|---|---|---|---|---|---|---|---|---|---|---|---|---|
| 原料气加氢反应器 | | × | | | | | | | | | | | | | | | | | |
| ZnO 罐 | | × | | | | | | | | | | | | | | | | | |
| 对流蒸汽发生器 | | | × | | | | | | | | × | | | | | | × | | |
| SMR 炉管 | × | | × | × | | | | | | × | × | × | | × | | | | | |
| SMR 炉工艺出口 | × | × | | | × | | | | | | | | | | | | | × | |
| 余热锅炉/蒸汽发生器 | | × | | | × | | | | × | | | | | | | | | | |
| SMR 流出物热旁路 | | × | × | | × | | | | | × | | | | × | | | × | | |
| HTSC 入口 | | × | | | | | | | | | | | | | | | | × | |
| HTS 转化器 | × | × | | | | × | | | | | | | × | | | | | | |
| HTSC 出口 | | × | | | | × | | | | | | | × | | | | | | |
| LTS 转化器 | | | | | | | | | | | | | | | | | | | |
| 变换单元流出物冷却 | | | | | | × | | | | | | | | | × | | | | |
| 变换单元流出物至 KO 罐 | | | | | | | | × | | | | | | | × | | | | |
| 溶剂法 $CO_2$ 脱除 | | | | | | | | | | | | | | | | | | | |
| $CO_2$ 吸收器 | | | | | | | × | | | | | | | | × | × | | | |
| 富胺溶液管线/设备 | | | | | | | × | × | | | | | | | × | × | | | |
| $CO_2$ 汽提器 | | | | | | | × | | | | | | | | × | × | | | |
| $CO_2$ 汽提再沸器 | | | | | | | × | × | | | | | | | × | × | | | |
| 贫胺溶液管线/设备 | | | | | | | × | × | | | | | | | × | × | | | |
| 甲烷化器预热交换器 | | × | | | | | | | | | | | | | | | | | |
| 甲烷化反应器 | | × | | | | | | | | | | | | | | | | | |
| PSA 纯化 | | | | | | | | | | | | | | | | | | | |
| PSA 容器 | | | | | | | | | | | | | | | | | | | × |

在200~1200℃(400~2200℉)之间，关联式的误差范围是±1℃(1.8℉)。

$$K_{SMR}=\exp(-4.8858E-14\times T^5+2.1457E-10\times T^4-3.8682E-07\times T^3+3.7620E-04\times T^2-2.2251E-01\times T+5.8282E+01) \quad (14-12)$$

$$T=-1.7663E-05\times\ln(K_{SMR})^5+1.1690E-03\times\ln(K_{SMR})^4-3.5357E-02\times\ln(K_{SMR})^3+9.4694E-01\times\ln(K_{SMR})^2-2.9272E+01\times\ln(K_{SMR})+6.1880E+02 \quad (14-13)$$

一氧化碳变换反应：

$$K_{WGS}=[P_{H_2}\times P_{CO_2}]/[P_{H_2O}\times P_{CO}] \quad (14-14)$$

此公式计算值是标准 $W_{GSK}$ 值的倒数。分压是绝对大气压，温度是℃。

$$K_{WGS}=\exp(-7.1865E-15\times T^5+3.3071E-11\times T^4-6.2984E-08\times T^3+6.4760E-05\times T^2-3.9276E-02\times T+1.1066E+01) \quad (14-15)$$

$$T=-2.9492E-01\times\ln(K_{WGS})^5+4.4116E+00\times\ln(K_{WGS})^4-2.6510E+01\times\ln(K_{WGS})^3+9.3947E+01\times\ln(K_{WGS})^2-2.9167E+02\times\ln(K_{WGS})+8.0912E+02 \quad (14-16)$$

值得注意的是，进入炉内的惰性气体不参与反应，可以稀释产品。惰性气体的引入会改变反应物和产物的分压，进而影响反应平衡。

如果进料含有一氧化碳、二氧化碳或氧气(如某些天然气中)，在平衡计算时需要计入这些量。

转化炉的关键操作条件如下：

| | |
|---|---|
| 工艺条件 | |
| 水碳比 | 2.0~5.0 |
| 温度 | |
| 进料预热器入口 | 700~750 |
| 预热器出口 | 800~1150 |
| 转化炉出口 | 1350~1740 |
| 压力 | |
| 转化炉出口/psig | 250~350 |
| 管道压力降/psi | 15~40 |
| 催化剂体积/体积空速 | 设计者定 |
| 炉膛条件 | |
| 炉膛温度(设计值)/℉ | 2000~2200 |
| 燃烧器通风量/in 水柱 | 0.5~1.5″ |
| 转化炉出口烟气(炉墙)/℉ | 1750~1850 |

#### 14.3.2.3 变换反应

转化炉出口气由氢气、一氧化碳、二氧化碳、残余甲烷、大量蒸汽以及惰性气体组成。在转化炉出口温度1350~1740℉的条件下，这些产品都处于或接近平衡状态。在这样的温度下，仍有30%~70%的碳以一氧化碳形式存在。这些一氧化碳可以通过变换反应在较低的温度下“转化”为二氧化碳，以增产氢气。

$$CO+H_2O \rightleftharpoons CO_2+H_2+Q \tag{14-17}$$

大多数SMR装置变换反应部分简化工艺流程图如图14-4所示。在这部分中，热回收的设计将根据所用的提纯系统类型和采用的转化反应类型有所不同。

在第一个转变阶段，转化炉出口转化气通常经过大型蒸汽发生器或废热锅炉冷却到650~700℉，然后进入高温变换反应器(HTS)。这个固定床反应器装有以氧化铁为活性组分、氧化铬等为结构助剂的变换催化剂。在反应器中，大部分一氧化碳转化为二氧化碳，同时产生更多的氢气。由于反应为放热反应，反应器中的温度升高了50~100℉，因此反应器流出物温度大约为700~800℉，压力低。通常，所有SMR装置都有高温变换反应器(HTS)。该催化剂性能稳定，且抗中毒。

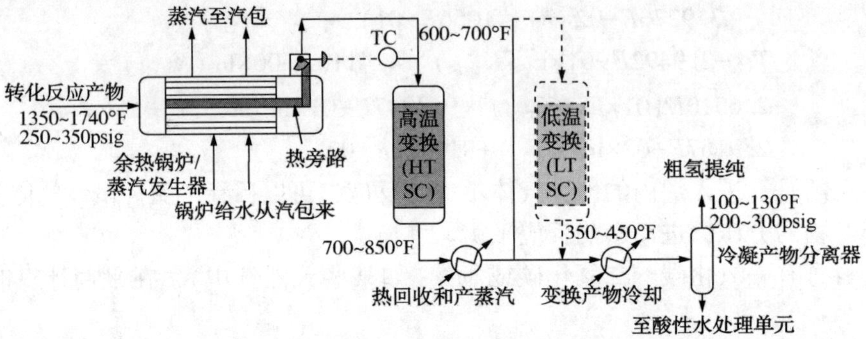


图14-4 典型的变换反应部分简化工艺流程图

HTS流出物进一步冷却，在进入变压吸附(PSA)单元前，中变气通常一直要冷却到接近常温条件，降温过程没有进一步转化反应发生。在使用湿法化学提纯的装置和一些PSA装置中，通常设有一个低温变换反应器(LTS)以生产氢气并进一步消除CO。也有一些装置使用中温变换反应器(MTS)，但是这并不常见。

LTS反应器通常采用铜系催化剂，用以脱除残留的CO至0.5%(体)(可低至0.1%)。这类催化剂容易失活，因此需要特殊的工序来活化。LTS反应器有生成甲醇和氨的倾向，对后续的排放造成影响。非常低的水碳比会加剧这一问题。专门的低甲醇催化剂可用于限制这些副反应发生。对于只有HTS的装置，LTS的引入可以将氢气产量提高5%~10%，但是前提是PSA单元有多余的负荷，否则需要对PSA单元脱瓶颈。

在变换产物冷却的最终阶段，将未反应的蒸汽进行冷凝和回收，以供再利用。然后把相对干燥的粗氢送至PSA单元。

冷凝水会被$CO_2$饱和，具有很强的腐蚀性，需在不锈钢设备中进行操作。直接再利用溶解$CO_2$的冷凝水会导致锅炉系统腐蚀率高，并将大量的$CO_2$引入制氢装置产出的蒸汽中，从而导致整个炼油厂的冷凝水系统腐蚀率高。因此在回用前，必须通过汽提“脱气”处理冷凝水，以去除$CO_2$。这可以在专用汽提塔或脱气器中单独进行，也可以与锅炉给水(BFW)的除氧相结合，但两者相结合的效果一般较差。

由于冷凝水中还含有甲醇和其他微量有机氧化物以及微量氨，因此必须考虑汽提塔或脱气器废气的处理。许多地区因为环境法规限制了处理选项。如果一个装置只有高温变换反应器(HTS)，脱气器的尾气往往可以进入大气。在其他情况下，尾气可送至转化炉作燃料。一些装置用高压蒸汽汽提以脱除溶解气，将这部分汽提尾气返回原料部分。

变换反应单元的典型操作条件如下：

| 操作条件 | 数值 |
|---|---|
| 温度 | |
| 高温变换反应器 | |
| 入口/℉ | 600~700 |
| 出口/℉ | 700~850 |
| 低温变换反应器 | |
| 范围/℉ | 350~450 |
| 冷凝水分离器/℉ | 100~130 |
| 压力 | |
| 最终粗氢至提纯/psig | 250~350 |

现在粗氢气准备去提纯以得到最终产品氢气。

14.3.2.4 提纯

常用的粗氢气提纯方法有变压吸附法和甲烷化-湿化学溶剂法。

(1) 变压吸附法(PSA)

在现代制氢装置中，变压吸附(PSA)是最常用的提纯方法，得到的产品是近100%的纯氢，尾气可作为转化炉的燃料。

本章的"变压吸附"一节中有关于PSA的详细讨论，以下内容介绍变压吸附技术在甲烷蒸汽转化(SMR)制氢装置中的应用。

制氢装置中通常设置有PSA单元，如图14-5所示。

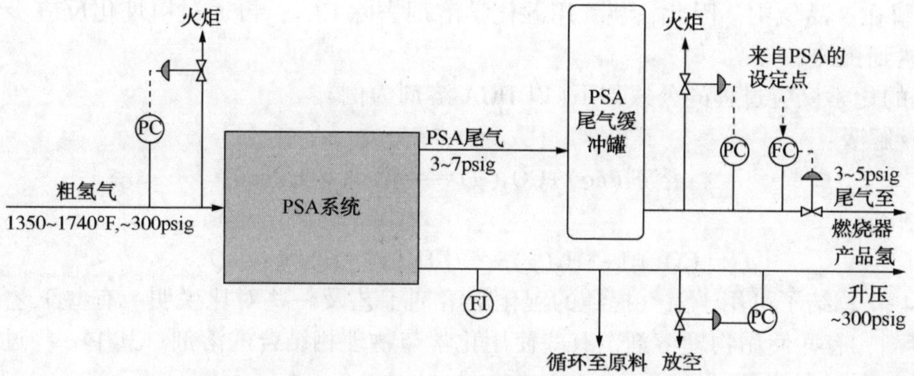


图14-5 典型的PSA产品氢提纯系统简化工艺流程图

SMR装置变换反应后的粗氢气经过冷却、干燥后(<130℉)作为PSA的原料。PSA入口压力通常为250~450psi，可以吸附粗氢气中的杂质。出口压力接近于入口压力，得到的产品氢纯度接近100%。

PSA 中的每个吸附塔都会周期性地离线循环并减压以释放吸附的杂质。这种循环通常每小时发生几次。离线时，变压吸附塔中的压力逐步降低到接近大气压力(例如 4~6psi)。吸附剂在低压下释放杂质。产生的尾气或废气送至转化炉作为燃料。

在一个系统中，通常有几个(4~12 个)PSA 吸附塔连接在一起。PSA 系统使用控制阀、管线、缓冲罐和可编程逻辑控制器依次通过吸附-解吸等步骤转换各吸附塔，以提供连续的产品氢气。尾气经过缓冲罐调节压力和组分变化后送至转化炉燃烧，其提供约 50%~70%的转化炉燃料需求。

制氢装置 PSA 单元的氢气回收率通常占装置总产氢量的 80%~92%之间，一般约为 85%。吸附塔再生过程的多个步骤有助于优化产品氢气回收率。更多的步骤能够提高回收率，但也需要更多的吸附塔，增加了复杂程度。在几个吸附塔的序列中，可能有 50~100 个单独的步骤。

通过在线分析仪器监控产品或过程气可以有效地提高氢气回收率。

PSA 连续工艺的任何一个问题都会影响到它是否正常工作。有很多问题会导致 PSA 发生故障，后果是氢气产品立即中断，进而尾气燃料中断造成转化炉燃烧发生波动。

PSA 最常见的问题是阀门故障，一年中可能会发生几次。有时，在故障情况下通过将一对吸附塔从系统中切出可以使 PSA 逻辑继续工作而不会中断。但通常情况下，故障会使整个单元停车。随着时间的推移，操作人员会提升处理这类故障问题的经验。

PSA 最终的产品氢纯度接近 100%，其中含有微量的氮气和一氧化碳(通常 $N_2$<100ppm 和 CO<10ppm)。$N_2$和 CO 是会最先渗透过 PSA 的气体。PSA 的操作可以根据氢气用户的限制对 $N_2$/CO 比率进行调整。例如，如果氢气是用于异构化装置，则 CO 含量需要<1ppm(体)。这可以通过 PSA 实现，但会损失一些回收率。通常要求控制产品氢中的 CO<10ppm(体)。更多的 CO 进入产品氢中不会显著增加氢气的回收量，反而是到达一定程度时，在用户端发生的甲烷化反应会消耗氢气，从而实际上减少了氢气的净回收率。

(2) 甲烷化-湿化学溶剂法

大多数老的制氢装置通过湿化学溶剂来提纯氢气。这些系统可以除去几乎所有的 $CO_2$，但将 CO 留在产品氢中。因此，装置用湿化学溶剂去除 $CO_2$，再通过甲烷化反应步骤来消除 CO 从而达到提纯。

常见的化学反应过程的公式如下(以 DGA 溶剂为例)：

吸附/解吸：

$$\text{溶剂}(aq)+CO_2(g)\rightleftharpoons\text{溶剂}\ CO_2(aq) \tag{14-18}$$

甲烷化：

$$CO(g)+3H_2(g)\longrightarrow CH_4(g)+H_2O(g)+Q \tag{14-19}$$

表 14-4 总结了可用于氢气提纯的湿化学溶剂工艺及一些对比说明。有些工艺使用简单的化学溶剂，有些使用物理溶剂，有些使用化学与物理相结合的溶剂。其中一些过程受专利保护，或包含专有信息。

**表 14-4 SMR 制氢装置典型的脱除 $CO_2$溶剂**

| 脱除系统类型和技术 | 许可/供应商 |
| --- | --- |
| 胺液溶剂系统 | |
| 单乙醇胺(MEA) | Fluor(Econamine$^{SM}$) |

续表

| 脱除系统类型和技术 | 许可/供应商 |
|---|---|
| 二甘醇胺(DGA) | Fluor(Econamine$^{SM}$) |
| 甲基二乙醇胺(MDEA) | |
| Jefftreat | Huntsman |
| Gas/Spec CS-2000 | Ineos |
| BASF aMDEA(MDEA+Accel) | BASF |
| ADIP-X(MDEA+Accel) | Shell |
| Ucarsol | Dow |
| KM CDR(KS-1hindered amine) | Mitsubishi Hvy Ind |
| 热碳酸钾系统 | |
| Catacarb and LRS-10 | Eickmeyer and assoc |
| Benfield and Benfield ACT-1 | UOP |
| 物理溶剂 | |
| Selexol | UOP/Dow |
| 混合溶剂 | |

这些工艺中的大多数都可以提供一种采用 PSA 系统难以获得的副产品，即食品级二氧化碳。这将有利于降低装置的生产成本，同时也有利于减少温室气体的排放。

图 14-6 提供了氢气提纯的湿化学溶剂系统的典型流程图。因胺类体系最为普遍，故作为示例。个别过程与单元可能与该流程稍有区别，但大体原则是相同的。

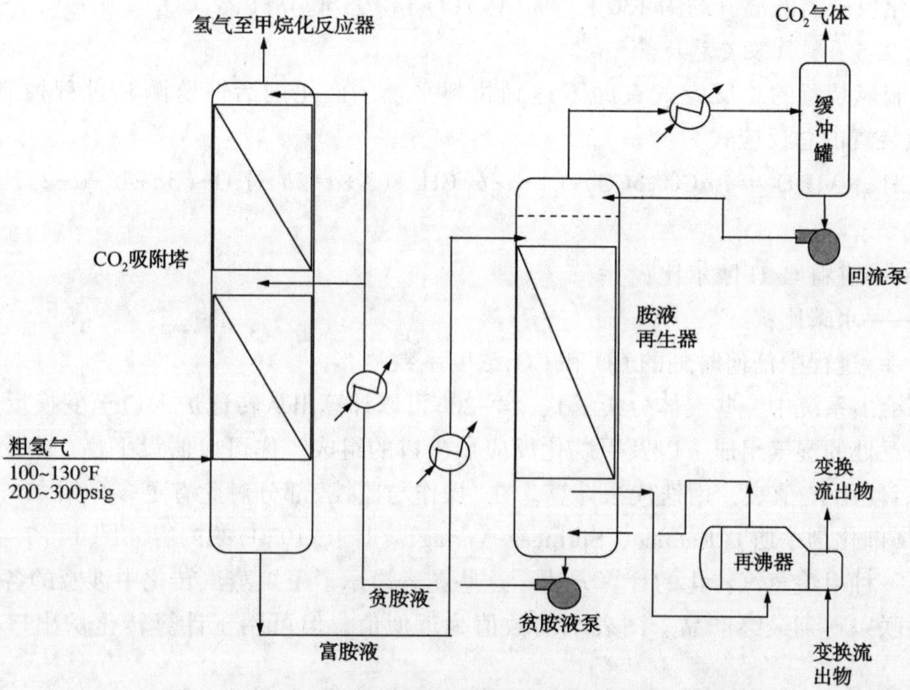


图 14-6 SMR 制氢装置典型的湿化学溶剂脱 $CO_2$系统

在湿化学溶剂方法中，冷却后的粗氢气被送至吸收塔，通过循环溶剂去除$CO_2$。氢气中残留的CO和饱和水经过加热并送至固定床甲烷化反应器。反应器中的催化剂是一种还原态的高镍氧化物。CO几乎全部转化为甲烷[依据式(14-19)]，消耗部分氢气。需要注意的是，甲烷化反应是在转化炉内发生的反应的逆反应，尽管反应物较少，其仍将释放同样多的热量。

甲烷化反应器的出口温度由入口温度和最后一个变换反应器出口CO含量控制。来自甲烷化反应器的最终产品氢被冷却后送至用户。

甲烷化后的干氢通常氢含量为92%~96%，其余的是甲烷。经过吸收塔和甲烷化反应器通常仍残留10ppm(体)的$CO+CO_2$和一些饱和水。

由于甲烷化反应是高放热的，通常会设置自动紧急停车系统，出现高-高温情况时可将反应器旁路并将氢气送至火炬或排空，避免反应器或管道损坏。

与此同时，含有$CO_2$的溶剂(富溶剂)预热后送至再沸汽提塔或再生塔。$CO_2$从汽提塔塔顶送至冷凝系统，塔顶冷凝水作为回流返回汽提塔。

接近纯$CO_2$的塔顶气可排放或作为二氧化碳产品销售。对于液态$CO_2$产品，只需最后稍微处理即可。$CO_2$的销售通常以协议的方式交由气体供应商负责最终的产品清洁、液化和装运。

来自汽提塔底部的再生溶剂经过冷却循环回$CO_2$吸收塔中再利用。溶剂的损失需要通过补充少量的水或溶剂来弥补。水平衡和溶剂纯度必须控制在限制范围内。

对于$CO_2$脱除系统主要的操作条件取决于所用溶剂，在此不一一列出。一个甲烷化反应器通常在600~700℉的进口温度和700~800℉的出口温度范围内、200~300psig的压力下操作。甲烷化反应器的温升约为130℉/1%(体)CO和108℉/1%(体)$CO_2$。

14.3.2.5 制氢装置总反应

了解制氢装置的总反应式有助于达到物料平衡、催化剂活性监测和过程控制的目的。SMR制氢装置的总反应式为：

$$CH_{2\alpha}+XH_2O \rightleftharpoons aCO+bCO_2+(1-a-b)CH_4+(X+a-2b)H_2O+(3a+4b+\alpha-2)H_2 \tag{14-20}$$

式中 $\alpha$——进料C/H摩尔比；

$X$——水碳比；

$a$、$b$——过程中任何时刻的CO和$CO_2$浓度系数。

如果给出系统中一些气体分析，式(14-20)可以计算出从转化炉入口至变换反应器出口过程中任意处的湿气组成，以及甲烷化反应器出口的组成。你可以假设平衡(或平衡点的温差)，然后使用$K_p$值表，用迭代法计算。在“操作与监控”部分对此有更多介绍。

基于《催化剂手册》(Katalco，Springer-Verlag，纽约，1970)的内容，图14-7~图14-12给出了另一种甲烷蒸汽转化的计算方法。这些图表显示了甲烷蒸汽转化中涉及的各种反应如何相互关联以得到最终产品。图表中的数值为近似值，但可用于计算转化炉出口处的湿气组成。

对于气体(甲烷)或液体(石脑油)，采用的转化反应出口甲烷、CO和$CO_2$含量的关系图是不同的。当式(14-20)中的 $2\alpha>2.5$(丁烷及更轻原料)时应使用甲烷图表；当 $2\alpha<2.5$(戊烷及更重原料)时，应使用石脑油图表。

这些图表的一个用途是估算甲烷蒸汽转化反应获得特定的甲烷含量时所需的温度变化。例如，假设天然气(甲烷)以 3.0 的水碳比和 300psi 的压力下转化得到 7.5%的甲烷残余浓度。在甲烷转化图中找到 7.5%的甲烷残余浓度，做与 3.0 水碳比相交的水平线，沿着垂线线一直向下到图表底部，与 300psi 压力的水平线相交，估算出平衡温度大概为 1465℉(两条线中间采用内插法)。这可能与实际转化出口温度相同或者不同，但可以此数据作为一个参考。

现在如果把甲烷残余浓度降至 6.0%(体)，可以增大水碳比或者改变温度。假设选择改变温度，在上图中找到 3.0 水碳比与 6.0%甲烷残余浓度线的交点，将刻度线垂直于下图表中的 300psi，指示的平衡温度为 1500℉。因此，将转化炉的出口温度由 1465℉升至 1500℉，可将甲烷残余浓度降低至 6.0%(体)。

14.3.2.6 蒸汽系统

蒸汽系统与甲烷蒸汽转化反应密不可分，除了提供原料蒸汽外，还可以回收转化炉出口、变换反应器出口和烟气中的余热。制氢装置的蒸汽一般能自给自足，许多装置过剩的高压蒸汽可以外送供给炼厂其他装置。它们可以作为主要的蒸汽供给装置，取代动力锅炉。当设计留有余量的情况下，制氢装置可以在动力锅炉产汽中断等紧急情况下提供蒸汽。

甲烷蒸汽转化制氢装置典型的蒸汽系统流程如图 14-13 所示，然而这些系统的配置有多种形式。大部分产汽都来自于以下三个部位：

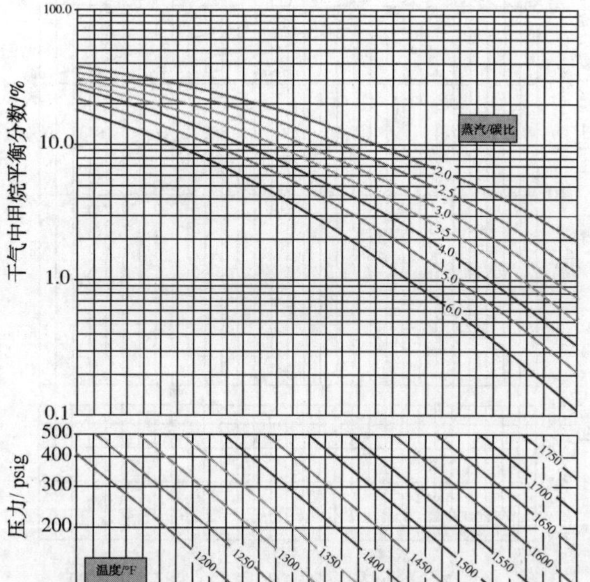


图 14-7 以甲烷为原料的甲烷转化产物中的 $CH_4$ 平衡含量关系图

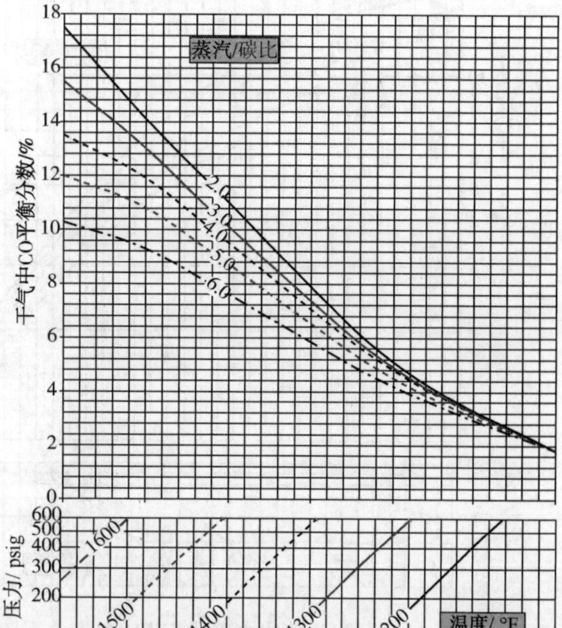


图 14-8 甲烷转化水碳比与 CO 含量关系图

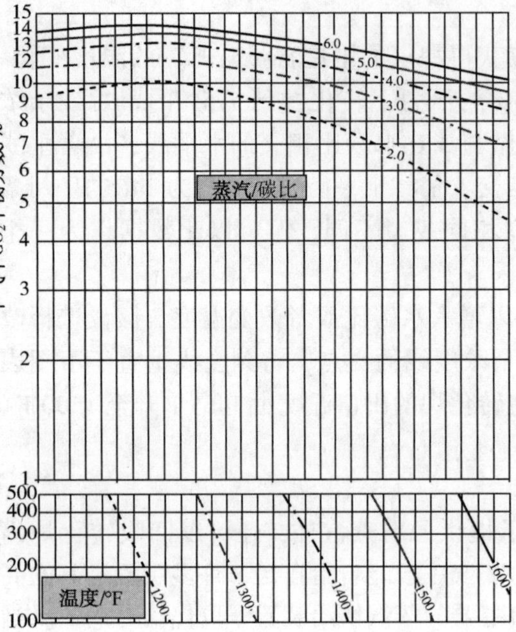


图 14-9　甲烷转化水碳比与 $CO_2$ 含量关系图

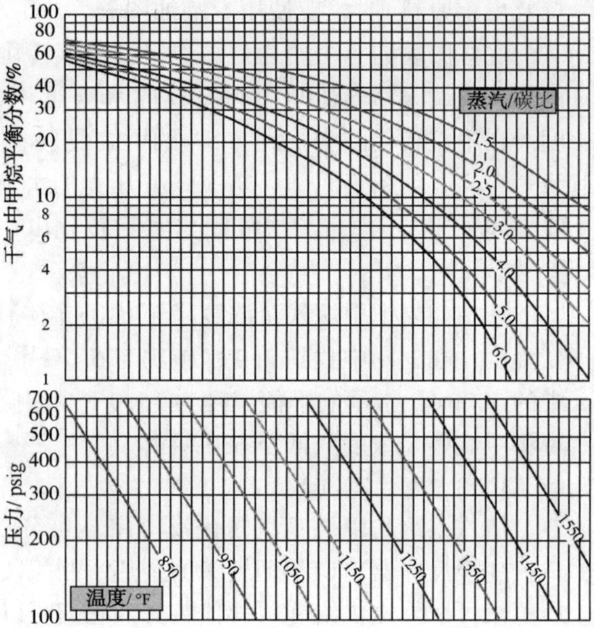


图 14-10　石脑油转化水碳比与 $CH_4$ 含量关系图

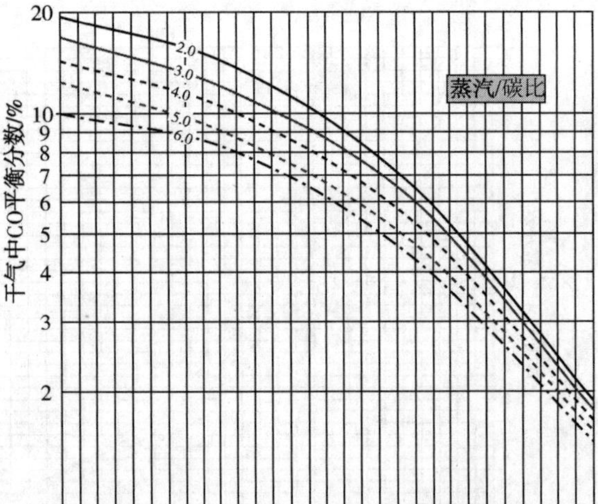


图 14-11　石脑油转化水碳比与 CO 含量关系图

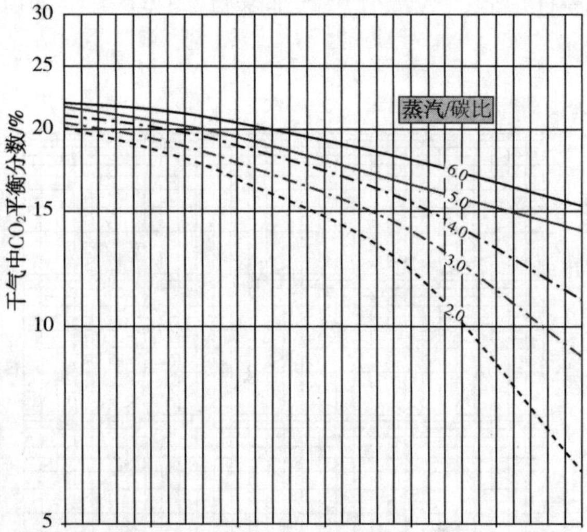


图 14-12　石脑油转化水碳比与 $CO_2$ 含量关系图

① 转化炉出口转化气。这里通常设置一个余热锅炉。余热锅炉将 1350～1740℉的转化气降至大约 700℉进入变换单元。最终温度由旁路调节系统进行控制。

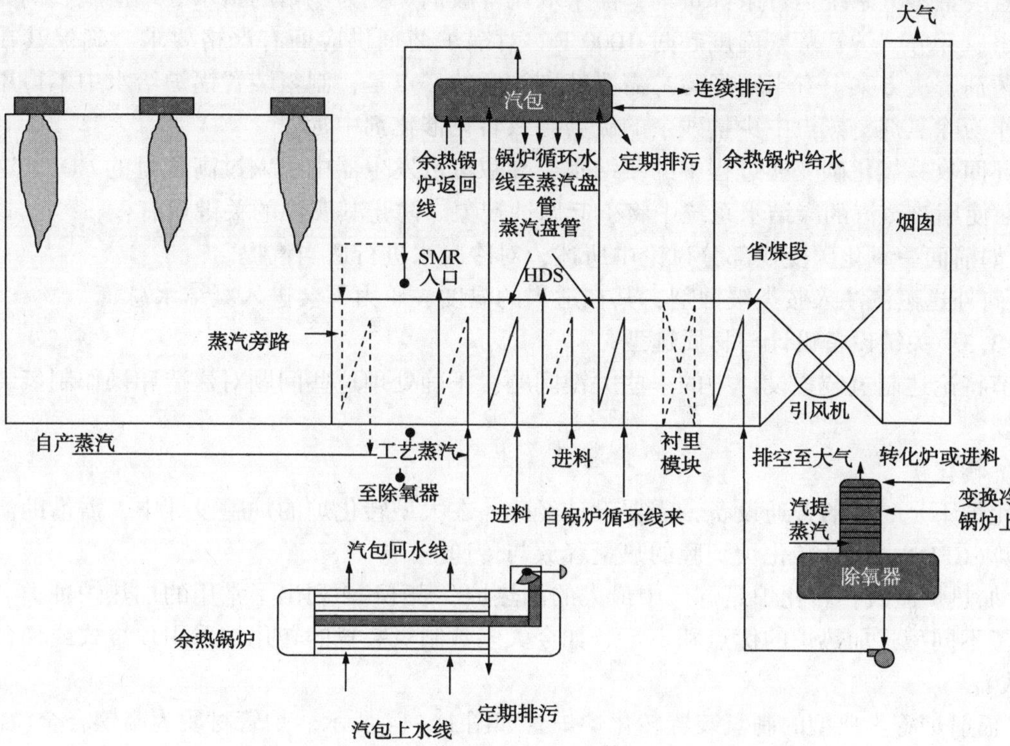


图 14-13　甲烷转化制氢装置典型的蒸汽系统流程图

（这里只列举了一种可能的布局，在变换反应出口也可能设置蒸汽发生器）

余热锅炉上方设有汽包，锅炉给水通常依靠热虹吸原理产汽。余热锅炉产汽量约为10%~20%。

② 转化炉烟气。在烟道中通常设置一段或多段蒸汽发生盘管和省煤段用来加热锅炉给水。它们有的是热虹吸式，有的是强制循环，向主汽包供水。

③ 高温变换反应产物。许多装置都设有独立的蒸汽发生器（例如釜式蒸汽发生器），在变换反应器出口设有专门的高温余热回收系统。如果采用湿法溶剂脱 $CO_2$工艺，这些热量通常都带入下游装置，所以这些装置不设蒸汽发生器。

用于产汽系统以及制氢装置产汽的锅炉给水要求很严格。表 14-5 列出了锅炉给水处理要求。

**表 14-5　甲烷转化制氢装置典型的锅炉化学处理方法**

| 功能 | 化学名称 | 注入点 | 备注 |
|---|---|---|---|
| 除氧剂 | 钝化剂 | 除氧槽 | 不含硫化物 |
| 锅炉水 pH 值控制 | 高纯碱 | 锅炉给水泵入口 | 需要补充水；避免氨基胺类化合物 |
| 锅炉内部处理 | 聚合物系统 | 锅炉给水泵入口 | 避免氨的产生；需要去离子功能；分析微量化学物质 |
| 辅助去离子处理 | 聚合物系统 | 锅炉给水泵入口 | 需要用螯合剂或磷酸盐处理 |
| 处理 | 混合胺类化合物 | 仅在外送蒸汽线 | 注氨点与系统压力匹配；制氢装置系统应使用不锈钢；胺类化合物在制氢过程中转化成氨 |

制氢装置蒸汽系统运行条件苛刻，需采取比一般锅炉更为严格的给水处理措施。例如废热锅炉出口部分，炉管管壁温度超过1000℉。对锅炉药剂供应商有严格要求，确保其在制氢装置药剂解决方案上有丰富经验。需要特别注意的一点是，制氢装置锅炉给水中不得用亚硫酸盐作为除氧剂，蒸汽中少量残余的硫会导致转化催化剂中毒。

循环回收一氧化碳变换过程中的凝结水会导致蒸汽发生器中引入过高含量的$CO_2$，这部分$CO_2$在使用该蒸汽的凝结水系统中将引起腐蚀现象。防止其腐蚀的关键点有：

① 如前面一氧化碳变换部分讨论中所述，对冷凝水进行适当汽提。

② 向外送蒸汽注入胺类缓蚀剂，其在适当的温度、压力下会进入凝结水总管。

### 14.3.3 关键设备设计与材质选型

本节将论述制氢装置设计中的一些关键问题，正确处理这些问题对建造和操作制氢装置至关重要。

(1) 转化炉

转化炉不是一般的普通设备，需要设计经验。在大型转化炉的炉膛设计中，需借助流体力学计算(CFD)来设计转化炉炉膛的热量释放与传递。

1) 加热炉型式：转化炉是炼厂中最大的加热炉。表14-2列出了常用的加热炉种类。表中列出了不同型式加热炉的优点和不足。如今大多数制氢装置的转化炉采用顶烧式或梯台式(侧烧式)。

2) 辐射炉管：典型的制氢装置转化炉炉管如图14-14所示。炉管材质为高镍合金(HK-40，Manurite钢等)。炉管的内径范围在1.5～5.5in。炉管设计温度基于装置运转末期所计算的最大壁温，设计余量比最大计算壁温高约50℉。目前对炉管温度的监测能力大约在±100℉范围(关于炉管监控将在后面章节详细论述)。

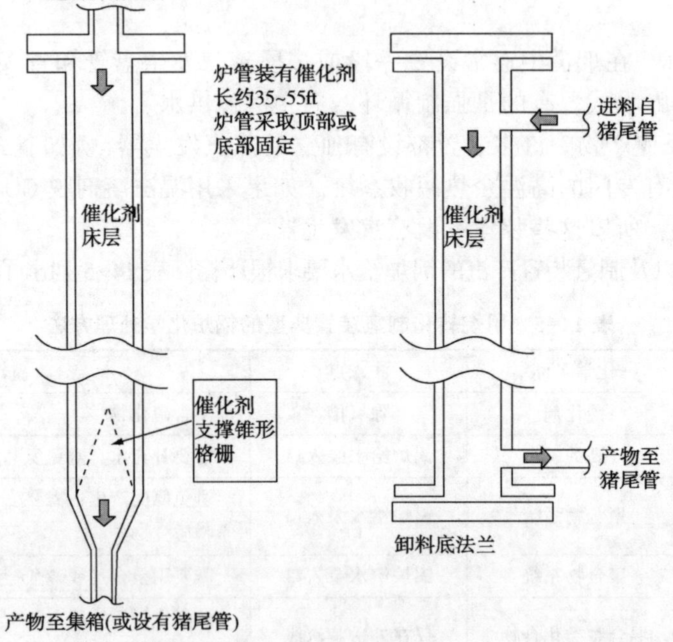


图14-14 典型的转化炉炉管布置

3）燃烧器：转化炉采用大量燃烧器确保热量充分传递至所有炉管。由于炉膛操作温度超过 2000℉，目前的燃烧器普遍采用低氮式燃烧器。在带有 PSA 的制氢装置中，燃烧器备有额外供 PSA 尾气用的低压火嘴。燃烧器的设计和布置必须避免火焰对炉管的冲击。所有燃烧器的尺寸由热量需求所确定，因此通常可能不尽相同。

4）对流段：制氢转化炉对流段一般兼具以下功能：蒸汽过热；混合蒸汽/进料预热；副产蒸汽(一级或多级)；锅炉给水省煤段/预热；空气预热。

在某些工艺流程中，转化炉烟道中会设计有选择性催化还原单元(SCR)用以降低 $NO_x$ 排放。这种系统采用低压力降(若干英寸水柱)的催化剂基体。氨在烟气接触催化剂之前通过一组喷嘴注入，氨在烟道外汽化并进一步在热空气中稀释以改善其分布效果。SCR 单元必须设在特定的温度段(根据催化剂而定)。有时通过对现有装置进行改造，将对流段炉管进行重新布置来确保合适的温度区间。

5）炉膛通风控制：转化炉可以是自然通风、引导通风或者强制/诱导通风，很少为单一强制通风炉。较早的装置一般采取自然通风形式。对于顶烧炉或者当需要 SCR 时，会采用引导通风。对于有空气预热的炉子，则一般会有鼓风机和引风机。

燃烧器风门挡板提供了更多的通风控制。挡板开度应足以满足控制系统工作要求。

PSA 尾气燃烧会使燃料气控制产生一定波动进而影响炉膛通风稳定性。通风量随 PSA 操作循环每隔几分钟会轻微波动。优化 PSA 控制会使波动平缓，但通常不会消除波动。通过控制器的仔细调整，基本可以做到波动可控。切记，通风量波动也意味着烟气中过剩氧含量的波动。

6）转化炉出口集合管：转化炉出口的高温反应产物通过出口集合管至余热锅炉时会产生一些特殊的问题。炉膛内的出口集合管一般是高合金材料(如 Incoloy)，再从高合金过渡到含有内衬耐火材料的低合金集合管，通常像 1¼铬钢。图 14-15 介绍了系统中常见的耐火材料布置类型。

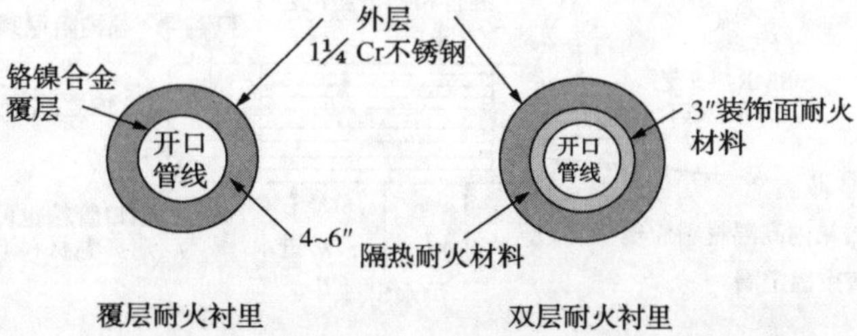


图 14-15 转化炉工艺出口典型的耐火材料系统

需要监控内衬耐火材料的反应产物转运管线，确保如果内衬耐火材料失效不会危及管壁。耐火材料上的一个小裂纹都会使管壁温度升高。较严重的耐火材料破损会很快将管壁温度升高到超过其最大允许温度。为了监控这种情况，转运管线的外壁材料可以涂上温度指示涂层，当管壁温度超过 500℉时会改变颜色。这样可以在最大允许温度和实际温度间提供裕度。

反之，将耐火材料内衬集合管的管壁温度保持在高于水凝结温度这点非常重要。SMR 反应产物如果冷凝会形成碳酸，腐蚀低合金钢。带有耐火材料内衬的外管壁温度通常应该在 250~350℉之间以满足以上要求。

7）安全：所有加热炉都需要安全系统，转化炉也不例外。SMR 的复杂性意味着其配套的安全系统也会相应更复杂。这里无法完整介绍这些安全系统，但指出在转化炉中几个特别需要考虑的地方：

① 通风失控：由于 SMR 的燃烧强度非常高，炉膛内燃烧风控制失效会导致潜在严重后果。产生这一问题的原因可能是鼓风机或引风机故障、风门或挡板控制问题、PSA 停车、燃料气用量过度变化、燃料压力过高或过低，或者一些其他的原因。这些情况下炉子的安全系统通常会在高风量或低风量时停车。可通过监控炉膛出口过剩氧含量得到解决。

② SCR 问题：当炉子有 SCR 时，SCR 可能在烟气温度过高/过低或者汽化器失去比例控制时停车。这些停车是为了防止在汽化器或烟道中形成或积聚潜在的爆燃混合物。

③ 燃料气、长明灯或 PSA 尾气压力高低：依具体故障不同，几种燃料气压力条件会触发转化炉停车，以避免出现其他一些问题。由燃料气导致的转化炉停车往往是为了避免混合爆燃气的形成。通常在炉膛通风的情况下长明灯要保持正常的燃烧。

④ 点火保护：在现代制氢装置中，安全系统包含一系列联锁以保障加热炉点火安全。典型联锁包括吹扫前确认所有燃料气隔离、确认吹扫完成、投用主燃料气前确认长明灯点燃、引入 PSA 尾气前确认主燃料气投用。在主燃料气线上采用美国工厂相互保险研究所认证的旋塞阀和氮气调压都是在吹扫前确保燃料气完全隔离的手段。

⑤ 工艺故障：如果转化炉工艺相关部分由于某原因发生故障，转化炉热负荷会立刻大幅降低。转化炉紧急降负荷会导致转化炉因通风系统、燃料气系统压力等故障停车。但是通常情况下，如果长明灯系统仍然可控，工艺部分故障往往不会引起转化炉整体停车。

（2）余热锅炉

1）总体设计：SMR 反应产物蒸汽发生器或余热锅炉通常是大型卧式换热器。图 14-16 为典型的余热锅炉换热器流程。

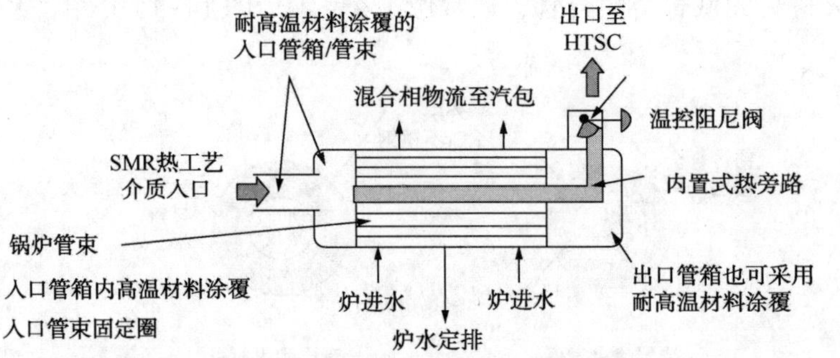


图 14-16　转化炉出口余热锅炉或蒸汽发生器典型流程图

换热器工艺物料入口端通过内衬耐高温材料的入口管箱与转化炉相连。余热锅炉入口通常也采用内衬的耐高温材料，同时管束内衬高合金套管。

通常设置一路单程的大型管路作为热旁路从内部穿过蒸发器。在一些装置中也采用外置热旁路式。

热旁路设有温控旋塞阀，用来控制工艺介质的最终出口温度。旋塞阀通常类似三通阀，阀开大时限制流体流过换热管而允许热旁路气流通过。有些旁路采取自动控制，但也可手动控制。

换热器水侧借助热虹吸原理，水从汽包顶流至余热锅炉蒸汽发生器底部壳体若干入口点。蒸汽/锅炉水混合物流从发生器壳体顶部出口返回至汽包。锅炉水定排点位于发生器壳体底部。余热锅炉的蒸汽侧通常难以进行监测。

2）金属粉化：余热锅炉的工艺条件会导致金属粉化。这是由于工艺气引起碳迁移（脱碳）导致金属颗粒化，金属晶化最终导致金属粉化。在 900~1500℉的范围内，$H_2$、CO、甲烷等还原气体的存在会加剧此过程。虽然制氢装置通常处于氧化气氛，但转化炉出口更接近还原条件。金属粉化在低水/碳比条件下更易发生。余热锅炉中的金属管束和热旁路尤其受此影响。入口管束的内衬管和合理的金属选材有助于控制金属粉化现象。

（3）PSA 系统

大多数现代制氢装置均设有变压吸附系统（PSA）。本章关于“变压吸附”部分的章节提供了 PSA 关键环节的详细资料。

关于 PSA 关键点的论述有以下方面：程控阀和序列步骤；变压吸附塔；解吸气/尾气塔；控制系统。

（4）湿化学溶剂系统

湿化学溶剂法脱除 $CO_2$系统在设计时具有特定考虑的方面。本文以最常见的胺溶剂系统为例展开论述。含有热碳酸盐系统或其他系统具有相同的问题。

1）腐蚀监控：与大多数酸性气脱除系统一样，系统的金属选材需考虑材料的处理。制氢装置系统需要特别注意以下几点：

① 胺洗溶液会使设备发生潜在的胺腐蚀开裂。建议对胺液处理系统进行焊后热处理。

② 胺液再生装置和 $CO_2$汽提塔以及塔顶挥发线易受碳酸腐蚀危害，需选用不锈钢材质管线。

③ 在汽提装置易忽视部位也会发生碳酸腐蚀危害，如靠近再沸器返回线的壳体和汽提塔进料线附近的管道和壳体。建议在这些部位升级合金材质并监控最大流速。

④ 在 MEA 胺液系统中，会用到含砷化合物作为缓释剂。此种措施有效，但是对装置运行和维护会带来额外的危害。

⑤ 溶剂易形成热稳态盐，需脱除这些盐垢以保持溶剂的良好状态。一些系统采用侧线再回收器去除盐垢。也可通过外委服务商采用离子交换法去除盐垢。

2）过滤：尽管采用了防腐措施，循环溶剂仍会产生腐蚀物和其他固体，需要从溶剂中去除。这通常是通过循环溶剂的侧线过滤来实现的。这个侧线物流通常经过筒式过滤器，甚至再通过活性炭过滤器来去除溶剂中无效的潜在发泡物质和微量有机物。

（5）材质损伤机理

制氢装置材质损伤的机理有很多，一些机理已在前面讨论中间接提及过。有关材质损伤机理和管理实践的内容，请参考 API RP-571，这是一个非常好的涉及各类系统的参考材料。

作为一般性参考，表 14-3 总结了 RP-571 中强调的关于制氢装置的腐蚀机理。

### 14.3.4 操作与监控

#### 14.3.4.1 操作

下面简明论述 SMR 制氢装置从开工到停工的主要操作阶段，开工试运转不在本论述内容之列。要获取更多细节内容，请参考本章末尾的参考文献。

（1）开工

制氢装置开工按照以下规程执行：

① 蒸汽系统排水：如果装置中含有净化二氧化碳溶剂，需去除。

② 氮气吹扫整个工艺系统，排除空气。

③ 用不凝气反复冲压整个工艺系统。通常用氮气，也可用纯氢或天然气，但是不能使用重整氢气。可以烟气直排方式将加热炉升温至800℉。此种方法弊端是高温变换反应器尚未升温，因此蒸汽引入时需将其旁路，待工艺介质引入时再进行升温。如果系统设有低温变换反应器，需预先旁路，之后再投用。

④ 以50~100℉/h的升温速率将转化炉出口(对流段入口)烟气升温至800℉。出口烟气达到工艺条件后，视情况投用SCR单元。开始需均匀点燃转化炉少量火嘴。随着转化炉温度升高，逐渐增加火嘴数量，并确认所点火嘴均匀分布于整个炉膛，避免火焰偏烧或冲击。整个开工过程按照此规程进行。

⑤ 缓慢引入工艺蒸汽并提高蒸汽流量至设计值的50%，同时将转化炉出口温度持续升温至1000℉。此时主物流为蒸汽，可以停止惰性循环。高温变换反应器出口开始可能会有蒸汽凝液产生，之后陆续干燥脱除。转化炉切勿快速升温，防止损坏催化剂。如果开始升温时未采用惰性气体，高温变换反应器需进行旁路，并在主物流稳定后以可控制蒸汽流量进行升温。

⑥ 继续以100℉/h的升温速率提高蒸汽流量和温度以达到工艺介质进料条件，通常以转化炉工艺侧出口温度1200~1300℉为准。

⑦ 引工艺气：如果系统设有低温变换反应器，需将其旁路。调整进料气提纯条件确保进料气完全净化，确保转化部分进料气中$H_2S$含量无法检测出来(<0.01ppm)。

⑧ 保持较高水碳比(>~6.0)以使转化催化剂和变换催化剂活化若干小时。

⑨ 在高水碳比条件下继续升高转化炉工艺侧出口温度至1350~1550℉。调整转化炉和高温变换反应器温度至装置初始运行温度。

⑩ 若装置设有PSA提纯系统，PSA系统需用氮气吹扫置换后投用，投用初始不出产品。一旦产品氢合格，便可外送给用户。PSA系统稳定后，PSA尾气便可送往转化炉作为燃料烧掉。

⑪ 若制氢装置采用湿化学溶剂提纯法，此时吸收系统可以投用并稳定运行。在达到初始运转温度之前甲烷化反应器便可升温。此阶段羰基镍的生成是一个潜在问题。在引入含有CO的工艺气之前甲烷化反应器温度必须达到400~450℉。系统稳定之后可以生产$CO_2$。

⑫ 主工艺流程系统稳定后，低温变换反应器可进行活化并投用。此阶段一般在主工艺流程投用几天之后。

⑬ 最后，调整水碳比至目标水平并开始调节操作参数至目标工况；调整转化炉达到需要的甲烷残留；调整HTS和LTS获得合适的CO残留；调整PSA循环和溶剂系统工况参数；副产蒸汽。

(2) 正常操作

制氢装置正常运转时主要的调节操作不多。通过调节可使装置负荷提高或降低，但关键目标需保持不变。需注意制氢装置最好在稳定、连续负荷下运转。频繁的负荷波动会导致装置运行工况变差。每天负荷变动可以接受，但每小时的负荷变动将会使操作变得困难。

以下列出了通常的操作条件调整，作为参考。

① 进料净化：调整温度或吸收塔流量和负荷以保持转化进料中检测不出$H_2S$含量。

② 转化炉调整：保持设计水碳比，根据进料情况可进行微调；压力一般保持不变；控

制转化炉工艺侧出口温度可获得目标甲烷收率；转化炉炉膛控制与其他加热炉类似，都采用安全联锁措施。PSA 尾气会造成炉膛工况的波动，需通过控制消除波动。

可基于整个工艺论述部分的图表对甲烷残余量的调整进行估计，这些图表把甲烷残余量、水碳比、甲烷温度和压力、石脑油进料关联在一起。本质上来说，这些是以图形化的方式表述了正常操作范围内各种参数条件下的 SMR 平衡工况。

若转化炉设有 SCR 单元，汽化器和氨流量则由系统自动控制，只需进行监控即可。

③ 变换反应：通过调整变换反应器进口温度获得目标 CO 残留量。

以下公式可用来快速估计 CO 残留量、温度、水碳比之间的关系：

$$\ln(CO)=3.5514\times\ln T-1.6775\times\ln(S/C)-20.338 \tag{14-21}$$

式中 CO——干气中 CO,%(体)；

$T$——反应器出口温度,℉；

S/C——SMR 初始水碳比(摩尔比)。

注：由于反应前后气相中摩尔数不变，压力影响可忽略。

④ 产物净化：对于 PSA 系统，纯度可以通过调整单个吸附塔的吸附时间来维持。有时调整吸附时间是基于处理能力的考虑。控制系统则执行其他一些必要的调整。通常需例行检查填料附近 PSA 程控阀泄漏情况和执行机构的平稳运行情况。

对于溶剂提纯系统，吸收剂、再生剂流量、温度、压力和吸收负荷需控制在设计范围内。

⑤ 蒸汽系统：

调整定排频次获得合格的电导率，这可以自动完成。

调整锅炉给水预热条件，这必须与其他条件协同调整。

蒸汽系统的控制通常能够应对装置操作的变化。

需要关注凝结水脱气系统的汽提条件以确保 $CO_2$脱除，可参考系统设计参数作为指导来确定合适的汽提条件。

(3) 停车

不管哪种类型的制氢装置停车都会遵循同样的顺序。主要步骤如下：

① 将转化炉工艺侧出口温度冷却到 1200~1300℉。

② 停止进料，但继续通蒸汽，设有 PSA 系统的需停止 PSA。

③ 在 1200℉温度下转化炉通蒸汽吹扫催化剂 2~6h。低温变换反应器可以旁路并单独停车。

④ 在转化炉以低于 100℉/h 的升温速率通入蒸汽降温，直到辐射段烟气出口温度到 800℉。在此期间，若需要的话可以引入惰性气体到工艺系统中，有助于冷却高温变换反应器和其他设备。若装置中有甲烷化反应器，应将其从该工艺流程中切出，用氮气单独吹扫至少 5 次直到其冷却到 400~450℉，以防止形成羰基镍。

⑤ 停止通蒸汽。如果用惰性气体，继续以惰性气体冷却。转化炉达到最小火力点即可停炉。

⑥ $N_2$吹扫整个系统，置换干净氢气和碳氢化合物。考虑到可能在低温下(小于 450℉)形成羰基镍，应测试气体中 CO 浓度。如果低于此温度，CO 在系统中浓度应低于 10ppm(体)。甲烷化反应器尤其容易产生羰基镍，应按照以上所述单独停车。

14.3.4.2 监控

表 14-6 列出了 SMR 制氢装置中需要监控的关键变量及频率。下面介绍一些关键变量的计算及转化炉管壁温度监测的相关问题。

表 14-6　典型 SMR 制氢装置关键监控参数

| 监控变量 | 频次 | 基准 |
| --- | --- | --- |
| 装置总体 | | |
| 进料流量 | 每日 | 趋势表 |
| 产品流量 | 每日 | 趋势表 |
| 物料平衡 | 每周/每月 | 详细计算 |
| 进料预热部分 | | |
| 氢气循环量 | 每日 | 趋势表 |
| 加氢反应温度 | 每周 | 参考数据 |
| 氧化锌床层出口 $H_2S$ | 每周 | 关注穿透 |
| 转化和变换部分 | | |
| 水碳比 | 每日 | 趋势，每周变化 |
| 转化出口温度 | 每日 | 趋势 |
| 转化出口压力 | 每日 | 趋势 |
| 转化炉炉管压降 | 每周 | 压降趋势——关注波动 |
| 转化炉炉管最大壁温 | 每周 | 趋势，关注热点 |
| 甲烷残余量 | 每日 | 趋势，调节 |
| 转化平均温度 | 每周/每月 | 计算，趋势——关注失活 |
| 变换反应器出口温度 | 每日 | 趋势 |
| 变换反应器温升 | 每日 | 趋势 |
| CO 残余量 | 每日 | 趋势，调节 |
| 高温变换反应平均温度 | 每周/每月 | 计算，趋势——关注失活 |
| 低温变换反应前部温度 | 每周/每月 | 计算，趋势——关注失活 |
| 炉水药剂 | 每周 | PH，电导率，硬度——调节 |
| 蒸汽产品/分布 | 每周 | 趋势——关注流量下降 |
| SCR 性能 | 每周/每月 | 关注氨增加量>失活速率 |
| 产品纯度 | | |
| 整体纯度 | | |
| $H_2$产品纯度 | 每周 | 关注纯度下降，甲烷 |
| 产品氢/装置进料 | 每周 | 关注收率，趋势 |
| 溶剂/化学药剂 | | |
| 贫液和富液负荷 | 每周 | 保持设计范围内 |
| 甲烷化反应器 | 每日 | 趋势，关注增加量>$CO_2$去除问题 |
| 甲烷化反应器前部温度 | 每周/每月 | 床层趋势>失活速率 |
| $CO_2$产率 | 每日 | 趋势 |
| 吸收过程压力波动 | | |
| 氢气回收率 | 每周 | 计算和趋势>效率损失，优化 |

在提供操作数据后，大部分催化剂供应厂商会提供详细的物料平衡和装置的性能分析。表 14-7指出需要提供的信息，以便从供应商那里获取详细的性能分析。通常应该持续监控装置，但由一个第三方定期（如每季度）来评估也是很好的选择。这些服务通常是免费提供的。

**表 14-7 第三方分析制氢装置性能所需数据**

| 日期： | |
|---|---|
| 装置： | |
| 位置： | |

备注：

1. 提供尽可能多的实际数据。
2. 仅使用测量值。
3. 提供 PFD 流程图。

| SMR 设计数据 | | |
|---|---|---|
| 炉管数 | | |
| 炉管内径/外径 | in | |
| 火焰/负荷高度 | ft | |
| 管材 | | |
| 炉型 | | |
| 关键流量 | | |
| 设计进料流量 | MMscfd | |
| 进料流量 | MMscfd | |
| 循环氢 | MMscfd | |
| 粗氢气至提纯 | MMscfd | |
| 总产品 | MMscfd | |
| PSA 尾气 | MMscfd | |
| 工艺蒸汽 | lbs/h | |

| 气体分析 | 原料 | 转化 | 高温变化 | 低温变换 | 甲烷化入口 | 甲烷化出口 |
|---|---|---|---|---|---|---|
| $H_2$ | %(体) | | | | | |
| $N_2$ | %(体) | | | | | |
| Ar+He | %(体) | | | | | |
| CO | %(体) | | | | | |
| $CO_2$ | %(体) | | | | | |
| $CH_4$ | %(体) | | | | | |
| $C_2$ | %(体) | | | | | |
| $C_3$ | %(体) | | | | | |
| $C_4s$ | %(体) | | | | | |
| $C_5S$ | %(体) | | | | | |
| $C_{6+}$ | %(体) | | | | | |
| $H_2S$ | ppm | | | | | |

| 反应器数据 | | 加氢处理 | 脱氯 | 氧化锌 | 转化 | 高温变换 | 低温变换 | 甲烷化 |
|---|---|---|---|---|---|---|---|---|
| 催化剂类型 | | | | | | | | |
| 直径 | ft | | | | | | | |
| 高度 | ft | | | | | | | |
| 催化剂体积 | cubic ft | | | | | | | |
| 入口压力 | psig | | | | | | | |
| 出口压力 | psig | | | | | | | |
| 入口温度 | °F | | | | | | | |
| 出口温度 | °F | | | | | | | |
| 其他床层温度 | °F | | | | | | | |
| | | | | | | | | |
| | | | | | | | | |
| | | | | | | | | |
| | | | | | 提供红外测量 | | | |

(1) 物料平衡

对于 SMR 制氢装置，好的监控首先基于对应时间的可靠的物料平衡。

为实现最佳监控效果，需要获取下面这些工艺物流的流量、组成、压力和温度。其中，有 * 标注的为最起码的数据要求：

1) 预处理系统前的原料气：

① 气相色谱仪(GC)分析*。注意即使是天然气进料也会有不同的组成。

② 你特别需要的是每摩尔进料中的碳摩尔数*。

③ 流量*。

2) 预处理系统进料入口：

① 与上面同样的原料气分析。

②进料和循环氢的流量。

3) 转化炉入口：

① 计算出的从预处理系统入口经反应处理后的组分加上工艺蒸汽。

② 原料气和水蒸气的流量*。

4) 转化炉出口/高温变换入口：

① 理想情况下，想得到一个转化炉出口气体气相色谱分析，但很难采样。

② 可以从提纯的原料氢气中的甲烷含量反算组成*。

③ 总流量与转化炉进口相同。

5) 低温变换进口(如适用)：

① 需要一个高温变换反应器出口的气相色谱分析。

② 正常情况下总流量与高温变换出口相同。

6) 净化前粗氢气：

① 需要把进入净化系统的粗氢气进行气相色谱分析。

② 假设气体已被水饱和*。

③ 需要总气体速率*。

7) 产品氢去甲烷化(如适用)：虽然可以采用气相色谱分析，但是组成可以根据粗氢中脱除 $CO_2$ 的量估算出来，其中水为在吸收塔顶条件下的饱和浓度。

8) 产品氢：

① 需要对这个物流进行色谱分析*。

② 需要流量*。

9) $CO_2$ 产品(如果适用)：这股物流主要是 $CO_2$，所以它主要需要温度和压力。水为在生产条件下的饱和浓度。

10) PSA 尾气(如果适用)：

① 气体的色谱分析*。

②流量*。

11) 变换凝结水：这股物流通常不计量，因此这股物流通常必须从其他的物流中计算或估算。

例如：假设在生产条件下，水中的 $CO_2$ 饱和，$CO_2$ 含量可以估算。

如果有冷热变换的凝结水分离器，就需要估计每个分离器中 $CO_2$ 的含量。

利用得到的数据，可以根据每个物流的压力和温度，构建每个组分的物料平衡。在本章的附录中有示例介绍。

在没有数据(尤其是气相色谱分析)的情况下，可以假设在平衡条件下使用甲烷蒸汽转化制氢的整体平衡方程[公式(14-20)]来计算数据。请记住你想要的每个点的湿气组成，因为水是很多反应的主要参与者。

通常，所有这些都可以构建到一个电子表格中去平衡所有数据。初始建立阶段需要花费一些力气，但是一旦电子表格建立起来，它就极大地增强你分析制氢装置运行的能力。

一旦你有了一个合理的物料平衡数据，催化剂活性跟踪和其他分析就变得可能了。

(2) 水碳比

水与碳的摩尔比是SMR中最关键的监测参数之一。计算水/碳比(有时缩写为S/C)步骤如下：

① 用进料的详细分析来计算每摩尔进料中的碳摩尔数。原料中的CO或$CO_2$也应作为计算的一部分包含在其中。

② 使用进料流量计计算进料的总摩尔数，并进行校正。通常，这是每小时进料的摩尔数。

③ 原料中碳的摩尔流率的计算可以用每摩尔进料碳的摩尔数乘以进料流量，单位为mol/h。

④ 根据工艺蒸汽流量计量，计算出每小时蒸汽的摩尔数。

⑤ 每小时水蒸气摩尔数除以每小时碳原子数得到水/碳比。

对于无法提供成分的液体原料，可以根据沸点范围和特性或°*API*数据，应用C/H比与*API*的关联来估算原料中的碳。

水碳比必须保持在规定的范围内。高水碳比会产生更多的氢，但在这个过程中会降低一些效率；低水碳比会导致转化催化剂结焦失活，而且减少了氢气的产量。

注意不需要整个物料平衡来计算水碳比，通常情况下，使用平均组成在线计算出的比率足够准确，允许通过基本过程控制系统直接控制该比率。

有关修正后的水碳比的示例计算，请参见附录。

(3) 转化催化剂达到平衡

利用转化炉出口物料平衡组成和平衡$K$值，可以计算出该平衡对应的转化炉出口温度。计算出的温度与实际温度相减，就得到“转化平衡”(*ATE*)温度。这是一种跟踪转化催化剂活性的方法。

注意，通过计算出的$K$值来计算平衡温度的方程式(14-13)包含在本章“转化反应”一节的总体转化过程讨论中。

新鲜催化剂的*ATE*值通常为负值。实际值为零，这是因为从实际催化剂出口到转化炉出口的测温点之间存在热损失，导致计算值为负值。这不是一个真正的问题，因为你是要通过*ATE*的相对变化来追踪催化剂的活性。

随着时间的推移，由于转化炉的*ATE*值呈上升趋势，加热炉最终无法达到平衡。在某个时刻，你需要决定是否更换催化剂。转化催化剂除非它是中毒或结焦否则通常可以运行5年以上，但是工艺蒸汽进料即使只有几分钟流量很低或中断，都可能导致运行立即终止。

计算出的*ATE*值将会大幅波动，所以你实际上是在寻找一个趋势。催化剂失活的另一个线索是如果你在产品氢中检测到任何超过0.05%的乙烷。

参见附录中的平衡转化方法的示例计算。

(4) HTS催化剂达到平衡

与转化炉类似，你可以利用物料平衡组成和先前提供的平衡信息，来计算出高温变换系统达到的平衡状态。

需要注意的是，本章“转化反应”一节的总体转化过程讨论中包含了从计算出的*K*值计算平衡温度的方程式(14-16)。

高温变换反应通常不会完全达到平衡。随着催化剂失活，高温变换中的*ATE*曲线呈上升趋势。你需要决定在什么时候更换高温变换催化剂。通常，这取决于CO的含量和后续的处理能力。*ATE*图能够尽早识别主要问题。

有关高温变换反应器达到平衡的示例计算，请参见附录。

(5) PSA回收

对于配套了PSA的装置，跟踪PSA中的氢气回收率非常重要。回收率低表明阀门存在问题以及潜在的吸附剂问题。

利用物料平衡，可以用几种方法来确定氢气的回收率。最直接的方法是确定得到的氢气在产品氢中所占的百分比。产品氢本质上是100%，回收率就是产品氢流量除以(PSA原料气中氢含量×原料气流量)乘以100%。

这种回收率应该在85%~87%之间。如果较低，则说明PSA性能不佳，需要进一步研究；如果高于92%，可能存在计量或分析错误。

PSA回收率的计算示例见附录。

(6) 转化炉管壁温度监测

转化炉运行中最复杂的一个方面是如何获得准确的管壁温度。当用红外线温度计“检测炉管”的时候，会有一些干扰：

① 要穿透高温燃烧的气体进行观察，它们有一定的亮度。

② 会看到来自于高温熔炉耐火壁的反射光。

③ 会在背景中看到部分熔炉耐火材料。

④ 管壁的发射率不同，或者管壁上可能有沉积。

为了应对其中的一些干扰，制氢装置的红外温度计限制在相对较窄的红外辐射频率进行观察，从而将气体干扰降到最低；红外温度计上的测量区域通常是一个聚焦在管子上的小点；可以使用激光瞄准器；利用公式校正背景和辐射反射的读数。尽管如此，管壁温度测量的精度不会好于±(50~100)℉。现有的技术，如通过直接接触测量管壁温度的“金杯测量法”。这些可用于验证其他读数或校准读数。

一些炼厂定期给他们的管道拍红外照片，以监控问题和趋势，这是一个很好的研究方法。但是，从经验来看，这种方法似乎比其他方法显示的温度更高。

(7) 转化炉压降

转化炉压降是跟踪催化剂积炭、破碎的最佳和最简单的方法之一。压降需要根据流量归一化处理。

要做炉内压降的归一化，可以使用式(14-22)。流量因子通常是蒸汽和原料气的体积流量。可以进一步细化因子，但是简单采用在标准条件下的体积流量似乎就很好。指数$n$是通过试差确定的，以使归一化$dP_s$的发散最小。对于一个特定的装置，$n$ 值一旦设定好，相同的 $n$ 值可以一直用下去，其值通常是在 1~2 之间。

$$dP_{norm}=dP_{act}\times(F_{norm}/F_{act})^n \quad (14-22)$$

式中 $dP_{norm}$——归一化压降；

$dP_{act}$——测量压降；

$F_{norm}$——标准条件下的流量因子；

$F_{act}$——测量条件下的流量因子；

$n$——比例指数，由最佳拟合决定。

归一化的压降随时间变化。当发生过多的结焦事故或停机时，归一化压降出现阶梯状增加。最大允许压降通常根据将原料气送入装置的能力或提纯系统在所需压力下输送产品的能力来设定。一旦达到最大压降，必须更换转化催化剂。

有关归一化转化炉压降的示例计算，请参见附录。

（8）LTS 催化剂活性

在低温变换反应器中，催化剂活性的监控是通过跟踪其前部催化剂通过床层时产生的温升(占整个床层深度的百分比)来实现的。在运行的过程中，催化剂缓慢地以活塞流方式被硫和氯中毒。它比转化催化剂或高温变换催化剂对这些有毒物质更敏感。

当失活催化剂达到床层深度的 70%~80%左右时，应计划更换低温变换催化剂的时间。通过绘制前部失活催化剂的位置随运行时间的变化趋势，可以预测出停工时间。

注意，如果原料气预处理系统出现硫穿透问题，LTS 催化剂将受到较大的冲击，可能需要立即更换。这种催化剂的活性在运行中不能恢复。

（9）甲烷化催化剂活性

与 LTS 催化剂类似，甲烷化催化剂也会以活塞流方式失活。甲烷化反应发生迅速，催化剂床层温度急剧上升。这种急剧上升的位置可以利用床层上不同高度的测温点来确定。当通过床层的温度上涨大约 70%~80%时，则该床层催化剂需要更换。

幸运的是，甲烷化催化剂相当稳定，所以不会很快失活。

### 14.3.5 催化剂替换

（1）固定床反应器

在制氢装置中固定床催化剂和吸附剂的更换类似于其他工艺装置中固定床催化剂和吸附剂的更换。下面强调了几个具体的要点。

1）甲烷化催化剂和加氢处理催化剂中含有镍，如果存在 CO，就可生成羰基镍。

① 在甲烷化反应器中，CO 可能在停车时由于清洗不彻底而留下。请参阅通用停车步骤中的注释。

② 含焦炭的加氢处理催化剂在轻度燃烧时会产生 CO，CO 与催化剂上的镍发生反应释放羰基镍。

③ 在这两种情况下，每当反应器内或周围发生作业时，应定期监测反应器中的 CO。

2）PSA 吸附剂通常采用技术供应商指定的方法进行密相装填。通过每个容器的压降必须尽可能接近相同的值，因此在密相装填过程中必须小心。

3）PSA 吸附剂如果暴露在水甚至大气中，会产生大量的热量。因此，不要让这些物质受潮，并且不应在下雨时装卸吸附剂。

4）高温变换和低温变换催化剂如果接触空气，很可能会发生自燃。监控卸剂的环境，使其处于惰性气体隔离环境中。

5）在处置过程中，制氢装置反应器中的氧化锌、碳吸附剂和其他固体不容易很好地控制，它们会产生很多灰尘。任何靠近这些物料的人都应该遵守呼吸保护和粉尘管理条例。

6）由于甲烷化反应器中催化剂镍含量高，任何接触新鲜或使用过甲烷化催化剂的人都必须对呼吸系统采取保护措施。

7）获取所有用过的材料样本进行化验分析。催化剂供应商通常会对废催化剂进行分析，以确定中毒机制和其他潜在的问题。

8）与催化剂和吸附剂供应商以及催化剂处理人员合作，确保催化剂安全、正确地装卸。这将为固定床反应器和吸附剂/吸附塔提供最佳性能。

（2）SMR 转化炉管

炉管的拆装存在一些特殊的挑战。每根管子都是一个小的固定床反应器。以下是一些关键项。

1）转化催化剂含有高浓度的镍，而镍是一种致癌物质。任何接触催化剂或周围催化剂粉尘的人都应该戴上呼吸保护装备。还应采用真空系统和抑尘措施。

2）催化剂通过抽真空从转化炉管中卸出。有时要把催化剂打碎取出。制氢装置的催化剂承包商都熟悉这些程序。

3）催化剂的重新装填最好使用几种密相装填方法之一（单密相装填法、螺旋装填法、Catcade 装填法等）。稀相（自然）装填效果不太好（换句话说，你可能需要对很多管子采用抽真空卸出然后和重新加装，以满足压降限制）。

4）典型的催化剂炉管加装和加装数据如表 14-8 所示。

5）转化炉中的每根炉管必须有接近相同的压降，因为炉管的流量是通过压降分配的。所有炉管的压差将在以下条件下测量：①空管；②每层催化剂装填后；③所有炉管完全装填完后，当测量每层的压差时，在测量前装填好所有的炉管，而不要在测量的同时装填炉管。使用如图 14-17 所示的压降测量仪器，每个压差应在平均压差的±10%之内。一家经验丰富的制氢催化剂装填公司会有自己的压降测量设备。采用密相装填技术一般能够达到±5%。

6）对于废转化催化剂，应在炉内选取几个点从每个催化剂层取样，然后将这些样品逐层进行分析。催化剂供应商通常会提供催化剂的检验分析，以确定中毒机制，并就未来的操作提供建议。如果遇到快速、意外的中毒事件，而无法确定原因，这个做法就尤其重要。

7）当装填时，确保炉管内按照正确的顺序装填催化剂，遵循这一原则最容易的方法是在整个转化炉中一次只装填一种类型的催化剂。

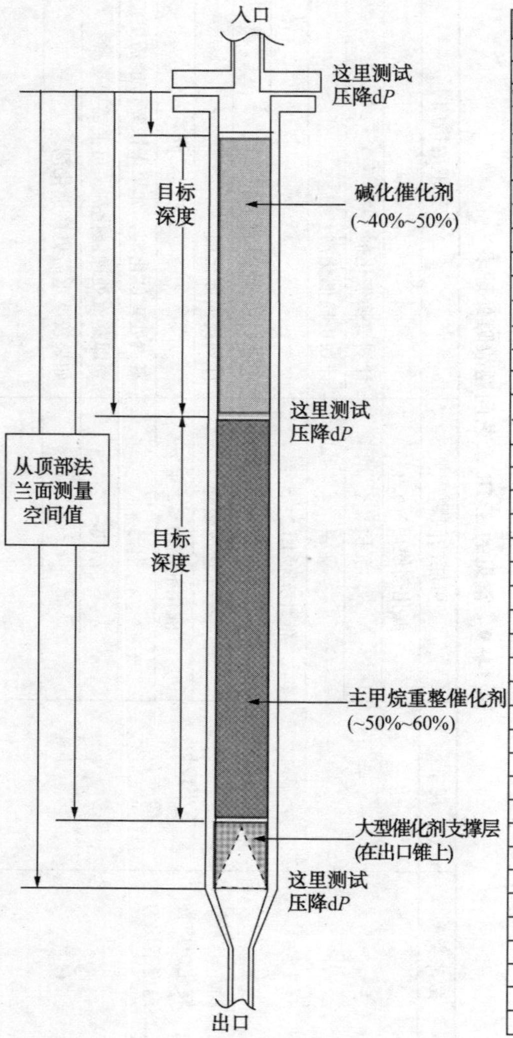


**表14-8 典型的SMR炉管装填和数据记录表**

装填日期: ______ 单元/设备: ______ 页 ______of______

| 装填测量 | | | | | | | | | | | | | |
|---|---|---|---|---|---|---|---|---|---|---|---|---|---|
| | 底部支撑层 | | | 主重整 | | | 碱化催化剂 | | | 视频 | 压降 | | |
| | 空间值 | 体积 | 质量 | 空间值 | 体积 | 质量 | 空间值 | 体积 | 质量 | Check | psi | | |
| 管序号 | ft-in | cft | lbs | ft-in | cft | lbs | ft-in | cft | bs | 空 | 空 | 中 | 全 |
| | | | | | | | | | | | | | |
| | | | | | | | | | | | | | |
| | | | | | | | | | | | | | |
| | | | | | | | | | | | | | |
| | | | | | | | | | | | | | |
| | | | | | | | | | | | | | |
| | | | | | | | | | | | | | |
| | | | | | | | | | | | | | |
| | | | | | | | | | | | | | |
| | | | | | | | | | | | | | |

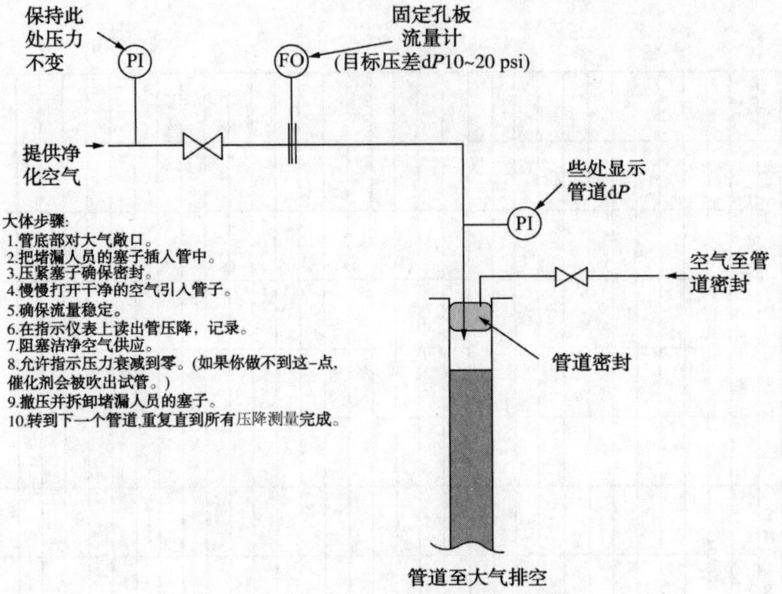


图 14-17　SMR 炉管压降测量程序

8）在整个转化炉开始装填前，最好在转化炉的不同部位选择几根炉管作为“测试管”进行装填。通常选择约 1%~3%的炉管作为测试管。与转化炉其他部分一样，装填这部分炉管步骤：①压差归零；②装填每一层，然后测量压差；③装填后取最终压差。跟踪每一层“测试管”中催化剂的重量。得到的数据将作为对转化炉平衡装填量的检查。

9）装好炉管后，封闭管口，确保在封闭前没有任何东西掉入炉管中。

### 14.3.6　故障处理

正如在前面的讨论中所提到的，在制氢装置运行时，有几件事可能会导致问题。表 14-9列出了 SMR 过程中最常见问题，以及潜在问题补救措施。这个表不是包罗万象的，但可以用作为故障处理的基础。

表 14-9　常见的 SMR 工艺问题故障处理表

| 故障类型 | 现象 | 可能的问题 | 采取的措施 |
|---|---|---|---|
| 转化炉炉管温度不均匀 | 下半段炉管变色 | 催化剂使用≥5 年 | |
| | | 沉积 | 计划更换催化剂 |
| | | 破碎 | 计划更换催化剂 |
| | | 催化剂使用 2~5 年 | |
| | | 沉积 | 跟踪，可能更换 |
| | | 停车造成破碎 | 计划更换催化剂 |
| | | 催化剂使用≤2 年 | |
| | | 中毒 | 蒸汽处理催化剂，如果未恢复可能需更换 |
| | | 结焦 | 立即蒸汽处理催化剂，可能需要更换 |
| | | | 如果较严重需更换催化剂 |
| | | 运行不稳定 | 检查进料分析、仪器，稳定操作过程 |

续表

| 故障类型 | 现象 | 可能的问题 | 采取的措施 |
| --- | --- | --- | --- |
| 转化炉炉管温度不均匀 | 上半段炉管变色 | 炉管整体形成热管 | |
| | | 炉管堵塞 | 前采取夹管措施，如果有大面积的热管，需要更换 |
| | | 分布不均 | 检查蒸汽流量，提高水碳比 |
| | | 锅炉结垢 | 检查锅炉化学药剂、液位仪表 |
| | | 炉管顶部形成热管 | |
| | | 破碎(空管区) | 如果范围较大，计划更换催化剂 |
| | | 炉管中部形成热管 | |
| | | 火焰舔炉管 | 调整燃烧器和通风量 |
| | | 催化剂装填错误 | 如果不可接受，需更换催化剂 |
| | | 硫中毒 | 检查氧化锌脱硫反应器，上游可能发生波动 |
| | | 炉管形成花斑 | |
| | | 局部中毒 | 查找中毒原因，提高水碳比，进行蒸烧碳 |
| | | 水碳比低 | 提高水碳比，检查进料、流量 |
| | | 随机热点、条纹 | |
| | | 催化剂装填存在空隙 | 可以振动炉管，否则需更换催化剂，也可以堵塞/挤压单根炉管 |
| 转化炉炉管压降增加 | 压差逐渐增加 | 缓慢的硫中毒或其他中毒 | 检查氧化锌脱硫反应器出口 $H_2S$，检查上游源头 |
| | | 炉管颜色不均匀 | |
| | | 原料组成较重 | 检查进料分析，提高水碳比 |
| | | 锅炉结垢 | 检查锅炉化学药剂、液位仪表 |
| | | 水碳比低 | 检查进料分析，提高水碳比 |
| | 压差快速增加 | 发生波动 | |
| | | 严重的硫中毒或其他中毒 | 蒸汽处理催化剂，如果未恢复可能需更换 |
| | | 催化剂损伤 | 可能需更换催化剂，未知问题 |
| | | 波动期间原料较重 | 立即蒸汽处理催化剂，长时间高水碳比运行 |
| | | 压实 | 更换催化剂 |
| | | 无波动 | |
| | | 压差仪表指示有误 | 检查仪表 |
| | | 测量有误 | 检查测量仪表 |
| | | 水碳比低 | 检查进料分析，提高水碳比 |
| | | 原料比重 | 检查进料分析，提高水碳比 |
| 甲烷化反应温度高 | 增加较高 | 进料中 $CO_2$ 增加 | |
| | | $CO_2$ 脱除系统故障 | 排除 $CO_2$ 脱除系统故障，旁路甲烷化反应器或停车 |
| | | 转化炉出口温度低 | 检查进料，S/C，调整转化温度 |
| | | 变换反应器操作不当 | 检查进料，S/C，调整高温/低温变换温度 |
| | | 水碳比低 | 检查进料分析，提高水碳比 |
| | | 原料碳含量高 | 检查进料分析，提高水碳比 |
| | | 转化或中变硫中毒 | 转化催化剂蒸汽处理催化剂，更换变换催化剂 |
| PSA 系统问题 | PSA 系统问题超出了本表的范围，与 PSA 供应商合作解决 PSA 问题 | | |

### 14.3.7 SMR 工艺流程变化

上一节描述了甲烷蒸汽转化的最常见、最简单的工艺流程图，其中围绕产品氢气净化系统有些小的流程变化。在实际商业运行中还有其他一些工艺变化，这些情况不太常见，但对于某个特定的装置可能会遇到或加以考虑。有些变化可能有助于消除瓶颈或提高产量。下面简要介绍三种最常见的变化。

（1）预转化

预转化反应器是设置在主转化炉上游的固定床反应器。预转化反应器完成反应的裂解部分[如式(14-8)]，并进行一些小的转化。在预转化反应器出口，原料已全部转化为转化炉所需的甲烷，这使得在炉管内全部发生 SMR 反应。

预转化反应器还作为主转化催化剂的保护反应器；它能承受任何中毒的影响，从而保护转化炉内催化剂。预转化反应器在主反应持续运行的同时，通常可以切出并更换，但是在更换期间需要更好的原料。硫、氯和其他有毒物质对预处理催化剂造成永久失活。预转化反应器有助于为制氢装置拓宽原料的范围，并消除原料变化带来的影响。

为了向预转化反应器提供热量，需要将对流段其中一个用于产生蒸汽的给水线替换为预转化反应器的预热线，这意味着装置产生的蒸汽量降低，但氢气产率得到提高。

有一些流程中一直包含一个预转化反应器，另一些则把预处理作为一个选项，或用于提高收率。在现有的制氢装置中加入预转化单元，可以使其产氢能力提高 10%~20%，并使用较低的水碳比。变换冷却和产品净化系统仍然需要有足够的能力来处理增加的粗氢气量，因此可能需要一些额外的消除瓶颈工作。

该技术由 HaldorTopsoe、ThyssenKrupp Uhde（Uhde）、CB&I/HoweBaker、Technip、Kellogg Brown & Root（KBR）等公司提供。

（2）变换转化/后转化

变换反应器使用来自转化炉的余热来处理额外的进料和生产更多的氢气。后转化反应器通常是一个带有催化剂填充管的换热器。热量由转化炉流出物或对流段的余热提供，但是以发生蒸汽量减少为代价。

这种类型的反应器也可以用来代替具有很高热集成度的一段转化炉。

在后转化反应器前可以引入额外的原料气和蒸汽以增加产量。通过后转化反应器可以增加约 35%~40%的氢气。与预转化反应器一样，变换冷却和产品提纯系统需要消除瓶颈，才能利用后转化反应器的优势。

该技术由 HaldorTopsoe、KBR、Uhde 等公司提供。

（3）自热转化

自热转化(ATR)可与标准的转化炉并行添加，以提高产氢量，也可用于替代传统的转化炉。在自热转化过程中，原料气是用纯氧进行部分燃烧的。蒸汽可以与进料一起注入。产生的 $CO_2$ 被循环利用以调节燃烧温度。燃烧产生的热量用来驱动原料平衡中的转化反应。在燃烧过程中直接生成 CO，然后转化为氢。该工艺不需要催化剂，然而，有些系统确实含有转化催化剂。ATR 的气体产物与主转化炉氢气汇合后进入 HTS 反应器，然后在装置后续部分处理。

ATR 也可以作为后转化反应器串联使用。ATRs 在合成氨或甲醇生产中比在炼油厂制氢中更常见，因为 ATRs 可以很容易制造出所需要的合成气。

这种转化的方法与气化有关，尽管气化通常指的是从渣油/沥青中通过部分氧化，再通过一个酸变换反应器和产物净化系统来产氢。

与其他工艺变化一样，如果增加 ATR，冷却和净化系统的能力需要消除瓶颈。这种类型的转化反应器还需要纯氧，通常意味着其附近需要有空分装置。

该技术由多家供应商提供，包括 HaldorTopsoe 和 KBR、SuidChemie、Lurgi、Imperial Chemical Industries 和 Johnson Matthey。

## 14.4 部分氧化

### 14.4.1 概述

部分氧化(POX)已商业化应用于从非常重的液体原料(渣油、沥青、焦油)和固体(煤、石油焦)中生产氢气。本质上来说，这是一个气化过程。然而，更常见的是将该技术用于为其他产品生成合成气。德士古公司曾在同一时间拥有多套 POX 制氢装置，但这些装置在很大程度上已被更可靠、更容易操作的 SMR 制氢装置所取代。尽管如此，仍有炼厂中存在 POX 装置。

POX 本质上与上面讨论的自热转化是一样的，区别在于原料的种类。对于自热转化，我们主要关注以气体和石脑油为原料，有几套那种类型的装置在运行。自热转化的原料一般都已按 SMR 装置的标准进行精制，因此硫含量最低。

对于 POX 装置，原料通常含有硫、灰和其他污染物，这会影响设备、催化剂和运行可靠性。

### 14.4.2 工艺过程

POX 制氢过程可以分为三个主要步骤(如图 14-18 所示)：原料部分氧化气化；变换反应以增加产氢量，产品提纯和回收。除了这些部分，还有一个主要的锅炉给水和自产蒸汽系统，很像 SMR 装置。下面依次介绍这些系统。

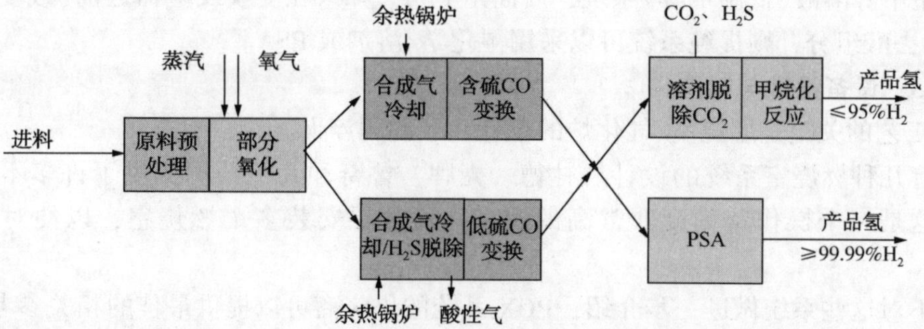


图 14-18 部分氧化制氢装置方框流程图

(1) 气化/部分氧化

POX 过程从一个气化炉或燃烧室开始。在气化炉中，原料经过浆化和/或加热后进入燃烧室。根据化学反应式(14-23)~式(14-27)，在氧气不足的环境中，用纯氧进行燃烧。蒸

汽与进料一起雾化后注入反应系统:

$$C_xH_y(l,\ s)+{}^x/_2O_2(g)\longrightarrow xCO(g)+{}^y/_2H_2(g)+Q \tag{14-23}$$

$$CO(g)+{}^1/_2O_2(g)\rightleftharpoons CO_2(g)+Q \tag{14-24}$$

$$2H_2(g)+O_2(g)\longrightarrow 2H_2O(g)+Q \tag{14-25}$$

$$CH_4(g)+H_2O+Q\rightleftharpoons CO(g)+3H_2(g) \tag{14-26}$$

$$CO(g)+H_2O(g)\rightleftharpoons CO_2(g)+H_2(g) \tag{14-27}$$

因为硫和其他杂质没有从原料中去除，硫将转化为 $H_2S$ 和一些 $SO_x$，氮化合物通常会转化为 $NH_3$和氧化物。

产物在燃烧室出口条件下达到平衡。产品包括 CO、$CO_2$、$H_2O$、$H_2$、$H_2S$、$SO_2$、$NO_x$、惰性气体等。这些产物将以气体的形式从燃烧室排出，原料中的一部分灰分、烟灰和其他固体颗粒将以粉末的形式与气体一起排出燃烧室，剩下的灰分、固体和烟灰会沉积在燃烧室中。一些燃烧器的出口用水急冷，用来收集烟灰进行清除。

(2) 变换转化

燃烧室的产物类似于 SMR 的产物，其与 SMR 的不同之处在于它们是酸性的(存在 $H_2S$)，含有夹带的固体，并且变换反应物的比例不同。

此外，要想得到一定数量的氢气，变换转化是必要的。变换反应本身通过下面的公式进行:

$$CO(g)+H_2O(g)\rightleftharpoons CO_2(g)+H_2(g) \tag{14-28}$$

在 POX 装置中有两种常见的变换方法，如图 14-18 所示。

① $H_2S$ 可与烟尘和其他固体一起清除，并将产生的气体送至变换反应器中去。为此，要采用一种能耐受杂质的工艺，如甲醇溶液(低温甲醇)。

② 先去除烟灰和固体，并将产品送到酸变换反应器，最后进行冷却。酸变换催化剂的应用是最近才有的。

(3) 产品提纯和回收

粗氢气在最后进行提纯。如果产品氢是酸性的，提纯系统需要同时除去 $H_2S$ 和 $CO_2$。这就需要一个甲醇溶液(低温甲醇)系统，后面是 PSA。如果在变换反应器之前(或变换反应器后)已经除去酸组分，则提纯系统可以采用湿化学/溶剂或 PSA。

### 14.4.3 设备设计与制造

POX 工艺的关键是燃烧室/气化炉的设计和下游的淬火。

已经有几种燃烧室系统的设计。林德、壳牌、鲁奇和其他公司提供了许多不同的燃烧室。由于这是一个操作苛刻度非常高的设备，通常要安装多个燃烧室，以便对设备进行维修。

本书不对这些系统做进一步介绍，POX 系统的供应商可以提供最佳的相关参考资料。

### 14.4.4 POX 小结

POX 制氢装置并不常见，但这是一种可行的制氢方法，而且已经在商业上得到了应用。与 SMR 制氢相比，它的成本很高。尽管如此，POX 装置可以用固体颗粒和残余材料作为原料，而这些对于 SMR 的运行是不可行的。有些应用场景会倾向选择 POX 技术。

这里我们不对 POX 做进一步讨论。提供这项技术的供应商包括林德、鲁奇和壳牌。

## 14.5 电解氢

### 14.5.1 概述

电解水可以制氢，可通过打包服务的形式获得。它们通常规模有限，因此不常用于炼油厂。目前有应用于可再生能源的思考。

下面的讨论只提供了这类单元的大致背景。如需更多信息，请与这些设备的供应商联系。

### 14.5.2 工艺过程

电解生产氢气发生在电解池中。整个过程很简单，如公式(14-29)所述：

$$H_2O(l)+电能\longrightarrow H_2(g)+{}^1/_2O_2(g) \tag{14-29}$$

这个反应需要电解质。通常使用氢氧化钾，如图 14-19 所示。

可用的电解池有三种类型，如表 14-10 所示。

电解氢装置的一般流程如图 14-19 所示。

表 14-10 制氢电解槽类型

| 技术类型 | 关键要点 |
| --- | --- |
| 固体氧化物电解槽(SOEC) | 在高温(800℃)下操作；外部热源(废热)可减少电需求、长启动时间和材料差异膨胀问题 |
| 聚合物电解质膜电解槽(PEM) | 在低温(<100℃)下操作，简单，商业化应用，可变电压输入能力，无需 KOH，高压 |
| 碱性电解槽(AEM) | 在中等温度(200℃)、高电解质(20%~30%KOH 或 $K_2CO_3$)浓度下操作 |

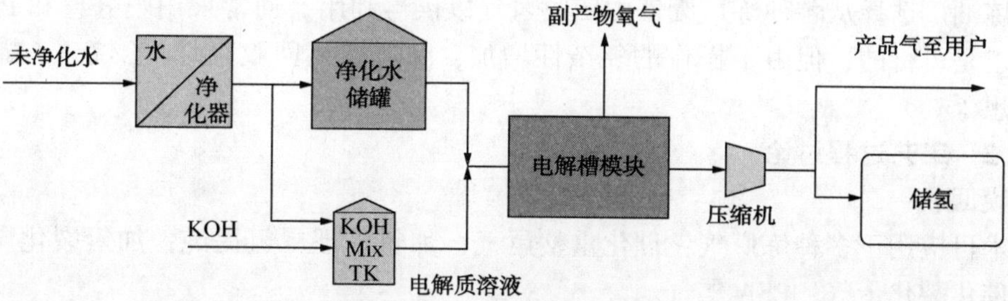


图 14-19 典型的低压电解槽简化电解流程图

### 14.5.3 电解氢小结

由于目前炼油厂应用的机会有限，这里没有提供关于电解制氢的更多细节。未来可再生能源的发展可能会改变这种局面，但在近期不太可能出现电解氢在炼油厂的广泛应用。

商用设备的制造商包括：

① Avalence LLC：高压和超高压氢，小型设备；品牌名称“Hydrofiller”，专注于氢燃料加注(www.avalence.com)。

② Proton Onsite：燃料氢和可再生，与燃料电池集成的备用电力系统；品牌名称“HOGEN RE”(www.protononsite.com)。

③ Teledyne Energy systems：PEM 设备规模至 150Nm$^3$/h（134000scfd）；品牌名称“TITAN”（www. teledynees. com）。

④ NEL Hydrogen AS(挪威水电)：常压设备，50~485Nm$^3$/h(45. 000~434. 000scfd)；品牌名称 NEL-A(www. NEL-hydrogen. com)。

⑤ hydrogenics：碱性电池和 PEM 电池；品牌名称“HySTAT”(www. hydrogenics. com)。

## 14.6 烯烃裂解副产物回收

以乙烷裂解为例，利用炼油厂原料(如乙烷、丙烷和石脑油)生产烯烃的裂解炉生产副产品氢气：

$$C_2H_6(g)+Q \longrightarrow C_2H_4(g)+H_2(g) \tag{14-30}$$

该反应产生的副产物氢气可以作为乙烯回收分离的一部分进行回收。氢气的回收可以通过深冷或膜分离来完成。

这是一些炼化一体化工厂氢气的来源。产品氢将含有一些杂质(如 CO、$N_2$、$CH_4$)，但通常纯度为 90%~98%。

## 14.7 炼厂气回收

### 14.7.1 概述

炼油厂生产的大量氢气进入燃料气和其他系统，最终，如果不能回收，大部分的氢气会变成燃料气。燃烧氢气是很浪费的。理想情况下，首先要防止氢气进入燃料气。这部分内容将在氢气管理一节中进行介绍。

许多炼油厂选择从各种炼厂废气中回收氢气以供再利用。通常采用膜分离和 PSA 装置。低温回收也是可行的，但由于操作的复杂性增加，除非需要回收轻烃(乙烷、乙烯)，否则就不太理想了。

### 14.7.2 工艺过程讨论

(1) 膜回收

膜技术可应用于多种炼厂气：催化重整尾气；加氢处理尾氢提纯；加氢裂化尾氢提纯；燃料气；催化裂化干气；PSA 尾气。

表 14-11 说明了如何使用膜从这些气体中回收氢气及其有效果。

图 14-20 说明了在可能的应用中使用膜回收氢气的关键工艺步骤。压力和纯度仅供参考。

**表 14-11 典型的炼油厂膜回收氢气应用**

| 炼厂气来源 | 炼厂气纯度/%(摩尔) | 膜产品纯度/%(摩尔) | 氢回收率/% |
|---|---|---|---|
| 石脑油催化重整氢气 | 70~80 | 90~97 | 75~95 |
| 催化裂化干气 | 15~20 | 80~90 | 70~80 |
| 加氢处理排放尾氢 | 60~80 | 85~95 | 80~95 |
| PSA 尾气 | 50~60 | 80~90 | 65~85 |

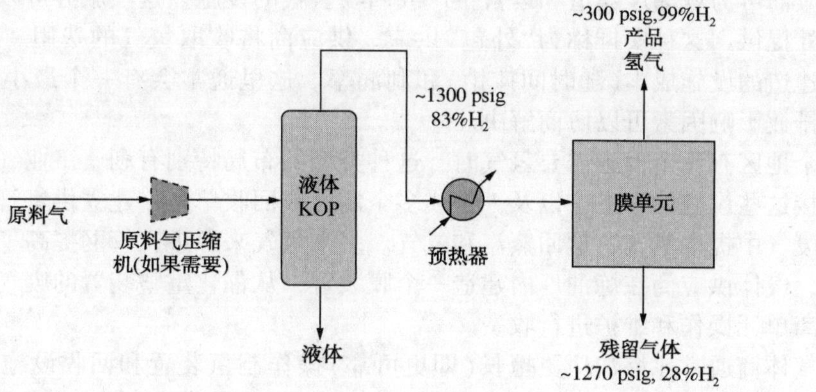


图 14-20 膜回收氢气应用实例

注意，膜的原料气必须是清洁的(无固体、低硫等)，没有液体(水和碳氢化合物)，并且在高压下(首选>1000psig，但可在 1000psig 以下使用)。膜装置的最终产品氢气是在低压下得到，杂质在高压下排出。产品氢必须再经过压缩方可使用。

关于膜额外的讨论在本章后面。

(2) 变压吸附回收(PSA)

PSA 可用于从炼厂气中回收氢气，其作用与膜相同。PSA 回收率可达 60%~90%，产品纯度可接近 100%。

图 14-21 说明了如何将 PSA 融入到回收方案中。

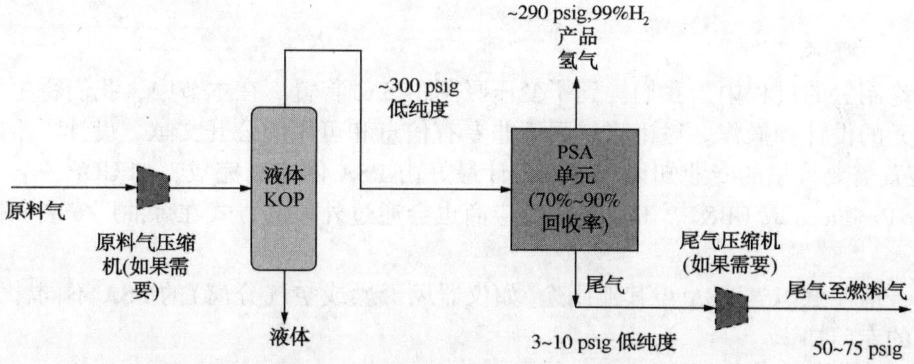


图 14-21 PSA 回收氢气应用实例

PSA 装置的进气与膜装置的进气质量相似，清洁、无液体和高压。用于 PSA 的压力略低于膜的压力(约 300psig 就可以了)，但会损失一些回收率或尺寸增大。从 PSA 中得到的氢气基本上可以在进料压力下获得，但是在压力低时，排放气含有杂质。

本章后面将进一步讨论 PSA。

## 14.8 其他选择

### 14.8.1 外购

一个炼厂不一定要建设运行自己的制氢装置，甚至不必建设运行氢气回收装置。几家工业气体供应商可为炼油厂建造和运营生产或回收氢气的设施。这项服务可以在现场提供，也可以在场外提供，这种安排称为“外包”供应。供应商将收取氢气的费用。费用包括运营成本、需要建造的设施成本(随时间摊销)和利润率。这里通常会有一个最小氢气用量的付费要求，而排放影响因素可以协商解决。

当一个地区有几个设施需要氢气时，这种类型的布局特别有利。工业气体供应商可以建造一条连接这些设施的管道，以及一个或多个制氢或回收单元，建立供氢管网。供方可以从炼油厂的废气中提取氢气，返回蒸汽和氢气。多个氢气来源进入管网提高了氢气供应的可靠性。例如，气体供应商在炼油厂内建造一个膜装置，从催化重整装置的废气中回收氢，供应商对膜分离单元操作和维护进行收费。

工业气体商通常比炼油厂更擅长(即更可靠)操作制氢装置和回收设施，因为这是他们的主要业务。由此产生的可靠氢气供应意味着炼油厂生产问题更少。

这类服务由 Air Products、Air Liquide、Praxair 等公司提供。

### 14.8.2 长管拖车

有时，你只需要少量的高纯度氢，这是半再生石脑油重整开工过程中常见的。在这种情况下，长管拖车通常在高压下供应氢气，这些可以从许多工业气体供应商那里得到，从而消除了用户对压缩的需求。

例如，典型的 AirProducts 公司的一辆大型长管拖车，在 2640psig(83barg)的条件下，可容纳 126000scf(3570$Nm^3$)的氢气。

## 14.9 变压吸附

### 14.9.1 概述

在讨论制氢的过程中，我们提到了变压吸附(PSA)装置。在本节中，我们将更深入地讨论这些单元的设计和操作。讨论将仅限于非专有信息和可用的公开文献。设计一个有效可靠的 PSA 装置需要大量的专业知识。详细设计最好由 PSA 供应商完成，如 UOP、Air Liquide、林德、Air Produces 或 CB&I。工业气体供应商也会通过外包的方式在炼油厂安装和操作 PSA 回收系统。

此外，请注意氢气 PSA 与其他用途(如仪器风干燥或空气分离)的 PSA 不同，它们需要氢气应用的专门知识。

### 14.9.2 工艺过程

图 14-22 为五塔吸附的 PSA 装置简化工艺流程图。为了形成一个连续过程，PSA 单元由一系列充满吸附剂的相同容器组成，通常有 4~12 个吸附塔。

这些容器由若干集合管连接，进料气体、产品氢、提纯和平衡气体以及废气或尾气通过这些集合管输送。最终的尾气通过一个大的缓冲罐，调节压力和组成波动，有利于降低尾气接受系统(通常是转化炉或燃料气集管/压缩机)的压力波动。

吸附剂需要根据原料气体中的杂质进行选择。例如，在典型的 SMR 制氢装置中，PSA 吸附塔的底部装填有活性炭，上部装填有分子筛。活性炭可吸附甲烷、$CO_2$、水蒸气、部分 CO 和其他微量化合物。分子筛吸附氮气和控制产品 CO 含量。

原料气要尽可能干燥。如果气体的含水量较高，会造成分子筛上永久吸附水，从而降低吸附能力。为了避免了这一问题，SMR 制氢装置 PSA 的进料温度限制在 130℉左右。

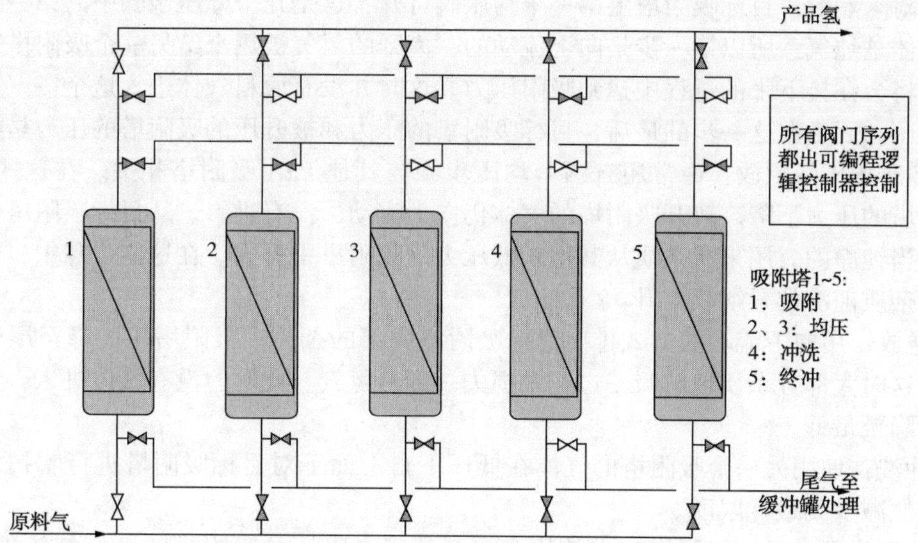


图 14-22　五塔吸附的 PSA 装置简化工艺流程图

吸附是放热过程。在吸附过程中，PSA 吸附塔的温度稍微升高（5~20℉），当吸附塔降压时，温度又降低。如果有任何液体接触到吸附剂，吸附热会上升很高，因此要严格排除液体。

一个典型的 PSA 吸附塔循环步骤如表 14-12 所示。实际控制系统中有几个子步骤，但循环通常遵循表中的模式。该表还说明了单个吸附塔在循环过程中的压力步骤。

**表 14-12　PSA 吸附塔循环步骤示例**

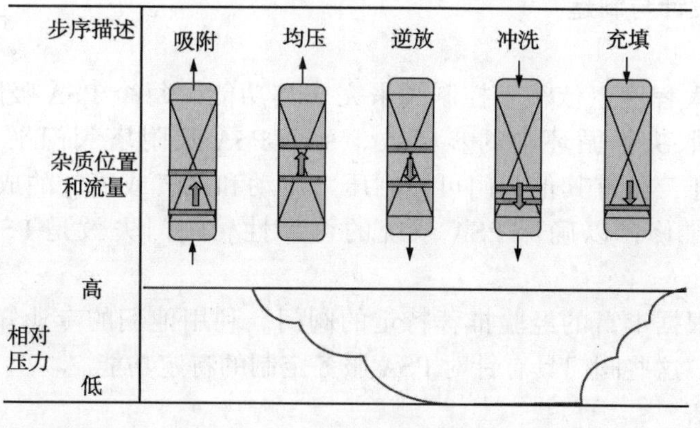


表 14-12 表明，在吸附压力下从一个独立的吸附塔开始，按照以下步骤进行操作：

1）吸附：原料进入吸附塔，通常为下进上出。进料中的杂质自下而上吸附在吸附剂上，其中氢气吸附最少。因此，氢气在吸附压力下大部分通过吸附剂后进入产品氢。单个吸附塔的吸附时间由进料中的杂质含量高低和流量大小决定。吸附时间可根据产品氢纯度进行微调。氮气和 CO 会首先穿过吸附剂床层，因此通常根据此性质设定最长吸附时间。在这段时间里，另一个吸附塔使用少量的产品氢逐步提高操作压力。所以当目标吸附塔结束吸附时，另一个可以开始吸附，始终保持产品氢压力相对稳定。

2）均压：在吸附步骤结束时，吸附塔的进料阀和产品阀关闭。另一个达到压力的吸附塔开始吸附。然后，目标吸附塔上第一个均压阀打开，这是几个降压步骤中的第一步。最初离开的气体是纯氢，所以第一步是向上流动的，离开的氢气被用来给另一个吸附塔升压，这个吸附塔将会在接下来的过程中达到吸附压力。这时并没有原料气体进入这个塔。这个步骤被称为均压。因为在这一步的最后，目标吸附塔的压力和被升压的吸附塔的压力是相等的。

3）多次均压和顺放：通常还有两个均压步骤与其他 PSA 吸附塔相关。在这些步骤中，目标吸附塔的压力下降。离开吸附塔的气体仍向上流动，没有进料。从目标吸附塔中流出的气体是相当纯净的，用来将杂质从其他较低压力的吸附塔中排出。在这些步骤中，目标吸附塔的实际杂质前沿位置继续上升。

4）逆放：用向下流动的方式排出目标吸附塔底部的杂质。吸附塔压力降至尾气或解吸气压力。这时大部分杂质被解吸，过程中损失一部分氢气。此时，没有气体进入，只是将吸附塔压力降至最低。

5）冲洗：使用另一个吸附塔的气体在低压下自上而下对目标吸附塔进行吹扫，将吸附塔中的杂质减少到最低限度。

6）均压步骤：目标吸附塔现在使用来自其他正在降压的吸附塔的平衡气体进行升压。随着压力的增加，加压气体的纯度增加。气体是向下流动的，以避免引起吸附剂波动。此时没有氢气产出。

7）终充：最后一个再升压步骤，是使用向下流动的产品氢，将吸附塔压力提高到产品集合管压力，避免在吸附塔切换时出现压力波动，此时也没有氢气产出。

8）吸附：通过打开进料阀和产品阀，使吸附塔以下进上出的方式进入下一个吸附循环。

每个步骤的完成都有压力和时间标准，然后才会继续进行。如果出现故障，控制系统可以进行自动调整，如果故障足够严重，则可以关闭 PSA 并切出吸附塔。

### 14.9.3 设备设计与制造

（1）阀门

PSA 系统在很大程度上依赖于控制阀来完成其功能。每个 PSA 吸附塔有 4~6 个与之相关的阀门，具体取决于循环中的步骤数。每个 PSA 吸附塔阀门平均每年将经历大约 35000 次循环。此外，还有其他阀门可控制压力波动和尾气或废气的成分。所有这些阀门都必须定期检查和维修，以确保 PSA 系统的可靠性。阀门失效是 PSA 可靠性低的首要问题。

PSA 设计者会根据丰富的经验推荐特定的阀门。利用他们的专业知识是明智的。这些不是普通的控制阀。这些阀门具有针对 PSA 服务定制的特定功能。

（2）PSA 吸附塔

正如每个 PSA 吸附塔的阀门每年将经历大约 35000 次循环一样，每个吸附塔每年都要经历大约 35000 次加压和减压。容器上的这种周期性应力会加剧容器结构中的小缺陷，从而导致容器开裂。

在指定和监测容器时，必须认识到这种循环载荷。通常情况下，要定期检查由循环应力引起的裂纹，而针对这一问题的检查方法还在向前发展。

（3）废气/尾气缓冲罐

废气或尾气缓冲罐是一种大型容器，设计用于调节 PSA 吸附塔周期产生的压力和成分变化。这是为转化炉或其他燃气用户提供相对稳定的燃料供应所必需的。

过去曾经采用两个缓冲罐的流程——第一个平衡尾气压力，第二个平衡尾气组成。这样的两个缓冲罐系统能得到非常稳定的尾气流量和组成。

近来的实践中 PSA 使用一个单一的缓冲罐，结合改进的控制阀逻辑和调节，可提供稳定的尾气流量。它虽然不像双罐系统那样有效，但是效果也很好，并且明显减少了设备投资和占地面积。

缓冲罐大多只是一个空罐，但是罐体入口插入罐内，并且配有弯头或分配器。这可以改善混合效果，减少组成变化。压力的波动可以使用缓冲罐的控制阀(输入/输出)进行调节。

(4) 控制系统

PSA 循环由可编程逻辑控制器(PLC)控制。在某些情况下，这种逻辑已经被纳入到装置的分布式控制系统(DCS)中，但更多的情况下，该逻辑安装在专用的 PLC 中，并与 DCS 接口对接。

控制系统通常将 PSA 的设计能力与进料流量相匹配，并处理流量变化。该系统可以通过在不同操作模式(在线吸附塔个数)之间切换来解决某些类型的阀门故障，同时最大限度地减少波动。许多系统都有内置的诊断程序来帮助分析问题。该系统还可以与在线气体分析仪相结合，优化回收率。

### 14.9.4 操作

(1) 开工

从常规的角度来看，PSA 的开工相对简单：

1) PSA 系统不含空气。

2) 原料气连接至 PSA 前。废气连接至缓冲罐，以及通常连接火炬。吸附塔隔断阀都是打开的，而控制阀仍处于关闭状态。

3) 按照所需的启动步骤，利用可用的气体将吸附塔压力调节到所需的启动压力分布。这一过程也可以是自动的。

4) PLC 在所需步骤启动，PSA 控制阀开始循环运行。在最初几个循环周期，所有进入的原料气体都会通过缓冲罐排出到火炬，直到建立起正确的杂质分布。

5) 一旦系统运行稳定可靠，就可以开始向用户生产氢气。

6) 一旦系统稳定，尾气可输送至转化炉或燃料气。

(2) 停车

PSA 装置的停车是通过停止 PSA 循环来完成的。PLC 中的控制逻辑将自动停运吸附塔，并冻结当前步骤的循环和压力。进入的原料气体将排放至火炬或其他目的地。废气/尾气将立即中断。

需要对供应 PSA 进料的上游或使用尾气的下游装置进行调整。

(3) 常规操作

一旦投入使用，控制 PSA 的 PLC 将运行该设备并持续监控问题。操作者需要定期调整吸附循环时间，以便对循环或对进料流量变化进行微调。一般来说，PSA 系统会自行处理。

一旦设备开始运行，PSA 供应商需要定期检查操作并对其进行微调(例如，每年)，可以帮助发现不明显的潜在问题。

### 14.9.5 监控

表 14-13 总结了在运行期间监测 PSA 的重要参数和设备。为早期发现问题提供了一个

机会，可以在不对PSA控制系统大幅调整的条件下通过简单的操作来解决问题。

**表14-13　PSA装置日常关键监控参数**

| 参数 | 基准 | 频率 | 标准 |
|---|---|---|---|
| 氢回收 | 回收率=(产品中$H_2$的摩尔数或scf)/(原料中$H_2$的摩尔数或scf)×100% | 每周 | 和观察损失 |
| 原料和尾气压力 | 检查压力趋势 | 每日 | 确保压力在允许范围内 |
| 原料气温度 | 检查数据 | 每日 | 确保温度在允许范围内 |
| 原料气组成 | 检查数据 | 每周 | 注意过量乙烷或较重的组分 |
| 吸附时间 | 检查每个床的吸附时间，以秒为单位 | 每周 | 在相同的进料速率下增长的趋势 |
| 产品纯度 | 在产品氢中CO的百万分率，这需要通过探测管或其他手段，GC将达不到精度 | 每周 | 观察CO随时间的增长趋势。不要长时间低纯度运行 |
| 阀门填料泄漏 | 实际检验 | 每周 | 应该感觉不到任何来自填料的气体 |
| 循环诊断 | 检查每个容器的PLC异常记录或压力图 | 每周 | 循环中异常，如延长的再增压时间或模式的变化 |

### 14.9.6　PSA故障处理

表14-14汇总了更常见的PSA问题，并提示了可能的原因。控制软件错误日志和信息通常会为故障排除提供一个良好的起点。

**表14-14　一些常见的PSA问题症状和可能的原因**

| 问题症状 | 可能原因/补救措施 |
|---|---|
| 终充 | PLC或其他仪表问题 |
| 太长或太慢 | PLC或其他仪表问题 |
| | 终充阀门/仪表问题 |
| | 产品总管压力低(面向用户) |
| 太短或太快 | PLC或其他仪表问题 |
| | 相关控制阀或仪表问题 |
| 逆放 | |
| 太长或太慢 | PLC或其他仪表问题 |
| | 泄压阀/仪表问题 |
| | 高放空总管背压(向下游看) |
| | 阀门泄漏，从其他容器泄漏进总管 |
| 太短或太快 | PLC或其他仪表问题 |
| | 泄压阀/仪表问题 |
| 冲洗 | |
| 太长、太慢、不完整 | 相关控制阀或仪表问题 |
| | 阀门从另一个容器泄漏 |
| | 产品纯度低 |

续表

| 问题症状 | 可能原因/补救措施 |
| --- | --- |
| 太短或太快 | PLC 或其他仪表问题 |
| | 提供净化气体的容器上的仪表/阀门 |
| 压力/流量波动/变化 | |
| 进料/产品总管 | 观察终充状况 |
| 废气/尾气总管 | 观察逆放或冲洗状况 |
| | 尾气或冲洗控制系统的问题 |
| | 相关的阀门泄漏或仪表问题 |
| | 尾气缓冲罐周围的控制/仪表问题 |
| | 尾气压缩机问题(如果投用) |
| 进料或产品流量波动 | 观察终充状况 |
| | 进料流量变化(上游检查) |
| | 观察逆放或冲洗状况 |
| 产品纯度低 | PLC 或其他仪表问题 |
| 产品浓度低 | 吸附时间设定太长 |
| | 吸附剂损坏或损失(另一个问题) |
| | 观察终充、逆放、冲洗状况 |
| | 湿式或热式进气——可能发生结转 |
| | 进料流量高 |
| | 废气/尾气压力高(寻找下游问题) |
| | 分析数据有误 |
| 造成停车或报警的一般 PSA 问题 | 产品压力极低(进料流量高可能引起吸附剂床层波动) |
| | 进料温度高/低(仪表或上游冷却问题) |
| | 仪器气压低(仪器供气问题) |
| | 循环时间长(见终充、逆放和冲洗状况) |
| | PLC 或其他仪表问题 |
| 检查发现出口总管或其他 PSA 总管内有灰尘 | 进料流量过大导致吸附剂研磨/携带 |
| | PLC 循环顺序或其他仪表问题 |

关于解决更复杂问题的详细讨论超出了本书的范围。PSA 装置供应商通常非常乐意帮助解决问题。如上所述，应由 PSA 供应商定期(每年)审查装置运行情况，以发现潜在的问题。

## 14.10 膜技术

技术进步使膜成为多种氢气回收系统中一种可行的选择。“炼厂气体回收”一节讨论了膜的应用和氢气回收的典型工艺流程。由于该工艺的模块化性质，进料量可能超过 60MMscfd。事实上，这些单元通常是以预制模块的形式提供的。

回顾上面图 14-20 中的流程图，压缩的高压原料气(最好是>1000psig)通过气-液分离罐或聚结器消除进料中任何可能的液体。然后，清洁的原料气输送到一组由多个膜组成的管道中，所有膜都是并联运行的。氢通过膜扩散到低压侧并排出(渗透)，杂质留在高压侧并送出(残余物)。

膜渗透的产品氢纯度为 80%~98%，回收率为 65%~95%。膜装置的进料氢纯度可以在 15%~80%之间，但最好是纯度大于 70%。

最常见的氢膜是中空纤维或缠绕在支撑材料上的薄聚酰胺或聚酰亚胺薄膜。膜选择性地允许最小的分子通过，所以氢气优先通过。膜材料对它们可能遇到的大多数化学物质的损害具有相当的抵抗力，但最终会损坏到需要更换的地步。

其他膜材料，包括无机材料，正在开发中。

膜装置的基本监测包括定期计算氢回收率和产品氢杂质含量的变化趋势。进料组成和可能携带的杂质也应定期跟踪。膜系统供应商将为分析系统性能提供额外支持。

氢回收的膜系统由几家供应商提供，包括 Air Liquide(MEDAL)、Air Products(Prizm)和 UOP(Polysep)。工业气体供应商还可通过类似外包协议的方式在炼油厂安装和操作膜系统。

## 14.11 低温回收

氢气可从各种炼厂气和烯烃裂解气中低温回收。它通常是回收其他更有价值的组分(如乙烯)的副产品。工业气体供应商和其他企业可通过外包协议来安装、拥有和操作低温回收装置。

图 14-23 说明了低温装置从炼厂燃料气中回收氢气的应用。首先必须将气体压缩到 200~500psig，然后冷却。它经过预处理以去除水分、CO 和其他杂质，然后在多用途板式换热器中冷却到-60~-120℉。流体闪蒸，得到的气相在板式换热器中进行第二阶段冷却，大幅降低温度，然后分离。来自第二级闪蒸罐的气体通过阀门节流膨胀，为两个板式换热器提供冷却。从大概在 30%的原料氢纯度，通过低温系统得到的最终产品氢纯度约 65%。副产品包括液化石油气和燃料气。产品氢可以通过 PSA 或膜进一步提纯。通过适当的工艺调整，低温产品氢纯度可达 95%~99%，氢回收率可达 90%~98%。

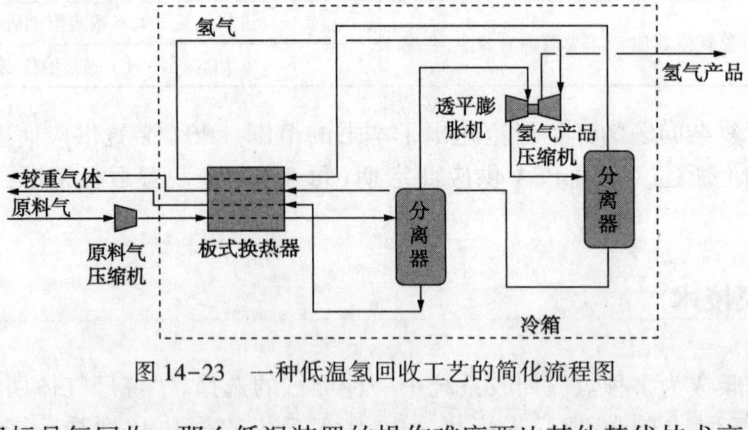


图 14-23 一种低温氢回收工艺的简化流程图

如果主要目标是氢回收，那么低温装置的操作难度要比其他替代技术高一些，而且成本也要高一些。在某些情况下，回收的其他产品的价值可以论证这些装置的合理性。

因为这些在炼油厂氢气系统中并不常见，所以在这里不作进一步讨论。请参阅这些系统供应商提供的参考资料。

## 14.12 炼油厂氢气管理

理想情况下，炼油厂生产的所有氢气将用于将精制产品升级为更清洁的燃料。事实上，一些氢气不可避免地被用作燃料或放火炬。

### 14.12.1 管理理念

氢气管理的目的是通过设计、监测和向用户分配氢气，最大限度地减少这些损失。

以下是指导氢气管理的原则：

1）像对待其他工艺系统一样对待氢系统——具备显示关键控制参数的工艺流程图和系统的物料平衡。

2）测量进出装置的所有氢气。

3）了解进出装置的氢气的组成。

4）生产或购买尽可能少的“专用”氢气。

5）优先让最高价值的装置使用氢气。

6）在可能的情况下，通过从高压到低压的串联，最大限度地减少重新压缩氢气的需要。

7）防止氢气进入燃料气系统和火炬。

8）在可行的情况下回收氢气。

9）在制定炼油厂生产计划中，炼油厂的线性规划应考虑氢气。

10）根据良好的实践，炼油厂的氢气利用率应能超过90%。

11）建议由具有氢系统研究经验的公司定期审查（例如 Air Liquide、UOP、Air Products 等）。

全转化型炼油厂的氢气系统示例如图14-24所示。有一系列的氢气生产装置（重整装置，SMR装置）连接到氢气管网。总管将氢气分配给用户。在不同的压力和纯度下也可能存在中间氢气管网。根据设施的设计选择，总管可能是脱硫的，也可能是含硫的。还可能有来自燃料气、炼油厂或石化气体的氢气回收系统，以及排放到总管的提纯气体。

除了工艺流程图，还应该有一个电子表格或模拟模型，为系统提供物料平衡计算。该模型可以根据进料量为用户提供典型的氢气消耗量和生产量，更复杂的也可以考虑进料质量和进料率。这些工具可以帮助炼油厂更合理地使用氢，特别是由操作人员来使用。

### 14.12.2 氢总管

（1）新氢

新氢总管从产氢单元处获取氢气并将其分配给最初的用户。引入的氢气可能来自SMR制氢装置或石脑油催化重整装置，也可由回收装置供应。

其中一个产氢单元必须作为调整装置来控制氢管网压力。其他氢源则应承担基本产量，或可能由其他因素确定其产量。例如，石脑油催化重整装置副产的氢气量往往取决于所需的石脑油辛烷值和催化剂的寿命。通常不会仅仅是为了供应氢气来设置石脑油重整装置的加工量，尽管这是一个选项。

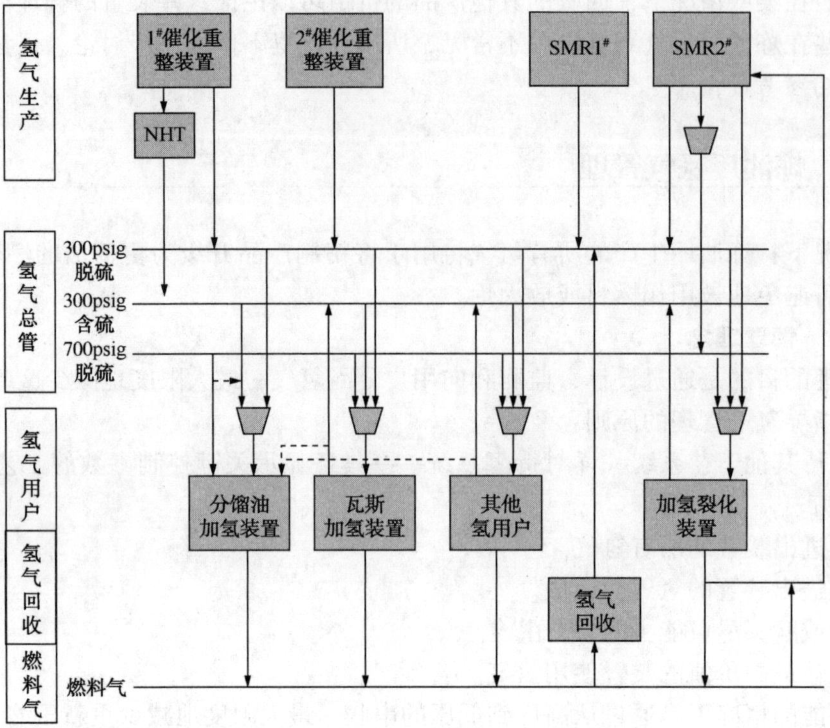


图 14-24　典型的全转化炼油厂氢气管理方法

调整装置通常是 SMR 装置，其大小足以控制新氢管网的压力。SMR 装置的调整速度比许多其他装置都快。然而，SMR 装置不宜过于频繁地调整，调整过程最终可能导致产生少量过量的氢，而不得不将这些氢损失掉。一个管理目标是最大限度地减少这一损失。

(2) 含硫氢

通常，氢气从高压装置串联到低压装置，以供回收和再利用。氢气在第一次使用时会携带出 $H_2S$。一些炼油厂将高压分离器排出气体中的 $H_2S$ 脱除掉，而其他炼油厂则排出酸性高分气体。

含硫氢通常在一个单独的总管中处理。来自该总管的气体可用于较低压力或较低苛刻度的装置，也可用于加氢处理催化剂的预硫化或活化。

含硫氢总管上多余的氢气可以排放至燃料气中。

(3) 总管压力

在设计过程中，有许多策略用于确定在何处设置氢总管压力。下面介绍的策略是比较常见的方法之一。

新氢总管的压力可以设置为最高压力用户(加氢裂化装置或蜡油加氢处理装置)所需的最大补充压力，但这意味着要将所有气体始终压缩到最高压力，那太浪费了。

同样，仅在低压下供氢也不是最优的，例如石脑油催化重整装置产氢压力为 200~300psig。这将意味着在许多不同的用户上安装压缩机，或者为更高的压力创建另一个总管。

一个有效的折中方案是在柴油加氢处理装置(DHT)所需的补充压力下压缩和分配新氢供应。这通常意味着新氢总管会在700~1000psig运行，这样就不需要在DHT和大多数其他装置中进行压缩。它允许DHT串联排放至低压装置。如果炼油厂有加氢裂化装置或高压蜡油加氢处理装置，这些装置的氢气仍然需要额外的压缩。

在任何情况下，对于指定的炼油厂，最佳的实践是选择一个最优的氢总管压力，以获得最佳经济性，包括压缩成本。

### 14.12.3 氢气用户管理

(1) 氢的分配

有人需要“管理”炼油厂的氢气系统，而这个人必须能够对该系统做出决定。短期内，当班期间的决策不是由当班操作人员中的某个人做出的。日常的总体决策通常需要操作和规划人员的共同努力。长期的规划和改进是技术人员的职责。

当氢气供应紧张或短缺时，氢气的分配尤其重要。为了最大限度地提高炼油厂的盈利能力，需要将每立方英尺(或每立方米)氢气的价值最大化。但是，需要考虑所有影响。例如，在一个装置急需氢气时，将氢气分配到另一个高价值的装置上是不明智的，因为这样会造成其他装置氢气不足。

(2) 影响使用和生产的因素

氢气主要用于：① 脱除产品或原料中的硫、氮和其他杂质；② 提升产品价值(超低硫柴油、脱蜡、异构化)；③ 将较重的碳氢化合物(瓦斯油)裂解成较轻的碳氢化合物产品(石脑油、馏分油)；④ 向硫黄回收装置供应还原气(在某些情况下)。

原油品种和流量的变化影响所有这些因素。重质、含硫原油比轻质、含硫原油需要更多的氢来提炼。加氢裂化装置或蜡油装置(可能由于原油的变化)提高处理量时将需要更多的氢。深度加氢脱硫或更高的转化率将增加氢气消耗。

在供应方面，较低的重整反应强度、较高的催化剂使用年限或较少的可供重整装置的石脑油，都会减少催化重整的产氢量。改变SMR制氢装置的原料、催化剂寿命、处理量或燃烧/回收限制都可能会减少SMR可产生的氢气量。

建议建立一个简单的模型，根据进料流量和质量来预测每个装置的氢气消耗量或产量，以估计变化。这些模型应被纳入系统总体的物料平衡中。

### 14.12.4 总体规划

良好的、积极的氢气管理实践将确保炼油厂浪费最少的有价值氢。生产部门可以管理日常氢气系统，但计划部门应使用炼油厂LP或其他模型将氢气系统纳入其流程，以避免制定不可行的计划。

## 14.13 总结

随着炼厂产品规格朝着全馏程的零硫、高氢碳比燃料的方向发展，炼油厂氢气的生产和使用变得越来越重要。向炼油厂提供氢气有几种选择，其中许多在本节中已经讨论过。然而，这并不是全部的。装置之间存在着许多差异，而且生产或回收氢气的新方案也在继续增加。

## 14.14 附录：SMR 制氢装置物料平衡和监控参数开发

要计算 SMR 装置的关键监测参数，请参考以下典型的计算示例。[例]以天然气和炼厂脱硫后干气为原料的 SMR 装置为例。氢气提纯采用 PSA 单元。该装置只有高温变换。请计算：

① 转化炉、变换反应器和 PSA 部分的物料平衡；

② 转化反应平衡；

③ 变换反应平衡；

④ PSA 回收效率；

⑤ 冷凝水流量；

⑥ 转化炉压降；

⑦ 实际水碳比。

已知以下数据：

（1）流量

① 脱硫后原料气 6.87MMscfd；

② 产品氢(99.9999%$H_2$)20.6MMscfd；

③ 粗氢至 PSA31.8MMscfd；

④ 工艺蒸汽流量 66500lbs/h；

（2）温度

① 转化炉出口温度 1500℉；

② 高温变换反应器出口温度 810℉；

（3）压力

① 转化炉入口 315psig；

② 转化炉出口 290psig；

③ 变换反应器出口 280psig；

④ PSA 产品氢 260psig。

（4）干气分析见下表(气相色谱体积分数,%)。

| 组成 | 原料气/% | PSA 入口/% |
|---|---|---|
| 氢气 | 9.3 | 69.5 |
| 甲烷 | 79.7 | 2.3 |
| 乙烷 | 3.4 | 0.0 |
| 丙烷 | 1.9 | 0.0 |
| 混合丁烷 | 1.6 | 0.0 |
| 混合戊烷 | 1.3 | 0.0 |
| 重已烷 | 0.2 | 0.0 |
| CO | 0.3 | 3.0 |
| $CO_2$ | 0.6 | 15.7 |
| $N_2$ | 0.7 | 7.3 |
| $O_2$ | 0.0 | 1.9 |

解：

1. 将干气分析归一化到100%。需要注意的是，PSA入口的原料气分析中含有大量的氧气和氮气，这是典型的气相色谱过程中空气污染的结果。空气必须从分析中排除，因此需要扣除1.9%的氧和7.1%的氮(按照空气中的氧氮比例，即79/21×1.9)，这就在PSA入口留下0.2%的氮气。在没有空气的情况下，将PSA入口气体归一化到100%。最终归一化PSA入口气体为：

① 氢76.7%；

② 甲烷2.5%；

③ CO3.3%；

④ $CO_2$ 17.3%；

⑤ $N_2$ 0.2%。

2. 建立一个物料平衡电子表格，用于记录装置中每个关键位置的组成、摩尔流量、质量流量、压力和温度：

① 原料气；

② 转化炉入口原料气；

③ 工艺蒸汽；

④ 转化炉出口；

⑤ 高温变换反应器出口；

⑥ 工艺冷凝水(变换冷凝水)；

⑦ PSA入口气体；

⑧ PSA产品氢；

⑨ PSA尾气。

3. 假设原料气流量正确，利用原料气分析计算原料中每小时碳、氢的摩尔数。不要忘记CO和$CO_2$中含的碳。假设原料中没有水分。使用这些值计算公式(14-20)中的α。在这种情况下，每小时有816.2mol碳和3105.5mol氢：

$$2\alpha=3105.5/816.2=3.80$$

$$\alpha=3.80/2=1.90$$

4. 通过将蒸汽流量换算为每小时摩尔数，除以每小时的碳摩尔数，计算转化炉入口的水碳比($X$)：

$$66500\text{lbs/h 蒸汽}/18=3694.4\text{mols/h 蒸汽}$$

$$\text{水/碳}=3694.4/816.2=4.53=X$$

5. 根据上面得到的$\alpha$和$X$值，使用以下方程式计算变换反应器出口湿气组成。来自PSA入口干气中甲烷、CO和$CO_2$的比例为$(1-a-b,\ a,\ b)$。蒸汽部分根据方程式计算，氢在计算中消掉。请记住，氮气作为惰性气体通过：

$$CH_{2\alpha}+XH_2O \rightleftharpoons aCO+bCO_2+(1-a-b)CH_4+(X-a-2b)H_2O+(3a+4b+\alpha-2)H_2 \qquad (14\text{-}31)$$

式中 $A$——原料C/H摩尔比因子；

$X$——水碳摩尔比；

$a$，$b$——过程中任一点CO和$CO_2$浓度。

6. 变换或工艺凝结水应为反应过程残留的水，用这个作为工艺凝结水流量。你可以考虑溶解的 $CO_2$，但是 $CO_2$ 的溶解量对于整个过程来说并不显著。

7. 通过添加进料(原料气加蒸汽加任何循环氢)，并与高温变换反应器出口(PSA 入口气加上计算出的工艺冷凝水)进行比较，检查装置的总体平衡。还要检查碳和氢的平衡。调整流量，直到平衡为止。这意味着需要对流量有所变化，或对组成进行微调。这些计算有许多可能出错的原因，因此需要灵活应对。如果偏差可以接近±2%，就足以满足分析的精度要求。

8. 估计转化炉出口组成：

① 假设高温变换反应器出口(摩尔数)是准确的转化炉出口甲烷残留量，这里的残留量为干基的 2.5%(体)，约为 87mol/h。

② 假设气体在转化炉出口处于水-气转化平衡，计算 CO 和 $CO_2$ 比例。CO 和 $CO_2$ 比例可通过迭代计算得到，直到计算出的转化炉出口 $K_{WGS}$ 与转化炉出口温度 1500℉时的 $K_{WGS}$ 相匹配。

使用定义：

$$K_{WGS}=(P_{H_2}\times P_{CO_2})/(P_{H_2O}\times P_{CO})$$

式中，湿气体的分压以 atm 为单位。

$K_{WGS}$ 方程用于 SMR 工艺的讨论。

一种更简单且足够准确的方法是使用在讨论 SMR 监测中提供的平衡图来估计转化炉出口干气中 CO 和 $CO_2$ 的百分比。从图中可以看出，转化炉出口处的 CO 应为 11.5%(体)，$CO_2$ 也应为 11.5%(体)左右。我们引入了 816.2mol/h 的碳，随着甲烷的逸出，87mol/h 留在甲烷中。剩余的 729mol/h 在转化炉出口的 CO 和 $CO_2$ 之间大致平均分配(约 365mol/h)。迭代计算得出 CO 约为 359mol/h，$CO_2$ 约为 370mol/h。

检查转化炉出口的质量是否平衡，包括 C 和 H。

9. 计算转化炉和变换反应器出口湿气体中甲烷、一氧化碳、二氧化碳、氢气和水的分压。分压必须以绝压表示。

10. 使用 SMR 工艺讨论中的定义计算转化炉出口处的 $K_{SMR}$ 和变换反应器出口处的 $K_{WGS}$。

转化炉出口实际 $K_{SMR}=298$(表中为此倒数)

变换反应器出口实际 $K_{WGS}=6.23$

11. 使用 SMR 工艺讨论中的方程式或该部分的图表计算等效平衡温度。

转化炉实际平衡温度＝1515℉

变换反应器实际平衡温度＝878℉

12. 完成物料平衡，检查总体、碳、氢平衡。

13. 现在可以计算出关键的监测参数：

① 总物料平衡是计算的一部分。基本物料平衡见表 14-15。

② 转化反应达到平衡(*ATE*)：

转化反应 *ATE*＝实际-计算＝1500-1515＝-15 ℉

③ 变换反应达到平衡(*ATE*)

变换反应 *ATE*＝实际-计算＝878-810＝+68 ℉

④ PSA 回收率：

回收率=(产品中氢气的摩尔数×100%)/进料中氢气的摩尔数

产品 $H_2$=20.6MMscfd→2262.0mols/h

PSA 入口 $H_2$=76.8%×31.8MMscfd→2.721mol$H_2$/h

回收率=100%×2262/2721=83.1%

⑤ 变换凝结水流量：从物料平衡计算得到，2378mol/h(剩余工艺蒸汽)=42.3Mlb/h 或约 85GPM。

⑥ 实际水碳比：$X$=4.53，超出了计算范围。

⑦ 归一化压降：为了对压降归一化计算，需要有以前的历史数据和归一化的基础(参考条件)。

在这里，根据先前的开发工作，得到的 d$P$ 归一化方程为：

$$dP_{norm}=dP_{meas}\times[(Q_{feed}+Q_{steam})_{norm}/(Q_{feed}+Q_{steam})_{meas}]^{1.6}$$

式中 $dP_{norm}$——参考条件下的归一化 d$P$；

$dP_{meas}$——实际情况下测量的 d$P$；

$Q_{feed}$——进料体积流量，参考值或实际值；

$Q_{steam}$——蒸汽体积流量，参考值或实际值。

本题中：

$$dP_{meas}=315-290=25\text{psig}$$

$$Q_{feed,meas}=6.87\text{MMscfd}$$

$$Q_{steam,meas}=665001\text{b/h}\times24\text{h/d}\times379.45\text{scf/181bs}\rightarrow33.6\text{MMscfd}$$

$$(Q_{feed}+Q_{steam})_{norm}=51.9\text{MMscfd}(\text{用于规范化参考案例})$$

因此：

$$dP_{norm}=25\times[51.9/(6.9+33.6)]^{1.6}=37\text{psi}$$

14. 从计算的参数可以看出：

① 根据需要进行多少调整才能获得良好的物质平衡，可能会发现流量计、仪器或分析问题，这些问题需要进行一些评估。

② 转化炉很好地接近反应平衡状态。对计算值进行趋势分析将提供失活率的线索。

③ 变换反应 ATE 也应随着时间的推移进行趋势分析。68℉的 *ATE* 值略高，表明变换催化剂已部分失活或温度不理想；也有可能表明数据错误。

④ PSA 回收率为 83%，低于预期。回收率至少应达到 85%。这需要进一步调查。

⑤ 变换凝结水流量是初步信息。有时可能需要对脱气器负荷进行评估。

⑥ 对大多数转化炉来说，37psi 的归一化压降偏高，可能表明催化剂因老化或事故而破碎或结焦。37psi 并不是特别令人担忧。应随时间监测该值的变化。

⑦ 4.53 的水碳比对于大多数 PSA 装置都是略高，但在使用溶剂提纯 $CO_2$ 的旧装置中很常见，它有降低的可能。

15. 这些计算可以建立在电子表格中(表 14-15)，包括转化炉出口组成和物料平衡的反复试验和迭代计算。这将节省大量时间，并且可以更频繁地完成更详细的操作评估。

**表 14-15　SMR 氢装置物**

| 组分 | | 进料(6.87MMscfd) | | | | | 蒸汽(66.5Mlb/h) | | 入方合计 | | | |
|---|---|---|---|---|---|---|---|---|---|---|---|---|
| | 分子量 | %(体) | mol/h | lb/h | c/(mol/h) | mol/H | mol/h | H/(mol/h) | mol/h | lb/h | C/(mol/h) | H/(mol/h) |
| $H_2$ | 2 | 9.3 | 70 | 140 | 0 | 140 | 0 | 0 | 70 | 140 | 0 | 140 |
| $C_1$ | 16 | 80.7 | 609 | 9741 | 609 | 2435 | 0 | 0 | 609 | 9741 | 609 | 2435 |
| $C_2$ | 30 | 3.4 | 26 | 769 | 51 | 154 | 0 | 0 | 26 | 769 | 51 | 154 |
| $C_3$ | 44 | 1.9 | 14 | 631 | 43 | 115 | 0 | 0 | 14 | 631 | 43 | 115 |
| $C_4$ | 58 | 1.6 | 12 | 700 | 48 | 121 | 0 | 0 | 12 | 700 | 48 | 121 |
| $C_5$ | 72 | 1.3 | 10 | 706 | 49 | 118 | 0 | 0 | 10 | 706 | 49 | 118 |
| $C_6$ | 86 | 0.2 | 2 | 130 | 9 | 21 | 0 | 0 | 2 | 130 | 9 | 21 |
| CO | 28 | 0.3 | 2 | 63 | 2 | 0 | 0 | 0 | 2 | 63 | 2 | 0 |
| $CO_2$ | 44 | 0.6 | 5 | 199 | 5 | 0 | 0 | 0 | 5 | 199 | 5 | 0 |
| $N_2$ | 28 | 0.7 | 5 | 148 | 0 | 0 | 0 | 0 | 5 | 148 | 0 | 0 |
| $H_2O$ | 18 | 0 | 0 | 0 | 0 | 0 | 3694 | 7389 | 3694 | 66500 | 0 | 7389 |
| | | 100 | 754 | 13227 | 816 | 3104 | 3694 | 7389 | 4449 | 79727 | 816 | 10492 |
| | | | | | | | | | | | | |
| | | | | 氢/碳 | 3.802 | | 水/碳 | | 4.53 | | | |
| | | | | α | 1.901 | | | | | | | |
| | | 转化 | | $CH_{2\alpha}$ | + | $XH_2O$ | <—> | $a$CO | + | $bCO_2$ | + | (1-$a$-$b$) $CH_4$ |
| | | | mol/h | 816.2 | | 3694.4 | | 359.146 | | 369.8 | | 87.3 |
| | | | coeff. | 1 | | 4.526 | | 0.44 | | 0.453 | | 0.107 |
| | | | atm | | | | | 1.26 | | 1.3 | | 0.31 |
| | | | H | 3.8 | | 9.05 | | 0 | | 0 | | 0.43 |
| | | | | 进总计：12.855 | | | | | | 出总计：12.855 | | |
| | | HTSC | | | | | | | | | | |
| | | | mol/h | 816.2 | | 3694.4 | | 114.3 | | 614.7 | | 87.3 |
| | | | Coeff | 1 | | 4.526 | | 0.14 | | 0.753 | | 0.107 |
| | | 20.05atm | | 2.78 | | 12.57 | | 0.39 | | 2.09 | | 0.30 |

## 料平衡开发实例

| 转化炉出口 | | | | HTSC 出口 | | | PSA 产品 | | | 变换冷凝水 | |
|---|---|---|---|---|---|---|---|---|---|---|---|---|
| | | | | 干基 | 31.8MMscfd | | 20.6MMscfd | PSA 尾气 | | | |
| mol/h | C/(mol/h) | H/(mol/h) | PP/atm | %(体) | mol/h | lb/h | mol/h | mol/h | %(体) | mol/h | lb/h |
| 2476 | 0 | 4952 | 8.71 | 76.8 | 2721 | 5442 | 2262 | 459 | 35.8 | 0 | 0 |
| 87 | 87 | 349 | 0.31 | 2.5 | 87 | 1397 | 0 | 87 | 6.8 | 0 | 0 |
| 0 | 0 | 0 | 0 | 0 | 0 | 0 | 0 | 0 | 0 | 0 | 0 |
| 0 | 0 | 0 | 0 | 0 | 0 | 0 | 0 | 0 | 0 | 0 | 0 |
| 0 | 0 | 0 | 0 | 0 | 0 | 0 | 0 | 0 | 0 | 0 | 0 |
| 0 | 0 | 0 | 0 | 0 | 0 | 0 | 0 | 0 | 0 | 0 | 0 |
| 0 | 0 | 0 | 0 | 0 | 0 | 0 | 0 | 0 | 0 | 0 | 0 |
| 359 | 359 | 0 | 1.26 | 3.2 | 114 | 3200 | 0 | 114 | 8.9 | 0 | 0 |
| 370 | 370 | 0 | 1.3 | 17.4 | 615 | 27045 | 0 | 615 | 48 | 0 | 0 |
| 5 | 0 | 0 | 0.02 | 0.1 | 5 | 148 | 0 | 5 | 0.4 | 0 | 0 |
| 2596 | 0 | 5191 | 9.13 | | 2351 | 42315 | 0 | 0 | 0 | 2351 | 42315 |
| 5893 | 816 | 10492 | 20.73 | 100 | 5893 | 79546 | 2262 | 1280 | 100 | | |
| 5893 | | | 20.73 | 干气 | | | | | | | |
| | | | 干气 | mol C | 816 | | | | | | |
| | | | | mol H | 10492 | | | | | | |
| + | $(X-a-2b)$ $H_2O$ | + | $(3a+4b+-2)$ $H_2$ | | | 实际 | | 实际 | EquivT | ATE | |
| | 2595.7 | | 2475.9 | | 1500F | *KWGS* | 0.982 | 0.98 | 1500 | 0 | |
| | 3.18 | | 3.033 | | 1500F | *KSMR* | 298.1 | 239.5 | 1515 | 15 | |
| | 9.13 | | 8.71 | | | | | | | Act-Equiv | |
| | 6.36 | | 6.07 | | | | | | | | |
| | | | | | | | | | | | |
| | 2350.8 | | 2720.8 | | | 实际 | | @ Act | EquivT | ATE | |
| | 2.88 | | 3.333 | | 810F | *KWGS* | 6.23 | 8.61 | 878 | 68 | |
| | 8 | | 9.26 | | | | | | | Equiv-Act | |

## 参考文献

### Steam-Methane Reforming

American Petroleum Institute, Recommended Practice 571 (RP-571), Common Refinery Damage Mechanisms

Katalco Corporation (Imperial Chemical Industries Ltd.), *Catalyst Handbook*, with Special Reference to Unit Processes in Ammonia and Hydrogen Manufacture, 1st edn. (Springer, New York, 1970)

H.W. Rasmussen, Haldor Topsoe, Inc., Hydrogen Plant Catalysts and Operation, Unpublished (2001)

J.R. Rostrup-Nielsen, Haldor Topsoe, Inc, *Catalytic Steam Reforming* (Springer, Berlin/Heidelberg, 1984)

### Partial Oxidation

Haldor Topsoe Inc., Brochure: Sulphur resistant/sour water-gas shift catalyst, www.topsoe.com. Accessed Dec 2013

H. Heurich, C. Higman, Partial oxidation in the refinery hydrogen management scheme. Paper presented to AIChE Spring Meeting, Houston, 30 Mar 1993 (1993)

Linde Engineering, Partial Oxidation information pages (2013), www.linde-engineering.com. Accessed 17 Dec 2013

J.D. Marano, *Gasification and Supporting Technologies*, U. S. Department of Energy, National Energy Technology Laboratory, Energy Information Administration (2003)

University of Malaysia Chemistry Department, Techniques for Hydrogen (Synthesis) Production, http://kimia.um.edu.my/staff_new/sharifa_bee/2324/SCES2340_P3_Hydrogen_Synthesis_041218.pdf. Accessed 13 Dec 2013

K. Wawrzinek, C. Keller, (Linde Engineering, 2007), Industrial hydrogen production and technology. Paper presented at Karlsruhe FuncHy-Workshop, 21 Nov 2007

### Electrolytic Hydrogen

Hydrogen production article in Wikipedia (2013), http://en.wikipedia.org/wiki/Hydrogen_production. Accessed 17 Dec 2013

J. Ivy, Summary of Electrolytic Hydrogen Production, Milestone Completion Report, National Renewable Energy Laboratory, Golden (2004), www.nrel.gov. Accessed Dec 2013

NEL Hydrogen, Process Description, NEL A Atmospheric Electroliser (2012), www.nel-hydrogen.com. Accessed 17 Dec 2013

### Olefin Cracking Byproduct Recovery

CB&I/Lummus, Ethylene (2012), www.CBI.com/lummus-technology. Accessed Dec 2013

Orica Ltd., *Ethylene Chemical Fact Sheet* (1999). Accessed Dec 2013

### Refinery Gas Recovery

J. Alves, (UOP, 2005), Meeting the growing hydrogen demand in oil refining. Presentation to World Petroleum Congress, https://www.onepetro.org/conference-paper/WPC-18-0914. Accessed Dec 2013

S. Faraji, et al., (University of Tehran, 2005), Hydrogen recovery from refinery off-gases. J. Appl. Sci. **5**(3),459–464

G. Fleming, (Air Liquide-MEDAL, 2006), Membrane technology for hydrogen recovery. Presentation 24 Aug 2006 at Topsoe Catalysis Forum, www.topsoe.com/sitecore/shell/Applications/~/media/PDF%20files/Topsoe_Catalysis_Forum/2006/Fleming.ashx. Accessed Dec 2013

Linde Engineering Inc., Brochure: Hydrogen Recovery by Pressure Swing Adsorption (2012), http://www.linde-engineering.com/internet.global.lindeengineering.global/en/images/HA_H_1_1_e_12_150dpi19_6130.pdf. Accessed Dec 2013

UOP article, Hydrogen Purification, www.UOP.com/processing-solutions/gas-processing/hydrogen/. Accessed 18 Dec 2013

## Pressure Swing Adsorption

Linde Engineering Inc., Brochure, Hydrogen Recovery by Pressure Swing Adsorption (2012), http://www.linde-engineering.com/internet.global.lindeengineering.global/en/images/HA_H_1_1_e_12_150dpi19_6130.pdf. Accessed Dec 2013

UOP article, Hydrogen Purification, www.UOP.com/processing-solutions/gas-processing/hydrogen/. Accessed 18 Dec 2013

## Membranes

G. Fleming, (Air Liquide-MEDAL, 2006), Membrane technology for hydrogen recovery. Presentation 24 Aug 2006 at Topsoe Catalysis Forum, www.topsoe.com/sitecore/shell/Applications/~/media/PDF%20files/Topsoe_Catalysis_Forum/2006/Fleming.ashx. Accessed Dec 2013

UOP article, Hydrogen Purification, www.UOP.com/processing-solutions/gas-processing/hydrogen/. Accessed 18 Dec 2013

UOP website summary item, Polybed™ PSA and Polysep™ Membrane Integration for Debottlenecking: Case Study (2007), http://www.uop.com/?document=uop-psa-polysep-membrane-integration-case-study%26download=1

## Cryogenic Recovery

R. Dragomir, et al., (Praxair, 2010), Paper from AIChE 2010 Spring Meeting Proceedings: Technologies for Enhancing Refinery Gas Value, http://www.praxair.com/~/media/North%20America/US/Documents/Specification%20Sheets%20and%20Brochures/Industries/Refining/AIChE_Paper_2_16_10.ashx. Accessed Dec 2013

S. Faraji, et al., (University of Tehran, 2005), Hydrogen recovery from refinery off-gases. J. Appl Sci **5**(3), 459–464 (2005). Wilson Energy Partners LLC, www.wilsonenergypartners.com/cryogenic.html

W.H. Isalski, Article on Cryogenic Plant, http://www.thermopedia.com/content/677/?tid=110%26sn=7. Accessed Dec 2013

# 第 15 章　石油产品的质量控制

## 15.1　引言

本章主要介绍石油产品控制的实验室检测，将关注那些确定炼油中间馏分、成品和可销售产品质量的检验方法，未涵盖例如质谱、汽车道路测试等特殊的检测方法。在可能的情况下，本章会给出测试设备的草图。这些测试大多数在炼油厂实验室中进行，通常遵循相应的 ASTM 试验提供的方法。

检查成品质量的最常见测试包括以下内容：比重法、ASTM 蒸馏法、彭斯克-马滕斯闭杯闪点测试、运动黏度测试、辛烷值测试、硫含量测试、液化石油气风化试验、雷德蒸气压测试、溴价。

本章将会先介绍一些典型产品规格的详细信息。关于现代产品质量的一些趋势(例如新配方汽油的影响)在本书中的其他章节有讨论和介绍。

## 15.2　一些常见石油产品规格

本章仅讨论在日常生活中最常见的石油产品，包括：液化石油气(LPG)、汽油、燃料油(包括煤油)、柴油机燃料、喷射发动机燃料以及包括燃料油和船用柴油在内的黑油。

### 15.2.1　液化石油气(LPG)

这一产品类别包括常见的丙烷和丁烷液化石油气规格。LPG 的具体要求在 ASTM D1835 有规定，1997 ~2013 年定期发行。表 15-1 提供了一个典型的规格。

**表 15-1　适用于销售的液化石油气规格**

| 项　目 | 数　据 | 测试方法 |
|---|---|---|
| 丙烷液化气 | | |
| 113℉下的蒸气压/psig | ≤255 | IP 161 |
| $C_1$ 碳氢化合物/%(摩尔) | ≤0.1 | ASTM D2163 |
| $C_2$ 碳氢化合物/%(摩尔) | ≤5.0 | ASTM D2163 |
| $C_3$ 碳氢化合物/%(摩尔) | ≥95 | ASTM D2163 |
| $C_4$ 及以上的碳氢化合物/%(摩尔) | ≤4.0 | ASTM D2163 |
| 不饱和烃类总和/%(摩尔) | ≤1.0 | ASTM D2163 |
| 总含硫量/%(质) | ≤0.1 | ASTM D1266 |

续表

| 项　目 | 数　据 | 测试方法 |
|---|---|---|
| 每 100ft$^3$ 硫醇硫晶粒(标准温度和压力下) | ≤3.0 | IP 104 |
| $H_2S$ 含量 | 无 | IP 103 |
| 丁烷液化气 | | |
| 113℉下的蒸气压/psig | 70-85 | IP 161 |
| $C_1$ 碳氢化合物/%(摩尔) | 0 | ASTM D2163 |
| $C_2$ 碳氢化合物/%(摩尔) | ≤0.5 | ASTM D2163 |
| $C_5$ 碳氢化合物(与 $nC_5$ 一致)/%(摩尔) | ≤2.0 | ASTM D2163 |
| 总含硫量/%(质) | ≤0.01 | ASTM D1266 |
| 每 100ft$^3$ 硫醇硫晶粒(标准温度和压力下) | ≤2.0 | IP 104 |
| $H_2S$ 含量 | 无 | IP 103 |

## 15.2.2 汽油

这里列出了两种等级的汽油。它们代表当前的和未来即将实施的、满足本卷前面讨论的环境参数的质量要求。这两个级别分别是：常规级别和特级级别(辛烷值100)。

表15-2给出了当今的质量要求规格。注意，这里只列出了主要的质量项目和测试(相关更新请参考附录)。

上述产品不得含有足够造成损害的有毒或引起人体不适的物质，并不得含有夹带水。气体的气味应当是明显、难闻且不稳定的，并且在空气中气体的浓度低于可燃性下限的1/5的条件下应当显示出气体的存在。

**表15-2 汽油的质量要求**

| | 普通汽油 | 优质汽油 | |
|---|---|---|---|
| 生效期：2002年9月 | | | |
| 研究法辛烷值(*RON*) | ≥91.0 | ≥100 | ASTM D2699 |
| 马达法辛烷值(*MON*) | ≥82.0 | ≥91.0 | ASTM D2700 |
| 颜色 | 灰白 | 橙 | 肉眼观察 |
| 蒸馏 | | | |
| 70℃蒸馏收率/%(体) | ≥20 | ≥22 | ASTM D86 |
| 100℃蒸馏收率/%(体) | 50~60 | 不适用 | ASTM D86 |
| 180℃蒸馏收率/%(体) | ≥90 | ≥90 | |
| 终馏点/℃ | ≤220 | ≤210 | ASTM D86 |
| 残渣量/%(体) | ≤2 | ≤2 | ASTM D86 |
| 蒸气压/psig(100℉) | 夏季：7.0~10<br>冬季：8.5~13.5 | | ASTM D323 |
| 铜片腐蚀(50℃，3h) | ≤1级 | | ASTM D130 |
| 硫/%(质) | ≤0.035 | | ASTM D5453 或 IP 336 |
| 实际胶质(用溶剂洗出)/(mg/100mL) | ≤4 | | ASTM D381 |

续表

| | 普通汽油 | 优质汽油 | |
|---|---|---|---|
| 氧化诱导期稳定性/min | ≥360 | | ASTM D525 |
| 其他指标 | | | |
| 铅/(mg/L) | ≤5 | | IP 224 |
| 苯/%(体) | ≤4 | | ASTM D5580 |
| 芳烃总量 | ≤42 | ≤48 | ASTM D5580 |
| 含氧化合物/%(体) | ≤1(不包括乙醇) | | ASTM D4815 |
| 乙醇/%(体) | ≤10% | | |
| 烯烃/%(体) | ≤18 | | ASTM D1319 |

在美国(载于《联邦公报》，第79卷，第81号，2014年4月28日)2004年开始实施的第二期规划要求降低汽油硫含量，炼油厂和进口商的汽油硫含量上限为300ppm，企业的平均上限为120ppm。从2006年开始，大多数炼油商和进口商都必须遵守最终的硫含量标准(年平均上限30ppm和每加仑汽油上限80ppm)。第二期规划的实施于2011年1月1日全面完成。根据第三期规划，从2017年1月1日起，汽油和任何乙醇-汽油混合料的年平均硫含量必须在10ppm以下。此外，炼油商和进口商继续受到每加仑80ppm的限制，炼油厂下游汽油继续受到每加仑95ppm硫含量上限的限制(可能会进一步减少)。许多其他规格参数也可能会实施，例如气封指数、驾驶性能指数、挥发性规格(ASTM D4814)等，应酌情参考。

### 15.2.3 煤油

在大部分的炼油厂里，以下三种等级的煤油最为常见：无臭煤油，普通煤油，优质煤油。

三种煤油的规格见表15-3。

**表15-3 煤油产品规格**

| 项　目 | 无臭煤油 | 普通煤油 | 优质煤油 | 测试方法 |
|---|---|---|---|---|
| 相对密度(15℃) | ≤0.820 | | | ASTM D4052 |
| 外观(15℃) | 清澈透明 | | | |
| 赛氏色度 | +20 | | | ASTM D156 |
| 气味 | 适销的 | | | |
| 初馏点/℃ | 175 | | | ASTM D86 |
| 50%蒸馏温度/℃ | ≤240 | ≤235 | | |
| 90%蒸馏温度/℃ | ≥210 | | | |
| 终馏点/℃ | ≤280 | | ≤280 | |
| 残渣量/%(体) | ≤2.0 | | | |
| 闪点/℃ | ≥75(PMCC闪点) | ≥20(阿贝耳闪点) | ≥43(阿贝耳闪点) | |
| 烟点/mm | | ≥20 | ≥35 | IP57 |
| 含硫量/% | ≤0.01 | ≤0.2 | ≤0.04 | IP336 |

续表

| 项　　目 | 无臭煤油 | 普通煤油 | 优质煤油 | 测试方法 |
|---|---|---|---|---|
| 铜片腐蚀(3h，100℃) | ≤1 | ≤1 | ≤1 | ASTM D130 |
| 芳烃/%(体) | ≤1 | | | |
| 含硫试验 | | 阴性 | | IP30 |
| 燃烧试验/(mg/kg) | | | ≤10 | |

### 15.2.4 航空涡轮机燃料(ATG)和喷射发动机燃料

该产品是炼油厂生产的最重要的产品之一。其质量必须符合严格的要求，特别是用于商用飞机上的时候。在这一章中，尽管会提及 ATG 军用等级作为参考，但是我们将只对 ATG 的描述和讨论主要限于商用目的。制定商用喷射燃料质量标准的规范是 ASTM D1655，该规范的摘要如表 15-4 所示。

**表 15-4　商用喷气燃料规格**

| | | | | |
|---|---|---|---|---|
| 组成 | | | | |
| 总酸度/(mgKOH/g) | ≤ | 0.10 | — | D3242 |
| 芳烃/% | ≤ | 25 | 25 | D1319 |
| 硫醇/% | ≤ | 0.003 | 0.003 | D3227 |
| 硫/% | ≤ | 0.30 | 0.3 | D1266，D1552，D2622，D4294，或 D5453 |
| 挥发性 | | | | |
| 馏程/℃ | | | | D86 |
| 10% | ≤ | 205 | — | |
| 20% | ≤ | — | 145 | |
| 50% | ≤ | 报告值 | 190 | |
| 90% | ≤ | 报告值 | 245 | |
| 终馏点 | ≤ | 300 | — | |
| 蒸馏产率/%(体) | | | | |
| 残渣量 | ≤ | 1.5 | 1.5 | |
| 损失 | ≤ | 1.5 | 1.5 | |
| 闪点/℃ | ≥ | 38 | — | D56 或 D3828 |
| 密度(15℃)/($kg/m^3$) | | 775~840 | 751~802 | D1298 或 D4052 |
| 38℃下的蒸气压/kPa | ≤ | — | 21 | D323 或 D5191 |
| 流动性 | | | | |
| 凝点/℃ | ≤ | -40(Jet A)<br>-47(Jet A-1) | -50 | D2386，D4305，D501 或 D5972 |
| 黏度(20℃)/(mm/s) | ≤ | 8.0 | — | D445 |
| 燃烧性能 | | | | |
| 净热值 | ≥ | 42.8 | 42.8 | D4529，D3338，D4809 |
| 辉光值 | ≥ | 45 | 45 | D1740 |

续表

| | | | | |
|---|---|---|---|---|
| 烟点/mm | ≥ | 18 | 18 | D1332 |
| 萘/%(体) | ≤ | 3.0 | 3.0 | D1840 |
| 腐蚀特性 | | | | |
| 铜片腐蚀试验(2h，100℃) | ≤ | 1 | 1 | D130 |
| 稳定性 | | | | |
| 热稳定性(25h，260℃) | | | | |
| 过滤器压降/(mmHg) | ≤ | 25 | 25 | D3241 |
| 管状沉积物(少于污染物) | ≤ | 法规 3 | 法规 3 | |
| 未洗胶质/(mg/100mL) | ≤ | 7 | 7 | D381 |
| 水反应(界面额定值) | ≤ | 1b | 1b | D1094 |
| | | Jet A 或 Jet A1 | Jet B | |

国际航空运输协会(IATA)发布了一份指导 ATG 国际用户的文件，该文件题为《航空涡轮燃料规范指南材料》。指南包含四种航空涡轮燃料类型的规范，其中 3 种为煤油型燃料(Jet A、Jet A1、TS1)，另一种为宽馏程的燃油 B 型。Jet A 满足 ASTM 要求，Jet A1 满足联合检查表要求，TS1 满足俄罗斯 GOST 要求，Jet B 满足 CGSB 要求。

表 15-5 总结了 ASTM D1655 和 DEF STAN(国防标准)91-91 的一些要求。这两种规格包括表 15-5 所列要求的许多注释，并涉及其他燃料问题。需要详细信息的读者应该直接参考规范的当前版本。此外，读者应该记住，产品规范是一个经历定期更新的活文档。ASTM 标准包括一个后缀，表示最后一次修订的年份，例如，D1655-04 最后一次修订是在 2004 年。表 15-5 准确地反映了撰写本文时的规范。Jet A1 被列为 91-91 国防标准，接近英国 Jet A1 标准。该规范控制的属性并不都是相互独立的。例如，随着芳烃总含量的增加，密度、最终沸点温度和冰点升高，烟点降低。

美国和许多其他国家的政府对军用航空燃料有各自的规定。规格不同的原因包括军事和民用系统在操作和后勤方面的差异，以及高性能喷气式战斗机发动机对燃料的额外要求。

目前美国军方广泛使用两种燃料，它们是海军使用的 JP-5 和空军使用的 JP-8，两者都是煤油型燃料，两者的主要区别在于燃点温度。JP-8 的最小闪点为 38℃，JP-5 的最小闪点为 60℃。JP-5 的闪点越高，航空母舰上的燃料处理就越安全。当数据有合适的更新时，应加以咨询。此外，生物喷气燃料和合成燃料(如费托合成油)也有单独的规范，详细信息可从各石油公司(如雪佛龙、壳牌等)得到。

**表 15-5　几种主要民用喷气燃料规格性质的对比**

| 燃料种类 | | Jet A | Jet A-1 | TS-1 | Jet B |
|---|---|---|---|---|---|
| 规范 | | ASTM D1655 | DEF STAN 91-91 | GOAT 10227 | CGSB-3.22 |
| 酸度/(mg KOH/g) | ≤ | 0.10 | 0.015 | 0.7(mgKOH/100mL) | 0.10 |
| 芳烃/%(体) | ≤ | 25 | 25.0 | 22(质量分数) | 25.0 |
| 硫/% | | 0.30 | 0.30 | 0.25 | 0.40 |
| 硫醇/% | | 0.003 | 0.003 | 0.005 | 0.003 |

续表

| 燃料种类 | | Jet A | Jet A-1 | TS-1 | Jet B |
|---|---|---|---|---|---|
| 馏程/℃ | | | | | |
| 初馏点 | | — | 报告值 | 150 | 报告值 |
| 10% | ≤ | 205 | 205 | 165 | 报告值 |
| 50% | ≤ | 报告值 | 报告值 | 195 | 125~190 |
| 90% | ≤ | 报告值 | 报告值 | 230 | 报告值 |
| 终馏点 | | 300 | 300 | 250 | 270 |
| 蒸气压/kPa | ≤ | — | — | — | 21 |
| 闪点/℃ | ≥ | 38 | 38 | 28 | — |
| 密度(15℃)/(kg/m$^3$) | | 775~840 | 775~840 | 20℃下最小值为774 | 750~801 |
| 冰点/℃ | ≤ | -40 | -47 | -50(凝点) | -51 |
| 黏度(-20℃)/(mm$^2$/s) | ≤ | 8 | 8.0 | -40℃下, 8.0 | — |
| 净热值/(MJ/kg) | ≥ | 42.8 | 42.8 | 42.9 | 42.8 |
| 烟点/mm | ≥ | 18 | 19.0 | 25 | 20 |
| 萘/%(体) | ≤ | 3.0 | 3.00 | — | 3.0 |
| 铜片腐蚀(2h, 100℃), 最大等级 | | 1 | 1 | 通过(100℃下, 3h) | 1 |
| 热稳定性 | | | | | |
| 过滤器压降/mmHg | ≤ | 25 | 25 | — | 25 |
| 目视管评级 | ≤ | <3 | <3 | — | <3 |
| 静态试验(4h, 150℃)/(mg/100mL) | ≤ | — | — | 18 | — |
| 未洗胶质/(mg/100mL) | ≤ | 7 | 7 | 5 | — |

### 15.2.5 瓦斯油

瓦斯油有如下三种等级：采暖油(普通级瓦斯油)；汽车级(柴油燃料)；船用柴油。

采暖油主要用作家庭取暖油。其最重要的性质是倾点和硫含量。表15-6给出了这种瓦斯油的详细规格。

汽车级瓦斯油(柴油)规范见表15-7。该产品的某些性能比采暖油的性能更严格，以满足目前的环境要求和柴油机的设计特点。其中最为重要和严格的是柴油的硫含量。该规范于2002年生效。

**表15-6 普通级瓦斯油的常用规范**

| 特性 | | 测试方法 |
|---|---|---|
| 相对密度(60℉) | 0.820~0.845 | ASTM D1298 |
| 色度(美国石油协会) | 1½ | ASTM D155 |
| 倾点 | | ASTM D97 |
| 夏天/℉ | 14 | |
| 冬天/℉ | 5 | |
| 浊点 | | ASTM D97 |
| 夏天/℉ | 25 | |

续表

| 特　性 | | 测试方法 |
|---|---|---|
| 冬天/℉ | 20 | |
| 硫/%(质) | 0.5 | ASTM D129 |
| 柴油指数 | ≥57 | IP21 |
| 十六烷值 | ≥50 | ASTM D613 |
| 馏程 | | |
| 230℃下回收率/%(体) | ≥10 | ASTM D158 |
| 240℃下回收率/%(体) | ≤50 | |
| 347℃下回收率/%(体) | ≥70 | |
| 370℃下回收率/%(体) | ≤90 | |
| 终馏点/℃ | ≤385 | |
| 闪点(闭杯)/℉ | ≥150 | ASTM D93 |
| 铜片腐蚀(100℃下，3h) | 1A | ASTM D130 |
| 100℉下黏度 | ≤37.5 | ASTM D88 |
| 10%蒸余物残炭量/% | ≤0.1 | ASTM D189 |
| 灰分/% | ≤0.01 | ASTM D482 |
| 水分/% | ≤0.005 | ASTM D95 |
| 萃取沉淀物/% | ≤0.01 | ASTM D473 |
| 总热值/(Btu/lb) | ≥19300 | ASTM D240 |

自2006年以来，应用了更严格的规范。过去，柴油发动机制造商通过生产燃烧过程得到改进的发动机，以满足日益严格的排放标准。为了满足更多的监管标准(美国2007+，欧洲2009+)，大多数新柴油机将需要采用某种先进的尾气后处理技术。由于大多数尾气后处理设备对硫非常敏感(有些设备如果长期暴露在燃料硫含量低至50ppm的水平仍会造成永久性损伤)，所以配备该设备的的车辆必须使用超低硫柴油(ULSD)燃料，该燃料在ASTM柴油标准中被正式指定为S15。“超低硫柴油”在世界不同地区的含硫水平不同。然而，在综述(Chevron，Diesel Fuels Technical review，2007)中，ULSD是指美国硫含量小于15ppm，欧洲和亚太地区硫含量小于10ppm的柴油。

在加州，空气资源委员会(ARB)规定了一项额外的要求。在该州销售的所有柴油中的芳烃质量含量必须为10%或更低。或者，如果某燃料的排放量相当于芳烃质量为10%的特定参考燃料的排放量，燃料供应商可以测试和认证该芳烃水平较高的燃料。在这种情况下，其他燃料特性(十六烷值、硫、氮、芳烃和多环芳烃)需要测试。对于销售的燃料，这五种性质必须在测试范围内才能获得该认证。

超低硫柴油(ULSD)从2005年开始在西欧和日本广泛被使用(最高含硫量为10ppm)。2006年，美国紧随其后(最高硫含量为15ppm)。ULSD的全面过渡已经持续了好几年，到2009年，欧洲的高速公路和城市公路上的车辆所使用的柴油100%达到ULSD的标准。2010~2014年间，美国也完成了过渡。ULSD可以在新的柴油发动机上使用先进的尾气后处理技术。它还与现有的老式柴油发动机完全兼容，并将有助于减少硫酸盐排放。

表 15-7 柴油燃料规范(更新请参阅附录)

| 特 性 | | 测试方法 |
|---|---|---|
| 相对密度(60℉) | 0.82~0.860 | ASTM D1298 |
| 色度(美国石油协会) | ≤3 | ASTM D155 |
| 倾点 | | ASTM D97 |
| 夏天/℉ | 15 | |
| 冬天/℉ | 7 | |
| 浊点 | | ASTM D97 |
| 夏天/℉ | N/A | |
| 冬天/℉ | N/A | |
| 硫/%(质) | 0.1① | ASTM D129 |
| 柴油指数 | ≥54 | IP21 |
| 十六烷值 | ≥50 | ASTM D613 |
| 馏程 | | |
| 230℃下回收率/%(体) | ≥10 | ASTM D158 |
| 240℃下回收率/%(体) | ≤50 | |
| 347℃下回收率/%(体) | ≥50 | |
| 370℃下回收率/%(体) | ≤95 | |
| 终馏点/℃ | 385 | |
| 闪点(闭杯)/℉ | ≥140 | ASTM D93 |
| 铜片腐蚀(100℃下，3h) | ≤1 | ASTM D130 |
| 100℉下黏度 | ≤35.9 | ASTM D88 |
| 10%蒸余物残炭/% | ≤0.25 | ASTM D189 |
| 灰分/% | ≤0.1 | ASTM D482 |
| 水分/% | ≤0.02 | ASTM D95 |
| 萃取沉淀物/% | ≤0.005 | ASTM D473 |
| 总热值/(Btu/lb) | 未规定 | ASTM D240 |

① 超低硫柴油的含硫量为0.005%。

瓦斯油产品实际上是瓦斯油馏分物和常压渣油的混合物。它是黑色的，并它的规格限制的性质数量较少，如表 15-8 所示。

表 15-8 船用柴油规范(有可能修订，特别是硫含量)

| 特 性 | | 测试方法 |
|---|---|---|
| 相对密度(60℉) | ≥0.840 | ASTM D1298 |
| 倾点 | | ASTM D97 |
| 冬天/℉ | ≤15 | |
| 硫/%(质) | N/A | ASTM D129 |
| 柴油指数 | ≥50 | IP21 |

续表

| 特　　性 | | 测试方法 |
|---|---|---|
| 闪点(闭杯)/℉ | ≥150 | ASTM D93 |
| 100℉下黏度 | 32.0-43.9 | ASTM D88 |
| 10%剩余馏分中的残碳量(康氏)/%(质) | ≤0.2 | ASTM D189 |

船用柴油机的燃料有不同种类(雪佛龙，柴油燃料技术综述，2007)。有一组含有4种船用馏分油燃料，其中一些含有少量的渣油，还有一组包括15种主要成分为渣油的船用重燃料油。

船用燃料的黏度范围在50℃(122℉)时从不到1cSt到约700cSt(1cSt=1mm²/s)。较高的黏度等级的燃料在使用前要进行预热，使其黏度达到适合注射的范围(8~27cSt)。虽然在某些地区和港口只允许使用低硫燃料，但船用燃料的含硫量也高于车用柴油。不同级别和不同硫排放控制区域(SECAs)的最大硫限值按质量分数从1%到4.5%不等。

一些组织会发布船用燃料规范。国际标准组织(ISO)的ISO8217是主要标准。国际海事组织(海事组织)也制定了航运条例。海事组织采取的措施之一是《国际防止船舶污染公约》。这是一项主要的国际公约，涉及防止船舶作业或意外污染海洋环境。《国际防止船舶污染公约》的附件六亦对燃料的使用进行了限制，以防止空气污染。

航运业更喜欢高黏度的重质燃料，因为它们更便宜。虽然重质燃料不像馏分油燃料那样容易燃烧，但低速的(60~200r/min)大型船用发动机给燃烧提供了更多的时间。

### 15.2.6 燃油产品

目前市场上最常见的一种燃油是6号燃油。在较轻的等级中，1号、2号和3号是馏分燃料(主要是普通煤油和瓦斯油)。这些在20世纪80年代几乎从市场上消失了。5号燃料曾经是一种主要用于钢铁工业的轻渣燃料，现在不再被广泛使用了。6号燃料是一种较重的渣油燃料，通常是用煤油或粗柴油切割馏分和常压和减压渣油混合，以调整黏度。这种燃料油产品几乎全部都用作船用燃料油，有一些则出口到固定的发电厂，为他们的涡轮机生产蒸汽。在过去20年左右的时间里，6号燃油的市场一直在走下坡路。发电厂正在转向使用煤炭或天然气，船舶也更倾向于使用船用柴油或柴油燃料。保护环境的需求让这种特殊产品的硫含量必须继续降低。因此，6号燃料是价值最低的炼油产品，其价值甚至低于原油本身。炼油厂现在正在建设的工艺装置(如“原油深度裂解”和渣油加氢裂化)，会将该产品升级为更有价值的馏分油，如汽油和中间馏分油。6号燃料油的规格见表15-9。

**表15-9　6号燃料产品的规格**

| 特　　性 | | 测试方法 |
|---|---|---|
| 相对密度(60℉) | ≤0.990 | ASTM D1298 |
| 倾点/℉ | ≤65 | ASTM D97 |
| 硫/%(质) | ≤2.0① | ASTM D129 |
| 闪点(闭杯)/℉ | ≥160 | ASTM D93 |
| 122℉下的运动黏度/cSt | ≤370 | ASTM D88 |

续表

| 特　性 | | 测 试 方 法 |
|---|---|---|
| 灰分/% | ≤0.1 | ASTM D482 |
| 水分/% | ≤1.0 | ASTM D95 |
| 萃取沉淀物/% | ≤0.1 | ASTM D473 |

① 现在大多数地方规定的含硫量大概是 1.5%。

### 15.2.7 润滑油

市场上大多数由炼厂生产的润滑油都是按黏度分级的。这些润滑油等级中的一些专有品牌润滑油含有在其特定销售渠道提供的添加剂。基本润滑油等级及其规格如表 15-10 所示。其他规格适用于各种润滑油。这些等级及其加工过程在“非能源炼厂”的章节中有详细的描述。

**表 15-10 基础(单级)润滑油等级的规格**

| 等　级 | 0℉下最大黏度(SUS) | 210℉下最大黏度(SUS) | 210℉下最小黏度(SUS) |
|---|---|---|---|
| 5W | 6000 | — | — |
| 10W | 12000 | — | — |
| 20W | 48000 | — | — |
| SAE 20 | — | 58 | 45 |
| SAE 30 | — | 70 | 58 |
| SAE 40 | — | 86 | 70 |
| SAE 50 | — | 110 | 85 |

### 15.2.8 沥青

沥青的生产等级及其规范的已经在“非能源炼厂”章节中进行了描述和讨论。爱荷华州沥青路面协会提供的《沥青路面设计指南》(未注明日期)是一个很好的信息来源。

### 15.2.9 石油焦

石油焦并不存在于原油中，它是由含胶质和沥青质石油加热转化形成的碳化合物。焦炭是在将渣油燃料转化为更高价值的石脑油馏分产品和轻质馏分产品的过程中形成的。焦化过程有两条途径：第一种也是最常见的是延迟焦化路线；第二种是流化焦化法，随着埃克森美孚(ExxonMobil)自主研发的灵活焦化工艺的发展，这种方法对许多炼油商更具吸引。这种专利工艺将焦炭转化为低热值的燃料气，从而完全消除焦炭。目前最大的焦炭产量是延迟焦化过程产生的海绵焦。未煅烧的海绵焦的热值约为 14000Btu/lb，主要用作燃料。而高硫海绵焦则很受水泥厂的欢迎，因为硫经过反应可以生成硫酸盐。海绵焦还可以煅烧，适合在铝工业用作阳极。绿色(未煅烧)焦炭和煅烧焦炭的规格见表 15-11。

**表 15-11 海绵焦炭的规格**

| 参　数 | 未煅烧焦炭 | 煅 烧 焦 炭 |
|---|---|---|
| 固定碳/% | 86~92 | 99.5 |
| 水分/% | 6~14 | 0.1 |

续表

| 参　数 | 未煅烧焦炭 | 煅烧焦炭 |
|---|---|---|
| 挥发分/% | 8～14 | 0.5 |
| 硫/% | >2.5 | >2.5 |
| 灰分/% | 0.25 | 0.4 |
| 硅/% | 0.02 | 0.02 |
| 镍/% | 0.02 | 0.03 |
| 钒/% | 0.02 | 0.03 |
| 铁/% | 0.01 | 0.02 |

### 15.2.10　硫黄

硫黄是现代炼油厂的副产品。通过现代炼油厂的加氢精制工艺等，原油中所含的大部分硫作为单质硫被脱除后作为产品销售。的确，随着石油产品和炼油厂排放物中的硫含量由于环境要求不断降低，作为产品的硫黄产量也随之增加。目前，大多数国家用的硫黄有一半以上来自石油和天然气工业。硫以熔融或固体硫的形式储存和运输。世界上几乎一半的硫黄产品是用来制造硫酸和磷肥的(生产磷肥需要用到硫黄产生的硫酸)。硫黄产品的典型规范见表15-12。

**表15-12　硫黄的典型规格**

| 纯　度 | 干燥条件下99.8/% | 颜色 | 明黄色 |
|---|---|---|---|
| 灰分/% | ≤500ppm | 硫化氢/% | ≤10ppm(这对国际运输和销售尤其重要) |
| 碳含量/% | ≤1000ppm | 状态 | 以液态或固态运输 |

## 15.3　一些常见的测试方法

这里介绍的测试通常在炼厂的实验室进行。这些试验结果可用于工厂控制和成品质量控制。炼油企业的研发机构还会进行更多的实验室和其他测试，这些测试是为了改进产品质量参数或为流程和开发工作建立设计数据而进行的。后面这些测试包括采用质谱分析建立原油数据和评价，为建立最佳操作数据而进行的中试装置测试，以及机动车道路测试等项目。以下进行简要介绍。

### 15.3.1　比重法(D1298)

ASTM D1298：用比重计法测定原油和液体石油产品的密度、相对密度(比重)或API重度。先将燃料放置到一个圆柱形容器中，再将一个比重计小心地放入圆柱形容器中，让它沉淀下来。当样品的温度达到平衡后，记录比重计露出样品表面位置的刻度和样品的温度。使用标准表将比重计值转换为15.6℃下的密度或60℉下的°API。°API可以通过在60℉下做比重计试验，用下面的公式将°API换算成相对密度：

$$相对密度=\frac{141.5}{131.5+°API}$$

相对密度换算成单位体积质量是用美国的体积(即美国加仑)。60℉下的相对密度、°API和每加仑的磅数之间的关系汇总表如表15-13所示。

表 15-13 60℉下的相对密度、°API 和 lb/gal 之间的关系

| °*API* | 10 | 20 | 30 | 40 | S0 | 60 |
|---|---|---|---|---|---|---|
| 相对密度 | 1.000 | 0.934 | 0.878 | 0.825 | 0.780 | 0.739 |
| lb/gal | 8.328 | 7.778 | 7.296 | 6.870 | 6.490 | 6.151 |

### 15.3.2 ASTM 蒸馏法

用于炼油厂的工厂控制和成品质量 ASTM 蒸馏法有两种。ASTM D86 用于石脑油及类似馏分，以及煤油。ASTM D1160 则是一种在减压下运行的同类方法。

ASTM D86：图 15-1 所示是典型的 ASTM 蒸馏装置，只有装置的尺寸和冷凝槽的温度会变化。先将待测样品倒入 100mL 的恩格勒玻璃烧瓶(A)中，样品大约填充至烧瓶的三分之二处，留下液体上方直到容器颈的软木塞的空间作为气相空间。在烧瓶颈的一半处左右，有一个气相排出管。该管的开口端连接到穿过冷凝槽(B)的冷凝管。冷凝管穿过冷凝槽后，开口端直接进入量筒(D)。对于沸点范围较低的样品(如石脑油)，这个量筒要放置在冷水中(略低于室温)。恩格勒烧瓶置于石棉或类似材质的板上(F)，板上有一个直径 1in 的圆孔，将烧瓶底部暴露在热源下。图中显示的热源是一个煤气喷灯(C)。烧瓶的顶部插入温度计，定位在其玻璃泡与气相排出口成水平线。冷凝槽充满水和冰，在开始加热试样烧瓶进行测试之前，温度应达到 32℉。慢慢加热样品，直到液体开始沸腾。当第一滴凝液滴进入冷凝水槽末端的接收量筒(D)时，由位于烧瓶中的温度计测量的温度读出初馏点。对于沸点低的样品(如石脑油)，需要将接收量筒(D)放在水槽(E)中冷却。对于煤油样品，不需要用水槽(E)。蒸馏要以匀速进行，并在达到预先确定的凝析液采收率水平时进行温度读数，通常会在采收率为 10%、30%、50%、90%时分别读取对应的温度。当烧瓶(A)明显煮干后，温度计显示的温度将急剧上升，然后开始下降。在这个上升和下降过程中观察到的最高温度就是样品的终馏点。

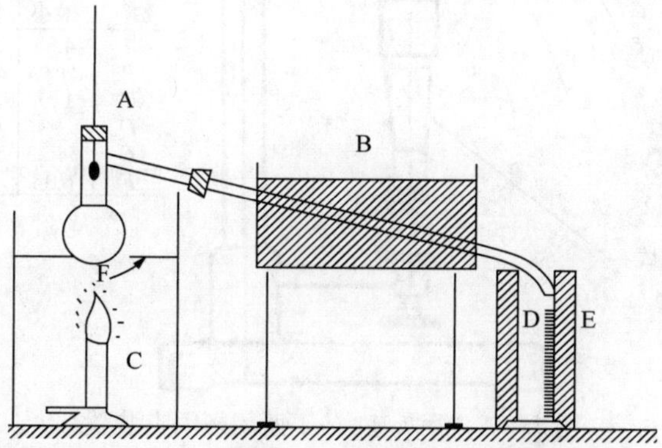


图 15-1 典型 ASTM 蒸馏装置示意图

### 15.3.3 闪点测试方法

石油中间产品和成品油闪点的测定有两种方法。ASTM D56——标签闭杯法(通常被称为 Abel 闪点)；ASTM D93，潘斯基-马丁斯闭杯法。对于闪点在 68 ~148℉之间的物料，采用 D56 法；对于闪点在 148℉及以上的馏分和渣油产品，采用 D93 法。基于这一前提，D56 法几乎只适用于从煤油切割的馏分。因此这里仅介绍 D93 法——潘斯基-马丁斯闭杯法。

ASTM D93：将测试样品按照内部刻度倒入黄铜测试杯中，见图 15-2，将一个特定尺寸

的盖子盖上。试样按规定的速度加热和搅拌。以小火焰的形式按一定的时间间隔向杯中点火。当看到试样闪烁时，记录的温度即为试样的闪点。

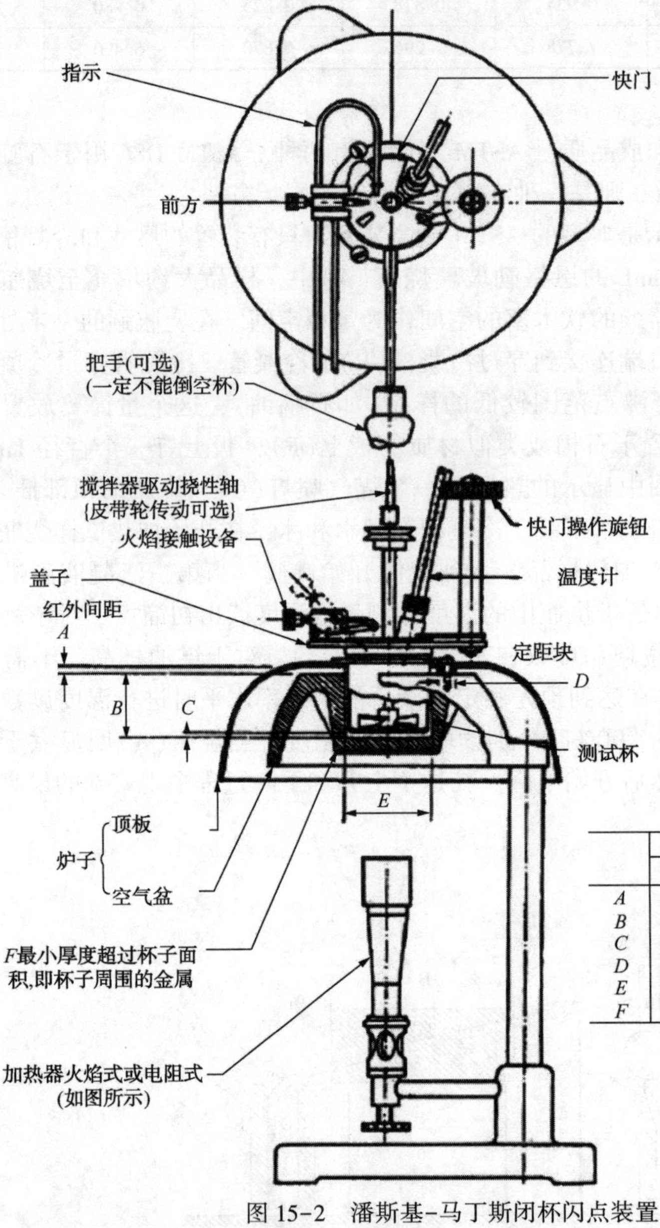


| | mm | | in | |
|---|---|---|---|---|
| | 最小 | 最大 | 最小 | 最大 |
| *A* | 4.37 | 5.16 | 0.172 | 0.203 |
| *B* | 41.94 | 42.06 | 1.651 | 1.656 |
| *C* | 1.58 | 3.18 | 0.062 | 0.125 |
| *D* | … | 9.52 | … | 0.375 |
| *E* | 54.23 | 54.86 | 2.253 | 2.278 |
| *F* | 6.35 | … | 0.25 | … |

图 15-2　潘斯基-马丁斯闭杯闪点装置

意义和使用：闪点是指在受控的实验室条件下，物质与空气形成可燃混合物的倾向。然而，在评估物质的整体易燃危险时，这只是必须考虑的几个特性之一。闪点用于确定物料运输过程中的可燃标准。一般来说，运输和安全法规将基于闪点标准。但是，不应当用闪点来描述或评价实际火灾条件下的火灾危险或风险。这种测试方法（D93）是唯一在温度可高达698℉下的闭杯闪点测试流程。

### 15.3.4　倾点和浊点测试方法

倾点（Pour Point）最初是通过将石油样品加热至其预期倾点以上，然后通过程序化冷却观察，直到出现试样停止流动时的温度。

ASTM D97：用于测定倾点(和浊点)的装置包括平底的圆柱形玻璃容器和顶部的软木塞。将温度计通过软木塞插入，并使温度计的球颈部位浸入试样中要达到3mm，将试样注入罐中直至达到规定的液位。该装置如图15-3所示，且各部分都明确标注。

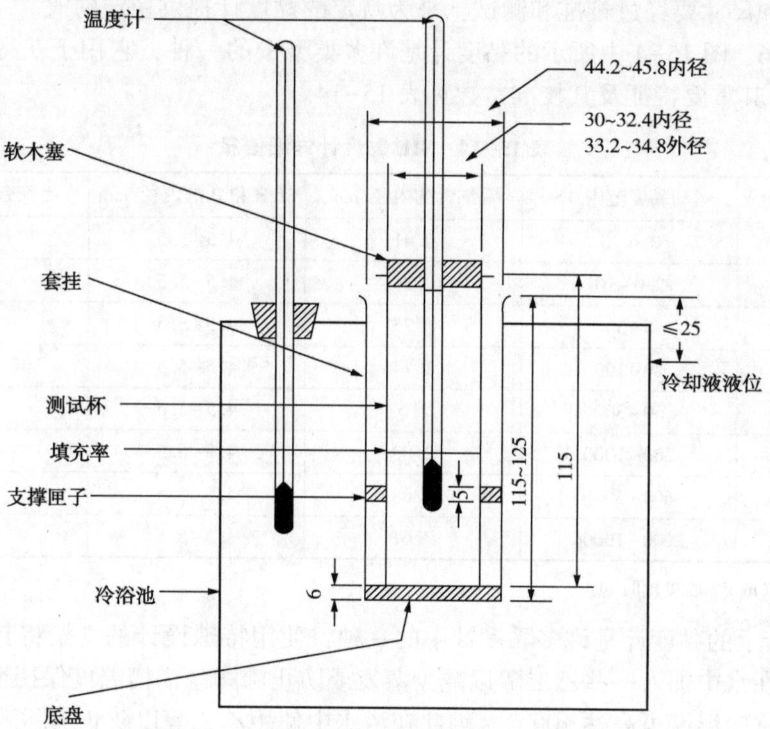


图15-3 倾点测试装置

尺寸单位：mm

首先样品要按照如下规定进行加热：对于预期倾点高于33℃的试样，要将其加热至预期倾点的9℃以上，但至少要达到45℃，控制水浴的温度至少48℃。对于预期倾点低于33℃的试样，要将其加热至至少45℃，然后冷却至15℃，水浴温度控制在6℃。

然后通过顺序冷却开始测试，并使用冷却浴池观察样品的流动性，如下表所示：

| 不同冷浴的冷却温度 | | | |
|---|---|---|---|
| 浴池1：冰和水混合物 | 9℃ | 浴池3：碎冰和氯化钙 | -27℃ |
| 浴池2：碎冰和氯化钠 | -12℃ | 浴池4：丙酮和固体二氧化碳 | -57℃ |

以规则的冷却间隔(每3~5℃)检查试样是否流动，这种检查必须非常小心地进行，只需将试杯缓慢倾斜到水平位置不超过5s并观察是否有流动。试样从浴池到浴池的移动应按以下时间表进行：

| | | | |
|---|---|---|---|
| 试样在27℃ | 移动至冷浴池1 | 试样在-6℃ | 移动至冷浴池3 |
| 试样在9℃ | 移动至冷浴池2 | 试样在-24℃或更低 | 移动至冷浴池4 |

试样的倾点是在观察到停止流动的温度后，在读数加上3℃。

### 15.3.5 运动黏度

油的运动黏度是通过测量油样品在重力作用下通过毛细管流动所需的时间来获得。毛细管是校准黏度计的一部分，油样通过时处于已知温度，这些黏度计有几种尺寸不同的设计。毛细管的配置和尺寸要经过校准和测试，来为特定的黏度计提供稳定的值。

ASTM D446：图15-4中所示的黏度计是许多类型中的一种，它用于获得透明液体的黏度，称为SIL。其重要特征及其校准常数见表15-14。

表15-14 SIL黏度计详细信息

| 规格编号 | 近似常数① | 运动黏度范围/cSt | 毛细管的内径/mm | 管E和P的内径/mm | 毛细管球部C体积/mL |
|---|---|---|---|---|---|
| 0C | 0.003 | 0.6~3 | 0.41 | 4.5~5.5 | 3.0 |
| 1 | 0.01 | 2.0~10 | 0.61 | 4.5~5.5 | 4.0 |
| 1C | 0.03 | 6~30 | 0.73 | 4.5~5.5 | 4.0 |
| 2 | 0.1 | 20~100 | 1.14 | 4.5~5.5 | 5.0 |
| 2C | 0.3 | 60~300 | 1.5 | 4.5~5.5 | 5.0 |
| 3 | 1.0 | 200~1000 | 2.03 | 4.5~5.5 | 5.0 |
| 3C | 3.0 | 600~3000 | 2.68 | 4.5~5.5 | 5.0 |
| 4 | 10.0 | 2000~10000 | 3.61 | 4.5~5.5 | 5.0 |

① 常数单位为($mm^2$/时间)/时间。

图15-4所示的黏度计是许多黏度计中的一种，使用特殊设计的支架将其悬浮在含有水的浴槽中，并在水中加入一些乙二醇以减少蒸发或防止沸腾。浴槽温度保持恒定，在该温度下得到黏度。试验温度可高达100℃，因此在浴水中使用乙二醇以防止实际沸腾。

油样加入到黏度计的方法是将毛细管R的球部A置于下方，然后将黏度计从垂直方向倾斜约30°，通过管L将油样引入黏度计中。在引入样品后，将黏度计连接到支架中并将黏度计垂直插入浴槽中。样品需达到浴温，通常需要约30min才能开始测试。使用抽吸(所有实验室应该有真空系统)，将样品通过球部C抽取到上部计时刻度E上方约5mm处，然后释放真空并使样品在重力作用下流动，测量样品从计时刻度E处流到较低计时刻度F处的时间。这就是公式中的时间$t$：

$$V=C\times t$$

式中 $V$——运动黏度，cSt($1cSt=10^{-6}m^2/s$)；

$C$——近似常数，($mm^2$/时间)/时间(见表15-14)；

$t$——来自测试的流动时间。

### 15.3.6 雷德蒸气压测试方法

该试验是低沸点馏分的标准试验。它用于石脑油、汽油、轻质裂化馏分和航空汽油。对于在100℉(37.7℃)时，蒸气压力预计低于26psig(0.179MPa)的较重馏分，设备和试验程序将有所不同。这里仅介绍适用于100℉(37.7℃)时馏分的蒸气压高于26psig(0.179MPa)的雷德蒸气压。该测试装置如图15-5所示。

ASTM D323：在图15-5中，A表示气相室，其长度为254mm，直径为51mm。气相室A的容积与液相室B的比率应在3.8~4.2之间。气相室和液相室的直径应相同。将液体试样置于液相室中以填充容器。然后将液相室连接到气相室，并如图所示插入压力计。然后将组装好的装置垂直浸入水浴中，浸没至气相室 190mm 的高度。将水浴在 100℉(37.7℃)的温度下保持 30min，然后取出，倾斜一次或两次，放回去再保持 15min。到时间后，从压力计最接近的 0.2psi(1.379kPa)刻度读取测试样品的蒸气压。

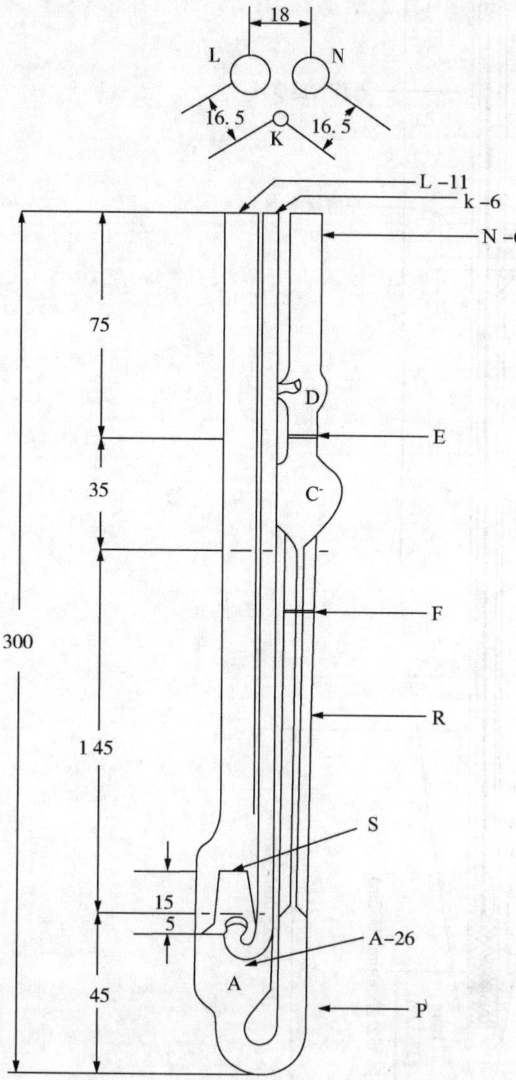


图 15-4 用于透明液体的黏度计

(图中尺寸单位为 mm)

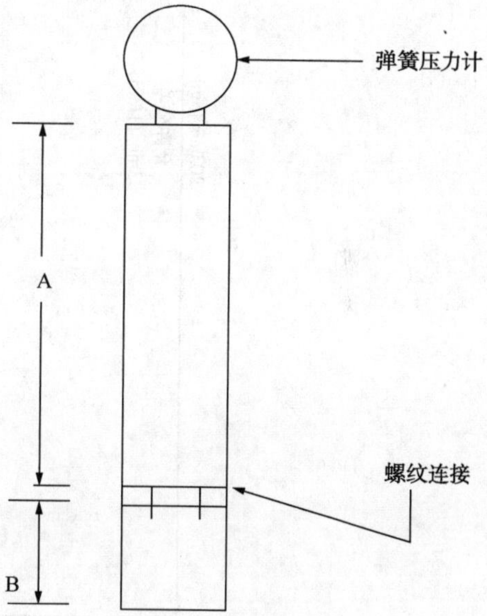


图 15-5 雷德蒸气压装置

### 15.3.7 LPG 挥发性的风化试验

该测试是液化石油气(LPG)相对纯度的量度。测试结果显示出丁烷 LPG 的戊烷含量或丙烷 LPG 样品中丁烷量的指示。挥发性以测试样品的 95%蒸发温度来表示，以表明存在的挥发性最低的燃料组分的含量。该试验的设备如图 15-6 所示。

风化管是依图 15-6 中所示尺寸的离心锥形管，其下端的形状特别重要，锥度应均匀且底部呈圆形，如图 15-6 所示。风化管需按图示校准，校准允许误差在表 15-15 中给出。

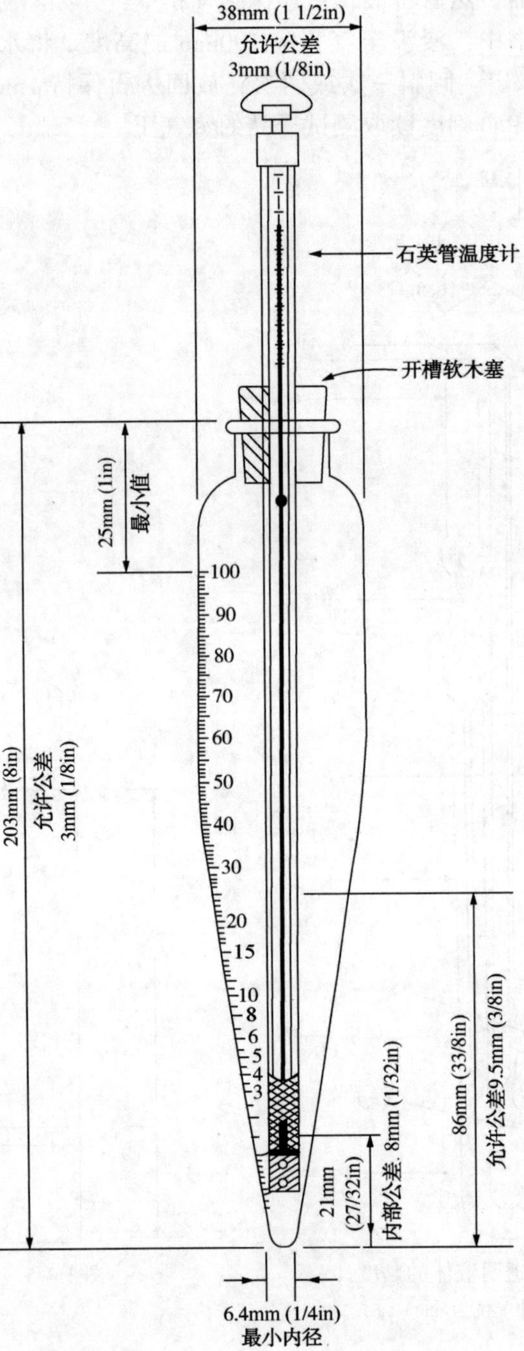


图 15-6　风化管

**表 15-15　风化管刻度公差**

| 测量范围/mL | 测量精度/mL | 误差/mL |
|---|---|---|
| 0. 0~0. 1 | 0. 05 | 0. 02 |
| 0. 1~0. 3 | 0. 05 | 0. 03 |

续表

| 测量范围/mL | 测量精度/mL | 误差/mL |
|---|---|---|
| 0.3~0.5 | 0.05 | 0.05 |
| 0.5~1.0 | 0.1 | 0.05 |
| 1.0~3.0 | 0.1 | 0.1 |
| 3.0~5.0 | 0.5 | 0.2 |
| 5.0~25.0 | 1.0 | 0.5 |
| 25.0~100.0 | 1.0 | 1.0 |

ASTM D1837：

(1) 丁烷或丁烷与丙烷混合物的测试

如果测试样品温度为10℉或以下，则让其在大气中暴露至10℉，然后插入温度计并将设备如图15-6所示进行组装。将风化管垂直放入水浴中，温度介于60~70℉之间，将其浸没在管上的1.5mL刻度处。记录样品蒸发到95%时的温度。

(2) 丙烷液化石油气的风化

让测试样品在大气中风化，用含有丙酮或酒精的棉签清除积聚在容器外表面的霜。读取在95%的温度，作为其丁烷含量的指示。

### 15.3.8 煤油和航空涡轮燃料的烟点

将样品注入封闭的储油器内，点燃灯芯，该灯每天使用前需用已知烟点的纯芳香混合物进行校准。测试样品的烟点即是通过调节火焰高度读取到刚好不出现烟的情况下所达到的最大火焰高度。用于该测试的装置如图15-7所示。

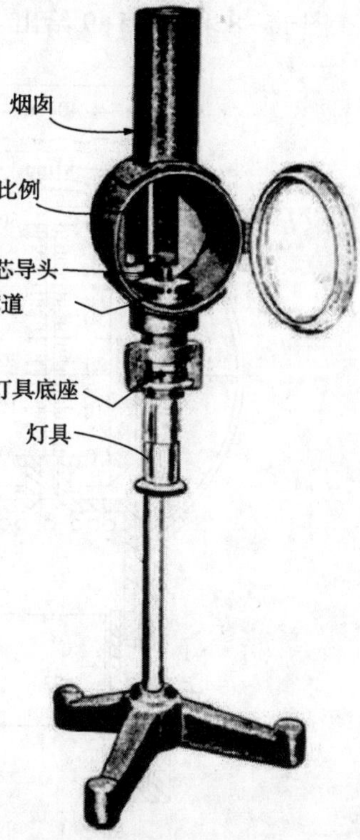


图15-7 测定烟点的灯具

ASTM D1322：

(1) 校准仪器：

每天需要根据已知芳香化合物烟点来校准测量装置以建立校正因子。两种参考燃料混合物是甲苯和2,2,4-三甲基戊烷，这些燃料的标准烟点在表15-16中给出。

**表15-16 参考燃料混合物烟点的标准值**

| 101.3kPa下的标准烟点/mm | 甲苯/%(体) | 2,2,4-三甲基戊烷/%(体) |
|---|---|---|
| 14.7 | 40 | 60 |
| 20.2 | 25 | 75 |
| 22.7 | 20 | 80 |
| 25.8 | 15 | 85 |
| 30.2 | 10 | 90 |
| 35.4 | 5 | 95 |
| 42.8 | 0 | 100 |

（2）混合物的烟点测定方式

与下面给出的测试程序相同，根据校准读数，校正因子 $f$ 由下式确定。

$$f=\frac{(A_s/A_d)+(B_s/B_d)}{2}$$

式中 $A_s$——第一参考燃料混合物的标准烟点；

$A_d$——第一种燃料混合物的实际烟点；

$B_s$——第二参考燃料混合物的标准烟点；

$B_d$——第二种燃料混合物的实际烟点。

（3）测试程序

图 15-8 和图 15-9 给出了详细说明。

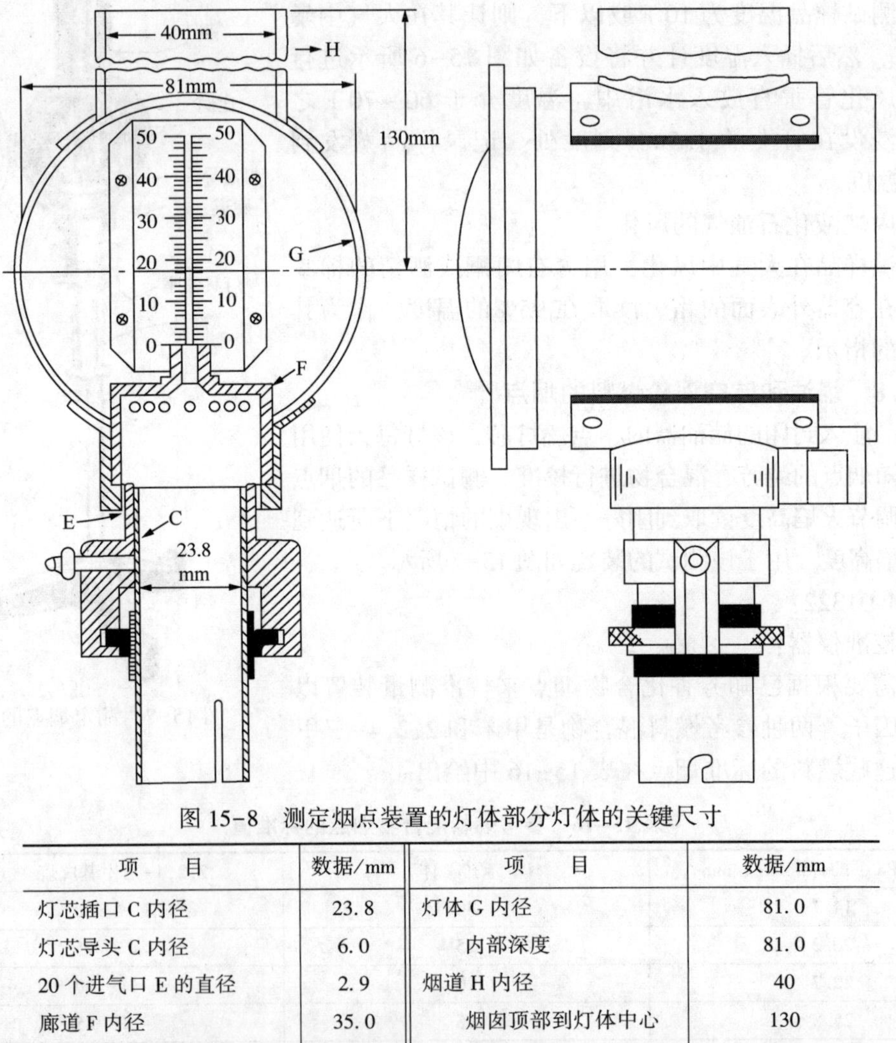


图 15-8 测定烟点装置的灯体部分灯体的关键尺寸

| 项　目 | 数据/mm | 项　目 | 数据/mm |
|---|---|---|---|
| 灯芯插口 C 内径 | 23.8 | 灯体 G 内径 | 81.0 |
| 灯芯导头 C 内径 | 6.0 | 内部深度 | 81.0 |
| 20 个进气口 E 的直径 | 2.9 | 烟道 H 内径 | 40 |
| 廊道 F 内径 | 35.0 | 烟囱顶部到灯体中心 | 130 |
| 20 个进气口 | 3.5 | | |

1）在测试样品中浸泡一块长度约 125mm 干燥的灯芯，并将其放入储油器的芯管中。小心展开此操作引起的打卷。

2）将约 20mL 的测试样品放入干净且干燥的储油器中，将灯芯放入储油器中并拧紧并固定。然后，将灯芯置于灯泡中。

3）点燃并调整灯芯，使火焰高约 10mm，在灯泡中燃烧 5min。抬高灯芯直到出现烟熏尾巴，然后缓慢降低灯芯，直到出现以下阶段：

① 第一阶段：如图 15-10 中的火焰 A 所示的细长尖头。

② 第二阶段：尖头刚刚消失，留下略微钝化的火焰，如图 15-10 中的火焰 B 所示。

③ 第三阶段：如图 15-10 中的火焰 C 所示的球形火焰尖端。

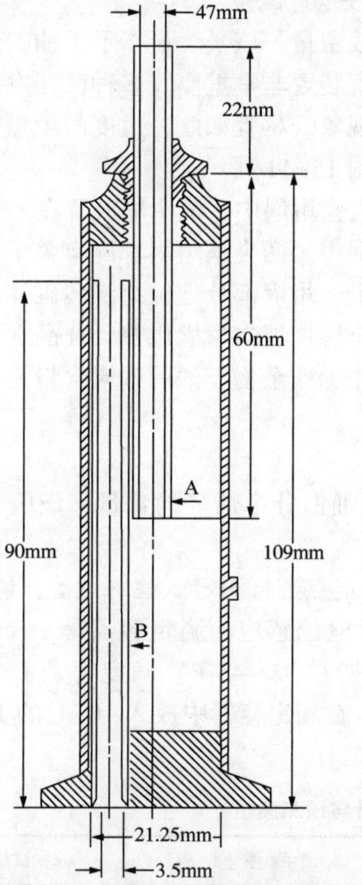


图 15-9 测定烟点装置的部分灯芯的关键尺寸

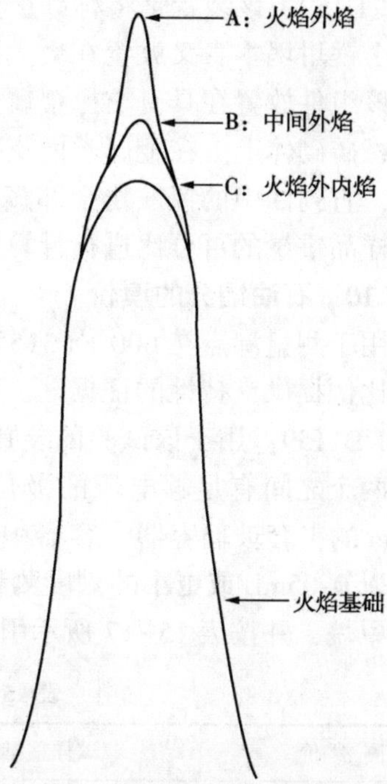


图 15-10 典型的火焰外观

| 项 目 | 数据/mm |
|---|---|
| 灯具本体：内径 | 21.25 |
| 外径 | 固定在保持架上可自由调节 |
| 未戴螺帽的长度 | 109 |
| 螺帽螺纹 | 螺纹盖 9.5mm<br>直径 1.0mm 螺距 |
| 灯芯管 A：内径 | 4.7 |
| 外径 | 外径与火焰导向器紧密安装 |
| 长度 | 82.0 |
| 排气管 B：内径 | 3.5 |
| 长度 | 90.0 |

正确的火焰轮廓是火焰B。确定这一火焰的高度并按最接近的5mm刻度进行记录。

4）按照与步骤3）中给出的相同的火焰序列分别进行3次测试。如果这些测试结果变化超过1.0mm，用新鲜样品重新测试。

5）使用以下公式计算烟点，精确到1.0mm。

$$烟点=L\times f$$

式中 $L$——三次单独测试读数中火焰B的平均值[步骤4)]；

$f$——校正因子四舍五入到最接近的0.01。

**15.3.9 石油产品中的康拉逊炭残留物(康氏残炭)试验**

本试验用于确定油品完全蒸发和热解后的炭残留量。该炭含量指示了油的焦化性质。康氏残炭的值对于大多数加氢处理装置和大多数裂解装置非常重要。多种已开发出来的现代催化剂就是为了能承受重油裂化过程中有害的积炭现象。尽管如此，过度的生焦对于大多数裂化装置来说仍然是问题。这个试验使用的设备如图15-11所示。

ASTM D189：该装置是将称好重量的油样放入瓷坩埚中，该坩埚放置在一个铁坩埚的中心，而这个铁坩埚本身又放置在更大的一个铁坩埚中。两个铁坩埚都配有盖子，并通过金属罩排气。该组件放置在具有支撑金属丝网的支架上。坩埚部分地被绝缘砖砌体包围，金属罩搁置在绝缘砖砌体上。在金属丝网支架下方有一个燃烧器向坩埚供热。样品在一段规定的时间内受热，直到油中的挥发物全部蒸发，留下炭作为残余物。油的残炭含量是以剩余炭的重量占原始样品重量的百分比进行计算。

**15.3.10 石油馏分的溴价**

溴价用于测量沸点在600℉(315℃)以内的石油馏分中烯烃的含量，该值为馏分中烯烃含量所占比例提供支持性的证据。

ASTM D1159：用于该试验的装置是可以对预定点进行滴定试验的设备，包括一个电表，其中带有两个之间有足够电压的极化电极以显示电位感应。滴定容器是一个高约120mm、内径45mm的夹套玻璃容器。容器中样品温度保持在32~45℉。滴定管是一个常规的滴定管，能够以0.05mL或更小的刻度测量滴定试剂。在滴定容器中放入10mL的1,1,1-三氯乙烷或二氯甲烷，并按表15-17所示引入试样。

**表15-17 试样重量与预测溴价**

| 预测溴价 | 试样重量/g | 预测溴价 | 试样重量/g |
|---|---|---|---|
| 0~10 | 20~16 | 50~100 | 2~1.5 |
| 10~20 | 10~8 | 100~150 | 1~0.8 |
| 20~50 | 5~4 | 150~200 | 0.8~0.6 |

用选定的溶剂将滴定杯加注到标记处，充分混合均匀，用标准溴-溴酸盐溶液滴定样品，在滴定过程中将样品充分搅拌，当溴的存在引起电表上指示电位突然变化时进行记录。溴价通过以下公式计算：

$$溴价=\frac{(A-B)\times M_1\times(15.98)}{W}$$

式中 $A$——滴定试样所需要的溴化物-溴酸盐溶液体积，mL；

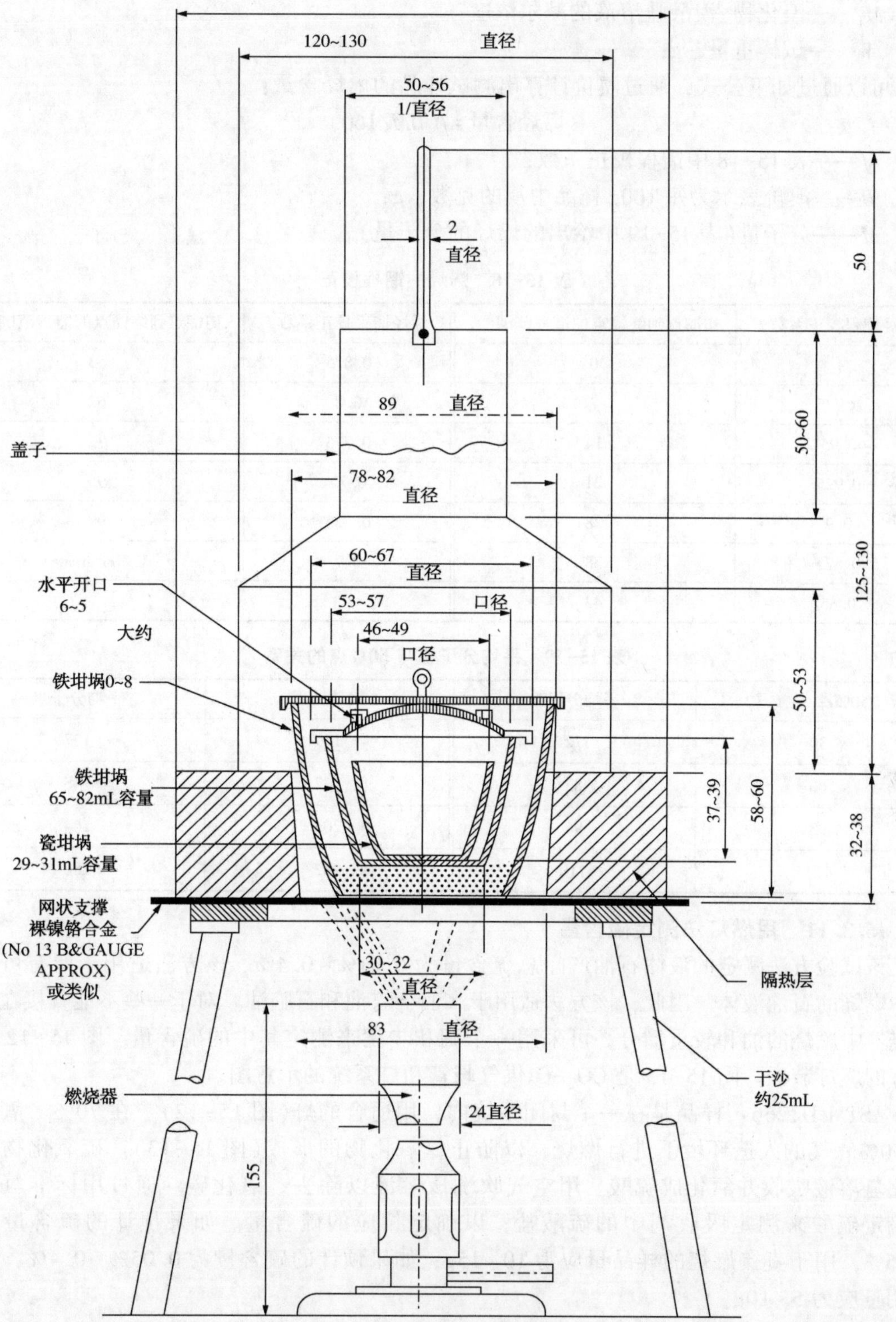


图 15-11 康氏残炭测定装置

$B$——滴定空白试样所需的溴化物-溴酸盐溶液体积，mL；

$M_1$——溴化物-溴酸盐溶液的摩尔浓度；

$W$——试样重量，g；

可以通过如下公式，通过溴价计算出测试样品的烯烃含量：

$$烯烃含量 = f(BM/160)$$

式中 $f$——表15-18中馏程校正系数；

$B$——溴价表示为每100g样品中溴的克数，g；

$M$——分子量(表15-19中给出的烯烃的分子量)。

**表15-18 烯烃的馏程校正**

| 烯烃馏程校正系数$f$ | 初馏点到终馏点的馏程范围/℃ | 烯烃馏程校正系数$f$ | 初馏点到终馏点的馏程范围/℃ |
|---|---|---|---|
| 1 | 0 | 0.825 | 53 |
| 0.975 | 7 | 0.8 | 62 |
| 0.95 | 14 | 0.775 | 72 |
| 0.925 | 21 | 0.75 | 95 |
| 0.9 | 28 | 0.725 | 99 |
| 0.875 | 38 | 0.7 | 125 or greater |
| 0.85 | 43 | | |

**表15-19 平均分子量与50%点的关系**

| 50%沸点/℃ | 平均分子量 | 50%沸点/℃ | 平均分子量 |
|---|---|---|---|
| 30 | 72 | 149 | 127 |
| 66 | 83 | 177 | 14S |
| 93 | 96 | 204 | 164 |
| 121 | 110 | 232 | 186 |

### 15.3.11 用燃灯法测定硫含量

该试验方法测定的液体石油产品总硫含量为0.01%~0.4%。该方法适用于所有可在灯芯中燃烧的石油液体。因此，该方法适用于汽油、煤油和石脑油。对于一些不能直接在烛芯燃烧器中燃烧的油和较重馏分，可采用一个调和步骤来测定其中的硫含量。图15-12为装配好的燃灯装置。图15-13是$CO_2$-$O_2$供气歧管和灯系统的示意图。

ASTM D1266：样品是在一个封闭系统内，用适合的灯(图15-12)、在70%二氧化碳和30%氧气的人造环境下进行燃烧，以防止氮氧化物的形成(图15-13)。硫氧化物被过氧化氢溶液吸收并氧化成硫酸。用空气吹洗该溶液以除去二氧化碳。通过用标准氢氧化钠滴定硫酸来测定吸收剂中的硫酸盐，以确定相应的硫含量。如果预计的硫含量低于0.05%，用于直接燃烧的样品量应为10~15g；如果预计的硫含量为0.05%~0.4%，则样品用量应为5~10g。

通过以下公式计算得到的硫含量

$$硫含量 = 16.03M \times (A/10W) \times 100\%$$

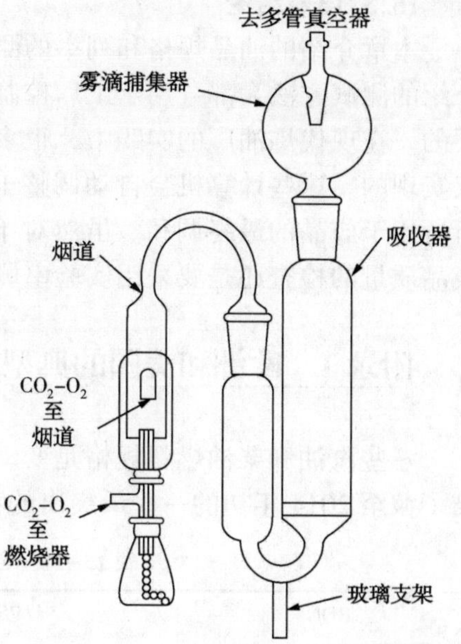

图 15-12　燃灯法测硫装置图

式中　*A*——滴定消耗 NaOH 体积，mL；

*M*——NaOH 溶液的摩尔浓度(见下面注 1)；

*W*——烧掉的样品克数。

注 1：通过将 NaOH 溶液的摩尔浓度调整到 0.624，可以简化计算。然后，1mL 溶液的含量将相当于 0.001g 的硫，此时公式中 16.03 的系数变为 1.0。

### 15.3.12　辛烷值：研究法和马达法(ASTM 标准中的第 7 部分给出了该试验的详细内容)

根据定义，辛烷值是与汽油的爆震行为完全匹配的异辛烷和正庚烷混合物中异辛烷的百分比。因此，90 辛烷汽油匹配含有 90%异辛烷和 10%正庚烷的共混物的爆震特性。

爆震特性是在实验室中使用配备有超灵敏爆震计的标准单缸测试发动机来确定。先测试基准燃料(异辛烷和 C 混合物)，再测试汽油样品，然后两者进行比较。通常给出两个辛烷值：第一个是研究法辛烷值(*RON*)，第二个是马达法辛烷值(*MON*)。两种辛烷值都使用相同的基本设备，但是在测试马达法辛烷值时要提高发动机转速。在商用发动机中获得的实际辛烷值将介于两个数字之间。两个辛烷值的重要性在于评估汽油对发动机运行条件苛刻程度的敏感性。研究法辛烷值总是高于马达辛烷值，它们之间的差值称为汽油的“灵敏度”。

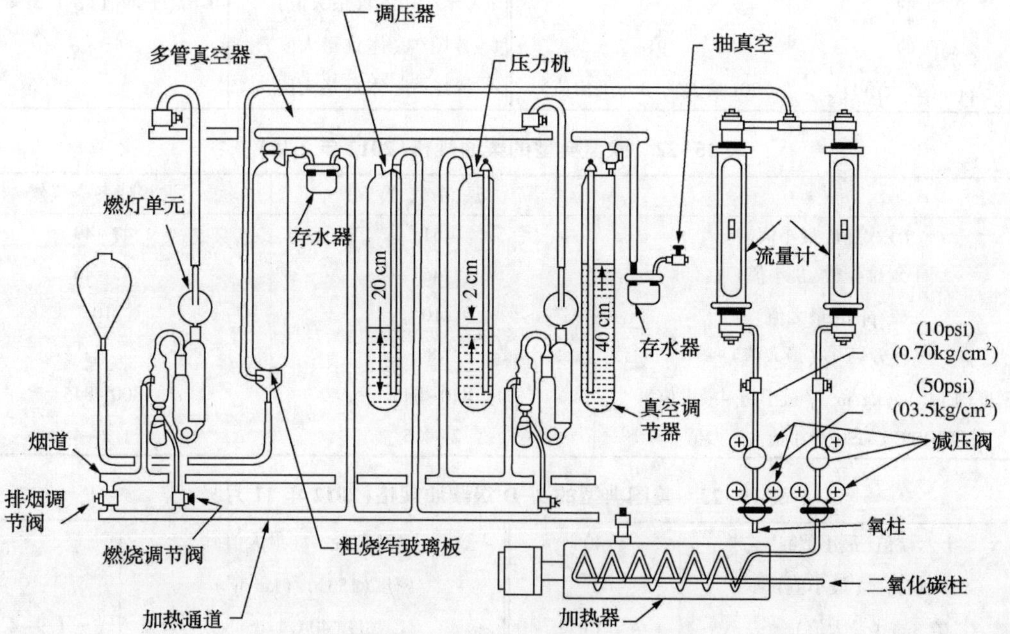

图 15-13　$CO_2$-$O_2$ 支管和燃灯系统图

### 15.3.13 结论

本章介绍的油品规格和列举的测试方法代表了用于建立产品质量控制的控制措施。这里介绍的测试方法大部分用于工厂控制，而所有测试对于确保满足成品的产品质量要求都是必要的。在现代炼油厂的实践中，很多工厂控制是使用与计算机控制系统相连的“在线”分析仪实现的。这些计算机会自动调整工厂条件以满足设定的产品质量要求。类似的“在线”分析还用于成品的最终调和。虽然对于工厂的中间产品实验室测试仅用于质量“抽查”，最终成品质量的检查还是要采用实验室测试。

## 附录1 欧洲和美国的典型汽油和柴油规格

一些汽油和柴油燃料规格是变动性目标，因为它们会定期更新。表15-12～表15-23总结了截至2014年初的一些最突出的特征。

表15-20 欧盟典型的汽油规格(2012年11月)

| | | | |
|---|---|---|---|
| RON | 91/95 | 锰/(g/L)(最大值) | 0.002(2014年1月) |
| MON | 81/85 | 苯/%(体)(最大值) | 1 |
| 硫/ppm(最大值) | 10 | 芳烃/%(体)(最大值) | 35 |
| 铅/(g/L)(最大值) | 0.005 | 烯烃/%(体)(最大值) | 18 |

表15-21 美国典型的汽油规格(2012年7月)

| | | | |
|---|---|---|---|
| 抗暴指数(*R*+*M*)/2 | | 铅/(g/L)(最大值) | 0.013 |
| 普通的 | 87 | 锰/(g/L)(最大值) | 0.0083(0) |
| 中级的 | 89 | 苯/%(体)(最大值) | 0.62(平均值)，1.3(最大值) |
| 高级的 | 91+ | 芳烃/%(体)(最大值) | |
| 硫/ppm(最大值) | 80(最大)，30(平均值) | 烯烃/%(体)(最大值) | |

表15-22 欧盟典型的柴油规格(2012年2月)

| | 温带气候 | 北极或冬季气候 |
|---|---|---|
| 十六烷值(最小值) | 51 | 47～49 |
| 十六烷指数(最小值) | 46 | 43～46 |
| 硫/ppm(最大值) | 10 | 10 |
| 多环芳烃/%(最大值) | 8 | 8 |
| 密度(15℃)/(kg/m$^3$)(最小值～最大值) | 820～845 | 800～845 |
| 黏度(40℃)/cSt(最小值～最大值) | 2～4.5 | 1.2～4 |

表15-23 美国典型的2-D级柴油规格(2012年11月)

| | | | |
|---|---|---|---|
| 十六烷值(最小值) | 40 | 多环芳烃/%(最大值) | |
| 十六烷指数(最小值) | 40① | 密度(15℃)/(kg/m$^3$) | |
| 硫/ppm(最大值) | 15 | 黏度(40℃)/cSt | 1.9～4.1 |
| 总芳烃/%(体)(最大值) | 35① | | |

① 必须满足两者之一。

# 第 16 章　炼油厂规划与经济分析

## 16.1　引言

本章内容主要分为三个部分：第一部分(“炼油厂运营计划”)涉及炼油厂生产经营计划，其中包括原油优化、产品结构，以及为满足优化生产所需的工艺装置改造及脱瓶颈；第二部分(“过程评估和经济分析”“折现现金流和经济分析”和“利用线性规划优化工艺配置”)涉及拟新建炼油厂或者在已有炼油厂内拟新建装置或新设备的经济评估(本书“石油加工项目”一章讨论了投资方案的实施)；第三部分(“标准经济分析中常用的术语和表达”)是标准经济分析中常用术语和表达的简介。

本章的第二部分与第一部分密切相关，就工艺本身而言，任何工艺或加工路线的最终选择均取决于石油加工公司确定的营销战略，这反过来又是基于第一部分工作的成果。如上所述，“石油加工项目”一章，描述了项目的最终执行以实施经济计划。

## 16.2　炼油厂运营计划

一般石油公司的基本组织机构包含三个主要部门：运输部、炼油部、市场部。这三个部门的职能由供应部门协调，供应部门按照以下顺序承担此职责：

1）市场部向供应部门通报可销售的产品数量。

2）供应部门在对库存水平进行调整后，向炼油部门提出所需每种产品的数量。

3）炼油部门向供应部门反馈他们能生产的实际数量以及需要多少原油。

4）供应部安排运输部提供以下运输作业：提供原油、运输产品、外购不能生产的产品。

在上述事项中，第 3)项由炼油部门的计划科执行，他们的目标是根据供应部门提出的产量要求制定一个可行的方案，该方案规定了每个车间的实际生产任务，以实现经济效益最大化，这就是通常所说的经营中的“生产计划”。

### 16.2.1　生产计划

每月制定和发布生产计划，通常包括未来 11~18 个月的时间段。长期时间段按照季度划分，短期时间段(6 月以内)按月划分。生产计划的主要作用是提供以下数据：①为供应部门和公司主管提供数据；②为船舶长期租赁提供信息；③安排进口计划；④明确未来产品质量和设备困难。

生产计划是炼油厂制定生产方案的基础。将生产计划细化到每天，即为生产方案。在每个月底，将当月各装置生产计划完成情况形成月报数据，并与计划进行比较。通常炼油厂设有计划管理部门，其职责是编制生产计划和统计生产完成情况。

在编制详细的生产计划的之前，有必要了解一些基本原则：设备可用性；装置性能；服务因素；产品质量；计划特点；调和特性；原油供应量；原油性质；油罐和管线可用性；经济规则。下面简要说明一下。

（1）装置性能

这是炼油厂日常和长期运行规划的重要基础，必须了解各种炼油装置的真实工况，必要的数据包括：在各种操作条件下和各种原料工况下的产率；在各种操作条件和原料工况下的产品质量；装置最大和最小处理能力；燃料消耗。

（2）调和特性

炼油厂大多数产品是一个或多个基础工艺流股的混合物。例如，所有汽油产品都是直馏石脑油、裂化装置的高辛烷值汽油、催化重整汽油以及其他装置(例如异构化)汽油的混合物。本书“原油和石油加工简介”一章对产品调和进行了详细介绍和探讨。在编制炼油厂日常运营计划时，要应用这些油品调和技术及相关的调和因子。

（3）原油性质

对于大多数大型炼油厂，公司的供应部门在发布需求数据时，会提供可获得的原油结构(数量和原油来源)。大多数情况下，各炼油公司都签订合同来购买几种特定的原油，并确定购买量。在这些基本油中，有一种或者两种原油必要时可以增加或减少，这些原油被称为边际原油。大多数情况下边际原油有两类：一类是如果需要比计划更多的原油，就可以使用这些边际原油中的一种；另一类是如果整个原油计划不再需要，则边际原油就从计划中去掉。因此，边际原油在炼油厂的经济运行计划中起着重要作用。

（4）经济规则

按照计划编制，可以设计出无数个满足大多数市场需求的方案，但只有一个方案可实现效益最大化，必须确定这种计划或方案用于实施。制定这样的计划必须遵循一定的经济规则，这些规则通常通过回答以下几个典型问题得出：

1）如果不能满足所有要求，应按哪个优先顺序生产各种产品？

2）运营炼油厂如果仅生产燃料油产品，根本不生产中间馏分油，是否可以盈利？

3）为满足汽油要求的最佳辛烷值，重整或裂化装置操作苛刻度是多少？

4）如果为了满足产品结构的需要，进口哪种中间馏分油最便宜？

5）利用过剩的产能生产另一装置的原料是否经济？例如，利用过剩的脱沥青能力生产催化裂化装置的原料是否经济？

6）在石脑油出路受到限制的情况下，将直馏石脑油转化为炼油厂燃料是否值得？

表16-1是使用这些经济规则来确定在中间馏分油出路受限情况下燃油收率变化量的简化示例。这里仅仅考虑的装置是原油蒸馏装置(常压和减压)、催化重整装置和催化裂化装置(FCCU)。由于中间馏分油出路受限，装置产能将富余，并且满足除燃油外的所有需求。在这种情况下，效益最大化的计划是原油和燃油量降至最低，同时仍然满足其他产品的需求。

表 16-1　利润最大化的生产计划变更

| 变 化 基 准 | 原油/(MB/CD)[①] 200 | 燃料/(MB/CD)[①] 80 | 中间馏分/(MB/CD)[①] 12 | 石脑油/(MB/CD)[①] 40 | 累计利润超过基准/(美元/天) |
|---|---|---|---|---|---|
| 降低催化原料黏度，将 100℉的黏度从 46.9RI 降低到 40.2RI | 198.267 | 81.370 | 11.65 | 40.667 | 595 |
| 渣油段收率从 24%降至 22% | 189.798 | 73.406 | 9.685 | 43.886 | 3558 |
| 辛烷值从 50 降至 45 | 189.702 | 73.276 | 9.179 | 42.870 | 4000 |
| 催化转化率降低 3% | 187.129 | 71.074 | 8.667 | 46.186 | 5024 |

① MB 为千桶；CD 为日历日(或者，SD 开工日)。

### 16.2.2　制定生产计划

在大多数拥有多个炼油厂的炼油公司中，运营计划是由公司的专门部门制定。这样，计划人员可以随时访问所需的数据(如原油供应量、产品分布等)。通常生产计划每月发布一次，这些计划涵盖周期为 18 个月。近期阶段比如前 6 个月，将按月进行研究，剩余部分按季度进行研究。

(1) 炼油厂生产计划的用途和目的

生产计划旨在向公司管理层提供以下方面的数据：

1) 预期的生产模式，以及可能出现的过剩和不足。

2) 公司炼油厂的经营情况，包括原油作业和炼油加工量。

3) 要达到预期利润率，炼油能力还有哪些不足。这是炼油厂扩建计划的基础。(这将在本章这节中单独进行论述。)

4) 在公司的经营计划中指明何时何地可以安排额外业务。

5) 财务预测和损益估计的基础。

(2) 规划方案

生产计划的内容将遵循前面列出和讨论的计划规则。所有生产计划的制定都是从示意图开始，其中提供尽可能多的路线选择。通过这些路线，加工特定结构的原油可获得所需的产品分布。这部分的决策机制与本书“石油产品和炼油厂配置”章节中所述的内容大致相同。但是，生产计划的目标是在特定的炼油厂装置配置下指定加工路线，以满足产品需求。在这些方案中，过剩产品产量的修正是通过减少原油加工量或将馏分用作调和原料或作为其他装置的原料来实现。产品结构中的不足部分可以通过进口必要的产品组分来实现方案。如图 16-1 所示，这个示例给出了满足中间馏分(本例中为喷气燃料)和特殊产品(本例中为溶剂油)的典型规划方案。

对于特定的产品结构要求，可能需要编制几个这样的方案来满足。每个方案都要进行经济分析，这可能扩展到公司几个炼油厂中的一个或多个。这些经济分析采用累计产品利润(包括工厂运营成本)作为标准，与前面介绍的经济规则和表 16-1 提供的示例相同。计算机技术广泛应用在现今的规划中。事实上，大多数炼油厂都拥有他们自己的专门程序，类似于本章后面讨论的线性规划，用于评估计划的经济性并确定最优方案，但对于大多数公司来说，方案编制仍然由规划工程师或开发工程师负责。

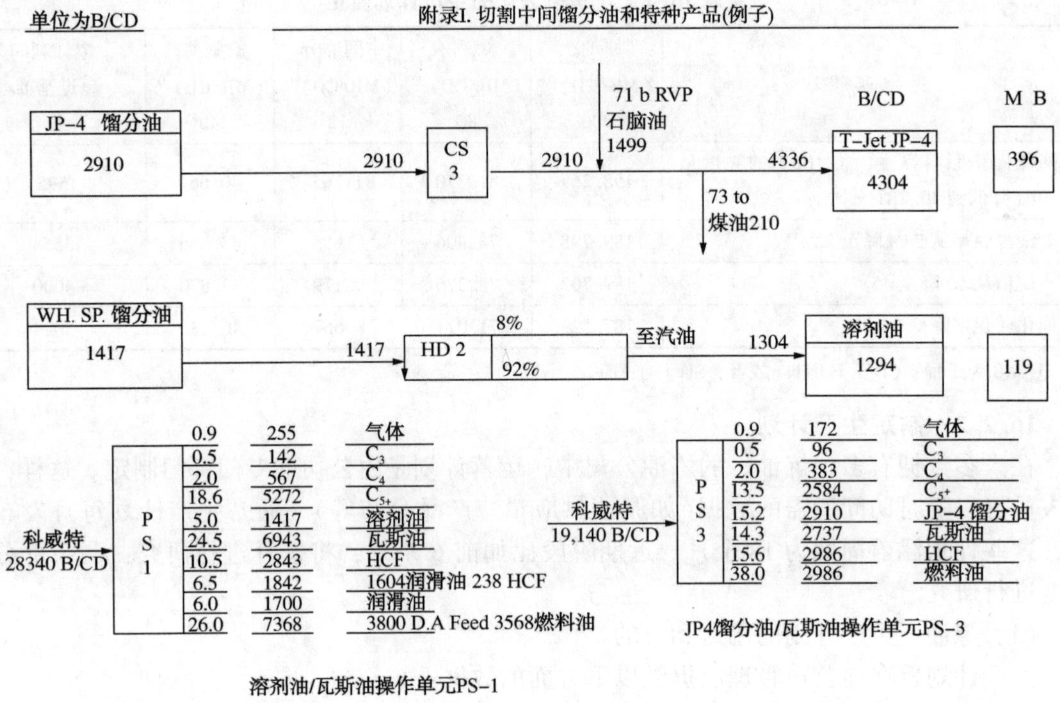


图 16-1　规划方案图示例

(3) 应用生产计划识别炼油装置能力的不足

本部分将介绍生产计划在确定特定条件下炼油装置能力不足方面的作用。本章附录 1 给出了报告工作表的示例。围绕本案例的背景如下。

### 16.2.3　背景

一家大型国际石油公司康科特石油公司(虚构)已要求其两个欧洲炼油分公司提交低成本蒸馏脱瓶颈计划，该计划可在明年冬季“投入使用”。纳入考虑的两个脱瓶颈案例是公司的肯特炼油厂和南威尔士炼油厂。肯特炼油厂原油装置扩建为 34000BPSD，南威尔士炼油厂原油装置扩建为 40000BPSD。这项研究将决定这两条脱瓶颈路线中的一条或两条能否取得经济投资机会以满足康科德石油公司的未来长期扩张计划。

### 16.2.4　评估要求的基础

表 16-2 为基本运行计划。它重点给出了两个英国炼油厂的原油可用性及其各自的需求，其中重点标出了过剩和短缺情况。

表 16-2 表示短期的状态，其他年份的运行计划总结列入表中。表 16-3 则给出了为满足那些年份中产品的不足，所需的原油与相对应的产品不足/过剩情况。

**表 16-2　基础运行计划**　　MB/CD

| | ← | 夏季 | → | ← | 冬季 | → |
|---|---|---|---|---|---|---|
| | 肯特炼油厂 | 南威尔士炼油厂 | 合计 | 肯特炼油厂 | 南威尔士炼油厂 | 合计 |
| 进料(原油) | | | | | | |
| 阿拉伯国家石油公司 | 66.0 | — | 66.0 | 66.0 | — | 66.0 |

续表

| | ← | 夏季 | → | ← | 冬季 | → |
|---|---|---|---|---|---|---|
| | 肯特炼油厂 | 南威尔士炼油厂 | 合计 | 肯特炼油厂 | 南威尔士炼油厂 | 合计 |
| Brega | 113.5 | 46.5 | 160.0 | 130.0 | 30.0 | 160.0 |
| Safaniyah | 20 | — | 20.0 | — | 20.0 | 20.0 |
| Bachequero | 18.5 | 41.5 | 60.0 | 22.0 | — | 22.0 |
| 伊拉克 | — | — | — | — | 28.0 | 28.0 |
| 科威特 | — | 37.0 | 37.0 | — | 47.0 | 47.0 |
| Tia Juana | 12.0 | — | 12.0 | 12.0 | — | 12.0 |
| 总原油 | 230.0 | 125.0 | 355.0 | 230.0 | 125.0 | 355.0 |
| 外购馏分油 | 1.1 | — | 1.1 | — | — | — |
| 产出 | 生产量+/( ) | | | | | |
| 瓦斯 | 3.8- | — | 3.8- | 4.4- | — | 4.4- |
| 液化石油气 | 9.8(2.3) | 4.9(2.3) | 14.8- | 11.0(6.6) | 4.9(1.5) | 15.9(5.1) |
| 化工产品 | 9.7- | — | 9.7- | 9.7- | — | — |
| 轻石脑油 | 5.9(2.9) | 3.0(6.7) | 8.9(9.6) | -(15.2) | 5.3(11.6) | 5.3(26.8) |
| 重石脑油 | 53.3(9.3) | 24.7(3.1) | 78.0(12.4) | 54.8 7.6 | 22.8(10.2) | 77.6(2.6) |
| 轻馏分油 | 26.4 2.7 | 4.0- | 30.4 2.7 | 27.6(2.7) | 5.2- | 32.8(2.7) |
| 瓦斯油 | 36.2- | 17.7- | 53.9- | 50.1 1.9 | 22.0(1.9) | 72.1- |
| 燃料调和组分 | 5.7- | 3.7- | 9.4- | 7.7- | 4.9- | 12.6- |
| 重质燃料油 | -41.3 | 43.8(19.8) | 43.8(21.5) | -(43.8) | -(31.4) | -(75.2) |
| 特殊燃油 | 54.4(7.6) | 21.6(7.6) | 76.0- | 43.7(49.9) | 53.1(31.9) | 96.8(18) |

**表 16-3 弥补不足的原油需求量**

| 年份 | 第一年 | | | 第二年 | | | 第三年 | | | 第四年 | | |
|---|---|---|---|---|---|---|---|---|---|---|---|---|
| | 最小值 | 最大值 | 平均值 | 最小值 | 最大值 | 平均值 | 最小值 | 最大值 | 平均值 | 最小值 | 最大值 | 平均值 |
| 不足 | | | | | MB/CD | | | | | | | |
| 石脑油 | — | 8.8 | 4.4 | — | 17.0 | 8.5 | 9.8 | 13.4 | 11.7 | 9.6 | 26.8 | 18.2 |
| 馏分 | — | — | — | — | — | — | — | — | — | (2.7) | 2.7 | — |
| 燃料油 | (15.9) | 32.5 | 8.2 | 3.5 | 48.2 | 25.9 | 8.5 | 70.0 | 39.2 | 21.5 | 93.2 | 57.4 |
| 合计 | (15.9) | 41.3 | 12.6 | 3.5 | 65.2 | 34.4 | 18.3 | 83.4 | 50.9 | 35.8 | 115.3 | 75.6 |
| 当量原油 | (16.3) | 42.4 | 13.0 | 3.6 | 67.0 | 35.2 | 10.0 | 85.7 | 52.2 | 36.8 | 118.3 | 77.6 |
| 旋摆产能① | 40.8 | (40.8) | — | 39.4 | (39.4) | — | 37.0 | (37.0) | — | 35.0 | (35.0) | — |
| 净原油需求量② | 24.5③ | 1.6 | 13.0 | 43.0 | | 35.2 | 55.8 | 48.7 | 52.2 | 71.8 | 83.3 | 77.6 |
| 辛烷值上限 | | 13.0 | | | | | | 52.2 | | | 77.6 | |

① 旋摆产能定义为国际船用燃料总量加上季节性储存量。假设原油在夏季用于生产国际船用燃料(如有必要)，冬季进口等量的燃料油，以满足内陆燃料油的需求。因此，旋摆产能代表的是可以在夏季加工的原油量，以应对冬季的需求。

② 净原油是指最大限度利用旋摆能力时在夏季和冬季所需的原油运行量。

③ 最小原油量是指刚好能够弥补不足，并最大限度地实际利用旋摆能力而必须具备的蒸馏能力。

为了弥补不足，对8种基本方案进行了研究来满足最小生产量。具体如下：

方案1：将肯特炼油厂蒸馏扩大82MBPSD去瓶颈改造。

方案2：将肯特炼油厂的蒸馏扩能，常减压101装置扩大34MBPSD，常减压102装置扩大50MBPSD。

方案3：将肯特炼油厂的蒸馏扩能，常减压101装置扩大50MBPSD，常减压102装置扩大34MBPSD。

方案4：将南威尔士炼油厂蒸馏扩大100MBPSD，新建。

方案5：将肯特炼油厂蒸馏扩大100MBPSD，新建。

方案6：将肯特炼油厂蒸馏扩大34MBPSD，南威尔士炼油厂扩大40MBPSD，去瓶颈改造。

方案7：将肯特炼油厂蒸馏扩大4MBPSD，南威尔士炼油厂扩大34MBPSD，去瓶颈改造。

方案8：将南威尔士炼油厂蒸馏扩大75MBPSD，新建。

另外，方案4、6、7、8各有一个子方案。这些子方案考虑了威尔士炼油厂的特殊折旧津贴。

### 16.2.5 结果

对于8个方案和4个子方案，按照折现率10%计算的整个周期的折现现金流结果如表16-4所示(这考虑到了公司的长期计划和预测)。考虑了威尔士炼油厂折旧津贴，首选方案是方案6。这些方案的现金流见表16-4。

表16-4 现金流及其结果

| 现金流出/(现金流入) | | | | | | | | | | | |
|---|---|---|---|---|---|---|---|---|---|---|---|
| 年份 | 基数 | 1 | 2 | 3 | 4 | 5 | 6 | 7 | 8 | 合计 | 选择 |
| 方案6A | — | 5991 | 1054 | 2953 | 380 | (1252) | (923) | (859) | (58) | 7286 | 1 |
| 其他一些方案的现金流 | | | | | | | | | | | |
| 方案5 | 6973 | 7100 | 1395 | 1871 | 779 | (1760) | (1300) | (1196) | (81) | 13781 | 12 |
| 方案7A | — | 1352 | 6706 | 804 | (401) | (1070) | (886) | (409) | (27) | 8069 | 2 |
| 方案6 | — | 5991 | 1054 | 2953 | 1841 | (1352) | (1090) | (948) | (64) | 8385 | 4 |
| 方案4 | 5212 | 8191 | 1467 | 1040 | 534 | (1614) | (1233) | (1138) | (77) | 12382 | 11 |

作者D. S. J. Jones注：公司及其炼油厂的名称和位置是虚构的。但这项研究并非如此。作者实际上也参与了这项研究，后来在选定的炼油厂(方案6A)消除瓶颈扩建项目的工程设计中担任首席工程师。

本章附录1给出了方案研究中使用的一份工作表的副本。当时的大多数计算都是手工完成的，但是折现现金流计算是用计算机完成的。

### 16.2.6 炼油厂运行方案

生产计划的主要用途之一是使公司的炼油厂能够编制自己的运行方案。生产计划设定了炼油厂短期生产的目标，并提供了长期预测。运行方案将这些要求转化为每天工作方案。运行方案涉及运营的短期计划，并按月编制。因此，虽然生产计划是以每日历日的桶数计算的，但运行方案总是以每开工日的桶数计算的。

（1）运行方案的内容

运行方案的实际形式因公司而异，但都遵循类似的模式。方案包括以下内容：

① 原油计划；

② 中间库存报告；

③ 生产计划表；

④ 调和计划；

⑤ 操作时间表；

⑥ 操作说明。

原油计划是一个包含炼油厂当前原油库存、预计进口量、原油去向以及储罐对应信息的列表。本章附录2给出了该表的一个例子。

中间库存报告类似于原油计划，但指的是炼油厂的中间物料库存，通常会与成品混合。该表的示例也在附录3给出。

生产计划表只是炼油厂计划生产产品的时间。调和计划是不言自明的，通常以简单的模块流程图的形式出现。图16-2中给出了一个典型的中间馏分生产计划表。

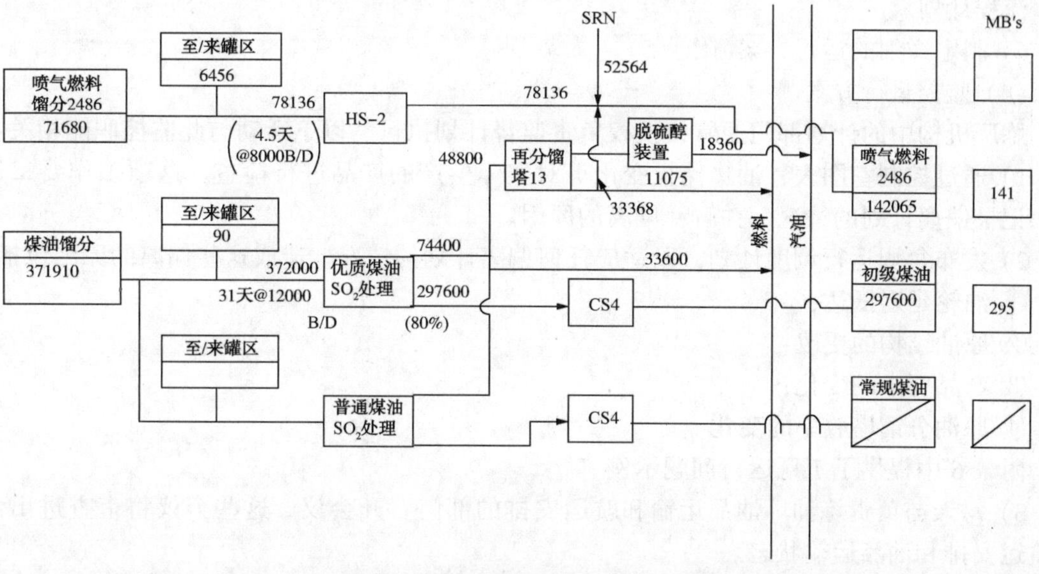


图16-2 典型的中间馏分生产计划

操作说明包括任何关键要求或操作变更。如果公司的供应部门启动了影响特定炼油厂运营计划的运行计划变更，则可以每周甚至每天更新操作说明。操作说明示例如下。

（2）当前方案

| 装置F101 | 轻柴油/MBPSD | 船用柴油/MBPSD | 煤油/MBPSD | 喷气飞机用/MBPSD |
|---|---|---|---|---|
| 供应处所需 | 750 | 235 | 40 | 181 |
| 炼厂产量 | 668 | 202 | 40 | 181 |

轻柴油的供应最少必须到达725MBPSD，即需要增加57000桶；另外可以接受只产152MBs的船用柴油，即减少50000桶。

措施：将煤油/瓦斯油操作模式改为煤油/柴油操作模式。

（3）准备运行方案

在当今炼油工业中，编制生产计划和后续的运行方案都是计算机化的。但是，它们的准备工作仍然需要像以前人工系统一样的输入。对于运行方案，应遵循以下顺序：

1）为了开始制定运行方案，计划员需要了解以下详细信息：

① 炼油厂考虑的当月的生产计划。

② 最近的原油结构数据。

③ 在计划考虑的运行周期内哪些装置计划停工？

④ 中间产品库存估计(附录3)。

2）为满足中间产品要求，制定一份操作计划大纲，任何时刻在储罐中均保持有足够的中间产品(附录4)。

3）按照原油的实沸点(TBP)切割成原油蒸馏装置操作所需的产品馏分。

4）从其他装置(如催化裂化装置和催化重整装置)中切出产品，以满足中间产品的要求。

5）对原油加工量和产品进行平衡。从切割方案和计划大纲出发，制定详细且平衡的炼油厂流程计划。

6）制定详细的运行方案(附录5)。

（4）监控运行方案

炼厂机构中的计划部门通常被授权负责监督计划执行。以下活动与此监控职能相关：

1）通过控制室图表、油罐储量变化等对实际生产的产品进行检查。这项工作要每天进行，记录偏离计划的情况，并解释偏离的原因。

2）发布每周运行调度计划，以适应任何偏离计划的情况。造成这些偏离的原因包括：

① 油轮延迟抵达；

② 原油结构的更改；

③ 产品要求的变化；

④ 原油分馏塔收率的变化。

附录6中提供了工厂运行问题示例。

3）每天与负责炼油厂油品运输和航运安排的部门召开会议。这些会议将审查进出油轮的航运安排和油品运输状态。

4）经常与生产部门和炼油厂工艺部门开会，审查工厂操作。

5）联系公司供应部门：

① 原油运输和变更；

② 炼油厂产品出厂调度计划(在炼油厂库存量高的时候，产品的及时出厂对于保持炼油厂按计划生产至关重要)；

③ 需求变化。

（5）生产总结

生产总结是一份报告，该报告对炼油厂实际生产表现与计划进行详细对比，于每个月底发布。报告中处理量和收率的数据通常由炼油厂的会计部门提供，实际生产与计划的对比由炼油厂计划部门进行。

## 16.3 工艺评估与经济分析

炼油厂开发工程师的主要职能之一是为实现供应部门的计划需求(短期和长期)提供最经济的流程配置。在执行过程中，工程师需要研究各种加工路线或对现有工艺路线和配置进行改进。如果认为任何提议的变更或增加的技术方案是可行和健全的，就必须使公司管理层确信其具有经济可行性，必须证明该提案是实现同一目标的任何可能备选方案中的最佳方案。

本章介绍实现该职能所使用的一些基本技术。

### 16.3.1 研究方法

工艺研究通常是在公司管理层对公司近期和长期生产目标做出非常精确的判断之后开始启动的。这一判断除了作为公司年度经营预算的前提外，它还旨在实现其营销策略。通常这样的判断会导致需要在短期或长期内对工艺设施进行更改，以实现这目标。公司将期望开发工程师提供对这些变动的评价，并为这些评价提供任何必要的技术和经济数据作为依据，以便管理层做出“执行/不执行”的决策。图 16-3 显示了典型研究中的步骤。

这个特别的研究路线是通过添加一组新的装置来扩展现有的工艺装置结构，工作步骤如图 16-3 所示。

步骤 1：获取并审查供应部门的要求。

这一步非常重要，从事这项研究的开发工程师或工程师必须完全理解这项研究需要什么以及干什么，这项研究的最终成果必须实现哪些目标，以及完成工作的时间要求。研究前提条件要以书面文件的形式呈现，并向所有研究参与者提供副本。有关参与各方必须研究该文件的内容，研究项目的“启动”会议非常有必要，参与者和管理层在工作开始之前一起审查研究的前提条件。

步骤 2：从现有装置获取信息。

现有装置将构成研究基础，必须对现有装置的绩效进行详细分析。这会涉及设定操作条件下的性能标定。标定结果需要进行评估，并纳入产品分析以实现研究的产品结构目标。

步骤 3. 根据新工艺的装置数据开发产品模式。

这一步将与步骤 2 并行开展。在该步骤中将对研究中可能包含的满足产品要求的新工艺进行检查，并设计其产品模式。工艺许可方可在这一阶段参与提供其专有工艺的数据，炼油公司自己的研究部门也可参与。

步骤 4：对照目标评估过剩和不足的产品。

步骤 2 和步骤 3 用于通过各装置产品产率和油品调和配方来确定产品分布。与目标相比，产品分布中可能存在某些产品过剩、某些产品不足，这些问题都必须通过步骤 2 或步骤 3 或两者同时进行予以解决。

步骤 5：建立过程选项和约束。

有了明确的产品结构计划，可以开始研究工艺路线图，以实现产品目标。包括初步的生产装置配置，不考虑成本或其他限制条件，主要满足加工路线要求。在该步骤应剔除比较明显的不合理的路线，例如，那些含有非常小的工艺装置的路线或含有不希望有的副产品的装置的工艺路线。该步骤应为下一步研究提供 5 或 6 个合理的工艺方案。

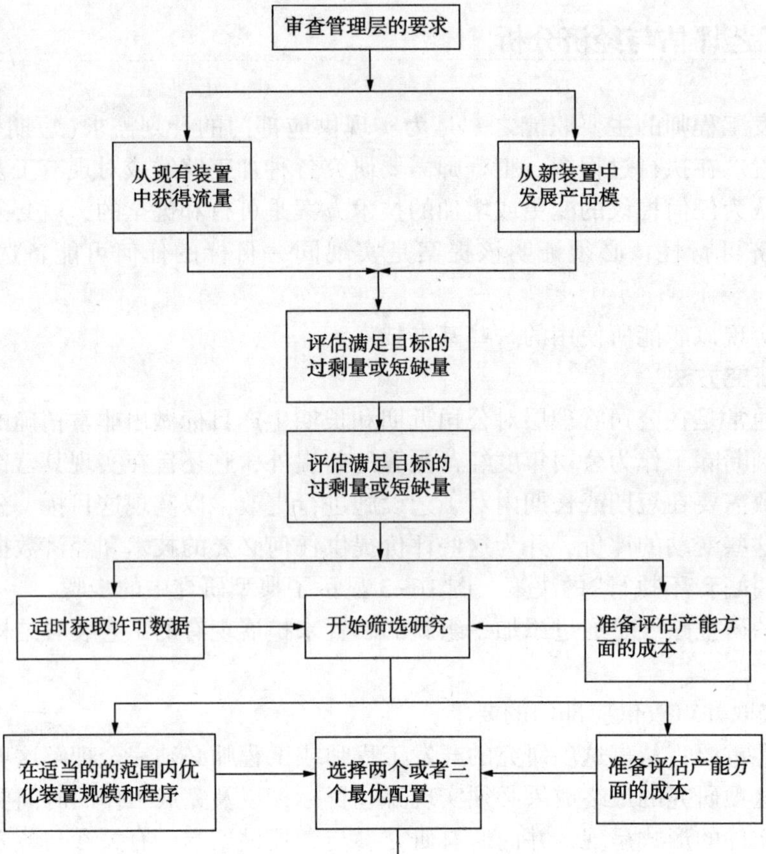


图 16-3　典型研究流程步骤

步骤 6：开始筛选研究。

本步骤的目的是将可能的方案选项数量减少到 2 个或最多 3 个看起来最具经济吸引力的加工路线。为了得到最优的方案，要对步骤 5 中得到的备选方案配置资金和运营成本。在这种情况下，资金成本通过对类似工艺的安装成本按照系数进行粗略估算得到。在本章后面的“资金成本估算”一节中，将详细介绍这种成本估算方法。技术专利商通常需要参与他们所授权的工艺技术的资金成本估算。非专有技术的运营成本可以参考类似过程开展。有了这些成本数据，就可以计算出每个备选方案增加的资金偿还期。以资金成本最低的选项为基础方案，其他方案与基础方案进行对比。详细的计算方法在本章后面给出。与基础方案相比，2个(或3个)增加的资金偿还期最小的方案将开展进一步研究。

步骤7：为更准确的成本估算准备数据。

经济分析的准确度在很大程度上取决于预测各种成本项目所用数据的准确性。主要成本项目是装置建设或改造的资金成本。因此，研究的下一步是开发工程师提供工程设计基础，用于编制“半确定性”资金成本估算(通常，炼油公司可能会邀请第三方工程承包商开展这一步骤工作)。项目从研究阶段开始到安装阶段，该估算可作为控制的第一个项目预算。这类详细估算的方法在本章后面给出。简言之，对于该估算，开发工程师(或第三方工程承包商)将：

① 编制工艺流程图(包括物料平衡)。

② 准备初步的机械流程表(包括管线和仪器尺寸和规格)。

③ 所有设备数据表，以获得制造商的固定价格。

④ 审查并选择制造商对设备的报价。

⑤ 利用选定制造商的设备数据，准备初步的公用工程平衡，根据平衡考虑新建或扩建公用设施的规模。

⑥ 根据需要考虑需增加的场外设施。

步骤8：计算所选方案的现金流。

选定制造商的设备报价还包括设备的交货时间。利用这些和其他经验因素，制定设施建设安装的初步时间表。一般由公司经验丰富的进度工程师或可信的顾问完成。

利用该进度计划，开发工程师与其他人(通常是公司项目管理部门或财务部门的成员)一起，按计划将预算分解为建设期间的年度支出。在工厂启动后的一段规定时间内，每年继续分配资金成本支出。这也将在本章后面讨论。

步骤9：以折现现金流为基础计算投资回报率。

开发工程师使用步骤8中计算的现金流来计算投资回报。为此，采用了折现现金流技术。这比不考虑施工时间和现金流的简单方法得到的ROI结果更准确、更可信。本章后面将给出ROI计算的细节。

步骤10：准备研究报告并向管理层汇报。

报告的大部分内容随着研究项目的进行都应该撰写出来，这样就能准确地记录人们头脑中最新的想法。最终报告必须简明扼要，但必须包含所有要点。这里不包括报告写作技巧。有效地交流研究成果与工作中使用的任何良好的技术和工程一样重要。这同样适用于向管理层的最终口头陈述。研究、方法论和结果必须以确保收益和有利于决策的方式呈现。

以上是一套典型的研究方法流程。如果筛选研究(步骤6)显示某个选项在支出方面远远优于任何其他选项，这可能是唯一的选项，然后再进行步骤7~步骤10的研究，这样将节省大量的时间和精力。

### 16.3.2　构建工艺装置配置和筛选研究

(另见本书“石油产品和炼油厂配置”的一节)。

综上所述，在工艺过程研究中涉及深入分析的第一步是方案筛选。在这一步中，要对这些方案进行简单和初步的经济比较。由于每个方案的经济评价标准的基础是相同的，因此这种比较是可行的。必须记住，进行这些工艺过程研究的前提条件是对相关工艺有很好的了解。

选择这个例子的原因是为了实现最终的产品结构，需要将新增工艺装置、改变现有装置的操作条件及油品调和的手段相结合。

这个例子是一家炼油厂要求将其燃料油产品转化为更具经济效益的轻质产品。由于燃料市场需求的变化，这类升级项目在行业中相当普遍。本文用于说明这项工作的示例计算基于D. S. J. Jones 发表在其早期著作《石油加工原理》中的一个基础流程，可以在该书的第一章的末尾找到，图 16-4 是相应的流程框图。该炼油厂配置的目标是最大限度地生产汽油和中间馏分，同时保留原油蒸馏装置中足够的常压渣油作为燃料油。

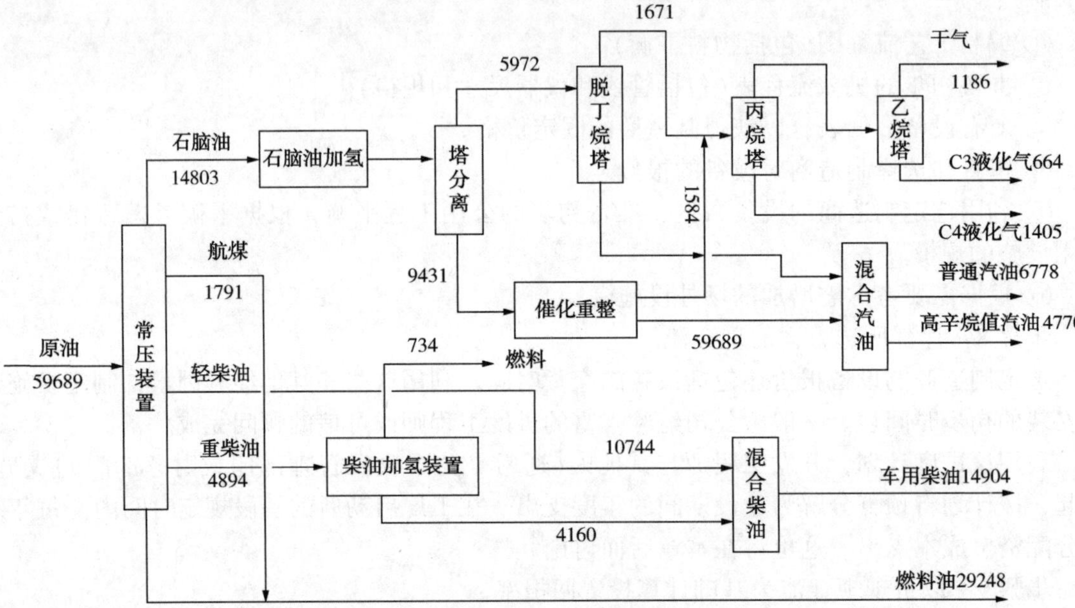


图 16-4　现有的炼油厂总流程(单位：BPCD)

在这个例子中，改造的目的是减少燃料油量，尽可能多地生产汽油和柴油，以获得最佳的投资回报。为此，初步研究中选择了六条成熟的加工路线，如下：

1）所有常压渣油通过热裂化，这是一个单段装置。

2）所有常压渣油通过减压蒸馏，蜡油去催化裂化装置裂解，产生干气、汽油、石脑油和作为柴油组分的轻循环油。减压渣油将通过热裂化，以产生干气、液化石油气、石脑油(用于汽油调和组分)和柴油调和组分油。

3）与方案 2)相同，只是减压渣油不经过热裂化装置。

4）所有常压渣油通过减压蒸馏，蜡油部分通过加氢裂化加工。

5）采用延迟焦化装置处理常压渣油。

6）使用流化焦化装置处理常压渣油，以减少焦炭的生成，并将其转化成低热值瓦斯。

经过初步研究，取消了最后两个方案，因为生产焦炭产品没有经济竞争力，低热值瓦斯在该炼油厂也没有有效地利用途径。

下面提供了方案1)的详细计算，并提供了基于同样计算得到的方案2)、3)、4)的结果。方案1)的工艺配置见方框流程图(图16-5)。对于其他方案也可以编制类似的方框流程图，但此处没有显示这些流程图，但是给出了这三个方案的流程说明。

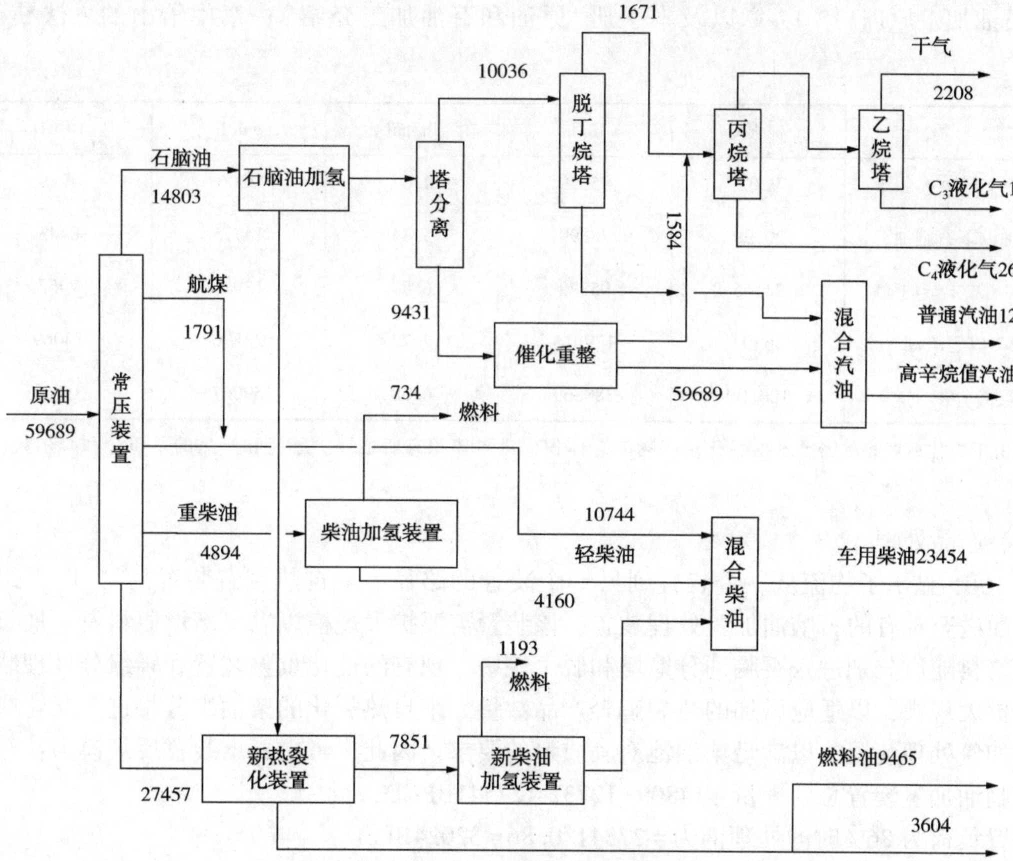


图16-5 方案一：增加热裂化装置(单位：BPCD)

### 16.3.3 计算示例

示例目标是制定一个减少燃料油产品以增加汽油和柴油产品的加工方案。现有装置的产能、产量和产率如图16-4所示。炼油厂的产品定价是历史价格，不代表当前的价值。

| 产 品 | 价格/(美元/桶) | 产 品 | 价格/(美元/桶) |
|---|---|---|---|
| 液化气($C_3$+$C_4$) | 20.2 | 车用柴油 | 28.6 |
| 高辛烷值汽油 | 35.2 | 6#燃料油 | 17.2 |
| 普通汽油 | 27.6 | | |

科威特原油到炼厂油库价格为17.0美元/桶。水电费和人工费如下：

| | | | |
|---|---|---|---|
| 电(外购) | 0.042美元/(kW·h) | 燃料 | 0.01美元/磅 |
| 水 | 0.5美元/1000加仑 | 人工成本 | 15美元/每小时工资+40美元津贴 |
| 蒸汽 | 0.83美元/1000磅 | | |

采取四班三倒制，每班有 8 名工作人员，每人每月总工时为 185h。

计算过程：

方案一　热裂化

第一步是确定常压渣油经过热裂解的产品产量和质量。这些数据可以从 D. S. J. Jones 出版的《石油加工原理》第 17 章以及本手册“原油和石油加工介绍”一章中给出的方法获得。如下：

| 馏　　程 | %(质) | lb/h | lb/gal | gal/h | BPCD |
|---|---|---|---|---|---|
| $C_5$ 以下 | 9.02 | 35079 | 4.67 | 7506 | 4289 |
| 390℉以下石脑油 | 20.29 | 78899 | 5.34 | 14775 | 8443 |
| 390~622℉柴油 | 24.66 | 95878 | 6.89 | 13916 | 7952 |
| 622℉以上渣油 | 46.03 | 179013 | 7.73 | 22870 | 13069 |
| 合计 | 100.00 | 388869 | 6.58 | 59067 | 33753 |

注：由于裂化后产物的密度发生变化，产物的总体积比进料体积有所增加。原料和产品的总质量和摩尔数仍然相同。

(1) 产品处理

图 16-5 显示了物流从一个装置到另一个装置的路径。来自热裂解装置的 $C_5$ 以下组分和石脑油送至现有的石脑油加氢处理装置，该装置需要扩大规模以满足新增原料量。加氢处理后的物料随后分别进入石脑油分馏塔和脱丁烷塔。现有的催化重整装置和轻组分处理装置也需要扩大规模，以适应增加的热裂解轻产品数量。来自热裂化的柴油组分将进入新建或改扩建的加氢处理装置，以满足柴油池对其质量的要求。因此，考虑新增装置后规模为：

石脑油加氢装置总处理量 = 14809+12732 = 27541BPCD

装置负荷为 86%时的处理能力 = 27541/0.86 = 32024BPSD

该处理能力比现有装置能力增加 72%，增量较大，仅靠扩能不能满足要求，因此，需要新建一个能力为 13500BPSD 加氢处理装置，以及新建一个石脑油分馏塔。

(2) 催化重整装置

催化重整装置的总进料为 16191BPCD。按照 86%的负荷率，处理能力为 17504/0.86 = 20353BPSD

通过扩能改造将现有催化重整装置的处理能力提高 9000BPSD。

(3) 轻烃组分

去脱丁烷塔的总进料量为 9283BPCD。运行负荷为 90%时，产能为 10000BPSD，比原来增加了 58%。该装置的改造成本以新建装置的 10%计。脱丙烷塔和脱乙烷塔将采用与现有装置相同尺寸的并联装置进行扩建。

(4) 柴油加氢装置

新建一套 9000BPSD 的加氢处理装置加工来自热裂化装置的柴油馏分。柴油总的处理量为 4894BPCD+7851BPCD = 12745BPCD。通过改进催化剂、提高开工负荷，现有加氢装置只有富余产能 706BPCD。综合考虑，按照运行负荷 80%，需新建装置的能力定为 9000BPSD。

(5) 运行成本

表 16-5 和表 16-6 给出了一些炼油厂公用工程消耗和劳动力使用的近似参数。注：在进行初步筛选分析中，使用这些数据是可以接受的。如果对所选方案进行更详细的经济分析，必须使用经确认的供应商和许可方数据进行更准确的运营成本计算。

**表 16-5　每桶原料的公用工程消耗及用工数**

| 项　　目 | 蒸汽/lb | 水/gal | 电/(kW·h) | 燃料/MMBtu | 人工/(人数/班) |
|---|---|---|---|---|---|
| 轻烃回收 | 25 | 12 | 0.4 | — | 1 |
| 石脑油分馏塔 | 0 | 9 | 0.4 | 0.1 | |
| 催化重整 | 50 | 15 | 12 | 0.35 | 3 |
| 石脑油加氢 | — | 4 | 6 | 0.12 | 1 |
| 柴油加氢 | 30 | 8 | 1.5 | 0.12 | 1 |
| 热裂化 | 70 | 20 | 3 | 0.5 | 2 |
| 催化裂化 | 20 | 20 | 7 | — | 4 |
| 净化装置 | 1 | 2.5 | 0.4 | — | 1 |
| 减压蒸馏塔 | 15 | 20 | 0.2 | 0.07 | 3 |

**表 16-6　公用工程消耗(不包括劳动力成本)**　　美元/天

| 装　　置 | 蒸汽 | 水 | 电 | 燃料 | 人工/(人数/班) |
|---|---|---|---|---|---|
| 石脑油加氢(13500BPSD) | — | 27 | 3，400 | 900 | 1 |
| 石脑油分馏(1350BPSD) | — | 60 | 227 | 750 | 1 |
| 轻组分处理(3000BPSD) | 60 | 18 | 50 | — | |
| 热裂化(34320BPSD) | 1，922 | 343 | 4，324 | 9，500 | 2 |
| 柴油加氢(9000BPSD) | 216 | 36 | 567 | 600 | 1 |
| 催化重整(9000BPSD) | 360 | 68 | 4，536 | 263 | 3 |
| 合计 | 2558 | 552 | 13104 | 12013 | 8 |

按照本方案的工艺配置，炼油厂扩建的运营成本如下：

按照平均运行负荷系数 0.86 计算的每年的公用工程总成本为：

28227 元/天×0.86×365＝8.840 百万美元/年

人工成本包括：①享受政府福利、带薪休假等待遇，工资增长 40%。②每 24h 有四班三倒。③每人每月工作时间为 185h。

人员工资按照 15 元/h 计，则：

则每月人工成本＝15×8×4×185h/月×1.4＝124320 美元/月

则每年的总人工成本＝124320×12＝1.491 百万美元/年

每年总运营成本为 10.331 百万美元。

### 16.3.4　新设施的投资成本

总投资支出包括两类成本：装置投资的资金成本；相关成本。

(1) 资金成本

在筛选研究中，采用了根据经验和系数估算装置资金成本。本章后面将介绍这种估算方法和其他估算方法。下面列出了装置的单位产能资金成本数据（注意，以下数字纯属虚构，与任何公司的成本数据无关）。

| 装置类型 | 资金成本系数/(美元/BPD) | 装置类型 | 资金成本系数/(美元/BPD) |
|---|---|---|---|
| 轻烃回收单元 | 412 | 石脑油分馏装置 | 360 |
| 催化重整 | 3120 | 热裂化装置 | 2000 |
| 加氢装置(石脑油) | 780 | 流化床催化裂化装置 | 3960 |
| 加氢装置(柴油) | 1200 | 减压蒸馏装置 | 700 |
| 净化装置 | 170 | | |

（2）相关成本

全部的投资需要包括以下费用，分别是：首次开工所备催化剂和化学品费用；工艺技术专利许可费；增加的公用工程设施和场外设施的费用。由于增加了工艺装置，要么需要增加公用设施和场外设施，要么占用已有的富余处理能力。如果今后某个时期没有扩建这些工艺装置，公用工程设施和场外设施也就没有必要这样做，因此需要包含这些费用。

为了筛选研究，这些相关成本按照占工艺装置资金成本的15%考虑。在更详尽的研究中，这一项成本需要更细致的编制。

此部分考虑的工艺扩建的资金成本如下：

① 新建石脑油加氢装置：

产能13500BPSD资金成本系数780美元/BPD，则资金成本为1053万美元。

② 新建石脑油分馏装置：

产能13500BPSD资金成本系数360美元/BPD，则资金成本为486万美元。

③ 脱丁烷塔改造及新建轻馏分分馏单元：

脱丁烷塔改造＝新装置的10%＝2963×412/10＝122000美元

新建轻烃回收分馏单元＝(3830BPSD×412)＋(2176×412)＝2474472美元

总计＝2596500美元

④ 新建热裂化装置：

在运行负荷为80%时，装置的产能＝27457BPCD/0.8＝34320BPSD

资金成本＝34320×2000＝6860万美元

⑤ 新建柴油加氢装置：

9000BPSD×1200＝1080万美元

⑥ 催化重整改造：

9000BPSD×3120＝2810万美元

⑦ 总资金成本125.490百万美元，相关成本按照资金成本的15%计算为18.823百万美元，则总成本为144.313百万美元

（3）产品构成

新建炼厂的产品结构概括如下（全以BPCD计）：

| 产品 | 现有的 | 改扩建后 | 差值 |
|---|---|---|---|
| $C_3$液化石油气 | 664 | 1237 | +573 |

续表

| 产　品 | 现有的 | 改扩建后 | 差值 |
|---|---|---|---|
| $C_4$ 液化石油气 | 1405 | 2616 | +1211 |
| 普通汽油 | 6778 | 12607 | +5829 |
| 优质汽油 | 4770 | 8872 | +4102 |
| 车用柴油 | 15638 | 23454 | +7816 |
| 燃料油 | 26323 | 9465 | 16858 |
| 炼厂燃料气 | 1186 | 4135 | +2949 |
| 炼厂燃料油 | 2925① | 3604① | +679 |
| 总计 | 59689 | 65990 | +6301 |

① 进料和出料之间 BPCD 的差异是由于裂解产品比重变化造成的。进料质量(lb/h)仍然等于出料质量。

(4) 产品结构变化带来的总收入

| 产　品 | 增加 BPCD | 美元/bbl | 美元/天 |
|---|---|---|---|
| 液化石油气 | 1784 | 20.2 | 36037 |
| 普通汽油 | 5829 | 27.6 | 160880 |
| 优质汽油 | 4102 | 35.2 | 144390 |
| 车用柴油 | 7816 | 28.6 | 223538 |
| 燃料油 | -16858 | 17.2 | -289906 |
| 炼厂燃料油 | -3628 | 17.1 | -62039 |
| 总收入 | | | 212900 美元/CD |

(5) 折旧

在对各种工艺进行经济分析时，必须考虑到工厂价值的折旧。本章稍后将介绍和讨论折旧的详细计算方法。筛选研究可采用以下折旧因子：

| | | | |
|---|---|---|---|
| 常减压装置 | 6.6%×资金成本/年 | 轻体回收和气分装置 | 5.0%×资金成本/年 |
| 催化裂化装置 | 6.6%×资金成本/年 | 加氢装置 | 6.0%×资金成本/年 |

表 16-7 给出了基于投资回报期和投资回报率(ROI)的筛选分析，投资回报率由下公式计算：

**表 16-7　方案 1 新增热裂化装置的简单经济性分析**

| 项　目 | 百万美元 | 项　目 | 百万美元 |
|---|---|---|---|
| 装置资金成本 | 125.490 | 折旧 | 8.030 |
| 相关成本 | 18.823 | 税前净收入 | 59.348 |
| 总投资 | 144.313 百万美元/年 | 税率 42.5% | 25.223 |
| 总收入 | 77.709 | 税后净收入 | 34.125 |
| 扣除 | | 投资回报期 | 3.4 年 |
| 运行成本 | 10.331 | 投资回报率 | 23.7% |

$$ROI=税后净收入/净投资成本\times 100\% \quad (16-1)$$

投资回收期可按如下公式计算：

$$投资回收期(年)=净投资成本/(税后净收入+折旧) \quad (16-2)$$

（6）其他方案详情

1）方案2：需要对常压渣油进行减压蒸馏，以产生蜡油馏分和重质减压渣油。蜡油馏分去催化裂化装置裂解，得到干气、液化石油气、石脑油和柴油组分。重质减压渣油送入热裂化装置，产出干气、液化石油气、作为催化重整原料的石脑油以及柴油组分。

① 增加的设施的总资金成本为218.580百万美元。

② 增加的产品总收入=108.202百万美元/年。

③ 总运营成本=13.856百万美元/年。

2）方案3：与方案2相同，只是减压渣油没有去热裂解。本方案的计算结果如下：

① 新增设施的总资金成本=194.78百万美元。

② 新增产品总收入=96.509百万美元/年。

③ 总运营成本=8.122百万美元/年。

3）方案4：本方案中常压渣油去减压蒸馏装置，与方案2和方案3相同。在该方案中，蜡油馏分去加氢裂化装置加工，生产液化石油气、石脑油和柴油。该方案需要增加制氢装置。方案详情汇总如下：

① 新增设施的总资金成本=306.012百万美元。

② 总新增收入=119.502百万美元/年。

③ 总运营成本=12.6百万美元/年。

在本项目研究中，显而易见方案一是最好的方案，其投资回报期最短，投资回报率最高（见表16-8）。

**表16-8 各研究方案的经济分析比较**

| 项 目 | 方案1 | 方案2 | 方案3 | 方案4 |
|---|---|---|---|---|
| 资金成本/百万美元 | 125.490 | 218.580 | 194.780 | 306.012 |
| 相关成本/百万美元 | 18.823 | 32.828 | 29.217 | 46.080 |
| 总投资/百万美元 | 144.313 | 251.408 | 223.997 | 352.092 |
| 总收入/(百万美元/年) | 77.709 | 108.202 | 96.509 | 119.502 |
| 扣除/(百万美元/年) | | | | |
| 运营成本 | 10.331 | 13.856 | 8.121 | 12.600 |
| 折旧 | 8.030 | 15.007 | 13.237 | 18.361 |
| 税前净收入/(百万美元/年) | 59.348 | 79.339 | 75.150 | 88.541 |
| 税率42.5%/(百万美元/年) | 25.223 | 33.719 | 31.939 | 37.630 |
| 税后净收入/(百万美元/年) | 34.125 | 45.620 | 43.211 | 50.911 |
| 投资回报期/年 | 3.4 | 4.15 | 3.97 | 5.1 |
| 投资回报率/% | 23.7 | 18.1 | 19.2 | 14.4 |

### 16.3.5 准备更精确的成本数据

经过筛选研究选择了一个或多个配置方案，下一步就需要尽可能确定这些方案研究中使用的成本数据。主要包括三类数据。分别是：资金成本估算，相关成本，运营成本。

开发工程师提供基本数据，在此基础上可以更新数据。这一级别的数据来自方案研究中所涉及设施的工艺设计结果。工艺设计将包括物料平衡和确定的工艺流程图。所生成的数据应足以让制造商能够给出一个可靠的实际设备预算成本。在适用的情况下，制造商需要提供设备效率，根据设备效率可以计算各项公用工程消耗量。如果工艺设计本身存在选项，这些选项将根据设备尺寸和布局进行优化。工艺换热系统就是这样一个优化的例子。本部分研究不需要编制完整的设备数据表。通常，制造商能够基于设备汇总表提供可靠的预算成本，数据汇总表与下面的计算中给出的示例类似。

如果案例研究中包含有知识产权的工艺，开发工程师将需要制定一个明细，向合适的许可方征求以下信息：装置预算估算(安装)；公用工程需求和运营成本(注：在含有催化装置的研究中，运行成本包括催化剂的使用或运行中的损耗)；第一批催化剂或化学品清单；许可费。

清单明细必须包括装置的生产能力和所需产品质量。当然，还必须向许可方提供原料、公用设施条件以及大多数情况下当地气候条件的详细信息。有关原料和产品定价以及公用工程成本的附加信息将使许可方能够提供更可靠和优化的成本数据。

以下示例遵循上述研究筛选原则。

示例计算：

根据筛选研究，所选方案(即方案1)包含如下新装置：

① 有许可授权的石脑油加氢装置(13500BPSD)。

② 石脑油分馏装置(13500BPSD)。

③ 有许可授权的催化重整装置(9000BPSD)。

④ 脱丙烷塔(3830BPSD)和脱乙烷塔(2176BPSD)。

⑤ 有许可授权的柴油加氢装置(9000BPSD)。

⑥ 热裂化装置(34320BPSD)。

现有的脱丁烷塔将接受改造，并将为该装置准备一份新的设备清单。

通常有许可授权的装置如以上清单列出。热裂化装置既可以选择专利商许可技术，也可以由一些主要的工程公司设计为非专利工艺。这是一个大成本项目，因此在本例中以该装置为例展示在这一研究阶段所需的工艺设计细节程度。

### 16.3.6 热裂化装置的工艺设计

该装置的工艺流程图如图16-6所示。该工艺流程图包含装置的总物料平衡以及计算的回流量和急冷流量。主要的工艺物流在特定的地方均标注了温度值。物料平衡表也给出了这些主要物流的条件(温度和压力)。流程图上泵的流量显示在其旁边。泵的流量单位为gal/min，温度为泵的物料温度。

热裂化装置的主要设备是加热炉或加热器。它有两个作用，第一个作用是将物料加热到其反应温度，第二个作用是反应过程中维持物料的反应温度。要注意的是在流程图上显示的加热器热负荷包括两部分：加热物料的热负荷(在这种情况下还包括蒸汽加热的热负荷)和提供的反应热。

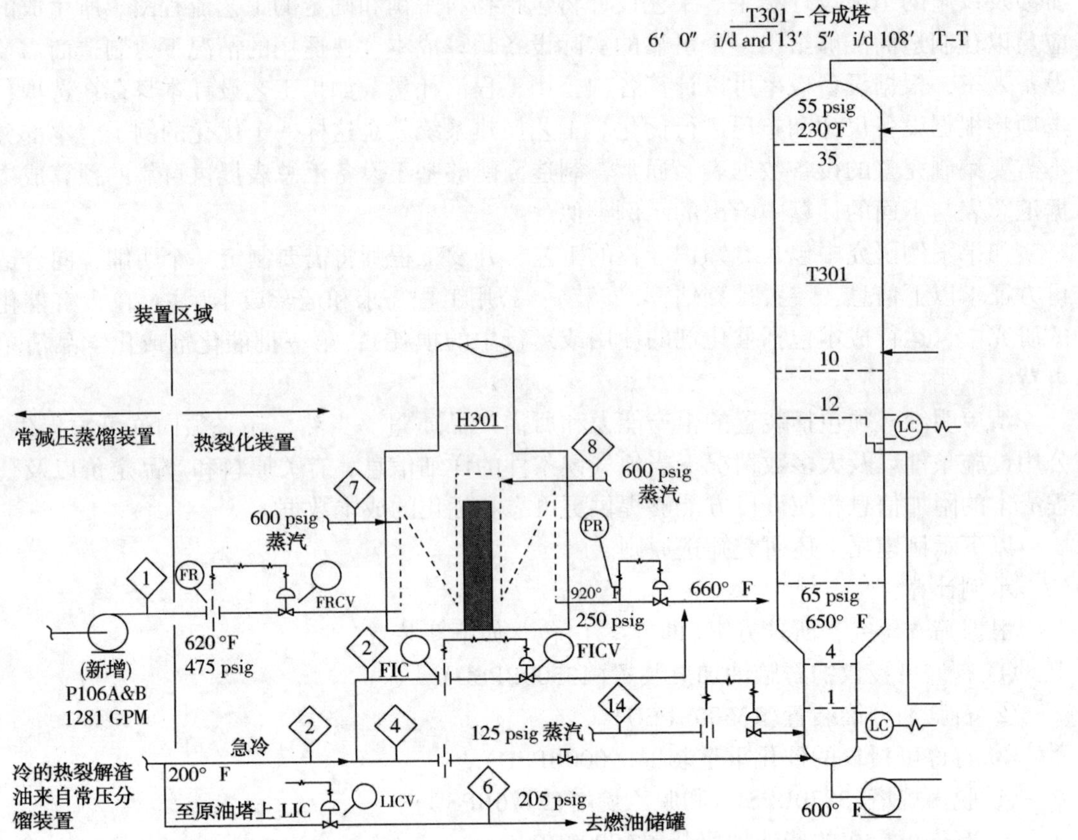


| | 物料平衡 | | | | | | |
|---|---|---|---|---|---|---|---|
| 物料序号 | 1 | 2 | 3 | 4 | 5 | 6 | 7 |
| 物流 | 常压渣油 | 渣油 | 渣油 | 渣油 | 裂化渣油 | 渣油 | 蒸汽 |
| 温度 | 620 | 200 | 200 | 200 | 200 | 200 | 720 |
| lb/h | 479879 | 153600 | 125600 | 28000 | 374488 | 220888 | 20000 |
| 相对密度（60℉） | 0.960 | 0.929 | 0.929 | 0.929 | 0.929 | 0.929 | — |
| 摩尔质量 | — | — | — | — | — | — | — |
| gal/h | 60060 | 19870 | 16248 | 3622 | 48458 | 28588 | — |
| BPSD | 34320 | 11354 | 9285 | 2070 | 27690 | 16336 | — |
| scf/d | — | — | — | — | — | — | — |
| mol/h（气体） | — | — | — | — | — | — | — |
| 压力/psig | 475 | 220 | 220 | 220 | 480 | 205 | 600 |

（a）H301-热裂解炉：热负荷 121.789mm Btu/h，反应热 249.106mm Btu/h，总能耗 370.895mm Btu/h

图 16-6　热裂解工艺流程图

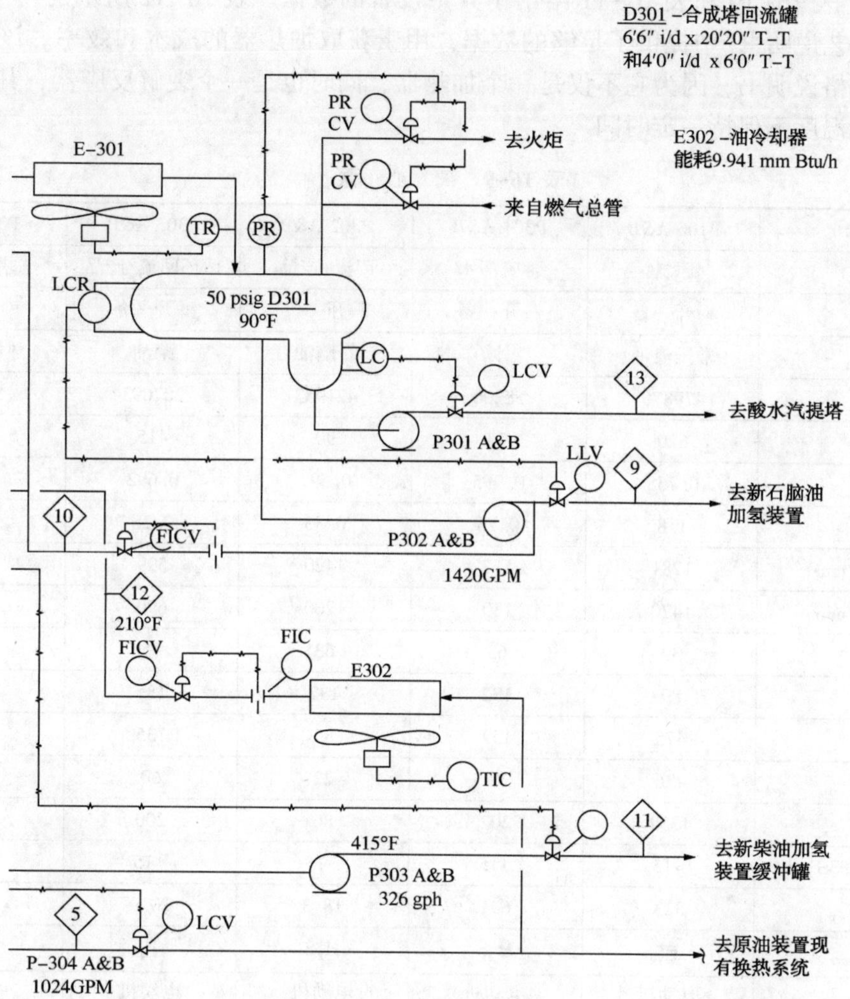


| 物料平衡 | | | | | | |
|---|---|---|---|---|---|---|
| 8 | 9 | 10 | 11 | 12 | 13 | 14 |
| 蒸汽 | 石脑油 | 石脑油 | 柴油 | 泵回流 | 渣油 | 蒸汽 |
| 6720 | 200 | 200 | 200 | 200 | 90 | 380 |
| 5000 | 140653 | 281300 | 118338 | 88755 | 58200 | 33200 |
| — | 0.6070 | 0.6070 | 0.828 | 0.828 | — | — |
| 18 | — | — | — | — | — | 18 |
| — | 27852 | 55703 | 17175 | 12881 | 7217 | — |
| — | 15915 | 31830 | 9814 | 7361 | — | — |
| — | — | — | — | — | — | — |
| — | — | — | — | — | — | — |
| 600 | 120 | 75 | 135 | 89 | 152 | 125 |

(b) E301–塔顶冷凝器：能耗 157.373mm Btu/h。

图 16–6　热裂解工艺流程图(续)

表16-9、表16-10和表16-11给出了其余设备的数据。表16-12所示的“热裂化加热炉或加热器工艺说明书”中提供了足够的数据，用于获取加热器的成本和效率。该设备需要一个特殊的规格说明书，因为它不仅是一个加热器，同时也是一个裂解反应器，其设计必须使原料在反应温度下保持一定时间。

**表16-9 离 心 泵**

| 位 号 | P106 A&B | P301 A&B | P302 A&B | P303 A&B | P304 A&B |
|---|---|---|---|---|---|
| 用途 | 原料 | 含硫污水 | 回流+产品 | 循环回流/产品 | 塔底产品 |
| 数量 | 一开一备 | 一开一备 | 一开一备 | 一开一备 | 1 |
| 物流 | 常压渣油 | 水 | 石脑油 | 柴油 | 热裂化渣油 |
| lb/h | 479879 | 58200 | 421953 | 207093 | 374488 |
| 泵温度/℉ | 620 | 90 | 90 | 415 | 600 |
| 相对密度(泵温) | 0.758 | 0.995 | 0.592 | 0.692 | 0.732 |
| 黏度/Cs | 1.8 | 0.76 | 0.33 | 0.2S | 1.2 |
| 转速(正常)/(r/min) | 1281 | 117 | 1420 | 599 | 1024 |
| 转速(最大)/(r/min) | 1470 | 130 | 1700 | 690 | 1178 |
| 标准吸力/psig | 39 | 63 | 63 | 75 | 72 |
| 最大吸力/psig | 89 | 132 | 132 | 135 | 122 |
| 出口压力/psig | 475 | 152 | 85 | 135 | 480 |
| 压差/psi | 436 | 89 | 22 | 60 | 408 |
| 静压头/ft | 1332 | 207 | 86 | 200 | 1290 |
| 允许汽蚀余量(NPSH)/ft | >15 | >15 | >15 | >15 | >15 |
| 水力学/马力 | 323 | 6.1 | 18.3 | 20.9 | 244 |
| 腐蚀物 | 硫 | $H_2S$ | $H_2S$ | 硫 | 硫 |
| 驱动 R①S | 电动机 | 电动机 | 电动机 | 电动机 | 涡轮机 |
| | 涡轮机 | 电动机 | 涡轮机 | 电动机 | ② |

① 驱动器R正常运行，S正常备用。
② 可能与P106 A&B共用备用。

**表16-10 容 器**

| 位 号 | T301 | D301 |
|---|---|---|
| 用途 | 合成塔 | 回流罐 |
| 类型 | 立式 | 卧式 |
| 尺寸/ft | | |
| 顶部 I/D | | |
| 顶部 T-T | 13.5 | 6.5 |
| 底部 I/D | 74.0 | 20.0 |
| 底部 T- | 7.5 | 4.0 |
| 总 T-T | 31.0 | 6.0 |

续表

| 位号 | T301 | D301 |
|---|---|---|
| 边缘 | 108.0① | 20.0 |
| | 15.0 | 结构 |
| 内构件 | | |
| 塔盘 | 顶部 | 无 |
| | 30目 | |
| | 底部 | |
| | 4Disc son | |
| 操作条件 | | |
| 压力/psig | | |
| 温度/℉ | 55/67 | 50 |
| | 230/650 | 90 |
| 设计条件 | | |
| 压力/psig | | |
| 温度/℉ | 125 | 125 |
| 真空度/psia | 920 | 810 |
| 最低温度/℉ | 7.0 | 7.0 |
| 最高液位/ft | 90 | 90 |
| | 8.0 | N/A |
| 材料 | | |
| 壳体 | C. S② | C. S |
| 腐蚀余度 | 0.125″ | 0.125″ |
| 内构件 | 11/13 Cr | |
| 腐蚀余度 | 0.12S″ | |
| 塔盘 | 蒙乃尔合金/Cr | 无 |
| 腐蚀余度 | 0.12S″ | |
| 填料 | N/A | |
| 绝缘 | | |
| 有/无 | 有 | 无 |
| 消除应力 | | |
| 有/无 | 无 | 有 |

① 锻压 3.0ft。② 镀 11/13Cr。

**表 16-11 空气冷凝器/冷却器**

| 位号 | E301 | | E302 | |
|---|---|---|---|---|
| 作用 | 塔顶冷凝 | | 柴油冷却 | |
| 类型 | 强制 | | 强制 | |
| 负荷/(MM Btu/h) | 157.373 | | 9.941 | |

续表

| 位　　号 | E301 | | E302 | |
|---|---|---|---|---|
| 物流 | 石脑油+水 | | 柴油 | |
| 温度/℉ | 入口 | 出口 | 入口 | 出口 |
| | 230 | 90 | 415 | 210 |
| 液相 | | | | |
| M lb/h HC | | 422 | 88.8 | 88.8 |
| $H_2O$ | | 58.2 | Nil | Nil |
| 60℉时 HC 的相对密度 | | 0.607 | | 0.828 |
| 60Cs 时 HC 的黏度 | | 0.12 | | 0.52 |
| 热冷凝器 HC | | 0.07 | | 0.06 |
| 比热容 | | 0.73 | | 0.80 |
| Btu/(lb·℉)HC | | | | |
| 气相 | | | | |
| M lb/h HC | 422 | | | |
| $H_2O$ | 58.2 | | | |
| 摩尔质量 HC | 96 | | | |
| 热冷凝器 | 0.009 | | | |
| 比热容 | 0.41 | | | |
| Btu/(lb·℉) | | | | |
| 污染 HC 系数 | | | | |
| 环境空气温度/℉ | 60 | | | |
| 允许压降/psi | 5.0 | | 10.0 | |

**表 16-12　热裂解加热器/反应器的工艺规范**

| |
|---|
| 位号：H301 热裂解加热器 |
| 总热负荷：370.895 MM Btu/h |
| 进料量：479879lb/h |
| 入口进料温度：620℉；出口物料温度：920℉ |
| 60℉下的进料相对密度：0.960(+650℉TBP 科威特渣油) |
| 出料 TBP 和 EFV 曲线如图 1 所示。[编注：参见规格示例的一个图] |
| 出料 SG 曲线与中间 BPT 曲线如图 2 所示。[编注：参见规格示例的一个图] |
| 进料的汽油转化率(切割点 390℉)：30%(体) |
| 炉管温度曲线(油+蒸汽)与炉管体积的关系如图 16-3 所示 |
| 炉管注汽(600psig)体积分别为 $50ft^3$ 和 $150ft^3$。注入的蒸汽总量为 74000lb/h |
| 出料口压力为 250psig。该压力由下游压力控制阀维持(由第三方提供) |
| 炉管最大压降为 225psi |

### 16.3.7　数据汇总表

炉管应为标准的 4″11/13Cr，具有宽半径弯管。燃烧室的构造应能在炉管的第一个 $150ft^3$ 体积中将进料加热到 870℉左右，这应该构成加热器部分。反应段和连接区应设计为将油加热至 920℉并维持在该温度。各部分应采用耐火砖墙分隔，以便通过调整燃烧器独立控制墙壁两侧的温度。

供应商可能会建议将加热器的对流区作为辅助的加热能力，或用于产生蒸汽，或为了更好控制温度而不进行利用(表 16-13)。

**表 16-13 常规的价格汇总表**

| 项　目 | 价格/(美元/台) | | | | |
|---|---|---|---|---|---|
| 泵 | HHP | BHP | 泵 | 电动机 | 涡轮机 |
| P106A | 323 | 430 | 606826 | 489082 | |
| P106B | | | 606826 | | 503903 |
| P301A | 6.1 | 10.1 | 14253 | 19563 | |
| P301B | | | 14253 | 19563 | |
| P302A | 18.3 | 28.1 | 39655 | 39126 | |
| P302B | | | 39655 | | 40312 |
| P303A | 20.9 | 32.2 | 45411 | 48908 | |
| P303B | | | 45411 | 48908 | |
| P304A | 244 | 325 | 458648 | | 453513 |
| 合计 | | | 1870998 | 665150 | 997728 |

注：以上是交付至现场的设备的常规的供应商价格，根据更新的泵和驱动器总价 3533884 美元。

(1) 容器

1) T301 合成塔：

| 项　目 | 价格/美元 | 项　目 | 价格/美元 |
|---|---|---|---|
| 壳体和封头 | 1766810 | 内构件 | 176681 |
| 塔盘 | 1590129 | 合计 | 3533620 |

2) D301 回流罐：

| 项　目 | 价格/美元 | 项　目 | 价格/美元 |
|---|---|---|---|
| 壳体和封头 | 561222 | 内构件 | 24943 |
| 内衬 | 37415 | 合计 | 623580 |

容器总费用=4157200 美元。

(2) 冷却器和冷凝器

1) E301 塔顶冷凝器：机组包括风机和结构=1627540 美元。

2) E302 油气冷却器：机组包括风机=243196 美元(机组位于管道中，无独立结构)。

总冷却器和冷凝器费用=1870740 美元。

(3) 加热炉/反应器

H301 热裂解加热炉：该装置将在现场安装，成本包括运至现场的预制材料成本。装置材料成本=8314400 美元。

(4) 设备材料汇总表

| 设　备 | 成本/美元 | 设　备 | 成本/美元 |
|---|---|---|---|
| 泵和驱动器 | 3533884 | 加热器/反应器 | 8314400 |
| 容器 | 4157200 | 合计 | 17876224 |
| 空冷和冷却器 | 1870740 | | |

### 16.3.8 投资成本测算

投资成本测算通常由专业工程师编制，他们完全熟悉公司的估算程序以及公司的材料和人工成本信息。炼油厂开发工程师只参与成本测算，他们主要提供用于计算装置或工艺资金成本的基本技术数据。要做好这部分工作，开发工程师应该对成本测算和其中包含的各种项目的意义有所了解。因此，本节从广义上定义了各种级别的测算、测算的准确度以及每种测算所需的工程开发范围。

基于产能参照相似工艺或装置进行测算和按照已付费且运营的装置成本进行测算，其准确度会有所不同，显然，基于相似工艺或装置产能测算的精确度非常低，而基于项目最终成本的精确度肯定是100%。也就是说，它不再是一个估计数，而是一个实际发生数。因此在这两个层次之间，随着工程和施工的进展，测算可能会越来越精确。随着项目资金投入越来越多，测算的准确性也随之提高。一个项目的进度管理是使用里程碑式的成本预测结合完工进度表进行把控。因此，在一个建设项目的生命周期中，大约可以制定四种“控制测算”。由于没有更合适的术语，可将其称为产能因素测算、设备因素测算、半确定性测算或确定性测算。

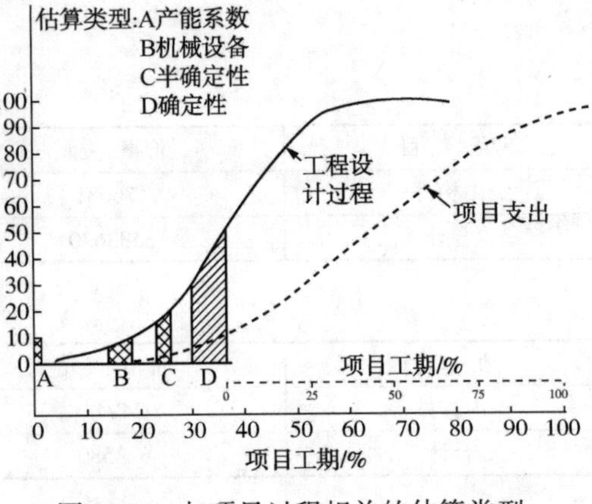

图 16-7　与项目过程相关的估算类型

不同公司对进行这些估算有自己的时间安排，但重要的是在对项目特定阶段最为有用且有足够信息得到最精确结果的时间段开展这些测算。图 16-7 显示了一个项目的典型阶段，这些阶段是最应该开展成本测算的。

以下段落更详细地介绍这些测算，同时强调工艺工程师的参与。

（1）产能因素测算

在大多数过程研究中，这是第一个需要做的测算。它需要的工程和工艺数据最少，但也最不准确。这是因为用于参考的装置与所研究的装置不完全匹配。但是，只要不同工艺流程的估算对比有相同的基础，这就可以。

此类测算来自类似装置过去的安装成本（确定性测算）与一些经验因数的结合。高产能或低产能装置的成本由以下公式得出：

$$C=K(A/B)^b \tag{16-3}$$

式中　$C$——所研究装置的成本；

$K$——B 规模装置的已知成本；

$A$——所研究装置的产能（通常以体积/单位时间为单位）；

$B$——已知装置的产能；

$b$——指数因子，在 0.5~0.8 之间。

指数因子为 1.0 意味着装置成本与产能直接成正比；指数因子为 0 时，不管产能如何，对应装置的资金成本保持不变，这近似于劳动力成本。测算者的经验和装置类型信息决定了要使用的指数因子，通常情况下为 0.6。附录 7 列出了这些指数因子。表 16-14 显示了上文第 3 项中使用的热裂化装置的产能系数测算示例。

**表 16-14　产能因素估算**

| 工厂 | 类型 | | | | 日期 | |
|---|---|---|---|---|---|---|
| A/C | | | 测算成本/百万美元 | | | |
| 序号 | 项目 | M/h | 人工 | 分包商 | 材料 | 合计 |
| | 挖掘 | | 0.6 | | | |
| | 混凝土 | | $C=K(A/B)$ | | | |
| | 钢架 | | $K=28.93$ | | | |
| | 建筑 | | $A=34320$BPSD | | | |
| | 机械/装备 | | $B=16000$BPSD | | | |
| | 管道 | | | | | |
| | 电气 | | $C=1.57\times28.93=45.733$ 百万美元 | | | |
| | 仪器 | | | | | |
| | 油漆/脚手架 | | | | | |
| | 绝缘 | | | | | |
| | 直接现场成本 | | | | | 45.733 |
| | 临时设施 | | | | | |
| | 建造费用 | | | | | |
| | 技工福利及劳保 | | | | | |
| | 设备租赁 | | | | | |
| | 小型工具 | | | | | |
| | 现场管理 | | | | | |
| | 间接现场成本 | | | | | |
| | 总现场成本 | | | | | |
| | 工程工资 | | | | | ×1.5 |
| | 采购工资 | | | | | |
| | 办公室工资 | | | | | |
| | 办公费用 | | | | | |
| | 工资负担 | | | | | |
| | 管理费用 | | | | | |
| | 总办公费用 | | | | | |
| | 总现场和办公费用 | | | | | |
| | 其他花费 | | | | | |
| | 总费用 | | | | | 68.59 |

在本例中，直接现场成本作为成本值来计算产能系数，成本测算者可以根据经验测算现场间接成本、办公成本、可能增加和不可预见费用，从而在直接现场成本上调整总成本。在本案例中，采用直接现场成本的 1.5 倍来包含这些费用。

(2) 设备因素测算

该测算需要大量的工艺工程数据来描绘待测算的特定车间或装置，工艺内容如下：

① 编制严格的热量和物料平衡；

② 绘制可接受的工艺流程图；

③ 经批准的设备清单；

④ 所有主要设备的设备汇总数据表；

⑤ 特殊设施的工艺规范；

⑥ 提供关于工艺过程描述和评议的详细文档(这将是管理层审查和批准测计所必需的)。

该测算通常由工艺工程师和成本测算员编制。对于许可工艺，设备供应商和许可方可能会参与。对于这一阶段的估算，很少需要其他工程专业的投入。

设备汇总数据表和可能需要的任何工艺规格均用于从备选供应商处获取设备价格。除了用于测算的价格数据外，开发供应商还要提供所需的交付时间和足够的详细信息，以便计算项目的运营成本。所需的交付时间对于管理层至关重要，可以让其为项目制定设施的工程建设进度和寿命周期。之后，工艺工程师需要根据该进度表制定现金流量曲线和数据。

在收到供应商的价格数据后，成本测算者将对每个设备价值数据采用系数计算，以得出每组设备的直接现场成本。这种成本因数是设备价格的乘积系数，其中包括在现场实际安装这些设备所需的材料和劳动力。在表 16-16 中，该系数表示为整个设备价格与现场直接成本的组合因子。在本案例中，得出的乘积系数是 2.5。每个公司有各自的专有系数，大多数大公司通过统计数据来制定自己的系数。

就像前面“产能因素”的测算一样，总成本也将 DFC(直接现场成本)纳入系数计算得到。注意，在这个设备因数测算的例子中，使用的系数为 1.53，略高于表 16-14 中的系数。主要考虑了加热器的现场安装，这在前面是未知的。这将在一定程度上影响未来的内部工程和现场间接成本(表 16-15)。

**表 16-15　设备因素估算**

| 工厂 | | 类型 | | 日期 | | |
|---|---|---|---|---|---|---|
| A/C | | | 测算成本/百万美元 | | | |
| 序号 | 项目 | M/h | 人工 | 分包商 | 材料 | 合计 |
| | 挖掘 | | | | | |
| | 混凝土 | | | | | |
| | 钢架 | | | | | |
| | 建筑 | | | | | |
| | 机械/装备 | | | | 17.876 | |
| | 管道 | | | | | |
| | 电气 | | | | | |
| | 仪器 | | | | | ×2.5 |
| | 油漆/脚手架 | | | | | |
| | 绝缘 | | | | | |

续表

| 工厂 | | 类型 | | 日期 | | |
|---|---|---|---|---|---|---|
| A/C | | | | 测算成本/百万美元 | | |
| 序号 | 项目 | M/h | 人工 | 分包商 | 材料 | 合计 |
| | 直接现场成本 | | | | | 44.690 |
| | 临时设施 | | | | | |
| | 建造费用 | | | | | |
| | 技工福利及劳保 | | | | | |
| | 设备租赁 | | | | | |
| | 小型工具 | | | | | |
| | 现场管理 | | | | | |
| | 间接现场成本 | | | | | |
| | 总现场成本 | | | | | |
| | 工程工资 | | | | | |
| | 采购工资 | | | | | ×1.53 |
| | 办公室工资 | | | | | |
| | 办公费用 | | | | | |
| | 工资负担 | | | | | |
| | 管理费用 | | | | | |
| | 总办公费用 | | | | | |
| | 总现场和办公费用 | | | | | |
| | 费用(承包商) | | | | | |
| | 调价/意外开支 | | | | | |
| | 总费用 | | | | | 68.377 |

(3) 半确定性和确定性成本测算

本书不详细介绍这两个测算方法。可以说，这些测算将包括与工厂或工艺的工程和建设有关的所有工程专业的投入。事实上，在完成设备系数测算之后，工艺工程师的参与仅仅是随着项目推进而更新工艺设计。但是，表 16-16 和表 16-17 显示了在这两个测算中有更多来自实际的数据，而不是基于系数计算。

**表 16-16 半确定性成本估算汇总**

| 工厂 | | 类型 | | 日期 | | |
|---|---|---|---|---|---|---|
| A/C | | | | 测算成本/百万美元 | | |
| 序号 | 项目 | M/h | 人工 | 分包商 | 材料 | 合计 |
| | 挖掘 | | | | Xxxxxxxxx | |
| | 混凝土 | | | | Xxxxxxxxx | |
| | 钢架 | | | | Xxxxxxxxx | |
| | 建筑 | | | | Xxxxxxxxx | |
| | 机械/装备 | | | | 17.876 | |

续表

| 工厂 | | 类型 | | 日期 | | |
|---|---|---|---|---|---|---|
| A/C | | | 测算成本/百万美元 | | | |
| 序号 | 项目 | M/h | 人工 | 分包商 | 材料 | 合计 |
| | 管道 | | | | Xxxxxxxxx | |
| | 电气 | | | | Xxxxxxxxx | |
| | 仪器 | | | | Xxxxxxxxx | |
| | 油漆/脚手架 | | | | | |
| | 绝缘 | | | | | |
| | 直接现场成本 | Xxxxxx | Xxxxxxxx | | Xxxxxxxxx | Xxxxxxxx |
| | 临时设施 | | | | | |
| | 建造费用 | | | | | |
| | 技工福利及劳保 | | | | | |
| | 设备租赁 | | | 系数 | | |
| | 小型工具 | | | | | |
| | 现场管理 | | | | | |
| | 间接现场成本 | | | | | Xxxxxxx |
| | 总现场成本 | | | | | Xxxxxxx |
| | 工程工资 | | | | | |
| | 采购工资 | | | | | |
| | 办公室工资 | | | | | |
| | 办公费用 | | | | | 系数 |
| | 工资负担 | | | | | |
| | 管理费用 | | | | | |
| | 总办公费用 | | | | | Xxxxxxxx |
| | 总现场和办公费用 | | | | | Xxxxxxxx |
| | 费用(承包商) | | | | | Xxxxxxxx |
| | 调价/意外开支 | | | | | Xxxxxxxx |
| | 总费用 | | | | | Xxxxxxxx |

**表 16-17 最终成本估算汇总表**

| 工厂 | | 类型 | | 日期 | | |
|---|---|---|---|---|---|---|
| A/C | | | 测算成本/百万美元 | | | |
| 序号 | 项目 | M/h | 人工 | 分包商 | 材料 | 合计 |
| | 挖掘 | | Xxxxxxxx | Xxxxxxx | Xxxxxxxxx | Xxxxxxx |
| | 混凝土 | | Xxxxxxxx | Xxxxxxx | Xxxxxxxxx | Xxxxxxx |
| | 钢架 | | Xxxxxxxx | Xxxxxxx | Xxxxxxxxx | Xxxxxxx |
| | 建筑 | | Xxxxxxxx | Xxxxxxx | Xxxxxxxxx | Xxxxxxx |
| | 机械/装备 | | Xxxxxxxx | Xxxxxxx | 17.876 | Xxxxxxx |

续表

| 工厂 | 类型 | | | 日期 | | |
|---|---|---|---|---|---|---|
| A/C | | | | 测算成本/百万美元 | | |
| | 管道 | | Xxxxxxxx | Xxxxxxx | Xxxxxxxxx | Xxxxxxx |
| | 电气 | | Xxxxxxxx | Xxxxxxx | Xxxxxxxxx | Xxxxxxx |
| | 仪器 | | Xxxxxxxx | Xxxxxxx | Xxxxxxxxx | Xxxxxxx |
| | 油漆/脚手架 | | | 已考虑 | | |
| | 绝缘 | | | 已考虑 | | |
| | 直接现场成本 | Xxxxxx | Xxxxxxxx | Xxxxxxxx | Xxxxxxxxx | Xxxxxxxx |
| | 临时设施 | | Xxxxxxxx | | Xxxxxxxx | Xxxxxxxx |
| | 建造费用 | | | | | Xxxxxxx |
| | 技工福利及劳保 | | | | | Xxxxxxx |
| | 设备租赁 | | | | Xxxxxxxx | Xxxxxxx |
| | 小型工具 | | | | Xxxxxxxx | Xxxxxxx |
| | 现场管理 | | | | | Xxxxxxx |
| | 间接现场成本 | | Xxxxxxxx | | Xxxxxxxx | Xxxxxxx |
| | 总现场成本 | | | | | Xxxxxxx |
| | 工程工资 | Xxxxxxx | Xxxxxxx | | | |
| | 采购工资 | Xxxxxxx | Xxxxxxx | | | |
| | 办公室工资 | Xxxxxxx | Xxxxxxx | | | |
| | 办公费用 | | | | Xxxxxxxx | |
| | 工资负担 | | | | Xxxxxxxx | |
| | 管理费用 | | | | Xxxxxxxx | |
| | 总办公费用 | Xxxxxxxx | Xxxxxxxxx | | Xxxxxxxx | Xxxxxxxx |
| | 总现场和办公费用 | | | | | Xxxxxxxx |
| | 费用（承包商） | | | | | Xxxxxxxx |
| | 调价/意外开支 | | | | | Xxxxxxxx |
| | 总费用 | | | | | Xxxxxxxx |

这些测算的数字没有包括在这些表格中，但其中交叉阴影部分显示的是通常可靠成本数据需要录入的地方。通过系数得到的数据也会在这两个表中标识出来。

尽管大型石油公司和化工公司等主要项目建设单位有足够的统计数据来开展半确定性和确定性的测算，但这些工作通常留给工程和建筑公司。这些公司开展测算，并在建设安装项目期间将其用作项目管理的成本控制工具。

（4）测算的准确性和不可预见费用

测算作为过程研究的重要基础，其准确性要尽可能提高，同时要考虑足够的应急费用，以使最终的成本尽可能切合实际。不幸的是，这是说起来容易、做起来难。大多数公司开发了分析程序来满足这一需要，其中许多都非常复杂。工程和建筑公司的日常工作依赖于可靠的成本测算进行项目控制，他们在这项工作中处于领先地位。这些程序大多以风险分析为原则。图 16-8 是从长期统计值开发而来的，它为判断估算值的准确性及考虑应急费用提供了快速指导。如果有好的输入数据质量，采用详细的软件包就可以得到合理的测算值。

图 16-8 显示了两组曲线。第一组显示的是不同类型测算的正负精度范围。测算范围的类型基于图 16-7 的项目进展阶段。最大的精度范围是在项目开始时进行的产能因素测算。最窄的范围是在项目完成 30%~40%左右的最终测算阶段。第二组曲线给出了一系列在各种测算类型中的不可预见费用，图中显示的是对于精度曲线中同样的测算类型，不可预见费用占现场和办公总成本的百分比。

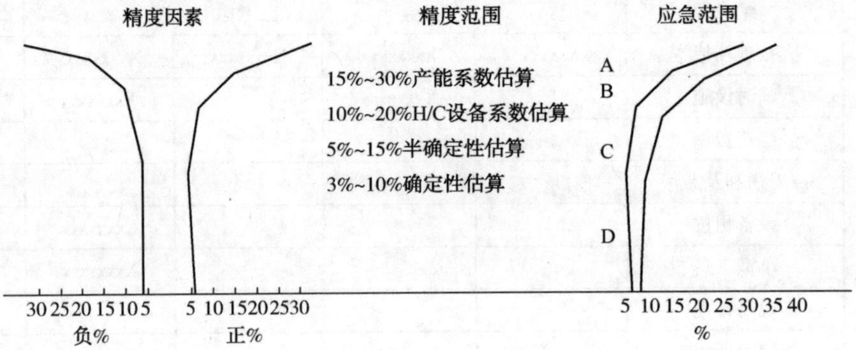


图 16-8　估算的精确性

## 16.4　折现现金流与经济分析

本章已经对工艺工程师在经济研究中的主要作用进行了描述和讨论。这些研究的目的是为公司管理层提供可靠的技术数据，使他们能够在最低的财务风险下提高公司的盈利能力。到目前为止，研究过程包括：

① 确定满足研究目标的可行方案；

② 基于简单的投资回报测算方法来筛选项目短名单；

③ 对于需要开展详细经济评价的已选方案，为编制更详细的资金成本估算提供工艺数据信息。

在没有进行更详细的设计和资本支出之前，基于确定设备成本的成本测算是最准确的。利用这些估算，可以对所选项目的盈利能力进行更详细、更可靠的预测。该预测基于投资回报率，该投资回报率是根据该设施在规定经济寿命内的预计现金流计算得出的。

有几种基于折现现金流(DCF)的盈利能力评估方法，但其中一种方法是使用现值(或净现值)概念的投资回报法。这个概念就是未来现金流的现值等于当前利息价值系数和未来现金流的乘积。基于这一概念，投资回报率是指在项目的经济寿命期内，累积现值为零的利息值或折现系数。其他方法在下面的“使用线性规划优化工艺配置”一节中描述和讨论。

工厂资金成本的计算通常是开发工程师和成本估算员共同努力的成果，基于 DCF 的投资回报的计算也是开发工程师和公司财务专家共同努力的成果。开发工程师为这项工作提供技术数据，如运营成本、设备类型、施工进度和成本、产率、炼油厂出厂产品价格等，而财务专家根据法规和公司政策提供财务数据，如折旧、免税、税收抵免(如有)、公司财务战略项目等。计算本身分为两部分，即：现金流计算；现值计算。这些在下面的段落中描述。

### 16.4.1 计算现金流

图 16-9 给出了一个典型项目的累积现金流与其项目寿命的关系图。

项目初期，公司必须购买土地和设备、支付承包商安装设备等费用，需要有资金支出。与大多数个人不同的是，公司主要是通过借钱做到这一点，因此公司还必须为此支付利息。除了建设成本外，公司还必须拥有一笔资金，用于购买原料和化学品，支付工厂调试期间员工工资。该营运资本在项目启动时也均被视为债务。

在建设和试运行结束时，流入系统的现金流趋向正值，并在规定的年限后变成正值。在正现金流期间，从经营活动中收回的资金必须足以：

① 偿还贷款及其利息。

② 支付所有相关税费。

③ 支付项目的所有运营成本。

④ 获得满意的利润。

当以上条件在规定的时间内均满足时，即进入所谓的“赚钱阶段”或“经济阶段”，此时仍保留着工厂硬件设施、土地和营运资本。这些被视为项目的末期资产，并作为最终项目的净资产成本回收。

图 16-9 所示为现金流量计算公认的财务里程碑，典型现金流量计算的内容在下面讨论。

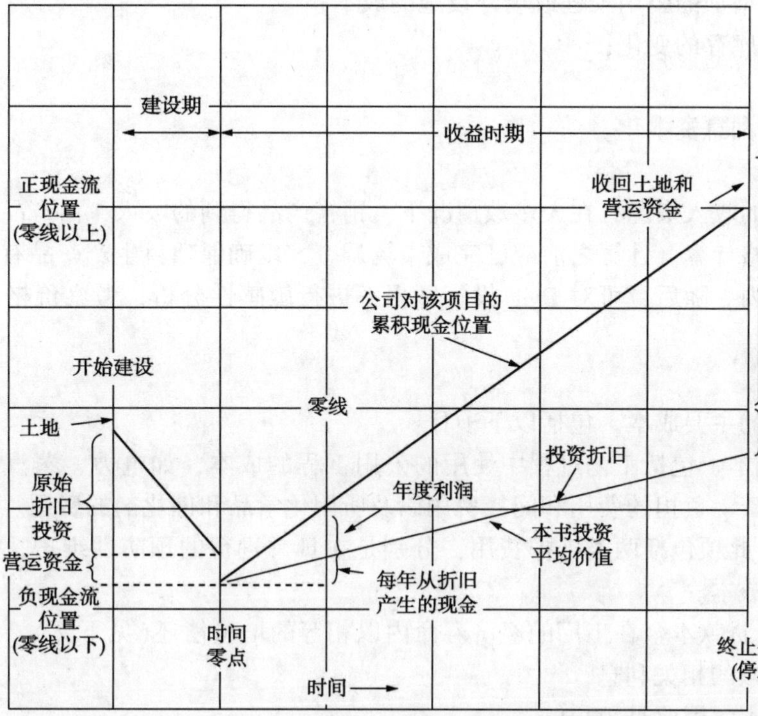


图 16-9 累积现金流图

### 16.4.2 项目经济寿命

这是项目为产生预期利润并支付安装费用的年份数。一般从设施的建设和调试结束后第0年开始。最后一年(通常是第10年)是偿还所有贷款和其他项目成本并发布“终结投资”的年份。

### 16.4.3 建设期

这是在第0年之前建设和运行调试时间。假设这段时间是3年，那么这段时间被指定为第-2、-1、0年末。在此期间，施工公司将收到工厂总资金成本的增量付款，并在第0年末支付最终付款。施工成本可单独从公司所有者权益支付，或从所有者权益和约定贷款支付，或完全从贷款支付。如果贷款是为了偿还这一债务，贷款利息的支付将在这一期间开始。然而，这一时期的利息通常是资本化的，可以在项目的经济寿命内支付。

### 16.4.4 净投资

项目的净投资包括工厂的资金成本(需折旧)和相关成本(不需折旧)。设备的资金成本是承包商对工程、设备、材料和设施施工的总价。在使用DCF计算投资回报率的过程中，资金成本应是有一定准确性的估计值，至少应基于设备因素测算方法。

相关成本包括以下内容：

① 向任何许可方的已付专利费；

② 土地成本；

③ 化学品和催化剂的首次装填费用；

④ 项目需要的增加的公用工程或场外设施的成本；

⑤ 原料和产品库存的变化；

⑥ 营运资本；

⑦ 建设期贷款利息资本化。

### 16.4.5 收入

这是项目唯一的收入来源，在大多数情况下，销售产品得到的收入，由产品的预计产量乘以产品的市场价格计算。计算之前应已完成市场调查，以确保项目生产产品有需求，且价格在可接受的范围内。随后，可对DCF投资回报率进行敏感性分析，考察价格上涨或其他因素对收入的影响。

### 16.4.6 费用

这是运行项目的主要成本。包括以下项目：

1）工厂运营成本。包括工艺过程中使用的公用工程的成本，如电力、蒸汽和燃料，还包括工厂人员的工资、负担的费用和间接费用以及所用化学品和催化剂的费用。

2）维护成本。此项包括两类维护费用，分别是在日常进行的预防性维护，以及与意外故障和维修相关的成本。

3）贷款偿还。贷款本金在工厂的经济寿命内以相等的增量偿还(见下文)。该项目包括还本付息增量和递减的相关利息。

这些是运行成本，因此是免税的。

### 16.4.7 折旧

项目的第二个成本是工厂价值的折旧，这部分可以从总利润中扣除，免除税收。这要根据装置寿命计算，即装置资金成本除以装置寿命。术语“装置寿命”是指设施在拆卸和报废前的预计寿命。通常情况下，预计寿命设定为20年，而实际上，与设施工程和设计相关的所有规范都遵循这一要求。所有材料和设计标准，如与设备相关的腐蚀裕量，都应符合该装置寿命参数。

### 16.4.8 从价税

是在大多数国家向当地市、省或州政府支付的物业税、市政服务费等固定税费。

### 16.4.9 应税收入

应税收入是指收入减去营业成本、折旧和从价税。当然，这只是简单地说，在大多数国家、州或省，可能会有某些地方税收减免原则和税收抵免，将影响最终的应税收入数字。必要时，公司的财务专家将能够应用这些信息。

### 16.4.10 税

为适用于“应税收入”额的税率。这将因地点而异，但在一个项目研究中会对整个项目经济寿命采用同一个税率，除非在项目经济寿命期内已经设有立法变更。

### 16.4.11 税后利润

等于毛利润减去上一项计算的税款。

### 16.4.12 净现金流

该项按项目经济寿命的每年计算。从第0年开始，净投资显示为“负净现金流项”。然后，在经济寿命的最后一年结束之前的每一个连续年度，净现金流量按税后利润加折旧之和计算。

折旧加在这里是因为它不是项目的真正成本。它只是一个“账面”成本，主要用于税收计算。经济寿命最后一年的“现金流项”现在必须包括“终结投资项”。该项是工厂的残值或净残值(残值减去拆除成本)、土地的估计价值以及最初用作“相关成本”一部分的营运资本的总和。

因此，最终的现金流量项目将是税后利润加上折旧加上终结投资的总和。

在现金流量净额到位的情况下，可以进行第二部分的计算，即根据项目目前的价值概念确定投资回报率。

### 16.4.13 计算累计现值

这是一个使用三个或更多值作为折现率的迭代计算。根据这些计算得出的经济寿命结束时的当前价值的累积值结果与每种情况下使用的折现率绘制。累计现值为零时的折现值为项目投资收益。

对于所选折现率的每个值，首先计算经济寿命的每年的折现系数，从0年开始，其对应的折现系数始终为1.0。然后将第0年的折现系数除以$(1.0+d)$，其中$d$是折现率除以100。按此方法对后续每年进行计算。因此，如果选择的折现率为10%，则第0年=1.0、第1年=1/1.1=0.909、第2年=0.909/1.1=0.826、第3年=0.826/1.1=0.751的折现系数，以此类推，直到最后一年。

每年的现值计算为当年的净现金流价值乘以当年的折现系数。请记住，第0年的现金流值始终为负值。接下来，通过将每个连续年份的值与前一年的值相加，计算累计现值。从0年的负值开始，加上1年的正值，得到1年的正或负累积值。继续将第2年的现值与第1年的累计值相加，得出第2年的累计值，以此类推，直至最后一年。选择的每个折现率的上一年现值的累计值与折现率呈线性关系。这个累积值可以是正的，也可以是负的。事实上，为了有意义，所选择的折现率必须使以往经济年度的计算现值既有负值也有正值。这样，最终得到的曲线必然通过零点。

下面的示例计算基于第 8.2 项中的方案 1。如果要对一个或多个筛选方案的相对盈利能力进行确认，可以采用类似的计算。在这种情况下，重要的是每种方案采用的经济参数应是相同的，以便进行合理的比较和分析。

**16.4.14 计算示例**

该项目包括在现有的炼油厂中增加以下装置：新增石脑油加氢(13500BPSD)；新增石脑油分馏塔(1350BPSD)；改造脱丁烷塔和轻烃回收装置(3830BPSD)；新增热裂化装置(34320BPSD)；新增柴油加氢装置(9000BPSD)；新增催化重整装置(9000BPSD)。

基于产能因素测算出的该方案资金成本为 12549 万美元。之后采用更准确的设计数据，根据确定的设备(设备因素测算)得到的资金成本为 11921.6 万美元，这个数据作为该计算例子采用的资金成本。

(1) 净投资成本

包括：资金成本、相关成本、建设资金贷款利息。

(2) 相关成本

1) 已付专利费。这是一笔一次性付给加氢处理和重整专利技术商的专利费。后续可能还有一些运营专利费，需要包括在操作成本中。支付的专利费为 202.6 万美元。

2) 第一次催化剂装填费用 405.2 万美元。注意：催化剂上的重金属通常可以回收，作为运营资本投入，而回收中的损失则可以视为发生的费用。

3) 土地成本 100 万美元。

4) 增加公用工程和工厂配套设施成本 250.1 万美元。

5) 增加产品或原料库存量的成本(此处仅考虑产品库存，因为原油加工量没有变化)。炼油厂所在地规定要求的原料和产品的库存量储存天数为 14 天，则：

增加的库存成本=14×((564845+162798)-(452756))= 384.8 万美元

6) 营运成本占资金成本的 5%，即 583.5 万美元。

则相关成本总额为 1926.2 万美元。

(3) 建设成本和支付

| 年　底 | -2 | -1 | 0 |
|---|---|---|---|
| 建设支付款/万美元 | 1192.2 | 4768.6 | 5960.8 |

建设成本将从所有者权益中支付，直至权益限额。剩余部分将以 8.0% 的利息贷款支付。初始的所有者权益是 60% 的资金和相关成本 0.6×(11921.6+1926.2)= 8308.7 万美元

给建设款支付的贷款在第 0 年提高，此时利息为 289 万美元。这是资本化的过程，但将通过增加的所有者权益进行支付。

净投资如下表：

| 项　目 | 万美元 | 项　目 | 万美元 |
|---|---|---|---|
| 工厂资金成本 | 11921.6 | 建设期贷款利息 | 289 |
| 相关成本 | 1926.2 | 净投资 | 14136.8 |

(4) 运行和维护成本

第一年的运行成本如下表：

| 项　目 | 万美元 | 项　目 | 万美元 |
|---|---|---|---|
| 人员成本 | 149 | 化学品、催化剂、运行专利费 | 120 |
| 公用工程 | 832 | 合计 | 1101 |

运营成本每年以3.0%的速度递增。表16-18列出了年度运营成本计划。

第1年的维护成本为资金成本的4%，即0.04×11921.6=476百万美元。维护成本以每年1.0%的速度递增。表16-18列出了该项目的年度时间表。

**表16-18　运行和维护成本表**

| 年　底 | 操作成本/万美元 | 维护成本/万美元 |
|---|---|---|
| 1 | 1101 | 476 |
| 2 | 1134 | 481 |
| 3 | 1168.1 | 486 |
| 4 | 1203.1 | 490.4 |
| 5 | 1239.2 | 495.3 |
| 6 | 1276.4 | 500.3 |
| 7 | 1314.7 | 505.3 |
| 8 | 1354.1 | 510.3 |
| 9 | 1394.7 | 515.4 |
| 10 | 1436.6 | 520.6 |

（5）贷款还款和利息

该项目的贷款总额为5539.0万美元，还款期10年，贷款利率8.0%。

表16-19给出了还款和利息的时间表，假设本金还款额相同，即等额本金（而不是等额本息）。

**表16-19　偿还债务和利息的时间表（假设相同的还本付息）**

| 年底 | 本金/万美元 | 本金偿还/万美元 | 利息/万美元 | 总偿还金额/万美元 |
|---|---|---|---|---|
| 0 | 5539.0 | | | |
| 1 | 4985.1 | 553.9 | 443.1 | 997.0 |
| 2 | 4431.2 | 553.9 | 398.8 | 952.7 |
| 3 | 3877.3 | 553.9 | 354.5 | 908.4 |
| 4 | 3323.4 | 553.9 | 310.2 | 864.1 |
| 5 | 2769.5 | 553.9 | 265.9 | 819.8 |
| 6 | 2215.6 | 553.9 | 221.6 | 775.5 |
| 7 | 1661.7 | 553.9 | 177.2 | 731.1 |
| 8 | 1107.8 | 553.9 | 132.9 | 686.8 |
| 9 | 553.9 | 553.9 | 88.6 | 642.5 |
| 10 | 0 | 553.9 | 44.3 | 598.2 |

（6）收入

项目唯一的收入来源是以本章之前给出的产品价格出售所有产品。对于本例中所列举的基本情况，该数字没有上升，每年还是7770万美元。

此后进行的敏感性分析给出产品价格每年提高3%和4%ROI变化率。

表16-20列出了提高产品价格收入变化明细表。

**表16-20　收入增长表(用于敏感性分析)**

| 年　底 | 按产品价格增长3.0%的收入增长/（万美元/年） | 按产品价格增长4.0%的收入增长/（万美元/年） |
|---|---|---|
| 1 | 7770.9 | 7770.9 |
| 2 | 8004.0 | 8081.7 |
| 3 | 8244.1 | 8405.0 |
| 4 | 8491.5 | 8741.2 |
| 5 | 8746.2 | 9090.1 |
| 6 | 9008.6 | 9454.5 |
| 7 | 9278.9 | 9832.7 |
| 8 | 9557.2 | 10226.0 |
| 9 | 9843.9 | 10635.1 |
| 10 | 10139.2 | 11060.1 |

（7）折旧

折旧通常是工厂的资金成本除以工厂寿命。本例中的工厂寿命为20年，但本案例中基于产能因素测算得到的资金成本为12549万美元。这使得项目的一些相关成本可以纳入折旧的考虑，例如催化剂的贵金属费用。因此，对于本示例，折旧每年为770万美元。

（8）从价税

该项目包括工厂保险，按照每年为资金成本的2.0%取值。

（9）纳税

取值为应税收入的40%。为了研究需要，假设没有税收减免。

（10）结果

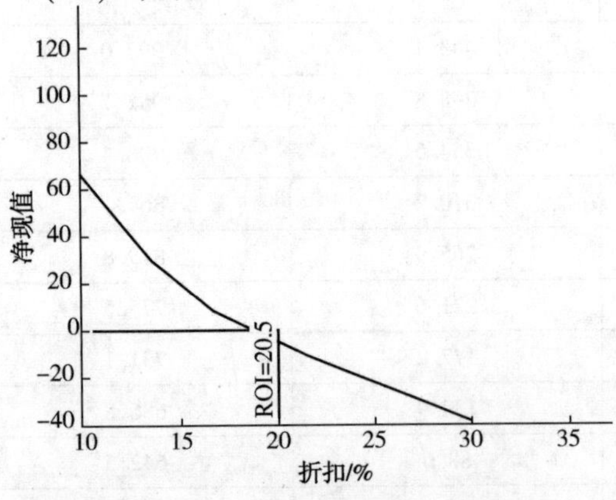


图16-10　净现值与折现率的关系图

表16-21列出了净现金流量的总和。

图16-10给出了表16-22中计算的累计净现值与折现率的关系图。

从图16-9可以看出，该方案的折现现金流投资回报率为每年20.5%。根据工厂位置和当前投资环境，投资回报率超过折现现金流18%，说明该项目具有经济吸引力。方案3也将进行类似的计算，计算折现现金流的投资回报率，并与方案1进行比较。

方案1中对炼油厂产品出厂价格提高的敏感性分析如下：

① 每年增加 3.0%，投资回报率为 23.5%。

② 每年增加 4.0%，投资回报率为 24.8%。

**表 16-21　净现金流量之和**

| 项　目 | 百万美元 | | | | | | | | | | |
|---|---|---|---|---|---|---|---|---|---|---|---|
| 年末 | 0.0 | 1.0 | 2.0 | 3.0 | 4.0 | 5.0 | 6.0 | 7.0 | 8.0 | 9.0 | 10.0 |
| 投资 | | | | | | | | | | | |
| 资本金 | *119.2* | | | | | | | | | | |
| 相关成本 | *22.2* | | | | | | | | | | |
| 净投资 | *141.4*① | | | | | | | | | | 18.7② |
| 基于产品价格不变的收入 | | 77.7 | 77.7 | 77.7 | 77.7 | 77.7 | 77.7 | 77.7 | 77.7 | 77.7 | 77.7 |
| 支出① | | | | | | | | | | | |
| 操作费 | | *11.0* | *11.3* | *11.7* | *12.0* | *12.4* | *12.7* | *13.1* | *13.5* | *13.9* | *14.4* |
| 维护费 | | *4.8* | *4.8* | *4.8* | *4.9* | *4.9* | *5.0* | *5.1* | *5.1* | *5.2* | *5.2* |
| 偿还借款 | | *10.0* | *9.5* | *9.1* | *8.6* | *8.2* | *7.8* | *7.3* | *6.9* | *6.4* | *6.0* |
| 总支出① | | *25.8* | *25.6* | *25.6* | *25.5* | *25.5* | *25.5* | *25.5* | *25.5* | *25.5* | *25.6* |
| 折旧① | | *7.5* | *7.5* | *7.5* | *7.5* | *7.5* | *7.5* | *7.5* | *7.5* | *7.5* | *7.5* |
| 从价税① | | *2.4* | *2.4* | *2.4* | *2.4* | *2.4* | *2.4* | *2.4* | *2.4* | *2.4* | *2.4* |
| 应纳税所得额 | | 42.0 | 42.2 | 42.2 | 42.3 | 42.3 | 42.3 | 42.3 | 42.3 | 42.3 | 42.2 |
| 税率为 40%的纳税 | | *16.8* | *16.9* | *16.9* | *16.9* | *16.9* | *16.9* | *16.9* | *16.9* | *16.9* | *16.9* |
| 税后利润 | | 25.2 | 25.3 | 25.3 | 25.4 | 25.4 | 25.4 | 25.4 | 25.4 | 25.4 | 25.3 |
| 净现金流 | *141.4*① | 32.7 | 32.8 | 32.8 | 32.9 | 32.9 | 32.9 | 32.9 | 32.9 | 32.9 | 51.5 |

① 这些是成本，因此现金流量为负值(以斜体显示)；

② 这些是现金收入，因此现金流量是正值。

**表 16-22　现 值 计 算**

| | | | | | | | | | | | |
|---|---|---|---|---|---|---|---|---|---|---|---|
| 净现金流量/百万美元 | 141.4 | 32.7 | 32.8 | 32.8 | 32.9 | 32.9 | 32.9 | 32.9 | 32.9 | 32.9 | 51.5 |
| 10%折现率 | | | | | | | | | | | |
| 折现系数 | 1.0 | 0.909 | 0.826 | 0.751 | 0.683 | 0.621 | 0.564 | 0.513 | 0.467 | 0.424 | 0.385 |
| 累计值 | | | | | | | | | | | |
| 现值 | 141.4 | 29.7 | 27.1 | 24.6 | 22.5 | 20.4 | 18.6 | 16.9 | 15.4 | 13.9 | 19.8 |
| PW | 141.4 | 111.7 | 84.6 | 60.0 | 37.5 | 17.1 | 1.5 | 18.4 | 33.8 | 47.7 | 67.5 |
| 15%折现率 | | | | | | | | | | | |
| 折现系数 | 1.000 | 0.870 | 0.756 | 0.658 | 0.572 | 0.497 | 0.432 | 0.376 | 0.327 | 0.284 | 0.247 |
| 现值 | 141.4 | 28.4 | 24.8 | 21.6 | 18.8 | 16.4 | 14.2 | 12.4 | 10.8 | 9.3 | 12.7 |
| 累计值 | | | | | | | | | | | |

续表

| | | | | | | | | | | | |
|---|---|---|---|---|---|---|---|---|---|---|---|
| PW | 141.4 | 113.0 | 88.2 | 66.6 | 47.8 | 31.4 | 17.2 | 4.8 | 6.0 | 15.3 | 28.0 |
| 25%折现率 | | | | | | | | | | | |
| 折现系数 | 1.000 | 0.800 | 0.640 | 0.512 | 0.410 | 0.328 | 0.262 | 0.210 | 0.168 | 0.134 | 0.107 |
| 现值 | 141.4 | 26.2 | 21.0 | 16.8 | 13.5 | 10.8 | 8.6 | 6.9 | 5.5 | 4.4 | 5.5 |
| 累计值 | | | | | | | | | | | |
| PW | 141.4 | 115.2 | 94.2 | 77.4 | 63.9 | 53.1 | 44.5 | 37.6 | 32.1 | 27.7 | 22.2 |
| 30%折现率 | | | | | | | | | | | |
| 折现系数 | 1.000 | 0.769 | 0.592 | 0.455 | 0.350 | 0.269 | 0.207 | 0.159 | 0.123 | 0.094 | 0.073 |
| 现值 | 141.4 | 25.1 | 19.4 | 14.9 | 11.5 | 8.9 | 6.8 | 5.2 | 4.0 | 3.1 | 3.8 |
| 累计值 | | | | | | | | | | | |
| PW | 141.4 | 116.3 | 96.9 | 82 | 70.5 | 61.6 | 54.8 | 49.6 | 45.6 | 42.5 | 38.7 |

## 16.5 使用线性规划优化工艺过程配置

线性规划是一种通过使用线性方程来解决具有多变量条件的复杂问题的技术。这些方程是用来定义变量之间的相互关系。计算机用于求解这些方程，并从这些方程的解的矩阵中选择问题的解决方案。

线性规划不是一种新技术，已在工业上，特别是石油工业中使用多年，用以其运行的计划和优化。实际上，在今天的炼油工业中，使用线性规划“在线”优化单元操作的过程控制有了相当大的发展。在用作管理工具时，它可以将本章所述的计算精细化到很好的程度。相比于手动检查，也可以通过使用这种技术来获得更多选项。

使用这种技术的第一步是建立一个全面定义问题的数学模型。主模型构成了“目标函数”。线性规划的目的是使受到许多约束的目标函数最大化或最小化(例如，最大化整体利润或最小化总体成本)。模型本身包含许多子模型，这些子模型通过线性方程相互关联。在研究炼油厂配置的方案时，模型开发的数据将包括：所有的生产装置都要考虑在内；每个装置的收率；产品和原料性质；物料所有可能的加工路线；所有可能的最终调和方案；基于单位处理量的每一个工艺的公用工程消耗和操作要求；每个方案的投资成本。

这些数据将被编码，在方程中使用代码代表彼此之间的所有关系。代码数据在图 16-11 中以图形表示出来。表示物理和财务关系方程的数据输入计算机程序中。程序中包含的专有子程序将非线性关系转换为线性关系。而 DCF 计算等程序也会添加到主程序中。计算机求解了满足多种问题和应用约束的数百个方程。通过该程序实现配置优化，最终输出产品数量、产品质量、物料流量、装置能力、投资成本、运营成本和 ROI。该模型的图形其中一部分如图 16-11 所示，包含 511 个变量和 400 多个方程。按目前的线性规划标准，这是一个相当小的模型。

附录 12 提供了线性规划应用的详细论述和示例。

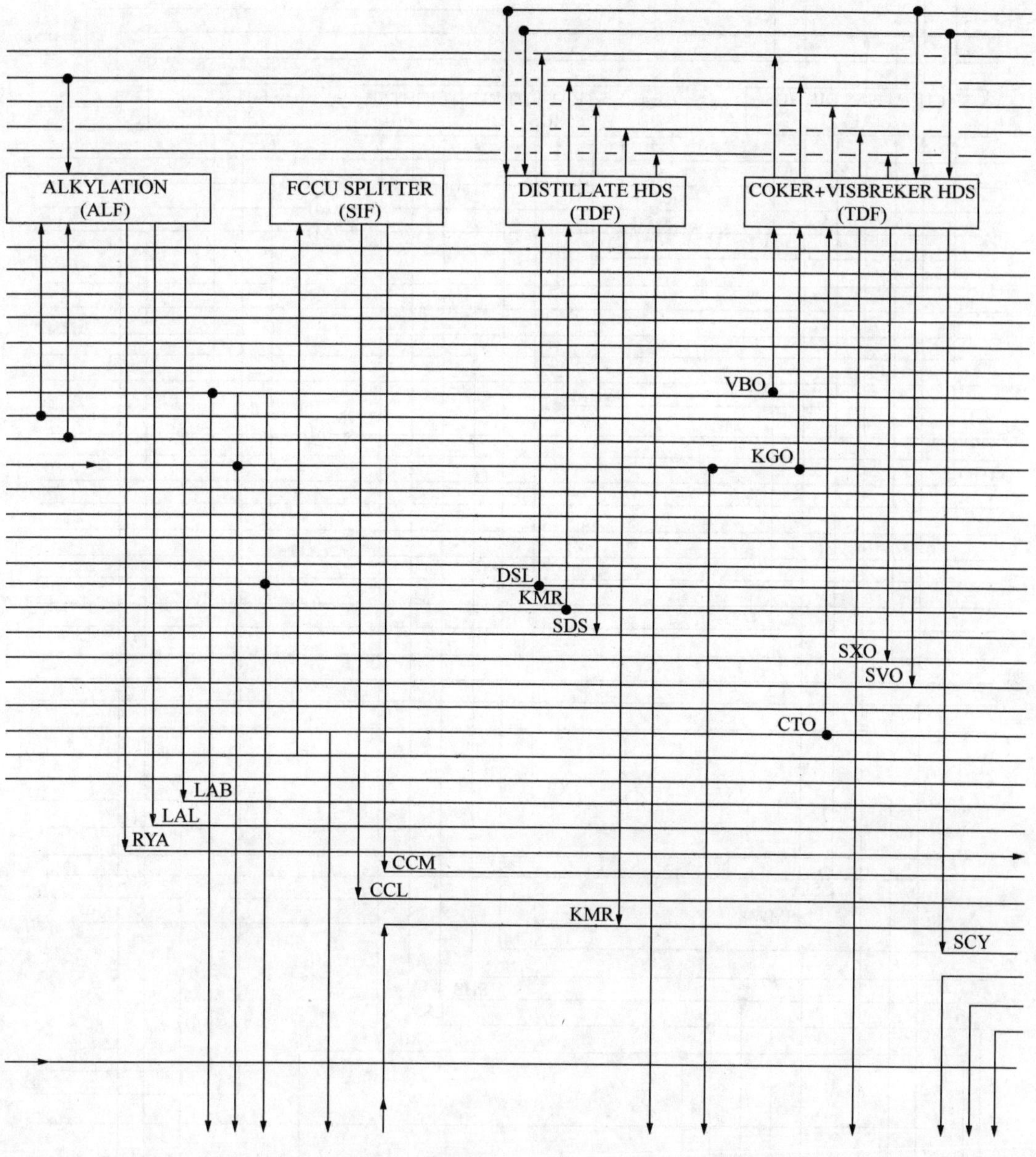


(a)

图 16-11　线性规划中使用的数学模型的一个例子

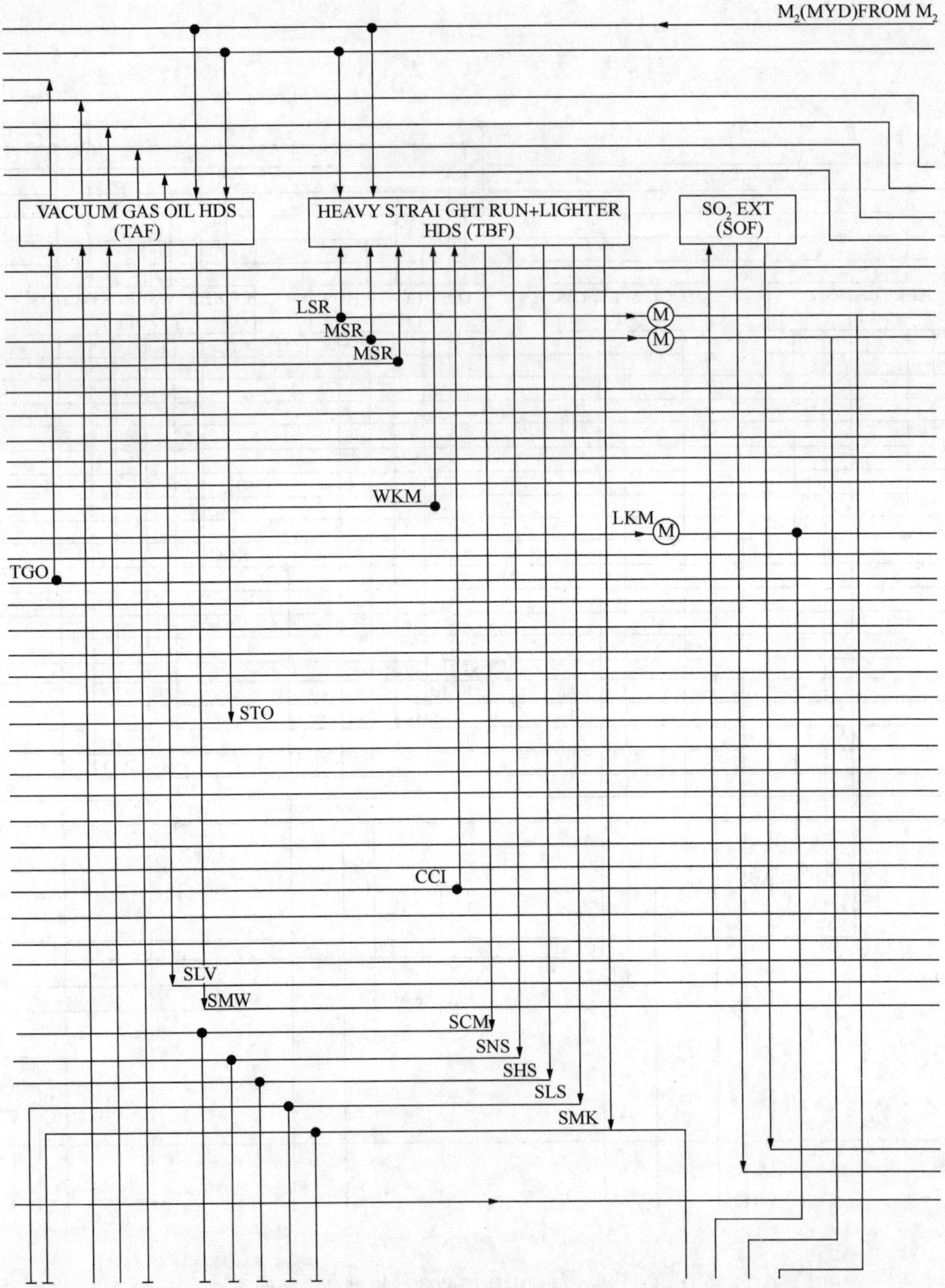


(b)

图 16-11　线性规划中使用的数学模型的一个例子(续)

| | BLENDINC STOCXS | | | | | | | | | | | | |
|---|---|---|---|---|---|---|---|---|---|---|---|---|---|
| | REF FUEL | $C_3$ LPG | $C_4$ LPG | PREM GASOL | INT GASOL | REG GASOL | DERV | OAS OIL | MARINE DIESEL | PREM KERO | REG KERO | FUEL OIL | $C_3$/'' $_{C3}$ LPG |
| PURCHASED NORMAL BUTANE | | | | ● | ● | ● | | | | | | | |
| REFORMER HY DROGEN | ● | | | | | | | | | | | | |
| ISO BUTANE | ● | | ● | ● | ● | ● | | | | | | | |
| MORMAL BUTANE | ● | | ● | ● | ● | ● | | | | | | | |
| PROPANE | ● | ● | | | | | | | | | | | ● |
| FUEL GAS | ● | | | | | | | | | | | | |
| 930"YAC. RESI D | | | | | | | | | | | | ● | |
| 650"ATM. RESID | | | | | | | | | | | | ● | |
| SWT.$C_5$–180 LT.S.R. | ● | | ● | ● | ● | ● | | | | | | | |
| SWT.180–120 NED.S. R. | ● | | | ● | ● | ● | | | | | | | |
| VISBREAKER RES1D | | | | | | | | | | | | ● | |
| LT. VISBREAKER G. O. | | | | | | | | | | | | ● | |
| PROPYLENE | ● | ● | | | | | | | | | | | ● |
| BUTYLENE | ● | | ● | | | ● | | | | | | | |
| COKER G.O. | | | | | | | | | | | | ● | |
| SWT.LT.COKER NAP. | ● | | | | | ● | | | | | | | |
| COKE | | | | | | | | | | | | | |
| 650–930 TOTAL G. O. | | | | | | | | | | | | ● | |
| 520–650 DIESEL | | | | | | | ● | ● | ● | | | | |
| 380–520 KEROSEME | | | | | | | ● | ● | ● | | | | |
| SWT.DIESEL | | | | | | | ● | ● | ● | | | ● | |
| SWT.COKER G.O. | | | | | | | | | | | | ● | |
| SWT.VISBREAKER G.O. | | | | | | | ● | ● | ● | | | ● | |
| SWT.TOTAL GAS OIL | | | | | | | | | | | | ● | |
| FCCU CYCLE OIL | | | | | | | | | | | | ● | |
| FCCU GASOLIME | | | | ● | ● | ● | | | | | | | |
| FCCU SLURRY | | | | | | | | | | | | ● | |
| C3 ALKYLATE | | | | ● | ● | ● | | | | | | | |
| C4 ALKYLATE | | | | ● | ● | ● | | | | | | | |
| HYY.ALKYLATE | | | | | | | ● | ● | | | | | |
| 250–430 FCCU GASOLINE | | | | ● | ● | ● | | | | | | | |
| $C_5$–250 FCCU GASOLINE | ● | | | ● | ● | ● | | | | | | | |
| SWT. REG.KEROSENE | | | | | | | ● | ● | ● | | ● | | |
| SWT.CYCLE OIL | | | | | | | | | | | | ● | |
| SWT.LT.VAC.G.O. | | | | | | | ● | ● | ● | | | ● | |
| SWT.HVY.YAC.G.O. | | | | | | | | | | | | ● | |
| $SO_2$ EXTRACT | | | | | | | | | | | | ● | |
| PREM. KEROSENE | | | | | | | | | | ● | | | |
| SULFUR | | | | | | | | | | | | | |
| FUEL OIL | ● | | | | | | | | | | | | |

(c)

图 16-11　线性规划中使用的数学模型的一个例子(续)

## 16.6 标准经济分析中使用的通用术语和表达方式

### 16.6.1 经济术语和表述

本节概述了标准经济分析中使用的常用术语和表达方式。在对经济分析介绍中，主要涵盖两个主题：

(1) 某个时间点的经济分析

这种"瞬时"分析是最常见的，因为它难度最小且需要的信息量最少。这是 Chem Systems(化学系统公司)的 PERP 报告和 SRI(现为 IHS 公司)的 PEP 报告中常见的分析类型。如果正确完成并正确使用，从这个分析得出的结果也是非常好的。在本书中，我们将重点集中在这类分析上。因此，将详细分析每一个项目。虽然这种分析需要的信息最少，但为了做好工作，所需的信息量通常超出项目初始筛选阶段的常用信息量。但是，通过检查各种条目所获得的分析结果具有重要价值，有助于识别缺少的数据。此外，即使信息不完整，这种类型在分析项目与许多参数的敏感性方面更有效。

(2) 一定时间段的经济分析

这种分析通常称为"现金流量分析"，主要分析项目在一段较长时间内的(预期)绩效，通常年限至少等于资本折旧或摊销期的年数。此类型分析考虑了"货币的时间价值"。

现金流量分析与瞬时分析相比并不需要更多的信息，但在计算折现现金流量或回报率或内部收益率(IRR)和其他折现参数时引入了一些其他概念。在广泛使用计算尺的时候，IRR 的计算很困难，因为它需要进行试错计算，但这对于任何计算机甚至是小型可编程计算器来说都是轻而易举的。现金流量分析必须考虑税收和通货膨胀影响，因为这些影响通常会持续若干年，并且会逐年延续，尤其是当递延税产生于税务会计与财务会计采用不同的折旧和/或摊销方法时。但是，为了简单起见，这种介绍性的经济分析不会涵盖多重折旧时间表和税务会计等等。

间接地，现金流量分析也可用于决定产品的预期销售价格应该是多少。价格可以通过期望的折现现金回报率来计算。

### 16.6.2 通货膨胀会计学

虽然通货膨胀在现实生活中很重要，但通货膨胀的影响往往与经济评估无关，甚至存在误导，最好始终通过恒定美元来分析。

如果需要考虑通货膨胀，很容易纳入通货膨胀因素，每年调整数值。当必须考虑年可变现金流量时，附录中提供的公式一般不适用。需要通过创建一系列估计的年度现金流量，并通过反复试验和验算来进行验证。一些试错计算已经可以在大多数 PC 软件包中找到应用程序。其他计算可能需要一些简单的编程，对半拆分法(对半查找法)可以使计算收敛。

如果考虑通货膨胀的影响，对结果的分析往往因通货膨胀的累加效应而变得无章可循。如果通货膨胀导致现金流量增加，总回报将增加，但如果通胀压力使成本增加的速度快于收入增加的速度，则总效益可能会减少。

### 16.6.3 某个时间点的分析

本节探讨的是在一个给定时间点分析的内容。这种“即时”分析通常仅限于项目生命周期中的一个典型时期，通常为1年。这种常见的经济分析类型，也是Chem Systems报告，SRI报告等中的类型。

对这种类型的分析通常需要三个部分：资本概要；生产成本概要；报告参数。

在第一部分资本概要中，我们将那些可能是折旧，摊销或利息费用的长期和短期资本项目制成表格。典型项目是：

① 工厂建设费用；

② 工厂配套设施建设费用；

③ 建设期间的利息；

④ 催化剂和金属藏量费用；

⑤ 营运资金。

如果经济分析考虑税收影响，则需要对资本项目进行更详细的分类，主要是由于机器、设备和场外设施的折旧时间表可能不同，影响税收。第二部分生产成本概要，提供了构成成品最终成本的各种项目的简明表格。。进行如本文所述的“瞬时”经济分析有两种基本方法：①达到生产成本；②达到给定的资本回报率(ROI)。两种方式在概念和计算上相似，唯一的区别是后者要求将现金价值分配给主要产品。

通常包括以下项目：

变动信贷(通常显示为变动成本的信贷)

　物料

　　　产品收入(仅在需要考虑利润时显示)

　　　副产品信贷

　公用工程

公用工程信贷

　可变成本

　　材料

　　　原材料成本

　　　催化剂和化学品

　　公用工程

公用工程必需品

　运营成本

　　人力

　　维修运营费用

　装置安全运营保证费

　　装置保险

　　财产税

　　直接开销

　　一般工厂开销

　　销售和管理(通常作为管理费用)

资本项目相关
折旧
摊销
资本利息
营运资金利息
税
(分析只考虑了税收影响)

以下是每个部分的逐项概要。

不管是时点分析还是一段时间分析，经济分析的最后一部分，提交“报表参数”。在本节中，项目绩效通过使用一些通常可接受的标准来衡量：投资回报率(ROI)，回收或偿还时间，内部收益率(IRR)，贴现现金流回报率(DCFRR)等。稍后将对其进行更详细的讨论。

(1) 资本项目

经济分析的第一部分需要对资本项目进行阐述。这包括通过折旧，摊销或通过长期或短期利息费用间接增加生产成本的项目。典型条目是：

① 工厂建设费用；
② 工厂配套设施建设费用；
③ 建设期间的利息；
④ 催化剂和金属藏量费用；
⑤ 营运资金。

(2) 工厂建设费用

工厂建设费用指的是建筑成本，包括材料、设备、人工以及设计、工程、承包商在施工界区内的费用，通常由成本估算(预估成本或EEC)提供。通常假设界区中包含的所有单元都符合相同的折旧率，虽然在实际中并非如此。

(3) 场外费用

通常在项目的早期阶段无法获得估计的场外安装成本。估计场外费用很难，但并非不可能。有两种方法可供选择：总体估算方法，逐项估算方法。

第一种方法仅提供非常粗略的估算，并使用一些简单但不太可靠的指南。这些指南规定，如果一个工厂是新建的，那么界区外配套设施的成本与界区内的工厂成本大致相同；如果该工厂建在已有项目基础上，那么该工厂界区外配套设施的成本约为界区内工厂成本的30%~50%。这些规则只适用于估算值，但不足以进行量化。配套设施的范围可能因情况而异：罐区，火炬，给水处理，蒸汽装置，配电中心，冷却水设施，污水处理设施，道路，铁路，海上终端设施(码头等)，食堂，商店，行政大楼等，只是举几个例子，偏远地区的企业可能还包括“配套”，如工人宿舍、健身设施、宗教和娱乐设施等。

第二种方法需要更多的工作成果，但结果至少更合理。在这种方法中，各种配套设施及其产能逐项列出，并采用成本估算规则估算。可以在Chem Systems提供的指南中找到例子。

(4) 建设期间的利息

这个概念经常被忽视。不幸的是，相对于最终的建设成本来说它是一个重要的数字。

一个装置不是一夜之间建造的。一般来说，对于一般复杂的工厂来说，采购、制造和建造周期通常需要2~4年的时间；缺乏更多细节时，对于相对简单的厂可以假设2年，对于更复杂的厂可以假设 3 年或更长时间；非常简单的厂可以假定在 1~1.5 年。

通常的做法是假设在建设期间累计的资本支出由 100%负债的短期贷款支付。这种假设是合理的：即使资金是以所有者权益形式提供的，其支出也有短期机会成本，可以通过短期贷款来计算。实际中，通常是通过长期贷款提供资金，这在建设期间的影响相对较小。这里假设采用短期贷款，是以最坏的情况提供更保守的估计。

如何在建设期间分配资金支出？除非实际知道，否则关于如何分配建筑成本没有统一意见。平均分配(即 3 年期间每年各占三分之一)可用于简化，其他人可能更愿意在 3 年期间使用 30%-50%-20%的分配方式，考虑到费用支出往往是预先发生的。

无论在建设期间分配资金的方式如何，在此期间累计的利息费用都会累积并资本化(通常以年终为基础)，并作为单位建设成本的一部分。如果合理考虑，应对界区内和界区外配套设施进行单独分配。实际上，由于不同的单个物品，例如塔、换热器等，可能在工厂的整个寿命期间内在不同的时间退役和更换，因此应该为每个单独的设备持续计算其利息支出。举个飞机的例子，类似但不相关，喷气发动机具有与机身主体不同的折旧和税收处理。因此，始终建议考虑尽可能多的资本条款。使用相对较小的计算机来跟踪事件和费用并非不可能完成的任务。

(5) 专利费

通常会将专利费加到工厂投资中并将其资本化，即使专利费可以使用不同的折旧计划。

(6) 吸附剂、催化剂和金属藏量

催化剂载体和金属的组成、添加和再加工成本以及化学品和其他消耗品应作为运营费用，包含在生产总成本中。

当催化剂或吸附剂的寿命预计跨越几年时，就会出现，如何处理催化剂载体存量或吸附剂存量是一个问题。基本上，有两种处理方式：

① 可以将催化剂作为消耗品处理，在催化剂预期寿命内按比例计算年度消耗量。如果投资是融资的，催化剂存量本身仍可作为资本项目处理，以计算资本利息。

② 可以将催化剂用量纯粹作为资本项目处理。催化剂用量可以在生产总成本中显示为摊销和资本利息。

税法会考虑哪种更有利或决定采取何种方法。一般而言，后一种方法比较好，即催化剂或吸附剂用量资本化并在其预期使用寿命内摊销。虽然原则上两种方法在数值上都是等价的，但摊销方法对现金流量更有利，因为摊销是一个加回去项目。只要允许，也可以采用加速摊销计划。

催化剂永远不应既按照摊销同时又作为消耗品处理！

那些未回收的金属与催化剂载体一起处理，作为催化剂的组成部分，构成催化剂基础。在每个批次催化剂的使用寿命结束时回收的金属，主要是贵金属，仅作为营运资金，因此仅作为利息项目出现在生产总成本中。

废催化剂再加工时产生的少量损耗和再加工本身的成本也可以在催化剂的使用寿命内摊销，但最常作为运营费用处理。

作为库存供未来使用的催化剂是营运资金的一部分。

(7) 营运资金

营运资金项目是：①尽管不是工厂实物组成部分，也需要增加的前期投资；②通常采用短期贷款，产生额外的利息费用；③可以在项目的使用寿命结束时回收。

从时间上考虑，通常假设营运资金在建设完成后可获得。以下为大多数经济研究中的营运资金项目：

1）增加项目：

① 原料库存成本。包括按交付价格计算的原材料价值。排除的是通常不存储的各种材料（例如气体）。除非另有说明，一般按照半个月的供应或等效的液体和固体原料储存。

② 成品库存。包括所有主产品和副产品（如果有）的库存，其价值计算在总产品成本中。同样，除非另有说明，存储量按照半个月考虑。当然也排除了通常不存储的物品（例如氢或轻馏分）。

③ 应收账款。通常，假设它包含1个月的产品价值。产品包括主产品、副产品以及可能正产销售的任何其他物品。

④ 可用现金。通常估计相当于1周的现金流。

⑤ 吸附剂、催化剂和金属。通常情况下，只有完全可收回且因此无法摊销的吸附剂、催化剂和金属费用才能作为营运资金的一部分。典型的是工厂中贵金属的库存。

⑥ 仓库和备件库存。定期存放的任何备件成本都包含在营运资金中，但不包括订购的并在安装之前短期临时存放的物品。典型的营运资金项目是指备存的吸附剂或催化剂和设备备件，如压缩机转子、旋转阀垫圈、备用泵等。由于备件的详细清单通常不便于初步经济分析，常见的做法是假设在这部分费用为界区内建设成本的2%或3%。

2）扣减项目：应付账款。通常假定为按照交付价格的1个月的原材料和其他消耗品的款项。

**16.6.4　生产成本**

生产成本包括的基本内容在开头已逐项列出。基本上分为5个主要部分：①可变成本，包括材料和公用工程；②运营成本；③运营费用；④资金成本；⑤税金。

（1）可变成本

可变成本是指与生产过程直接相关的成本，涉及原材料、服务及公用工程消耗。可变成本的一个特点是与生产的数量大致成比例。因此，如果年度总产量增加20%，那么年度可变成本预计也会增加约20%（一些差异由于生产效率的变化），因此每件产品可以保持统一可变生产成本。典型的可变生产成本是原材料成本、催化剂和化学品、公用工程消耗。

通常，在生产过程中消耗的其他物品。尽管不是成本的一部分，但习惯做法是在此减去可变信贷额，例如副产品信贷、公用工程信贷。更恰当的是，这些概念应在可变信贷额的单独标题下计入。

如果建立生产成本是分析的主要目标，那么所有的各种成本加起来就是最终的总成本。如果希望计算销售收入或现金流量，则会将各种成本相加，并将它们从基准项中减去，该基准项为包括所有主要产品或副产品的收入，价格为按照与其他制造商相当的生产水平估计的市场价格。

（2）运营成本和运营费用

除非对工厂的运行条件进行重大改变，否则这些通常是固定的运营费用。典型项目是：劳动力、检维修费用、工厂保险、财产税、直接开销、一般工厂开销、销售和管理费用。

根据个别工厂的特点和会计准则，可能还会有许多其他因素。一般而言，这些费用都是固定的，因为无论工厂的实际运行能力如何，其值每年都保持不变。当然，如果业务较差且生产率持续或长期处于低水平，我们可以采取措施将这些费用降低到可行的程度(例如，通过裁员减少劳动力成本或减少管理费用等一些其他的减少开支的措施)，但总的来说，这些项目的削减总是有限的，除非关闭工厂。

1）劳动力：

劳动力包括以24小时为基础操作该装置的各种人员。由于轮班通常为8小时，因此每个岗位至少需要三名操作员。实际上，由于周末、年休、度假等，人员配置要求更高一些。平均年份为365.25天8766小时，每个人8小时/天和5天/周的基本工作负荷约为2090小时/年，相当于平均4.2人/班次。这个值经常出现在经济估计中，但并不完全正确。如果我们改为估计休假时间如下表：

| | 天/年 | | 天/年 |
|---|---|---|---|
| 周末 | 104 | 病假(估计) | 10 |
| 年休假(平均3周) | 15 | 合计 | 139 |
| 节假日 | 10 | | |

相应的年度工作量为1810小时。因此，每个轮班岗位所需的人数是4.84(比如4.8)人，而不是4.2人。

劳动力价格主要与特定地理区域内普遍存在的价格，通常使用基本人工费率。附加福利(一般估计为基本劳动力价格的35%~45%)，通常被视为直接管理费用。

监管者，包括工长和倒班班长，经常被估计为劳动力的25%。否则，每轮班一名班长可以与白班的一名工长一起设置。

2）检维修：

检维修人工和检维修材料费合计占装置区域(ISBL)内投资成本的百分比，这个百分比可能高达4%或7%，但应根据过去的经验估算。对于大多数根据重载规范(例如API)建造的炼油厂或石化装置而言，通常为3%，在许多情况下低至2%也足够了。由于腐蚀、磨损等原因定期更换部件应作为年度整体维护费用的一部分。

3）财产税和工厂保险：

通常，这部分费用为装置区(EEC)内建设成本的2%(其他人可能会使用包括界区内和界区外的固定投资的1.5%)。

4）直接管理费：

直接管理费通常是指包括附加福利和其他与人力相关的内容(人事部门等)。通常按照占人力和监管总费用的35%~45%估算。估算中直接管理费为人工费用的一部分。

5）一般工厂开销：

此项费用最好根据过去的经验估计，可能会因每个公司的惯例而有所不同。通常的做法是按照占人力和维护总成本的65%，其他公司可能会采用占人力的80%考虑。

一般工厂开销包括操作车间、实验室等的成本，这是配置给工厂运营费用。除非单独核算，否则研究和分析费用通常也作为工厂一般开销的一部分。

6）销售和管理费用：

简化期间，最好假设这些费用包含在一般工厂开销中。然而，如果工厂是更范围更大的集团组织的一部分，这样处理不切实际。在这些情况下可以包含多种公司间接费用。除了单纯工厂的一部分，间接费用、销售费用和管理费用均为公司间接费用的一部分。平时，销售成本按照产品收入的5%计。

该项目的实际核算在很大程度上是无关紧要的，少数情况下希望将生产成本与制造成本区分开来，因此需要区分与工厂有关的成本和其他外部成本。

（3）资本项目

资本项目是与工厂投资直接相关的项目，包括折旧、摊销、资本利息、营运资金利息。

折旧和摊销费用很重要，因为它们是有价值的，但不是实际的。因此，虽然在计算净（税前或税后）收入时减去折旧和摊销费用，但这不会影响现金流量，因此，计算现金流量时会被加回去。

1）折旧：

折旧代表资本回收。因此，其值为与预先支出的资本投资有关的一定数额，在一段时间内定期预留，无息，代表原始资本的回收。

除资本回报率（ROI）外，折旧将单独核算。这种做法背后的原因是，随着工厂的老化，应该为最终的更换积累资金。显然，在实际操作中，实际替换的融资（如果有的话）很少依赖于以这种方式积累的资本。如果将其视为工厂更换的资本积累值，折旧将相当于零利息偿债基金。

除了哲学解释之外，折旧的实际价值在于几乎所有国家均可以抵税。由于折旧是对原始资本的一种年度回收，不属于工厂产生的利润的一部分，因此不需要征税。

在这一点上出现了一个有趣的、合法的二分法。从实际经营角度，希望尽可能多地展示利润，因此尽可能少地折旧。但是，从税收的角度，希望最大限度折旧，以尽量减少直接税务。这是唯一可以应用两种完全合法且不同的会计方法，而导致不同结果的地方。

出于财务报告的目的，美国的财务会计准则委员会（FASB）规定应使用最低折旧水平。如果不受一些特殊要求的限制，通常对工厂设备采用10年直线折旧法，对（大多数）界区外使用20年直线折旧法。但是，为了使折旧计划更接近于税务会计处理，有时会对工厂和界区外分别采用5年和10年直线折旧法。

出于税务会计目的，建议使用当地现行税法允许的最快折旧率（只要允许，最好以允许的最快加速折旧率开始，之后，当折旧金额相对较小时，切换到直线法，以便延长折旧带来的好处）。税收会计的黄金法则是：

**在法律范围内，最少和最迟交税！**

由于在大部分陈述都忽略了税收影响，因此这种讨论在很大程度上是无意义的。但是，当考虑税收影响时，很明显，根据财务会计原则产生的纳税义务远远高于实际支付的税额。这就产生了递延的纳税义务。从理论上，最终必须支付递延税款，但在实际实践中，如果在工厂的整个生命周期内有增加或替换足够的资本项目，可以继续计提折旧，在很大程度上抵消递延税项的影响。

2）摊销：

摊销类似于折旧。摊销是将资产购置成本在产生利润时间段进行分配作为费用的统称。它包括工厂资产的折旧、递耗资产或自然资源的损耗，以及无形资产的摊销。

一般意义上的摊销是指初始催化剂用量的成本分摊的费用。从催化剂寿命相对较短的意义上讲，我们可以将这种摊销视为耗尽摊销。

习惯上，不管催化剂实际寿命如何，其用量成本在其估计的全寿命周期内摊销。

3）资本利息：

尽管资金利息在现实生活中非常重要，但在初步经济分析中不应考虑资本利息。

大多数商业工厂都是高杠杆化的，即大多数工厂所有者选择尽可能多地借入资金，而不是用自己的钱投资。通常，最终投资将包括一定数额的债务(作为长期贷款借入的金额)和其余的股权(投资者资本)。如果资本回报率是相对于投资者资本计算的，则其价值会被债务的相对百分比扭曲。如果工厂通过100%的债务融资，那么1.00美元的净回报将代表零投入资金的投资者的无限回报率。

此外，资本支付的利息最终是工厂投资回报的一部分，在传统的投资回报计算中应该加进来。最后，如果必须使用资本利息，则应按平均利率计算，如附录11所述。基准利率，通常是适用于大额长期贷款的最优惠利率，将在预定寿命内取平均值。如果现金流量分析是在一段时间内进行的，则按贷款计算或按年计算。

4）营运资金的利息：

营运资金通常假设为100%的贷款。由于其性质，营运资金有点像信贷额度，因此更能代表一种利率较高的短期贷款，而不是长期贷款。此外，对于流动资金贷款没有利息平均值，因为假定是按年续期的。

**16.6.5 报告参数**

有几个术语通常用于报告中。

(1) 成本基础

不包括资本项目的所有成本的总和即为生产现金成本。生产现金成本为原材料成本、化学药剂和催化剂成本、公用工程成本、运营成本和间接成本的总和。

生产净成本为生产现金成本加上资本项目的折旧和摊销来计算。如上所述，不应考虑资本利息。是否包括营运资金的利息根据个人惯例而定，习惯上包括它，但许多人更愿意在计算总权益现金流量时包括营运资金。

(2) 投资回报基础

最简单的参数是投资回报率(ROI)。为产品收入(产品价值)和净生产成本之差除以总投资。这里总投资通常被视为总固定投资或总工厂投资。固定投资总额是工厂装置界区(ISBL)内的投资(EEC)加上界区以外的投资(OSBL)。如果清楚地理解并同意这种观点，可以使用EEC代替总固定投资。投资回报率通常按税前计算，如果需要，也可以按税后估算。建设期间的专利权使用费和利息应作为工厂总投资的一部分。

经常使用的第二个简单投资回报参数是支付时间(或投资回收期)。为固定投资或工厂总投资与经营现金流的比率。此类支付时间与基于贴现现金流量(DCF)计算的支付时间不一致。

典型的经验法则是，如果一个新的小项目可以获得25%的税前ROI，是有吸引力的。如果再考虑10%(10年期线性)的总体折旧，则相应的简单支付时间约为3年。非常大而昂贵的项目可能需要更长的支付时间，约为5年或7年甚至更长。

改扩建项目通常需要更高的税前ROI和更短的支付时间。改扩建项目通常需要1~2年的最长支付时间，这取决于它们的相对大小。

(3) 其他参数

其他常见的报告参数是：①贴现现金流量(DCF)回报率(内部收益率)；②给定DCF回报率的产品所要达到的销售价格；③现金流量支付时间。这些参数与现金流量的在时间序列中的所用的折现相关联。

(4) 现金流量分析

上一节审查了在某个特定时间点，通常是“典型”的生产年份的经济分析概况。在本节中，我们将研究特定时间段的经济分析，通常是10年或20年。

分析的基础与之前所说的完全相同，因此无需在此重复。所有需要讨论的都是随着时间推移的折现的效应。

现金流量分析是净现值分析。如果我们假设零时为初始现金流出或投资，则所有未来现金流的净现值总和必须超过项目的初始投资才有吸引力。

显然，分析结果将高度依赖于使未来现金流量达到零时的折现率。应该使用什么折现率？应该使用相当于货币市场利率的折现率，即如果我们向其他人提供贷款，将获得的回报率。因此，合适的折现率应与建造工厂有关的所有债务的长期利率相当。如果认为项目涉及市场潜力、项目未来过时等风险，折现率应高于此值。

当使用这种折现率，所有未来现金流量的净现值超过所有投资的净现值(初始和未来，如果有的话)，与被动的获得利息相比，该项目被视为有利可图。如果所有未来现金流量的净现值低于投资的净现值，则该项目的吸引力低于被动的获得利息。

有人可能会问，如果一个项目在一定的折现率下具有吸引力，那么什么样的折现率会使该项目缺乏吸引力？就是所有未来现金流量(流入)的净现值总和恰好等于流出的净现值(投资等)的收支平衡收益率，即内部收益率(IRR)。因此，如果内部收益率超过折现率该项目被视为有利可图且具有经济吸引力；如果没有，该项目没有吸引力或吸引力较小。内部收益率没有任何实际意义，必须始终相对于合适的折现率来看待。

IRR也称为贴现现金流回报率或DCF回报率或DCFRR。在其他条件相同情况下，可以通过调整产品的销售价格以及预计的收入来提高或降低内部收益率。如果我们确定了所需的内部收益率，则可以计算出必要的销售价格。如上所述，期望的IRR最终应高于折现率。

还有一种更复杂的情形。有时候，人们希望在很长一段时间内检查整体回报——例如10年或20年。无论考虑积极活动(即投资建厂)还是被动活动(即给他人贷款)，资本总是在此期间以分散的小额资金返还。这些资金一旦归还，会变成什么样？从逻辑上讲，可以预期会再投资，但收益率是多少？文献中通常假设返回的资本可以与原始项目以相同的回报率再投资，这往往是不切实际的，尤其是对于高利润的项目而言。而更保守的方法是假设返回的资本可以按当时的通行利率(不变或变化，取决于投资环境的复杂性)进行再投资，在经济分析的时间表末期形成一笔资金。然后可以将该资金折现至零点以增加整体现金流量。通过利率和折现率的选择，调整可能对整体分析产生正面或负面影响。

通常习惯上假设逐渐增加销售额，例如，第一年的产能为60%，第二年为80%，第三年及之后为100%。一个简单的计算机程序可以很容易地跟踪这个和任何其他假设。为简单起见，通常假设在整个10年或20年的时间内生产能力不变。

只要需要，税务会计应以扩展的折现现金流量为分析基础。在这种模式下，更容易跟踪诸如财务折旧、税收折旧、纳税义务、已缴税款、结转损失、投资税收抵免等条款，以便能够确定每年的实际现金流量。即使按固定美元计算，年度现金流量也可能每年都有所不同。折现现金流量分析可以轻松跟踪这些变化。同样，为简单起见，如果我们假设统一的现金流，可以同样很好地解释这个概念。

可以将费用和现金流量形象化为一系列箭头：正现金流量(净流入)的正箭头和资本投资及负现金流量等流出的负箭头。从零点的资本投资流开始计算。

设$n$为周期总数。为简单起见，假设$n$是年，我们考虑10年或20年。

$I$代表零时刻的初始投资，$CF$是以美元为基础假设统一不变的年度现金流量(即没有通货膨胀)。

内部收益率(IRR)是指$n$年内的现金流量只需偿还投资资本，即投资资本等于总的回收资本净现值：

$$I=\frac{CF}{1+r}+\frac{CF}{(1+r)^2}+\cdots+\frac{CF}{(1+r)^n} \tag{16-4}$$

然后，通过使用求和公式(附录9)，我们可以得出：

$$I=CF\frac{(1+r)^n-1}{r(1+r)^n} \tag{16-5a}$$

$$\text{或 } CF=I\frac{r(1+r)^n}{(1+r)^n-1} \tag{16-5b}$$

(5) 内部收益率

在上面的公式中，给定$I$、$n$和$CF$，可算出$r$。计算得出的收益率$r$是项目在$n$年内的“内部收益率”。请注意，它随着年数而变化，并且随着年数的增加而增加。因此，按照20年计算得出的IRR将略高于按照10年计算的IRR。

计算机使用迭代内置函数来计算IRR，以如下格式：

@irr(0.15，−I，$CF_1$，$CF_2$，$CF_3$，…，$CF_n$)

这里通常采用“0.15作为初始猜测数值，如果函数在大约20次迭代中不收敛，则应该修改。$I$表示为负的初始投资数字，$CF$是年度现金流量的值。

某些软件要求以数据矩阵形式输入现金流量，其他一些软件允许直接输入。

上述总和公式(16-5b)仅适用于年度现金流量统一的情况。然而，即使CF每年变化，净现值总和(16-5a)也适用。@irr函数也接受年度$CF$为变量值。

(6) 折现回收期

给定$I$、$r$和$CF$，可算出$n$。计算出的$n$是折现回收期。简单的投资回收期($I/CF$)相当于$r$为0时的折扣回收期(即没有折现)。同样，如果我们计算IRR，比如说$n$为20，然后设置$r$为IRR，只需要反算$n$为20。因此，对于$0<r<IRR$，计算的投资回收期将是$(I/CF)<n<20$。同样，如果$r>IRR$，则$n>20$。

如果现金流量CF是统一的，我们可以计算$n$如下：

$$n=\frac{\ln\left[\frac{CF}{CF-Ir}\right]}{\ln(1+r)} \tag{16-6}$$

(7) 给定折现所需要的销售价格

现金流量或回报率：给定$I$、$n$和期望的收益率$r$，我们可以根据公式(16-5b)计算所需要的现金流量$CF$。该现金流量可用于经济分析，以计算产生该现金流量所必需的产品销售价格。如果获得这个现金流量，那么我们将算出在此现金流量下的回报率$r$。

此计算的销售价格是$r$和$n$的函数。

对于现金流量$CF$的计算，匹配的计算机函数(如果有)是：

@pmt(I，r，n)

式中，$r$必须以相应区间的十进制形式使用。

## 附录1：炼厂缺陷报告：示例工作表

见图16-12。

案例6

40MB/SD(39MB/CD)ON S.WNES:34MB/SD(33MB/CD)on KENT.

正常折旧　　　　借方/(信用)

| | 1967 | 1969 | 1969 | 1970 | 1971 | 1972 | 1973 | 1974 |
|---|---|---|---|---|---|---|---|---|
| 原油加工量/(MB/SD) | | 35 | 39 | 72 | | | | |
| 进口/(MB/CD) | | | 13 | 6 | | | | |
| 投资/百万美元 | | | | | | | | |
| 界区内 | 3456 | | 2943 | | | | | |
| 界区外&公用工程 | 1285 | | | | | | | |
| 费用 | 62 | | 221 | | | | | |
| 库存 | 907 | | 188 | | | | | |
| 罐区 | | | 332 | | | | | |
| Jetty Debit | 874 | | | 394 | | | | |
| 公用工程 | | | | 128 | | | | |
| 服务费用 | | | | 594 | | | | |
| 总净费用 | 6584 | 6584 | 10268 | 11385 | | | | |
| 累计 | | | | | | | | |
| 操作费用 | | | | | | | | |
| 公用工程费用 | | 654 | 729 | 1,504 | | | | |
| 船舶等待时间 | | (266) | (106) | (394) | | | | |
| MElford Marine Credit | | (132) | (52) | (291) | | | | |
| 抢维修等 | | 361 | 361 | 958 | | | | |
| 小计 | | 617 | 932 | 1777 | | | | |
| 净原料费 | | 906 | 767 | 1162 | | | | |
| 年总成本 | | 1523 | 1414 | 2939 | | | | |
| 税收减免 | | (253) | (1161) | (1349) | (2180) | (1946) | (1858) | (136) |
| 净现金支出 | 6，584 | 1270 | 3937 | 2707 | (2180) | (1946) | (1858) | (136) |
| 10%现金折扣支出 | 5，991 | 1054 | 2853 | 1841 | (1352) | (1090) | (548) | (64) |

10%现金折扣下的总支出=8385百万美元

案例 6A

特别折旧率 ATS.WALES

| | 1967 | 1968 | 1969 | 1970 | 1971 | 1972 | 1973 | 1974 |
|---|---|---|---|---|---|---|---|---|
| 净现金支出/百万美元 | 6584 | 1270 | 3937 | 559 | (2019) | (1648) | (1684) | (147) |
| 10%现金折扣/百万美元支出 | 5991 | 1054 | 2953 | 380 | (1252) | (923) | (589) | (58) |

图16-12　炼油厂缺陷报告：示例工作表

## 附录 2：原油库存计划示例

见图 16-13。

FIG. 1.

SFR-22
CRUDE OIL PROGRAME

| TOTAL CRUDE STOCK M.B. | DATE | KUWAIT | | | | IRAN IRAQ ARAMCO,BASRAN | | | | TIA JUANA. | | | |
|---|---|---|---|---|---|---|---|---|---|---|---|---|---|
| | | VESSEL | TOTAL STOC KBARRELS | IMPORTS | RUN TO STILLS | VESSEL | TOTAL STOCK BARRELS | IMPORTS | RUN TO STILLS | VESSEL | TOTAL STOCK BARRELS | IMPORTS | RUN TO STILLS |
| 1782 | 1st | | 1341 | | 117 | | 441 | | 69 | | 276 | | – |
| 1596 | 2nd | | 1224 | | 186 | | 372 | | – | | 276 | | – |
| 1410 | 3rd | | 1038 | | 186 | | 372 | | – | | 276 | | – |
| 1224 | 4st | OXFORD E.MUNCHEN | 852 | 185 186 | 186 | | 372 | | – | | 276 | | – |
| 1408 | 5st | | 1036 | | 117 | | 372 | | 69 | | 276 | | – |
| 1222 | 6th | | 919 | 204 | 119 | | 303 | | 69 | | 276 | | – |
| 1244 | 7th | JOHN P.G | 1010 | 215 | 119 | | 234 | | 69 | | 276 | | – |
| 1271 | 8th | CHARIOIT | 1106 | 240 | 119 | LARGO (ARAMCO) | 165 | 270 210 | 69 | | 276 | | – |
| 1803 | 9th | | 1227 | | 119 | FERN ROGE (IRAN) CANTERBURY (IRAN) | 576 | 185 | 69 | | 276 | | – |
| 1800 | 10th | BRITISH ENGINEER | 1108 | | 119 | | 692 | | 69 | | 276 | | – |
| 1612 | 11th | | 989 | | 119 | WORLD GRANDEUR GUILD FORD (IRAN) | 623 | 270 270 | 69 | | 276 | | – |
| 1964 | 12th | | 870 | 131 | 119 | | 1094 | | 69 | | 276 | | – |
| 1906 | 13th | SAN . NICOLA | 881 | | 92 | | 1025 | | 96 | | 276 | | – |
| 1718 | 14th | | 789 | | 64 | | 929 | | 122 | | 276 | | – |
| 1532 | 15th | | 725 | | 64 | | 807 | 270 | 122 | | 276 | | – |
| 1616 | 16th | | 661 | 189 | 64 | CRYSANTHY 'L' (ARAMCO) | 955 | 115 | 122 | | 276 | | 10 |
| 1730 | 17th | EXETER. | 782 | | 64 | STEENSMOUNTAIN (IRAN) | 948 | 115 | 122 | | 266 | | 10 |
| 1659 | 18th | | 718 | 185 | 64 | SAGUARD(BASRAN) | 946 | | 122 | | 256 | 130 | 10 |
| 1658 | 19th | OLYMPIC WIND | 839 | 150 | 64 | N.COMMMANDER(IRAQ) | 819 | 270 | 122 | | 246 | TIA JUAN | 10 |
| 1892 | 20th | NEDERLAND RAGNA GORTHEN | 925 | 135 | 117 | | 967 | | 69 | | 306 | | 10 |
| 1841 | 21st | | 943 | | 117 | | 898 | | 69 | WORLD INSPIRATION | 296 | | 10 |
| 1655 | 22nd | HAV KONG WESTMINSTER. | 826 | 105 185 | 186 | | 829 | 210 | – | | 286 | | 10 |
| 1979 | 23rd | | 940 | | 133 | MASTER PETER(IRAN) | 1039 | | 53 | | 276 | | 10 |
| 1793 | 24st | CHEMAWA | 807 | 115 | 133 | | 986 | | 53 | | 266 | | 10 |
| 1722 | 25st | | 789 | | 64 | | 933 | | 122 | | 256 | | 10 |
| 1536 | 26th | | 725 | | 64 | | 811 | | 122 | | 246 | | 10 |
| 1350 | 27th | | 661 | 185 130 | 64 | AARHUS(IRAN) | 689 | 175 | 122 | | 236 | | 10 |
| 1524 | 28th | TENACIA HOEGH SHIELD | 782 | | 64 | SALISBORY(IRAQ) | 742 | 270 | 122 | | 226 | | 10 |
| 1608 | 29th | HOEGH GRACE | 718 | 220 | 64 | | 890 | | 122 | | 216 | | 10 |
| 1642 | 30th | | 874 | | 64 | | 768 | | 122 | | 206 | | 10 |
| 1448 | 31st | REIN. | 810 | 240 | 64 | (TIA JUAN) BORLD GRANDEUR (IRAQ) | 646 | 270 | 122 | | 196 | | 10 |

图16-13 原油库存计划示例

## 附录3：产品库存和计划示例

见图16-14。

INTERMEDIATE STOCK SHEET　　Distribution

Refinery　　Month of

| | TANKS 335/336 | WHITE SPIRIT. | | MAX. 26.5 MR'S MIN. 1.5 ● | | TANKS 450/457 | KEROSENE | | MAX. 82 MR'S MIN. 4 ● | | TANK 353 | T/JET 2486 | | MAX. 58 MR'S MIN. 5 ● | | TANK 332 | T/JET 2482 | | MAX. 16 MR'S MIN. 1 ● |
|---|---|---|---|---|---|---|---|---|---|---|---|---|---|---|---|---|---|---|---|
| DAY OF MONTH | PRODN | RUN | DIFF. | EST. STOCKS | ACT. STOCKS | PRODN. | RUN | DIFF | EST. STOCKS | ACT. STOCKS | PRODN. | RUN | DIFF | EST. STOCK | ACT. STOCK | PRODN. | RUN | DIFF. | EST STOCK |
| 1 | 2.9 | 2.0 | +0.9 | 9.2 | | 15.1 | 12 | +3.1 | 46.0 | | | | | | | | | | |
| 2 | 2.9 | 2.0 | +0.9 | 10.1 | | 15.1 | 12 | +3.1 | 49.1 | | | | | | | | | | |
| 3 | 2.9 | 2.0 | +0.9 | 11.1 | | 15.1 | 12 | +3.1 | 52.2 | | | | | | | | | | |
| 4 | 2.9 | 2.0 | +0.9 | 11.9 | | 15.1 | 12 | +3.1 | 55.3 | | | | | | | | | | |
| 5 | 2.9 | 2.0 | +0.9 | 12.8 | | 15.1 | 13 | +2.1 | 57.4 | | | | | | | | | | |
| 6 | 2.9 | 2.0 | +0.9 | 13.7 | | 15.1 | 13 | +2.1 | 59.5 | | | | | | | 6.3 | – | +6.3 | 6.9 |
| 7 | 2.9 | 2.0 | +0.9 | 14.6 | | 7.5 | 13 | +2.1 | 61.6 | | | | | | | 6.3 | – | +6.3 | 13.2 |
| 8 | 2.9 | 2.0 | +0.9 | 15.5 | | – | 13 | −6.5 | 55.1 | | | | | | | 6.3 | – | +6.3 | 19.5 |
| 9 | 2.9 | 2.0 | +0.9 | 16.4 | | – | 13 | −13.0 | 42.1 | | | | | | | 6.3 | 8 | −1.7 | 17.8 |
| 10 | 2.9 | 2.0 | +0.9 | 17.3 | | – | 13 | −13.0 | 19.1 | | | | | | | 6.3 | 8 | −1.7 | 16.1 |
| 11 | 2.9 | 2.0 | +0.9 | 18.2 | | 15.1 | 13 | −13.0 | 6.1 | | | | | | | 6.3 | 8 | −1.7 | 14.4 |
| 12 | 2.9 | 2.0 | +0.9 | 19.1 | | 15.1 | 13 | +2.1 | 8.2 | | | | | | | 6.3 | 8 | −1.7 | 12.7 |
| 13 | – | 2.0 | +0.9 | 20.0 | | 15.1 | 13 | +2.1 | 10.3 | | | | | | | 4.0 | 8 | −4 | 8.7 |
| 14 | – | 2.0 | +2.0 | 18.0 | | 15.3 | 13 | +2.1 | 12.4 | | | | | | | | 7 | −7 | 1.7 |
| 15 | – | 2.0 | −2.0 | 16.0 | | 15.5 | 12 | +2.3 | 14.7 | | | | | | | | | | |
| 16 | – | 2.0 | −2.0 | 14.0 | | 15.5 | 12 | +3.5 | 18.2 | | | | | | | | | | |
| 17 | – | 2.0 | −2.0 | 12.0 | | 15.5 | 12 | +3.5 | 21.7 | | | | | 31.0 | | | | | |
| 18 | – | 2.0 | −2.0 | 10.0 | | 15.1 | 12 | +3.5 | 25.2 | | 9.6 | 8 | −8 | 23.0 | | | | | |
| 19 | | | | | | 15.1 | 12 | +3.1 | 28.5 | | 9.6 | 8 | +1.6 | 24.0 | | | | | |
| 20 | | | | | | 15.1 | 13 | +3.1 | 31.4 | | 9.6 | 8 | +1.6 | 26.2 | | | | | |
| 21 | | | | | | – | 13 | +3.1 | 34.5 | | 9.6 | 8 | +1.6 | 27.8 | | | | | |
| 22 | | | | | | – | 13 | −13.0 | 21.5 | | 9.6 | 8 | +1.6 | 28.4 | | | | | |
| 23 | | | | | | 15.1 | 13 | −13.0 | 8.5 | | 9.6 | 8 | +1.6 | 30.0 | | | | | |
| 24 | | | | | | 15.1 | 12 | +2.1 | 10.6 | | 9.6 | 8 | +1.6 | 31.6 | | | | | |
| 25 | | | | | | 15.1 | 12 | +3.1 | 13.7 | | 9.6 | 8 | +1.6 | 33.2 | | | | | |
| 26 | | | | | | 15.3 | 12 | +3.1 | 16.8 | | – | 8 | +1.6 | 34.8 | | | | | |
| 27 | | | | | | 15.5 | 12 | +3.3 | 20.1 | | – | 8 | −8 | 26.8 | | | | | |
| 28 | | | | | | 15.5 | 12 | +3.5 | 23.5 | | | | | | | | | | |
| 29 | | | | | | 15.5 | 12 | +3.5 | 27.0 | | | | | | | | | | |
| 30 | | | | | | 15.1 | 12 | +3.5 | 30.5 | | | | | | | | | | |
| 31 | | | | | | 15.1 | 12 | +3.1 | 33.6 | | | | | | | | | | |
| TOTALS | | | | | | | | | | | | | | | | | | | |

图16-14　产品库存和计划示例

## 附录 4：操作计划大纲

见图 16-15。

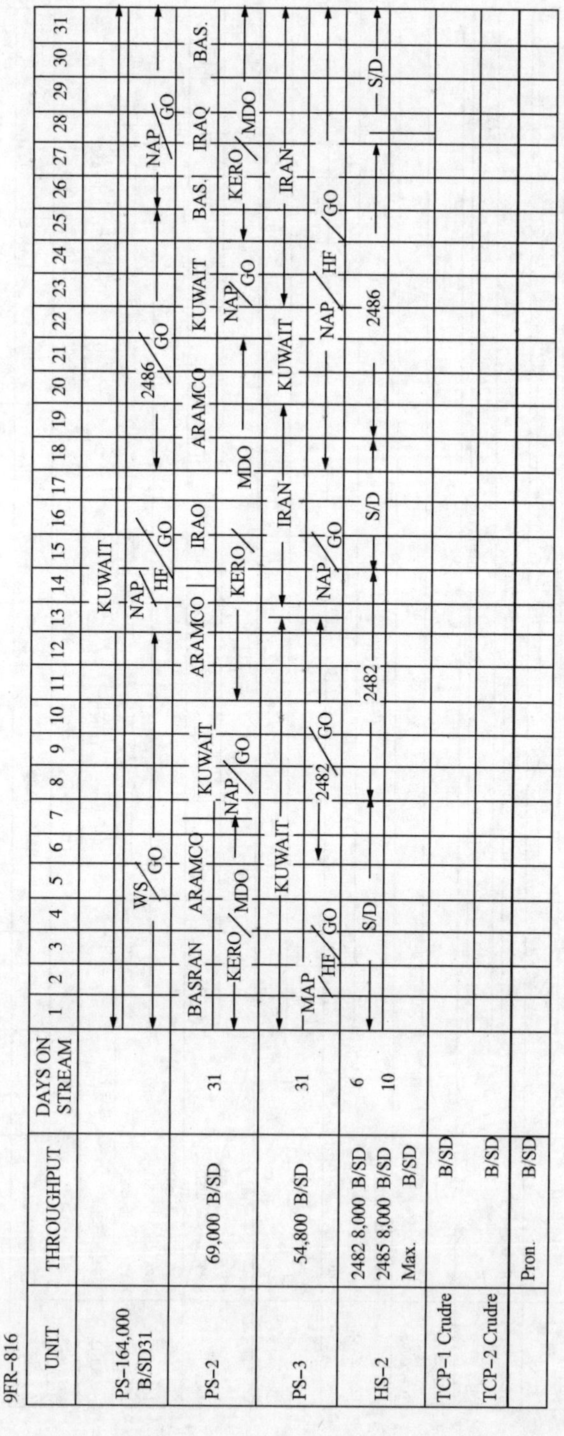


图16-15 操作计划大纲

## 附录 5：典型的详细运行方案和清单

见图 16-16。

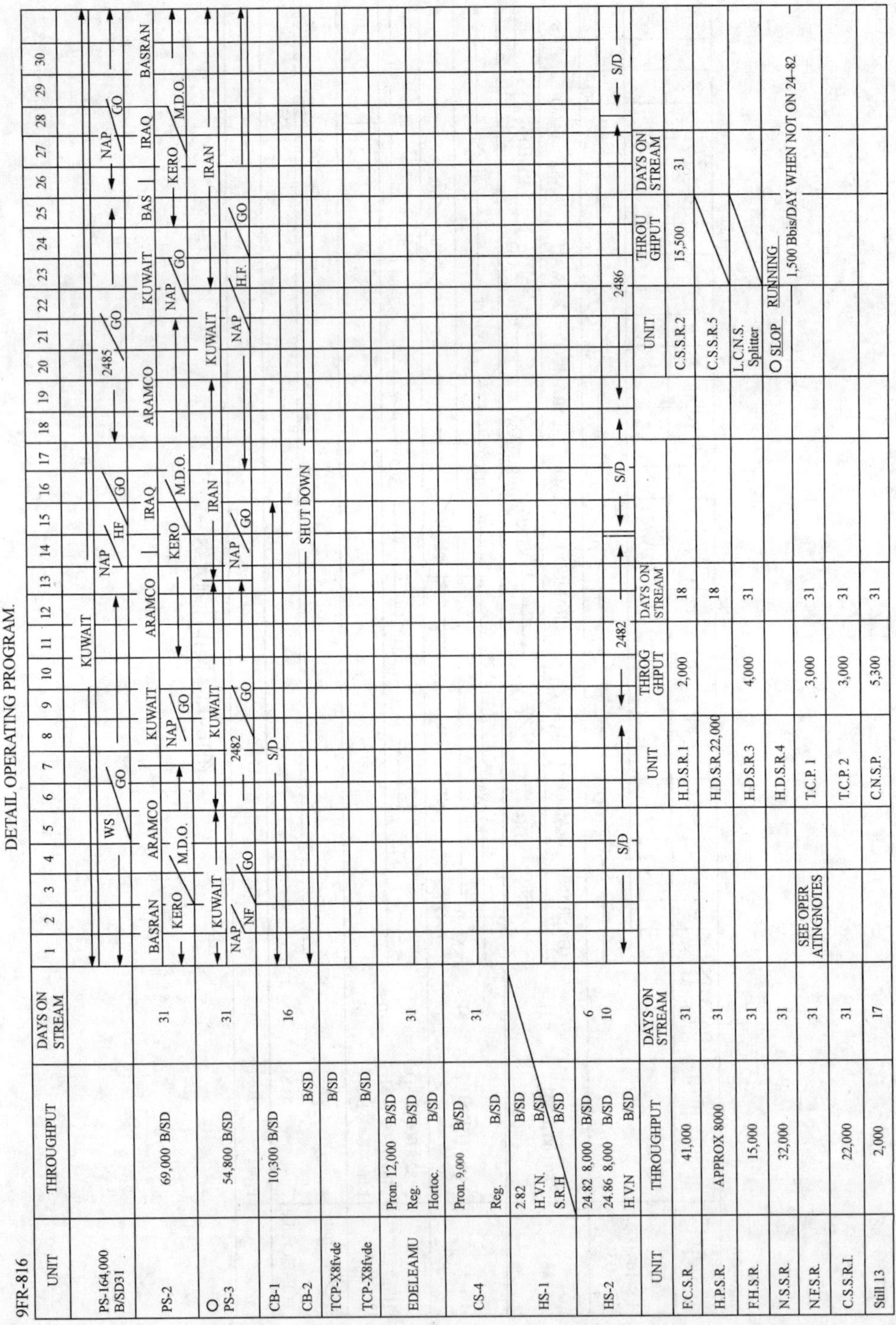


图16-16 典型的详细运行方案和计划

## 附录6：典型的周计划

见图16-17。

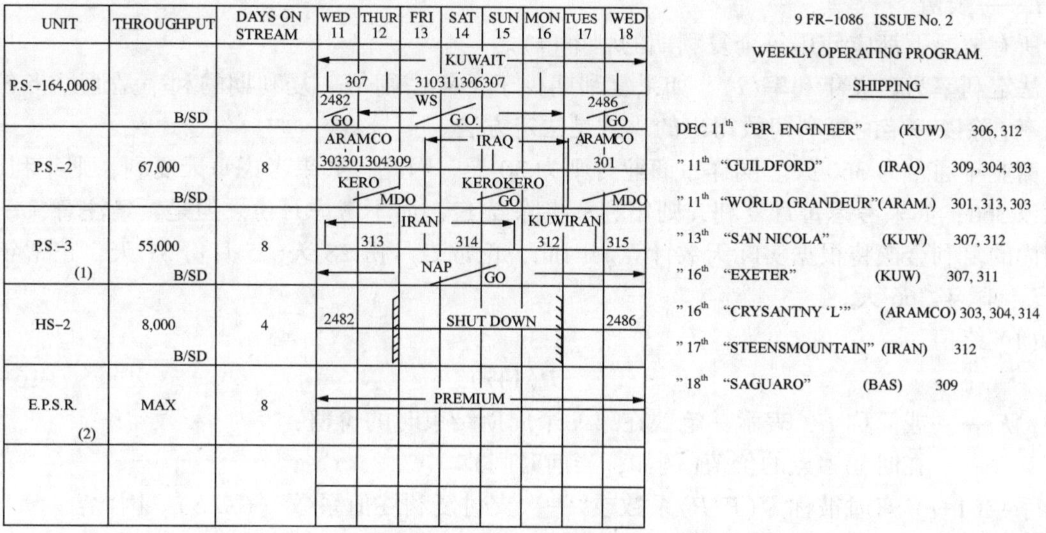


图16-17 A Typical Weekly Program

## 附录7：生产能力估算中使用的典型系数

| 装置类型 | 系数(*b*) | 装置类型 | 系数(*b*) |
|---|---|---|---|
| 常减压蒸馏 | 0.6 | 气体压缩-往复式 | 0.9 |
| 催化重整 | 0.6 | 气体压缩-离心式 | 0.75 |
| 流化催化裂化 | 0.7 | 制氢装置 | 0.55 |
| 石脑油分馏塔 | 0.7 | 硫黄生产 | 0.55 |
| 热裂化 | 0.7 | 蒸汽发生 | 0.55 |
| 延迟焦化 | 0.6 | 公用工程(通用) | 0.55 |
| 流化焦化 | 0.65 | | |

所有其他类型的装置，包括罐区和界区外均可视为0.6。

## 附录8：经济计算背景

以下为经济学计算的常用方法，可根据需要参考使用。

首先，做以下定义：

$P$——一笔资金的现值；

$F$——一笔资金的终值；

$C$——一次性资本(投资或贷款)；

$A$——每期复利总额(年金);

$n$——复利期数;

$i$——年利息率;

$r$——每个复利期的利率;

$L$——残值。

所有情况下都应使用每个复利期的利率($r$)。

法定利率为名义年利率($i$)。如果复利期少于1年,则每一复利期的利率是通过将名义年利率 $i$ 除以一年的复利期数得出的。这是法定方法。

商业年通常为360天。同样,商业月则为30天。因此,如果考虑每天复利,则年利率 $i$ 将除以360;如果考虑每月复利,则年利率将除以12,而不考虑月份。但是,请注意,一段时间内的复利金额将根据实际天数计算。因此,正常二月份28天,5月份31天,正常年份365天,闰年366天。

(1)终值

$$F_n=P(1+r)^n \tag{16-7}$$

式中 $F_n$——或简称 $F$,表示一笔钱在第 $n$ 个周期结束时的价值;

$P$——在时间零点的价值(例如,当前时间)。

系数 $(1+r)^n$ 有时被称为 $(F/P)$ 系数或"一次支付复利终值系数"($CAFS$)。因此:

$$F=P(F/P)_n^r \tag{16-8}$$

或

$$F=P(\mathrm{CAFS})_n^r \tag{16-9}$$

(2)现值

复利终值 $F_n$ 所对应的复利现值 $P$,与复利终值的计算互为逆运算。

$$P=F_n\frac{1}{(1+r)^n} \tag{16-10}$$

倒数项也称为 $(P/F)$ 系数或"一次支付复利现值系数"($PWFS$)。因此:

$$P=F(P/F)_n^r \tag{16-11}$$

或

$$P=F(PWFS)_n^r \tag{16-12}$$

在所有这些公式中,复利在期末生效。在所有用于经济计算的表达式中都是如此。如果复利在期初生效,则需要修改公式,但这种情况很少见。如果需要,公式修改引入 $(1+r)$ 系数。

(3)年金终值(在每个周期结束时发生)

参考附录9和10。

如果在每个周期结束时支付的金额是 $A$,则金额的终值 $F_n$ 按以下公式计算:

$$F_n=A\frac{(1+r)^n-1}{r} \tag{16-13}$$

乘数项也被称为 $(F/A)$ 系数或"年金终值系数"($CAFUS$)。

$$F=A(F/A)_n^r \tag{16-14}$$

或

$$F=A(CAFUS)_n^r \tag{16-15}$$

(4) 偿债基金

偿债基金包括一系列为将来某个时间积累一定数额的资金 $F$ 而支付的款项。和往常一样，我们假设等额本息支付，$A$ 是在每个周期结束时支付的金额。计算假设利率不会随时间变化，否则需要采用试错法。

为了在 $n$ 个期间结束时累积金额 $F_n$，每个期间结束时要存储的金额 $A$ 为：

$$A=F_n\frac{r}{(1+r)^n-1} \tag{16-16}$$

这是年金终值的逆运算。

乘数项被称为($A/F$)系数或“偿债基金系数”($SFF$)。因此：

$$A=F(A/F)_n^r \tag{16-17}$$

或

$$A=F(SFF)_n^r \tag{16-18}$$

正如在经济估算中使用的，折旧和摊销本质上是零利率的偿债基金。再次重申，任何项目都不应同时被视为摊销偿债基金或者支出。

(5) 偿还贷款

贷款偿还计算或“抵押公式”是经济学计算中最有用的表达式之一。它是之前案例的组合。表示在每个周期结束时为偿还在时间零点发生的贷款 $P$ 而发生的等额本息支付 $A$。在这种情况下，现值 $P$ 通常用“资本 $C$”来表示。

公式的推导见附录 9 和 10。

$$A=P\frac{r(1+r)^n}{(1+r)^n-1} \tag{16-19}$$

乘数项也称为($A/P$)系数或“资本回收系数”($CRF$)。

$$A=P(A/P)_n^r \tag{16-20}$$

或

$$A=P(CRF)_n^r \tag{16-21}$$

应该非常清楚这些公式的含义：等额本息还款额 $A$，代表在每个复利周期结束时支付给贷款人的固定金额。$A$ 由两个可变部分组成：本金偿还部分和利息偿还部分。本金偿还部分在贷款偿还开始时只占很小的一部分，但它缓慢地(非线性地)增加，直到最后成为主要部分。相反，利息偿还部分在贷款偿还开始时比例较大，但会逐渐减少，直到结束时变得相对较小。

这个公式是建立在等额本息支付的基础上的，正如抵押贷款经常做的那样，因此得名。当然，还有许多其他的偿还贷款的方法，如果需要的话，也可以为其他情况推导表达式。

“平均利率”是抵押公式的一个分支概念，有时用于反映长期债务平均成本的计算。这一概念见附录 11。

(6) 年金现值

从逻辑上讲，这是贷款偿还计算的逆运算。

$$P=A\frac{(1+r)^n-1}{r(1+r)^n} \tag{16-22}$$

乘数项也被称为($P/A$)系数或“年金现值系数”($PWFUS$):

$$P=A(P/A)_n^r \tag{16-23}$$

或

$$P=A(PWFUS)_n^r \tag{16-24}$$

上述表达式代表了经济评估中遇到的大多数情况。对于其他情况(例如，当年每期付款以一定的速度递增或递减时，即“梯度”法)，也有其他可用的表达式，但极为罕见，不在这里讨论。

## 附录 9：经济分析进展

算数级数和几何级数的概念虽然普通，但在经济学计算中是有很用的。这些概念复习如下。

(1) 算数级数

算术级数(或等差数列)是一系列项，每项都由前一项加上一个(正或负)常量组成。下表数列是算术级数:

| 项 | 1 | 2 | 3 | 4 | … | $n$ |
|---|---|---|---|---|---|---|
| 值 | $a$ | $a+q$ | $a+2q$ | $a+3q$ | … | $a+(n-1)q$ |

其中 $a$ 是首项，$q$ 是常数项。

算术级数的第 $n$ 项由下式给出:

$$b=a+(n-1)q \tag{16-25}$$

算术级数的前 $n$ 项之和是:

$$S=\frac{(a+b)n}{2} \tag{16-26}$$

例如，如果我们求前 100 个数字的和，我们可以看到 1+100=101，2+99=101，直到 50+51=101。因为有 50 对这样的数，所以答案显然是 5050。

(2) 几何级数

几何级数(或等比数列)在经济学计算中更常见。

几何级数是一系列项，每个项都是前一项乘以一个常量。

| 项 | 1 | 2 | 3 | 4 | … | $n$ |
|---|---|---|---|---|---|---|
| 值 | $a$ | $aq$ | $aq$ | $Aq$ | … | $aq$ |

因此，几何级数的第 $n$ 项由下式给出:

$$b=aq^{(n-1)} \tag{16-27}$$

更重要的是，前 $n$ 项的总和是:

$$S=\frac{bq-a}{q-1} \tag{16-28}$$

或

$$S=\frac{aq^n-a}{q-1}=a\frac{q^n-1}{q-1} \tag{16-29}$$

如果 $q<1$，在这种情况下，分子和分母都是负数，为了方便起见，公式可写成：

$$S=a\frac{1-q^n}{1-q} \tag{16-30}$$

这些表达式是抵押公式和许多其他经济计算的基础。

## 附录 10：贷款偿还(抵押公式)

假设已经借了一定数量的钱 $C$，计划在 $n$ 个期间内还完，这样在每个周期结束时，偿还相同的金额 $A$。假设利率保持不变，每个周期的利率为 $r$。

(1) 时间零点

把贷款取出，欠款为 $C$。

(2) 第一周期结束

欠款为 $C(1+r)$，还款 $A$。因此，目前欠款为 $C(1+r)-A$。

(3) 第二周期结束

欠款为 $[C(1+r)-A](1+r)=C(1+r)^2-A(1+r)$，再次还款 $A$。

因此，目前欠款为 $C(1+r)^2-A(1+r)-A$。

(4) 第三周期结束

还款 $A$ 之后，欠款为 $[C(1+r)^2-A(1+r)-A](1+r)-A$，或者 $C(1+r)^3-A[(1+r)^2+(1+r)+1]$，可以持续用这个方法推导所有的中间周期。

(5) 第 $n$ 周期结束

完成最后还款 $A$ 之后，欠款为 $C(1+r)^n-A[(1+r)^{(n-1)}+(1+r)^{(n-2)}+\cdots+(1+r)+1]$。

但由于在 $n$ 个周期内要还清贷款，所以此时待还余额必须为零。

通过应用附录 11 中的求和公式，可以将其改写为：

$$C(1+r)^n-A\frac{(1+r)^n-1}{(1+r)-1}=0 \tag{16-31}$$

或

$$C(1+r)^n=A\frac{(1+r)^n-1}{r} \tag{16-32}$$

或求解 $A$ 得：

$$A=C\frac{r(1+r)^n}{(1+r)^n-1} \tag{16-33}$$

这就是“抵押公式”。

## 附录 11：平均利率

“平均利率”是当一笔贷款在多个时间段内偿还，但希望仅对其中一个时间段进行初步的经济分析时产生的概念。在附录 10 中看到，如果使用等额本息方式还款，实际支付的利息金额从一开始的高点到最后相对较小的数额不等。那么问题是：在一个特定的时间段内，平均支付的利息是多少？这个值通常是通过将所有的利息支付加起来，然后除以总周期数得到。当资本杠杆作用很强(即高债务比例)，则平均利息的计算就很有意义。因为，支付的平均利息将低于根据未偿债务总额在第一期支付的利息。

在贷款期限内支付了多少利息？如果借了一笔资金 $C$，而且一共支付了 $n$ 期，每期 $A$ 美元，那么支付的总金额和借入的资金之间的差额就是利息总额。

$$支付利息总额=nA-C \tag{16-34}$$

因此，每个复利周期作为利息支付的平均金额为：$C$

$$单期平均利息=A-C/n \tag{16-35}$$

或用 $C$ 作基准，我们得到：

$$平均利率=A/C-1/n \tag{16-36}$$

这个利率是单期平均利率；年化利率需要通过乘以一年内的复利期数得到。

使用平均利率的效果是什么？举个例子，一笔 10 年期贷款，年利率 10%(如果 $C=1$，则 $A=0.1627454$)，算得平均年利率仅为 6.27%。

## 附录 12：线性规划运用实例

来自：关于炼油厂配置的线性规划辅助决策，D. S. J. Jones(Fluor(England) Ltd.) and J. N. Fisher(Bonner & Moore Associates, Inc., Houston, Texas)

利用线性规划进行数学建模可以解决炼油厂运营和规划中的许多问题。与决策失误的成本相比，这项技术的经费支出显得微不足道。

通过线性规划的数学模型研究炼油厂规划问题所带来的经济效益变得越来越明显。

不断增加的投资成本与产品质量要求提高、原油结构变化、自由市场国家能源模式的改变以及石化产能扩大的需求等因素，造成炼油厂加工流程选择上所犯的错误代价变得越来越大。只要采用先进的数学方法能够降低这一决策风险，资本和投资的潜在收益远远大于投入这项研究的财务支出。

下面是一个典型炼油厂模拟研究方式的实例，这只是使用线性规划进行数学建模可以解决的众多问题之一。

通过计算机线性规划技术长期广泛应用于石油炼制企业，用于优化生产计划和操作方案。随着现代高速大容量计算机的引进，这项技术在工业界得到了长足的发展。

简单地说，线性规划是线性子模型的发展，线性子模型用数学方式描述了企业的各种业务，如炼油加工、原油和产品流程、营销需求等。这些线性子模型相互关联，建立了一个完整的具体操作的数学模型。利用计算机求解模型中的方程，可以选择性地对操作进行优化。

数学模型的大规模使用为管理层提供了一种方法，使越来越多的决策具有可以计算预测的基础。因此，仅依靠个人经验或“感觉”进行决策所带来的风险正在逐步消除。

下面的案例展示数学建模和线性规划在处理炼厂简易问题上的应用。

(1) 问题定义

一位客户希望建造一座新的炼油厂。公司已经在该地区进行了一次市场调查，已经详细了解满足市场需求的产品的数量、质量以及价格。管理层现在必须决定经济上最佳的炼厂配置，以满足其原油和产品的需求。在这个阶段，只有一种原油进厂，在一定程度上简化了问题。但是，为了其他方面的考虑，管理层需要解决方案能满足以下前提：

① 炼厂配置要在最小投资情况下满足在大量生产汽油的要求，同时燃油产品的硫含量可以自由控制。所有其他产品都要满足质量和数量要求。

② 炼厂配置在固定原油供应、不限制产品结构以及不限制原油供应、限制产品结构两种情况下均要实现投资回报最大化。

③ 此类问题适合于用线性规划求解，因此，开发了炼油厂模拟模型来满足这两个前提。

(2) 工艺考量

构建模型的第一步是建立尽可能多的处理单元，以帮助解决问题。例如，对汽油的需求如此之大，显然需要某种类型的裂化装置。因此，该模型包括重整、催化裂化、加氢裂化、焦化和减黏裂化单元。这些单元的某种组合必须满足问题的前提。

同样，燃油含硫量较低可能需要某种形式的渣油处理单元。因此，渣油加氢裂化单元中包含了两种不同效果的脱硫剂分别用于处理常压渣油和减压渣油。

已经包含的工艺单元将根据进料量、产品收率、产品质量和操作费(以进料量为基准)用来进行详细规划。这部分研究是第一个重要的步骤，需要专家的专业知识。这些数据为合理解决这一问题奠定了基础，因此，有必要用现实和技术经验来提高预测和理论的准确性。

例如，在计算常减压装置的产量时，需要考虑分馏效果对产品收率的影响。使用实际工业装置能达到的理想的 ASTM 蒸馏脱空度数据。

在催化裂化装置中，需要一种更加复杂的预测方式来关联产品收率和多种与热力学因素无关的进料性质。这里使用了一个原料为直馏蜡油、沸石催化剂，转化率为 75% 的基本案例的原料和产品收率数据。

基本案例中所有其他原料(包括经过加氢处理的原料)的产品收率与第一动力学定律和热力学因素相关。有一个简单的计算机程序可以用来做这样的计算，同时它也可以用于模拟不同沸石催化剂用量产生的影响。这些计算结果在纳入研究之前要对照现有的工厂实际数据进行核查。

其他工艺，如加氢裂化、加氢处理、减黏裂化等，注意只使用已证实的产量数据或相关性数据。

催化重整装置的收率数据是通过产品产量与原料环烷烃和芳烃含量的相关性得到。研究范围包括了操作苛刻度从 95 到 105(研究法辛烷值)整个范围。用该方法对一个在运装置的实际产量进行了抽样检验，结果表明该方法可行，精度可接受。

(3) 基本经济数据

在开发了“模型”的物理产量结构之后，下一步是通过提供投资和维护成本来完成基本数据。

当然，从承包商多年来完成的项目中，可以获得大量的工厂成本数据。但是，始终需要分析这些成本，并根据最新的材料和人工成本变化对其进行校核。

为了这项研究，对每种类型装置进行了大量的成本数据统计学分析。通过分析，得到了一个基础成本和经验指数关系式，以尽可能真实地将总投资成本与产能联系起来。这种关系可以用非线性方程表达。

$$C=C_0(T/T_0)^k \tag{16-37}$$

式中 $C$——新装置投资成本；

$C_0$——基础产能对应基础成本 $T_0$；

$T$——新装置的产能；

$K$——经验常数。

将投资成本的非线性形式包含在线性规划中需要特别的处理，稍后将看到如何运用。

在模型中，许多用到的单元都是有专利授权的，需要为此支付使用费。以美元/桶加工量计算的专利使用费也计算在投资中。使用的化学品和催化剂，第一批用量也作为投资的一部分。

化学品和催化剂损失被视为和公用工程消耗一样的运营成本。劳动力作为固定的运营成本，包含在投资回报中。维修成本固定为总维护成本的百分比。

（4）模型开发

在生成工艺和成本数据的同时，模型最终基本架构也在开发中。包括在炼厂模型定义每种物流流向的多种可选方案。

物流流程的选择要非常谨慎，至少必须满足两个要求中的一个。首先，这样的流程是否真的有助于满足产品结构要求以及客户设定的前提条件？其次，在实际运行条件下，这种流程是否可行？

正如炼厂是由装置组成一样，炼油厂的线性模型也是如此。在这里，每个工艺单元本身被视为一个子模型，这些子模型有它自己的工艺和经济数据。

这些数据以表格的形式排列，并以可识别的术语列出，便于访问。本案例中使用的子模型表格如表16-23所示。在这个表格中，一个称为GAMMA的矩阵生成器用来将许多子模型组装成一个完整的LP矩阵。该矩阵可由一个称为OMEGA的线性规划系统求解。稍后我们将看到，这些表格输入的数组也会被解决方案报告的编写者使用。

炼厂的完整数学模型是通过一个列出所有数据内容的方程式来显示的。该方程体现了许多变量的相互关系，包括炼厂流程、调和约束条件、单元投资限制等。这些关系需要项目工程师进行确认。

到目前为止已经收集了用于线性规划所有数据，有必要检查它们是否有错误。为此，开发了多种计算机技术，这些技术配合工艺工程师的二次检查，大大消除了明显错误和无效数据出现的可能性。

同时为了增加可信度，还要通过解决一个实际的测试案例来进行的最终的检验。要对运算结果进行仔细审查，以确保计算得出了符合实际要求的炼油厂配置，并且所有配置都处于平衡状态。

（5）优化和其他技术

线性规划的一个主要价值是，一旦外部条件反映在LP框架内，就可以对该条件进行优化。在这项研究中，优化目标为利润最大化或费用最小化。在这个特定的案例中，选择了前者。应该强调的是，优化只能针对影响模型的外部条件来开展。因此，需要非常认真地考虑所有可能的有意义、有价值的选择。

表 16-23 典型 LP 基础数据文件的摘录(表 TEF-裂解瓦斯油的加氢处理)

| | KGO 焦化瓦斯油 | VBO 减黏裂化瓦斯油 | CYO 催化循环油 | |
|---|---|---|---|---|
| 重整 | 0.0244 | 0.0209 | 0.0096 | XX+H2F |
| 干气 | — | — | — | XX+GS1 |
| 丙烷 | — | — | — | XX+C3S |
| 异丁烷 | — | — | — | XX+IC4 |
| 正丁烷 | — | — | — | XX+NC4 |
| $C_5$~380℃汽油 | -0.0916 | -0.0550 | -0.0527 | XX+TNP |
| 损失 | -0.0169 | -0.0109 | -0.0034 | XX+LOS |
| 脱硫焦化瓦斯油 | -0.9159 | — | — | XX+SKO |
| 焦化瓦斯油 | 1.0000 | — | — | XX+KGO |
| 减黏裂化瓦斯油 | — | 1.0000 | — | XX+VBO |
| 加氢处理轻减黏瓦斯油 | — | -0.9550 | — | XX+SVO |
| 加氢处理循环油 | — | — | -0.9603 | XX+SCY |
| 循环油 | — | — | 1.0000 | XX+CYO |
| 燃料油/MMBTU | 0.1113 | 0.1113 | 0.1113 | XX+FUL |
| 电/(kW·h) | 3.0764 | 3.0764 | 3.0764 | XX+KWH |
| 蒸汽/MLB | 0.0029 | 0.0029 | 0.0029 | XX+STM |
| 化学版税催化剂 | 0.0023 | 0.0023 | 0.0023 | XX+CRC |
| 报告原料收集 | 1.0000 | 1.0000 | 1.0000 | XX+FOR |
| 报告作者帮助 | 1.0000 | 1.0000 | 1.0000 | UNPACK |
| 硫至回收单元 | -8.8500 | -5.1400 | -5.9800 | XX+SUA |
| 加氢处理轻瓦斯油处理能力 | 1.0000 | 1.0000 | 1.0000 | HTXCPE |
| 气体单元最大处理能力 | — | — | — | GPXCAP |

有许多炼油厂变量是非线性的。些非线性变量包括，汽油调和的影响，单元规模对投资的影响，以及各种工艺下苛刻度不同带来的影响。当这些影响可以在成本基础上用凸曲线描述时，曲线的某一段作为线性段包含在模型中(见图 16-18)。

如果苛刻度与产品价值的关系是一条凹曲线，那么只有一个变量可以用来反映苛刻度的变化。实际上这只能是一种估算，必须在结果出来后进行检查。

辛烷值调和是高度非线性的，模型中将采用一种新的方法来反映这种关系。这种方法比旧方法有相当大的优势，更容易理解和使用。

该技术能够反映出每种辛烷值调和组分对辛烷值敏感性。它也能够准确反映每种辛烷值调和组分对不同种类辛烷值的影响(即研究法辛烷值、马达法辛烷值、道路辛烷值等)。

这项技术需要借助递归程序来校正模型系数，这些系数反映了各项对于求解的真实敏感性。然后用不同调和方案重新计算的辛烷值对模型进行优化，并再次对其进行检查。重复此操作，直到无需进一步更改。

资本支出的非线性曲线都是凹曲线。因此，通过递归程序算出单元投资成本，再计估算始投资成本。下面将详细描述这个递归例程。在投资成本中可以考虑的各种因素包括：总投资成本与规模关系、界区外投资、保险、税收(收入和资产)、管理费用、维护费用、人工成本、专利费、升级费用、工厂服务费、折旧以及各种设施的预期经济寿命。

(6) 解决方案

在对资本性支出(通常称为建设规划)的研究中，有许多可能的数学方法可用于获得解决方案。

然而，经验表明，在计算机上进行线性规划是迄今为止解决这类问题最经济的方法。通过这种方法，可以快速有效地检验许多可能的解。在讨论本案例所采用的解决方案之前，让我们快速回顾一下任何典型炼厂的投资环境。这在图 16-19 中以简化形式进行了说明。

在线性图纸上，总成本曲线表明，随着加工量的增加，总加工成本将增加。但是，单位加工成本(美元/BPCD)与加工量的关系图显示了相反的情况，即单位加工成本将随着加工量的增加而降低。这类成本反映在 LP 模型中。

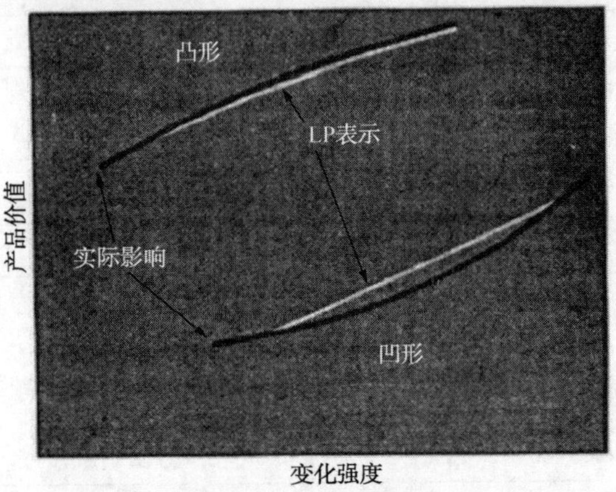


图 16-18　凹凸曲线在 LP 模型中线性表述

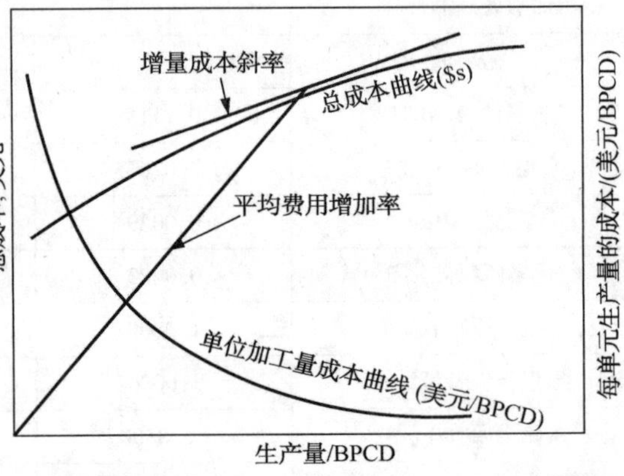


图 16-19　典型炼油厂成本参数变化

图 16-19 还显示了给定加工量下的平均成本斜率和增量成本斜率。平均成本斜率包括与特定单元相关的所有成本。斜率是线性的，同时一定经过原点。增量成本斜率线反映了短期内单元的单位加工量成本的变化。在所有加工量范围内，该斜率线始终与总成本曲线相切。

可以看出，平均成本使模型认为应该不断扩大单元的规模，而增量成本曲线则使得单元规模存在一个最佳值。增量成本忽略了解决方案中的所有固定成本，它主要使投资回报最大化。

本案例中使用的方法是给所有单元设定一个初始名义成本来开始进行求解。这可以在方案中任意选定一个单元。一旦 LP 在名义成本下选择了一个最优的单元结构组合，就可以使用估算投资成本的递归程序来确定最终解决方案加工量下的平均成本。这些平均成本基于最低投资回报率和以预期经济寿命计算的折现现金流为基础。

然后用这些新的计算成本代替模型中的初始给定成本。这种平均成本法倾向于删除那些可能在自由配置阶段被选择的非常不切实际的小单元。于是，模型就用这些新成本进行了优化。递归和求解不停重复，直到成本、配置或大小不再发生变化。上面描述的所有项目都是在一次计算机运行中完成的，并且最终的解将被保存并形成报告。然后对结果进行仔细检查，以确保它们是合理的，并且如果使用了不同的解决方案路径，则没有可能被选择的自动限制单元。

开始第二步，根据平均成本恢复到第一步的解。然后使用增量成本概念重新计算该配置的投资成本。这种增量成本不需要投资回报，并且假定单元的经济寿命是无限的。这一步骤中确认的唯一成本是每个单元的增量维护费用。因此，建筑成本并没有在经济上抑制单元规模或总投资。要根据预设的产品结构和可用的原料品种来优化单元规模和总投资。这里再次使用递归步骤，但这次只包括增量维护成本。

模型里有一个与投资总额相关变量。该变量在通过上述递归操作更新单元成本的同时被更新。使用这个总投资变量，就可以逐步降低(参数化)总投资，直到不再出现可行的解决方案。而不可行的解决方案就是该配置的现金流小于零。

随着总投资的减少，单元规模、产品结构和原材料在所有预设条件的框架内发均生了变化。因此，通过此参数扫描，现在可以得到满足以下要求的炼油厂配置(规模和形式)：最大投资；最大投资回报；最大预期现金流；最低投资；每个参数的运算步骤和结果将被记录并形成报告。

(7) 解决方案分析

除了已经讨论过的专门设计的报告编写技术外，LP 还具有标准数量的解决方案报告，这些报告通常具有更高的技术性。尽管它们很有价值，但不容易被看懂。然而，使用 LP 的团队中的某些成员必须能够阅读和解释这些报告，因为这些报告的一个主要用途是找出那些可能被忽略的明显错误。本研究中使用的这些报告称为 BI/DJ 和边界输出报告。它们给出了一个相对简要的说明。

**表 16-24 典型 LP 模型中的 BI/DJ 输出表**

| 状 态 | 标 签 | 成 本 | BI/DJ | 状 态 | 标 签 | 成 本 | BI/DJ |
|---|---|---|---|---|---|---|---|
| BI | FU+VIS | 0.000 | 12.9443 | BI | FU/VBR | 0.000 | 0.0000 |
| BI | FU/CYO | 0.000 | 1.4567 | | GO-DIN | 0.000 | 0.0574 |
| BI | FU/HBA | 0.000 | 0.0000 | BI | GO-SPG | 0.000 | 0.0029 |
| | FU/HBB | 0.000 | 0.0591 | | GO-XXX | 10.000 | 14.1623 |
| BI | FU/HBE | 0.000 | 0.0000 | BI | GO-446 | 0.000 | 8.7949 |
| | FU/HBF | 0.000 | 0.0000 | BI | GO-675 | 0.000 | 12.5429 |
| | FU/HBG | 0.000 | 0.1084 | BI | GO+POR | 0.000 | 1.9087 |
| | FU/HBH | 0.000 | 1.3164 | BI | GO+SPG | 0.000 | 0.0097 |
| | FU/HBM | 0.000 | 0.6095 | | GO+SUL | 0.000 | 0.0754 |

BI/DJ 输出(见表 16-24)给出了在最佳解决方案中选择的所有变量的解决方案级别的活动(BI)。对于那些未被选择的变量，如果把它们强制包含在配置(或基础)中，则可能发生的成本或利润的减少，减少量由 DJ 值给出。

表 16-25　典型 LP 模型初始范围输出表

| LP label | LP cost | Limits of range | | | |
|---|---|---|---|---|---|
| | | Negative | | Positive | |
| | | Variable affected | Cost increment | Variable affected | Cost increment |
| MD/KER | 0. 000000 | MD/HDF | 0. 005291 | MD+SUL | 0. 131973 |
| FU/CYO | 0. 000000 | HF/CYO | 0. 000000 | XX+VBR | 0. 028074 |
| FU/HBA | 0. 000000 | HF/HBA | 0. 000000 | GO/HDA | 1. 293871 |
| FU/HBE | 0. 000000 | HF/HBE | 0. 000000 | H3FHCE | 1. 085441 |
| FU/HRB | 0. 000000 | HF+POR | 0. 000000 | HF+VIS | 0. 000000 |
| FU/HRE | 0. 000000 | HF/HRE | 0. 000000 | HVFHBE | 0. 164348 |
| FU/HRG | 0. 000000 | HF/HRG | −0. 000000 | GO/HDG | 1. 243582 |
| FU/HSB | 0. 000000 | HF/HSB | −0. 000003 | GO/HDB | 1. 510931 |
| FU/KEX | 0. 000000 | XX+KEX | 2. 541661 | Slyker | 19. 910502 |

边界信息是对 BI/DJ 的补充报告。边界给出了与 DJ 相关的增量和与基础变量相关的成本范围。表 16-24、表 16-25、表 16-26 的推导结果是 BI/DJ 和边界文件运用价值的最佳示例。

表 16-26　典型 LP 模型双范围输出表

| LP label | Original activity | Limits of range | |
|---|---|---|---|
| | | Variable affected | Positive volume increment |
| FU/HBB | 0. 000000 | FU/HRB | 0. 000000 |
| FU/HBF | 0. 000000 | HF/HBF | 0. 000000 |
| FU/HBG | 0. 000000 | CCFHSG | 0. 000000 |
| FU/HBH | 0. 000000 | TEFCYO | 0. 109287 |
| FU/HBM | 0. 000000 | FU/CYO | 0. 549070 |
| FU/HRA | 0. 000000 | FU/VBR | 0. 000000 |
| FU/HRF | 0. 000000 | FU/VBR | 0. 000000 |
| FU/HRH | 0. 000000 | FU/VBR | 0. 000000 |
| FU/HSA | 0. 000000 | CCFHSA | 0. 000000 |

考虑在炼厂配置中选择的 CYO 组分。(在这个案例中，代码 FU/CYO 表示炼厂物流 CYO 被输送至燃料。) 进入燃油调和的 CYO 物流的数量为 1457BPCD。现在考虑组分“HBM”。此股物流具有 DJ 值但没有被选中(即，没有前缀)。强行将“HBM”组分并入燃油的成本为 0. 6095 美元/桶。这个信息很有趣，但除非知道企业的流程边界，否则它并没有实际意义。

由于在基础中选择了 FU/CYO 项，因此其边界数据可以在原始边界输出(表 16-25)中找到。表中对这股物流的表达说明即使变量有一个非常小的负激励(小于 0. 000001 美元)，解决方案的最佳容量水平也不会改变。更进一步，即使这个变量具有高达 0. 02807 美元/桶的正成本激励，情况也不会改变。

现在来看变量。在基准中没有被选取，它出现在双边界输出表中(表16-26)。该项目的数据表明，初期加工量为549BPCD时，“HBM”并入燃油的运输成本为60美分/桶。此后我们所知道的是，加工量超过549 BPCD以后，每桶成本将会增加。

这里选择的示例描述了可变物流的经济学分析，这些可变物流逻辑上都可以调入燃油中。然而，需要强调的是，BI/DJ和边界输出对于模型中包含的所有变量(工艺装置、炼厂流程、产品规格等)都包含类似的信息。

(8) 计算机报表编写器

计算机生成的数据包含与解决方案相关的所有内容。然而，对于除了少数受过高度训练的人以外的所有人来说，这种形式的数据将毫无意义，也没有实际用途。本研究中使用的LP系统包含一个专门设计的报告编写器，使用一种称为DART的语言进行编码。这将计算机LP输出转换并形成面向管理者的报告，这些报告可以在不牺牲相关技术内容的情况下轻松阅读和理解。

在这种特殊情况下，报告编写序列产生的大量数据可以以某种形式复制，并且能够包含在最终文件中。表16-27显示了这样一个报告的例子(注意：本例中的实际计算数据已被删除)。

**表16-27 物料和收益平衡**

| 产品/原料 | 价格 | MB/CD | M$/CD | 百万美元/年 |
|---|---|---|---|---|
| 优质汽油 | — | — | — | — |
| 中等汽油 | — | — | — | — |
| 普通汽油 | — | — | — | — |
| 高黏度重燃料油 | — | — | — | — |
| 普通煤油 | — | — | — | — |
| 丙烷液化气 | — | — | — | — |
| 船用柴油 | — | — | — | — |
| 硫 | | (实际数据已删除) | | |
| 短缺和燃料 | — | — | — | — |
| 总产量 | — | — | — | — |
| 原油 | — | — | — | — |
| 总原料 | — | — | — | — |
| Tel. in liters | — | — | — | — |
| 生产利润 | — | — | — | — |
| 花费 | | | | |
| 公用工程和特许权使用费 | — | — | 6.064 | — |
| 操作工人和实验室 | — | — | 2.930 | — |
| 维护费、税和管理费用 | — | — | 3.061 | — |

续表

| 产品/原料 | 价格 | MB/CD | M$/CD | 百万美元/年 |
|---|---|---|---|---|
| 资本回收 | — | — | 12.817 | 4.678 |
| 总花费 | — | — | 24.872 | — |
| 收益 | — | — | 4.202 | 1.S34 |
| 现金流，收益+资本回收 | — | — | — | 3.144 |
| 投资 | | | | 百万美元 |
| 装置 | | | | 27.929 |
| 装置外 | | | | — |
| 催化剂和版税 | | | | — |
| 罐区和码头等 | | | | — |
| 总计 | | | | 27.929 |
| 投资回收期 | | | | 8.882 |
| ROI 7 年，3.0% | | | | |
| ROI 10 年，10.5% | | | | |
| ROI 16 年，15.1% | | | | |

对于上面讨论的参数序列，开发了一种特殊的报告编写技术，可以以案例堆叠的方式重复每个成功的参数步骤。这种类型的报告是由前面描述的报告精简而来。

(9) 最终文件

当问题的四个前提的解决方案确定后，使用所描述的技术，就已经确定，或者说隐藏在形成计算机输出的大量表格数据中。现在仍然需要提取输出数据的相关部分，并将其呈现出来，以便能够达到研究的目的，即向管理层提供信息，以便做出一个好的决策。最常见的方法是通过一份书面报告，其中对数据进行了总结和讨论，并说明结论。

虽然这里不建议讨论技术报告写作的一般技巧，但一些复杂报告的基本要求，还是值得强调的。这份报告必须满足两个主要功能。第一，为了方便客户管理，尽可能简洁地陈述结论和对这些结论的解释。其次，它必须以尽可能短的格式呈现所有备份数据，以便客户自己的员工能够检查和确认得出的结论。

本报告以附录的形式满足了第二个功能。其包括计算机打印输出副本，以及子模型、经济平衡等的列表。通过总结各参数运行的经济和产量，这些数据得到了进一步补充。

报告的主体部分包括对研究的简短描述，以及对结果的讨论。然而，对于问题的四个案例中的每一个，两个插图简洁地描述了结果。第一个图显示了满足所研究案例前提的最终炼厂配置，图 16-20 给出了一个典型的例子。第二个图(如图 16-21 所示)给出了这种配置的基本经济趋势，并描述了每个参数情况下主要产品的产量。

所示图表仅用作示例，这些数字是虚构的或是故意删除的。然而，可以看出，图 16-20 描述了根据前提要求所构建出的结果。图 16-21 显示了为什么这样的配置是最佳的，以及最终产品结构。这样的图表也让客户的管理层有机会快速评估改变一个基本前提对最大投资回报或最低资本投资的影响。

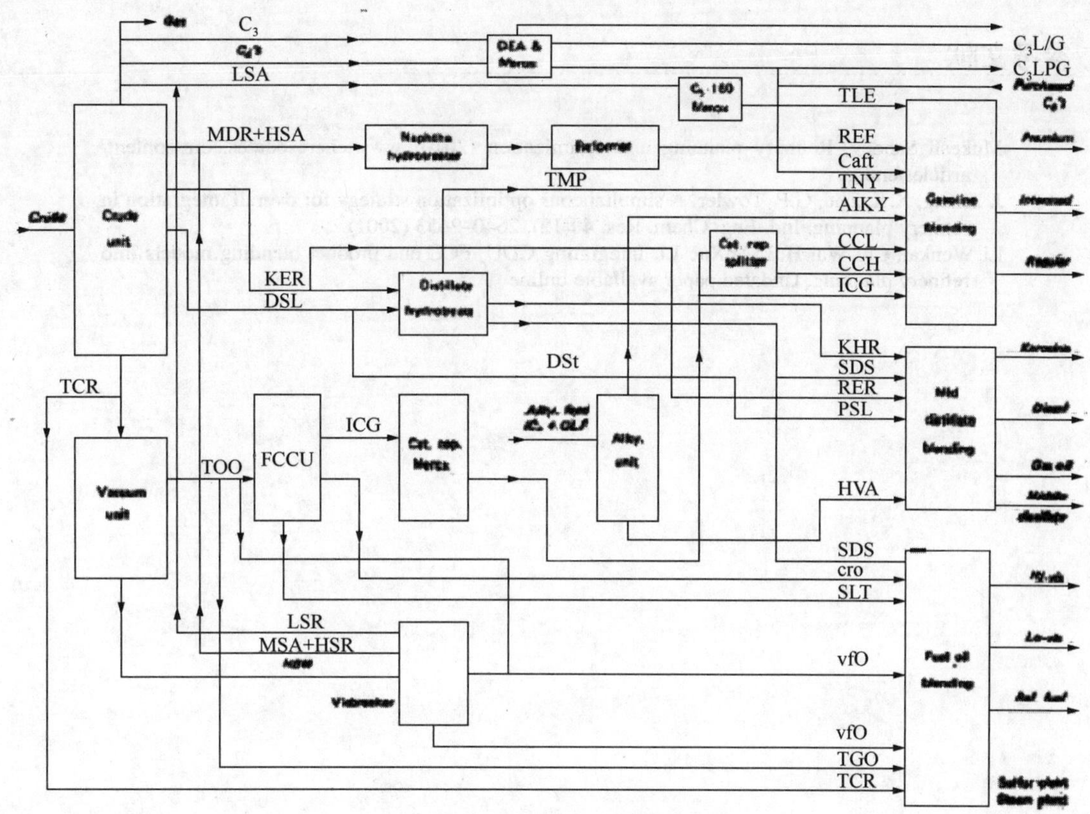


图 16-20 典型最佳装置结构

注：原书中此图不清晰。

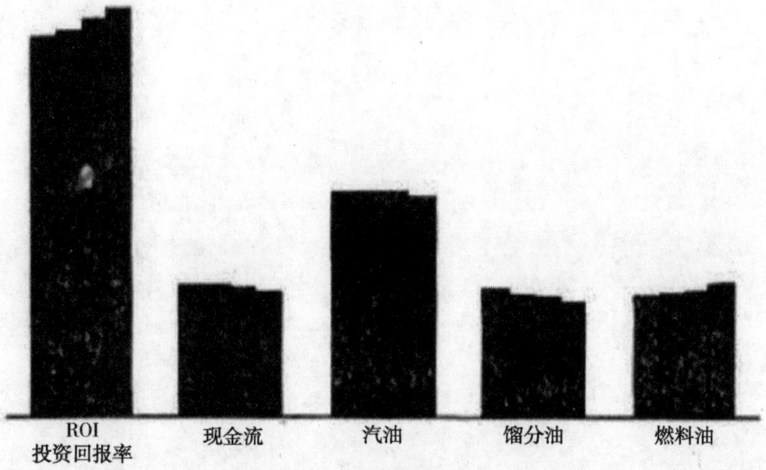


图 16-21 图 16-20 中装置配置的经济分析棒图

注：原书中此图不清晰。

## 参考文献

Mukesh Sahdev, Refinery planning and optimization (2010) www.cheresources.com/content/articles/energy

J. Zhang, X.X. Zhu, G.P. Towler, A simultaneous optimization strategy for overall integration in refinery planning. Ind. Eng. Chem. Res. **40**(12), 2640–2653 (2001)

Li Wenkai, Chi-Wai Hui, AnXue Li, Integrating CDU, FCC and product blending models into refinery planning. Undated paper available online

# 第 17 章 石油加工项目

## 17.1 项目实施介绍

本章主要介绍炼油厂新设备安装或旧设备改造的内容，安装技术标准主要参考本书的“炼厂规划与经济分析”章节。项目大部分的前期工作由公司的开发工程师负责实施。随后，在被选定的工程机构执行早期工作的同时，公司将设立一个由项目经理领导的项目团队，负责监督和审查公司对项目实施过程中的利益及要求。

## 17.2 项目前期工作

本书的“炼厂规划与经济分析”章节，描述了实际项目实施的若干步骤。如今，前期项目决策通常被整合为连续的、更加详细的步骤，简称为“项目前期工作”或“FEL”。这个过程在不同的公司中也被称为项目前期策划(PPP)、前期工程设计(FEED)、可行性分析、概念性规划、编程/原理图设计及早期项目规划。虽然各公司在 FEL 阶段所要求的交付内容有所不同，但一般都遵循本文叙述的模式。有关这种方法的更多信息可以在建筑业协会网站和出版物上找到，其网站上选列的“最佳实践”部分特别有用，网址是 http：//construction-institute. org/。

与以往相比，FEL 方法要求将大部分工艺工程和一些额外的基础工程放在项目执行前期完成。这样可以在提交详细设计委托之前更好地确定项目内容和预估工程成本，以及更好地衡量项目工程的造价。开发阶段注入大量的资金，是为了在具体实施过程中浪费更少。

根据公司的理念，FEL 方法分为三个或四个阶段。在每个阶段结束时进行管理评审，并批准项目进入下一阶段(如果下一阶段未获批准，则返回修改再审)。常见的 FEL 阶段和每个阶段主要的、典型的任务如下。

### 17.2.1 Pre-FEL-1 阶段

项目的初始目标以及一些早期经济核算是在 Pre-FEL-1 阶段制定的。这项工作通常由石油炼制公司内的一个小团队自主完成。此阶段的大量研究都是利用简单的电子表格模型完成的，通常只完成各个单元的物料平衡计算。将各个单元联系在一起方可获得预算产品收益、产品性能、公用工程设施及其他预算。不同方案的造价根据工程预算或生产能力等因素估算，此时的成本估算仍会有很大的出入。此阶段的可交付成果通常包括：

① 拟定项目目标；

② 流程示意图及技术选择；

③ 不同方案的平衡计算；

④ 预估的资本成本预算[正负误差，典型±(30%~50%)]；

⑤ 初步经济核算；

⑥ 推荐一个或者多个作为 FEL-1 阶段的开发案例；

⑦ FEL-1 阶段待解决的问题；

⑧ 申请批准 FEL-1 阶段中的支出及预估的 FEL-1 阶段费用。

### 17.2.2 FEL-1

此阶段缩小了选择范围，进一步明确了项目的范围和费用。这部分工作可以继续自主完成，也可以聘请承包商。对来自 Pre-FEL-1 阶段的不同方案将进行详细评估，并筛选为一个主要方案。对于被选定方案的预算将进行详细评估，通常仍采用因素分解的方法。在某些情况下，可能会要求供应商提供主要设备的成本价、最高价，或长周期项目的明细，以提高估算质量。

装置的初步工艺流程图以及热量平衡和物料平衡(需要专利方授权)要同时设计。典型的显示物料平衡的工艺流程图如图 17-1 所示。

初始设备清单要与设备初步测算的负荷一起制定。使用的专有技术需要进行评估，并对这些技术给出初步结论。此阶段的可交付成果通常包括：

① 项目章程及目标(或前言)；

② 工艺过程设计数据(公用工程设施，位置，风力载荷等)；

③ 推荐的流程框图；

④ 初步的工艺流程图(PFD)；

⑤ PFD 中的热量及物料平衡；

⑥ 初始设备清单和大致负荷；

⑦ 推荐技术(必要时要有专利商)以及投资；

⑧ 基于处理量的经济测算[假定±(20%~30%)]加上主要设备预算报价；

⑨ 有待 FEL-2 阶段做出决策的项目清单；

⑩ FEL-2 阶段的工程建议；

⑪ 申请批复的 FEL-2 阶段经费及 FEL-2 阶段的成本估算。

### 17.2.3 FEL-2

如果 FEL-1 整体获批，项目将转移至 FEL-2。该项目也可能在此阶段停止(有时被搁置以便后期启动)，或者返回到更早的阶段，并在此基础上进行变更。工艺专利商通常在这一节点介入，由小型的内部开发团队继续指导该项目。

在 FEL-2 中，项目工程的详细设计继续进行，工艺流程图定稿，热量平衡和物料平衡核算即将完成，工艺管道及仪表流程图和设备流程图已经初步完成。典型的部分管道仪表图和设备流程图如图 17-2 所示。初步的工艺危险性复核、降本复核、流程简化复核和项目风险分析都在本阶段完成。此时，工艺许可方会介入，以便提供更详细的信息来完成工艺流程图。

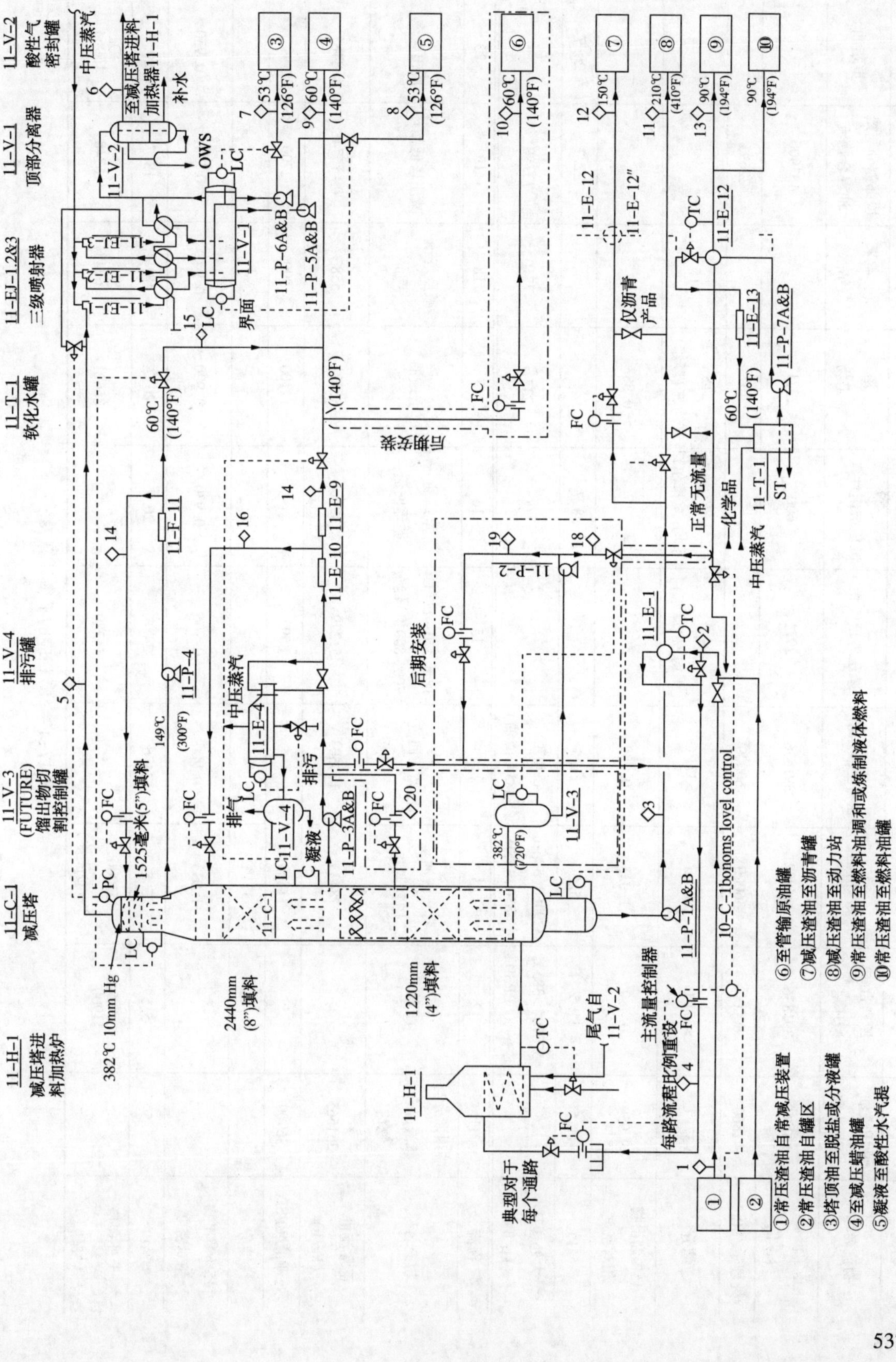


图17-1 (a)典型的工艺流程图

| 物流 | 1 | 2 | 3 | 4 | 5 | 6 | 7 | 8 | 9 | 10 |
|---|---|---|---|---|---|---|---|---|---|---|
| 物流名称 | 常压渣油自原油罐 | 原料自减压塔 | 减压渣油 | 原料至减压塔 | 减压塔顶气相 | 减压塔惰性气 | 减压塔顶馏出物 | 喷射器来凝结水 | 顶部馏分与蜡油混合物流 | 重蜡油 |
| 正常流量/(kg/h) | 470269 | 391836 | 245982 | 391836 | 2971 | 600 | 2371 | | 137900 | |
| 处理量/BPSD | 71800 | 60000 | 36000 | 60000 | | | 407 | | 22693 | |
| 馏分 | >371℃ | >371℃ | 80pen | >371℃ | 94.1 [平均,%(摩尔)] | 29 [平均,%(摩尔)] | 218 [平均,%(摩尔)] | 18 | | |
| 15%馏出物相对密度 | 0.959 | 0.989 | 1.033 | 0.989 | | | 0.883 | | | |
| °API | 11.5 | 11.5 | 5.5 | 11.5 | | 28.7 | | | 22.1 | 20.7 |
| 最大处理量/(kg/h) | 470300 | 457070(>385℃时 69000BPSD) | 329460(80pen时 48500BPSD) | 457070(>385℃渣油) | | 600 | 2371 | 7710 | 137901 | |

| 物流 | 11 | 12 | 13 | 14 | 15 | 16 | 17 | 18 | 19 | 20 |
|---|---|---|---|---|---|---|---|---|---|---|
| 物流名称 | 塔顶馏分与减渣混合物流 | 沥青 | 常压渣油至燃料调和 | 顶循环回流 | 顶部 370~427℃(700~800℉)馏分 | 重蜡油循环回流 | 重蜡油 | 减压塔顶产品 | 减压塔低循环 | 脱出金属 |
| 正常流量/(kg/h) | 251565 | | 78433 | 174603 | 51279 | 149206 | 86621 | 5583 | 0~16748 | 8481 |
| 处理量/BPSD | 36900 | | 11800 | | 8593 | | 14100 | 900 | 2700 | |
| 馏分 | | | >371℃ | | | | | | | |
| 15%馏出物相对密度 | | | 1.033 | 0.906 | 0.906 | 0.930 | 0.930 | 0.942 | 0.948 | 0.930 |
| °API | 5.5 | 5.5 | 5.5 | 24.6 | 24.6 | 20.7 | 20.7 | 18.7 | 18.7 | 20.7 |
| 最大处理量/(kg/h) | | 11900 | 457000(>385℃渣油) | | 51280 | | 86621 | 16748 | 16748 | 15964 |

图 17-1 (b)相应的平衡计算表

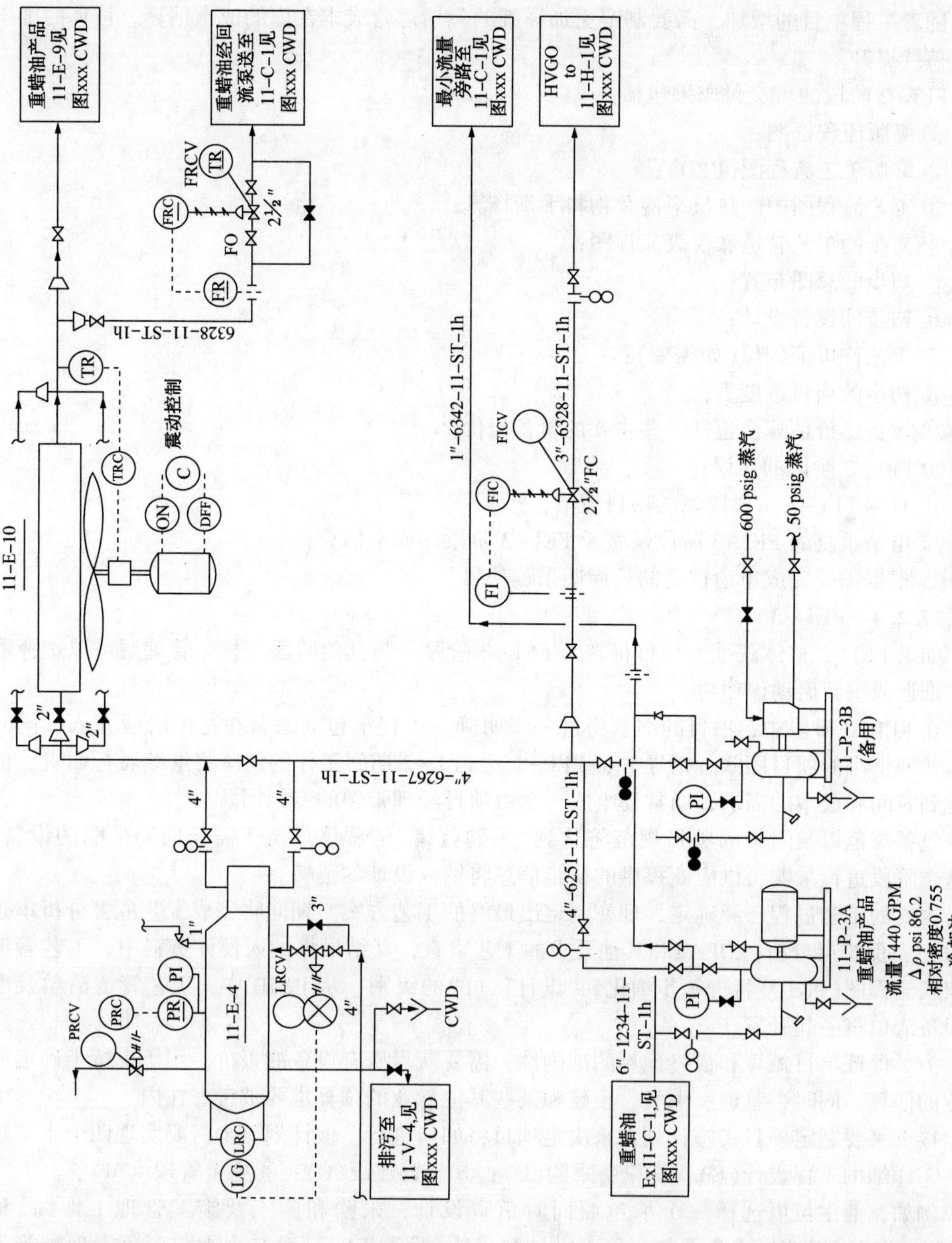


图17-2 典型的设备流程示意图

对需长周期订货的设备规范进行详细设计和采购一般在 FEL-3 阶段进行。初步平面布置图将与项目的初始进度表一起制定，设备规范草案也同时制定。

随着工程项目的增加，需要制定更加详细的包括运营成本在内的成本估算。估算的准确性将持续提升。

FEL-2 阶段的可交付成果包括：

① 终版流程框图；

② 终版工艺流程图(PFD)；

③ 工艺流程图中的热量平衡及物料平衡核算；

④ 初步的工艺管道和仪表流程图；

⑤ 初步的总图布置；

⑥ 初步的设备设计；

⑦ 工艺许可证到位(如需要)；

⑧ 初步的项目进度表；

⑨ 设备造价估算，包括一些主要的设备报价；

⑩ FEL-3 阶段的建议；

⑪ 有待 FEL-3 阶段决策的项目清单；

⑫ 申请批复的 FEL-3 阶段经费及 FEL-3 阶段的成本估算；

⑬ 根据需要完成申请批复的长周期采购项目。

**17.2.4 FEL-3**

如果 FEL-2 整体获批，项目将转入 FEL-3 阶段。与其他阶段一样，管理层可以选择取消、推迟或重新启动该项目。

在 FEL-3 阶段中，项目的细节将进一步明确。工程承包商通常在这个阶段介入，同时将组建一个小的项目团队。指导 Pre-FEL-1 到 FEL-2 期间工作的团队将继续履行职责，但考虑到时间和成本的需求，通常要组成一个由项目经理带领的专门团队。

设备规范以及附带的项目规范将达到“采购就绪”的程度。至于需长周期采购的设备，在这个阶段进行采购，供应商提供的初步信息将纳入设计的范畴。

主要的工艺过程已经确定，现在制定出最终的工艺方案。期间将完成工艺危害分析审查(PHA)，保护层分析(LOPA)和其他要求的工艺审查，其结果将纳入设计资料中。工艺管道及仪表流程图(P&ID)将进一步细化到“设计认可”的级别。从 P&ID 中，工艺管道清单及电气设备清单将一起开发。

为了保证项目概算和最终预算的准确性，需要获得所有设备的报价，用于支持半确定或确定的估算。同时，管道、电气、土建和某些其他专业的预算也要被考虑在内。

接下来要制定项目实施计划，来决定项目将如何进行。该计划至少需要实现四个主要功能：①详细的工程设计(E)；②设备采购(P)；③装置建设(C)；④施工管理(CM)。

例如，业主可以选择一个承包商同时负责设计、采购和施工及施工管理工作(简称 EPC)；或者可以选择一个承包商负责设计和采购(简称 EP)，第二个承包商负责现场施工(简称 C)，第三个承包商负责施工管理(简称 CM)，或者任意组合。值得注意的是，如果选择不同的承包商，业主将承担起协调这些承包商工作的责任(这种工作量要比预期的大得多)。

FEL-3 阶段的可交付成果包括：

① 包括物料平衡的最终工艺流程图；

② 详细的工艺包；

③ 接近最终的工艺管道及仪表自控图和设备流程图；

④ 完成工艺危险分析审查(PHA)；

⑤ 完成保护层分析审查(LOPA)；

⑥ 风险注册表；

⑦ 采购准备的设备规范；

⑧ 实际采购的长周期设备及原始供应商文件；

⑨ 附带合同的项目执行计划(或提案/报价请求，这取决于公司的理念)；

⑩ 平面布置图及初步的三维模型；

⑪ 设备选材；

⑫ 管道清单；

⑬ 电气设备清单；

⑭ 项目概算及预算(取决于公司的理念)；

⑮ 已批复且准备签署的详细项目实施经费。

FEL-3 阶段获批之后，项目进入详细设计阶段。本章的大部分平衡核算都将在详细设计中深入研究，并对 FEL 各阶段的项目进行了简单的讨论。已尝试指出了讨论适用于 FEL 级别的位置。

## 17.3 制定项目责任书

定义和实施项目有许多方法。以下章节中讨论的方法与本章“前期工作”部分中讨论的 FEL 法相辅相成，但可能不完全吻合。每个公司实施项目会略有不同。

炼油项目的第一项工作是制定“项目责任书”或与之类似的规范。这项工作通常通过本章“前期工作”一节中描述的 FEL 方法来完成。如果我们回顾一下 FEL 阶段，就会发现 FEL-2 阶段的可交付成果中，已经包含了项目责任书。这项重要文件的内容主要由公司的工艺开发工程师或类似人员提供，必要时由技术许可方和承包商提供帮助。

一旦项目和启动资金获批可以启用，就必须指定工程和建筑包商进行详细设计工作。但在这项工作完成之前，有必要完成以下工作：①起草工厂的项目责任书；②确定承包商的工作范围；③制定合同及相应条款；④收集承包商招标文件；⑤选定承包商程序。

通常情况下，运营公司会召集一个团队，让他们专门开展这些工作，团队人数可根据合同条款进行补充。该团队通常由公司的若干中层管理人员来领导，并对合同前期的事宜负责。团队成员包括工程专业的高级经理人及公司采购、法律等部门的相关人员。

开发工程师几乎全程参与上面列出的部分或全部工作。但他们的主要工作是制定项目责任书或与之类似的规范。该文件的重要性在于它限定了承包商的工作范畴，还确立了运营公司作为委托方所要求的质量标准。一个精心设计的项目责任书应至少包含以下条款和信息：

① 工艺说明书；
② 总体设计标准；
③ 所有基础流程图(标记为初步)；
④ 公用工程说明书；
⑤ 技术经济评价基础；
⑥ 设备选材；
⑦ 必要的设备标准；
⑧ 必要的仪表标准。

按照“前期工作”一节中的 FEL 方法，以上内容将在 FEL-3 阶段的结论中全部得出。

项目责任书中的具体内容将在下文讨论。

### 17.3.1 工艺说明书

本文件由项目团队的高级开发工程师在承包商及公司其他资源的帮助下制定。它精确地给出了炼厂所需的装置数量、加工能力、产品收率和产品质量、分析化验标准以及任何特殊的工艺要求。本章附录一给出了典型工艺说明书的示例。

工艺说明书在这一“前期工作”方法中的 FEL-2 阶段后就已经完成。

### 17.3.2 总体设计标准

项目责任书的这一部分，通常由炼厂的项目工程师在承包商的协助下编制。编制过程需要有开发工程师的参与，以确保其他人员编制的技术文件和数据符合公司的常规设计版式。顾名思义，本节提供了与工厂所有工作相关的通用数据。该文件一般在 FEL-1 或 FEL-2 阶段结束时完成。

本节包括以下内容：

(1) 范围

这是一份包括项目目标的简要概述，接下来是一份用于指导工程的实施公司标准清单。

(2) 气象资料

以下数据将用于项目进程中开发的各种规范和计算过程，例如：干球和湿球温度、冬季设计干球温度、气温极限、气压。

(3) 总体设计思路

本节列出了与该地区工厂建设相关的所有法律标准。包括承包商和许可方应遵守的环境要求、安全和质量标准。

(4) 度量单位

本部分给出了所有计算、流程图和说明书中将会使用的测量单位。首先说明单位制标准：英制单位；国际单位制；其他单位制。

下一部分将更详细地定义这些单位，例如：

长度单位——毫米(mm)
质量单位——千克(kg)
气体流量单位——标准立方米/小时($Nm^3/h$)
液体流量单位——(大流量时)立方米/小时($m^3/h$)
(小流量时)升/分钟(L/min)

接下来是项目中可能用到的转换单位列表。

(5) 工程设计流程图

许多公司都保有他们在项目的适当阶段开发的流程图。通常包括工艺、设备、管道及仪表流程图(见图 17-1 和图 17-2)。这些流程图增加了对工艺说明书中工作范围的描述。然而，在大多数合同中，受委托的公司期望承包商和(或)专利商对工艺性能负责并予以保证。在这种情况下，这些工程图作为最初的条款列入项目责任书中。承包商应对这些图纸进行必要的核对及修订，之后作为后期正常设计的基础，承包商必须对图纸的技术内容负责。

(6) 公用工程说明书

此部分提供了工厂所有公用工程物流的完整的详细信息。通常由工艺工程师编制，必须包括所有蒸汽和凝结水系统、水系统、空气和燃料气系统在内的相关数据，这些数据至少包括温度和压力参数。循环系统，比如燃料油和冷却水等，要求有供给和返回条件数据，新鲜水系统还应该对其杂质进行全分析。还应包括常规的燃料油和燃料气的分析数据，例如：

1) 燃料油：供给温度。

① 供给温度下的相对密度；

② 120℉下的黏度；

③ 210℉下的黏度；

④ 供给和返回压力。

2) 燃料气：供给温度及压力。

① 分子量；

② 摩尔分率分析。

供风集合管处仪表风的露点温度必须提供，同样，如果业主对空气干燥剂的选型有要求，也必须说清楚。

本节必须给出业主公司要求在公用工程设施设计中使用的所有要求或标准。例如，大多数公司的工厂都有标准的消防系统，应进行充分描述，并附带相应的示意图。

本节中电气工程师通常添加工厂供电和配电的详细信息。如果要利旧一些现有的配电盘和变电站，应与可供参考的图目一起标注。

其他虽然不是严格意义上的公用工程系统，也可能包括在这里，包括消防水管、火炬系统、污水处理、排放和环保法规、其他环保系统、锅炉排污系统。

如果在 FEL 阶段就已经完成了基础公用工程流程图(简称 UFDs，如图 17-3 所示)的编制，也可附加在此部分，否则将在详细设计阶段编制。

(7) 技术经济评价基础

工艺工程师按照评估研究及基础设计中使用的标准完成本节内容。本节首先应做出鼓励承包商审核所有流程和设备布置以便考虑所有可能的替代方案的说明。然而，任何额外增加的投资，必须至少产生公司规定的投资回报。投资回报情况也在此说明。

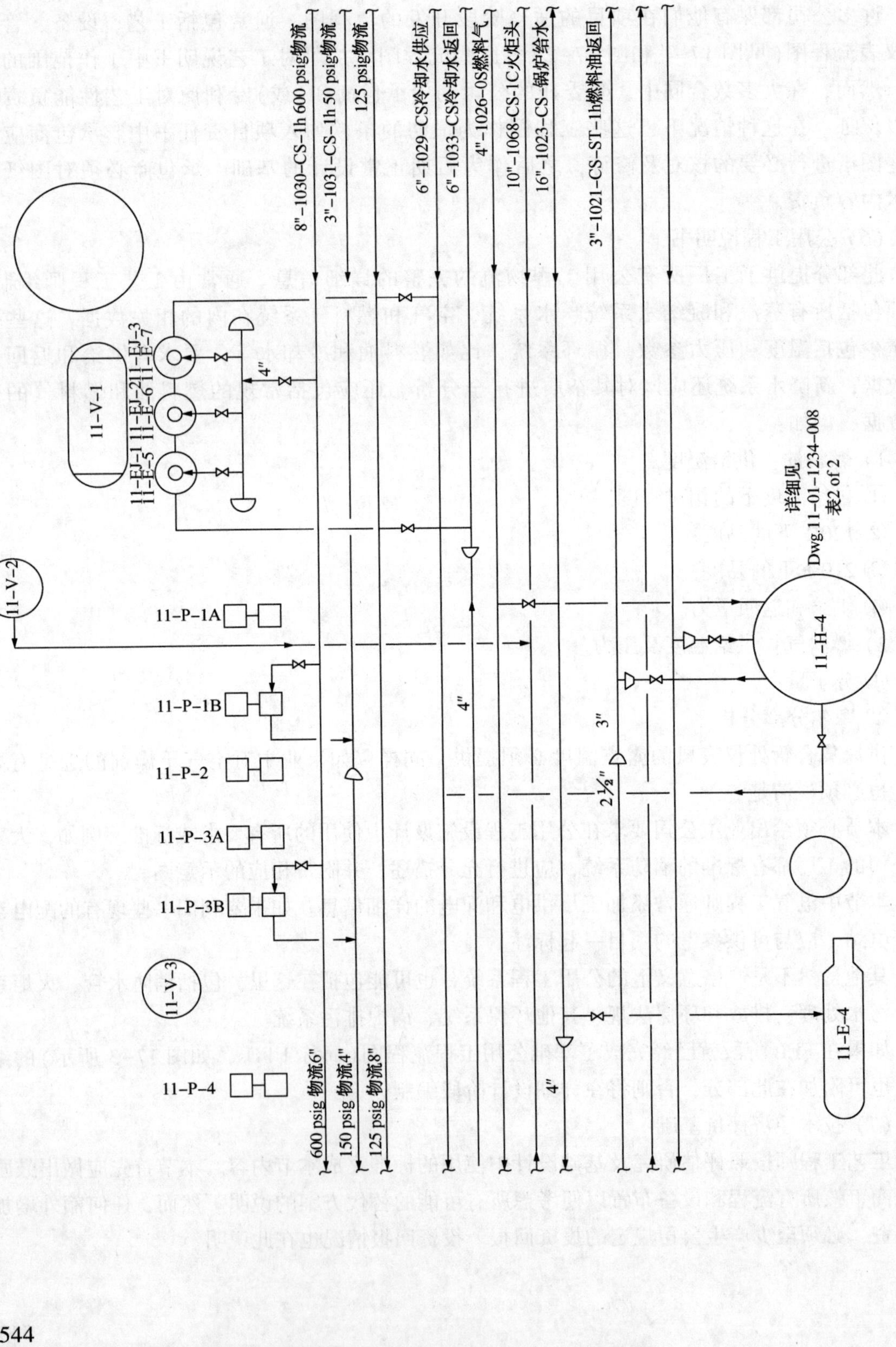


图17-3 部分典型的公用工程原则流程图

本节然后继续介绍有关人工、公用工程、原料和产品等详细成本，这将用于任何此类经济分析中。

(8) 设备选材

本节通常由团队项目和材料工程师在工艺工程师协助下编制。在选择用于腐蚀性流体的材料时，应首先从参考文献开始。例如：

① 选择临氢环境的钢材应根据"API-941"标准。

② 受硫化氢环境影响的钢材的腐蚀裕度应符合 Couper，A. S. 和 Gorman，J W(1971)，第10条：利用计算机估算钢材的腐蚀、材料保护和性能，第31~37页。

业主对代表设备寿命的腐蚀裕度的要求如下：

| 设备 | 使用寿命/年 | 设备 | 使用寿命/年 |
| --- | --- | --- | --- |
| 塔器、容器及反应器 | 20 | 压缩机 | 10 |
| 换热器-壳程 | 20 | 加热炉管 | 100000h |
| 换热器-管程 | 5 | 常压储罐 | 20 |
| 泵 | 10 | 管材 | 10 |

这些数据也可形成一个表格，该表格给出了公司认可的各种设备的最小腐蚀裕度，单位为 mm 或 in(mils)。

(9) 用于确定尺寸和设计的设备标准

需要确定主要尺寸和规格的设备有容器和塔器、换热器、泵、压缩机、加热炉。

本节所包含的数据示例如下：

1) 容器和塔器：塔的尺寸设计应基于指定的塔盘类型(如浮阀塔盘)而定。

① 设计液泛率(通常为80%)。

② 设计所有容器的压力和温度标准。

③ 浮阀塔的最小塔径。

2) 换热器：

① 拟采用的设计标准(如管式交换器制造商协会标准、美国机械工程师协会标准等)

② 测算程序

③ 总体设计标准(例如，在需要特殊考虑的情况下，使用固定管板和浮头式管束、膨胀波纹管、特殊条件下的管侧流动、使用釜式或热虹吸式重沸器等。)

④ 与污垢系数相关的管道尺寸和间距。

⑤ 要使用的污垢系数表。

⑥ 允许流速和压力降。

⑦ 操作温度。

⑧ 设计温度和压力。

3) 泵：

① 泵的设计标准。例如，API 610"一般炼油企业用离心泵"。

② 泵的额定容量超过正常值。例如：

| 项　　目 | 额定容量高于正常容量的百分比 | |
|---|---|---|
| | 流量控制 | 液位或温度控制 |
| 原料 | 5 | 10 |
| 产品 | 10 | 15 |
| 外回流 | 15 | 20 |
| 内回流 | 20 | 20 |
| 重沸器进料 | 15 | 20 |

还应包括以下附加信息：

③ 节能要求及理念；

④ 汽蚀余量(NPSH)计算标准：

a. 源头压力；

b. 入口管线压头损失；

c. 静压零点选取(如塔底切线)；

d. 泵中心线高度。

⑤ 机泵选型要求；

⑥ 最小流量标准；

⑦ 泵壳设计条件；

⑧ 驱动型式；

⑨ 管道配置(公司标准)。

4）压缩机：

① 压缩机设计标准(如 API-617 中的离心式压缩机设计)；

② 压缩机类型选择；

③ 压缩机额定功率，包括超过正常功率的百分数；

④ 节能要求和理念；

⑤ 控制方式；

⑥ 驱动类型；

⑦ 冷却方式；

⑧ 管道配置。

5）加热炉：

① 类型和参数选择要求；

② 加热器或安全系统的公司标准；

③ 加热器设计标准，如：

a. 火嘴及燃料量设计为正常放热量的 125%；

b. 环境限制；

c. 平均流量、炉管压降和质量流速；

d. 重沸器的缓冲容积及可接受的蒸发百分比；

e. 加热炉额定负荷占正常负荷的百分比。

④ 允许的最高炉管油膜温度(在存在结焦问题时);

⑤ 炉管设计温度和压力标准;

⑥ 燃料系统详细参数(公司标准);

⑦ 首选的燃烧器类型及燃烧器控制方式(公司标准)。

(10) 仪表选用标准

说明书的这一部分通常由仪表工程师和工艺工程师一同编写。其目的是向承包商传达工厂要求的仪表、安全和控制理念。这可以从公司要求使用的调节阀和安全阀的尺寸选择标准开始。例如:

① 设定调节阀压力降的标准,如管路压力损失的比例;

② 设计调节阀的调节能力;

③ 设计安全阀尺寸所需的标准(如 API-520 和 521 标准)。

然后,该条款应继续提出公司对调节阀组配置、安全阀泄放和安全阀位置的管道设计要求,还应描述安全阀定压及其条件的一些基础标准。最后,这部分应给出公司要求的仪表索引图,或者,如果项目是现有装置改建,以前的仪表索引表仍可使用。

这就完成了典型项目职责书的综述。此综述也可能比上述内容更简单、更粗略,但它是承包商询价文件的一部分。为了确保报价具有良好的竞争力,需要一份如本文所述的甚至更详细的文件。

## 17.4 项目团队

在项目开发和批复的早期阶段(通常是 FEL-1 或 FEL-2 阶段),公司正常会任命一名项目经理负责整个项目的完成。项目经理通常从公司的高级工程师或专门的项目工程师队伍中挑选。项目经理在工程管理和石油加工设备的安装方面需要有广泛的经验。理想情况下,他要对公司的制度、职能、规范和标准非常熟悉。

项目经理的首要活动之一是组建一个人员经验丰富的团队,帮助他指导公司以及作为第三方来参与项目的实施。在项目的早期阶段(FEL-1 到 FEL-3 阶段),团队人员相对较少,由一个工艺或开发工程师、一个计划员和一个预算员组成。之后,合同专家、专业专家、操作专家及法律顾问将兼职加入团队。随着工程公司和施工公司的选定,团队将引入额外的开发/工艺工程师、专业专家、采购专家、操作专家以及一名或多名项目助理工程师。详细设计开始后,该团队可能会与承包商一同办公,以便与承包商建立日常联系。

进入详细设计阶段后,项目团队的结构可能会发生变化。高级开发工程师和一些辅助工艺、工程及项目专业的工程师将另作他用。他们仍将参与解决可能出现的任何工艺或其他问题。他们在团队中的位置将由一名或多名经验丰富的施工监理担任,在施工期间,监理将协助监督的进度及预算的控制。如果项目在运行装置中建造,则通常会指派一名专门的运营专家到现场协调工作,如管线碰头等。

许多炼油公司都有自己的试车和开工专家,但大都是从装置管理人员和操作工队伍中抽调人员,组成试车和开工团队。

在承包商宣布装置中交或部分中交之前,试车和开工团队就开始履行职责。他们的最初工作是制定试车和开工方案以及合适的规程,他们还将制定新装置的操作规程。

部分装置接近完工时，试车和开工团队就开始对装置的完整性，以及与PID图纸及公司标准的匹配性进行检查。在做此项工作时，他们对不一致的或未完的项目制定“尾项清单”。在承包商完成“尾项清单”并经过工程验收合格后，装置将上升到公司的“看护、监管和控制(CCC)”阶段。此时，公司已经“买下”了装置，可能仍有未处理完的尾项，但这些项目将在销项表中列出完成日期，指定完成责任人。并非所有尾项都能解决，尤其是那些小项目。

现在，装置投产可在“首席”专家的领导下进行。投产专家的部分职责是指导和培训设备操作人员运行设备。主管投产的专家通常留在现场监督对工程保证值的测试运行，并对结果进行说明。

## 17.5 项目团队的主要工作

项目团队的职能在最后几节中已经有所涉及，满足这些职能的工作内容如下。

合同前期工作：

① 项目规格书编制(FEL-2)。

② 确定合同类型(FEL-3)。

③ 准备询价文件(FEL-3)。

④ 发出询价文件(FEL-3或之后)。

⑤ 评标(FEL-3或之后)。

⑥ 推荐中标合同(后评价)。

第①项工作“项目规格书编制”已经在本章的前面讨论过了，下面介绍后续工作项目。

### 17.5.1 确定合同类型

合同的类型主要分为三类，分别为：

1)“总价”。在这种类型的合同中，承包商承诺以固定的、一次性的费用，提供完整具备投产条件的装置。

2)“固定费用”。在此类合同中，承包商承诺以固定金额执行与工厂建设相关的一些服务，其他费用根据实际支出支付给承包商。例如，合同中可能会要求承包商固定“办公费”，外加可报销的费用(称为偿付合同)。这类合同的其他形式可能要求承包商只固定他的利润或部分办公费用。

3)“成本加成”。在这类合同中，承包商得到所有用于该工作的费用补偿，这些费用乘以一定百分比后，作为承包商的利润和日常开销。合同类型的选择，受若干因素决定，其中比较重要因素如下：

① 项目是否受到工艺设计变更的制约?

② 能否准确界定工作范围?

③ 时间是否为必要因素?

④ 当前和预期的材料和人工成本趋势。

⑤ 分包商之间的竞争程度。

如果能在项目规格书中准确地描述工作范围，并且确定项目过程中不会有任何重大变更，那么“总价”合同将是较为可取的合同类型。然而，承包商将需要足够的时间来准备“总价”合同的标书。毕竟，他们需要时间来准确分析项目要求、获得设备报价，并提供初步方案、设计和材料等成本概算。在这种情况下，成本估算的标准至少需要达到半定量程度(见本书“炼厂规划与经济分析”一章)。

“总价”合同的优势是业主在项目开始的第一天就能知道项目的成本。然而，业主也面临着统筹项目的需要，以确保承包商不会为提高自己的收益而节约成本，从而影响了项目的质量。

与“总价”合同相比，“固定费用”合同可在更短的时间内、更少的限定条件下完成询价文件。如果时间是决定性因素，且项目本身也非常复杂，导致相当准确的工作任务也无法确定，那么“成本加成”类型的合同更为可取。在这两种合同中，业主完全控制着材料和人工成本。当原材料价格和人工成本下降时，这将是一个巨大的优势，但业主要承担极大的责任。

这里描述的合同类型是“基本”类型，也有一些在使用时会存在一些变更或小的变化。例如：有的合同开始阶段为“成本加成”类型，到项目部分预算完成后，该合同将会终止，项目剩余部分转为“总价”合同。

### 17.5.2 准备询价文件[又名请求建议(RFP)或要求报价(RFQ)]

“项目规格书”是对承包商的指示，说明需要建造什么样的设施，采用什么样的标准和规范。询价文件必须包括承包商承担的确切的工作范围和业主必须提供的工作。这一工作范围将成为承包商执行工作计划的基础，并最终成为承包商工作计划统筹的基础。这也将成为对变更及其成本/进度影响进行谈判的基础。

询价文件中的一个重要项目是必须准确定义合同的类型，这对于“固定费用”类型的合同是最重要的。参与投标的承包商必须充分了解哪部分金额是固定的，哪部分金额是后期支付的。如前所述，合同类型可能是三大类的一种变体形式，这必须明确定义，如果合同类型在项目期间发生变化(如转变为另一种类型或增加目标价格)，也必须准确说明。如果竣工时间是条件约束时，就要将奖罚条款纳入其中。

询价文件必须包括有关在项目整个生命周期中应遵循的程序信息，以及装置已具备投运条件时应遵循的程序信息。这些信息可能影响承包商的投标，其内容如下：

① 业主要求的许可清单；

② 业主需要出席的重要评审和会议；

③ 与业主之间往来的函件及通讯；

④ 首选的供应商名单(尤其是对于“总价”合同)；

⑤ 工艺和设备质保；

⑥ 环保注意事项；

⑦ 选址资料(如海拔、位置、环境条件等)；

⑧ 获得建筑许可证；

⑨ 移交程序。

⑩ 最后，询价文件需说明承包商的投标的提交方式，包括提交的份数以及提交投标书的时间和形式。

### 17.5.3 发出询价文件

在发出询价文件之前、编制询价文件期间，业主公司应调研承包商市场。这些调研应包含一定数量的合适的工程公司。准备投标及后续工作需要花费承包商公司大量的时间和金钱。因此，应慎重选择被邀请投标的承包商。对于无意接受合同的承包商，就不要邀请其参与投标。

本项工作要解决的首要问题是：哪些承包商有资质承担这项工作？例如：若项目需要设计、施工建设一套加氢裂化装置，那么理想的情况下，有资质的承包商应该在此之前已建设过一套加氢裂化装置或类似复杂程度的装置。若邀请一个土建承包商或只建设过较小型炼厂的承包商，来接标这类项目也是不合适的。

下一个任务是分区域与备选的承包商会面。目的是确定他们的业务范畴，并建立他们开展项目的方法。这次会面的另一个目的是确定承包商有多少闲置资源来从事这项工作，完成他们的成长计划，或现有的"内部"工作。

最后，在与备选承包商会面的同时，业主应与承包商拟委派给项目的关键人员会面。当然，与拟定的项目经理会面也是必不可少的。在主要的炼油项目中，与总工程师会面同等重要。目前对承包商的评估必须包括该公司计算机应用的程度，这将是选择的一个重要因素。

预选会议可能在 FEL-3 期间举行，以便在详细设计获批后不久便进行询价和投标。

通常情况下，在预审询价后，应 3~4 名投标人收到投标邀请。这些被选定的投标人应通过电话和传真通知，并以书面形式确认。通过这种方式，投标人将会被问及是否有兴趣收到招标文件，并随后提交标书。投标文件完成后，尽可能由专人递送或在规定日期内由快递公司递送。

### 17.5.4 承包商评标和推荐

收到招标书后的第一项工作是仔细审查招标书的内容，以确保其符合询价文件。如果是总价招标，则应该仔细审查所提供的设备，以确保它们符合业主的供应商清单和准入要求。投标是对商业报价的审查，不用选择分项报价，而是整体报价。在某些情况下，虽然只看报价似乎很有吸引力，但在评估其他合同报价后的最终结果可能更全面。通常，出价低的投标者会通过"变更单"导致最终成本的提高。

在大多数公司，重大合同是由经理团队或法人批准。项目团队的职责通常是将投标人的报价汇编成简洁的形式，供审批委员会审查。团队的项目经理应该将审批建议附加在提交给公司审批委员会的报告中。

一次性付款型合同中，建议的"承包商投标摘要"的内容包括：

承包商名字
总价
工程费用
设计费用
采购费用
办公日常支出
材料费用
　　设备费用
　　管道费用

仪表费用
电气费用
土建/结构费用
其他费用
建设费用
直接现场成本
间接现场成本
总建设成本
与责任书的偏差及免责条款
合同条款的遵守和例外
完成时间
根据询价的内容可能会有更多的项目，如：
项目经理建议
项目经理的说明和理由

提前完成投标摘要通常是最重要的。大多数标书都有报价有效时间的限制。如果可能的话，在有效期内作出决定满足业主的利益。许多业主更倾向于将投标文件缩短至两到三份，并在做出最后选择之前，与投标的公司面谈，讨论他们的标书(投标条件)。这在总价或固定费用形式的合同中很常见。这种审核有利于减少以后“改变规则”的谈判。

## 17.6 监控新项目的执行情况

这部分讨论的内容符合详细设计以及后FEL阶段对项目实施的要求。

### 17.6.1 项目启动

在项目中标后，业主项目团队将尽快与承包商进行合署办公。团队的工作内容和规模将随着合同的类型和承包商的工作状况而变化。总之，项目团队在管理“成本加成”合同时，要比其他两种类型合同承担更多的责任。本部分工作中项目团队的主要工作都是为了满足“成本加成”合同的需要。最初项目团队应该由项目经理、总工程师、一两个项目工程师，也可能有采购专家和概算工程师组成。该小组的初期工作包括组织业主的“启动”会、审核和批准项目的初步计划和预算、审核和评论承包商的项目程序手册。

(1) 启动会

项目生命周期中最重要的会议之一是项目启动会，业主将项目授予承包商后，立即召开启动会。顾名思义，这次会议正式对承包商在业主工厂的放权，并再次详细描述了业主要求。它的目的是与承包商的项目团队沟通工作范围、所需时间、预算(估算或确定)以及业主的“项目规范”中详述的质量要求和规范。接下来应讨论项目管理方面的工作。项目要求的完成日期与项目生命周期中要求的主要时间节点一起列出。这些时间节点通常表明何时更新成本估算(和时间表)，或何时做出关键的总体项目决策。

在业主项目经理组织第一次或正式的“启动”会后，通常由承包商项目团队组织第二次启动会，其重要程度下降，业主团队可能不会被邀请参加这次会议。然而，在这两次启动会结束后，业主和承包商的项目团队里的每个关键成员都应该完全熟悉项目需求，以及他们在完成项目时所扮演的角色。

(2) 初步计划和预算

在“启动”会议后不久，承包商即要编制完工程的初步计划表和预算表。承包商要根据他们在类似项目中的经验，为早期的工作提供一个相当准确的计划表。计划表中“工程收尾”部分可不用那么准确。大部分前期计划将取决于设备供应商的报价，如果适用的话，也需要专利商数据及后期分包商的报价。同样情况适用于确定初期预算表的准确性。计划表和预算表将成为项目实施计划的初步控制因素。在“成本加成”项目中，业主必须对以上项目进行审批。

(3) 审核和评论承包商的项目程序手册

大多数承包商项目经理为他们主要项目编制程序手册。该项目手册包含了特定列表、项目团队目录以及将在项目上采取特殊程序的详细信息。这避免了在项目实施过程中为了发布指令而需要传递的大量的信息。虽然这是一个承包商的内部文件，但是一般邀请业主的项目团队进行评审，并参与编制。

典型的项目过程手册分为几个部分，包括简介、项目组织及目录、总进度表、工时预算(严格要求的条款)、会计成本代码、项目控制程序、通信和沟通、会议和会谈、文件索引、典型工艺、采购、设计接口程序及图纸索引、现场组织及目录、移交程序、完成报告。

上述条目可以根据承包商项目经理的意愿增减。下面简要说明其中的一些内容：

1) 简介：

本节从业主的一般信息开始，如业主是谁、业主的官方地址以及电话、传真或电传号码、电子邮件地址等。接下来介绍项目的简单历史概况，并延伸到项目的由来及结论，本节篇幅不应超过三页或四页。

2) 项目组织及目录：

本节包含项目的组织架构图。图后附关键职位(包括业主的项目团队)表，其中包括姓名、办公电话号码或分机号、电子邮件地址。

3) 总进度表：

这是一个以条形图为形式的主计划表，它显示了按规程和行动取得的项目进展。首先，并且有必要的是，它虽然是初步的，但是能够清晰地显示项目的关键时间节点。随后可列出这些节点日期并附以说明，这将随着项目的进度而不断更新。

4) 工时预算：

这部分包括按项目规程分配的工时预算。本部分内容需严格限制，只能发放给负责本部门预算控制的关键人员，与总进度表一样，最初的工时预算将是临时的，并随着项目的进度而更新。

5) 账目成本代码：

这是一个关于成本编码的汇总，用于识别项目涉及的所有不同成本中心，此编码还将用于对采购订单、业主订单、订单修改等类似事项的识别及编码。通常情况下，承包商的正常成本代码即是此目的。

6) 项目控制程序：

本节概述项目经理为控制项目进度和预算而采取的报告程序。它将详细说明项目主要成员提供的数据，以及每个报告期间的时间数据。

7）通信和沟通：

所有项目发出的函件都要经项目经理签字。同样，所有来自项目外部的函件都要发送给项目经理。所有的函件都要赋予参考代码，这个参考代码也标识了函件的来源。本节给出了参考代码，同时给出了函件路径的说明。还列出了通过电话、电子邮件和传真等其他方式进行交流的详细程序。本节给出了一份清单，列出了与项目团队人员（可能还有项目之外的其他人）的所有通讯方式。

8）会议和会谈：

本节把常规会议和会谈列入计划，还将包括这些会议的永久与会者名单。鉴于会议时间对工时的大量消耗，项目经理可以选择在本节中概述一些非计划会议的建议程序。与项目相关的所有会议都要留下记录，会议记录根据项目的通讯表分发给在项目团队和其他相关人员。

9）文件索引：

项目秘书组织项目归档工作。在项目中产生的文件通常会成为法律文件，可以用于“项目竣工”、谈判、任何可能的诉讼，以及在后期调查工伤事故等类似问题。因此，文件归档是项目的一项重要环节，文件索引的运用和开发就是为了有效地完成这一任务。文件索引在手册中给出，使项目团队的成员能够在需要时有效的使用这些文件。一般都有一个文件控制专家或领导负责文件的管理和分发。

10）各工程专业、采购、设计对接程序：

在项目的周期中，会有大量的数据和信息生成，并分发给项目团队中的各个专业。为了确保这些数据的准确传递，每个专业都开发了接口程序。例如，当工艺工程师已经完成泵的数据表后，他需要确认并将该文档发给正确的专业人员，以便进行后续工作及最终采购。在这个典型项目中，设备工程师被指定为工艺和采购专业之间的联络人。本程序手册的这一部分将详细说明这种联络人的工作，并说明如何传输数据表。

11）图纸索引：

这是由设计协调员发起和维护的。在为所有图纸开发索引列表时，他还给出了图例中各项目的含义，这将随着项目的进展而更新。

手册的其余内容较为简单易懂，这些通常只在手册的后续版本中添加，例如在现场工作启动前后。

12）监控工程、采购和设计阶段：

随着项目的启动，承包商自身的工作仍在继续，其中包括细化工程施工、购买即将安装的设备和材料，以及在业主提供的场地上进行设备布局。各专业都在发挥他们的功能，以满足“总进度表”中所设定的时间节点。有些节点由所有承包商成员和业主的项目团队开会最终确定。第一个、也是最重要的会议是设备流程图会议。

### 17.6.2 设备、管道和仪表流程图会议和审批

工艺工程师初期工作的主要目标之一是提供充足的数据，使其他专业能够尽早有效地开展工作。实现这个目标的一个重要节点是 MFD（设备流程图）或 PID（工艺及仪表流程图）会议，并得到业主的审批。这种审批意味着对大量的设计工作（这是大多数项目的主要工时阶段）的授权。设备数据表的开发已经使设备工程和采购职能开始运作，但只有发布经批准的设备流程图，才能真正使项目的各项工作进入全速状态。

业主是否参与流程图会议，取决于合同类型以及业主与承包商办公地点的相对位置。然而，在成本加成合同的情况下，业主是必须参与的。无论是否有业主参加，流程图会议都要遵循一些基本准则，下文将对这些准则进行说明：

（1）会议准备

承包商的总工程师负责组织和主持流程图会议。会议上使用的流程图将是“干净”的，图上没有任何批注或其他标记。该流程图的修订号为“0”，并清楚地标明“流程图会议原本”。

该流程图将包含所有管线的尺寸及详细说明，正确显示仪表控制阀尺寸，也会显示安全阀，但此时没必要固定尺寸。所有设备将按照最终生产流程图的规定格式贴上位号和标签。

随附“流程图会议原本”的是现行修订版的工艺流程图，这也是“干净”的，没有批注标记，除了标注“流程图会议副本”。总工程师还要确保在会议上提供所有设备数据表的副本要与流程图中所示的设备相符。会议也要提供最新的设备清单。最后，总工程师或其指派给会议的特定工艺工程师，应该有一份开发过程计算的副本，这通常有助于解决可能出现的小问题。

（2）与会者

在总工程师发出会议通知后，项目经理或其委托人将指定会议地点。他还将向与会者发出通知，说明会议的日期、时间和地点。若有业主代表出席的主要会议，将会聘请专职秘书做会议记录。否则，需要项目工程师完成这项任务。会议记录对最终的审批机制是最重要的。与会者通常包括：

① 业主代表(如适用)；

② 项目经理(通常是兼职)；

③ 总工程师(会议主持人和召集人)；

④ 相关的工艺工程师；

⑤ 工艺经理；

⑥ 区域项目工程师；

⑦ 首席专业工程师(除了土建及结构专业，如需要可以加入)；

⑧ 设计协调员；

⑨ 设计经理(管道、仪表、电气专业)；

⑩ 其他被邀请人，如环境工程师、造价工程师和进度控制工程师等。

（3）主持会议

工艺工程师以简短的工艺概述及工艺目标作为开场，然后用工艺流程图来描述工艺过程，展示流程和设备。然后，他开始描述 MFD 及 PID，图纸被挂在墙上或合适的框架上，以便与会者审阅。许多现代的展示方式都使用电子显示器。现在目前多数公司都有颜色标记，描述“添加”“删除”等修改内容。因此，用有色铅笔来标注会议期间对流程图的修改。拟定的颜色编码如下：

① 黄色——显示所有会议决定的事项(如会议讨论的事项)；

② 红色——所有修改和添加的部分；

③ 蓝色——所有删除的部分；

④ 绿色——代表会议期间决议的事项数。

主持会议的工艺工程师从流程图左边的合适位置开始。他选择了一条主流程，检查并用黄色圈涂标签源，用高亮的黄色笔沿着流程涂画到第一个设备。在涂流程时，他突出了行号、线号、大小以及线条上的说明。设计协调员或管道设计师检查与管道表的差异，使之必须完全匹配，或者标记出差异以备复审。流程上所有阀门和仪表都与管道清单或仪表台账一致。

管线连接的设备需经过检查并确认其编号及数据的准确性。图上的数据与设备列表、数据表及工艺流程图上显示的数据应完全匹配。工艺工程师以类似的方式继续处理下一条流程。他可以选择回到流程图的左边选择一条新的流程，或选择刚才设备的后续流程。对于流程图中所有的管线和设备都做相同的处理，直到流程图讨论完毕、注释并完全涂黄，同样标识了所有被删除和更改的项目。

流程图会议是一件必需的工作，但与此同时也消耗了大量的工时。因此，工艺工程师应该利用他的经验和知识来尽量减少这项工作所花费的时间。例如：在会议中如果对于某些部分存在较大争议，或者业主提出质疑，工艺工程师应尝试将解决方案推迟到会议后，不要在会议中做设计工作。无论问题与项目是否清晰地标注为“待议”，都要做合适的记录。在数量不太多的情况下，业主通常会批准一些带有“待议”标记的流程图。在流程图的进一步开发中，会优先考虑解决这些问题并取消这些“待议”标记。

会议一结束，总工程师和项目经理就立即正式征求业主的批准并授权项目的详细设计工作。经批准的流程表标记为 Rev 1，“批准施工”。

#### 17.6.3 批准设备比选

在成本加成合同中，业主的项目经理必须批准将要购买和安装的所有设备的比选工作。在获得设备流程图的批准后，下一项最重要的工作就是确定要采购的设备。已获得认证的设备供应商的数据对于更新预算和项目进度至关重要。对于某些项目，为顺利开展管道布置图及平面布置图的编制工作，获得某些设备正确的简图也是极其重要的。只有在下达采购订单以后，项目才能得到这些经过认证及质量保证的数据。

除了将项目交付给管道、土建(基础)和电气工程等专业进行基础设计工作以外，还要求承包商的工艺工程师建立准确的公用工程平衡。如果这(公用工程平衡)是项目的一部分，则将相继启动公用工程设施的工程设计。

承包商的工艺工程师通过开发定义每个设备项目的数据表来启动此项功能。表格中的数据定义了设备规格和性能，以满足装置的热量和物料平衡。机械和其他专业在数据表中添加各自的需求。完成些数据表后，承包商的采购部门完成与采购相关的商务协议，并针对每种不同类型的设备，将这些文件发送给少数几家供应商，对供货项目进行询价。

收到报价单后即开始了比选程序。通常，承包商的采购部门会编制一份投标一览表，列出供应商对特定设备的报价。他们输入所有相关的价格和交付条件，然后将此投标摘要连同实际报价，一起发送给工艺和其他工程专业，这些专业分析报价的技术含量，并对投标摘要提出意见。然后由概算工程师审阅摘要，将报价与预算控制和总体进度进行比较，他们给出各自的意见，并将结论作为推荐的选项发送给承包商的项目经理。最终，业主的项目经理接收这些意见和推荐的结果，他通常在征求自己的项目团队的意见后，批准这些比选结果。

如果审批遇到一些问题，业主的项目团队可以通过项目经理提出申请，与承包商的团队成员开会解决这些问题。有时主要设备需要这样的程序，毕竟设备投资在总预算中所占的比重很大，此外，设备选择不当，可能会对依赖于它的详细设计工作产生负面影响，甚至会影响后期的施工质量(例如，延期交工)。

### 17.6.4 采购订单

通过对设备供应商的比选，承包商的采购团队将编制采购订单供业主批准(对于成本加成或偿付合同)。此项工作之前，业绩突出的供应商通常会被邀请到承包商的办公地点参加预审会议，讨论供应商报价的细节问题。承包商采购部门编制采购订单，由承包商项目经理批准签署，并如有必要，由业主项目经理批准签署。

### 17.6.5 编制及审批平面布置图

在发出主要设备采购订单后不久，供应商将以简图、完整的数据表等形式向承包商提供核证后的数据。这些数据由采购部门接收，其后续职责是将数据传送到所有工程和设计部门进行核实和数据整理。收到的标注轮廓尺寸的设备简图，能够使设计部门启动平面布局设计，以准确显示设备之间的相对位置。这是一个涉及大部分工程和设计专业协同的联合作业。小组核心成员是工艺工程师和首席配管设计师。一些承包商会使用小尺寸的木制或塑料模型，在一块代表整个场地比例的板上进行此项工作。计算机绘制的管道等高线和3D视图在这个阶段可以提供很大的帮助，并且已经变得很普遍。

当对布置的合理性感到满意时，承包商的项目经理将与包括业主项目团队在内的所有相关方，召开会议以审核此布置方案。在审核中所提出的意见将会包括在内，最终的布置方案将成为平面布置图的基础。该平面布置图和3D模型将成为管道走向、电气和地下管道、土建基础及结构专业的基本工具。

在成本加成和固定费用合同上，平面布置图需经业主批准后方可用于后续设计工作。

### 17.6.6 工作进度例会

在此阶段中，尽管两个项目经理之间有正常持续的沟通渠道，但团队之间也应有正式的会议。通常每周固定时间召开，两个团队的关键成员一起解决出现的或可能出现的问题。即使会议可能以非正式的方式召开，也应该建立例会的会议纪要，并纳入项目记录中。

每月要举行一次更正式的会议，参会者是两个项目经理及团队关键成员。通常两家公司的高管都可能参加，尤其是当问题涉及某一公司的政策时。月度例会的主要目的是讨论和审查工作进展及支出。显然，会议主题常常会涉及一些技术上的沟通。这些会议记录是承包商项目经理月度书面进度报告的主要内容。报告的分发对象包括业主项目经理、业主高管及承包商高管。

### 17.6.7 总建设计划

当设计阶段接近尾声、所有设备和材料数量已确认时，总建设计划就要建立了。与项目总计划的情况一样，总建设计划也要明确其时间和现金流。在所有涉及返还现场费用的项目中，业主项目管理团队，包括其现场代表都要参与其中。在所有项目中，现场费用都是项目总成本中的重要组成部分。在许多地方，气象条件及现场的可行性也是一个问题，现场费用在项目总成本中占据了更加主要的地位。

计划中必须确定的首要事项之一是：采用何种建设方式？有以下一些方式可供选择：分包；直接雇佣；现场安装；远程模块化。

在总建设计划中，也可以多种选择混用。但要花费大量的时间来合理规划以保证建设过程顺利进行。

### 17.6.8　建设过程管控

随着建设计划的批准制定，业主在承包商总部的项目团队人数可大大减少。这个时候绝大部分的设计工作即将结束。但仍有一些设计内容，如管段详图、电气仪表接口明细等有待完成。这些工作不再需要业主团队的介入和管控。现阶段尚需业主介入和批准的主要设计事项包括：操作说明书；机械设备目录汇编；现场保障。这些事项将由一到两名工艺工程师、一名设备工程师、文件管理员和(或)一名项目工程师组成的承包商小组跟踪项目多个阶段进行推进。具体情况将稍后讨论。

### 17.6.9　进驻现场

现场进驻的程度将取决于所决定采用的建设类型、现场位置及劳动力来源与现场的距离。在这个方面，大部分问题取决于从何处选择直接劳动力，通常这种劳动力来源距离现场较远。因此，承包商需要为雇佣的劳动者及现场工作人员建一个营地，配备食堂及其他生活设施等。订立劳动合同也就成为业主及承包商批准项目建设合同时的一项重要内容。在此情况下，承包商把工作都分包出去无疑具有很大好处。那么，现场进驻这方面的事项也就成了分包合同的一部分。

### 17.6.10　现场工作管控

在项目建设阶段，业主项目管理团队的任务限于管控费用和进度，使之符合总建设计划的要求。团队成员可能会缩减到只有项目经理，也可能还有一个项目工程师兼工艺工程师。这个项目团队将留在承包商的办公室内，而不是搬到建设现场。通常每月举行一次现场会议，项目经理与其他人一同参加。会上将通报现场项目进展情况，提交针对项目进度和费用的深入的书面和口头报告。

虽然项目经理不会全天候值守，但应有业主代表一直在现场。领导这个团队的将是业主的施工建设专家，同时有项目设计人员进行协助。随着项目建设进程的推进，该团队成员将扩展到跟进设备安装、测试的包括设备、电气、仪表专业工程师在内的所有专业的专家。管道安装方面的后续工作将由相关方面专家进行(包括检查管道布置是否符合计划，管道应力分析等内容)。大多数的业主还将操作人员和设备维护人员也纳入此团队中。技术许可方代表也由相关公司指派到现场。

### 17.6.11　项目团队的最终工作——工程完工

当所有设备、管道、电缆和构筑物(如有)均安装完毕，且进行了必要的测试(如管道和容器的试压)，则认为装置的安装已经完成。承包商还负责完成所有收尾工作，如设备衬里以及现场垃圾的清理。大多数容器可能是开口状态，以备业主做最终检查确认使用。当承包商确信所有合同约定的事项均已完成时，将向业主发出装置已“工程完工”的正式通知。注意：请确保清楚“工程完工”的定义，这并不意味着该装置已具备试车、运行甚至隔离出来的条件。依据合同，接到通知后，业主通常有一段固定的时间对工厂进行检查，并将发现的缺陷和遗漏情况通知承包商。现场承包商将对此进行消缺，然后再根据“控制权限移交”规定发出正式通知，将装置移交给业主。业主接到正式通知后，将接管装置并进行投产准备。

## 17.7 编制操作手册、规程和装置投产方案

操作手册和规程的编制始于工程设计阶段的末期。根据业主具体情况，该工作可在承包商总部或现场进行。它可由承包商的工艺工程师编写，但更常见的是由业主的操作人员来完成。

通常，会要求工程项目中与具体装置联系最紧密的工艺工程师协助装置进行投产和运行。下面几节描述了与此相关的工作。

### 17.7.1 编写操作手册、规程

操作手册是一套说明书和数据汇编，反映了以下方面的建议程序：装置准备开工的条件；装置开工方案；正常运行及故障处理；应急处理及停工方案；正常停工方案；催化剂再生和烧焦(如适用)。

这些程序包含了设备制造商对所生产设备的推荐处理、调节和操作方法，以及设计该装置的工艺工程师的经验总结。对于工艺工程师来说，编写操作手册为其提供了对装置工程流程图的最终深入审查的机会。在编写手册的过程中，其不断地使用PID图或MFD图作为参考来编写操作程序。随着工艺工程师对工艺逻辑进行梳理，设计异常及阀门、管道缺失等问题将暴露出来。

操作手册通常还会按照工厂要求的专门格式编写出详细的、一步一步的操作程序。这些操作程序通常比操作手册的内容要翔实得多。

典型的操作手册包括以下内容。

(1) 概述及工艺流程叙述

这部分包括手册内容及编制目的的简要说明。随后将是工艺流程叙述，其参考资料包括作为施工依据的工艺流程图修订版。

(2) 开工条件准备

这部分内容包括装置建设完成后的全面吹扫、清洗以及之后的回装。例如，本节将确定需要进行水冲洗或空气吹扫的管道和设备。同时也会确定做清洗之用的设备和材料，如用于替换控制阀、喷嘴的管道短节，清洗过程中需隔断的管道等。最后，本节将列出设备制造商针对清洗和保养程序的要求。制造商与此相关的文件副本将作为手册的附件。为了保证设备的质量，制造商的相关要求应严格遵守。

(3) 装置开工

本节内容建立在以下条件的基础上：装置已进行吹扫及清洗，公用工程设施已投入运行，设备完好备用，地井地漏畅通，消防设施及程序就位。之后，工艺工程师开始详细描述按照相应顺序进行的工作，以使装置投产并生产出预期的产品。在此，会用到PID图和MFD图作为参考。通过参考流程图，就可以使用管道编号、控制阀位号、设备位号以及在图中的名称来描述开工过程中的每个具体操作。

通常，开工程序都是从引入冷进料开始的。例如，在热裂解装置项目中，装置开工会使用来自罐区的冷进料。为此，装置会用到更多的管道和阀门。手册中的内容形式大致如下：

打开罐 TK 101 的隔断阀及装置进料管道 1234 CS 12 ST 的隔断阀。打开泵 P106A 的入口阀，启动机泵。(编者按：此处只提及“启动机泵”，至于如何启动详见附件中制造商提供的文件。)将流量控制阀 106 FRCV 1 ABC 均全开，将换热器 H301 出口的压力控制阀 300 PRCV 1 设定为 250psig。投用液位控制器 301 LCI 1，当分馏塔底部液位达到最低允许液位时，打开管道 1235 10 Cr ST 上塔底泵 P304A 的入口阀。通过投用管道 1236 8 Cr ST 上的控制阀 301 LCIV 1 来控制泵 304 出口流量。

(4) 正常运行

本节内容始于装置开工完成，产品产出，稳定运行。它描述了在装置正常运行过程中对某些参数进行微调，以及当发生一些诸如进料组分、温度发生细微变化时如何使装置维持在设定条件下的一系列程序。需要指出的是，在现代装置运行控制系统中，这些调整可自动进行，很少需要操作人员干预。

与产品指标或规格相关的调整可能需要操作人员的干预。因此，本节仍列出了一些在正常操作条件下可能需要进行的操作调整以及相应的操作调整程序。

(5) 正常停工程序

正常停工程序通常有两种：短时间停工，长时间停工。

短时间停工是因小的机械问题、短时进料中断或小的仪表故障等原因造成的。在此情况下，装置进料会改去他处，部分或全部产品将会返回并取代正常进料。进料加热炉如果是燃烧式加热炉，将维持低负荷运行，以确保当造成停工的故障处理完成后可迅速恢复正常运行。在此情况下，可称为装置停工待料。

长时间停工是当发生较大故障，设备需停用进行维修时的正常停工。此种停工也需事先确定日程表，并进行例行检修。此种停工要求装置退料，设备设施泄压并冷却至环境温度，经吹扫、清洗(通常使用蒸汽或氮气)，排净所有有害物料。

本节详细描述了与上述“正常开工”相同的操作程序。同样的，MFD 图和 PID 图也会作为参考。

(6) 应急程序

本节是手册中最重要的部分，需要认真编写。它的重要性也体现在：本节内容通常是业主工艺工程师和承包商工艺工程师共同努力的结果。其重要性还体现在：保障装置中所有工作人员的安全、保险承保人的要求以及当发生重大事故时它具有的法律上的意义。

本节至少应包括下列内容：紧急停工方案；人员应急预案；消防设施位置平面图；应急联系电话(业主)；泄压阀的位置及设定值。

承包商的工艺工程师主要负责编写推荐的紧急停工程序。在大多数生产装置中，遵循相同的基本原则(尽管针对相应程序进行的危害分析会提出具体建议)：

1) 如燃烧式加热炉(无论是进料加热炉还是重沸炉)，要立即关闭燃烧器。

2) 对于燃烧式加热炉，切断进料，产品在加热管中进行循环，直到加热管温度下降到不会损坏为止。该温度由供应商提供。

3) 通过增加回流量和降低回流温度来冷却分馏塔。

4) 对于反应器，应立即切除进料，并用氮气等惰性气体进行吹扫。如果反应器处于放热状态，并且有冷却剂，则增大冷却剂用量。

5）所有产品改至罐区，保留冷流循环直到达到安全条件。

6）通过在安全位置泄压至大气或燃烧其介质，对所有压力容器进行泄压。（注：工艺工程师必须确保所有这些容器均设有泄压系统，并在 MFD 图和 PID 图上标注出来）

7）在条件允许的情况下，所有容器、塔和反应器中通入蒸汽或惰性气体进行吹扫。在某些情况下，蒸汽会对反应器中的催化剂造成损害，此时应使用惰性气体吹扫。

8）如果紧急情况是由于加热管破裂引发加热炉炉膛着火造成的，要立即关闭燃烧器，并将原料改出。将消防蒸汽通入炉膛(清除可燃物后)，泄漏的加热管内不许再通入产品循环或蒸汽。

如同装置开工和正常停工程序一样，针对紧急停工程序也会编写上述基本操作的相关细节。同样的，MFD 图和 PID 图也会作为参考。

在实践中，推荐采用由工程承包方或技术许可方编写的文件和说明。将说明转化为实用、详细、安全的操作程序通常是运行方的最终责任。手册的转化通常由运行团队在设计方的帮助下完成。

## 17.8 操作手册附录

操作手册附录应包含尽可能多的数据，以协助装置操作人员进行安全操作。附录应至少包括以下内容：最终修订版的 MFD 图和 PID 图；最新设备清单；设备制造商的操作说明和数据；生产过程中使用的有害物质清单，以及建议的处理程序摘要。

装置投产：业主的工艺工程师常被要求帮助进行装置投产，承包商的工艺工程师也常被要求协助完成此项工作。该工作始于承包商现场完成所有安装工作并将装置移交给业主控制时。此时，承包商已清理现场，设备试压已完成，装置设备经冲洗后已回装完毕。

有时在一些大型项目中，在部分设施施工完成的阶段就进行了移交和调试。在此情况下，当承包商员工还在现场施工时，公用工程系统就已投入运行。为了保障承包商人员的安全，必须遵循相关工作程序，对已运行系统必须进行标识。

投产活动大致由以下几个程序构成：装置引物料前的工作；装置引物料；设备处理，仪表校准，安全阀设定；容器最终检查及封口；开工准备；开工；产出产品；性能考核及质保标定。

此项工作大部分由装置操作人员来完成，以提高他们对流程的熟悉程度。前面也提到，投产团队由负责的开工协调人员来领导(通常由工艺工程师或高级运行专家来担任)，并由其规划投产工作。对投产活动的主要内容详述如下。

(1) 装置引物料前的工作

当承包商将装置移交给业主时，装置区域内并未引入任何危险介质，如燃料油、燃料气或永久性电源。在开展设备检查及调试等大量工作之前，公用工程系统必须投用，这也是该阶段工作的目的。通常，当装置处于这个“安全”状态时，业主人员会利用此机会对装置逐条管道、逐台设备进行最终检查。

虽然承包商在移交装置前已进行了冲洗，但建议在开工前进行更彻底的冲洗。这项工作可以在此“安全装置”的阶段完成，此时公用工程管道和地下管道也可以进行冲洗。如果装置是现有联合装置的一个单元，该装置的含油或化学品排放系统应从联合装置的主系统中封堵切除出来。在装置引物料前，排放系统应立即清除封堵物并检查确认其畅通性。

(2) 装置引物料

当负责的开工协调人员确认装置引物料前的所有工作均已完成，他将下令将公用工程系统投入运行。通常，这要从引入永久电源和电气技术人员检查电路开始。当这些工作达到开工协调人员的要求后，他将下令引入蒸汽、冷却液和燃料系统介质。(注：水系统通常在进行最终冲洗前引入并用于冲洗。)

燃料系统的引入标志着装置已成为“危险区域”，涉及这种区域的相关规定都应被遵守。

(3) 设备处理

某些新的工艺设备在投入使用前需要进行一定的处理。例如：

1) 反应器：在某些工艺中的反应器内设有衬里，衬里需要进行烘干固化。烘干固化指的是衬里按照一定的升温速度达到烘干固化温度，恒温一定时间，再按照一定降温速度恢复到环境温度的过程。许多反应器和反应系统也需要进行烘干。如果有气体压缩机，这个过程也可以使用气体压缩机将热空气或惰性气体打入反应系统来实现。

2) 加热炉：所有加热炉都有隔热衬里，这些衬里也需要进行上述烘干固化。如果加热炉的炉管还用于发生蒸汽，则炉管需要用热的氢氧化钠溶液或其他清洁剂进行处理，用于去除所有的杂质和污染物。

3) 分馏塔和容器：这些设备通常需要烘干。此过程通常随相关加热炉的处理一同进行。在分馏塔和容器进行烘干时，加热炉炉管内通入热空气或惰性气体来进行保护。

4) 管道酸洗：在高硫化氢浓度和高氢分压下工作的管道和容器有时需进行专门处理，以防止其发生局部腐蚀或氢脆，这个过程叫作“酸洗”，通常是由一个临时的系统来实现的。这个系统包括一个储存新鲜酸的容器，一台或两台往复泵，以及一个回收酸液的容器。泵将酸液打入管道和容器，按照规定的时间进行酸洗。

这些设备处理的程序均由各自的设备制造商提供，并纳入操作手册。

在进行设备处理的同时，也要校准仪表。此时流量计孔板安装完毕，在此过程中尽可能地使用流量计和控制阀。安全阀要校验投用(这通常是由业主完成的)。

(4) 容器最终检查及封口

这是对塔内件、分馏塔塔盘、衬里情况、持液盘、分配器、塔底挡板系统(进出重沸器)的最后一次检查机会。这时也要对管道布置进行最后一次检查。

当所有情况都符合要求后，开工协调人员将下令进行以下开工前活动：

1) 各个反应器内装入催化剂。该过程通常由专利商代表进行监督。之后，反应器要更换正式的垫片，然后进行封口。之所以提到这一点，是因为在装置引物料前及设备处理的过程中，人孔、接管等安装的是临时垫片，这时要更换为正式运行用垫片，临时垫片不能再用，并作废旧物资处理。

2) 所有含散装填料的塔要进行填料装填并封口。同样，临时垫片也要更换为正式垫片。

3）其他所有容器、塔都要更换为正式垫片。

4）对于进行过酸洗的设备，酸洗期间使用的临时玻璃液位计要更换为相应的运行用的液位计。

随着最终检查和容器封口的完成，装置准备开工。

（5）装置开工及产出产品

装置开工操作及其程序要按照操作手册中的要求进行。例如，对于炼油装置，第一步就是要将系统内的空气赶出去。这个过程通常使用水、蒸汽、惰性气体，或者兼而有之。对于大多数的反应系统来说，水或蒸汽是禁止使用的，因为这会对催化剂产生不可修复的损害。这种情况下会用循环压缩机打入惰性气体来实现。此时，循环压缩机已完成试运，并投入正常运行，直到装置停工。在原油蒸馏装置和热裂解装置的分馏单元中，可以用水或蒸汽进行赶空气操作。水用于加热炉和塔底系统，而蒸汽用于分馏塔的上部系统。

赶空气完毕后引入冷进料。对于有反应器并使用压缩氢气的装置，还要进行气密试验。首先要使用惰性气体进行工作压力下的气密试验。然后再用氢气做一次气密试验。所有的气密漏点都处理完毕后才能进行装置开工。

对于用水赶空气的设备，就要用进料来赶水，这就是所谓的“油顶水”。对于使用蒸汽的设备，一般要持续通入蒸汽，直到开工并产生分馏气相介质后才能停用。

装置开工被定义为装置所有吹扫、清洗工作完毕，可以安全引热源进装置。对于使用氢气的加氢处理装置，氢气首先要被循环加热到工作温度。催化剂的活化通常在加热过程中完成。如装置运行条件正常，催化剂已活化，装置将引入进料并加热至工艺要求的状态。在某些情况下，进料会在催化剂活化的过程中引入，这取决于催化剂的情况。

对于只有分馏工艺的非催化装置，可以直接加热进料。这个过程要在油顶水结束，油的含水量合格后才能进行。根据操作手册要求的程序，通过调整热源、回流比、压力及相应循环量来达到装置需要的工艺条件。在达到条件之前，所有的产品都要送至罐区。这些不合格产品随后可能会用于回炼或进入燃料系统。一旦装置达到正常运行条件，产品质量经检验合格后，将被送至合格罐区。

（6）性能考核及质保标定

通常在装置正常产出产品后，会尽快进行性能考核。性能考核的目的是尽可能地找出工艺过程中各个系统的瓶颈。在标定中使用正常的原料，并检查装置在各个操作条件下的性能。标定的另一个目的是让操作人员熟悉针对各种操作条件变化时的控制操作。

质保标定是一个更加正式的要求。在某一规定时间内，按照特定条件进行质保标定，业主将完全接收装置，或者要求进行相应补救工作，并再次进行质保标定。关于质保标定的更多细节详见本章下一节。

图 17-4 显示了用于一般炼油厂现场设施车计划的实例。该计划只包含现场装置及罐区的方案。在此计划实施之前，公用工程设施已进行试运并正常运行。虽然存在一些小问题，但该计划仍成功实施，该炼油厂也已按照进度投产。

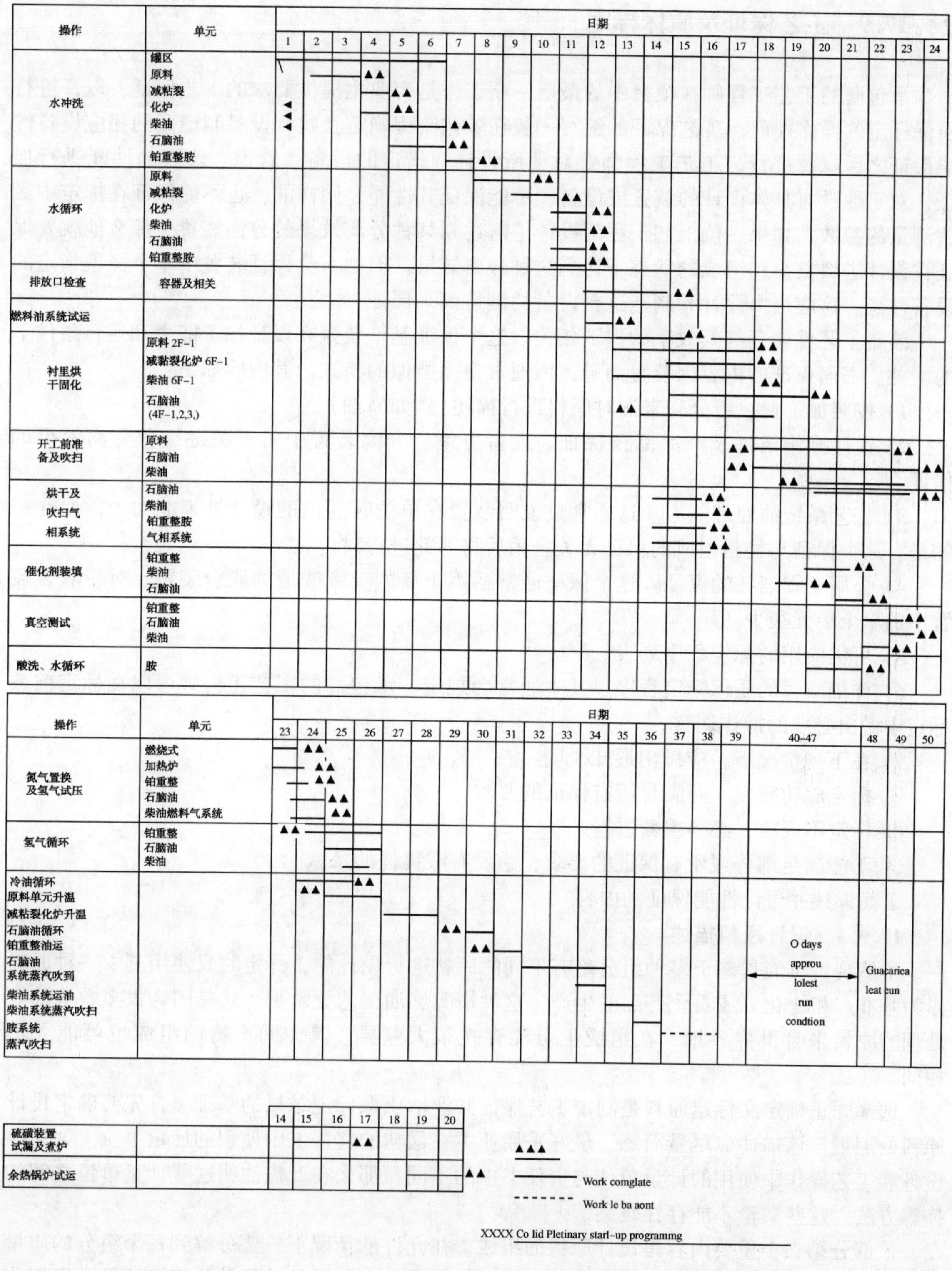


图 17-4 典型的试车计划表

## 17.9 工艺保证及质保标定

承包商的工艺工程师在项目中的最后一项工作是为业主提供要求的工艺保证，以及进行质保标定的操作规程。工艺保证的编写一般在工艺流程确定及收到设备制造商的相应设备性能保证之后就要进行。工艺工程师要对他所设计、指定的设备、管道、仪表的性能进行保证。对于他没有具体设计的装置或设备，不能保证其性能。同样的，也不能保证在标定中无法测量的参数。如果一位工艺工程师设计了需达到某种分离效果的分馏装置，那么他就要保证在设计进料负荷和组成的状态下达到这种分离效果。但他不会保证装置中单个经他指定的设备性能。这应当由设计和制造这台设备的制造商来保证。

装置工艺性能还与其效率的保证相关。这个保证基于装置在设计加工能力和运行条件下的能耗。书面保证的内容因装置而异，但通常遵循类似的格式。其内容如下：

1）按照加工量、组分和来源对原料进行描述(例如原油)。

2）设计操作条件及产品品质保证。或者分馏、分离装置中对于关键组分分离效果的保证。

3）工艺系统的处理能力。这通常只说明装置在单位时间内的设计处理能力。需要注意的是，这个保证与物料组成的保证无关。稍后将对此进行讨论。

4）公用工程消耗的保证。这个保证通常适用于新的或者改造的联合装置。对于联合装置中的单个单元很少适用。

5）可供应用的标定程序列表。

6）详细编写的质保标定程序。其中通常会规定，承包商的工艺工程师可以在标定前或标定中做出必要的操作调整。

7）在下列情况下，应做出通知说明：

① 标定成功完成，并满足所有保证的要求。

② 标定不成功，必须重新进行。

③ 不能满足部分或所有保证的要求，触发有限责任的条款。

下面详述并讨论性能保证的内容。

### 17.9.1 设计原料描述

虽然装置可能是基于多种组分略有不同的原料进行设计的，标定时只使用其中一种原料作为基准。相比化工或石化产品的生产，这种情况炼油工艺更常见。这是因为大多数炼油厂处理的原料来自世界各地，在组成上可能存在很大差异。其中间产物的组成也可能大不相同。

选择并正确定义标定原料是制定工艺保证并评估质保标定结果的基础。首先要确定设计原料处理量。该描述应尽量简练，最好采用业主在最初的责任书中使用的计量单位。如果在设计和工艺操作中使用的计量单位与责任书中的不同，那么在此需注明这些计量单位之间的换算方法。这些数量不能存在歧义。

该部分第二个重要内容是设计原料的组成。在允许的情况下，要分解到每个组分的质量或摩尔分率，有时还可以使用体积单位。不过，所有的组分及其计量单位都必须是可以用公认的常规设备或试剂能够测量的。

如果无法按照上述方法提供原料组成，也可以使用其他允许的标准来确定原料的性质。例如，在定义原料或产品的性质或组分时，可使用蒸馏沸点和沸腾曲线来描述(参见 David Johns 著、John Wiley&Sons 公司出版的《石油炼制基础》)。不过，这些原料的特性必须是可经公认方法测量的。本文列出了用于评估质保标定结果的方法。稍后将对此进行讨论。

### 17.9.2 标定条件和产品质量保证

叙述完原料设计的相关内容后，来说明装置性能保障的核心问题——最终产品的保证。为了满足产品规格，这种保证一般与原料和装置的运行条件有关。如果在该过程中涉及催化反应器或任何其他类型的反应器，本保证可扩展到包括承包商或专利商承诺的产品收率。

这里要确定对应最终产品保证的相关工艺条件。显然，这些条件将反映装置设计中使用的基本参数。编制保证文件的工艺工程师必须确保此处描述的条件满足最终产品对规格和产量的要求。对工艺条件的定义过多或不完整，都可能导致在标定条件下运行装置时产生歧义和冲突。

产品规格书以及在特定情况下的产品产量，应准确反映业主责任书中给出的内容。在编制责任书期间，专利方在实验室保留或确认的产量和/或产品质量必须包含在内。但是，这些产品必须得到业主的认可，并经过业主批准，可以在工厂设计中使用。它们成为业主许可协议的一部分。然后，承包商可根据批准的专利方数据，确认其余的工艺保证。

设计中应用的工艺准则也可用来判断装置的性能。例如，在石油炼制中，一些复杂分馏塔的性能(例如，原油的常压蒸馏装置)通常是根据分离效率来定义的。通过 ASTM 蒸馏方法，得出轻质产品的95%(体)馏出温度与相邻较重产品的5%(体)馏出温度之间的重叠度，来衡量分离效率。ASTM 蒸馏试验是所有炼油厂公认的并常于进行该类性能确认的试验。这些测试结果反映了重馏分中含有多少轻馏分，反之亦然。当然，也可以对各自产品组成及所含污染物进行测量。

### 17.9.3 水力学保证

虽然这与设备的原料和产品的流动性有关，但它与上述的性能保证无关，因为承包商经常无法保证装置产品的产量。石油行业的类似例子如下，当承包商的工艺工程师设计未经授权的炼油装置时，只能使用设计的原油分析数据。因此，所有的产品产量和组成基于的数据都不是承包商开发的，承包商不会对此作出保证。然而，对于本次设计计算来说，设计者已经确定了管道、仪表等各种系统的尺寸，也详细说明了各种机泵的情况，因此应该对自己设计的内容作出保证。

水力学保证应从以下示例开始：当装置按设计的原料种类及流量运行时，应具备以下系统的处理能力：

① 流量一：在60℉时为450GPM。

② 流量二：在60℉时为600GPM。所有保证的流量都是如此。

### 17.9.4 公用工程消耗保证

通常，承包商对生产过程中消耗的公用工程总成本提供保证。这个保证还被确定为衡量标定运行中所有设备使用的公用工程消耗的依据。保证数据根据工艺设计过程中的公用工程物料平衡得到。这里的许多数据基于制造商保证的电机和透平机械的设备效率。其他数据基于工艺过程的热量和物料平衡。每项公用工程的消耗量，是根据业主在《责任说明书》中提供的公用工程单位成本计算得出的。保证的公用工程消耗数据就是这些单项数据的总和。

在准备公用工程保证时，应在其中说明以下事项：

① 各公用工程介质的单位成本；

② 每项公用工程介质的预期正常消耗量；

③ 所有公用工程介质日消耗量的保证值(考虑业主认可的异常情况)或所有公用工程介质日消耗量占预期正常总消耗量的百分比。

保证文件的其余项目较为简单，并在本章附录2中的典型工艺保证示例中进行了说明。这个例子基于本手册中“炼油厂规划与经济”一章各节中描述的热裂解炉的研究案例。

在本例中，假定该合同是一次性授予的，包括设计、所有其他行政费用以及承包商的利润。其他费用，如设备、材料和工厂的安装费用由业主直接支付。

## 附录1　工艺说明书示例

### XYZ 炼油项目
### 热裂解工艺说明书

**单元一**

处理能力。该装置处理能力为34500桶/天科威特原油的常渣。

进料。正常进料是干点在700℉以上的科威特原油常渣。

装置用途。该装置用于对原料进行热裂解，以生产干气、石脑油、蜡油和燃料油。

产率。基于上述原料，该装置在设计上应使目的产品按下列比例分布。工艺许可方应通过对原料样品进行中试试验来确认这些比例。

| | 原料百分比/% |
|---|---|
| 340℉实沸点蒸馏组分含量 | 25.0 |
| 产品 | |
| 干气到 $C_5$ 组分 | 9.0 |
| 切割点在390℉以下的石脑油产率 | 20.3 |
| 切割点在390~622℉的蜡油产率 | 24.7 |
| 切割点在622℉以上的燃料油产率 | 46.0 |

**产品**

① 干气包括 $C_3$ 和 $C_4$ 组分，并应送至原油蒸馏装置塔顶回流罐。

② 塔顶石脑油馏分产品也应送至原油蒸馏装置塔顶石脑油罐。石脑油产品的ASTM终馏点应不超过387℉。

③ 瓦斯油侧线产品应有ASTM 90%(体)馏出温度应不大于645℉。

④ 作为裂化装置分馏塔塔底的燃料油，其最低闪点应大于200℉(Pensky-Martens闪点测量法)，并具有一定的热稳定性。

**工艺条件**

1. 热裂解炉

加热炉和转油线处理能力应能适应气体、石脑油及TBP340℉以下进料时转化率达到25%。当压力为250psig时，炉出口转油线温度不应高于920℉。向炉管中注入高压蒸汽可增加湍流程度，降低焦炭的沉积。如果使用蒸汽，在炉管的设计中必须考虑在炉子操作条件下蒸汽的体积。加热炉辐射段进料温度必须可控。

2. 主分馏塔

从加热炉到分馏塔的进料必须冷却到合适的温度，以满足渣油切割点的要求。这个温度必须有足够的过汽化量，以充分分离各馏出物。

分馏塔及其塔顶蒸馏罐将在 50psig 的压力下运行。石脑油馏出量应最大化，还应考虑侧线瓦斯油量。馏出物之间的分离精度(或重叠度)方面的标准应为：石脑油 95%馏出温度和瓦斯油的 5%馏出温度之差不小于+15℉。

塔底渣油应用蒸汽进行汽提，以控制其闪点。还应在塔内进行冷却，避免其进一步裂解。建议采用冷渣油进行冷却。

## 附录 2 工艺保证的示例

**XYZ 炼油厂项目 1234 合同**

工艺性能保证是建立在单个工艺单元的基础上的，如本例下文所述。公用工程保证涵盖与本合同有关的所有工艺单元，按本例所列的总公用工程消耗计算。

如果涉及非承包商所有的专利或专有工艺，或由其他专利商提供专有催化剂，如热裂解、石脑油加氢、柴油加氢和催化重整项目，承包商仅提供本合同规定的保证，并以此确定为承包商的责任。任何其他保证应由业主与许可方协商，不属于本案例的内容。

**热裂化装置**

**进料**

热裂化装置设计每天处理 34320 桶科威特常压渣油，生产干气到 $C_5$组分、汽油、瓦斯油及燃料油。原料来自常压蒸馏装置，其实沸点蒸馏切割点应高于 700℉。原料性质应基本符合“科威特 31.2°API 原油××××年测定法”的规定，并具有以下特性：

| | | | |
|---|---|---|---|
| °API | 15.8 | 20% | 800 |
| ASTM D-1160/℉ | | 30% | 850 |
| IBP | 650 | 凝点(最大)/℉ | 85 |
| 5% | 750 | 黏度(122℉)/cSt | 55 |
| 10% | 775 | 闪点(Pensky-Martens 闪点测量法)/℉ | 250 |

**性能保证**

① 当业主在承包商规定的条件下，按照上述“进料”部分给出的原料和操作条件运行热裂解装置时，预计(但不保证)产品分布如下表所示。

**设计产品分布**

| 项 目 | 原料的百分数/% | 项 目 | 原料的百分数/% |
|---|---|---|---|
| 340℉下在炉子和转油线中的转化率 | 25.0 | 390℉时的石脑油产率 | 20.3 |
| 产品 | | 390~622℉时的瓦斯油产率 | 24.7 |
| 干气到 $C_5$组分 | 9.0 | 622℉以上的燃料油产率 | 46.0 |

② 热裂解装置的设计应使其具有处理“进料”部分中定义的处理能力 34320BPSD，且其产品分布应如第①项之规定。

③ 根据第①项中定义的产品分布，承包商保证其分馏部分的设计应能使热裂解瓦斯油5%点与石脑油的95%点的差值不低于 10℉(按照 ASTM 对重叠度的描述及 ASTM D-86 标准进行测定)。

④ 如果原料不符合第①项中定义的分析，或者如果热裂解装置未按照承包商的说明操作，则此处规定的性能保证将根据合理的设计实践视情况进行修改，修改应基于标定期间的实际情况，并使用与设计相同的数据和计算方法，以获得装置的真实性能。

⑤ 用于评估本保证各方面的测试方法如下：

进料闪点-ASTM D-93

进料蒸馏-ASTM D-1160

产品蒸馏-ASTM D-86

进料黏度-ASTM D-445

进料倾点

相对密度 ASTM D-287

**公用工程**

① 工艺装置的设计应满足：装置按照第②项中的条件运行时，第②项内容列举的所有装置设备每日消耗的公用工程总费用不得超过 $ xxxxxx。公用工程单位费用见第③项。

② 公用工程保证基于下述条件下装置的运行。在本例的其他部分有更详细的说明：

| | | | |
|---|---|---|---|
| 新石脑油加氢装置 | 13500BPSD<br>(相对于新鲜进料，下同) | 新轻烃装置 | 3830BPSD $C_4$、$C_3$、$C_2$ 混合原料 |
| 新石脑油分离装置 | 13500BPSD | 新柴油加氢 | 9000BPSD |
| 新热裂解装置 | 34320BPSD | 新催化重整 | 9000BPSD |

本公用工程保证仅涵盖上述装置，不包括任何改造装置(如现有的脱丁烷装置)。本例中规定的原料组成和操作条件等均应纳入公用工程保证。

③ 在计算每日公用工程总成本时，应使用下列单位成本：

| | | | |
|---|---|---|---|
| 燃料气 | 0.47MMBtu(低热值) | 水 | 0.5 美元/1000gal |
| 燃料油 | 0.23 美元/BPSD | 蒸汽 | 0.83 美元/1000lb |
| 电 | 0.042 美元/(kW·h) | | |

④ 如果超出了规定的每日总成本，承包商有权作出任何他认为必要的变更，以便在随后的标定中满足公用工程保证。承包商应按照本合同规定，自行对装置作出改善或支付罚款。

⑤ 当未达到公用工程保证时，承包商应支付的罚款为标定运行条件下每日总成本的最高值；如果承包商不对装置做出改善，则按其保证的公用工程每日成本的 700 倍进行罚款。

**免责条款**

① 尽管本例中有相关保证，但相关装置专利商的信息、数据或设计可进行修改，因此

造成承包商方拥有的数据或设计与此不同，或者相关装置需用公用工程量高于专利商的信息、数据或设计，上述保证应是可变更的。

② 在任何情况下，承包商都不应对偶发或持续损失负责，包括产品损失、利润损失或工厂停工损失等。

**性能考核运行程序**

要确定是否满足上述定义的保证，将使用以下标定运行程序：

① 当工厂或其任何部分准备开始运行时，承包商应书面通知业主。在此之后的30天内，业主将进行一系列的标定运行，除非因承包商责任造成的缺陷而推迟。如果承包商书面通知业主后，业主在30天内未进行标定运行，则认定已满足性能保证，承包商的相应义务已履行，业主将按照标定运行顺利完成的情形向承包商支付相关款项。标定运行可在任何时间开始。标定运行时长应为业主和承包商双方约定的72小时或更短。发生以下情形时可中断标定：

对于承包商无法有效控制的、不超过24小时的微小变更、修理、原料中断、公用工程故障或其他情况。

标定中断后，承包商应在确认工厂运行已趋于平稳后立即恢复标定。要求的标定运行时间为中断前、两次中断之间及中断后所有的正常运行时间之和。

② 业主应负责提供所有必要的操作人工、原料、公用工程、催化剂、化学品、实验室取样分析以及其他用于工艺装置的操作和标定的物资。业主应精心操作工艺装置，所有催化剂应始终处于完好状态，以便使工艺装置在性能考核运行时处于完好状态。

③ 在性能考核运行期间，承包商应派观察员和标定工程师(不包括许可方人员)向业主提供技术咨询。承包商观察员有权就标定运行期间工厂的操作方式进行指示。业主应遵守这些指示，除非这些指示与普遍接受的安全规范相悖，或使设备的温度、压力及应力条件超过其最大允许操作范围。

④ 对标定中物流和产品的分析应采用业主和承包商双方同意的方法。分析将由业主进行，承包商可能对此进行观察或见证。如有异议，经双方同意，可以选择第三方实验室进行分析，费用由业主承担。

⑤ 样品应为单质和/或混合物，取样程序应采用业主和承包商达成一致的方法。样品应按统一的频次进行采样。样品之间采样时间间隔不得超过4小时。当流速基本一致时，混合物的样品体积应相同。标定期间所有物料的流量、产品收率和分析数据应取平均值。储罐应尽可能多频次进行测量，以证实仪表读数。

⑥ 标定期间，当性能结果的平均值达到或超过本案例的规定时，应认为性能保证已经达到要求。业主应负责设备运行日志、图表、实验室测试结果、测量记录和标定期间的其他相关信息的安全。在每次性能考核完成后10天内，业主应提供关于每个装置的书面报告，说明是否满足要求。如果业主不能接受标定结果，应向承包商书面说明在哪些方面没有达到性能要求。业主根据要求向承包商提交所有记录和计算数据备查。

⑦ 为使装置达到性能保证的要求，承包商可能需对运行设备进行判断、变更、调整、维修和/或更换。如上述过程不能安全进行，或标定期间获得的在误差范围内的数据不足以证明装置性能，或在现有条件下装置性能考核明显无法完成时，应停止性能考核。

⑧ 如果发生上述情况，或者装置在标定运行期间不能满足保证性能，业主应尽快使装

置具备施工条件并交付给承包商，并要求承包商按照自己的判断对装置进行改善或增加措施，以满足上述性能保证。如果业主在3个月内没有使装置具备施工条件，则该性能保证将被视为已全部满足。承包商对装置进行必要的改善，使装置满足性能保证后，按照上述程序进行进一步的性能考核。

⑨ 本文中描述的装置工艺性能以及上述所有章节中规定的公用工程保证的标定，经双方同意后，可由业主和承包商共同或单方进行。如果涉及多个工艺装置的标定运行，其中单个装置或其中一部分满足本例中规定的性能保证，则应接受或部分接受该装置。

⑩ 尽管本案例有其他相关规定，承包商为使装置满足本案例规定的性能保证而进行的更改的费用应限于××××××美元。在确定承包商的总费用时，应包括承包商进行必要设计变更的费用和实施这些变更所需的人工和材料费用。

# 第 2 篇

# 差异化

# 第 18 章　石油加工中的非燃料型炼油厂

## 18.1　引言

非燃料型炼油厂是指那些从原油中生产非能源产品的工厂。可分为润滑油型炼油厂和化工型炼油厂两类。

本书前面已经提到过这两类炼油厂。本章详细介绍原油在这两种重要炼厂的加工情况。

## 18.2　润滑油型炼油厂

润滑油型炼油厂通常作为传统燃料型炼油厂的一部分，但也可以是一个单独的炼油厂，具体取决于所选择的工艺路线。通常，部分润滑油装置的原料来源于常压蒸馏塔的常压渣油线。原油中的非润滑油组分可通过常规炼油厂装置处理，因此润滑油厂与炼油厂可以正常结合。

传统的常规润滑油生产工艺使用溶剂萃取方法将不需要的物质与原油中存在的天然理想物质分离。目前约有一半的润滑油供应来自溶剂精制工艺。然而，世界上许多原油中“理想分子”含量不足以支撑精提过程的成本，因此润滑油精炼倾向于加工“理想的”润滑油原油。一个理想的润滑油的例子来自委内瑞拉(即 TiaJuana 和重质 Bachaquero 原油)。这种对润滑油生产的限制通常会导致大型炼油厂专门设立一个单独的常压蒸馏装置来提供必要的润滑油复合原料。

随着替代工艺的发展，润滑油生产对原油选择的问题已经减少，这些工艺可以从低质量的原油中生产出更高质量的润滑油料。这些工艺实际上解决了润滑油基础油生产受限于溶剂萃取和脱蜡工艺的问题。同时，已实现从常规原油以外的原料制造润滑油的工艺。

在一个常见的替代工艺中，轻质减压馏分油加氢处理生产润滑油自 20 世纪 60 年代中期以来一直在商业上使用，但随着该技术的进步，较重的润滑油原料也可以以类似的方式处理。通过苛刻加氢处理、加氢裂化和加氢脱蜡/加氢精制生产的润滑油基础油颜色和稳定性得到改善，但是，采用这些加工工艺以不同原油生产润滑油原料时所需的工艺条件是不同的，也导致了润滑油产品收率的变化。目前，这种生产方法在生产高质量的润滑油基础油方面非常普遍，2004 年已达到润滑油基础油产量的一半左右。

更高质量的基础油甚至可以通过天然气制油(GTL)技术生产。GTL 工艺产出纯链烷烃后，可以通过加氢裂化、异构化转化成非常纯净、清洁、稳定的润滑油料。这种工艺已在少数地方商业化。因为这些工厂不依赖于原油，其可以独立于炼油厂。

混合的聚α-烯烃或PAOs是另一种生产润滑油的典型原料。这些是化学低聚或特定α-烯烃聚合以生产含支链高分子量分子聚合物的产物。这些材料的发展是塑料制造业的副产物。PAOs能生产品质非常高的润滑油基础油，但价格昂贵。这是另一种类型的润滑油料，通常也不与炼油厂有关联。

还有许多其他类型的润滑油基础油可以衍生自烃类化合物，包括有机酯和聚酯、聚苯醚、硅酸酯、磷酸酯、聚烯烃二醇和各种碳氟化合物。这些特殊产品需求量比较小，通常不在炼油厂生产，这里不再详细讨论。

成品润滑油实际上是各种“基础油”与添加剂的调和物，以满足特定的规格要求。有成千上百种润滑油添加剂可对润滑油基础油进行调和。初级精制产品实际上只是调和物中的基础油。通常，单独的润滑油基础油调和厂家生产最终的润滑油产品，在这里我们不做详细讨论。

接下来主要对润滑油基础油原料、它们的重要性质以及主要生产工艺进行概述。首先讨论一下润滑油的基本背景。

**18.2.1　定义和规格**

（1）定义

与传统的能源型炼油厂完全不同，润滑油精制已经形成自己的一系列定义。

1）润滑油基础油：符合所有润滑油指标的基础油，适合调和生产满足性能要求的成品。

2）润滑油序列：润滑油序列是由炼油厂生产的一组润滑油基础油原料。它通常是一组用于生产4~6号基础油料的原料。

3）中性润滑油：减压塔的直馏馏分。

4）光亮油：从减压渣油脱沥青装置的轻脱油中加工而成。

5）直馏基础润滑油：通过处理来自原油的直馏馏分获得。

6）再生基础油：由用过的或回收的润滑油加工而成。有关润滑油再生的更详细讨论，请参阅本书“石油加工中的非常规原油和原料”一章。

7）成品润滑油：经过调和满足最终规格的润滑油。

8）石蜡基润滑油：中性油和光亮油中黏度指数(VI)大于75的所有等级润滑油。

9）环烷基润滑油：黏度指数小于75的润滑油。

（2）规格

润滑油有两个重要的规格，即质量规格和性能规格。

1）质量规格：质量规格包括运动黏度、黏度指数、凝点、颜色和闪点。这些规格由ASTM、SAE或API等组织的标准测试确定。该规格通常详述了对于特定润滑油的应用而言被认为的重要特征。例如，一个非常著名的机油规格是SAE黏度，由美国汽车工程师协会建立，该协会还开展研究并发布各种汽车用油的规格。图18-1为一系列发动机曲轴箱油的黏度与温度范围。

尽管运动黏度以厘泊为单位测量，但规格可以用赛氏通用黏度(SSU)。

2）性能规格：成品润滑油产品通常经过认证或符合设备和车辆制造商、政府机构和工业组织(例如SAE)等制定的性能规格要求。这些资格通常需要使用专用设备和发动机(包括道路测试)进行广泛的性能测试。这些试验仅适用于以特定方式和特定原油生产的基础油。重大的工艺方案或原料来源变更可能破坏性能合格证书的目的和有效性。

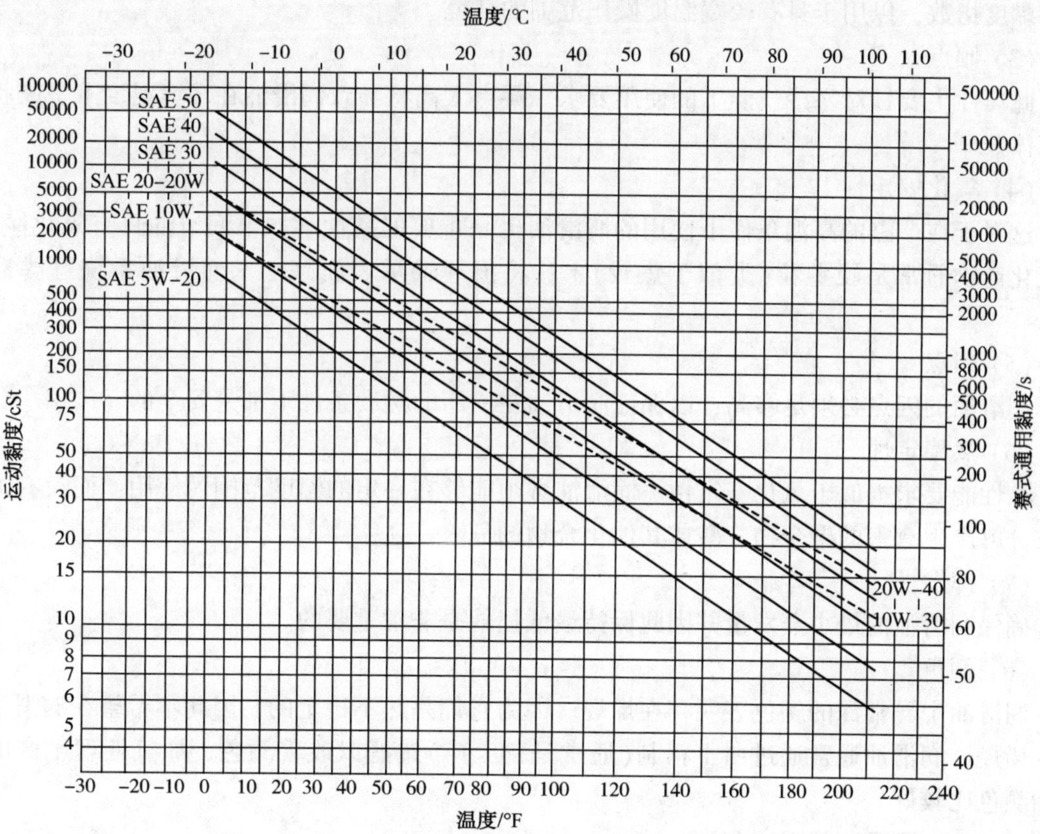


图 18-1 曲轴箱油的黏度与温度的关系

润滑油生产工序全部完成以后，才能衡量润滑油基础油的性能。因此，生产润滑油基础油需要在每个生产阶段的性能数据与最终产品性能质量之间具有良好的相关性。中试试验和装置试产时研究每种原料和产品的相关性，为装置生产制定操作规程。

### 18.2.2 润滑油特性

润滑油生产中的重要特性包括黏度、黏度指数、凝点、氧化安定性、闪点、热稳定性、挥发性、颜色。下面进行逐一论述。

(1) 黏度

这是所有润滑油的最重要的属性。在工作温度下分布均匀的润滑油，可以防止机械磨损，提高燃油经济性。大多数轴承能在轴承表面之间形成流体动力楔形润滑膜。在工作条件下，该润滑膜可最大限度地减少机械运转部位表面的磨损。为实现此目的，润滑油必须具有足够的黏度形成流动性并保持在运转表面之间承受操作载荷、轴承转速和轴承表面光滑度。黏度太高会导致额外的摩擦和热量，而黏度太低会使运转表面接触。轴承需要在很宽的温度范围内运行，例如在发动机或自动变速器中，因此，润滑油必须在整个温度范围内具有足够的黏度才能有作用。

(2) 黏度指数

这是润滑油黏度随温度变化量的量度。高黏度指数表示黏度随温度变化较小。润滑油需要高黏度指数，以用于具有较宽温度操作范围的环境。

(3) 倾点

此属性主要针对寒冷气温下的使用要求。凝点太高将导致润滑油在环境温度下呈胶状甚至固体。

(4) 氧化安定性

这对于在严酷的高温条件下使用的润滑油也是重要的属性。如果润滑油具有氧化倾向，则氧化产物通常是硬颗粒(类似于焦炭)，这将损坏轴承表面并堵塞润滑油系统过滤器和端口。

(5) 闪点

润滑油的闪点必须足够高，以保证润滑油在使用的温度条件下都是安全的。

(6) 热稳定性

该性能要求类似于氧化安定性。润滑油必须能够在一定的温度范围内使用，而没有油裂解或分解产生有害的聚合物、酸或其他化合物的危险。

(7) 挥发性

确保润滑油的最小蒸发量并因此保持最低损耗是非常重要的。

(8) 颜色

润滑油中异常深的颜色表明存在烯烃。因为它们是热不稳定的，因此不希望在润滑油中存在烯烃。润滑油通常通过白土精制(通常是铝土矿)过滤以改善颜色。加氢处理生产的润滑油颜色比较好。

### 18.2.3 润滑油基础油分类

用于调和成品润滑油的基础油按 API 分为五个类别。按照硫含量、饱和烷烃含量和黏度指数分类。各种典型工艺可生产不同种类基础油，见表 18-1。

**表 18-1 API 基础油分类**

| 组别 | 硫含量/% | 和/或 | 饱和烃含量/% | 黏度指数(Ⅵ) | 典型工艺 |
|---|---|---|---|---|---|
| Ⅰ | >0.03 | 和/或 | <90 | 80~120 | 常规溶剂精制 |
| Ⅱ | ≤0.03 | 和 | ≥90 | 80~120 | 溶剂精制与特定原油，加氢处理，GTL |
| (Ⅱ+) | ≤0.03 | 和 | ≥90 | 110~119 | 加氢处理，GTL，特定原油 |
| Ⅲ | ≤0.03 | 和 | ≥90 | ≥120 | 加氢处理，GTL |
| (Ⅲ+) | ≤0.03 | 和 | ≥90 | 130~150 | 加氢处理，GTL，特定原油 |
| Ⅳ | ~0 | 和 | >99 | ≥140 | 聚 α-烯烃 |
| Ⅴ | 所有其他[酯类、环烷基(<75Ⅵ)、聚乙二醇、聚内烯烃等] | | | | |

通常，黏度指数越高，产品越有价值，生产越困难。Ⅱ+类和Ⅲ+类不是官方定义的等级，但这两类通常是黏度指数超过Ⅱ类和Ⅲ类的优质润滑油。

现在的趋势是更多地使用Ⅱ类或以上等级的润滑油。这种趋势是由越来越严苛的性能要求导致的，而这又是由更小、更高效的具有更高压力和更高温度的发动机的需求所导致的。Ⅱ类至Ⅳ类润滑油的高黏度指数和高稳定性符合发动机要求。

### 18.2.4 润滑油生产的主要工艺

图 18-2 的方块流程图中为主要的润滑油基础油生产工艺路线。在下面的讨论中，我们将详细描述用于进行溶剂精制的主要工艺，并将简要讨论加氢处理、天然气制油(GTL)和聚α-烯烃工艺路线。

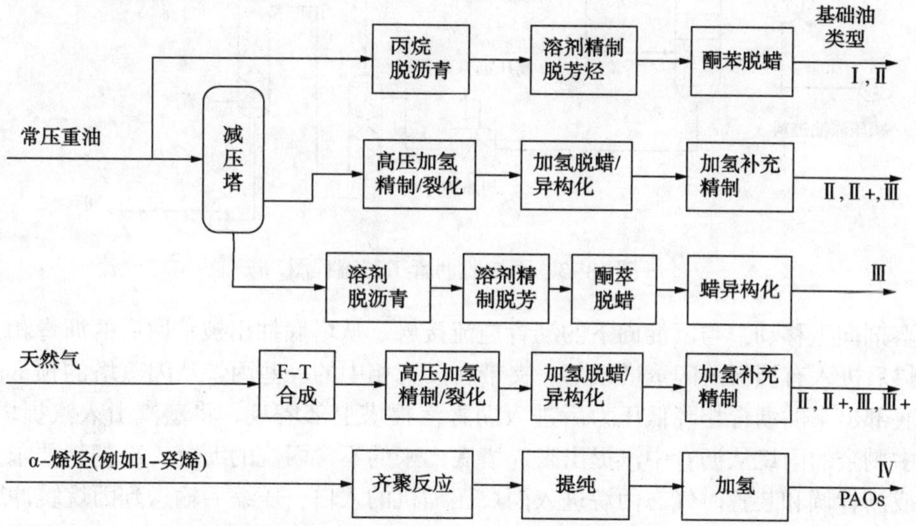


图 18-2 润滑油生产主要工艺流程图

主要工艺流程：①传统的溶剂精制润滑油生产，包括丙烷脱沥青工艺、糠醛萃取精制工艺、酮苯脱蜡工艺；②加氢工艺路线，包括加氢处理/加氢裂化、加氢脱蜡/异构化、加氢补充精制；③天然气制油工艺；④聚 α-烯烃工艺。

下面进行详细论述。

(1) 传统的溶剂精制润滑油生产

1) 丙烷脱沥青工艺：

对原油的重馏分(即减压渣油)进行脱沥青并不完全用于生产润滑油。在能源型炼油厂中，该工艺用于除去渣油中沥青质部分，以提供催化裂化装置合适的原料。在大多数催化装置中，因渣油原料中重金属的存在和康氏残炭高，催化剂的性能大大受损。渣油的沥青质组分中大部分是金属含量高的沥青质化合物。这些沥青质的康氏残炭很高，因此脱除这些沥青质有助于降低重金属含量和康氏残炭。

在润滑油生产中，由沥青中萃取产生的轻质液相可制取优质的润滑油基础油。这种脱沥青油被称为“光亮油”，后面的进一步精制工艺，与减压馏分油制取中性基础油相同，以生产不同的用于调和的基础油。工艺流程如图 18-3 所示。

从图 18-3 可以看出，从减压塔塔底直接来的减压渣油原料，被加热至约 140℉后，在 485psig 的压力下进入板式萃取塔的顶部。液态丙烷从萃取塔底部塔板进入。

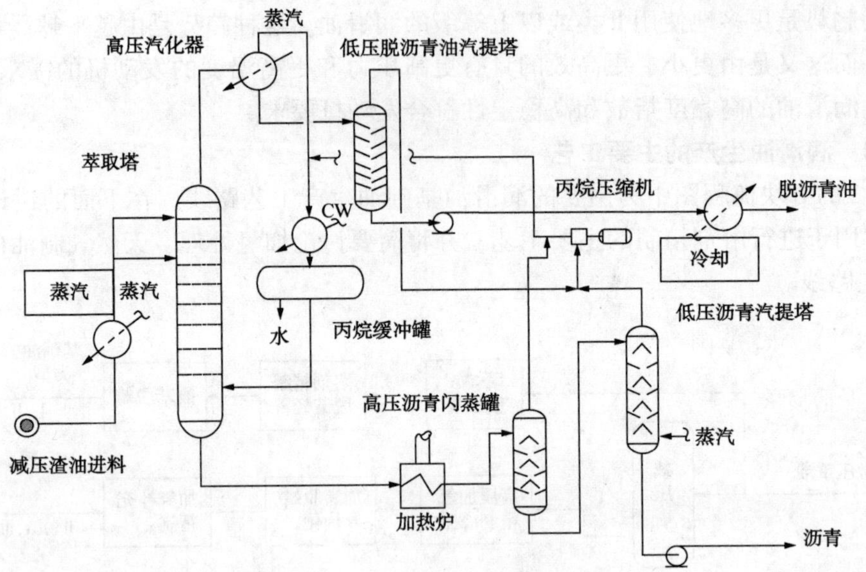


图 18-3　丙烷脱沥青工艺流程图

丙烷溶剂向上移动，与沉淀向下的沥青逆流接触。从塔底抽出被萃取后的沥青相，并通过加热炉加热后进入有挡板的闪蒸塔顶部。夹带在沥青相中的一些丙烷从闪蒸塔的顶部除去。从闪蒸塔的底部出来的沥青相降低压力后进入沥青汽提塔上部塔盘。将蒸汽引入汽提塔的底部，将沥青相中剩余的丙烷从沥青中汽提出来。塔底出来的不含丙烷的沥青，冷却至要求条件，并送至储罐或沥青调和装置。气态丙烷进入丙烷压缩机的入口，压缩后输送到丙烷缓冲罐。

来自萃取塔顶部的脱沥青油相进入高压油蒸发器，该蒸发器除去大部分夹带的丙烷。高压丙烷气离开蒸发器以进行冷却并进入丙烷缓冲罐。在离开蒸发器后，油相进入低压汽提塔上部塔盘。将蒸汽引入塔的底部塔盘，沿塔向上移动至油相。将残留的丙烷从油相中汽提出来并随蒸汽离开汽提塔顶部。塔顶部低压丙烷气也进入丙烷压缩机的入口。

将压缩的丙烷冷却并从缓冲罐底部排出汽提蒸汽带来的水。然后将干丙烷再循环进入萃取塔使用。

沙特阿美公司采用丙烷体积是进料的600%的丙烷脱沥青工艺，进行脱沥青的典型数据见表 18-2。

**表 18-2　丙烷脱沥青工艺的产品产率和性质**

| 项　目 | 进料 | 脱沥青油 | 沥青 |
|---|---|---|---|
| 收率/% | 100 | 52 | 48 |
| °API | 11 | 21 | 1.5 |
| SSU 黏度(210℉) | 1150 | 175 | — |
| SSU 黏度(275℉) | — | — | 250 |
| 康氏残炭/% | 10 | 2.7 | — |
| 颜色 TR 稀释 | — | 9 | — |
| 软化点/℉ | — | — | 135 |

该装置的典型操作条件如下：

| | | | |
|---|---|---|---|
| 萃取塔塔顶温度 | 140℉ | 汽提塔压力 | 5psig |
| 萃取塔塔底温度 | 105℉ | 沥青闪蒸塔 | 525℉ |
| 萃取塔塔压 | 485psig | 沥青汽提塔 | 515℉ |
| 脱沥青油蒸发器 | 315℉ | 闪蒸塔压力 | 220psig |
| 脱沥青油汽提塔 | 310℉ | 汽提塔压力 | 5psig |
| 蒸发器压力 | 220psig | | |

2）润滑油溶剂精制：糠醛精制。

糠醛精制工艺用于生产脱蜡前的精制油，其具有高黏度指数和其他所需的润滑油品质，例如颜色和稳定性。糠醛精制是通过使用糠醛作为溶剂从减压馏分油原料和光亮油原料(脱沥青油)中除去芳烃和稠环化合物的少数方法之一。实现此目的的其他最常见的方法是使用液体 $SO_2$ 作为萃取溶剂和使用苯酚作为萃取溶剂的方法。糠醛精制工艺流程如图 18-4 所示。

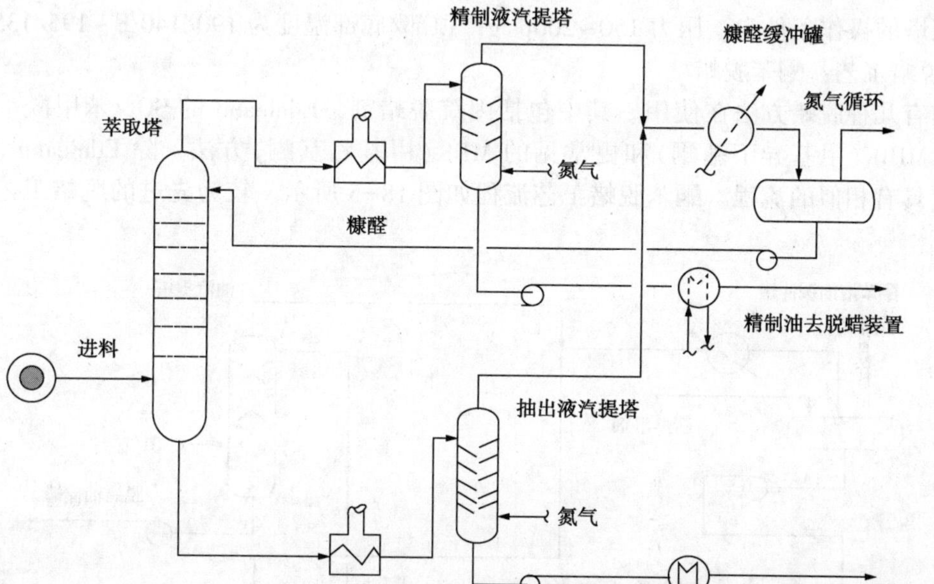


图 18-4 糠醛精制工艺

直馏馏分油或光亮油(或两者的混合物)进入萃取塔底部塔盘。干燥的糠醛进入萃取塔顶部塔盘与油进料逆流移动。从润滑油原料中除去非理想组分，塔底部为富含糠醛的抽出液。抽出液经加热炉加热后进入汽提塔。汽提塔塔顶蒸发的糠醛气经冷却后进入糠醛缓冲罐。汽提塔底部加入惰性气体(一般为氮气)作为汽提介质实现糠醛的汽提。汽提介质必须使用惰性气体，因为糠醛在接触蒸汽或空气时非常容易聚合结焦。汽提塔底的抽出油经冷却后送去做燃料油。

从萃取塔顶部出来的精制液基本上不含芳烃和稠环化合物，经过加热炉加热后进入汽提塔。再次使用惰性气体作为汽提介质汽提脱除残留的糠醛，精制油从汽提塔底部出来后送去脱蜡装置。汽提塔塔顶蒸发的糠醛气经冷却后进入糠醛缓冲罐。

惰性气体携带糠醛气从汽提塔顶出来后，经过冷却，糠醛留在缓冲罐，惰性气从罐顶排放到大气中或返回炼油厂的惰性气体系统。

表 18-3 给出了糠醛精制的一些数据。这些数据基于两种典型的原料 A 和 B，它们涵盖了通常的原料性质。

**表 18-3　糠醛精制工艺产品收率和性质**

| 原　　料 | 进料 A | 进料 B |
|---|---|---|
| 黏度指数 | 70 | 89 |
| °API | 25 | 28 |
| SSU 黏度(210℉) | 55 | 44 |
| 产品 | | |
| 收率/% | 69 | 55 |
| 黏度指数(脱蜡后) | 102 | 113 |

萃取塔的操作条件为：压力 150~200psig，顶部/底部温度为 190/140℉~195/135℉。

3) 脱蜡工艺：酮苯脱蜡

目前有几种脱蜡方法在使用。其中包括丙烷脱蜡剂，Edeleanu 的 $SO_2$/苯甲酰萃取和脱蜡组合，MIBK(甲基异丁基酮)和更常见的 MEK(甲基乙基酮)方法。除 Edeleanu 工艺外，其余工艺具有相似的流程。酮苯脱蜡工艺流程如图 18-5 所示。较为先进的脱蜡工艺是催化脱蜡。

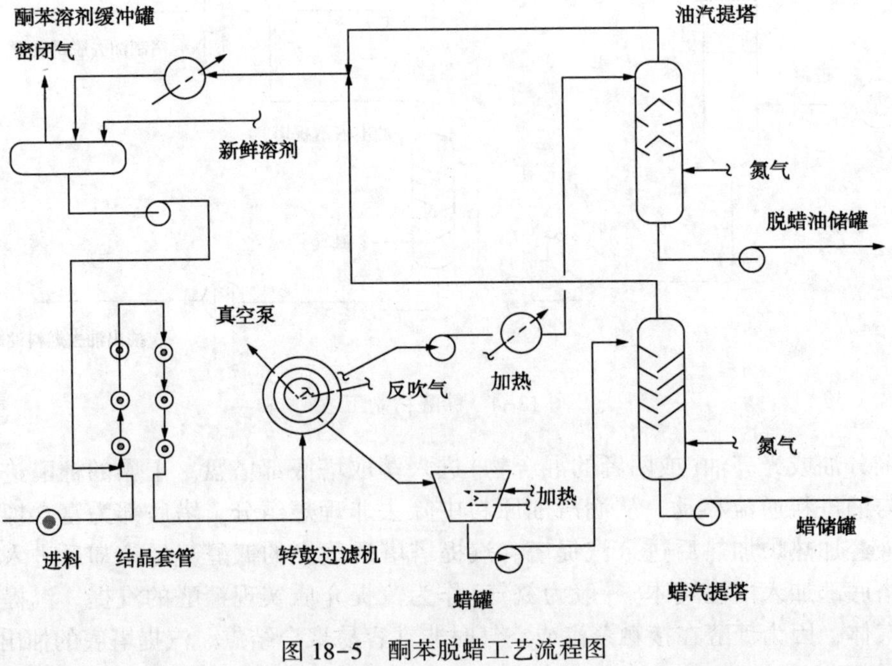


图 18-5　酮苯脱蜡工艺流程图

减压馏分油或糠醛精制油与酮苯溶剂混合后进入套管结晶器冷却。在混合物冷却期间，原料中的蜡组分在酮苯溶剂作用下形成晶体。套管结晶器配有内部链式刮刀，用于输送浆性油料。之后物料进入真空转鼓过滤机底槽。过滤机的转鼓由滤布覆盖。转鼓内部通过分配头分为两个或三个室。第一阶段是在真空条件下，通过滤布吸取底槽中的浆性油料。没有蜡晶体的油相通过滤布流到转鼓的内部。蜡则牢牢地吸附在滤布上。在一些工艺中，将脱蜡滤液作为稀释溶剂返回到蜡饼中。当转鼓旋转时，进入其操作的第二阶段。这里，惰性气体作为反吹气施加到转鼓内部，将蜡饼从滤布上吹松，之后刮刀将其刮下到输蜡槽将其送到加热的蜡罐中，蜡在那里熔化。熔化的蜡被送至蜡汽提塔顶部塔盘。在此，使用惰性气体汽提，惰性气体向上通过与蜡液在塔盘逐层的逆流接触，将蜡中酮苯溶剂除去。汽提塔底出来的蜡液被泵送至储罐或进一步处理。

过滤后的脱蜡滤液从滤液罐送到蒸汽加热器，加热后进入汽提塔顶部。在此，使用惰性气体汽提，惰性气体向上通过与脱蜡油在塔盘逐层的逆流接触，将蜡中酮苯溶剂除去。汽提塔底出来的脱蜡油被泵送至储罐和进行调和。

两个汽提塔顶的酮苯溶剂气经冷却后进入缓冲罐。在此，塔顶随溶剂气出来的惰性气体被闪蒸出来以便再循环或排空。酮苯溶剂则通过泵返回结晶系统，以加入套管结晶器。表18-4列出了酮苯脱蜡工艺的一些典型产品收率和性质。

**表18-4 酮苯脱蜡工艺产品收率和性质**

| | 进料A | 进料B | 进料C |
|---|---|---|---|
| 原料 | | | |
| SSU黏度(210℉) | 41 | 58 | 126 |
| 凝点/℉ | 95 | 110 | 125 |
| 闪点/℉ | 400 | 450 | 540 |
| 主产品 | | | |
| 脱蜡油/%(体) | 70 | 77 | 80 |
| 倾点/℉ | 15 | 15 | 10 |
| 浊点/℉ | 20 | 18 | 12 |
| 蜡膏(副产品) | | | |
| 收率/%(体) | 30 | 23 | 20 |
| 含油量/% | 25 | 20 | 15 |

（2）润滑油的加氢处理工艺

随着对更高纯度、更高黏度指数的润滑油的需求，在20世纪60年代开发了润滑油的加氢处理工艺。有许多工厂采用这种方法生产Ⅱ、Ⅱ+和Ⅲ类基础油，在此将简要描述这些工艺。GTL原料转化为基础油工艺也是如此。

加氢处理工艺的整个过程流程图如图18-2所示。

1）加氢精制/加氢裂化：

加氢工艺中加氢精制/加氢裂化的主要目的是：

① 通过加氢精制脱除原料中的硫、氮、烯烃、金属和其他有害物质。改善所得基础油的稳定性。

② 尽可能完全饱和芳烃。

③ 通过重质减压蜡油原料的轻度加氢裂化提高产物率。

早期，较多润滑油加氢装置的加氢反应器的操作条件都比较温和。现在较新的加氢装置在更苛刻的条件下运行，并且倾向于在非常高的压力(2500psig 或更高)下使用高活性加氢精制催化剂与温和加氢裂化催化剂。高压促进芳香饱和，因此反应温度可以适当降低，降温也有助于饱和反应。因为工艺条件倾向于以芳烃饱和为主，所以易于脱除杂环化合物(S、N、O 等)和烯烃。金属被定量吸收到反应器中的金属脱除剂上。在高压下加氢裂化反应比较容易进行。

加氢裂化装置的工艺条件及其催化剂等是专有的。加氢裂化得到的尾油非常干净且稳定，有害物质含量低。但是，加裂尾油还含有一定的蜡组分，凝固点较高。加氢裂化尾油还要进行脱蜡，可以使用之前描述的溶剂脱蜡工艺，但是，使用溶剂脱蜡工艺的产品比不上通过继续加氢异构脱蜡的工艺的产品。

加氢裂化工艺的副产品包括超低硫的各类馏分油和石脑油，它们是炼油厂很有价值的产品。这些物质通过减压蒸馏从“石蜡基润滑油料”中分出，然后瓦斯油馏程范围内的石蜡基润滑油料送去进一步处理。

2) 加氢异构脱蜡

润滑油加氢工艺中的第二步是将加裂尾油加氢异构脱蜡。该工艺也是在高压的苛刻的工艺条件下进行。所用的专有催化剂主要促进长链烷烃的缓和加氢裂化和异构化。

3) 加氢补充精制

最后一步是加氢补充精制，脱除最后残留的杂质和烯烃，尽可能将芳烃饱和。得到的精制油经过最终蒸馏切割出所需的基础油馏分。

4) 加氢处理工艺的润滑油属性

表 18-5 列出了从加氢处理工艺到基础油的各个阶段的典型性质，注意油品性质在不同工艺后产生的变化。通过控制工艺条件得到属于Ⅱ/Ⅱ+类或Ⅲ/Ⅲ+类的润滑油基础油产品。同时，必须考虑产品收率和产品质量之间的平衡。

**表 18-5　加氢工艺各阶段产品的典型性质**

| | 不同阶段的产品 | | | | 加氢基础油 | |
|---|---|---|---|---|---|---|
| 各阶段产品性质 | 新鲜进料 VGO | 加氢裂化尾油 | 加氢异构脱蜡油 | 加氢补充精制油 | Ⅱ类 | Ⅲ类 |
| 黏度指数 | 70~85 | <130 | >120 | >120 | 100~103 | >120 |
| 硫含量 | 2%~3% | <10ppm | <5ppm | <1ppm | <1ppm | <1ppm |
| 芳烃含量 | 40%~60% | <10% | <1% | <1% | <1% | <1% |
| 倾点/℃ | +25~+50 | +30~+40 | <-15 | <-15 | -13~-15 | <-15 |
| 颜色 | L3.0~L4.0 | L5.0~L2.0 | ~+20 | +30 | L0.5 | +30 |

注：资料来源：希尔伯特等(2013)。

5) 加氢工艺的技术来源

之前已提到，加氢工艺是专有技术，这些技术的主要供应商(全部或部分)包括埃克森美孚、雪佛龙 LummusGlobal(CLG)、壳牌石油公司、UOP、霍尼韦尔公司。

(3) 天然气制油工艺(GTL)

20 世纪 90 年代末和 21 世纪初，F-T 费托合成工艺的改进以及低天然气价格使得从天然气生产更加经济。产品基本上是纯直链烷烃，具有非常少的支链。可以相当准确地预测出石蜡链长度范围。这种蜡可以转化为润滑油的清洁原料。已有一些工厂使用这种途径来生产高价值的产品。有关 GTL 工艺的更多详细叙述，请参阅非常规原油和原料的章节。

在润滑油生产中，F-T 合成工艺之后通常采用与润滑油的加氢工艺相同的路线。由于蜡含量很高，加氢脱蜡/异构化步骤特别重要。由于 F-T 合成工艺产品非常纯净，因此可以通过 GTL 工艺生产优质的Ⅱ、Ⅱ+、Ⅲ和Ⅲ+基础油。

表 18-6 为 GTL 润滑油基础油与常规的Ⅲ和Ⅲ+润滑油基础油的比较。

**表 18-6 GTL 基础油与其他基础油的比较**

| 属　性 | Ⅲ基础油 | GTL 基础油 | Ⅲ+基础油 |
|---|---|---|---|
| 黏度指数 | 120 | 140~155 | 120~140 |
| 黏度(100℃)/cSt | 4.2 | 4.0~9.0 | 4.0 |
| 挥发性/%(质) | 15 | <10 | 12.7 |
| 倾点/℃ | -15 | -21 | -64 |
| 含硫/ppm | <300 | <1 | <1 |

注：来源：Silvy et al.(2010)。

目前(2014 年)壳牌石油公司已在使用 GTL 工艺生产润滑油。这些技术的许可商为壳牌和埃克森美孚。

(4) 聚 α-烯烃(PAOs)工艺

用于生产润滑油基础油料的聚 α-烯烃(聚烯烃或 PAO)通过伯或 α-烯烃的催化低聚反应生成，通常使用的 α-烯烃是 1-癸烯。反应在连续搅拌釜式反应器中进行。得到的二聚物、三聚物、四聚物等黏度指数能达到 140 或更高，并且生产的润滑油基础油的黏度范围适合。

如图 18-6 所示，1-癸烯反应的典型低聚物。注意，低聚物含有一些剩余的双键，需要最后的加氢步骤来饱和。表 18-7 列出了典型的 PAOs 润滑油基础油性能。

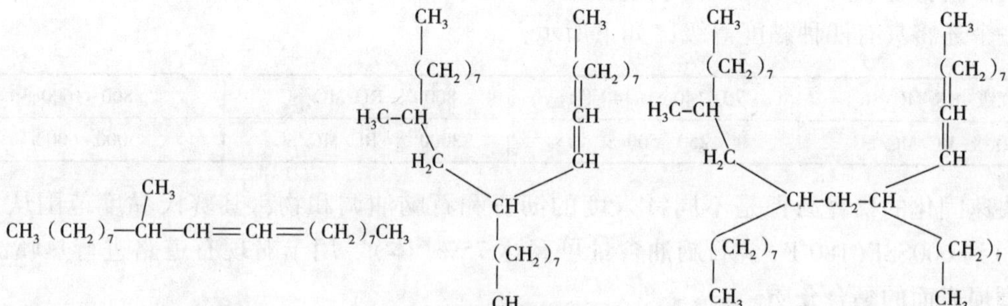


图 18-6 1-癸烯的低聚物(典型的聚 α-烯烃)

**表 18-7 典型的聚 α-烯烃基础油**

| 属　性 | Ⅳ类 PAOs | 属　性 | Ⅳ类 PAOs |
|---|---|---|---|
| 黏度指数 | 120~140 | 倾点/℃ | -64 |
| 黏度/cSt(100℃) | 4.0 | 硫/ppm | <1 |
| 挥发性/%(质) | 12.7 | | |

### 18.2.5 润滑油生产总结

2009年全球每日生产了大约850000BPD润滑油。其中，各类润滑油占比如下：

| | | | |
|---|---|---|---|
| Ⅰ类(溶剂精制) | 61% | Ⅳ类(PAOs) | 2% |
| Ⅱ类(加氢工艺) | 30% | Ⅴ类(其他) | 1% |
| Ⅲ类(加氢工艺，其他) | 6% | | |

尽管润滑油需求增长缓慢，但几十年来Ⅰ类基础油的比例一直在下降。1990年，Ⅰ类基础油占基础油总量的近99%。Ⅱ类和Ⅲ类基础油的产量增长相当迅速，随着对更好、更稳定的润滑油的需求增加，预计这种趋势将持续下去。

### 18.2.6 沥青生产

生产润滑油装置总是与生产沥青装置结合在一起。即使在工程师中，人们普遍认为沥青可以由任何原油的重质油制成。但是，这种观念并不正确。沥青产品必须具有一系列满足不同等级规格的性能。由于许多这些属性是相互关联的，因此难以同时满足所有规格。针入度与软化点的平衡是需要考虑的最重要的属性。

重质原油是沥青生产的理想原料，同时应具有优质沥青的收率高、价格便宜的特点，还必须考虑沥青的氧化性能。虽然有些原油可以生产很好的道路沥青料，但是当产品的规格要求沥青"氧化"处理时，却不适合吹气氧化处理。

沥青产品分为两大类，即道路、液体沥青和建筑沥青。

(1) 道路和液体沥青

道路和液体沥青产品再次细分为五种道路等级和三种液体等级。道路沥青的针入度小于等于300 1/10mm(77℉，100g)，而较软的液体沥青针入度高于此值。道路沥青根据针入度大小分为以下五个牌号：

40-50，60-70，85-100，120-150，200-300。

液体沥青等级通常分为RC(快速固化)、MC(中等固化)和SC(缓慢固化)。这些等级中的每一个还将具有四种黏度等级，如下所示：

| | | | |
|---|---|---|---|
| 70级-RC/MC/SC | 70~140cSt(140℉) | 800级-RC/MC/SC | 800~1600cSt |
| 250级-RC/MC/SC | 250~500cSt | 3000级-RC/MC/SC | 3000~6000cSt |

快速固化的稀释沥青是不同针入度的沥青和石脑油调和物，其赛氏黏度范围从75SSF(77℉)到600SSF(180℉)。石脑油含量可高达75%(体)。用于对现有道路进行热喷涂，作为新磨损表面的黏合介质。

中等固化的稀释沥青是不同针入度的沥青与煤油调和物，其四种等级与快速固化的稀释沥青有相同的黏度范围，同样用于道路建设。

缓慢固化的稀释沥青是不同针入度的沥青与蜡油调和物，通常直接从原油常压或减压蒸馏中生产。其收率比较低，它们主要用作沥青路面的冷修补。

(2) 建筑沥青

这类沥青用于建筑。大多数建筑沥青是通过吹气氧化制取的。按针入度和软化点分类，分为以下三类：

| 类　型 | 针入度(77℉)/(0.1mm) | 软化点/℉ |
|---|---|---|
| 类型 1 | 25~50 | 140~150 |
| 类型 2 | 20~30 | 166~175 |
| 类型 3 | 15~25 | 190~205 |

类型 1 用于平屋顶，而类型 2 和类型 3 分别用于不同坡度的屋顶。

(3) 沥青氧化机理

沥青是以胶质作为稳定剂，使沥青质分散于油中。具体的结构组成根据原油的变化而变化。

沥青质可以加氢成胶质，胶质加氢成油。胶质可被氧化成沥青质，油可被氧化成胶质。从而：

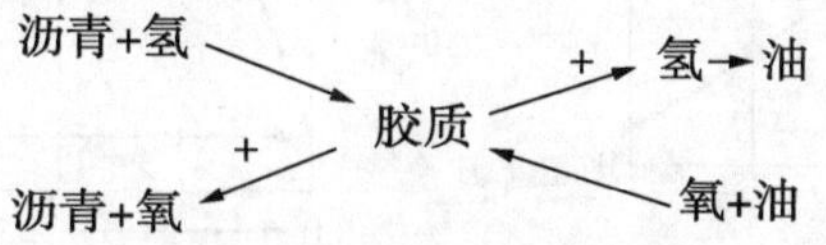


“氧化”一词实际上是用词不当，因为氧化沥青氧含量与装料基本相同。在沥青中吹入空气会增加沥青质含量，使其硬化，降低针入度，增加软化性并降低延展性。基本上吹气氧化是遵循以下流程的聚合工艺：

① 吹入氧气以形成的不稳定化合物，从中除去水，留下聚合的不饱和化合物。

② 吹入氧气以形成羧基衍生物，从中除去二氧化碳，然后再进行聚合。

③ 形成消除除水和二氧化碳之外的挥发性氧化产物，再次进行聚合。

需要注意的是，氧化沥青的最佳原油是沥青质含量高，链烷烃和蜡含量低的原油。胶质可以相对容易地氧化成沥青质，因此富含胶质的原油是沥青制造的良好原料。油也可以被氧化成沥青质，但它们必须首先被氧化成胶质，这需要更苛刻的工艺条件。裂化渣油不能制成良好的沥青。

(4) 沥青收率

通常，较重的原油含有较高含量的沥青质，如图 18-7 所示。

沥青的实际收率主要取决于原油本身的组成，包括它所含的链烷烃、烯烃、沥青质和环烷烃组分。良好可靠的原油分析为特定原油提供了各类数据。然而，如果不存在这样的原油分析，则可以使用 S. Patel 的方法(Oiland GasJournal，1964 年 2 月)大概计算沥青的收率。计算方法将沥青收率与“沥青系数”相关联，沥青系数由 Patel 公式获得，如下：

$$F=\frac{(A)(CC)^{n}}{\left(\frac{B}{C}\right)(K-10.4)} \tag{18-1}$$

式中　$F$——沥青系数；

$A$——100 针入度沥青在 400℉与开始沸腾的温度之间的斜率(见图 18-8)；

$CC$——康氏残炭值(750℉)；

$B$——高沸点物料的斜率(见图 18-8)；

$C$——低沸点物料的斜率(见图 18-8)；

$K$——表征因子(750℉，Watson $K$ 值)；

$n$——经验指数，通常为 1.0。

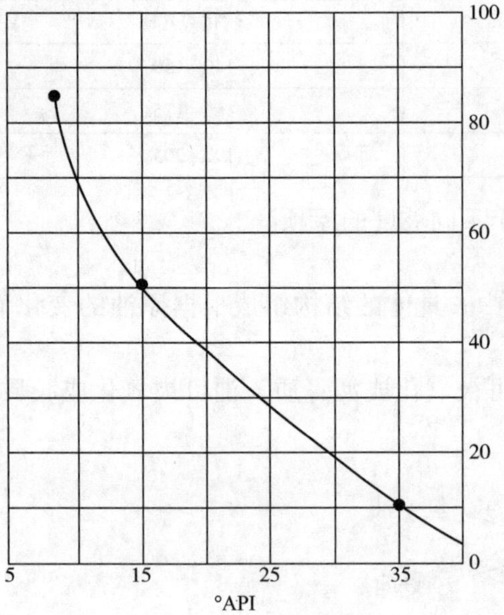


图 18-7　各类原油沥青平均含量(近似值)

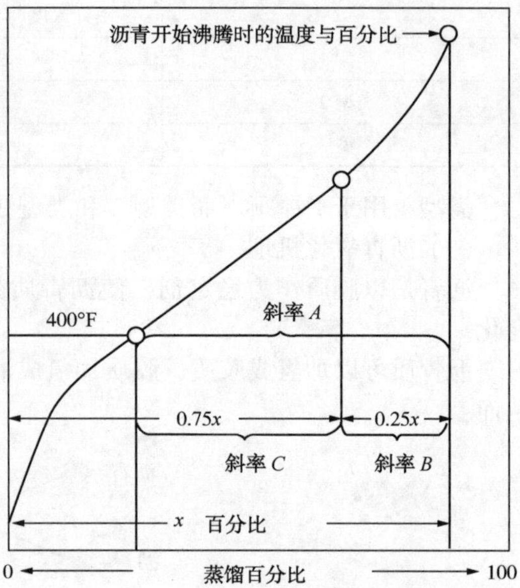


图 18-8　Patel 原油斜率方程

图 18-9 为沥青系数与 100 针入度沥青的近似收率之间的关系。

计算是通过反复试验得到，本章附录中的沥青吹气氧化设计案例中进行了计算。

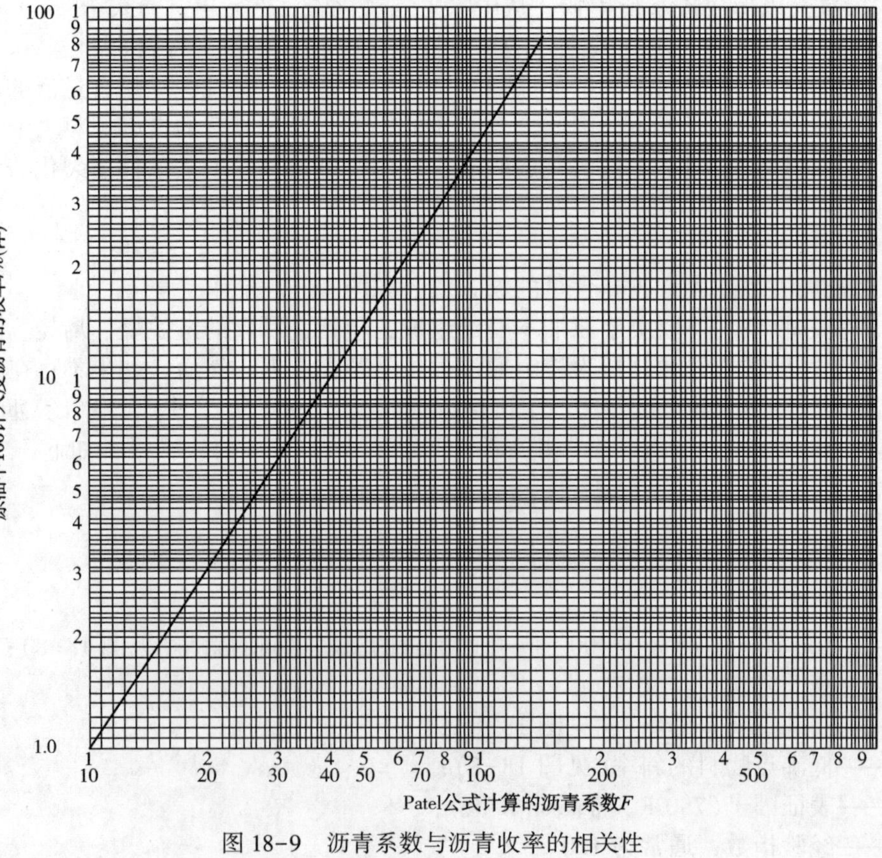


图 18-9　沥青系数与沥青收率的相关性

（5）沥青氧化工艺

将空气吹入装有来自减压蒸馏或脱沥青工艺的沥青容器中进行氧化，将改变其针入度和软化性质。影响氧化沥青生产的因素包括吹入空气的速度、沥青的温度、沥青的停留时间、系统压力。

下面讨论这些因素及其对氧化过程的影响。

1）吹入空气量：

这是该工艺中最重要的因素。如果在氧化器中温度、压力和停留时间保持恒定，则通过增加空气量可以显著提高沥青的软化点(环球法)。这种变化在低气速下比在高气速时更明显。达到一定数值后，吹气量的增加对软化点几乎不再有影响，如图 18-10 所示；沥青的针入度也受吹气量的影响，如图 18-11 所示。

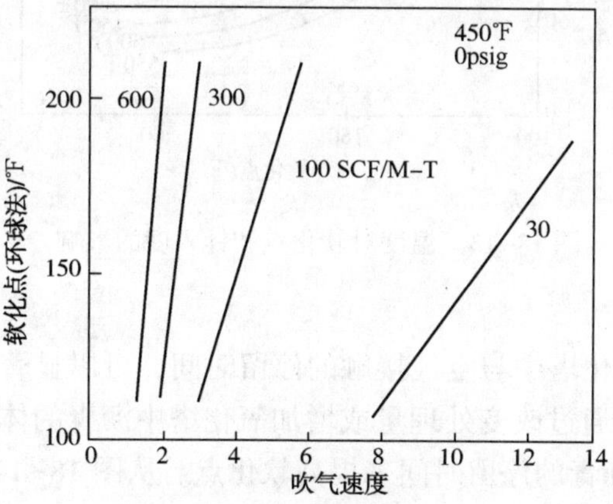


图 18-10　空速对软化点的影响

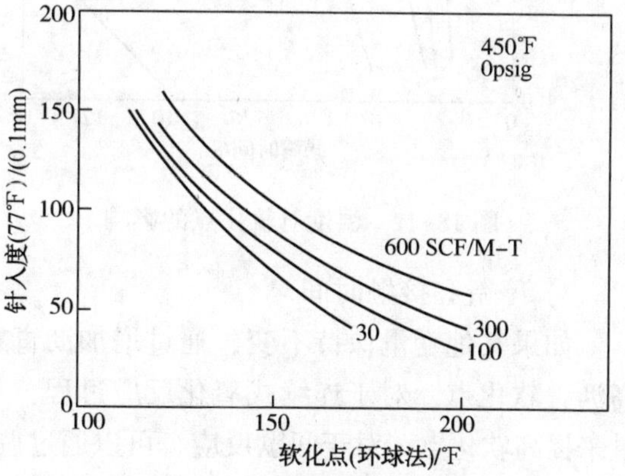


图 18-11　空气速率对软化点/渗透率的影响

对于连续运行装置，正常吹气量介于(0.3～1.0)SCFM/BPSD 之间。对于间歇处理装置，该量介于(1.5～9.5)SCFM/Bbl 之间。这取决于每批次加工的时长和每天要处理的批次。吹气使用的空气不得含有明水，但不需要干燥。如果通过往复式压缩机输送空气，则设计良好的分液罐足以脱去明水。

2）反应温度

如果其他变量保持不变，则氧化温度的升高可以提高沥青的软化点。如图 18-12 所示，在低温下，温度升高对沥青软化点的影响比高温下更大；而当温度达到临界点后，对沥青软化点的影响不大。软化点与针入度随温度的降低而增大，我们可以通过延长吹气时间或增加停留时间来降低反应温度，从而在不影响针入度的情况下提高沥青软化点。结果见图 18-13。

氧化塔的设计或操作温度有一定的限制。氧化塔的设计温度应该不高于原料或其他任一组分的闪点下 50℉。然而也必须认识到，效果较好的氧化反应发生的温度不会低于 420℉(215.5℃)。一般来说，间歇式氧化反应的温度在 430～475℉(221～246℃)之间，而连续式氧化反应的温度在 500～550℉(260～287.7℃)之间。沥青氧化反应是放热反应，因此必须采取某种冷却形式来控制反应温度。对于连续反应，最常见的冷却方法是将一部分反应物通过冷却器后循环返回至入口，与进料充分混合后再进入反应器。另一种方法是在反应器内部安装冷却盘管，后者广泛应用于间歇式氧化反应的温度控制。一般在氧化塔油液面以上注入蒸汽，该部分蒸汽的主要作用是防止氧化塔上部空间油气混合物发生爆炸。

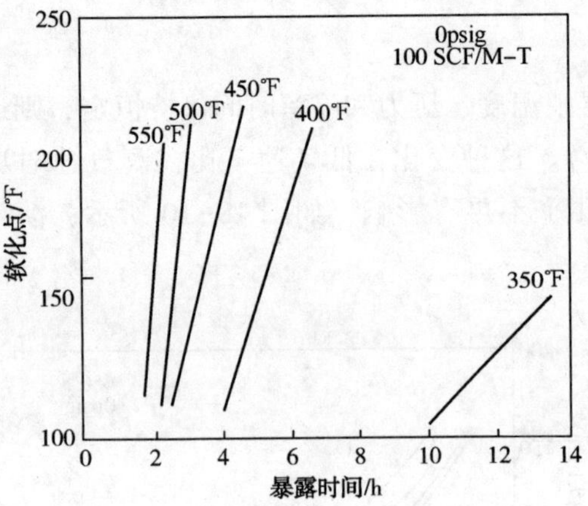


图 18-12　温度对软化点的影响

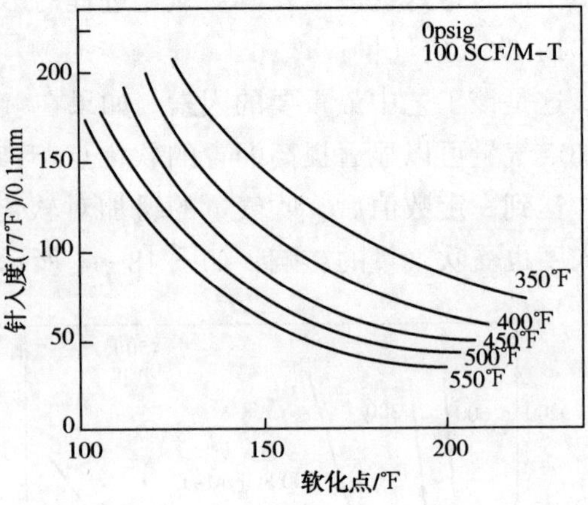


图 18-13　温度对软化点和针入度的影响

3）停留和接触时间

如果其他变量保持不变，通过增加沥青在氧化塔中与空气接触的停留时间，可以显著提高沥青软化点。对于连续式氧化反应过程，可以通过改变处理量或增加氧化塔中沥青的体积量来提高软化点。对于间歇反应，可以通过调整沥青的停留时间来提高软化点。从图 18-14～图 18-17 中可以看出停留时间的变化对软化点的影响。

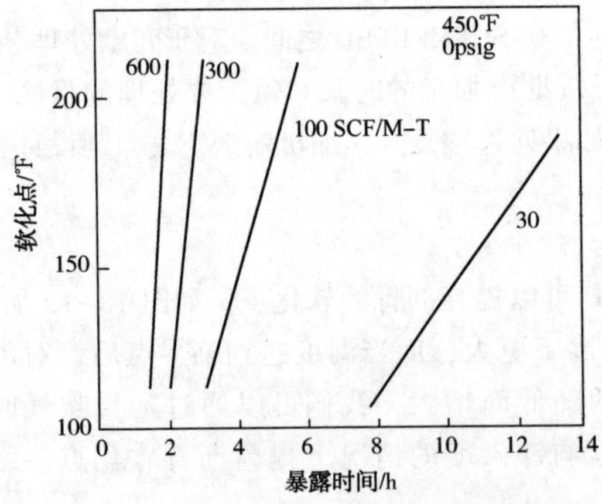


图 18-14　不同空气比例下停留时间对沥青软化点的影响

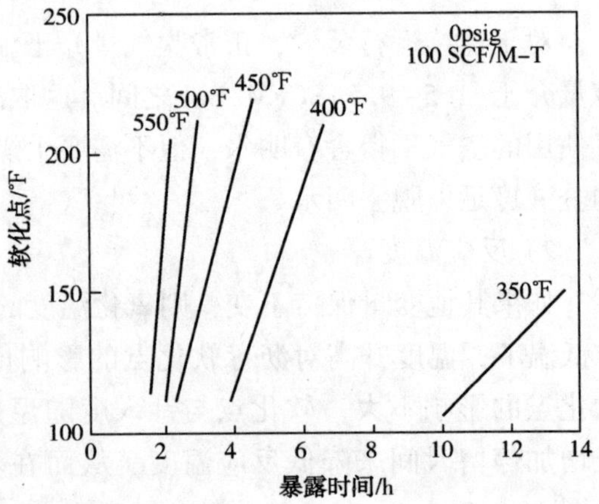


图 18-15　不同温度下停留时间对沥青软化点的影响

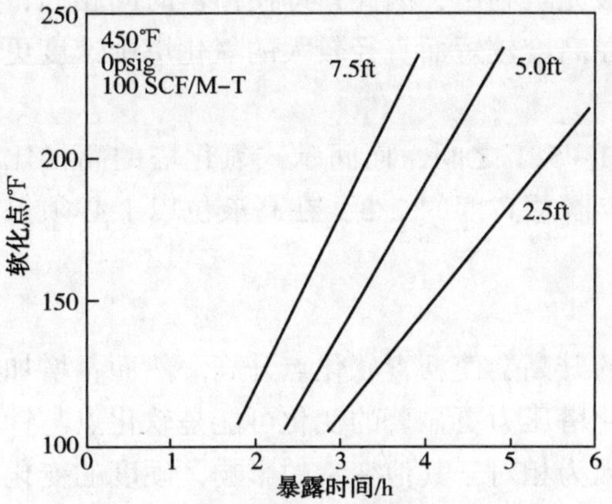


图 18-16 不同液体高度下停留时间对沥青软化点的影响

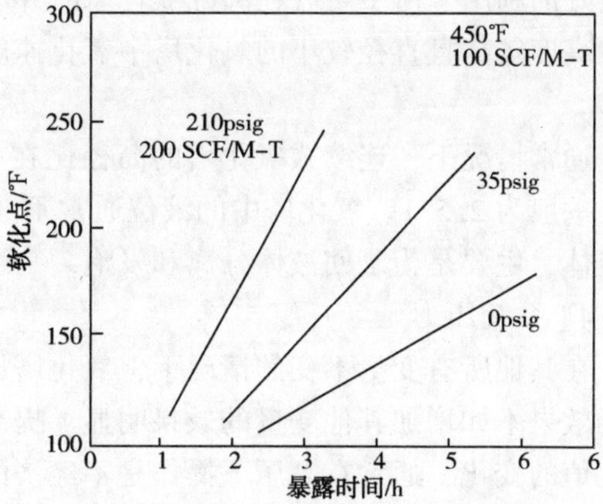


图 18-17 不同氧化塔压力下停留时间对沥青软化点的影响

氧化反应所需的停留时间是不尽相同的，这取决于软化点或针入度所需的变化量的要求。比较好的经验方法是按照沥青软化点 1h 上升 12℉的速度来计算停留时间。例如，要将沥青的软化点从 100℉(37.7℃)提高到 220℉(104.4℃)，需要的停留时间为(220-100)/12=10h。

对间歇式氧化反应，第二个粗略规则是，每吨沥青消耗 15scf/min 的空气，大概需要 4~8h 停留时间，也就是说，由于停留时间的影响与氧化速率成正比，如果使用 25scf/min 的空气，则停留时间在 2.4~4.8h 左右。同等情况下，连续式氧化反应需要的时间更少一些，大概是间歇式氧化反应所用时间的一半。

在其他变量不变的情况下，延长接触时间或增加氧化塔的沥青高度，将提高沥青的软化点。在这种情况下只会影响软化点，但不影响软化点/针入度的比值。该变量的作用与延长沥青的停留时间相同。结果如图 18-18 所示。

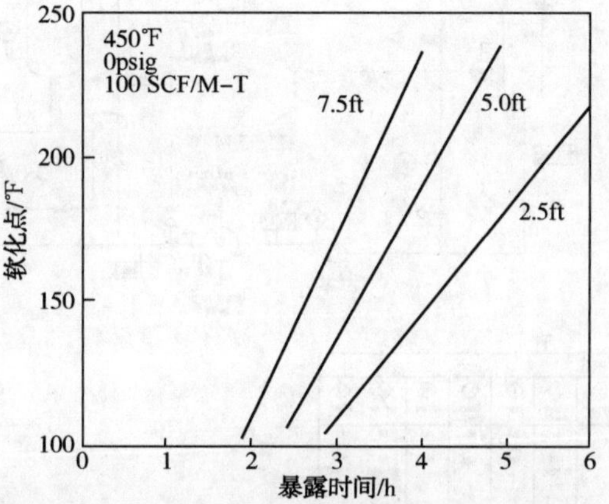


图 18-18 氧化塔中沥青高度对软化点的影响

虽然液位高度与空气停留时间密切相关，但它们对氧化过程的影响并不完全相同。液位越高，氧化过程越有效。这是因为相同数量的空气在与油品保持较长时间的接触时，可以得到更好的利用。由于空气在离开氧化塔时并没有被完全利用，因此，即使停留时间相同，沥青在高度较高且直径较小的氧化塔中氧化速度比在高度较短而直径较大的氧化塔中速度更快一些。

通常情况下，连续式氧化塔的高径比在 3. 5/1~5/1 之间，而间歇式氧化塔的高径比略低，一般为 2. 5/1。氧化塔中的液位通常不超过容器总高度的 2/3，在高液位以上必须保持无液体，主要是为了使液体分离和发泡。

4）系统压力

在其他所有变量不变的情况下，氧化塔压力的升高会使沥青软化点升高。然而，增加压力的效果不如增加其他变量的效果明显。提高氧化塔压力更显著的变化可能是软化点与针入度比值的变化，通常在高压下操作是不经济的，因为相对于其他变量的影响，硬度的变化很小。在实际应用中，压力不是一个设计变量，大多数氧化塔都是在近大气压下工作的，一般常用的压力为 5psig。

图 18-19 给出了一个典型的沥青生产过程。

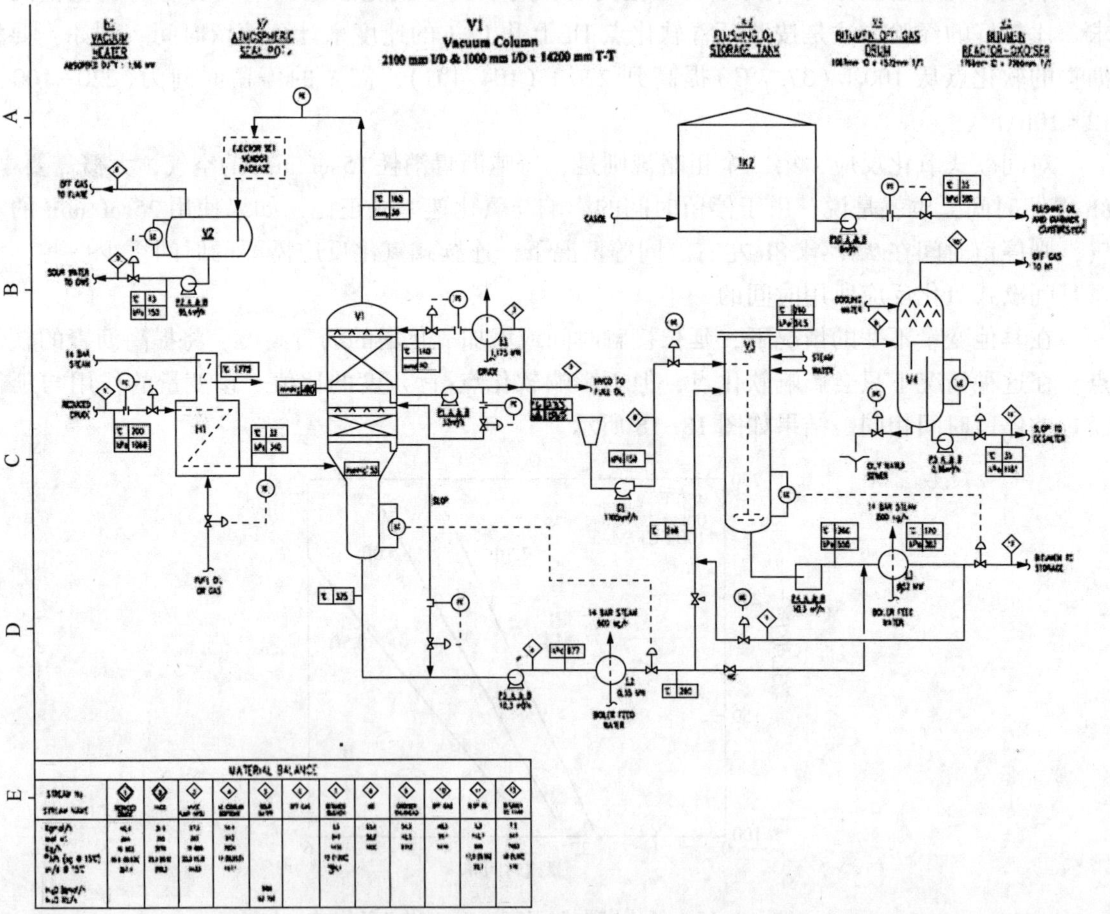


图 18-19 典型化工厂沥青生产工艺流程图

## 18.3　化工型炼油厂

炼油厂对原油进行处理，产品作为化工厂的原料。两个最重要的过程是芳烃的生产和烯烃的生产。

这两种类型的炼油厂已简要介绍过。即使不是严格的石油加工过程，你也可以在这本手册相关主题中找到“天然气和煤的化学物质”一章。这里不打算再进一步描述这些类型的炼油厂。本章只讨论芳烃生产工艺的一个典型例子。这可能是炼油厂更为常见的集成，因为一个普通的能源型炼油厂更容易获取芳烃，而且额外的附加过程最少。

### 18.3.1　芳烃生产

这里所指的芳烃是苯、甲苯、乙苯、对-二甲苯、间-二甲苯和邻-二甲苯。

这里提到的流程结构都开始于一个混合芳烃流股，这是通过催化重整加工高环烷烃含量石脑油得到的。这些石脑油很可能是加氢裂化装置利用重质石蜡基馏分生产出来的。有些炼油厂只对重馏分油进行深度加氢裂化，用以生产这种高芳潜的石脑油。更常见的是燃料型加氢裂化装置生产一系列产品，石脑油只是其中产物之一。上述所列的石脑油均为富含环烷烃的重整原料。为了提高芳烃厂进料中的芳香烃含量，通过萃取工艺将芳香烃与抽余油分离开来。

以混合芳烃为原料的芳烃回收厂如图 18-20 所示。在这个典型的加工方案中，目标是只将苯和邻二甲苯最大化生产。许多芳香族也可以通过结晶或吸附步骤生成对二甲苯。下面对这些复杂流程单元进行介绍。

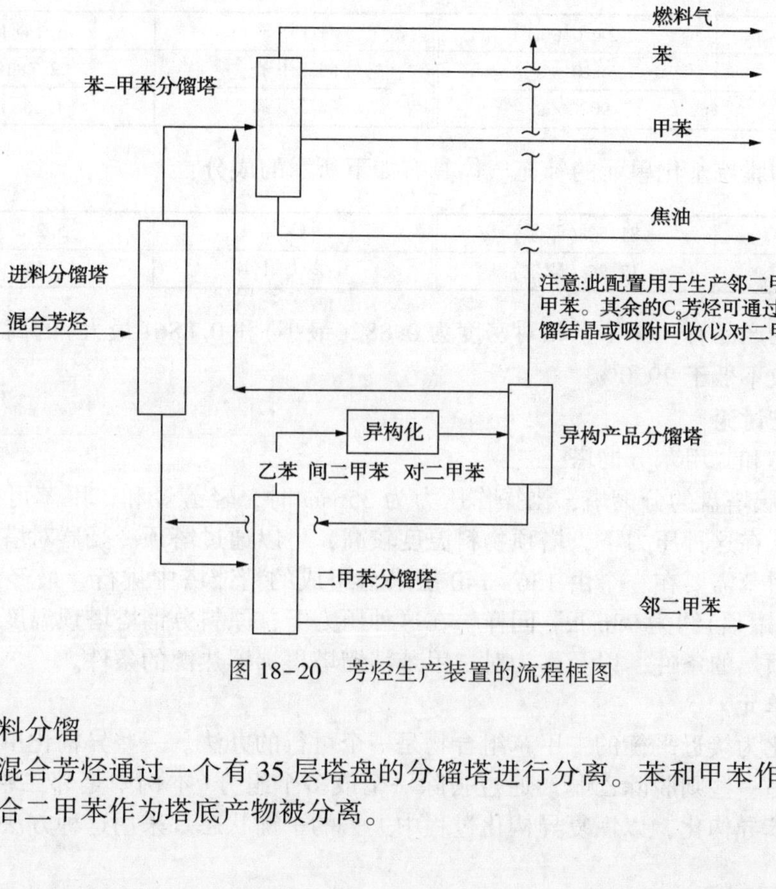


图 18-20　芳烃生产装置的流程框图

(1) 原料分馏

新鲜的混合芳烃通过一个有 35 层塔盘的分馏塔进行分离。苯和甲苯作为塔顶产物被分离出来，混合二甲苯作为塔底产物被分离。

（2）二甲苯分离和异构化过程

混合二甲苯从分馏塔出来后进入二甲苯分馏塔，这是一个精馏塔，包含至少135层塔盘，主要用于分离间二甲苯和邻二甲苯组分。从异构化装置中循环回来的富含邻二甲苯的物料也进入这个二甲苯分离塔。从分馏塔出来的富含乙苯和对二甲苯及间二甲苯的物料，由分离单元输送到异构化装置中。这些$C_8$芳烃在催化剂上发生异构化反应，并在富氢物料的存在下生成富含邻苯二甲酸的产物，同时包括二甲苯、苯、甲苯、乙苯以及一些处于平衡的轻烃和氢。这些异构化产物进入到分馏塔中进行分离，其中轻烃和一些乙苯作为顶部产物被分离，而底部产物（主要含有二甲苯和其他处于平衡状态的$C_8$芳烃）被返回到二甲苯分馏塔。从分馏塔顶部出来的塔顶产物经稳定塔后再送至苯回收单元，塔底产物进入二甲苯再分离塔，从塔顶分离出商品用纯二甲苯产品，从塔底出来的塔底产物含有重芳烃（比$C_8$芳烃重），一般被作为燃料，在某些情况下也用来与甲苯发生烷基转移反应生成更多的$C_8$产物。

（3）脱烷基和苯回收

从原料分馏塔的顶部和从异构稳定塔的底部出来的产物结合起来，形成新的原料进入苯分馏塔，这股原料主要含有苯和甲苯。来自甲苯脱烷基装置的循环物料，含有较高比例的苯，与新鲜原料混合后进入苯分馏塔。苯作为塔顶产物从分馏塔中分离出来，而甲苯作为塔底再沸器侧线产物被分离出来，由聚合物和焦油组成的物料作为塔底产物被分离出来。甲苯可送往脱烷基装置，然后将其中约98%的甲苯转化为苯。通过循环物料与新鲜物料混合后进入苯分馏塔的形式可以得到这种脱烷基产品。

图18-20中给出的流程结构是基于在该芳烃厂中加工以下混合芳烃原料：

| | | | |
|---|---|---|---|
| 苯 | $2\times10^4$t/a | 对二甲苯 | $1.14\times10^4$t/a |
| 甲苯 | $5\times10^4$t/a | 间二甲苯 | $2.7\times10^4$t/a |
| 乙苯 | 9000t/a | 邻二甲苯 | $1.26\times10^4$t/a |

异构化单元和脱烷基化单元的补充气体具有如下所示的成分：

| | | | |
|---|---|---|---|
| 氢气 | 81.5%（摩尔） | $C_2$ | 5.2%（摩尔） |
| $C_1$ | 12.2%（摩尔） | $C_3$以上组分 | 1.1%（摩尔） |

需要最大化的产品有：60℉下相对密度为0.882（最小）和0.886（最大）的高纯度苯，对二甲苯的质量分数不低于99.0%。

**18.3.2　工艺讨论**

（1）原料分馏和二甲苯分馏塔

用一个有35层塔盘的分馏塔，当操作压力为35psig时，轻芳烃和二甲苯可以在分馏塔中被有效分离开。在这种压力下，塔顶物料温度较高，可以通过塔顶冷凝器对塔进料进行预热。然而分离二甲苯需要在一个由136～140层塔盘组成的精馏塔中进行，最经济合理的操作塔顶压力（回流罐顶）约为98psig。同样，在这种压力下，原料分馏塔塔顶温度提供了从塔顶冷凝器给进料预热的条件，以及作为对二甲苯精馏塔再沸器热源的条件。

（2）异构化单元

将二甲苯转化为接近平衡的二甲苯组合物是一个可行的办法。一些异构化单元将乙苯转化为二甲苯，而另一些则脱除乙苯。通过去除一个或多个组分（本例中是邻二甲苯），将原料中剩余的二甲苯异构化，以恢复异构化过程中失去的平衡状态。采用这种方法对新鲜原料中的异构部分进行回收，使用的氢气浓度大约为 81.5%(摩尔)，用量 1.2MMscf/d。

(3) 脱烷基单元

脱烷基也是一个可行的办法，其目的是对原料中的甲苯组分进行脱烷基，生成苯。该工艺利用一个单独的聚合物反应器来提高对苯的选择性，它还利用加氢反应器来控制苯中的杂质，如不饱和烃和产品硫含量，原料中甲苯转化为苯的收率约为 98.2%。除规模非常小的单元外，一般采用低温法除去甲烷和较重的反应产物。如果使用催化重整装置中的氢作为补充，则必须除去 $C_3$ 和较重的链烷烃以及其中所含的所有硫化氢。可以用在 250psig 左右压力下工作的吸收塔来去除烃类化合物，同时通过碱洗去除硫化氢。去除 $C_3$ 和较重的组分是一个非常有必要的过程，因为这些杂质在加氢裂化反应器中进行脱烷基化作用，会造成额外的反应温度上升，增加氢气消耗。

## 附录　设计一个沥青氧化塔的尺寸

**已知设计规范：**

产品要求 25%的沥青，816BPSD；

原油来源于潘宁顿—西非近海区块(分析数据见图 18-21~图 18-23)；

减压单元原油中温度>650℉的体积浓度>75%。

要求：核算一个氧化反应器的尺寸。

步骤 1：使用 Patel 方程预测沥青的产率。

试验 1：假设沥青的初始沸点为 1015℉，相当于原油体积分数的 95%。

原油体积分数切割点：0.75×0.95=71%(体)

查图 18-8 和实沸点蒸馏曲线数据(图 18-21)：

$$斜率\ A=\frac{1015-400}{95-31}=9.6$$

$$斜率\ B=\frac{1015-625}{95-71}=16.25$$

$$斜率\ C=\frac{625-400}{71-31}=5.6$$

750℉下残渣的康氏残碳量为 4.6%(见图 18-24)。

750℉下的 Watson $K$ 值=11.2

指数 $n$=1.2

$$F=\frac{9.6\times(4.6)1.2}{\left(\frac{16.25}{5.6}\right)\times(11.2-10.4)}=25.8$$

由图 18-9 可知，沥青收率为 4.3%(假设为 5.0%)。

试验 2：假设沥青的沸点为 950℉，这相当于切割掉原油的 93.5%(体)或原油收率为 6.5%(体)。计算出的 $F$ 因子是 34.6，沥青收率为 7.6%(体)。

试验 3：假设沥青的沸点为 850℉，这相当于切割掉原油的 90%(体)，即原油收率的 10%(体)。沥青收率为 10%等于从原油中获得 100 针入度沥青的收率，计算出的 $F$ 为 42.0。

步骤 2：计算氧化塔对 100 针入度沥青与空气的投入量。

从图 18-25 中可以看出，当特性因子为 11.2 时，100 针入度沥青与 25 针入度沥青的比值为 0.89。

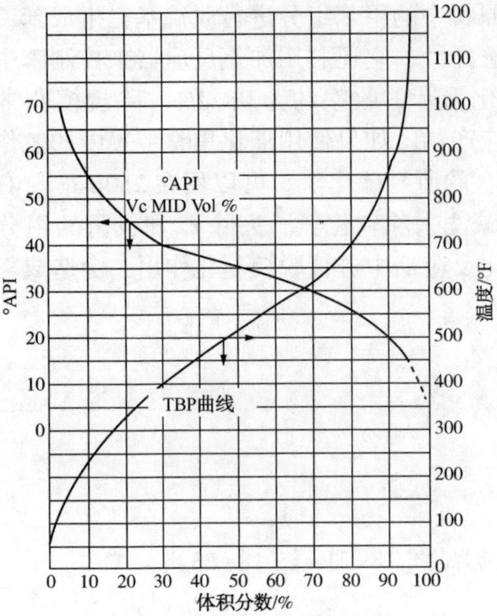


图 18-21　潘宁顿原油的实沸点蒸馏数据和 API 关系曲线

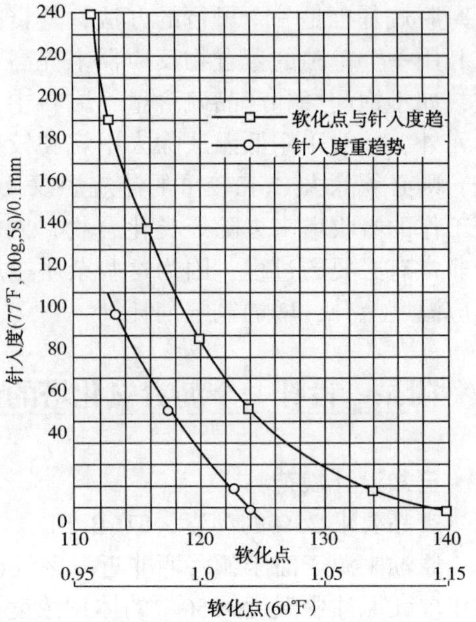


图 18-22　潘宁顿原油软化点与针入度比值和针入度与特性因数比值的变化曲线

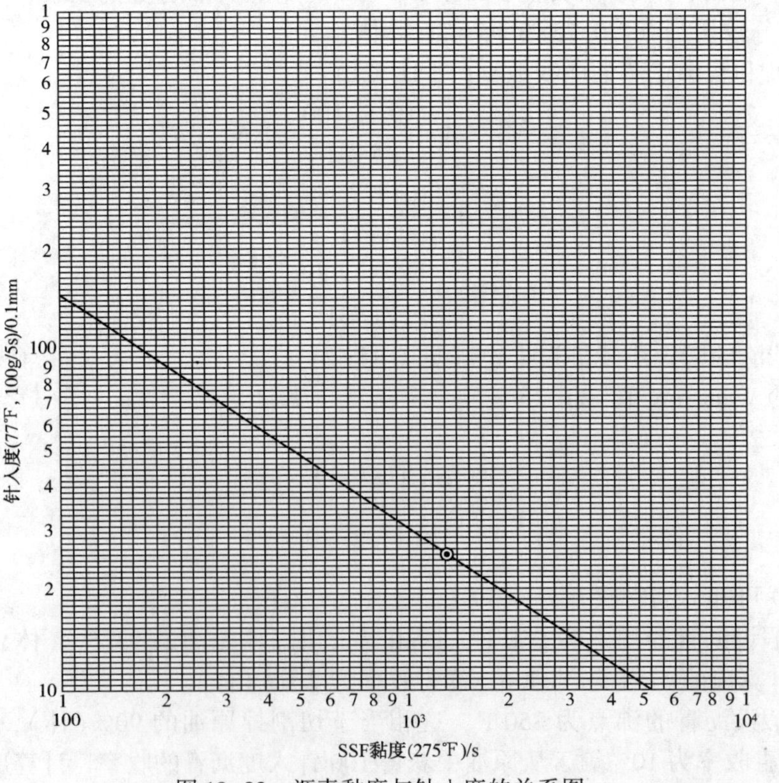


图 18-23　沥青黏度与针入度的关系图

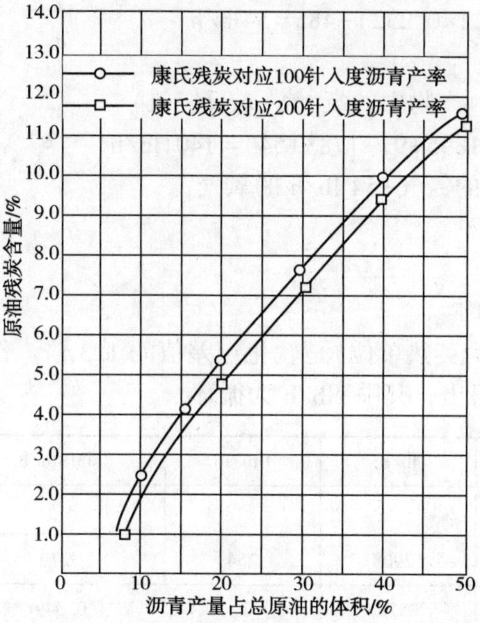


图 18-24 原油中沥青含量对康氏残炭的影响

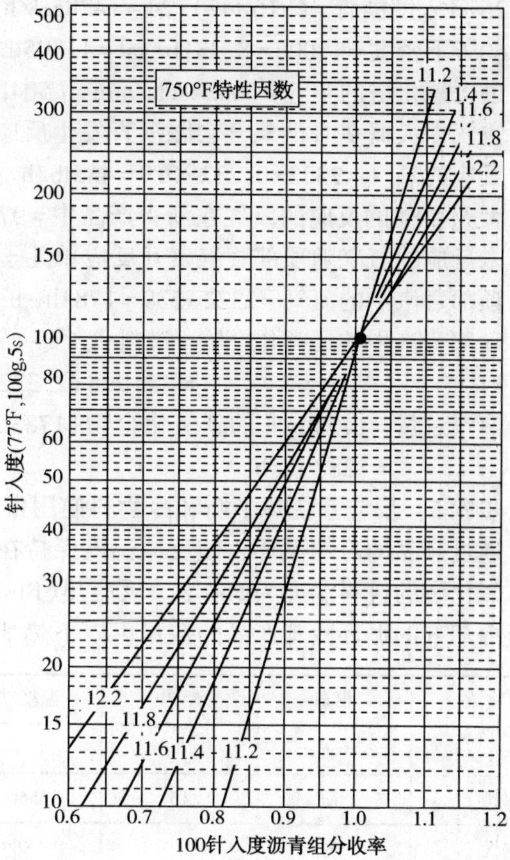


图 18-25 100 针入度沥青的产率

针对于 25 针入度的 816BPSD 原油，我们需要的投入量为 816/0. 89 = 917BPSD 的 100 针入度沥青。

对于连续式氧化塔，推荐的风量为 0. 3～1. 0scfm/BPSD 原油每天，这里将使用 0. 55 的比值，然后空气投入量是 0. 55×917 = 504. 4scfm。

步骤 3：计算新鲜原料的停留时间和所需原料量，需要知道最终的针入度：77℉，25mm，100g/s。

等效软化点：131℉(图 18-22)。

初始针入度：100 和等效软化点为 119℉。

软化点变化：12℉下大概的停留时间为(131-119)/12 = 1h

新鲜原料的体积：每小时原料的体积为(917×42)/(24×7. 48) = 214. 9ft$^3$

60℉下沥青密度 = 0. 966

500℉下沥青密度 = 0. 815

新鲜原料在 500℉下的体积为 254. 7ft$^3$/h。增加 15%误差的可能性会达到 292. 9ft$^3$/h。

步骤 4：反应物料平衡：反应器的物料平衡如下：

100 针入度原油 = (917BPSD×42)/24 = 1605gal/h

60℉下密度 = 0. 966 = 8. 044Ib/gal = 12908lb/h

25 针入度沥青 =（816×42）/24 = 1428gal/h

60℉下密度 = 1.006 = 8.331b/gal = 11895lb/h（0.92%质量分数）

进入氧化塔的空气 = 504.4scft/min =（504.4×60×29）/378 = 2322lb/h

空气中大概 90%的氧气会跟沥青发生反应：

反应的氧气 = 2322×0.232×0.9 = 485lb/h

大约 20%的反应的氧气在沥青产品中 = 97lb/h

未反应的氧气随顶部蒸汽离开反应单元 =（2322×0.232）-485 = 54lb/h

顶部蒸汽中的氮气 = 2322-539 = 1783lb/h

顶部蒸汽中的烃类化合物 = 进料+空气-（产物+产物中的氧+氮+未反应氧）

= 12.908+2.322-（11895+97+1783+54）= 1401lb/h

蒸汽总量 = 1401lb/h 的碳氢化合物+1783lb/h 的氮气+54 lb/h 的氧气

= 3288 lb/h

步骤 5：反应系统热平衡和冷物料使用量。

通过产品的冷却循环，使反应温度保持在 500℉。

氧化塔的进料温度为 550℉。反应热（Btu/lb 为英热单位）是软化点差值的 1.3 倍。作为反应冷却剂的循环冷却产品的数量由以下热平衡得出，其中 $x$lb/h 为循环。

| 物流 | 相态 | °API | 温度/℉ | lb/h | Btu/lb | MMBtu/h |
|---|---|---|---|---|---|---|
| 投入 | | | | | | |
| 原料 | 液 | 15 | 550 | 12908 | 254 | 3279 |
| 空气 | 气 | | 86 | 2322 | 21 | 0.049 |
| 循环 | 液 | 10 | 338 | $x$ | 148 | 238x |
| 反应热 | — | — | — | — | — | 0.201① |
| 合计 | | | | 15230+$x$ | | 3.529+148$x$ |
| 产出 | | | | | | |
| 产品 | 液 | 10 | 500 | 11895 | 238 | 2.831 |
| 剩余氧气 | 气 | — | | 97 | — | |
| 循环量 | 液 | 10 | 500 | $x$ | 238 | 238$x$ |
| 蒸汽 | 气 | — | 300 | 3238 | 124 | 0.402 |
| 合计 | | | | | | 3.233+238$x$ |

注：解得 $x$ =（3529000-3233000）/（238-148）= 3289lb/h。

500℉（相对密度为 0.872）下的循环量为 7.26lb/gal，即 453gal/h 或者 60ft$^3$/h。

① 沥青原料计算反应热为软化点变化的 1.3 倍，在这种情况下，值为 12908×（12×1.3）= 201000Btu/h。

步骤 6：氧化塔尺寸

氧化塔尺寸应根据热进料量+余量和循环热物料在停留时间为 1h 的总量来确定。进料和循环量体积应根据反应温度（500℉）进行折算。

新鲜进料和波动量的体积是 292.9cuft，循环量是为 60cuft，总体积为 352.9cuft。

这个量会占据氧化塔总体积的65%，这样可以满足气相从氧化塔顶部分离的要求。

氧化塔的总体积为 352.9/0.65 = 543cuft，长度与直径之比应为 4.5，因此 $4.5\pi D^3/4=$ 543cuft。

且 $D=5.36$ft，如果我们选择 $D=5.5$ft.，则 $L=4.5\times5.5=24.8$ft。

检查液体的高度 NLL = 352.9/(*X* 区域面积) = 14.8ft，为容器总高度的 60%，这是可以接受的。

## 参考文献


T. Hilbert et al., *Digital Refining* (ExxonMobil and UOP, 2013), Aug 2013, www.digitalrefining.com/article/1000830. Accessed July 2014

R.P. Silvy et al., Oil Gas J. **108**(28), (Petrobras, 2010), Aug 2010. Accessed July 2014

# 第 19 章　天然气和煤制化工产品

## 19.1　引言

人们常常认为煤炭是一种过时的燃料。的确，煤炭是人类最早使用的燃料之一，它在 18 世纪末开始的工业革命中发挥了重要的作用。近年来，煤炭行业的热度逐渐降低，一方面是因为煤炭使用过程中带来的相关环保问题，另一方面则是由于开采的困难。由于原油成本相对较低而使用方便，目前已代替煤炭成为能源的主要来源。尽管如此，煤炭仍是许多国家能源结构中重要的一环。当前，原油价格较高，这更加引起人们对于煤炭利用的兴趣。表 19-1 列出了各国电力生产中煤炭的利用情况。在波兰和南非等一些国家，煤炭发电量占总发电量的 85%以上。即使是现今的美国，45%以上的电力也是来自于煤炭(国际能源署，2011 年)。

**表 19-1　煤炭发电量占总发电量的比例**

| 国家 | 煤炭发电占比/% | 国家 | 煤炭发电占比/% |
|---|---|---|---|
| 南非 | 93 | 印度 | 68 |
| 波兰 | 87 | 美国 | 45 |
| 中国 | 79 | 德国 | 41 |
| 澳大利亚 | 78 | | |

## 19.2　化石燃料资源

图 19-1 显示了 1992 年和 2012 年可采石油储量的地理分布情况(BP 统计年鉴，2013 年)，1992~2012 年期间原油消耗量较大。然而，2012 年原油可采储量实际上比 1992 年的预估高出 60%。换言之，我们一直在发现更多的石油储量，并且由于技术进步，对石油可开采储量的预估也在增加而非降低。中东原油储备份额从 63.6%降至 48.4%。如图 19-2 所示，天然气储量也有类似的情况。但是不同的是，中东的天然气储量份额则有所上升。

图 19-2 显示了天然气储量的地理分布情况(BP 统计年鉴，2013 年)，天然气总储量从 1992 年的 117.6 万亿 $m^3$ 增加到 2012 年的 187.3 万亿 $m^3$。

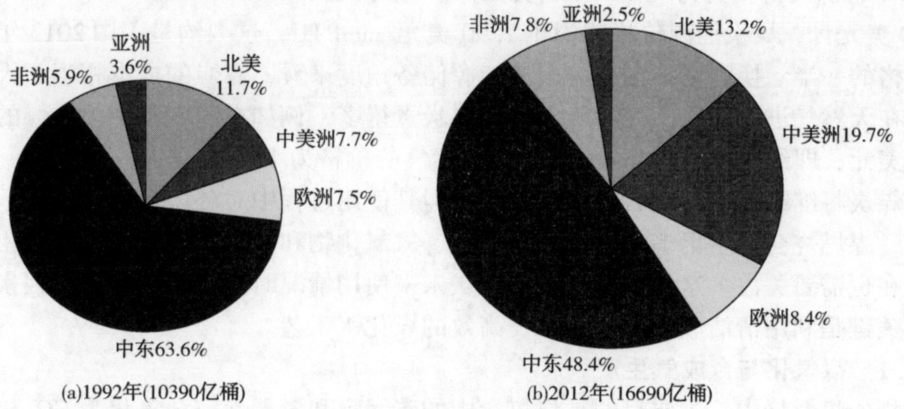


图 19-1　世界石油储量分布图

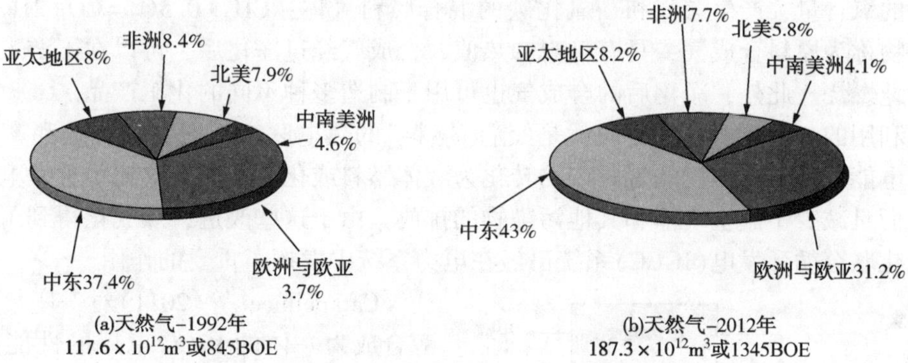


图 19-2　天然气预计储量

图 19-3 显示了 2012 年煤炭储量的地理分布情况（BP 统计年鉴，2013 年）。2012 年煤炭总储量估计为 8610 亿吨，比 1992 年估计的 9810 亿吨净减少 12%。就桶油当量（BOE）能源而言，这比 2012 年预估的石油和天然气的综合储量高出 25%。此外，石油和天然气储量与需求旺盛的地区之间，即北美、日本、西欧和亚洲新兴的高需求地区，存在地理位置上的不匹配。另一方面，在这些能源需求旺盛的地区，拥有较多的煤炭储量。因此，煤炭可为这些国家的能源需求提供安全可靠的原料。

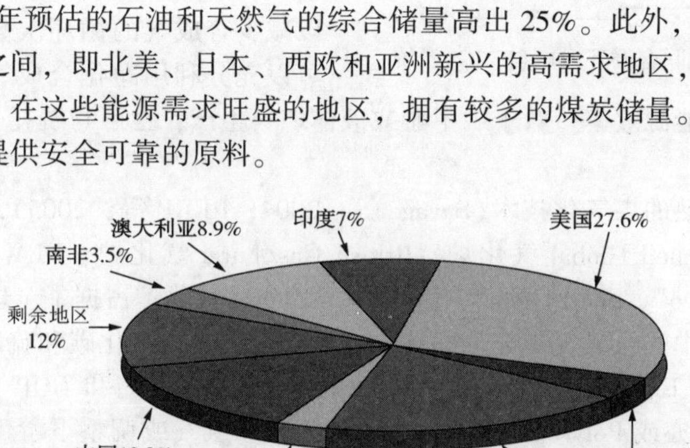


图 19-3　2012 年世界煤炭储量（8610 亿吨或 3725BOE）

2013 年，煤炭价格为每吨 50~100 美元。一吨煤大约产生 2700 万 Btu(mmBtu)的能源。以每吨 50 美元计，煤炭能源价格相当于 1.90 美元/mmBTU，这大约是美国 2013 年第三季度天然气价格的一半。换言之，在北美，从能源储备角度来看，煤炭的成本相当于天然气成本的一半。在天然气进口国家，天然气可能比煤炭贵得多，例如在印度和中国，煤的价格约为每吨 100 美元，即约 3.8 美元/mmBTU，而天然气的价格为 12~14 美元/mmBtu。

尽管煤炭将继续是化石燃料的主要来源，但其使用过程中对环境造成的挑战远大于石油或天然气。煤燃烧会产生更多浓度的二氧化硫、氮氧化物和粉尘。煤中汞、砷、铅和其他重金属的存在也需要关注。这些都是在展望煤炭未来使用情况时必须考虑的关键因素。煤炭资源利用的关键是利用清洁燃煤技术，开发高效的煤化工工艺。

**19.2.1　煤气化与合成气生产**

在常规的煤燃烧中，主要目的是将煤炭中的碳元素和氢元素完全氧化为 $CO_2$ 和 $H_2O$，燃烧产生热量用来产生蒸汽和提供动力。相对而言，煤气化则是一种不完全燃烧，它通过控制反应器中的氧含量，产生氢气和一氧化碳的混合燃料气体：$CH_4+0.5O_2=CO+2H_2$，所产生的气体产物称为原料合成气，具有可观的热值。合成气经过净化后，可以在下游工艺中更高效、清洁地燃烧。此外，净化后的合成气也可用于制造多种不同的化工产品。

煤炭利用的一个重要发展方向就是"清洁燃料"的热电联产，即将燃烧热和产生的废热都转化为电能，同时将燃烧的气化产物转化为液体燃料或化工产品，这比单独发电能量利用率更高，而且减少了温室气体和其他污染物的排放。由于这些改进，煤气化得到了更多的关注。煤气化联合循环发电(IGCC)系统已经在电力系统中发挥了重要的作用。

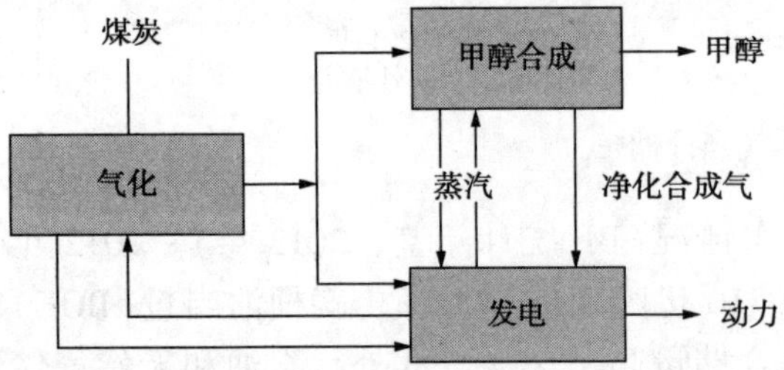

图 19-4　煤气化联合循环发电(IGCC)系统

Carapellucci 等(2011)对一座集发电和甲醇合成为一体的 IGCC 电厂的性能进行了研究，见图 19-4。该方案将煤气化合成气用于甲醇生产和发电系统。在独立的甲醇合成装置中，需要大量的循环才能最大限度地利用合成气。而图 19-4 所示的集成工艺中，可以减少合成气的循环次数，同时在发电部分可以充分利用净化合成气，这简化了甲醇的合成途径，提高了能源效率。对于二甲醚或液体燃料生产，也可与费托合成单元进行类似的整合。

目前有几种成熟的煤气化技术(Savage 等，2004；PERP 等，2005)，如"Texaco"气化炉(现归 GE 所有)、Shell Global 气化炉、British Gas/Lurgi 气化炉、KRW 煤气化炉和 IGTU-Gas 气化炉。"Texaco"、Shell Global、British Gas/Lurgi 气化炉占据了全球气化装置的绝大多数份额。煤气化炉中的合成气需充分净化，以去除微粒、二氧化碳和硫氧化合物。当前已有成熟的合成气净化工艺(Lee，1997)，如 UOP Benfield™ 工艺和 UOP Selexol™ 工艺。UOP Polybed™ PSA 工艺亦或 Polysep™ 膜工艺也可用于生产氢气或调整下游工艺应用中的 $CO/H_2$ 比，经过净化，合成气既可用于发电，也可用于合成氨、甲醇、二甲醚、液体燃料等化工产品的生产。

二战期间，煤制油(CTL)在德国的小处理量装置中得到了广泛的应用，在这个过程中，煤被转化为合成气，随后通过费托合成法(Fischer-Tropsch)合成液态碳氢化合物。20 世纪

60、70年代，南非建设了几套装置，目前的产能约为15万桶/天(一桶相当于42加仑)(Jager，1997)。1993年，壳牌公司在马来西亚的Bintulu建立了一座12500BPD的天然气制油(GTL)工厂(壳牌公司在马来西亚的GTL工厂处理量翻了一倍，Fuels Lubes Wlky)。

有一种与煤制油相似的技术是将天然气转化为液体燃料(天然气制油，GTL)。它也与合成气生产燃料有关，不同的是合成气的来源是天然气的不完全燃烧。通常情况下，气体来自于"天然气丰富但输送困难的"地区，在那里天然气无法通过传统方法使用或运输。随着新发现的非常规天然气储量的增加，对已知天然气储量的预估也在增加。一个3.5万桶/天的Sasol-Chevron项目于2006年底在卡塔尔开始投产(GTL Technology-21st century Advances，2004)，且Shell公司一座14万桶/天的大型GTL工厂也于2011年在卡塔尔开始启动(GTLTechnology-21st century Advances，2004)。

在过去的5年，特别是美国等国家，通过增加对页岩气的开发，天然气的产量大大增加，从而使得美国的天然气价格更加便宜。尽管目前对该技术的使用有限，但由于能源成本较低，它仍使得炼油、石油化工和中游行业受益。如表19-2所示，许多天然气制油(GTL)、煤制油(CTL)和生物衍生物制油(BTL)项目已经公示(ICIS 2012)。

表19-2 GTL和CTL新项目

| 项目 | 地区 | 工艺 | 原料 | 加工能力/BPD | 现状 |
|---|---|---|---|---|---|
| DKRW | Wyoming，USA | ExxonMobile MTG | 甲醇(煤炭) | 10500 | 融资 |
| NuCoal | Saskatchewan，Canada | ChiaHuaneng XOM | 甲醇(煤炭) | 15000 | 可研 |
| TransGas Development Systems | West Virginia，USA | ExxonMobile MTG | 甲醇(煤炭) | 18000 | 可研 |
| COREbioFuel，Inc | Texas，USA | CoreMKS | BTL | 1280 | 可研 |
| SASOL | Louisiana | GTL Primus | 页岩气 | 94000 | 可研 |
| Primus Green Energy | Pennsylvania，USA | — | BTL | 230 | 建设 |

虽然燃料市场很大，但其利润率却较低。20世纪80年代初，美孚公司发明了甲醇制汽油(MTG)技术，并在新西兰建造了1万桶/天的商业装置(Chang，1994)，该厂仅运行了数年。虽然甲醇生产还在继续，但由于经济效益问题，该厂的甲醇制汽油单元已停运。因此，寻找将合成气转化为其他高附加值产品的方法变得尤为重要。

### 19.2.2 合成气利用

如上文所述，合成气既可通过天然气生产，也可通过煤炭生产。对于这两种原料来源，一旦合成气被生产出来，合成气到化工产品的下游生产过程都是相同的。因此，本节对于合成气转化为化工产品的探讨也适应于偏远地区天然气的商业应用。

如图19-5所示，当煤或天然气转化为合成气，有多种方案可供选择以生产不同的产品。Sunggyu Lee综述了合成气生产甲烷衍生物的各种工艺(Lee，1997)，Calkins和Wander综述了甲醇制化学品工艺。问题是：从哪种原料中生产哪种产品更经济？在大多数石油化工过程中，原料占生产成本的60%~70%以上，因此，首先分析的是产品与原料之间的价差。表19-3显示了以天然气为原料的当前价值，我们也可以对煤进行类似的分析。这说明了甲醇生产烯烃、乙烯和丙烯的差别最大，因此使得甲醇成为了重要的中间体。

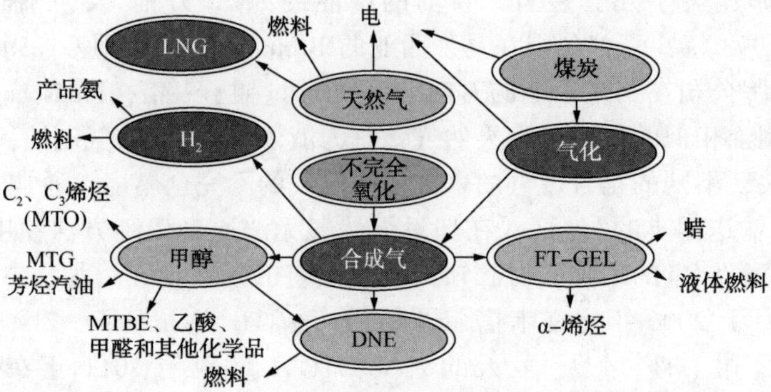


图 19-5　天然气和煤炭的综合利用

**表 19-3　产品原料价差(2013 年)**

| 产品 | 产品价格/(美元/t) | 天然气量/t | 价差(200 美元/t 或 4 美元/mmBTU) | 价差(400 美元/t 或 8 美元/mmBTU) | 价差(800 美元/t 或 16 美元/mmBTU) |
|---|---|---|---|---|---|
| MTG 汽油 | 800 | 1.46 | 508 | 216 | -368 |
| FT 柴油 | 900 | 1.4 | 620 | 340 | -220 |
| MTO 乙烯-丙烯 | 1250 | 1.46 | 958 | 666 | 82 |
| MTP 丙烯 | 1300 | 2 | 900 | 500 | -300 |

注：假设 NG 得到合成气转化率为 80%；合成气得到甲醇转化率为 95%；甲醇得到汽油转化率为 90%，合成气得到 FT 液体转化率为 90%；甲醇得到 MTO 烯烃转化率为 90%，甲醇得到 MTP 丙烯转化率为 65%。

## 19.3　甲醇

从前面的讨论可以看出，合成气在煤炭或者偏远地区天然气的利用中可以发挥重要的作用。甲醇是这一转化过程中重要的中间体，因此，探讨甲醇的市场和技术的发展是十分重要的。对全球而言，甲醇不同用途的需求平衡如表 19-4 所示。从 1995 年到 2010 年，甲醇产量年增长率为 4.7%。随着甲醇年产量从 4900 万吨增长一倍达到 9800 万吨，2015 年前后甲醇用于制取乙烯和丙烯将成为最主要的甲醇利用途径。

**表 19-4　甲醇的需求和最终用途**　　kt/a

| 产　品 | 1995 年 | 2010 年 |
|---|---|---|
| 甲醛 | 7670 | 14880 |
| 乙酸 | 1730 | 4800 |
| MTBE | 8030 | 5280 |
| 乙烯-丙烯 | 0 | 1920 |
| DME(汽油调和组分) | 480 | 9600 |
| 其他 | 6590 | 12520 |
| 合计 | 24500 | 49000 |

有许多甲醇技术可供选择，其中 Lurgi GmbH(Refining Process, Hydrocarbon Processing, 1979)、Davy 以及 HaldorTopsoe(Petrochemical Process, Hydrocarbon Processing, 1993)是主要的专利商。到 2000 年，一个典型的大型甲醇工厂生产能力为 2500t/d。对于合成气生产低碳烯烃，甲醇制备技术的一些发展趋势尤为重要。第一，工厂加工能力显著提高，例如 2010 年代开始运行的几个大型工厂(~5000t/d)(Bonarius, 2005)。第二，在部分地区较低的原料成本对甲醇生产的经济性产生了重大影响。由合成气生产甲醇的技术主要专利商如表 19-5 所示。

**表 19-5 主要甲醇技术专利商**

| 甲醇技术专利商 | 装置数量占比/% | 加工能力占比/% |
|---|---|---|
| Davy Process &JohnsonMatthey(JM) | 24 | 30 |
| JM/Uhde | 5 | 2 |
| JM/Jacobs | 8 | 7 |
| Lurgi | 25 | 31 |
| Mitsubishi Gas Chemical | 12 | 18 |
| HaldorTopsoe | 15 | 3 |
| JM/Toyo | 3 | 4 |
| 其他 | 8 | 5 |

ICI 公司推动了甲醇技术的早期发展，并于 1966 年首次提出了低压甲醇合成法(LPM)。1994 年，ICI Katalco 又提出了 LCM(Leading Concept Methanol)法，后来成为 Johnson Matthey 的技术之一。

甲烷氧化制备合成气并制取甲醇的总反应如下：

$$CH_4+0.5O_2=2H_2+CO \longrightarrow CH_3OH$$

合成气通过固定床催化剂进行反应，最终生成甲醇和水。最常用的两种反应器形式为多重蒸汽激冷绝热反应器(ICI 系统)和内部热交换多管式反应器(Lurgi 系统)。两种反应器均在反应温度 200~280℃、压力 5~7MPa 下操作，使用 $Cu/ZnO/Al_2O_3$ 催化剂。Lee 在 Methanol Synthesis Technology 中给出了详细描述。表 19-6 为甲醇的物性和产品规格。

**表 19-6 甲醇特性及规格参数**

| 物性 | 数值 | 物性 | 数值 |
|---|---|---|---|
| 分子式 | $CH_3OH$ | 最高丙酮含量/% | 0.002 |
| 分子量 | 32.04 | 最高乙醛含量/% | 0.001 |
| 相对密度 | 0.7924 | 最高乙醇含量/% | 0.001 |
| 20℃黏度/poise | 0.00592 | 最高乙酸含量/% | 0.003 |
| 20℃蒸气压/mmHg | 92 | 外观 | 没有乳色、悬浮物、沉淀物 |
| 冰点/℃ | -79.8 | 可碳化物 | 不黑于标准色(no. 30 of ASTM D1209 Pt/Co 级别) |
| 沸点/℃ | 64.7 | 颜色 | 不黑于标准色(no. 5 of ASTM D1209 Pt/Co 级别) |
| 甲醇产品规格 | Grade AA | 高锰酸钾褪色时间/min | 30 |
| 最低甲醇含量/% | 99.85 | 最高水含量/% | 0.10 |

### 19.3.1 甲醇生产的经济性分析

不同地区的投资及原材料成本存在差异。2013 年，中东部分地区天然气价格为 0.75~1.00 美元/mmBTU，而美国的天然气价格为 3~4 美元/mmBTU，在中国、日本、印度等天然气进口的亚洲国家，价格则超过了 12 美元/mmBTU。

20 世纪 80 年代到 90 年代，北美及西欧地区的高原料成本导致甲醇产能急剧下降。到 1990 年，日本地区所有甲醇产能均出现下降(Bonarius，2005)。几乎所有新的甲醇生产装置都建在了中东、南美等低的天然气成本地区。这对甲醇工业发展产生了巨大影响。2010 年以来，随着页岩气的开发，北美地区甲醇工业重新复苏。以 2012 年中国和美国煤炭价格和中国、美国及中东地区天然气价格为基础，计算了产能为 5000t/d 的甲醇装置生产成本，结果见表 19-7，这些趋势推动了甲醇工业的巨变(Methanol，2012)。

表 19-7 甲醇生产经济性分析

| 原料 | 煤炭<br>中国 | 煤炭<br>美国 | 天然气<br>中国 | 天然气<br>美国 | 天然气<br>中东 |
|---|---|---|---|---|---|
| 原料成本 | 50(美元/t) | 70(美元/t) | 12 美元/mmBTU | 4 美元/mmBTU | 1 美元/mmBTU |
| 总投资/百万美元 | 1240 | 1500 | 930 | 1160 | 1260 |
| 运行成本/(美元/吨) | | | | | |
| 原料 | 61.41 | 99.78 | 469 | 160 | 43 |
| 公用工程 | 73.97 | 51.53 | 9 | 5 | 5 |
| 固定成本 | 38.09 | 41.93 | 26 | 30 | 33 |
| 小计 | 173.47 | 193.24 | 504 | 195 | 79 |
| 折旧 | 60.61 | 74.40 | 43 | 58 | 63 |
| 投资收益 | 74.36 | 89.76 | 56 | 70 | 76 |
| 生产总费用(合计) | 308.44 | 357.40 | 603 | 323 | 219 |

### 19.3.2 甲醇衍生物

(1) 乙酸

和酿酒历史差不多，采用生物过程制备乙酸已有一万多年的历史。醋酸，即乙酸的水溶液，包括一些有氧工艺和无氧工艺(Partin 和 Heise，1993)。乙酸的制备主要有三种方法：乙醛氧化法(Fanning，1993)、烃类氧化法(Irick，1993)和甲醇羰基化法(Zoeller，1993)。1968 年以来，甲醇羰基化法因经济效益好而被广泛使用。

1968 年，孟山都公司(Monsanto)公开了其开发的用于甲醇羰基化反应的催化剂体系，通过碘化铑催化剂能够在温和条件下取得更好的乙酸选择性。在全球范围内，孟山都乙酸法已经成为乙酸制备新方法开发的基础(Paulik 和 Roth，1968)。部分专利及文献都给出了铑催化羰基化反应的机理以及工厂设计细节(Roth 等，1971)。塞拉尼斯公司(Celanese)通过专利技术改进也开发了类似技术。之后，孟山都公司将此技术所有权移交给了英国石油公司(BP)(Jones，2000)。20 世纪 90 年代后期，BP 公司公开了一种铑-铱双功能催化剂体系，并将其命名为 BP 铱基催化剂乙酸法。醋酸被广泛应用于石油化工衍生物的生产，例如乙酸乙烯酯单体(VAM)、精对苯二甲酸、乙酸酯、乙酸酐等。

(2) 甲醛

甲醛是生产多种化工产品的重要中间体。超过60%的甲醛用于生产树脂类产品，例如脲醛树脂、酚醛树脂、三聚氰胺甲醛树脂等。另外，甲醛还可用于生产1,4-丁二醇及缩聚醛树脂。2004年，国际癌症研究中心将甲醛归为致癌物，并作为管制物质使用。相关管制措施依然在不断更新。2011年，甲醛被美国国家毒理学规划处认定为致癌物(National Toxicology Program, 2011)。甲醛极易溶于水中，商用甲醛浓度通常为37%，并要求甲醇浓度不大于16%。高浓度乙醛溶液，需要添加溶液稳定剂。甲醛可由甲醇部分氧化或甲醇脱氢反应制取，催化剂可采用银催化剂或者氧化钼催化剂：

$$CH_3OH \longrightarrow HCHO + H_2O \qquad \Delta H = 2400\text{kcal/kmol}$$

$$CH_3OH + 0.5O_2 \longrightarrow HCHO + H_2O \qquad \Delta H = -37400\text{kcal/kmol}$$

目前，有多个专利商可提供相关技术。部分专利商倾向于控制甲醇一次转化率在75%~85%，并回收和循环未反应甲醇。其他专利商控制一次转化率92%~95%，未反应甲醇不循环。BASF公司作为最大的银催化剂制取甲醛生产商，却并不授权转让该技术。以下公司授权转让银催化甲醇技术：挪威Dyno Industries、德国Karl Fischer及Josef Meissner、日本三菱气体、意大利ENI、美国DB Western及Monsanto。

另外一种甲醛制取技术是甲醇气相氧化法，使用金属氧化物作催化剂，掺杂微量钴、磷、铬、钒、铜氧化物的铁/钼氧化物催化剂(Klissurski 等，1991)。该工艺技术由法国Axens、挪威Dyno Industries、丹麦Topsoe、日本Nippon Kasei、美国Lummus-CBI、德国Karl Fischer及Josef Meissner授权。

(3) 烯烃

甲醇制烯烃被认为将会极大地拉动未来甲醇需求。图19-6为中国煤化工综合利用规划图(Yajun, 2012)。2010年全年煤炭消耗量达到了6.7亿吨，其中12%用于制取F-T合成燃料、烯烃、合成氨、甲醇/二甲醚。2020年，煤炭消耗量预计将增加至16亿吨，其中28%的煤炭消耗量将用于生产上述化工产品。对增加煤炭消耗量的贡献中，5.1%为F-T合成燃

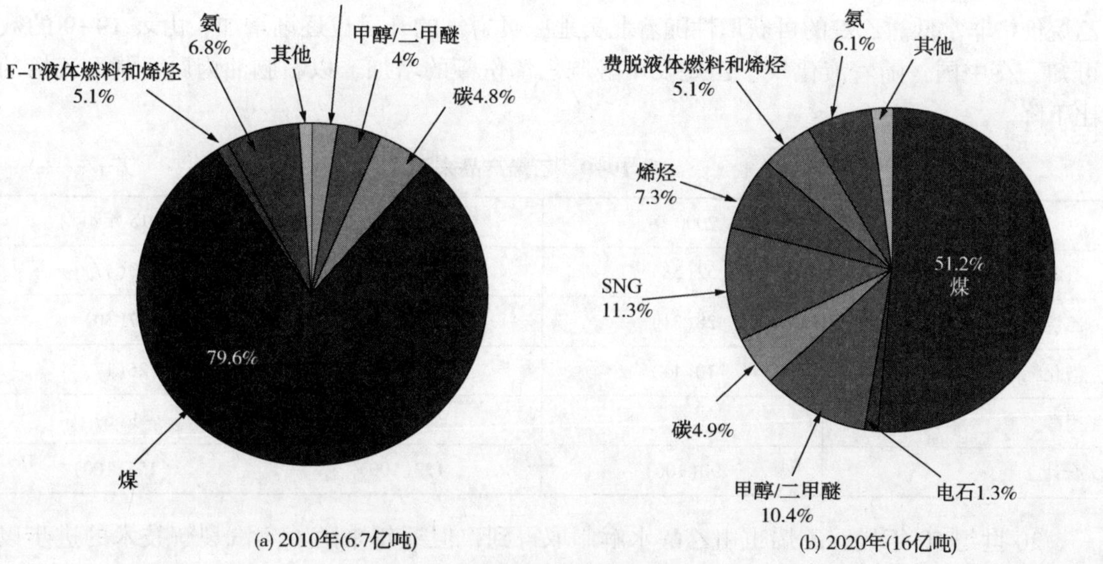


图19-6 中国煤炭利用规划

料，7.3%为烯烃，5.1%为二甲醚，11.3%应用于SNG的生产。同期，常规燃煤发电和工业使用的份额将由79.6%降至51.2%。在中国，大型甲醇生产企业将会把煤炭作为主要的生产原材料，并且部分企业将会同时生产乙烯和丙烯(Gregor，2012；Heng，2012)。

在讨论甲醇制乙烯和丙烯之前，我们需要先了解目前的主流技术和市场情况。乙烯和丙烯是石油化工行业中两个最主要的化工基础原料。2010年，轻质烯烃产量达到了2亿多吨，产值达到了一千多亿美元。轻质烯烃需求主要由聚烯烃产品驱使，而其他40%的轻质烯烃用于生产环氧乙烷、二氯乙烯、环氧丙烷、丙烯腈等烯烃衍生物。如表19-8所示，石油化工行业中，大部分轻质烯烃来自乙烷、石脑油及其他瓦斯燃料蒸汽裂解。

表19-8 2012年低碳烯烃生产来源 %

| 生产来源 | 乙烯 | 丙烯 |
| --- | --- | --- |
| 乙烷裂解 | 35 | |
| 丙烷裂解 | 9 | |
| 丁烷裂解 | 4 | |
| 石脑油裂解 | 47 | 58 |
| 燃料油裂解 | 3 | |
| 炼油厂(催化裂化回收) | | 32 |
| 丙烷脱氢(PHD) | | 5 |
| 其他 | 2 | 5 |

烯烃生产经济效益的影响因素主要是原材料成本，因此，新建装置的选址受到低成本原材料的可获取性的影响。从1990年开始，这一点变得尤为明显，中东地区新建了乙烷制乙烯大型装置。由于中东原油生产时副产大量乙烷以及当地政府鼓励乙烷利用，中东的乙烷价格非常低。乙烷的可获取性随着北美地区页岩气的开发也逐渐增加。由表19-9的数据可知，在中国，随着液化气、乙烷及甲醇制乙烯份额的增加，以石脑油为原料制取乙烯的占比下降。

表19-9 乙烯产品来源 万t/a(%)

| 原料 | 2000年 | 2010年 | 2015年预测 |
| --- | --- | --- | --- |
| 石脑油 | 52(58) | 65(53) | 73(47) |
| 乙烷 | 28(31) | 40(33) | 47(30) |
| 液化气 | 10(11) | 17(14) | 26(17) |
| 甲醇 | 0 | 0(0) | 9(6) |
| 合计 | 90(100) | 122(100) | 155(100) |

20世纪60年代，乙烯也由乙醇水解制取得到，但近年来随着蒸汽裂解技术的进步以及石脑油和轻烃原料的可获取性，这一技术路线的经济效益大打折扣。据咨询公司的经济性分析表明，中东的乙烷裂解装置和利用偏远地区天然气MTO法制取乙烯产品的资金成本最低，

其次是基于从页岩气回收乙烷的北美乙烷裂解装置。图 19-7 为乙烯生产的资金成本，数据来源于化学市场研究中心(ChemicalMarketResource, Inc., 2013)。由此可知，中国煤制乙烯成本和石脑油裂解制乙烯成本相当，且美国和巴西的以蔗糖或玉米来源的乙醇制乙烯是不经济的。IHS-CMAI(HIS Chemicals, 2013)对全球不同地区现有乙烯装置的资金成本作出了统计，结果如图 19-8 所示。可以看出，中东地区的低原材料成本在乙烷制乙烯的资金成本方面具有巨大优势，其次是得益于页岩气的开发的北美地区，在乙烷及液化气价格上也具有一定优势，资金成本也仅次于中东。

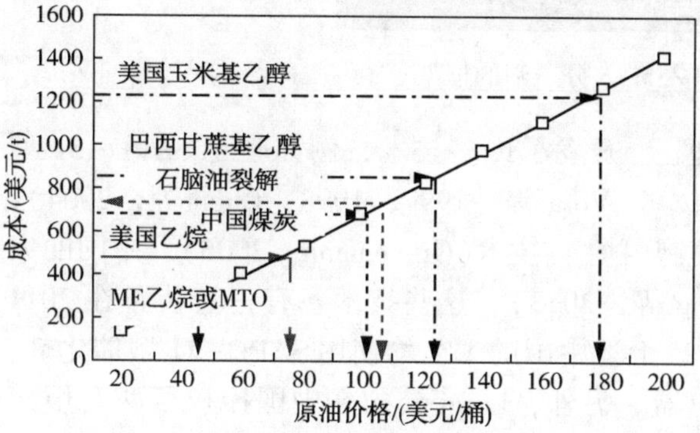


图 19-7 乙烯生产成本

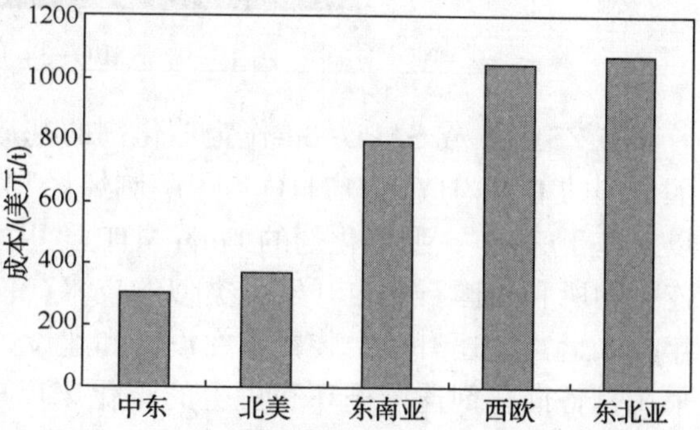


图 19-8 乙烯现金成本

对于丙烯，除了石脑油裂解制取乙烯过程中会大量副产丙烯之外，炼厂催化裂化装置也可副产可观的丙烯产品，在 2012 年，催化裂化提供了市场上 30%的丙烯产品。由于乙烷大量取代了石脑油裂解制取乙烯，使得石脑油裂解和催化裂化联产丙烯已满足不了市场对丙烯的需求。因此，从 1990 年开始，丙烯生产开始多元化，以满足市场上对丙烯的大量需求，例如丙烷脱氢和歧化反应(Gregor 和 Vermeiren, 2003)。

## 19.4 甲醇制烯烃：工艺和催化剂

在 20 世纪 70 年早期，人们首次发现了以 ZSM-5(MFI)为催化剂的甲醇制取烃类化合物转化反应(Chang 和 Silvestri, 1977; Chang, 1994)。到了 20 世纪 80 年代，美孚(Mobil)公司在新西兰将甲醇制汽油工艺工业化，并利用 ZSM-5 催化剂开发了甲醇制烯烃工艺。在能源部的资助下，德国 100 桶/天的工业示范装置投入运营(ConversionofMethanoltoGasoline-ExtendedProject: Methanolto OlefinsDemonstrationPlant Milestone Report, 1986)。

20 世纪 80 年代，联合碳化物公司(Union Carbide Corporation)的科学家发现了 SAPO-34，它是一种硅-铝-磷基分子筛，对甲醇转化为乙烯和丙烯具有优异催化性能(Kaiser, 1985)。SAPO-34 催化剂的结构和小尺寸孔径是其高选择性生产轻质烯烃的关键，这是因为 SAPO-34 的小孔径(约 4Å)限制了重质烃和带支链烃的扩散。相对而言，ZSM-5 分子筛产生的轻质烯烃收率低得多，这主要是由于 MFI 结构中有较大的孔径(约 5.5Å)(图 19-9)。SAPO-34 的另一个优点是大部分 $C_4 \sim C_6$ 馏分为烯烃，该 $C_4 \sim C_6$ 馏分可以转化为轻质烯烃，从而将 $C_2$ 与 $C_3$ 的烯烃产率之和提高至 90%左右，而 $C_4 \sim C_6$ 馏分的产率降低至 5%左右。

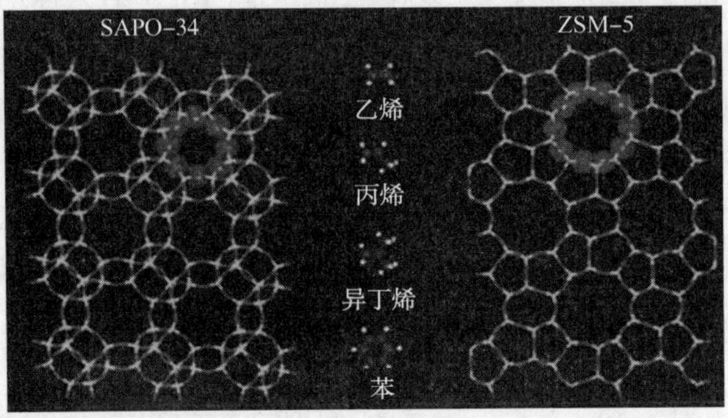


图 19-9　SAPO-34 和 ZSM-5 分子筛的框架

在 ZSM-5 或 SAPO-34 作为催化剂的基础上，开发了许多技术，例如基于 SAPO-34 型催化剂的 UOP/HYDRO MTO（“甲醇制烯烃”）技术（Vora 等，1997，1998；Chen 等，2004），以及基于 ZSM-5 型催化剂的 Lurgi MTP（“甲醇制丙烯”）技术（Gronemann，2005）。中国的大连化物所和中国石化也开发了类似的技术（Ying 等，2013），这些技术各有一套装置在 2011 年投入运营，还有几个装置正在设计和建设中。上述中国的工艺均使用 SAPO-34 型催化剂，采用具备催化剂连续循环和再生的流化床反应器。另外，Lurgi 公司在中国授权了两套甲醇制丙烯装置。UOP/HYDRO MTO 工艺主要生产乙烯和丙烯以及一些 $C_4$ 烯烃，而 Lurgi MTP 工艺主要生产丙烯以及 $C_5$ 以上的汽油副产品。霍尼韦尔 UOP 公司已在中国授权四套装置。南京惠生的第一套装置在 2013 年下半年成功投产，第二套装置在 2014 年下半年开始生产（Funk 和 Vora，2014）。

相对于 SAPO-34 分子筛，由于 ZSM-5 催化剂允许更大分子量的汽油组分从孔中通过，ZSM-5 催化剂上形成的焦炭较少，而 SAPO-34 仅允许正丁烯和较低分子量的烃通过。因此，对于基于 ZSM-5 的催化剂体系，设计具有循环再生的固定床反应器系统是可行的，例如 Lurgi MTP 的设计。而基于 SAPO-34 的催化剂体系，采用循环流化床反应再生设计，类似于在石油加工中的流化催化裂化工艺（FCC）。

### 19.4.1　Lurgi MTP 工艺

Lurgi MTP 工艺使用由 Sud-Chemie AG 生产的商用固定床催化剂（Lurgi-GenericMTP，2003；Wurzel，2006），丙烯选择性高，结焦倾向低，丙烷产率、副产物收率低。一套甲醇进料量为 5000t/d 的 MTP 装置，生产 1410t/d 丙烯、540t/d 汽油和 109t/d 液化气。另外，还可以从净化尾气中回收高达 60t/d 的乙烯，或者用作燃料。

MTP 装置的原料采用新鲜甲醇或循环回收的甲醇（从水中回收）。过热的甲醇蒸气进入二甲醚（DME）反应器后，大部分甲醇在氧化铝催化剂上转化为 DME。DME 反应器为单级绝热反应器，反应是放热反应并基本达到热力学平衡。

DME 反应器的产物并联送至三个 MTP 反应器：其中两个反应器在运行状态，而第三个反应器处于再生或备用状态。为了控制反应，每个 MTP 反应器都有六个分子筛催化剂床层，在这些催化剂床层中，甲醇/二甲醚混合物通常被转换成烯烃混合物，从乙烯到辛烯，但在大约 450℃ 的操作温度和 0.15MPa 的操作压力下（约 20psia），碳分布在丙烯处达到峰值。反应副产物包括环烷烃、烷烃、芳烃和轻馏分。甲醇中的氧生成水。

每个催化剂床层的中间反应产物经过冷却，与另外的 DME/甲醇进料混合后进入下一个床层。通过调节每个床层的进料组成，使得每个床层的绝热温升大致相同。为使催化剂活性位积炭和堵塞最小化，在第一床层的进料中加入工艺蒸汽；蒸汽还用于放热反应的散热，有助于控制催化剂上的温升。

MTP 催化剂就地再生，用空气/氮气混合物控制焦炭的燃烧，使再生温度与正常反应器操作温度相似。

MTP 的反应产物在热回收系统中冷却，最后通过急冷段，使烃类从水中分离出来。将水冷凝之后送至甲醇和 DME 回收塔，然后将甲醇和 DME 再循环至 DME 反应器。含有微量氧化物的水被送至界区。

来自急冷段的烃蒸气通过多级离心式压缩机压缩至 2. 5MPa(365psia)左右，压缩机设有中间冷却器和部分冷凝器，压缩后的气液混合物被送至净化单元。在净化单元首先使用分子筛对物料进行干燥，之后液相物料送入脱丁烷塔，气相物料送至 DME 回收系统。脱丁烷塔塔底产物送至脱已烷塔，其中芳烃、$C_7$ 以上组分与 $C_6$ 以下组分分离，大部分 $C_6$ 以下组分被送回 MTP 反应器，而 $C_7$ 以上组分则作为汽油副产品。

被压缩的气相轻烃(包括轻质烯烃和 DME)，以及脱丁烷塔的塔顶 $C_{4+}$/DME 送入 DME 脱除系统，其中 $C_{3-}$组分从 $C_{4+}$组分及氧化物中分离出来。将甲醇和 DME 送至甲醇回收塔以再循环至 DME 反应器。将 $C_4$ 烃馏分再循环到 MTP 反应器中进一步生产丙烯，但不包括添加到 LPG 副产物中的少量废气。

$C_{3-}$ 馏分作为脱乙烷塔进料，在脱乙烷塔中 $C_2$ 以下的馏分作为顶部产物被回收，该馏分一部分被回收到 MTP 反应器，其余部分则可以选择性地送至乙烯双塔净化装置或用作燃料气。脱乙烷塔塔底产物含有约 97%的丙烯和 3%的丙烷，不含甲基乙炔或丙二烯；塔底产物通过活性氧化铝保护床层后送入 $C_3$ 分离塔以回收聚合级丙烯(图 19-10)。

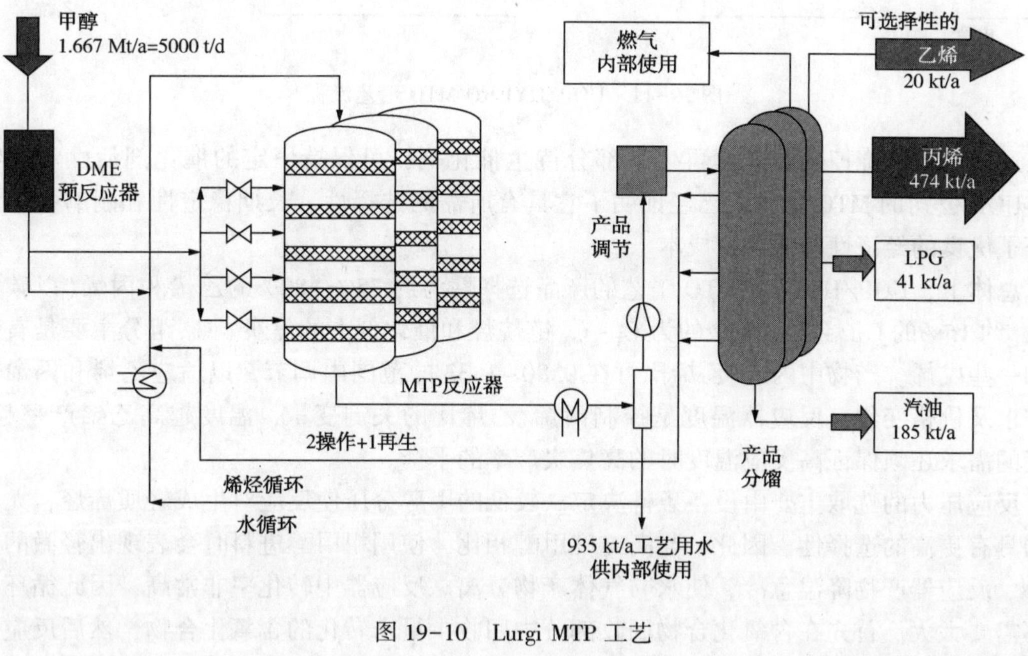


图 19-10 Lurgi MTP 工艺

### 19.4.2 UOP/HYDRO 甲醇制烯烃(MTO)工艺

UOP/HYDRO MTO 工艺可以使用“粗”甲醇、“燃料级”甲醇、AA 级甲醇，甚至二甲醚(DME)作为进料。原料的选择通常取决于项目特定的情况。图 19-11 展示了 UOP/HYDRO MTO 工艺的流程简图。MTO 工艺利用循环流化床反应器，与固定床反应器和其他类型的流化床反应器相比具有许多优点。循环流化床反应器提供比鼓泡床流化床反应器更好的传质以及比提升管和固定床反应器更好的温度控制，特别是考虑到甲醇制烯烃反应的强放热性。这种类型的反应器已广泛用于石油加工中流化催化裂化(FCC)工艺装置。

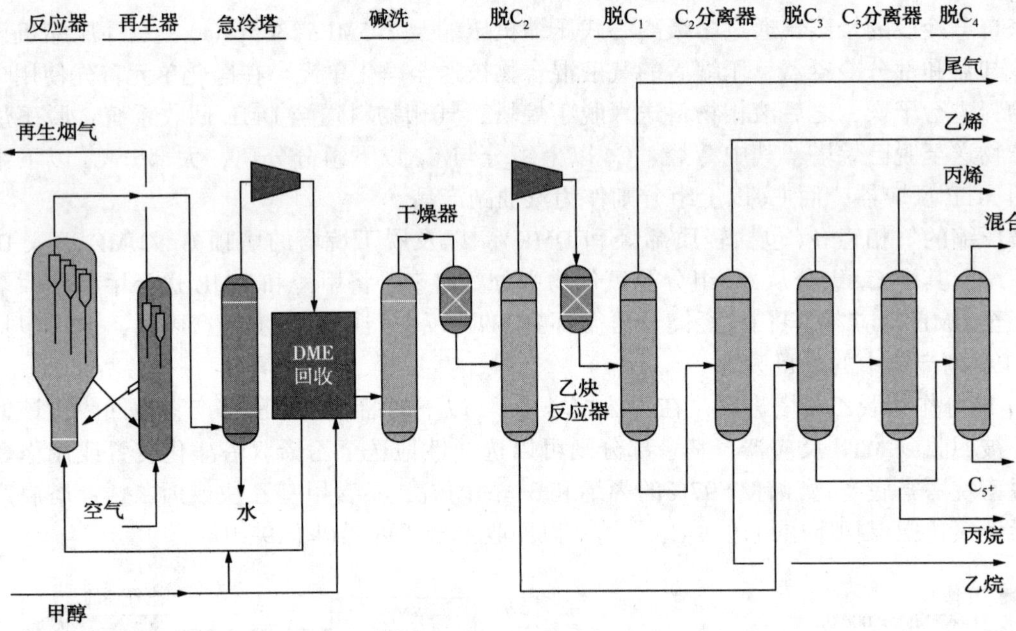


图 19-11　UOP/HYDRO MTO 工艺流程

通过用空气烧掉焦炭连续再生一部分待生催化剂，可保持恒定的催化剂活性和产物组成。UOP 公司的 MTO 催化剂已经证明了它具有所需的选择性、长期稳定性和耐磨性，从而保证了优良的经济性和低运行成本。

总体上，UOP/HYDRO MTO 工艺的产品选择性为约 75%~80%的乙烯和丙烯(以碳为基准)，约 15%的 $C_{4+}$烃类，其余的为 $C_1$~$C_3$ 链烷烃和催化剂上的焦炭。$C_{4+}$组分主要是直链丁烯和一些戊烯。产物中丙烯/乙烯比可在 0.80~1.33 的范围内调节，以适应乙烯和丙烯的市场需求及价格变化。反应器温度是控制丙烯/乙烯比的关键变量，温度越高乙烯产率越高。温度的需求还须保证高反应温度时的高焦炭产率的平衡。

反应压力的选取主要由设备条件决定。较低的甲醇分压使反应对生成轻质烯烃，尤其是乙烯具有更高的选择性。因此，与高纯度甲醇相比，使用粗甲醇进料时会表现出轻微的产率优势。反应器产物降温急冷，使水与气体产物分离。反应器中转化率非常高，因此循环物料量不需要太大。首先在含氧化合物回收部分中回收少量未转化的含氧化合物，然后反应产物在分馏和净化单元中进一步处理。已经证明常规处理方法也可有效去除副产物以达到生产聚合级乙烯和丙烯产品所需的质量指标。

$C_{4+}$组分通过裂解转化为丙烯和乙烯，可进一步提高总体乙烯和丙烯产率。综合流程方案中乙烯加丙烯的选择性接近90%(图19-12)。

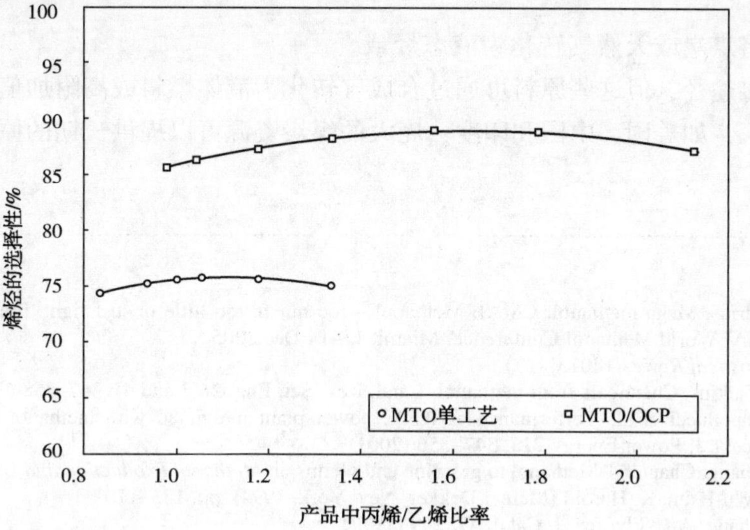


图19-12 UOP MTO工艺有无整合烯烃裂解过程(OCP)的烯烃选择性-产品丙烯/乙烯比率

## 19.5 CTL/GTL工艺与CTO/GTO工艺的集成

GTL和CTL技术为天然气和煤炭利用提供了巨大的市场机会，但受到高投资成本和相对较低的运输燃料产品价值的限制。由于合成气生产是GTL和甲醇生产中的常见步骤，因此存在整合为综合项目的可能性。图19-13说明了这种使用煤或天然气作为原料并生产烯烃和液体燃料的综合项目。煤或天然气制液体燃料(CTL，GTL)和煤或天然气制聚合物(CTP，GTP)设施都包含大量的前置合成气装置用于天然气加工，超过60%的投资成本与合成气的生产有关。这些单元是这些综合项目所需投资相对较高的主要因素。因此，这些设施的整合可以提供实质性的协同节约效应。

粗略计算，每天生产25000BPD液态烃所需的合成气也可用于超过每年1Mt的轻质烯烃。典型的液体燃料工厂可能具有100000BPD或更高的产量。因此，生产1Mt/a轻质烯烃代表大约25%的额外合成气生产能力。与再建设一套独立的小型装置相比，增量生产所需的投资成本要低很多。甲醇和液体燃料设施与甲醇转化为烯烃设施的整合可以在协同节约的同时生产具有高附加值的烯烃和聚合物产品。

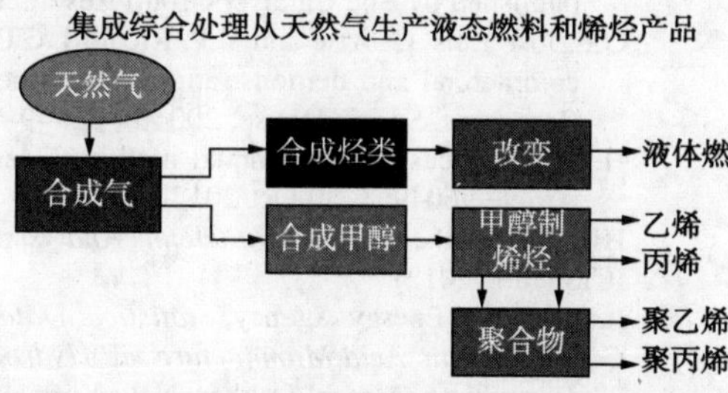


图19-13 煤或天然气转化为液体和聚烯烃的转化步骤

## 19.6 结论

虽然没有将煤炭或天然气转化为液态烃或
石化产品的直接途径，但这些原料可通过合成气转化为液体燃料或高附加值的石化产品。在需求旺盛的地区，如美国、中国和印度，庞大的煤炭资源可以提供长期的原材料安全保证。

## 参考文献

J. Bonarius, Mega methanol, CMAI, Methanol – too much, too little or just right. Presented at CMAI World Methanol Conference, Miami, 12–14 Dec 2005

*BP Statistical Review* (2013)

W.H. Calkins, Chemicals from methanol. Catal. Rev. Sci. Eng. **26**(3 and 4), 347–358 (1984)

R. Carapellucci et al., Performance of IGCC power plant integrated with methanol synthesis process. J. Power Energy **215**, 347–356 (2001)

C.D. Chang, Chapter 4-Methanol to gasoline and olefins, in *Methanol Production and Use*, ed. by C. Wu-Hsun, K. Harold (Marcel Dekker, New York, 1994), pp. 133–170

C.D. Chang, A.J. Silvestri, J. Catal. **47**, 249 (1977)

Chemical Market Resource Inc., vol 7, No. 7 (2013). 19 Dec 2013

J.Q. Chen, B.V. Vora, P.R. Pujadó, A. Gronvold, T. Fuglerud, S. Kvisle, Most recent development in ethylene and propylene production from natural gas using the UOP/HYDRO MTO process. Stud. Surf. Sci. Catal. **107**, 1–6 (2004)

Conversion of methanol to gasoline-extended project: Methanol to olefins demonstration plant milestone report; US Department of Energy, DOE?ET?14914-H; DE86 015960 (1986)

R.T. Eby, T.C. Singleton, Appl. Ind. Catal. **1**, 275 (1983)

T. Fanning, *Ethylene and Acetylene Based Processes for Acetic Acid, Acetic Acid and Its Derivatives* (Marcel Dekker, NewYork, 1993). Chapter 2

Formaldehyde, PERP Report No. 94/95-2 Chem Systems (1996)

G. Funk, B.V Vora, Coal and natural gas to Olefins. Presented at 11th Petrotech-India Conference, New Delhi, 12–14 Dec 2014

J.H. Gregor, Maximize profitability and Olefin production via UOP's advanced MTO technology. Presented at HIS World Methanol Conference, Madrid, 27–29 Nov 2012

J. Gregor, W. Vermeiren, Meeting changing needs of Olefins market,in *Proceedings of 5th EMEA Petrochemicals Technology Conference, Paris, 25–26 Jan 2003* (2003)

V. Gronemann, 3 in 1 – Lurgi Syngas to Propylen. Presented at 2005 World Methanol Conference, Miami, 12–14 Dec 2005

G.F. Jose Luis, G. Arie and V.P. Ricahrd, GTL Technology – 21st century advances (A study published by The Catalyst Group Resources, Spring House, 2004a), p. 59

G.F. Jose Luis, G. Arie and V.P. Ricahrd, GTL Technology – 21st century advances, section 3.2 commercial and demonstration GTL processes, (A study published by The Catalyst Group Resources, Spring House, 2004b), pp. 49–77

H. Heng, Focus China- Annual methanol demand to spike on MTO, MTP projects, ICIS.com, Article 9604963, 30 Oct 2012

HIS Chemicals, *World Light Olefins Analysis* (2013)

ICIS (June 2012)

International Energy Agency, *Statistical Data* (2011)

G. Irick, *Acetic Acid Manufacture via Hydrocarbon Oxidation, Acetic Acid, Acetic Acid and Its Derivatives* (Marcel Dekker, New York, 1993). Chapter 3

B. Jager, Developments in fischer-tropsch technology, in ed. by M. de Pontes, R. L. Espinoza, C. P. Nicolaides, J. H. Scholz, M. S. Scurrel. Natural Gas Conversion IV. Studies in Surface Science and Catalysis, vol. 107 (Elsevier, Amsterdam, 1997), pp. 219–224

J.H. Jones, Platin. Met. Rev. **44**(3), 94–105 (2000)

S.W. Kaiser, Arab J. Sci. Eng. **10**, 361 (1985a)

S.W Kaiser, US Patent 4,499,327, (1985b)

D. Klissurski et al., Multicomponent oxide catalyst for oxidation of methanol to formaldehyde. Appl. Catal. **77**, 55–66 (1991)

S. Lee, *Methanol Synthesis Technologies* (CRC Press, Boca Raton, 1990)

S. Lee, Chapter 3, Methane derivatives via synthesis gas, in *Methane and Its Derivatives* (Marcel Dekker, New York, 1997a)

S. Lee, Chapter on Synthesis Gas, in *Methane and Its Derivatives* (Marcel Dekker, New York, 1997b)

*Lurgi – Generic MTP Information* (anonymous), July 2003

Methanol Licensors, *Chem System PERP Report*

Methanol, *Chem System PERP* 2012-5 Table 1.1

National Toxicology Program, report on carcinogens, 12th edn. (2011)

L.R. Partin, W.H. Heise, *Bioderived Acetic Acid, Acetic Acid and Derivatives* (Marcel Dekker, New York, 1993). Chapter 1

F.E Paulik, J.F Roth, J. Chem. Soc. Chem. Commun., 1578 (1968)

PERP Report 03/04S11, Nexant-ChemSystems (2005)

*Petrochemical Processes, Hydrocarbon Processing* (1993), pp. 70–139

*Refining Processes, Hydrocarbon Processing* (1979), 71–1301

G. Reuss, W. Disteldorf, A.O. Gamer, A. Hilt, Formaldehyde. In: Ullmann's Encyclopedia of Industrial Chemistry, (2003) 6th rev. edn, Vol. 15, Wiley-VCH Weinheim, Germany

J.F. Roth et al., Chem. Technol. **1**, 600–605 (1971)

P.R. Savage et al., Back to coal, in *Thinking Energy, An Imprint of the Thinking* (Energy, Falmouth, 2004), pp. 101–120

Shell doubles capacity of GTL plant at Malaysia. Fuels Lubes Wlky. **4**(43) (23 Oct 2012)

B.V. Vora, T.L. Marker, P.T. Barger, H.R. Nilsen, S. Kvisle, T. Fuglerud, economic route for natural gas conversion to ethylene and propylene, in ed. by M. de Pontes, R.L. Espinoza, C.P. Nicolaides, J.H. Scholz, M.S. Scurrel, Natural Gas Conversion IV. Studies in Surface Science and Catalysis, vol. 107 (Elsevier, Amsterdam, 1997), pp. 87–98

B.V Vora, Eng C, Arnold E, Integration of the UOP/HYDRO MTO Process into Ethylene Plants; 10th Ethylene Producers' Conference, American Institute of Chemical Engineers, 8–12 Mar 1998

T. Wurzel, Lurgi megamethanol technology, in *Synthesis Gas Chemistry*, DGMK conference, 4–6 Oct 2006

T. Yajun, National Institute of Clean-and –Low Carbon Energy, Beijing. Presented at Woodrow Wilson International Centre for Scholars, July 2012

L. Ying, M. Ye, Y. Cheng, X. Li, A kinetic study of methanol to olefins process in fluidized bed reactor, in *The 14th International Conference on Fluidization- From Fundamentals to Products*. NH Conference Centre Leeuwenhorst Noordwijkerhout, The Netherlands (2013)

J.R. Zoeller, *Acetic Acid manufacture via Methanol Carbonylation, Acetic Acid, Acetic Acid and Its Derivatives* (Marcel Dekker, New York, 1993). Chapter 4

# 第 20 章　石油加工中的非常规原油和原料

## 20.1　引言

除了市场上大量的常规原料油外，炼厂还需要处理多种非常规原料油。之所以称为非常规原料油是因为它们不是通过常规的勘探开采方式得到的。可再生原料源于生物质乙醇、植物油、脂肪和其他类似石油产品。

本部分将进一步讨论这些非常规原料油，包括常规页岩油、页岩原油和天然气、沥青、合成原油(缩写为 syncrudes)、天然气制油、可再生原料油、其他非常规原料。下面详细介绍每种原料的性质和加工难点。

## 20.2　常规页岩油

传统上，“页岩油”是由一种叫作油页岩的有机矿物岩石热裂解得到的。页岩油又称油母页岩油或油页岩油。事实上，油页岩不是页岩，而是泥灰岩，是一种富含碳酸钙的泥浆，其中含有黏土和淤泥。它之所以被称为“油页岩”，是因为它看起来像页岩。

页岩油本身是一种不饱和的烃类化合物，通常氮和砷含量高，而硫含量低。

页岩油的生产工艺包括两种：地下(原位)，地上(表面或非原位)。两种类型的页岩油生产工艺均采用称为“干馏”的热解过程，其中油页岩被加热到高温[超过 700℉(约 370℃)]，以分解有机矿物基质，生产页岩油、气体、残余炭、焦炭和矿物残渣。

### 20.2.1　页岩油与页岩原油的区别

页岩油与最近提出的通过压裂方法从致密的页岩地层中得到页岩原油和页岩气是不同的。很遗憾，人们已经习惯了将近些年得到的流体称为“页岩油”。由于传统页岩油的加工难点与页岩原油的不同，这样会带来一些混淆。

在本书中，“页岩油”一词是指传统的页岩油。我们将使用术语“页岩原油”来指致密页岩生产的流体。

### 20.2.2　产地

在世界各地的许多地方都有油页岩矿，可以生产页岩油(图 20-1，略)。油页岩矿储量的 74%是在美国，利用目前的生产技术，可开采的页岩油总量约为 2.8 万亿桶。

页岩油的生产在巴西、中国、爱沙尼亚以及美国等国家达到了商业化规模，然而目前(2013)没有哪个国家生产大量的页岩油。

### 20.2.3 历史和产量

页岩油是最早被人类使用的一种矿物油。关于页岩油使用最早的记载是在14世纪的瑞士和奥地利。尽管页岩油能够致癌，但它还是被用作药物和燃料。

在19世纪和20世纪，世界范围内建立了几家页岩油炼厂。但大规模低成本原油生产技术的出现，导致几乎所有的页岩油炼厂倒闭。爱沙尼亚、俄罗斯和中国的页岩油生产持续到21世纪，尽管全世界页岩油的总产量不到每年500万桶。

当原油价格上涨时，人们对页岩油生产技术产生兴趣，但自从1991年科罗拉多州Unocal工厂关闭以来，还没有启动过任何较大的页岩油生产项目。

### 20.2.4 生产方法

页岩油的性质取决于生产工艺，因此有必要了解现有的页岩油生产工艺。

传统的页岩油生产工艺是干馏法。在此过程中，油页岩(含有有机矿物基质油的前驱体)被加热到650~1000℉(350~550℃)的温度范围。油页岩分解为液态和气态烃，副产物为水、二氧化碳、$H_2S$等其他杂质。

有些工艺在1700~1800℉(920~990℃)的温度下将剩余的焦炭气化产生氢气和大量的水蒸气。还有采用直接燃烧部分油页岩以加热其他油页岩的方法，得到的混合产物介于直接干馏与气化之间。

由于所有页岩油生产工艺的本质均为热裂解，因此其产物中的不饱和烃含量较高。由于干馏工艺的不同，有些页岩油含有渣油馏分，有些没有。而采用直接燃烧法时，副产物中还会有大量含氧化合物。

不同工艺产生气体的热值各不相同。低温干馏工艺往往产生高热值气体(超过1000Btu/scf，≈3792kJ/$m^3$)。高温干馏工艺(如气化和直接燃烧)往往会生产出更多的碳酸盐成分和大量的二氧化碳，用惰性气体稀释后，产生低热值气体(低于200Btu/scf，约718kJ/$m^3$)。

油页岩的生产效率(以产出油的量计)可以通过费歇尔试验测定。费歇尔试验是指将100g油页岩放入密闭干馏炉中以22℉/h的速度加热至930℉，然后恒温40min，所用的干馏炉为普通的分批进料干馏炉。在试验过程中，产生的蒸气被冷凝后得到液体(油和水)。建立物料平衡，从费歇尔试验中得出的最重要的数据为油品产率，以gal/t(GPT)表示。多数干馏工艺每吨油页岩可产出20~60gal的页岩油。每吨油页岩产出低于20gal的页岩油时，说明热效率低，过多的热量用于加热岩石。每吨油页岩产出高于60gal的页岩油时，则油页岩会碎裂成粉末，造成处理和渗透问题。采用几种工艺，都可以得到100%的费歇尔试验油产率。

(1) 原位干馏法

围绕页岩油原位干馏人们做了很多努力。表20-1总结了几种原位干馏或者改进的原位干馏法。

两种主要方法：

1) 通过多种手段对油页岩原位加热一段时间，使油页岩中形成了许多孔隙，然后使用传统的采油工艺(如壳牌公司的ICP工艺)回收页岩油。

2）在页岩内部开采出一个干馏室，将上面的油页岩破碎，使其落入干馏室，然后通过直接加热或燃烧一部分碎片。这也被称为改进的原位干馏法(例如，欧美 MIS)。

实践证明，大规模的原位干馏非常困难，原因如下：

1）直接加热过程导致大量的用于加热油页岩的热量流失到周围不需要加热的岩石中。

采用传统的生产方法，大量的液态产品没有得到有效的回收利用。总的来说，净产量很低，而且整个过程往往效率很低。为了解决这些问题，大量的试验研究工作还在进行中。

2）在20世纪70年代和80年代，多个西方国家在科罗拉多州进行了几次大规模的原位(碎片)干馏。产品回收率往往低于预期，加热方式(通常是直接燃烧)难以控制。这种干馏法还需要开采大量的油页岩以便在底部建造干馏室，这些采出的油页岩要么通过非原位干馏，要么弃用。

3）大部分工艺中，从油页岩中干馏得到的页岩油回收率均不到费歇尔分析的85%。

**表 20-1 原位页岩油生产过程**

| 加热方法 | 过程 | 2013 年情况 |
|---|---|---|
| 内部燃烧法 | 地球动力学水平流程，劳伦斯利弗莫尔国家实验室 RISE 法，西方石油原位改性，Rio Blanco | 无商业应用 |
| 岩石热传导 | Shell ICP，美国页岩油 CCR，独立能源合作伙伴 GFC | Shell 测试技术，无商业生产 |
| 外部加热的热气体 | Chevron CRUSH，Omnishale，西山能源公司 IGE | 仅限于概念，无商业生产 |
| 反应流体 | ShellICP(一些形式) | 无商业生产 |
| 诱导加热 | 无线电波，微波，电流 | 仅限于概念，无商业生产 |

注：主要来源：维基百科关于油页岩生产的文章；Jensen 等，1971；普林斯顿大学(1980 年)；斯塔夫和亚尼克(1978 年)。

(2)非原位干馏

大多数用于商业化生产页岩油的干馏方法为非原位干馏工艺，也称为地表干馏工艺。地表干馏工艺中，油页岩被开采、粉碎、带到地面，并被放置在一个干馏炉中加热。干馏后产生的残渣页岩或灰烬倾倒并处理。有几种不同的工艺方法可供采用，其中大部分页岩油的收率都能达到马歇尔试验的100%。表20-2总结了一些非直接干馏工艺。

地表干馏处理油页岩的两种主要方法有：

1）间歇干馏法(例如，Pumpherston)。

2）连续干馏法(例如，PetroSix 和 Union B)。

间歇式和连续式干馏在加热油页岩的方法上有所不同，如表20-2所示。

最古老也是使用最多的工艺是简单的间歇干馏。这种方法至今仍在小规模的商业生产中使用。

自20世纪40年代以来，人们已经发展了多种连续干馏的方法，PetroSix、Kiviter、抚顺以及 Paraho 的连续干馏工艺仍在运转。

表 20-2 非原位页岩油生产工艺

| 加热方法 | 工艺 | 2013 年情况 |
|---|---|---|
| 内部燃烧 | 美国矿务局气体燃烧法，NTU，Kiviter，抚顺，Union A，Paraho Direct，Superior Direct | 在俄罗斯，爱沙尼亚和中国有几套 Kiviter 和抚顺工艺的示范装置 |
| 热固体-直接接触（惰性物质或干馏页岩） | Alberta Taciuk，Galoter，Enefit，Lurgi - Ruhrgas，TOSCO II，Chevron STB，Lawrence Livermore HRS，ShellSpher，KENTORT II | Galoter 和 Enefit 有少量工业装置。其他仅用于中试或示范规模 |
| 通过容器壁的外部加热 | Pumpherston，Oil - Tech，EcoShale In - Capsule，Combustion Resources | 19 世纪末至 20 世纪初，在苏格兰、西班牙和澳大利亚，使用 Pumpherston 工艺进行工业生产。其他仅用于概念、试验或演示 |
| 外部产生的热气 | PetroSIX，Union B，Paraho Indirect，Superior Indirect，Syntec | 1983 年至 1991 年 Union B 商业生产。PetroSIX 在巴西有少量工业生产 |
| 反应流体 | IGT Hytort，donor solvent，Chattanooga 流化床反应器 | 无工业生产，仅有中试装置 |

注：主要来源：维基百科关于油页岩生产的文章；普林斯顿大学，1980 年；Stauffer&Yanik，1978 年；Pan 等，2012。

所有地表干馏油页岩生产工艺都面临着大量的开采出来的废弃岩石的处置，开采过程中带来污染、固体废弃物的处理、地表干馏工艺对环境的影响以及油页岩矿区开采过程中水资源污染等问题。

### 20.2.5 各种工艺的特点

如上所述，页岩油产品的性质随生产工艺的不同而不同。表 20-3 总结了一些油页岩加工工艺的产品性质。下一节将讨论其中一些污染物对油页岩加工的影响。

### 20.2.6 炼制特点

炼厂对页岩油炼制的多数挑战都有所了解。但他们给页岩油的加工带来的影响远大于炼油厂中的其他原料油。

页岩油的芳烃含量很低。它有利于生产中间馏分油产品，但不利于生产汽油产品。

表 20-4 列出了最重要的页岩油污染物及其对炼制的影响。下文将进一步探讨处理污染物的方法。这些影响适用于纯页岩油。如果页岩油与其他石油混合，其影响将按比例减少，或者可能变得无关紧要。

与其他原油一样，相对低浓度的页岩油可以与其他常规原油共同加工而不需要太多关注。当加工含有高浓度页岩油（或纯页岩油）的原料时，必须特别考虑。稀释有助于控制杂质。

如果操作规模足够，可以建造页岩油改质装置（或炼厂）以使油饱和并稳定。由此产生的合成油是高质量的高附加值油料。图 20-2 给出了进入传统炼厂之前页岩油“预精制”的方式。从完全不预处理到完全加氢处理脱蜡均可以作为页岩油的预处理方法。值得注意的是，完整的页岩油改质装置必须处理好下述的所有不良质量特性。

**表 20-3　页岩油样品的性质**

| 干馏位置 | | | | 非原位(表面) | | | | 原位 | | | |
|---|---|---|---|---|---|---|---|---|---|---|---|
| 工艺 | Fischer 试验 | NTU | 气体燃烧工艺 | TOSCO | UnionA | UnionB | Unionsyncrude | ParahoDirect | Galoter/Enefit | OccidentalMIS | USBM |
| 页岩原油来源 | 美国 | 美国 | 美国 | 美国 | 美国 | 美国 | 美国 | 美国 | 爱沙尼亚 | 美国 | 美国 |
| °API | 22.3 | 19.4~25.2 | 10~20 | 21.2 | 18.6 | 22.7 | 39~41 | 19.3 | 7.4 | 24.0~25.0 | 28.4 |
| 相对密度 | 0.92 | 0.90~0.94 | 0.93~L0 | 0.93 | 0.94 | 0.81 | 0.8 | 0.94 | 1.02 | 0.90~0.91 | 0.89 |
| S/% | 0.61 | 0.8~0.9 | 0.7 | 0.7~0.9 | 0.9 | 0.8 | <0.001 | 0.6~0.7 | 0.6 | 0.7 | 0.6~0.7 |
| N/% | 1.96 | 1.8~2.2 | 2.1 | 1.9 | 2.0 | 1.7 | <0.01 | 2.0~2.2 | 0.1 | 1.5 | 1.4~1.6 |
| O/% | | ~1.1 | 1.7 | 0.8 | 0.9 | 0.9 | | 1.4 | 3.0 | 1.1 | 1.2 |
| C/% | 84.59 | 84.6 | 83.9 | 85.1 | 84.0 | 84.8 | | 84.9 | 88.3 | 84.9 | 84.6 |
| H/% | 11.53 | 11.4~11.8 | 11.4 | 11.6 | 12.0 | 11.6 | | 11.5 | 8.1 | 11.8 | 12.1 |
| 馏程/℉ | ASTM | ASTM | ASTM | ASTM | ASTM | ASTM | ASTM | ASTM | SimDist | ASTM | ASTM |
| 5% | | | 380~440 | 200 | 390 | 370 | 130 | | | 400~410 | <100 |
| 10% | 326 | 493 | 440~500 | 280~360 | 465 | 425 | 200 | 520~530 | 528 | 440~460 | 380~620 |
| 50% | 655 | 670 | 740~810 | 700~780 | 775 | 700 | 530 | 800~810 | 702 | 680~700 | 420~730 |
| 90% | | | 1030~1070 | >1000 | >1000 | 910 | 750 | 980 | 915 | 910~920 | NA~870 |
| 95% | | | >1100 | | | 960 | 860 | >1050 | | 1000~1050 | NA~914 |
| 倾点/℉ | 80 | 70~90 | 85 | 80 | 80 | 60 | ~30 | 85 | | 40~65 | 40 |
| 杂质/ppm | | | | | | | | | | | |
| As | | | | | | 25~50 | | 20 | | | |
| Fe | | | 108 | >100 | 55 | 10~20 | | 71 | | | |
| Ni | | | 6.4 | 6 | 6 | <2 | | 2.5 | | | |
| V | | | 6 | 3 | 1.5 | <2 | | 0.4 | | | |

注：主要来源：油页岩技术评估，普林斯顿大学，1980。

表 20-4 页岩油炼制的挑战

| 炼制挑战 | 不饱和物（烯烃/二烯烃） | 矿物粉和灰 | 砷 | 铁 | 镍、钒和其他金属 | 氮 | 氧 | 低温流动性 | 毒性 |
|---|---|---|---|---|---|---|---|---|---|
| 典型范围 | 根据工艺的不同,溴值25~60 | 在热固体工艺中，含量从几百ppm到百分之几 | 20~50ppm | 10~>100ppm | <2~20ppm | 高达2.2% | 0.8%~3.0% | 未加工的页岩油倾点在40~90℉，深度加氢处理油倾点超过100℉ | 未加工的页岩油是有毒致癌的 |
| 对炼制影响 | 预热器，加热器和反应器中的胶质形成和结垢 | 累积的固体导致设备快速结垢。由于不饱和物质形成的胶质而变得更糟 | 导致各类催化装置中催化剂严重中毒 | 累积的固体和硫化铁的沉积导致设备污染 | 催化剂中毒和催化装置潜在的污染物 | 裂化剂和其他催化剂的临时毒物 | 有机酸腐蚀设备，促进不饱和物质形成胶质 | 页岩油原料处理问题，可能会限制页岩油产品在成品中的比例 | 页岩油原料处理问题 |
| 解决办法 | 选择性加氢，全加氢饱和烯烃。造成低温流动性问题 | 焦化、静电沉淀、过滤 | 催化剂床层前设置砷捕集器 | 可通过结焦或过滤、机械去除、溶解铁形成FeS沉积物等方式进行处理 | 催化剂床层前设置金属捕集器 | 深度加氢处理 | 通过加氢处理去除；通过冶金处理TAN | 页岩油产品的调和、共处理、加热管和罐、页岩油加氢脱蜡 | 与其他通过加热得到的油类似，加氢处理可降低毒性并消除致癌特性 |

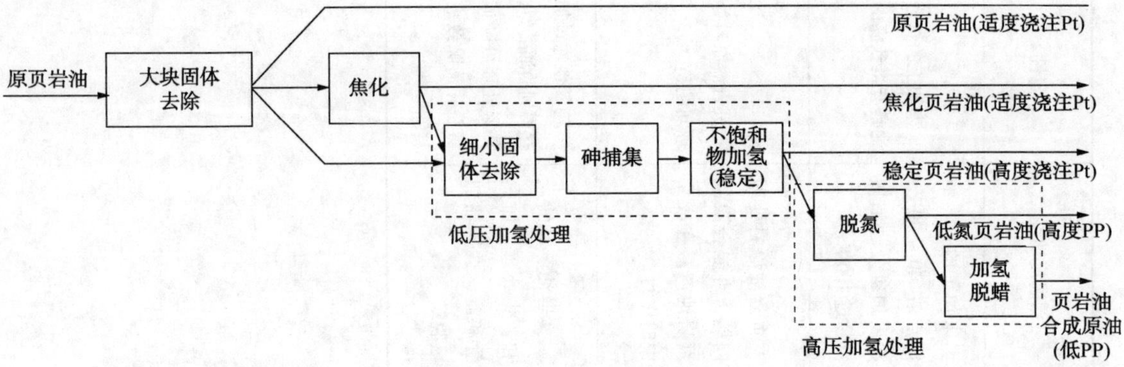


图 20-2　页岩油改质方案

(1) 不饱和物

页岩油中的不饱和化合物(烯烃和二烯烃)会加速炼油设备和催化剂床层的结焦。通过加氢处理页岩油可减少或消除烯烃的双键并稳定油品，从而减少页岩油中极高浓度的不饱和物。

在任何处理页岩油的装置中都可能发现换热器和加热炉中有形成胶质和结焦的趋势。这是由不饱和化合物的聚合作用引起的。这些聚合反应通常是由页岩油中常见的含氮和含氧化合物引发和/或促进的。

油品加氢处理后，其低温流动性质(例如倾点)会变差。油品中的蜡含量会不断增加，进而在室温下难以流动。仅通过加氢处理的页岩油的倾点会超过120℉(49℃)。为了将产品低温流动性提高到可接受的水平，加氢处理的页岩油必须进行催化脱蜡。

(2) 细粉

许多生产页岩油的过程都会在油中留下岩石粉末。最值得注意的是，TOSCO II(热球)和其他在油页岩和热固体之间使用直接热接触的工艺生产出的页岩油会含有百分之几的粉尘。这些矿物粉末需要脱除。采用的主要脱除工艺有：

1) 延迟焦化：用于细粉量很高的情况。因为该油品已经经历一次焦化过程，焦炭产量很低，生成的焦炭几乎都是细粉，这意味着它的价值很低。

2) 静电分离：类似于电脱盐或静电除尘器。在这种方法中，页岩油的高导电性是一个挑战。这就需要特殊的电极配置和化学品。

3) 过滤：仅适用于低浓度细粉情况。类似于“砂滤器”的方法可以有效地去除细粉，但需要频繁更换滤芯。

注意，不饱和化合物的成胶特性与这些细粉的结合，比单独的一种污染对页岩油加工过程中造成的结焦更加严重。

(3) 砷

页岩油通常含有30~50ppm的砷。砷通常存在于馏分油和重石脑油馏程范围内，但也会扩散到其他馏分中。砷是几乎所有催化炼油过程中的一种剧毒物质。

如果页岩油在炼厂日常原油中占比足够小，那么页岩油中的砷含量可以通过稀释来控制。

脱砷剂(通常为硫化镍类材料)已用于加氢处理等工艺装置中。使用过的脱砷剂是危险的，因此催化剂处理人员需要对其进行特殊处理和去污操作。

废弃脱砷剂的处理需要提前计划好。处理含砷镍矿的镍冶炼厂过去能够回收一些废料。金属回收装置也可以处理低含量的砷，但不幸的是，废弃的脱砷剂通常最终会进入危险废物填埋场。

(4) 铁

与常规原油相比，大多数工艺生产的页岩油含铁量较高。其中一些是由于固体处理设备的磨损和腐蚀，另外一些是由于页岩通常含有黄铁矿，在加热时会分解。当油经过加氢处理或存放时，会产生额外的硫化铁固体。

焦化过程和细粉固体脱除可以消除大部分铁，正常情况下不会对催化剂产生影响。

(5)镍、钒和其他金属

与传统原油相比，页岩油中镍、钒和其他金属的含量略微有所升高。金属通常使用常规金属捕集或通过原料页岩油进焦化来控制。

(6) 含氮化合物

与传统原油中硫是最常见的污染物不同，页岩油可能含有高达2.2%的氮。有关原料页岩油中氮含量的典型范围见表20-3。氮含量的变化取决于干馏过程和油母质的形成特征。

当页岩油与其他原油共同加工时，氮含量水平降低，不需要做任何特殊处理。

对于较高浓度的氮，可通过较苛刻的常规加氢处理手段脱除。所需工艺条件与加氢裂化装置预处理类似(如1.0LHSV，1800psia氢分压)，并且氢耗较高。加工条件需要足够苛刻以脱除油中几乎所有不饱和化合物和其他污染物。苛刻的加氢处理条件也会使油品的低温流动性能变差，需要后续进行脱蜡。页岩油加氢处理产生的氨分压较高，这会导致加氢处理装置废水中铵盐($NH_4HS$和$NH_4Cl$)的析出温度较高。为了避免在加氢反应器循环氢中氨的积聚，需要较高的注水量，有可能的话还需要增加循环氢水洗。

在高生产率条件下，加氢处理产生的氨是值得回收的。这种方法已经在弗萨姆法工艺中进行了有限规模的尝试。

(7) 含氧化合物

页岩油含有比传统原油更多的含氧化合物(羧酸、醛、酮类)。直接燃烧的干馏装置中，由于不饱和烃与二氧化碳接触，得到的页岩油酸值往往高于间接干馏装置。如果页岩油与其他原油共同加工，则这不是问题。为了避免高酸值的问题，可能需要对设备进行冶金学检查。

如果页岩油经过加氢处理脱氮，含氧化合物也会被有效地去除。这样的话，页岩油中的含氧化合物就不比其他原油差了。

(8) 低温流动性

未加工的页岩油的倾点在40~90℉(4.4~32.2℃)范围内，需要像处理其他高倾点原油一样处理页岩油(大多数炼油厂通过加热罐和管道来防止页岩油冷凝)。页岩油的其他低温性质也相应较差。

一旦经过加氢处理，所得到的页岩油中会含有更多的链烷烃，其倾点会高达120℉(48.9℃)。需要与其他原料混合以满足低温流动性要求，或者进行加氢脱蜡。

对全馏分页岩油进行加氢脱蜡，取得了较好的结果。从表 20-3 中 Union B 列中页岩油得到的合成油可以看出这一点。

由于加氢处理和脱蜡加工深度较高，产品馏分的导热率非常低。这对于其作为燃料是个限制，尤其是对喷气式飞机来说。预计需要比普通油品中添加更多的导热添加剂。

(9) 毒性

未加工的页岩油是有毒的，被归类为一种致癌物质。这些因素的严重程度并不比其他热衍生油更严重，但是在开采页岩油时一定要牢记这一点。苏格兰页岩油行业的员工曾经在不知道或不了解风险的情况下，经常因为糟糕的工业卫生习惯而罹患癌症。

经过加氢处理和脱蜡后，页岩油得到的合成油的毒性并不比常规炼油产品严重。油品加工处理可以消除大部分的毒性问题。

在处理页岩油加工过程中产生的废催化剂和吸附剂时，仍必须小心。

### 20.2.7 页岩油小结

在可预见的未来，美国不会有大量页岩油供应。少数其他国家将利用现有工艺及其改进工艺继续生产少量产品。

页岩油生产受到经济和环境问题以及技术难题的严重挑战。虽然从页岩油中提取液体燃料是有可能的，但必须有足够的动力来实现这一飞跃。美国页岩油行业的老前辈们说：“这是一项很有希望的技术，但永远都存在于希望中”。生产理念的改进以及对液体燃料的需求最终可能证明他们是错误的。

## 20.3 页岩原油/页岩气(致密油)

在 21 世纪初，从页岩中开采的原油和天然气量激增。定向钻井技术的进步和水力压裂(“压裂”)的应用使得页岩原油/页岩气的生产复苏，尤其是在美国。由于环境原因及其对地下水潜在污染的担忧，这种做法存在一些阻力。

在下面的讨论中，我们将主要关注页岩原油。同时产出的页岩气在外观和加工过程上与其他石油气体都是一样的，并没有出现任何其他特殊的问题。

从页岩中提炼的原油在炼制过程中存在一些独特的挑战。已经发现的具体问题有磷、钙、硅、不相容性和其他因素。这些与传统的页岩油炼制过程中的问题有所不同。

页岩原油比传统页岩油的开采量要大得多，了解页岩原油加工问题显得越来越重要。

### 20.3.1 定义

就本书而言，我们将使用术语“页岩原油”代指致密页岩沉积物压裂产生的流体，用以区分通过油页岩干馏产生的“页岩油”。对于页岩原油和页岩气来说，页岩这个词实际上更适用，这是因为传统的页岩油实际上是由泥灰岩而不是页岩生产的。

页岩原油在文献中也被称为“致密油”或“致密页岩油”。

### 20.3.2 产地分布

可以生产页岩原油的页岩大量沉积在世界各地(图 20-3、图 20-4，略)，单是在美国，致密页岩的可采储量就有 36 亿桶。表 20-5 列出了这些资源的分布情况。

表 20-5 美国页岩原油储量

| 盆地 | 区块 | 州 | 2011 年/百万桶 | |
|---|---|---|---|---|
| | | | 产量 | 储量 |
| 威利斯顿盆地 | Bakken | ND, SD, MT | 123 | 1988 |
| 西部海湾 | Eagle Ford | TX | 71 | 1251 |
| 沃斯堡 | Barnett | TX | 8 | 118 |
| Denver-Julesburg | Niobrara | CO, KX, NE, WY | 2 | 8 |
| 小计 | | | 204 | 3375 |
| 其他致密油区块 | | | 24 | 253 |
| 全美致密油区块 | | | 228 | 3628 |

注：包括凝析物。

来源：美国能源情报署，表 EIA-23“国内油气储量年度调查”2012。

在页岩地层中，页岩原油的性质和地理位置差别很大。以“页岩原油”为名销售的原油，实际上是包装成单一原油的几个不同油田的混合油。它们性质和炼制特点差别很大。例如 Eagle Ford 油田中°API 和油气比的一般趋势(图 20-5，略)表明，Eagle Ford 北部和西部地区的原油°API 最低(密度最高)，南部和东部地区的原油°API 增加(密度较低)。

### 20.3.3 产量

自 2000 年以来，随着生产技术的改进，页岩原油产量迅速增长。图 20-6 显示了美国页岩原油产量的增长以及对未来的影响。这种增长使美国大大减少了对进口原油的需求，并推动原油价格下跌。

不幸的是，页岩原油的生产地点不一定在现有的原油管道附近。铁路运输的广泛使用已经发展成为一种将页岩原油推向市场的短期途径。

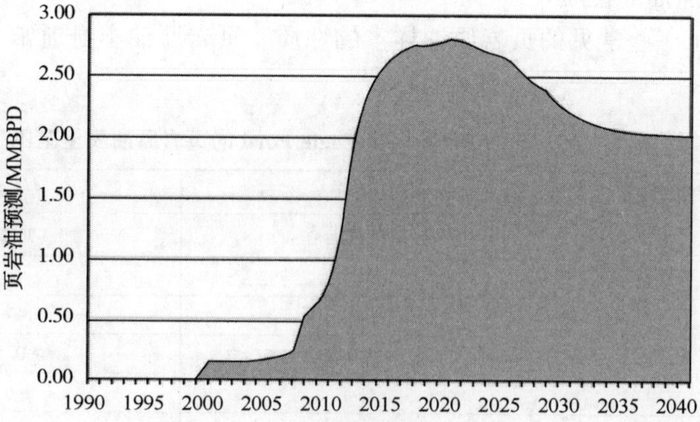


图 20-6 美国页岩原油生产趋势

(来源：美国能源信息署，2013)

### 20.3.4 生产方法

页岩油气从“致密”页岩沉积物中得到。这些沉积物中存在着游离的油气，但没有孔道可以使油气流到页岩油气生产井中。

通过水力压裂造孔可以使油气从岩层中脱除。图20-7给出了一种常见的生产方式及其涉及的环境因素。

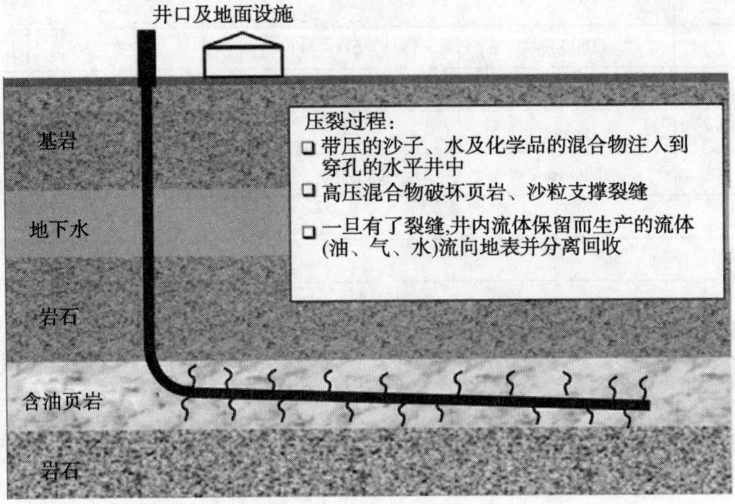


图20-7 通过水力压裂从页岩中生产油气

在页岩层钻一口水平井。通过泵入高压的专用的化学品和支撑剂(比如沙子)的混合物，对岩层进行水力压裂。这种高压材料使页岩地层破裂，产生孔隙。然后，流体倒流，先将压裂液中的化学物质抽出，支撑剂留在原地，然后抽出得到石油、天然气和副产物水。除了生产用化学品外，页岩原油还含有残余的压裂化学品，这将对原油炼制产生影响。

致密页岩井的生产寿命比常规井短，必须一直钻井和压裂才能维持生产。这意味着压裂和生产用化学品的影响比炼油厂处理的大多数常规原油要大得多。

### 20.3.5 页岩原油的性质

表20-6提供了一些常见的页岩原油样本的性质。页岩原油本身通常与轻质或中质原油相似。

表20-6 已公开的Bakken和Eagle Ford的页岩原油质量范围

| 原油 | Bakken<br>典型范围①,③ | Eagle Ford<br>典型范围②,③ |
|---|---|---|
| 全部原油 | | |
| °API | 41~42.1 | 47.0~58.8 |
| 相对密度(60℉) | 0.82~0.83 | 0.74~0.79 |
| RVP/psi | 高 | 6.5~9.7 |
| S/% | 0.13~0.20 | 0.05~0.11 |
| 倾点/℉ | -25 | 6~15 |
| 残炭/% | | 0.07~0.24 |
| SSU黏度 | | |
| 60℉ | | 31~41 |
| 80℉ | | 30~37 |
| 100℉ | | 29~35 |

续表

| 原油 | Bakken | Eagle Ford |
| --- | --- | --- |
| | 典型范围①,③ | 典型范围②,③ |
| $H_2S$/ppm | | <1(scav.) |
| 金属/ppm | | |
| Ni | | 0.1~0.21 |
| V | | 0.03~0.5 |
| TAN/(mgKOH/g) | | 0.02~0.03 |
| 盐/(lb/Mbbl) | | 0~1 |
| 有机氯/ppm | | <1 |
| 馏程/℉ | | |
| 初馏点 | <50 | <50 |
| 10% | 144~162 | 156 |
| 50% | 452~480 | 445 |
| 90% | 940~955 | 920 |
| 95% | 1050~1060 | 1030 |
| 终馏点 | ~1250~1280 | ~1300 |
| 馏分性质 | | |
| 375~500℉煤油 | | |
| S/% | 0.02 | 0.02 |
| 500~620℉柴油 | | |
| S/% | 0.09 | 0.07 |
| 620~1050℉馏分油 | | |
| S/% | 0.24 | 0.19 |
| 1050℉以上渣油 | | |
| °API | 14 | |
| S/% | 0.68~0.75 | 0.60 |
| 残炭/% | 11.3 | |
| 金属/ppm | | |
| Ni | 7 | 2-4 |
| V | 2 | 0.5-0.6 |

①“输油管道EIS补充草案”(主要来源为Crudemonitor，2012a，5年平均值)。

②“原油品种的可能变化对美国炼油业二氧化碳排放的影响”(MathPro Inc.，国际清洁运输理事会，2013年3月29日)。

③ www.caplinepipeline.com，“原油质量报告”。

页岩原油主要通过铁路运到炼油厂。这一方法在过去几年里发展迅速。铁路运输也存在一些问题。装运的原油蒸气压很高，因为它含有较轻的烃类。2013年7月，加拿大魁北克Lac Megantic发生的铁路事故，提醒人们运输这些高蒸气压力物质时必须谨慎处理。

如上所述，不同产地的页岩油性质差异很大，例如，Eagle Ford 一个油田的产品可能与 Eagle Ford 另一个油田的产品不同。由于不同产地油品的混合，实际上没有真正典型的页岩原油的化验结果，因此我们最终只能得到一些平均值。一批油样与下一批会有所不同。

### 20.3.6 炼制的考虑因素与实践

从炼制的角度来看，页岩原油往往是相当轻且硫含量较低的。有报道的页岩原油(以及类似生产原料)的加工问题包括：

① 原油预热装置、加热炉和分馏塔的结垢速率高。

② 原油腐蚀速率高。

③ 与其他原油不相容。

④ 加工过程中与其他原油相容性损失。

⑤ 催化装置结垢增加。

其中许多问题可以追溯到页岩原油的生产技术。表 20-7 总结了压裂及生产用化学品对炼油厂的潜在影响。表 20-8 汇总了页岩原油对炼制过程不同装置的预期影响。具体讨论如下。

**表 20-7 页岩原油生产使用的化学品对其加工过程的影响**

| 应用 | 典型化学品 | 对炼厂影响 |
|---|---|---|
| 压裂添加剂 | | |
| 表面活性剂 | 酸(柠檬酸、乳酸等) | 原油装置腐蚀，脱盐 |
| 交联剂 | 硼酸，Al，Zr，KCl，$NH_4Cl$，$CaCl_2$ | 腐蚀，沉寂，催化剂中毒 |
| 阻垢剂 | 磷酸酯和磷酸盐 | 原油和催化剂结垢，原油腐蚀 |
| 杀菌剂 | 戊二醛等 | 会影响废水处理 |
| 腐蚀控制剂 | 甲酸、KI、Sb、咪唑啉、季铵类等 | 催化剂中毒，原油塔顶腐蚀 |
| 管道清洁 | HCl，HF，HBr，DDBSA | 原油塔及催化设备腐蚀 |
| 链烷烃控制 | α-烯烃聚合物 | 原油塔影响、以氯化物形式存在时的腐蚀 |
| 硫化氢清除剂 | 三嗪类化合物 | 塔顶腐蚀、催化剂问题 |
| 生产过程添加剂 | | |
| 硫化氢清除剂 | 三嗪类化合物 | 塔顶腐蚀、催化剂问题 |
| 腐蚀控制剂及杀菌剂 | 季铵盐和氯化物 | 原油塔腐蚀及催化剂中毒 |
| 破乳剂 | 水处理聚合物、金属盐类(ZnCl，AlCl，氯化铝聚合物)，氧烷基树脂，聚硅氧烷 | 有些会影响炼油厂，尤其是氯化物 |
| 链烷烃控制 | 溶剂，α-烯烃聚合物 | 以氯化物形式存在时的腐蚀或者倾倒的溶剂造成腐蚀 |
| 阻垢剂及腐蚀控制剂 | 磷酸酯和磷酸盐，丙烯酸 | 原油塔及催化剂结垢，原油塔腐蚀 |
| 杀菌剂 | 戊二醛等 | 会影响废水处理 |

注：主要来源：页岩油及致密油——新的前沿，S. ALordo&B. Mason，Nalco，第三届机会原油会议，2012。

**表 20-8 页岩原油对炼厂操作的影响**

| 装置 | 页岩原油影响 |
|---|---|
| 储存/运输 | 相容性差，含蜡沉积物 |
| 脱盐装置 | 蜡稳定的乳液、结垢、盐残留、可过滤固体含量高 |
| 原油分馏塔 | 预热器结垢、上塔板结垢、轻烃处理限制、原油加热炉尺寸不足、更容易发生塔顶腐蚀 |
| 减压塔 | 较低的 VGO 产量、含蜡沉积物、过大的减压炉 |
| FCC 装置 | 裂化性和选择性好，辛烷值降低，油浆量减少，再生硫减少 |
| 烯烃处理装置 | 没有明显区别 |
| 加氢装置(广义上的) | 苛刻度和加工量降低，预热系统结垢增加，不稳定性，氯化物 |
| 馏分油加氢装置 | 低温流动性差，可能需要脱蜡，切割点可能变化，氯化物问题，预热系统结垢问题 |
| 柴油加氢处理 | 容易达到低硫等级(3 级?)，原料/产品的不相容性 |
| 石脑油重整 | 由于链烷烃导致辛烷值较低，产气量高 |
| 焦化装置 | 减压渣油减少，高°API，低碳原料 |
| 废水处理 | 脱盐装置的固体残留，碱金属，杀菌剂 |
| 硫回收 | 低硫，低氨(可能卸出) |

注：主要来源：页岩油及致密油加工，Scott Sayles，KBC Advanced Technologies，2012 年 10 月 2 日。

（1）含磷化合物

含磷化学品广泛应用于页岩原油的压裂和生产中。这些化学物质通常是磷酸酯或磷酸盐，其通式如图 20－8 所示。

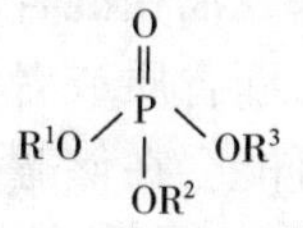

图 20-8 有机磷酸酯 $R^1$、$R^2$、$R^3$ 为有机链、氢或金属

炼厂已经在几个装置中观察到磷化物的影响。在炼制条件下，含磷化合物会分解并参与反应。这些化合物最常见的问题是：

1）原油装置预热换热器、加热炉和分馏塔的结垢，有时会很快且广泛。塔盘污垢通常发生在塔的上部。通过化学物质来控制这一点的尝试取得了不同程度的成功。与其他原油的稀释可能有助于缓解问题。

2）由于磷酸盐和磷酸的存在，原料塔的腐蚀可能增加。塔的防腐性能需要提高。化学控制的作用有限。

3）馏分油加氢处理装置的结垢或中毒，含磷化合物通常存在于馏分油馏程范围。根据化学品类型，柴油加氢处理反应器中观察到催化剂结垢和/或失活。催化剂的垢物以一种非常细的粉末的形式存在于第一个反应器的顶部。通过清理换热器以及催化剂床层撇头来控制压降是可行的。化学处理效果不明显。如果磷酸盐在上游处理中没有被完全脱除，那么它将会毒害加氢处理催化剂。

（2）硅

页岩原油中的硅杂质与其他原油相差不大。硅可能来自生产和运输使用的化学品(破乳剂和消泡剂)，以及页岩层本身。消泡剂的占比可能更大。

在大多数情况下，需要在加氢装置中装填捕硅剂。这是很常见的。

（3）金属

在页岩原油中检测到了许多对油品加工过程有影响的金属。在页岩原油中观察到的特定元素包括钙、镁、铝、锆、钾、锑、锌。

原油中钙和镁来自于压裂过程中使用的化学品(比如，$CaCl_2$)，也可能来自于对岩层的酸处理。有些钙盐、镁盐可以通过电脱盐除去，但有些经过电脱盐后依然存在(比如氯化物)。这些物质会在加热炉或反应器中分解。如果氯化物在加热炉中分解，则会导致有冷凝水的相关塔和设备的 HCl 腐蚀，腐蚀产物为铁的硫化物。到达催化剂床层的钙、镁则会造成催化剂失活。

页岩原油中的铝、钾和锆来源于压裂添加剂、破乳剂化学品或腐蚀控制化学品。它们会导致换热器和其他设备结垢。这些金属的氯化物加热时会分解，释放出 HCl，在存在冷凝水的地方会导致腐蚀。腐蚀产物最终为铁的硫化物。

某些领域可以用锑化合物来进行防腐，但是在高效防腐的同时，锑化合物也会导致催化剂中毒从而快速失活。

和锌一样，含锌破乳剂也会导致某些结垢现象的出现。以氯化物形式存在的锌加热时会释放出 HCl 从而导致腐蚀。锌化合物导致的腐蚀产物和硫化铁类似，这些腐蚀产物就会导致管线设备结垢。

(4) 原油和产品的相容性

页岩原油表现出某些石蜡基原油性质，这与其高的°API(低的特性因数)相符。页岩原油与中间基原油相混合时，会出现许多问题，页岩原油会导致其他原油出现胶体不稳定性，比如沉积出沥青质或者其他大结构的芳烃化合物。并且这种不稳定性也会出现在未经加热的储罐中，可能会在储罐壁上出现一层石蜡型沉积物。

混合不稳定性存在于一定范围内，若页岩原油比例较低，一般会出现这种不稳定性；但随着页岩原油比例的提高，这种不稳定性逐渐消失。研究不同类型油与页岩原油的这种相容性，可以帮助解决在混合原油加工过程中可能出现的种种问题。

某些较重的页岩原油与其他原油产品一起进加氢装置处理时，随着反应的进行，这种不稳定性可能出现，从而导致催化剂床层差压的上升，而这种差压与一般差压出现的位置并不一致。这种现象和渣油加氢过程中出现的沥青质析出比较类似，并且这种问题用化学方法处理效果不大。

页岩原油一般由馏程范围很大的链烷烃组成，在某些情况下这可能导致设备结垢，而这种垢可以通过加热的方式消除。

(5) 其他影响因素

由于页岩原油中表面活性剂的存在和石蜡的天然特性，页岩原油中盐的脱除比较困难。石蜡形成的乳化物很难进行破乳操作，这使得页岩原油中的盐难以脱除，盐随着油品进入下游装置，从而引起下游装置的种种问题。另外还应注意的是，这还会导致油品中固体含量的增加。为解决页岩原油脱盐问题，需要改变原油脱盐系统操作模式，与其他原油混合加工对脱盐操作有利，但会带来前面所讲的相容性的各种问题。

一些油田压裂剂或油田添加剂是某些酸类或含有氯化物或其他卤化物，含有这些药剂的原油会造成炼油厂设备管线的腐蚀。腐蚀产物看起来像硫化铁沉淀，但是我们不能错误地以为这是硫腐蚀。设备材质升级或者使用其他化学防腐可以在一定程度上控制这种腐蚀。除非能控制腐蚀，否则加工页岩原油时清理设备管线的频率将大幅高于加工其他种类的原油。

一般来说，可以用三嗪类化合物来消除硫化氢的腐蚀，也可以用季铵盐类化合物作为防腐剂或杀菌剂。在常减压装置，这些药剂给常压塔上部带来腐蚀，这种腐蚀随介质一直向上进入塔顶系统直到介质温度低于水的沸点，这会造成严重的腐蚀后果。

腐蚀产物会进入石脑油馏分，从而造成石脑油处理装置结垢。一般采用加注缓蚀剂的方法可以很好地缓解控制这种腐蚀。加注缓蚀剂来防腐是常减压装置常用的塔顶防腐方式，而不是特别应用于页岩原油处理装置，当然页岩原油中添加剂应用得更加广泛。

在页岩原油开采过程中，戊二醛可以作为一种水处理杀菌剂而使用，当然还有其他的杀菌剂在应用。因此在页岩原油中一般有一定含量的杀菌剂存在。这种杀菌剂不会对原油处理过程造成影响，但它会影响水处理单元的运行。由于这些物质是杀菌剂，因此无论是活性污泥法还是滴流床水处理技术，杀菌剂会导致其中的细菌“中毒”死亡。

由于页岩原油属于轻质原油，会对炼油厂常减压装置带来不同的影响。页岩原油需要切割出更多的轻组分，因此分馏塔上部的差压可能达到上限，驱动轻组分上升的热源也可能不足。应注意的是，大部分页岩原油的轻端非常突出，直至受限的饱和蒸气压，这意味着它比传统的原油有更多的轻组分。

同样的，轻的页岩原油为减压系统提供的原料更少，这导致减压系统产品更少并且热量过剩。减压系统的减压蜡油更加石蜡化。由于减压渣油收率低、且原料石蜡化，焦化装置负荷一般较低。

页岩油原油加工过程中，FCC 装置产品有如下优点：产品选择性好，产品收率高并且油浆产量低。但是由于链烷烃含量高，汽油产品辛烷值较低。

页岩原油加工过程中，上述所说结垢问题及原料石蜡化特性带来的问题将影响加氢装置的运行。由于原料硫含量和氮含量较低，可以减小加氢装置的负荷。馏分油低温性能较差，但是十六烷值和烟点较高。可以采用馏分油脱蜡、改变切割点、加入添加剂等方法来改善馏分油的低温性能。正如前面所述，不相容性在蜡油馏分中继续存在。加氢裂化装置的汽油辛烷值较低；但柴油选择性较好，若进行适当的操作，柴油低温流动性可以得到改善。

若不进行操作调整，重整装置产品辛烷值也将较低；但是氢气收率可能较高。

对于页岩油的加工，除了杀菌剂类添加剂对污水处理装置的影响以外，脱盐设施、原油中的碱类和金属等造成的固体含量增加也是一个大问题。固体含量增加的问题必须采取措施予以解决。

### 20.3.7 页岩原油小结

尽管在同样的添加剂和相似的化学成分情况下，页岩原油加工过程与传统原油加工其实并没有明显不同，其化学成分的影响看起来比较突出。对这一现象的普遍认识是由于采用压裂技术从致密岩层中将页岩油采出，油井生产寿命较短。相比于传统原油，由于在开采页岩原油时更频繁且更大量地使用化学药剂，造成了对加工过程的更大影响。原油的石蜡基特性也是需要考虑的一个问题，但这与传统的轻质石蜡基原油并没有什么大的区别。

页岩原油对炼油厂加工过程的影响还在不断的研究中，前面所述论点主要基于 2013 年以前发表的文章和研究成果。

## 20.4 油砂沥青和超重质原油

目前世界上探明的原油储备大部分是油砂沥青和超重质原油，这都是地球上的其他烃类化合物消失以后残留的残渣或沥青。由于难以加工，这两种原油在价格上具有竞争性。过去曾经把这两种原油称为“劣质”原油，但是随着开采和炼制技术的发展，由于价格的优势，现在称呼它们为“优势”原油。许多炼油厂可以加工这种原油并且从中获利。

围绕非常规原油的开采利用还有环境和政治方面的争论。压裂采油、管道输油以及油品碳含量高，使用过程中将导致大量 $CO_2$ 释放到大气中，这些问题是环境争论的焦点。政治方面的争论主要起源于政府和大集团公司日渐紧张的关系，尤其是在委内瑞拉。

本书接下来的部分主要讨论目前市场上常见的沥青的产地、性质以及加工特性；但首先明确一下我们将要讨论的油品到底是什么。

**20.4.1　定义**

油砂沥青是在自然界中沉积的一种致密的、黑色、高密度、液体或半固体形态的石油（本质上是焦油）。在过去，一般称为沥青或石油沥青。在这里我们用油砂沥青来描述这种自然存在的物质，这也是我们这章主要研究的对象。而把那些由渣油或沥青生产加工的用于铺路或房屋的产品称为沥青。

一般来说，世界能源理事会（WEC）对油砂沥青的定义为：存储状态下黏度>10000cP、°API<10（出自维克百科）。

对油砂沥青的描述也适用于一种叫超重质原油（EHO）的原油。超重质原油和油砂沥青描述基本一致。一般来说，产自加拿大的称为油砂沥青，而产自委内瑞拉的称为超重质原油。从实用角度来看，这两种原油在加工过程并没有什么区别，因此在讨论过程中我们将会交替使用这两种称呼。

油砂沥青和超重质原油与页岩油不同的是，页岩油化学组成为岩石基质的一部分，而油砂沥青和超重质原油是覆盖在沙子或岩石上的化学物质。获得油砂沥青和超重质原油不是必须利用岩石基质蒸馏的方法，虽然也有用类似油页岩蒸馏的方式获得油砂沥青和超重质原油的先例。图 20-9 是天然获得的外面包裹油砂沥青的油砂。

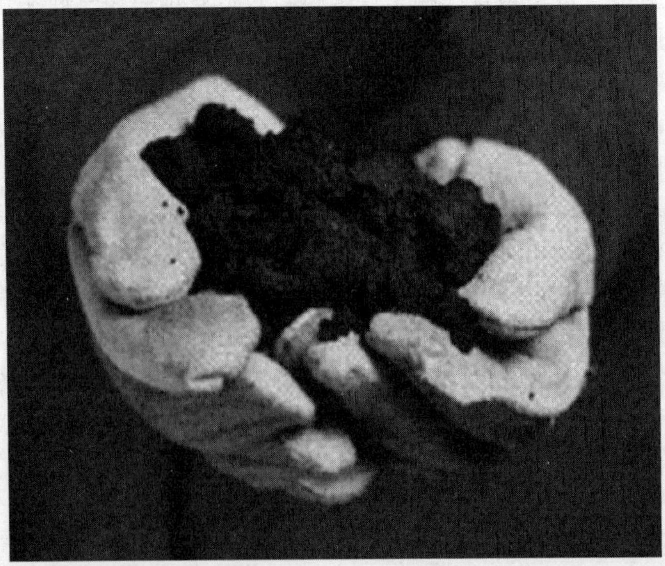

图 20-9　油砂外观

（来源：Suncor 能源公司，www.ems.psu.edu 上的文章，油砂）

超重质原油与传统原油开采方式不同，必须通过加热、溶解或其他非常规方式进行开采。

这些原油非常重并且非常黏稠，利用现有的手段无法长距离运输。在运输到传统炼油厂之前，一般需要采用溶解或预加工的方式进行处理。运送到炼油厂的油砂沥青或超重质原油有以下几种形式：

1）溶剂稀释法：利用一种溶剂来稀释油砂沥青或超重质油，溶剂可以采用石脑油、另外一种轻质原油或凝析油，溶剂可以再生或者循环使用。

2）合成油稀释法：在油砂沥青开采位置就近建设加工厂，所采出的油砂沥青经过改质处理，然后这种合成油作为其他油砂沥青的稀释剂。合成油通常不循环使用。在这一稀释材料中可以添加其他轻质原油或凝析油。

3）溶剂合成油混合稀释法：利用石脑油、凝析油、轻质原油或合成油来稀释处理油砂沥青或超重质原油的方法。

### 20.4.2 产地

在世界很多地方都能发现油砂沥青和超重质原油的踪影。其中加拿大油砂沥青的储藏量最大，而超重质原油(与油砂沥青类似物质)主要分布在委内瑞拉。

表20-9列出了世界范围内油砂沥青和超重质原油的主要分布，其中以加拿大和委内瑞拉储藏量最大。油砂沥青的85%已探明储量分布在加拿大的阿尔伯塔省，超重质原油90%的已探明储量分布在委内瑞拉的奥里诺科重油带。我们下面的介绍也主要集中在以上所说的两个地方，这些地方预测资源量在(34~36)亿桶原油(USGS，Fact Sheet 70-03，August，2003)。

**表20-9 世界油砂沥青或是超重质原油储藏分布**

| 世界范围 | 油砂沥青或超重质油的可开采探明储量/十亿吨 | 世界范围 | 油砂沥青或超重质油的可开采探明储量/十亿吨 |
|---|---|---|---|
| 南美 | 1127 | 亚洲 | 83 |
| 中东 | 971 | 欧洲 | 75 |
| 北美 | 651 | 东南亚、大洋洲、澳大利亚 | 68 |
| 俄罗斯 | 182 | 外高加索地球(亚洲西南) | 52 |
| 东亚，中国 | 168 | 南亚，印度 | 18 |
| | | 世界总和 | 3395 |

注：来源：美国地质调查，2003。

### 20.4.3 生产方法

油砂沥青和超重质原油有各种不同的开采方法，当然对于这两种原油开采方法也略有不同。

（1）油砂沥青

油砂沥青是从“油砂”中开采提炼出来的，这种“油砂”是内部为沙子和黏土，外面包裹着水和油。若沉积位置在地面附件，可以利用露天采矿的方法进行开采；若沉积位置比较深，就需要采用其他方法进行开采。主要的商业开采方法如下：

1）露天开采法：对于沉积位置较浅(低于150~250ft)的矿藏来说，露天开采法是一种久经考验的手段。利用一种巨大机器开采油砂，开采出来的岩石送到加工车间利用热水或溶剂将油砂沥青分离出来。这种开采方法油砂沥青回收率高并且温室气体产量低，其应用受沉积位置限制，另外开采需要运输大量的岩石、露天采矿对环境的污染等因素也限制了该方法的使用。在加拿大大约有10%的油砂沥青可以采用这种方法开采。加拿大阿萨巴斯卡地区的油砂沥青就采用这种简单常用的方法进行开采。也曾经有企业利用页岩油表面干馏的方法来开采油砂沥青，但这种方法与上面“洗刷”的方法比成本高，另外油被分离后岩石如何处理也限制了这种方法的推广。

2）吞吐法：这种方法在加拿大和委内瑞拉都有使用，比较适合用于开采沉积较深的油砂沥青和超重质原油。将过热蒸汽注入井中，热量被井周围的物质吸收，最后融化的油砂沥青和超重质原油被反向抽出，见图20-10。这种开采方法成本较低，但开采率较低(小于15%~20%)。大量的热量消耗在加热油井上，导致较大的$CO_2$排放量。

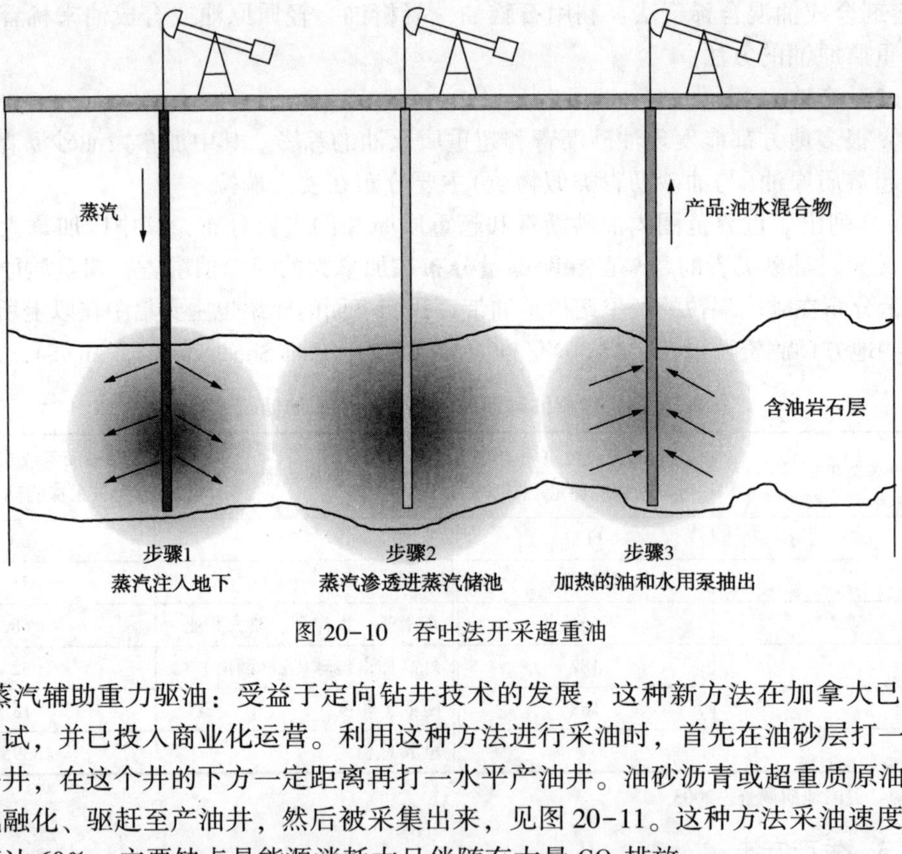


图20-10　吞吐法开采超重油

3）蒸汽辅助重力驱油：受益于定向钻井技术的发展，这种新方法在加拿大已经有几处成功的测试，并已投入商业化运营。利用这种方法进行采油时，首先在油砂层打一供蒸汽注入的水平井，在这个井的下方一定距离再打一水平产油井。油砂沥青或超重质原油被注入的过热蒸汽融化、驱赶至产油井，然后被采集出来，见图20-11。这种方法采油速度较快且采出率可高达60%，主要缺点是能源消耗大且伴随有大量$CO_2$排放。

4）其他方法：其他一些方法也在研究之中，但并没有实际用于油砂沥青开采，比如原位燃烧法和注入溶剂法。这两种方法都具有高的采出率、低能耗、低污染等特点，但是它们或者仅有很少的成功案例或者根本“没有准备好”。

(2）超重质原油

超重质原油可以利用上面油砂沥青的开采方式进行开采，但是也可以利用另外一个方式进行开采，即冷开采。

冷开采(利用沙子或碎物的超重质原油冷开采技术)：当油田所处位置温度较高、超重质原油有一定的流动性时，可以采用这种方法进行开采。在委内瑞拉和加拿大都使用过该方

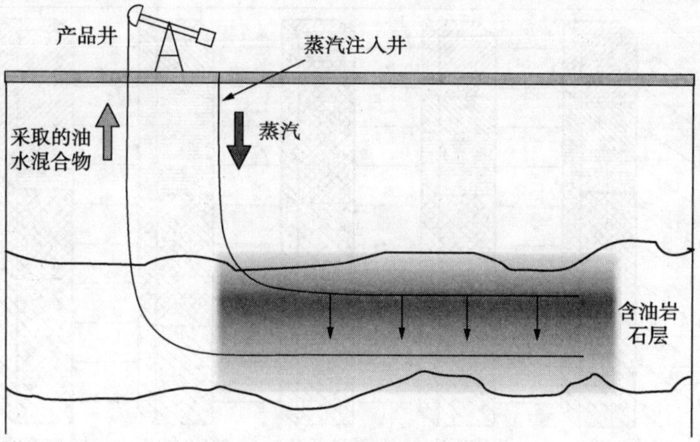


图 20-11 蒸汽辅助重力驱油

法，开采时油、沙混合物一起被开采出来。利用现有油田开采技术和设备，仅需要较少的投资，即可满足冷开采技术的要求。冷开采对环境的污染较小，但开采率较低(一般小于5%~10%)；该方法不适合于油砂沥青或者位于活跃储藏层的超重质原油的开采。开采出来的流体需要进行分离，沙子需要进行处置。

(3) 升级方法

得到油砂沥青或超重质原油后，还需要将其加工成可市场化售出的产品。这两种原油若不进行处理将难以运输，并且污染物含量较高。这两种油品三种主要升级方法介绍如下：

1）低水平升级：在一些油田采用了低水平升级技术，主要是利用溶剂稀释油砂沥青或超重质原油。溶剂可以是轻质传统原油、凝析油、LPG 或其他的油料。采用这种技术的有加拿大的溶剂稀释油以及委内瑞拉的类似品种。

2）中水平升级：这种技术中，油砂沥青或超重质原油利用焦化或轻度加氢技术处理，去除原油中的一些杂质并使其轻质化，从而能在传统炼油厂进行加工处理。升级后的产品再与油砂沥青或超重质原油混合，得到类似加拿大的合成稀释油或委内瑞拉的类似品种。

3）高水平升级：油砂沥青或超重质原油经过深度加氢处理，得到一种类似传统轻质原油的油品，这种油品轻组分多、重组分较少，在市场上可以获得一个较高的价格。这种经过深度加氢处理的产品，在市场中被称为合成原油。

开采方法和升级处理水平影响炼油厂最终接受的油砂沥青或超重质原油的性质。接下来的章节将介绍一些常见油砂沥青或超重质原油的主要性质。

**20.4.4 油砂沥青衍生产品的性质**

图 20-12 比较了典型的加拿大油砂沥青、合成稀释油、溶剂稀释油的直馏组分与阿拉伯重质原油(一种重质高硫原油)的对比。

注意，油砂沥青看起来非常像常压渣油，溶剂稀释油则像石脑油与常压渣油的混合物。合成稀释油看起来像某些中间馏分油和常压渣油的混合物，还有少量的石脑油组分。与传统的重质含硫原油相比，这些油砂沥青和超重质原油衍生物将对炼油厂各个生产装置带来不同的影响。一些装置可能会缺乏原料，而另一些装置可能会限制原油加工量。为了使各个单元均能满负荷正常运行，整个炼厂原油构成都需要进行调整。

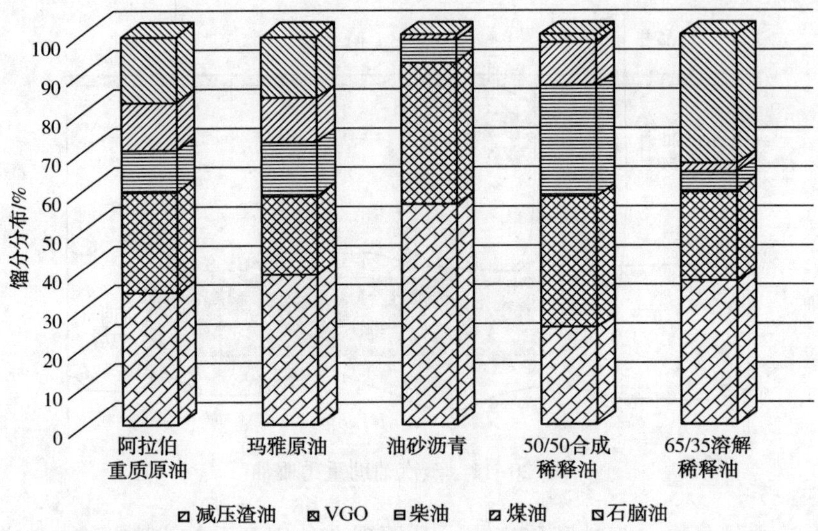


图 20-12　馏程分布对比：传统重质含硫原油与油砂沥青及其衍生物
（来源：Turini etal.，2011）

表 20-10 列出了目前市场上油砂沥青和超重质原油的性质。

**20.4.5　影响加工的因素**

油砂沥青和超重质原油这一系列性质中部分对炼油厂影响较大，其他性质的影响不是那么明显。

表 20-11 列出了在加工超重质原油时对生产装置影响较大的性质，这些因素对装置的影响也不是什么新的发现，只不过在加工超重质原油时表现的更加明显。

影响这些原油加工的重要因素有：哑铃型蒸馏曲线(中间馏分极少)；高芳烃含量；油砂沥青/超重质原油部分的低°API；高硫；高氮；高金属(Ni，V，Fe)；高碱土金属(Na，Ca)；其他高含量的杂质(As，Ti，Si)；高沥青质；高酸值(TAN)；高氯含量；高黏度；受热后高结焦/裂解趋向。

并不是所有原油的所有这些性质都对炼油加工有影响。影响程度有多大主要取决于炼油厂加工原油的种类性质以及油砂沥青或超重质原油的掺炼比例。

下面将简单介绍这些性质对炼油装置的影响以及应对措施。

(1) 哑铃型蒸馏曲线

哑铃型蒸馏曲线意味着有大量的轻组分和重组分，但是中间沸程的馏分油组分偏少。这种情况主要出现在溶剂稀释油的加工过程中。溶剂稀释油由两部分组成，原有的渣油部分和为便于运输加入的石脑油或其他轻组分。它就像一种原油，但实际上它是两种不同馏程组分的混合物。船运这种原油时蒸气压偏高也是一个主要问题。

哑铃型蒸馏曲线的影响主要表现在以下方面：

1）无论是溶剂稀释油、合成稀释油还是溶剂-合成稀释油，“原油”中的轻组分都会导致油品蒸气压较高，这对运输、接收、储存都有较大影响。

2）在常减压装置换热部分，轻组分会大量气化，从而导致换热部分较高的压降。同时，重组分高黏度特性会降低传热系数、溶剂的析出还会加剧预热部分结垢、增加沥青质的不稳定性。

表 20-10 从沥青或超重油中提取的可用炼油厂原油样本

| 原油来源 | 加拿大 | | | | 委内瑞拉 | | | | | | |
|---|---|---|---|---|---|---|---|---|---|---|---|
| 名称 | 加拿大西部选择（WCS） | 阿尔比重合成（AHS） | Statoil Cheecham synbit（SCS） | 克里斯蒂娜混合 | 奥里诺科原油 | SCO | DILORIN | 超重原油 | 低级提炼油 | 中等提炼油 | 高等提炼油 |
| 类型 | 沥青+常规+凝缩+合成油 | 沥青+凝缩油+合成油 | 沥青+合成油 | 沥青+凝缩油 | 超重油 | 提炼油 | Diluted（naphtha）extra heavy oil to upgrader（like a dilbit） | 超重原油 | 低级提炼油 | 中等提炼油 | 高等提炼油 |
| 混合油中稀释油比例 | 变化<br>1year Avg 2013 | 变化<br>1year Avg 2013 | 30<br>1year Avg 2013 | 50<br>1year Avg 2013 | 0 | 0 | 30 | 0 | 0 | 0 | 0 |
| °API | 20.8 | 19.1 | 20.3 | 21.4 | 8.5 | 32.2 | 20.8 | 7.8~9.8 | 16 | 22 | 28+ |
| 密度/（kg/m³） | 928.3 | 938.7 | 931.2 | 924.9 | 1010 | 864 | 929 | | | | |
| 硫/%（质） | 3.51 | 2.43 | 3.08 | 3.88 | 3.8 | 0.1 | 2.7 | 3.5~4.0 | 3.5 | 2.6~3.0 | <0.5 |
| 氮/%（质） | NA | NA | NA | NA | 0.6 | 0.03 | 0.4 | | | | |
| 残炭值/%（质） | 9.84 | 13.13 | 8.33 | 10.41 | | | | 18（ConCarb） | 15（ConCarb） | 5（ConCarb） | 5（ConCarb） |
| 沉淀物/ppm | 296 | 784 | 71 | 97 | | | | 2.7 | 1 | 1-2 | 0.1 |
| 总碱值/（mgKOH/g） | 0.93 | 0.48 | 1.57 | 1.57 | | | | | | | |
| 盐/ptb | 30.9 | 10.5 | 3.3 | 7.1 | | | | | | | |
| 金属/ppm | | | | | | | | | | | |
| 镍/ppm | 61 | 45 | 59 | 70 | 89 | 0 | 62 | ~120 | 120 | <20 | <20 |
| 钒/ppm | 144 | 87 | 153 | 186 | 414 | 0 | 290 | 300-500 | 500 | <100 | <100 |
| 烯烃/%（质） | ND | NA | ND | NA | | | | | | | |

续表

| 原油来源 | 加拿大 | | | | 委内瑞拉 | | | | | | |
|---|---|---|---|---|---|---|---|---|---|---|---|
| 名称 | 加拿大西部选择（WCS） | 阿尔比重合成（AHS） | Statoil Cheecham synbit（SCS） | 克里斯蒂娜混合 | 奥里诺科原油 | SCO | DILORIN | 超重原油 | 低级提炼油 | 中等提炼油 | 高等提炼油 |
| 类型 | 沥青+常规+凝缩+合成油 | 沥青+凝缩油+合成油 | 沥青+合成油 | 沥青+凝缩油 | 超重油 | 提炼油 | Diluted（naphtha）extra heavy oil to upgrader（like a dilbit） | 超重原油 | 低级提炼油 | 中等提炼油 | 高等提炼油 |
| 雷氏蒸气压（RVP）/psi | NA | NA | NA | NA | | | | | | | |
| 馏程/℉ | | | | | | | | | | | |
| IBP | 93+/-3 | 94+/-8 | 97+/-6 | 93+/-1 | | | | | | | |
| 5% | 140+/-34 | 142+/-37 | 177+/-40 | 101+/-2 | | | | | | | |
| 10% | 272+/-61 | 233+/-50 | 235+/-27 | 163+/-8 | | | | | | | |
| 30% | 642+/-2S | 707+/-32 | 593+/-27 | 612+/-37 | | | | | | | |
| 50% | 873+/-28 | 892+/-27 | 852+/-28 | 863+/-30 | | | | | | | |
| 70% | 1147+/-39 | 1071+/-35 | 1150+/-47 | 1154+/-33 | | | | | | | |
| 90% | 1319+/-10 | 1290+/-29 | 1270+/-56 | 1292+/-26 | | | | | | | |
| 95% | — | — | 1314 | — | | | | | | | |
| 最高 | — | — | — | — | | | | | | | |
| 来源 | （1）Canadian Crude Quality Monitoring Program，CrudeMonitor. ca，November 2013；（2）Cenovus（2013） | | | | "Unconventional crude upgrading challenges，" Scott Sayles，KBC Advanced technologies，www. digitalrefining. com，4th Qtr 2007 | | | "Upgraded crude properties，" Latin Petroleum magazine ，www. latinpetroleum. com，Faja315 print supplement | | | |

注：ND=分析未检测到；NA=不适用，超过测试范围。

表 20-11 油砂沥青或超重质原油原料对炼油厂操作的影响列表

| 装置 | 哑亚铃型蒸馏曲线 | 影响因素 | | | | | | | | | | | 结焦/裂解倾向 | 油砂油砂沥青或超重质原油的影响 |
|---|---|---|---|---|---|---|---|---|---|---|---|---|---|---|
| | | 芳烃 | °API | 硫含量 | 氮含量 | 金属含量（Ni，V，Fe） | 碱土金属（Na，Ca） | 其他杂质（As，Ti，Si） | 油砂沥青质 | 酸度 | 氯含量 | 黏度 | | |
| 罐区/运输环节 | × | | × | | | | | | × | | | × | | 腐蚀加剧，原油不相容性，泵输送困难 |
| 电脱盐 | | | × | | | | | | × | × | | × | | 腐蚀加剧，分离困难，厚层沉积物(难以检测)，处理量降低，原油不相容性(结垢) |
| 原油常压蒸馏 | × | | | × | | | | | × | × | | × | × | 腐蚀加剧，过多或过少的石脑油馏分(过早气化或气化不充分)，原油不相容性(结垢)，换热器过快结焦，裂解气过多，加热炉负荷问题，换热系统结垢，煤油馏分硫含量高 |
| 减压蒸馏 | | | | × | | | | | | × | | | × | 腐蚀加剧，裂解气过多，负荷率提高，加热炉过快结焦，加热炉负荷限制，汽提蒸汽量增加，高金属含量限制切割点 |
| 焦化装置 | × | | | × | | × | × | | × | × | | | × | 需要提高处理量(或销售更多的减压渣油)，加热炉结焦加快，腐蚀加剧，焦炭中金属含量超标 |
| 催化裂化 | | × | | × | | × | × | × | | × | | | | 收率低，产品硫含量高或原料需要更苛刻预处理，催化剂金属中毒可能性增加，腐蚀加剧 |
| 烯烃处理 | | | | | | | | | | | | | | 影响不大 |

续表

| 装置 | 影响因素 | | | | | | | | | | | | 油砂油砂沥青或超重质原油的影响 |
|---|---|---|---|---|---|---|---|---|---|---|---|---|---|
| | 哑亚铃型蒸馏曲线 | 芳烃 | °API | 硫含量 | 氮含量 | 金属含量（Ni，V，Fe） | 碱土金属（Na，Ca） | 其他杂质（As，Ti，Si） | 油砂沥青质 | 酸度 | 氯含量 | 黏度 | 结焦/裂解倾向 | |
| 加氢装置 | × | | | × | × | × | × | × | × | × | × | | | 腐蚀加剧（酸度、硫、氯），处理量需要调整，化学耗氢高，操作条件苛刻，运行周期缩短，Si和As导致催化中毒，催化剂生焦量增加，换热器和加热炉结垢加快，原料不相容性，注水量高，胺液用量增加，催化裂化产品可能需要后处理 |
| 石脑油重整 | | × | | | | | | | | | | | | 如果溶剂循环可能负荷不足，若溶剂不循环可能超负荷运行，芳潜升高 |
| 界区管线 | | | | × | | | | | | × | | | | 腐蚀加剧（酸度、硫） |
| 污水处理 | | | × | | | | | | × | | | × | | 脱盐水带油，污水BOD和COD高，脱盐污水固体/乳化剂含量高 |
| 胺液系统 | | | | × | | | | | | | | | | 腐蚀加剧（硫），可能超负荷（考虑更换胺液类型） |
| 酸性水汽提装置 | | | | × | × | | | | | | | | | 铵盐量增加，用水量增加（需要优化注水量，考虑净化水回用） |
| 硫黄回收装置 | | | | × | × | | | | | | | | | 硫和氮元素负荷、空气消耗大幅增加 |

3）大量轻组分会导致塔顶系统超负荷，大量重组分则会使塔底系统超负荷。这就需改变常减压装置的操作条件，为降低轻组分的影响，有些常减压装置增加了前置闪蒸罐。

4）低的馏分油组分会降低馏分油处理单元的负荷和产品产量。某些油品减压蜡油的含量也偏低，从而导致FCC装置原料不足。因此需要考虑如何满足这些装置的原料要求。

5）如果石脑油稀释剂循环回收利用，那么这些稀释剂会加重重整装置的负荷，若不进行生产调整还会降低重整汽油辛烷值。

6）原油组成中油砂沥青和超重质原油比例高时会增加焦化装置的负荷，同时可能需要降低减压塔的切割点。这也意味着焦化后续装置的加氢处理及其他单元的负荷增加。

（2）高芳烃

像渣油一样，油砂沥青和超重质原油中含有大量重组分芳烃。除非原料经过深度加氢处理，否则FCC装置产品收率会降低。

原油种类不同，对石脑油重整装置的影响可能会不同。如上面所叙述的，溶剂稀释油提供的重整装置原料芳潜值较低，因此重整装置收率低、产品辛烷值低。但是大量焦化石脑油的存在会在一定程度上抵消这种不利影响。若重油中有合成稀释油，也可减轻对重整装置的影响。

馏分油处理装置原料芳烃的增加会降低馏分油的质量。

（3）油砂沥青/超重质原油低°API

油砂沥青低°API的特性会增加油品的管输难度，并会带来原油不相容性的问题。

电脱盐罐非常可能会出现厚厚的沉积层“垫子”，使油水分离效果变差。脱盐水带油也会增加，这种高固体含量、高BOD/COD废水会加重废水处理单位的负担。

（4）高硫

重质油中硫含量的升高往往会增加整个炼油厂的腐蚀风险，包括装置界区间的热管腐蚀。许多情况下采用设备管线材质升级的方式来避免腐蚀。应注意的是硫腐蚀的蠕变特性（比如，石脑油加氢装置对流段炉管的金属腐蚀）。

许多炼厂的喷气燃料都是从常减压装置直接得到，但是当加工这种重质原油时由于硫含量的上升，直馏煤油再也无法直接作为航空煤油产品，需要对这种煤油进行加氢处理。

原料高的硫含量就需要较多的加氢处理装置来降低产品中的硫含量，胺液再生装置、酸性水汽提装置以及硫黄回收装置负荷也会相应增加。

为了满足超低硫产品的要求，加氢处理装置的操作苛刻度会较高，同时还可能增加注水。

如果重质原油包含合成稀释油，硫含量可能会降低，但残余硫脱除难度会相应升高。合成稀释油中硫含量的降低是一种错觉，加氢处理装置的操作苛刻度会像处理未经脱硫的原料一样高，而且，会有更多的石脑油、馏分油、蜡油受到影响。

所有这些加氢苛刻度的提高都会增加化学耗氢量，从而增加制氢单元（外部或内部制氢装置）或重整单元的负荷。

重质原油中硫含量的增加会增加硫黄回收装置的负荷，克劳斯单元可以用富养燃烧的方法消除操作瓶颈或者需要改变保留备用设施的思路。

（5）高氮

重质油中高的氮含量会影响加氢装置、污水汽提装置、硫黄回收装置；如果高氮原料进入 FCC 装置，也会影响该装置的运行。

在加氢处理装置(包括加氢裂化装置)氮会增加反应负担，需要更加苛刻的反应条件才能脱除氮。这也会提高反应流出物中的铵盐结晶温度，需要较多的注水来防止铵盐沉积。同样，高的反应苛刻度会增加化学耗氢量。

高的注水量会增加污水汽提装置和硫黄回收装置的负荷，可以预见的是也会增加克劳斯单元的氧气消耗。

(6) 高金属含量(Ni、V、Fe)

油砂沥青和超重质原油中的高金属含量会影响减压塔、焦化装置、催化裂化装置以及加氢装置的运行。

在焦化装置，会增加焦炭的金属含量，从而降低焦炭的质量。由于减压塔和焦化装置处理这类油品较多，蜡油中可能会夹带部分金属。

金属会使催化剂中毒，铁转化为硫化亚铁造成持续的污染。处理这种高金属原料时，在加氢处理反应器中通常需要增加脱金属催化剂用量。通过改善过滤效果或催化剂级配装填的方式来消除铁的影响。对于移动床和沸腾床加氢反应来说，高金属含量会增加催化剂的置换量。

Ni 和 V 也是催化裂化催化剂的毒物，为了稳定催化裂化催化剂的活性一般也需要增加催化剂的置换量。

这些应对措施不是什么罕见的方法，在加工高金属含量重质原油时都是正常的调整方法。

(7) 高碱性金属含量(Na、Ca)

碱性金属主要问题是加剧设备管线污垢的产生。若与有机酸反应会形成一种表面活性剂，从而增加油水分离的难度。

在原油常减压装置和焦化装置，碱性金属一般会沉积在加热炉炉管内；在加氢单元一般沉积在催化剂表面，并且会带入氯。

需要在电脱盐装置中将碱性金属脱除的越低越好，为此可能需要改变操作条件并加入化学药剂。

(8) 其他高含量杂质(As、Ti、Si)

油砂沥青/超重质原油中一些金属或类似金属物质的含量较高，包括 As、Ti、Si。这些金属有些来源于油本身，有些来源于开采和运输环节，比如 Si(来源于消泡剂)。

这些元素主要影响催化装置。在催化裂化装置可通过提高催化剂置换速度来消除影响。而在加氢处理装置中通过级配催化剂床层中装填多种脱金属催化剂来应对。为脱除 Si 和 As，需要专门的脱金属剂。应该注意的是，油砂沥青/超重质原油中 As 的含量比页岩油低两个数量级。

(9) 高沥青质含量

重质油中沥青质对设有渣油和蜡油装置的炼厂产生影响。在罐区或加工单元，将重质原油和其他低芳烃原油混合加工，这会降低混合油的芳烃，从而出现沥青质胶体不稳定性导致沥青质析出。

在电脱盐单元，沥青质会有利于形成和稳定乳化液，或在容器内形成“垫”状沉积物。这会增加换热器结垢速率，同时会增加污水中油和固体杂质的携带。

在常减压和焦化装置，沥青质会增加预热部分结垢速率，若与其他原油混合而出现不稳定性，结垢速率还会进一步加快。

在蜡油加氢处理单元，沥青质会加剧结垢，并可能在反应过程中析出。在加工渣油过程中，出现过类似的现象。

在电脱盐污水处理装置，沥青质会带来油水分离困难、BOD/COD 高等不利影响。

(10) 高酸值(TAN)

许多重质原油还有大量的有机酸或环烷酸，表现为高酸值。当油品加热到 500℉，高酸值将加剧设备腐蚀。这些腐蚀出现在常减压装置、焦化装置、催化裂化装置、加氢装置以及装置界区间的管线内。

在大部分装置，可以通过设备材质升级的方式来消除高酸值带来的腐蚀。在加氢装置，可利用炉后混氢的方式来减轻环烷酸腐蚀。

原油一旦经过加工处理，高酸值的影响会变得不那么重要。

曾经发现过这么一个现象，委内瑞拉原油在运输过程中酸值较低，但是在接收后酸值变高。这主要是由于在运输过程中机器排出的废气中含有氧气和二氧化碳，废气与被部分焦化的油接触发生反应，从而导致酸值升高。

(11) 高氯含量

重质原油中氯含量比传统原油高。在电脱盐装置，氯不是必须除去的物质，但氯加热后会水解或在加氢装置转换为 HCl。对于氯来说，最常见的问题出现加氢反应流出物中的 $NH_4Cl$ 沉积，可以用注水的方式来减轻氯的影响。

(12) 高黏度

顾名思义，油砂沥青和超重质原油的黏度非常高，高的黏度降低了传热效率，原油预热将比较困难。溶剂稀释油中的溶剂气化后，剩余油品会表现出这种特性。为处理重质原油，在常减压单元和电脱盐单元需要对换热器及其他设备、操作条件进行优化。

高的黏度使处理重质原油非常困难，它会增加泵的运行功率。也会降低电脱盐分离效率，从而增加水中油的夹带增加污水处理单元的负荷。

(13) 受热后高结焦/裂解倾向

在前面已经介绍，油砂沥青和超重质原油在常减压装置、焦化加热炉内有明显的结焦倾向，这导致换热器快速结垢。可以利用化学添加剂来改善这种结焦倾向，否则就需要密切监控加热炉运行状态并定期进行清焦。

和受热结焦一样，相比其他原油来说，这种原油也更加容易受热裂解。裂解所得轻组分再加上溶剂稀释油中的轻组分，这导致在分馏塔顶部有大量的轻组分，从而使得分馏塔超负荷。

### 20.4.6 小结

产自加拿大和委内瑞拉的油砂沥青和超重质原油的用途越来越多，若能较好地加工这些非典型原油，它们可以为炼油厂带来较好的经济效益。

加工重质、含酸原油的炼油厂在加工油砂沥青和超重质原油时一般不会有问题。设计加工低硫、中硫或中等酸值的炼油厂经过一定的调整也可以掺炼部分重质原油。

## 20.5 合成原油

合成原油，属于非常规原油，有时可以作为原油来使用。合成原油经过加工或混合后看起来像传统原油。极个别情况下，它的加工处理方法可以和传统原油一样。但更多情况下，合成原油都有一些致命的缺陷，这导致他们加工处理更加复杂化，也使得它们价格下降。如果炼油厂可以加工这些合成原油，那它会给炼油厂带来较好的经济效益。

关于合成原油的信息在本书的其他章节介绍，在此不展开讨论，需要进一步信息的可以参考以下章节：

页岩油为基础的合成油：见页岩油部分。

油砂沥青为基础的合成油：见油砂沥青和超重质原油部分，多产于加拿大。

超重质原油为基础的合成油：见油砂沥青和超重质原油部分，多产于委内瑞拉。

## 20.6 “x”制油原料(xTL)

有几种工艺在生产它们各自最终产品的同时，还可以生产炼油原料，如费托合成法或甲醇化合成法(合成气制汽油及更重馏分)。这两种方法都是从包含特定比例的氢气和一氧化碳的合成气开始反应，在催化剂作用下合成长链或其他的液态烃，随后经过进一步加工得到最终产品。

费托合成法早在1925年的德国开始研发，1936年投入商业化运行。在第二次世界大战期间，德国9%的军用油和28%的汽油是以煤为原料经费托合成法制成的。近来，出现了一些大型费托合成项目，最大的是1952年南非萨索尔公司的煤经费托合成制造燃料油项目。还有大型石油公司建立的商业化装置，比如壳牌公司(卡塔尔，马来西亚)、南非石油公司(南非)、Raslaffan公司(卡塔尔)、艾克森美孚公司、雪佛龙公司(美国)。费托合成技术的原料和产品也更加多样化。

甲醇合成法最早出现在1923年的德国，由于甲醇及其衍生物的价值，基础的甲醇合成法曾被广泛应用。相比之下利用甲醇来制备燃料油的例子就比较少了。有一些开发的技术可以利用甲醇化反应来制备燃料，但是至今没有实现大规模的商业化。

两种合成方法的原料可以是天然气、煤、生物质或其他含碳元素的物质，产品可以是燃料油、润滑油、甲醇或其他溶剂。

合成燃料油的流程复杂且成本较高，在商业规模的应用中，除了甲醇的制造外，这种合成方法一般只应用于一些高附加值产品的制备，比如润滑油和特种溶剂，或者用于没有替代原料的地区(比如南非萨索尔和德国)。为解决天然气销售和船运问题，大量的研究工作集中在如何就地将偏远孤立的天然气资源转化为液体产品以利运输，但是这些工作当下面临经济性的挑战。

这些合成油技术也可以利用废弃物或其他低价值物质为原料作为发展方向，具体细节讨论见下面的“烃加工中以天然气和煤制化工产品”部分。

### 20.6.1 定义

由于这种工艺以有机碳为主要原料，其开发出的主要工艺特点如下：

1）天然气制油（GTL）：这是我们经常听到的方法，原料主要为天然气，其他炼油厂回收气也可以用于费托合成法的原料。任何物质只要能用于甲烷氢气重整制氢装置原料就可用于费托合成或甲醇化反应的原料。

2）碳制油（CTL）：这种方法中，原料可以是任何含碳的物质，无论是液体还是固体，包括煤、生物质、渣油等等。在进行费托合成或甲醇化反应之前，需要一个非常复杂的部分氧化或气化过程。

### 20.6.2 产量

除了甲醇及其衍生物以外，xTL产品往往是特定目的的物质。考虑到除甲醇及其衍生外的xTL产品规模不足500MBPD，我们在此不统计其具体规模。

### 20.6.3 生产工艺

总体合成步骤见图20-13。

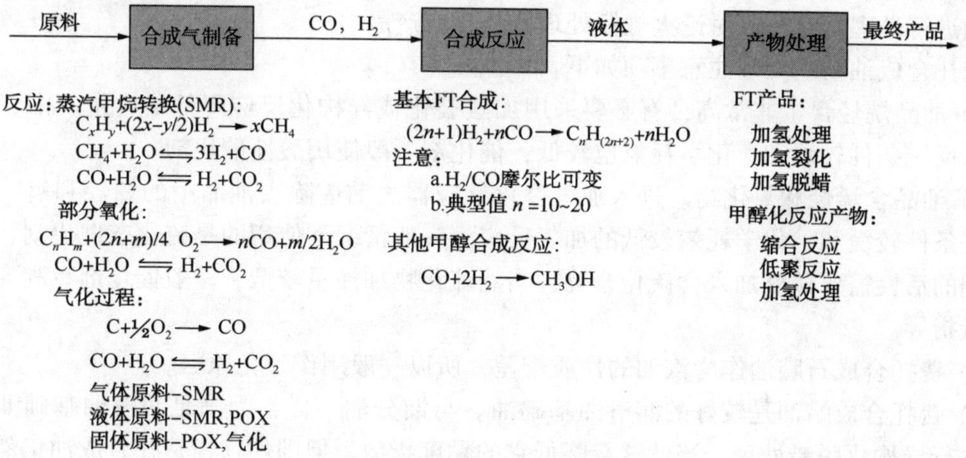


图20-13 xTL反应过程框图

有三个大的步骤，当然每个大步骤均由多个小步骤组成：

1）合成气制备：利用蒸汽-甲醇重整法、部分氧化法、气化法等将含碳原料断裂为合成气（CO和$H_2$），根据合成反应的需要控制合成气中$H_2$和CO的特定比例，对甲醇化反应比例为2∶1，费托合成法所需$H_2$∶CO比例略有上升。

2）合成反应（费托合成或甲醇化反应）：合成气原料在催化剂作用下进行反应。在费托合成反应中，催化剂的作用是使原料合成长链的含氧和双键的物质，碳原子的数目取决于催化剂的选择，一般所得产品碳数在5~25。费托合成法所得是石蜡基产品，而甲醇化反应得到的产品是甲醇。

3）合成产品加工：费托合成的石蜡基产品一般需要进行裂化或脱蜡化反应，其中含C、H、O，不含S，不含或含有少量的N。一般反应包括脱氧和双键饱和等加氢反应，然后是使链变短的裂化反应或脱蜡的异构化反应。甲醇合成液体燃料的反应过程比较复杂，首先甲醇转换为二甲醚，二甲醚继续聚合为长链烃，为稳定最终产品还需要进行加氢处理。甲醇也可以直接聚合为不饱和的烃类化合物，所得低聚物经加氢反应稳定后得到最终产品。

在此，不再对不同的制备方法进行展开讨论。需要注意的是，加工xTL的工艺会影响精制产品的性能，精制过程即为上面所述最后一个大步骤。

### 20.6.4 xTL 进料性质

这里主要讨论费托合成产品性质对炼油厂的影响，主要有：

1）杂质含量低，尤其是低硫(<5ppm)。为稳定加氢反应催化剂的活性，费托合成产品进行加氢处理时往往需要额外加入含硫物质。

2）未经脱蜡处理的费托合成产品低温流动性非常差。

3）馏分燃烧性能(十六烷值大于 85，烟点也很高)和润滑油特性(黏度指数 140~144)都非常好，但是汽油性质很差(辛烷值小于 30)。

4）馏分油润滑性能和电导率差，需要使用添加剂改善这两方面性能。

### 20.6.5 炼制的考虑因素

为改善费托合成产品以上不足，需要对其进行精制处理。在炼油厂若费托合成产品掺炼比例较低(比如低于 2%)，它对加工过程的影响可以忽略不计。但若掺炼比例升高的话就需要单独进行处理，在此仅讨论大规模处理费托合成产品。

费托合成油精制处理注意事项如下：

1）油品烷烃含量非常高，有必要采用加氢裂化或异构化反应降低蜡含量。由于原料不含氮，反应条件较缓和，化学耗氢也较低，催化剂一般使用酸性催化剂。

2）油品含烯烃和氧化物。进入加氢裂化反应器之前应除去油品中的烯烃和氧，当然这仍然是条件较缓和、化学耗氢较低的加氢反应。一般情况下使用的是硫化态催化剂，为维持催化剂的活性需要额外加入含硫化合物。当然硫化物加注量较低，一般催化剂专利商会提供加注量指导。

3）费托合成石脑油作为汽油的性质较差，所以一般用作裂化原料。

4）费托合成蜡油是较好的润滑油基础油。与馏分油一样，为满足润滑油基础油的要求需要进行异构化脱蜡处理，当然这会降低它的黏度指数，但即使这样费托合成油仍然是优质的润滑油基础油。

5）全馏分费托合成油如果与传统原油混合加工处理，可能导致沥青质或石蜡析出，因此在混合加工前最好进行相关的试验。

6）类似的，费托合成油产品若与其他产品混合使用，也会有一定的影响。比如在柴油产品中，费托合成油产品会改善柴油的抗爆性，但会降低低温性能和导热率。为保证最终产品的使用性能，建议在确定混合比例前对混合物性质进行分析表征。

### 20.6.6 xTL 进料小结

GTL 或 CTL 工艺生产合成油的实用性非常有限，而且工业生产的经济性会驱使产品向高附加值产品市场发展(例如高端润滑油料)。有研究者已经考虑把 GTL 工艺作为一种存储天然气的方法。“烃加工中以天然气和煤制化工产品”一文中详尽论述了通过 xTL 工艺生产石油化工产品原料。

生产石油化工产品的主要瓶颈在于合成阶段。一旦能够合成烃链，精炼难度将大大降低。如果生产工艺正确，石油化工产品的生产相对容易，并且能够改善一些潜在产品的质量。需要按照石蜡基油料对它们进行处理。

根据预测，对传统燃料的需求量逐渐减少，但对润滑油等特殊油品的需求量将逐渐增加。

## 20.7 可再生原料

21世纪开始，在燃油业务领域可再生原料的影响力逐渐增大，这是为了支持减少温室气体排放、缓解全球变暖的努力。在美国，2005年能源政策法案明确将可再生燃料品种编入可再生燃料标准。与此同时，世界其他国家也加强可再生燃料相关法律的实施。

2007年美国能源独立及安全法案扩展了可再生燃料大纲，包括以下部分：

① 除汽油以外，增加了柴油。

② 大幅增加可再生燃料品种。

③ 可再生燃料新的分类对每个种类的用量要求做了规定。

④ 制定要求：环境保护署要采用全生命周期温室气体性能合格标准，以保证每一种可再生燃料温室气体排放量小于所替代石油燃料的排放量。

在此不得不提及美国可再生燃料的一个系统：可再生能源认证码(RINs)系统。维基百科："可再生能源标识码(RIN)是根据2005年《能源政策法案》的要求，美国环境保护署在可再生燃料标准中补充了一个标识码，该标识码分配给一系列生物燃料，目的是跟踪它们的生产、使用及交易过程。"

RIN由38位数字组成。一家"担责公司"(不包括小型炼油厂)必须证明所供应或支持生产的产品中调和足量具有RINs的可再生燃料。假如未达到调和要求，公司必须从市场上购买RINs。公司可以通过加工可再生原料得到RINs。不同具体的加工方案产生不同RINs。该体系目的是激励使用可再生能源。当然，RINs仅仅是数字而已。很多炼油厂不得不通过购买RINs以达到可再生能源标准要求的指标，而这些RINs只是虚构的，不是真正生产出的可再生燃料。这已经造成一个问题——自由市场试图扩大可再生能源的范围。

乙醇作为一种当前最主要的汽油调和组分，除了要求炼油厂调整汽油饱和蒸汽压以抵消乙醇较高饱和蒸气压的影响，其余对炼油厂生产工艺没有任何影响。而且乙醇具有较高的辛烷值，能提高混合汽油的辛烷值，但油耗也随之增大。

美国现阶段成品乙醇汽油中允许调和乙醇的比例上限是10%(体)。有些汽车设计能够使用含乙醇85%以上的乙醇汽油，但这部分市场非常有限。10%的限制值主要受制于汽车的设计，特别是密封材料只能承受这么高比例的乙醇含量。

10%的乙醇含量限制给美国炼油厂带来一定的困扰，因为新车和汽车制造商不断追求高续航里程，所以汽油消耗量已呈现出相对持平或下降的趋势。但是，随着可再生燃料需求量的提高，乙醇汽油已接近汽油总量10%的上限，被称作"10%混合瓶颈"。环保署已经认识到10%的局限性，不得不推行临时降低可再生燃料标准所要求的可再生燃料量增长率。调和比例提高至15%的建议已经被提出，但是迄今为止很多技术问题仍然无法解决。

柴油方面，一些物料已经通过直接混合作为燃料，尤其是脂肪酸甲酯(FAME)。脂肪酸甲酯的加工工艺在后文专门论述；但是可以明确的是，脂类的专用生产设备与炼油厂的完全不同。脂类仅仅是与炼厂石油产品混合在一起，所以对炼油加工过程几乎没有任何影响。这种物料的量是有限的，但是迄今为止一直处于增长态势。

加工各种油品以提取可混入柴油的可再生燃料，这些加工过程已经对炼厂产生一定的影响。例如植物油和动物油虽然不能直接混入产品，但是可通过炼油厂加工处理。

已经研究或(和)投入使用的可再生柴油包括大豆油、棕榈油、椰油、菜籽油、红花油、玉米油、牛油、猪油、鸡油、海藻油。上述所有原料在炼制过程中都存在一些问题，这些问题将在后续章节简单论述。值得关注的是，此类产品具有很高的十六烷值，可以提高混合柴油的十六烷值。随着新的加工工艺的发展，会有更多的可再生燃料混入柴油。

迄今为止，可再生喷气燃料的发展相当有限，所以本书不进行论述。

下文专门论述可再生植物油和动物油炼制柴油。我们不讨论通过催化裂化或乙醇发酵工艺生产绿色汽油，也不讨论通过热解生产生物制品，况且热解工艺还没有得到量产。可再生油生产所遇到的问题和解决方法基本相同，差异很小。

更多关于可再生原料的论述详见“石油加工中可再生燃料”一章。

### 20.7.1 定义

在可再生油加工制燃料的讨论中，有一些定义需要明确。生产某种燃料的加工路线的选择决定了其特定的归类，而这些归类非常重要，因为对应的法规截然不同。

图 20-14 介绍了一些可再生燃料范围内与可再生油相关的专用名词。

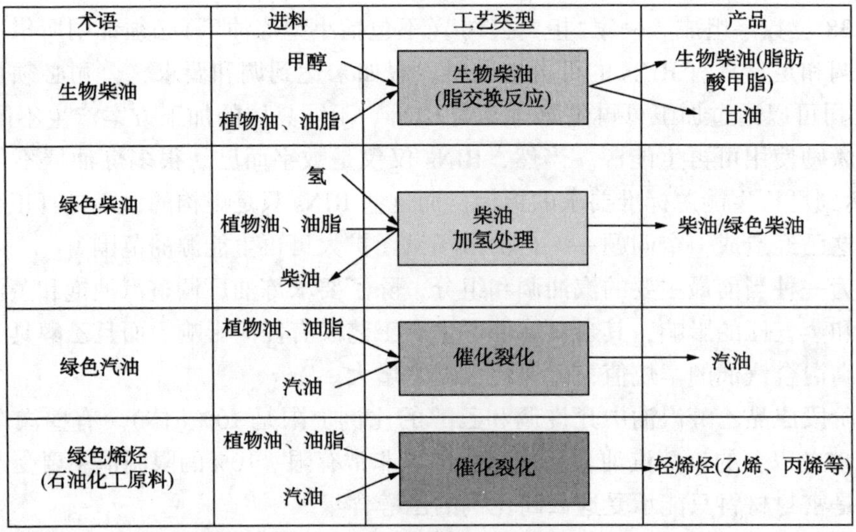


图 20-14　可再生油制燃料产品加工路线

（数据来源：Christolini，2006）

1）生物柴油：适用于长链的甲酯、乙酯和丙酯类有机物，由脂类通过酯交换反应生产，例如脂肪酸甲酯(FAME)。

2）生物燃料、可再生燃料：任何源自新近形成的碳源(通常是植物和动物资源)。这与石油或其他油品中的碳是由远古形成的情况对比鲜明。

3）生物原油、生物油、热解油：木质或玉米秸秆等生物质经过干馏工艺产生的可再生油。

4）生物乙醇：由可再生资源制成的乙醇，原料通常是玉米或甘蔗。

5）绿色柴油：可再生油经过加氢处理和裂化工艺生产的柴油，通常与石油共同加工。

6）绿色汽油：由可再生油与传统石油原料混合共同经过催化裂化工艺（流化催化裂化装置）生产的汽油。

7）绿色烯烃：由可再生油与传统石油原料混合共同经过催化裂化工艺（流化催化裂化装置）生产的烯烃。

### 20.7.2 可再生油的性质

表20-12列举了部分已经用于生产馏分油的可再生油的性质。通常，有以下共性：

1）因为植物油饱和度低于动物油，所以植物油的倾点低于动物油的倾点，具体体现在碘值这一指标上。碘值表征烃链中双键的含量。

2）可再生油通常含有较低的硫和氮。

3）除了葡萄籽油，其他可再生油的TAN值均很低。

4）可再生油中可能含有大量的灰分、不溶物、磷和其他潜在毒物。

5）含水量虽未列入表中，但是所有可再生油中均含有一定量的水。

6）加工可再生原料必须对原料进行详细的分析。

### 20.7.3 反应

本节讨论两个最主要的可再生燃料加工工艺：可再生油的酯交换反应；可再生油通过加氢处理和裂化反应生产柴油。

因为催化裂化加工路线作为生产可再生或绿色产品的方法在美国还没有通过监管信用许可，所以本节不对可再生油催化裂化生产汽油或烯烃的工艺详述。

（1）酯交换反应

将可再生油加工生产符合柴油馏程的酯类的几个工艺已经实现商业化。一般化学反应如图20-15所示。目的产品（通常是脂肪酸甲酯或脂肪酸乙酯）与传统石油柴油具有很好的相溶性，并且生产酯类一般不与炼厂共用相同设备。

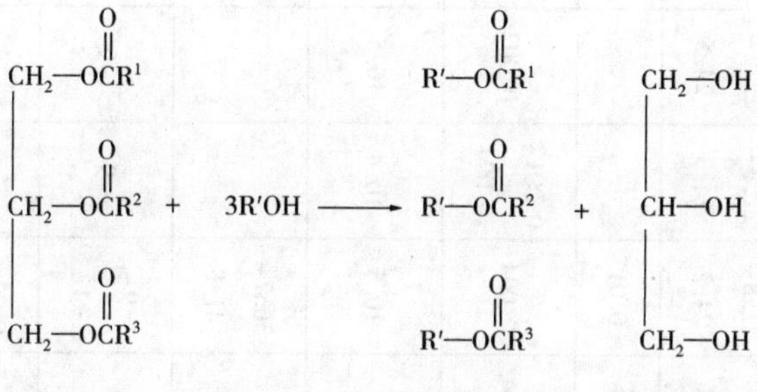

图20-15 可再生油通过酯交换反应生产生物柴油

表20-13列举比较了典型脂肪酸甲酯、由石油加工生产的超低硫柴油和加氢处理的绿色柴油的性质。

脂肪酸甲酯加工的典型物料平衡见表20-14。

**表 20-12 潜在的可再生柴油原料——植物油、动物油和海藻**

| 油品来源 | 大豆 | | 向日葵 | | | 玉米 | 棉籽 | | | 油菜籽 | 麻风树 | 棕榈树 | 花生 | 菜籽 | 牛油② | 猪油 | 藻类③ |
|---|---|---|---|---|---|---|---|---|---|---|---|---|---|---|---|---|---|
| | 未加工 | 脱胶/除臭后 | 未加工 | 脱胶/除臭后 | 脱蜡后 | | 未加工 | 一次精炼后 | 漂白和脱臭后 | | | | | | | | |
| 相对密度 | 0.914~0.923 | 0.902~0.918 | 0.909~0.923 | 0.908~0.92 | 0.907~0.92 | 0.910~0.915 | 0.912~0.925 | 0.913 | 0.902 | 0.910~0.921 | 0.92 | 0.910~0.918 | 0.902~0.918 | 0.92 | ~0.88(140℉) | 0.917~0.938 | 0.857~0.920 |
| °API | 21.8~23.3 | 22.6~25.4 | 21.8~24.2 | 22.3~24.3 | 22.3~24.5 | 23.1~24 | 21.5~23.7 | 23.5 | 25.4 | 22.1~24.0 | 22.3 | 22.6~24.0 | 22.6~25.4 | 22.3 | 25.7 | 19.4~22.8 | 22.3~33.6 |
| 硫/ppm | 0.01 | 0.01 | 0.01 | | | 0.01 | 0.01 | | | 0.01 | | 0.044 | 0.01 | | | | |
| 氮/ppm | 0.009 | 0.004 | 0.004 | 0.001~0.004 | 0.002 | | 0.035 | 0.002 | 0.006 | | | | 0.001~0.003 | | <10 | | <10 |
| 氧/ppm | 10.5~10.7 | | 10.5 | 10.4 | 10.5 | | 11 | 10.6 | 10.7 | 10.5~10.8 | | | 10.2 | 10.3 | | | 10.2 |
| 十六烷值 | 35.4~38.1 | | 36.7~41.8 | | | 37.5 | 34~60 | | | 37.5~48 | 40.45 | 42~52 | 34.6~41.8 | 33.5 | | | |
| 倾点/℉ | -10 | 10 | -9~-12 | -9 | -9 | -40 | -3~-5 | -4 | -4 | -32 | | 6 | -7~2 | | ~103 | 86~118 | |
| D189 残炭/% | 0.24~0.27 | | 0.23~0.28 | | | 0.22~0.24 | 0.24~0.25 | | | 0.3 | | | 0.22~0.24 | | | | |
| 溴值/(g/100g) | 110~130 | | 132 | 133 | 132 | 119~140 | 90~140 | 109 | 109 | 94~120 | | 35~61 | 80~119① | | 35~48 | 45~75 | |
| 杂质 | | | | | | | | | | | | | | | | | |
| 颗粒物/ppm | 100 | 15 | 187 | 1.6 | 2 | | 385 | 16 | 17 | | | | 3-28① | | | | |

续表

| 油品来源 | 大豆 | | 向日葵 | | | 玉米 | 棉籽 | | | 油菜籽 | 麻风树 | 棕榈树 | 花生 | 菜籽 | 牛油[②] | 猪油 | 藻类[③] |
|---|---|---|---|---|---|---|---|---|---|---|---|---|---|---|---|---|---|
| | 未加工 | 脱胶/除臭后 | 未加工 | 脱胶/除臭后 | 脱蜡后 | | 未加工 | 一次精炼后 | 漂白和脱臭后 | | | | | | | | |
| 不溶物/% | | | | | | | | | | | | | 0.02 | | ~0.02 | <0.05 | |
| 过氧化值/ppm氧气 | 11~45 | 4~55 | 262 | 72.5 | 304 | 18.4 | 2.5~65 | 149 | 137 | 30.2 | | | 21~240[①] | | | 4 | |
| 磷/% | 0.027~0.97 | 0.015~0.14 | 0.007 | ND | ND | | 0.062 | ND | ND | | | | 0.015 | | <0.001 | | (<1ppm) |
| 灰分/% | 0.01~0.08 | 0.002~0.04 | 0.03 | <0.01 | <0.01 | 0.01 | 0.23 | 0.01 | <0.01 | 0.006~0.054 | 0.01 | <0.01 | 0.005~0.02[①] | 0.004 | | | |
| 总酸值/(mgKOH/g) | 0.2 | | 0.1~0.15 | | | 0.11 | 0.07~0.24 | | | 1.1~2.0 | | 0 | 0.2 | | 0.2~0.7 | 3.4 | <0.05 |

数据来源：(1)Boundy(2011)；(2)Darpro Solutions(2012)；(3)European Biofuels Technology Platform(Unknow Date)；(4)Garner et al.(2010)；(5)Bregg(Unknown Date)；(6)Knothe(2011)；(7)National Renerers' Association (2008)；(8)Turin et al.(2011)

① 取决于等级。精炼和漂白/脱臭后级别含量较低。

② 1级牛油性质(经加工去除6级中含有的固溶物)。

③ 性质范围变化大，主要取决于加工方法和藻类品种。

**表 20-13　典型可再生原料混合性质**

| 柴油来源 | 生物柴油(脂肪酸甲酯) | 绿色柴油 | 石油柴油 |
|---|---|---|---|
| 相对密度 | 0.88 | 0.78 | 0.83~0.85 |
| °API | 29.3 | 49.9 | 35~39 |
| 硫含量/ppm | <1 | <1 | <10 |
| 馏程(10%/90%)/℉ | 644/671 | 509/608 | 360/630 |
| 烟点/℉ | 23~59 | 14~23 | ~23 |
| 十六烷值 | 50~65 | 70~90 | 40~55 |
| 氧/% | 11 | 0 | 0 |
| 低热值/(MJ/kg) | 38 | 44 | 43 |
| 温室效应气体排放量/($gCO_2$/MJ) | 菜籽油：46;<br>植物油/动物油：10;<br>棕榈油：54 | | |
| 储存稳定性 | 临界(微生物) | 好 | 好 |

数据来源：Kalines et al.(2008)。

**表 20-14　典型脂肪酸甲酯工艺物料平衡**

| 以100%可再生油量为基准 | | |
|---|---|---|
| 项　目 | 含量/%(质) | 含量/%(体) |
| 原料进料 | | |
| 植物油 | 100 | 100 |
| 甲醇 | 10 | 11 |
| 化学品 | 4 | |
| 合计 | 114 | 111 |
| 产品产出 | | |
| 脂肪酸甲酯 | 96 | 100 |
| 甘油 | 10 | 7 |
| 损失/副产物 | 8 | |
| 合计 | 114 | 107 |

数据来源：Kalines et al.(2008)。

(2) 加氢处理

炼厂共炼可再生油主要是与石油柴油共同通过加氢处理装置处理。可再生油也可在专门的装置处理，专用装置处理的加工条件较为缓和，但是也遇到一些其他的挑战。

可再生油加氢处理的一般化学反应见图20-16(典型动物油原料)。在共炼过程中，这个化学反应仅仅是所有反应的一小部分。催化剂类型的选择决定了加工可再生油的产品结构和反应路线。

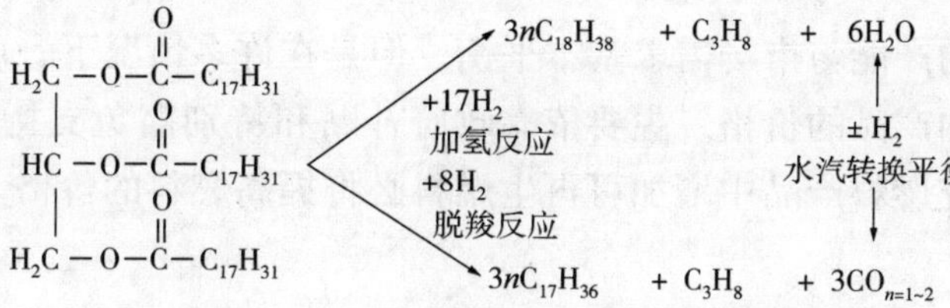


图 20-16　可再生油加氢精制生产绿色柴油

在设计装置时必须与催化剂供应商合作，为特定装置选择正确的催化剂。潜在的问题将在炼制问题一节中详述。

可再生油直接加氢的产品低温流动性较差，需要进行进一步脱蜡。而通过混炼，可再生油占混合原料的比例可以进行合理控制。

表 20-13 列举了典型绿色柴油和经过加氢处理的石油柴油、脂肪酸甲酯柴油的性质。

表 20-15 列举了绿色柴油产品的典型收率。

**表 20-15　典型可再生油加氢处理的物料平衡**

| 以 100%可再生油量为基准 | | |
|---|---|---|
| 项　目 | 含量/%(质) | 含量/%(体) |
| 原料进料 | | |
| 植物油 | 100 | 100 |
| 氢气 | 1.5~3.8 | |
| 合计 | 102.7(平均值) | 100 |
| 产品产出 | | |
| 绿色柴油 | 75~85 | 88~99 |
| 丙烷 | 5 | 9 |
| 丁烷 | 0~2 | 0~3 |
| 石脑油 | <1~7 | 1~10 |
| 水/汽 | ~12.7 | |
| 合计 | 102.7(平均值) | 109.5(平均值) |

数据来源：Kalines et al.(2008)。

### 20.7.4　可再生柴油原料性质

表 20-13 对比了最常见的可再生柴油和典型石油超低硫柴油(ULSD)的关键性质。从表中可以看出，可替代油品并不能完美符合质量要求，但是作为调和组分的作用较好。虽然从来源上看不出绿色柴油是否脱过蜡，但是通过浊点性质来看是很有可能的。

### 20.7.5　炼制问题

(1) 原料供应

因为大多数可再生油在局部区域的储量都非常有限，所以炼厂获得原料的成本将会很高。与全部燃料消耗量相比，可再生油和脂占比微乎其微。环境保护署寄希望于藻类油成为可再生油的最大来源，但是大规模生产藻类油的工艺仍旧处于试验阶段。

（2）经济性

当今，可再生油的产能与市场需求基本平衡。但是在许多情况下，可再生油的价格高于由可再生油生产出柴油产品的价格。主要依靠政府补贴和特别豁免支持着可再生油的发展。根据以往经验，在传统燃料产品中增加可再生燃料必将提高燃料的价格。也就是说，市场将缺乏弹性。

（3）堵塞问题

可再生油中含有钙、镁、磷、不溶物和胶质会污染、堵塞换热器和催化剂床层。这是最常见也是最主要的问题，即使是在共炼过程中也会发生。主要原因是油品在运输和储存过程中接触氧气，当加热后高度不饱和的油会形成聚合物。为避免堵塞的发生，在储罐接收以及从储罐输送至反应器前必须增设精细过滤器（$<5\mu m$）。可再生油原料应该储存在氮封储罐内。

（4）催化剂中毒

油中有些微量杂质能够引起催化剂中毒。磷的影响可能是最大的，但其他金属也能导致催化剂中毒。对于有些原料，这些微量杂质不会产生不良影响。

（5）氢耗

由于油的不饱和性以及含有大量氧，意味着在加氢处理过程中需要耗费大量氢气。从图20-16中方程式可以看出，加氢处理需要大量氢气。若完全按照方程式所示的加氢处理路线反应，氢耗高达2256scf/b。按脱羧路线反应，氢耗为1062scf/b。实际生产中，反应耗氢介于两者之间。动物油加氢反应的典型氢耗在1500scf/b左右。由于含有更多的不饱和组分，植物油加氢氢耗的经验数据接近2500scf/b。

（6）低温流动性

油中的长链烃具有较差的低温流动性。与石油柴油共炼过程中，较低比例可再生油不会产生较大影响。但共炼高比例可再生油时，必须先经过脱蜡工艺。对于单独处理可再生油的装置，脱蜡流程必不可少。

（7）腐蚀

因为可再生油中含氧量较高，经加氢处理后产生高浓度二氧化碳的工艺气，会带来新的腐蚀。反应产生的二氧化碳也会大量溶解在反应流出物中并产生一定影响。装置使用脱羧路线处理可再生油会带来腐蚀影响，尤其在单独处理可再生油的装置中，由于全部处理可再生油，其反应流出物的羧酸会产生较大的腐蚀影响。共炼加工中羧酸也会造成一定影响，即使是在有其他原料反应生产氨气的情况下，因为溶解的二氧化碳会腐蚀剥落反应下游设备的硫化物防护涂层。即便共炼中可再生油比例很低，腐蚀问题也会发生。

（8）碳酸氢铵沉积

传统石油加氢处理过程中一般通过注水溶解硫化氢氨和氯化铵。当加工可再生油时，由于新增了碳酸氢铵的沉积，所以需要调整注水量。碳酸氢铵与亚硫酸铵的结盐条件相似，但是碳酸盐会危害硫化物防护涂层，这一点上一节已经提及。

### 20.7.6 可再生原料小结

从炼制角度来说，当可再生油作为柴油加氢装置的临时原料时，只要控制配比，可再生油可以在大多数柴油加氢装置进行共炼，但必须进行预处理，清除固溶物、金属、胶质和其他污染物。共炼不但会增加产物中水含量、加快流出物腐蚀速率和增加氢耗，也会引起循环氢中 $CO/CO_2$ 含量的增加。选择合适的催化剂、良好的可再生原料油储存条件以及适当的加工工艺是降低不良影响的必要方法。

单独处理可再生油的装置必须根据原料性质进行设计。

炼油厂炼制可再生油在经济性方面面临巨大的挑战。可再生油的供给紧张且价格缺乏弹性。尽管如此，我们还是期望在将来有更多炼油厂能够掺炼可再生油，推动可再生燃料的发展。

## 20.8　其他非常规原料

炼油厂有时会遇到其他少量的原料对其运行带来影响。这里我们不会涉及所有可能的原料，而是简单介绍在加工两个可替代原料过程中遇到的关键问题：成品润滑油或废润滑油，以及运输过程中混合油(管输分界面油料或不合格产品)

### 20.8.1　润滑油回炼

在传统炼油厂回炼任何比例成品润滑油油或废润滑油都是不可取的。回炼润滑油必须经过多道处理工序，而大多数炼油厂都没有这方面设施。焦化装置可能具备回炼润滑油的能力，否则，需要建立专门的润滑油回炼装置来解决其特殊问题。

回炼润滑油的特殊问题包括：

① 润滑油添加剂中的钙和其他金属/半金属。

② 使用过程产生的固体和其他污染物(沉淀物)，如碳颗粒、发动机磨损产生的金属等。

③ 残余燃料污染物。

④ 使用过程中带入的水。

⑤ 发动机冷却剂，含添加剂。

⑥ 剂污染物。

图 20-17 列举了使用过的润滑油中杂质种类和含量。

图 20-17　废润滑油组成和污染物

（数据来源：Re-refining used Lube Oil，http：www. sequoia-global. com/re-refining-used-lube-oil. html，2013）

图 20-18 列举了一种用于解决各种问题的润滑油回炼工艺。

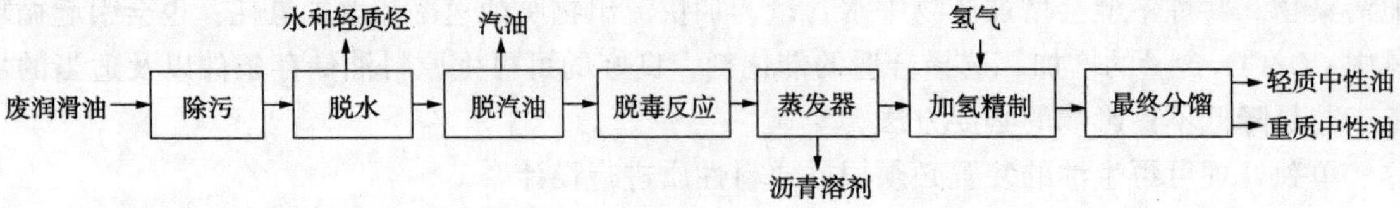


图 20-18 废润滑油回炼 CEP 工艺流程
（数据来源：Park and Magnabosco，2012）

回炼工艺步骤包括：

① 去除沉淀物和其他残留物——胶质和固体。

② 脱水。

③ 减压蒸馏去除减压蜡油组分。

④ 处理潜在催化剂毒物(吸附或吸收)。

⑤ 润滑油原料蒸馏。

⑥ 原料加氢处理。

⑦ 从产物中分离出中性油。

通常情况下，最好设计专门的装置回炼使用过的润滑油。

### 20.8.2 混合油及罐区库存油

运输过程分界面油是一类油的总称，主要产生于运输过程和偏远油罐间歇操作。

通常在管输过程中两种混合的油品会存在一个分界面。这个分界面的油数量较少，一般选择降级处理，通常是将分界面油划分为两个油品当中较重的一种。例如，假设柴油性能满足要求的条件下，汽油和柴油的分界面油被当作柴油处理。

但是，有时候分界面油的数量很大或者当地不能处理时，就需要被运输至其他地方再加工。假如油品不含添加剂，通过炼油厂进行再加工并没有困难，仅仅影响炼油厂的原油加工量。假如油品中含有添加剂，将会给后续处理带来很大困难。当添加剂是氧化物时，例如脂肪酸甲酯，就会增加加工和存储的困难。

相同问题也存在于货车运输中。当两种油品混合后，除了再加工外无其他方法可以处理。货车运输的油品是已经加过添加剂的，所以在后续再处理中必须考虑添加剂的影响。相对于其他添加剂，汽油中添加的乙醇影响相对较小。

另一种原料是罐区间歇产生的罐底油或不合格产品。当储罐需要检修时，炼油厂要求从成品罐区将罐底油转出。如果油品未经污染或未加过添加剂，无论是否对原油加工率产生影响，该油仅需返回炼油厂进行回炼即可。如果油品被污染过，回炼就需要格外小心且必须有详细计划。

有些储罐的小故障可能造成储罐内发生细菌作用。细菌在馏分油中繁殖迅速，特别是添加过脂类(例如：脂肪酸甲酯)的馏分油。如果未对储罐进行微生物增长速率的监管，储罐内微生物将失控生成白色甚至绿色的黏液。这种情况下，储罐必须清空进行清洗。如果罐区储罐内被细菌污染的油品被运输至炼油厂干净储罐，必然会造成炼油厂干净储罐被细菌污染。

如若考虑通过回炼处理运输过程分界面油、其他市场采购或运输方式产生的油品，首先一定要确认油品的来源；其次，思考这些油为什么会剩余？为什么需要回炼？如果考虑不周全，很有可能带来很大麻烦。正确做法是：对油品采样分析确认是否含污染物和添加剂。在接收油品前必须制定详细计划，包括如何处理油品以及处理的备用方案，以防在处理过程中发生不可预见的问题。加工数量微乎其微的残油给主要炼油加工过程造成大量问题，但这些问题的解决也积累了丰富的经验。

## » 参考文献


American Chemical Society, Item: Oil Sands, ACS Fuel Chemistry Division – ACS Outreach, http://www.ems.psu.edu/~pisupati/ACSOutreach/Oil_Sands.html. Accessed Nov 2013

B. Boundy, et al. *Book: Biomass Energy Data Book – 2011*, U.S. Department of Energy, Oak Ridge National Laboratory (2011), http://cta.ornl.gov/bedb/pdf/BEDB4_Full_Doc.pdf. Accessed Nov 2013

Canadian Crude Quality Monitoring Program, Several assays used, www.crudemonitor.ca. Accessed Nov 2013

caplinepipeline.com, *Crude Oil Quality Assay Reports*. Accessed Nov 2013

Cenovus, Western Canadian Select (WCS) Fact Sheet, http://www.cenovus.com/operations/doing-business-with-us/marketing/western-canadian-select-fact-sheet.html. Accessed Nov 2013

B. Christolini, (UOP, 2006), Item: catalytic cracking of vegetable oils and greases, UOP, Technology & More, Winter 2006

Darpro Solutions, Material safety data sheet for beef tallow (2012), www.darpro.com, July 10, 2012. Accessed Nov 2013

*Draft Supplemental Environmental Impact Statement, Keystone XL Project*, March (2013)

European Biofuels Technology Platform, (unknown date), Item: Fatty Acid Methyl Esters (FAME), www.biofuelstp.eu

J.C. Garner, et al. (Washington State University, 2010), Proceedings of the Sustainable Feedstocks for Advanced Biofuels Workshop, Soil and Water Conservation Society: Chapter 8: Oilseed and Algal Oils as Biofuel Feedstocks, http://www.swcs.org/documents/resources/1_All_Chapters__Sustainable_Feedsto_8A410A56233E6.pdf. Accessed Nov 2013

F. Gregg, (unknown date), Article: fuel properties of various oils and fats, SVO: powering your vehicle with straight vegetable oil, http://bunkum.us/svo/fuel_property.html. Accessed Nov 2013

Jensen, H.B., et al. (U.S. Department of the Interior, Bureau of Mines, 1971), Paper presented to the American Chemical Society Meeting in Los Angeles in March 1971: Characterization of a Shale Oil Produced by In-Situ Retorting, Laramie Energy Research Center, Laramie, WY, http://web.anl.gov/PCS/acsfuel/preprint%20archive/Files/15_1_LOS%20ANGELES_03-71_0113.pdf

T. Kalines, et al., Article: Green Diesel Production by Hydrorefining Renewable Feedstocks, Biofuels Technology (~2008), http://www.biofuels-tech.com/view_topic.aspx?intTID=36. Accessed Nov 2013

G. Knothe, Article: a technical evaluation of biodiesel from vegetable oils vs. algae: will algae-derived biodiesel perform?, Green Chemistry, 2011, 13, 3048–3065, Royal Society of Chemistry, UK (2011), http://pubs.rsc.org/en/Content/ArticleLanding/2011/GC/C0GC00946F#!divAbstract. Accessed Nov 2013

S.A. Lordo, B. Mason, (Nalco Energy Services, 2012), Paper presented to 3rd Opportunity Crudes Conference: *Shale and Tight Oil ... The New Frontier*, Hydrocarbon Publishing Company, P.O. Box 661, Southeastern, PA 19399 (USA)

M. Espinoza da Cunha, et al., Paper: beef tallow: biodiesel produced in a pilot scale, Fuel Processing Technology Journal, Elsevier B.V. (2009), http://www.slideshare.net/EvaneideFerreira/beef-tallow-biodiesel-produced-in-a-pilot-scale, January 2009. Accessed Nov 2013

National Renderers Association Inc. (2008), Pamphlet: pocket information m: a buyer's guide to rendered products, http://assets.nationalrenderers.org/pocket_information_manual.pdf. 2008, Accessed Nov 2013

J. Park, L. Magnabosco, (CEP, 2012), Article: used oil re-refining: improvements in CEP technology make economics more attractive, Lube Magazine, No.111, Oct 2012

Princeton University (1980), Item: An Assessment of Oil Shale Technologies, http://www.princeton.edu/~ota/ns20/alpha_f.html

S. Sayles, (KBC Advanced Technologies, 2012), Paper presented to AFPM Question and Answer Session: *Shale or Tight Oil Processing*, http://www.slideshare.net/kbc_at/kbc-io-e-webinar-shale-or-tight-oil-processing. 2 Oct 2012

Sequoia Global (2013), Item: re-refining used lube oil, http://www.sequoia-global.com/re-refining-used-lube-oil.html, 201. Accessed Nov 2013

Stauffer, H.C. & Yanik, S. J., (Gulf Science and Technology Company, 1978), Paper presented to the American Chemical Society Meeting in Miami, FL in September 1978: Shale Oil: An Acceptable Refinery Syncrude, https://web.anl.gov/PCS/acsfuel/preprint%20archive/Files/23_4_MIAMI%20BEACH_09-78_0002.pdf

K. Turini, et al. (Fluor Enterprises, 2011), Paper presented at 2011 AIChE Spring Meeting: *Processing Heavy Crudes in Existing Refineries*, http://www.aiche-fpd.org/listing/112.pdf

Tyson (2007), Material safety data sheet for beef tallow, 23 July 2007

Yi Pan, et al. (Liaoning Shihua University, Liaoning Fushun 113001, China, 2012), Paper: A Review of Technologies for Oil Shale Surface Retort, J. Chem. Soc. Pak., Vol. 34, No. 6, 2012, pp. 1331–1338, http://jcsp.org.pk/PublishedVersion/80b8ee64-0d43-4305-8ac2-603ce6ac62d1Manuscript%20no%201,%201st%20Gally%20proof%20of%209183%20_Yi%20Pan_.pdf

# 第21章 生物炼制

## 21.1 引言

这一章与其他章节稍有不同，因为本章关注于原料的类型，而非某种特定的转化技术。这一原料类型是从植物(有些情况下也可能是动物)中直接提取，而不是石油。用这些原料生产的燃料一般称为“生物燃料”，并且由于在一个较短的周期内能够再生，因此被称为“可再生能源”。对于树木来讲，其再生周期从几年到几十年。石油实质上也来源于植物或动物，但它在数百万年的地质过程中，已经从最初的生物化学形式转变成了碳氢化合物。在这个过程中，生物质受到了地下环境的影响，限制其在缺氧、高温、高压条件下，由于缺乏在所有生命体中都能找到的某些元素而形成了碳氢化合物(petroleum. co. uk，2013)。这些元素包括氧、磷、氮、碱金属、碱土金属和氯。由于缺少这些元素，使得石油更有利于被转化成燃料产品。反过来，正是因为生物燃料的原料中包括了这些元素，把植物和动物原料转化成碳氢化合物才更具有挑战性。

### 21.1.1 生物燃料的生产动机

关注把可再生原料转换成燃料的基础，是20世纪90年代对地球大气中$CO_2$浓度升高问题关注度的日益上升。这推动了全球各国政府采取了各种措施，如燃油法规、目标税收激励(包括信贷和新税)和对由石油转向可再生原料的补贴。此外，政府还通过引用能源安全、促进国际贸易平衡、增强国内农业经济等其他理由，来支持生物燃料产品取代石油燃料。政府对于生物燃料的推动，导致了石油燃料替代品和添加剂在过去的十年中大幅增长，最值得注意的是乙醇和脂肪酸甲酯(简称FAME或生物柴油)。

### 21.1.2 新碳

为了区分新碳，石油中的碳通常被称为旧碳。新碳是已经在地球表面的，并且目前被所有生物用于生命过程。石油中发现的旧碳几乎全部由碳-12同位素($^{12}C$)组成，因为这是主要的稳定存在的自然碳同位素。新碳比旧碳有更多的碳-14同位素($^{14}C$)。碳氢化合物的新旧碳组成可以通过分析它的同位素组成样本来测定(例如ASTM D6866-10)。因此，从生物中提取的和从石油资源中提取的碳氢化合物含量是可以被量化的，这对于符合要求燃料混合物由特定数量的可再生资源组成的法规是很有用处的。

### 21.1.3 生命周期分析

为了通过生物燃料减少碳排放，整个生物燃料生产和使用过程中的二氧化碳排放总量必须低于生产和使用等效石油衍生燃料排放的二氧化碳排放量。生命周期分析本质上是一种会计学方法，追溯从开始到结束或从出生到灭亡的路径记录下所有排放物。石油燃料的生命周期包括从地壳中开采石油、将石油运输到炼油厂、精炼成燃料、将燃料从炼油厂运输到加油站，最终在用户的车中燃烧。与之相似，生物燃料的生命周期包括能源作物的生产、将油料作物运输到萃取装置、萃取并提炼出油、将油运输到生物燃料生产装置、把油转换成生物燃料、把生物燃料运输到加油站，最终在用户的车中燃烧。沿着这些路径与排放有关的每一步都必须被考虑到。能源作物的种植和土地利用尤其重要，因为如果应用了不合理的技术，例如将林木夷为平地来为种植能源作物提供空间，反而会导致更严重的碳排放。土地使用相关的排放可以通过能源作物与其他作物轮换种植实现最小化。例如，亚麻荠能源作物可以和小麦轮换种植，并不会大幅改变土地的使用或破坏小麦的生产。在准确说明土地利用变化的排放后，用于种植作物的农用拖拉机、在装置之间运输油和燃料的卡车消耗的燃料，以及生物燃料加工厂里给供加热器燃烧使用料的燃气，都是生物燃料生产路径全周期中的因素，都应当被考虑在内。如果这些生命周期排放的上游贡献者被有效管理，生物燃料与石油燃料相比的优势在于在最终用户燃烧产生的净排放量几乎为零。当然，无论生物还是石油燃料的燃烧，都会直接导致当地的二氧化碳排放。对于生物燃料，这些排放占碳循环的较大部分，其中燃烧释放的全部二氧化碳最终都会从大气中移除，并用于新作物的生长，最终用于生产等量生物燃料。在这个简单的循环中，大气中二氧化碳的总量并没有增加。石油燃料的二氧化碳排放却并不存在类似的碳循环。因此，没有天然的方法将二氧化碳从大气中移除，所以石油燃料中的每一摩尔碳，都会导致大气中增加一摩尔二氧化碳。当生物燃料的全生命周期得到有效管理，温室气体排放会显著减少。例如，与小麦轮换种植的亚麻荠生命周期分析显示，与等量石油燃料相比，温室气体排放会减少80%(Shonnard 等，2010)。

### 21.1.4 原料和转换路线

用于生产生物燃料的生物原料有三种一般形式：糖和淀粉、生物油脂(包括甘油三酯和游离脂肪酸)、木质纤维素材料。糖和淀粉通常来自谷物或甘蔗，通过发酵成为乙醇而转化为生物燃料。发酵产生的乙醇是至今为止世界上最大的生物燃料资源。甘油三酯是可以从植物和动物中得到的脂肪，通常通过压碎和提取植物种子获得，也可在木浆加工厂中一种叫作妥尔油(Tall Oil)的产品中获得。这些甘油三酯通过与甲醇进行酯交换转化成FAME。对甘油三酯和游离脂肪酸加氢处理，会使其脱氧成链烷烃，生产优质柴油和航煤组分。最后，木质纤维素作为第三种生物原料，是植物的主要构成部分，组成了所有植物体的干、茎、树干、树枝、叶子和根。木质纤维素由三种不同的聚合物：纤维素、半纤维素、木质素。纤维素是一种葡萄糖聚合物，构成了植物材料的主体。半纤维素是一种比纤维素短的多糖，由多糖单元组成，能够强化植物的细胞壁。木质素是一种由醚键连接的芳香族不规则聚合物，能够强化植物结构并在植物内提供水分运输的。在本文编写时，将木质纤维素转化为运输燃料的工艺的应用相对较少，因为这些工艺在其开发和工业应用中仍处于早期阶段。一些最有前景的工艺路线包括：气化并与合成气通过后续的费托反应或混合醇反应，生成碳氢化合物；高温热裂解成液体，通过加氢处理脱氧或在炼油厂催化裂化装置处理后，转化为碳氢化合物；通过水热和酶促过程将纤维素转为糖，再通过发酵生成乙醇。

“生物炼制”这一术语由国际能源署42号生物能源工作小组定义如下：生物炼制是指将生物质加工成一系列生物基产品(食品、饲料、化学品和/或材料)和生物能源(生物燃料、电力和/或热力)(Biorefining，无日期)的可持续过程。由于本书聚焦在运输燃料产品和其他液体燃料上，对于大量化工产品和由木制产品及其他生物来源的特殊化学品行业产品的讨论不在本书的主要范围之内。此外，目前生产的被认为是生物炼制相关的大多数能源是在纸浆造纸工业中的电力和热量组合集成中产生的，这种技术已经存在了数十年(Rajgor，2013)。在过去的二十年中，美国木材燃料对于总电力需求的贡献稳定在不到1%(United States，2013)。因此，我们将使用如下生物炼制的定义：“主要用于运输燃料生产的生物质转化。”我们将把调查限制在目前最大化生产运输燃料的实际生产过程，包括(大致按商业产能的降序排列)：

① 植物糖和淀粉转换成乙醇的发酵。

② 植物和动物油脂转换成脂肪酸甲酯(FAME 或生物柴油)的酯交换反应。

③ 植物和动物油脂转换成链烷烃(可再生柴油和可再生航煤)的加氢处理过程。

④ 木质纤维素转化成单糖再发酵成乙醇的热/酶转化。

⑤ 由生物质转化为合成气的气化转化，继续转化成费托合成油、高级醇或二甲醚。

⑥ 由木质纤维素转化成汽油和柴油的热解和热解/催化过程。

⑦ 水热液化。

在这些由生物质生成碳氢化合物的反应路线中，很少有适合用于石油炼制系统的工艺。事实上，我们将首先简要地调查炼油厂范围之外大部分产能所使用的工艺，因为目前他们应用于几乎所有生物燃料的生产。迄今为止，只有一种在炼油厂范围内大规模应用的工艺，即将甘油三酯加氢处理为柴油、喷气燃料和石脑油。对甘油三酯加氢处理将会是本章介绍的重点，因为这是目前在运输系统中最大规模的、彻底替代现有石油燃料的制造方法。我们现在首先考虑其他路径的一般概述。

## 21.2 生物燃料生产工艺的工业化

### 21.2.1 利用淀粉和糖发酵制乙醇

(1) 生产能力

迄今为止，生物乙醇无疑是世界上产量最大的交通运输生物燃料，全球每年的总产量约为(5~5.5)亿桶。超过85%的生物乙醇是由两个国家生产的，即美国和巴西。由于美国2005年颁布的“能源政策法案”(United States，2005)和2007年颁布的“能源独立于安全法案”(United States，2007)中的规定，到2022年可再生燃料的使用量要到达数十亿加仑，因此美国的生物乙醇产量增长迅速(United States，2013)。在法案制定时，大量生产的可再生燃料只有乙醇和脂肪酸甲酯，因此，这两种燃料的产量迅速增加。图21-1展示了美国乙醇产量在2010~2012年间稳定在32亿桶/年的情况，这些乙醇几乎都是通过玉米淀粉的发酵得到的。比美国公共政策更早的是，巴西在此之前就已经实施了雄心勃勃的扩张计划，利用甘蔗中的糖类发酵以生产生物乙醇。受20世纪70年代石油禁运的影响，巴西推动了国内的蔗糖产业，这使得乙醇的产量大大提高，从1990年的190000桶/天增长到2003年的260000桶/天，随后产量再次攀升，在2010年达到了峰值，达到约450000桶/天(Walker，2011)，如图21-2所示。

美国的乙醇生产在2013年达到峰值，当时由于此前设定的乙醇汽油中乙醇比例必须低于10%(体)的掺入限值[高于10%(体)后不能被纳入汽油池]，导致逐渐提高可再生燃料的汽油市场受到了限制。燃料和汽车行业的主流观点认为，乙醇比例超过上述限制将会给燃料输送设施和汽车燃料系统的机械完整性带来问题。

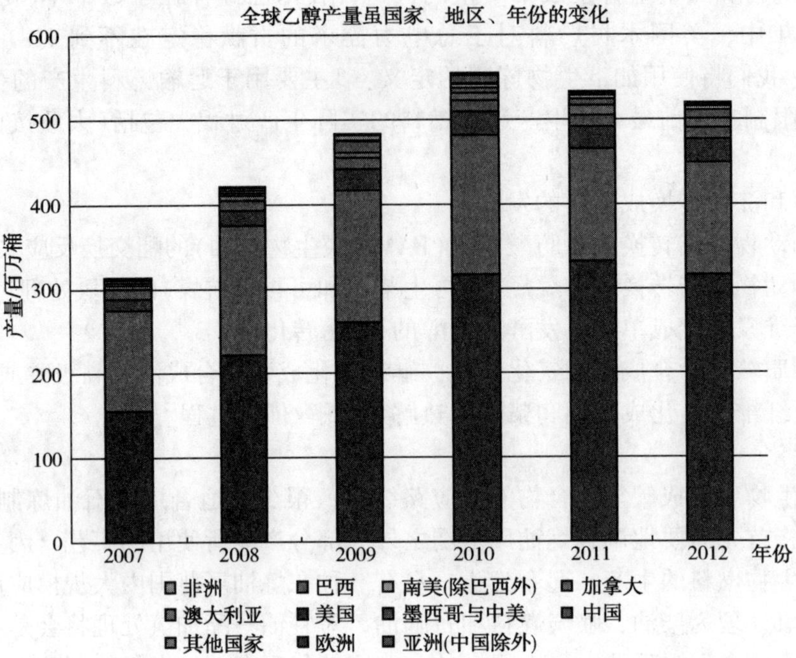


图 21-1　全球燃料乙醇的产量

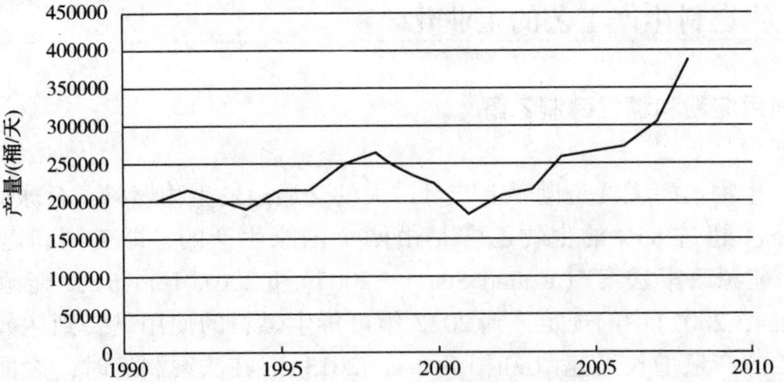


图 21-2　1991 年以来巴西的乙醇产量

(2) 发酵工艺技术

玉米淀粉的发酵工艺包括两种方法，即湿磨法和干磨法(How ethanol is made，无日期)。如图 21-3 所示的湿磨法中，整个玉米粒都在稀释的亚硫酸(二氧化硫溶液)中浸泡 1~2 天，将谷蛋白、淀粉与蛋白质、纤维和油脂分离。这种方法保留了玉米粒以进行深加工，得到用于畜牧业养殖和食用玉米油的副产品(O' Brien and Woolverton，2010)。溶解在浸泡液体中的淀粉进行酶促反应，被转化为葡萄糖，随后发酵变成乙醇。作为对比，图 21-4 是干磨法与湿磨法的对比。干磨法中，玉米粒首先进行研磨，然后发生酶促反应被糖化(或液化)，淀粉分解为糖类，随后将全部的糊状物发酵 2 天左右，最终通过蒸馏类似泥浆的产物(即“啤酒”)来获得乙醇。无论是干式方法还是湿式方法，最终的产物都是含水 5%左右的蒸馏乙醇，因为这种蒸馏过程受共沸物的限制。已有多种方法用来干燥乙醇将水含量降到1%以下（Kumar等，2010）。

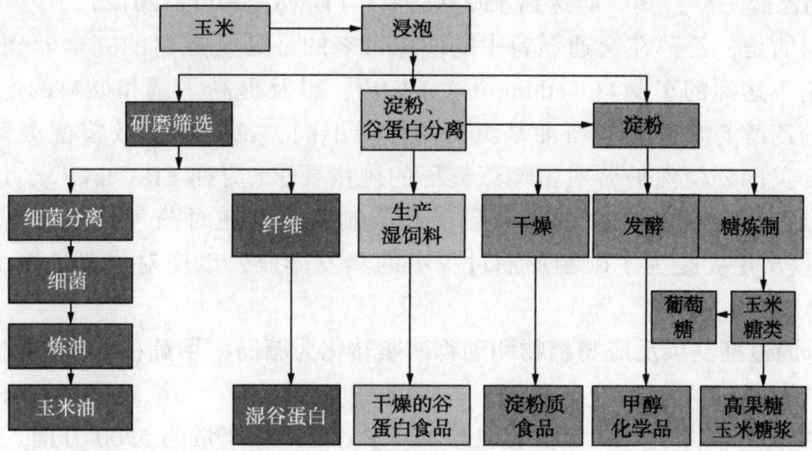


图21-3 湿式研磨制乙醇工艺(可再生燃料协会授权使用)

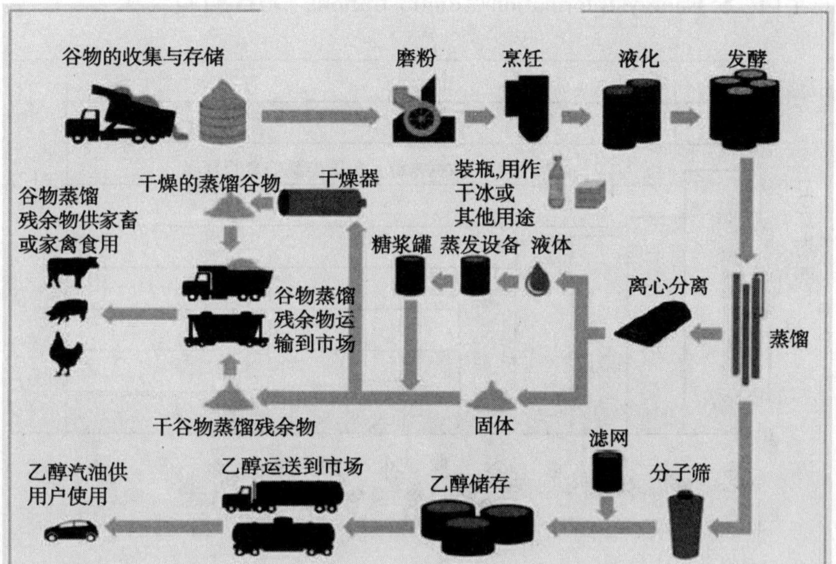


图21-4 干式制乙醇工艺

(3) 汽油池中的乙醇调和

由于乙醇与水的无限溶解，因此乙醇调和汽油池的操作需要在接近销售终端之前完成。在美国，考虑到水进入管道引起的相分离、与管道中其他燃料的兼容性以及腐蚀（Whitehead，2012；Kane，2012；Beavers等，2009）等问题，乙醇是不允许进入液体燃料输送管道的。暴露在燃料级乙醇中的管道和其他设备发生应力腐蚀开裂的问题已存在多年。相对于完全可替代的无氧燃料，由于在液体交通燃料的长距离输送管网中不能含有乙醇，这限制了它的使用效率。

为了避免溶解水产生的问题，一些公司致力于通过淀粉和糖类的发酵过程生产丁醇，作为乙醇的替代产品。这项技术的第一个商业化生产项目由 Gevo 在 2012 年 5 月实现，位于一个经过翻新的乙醇工厂，其产能达到 430000 桶/年(Gevo，2011，2012)。

毫无疑问的是，乙醇在交通燃料中的使用带来的好处是燃料的完全燃烧(虽然主要是对于排放控制不达标的车辆)(Gething 等，1989)，以及提高了调和燃料的辛烷值。然而，由于高极性的乙醇与非极性的石油基汽油的性质不同，乙醇的有效雷德蒸气压(RVP)很高。为了符合美国环境保护署对雷德蒸气压的规格要求(简称 EPA RVP)，这导致调和燃料中轻烃化合物(丁烷和戊烷)的掺入量受到限制，尤其在对蒸气压要求更严格的夏季。EPA RVP 的提出主要是为了限制加油过程中的蒸发排放，以应对局部地区大气臭氧浓度高的问题。

### 21.2.2 通过酯交换反应将植物和动物油脂转化为脂肪酸甲酯(FAME 或生物柴油)

(1) 生产能力

在 2012 年，美国共有 111 套生产装置生产 FAME，总产量为 5200 万桶。FAME 通常被称为生物柴油，它是利用甲醇和植物和动物油脂进行酯交换反应后得到的。如图 21-5 所示，与乙醇相比，生物柴油在各国的生产比甲醇更为分散，产量最大的五个国家仅占全球总产量的大约一半(U. S. Energy Information Administration，无日期)。

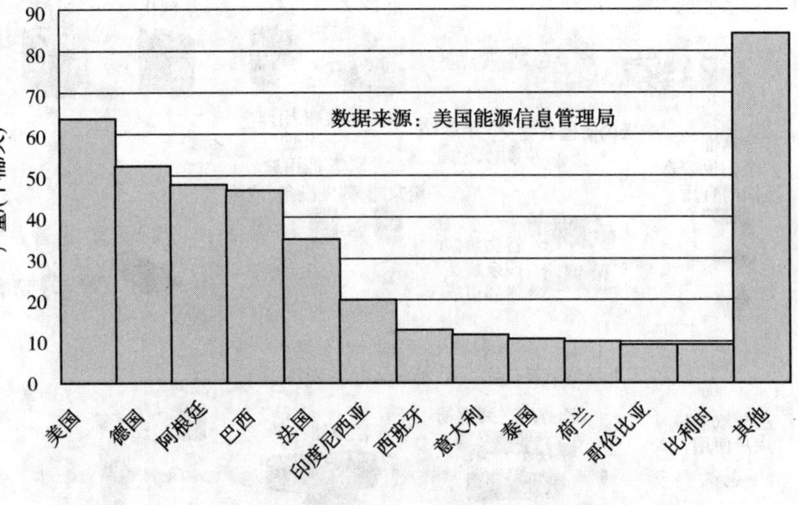


图 21-5　2011 年世界各国的生物柴油产量

植物油脂转化为 FAME 是在低温下进行的，这个过程主要是在液相中进行，这使得小规模生产的可行性更高，因为它允许分布式和分散化的生产。生产者范围小至居民和农民，他们自己生产自用生物柴油，大到跨国农业企业在大豆加工经营活动中生产生物柴油。虽然植物油也可作为燃料直接用于柴油发动机(Pryde，1983)，但是从甘油三酯到 FAME 的酯交换反应可产生一种与石油制柴油具有相近分子量及低温流动性的燃料，这种燃料更能适应现有的发动机和输送设施。与甲醇类似，政府对生物柴油的生产采取放权及鼓励的政策。在美国，甘油三酯最主要的来源是大豆，而在欧洲是油菜籽。

（2）酯交换反应工艺技术

典型的甘油三酯的酯交换反应是通过碱基催化进行的。反应网络如图 21-6 所示。

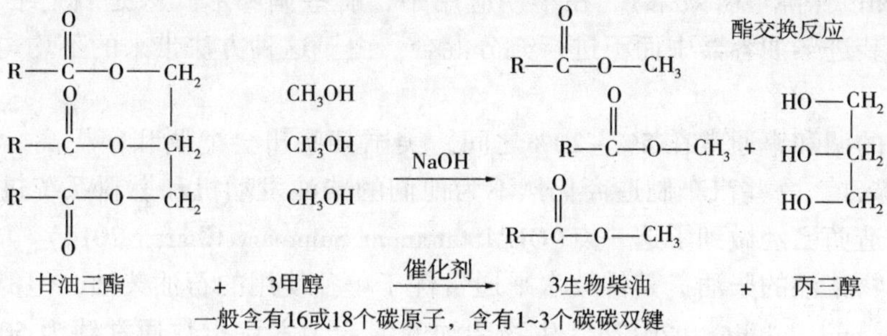


图 21-6　通过酯交换反应生产 FAME 的普通化学原理

甲醇被用于酯交换反应的反应物。甲醇来源广泛且成本较低，由天然气制成，因此与化石燃料相比，可以在一定程度上减少在柴油发动机中燃烧时所产生的二氧化碳排放。由化学计量学可知，1mol 甘油三酯交换反应，可以生产 1mol 甘油三酯。甘油的商业用途很广泛，如作为甜味剂、肥皂组分、化妆品添加剂以及用于药物的微量组分（Christoph 等，2002）。尽管生物柴油产量的激增产生了大量的副产甘油，导致甘油供过于求，其低廉的价格使得它能够代替很多产品中的价格更高的其他组分，从而平衡了甘油的生产（Pagliaroand Rossi，2010）（图 21-7）。

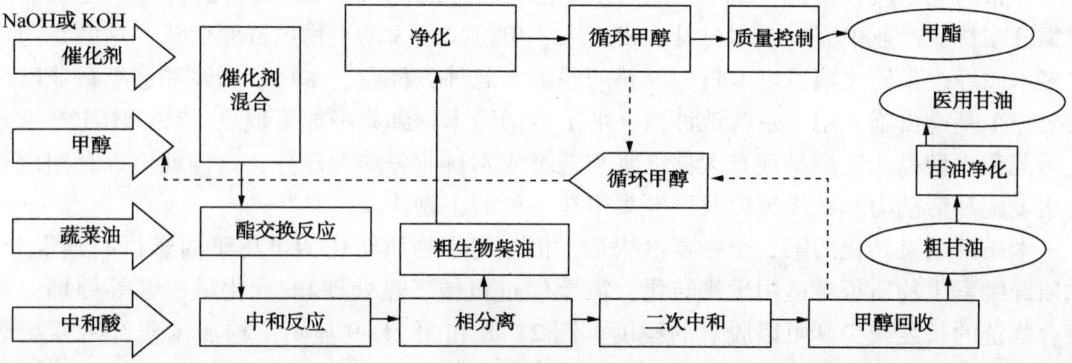


图 21-7　典型的生物柴油工厂流程图

虽然为了促进酯交换反应的进行，在多相催化剂系统方面已经做了很多工作，但均相氢氧化钠或氢氧化钾系统是最常见的，因为这种催化剂的来源较为广泛。

利用使用过的食用油和游离脂肪酸含量较高的低品质植物油代替食用级油作为原料是一个有吸引力的选择，因为这些油脂的价格较低，并且避免了与食用油之间的竞争。然而，利用自由基脂肪酸含量较高的原料需要额外的工艺，以避免当接触矿物基催化剂时产生脂肪酸盐（国家可再生能源实验室，2004）。

（3）脂肪酸甲酯调和柴油燃料池

与乙醇相似，几乎所有的生物柴油都在接近销售终端前与石油柴油调和。然而，没有将生物柴油送入管道的原因却与乙醇不同，生物柴油对喷气燃料的污染是主要关注点。因为管道通常输送多种燃料，喷气燃料通常在柴油燃料之后输送。如果柴油中含有生物柴油，微量的生物柴油污染喷气燃料是很常见的。由于喷气燃料要求有非常低的凝点，通常规定其FAME含量要小于5ppm(ASTM D7566-12a)。生物柴油通常在销售终端前以一定比例与柴油调和(管内调和以保障混合效果)。在早期应用中，有些调和形式只是“倾倒式调和”，即只是将生物燃料装进柴油容器中而不进行充分混合。由于这种方法带来的不均匀性，基本上已经被废止了。

生物柴油的调和率通常在5%~20%之间，美国某些州会把调和率提高。对于掺入率超过5%的生物柴油，一些汽车制造商仍然不为他们的柴油发动机和燃料系统进行质保。然而大多数卡车制造商已经做到了这一点(OEMStatement Summary Chart，2014)。

掺混了生物柴油的柴油，其排放水平通常优于单独使用的石油柴油，但氮氧化物($NO_x$)除外(Hoekman and Robbins，2012)。生物柴油的混合十六烷指数通常约为50，大豆生物柴油的浊点接近-5℃。由于各种植物中饱和$C_{16}$十六烷酸烃类的相对含量较高，棕榈油的浊点更高，而菜籽油的浊点较低(Ibid.，25)。

### 21.2.3 木质纤维素的转化

(1) 原料来源

转化木质纤维素生物质是获得生物燃料的两种最有可能的途径之一(另一种是藻类)，基于每年的大规模增长，这两种途径有可能大规模取代石油衍生燃料。2017~2030年，可用木质纤维素生物质的年增长量估计为(6~13)亿吨(美国能源部，2011)。木质纤维素生物质转化的主要挑战是双重的。第一个挑战是物流：如何以节能、合算的经济性方式将低密度、广泛分布的生物质收集到一个单一的加工地点(Sokhansanj 等，2006)。这种对生物质的高效收集已在林业产业中完成。木材具有密度大、单位尺寸大的生物质资源优势，这就是为什么许多木质纤维素转化项目以木材为原料的原因。此外，林业、木材、制浆和造纸行业已经开发出一个基础设施，用于系统地种植、加工和运输木材到集中加工地点。许多木质纤维素衍生示范和小型商业工厂是现有大型纸浆和造纸或木材业务的一部分，这样就可以利用现有的公用设施和劳动力基础设施以及已经集中在一处的生物质。

木质纤维素转化的第二个主要挑战是，很难将生物质转化为可用于内燃机的碳氢分子。木质纤维素生物质很难适用生物转化，需要经过机械、热处理和/或化学改性等处理，以将聚合物链的长度减少到可以脱氧的程度。图21-8和图21-9显示了构成木质纤维素组成的纤维素和木质素的结构图。纤维素链上有六个碳链，与下一个葡萄糖单元通过氧醚键链接。汽油的平均分子的链长超过这个长度，因此将纤维素转化为传统汽油和柴油需要链增长的机制。半纤维素与纤维素相似，只是它不含严格的葡萄糖键，而是含有多种无水糖单元，如木糖、半乳糖和甘露糖。半纤维素的每个单元链上也含有六个或更少的碳，因此木质纤维素生物质的组成部分也需要同样的链增长机制。

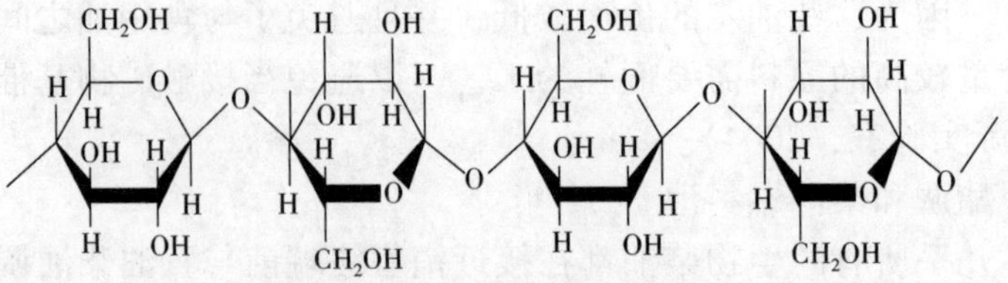

图21-8 纤维素的化学组成图

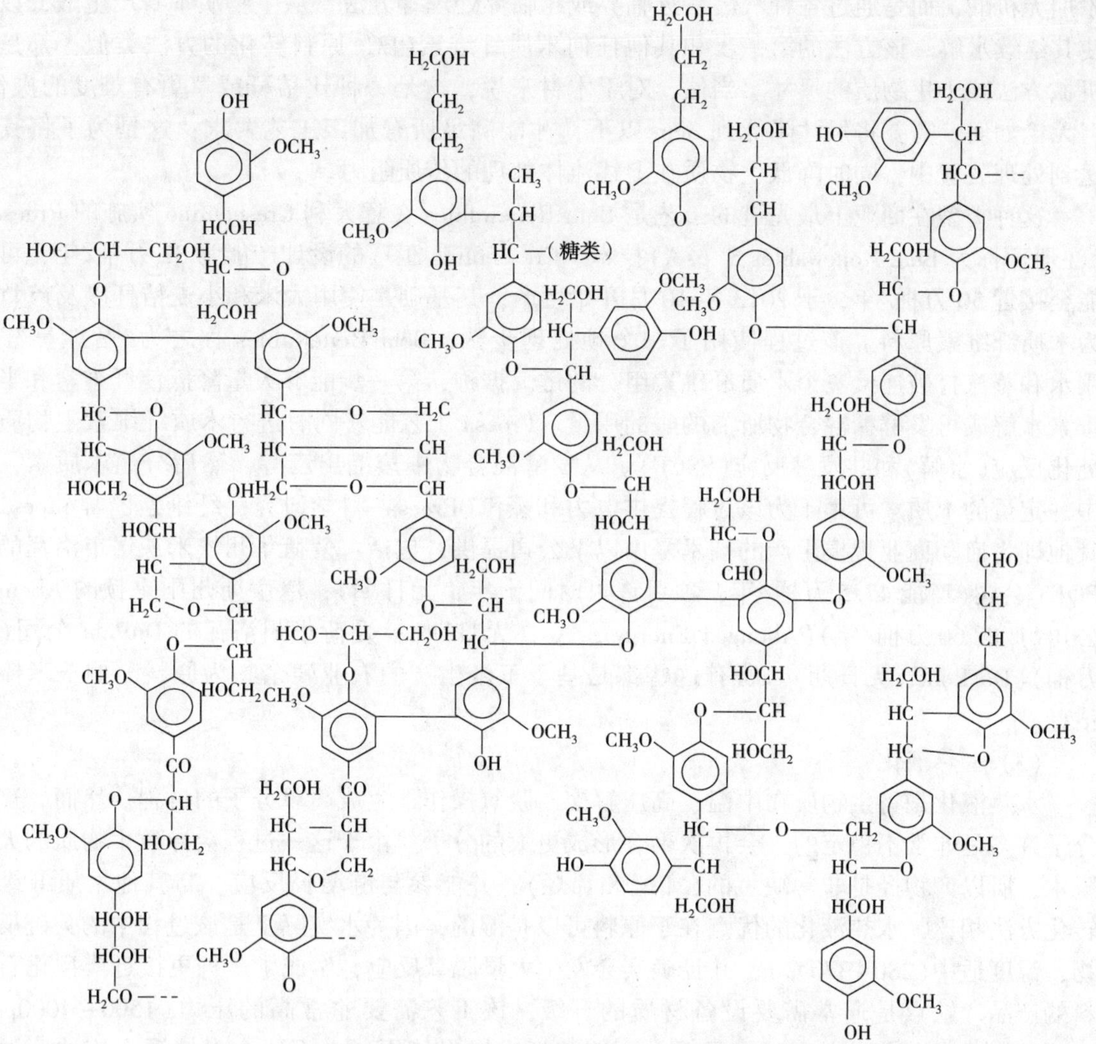

图 21-9 木质素的化学成分图(来自：Glazer 等，1995)

木质素是一种不规则聚合物，主要由通过醚键连接的羟基丙苯基组成。木质素的基本聚合物单元非常适合作为汽油组分燃料，如图 21-8 和图 21-9 所示。

破坏纤维素-半纤维素-木质素结构主要以四种方式之一完成，按照反应强度和温度的排序如下：

① 化学水解、机械分解、酶转化生成糖。

② 水热液化。

③ 热解及催化热解。

④ 气化。

下面简要回顾这些方法的基本组成部分，以及它们在生物燃料生产中最先进的商业地位。

(2) 热化学水解、机械分解及酶转化生成糖

将木材经酸水解生成醇已经实践了几个世纪(Goldstein，1983)。最先进的技术过程不用

添加无机酸，而是通过各种汽爆、近临界或超临界处理等方法，从生物质本身产生酸，以促使其继续水解。该方法的第一步和其他任何木质纤维素(LC)原料转化的方法类似，都是用机械方法减小生物质的尺寸。当然，对于木材来说，这是一种比秸秆或草更有难度的操作，但无论如何，需要将尺寸降低到3cm以下，才能满足所有加工工艺要求；这是为了将其输送到处理装置中，同时降低生物质在上述流体处理的传质阻力。

这种类型在商业上最先进的工艺是Beta Renewables在意大利Crescentino实施的Proesa™(注册商标为Beta Renewables S. p. A)技术。Crescentino工厂的设计产能为32万桶/年，可扩能至接近50万桶/年，于2013年10月开始生产，其基础是使用大米和小麦秸秆以及芦竹作为木质纤维素原料。该过程使用了一个预处理步骤，Beta Renewables称之为“智能烹饪”，用水和蒸汽打破连接三个木质纤维素组分的键。据称，第一步能够大量降低使纤维素和半纤维素水解成可发酵糖混合物所需的酶的用量。Proesa工艺能够同时进行木质纤维素生物质的糖化反应(水解)和共发酵反应(SSCF)。从发酵混合物中蒸馏出乙醇，然后分离木质素，其中一定量的木质素可用于为该过程提供电力和蒸汽(Proesa-科学研究；纤维素乙醇proesa)。其他即将启动商业规模生产的技术是由以下公司提供，包括：爱荷华州埃米茨堡市洛瓦的的POET公司(产能47.5万桶/年，项目许可时间十年，无日期)；堪萨斯州雨果顿的Abengoa公司(产能60万桶/年)(Abengoa Energy S. A.，无日期)；爱荷华州洛瓦的DuPont公司(70万桶)(Du Pont，无日期)。所有这些都是基于玉米生产的农业残余物为原料，如玉米棒和秸秆。

(3) 水热液化

水热液化是将生物质在中温、高压解聚、脱氧操作下生成简单分子的过程。然而，这些分子许多是非常不稳定的，会再次聚合形成更大的分子。由于这一过程会导致生物质的大量脱水，所以产物烃是非常缺氢的(如醛和烯烃)，并能参与链增长反应。与其他木质纤维素转化方法相比，水热液化的优点在于原料可以是湿的，因为水实际上是该过程中的关键反应物，温度适中(280~370℃)，并且确实会发生大量脱氧反应，生成了一种更接近典型化石燃料的产品。缺点是通常需要设备材质的升级，该工艺需要非常高的压力(1500~4000psi)(Toor等，2011)。此外，该产品通常不能按标准燃料使用，也不适合直接混入炼油厂油品池中，这通常是由于其产品酸性和氯化物含量。使用碱性催化剂可以实现产物收率和产物特性的改进。

西北太平洋国家实验室(PNNL)已经在水热液化方面做了大量工作。他们的研究包括评估各种催化剂、原料和操作条件(Pacific Northwest National Laboratory，2009)。

近年来，水热液化在藻类生物质转化为运输燃料方面有着特殊的应用。最初，几乎所有藻类研究人员都试图从藻类中提取脂类，然后将其转化为生物柴油，或者将其加工成柴油或喷气燃料，但发现这样的产率低到不能接受。为了应对这一挑战，一些公司(如蓝宝石能源公司)已恢复水热液化，将所有藻类生物质(包括所有脂类)转化为可在炼油厂加工的液体(Goodall等；Cranford等；Sapphire energy，2013)。这种通过现有的石油炼制设施加工生物质的方法，提供了任何生物质原料转化过程一个巨大的优势，就是可以利用现有资本并整合进现有运输基础设施。

(4) 热解

由于木质纤维素生物质不易分解，通常采用更极端的热处理将其转化为气态或液态产品。热解是一种热处理方法，由于其生产液体产品的能力而引起了人们的极大兴趣。热解是指在没有氧气的情况下，将生物质加热到300~550℃，使木质纤维素生物质热解成一系列含氧碎片，并产生一种液体作为主要产物，这种液体通常被称为“热解油”。

热解油的化学成分与其他油(如甘油三酯或石油)有很大的不同。热解油是由纤维素、木质素和萃取物等热解碎片组成的复杂混合物，所有这些碎片都含有氧。这些含氧化合物可与一定浓度的水混溶(Sipila 等，1998；Wildschut 等，2009)。热解油中的化合物包括无水糖、轻羧酸、醛、酮、乙二醇、糖浆、甲酚、呋喃，以及轻、重多环酚类化合物的混合物，并含有20%~30%的水。热解油是酸性的，通常其 pH 值小于 3。最值得关注的是，由于其含有醛和苯酚，在加热到>150℃后，它将在几分钟内形成固体聚合物。由于其独特的性质，热解油本身不能成为合适的运输燃料。但它可以作为燃料直接在炉内燃烧。

为了生产液体热解油，操作温度接近500℃的温度，必须控制加热时间大约在几秒钟内以避免产出过多的焦炭和气体。这种快速加热，被称为快速热解，通常是与流态化热载体(通常是沙子)充分接触来完成的。该技术通常能够达到70%的热解液体产率、10%~20%的焦炭产率和剩余的富含 CO 和 $CO_2$的气体。目前，主要有两种影响流化热载体接触和生物质移动的热解方法。第一种是通过输入机械能进行机械搅拌，第二种是通过受气体夹带影响的流化传送体系中热载体与生物质的接触实现热解。

荷兰的生物质技术集团公司 BV(BTG)使用旋转锥形反应器将热载体(通常为沙子)与生物质混合的技术(Wagenaar 等 1994；Fast pyrolysis，无日期)。旋转锥形反应器避免了任何动力流的移动及生物质与热载体之间混合的需要。通过燃烧炭来重新加热沙子。在 2014 年底前后首次完成一个 25MW 商业规模的集发电、产汽、生产燃料油一体化装置的建设(Empyro Energy and Materials，无日期)(图 21-10)。

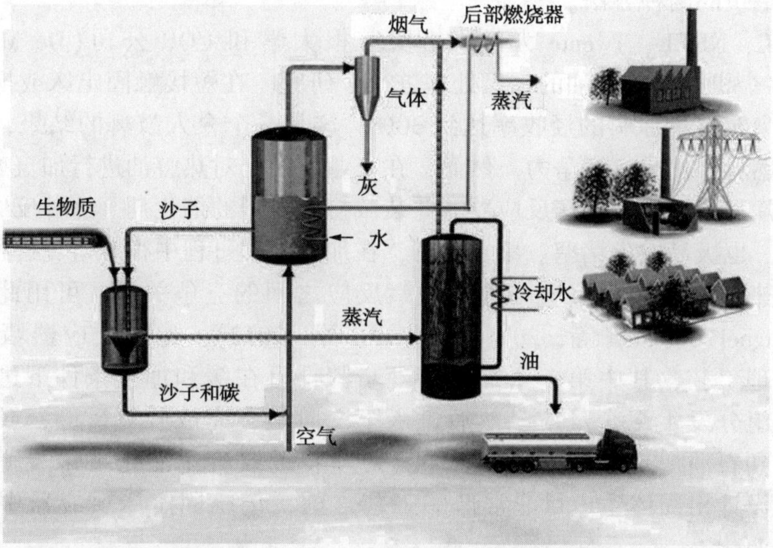


图 21-10 BTG 旋转锥热解工艺流程图(来源：BTG Bioliquids)

Ensyn 公司许可一种称为快速热处理或 RTP™(Ensyn 公司注册商标)的技术，该技术使用输送气体接触并运输加热介质和生物质。这项技术将生物质输送到一个垂直的提升管中，其中沙子在输送气流中向上流动。输送气体是由热解反应生成，进行简单的循环而不凝聚。该工艺产生的炭被燃烧用来重新加热沙子，沙子再循环到提升管的输送气体中。这项技术避免了使用移动机械设备接触和移动沙子及生物质。Ensyn 有几个工业单元在运行，可以追溯到 1989 年(Ensyn history，无日期)。

RTP 装置生产生物质热解油，随后转化为运输燃料，通过 Ensyn 的合资公司与 Honeywell/UOP，Envergent(Hassett 和 Baird 2014)一起销售(图 21-11)。

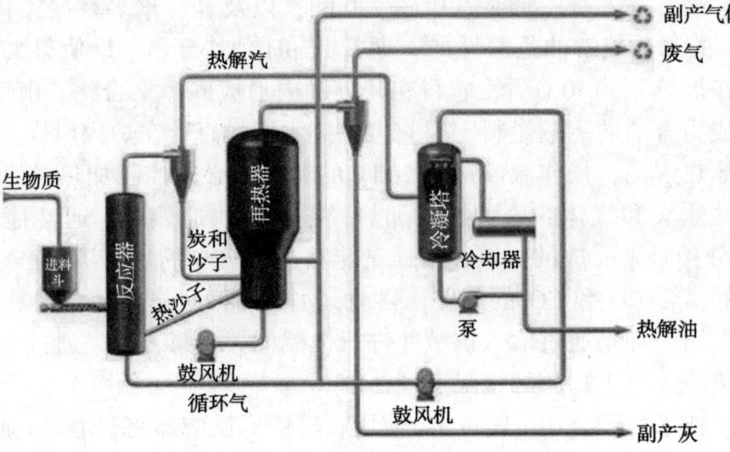


图 21-11　Envergent RTP 流程图(来源：Envergent)

如前所述，热解油不适合直接用作运输燃料，因此需要进一步提质。已经提出了几种将热解油转化为碳氢化合物的途径，包括加氢处理、焦化和催化裂化。加氢处理和催化裂化是迄今为止发展最快的两种方法。

包括 PNNL、NREL、Twente 大学、格罗宁根大学和 UOP 公司(De Miguel Mercader，2010)在内的多个机构对热解油的加氢处理进行了研究。在短接触固定床或搅拌高压釜试验中，原含氧量为 50%的原料的烃收率达到 30%。这是一个令人鼓舞的结果，可能使最终产品成本与化石燃料相比具有竞争力。然而，在工业规模上对热解油进行加氢处理的主要困难在于反应器通常是下流式固定床反应器，并装载挤压成型的催化剂。这种反应器即使在有少量固体产生时，也极易发生堵塞。事实证明，在加氢处理过程中很难避免这种情况。许多研究已经验证了热解油的聚合反应与加氢脱氧反应之间的竞争关系，可用此防止固体形成(ibid50；de Miguel Mercader 等，2011；Ardiyanti 等，2012)。避免反应器堵塞的主要方法是采用两段处理工艺，其中第一个加氢处理步骤，可在缓和加氢条件下进行，促进最容易引起聚合的组分发生聚合反应。然后进入第二阶段，完成脱氧反应，或将稳定的液体从第一阶段送到石油加工装置，如柴油加氢处理装置或流化催化裂化装置，与石油原料配合加工。在设计出固体生成量非常低的工艺之前，传统固定床反应器中的热解油加氢处理将很难工业化。

气体技术研究所(The Gas Technology Institute)开发了一种加氢处理技术，通过在流化输送反应器中对裂解油进行加氢处理来避免固定床结垢问题。这种工艺被称为 IH2(注册商标为 Gas Technology Institute)，该过程包括两个加氢脱氧阶段。如图 21-12 所示，第一阶段使用一个提升管型的相输送反应器，催化剂在 340~470℃ 和低于 500psig 的压力下与生物质接触，在临氢环境下，促进加氢热解和加氢脱氧反应(CRI 催化剂公司，2012)。产品油气经除焦系统，再通过产蒸汽冷却后进入固定床加氢处理反应器，以去除剩余的氧气。通过在气相输送提升管反应器中进行第一阶段的加氢脱氧，IH2 工艺避免了先前提到的固定床加氢处理反应器的堵塞问题。第二级加氢处理反应器完成脱氧，生产出最终无氧的汽油和柴油调和产品。为了消除对外供氢气的依赖，该过程中产生的轻质烃通过重整产生氢气。这个过程尚未在商业规模上实现，但多年的工业试验已显示出其前景。IH2 工艺的使用许可由 CRI 催化剂公司(Ibid54)授予。

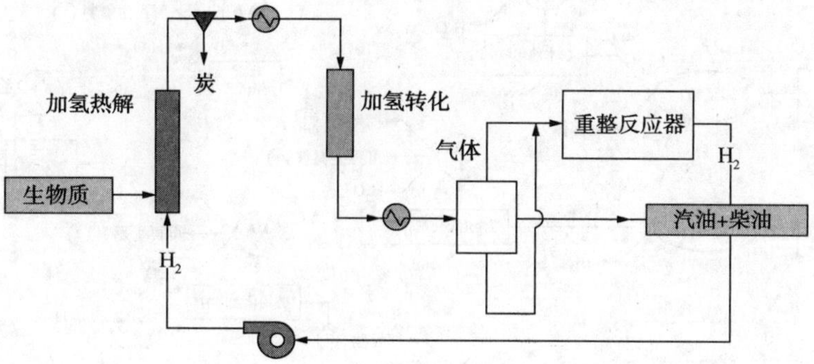


图 21-12　IH2 工艺流程图(来源：GTI，“利用加氢热解及加氢转化的集成将生物质转化为汽油和柴油”，美国环境事务部资助项目 DE-EE-000287)

Kior 公司开发了一种称为生物质流态催化裂化(BFCC)的工艺。在大多数情况下，流动方案类似于石油炼制的催化裂化装置，用固体生物质代替炼油装置中的蜡油进料。BFCC 工艺将固体生物质转化为低氧油品。然后这些油被送往固定床加氢处理反应器以完成向纯烃产品的转化。在向 BFCC 提升管反应器进料之前，该工艺还设有生物质预处理步骤。Kior 获得了许多预处理专利，从用盐浸渍生物质、将催化剂与生物质混合、液化，到用碳氢化合物加热、成浆，再与催化材料接触，最后向反应器进料(Bartek 等；Yanik 等；Bartek 等)。Kior 在密歇根州哥伦布市建造了一座价值 2.13 亿美元、规模为 500t/d(全干原料)的生物质处理装置，其产品设计生产能力为 937 桶/天(以每年运行 330 天为基础)。Kior 是唯一一家不采用费托合成方法用木质纤维材料最大量提供纯烃运输燃料的公司，2013 年的汽油加柴油产量为 16425 桶(Technology，2014；Production facilities，2014；KiOR，预计 2013 年)。值得注意的是，这个总数仅相当于设计产量的 2 周生产量。开工困难正在影响 Kior 公司的生存能力(纤维素燃料公司 Kior 披露了对其可行性的“强烈怀疑”，需要在 2014 年 4 月 1 日前得到资金支持)。

Cool Planet 开发了一项技术，该技术利用生物质的连续热分解和催化分解，首先转化为气体，然后用特制的催化剂转化中间物料。不同的催化剂用于不同功能，包括脱水、芳构化等(http：//www. coolplanet. com/howit-works/overview)。通过这种方式，Cool Planet 工艺避免了在大量热流和催化剂作用下，产生的大量含氧有机化合物的问题。Cool Planet 的方法是从生物质中得到某些化学类型的中间产物，并使用适当的催化剂将其转化为碳氢化合物或其他有价值的产品，如图 21-13 所示(Cheiky 和 Malyal)。Cool Planet 拥有一套产能在 720BPSD 的在建装置(Ibid64)。

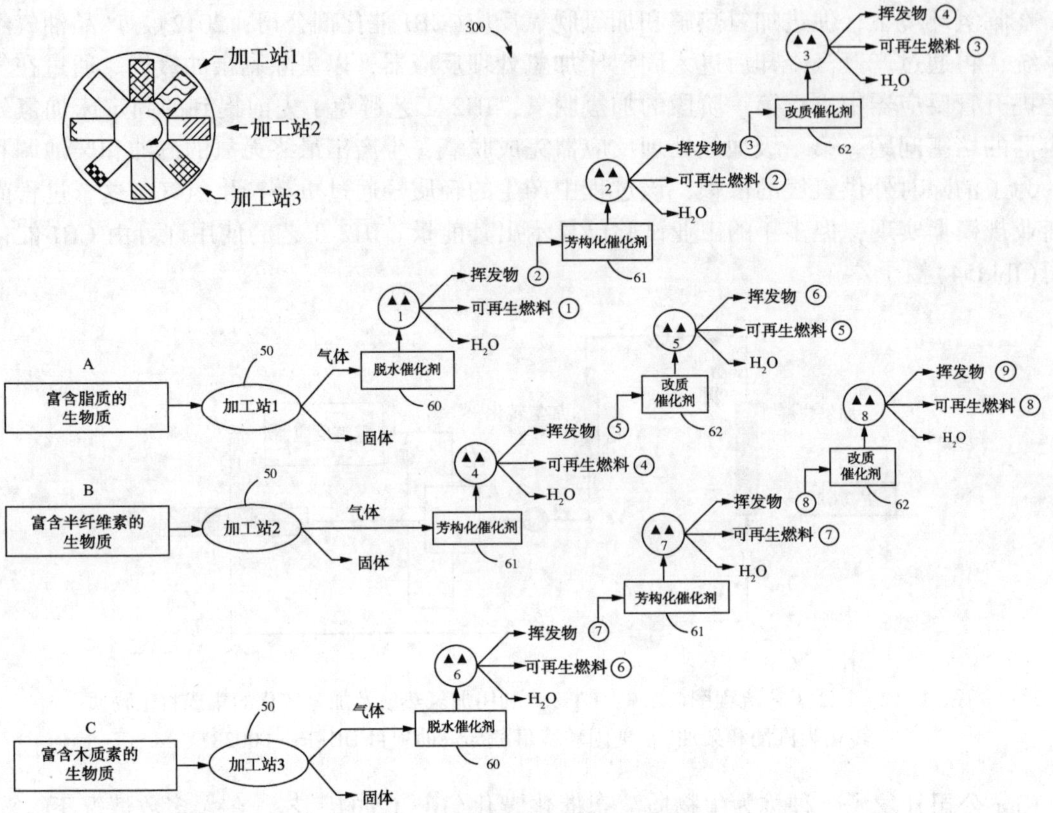


图 21-13　Cool Planet 过程的概念图(来源：美国专利 8383049)

Renmatix 也采用类似的工艺顺序，开发了 Plantrose 流程。该过程首先将半纤维素转化为 $C_5$ 糖类并将它们与固体分离，然后在更苛刻的超临界水解条件下，将纤维素转化为 $C_6$ 糖类，如图 21-14 所示(Plantrose™ Process，无日期)。

(5) 气化

与木质纤维素转化的其他方法不同，气化技术提供了制备合成气(也称发生炉气)的途径，合成气是一种可预测的、非常简单的中间产物，仅由一些简单的化合物组成。基本上，气化是生物质部分燃烧成一氧化碳、二氧化碳、氢气和水(即合成气)的过程，同时还产生微量的焦油和焦炭。去除来自合成气中的焦油是必要的，有利于下游通过费托合成(FT)和催化剂的工艺中清洁气体的转化。多年来，解决焦炭和焦油的方法一直是许多研究的主题，并且仍将继续(Wolfesberger 等，2014；Hansen 等，2014；Simell 等，2014；Felix 等，2014；DaytonandGupta，2014)。FT 合成油非常像石蜡，同样质地非常光滑，通常需要通过称为“脱蜡”的加氢处理步骤进行转化，使其石蜡含量适合作柴油或喷气燃料使用。

气化主要有两个步骤：在 350~1000psig 的压力下，用富氧或纯氧进行气化反应。虽然生产富氧的成本很高，但空分装置的大部分投资是通过后续单元的成本节约来回收的，包括：选择低压气化工艺、简化气体净化设施以及循环利用，因为空气中的氮气不会在循环回路中积聚(氮气在气化和 FT 过程中是惰性的)(van Steen 等，2008)。气化和 FT 转化是为人们熟知的工艺，Sasol、Shell 和 ExxonMobil 等公司都有大规模的以天然气和煤为原料的工业

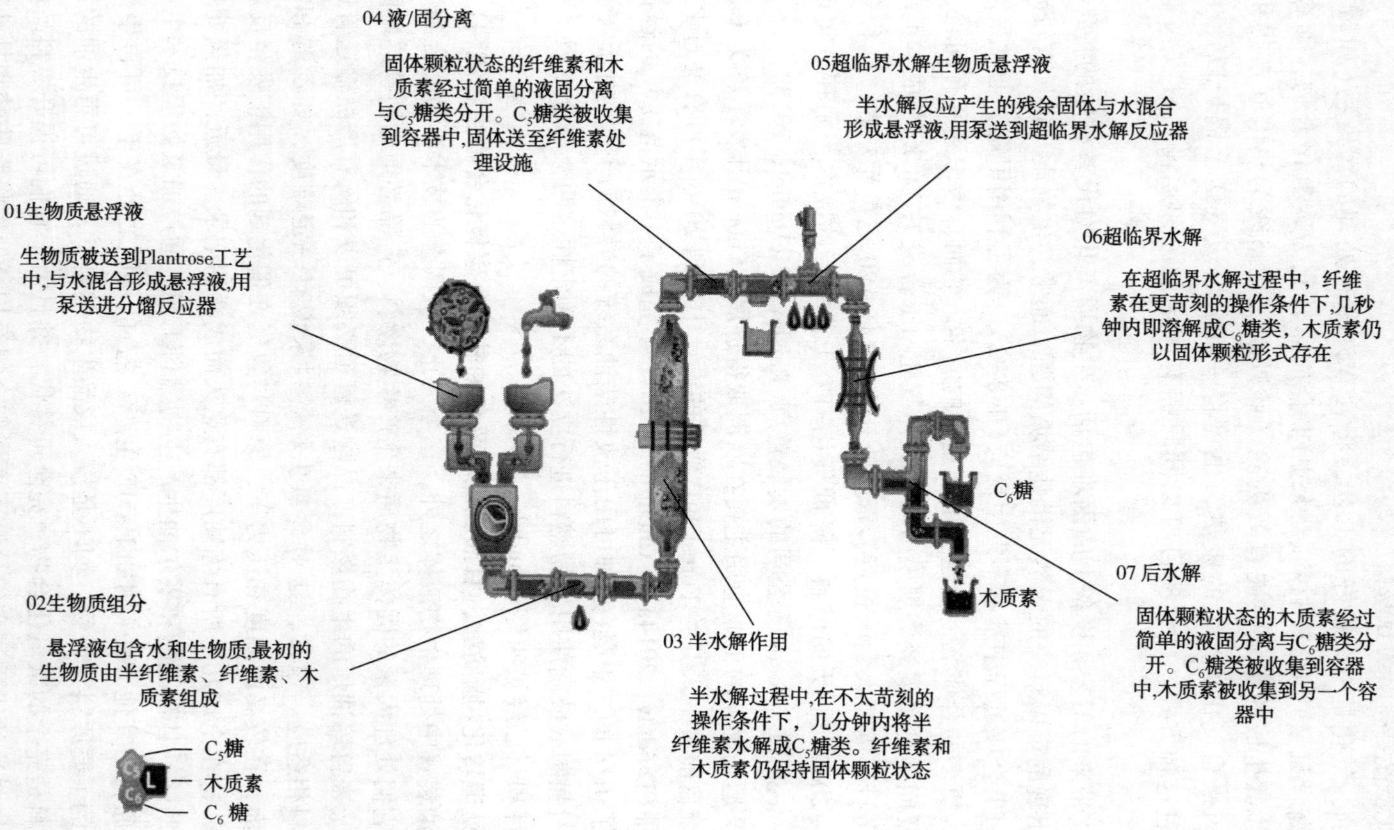


图21-14 renmatixplantrose工艺流程图（来源：Renmatix股份有限公司）

装置。研究表明，由于固体原料处理、生物质产生的碱金属废渣、额外的氧气需求以及对气体深度净化的要求(Boerigter，2006)，使用生物质(而非煤或气体)气化产生的额外催化剂成本，比天然气合成气装置要高出约60%。

正如前面提到的，气化是一个很好的工艺，将含有许多难处理的污染物(如碱金属、氯化物、重金属和高含氧量)的含碳材料，经过FT合成后转化为碳氢化合物，而令人困扰的污染物在气化步骤生成的灰分中被有效去除。此外，气化路线为热电联产提供了巨大的机会，其中既可来自气化炉产生的废热，也可将一部分合成气送至锅炉以产生电力或更多的热量。通过这种方式，气化项目可以同时拥有固定能源和运输燃料收入来支持该项目。

生物质进行气化带来的工艺和设备上的困难包括：生物质气化对设备材质的特殊需求，以及在气化步骤中出现的难以解决的天然无机盐结垢问题。通常，生物质气化具有较高的甲烷产量，其在气化-FT合成过程中基本不发生反应(Ibid 72)。为了利用甲烷，通常采用蒸汽重整步骤将其转化为更多的合成气，但这会增加更多的成本。然而，考虑到所有问题，任何项目中最常见的主要问题是实现经济规模(Ibid 73)。气化-FT合成工艺的综合成本很高，因此要使该工艺经济可行，需要大量的投资，资金支出在10亿~20亿美元左右。这种规模的工厂可能只生产10~20000桶/天的燃料。降低气化-FT工艺系统的成本，尤其是实现小规模生产，一直是Rentech和Velocos等公司的发展重点(Paisley；McDaniel，2013)。

生物质气化生产运输燃料的工业应用主要在欧洲取得进展。Choren开发了称为Carbo-V的反应系统，该系统目前被纳入芬兰Forest BtL项目的设计中，到2016年可有通过FT合成方法生产可再生柴油(Landalv，2014a)。Chemrec于2011年完成了一个示范工厂的运行，该工厂通过气化完成了4t/d的二甲醚(一种可用于改性柴油系统的燃料)产量。由于大量的资金投入及政府承诺对强制或鼓励使用生物燃料进行立法的不确定性这两个综合原因，一些大型的商业化、盈利性项目已经被叫停(Landalv，2014b)。

**21.2.4 加氢处理转化(脂肪酸、甘油三酯和妥尔油转化为碳氢化合物生物燃料)**

除了在现有炼油装置中处理生物液体之外，迄今为止，所调查的技术不易整合到炼油厂中。这主要是因为它们处理大量的固体生物质来生产生物燃料，产品必须在销售终端附近调和到现有燃料油池。来自炼油厂的生物燃料产品输送管道必须可以和所有产品输送管道实现替代，并与管道材料相适应。通常，这对含氧生物燃料来说有一定难度，如乙醇和FAME部分所述。另一方面，在较高的温度和压力下，原料与氢气在催化剂的作用下发生反应，去除原料中的污染物，这在全球几乎所有炼油厂都有悠久而成功的记录。最近，加氢处理技术已应用于可再生脂肪酸、甘油三酯和妥尔油生产生物燃料工艺。通过加氢处理技术生产的生物燃料与使用类似原料的其他方法(例如FAME生产工艺)的不同之处在于，可再生油中的氧被视为必须去除的主要原料污染物，而不是掺入成品生物燃料里。通过可再生油的加氢处理，得到的生物燃料是完全的碳氢化合物，完全可替代，并且由于它们可提升燃料品质，而被认为是中间馏分燃料池的优质调和组分。下面详细介绍经加氢处理将脂肪酸和甘油三酯转化为生物燃料的过程。

## 21.3 脂肪酸和甘油三酯的加氢处理

### 21.3.1 简介

虽然生物燃料可以由各种原料制成，从木屑到烹饪油脂再到玉米，但本节将重点关注由甘油三酯(或三酰基甘油)和游离脂肪酸(FFA)作为原料制成的生物燃料，并简要提及妥尔油。

为了解脂肪酸基原料对于生产可掺混的生物燃料的用途，有必要了解补充或替代石油基燃料的一般组分。脂肪酸、甘油三酯和妥尔油最常用于生产柴油和喷气燃料(中间馏分油)，因为它们的脂肪酸碳链大致与典型石油基柴油和喷气燃料的碳数分布相同。如果脂肪酸碳链可以被分离并用氢饱和转化成链烷烃，其将很好地替代石油基燃料，因为实际上脂肪酸衍生的链烷烃与石油基柴油和喷气燃料的主要组分在化学组成上无法区分。

几种基于甘油三酯、游离脂肪酸或妥尔油加氢处理的工艺已开发完成，这些工艺可将动植物油转化为生物燃料。完成这种转化所需的主要工艺步骤，包括通过典型的植物油炼制甘油三酯、脱氧以生产饱和正构烷烃以及正构烷烃的异构化和裂化以制备生物燃料。过去几年，已经陆续出现开始使用甘油三酯、游离脂肪酸或妥尔油作为原料来生产可再生柴油的工业装置，如表 21-1 所示(清洁解决方案，2014；生产能力，2014；Lane，2012，2013；Schill，2009；动态燃料，无日期；Egeberg 等，2014；钻石绿色柴油，无日期；意大利最大炼厂的原料，2012)。

表 21-1 已工业化的甘油三酯、游离脂肪酸和妥尔油(Tall Oil)加氢处理装置

| 公司名称 | 能力/(桶/天) | 技术 | 厂址 | 主要产品 | 开工日期 |
|---|---|---|---|---|---|
| Neste | 3900 | NEXBTL | 芬兰波尔沃(1) | 柴油 | 2007 |
| | 3900 | NEXBTL | 芬兰波尔沃(2) | 柴油 | 2009 |
| | 16600 | NEXBTL | 新加坡 | 柴油 | 2010 |
| | 16600 | NEXBTL | 荷兰鹿特丹 | 柴油 | 2011 |
| Dynamic Fuels | 5000① | Bio-Synfining | 美国路易斯安那州盖斯玛 | 柴油 | 2010 |
| Preem | 10000(30%RTD②混合原料) | HydroFlex | 瑞典哥德堡 | 柴油 | 2010 |
| Diamond Green Diesel | 10000 | Ecofining③ | 美国路易斯安那州诺克 | 柴油 | 2013 |
| ENI | 7200① | Ecofining③ | 意大利威尼斯 | 柴油 | 2014 |

① 表示产品生产能力而非原料加工能力。

② 表示粗妥尔柴油是妥尔油的一种衍生物，其中妥尔油中的脂肪酸酯化形成脂肪酸甲基酯。妥尔油中的松香酸非常不易被酯化。

③ “Ecofining”指的是 UOP/ENI 的 Ecofining 加工过程。

### 21.3.2 甘油三酯和脂肪酸

甘油三酯是由三个脂肪酸通过酯基和甘油组成的分子。甘油三酯是生物体内用于储存能量的基本脂肪单位。未结合的脂肪酸称为游离脂肪酸(FFA)，由非极性烃链与极性羧基官能团组成。妥尔油主要由游离脂肪酸和松香酸组成，是木材制浆的副产品。甘油三酯和游离脂肪酸的一般结构如图 21-15 所示。脂肪酸碳链长度及氢饱和度随着生物体的差异变化显著。

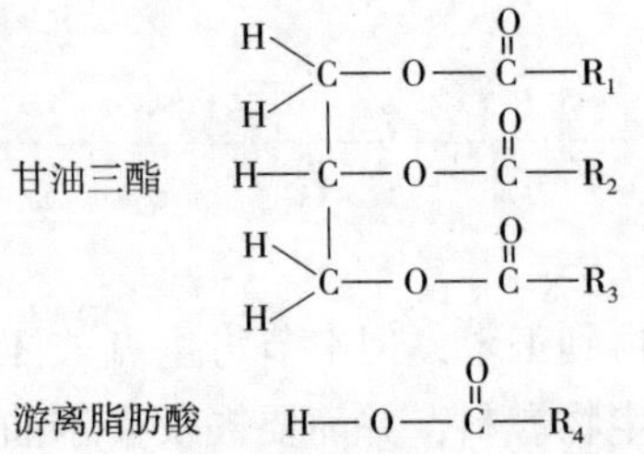


图 21-15　甘油三酯和游离脂肪酸分子的一般结构

（R 指的是构成脂肪酸群中非极性部分的烃链）

例如，椰子甘油三酯富含月桂酸(12∶0)和肉豆蔻酸(14∶0)等脂肪酸，而大豆甘油三酯富含油酸(18∶1)、亚油酸(18∶2)和亚麻酸(18∶3)等脂肪酸。从这两个实例可明显看出，脂肪酸几乎全部存在于自然界中，具有大约 8~22 个碳原子的偶数碳链。构成甘油三酯的各种脂肪酸组合在所有生物体中变化很大，甚至在同一生物体内也会有较小的变化，这取决于季节、区域或生物体的品种。一般来说，大多数来源于动物的甘油三酯比来源于植物的甘油三酯饱和度高。

描述脂肪酸的简单记法是具有碳碳双键的碳数，也称为不饱和度，由冒号分开(碳数∶不饱和度)。表 21-2(Christie，2013)列举了几种常见脂肪酸的命名法、碳链长度和不饱和度。表 21-3(Sanford 等，2013)展示了以脂肪酸浓度表示的常见甘油三酯油组成。

**表 21-2　动植物中常见的脂肪酸**

| 来源于动植物的常见脂肪酸 | | |
|---|---|---|
| 系统命名 | 惯用名 | 速记 |
| 饱和脂肪酸 | | |
| 乙酸 | 醋酸 | 2∶0 |
| 丁酸 | 酪酸 | 4∶0 |
| 己酸 | 羊油酸 | 6∶0 |
| 辛酸 | 羊脂酸 | 8∶0 |
| 癸酸 | 羊蜡酸 | 10∶0 |
| 正十二烷酸 | 月桂酸 | 12∶0 |
| 正十四烷酸 | 肉豆蔻酸 | 14∶0 |
| 正十六烷酸 | 棕榈酸 | 16∶0 |
| 正十八烷酸 | 硬脂酸 | 18∶0 |
| 二十烷酸 | 花生酸 | 20∶0 |
| 二十二烷酸 | 山嵛酸 | 22∶0 |
| 单烯类脂肪酸 | | |
| 顺-9-十六碳烯酸 | 棕榈油酸 | 16∶1(n-7) |
| 顺-6-十八碳烯酸 | 岩芹酸 | 18∶1(n-12) |
| 顺-9-十八碳烯酸 | 油酸 | 18∶1(n-9) |
| 顺-11-十八烯酸 | 顺-异油酸 | 18∶1(n-7) |
| 顺-13-二十二碳烯酸 | 芥子酸 | 22∶1(n-9) |
| 顺-15-二十四碳烯酸 | 神经酸 | 24∶1(n-9) |
| 多不饱和度的脂肪酸① | | |
| 9,12-十八碳二烯酸 | 亚麻油酸 | 18∶2(n-6) |
| 6,9,12-十八碳三烯酸 | γ-亚油酸 | 18∶3(n-6) |
| 9,12,15-十八碳三烯酸 | A-亚油酸 | 18∶3(n-3) |
| 5,8,11,14-二十碳四烯酸 | 花生四烯酸 | 20∶4(n-6) |
| 5,8,11,14,17-二十碳五烯酸 | EPA | 20∶5(n-3) |
| 4,7,10,13,16,19-二十二碳六烯酸 | DHA | 22∶6(n-3) |

① 所有双键都是顺式结构。

表 21-3 构成常见甘油三酯中的脂肪酸

| 原料 | C8:0 | C10:0 | C12:0 | C14:0 | C15:0 | C16:0 | C16:1 | C17:0 | C17:1 | C18:0 | C18:1 | C18:ln-9(OH) | C18:2 | C18:3 | C18:39c, 11t, 13t | C20:0 | C20:1 | C20:ln-n (OH) | C20:2 | C20:5 | C22:0 | C22:1 | C24:0 | C24:1 | 未知 |
|---|---|---|---|---|---|---|---|---|---|---|---|---|---|---|---|---|---|---|---|---|---|---|---|---|---|
| 藻类 1 | | | | 0.6 | | 6.9 | 0.2 | | | 3.0 | 75.2 | | 12.4 | 1.2 | | 0.4 | | | | | 0.1 | | | | |
| 巴西棕榈树 | 0.5 | 3.8 | 48.8 | 17.2 | | 9.7 | | | | 4.0 | 14.2 | | 18 | | | | | | | | | | | | |
| 牛油 | | | 0.2 | 2.9 | 0.6 | 24.3 | 2.1 | 1.2 | 0.4 | 22.8 | 40.2 | | 3.3 | 0.7 | | 0.2 | 0.6 | | | | | | | | 0.5 |
| 琉璃苣 | | | | | | 9.3 | | | | 3.8 | 17.1 | | 38.7 | 26.1 | | | | | | | 0.2 | 2.5 | | 1.5 | 0.8 |
| 山茶籽油 | | | | | | 5.0 | | | | 2.2 | 17.7 | | 18.0 | 37.9 | | 1.4 | 9.8 | | 1.6 | | 0.4 | 4.5 | 0.3 | 0.2 | 1.0 |
| 菜籽油 | | | | | | 3.8 | 0.3 | | | 1.9 | 63.9 | | 19.0 | 9.7 | | 0.6 | | | | | 0.4 | | 0.2 | 0.2 | |
| 蓖麻① | | | | | | 0.9 | | | | 1.1 | 3.1 | 90.3 | 4.0 | 0.6 | | | | | | | | | | | |
| 精选白色动物油脂 | | | | 1.3 | | 21.6 | 2.8 | 0.2 | 0.3 | 9.0 | 50.4 | | 12.2 | 1.0 | | 0.2 | 0.5 | | | | | 0.3 | | | 0.2 |
| 椰子 | 6.3 | 6.0 | 49.2 | 18.5 | | 9.1 | | | | 2.7 | 6.5 | | 1.7 | | | | | | | | | | | | |
| 咖啡豆 | | | | | | 11.0 | 0.5 | | | 3.4 | 70.0 | | 12.7 | 0.8 | | 0.6 | 0.1 | | | | 0.2 | | 0.1 | | 0.6 |
| 玉米 | | | | | | 12.1 | 0.1 | | 0.1 | 1.8 | 27.2 | | 56.2 | 1.3 | | 0.4 | | | | | 0.2 | | | | 0.6 |
| 蓝叶柄萼距花 | | | | 4.7 | | 18.2 | | | | 3.5 | 46.9 | | 22.8 | 2.3 | | 0.6 | | | | | 0.4 | | 0.6 | | |
| 月见草 | | | | | | 6.0 | | | | 1.8 | 6.6 | | 76.3 | 90 | | 0.3 | | | | | | | | | |
| 鱼 | | | 0.2 | 7.7 | | 18.8 | 9.3 | 0.3 | 0.3 | 3.9 | 15.0 | | 4.6 | 0.3 | | 0.2 | 1.4 | | | 25.1 | 0.7 | 1.3 | | 0.4 | 10.5 |
| 大麻 | | | | | | 5.2 | | | | 2.4 | 13.1 | | 57.1 | 20.0 | | 0.7 | | | | | 0.5 | | 0.3 | | 0.7 |
| 高Ⅳ级肝细胞 | | | 0.2 | 1.0 | | 20.7 | | 0.2 | 0.3 | 8.9 | 46.7 | | 15.6 | 0.5 | | 0.2 | 0.8 | | 1.3 | | 0.2 | 0.4 | | 0.1 | 0.1 |
| 低Ⅳ级肝细胞 | | 0.1 | 0.1 | 1.5 | | 28.0 | 1.9 | 0.3 | 0.2 | 20.2 | 36.1 | | 9.7 | 0.3 | | 0.2 | 0.7 | | 0.4 | | | 0.3 | | | |
| 麻风树 | | | | | | 12.7 | 0.7 | | | 5.5 | 39.1 | | 41.6 | 0.2 | | 0.2 | | | | | | | | | |
| 莱奎罗油① | | | | 0.1 | | 0.9 | 0.3 | | | 1.7 | 13.0 | | 5.8 | 10.6 | | 0.7 | | 66.5 | | | | | 0.1 | 0.4 | |
| 亚麻籽 | | | | | | 4.4 | | | | 3.8 | 20.7 | | 15.9 | 54.6 | | 0.2 | | | | | 0.3 | | | | |
| 辣木① | | | | | | 5.5 | 1.2 | | | 5.8 | 76.3 | | 0.7 | | | 3.1 | 2.0 | | | | 4.2 | | 0.4 | | 0.8 |
| 芥末 | | | | | | 2.6 | 0.2 | | | 1.2 | 20.6 | | 20.6 | 13.3 | | 0.9 | 10.7 | | 1.0 | | 0.5 | 25.5 | 0.2 | 1.5 | 1.1 |
| 苦楝树 | | | | | | 14.9 | 0.1 | | | 20.8 | 43.9 | | 17.9 | 0.4 | | 1.6 | | | | | 0.3 | | 0.3 | | |
| 棕榈树 | | | 0.2 | 0.5 | | 43.4 | 0.1 | | | 4.6 | 41.9 | | 8.6 | 0.3 | | 0.3 | | | | | 0.1 | | | | |
| 紫苏籽 | | | | | | 5.3 | 0.1 | | | 2.2 | 16.6 | | 13.7 | 62.1 | | | | | | | | | | | |
| 禽类脂肪 | | | 0.1 | 1.0 | | 19.6 | 3.2 | 0.3 | 0.2 | 7.5 | 36.8 | | 28.4 | 2.0 | | 0.1 | | | 0.1 | | 0.3 | 0.4 | | | |
| 米糠 | | | | 0.3 | | 12.5 | | | | 2.1 | 47.5 | | 35.4 | 1.1 | | 0.6 | | | | | 0.3 | | 0.2 | | |
| 大豆 | | | | | | 9.4 | | | | 4.1 | 22.0 | | 55.3 | 8.9 | | | | | | | 0.3 | | | | |
| 草乌柏 | | | 0.4 | 0.1 | | 7.5 | | | | 2.3 | 16.7 | | 31.5 | 41.5 | | | | | | | | | | | |
| 向日葵 | | | | | | 4.2 | | | | 3.3 | 63.6 | | 27.6 | 0.2 | | | | | | | 0.7 | | 0.4 | | |
| 桐树 | | | | | | 1.8 | | | | 2.1 | 5.3 | | 68 | 0.7 | 72.2 | 0.2 | | | 0.1 | | | | 10.4 | | 0.4 |
| 餐余油 | | | 0.1 | 0.1 | | 11.8 | 0.4 | 0.1 | 0.1 | 4.4 | 25.3 | | 49.5 | 7.1 | | 0.3 | | | | | 0.4 | 0.3 | 0.1 | | |
| 黄油 | | | 0.1 | 0.5 | | 14.3 | 1.1 | 0.3 | 0.2 | | 35.6 | | 35.0 | 4.0 | | 0.3 | | | | | 0.3 | 0.2 | | 0.1 | |

① 在 GC/FID 色谱图中，羟基酯的峰消失。

(1) 甘油三酯油产品

甘油三酯油的产品历史悠久，其中大部分与食品、照明和药物密切相关。从植物中及富人们从鲸鱼中获取的甘油三酯油，过去一直被当作燃料用来加热和照明，尽管自19世纪后期开始化石能源几乎全部取代了这一用途(Yergin，1991)。表21-4显示了目前全球来源于植物的主要商品甘油三酯油的产量(Foreign Agriculture Service，2014)。最近，甘油三酯油被用作燃料产品的情况有所复苏。甘油三酯油通常提取自油菜籽、豆类、产油作物的果实或动物性脂肪。从劣质的原料中提取和提纯精制油品的炼制工艺已经被开发出来。本节概述了用于植物油提取及炼制的典型工艺。为了制备用于下游加氢处理单元生产燃料油的甘油三酯油，可以修改或去掉某些步骤。最终，甘油三酯油经提取和精制过程必须生产出与原料说明书一致的预期产品，以用于食物、燃料、化妆品或药物等行业。植物油生产过程的标准流程是精制、漂白和除臭(简称RBD)。植物油生产的主要RBD流程概述见图21-16。

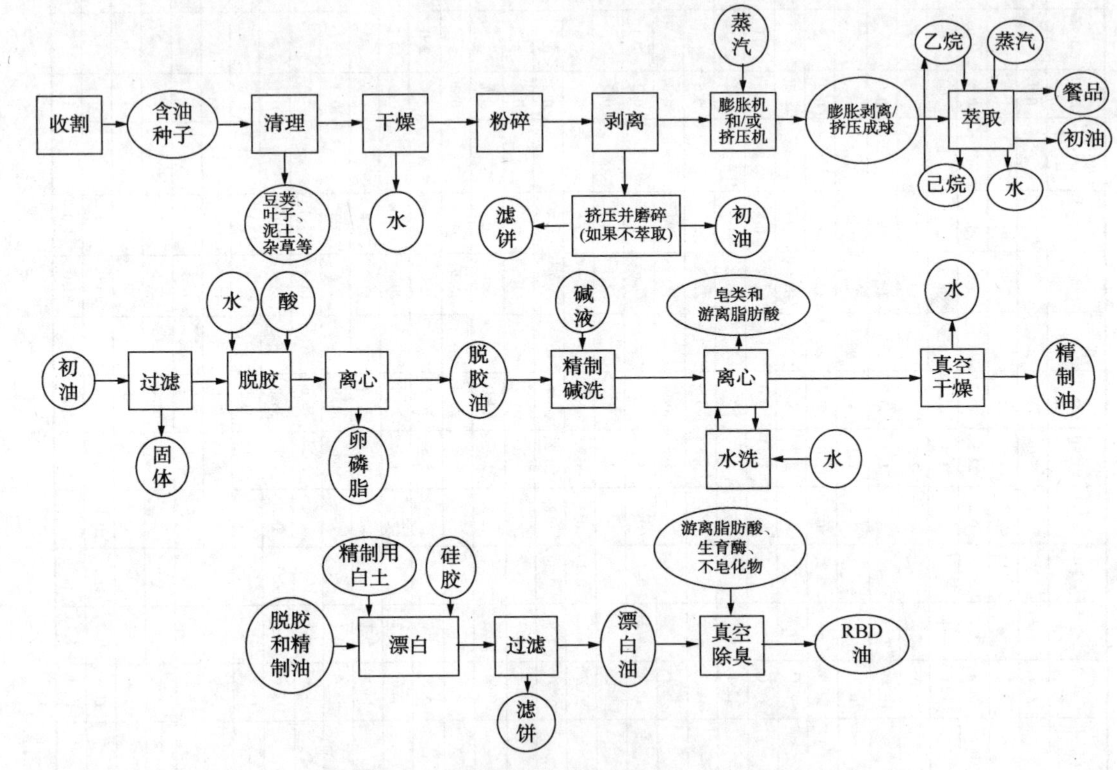


图21-16 典型的甘油三酯油的生产过程步骤图

**表21-4 全球植物性来源的商品甘油三酯油的产量** 百万吨

| 项目 | 2009/2010 | 2010/2011 | 2011/2012 | 2012/2013 | 2013/2014 | 2014.5/2015 |
|---|---|---|---|---|---|---|
| 椰子 | 3.52 | 3.71 | 3.41 | 3.66 | 3.45 | 3.43 |
| 棉籽 | 4.59 | 4.96 | 5.21 | 5.21 | 5.07 | 4.99 |
| 橄榄树 | 3.08 | 3.25 | 3.24 | 2.38 | 3.1 | 3.19 |
| 棕榈树 | 46.07 | 48.76 | 52.01 | 55.97 | 58.77 | 62.35 |
| 棕榈仁 | 5.6 | 5.73 | 6.13 | 6.52 | 6.83 | 7.23 |

续表

| 项目 | 2009/2010 | 2010/2011 | 2011/2012 | 2012/2013 | 2013/2014 | 2014.5/2015 |
|---|---|---|---|---|---|---|
| 花生 | 4.89 | 5.33 | 5.31 | 5.54 | 5.63 | 5.84 |
| 油菜籽 | 22.55 | 23.47 | 24.12 | 24.98 | 25.9 | 26.02 |
| 大豆 | 38.79 | 41.3 | 42.6 | 42.82 | 44.65 | 46.34 |
| 向日葵籽 | 12.28 | 12.42 | 14.87 | 13.45 | 15.83 | 15.52 |
| 合计 | 141.38 | 148.93 | 156.9 | 160.52 | 169.23 | 174.89 |

注：因四舍五入，总计数值与各项数值之和有出入。数据截至2014年5月。

一旦收获了油料作物，首先要进行采油的准备工作，准备工作的典型步骤包括：清洗步骤以去除种荚、叶子、土壤、金属及茎等固体；干燥步骤将水分降至适当水平，将油籽在运输或储藏过程中因氧化或酶变而遭到破坏的趋势降至最低；之后是种壳破碎和剥离步骤，种壳的加工处理过程通常经过一台膨胀机，或通过一台挤压机。在膨胀机中，种壳暴露在足以破坏其储油组织结构的蒸汽中，以便更有利于获取油类物质。挤压机增加了膨胀机流后物流的密度，增加了溶剂萃取能力。获取粗油的最常用的方法是溶剂萃取法，有时也会用到压榨和研磨等机械方法。在溶剂萃取方法中，己烷异构体的混合物溶剂与从膨胀机和/或挤压机流出的种壳物流相接触。通常在用水蒸气加热的蒸发器中分离溶剂和油的混合物，即油水混合物。蒸发器馏出物己烷循环至溶剂萃取塔中。蒸发器底部的产品通过汽提来干燥，使得粗油中的水分和大部分溶剂被去除。汽提塔底的产品是直接脱胶的粗油。溶剂萃取步骤中积累的固体物质通常在脱溶剂装置中被烘干，用蒸汽加热来去除固体物质上残留的溶剂并蒸煮固体物质。经过脱溶剂和蒸煮的固体物质成为糠类产品，通常作为动物饲料卖掉；而热的溶剂在循环至溶剂萃取装置前大部分被用作膨胀机中的补偿加热介质。

经过萃取后，用化学或物理方法对粗油进行精制，多采用化学方法。化学精制方法涉及脱胶、烧碱精制、漂白和脱臭等步骤。脱胶步骤中，将粗油与酸、水接触，再通过离心作用去除磷脂。重质离心产物经额外处理后形成常被用于食品的卵磷脂产品。轻质离心产物称为脱胶油，之后经过碱精制处理。碱精制步骤是让脱胶油与氢氧化钠接触以中和游离的脂肪酸(简称FFA)。被氢氧化钠中和后的油通常用水洗之后离心分离，轻质产品形成皂料和游离脂肪酸的混合物，重质产品就是油。油经过真空干燥去除水分，得到的产物是一种碱精制处理油，后续会在漂白步骤中被进一步加工。油在漂白加工过程中与硅藻土(或黏土)接触以去除颜色，如叶绿素和其他诸如金属和过氧化物等杂质，接下来的硅胶处理可以去除残留的磷脂和皂类物质。漂白后的油过滤后用于后续的脱臭步骤。脱臭步骤是在真空条件下加热漂白后的油，以去除对其性质和气味产生不良影响的易挥发性化合物，如游离脂肪酸、醛、酮、过氧化物、生育酚、甾醇、不皂化物或单酸甘油酯/甘油二酯等。经过以上步骤得到的油(RBD油被认为是精制、漂白和除臭的，可以用于下游产品，如食物或生物质燃料。RBD油含有大量的甘油三酯，且仅含有微量的杂质。最终使用此类油品时，必须要经过典型的植物油精制处理。有时，尤其在生产食品时，除RBD方法外还要求有其他的加工步骤，如酯交换、加氢(最近因为考虑到反式脂肪酸问题而减少)或分馏等。也可以根据下游生产所要求的油品中的微量杂质和游离脂肪酸含量水平，来决定增加或减少精制步骤(Anderson，2005；Akoh and Lai，2005)。

(2) 脱氧和饱和反应

石油的中间馏分燃料油不含氧和烯烃。然而，每个甘油三酯包含六个氧原子，且在三个脂肪酸部分可能还有不饱和的碳碳双键。因此脱氧和饱和双键是甘油三酯转化成可与石油燃料相匹配的生物质燃料油的重要化学反应。

脱氧及饱和反应通常在高温、高压、金属催化剂以及临氢的条件下进行(Egeberg 等，2014)。甘油三酯原料油与氢气混合，加热至反应温度，并在反应器中与催化剂接触，最终将反应器出口物流冷却和分离。饱和反应十分迅速，在脂肪烃上缺氢位上发生加氢反应。脱氧反应需要经过两个主要路径：一是甘油三酯中的氧原子与活性氢结合生成水($H_2O$)，即加氢脱氧反应；二是甘油三酯中与氧原子连接的脂肪烃中的第一个碳原子和氧原子一起被转化为二氧化碳($CO_2$)或一氧化碳(CO)，分别为脱羧反应和脱羰反应。加氢脱氧反应和脱羧反应/脱羰反应同时发生，都将导致脂肪酸与甘油三酯中的三个碳原子的主骨架发生断裂，生成水、碳氧化物和丙烷。在 CO、$CO_2$、$H_2O$ 和 $H_2$ 同时存在的条件下，水气变换反应可以将 $CO_2$ 和 $H_2$ 转化为 CO 和 $H_2O$，反之亦然，这取决于催化剂的选择性和反应条件。一旦发生脱氧和饱和反应，原甘油三酯中的脂肪酸转化为长的无支链的饱和链烷烃。脱氧和饱和反应都耗氢并产生大量的热。设计工业规模的生产装置，必须考虑控制反应放热，使工作温度保持在设备允许的范围内，并最大限度地减少热垢的产生，热垢会使沉淀物累积，最终导致反应器堵塞。反应式 1 和反应式 2 分别显示了由豆蔻酸(14：0)、棕榈酸(或称十六酸，16：0)和油酸(或称十八烯酸，18：1)构成的甘油三酯模型化合物加氢脱氧和脱羧反应。反应 3 是水气变换反应。

反应 1：

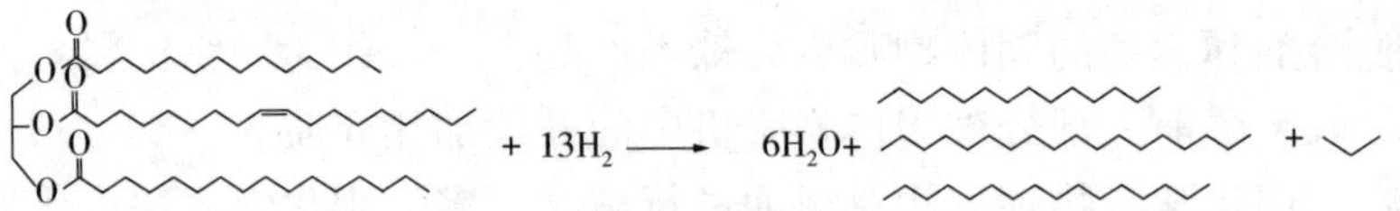


反应 2：

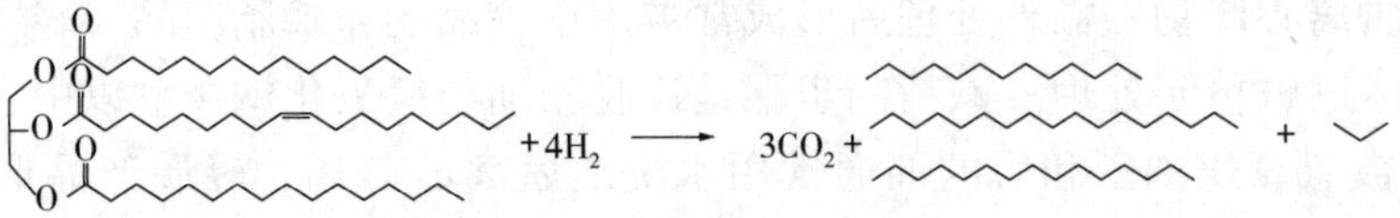


反应 3：

$$CO_2+H_2 \rightleftharpoons H_2O+CO_2$$

反应器流出的混合物料送至下游的冷却设备中，水和较重的烃类物质被冷凝下来，之后物料进入分离设备中。在此气相产物($CO_2$、CO、过剩的 $H_2$ 和丙烷)与液体产品完成分离。气体产品经过处理回收丙烷，去除碳氧化物、净化氢气。氢气循环至反应器，继续进行加氢脱氧及饱和反应。$CO_2$ 常通过胺洗去除。丙烷作为轻质燃料商品出售或在加热炉中烧掉给反应提供热量。由于密度差异，大部分水可以从链烷烃产品中分离出去。表 21-5 显示了山茶花油经不同程度加氢脱氧和饱和反应后的主要产物和副产物的理论组成。当加氢脱氧反应与脱羧/脱羰反应相比存在优势时，链烷烃产物的产率增加。这是因为加氢脱氧保留了整个脂肪酸碳链的完整性，并将其转化为偶数正构烷烃，而脱羧/脱羰反应使脂肪酸链少了一个碳，而产生 $CO_2$ 或 CO，并将其转化为奇数正构烷烃。相对于脱羧/脱羰反应，加氢脱氧反应在产率上的优势被较大的氢耗有所抵消。在脱氧及饱和的操作中，必须设法实现完全脱氧并饱和所有碳—碳双键，同时需减少可能导致异构化反应催化剂中毒的微量污染物，否则会导致不合格产品。

**表 21-5 亚麻油在不同水脱氢(HDO)和脱羧/脱碳($DeCO_x$)水平下的理论脱氧产物分布**

| | | | | |
|---|---|---|---|---|
| HDO 分率 | 摩尔分率 | 0.1 | 0.5 | 0.9 |
| $DeCO_x$ 分率 | 摩尔分率 | 0.9 | 0.5 | 0.1 |
| 产 $H_2$ | 质量分数 | 2.2 | 3.0 | 3.8 |
| $H_2O$ | 质量分数 | 1.2 | 6.0 | 10.9 |
| $CO+CO_2$ | 质量分数 | 13.3 | 7.4 | 1.5 |
| 丙烷骨架 | 质量分数 | 4.9 | 4.9 | 4.9 |
| 石脑油+喷气燃料+直链柴油 | 质量分数 | 82.7 | 84.6 | 86.5 |

鉴于脱氧是可再生油转化为生物燃料的第一个催化反应步骤，如果原料质量得不到保障，则会影响操作稳定性及产品质量。为了保障脱氧段及其催化剂的完好运行，必须采取保障原料质量或工程控制的缓解措施，特别是一些可再生油类中含有金属及氯化物。其他的污染物还可能包括游离脂肪酸(FFA)、甾醇和不皂化物等。

镍(Ni)和钒(V)是石油中常见的金属污染物，它们是加氢处理催化剂的毒物。相比之下，可再生甘油三酸酯油通常含有微量的不同金属：铁(Fe)、钙(Ca)、镁(Mg)、钾(K)和钠(Na)等，另外，磷(P)通常来自残留的磷脂，是一种常见的污染元素。这些“生物金属”可能是脱氧催化剂污染物。处理这些污染物的方法包括更严格的甘油三酸酯油精炼，特别是在漂白步骤中，或使用类似于石油加氢处理过程中用到的脱金属催化剂，去除上游脱氧、饱和催化剂中的金属，如果原料的金属和磷都存在于在整个加工过程中，它们会最终导致产品不合格，这在甘油三酯油用作喷气燃料时是一个突出问题。例如，ASTM D7566 规范(ASTM D7566-12a)要求可再生喷气燃料的中金属和磷的含量都低于 0.1ppm。

如果处理不当，酸和氯化物会导致工艺设备和管道腐蚀。特别是在液态水存在的条件下，氯化物对于选材不当的材质腐蚀尤其严重。必须认真考虑选择合适的材质，控制脱氧及饱和段出现液态水等问题，以避免氯化物造成的腐蚀。类似地，甘油三酯油中过量的游离脂肪酸可能导致工艺设备的腐蚀。可通过上述相同的脱氧和饱和反应将游离脂肪酸转化为正构烷烃，从而将进料的游离脂肪酸含量控制在设备的耐腐蚀范围之内。很多时候可以在甘油三酯油精炼步骤中降低氯化物和游离脂肪酸含量，从而减少工厂中脱氧和异构化部分高成本材料用量。

在完成脱氧及饱和反应后，正构烷烃产物在化学组成上已经类似于中间馏分燃料(喷气燃料和/或柴油)。与其他油品相比，喷气燃料和柴油通常都含有大量的正构烷烃。当温度降至环境温度时，纯正构烷烃由于容易结晶成蜡而导致性能变差。表 21-6(烃类和石油含硫化合物参考数据，1974)显示了几种纯正构烷烃的凝点。

例如，正十六烷的凝点约为 18℃(64℉)，是一种常见的由几种植物和动物油脱氧后的产品。世界上大多数地区的环境温度，在一年中至少有那么一段时间，会接近或低于正十六烷的凝点。由于燃料会在油箱和过滤器中凝固，将正构烷烃混入柴油和喷气燃料作为燃料是不切实际的。因此，甘油三酯衍生的正构烷烃需要进一步处理，以满足在特殊环境温度下使用。成熟的异构脱蜡精制工艺可用于改善燃料的低温性能。

表 21-6　甘油三酯和游离脂肪酸的脱氧及饱和过程中正构烷烃的冰点

| 烃分子 | 碳数 | 冰点/℃ | 烃分子 | 碳数 | 冰点/℃ |
|---|---|---|---|---|---|
| 正壬烷 | 9 | -54 | 正十五烷 | 15 | 10 |
| 正癸烷 | 10 | -30 | 正十六烷 | 16 | 18 |
| 正十一烷 | 11 | -26 | 正十七烷 | 17 | 22 |
| 正十二烷 | 12 | -10 | 正十八烷 | 18 | 28 |
| 正十三烷 | 13 | -5 | 正十九烷 | 19 | 32 |
| 正十四烷 | 14 | 6 | 正二十烷 | 20 | 36 |

（3）异构化和裂化

动植物甘油三酯油经脱氧及饱和后产生的正构烷烃，通常碳数为 15（$nC_{15}$，正十五烷）至 18（$C_{18}$，正十八烷）。$nC_{15}$及 $nC_{18}$的正常沸点分别为 270℃和 316℃，完全在常规柴油馏程（140~370℃）之内，并在常规喷气燃料馏程（140~300℃）附近。然而，如上所述，正常环境温度下正构烷烃会结蜡使得其在大多数情况下不能掺入柴油或喷气燃料中。因此，需要通过异构化及裂化反应进行脱蜡，将正构烷烃转化为含有正构烷烃及异构烷烃，作为柴油和喷气燃料的有用组分。

异构化和裂化反应可以在许多类型的催化剂上进行，例如双功能贵金属-酸性催化剂和碱金属-酸性硫化催化剂。异构化和裂化反应在临氢高温、高压的条件下进行。随着正构烷烃碳的重排，形成带分支的异构体（异构烷烃），支化程度越高的异构体，越容易发生裂化反应。因此，当调节反应条件以增加异构化时，裂化反应也不可避免地增加，因此必须调控工艺条件来平衡异构化和裂化反应，以适应生产生物燃料的目标。图 21-17 显示了在双功能催化剂上异构化和相关裂化反应一般路径（Egeberg 等，2014；Weitkamp 和 Ernst，1990；Girigis 和 Tsao，1996；Beecher 和 Voorhies，1969；Calemma 等，2000）。

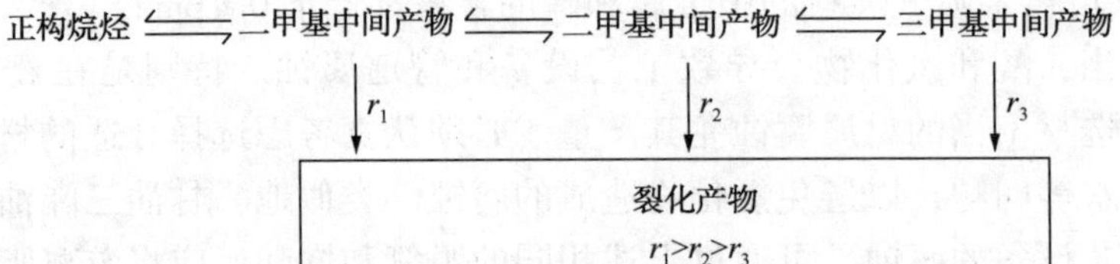


图 21-17　双功能催化剂上经支链中间产物的异构化和裂化反应途径

在柴油生产中，通常最好的方法是调整异构化-裂化部分，使得发生的异构化反应刚好满足低温流动性的目标。例如浊点的控制，就不允许有任何过度的裂化反应。裂化反应将本来适合柴油中碳原子数量（例如 $nC_{15}\sim nC_{18}$）的链烷烃转化为仅适用于轻质产品的链烷烃，如喷气燃料、石脑油或更轻的副产物。另一方面，如果目标是生产喷气燃料，则需要调整工艺条件、增加反应苛刻度，以强化裂化反应。但是，随着苛刻度的提高，生成石脑油和更轻副产物的裂化反应开始占主导地位，因喷气燃料和柴油收率损失增大，提高反应苛刻度的效益将降低。长链烷烃经加氢裂化得到的链烷烃石脑油，由于辛烷值低而不能成为优良的汽油调和组分。链烷烃石脑油更适合通过热裂解生产烯烃，但与馏分油相比其效益较低。因此，对有意生产柴油或喷气燃料的生物燃料的生产商而言，过度裂解具有双重劣势，必须谨慎把控。图 21-18 说明了调节反应苛刻度对主产物收率的影响。

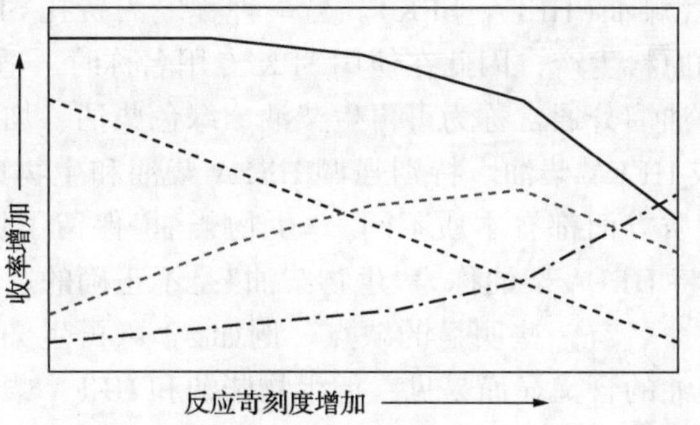


图 21-18 不同反应可刻度下，正构烷烃异构化和裂化的理论收率曲线

甘油三酯的在异构化和裂化反应的双重作用生成的正构烷烃，对生物燃料产品的低温性能影响显著。由于对于给定碳数的链烷烃分子，因被重排而产生支链，与相同碳数的正构烷烃相比，其凝点通常会降低。随着分子支化度的增加，通常凝点降低幅度增加。表 21-7 显示了几种壬烷($C_9H_{20}$)异构体的凝点。将长链烷烃转化为裂化产物也有助于改善燃料的低温性能，因为在支化度相同时，低碳数的链烷烃比高碳数链烷烃的凝点更低。表 21-8 显示了几种异构烷烃的凝点，这些异构烷烃可由长链链烷烃先异构化再裂解生成(烃类和石油硫化合物参考数据，1974)。

表 21-7 Freezing points of isomers of nonane

| 物质 | 正构/异构 | 凝点/℃ |
|---|---|---|
| 正壬烷 | 正构 | 53 |
| 2-甲基辛烷 | 异构 | 81 |
| 2,2-二甲基庚烷 | 异构 | 113 |
| 2,2,4-三甲基己烷 | 异构 | 120 |
| 2,2,3,4-四甲基戊烷 | 异构 | 121 |

表 21-8 异构烷烃裂化产物的凝点

| 物质 | 碳链长度 | 凝点/℃ |
|---|---|---|
| 正丁烷 | 4 | -159 |
| 正戊烷 | 5 | -160 |
| 2-甲基戊烷 | 6 | -154 |
| 2-甲基己烷 | 7 | -118 |
| 2-甲基庚烷 | 8 | -109 |
| 2-甲基辛烷 | 9 | -81 |
| 2-甲基壬烷 | 10 | -74 |

### 21.3.3 燃料专用名称

在调整异构化和裂化部分的操作以满足生产生物燃料的目标(通常为喷气燃料、柴油或两者同时)之后，最终的生物燃料则通过分馏分离得到。由甘油三酯经加氢处理及加氢异构化、裂化得到的生物燃料通常称之为加氢处理植物油(HVO)或加氢处理脂肪酸酯(HEFA)。喷气燃料组分有时可称为可再生喷气燃料(RJ)、绿色喷气燃料，加氢处理可再生喷气燃料

(HR)或HEFA合成链烷烃煤油(HEFA-SPK)。另一种称之为费托SPK(FT-SPK)的喷气燃料，由完全独特的技术和原料生产，因此在使用SPK专用名称时，适当区分HEFA或FT是非常重要的。类似地，柴油馏分通常称为可再生柴油、绿色柴油、加氢处理可再生柴油、加氢处理植物柴油(HVO)或HEFA柴油。特别强调HEFA柴油和生物柴油之间的区别，因为它们在化学组成和物理性质方面都有本质不同。"生物柴油"保留了用于柴油调和组分的脂肪酸甲酯(FAME)，因此将HEFA柴油称为"生物柴油"是不正确的。产物的石脑油馏分有时会称为绿色石脑油。以上命名有一些明显的缺点。例如，"可再生柴油"这一术语本身就是不明确的，虽然HEFA柴油的含义显而易见，但生物柴油和HEFA柴油都是可再生的，因为它们都以甘油三酯为原料。实际上，随着新工艺路线的出现，生物燃料的命名方法迅速进化，因此需要格外注意对燃料描述的准确性。

### 21.3.4 HEFA生物燃料的性能

综上所述，通过加氢处理生产的生物燃料完全由碳氢化合物组成，这使得在储存和输送设施上能够完全替代石油中的相应组分。与FAME生物柴油不同，HEFA柴油可与石油柴油无限混合，FAME生物柴油混合量通常低于5%(体)。HEFA柴油燃料通常具有非常高的十六烷值，一般在60~80；相比之下，石油柴油的十六烷值在40~60之间。十六烷值是燃料在压燃式发动机中被点燃的一种指标，HEFA柴油的高十六烷值使其成为一种优良的柴油调和组分。目前，ASTM D7566规范(ASTM D7566-12a)中，将HEFA喷气燃料的调和比例限制在50%(体)以下。这种限制主要是由于HEFA喷气燃料中的高链烷烃含量，使其密度低于石油喷气燃料，且芳烃化合物的含量较低。喷气燃料需要芳香族化合物以维持飞机燃料系统中的密封。HEFA喷气燃料常与高芳香族化合物、高密度的石油喷气燃料调和，最终混合油的密度与芳烃含量达标。除了这些可控的区别，HEFA生物燃料在物理特性和使用性能方面几乎与石油燃料的相应成分无法区分。

## 参考文献

2G Hugoton Project General Information, in *Abengoa Energy* (Abengoa Energy S.A. n.d.), Web 5 Jan 2014. http://www.abengoabioenergy.com/web/en/2g_hugoton_project/

About, in *Dynamic Fuels* (Dynamic Fuels, n.d.), Web 15 May 2014. http://www.dynamicfuelsllc.com/about.aspx

C.C. Akoh, O.-M. Lai, Healthful lipids, in *Production, Processing, and Refining of Oils*, ed. by E. Hernandez (AOCS Press, Urbana, IL, 2005), pp. 48–64 (2005)

D. Anderson. A primer on oil processing technology, in *Bailey's Primer on Pretreatment – Bailey's Industrial Oil and Fat Products*, 6th edn, vol. 6 Set (Wiley, Hoboken, NJ, 2005)

A.R. Ardiyanti, S.A. Khromova, R.H. Venderbosch, V.A. Yakovlev, I.V. Melian-Cabrera, H.J. Heeres, Catalytic hydrotreatment of fast pyrolysis oil using bimetallic Ni-Cu catalysts on various supports. Appl. Catal. Gen. **449**, 121–130 (2012)

ASTM D6866-10, *Standard Test Methods for Determining the Biobased Content of Solid, Liquid, and Gaseous Samples Using Radiocarbon Analysis1* (ASTM International, West Conshohocken, PA, 2010)

*ASTM D7566-12a, Standard Specification for Aviation Turbine Fuel Containing Synthesized Hydrocarbons* (ASTM International, West Conshohocken, PA, 2012). Table A2.1

R. Bartek, M. Brady, D. Stamires, U.S. patent 8236173

R. Bartek,, M. Brady, D. Stamires, S. Yanik, P. O'Connor, J.C. Rasser, U.S. patent 8288600

J. Beavers, N. Sridhar, C. Zamarin, Effects of steel microstructure and ethanol-gasoline blend ratio on SCC of ethanol pipelines, in *NACE – International Corrosion Conference Series*, 2009, Corrosion 2009; 22 Mar 2009–26 Mar 2009; National Association of Corrosion Engineers International, Houston, TX, Print

R. Beecher, A. Voorhies Jr., Ind. Eng. Chem. Prod. Res. Dev. **8**(4), 366 (1969)

Biorefining – 'sustainable processing of biomass into a spectrum of marketable biobased products and bioenergy', in *IEA Bioenergy* (International Energy Agency, n.d.), Web 9 May 2014

H. Boerrigter, Biomass-to-liquid (BTL) plants – an engineering assessment, in *Energy Research Centre of the Netherlands (ECN)*, May 2006. Web 15 May 2014. https://www.ecn.nl/publications/

V. Calemma, S. Pertatello, C. Perego, Hydroisomerization and hydrocracking of long chain *n*-alkanes on Pt/amorphous SiO2-Al2O3 catalyst. App. Catal. Gen. **190**, 207–218 (2000)

Cellulosic ethanol proesa, in *Biochemtex* (Biochemtex SpA, n.d.), Web 5 Jan 2014. http://www.biochemtex.com/proesaeng.html

Cellulosic fuels company KiOR reveals 'substantial doubts' about its viability; funding needed by 1 April, *Green Car Congress*, BioAge Group, LLC, 19 March 2014, Web 26 Apr 2014

M. Cheiky, R. Malyal, U.S. patent 8383049

W. Christie, What is a lipid?, in *The Common Fatty Acids of Animal and Plant Origin*, The AOCS Lipid Library, 25 July 2013. Web 7 May 2014. http://lipidlibrary.aocs.org/Lipids/whatlip/index.htm

R. Christoph, B. Schmidt, U. Steinbrunner, W. Dilla, R. Karinen, *Glycerol. Ullman's Encyclopedia of Industrial Chemistry*, vol 17, (Wiley-VCH, Hoboken, NJ, 2002), p. 79. Web 15 Apr 2006

Cleaner solutions, in *Neste Oil* (Neste Oil, n.d.) Web 15 May 2014. http://www.nesteoil.com/default.asp?path=1,41,11991,22708,22709

R.J. Cranford, A.M. Aravanis, S.G. Roussis, US patent application publication no. US20120190872 A1

CRI Catalyst Company, Transportation fuels from biomass via IH$^2$ technology. in *IEA Bioenergy Conference*, IEA Task 39 (Vienna, 2012). Web 14 May 2014. http://task39.org/files/2013/05/SessionIX4-McLeod-CRI.pdf

D.C. Dayton, R. Gupta, Biomass gasification tar cracking technology development, in *tcbiomass2009 Conference*, tcbiomass2009 Gasification II presentations, Gas Technology Institute, Web 14 May 2014. http://www.gastechnology.org/tcbiomass2013/tcb2009/04_tcb2009_Gasification_II.pdf

F. de Miguel Mercader, Pyrolysis oil upgrading for co-processing in standard refinery units (2010), Doctoral dissertation, University of Twente, Enschede, The Netherlands

F. de Miguel Mercader, P.J.J. Koehorst, H.J. Heeres, S.R.A. Kersten, J.A. Hogendoom, Competition between hydrotreating and polymerization reactions during pyrolysis oil hydrodeoxygenation. AICHE J **57**(11), 3160–3170 (2011)

DuPont Nevada site cellulosic ethanol facility, *DuPont Biofuels Solutions* (Du Pont, n.d.), Web 5 Jan 2014. http://biofuels.dupont.com/cellulosic-ethanol/nevada-site-ce-facility/

R. Egeberg et al., Industrial-scale production of renewable diesel, *PTQ Q3 2011* www.eptq.com (Haldor Topsoe, n.d.), Web 15 May 2014. http://www.topsoe.com/business_areas/refining/~/media/PDF%20files/Refining/paper_industrial_scale_prod_of_renewable_diesel.ashx

R. Egeberg et al., Novel hydrotreating technology for production of green diesel, in *Research Technology Catalysts* (Haldor Topsoe, n.d.), Web 15 May 2014. http://www.topsoe.com/business_areas/refining/~/media/PDF%20files/Refining/novel_hydrotreating_technology_for_production_of_green_diesel.ashx

*Empyro energy and materials from pyrolysis* (Empyro Project Consortium, n.d.), Web 13 Apr 2014. http://www.empyroproject.eu/

Ensyn history, in *Ensyn* (Ensyn, n.d.), Web 13 Apr 2014. http://www.ensyn.com/about-ensyn/ensyn-history/

Fast pyrolysis, in *Biomass Technology Group* (BTG Biomass Technology Group & Blue Bear, n. d.), Web 13 Apr 2014. http://www.btgworld.com/en/rtd/technologies/fast-pyrolysis

L. Felix, C. Choi, D. Rue, L. Weast, Robust glass-ceramics catalysts for decomposing tars produced in fluid-bed biomass gasification, in*tcbiomass2009 Conference*, tcbiomass2009 Gasification II presentations, Gas Technology Institute, Web 14 May 2014. http://www.gastechnology.org/tcbiomass2013/tcb2009/04_tcb2009_Gasification_II.pdf

*Foreign Agricultural Service*. U.S. Department of Agriculture, Table 03: Major Vegetable Oils: World Supply and Distribution (Commodity View), 9 May 2014. Web 17 May 2014. http://apps.fas.usda.gov/psdonline/psdReport.aspx?hidReportRetrievalName=Table+03%3a+Major+Vegetable+Oils%3a+World+Supply+and+Distribution+%28Commodity+View%29++++++++++++++++++++++&hidReportRetrievalID=533&hidReportRetrievalTemplateID=5

J. Gething, J. Welstand, J. Horn, Are the reductions in vehicle carbon monoxide exhaust emissions proportional to the fuel oxygen content? SAE technical paper 890216, Warrendale, PA, 1989

Gevo. *Gevo Announces Successful Startup of World's First Commercial Biobased Isobutanol Plant. Gevo.* Gevo, 24 May 2012. Web 5 Jan 2014. http://ir.gevo.com/phoenix.zhtml?c=238618&p=irol-newsArticle&ID=1699401&highlight

Gevo. *Gevo Begins Retrofit of World's First Commercial-Scale Biobased Isobutanol Plant. Gevo.* Gevo, 31 May 2011. Web. 5 Jan. 2014. http://ir.gevo.com/phoenix.zhtml?c=238618&p=irol-newsArticle&ID=1568917&highlight

M.J. Girigis, Y.P. Tsao, Ind. Eng. Chem. Res. **35**, 386 (1996)

A.W. Glazer, H Nikaido, *Microbial Biotechnology: Fundamentals of Applied Microbiology* (San Francisco: W. H. Freeman, New York, NY, 1995), p. 340

I.S. Goldstein, Acid processes for cellulose hydrolysis and their mechanisms, in *The wood and agricultural residues – research on use for feed, fuels, and chemicals*, ed. by E.J. Soltes (Academic, New York, 1983). Pg 315 in

B.L. Goodall, G.A. Aravanis, R.J. Behnke, D.J. Cranford, L. Sajkowski, US patent application publication no. US2012120116138 A1

J.B. Hansen, P.E.H. Nielsen, N.B. Jacobsen, Tar reforming and ammonia decomposition enabling technologies for thermochemical biomass conversion. *tcbiomass2009 Conference*, tcbiomass2009 Gasification I presentations, Gas Technology Institute, Web 14 May 2014. http://www.gastechnology.org/tcbiomass2013/tcb2009/04_tcb2009_Gasification_I.pdf

P.F. Hassett, L. Baird, Practical application of bio-based pyrolysis oil, *tcbiomass2013 Presentations and Posters*, Gas Technology Institute, Web 9 May 2014. http://www.gastechnology.org/tcbiomass2013/tcb2013/03-Hassett-tcbiomass2013-presentation-Thur.pdf

S.K. Hoekman, C. Robbins, Review of the effects of biodiesel on NOx emissions. Fuel Process. Technol. **96**, 237–249 (2012). Print

Home, *Diamond Green Diesel* (Diamond Green Diesel, n.d.), Web 15 May 2014. http://www.diamondgreendiesel.com/Pages/default.aspx

How ethanol is made, in *Renewable Fuels Association* (Renewable Fuels Association, n.d.) Web 9 May 2014. http://www.ethanolrfa.org/pages/how-ethanol-is-made

Ibid. 54

Ibid. 64

Ibid. 10, p. 8

Ibid. 25, p. 25

Ibid. 50, pg 69-70

Ibid. 72, Pg 655

Ibid. 73, Pg 5

Italy's largest refiner to use Honeywell's UOP/Eni Ecofining™ process technology at Venice refinery, *Honeywell* 2012 Web 15 May 2014. http://honeywell.com/News/Pages/Italy%E2%80%99s-Largest-Refiner-To-Use-Honeywell%E2%80%99s-UOP-Eni-Ecofining-Process-Tech-At-Venice-Refinery.aspx

R.D. Kane, Update on eSCC case studies and guidelines for SCC prevention, *NACE – International Corrosion Conference Series*, vol. 1, 2010, 722–733, 2012, *NACE International – Corrosion Conference and Expo 2012*, 11 Mar 2012–15 Mar 2012, National Association of Corrosion Engineers International. Print, Houston, TX.

KiOR expects to produce 920K gallons of cellulosic biofuels by year end; short-term focus on economics, in *Green Car Congress* (BioAge Group, LLC, 2013), Web 26 Apr 2014. http://www.greencarcongress.com/2013/12/20131224-kior.html

S. Kumar, N. Singh, R. Prasad, Renew. Sustain. Energy Rev. **14**, 1830–1844 (2010)

I. Landalv, Status report on demonstration plants for advances biofuels production – thermochemical pathways, in *European Biofuels Technology Platform, 5th Stakeholder Plenary Meeting*, European Biofuels Technology Platform, Brussels, Belgium, 6–7 Feb 2013. Web. 15 May 2014. http://biofuelstp.eu/spm5/pres/landalv.pdf

I. Landalv. Two years experience of the BioDME project – a complete wood to wheel concept, in *tcbiomass2013 Presentations and Posters*, Gas Technology Institute, Web 9 May 2014. http://www.gastechnology.org/tcbiomass2013/tcb2013/03-Landalv-tcbiomass2013-presentation-Wed.pdf

J. Lane, Neste oil: biofuels digest's 5-minute guide, in *Biofuels Digest*, 6 Nov 2012 Web 15 May 2014. http://www.biofuelsdigest.com/bdigest/2012/11/06/neste-oil-biofuels-digests-5-minute-guide/

J. Lane, Albemarle: biofuels digest's 5-minute guide, in *Biofuels Digest*, 29 Jan 2013 Web 15 May 2014. http://www.biofuelsdigest.com/bdigest/2013/01/29/albemarle-biofuels-digests-5-minute-guide/

J. McDaniel, Smaller scale FT enables biomass-to-liquids, in *Gasification Technologies Conference 2013*, Gasification Technologies Council, Colorado Springs, CO, 13–16 Oct 2013. Web 15 May 2014. http://www.gasification.org/uploads/downloads/Conferences/2013/8-3-McDaniel-Velocys.pdf

National Renewable Energy Laboratory, in *Biodiesel Production and Technology*, ed. by J. Van Gerpen, B. Shanks, R. Pruszko, D. Clements, G. Knothe (National Technical Information Service, U.S. Department of Commerce, Springfield, 2004), pp. 52–55. Subcontractor Report under Contract NREL/SR-510-36244

OEM statement summary chart, *Biodiesel*, National Biodiesel Board, Web 3 Jan 2014. http://www.biodiesel.org/using-biodiesel/oem-information/oem-statement-summary-chart

D. O'Brien , M. Woolverton, Updated trends in U.S. wet and dry corn milling production, *Agricultural Marketing Resource Center Newsletter,* Agricultural Marketing Resource Center, Feb 2010, Web 27 December 2013. http://www.agmrc.org/renewable_energy/ethanol/updated-trends-in-u-s-wet-and-dry-corn-milling-production/

M.A. Paisley, U.S. patent 6613111

Pacific Northwest National Laboratory, in *Catalytic Hydrothermal Gasification of Lignin-Rich Biorefinery Residues and Algae*, ed. by D.C. Elliott, G.G. Neuenschwander, T.R. Hart, L.J. Rotness Jr., A.H. Zacher, D.M. Santosa, C. Valkenburg, S.B. Jones, S.A. Tjokro Rahardjo (National Technical Information Service, U.S. Department of Commerce, Springfield, 2009). Report PNNL-18944

M. Pagliaro, M. Rossi, *The future of glycerol*, 2nd edn. (Royal Society of Chemistry, Cambridge, 2010). Chapter 10

*petroleum.co.uk* (petroleum.co.uk, n.d.) Web 22 Dec 2013. http://www.petroleum.co.uk/formation/

Plantrose$^{TM}$ process, in *Renmatix* (Renmatix, Inc., n.d.), Web 15 May 2014. http://renmatix.com/technology/plantrose-process/

Production capacity, in *Neste Oil* (Neste Oil, n.d.) Web 15 May 2014. http://www.nesteoil.com/default.asp?path=1,41,11991,22708,22720

Production facilities, in *KiOR* (KiOR, Inc., n.d.), Web 26 Apr 2014. http://www.kior.com/content/?s=6&s2=56&p=56&t=Production-Facilities

Products & technology, *Cool Planet Energy Systems* (Cool Planet Energy Systems, n.d.), Web 15 May 2014. http://www.coolplanet.com/how-it-works/overview

Proesa-the scientific research, *Beta Renewables* (Beta Renewables S.p.A., n.d.), Web 5 Jan 2014. http://www.betarenewables.com/proesa/scientific-research

Project liberty – a decade of cellulosic research, in *Poet-DSM Advanced Biofuels* (Poet-DSM Advanced, n.d.), Web 5 Jan 2014. http://poetdsm.com/liberty

E.H. Pryde, JAOCS J. Am. Oil Chem. Soc. **60**(8), 1557–1558 (1983)

G. Rajgor, Renewable power generation – 2012 figures, in *Renewable Energy Focus USA* (Reed Elsevier, 18 November 2013), Web 9 May 2014

Reference data for hydrocarbons and petro-sulfur compounds, Petrochemical and Supply Division Chemicals Group, Phillips Petroleum Company, OK, 1974

S.D. Sanford et al., *Feedstock and Biodiesel Characteristics Report*, Renewable Energy Group, Inc., www.regfuel.com (2009)

Sapphire energy and Phillips 66 to advance commercialization of algae crude oil, in *Sapphire Energy* (Sapphire Energy, Inc., 2013). Web 5 Jan 2014. http://www.sapphireenergy.com/press-article/1986963-sapphire-energy-and-phillips-66-to

S. Schill, Hydroprocessing goes small scale, *Biodiesel Magazine*, 19 Aug 2009. Web 15 May 2014. http://www.biodieselmagazine.com/articles/3666/hydroprocessing-goes-small-scale

D.R. Shonnard, L. Williams, T.N. Kalnes, Camelina-derived jet fuel and diesel: sustainable advanced biofuels. Environ. Prog. Sustain. Energy **29**, 382–392 (2010). doi:10.1002/ep.10461

P. Simell, E. Kurkela, I. Haavisto, J. Jarvenpaa, The development of a gas cleanup process: lessons learned, in *tcbiomass2009 Conference*, tcbiomass2009 Gasification II presentations, Gas Technology Institute, Web 14 May 2014. http://www.gastechnology.org/tcbiomass2013/tcb2009/04_tcb2009_Gasification_II.pdf

K. Sipila, E. Kuoppala, L. Fagernas, A. Oasmaa, Characterization of biomass-based flash pyrolysis oils. Biomass Bioenergy **14**(2), 103–113 (1998). Print

S. Sokhansanj, A. Kumar, A.F. Turhollow, Development and implementation of integrated biomass supply analysis and logistics model (IBSAL). Biomass Bioenergy **30**, 838–847 (2006). Print

Technology, in *KiOR* (KiOR, Inc., n.d.), Web 26 Apr 2014. http://www.kior.com/content/?s=11&t=Technology
S.S. Toor, L. Rosendahl, A. Rudolf, Hydrothermal liquefaction of biomass: a review of subcritical water technologies. Energy **36**, 2328–2342 (2011). Print
U.S. Department of Energy, *U.S. Billion-Ton Update: Biomass Supply for a Bioenergy and Bioproducts Industry* (Oak Ridge National Laboratory, Oak Ridge, 2011), p. xxiii. R.D. Perlack and B.J. Stokes (Leads), ORNL/TM-2011/224. 227p
*U.S. Energy Information Administration* (U.S. Department of Energy, n.d.), Web 4 Jan 2014. http://www.eia.gov/cfapps/ipdbproject/iedindex3.cfm?tid=79&pid=81&aid=1&cid=regions&syid=2007&eyid=2011&unit=TBPD
United States. *Public Law 109-58, 109th Congress* (GPO, Washington, DC, 2005), p. 1069, Web 8 Aug 2005. http://www.gpo.gov/fdsys/pkg/PLAW-109publ58/pdf/PLAW-109publ58.pdf
United States. *Public Law 110-140, 110th Congress* (GPO, Washington, DC, 2007), p. 121. Web. http://www.gpo.gov/fdsys/pkg/PLAW-110publ140/html/PLAW-110publ140.htm
United States. US Energy Information Administration/Monthly Energy Review, December 2013a, p. 95
United States. US Energy Information Administration/Monthly Energy Review, November 2013b, p. 141
E. van Steen, M. Claeys, Fischer-Tropsch, Catalysts for the biomass-to-liquid process. Chem. Eng. Technol. **31**(5), 655–666 (2008)
B.M. Wagenaar, W. Prins, W.P.M. Van Swaaij, Pyrolysis of biomass in the rotating cone reactor: modelling and experimental justification. Chem. Eng. Sci. **49**(24B), 5109–5126 (1994)
G.M. Walker, J. Inst. Brew. **117**(1), 3–22 (2011)
J. Weitkamp, S. Ernst, in *Guidelines for Mastering the Properties of Molecular Sieves*, ed. by D. Barthomeuf, E.G. Derouane, W. Holderich (Plenum, New York, 1990), p. 343
S. Whitehead, Colonial Pipeline Company – moving the energy that moves America, North Carolina General Assembly, in *North Carolina House Select Committee on Energy Independence and Alternative Fuel*, Presentation at the 8 Feb 2012 Meeting, Raleigh, Web. http://www.ncleg.net/DocumentSites/Committees/HSCEIAF/Meetings/2012%20February%208/Presentations%20and%20Handouts/Whitehead%20-%20Colonial%20Pipeline%202-8-12.pdf
J. Wildschut, F.H. Mahfud, R.H. Venderbosch, H.J. Heeres, Hydrotreatment of fast pyrolysis oil using heterogeneous noble-metal catalysts. Ind. Eng. Chem. Res. **48**, 10324–10334 (2009)
U. Wolfesberger, I. Aigner, H. Hofbauer, Tar content and composition in producer gas of fluidized bed gasification of wood – influence of temperature and pressure, in *tcbiomass2009 Conference, tcbiomass2009 Gasification I Presentations* (Gas Technology Institute), Web 14 May 2014. http://www.gastechnology.org/tcbiomass2013/tcb2009/04_tcb2009_Gasification_I.pdf
S. Yanik, P. O'Connor, R. Bartek, U.S. Patent 8288599
D. Yergin, *The Prize* (Free Press, New York, 1991, 1992), p. 22